HANDBOOK OF MECHANICAL DESIGN

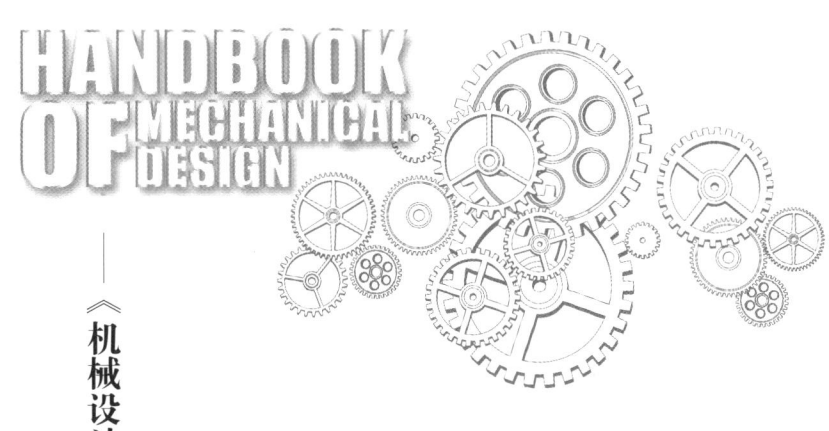

《机械设计手册》第六版卷目

机械设计手册

第六版

第4卷

主编单位 中国有色工程设计研究总院

主 编 成大先

副 主 编 王德夫 姬奎生 韩学铨

姜 勇 李长顺 王雄耀

虞培清 成 杰 谢京耀

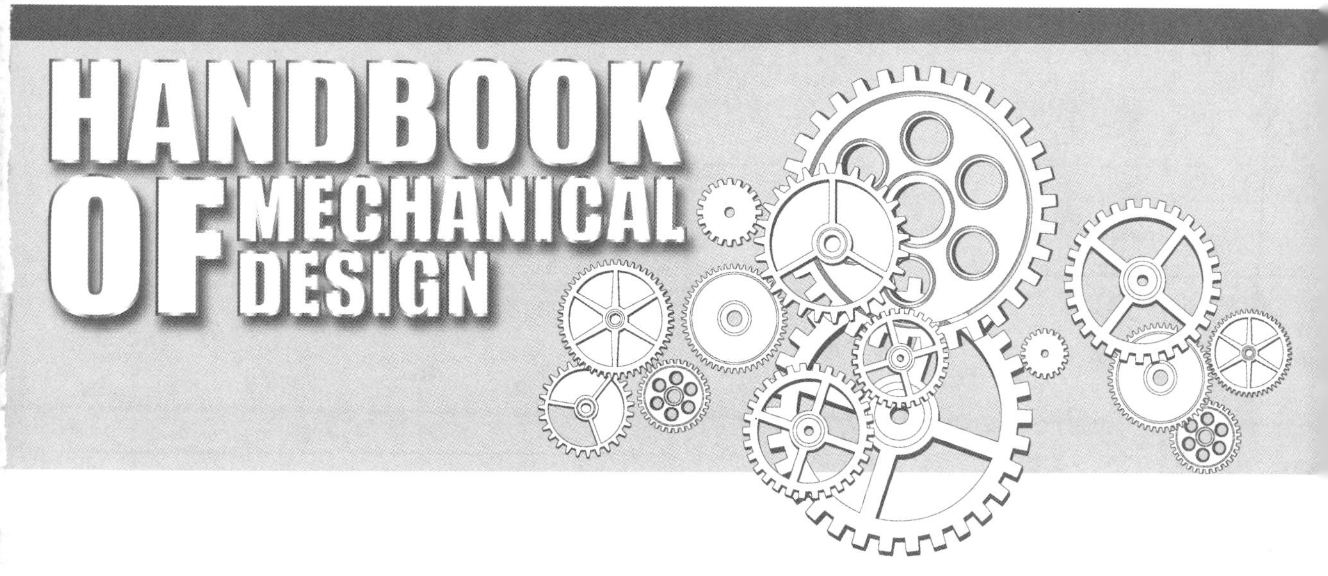

化学工业出版社

·北 京·

《机械设计手册》第六版共5卷，涵盖了机械常规设计的所有内容。其中第1卷包括一般设计资料，机械制图、极限与配合、形状和位置公差及表面结构，常用机械工程材料，机构，机械产品结构设计；第2卷包括连接与紧固，轴及其连接，轴承，起重运输机械零部件，操作件、小五金及管件；第3卷包括润滑与密封，弹簧，螺旋传动、摩擦轮传动，带、链传动，齿轮传动；第4卷包括多点啮合柔性传动，减速器、变速器，常用电机、电器及电动（液）推杆与升降机，机械振动的控制及利用，机架设计；第5卷包括液压传动，液压控制，气压传动等。

《机械设计手册》第六版是在总结前五版的成功经验，考虑广大读者的使用习惯及对《机械设计手册》提出新要求的基础上进行编写的。《机械设计手册》保持了前五版的风格、特色和品位：突出实用性，从机械设计人员的角度考虑，合理安排内容取舍和编排体系；强调准确性，数据、资料主要来自标准、规范和其他权威资料，设计方法、公式、参数选用经过长期实践检验，设计举例来自工程实践；反映先进性，增加了许多适合我国国情、具有广阔应用前景的新材料、新方法、新技术、新工艺，采用了新标准和规范，广泛收集了具有先进水平并实现标准化的新产品；突出了实用、便查的特点。《机械设计手册》可作为机械设计人员和有关工程技术人员的工具书，也可供高等院校有关专业师生参考使用。

图书在版编目（CIP）数据

机械设计手册. 第4卷/成大先主编. —6版. —北京：化学工业出版社，2016.3（2020.1重印）
ISBN 978-7-122-26048-2

Ⅰ.①机… Ⅱ.①成… Ⅲ.①机械设计-技术手册 Ⅳ.①TH122-62

中国版本图书馆CIP数据核字（2016）第011797号

责任编辑：周国庆 张兴辉 王 烨 贾 娜
责任校对：边 涛　　装帧设计：尹琳琳

出版发行：化学工业出版社（北京市东城区青年湖南街13号 邮政编码100011）
印 装：三河市航远印刷有限公司
787mm×1092mm 1/16 印张82¼ 字数2927千字
1969年6月第1版 2020年1月北京第6版第40次印刷

购书咨询：010-64518888　　售后服务：010-64518899
网 址：http://www.cip.com.cn
凡购买本书，如有缺损质量问题，本社销售中心负责调换。

定 价：160.00元

京化广临字2016——02号

撰稿人员

成大先　中国有色工程设计研究总院
王德夫　中国有色工程设计研究总院
刘世参　《中国表面工程》杂志、装甲兵工程学院
姬奎生　中国有色工程设计研究总院
韩学铨　北京石油化工工程公司
余梦生　北京科技大学
高淑之　北京化工大学
柯蕊珍　中国有色工程设计研究总院
杨　青　西北农林科技大学
刘志杰　西北农林科技大学
王欣玲　机械科学研究院
陶兆荣　中国有色工程设计研究总院
孙东辉　中国有色工程设计研究总院
李福君　中国有色工程设计研究总院
阮忠唐　西安理工大学
熊绮华　西安理工大学
雷淑存　西安理工大学
田惠民　西安理工大学
殷鸿樑　上海工业大学
齐维浩　西安理工大学
曹惟庆　西安理工大学
吴宗泽　清华大学
关天池　中国有色工程设计研究总院
房庆久　中国有色工程设计研究总院
李建平　北京航空航天大学
李安民　机械科学研究院
李维荣　机械科学研究院
丁宝平　机械科学研究院
梁全贵　中国有色工程设计研究总院
王淑兰　中国有色工程设计研究总院
林基明　中国有色工程设计研究总院
王孝先　中国有色工程设计研究总院
童祖楹　上海交通大学
刘清廉　中国有色工程设计研究总院
许文元　天津工程机械研究所
孙永旭　北京古德机电技术研究所
丘大谋　西安交通大学
诸文俊　西安交通大学
徐　华　西安交通大学
谢振宇　南京航空航天大学
陈应斗　中国有色工程设计研究总院
张奇芳　沈阳铝镁设计研究院
安　剑　大连华锐重工集团股份有限公司
迟国东　大连华锐重工集团股份有限公司
杨明亮　太原科技大学
邹舜卿　中国有色工程设计研究总院
邓述慈　西安理工大学
周凤香　中国有色工程设计研究总院
朴树寰　中国有色工程设计研究总院
杜子英　中国有色工程设计研究总院
汪德涛　广州机床研究所
朱　炎　中国航宇救生装置公司
王鸿翔　中国有色工程设计研究总院
郭　永　山西省自动化研究所
厉海祥　武汉理工大学
欧阳志喜　宁波双林汽车部件股份有限公司
段慧文　中国有色工程设计研究总院
姜　勇　中国有色工程设计研究总院
徐永年　郑州机械研究所
梁桂明　河南科技大学
张光辉　重庆大学
罗文军　重庆大学
沙树明　中国有色工程设计研究总院
谢佩娟　太原理工大学
余　铭　无锡市万向联轴器有限公司
陈祖元　广东工业大学
陈仕贤　北京航空航天大学
郑自求　四川理工学院
贺元成　泸州职业技术学院
季泉生　济南钢铁集团

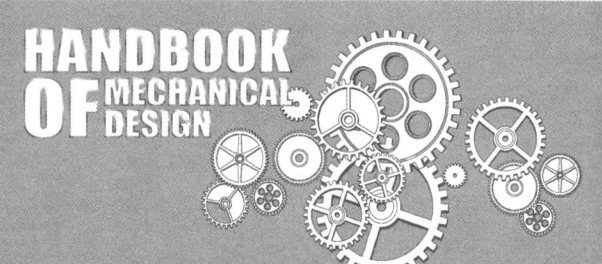

方　正　中国重型机械研究院
马敬勋　济南钢铁集团
冯彦宾　四川理工学院
袁　林　四川理工学院
孙夏明　北方工业大学
黄吉平　宁波市镇海减变速机制造有限公司
陈宗源　中冶集团重庆钢铁设计研究院
张　翌　北京太富力传动机器有限责任公司
陈　涛　大连华锐重工集团股份有限公司
于天龙　大连华锐重工集团股份有限公司
李志雄　大连华锐重工集团股份有限公司
刘　军　大连华锐重工集团股份有限公司
蔡学熙　连云港化工矿山设计研究院
姚光义　连云港化工矿山设计研究院
沈益新　连云港化工矿山设计研究院
钱亦清　连云港化工矿山设计研究院
于　琴　连云港化工矿山设计研究院
蔡学坚　邢台地区经济委员会
虞培清　浙江长城减速机有限公司
项建忠　浙江通力减速机有限公司
阮劲松　宝鸡市广环机床责任有限公司
纪盛青　东北大学
黄效国　北京科技大学
陈新华　北京科技大学
李长顺　中国有色工程设计研究总院
申连生　中冶迈克液压有限责任公司
刘秀利　中国有色工程设计研究总院
宋天民　北京钢铁设计研究总院
周　堉　中冶京城工程技术有限公司
崔桂芝　北方工业大学
佟　新　中国有色工程设计研究总院
禤有雄　天津大学
林少芬　集美大学
卢长耿　厦门海德科液压机械设备有限公司
容同生　厦门海德科液压机械设备有限公司
张　伟　厦门海德科液压机械设备有限公司
吴根茂　浙江大学
魏建华　浙江大学
吴晓雷　浙江大学
钟荣龙　厦门厦顺铝箔有限公司
黄　畲　北京科技大学
王雄耀　费斯托（FESTO）（中国）有限公司
彭光正　北京理工大学
张百海　北京理工大学
王　涛　北京理工大学
陈金兵　北京理工大学
包　钢　哈尔滨工业大学
蒋友谅　北京理工大学
史习先　中国有色工程设计研究总院

审稿人员

刘世参　成大先　王德夫　郭可谦　汪德涛　方　正　朱　炎　李钊刚
姜　勇　陈谌闻　饶振纲　季泉生　洪允楣　王　正　詹茂盛　姬奎生
张红兵　卢长耿　郭长生　徐文灿

第六版前言

Sixth Edition Preface

《机械设计手册》自 1969 年第一版出版发行以来，已经修订了五次，累计销售量 130 万套，成为新中国成立以来，在国内影响力强、销售量大的机械设计工具书。作为国家级的重点科技图书，《机械设计手册》多次获得国家和省部级奖励。其中，1978 年获全国科学大会科技成果奖，1983 年获化工部优秀科技图书奖，1995 年获全国优秀科技图书二等奖，1999 年获全国化工科技进步二等奖，2002 年获石油和化学工业优秀科技图书一等奖，2003 年获中国石油和化学工业科技进步二等奖。1986~2015 年，多次被评为全国优秀畅销书。

与时俱进、开拓创新，实现实用性、可靠性和创新性的最佳结合，协助广大机械设计人员开发出更好更新的产品，适应市场和生产需要，提高市场竞争力和国际竞争力，这是《机械设计手册》一贯坚持、不懈努力的最高宗旨。

《机械设计手册》（以下简称《手册》）第五版出版发行至今已有 8 年的时间，在这期间，我们进行了广泛的调查研究，多次邀请机械方面的专家、学者座谈，倾听他们对第六版修订的建议，并深入设计院所、工厂和矿山的第一线，向广大设计工作者了解《手册》的应用情况和意见，及时发现、收集生产实践中出现的新经验和新问题，多方位、多渠道跟踪、收集国内外涌现出来的新技术、新产品，改进和丰富《手册》的内容，使《手册》更具鲜活力，以最大限度地提高广大机械设计人员自主创新的能力，适应建设创新型国家的需要。

《手册》第六版的具体修订情况如下。

一、在提高产品开发、创新设计方面

1. 新增第 5 篇“机械产品结构设计”，提出了常用机械产品结构设计的 12 条常用准则，供产品设计人员参考。

2. 第 1 篇“一般设计资料”增加了机械产品设计的巧（新）例与错例等内容。

3. 第 11 篇“润滑与密封”增加了稀有润滑装置的设计计算内容，以适应润滑新产品开发、设计的需要。

4. 第 15 篇“齿轮传动”进一步完善了符合 ISO 国际最新标准的渐开线圆柱齿轮设计，非零变位锥齿轮设计，点线啮合传动设计，多点啮合柔性传动设计等内容，例如增加了符合 ISO 标准的渐开线齿轮几何计算及算例，更新了齿轮精度等。

5. 第 23 篇“气压传动”增加了模块化电/气混合驱动技术、气动系统节能等内容。

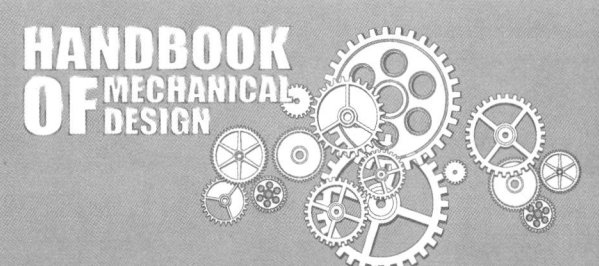

二、在为新产品开发、老产品改造创新，提供新型元器件和新材料方面

1. 介绍了相关节能技术及产品，例如增加了气动系统的节能技术和产品、节能电机等。

2. 各篇介绍了许多新型的机械零部件，包括一些新型的联轴器、离合器、制动器、带减速器的电机、起重运输零部件、液压元件和辅件、气动元件等，这些产品均具有技术先进、节能等特点。

3. 新材料方面，增加或完善了铜及铜合金、铝及铝合金、钛及钛合金、镁及镁合金等内容，这些合金材料由于具有优良的力学性能、物理性能以及材料回收率高等优点，目前广泛应用于航天、航空、高铁、计算机、通信元件、电子产品、纺织和印刷等行业。

三、在贯彻推广标准化工作方面

1. 所有产品、材料和工艺均采用新标准资料，如材料、各种机械零部件、液压和气动元件等全部更新了技术标准和产品。

2. 为满足机械产品通用化、国际化的需要，遵照立足国家标准、面向国际标准的原则来收录内容，如第15篇“齿轮传动”更新并完善了符合ISO标准的渐开线齿轮设计等。

《机械设计手册》第六版是在前几版的基础上重新编写而成的。借《机械设计手册》第六版出版之际，再次向参加每版编写的单位和个人表示衷心的感谢！同时也感谢给我们提供大力支持和热忱帮助的单位和各界朋友们！

由于笔者水平有限，调研工作不够全面，修订中难免存在疏漏和缺点，恳请广大读者继续给予批评指正。

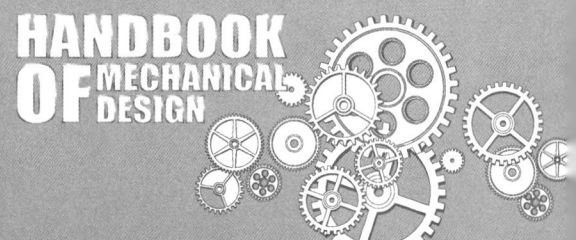

编　者

目录
CONTENTS

第16篇 多点啮合柔性传动

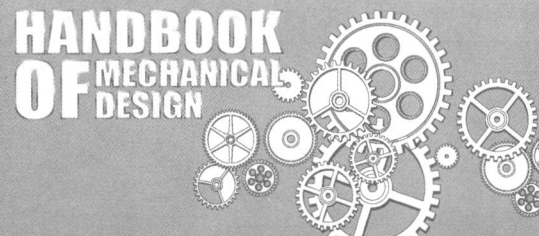

HANDBOOK OF MECHANICAL DESIGN

第 6 章 整体结构的技术性能、尺寸系列和选型方法 ……… 16-53

第 7 章 多点啮合柔性传动动力学计算 ……………………… 16-71

参考文献 ………………………………… 16-92

第 17 篇 减速器、变速器

HANDBOOK OF MECHANICAL DESIGN

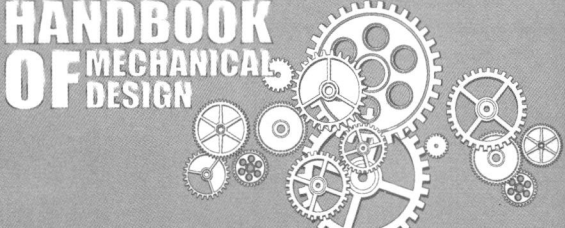

第 18 篇 常用电机、电器及电动（液）推杆与升降机

HANDBOOK OF MECHANICAL DESIGN

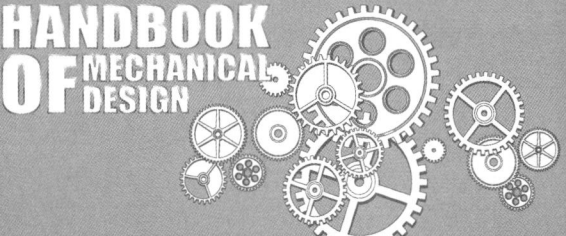

第19篇 机械振动的控制及利用

HANDBOOK OF MECHANICAL DESIGN

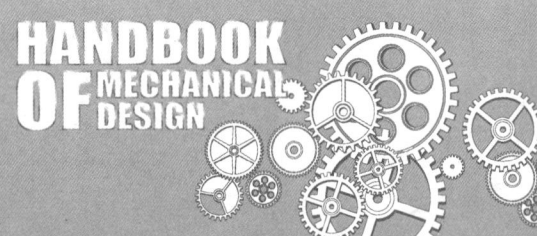

第20篇 机架设计

HANDBOOK OF MECHANICAL DESIGN

机械设计手册

第六版

第4卷

HANDBOOK OF MECHANICAL DESIGN

第16篇 多点啮合柔性传动

主要撰稿 郑自求 贺元成 季泉生 方 正 马敬勋 冯彦宾 袁 林

审 稿 方 正 季泉生 林 鹤

16

第1章 概 述

1 原理和特征

1.1 原理

末级减速装置由多个主动件同时驱动主轴，并把全部或部分低速级传动装置悬挂安装于主轴或从动件，再将悬挂的主传动装置架体通过柔性支承与地基连接的传动方式称为多点啮合柔性传动，可简称为“多柔传动”。

1.2 特征

末级减速装置有多点啮合、悬挂安装和柔性支承是“多柔传动”的主要特性。多柔传动和以前的初级或中间减速装置或有多点啮合、或有悬挂安装、或有柔性支承的特点是不同的，它具有如下性能特征。

多柔传动适用于重载低速的大型设备主传动，重载低速传动需要解决传递大转矩，具有很大冲击和振动，以及末级偏载较严重等问题。该偏载产生的主要原因：其一为安装误差，两轴心线相互位置偏差；其二为在工作载荷作用下轴心线的挠曲、温度变化及基础沉降等引起的末级从动件位置的偏移；其三为保证最小侧隙，人为地将中心距拉开而导致的接触面积的减少。这些误差的积累将导致末级齿轮不能正确啮合而致载荷在轮齿上分布不均。针对大转矩采用多点啮合，其末级从动件由多个主动件同时驱动以减少单点传动力；为解决末级偏载，它将全部或部分低速级传动装置悬挂在主轴或末级从动件上，使末级主动件能适应从动件位置的变化而同步变化，从而使末级传动保持良好的传动状态；为缓和冲击和减振，在相关传动链上设置了具有“柔性”的零部件或装置，如通过柔性支承将悬挂在主轴或末级从动件上的架体与地基相连等。这些具体设计构思的有机结合就形成了性能优良的多柔传动。

2 基本类型

2.1 分类

主要根据多柔传动的特征——多点啮合、悬挂安装、柔性支承的作用原理和结构来分类；悬挂安装结构是“多柔传动”的主要特征和区别，是划分类型的依据；柔性支承使悬挂结构和基础之间获得“柔性”连接，保证各种悬挂安装结构的性能得以完美实现；啮合点数是由多少个主动件分担总转矩所决定。除悬挂安装结构形式外，根据传动装置是全部或部分安装在悬挂壳体上还可分为：

① 全悬挂　全部传动装置（包括原动机，如电机）都悬挂安装在主轴上；

② 半悬挂　部分低速级传动装置悬挂安装于主轴或末级从动件上，而其高速级传动装置则仍安装在地基。

"多柔传动"的结构分类形式如下。

- 多点啮合柔性传动
  - 多点啮合：末级传动由多个主动件同时驱动从动件（单点啮合为其特例）
  - 悬挂安装（全悬挂或半悬挂）
    - 中心距固定
      - 整体外壳（悬挂）式（PGC 型等）
      - 固定滚轮（悬挂）式（BF 型等）
    - 中心距可变（侧隙可调）
      - 推杆（悬挂）式（BFP 型）
      - 拉杆（悬挂）式（BFT 型）
      - 偏心滚轮（悬挂）式（TSP 型）
  - 柔性支承
    - 单作用式：柔性件一端固定，另一端承力；有扭力杆、拉压杆、弹簧、钢绳支承器等。单作用式扭力杆也可称为端固定式扭力杆。
    - 自平衡式：柔性件两端均承受相等的力（力矩），呈自平衡状态；有扭力杆、拉压杆等。
    - 并接式（双作用式）：由两种柔性支承共同支承悬挂装置，呈并接状态；两种柔性支承的作用力相等或呈变形谐调关系；有柔性杆-扭力杆、杠杆-弹簧、弹簧-液压组合等；呈变形谐调关系的有扭力杆-拉压杆等。
    - 串接式：除末级减速装置上的（主）柔性支承外，在（中间或）初级减速器上尚有（副）柔性支承，呈串接状态；（副）柔性支承作用力小；（主）柔性支承可为上述各种形式；（副）柔性支承有弯曲杆、弹簧、拉压杆等；（副）柔性支承或称串接柔性支承。
    - 调整式：刚度可调和刚度、力臂均可调的各种调整式柔性支承。

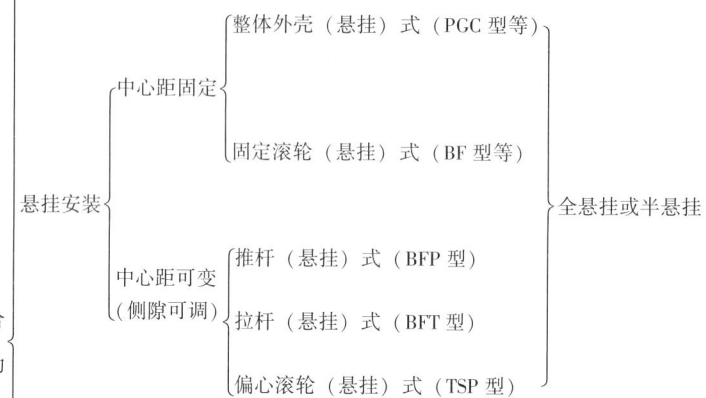

2.2　悬挂形式与其他特征的组合

可根据大型设备主传动要求，如传递总转矩、转速、设备结构，如从动件装于主轴或筒体、传动装置处于中部或端部、设备长度和大小、传动端预留位置和空间大小、均载要求、载荷性质等选定悬挂形式后再确定几点啮合，全部或部分悬挂安装（全悬挂或半悬挂）、适用的柔性支承形式，从而形成结构形式各不相同的上述各种悬挂形式与其他特征组合的各种多柔传动装置。

3　结构和性能

现就五种悬挂安装形式中较常用的实例汇总在表 16-1-1 中，从中可见各种形式实例的结构和性能，可供选型确定结构作参数。

表 16-1-1　　结构和性能

序号	形式	结构简图	简述	结构特征：啮合点数	结构特征：全部或部分悬挂安装	结构特征：柔性支承	结构特征：其他特征	优缺点
1	整体外壳式之一（PGC型）	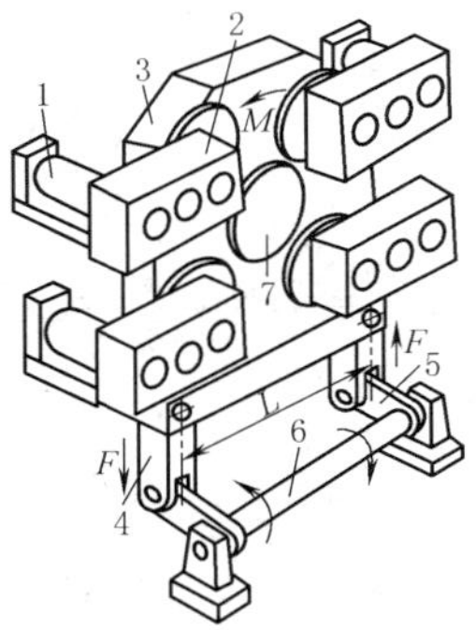 1—电机；2—初级减速器；3—末级减速器（整体外壳）；4—直杆；5—曲柄；6—扭力杆；7—输出主轴	以一个末级减速装置（整体外壳）悬挂于主轴，初级减速器出轴与末级小齿轮轴连接，初级减速器箱体固定于末级减速装置壳体上，因此，中心距固定，末级齿轮传动侧隙不能调整 四点负荷均衡由电机特性及电器控制系统确定 用于转炉倾动机构等	4	全悬挂	自平衡扭力杆	啮合点数可在 2 ~ 12 之间	① 可设有限制扭力杆过载的限扭器； ② 基础简单； ③ 1 ~ 2 点传动损坏，仍可维持操作； ④ 主轴承载重量大
2	整体外壳式之二	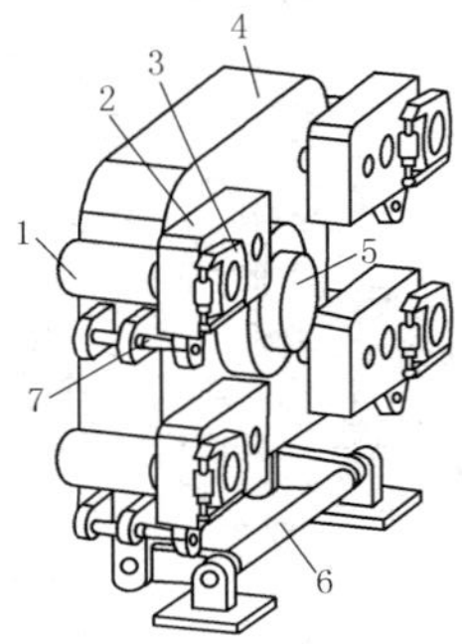 1—电机；2—初级减速器；3—制动器；4—末级减速器（整体外壳）；5—主轴；6—扭力杆；7—串接弯曲杆	主要结构和上面相似，不同者为初级减速器并不固定于末级壳体上，而是悬挂于末级输入轴上，并以弯曲杆作为初级减速器的（副）柔性支承，与末级减速装置的（主）柔性支承扭力杆组成串接式柔性支承 用于转炉和烧结机的主传动	4	全悬挂	自平衡扭力杆串接弯曲杆	啮合点数可在 2 ~ 8 之间。初级减速器也采用悬挂安装	① 可设有限制扭力杆过载的限扭器； ② 基础简单； ③ 1 ~ 2 点传动损坏，仍可维持操作； ④ 主轴承载重量大

续表

序号	形式	结构简图	简述	结构特征：啮合点数	结构特征：全部或部分悬挂安装	结构特征：柔性支承	结构特征：其他特征	优缺点
3	整体外壳式之三	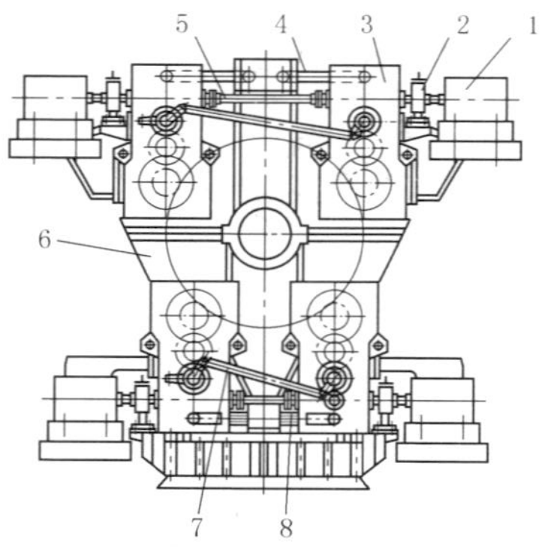1—电机；2—制动器；3—初级减速器；4—串接拉压杆；5—同速轴；6—末级减速器；7—均载装置；8—弹簧缓冲装置	主要结构和整体外壳式之二相似，但它以拉压杆作为初级减速器的（副）柔性支承；以弹簧作为（主）柔性支承，组成串接式柔性支承装置 上面两个初级减速器的高速轴通过二者的同速轴相连接，下面两个高速轴同样通过下面二者的同速轴相连接，经从动圆锥齿轮轴中的行星差动机构和曲柄摇杆机构，并采用机电控制均载技术实现均载功能 电机底座应和初级减速器壳体固接，以保证和末级减速器整体外壳相对运动的一致性	4	全悬挂	弹簧串接拉压杆	有均载机构，采用均载技术保证各点载荷比较均匀 初级减速器也采用悬挂安装	① 各点负荷比较均匀； ② 1～2点传动损坏，仍可维持操作，保证安全； ③ 基础简单； ④ 结构比较复杂； ⑤ 主轴承载重量大
4	整体外壳式之四	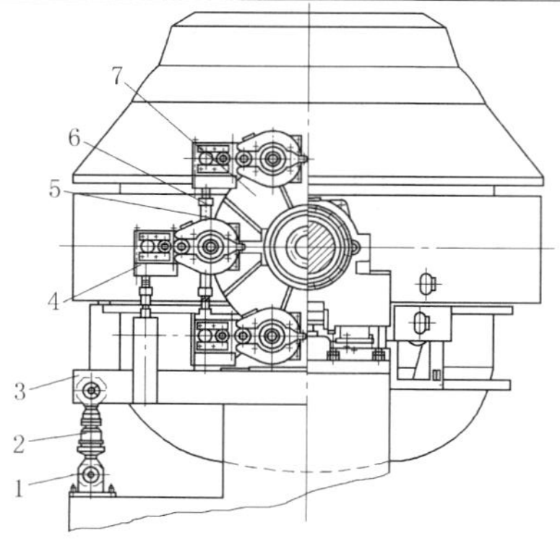1—支座；2—弹簧液压组合器；3—壳体横梁；4—初级减速器；5—支撑；6—串接弹簧；7—末级减速器	为主轴两端驱动结构，每端均有同样6点啮合的整体悬挂末级减速器，两个末级减速器壳体及其横梁均悬挂于主轴，横梁则支承在（主）柔性支承弹簧液压组合器上；末级减速器的6个输入轴上都悬挂着初级减速器，其壳体则支承在（副）柔性支承即6个弹簧缓冲器上 应用于转炉倾动机构等	6×2	全悬挂	弹簧液压串接弹簧	两端同驱动，双边有可能达16点 初级减速器也采用悬挂安装	① 啮合点数多，传动装置尺寸小； ② 1～4点传动损坏，仍可维持操作； ③ 主轴只承受重力，传动负荷为纯扭，无传动附加力； ④ 基础简单； ⑤ 两端必须同时驱动

续表

序号	形式	结构简图	简述	结构特征 啮合点数	结构特征 全部或部分悬挂安装	结构特征 柔性支承	结构特征 其他特征	优缺点
5	整体外壳式之五	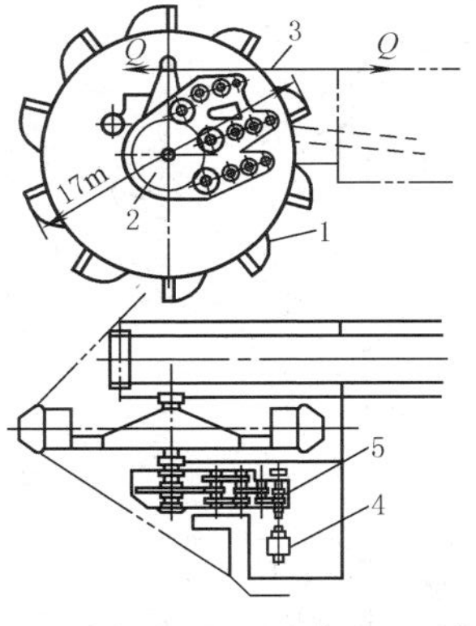 1—斗轮；2—末级大齿轮；3—拉压杆；4—电机；5—减速器	三台电机，通过各自的减速器输出轴带动末级减速器的三个小齿轮驱动主轴大齿轮，三台减速器在同一个非对称布置的壳体内，并悬挂安装于主轴，从而带动回转直径达 17m 的斗轮挖掘机工作 柔性支承为单作用式拉压杆，一端固定在悬挂壳体的凸缘上，一端则固定于机体上 用于斗轮式挖掘机主传动	3	全悬挂	单作用拉压杆	非对称布置传动。啮合点数不可能太多，3 点左右 初级减速器是和末级减速器壳体为一体的，都悬挂安装于主轴	① 主轴还承受非对称布置的附加集中作用力； ② 基础简单； ③ 拉压杆最好承受拉力，否则要作稳定校核
6	固定滚轮式之一（BF 型）	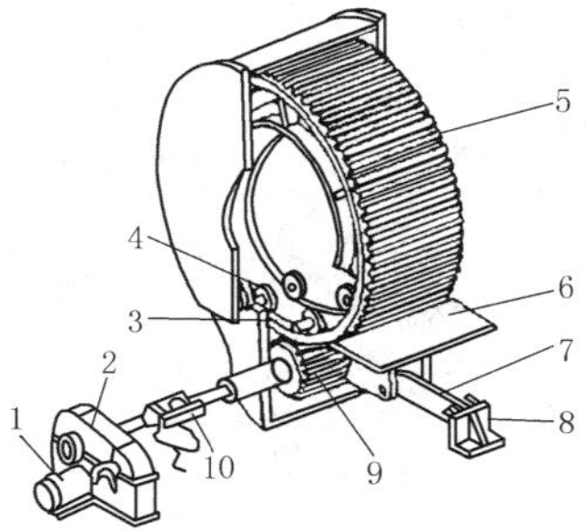 1—电机；2—初级减速器；3—内轨道；4—滚轮；5—末级大齿轮；6—悬挂架体；7—拉压杆；8—支座；9—小齿轮；10—万向联轴器	具有固定滚轮的小车悬挂在大齿轮内轨道上，支持并定位；小车通过拉压杆和地基连接 维持传动的必要条件为前后滚轮都必须有轮压（至少三个轮子要有轮压），此时中心距是固定的 此结构悬挂小车上无其他减速装置，悬挂小车重量较小 用于圆筒混合机、回转窑等	1	半悬挂	单作用拉压杆	悬挂小车可以是 1～4 个，即啮合点为 1～4	① 悬挂重量小，悬挂小车上无减速装置，结构简单； ② 啮合点数少时，主轴附加集中力大； ③ 初级减速器置于地基，当速比大时，体积较大； ④ 末级非整体外壳，润滑条件较差

续表

序号	形式	结构简图	简述	结构特征				优缺点
				啮合点数	全部或部分悬挂安装	柔性支承	其他特征	
7	固定滚轮式之二（特殊BF型）	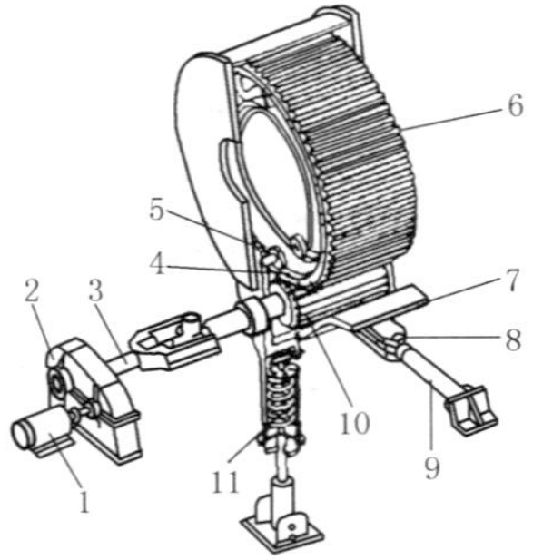 1—电机；2—初级减速器；3—万向联轴器；4—内轨道；5—滚轮；6—末级大齿轮；7—悬挂架体；8—销轴；9—拉压杆；10—小齿轮；11—重力平衡器	和上面BF型不同点：①从主轴轴线方向看的双滚轮（对称布置时可为四轮）变为单轮（对称布置为两轮）；②有重力平衡器，可平衡悬挂装置重量 应用于回转窑、干燥机等	1	半悬挂	单作用拉压杆	小车同样可以是1~4个，啮合点为1~4点；为单轮定位，并有重量平衡器	①悬挂重量小，悬挂小车上无减速装置，结构简单； ②不能丧失轮压； ③轮压受小车位置及拉压杆等部件相对位置影响；多个小车时必须都有轮压
8	推杆式之一（BFP型）	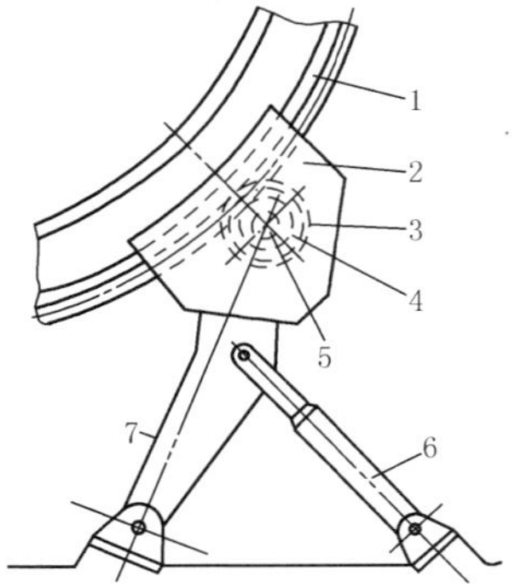 1—大齿轮；2—悬挂架体；3—辊子；4—小齿轮；5—小齿轮轴；6—弹簧推杆；7—支杆	没有滚轮支持定位，依赖推杆将包含末级小齿轮在内的架体有压悬挂在大齿轮（主轴）上，以悬挂架体上小齿轮两侧的辊子接触大齿轮轮缘两侧的外轨道来保持齿轮副的最小传动侧隙 调整弹性推杆中弹簧的预压缩量，可以改变中心距，从而调整齿轮副的啮合侧隙 应用于造球机、水泥窑等	1	半悬挂	单作用弹簧	架体可以为1~4套，啮合点为1~4点； 齿轮径向力为柔性支承的作用载荷	①辊子和外轨道间作用力较小，可以人为设定； ②侧隙变大或磨损时，可以修配辊子来维持原啮合侧隙

续表

序号	形式	结构简图	简述	结构特征：啮合点数	结构特征：全部或部分悬挂安装	结构特征：柔性支承	结构特征：其他特征	优缺点
9	推杆式之二(BFP型)	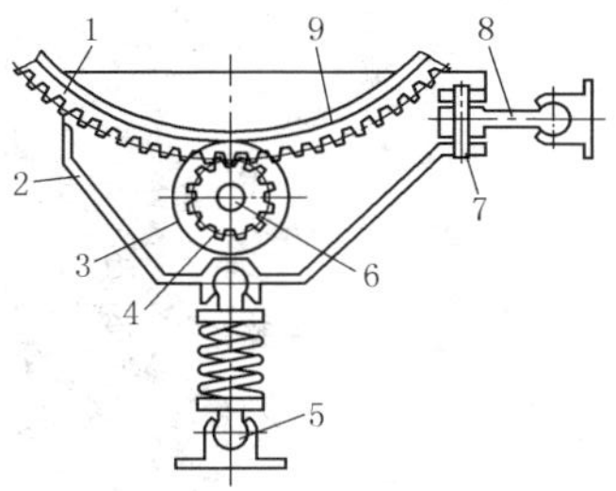 1—大齿轮;2—悬挂架体;3—辊子;4—小齿轮;5—弹簧推杆;6—传动轴;7—销轴;8—支杆;9—外轨道	与推杆式之一(BFP型)相同。柔性支承为承受径向力的弹簧推杆	1	半悬挂	单作用弹簧	啮合点可为1～4点，即传动架体可以为1～4套	① 柔性支承固定点的位置在齿轮连心线方向时受力简化； ② 辊子和外轨道间需要保持一定压力，以保证架体的悬挂可靠； ③ 侧隙变大或磨损时可以修配辊子，获得理想侧隙
10	拉杆式之一(BFT型)	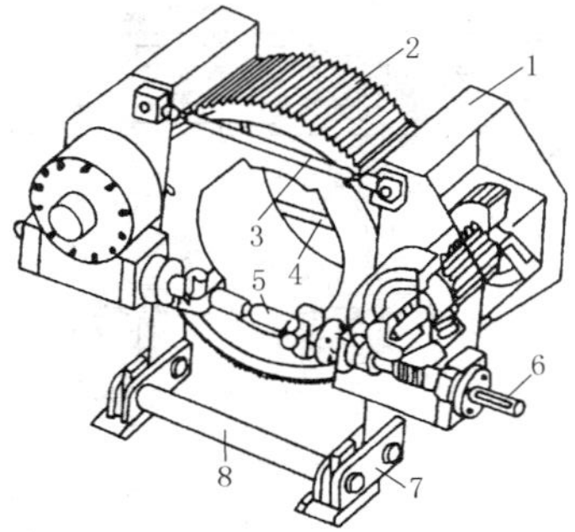 1—悬挂架体;2—大齿轮;3—前拉杆;4—后拉杆;5—万向接轴;6—输入轴;7—曲柄;8—扭力杆	借前后拉杆将左右传动架体悬挂于大齿轮上，这种最初应用的拉杆式(BFT型)悬挂架体无重力平衡器；两点负荷不均衡，因此小齿轮两侧需设两个辊子，负荷小侧辊子就和大齿轮上外轨道接触，从而保证负荷较小侧齿轮能保持啮合的最小侧隙 应用于烧结机台车传动、混铁水车倾翻机构、矿井提升机、闸门启闭机等	2	半悬挂	自平衡扭力杆	输入轴未悬挂初级减速器，属于左右对称的BFT型	① 只能用于端部传动； ② 大齿轮直接和主轴连接输出转矩； ③ 必须两侧即两点同时工作，一侧损坏就不能维持传动； ④ 两点负荷不均衡

续表

序号	形式	结构简图	简述	结构特征				优缺点
				啮合点数	全部或部分悬挂安装	柔性支承	其他特征	
11	拉杆式之二(BFT型)	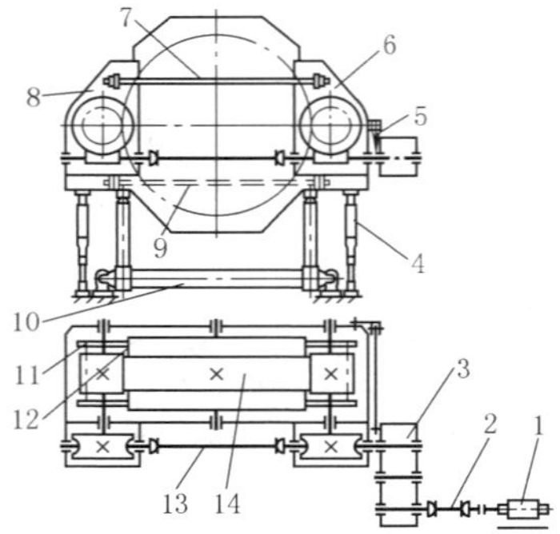 1—电机;2—万向接轴;3—悬挂减速器;4—重力平衡器;5—串接拉压杆;6—右传动架;7—前拉杆;8—左传动架;9—后拉杆;10—扭力杆;11—辊子;12—外轨道;13—万向接轴;14—大齿轮	有重力平衡器,若按BFT型理论分析确定其位置和弹簧的预压缩量,可做到两点负荷均衡;右悬挂传动架输入端还悬挂(用拉压杆作串接柔性支承)有初级减速器,因此左右两悬挂传动架体安装后重量不相等,为非对称结构	2	半悬挂	自平衡扭力杆串接拉压杆	输入轴悬挂初级减速器,属于左右不对称的BFT型 有重力平衡器	① 只能用于端部传动; ② 大齿轮直接和主轴连接输出转矩; ③ 必须两侧即两点同时工作,一侧损坏就不能维持传动; ④ 能做到两点负荷均衡; ⑤ 扭力杆(自平衡式)的传力直杆若做成弹性杆,则自平衡式扭力杆就变成并接式柔性支承(弹性杆-扭力杆)
12	偏心滚轮式(TSP型)	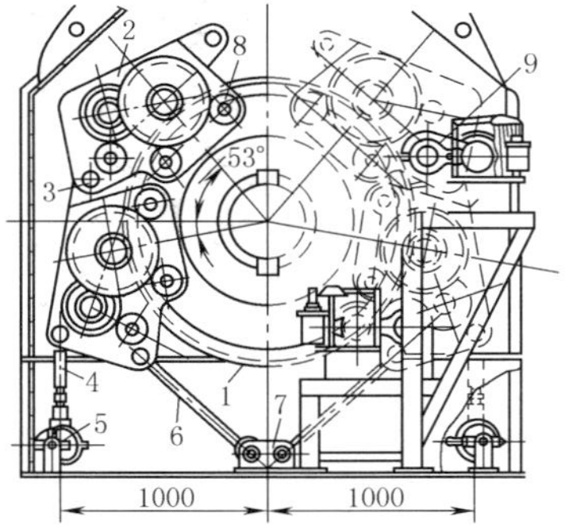 1—大齿轮;2—悬挂小车;3—连接销;4—直杆;5—扭力杆;6—拉压杆;7—支座;8—偏心滚轮;9—初级减速器	四台电机通过非悬挂的初级减速器和悬挂小车上的开式减速器驱动主轴上的大齿轮 上面的两个小车通过连接销和下面小车连接,下面的小车再通过并接式柔性支承(扭力杆-拉压杆)和地基连接 偏心滚轮在大齿轮内轨道上定位;用偏心机构可调整侧隙(中心距可变),如只要有一个小车失去轮压,在末级小齿轮两侧需设辊子与大齿轮外轨道接触,以保证传动最小侧隙 用于转炉倾动机构等	4	半悬挂	并接式(扭力杆-拉压杆)	可无级调整末级齿轮侧隙 并接式的两个柔性件受力不等,受力按两个柔性件的变形谐调关系确定 啮合点一般可在1~4间	① 一般用于端部传动; ② 扭力杆直径和长度可变,支承刚度变化范围大; ③ 偏心滚轮也可用固定滚轮式小车代替,但此时中心距固定,侧隙也不能调整

4 优越性及应用

4.1 优越性

（1）传动性能好

多柔传动采用悬挂安装，无论什么原因引起的末级从动件偏移都不会影响末级传动副的良好啮合，采用的柔性支承可缓和冲击和吸收振动，使传动比较平稳。

（2）承载能力高

多点啮合不但使单点啮合力锐减，且对主轴的集中力减少，接近纯扭；同中心距及主轴直径承载能力可成倍提高；悬挂安装可避免低速级偏载，使齿宽基本不受限制；若同中心距，采用两点啮合，齿宽加大一倍时，与单点啮合、普通传动相比，能提高承载能力 5.6~14.7 倍。

（3）体积小、重量轻

采用多点啮合，末级承载能力以接近啮合点数的倍数增加。若为 8 点啮合，末级中心距可减少近一半，重量减轻 3/4。鞍钢 180t 转炉所用多柔传动与 150t 转炉所用普通传动相比，占地面积由 $84m^2$ 减小到 $30m^2$，重量减轻了 56t。对于固定于筒体的大齿轮，因结构已定不必减小者，可增大末级传动比以减小前置传动装置尺寸，重量进一步减轻。

（4）制造和使用方便

一般可减小中心距使体积变小，对末级大齿轮固定于筒体而不必减小中心距和大齿轮尺寸者，因单齿啮合力减小，也可减小齿轮模数以便于制造。若采用末级中心距可调形式（推杆式、拉杆式、偏心滚轮式），就不会产生因齿厚超差而产生的废品，而且如果在使用中因磨损而侧隙增大时，可调小侧隙继续使用，十分方便。

（5）运转安全可靠

若为两点以上啮合，当其中一套传动系统出现故障时，仍可维持运转。此外，采用的柔性支承除可降低动载荷外，在该支承上还便于设置过载保护装置，可减少断轴和螺栓剪断等事故，确保传动系统主要零部件的安全。

（6）安装维护方便，基础简单

多柔传动的大部分部件成组安装及更换，减少了定位找正操作，故安装维护方便。若为半悬挂安装，低速级大转矩传动部分还是悬挂安装的并不安装在基础上，仅有高速级传动装置和柔性支承安装在基础上，基础上受力及动载荷均小；若为全悬挂结构基础上只安装柔性支承，基础简单，作用的动载荷更小；多点啮合对称布置时，主轴为纯扭，无集中力作用于基础。

（7）易于实现通用化、系列化

对于不同的输出转矩，只需在原有装置的大齿轮上配置不同的啮合点数即可。

4.2 应用

20 世纪 70 年代中期，世界上已有千余台多柔传动装置，先后用于大型烧结机、破碎机、矿井提升机、水泥磨机、氧气转炉、链箅机、回转窑、圆筒混合机、球磨机、棒磨机、斗轮挖掘机、混铁水车、搅拌机、闸门启闭机、港口起重机、雷达、制糖机和造纸机等设备上。在水泥磨上，电动机功率已达到数万千瓦；在一些低速传动装置上，主轴转矩可达千万牛·米级，速比达数千。目前氧气转炉倾动机构和大部分大型烧结机的台车驱动装置都已采用这种先进的传动装置，其理论研究和实践至今方兴未艾。

5 有关结构实例的说明

为了阐明多柔传动的原理、结构和性能等，本篇采用了部分现场实际使用的减速装置等结构图样，但因实例受现场具体情况限制，采用时并未筛选。转载时又未加评述，故有关参数、数据和结构仅供参考，一般不宜照搬。

实际设计选用时应根据使用现场实际，从结构及装置涉及的变位齿轮原理、减速装置设计规范、设计结构合理性和标准化要求等方面确定减速装置的技术参数和结构。

第2章 悬挂安装结构

悬挂安装结构是多柔传动的主要特征和划分形式的主要依据。悬挂安装的目的：一是使末级主动件能适应从动件位置的变化而随动，从而使末级传动保持良好的状态；二是为柔性支承连接创造条件，实现传动装置良好的缓冲减振性能。

对悬挂安装结构的要求是：结构简单；制造方便；自调位性能好且能满足工作中稳定的定位；传动可靠；安装和维护方便。

各种形式的悬挂安装结构分述如下。

1 整体外壳式

1.1 初级减速器固定式安装结构

悬挂安装结构示意图如图16-2-1所示，初级减速器通过法兰用螺栓4和定位销与末级减速器整体外壳6连为一体，整体外壳上还有固定支座2，用于安装电机1和制动器，这样就成为全部传动装置都悬挂安装在主轴上的全悬挂方法。这种安装结构造成重量对整体外壳的偏心较大。

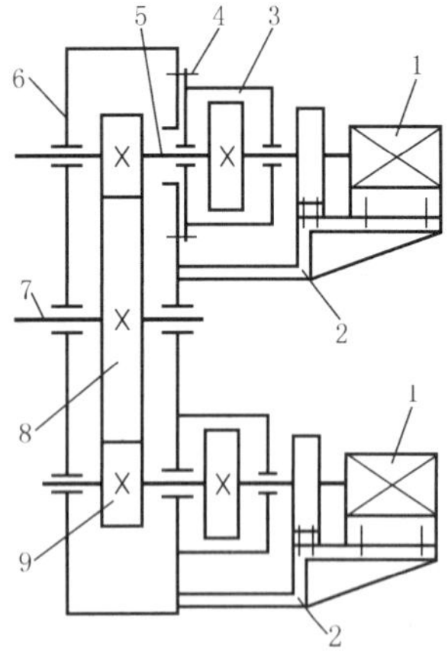

图16-2-1 初级减速器固定式
1—电机；2—固定支座；3—初级减速器；4—螺栓；5—初级减速器输出轴；6—悬挂整体外壳；7—主轴；8—末级大齿轮（从动件）；9—主动小齿轮

另一种结构为电动机和初级减速器输出轴处于异侧，此时重量对整体外壳的偏心较小，初级减速器结构见图16-2-2，它的低速轴伸出端安装的就是末级减速器的小齿轮，用它直接传动主轴的大齿轮，小齿轮另一端的滚动轴承被安装在整体外壳的镗孔内，这样初级减速器的输出轴为三支点静不定结构。类似的整体结构形式见表16-1-1序号1，但初级减速器输出轴的具体结构也可能有所不同。图16-2-3就是和这种初级减速器固定式安装结构连接的末级减速器。

1.2 初级减速器悬挂式安装结构

这种结构除了在悬挂的末级减速装置已有（主）柔性支承外，初级减速器还悬挂于末级减速装置的输入轴上，它又采用拉压杆为（副）柔性支承，即形成了串接式的柔性支承形式。

与固定式的主要差别是它的初级减速器是套（悬挂）在末级减速器的输入轴上的，这种串接式柔性支承在氧气炼钢转炉和烧结机等设备上都有采用，目前初级减速器的（副）柔性支承即串接柔性支承有两种基本形式。

1.2.1 初级减速器串接柔性支承为拉压杆（或弹簧）

图16-2-4所示为这种结构。其中上图为初级减速器通过拉压杆支承在整体外壳上的结构，下图为悬挂轴结

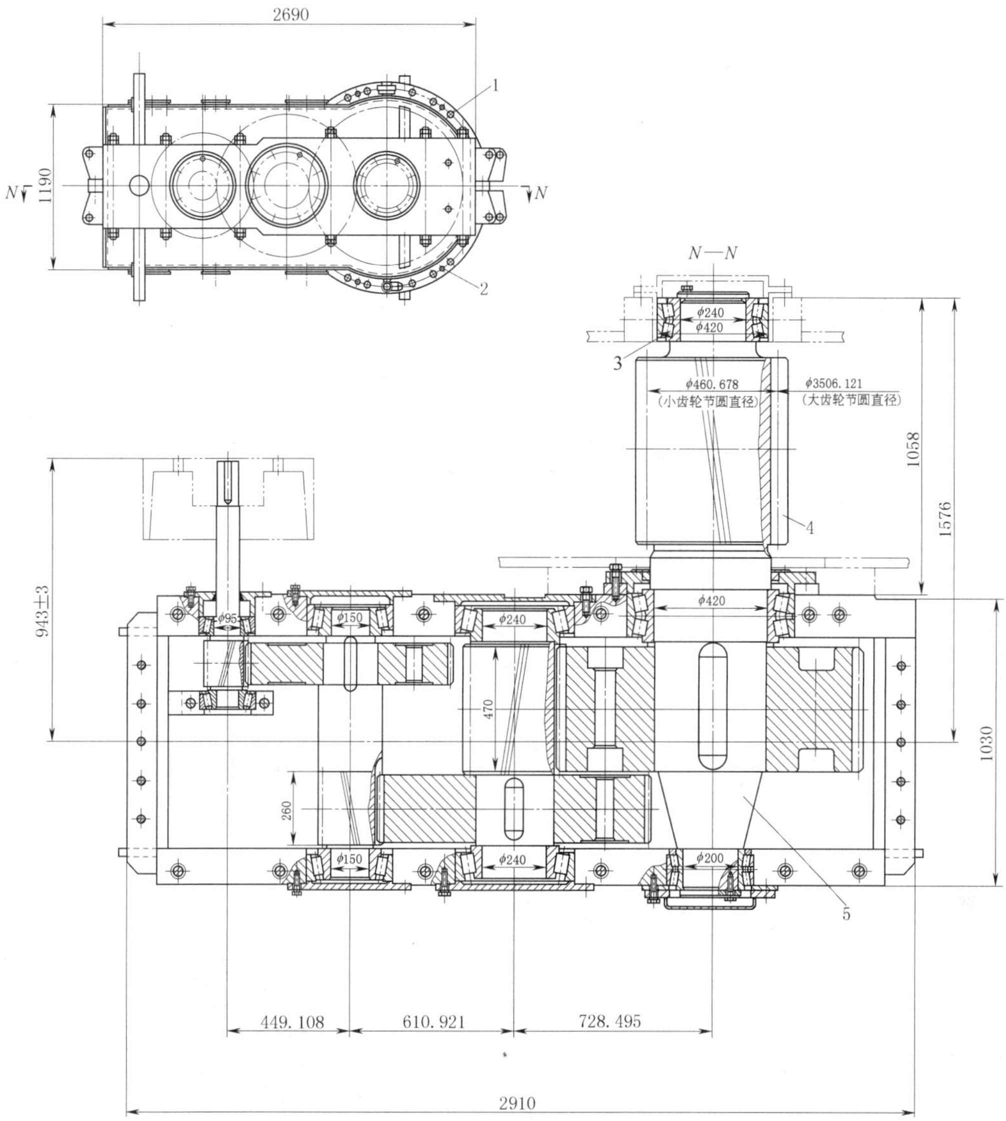

图 16-2-2　固定式安装的初级减速器结构

1—初级和末级减速器连接的螺栓孔；2—定位销孔；3—安装在末级减速器整体外壳镗孔内的轴承；
4—末级减速器的小齿轮；5—初级减速器输出轴

构的剖面图；初级减速器的输出轴孔套（悬挂）装在末级减速器的输入轴 6 上的，并通过拉压杆 4 来定位初级减速器 3，拉压杆两端分别铰接于初级和末级减速器 5 的壳体上，从初级减速器伸出的支架安装电动机 1 和制动器 2（柔性支承为弹簧时结构原理相似）。

1.2.2　初级减速器串接柔性支承为弯曲杆

整体总图结构见表 16-1-1 序号 2，它的初级减速器的悬挂安装结构见图 16-2-5。其中，左图所示为外部结构，由弯曲杆作柔性支承来定位初级减速器，电动机 1 和制动器 3 都位于初级减速器 2 的高速轴一直线上，弯曲杆 4 的两个支点固定于末级减速器的整体外壳 5 上，弯曲杆头部（可变形微移）则和初级减速器的铰接点相连，可围绕末级减速器输入轴线作微小角位移；右图为悬挂轴结构的剖面图，初级减速器的输出轴孔套（悬挂）装在末级减速器的输入轴轴伸上。

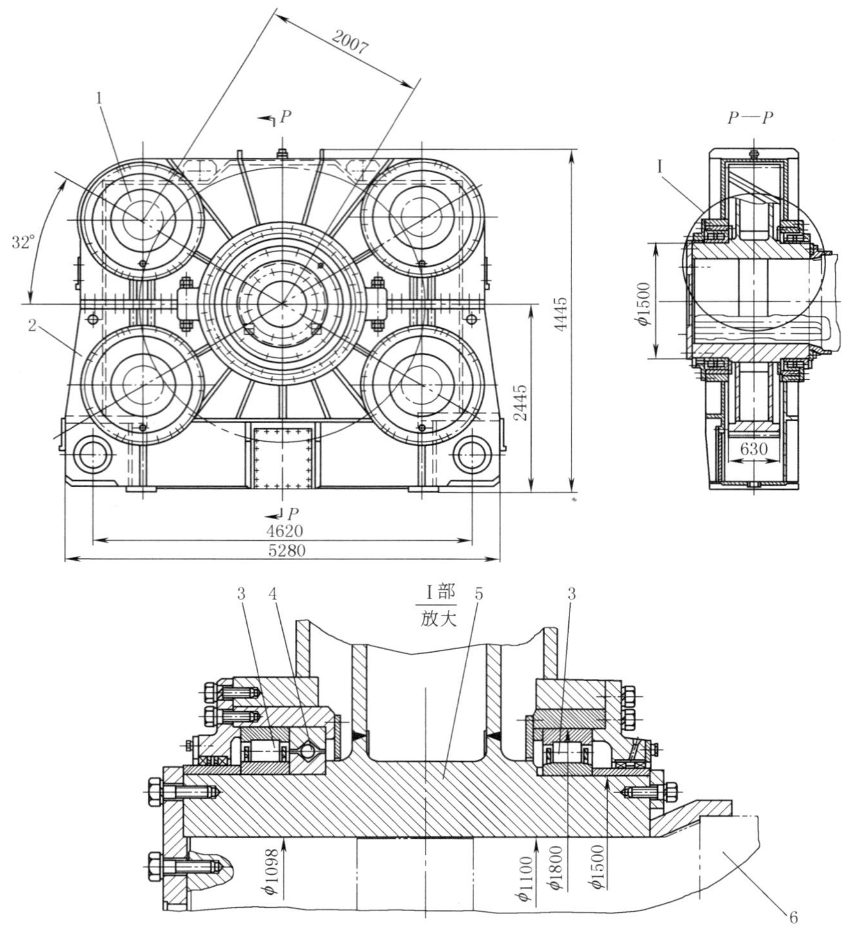

图 16-2-3　和固定式安装的初级减速器连接的末级减速器结构

1—上壳体；2—下壳体；3,4—滚动轴承；5—大齿轮；6—主轴

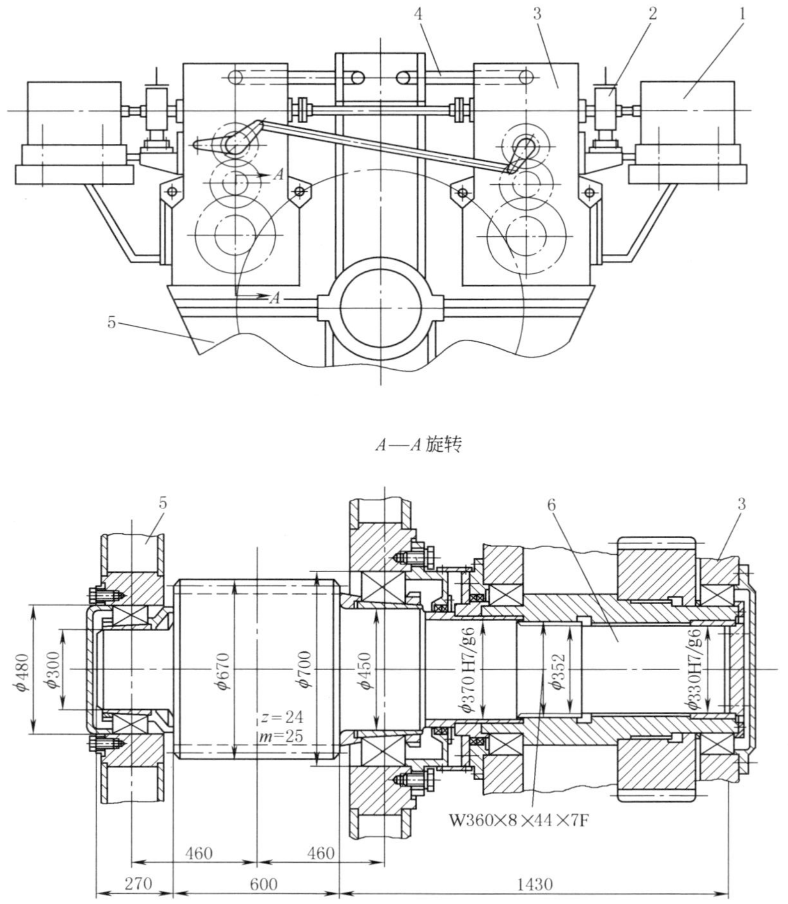

图 16-2-4　悬挂式安装的初级减速器结构之一（串接拉压杆）

1—电动机；2—制动器；3—初级减速器；4—拉压杆；

5—末级减速器；6—末级减速器的输入轴

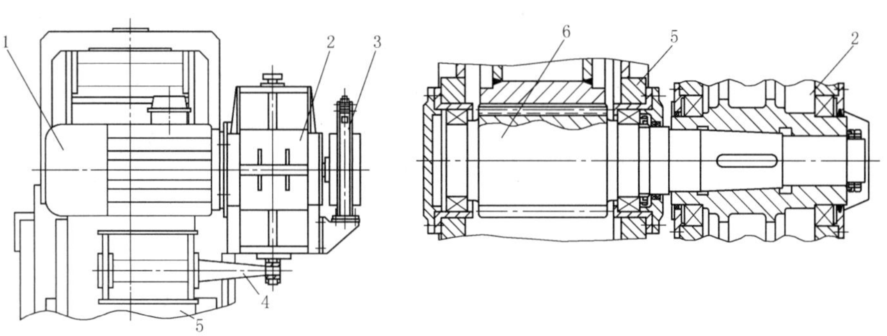

图 16-2-5　悬挂式安装的初级减速器结构之二（串接弯曲杆）

1—电动机；2—初级减速器；3—制动器；4—弯曲杆；5—末级减速器整体外壳；6—末级减速器的小齿轮

2　固定滚轮式（BF 型）

悬挂安装结构如图 16-2-6 所示，悬挂小车是靠滚轮 5 支持并定位在大齿轮内轨道 6 上的。若单点啮合，悬挂小车又处于铅垂线附近，此时除齿轮啮合力的径向分力产生轮压外，重力有助于增加轮压，有轮压就可以实现支持和定位作用，从而达到可靠的传动；但若为多点啮合，当数台悬挂小车同时工作，相似于 TSP 型式的多台连接形式时，每台悬挂小车的轮压将受小车位置和杆件结构参数等的影响，轮压就各不相同，此时就不能保证所有滚轮都不丧失轮压，若失去轮压，意味着小齿轮的定位也将丧失。当不能保证末级齿轮副啮合的最小侧隙时，传动将不能保证，因此为考虑所有情况均能正常工作以及出于安全考虑，在小齿轮 1 的两侧设置了两个辊子 3（结构见图 16-2-6），设置两个辊子的唯一作用是当滚轮丧失轮压时，保证齿轮传动的最小侧隙，即有轮压时，辊子和末级大齿轮的外轨道 7 并不接触，也不存在作用力，只有当轮压丧失时，辊子和外轨道才接触，接触时的作用力可以通过受力分析求得。

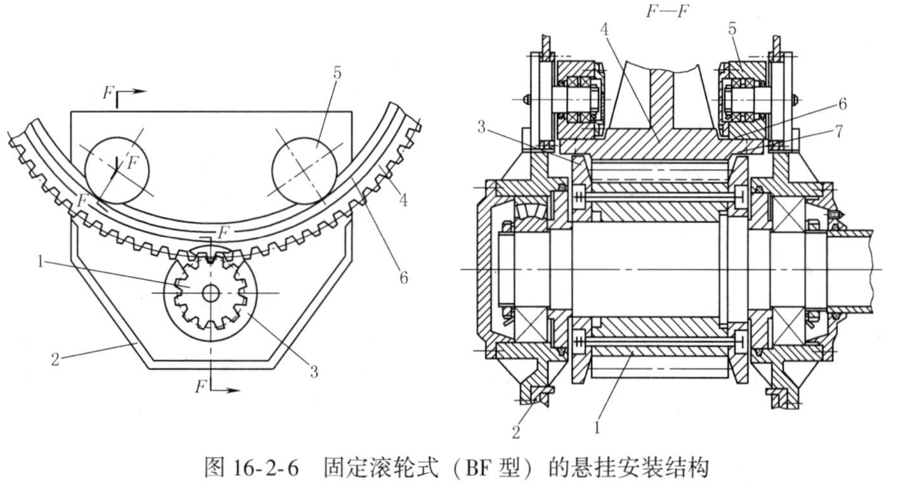

图 16-2-6　固定滚轮式（BF 型）的悬挂安装结构

1—小齿轮；2—传动架体；3—辊子；4—大齿轮；5—滚轮；6—内轨道；7—外轨道

图 16-2-6 的结构在传动架体 2 中仅有一个末级小齿轮 1，传动架体质量较小，是最常用、最简单的结构。传动架体也可以带中间传动副，如图 16-2-7 所示，左图为附带一级齿轮副减速的传动架体结构；右图为附带一级齿轮副和一级蜗杆副的传动架体，它的输入轴还改成了主轴轴线的垂直方向，但因这两种带中间传动副的结构形式一般是开式传动，工作条件较差，且增加悬挂小车的偏心质量，实际采用得少一些。

这种滚轮式小车结构设计的主要问题是如何保证轮压，有了轮压不但保证了传动可靠稳定，且可减少辊子和外轨道接触的作用力（二者相对运动时很难做到纯滚动），以提高传动效率和减少有效接触宽度较小的辊子与外轨道的磨损。保证轮压较难，但减少轮压的方法很简单，只要使柔性支承的固接中心和末级小齿轮中心的连线尽量和末级齿轮

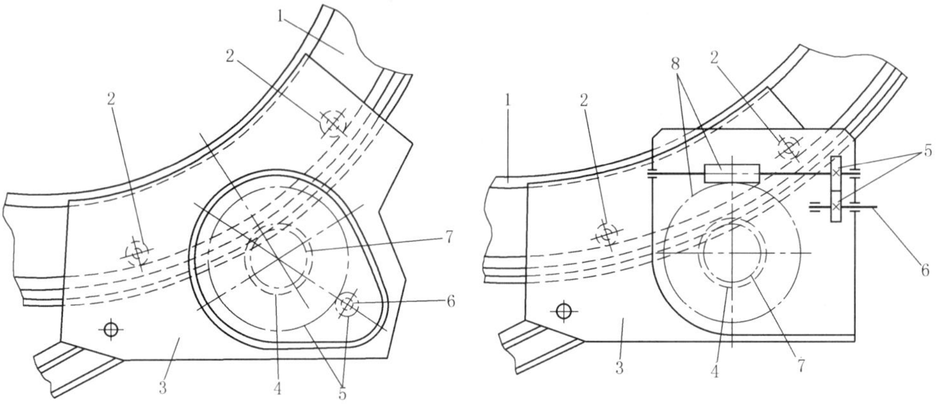

图 16-2-7　带中间传动副的悬挂小车传动架结构简图

1—大齿轮；2—滚轮；3—传动架体；4—辊子；5—中间齿轮副；6—输入轴；7—末级小齿轮；8—中间蜗轮副

副的啮合接触线平行就可以了。但仍要注意轮压不要丧失且有一个较小的数值，因为理论分析和实际总有误差。

3　推杆式（BFP 型）

推杆式（BFP 型）和固定滚轮式（BF 型）的主要区别是它没有用以支持和定位（末级小齿轮）的滚轮；它的悬挂架体的其他结构和 BF 型有相似之处，其总体结构见表 16-1-1 序号 8 和 9。推杆式（BFP 型）的悬挂安装结构如图 16-2-8 所示，装有预压缩弹簧的推杆将悬挂架体 3 上的末级小齿轮 2 推向末级大齿轮 5，到小齿轮 2 两侧的辊子 6 与大齿轮两侧的外轨道 7 接触时，此时的中心距对应为齿轮副啮合的最小侧隙（尚为非工作状态即安装位置）；待运行时，啮合法向力的径向分力有将小齿轮推开增大中心距的趋向，当其作用于弹簧推杆时，若作用力不大于预压缩量相当的压力时，齿轮副的中心距不会增加，侧隙也就保持不变，使传动保持正常状态；若作用于弹簧推杆的力大于与预压缩量相当的压力时，弹簧就被继续压缩，此时中心距也会相应增加，同时齿轮副啮合侧隙也增加；因此调整弹簧推杆的预压缩量也就是调整中心距的可变量，推杆式（BFP 型）就成为中心距可变（侧隙可调）的第一种悬挂安装形式。

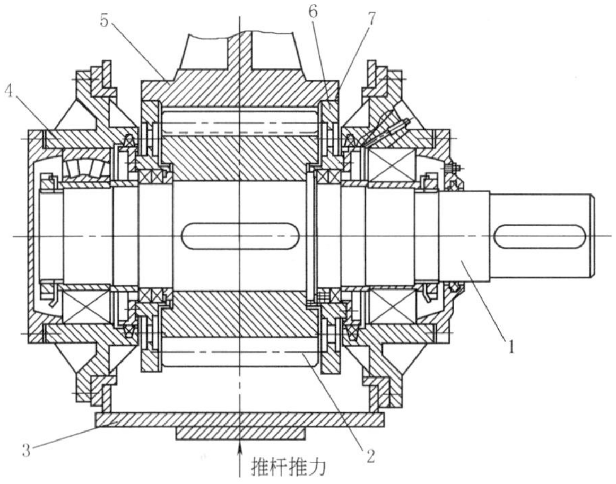

图 16-2-8　推杆式（BFP 型）的悬挂安装结构

1—末级输入轴；2—末级小齿轮；3—悬挂架体；4—轴承盒；5—末级大齿轮；6—辊子；7—外轨道

因为推杆式（BFP 型）悬挂安装没有滚轮定位，它是靠辊子和外轨道间的有压接触维持悬挂安装的可靠性；而固定滚轮式（BF 型）在未工作前辊子和外轨道间肯定是无压的（不论工作后滚轮是不是保有轮压），也存在性能上的区别，所以看似结构相同的辊子和外轨道，实际作用还是不相同的。

4　拉杆式（BFT 型）

拉杆式（BFT 型）结构是第二种没有滚轮的装置，如图 16-2-9 所示。它是借上下拉杆 4 和 8 将左右传动架体 2 和 6（上有末级小齿轮 12）悬挂安装在大齿轮 3 上的。由于即使应用了均载技术参数和结构，因实际和理论

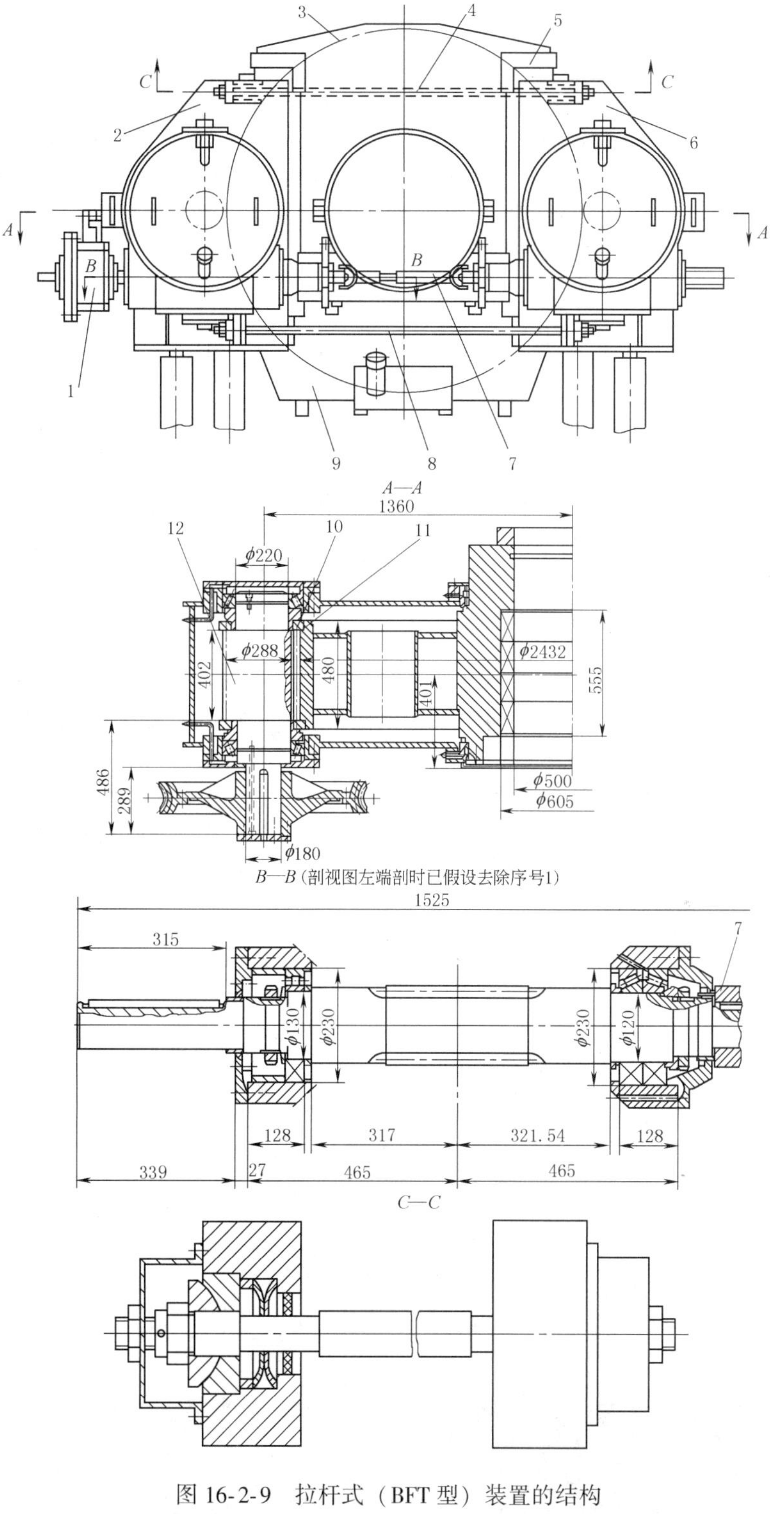

图 16-2-9　拉杆式（BFT 型）装置的结构

1—悬挂初级减速器；2—左传动架体；3—末级大齿轮；4—上拉杆；5—上壳体；6—右传动架体；7—万向接轴；8—下拉杆；9—下壳体；10—辊子；11—外轨道；12—末级小齿轮

总有差距，基于安全考虑，即为了防止运行全过程左右传递转矩稍有不同时小齿轮 12 会被拉杆带动靠向大齿轮 3，使原来的啮合侧隙丧失，故在小齿轮 12 两侧设有辊子 10，此时辊子靠在大齿轮轮缘的外轨道 11 上，这样保持齿轮最小侧隙；而另一边，即转矩稍大边的中心距稍变大，侧隙也增加，所以 BFT 型传动只要稍有不均载，左右两边的传动侧隙就会不相等。

上下壳体 5 和 9 用螺栓连接后套装在大齿轮轮毂上，左右传动架和上下壳体间留有间隙（允许左右传动架做微小平移），其间衬有密封材料以组成封闭外壳，输入的蜗杆轴上悬挂有初级减速器，使左右传动架成为非对称型结构。蜗杆轴见 *B—B* 剖面，蜗杆带动 *A—A* 剖面中的蜗轮，再带动末级小齿轮；若悬挂的初级减速器用弹性杆为（副）柔性支承，和末级减速装置的（主）柔性支承自平衡式扭力杆形成串接式柔性支承。

安装时用调整上、下拉杆原始长度来改变中心距，使原始侧隙发生变化；用调整拉杆组件（*C—C* 剖面）内的碟形弹簧的预压缩量可决定受力后侧隙是否变化。

5　偏心滚轮式（TSP 型）

总体结构见表 16-1-1 序号 12，这种形式的单个悬挂小车与固定滚轮式 BF 型的单点啮合悬挂小车的原理、结构和受力分析都是相似的，唯一的区别是偏心滚轮式的滚轮中心是以小车架体某定点为回转中心，以偏心距为半径的圆周上变动的，因此滚轮中心和末级小齿轮中心的距离是可变的，当两个滚轮在内轨道上支持并定位时，末级齿轮副的中心距也随之可变，即可以人为地调整齿轮的啮合侧隙，成为第三种中心距可变、侧隙可调的多柔传动装置。

应该说明：单个悬挂小车的受力分析和固定滚轮式（BF 型）的单车受力分析没有太大区别，可参照考虑。以下重点介绍当 TSP 型的悬挂小车为多点（4 点）啮合时的总体结构和分析，用固定滚轮式（BF 型）的单车组成多点（如 4 点）传动时同样也可应用这种结构原理和分析方法。选用何种形式（不论啮合点数多少）的关键是运转中齿轮副的侧隙是否要求调整？要调整就得选用偏心滚轮式，如不要求变化和调整当然选用固定滚轮式，因为它比前者的结构和调试都更为简单。

四点啮合的偏心滚轮式（TSP 型）装置的一种结构如表 16-1-1 序号 12 所示，四台电动机通过机架固定的初级减速器和悬挂小车上的开式减速器再驱动主轴上的大齿轮，上面的两个小车通过连接销和下面小车连接，下面的小车再通过并接式柔性支承（单作用式扭力杆-拉压杆）和地基连接；但这两种柔性支承的作用力不相等而呈变形谐调关系，力的关系式见本篇第 3 章表 16-3-4。

第3章 悬挂装置的设计计算

悬挂装置设计计算是其他设计计算的基础，其任务是：①求得各种悬挂安装形式对柔性支承的作用力，以便确定各种柔性支承的结构，满足弹性杆和零部件的强度条件；对细长拉压杆有可能受压者需进行压杆稳定性校核；②滚轮式的除上述要求外，还应求得处于各种不同位置的悬挂小车滚轮的轮压，希望所有滚轮轮压大于0，且有一定的数值，如轮压丧失或数值接近0，则应在末级小齿轮两侧加辊子，大齿轮轮缘上加外轨道，以保持齿轮副要求的最小侧隙；③对可以从理论上求得均载系数的，希望求得满足均载要求的各种传动参数和杆件的理想位置、重力平衡器的合理结构和位置、安装时柔性件中弹簧的预压缩量等，用理论指导实际操作；④能为动力学分析计算创造条件，求得各种系统、各种悬挂装置在不同质量、转速分布状态下，各种不同柔性支承中柔性件的合理刚度和加载力臂（当主轴承受变载、冲击、振动载荷时）。

1 整体外壳式

整体外壳式悬挂装置是将整个传动装置套装在主轴上，定位依靠柔性支承；悬挂结构原理是所有形式中最简单的，传动装置就是采用减速装置，本身结构、计算和普通传动完全相同，所以它的设计计算主要是求得柔性支承的作用力。

1.1 全悬挂、自平衡扭力杆装置

见表16-1-1序号1的简图及图16-3-1。

$$F=\frac{M_2}{L} \tag{16-3-1}$$

$$F=\frac{M}{S} \tag{16-3-2}$$

式中 F——扭力杆作用力，N；

M_2——主轴转矩，N·mm；

L——扭力杆有效作用长度，mm；

M——扭力杆承载转矩，N·mm；

S——扭力杆偏心力臂，mm。

1.2 全悬挂、扭力杆串接弯曲杆装置

见表16-1-1序号2的简图及图16-3-2。

扭力杆 作用力用式(16-3-1) 计算。

弯曲杆

$$P=\frac{M_2}{ni\eta R} \tag{16-3-3}$$

式中 P——作用于弯曲杆铰接点的悬臂力，N；

n——啮合点数，图中$n=4$；

i——末级齿轮副传动比；

η——末级传动效率；

R——末级减速器输入轴中心线到弯曲杆铰接点的距离，mm。

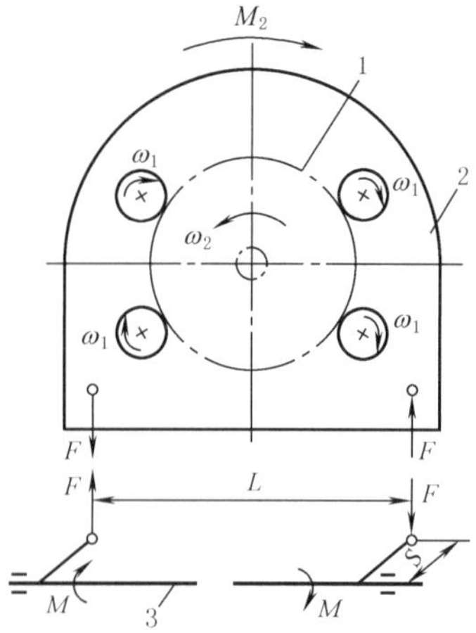

图 16-3-1　全悬挂、自平衡扭力杆装置
1—末级大齿轮；2—悬挂整体外壳；3—扭力杆

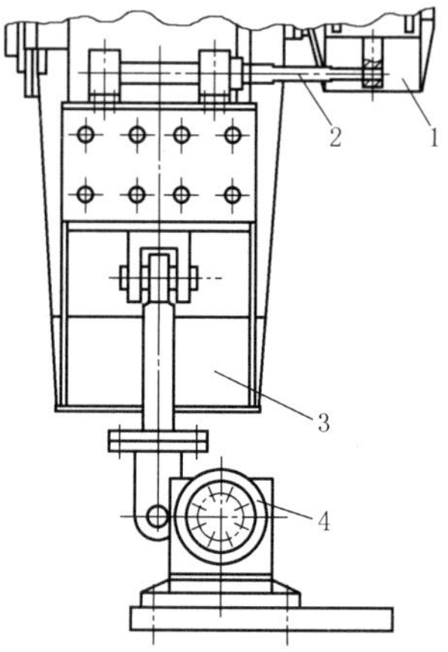

图 16-3-2　全悬挂、扭力杆串接弯曲杆装置
1—初级减速器；2—弯曲杆；3—悬挂整体外壳；4—扭力杆

1.3　全悬挂、弹簧串接拉压杆装置

见表 16-1-1 序号 3 的简图及图 16-3-3。

弹簧

$$F_1=\frac{M_2}{H} \tag{16-3-4}$$

式中　F_1——悬挂整体外壳作用于弹簧的力，N；

H——主轴中心到弹簧轴线垂直距离，mm。

拉压杆

$$P_1=\frac{M_2}{ni\eta H_1} \tag{16-3-5}$$

式中　P_1——作用于拉压杆轴线的力，N；

n——同上，啮合点数为 4；

H_1——末级减速器输入轴中心到拉压杆轴线的垂直距离，mm。

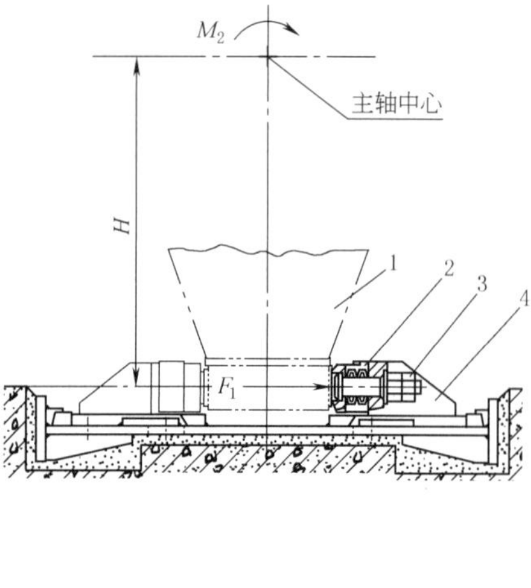

图 16-3-3　全悬挂、弹簧串接拉压杆装置
1—悬挂整体外壳；2—碟形弹簧；3—预紧螺栓；4—支架

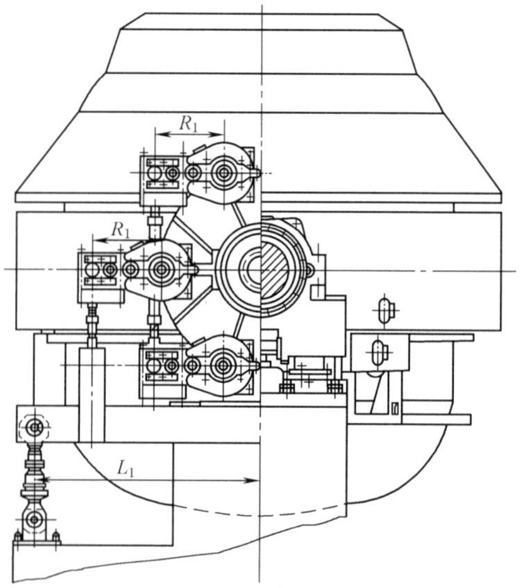

图 16-3-4　全悬挂、弹簧液压串接弹簧装置

1.4　全悬挂、弹簧液压串接弹簧装置

见表 16-1-1 序号 4 的简图及图 16-3-4。

弹簧液压组合器

$$F_2=\frac{M_2}{mL_1} \tag{16-3-6}$$

式中　F_2——对弹簧液压组合器作用力，N；

m——传动端数，双端传动 $m=2$；

L_1——主轴中心到弹簧液压组合器轴线垂直距离，mm。

弹簧缓冲器

$$P_2=\frac{M_2}{mni\eta R_1} \tag{16-3-7}$$

式中　P_2——对弹簧缓冲器的作用力，N；

n——啮合点数（单端），$n=6$；

R_1——末级减速器输入轴中心到弹簧缓冲器轴线的垂直距离，mm。

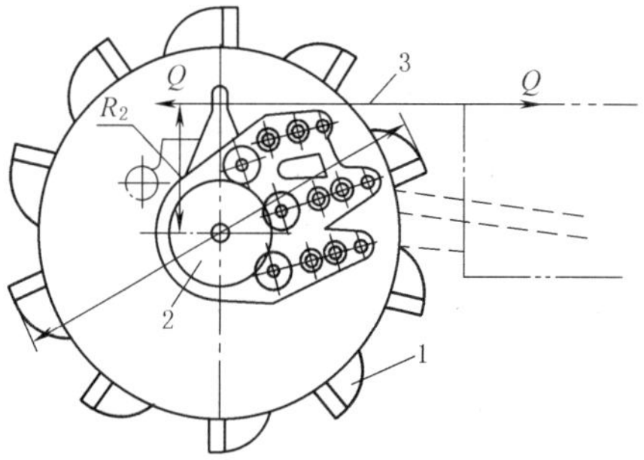

图 16-3-5　全悬挂、单作用式拉压杆装置

1—斗轮；2—主轴大齿轮；3—拉压杆

1.5　全悬挂、单作用式拉压杆装置

见表 16-1-1 序号 5 的简图及图 16-3-5。

拉压杆

$$Q=\frac{M_2}{R_2} \tag{16-3-8}$$

式中　Q——拉压杆作用力，N；

R_2——主轴中心到拉压杆轴线的垂直距离，mm。

2　固定滚轮式（BF 型）

固定滚轮式（BF 型）结构比较简单，能适应 1~4 点啮合的要求；在干燥机、圆筒混合机、回转窑等主轴为

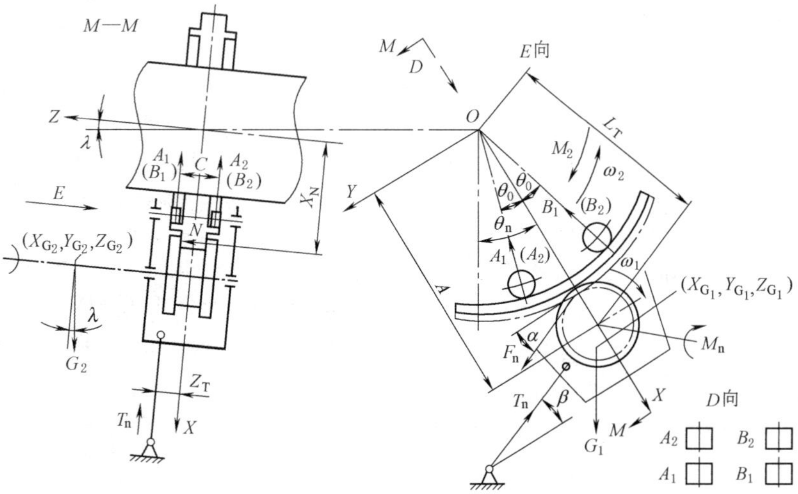

图 16-3-6　固定滚轮式（BF 型）受力分析

低速运行的圆筒形主体设备中应用较多。为便于物料的运动，回转窑多数倾斜一个小角度安装；考虑到滚轮在大齿轮轮缘上呈对称布置时应为4个滚轮；有时因结构原因，有的杆件位置可能偏离中间平面，因此左右滚轮一般情况下轮压还不相等，构成了空间力系；此处还考虑了重力的影响，以更适应普遍情况；若实际情况比较简单，则公式可以根据实际情况简化；现将考虑以上情况后的受力分析示于图16-3-6中；计算公式及符号说明见表16-3-1。

表16-3-1

	平衡方程及计算公式	符号说明
平衡方程	$\sum F_x=0$ $F_n\sin\alpha+(G_1+G_2)\cos\lambda\cos\theta_n-T_n\sin\beta-(A_1+A_2+B_1+B_2)\cos\theta_0=0$ $\sum F_y=0$ $F_n\cos\alpha+(G_1+G_2)\cos\lambda\sin\theta_n-T_n\cos\beta-(A_1+A_2-B_1-B_2)\sin\theta_0=0$ $\sum F_z=0$ $N-(G_1+G_2)\sin\lambda=0$ $\sum M_x=0$ $(G_1Z_{G_1}+G_2Z_{G_2})\cos\lambda\sin\theta_n+(G_1Y_{G_1}+G_2Y_{G_2})\sin\lambda-T_n\cos\beta Z_T+(-A_1+A_2+B_1-B_2)\sin\theta_0\dfrac{C}{2}=0$ $\sum M_y=0$ $(G_1Z_{G_1}+G_2Z_{G_2})\cos\lambda\cos\theta_n+(G_1X_{G_1}+G_2X_{G_2})\sin\lambda-NX_N-T_n\sin\beta Z_T+(-A_1+A_2-B_1+B_2)\dfrac{C}{2}\cos\theta_0=0$ $\sum M_z=0$ $(G_1X_{G_1}+G_2X_{G_2})\cos\lambda\sin\theta_n-(G_1Y_{G_1}+G_2Y_{G_2})\cos\lambda\cos\theta_n+(M_n+M_2/n)-T_nL_T=0$	λ——主轴轴线倾角,(°) M_2——主轴转矩,N·mm α——啮合角,(°) F_n——齿轮法向力,N $F_n=\dfrac{2M_2}{nmZ_2\cos\alpha}$ n——悬挂小车数 m——齿轮模数,mm Z_2——大齿轮齿数 M_n——悬挂小车输入转矩,N·mm $M_n=\dfrac{M_2}{ni\eta}$ i,η——悬挂小车输入轴到主轴的传动比,效率 T_n——支点反力,N A_1,A_2,B_1,B_2——滚轮轮压,N β——T_n 作用线与 Y 坐标轴间夹角,(°) L_T——T_n 作用线与 Z 坐标轴间的垂直距离,mm N——作用到小车齿轮侧边辊子上的力,N X_N——N 作用点到 Z 轴距离,mm θ_n——悬挂小车倾斜 λ 角安装前,第 n 个悬挂小车的齿轮连心线与铅垂线的夹角,(°) C——两滚轮中间平面的距离,mm G_1——悬挂小车重力,N X_{G_1},Y_{G_1},Z_{G_1}——G_1 作用点的坐标值,mm G_2——万向联轴器自重作用到悬挂小车上的力,可近似认为是该联轴器重力的一半,N X_{G_2},Y_{G_2},Z_{G_2}——G_2 作用点的坐标值,mm A——末级齿轮安装中心距,mm
计算公式	联解平衡方程得空间力系的通用计算公式 $N=(G_1+G_2)\sin\lambda$　(16-3-9) $T_n=\left[(G_1X_{G_1}+G_2X_{G_2})\cos\lambda\sin\theta_n-G_1Y_{G_1}\cos\lambda\cos\theta_n+\dfrac{M_2}{n}\left(1+\dfrac{1}{i\eta}\right)\right]\Big/L_T$　(16-3-10) $A_1=(D_1+D_2-D_3-D_4)/4$　(16-3-11) $A_2=(D_1+D_2+D_3+D_4)/4$　(16-3-12) $B_1=(D_1-D_2+D_3-D_4)/4$　(16-3-13) $B_2=(D_1-D_2-D_3+D_4)/4$　(16-3-14) 式中 $D_1=[F_n\sin\alpha+(G_1+G_2)\cos\lambda\cos\theta_n-T_n\sin\beta]/\cos\theta_0$ $D_2=[F_n\cos\alpha+(G_1+G_2)\cos\lambda\sin\theta_n-T_n\cos\beta]/\sin\theta_0$ $D_3=[T_n\cos\beta Z_T-(G_1Y_{G_1}+G_2Y_{G_2})\sin\lambda-(G_1Z_{G_1}+G_2Z_{G_2})\cos\lambda\sin\theta_n]/(C\sin\theta_0/2)$ $D_4=[T_n\sin\beta Z_T+NX_N-(G_1X_{G_1}+G_2X_{G_2})\sin\lambda-(G_1Z_{G_1}+G_2Z_{G_2})\cos\lambda\cos\theta_n]/(C\cos\theta_0/2)$	
	按平面力系考虑 $Z_T=0$(略去重力及末级效率)的简化计算公式 $A_1=A_2=(D_1+D_2)/4$　(16-3-15) $B_1=B_2=(D_1-D_2)/4$　(16-3-16)	

前已述及，保证滚轮式悬挂装置正常工作的条件为至少有 3 个轮子有轮压（当小车对称布置，小车为 4 轮时），否则小齿轮两侧需增设“辊子”和大齿轮轮缘上需有外轨道，让二者接触时保证齿轮啮合的最小侧隙；因此轮压必须保证。若万一出现轮压较大的情况，只要改变图 16-3-6 中 T_n 的方向，即其固定铰接点的位置，令 T_n 的方向和齿轮副的啮合接触线尽量平行就可以了。为安全计，不但不能使轮压为零，且应维持一个较小的值，当实际情况和理论计算有误差时，也不能出现轮压丧失的情况。有轮压若不设辊子，在小车倾斜角较大时，应注意小车能否下滑。

3　推杆式（BFP 型）

推杆式（BFP 型）的整体结构见表 16-1-1 序号 8 和 9。由简图可知，推杆式和滚轮式结构的主要区别是没有滚轮，它是靠小齿轮两侧的辊子紧贴大齿轮上的外轨道而实现悬挂安装的，因此设计计算的目的任务也大不相同，它不但没有轮压问题，而且滚轮式中无轮压时才需要的辊子和外轨道成了任何时候都必须接触且有压紧力。

由于推杆式无固定中心距，是靠推杆弹簧压紧，因此它的初始安装中心距和受力后的中心距（靠推杆中调整弹簧的预压缩量）都是可变的，即齿轮侧隙是可调的。

由于这种推杆式（BFP 型）结构的传动装置也可用于主轴轴线倾斜的圆筒体工作中，考虑到有些杆件不一定位于中间平面，故也按空间力系来考虑，现将考虑以上情况后的受力分析示于图 16-3-7 中，符号说明及计算公式见表 16-3-2。

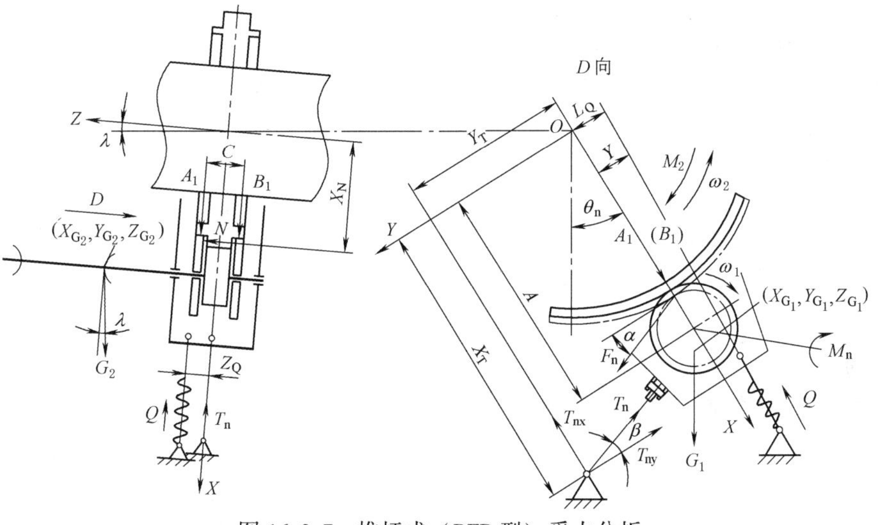

图 16-3-7　推杆式（BFP 型）受力分析

表 16-3-2

平衡方程及计算公式		符号说明
平衡方程	取悬挂架体为分离体 $\sum F_x=0$ $F_n\sin\alpha-Q\cos\gamma-T_{nx}+(G_1+G_2)\cos\lambda\cos\theta_n+A_1+B_1=0$ $\sum F_y=0$ $F_n\cos\alpha-Q\sin\gamma-T_{ny}+(G_1+G_2)\cos\lambda\sin\theta_n=0$ $\sum F_z=0$ $N-(G_1+G_2)\sin\lambda=0$ $\sum M_x=0$ $(G_1Z_{G_1}+G_2Z_{G_2})\cos\lambda\sin\theta_n+(G_1Y_{G_1}+G_2Y_{G_2})\sin\lambda-Q\sin\gamma\cdot Z_Q=0$ $\sum M_y=0$ $A_1\dfrac{C}{2}-B_1\dfrac{C}{2}-NX_N-Q\cos\gamma\cdot Z_Q+(G_1X_{G_1}+G_2X_{G_2})\sin\lambda+(G_1Z_{G_1}+G_2Z_{G_2})\cos\lambda\cos\theta_n=0$ $\sum M_z=0$ $T_{nx}Y_T-T_{ny}X_T-QL_Q+(G_1X_{G_1}+G_2X_{G_2})\cos\lambda\sin\theta_n-(G_1Y_{G_1}+G_2Y_{G_2})\cos\lambda\cos\theta_n+\left(M_n+\dfrac{M_2}{n}\right)=0$	A_1,B_1——外轨道对两辊子作用力,N A——末级齿轮安装中心距,mm T_{nx},T_{ny}——支点反力 T_n 在 X,Y 轴上的投影,N X_T,Y_T——支座铰点的坐标值,mm Q——推杆推力,N L_Q——Q 作用线与 Z 坐标轴间的距离,mm Z_Q——Q 作用点的 Z 坐标值,mm γ——Q 作用线与 X 坐标轴间夹角,(°) M_2——主轴转矩,N·mm α——啮合角,(°) F_n——齿轮法向力,N $F_n=\dfrac{2M_2}{nmZ_2\cos\alpha}$ n——悬挂架体数 m——齿轮模数,mm Z_2——大齿轮齿数

续表

平衡方程及计算公式		符号说明
计算公式	联解平衡方程,得 $N=C_3$ (16-3-17) $T_{nx}=[Q(L_Q-X_T\sin\gamma)+C_2X_T-C_6]/Y_T$ (16-3-18) $T_{ny}=C_2-Q\sin\gamma$ (16-3-19) $Q=C_4/(Z_Q\sin\gamma)$ (16-3-20) $A_1=[Q\cos\gamma(C+2Z_Q)+T_{nx}C+2NX_N-CC_1-2C_5]/2C$ (16-3-21) $B_1=[Q\cos\gamma(C-2Z_Q)+T_{nx}C-2NX_N-CC_1+2C_5]/2C$ (16-3-22) $T_n=\sqrt{T_{nx}^2+T_{ny}^2}$ (16-3-23) $\beta=\arctan(T_{nx}/T_{ny})$ (16-3-24) 式中 $C_1=F_n\sin\alpha+(G_1+G_2)\cos\lambda\cos\theta_n$ $C_2=F_n\cos\alpha+(G_1+G_2)\cos\lambda\sin\theta_n$ $C_3=(G_1+G_2)\sin\lambda$ $C_4=(G_1Z_{G_1}+G_2Z_{G_2})\cos\lambda\sin\theta_n+(G_1Y_{G_1}+G_2Y_{G_2})\sin\lambda$ $C_5=(G_1X_{G_1}+G_2X_{G_2})\sin\lambda+(G_1Z_{G_1}+G_2Z_{G_2})\cos\lambda\cos\theta_n$ $C_6=\dfrac{M_2}{n}\left(1+\dfrac{1}{i\eta}\right)+(G_1X_{G_1}+G_2X_{G_2})\cos\lambda\sin\theta_n-(G_1Y_{G_1}+G_2Y_{G_2})\cos\lambda\cos\theta_n$	M_n——悬挂架体输入转矩,N·mm $M_n=\dfrac{M_2}{ni\eta}$ i,η——悬挂架体输入轴到主轴的传动比、效率 T_n——支点反力,N β——T_n 作用线与 Y 坐标轴间夹角,(°) N——作用到辊子侧边的力,N X_N——N 作用点到 Z 轴距离,mm θ_n——悬挂架体倾斜 λ 角安装前,第 n 个悬挂架体的齿轮连心线与铅垂线的夹角,(°) λ——主轴轴线倾角,(°) C——两辊子中间平面的距离,mm G_1——悬挂架体重力,N X_{G_1},Y_{G_1},Z_{G_1}——G_1 作用点的坐标值,mm G_2——万向联轴器自重作用到悬挂架体上的力,可认为该联轴器重力的一半,N X_{G_2},Y_{G_2},Z_{G_2}——G_2 作用点的坐标值,mm

推杆式（BFP 型）虽无滚轮，没有滚轮式需保持轮压的问题；但其悬挂架体定位在大齿轮上靠的是推杆力通过辊子对大齿轮的压紧，所以此处即使安装时推杆力很小，运转时辊子和外轨道间也必须保持一定的压紧力，以维持悬挂安装的可靠性。

4 拉杆式（BFT 型）

拉杆式（BFT 型）的整体结构形式见表 16-1-1 序号 10 和 11，序号 10 为无重力平衡器的装置。从下面理论分析可知，它左右两传动架存在较大的不均衡性，均载系数偏离 1 较大，是 BFT 型的初始结构形式，左右传动架两边对称（左右传动架重量相等）的结构，一般采用自平衡式的扭力杆（或拉压杆）作柔性支承，结构和分析相对较简单。序号 11 为有重力平衡器的装置，从下面理论分析可知，若左右传动架的重力平衡器对称设置且不考虑两边的具体升降情况，不均衡虽比序号 10 有所改进，但仍存在。序号 11 在右传动架悬挂有初级减速器，它用弹性杆作（副）柔性支承，而末级（主）减速器是采用扭力杆作为（主）柔性支承，故组成了串接式（扭力杆串接弹性杆）的柔性支承。

下面的分析计算为寻求左右传动架均衡传递转矩的结构参数和调整方法，也即重力平衡器的坐标位置和其中弹簧预压缩量的调整；和其他型式相同，也要求计算出传动参数的相互关系和各部件的作用力，包括作用于柔性支承的力。

序号 11 为拉杆式（BFT 型）的非对称结构，代表一般情况，即左右传动架结构不同（右传动架悬挂有初级减速器，左传动架没有）现就对这种一般情况作受力分析并进行理论计算，这种拉杆式（BFT 型）的一般情况的受力分析见图 16-3-8。

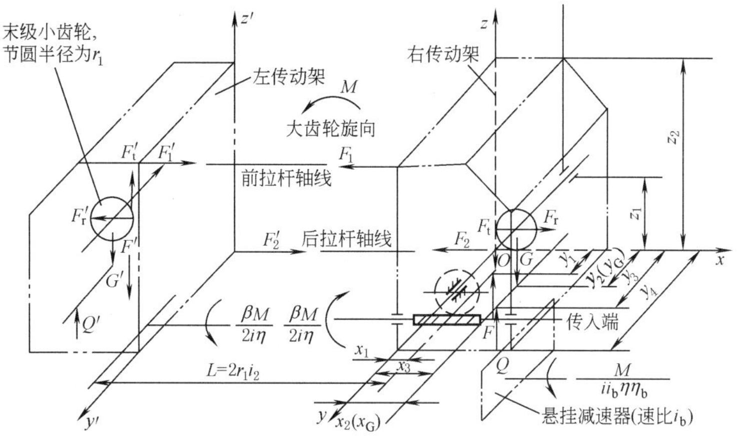

图 16-3-8　拉杆式（BFT 型）受力分析

表 16-3-3

平衡方程及计算公式		符　号　说　明
平衡方程	设：① 扭力杆和悬挂架体连接直杆轴线和末级齿轮副圆周力在同一铅垂线上； ② 悬挂架体在运转后在垂直方向作平移，即受力后架体任何点在 Z 方向位移相等 (1)对右传动架 $\Sigma F_x=0$　　$F_1+F_2-F_r=0$ $\Sigma F_z=0$　　$F-F_t-G+Q=0$ $\Sigma M_x=0$　　$\frac{M}{ii_b\eta\eta_b}-\frac{\beta M}{2i\eta}+(F_t-F)y_1+Gy_G-Qy_3=0$ $\Sigma M_y=0$　　$F_1z_2+(F-F_t)x_1+Qx_3-Gx_G-F_rz_1=0$ $\Sigma M_z=0$　　$F_ry_1-F_1y_4=0$ (2)对左传动架 $\Sigma F_{x'}=0$　　$F'_1+F'_2-F'_r=0$ $\Sigma F_{z'}=0$　　$F'-F'_t+G'-Q'=0$ $\Sigma M_{x'}=0$　　$\frac{\beta M}{2i\eta}+(F'-F'_t)y'_1+G'y'_G-Q'y'_3=0$ $\Sigma M_{y'}=0$　　$F'_1z'_2+(F'_t-F')x'_1+Q'x'_3-G'x'_G-F'_rz'_1=0$ $\Sigma M_{z'}=0$　　$F'_ry'_1-F'_1y'_4=0$ (3)对扭力杆 $FS-F'S=0$ (4)对主轴 $M=(F_t+F'_t)r_1i_2$ (5)对重力平衡器 $Q=K(\Delta h_0+\Delta h_1+\Delta h_2)$（大齿轮逆时针旋转时） $Q'=K(\Delta h'_0-\Delta h_1-\Delta h_2)$（大齿轮逆时针旋转时） $\Delta h_1=\frac{16MS^2}{G_\tau \pi d^4}$（扭力杆变形） $\Delta h_2=F/K_2$（直杆变形） (6)不均衡系数 δ $\delta=\frac{F'_t}{F_t}$	F,F'——柔性支承的直杆对右、左传动架的作用力，N F_t,F'_t——末级齿轮的圆周力，N F_r,F'_r——末级齿轮的径向力，N F_1,F_2——右传动架前、后拉杆的作用力，N F'_1,F'_2——左传动架前、后拉杆的作用力，N G,G'——右、左传动架的重力，N Q,Q'——右、左重力平衡器对传动架的作用力，N K——重力平衡器弹簧刚度，N/mm $\Delta h_0,\Delta h'_0$——右、左重力平衡器弹簧的预压缩量，mm Δh_1——扭力杆的变形使弹簧变形增加或减小的变动量，mm Δh_2——柔性直杆的变形使弹簧变形增加或减小的变动量，mm S——扭力杆曲柄力臂长度，mm G_τ——扭力杆材料的扭转弹性模量，N/mm² d——扭力杆直径，mm K_2——直杆刚度，N/mm x_1,y_1——右传动架末级齿轮啮合节点的坐标，mm x'_1,y'_1——左传动架末级齿轮啮合节点的坐标，mm $x_2(x_G),y_2(y_G)$——右传动架的重心坐标，mm $x'_2(x'_G),y'_2(y'_G)$——左传动架的重心坐标，mm x_3,y_3——重力平衡器在右传动架上的支点坐标，mm x'_3,y'_3——重力平衡器在左传动架上的支点坐标，mm y_4,y'_4——右、左传动架沿前后方向的长度，mm

续表

	平衡方程及计算公式	符 号 说 明
计算公式	见下文	见下文

计算公式

（一）普遍情况计算公式

（1）重力平衡器的作用力

$$Q=K\left(\Delta h_0+\frac{16MS^2}{G_\tau \pi d^4}+\frac{F}{K_2}\right) \qquad (16\text{-}3\text{-}25)$$

$$Q'=K\left(\Delta h_0'-\frac{16MS^2}{G_\tau \pi d^4}-\frac{F'}{K_2}\right) \qquad (16\text{-}3\text{-}26)$$

（2）扭力杆两端作用力

$$F=F' \qquad (16\text{-}3\text{-}27)$$

（3）齿轮圆周力

因 $F_t=F(1-\mu)+Q$

$$F_t=\frac{M}{L}(1-\mu)+K\left(\Delta h_0+\frac{16MS^2}{G_\tau \pi d^4}+\frac{M}{LK_2}\right) \qquad (16\text{-}3\text{-}28)$$

因 $F_t'=F'(1+\mu')-Q'$

$$F_t'=\frac{M}{L}(1+\mu')-K\left(\Delta h_0'-\frac{16MS^2}{G_\tau \pi d^4}-\frac{M}{LK_2}\right) \qquad (16\text{-}3\text{-}29)$$

（4）齿轮径向力

$$F_r=F_t\tan\alpha \qquad (16\text{-}3\text{-}30)$$

$$F_r'=F_t'\tan\alpha \qquad (16\text{-}3\text{-}31)$$

（5）前、后拉杆作用力

$$F_1=F_2=\frac{1}{2}F_t\tan\alpha \qquad (16\text{-}3\text{-}32)$$

$$F_1'=F_2'=\frac{1}{2}F_t'\tan\alpha \qquad (16\text{-}3\text{-}33)$$

（6）重力平衡器坐标位置

$$x_3=\frac{1}{Q}\left[F_r z_1+Gx_G-\left(\frac{M}{L}-F_t\right)x_1-F_1 z_2\right] \qquad (16\text{-}3\text{-}34)$$

$$y_3=\frac{1}{Q}\left[\frac{M}{ii_b\eta\eta_b}-\frac{\beta M}{2i\eta}-\left(\frac{M}{L}-F_t\right)y_1+Gy_G\right] \qquad (16\text{-}3\text{-}35)$$

$$x_3'=\frac{1}{Q'}\left[F_r'z_1'+G'x_G'+\left(\frac{M}{L}-F_t'\right)x_1'-F_1'z_2'\right] \qquad (16\text{-}3\text{-}36)$$

$$y_3'=\frac{1}{Q'}\left[\frac{\beta M}{2i\eta}+\left(\frac{M}{L}-F_t'\right)y_1'+G'y_G'\right] \qquad (16\text{-}3\text{-}37)$$

（7）不均衡时的附加载荷

附加径向力

$$\Delta F_r=F_r'-F_r=(F_t'-F_t)\tan\alpha \qquad (16\text{-}3\text{-}38)$$

附加摩擦力矩

$$\Delta M_r=[(F_t'-F_t)fd_p\tan\alpha]/2 \qquad (16\text{-}3\text{-}39)$$

（二）BFT 型的初始结构型式

初始结构型式无重力平衡器，如表 16-1-1 序号 10（为对称型），此时

$$Q=Q'=0$$

（1）不均衡系数 δ

① 非对称型

$$\delta=\frac{F_t'}{F_t}=\frac{2+\mu+\mu'}{2-\mu-\mu'} \qquad (16\text{-}3\text{-}40)$$

② 对称型

$$G=G' \qquad \mu=\mu'$$

$$\delta=\frac{F_t'}{F_t}=\frac{1+\mu}{1-\mu} \qquad (16\text{-}3\text{-}41)$$

符号说明

z_1，z_1'——右、左小齿轮中心在 z 方向的坐标，mm

z_2，z_2'——右、左传动架的高度，mm

$x_F(x_F')$，$y_F(y_F')$——右（左）柔性支承（扭力杆）直杆在传动架上连接点坐标，mm

M——主轴转矩，N·mm

β——传递系数，即考虑左右传动架传递动力不同的系数，$\beta=1+\mu'-\frac{Q'}{F'}$

L——扭力杆有效作用长度，mm

μ，μ'——右、左传动架重力与柔性支承的直杆作用力的比值，$\mu=\frac{G}{F}=\frac{GL}{M}$，$\mu'=\frac{G'}{F'}=\frac{G'L}{M}$（式中运用 $F=\frac{M}{L}$，适用于对称型，用于非对称型有一定误差）

i_1，i_1'——蜗轮蜗杆减速比

i_2，i_2'——末级齿轮传动比

i，i'——传动架输入轴到主轴的传动比，$i=i_1 i_2$，$i'=i_1' i_2'$

η_1，η_1'——蜗轮蜗杆效率

η_2，η_2'——末级齿轮效率

η，η'——蜗轮副和末级齿轮副总效率，$\eta=\eta_1\eta_2$，$\eta'=\eta_1'\eta_2'$

i_b，i_b'，η_b，η_b'——悬挂的初级减速器速比和效率

r_1，r_1'——末级小齿轮节圆半径，mm

α——末级齿轮啮合角

f——辊子和外轨道间的摩擦系数

d_p——大齿轮外轨道的直径，mm

说明：若为对称 BFT 型，有如下关系（此时无悬挂初级减速器）

$$G=G';\mu=\mu'$$

$$x_G=x_G';y_G=y_G'$$

公式可以简化

续表

	平衡方程及计算公式	符号说明

计算公式

(2)附加径向力及摩擦力矩

① 非对称型

右传动架径向力 $F_r=\dfrac{M}{L}(1-\mu)\tan\alpha$

左传动架径向力 $F'_r=\dfrac{M}{L}(1+\mu')\tan\alpha$

附加径向力 $\Delta F_r=F'_r-F_r=\dfrac{M}{L}(\mu'+\mu)\tan\alpha$ (16-3-42)

附加摩擦力矩 ΔM_r

$$\Delta M_r=\Delta F_r f\frac{d_p}{2}=\frac{M(\mu'+\mu)\tan\alpha}{2L} \quad (16\text{-}3\text{-}43)$$

②对称型

$$\mu'=\mu$$

附加径向力 $\Delta F_r=\dfrac{2M\mu}{L}\tan\alpha$ (16-3-44)

附加摩擦力矩 $\Delta M_r=\dfrac{M\mu f d_p}{L}\tan\alpha$ (16-3-45)

(三)要求均衡的条件

当左右传动架负荷均衡时,各传递总转矩的一半,此时

$$F_t=F'_t=F=F';G=Q;G'=Q';\beta=1$$

$$\delta=\frac{F'_t}{F_t}=1$$

$$F_r=F'_r=F_t\tan\alpha$$

$$F_1=F'_1=F_2=F'_2=\frac{F_t\tan\alpha}{2}=\frac{F_r}{2}=\frac{F'_r}{2}$$

因此 $G=Q=\mu F=K\left(\Delta h_0+\dfrac{16MS^2}{G_\tau\pi d^4}+\dfrac{F}{K_2}\right)$

$$G'=Q'=\mu'F'=K\left(\Delta h'_0-\frac{16MS^2}{G_\tau\pi d^4}-\frac{F}{K_2}\right)$$

右、左重力平衡器上安装时弹簧的预压缩量应为

$$\Delta h_0=\frac{M}{L}\left(\frac{\mu}{K}-\frac{16LS^2}{G_\tau\pi d^4}-\frac{1}{K_2}\right) \quad (16\text{-}3\text{-}46)$$

$$\Delta h'_0=\frac{M}{L}\left(\frac{\mu'}{K}+\frac{16LS^2}{G_\tau\pi d^4}+\frac{1}{K_2}\right) \quad (16\text{-}3\text{-}47)$$

右、左重力平衡器且应位于下列坐标位置

右 $x_3=\dfrac{1}{Q}(F_r z_1-F_1 z_2+G x_G)$ (16-3-48)

$$y_3=y_G+\frac{L}{\mu i\eta}\left(\frac{1}{i_b\eta_b}-\frac{1}{2}\right) \quad (16\text{-}3\text{-}49)$$

左 $x'_3=x'_G+\dfrac{\tan\alpha}{\mu'}\left(z'_1-\dfrac{z'_2}{2}\right)$ (16-3-50)

$$y'_3=y'_G+\frac{L}{2\mu' i\eta} \quad (16\text{-}3\text{-}51)$$

结论:重力平衡器上弹簧的预压缩量满足式(16-3-46)及式(16-3-47),且其支座中心坐标分别满足式(16-3-48)~式(16-3-51)时(左右重力平衡器位置也不对称);主轴输出额定转矩时,左右传动架传递的载荷达到均衡

符号说明

ΔF_r——辊子和外轨道间产生的附加径向力,N

ΔM_r——由 ΔF_r 增加的附加摩擦力矩,N·mm

附加径向力作用于辊子和外轨道间,用以平衡(F'_r-F_r)之差值,使径向力小者侧齿轮侧隙减小,而径向力大者侧齿轮侧隙加大

由式(16-3-46)及式(16-3-47)可知:

为保持均衡,右、左重力平衡器上弹簧的预压缩量 Δh_0 及 $\Delta h'_0$ 是不相等的,即当系统传递额定转矩 M 时,就能保证在扭力杆和直杆均有变形时正好平衡左右传动架重量,从而保证两点啮合的圆周力相等

若

$$2z_1=z_2;F_r=2F_1$$

可得

$$x_3=x_G$$

即右重力平衡器 x 方向和重力的 x 方向坐标一致

若

$$2z'_1=z'_2$$

可得

$$x'_3=x'_G$$

即左重力平衡器 x 方向和重力的 x 方向坐标一致

说明:

左右重力平衡器支座中心坐标偏移时的影响:

当重力平衡器上弹簧预压缩量满足要求数值,但如因结构原因只要有1个(或2个同时)不能满足它规定的坐标位置时,此时齿轮圆周力的数值即使不变,它的作用点就不一定在原来假定的齿宽中点[坐标 $x_1(x'_1)$]不变,但 $y_1(y'_1)$ 可能发生变化而变成 $y_2(y'_2)$ 从而偏离 $y_1(y'_1)$,造成合力作用点由齿宽中点(合力在此位置说明载荷在齿宽上分布均匀)偏离,造成齿宽上载荷分布不均匀。可在确定其他力和位置后,把 $y_1(y'_1)$ 变成待求数 $y_2(y'_2)$,通过普遍情况计算公式求得

5 偏心滚轮式（TSP 型）

偏心滚轮式（TSP 型）的整体结构见表 16-1-1 序号 12，它由 4 台悬挂小车组成，实际上这种装置是一种通用的滚轮式 4 点啮合柔性传动装置。若不需要调整侧隙，每个悬挂小车也可以用固定滚轮式（BF 型）代替，除偏心滚轮式可以改变中心距（侧隙可调）外，其他没有什么差别；反之，固定滚轮式（BF 型）的单车也可以用偏心滚轮式代替。若为水平安装时，只要将固定滚轮式（BF 型）的平衡方程及计算公式中的倾斜安装角 λ 设为零即可，因为这种 4 组合的装置，采用每边相同的并接式（扭力杆-拉压杆）柔性支承，左右对称，因此单边两点也可以独立工作，所以这种装置也可以看作是 2~4 点啮合的滚轮式组合装置的通用形式和装置。现将 4 点啮合多柔传动装置的分析计算叙述于下，受力分析见图 16-3-9，柔性支承变形谐调关系见图 16-3-10。

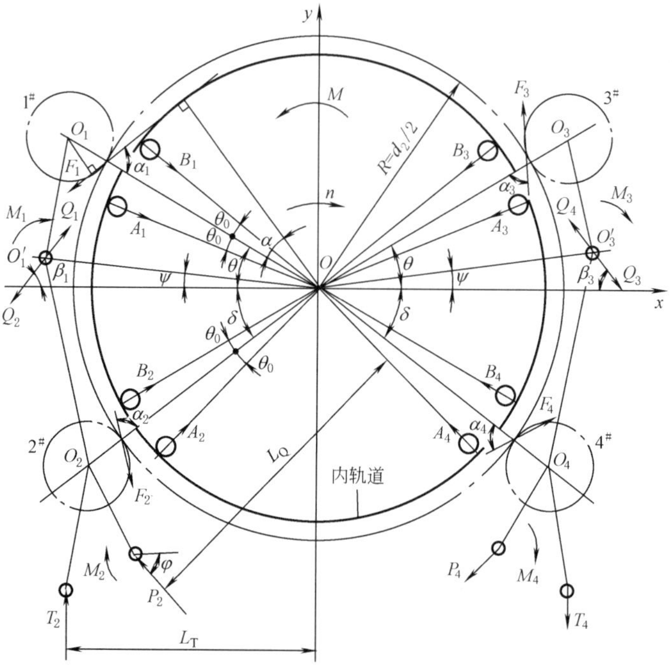

图 16-3-9 TSP 型多柔传动受力分析

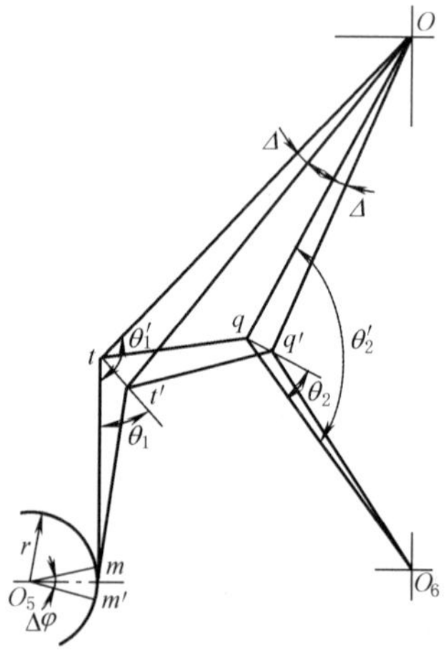

图 16-3-10 并接式（扭力杆-拉压杆）柔性支承变形谐调关系

表 16-3-4

平衡方程及计算公式		符号说明
平衡方程	取1#悬挂小车为分离体可得 $\begin{cases} A_1\cos(\theta-\theta_0)+B_1\cos(\theta+\theta_0)-F_1\cos(\alpha_1-\theta)+Q_1\cos\beta_1=0 \\ A_1\sin(\theta-\theta_0)+B_1\sin(\theta+\theta_0)+F_1\sin(\alpha_1-\theta)-Q_1\sin\beta_1=0 \\ Q_1\cdot\overline{OO_1'}\cdot\sin(\beta_1+\psi)-F_1\cdot\dfrac{d_2}{2}\sin\alpha_1+M_1=0 \end{cases}$ 取2#悬挂小车为分离体可得 $\begin{cases} A_2\cos(\delta+\theta_0)+B_2\cos(\delta-\theta_0)-F_2\cos(\delta+\alpha_2)-Q_2\cos\beta_1-P_2\cos\varphi=0 \\ A_2\sin(\delta+\theta_0)+B_2\sin(\delta-\theta_0)-F_2\sin(\delta+\alpha_2)-Q_2\sin\beta_1+P_2\sin\varphi+T_2=0 \\ Q_2\cdot\overline{OO_1'}\cdot\sin(\beta_1+\psi)+F_2\cdot\dfrac{d_2}{2}\cdot\sin\alpha_2-T_2L_T-P_2L_Q-M_2=0 \end{cases}$ 3#、4#悬挂小车平衡方程相似可求得	F_1——1#小车齿轮副啮合法向力,N A_1,B_1——内轨道对1#小车滚轮的作用力即轮压,N α_1——齿轮副1#小车啮合角的余角,(°) Q_1——销轴O_1'对1#小车作用力,N M_1——1#小车输入转矩,N·mm $\theta_0,\theta,\delta,\psi$——结构的位置角,(°) d_2——大齿轮节圆直径,mm A_2,B_2——内轨道对2#小车滚轮的作用力,N Q_2——销轴O_1'对2#小车的作用力,N P_2——左拉压杆对2#小车的作用力,N T_2——左扭力杆上直杆对2#小车的作用力,N M_2——2#小车输入转矩,N·mm F_2——2#小车齿轮副啮合法向力,N α_2——齿轮副2#小车啮合角的余角,(°) β_1——销轴O_1'对1#、2#小车作用力方向和X轴的夹角,(°)
计算公式	齿轮副啮合角α和各悬挂小车$\alpha_1,\alpha_2,\alpha_3,\alpha_4$有如下关系: $\alpha_1=\alpha_2=\alpha_3=\alpha_4=90°-\alpha$ 当四点载荷均衡时 $F_1=F_2=F_3=F_4=\dfrac{2M}{nd_2\cos\alpha}$ 1#悬挂小车 $A_1=\dfrac{F_1\sin(\alpha_1+\theta_0)-Q_1\sin(\theta+\theta_0+\beta_1)}{\sin2\theta_0}$ (16-3-52) $B_1=\dfrac{Q_1\sin(\theta-\theta_0+\beta_1)-F_1\sin(\alpha_1-\theta_0)}{\sin2\theta_0}$ (16-3-53) $Q_1=\dfrac{F_1d_2\cos\alpha-2M_1}{2\overline{OO_1'}\sin(\beta_1+\psi)}$ (16-3-54) 2#悬挂小车 $A_2=\dfrac{F_2\sin(\theta_0+\alpha_2)-Q_2\sin(\delta-\theta_0-\beta_1)}{\sin2\theta_0}-\dfrac{P_2\sin(\delta-\theta_0+\psi)+T_2\cos(\delta-\theta_0)}{\sin2\theta_0}$ (16-3-55) $B_2=\dfrac{F_2\sin(\theta_0-\alpha_2)+Q_2\sin(\delta+\theta_0-\beta_1)}{\sin2\theta_0}+\dfrac{P_2\sin(\delta+\theta_0+\psi)+T_2\cos(\delta+\theta_0)}{\sin2\theta_0}$ (16-3-56) $Q_2=-Q_1$ 3#悬挂小车 $A_3=\dfrac{Q_3\sin(\theta+\theta_0+\beta_3)-F_3\sin(\alpha_3-\theta_0)}{\sin2\theta_0}$ (16-3-57) $B_3=\dfrac{F_3\sin(\alpha_3+\theta_0)-Q_3\sin(\theta-\theta_0+\beta_3)}{\sin2\theta_0}$ (16-3-58) $Q_3=\dfrac{F_3d_2\cos\alpha-2M_3}{2\overline{OO_3'}\sin(\beta_3+\psi)}$ (16-3-59) 4#悬挂小车 $A_4=\dfrac{-F_4\sin(\alpha_4-\theta_0)+Q_4\sin(\delta-\theta_0-\beta_3)}{\sin2\theta_0}+\dfrac{P_4\sin(\delta-\theta_0+\psi)+T_4\cos(\delta-\theta_0)}{\sin2\theta_0}$ (16-3-60) $B_4=\dfrac{F_4\sin(\alpha_4+\theta_0)-Q_4\sin(\delta+\theta_0-\beta_3)}{\sin2\theta_0}-\dfrac{P_4\sin(\delta+\theta_0+\psi)+T_4\cos(\delta+\theta_0)}{\sin2\theta_0}$ (16-3-61) $Q_4=-Q_3$	α——末级齿轮副的啮合角,(°) M——主轴输出总转矩,N·mm n——悬挂小车总数 A_3,B_3,A_4,B_4——内轨道对3#、4#小车滚轮的作用力,N Q_3,Q_4——销轴O_3'对3#、4#小车的作用力,N M_3,M_4——3#、4#悬挂小车入轴转矩,N·mm P_4——右拉压杆对4#小车的作用力,N T_4——右扭力杆上直杆对4#小车的作用力,N F_3,F_4——3#、4#小车齿轮副啮合法向力,N β_3——销轴O_3'对3#、4#小车作用力方向和X轴的夹角,(°) α_3,α_4——齿轮副3#、4#小车啮合角的余角,(°)

续表

<table>
<tr><th></th><th>平衡方程及计算公式</th><th>符 号 说 明</th></tr>
<tr><td rowspan="3">计算公式</td><td>保证轮压 A_n、B_n 大于零的条件(β_1、β_3 范围)
$$\arctan\frac{\sin(\theta-\theta_0-\psi)}{\Delta\sin(\alpha_1-\theta_0)-\cos(\theta-\theta_0-\psi)}-\psi\geqslant$$
$$\beta_1\geqslant\arctan\frac{\sin(\theta+\theta_0-\psi)}{\Delta\sin(\alpha_1+\theta_0)-\cos(\theta+\theta_0-\psi)}-\psi \quad (16\text{-}3\text{-}62)$$
$$\arctan\frac{\sin(\theta+\theta_0-\psi)}{\Delta\sin(\alpha_3-\theta_0)-\cos(\theta+\theta_0-\psi)}-\psi\geqslant$$
$$\beta_3\geqslant\arctan\frac{\sin(\theta-\theta_0-\psi)}{\Delta\sin(\alpha_3+\theta_0)-\cos(\theta-\theta_0-\psi)}-\psi \quad (16\text{-}3\text{-}63)$$
求出 A_1, B_1, …, A_4, B_4 后按其中最大值设计计算偏心滚轮机构的零部件,若其中出现负值,说明此滚轮和内轨道不接触,须在小齿轮两侧加辊子,在大齿轮轮缘外表设外轨道,此时为辊子和外轨道在齿轮啮合节点接触,需变负值轮压处为节点接触后,重新计算另一滚轮处轮压及节点处作用力(压力)</td><td>其中
$$\Delta=\frac{2\overline{OO_1'}}{d_2\cos\alpha\left(1-\frac{1}{i}\right)}$$
式中 i——悬挂小车输入轴到主轴的传动比</td></tr>
<tr><td>并接式(扭力杆-拉压杆)柔性支承的变形谐调关系如下
由 2#悬挂小车分离体平衡方程可列三个方程式,却有 A_2, B_2, P_2 和 T_2 共 4 个未知数,求解必须有第 4 个关系公式。当扭力杆和拉压杆同时受力时,设小车架体为刚性不变形,左端两种柔性件(扭力杆-拉压杆)变形成下列变形谐调关系
$$\frac{T_2r^2L}{G_\tau J_k\cos\theta_1}\times\frac{\overline{Oq}}{\overline{Ot}}=\frac{P_2L_2}{EF_o\cos\theta_2} \quad (16\text{-}3\text{-}64)$$
加入 2#悬挂小车分离体原三个平衡方程便可求得所有 4 个未知数 A_2, B_2, P_2 和 T_2;也可代入式(16-3-55)和式(16-3-56)求得 2#悬挂小车的轮压;用 T_2 和 r 的值便可设计计算扭力杆,用 P_2 可设计拉压杆(简单拉压);若为较长压杆尚要进行压杆的稳定校核</td><td>r——扭力杆作用力臂,mm
L——扭力杆的有效作用长度,mm
G_τ——扭力杆材料的扭转弹性模量,N/mm²
J_k——扭力杆断面极惯性矩,mm⁴
θ_1——扭力杆直杆轴线和其上铰接点位移圆切线的夹角,(°)
$\overline{Ot}$——扭力杆直杆上铰接点到主轴中心距离,mm
$\overline{Oq}$——拉压杆和小车架体铰接点到主轴中心距离,mm
L_2——拉压杆长度,mm
E——拉压杆拉压弹性模量,N/mm²
F_o——拉压杆断面积,mm²;
θ_2——拉压杆轴线和其上铰接点位移圆切线的夹角,(°)</td></tr>
<tr><td>侧隙计算
$$\Delta C_n=2\Delta y\tan\alpha \quad (16\text{-}3\text{-}65)$$
式中 $$\Delta y=\sqrt{r^2-(c+e\sin\delta)^2}+e\cos\delta-\frac{c}{\tan\theta_0} \quad (16\text{-}3\text{-}66)$$
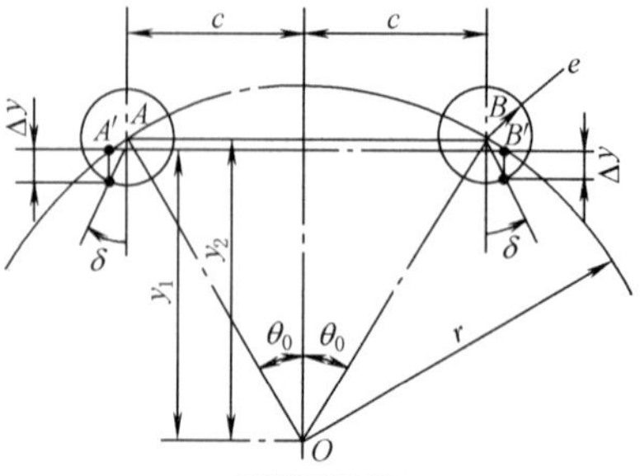

侧隙调整原理
A、B——偏心滚轮在架体上回转中心;O——大齿轮中心
①调整侧隙时滚轮转动方向为:左滚轮顺时针方向转,右滚轮逆时针方向转。②使用侧隙计算公式时注意:若 Δy 为负值,相当于侧隙值减小。③δ 值变化和 Δy 的变化是非线性关系。④调整 δ 角时,侧隙的变化用 ΔC_n 公式计算确定</td><td>ΔC_n——齿轮啮合侧隙增值,mm
Δy——偏心调整时中心距增值,mm
α——末级齿轮副啮合角,(°)
r——滚轮架体安装中心轨迹半径等于内轨道半径减滚轮半径,mm
c——两滚轮中心至齿轮中心线的横向距离,mm
e——滚轮偏心距,mm
说明:滚轮实际中心在小车架体安装中心 A, B 为圆心,以 e 为半径的两个圆上反向同 δ 角变动
δ——偏心逆、顺调整角,(°)</td></tr>
</table>

第4章 柔性支承的结构型式和设计计算

多点啮合柔性传动的主要特征除多点啮合外，便是悬挂安装和柔性支承，即将末级多个主动件及其减速装置悬挂安装在从动件（及主轴）上，使主动件可随从动件的变移而随之变化，保持末级传动正确和良好的接触或啮合，因此要求末级主动件及其减速装置随之在空间移位变化。柔性支承的作用一方面是承接这种空间位置的变化，另一方面便是将支承悬挂装置的作用力传递给地基，使传动装置稳定的支持着。

柔性支承的弹性还起到对整个装置的缓冲和减振作用，使传动平稳可靠。根据悬挂结构形式及空间位置的不同，柔性支承的型式和组合是多种多样的，它的关键是选择合理组合型式及确定柔性支承的刚度和加载力臂（根据传动系统的载荷特征、质量和速度分布状态等）。现将柔性支承的结构型式和设计计算表述于下。

1 单作用式

单作用式柔性支承的结构为一端固定，另一端承力，是一种结构比较简单、应用较多的柔性支承，有拉压杆、扭力杆、弹簧、钢绳支承器等。

表 16-4-1

<table>
<tr><td>型式</td><td colspan="2">(1)单作用拉压杆</td></tr>
<tr><td>简图</td><td>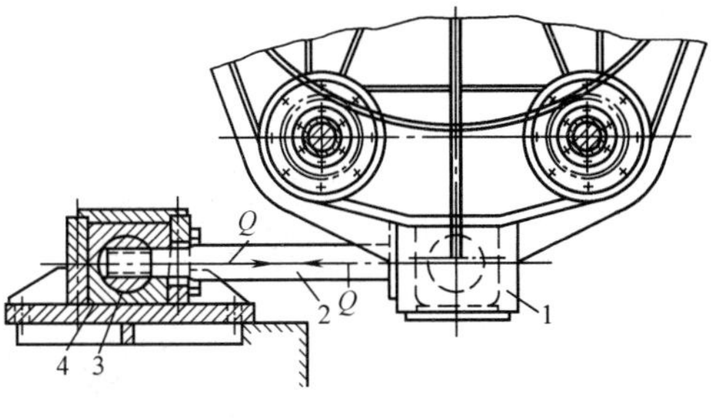

1—悬挂外壳的万向铰座；2—拉压杆；
3—水平圆柱销；4—垂直圆柱销</td><td>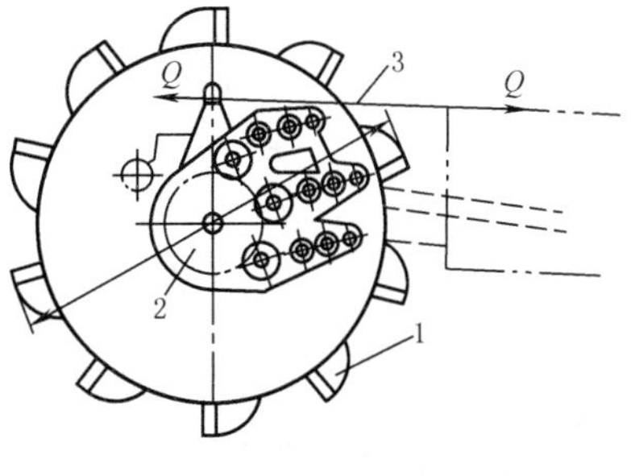

1—斗轮；2—主轴大齿轮；3—拉压杆</td></tr>
<tr><td rowspan="2">计算与说明</td><td>由第3章 1.3节 相似原理
$$Q=\frac{M_2}{H}$$
M_2——主轴输出转矩；
H——主轴中心到拉压杆轴线的垂直距离</td><td>由第3章 1.5节
$$Q=\frac{M_2}{R_2}$$
M_2——主轴输出转矩；
R_2——主轴中心到拉压杆轴线的垂直距离</td></tr>
<tr><td colspan="2">$$d \geqslant \sqrt{\frac{4Q}{\pi[\sigma_P]}}\ \text{(mm)}$$
若拉压杆细长而受压时需进行压杆稳定性校核(按两端铰接的压杆)
式中 d——拉压杆的直径,mm；
Q——拉压杆的作用力,N；
$[\sigma_P]$——拉压杆材料的许用应力,N/mm^2</td></tr>
</table>

续表

型式	(2)单作用扭力杆
简图	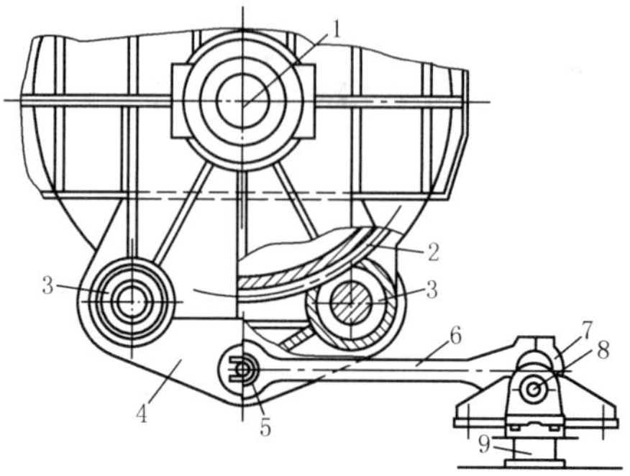 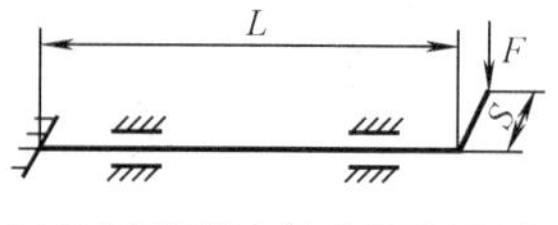 (a) 单作用单扭力杆(应用于左图形式) 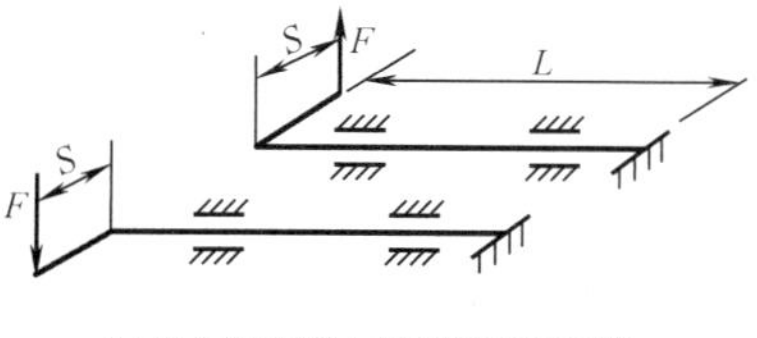 (b) 单作用双扭力杆(应用于TSP型) 1—主轴;2—大齿轮;3—小齿轮;4—悬挂壳体;5—连接轴;6—连杆;7—连杆盖;8—偏心扭力杆;9—固定座
计算与说明	强度计算 $$d \geqslant \sqrt[3]{\frac{32}{\pi[\sigma_P]}\sqrt{M_G^2+0.75M_\tau^2}} \quad (\text{mm})$$ 式中 d——扭力杆直径,mm; $[\sigma_P]$——扭力杆材料的许用应力,N/mm^2; M_G——扭力杆危险断面的弯矩;N · mm; M_τ——扭力杆危险断面的转矩,N · mm 刚度校核 $$\phi=\frac{M_\tau L 180°}{G_\tau J_p \pi} \leqslant [\phi]$$ 式中 ϕ——扭力杆扭转变形角位移,(°); L——扭力杆有效作用长度,mm; G_τ——扭力杆材料的剪切弹性模量,N/mm^2; J_p——扭力杆抗扭惯性矩,mm^4; $[\phi]$——扭力杆许用扭转角位移,(°),一般取 2°/m 说明: ①扭力杆材质可选 42CrMo,$30Cr_2MoV$,40CrNiMo,$34CrNi_3Mo$ 等,并需经热处理(调质); ②应力按脉动循环考虑
型式	(3)单作用弹簧
简图	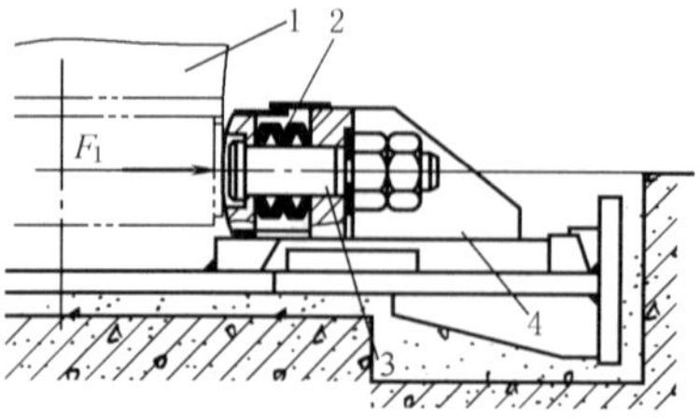 (a) 水平式弹簧 1—悬挂整体外壳;2—碟形弹簧; 3—预紧螺栓;4—支架 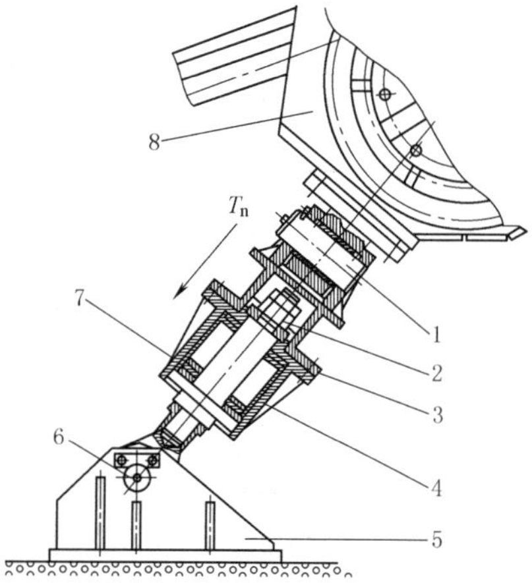 (b) 倾斜式弹簧 1—柱铰;2—预紧螺栓;3—上套筒;4—下套筒; 5—支架;6—球铰;7—碟形弹簧;8—悬挂架体

续表

型式	(3)单作用弹簧
简图	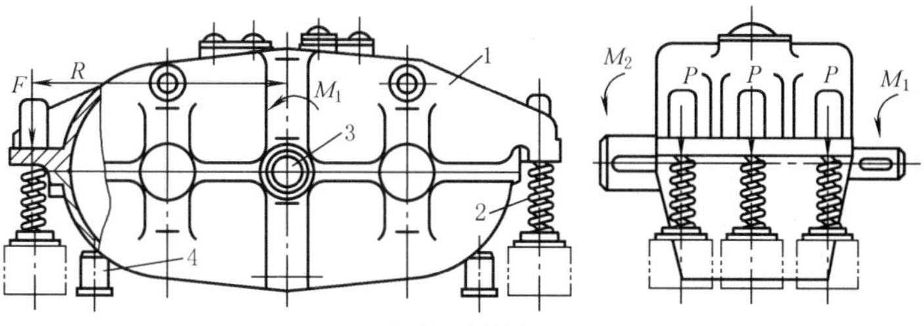 (c)垂直式弹簧 1—悬挂减速器;2—弹簧;3—主轴;4—液压阻尼器
计算与说明	(a)水平式弹簧:参见第3章1.3节 全悬挂 $P=\frac{F_1}{n_1}=\frac{M_2}{n_1 H}$ 半悬挂 $P=\frac{F_1}{n_1}=\frac{M_2\pm\sum m}{n_1 H}$ (b)倾斜式弹簧:可用于BF型、BFP型的铰接支点作柔性支承 ⅰ. 若为固定滚轮式(BF型):见表16-3-1 第n个悬挂小车对支点弹簧的作用力 $T_n=\left[(G_1X_{G_1}+G_2X_{G_2})\cos\lambda\sin\theta_n-G_1Y_{G_1}\cos\lambda\cos\theta_n+\frac{M}{n}\left(1+\frac{1}{i\eta}\right)\right]/L_T$ 符号说明同样见表16-3-1 ⅱ. 若为推杆式(BFP型):见表16-3-2 第n个推杆架体对支点弹簧的作用力 $T_n=\sqrt{T_{nx}^2+T_{ny}^2}$ 符号说明同样见表16-3-2 (c)垂直式弹簧 $P=\frac{F}{n_1}=\frac{M_2\pm M_1}{n_1 R}$ 式中 P——作用于每组弹簧的力,N; F_1——悬挂整体外壳作用于弹簧的合力,N; n_1——平衡壳体力矩有效的受载弹簧数量; M_2——主轴转矩,N·mm; H——主轴中心到弹簧轴线的垂直距离,mm; $\sum m$——作用于壳体的其他力矩代数和(包括如果重心偏离主轴中心形成的力矩),和M_2方向相反的取"-"号,N·mm; T_n——BF型、BFP型的传动架体对铰接支点的作用力,N; M_1——输入减速器的转矩(和M_2同向为"+",反向为"-"),N·mm; R——主轴中心到弹簧轴线的垂直距离,mm
	说明:根据P和T_n设计计算弹簧;根据壳体允许角位移来确定弹簧预压缩量
型式	(4)单作用钢绳支承器
简图	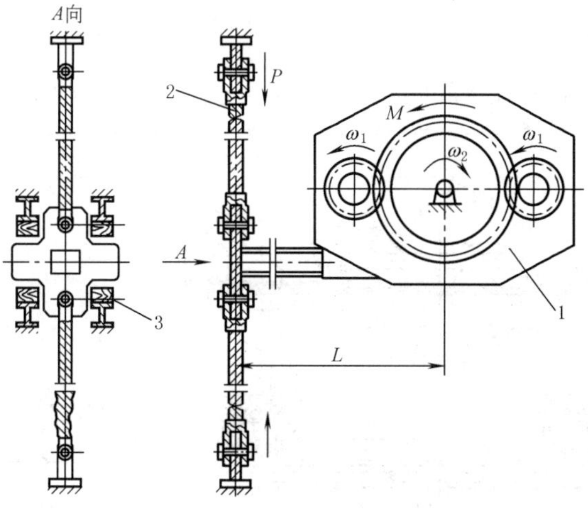 1—全悬挂减速器;2—钢绳支承器;3—限位安全座

续表

型式	(4)单作用钢绳支承器
计算与说明	钢绳承受的拉力 $$P=\frac{M}{L}$$ 式中　M——主轴转矩,N·mm; 　　L——主轴中心到钢绳轴线距离,mm 说明:钢绳不能承受压力,只能承受拉力;根据 P 的数值设计钢绳结构(直径或断面);只能用于受空间限制的小型设备,它结构简单,体积小

2　自 平 衡 式

自平衡式柔性支承的结构为两端均受相等的力（或力矩），呈自平衡状态。自平衡的扭力杆是应用得相当广泛的柔性支承，有拉压杆、扭力杆等。

表 16-4-2

型式	(1)自平衡扭力杆
简图	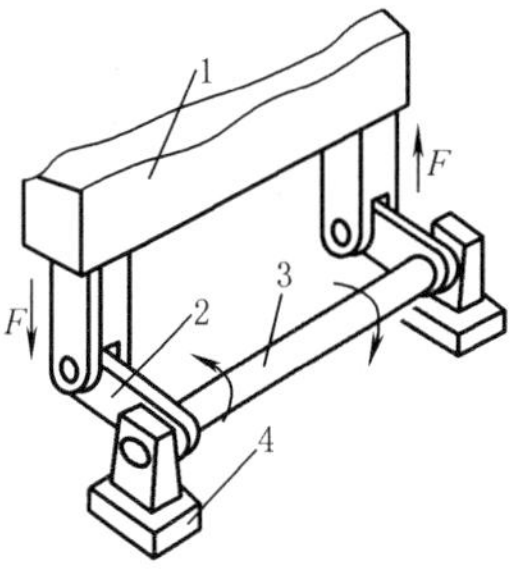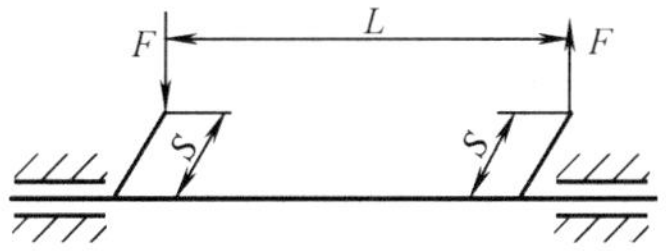 1—悬挂减速装置;2—曲柄;3—扭力杆;4—支座
计算与说明	强度计算 $$d \geqslant \sqrt[3]{\frac{32}{\pi[\sigma_P]}\sqrt{M_G^2+0.75M_\tau^2}}\ (\mathrm{mm})$$ 刚度校核 $$\phi=\frac{M_\tau L 180°}{G_\tau J_p \pi} \leqslant [\phi]$$ 公式中符号说明、扭力杆材质及许用应力的选择请见单作用扭力杆“计算与说明”部分
型式	(2)自平衡拉压杆
简图	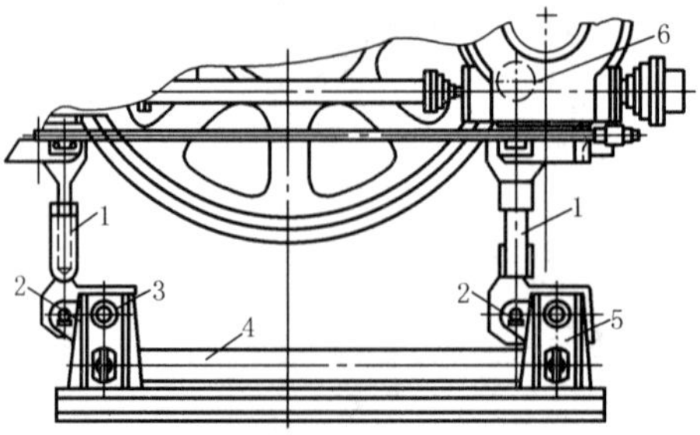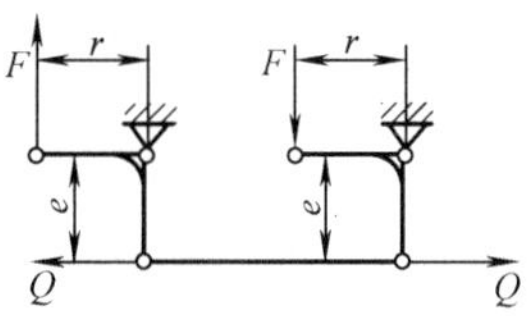 1—连接直杆;2—曲拐;3—曲拐销轴;4—拉压杆;5—支座;6—悬挂架体

续表

型式	(2)自平衡拉压杆
计算与说明	强度计算 $$d\geqslant\sqrt{\frac{4Q}{\pi[\sigma_P]}}\ (\mathrm{mm})$$ 其中 $$Q=\frac{Fr}{e}$$ 公式中符号说明请见(1)单作用拉压杆“计算与说明”部分;若拉压杆细长而受压时需进行压杆稳定性校核(按两端铰接的压杆)

3 并接式（双作用式）

并接式柔性支承由两种柔性支承共同支承悬挂装置呈并接状态，也即双作用式柔性支承，两种柔性支承的作用力相等或呈变形谐调关系；有柔性杆-扭力杆、弹簧-杠杆、弹簧-液压组合等；呈变形谐调关系的有TSP型下面悬挂小车连接的扭力杆-拉压杆等。

表 16-4-3

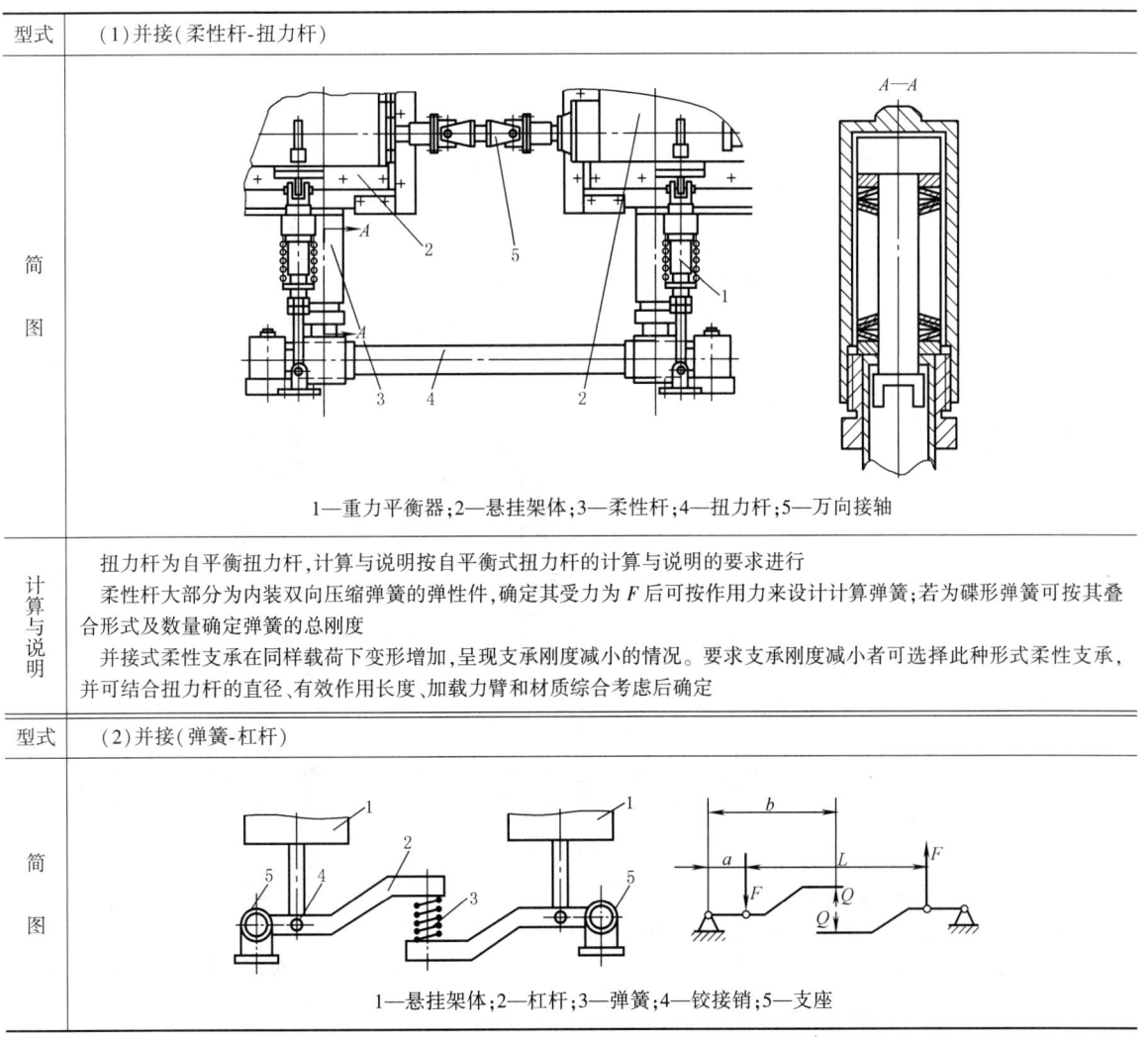

型式	(1)并接(柔性杆-扭力杆)
简图	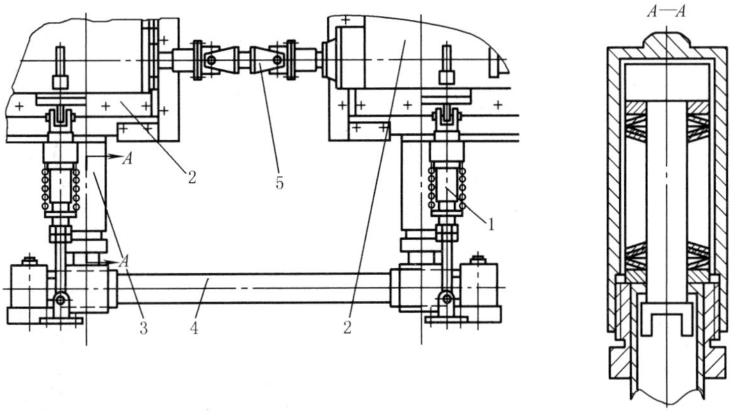 1—重力平衡器;2—悬挂架体;3—柔性杆;4—扭力杆;5—万向接轴
计算与说明	扭力杆为自平衡扭力杆,计算与说明按自平衡式扭力杆的计算与说明的要求进行 柔性杆大部分为内装双向压缩弹簧的弹性件,确定其受力为 F 后可按作用力来设计计算弹簧;若为碟形弹簧可按其叠合形式及数量确定弹簧的总刚度 并接式柔性支承在同样载荷下变形增加,呈现支承刚度减小的情况。要求支承刚度减小者可选择此种形式柔性支承,并可结合扭力杆的直径、有效作用长度、加载力臂和材质综合考虑后确定

型式	(2)并接(弹簧-杠杆)
简图	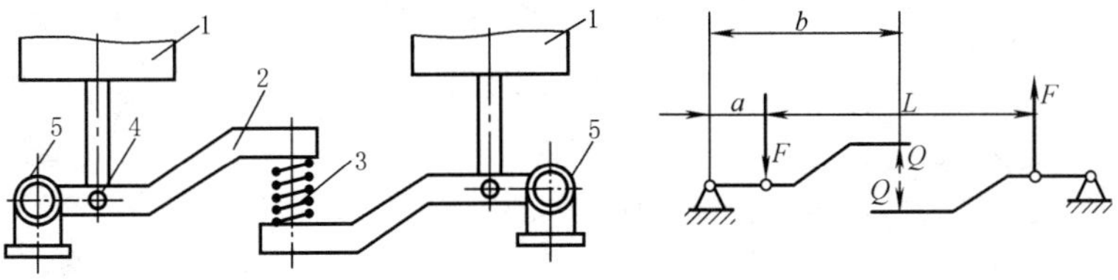 1—悬挂架体;2—杠杆;3—弹簧;4—铰接销;5—支座

续表

型式	(2)并接(弹簧-杠杆)
计算与说明	$Q=F\frac{a}{b}$ $\sigma_G=\frac{Q(b-a)}{W}=\frac{Fa\left(1-\frac{a}{b}\right)}{W}$ 要求:$\sigma_G\leqslant[\sigma_G]$ 式中 Q——弹簧上的作用力,N; F——悬挂架体对杠杆连接铰销的作用力,N; b,a——弹簧轴线,铰销中心到支座的垂直距离,mm; W——杠杆和铰销连接处净断面的抗弯截面系数,mm^3; σ_G——杠杆危险断面弯曲应力,N/mm^2; $[\sigma_G]$——杠杆材料的许用弯曲应力,N/mm^2 根据 Q 设计计算弹簧;根据许用弯曲应力决定杠杆的安全断面;根据杠杆在弹簧轴线处的挠度确定杠杆的附加变形量;同样增加了总的变形量
型式	(3)并接(弹簧-液压)
简图	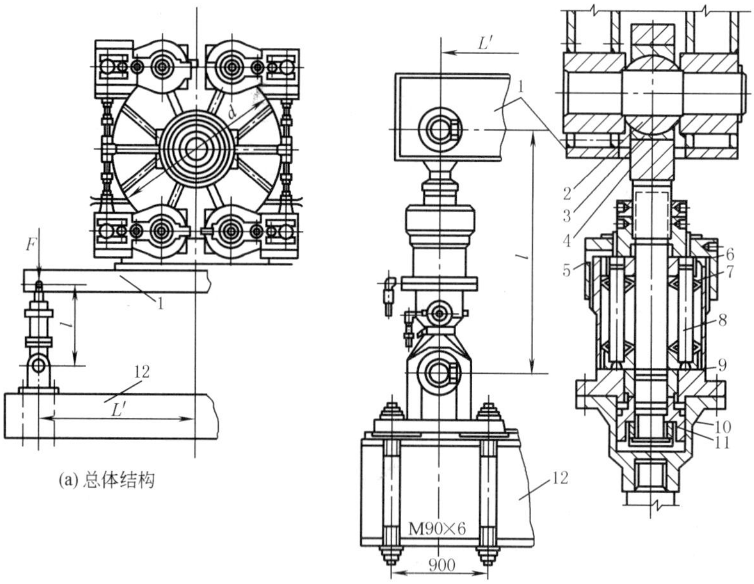 (a) 总体结构 (b) 柔性支承构件 1—整体外壳底部横梁;2,3—球铰;4—活塞杆;5,6—螺母;7—碟形弹簧; 8—导杆;9—柔性支承壳体;10—液压缸;11—活塞;12—固定梁
计算与说明	述及的仅指悬挂整体外壳通过底部横梁支承的这种并接式(弹簧-液压)柔性支承构件 $F=\frac{M}{L'}$ 式中 F——作用于柔性支承的力,N; M——主轴输出转矩,N·mm; L'——柔性支承轴线到主轴回转中心的距离,mm 柔性支承的活塞杆 4 同时克服液压阻力及碟形弹簧的变形阻力,故其总变形尚比单个弹性件小;呈现总刚度增加的情况

续表

<table>
<tr><td>型式</td><td>（4）并接（扭力杆-拉压杆　两种呈变形谐调关系的并接式柔性支承）</td></tr>
<tr><td>简图</td><td>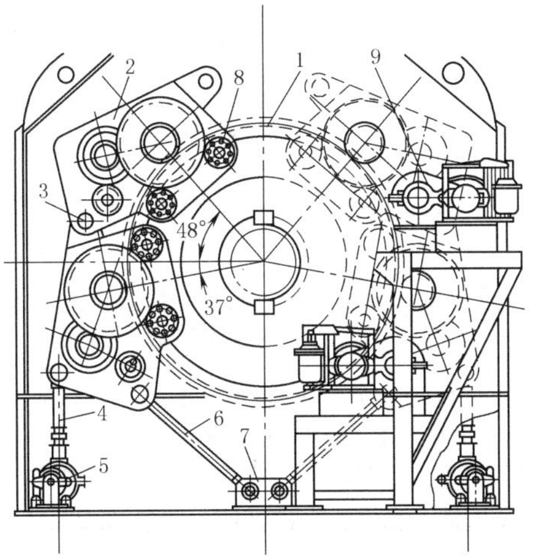
1—大齿轮；2—悬挂小车；3—连接销；4—直杆；5—扭力杆；
6—拉压杆；7—支座；8—偏心滚轮；9—初级减速器</td></tr>
<tr><td>计算与说明</td><td>这一类并接式柔性支承，也是由两种柔性支承共同支承（双作用式）悬挂装置呈并接状态，但两种柔性支承的作用力不相等，而呈变形谐调关系
偏心滚轮式（TSP 型）的左右两边各由两个用铰销连接的悬挂小车组成，下面的悬挂小车就分别由单作用式双扭力杆和双拉压杆支承（见上面简图）。由偏心滚轮式（TSP 型）的平衡方程所求得的作用于扭力杆和拉压杆的作用力，呈下列变形谐调关系，即同式（16-3-64）
$$\frac{T_2 r^2 L}{G_\tau J_k \cos\theta_1}\times\frac{\overline{Oq}}{\overline{Ot}}=\frac{P_2 L_2}{EF_o \cos\theta_2}$$
从公式可知 T_2 和 P_2（作用于扭力杆的力和作用于拉压杆的力）并不相等，而呈下式关系（符号说明见表 16-3-4）
$$\frac{T_2}{P_2}=\left(\frac{\overline{Ot}}{\overline{Oq}}\times\frac{\cos\theta_1}{\cos\theta_2}\right)\left(\frac{\dfrac{L_2}{EF_o}}{\dfrac{r^2 L}{G_\tau J_k}}\right)$$
可知 $\left(\frac{\overline{Ot}}{\overline{Oq}}\times\frac{\cos\theta_1}{\cos\theta_2}\right)$ 为结构位置几何关系；$\frac{L_2}{EF_o}$ 和 $\frac{r^2 L}{G_\tau J_k}$ 分别为拉压杆和扭力杆的柔度系数，即结构位置几何关系确定后，扭力杆和拉压杆作用力和其本身的柔度系数成反比，即刚度大者受力也大</td></tr>
</table>

4　串　接　式

串接式是除末级减速装置上的（主）柔性支承外，在初级（或中间）减速器上尚有（副）柔性支承，呈串接状态。（主）柔性支承可为上述各种形式，（副）柔性支承（或称串接柔性支承）的作用力较小，有弯曲杆、拉压杆、弹簧等。（主）柔性支承和串接柔性支承结构性能的不同之处如表 16-4-4 所示。

表 16-4-4

结构性能项目	类别		符号说明
	(主)柔性支承	(副)柔性支承(或称串接柔性支承)	
支承的部件	悬挂的末级减速装置	悬挂的初级(或中间)减速装置	M——主轴总转矩,N·mm i——末级减速器速比 η——末级减速器传动效率 n——啮合点数,功率分流时应被分流数量除
计算输出转矩	M	$M/(i\eta n)$(全悬挂时)	
柔性支承固定点	静止的地基	随同主轴变移的末级减速装置壳体	
应用柔性支承形式	所有各种形式均可选用	结构简单的单作用式拉压杆、弹簧和弯曲杆等	
柔性支承数量(套)	1(并接式为2)	一般和啮合点数相同,功率分流时为啮合点数除以分流数量	
结构特点	整体外壳(悬挂)式的采用全悬挂结构较多; 其他(悬挂)式的采用半悬挂结构较多		

现将应用较多的以弯曲杆、拉压杆、弹簧为串接柔性支承的结构和技术性能分述于下。

表 16-4-5

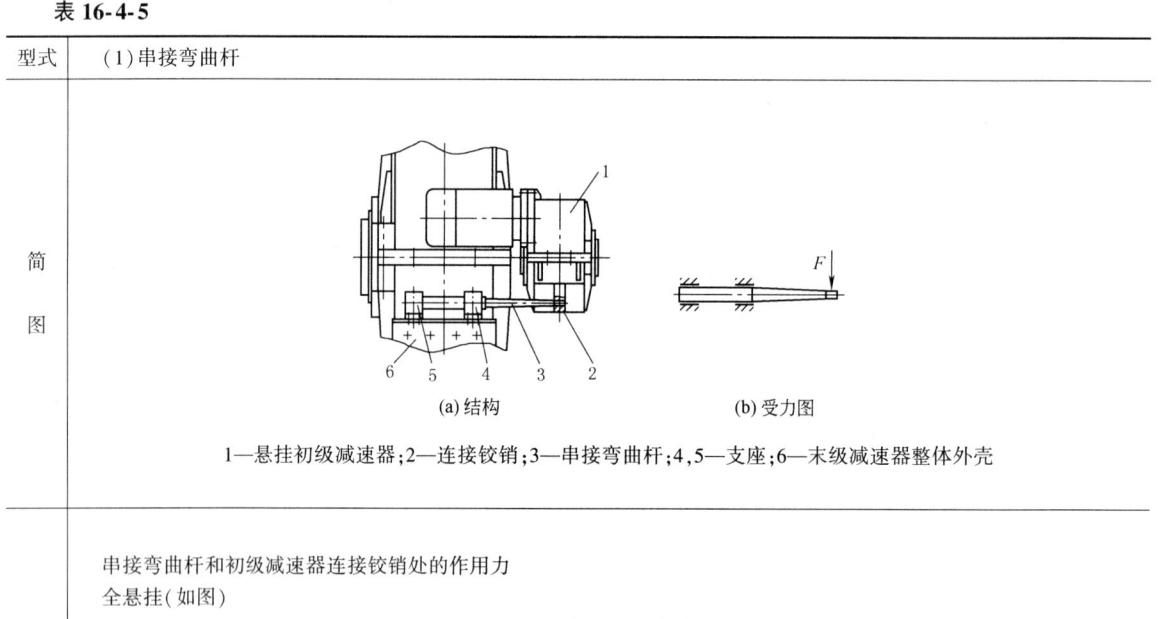

<table>
<tr><td>型式</td><td>(1)串接弯曲杆</td></tr>
<tr><td>简图</td><td>
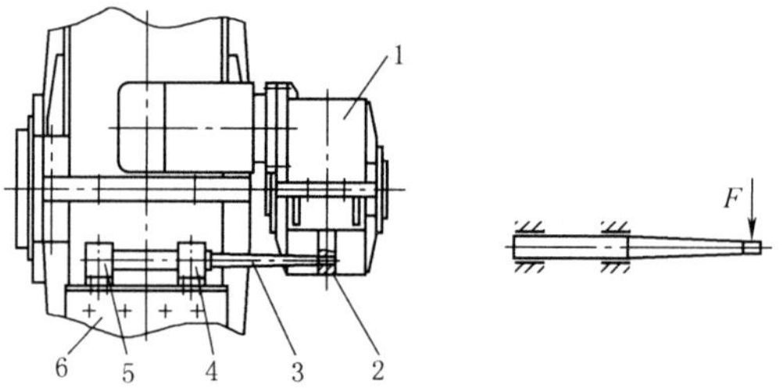

(a)结构　　(b)受力图

1—悬挂初级减速器;2—连接铰销;3—串接弯曲杆;4,5—支座;6—末级减速器整体外壳
</td></tr>
<tr><td>计算与说明</td><td>
串接弯曲杆和初级减速器连接铰销处的作用力

全悬挂(如图)

$$F=\left(\frac{M}{ni\eta}\pm\sum G_n R_n\right)\frac{1}{R}$$

半悬挂时(电机安装于地基)

$$F=\left(\frac{M}{ni\eta}\pm\sum m\right)\frac{1}{R}$$

式中　F——初级减速器和弯曲杆连接处的作用力,N;

M,i,η,n——符号说明见上表;

$\sum G_n R_n$——全悬挂时分别为电动机、初级减速器重力和其重心到悬挂轴线距离的乘积,和$\frac{M}{ni\eta}$同向为"+",反向为"−",N·m;

$\sum m$——半悬挂时其他作用于初级减速器的力矩和后者重力对悬挂轴的不平衡力矩,和$\frac{M}{ni\eta}$同向为"+",反向为"−",N·mm;

R——悬挂轴中心到弯曲杆铰接点的距离,mm
</td></tr>
</table>

续表

型式　(2)串接拉压杆

简图

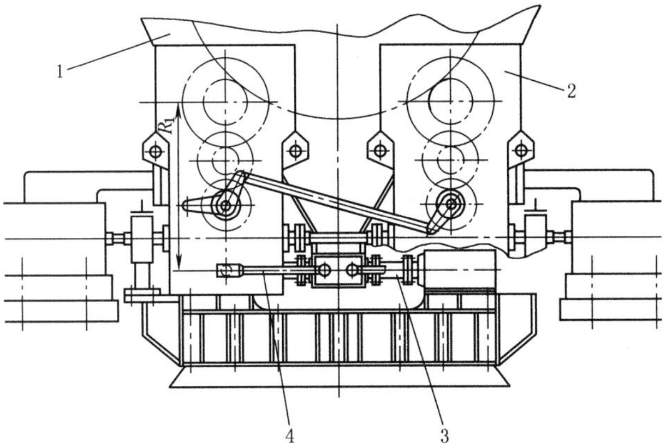

(a) 全悬挂形式

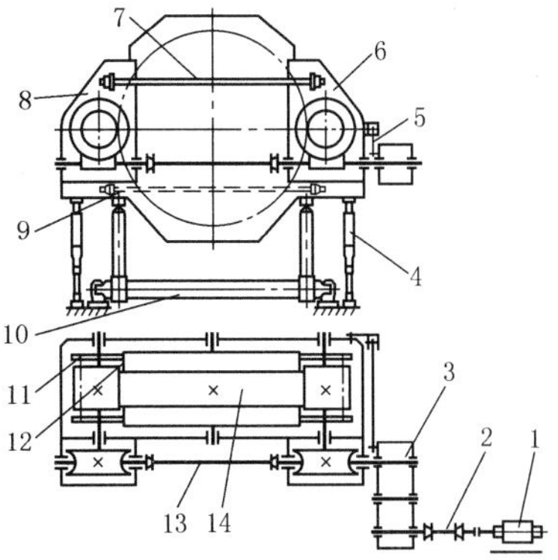

(b) 半悬挂形式

1—悬挂末级减速器；2—悬挂初级减速器；3—单作用式水平弹簧；4—串接拉压杆

1—电动机；2，13—万向接轴；3—悬挂初级减速器；4—重力平衡器；5—串接拉压杆；6—右传动架；7—前拉杆；8—左传动架；9—后拉杆；10—扭力杆；11—辊子；12—外轨道；14—大齿轮

计算与说明

全悬挂形式

$$F_1=\left(\frac{M}{ni\eta}\pm\sum G_nR_n\right)\frac{1}{R_1}$$

式中　F_1——拉压杆作用力，N；

M——主轴输出转矩，N·mm；

n——啮合点数，功率分流时应被除分流数量；

i——末级减速器速比；

η——末级减速器传动效率；

$\sum G_nR_n$——见串接弯曲杆计算与说明，N·mm；

R_1——拉压杆轴线到悬挂输入轴距离，mm

半悬挂形式

$$F_2=\left(\frac{M}{ni\eta}\pm\sum m\right)\frac{1}{R_2}$$

式中　F_2——拉压杆作用力，N；

M,i,η——同左；

$\sum m$——包括：初级减速器输入转矩，初级减速器重力对输入悬挂轴的转矩；和$\frac{M}{ni\eta}$同向时取“+”号，反向取“-”号，N·mm；

R_2——拉压杆轴线到悬挂输入轴距离，mm

型式　(3)串接弹簧

简图

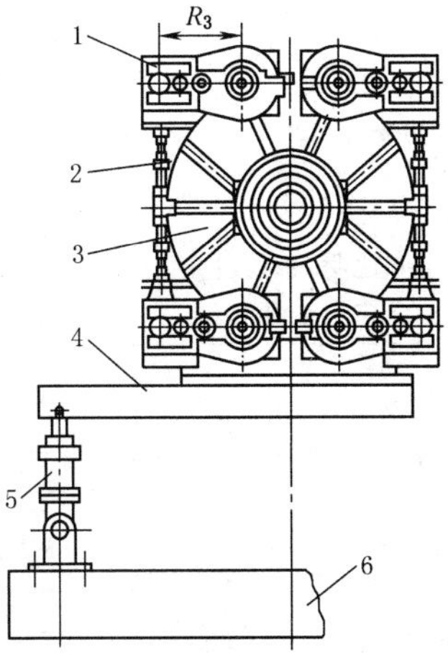

(a) 全悬挂形式

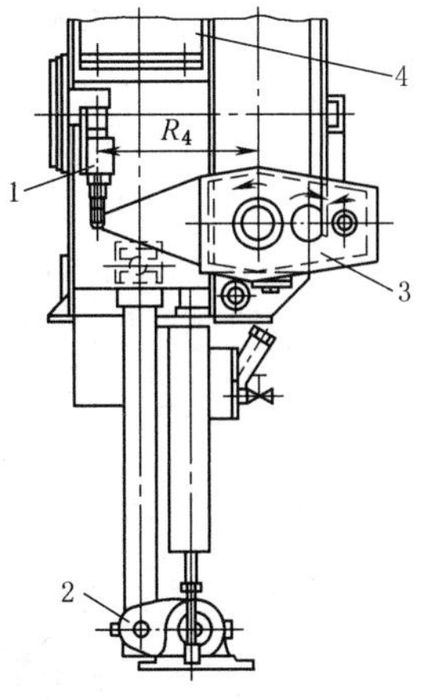

(b) 半悬挂形式

1—悬挂初级减速器；2—串接弹簧；3—悬挂末级减速器；4—和悬挂壳体连接横梁；5—弹簧-液压组合支承；6—固定横梁

1—串接弹簧；2—扭力杆；3—悬挂初级减速器；4—悬挂末级减速器

续表

型式	(3)串接弹簧	
计算与说明	全悬挂形式 $F_3=\left(\dfrac{M}{ni\eta}\pm\sum G_nR_n\right)\dfrac{1}{R_3}$ 式中　F_3——弹簧作用力,N; R_3——弹簧轴线到悬挂输入轴距离,mm; $M,n,i,\eta,\sum G_nR_n$ 见上页全悬挂形式串接拉压杆计算与说明	半悬挂形式 $F_4=\left(\dfrac{M}{ni\eta}\pm\sum m\right)\dfrac{1}{R_4}$ 式中　F_4——弹簧作用力,N; R_4——弹簧轴线到悬挂输入轴距离,mm; $M,\sum m,n,i,\eta$ 见上页半悬挂形式串接拉压杆计算与说明

5 调整式

针对大转矩、低转速设备的载荷特性（变载、冲击、振动等）、负载质量、速度特性及多柔传动装置的各种不同结构型式，如何从动力学范畴正确确定多种多样的柔性支承的刚度和加载力臂是一个十分重大而艰巨的任务。

因此，对多柔传动的柔性支承刚度和加载力臂在实际中能予以调整，在现阶段还是一种实际可行的技术方案。

目前，在现场采取的措施为改变、更换扭力杆、拉压杆、弹簧等，如改变柔性件的直径、长度、断面形状；弹簧的直径、结构、圈数或层数；热处理硬度等。下面介绍扭力杆调整刚度和加载力臂的方案。

表 16-4-6

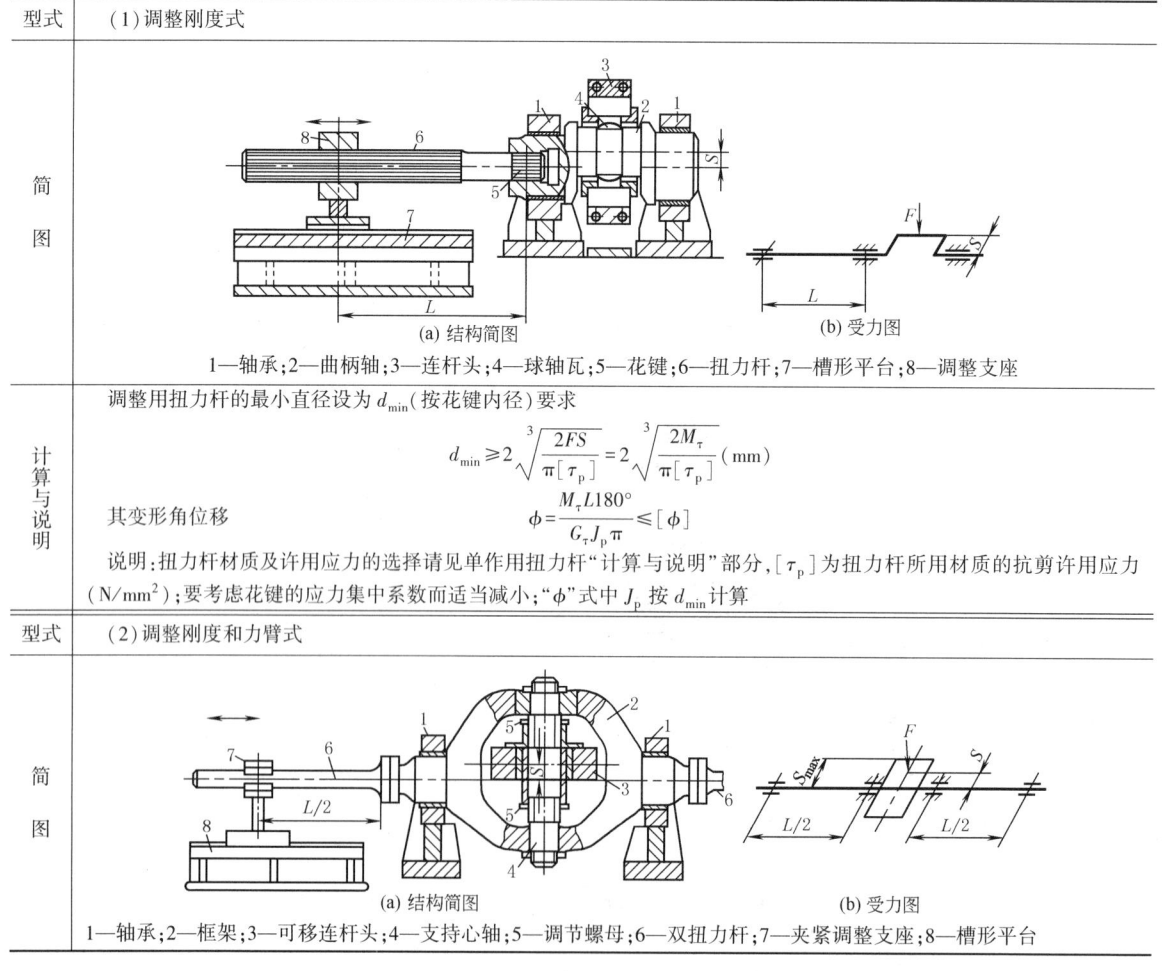

型式	(1)调整刚度式
简图	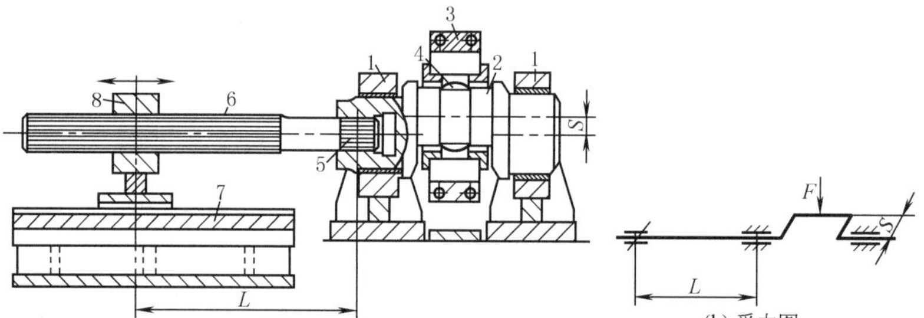(a) 结构简图　　(b) 受力图 1—轴承;2—曲柄轴;3—连杆头;4—球轴瓦;5—花键;6—扭力杆;7—槽形平台;8—调整支座
计算与说明	调整用扭力杆的最小直径设为 d_{min}(按花键内径)要求 $d_{min}\geqslant 2\sqrt[3]{\dfrac{2FS}{\pi[\tau_p]}}=2\sqrt[3]{\dfrac{2M_\tau}{\pi[\tau_p]}}$ (mm) 其变形角位移　$\phi=\dfrac{M_\tau L180°}{G_\tau J_p\pi}\leqslant[\phi]$ 说明:扭力杆材质及许用应力的选择请见单作用扭力杆"计算与说明"部分,$[\tau_p]$为扭力杆所用材质的抗剪许用应力(N/mm^2);要考虑花键的应力集中系数而适当减小;"ϕ"式中 J_p 按 d_{min} 计算
型式	(2)调整刚度和力臂式
简图	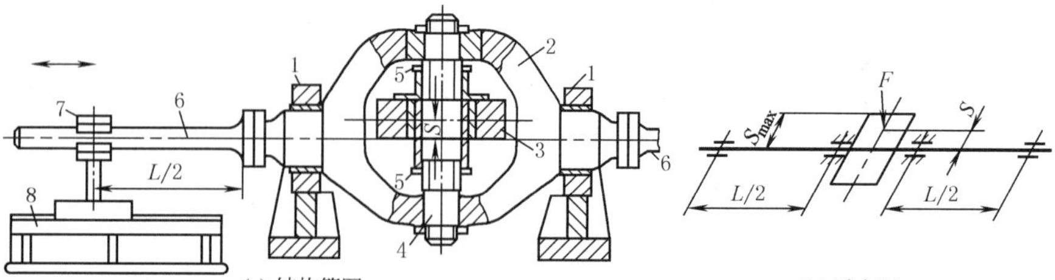(a) 结构简图　　(b) 受力图 1—轴承;2—框架;3—可移连杆头;4—支持心轴;5—调节螺母;6—双扭力杆;7—夹紧调整支座;8—槽形平台

续表

型式	(2)调整刚度和力臂式
计算与说明	调整扭力杆的最小直径设为 d_{min} $d_{min} \geqslant 2\sqrt[3]{\dfrac{FS_{max}}{\pi[\tau_p]}}=2\sqrt[3]{\dfrac{M\tau_{max}}{\pi[\tau_p]}}$ (mm) 每边变形角位移 $\phi=\dfrac{M\tau_{max}L180°}{4G_\tau J_p \pi} \leqslant [\phi]$ 说明:① 框架2两边各为半扭力杆长度(效果相当扭力杆长为 L),另外光扭力杆用夹紧调整支座以摩擦力矩锁紧,有安全作用。此结构不但能改变扭力杆直径和长度,还可以移动连杆头3改变加载力臂 S 的大小 ② 公式中符号说明:扭力杆材质及许用应力的选择请见单作用扭力杆“计算与说明”部分;但其中 M_τ 要按调整力臂最大值 S_{max} 计算;而它为双边 $\dfrac{L}{2}$,所以每边角位移按 $\dfrac{L}{2}$ 计算

6 液压阻尼器

液压阻尼器和柔性支承有所不同，它的作用是使扭振快速衰减，并防止共振；它的活塞与缸体为线接触；液压缸被活塞分隔为上下两腔，在非工作状态下活塞处于液压缸的中间位置，当活塞下降时，下腔的油克服弹簧阻力并通过活塞的阻尼孔 d_k 流入上腔，因阻尼孔较小使活塞运动受阻而起到阻尼作用；反之活塞上升时，油从上腔经回油孔返回下腔，同样也受到阻尼作用，使振动衰减。

表 16-4-7

型式	液压阻尼器
简图	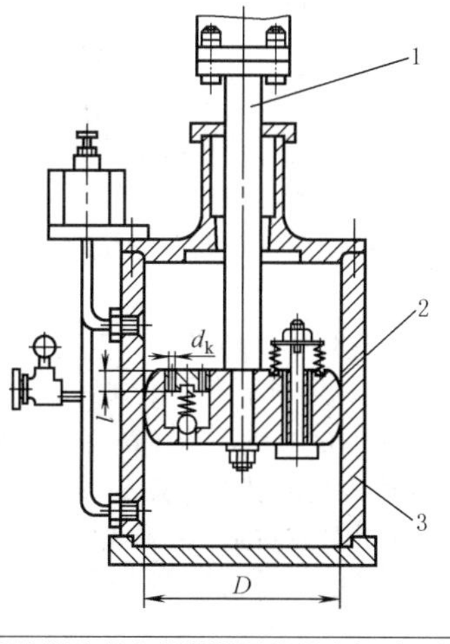1—活塞杆(与悬挂装置相连); 2—活塞;3—液压缸
计算与说明	将传动系统视为具有黏滞阻尼的强迫振动,近似为单自由度系统使共振放大减至最小时的阻尼系数(临界阻尼)为 $C_{er}=\dfrac{2\omega_n J}{R^2}$ 阻尼系数与液压阻尼器结构参数的关系 $C_{er}=\dfrac{8\pi\mu l}{m}\left(\dfrac{D}{d_k}\right)^4$ 由以上二式可得 $\dfrac{2\omega_n J}{R^2}=\dfrac{8\pi\mu h}{m}\left(\dfrac{D}{d_k}\right)^4$ 上式可确定液压阻尼器有关结构尺寸 式中 ω_n——系统的固有频率,rad/s; J——转动惯量,kg·mm²; R——主轴中心到液压阻尼器间的距离,mm; μ——动力黏度,Pa·s; l——阻尼小孔长度,mm; m——阻尼小孔数量; D——活塞直径,mm; d_k——阻尼小孔直径,mm

第5章 专业技术特点

多柔传动是一门新兴的技术学科，除符合一般传动技术的发展规律外，还有根据它本身技术特征而形成的专业技术特点，现叙述于下。

1 均载技术

多柔传动装置的设计计算中，啮合点之间的载荷均衡是一个十分重要的问题。为使各点载荷均衡，应采用必要的均载技术措施。所谓均载是指一台或多台原动机以多个主动件同时驱动主轴，要求多个啮合点传递的转矩尽量相等；根据多柔传动结构形式的不同，采取从确定传动参数到具体结构的技术措施以实现均载的目标，实现这些措施的方法就是均载技术。

1.1 单台电动机驱动多个啮合点时

在多柔传动领域涉及到的典型结构是拉杆式（BFT 型）装置，该传动为两点啮合，它通过结构参数的合理选择可以尽可能的实现均载。国外最早应用的 BFT 型初始形式（见表 16-1-1 序号 10）就存在较大的不均衡问题，原因是左右啮合两点的切向力和左右传动架的重力方向一致或相反。在工作平衡状态，扭力杆两端作用力一定是大小相等、方向相反，因而当扭力杆平衡时，导致齿轮啮合切向力（决定每点传递转矩值）不可能相等，即转矩不相等而造成不均载，为此，均载技术采取的措施是在左右传动架下增加左右弹性重力平衡器，使其中的弹簧预压缩量和坐标位置正好能抵消左右传动架的重力和力矩平衡，从而保证左右两齿轮的啮合切向力相等而得以保持均载。

关于拉杆式（BFT 型）装置的平衡方程和均载技术措施见图 16-3-8 和表 16-3-3。式(16-3-46) 和式(16-3-47) 给出了均载时左右重力平衡器上安装时弹簧的预压缩量，可知左右重力平衡器上弹簧的预压缩量是不相等的，公式中已考虑了扭力杆系统变形的影响；均载还同时必须满足式(16-3-48)～式(16-3-51) 给出的左右重力平衡器的坐标位置，不但抵消重力的影响，且力矩也要平衡，这样不但左右传递转矩相等且齿面上也不发生偏载。因此，要均载，不要偏载，则左右重力平衡器的坐标位置是特定的且左右是不对称的。

1.2 多台电动机驱动多个啮合点时

1.2.1 自动控制方法

① 如采用交流异步电动机，可利用该类电动机固有的转差特性——负荷增加转速下降、负荷减少则转速提高的规律，使同一传动装置中每台电动机自动保持功率相对均衡。

在传动中，有的采用交流变频电动机，为此可采用主从控制系统，即确定系统中的一台逆变器为主动装置，它将力矩输出值信号传递到其他从动逆变器。从动逆变器据此提供输出力矩，使各台电动机的输出力矩相近。每台电动机都配置增量型编码器以便形成闭环控制，这对于全悬挂的整体外壳式装置（如 PGC 型）的均载效果更好，负荷不均衡小于等于 3%。

② 如采用直流电动机，通过电气控制，使每台电动机的电流维持在一定范围内，以实现各点的均载。

③ 若为较大功率传动装置（1000kW 左右）和大功率传动装置，采用同步电动机可提高功率因数，从而提高效率。在传动系统可设置液体黏滞型负荷分配离合器，用改变摩擦片间的夹紧力来控制相对滑动（两边传动比稍有不同）达到均载目的，其转速和电动机负荷变化的反应时间小于 10ms，负荷不均衡小于等于 3%。

1.2.2 机电控制方法

参考表 16-1-1 序号 3 及图 16-6-3，该传动采用机电控制方法获得均载效果，从图中可看出，它的 4 个初级减速器置于不同高度的上、下两层。其机械控制部分的均载装置由两构件组成：一是上、下两层的左、右两个初级减速器输入轴之间都采用传动轴相连，使同一高度的两啮合点同速运转；二是在上、下两层都设置了使同一高度两啮合点均载的调节机构。该机构如图 16-5-1 所示，它由同一高度的两个初级减速器内的行星差动齿轮包与减速器外的曲柄连杆组合而成，行星差动齿轮包置于第二级传动的从动圆锥齿轮内，该齿轮包由太阳轮，具有内、外齿的中心轮，三个行星轮及支承它的行星架组成，锥齿轮的内齿与中心轮的外齿啮合，行星架轴上固定有第三级传动的小齿轮。太阳轮轴伸出到减速器外，在该轴端上固定有与连杆铰接的曲柄，连杆与另同一高度的初级减速器上相应位置的曲柄相连。

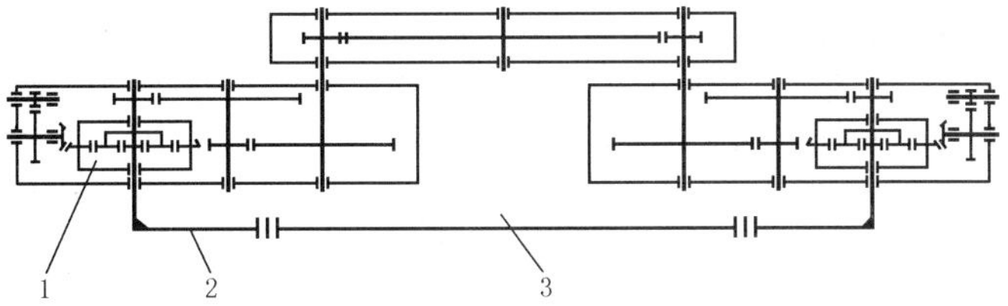

图 16-5-1 均载调节机构示意图

1—行星差动齿轮包；2—曲柄；3—连杆

均载原理如图 16-5-2 所示。图 a 为中心轮转速 n_b 所示转向均载时的传动系统的运动分析图，若同一高度的左、右两啮合点上的载荷相等，那么左、右两侧的太阳轮承受的力矩相等，则作用到连杆两端上的力大小相等，方向相反，图中所示的 $P_1=P_2$，故太阳轮不动。假定图 a 中所示左啮合点因齿间有间隙等原因未能啮合或载荷较小时，则有 $P_2>P_1$，此时，左侧太阳轮在连杆两端差值力的推动下将产生 n_a 并与 n_b 同向，处于这一不均载状态的左侧行星差动齿轮包的运动分析见图 b。从图 b 可知，由于太阳轮转速 n_a 与中心轮转速 n_b 同向，通过行星差动运动，左侧啮合点小齿轮将增速转动，从而消除齿间间隙而增载。同理，右侧行星差动齿轮包的太阳轮产生的 n_a 则与 n_b 反向，该侧小齿轮将减速而卸载，直至两啮合点上载荷相等时为止。反之，若左侧啮合点的载荷较大，其均载分析过程与前者相反。通过均载调节机构可使两啮合点载荷始终处于动态均载工况。

通过传动轴把同一高度的两初级减速器的输入轴连接起来，可使相应两啮合点同速，若不同速则肯定不均载。这样可进一步提高仅设置均载调节机构的均载水平。

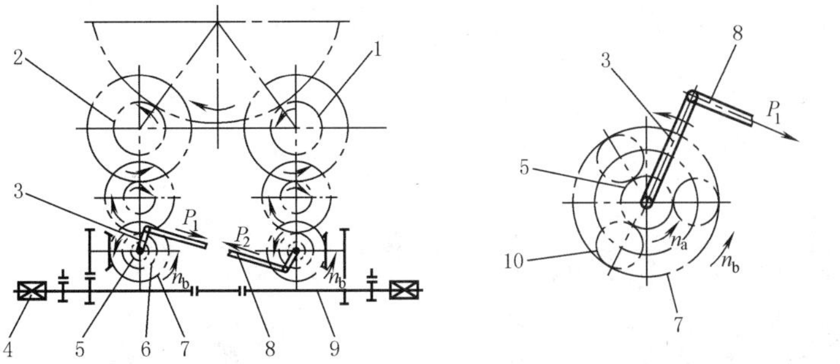

(a)均载时传动系统的运动分析　　(b)不均载时左侧行星差动齿轮包的运动分析

图 16-5-2 均载原理

1—右末级小齿轮；2—左末级小齿轮；3—曲柄；4—电动机；5—太阳轮；6—第三级主动齿轮；7—中心轮；8—连杆；9—传动轴；10—行星轮

通过该均载装置只能实现上、下两层同一高度的两个啮合点的均载。而上、下两层间的均载，则通过前述的自动控制方法来解决，这就是说它应用了机、电两种均载技术，效果良好，即使在同一高度的两台电动机中的一台发生故障时也能实现各啮合点均载（但工作电动机处于超载运行，只能维持短时运行）。

2　安全保护技术

由于多柔传动运用了柔性支承的“弹性”，遵循了物体受力后产生变形的客观规律，不但使设计可以接近传动装置的“实际”，充分地发挥多柔传动的优越性，而且利用其“柔性”，使多柔传动的运行安全也更有保障。下面介绍的几种方法就是利用受力构件的“弹性变形”，达到对装置进行有效保护的目的。

2.1　扭力杆保护装置

为保证超载时扭力杆不被破坏，设置了扭力杆保护装置。此装置是在整体外壳式壳体的下底面左右各设一个在受载时能绕主轴回转微小角位移的活动平面，在达到规定过载系数相应负载时，此活动平面和地基上的止动座接靠（在止动座上面衬以硬质橡胶板，因外壳底部活动平面和止动座接靠时会稍有倾斜），此时即使负载再增加，扭力杆不再增加载荷，超过部分由止动座承接，这样就可靠地保证了扭力杆和装置的安全。装置受载时，整体外壳和止动座间相对位置的变化见图 16-5-3。

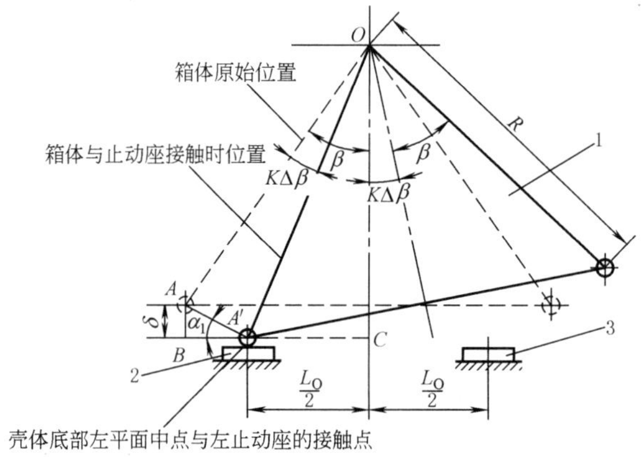

图 16-5-3　受载时外壳和止动座间相对位置

O—主轴回转中心；1—整体外壳刚性架；2—左止动座；3—右止动座

图中　β——整体外壳刚性（三角）架的半顶角，(°)；

$\Delta\beta$——在额定载荷下，壳体的微小角位移，(°)；

δ——在超载 K 倍时，壳体左下平面中点的垂直方向总位移，mm；

$$\delta = K\Delta h$$

K——设计过载系数

Δh——在额定载荷下，壳体左下平面中点的垂直方向位移，mm；

$$K=\frac{M_{\max}}{M}$$

$M_{\max}$——设计允许的主轴最大输出转矩，N · mm；

M——额定负载下主轴的输出转矩，N · mm；

L_0——两止动座间距离，mm；

R——主轴中心到壳体左右下平面中点的距离，也即刚性（三角）架腰的长度，mm。

在图 16-5-3 中，在下面二个直角三角形中有下列几何关系

$\triangle ABA'$中

$$\sin\alpha_1=\frac{AB}{AA'}=\frac{K\Delta h}{AA'}$$

$\triangle OA'C$ 中 $$\sin(\beta-K\Delta\beta)=\frac{A'C}{OA'}=\frac{L_0/2}{R}$$

若 $K\Delta\beta$（过载 K 时壳体转角）很小时，$\angle OA'A\approx 90°$，则有下列关系

$$(\beta-K\cdot\Delta\beta)\approx\alpha_1$$

而 $$AA'=2R\sin\left(\frac{K\Delta\beta}{2}\right)$$

所以 $$\frac{K\Delta h}{2R\sin\left(\frac{K\Delta\beta}{2}\right)}=\frac{L_0/2}{R}$$

故 $$\delta=K\Delta h=L_0\sin\frac{K\Delta\beta}{2} \tag{16-5-1}$$

从上式可求得壳体下平面和止动座之间的距离 δ。

2.2 过载保护装置

过载保护是利用弹簧或拉压杆在受载时的变形和负荷成正比的关系，若实际载荷超过额定载荷下变形的若干倍时，凸块接触限位开关令电机和电源脱开且制动器产生制动使惯性运转迅速停止的保护措施，其结构及载荷-变形图见图 16-5-4，结构及受力图见图 a，载荷-变形图见图 b。装置上端铰接在悬挂的末级减速器外壳上，其下端与悬挂的初级减速器铰接点相连接。

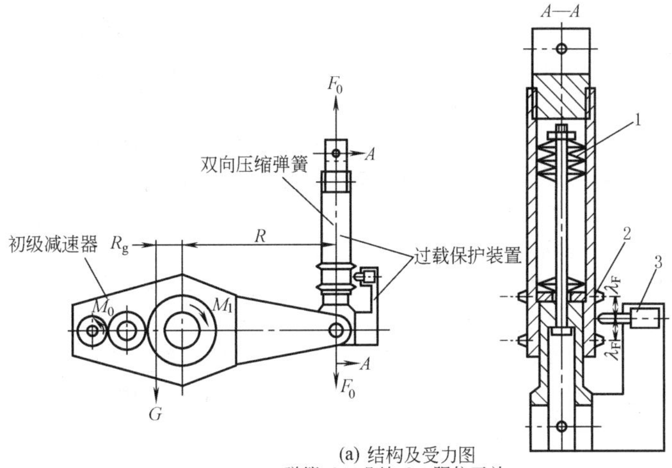

(a) 结构及受力图

1—弹簧；2—凸块；3—限位开关

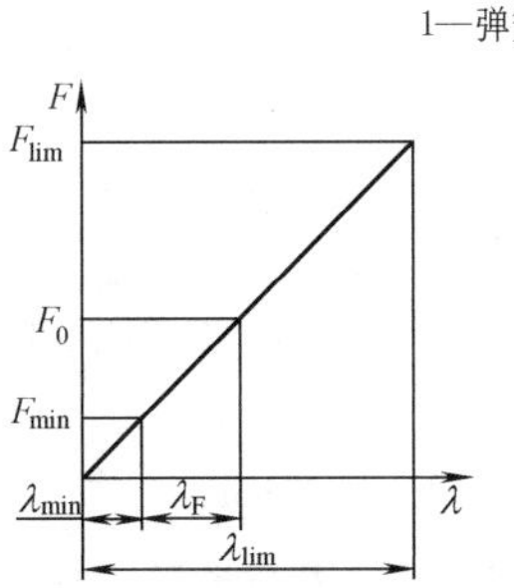

(b) 载荷-变形图

F_{min}——弹簧预紧力，N；

λ_{min}——弹簧预压缩量，mm；

F_{lim}——弹簧的极限载荷，N；

λ_{lim}——弹簧的极限变形，mm

图 16-5-4 过载保护装置

若为半悬挂

$$F_0=\left(\frac{M}{ni\eta}\pm\sum m\right)\frac{1}{R}$$

$$=(M_1-M_0-GR_g)\frac{1}{R} \tag{16-5-2}$$

若为全悬挂（$M_0=0$，但有电机装于输入轴）

$$F_0=(M_1-G_mR_m-GR_g)\frac{1}{R} \tag{16-5-3}$$

式中 F_0——串接弹簧作用力，N；

M_1——初级减速器输出轴转矩，N·mm；

M_0——初级减速器输入轴转矩，N·mm；

G——初级减速器重量，N；

R_g——初级减速器重心到悬挂轴距离，mm；

R——串接弹簧轴线到悬挂轴距离，mm；

G_m——电机重量，N；

R_m——电机重心到悬挂轴线距离，mm。

在图 16-5-4b 弹簧的载荷（F）-变形（λ）图中

$$\lambda=\lambda_{min}+\lambda_F \tag{16-5-4}$$

式中 λ——弹簧承受 F_0 时的变形，mm；

λ_F——限位开关与凸块间的距离，mm。

3 中心距可变与侧隙调整

除整体外壳式外，多柔传动具有中心距可变，侧隙可调的特点，这样可以充分利用渐开线变位齿轮的优越性，提高传动装置的性能和灵活性，更能适应在高温、多尘环境下运行。

中心距变化的原因有二。一是由于零件受力变形而产生的中心距增加，这取决于零件的刚度。因此改变中心距的办法是变更零件的断面形状、长度和改变材质及其热处理方法，如拉杆式（BFT 型）装置利用拉杆直径的变化或在拉杆中串接弹簧来改变拉杆悬挂系统的刚度；推杆式（BFP 型）则改变推杆中弹簧的刚度等。利用变形改变中心距，一般在设计时就要确定，设备建成后再改变就比较费事。

二是通过改变结构和零件的尺寸来改变中心距，如将固定滚轮式（BF 型）的滚轮改为单个偏心滚轮式（TSP 型）的偏心可调的滚轮，这样中心距可大可小；而且改变偏心滚轮的调整偏心值更扩大了中心距的可变范围。

最简单的方法是通过改变末级小齿轮两侧的辊子的直径来改变中心距。辊子的结构形状可见图 16-2-6（BF 型）、图 16-2-8（BFP 型）和图 16-2-9（BFT 型）；偏心滚轮式（TSP 型）中的辊子结构形状和图 16-2-6（BF 型）中是一致的。

3.1 辊子的外形尺寸和性能

3.1.1 辊子的外形尺寸

任何多柔传动装置的辊子直径的普遍公式为

$$d_B=m[z_1+2(h_a^*+C^*+x_1)]+2e \quad (mm) \tag{16-5-5}$$

式中 d_B——辊子直径，mm；

m——齿轮模数，mm；

z_1——末级小齿轮齿数；

h_a^*——齿顶高系数；

C^*——顶隙系数；

x_1——小齿轮的法向变位系数；

e——结构余量，$e=2$mm，2.5mm 或 3mm。

当采用渐开线圆柱齿轮基本齿廓（GB/T 1356—1988）标准时

$$h_a^* = 1,\ C^* = 0.25$$

若小齿轮未变位

$$x_1 = 0$$

公式可简化为

$$d_B = m(z_1 + 2.5) + 2e \quad (\mathrm{mm}) \tag{16-5-6}$$

辊子宽度：因为 $b_\Sigma \geqslant b + 2B$

所以

$$B \leqslant \frac{b_\Sigma - b}{2} \quad (\mathrm{mm}) \tag{16-5-7}$$

式中 B——辊子宽度，mm；

b_Σ——大齿轮轮缘总宽度或结构需要的实际大齿轮轮缘宽度，mm；

b——末级大小齿轮中取齿宽大的宽度，mm。

因为若大齿轮宽度增加，整个装置的重量将接近成比例增加，故 B 一般不宜大，所以辊子往往做成圆片形状，因此与滚轮相反（滚轮希望有足够轮压），从设计上尽量减少辊压才是理想工作状态。

3.1.2 辊子的性能

辊子不但在外形上和滚轮不同，其作用和性能也存在很大差异，辊子和外轨道组合主要用以保证齿轮传动的最小侧隙，也可以用以改变中心距。辊子和滚轮在结构性能上的差别见表 16-5-1。

表 16-5-1

结构性能对比	滚　轮	辊　子
作用	悬挂定位和支持传动装置	保持齿轮传动最小侧隙，改直径时可变中心距
外形尺寸	由轮压及接触应力决定直径和宽度，宽径比大，呈轮状	直径由式(16-5-5)决定，宽度由式(16-5-7)决定，宽径比小，呈片状
相对摩擦性质	在任何情况均为纯滚动，与传动结构参数、滚轮直径等无关	辊子直径一定比小齿轮节圆直径大，和轨道间不是纯滚动，一定有滑动
理想工作状态	要求轮压大于零；轮压小于等于零不能正常工作	辊压等于零时无偏载，传动效率高
相互关系及特点	保持轮压或均载时就可以不要辊子，轮压和均载无关	有可能丧失轮压或不均载时，必须有辊子保持最小侧隙，希望辊压小
轨道形式与尺寸	凹面内轨道，轨道半径由结构任意确定	凸面外轨道，轨道曲率半径由式(16-5-8)确定
和大齿轮轮缘宽度关系	无关	辊子宽度使轮缘宽度相应增大
和中心距变化的关系	一般限制最大中心距，但偏心滚轮式调整时中心距可大可小	限制最小中心距，如加大辊子直径可使中心距加大

但推杆式（BFP 型）和其他形式尚有一定差别，因为推杆式装置是利用推杆压力通过辊子才得以悬挂于大齿轮上的，所以在这种情况下，辊压是始终存在的。相对其他形式而言，辊压还较大，所以辊子宽度应大些，以减小接触应力。如有可能，不要将辊子固接在小齿轮上，而应和小齿轮分开，且辊子中心加滚珠轴承（见图 16-2-8），此时辊子和小齿轮转速就无关，这样，就有可能变滑动摩擦为滚动摩擦，以减少辊子和外轨道的磨损。

3.2 侧隙调整和控制

3.2.1 齿轮侧隙在传动中的重要性

大转矩、低转速的重载传动往往工作条件恶劣，处于高温多尘的环境，如转炉倾动机构普通传动装置未采用多柔传动前，小齿轮单独支持于轴承座之间，当末级大齿轮随主轴变动移位时，传动轴线的不平行和温度使零件膨胀，很容易造成局部传动侧隙消失而导致“咬死”，不能正常传动。为此，有的甚至人为地将中心距加大 5～10mm，用未工作前（安装时）过大的侧隙来防止工作时侧隙的消失，但这种大侧隙更造成传动性能下降，在启制动和变速时发生更大的冲击和振动，使动载荷增加，承力件极易损坏。

采用多柔传动后情况有了极大的改善。因为悬挂安装的特点，使传动侧隙沿齿宽均匀且可以得到控制，但因制造原因产生的齿厚不合格和使用磨损后侧隙的变大，都需要及时调整或采取措施延长大型传动设备昂贵的齿轮装置的寿命，不至于使用后侧隙加大造成动载荷的增加。所以，不论制造、安装和使用后都需要利用变位齿轮的优越性，来及时调整齿轮侧隙就变成一个十分必要的技术课题。多柔传动的中心距可变、侧隙可调的各种悬挂安装结构形式（BFP 型、BFT 型和 TSP 型）为此创造了调整和控制传动侧隙的良好条件。

3.2.2 传动最小侧隙的保证

当采用各种多柔传动形式时，要全面考虑所有情况；考虑各点载荷不均衡、处于不同位置和不同转向时，同样都应保持齿轮正常传动所必须具有的最小侧隙。因此对除整体外壳式外的各种形式的结构又有了新的要求，这也是多柔传动的专业技术特点之一。前面 3.1.1 节已求出了辊子直径的普遍公式，因此外轨道的曲率半径的普遍公式也可相应求得

$$\rho = a' - \frac{d_B}{2} = m\left[\frac{z_2}{2} + y - (h_a^* + C^* + x_1)\right] - e \qquad (\mathrm{mm}) \tag{16-5-8}$$

式中 ρ——外轨道的曲率半径，mm；
a'——变位齿轮中心距，mm；
d_B——辊子直径，mm；
z_2——末级大齿轮齿数；
y——中心距变动系数；
m，h_a^*，C^*，x_1，e——见本章 3.1.1 节。

若是标准中心距，小齿轮也未变位，又符合 GB/T 1356—1988 标准，则公式可简化为

$$\rho = m\left(\frac{z_2}{2} - 1.25\right) - e \qquad (\mathrm{mm}) \tag{16-5-9}$$

现将各种多柔传动形式保证最小传动侧隙的技术措施分述于下。

（1）整体外壳式（PGC 型等）

这种形式和普通减速器一样，齿轮副位于机壳的镗孔中心内，它由传动中心距的正偏差和大小齿轮的齿厚最小减薄量来保证传动的最小侧隙。工作时齿轮中心距是固定的，因而不会产生侧隙变化的情况，所以它是最简单也是最可靠地保证最小侧隙的一种形式。

（2）固定滚轮式（BF 型及其派生形式）

只要滚轮轮压存在，它和整体外壳式保持中心距的原理是一致的，可以保证传动的最小侧隙。但固定滚轮式若采用多个悬挂小车，多个小车位置不同时，因内轨道是单面凹形，如轮压小于等于零，滚轮就会离开内轨道，齿轮传动侧隙就将丧失，此时就需在小齿轮两侧设置辊子（见图 16-2-6），辊子就紧靠外轨道而保持最小侧隙；条件是：

外轨道曲率半径公称尺寸+辊子半径公称尺寸=实际中心距公称尺寸

外轨道曲率半径的正偏差+辊子半径的正偏差=实际中心距的正偏差

图纸上实际标注辊子偏差是在直径上，故半径的正偏差应乘 2 后标在辊子直径的上偏差上。

这种形式的大小齿轮设计参数和齿厚的最小减薄量等和整体外壳式的完全一样。

（3）推杆式（BFP 型）

推杆式（BFP 型）装置没有滚轮定位支持，故也没有内轨道，它就是靠推杆将辊子压紧在外轨道上而实现悬挂安装的（见图 16-2-8），它的压紧力取决于推杆的设计安装压紧力。这种形式必然使辊子和外轨道接触。辊子和外轨道的公称尺寸和偏差可仿照固定滚轮式（BF 型）的方法求得，但压紧力一般比固定滚轮式（BF 型）要大，这由受力分析（见表 16-3-2）求得辊子和外轨道间的压紧力 Q 来确定。

（4）拉杆式（BFT 型）

拉杆式的特点为靠上下两根拉杆的作用将传动架体悬挂于大齿轮上。若两点负荷均衡时，即齿轮径向力也完全相等，理论上两边可保持相等侧隙；若两点负荷不均衡，则上下拉杆两边作用力不相等，径向力相对较小一边

的啮合侧隙将会消失而不能保证最小侧隙。即使采用均载技术抵消重力的影响，但因计算和实际终有一定误差，实际上很难做到两边负荷完全相等，只要两边径向力稍有不同，轻载边侧隙消失是很难避免的，因此其最小侧隙还将有赖于辊子和外轨道的接触来保证。所以拉杆式（BFT 型）也应和上面固定滚轮式（BF 型）一样，具有计算确定的辊子和外轨道的公称尺寸和偏差。应该说采用均载技术后辊压是很小的，辊子和外轨道间磨损也就很少。

还有一种拉杆式（BFT 型）装置的拉杆中部装有一固定突出装置，它和机壳间留有很小的间隙，当拉杆两端受力不等向一边移动时，这个间隙先行消失，因而使不平衡力作用于机壳（见图 16-6-7），这样就减轻或消除了左右的不平衡。

（5）偏心滚轮式（TSP 型）

这种装置和固定滚轮式（BF 型）不同的是采用多个悬挂小车，其单点啮合力可降低很多。单个悬挂小车和固定滚轮式的悬挂小车差别不大，只是偏心滚轮式的滚轮中心可以在小车架体的镗孔中心以偏心距为半径作 360°的旋转变化。当两个偏心滚轮分别作顺时针和逆时针调整（二者调整角 δ 变化应保持相反同步相等，见表 16-3-4 最后“侧隙计算”），两个滚轮和内轨道间会产生间隙（正值时中心距增加，负值时减少，即侧隙相应增加或减少），从而达到调整传动侧隙保证正常啮合的条件。应该说明，以上是在有轮压时的情况，若无轮压，仍需如固定滚轮式的方法，用辊子和外轨道来维持最小侧隙，从而保证齿轮的啮合传动，外轨道和辊子的尺寸和偏差仍按固定滚轮式（BF 型）的方法求得。

4　设计与结构特点

整体外壳式（PGC 型等）和固定滚轮式（BF 型）由于中心距固定，末级传动原则上可任选各种传动装置（对中心距敏感的传动副都可以选用）；对中心距可变的各种多柔传动（如 BFP 型、BFT 型和 TSP 型），不论是受力变形或结构零件变化，都不宜采用对中心距敏感的传动（如摆线齿轮传动），应广泛采用渐开线变位齿轮。在中心距增加时，只要齿轮传动重合度大于 1，即可连续正确啮合。还要注意，采用各种不同形式、不同转向、载荷不均衡、处于不同位置时，同样都要保持齿轮正常啮合的侧隙。

4.1　合理确定末级传动副的型式和结构参数

4.1.1　销齿传动等新型传动应逐步推广和发展

由于多柔传动受力变形或结构、零件变化导致中心距的变化，使渐开线变位齿轮传动成为目前末级传动副的主流；另一方面，由于多柔传动技术的发展，也为其他传动副的应用创造了良好的条件。图 16-5-5所示为国

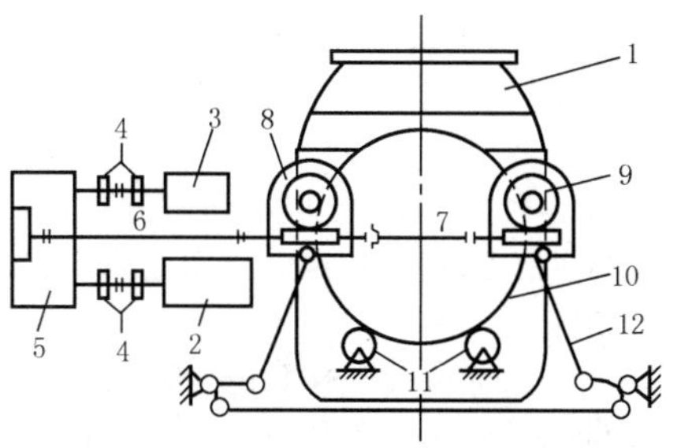

1—转炉；2—电机（快速，250kW）；3—电机（慢速，30kW）；4—制动器和联轴器；5—行星减速器；6—鼓形齿联轴器；7—联轴器及张紧轴；8，9—蜗轮减速器；10—倾动用销齿传动；11—支承辊；12—自平衡式拉压杆

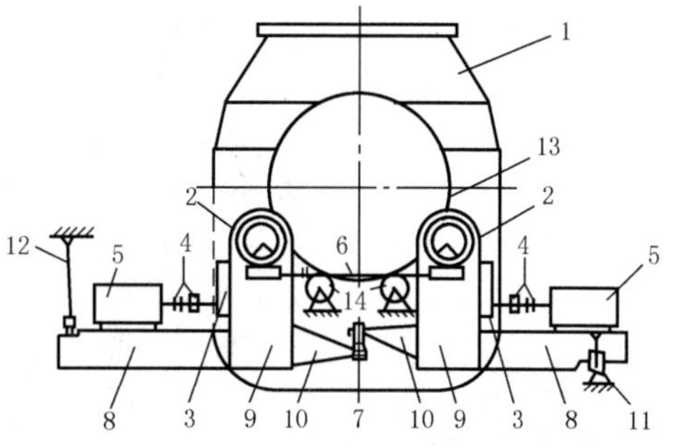

1—转炉；2—蜗轮减速器；3—圆柱齿轮减速器；4—制动器和联轴器；5—电机（122kW）；6—联轴器；7—限位开关；8—电机托架；9—壳体；10—扭力杆；11—压力过载保护装置；12—张力过载保护装置；13—销齿传动；14—支承辊

图 16-5-5　国外 200t 转炉的两种倾动机构的传动系统图

外 200t 转炉的两种倾动机构的传动系统图。这两种装置都采用销齿传动（以前称钝齿传动）。销齿传动是齿轮传动的一种特殊形式，从动件是具有圆销齿的销轮，主动件仍是齿轮。由于销轮的轮齿呈圆销形，故与一般齿轮相比，具有结构简单、制造加工容易、重量轻、造价低、拆修方便等优点，故以销轮代替大型渐开线齿轮将有很大的经济效益，特别适用于低速、重载、粉尘多、润滑条件差、工作环境恶劣的场合，效率可达 0.9~0.95，因而非常适合用于冶金、矿山等场合。多柔传动采用多点啮合、悬挂安装和柔性支承后，其他更多新型传动将会应运而生。

4.1.2 目前末级减速宜采用高度变位渐开线直齿齿轮

末级减速目前用一般齿轮传动较多，有直齿也有斜齿，采用标准齿轮较多。末级减速采用斜齿的意图为平衡轴向力提高轮齿的强度，但若应用于频繁正反转启制动场合，末级减速器齿轮受到的双向轴向力冲击会传递到减速器的连接螺栓上，一旦螺栓松动，末级减速器就不能正常工作。实际上末级减速器输出轴的轴向力平衡完全可在减速器内部加止推轴承解决，而末级低速，单齿啮合力又降低很多，用直齿是完全合适的。主要因大型斜齿轮不能用指形铣刀和在机床上分度的小型简单制造设备加工，直齿时就可以用这种小型设备（单齿铣）来加工。另外，大齿轮有时在很大的筒体上，且末级速比大，可使中速、高速级转矩很快降低，末级的速比一般均大于 5~6。大小齿轮对比，小齿轮仍是薄弱环节，尤其小齿轮齿数若接近不根切的最小齿数时，小齿轮齿根部位有较大的滑动率 η_{1max} 和几何压力系数 ψ_{1max}，也即齿根部位极易磨损。采用高度变位时，小齿轮变位系数 $x_1=-x_2$（大齿轮变位系数），此时中心距、啮合角、节圆直径等均不变，不但计算不复杂，而且可以接近达到 $\eta_{1max}=\eta_{2max}$、$\psi_{1max}=\psi_{2max}$，可使小齿轮和大齿轮的啮合指标接近，起到提高小齿轮啮合指标又不降低大齿轮啮合指标的作用，不增加开支而且可以有效提高齿轮寿命。说明用一般标准齿轮是没有道理的，速比越大，进行高度变位的必要性更加显著，用标准齿轮就更没有道理。

4.2 啮合点数的选择

啮合点数选择的主要根据是末级传动副的强度和寿命，并和装置的体积和重量大小有关。如果转矩很大，多点啮合分流就可以降低单点啮合力（为总力除以啮合点数）。因为渐开线齿轮副计算传动中心距的公式中，中心距大小和单齿传递的转矩的立方根成反比，8 点啮合时，中心距可减少为原来的一半，此时设备重量降低远比二分之一还多。从表 16-1-1 序号 4 可看出，该设备用单端 6 点，两端共 12 点传动时末级减速器就很小，所以只要多个主动件及其减速悬挂装置能布置得下也不影响操作维修，应尽量选多点为好，啮合点数多，传动中心距小，配置空间同样也小，反过来会影响啮合点数的增加。表 16-1-1 序号 4 改为双端传动的原因即单端肯定放不下 12 点。对各种形式也存在各种具体问题，一般应综合考虑决定。

对整体外壳式比较单纯，应该只受配置空间的限制，点数多，悬挂上去的装置因中心距减少反而会变少，总之只要空间配置合适就行。

对固定滚轮式（BF 型）和偏心滚轮式（TSP 型）存在轮压问题，1~2 点啮合且布置在垂线附近时，一般能保持轮压，可以正常传动；若啮合点增加，悬挂小车位置可能会到大齿轮的上半部，此时小车重量可能反而使轮压减少，如果轮压保持不了，就需设辊子来保证传动的最小侧隙，辊子和外轨道就加大了装置的体积和重量，所以 1~2 点以上就要认真研究其可行性。

对推杆式（BFP 型）来说，它除了推杆架体的支承点外，还有一个推杆的支承点，这个推杆的支点离架体的支承点较远，且接近垂直位置。在 1~2 点以上时，还是要考虑其支承点位置设置的问题，另外它肯定有辊子，且辊压还较大，这样大齿轮的轮缘宽度还会增加，重量肯定也会相应的增加。

对拉杆式（BFT 型）来说，因结构决定，一般都是两点啮合，即使应用了均载技术还是要考虑辊子的设置来防止偶有不均载时侧隙的丧失可能。拉杆式两点啮合时，必须两点同时工作，一个损坏时，整个装置就不能工作，这和其他形式显然是不同的。

4.3 各种悬挂安装形式的特点及适用性

多柔传动的悬挂安装形式基本上可归纳为中心距固定和中心距可变的两大类。其中包含的各种悬挂形式共 5 类。现将各种形式的特点作如下分析，供选用时参考。

4.3.1 整体外壳式（PGC 型等）

用整体外壳包容末级一般是一级减速装置；其他前置级减速装置则采用全悬挂或半悬挂安装在壳体上或地基上，这种装置重量较大，但悬挂壳体刚性大，其中心距受镗孔决定不能改变，在传动原理上比其他形式都简单清晰。如全悬挂没有受力大的部件基础而仅有柔性支承的基础，传动计算和普通传动计算没有什么差别，对从事普通传动者易理解接受，只是采用串接式柔性支承时，还要将初级减速器用串接柔性支承连接，且整套传动机构均被整体外壳封闭，没有开式传动，工作条件较好，重量虽大但结构原理和普通传动相同，所以目前应用比较广泛。但因它有整体外壳故不能用于大齿轮装在筒体上的设备，而只能用于端部传动；全悬挂方式一般都用于此种整体外壳式，因为此种整体外壳刚性大，悬挂结构可靠，末级减速装置重量大的还可以用重力平衡器或液压缸托起。

4.3.2 固定滚轮式（BF 型）

用固定滚轮悬挂末级减速器的小齿轮（有的带前置级减速装置）及其轴承安装架体，重量可比整体外壳式轻，但这种悬挂小车架体的刚性显然比整体外壳式要差，所以一般其前置级的一部分或全部放在地基上，即采用半悬挂形式。因为若全悬挂电机等偏心质量较大，滚轮更易失去轮压；若要增设辊子保证侧隙也会造成结构比较复杂；但如果装于筒体上的大齿轮轮缘内径和筒体外径之间能容纳悬挂小车的滚轮装置，则它可以应用于中部传动，一般用于单点啮合力不很大的场合，多个滚轮小车时，轮压有丧失可能，要用辊子来保证末级传动的最小侧隙。

4.3.3 推杆式（BFP 型）

借推杆推力将悬挂传动装置壳体通过辊子压靠在大齿轮外轨道上实现悬挂安装，悬挂刚性相对较小，且辊子和外轨道间一般有较大滑动摩擦（采取技术措施也可解决），其他和固定滚轮式相似，一般都采用半悬挂式。这种形式只要能布置好，中部和端部都可采用，由于啮合点数少，也用于单点啮合力不大的场合，用改变辊子直径可改变安装中心距。

4.3.4 拉杆式（BFT 型）

拉杆式是能用合理结构和位置参数来保证两点负荷均衡的一种悬挂安装形式。悬挂架体刚性也不大，所以一般也采用半悬挂形式。因其结构为初级减速器由主轴的径向接入，所以在末级小齿轮前有一级蜗轮减速装置，其效率稍低。现在的结构都限于两点啮合，单点啮合力最多降到二分之一，因有拉杆穿过径向部位，故这种形式只能用于端部传动，即使负荷均衡也得有辊子，也可用改变辊子直径来改变安装中心距。

4.3.5 偏心滚轮式（TSP 型）

总体上和固定滚轮式（BF 型）是相似的，二者可互相改变应用。优缺点和适用性相同，但它和固定滚轮式的最大差别是通过调整滚轮偏心距可使中心距变大或变小，灵活性比较大。还有一个特点（固定滚轮式若是 4 个悬挂小车也可以有）是改变并接式柔性支承（成变形谐调关系的并接式柔性支承）的两种柔性支承的刚度可改变两种柔性支承的受力关系，也即可改变对扭力杆的作用转矩，这是它的独有特点，其他形式很难做到。

4.4 柔性支承的特性和结构要求

4.4.1 单作用式

是最简单、应用较多的一种柔性支承，常用的有拉压杆、弹簧和扭力杆等。

(1) 单作用拉压杆

图 16-5-6 为拉压杆受力几何关系，O_1D 即为拉压杆

全悬挂时

$$Q=\frac{M}{\sin\beta\ \overline{OD}} \tag{16-5-10}$$

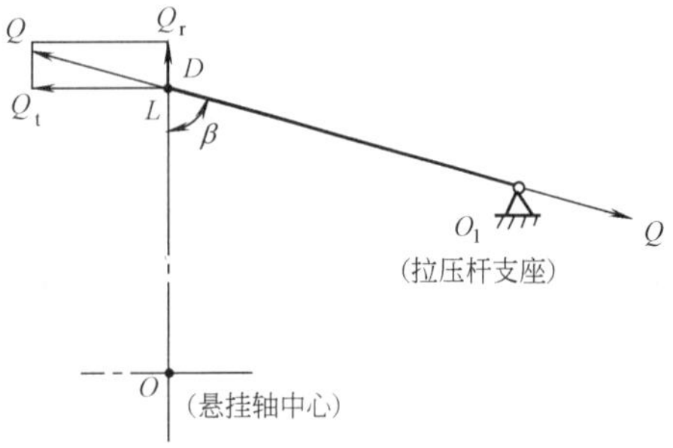

图 16-5-6 拉压杆受力几何关系

式中 Q——拉压杆受力，N；

M——悬挂轴的输出转矩，N · mm；

β——拉压杆轴线和铰接点与悬挂轴心连线的夹角，(°)。

$$\beta=90°, Q=Q_{min}=Q_t$$

所以拉压杆和铰接半径 OD 的夹角为 90°时，拉压杆受力最小，故要求拉压杆轴线应和铰接半径尽量垂直，这是结构要求；如不垂直，Q_r 还会增加对悬挂轴的作用力。

这一原理也适用于串接拉压杆时。

(2) 单作用扭力杆

$$M_1=FS$$

式中 M_1——扭力杆的作用力矩，N · mm；

F——对扭力杆的作用力，N；

S——扭力杆偏心距，mm。

可见偏心距 S 对扭力杆强度的影响很大，因 F 已定时，只要 $S=0$，M_1 也等于 0。但偏心距（扭力杆加载力臂）的数值究竟选多少？即使扭力杆直径长度已定，S 的选择仍是一个动力学方面的研究课题。

这种单作用扭力杆要向传动装置的主轴轴向延伸其长度，即在装置轴向需有空间允许布置这种单作用扭力杆。

4.4.2 自平衡式

柔性件两端均受相等的力（或力矩），呈自平衡状态，主要有自平衡扭力杆和自平衡拉压杆，前者是一种应用很广泛的柔性支承。

两种柔性支承完全能互相代替。扭力杆是两端加载力臂相同，拉压杆是两个曲拐同位相等。扭力杆偏心距（加载力臂）若大时，直径较粗，但拉压杆较细，加粗后刚度将很大；拉压杆若细长且受压时要校核稳定性，所以根据转向，应让拉压杆受拉较好。

自平衡式柔性支承一般布置在传动装置的下方，结构比较紧凑；自平衡扭力杆除直径可变外，加载力臂也可变，灵活性大；而自平衡拉压杆加载力的变化范围小［见第 4 章 2：自平衡式的（2）自平衡拉压杆］。

4.4.3 并接式（双作用式）

对作用力（或力矩）相等的并接式柔性支承，大部分结构可使柔性支承的变形增加，合成刚度减小，如要求减小支承刚度而扭力杆（或其他柔性件）直径或断面又不能减小者可以采用，但对弹簧-液压组成的并接式系统，合成刚度反而增加。对两种呈变形谐调关系的并接式柔性支承如偏心滚轮式（TSP 型）的扭力杆和拉压杆则通过变形谐调（即变形符合结构几何关系）可改变对另一种柔性支承的作用力（如可改变对扭力杆的作用力矩，从而可改变扭力杆的刚度）。

4.4.4 串接式

利用拉压杆或弹簧作串接柔性支承时，其结构原理与悬挂于末级减速器上的（主）柔性支承基本相同，只是串接式是悬挂于末级减速器的输入轴上而非输出轴（主轴）上，计算输出转矩应为此输入轴的转矩，而支承点为末级减速器的壳体而不是地基。

弯曲杆是另一种串接的柔性支承，用于不便设置拉压杆或弹簧的串接场合，它用两个支座固定悬臂的弯曲杆（见图 16-3-2），弯曲杆的头部和悬挂的初级减速器铰接点相连接，以弯曲杆的弹性变形挠度（柔性）来支承初级减速器。

4.4.5 调整式

调整式是一种能改变柔性支承结构参数而在现场调整或改变柔性支承的刚度和加载力臂的方法，要求它调整更换快捷，改变结构参数容易，调整时安全可靠，拆装简单方便，调整时替换零件少而调整范围却尽量大。

第6章 整体结构的技术性能、尺寸系列和选型方法

根据设备运行现场的实际要求，将各种悬挂安装形式和柔性支承有机地结合成许多种整体多柔传动装置，就能产生性能尺寸各异的多柔传动装置。本章将其整体结构的技术性能和尺寸系列等作如下叙述，同时也介绍国内外部分工厂的产品系列和选型方法，作为选型决定结构的参考。

1 国内多柔传动装置的结构、性能和尺寸系列

目前国内多柔传动装置的系列尺寸都是针对专业产品（例如转炉、烧结机、回转窑等）形成的，还没有适合各种低速、大转矩设备的普遍多柔传动装置系列。为此，可以根据按工作机械的主要规格（如转炉公称容量/t、烧结机有效台车面积/m^2 等）确定的多柔传动装置的技术性能和尺寸系列，来确定其他机械可否选用。其方法是根据输出转矩、由输出转矩和主轴转速确定的电机功率是否满足传动要求，并根据实际要求转速来调整改变已有系列的总传动比。

1.1 整体外壳式之一（PGC 型，四点啮合，自平衡扭力杆）

采用刚性的整体外壳悬挂在主轴上，初级减速器非悬挂而固接在整体外壳上。整体外壳的柔性支承采用自平衡扭力杆，壳体下有两个平面和止动座间留有 δ 间隙，待超载时，其余负荷就由止动座承受，扭力杆负荷不再增加。因采用全悬挂，故地基上只有柔性支承的基础，其结构见图 16-6-1，它由壳体上的镗孔决定中心距，故末级中心距不变和侧隙不能调整，它的技术性能和尺寸系列由工作机械的规格（如转炉公称容量/t）来决定，参见表 16-6-1。

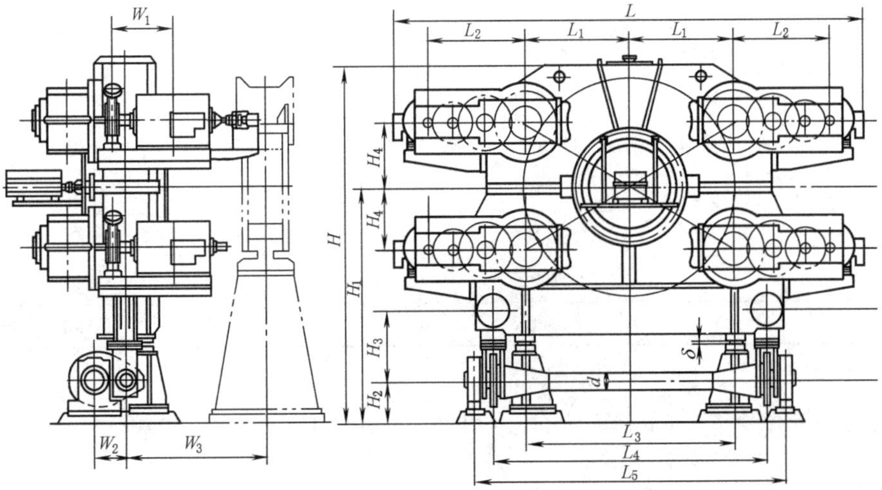

图 16-6-1

表 16-6-1

转炉公称容量/t		30	50	120	150	180	300
最大工作转矩/kN·m		720	1500	3500	4120	5350	6500
最大事故转矩/kN·m		1800	3750	8750	10300	13375	19110
转速/r·min^{-1}		0.96	0.99	1.35	1.36	1.5	0.15~1.5
总传动比		741.318	564.678	740	721.92	650	638.245
总效率		0.88	0.88	0.91	0.91	0.91	0.902
电动机	型号	YZP250M-8	ZZJ-814	YZP355S-6	YZP355M2-6	YZP400M2-6	配置直流电机
	功率/kW	4×30	4×63.5	4×160	4×220	4×290	4×150/300
	转速/r·min^{-1}	712	560	985	980	980	96~960
制动器	型号	YWZ5-315/80	YDWZ500/100ZA	YW500-2000	YW500-D2000	YW630-D3000	
	制动力矩/N·m	600	1270	3300	1500~5400	2300~8200	
初级减速器	类型	圆柱齿轮					
	传动比	101.634	77.598	109	116.882	85.255	87.051
末级减速器(圆柱齿轮)	传动比	7.294	7.277	6.8	6.177	7.625	7.294
	模数/mm	18	22	25	32	28	28
	大齿轮材料	—	—	35CrMo	$30Cr_2Ni_2MoA$	40CrNiMoA	$40CrNi_2Mo$
扭力杆	直径 d/mm	ϕ230	ϕ280	ϕ320	ϕ320	ϕ365	ϕ380
	材料	$40CrNi_2Mo$					
总体尺寸/mm	L	~5730	~7360	~8836	~9350	~8005	~8205
	L_1	1094.34	1416.39	1601.854	1601.854	1601.854	1702.083
	L_2	1234.78	1557.487	1920	2177	1400	1778.524
	L_3	2200	2890	3300	3300	3300	3450
	L_4	3000	3900	4800	4800	4800	4620
	L_5	3500	4550	5800	5800	5800	5330
	H	3772	4779	5639	5639	6063	6200
	H_1	2415	3130	3480	3480	3839	3850
	H_2	335	540	560	560	560	735
	H_3	660	900	900	900	900	1165
	H_4	683.82	885.06	1163.81	1163.81	1163.81	1063.579
	W_1	487.5	714	762	769	854.5	1005
	W_2	380	450	450	450	500	560
	W_3		2100	2000	2160	2160	2500
	δ	4.5~5.1	8.5~10	10.4~12	10.5~12	10.5~12	13.4

1.2 整体外壳式之二（四点啮合，自平衡扭力杆串接弯曲杆）

除整体外壳悬挂在主轴上，用自平衡扭力杆作（主）柔性支承外，初级减速器也悬挂于末级减速器的输入轴上；用弯曲杆作（副）柔性支承，呈串接状态；其他和上面（PGC 型）相似，见图 16-6-2。

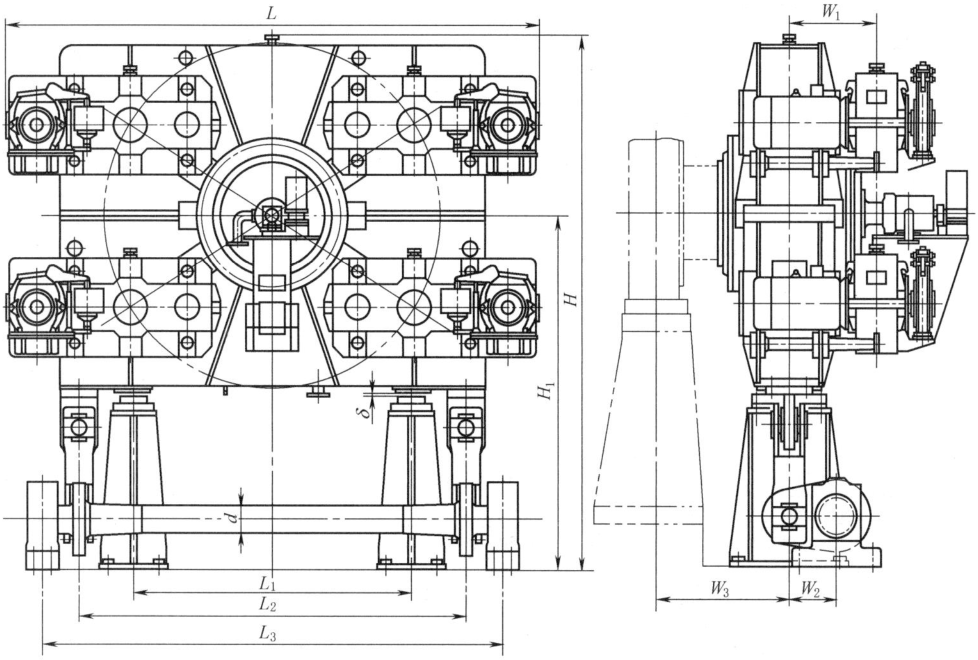

图 16-6-2

1.3 整体外壳式之三（四点啮合，单作用弹簧缓冲装置串接拉压杆，有均载调节机构）

除整体外壳悬挂在主轴上，用弹簧缓冲装置作（主）柔性支承外，初级减速器也悬挂于末级减速器的输入轴上，用拉压杆作串接式柔性支承。它的最大特点为上下有两套均载调节机构，各点负荷比较均衡。公称容量250t 转炉的总体结构及尺寸见图 16-6-3，其技术性能见表 16-6-2。

表 16-6-2

转炉公称容量/t		40	50	65	80	100	120	150	180	250
最大操作转矩/kN·m		802	975	1180	1610	1940	2370	2850	3450	~6250
转矩过载倍数		3.00	3.00	2.90	2.90	2.63	2.62	2.62	2.72	~2.24
倾动转速/$r \cdot min^{-1}$		0.1~1.0								0.1~1.5
总传动比		985	985	975	975	735	735	735	735	600
总效率		~0.9								0.9
电动机	型号	Y225M-6	Y250M-6	Y280S-6	Y280M-6	Y315M$_1$-8	Y315M$_2$-8	Y315L-8	Y355M$_1$-8	配置直流电机
	功率/kW	4×37	4×45	4×55	4×75	4×90	4×110	4×132	4×160	4×315
	调速范围/$r \cdot min^{-1}$	98~980		97~970		73~730				60~90
制动器	型号	YWZ9-300/E80	YWZ9-315/E80	YWZ9-400/E80	YWZ9-400/E121	YWZ9-500/E201	YWZ9-500/E201	YWZ9-500/E201	YWZ9-600/E201	
	制动力矩/N·m	630~1000	630~1000	630~1250	1000~2000	2000~4000	2000~4000	2000~4000	2500~4500	8800
初级减速器	类型	三环传动					三环或圆柱齿轮传动			圆柱齿轮传动
	传动比	113.35	115.47	117.33	117.33	86.78	84.58	83.33	81.13	90.35

续表

末级减速器	传动比	8.69	8.53	8.31	8.31	8.47	8.69	8.82	9.06	6.67
	模数/mm	18	20	20	22	22	25	25	25	25
	大齿轮材料	35CrMo				$34CrNi_3Mo$				$34CrNiMo_6$
扭力杆	直径 d/mm	ϕ220	ϕ230	ϕ245	ϕ260	ϕ280	ϕ300	ϕ330	ϕ340	本栏转炉公称容量250t规格的结构和表中其他公称容量转炉的结构不同。此装置末级减速器的柔性支承为弹簧缓冲装置，初级减速器的柔性支承为串接拉压杆。结构尺寸见图16-6-3
	扭转角/(°)	1.24	1.33	1.31	1.48	1.38	1.36	1.19	1.3	
	单位扭转角/(°)·m^{-1}	0.39	0.39	0.37	0.38	0.33	0.31	0.25	0.27	
	材料	42CrMo			40CrNiMo					
总体尺寸/mm	L	4580	4800	5200	5664	5900	6360	6790	7110	
	L_1	2340	2420	2520	2890	3020	3310	3610	3620	
	L_2	3200	3400	3530	3900	4130	4420	4720	4900	
	L_3	3800	4050	4180	4550	4830	5120	5420	5600	
	H	4230	4400	4580	4830	5180	5560	5950	6020	
	H_1	2760	2860	2980	3160	3350	3550	3765	3800	
	W_1	764	780	810	896	930	980	1000	1110	
	W_2	390	410	430	450	470	500	530	540	
	W_3	1260	1280	1500	1650	1680	1710	1750	2160	
	δ	7.0/8.5	7.1/8.6	8/9.6	8.5/10	8.5/10	8.7/11	8.9/12	9.8/12	

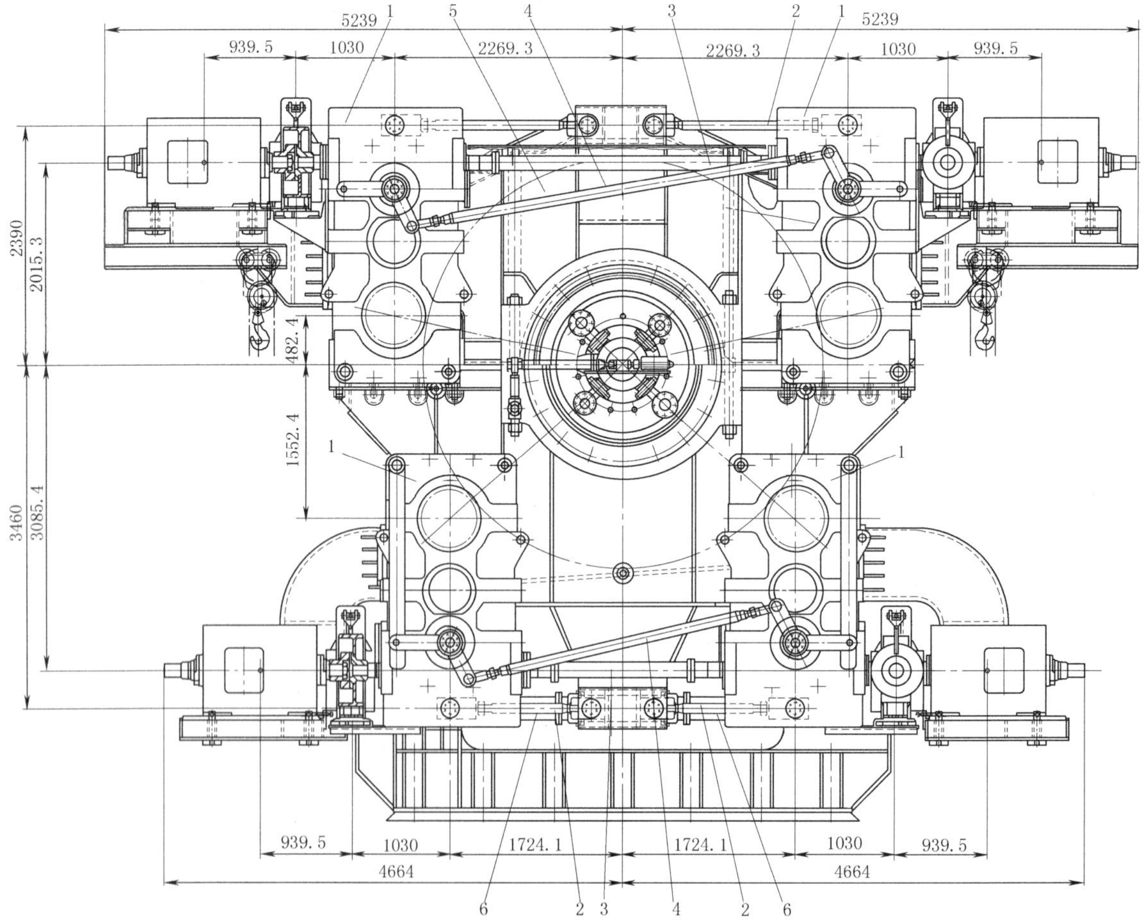

图16-6-3　整体外壳式之三总体结构

1—初级减速器；2—串接拉压杆；3—同速轴；4—均载调节机构；5—末级减速器；6—弹簧缓冲装置

1.4 整体外壳式之四（两点啮合，自平衡扭力杆串接弯曲杆）

和本章 1.2 节结构性能相似，仅是四点啮合变成两点啮合，结构简化很明显。总体结构见图 16-6-4，技术性能及尺寸系列见表 16-6-3。

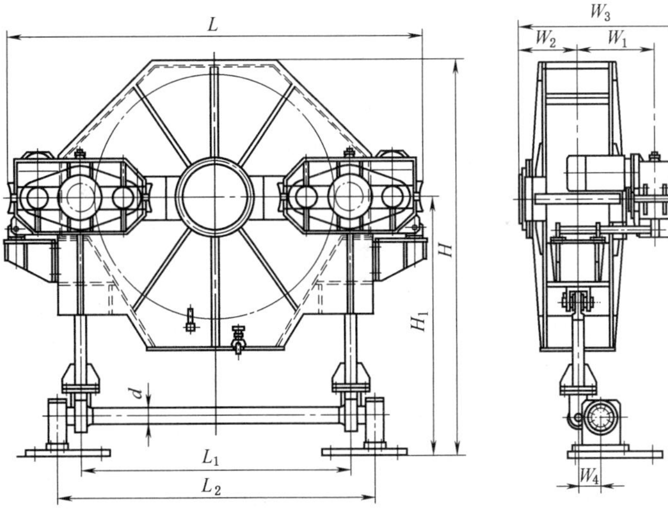

图 16-6-4

表 16-6-3

机械类别		烧结机								带冷机（倾角 6°）	带冷机（倾角 3.54°）
规格/m^2		60	75	132	180	240	275	360	400	120	204
输出转矩/kN·m		350	400	350	450	687	660	800	950	500	1600
总传动比		4788	5670	2949	5297	3555	3227	4825	3283	11676	7733
电动机	型号	Y160L-6	Y160M-6	Y180L-8	Y180L-6	Y200L_2-6	Y200L-8	Y225M-4	Y225M-6	Y160L-6	Y200L_1-6
	功率/kW	2×11	2×7.5	2×11	2×15	2×22	2×15	2×30	2×30	2×11	2×18.5
	调速范围 /r·min^{-1}	300～970	300～970	230～735	317～980	317～980	230～735	490～1470	319～980	300～970	317～980
初级减速器（三环传动）	中心距/mm	350	400	350	450	450	450	450	550	500	590
	传动比	72.5	660	307.2	603.3	405	440	503.3	395	1344	954.7
末级减速器	类型	三环传动	圆柱传动								
	中心距/mm	900	1000	1100	1250	1408	1350	1450	1500	1250	1600
	传动比	66	8.59	9.6	8.78	8.78	7.33	9.59	8.31	8.69	8.1
扭力杆	直径 d/mm	150	150	150	190	180	180	200	210	180	240
总体尺寸/mm	L	2920	3680	3370	4180	4336	4160	4340	5020	4550	5740
	L_1	2496	2000	2200	2496	2816	2700	2900	3000	2500	3200
	L_2	2966	2500	2700	2996	3316	3200	3400	3500	3000	3700
	H	2915	3395	3600	4040	4175	4180	4180	4300	3940	4590
	H_1	2005	3350	2205	2750	2750	2750	2750	2780	2650	3000
	W_1	580	652.5	630	750	810	780	849	840	840	1009
	W_2	410	405	410	535	588	470	585	625	475	700
	W_3	782	820	820	1211	1271	1145	1934	2125	1790	1720
	W_4	240	350	240	240	240	240	240	240	350	350

1.5 固定滚轮式（BF 型）

结构见图 16-6-5，技术性能及尺寸系列见表 16-6-4。

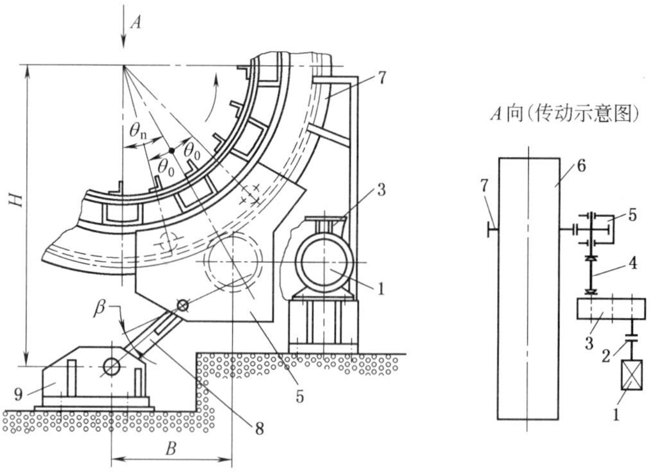

图 16-6-5

1—电动机；2—联轴器（或液力偶合器）；3—初级减速器；4—万向接轴；5—悬挂小车；6—筒体；7—大齿轮圈；8—拉压杆；9—支座

表 16-6-4

设备名称及规格			ϕ2.4m×32m 回转窑	ϕ3m×10m 圆筒冷却机	ϕ3m×12m 圆筒混合机
筒体倾角/(°)			3	1.432	3
技术性能	转矩/N·m	正常	—	65980	132840
		最大	239900	122510	139260
	转速/r·min^{-1}		1.28	4.82	6.5
	电动机	型号	Z2-81	Y315M-6	Y315M3-6
		功率/kW	30	90	132
		转速/r·min^{-1}	1500	990	980
	初级减速器	型号	Z2-125-9-Ⅱ	ZLZ400-400-20-Ⅰ	ZLY400-16-Ⅰ
		传动比	125.6	20	16
	末级传动	啮合点数	1	1	1
		传动比	10.27	11.94	10.27
		模数/mm	20	20	20
尺寸	β/(°)		16	0	13
	θ_0/(°)		15	15	15
	θ_n/(°)		30	30	40
	A/mm				
	H/mm		2447	3449	3232
	B/mm		1404	1137	856

1.6 拉杆式（BFT型，两点啮合，自平衡扭力杆串接弹簧）

整体结构见图16-6-6。利用拉杆将左右传动架悬挂安装于大齿轮上，一端经初级减速器后再传给蜗轮减速器，故均为非对称型。左右传动架的柔性支承为自平衡扭力杆，悬挂在蜗杆轴上的初级减速器用串接弹簧为柔性支承，在小齿轮两侧应有辊子保证齿轮传动的最小侧隙，但此结构中如确有图16-6-7中*E*—*E*和*F*—*F*剖面所示结构，当一端齿轮径向力稍小被拉向另一端时，就会被*E*—*E*剖面中（预留的空隙消失后）壳体上的角钢所挡住，不会继续被拉向另一端，从而保住齿轮径向力小侧的齿轮侧隙。如有上述结构，则可不要辊子仍可保证齿轮侧隙。

装置为半悬挂，在地基上的电机通过万向接轴和初级减速器输入轴连接，左右传动架有左右重力平衡器以平衡传动架的重量，如果符合均载要求的条件就可以达到负荷均衡的目的。它的技术性能及尺寸系列由工作机械的主要规格（如烧结机的有效台车面积/m^2）所确定，见表16-6-5。

图16-6-6右视图中上拉杆中部的小圆圈中即是上面述及的*E*—*E*和*F*—*F*剖面，详见图16-6-7（为表16-6-5中规格为450m^2烧结机多柔传动装置结构及尺寸）。

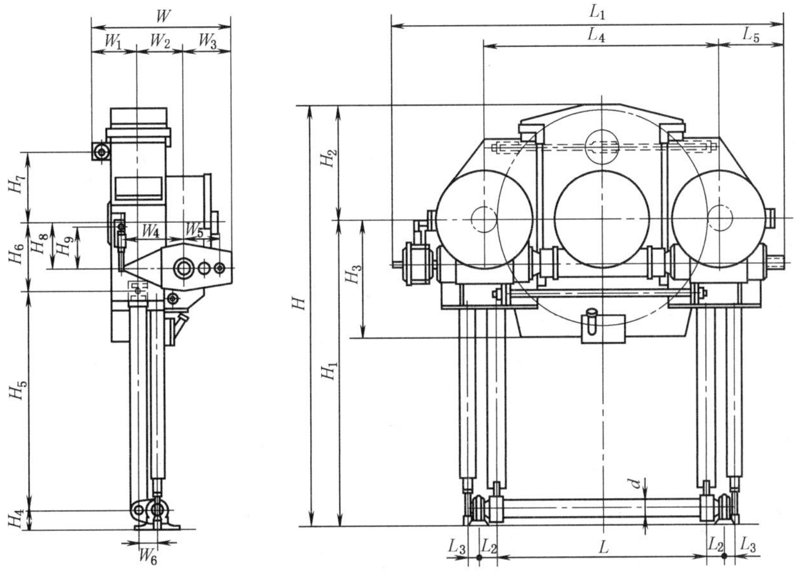

图16-6-6

表16-6-5

机械名称		烧　结　机					带冷机
规格/m^2		42	60	110	180	450	105
布置形式		有重力平衡器，非对称型布置					
输出转矩/N·m	最大	—	—	—	1.127×10^6	1.029×10^6	5.9×10^5
	常用	4.13×10^5	6.05×10^5	6.66×10^5	3.753×10^5	5.586×10^5	
极限转矩/N·m		—	—	—	—	1.078×10^6	
转速/r·min^{-1}		0.216	0.182	0.182	0.065~0.197	0.183~0.551	
总传动比		$20\times31.5\times8.444\approx5320$	$20\times31.5\times8.4=5292$	$20\times24.5\times9.125=4471.25$	$12.64\times31.5\times6.6\approx2655.73$	$7.63\times25.333\times8.444\approx1632$	$11.701\times31.5\times8.444=3112.42$
总效率					0.56（正常工作时）	0.77（600r/min时）	0.66

续表

电动机	型号	YJTG180L-6	YJTG200L2-6	YJTG225M-6			
	功率/kW	15	22	30			
	转速/r·min^{-1}	980~300	980~300	970~300	173~523	300~900	
初级减速器	型号	SZNB160-120-Ⅶ-CW	ZLY180-20-Ⅶ	HJW35B-20-6-F	JZQ650	悬挂型 HELICAL	非标圆柱齿轮
	传动比	20	20	20	12.64	7.63	11.701
中间减速器	类型	平面二次包络蜗轮副	平面二次包络蜗轮副	平面二次包络蜗轮副	平面二次包络蜗轮副	WORM	平面二次包络蜗轮副
	传动比	31.5	31.5	24.5	31.5	76/3≈25.333	31.5
末级减速器	传动比	8.444	8.4	9.125	120/18≈6.67	152/18=8.444	152/18≈8.444
	模数/mm	14	14	20	22	16	14
总体尺寸/mm	L	2128	2128	2920	2696	2432	2528
	L_1	—	—	—	3670	4488.5	4210
	L_2	140	140	160	300	200	140
	L_3	200	200	250	62	140	200
	L_4	2380	2380	3240	3100	2720	2380
	L_5	630	630	970	—	822	910
	H	—	—	—	4880	4645	3870
	H_1	2650	2650	—	3380	3360	2700
	H_2	1170	—	1550	1500	1290	1170
	H_3	1170	—	1770	1520	1330	1170
	H_4	180	—	220	160	180	180
	H_5	1790	1790	1080	2110	2480	1790
	H_6	680	680	1020	1110	700	730
	H_7	790	790	800	765	795	790
	H_8	—	—	—	—	500	500
	H_9	—	—	—	—	445	445
	W	—	—	—	—	1590	
	W_1	355	405	450	690	510	
	W_2	465	515	652	—	525	515
	W_3	—	—	—	—	555	
	W_4	—	—	—	—	785	700
	W_5	—	—	—	—	410	430
	W_6	240	240	242	200	240	240
	d	ϕ140	ϕ140	ϕ140	ϕ165	ϕ175	ϕ140

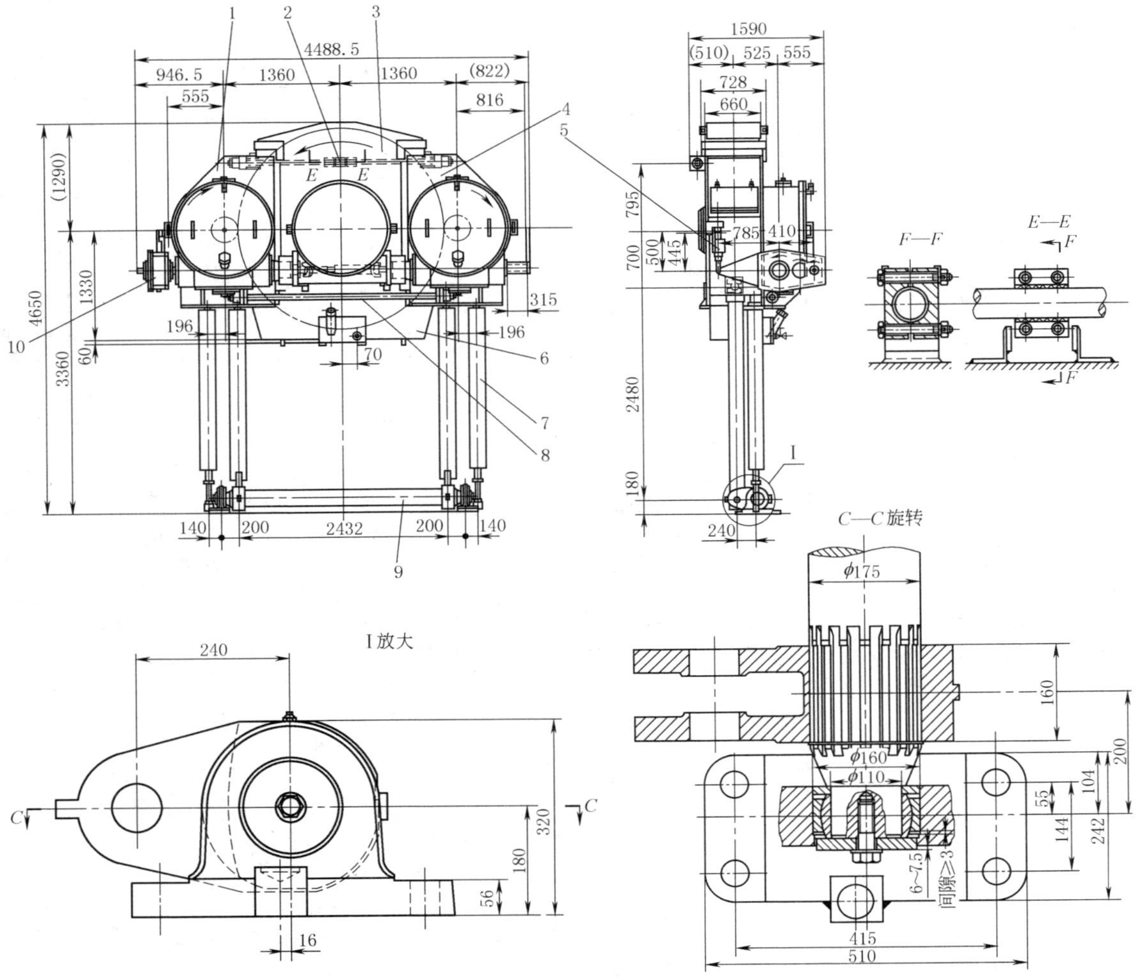

图 16-6-7　450m² 烧结机多柔传动装置结构及尺寸（技术性能见表 16-6-5）

1—左传动架；2—上拉杆；3—末级大齿轮；4—右传动架；5—串接弹簧；6—末级大齿轮壳体；7—重力平衡器；8—下拉杆；9—自平衡扭力杆；10—悬挂初级减速器

2 国外多柔传动装置的结构、尺寸系列及选型

2.1 日本椿本公司的尺寸系列及选型方法

2.1.1 拉杆式（BFT 型）

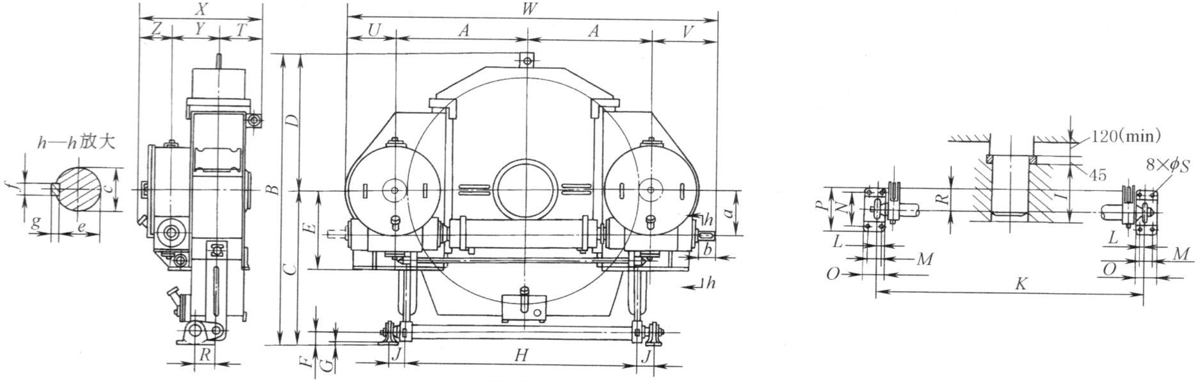

表 16-6-6　日本椿本公司 BFT 型尺寸系列　mm

齿数比	模数	A	B	C	D	E	F	G	H	J	K	L	M	N	O	P	R	S	T	初级蜗轮减速器中心距 a	U	V	W	X	Y	Z	b	c	e	f	g
152/18	8	680	1970	1200	770	520	90	28	1216	100	1416	25	72	220	126	270	120	27	310	200	285	345	1990	855	295	250	110	50	44.5	14	9
																				250	305	425	2090	885	315	260	140	60	53	18	11
	10	850	2330	1380	950	625	130	40	1520	150	1820	40	108	315	184	390	180	39	390	250	305	425	2430	1015	365	260	140	60	53	18	11
																				315	360	480	2540	1045	365	290	140	70	62.5	20	12
	12	1020	2620	1520	1100	740	130	40	1824	150	2124	40	108	315	184	390	180	39	430	315	360	480	2880	1150	430	290	140	70	62.5	20	12
																				400	450	590	3080	1185	445	310	170	90	81	25	14
	14	1190	2910	1660	1250	920	180	56	2128	200	2528	55	144	415	242	510	240	52	505	400	450	590	3420	1310	495	310	170	90	81	25	14
																				500	550	710	3640	1350	515	330	210	110	100	28	16
	16	1360	3230	1790	1440	920	180	56	2432	200	2832	55	144	415	242	510	240	52	550	500	550	710	3980	1445	565	330	210	110	100	28	16
178/18	8	784	2070	1200	870	520	90	28	1424	100	1624	25	72	220	126	270	120	27	310	200	285	345	2198	855	295	250	110	50	44.5	14	9
																				250	305	425	2298	885	315	260	140	60	53	18	11
	10	980	2490	1410	1080	625	130	40	1780	150	2080	40	108	315	184	390	130	39	390	250	305	425	2690	1015	365	260	140	60	53	18	11
																				315	360	480	2800	1045	365	290	140	70	62.5	20	12
	12	1176	2850	1590	1260	740	130	40	2136	150	2436	40	108	315	184	390	180	39	430	315	360	480	3192	1150	430	290	140	70	62.5	20	12
																				400	450	590	3392	1185	445	310	170	90	81	25	14
	14	1372	3260	1820	1440	920	180	56	2492	200	2892	55	144	415	242	510	240	52	505	400	450	590	3784	1310	495	310	170	90	81	25	14
																				500	550	710	4004	1350	515	330	210	110	100	28	16
	16	1568	3650	2000	1650	920	180	56	2848	200	3248	55	144	415	242	510	240	52	550	500	550	710	4396	1445	565	330	210	110	100	28	16

(1) 计算公式

$$M_{c2}=\frac{M_2K_h}{K_A}\quad(\text{N}\cdot\text{mm})\tag{16-6-1}$$

式中 M_{c2}——主轴输出计算转矩，N·mm；

M_2——主轴正常输出转矩，N·mm；

K_h——寿命系数；

K_A——工作系数。

(2) 系数选定

① 寿命系数 K_h：根据设计寿命 (H) 由图 16-6-8 查出，或用公式 $K_h=\left(\frac{H}{25000}\right)^{1/6}$ 计算，式中 H 为设计寿命小时数。

② 工作系数 K_A：根据每天工作小时数和工作载荷变化情况用表 16-6-7 确定。

表 16-6-7　　工作系数选定

项目	原动机分类	载荷等级	载荷状态	工作时间(每天)	
				<12h	>12h
K_A	电动机	Ⅰ	载荷很少变化	1.0	0.95
		Ⅱ	载荷有变化	0.80	0.70
	涡轮机	Ⅲ	载荷有很大变化	0.67	0.57
	多缸发动机	Ⅰ	载荷很少变化	0.80	0.70
		Ⅱ	载荷有变化	0.67	0.57
		Ⅲ	载荷有很大变化	0.57	0.45

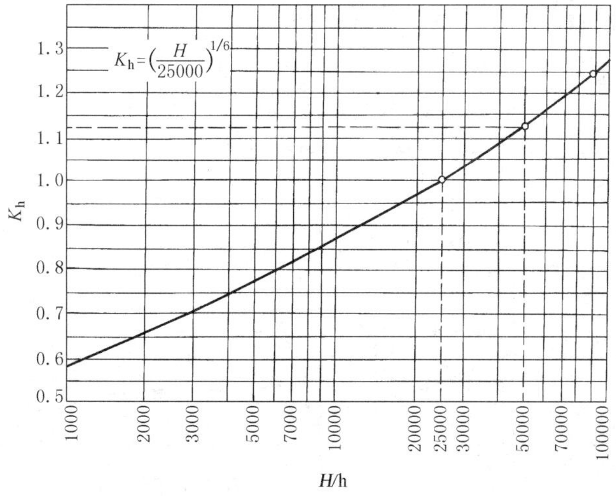

图 16-6-8　寿命系数选定图

(3) 选择步骤

① 根据选定的系数 K_h、K_A 以及给定的 M_2 求出 M_{c2}。

② 用 M_{c2} 和主轴的输出转速 n_2，由图 16-6-9 中找出低速级大齿轮的模数 m 和齿数 z_2。

③ 确定小齿轮齿数 z_1，一般可取 $z_1=18$（采用变位齿轮时，z_1 可减少）。

④ 由表 16-6-6 选出 BFT 型系列尺寸。

(4) 选型举例

例 1　试计算一挖泥船的运输机 BFT 型驱动装置，原动机为电动机，承载主轴正常工作转矩 $M_2=400\text{kN}\cdot\text{m}$，转速 n_2 为 5r/min，设计寿命为 25000h，工作时间每天 8h，且载荷变动很大。

解 由图 16-6-8 得寿命系数 $K_h=1.0$，由表 16-6-7 选定工作系数 $K_A=0.67$，则主轴输出计算转矩

$$M_{c2}=\frac{M_2K_h}{K_A}=\frac{400\times1.0}{0.67}=597.02\approx600\ \text{kN}\cdot\text{m}$$

由图 16-6-9 查出 $n_2=5\text{r/min}$ 和 $M_{c2}=600\text{kN}\cdot\text{m}$ 的交点，把该交点上方的曲线导向右侧得出末级大齿轮模数 $m=14\text{mm}$，齿数 $z_2=178$，z_1 确定为 18。

由表 16-6-6 选出对应于 178/18 齿数比和模数为 14mm 的 BFT 型装置的尺寸系列。

例 2 试计算一台铁水罐车倾动机构的驱动装置，原动机为电动机，承载主轴正常工作转矩 $M_2=203\text{kN}\cdot\text{m}$，转速 n_2 为 0.05r/min，设计寿命为 50000h，每天工作 8h。

解 由于这种设备的载荷变化很大，由表 16-6-7 确定工作系数 $K_A=0.67$，由图 16-6-8 查得寿命系数 $K_h=1.125$，故主轴输出计算转矩

$$M_{c2}=\frac{M_2K_h}{K_A}=\frac{203\times1.125}{0.67}\approx350\ \text{kN}\cdot\text{m}$$

由图 16-6-9 查得大齿轮齿数 $z_2=152$，模数 $m=10\text{mm}$，并选 $z_1=18$。

由表 16-6-6 即可选出对应于齿数比 152/18 和模数 $m=10\text{mm}$ 的 BFT 型装置的系列尺寸。

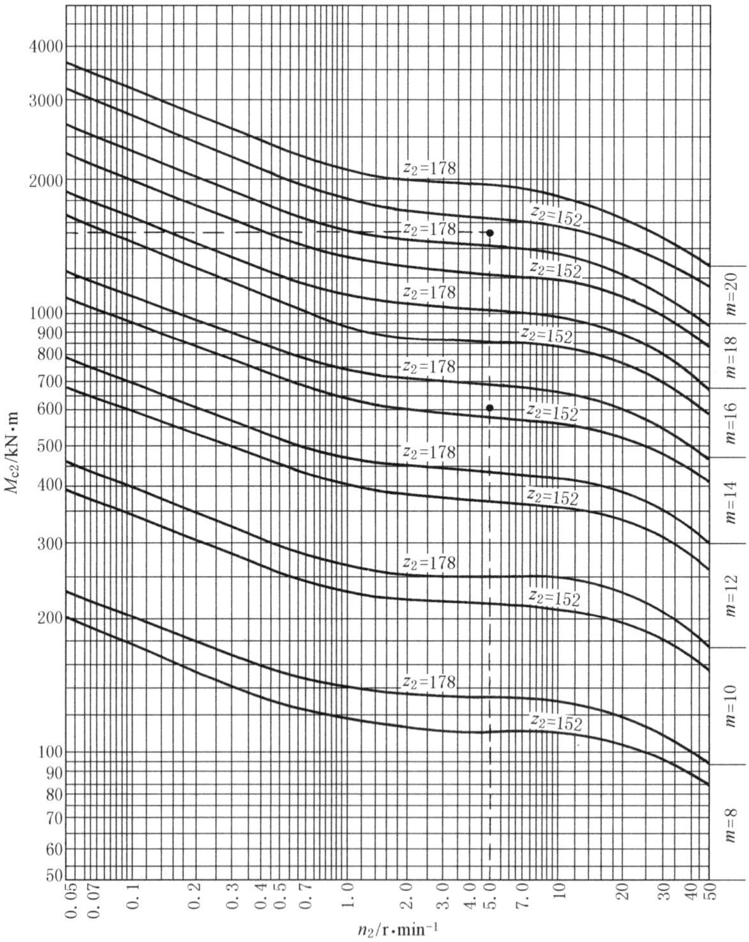

图 16-6-9 低速级大齿轮齿数、模数确定

2.1.2 固定滚轮式（BF 型）和推杆式（BFP 型）

（1）计算公式

低速级末级小齿轮轴上的计算转矩

$$M_{c1}=M_2\frac{z_1}{z_2}\times\frac{1}{q}\times\frac{K_h}{K_AK_2}\quad(\text{N}\cdot\text{mm})\qquad(16\text{-}6\text{-}2)$$

式中　M_2——主轴正常输出转矩，N·mm；

z_2，z_1——低速级末级大小齿轮齿数；

q——啮合点数；

K_h——寿命系数；

K_A——工作系数；

K_2——齿轮修正系数。

（2）选择步骤

① 根据已知条件从表 16-6-7 和图 16-6-8 中查出工作系数 K_A 和寿命系数 K_h。

② 根据所定齿数 z_2 和 z_1 由图 16-6-10 确定齿轮修正系数 K_2。一般小齿轮齿数可取 $z_1=21$ 或 $z_1=18$，大齿轮齿数 z_2 应根据具体条件（末级速比分配合理、安装现场的具体情况等）决定。

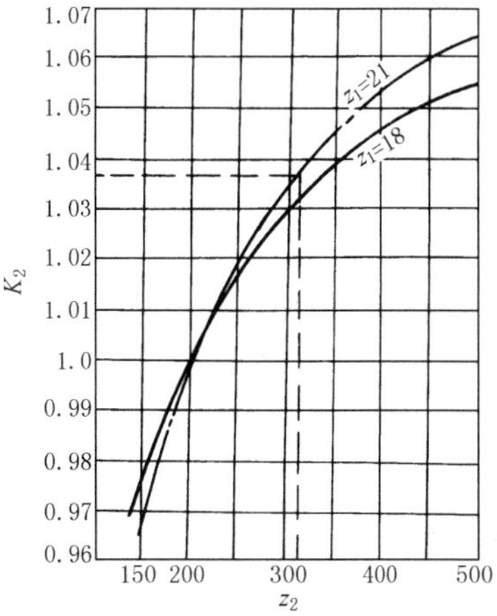

图 16-6-10　系数 K_2 曲线

③ 求出小齿轮转速 n_1

$$n_1=n_2\frac{z_2}{z_1}$$

式中　n_2——大齿轮转速，r/min。

④ 计算 M_{c1}。

⑤ 用图 16-6-11 或图 16-6-12 确定末级齿轮模数。

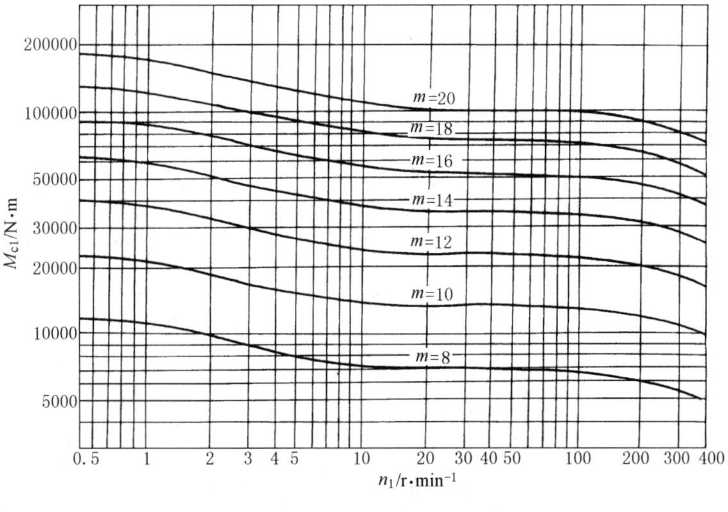

图 16-6-11　小齿轮模数选定（$z_1=18$）

（3）选型举例

例 3　试计算一回转窑传动装置。窑正常输出转矩 $M_2=650$kN·m，转速为 2r/min，单点啮合，末级小齿轮 $z_1=21$，末级大齿轮 $z_2=312$，昼夜工作，设计寿命 50000h，原动机为电动机。

解　回转窑在连接工作中属于有载荷变化的类型，从表 16-6-7 查得 $K_A=0.7$，又由图 16-6-8 和图 16-6-10 查出寿命系数 $K_h=1.12$ 和齿轮修正系数 $K_2=1.036$。

小齿轮转速　$n_1=n_2\frac{z_2}{z_1}=2\times\frac{312}{21}\approx30$　r/min

小齿轮轴上的计算转矩　$M_{c1}=M_2\frac{z_1}{z_2}\times\frac{1}{q}\times\frac{K_h}{K_AK_2}=650000\times\frac{21}{312}\times\frac{1.12}{0.7\times1.036}\approx67560$　N·m

根据 M_{c1} 和 n_1 值由图 16-6-12 中得出低速级大小齿轮模数 $m=16$mm。

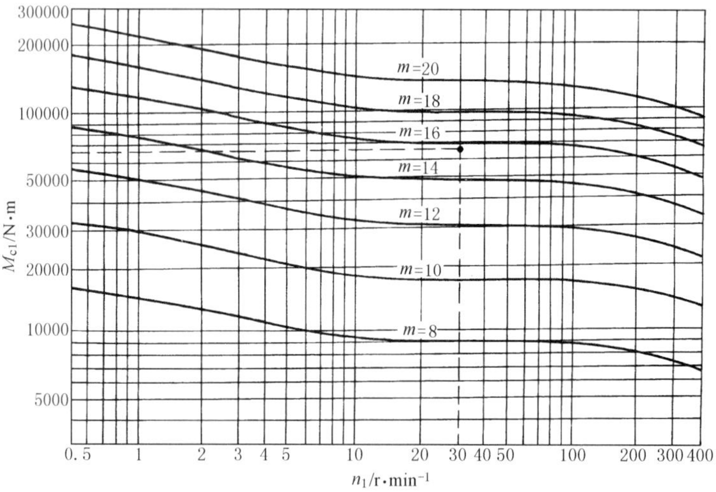

图 16-6-12　小齿轮模数选定（$z_1=21$）

2.2　德国克虏伯公司 BFT 型尺寸系列

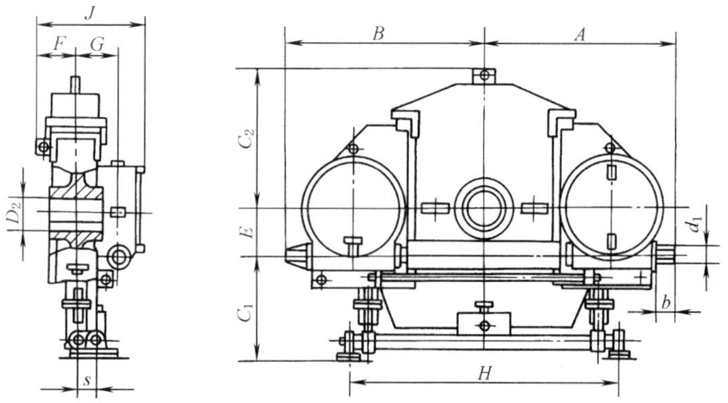

表 16-6-8　　德国克虏伯公司 BFT 型尺寸系列　　mm

模数	A	B	C_1	C_2	D_2	E	F	G	H	J	M	s	d_1	b	转矩/N·m		质量/kg
															正常	最大	
8	950	964	980	700	250	200	272	275	1288	675	$M24$	120	50	110	60500	109000	2600
10	1195	1202	1252	850	320	250	340	340	1660	900	$M36$	180	60	140	117500	215000	4000
12	1405	1414	1492	1000	400	315	370	400	1932	1020	$M36$	180	70	140	203000	376000	5100
14	1668	1678	1650	1220	450	400	455	450	2304	1212	$M48$	240	90	170	320000	598000	7500
16	1942	1957	1900	1450	500	500	480	525	2576	1365	$M48$	240	110	210	477000	880000	12200
18	2095	2111	2250	1600	600	500	530	550	2948	1390	$M56$	300	110	210	675000	1260000	16300
20	2375	2380	2500	1770	800	560	580	610	3270	1585	$M56$	300	110	210	923000	1740000	20500

2.3 法国迪朗齿轮公司 BFT 型尺寸系列及选型方法

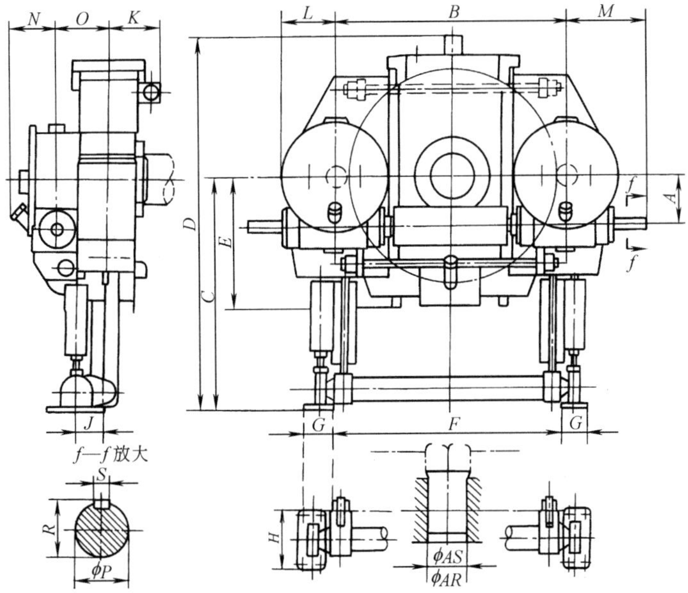

表 16-6-9　　法国迪朗齿轮公司 BFT 型尺寸系列　　mm

AS	AR	型号	传动比	A	B	C	D	E	F	G	H	J	K	L	M	N	O	P	R	S	质量/kg
200	250	8	9.3	200	1152	1300	2080	650	1136	126	270	120	271	235	345	255	260	50	53.5	14	3100
			9.3	250	1152			650	1136					285	425	270	275	60	64	18	3200
			10.7	200	1312			730	1296					235	345	255	260	50	53.5	14	3200
			10.7	250	1312			730	1296					285	425	270	275	60	64	18	3400
250	315	10	9.2	250	1530	1480	2380	830	1524	184	390	180	346	285	425	275	315	60	64	18	4300
			9.2	315	1530		2380	830	1524					355	480	300	330	70	74.5	20	4600
			10.8	250	1770		2460	950	1764					285	425	275	315	60	64	18	4600
			10.8	315	1770		2460	950	1764					355	480	300	330	70	74.5	20	5000
315	400	12	9.2	315	1836	1650	2665	990	1800	184	390	180	391	355	480	300	375	70	74.5	20	7500
			9.2	400	1836		2665	990	1800					435	590	320	395	90	95	25	8000
			10.8	315	2124		2810	1130	2088					355	480	300	375	70	74.5	20	8000
			10.8	400	2124		2810	1130	2088					435	590	320	395	90	95	25	8500
355	450	16	9.3	400	2304	1890	3130	1230	2272	242	510	240	476	435	590	305	435	90	95	25	14000
			9.3	500	2304	1890	3130	1230	2272					535	710	337	455	110	116	28	14000
			10.7	400	2624	1950	3350	1390	2592					435	590	305	435	90	95	25	14000
			10.7	500	2624	1950	3350	1390	2592					535	710	337	455	110	116	28	15000
400	500	18	9.3	500	2592	2130	3540	1380	2580	290	610	300	526	535	710	327	495	110	116	28	20000
			9.3	560	2592	2130	3540	1380	2580					590	870	357	515				20000
			10.7	500	2952	2200	3790	1560	2940					535	710	327	495				20000
			10.7	560	2952	2200	3790	1560	2940					590	870	357	515				22000
450	630	20	9.3	560	2880	2200	3750	1520	2840	290	610	300	561	590	870	367	560	110	116	28	26000
			9.3	630	2880	2200	3750	1520	2840					670	940	383					26000
			10.7	560	3280	2360	4110	1720	3240					590	870	367					27000
			10.7	630	3280	2360	4110	1720	3240					670	940	383					28000

（1）根据已知主轴正常输出转矩 M_2 求出等效输出转矩 M

$$M=K_B M_2 \approx M_p \ (\mathrm{kN \cdot m}) \tag{16-6-3}$$

式中 K_B——等效系数，其值可由表 16-6-10 和表 16-6-11 确定；

M_p——允许传递转矩，kN · m。

表 16-6-10 一般设备的等效系数 K_B

电动机驱动每日工作时间/h	工作类型		
	均匀载荷	中等冲击	剧烈冲击 K_B
3	0.80	1.00	1.50
10	1.00	1.25	1.75
24	1.25	1.50	2.00

表 16-6-11 专用设备的等效系数 K_B

设备名称	K_B	设备名称	K_B	设备名称	K_B
伐木机械：		挖土机	1.40	滚轧机	1.75
卸载滚筒	1.5	起重机	1.25	轧制机械	2.0
粗加工车床	1.75	载物升降机	1.00	拔丝装置	1.5
摩擦传动机械：		卷扬机(固定式)	1.25	浸提器	1.25
压延机、搅拌机	1.25	卷扬机(可移动式)	1.40	回转干燥窑	1.00
水泥、炼焦设备：		钢铁机械：		其他机械：	
球磨机和棒磨机	1.75	转炉倾动机械	1.40	雷达天线	1.00
窑或炉	1.50	钢包倾动机械	1.25	滚筒搅拌机	1.25
装卸机械：		鱼雷形铁水车倾动机械	0.80	块状冲压机	1.50
杓轮	1.25	辊压轧制设备：		架空索道	1.25
回转装置	1.25	破碎机	2.0		

（2）从表 16-6-12~表 16-6-15 可查出与设计寿命 H 和主轴输出转速 n_2 相对应的允许传递转矩 M_p，（M_p 与等效输出转矩 M 相等或相近），及其相应机型。各机型尺寸见表 16-6-9。

表 16-6-12

n_2/r · min^{-1}	H/h														
	10000	25000	50000	80000	100000	10000	25000	50000	80000	100000	10000	25000	50000	80000	100000
	M_p/kN · m														
0.1	220000	190000	170000	160000	150000	530000	460000	420000	390000	370000	920000	800000	720000	670000	640000
0.5	170000	150000	130000	120000	120000	420000	360000	330000	300000	290000	720000	630000	560000	520000	510000
1	150000	130000	120000	110000	110000	380000	330000	290000	270000	260000	650000	570000	510000	470000	460000
5	120000	100000	98000	90000	90000	290000	260000	230000	220000	210000	490000	440000	390000	370000	360000
10	110000	95000	90000	90000	90000	260000	230000	210000	210000	210000	430000	390000	360000	360000	360000
30	90000	85000	85000	85000	85000	210000	200000	200000	200000	200000	360000	340000	340000	340000	340000
50	80000	80000	80000	80000	80000	195000	195000	195000	195000	195000	340000	340000	340000	340000	340000
	BFT8/9.3					BFT10/9.2					BFT12/9.2				

表 16-6-13

n_2/r·min^{-1}	H/h							
	10000	25000	50000	80000	100000	10000	25000	50000
	M_p/kN·m							
0.1	1740000	1510000	1360000	1270000	1230000	2470000	2150000	1940000
0.5	1360000	1190000	1070000	1000000	970000	1920000	1690000	1520000
1	1210000	1070000	970000	900000	870000	1690000	1510000	1360000
5	900000	810000	730000	680000	670000	1260000	1120000	1010000
10	800000	710000	650000	650000	650000	1140000	1000000	920000
30	680000	650000	650000	650000	650000	960000	920000	920000
50	640000	640000	640000	640000	640000	900000	900000	900000
	BFT16/9.3					BFT18/9.3		

n_2/r·min^{-1}	H/h						
	80000	100000	10000	25000	50000	80000	100000
	M_p/kN·m						
0.1	1800000	1740000	3380000	2940000	2650000	2460000	2380000
0.5	1420000	1370000	2600000	2300000	2070000	1930000	1860000
1	1270000	1220000	2280000	2050000	1840000	1720000	1660000
5	940000	940000	1730000	1500000	1350000	1260000	1250000
10	920000	1560000	1560000	1360000	1260000	1260000	1250000
30	920000	920000	1320000	1250000	1250000	1250000	1250000
50	900000	900000	1230000	1230000	1230000	1230000	1230000
	BFT18/9.3		BFT20/9.3				

表 16-6-14

n_2/r·min^{-1}	H/h														
	10000	25000	50000	80000	100000	10000	25000	50000	80000	100000	10000	25000	50000	80000	100000
	M_p/kN·m														
0.1	260000	230000	200000	190000	180000	640000	560000	500000	470000	450000	1110000	960000	870000	810000	780000
0.5	200000	180000	160000	150000	140000	510000	440000	400000	370000	360000	870000	750000	680000	630000	610000
1	180000	160000	140000	130000	130000	460000	390000	350000	330000	320000	780000	670000	600000	560000	540000
5	140000	120000	110000	100000	100000	350000	290000	260000	250000	240000	590000	490000	440000	410000	410000
10	130000	110000	100000	100000	100000	310000	260000	240000	240000	240000	510000	440000	410000	410000	410000
30	100000	100000	100000	100000	100000	250000	240000	240000	240000	240000	430000	410000	410000	410000	410000
50	100000	95000	95000	95000	95000	230000	230000	230000	230000	230000	400000	400000	400000	400000	400000
	BFT8/10.7					BFT10/10.8					BFT12/10.8				

表 16-6-15

n_2/r·min^{-1}	H/h							
	10000	25000	50000	80000	100000	10000	25000	50000
	M_p/kN·m							
0.1	2060000	1790000	1610000	1500000	1450000	2920000	2550000	2290000
0.5	1610000	1410000	1270000	1180000	1140000	2250000	2000000	1800000
1	1420000	1260000	1140000	1060000	1020000	1980000	1770000	1600000
5	1050000	940000	850000	790000	790000	1500000	1310000	1180000
10	950000	830000	770000	770000	770000	1350000	1180000	1090000
30	800000	760000	760000	760000	760000	1140000	1080000	1080000
50	750000	750000	750000	750000	750000	1060000	1060000	1060000
	BFT16/10.7					BFT18/10.7		

续表

n_2/r·min^{-1}	H/h						
	80000	100000	10000	25000	50000	80000	100000
	M_p/kN·m						
0.1	2130000	2060000	4000000	3480000	3130000	2920000	2820000
0.5	1670000	1620000	3150000	2700000	2430000	2260000	2190000
1	1490000	1440000	2850000	2380000	2140000	2000000	1930000
5	1100000	1090000	2230000	1780000	1600000	1490000	1480000
10	1090000	1090000	1960000	1610000	1490000	1490000	1490000
30	1080000	1080000	1550000	1470000	1470000	1470000	1470000
50	1060000	1060000	1440000	1440000	1440000	1440000	1440000
	BFT18/10.7		BFT20/10.7				

注：表 16-6-12～表 16-6-15 中 BFTa/b 表示机型，a 代表型号，b 代表传动比。

（3）举例

例 4 试从迪朗齿轮公司系列中选择一专用卷扬机 BFT 型传动装置，已知正常工作时主轴输出转矩及转速分别为 M_2 = 340000kN·m，n_2 = 10r/min，设计寿命 H = 10000h。

解 由表 16-6-11 中查出等效系数 K_B = 1.25（为固定式卷扬机）。

等效转矩 $M = K_B M_2 = 1.25\times340000 = 425000$kN·m≈430000kN·m（$M_p$）。

在表 16-6-12 中查出对应于 H = 10000h，n_2 = 10r·min^{-1}的允许传递转矩M_p = 430000kN·m，与等效转矩 425000kN·m 相近，该允许传递转矩所对应的机型为 BFT12/9.2。

第7章 多点啮合柔性传动动力学计算

多点啮合柔性传动动力学计算欲求得传动系统的固有频率（相应求出临界转速）、扭矩放大系数（一般为轴段扭振力矩与折算负载力矩之比）TAF，这对系统设计、运行操作都是非常必要的。

本章介绍多点啮合柔性传动扭振动力学模型的构建及求解方法，其基本要点如下。

① 多质量复杂扭振系统采用拉格朗日方程来进行扭振动力学计算，忽略系统的阻尼。考虑系统关键轴段（如扭力杆、负载主轴等）扭矩放大系数及全悬挂、半悬挂和柔性支承特点等，本章两个实例分别简化为三质量模型和四质量模型。其中动能计算时，将各级传动齿轮均作为刚性连接，其运动关系由相关的传动比来考虑，而势能计算时，考虑了各轴段弹性的影响。

② 运动微分方程组的求解，可以采用数值解法，也可采用解析解法。下面介绍的模态分析法是一种数值解法，它要求质量矩阵、刚度矩阵对称的条件。它不能反映系统各参数对扭振动态响应的影响；新微分算子法和拉氏变换法是解析解法，它们不要求质量矩阵、刚度矩阵对称的条件，并且可得到显式解，比较容易反映系统各参数对扭振动态响应的影响，便于研究优化对策。新微分算子法仅需普通的高等数学知识，拉氏变换法需复变函数、积分变换等较深的数学知识。

③ 在多点啮合柔性传动设计计算过程中，一般可先按本篇前几章介绍的方法选取工作载荷系数，进行基本的初步设计计算，然后按本章介绍的方法进行动力学校核，并进行相应的调整。

本章以 25t 氧气转炉倾动机械和 $90m^2$ 烧结机驱动装置两个实例，说明动力学计算方法。

1 全悬挂多点啮合柔性传动扭振动力学计算（以氧气转炉为例）

氧气转炉全悬挂多柔传动是国内外广泛采用的新技术，具有对耳轴变形的良好适应性，降低扭振动载荷，运转安全可靠，尺寸小，重量轻，降低基建投资，便于系列化、通用化等优点。但是，氧气转炉倾动机械经常处于频繁启动、制动以及吊渣、顶渣等操作，会产生强烈扭振，加速疲劳损坏。

1.1 系统力学模型

图 16-7-1 为某厂 25t 氧气转炉倾动机械整体外壳式（四点啮合全悬挂自平衡扭力杆）多柔传动结构简图。系统可简化为四分支十三质量系统，如图 16-7-2 所示（注：图中仅表示一个分支的情况）。其扭振动力学计算数据见本章附录（1）。

支承减速箱壳体的各旋转体 $J_4 \sim J_{13}$ 对应的质量为 $m_4 \sim m_{13}$，各旋转体回转中心至减速箱壳体的回转中心的距离分别为 R_1、R_2、R_3、R_4。设 $J_1 \sim J_{13}$ 的角位移分别用 $\varphi_1 \sim \varphi_{13}$ 表示，其中 φ_1、φ_2、φ_3 为绝对角位移，$\varphi_4 \sim \varphi_{13}$ 为相对角位移。

系统动能为

$$T = \frac{1}{2}[J_1\dot{\varphi}_1^2 + J_2\dot{\varphi}_2^2 + J_3\dot{\varphi}_3^2 + 4J_4(\dot{\varphi}_4+\dot{\varphi}_1)^2 + 4J_5(\dot{\varphi}_5+\dot{\varphi}_1)^2 + 4J_6(\dot{\varphi}_6+\dot{\varphi}_1)^2 + 4J_7(\dot{\varphi}_7+\dot{\varphi}_1)^2 +$$

$$4J_8(\dot{\varphi}_8+\dot{\varphi}_1)^2 + 4J_9(\dot{\varphi}_9+\dot{\varphi}_1)^2 + 4J_{10}(\dot{\varphi}_{10}+\dot{\varphi}_1)^2 + 4J_{11}(\dot{\varphi}_{11}+\dot{\varphi}_1)^2 + 4J_{12}(\dot{\varphi}_{12}+\dot{\varphi}_1)^2 + 4J_{13}(\dot{\varphi}_{13}+\dot{\varphi}_1)^2 +$$

$$4(m_4+m_5)R_1^2\dot{\varphi}_1^2 + 4(m_6+m_7)R_2^2\dot{\varphi}_1^2 + 4(m_8+m_9)R_3^2\dot{\varphi}_1^2 + 4(m_{10}+m_{11}+m_{12}+m_{13})R_4^2\dot{\varphi}_1^2]$$

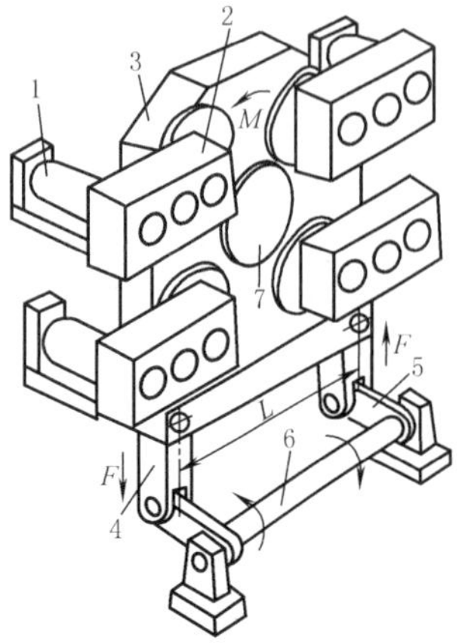

图 16-7-1　25t 氧气转炉倾动机械结构简图

1—电机；2—初级减速器；3—末级减速装置；4—直杆；5—曲柄；6—扭力杆；7—转炉耳轴

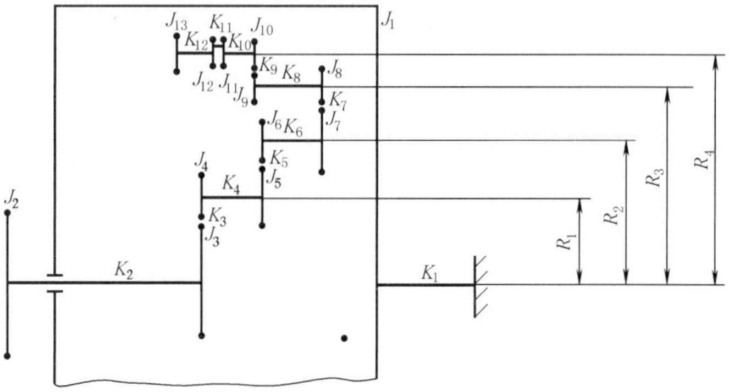

图 16-7-2　四分支十三质量系统力学模型

简化为

$$T=\frac{1}{2}\left[J'_1\dot{\varphi}_1^2+J_2\dot{\varphi}_2^2+J_3\dot{\varphi}_3^2+4\sum_{j=4}^{13}J_j(\dot{\varphi}_j+\dot{\varphi}_1)^2\right]$$

其中

$$J'_1=J_1+4(m_4+m_5)R_1^2+4(m_6+m_7)R_2^2+4(m_8+m_9)R_3^2+4\sum_{j=10}^{13}m_jR_4^2$$

系统势能为

$$V=\frac{1}{2}\{K_1\varphi_1^2+K_2(\varphi_3-\varphi_2)^2+4K_3[\varphi_4(-1/i_1)+\varphi_1-\varphi_3]^2+4K_4(\varphi_5-\varphi_4)^2+4K_5[\varphi_6(-1/i_2)-\varphi_5]^2+$$
$$4K_6(\varphi_7-\varphi_6)^2+4K_7[\varphi_8(-1/i_3)-\varphi_7]^2+4K_8(\varphi_9-\varphi_8)^2+4K_9[\varphi_{10}(-1/i_4)-\varphi_9]^2+$$
$$4K_{10}(\varphi_{11}-\varphi_{10})^2+4K_{11}(\varphi_{12}-\varphi_{11})^2+4K_{12}(\varphi_{13}-\varphi_{12})^2\}$$

系统进一步简化为三质量系统力学模型（即三自由度系统力学模型），如图 16-7-3 所示。设 φ_1、φ_2 为绝对角位移，φ_3 为相对角位移。严格地说应为三自由度系统力学模型。

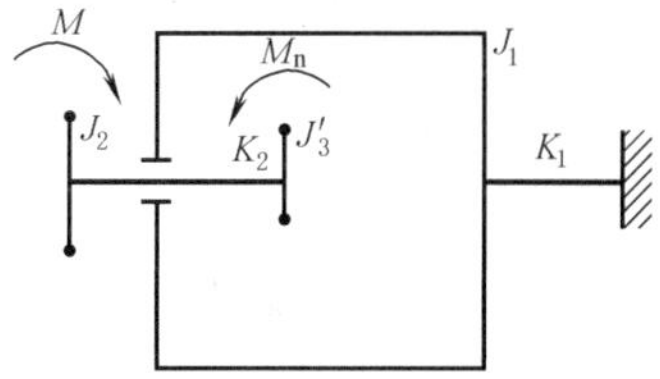

图 16-7-3　三质量系统力学模型

系统动能为

$$T=\frac{1}{2}[J'_1\dot{\varphi}_1^2+J_2\dot{\varphi}_2^2+J_3(\dot{\varphi}_3+\dot{\varphi}_1)^2+4(J_4+J_5)(\dot{\varphi}_4+\dot{\varphi}_1)^2+$$
$$4(J_6+J_7)(\dot{\varphi}_6+\dot{\varphi}_1)^2+4(J_8+J_9)(\dot{\varphi}_8+\dot{\varphi}_1)^2+$$
$$4(J_{10}+J_{11}+J_{12}+J_{13})(\dot{\varphi}_{10}+\dot{\varphi}_1)^2]$$

其中　$\dot{\varphi}_4=-i_1\dot{\varphi}_3$，$\dot{\varphi}_6=i_1i_2\dot{\varphi}_3$，$\dot{\varphi}_8=-i_1i_2i_3\dot{\varphi}_3$，$\dot{\varphi}_{10}=i_1i_2i_3i_4\dot{\varphi}_3$

令 $J''_1=J'_1+J_3+4\sum_{j=4}^{13}J_j$

$$J'_3=J_3+4i_1^2(J_4+J_5)+4i_1^2i_2^2(J_6+J_7)+4i_1^2i_2^2i_3^2(J_8+J_9)+4i_1^2i_2^2i_3^2i_4^2(J_{10}+J_{11}+J_{12}+J_{13})$$
$$J''_3=J_3-4i_1(J_4+J_5)+4i_1i_2(J_6+J_7)-4i_1i_2i_3(J_8+J_9)+4i_1i_2i_3i_4(J_{10}+J_{11}+J_{12}+J_{13})$$

$$T=\frac{1}{2}(J''_1\dot{\varphi}_1^2+J_2\dot{\varphi}_2^2+2J''_3\dot{\varphi}_1\dot{\varphi}_3+J'_3\dot{\varphi}_3^2)\qquad(16\text{-}7\text{-}1)$$

系统势能为

$$V=\frac{1}{2}\{K_1\varphi_1^2+K_2[(\varphi_3+\varphi_1)-\varphi_2]^2+K'_2(\varphi_3-\varphi_2)^2-K_2(\varphi_3-\varphi_2)^2\}\qquad(16\text{-}7\text{-}2)$$

式中 $\frac{1}{K_2'}=\frac{1}{K_2}+\frac{1}{4K_3}+\frac{1}{4i_1^2K_4}+\frac{1}{4i_1^2K_5}+\frac{1}{4i_1^2i_2^2K_6}+\frac{1}{4i_1^2i_2^2K_7}+\frac{1}{4i_1^2i_2^2i_3^2K_8}+\frac{1}{4i_1^2i_2^2i_3^2K_9}+\frac{1}{4i_1^2i_2^2i_3^2i_4^2K_{10}}+\frac{1}{4i_1^2i_2^2i_3^2i_4^2K_{11}}+\frac{1}{4i_1^2i_2^2i_3^2i_4^2K_{12}}$

1.2 建立运动微分方程（三质量系统，按非零度区预张紧启动工况）

由拉格朗日方程 $\frac{\mathrm{d}}{\mathrm{d}t}\left(\frac{\partial T}{\partial \dot{\varphi}_i}\right)-\frac{\partial T}{\partial \varphi_i}+\frac{\partial V}{\partial \varphi_i}=Q_i$

$$\begin{cases}J_1''\ddot{\varphi}_1+J_3''\ddot{\varphi}_3+(K_1+K_2)\varphi_1-K_2\varphi_2+K_2\varphi_3=0\\ J_2\ddot{\varphi}_2-K_2\varphi_1+K_2'\varphi_2-K_2'\varphi_3=-M\\ J_3''\ddot{\varphi}_1+J_3'\ddot{\varphi}_3+K_2\varphi_1-K_2'\ \varphi_2+K_2'\ \varphi_3=M_n\end{cases}\tag{16-7-3}$$

式中，M 为负载力矩（转炉最大倾动力矩）；M_n 为全部电机折算到 J_3（转炉耳轴上）的启动力矩。式(16-7-3) 的矩阵形式为

$$\begin{bmatrix}J_1'' & 0 & J_3''\\ 0 & J_2 & 0\\ J_3'' & 0 & J_3'\end{bmatrix}\begin{bmatrix}\ddot{\varphi}_1\\ \ddot{\varphi}_2\\ \ddot{\varphi}_3\end{bmatrix}+\begin{bmatrix}(K_1+K_2) & -K_2 & K_2\\ -K_2 & K_2' & -K_2'\\ K_2 & -K_2' & K_2'\end{bmatrix}\begin{bmatrix}\varphi_1\\ \varphi_2\\ \varphi_3\end{bmatrix}=\begin{bmatrix}0\\ -M\\ M_n\end{bmatrix}\tag{16-7-3a}$$

1.3 运动微分方程求解

分两部分：初始条件决定的固有振动解和外载激振零状态强迫振动解。

1.3.1 固有振动解（按模态分析法）

初始条件 $t=0$，$\varphi_{1(0)}=-\frac{M}{K_1}$，$\varphi_{2(0)}=-M\left(\frac{1}{K_1}+\frac{1}{K_2}\right)$，$\varphi_{3(0)}=0$，初速均为零。

固有振动

$$\begin{cases}J_1''\ddot{\varphi}_1+J_3''\ddot{\varphi}_3+(K_1+K_2)\varphi_1-K_2\varphi_2+K_2\varphi_3=0\\ J_2\ddot{\varphi}_2-K_2\varphi_1+K_2'\varphi_2-K_2'\varphi_3=0\\ J_3''\ddot{\varphi}_1+J_3'\ddot{\varphi}_3+K_2\varphi_1-K_2'\varphi_2+K_2'\varphi_3=0\end{cases}\tag{16-7-4}$$

设 $\varphi_i=\phi_i\sin(pt+\psi)$，$\ddot{\varphi}_i=-\phi_i\, p^2\sin\ (pt+\psi)$，代入上式

$$\begin{cases}-J_1''\phi_1p^2-J_3''\phi_3p^2+(K_1+K_2)\phi_1-K_2\phi_2+K_2\phi_3=0\\ -J_2\phi_2p^2-K_2\phi_1+K_2'\phi_2-K_2'\phi_3=0\\ -J_3''\phi_1p^2-J_3'\phi_3p^2+K_2\phi_1-K_2'\phi_2+K_2'\phi_3=0\end{cases}\tag{16-7-5}$$

$$\begin{bmatrix}-J_1''p^2+(K_1+K_2) & -K_2 & -J_3''p^2+K_2\\ -K_2 & -J_2p^2+K_2' & -K_2'\\ -J_3''p^2+K_2 & -K_2' & -J_3'p^2+K_2'\end{bmatrix}\begin{bmatrix}\phi_1\\ \phi_2\\ \phi_3\end{bmatrix}=\begin{bmatrix}0\\ 0\\ 0\end{bmatrix}\tag{16-7-5a}$$

令其系数矩阵的行列式为 Δ，根据固有振动有非零解的条件，行列式 $\Delta=0$。

$$\begin{aligned}\Delta&=J_2(J_3''^2-J_1''J_3')p^6+\{K_1J_2J_3'+K_2J_2(J_3'-2J_3'')+K_2'[J_1''(J_2+J_3')-J_3''^2]\}p^4-\\&\quad (J_2+J_3')[K_2'(K_1+K_2)-K_2^2]p^2\\&=-J_2(J_1''J_3'-J_3''^2)p^2(p^2-p_2^2)(p^2-p_3^2)=0\end{aligned}$$

将有关数据代入，解得 $p_1=0$，$p_2=15.69\text{rad/s}$，$p_3=94.66\text{rad/s}$。

将 $p_1=0$ 代入式(16-7-5) 得

$$\begin{cases}(K_1+K_2)\phi_1-K_2\phi_2+K_2\phi_3=0\\-K_2\phi_1+K_2'\phi_2-K_2'\phi_3=0\\K_2\phi_1-K_2'\phi_2+K_2'\phi_3=0\end{cases}$$

解得 $\phi_1=0$。令 $\phi_3=1$，解得 $\phi_2=1$。即振型 $\phi_{11}=0$、$\phi_{21}=1$、$\phi_{31}=1$。

以 p_2 值代入式(16-7-5)，令 $\phi_{32}=1$，可得 ϕ_{12}、ϕ_{22}

以 p_3 值代入式(16-7-5)，令 $\phi_{33}=1$，可得 ϕ_{13}、ϕ_{23}

振型矩阵
$$\boldsymbol{\phi}=\begin{bmatrix}0&\phi_{12}&\phi_{13}\\1&\phi_{22}&\phi_{23}\\1&1&1\end{bmatrix}$$

设 $\boldsymbol{\varphi}=\boldsymbol{\phi}\,\boldsymbol{\theta}$

式中 $\boldsymbol{\varphi}$——自然坐标列阵；

$\boldsymbol{\theta}$——主坐标列阵；

$\boldsymbol{\phi}$——振型矩阵。

由坐标变换 $\boldsymbol{\phi}^{\mathrm{T}}\boldsymbol{J}\,\boldsymbol{\phi}\,\ddot{\boldsymbol{\theta}}+\boldsymbol{\phi}^{\mathrm{T}}\boldsymbol{K}\,\boldsymbol{\phi}\,\boldsymbol{\theta}=0$

$$\boldsymbol{J}=\begin{bmatrix}J_1''&0&J_3''\\0&J_2&0\\J_3''&0&J_3'\end{bmatrix}\qquad \boldsymbol{K}=\begin{bmatrix}(K_1+K_2)&-K_2&K_2\\-K_2&K_2'&-K_2'\\K_2&-K_2'&K_2'\end{bmatrix}$$

$$\begin{bmatrix}0&1&1\\\phi_{12}&\phi_{22}&1\\\phi_{13}&\phi_{23}&1\end{bmatrix}\begin{bmatrix}J_1''&0&J_3''\\0&J_2&0\\J_3''&0&J_3'\end{bmatrix}\begin{bmatrix}0&\phi_{12}&\phi_{13}\\1&\phi_{22}&\phi_{23}\\1&1&1\end{bmatrix}\begin{bmatrix}\ddot{\theta}_1\\\ddot{\theta}_2\\\ddot{\theta}_3\end{bmatrix}+\begin{bmatrix}0&1&1\\\phi_{12}&\phi_{22}&1\\\phi_{13}&\phi_{23}&1\end{bmatrix}\begin{bmatrix}(K_1+K_2)&-K_2&K_2\\-K_2&K_2'&-K_2'\\K_2&-K_2'&K_2'\end{bmatrix}$$
$$\begin{bmatrix}0&\phi_{12}&\phi_{13}\\1&\phi_{22}&\phi_{23}\\1&1&1\end{bmatrix}\begin{bmatrix}\theta_1\\\theta_2\\\theta_3\end{bmatrix}=\begin{bmatrix}0\\0\\0\end{bmatrix}$$

由运算得 $K_{j1}=0$

$$\begin{bmatrix}J_{j1}&0&0\\0&J_{j2}&0\\0&0&J_{j3}\end{bmatrix}\begin{bmatrix}\ddot{\theta}_1\\\ddot{\theta}_2\\\ddot{\theta}_3\end{bmatrix}+\begin{bmatrix}0&0&0\\0&K_{j2}&0\\0&0&K_{j3}\end{bmatrix}\begin{bmatrix}\theta_1\\\theta_2\\\theta_3\end{bmatrix}=\begin{bmatrix}0\\0\\0\end{bmatrix}\tag{16-7-6}$$

$$\begin{cases}\ddot{\theta}_1=0\\\ddot{\theta}_2+p_2^2\theta_2=0\\\ddot{\theta}_3+p_3^2\theta_3=0\end{cases}\tag{16-7-6a}$$

$$p_1^2=0,\ p_2^2=\frac{K_{j2}}{J_{j2}},\ p_3^2=\frac{K_{j3}}{J_{j3}}$$

解出解耦微分方程组：
$$\begin{cases}\theta_1=\theta_{1(0)}+\dot{\theta}_{1(0)}t\\\theta_2=\theta_{2(0)}\cos p_2t+\dfrac{\dot{\theta}_{2(0)}}{p_2}\sin p_2t\\\theta_3=\theta_{3(0)}\cos p_3t+\dfrac{\dot{\theta}_{3(0)}}{p_3}\sin p_3t\end{cases}\tag{16-7-7}$$

$$\begin{bmatrix}\varphi_1\\\varphi_2\\\varphi_3\end{bmatrix}_{t=0}=\begin{bmatrix}0&\phi_{12}&\phi_{13}\\1&\phi_{22}&\phi_{23}\\1&1&1\end{bmatrix}\begin{bmatrix}\theta_1\\\theta_2\\\theta_3\end{bmatrix}_{t=0}$$

根据初始条件：$\varphi_{1(0)}=-\dfrac{M}{K_1}$，$\varphi_{2(0)}=-M\left(\dfrac{1}{K_1}+\dfrac{1}{K_2}\right)$，$\varphi_{3(0)}=0$，$\dot{\varphi}_{1(0)}=\dot{\varphi}_{2(0)}=\dot{\varphi}_{3(0)}=0$

$$\begin{bmatrix}0 & \phi_{12} & \phi_{13}\\ 1 & \phi_{22} & \phi_{23}\\ 1 & 1 & 1\end{bmatrix}\begin{bmatrix}\theta_{1(0)}\\ \theta_{2(0)}\\ \theta_{3(0)}\end{bmatrix}=\begin{bmatrix}\varphi_{1(0)}\\ \varphi_{2(0)}\\ \varphi_{3(0)}\end{bmatrix}=\begin{bmatrix}-\dfrac{M}{K_1}\\ -M\left(\dfrac{1}{K_1}+\dfrac{1}{K_2}\right)\\ 0\end{bmatrix}$$

可解出 $$\theta_{1(0)}=\frac{\dfrac{M}{K_1}(\phi_{12}-\phi_{22}-\phi_{13}+\phi_{23})+\dfrac{M}{K_2}(\phi_{12}-\phi_{13})}{-\phi_{22}\phi_{13}+\phi_{12}\phi_{23}+\phi_{13}-\phi_{12}}$$

$$\theta_{2(0)}=\frac{\dfrac{M}{K_1}(1+\phi_{13}-\phi_{23})+\dfrac{M}{K_2}\phi_{13}}{-\phi_{22}\phi_{13}+\phi_{12}\phi_{23}+\phi_{13}-\phi_{12}}$$

$$\theta_{3(0)}=\frac{\dfrac{M}{K_1}(\phi_{22}-\phi_{12}-1)-\dfrac{M}{K_2}\phi_{12}}{-\phi_{22}\phi_{13}+\phi_{12}\phi_{23}+\phi_{13}-\phi_{12}}$$

因 $\dot{\varphi}_{1(0)}=\dot{\varphi}_{2(0)}=\dot{\varphi}_{3(0)}=0$，故 $\dot{\theta}_{1(0)}=\dot{\theta}_{2(0)}=\dot{\theta}_{3(0)}=0$

$$\begin{bmatrix}\varphi_1\\ \varphi_2\\ \varphi_3\end{bmatrix}=\begin{bmatrix}0 & \phi_{12} & \phi_{13}\\ 1 & \phi_{22} & \phi_{23}\\ 1 & 1 & 1\end{bmatrix}\begin{bmatrix}\theta_1\\ \theta_2\\ \theta_3\end{bmatrix}=\begin{bmatrix}0 & \phi_{12} & \phi_{13}\\ 1 & \phi_{22} & \phi_{23}\\ 1 & 1 & 1\end{bmatrix}\begin{bmatrix}\theta_{1(0)}\\ \theta_{2(0)}\cos p_2t\\ \theta_{3(0)}\cos p_3t\end{bmatrix}=\begin{bmatrix}\phi_{12}\theta_{2(0)}\cos p_2t+\phi_{13}\theta_{3(0)}\cos p_3t\\ \theta_{1(0)}+\phi_{22}\theta_{2(0)}\cos p_2t+\phi_{23}\theta_{3(0)}\cos p_3t\\ \theta_{1(0)}+\theta_{2(0)}\cos p_2t+\theta_{3(0)}\cos p_3t\end{bmatrix}\tag{16-7-8}$$

为使固有振动解与强迫振动解符号不混淆，固有振动解中，记为 $\tilde{\varphi}_1$、$\tilde{\varphi}_2$、$\tilde{\varphi}_3$、$\tilde{\theta}_{1(0)}$、$\tilde{\theta}_{2(0)}$、$\tilde{\theta}_{3(0)}$。

$$\begin{bmatrix}\tilde{\varphi}_1\\ \tilde{\varphi}_2\\ \tilde{\varphi}_3\end{bmatrix}=\begin{bmatrix}\phi_{12}\tilde{\theta}_{2(0)}\cos p_2t+\phi_{13}\tilde{\theta}_{3(0)}\cos p_3t\\ \tilde{\theta}_{1(0)}+\phi_{22}\tilde{\theta}_{2(0)}\cos p_2t+\phi_{23}\tilde{\theta}_{3(0)}\cos p_3t\\ \tilde{\theta}_{1(0)}+\tilde{\theta}_{2(0)}\cos p_2t+\tilde{\theta}_{3(0)}\cos p_3t\end{bmatrix}\tag{16-7-9}$$

1.3.2 强迫振动解

（1）模态分析法求解

$$\begin{bmatrix}J_1'' & 0 & J_3''\\ 0 & J_2 & 0\\ J_3'' & 0 & J_3'\end{bmatrix}\begin{bmatrix}\ddot{\varphi}_1\\ \ddot{\varphi}_2\\ \ddot{\varphi}_3\end{bmatrix}+\begin{bmatrix}(K_1+K_2) & -K_2 & K_2\\ -K_2 & K_2' & -K_2'\\ K_2 & -K_2' & K_2'\end{bmatrix}\begin{bmatrix}\varphi_1\\ \varphi_2\\ \varphi_3\end{bmatrix}=\begin{bmatrix}0\\ -M\\ M_n\end{bmatrix}$$

设 $\boldsymbol{\varphi}=\boldsymbol{\phi}\,\boldsymbol{\theta}$，由坐标变换 $\boldsymbol{\phi}^{T}\boldsymbol{J}\,\boldsymbol{\phi}\,\ddot{\boldsymbol{\theta}}+\boldsymbol{\phi}^{T}\boldsymbol{K}\,\boldsymbol{\phi}\,\boldsymbol{\theta}=\boldsymbol{\phi}^{T}\boldsymbol{Q}$

$$\begin{bmatrix}0 & 1 & 1\\ \phi_{12} & \phi_{22} & 1\\ \phi_{13} & \phi_{23} & 1\end{bmatrix}\begin{bmatrix}J_1'' & 0 & J_3''\\ 0 & J_2 & 0\\ J_3'' & 0 & J_3'\end{bmatrix}\begin{bmatrix}0 & \phi_{12} & \phi_{13}\\ 1 & \phi_{22} & \phi_{23}\\ 1 & 1 & 1\end{bmatrix}\begin{bmatrix}\ddot{\theta}_1\\ \ddot{\theta}_2\\ \ddot{\theta}_3\end{bmatrix}+\begin{bmatrix}0 & 1 & 1\\ \phi_{12} & \phi_{22} & 1\\ \phi_{13} & \phi_{23} & 1\end{bmatrix}\begin{bmatrix}(K_1+K_2) & -K_2 & K_2\\ -K_2 & K_2' & -K_2'\\ K_2 & -K_2' & K_2'\end{bmatrix}$$

$$\begin{bmatrix}0 & \phi_{12} & \phi_{13}\\ 1 & \phi_{22} & \phi_{23}\\ 1 & 1 & 1\end{bmatrix}\begin{bmatrix}\theta_1\\ \theta_2\\ \theta_3\end{bmatrix}=\begin{bmatrix}0 & 1 & 1\\ \phi_{12} & \phi_{22} & 1\\ \phi_{13} & \phi_{23} & 1\end{bmatrix}\begin{bmatrix}0\\ -M\\ M_n\end{bmatrix}\tag{16-7-10}$$

由运算得 $K_{j1}=0$

$$\begin{bmatrix}J_{j1} & 0 & 0\\ 0 & J_{j2} & 0\\ 0 & 0 & J_{j3}\end{bmatrix}\begin{bmatrix}\ddot{\theta}_1\\ \ddot{\theta}_2\\ \ddot{\theta}_3\end{bmatrix}+\begin{bmatrix}0 & 0 & 0\\ 0 & K_{j2} & 0\\ 0 & 0 & K_{j3}\end{bmatrix}\begin{bmatrix}\theta_1\\ \theta_2\\ \theta_3\end{bmatrix}=\begin{bmatrix}-M+M_n\\ -\phi_{22}M+M_n\\ -\phi_{23}M+M_n\end{bmatrix}\tag{16-7-11}$$

得解耦微分方程组

$$\begin{cases} J_{j1}\ddot{\theta}_1=-M+M_n \\ J_{j2}\ddot{\theta}_2+K_{j2}\theta_2=-\phi_{22}M+M_n \\ J_{j3}\ddot{\theta}_3+K_{j3}\theta_3=-\phi_{23}M+M_n \end{cases} \tag{16-7-12}$$

$$\begin{cases} \ddot{\theta}_1=\dfrac{-M+M_n}{J_{j1}} \\ \ddot{\theta}_2+p_2^2\theta_2=\dfrac{-\phi_{22}M+M_n}{J_{j2}} \\ \ddot{\theta}_3+p_3^2\theta_3=\dfrac{-\phi_{23}M+M_n}{J_{j3}} \end{cases} \qquad \begin{cases} p_1^2=0 \\ p_2^2=\dfrac{K_{j2}}{J_{j2}} \\ p_3^2=\dfrac{K_{j3}}{J_{j3}} \end{cases} \tag{16-7-12a}$$

解得

$$\begin{cases} \theta_1=\dfrac{-M+M_n}{2J_{j1}}t^2 \\ \theta_2=\dfrac{-\phi_{22}M+M_n}{J_{j2}p_2^2}(1-\cos p_2t) \\ \theta_3=\dfrac{-\phi_{23}M+M_n}{J_{j3}p_3^2}(1-\cos p_3t) \end{cases}$$

$$\begin{bmatrix}\varphi_1\\ \varphi_2\\ \varphi_3\end{bmatrix}=\begin{bmatrix}0 & \phi_{12} & \phi_{13}\\ 1 & \phi_{22} & \phi_{23}\\ 1 & 1 & 1\end{bmatrix}\begin{bmatrix}\theta_1\\ \theta_2\\ \theta_3\end{bmatrix}=\begin{bmatrix}0 & \phi_{12} & \phi_{13}\\ 1 & \phi_{22} & \phi_{23}\\ 1 & 1 & 1\end{bmatrix}\begin{bmatrix}\dfrac{-M+M_n}{2J_{j1}}t^2\\ \dfrac{-\phi_{22}M+M_n}{J_{j2}p_2^2}(1-\cos p_2t)\\ \dfrac{-\phi_{23}M+M_n}{J_{j3}p_3^2}(1-\cos p_3t)\end{bmatrix}$$

为使固有振动解与强迫振动解符号不混淆，强迫振动解中，记为 $\approx{\varphi}_1$、$\approx{\varphi}_2$、$\approx{\varphi}_3$。

$$\begin{bmatrix}\tilde{\tilde{\varphi}}_1\\ \tilde{\tilde{\varphi}}_2\\ \tilde{\tilde{\varphi}}_3\end{bmatrix}=\begin{bmatrix}\dfrac{-\phi_{12}\phi_{22}M+\phi_{12}M_n}{J_{j2}p_2^2}(1-\cos p_2t)+\dfrac{-\phi_{13}\phi_{23}M+\phi_{13}M_n}{J_{j3}p_3^2}(1-\cos p_3t)\\ \dfrac{-M+M_n}{2J_{j1}}t^2+\dfrac{-\phi_{22}^2M+\phi_{22}M_n}{J_{j2}p_2^2}(1-\cos p_2t)+\dfrac{-\phi_{23}^2M+\phi_{23}M_n}{J_{j3}p_3^2}(1-\cos p_3t)\\ \dfrac{-M+M_n}{2J_{j1}}t^2+\dfrac{-\phi_{22}M+M_n}{J_{j2}p_2^2}(1-\cos p_2t)+\dfrac{-\phi_{23}M+M_n}{J_{j3}p_3^2}(1-\cos p_3t)\end{bmatrix} \tag{16-7-13}$$

（2）新微分算子法求解

引入微分算子 D 代替$\dfrac{d}{dt}$，D^2 代替$\dfrac{d^2}{dt^2}$，运动微分方程的矩阵形式简化为

$$\begin{bmatrix}J_1''D^2+(K_1+K_2) & -K_2 & J_3''D^2+K_2\\ -K_2 & J_2D^2+K_2' & -K_2'\\ J_3''D^2+K_2 & -K_2' & J_3'D^2+K_2'\end{bmatrix}\begin{bmatrix}\varphi_1\\ \varphi_2\\ \varphi_3\end{bmatrix}=\begin{bmatrix}0\\ -M\\ M_n\end{bmatrix} \tag{16-7-14}$$

可以看出上式是关于 φ_1、φ_2、φ_3 的一个线性方程组，令其系数矩阵的行列式为 Δ，容易看出 Δ 是一个关于 D^2 的三次多项式，经过运算，可得

$$\Delta=(J_1''J_2J_3'-J_2J_3''^2)D^2\left\{D^4+\frac{K_1J_2J_3'+K_2J_2(J_3'-2J_3'')+K_2'[J_1''(J_2+J_3')-J_3''^2]}{J_2(J_1''J_3'-J_3''^2)}D^2+\frac{(J_2+J_3')[K_2'(K_1+K_2)-K_2^2]}{J_2(J_1''J_3'-J_3''^2)}\right\}$$

$$=J_2(J_1''J_3'-J_3''^2)D^2(D^2+p_2^2)(D^2+p_3^2) \tag{16-7-14a}$$

式中，p_2、p_3 为系统第二、三阶扭振固有频率。将有关数据代入，可求得 $p_1=0$，$p_2=15.69\text{rad/s}$，$p_3=94.66\text{rad/s}$。

$$\Delta_1=\begin{vmatrix}0 & -K_2 & J_3''D^2+K_2\\ -M & J_2D^2+K_2' & -K_2'\\ M_n & -K_2' & J_3'D^2+K_2'\end{vmatrix}\qquad \Delta_2=\begin{vmatrix}J_1''D^2+(K_1+K_2) & 0 & J_3''D^2+K_2\\ -K_2 & -M & -K_2'\\ J_3''D^2+K_2 & M_n & J_3'D^2+K_2'\end{vmatrix}$$

$$\Delta_3=\begin{vmatrix}J_1''D^2+(K_1+K_2) & -K_2 & 0\\ -K_2 & J_2D^2+K_2' & -M\\ J_3''D^2+K_2 & -K_2' & M_n\end{vmatrix}$$

设 $M(\tau)$、$M_n(\tau)$ 为阶跃函数，由克莱姆法则可得（同理，强迫振动解中，记为 $\tilde{\tilde{\varphi}}_1$、$\tilde{\tilde{\varphi}}_2$、$\tilde{\tilde{\varphi}}_3$）

$$\tilde{\tilde{\varphi}}_1=\frac{\Delta_1}{\Delta}=\frac{MD^2(K_2'J_3''-K_2J_3')-M_nD^2(J_2J_3''D^2+K_2J_2+K_2'J_3'')}{J_2(J_1''J_3'-J_3''^2)D^2(D^2+p_2^2)(D^2+p_3^2)}$$

$$=\frac{M(K_2'J_3''-K_2J_3')-M_n(J_2J_3''D^2+K_2J_2+K_2'J_3'')}{J_2(J_1''J_3'-J_3''^2)(D^2+p_2^2)(D^2+p_3^2)}$$

$$=\frac{(K_2'J_3''-K_2J_3')}{J_2(J_1''J_3'-J_3''^2)}\left[\frac{M}{(D^2+p_2^2)(p_3^2-p_2^2)}+\frac{M}{(D^2+p_3^2)(p_2^2-p_3^2)}\right]-\frac{1}{J_2(J_1''J_3'-J_3''^2)}\times$$

$$\left[\frac{M_n(-J_2J_3''p_2^2+K_2J_2+K_2'J_3'')}{(D^2+p_2^2)(p_3^2-p_2^2)}+\frac{M_n(-J_2J_3''p_3^2+K_2J_2+K_2'J_3'')}{(D^2+p_3^2)(p_2^2-p_3^2)}\right]$$

$$=\frac{(K_2'J_3''-K_2J_3')}{J_2(J_1''J_3'-J_3''^2)}\left[\frac{\int_0^t M(\tau)\sin p_2(t-\tau)\mathrm{d}\tau}{p_2(p_3^2-p_2^2)}+\frac{\int_0^t M(\tau)\sin p_3(t-\tau)\mathrm{d}\tau}{p_3(p_2^2-p_3^2)}\right]-\frac{1}{J_2(J_1''J_3'-J_3''^2)}\times$$

$$\left[\frac{(-J_2J_3''p_2^2+K_2J_2+K_2'J_3'')\int_0^t M_n(\tau)\sin p_2(t-\tau)\mathrm{d}\tau}{p_2(p_3^2-p_2^2)}+\frac{(-J_2J_3''p_3^2+K_2J_2+K_2'J_3'')\int_0^t M_n(\tau)\sin p_3(t-\tau)\mathrm{d}\tau}{p_3(p_2^2-p_3^2)}\right]$$

$$=\frac{M(K_2'J_3''-K_2J_3')}{J_2(J_1''J_3'-J_3''^2)}\sum_{i=2}^{3}\frac{(1-\cos p_it)}{p_i^2(p_j^2-p_i^2)}-\frac{M_n}{J_2(J_1''J_3'-J_3''^2)}\sum_{i=2}^{3}\frac{(-J_2J_3''p_i^2+K_2J_2+K_2'J_3'')}{p_i^2(p_j^2-p_i^2)}\times$$

$$(1-\cos p_it) \tag{16-7-15}$$

$$\tilde{\tilde{\varphi}}_2=\frac{\Delta_2}{\Delta}=\frac{-M}{J_2(J_1''J_3'-J_3''^2)}\left\{\frac{K_2'(K_1+K_2)-K_2^2}{p_2^2p_3^2}\times\frac{t^2}{2}+\right.$$

$$\left.\sum_{i=2}^{3}\frac{(J_1''J_3'-J_3''^2)p_i^4-[(K_1+K_2)J_3'+K_2'J_1''-2K_2J_3'']p_i^2+K_2'(K_1+K_2)-K_2^2}{-p_i^2(p_j^2-p_i^2)}\left(\frac{1-\cos p_it}{p_i^2}\right)\right\}-$$

$$\frac{M_n}{J_2(J_1''J_3'-J_3''^2)}\left[\frac{K_2^2-K_2'(K_1+K_2)}{p_2^2p_3^2}\times\frac{t^2}{2}+\right.$$

$$\left.\sum_{i=2}^{3}\frac{-(K_2J_3''-K_2'J_1'')p_i^2+K_2^2-K_2'(K_1+K_2)}{-p_i^2(p_j^2-p_i^2)}\left(\frac{1-\cos p_it}{p_i^2}\right)\right] \tag{16-7-16}$$

$$\tilde{\tilde{\varphi}}_3=\frac{\Delta_3}{\Delta}=\frac{M}{J_2(J_1''J_3'-J_3''^2)}\left[\frac{K_2^2-K_2'(K_1+K_2)}{p_2^2p_3^2}\times\frac{t^2}{2}+\sum_{i=2}^{3}\frac{K_2^2-K_2'(K_1+K_2)-(K_2J_3''-K_2'J_1'')p_i^2}{-p_i^2(p_j^2-p_i^2)}\left(\frac{1-\cos p_it}{p_i^2}\right)\right]+$$

$$\frac{M_n}{J_2(J_1''J_3'-J_3''^2)}\left[\frac{K_2'(K_1+K_2)-K_2^2}{p_2^2p_3^2}\times\frac{t^2}{2}+\sum_{i=2}^{3}\frac{J_1''J_2p_i^4-[(K_1+K_2)J_2+K_2'J_1'']p_i^2+K_2'(K_1+K_2)-K_2^2}{-p_i^2(p_j^2-p_i^2)}\left(\frac{1-\cos p_it}{p_i^2}\right)\right] \tag{16-7-17}$$

式中，$i=2$，$j=i+1=3$；$i=3$，$j=i-1=2$。

（3）拉氏变换法求解

式（16-7-3）取拉氏变换并写成矩阵形式

$$\begin{Bmatrix}J_1''S^2+(K_1+K_2) & -K_2 & J_3''S^2+K_2\\ -K_2 & J_2S^2+K_2' & -K_2'\\ J_3''S^2+K_2 & -K_2' & J_3'S^2+K_2'\end{Bmatrix}\begin{bmatrix}L[\varphi_1]\\ L[\varphi_2]\\ L[\varphi_3]\end{bmatrix}=\begin{bmatrix}0\\ -L[M]\\ L[M_n]\end{bmatrix} \tag{16-7-18}$$

可以看出上式是关于 $L[\varphi_1]$、$L[\varphi_2]$、$L[\varphi_3]$ 的一个线性方程组，令其系数矩阵的行列式为 Δ，容易看出 Δ 是一个关于 S^2 的三次多项式。经过运算可得

$$\Delta=J_2(J_1''J_3'-J_3''^2)S^2\left\{S^4+\frac{K_1J_2J_3'+K_2J_2(J_3'-2J_3'')+K_2'[J_1''(J_2+J_3')-J_3''^2]}{J_2(J_1''J_3'-J_3''^2)}S^2+\frac{(J_2+J_3')[K_2'(K_1+K_2)-K_2^2]}{J_2(J_1''J_3'-J_3''^2)}\right\}$$

$$=J_2(J_1''J_3'-J_3''^2)S^2(S^2+p_2^2)(S^2+p_3^2) \tag{16-7-18a}$$

式中，$p_1=0$；p_2、p_3 为系统第二、三阶扭振固有频率。

$$\Delta_1=\begin{vmatrix}0 & -K_2 & J_3''S^2+K_2\\ -L[M] & J_2S^2+K_2' & -K_2'\\ L[M_n] & -K_2' & J_3'S^2+K_2'\end{vmatrix}\qquad \Delta_2=\begin{vmatrix}J_1''S^2+(K_1+K_2) & 0 & J_3''S^2+K_2\\ -K_2 & -L[M] & -K_2'\\ J_3''S^2+K_2 & L[M_n] & J_3'S^2+K_2'\end{vmatrix}$$

$$\Delta_3=\begin{vmatrix}J_1''S^2+(K_1+K_2) & -K_2 & 0\\ -K_2 & J_2S^2+K_2' & -L[M]\\ J_3''S^2+K_2 & -K_2' & L[M_n]\end{vmatrix}$$

由克莱姆法则，可得

$$L[\varphi_1]=\frac{\Delta_1}{\Delta}=\frac{(K_2'J_3''-K_2J_3')}{J_2(J_1''J_3'-J_3''^2)}\left\{\frac{L[M]}{(S^2+p_2^2)(p_3^2-p_2^2)}+\frac{L[M]}{(S^2+p_3^2)(p_2^2-p_3^2)}\right\}-\frac{1}{J_2(J_1''J_3'-J_3''^2)}\times$$

$$\left\{\frac{L[M_n](-J_2J_3''p_2^2+K_2J_2+K_2'J_3'')}{(S^2+p_2^2)(p_3^2-p_2^2)}+\frac{L[M_n](-J_2J_3''p_3^2+K_2J_2+K_2'J_3'')}{(S^2+p_3^2)(p_2^2-p_3^2)}\right\}$$

$$=\frac{(K_2'J_3''-K_2J_3')}{J_2(J_1''J_3'-J_3''^2)}\left\{\frac{L[M]L[\sin p_2 t]}{p_2(p_3^2-p_2^2)}+\frac{L[M]L[\sin p_3 t]}{p_3(p_2^2-p_3^2)}\right\}-\frac{1}{J_2(J_1''J_3'-J_3''^2)}\times$$
$$\left\{\frac{(-J_2J_3''p_2^2+K_2J_2+K_2'J_3'')L[M_n]L[\sin p_2 t]}{p_2(p_3^2-p_2^2)}+\frac{(-J_2J_3''p_3^2+K_2J_2+K_2'J_3'')L[M_n]L[\sin p_3 t]}{p_3(p_2^2-p_3^2)}\right\} \quad (16\text{-}7\text{-}19)$$

同理，强迫振动解中，记为 $\tilde{\tilde{\varphi}}_1$、$\tilde{\tilde{\varphi}}_2$、$\tilde{\tilde{\varphi}}_3$。设 $M(\tau)$、$M_n(\tau)$ 为阶跃函数。

$$\tilde{\tilde{\varphi}}_1=\frac{(K_2'J_3''-K_2J_3')}{J_2(J_1''J_3'-J_3''^2)}\left[\frac{M^*\sin p_2 t}{p_2(p_3^2-p_2^2)}+\frac{M^*\sin p_3 t}{p_3(p_2^2-p_3^2)}\right]-\frac{1}{J_2(J_1''J_3'-J_3''^2)}\times$$
$$\left[\frac{(-J_2J_3''p_2^2+K_2J_2+K_2'J_3'')(M_n{}^*\sin p_2 t)}{p_2(p_3^2-p_2^2)}+\frac{(-J_2J_3''p_3^2+K_2J_2+K_2'J_3'')(M_n{}^*\sin p_3 t)}{p_3(p_2^2-p_3^2)}\right]$$
$$=\frac{(K_2'J_3''-K_2J_3')}{J_2(J_1''J_3'-J_3''^2)}\left[\frac{\int_0^t M(\tau)\sin p_2(t-\tau)\mathrm{d}\tau}{p_2(p_3^2-p_2^2)}+\frac{\int_0^t M(\tau)\sin p_3(t-\tau)\mathrm{d}\tau}{p_3(p_2^2-p_3^2)}\right]-\frac{1}{J_2(J_1''J_3'-J_3''^2)}\times$$
$$\left[\frac{(-J_2J_3''p_2^2+K_2J_2+K_2'J_3'')\int_0^t M_n(\tau)\sin p_2(t-\tau)\mathrm{d}\tau}{p_2(p_3^2-p_2^2)}+\frac{(-J_2J_3''p_3^2+K_2J_2+K_2'J_3'')\int_0^t M_n(\tau)\sin p_3(t-\tau)\mathrm{d}\tau}{p_3(p_2^2-p_3^2)}\right]$$
$$=\frac{M(K_2'J_3''-K_2J_3')}{J_2(J_1''J_3'-J_3''^2)}\sum_{i=2}^{3}\frac{(1-\cos p_i t)}{p_i^2(p_j^2-p_i^2)}-\frac{M_n}{J_2(J_1''J_3'-J_3''^2)}\sum_{i=2}^{3}\frac{(-J_2J_3''p_i^2+K_2J_2+K_2'J_3'')}{p_i^2(p_j^2-p_i^2)}\times$$
$$(1-\cos p_i t) \quad (16\text{-}7\text{-}20)$$

式中，$i=2$，$j=i+1=3$；$i=3$，$j=i-1=2$。

同理，可得 $\tilde{\tilde{\varphi}}_2$、$\tilde{\tilde{\varphi}}_3$ 表达式同前。

$$\varphi_1=\tilde{\varphi}_1+\tilde{\tilde{\varphi}}_1,\ \varphi_2=\tilde{\varphi}_2+\tilde{\tilde{\varphi}}_2,\ \varphi_3=\tilde{\varphi}_3+\tilde{\tilde{\varphi}}_3$$

1.4 扭振力矩

$$M_1=K_1\varphi_1 \qquad M_2=K_2(\varphi_3+\varphi_1-\varphi_2)$$

将有关数据代入，求得 $M_{1max}=1.8M$，$M_{2max}=1.6M$。

转矩放大系数 TAF

$$TAF_1=\frac{M_{1max}}{M}=1.8,\ TAF_2=\frac{M_{2max}}{M}=1.6$$

（注：最大倾动力矩 $M=8.5\times10^4\text{kgf}\cdot\text{m}=8.33\times10^5\text{N}\cdot\text{m}$，一台电机启动力矩 $M_n'=9.8\times10^2\text{N}\cdot\text{m}$）

2 半悬挂多点啮合柔性传动扭振动力学计算（以烧结机为例）

目前，国内外大型烧结机大都采用了多点啮合柔性传动的驱动方式，其主要特点：多点啮合、柔性支承、悬挂安装（全悬挂、半悬挂）。可改善传动啮合性能、降低动载荷，并可在运行中调偏（台车跑偏）等。

参考文献［9］，根据生产中出现的共振和台车爬行等问题，要求对烧结机多柔传动进行动力学分析研究。

2.1 系统力学模型

图 16-7-4 所示为某厂 $90m^2$ 烧结机驱动装置简图，该系统属于拉杆式（BFT 型，半悬挂，自平衡扭力杆）非对称形式多柔传动。可将系统抽象为图 16-7-5 所示的二十质量系统力学模型。其扭振动力学计算数据见本章附录（2）。

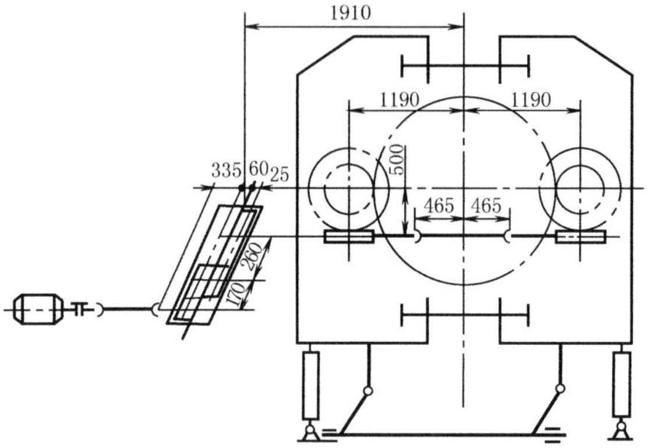

图 16-7-4　90m² 烧结机驱动装置简图

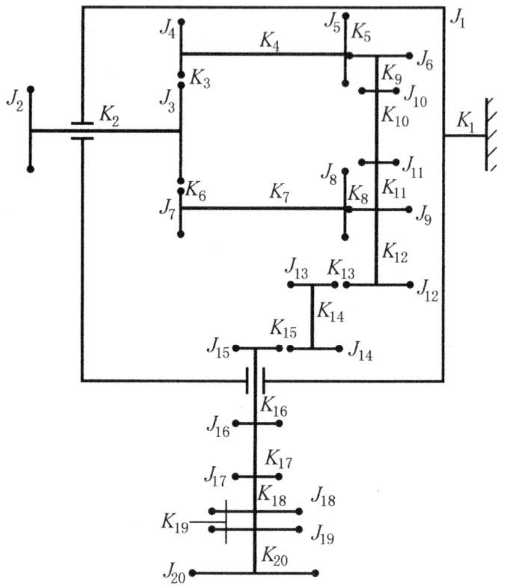

图 16-7-5　二十质量系统力学模型

设件 6、9~16 绕质心轴（平行Ⅱ级减速箱壳体回转中心轴）的转动惯量分别为 J_{6a}、J_{9a} ~ J_{16a}。设 φ_1、φ_2、φ_3 和 φ_{17} ~ φ_{20} 为绝对角位移，φ_4 ~ φ_{16} 为相对角位移。计算系统动能 T、势能 V 如下

$$T=\frac{1}{2}[J_1\dot{\varphi}_1^2+J_2\dot{\varphi}_2^2+J_3\dot{\varphi}_3^2+J_4(\dot{\varphi}_4+\dot{\varphi}_1)^2+m_4R_1^2\dot{\varphi}_1^2+J_5(\dot{\varphi}_5+\dot{\varphi}_1)^2+m_5R_1^2\dot{\varphi}_1^2+J_6\dot{\varphi}_6^2+J_{6a}\dot{\varphi}_1^2+m_6R_2^2\dot{\varphi}_1^2+$$

$$J_7(\dot{\varphi}+\dot{\varphi}_1)^2+m_7R_1^2\dot{\varphi}_1^2+J_8(\dot{\varphi}_8+\dot{\varphi}_1)^2+m_8R_1^2\dot{\varphi}_1^2+\sum_{j=9}^{16}(J_j\dot{\varphi}_j^2+J_{ja}\dot{\varphi}_1^2)+m_9R_2^2\dot{\varphi}_1^2+(m_{10}+m_{11})R_3^2\dot{\varphi}_1^2+$$

$$(m_{12}+m_{13})R_4^2\dot{\varphi}_1^2+(m_{14}+m_{15})R_5^2\dot{\varphi}_1^2+m_{16}R_6^2\dot{\varphi}_1^2+\sum_{j=17}^{20}J_j\dot{\varphi}_j^2]$$

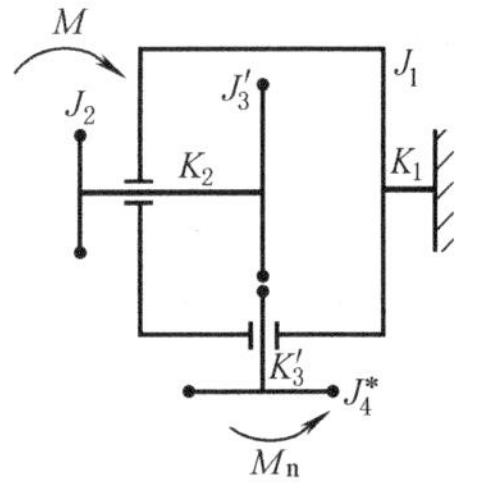

图 16-7-6　四质量系统力学模型

$$V=\frac{1}{2}\Bigg\{K_1\varphi_1^2+K_2(\varphi_3-\varphi_2)^2+K_3\left[\varphi_4\left(\frac{-1}{i_1}\right)+\varphi_1-\varphi_3\right]^2+$$

$$K_4(\varphi_5-\varphi_4)^2+K_5\left[\varphi_6\left(\frac{-1}{i_2}\right)-\varphi_5\right]^2+$$

$$K_6\left[\varphi_7\left(\frac{-1}{i_1}\right)+\varphi_1-\varphi_3\right]^2+K_7(\varphi_8-\varphi_7)^2+$$

$$K_8\left[\varphi_9\left(\frac{-1}{i_2}\right)-\varphi_8\right]^2+K_9(\varphi_{10}-\varphi_6)^2+$$

$$K_{10}(\varphi_{11}-\varphi_{10})^2+K_{11}(\varphi_9-\varphi_{11})^2+K_{12}(\varphi_{12}-\varphi_9)^2+$$

$$K_{13}\left[\varphi_{12}\left(\frac{-1}{i_3}\right)-\varphi_{13}\right]^2+K_{14}(\varphi_{14}-\varphi_{13})^2+$$

$$K_{15}\left[\varphi_{14}\left(\frac{-1}{i_4}\right)-\varphi_{15}\right]^2+K_{16}(\varphi_{16}-\varphi_{15})^2+$$

$$\sum_{j=17}^{20}K_j(\varphi_j-\varphi_{j-1})^2\Bigg\}$$

系统进一步简化为四质量系统力学模型（严格地说应为四自由度系统力学模型），如图 16-7-6 所示。设 φ_1、φ_2、φ_4^* 为绝对角位移，φ_3 为相对角位移。

将原件 4~16 上的动能换算到件 3 上，将件 17~19 上的动能换算到件 20 上。

令 $J_4'=J_4+J_5+J_7+J_8$；$J_6'=J_6+J_9+J_{10}+J_{11}+J_{12}$；$m'_4=m_4+m_5+m_7+m_8$

$$J'_{6a}=J_{6a}+\sum_{j=9}^{16}J_{ja}\qquad J_4^*=\sum_{j=17}^{20}J_j$$

再令 $J'_1=J_1+J_3+J'_4+J'_{6a}+m'_4R_1^2+(m_6+m_9)R_2^2+(m_{10}+m_{11})R_3^2+(m_{12}+m_{13})R_4^2+(m_{14}+m_{15})R_5^2+m_{16}R_6^2$

$J'_3=J_3+J'_4i_1^2+J'_6i_1^2i_2^2+(J_{13}+J_{14})i_1^2i_2^2i_3^2+(J_{15}+J_{16})i_1^2i_2^2i_3^2i_4^2$

$J''_3=J_3-J'_4i_1$

则 $$T=\frac{1}{2}(J'_1\dot{\varphi}_1^2+J_2\dot{\varphi}_2^2+J'_3\dot{\varphi}_3^2+2J''_3\dot{\varphi}_1\dot{\varphi}_3+J_4^*\dot{\varphi}_4^{*2})\tag{16-7-21}$$

为简化计算，将前 $K_4\sim K_{16}$ 换算到 K_2 轴上，且不计齿轮、蜗轮蜗杆间的啮合刚度。换算后的各刚度合并为 K'_2，将 $K_{17}\sim K_{20}$ 合并为 K'_3

$$\frac{1}{K'_2}=\frac{1}{K_2}+\frac{1}{K_a+K_b}+\frac{1}{i_1^2i_2^2K_{12}}+\frac{1}{i_1^2i_2^2i_3^2K_{14}}+\frac{1}{i_1^2i_2^2i_3^2i_4^2K_{16}}$$

式中，$\frac{1}{K_a}=\frac{1}{i_1^2K_4}+\frac{1}{i_1^2i_2^2}\left(\frac{1}{K_9}+\frac{1}{K_{10}}+\frac{1}{K_{11}}\right)$；$\frac{1}{K_b}=\frac{1}{i_1^2K_7}$；$\frac{1}{K'_3}=\frac{1}{K_{17}}+\frac{1}{K_{18}}+\frac{1}{K_{19}}+\frac{1}{K_{20}}$

则系统势能为

$$V=\frac{1}{2}\{K_1\varphi_1^2+K_2[(\varphi_3+\varphi_1)-\varphi_2]^2+K'_2(\varphi_3-\varphi_2)^2-K_2(\varphi_3-\varphi_2)^2+K'_3(i_\Sigma\varphi_3-\varphi_4^*)^2\}\tag{16-7-22}$$

式中，$i_\Sigma=i_1i_2i_3i_4$。

2.2 建立运动微分方程（四质量系统）

由拉格朗日方程：$\frac{d}{dt}\left(\frac{\partial T}{\partial\dot{\varphi}_i}\right)-\frac{\partial T}{\partial\varphi_i}+\frac{\partial V}{\partial\varphi_i}=Q_i$

并设：$K_{3a}=K'_3i_\Sigma^2$，$K_{3b}=K'_3i_\Sigma$，则有

$$\begin{cases}J'_1\ddot{\varphi}_1+J''_3\ddot{\varphi}_3+(K_1+K_2)\varphi_1-K_2\varphi_2+K_2\varphi_3=0\\J_2\ddot{\varphi}_2-K_2\varphi_1+K'_2\varphi_2-K'_2\varphi_3=-M\\J''_3\ddot{\varphi}_1+J'_3\ddot{\varphi}_3+K_2\varphi_1-K'_2\varphi_2+K'_2\varphi_3+K_{3a}\varphi_3-K_{3b}\varphi_4^*=0\\J_4^*\ddot{\varphi}_4^*-K_{3b}\varphi_3+K'_3\varphi_4^*=M_n\end{cases}\tag{16-7-23}$$

式中，M 为负载力矩（烧结机运行阻力矩和台车速度变化引起的惯性力矩）；M_n 为电机启动力矩。

2.3 运动微分方程求解（初始条件为零）

（1）模态分析法求解

$$\begin{cases}J'_1\ddot{\varphi}_1+J''_3\ddot{\varphi}_3+(K_1+K_2)\varphi_1-K_2\varphi_2+K_2\varphi_3=0\\J_2\ddot{\varphi}_2-K_2\varphi_1+K'_2\varphi_2-K'_2\varphi_3=-M\\J''_3\ddot{\varphi}_1+J'_3\ddot{\varphi}_3+K_2\varphi_1-K'_2\varphi_2+K'_2\varphi_3+K_{3a}\varphi_3-K_{3b}\varphi_4^*=0\\J_4^*\ddot{\varphi}_4^*-K_{3b}\varphi_3+K'_3\varphi_4^*=M_n\end{cases}$$

$$\begin{bmatrix}J'_1&0&J''_3&0\\0&J_2&0&0\\J''_3&0&J'_3&0\\0&0&0&J_4^*\end{bmatrix}\begin{bmatrix}\ddot{\varphi}_1\\\ddot{\varphi}_2\\\ddot{\varphi}_3\\\ddot{\varphi}_4^*\end{bmatrix}+\begin{bmatrix}(K_1+K_2)&-K_2&K_2&0\\-K_2&K'_2&-K'_2&0\\K_2&-K'_2&(K'_2+K_{3a})&-K_{3b}\\0&0&-K_{3b}&K'_3\end{bmatrix}$$

$$\begin{bmatrix}\varphi_1\\ \varphi_2\\ \varphi_3\\ \varphi_4^*\end{bmatrix}=\begin{bmatrix}0\\ -M\\ 0\\ M_n\end{bmatrix}$$

固有振动

$$\begin{cases}J_1'\ddot{\varphi}_1+J_3''\ddot{\varphi}_3+(K_1+K_2)\varphi_1-K_2\varphi_2+K_2\varphi_3=0\\ J_2\ddot{\varphi}_2-K_2\varphi_1+K_2'\varphi_2-K_2'\varphi_3=0\\ J_3''\ddot{\varphi}_1+J_3'\ddot{\varphi}_3+K_2\varphi_1-K_2'\varphi_2+K_2'\varphi_3+K_{3a}\varphi_3-K_{3b}\varphi_4^*=0\\ J_4^*\ddot{\varphi}_4^*-K_{3b}\varphi_3+K_3'\varphi_4^*=0\end{cases}\tag{16-7-24}$$

设 $\varphi_i=\phi_i\sin(pt+\psi)$，则 $\ddot{\varphi}_i=-\phi_i p^2\sin(pt+\psi)$，代入式(16-7-24)

$$\begin{cases}-J_1'\phi_1p^2-J_3''\phi_3p^2+(K_1+K_2)\phi_1-K_2\phi_2+K_2\phi_3=0\\ -J_2\phi_2p^2-K_2\phi_1+K_2'\phi_2-K_2'\phi_3=0\\ -J_3''\phi_1p^2-J_3'\phi_3p^2+K_2\phi_1-K_2'\phi_2+K_2'\phi_3+K_{3a}\phi_3-K_{3b}\phi_4^*=0\\ -J_4^*\phi_4^*p^2-K_{3b}\phi_3+K_3'\phi_4^*=0\end{cases}$$

$$\begin{bmatrix}-J_1'p^2+(K_1+K_2) & -K_2 & -J_3''p^2+K_2 & 0\\ -K_2 & -J_2p^2+K_2' & -K_2' & 0\\ -J_3''p^2+K_2 & -K_2' & -J_3'p^2+(K_2'+K_{3a}) & -K_{3b}\\ 0 & 0 & -K_{3b} & -J_4^*p^2+K_3'\end{bmatrix}\begin{bmatrix}\phi_1\\ \phi_2\\ \phi_3\\ \phi_4^*\end{bmatrix}=\begin{bmatrix}0\\ 0\\ 0\\ 0\end{bmatrix}$$

令其系数矩阵的行列式为 Δ，根据自由振动有非零解的条件，系数矩阵行列式 $\Delta=0$。

$$\Delta=\begin{vmatrix}-J_1'p^2+(K_1+K_2) & -K_2 & -J_3''p^2+K_2 & 0\\ -K_2 & -J_2p^2+K_2' & -K_2' & 0\\ -J_3''p^2+K_2 & -K_2' & -J_3'p^2+(K_2'+K_{3a}) & -K_{3b}\\ 0 & 0 & -K_{3b} & -J_4^*p^2+K_3'\end{vmatrix}=0$$

经运算可得（运算时注意：$K_3'K_{3a}=K_{3b}^2$，常数项为 0）

$$\begin{aligned}\Delta&=J_2(J_1'J_3'-J_3''^2)J_4^*p^2(p^2-p_2^2)(p^2-p_3^2)(p^2-p_4^2)\\ &=J_2(J_1'J_3'-J_3''^2)J_4^*(p^2-p_1^2)(p^2-p_2^2)(p^2-p_3^2)(p^2-p_4^2)=0\end{aligned}$$

式中，p_1、p_2、p_3、p_4 为系统第一、二、三、四阶固有频率，可代入有关数据求得 $p_1=0$，$p_2=18.7\text{rad/s}$，$p_3=144.607\text{rad/s}$，$p_4=649.045\text{rad/s}$。将 $p_1=0$ 代入

$$\begin{cases}(K_1+K_2)\phi_1-K_2\phi_2+K_2\phi_3=0\\ -K_2\phi_1+K_2'\phi_2-K_2'\phi_3=0\\ K_2\phi_1-K_2'\phi_2+K_2'\phi_3+K_{3a}\phi_3-K_{3b}\phi_4^*=0\\ -K_{3b}\phi_3+K_3'\phi_4^*=0\end{cases}$$

解得 $\phi_1=0$。令 $\phi_4^*=1$，解得 $\phi_2=\dfrac{1}{i_\Sigma}$，$\phi_3=\dfrac{1}{i_\Sigma}$。即振型 $\phi_{11}=0$，$\phi_{21}=\dfrac{1}{i_\Sigma}$，$\phi_{31}=\dfrac{1}{i_\Sigma}$，$\phi_{41}^*=1$。

以 p_2 值代入，令 $\phi_{42}^*=1$，求得 ϕ_{12}、ϕ_{22}、ϕ_{32}；以 p_3 值代入，令 $\phi_{43}^*=1$，求得 ϕ_{13}、ϕ_{23}、ϕ_{33}；以 p_4 值代入，令 $\phi_{44}^*=1$，求得 ϕ_{14}、ϕ_{24}、ϕ_{34}。

振型矩阵
$$\boldsymbol{\phi}=\begin{bmatrix} 0 & \phi_{12} & \phi_{13} & \phi_{14} \\ \frac{1}{i_\Sigma} & \phi_{22} & \phi_{23} & \phi_{24} \\ \frac{1}{i_\Sigma} & \phi_{32} & \phi_{33} & \phi_{34} \\ 1 & 1 & 1 & 1 \end{bmatrix}$$

设 $\boldsymbol{\varphi}=\boldsymbol{\phi}\,\boldsymbol{\theta}$

式中 $\boldsymbol{\varphi}$——自然坐标列阵；

$\boldsymbol{\theta}$——主坐标列阵；

$\boldsymbol{\phi}$——振型矩阵。

由坐标变换 $\boldsymbol{\phi}^{\mathrm{T}}\boldsymbol{J}\,\boldsymbol{\phi}\,\ddot{\boldsymbol{\theta}}+\boldsymbol{\phi}^{\mathrm{T}}\boldsymbol{K}\,\boldsymbol{\phi}\,\boldsymbol{\theta}=\boldsymbol{\phi}^{\mathrm{T}}\boldsymbol{Q}$

$$\boldsymbol{J}=\begin{bmatrix} J_1' & 0 & J_3'' & 0 \\ 0 & J_2 & 0 & 0 \\ J_3'' & 0 & J_3' & 0 \\ 0 & 0 & 0 & J_4^* \end{bmatrix},\ \boldsymbol{K}=\begin{bmatrix} (K_1+K_2) & -K_2 & K_2 & 0 \\ -K_2 & K_2' & -K_2' & 0 \\ K_2 & -K_2' & (K_2'+K_{3a}) & -K_{3b} \\ 0 & 0 & -K_{3b} & K_3' \end{bmatrix},\ \boldsymbol{Q}=\begin{bmatrix} 0 \\ -M \\ 0 \\ M_n \end{bmatrix}$$

$$\begin{bmatrix} 0 & \frac{1}{i_\Sigma} & \frac{1}{i_\Sigma} & 1 \\ \phi_{12} & \phi_{22} & \phi_{32} & 1 \\ \phi_{13} & \phi_{23} & \phi_{33} & 1 \\ \phi_{14} & \phi_{24} & \phi_{34} & 1 \end{bmatrix}\begin{bmatrix} J_1' & 0 & J_3'' & 0 \\ 0 & J_2 & 0 & 0 \\ J_3'' & 0 & J_3' & 0 \\ 0 & 0 & 0 & J_4^* \end{bmatrix}\begin{bmatrix} 0 & \phi_{12} & \phi_{13} & \phi_{14} \\ \frac{1}{i_\Sigma} & \phi_{22} & \phi_{23} & \phi_{24} \\ \frac{1}{i_\Sigma} & \phi_{32} & \phi_{33} & \phi_{34} \\ 1 & 1 & 1 & 1 \end{bmatrix}\begin{bmatrix} \ddot{\theta}_1 \\ \ddot{\theta}_2 \\ \ddot{\theta}_3 \\ \ddot{\theta}_4 \end{bmatrix}$$

$$+\begin{bmatrix} 0 & \frac{1}{i_\Sigma} & \frac{1}{i_\Sigma} & 1 \\ \phi_{12} & \phi_{22} & \phi_{32} & 1 \\ \phi_{13} & \phi_{23} & \phi_{33} & 1 \\ \phi_{14} & \phi_{24} & \phi_{34} & 1 \end{bmatrix}\begin{bmatrix} (K_1+K_2) & -K_2 & K_2 & 0 \\ -K_2 & K_2' & -K_2' & 0 \\ K_2 & -K_2' & (K_2'+K_{3a}) & -K_{3b} \\ 0 & 0 & -K_{3b} & K_3' \end{bmatrix}$$

$$\begin{bmatrix} 0 & \phi_{12} & \phi_{13} & \phi_{14} \\ \frac{1}{i_\Sigma} & \phi_{22} & \phi_{23} & \phi_{24} \\ \frac{1}{i_\Sigma} & \phi_{32} & \phi_{33} & \phi_{34} \\ 1 & 1 & 1 & 1 \end{bmatrix}\begin{bmatrix} \theta_1 \\ \theta_2 \\ \theta_3 \\ \theta_4 \end{bmatrix}=\begin{bmatrix} 0 & \frac{1}{i_\Sigma} & \frac{1}{i_\Sigma} & 1 \\ \phi_{12} & \phi_{22} & \phi_{32} & 1 \\ \phi_{13} & \phi_{23} & \phi_{33} & 1 \\ \phi_{14} & \phi_{24} & \phi_{34} & 1 \end{bmatrix}\begin{bmatrix} 0 \\ -M \\ 0 \\ M_n \end{bmatrix}$$

由运算得 $K_{j1}=0$

$$\begin{bmatrix} J_{j1} & 0 & 0 & 0 \\ 0 & J_{j2} & 0 & 0 \\ 0 & 0 & J_{j3} & 0 \\ 0 & 0 & 0 & J_{j4} \end{bmatrix}\begin{bmatrix} \ddot{\theta}_1 \\ \ddot{\theta}_2 \\ \ddot{\theta}_3 \\ \ddot{\theta}_4 \end{bmatrix}+\begin{bmatrix} 0 & 0 & 0 & 0 \\ 0 & K_{j2} & 0 & 0 \\ 0 & 0 & K_{j3} & 0 \\ 0 & 0 & 0 & K_{j4} \end{bmatrix}\begin{bmatrix} \theta_1 \\ \theta_2 \\ \theta_3 \\ \theta_4 \end{bmatrix}=\begin{bmatrix} \frac{-M}{i_\Sigma}+M_n \\ -\phi_{22}M+M_n \\ -\phi_{23}M+M_n \\ -\phi_{24}M+M_n \end{bmatrix} \qquad (16\text{-}7\text{-}25)$$

得解耦微分方程组

$$\begin{cases} J_{j1}\ddot{\theta}_1=\dfrac{-M}{i_\Sigma}+M_n \\ J_{j2}\ddot{\theta}_1+K_{j2}\theta_2=-\phi_{22}M+M_n \\ J_{j3}\ddot{\theta}_3+K_{j3}\theta_3=-\phi_{23}M+M_n \\ J_{j4}\ddot{\theta}_4+K_{j4}\theta_4=-\phi_{24}M+M_n \end{cases} \tag{16-7-26}$$

$$\begin{cases} \ddot{\theta}_1=\dfrac{-M/i_\Sigma+M_n}{J_{j1}} \\ \ddot{\theta}_2+p_2^2\theta_2=\dfrac{-\phi_{22}M+M_n}{J_{j2}} \\ \ddot{\theta}_3+p_3^2\theta_3=\dfrac{-\phi_{23}M+M_n}{J_{j3}} \\ \ddot{\theta}_4+p_4^2\theta_4=\dfrac{-\phi_{24}M+M_n}{J_{j4}} \end{cases} \quad \begin{cases} p_1^2=0 \\ p_2^2=\dfrac{K_{j2}}{J_{j2}} \\ p_3^2=\dfrac{K_{j3}}{J_{j3}} \\ p_4^2=\dfrac{K_{j4}}{J_{j4}} \end{cases} \tag{16-7-26a}$$

解得

$$\begin{bmatrix} \theta_1 \\ \theta_2 \\ \theta_3 \\ \theta_4 \end{bmatrix}=\begin{bmatrix} \dfrac{-M/i_\Sigma+M_n}{2J_{j1}}t^2 \\ \dfrac{-\phi_{22}M+M_n}{J_{j2}p_2^2}(1-\cos p_2t) \\ \dfrac{-\phi_{23}M+M_n}{J_{j3}p_3^2}(1-\cos p_3t) \\ \dfrac{-\phi_{24}M+M_n}{J_{j4}p_4^2}(1-\cos p_4t) \end{bmatrix} \tag{16-7-27}$$

$\boldsymbol{\varphi}=\boldsymbol{\phi}\,\boldsymbol{\theta}$

$$\begin{bmatrix} \varphi_1 \\ \varphi_2 \\ \varphi_3 \\ \varphi_4 \end{bmatrix}=\begin{bmatrix} 0 & \phi_{12} & \phi_{13} & \phi_{14} \\ \dfrac{1}{i_\Sigma} & \phi_{22} & \phi_{23} & \phi_{24} \\ \dfrac{1}{i_\Sigma} & \phi_{32} & \phi_{33} & \phi_{34} \\ 1 & 1 & 1 & 1 \end{bmatrix}\begin{bmatrix} \theta_1 \\ \theta_2 \\ \theta_3 \\ \theta_4 \end{bmatrix}=\begin{bmatrix} 0 & \phi_{12} & \phi_{13} & \phi_{14} \\ \dfrac{1}{i_\Sigma} & \phi_{22} & \phi_{23} & \phi_{24} \\ \dfrac{1}{i_\Sigma} & \phi_{32} & \phi_{33} & \phi_{34} \\ 1 & 1 & 1 & 1 \end{bmatrix}\begin{bmatrix} \dfrac{-M/i_\Sigma+M_n}{2J_{j1}}t^2 \\ \dfrac{-\phi_{22}M+M_n}{J_{j2}p_2^2}(1-\cos p_2t) \\ \dfrac{-\phi_{23}M+M_n}{J_{j3}p_3^2}(1-\cos p_3t) \\ \dfrac{-\phi_{24}M+M_n}{J_{j4}p_4^2}(1-\cos p_4t) \end{bmatrix}$$

$$=\begin{bmatrix} \dfrac{-\phi_{12}\phi_{22}M+\phi_{12}M_n}{J_{j2}p_2^2}(1-\cos p_2t)+\dfrac{-\phi_{13}\phi_{23}M+\phi_{13}M_n}{J_{j3}p_3^2}(1-\cos p_3t)+\dfrac{-\phi_{14}\phi_{24}M+\phi_{14}M_n}{J_{j4}p_4^2}(1-\cos p_4t) \\ \dfrac{-M/i_\Sigma^2+M_n/i_\Sigma}{2J_{j1}}t^2+\dfrac{-\phi_{22}^2M+\phi_{22}M_n}{J_{j2}p_2^2}(1-\cos p_2t)+\dfrac{-\phi_{23}^2M+\phi_{23}M_n}{J_{j3}p_3^2}(1-\cos p_3t)+\dfrac{-\phi_{24}^2M+\phi_{24}M_n}{J_{j4}p_4^2}(1-\cos p_4t) \\ \dfrac{-M/i_\Sigma^2+M_n/i_\Sigma}{2J_{j1}}t^2+\dfrac{-\phi_{32}\phi_{22}M+\phi_{32}M_n}{J_{j2}p_2^2}(1-\cos p_2t)+\dfrac{-\phi_{33}\phi_{23}M+\phi_{33}M_n}{J_{j3}p_3^2}(1-\cos p_3t)+\dfrac{-\phi_{34}\phi_{24}M+\phi_{34}M_n}{J_{j4}p_4^2}(1-\cos p_4t) \\ \dfrac{-M/i_\Sigma+M_n}{2J_{j1}}t^2+\dfrac{-\phi_{22}M+M_n}{J_{j2}p_2^2}(1-\cos p_2t)+\dfrac{-\phi_{23}M+M_n}{J_{j3}p_3^2}(1-\cos p_3t)+\dfrac{-\phi_{24}M+M_n}{J_{j4}p_4^2}(1-\cos p_4t) \end{bmatrix} \tag{16-7-28}$$

（2）新微分算子法求解

引入微分算子 D 代替$\dfrac{d}{dt}$，D^2 代替$\dfrac{d^2}{dt^2}$，运动微分方程组可写成下列矩阵形式

$$\begin{bmatrix} J'_1D^2+(K_1+K_2) & -K'_2 & J''_3D^2+K_2 & 0 \\ -K_2 & J_2D^2+K'_2 & -K'_2 & 0 \\ J''_3D^2+K_2 & -K'_2 & J'_3D+(K'_2+K_{3a}) & -K_{3b} \\ 0 & 0 & -K_{3b} & J_4^*D^2+K'_3 \end{bmatrix}\begin{bmatrix}\varphi_1\\ \varphi_2\\ \varphi_3\\ \varphi_4^*\end{bmatrix}=\begin{bmatrix}0\\ -M\\ 0\\ M_n\end{bmatrix} \tag{16-7-29}$$

可以看出，上式是关于 φ_1、φ_2、φ_3、φ_4^* 的一个线性方程组。其系数矩阵行列式 Δ 为

$$\Delta=\begin{vmatrix} J'_1D^2+(K_1+K_2) & -K_2 & J''_3D^2+K_2 & 0 \\ -K_2 & J_2D^2+K'_2 & -K'_2 & 0 \\ J''_3D^2+K_2 & -K'_2 & J'_3D^2+(K'_2+K_{3a}) & -K_{3b} \\ 0 & 0 & -K_{3b} & J_4^*D^2+K'_3 \end{vmatrix}$$

经运算可得

$$\Delta=J_2(J'_1J'_3-J''^2_3)J_4^*D^2(D^2+p_2^2)(D^2+p_3^2)(D^2+p_4^2) \tag{16-7-29a}$$

式中，p_2、p_3、p_4 为系统第二、三、四阶固有频率，可代入有关数据求得：$p_1=0$，$p_2=18.7\text{rad/s}$，$p_3=144.607\text{rad/s}$，$p_4=649.045\text{rad/s}$。

$$\Delta_1=\begin{vmatrix} 0 & -K_2 & J''_3D^2+K_2 & 0 \\ -M & J_2D^2+K'_2 & -K'_2 & 0 \\ 0 & -K'_2 & J'_3D^2+(K'_2+K_{3a}) & -K_{3b} \\ M_n & 0 & -K_{3b} & J_4^*D^2+K'_3 \end{vmatrix}$$

$$=MD^2[(K'_2J''_3-K_2J'_3)J_4^*D^2+K_2K'_3J''_3-K_2K_{3a}J_4^*-K_2K'_3J'_3]+M_nK_{3b}D^2[-J_2J''_3D^2-(K_2J_2+K'_2J''_3)]$$

Δ_2、Δ_3、Δ_4 相应可解出。

设 $M(\tau)$、$M_n(\tau)$ 为阶跃函数，由克莱姆法则可得

$$\varphi_1=\frac{\Delta_1}{\Delta}=\frac{MD^2[(K'_2J''_3-K_2J'_3)J_4^*D^2+K'_2K'_3J''_3-K_2K_{3a}J_4^*-K_2K'_3J'_3]+M_nK_{3b}D^2[-J_2J''_3D^2-(K_2J_2+K'_2J''_3)]}{J_2(J'_1J'_3-J''^2_3)J_4^*D^2(D^2+p_2^2)(D^2+p_3^2)(D^2+p_4^2)}$$

$$=\frac{1}{J_2(J'_1J'_3-J''^2_3)J_4^*}\sum_{i=2}^{4}\frac{M}{(D^2+p_i^2)}\times\frac{-(K'_2J''_3-K_2J'_3)J_4^*p_i^2+K'_2K'_3J''_3-K_2K_{3a}J_4^*-K_2K'_3J'_3}{(p_j^2-p_i^2)(p_k^2-p_i^2)}+$$

$$\frac{K_{3b}}{J_2(J'_1J'_3-J''^2_3)J_4^*}\sum_{i=2}^{4}\frac{M_n}{(D^2+p_i^2)}\frac{[J_2J''_3p_i^2-(K_2J_2+K'_2J''_3)]}{(p_j^2-p_i^2)(p_k^2-p_i^2)}$$

$$=\frac{1}{J_2(J'_1J'_3-J''^2_3)J_4^*}\sum_{i=2}^{4}\frac{(K'_2J''_3-K_2J'_3)K'_3-[K_2K_{3a}+(K'_2J''_3-K_2J'_3)p_i^2]J_4^*}{p_i(p_j^2-p_i^2)(p_k^2-p_i^2)}\int_0^t M(\tau)\sin p_i(t-\tau)\mathrm{d}\tau+$$

$$\frac{K_{3b}}{J_2(J'_1J'_3-J''^2_3)J_4^*}\sum_{i=2}^{4}\frac{J_2J''_3p_i^2-(K_2J_2+K'_2J''_3)}{p_i(p_j^2-p_i^2)(p_k^2-p_i^2)}\int_0^t M_n(\tau)\sin p_i(t-\tau)\mathrm{d}\tau$$

$$=\frac{M}{J_2(J'_1J'_3-J''^2_3)J_4^*}\sum_{i=2}^{4}\frac{(K'_2J''_3-K_2J'_3)K'_3-[K_2K_{3a}+(K'_2J''_3-K_2J'_3)p_i^2]J_4^*}{p_i^2(p_j^2-p_i^2)(p_k^2-p_i^2)}(1-\cos p_it)+$$

$$\frac{K_{3b}M_n}{J_2(J'_1J'_3-J''^2_3)J_4^*}\sum_{i=2}^{4}\frac{J_2J''_3p_i^2-(K_2J_2+K'_2J''_3)}{p_i^2(p_j^2-p_i^2)(p_k^2-p_i^2)}(1-\cos p_it) \tag{16-7-30}$$

$$\varphi_2=\frac{\Delta_2}{\Delta}=\frac{-M}{J_2(J'_1J'_3-J''^2_3)J_4^*}\left\{\left\{\frac{[(K_1+K_2)K'_2-K_2^2]K'_3}{p_2^2p_3^2p_4^2}\times\frac{t^2}{2}+\right.\right.$$

$$\sum_{i=2}^{4}\Bigg\{\frac{(J_1'J_3'-J_3''^{2})J_4^{*}p_i^6+\{(J_1'J_3'-J_3''^{2})K_3'+[(K_1+K_2)J_3'+(K_2'+K_{3a})J_1'-2KJ_3'']J_4^{*}\}p_i^4}{-p_i^2(p_j^2-p_i^2)(p_k^2-p_i^2)}+$$

$$\frac{-\{[(K_1+K_2)J_3'+K_2'J_1'-2J_3''K_2]K_3'+[(K_1+K_2)(K_2'+K_{3a})-K_2^2]J_4^{*}\}p_i^2+[(K_1+K_2)K_2'-K_2^2]K_3'}{-p_i^2(p_j^2-p_i^2)(p_k^2-p_i^2)}\Bigg\}\times$$

$$\frac{(1-\cos p_i t)}{p_i^2}\Bigg\}\Bigg\}-\frac{K_{3b}M_n}{J_2(J_1'J_3'-J_3''^{2})J_4^{*}}\Bigg\{\frac{[K_2^2-K_2'(K_1+K_2)]}{-p_2^2p_3^2p_4^2}\times\frac{t^2}{2}+$$

$$\sum_{i=2}^{4}\frac{-(K_2J_3''-K_2'J_1')p_i^2+K_2^2-K_2'(K_1+K_2)}{-p_i^2(p_j^2-p_i^2)(p_k^2-p_i^2)}\times\frac{(1-\cos p_i t)}{p_i^2}\Bigg\} \tag{16-7-31}$$

$$\varphi_3=\frac{\Delta_3}{\Delta}=\frac{M}{J_2(J_1'J_3'-J_3''^{2})J_4^{*}}\Bigg\{\Bigg\{\frac{[K_2^2-(K_1+K_2)K_2']K_3'}{p_2^2p_3^2p_4^2}\times\frac{t^2}{2}+$$

$$\sum_{i=2}^{4}\Bigg\{\frac{(J_3''K_2-J_1'K_2')J_4^{*}p_i^4-\{K_3'(J_3''K_2-J_1'K_2')+[K_2^2-(K_1+K_2)K_2']J_4^{*}\}p_i^2+[K_2^2-(K_1+K_2)K_2']K_3'}{-p_i^2(p_j^2-p_i^2)(p_k^2-p_i^2)}\Bigg\}\times$$

$$\frac{(1-\cos p_i t)}{p_i^2}\Bigg\}\Bigg\}+\frac{K_{3b}M_n}{J_2(J_1'J_3'-J_3''^{2})J_4^{*}}\Bigg\{\Bigg\{\frac{[K_2'(K_1+K_2)-K_2^2]}{-p_2^2p_3^2p_4^2}\times\frac{t^2}{2}+$$

$$\sum_{i=2}^{4}\Bigg\{\frac{J_1'J_2p_i^4-[(K_1+K_2)J_2+K_2'J_1']p_i^2+[K_2'(K_1+K_2)-K_2^2]}{-p_i^2(p_j^2-p_i^2)(p_k^2-p_i^2)}\Bigg\}\frac{(1-\cos p_i t)}{p_i^2}\Bigg\}\Bigg\} \tag{16-7-32}$$

$$\varphi_4^{*}=\frac{\Delta_4}{\Delta}=\frac{M}{J_2(J_1'J_3'-J_3''^{2})J_4^{*}}\Bigg\{\Bigg\{\frac{[K_2^2-(K_1+K_2)K_2']K_{3b}}{p_2^2p_3^2p_4^2}\times\frac{t^2}{2}+$$

$$\sum_{i=2}^{4}\Bigg\{\frac{-(J_3''K_2-J_1'K_2')K_{3b}p_i^2+[K_2^2-(K_1+K_2)K_2']K_{3b}}{-p_i^2(p_j^2-p_i^2)(p_k^2-p_i^2)}\Bigg\}\frac{(1-\cos p_i t)}{p_i^2}\Bigg\}\Bigg\}+$$

$$\frac{M_n}{J_2(J_1'J_3'-J_3''^{2})J_4^{*}}\Bigg\{\Bigg\{\frac{K_{3a}[K_2'(K_1+K_2)-K_2^2]}{-p_2^2p_3^2p_4^2}\times\frac{t^2}{2}+$$

$$\sum_{i=2}^{4}\Bigg\{\frac{-[J_3'(J_1'J_2-J_3''^{2})]p_i^6+[K_2'J_1'J_3'+(K_1+K_2)J_2J_3'+(K_2'+K_{3a})J_1'J_2-2K_2J_2J_3'']p_i^4}{-p_i^2(p_j^2-p_i^2)(p_k^2-p_i^2)}+$$

$$\frac{[-K_2^2J_3'+K_2'(K_1+K_2)J_3'+K_2'K_{3a}J_1'+(K_1+K_2)(K_2'+K_{3a})J_2]p_i^2+K_{3a}[K_2'(K_1+K_2)-K_2^2]}{-p_i^2(p_j^2-p_i^2)(p_k^2-p_i^2)}\Bigg\}\times\frac{(1-\cos p_i t)}{p_i^2}\Bigg\}\Bigg\} \tag{16-7-33}$$

式中，$i=2$，$j=3$，$K=4$；$i=3$，$j=2$，$K=4$；$i=4$，$j=2$，$K=3$。

(3) 拉氏变换法求解

式(16-7-23) 取拉氏变换，并写成矩阵形式

$$\begin{bmatrix} J_1'S^2+(K_1+K_2) & -K_2 & J_3''S^2+K_2 & 0 \\ -K_2 & J_2S^2+K_2' & -K_2' & 0 \\ J_3''S^2+K_2 & -K_2' & J_3'S^2+(K_2'+K_{3a}) & -K_{3b} \\ 0 & 0 & -K_{3b} & J_4^{*}S^2+K_3' \end{bmatrix}\begin{bmatrix} L[\varphi_1] \\ L[\varphi_2] \\ L[\varphi_3] \\ L[\varphi_4^{*}] \end{bmatrix}$$

$$=\begin{bmatrix}0\\-L[M]\\0\\L[M_n]\end{bmatrix} \tag{16-7-34}$$

可以看出式（16-7-34）是关于 $L[\varphi_1]$、$L[\varphi_2]$、$L[\varphi_3]$、$L[\varphi_4^*]$ 的一个线性方程组，令其系数矩阵行列式为 Δ，容易看出 Δ 是一个关于 S^2 的四次多项式。经过运算可得

$$\Delta=J_2\ (J_1'J_3'-J_3'')^2 J_4^* S^2\ (S^2+p_2^2)\ (S^2+p_3^2)\ (S^2+p_4^2)$$

式中，p_2、p_3、p_4 为系统第二、三、四阶固有频率，可代入有关数据计算求得：$p_1=0$，$p_2=18.7\text{rad/s}$，$p_3=144.607\text{rad/s}$，$p_4=649.045\text{rad/s}$。

$$\Delta_1=\begin{vmatrix}0 & -K_2 & J_3''S^2+K_2 & 0\\ -L[M] & J_2S^2+K_2' & -K_2' & 0\\ 0 & -K_2' & J_3'S^2+(K_2'+K_{3a}) & -K_{3b}\\ L[M_n] & 0 & -K_{3b} & J_4^*S^2+K_3'\end{vmatrix}$$

$$=L[M]S^2[(K_2'J_3''-K_2J_3')J_4^*S^2+K_2'K_3'J_3''-K_2K_{3a}J_4^*-K_2K_3'J_3']+L[M_n]K_{3b}S^2[-J_2J_3''S^2-(K_2J_2+K_2'J_3'')]$$

Δ_2、Δ_3、Δ_4 相应可解出。

设 $M(\tau)$、$M_n(\tau)$ 为阶跃函数，由克莱姆法则可得

$$L[\varphi_1]=\frac{\Delta_1}{\Delta}=\frac{L[M]S^2[(K_2'J_3''-K_2J_3')J_4^*S^2+K_2'K_3'J_3''-K_2K_{3a}J_4^*-K_2K_3'J_3']+L[M_n]K_{3b}S^2[-J_2J_3''S^2-(K_2J_2+K_2'J_3'')]}{J_2(J_1'J_3'-J_3''^2)J_4^*S^2(S^2+p_2^2)(S^2+p_3^2)(S^2+p_4^2)}$$

$$=\frac{1}{J_2(J_1'J_3'-J_3''^2)J_4^*}\sum_{i=2}^{4}\frac{L[M]}{(S^2+p_i^2)}\times\frac{-(K_2'J_3''-K_2J_3')J_4^*p_i^2+K_2'K_3'J_3''-K_2K_{3a}J_4^*-K_2K_3'J_3'}{(p_j^2-p_i^2)(p_k^2-p_i^2)}+$$

$$\frac{K_{3b}}{J_2(J_1'J_3'-J_3''^2)J_4^*}\sum_{i=2}^{4}\frac{L[M_n][J_2J_3''p_i^2-(K_2J_2+K_2'J_3'')]}{(S^2+p_i^2)(p_j^2-p_i^2)(p_k^2-p_i^2)}$$

$$=\frac{1}{J_2(J'_1J_3'-J_3''^2)J_4^*}\sum_{i=2}^{4}\frac{L[M]L[\sin p_it][-(K_2'J_3''-K_2J_3')J_4^*p_i^2+K_2'K_3'J_3''-K_2K_{3a}J_4^*-K_2K_3'J_3']}{p_i(p_j^2-p_i^2)(p_k^2-p_i^2)}+$$

$$\frac{K_{3b}}{J_2(J_1'J_3'-J_3''^2)J_4^*}\sum_{i=2}^{4}\frac{L[M_n]L[\sin p_it][J_2J_3''p_i^2-(K_2J_2+K_2'J_3'')]}{p_i(p_j^2-p_i^2)(p_k^2-p_i^2)} \tag{16-7-35}$$

$$\varphi_1=\frac{1}{J_2(J_1'J_3'-J_3''^2)J_4^*}\sum_{i=2}^{4}\frac{[-(K_2'J_3''-K_2J_3')J_4^*p_i^2+K_2'K_3'J_3''-K_2K_{3a}J_4^*-K_2K_3'J_3'](M^*\sin p_it)}{p_i(p_j^2-p_i^2)(p_k^2-p_i^2)}+$$

$$\frac{K_{3b}}{J_2(J_1'J_3'-J_3''^2)J_4^*}\sum_{i=2}^{4}\frac{[J_2J_3''p_i^2-(K_2J_2+K_2'J_3'')](M_n{}^*\sin p_it)}{p_i(p_j^2-p_i^2)(p_k^2-p_i^2)}$$

$$=\frac{1}{J_2(J_1'J_3'-J_3''^2)J_4^*}\sum_{i=2}^{4}\frac{[-(K_2'J_3''-K_2J_3')J_4^*p_i^2+K_2'K_3'J_3''-K_2K_{3a}J_4^*-K_2K_3'J_3']}{p_i(p_j^2-p_i^2)(p_k^2-p_i^2)}\int_0^t M(\tau)\sin p_i(t-\tau)\mathrm{d}\tau+$$

$$\frac{K_{3b}}{J_2(J'_1J_3'-J_3''^2)J_4^*}\sum_{i=2}^{4}\frac{[J_2J_3''p_i^2-(K_2J_2+K_2'J_3'')]}{p_i(p_j^2-p_i^2)(p_k^2-p_i^2)}\int_0^t M_n(\tau)\sin(t-\tau)\mathrm{d}\tau$$

$$=\frac{M}{J_2(J_1'J_3'-J_3''^2)J_4^*}\sum_{i=2}^{4}\frac{(K_2'J_3''-K_2J_3')K_3'-[K_2K_{3a}+(K_2'J_3''-K_2J_3')p_i^2]J_4^*}{p_i^2(p_j^2-p_i^2)(p_k^2-p_i^2)}(1-\cos p_it)+$$

$$\frac{K_{3b}M_n}{J_2(J_1'J_3'-J_3''^2)J_4^*}\sum_{i=2}^{4}\frac{[J_2J_3''p_i^2-(K_2J_2+K_2'J_3'')]}{p_i^2(p_j^2-p_i^2)(p_k^2-p_i^2)}(1-\cos p_it) \tag{16-7-36}$$

式中，$i=2$，$j=3$，$K=4$；$i=3$，$j=2$，$K=4$；$i=4$，$j=2$，$K=3$。

同理，φ_2、φ_3、φ_4 可相应求得表达式。

2.4 系统扭振力矩的计算

$M_1=K_1\varphi_1$

$M_2=K_2(\varphi_3+\varphi_1-\varphi_2)$

$M_3=K_3'(\varphi_4^*-\varphi_3 i_\Sigma)$

将有关数据代入，并使 $M_n=\dfrac{1.3M}{i_\Sigma}$（1.3为原定转矩联轴器设定值）

求得 $M_{1max}=2M$，$M_{2max}=1.9M$，$M_{3max}=4.54\times10^{-4}M$。

扭矩放大系数 TAF

$$TAF_1=\frac{M_{1max}}{M}=2$$

$$TAF_2=\frac{M_{2max}}{M}=1.9$$

$$TAF_3=\frac{M_{3max}}{M/i_\Sigma}=\frac{4.54\times10^{-4}M}{M}\times3112.3=1.4$$

3 分析说明

① 悬挂多柔传动中，悬挂减速箱的扭振角速度（即各级齿轮的扭振牵连速度）$\dot{\varphi}_1$ 在低频时与大齿轮本身的扭振相对角速度的数量级相当，不能忽略，且若略去扭振牵连速度 $\dot{\varphi}_1$，就意味着不考虑大齿轮的箱体为悬挂这一特点，也就失去了多柔传动的意义，所以必须采用差动力学模型。

② 悬挂减速箱扭振角位移 φ_1 没有刚体转动项（因其有固定端），其余均有刚体转动项（因其没有固定端），但扭振力矩只有相对转动才能出现，故 M_2、M_3 的表达式中，t^2 项系数正好抵消，仅有振动成分。

③ 扭力杆的刚度选取很重要，不宜过高或过低，应综合考虑扭振扭矩放大系数（可取 TAF_1）和强度等，进行优化设计。$M_{扭max}\neq M_{1max}$，需另计算。

④ 本章转炉扭振动力学计算时，为了简化，固有振动（由初始条件决定）应用了模态分析法，强迫振动应用了模态分析法、新微分算子法、拉氏变换法。当然固有振动也可应用新微分算子法，拉氏变换法可直接求出固有振动和强迫振动合成的全解。

⑤ 进一步应用Mathematics、Matlab、Maple等软件解常微方程组和模态分析法求固有频率、振型等程序可大大提高计算速度。

4 结　论

① 系统临界转速与固有频率有关，如 $90m^2$ 烧结机，$p_1=0$（即 $n_1=0$），$p_2=18.7rad/s$（即 $n_2=178.6r/min$），$p_3=144.607rad/s$（即 $n_3=1380.9r/min$），$p_4=649.045rad/s$（即 $n_4=6197.9r/min$）。系统各级转速应避开各阶临界转速，设备启动时要注意避免发生共振现象。

② 系统扭振固有频率一般较零部件的工作转速频率大得多。有关零部件的疲劳计算，不能简单按工作转速来考虑，应按扭振固有频率来考虑。

③ 一般来说，半悬挂系统的扭矩放大系数比全悬挂系统要大，但比普通传动系统的动载荷系数要小，由此也显出多柔传动的优越性。工作载荷应按扭振扭矩放大系数来考虑。

第 7 章 附 录

（1）25t 氧气转炉倾动机械扭振动力学计算数据

1）转动惯量

① J_1（悬挂减速箱转动惯量） $J_1=1.45415721\times10^5\text{kg}\cdot\text{m}^2$

② J_2（转炉及托圈转动惯量） $J_2=1.06161788\times10^6\text{kg}\cdot\text{m}^2$

③ J_3（大齿轮转动惯量） $J_3=1.1099\times10^4\text{kg}\cdot\text{m}^2$

④ J_4（末级减速机小齿轮转动惯量） $J_4=3.0422\times10\text{kg}\cdot\text{m}^2$，$m_4=480.69\text{kg}$

⑤ J_5（初级减速机Ⅲ级大齿轮转动惯量） $J_5=1.7867\times10^2\text{kg}\cdot\text{m}^2$，$m_5=1168.11\text{kg}$

⑥ J_6（初级减速机Ⅲ级小齿轮转动惯量） $J_6=7.959\times10^{-1}\text{kg}\cdot\text{m}^2$，$m_6=127.64\text{kg}$

⑦ J_7（初级减速机Ⅱ级大齿轮转动惯量） $J_7=1.2007\times10\text{kg}\cdot\text{m}^2$，$m_7=219\text{kg}$

⑧ J_8（初级减速机Ⅱ级小齿轮转动惯量） $J_8=2.2232\times10^{-1}\text{kg}\cdot\text{m}^2$，$m_8=30.85\text{kg}$

⑨ J_9（初级减速机Ⅰ级大齿轮转动惯量） $J_9=1.18043\text{kg}\cdot\text{m}^2$，$m_9=54.9\text{kg}$

⑩ J_{10}（初级减速机Ⅰ级小齿轮转动惯量） $J_{10}=5.762\times10^{-3}\text{kg}\cdot\text{m}^2$，$m_{10}=7.76\text{kg}$

⑪ J_{11}（弹性联轴器半联轴器转动惯量） $J_{11}=1.9705\times10^{-1}\text{kg}\cdot\text{m}^2$，$m_{11}=7\text{kg}$

⑫ J_{12}（弹性联轴器半联轴器转动惯量） $J_{12}=1.9705\times10^{-1}\text{kg}\cdot\text{m}^2$，$m_{12}=7\text{kg}$

⑬ J_{13}（电机转子转动惯量） $J_{13}=5.6\text{kg}\cdot\text{m}^2$，$m_{13}=238\text{kg}$

2）扭转刚度

① K_1（扭力杆折算刚度） $K_1=3.527059418\times10^8\ \text{N}\cdot\text{m/rad}$

② K_2（耳轴刚度） $K_2=1.157868117\times10^9\ \text{N}\cdot\text{m/rad}$

③ K_3（末级减速机大小齿轮啮合刚度，不予计算）

④ K_4（初级减速机Ⅳ轴扭转刚度） $K_4=3.664169158\times10^8\ \text{N}\cdot\text{m/rad}$

⑤ K_5（初级减速机Ⅲ级大小齿轮啮合刚度，不予计算）

⑥ K_6（初级减速机Ⅲ轴扭转刚度） $K_6=2.280286899\times10^8\ \text{N}\cdot\text{m/rad}$

⑦ K_7（初级减速机Ⅱ级大小齿轮啮合刚度，不予计算）

⑧ K_8（初级减速机Ⅱ轴扭转刚度） $K_8=1.94032786\times10^7\ \text{N}\cdot\text{m/rad}$

⑨ K_9（初级减速机Ⅰ级大小齿轮啮合刚度，不予计算）

⑩ K_{10}（初级减速机Ⅰ轴扭转刚度） $K_{10}=5.5899372\times10^5\ \text{N}\cdot\text{m/rad}$

⑪ K_{11}（弹性联轴器的扭转刚度） $K_{11}=8.7944\times10^3\ \text{N}\cdot\text{m/rad}$

⑫ K_{12}（电机轴扭转刚度） $K_{12}=6.783781272\times10^5\ \text{N}\cdot\text{m/rad}$

3）速比

① 末级减速机 $i_1=8.118$

② 初级减速机 $i_2=4.944$；$i_3=4.471$；$i_4=4.471$

③ 总速比 $i_\Sigma=i_1i_2i_3i_4=802.3$

4）回转半径

$R_1=1.575\text{m}$，$R_2=2.091\text{m}$，$R_3=2.428\text{m}$，$R_4=2.645\text{m}$

（2）90m^2 烧结机驱动装置扭振动力学计算数据

1）转动惯量

① J_1（悬挂减速箱包括辅助减速器箱体转动惯量） $J_1=7.633\times10^3\text{kg}\cdot\text{m}^2$

② J_2（首尾星轮、卷筒、烧结机台车、烧结料等转化转动惯量） $J_2=1.04016\times10^6\ \text{kg}\cdot\text{m}^2$

③ J_3（大齿轮转动惯量） $J_3=2.353\times10^3\text{kg}\cdot\text{m}^2$

④ J_4（右小齿轮转动惯量） $J_4=1.64\text{kg}\cdot\text{m}^2$，$m_4=250\text{kg}$

⑤ J_5（右蜗轮转动惯量） $J_5=33.21\text{kg}\cdot\text{m}^2$，$m_5=313\text{kg}$

⑥ J_6（右蜗杆转动惯量） $J_6=0.37\text{kg}\cdot\text{m}^2$

$m_6=83\text{kg}$ $J_{6a}=\dfrac{m}{12}(3r^2+L^2)=1.21\text{kg}\cdot\text{m}^2$

⑦ J_7（左小齿轮转动惯量） $J_7=1.64\text{kg}\cdot\text{m}^2$，$m_7=250\text{kg}$

⑧ J_8（左蜗轮转动惯量） $J_8=33.21\text{kg}\cdot\text{m}^2$，$m_8=313\text{kg}$

⑨ J_9（左蜗杆转动惯量） $J_9=0.37\text{kg}\cdot\text{m}^2$

$m_9=83\text{kg}$ $J_{9a}=J_{6a}=1.21\text{kg}\cdot\text{m}^2$

⑩ J_{10}（半万向接手 SWP180×1120 转动惯量） $J_{10}=1.34\times10^{-1}\text{kg}\cdot\text{m}^2$

$m_{10}=38.1\text{kg}$ $J_{10a}=2.2\times10^{-1}\text{kg}\cdot\text{m}^2$

⑪ J_{11}（半万向接手 SWP180×1120 转动惯量） $J_{11}=1.34\times10^{-1}\text{kg}\cdot\text{m}^2$

$m_{10}=38.1\text{kg}$ $J_{11a}=2.2\times10^{-1}\text{kg}\cdot\text{m}^2$

⑫ J_{12}（辅助减速器末级大齿轮转动惯量） $J_{12}=1.068\text{kg}\cdot\text{m}^2$

$m_{12}=45.343\text{kg}$ $J_{12a}=5.34\times10^{-1}\text{kg}\cdot\text{m}^2$

⑬ J_{13}（辅助减速器末级小齿轮转动惯量） $J_{13}=1.965\times10^{-2}\text{kg}\cdot\text{m}^2$

$m_{13}=9.596\text{kg}$ $J_{13a}=1.704\times10^{-2}\text{kg}\cdot\text{m}^2$

⑭ J_{14}（辅助减速器首级大齿轮转动惯量） $J_{14}=0.1485\text{kg}\cdot\text{m}^2$

$m_{14}=15.41\text{kg}$ $J_{14a}=7.425\times10^{-2}\text{kg}\cdot\text{m}^2$

⑮ J_{15}（辅助减速器首级小齿轮转动惯量） $J_{15}=1.76\times10^{-3}\text{kg}\cdot\text{m}^2$

$m_{15}=2.37\text{kg}$ $J_{15a}=1.71\times10^{-3}\text{kg}\cdot\text{m}^2$

⑯ J_{16}（半万向接手 SWP160×610 转动惯量） $J_{16}=8.378\times10^{-2}\text{kg}\cdot\text{m}^2$

$m_{16}=33\text{kg}$ $J_{16a}=2.05\times10^{-1}\text{kg}\cdot\text{m}^2$

⑰ J_{17}（半万向接手 SWP160×610 转动惯量） $J_{17}=8.22\times10^{-2}\text{kg}\cdot\text{m}^2$

⑱ J_{18}（半尼龙柱销联轴器转动惯量） $J_{18}=5.88\times10^{-2}\text{kg}\cdot\text{m}^2$

⑲ J_{19}（半尼龙柱销联轴器转动惯量） $J_{19}=5.56\times10^{-2}\text{kg}\cdot\text{m}^2$

⑳ J_{20}（电机转子转动惯量） $J_{20}=3.15\times10^{-1}\text{kg}\cdot\text{m}^2$

2）扭转刚度

① K_1（扭力杆、重力弹簧平衡器折算扭转刚度） $K_1=1.1774\times10^8\text{N}\cdot\text{m/rad}$

② K_2（卷筒轴扭转刚度） $K_2=1.402\times10^8\text{N}\cdot\text{m/rad}$

③ K_3（Ⅱ级减速机右大小齿轮啮合刚度，不予计算）

④ K_4（Ⅱ级减速机右小齿轮轴扭转刚度） $K_4=2.06\times10^7\text{N}\cdot\text{m/rad}$

⑤ K_5（右蜗杆、蜗轮啮合刚度，不予计算）

⑥ K_6（Ⅱ级减速机左大小齿轮啮合刚度，不予计算）

⑦ K_7（Ⅱ级减速机左小齿轮轴扭转刚度） $K_7=2.06\times10^7\text{N}\cdot\text{m/rad}$

⑧ K_8（左蜗杆、蜗轮啮合刚度，不予计算）

⑨ K_9（蜗杆轴Ⅱ右扭转刚度） $K_9=3.28\times10^6\text{N}\cdot\text{m/rad}$

⑩ K_{10}（SWP180×1120 万向接手扭转刚度） $K_{10}=5.16\times10^5\text{N}\cdot\text{m/rad}$

⑪ K_{11}（蜗杆轴Ⅱ左扭转刚度） $K_{11}=3.28\times10^6\text{N}\cdot\text{m/rad}$

⑫ K_{12}（蜗杆轴Ⅰ扭转刚度） $K_{12}=3.34\times10^6\text{N}\cdot\text{m/rad}$

⑬ K_{13}（辅助减速器末级齿轮啮合刚度，不予计算）

⑭ K_{14}（辅助减速器中间齿轮轴扭转刚度） $K_{14}=5.20\times10^6\text{N}\cdot\text{m/rad}$

⑮ K_{15}（辅助减速器首级齿轮啮合刚度，不予计算）

⑯ K_{16}（辅助减速器小齿轮轴扭转刚度） $K_{16}=3.33\times10^5\text{N}\cdot\text{m/rad}$

⑰ K_{17}（SWP160×610 万向接手扭转刚度） $K_{17}=1.48\times10^6\text{N}\cdot\text{m/rad}$

⑱ K_{18}（中间轴扭转刚度） $K_{18}=5.034\times10^5\text{N}\cdot\text{m/rad}$

⑲ K_{19}（尼龙柱销联轴器扭转刚度） $K_{19}=1.82\times10^6\text{N}\cdot\text{m/rad}$

⑳ K_{20}（电机轴扭转刚度）　$K_{20}=6.87\times10^{5}\mathrm{N\cdot m/rad}$

3）速比

Ⅱ级减速机速比　$i_1=8.444$

蜗杆蜗轮速比　$i_2=31.5$

辅助减速器速比　$i_3=3.4737$；$i_4=3.3684$

总速比　$i_{\Sigma}=3112.3$

4）回转半径

$R_1=1.190\mathrm{m}$，$R_2=1.291\mathrm{m}$，$R_3=0.683\mathrm{m}$，$R_4=1.950\mathrm{m}$，$R_5=2.032\mathrm{m}$，$R_6=2.359\mathrm{m}$

参 考 文 献

[1] 成大先主编. 机械设计手册. 第4版. 北京：化学工业出版社，2002.
[2] 叶克明. 齿轮手册. 北京：机械工业出版社，1990.
[3] 方正. BFT型多柔传动装置的理论分析. 重型机械，1985，(9).
[4] 方正. 多点啮合柔性传动静力学分析. 重型机械，1978，(3).
[5] 王春和. 回转窑多柔传动系统的设计研究. 有色设备，1988，(2).
[6] 王春和. 多柔传动系统中解决齿轮同步问题的一种方法. 北方工业大学学报，1988，(1).
[7] 黄振青等. 氧气转炉柔性传动的扭转振动. 冶金设备，1985，(1).
[8] Chuan-Sheng Ji. A New Solution of Constant Differential Equation Group by Differential Operator and Application in Calculation Rolling-Mill Torsional Vibrationed Proceedings of the 6th International Model Analysis Conference. U. S. A. 1988.
[9] 苗永温. 多柔传动装置在刚性滑道烧结机上的应用. 工程设计与研究，1996，(9).
[10] 林鹤. 机械振动理论及应用. 北京：冶金工业出版社，1990.
[11] 曲新江. 鞍钢180T转炉弹性缓冲装置设计与研究. 冶金设备，1997，(6).
[12] 潘均智等. 鞍钢180吨转炉的全悬挂、四点啮合、柔性缓冲倾动机构的设计研究. 重型机械，1987，(8).
[13] 王太辰. 宝钢减速器图册. 北京：机械工业出版社，1995.
[14] 郑自求等. BF型多柔传动的静力学分析. 重型机械，1998.(5).
[15] 郑自求，张孝先等. 浮动小齿轮单向驱动大齿轮的传动装置. CN 94227343，4. 1995-02-12.
[16] 陈宗源等. 多啮全悬柔传动装置. CN ZL02239975. 5. 2003-05-21.
[17] 机械传动装置选用手册编委会. 机械传动装置选用手册. 北京：机械工业出版社，1999.
[18] 郑自求，王敬东等. BFP型多柔传动的静力学分析及优化设计. 重型机械，1998，(5).
[19] 郑自求，贺元成等. BFP型多点啮合柔性传动的研究. 机械设计，1999，(6).
[20] 贺元成等. 特殊BF型多柔传动的静力学分析及设计要求. 机械，1999增刊.
[21] 郑自求，贺元成等. 一种BFP型多柔传动装置. 现代制造工程，2003，(10).
[22] 刘翔，刘美珑. 同步均载的转炉倾动机. 重型机械，2000，(1).
[23] 季泉生. 多柔传动动力学建模及新微分算子法研究. 第二届全国基础件产品技术开发应用交流研讨会论文集. 2005.
[24] 张立华. 柔性传动在回转圆筒类设备设计中的实践和应用. 中国机械工程，1998，(7).
[25] 孙夏明等. 两种柔性传动的设计和使用. 冶金设备，2003，(2).
[26] 鄢永刚等. 转炉倾动装置的改进. 冶金设备，2003，(6).
[27] 郑自求，贺元成等. 多点啮合柔性传动的发展及应用. 第二届全国传动基础件产品技术开发及应用交流研讨会论文集. 2005.
[28] 贺元成，罗旭东，冯彦宾等. 一种重载低速传动末级小齿轮自调位装置的设计研究. 2005中国机械工程年会论文集. 北京：机械工业出版社，2005.
[29] 贺元成等. 双点啮合单驱动BF型多柔传动的探讨. 工程设计学报，2005增刊.
[30] Fu Chunhua，He Yuancheng. Study of BFP Type Flexible Driving with Multicannel Engaging with Double-Point Gear-Meshing and Single Driving. The International Conference on Mechanical Transmissions. Chongqing：2006. Science Press，2006.

机械设计手册

第六版

第4卷

HANDBOOK OF MECHANICAL DESIGN

第17篇 减速器、变速器

主要撰稿 房庆久 阮忠唐 陈 涛 于天龙 李志雄
刘 军

审 稿 王德夫 房庆久

17

第 1 章 减速器设计一般资料及设计举例

1 减速器设计一般资料

1.1 常用减速器的分类、形式及其应用范围

表 17-1-1

类别	级数		传动简图	推荐传动比范围	特点及应用
圆柱齿轮减速器	单级		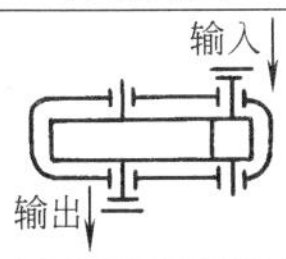	调质齿轮 $i \leqslant 7.1$ 淬硬齿轮 $i \leqslant 6.3$ （较好 $i \leqslant 5.6$）	轮齿可制成直齿、斜齿和人字齿。传动轴线平行。结构简单，精度容易保证。应用较广。直齿一般用在圆周速度 $v \leqslant 8\text{m/s}$、轻载荷场合；斜齿、人字齿用在圆周速度 $v = 25 \sim 50\text{m/s}$、重载荷场合，也用于重载低速
	两级	展开式	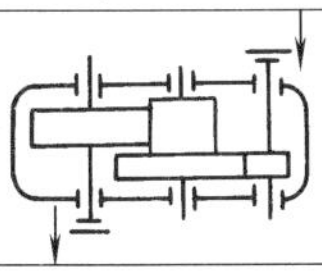	调质齿轮 $i = 7.1 \sim 50$ 淬硬齿轮 $i = 7.1 \sim 31.5$ （较好 $i = 6.3 \sim 20$）	结构简单但齿轮相对于轴承位置不对称，当轴产生弯曲变形时，载荷在齿宽上分布不均匀，因此，轴应设计得具有较大的刚度，并尽量使高速级齿轮远离输入端。高速级可制成斜齿，低速级可制成直齿。相对于分流式讲，用于载荷较平稳的场合
		分流式	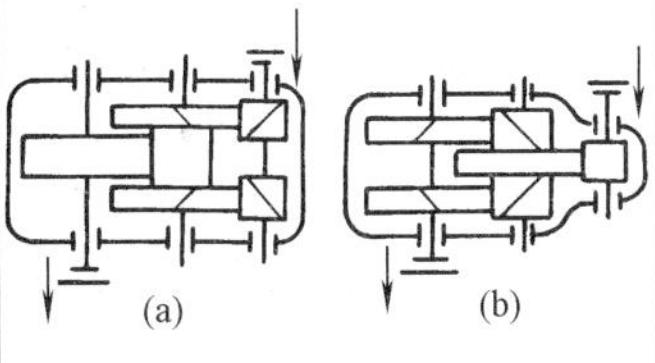	$i = 7.1 \sim 50$	与展开式相比，齿轮与轴承对称布置，因此载荷沿齿宽分布均匀，轴承受载也平均分配，中间轴危险截面上的转矩相当于轴所传递转矩之半 图 a 高速级采用人字齿，低速级可制成人字齿或直齿。结构较复杂，用于变载荷场合 图 b 高速级采用人字齿，低速级采用两对斜齿，但转矩较大的低速级其载荷分布不如图 a 的均匀，因此不宜在变载荷下工作。使用不多
		同轴式	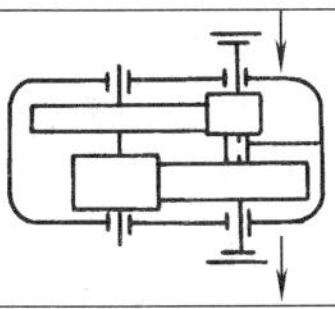	调质齿轮 $i = 7.1 \sim 50$ 淬硬齿轮 $i = 7.1 \sim 31.5$	箱体长度较小，当速比分配适当时，两对齿轮浸入油中深度大致相同。减速器轴向尺寸和重量较大，高速级齿轮的承载能力难于充分利用。中间轴承润滑困难。中间轴较长，刚性差，载荷沿齿宽分布不均匀。由于两伸出轴在同一轴线上，在很多场合能使设备布置更为方便
		同轴分流式	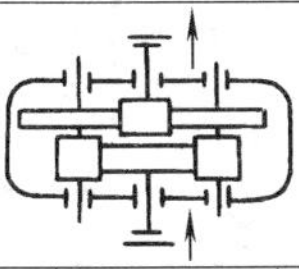	$i = 7.1 \sim 50$	啮合轮齿仅传递全部载荷的一半，输入和输出轴只受转矩。中间轴只受全部载荷的一半，故与传递同样功率的其他减速器相比，轴径尺寸可缩小
	三级	展开式	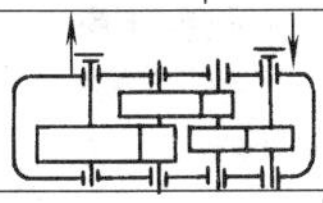	调质齿轮 $i = 28 \sim 315$ 淬硬齿轮 $i = 28 \sim 180$ （较好 $i = 22.5 \sim 100$）	同两级展开式
		分流式	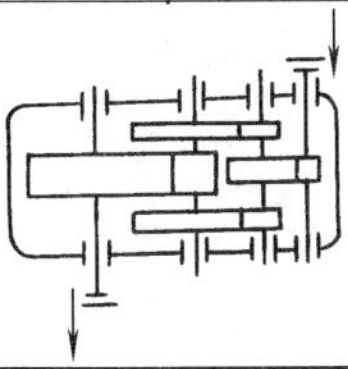	$i = 28 \sim 315$	同两级分流式

续表

类别	级数		传动简图	推荐传动比范围	特点及应用
圆锥、圆锥-圆柱齿轮减速器	单级		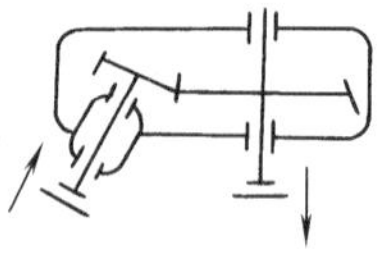 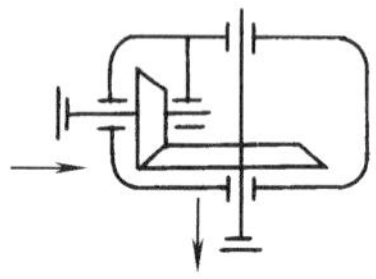	直齿轮 $i\leqslant5$ 曲线齿轮、斜齿轮 $i\leqslant8$ （淬硬齿轮 $i\leqslant5$ 较好）	轮齿可制成直齿、斜齿、螺旋齿。两轴线垂直相交或成一定角度相交。制造安装较复杂，成本高，所以仅在设备布置上必要时才应用
	两级		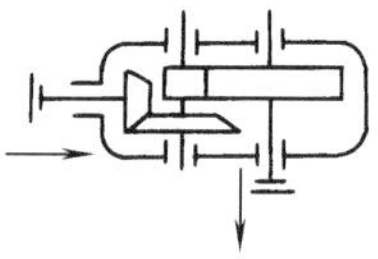 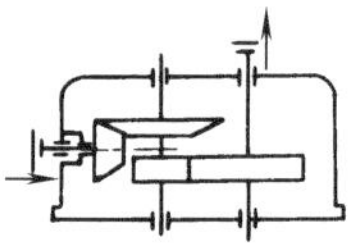	直齿轮 $i=6.3\sim31.5$ 曲线齿轮、斜齿轮 $i=8\sim40$ （淬硬齿轮 $i=5\sim16$ 较好）	圆锥-圆柱齿轮减速器特点同单级圆锥齿轮减速器。圆锥齿轮应在高速级，使齿轮尺寸不宜太大，否则加工困难。圆柱齿轮可制成直齿或斜齿
	三级		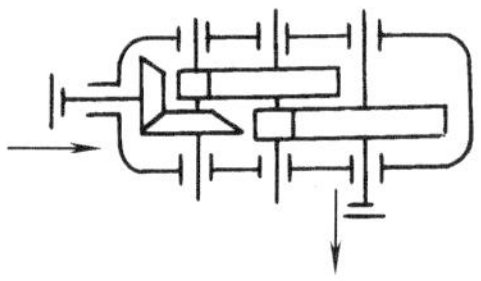	$i=35.5\sim160$ （淬硬齿轮 $i=18\sim90$ 较好）	同两级圆锥-圆柱齿轮减速器
蜗杆、齿轮、蜗杆减速器	单级	蜗杆下置式	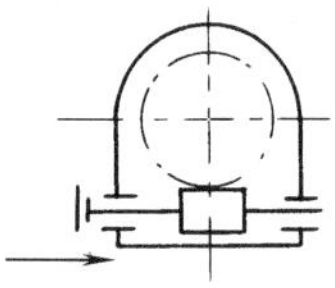	$i=8\sim80$，传递功率较大时 $i\leqslant30$	蜗杆在蜗轮下边，啮合处冷却和润滑都较好，蜗杆轴承润滑也方便，但当蜗杆圆周速度太大时，搅油损耗较大。一般用于蜗杆圆周速度 $v<5\text{m/s}$
		蜗杆上置式	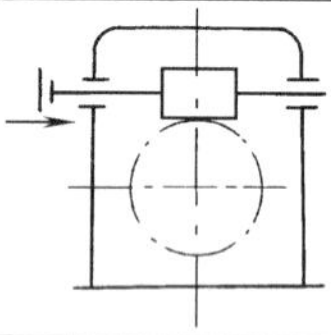		蜗杆在蜗轮上边，装卸方便，蜗杆圆周速度可高些，而且金属屑等杂物掉入啮合处机会少。当蜗杆圆周速度 $v>4\sim5\text{m/s}$ 时，最好采用此型式
		蜗杆侧置式	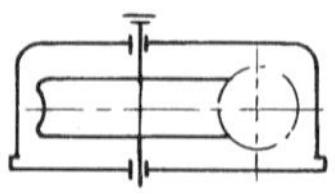		蜗杆在旁边，且蜗轮轴是垂直的，一般用于水平旋转机构的传动（如旋转起重机）
	两级	蜗杆-蜗杆	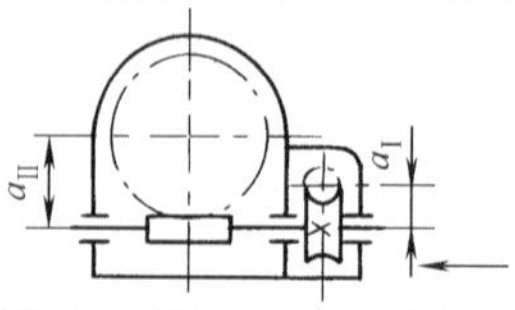	$i=43\sim3600$	传动比大，结构紧凑，但效率较低。为使高速级和低速级传动浸入油中深度大致相等，应使高速级中心距 a_{I} 约为低速级中心距 a_{II} 的 1/2 左右
		齿轮-蜗杆	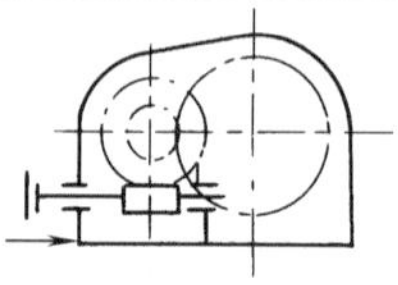	$i=15\sim480$	有齿轮传动在高速级和蜗轮传动在高速级两种型式。前者结构紧凑，后者效率较高

续表

类别	级数	传动简图	推荐传动比范围	特点及应用
行星齿轮减速器	单级	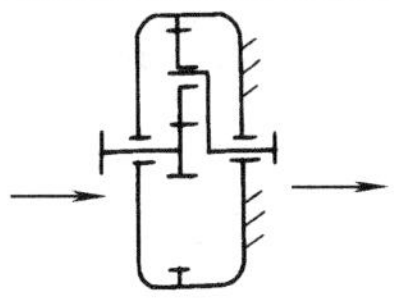	$i=2\sim12$	传动效率可以很高,单级达 96%~99%;传动比范围广;传动功率从 12W 至 50000kW;承载能力大;工作平稳;体积和重量比普通齿轮、蜗杆减速器小得多。结构较复杂,制造精度较高,广泛用于要求结构紧凑的动力传动中
	两级	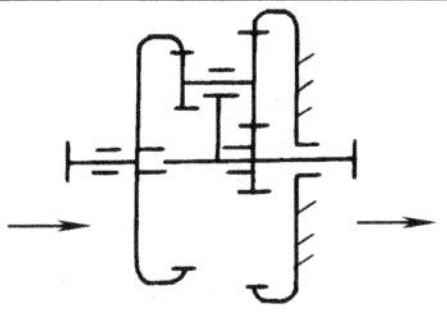	$i=25\sim2500$	
	三级	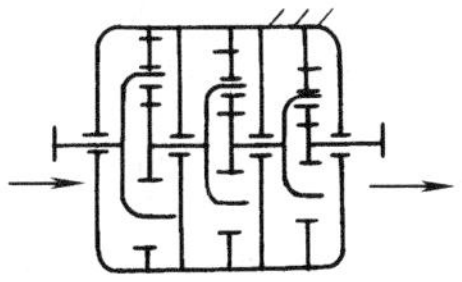	$i=100\sim1000$	
摆线针轮减速器	单级	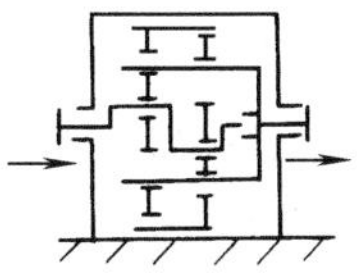	$i=11\sim87$	传动比大;传动效率较高;结构紧凑,相对体积小,重量轻;通用于中、小功率,适用性广,运转平稳,噪声低。结构复杂,制造精度较高,广泛用于动力传动中
	两级	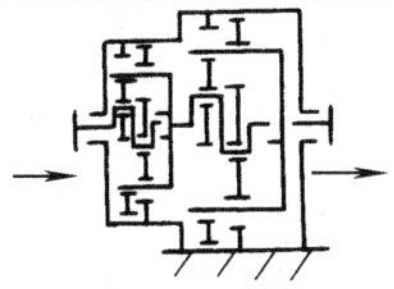	$i=121\sim7569$	
谐波齿轮减速器	单级	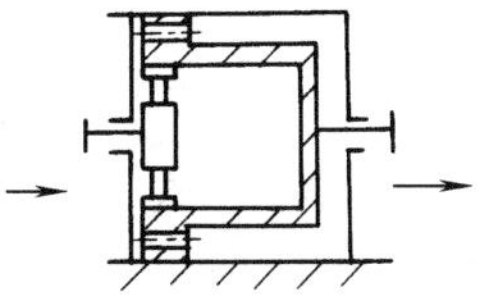	$i=50\sim500$ 刚轮固定	传动比大,范围宽;在相同条件下可比一般齿轮减速器的元件少一半,体积和重量可减少 20%~50%;承载能力大;运动精度高;可采用调整波发生器达到无侧隙啮合;运转平稳,噪声低;可通过密封壁传递运动;传动效率高且传动比大时,效率并不显著下降。主要零件柔轮的制造工艺较复杂。主要用于小功率、大传动比或仪表及控制系统中
		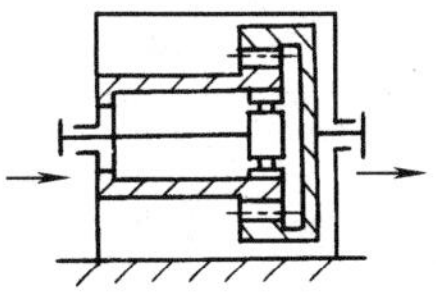	$i=50\sim500$ 柔轮固定	
三环减速器	单级或组合多级	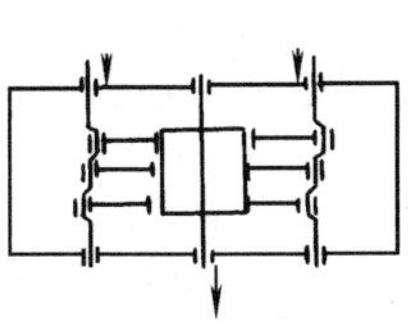	单级 $i=11\sim99$ 两级 $i_{max}=9801$	结构紧凑、体积小、重量轻;传动比大;效率高,单级为 92%~98%;噪声低,过载能力强;承载能力高,输出转矩高达 400kN·m;不用输出机构,轴承直径不受空间限制,使用寿命长;零件种类少,齿轮精度要求不高,无特殊材料且不采用特殊加工方法就能制造,造价低、适应性广、派生系列多

1.2 圆柱齿轮减速器标准中心距(摘自 JB/T 9050.4—2006)

表 17-1-2 mm

单级减速器和两级同轴式减速器														
63	(67)	71	(75)	80	(85)	90	(95)	100	(106)	112	(118)	125	(132)	140
(150)	160	(170)	180	(190)	200	(212)	224	(236)	250	(265)	280	(300)	315	(335)
355	(375)	400	(425)	450	(475)	500	(530)	560	(600)	630	(670)	710	(750)	800
(850)	900	(950)	1000	(1060)	1120	(1180)	1250	(1320)	1400	(1500)				

续表

两级减速器													
低速级 a_{II}	100	(106)	112	(118)	125	(132)	140	(150)	160	(170)	180	(190)	200
高速级 a_{I}	71	(75)	80	(85)	90	(95)	100	(106)	112	(118)	125	(132)	140
总中心距 a	171	(181)	192	(203)	215	(227)	240	(256)	272	(288)	305	(322)	340
低速级 a_{II}	(212)	224	(236)	250	(265)	280	(300)	315	(335)	355	(375)	400	(425)
高速级 a_{I}	(150)	160	(170)	180	(190)	200	(212)	224	(236)	250	(265)	280	(300)
总中心距 a	(362)	384	(406)	430	(455)	480	(512)	539	(571)	605	(640)	680	(725)
低速级 a_{II}	450	(475)	500	(530)	560	(600)	630	(670)	710	(750)	800	(850)	900
高速级 a_{I}	315	(335)	355	(375)	400	(425)	450	(475)	500	(530)	560	(600)	630
总中心距 a	765	(810)	855	(905)	960	(1025)	1080	(1145)	1210	(1280)	1360	(1450)	1530
低速级 a_{II}	(950)	1000	(1060)	1120	(1180)	1250	(1320)	1400					
高速级 a_{I}	(670)	710	(750)	800	(850)	900	(950)	1000					
总中心距 a	(1620)	1710	(1810)	1920	(2030)	2150	(2270)	2400					
三级减速器													
低速级 a_{III}	140	(150)	160	(170)	180	(190)	200	(212)	224	(236)	250	(265)	
中速级 a_{II}	100	(106)	112	(118)	125	(132)	140	(150)	160	(170)	180	(190)	
高速级 a_{I}	71	(75)	80	(85)	90	(95)	100	(106)	112	(118)	125	(132)	
总中心距 a	311	(331)	352	(373)	395	(417)	440	(468)	496	(524)	555	(587)	
低速级 a_{III}	280	(300)	315	(335)	355	(375)	400	(425)	450	(475)	500	(530)	
中速级 a_{II}	200	(212)	224	(236)	250	(265)	280	(300)	315	(335)	355	(375)	
高速级 a_{I}	140	(150)	160	(170)	180	(190)	200	(212)	224	(236)	250	(265)	
总中心距 a	620	(662)	699	(741)	785	(830)	880	(937)	989	(1046)	1105	(1170)	
低速级 a_{III}	560	(600)	630	(670)	710	(750)	800	(850)	900	(950)	1000	(1060)	
中速级 a_{II}	400	(425)	450	(475)	500	(530)	560	(600)	630	(670)	710	(750)	
高速级 a_{I}	280	(300)	315	(335)	355	(375)	400	(425)	450	(475)	500	(530)	
总中心距 a	1240	(1325)	1395	(1480)	1565	(1655)	1760	(1875)	1980	(2095)	2210	(2340)	
低速级 a_{III}	1120	(1180)	1250	(1320)	1400								
中速级 a_{II}	800	(850)	900	(950)	1000								
高速级 a_{I}	560	(600)	630	(670)	710								
总中心距 a	2480	(2630)	2780	(2940)	3110								

注：无括号的数值为第 1 系列，括号中数值为第 2 系列，应优先选用第 1 系列。

1.3 减速器传动比的分配及计算

分配原则：使各级传动的承载能力大致相等（齿面接触强度大致相等）；使减速器能获得最小外形尺寸和重量；使各级传动中大齿轮的浸油深度大致相等，润滑最为简便。

根据此原则，不同类型减速器传动比的分配见表 17-1-3。

表 17-1-3 **传动比分配计算**

减速器类型			计　算　公　式	说　明
圆柱齿轮减速器	两级	展开式与分流式	① 按齿面接触强度相等、减速器具有最小的外形尺寸和较有利的润滑条件的原则，总传动比 i 与高速级传动比 $i_{\rm I}$ 由下式计算或按图 a 确定 $$kC^3\frac{(i_{\rm I}+1)i_{\rm I}^4}{(i+i_{\rm I})i^2}=1$$ 式中 $k=\frac{\varphi_{d2}}{\varphi_{d1}}\times\frac{\sigma_{\rm Hlim\,II}^2}{\sigma_{\rm Hlim\,I}^2}$；$C=\frac{d_{2\,\rm II}}{d_{2\,\rm I}}$ （一般取 $C=1\sim1.3$；$C>1$，高速级大齿轮不接触油面，则可减少润滑油的搅动损失；$C=1$，则减速器的外形尺寸最小，两大齿轮将以相同深度浸入油池） 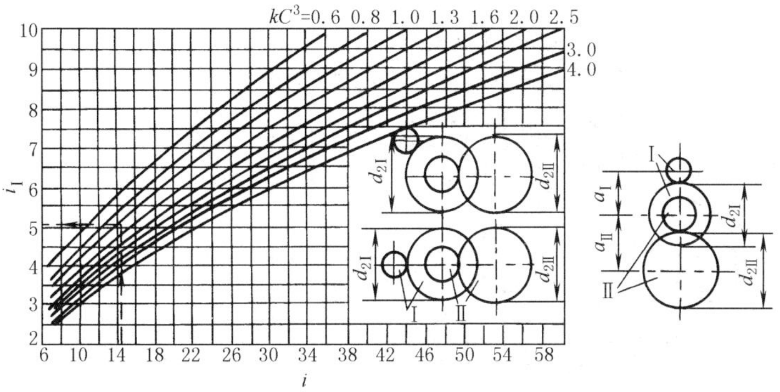 (a) ② 按齿面接触强度相等，减速器具有标准中心距系列时，减速器传动比的分配按下列公式计算 $$i_{\rm I}=\frac{i-\frac{a_{\rm II}}{a_{\rm I}}\sqrt[3]{k}}{\frac{a_{\rm II}}{a_{\rm I}}\sqrt[3]{k}-1}$$ 式中 $k=\frac{\varphi_{a2}}{\varphi_{a1}}\times\frac{\sigma_{\rm Hlim\,II}^2}{\sigma_{\rm Hlim\,I}^2}$ 推荐 $\frac{a_{\rm II}}{a_{\rm I}}=1.56\sim1.6$；当 $\frac{a_{\rm II}}{a_{\rm I}}=1.58$，$k=1$ 时，传动比分配可由图 b 查得 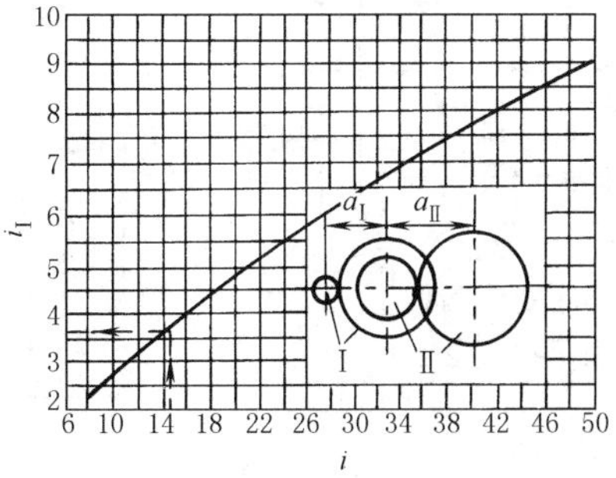 (b) ③ 按齿面接触强度相等，并具有最小传动中心距 $a_{\min}$ 时，减速器传动比的分配按下式计算 $$i_{\rm II}=2\frac{\sqrt[3]{i^2}+i\sqrt[3]{k}}{\sqrt[3]{i^2}+\sqrt[3]{k}}$$ 式中 $k=\frac{\varphi_{a2}}{\varphi_{a1}}\times\frac{\sigma_{\rm Hlim\,II}^2}{\sigma_{\rm Hlim\,I}^2}$	i——总传动比 $i_{\rm I}$——高速级传动比 $i_{\rm II}$——低速级传动比 φ_{d1}，φ_{d2}——高、低速级齿宽系数（减速器具有最小外形时），$\varphi_d=\frac{b}{d_1}$ d_1——小齿轮直径 φ_{a1}，φ_{a2}——高、低速级齿宽系数（减速器具有标准中心距时），$\varphi_a=\frac{b}{a}$ b——齿宽 a——中心距 $\sigma_{\rm HlimI}$，$\sigma_{\rm HlimII}$——高、低速级齿轮的接触疲劳极限 $d_{2\rm I}$，$d_{2\rm II}$——高、低速级大齿轮分度圆直径

续表

减速器类型			计　算　公　式	说　明
圆柱齿轮减速器	两级	同轴式	① 要求齿面接触强度相等总传动比 i 与高速级传动比 $i_{\rm I}$ 按下式计算或按图选取 $$k\left(\frac{i_{\rm I}+1}{i+i_{\rm I}}\right)^4 ii_{\rm I}=1$$ 式中 $$k=\frac{\varphi_{\rm a2}}{\varphi_{\rm a1}}\times\frac{\sigma_{\rm Hlim\,II}^2}{\sigma_{\rm Hlim\,I}^2}$$ 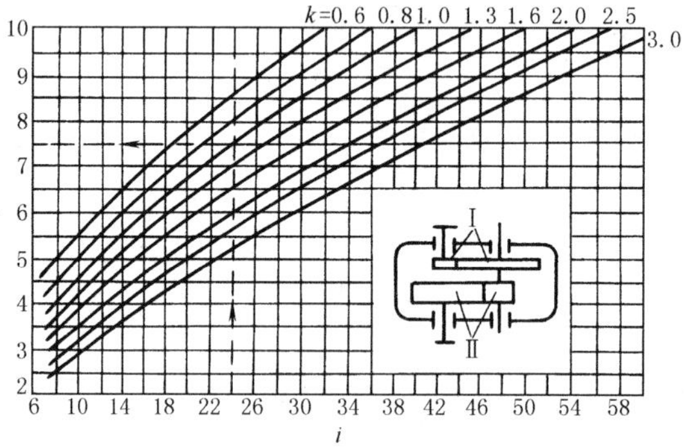 ② 要求高、低速级的大齿轮浸入油中深度大致相近时，则推荐按下式计算 $$i_{\rm I}=\sqrt{i}-(0.01\sim0.05)i$$	i——总传动比 $i_{\rm I}$——高速级传动比 $i_{\rm II}$——中速级传动比 $i_{\rm III}$——低速级传动比
	三级		按等强度条件，并获得较小的外形尺寸和重量时，传动比分配可按图选取 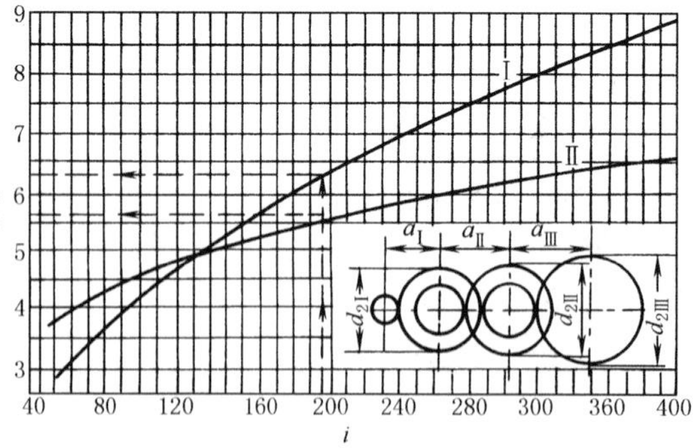 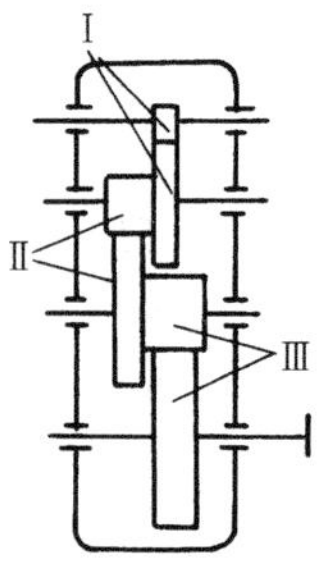 **例**　试分配 $i=196$ 的三级圆柱齿轮减速器的传动比。由图查得 $i_{\rm I}=6.3$，$i_{\rm II}=5.6$，则低速级传动比 $i_{\rm III}$ 为 $$i_{\rm III}=\frac{i}{i_{\rm I}i_{\rm II}}=\frac{196}{6.3\times5.6}=5.56$$	

续表

减速器类型		计　算　公　式	说　明
圆锥、圆柱齿轮减速器	两级	① 按等强度条件,并获得最小的外形尺寸,传动比分配按下式计算或按图选取 $$\lambda_Z C^3 \frac{i_Ⅰ^4}{i^2(i+i_Ⅰ)}=1$$ 式中 $$\lambda_Z=\frac{2.25\varphi_a\sigma_{HlimⅡ}^2}{(1-\varphi_R)\varphi_R\sigma_{HlimⅠ}^2}$$ (λ_Z 值必须给定) $$C=\frac{d_{2Ⅱ}}{d_{2Ⅰ}}$$ (一般取 $C=1\sim1.4$,为使减速器尺寸最小,取 $C=1\sim1.1$) 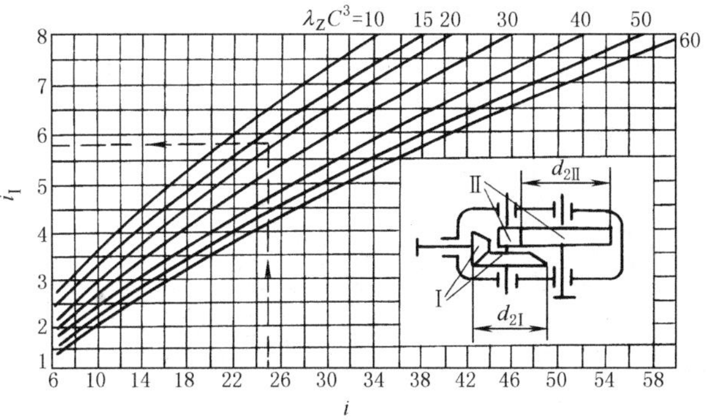 ② 为了避免圆锥齿轮过大,制造困难,推荐 $i_Ⅰ\approx0.25i$,且 $i_Ⅰ\leqslant3$;当要求浸入油池中的深度相近时,可取 $i_Ⅰ\approx3.5\sim4$	φ_a——圆柱齿轮齿宽系数,$\varphi_a=\frac{b}{a}$ φ_R——圆锥齿轮齿宽系数,$\varphi_R=\frac{b}{R}$ b——齿宽 R——锥距 $d_{2Ⅰ}$,$d_{2Ⅱ}$——圆锥、圆柱齿轮副中大齿轮直径
	三级	按等强度条件,并获得最小外形尺寸和重量,传动比分配可按图选取 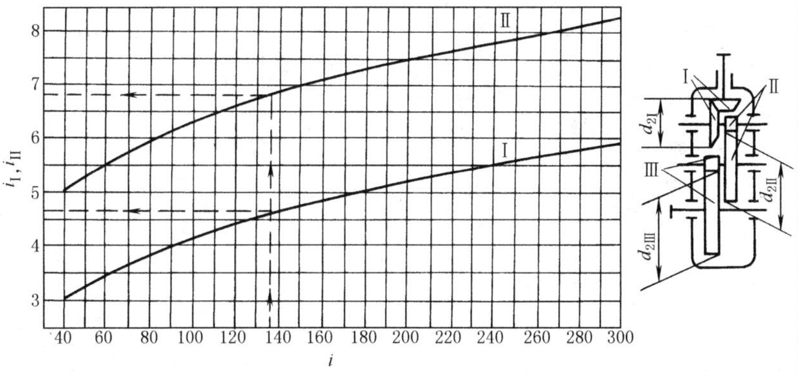 **例**　分配 $i=135$ 减速器的传动比。由图 $i_Ⅰ=4.6$,$i_Ⅱ=6.8$,则 $$i_Ⅲ=\frac{i}{i_Ⅰ i_Ⅱ}=\frac{135}{4.6\times6.8}=4.32$$	
蜗杆减速器	两级	为满足两级中心距符合 $a_Ⅰ\approx\frac{a_Ⅱ}{2}$ 的关系,通常取 $$i_Ⅰ=i_Ⅱ=\sqrt{i}$$	
齿轮-蜗杆减速器	两级	因齿轮传动布置在高速级,为获得紧凑的箱体结构和便于润滑,通常取齿轮传动比 $i_Ⅰ\leqslant2\sim2.5$,如要求 $i_Ⅰ>2.5$ 时,则齿轮副应采用淬硬齿轮,$i_Ⅱ=8\sim80$	
蜗杆-齿轮减速器	两级	因齿轮传动布置在低速级,为使蜗杆传动有较高的效率,应取 $$i_Ⅱ=(0.03\sim0.06)i$$	

表 17-1-4　　公称传动比（摘自 JB/T 9050.4—2006）

单级减速器	1.25	1.4	1.6	1.8	2	2.24	2.5	2.8	3.15	3.55	4	4.5
	5	5.6	6.3	7.1								
两级减速器	6.3	7.1	8	9	10	11.2	12.5	14	16	18	20	22.4
	25	28	31.5	35.5	40	45	50	56				
三级减速器	22.4	25	28	31.5	35.5	40	45	50	56	63	71	80
	90	100	112	125	140	160	180	200	224	250	280	315

注：减速器的实际传动比与公称传动比的相对偏差 Δi，单级减速器 $|\Delta i| \leqslant 3\%$，两级减速器 $|\Delta i| \leqslant 4\%$，三级减速器 $|\Delta i| \leqslant 5\%$。

1.4　减速器的结构尺寸

1.4.1　减速器的基本结构

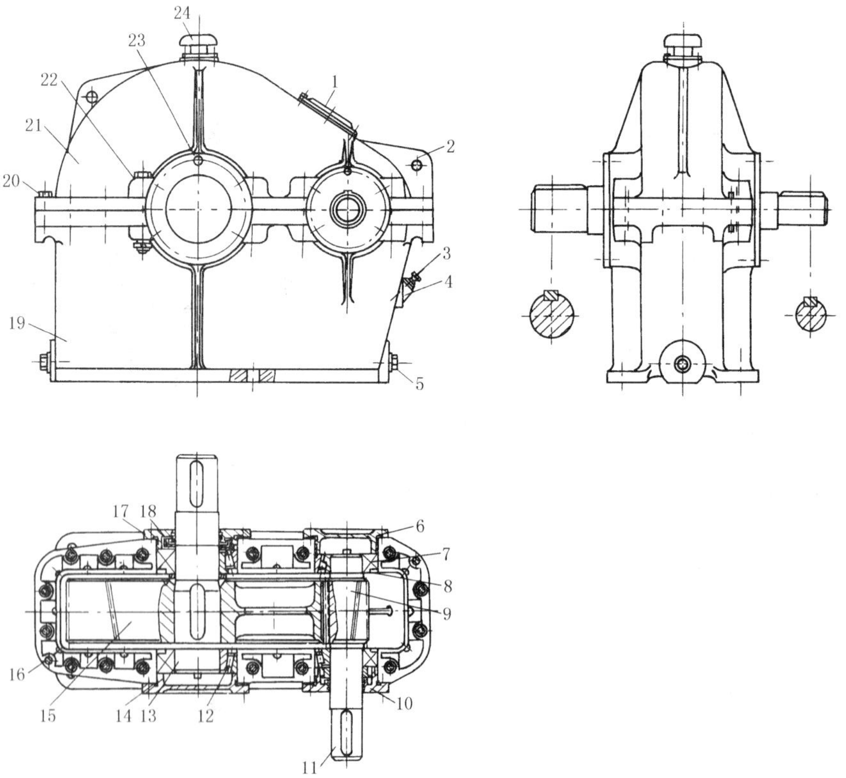

图 17-1-1　减速器的结构

1—视孔盖；2—吊环；3—油尺；4—油尺套；5—螺塞；6,10,14,17—端盖；7,12—轴承；8—挡油环；9—高速级齿轮；11—高速轴；13—低速轴；15—低速级齿轮；16—定位销；18—甩油盘；19—底座；20—底座与箱盖连接螺栓；21—箱盖；22—轴承座连接螺栓；23—轴承盖螺钉；24—通气罩

1.4.2 齿轮减速器、蜗杆减速器箱体尺寸

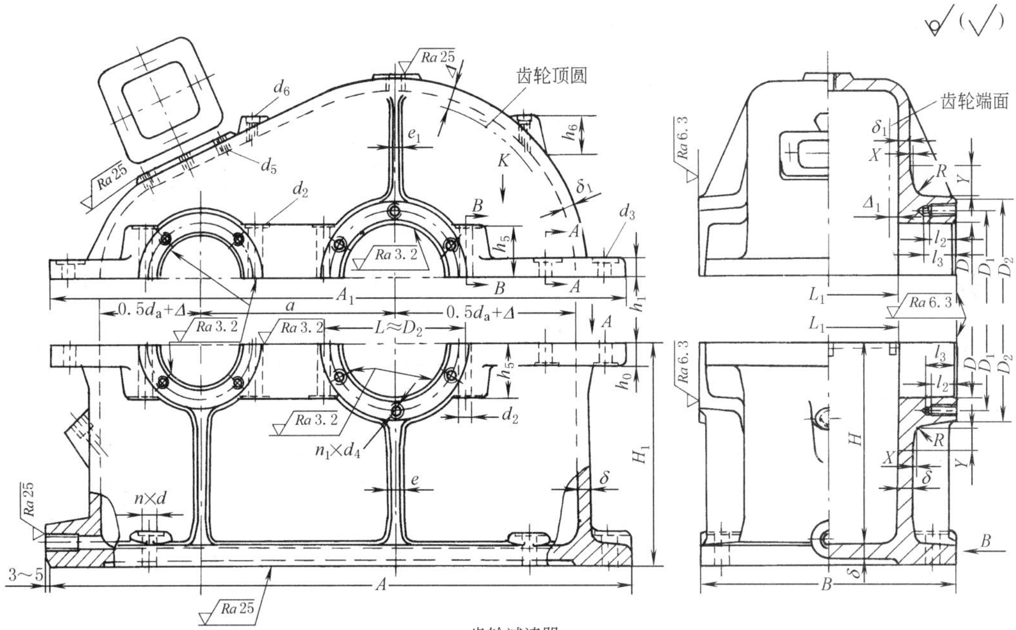

齿轮减速器

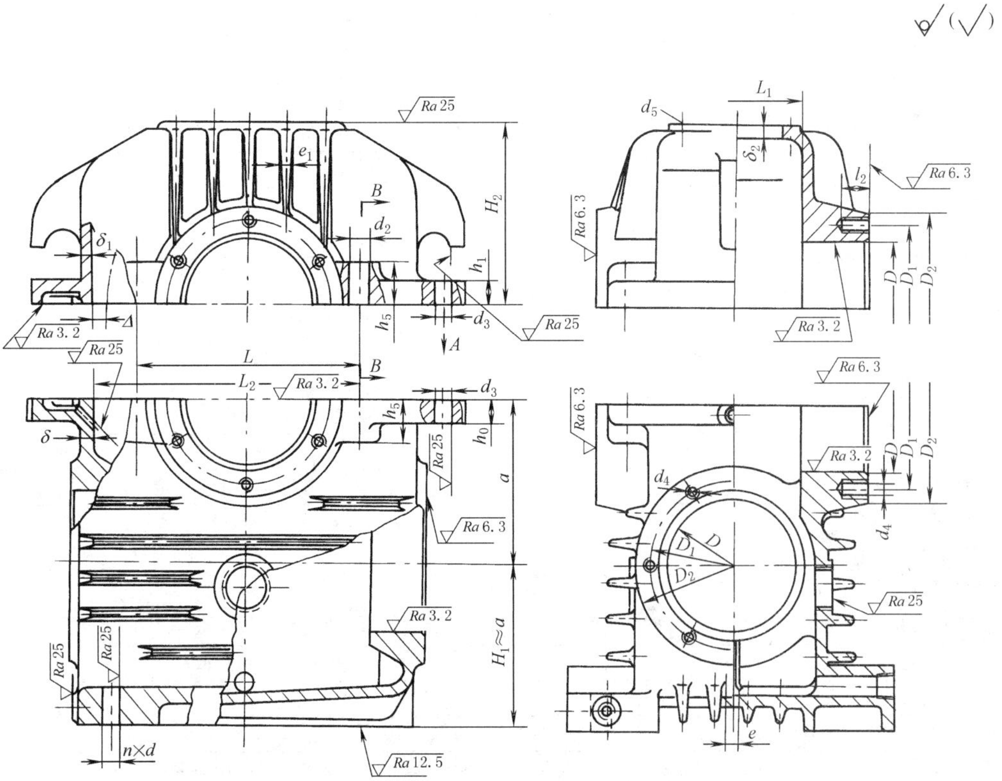

蜗杆减速器

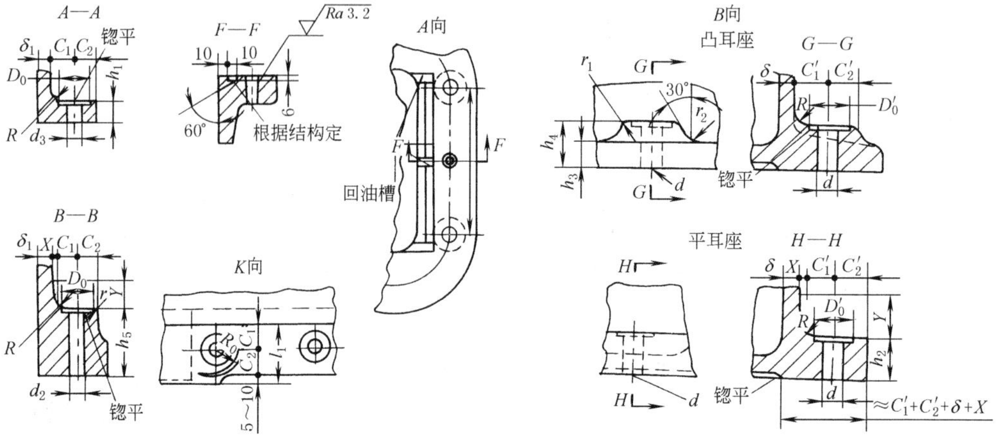

表 17-1-5

<table>
<tr><th colspan="2" rowspan="2">名　　称</th><th colspan="5">尺　　寸/mm</th></tr>
<tr><th colspan="3">齿轮减速器箱体</th><th colspan="2">蜗杆减速器箱体</th></tr>
<tr><td colspan="2" rowspan="3">底座壁厚 δ</td><td rowspan="3">级数</td><td>1</td><td>$0.025a+1\geqslant 7.5$</td><td colspan="2" rowspan="3">$0.04a+(2\sim3)\geqslant 8$
a 值对圆柱齿轮传动为低速级中心距；对圆锥齿轮传动为大小齿轮平均节圆半径之和；对蜗轮为中心距</td></tr>
<tr><td>2</td><td>$0.025a+3\geqslant 8$</td></tr>
<tr><td>3</td><td>$0.025a+5$</td></tr>
<tr><td colspan="2" rowspan="2">箱盖壁厚 δ_1</td><td colspan="3" rowspan="2">$(0.8\sim0.85)\delta>8$</td><td>蜗杆上置式</td><td>$\delta_1=\delta$</td></tr>
<tr><td>蜗杆下置式</td><td>$(0.8\sim0.85)\delta\geqslant 8$</td></tr>
<tr><td colspan="2">底座上部凸缘厚度 h_0</td><td colspan="5">$(1.5\sim1.75)\delta$</td></tr>
<tr><td colspan="2">箱盖凸缘厚度 h_1</td><td colspan="3">$(1.5\sim1.75)\delta_1$</td><td colspan="2">$(1.5\sim1.75)\delta$</td></tr>
<tr><td rowspan="3">底座下部凸缘厚度 h_2、h_3、h_4</td><td>平耳座</td><td colspan="5">$(2.25\sim2.75)\delta$</td></tr>
<tr><td rowspan="2">凸耳座</td><td colspan="5">1.5δ</td></tr>
<tr><td colspan="5">$(1.75\sim2)h_3$</td></tr>
<tr><td colspan="2">轴承座连接螺栓凸缘厚度 h_5</td><td colspan="5">$(3\sim4)d_2$ 根据结构确定</td></tr>
<tr><td colspan="2">吊环螺栓座凸缘高度 h_6</td><td colspan="5">吊环螺栓孔深+(10~15)</td></tr>
<tr><td colspan="2">底座加强筋厚度 e</td><td colspan="5">$(0.8\sim1)\delta$</td></tr>
<tr><td colspan="2">箱盖加强筋厚度 e_1</td><td colspan="3">$(0.8\sim0.85)\delta_1$</td><td colspan="2">$(0.8\sim0.85)\delta$</td></tr>
<tr><td colspan="2">地脚螺栓直径 d</td><td colspan="5">$(1.5\sim2)\delta$ 或按表 17-1-9 选取</td></tr>
<tr><td colspan="2">地脚螺栓数目 n</td><td colspan="5">按表 17-1-9 选取</td></tr>
<tr><td colspan="2">轴承座连接螺栓直径 d_2</td><td colspan="5">$0.75d$</td></tr>
<tr><td colspan="2">底座与箱盖连接螺栓直径 d_3</td><td colspan="5">$(0.5\sim0.6)d$</td></tr>
<tr><td colspan="2">轴承盖固定螺栓直径 d_4</td><td colspan="5">按表 17-1-10 选取</td></tr>
<tr><td colspan="2">视孔盖固定螺栓直径 d_5</td><td colspan="3">$(0.3\sim0.4)d$</td><td colspan="2"></td></tr>
<tr><td colspan="2">吊环螺栓直径 d_6</td><td colspan="5">$0.8d$ 或按减速器重量确定</td></tr>
<tr><td colspan="2">轴承盖螺栓分布圆直径 D_1</td><td colspan="5">$D+2.5d_4$ 或按表 17-1-10 选取</td></tr>
<tr><td colspan="2">轴承座凸缘端面直径 D_2</td><td colspan="5">$D_1+2.5d_4$ 或按表 17-1-10 选取</td></tr>
<tr><td colspan="2">螺栓孔凸缘的配置尺寸 C_1、C_2、r、D_0</td><td colspan="5">按表 17-1-6 选取</td></tr>
<tr><td colspan="2">地脚螺栓孔凸缘的配置尺寸 C_1'、C_2'、D_0'</td><td colspan="5">按表 17-1-7 选取</td></tr>
<tr><td colspan="2">铸造壁相交部分的尺寸 X、Y、R</td><td colspan="5">按表 17-1-8 选取</td></tr>
<tr><td colspan="2">箱体内壁和齿顶的间隙 Δ</td><td colspan="5">$\geqslant 1.2\delta$</td></tr>
<tr><td colspan="2">箱体内壁与齿轮端面的间隙 Δ_1</td><td colspan="3">最小值一般可取为 10~15</td><td colspan="2"></td></tr>
<tr><td colspan="2">底座深度 H</td><td colspan="5">$0.5d_a+(30\sim50)$（d_a 为齿顶圆直径）</td></tr>
<tr><td colspan="2">底座高度 H_1</td><td colspan="5">$H_1\approx a$，多级减速器 $H_1\approx a_{max}$</td></tr>
<tr><td colspan="2">箱盖高度 H_2</td><td colspan="3"></td><td colspan="2">$\geqslant\dfrac{d_{a2}}{2}+\Delta+\delta_2$（$d_{a2}$ 为蜗轮最大直径）</td></tr>
</table>

续表

名　　称	尺　　寸/mm	
	齿轮减速器箱体	蜗杆减速器箱体
箱盖和箱盖凸缘宽度 l_1	$C_1+C_2+(5\sim10)$	
轴承盖固定螺栓孔深度 l_2、l_3	查表 5-1-46	
轴承座连接螺栓间的距离 L	$L\approx D_2$	
箱体内壁横向宽度 L_1	按结构确定	$L_1\approx D$
其他圆角 R_0、r_1、r_2	$R_0=C_2, r_1=0.25h_3, r_2=h_3$	

注：1. 箱体材料为灰铸铁。

2. 对于焊接的减速器箱体，其参数可参考本表，但壁厚可减少 30%~40%。

3. 本表所列尺寸关系同样适合于带有散热片的蜗杆减速器。散热片的尺寸按下列经验公式确定

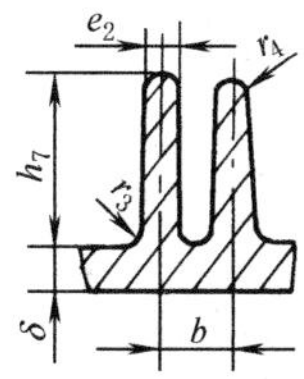

$h_7=(4\sim5)\delta$

$e_2=\delta$

$r_3=0.5\delta$

$r_4=0.25\delta$

$b=2\delta$

表 17-1-6　　凸缘螺栓的配置尺寸　　mm

代　　号	M6	M8	M10	M12	M16	M20	M22 M24	M27	M30
$C_{1\min}$	12	15	18	22	26	30	36	40	42
$C_{2\min}$	10	13	14	18	21	26	30	34	36
D_0	15	20	25	30	40	45	48	55	60
$r_{\max}$	3	3	4	4	5	5	8	8	8

表 17-1-7　　底座凸缘螺栓的配置尺寸　　mm

代　　号	M16	M20	M24	M30	M36	M42	M48	M56
$C'_{1\min}$	25	30	35	50	55	60	70	95
$C'_{2\min}$	22	25	30	50	58	60	70	95
D'_0	45	48	60	85	100	110	130	170

表 17-1-8　　铸件交接处尺寸　　mm

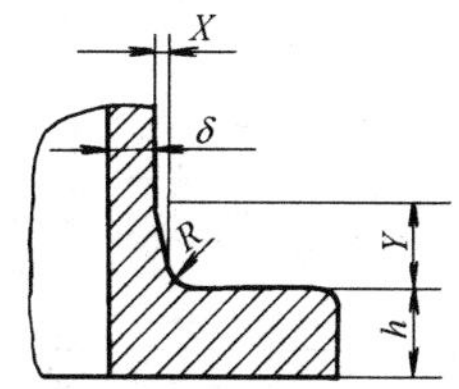

壁厚 δ	10~15	15~20	20~25	25~30	30~35
X	3	4	5	6	7
Y	15	20	25	30	35
R	5	5	5	8	≥8

注：表中所列过渡处的尺寸适用于 $h\approx(2\sim3)\delta$。当 $h>3\delta$ 时，应加大表中数值；当 $h<2\delta$ 时，过渡处的尺寸由设计者自行考虑。

表 17-1-9　　地脚螺栓尺寸　　mm

单　　级			两　　级			三　　级		
中心距 a	螺栓直径 d	螺栓数目 n	总中心距 a	螺栓直径 d	螺栓数目 n	总中心距 a	螺栓直径 d	螺栓数目 n
100	M16	4	250	M20	6	500	M20	8
150	M16	6	350	M20	6	650	M24	8

续表

单级			两级			三级		
中心距 a	螺栓直径 d	螺栓数目 n	总中心距 a	螺栓直径 d	螺栓数目 n	总中心距 a	螺栓直径 d	螺栓数目 n
200	M16	6	425	M20	6	750	M24	10
250	M20	6	500	M24	8	825	M30	10
300	M24	6	600	M24	8	950	M30	10
350	M24	6	650	M30	8	1100	M36	10
400	M30	6	750	M30	8	1250	M36	10
450	M30	6	850	M36	8	1450	M42	10
500	M36	6	1000	M36	8	1650	M42	10
600	M36	6	1150	M42	8	1900	M48	10
700	M42	6	1300	M42	8	2150	M48	10
800	M42	6	1500	M48	10			
900	M48	6	1700	M48	10			
1000	M48	6	2000	M56	10			

表 17-1-10　　轴承座凸缘端面尺寸　　mm

代号	尺寸																		
D	47	52	62	72	80	85	90	100	110	120	125	130	140	150	160	170	180	190	200
D_1	68	72	85	95	105	110	115	125	140	150	155	160	170	185	195	205	215	225	235
D_2	85	90	105	115	125	130	135	145	165	175	180	185	200	215	230	240	255	265	275
d_4	M8	M8	M8	M10	M10	M10	M10	M10	M12	M12	M12	M12	M12	M16	M16	M16	M16	M16	M16
d_4 数目 n_1	4	4	4	4	4	6	6	6	6	6	6	6	6	6	6	6	6	6	6

1.4.3　减速器附件

表 17-1-11　　减速器附件及其用途

名称		用途
油标和油尺		油标可随时方便地观察油面高度。油标有圆形、长形、管状，均有国家标准(见第 3 卷第 11 篇)。油尺构造简单，但在工作时不能随时观察油面高度，不如油标方便
透气塞和通气罩		减速器工作时温度升高，使箱内空气膨胀，为防止箱体的剖分面和轴的密封处漏油，必须使箱内热空气能从透气塞或通气罩排出箱外，相反也可使冷空气进入箱内。透气塞一般适用于小尺寸及发热较小的减速器，并且环境比较干净。通气罩一般用于较大型的减速器
螺塞		螺塞用于底座下部放油孔。此油孔专为排放减速器内润滑油用(螺塞尺寸见表 17-1-15)
视孔		为检查齿轮啮合情况及向箱内注入润滑油之用，所以位置应在两齿轮啮合处的上方。平时视孔用视孔盖盖严
甩油盘和甩油环		起密封作用。防止轴承中的油从轴孔泄漏。设置在低速轴上为甩油盘，在高速轴上为甩油环
挡油环		为防止过多的润滑油(由轴承附近的斜齿小齿轮啮合时排挤出来的多余油)流入高速轴轴承中，以免因轴承中油过量而从轴孔泄漏。对油脂润滑轴承，可防止油脂向机体内泄漏及机体内润滑油进入轴承内将油脂带走
润滑附件	油嘴	在润滑油压力循环系统中，用油嘴将油喷向齿轮的啮合处。油嘴的结构应能使油沿齿宽均匀地分配(油嘴尺寸见表 17-1-14)
	惰轮和油环	在多级和混合式的减速器中，有时不能做到所有的齿轮都浸入油中，在这种情况下，可采用辅助的惰轮或油环来润滑

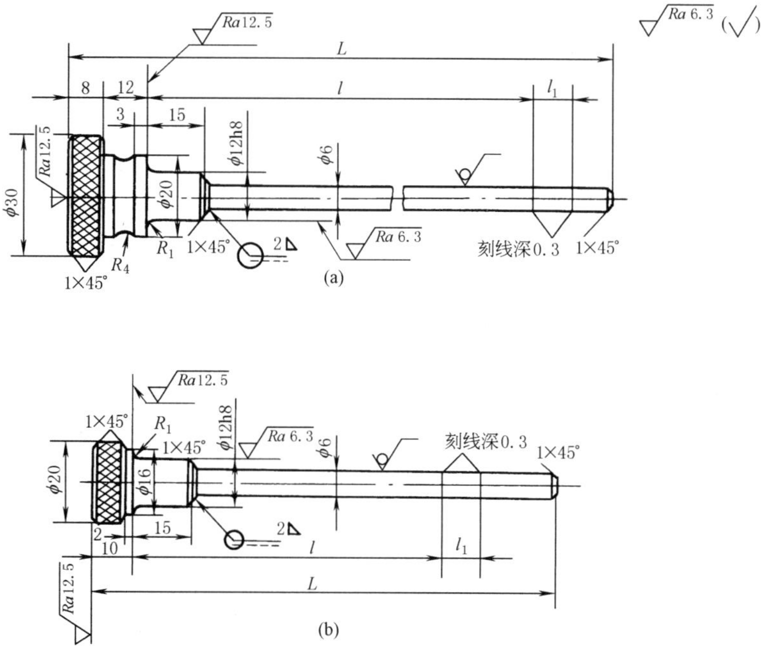

图 17-1-2　油尺

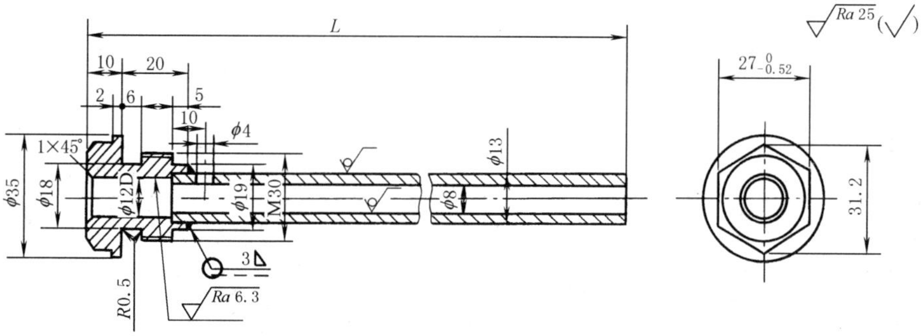

图 17-1-3　油尺套

注：1. 长度由设计者根据结构决定。

2. 材料为 Q235A · F。

表 17-1-12　　　　　　　　　　**透气塞**　　　　　　　　　　mm

	d	D	L	l	d_1	a	S	d	D	L	l	d_1	a	S
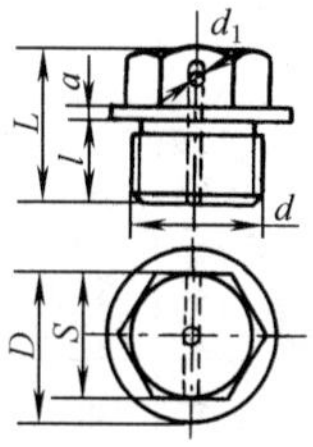	M10×1	13	16	8	3	2	14	M27×2	38	34	18	7	4	27
	M12×1.25	16	19	10	4	2	17	M30×2	42	36	18	8	4	32
	M16×1.5	22	23	12	5	2	22	M33×2	45	38	20	8	4	32
	M20×1.5	30	28	15	6	4	22	M36×3	50	46	25	8	5	36
	M22×1.5	32	29	15	7	4	22							

注：材料为 Q235A · F。

通　气　罩

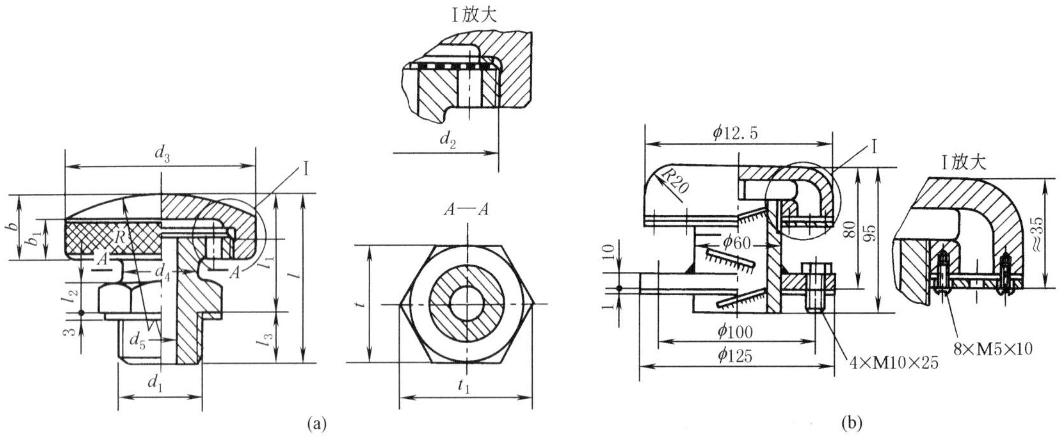

表 17-1-13　　　　　　　　　　　　　　　　　　　　　　　　　　mm

型式	d_1	d_2	d_3	d_4	d_5	l	l_1	l_2	l_3	b	b_1	t_1	t	R	质量/kg
图 a	M24	M48×1.5	55	22	12	55	40	8	15	20	16	41.6	36	85	0.45
	M36	M64×2	75	30	20	60	40	12	20	20	16	57.7	50	160	0.9
图 b	尺寸见图														2.6

表 17-1-14　　　　　　　　**扁槽油嘴**

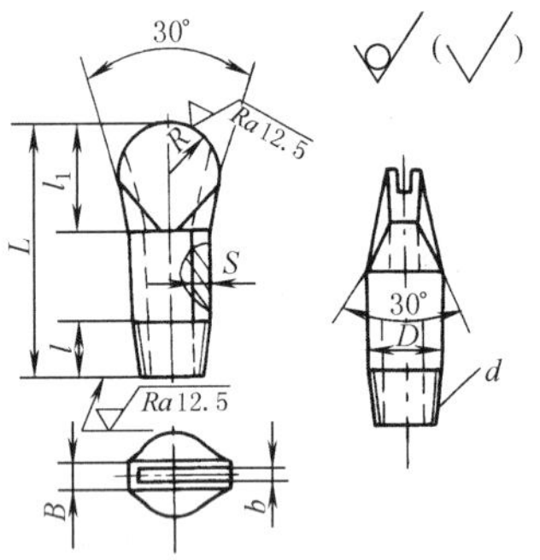

标记示例：扁槽油嘴 $DN8$

公称直径 DN	d	尺寸/mm								质量/kg
		L	l_1	l	D	S	B	b	R	
8	R1/4	60	22	13	14	2.5	5	0.4	10	0.04
10	R3/8	60	25	14	18	2.5	5	0.5	12	0.06
15	R1/2	90	33	17.5	22	2.5	5	0.7	18	0.10
20	R3/4	90	40	19.5	28	3	6	0.8	22	0.17
25	R1	90	50	22	34	3	6	1	28	0.25

注：材料为无缝钢管 20。

表 17-1-15　　　　　　　　**螺塞**　　　　　　　　mm

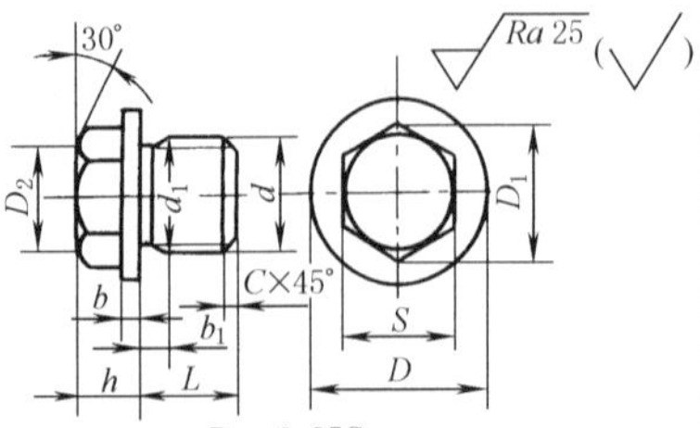

$D_2 \approx 0.95S$

材料：Q235A · F

d	D	D_1	S 公称尺寸	S 允差	h	L	b	b_1	C	d_1	质量/kg
G½	30	25.4	22	−0.52	13	15	4	4	0.5	18	0.086
G1	45	36.9	32	−1.0	17	20	4	5	1.5	29.5	0.272
G1¼	55	47.3	41	−1.0	23	25	5	5	1.5	38	0.553
G1¾	68	57.7	50	−1.0	27	30	5	5	1.5	50	1.013

表 17-1-16 视孔盖 mm

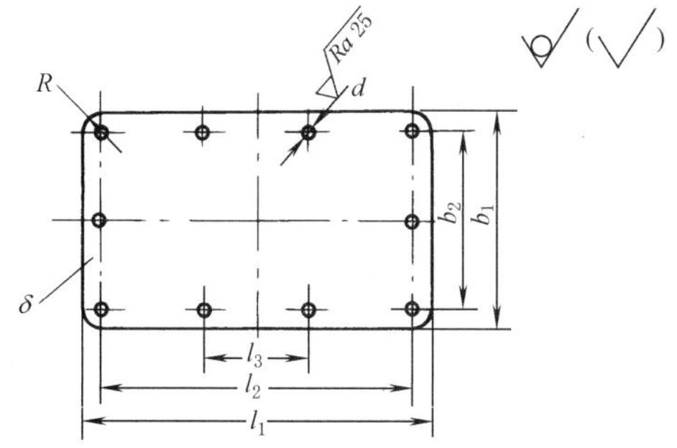

材料：Q235A · F

l_1	l_2	l_3	b_1	b_2	d 直径	d 孔数	δ	R	质量/kg
90	75	—	70	55	7	4	4	5	0.2
120	105	—	90	75	7	4	4	5	0.34
140	125	—	120	105	7	8	4	5	0.53
180	165	—	140	125	7	8	4	5	0.79
200	180	—	180	160	11	8	4	10	1.13
220	190	—	160	130	11	8	4	15	1.1
220	200	—	200	180	11	8	4	10	1.38
270	240	—	180	150	11	8	6	15	2.2
270	240	—	220	190	11	8	6	15	2.8
350	320	—	220	190	11	8	10	15	6
420	390	130	260	230	13	10	10	15	8.6
500	460	150	300	260	13	10	10	20	11.8

表 17-1-17 甩油盘 mm

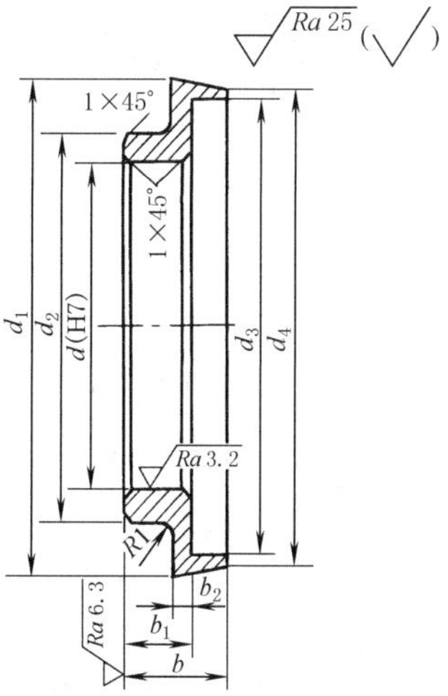

材料：Q235A · F

d	d_1	d_2	d_3	d_4	b	b_1	b_2	质量/kg
45	82	55	70	74	32	18	5	0.26
60	105	72	90	92	42	2	7	0.63
75	130	90	115	118	38	25		0.86
95	142	115	135	138	30	15	5	0.65
110	160	125	150	155	32	18		0.96
120	180	135	165	170	38	24	7	1.4
140	210	155	190	195	35	22		1.8
150	225	168	215	220		20		2.3
180	275	200	240	245	40	25		3.5
220	285	240	275	280	50	32		3.5
240	305	260	295	300				4.2

表 17-1-18 甩油环 mm

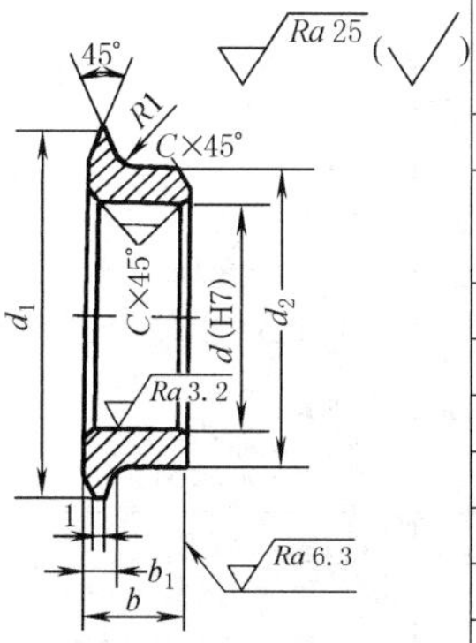

材料：Q235A · F

d	d_1	d_2	b	b_1	C	质量/kg
30	48	36	12	4	0.5	0.067
35	55	42				0.07
	65			5		0.13
50	90	60				0.22
55	100	65			1	0.3
65	115	80	15			0.41
80	140	95	30	7		0.94
90	150	108	35			1.3
100	175	120	37			1.7
110	180	125			2	1.8
130	190	145				2.2
150	225	168	30			2.7

d	d_1	d_2	b	b_1	C	质量/kg
40	75	50	12	5	0.5	0.16
55	100	65	35	7	1	0.72
65	115	80	40			0.83
80	140	95	45			1.2
90	150	108	50			1.7
100	175	120	60	10		2.5
110	160	125	55			2.2
30	48	36	20	4	0.5	0.094
35	65	42		5		0.17
40	75	50	25	7	1	0.27
50	90	60	30			0.4

1.5 减速器轴承的选择

表 17-1-19　　齿轮支座轴承的选择

传动类型	轴承类型				附注
	第一支座		第二支座		
直齿圆柱齿轮传动（无轴向载荷）	固定支座	深沟球轴承，类型 0000	活动支座	同左	广泛采用
	固定支座	同上	活动支座	圆柱滚子轴承，类型 2000 或 32000	广泛采用
	固定支座	圆柱滚子轴承，类型 42000 或 32000	活动支座	同上	广泛采用
	固定支座	调心球轴承或调心滚子轴承，类型 1000 或 53000	活动支座	同左	广泛采用
	深沟球轴承，类型 0000		同左		
	圆锥滚子轴承，类型 7000		同左		
	圆柱滚子轴承，类型 42000		同左		
	调心球轴承，类型 1000		同左		只用于速度不大的传动
斜齿圆柱齿轮传动，蜗杆传动中的蜗轮轴	深沟球轴承，类型 0000		同左		用于轴向载荷（小于径向载荷的 1/3）不大的场合
	同上		圆柱滚子轴承，类型 2000 或 32000		
轴向载荷为径向载荷的 1/10~2/3	角接触球轴承，类型 36000		同左		
	圆锥滚子轴承，类型 7000		同左		
	两个角接触球轴承（类型 36000）或两个圆锥滚子轴承（类型 7000）		圆柱滚子轴承，类型 2000 或 32000（活动支座）		用于大功率减速器
人字齿圆柱齿轮传动	主动轴	深沟球轴承，类型 0000	同左		双活动支座
	主动轴	圆柱滚子轴承，类型 2000 或 32000	同左		双活动支座
	从动轴	深沟球轴承，类型 0000	同左		
	从动轴	同上，但装为固定支座	圆柱滚子轴承，类型 2000 或 32000（活动支座）		
	从动轴	圆柱滚子轴承，类型 42000 或 32000	同左		
	从动轴	角接触球轴承（类型 36000）或圆锥滚子轴承（类型 7000）	同左		
圆锥齿轮传动	悬臂式圆锥齿轮轴	深沟球轴承，类型 0000	深沟球轴承（类型 0000）或圆柱滚子轴承（类型 42000）		用于轴向载荷不大时
	悬臂式圆锥齿轮轴	圆柱滚子轴承（类型 32000）与深沟球轴承（类型 0000）的组合（后者不受径向载荷）	圆柱滚子轴承，类型 20000 或 32000		
	悬臂式圆锥齿轮轴	圆锥滚子轴承，类型 7000	同左		
	悬臂式圆锥齿轮轴	角接触球轴承，类型 36000 或 46000	同左		
	悬臂式圆锥齿轮轴	两个圆锥滚子轴承，类型 7000	单列调心滚子轴承，或双列调心滚子轴承		
	简支式圆锥齿轮轴	深沟球轴承，类型 0000（固定支座）	深沟球轴承，或双列调心滚子轴承		用于轴向载荷不大时
	简支式圆锥齿轮轴	圆锥滚子轴承或角接触球轴承	同左		用于轴向载荷不大时

表 17-1-20 **蜗杆支座轴承的选择**

方案	第一支座		第二支座		工作范围	
	轴承的数目	轴承的类型	轴承的数目	轴承的类型	载　荷	每分钟转数
Ⅰ	1	36000 或 46000	1	36000 或 46000	轻	中和高
Ⅱ	1	7000 或 27000	1	7000 或 27000	轻和中	低和中
Ⅲ	2	46000	1	根据载荷的轻重可为 0000、2000 或 32000	轻和中	高（$n>750$r/min）
Ⅳ	2	27000	1		中	中（$n\leqslant1000$r/min）
Ⅴ	2	7000	1		轻和中	中
Ⅵ	1	38000,0000	1		中	低
Ⅶ	1	38000,2000	1		重和中	低
Ⅷ	1	38000,1000	1		重和中	中

注：1. 方案Ⅰ、Ⅱ只在支座距离不大（$L\leqslant200$mm）时采用。
2. 当没有 38000 类型的轴承时，可成对地安装 8000 类型轴承。

1.6　减速器主要零件的配合

表 17-1-21

配合代号	应　用　举　例	装配和拆卸条件	配合代号	应　用　举　例	装配和拆卸条件
H7/s6	重载荷并有冲击载荷时的齿轮与轴的配合，轴向力较大并且无辅助固定	压力机装配和拆卸	H7/h7	滚动轴承外圈与减速器箱体的配合	徒手
H7/r6	蜗轮轮缘与轮体的配合，齿轮和齿式联轴器与轴的配合，中等的轴向力但无辅助固定装置	压力机	H8/h9	滚动轴承组合中的端盖	
H7/n6	电机轴上的小齿轮，摩擦离合器和爪式离合器，蜗轮轮缘。承受轴向力时必须有辅助固定	压力机、拆卸器、木锤		止退环、填料压盖、带锥形紧固套的轴承与轴	
H7/m6	经常拆卸的圆锥齿轮（为了减少配合处的磨损）	压力机、拆卸器、木锤	H8/f9	滑动轴承与轴、填料压盖	

1.7　齿轮与蜗杆传动的效率和散热计算

1.7.1　齿轮与蜗杆传动的效率计算

表 17-1-22

项　目	计　算　公　式　和　说　明	
	齿　轮　传　动	蜗　杆　传　动
啮合效率 η_1	$\eta_1=1-\psi_1$ $\psi_1=0.01f\Delta n$ 式中　f——轮齿间的滑动摩擦因数，其值随着齿面粗糙度值的增加、润滑油黏度的降低和滑动速度的减小而增大。一般 $f=0.05\sim0.10$（齿面跑合较好时取较小值） Δn——根据齿数由图 17-1-4 确定。对角变位直齿轮按图求出的数值应乘上 $\frac{0.643}{\sin2\alpha_w}$；对斜齿轮应乘上 $0.8\cos\beta$；对锥齿轮应按当量齿数选取 Δn 值	$\eta_1=\frac{\tan\gamma}{\tan(\gamma+\rho')}$（蜗杆主动时） $\eta_1=\frac{\tan(\gamma-\rho')}{\tan\gamma}$（蜗杆从动时） 式中　γ——蜗杆分度圆上的导角（对圆弧面蜗杆为喉部节圆上的导角） ρ'——当量摩擦角，可取 $\rho'\approx\rho=\arctan f$ f——滑动摩擦因数，f 或 ρ 根据蜗轮副材料和滑动速度 v_h 的大小由表 17-1-23选取 $v_h=\frac{d_1n_1}{1910\cos\gamma}$（m/s） d_1——蜗杆分度圆直径，cm n_1——蜗杆转速，r/min 对于滚动轴承装置的圆柱蜗杆传动，η_1 可按图 17-1-5选取，该图已计入了滚动轴承摩擦损耗，不用再计算 ψ_2 值

续表

<table>
<tr><th rowspan="2">项　目</th><th colspan="2">计 算 公 式 和 说 明</th></tr>
<tr><th>齿 轮 传 动</th><th>蜗 杆 传 动</th></tr>
<tr><td>轴承摩擦损耗的效率 η_2
$\eta_2=1-\psi_2$</td><td>对于滚动轴承和液体摩擦滑动轴承
$\psi_2\approx0.005$
对半液体摩擦滑动轴承
$\psi_2\approx0.01$</td><td>对于滚动轴承
$\psi_2\approx0.01$
对于滑动轴承
$\psi_2\approx0.02$</td></tr>
<tr><td>润滑油飞溅和搅动损耗的效率 η_3
$\eta_3=1-\psi_3$</td><td>齿轮浸入油池中的深度不大于两倍齿高时，一个齿轮的 ψ_3 值为
$$\psi_3=\frac{0.75vb\sqrt{v\,\nu_t\dfrac{200}{z_\Sigma}}}{10^5P_1}$$
式中　P_1——传动功率，kW
v——齿轮节圆圆周速度，m/s
b——浸入油中的齿轮宽度(对锥齿轮应根据结构和浸油深度按图纸确定)，mm
ν_t——润滑油在其工作温度下的运动黏度，m^2/s
$$z_\Sigma=z_1+z_2$$
在喷油润滑的情况下，上式中的系数 0.75 应以 0.5 代替
在高速传动中，齿轮与箱体之间的间隙愈小时，润滑油飞溅和搅动的功率损耗愈急剧增加</td><td>齿轮浸入油池中的深度不大于两倍齿高(或螺牙高)时
$$\psi_3=\frac{0.75vB\sqrt{v\,\nu_t}}{10^5P_1}$$
式中　P_1——传动功率，kW
v——浸入油中物体(蜗杆或蜗轮)的圆周速度，m/s
B——浸入油中物体的宽度(对蜗杆来说，则为其长度)，在蜗轮轴为垂直位置时，应以齿顶圆直径 d_{a2} 代替 B 值，mm
ν_t——润滑油在其工作温度下的运动黏度，m^2/s
在喷油润滑及用叶轮溅油润滑的情况下，上式中的系数 0.75 应以 0.5 代替
如果蜗杆的圆周速度很大时(v>4~5m/s)，建议将蜗杆放在蜗轮的上面</td></tr>
<tr><td>总效率</td><td colspan="2">$\eta=\eta_1\eta_2\eta_3$</td></tr>
</table>

注：1. 对高速的齿轮传动及圆弧面蜗杆传动，用风扇冷却时，传动总效率还要计入效率 $\eta_4=1-\dfrac{\Delta P_s}{P_1}$（$\Delta P_s$ 为驱动风扇所需要的功率），其中 $\Delta P_s\approx\dfrac{1.5v_s^3}{10^5}$（kW），而 $v_s=\dfrac{\pi D_s n}{60\times1000}$（m/s），其中，$v_s$ 为风扇工作轮边缘的圆周速度，D_s 为工作叶轮直径。在散热计算时，不计入 η_4。

2. 总效率 η 值还可参照第 1 卷第 1 篇表 1-1-3 选取。

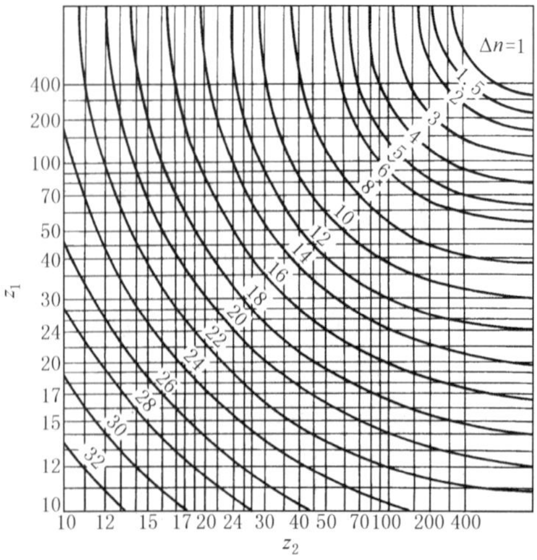

图 17-1-4　确定系数 Δn

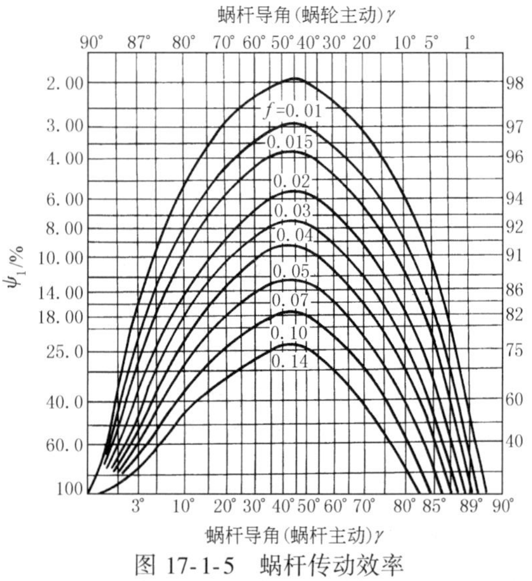

图 17-1-5　蜗杆传动效率

表 17-1-23　　摩擦因数 f 和摩擦角 ρ 的值

蜗轮齿圈材料种类	锡青铜合金				无锡青铜合金		灰　铸　铁			
蜗杆螺牙表面硬度	≥45HRC		其他情况		≥45HRC		≥45HRC		其他情况	
滑动速度 v_h/m·s^{-1}	f	ρ	f	ρ	f	ρ	f	ρ	f	ρ
0.01	0.110	6°17′	0.120	6°51′	0.180	10°12′	0.180	10°12′	0.190	10°45′
0.05	0.090	5°09′	0.100	5°43′	0.140	7°58′	0.140	7°58′	0.160	9°05′
0.1	0.080	4°34′	0.090	5°09′	0.130	7°24′	0.130	7°24′	0.140	7°58′
0.25	0.065	3°43′	0.075	4°17′	0.100	5°43′	0.100	5°43′	0.120	6°51′
0.5	0.055	3°09′	0.065	3°43′	0.090	5°09′	0.090	5°09′	0.100	5°43′
1	0.045	2°35′	0.055	3°09′	0.070	4°00′	0.070	4°00′	0.090	5°09′
1.5	0.040	2°17′	0.050	2°52′	0.065	3°43′	0.065	3°43′	0.080	4°34′
2	0.035	2°00′	0.045	2°35′	0.055	3°09′	0.055	3°09′	0.070	4°00′
2.5	0.030	1°43′	0.040	2°17′	0.050	2°52′				
3	0.028	1°36′	0.035	2°00′	0.045	2°35′				
4	0.024	1°22′	0.031	1°47′	0.040	2°17′				
5	0.022	1°16′	0.029	1°40′	0.035	2°00′				
8	0.018	1°02′	0.026	1°29′	0.030	1°43′				
10	0.016	0°55′	0.024	1°22′						
15	0.014	0°48′	0.020	1°09′						
24	0.013	0°45′								

注：蜗杆螺牙表面粗糙度为 Ra=0.4~1.6μm。

1.7.2　齿轮与蜗杆传动的散热计算❶

表 17-1-24　　自然冷却的传动装置散热计算

项　　目	计　算　公　式　和　说　明	
连续工作中产生的热量 Q_1	$Q_1=1000(1-\eta)P_1$(W) 式中　η——传动效率，见表 17-1-22 P_1——输入轴的传动功率，kW	若 $Q_1<Q_{2max}$，则传动装置散热情况良好 若 $Q_1>Q_{2max}$，则传动装置只能间断工作，若需连续工作时，必须加以人工冷却(风扇吹风或通水冷却等)
箱体表面排出的最大热量 Q_{2max}	$Q_{2max}=KS(\theta_{ymax}-\theta_0)$(W) 式中　K——传热系数，一般 K=8.7~17.5W/(m^2·℃)。传动装置箱体散热及油池中油的循环条件良好时(如有较好的自然通风，外壳上无灰尘杂物，箱体内也无筋板阻碍油的循环，油的运动速度快以及油的运动黏度小等)可取较大值，反之则取较小值。在自然通风良好的地方，K=14~17.5W/(m^2·℃)。在自然通风不好的地方，K=8.7~10.5W/(m^2·℃) S——散热的计算面积，m^2，是内表面能被油浸或飞溅到，而它所对应的外表面又能被空气冷却的箱体外表面面积，而其中凸缘、箱底及散热片的散热面积仅按实有面积的一半计算 θ_{ymax}——油温的最大许用值，℃，对齿轮传动允许到 60~70℃，对蜗杆传动允许到 80~90℃ θ_0——周围空气的温度，由减速器所放置的地点而定，一般取室温为 20℃	

❶ 一般的渐开线齿轮传动装置不必计算。

续表

<table>
<tr><th>项　目</th><th>计 算 公 式 和 说 明</th></tr>
<tr><td>按散热条件所允许的最大热功率 P_θ</td><td>连续工作 $$P_\theta=\frac{Q_{2\max}}{1000(1-\eta)}\geqslant P_1(\mathrm{kW})$$
间断工作 $$P_\theta=\frac{Q_{2\max}}{1000(1-\eta)}\geqslant\frac{\sum P_i t_i}{\sum t_i}(\mathrm{kW})$$
式中　P_i 和 t_i——任一加载阶段的功率和时间</td></tr>
<tr><td>油温 θ_y</td><td>连续工作 $$\theta_y=\frac{1000(1-\eta)P_1}{KS}+\theta_0\leqslant\theta_{y\max}(℃)$$
若 $P_\theta<P_1$ 或 $\theta_y>\theta_{y\max}$，则减速器允许的连续运转时间 t 为 $$t=\frac{(G_qC_q+G_yC_y)(\theta_y-\theta_0)}{Q_1-0.5KS(\theta_y-\theta_0)}(\mathrm{h})$$
冷却所需的停转时间 t' 为 $$t'=\frac{G_qC_q+G_yC_y}{0.5KS}(\mathrm{h})$$
间断工作 $$\theta_y=\frac{e^{\beta}(e^{\alpha}-1)}{e^{\alpha}e^{\beta}-1}\times\frac{Q_1}{KS}+\theta_0\leqslant\theta_{y\max}(℃)$$
其中 $$\alpha=\frac{KSt_g}{G_qC_q+G_yC_y};\beta=\frac{1.25KS(t_x-t_g)}{G_qC_q+G_yC_y};e=2.718$$
式中　G_q，G_y——减速器的质量和润滑油的质量，kg
C_q——减速器金属零件的平均比热容，$C_q\approx502\mathrm{J/(kg\cdot℃)}$
C_y——润滑油的平均比热容，$C_y\approx1674\mathrm{J/(kg\cdot℃)}$
t_x，t_g——每一循环总时间和每一循环工作时间，h</td></tr>
</table>

表 17-1-25　　强制冷却的传动装置散热计算

<table>
<tr><th>项　目</th><th colspan="3">冷　却　方　法</th></tr>
<tr><td rowspan="2">强制冷却时传动装置排出的最大热量 $Q_{2\max}$</td><td>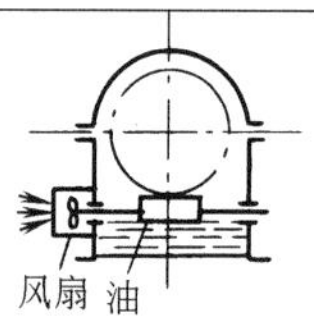
风扇吹风冷却</td><td>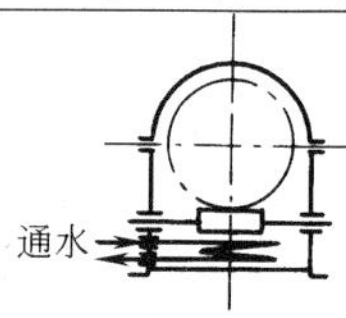
水管冷却</td><td>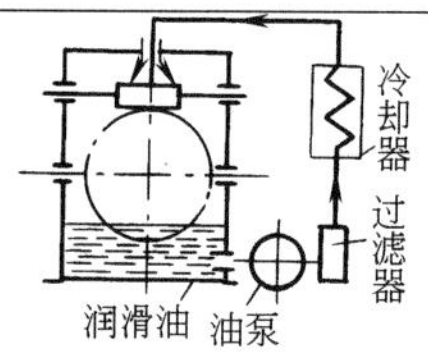
润滑油循环冷却</td></tr>
<tr><td>$Q_{2\max}=(KS''+K'S')(\theta_{y\max}-\theta_0)$
式中
K，$\theta_{y\max}$，θ_0——见表 17-1-24
K'——风吹表面传热系数，一般可在 21～41W/(m²·℃)的范围内选取(风速较大时取上限值)，也可按 $K'=13.8\sqrt{v_f}$ 关系确定，式中 v_f 为冷却箱壳的风速，其概略值如下：
<table><tr><th>蜗杆转速 n_1 /r·min⁻¹</th><th>风速 v_f /m·s⁻¹</th></tr><tr><td>750</td><td>3.75</td></tr><tr><td>1000</td><td>5</td></tr><tr><td>1500</td><td>7.5</td></tr></table>S'——箱体受风吹的表面积，m²
S''——箱体不受风吹的表面积，m²</td><td>$Q_{2\max}=KS(\theta_{y\max}-\theta_0)+K'S_g[\theta_{y\max}-0.5(\theta_{1s}+\theta_{2s})]$
式中 K，S，$\theta_{y\max}$，θ_0——见表 17-1-24
K'——蛇形管的传热系数，W/(m²·℃)，对紫铜管或黄铜管按下列数值选取：
<table><tr><th rowspan="2">齿轮或蜗杆的周速/m·s⁻¹</th><th colspan="3">冷却水的流速/m·s⁻¹</th></tr><tr><th>0.1</th><th>0.2</th><th>≥0.4</th></tr><tr><td>≤4</td><td>126</td><td>135</td><td>142</td></tr><tr><td>4～6</td><td>132</td><td>140</td><td>150</td></tr><tr><td>6～8</td><td>139</td><td>150</td><td>160</td></tr><tr><td>8～10</td><td>145</td><td>155</td><td>168</td></tr><tr><td>12</td><td>150</td><td>160</td><td>175</td></tr></table>对壁厚 1～3mm 的钢管，表中的值应降低 5%～15%
S_g——蛇形管的外表面积，m²
θ_{1s}——蛇形管出水温度，℃
θ_{2s}——蛇形管进水温度，℃
$\theta_{1s}\approx\theta_{2s}+(5\sim10)$℃</td><td>$Q_{2\max}=KS(\theta_{y\max}-\theta_0)+q_y\rho_yC_y(\theta_{1y}-\theta_{2y})\eta_y$
式中
K，S，$\theta_{y\max}$，θ_0，C_y——见表 17-1-24
q_y——循环润滑油量，m³/s
ρ_y——润滑油的密度，$\rho_y\approx900\mathrm{kg/m^3}$
θ_{1y}——循环油排出的温度，℃
θ_{2y}——循环油进入的温度，℃
$\theta_{1y}=\theta_{2y}+(5\sim8)$℃
η_y——循环油的利用参数，取
$\eta_y\approx0.5\sim0.7$</td></tr>
</table>

续表

项　　目	冷　　却　　方　　法		
冷却所需的风扇风量 q_f、循环水量 q_s、循环油量 q_y	$q_f=\dfrac{K'S'(\theta_{ymax}-\theta_0)}{\rho_f C_f(\theta_{1f}-\theta_0)\eta_f}$ (m^3/s) 式中　θ_{1f}——风吹到箱体后排出的温度，$\theta_{1f}\approx\theta_0+(3\sim6)$℃ ρ_f——干空气密度，$\rho_f=1.29kg/m^3$ C_f——空气比定压热容，$C_f\approx1004J/(kg\cdot℃)$ η_f——吹风的利用系数，取 $\eta_f\approx0.8$	$q_s=\dfrac{K'S_g[\theta_{ymax}-0.5(\theta_{1s}+\theta_{2s})]}{1000(\theta_{1s}-\theta_{2s})}$ (m^3/s) 式中　S_g——所需的蛇形管外表面积，m^2 $S_g=\dfrac{Q_{2max}-KS(\theta_{ymax}-\theta_0)}{K'[\theta_{ymax}-0.5(\theta_{1s}-\theta_{2s})]}$	$q_y=\dfrac{Q_{2max}-KS(\theta_{ymax}-\theta_0)}{\rho_y C_y(\theta_{1y}-\theta_{2y})\eta_y}$ (m^3/s)

1.8　齿轮与蜗杆传动的润滑

1.8.1　齿轮与蜗杆传动的润滑方法

表 17-1-26

类别	润滑方式	特　　点　　及　　应　　用
开式齿轮传动	涂抹润滑	用润滑脂或高黏度的润滑油（100℃时的运动黏度在 $53\times10^{-6}\sim150\times10^{-6}m^2/s$ 以上）涂抹在齿轮表面上，适用圆周速度 $v\leqslant4m/s$。涂抹间隔时间根据实际情况给定
	油盘润滑	在齿轮下方用一个浅油盘，使轮齿浸在油中，把油带入啮合面，一般适用圆周速度 $v\leqslant1.5m/s$。换油期视周围环境而定，在没有灰尘的地方，约6个月换油一次，在多尘土与有潮气时，要2~4个月换一次
	固体润滑	用二硫化钼在齿面上形成干膜，靠这层薄膜进行润滑，适用于要求不污染周围环境的轻载、小型齿轮及圆周速度 $v\leqslant0.5m/s$。它的成膜方法有喷涂与挤压两种。在成膜后，要经常加二硫化钼润滑脂进行保膜
闭式齿轮传动	浸油润滑	当齿轮圆周速度 $v<12m/s$ 时，采用浸油润滑（图a）。即将齿轮或其他辅助零件浸于减速器油池内，当其转动时，将润滑油带到啮合处，同时也将油甩到箱壁上借以散热，而部分油又落入箱内的油沟中去润滑轴承 齿轮浸入油中的深度见图 b~d

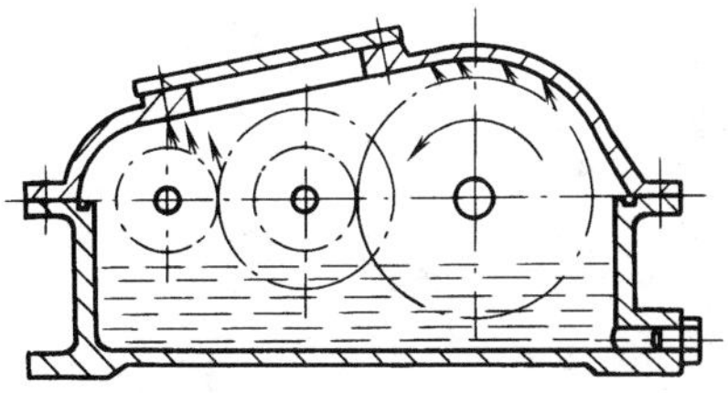

(a) 浸油润滑

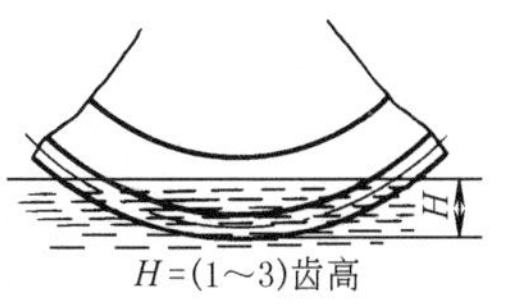

(b) 直齿轮与斜齿轮(水平轴)

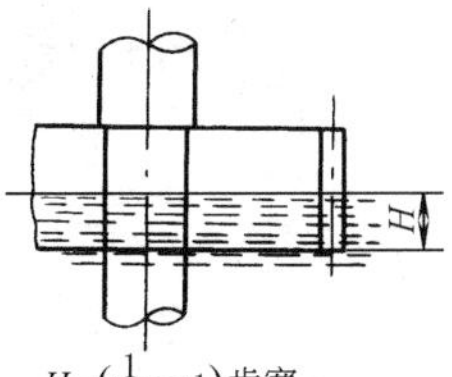

(c) 直齿轮与斜齿轮(垂直轴)

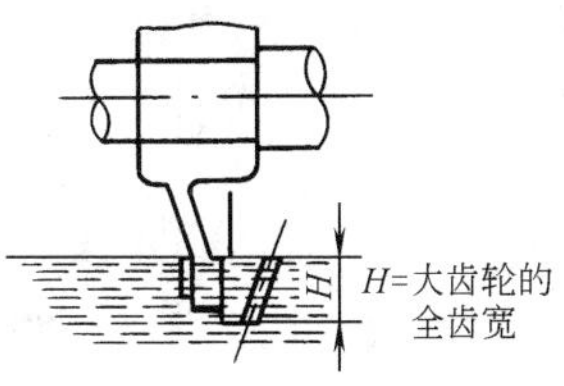

(d) 圆锥齿轮

续表

类别	润滑方式	特　点　及　应　用
闭式齿轮传动	浸油润滑	在多级减速器中,应尽量使各级齿轮浸入油中的深度近于相等。若发生低速级齿轮浸油太深的情况,可采用图 e~h 所示的打油盘、惰轮、油环和齿轮下装设油盘等方式润滑 油池深度一般是齿顶圆到油池底面的距离,不应小于 30~50mm,太浅时易搅动起沉积在箱底的油泥 油池的油量可按传递 1kW 功率为 0.35~0.7L 计算 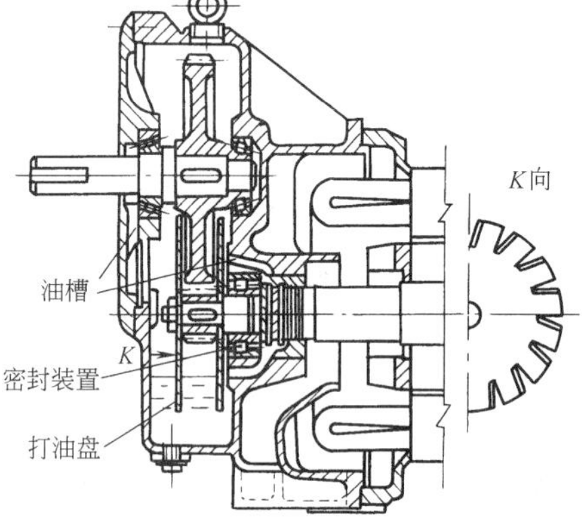 (e) 打油盘润滑 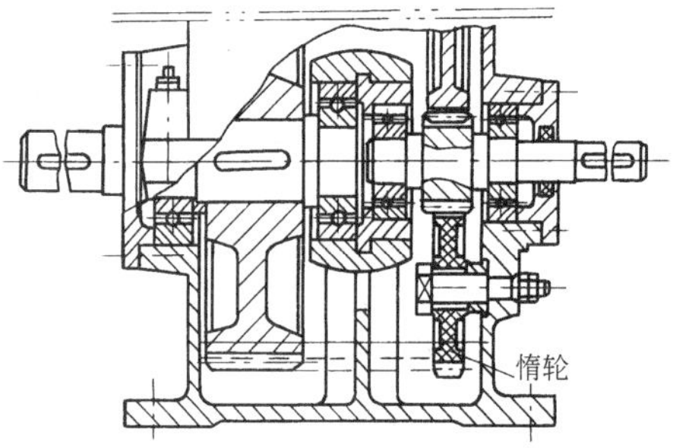 (f) 惰轮润滑 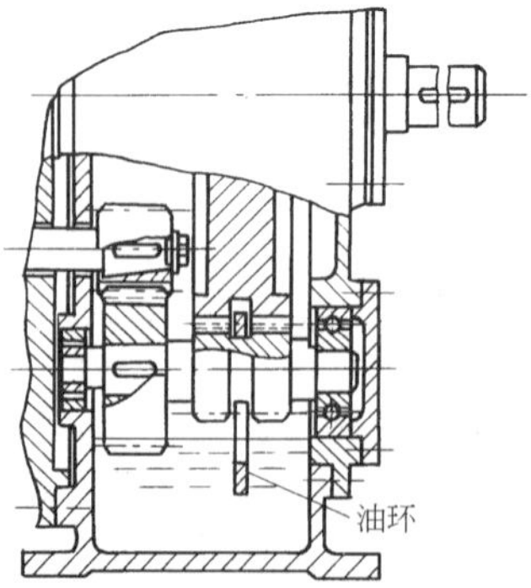 (g) 油环润滑 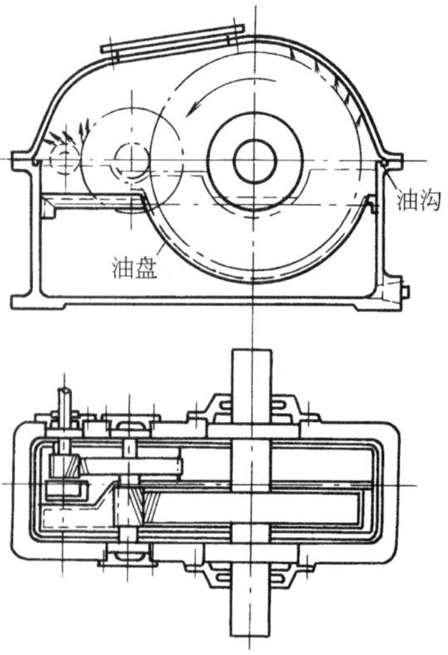 (h) 装设油盘

续表

类别	润滑方式	特点及应用
闭式齿轮传动	油泵循环喷油润滑	当齿轮速度超过 12～15m/s 时，由于温度升高，需用油泵向齿面喷油（见图 i、j），它不但起润滑的作用，而且也起冷却的作用 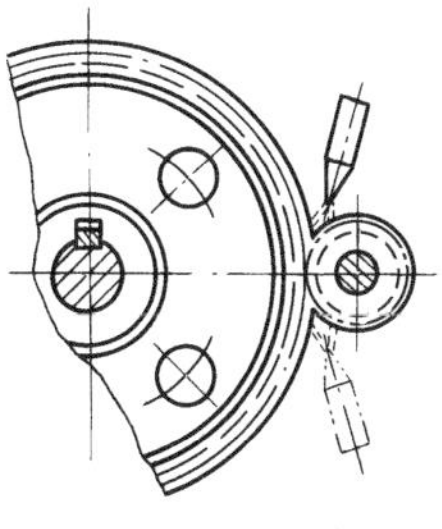 (i) 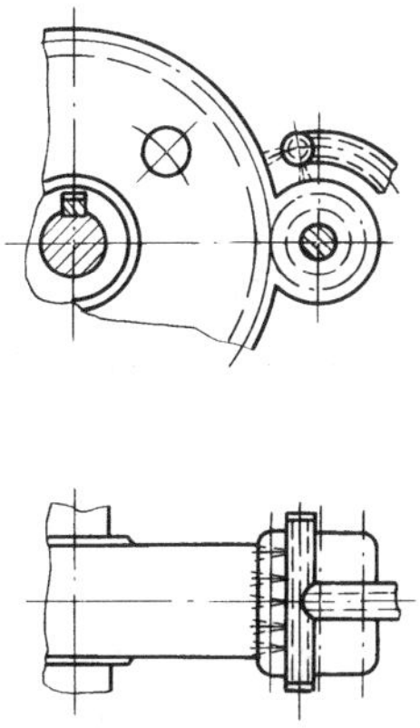 (j) 喷油压力采用 0.049～0.147MPa。低速时，油嘴可以朝切线方向，但在高速时，油嘴最好用两组，分别向着两个轮子的中心，在斜齿轮传动中，油嘴最好从侧面喷射 每分钟的循环油量应根据散热要求按表 17-1-25 计算确定。经验数据为：周速 10m/s 时为（0.06～0.12）b（L/min）；周速 40m/s 时为 0.2b（L/min）（b 为齿宽，mm） 油箱油量应不少于 3～5min 的用量
蜗杆传动	浸油润滑	适用于蜗杆圆周速度 $v<10$m/s。当 $v\leqslant4\sim5$m/s 时，建议蜗杆装在蜗轮的下面，浸入油中深度见图 k；当 $v>5$m/s时，建议蜗杆装在蜗轮的上方，浸油深度见图 l；蜗轮轴垂直，浸入油中的深度不小于蜗杆下方的齿高，当蜗杆浸不到油中时，可在蜗杆轴上安装甩油环，将油溅于蜗轮上（见图 m），通常设有两个甩油环，以便在传动方向改变时保证得到润滑 油池深度和油池油量参照闭式齿轮传动的浸油润滑 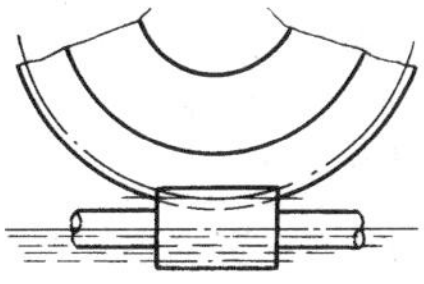 (k) 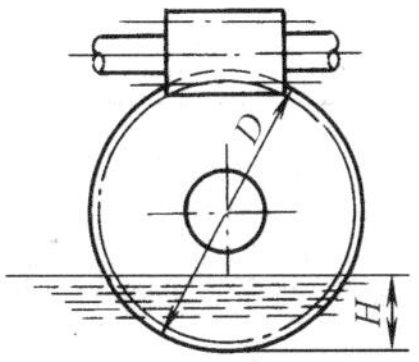 $H=\frac{1}{6}D$ (l) 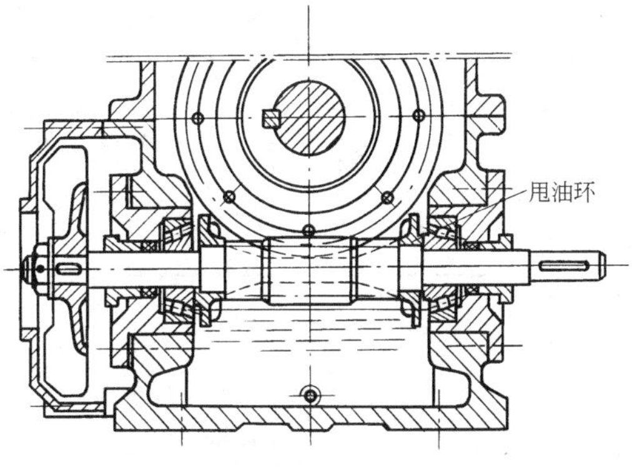 (m)
	油泵循环喷油润滑	适用于蜗杆圆周速度 $v>10\sim12$m/s，喷油压力为 0.07MPa。当 $v>15\sim25$m/s 时，喷油压力为 0.147MPa 每分钟的循环油量应根据散热要求按表 17-1-25 计算确定，油箱油量应不少于 3～5min 的用量 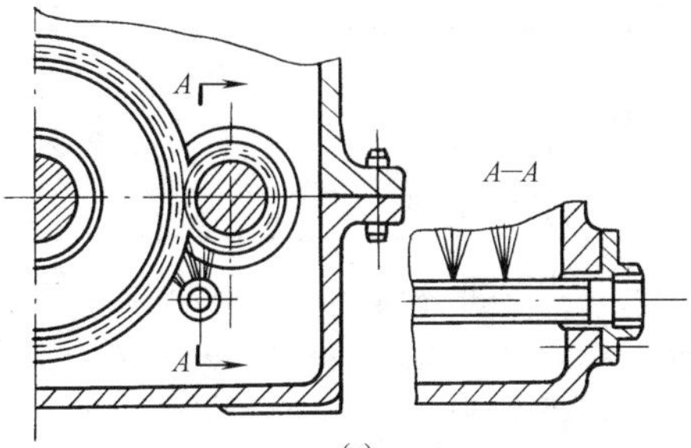 (n)

1.8.2 齿轮与蜗杆传动的润滑油选择（摘自 JB/T 8831—2001）

表 17-1-27　工业闭式齿轮润滑油种类的选择

条件		推荐使用的工业闭式齿轮润滑油
齿面接触应力 σ_H/N·mm^{-2}	齿轮使用工况	
<350	一般齿轮传动	抗氧防锈工业齿轮油(L-CKB)
350~500（轻负荷齿轮）	一般齿轮传动	抗氧防锈工业齿轮油(L-CKB)
	有冲击的齿轮传动	中负荷工业齿轮油(L-CKC)
500~1100①（中负荷齿轮）	矿井提升机、露天采掘机、水泥磨、化工机械、水力电力机械、冶金矿山机械、船舶海港机械等的齿轮传动	中负荷工业齿轮油(L-CKC)
>1100（重负荷齿轮）	冶金轧钢、井下采掘、高温有冲击、含水部位的齿轮传动等	重负荷工业齿轮油(L-CKD)
<500	在更低的、低的或更高的环境温度和轻负荷下运转的齿轮传动	极温工业齿轮油(L-CKS)
≥500	在更低的、低的或更高的环境温度和重负荷下运转的齿轮传动	极温重负荷工业齿轮油(L-CKT)

① 在计算出的齿面接触应力略小于 1100N·mm^{-2}时，若齿轮工况为高温、有冲击或含水等，为安全计，应选用重负荷工业齿轮油。

表 17-1-28　高速齿轮润滑油种类的选择

条件		推荐使用的高速齿轮润滑油
齿面接触负荷系数 K/N·mm^{-2}	齿轮使用工况	
硬齿面齿轮：$K<2$ 软齿面齿轮：$K<1$	不接触水、蒸汽或氨的一般高速齿轮传动	防锈汽轮机油
	易接触水、蒸汽或海水的一般高速齿轮传动，如与蒸汽轮机、水轮机、涡轮鼓风机相连的高速齿轮箱，海洋航船、汽轮机齿轮箱等	防锈汽轮机油
	在有氨的环境气氛下工作的高速齿轮箱，如大型合成氨化肥装置离心式合成气压缩机、冷冻机及汽轮机齿轮箱等	抗氨汽轮机油
硬齿面齿轮：$K\geqslant2$ 软齿面齿轮：$K\geqslant1$	要求改善齿轮承载能力的发电机、工业装置和船舶高速齿轮装置	极压汽轮机油

注：1. 硬齿面齿轮：≥45HRC。
2. 软齿面齿轮：≤350HB。
3. 齿面接触负荷系数 $K=\frac{F_t}{bd_1}\times\frac{\mu\pm1}{\mu}$。式中，$F_t$ 为端面内分度圆圆周上的名义切向力，N；b 为工作宽度，mm；d_1 为小齿轮的分度圆直径，mm；μ 为齿数比，$\mu=z_2/z_1$。式中“+”号用于外啮合传动，“-”号用于内啮合传动。

表 17-1-29　工业闭式齿轮装置润滑油黏度等级的选择

平行轴及锥齿轮传动	环境温度/℃			
低速级齿轮节圆圆周速度 v/m·s^{-1}	-40~-10	-10~10	10~35	35~55
	润滑油黏度等级 v_{40}℃/mm^2·s^{-1}			
≤5	100(合成型)	150	320	680
>5~15	100(合成型)	100	220	460
>15~25	68(合成型)	68	150	320
>25~80	32(合成型)	46	68	100

注：1. 齿轮节圆圆周速度 $v=\frac{\pi d_{w1}n_1}{60000}$。式中，$d_{w1}$ 为小齿轮的节圆直径，mm；n_1 为小齿轮的转速，r/min。
2. 当齿轮节圆圆周速度≤25m/s 时，表中所选润滑油黏度等级为工业闭式齿轮油；当齿轮节圆圆周速度>25m/s 时，表中所选润滑油黏度等级为汽轮机油；当齿轮传动承受较严重冲击负荷时，可适当增加一个黏度等级。
3. 锥齿轮传动节圆圆周速度是指锥齿轮齿宽中点的节圆圆周速度。
4. 当齿轮节圆圆周速度>80m/s 时，应由齿轮装置制造者特殊考虑并具体推荐合适的润滑油。

表 17-1-30　　蜗杆传动润滑油黏度选用　　$10^{-6}m^2/s$

蜗杆传动的滑动速度 $v_h/m \cdot s^{-1}$	≤1	1~2.5	2.5~5	5~10	10~15	15~25	>25
工作条件	重型	重型	中型	—	—	—	—
润滑油黏度	444（52）	266（32.4）	177（20.5）	118（11.4）	81.5	59	44
给油方法	浸油润滑			浸油润滑	压力喷油		
					0.0686MPa	0.147MPa	

注：表中所列黏度均为运动黏度，不带括号者为50℃时运动黏度，带括号者为100℃时运动黏度。

1.9　减速器技术要求

表 17-1-31

<table>
<tr><th>项　目</th><th>内　　容</th></tr>
<tr><td>箱体技术要求</td><td>①铸造箱体必须经时效处理
②底座与箱盖合箱后,边缘应平齐。总长<1200mm 时,相互错位每边不大于 2mm;总长≥1200mm 时,相互错位每边不大于 3mm
③底座与箱盖合箱后,未紧固螺栓时,用 0.05mm 塞尺检查剖分面接触的密合性,塞尺塞入深度不得大于剖分面宽度的 1/3
④轴承孔的轴线与剖分面的不重合度不大于 0.2~0.3mm
⑤轴承孔的圆度与圆柱度按 7 级公差 GB/T 1184—1996
⑥轴承孔端面与其轴线的垂直度按 7 级公差 GB/T 1184—1996
⑦轴承孔中心线平行度公差、轴承孔中心距的极限偏差(圆柱齿轮传动),轴承孔中心线不相交性公差、中心线夹角的极限偏差(圆锥齿轮传动),轴承孔中心距的极限偏差(蜗杆传动)应符合设计要求(见有关章节)</td></tr>
<tr><td>装配技术要求</td><td>①轮齿侧隙、接触斑点应符合设计要求(见有关章节)
②轴承内圈必须紧贴轴肩或定距环;用 0.05mm 塞尺检查不得通过
③圆锥滚子轴承允许的轴向游隙应符合规定
④底座、箱盖及其他零件未加工的内表面和齿轮(蜗轮)未加工表面应涂底漆并涂以红色耐油漆,底座、箱盖及其他零件未加工的外表面涂底漆并涂以浅灰色油漆(按主机要求配色)
⑤机体、机盖分合面螺栓应按规定的预紧力拧紧。预紧力与螺栓的关系如下:
<table>
<tr><td>螺栓直径 d/mm</td><td>M10</td><td>M12</td><td>M16</td><td>M20</td><td>M24</td><td>M30</td><td>M36</td></tr>
<tr><td>用扭力扳手加预紧力矩 $M/N \cdot m$</td><td>35</td><td>61</td><td>149</td><td>290</td><td>500</td><td>1004</td><td>1749</td></tr>
</table>
表中螺栓强度级别为 8.8,当螺栓强度级别为 5.6 时,表中数值应乘以 0.47;当强度级别为 10.9 时,则乘以 1.41;强度级别为 12.9 时,则应乘以 1.69</td></tr>
<tr><td>润滑要求</td><td>①注明润滑油黏度或牌号
②润滑油应定期更换,一般新减速器第一次使用时,运转 7~14 天后需换新油,以后可根据情况 3~6 个月换一次</td></tr>
<tr><td>试运转要求</td><td>①空载试运转:在额定转速下正、反向运转时间不得少于 1h
②承载试运转:在额定转速、额定载荷下进行,根据要求可单向或双向运转,加载要求及运转时间详见 JB/T 9050.3—1999
③全部运转过程中,运转应平稳、无冲击、无异常振动和噪声,各密封处、接合处不得渗油、漏油
④承载运转时,对于齿轮减速器油池温升不得超过 35℃,轴承温升不得超过 45℃,对于蜗杆减速器不得超过 60℃
⑤超载试验:在额定转速下,以 120%、150%、180%额定载荷运转,其相应运转时间分别为 1min、1min、0.5min
⑥其他试验规定详见 JB/T 9050.3—1999</td></tr>
</table>

注：圆柱齿轮减速器通用技术条件见 JB/T 9050.1—1999。

1.10 减速器典型结构示例

1.10.1 圆柱齿轮减速器

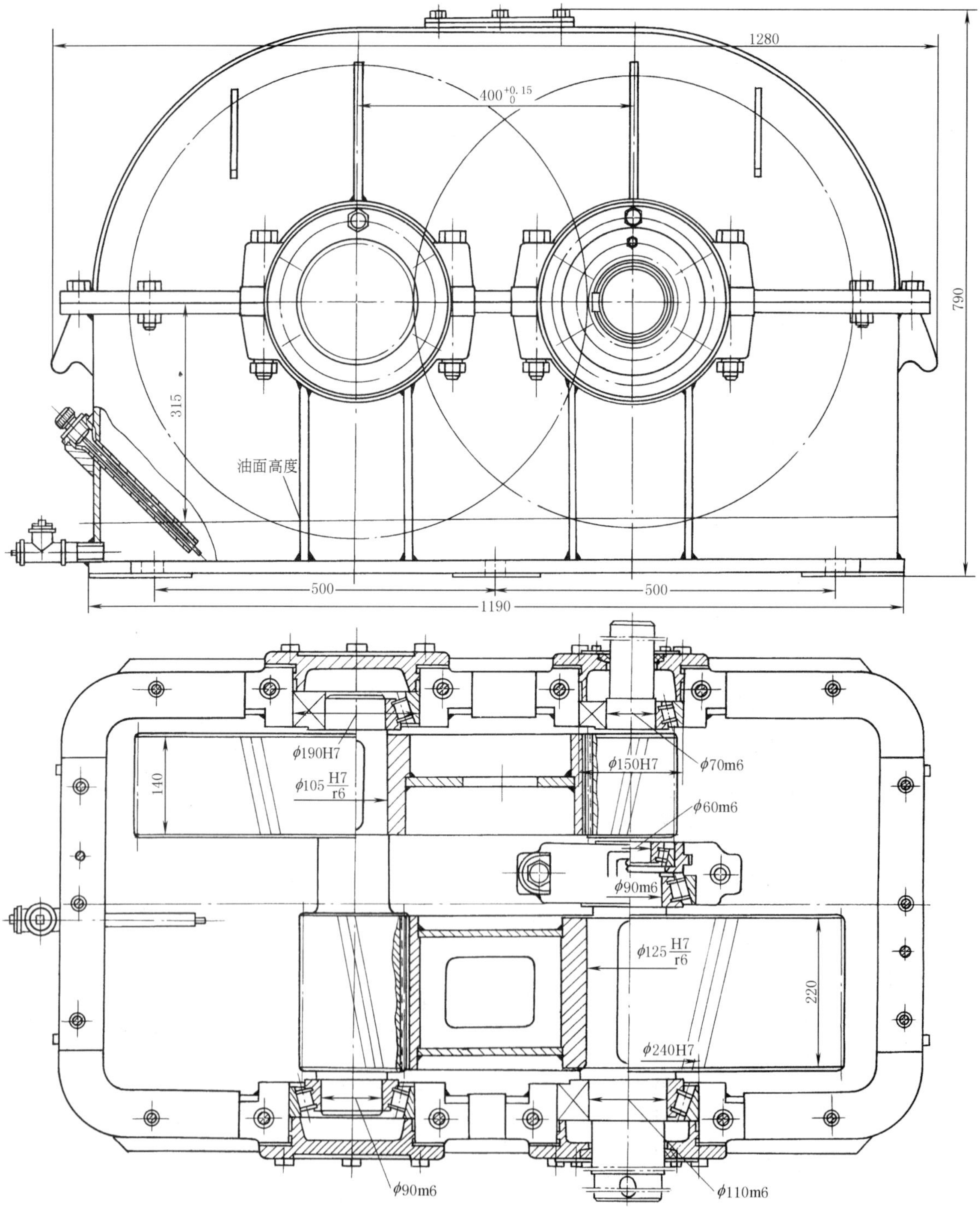

图 17-1-6 两级同轴式圆柱齿轮减速器（焊接箱体和大齿轮）

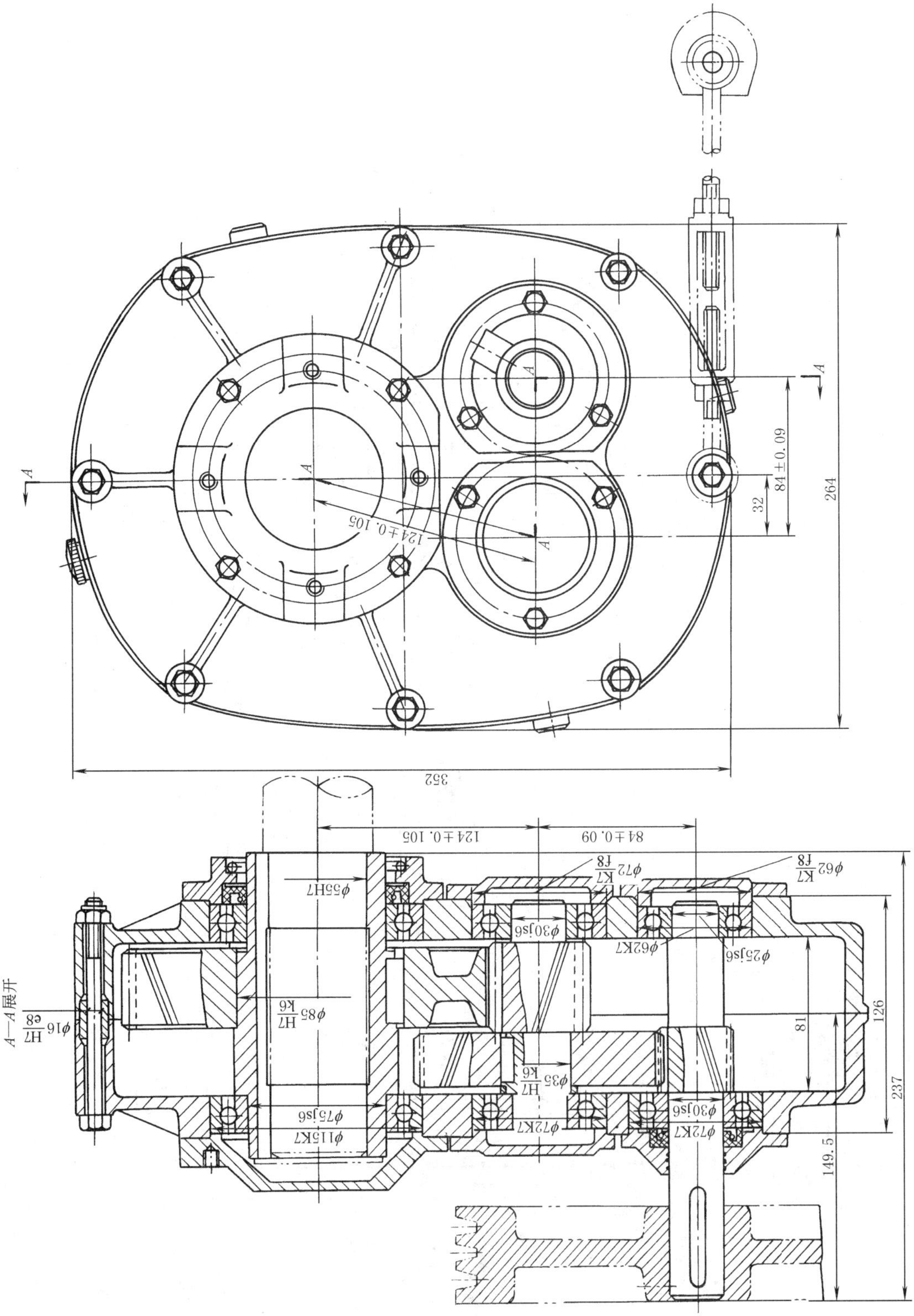

图 17-1-7　悬挂式减速器

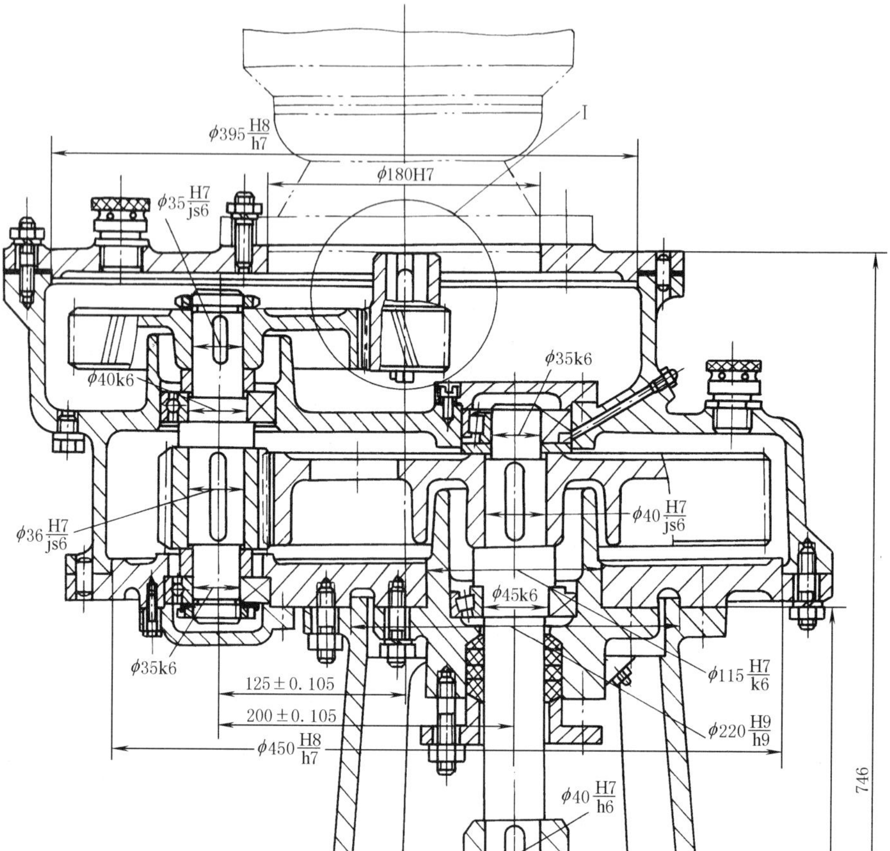

I
ϕ395 $\frac{H8}{h7}$
ϕ180H7
ϕ35 $\frac{H7}{js6}$
ϕ40k6
ϕ35k6
ϕ36 $\frac{H7}{js6}$
ϕ40 $\frac{H7}{js6}$
ϕ45k6
ϕ35k6
125±0.105
200±0.105
ϕ450 $\frac{H8}{h7}$
ϕ115 $\frac{H7}{k6}$
ϕ220 $\frac{H9}{h9}$
ϕ40 $\frac{H7}{h6}$
746
520
12
ϕ40H7
240
6×ϕ18
10
22
ϕ275H9
ϕ330
ϕ370

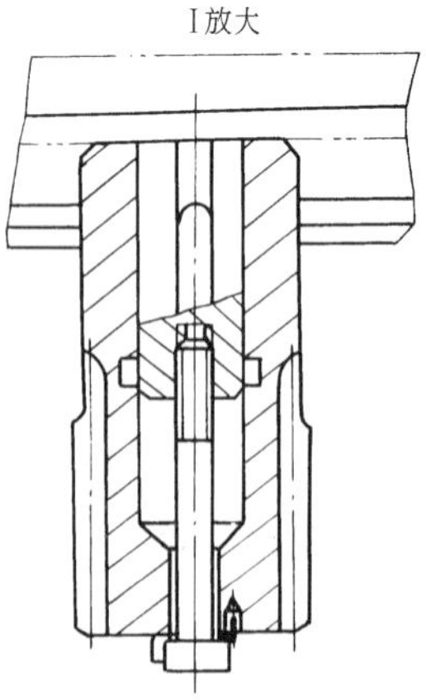

I放大

图 17-1-8　立式减速器

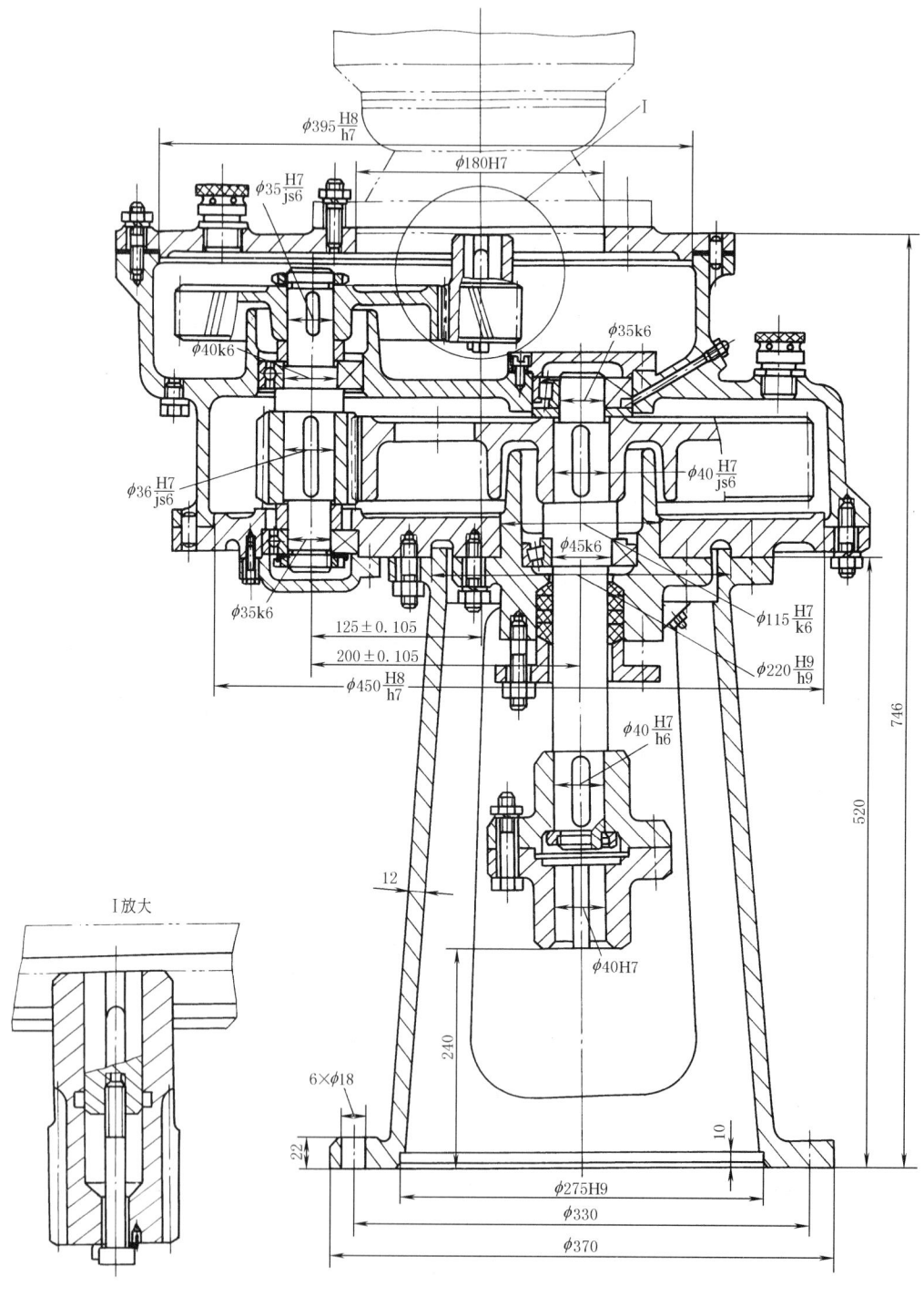

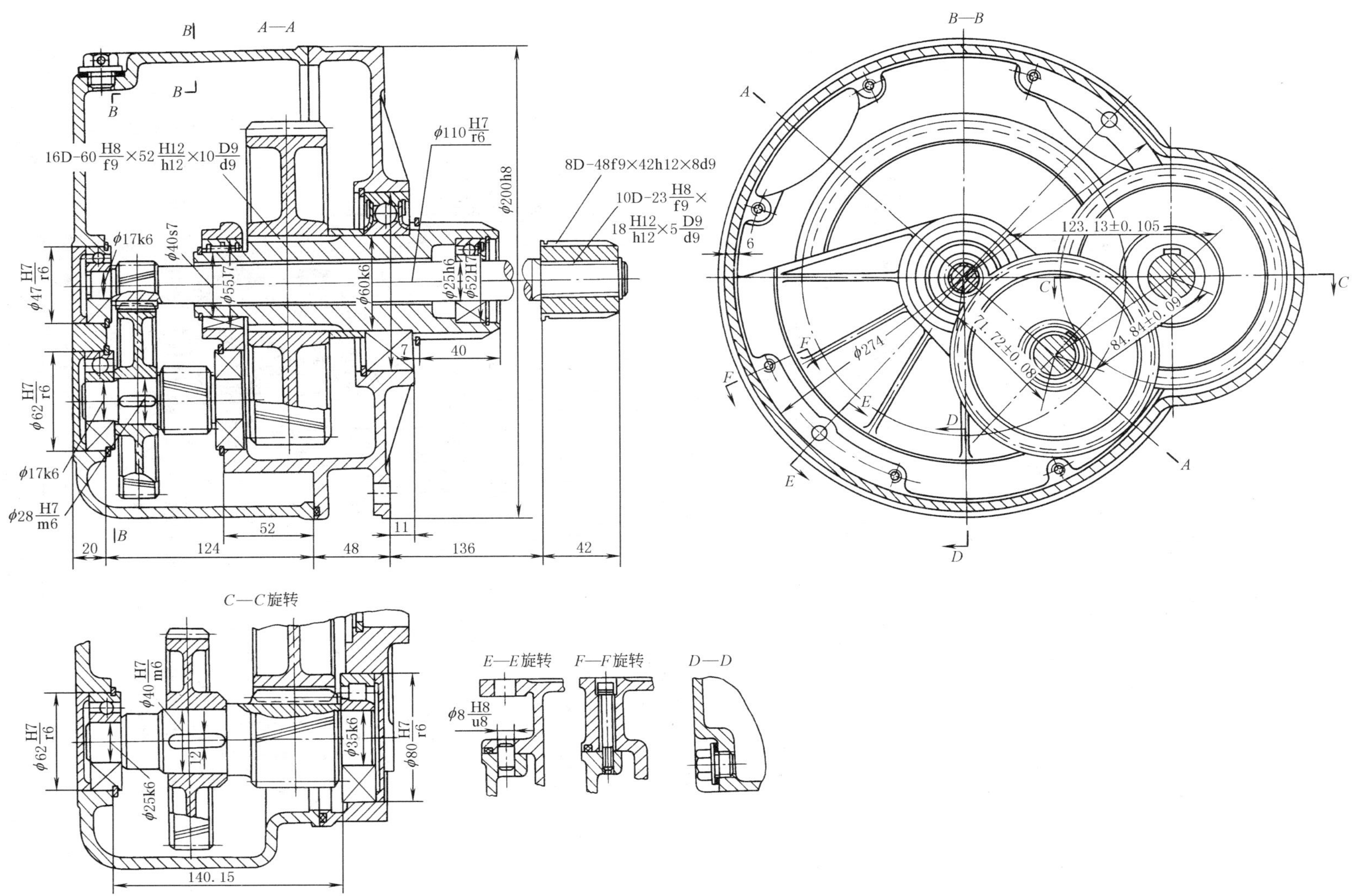

图 17-1-9　三级同轴式圆柱齿轮减速器

1.10.2 圆锥齿轮减速器

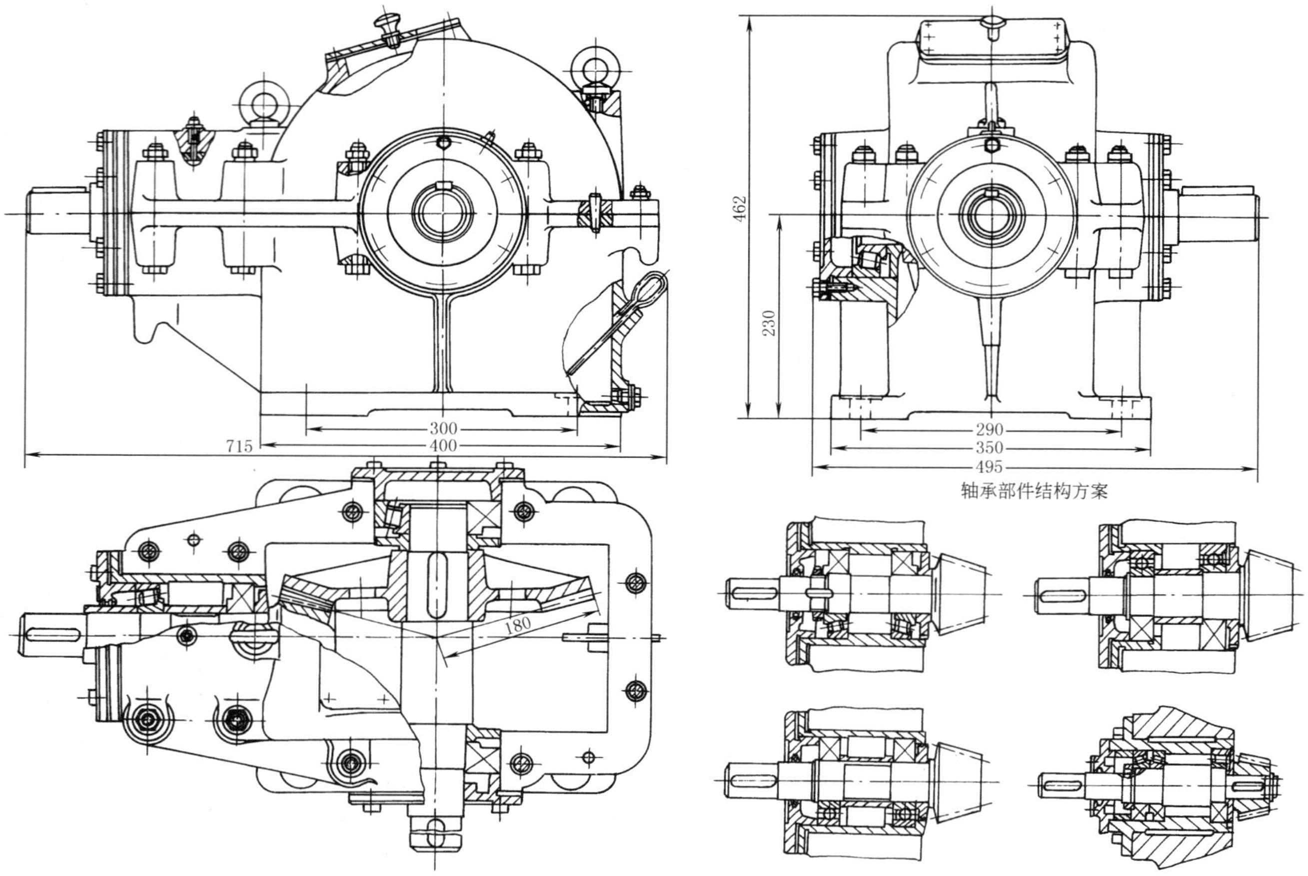

图 17-1-10 单级圆锥齿轮减速器

1.10.3 圆锥-圆柱齿轮减速器

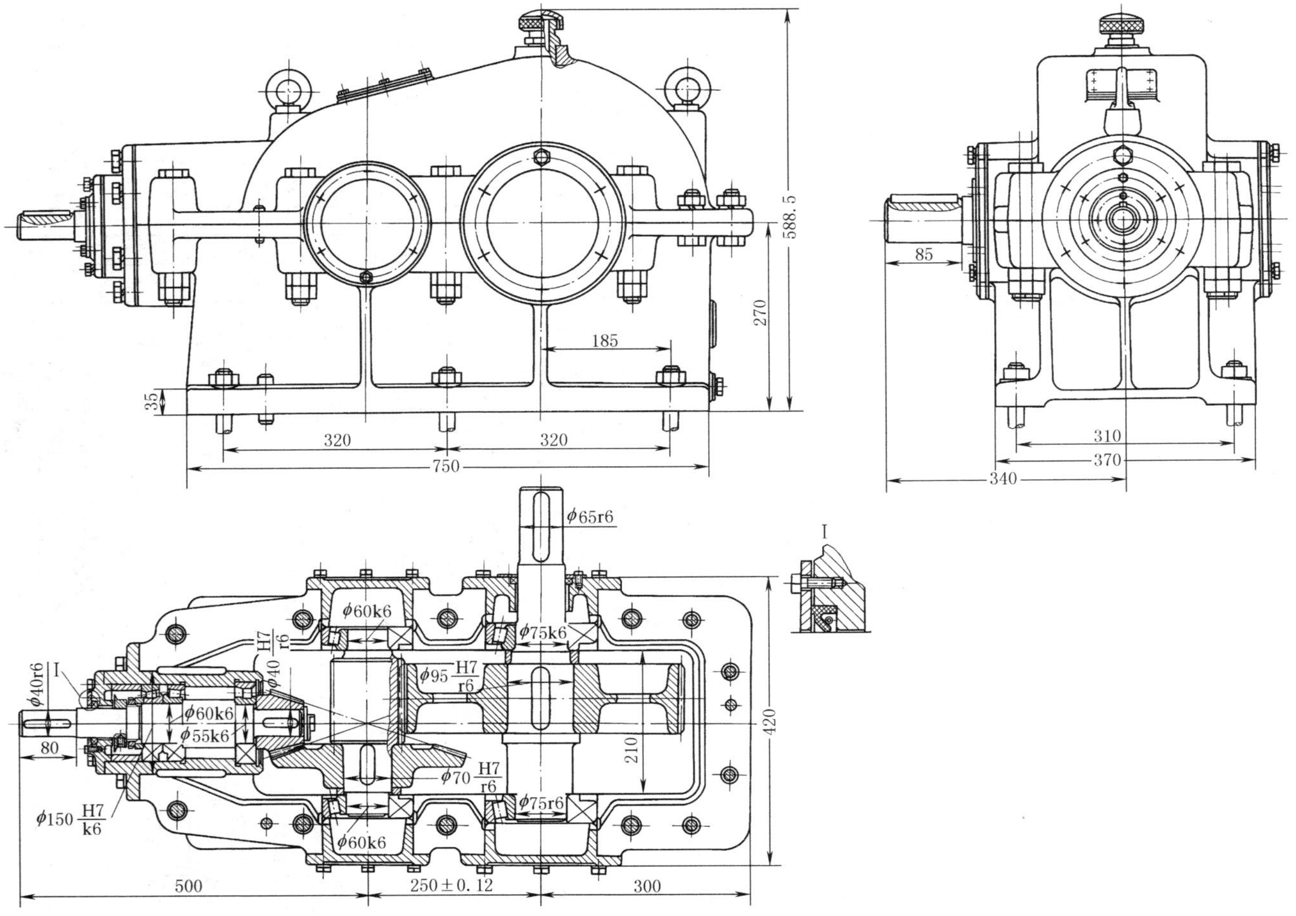

图 17-1-11　两级圆锥-圆柱齿轮减速器

1.10.4 蜗杆减速器

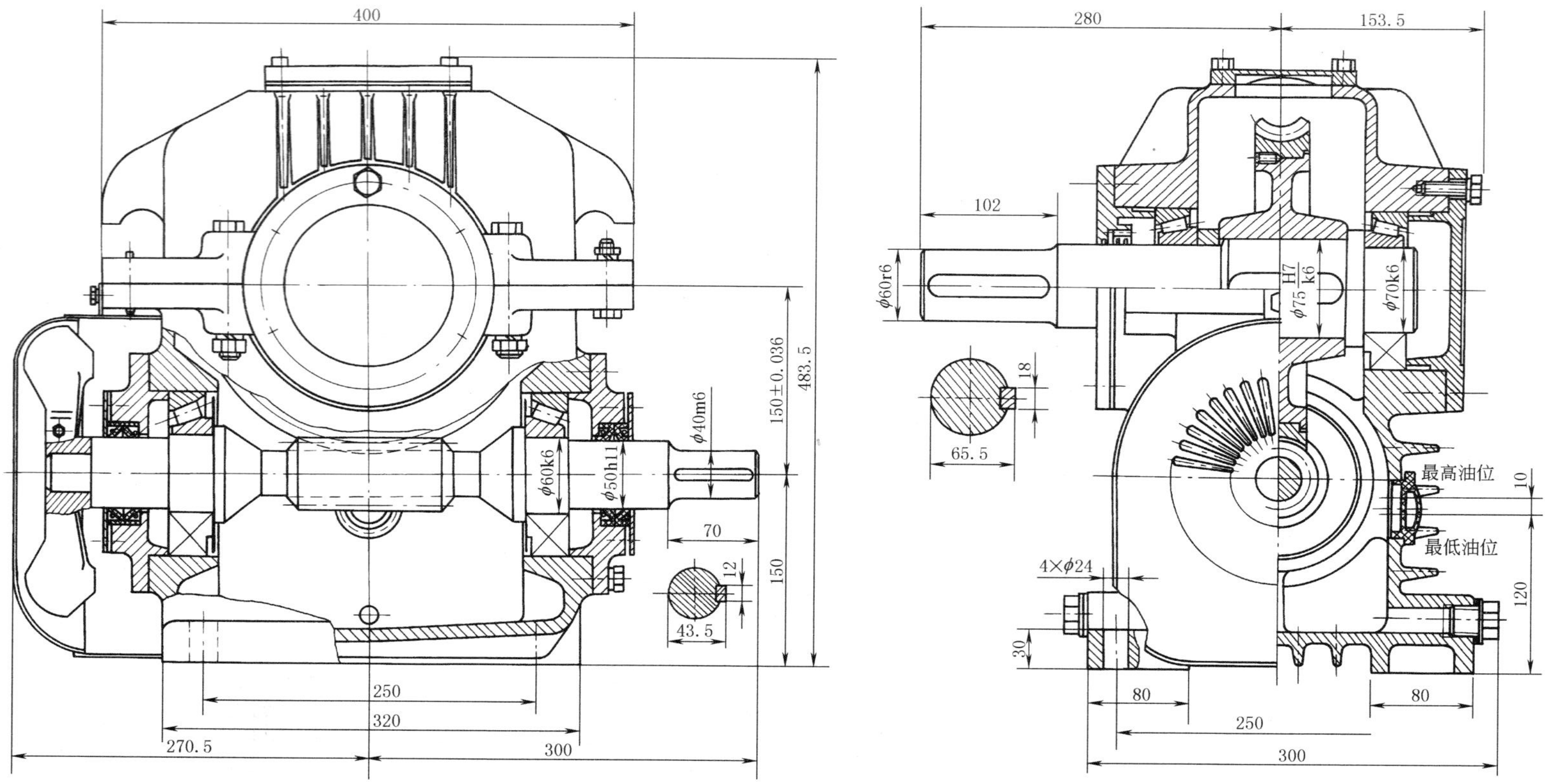

图 17-1-12 圆柱蜗杆减速器

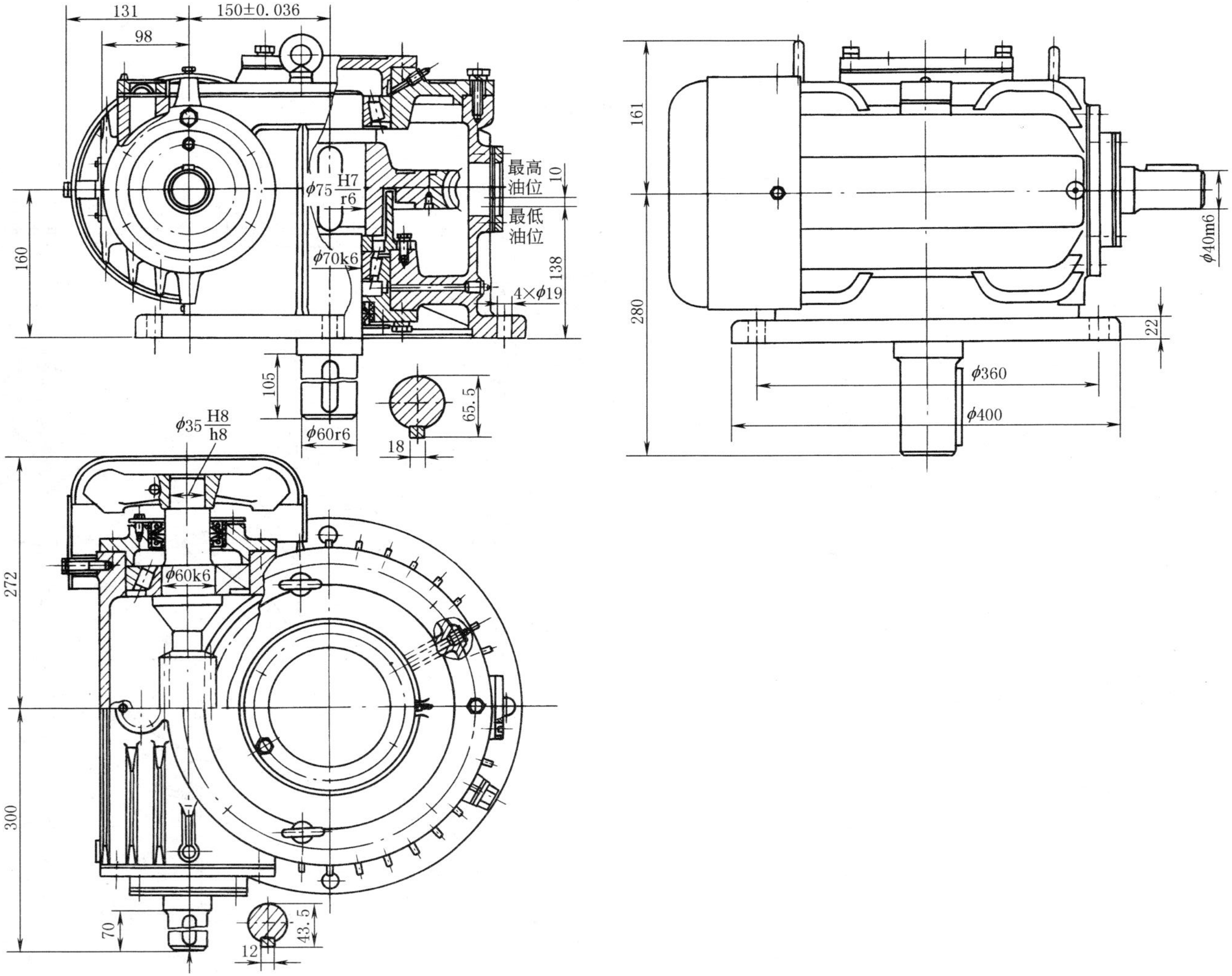

图 17-1-13 圆柱蜗杆减速器（立式）

第 17 篇

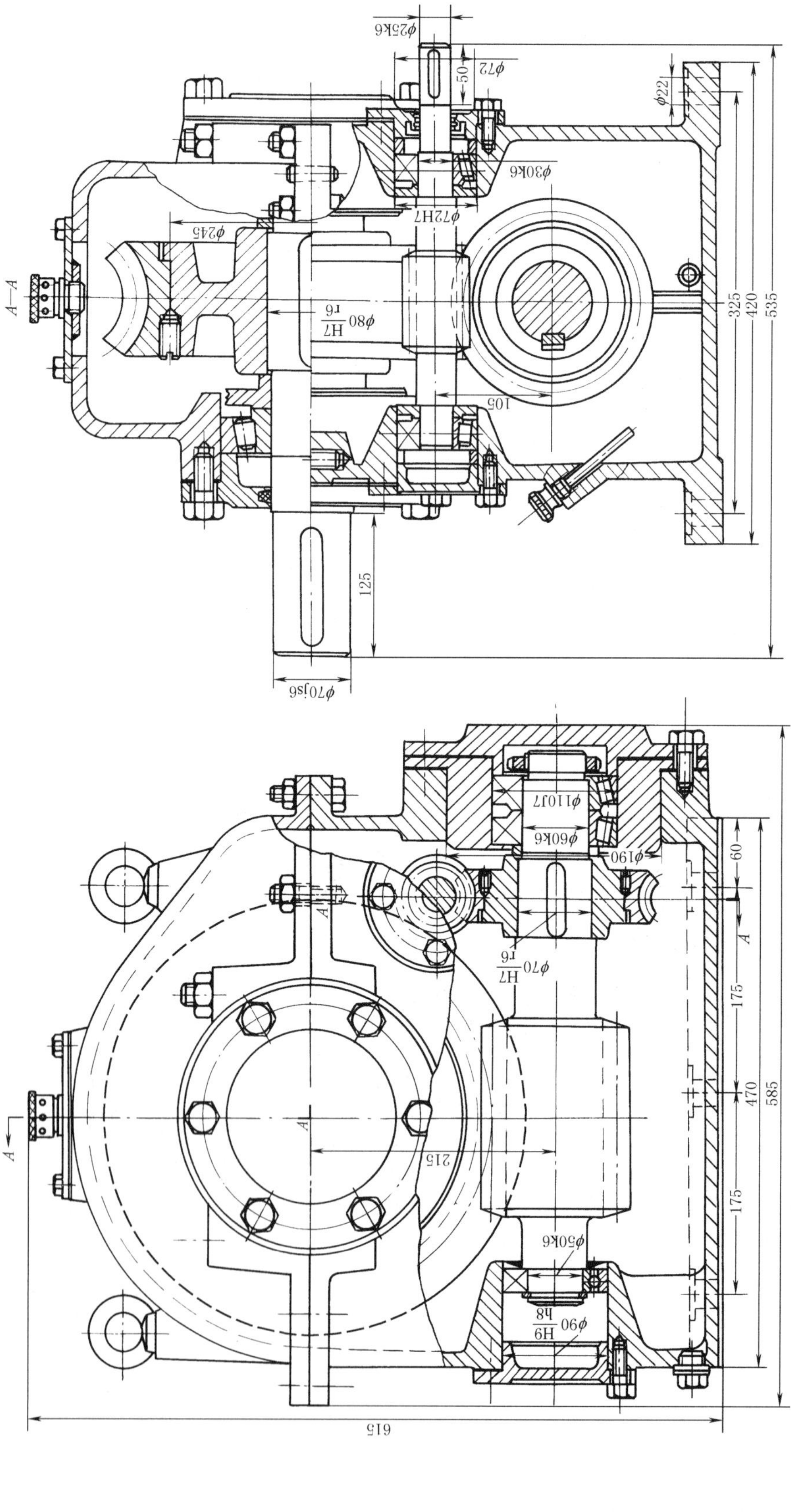

图 17-1-14　两级蜗杆减速器

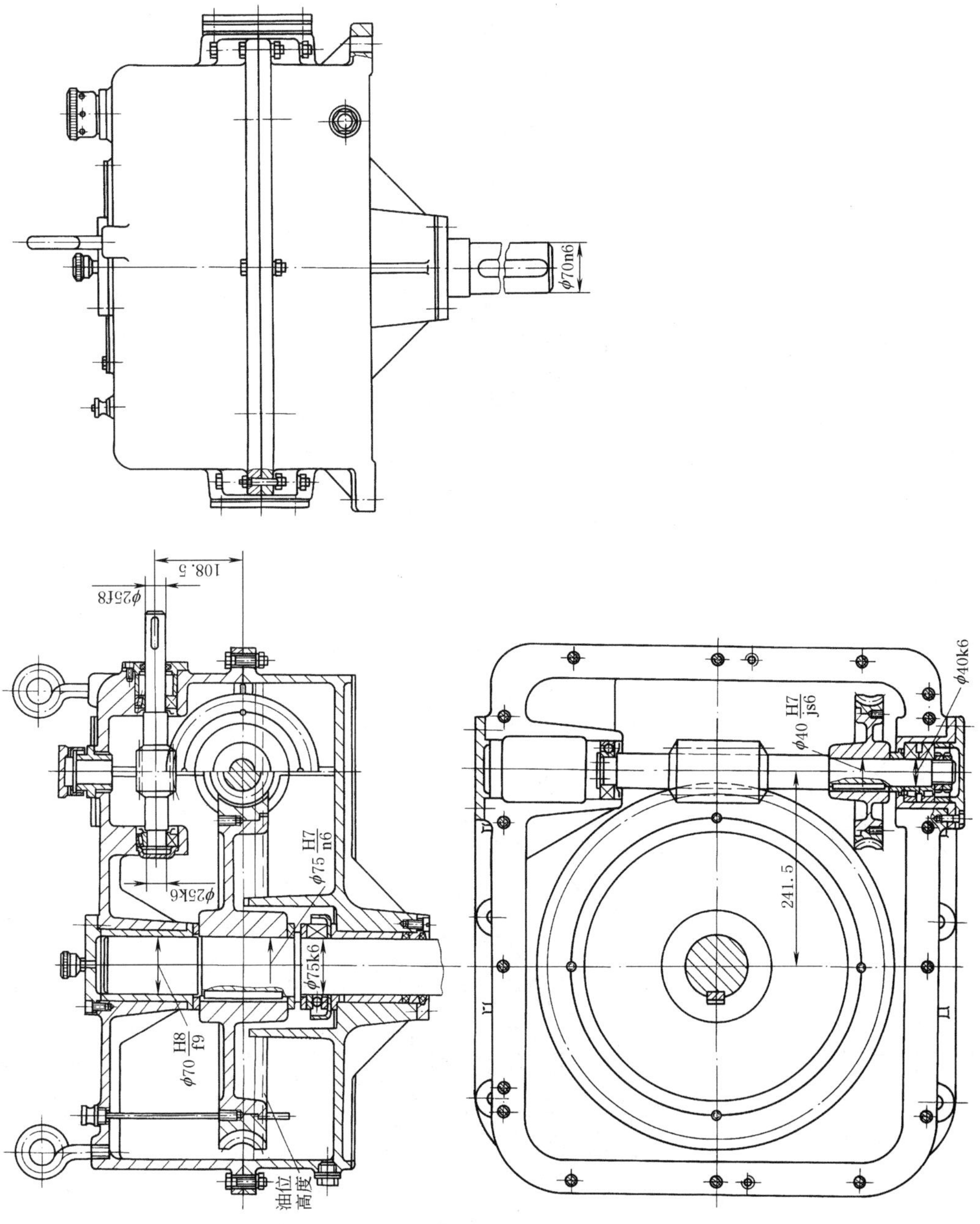

图 17-1-15　两级蜗杆减速器（立式）

1.10.5 齿轮-蜗杆减速器

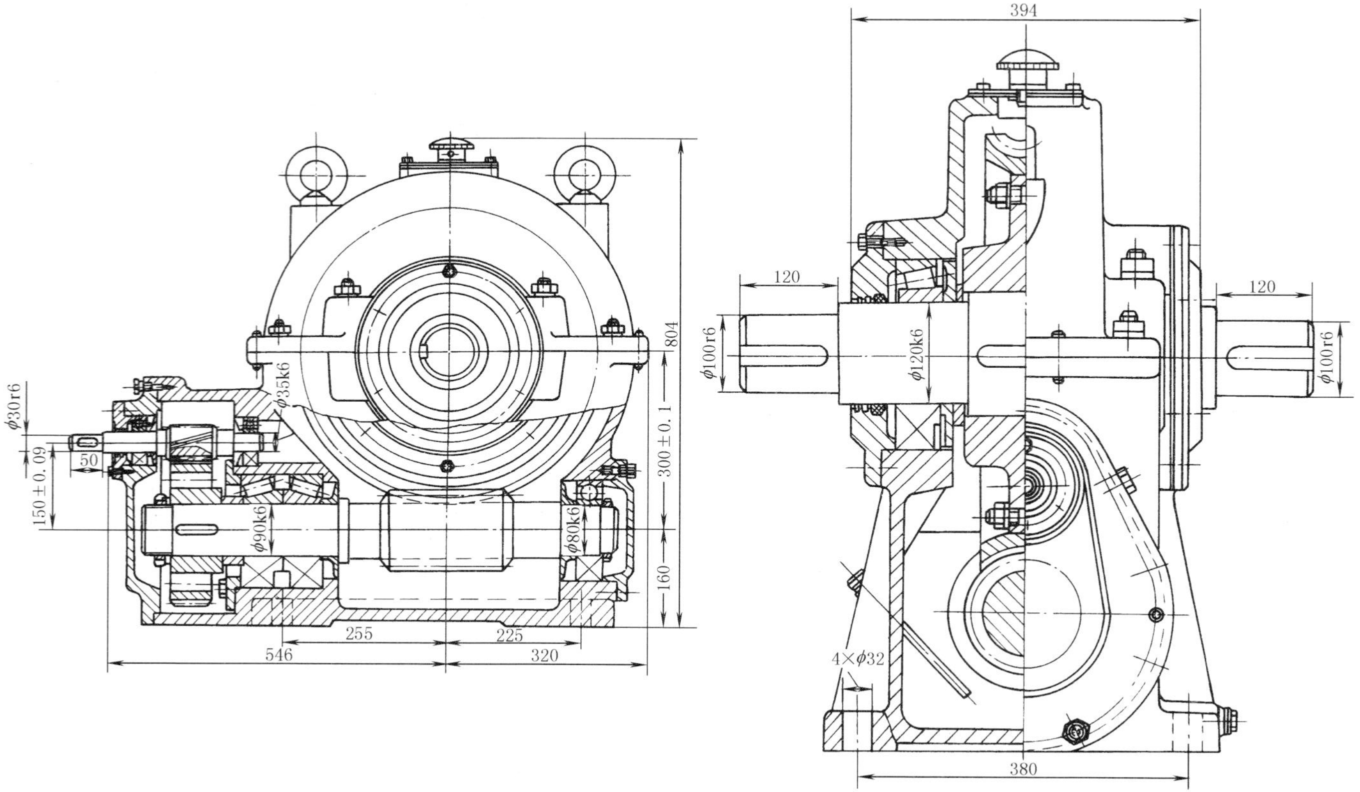

图 17-1-16 两级齿轮-蜗杆减速器

2　减速器设计举例

2.1　通用桥式起重机减速器设计

2.1.1　基本步骤

典型通用桥式起重机用减速器外形如图 17-1-17 所示。

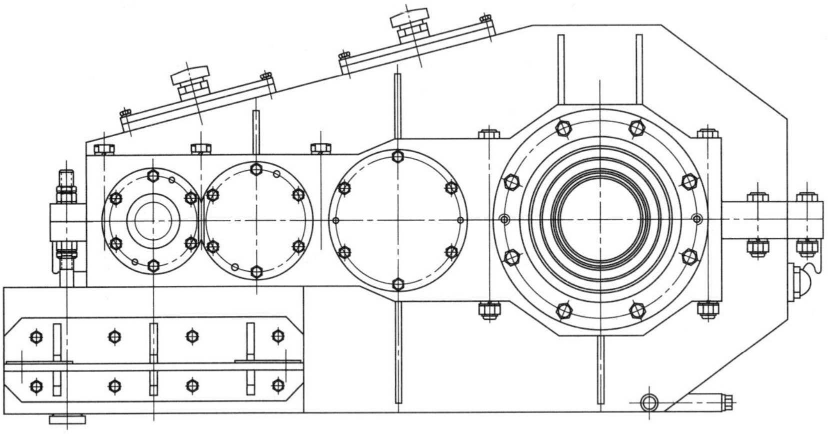

图 17-1-17　QJ3T 通用桥式起重机用减速器

桥式起重机减速器设计步骤和其他通用减速器的设计步骤类似，主要分为如下几步：

① 确定设计输入参数；

② 确定载荷及工作级别；

③ 确定安装及装配形式；

④ 确定速比及功率；

⑤ 确定传动参数；

⑥ 承载能力计算；

⑦ 优化设计（主要指修形）；

⑧ 维护保养。

本节以桥式起重机用主起升减速器为对象，介绍减速器选用、设计、计算及优化过程，仅供读者参考。

2.1.2　技术条件

通用桥式起重机减速器主要用于普通桥式起重机主副起升机构，其主要适应条件为：

① 齿轮圆周速度不大于 20m/s；

② 高速轴转速不大于 1500r/min；

③ 工作环境温度为-40~45℃；

④ 可以正反两向运转；

⑤ 减速器采用飞溅润滑；

⑥ 适用于钢丝绳下绳方向为内下绳。

根据用户提供的技术规格书，将总体技术条件汇总如表 17-1-32 所示。

2.1.3　确定工作级别

减速器设计过程中，正确地选择减速器的工作级别是前提。减速器工作级别实际上就是减速器用在起重机机构的工作级别，由以下一些因素决定。

表 17-1-32　总体技术条件

要求项	描　述	要求项	描　述
应用机构	起升机构	电机输入转速	739rpm
起升载荷	50t	噪声	齿轮箱噪声应不大于 100dB(A)
吊具重量	6t	润滑要求	飞溅自润滑
起升速度	3. 5m/min	齿面	硬齿画
总中心距	1105mm	轴承寿命	35000h
滑轮组倍率	4	设计寿命	10 年
卷筒槽底直径	549mm	齿轮最小接触强度	1. 2
钢丝绳直径	24mm	齿轮最小弯曲强度	1. 6

(1) 利用等级

利用等级按总使用寿命分为 10 级，见表 17-1-33，表中总使用寿命为减速器在设计年限内处于运转的总小时数，并且结合使用频度以确定减速器的利用等级。

经评定该起重机构应用于较频繁使用，因此其利用等级为 T_6。

表 17-1-33　机构的利用等级

利用等级	总使用寿命/h	工作频繁程度
T_0 T_1 T_2 T_3	200 400 800 1600	不经常使用
T_4 T_5 T_6	3200 6300 12500	经常轻度使用 经常中等程度使用 较频繁使用
T_7 T_8 T_9	25000 50000 100000	频繁使用

(2) 载荷状态

机构的载荷状态表明其受载的轻重程度，它可用载荷谱系列 K_m 表示。

$$K_m = \sum\left[\left(\frac{P_i}{P_{max}}\right)^m \frac{t_i}{t_T}\right]$$

式中　P_i——机构在工作时间内所承受的各个不同载荷，$P_i = P_1, P_2, P_3, \cdots, P_n$；

P_{max}——P_i 中的最大值；

t_i——机构承受各个不同载荷的持续时间，$t_i = t_1, t_2, t_3, \cdots, t_n$；

t_T——所有不同载荷作用时间总和；

m——齿轮材料疲劳试验曲线指数，一般取 3. 0。

用户提供该起重机的简易载荷谱如表 17-1-34 所示：

表 17-1-34　减速器简易载荷谱

项目	减速器相应工作时间				
载荷/%	80~100	60~80	40~60	20~40	0~20
循环次数/%	20	20	25	15	20

根据上表计算得到该减速器载荷谱系数 K_m 为

$$K_m = \frac{20}{100}\times 0.9^3 + \frac{20}{100}\times 0.7^3 + \frac{25}{100}\times 0.5^3 + \frac{15}{100}\times 0.3^3 + \frac{20}{100}\times 0.1^3 = 0.2499$$

同时，机构载荷状态按名义载荷谱系数分为四级，见表 17-1-35。

表 17-1-35　载荷状态分级及其名义载荷谱系数

载荷状态	名义载荷谱系数	备注
L_1—轻	0.125	经常承受轻度载荷,偶尔承受最大载荷
L_2—中	0.25	经常承受中等载荷,较少承受最大载荷
L_3—重	0.5	经常承受较重载荷,也常承受最大载荷
L_4—特重	1	经常承受最大载荷

根据载荷谱系数，该减速器的载荷等级应为 L_2。

(3) 确定工作级别

按机构的利用等级和载荷状态来确定机构的工作级别，共分 8 级（M1~M8），见表 17-1-36。

表 17-1-36　　机构的工作级别

载荷状态	名义载荷谱系数 K_m	利用等级									
		T_0	T_1	T_2	T_3	T_4	T_5	T_6	T_7	T_8	T_9
L_1—轻	0.125	M1	M1	M1	M2	M3	M4	M5	M6	M7	M8
L_2—中	0.25	M1	M1	M2	M3	M4	M5	M6	M7	M8	M8
L_4—重	0.5	M1	M2	M3	M4	M5	M6	M7	M8	M8	M8
L_4—特重	1	M2	M3	M4	M5	M6	M7	M8	M8	M8	M8

结合利用等级和载荷状态，评定该齿轮箱的工作级别为 M6。

2.1.4　确定减速器速比

确定减速器速比按照下式计算：

$$i_{总}=\frac{60\pi D_0 n_0}{u v_q}$$

$$D_0=D+d$$

式中　D_0——卷筒卷绕直径，mm；

d——钢丝绳直径，mm；

n_0——电机转速，r/min；

u——滑轮组倍率；

v_q——起升速度，m/s；

D——卷筒槽底直径，mm。

此条件下，减速机所需总速比为

$$i_{总}=\frac{3.14\times(549+24)\times739}{1000\times4\times3.5}=94.97$$

2.1.5　确定电机功率

参照 GB/T 3811—2008，起升机构所需电机功率按照下式计算：

$$P_n=\frac{P_Q v_q}{1000\eta}$$

式中　P_n——电机功率，kW；

P_Q——起升载荷，N；

v_q——起升速度，m/s；

η——起升机构传动总效率，采用闭式圆柱齿轮传动时，可初选 $\eta\approx0.8\sim0.85$。

按照上式，计算得到该起升机构的电机功率为

$$P_n=\frac{[(50+6)\times9.8\times1000]\times(3.5/60)}{1000\times0.85}=37.7(\text{kW})$$

2.1.6　确定减速器功率

标准减速器有自己的选用方法，QJ 型起重机用减速器用于起升机构的选用方法为

$$P_0=1.12^{j-5}P_n$$

式中　P_n——电机功率，kW；

P_0——减速器额定功率，kW；

j——减速器工作级别，因是 M6 级，此处取 $j=6$。

按照上式计算得到 QJ 型减速器的额定功率为

$$P_0=1.12\times37.7=42.2(\text{kW})$$

确定该减速器的选用名义功率为 43kW。

2.1.7　安装及装配形式

起重机用齿轮箱常用的安装方式可以是卧式、倾斜、立式安装使用，如图 17-1-18 所示：

根据用户要求，该减速器采用卧式安装，安装形式如图 17-1-18 所示，同时，QJ3T 系列减速器具有六种装配形式，分别如图 17-1-19 所示。

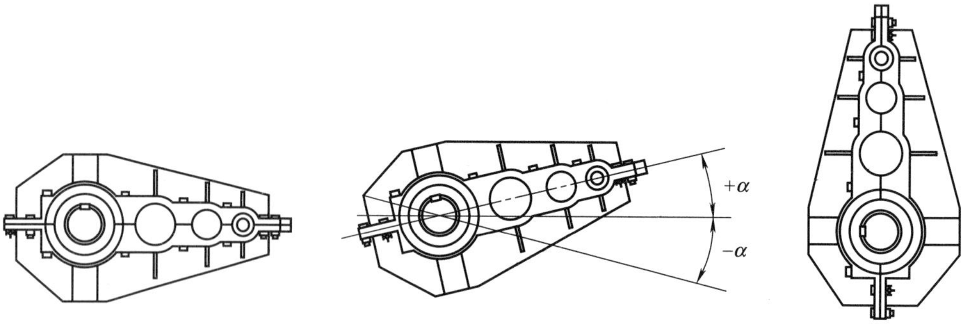

(a) 卧式安装　　(b) 倾斜安装　　(c) 立式安装

图 17-1-18　起重机用齿轮箱典型安装形式

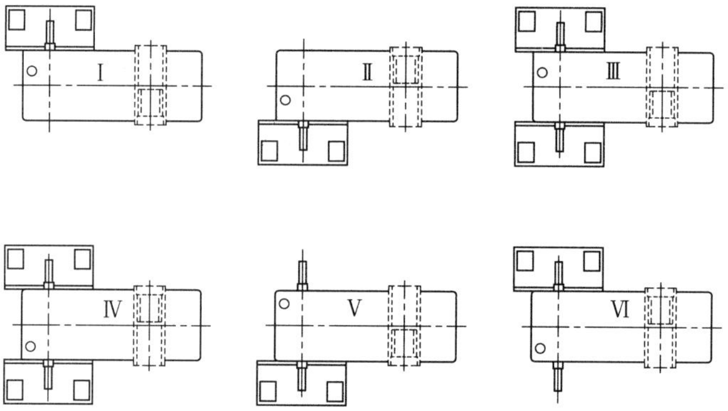

图 17-1-19　装配形式示意图

2.1.8　确定传动参数

根据上述设计参数及工况条件，按照三级传动进行传动方案设计，按照大约 1.4 倍递增关系分配三级中心距分别为 250mm，355mm，500mm。然后对每一级进行详细设计，该减速器主要齿轮参数汇总如表 17-1-37 所示。

表 17-1-37　　**传动参数表**

级数		一级	二级	三级
齿数	z	22/100	20/95	20/88
法向模数	m_n	4.0	6.0	9.0
齿宽	b	96/90	133/125	187/175
螺旋角	β	12°	12°	12°
变位系数	x	0.345/−0.206	0.394/−0.003	0.381/−0.024
压力角	α	20°	20°	20°
中心距	a	250	355	500
分度圆直径	d	89.966	122.681	184.021
		408.936	582.734	809.694
基圆直径	d_b	84.318	114.979	172.468
		383.263	546.150	758.861
齿顶圆直径	d_a	100.714	139.304	208.737
		415.277	594.590	827.122
齿根圆直径	d_f	82.723	112.410	168.378
		397.286	567.696	786.763
端面重合度	ε_a	1.572	1.519	1.521
轴向重合度	ε_β	1.489	1.379	1.287

根据上述传动参数，该减速器的传动方案如图 17-1-20 所示。

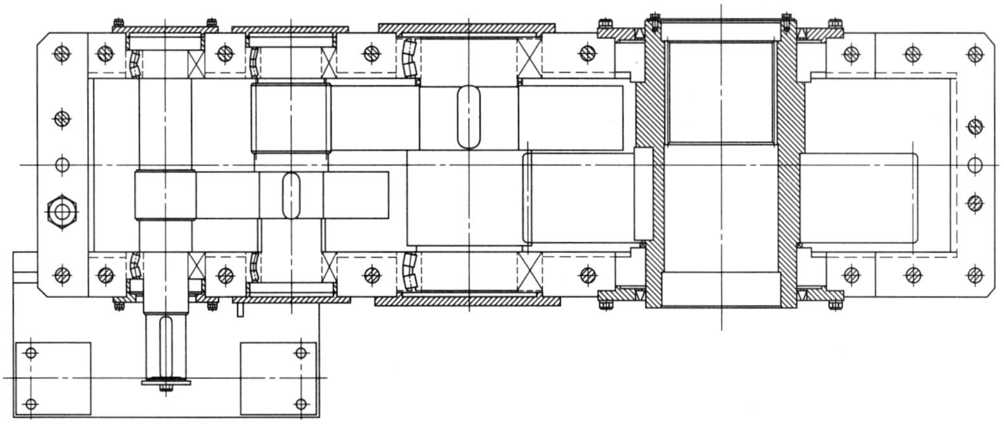

图 17-1-20　减速器传动方案图

2.1.9　齿轮承载能力计算

我国现行的齿轮承载能力计算标准大多采用 GB 3480 或者 1SO 6336，以末级传动大齿轮为例。

（1）接触疲劳强度计算

1）切向工作载荷 F_t

切向工作载荷 F_t 按照下式计算：

$$F_t=\frac{2T}{d}$$

$$T=9.55\times10^6\times\frac{P}{n}$$

式中　T——末级大齿轮名义转矩，N·mm；

d——末级大齿轮分度圆直径，mm；

P——末级大齿轮名义功率，kW；

n——末级大齿轮转速，r/min。

计算得到：

$$F_t=9.55\times10^6\times\frac{2\times43}{809.694\times7.78}=130377(\mathrm{N})$$

2）使用系数 K_A

使用系数 K_A 根据原动机和工作机的工作特性选取，原动机为电动机，具有轻微冲击，工作机为桥式主起升，也是轻微冲击，按照推荐的使用系数选取方法，取 $K_A=1.3$。

3）动载系数 K_V

齿距偏差的极限偏差：

$$\begin{cases}f_{pt1}=0.3(m_n+0.4\times\sqrt{d_1})+4=8.327(\mu\mathrm{m})\\f_{pt2}=0.3(m_n+0.4\times\sqrt{d_2})+4=10.11(\mu\mathrm{m})\end{cases}$$

传动精度系数 C：

$$\begin{cases}C_1=-0.5048\ln z_1-1.144\ln m_{n1}+2.852\ln f_{pt1}+3.32=5.34\\C_2=-0.5048\ln z_2-1.144\ln m_{n2}+2.852\ln f_{pt2}+3.32=5.14\end{cases}$$

取 $C=6$，同时有

$$B=0.25(C-5.0)^{0.667}=0.25$$

$$A=50+56\times(1.0-B)=92$$

$$v=\frac{n_1\pi d_1}{60\times1000}=\frac{6.316\times3.14\times809.694}{60\times1000}=0.268(\mathrm{m/s})$$

于是有

$$K_V=\left(\frac{A}{A+\sqrt{200v}}\right)^{-B}=1.02$$

4）齿向载荷分布系数 $K_{H\beta}$

由于采用硬齿面传动，取跑和系数 $x_\beta=0.85$，啮合刚度系数 $c_\gamma=20\text{N/(mm·μm)}$，同时，螺旋线总偏差 F_β 为

$$F_\beta=0.1\sqrt{d}+0.63\sqrt{b}+4.2=15.38(\mu\text{m})$$

加工、安装误差产生的啮合齿向误差分量 f_{ma} 为

$$f_{ma}=0.5F_\beta=7.69(\mu\text{m})$$

则啮合齿向载荷分布系数 $K_{H\beta}$ 为

$$K_{H\beta}=1+\frac{x_\beta c_\gamma\ f_{ma}}{2F_m/\text{b}}=1.03$$

5）齿间载荷分布系数 $K_{H\alpha}$

$$\frac{K_A F_t}{b}=\frac{1.3\times130377}{175}=968.5(\text{N/mm})$$

由于是 6 级硬齿面，按照推荐值取 $K_{H\alpha}=K_{F\alpha}=1.1$。

6）单对齿啮合系数 Z_B、Z_D

由于轴向重合度 $\varepsilon_\beta>1$，取 $Z_B=Z_D=1$。

7）节点区域系数 Z_H

基圆螺旋角：$\beta_b=11.267°$，端面压力角 $\alpha_t=20.41°$，端面啮合角：$\alpha'_t=21.357°$。于是有

$$Z_H=\sqrt{\frac{2\cos\beta_b\cos\alpha'_t}{\cos^2\alpha_t\sin\alpha'_t}}=2.39$$

8）弹性系数 Z_E

根据齿轮材料，取弹性系数 $Z_E=189.8\text{MPa}$。

9）重合度系数 Z_ε

$$Z_\varepsilon=\sqrt{\frac{1}{\varepsilon_a}}=0.811$$

10）螺旋角系数 Z_β

$$Z_\beta=\sqrt{\cos\beta}=0.989$$

11）寿命系数 Z_{NT}

按照 10 年设计寿命计算，考虑工作制后，末级大齿轮应力循环次数约为 1.36×10^7 次，渗碳钢寿命系数按下式计算：

$$Z_{NT}=\left(\frac{2\times10^6}{13.6\times10^6}\right)^{0.0191}=0.964$$

12）润滑剂、速度、粗糙度系数（$Z_L Z_V Z_R$）

按照持久长度以及加工方法，由于采用滚齿加磨齿加工，取 $Z_L Z_V Z_R=0.92$。

13）工作硬化系数 Z_W

由于热处理后齿面硬度达到（60±2）HRC，因此取 $Z_W=1$。

14）尺寸系数 Z_X

$$Z_X=1.076-0.0109m_n=0.9779$$

15）接触强度极限 σ_{Hmin}

18CrNiMo7-6 经过渗碳淬火热处理后，其硬度可以达到（60±2）HRC，接触强度可达 $\sigma_{Hmin}=1500\text{MPa}$。

16）接触强度校核

接触强度计算安全系数 S_H：

$$S_H=\frac{\sigma_{HLim}Z_{NT}Z_LZ_VZ_RZ_WZ_X}{Z_BZ_HZ_EZ_\varepsilon Z_\beta\sqrt{K_AK_VK_{H\beta}K_{H\alpha}}}\times\sqrt{\frac{dbu}{F_t(1+u)}}$$

$$=\frac{1500\times0.964\times0.92\times1\times0.9779}{1\times2.39\times189.8\times0.811\times0.989}\times\sqrt{\frac{184.021\times175\times4.4}{1.3\times1.02\times1.03\times1.1\times130377\times(1+4.4)}}=1.31$$

满足用户提出的齿轮接触疲劳安全系数不小于 1.2 的要求。

（2）弯曲疲劳强度计算

1）齿向载荷分布系数 $K_{F\beta}$

$$N=\frac{(b/h)^2}{1+(b/h)+(b/h)^2}=\frac{(175/20.18)^2}{1+(175/20.18)+(175/20.18)^2}=0.886$$

$$K_{F\beta}=K_{H\beta}{}^{N}=1.03$$

2）齿形系数 Y_{Fa}

采用标准刀具进行加工，$\alpha_n=20°$，$h_{ap}/m_n=1.0$，$h_{fp}/m_n=1.25$，$\rho_{fp}/m_n=0.38$。

当量齿数为 $z_v=z/(\cos^2\beta_b\cos\beta)=93.54$，变位系数为-0.024，得 $Y_{Fa}=2.14$。

3）应力修正系数 Y_{Sa}

同上，当量齿数为 $z_v=93.54$，变位系数为-0.024，应力修正系数为 $Y_{Sa}=1.67$。

4）重合度系数 Y_ε

当量齿轮的端面重合度为

$$\varepsilon_{\alpha v}=\frac{\varepsilon_\alpha}{\cos^2\beta_b}=\frac{1.521}{\cos^2 11.267°}=1.581$$

重合度系数按下式计算：

$$Y_\varepsilon=0.25+\frac{0.75}{\varepsilon_{\alpha v}}=0.724$$

5）螺旋角系数 Y_β

螺旋角系数按照下式计算：

$$Y_\beta=1-\varepsilon_\beta\times\frac{\beta}{120}=1-1.287\times\frac{12}{120}=0.871$$

6）试验齿轮应力修正系数 Y_{ST}

一般情况下取 $Y_{ST}=2.0$。

7）寿命系数 Y_{NT}

按照 10 年设计寿命计算，末级大齿轮的应力循环次数约为 0.33×10^8 次，按照下式计算寿命系数：

$$Y_{NT}=\left(\frac{3\times10^6}{3.3\times10^7}\right)^{0.02}=0.953$$

8）齿根圆角敏感系数 $Y_{\delta relT}$

齿根圆角敏感系数 $Y_{\delta relT}$ 近似取 1。

9）齿根表面状况系数 Y_{RrelT}

根据齿轮材料及表面粗糙度，近似取 $Y_{RrelT}=1.05$。

10）尺寸系数 Y_X

由于齿轮材料为渗碳淬火钢材，法向模数为 9，按照图解法查得 $Y_X=1.0$。

11）弯曲强度极限 σ_{Fmin}

18CrNiMo7-6 经过渗碳淬火热处理后，其硬度可以达到（60±2）HRC，接触强度可达 $\sigma_{Fmin}=500MPa$。

12）弯曲强度校核

弯曲强度计算安全系数 S_F：

$$S_F=\frac{\sigma_{FLim}Y_{ST}Y_{NT}Y_{\delta relT}Y_{RrelT}Y_Xbm_n}{Y_{Fa}Y_{Sa}Y_\varepsilon Y_\beta K_AK_VK_{H\beta}K_{H\alpha}F_t}=\frac{500\times2\times0.953\times1.05\times175\times9}{2.14\times1.67\times0.724\times0.871\times1.6\times1.02\times1.03\times1.1\times130377}=2.9$$

满足用户提出的齿轮弯曲疲劳安全系数不小于 1.6 的要求。同样其他两级传动的齿轮强度可以采用相同方法计算。

按照上述相同的方法，计算得到该减速器各级齿轮疲劳安全系数如表 17-1-38 所示。

表 17-1-38　　各级齿轮疲劳安全系数

级数	小齿轮		大齿轮	
	S_{H1}	S_{F1}	S_{H2}	S_{F2}
第一级	1.75	4.21	1.63	3.52
第二级	1.55	3.15	1.63	3.62
第三级	1.29	2.82	1.31	2.9

2.1.10　齿轮修形计算

齿轮啮合过程中，由于加工误差及弹性变形使被动齿轮的实际基节大于主动齿轮的实际基节，从而产生边缘冲击，这种边缘效应会影响齿轮传动的平稳性，引起应力集中，并产生过大噪声。

（1）齿顶修形

对于线速度较低的传动齿轮，可以采用仅小齿轮修形的方式；当齿轮载荷以及线速度较大的齿轮，应该采取大、小齿轮均修形的方式，其中修形高度 h 可以采用推荐值：

$$h=0.4m_n=3.6\text{mm}$$

大小齿轮的齿宽方向的修形量 Δ_1、Δ_2 可以按照以下经验公式计算：

$$\begin{cases}\Delta_1=(a+0.04W_t)\times10^{-3}\\ \Delta_2=(b+0.04W_t)\times10^{-3}\end{cases}$$

推荐 $a=5\sim13$mm，取 $b=0\sim8$mm，一般情况下取中间值，另外 W_t 为单位齿宽载荷：

$$W_t=F_t/b=745\text{N/mm}$$

取 $a=8$mm，取 $b=6$mm，计算末级齿顶宽度修形量为

$$\begin{cases}\Delta_1=0.037\text{mm}\\ \Delta_2=0.036\text{mm}\end{cases}$$

该级的齿顶修形参数可以表述如图 17-1-21 所示。

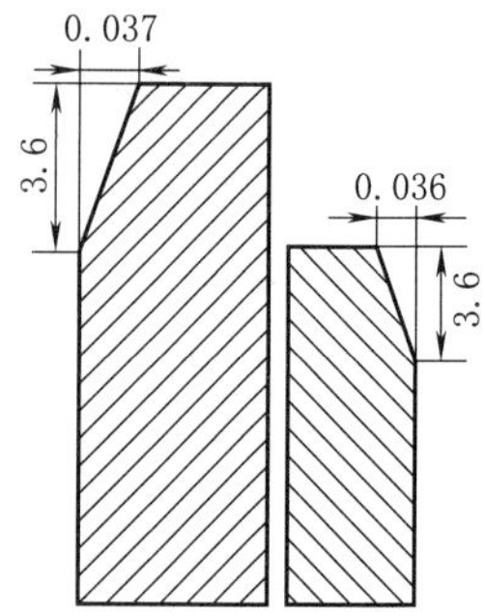

图 17-1-21　第三级齿轮齿顶修形参数

（2）齿向修形　关于齿向修形计算也可以采用解析算法或仿真法确定，对于斜齿轮，齿宽范围内的最大相对弯曲变形可以通过下式计算：

$$\delta_b=\frac{\Psi_d^4K_iK_rW_t(12\eta-7)}{6\pi E}$$

式中　δ_b——弯曲变形量，mm；

Ψ_d——宽径比，$\Psi_d=b/d_1$；

b——齿轮有效齿宽，mm；

d_1——齿轮分度圆直径，mm；

K_i——考虑齿轮内孔影响的系数：

$$K_i=\left[1-\left(\frac{d_i}{d_1}\right)^4\right]^{-1}$$

d_i——齿轮内孔直径，mm；

K_r——考虑径向力影响的系数：

$$K_r=1/\cos^2\alpha_t$$

α_t——端面压力角；

η——轴承跨距和齿宽的比值，$\eta=L/b$；

L——轴承跨距，mm；

E——齿轮材料弹性模量，对于钢制材料可以取 $E=2.06\times10^5$MPa。

按照上述公式进行计算，将末级主动轮的齿向修形参数表示如图 17-1-22所示。

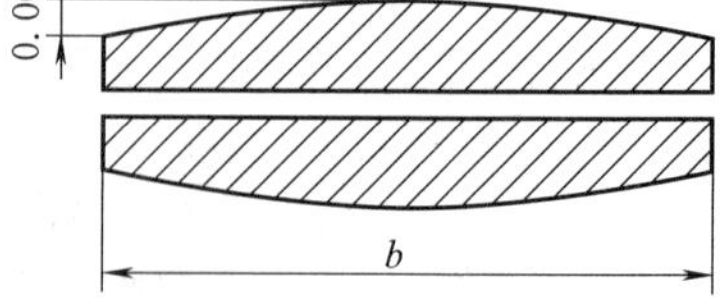

图 17-1-22　末级主动轮齿向修形参数

（3）螺旋角修形

轴系由于传递转矩，反映到齿轮两侧产生相对扭转变形，此变形使得齿轮螺旋角发生微变，假设载荷均匀分布，则齿宽范围内最大相对扭转变形通过下式计算：

$$\delta_t=\frac{4\psi_d^4 K_i W_t}{\pi G}$$

式中，G 为剪切模量，对于钢制材料齿轮，一般取 $G=7.95\times10^4$ MPa。

根据上述计算得到末级主动齿轮的相对扭转变形量为

$$\delta_t=0.0234\text{mm}$$

转换成齿宽上的扭转角为

$$\Delta\theta=\arctan\frac{\delta_t}{b}=0.00725°$$

结合扭转方向，该级主动齿轮的螺旋角修形参数表示如图17-1-23所示。

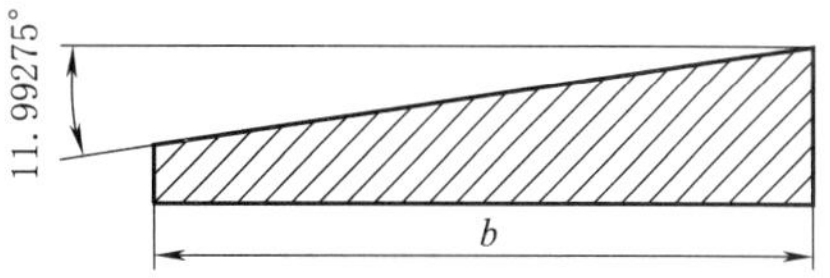

图 17-1-23　末级主动轮螺旋角修形参数

同样，其他各级修形参数均可以类似计算获得。

2.1.11　轴系设计

轴分为光轴及齿轮轴，总体设计原则是：结构合理，避免应力集中，且具有足够强度（静强度及疲劳强度）。关于材料选取，光轴常用材料有 45 钢、35CrMo、42CrMo 等；调质轴（齿轮轴），常见材料有 42CrMo、34CrNiMo6、34CrNiMo 等；对于硬质齿轮轴，常见材料有 20CrMnMo、18CrNiMo7-6。从性能上说，Ni 是在确保淬透性基础上同时提高韧性的最佳元素，而 Mo 是在确保淬透性基础上同时提高耐磨性的最佳元素。

通常，轴系设计常规步骤如下：

① 根据总体布局，拟定轴线上零件位置以及装配方案；

② 选择轴材料以及热处理方式；

③ 初步估算轴直径，进行轴结构设计，确保各个轴段的扭转以及弯曲强度，同时考虑键槽对强度的减弱作用；

④ 必要时校核轴刚度、临界转速及其扭振频率。

对于传动轴的安全系数，通常都是按照弯扭合成进行计算，其校核公式为

$$S=\frac{S_\sigma S_\tau}{\sqrt{S_\sigma^2+S_\tau^2}}\geqslant S_p$$

其中：

$$\begin{cases}S_\sigma=\dfrac{\sigma_{-1}}{\dfrac{K_\sigma}{\beta\varepsilon_\sigma}\sigma_a+\psi_\sigma\sigma_m}\\[2ex] S_\tau=\dfrac{\tau_{-1}}{\dfrac{K_\tau}{\beta\varepsilon_\tau}\tau_a+\psi_\tau\tau_m}\end{cases}$$

式中　S_p——考虑弯扭合成作用时的许用安全系数；

S_τ——只考虑扭转作用时的安全系数；

S_σ——只考虑弯曲作用时的安全系数；

ε_σ、ε_τ——弯曲以及扭转时的尺寸影响系数；

σ_{-1}、τ_{-1}——对称循环应力材料弯曲、扭转疲劳极限；

ψ_σ、ψ_τ——材料拉伸以及扭转的平均应力折算系数；

K_σ、K_τ——弯曲以及扭转时的有效应力集中系数；

σ_a、σ_m——弯曲应力的应力幅和平均应力，MPa；

τ_a、τ_m——扭转应力的应力幅和平均应力，MPa。

为了省略计算过程并减少重复计算，借助专业计算软件对各轴系进行计算，如以高速轴为例，建立该轴系的计算模型如图 17-1-24 所示。

上述模型不仅考虑了电机和齿轮的载荷，同时考虑了联轴器偏心形成的附加载荷。沿着轴线方向分别定义三个危险截面 A—A（左轴承的右端面）、B—B（第一轴段轴肩处）、C—C（齿轮承载中心），按照弯扭合成法分别计算三个危险截面的疲劳强度以及静强度，计算结果如表 17-1-39 所示。

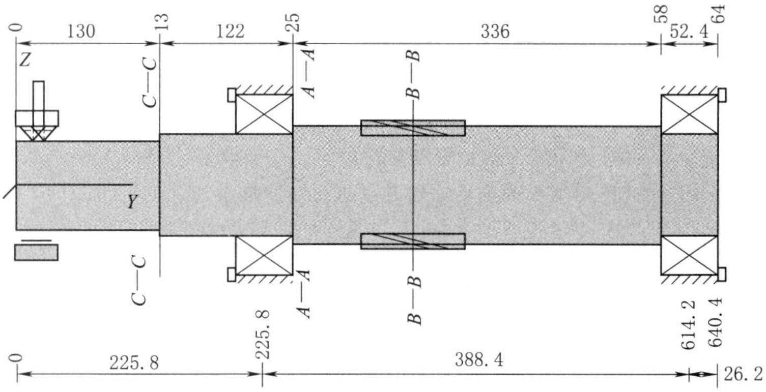

图 17-1-24 高速齿轮轴计算模型

表 17-1-39 **高速轴安全系数**

截面号	疲劳强度	静强度
A—A	6.44	10.41
B—B	7.18	8.65
C—C	8.64	7.21

上述计算结果表明高速轴的疲劳强度以及静强度均具有足够的设计余量，同样的方法可以应用于其他轴系的强度校核。

2.1.12 轴承选用

QJ3T 系列减速器已经成功使用多年，该系列减速器轴承通常使用球面滚子轴承，并且由于起重机用减速器通常是双向运行，因此定位方式采用单侧交叉定位方式，如图 17-1-25 所示。

关于其寿命计算，可以按照下式计算其基本额定寿命：

$$L_h = \frac{10^6}{60n}\left(\frac{C}{P}\right)^{\varepsilon}$$

式中 n——轴承转速，r/min；

C——基本额定动载荷；

ε——寿命系数，球轴承 $\varepsilon=3$，滚子轴承 $\varepsilon=10/3$；

P——当量动载荷，N。

当量动载荷可以由轴承承受的径向载荷以及轴承载荷折算得到：

$$P_1 = XF_r + YF_a$$

系数 X 及 Y 分别表示对应轴承型号的径向载荷系数以及轴向载荷系数，可以根据轴承型号由轴承样本查取。按照上述方法，将各轴承的基本额定寿命见表 17-1-40。

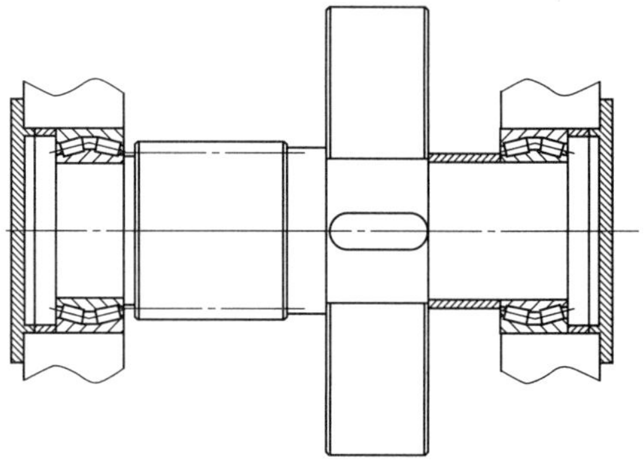

图 17-1-25 轴承选型及定位方式

表 17-1-40 **轴承基本额定寿命**

轴系序号	轴承一	轴承二
1 轴(高速轴)	55000h	46000h
2 轴	35000h	38000h
3 轴	46000h	39000h
4 轴(输出轴)	64000h	52000h

计算结果说明各轴承基本额定寿命均在 3500h 以上。

2.2 风力发电用增速齿轮箱设计

2.2.1 概述

风电齿轮箱（图 17-1-26）的研究随着绿色能源发展及应用逐渐发展成熟，早期盛兴于欧美，近 20 年来在国内取得长足发展。功率级别涵盖 750kW~8MW，国外 10MW 样机也在研制之中。

本节主要介绍风电齿轮箱的特点、技术趋势，以一款 750kW 齿轮箱为例，介绍其设计过程、校核计算方法、优化过程及测试情况。

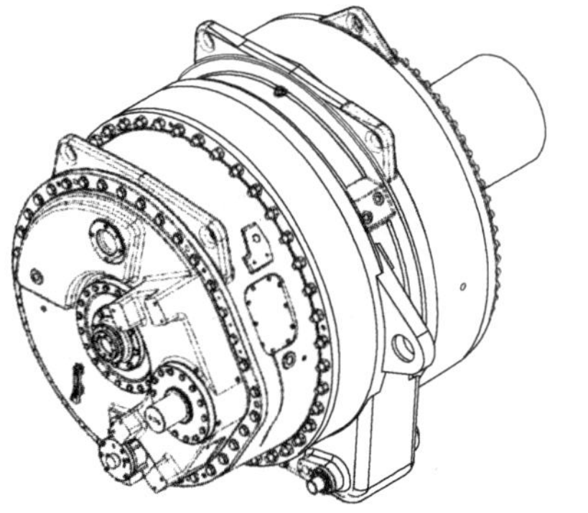

图 17-1-26 风电齿轮箱外形图

2.2.2 特点及技术趋势

风电齿轮箱是风力发电传动链中的核心零部件之一，用于主轴和发电机之间的功率传递。由于机舱通常安装在风力资源丰富的高原、海上及其他较偏远地区，安装、运输条件差，零部件维护及保养困难，因此对其可靠性提出了很高的要求。区别于其他机械传动系统，风电齿轮传动系统有其自身特点如下。

① 随着单机容量逐渐增加，单纯依靠增加齿轮设计尺寸的做法既不经济又难以满足设计要求，硬齿面技术的发展有效改善了这一现状，显著提高了齿面承载能力，并且提高了传动精度，使材料的性能得到充分发挥。硬齿面技术推广以后，热处理以及齿面修形等工艺的得到极大发展。

② 低转重载，大扭矩使轮齿产生较大变形，在啮入啮出位置容易产生冲击载荷，导致局部接触应力过高；另一方面，大扭矩使齿面润滑条件恶化生产不稳定油膜，引起磨损并导致局部温升严重，进而影响齿轮使用寿命。

③ 工况复杂，由于风机在高空安装，地点偏远且经常具有沙尘、盐雾气候，同时需要承受较大温差，因此使用工况比较恶劣。

④ 风速变化导致载荷非恒定，高空风速不稳定使得轮齿载荷波动更为显著，这种时变载荷对于齿轮啮合动力学特性以及可靠性均有较大影响。

⑤ 为了保证齿轮箱安全运行，齿轮箱润滑冷却系统中增加了离线过滤、颗粒传感器等精密装置，极大程度提高了润滑油的清洁度。

⑥ 为了进一步减小外形尺寸，无外圈轴承技术逐渐在行星轮上推广，将行星轮内孔作为轴承外滚道，进一步减小了传动体积。

同时，随着承载功率不断增大，风电齿轮传动技术呈现出以下 3 个特点。

① 硬齿面技术，随着承载能力逐渐提高，增加齿轮尺寸在经济性及实用性上受到很大挑战，硬齿面技术发展改善了这一现状，显著提高齿面承载能力及传动精度，使材料性能得到充分发挥也推动了热处理及齿面修形工艺的发展。

② 功率分流，功率分流技术可有效减少单个轮齿载荷，但同时也使得轮齿在参数设计，安装以及加工过程中产生一些限制条件，尤其是由此造成的偏载和振动问题尚有许多工作需要开展。

③ 模块化设计技术是单个设计到批量化、规模化设计的必经之路，是提高设计效率及提高性能指标的重要保证措施，成熟的模块化设计可以提高生产力并衍生新的同类产品，模块化设计程度是衡量一个企业设计能力乃至规模的重要指数。

2.2.3 750kW 风电齿轮箱设计举例

(1) 总体技术条件

主齿轮箱总体要求见表 17-1-41 及表 17-1-42。

表 17-1-41 气候条件 ℃

气候条件	低温	常温	高温
机舱罩内安全温度	-40~60	-20~60	-50~60
环境安全温度	-40~50	-20~50	-50~50

续表

气候条件	低温	常温	高温
运行时机舱罩内温度	−30~50	−10~50	0~50
运行时环境温度范围	−30~40	−10~40	−5~40
减功率运行开始温度	35	35	40

表 17-1-42　总体技术要求

要求项	描述
工作环境	高原,需考虑防尘防沙
相对湿度	最大 100%
空气含盐度	0.1mg/m^3
气候条件	详见表 17-1-41
额定功率	750kW
输入转速	23.4r/min
旋向	面向低速端看,低速轴为顺时针方向旋转
机械效率	不低于 97%
噪声	齿轮箱噪声应不大于 95dB(A)
润滑要求	强制润滑,润滑油清洁度满足 GB/T 14039—2002 代号 15/12 要求
密封性	齿轮箱应具有良好的密封性,不应有渗油、漏油现象,并避免水分、尘埃进入
设计寿命	20 年

(2) 传动方案设计

风电用增速齿轮箱常用传动结构有一级行星加两级平行轴（见图 17-1-27）、两级行星加一级平行轴（见图 17-1-28）、双行星联动一级平行轴结构（见图 17-1-29）、功率分流型结构（见图 17-1-30）等。对于 2MW 及其以下功率的增速齿轮箱，图 17-1-27 以及图 17-1-28 所示的两种结构已逐渐趋于成熟并形成批量化生产能力。本设计采用如图 17-1-28 所示的传动结构，前两级为 NGW 行星传动，最后一级采用平行轴传动。

(3) 材料及热处理方式选择

采用硬齿面，材料牌号及热处理方式见表 17-1-43。

(4) 参数粗配

行星传动级的行星轮个数取 $n_p=3$，考虑行星轮系的装配条件以及同心条件，同时按照等滑差率原则分配变位系数。基本配齿参数如表 17-1-44 所示。

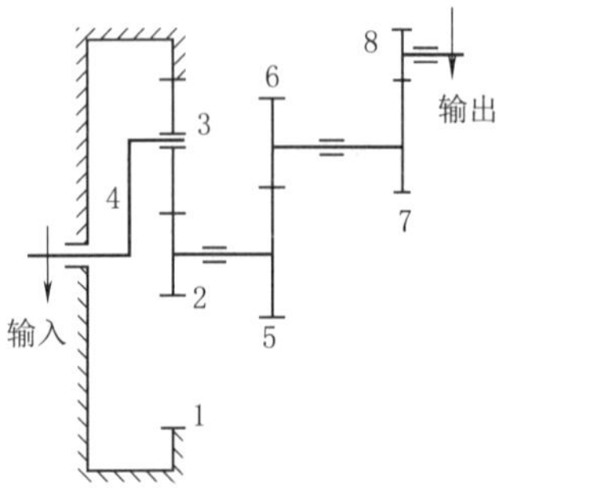

图 17-1-27　一级行星两级平行轴结构

1—内齿圈；2—太阳轮；3—行星轮；4—行星架；5—第二级大齿轮；6—第二级小齿轮；7—第三级大齿轮；8—第三级小齿轮

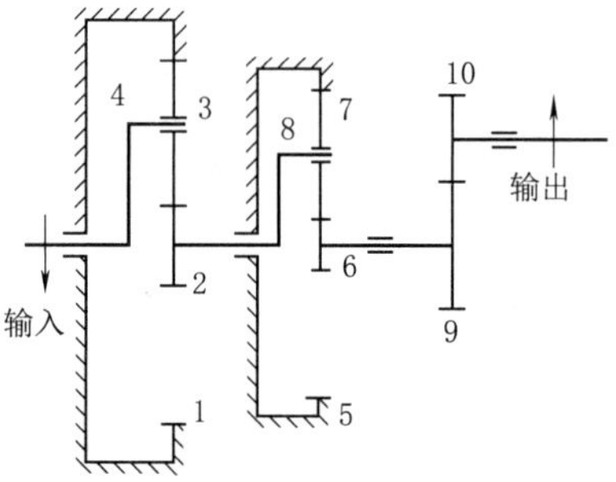

图 17-1-28　两级行星一级平行轴结构

1—第一级内齿圈；2—第一级太阳轮；3—第一级行星轮；4—第一级行星架；5—第二级内齿圈；6—第二级太阳轮；7—第二级行星轮；8—第二级行星架；9—第三级大齿轮；10—第三级小齿轮

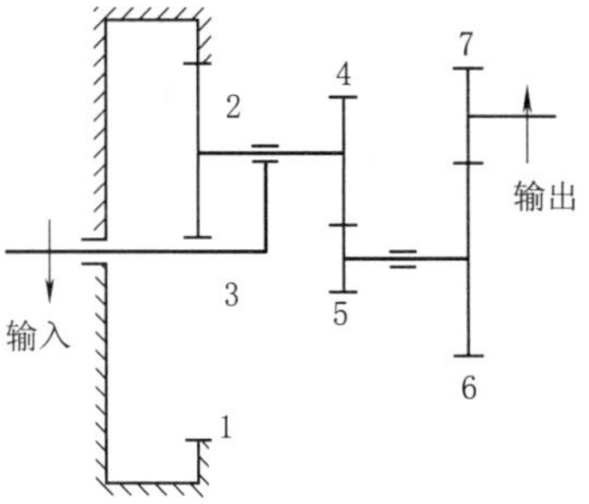

图 17-1-29 双行星联动一级平行轴结构

1—第一级内齿圈；2—第一级大行星轮；3—第一级行星架；4—第一级小行星轮；5—太阳轮；6—第二级小齿轮；7—第二级小齿轮

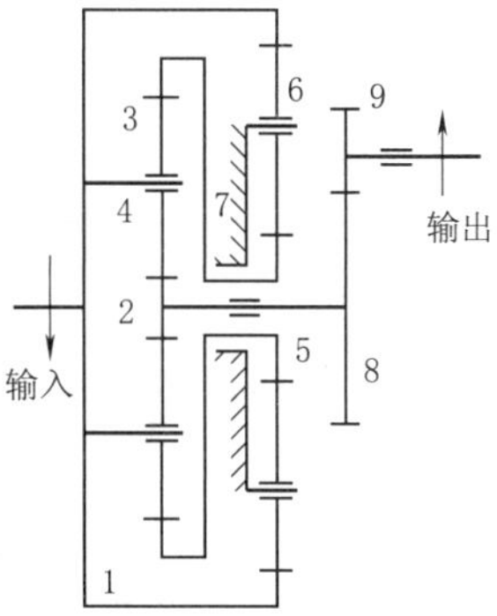

图 17-1-30 功率分流型结构

1—第一级内齿圈；2—第一级太阳轮；3—第一级行星轮；4—第一级行星架；5—第二级太阳轮；6—第二级行星轮；7—第二级行星架；8—第三级大齿轮；9—第三级小齿轮

表 17-1-43 齿轮材料性能及热处理要求

项目	材料	热处理	σ_{Hlim}/MPa	σ_{Flim}/MPa	精度
齿轮	18CrNiMo7-6	渗碳淬火(60±2)HRC	1500	500	5
齿轮轴					
内齿圈	34CrNiMo6	氮化(52±2)HRC	1150	360	6

表 17-1-44 基本配齿参数

项目	一级行星	二级行星	三级平行轴	项目	一级行星	二级行星	三级平行轴
齿数	24/39/102	24/39/102	31/127	齿宽/mm	338	148	132
模数/mm	12	10	7	压力角	20°	20°	20°
变位系数	0.251	0.255	−0.310	螺旋角	8°	12°	10°
	0.031	0.051	0.234				
	0.313	0.356					

(5) 几何参数计算

按照角度位齿轮传动几何计算，各级传动的主要几何参数（含主要刀具参数）计算结果如表 17-1-45～表 17-1-47所示。

表 17-1-45 第一级行星传动几何参数 mm

参数名称	代号	太阳轮	行星轮	内齿轮
法向模数	m_n	12		
分度圆压力角	α	20°		
齿顶高系数	h_a^*	1		0.8
顶隙系数	c^*	0.25		
分度圆螺旋角	β	8°		
变位系数	x	0.251	0.031	0.313
节圆啮合角	α'	20.181°		
中心距	α	385		
分度圆直径	d	290.830	472.599	1236.029
基圆直径	d_b	272.976	443.586	1160.148
节圆直径	d'	293.333	476.667	1246.667
齿顶圆直径	d_a	320.657	497.139	1224.346
齿根圆直径	d_f	266.861	443.343	1273.546
齿根形成圆直径	d_{Ff}	277.207	453.776	1269.871
有效齿根圆直径	d_{Nf}	278.945	457.903	1265.813
端面重合度	ε_a	1.551/1.610		
轴向重合度	ε_β	1.248		

表 17-1-46 第二级行星传动几何参数 mm

参数名称	代号	太阳轮	行星轮	内齿轮
法向模数	m_n	10		
分度圆压力角	α	20°		
齿顶高系数	h_a^*	1		0.8
顶隙系数	c^*	0.25		
分度圆螺旋角	β	12°		
变位系数	x	0.255	0.051	0.356
节圆啮合角	α'	20.410°		
中心距	α	325		
分度圆直径	d	245.362	398.713	1042.788
基圆直径	d_b	229.958	373.681	1029.913
节圆直径	d'	247.619	402.381	1052.381
齿顶圆直径	d_a	270.279	419.532	1029.913
齿根圆直径	d_f	225.469	374.722	1074.913
齿根形成圆直径	d_{Ff}	233.919	383.137	1071.970
有效齿根圆直径	d_{Nf}	235.410	386.588	1068.455
端面重合度	ε_a	1.522/1.775		
轴向重合度	ε_β	0.979		

表 17-1-47　　第三级平行轴传动几何参数　　mm

参数名称	代号	大齿轮	小齿轮	参数名称	代号	大齿轮	小齿轮
法向模数	m_n	7		基圆直径	d_b	846.736	206.683
分度圆压力角	α	20		节圆直径	d'	901.861	220.139
齿顶高系数	h_a^*	1		齿顶圆直径	d_a	912.374	237.621
顶隙系数	c^*	0.25		齿根圆直径	d_f	880.878	206.125
分度圆螺旋角	β	10°		齿根形成圆直径	d_{Ff}	885.769	211.624
变位系数	x	−0.310	0.234	有效齿根圆直径	d_{Nf}	888.442	211.839
节圆啮合角	α'	20.284°		端面重合度	ε_a	1.690	
中心距	α	561		轴向重合度	ε_β	1.042	
分度圆直径	d	902.714	220.348				

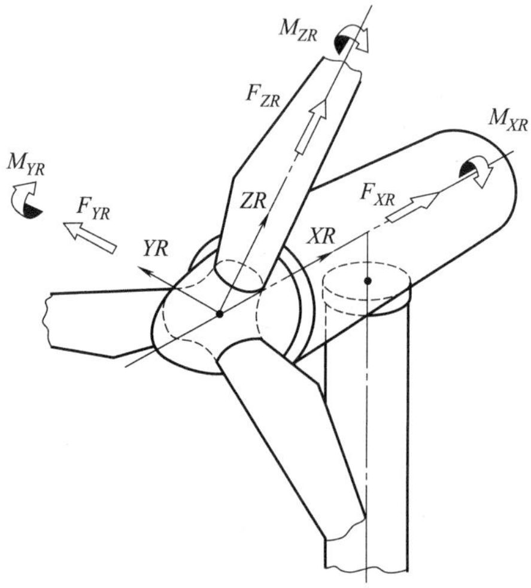

图 17-1-31　风机转动坐标系

XR—沿风轮旋转轴方向；*ZR*—径向，指向风轮叶片 1 方向且与 *XR* 垂直；

YR—与 *XR* 垂直（*XR*、*YR* 和 *ZR* 组成右手系）

（6）齿轮强度计算

1）载荷谱及当量载荷

在图 17-1-31 坐标系下，风场对齿轮箱的 LDD 载荷谱如表 17-1-48 所示，根据 ISO 6336-6 中加权平均进行载荷处理。

$$T_{equ}=\left(\frac{n_1T_1{}^p+n_2T_2{}^p+\cdots}{n_1+n_2+\cdots}\right)^{1/p}$$

式中，n_i 为第 i 个载荷步的转速；T_i 为第 i 个载荷步的扭矩；p 为 woehler 损伤曲线的斜率。

根据上式可得作用于该齿轮箱的输入当量扭矩 T_{equ} 如下：

$$T_{equ}=252.702\text{kN}\cdot\text{m}$$

同时按照下式可求得各级小齿轮切向载荷 F_{ti}：

$$F_{ti}=\frac{2T_i}{d_i}\quad(\text{kN})$$

式中，T_i 为某级小齿轮扭矩，kN · m；d_i 为某级小齿轮分度圆直径，m。

表 17-1-48 **LDD 疲劳载荷谱**

序号	T/kN·m	t/h	n[LW]	n/r·min^{-1}	序号	T/kN·m	t/h	n[LW]	n/r·min^{-1}
1	−336.000	0.001	0	0.1	24	115.000	5883.000	8721000	24.7
2	−315.000	0.000	0	0.3	25	125.000	5310.000	7984000	25.1
3	−294.000	0.000	0	0.5	26	137.000	7558.000	11590000	25.6
4	−273.000	0.000	0	0.3	27	153.000	7469.000	11550000	25.8
5	−252.000	0.005	1	4.5	28	168.000	8467.000	13150000	25.9
6	−231.000	0.013	3	3.8	29	185.000	7583.000	11790000	25.9
7	−210.000	0.005	0	0.3	30	205.000	8346.000	13010000	26.0
8	−189.000	0.030	17	9.2	31	224.000	9849.000	15390000	26.0
9	−168.000	0.031	28	14.9	32	256.000	11490.000	18090000	26.2
10	−147.000	0.059	35	9.9	33	281.000	34870.000	55150000	26.4
11	−126.000	0.353	388	18.3	34	306.000	30250.000	61500000	26.1
12	−105.000	0.446	498	18.6	35	342.000	6169.000	9543000	25.8
13	−84.000	1.284	1376	17.9	36	365.000	202.600	307800	25.3
14	−63.000	21.330	23850	18.6	37	396.000	1.375	1984	24.0
15	−42.000	77.610	84930	18.2	38	426.000	0.066	42	10.7
16	−21.000	112.000	113600	16.9	39	453.000	0.077	49	10.6
17	0.000	1677.000	1181000	11.7	40	483.000	0.058	42	12.0
18	19.000	1558.000	1777000	19.0	41	504.000	0.086	57	11.0
19	35.000	2166.000	2575000	19.8	42	525.000	0.076	58	12.6
20	46.000	4094.000	5090000	20.7	43	546.000	0.035	41	19.4
21	62.000	4169.000	5487000	21.9	44	567.000	0.029	37	21.5
22	86.000	5313.000	7361000	23.1	45	588.000	0.003	4	23.6
23	102.000	6387.000	9228000	24.1					

2）接触强度计算系数及选取

齿轮接触疲劳强度及弯曲疲劳强度中算过程中涉及大量修正系数，合理选择系数是确保安全系数计算正确的前提，下面以第一级行星传动的太阳轮为例进行介绍。

① 使用系数 K_A。根据 GB/T 19073—2008 对于使用系数的规定，当具有真实载荷时，使用系数 K_A 取值为 1。

② 动载系数 K_V。

齿距偏差的极限偏差：

$$\begin{cases} f_{pt1}=0.3(m_n+0.4\sqrt{d_1})+4=9.64(\mu m) \\ f_{pt2}=0.3(m_n+0.4\sqrt{d_2})+4=10.21(\mu m) \end{cases}$$

传动精度系数 C：

$$\begin{cases} C_1=-0.5048\ln z_1-1.144\ln m_{n1}+2.852\ln f_{pt1}+3.32=5.34 \\ C_2=-0.5048\ln z_2-1.144\ln m_{n2}+2.852\ln f_{pt2}+3.32=5.25 \end{cases}$$

取 $C=6$，同时有

$$B=0.25(C-5.0)^{0.667}=0.25$$

$$A=50+56\times(1.0-B)=92$$

$$v=\frac{n_o\lambda_1\pi d_1}{60\times1000}=\frac{16\times5.25\times3.14\times290.83}{60\times1000}=1.278(m/s)$$

于是有

$$K_V=\left(\frac{A}{A+\sqrt{200v}}\right)^{-B}=1.04$$

③ 齿向载荷分布系数 $K_{H\beta}$。按照一般方法计算 $K_{H\beta}$，由于采用硬齿面传动，取跑和系数 $x_\beta=0.85$，啮合刚度系数 $c_\gamma=20N/(mm\cdot\mu m)$，同时，螺旋线总偏差 F_β 为

$$F_\beta=0.1\sqrt{d}+0.63\sqrt{b}+4.2=17.48(\mu m)$$

加工、安装误差产生的啮合齿向误差分量 f_{ma} 为

$$f_{ma}=0.5F_{\beta}=8.75(\mu m)$$

则啮合齿向载荷分布系数 $K_{H\beta}$ 为

$$K_{H\beta}=1+\frac{x_{\beta}c_{\gamma}f_{ma}}{2F_m/b}=1.11$$

④ 齿间载荷分布系数 $K_{H\alpha}$。第一级太阳轮切向载荷为

$$F_t=\frac{2T_{equ}}{d'u_1}=\frac{2\times252702}{0.2933\times5.25}=328221.7(N)$$

$$\frac{K_AF_t}{b}=\frac{1.0\times328221.7}{338}=971.1(N/mm)$$

由于是 5 级硬齿面，因此取 $K_{H\alpha}=K_{F\alpha}=1.1$。

⑤ 单对齿啮合系数 Z_B、Z_D。由于轴向重合度 $\varepsilon_{\beta}>1$，取 $Z_B=Z_D=1$。

⑥ 节点区域系数 Z_H。基圆螺旋角：$\beta_b=7.515°$，端面压力角 $\alpha_t=21.472°$，端面啮合角：$\alpha'_t=20.181°$。于是有

$$Z_H=\sqrt{\frac{2\cos\beta_b\cos\alpha'_t}{\cos^2\alpha_t\sin\alpha'_t}}=2.5$$

⑦ 弹性系数 Z_E。根据齿轮材料，取弹性系数 $Z_E=189.8MPa$。

⑧ 重合度系数 Z_{ε}。

$$Z_{\varepsilon}=\sqrt{\frac{1}{\varepsilon_a}}=0.769$$

⑨ 螺旋角系数 Z_{ρ}。

$$Z_{\beta}=\sqrt{\cos\beta}=0.995$$

⑩ 寿命系数 Z_{NT}。按照 20 年设计寿命计算，第一级太阳轮的应力循环次数约为 0.86×10^9 次，按照下式计算寿命系数：

$$Z_{NT}=\left(\frac{10^9}{0.86\times10^9}\right)^{0.057}=1.008$$

⑪ 润滑剂、速度、粗糙度系数（$Z_LZ_VZ_R$）。按照持久长度以及加工方法，由于采用滚齿加磨齿加工，取 $Z_LZ_VZ_R=0.92$。

⑫ 工作硬化系数 Z_w。由于热处理后齿面硬度达到（60+2）HRC，因此取 $Z_W=1$。

⑬ 尺寸系数 Z_X。

$$Z_X=1.076-0.0109m_n=0.9452$$

⑭ 接触强度极限 σ_{Hmin}。18CrNiMo7-6 经过渗碳淬火热处理后，其硬度可以达到（60±2）HRC，接触强度可达 $\sigma_{Hmin}=1500MPa$。

3）接触强度校核

接触强度计算安全系数 S_H：

$$S_H=\frac{\sigma_{HLim}Z_{NT}Z_LZ_VZ_RZ_WZ_X}{Z_BZ_HZ_EZ_{\varepsilon}Z_{\beta}\sqrt{K_AK_VK_{H\beta}K_VK_{H\alpha}}}\sqrt{\frac{dbu_1}{F_t(1+u_1)}}$$

$$=\frac{1500\times1.008\times0.92\times1\times0.9452}{1\times2.5\times189.8\times0.769\times0.995}\times\sqrt{\frac{290.83\times338\times5.25}{1\times1.04\times1.21\times1.1\times328221.7\times(1+5.25)}}=1.54$$

符合 GB/T 19073 中关于齿面接触安全系数大于 1.25 的要求。

4）弯曲强度计算系数及选取

① 齿向载荷分布系数 $K_{F\beta}$。

$$N=\frac{(b/h)^2}{1+(b/h)+(b/h)^2}=\frac{(338/26.898)^2}{1+(338/26.898)+(338/26.898)^2}=0.921$$

$$K_{F\beta}=K_{H\beta}{}^N=1.19$$

② 齿形系数 Y_{Fa}。采用标准刀具进行加工，$\alpha_n=20°$，$h_{ap}/m_n=1.0$，$h_{fp}/m_n=1.25$，$\rho_{fp}/m_n=0.38$。当量齿数为 $z_v=z/(\cos^2\beta_b\cos\beta)=24.66$，变位系数为 0.251，由图解法得 $Y_{Fa}=2.48$。

③ 应力修正系数 Y_{Sa}。同上，当量齿数为 $z_v=24.66$，变位系数为 0.251，应力修正系数也可由图解法得 $Y_{Sa}=1.65$。

④ 重合度系数 Y_ε。

当量齿轮的端面重合度为

$$\varepsilon_{\alpha v}=\frac{\varepsilon_\alpha}{\cos^2\beta_b}=\frac{1.551}{\cos^2 7.515}=1.578$$

重合度系数按下式计算：

$$Y_\varepsilon=0.25+\frac{0.75}{\varepsilon_{\alpha v}}=0.725$$

⑤ 螺旋角系数 Y_β。螺旋角系数按照下式计算：

$$Y_\beta=1-\varepsilon_\beta\times\frac{\beta}{120}=1-1.248\times\frac{8}{120}=0.917$$

⑥ 试验齿轮应力修正系数 Y_{ST}。一般情况下取 $Y_{ST}=2.0$。

⑦ 寿命系数 Y_{NT}。按照 20 年设计寿命计算，第一级太阳轮的应力循环次数约为 0.86×10^9 次，按照下式计算寿命系数：

$$Y_{NT}=\left(\frac{3\times10^6}{0.86\times10^9}\right)^{0.02}=0.893$$

⑧ 齿根圆角敏感系数 $Y_{\delta relT}$。齿根圆角敏感系数 $Y_{\delta relT}$近似取 1。

⑨ 齿根表面状况系数 Y_{RrelT}。根据齿轮材料及表面粗糙度，近似由图解法取 $Y_{RrelT}=1.0$。

⑩ 尺寸系数 Y_X。由于齿轮材料为渗碳淬火钢材，法向模数为 12mm，由图解法查得 $Y_X=0.97$。

⑪ 弯曲强度极限 σ_{Fmin}。18CrNiMo7-6 经过渗碳淬火热处理后，其硬度可以达到（60±2）HRC，接触强度可达 $\sigma_{Fmin}=500\text{MPa}$。

5）弯曲强度校核

弯曲强度计算安全系数 S_F：

$$S_F=\frac{\sigma_{FLim}Y_{ST}Y_{NT}Y_{\delta relT}Y_{RrelT}Y_X b m_n}{Y_{Fa}Y_{Sa}Y_\varepsilon Y_\beta K_A K_V K_{H\beta}K_{H\alpha}F_t}=\frac{500\times2\times0.893\times0.97\times338\times12}{2.48\times1.65\times0.725\times0.917\times1.04\times1.21\times1.1\times328221.7}=2.84$$

符合 GB/T 19073 中关于齿面接触安全系数大于 1.55 的要求。

6）其他齿轮啮合强度计算

计算过程类似，省略计算过程，将其他各级齿轮啮合安全系数计算结果汇总如表 17-1-49 所示。

很显然，相对于 GB/T 19073 中关于风电齿轮箱齿轮安全系数的规定，粗配方案的安全余量过大。有必要进行配齿优化。

（7）配齿参数优化

为使传动结构更经济、紧凑，确保传动可靠性，调整各级传动参数，调整后配齿参数如表 17-1-50 所示：

表 17-1-49　各级安全系数

项目		接触强度 S_H	弯曲强度 S_F
一级行星	太阳轮	1.54	2.84
	行星轮	1.65	2.62
	内齿圈	2.21	3.99
二级行星	太阳轮	1.98	4.56
	行星轮	1.98	3.96
	内齿圈	2.61	4.25
平行轴	小齿轮	2.41	4.60
	大齿轮	2.41	4.23

表 17-1-50　优化后的基本配齿参数

项目	一级行星	二级行星	三级平行轴
齿数	19/31/80	17/28/73	31/127
模数	12	10	6
变位系数	0.197	0.229	−0.149
	−0.193	−0.175	0.264
	0.352	−0.122	
齿宽	338	148	132
压力角	20	20	20
螺旋角	8	10	10

按照这些参数重新计算各级传动的齿面接触安全系数以及齿根弯曲安全系数，同样将计算过程省略，将计算结果列入表 17-1-51 中。

表 17-1-51　　优化后的各级安全系数

项目		接触强度 S_H	弯曲强度 S_F
一级行星	太阳轮	1.35	2.17
	行星轮	1.35	2.05
	内齿圈	1.52	3.16
二级行星	太阳轮	1.43	2.32
	行星轮	1.43	2.11
	内齿圈	1.56	3.23
平行轴	小齿轮	2.65	3.15
	大齿轮	2.62	3.32

从表 17-1-51 中可以看出，首先，各级安全余量均满足 GB/T 19073 中规定的强度要求，并且表现出良好的一致性趋势；另外，相对于粗选参数，优化后的安全系数分布更合理，高速级为了便于后续速比配选新设计，保留相对偏大的安全余量是有必要的。

(8) 结构设计

1) 支撑方式设计

风电齿轮箱在机舱的安装支撑方式大体上分为一点、两点以及三点支撑方式。

其中，一点式支撑齿轮箱与轮毂直接连接，形成悬臂之势。这种支撑形式优点在于其结构十分紧凑，有利于机舱部件布置及散热，缺点是叶片颤振会传递到齿轮箱，不利于齿轮啮合的稳定性。

两点支撑形式齿轮箱通过主轴与轮毂连接，主轴通过两个主轴承平衡轮毂传递的倾覆弯矩，因此齿轮箱主要承受切向扭矩，这种机构齿轮箱载荷形式简单，但主轴及主轴承增加了设计成本。

三点支撑（如图 17-1-32 所示）相对于两点支撑，主轴上少用了一个主轴承，减少了设计成本，但齿轮箱需要承受部分弯矩，这部分载荷最终将反映到箱体以及内部轴承上。

图 17-1-32　三点式支撑方式

2) 轴承选用

轴承选型是风电齿轮箱传动系统设计过程的重要过程，不同型号轴承的受力特点有着显著区别，同时支撑、定位形式对于改善轴系受力并提高轴承自身使用寿命也有着重要的影响。

对于主轴支撑轴承，考虑到其径向载荷大同时承受轴向载荷，并且叶片的颤振要求主轴轴承具有一定调心能力，因此主轴轴承选用双列球面滚子轴承（见图 17-1-33），具有两列滚子，外圈共用球面滚道，内圈有两个滚道，可同时承受径向以及轴向载荷，对于高空复杂载荷适应能力也较强。

对于行星架的支撑方式，由于行星轮的不均载性及自身质量，支撑轴承也承受径向载荷，同时由于采用斜齿轮传动，导致行星架轴承将承受轴向载荷。因此在选用行星架支撑轴承时需要综合考虑径向以及轴向载荷及其比例关系，同时考虑空间尺寸限制，第一级行星架和主轴相连，其下风向选用满装圆柱滚子轴承，径向承载能力大，同时具有一定轴承承载能力；而第二级行星架轴承则选用球轴承（上风向）和单列圆锥轴承（下风向）相配合的形式，见图 17-1-34。

对于行星轮支撑轴承选型，由于第一级功率密度大，对轴承径向承载能力要求很高，因此选用双列满装圆柱滚子轴承，两套对称布置，因子滚子数量多，承载能力大幅提高，见图 17-1-35；第二级行星轮由于转速相对较高，采用满装轴承容易引起摩擦发热，因此采用 NJ 型单列圆柱滚子轴承，两套对称布置，中间利用隔套定位，安装方便且允许转速高，见图 17-1-36。

在平行级传动中，轴承选型有以下几种形式：

① 单列圆柱轴承加双列圆锥轴承配合，轴向力由圆锥轴承提供；

② 两套单列圆锥轴承组合使用；

③ 两套单列圆柱轴承组合使用，如有轴向分力，还可以增加一个止推球轴承；

④ 两个角接触球轴承与圆柱滚子轴承轴承组合使用，轴向载荷由角接触球轴承承担。

关于轴承的配合、定位方式、游隙选择，安装方式等，各企业都有自己的风格并逐渐形成成熟方案，这里不作过多介绍。

3) 润滑冷却系统设计

风电齿轮箱润滑冷却系统是风电齿轮箱的重要组成部分，润滑冷却系统的设计，必须满足润滑冷却系统技术

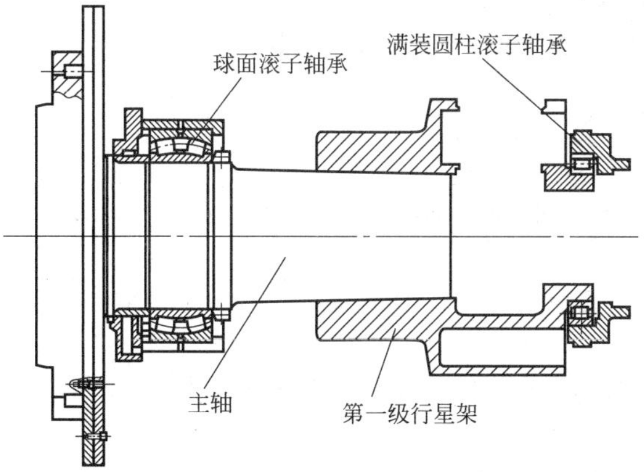

图 17-1-33 主轴-第一级行星架轴承配置形式

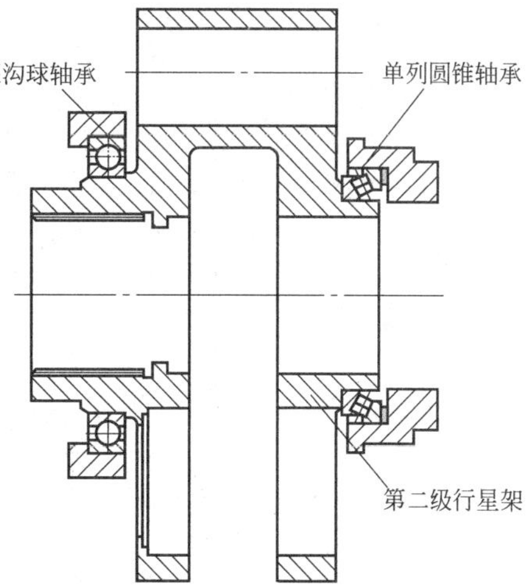

图 17-1-34 第二级行星架轴承配置形式

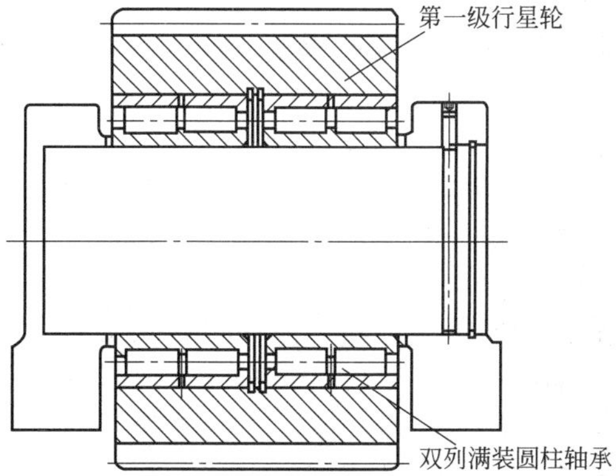

图 17-1-35 第一级行星轮轴承配置形式

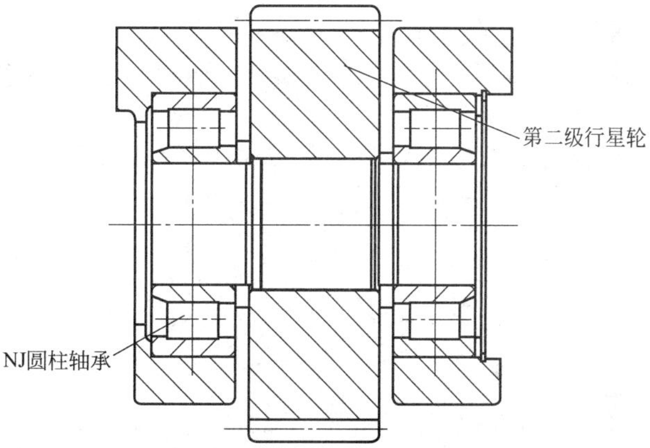

图 17-1-36 第二级行星轮轴承配置形式

规格书的要求，该规格书通常经过风力发电机组主机厂、齿轮箱生产厂以及润滑冷却系统专业生产厂等相关单位共同商定并得到相关各方的认可。

风电齿轮箱的润滑冷却系统，主要由供油泵、过滤器、温控阀、压力阀、安全阀、冷却器、胶管组件以及油箱等部件组成。

供油泵通常采用双速电动齿轮泵（又称电动泵），在油温较低时低速运行，在油温升高后由控制系统切换至高速运行。此外，在风力发电机组制动过程或意外停电时有可能产生短暂的缺油，从而引起机件的损伤，为了较好地解决此问题，还需要设置双向齿轮泵（又称为机械泵），该齿轮泵一般安装在风电齿轮箱的输出侧，由风电齿轮箱通过一对齿轮来驱动。上述两种供油泵的出口均需要设置安全阀，开启压力一般设定在 12bar 左右，以防止压力过高对系统元件造成损坏。

过滤器通常采用两级过滤，一级为粗过滤，过滤器精度一般为 25μm 或 50μm，另一级为精过滤，过滤器精度一般为 5μm 或 10μm。当冷启动时或当过滤器滤芯压差大于某一数值（一般为 4bar）时，润滑油只经过粗过滤，当油温逐渐升高或当滤芯压差小于该数值时，润滑油经过精过滤和粗过滤两级过滤。在风电齿轮箱正常工作时，过滤元件必须保证润滑油的清洁度不低于 ISO 4406 的 18/15/12 等级。

过滤器应配备压差发讯器，当滤芯堵塞压力达到某一数值（一般为 3bar）时发出报警信号，提示更换滤芯。过滤器应配备止回阀（开启压力一般为 0.2bar），以便于滤油器的维修。过滤器顶部应设置排气孔，工作过程中产生的气体通过管路排入风电齿轮箱。

当系统总流量较小时，电动泵和机械泵可以共用一个过滤器，当系统总流量较大时，电动泵和机械泵需要各自配备一个独立的过滤器。此外，根据结构的要求，可以将电动泵与过滤器集成在一起，组成一个紧凑式的供油装置，通过支架固定在风电齿轮箱上。

温控阀控制油流的方向。当油温较低（一般为<45℃）时，绝大部分润滑油不经过冷却器冷却而直接进入风电齿轮箱，当油温较高（一般为>60 ℃）时，全部润滑油均经过冷却器冷却后再进入风电齿轮箱。

冷却器可根据需要，采用风冷却器或水冷换热器。对于风冷却器，驱动冷却风扇的电机可以采用双速电机。当油温达到某一数值（譬如 55℃）时，冷却器电机启动，当油温再次降至某一数值（譬如 45℃）时，冷却器电机关闭。风冷却器应配备旁通阀，当冷却器前后压差达到某一数值（譬如 6bar）时，旁通阀开启，润滑油不经过冷却器而直接进入风电齿轮箱。在风电齿轮箱润滑冷却系统中，通常使用胶管组件将供油泵、过滤器以及冷却器等部件连接起来。胶管组件的内表面必须耐润滑油，外表面必须耐各种稀油和干油，爆裂压力一般大于 60bar。

在风电齿轮箱润滑冷却系统中，通常将齿轮箱的底部空间作为储存润滑油的油箱，但对于某些结构较为特殊的齿轮箱，需要设置独立的外部油箱。

根据 ANSI/AGMA/AWEA 6006-A03，对于以箱体为油池的多级齿轮箱，润滑冷却系统的最小油量应为 $Q_{ty}=0.15P_t+20$，其中，Q_{ty} 为建议油量（经验值），单位为升（L），P_t 为风力发电机组额定功率，单位为千瓦（kW）。在通常情况下，润滑冷却系统的油量可以按 3~5 倍的系统润滑油流量选取。

在风电齿轮箱润滑冷却系统中，需要配备监测油压的压力传感器、监测油温的温度传感器、监测油位的液位计以及预热润滑油的电加热器。

近年来，随着对风电齿轮箱润滑冷却系统认识的不断深入，根据不同的使用场合和用户的需要，一些风电齿轮箱润滑冷却系统新增了离线过滤装置，离线加热装置以及颗粒传感器等部件，这些部件对于风机齿轮箱安全可靠的运行具有重要的作用。

图 17-1-37 为某型风电齿轮箱润滑冷却系统原理图。

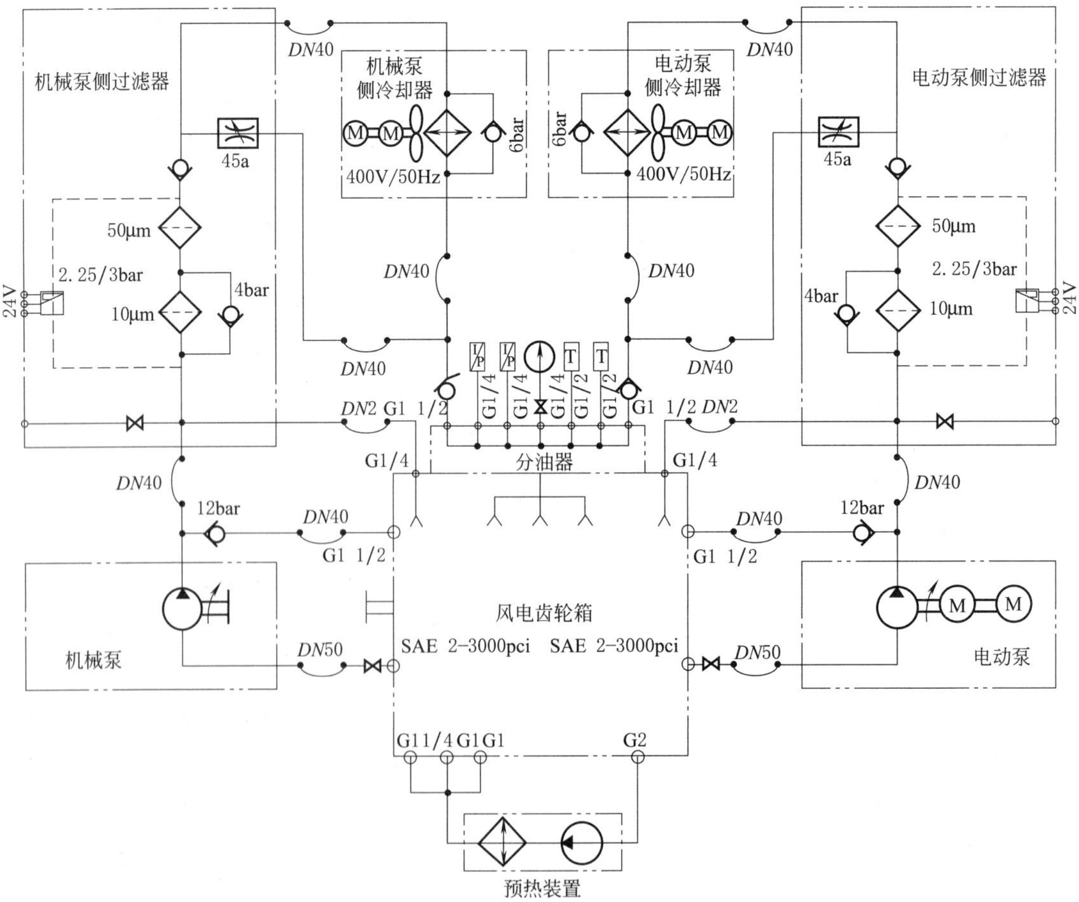

图 17-1-37　某型风电齿轮箱润滑冷却系统的原理图

(9) 传动性能及结构优化

1) 齿轮修形

齿轮在啮合过程中，由于加工误差及弹性变形使被动齿轮的实际基节大于主动齿轮的实际基节，从而产生边缘冲击，这种边缘效应会影响齿轮传动的平稳性，产生过大噪声。

① 齿顶修形　传统修形方法是基于经验公式计算，并且修形量都是基于模数、切向载荷及齿宽等基本参数的经验计算，但是这种方式通常不能满足风电齿轮箱精细化的设计需求，目前的做法是借助 FEM 计算，以第一级行星轮为例，建立第一级太阳轮及行星轮的 FEM 模型，如图 17-1-38 所示。

对上述模型进行 FEM 求解，在齿顶沿齿宽方向提取变形数据，并将数据处理成如图 17-1-39 所示的形式。

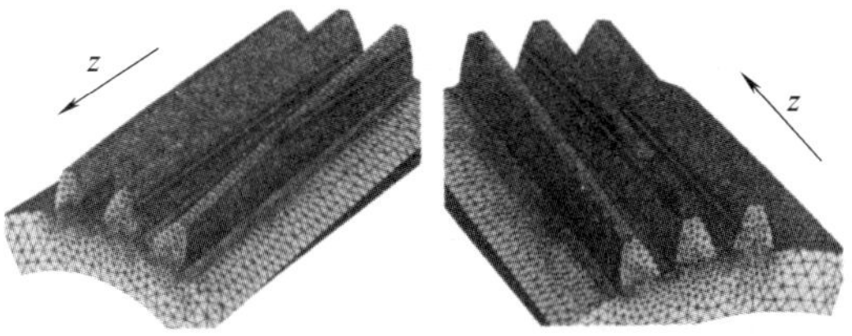

图 17-1-38　齿轮 FEM 模型

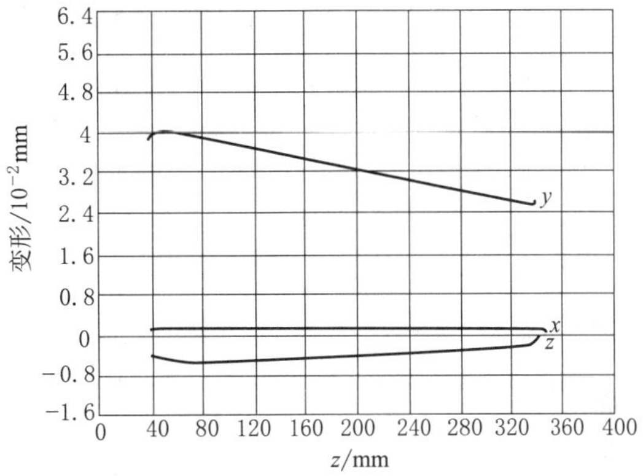

图 17-1-39　齿顶沿齿宽方向变形

结合图 17-1-39 可以对该轮齿齿顶变形进行评定，并据此制定合理的修形参数。同时，由于修形高度 h 的存在，使得修行以后渐开线长度将会变短，有可能造成啮合线长度不足的现象，因此需要确保修形后剩余啮合线长度大于一个基圆节距 P_t，剩余啮合线长度 L 可以按照下式计算（参数见图 17-1-40）：

$$\begin{cases} L=g_a-(l_{a1}+l_{a2}) \\ g_a=\sqrt{r_{a1}^2-r_{b1}^2}+\sqrt{r_{a2}^2-r_{b2}^2}-\sqrt{a^2-(r_{b1}+r_{b2})^2} \end{cases}$$

其中：

$$\begin{cases} l_{a1}=\dfrac{g_a-P_{bt}}{2}+\Delta'_1 \\ l_{a2}=\dfrac{g_a-P_{bt}}{2}+\Delta'_2 \end{cases}$$

式中，r_a 为齿顶圆半径；r_b 为齿根圆半径：a 为啮合中心距；Δ'_1、Δ'_2 为齿顶修形控制因子，通过控制 Δ'_1、Δ'_2 可实现三种不同的齿顶修形匹配模式。计算后，确定第一级行星轮齿顶修形参数如图 17-1-41 所示。

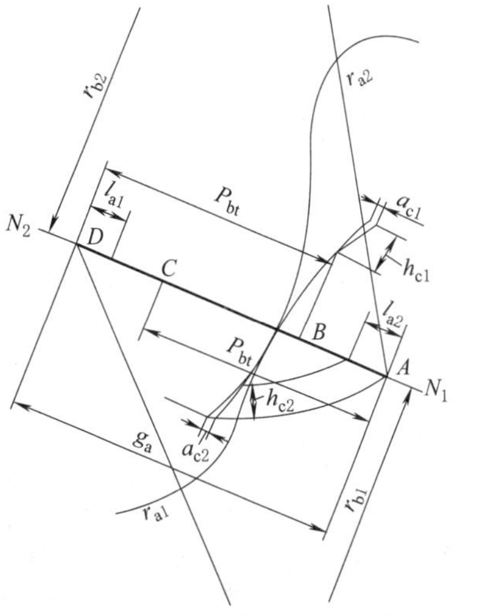

图 17-1-40　齿顶修形宽度示意图

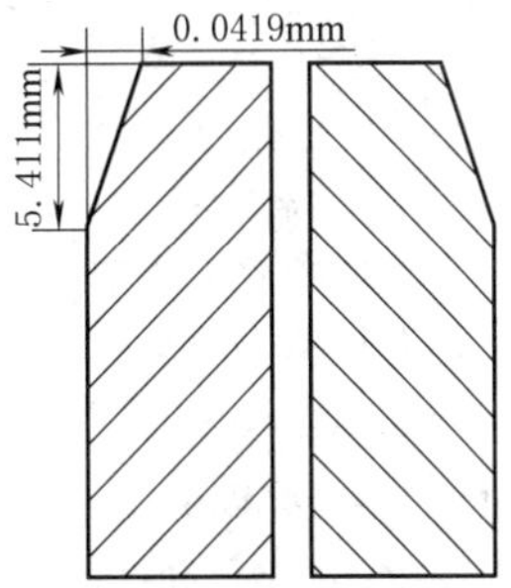

图 17-1-41　第一级行星轮齿顶修形参数

② 齿向修形　关于齿向修形的目的是消除轴系受弯后对齿轮啮合精度的影响，经验公式对于一般工业齿轮齿向修形是满足精度要求的，但如果需要进行更为精确的计算，则计算也可以采用解析算法或仿真法确定，使用仿真计算时，需要建立传动轴系的 FEM 模型，以第一级太阳轮轴为例，FEM 模型如图 17-1-42 所示。

计算上述模型由于弯矩引起的绕变形曲线，并将挠曲线反映到齿面变形上，如图 17-1-42 所示。

将齿面宽度方向沿轴线节点的下挠值值提取出来并表述成如图 17-1-44 所示的形式。

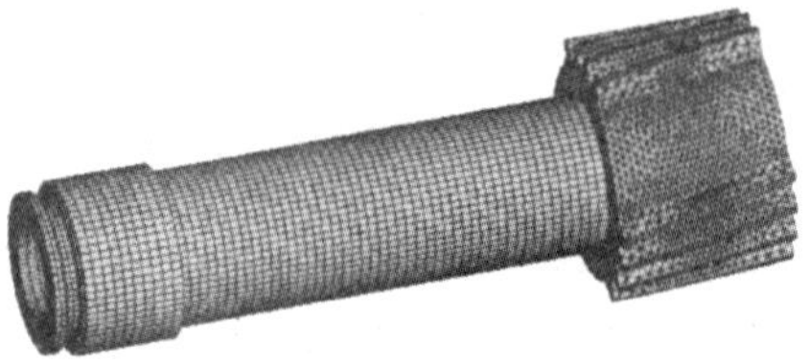

图 17-1-42　第一级行星轮轴 FEM 模型

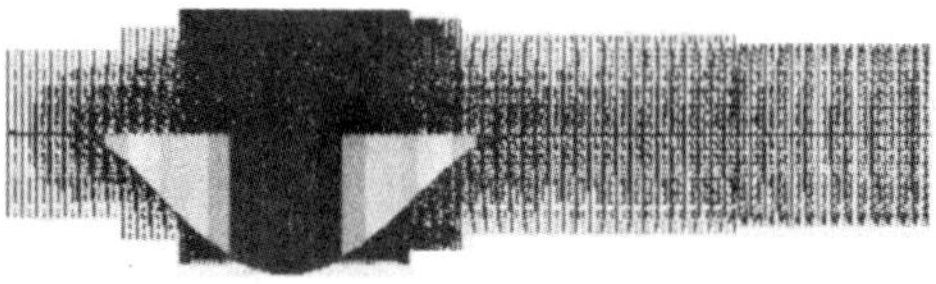

图 17-1-43　齿面沿轴线弯曲变形

根据图 17-1-44 所示相对挠度可精确定制齿轮齿向修形参数，如图 17-1-45 所示。

③ 螺旋角修形　轴系由于传递扭矩，反映到齿轮两侧产生相对扭转变形，同样以第一级太阳轮为例，通过 FEM 计算轴系扭转变形，并将扭转量折算到轴系齿轮两个端面的相对扭转角，从而确定最佳的螺旋角修形量，经 FEM 计算受载轮齿齿顶沿齿宽方向的扭转角如图 17-1-46 所示。

从而确定其螺旋角修形参数如图 17-1-47 所示。

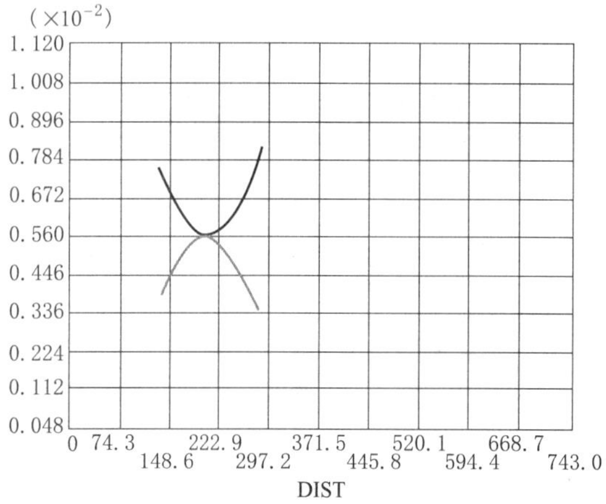

图 17-1-44　齿面沿轴线弯曲变形曲线

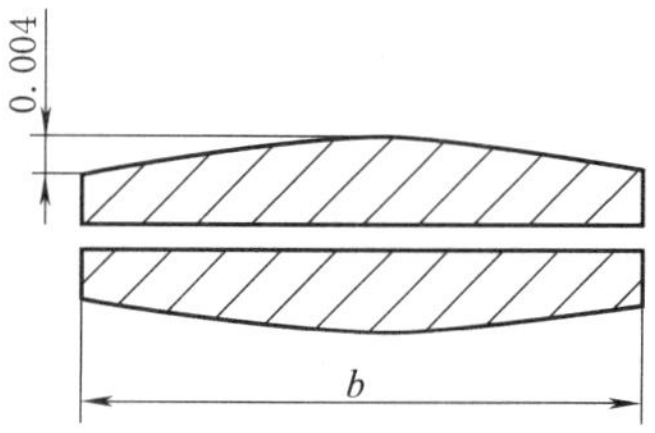

图 17-1-45　第一级太阳轮齿向修鼓参数

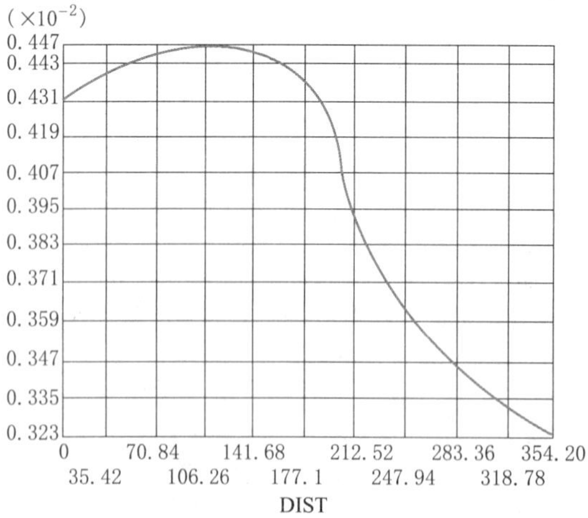

图 17-1-46　接触齿齿顶的扭转变形曲线

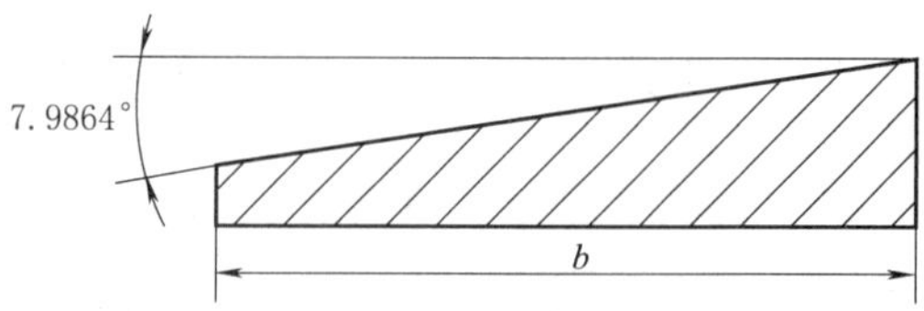

图 17-1-47　第一级太阳轮螺旋角修形参数

2）重要零部件计算

行星架（图 17-1-48）是风电齿轮传动系统的重要组件，行星架的刚度及强度对于均载以及整机性能影响较大，建立复杂结构件的弹性体力学模型困难十分大，因此常用的方法是应用 FEM 进行计算。

对此三维结构，根据其定位形式，支撑形式，载荷以及工况制定合理的计算方案，进行 FEM 计算后，变形云图如图 17-1-49 所示：

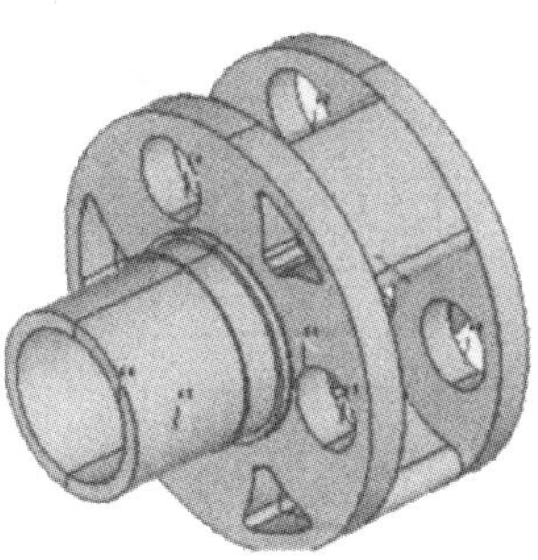

图 17-1-48　行星架的三维图

风电齿轮箱（图 17-1-50）增速器箱体组件是整个齿轮箱的外壳，同时又是齿轮轴的支承体，其刚性对于齿轮啮合质量有很大影响，同时，刚性过大有可能导致箱体质量偏重，因此需要进行有针对性的计算及优化。

此结构除了需要确定内部轴承座的受力情况，还需根据其支撑情况确定连接处的外载荷，并制定的有效的边界约束条件，通过 FEM 计算后变形情况见图 17-1-51。

通过对计算结果进行分析，可以调整部件的局部结构，其目的有两个，调整结构的受力情况尽量使得结构应力均匀；实现轻量化设计，为整机设计提供条件，通常对于组件的优化不是一次完成的，需要经历多次优化才能形成一个比较满意的结果。图 17-1-52 所示为主法兰的拓扑优化过程。

一个成熟的复杂结构件，通常是经过不断调整计算方案，调整边界条件，不断修正结构，从定性分析到逐渐定量计算的重复过程。同时，一个成熟合理的结构件，除了能够保证强度刚度需要之外，设计者应尽量保证结构受力均匀，并且具有良好的可加工可制造性，同时对于局部结构，经可能避免应力集中现象。

图 17-1-49　行星架变形云图

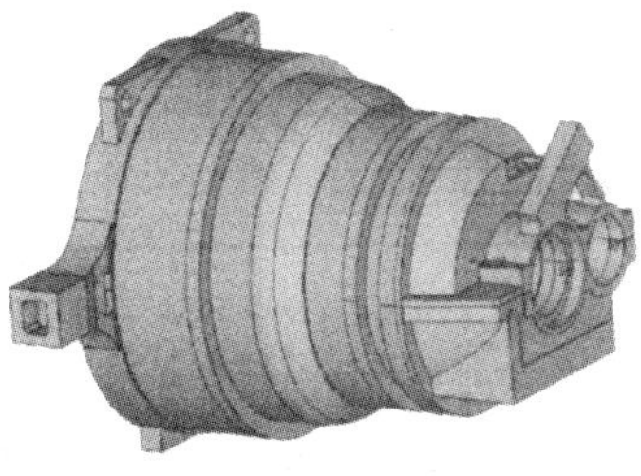

图 17-1-50　箱体三维图

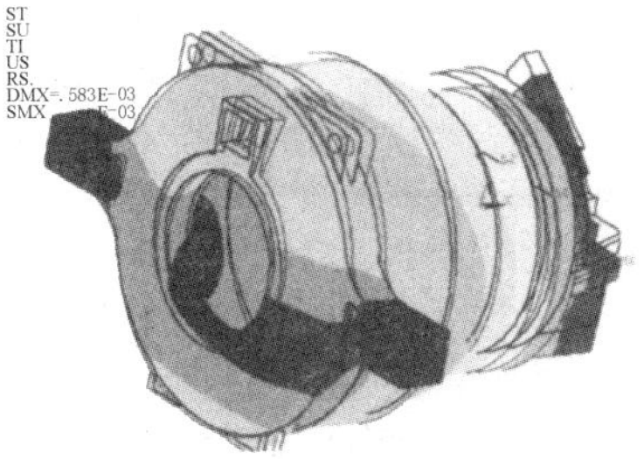

图 17-1-51　箱体变形云图

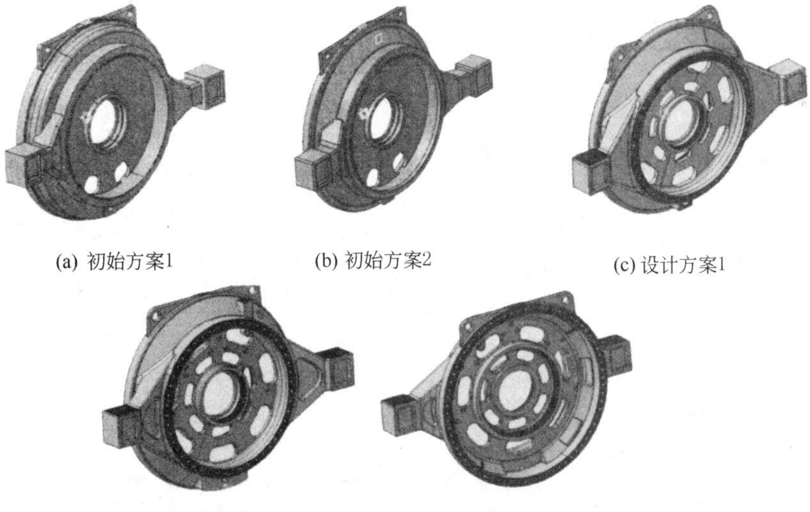

(a) 初始方案1　(b) 初始方案2　(c) 设计方案1

(d) 设计方案2　(e) 最终方案

图 17-1-52　主法兰的拓扑优化过程

（10）传动系统的动力学分析

风电齿轮箱的动力学分析的主要目的是为了对齿轮箱的振动以及动力学响应等特性进行有针对性的预测，并通过修改设计的方法来避免齿轮箱各部件发生共振，以及削弱一些有害的动力学响应。风电齿轮箱的动力学分析一般包括以下两方面内容。

① 齿轮箱结构模态分析—考虑实际约束条件和结构刚度矩阵的模态分析，得到齿轮箱的固有频率和在各阶频率下的振型，再比较轮毂中心输入转速的转频，即可在初始阶段判断齿轮箱是否会在输入转频激励下发生共振，从而能够据此模态计算结果对齿轮箱结构进行优化修改。使用专门的动力学计算软件进行模态计算，按照标准选取结构阻尼比 5%，750kW 风电齿轮箱的模态以及第一阶主振型如图 17-1-53、图 17-1-54 所示。

Mode	Frequency (Hertz)	Flexibility (μm/N)	Modal Damping (%)
1	5.763	–	5.000
2	8.945	–	5.000
3	13.678	–	5.000
4	13.905	–	5.000
5	25.754	–	5.000
6	29.686	–	5.000
7	36.598	–	5.000
8	37.817	–	5.000
9	42.632	–	5.000
10	43.671	–	5.000
11	52.675	–	5.000
12	54.852	–	5.000
13	56.702	–	5.000
14	60.573	–	5.000
15	61.432	–	5.000

图 17-1-53　固有频率

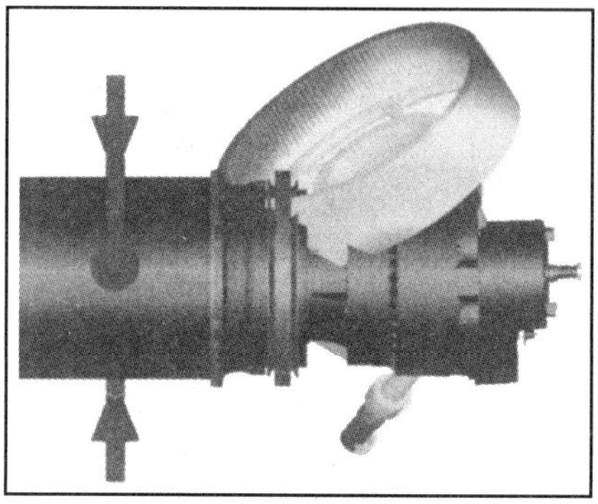

图 17-1-54　模态振型

② 动力学响应计算—以外界输入的转频以及齿轮系统自身的啮频为激励，以刚度矩阵、固有频率以及约束为边界条件，计算箱体和轴件的动力学特性响应。系统的动力学特性包括速度变化、位移变化和加速度变化三项，通过响应曲线中出现的突变来判断该部件在哪阶固有频率下发生共振，同时还可以定性或定量地获知振动的幅值。图 17-1-55 是利用 MAST 计算得到的箱体响应图。

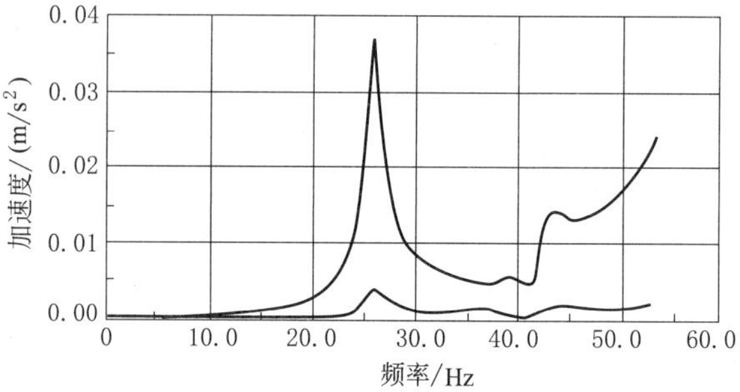

图 17-1-55　动力学响应-加速度

图 17-1-55 说明：在外界激励接近 26Hz 时机体的加速度相应达到最大值，约为 3.8m/s^2，因此实际应用过程中需要尽力规避 26Hz 左右的外部激励，但这往往是齿轮箱设计的难点之一。需要特别指出的是，齿轮啮合过程中产生的传动误差是影响齿轮箱动力学响应的一个关键因素。因此应根据实际需要，分别考虑各种激励对齿轮箱的振动影响，最终使齿轮箱整体运行平稳。

（11）传动系统的可靠性计算

对于齿轮、轴承、轴等传动元件组成的传动系统，导致失效的可能性有多种，由于难以穷尽所有的可能性，将这些部件的失效形式以及机理可以简单归纳如下：轮齿折断；齿面点蚀；轴承受冲击载荷失效；轴承疲劳失效；轴的强度失效；轴的刚度失效；螺栓失效。

针对齿轮传动系统常见的失效形式，建立系统失效故障数模型（见图 17-1-56），将零件和部件及系统之间

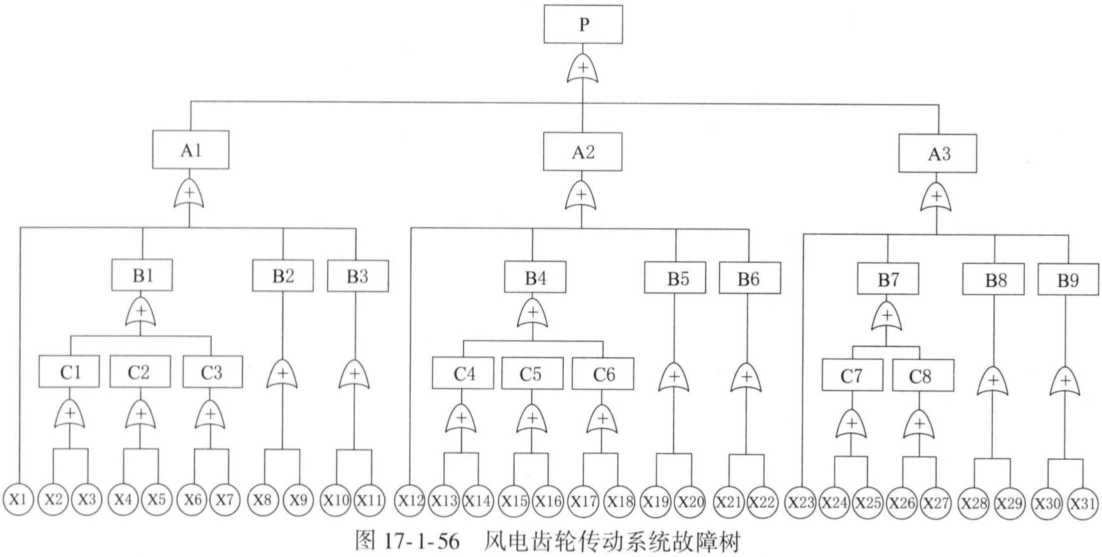

图 17-1-56　风电齿轮传动系统故障树

的失效关系用一种图形逻辑表示，并建立确定性的逻辑算法，用以评价整个传动系统的可靠性。同时，将故障树中全部事件表示如表 17-1-52 所示。

表 17-1-52　　风电齿轮传动系统故障树事件描述

代码	事件	代码	事件	代码	事件
P	传动系统失效	C7,8	3 级大、小齿失效	X6,17	1,2 级行星轮齿折断
A1,2,3	1,2,3 级传动失效	X1,12,13	1,2,3 级螺栓疲劳失效	X7,18	1,2 级行星齿面点蚀
B1,4,7	1,2,3 级齿轮失效	X2,13	1,2 级太阳轮齿折断	X8,19,28	1,2,3 级轴承疲劳失效
B2,5,8	1,2,3 级轴承失效	X24,26	3 级大、小齿折断	X9,20,29	1,2,3 级轴承冲击失效
B3,6,9	1,2,3 级轴失效	X3,14	1,2 级太阳齿点蚀严重	X10,21,30	1,2,3 级轴强度失效
C1,4	1,2 级太阳轮失效	X25,27	3 级大、小齿点蚀严重	X11,22,31	1,2,3 级轴刚度失效
C2,5	1,2 级内齿失效	X4,15	1,2 级内齿折断		
C3,6	1,2 级行星轮失效	X5,16	1,2 级内齿点蚀		

如果假定同一类底事件具有近似相等的可靠度，则表 17-1-52 中的同类事件归纳为 13 类，分别定义为 T_1 ~ T_{13}，其所属关系及可靠度评定值见表 17-1-53 所示。

表 17-1-53　　底事件分类及其可靠度

代码	事件	可靠度	代码	事件	可靠度
T_1	X1,12,23	99.97%	T_8	X6,17	99.94%
T_2	X2,13	99.85%	T_9	X7,18	99.85%
T_3	X24,26	99.88%	T_{10}	X8,19,28	99.97%
T_4	X3,14	99.76%	T_{11}	X9,20,29	99.53%
T_5	X25,27	99.75%	T_{12}	X10,21,30	99.96%
T_6	X4,15	99.92%	T_{13}	X11,22,31	99.98%
T_7	X5,16	99.81%			

对于上述模型，利用应力-强度干涉模型进行求解，这里，应力及强度是一个广义的概念，一般而言，将作用于零件上的物理量如应力、压力、位移、磨损等量统称为零件的广义应力，并用符号 s 表示；同时，将零件承受这种应力的能力统称为零件的广义强度，并用符号 S 表示，见图 17-1-57。

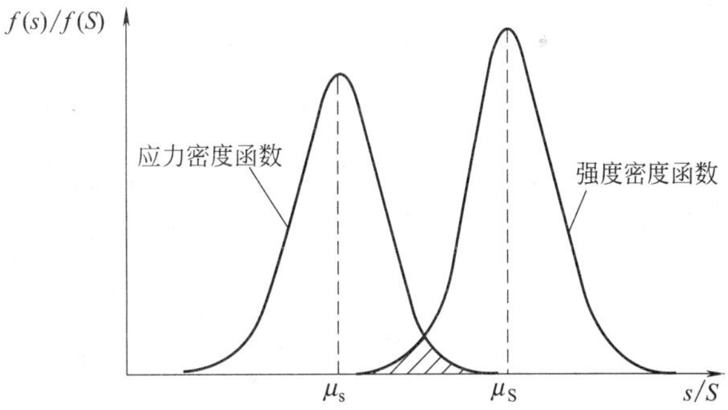

图 17-1-57　应力-强度干涉模型

图中应力和强度密度函数曲线均为以横坐标为渐近线，两条曲线中间出现的交错部分称为应力强度的“干涉区”，干涉区内强度大于应力的概率是零件可靠度的计算依据，按照蒙特卡洛统计法计算得到该 750kW 风电齿轮箱传动系统的可靠度为

$$R=P(z\geqslant 0)=95.23\%$$

（12）风电齿轮箱噪声级别测试

1）执行标准

风电齿轮箱噪声级别测试可依据 GB/T 16404 ISO/9614-1《Acoustics-Determination of sound power levels of noise sources using sound intensity，part1-Measurement at discrete points》以及 ISO 8579-1《Acceptance code for gear units-Part1：Test code for airborne sound》进行。

2）齿轮箱噪声产生机理

齿轮箱由齿轮、传动轴、轴承、及箱体等零部件组成，它们在工作时将产生振动，同时向空气中辐射噪声。该噪声由两部分组成：一部分是箱体内零件产生的噪声通过箱体辐射到空气中形成的空气声；另一部分是箱体受到激励而产生振动向空气中辐射的固体声。空气声和固体声构成了齿轮箱的总噪声。

3）检测方案

根据 GB/T 16404 相关规定，由于试验台电机及陪试齿轮箱等噪声影响，应减小测量表面与声源表面之间的距离，采取测点距增速机机体表面距离 $d=0.35\text{m}$。选用矩形包络面布置测点，各个面上分布 4 个采样点，共布置 20 个测点；齿轮箱测点布置图如图 17-1-58 所示：

4）数据测试及处理

① 法向声强级 L_{In}，法向声强的对数量，I_{ref} 为参考声强，取 10^{-12}W/m^2：

$$L_{\text{In}}=10\lg[\,|I_{\text{n}}|/I_{\text{ref}}\,]$$

② 1/3 倍频带声强合成 A 计权声强，合成计算方法：

$$I_i = 10^{-12}\sum_{j=1}^{j\max}10^{L_{\text{I}j}/10}$$

③ 平均声功率 $\overline{W}$，单位时间内通过垂直于传声面积为 S 的平均声能量：

$$\overline{W} = \sum_{i=1}^{n}W_i = \sum_{i=1}^{n}I_iS_i$$

式中，I_i 为 i 点平均声强；S_i 为测点对应面元面积；

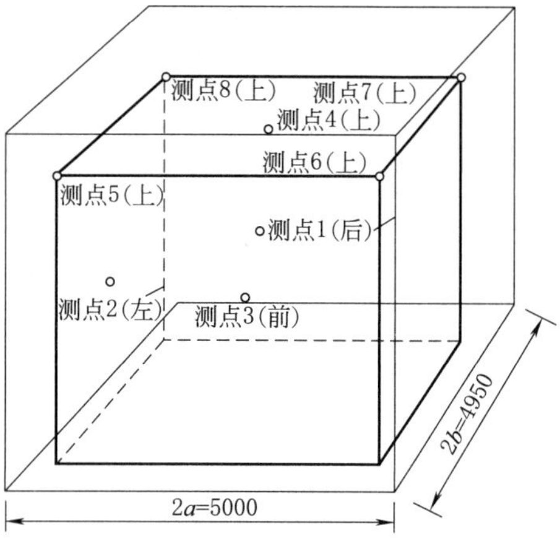

图 17-1-58　齿轮箱测点布置图

④ 平均声功率级 L_{w}，按标准测量的增速器平均声功率的对数量：

$$L_{\text{w}}=10\sum_{i=1}^{n}\lg[\,|W_i|/W_0\,]\ \text{dB(A)}$$

式中，W_0 为基准声功率，为 10^{-12}W。

测试设备采用 AWA5633 型声级计，声级计水平正对测量面。手持声级计身体距离声级计 0.5m。各测点的原始数据见表 17-1-54。

表 17-1-54　　噪声测试原始数据

测点	1	2	3	4	5	6	7	8
1	81.5	89.0	83.9	81.2	83.3	80.0	80.4	82.0
2	81.8	87.3	84.0	81.4	83.4	80.6	80.9	81.8
3	81.7	88.6	83.8	81.6	83.6	80.6	80.2	81.9

考虑环境修正系数、背景噪声修正后，修正后的该齿轮箱声功率级为 90.25 dB（A）。

第2章 标准减速器及产品

1 ZDY、ZLY、ZSY型硬齿面圆柱齿轮减速器（摘自 JB/T 8853—2001）

1.1 适用范围和代号

（1）适用范围

ZDY、ZLY、ZSY型外啮合渐开线斜齿圆柱齿轮减速器，适用于冶金、矿山、起重运输、水泥、建筑、化工、纺织、轻工等行业。

减速器高速轴转速不大于1500r/min；齿轮传动圆周速度不大于20m/s；工作环境温度为-40～45℃，低于0℃时，启动前润滑油应预热。

（2）标记示例

ZLY 560-11.2-Ⅰ JB/T 8853—2001

- Ⅰ——第一种装配形式（用Ⅰ、Ⅱ、Ⅲ等顺序表示）
- 11.2——公称传动比
- 560——低速级中心距（mm）
- ZLY——减速器型号（ZDY为单级，ZLY为两级，ZSY为三级，Y代表硬齿面）

（3）主要生产厂家

第一重型机器厂、第二重型机器厂、沈阳矿山机器厂、浙江星河机器厂。

1.2 外形、安装尺寸及装配形式

ZDY型减速器外形、安装尺寸和装配形式

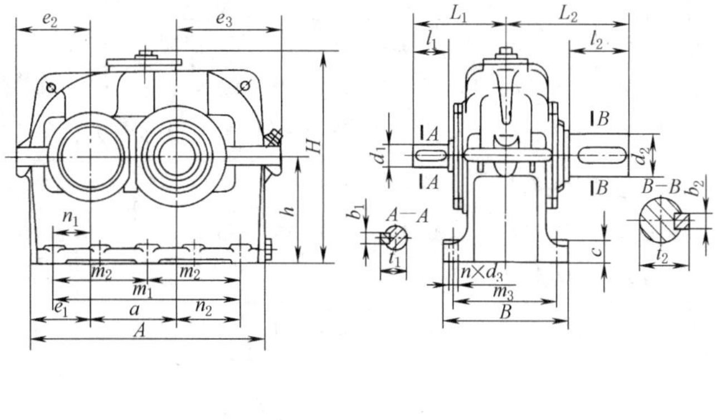

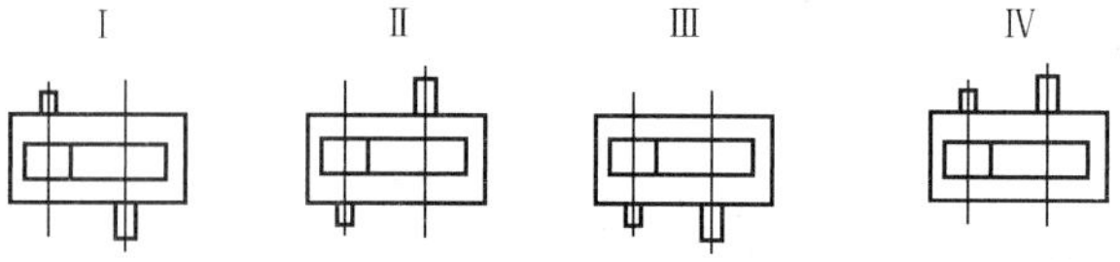

装配形式

表 17-2-1

mm

型号 ZDY（中心距）	A	B	$H\approx$	a	$i=1.25\sim2.8$					$i=3.15\sim4.5$					$i=5\sim5.6$				
					d_1（m6）	l_1	L_1	b_1	t_1	d_1（m6）	l_1	L_1	b_1	t_1	d_1（m6）	l_1	L_1	b_1	t_1
80	235	150	210	80	28	42	112	8	31	24	36	106	8	27	19	28	98	6	21.5
100	290	175	260	100	42	82	167	12	45	28	42	127	8	31	22	36	121	6	24.5
125	355	195	330	125	48	82	182	14	51.5	38	58	158	10	41	28	42	142	8	31
160	445	245	403	160	65	105	225	18	69	48	82	202	14	51.5	38	58	178	10	41
200	545	310	507	200	80	130	275	22	85	60	105	250	18	64	48	82	227	14	51.5
250	680	370	662	250	100	165	340	28	106	80	130	305	22	85	60	105	280	18	64
280	755	450	722	280	110	165	385	28	116	85	130	350	22	90	65	105	325	18	69
315	840	500	770	315	130	200	445	32	137	95	130	375	25	100	75	105	350	20	79.5
355	930	550	930	355	140	200	470	36	148	100	165	435	28	106	90	130	400	25	95
400	1040	605	982	400	150	200	485	36	158	110	165	450	28	116	95	130	415	25	100
450	1150	645	1090	450	160	240	545	40	169	120	165	470	32	127	100	165	470	28	106
500	1290	710	1270	500	180	240	580	45	190	130	200	540	32	137	120	165	505	32	127
560	1440	780	1360	560	200	280	660	45	210	150	200	580	36	158	130	200	580	32	137

型号 ZDY（中心距）	d_2（m6）	l_2	L_2	b_2	t_2	c	m_1	m_2	m_3	n_1	n_2	e_1	e_2	e_3	h	地脚螺栓孔		质量/kg	润滑油量/L
																d_3	n		
80	32	58	128	10	35	18	180	—	120	40	60	67.5	81	101	100	12	4	14	0.9
100	48	82	167	14	51.5	22	225	—	140	52.5	72.5	85	102	122	125	15	4	35	1.6
125	55	82	182	16	59	25	290	—	160	65	100	97.5	119	155	160	15	4	76	3.2
160	70	105	225	20	74.5	32	355	—	200	73	122	118	141	190	200	18.5	4	115	6.5
200	90	130	275	25	95	40	425	—	255	80	145	140	169	235	250	24	4	228	12.8
250	110	165	340	28	116	50	550	275	305	110	190	175	214	295	315	28	6	400	23
280	130	200	420	32	137	50	620	310	380	120	220	187.5	228	328	355	28	6	540	36
315	140	200	445	36	148	63	700	350	420	137.5	247.5	207.5	254	364	400	35	6	800	45
355	150	200	470	36	158	63	770	385	470	142.5	272.5	222.5	269	397	450	35	6	870	70
400	160	240	525	40	169	80	850	425	510	150	300	245	304	454	500	42	6	1640	90
450	170	240	545	40	179	80	950	475	550	165	335	265	331	501	560	42	6	2100	125
500	190	280	620	45	200	100	1080	540	610	190	390	295	418	618	630	42	6	3100	180
560	240	330	790	56	252	100	1200	600	680	205	435	325	432	662	710	48	6	3730	250

ZLY 型减速器外形、安装尺寸和装配形式

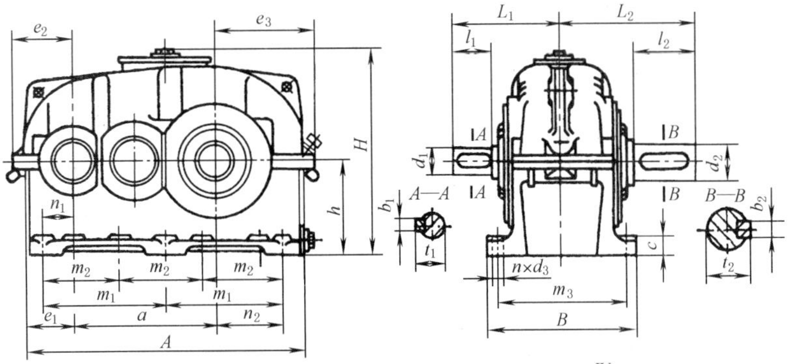

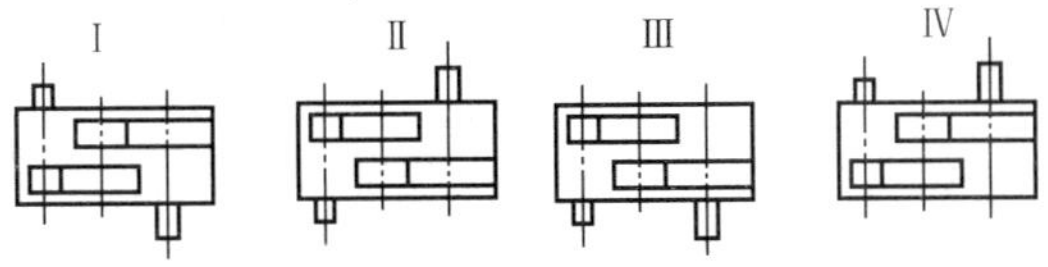

装配形式

表 17-2-2 mm

型号 ZLY（低速级中心距）	A	B	H≈	a	i=6.3~11.2 d1（m6）	l1	L1	b1	t1	i=12.5~20 d1（m6）	l1	L1	b1	t1	d2（m6）	l2	L2	b2	t2
112	385	215	265	192	24	36	141	8	27	22	36	141	6	24.5	48	82	192	14	51.5
125	425	235	309	215	28	42	157	8	31	24	36	151	8	27	55	82	197	16	59
140	475	245	335	240	32	58	185	10	35	28	42	167	8	31	65	105	230	18	69
160	540	290	375	272	38	58	198	10	41	32	58	198	10	35	75	105	245	20	79.5
180	600	320	435	305	42	82	232	12	45	32	58	208	10	35	85	130	285	22	90
200	665	355	489	340	48	82	247	14	51.5	38	58	223	10	41	95	130	300	25	100
224	755	390	515	384	48	82	267	14	51.5	42	82	267	12	45	100	165	355	28	106
250	830	450	594	430	60	105	315	18	64	48	82	292	14	51.5	110	165	380	28	116
280	920	500	670	480	65	105	340	18	69	55	82	317	16	59	130	200	440	32	137
315	1030	570	780	539	75	105	365	20	79.5	60	105	365	18	64	140	200	470	36	148
355	1150	600	870	605	85	130	410	22	90	70	105	385	20	74.5	170	240	530	40	179
400	1280	690	968	680	90	130	440	25	95	80	130	440	22	85	180	240	560	45	190
450	1450	750	1065	765	100	165	515	28	106	85	130	480	22	90	220	280	640	50	231
					i=6.3~12.5					i=14~20									
500	1600	830	1190	855	110	165	555	28	116	95	130	520	25	100	240	330	730	56	252
560	1760	910	1320	960	120	165	575	32	127	110	165	575	28	116	280	380	820	63	292
630	1980	1010	1480	1080	140	200	660	36	148	120	165	625	32	127	300	380	870	70	314
710	2220	1110	1653	1210	160	240	740	40	169	140	200	700	36	148	340	450	990	80	355

型号 ZLY（低速级中心距）	c	m1	m2	m3	n1	n2	e1	e2	e3	h	地脚螺栓孔 d3	n	质量 /kg	润滑油量/L
112	22	160	—	180	43	85	75.5	92	134	125	15	6	60	3
125	25	180	—	200	45	100	77.5	98	153	140	15	6	69	4.3
140	25	200	—	210	47.5	112.5	85	106	171	160	15	6	105	6
160	32	225	—	245	58	120	103	126	188	180	18.5	6	155	8.5
180	32	250	—	275	60	135	110	134	209	200	18.5	6	185	11.5
200	40	280	—	300	65	155	117.5	148	238	225	24	6	260	16.5
224	40	310	—	335	70	165.5	137.5	168	263	250	24	6	370	23
250	50	350	—	380	80	190	145	184	293	280	28	6	527	32
280	50	380	—	430	75	205	155	195	325	315	28	6	700	46
315	63	420	—	490	78	223	173	219	364	355	35	6	845	65
355	63	475	—	520	92.5	252.5	192.5	238	398	400	35	6	1250	90
400	80	520	—	590	95	265	215	275	445	450	42	6	1750	125
450	80	—	400	650	117.5	317.5	242.5	305	505	500	42	8	2650	180
500	100	—	440	710	120	345	262.5	337	557	560	48	8	3400	250
560	100	—	490	790	120	390	265	354	624	630	48	8	4500	350
630	125	—	540	870	115	425	295	384	694	710	56	8	6800	350
710	125	—	610	950	140	480	335	440	780	800	56	8	8509	520

ZSY 型减速器外形、安装尺寸和装配形式

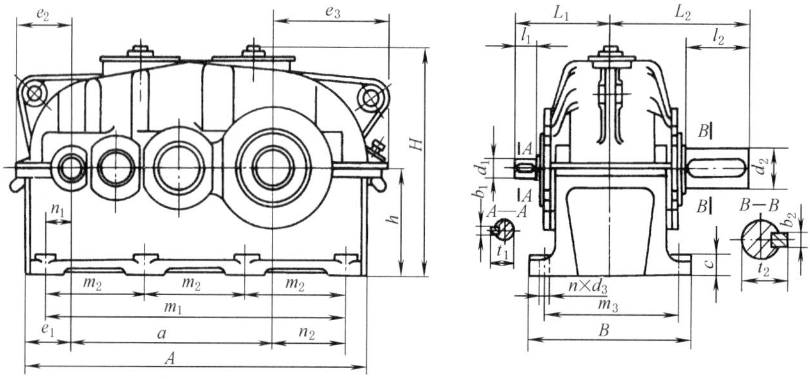

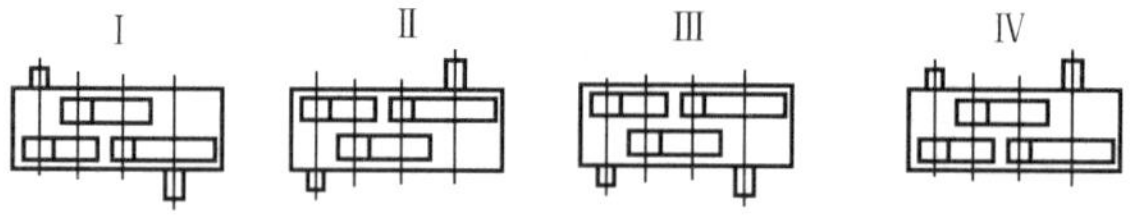

装配形式

表 17-2-3

mm

型号 ZSY（低速级中心距）	A	B	H≈	a	$i=22.4\sim71$					$i=80\sim100$					d_2（m6）	l_2	L_2	b_2	t_2
					d_1（m6）	l_1	L_1	b_1	t_1	d_1（m6）	l_1	L_1	b_1	t_1					
160	600	290	375	352	24	36	166	8	27	19	28	158	6	21.5	75	105	245	20	79.5
180	665	320	435	395	28	42	187	8	31	22	36	181	6	24.5	85	130	285	22	90
200	745	355	492	440	32	58	218	10	35	22	36	196	6	24.5	95	130	300	25	100
224	840	390	535	496	38	58	233	10	41	24	36	211	8	27	100	165	355	28	106
250	930	450	589	555	42	82	282	12	45	32	58	258	10	35	110	165	380	28	116
280	1025	500	662	620	48	82	307	14	51.5	38	58	283	10	41	130	200	440	32	137
315	1160	570	749	699	48	82	337	14	51.5	42	82	337	12	45	140	200	470	36	148
					$i=22.4\sim35.5$					$i=40\sim90$									
355	1280	600	870	785	60	105	380	18	64	48	82	357	14	51.5	170	240	530	40	179
400	1420	690	968	880	65	105	410	18	69	55	82	387	16	59	180	240	560	45	190
450	1610	750	1067	989	70	105	450	20	74.5	60	105	450	18	64	220	280	640	50	231
					$i=22.4\sim45$					$i=50\sim90$									
500	1790	830	1170	1105	80	130	515	22	85	65	105	490	18	69	240	330	730	56	252
560	2010	910	1320	1240	95	130	530	25	100	75	105	505	20	79.5	280	380	820	63	292
630	2260	1030	1480	1395	110	165	625	28	116	85	130	590	22	90	300	380	880	70	314
710	2540	1160	1655	1565	120	165	685	32	127	90	130	650	25	95	340	450	1010	80	355

型号 ZSY（低速级中心距）	c	m_1	m_2	m_3	n_1	n_2	e_1	e_2	e_3	h	地脚螺栓孔		质量/kg	润滑油量/L
											d_3	n		
160	32	510	170	245	38	120	83	107	188	180	18.5	8	170	10
180	32	570	190	275	37.5	137.5	85	109	209	200	18.5	8	205	14
200	40	630	210	300	40	150	97.5	128	238	225	24	8	285	19
224	40	705	235	335	43.5	165.5	110.5	141	263	250	24	8	390	26
250	50	810	270	380	60	195	120	158	293	280	28	8	540	36
280	50	855	285	430	35	200	120	160	325	315	28	8	750	53
315	63	960	320	490	40	218	143	189	364	355	35	8	940	75
355	63	1080	360	520	42.5	252.5	143	188	398	400	35	8	1400	115
400	80	1200	400	590	45	275	155	215	445	450	42	8	1950	160
450	80	1350	450	650	48	313	178	240	505	500	42	8	2636	220
500	100	1500	500	710	59	332.5	200	277	557	560	48	8	3800	300
560	100	1680	560	790	70	370	235	324	624	630	48	8	5100	450
630	125	1890	630	890	72.5	422.5	255	344	694	710	56	8	7060	520
710	125	2130	710	1000	92.5	472.5	297.5	400	780	800	56	8	9205	820

1.3 承载能力

表 17-2-4　　ZDY 型减速器功率 P_1

公称传动比 i	公称转速 /r·min⁻¹		中心距 a/mm												
	输入	输出	80	100	125	160	200	250	280	315	355	400	450	500	560
	n_1	n_2	公称输入功率 P_1/kW												
1.25	1500	1200	57	103	205	360	633	1121							
	1000	800	40	69	140	260	446	807							
	750	600	31	52	105	190	348	636							
1.4	1500	1070	53	96	194	326	616	1109							
	1000	715	37	65	132	240	433	794							
	750	535	29	48	102	180	337	624							
1.6	1500	940	49	92	180	310	587	1068	1473	1996	2766				
	1000	625	34	63	125	217	410	760	1051	1430	1992				
	750	470	27	50	98	168	319	595	824	1124	1569				
1.8	1500	835	45	87	173	290	557	1024	1441	1925	2663				
	1000	555	31	62	120	206	389	726	1002	1372	1906				
	750	415	24	48	95	160	302	567	784	1074	1497				
2	1500	750	39	80	158	278	526	970	1339	1827	2536				
	1000	500	27	55	110	194	367	684	946	1296	1806	2547	3578	4793	
	750	375	21	43	85	150	284	534	738	1013	1414	1999	2821	3775	5169
2.24	1500	670	36	70	141	264	484	914	1236	1711	2377				
	1000	445	25	49	98	183	337	645	874	1207	1683	2402	3397	4512	
	750	335	19	38	76	142	262	503	682	941	1314	1878	2667	3538	4833
2.5	1500	600	32	64	127	245	447	855	1154	1617	2264				
	1000	400	22	45	88	170	311	601	812	1136	1596	2235	3185	4353	
	750	300	17	35	68	132	241	468	633	884	1243	1742	2492	3406	4645
2.8	1500	535	27	53	115	224	409	789	1063	1489	2068				
	1000	360	19	37	80	155	284	552	746	1048	1456	2049	2945	4000	
	750	270	15	29	62	120	220	429	580	816	1134	1593	2296	3118	4232
3.15	1500	475	23	47	96	203	375	709	990	1359	1924	2658	3790	5036	6666
	1000	315	16	33	67	140	260	496	695	952	1352	1877	2681	3607	4807
	750	235	13	25	52	109	202	385	540	740	1052	1458	2084	2802	3747
3.55	1500	425	20	41	85	179	337	639	898	1210	1730	2410	3407	4460	6119
	1000	280	14	28	59	124	234	446	628	845	1210	1694	2396	3196	4395
	750	210	11	22	46	96	181	346	488	655	940	1312	1856	2483	3419
4	1500	375	17	34	69	155	300	570	774	1095	1555	2146	2981	3985	5651
	1000	250	12	24	48	107	208	396	539	764	1088	1501	2090	2838	4033
	750	187	9	18	37	83	161	307	418	590	844	1160	1618	2199	3128
4.5	1500	335	14	29	55	137	260	495	703	997	1367	1878	2619	3635	4912
	1000	220	9.5	20	38	95	180	344	488	694	953	1311	1832	2582	3485
	750	166	7	15	30	73	139	266	378	536	738	1015	1416	1997	2694
5	1500	300	11	25	48	121	229	451	608	864	1179	1680	2340	3149	4400
	1000	200	8	17	33	84	159	313	422	599	820	1168	1629	2231	3125
	750	150	6	13	26	65	123	242	326	462	633	900	1257	1724	2418
5.6	1500	270	10	20	40	109	211	389	531	779	1031	1564	2038	2791	3778
	1000	180	7	14	27	75	146	270	368	540	716	1088	1417	1969	2670
	750	134	5	11	21	59	113	208	285	416	554	838	1092	1519	2061
6.3	1500	240		16	36	90	175	353	465	651	944	1313	1804	2547	3342
	1000	160		11	25	63	121	244	322	451	655	911	1252	1795	2356
	750	120		9	19	49	94	189	249	349	507	704	964	1388	1817

表 17-2-5　　ZLY 型减速器功率 P_1

公称传动比 i	公称转速/r·min⁻¹ 输入 n_1	输出 n_2	112	125	140	160	180	200	224	250	280	315	355	400	450	500	560	630	710
			低速级中心距/mm；公称输入功率 P_1/kW																
6.3	1500	240	37.4	54	73	114	157	221	305	424	578	791	1156	1650	2192	3132	4310	—	—
	1000	160	26.4	37.4	50	78	109	153	211	294	400	548	802	1146	1558	2181	3000	4347	6229
	750	120	19.5	28.6	38.5	60	84	119	163	227	308	422	618	884	1213	1685	2320	3357	4884
7.1	1500	210	34	49	66	104	143	201	277	385	525	719	1051	1500	1993	2847	3817	—	—
	1000	140	24	34	45.5	71	99	139	192	267	364	498	729	1042	1416	1983	2731	3952	5663
	750	106	17.7	26	35	54.5	76	108	148	206	280	384	562	804	1103	1532	2109	3052	4440
8	1500	185	32	43	61	94.5	130	181.5	250	347	469	678	932	1309	1869	2489	3520	—	—
	1000	125	21.5	29.5	42.4	64	93	126	173	241	325	470	646	908	1298	1730	2447	3398	5019
	750	94	17	23	33	49	69	97	133	186	251	362	498	700	1000	1333	1887	2619	3881
9	1500	167	29	38.5	56	81	119	165.5	227	315	423	612	841	1182	1689	2248	3183	—	—
	1000	111	20	27	38.5	55	82.5	115	157	218	293	424	583	819	1172	1561	2210	3068	4537
	750	83	15	20.5	30	42	64	88	121	168	226	327	449	631	903	1202	1703	2363	3502
10	1500	150	26	35	50	73	109	149	204	284	383	555	762	1070	1530	2038	2883	—	—
	1000	100	18	24	35	50	75	103	142	197	266	384	528	742	1061	1414	2001	2777	4112
	750	75	14	18.5	26.6	38	58	80	109	152	204	296	407	571	817	1088	1541	2139	3172
11.2	1500	134	23	31.5	45	66	96	133	184	255	346	500	688	966	1381	1839	2604	—	—
	1000	89	16	22	31	45	67	92	127	177	240	347	477	669	957	1275	1806	2506	3711
	750	67	12	17	24	35	51	71	98	136	185	267	367	516	737	982	1391	1930	2862
12.5	1500	120	21	28	40	59	83	116.5	165	229	311	450	618	869	1242	1654	2341	—	—
	1000	80	14	19.5	28	40	57	81	114	159	216	312	428	601	860	1146	1621	2251	3338
	750	60	11	15	21	31	44	63	88	122	166	240	330	463	663	882	1249	1734	2573
14	1500	107	18.5	25	36	52.5	74	105	148	206	279	404	555	779	1115	1485	2162	2918	4318
	1000	71	12.5	17.5	25	36	51	73	102	142	193	280	384	540	772	1028	1455	2020	2996
	750	54	9.8	13	19	27.6	39	56	79	110	149	216	296	416	594	792	1120	1555	2310
16	1500	94	16	22	31	47.5	70.5	98	133	185	251	362	498	700	1000	1333	1887	2619	3879
	1000	62	11	15	21.5	32	49	68	92	128	174	251	345	484	693	923	1306	1812	3690
	750	47	8	11.5	17	25	38	53	71	99	134	193	266	373	533	711	1005	1395	2073
18	1500	83	14	19.5	28	42.5	60.5	86	115	161	225	326	448	629	899	1197	1697	2353	3487
	1000	56	10	13.5	19.6	29	42	59.5	80	111	156	226	310	435	622	829	1175	1628	2417
	750	42	7.5	10.5	15	22	32	46	61	86	120	174	239	335	479	638	905	1252	1861
20	1500	75	13	18	25.5	38	59	77	103	142	205	296	418	587	839	1120	1580	2200	3260
	1000	50	9	12	18	26.5	41	53.5	72	95	142	205	279	392	560	746	1050	1460	2170
	750	38	6.8	9.5	14	20	32	41	55	76	109	158	210	295	420	562	735	1120	1635

表 17-2-6　　　　ZSY 型减速器功率 P_1

公称传动比 i	公称转速 /r·min^{-1}		低速级中心距/mm													
	输入	输出	160	180	200	224	250	280	315	355	400	450	500	560	630	710
	n_1	n_2	公称输入功率 P_1/kW													
22.4	1500	67	34	51	68	98	131	182	270	400	530	780	1060	1450	1865	—
	1000	44	24	35	48	68	91	128	185	262	355	540	750	1025	1325	1905
	750	33	18	27	37	52	70	97	135	215	275	415	580	800	1030	1485
25	1500	60	32	46	63	96	115	157	240	365	470	705	1020	1405	1865	—
	1000	40	22	31	43	66	80	108	163	250	315	465	705	975	1325	1905
	750	30	16	24	33	51	60	84	122	195	240	350	540	750	1030	1485
28	1500	54	29	42	59	86	113	142	220	325	425	625	945	1260	1800	—
	1000	36	20	29	41	60	75	98	148	215	280	425	650	870	1245	1760
	750	27	15	22	31	46	56	76	114	160	210	310	500	670	960	1355
31.5	1500	48	26	37	51	79	95	127	197	290	395	560	840	1140	1600	—
	1000	32	17	26	35	55	63	86	132	195	370	370	585	790	1110	1565
	750	24	14	20	27	42	49	65	100	145	200	280	450	605	855	1200
35.5	1500	42	23	34	47	70	88	117	178	275	350	510	755	1025	1450	—
	1000	28	15	23	32	48	59	80	118	180	235	340	520	710	1000	1410
	750	21	12	18	25	37	44	61	90	140	175	255	405	545	750	1090
40	1500	38	21	30	42	64	79	107	158	235	325	465	675	930	1300	—
	1000	25	17	21	29	40	53	71	108	160	210	315	465	640	900	1315
	750	19	11	16	22	31	41	55	80	125	155	235	360	465	680	1051
45	1500	33	17	24	34	46	70	96	142	215	280	410	615	850	1130	—
	1000	22	12	16	24	32	47	64	95	145	185	280	425	590	770	1150
	750	17	9	12	18	25	36	50	74	110	140	210	320	450	600	885
50	1500	30	15	22	32	46	63	85	128	195	245	360	540	750	1030	1490
	1000	20	11	15	22	31	43	59	85	130	165	240	370	520	710	1030
	750	15	8	12	17	24	32	43	65	95	125	180	290	400	550	795
56	1500	27	15	21	31	43	56	76	112	170	220	310	480	675	955	1340
	1000	18	10	15	22	30	38	52	77	115	145	210	330	470	660	935
	750	13.4	8	11	17	23	28	40	58	90	110	160	255	360	510	715
63	1500	24	12	17	23	37	45	61	102	145	195	280	425	605	860	1170
	1000	16	8	12	16	25	30	42	70	100	130	190	290	420	600	810
	750	12	6	9	12	20	23	32	52	75	100	140	225	325	460	620
71	1500	21	11	17	23	33	40	56	90	130	185	245	390	540	770	1045
	1000	14	18	11	15	23	27	38	60	90	115	175	270	370	540	725
	750	10.6	8	9	12	18	21	29	45	65	90	125	210	285	410	555
80	1500	18.8	9	13	18	26	36	51	80	115	155	225	340	470	675	960
	1000	12.5	6	9	12	18	24	34	54	80	100	150	240	330	470	665
	750	9.4	4	7	10	14	19	27	42	60	80	110	185	250	360	510
90	1500	16.7	8	12	18	25	33	46	74	105	140	200	305	395	590	765
	1000	11.1	6	8	12	17	22	30	49	70	95	130	200	278	405	530
	750	8.3	4	6	9	13	17	23	37	55	70	100	160	210	300	405
100	1500	15	8	11	16	24	30	43	60	—	—	—	—	—	—	—
	1000	10	5	7	11	16	21	29	40	—	—	—	—	—	—	—
	750	7.5	4	6	8	13	16	22	30	—	—	—	—	—	—	—

表 17-2-7　　减速器热功率

ZDY 减速器热功率 P_{G1}、P_{G2}

散热冷却条件			规格												
没有冷却措施	环境条件	环境气流速度 $v/m\cdot s^{-1}$	80	100	125	160	200	250	280	315	355	400	450	500	560
			P_{G1}/kW												
	小空间	≥0.5	13	20	31	48	77	115	145	182	228	286	365	440	542
	较大空间	≥1.4	18	29	43	68	110	160	210	270	320	415	515	620	770
	在户外露天	≥3.7	24	38	58	92	145	220	275	360	425	550	690	840	1020
盘状管冷却或循环油润滑	环境条件	水管内径 d/mm	8	8	8	12	12	15	15	20	20	20	20	20	20
		环境气流速度 $v/m\cdot s^{-1}$	P_{G2}/kW												
	小空间	≥0.5	48	65	90	180	300	415	490	610	695	870	1010	1190	1300
	较大空间	≥1.4	48	75	100	200	330	465	550	695	790	1000	1160	1380	1530
	在户外露天	≥3.7	54	90	120	220	365	520	625	790	900	1140	1340	1600	1780

ZLY 减速器热功率 P_{G1}、P_{G2}

散热冷却条件			规格																
没有冷却措施	环境条件	环境气流速度 $v/m\cdot s^{-1}$	112	125	140	160	180	200	224	250	280	315	355	400	450	500	560	630	710
			P_{G1}/kW																
	小空间	≥0.5	16	20	24	30	38	48	60	74	92	115	145	181	226	276	345	430	540
	较大空间	≥1.4	20	28	35	43	54	67	87	105	130	165	210	255	320	405	485	620	760
	在户外露天	≥3.7	30	38	47	57	73	88	115	140	175	220	275	345	420	530	650	810	1000
盘状管冷却或循环油润滑	环境条件	水管内径 d/mm	8	8	15	15	15	15	15	15	15	15	20	20	20	20	20	20	20
		环境气流速度 $v/m\cdot s^{-1}$	P_{G2}/kW																
	小空间	≥0.5	34	41	98	104	150	170	200	225	266	280	305	365	415	490	550	680	800
	较大空间	≥1.4	38	50	109	116	170	190	225	260	305	330	370	440	510	620	690	870	1010
	在户外露天	≥3.7	48	60	120	130	200	210	250	295	350	385	435	530	610	750	860	1060	1250

ZSY 减速器热功率 P_{G1}、P_{G2}

散热冷却条件			规格													
没有冷却措施	环境条件	环境气流速度 $v/m\cdot s^{-1}$	160	180	200	224	250	280	315	355	400	450	500	560	630	710
			P_{G1}/kW													
	小空间	≥0.5	24	30	37	45	56	69	86	110	135	165	208	258	322	400
	较大空间	≥1.4	34	42	52	64	80	98	116	155	190	235	300	365	450	570
	在户外露天	≥3.7	46	57	69	87	108	132	162	205	250	310	400	475	600	760
盘状管冷却或循环油润滑	环境条件	水管内径 d/mm	15	15	15	15	15	15	15	20	20	20	20	20	20	20
		环境气流速度 $v/m\cdot s^{-1}$	P_{G2}/kW													
	小空间	≥0.5	70	77	92	106	150	160	180	210	350	370	430	480	700	770
	较大空间	≥1.4	80	89	107	125	175	190	210	255	400	440	520	590	820	940
	在户外露天	≥3.7	90	105	124	148	200	225	255	310	460	510	620	700	970	1150

注：当采用循环油润滑时，可按润滑系统计算适当提高 P_{G2}。

1.4 减速器的选用

减速器的承载能力受机械强度和热平衡许用功率两方面的限制。因此选用减速器必须经过以下两个步骤。

(1) 选用减速器的公称输入功率 P_1

应满足：

$$P_{2m}=P_2K_AS_A<P_1 \tag{17-2-1}$$

式中 P_{2m}——机械强度计算功率，kW；

P_2——负载功率，kW；

K_A——工况系数（即使用系数），见表 17-2-8；

S_A——安全系数，见表 17-2-9；

P_1——减速器公称输入功率，见表 17-2-4～表 17-2-6。

表 17-2-8　　工况系数 K_A

原　动　机	每日工作时间/h	均匀载荷 U	中等冲击载荷 M	强冲击载荷 H
电机 汽轮机 水力机	≤3	0.8	1	1.5
	>3～10	1	1.25	1.75
	>10	1.25	1.5	2
4～6 缸的活塞发动机	≤3	1	1.25	1.75
	>3～10	1.25	1.5	2
	>10	1.5	1.75	2
1～3 缸的活塞发动机	≤3	1.25	1.5	2
	>3～10	1.5	1.75	2.25
	>10	1.75	2	2.5

表 17-2-9　　安全系数 S_A

重要性与安全要求	一般设备，减速器失效仅引起单机停产且易更换备件	重要设备，减速器失效引起机组、生产线或全厂停产	高度安全要求，减速器失效引起设备、人身事故
S_A	1.1～1.3	1.3～1.5	1.5～1.7

(2) 校核热平衡许用功率

应满足：

$$P_{2t}=P_2f_1f_2f_3\leqslant P_{G1}\text{或}P_{G2} \tag{17-2-2}$$

式中 P_{2t}——计算热功率，kW；

P_{G1}，P_{G2}——减速器热功率，无冷却装置为 P_{G1}，有冷却装置为 P_{G2}；

f_1，f_2，f_3——系数，查表 17-2-10～表 17-2-12。

表 17-2-10　　环境温度系数 f_1

冷却条件	环境温度/℃				
	10	20	30	40	50
无冷却	0.9	1	1.15	1.35	1.65
冷却管冷却	0.9	1	1.1	1.2	1.3

表 17-2-11　　载荷率系数 f_2

小时载荷率/%	100	80	60	40	20
f_2	1	0.94	0.86	0.74	0.56

表 17-2-12　　公称功率利用系数 f_3

(P_2/P_1)/%	40	50	60	70	80～100
f_3	1.25	1.15	1.1	1.05	1

第 17 篇

表 17-2-13　　工作机械载荷分类

工作机械		载荷类别
风机	风机(轴向和径向)	U
风机	冷却塔风扇	M
风机	引风机	M
风机	螺旋活塞式风机	M
风机	涡轮式风机	U
建筑机械	混凝土搅拌机	M
建筑机械	卷扬机	M
建筑机械	路面建筑机械	M
化工机械	搅拌机(液体)	U
化工机械	搅拌机(半液体)	M
化工机械	离心机(重型)	M
化工机械	离心机(轻型)	U
化工机械	冷却滚筒①	M
化工机械	干燥滚筒①	M
化工机械	搅拌机	M
压缩机	活塞式压缩机	H
压缩机	涡轮式压缩机	M
传送运输机械	平板传送机	M
传送运输机械	平衡块升降机	M
传送运输机械	槽式传送机	M
传送运输机械	带式传送机(大件)	M
传送运输机械	带式传送机(碎料)	H
传送运输机械	筒式面粉传送机	U
传送运输机械	链式传送机	M
传送运输机械	环式传送机	M
传送运输机械	货物升降机	M
传送运输机械	卷扬机①	H
传送运输机械	倾斜卷扬机①	H
传送运输机械	连杆式传送机	M
传送运输机械	载人升降机	M
传送运输机械	螺旋式传送机	M
传送运输机械	钢带式传送机	M
传送运输机械	链式槽型传送机	M
传送运输机械	绞车运输	M
起重机	转臂式起重传动齿轮装置	M
起重机	卷扬机齿轮传动装置	U
起重机	吊杆起落齿轮传动装置	U
起重机	转向齿轮传动装置	M
起重机	行走齿轮传动装置	H

工作机械		载荷类别
挖泥机	筒式传送机	H
挖泥机	筒式转向轮	H
挖泥机	挖泥头	H
挖泥机	机动绞车	M
挖泥机	泵	M
挖泥机	转向齿轮传动装置	M
挖泥机	行走齿轮传动装置(履带)	H
挖泥机	行走齿轮传动装置(铁轨)	M
食品工业机械	灌注及装箱机器	U
食品工业机械	甘蔗压榨机①	M
食品工业机械	甘蔗切断机①	M
食品工业机械	甘蔗粉碎机	H
食品工业机械	搅拌机	M
食品工业机械	酱状物吊桶	M
食品工业机械	包装机	U
食品工业机械	糖甜菜切断机	M
食品工业机械	糖甜菜清洗机	M
发动机及转换器	频率转换器	H
发动机及转换器	发动机	H
发动机及转换器	焊接发动机	H
洗衣机	滚筒	M
洗衣机	洗衣机	M
金属滚轧机	钢坯剪断机①	H
金属滚轧机	链式输送机①	M
金属滚轧机	冷轧机①	H
金属滚轧机	连铸成套设备①	H
金属滚轧机	冷床①	M
金属滚轧机	剪料机头①	H
金属滚轧机	交叉转弯输送机①	M
金属滚轧机	除锈机①	H
金属滚轧机	重型和中型板轧机①	H
金属滚轧机	棒坯初轧机①	H
金属滚轧机	棒坯转运机械①	H
金属滚轧机	棒坯推料机①	H
金属滚轧机	推床①	H

工作机械		载荷类别
金属滚轧机	剪板机①	H
金属滚轧机	板材摆动升降台①	M
金属滚轧机	轧辊调整装置	M
金属滚轧机	辊式校直机①	M
金属滚轧机	轧钢机辊道(重型)①	H
金属滚轧机	轧钢机辊道(轻型)①	M
金属滚轧机	薄板轧机①	H
金属滚轧机	修整剪切机①	M
金属滚轧机	焊管机	H
金属滚轧机	焊接机(带材及线材)	M
金属滚轧机	线材拉拔机	M
金属加工机床	动力轴	U
金属加工机床	锻造机	H
金属加工机床	锻锤①	H
金属加工机床	机床及辅助装置	U
金属加工机床	机床及主要传动装置	M
金属加工机床	金属刨床	H
金属加工机床	板材校直机床	H
金属加工机床	冲床	H
金属加工机床	冲压机床	H
金属加工机床	剪床	M
金属加工机床	薄板弯曲机床	M
石油机械	输油管油泵①	M
石油机械	转子钻井设备	H
制纸机	压光机①	H
制纸机	多层纸板机①	H
制纸机	干燥滚筒①	H
制纸机	上光滚筒①	H
制纸机	搅浆机①	H
制纸机	纸浆擦碎机①	H
制纸机	吸水滚①	H
制纸机	吸水滚压机①	H
制纸机	潮纸滚压机①	H
制纸机	威罗机	H
泵	离心泵(稀液体)	U
泵	离心泵(半液体)	M

工作机械		载荷类别
泵	活塞泵	H
泵	柱塞泵①	H
泵	压力泵①	H
塑料机械	压光机①	M
塑料机械	挤压机①	M
塑料机械	螺旋压出机①	M
塑料机械	混合机①	M
橡胶机械	压光机①	M
橡胶机械	挤压机①	H
橡胶机械	混合搅拌机①	M
橡胶机械	捏和机①	H
橡胶机械	滚压机①	H
石料、瓷土料加工机械	球磨机①	H
石料、瓷土料加工机械	挤压粉碎机①	H
石料、瓷土料加工机械	破碎机	H
石料、瓷土料加工机械	压砖机	H
石料、瓷土料加工机械	锤粉碎机①	H
石料、瓷土料加工机械	转炉①	H
石料、瓷土料加工机械	筒形磨机①	H
纺织机	送料机	M
纺织机	织布机	M
纺织机	印染机械	M
纺织机	精制桶	M
纺织机	威罗机	M
水处理机	鼓风机①	M
水处理机	螺杆泵	M
木材加工机床	剥皮机	H
木材加工机床	刨床	M
木材加工机床	锯床①	H
木材加工机床	木材加工机床	U

① 仅用于 24h 工作制。

注：U—均匀载荷；M—中等冲击载荷；H—强冲击载荷。

例 输送大件物品的带式传动机减速器，电动机驱动，通过中间减速，输入转速 $n_1=1200\text{r/min}$，传动比 $i=4.5$，负载功率 $P_2=380\text{kW}$，轴伸承受纯转矩，每日工作 24h，最高环境温度 $t=38℃$，厂房较大，自然通风冷却，油池润滑。要求选用第一种装配形式的标准减速器。

第一步，按减速器的机械强度功率表选取，要计入工况系数 K_A，还要考虑安全系数 S_A。

带式传动机负荷为中等冲击，减速器失效会引起生产线停产。查表 17-2-8、表 17-2-9 得 $K_A=1.5$，$S_A=1.5$，机械强度计算功率为

$$P_{2m}=P_2K_AS_A=380\text{kW}\times1.5\times1.5=855\text{kW}$$

按 $i=4.5$ 及 $n_1=1200\text{r/min}$ 接近公称转速 1000r/min，查表 17-2-4：ZDY 355，$i=4.5$，$n_1=1000\text{r/min}$，$P_1=953\text{kW}$。当 $n_1=1200\text{r/min}$ 时，折算公称功率

$$P_1=953\text{kW}\times1200/1000=1143.6\text{kW}$$

$P_{2m}=855\text{kW}<P_1=1143.6\text{kW}$，可以选用 ZDY355 减速器。

第二步，校核热功率 P_{2t} 能否通过。要计入系数 f_1、f_2、f_3，应满足

$$P_{2t}=P_2f_1f_2f_3\leqslant P_{G1}\text{或}P_{G2}$$

查表 17-2-10～表 17-2-12 得 $f_1=1.31$，$f_2=1$（每日 24h 连续工作），$f_3=1.25$（$P_2/P_1=380/1143.6=0.33=33\%\leqslant40\%$）。

$$P_{2t}=380\text{kW}\times1.31\times1.25=622.3\text{kW}$$

查表 17-2-7：ZDY 355，$P_{G1}=320\text{kW}$，$P_{G1}<P_{2t}$，采用盘状管冷却时，$P_{G2}=790\text{kW}$，$P_{G2}>P_{2t}$。因此可以选定：ZDY355-4.5-Ⅰ减速器，采用油池润滑，盘状水管通水冷却润滑油。

如果不采用盘状管冷却，则需另选较大规格的减速器。按以上程序重新计算，应选 ZDY 500-4.5-Ⅰ。

减速器的许用瞬时尖峰负荷 $P_{2max}\leqslant1.8P_1$。此例未给出运转中的瞬时尖峰负荷，故不校核。

2 QDX 点线啮合齿轮减速器（摘自 JB/T 11619—2013）

2.1 适用范围、代号和安装形式

（1）适用范围和工作条件

QDX 点线啮合齿轮减速器的啮合齿轮同时存在渐开线的线啮合和渐开线凸齿廓与过渡曲线凹齿廓接触的点啮合，因而该型减速器兼具渐开线齿轮和圆弧齿轮两种减速器的优点。同比中硬齿面的渐开线齿轮减速器承载能力大、运转平稳、噪声小。主要用于起重机各种传动机构中，也可用于运输、冶金、矿山、化工、建筑、轻工等行业的各种传动系统中。其适用工作条件为：齿轮圆周速度不大于 16m/s；高速轴转速不大于 1500r/min；工作环境温度为-40～45℃，低于 5℃时，启动前润滑油应加温到 5℃；可以正、反两方向运转。

（2）代号及结构形式

Q——起重机用；DX——点线啮合齿轮（单点线）。

减速器分为底座式和三支点支承式两大类，各有三种结构形式：R 型——二级；S 型——三级；RS 型——三级紧凑型。

总计 6 个系列：底座式，QDXRD、QDXSD、QDXRSD；三支点支承式，QDXR、QDXS、QDXRS。

（3）装配形式

装配形式共 9 种，如图 17-2-1 所示。

（4）安装形式

QDXRD、QDXSD、QDXRSD 型采用地脚安装。QDXR、QDXS、QDXRS 型采用三支点支承安装，有卧式 W、倾斜 X 和立式 L 三种方式。如图 17-2-2、图 17-2-3 所示。

（5）轴端型式及尺寸

输入轴端采用圆柱轴伸平键连接。输出轴端有三种型式：

① P 型，圆柱形轴伸，轴伸配键按 GB/T 1095 的规定；

编者注：本手册第五版选编的 QJ 型起重机三支点减速器（JB/T 8905.1—1999）和 QJ-D 型起重机底座式减速器（JB/T 8905.2—1999），本版未录入，但目前选用该型系列产品的仍较广泛，读者如有需要可参阅本手册第五版有关章节。

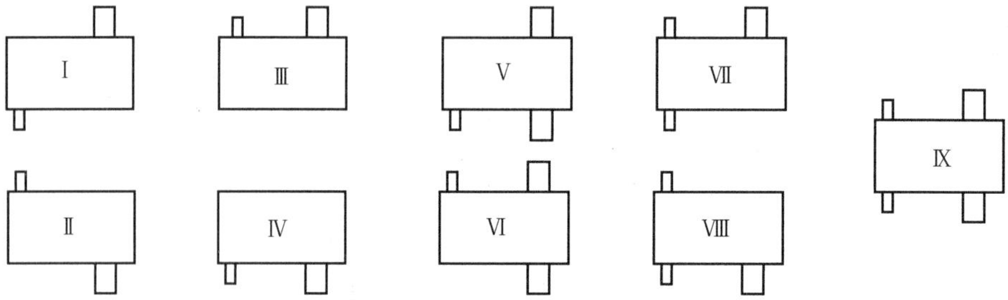

图 17-2-1　减速器装配形式

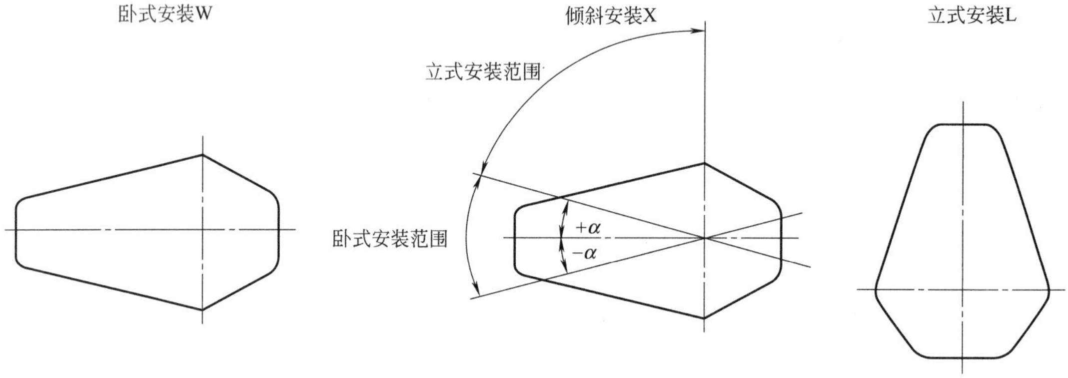

注：W为卧式安装；X为倾斜安装，当α 超过±12°，需加油泵润滑；L为立式安装，需加油泵润滑。

图 17-2-2　三支点支承式减速器的安装形式

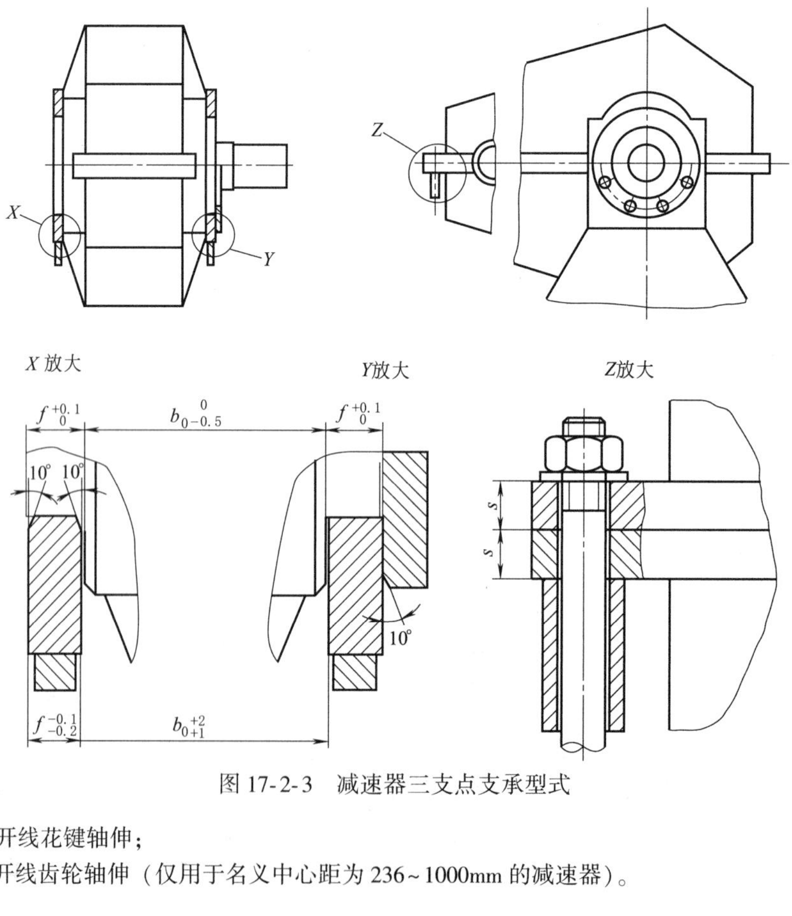

图 17-2-3　减速器三支点支承型式

② H 型，渐开线花键轴伸；

③ C 型，渐开线齿轮轴伸（仅用于名义中心距为 236～1000mm 的减速器）。

（6）标记示例

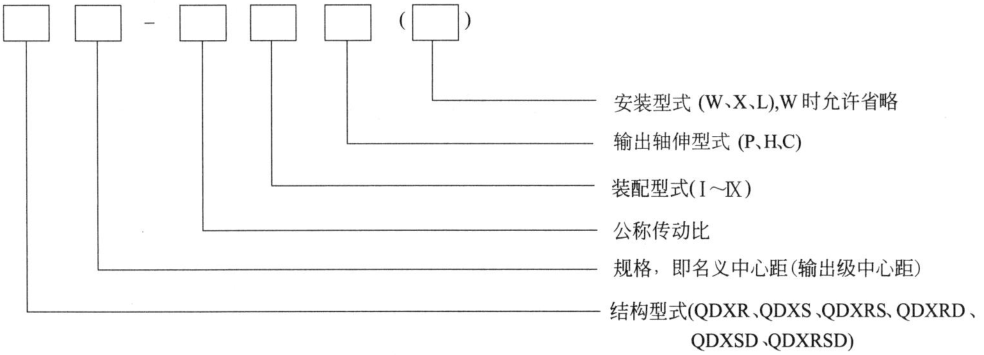

示例 1：三支点支承式减速器二级传动，名义中距 $a_1=560\text{mm}$，公称传动比 $i=20$，第Ⅵ种装配形式，轴伸形式为 C 型，安装形式为卧式，其标记为

减速器　QDXR560-20Ⅵ　C

示例 2：底座式减速器三级传动，名义中心距 $a_1=400\text{mm}$，公称传动比 $i=50$，第Ⅲ种装配形式，轴伸形式为 P 型，其标记为

减速器　QDXSD400-50Ⅲ　P

2.2　外形、安装尺寸

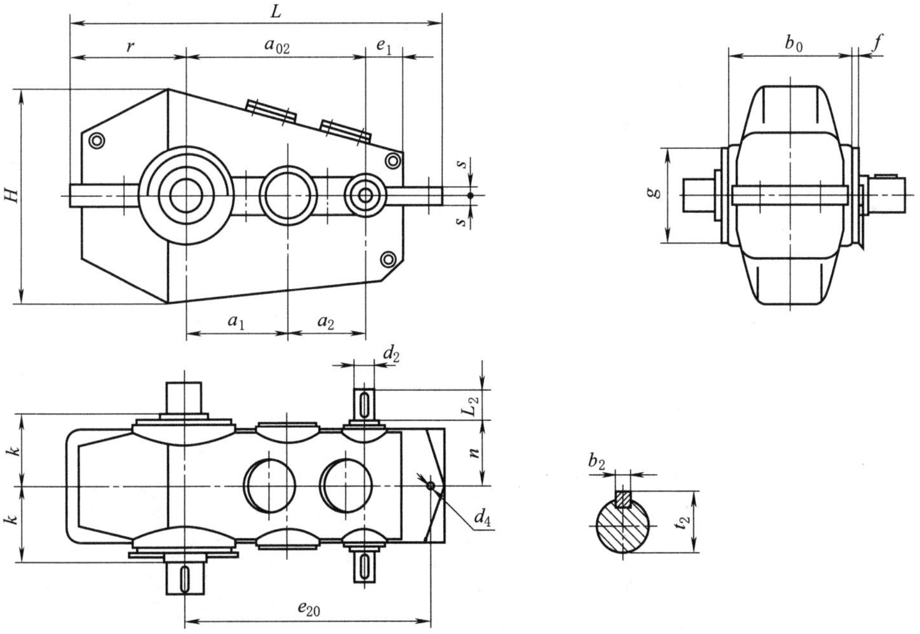

表 17-2-14　　**QDXR 型减速器外形及安装尺寸**　　mm

名义中心距 a_1	a_2	a_{02}	输入轴伸								L	H	n	k	b_0 $\left(\begin{smallmatrix}0\\-0.5\end{smallmatrix}\right)$	f $\left(\begin{smallmatrix}+0.1\\0\end{smallmatrix}\right)$	g (h9)	d_4	e_{20}	s	r	e_1	参考质量/kg	参考油量/L
			$i=10\sim16$				$i=18\sim50$																	
			d_2	L_2	b_2	t_2	d_2	L_2	b_2	t_2														
140	100	240	28	60	8	31	22	50	6	24.5	505	320	120	130	190	16	130	12	320	12	170	50	59	2.5
170	118	288	32	80	10	35	28	60	8	31	600	386	135	140	215	18	150	15	380	14	202	60	85	4
200	140	340	38	80	10	41	32	80	10	35	707	455	180	195	250	20	170	18	450	17	232	70	133	6
236	170	406	48	110	14	51.5	38	80	10	41	828	518	210	225	300	20	200	18	530	17	272	85	240	8
280	200	480	55	110	16	59	48	110	14	51.5	974	584	235	250	335	25	240	22	630	22	314	100	350	13

续表

名义中心距 a_1	a_2	a_{02}	输入轴伸 $i=10\sim16$				输入轴伸 $i=18\sim50$				L	H	n	k	b_0 $\left(\begin{smallmatrix}0\\-0.5\end{smallmatrix}\right)$	f $\left(\begin{smallmatrix}+0.1\\0\end{smallmatrix}\right)$	g (h9)	d_4	e_{20}	s	r	e_1	参考质量/kg	参考油量/L
			d_2	L_2	b_2	t_2	d_2	L_2	b_2	t_2														
335	236	571	65	140	18	69	55	110	16	59	1156	735	255	280	400	25	270	26	750	27	375	120	590	25
400	280	680	80	170	22	85	65	140	18	69	1387	867	285	340	475	30	320	33	900	27	447	140	850	42
450	315	765	90	170	25	95	80	170	22	85	1547	990	310	365	530	30	360	33	1000	32	506	160	1300	56
500	355	855	100	210	28	106	90	170	25	95	1720	1130	350	410	600	40	400	39	1120	32	554	180	1760	90
560	400	960	110	210	28	116	100	210	28	106	1922	1270	385	445	670	40	430	39	1250	37	626	200	2600	125
630	450	1080	120	210	32	127	110	210	28	116	2156	1380	425	495	750	40	480	45	1400	37	704	225	3550	150
710	500	1210	130	250	32	137	120	210	32	127	2433	1540	450	565	850	50	530	45	1600	42	781	250	4900	230
800	560	1360	150	250	36	158	130	250	32	137	2739	1712	490	615	950	50	580	52	1800	42	880	280	6600	320
900	630	1530	170	300	40	179	150	250	36	158	3043	1910	540	670	1060	50	650	62	2000	47	978	320	9200	450
1000	710	1710	190	350	45	200	170	300	40	179	3384	2150	610	740	1180	60	720	70	2240	55	1074	360	12000	590

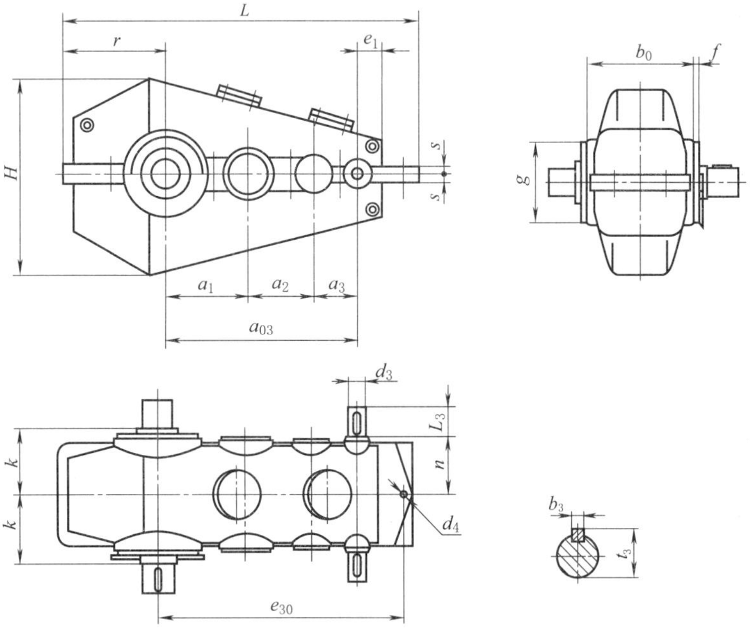

表 17-2-15　**QDXS 型减速器外形及安装尺寸**　mm

名义中心距 a_1	a_2	a_3	a_{03}	输入轴伸 $i=35.5\sim71$				输入轴伸 $i=80\sim315$				L	H	n	k	b_0 $\left(\begin{smallmatrix}0\\-0.5\end{smallmatrix}\right)$	f $\left(\begin{smallmatrix}+0.1\\0\end{smallmatrix}\right)$	g (h9)	d_4	e_{30}	s	r	e_1	参考质量/kg	参考油量/L
				d_3	L_3	b_3	t_3	d_3	L_3	b_3	t_3														
140	100	71	311	22	50	6	24.5	18	40	6	20.5	567	320	120	130	190	16	130	12	380	12	170	40	64	3
170	118	85	373	28	60	8	31	22	50	6	24.5	673	386	135	140	215	18	150	15	450	14	202	48	95	4.5
200	140	100	440	32	80	10	35	28	60	8	31	793	455	180	195	250	20	170	18	530	17	232	56	170	8
236	170	118	524	38	80	10	41	32	80	10	35	928	518	210	225	300	20	200	18	630	17	272	67	270	12
280	200	140	620	45	110	14	48.5	38	80	10	41	1024	584	235	250	335	25	240	22	750	22	314	80	390	20
335	236	170	741	50	110	14	53.5	45	110	14	48.5	1301	735	255	280	400	25	270	26	900	27	375	95	660	35
400	280	200	880	55	110	16	59	50	110	14	53.5	1559	867	285	340	475	30	320	33	1060	27	447	112	940	60
450	315	224	989	60	140	18	64	55	110	16	59	1736	990	310	365	530	30	360	33	1180	32	506	125	1440	85
500	355	250	1105	70	140	20	74.5	60	140	18	64	1930	1130	350	410	600	40	400	39	1320	32	554	140	1880	115
560	400	280	1240	80	170	22	85	70	140	20	74.5	2162	1270	385	445	670	40	430	39	1500	37	626	160	2880	180

续表

名义中心距 a_1	a_2	a_3	a_{03}	输入轴伸 $i=35.5\sim71$ d_3	L_3	b_3	t_3	输入轴伸 $i=80\sim315$ d_3	L_3	b_3	t_3	L	H	n	k	b_0 $\left(\begin{smallmatrix}0\\-0.5\end{smallmatrix}\right)$	f $\left(\begin{smallmatrix}+0.1\\0\end{smallmatrix}\right)$	g (h9)	d_4	e_{30}	s	r	e_1	参考质量 /kg	参考油量 /L
630	450	315	1395	90	170	25	95	80	170	22	85	2426	1380	425	495	750	40	480	45	1700	37	704	180	3700	230
710	500	355	1565	100	210	28	106	90	170	25	95	2738	1540	450	565	850	50	530	45	1900	42	781	200	5200	340
800	560	400	1760	110	210	28	116	100	210	28	106	3084	1712	490	615	950	50	580	52	2120	42	880	225	6960	480
900	630	450	1980	130	250	32	137	110	210	28	116	3423	1910	540	670	1060	50	650	62	2360	47	978	250	9860	660
1000	710	500	2210	150	250	36	158	130	250	32	137	3804	2150	610	740	1180	60	720	70	2650	55	1074	280	13000	910

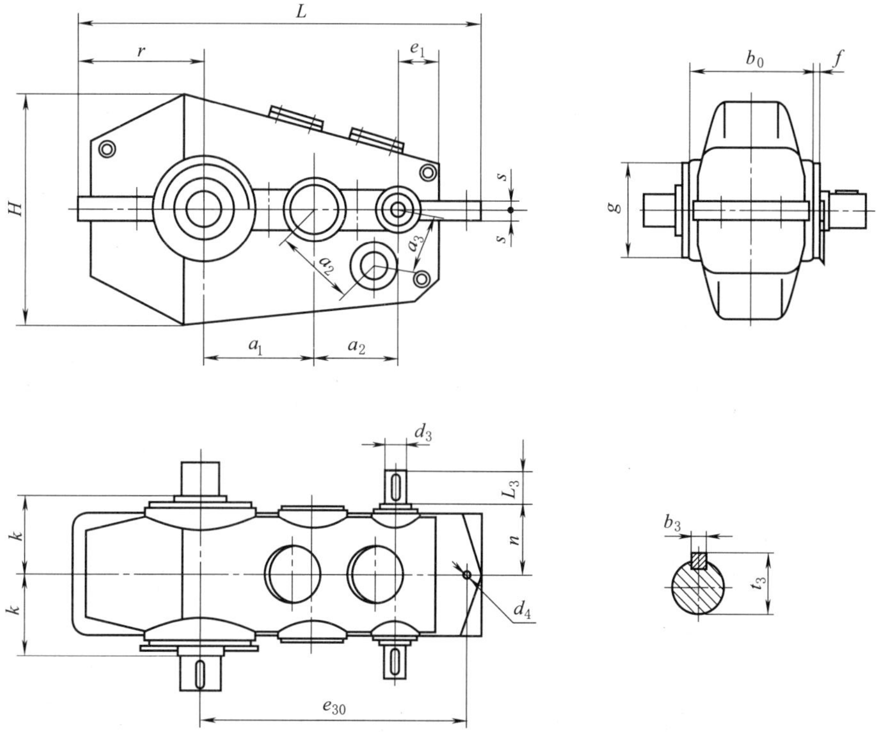

表 17-2-16　　QDXRS 型减速器外形及安装尺寸　　mm

名义中心距 a_1	a_2	a_3	a_{03}	输入轴伸 $i=35.5\sim71$ d_3	L_3	b_3	t_3	输入轴伸 $i=80\sim315$ d_3	L_3	b_3	t_3	L	H	n	k	b_0 $\left(\begin{smallmatrix}0\\-0.5\end{smallmatrix}\right)$	f $\left(\begin{smallmatrix}+0.1\\0\end{smallmatrix}\right)$	g (h9)	d_4	e_{30}	s	r	e_1	参考质量 /kg	参考油量 /L
140	100	71	311	22	50	6	24.5	18	40	6	20.5	505	298	120	130	190	16	130	12	320	12	170	50	64	2.5
170	118	85	373	28	60	8	31	22	50	6	24.5	600	375	135	140	215	18	150	15	380	14	202	60	94	4
200	140	100	440	32	80	10	35	28	60	8	31	707	440	180	195	250	20	170	18	450	17	232	70	170	6
236	170	118	524	38	80	10	41	32	80	10	35	828	500	210	225	300	20	200	18	530	17	272	85	260	8
280	200	140	620	45	110	14	48.5	38	80	10	41	974	562	235	250	335	25	240	22	630	22	314	100	380	13
335	236	170	741	50	110	14	53.5	45	110	14	48.5	1156	710	255	280	400	25	270	26	750	27	375	120	650	25
400	280	200	880	55	110	16	59	50	110	14	53.5	1387	836	285	340	475	30	320	33	900	27	447	140	930	42
450	315	224	989	60	140	18	64	55	110	16	59	1547	980	310	365	530	30	360	33	1000	32	506	160	1410	56
500	355	250	1105	70	140	20	74.5	60	140	18	64	1720	1060	350	410	600	40	400	39	1120	32	554	180	1820	90
560	400	280	1240	80	170	22	85	70	140	20	74.5	1922	1240	385	445	670	40	430	39	1250	37	626	200	2780	125
630	450	315	1395	90	170	25	95	80	170	22	85	2156	1370	425	495	750	40	480	45	1400	37	704	225	3560	150
710	500	355	1565	100	210	28	106	90	170	25	95	2433	1530	450	565	850	50	530	45	1600	42	781	250	5040	230
800	560	400	1760	110	210	28	116	100	210	28	106	2739	1691	490	615	950	50	580	52	1800	42	880	280	6760	320
900	630	450	1980	130	250	32	137	110	210	28	116	3043	1900	540	670	1060	50	650	62	2000	47	978	320	9560	450
1000	710	500	2210	150	250	36	158	130	250	32	137	3384	2070	610	740	1180	60	720	70	2240	55	1074	360	12600	590

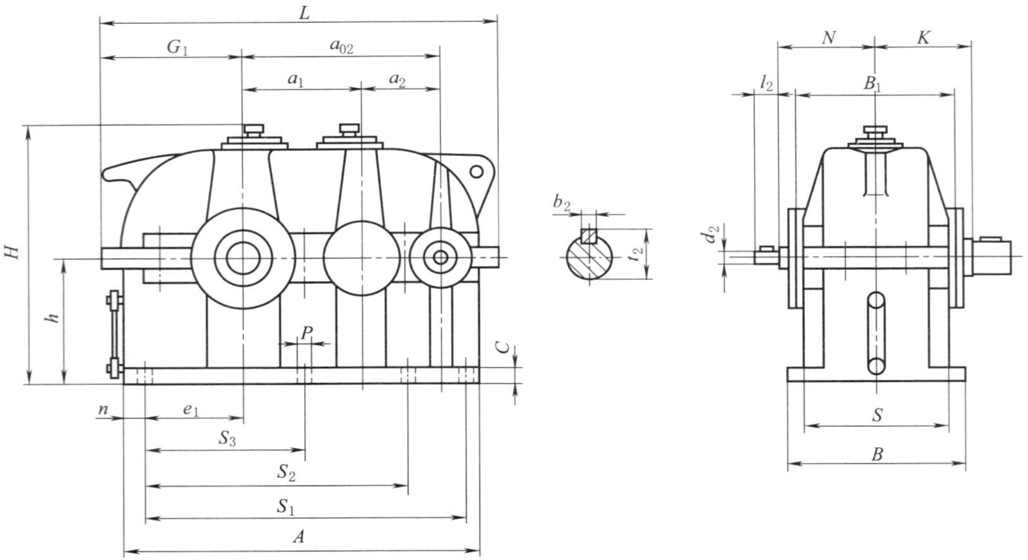

表 17-2-17

QDXRD 型减速器外形及安装尺寸

mm

名义中心距 a_1	a_2	a_{02}	外形尺寸			中心高 h	N	输入轴伸								S	S_1	S_2	S_3	C	P	孔数/个	A	B_1	n	G_1	e_1	K	参考质量/kg	参考油量/L
								$i=10\sim16$				$i=18\sim50$																		
			L	H	B			d_2	l_2	b_2	t_2	d_2	l_2	b_2	t_2															
140	100	240	494	305	220	140	120	28	60	8	31	22	50	6	24.5	175	380	—	190	22	18	6	430	190	25	172	115	130	85	3
170	118	288	577	365	250	170	135	32	80	10	35	28	60	8	31	205	460	—	230	25	18	6	513	215	27	197	138	150	135	4.5
200	140	340	664	425	270	200	180	38	80	10	41	32	80	10	35	230	550	—	275	25	18	6	600	250	25	222	165	175	230	8
236	170	406	796	497	330	236	210	48	110	14	51.5	38	80	10	41	280	660	—	330	28	23	6	716	300	30	265	195	200	350	14
280	200	480	925	585	360	280	235	55	110	16	59	48	110	14	51.5	310	780	—	390	30	23	6	845	340	33	303	230	220	540	22
335	236	571	1100	695	430	335	255	65	140	18	69	55	110	16	59	370	940	—	450	35	27	6	1006	400	35	362	280	260	915	38
400	280	680	1380	830	510	400	285	80	170	22	85	65	140	18	69	450	1100	—	550	40	27	6	1195	490	50	422	325	310	1270	66
450	315	765	1462	930	590	450	310	90	170	25	95	80	170	22	85	490	1240	1000	600	40	33	8	1350	550	55	481	370	335	1770	95
500	355	855	1622	1030	640	500	350	100	210	28	106	90	170	25	95	540	1390	1120	670	45	33	8	1510	620	60	531	415	370	2390	140
560	400	960	1822	1160	710	560	385	110	210	28	116	100	210	28	106	600	1550	1250	750	50	39	8	1690	690	70	596	460	410	3660	185
630	450	1080	2037	1300	770	630	425	120	210	32	127	110	210	28	116	650	1750	1410	850	55	39	8	1905	770	80	666	520	450	4740	260
710	500	1210	2278	1460	860	710	450	130	250	32	137	120	210	32	127	740	1960	1580	950	60	45	8	2130	868	85	744	585	510	6530	440
800	560	1360	2538	1640	980	800	490	150	250	36	158	130	250	32	137	830	2195	1770	1060	65	45	8	2390	980	100	824	650	570	8260	550
900	630	1530	2860	1840	1100	900	540	170	300	40	179	150	250	36	158	950	2480	2000	1200	70	52	8	2700	1130	110	930	740	640	12600	780
1000	710	1710	3200	2040	1200	1000	610	190	350	45	200	170	300	40	179	1050	2750	2220	1320	75	52	8	3020	1220	135	1040	815	700	16900	1100

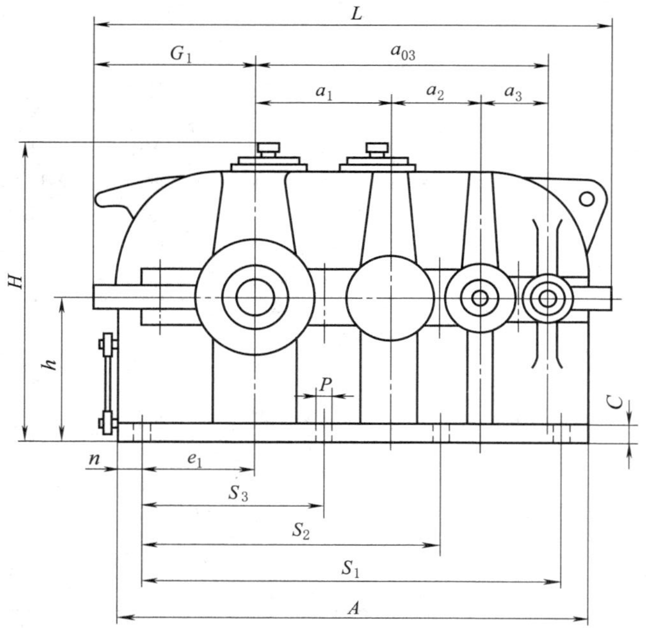

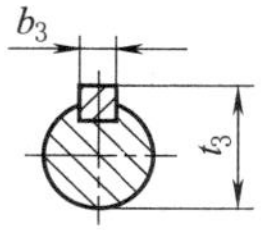

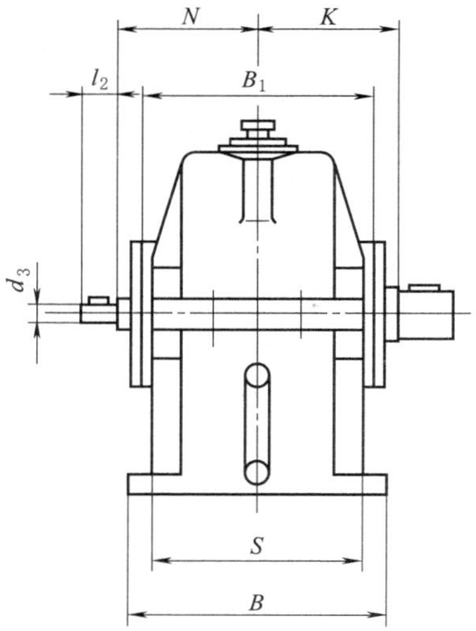

表 17-2-18

QDXSD 型减速器外形及安装尺寸

mm

名义中心距 a_1	a_2	a_3	a_{03}	外形尺寸			中心高 h	N	输入轴伸								S	S_1	S_2	S_3	C	P	孔数/个	A	B_1	n	G_1	e_1	K	参考质量/kg	参考油量/L
									$i=35.5\sim71$				$i=80\sim315$																		
				L	H	B			d_3	l_3	b_3	t_3	d_3	l_3	b_3	t_3															
140	100	71	311	560	305	220	140	120	22	50	6	24.5	18	40	6	20.5	175	450	—	200	22	18	6	496	190	25	172	117	130	92	4
170	118	85	373	652	365	250	170	135	28	60	8	31	22	50	6	24.5	205	535	—	235	25	18	6	588	215	27	197	138	150	130	7
200	140	100	440	750	425	275	200	180	32	80	10	35	28	60	8	31	230	635	—	275	25	18	6	686	250	25	222	165	175	210	12
236	170	118	524	896	497	330	236	210	38	80	10	41	32	80	10	35	280	750	—	330	28	23	6	816	300	30	265	195	200	330	20
280	200	140	620	1045	585	360	280	235	45	110	14	48.5	38	80	10	41	310	900	—	390	30	23	6	965	310	33	303	230	220	490	35
335	236	170	741	1245	695	430	335	255	50	110	14	53.5	45	110	14	48.5	370	1050	750	450	35	27	6	1151	400	35	362	280	260	880	55
400	280	200	880	1461	830	510	400	285	55	110	16	59	50	110	14	53.5	450	1270	900	550	40	27	6	1367	490	50	422	325	310	1290	100
450	315	224	989	1651	930	590	450	310	60	140	18	64	55	110	16	59	490	1425	1000	600	40	33	8	1539	550	55	481	370	335	1976	150
500	355	250	1105	1832	1030	640	500	350	70	140	20	74.5	60	140	18	64	540	1600	1120	670	45	33	8	1720	620	60	531	415	370	2780	200
560	400	280	1240	2062	1160	710	560	385	80	170	22	85	70	140	20	74.5	600	1780	1250	750	50	39	8	1930	690	70	596	460	410	3960	280
630	450	315	1395	2307	1300	770	630	425	90	170	25	95	80	170	22	85	650	2010	1410	850	55	39	8	2175	770	80	666	520	450	4900	390
710	500	355	1565	2583	1460	860	710	450	100	210	28	106	90	170	25	95	740	2265	1580	950	60	45	8	2435	868	85	744	585	510	7200	550
800	560	400	1760	2883	1640	980	800	490	110	210	28	116	100	210	28	106	830	2535	1770	1060	65	45	8	2735	980	100	824	650	570	9600	790
900	630	450	1980	3240	1840	1100	900	540	130	250	32	137	110	210	28	116	950	2860	2000	1200	70	52	8	3080	1130	110	930	740	640	13250	1150
1000	710	500	2210	3620	2040	1200	1000	610	150	250	36	158	130	250	32	137	1050	3170	2220	1320	75	52	8	3440	1220	135	1040	815	700	18700	1550

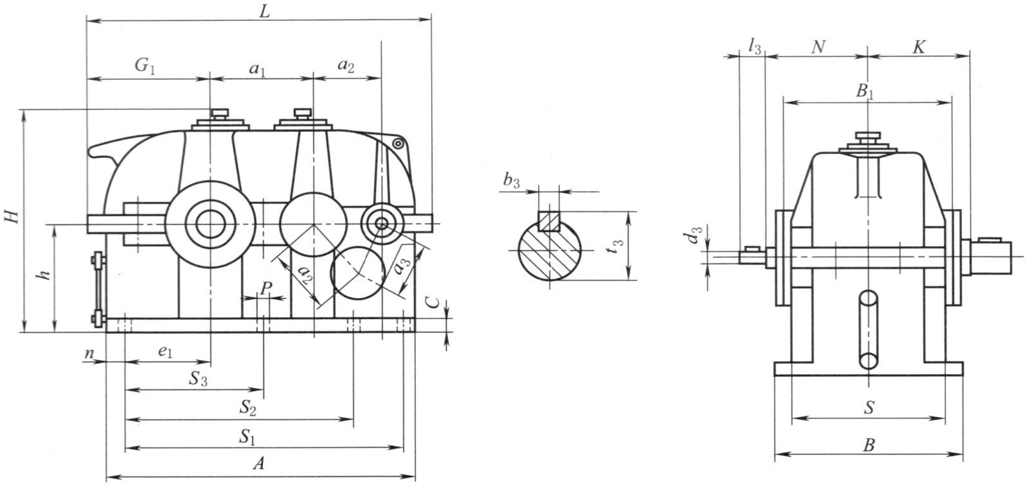

表 17-2-19 **QDXRSD 型减速器外形及安装尺寸** mm

名义中心距 a_1	a_2	a_3	a_{03}	外形尺寸			中心高 h	N	输入轴伸								S	S_1	S_2	S_3	C	P	孔数/个	A	B_1	n	G_1	e_1	K	参考质量/kg	参考油量/L
				L	H	B			$i=35.5\sim71$				$i=80\sim315$																		
									d_3	l_3	b_3	t_3	d_3	l_3	b_3	t_3															
140	100	71	311	494	305	220	140	120	22	50	6	24.5	18	40	6	20.5	175	380	—	190	22	18	6	430	190	25	172	115	130	89	3
170	118	85	373	577	365	250	170	135	28	60	8	31	22	50	6	24.5	205	460	—	230	25	18	6	513	215	27	197	138	150	145	5
200	140	100	440	664	425	275	200	180	32	80	10	35	28	60	8	31	230	550	—	275	25	18	6	600	250	25	222	165	175	246	8
236	170	118	524	796	497	330	236	210	38	80	10	41	32	80	10	35	280	660	—	330	28	23	6	716	300	30	265	195	200	380	13
280	200	140	620	925	585	360	280	235	45	110	14	48.5	38	80	10	41	310	780	—	390	30	23	6	845	340	33	303	230	220	640	22
335	236	170	741	1100	695	430	335	255	50	110	14	53.5	45	110	14	48.5	370	940	—	450	35	27	6	1006	400	35	362	280	260	1050	38
400	280	200	880	1289	830	510	400	285	55	110	16	59	50	110	14	53.5	450	1100	—	550	40	27	6	1195	490	50	422	325	310	1470	66
450	315	224	989	1462	930	590	450	310	60	140	18	64	55	110	16	59	490	1240	1000	600	40	33	8	1350	550	55	481	370	335	1890	95
500	355	250	1105	1622	1030	640	500	350	70	140	20	74.5	60	140	18	64	540	1390	1120	670	45	33	8	1510	620	60	531	415	370	2920	140
560	400	280	1240	1872	1160	710	560	385	80	170	22	85	70	140	20	74.5	600	1550	1250	750	50	39	8	1690	690	70	596	460	410	4080	185
630	450	315	1395	2037	1300	770	630	425	90	170	25	95	80	170	22	85	650	1750	1410	850	55	39	8	1905	770	80	666	520	450	5100	260
710	500	355	1565	2278	1460	860	710	450	100	210	28	106	90	170	25	95	740	1960	1580	950	60	45	8	2130	868	85	744	585	510	6970	440
800	560	400	1760	2538	1640	980	800	490	110	210	28	116	100	210	28	106	830	2195	1770	1060	65	45	8	2390	980	100	824	650	570	9350	550
900	630	450	1980	2860	1840	1100	900	540	130	250	32	137	110	210	28	116	950	2480	2000	1200	70	52	8	2700	1130	110	930	740	640	13150	780
1000	710	500	2210	3200	2040	1200	1000	610	150	250	36	158	130	250	32	137	1050	2750	2220	1320	75	52	8	3020	1220	135	1040	815	700	18500	1100

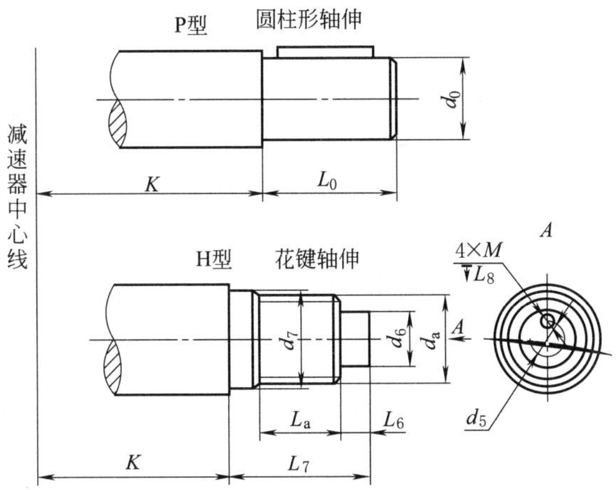

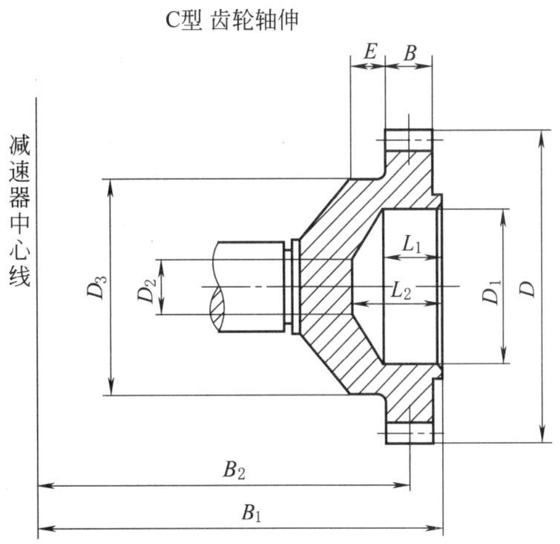

表 17-2-20　　　　减速器输出轴伸尺寸　　　　mm

名义中心距 a_1	K_S/K_D	P 型		H 型									
		d_0(m6)	L_0	$m×z$	d_a(h11)	L_a	d_5	M	d_6(k6)	L_6	d_7(k6)	L_7	L_8
140	130/130	48	82	3×15	48	35	25	6	40	23	50	78	12
170	140/150	55	82	3×18	57	35	30	6	50	27	60	82	12
200	195/175	65	105	3×22	69	40	40	8	60	30	70	90	16
236	225/200	80	130	3×27	84	45	50	8	70	30	85	95	16
280	250/220	90	130	5×18	95	55	60	8	80	35	100	125	16
335	280/260	110	165	5×22	115	60	70	10	100	40	120	135	20
400	340/310	130	200	5×26	135	75	90	10	120	45	140	155	20
450	365/335	150	200	5×30	155	80	100	12	140	50	160	165	25
500	410/370	170	240	5×34	175	90	120	12	160	55	180	180	25
560	445/410	190	280	5×38	195	100	140	12	180	55	200	190	25
630	495/450	220	280	8×26	216	110	160	12	190	60	222	205	25
710	565/510	250	330	8×30	248	125	180	16	220	60	254	220	32
800	615/570	280	380	8×34	280	140	200	16	250	60	286	235	32
900	670/640	320	380	8×38	312	155	220	20	280	70	318	260	40
1000	740/700	360	450	8×44	360	175	250	20	320	75	366	285	40

名义中心距 a_1	C 型										
	$m×z$	D	D_1(F8)	D_2	D_3	B_1	B_2	B	E	L_1	L_2
236	3×56	174	90	40	135	279.5	253	25	25	45	60
280	4×56	232	120	40	170	302.5	271	35	25	50	75
335	4×56	232	120	40	170	339.5	308	35	25	50	75
400	6×56	348	170	45	260	402	370	40	32	76	100
450	6×56	348	170	45	260	429	397	40	32	76	100
500	8×54	448	200	105	260	482	442	50	32	78	100
560	10×48	500	200	105	280	570	505	60	35	78	110
630	10×54	560	250	140	380	620	550	65	40	80	120
710	12×48	600	270	150	420	700	620	75	45	95	130
800	12×54	672	290	170	480	776	696	75	45	95	130
900	12×58	720	310	180	560	850	770	85	60	105	140
1000	12×64	792	380	230	620	970	895	100	80	140	180

注：K_S 用于三支点减速器；K_D 用于底座式减速器。

2.3 承载能力

表 17-2-21　　　　QDX 二级传动用于通用减速器时承载能力

名义中心距 a_1 /mm	输出转矩 /kN·m	输入转速 /r·min^{-1}	公称传动比														
			10	11.2	12.5	14	16	18	20	22.4	25	28	31.5	35.5	40	45	50
			QDXR 型、QDXRD 型额定功率 P_{IN}/kW														
140	1.12	750	8.7	7.8	7	6.2	5.5	4.9	4.3	3.9	3.4	3.1	2.7	2.4	2.2	1.9	1.7
		1000	11.7	10.4	9.3	8.3	7.3	6.5	5.9	5.1	4.6	4.1	3.7	3.2	2.9	2.6	2.3
		1500	17.6	15.6	13.9	12.5	10.9	9.7	8.7	7.7	6.9	6.2	5.5	4.9	4.3	3.9	3.4
170	1.89	750	14.8	13.2	11.8	10.5	9.2	8.2	7.4	6.6	5.9	5.2	4.7	4.1	3.7	3.2	2.9
		1000	19.8	17.6	15.6	14	12.1	10.9	9.7	8.7	7.8	6.8	6.2	5.5	4.9	4.2	3.9
		1500	30	26	24	21	18.4	16.4	14.7	13.1	11.7	10.4	9.3	8.3	7.4	6.5	5.7
200	3.3	750	26	23	21	18	16.1	14.3	12.8	11.4	10.2	9	8.1	7.2	6.3	5.6	4.9
		1000	34	31	27	24	22	18.9	17.1	15.3	13.5	12.2	10.8	9.5	8.5	7.7	6.8
		1500	52	46	41	36	32	28	25	22	19.8	18	16.2	14.4	12.6	11.1	9.9
236	5.4	750	41	37	33	29	26	23	21	18.4	17.1	15.3	13.5	11.7	10.8	9.5	8.6
		1000	55	50	44	39	34	30	27	24	22	18.9	16.2	14.8	13.5	11.7	10.8
		1500	83	74	67	58	51	45	41	37	34	31	27	23	22	18.9	17.1
280	9.3	750	73	65	58	51	45	40	35	32	28	25	22	19.8	17.1	15.3	13.5
		1000	96	86	77	68	60	53	48	43	39	34	30	27	24	22	18.9
		1500	146	128	115	103	90	79	70	63	57	50	44	40	34	31	27
335	14.8	750	115	102	91	82	71	64	57	51	46	41	36	32	28	25	23
		1000	155	138	123	108	95	86	77	68	61	55	49	43	38	34	31
		1500	225	198	180	162	140	126	112	103	90	81	71	64	56	50	44
400	22.2	750	173	154	139	123	108	95	86	77	67	61	55	49	43	38	33
		1000	230	206	185	162	144	128	115	103	92	82	73	64	58	50	45
		1500	342	306	272	243	207	185	169	151	130	119	108	95	84	72	63
450	31	750	243	216	194	173	150	134	120	107	96	86	77	68	59	53	48
		1000	324	288	257	230	199	178	160	144	129	114	102	90	80	71	64
		1500	477	423	378	342	297	261	234	207	189	167	151	133	117	104	93
500	43.2	750	338	302	270	241	211	187	168	150	134	120	106	95	84	74	67
		1000	450	401	360	322	281	249	225	200	180	160	142	126	111	90	79
		1500	—	585	513	468	401	365	324	284	257	230	203	181	162	145	131
560	61.2	750	477	423	378	340	297	261	236	207	187	169	147	133	118	108	97
		1000	639	567	504	455	397	353	320	284	254	225	201	180	158	140	127
		1500	—	819	729	657	567	519	459	401	369	333	289	265	234	212	190
630	85.5	750	666	585	522	473	410	369	333	286	261	236	211	185	163	146	132
		1000	873	765	698	632	556	492	437	396	356	315	282	249	221	196	175
		1500	—	—	—	—	815	729	657	568	518	468	419	369	324	289	263
710	122	750	907	813	724	659	590	529	477	423	378	340	302	268	237	211	189
		1000	1195	1108	998	902	783	702	631	567	509	454	405	358	318	282	254
		1500	—	—	—	—	—	1017	909	819	734	653	585	536	472	423	378
800	171	750	1292	1166	1049	932	813	729	666	594	532	477	423	376	333	297	268
		1000	—	1566	1413	1278	1107	991	894	797	711	639	567	503	446	396	356
		1500	—	—	—	—	—	—	1323	1179	1062	954	846	747	662	590	536
900	218	750	1664	1478	1320	1184	1038	927	845	758	684	612	543	480	428	379	341
		1000	—	—	1787	1595	1400	1256	1131	1013	909	810	722	644	567	504	455
		1500	—	—	—	—	—	—	—	1510	1364	1220	1081	950	855	745	680
1000	288	750	2035	1839	1647	1463	1278	1215	1130	1008	904	806	716	635	563	500	450
		1000	—	—	—	—	1713	1593	1485	1341	1206	1071	956	846	752	666	599
		1500	—	—	—	—	—	—	—	—	—	1611	1431	1265	1116	990	900

表 17-2-22　　QDX 三级传动用于通用减速器时承载能力

名义中心距 a_1 /mm	输出转矩 /kN·m	输入转速 /r·min^{-1}	公称传动比																			
			35.5	40	45	50	56	63	71	80	90	100	112	125	140	160	180	200	224	250	280	315
			QDXS 型、QDXSD 型、QDXRS 型、QDXRSD 型额定功率 P_{IN}/kW																			
140	1.12	750	2.4	2.2	1.9	1.7	1.5	1.4	1.2	1.0	1.0	0.9	0.8	0.7	0.6	0.5	0.5	0.5	0.4	0.3	0.3	0.3
		1000	3.2	2.9	2.6	2.3	2.1	1.8	1.6	1.4	1.3	1.1	1.0	0.9	0.8	0.7	0.6	0.5	0.5	0.4	0.4	0.4
		1500	4.9	4.3	3.9	3.4	3.1	2.8	2.3	2.1	1.9	1.7	1.5	1.4	1.2	1.1	0.9	0.9	0.7	0.7	0.6	0.5
170	1.89	750	4.1	3.7	3.2	2.9	2.6	2.3	2.1	1.8	1.6	1.4	1.3	1.2	1.0	0.9	0.8	0.7	0.6	0.6	0.5	0.5
		1000	5.5	4.9	4.2	3.9	3.5	3.0	2.7	2.3	2.2	1.9	1.7	1.5	1.4	1.2	1.1	0.9	0.8	0.8	0.7	0.6
		1500	8.3	7.4	6.5	5.7	5.2	4.7	4.1	3.6	3.2	2.9	2.5	2.3	2.1	1.8	1.6	1.4	1.2	1.1	1.0	0.9
200	3.3	750	7.2	6.3	5.6	4.9	4.5	3.9	3.5	3.2	2.7	2.5	2.1	1.9	1.8	1.6	1.4	1.3	1.1	1.0	0.9	0.8
		1000	9.5	8.5	7.7	6.8	6.0	5.4	4.7	4.2	3.8	3.4	3.1	2.7	2.4	2.2	1.9	1.7	1.5	1.3	1.2	1.1
		1500	14.4	12.6	11.1	9.9	9	7.7	6.9	6.3	5.4	5.0	4.1	3.8	3.6	3.2	2.7	2.5	2.2	2.0	1.8	1.6
236	5.4	750	11.7	10.8	9.5	8.6	7.7	6.8	5.9	5.4	4.8	4.1	3.7	3.3	2.9	2.5	2.3	2.1	1.8	1.6	1.4	1.3
		1000	14.9	13.5	11.7	10.8	9.9	8.6	7.7	6.8	5.9	5.5	5.0	4.4	3.9	3.4	3.0	2.7	2.3	2.2	1.9	1.7
		1500	23	22	18.9	17.1	15.3	13.5	11.7	10.8	9.5	8.2	7.4	6.7	5.6	5.0	4.5	4.1	3.6	3.2	2.9	2.5
280	9.3	750	19.8	17.1	15.3	13.5	12.2	10.5	9.5	8.3	7.2	6.8	6.3	5.8	5.0	4.4	3.9	3.4	3.1	2.8	2.4	2.2
		1000	27	24	22	18.9	17.1	15.3	13.5	11.7	10.4	9.6	8.6	7.7	6.8	6.0	5.3	4.8	4.1	3.7	3.3	3.0
		1500	40	34	31	27	23	21	18.9	16.7	14.4	13.5	12.6	11.4	9.9	8.6	7.7	6.8	6.1	5.6	4.9	4.3
335	14.8	750	32	28	25	23	21	18	16.2	14.4	12.6	11.5	10.2	9.1	8.2	7.1	6.4	5.7	5.0	4.4	4.0	3.5
		1000	43	38	34	31	27	24	22	18.9	17.1	15.3	13.5	12.6	10.8	9.5	8.6	7.7	6.6	5.9	5.2	4.7
		1500	64	56	50	44	41	35	32	28	24	22	18.9	18	15.3	13.5	11.7	9.9	9.9	8.8	7.9	7.0
400	22.2	750	49	43	38	33	31	27	24	22	18.9	17.1	15.3	13.5	11.7	10.8	9.5	8.6	7.4	6.7	5.9	5.2
		1000	64	58	50	45	41	36	32	29	25	23	21	18	16.2	14.4	12.6	10.8	9.9	8.8	7.9	7.0
		1500	95	84	72	63	59	52	46	41	36	32	29	25	23	21	18	16.2	14.4	13.1	11.9	10.4
450	31	750	68	59	53	48	42	38	33	30	26	24	22	18.9	17.1	14.9	13.5	11.7	9.9	9	8.1	7.2
		1000	90	80	71	64	57	50	44	40	35	32	29	25	23	19.8	18	16.2	13.5	12.2	10.8	9.5
		1500	133	117	104	93	84	73	66	58	50	47	42	36	32	29	25	23	19.8	18	16.2	14.4
500	43.2	750	95	84	74	67	59	52	47	41	37	33	30	27	24	21	18.9	17.1	14.4	12.6	11.3	9.9
		1000	126	111	90	79	70	63	55	50	45	40	36	32	28	25	23	19.8	18.9	17.1	15.3	13.5
		1500	181	162	145	131	117	101	90	81	72	65	58	52	45	39	36	32	29	25	23	19.8
560	61.2	750	133	118	108	97	87	77	68	60	54	48	42	38	34	30	26	23	20	18	16.2	14.4
		1000	180	158	140	127	113	99	88	79	70	64	57	50	45	40	35	32	27	24	22	18.9
		1500	265	234	212	190	171	153	135	118	105	93	82	73	66	57	52	46	40	36	32	29
630	85.5	750	185	163	146	132	117	104	92	82	73	67	59	52	48	41	37	33	28	25	23	19.8
		1000	249	221	196	175	156	140	124	110	97	87	77	70	63	56	50	43	38	34	30	27
		1500	369	324	289	263	232	204	181	162	144	132	115	104	95	80	73	66	56	50	43	39
710	122	750	268	237	211	189	169	151	133	118	105	95	85	76	68	59	53	48	41	36	32	29
		1000	358	318	282	254	226	203	180	159	141	127	113	102	90	79	70	64	54	49	43	39
		1500	536	472	423	378	338	302	266	235	211	189	169	151	126	117	106	95	80	70	63	55
800	171	750	376	333	297	268	240	212	188	167	149	131	118	106	95	83	74	67	57	51	45	41
		1000	503	446	396	356	317	283	250	222	198	178	159	142	127	111	98	87	76	68	60	54
		1500	—	662	590	536	478	423	375	332	295	261	235	212	188	163	145	132	108	99	87	78
900	218	750	480	428	379	341	304	270	239	212	189	169	151	136	122	106	95	84	73	65	59	51
		1000	644	567	504	455	405	361	321	284	252	228	203	182	160	140	125	112	97	87	77	69
		1500	—	—	—	680	606	536	473	419	374	333	300	271	241	212	187	166	144	126	108	99
1000	288	750	635	563	500	450	401	356	316	281	248	225	200	180	158	140	122	108	96	86	77	68
		1000	846	752	666	599	536	477	423	371	324	297	266	239	212	181	162	144	128	115	103	91
		1500	—	—	—	—	—	711	630	558	500	450	396	360	320	279	248	223	189	169	144	133

表 17-2-23　　**QDX 二级传动起重机级别 M5 时减速器的承载能力**

名义中心距 a_1 /mm	输出转矩 /kN·m	输入转矩 /r·min^{-1}	公称传动比														
			10	11.2	12.5	14	16	18	20	22.4	25	28	31.5	35.5	40	45	50
			QDXR 型、QDXRD 型额定功率 P_{1N}/kW														
140	1.56	570	9.5	8.5	7.6	6.8	6.0	5.3	4.6	4.1	3.8	3.4	3.0	2.7	2.4	2.1	1.9
		710	12.0	10.7	9.0	8.0	7.2	6.4	5.9	5.3	4.5	4.0	3.6	3.3	2.9	2.6	2.4
		950	16.0	14.3	12.6	11.3	10.0	8.9	8.0	7.1	6.3	5.6	5.0	4.5	4.0	3.6	3.2
170	2.65	570	16.3	14.6	12.5	11.2	10.0	8.9	8.1	7.2	6.4	5.7	5.1	4.5	4.0	3.6	3.2
		710	20	17.9	16	14.3	12.2	10.8	9.5	8.5	8.0	7.1	6.3	5.6	5.0	4.4	3.9
		950	27	24.1	21	18.8	16.8	14.9	13	11.6	10.8	9.6	8.4	7.5	6.7	6.0	5.4
200	4.65	570	28.5	25.4	23	20.5	18.0	16.0	14	12.5	11	9.8	9	7.8	6.9	6.1	5.6
		710	36	32.1	28	25.0	22	19.6	17.5	15.6	13	11.6	10.6	9.7	8.6	7.6	6.7
		950	48	42.9	38	33.9	30	26.7	24	21.4	19	17.0	15	13.0	11.5	10.2	9.5
236	7.5	570	45	40.2	36	32.1	28	24.9	22.5	20.1	18	16.1	14.4	12.7	11.3	10.0	9.0
		710	56	50.0	45	40.2	35	31.1	27.5	24.6	22	19.6	17.4	15.8	14	12.4	11.0
		950	75	67.0	59	52.7	47	41.8	37	33.0	30	26.8	23.5	21.0	18.6	16.5	15.0
280	13.1	570	78	69.6	61	54.5	51	45.3	40	35.7	32	28.6	24	21.4	19	16.9	15.0
		710	100	89.3	76	67.9	59	52.4	50	44.6	38	33.9	29	26.1	23.2	20.6	18.8
		950	129	115	106	94.6	84	74.7	67	59.8	54	48.2	43	37.2	33	29.3	24.5
335	21.2	570	127	113	100	89.3	80	71.7	64	57.1	50	44.6	41	36.1	32	28.4	26
		710	158	141	124	111	97	86.2	79	70.5	63	56.3	49	45.1	40	35.6	31.5
		950	212	189	168	150	130	116	106	94.6	84	75.0	67	59.7	53	47.1	42
400	31	570	184	164	147	131	115	101	92	81	74	66	58	58.5	52	46.3	42
		710	229	205	183	164	143	127	114	102	91	82	72	73	65	57	52
		950	307	274	245	219	192	170	153	137	122	109	97	98	87	77.3	70
450	43.5	570	258	230	206	183	160	142	129	114	102	91	82	73	64	57	52
		710	321	287	256	230	201	177	160	142	128	114	101	91	80	71	64
		950	432	385	345	308	270	239	215	192	171	153	135	121	108	96	86
500	61	570	360	322	288	257	225	200	180	160	144	128	114	102	91	80	72
		710	449	401	360	321	281	250	244	200	180	160	143	127	113	100	90
		950	600	537	481	428	375	334	300	268	240	214	191	172	153	136	122
560	81.7	570	485	432	388	346	303	269	242	216	194	173	154	137	122	108	97
		710	603	539	483	431	377	335	301	269	241	216	191	171	151	135	121
		950	808	721	646	577	504	448	404	360	323	288	257	233	206	183	162
630	113	570	672	600	538	480	420	373	336	300	269	240	213	190	168	149	135
		710	837	747	670	598	523	465	418	373	334	299	265	237	210	186	168
		950	1094	984	876	779	684	616	548	492	438	392	348	311	274	245	213
710	162	570	966	863	773	689	604	537	484	431	387	345	307	274	242	216	194
		710	1204	1074	963	860	752	669	601	538	482	429	382	340	302	269	241
		950	1576	1416	1261	1122	985	884	789	709	630	563	500	447	393	352	314
800	226	570	1338	1194	1070	956	836	743	669	597	535	478	425	380	337	300	270
		710	1667	1488	1333	1190	1041	925	833	744	667	596	530	473	420	373	336
		950	—	1958	1740	1550	1359	1221	1083	979	874	784	694	616	542	487	433
900	310	570	1850	1652	1480	1321	1156	1027	925	826	740	660	587	521	463	411	370
		710	2304	2057	1843	1646	1440	1280	1152	1028	921	823	731	649	576	512	461
		950	—	—	2393	2136	1869	1662	1495	1335	1196	1068	949	868	770	685	610
1000	400	570	2387	2131	1909	1705	1492	1326	1193	1065	954	852	757	673	597	530	477
		710	2973	2655	2379	2124	1858	1652	1486	1327	1189	1062	944	838	743	661	595
		950	—	—	—	—	2486	2210	1989	1776	1591	1421	1263	1120	995	884	796

表 17-2-24　　QDX 三级传动起重机级别 M5 时减速器的承载能力

名义中心距 a_1 /mm	输出转矩 /kN·m	输入转速 /r·min^{-1}	公称传动比																			
			35.5	40	45	50	56	63	71	80	90	100	112	125	140	160	180	200	224	250	280	315
			QDXS 型、QDXSD 型、QDXRS 型、QDXRSD 型额定功率 P_{IN}/kW																			
140	1.56	570	2.7	2.4	2.1	1.9	1.7	1.5	1.3	1.2	1.1	1.0	0.9	0.8	0.7	0.6	0.5	0.5	0.4	0.37	0.32	0.29
		710	3.3	2.9	2.6	2.4	2.1	1.8	1.6	1.4	1.2	1.2	1.1	0.9	0.8	0.75	0.7	0.55	0.5	0.45	0.4	0.37
		950	4.5	4.0	3.6	3.2	2.9	2.5	2.2	2.0	1.8	1.6	1.4	1.25	1.1	1.1	1.0	0.8	0.7	0.6	0.55	0.5
170	2.65	570	4.5	4.0	3.6	3.2	2.9	2.5	2.2	2.0	1.8	1.6	1.4	1.2	1.1	1.0	0.9	0.9	0.7	0.6	0.55	0.5
		710	5.6	5.0	4.4	3.9	3.5	3.2	2.8	2.5	2.2	1.9	1.7	1.5	1.3	1.1	1.0	0.95	0.85	0.75	0.7	0.6
		950	7.5	6.7	6.0	5.4	4.8	4.2	3.7	3.4	3.0	2.7	2.4	2.1	1.9	1.7	1.5	1.3	1.1	1.05	0.92	0.81
200	4.65	570	7.8	6.9	6.1	5.6	5.0	4.5	4.0	3.4	3.0	2.8	2.5	2.2	2.0	1.7	1.5	1.3	1.2	1.1	0.98	0.87
		710	9.7	8.6	7.6	6.7	6.0	5.3	4.7	4.3	3.8	3.3	2.9	2.6	2.3	2.1	1.9	1.6	1.5	1.3	1.2	1.08
		950	13.0	11.5	10.2	9.5	8.5	7.4	6.6	5.9	5.2	4.6	4.1	3.5	3.1	2.9	2.6	2.3	2	1.8	1.6	1.4
236	7.5	570	12.7	11.3	10.0	9.0	8.0	7.2	6.4	5.6	5.0	4.4	3.9	3.5	3.1	2.7	2.4	2.1	2	1.7	1.5	1.35
		710	15.8	14	12.4	11.0	9.8	8.7	7.7	7.0	6.2	5.5	4.9	4.3	3.8	3.4	3.0	2.6	2.4	2.2	1.9	1.7
		950	21.0	18.6	16.5	15.0	13.4	12	10.6	9.3	8.3	7.4	6.6	5.8	5.2	4.6	4.1	3.6	3.2	2.9	2.5	2.2
280	13.1	570	21.4	19	16.9	15.0	13.4	11.8	10.5	9.5	8.4	7.7	6.9	6.2	5.5	4.8	4.3	3.8	3.4	3.1	2.7	2.4
		710	26.1	23.2	20.6	18.8	16.8	14.5	12.9	11.5	10.2	9.4	8.4	7.3	6.5	6.0	5.3	4.6	4.3	3.8	3.4	3
		950	37.2	33	29.3	24.5	21.9	19.5	17.3	15.5	13.8	12.2	10.9	9.8	8.8	8.0	7.1	6.5	5.8	5.2	4.5	4
335	21.2	570	36.1	32	28.4	26	23.2	20.3	18.0	17	15.1	12.8	11.4	10.2	9.1	8	7.1	6.7	5.6	5	4.4	4
		710	45.1	40	35.6	31.5	28.1	25	22.2	20	17.8	16	14.3	12.0	10.7	10	8.9	7.8	7.0	6.2	5.5	5
		950	59.7	53	47.1	42	37.5	32.5	28.8	27	24.0	22	19.6	17.5	15.6	13	11.6	10.6	9.3	8.3	7.5	6.5
400	31	570	58.5	52	46.3	42	37.5	32	29	25.5	22.5	21	18.5	16.5	15	12.5	11.2	10.2	8.2	7.3	6.5	5.8
		710	73	65	57	52	46.5	41	36	32	28.2	26	23.5	20.5	18.5	15.5	13.6	12.5	10.1	9.1	8.1	7.2
		950	98	87	77.3	70	62.5	55	48.8	43	38.2	35	31.3	28	25	21	18.7	17	13.5	12	11	9.6
450	43.5	570	73	64	57	52	46	41	36	32	28	25	23	20	18	16	14	12	11	9.8	8.7	7.7
		710	91	80	71	64	57	51	45	40	35	32	28	25	23	20	17	16	13.5	12	11	9.5
		950	121	108	96	86	77	68	60	54	48	43	38	34	31	27	24	21.5	18	16.3	14.5	12.8
500	61	570	102	91	80	72	65	57	51	45	40	36	32	29	26	22	20	18	15	13.5	12	10.8
		710	127	113	100	90	80	71	63	56	50	45	40	36	32	28	25	22	19	17	15	13.5
		950	172	153	136	122	109	97	86	77	69	62	55	49	44	38	34	31	25	23	20	18
560	81.7	570	137	122	108	97	86	77	68	61	54	48	43	39	34	30	27	24	20	18	16	14
		710	171	151	135	121	108	96	86	75	67	60	54	48	43	38	33	30	26	23	20	18
		950	233	206	183	162	147	131	116	103	92	83	73	66	59	51	47	41	34	30	27	24
630	113	570	190	168	149	135	120	106	95	84	74	67	60	53	48	42	37	33	29	26	23	19
		710	237	210	186	168	150	133	119	105	93	84	75	67	60	52	47	42	35	31	28	25
		950	311	274	245	213	197	175	156	138	124	110	99	88	79	69	60	50	46	41	36	29
710	162	570	274	242	216	194	173	154	136	122	107	97	86	78	69	61	54	48	41	36	32	28
		710	340	302	269	241	216	192	170	151	134	121	108	97	86	75	67	61	51	46	41	36
		950	447	393	352	314	281	249	221	195	176	157	141	124	110	97	87	78	71	61	54	48
800	226	570	380	337	300	270	241	214	190	169	150	135	121	108	96	84	75	67	57	51	44	40
		710	473	420	373	336	300	267	237	210	187	168	150	135	120	105	93	84	71	63	57	49
		950	616	542	487	433	388	343	306	270	243	217	195	173	154	135	121	107	95	85	75	66
900	310	570	521	463	411	370	330	294	261	231	206	185	165	148	132	116	103	93	78	69	62	55
		710	649	576	512	461	412	366	325	288	256	230	206	184	165	144	127	115	98	87	77	68
		950	868	770	685	610	550	489	434	385	342	308	275	246	220	192	171	154	130	115	104	92
1000	400	570	673	597	530	477	426	379	336	298	265	239	213	191	171	149	133	119	100	90	80	77
		710	838	743	661	595	531	472	419	372	330	297	265	238	212	186	165	149	125	110	100	89
		950	1120	995	884	796	710	631	560	479	442	398	355	318	284	248	221	199	165	150	130	116

表 17-2-25　　输出轴端允许的最大径向载荷

名义中心 a_1/mm	140	170	200	236	280	335	400	450	500	560	630	710	800	900	1000
最大允许径向载荷/kN	5	8	10	15	30	37	55	64	93	120	150	170	200	240	270

注：载荷作用位置对 P 型，H 型轴伸为轴伸中部，对 C 型轴伸为齿宽中部，减速器输出轴端的瞬时允许转矩为额定转矩的 2.7 倍。

表 17-2-26 **QDXR、QDXRD 二级减速器许用热功率 P_T**（连续工作时）

散热冷却条件			名义中心距 a_1/mm														
	环境条件	环境气流速度 /m·s^{-1}	140	170	200	236	280	335	400	450	500	560	630	710	800	900	1000
			许用热功率 P_T/kW														
没有冷却措施	空间小、厂房小	≥0.5	24	33	46	67	98	128	181	225	275	345	430	545	685	867	1080
	较大的房间、车间	≥1.4	35	47	65	99	114	180	255	320	405	485	620	760	950	1200	1500
	户外露天	≥3.7	47	63	85	126	175	235	345	420	530	650	810	1040	1280	1620	2020
盘状管冷却或循环油润滑	环境条件	水管内径/mm	15	15	16	15	15	20	20	20	20	20	20	20	20	20	20
	空间小、厂房小	≥0.5	68	115	170	220	260	300	365	415	490	550	680	800	1040	1200	1470
	较大的房间、车间	≥1.4	109	130	190	250	305	350	440	510	620	690	870	1010	1260	1550	1830
	户外露天	≥3.7	120	145	210	270	350	410	530	610	750	860	1060	1250	1470	1800	2280

表 17-2-27 **QDXS、QDXSD、QDXRS、QDXRSD 三级减速器许用热功率 P_T**（连续工作时）

散热冷却条件			名义中心距 a_1/mm														
	环境条件	环境气流速度 /m·s^{-1}	140	170	200	236	280	335	400	450	500	560	630	710	800	900	1000
			许用热功率 P_T/kW														
没有冷却措施	空间小、厂房小	≥0.5	18	26	36	57	70	100	135	165	213	280	320	400	500	633	788
	较大的房间、车间	≥1.4	27	38	52	75	100	143	190	230	292	360	450	568	710	900	1120
	户外露天	≥3.7	35	50	69	99	132	188	250	310	395	470	600	745	950	1200	1500
盘状管冷却或循环油润滑	环境条件	水管内径/mm	15	15	16	15	15	20	20	20	20	20	20	20	20	20	20
	空间小、厂房小	≥0.5	52	73	92	120	160	205	350	370	430	480	700	770	900	1050	1350
	较大的房间、车间	≥1.4	63	84	107	150	190	235	400	440	440	590	820	640	1170	1400	1500
	户外露天	≥3.7	68	97	124	170	225	290	460	510	510	620	970	1150	1350	1600	1950

表 17-2-28 **QDXR、QDXRD 二级传动公称传动比与实际传动比**

名义中心距 a_1/mm	QDXR 型、QDXRD 型公称传动比 i														
	10	11.2	12.5	14	16	18	20	22.4	25	28	31.5	35.5	40	45	50
	QDXR 型、QDXRD 型实际传动比 $i_{实}$														
140	10.125	10.957	12.031	13.965	16.540	17.786	20.357	22.308	24.583	28.517	30.905	34.286	40.455	45.242	49.909
170	9.585	10.960	12.657	13.985	16.151	17.438	20.561	22.143	24.231	28.077	30.323	35.852	39.372	43.167	48.292
200	10.142	10.947	12.706	13.750	16.178	17.643	19.333	23.179	25.714	28.531	31.908	35.075	38.818	45.182	48.595
236	9.665	11.025	12.688	13.665	16.013	17.438	20.561	22.500	24.604	28.509	31.353	34.431	38.542	44.667	49.455
280	9.925	11.294	12.967	13.952	16.250	17.604	19.152	22.561	25.033	27.107	30.455	36.591	39.365	43.566	48.608
335	10.000	10.774	12.497	13.556	15.750	18.590	20.230	22.121	24.213	27.013	32.485	35.967	40.182	44.958	49.636
400	9.953	11.421	12.250	14.219	16.504	17.875	19.360	22.903	25.033	27.518	30.455	36.591	39.292	43.485	48.017

续表

名义中心距 a_1 /mm	QDXR 型、QDXRD 型公称传动比 i														
	10	11.2	12.5	14	16	18	20	22.4	25	28	31.5	35.5	40	45	50
	QDXR 型、QDXRD 型实际传动比 $i_{实}$														
450	9.910	11.134	12.603	13.453	15.368	17.654	20.404	21.973	25.671	27.867	30.400	36.000	39.500	43.340	47.879
500	9.817	11.078	12.650	13.509	15.529	18.000	19.391	22.693	24.643	26.892	31.929	35.045	38.500	46.000	50.879
560	10.000	10.756	12.250	14.219	16.504	17.875	19.360	23.015	25.300	27.518	30.455	36.143	39.365	43.125	47.864
630	9.910	11.134	12.603	13.453	15.368	17.654	20.404	22.055	23.941	27.869	30.400	36.000	39.500	45.071	49.375
710	9.864	11.200	11.974	13.794	15.765	18.400	20.000	23.125	25.260	27.308	31.429	34.122	40.714	44.423	49.000
800	10.163	10.827	12.369	14.194	16.476	17.844	19.409	22.433	24.519	26.953	31.625	35.000	38.500	46.083	50.472
900	9.996	11.359	12.050	13.639	15.582	17.892	19.204	22.266	24.067	28.233	30.800	36.679	40.006	43.889	48.205
1000	10.038	11.282	11.993	13.690	15.570	17.892	19.271	22.258	24.063	28.505	30.800	36.000	39.066	46.667	51.469

表 17-2-29　QDXS、QDXSD、QDXRS、QDXRSD 三级传动公称传动比与实际传动比

名义中心距 a_1 /mm	QDXS 型、QDXSD 型、QDXRSD 型、QDXRSD 型公称传动比 i																			
	35.5	40	45	50	56	63	71	80	90	100	112	125	140	160	180	200	224	250	280	315
	QDXS 型、QDXSD 型、QDXRS 型、QDXRSD 型实际传动比 $i_{实}$																			
140	34.777	39.132	42.968	48.758	54.018	63.980	72.600	77.629	89.571	96.737	109.929	129.973	139.720	153.188	181.138	196.308	216.703	241.178	265.781	310.829
170	33.923	38.648	44.484	51.374	55.466	60.198	70.055	76.289	89.955	97.918	115.459	124.341	136.548	163.052	178.427	198.886	223.892	259.431	272.476	306.734
200	34.875	40.605	44.586	51.752	56.051	61.296	71.143	81.429	89.333	98.231	114.067	123.572	133.921	161.633	175.303	196.047	213.282	260.140	286.977	317.603
236	34.959	39.971	46.162	49.839	58.399	63.596	68.660	80.960	87.728	103.385	112.500	119.795	140.786	166.456	182.018	199.888	219.154	242.308	266.477	327.386
280	35.498	38.316	44.471	48.125	56.622	61.750	67.667	81.125	87.261	96.807	107.413	125.538	140.394	154.330	170.800	198.800	216.227	259.795	279.494	300.608
335	35.639	40.655	46.785	50.391	54.662	64.050	69.750	82.245	90.000	98.414	114.036	124.217	136.608	164.207	183.814	202.344	213.026	259.636	289.800	320.727
400	34.738	39.529	45.386	48.830	56.875	61.615	71.517	77.804	91.655	99.269	110.145	121.079	134.000	161.000	175.114	191.399	227.886	249.650	275.372	307.236
450	34.516	39.588	44.809	48.186	55.492	63.395	68.646	83.429	89.546	95.834	114.748	123.163	132.629	158.394	184.365	200.133	218.327	237.000	268.545	327.273
500	35.828	40.526	46.214	49.856	53.240	63.807	68.512	79.718	85.686	99.808	107.629	126.849	137.296	163.422	177.633	194.872	213.899	256.667	283.500	313.289
560	34.834	39.974	42.872	49.766	57.764	62.563	72.617	78.650	93.044	101.696	111.791	121.079	134.000	161.000	172.883	191.333	227.459	251.163	270.208	300.809
630	35.182	39.526	44.739	47.757	54.558	62.670	71.595	82.751	89.111	104.111	113.015	123.289	146.000	156.706	171.941	203.158	219.591	260.042	287.273	315.202
710	34.359	38.772	44.275	50.600	54.035	62.118	72.000	77.563	90.773	104.957	114.973	124.377	134.462	159.645	175.224	207.573	228.038	249.714	272.462	301.359
800	35.330	37.895	46.421	49.681	57.665	62.541	72.493	78.516	93.340	100.185	110.129	119.784	142.756	157.328	171.355	199.451	218.500	242.509	278.182	313.091
900	35.678	40.083	45.369	48.429	55.326	63.553	67.827	78.396	90.670	98.425	114.563	124.978	134.118	158.824	174.265	202.767	214.085	251.107	275.089	303.432
1000	33.818	38.400	43.704	50.349	53.724	61.399	71.663	77.895	90.066	98.380	112.925	122.081	140.504	152.547	182.017	195.938	213.786	250.673	276.500	303.432

2.4 减速器的选用

（1）选用方法1（减速器用于冶金、矿山、化工等机构时）

减速器应根据传动比和使用要求确定减速器类型，然后根据工作条件、机械强度，确定规格，并校核许用热功率及轴伸部位允许承受的径向载荷。

1）承载能力计算与规格的确定

减速器的计算功率 P_C 按式（17-2-3），应满足：

$$P_C = K_A P_2 \leqslant P_{IN} \tag{17-2-3}$$

式中 K_A——工况系数（见表17-2-30）；

P_2——工作机功率，kW；

P_{IN}——减速器额定功率，kW。

2）热功率校核

减速器计算热功率 P_{CT} 按式（17-2-4），应满足：

$$P_{CT} = K_T K_W P_2 \leqslant P_T \tag{17-2-4}$$

式中 P_2——工作机功率，kW；

K_T——环境温度系数（见表17-2-31）；

K_W——运转周期系数（见表17-2-32）。

表 17-2-30　　减速器的工况系数 K_A

原动机	每日工作时间/h	载荷分类		
		均匀载荷 U	中等冲击载荷 M	强冲击载荷 H
		减速器的工况系数 K_A		
电动机 汽轮机 水力机	≤3	0.8	1	1.5
	>3~10	1	1.25	1.75
	>10	1.25	1.5	2
4~6缸的活塞发动机	≤3	1	1.25	1.75
	>3~10	1.25	1.5	2
	>10	1.5	1.75	2.25
1~3缸的活塞发动机	≤3	1.25	1.5	2
	>3~10	1.5	1.75	2.25
	>10	1.75	2	2.5

表 17-2-31　　环境温度系数 K_T

冷却条件	环境温度 t/℃				
	10	20	30	40	50
无冷却,风扇冷却	0.9	1	1.15	1.35	1.65
冷却管冷却	0.9	1	1.1	1.2	1.3

表 17-2-32　　运转周期系数 K_W

每小时运转周期/%	100	80	60	40	20
运转周期系数 K_W	1.0	0.94	0.86	0.74	0.56

3）校核轴伸部位承受的径向载荷

减速器的输出轴轴伸中间部位承受的径向载荷 F_r 应低于表17-2-25中规定的数值。

例 试为一台链条输送机选用一台圆柱齿轮减速器。已知，电动机功率 $P_1=150\text{kW}$，输入转速 $n_1=1000\text{r/min}$，链条输送机功率 $P_2=120\text{kW}$，公称传动比 $i_N=12.5$，环境温度50℃，每小时运转周期为100%，每天工作8h，装配形式为Ⅰ型，输出轴端为圆柱轴伸，输出轴轴伸中部的径向力为10kN，减速器安装在室外。

① 确定减速器的规格。

由表17-2-13查得，链条输送机载荷类别为M，由表17-2-30查得 $K_A=1.25$。

因此，$P_C = K_A P_2 = 1.25\times120\text{kW} = 150\text{kW}$

由表 17-2-21 查得，QDXRD400 的额定功率 $P_{IN}=185kW>P_C$，符合要求。

② 校核热功率。

由表 17-2-32，环境温度系数 $K_T=1.65$；查表 17-2-32，运转周期系数 $K_W=1.0$。

因此，$P_{CT}=K_TK_WP_2=1.65\times1\times120kW=198kW$

由表 17-2-26 查得，QDXRD400mm 的许用热功率 $P_T=345kW>P_{CT}$，符合要求。

③ 校核输出轴的径向载荷。

由表 17-2-25 查得，减速器中心距为 400mm 时，输出轴端允许的最大径向载荷为 55kN>10kN，符合要求。

④ 最后选定减速器的代号为 QDXRD400-12.5 Ⅰ P。

（2）选用方法 2（减速器用于起重机各机构时）

减速器用于起重机各机构时，根据 GB/T 3811 中的规定，起重机各机构的工作级别分为 M1～M8 级八种。表 17-2-23、表 17-2-24 中所列的承载能力为 M5 工作级别的功率值，该值是按工作寿命 10 年计算，若用在其他工作级别时，应按式（17-2-5）进行折算。

$$P_{M5}=1.12^{i-5}P_{Mi} \tag{17-2-5}$$

式中 P_{M5}——功率表（M5 时）所列的许用功率值，kW；

i——工作级别 M（1～8）；

P_{Mi}——相对 Mi 工作级别的功率值，kW。

① 起升和非平衡变幅机构

a. 减速器（M5）所列的许用功率值 P_{M5} 按式（17-2-6）计算：

$$P_{M5}\geqslant\frac{1}{2}(1+\Phi_2)\times1.12^{i-5}P_n \tag{17-2-6}$$

式中 P_{M5}——减速器（M5）所列的许用功率值，kW；

P_n——所选电机的额定功率，kW；

Φ_2——起升载荷动载系数。

$$\Phi_2=\Phi_{2min}+\beta_2 v \tag{17-2-7}$$

式中 β_2——系数，见表 17-2-33；

v——稳定起升速度，m/s；

Φ_2——可按试验或分析确定，也可按式（17-2-7）计算。

表 17-2-33　　β_2 和 Φ_2 值

起升状态级别	β_2	Φ_{2min}	Φ_{2max}
HC1	0.17	1.05	1.3
HC2	0.34	1.10	1.6
HC3	0.51	1.15	1.9
HC4	0.68	1.20	2.2

b. 减速器输出轴径向力的验算。

起升机构的减速器输出轴与卷筒相连接时，输出轴受有径向力，一般还需对此进行验算。

轴端最大径向力 F_{max} 按式（17-2-8）验算：

$$F_{max}=\Phi_2 S+\frac{G}{2}\leqslant[F] \tag{17-2-8}$$

式中 Φ_2——起升载荷动载系数，见式（17-2-7）；

S——钢丝绳最大静拉力，kW；

G——卷筒重力，kN；

$[F]$——减速器输出轴端允许最大径向载荷，kN，如果不满足要求则要选大一号机座的减速器。

某些起重机起升状态级别见表 17-2-34。

② 运行和回转机构　按式（17-2-9）计算 P_{M5}：

$$P_{M5}=1.12^{i-5}\Phi_8 P_n \tag{17-2-9}$$

式中 Φ_8——刚性动载系数，一般取 1.2～2.0，小车运行机构取 $\Phi_8=1.2\sim2.0$，大车运行机构取 $\Phi_8=1.42\sim2.0$。

表 17-2-34　　某些起重机起升状态级别

起重机类型	起升状态级别
手动起重机	HC1
动力(电)站起重机 安装起重机 车间起重机	HC2～HC3
卸船机(用起重横梁、吊钩用夹钳) 储料场起重机(用起重横梁、吊钩用夹钳)	HC3
卸船机(用抓斗或电磁盘) 储料场起重机(用抓斗或电磁盘)	HC3～HC4
铸造起重机 平炉加料起重机 加热炉装取料起重机(用水平夹钳) 均热炉夹钳起重机(用垂直夹钳)	HC3～HC4
脱锭起重机 锻造起重机	HC4

③ 平衡变幅机构　疲劳计算基本载荷取为该零件承受的等效变幅阻力矩，其他零件取为电动机额定转矩传到该计算零件力矩的 1.3～1.4 倍。

当最大工作载荷低于 2.7 倍的额定力矩时可不进行静强度校核，当最大工作载荷超过 2.7 倍的额定力矩时应验算零件的静强度或者选大一号机座的减速器。

例　一台起重量为20t，跨度为 22.5m 的桥式起重机，选减速器。应用条件为普通车间，起升速度 $v=9.6\text{m/min}$，电动机额定功率 40kW，转速为 720r/min，机构工作级别为 M5，减速器的传动比为 40，要求第三种装配形式，齿轮轴端，卧式安装，钢丝绳最大拉力 $S=26.15\text{kN}$，卷筒重力 $G=8\text{kN}$。

a. 确定减速器的规格。

由表 17-2-34，车间起重机选：HC3，由表 17-2-33，得 $\Phi_{2\min}=1.15$，$\beta_2=0.51$，故

$$\Phi_2=\Phi_{2\min}+\beta_2 v=1.15+0.51\times\frac{9.6}{60}=1.2316$$

由式（17-2-6）得

$$P_{M5}=\frac{1}{2}\times(1+1.2316)\times1.12\times40\text{kW}=44.63\text{kW}$$

由表 17-2-24 查得，所选减速器型号为 QDXSD400 或 QDXRSD400，$i=40$，$n=710\text{r/min}$，$P_{1N}=65\text{kW}>P_{M5}$，符合要求。

b. 验算径向力。

由式（17-2-8）知

$$F_{\max}=\Phi_2 S+\frac{G}{2}=1.2316\times26.15\text{kN}+\frac{8}{2}\text{kN}=36.206\text{kN}$$

由表 17-2-25 查得，QDXS400 径向载荷 55kN>36.206kN，符合要求。

（3）选用方法 3（减速器用于起重机各机构时）

起重机计算载荷如下。选用减速器时应根据式（17-2-10）计算功率 P_j，根据表 17-2-35，再由功率表选用相应的减速器，并对其输出轴径向力验算。

$$P_j=\frac{(Q+G)v}{1000\eta} \tag{17-2-10}$$

式中　P_j——计算功率，kW；

Q——额定起升载荷，N；

G——吊钩自重载荷，N，吊钩自重载荷 G 与额定起升载荷 Q 的关系，见表 17-2-36；

v——起升速度，m/s；

η——机构总效率，它包括滑轮组效率、导向滑轮效率、卷筒效率、减速器效率，初步计算时取 $\eta=0.8\sim0.85$。

减速机允许输入功率 P 计算公式如下：

$$P=\frac{P_j}{m} \tag{17-2-11}$$

表 17-2-35 起重机载荷系数 m

减速器平均每天运转时间/h	1~3	≤1	3~6	1~3	≤1	>6	3~6	1~3	>6	>3
平均负荷	轻	中	轻	中	额定	轻	中	额定	中	额定
起重机载荷状态	Q1		Q2			Q3			Q4	
系数 m	1.25		1			0.80			0.63	

表 17-2-36 吊钩的自重载荷系数

额定起升载荷 Q/kN	吊钩自重载荷 G/kN	额定起升载荷 Q/kN	吊钩自重载荷 G/kN
<80	2%Q	320~500	3%Q
100~200	2.5%Q	630~1250	3.5%Q

起重机载荷状态及分类见表 17-2-37、表 17-2-38。

表 17-2-37 起重机载荷状态

载荷状态	名义载荷谱系数	说　明
Q1——轻	0.125	很少起升额定载荷,一般起升轻微载荷
Q2——中	0.25	有时起升额定载荷,一般起升 1/3 额定载荷
Q3——重	0.5	经常起升额定载荷,一般起升 2/3 额定载荷
Q4——特重	1.0	频繁起升额定载荷

表 17-2-38 起重机载荷分类

序号	起重机设备名称	载荷状况	序号	起重机设备名称	载荷状况
1	电站用桥式起重机	Q1	18	轨道式拆卸用起重机	Q1~Q2
2	金工车间装卸用起重机	Q1	19	集装箱桥式起重机或动臂起重机	Q2~Q3
3	仓库起重机	Q1~Q2	20	装卸用动臂起重机	Q1~Q2
4	车间的吊钩起重机	Q2	21	吊钩动臂起重机	Q2~Q3
5	抓斗桥式起重机	Q1~Q3	22	抓斗动臂起重机	Q2~Q4
6	废料场起重机或电磁起重机	Q2~Q3	23	造船动臂起重机	Q2
7	铸造起重机	Q4	24	船坞装货起重机	Q2~Q3
8	砸铁起重机	Q2~Q3	25	船坞抓斗起重机	Q2~Q3
9	脱锭起重机	Q3~Q4	26	特殊任务动臂起重机	Q1~Q4
10	均热炉起重机	Q2~Q3	27	浮游装货起重机	Q1~Q4
11	平炉装料起重机	Q3~Q4	28	浮游抓斗起重机	Q1~Q2
12	锻造起重机	Q3~Q4	29	建筑起重机	Q1~Q2
13	悬臂或伸缩臂起重机(根据用途)	—	30	铁路急救起重机	Q1
14	堆料场用轨道式吊钩起重机	Q2~Q3	31	甲板起重机	Q2
15	轨道式抓斗起重机	Q2~Q4	32	步行式起重机	Q2~Q3
16	车辆装卸用轨道式吊钩起重机	Q2~Q4	33	桅杆动臂起重机	Q1
17	装卸桥	Q2~Q4	34	单轨起重机(根据用途)	—

例 1 设计某电站桥式起重机,起重量 300t（质量），吊钩自重 20t（质量），起升速度 2.17m/min，电动机转速 $n=588$r/min，传动比 $i=80$。

$$P_j=\frac{(Q+G)v}{1000\eta}=\frac{320000\times9.8\times2.17}{60\times1000\times0.8}\text{kW}=141.77\text{kW}$$

查表 17-2-38 载荷状态为 Q1，查表 17-2-35 得，系数 $m=1.25$，故

$$P=\frac{P_j}{m}=\frac{141.77\text{kW}}{1.25}=113.42\text{kW}$$

由表 17-2-24 可知，$n=570$r/min，$i=80$，$a_1=710$mm 减速器，高速轴功率 $P_{IN}=122\text{kW}>113.42\text{kW}$，不必由 $P_{j计}=141.77$kW 来选用 $a_1=800$mm，高速轴功率 $P_{IN}=169$kW 的减速器，这样减速器可以小一挡。

例 2 设计某炼钢车间起重机,起重量为 100t（质量），起升速度 3m/min，电动机转速 $n=588$r/min，传动比 $i=100$。

由表 17-2-35 近似计算，吊钩自重：

$$Q=100\text{t}\times2.5\%=2.5\text{t}$$

$$P_j=\frac{(Q+G)v}{1000\eta}=\frac{102500\times9.8\times3}{60\times1000\times0.8}\text{kW}=62.78\text{kW}$$

查表 17-2-38 载荷状态为 Q4，查表 17-2-35 得，$m=0.63$，故

$$P=\frac{P_j}{m}=\frac{62.78}{0.63}\text{kW}=99.65\text{kW}$$

由表 17-2-24 得 $a_1=800$mm 减速器，$n=570$r/min，$i=100$，$P_{IN}=135$kW，不能由 $P_j=62.78$kW 来选取 $a_1=630$mm，$P_{IN}=67$kW 减速器。对炼钢车间由于高温与安全考虑，往往还要放大一挡中心距，即选取 $a_1=900$mm 减速器。

3　DB、DC 型圆锥、圆柱齿轮减速器（摘自 JB/T 9002—1999）

3.1　适用范围和代号

（1）适用范围

DB、DC 型减速器包括 DBY 二级硬齿面，DCY 三级硬齿面，DBZ 二级中硬齿面，DCZ 三级中硬齿面，DBYK 二级硬齿面空心轴式和 DCYK 三级硬齿面空心轴式六个系列。高速级为弧齿锥齿轮，中低速级为圆柱齿轮。这种减速器具有承载能力大、传动效率高、噪声低、体积小、寿命长的特点，用于输入轴与输出轴呈垂直方向布置的传动装置，如带式输送机及各种运输机械，也可用于煤炭、冶金、矿山、化工、建材、轻工和石油等各种通用机械的传动中。其工作条件为：齿轮圆周速度不大于 20m/s；输入轴转速不大于 1500r/min；工作温度为 -40 ~ 45℃，当环境温度低于 0℃时，启动前润滑油应加热到 10℃。

（2）标记示例

DC　Y　K　280　-　31.5　-　Ⅲ　S

- S — 输入轴旋转方向代号（面对输入轴方向看，S为顺时针方向，N为逆时针方向）
- Ⅲ — 装配型式代号（用Ⅰ、Ⅱ、Ⅲ、Ⅳ表示）
- 31.5 — 公称传动比
- 280 — 公称中心距 (mm)
- K — 空心套输出端（圆柱形输出端不注）
- Y — 硬齿面（中硬齿面标注Z）
- DC — 型式代号 (C为三级传动，B为两级传动)

（3）主要生产厂家

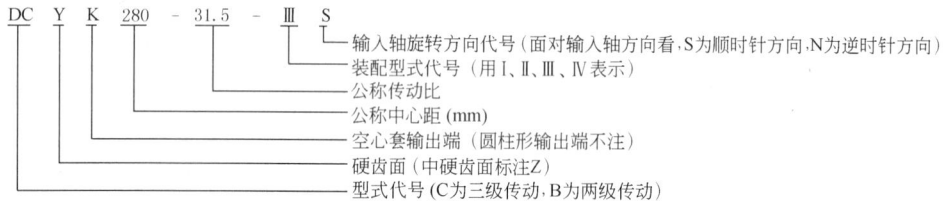

银川减速机厂、嘉兴冶金机械厂、江苏泰隆减速机股份有限公司、沈阳辽中减速机厂、浙江宁波减速机厂、江苏江阴齿轮箱厂、沈阳矿山减速机制造公司、浙江星河机器厂。

3.2　外形、安装尺寸和装配形式

DBY、DBZ 型减速器外形、安装尺寸及装配形式

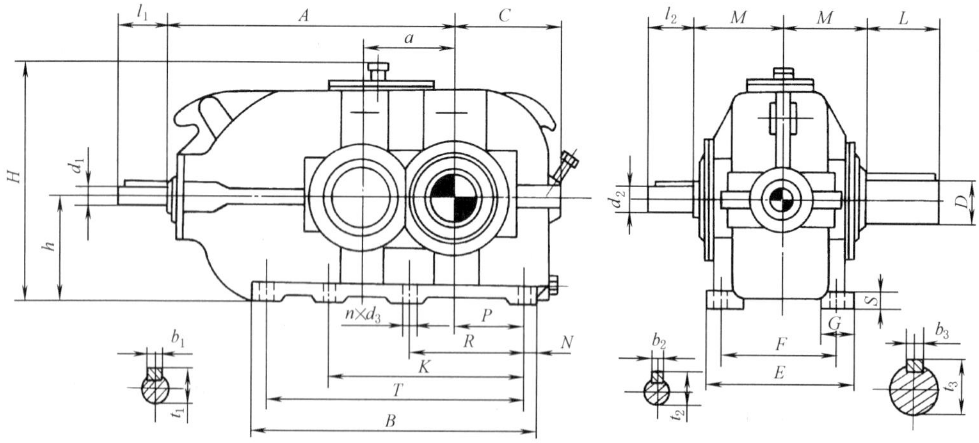

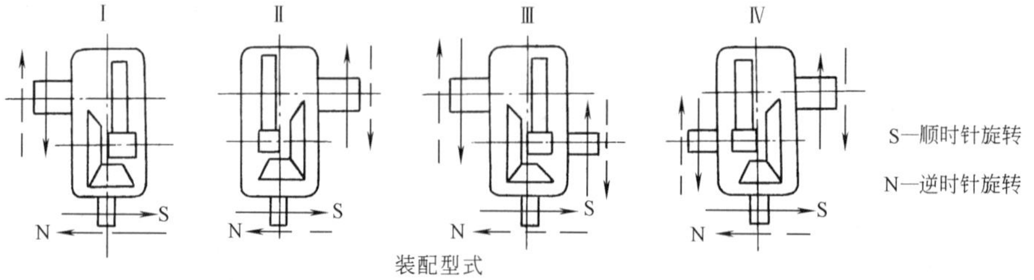

装配型式

表 17-2-39 mm

公称中心距 a	d_1	l_1	d_2	l_2	D	L	A	B	C	E	F	G	S	h	H	M
160	40	110	48	110	70	140	500	500	190	250	210	65	35	180	430	145
180	42		50		80	170	565	565	215	270	230	70		200	475	160
200	50		55		90		625	625	240	300	250	75	40	225	520	175
224	55		65	140	100	210	705	705	260	320	270	80	45	250	570	190
250	60	140	75		110		785	785	290	370	310	90	50	280	626	210
280	65		85	170	120		875	875	325	400	340	100	55	315	702	230
315	75		95		140	250	975	975	355	450	380	110	60	355	809	260
355	90	170	100	210	160	300	1085	1085	390	480	410	120	65	400	900	285
400	100	210	110		170		1215	1215	440	530	460	130	70	450	970	305
450	110		130	250	190	350	1365	1365	490	600	510	140	80	500	1071	345
500	120		150		220		1525	1525	570	650	560	150	90	560	1210	435
560	130	250	160	300	250	410	1705	1705	610	750	640	160	100	630	1325	475

公称中心距 a	n	d_3	N	P	R	K	T	b_1	t_1	b_2	t_2	b_3	t_3	平均质量/kg	油量/L
160	6	18	30	115	210	—	440	12	43	14	51.5	20	74.5	173	7
180				135	240		505		45		53.5	22	85	232	9
200		23	35	145	255		555	14	53.5	16	59	25	95	305	13
224				165	290		635	16	59	18	69	28	106	415	18
250		27	40	180	315		705	18	64	20	79.5		116	573	25
280			45	200	355		785		69	22	90	32	127	760	36
315		33	50	220	405		875	20	79.5	25	100	36	148	1020	51
355			55	245	450		975	25	95	28	106	40	169	1436	69
400				280	510		1105	28	106		116		179	1966	95
450	8	39	60	315	575	940	1245		116	32	137	45	200	2532	130
500			70	350	645	1050	1385	32	127	36	158	50	231	3633	185
560		45	80	390	715	1165	1545		137	40	169	56	262	5020	260

注：d_1、d_2、D 的偏差，一般应符合 GB/T 1569 的规定，下同。

DBYK 型减速器外形、安装尺寸及装配形式

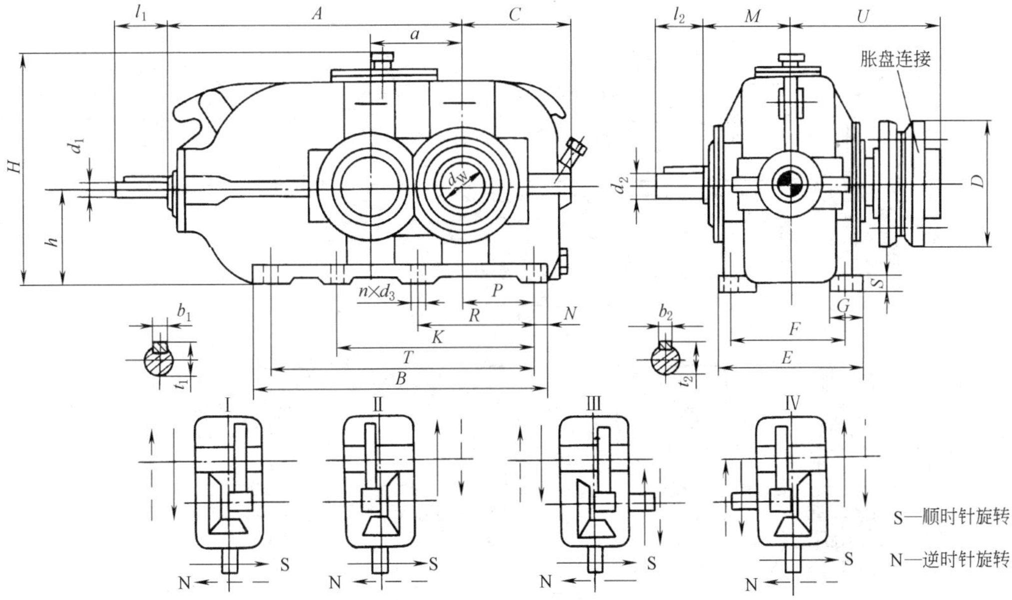

装配型式

表 17-2-40

mm

公称中心距 a	d_1	l_1	d_2	l_2	d_W	U	A	B	C	E	F	G	S	h	H	M
160	40	110	48	110	80	225	500	500	190	250	210	65	35	180	430	145
180	42		50		90	250	565	565	215	270	230	70		200	475	160
200	50		55		100	275	625	625	240	300	250	75	40	225	520	175
224	55		65	140	110	295	705	705	260	320	270	80	45	250	570	190
250	60	140	75		120	325	785	785	290	370	310	90	50	280	626	210
280	65		85	170	135	360	875	875	325	400	340	100	55	315	702	230
315	75		95		160	420	975	975	355	450	380	110	60	355	809	260
355	90	170	100	210	180	450	1085	1085	390	480	410	120	65	400	900	285
400	100	210	110		200	490	1215	1215	440	530	460	130	70	450	970	305
450	110		130	250	220	550	1365	1365	490	600	510	140	80	500	1071	345
500	120		150		280	715	1525	1525	570	650	560	150	90	560	1210	435
560	130	250	160	300	310	760	1705	1705	610	750	640	160	100	630	1325	475

公称中心距 a	n	d_3	N	P	R	K	T	b_1	t_1	b_2	t_2	D	平均质量/kg	油量/L
160	6	18	30	115	210	—	440	12	43	14	51.5	185	173	7
180				135	240		505		45		53.5	215	232	9
200		23	35	145	255		555	14	53.5	16	59	230	305	13
224				165	290		635	16	59	18	69	263	415	18
250		27	40	180	315		705	18	64	20	79.5	290	573	25
280			45	200	355		785		69	22	90	300	760	36
315		33	50	220	405		875	20	79.5	25	100	370	1020	51
355			55	245	450		975	25	95	28	106	405	1436	69
400				280	510		1105	28	106		116	430	1966	95
450	8	39	60	315	575	940	1245		116	32	137	460	2532	130
500			70	350	645	1050	1385	32	127	36	158	570	3633	185
560		45	80	390	715	1165	1545		137	40	169	660	5020	260

注：空心轴套及胀盘连接尺寸见表 17-2-43。

DCY、DCZ 型减速器外形、安装尺寸及装配形式

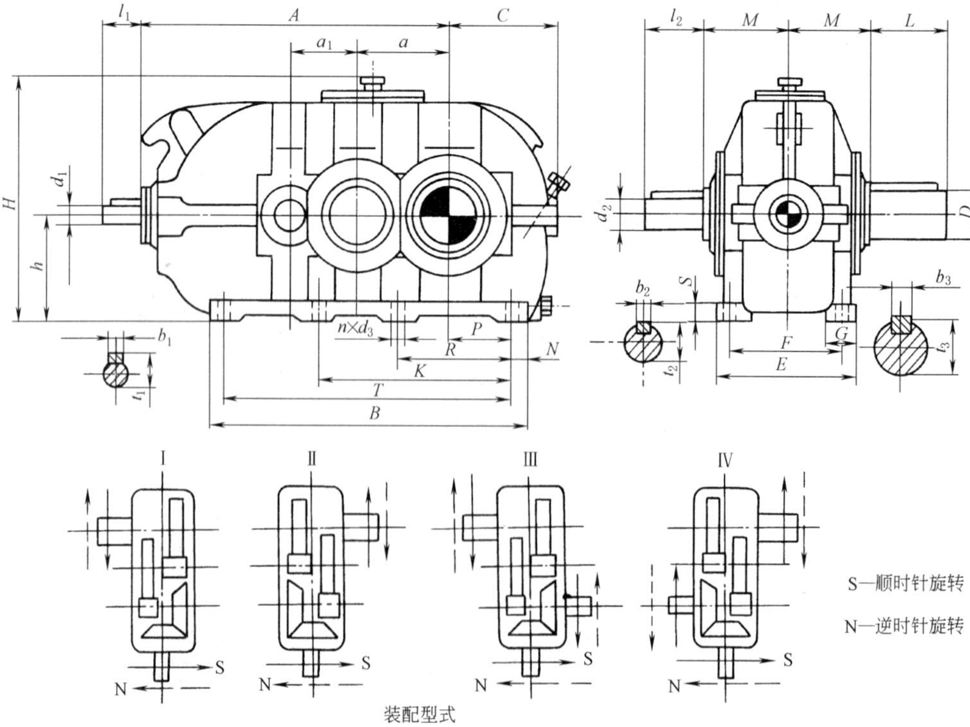

装配型式

表 17-2-41

mm

公称中心距 a	a_1	d_1	l_1	d_2	l_2	D	L	A	B	C	E	F	G	S	h	H	M
160	112	25	60	32	80	70	140	510	555	190	250	210	65	35	180	423	145
180	125	30	80	38		80	170	575	625	215	270	230	70		200	468	160
200	140	35		42	110	90		640	685	240	300	250	75	40	225	520	175
224	160	40	110	48		100	210	725	775	260	320	270	80	45	250	570	190
250	180	42		50		110		815	860	290	370	310	90	50	280	626	210
280	200	50		55		120		905	970	325	400	340	100	55	315	702	230
315	224	55		65	140	140	250	1020	1085	355	450	380	110	60	355	809	260
355	250	60	140	75		160	300	1140	1220	390	480	410	120	65	400	900	285
400	280	65		85	170	170		1275	1355	440	530	460	130	70	450	970	305
450	315	75		95		190	350	1425	1520	490	600	510	140	80	500	1065	345
500	355	90	170	100	210	220		1585	1690	570	650	560	150	90	560	1208	435
560	400	100	210	110		250	410	1775	1895	610	750	640	160	100	630	1325	475
630	450	110		130	250	300	470	1995	2145	675	800	690	170	110	710	1460	525
710	500	120		150		340	550	2235	2400	760	900	770	190	125	800	1665	570
800	560	130	250	160	300	400	650	2505	2700	840	1000	870	200	140	900	1870	625

公称中心距 a	n	d_3	N	P	R	K	T	b_1	t_1	b_2	t_2	b_3	t_3	平均质量/kg	油量/L
160	6	18	30	115	210	—	495	8	28	10	35	20	74.5	200	9
180				135	240		565		33		41	22	85	255	13
200		23	35	145	255		615	10	38	12	45	25	95	325	18
224				165	290		705	12	43	14	51.5	28	106	453	26
250		27	40	180	315		780		45		53.5		116	586	33
280			45	200	355		880	14	53.5	16	59	32	127	837	46
315	8	33	50	220	405	655	985	16	59	18	69	36	148	1100	65
355			55	245	450	740	1110	18	64	20	79.5	40	169	1550	90
400				280	510	840	1245		69	22	90		179	1967	125
450		39	60	315	575	940	1400	20	79.5	25	100	45	200	2675	180
500			70	350	645	1050	1550	25	95	28	106	50	231	4340	240
560		45	80	390	715	1165	1735	28	106		116	56	262	5320	335
630				445	800	1305	1985		116	32	137	70	314	7170	480
710			90	500	900	1490	2220	32	127	36	158	80	355	9600	690
800				560	1100	1680	2520		137	40	169	90	417	13340	940

DCYK 型减速器外形、安装尺寸及装配形式

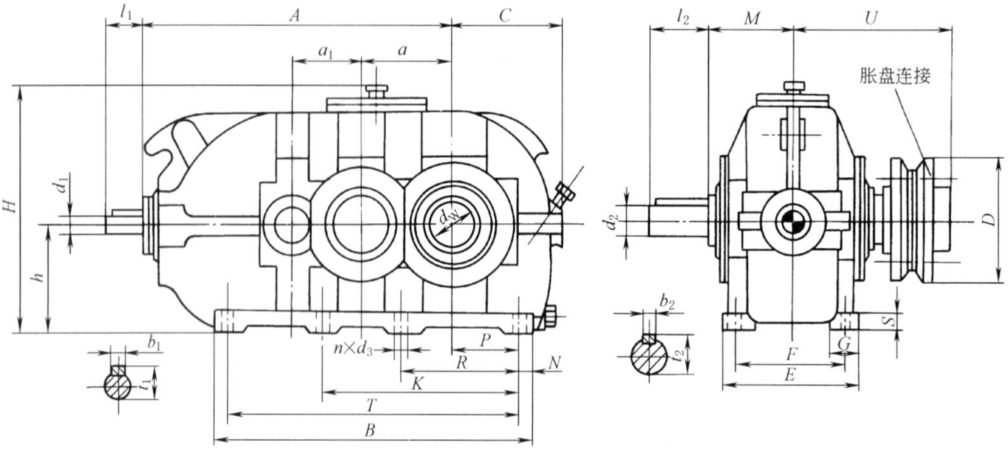

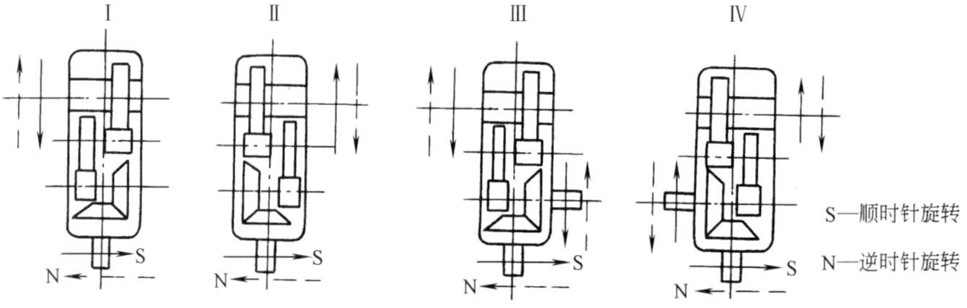

装配形式

表 17-2-42

mm

公称中心距 a	a_1	d_1	l_1	d_2	l_2	d_W	U	A	B	C	E	F	G	S	h	H	M
160	112	25	60	32	80	80	225	510	555	190	250	210	65	35	180	423	145
180	125	30	80	38		90	250	575	625	215	270	230	70		200	468	160
200	140	35		42	110	100	275	640	685	240	300	250	75	40	225	520	175
224	160	40	110	48		110	295	725	775	260	320	270	80	45	250	570	190
250	180	42		50		120	325	815	860	290	370	310	90	50	280	626	210
280	200	50		55		135	360	905	970	325	400	340	100	55	315	702	230
315	224	55	140	65	140	160	420	1020	1085	355	450	380	110	60	355	809	260
355	250	60		75		180	450	1140	1220	390	480	410	120	65	400	900	285
400	280	65		85	170	200	490	1275	1355	440	530	460	130	70	450	970	305
450	315	75		95		220	550	1425	1520	490	600	510	140	80	500	1065	345
500	355	90	170	100	210	280	715	1585	1690	570	650	560	150	90	560	1208	435
560	400	100	210	110		310	760	1775	1895	610	750	640	160	100	630	1325	475
630	450	110		130	250	340	840	1995	2145	675	800	690	170	110	710	1460	525
710	500	120		150		380	890	2235	2400	760	900	770	190	125	800	1665	570
800	560	130	250	160	300	420	955	2505	2700	840	1000	870	200	140	900	1870	625

续表

公称中心距 a	n	d_3	N	P	R	K	T	b_1	t_1	b_2	t_2	D	平均质量/kg	油量/L
160	6	18	30	115	210	—	495	8	28	10	35	185	200	9
180				135	240		565		33		41	215	255	13
200		23	35	145	255		615	10	38	12	45	230	325	18
224				165	290		705	12	43	14	51. 5	263	453	26
250		27	40	180	315		780		45		53. 5	290	586	33
280			45	200	355		880	14	53. 5	16	59	300	837	46
315	8	33	50	220	405	655	985	16	59	18	69	370	1100	65
355			55	245	450	740	1110	18	64	20	79. 5	405	1550	90
400				280	510	840	1245		69	22	90	430	1967	125
450		39	60	315	575	940	1400	20	79. 5	25	100	460	2675	180
500			70	350	645	1050	1550	25	95	28	106	570	4340	240
560		45	80	390	715	1165	1735	28	106		116	660	5320	335
630				445	800	1305	1985		116	32	137	690	7170	480
710			90	500	900	1490	2220	32	127	36	158	770	9600	690
800				560	1100	1680	2520		137	40	169	850	13340	940

注：空心轴套及胀盘连接尺寸见表 17-2-43。

空心轴套及胀盘尺寸

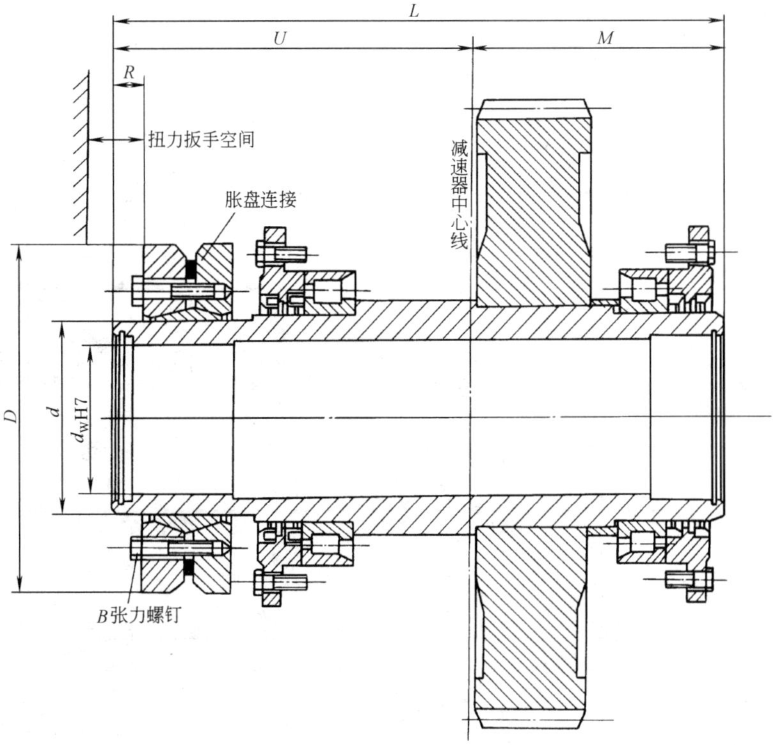

表 17-2-43

mm

减速器公称中心距 a	空心轴套					胀盘				螺钉		质量/kg
	d_W	L	M	R	U	型号	D	d	T_t/N·m	B	T_a/N·m	
160	80	370	145	26	225	110-72	185	110	9000	M10	58	5.9
180	90	410	160	27	250	125-72	215	125	13000	M10	58	8.3
200	100	450	175	32	275	140-71	230	140	17600	M12	100	10
224	110	485	190	33	295	155-71	263	155	25000	M12	100	15
250	120	535	210	37	325	165-71	290	165	35000	M12	240	22
280	135	590	230	35	360	175-71	300	175	48000	M16	240	22
315	160	680	260	37	420	220-71	370	220	100000	M16	240	54
355	180	735	285	38	450	240-71	405	240	138000	M20	470	67
400	200	795	305	46	490	260-71	430	260	184000	M20	470	82
450	220	895	345	48	550	280-71	460	280	245000	M20	470	102
500	280	1190	475	61	715	350-71	570	350	500000	M20	470	204
560	310	1270	510	67	760	390-71	660	390	710000	M20	470	260
630	340	1400	560	71	840	420-71	690	420	840000	M20	470	316
710	380	1490	600	73	890	460-71	770	460	1140000	M20	470	420
800	420	1600	645	82	955	500-71	850	500	1600000	M20	470	575

注：1. T_a—紧固轴所需转矩；T_t—胀盘可传递的最大转矩。

2. 与空心轴套连接的连接轴尺寸见表 17-2-44。

与空心轴套连接的连接轴尺寸

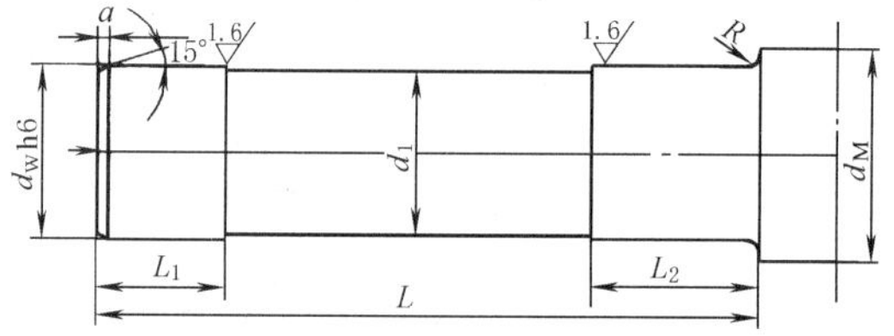

表 17-2-44

mm

减速器公称中心距	a	d_M（最小）	d_W	d_1	L	L_1	L_2	R
160	5	100	80	78	355	65	90	1.6
180	5	110	90	88	395	70	100	1.6
200	5	125	100	98	430	75	110	1.6
224	5	135	110	108	465	80	120	1.6
250	6	150	120	118	510	90	130	2.5
280	6	165	135	133	565	100	140	2.5
315	6	190	160	158	655	120	160	2.5
355	6	210	180	178	710	125	170	2.5
400	8	240	200	198	765	145	190	4
450	8	260	220	218	860	150	200	4
500	10	320	280	278	1145	240	290	4
560	10	350	310	308	1225	260	310	4
630	12	380	340	338	1355	280	330	6
710	12	430	380	378	1440	300	350	6
800	12	470	420	418	1550	320	380	6

注：$d_W \geqslant 160$mm 时配合公差采用 g6。

3.3 承载能力

表 17-2-45　　DBY、DBYK 型减速器公称输入功率

公称传动比 i	公称转速 /r·min^{-1}		公称中心距 a/mm											
			160	180	200	224	250	280	315	355	400	450	500	560
	输入 n_1	输出 n_2	公称输入功率 P_N/kW											
8	1500	188	81	115	145	205	320	435	610	750	1080	1680①	2100①	—
	1000	125	56	86	110	155	245	325	465	560	810	1260	1700	2200①
	750	94	42	55	88	125	185	250	340	465	660	950	1400	1800
10	1500	150	67	92	130	165	255	345	480	610	910	1370	1900①	—
	1000	100	44	69	94	125	195	260	360	465	620	950	1270	1700
	750	75	34	46	73	105	155	210	295	380	510	710	950	1300
11.2	1500	134	59	81	115	150	235	325	450	560	840	1200	1550	—
	1000	89	40	61	84	130	175	245	340	430	630	810	1030	1380
	750	67	31	41	65	98	140	185	240	350	470	610	780	1040
12.5	1500	120	53	75	105	140	210	285	390	500	760	980	1260	1550①
	1000	80	36	56	74	105	145	215	265	380	480	660	850	1110
	750	60	27	36	56	76	110	150	190	270	365	500	640	840
14	1500	107	48	66	81	125	190	260	345	465	580	780	1000	1150
	1000	71	31	42	54	84	110	165	205	310	415	520	680	900
	750	53	23	31	38	60	80	115	145	235	310	400	510	690

① 需采用循环油润滑。

表 17-2-46　　DBY、DBYK 型减速器热功率

环境条件	空气流速 /m·s^{-1}	公称中心距 a/mm											
		160	180	200	224	250	280	315	355	400	450	500	560
		减速器不附加冷却装置的热功率 P_{G1}/kW											
狭小车间内	≥0.5	32	40	50	61	76	95	118	143	180	225	279	355
中、大型车间内	≥1.4	45	57	71	85	106	133	165	201	252	316	391	497
室外	≥3.7	62	77	96	116	144	181	224	272	342	429	531	675

注：减速器附装冷却管时的热功率 P_{G2} 可根据需要进行设计。

表 17-2-47　　DCY、DCYK 型减速器公称输入功率

公称传动比 i	公称转速 /r·min^{-1}		公称中心距 a/mm														
			160	180	200	224	250	280	315	355	400	450	500	560	630	710	800
	输入 n_1	输出 n_2	公称输入功率 P_N/kW														
16	1500	94	45	61	80	120	160	230	305	440	600①	830①	1350①	1850①	—	—	—
	1000	63	30	43	60	85	115	170	230	330	440	630	1010	1420①	2200①	2500①	2850①
	750	47	24	35	45	70	85	140	185	270	360	510	830	1180	1600	2300①	2600①
18	1500	83	42	58	75	110	150	210	290	440	560	780①	1350①	1850①	—	—	—
	1000	56	30	40	53	75	105	155	215	330	420	590	1000	1400①	1860①	2500①	2850①
	750	42	23	32	42	65	80	120	175	260	345	480	790	1120	1460	2180①	2500①
20	1500	75	39	53	68	100	135	195	270	430	550	780①	1320①	1800①	—	—	—
	1000	50	27	36	48	70	95	140	200	315	380	550	880	1240①	1640①	2400①	2850①
	750	38	20	28	38	55	75	110	160	245	310	445	700	1000	1290	1920①	2500

续表

公称传动比 i	公称转速 /r·min^{-1} 输入 n_1	公称转速 /r·min^{-1} 输出 n_2	公称中心距 a/mm 160	180	200	224	250	280	315	355	400	450	500	560	630	710	800
			公称输入功率 P_N/kW														
22.4	1500	67	34	50	65	94	130	175	250	400	510	730	1170①	1540①	—	—	—
	1000	45	23	34	48	65	90	130	185	290	360	520	780	1100	1450①	2120①	2600①
	750	33	17	25	36	49	70	95	140	220	275	400	620	880	1140	1710	2460①
25	1500	60	30	44	62	83	115	160	225	350	450	650	1030	1460①	—	—	—
	1000	40	20	30	42	57	80	110	165	255	315	460	730	1040	1350①	2010①	2600①
	750	30	15	23	32	43	60	85	125	195	240	350	550	780	1010	1510	2180①
28	1500	54	22	37	48	75	92	140	215	320	405	590	910	1290①	—	—	—
	1000	36	15	25	34	52	66	94	150	225	285	420	640	910	1190	1770①	2500①
	750	27	12	19	26	39	50	71	115	170	215	315	490	690	890	1330	1920①
31.5	1500	48	20	33	44	69	85	120	195	290	385	550	820	1170	—	—	—
	1000	32	14	22	31	46	59	83	130	200	255	370	580	820	1070	1600①	2310①
	750	24	10	17	23	34	44	62	100	150	190	280	440	620	800	1200	1740①
35.5	1500	42	18	30	40	62	77	110	180	260	345	500	770	1100	1430①	2120①	—
	1000	28	12	20	28	42	53	75	120	180	230	340	510	720	950	1410	2030①
	750	21	9	15	21	31	40	56	90	135	175	250	385	540	710	1060	1540
40	1500	38	17	27	36	56	69	98	160	235	310	450	690	990	1290	1920①	—
	1000	25	11	18	25	41	47	67	120	160	225	330	465	660	860	1280①	1850①
	750	19	8.5	14	19	29	36	52	82	125	155	230	350	495	640	960	1390
45	1500	33.5	15	24	33	50	64	90	145	215	275	400	620	880	1150	1720①	2100①
	1000	22	10	16	22	33	42	60	95	145	180	265	455	640	840	1250	1810
	750	16.6	7.5	12	17	26	32	46	74	110	140	205	320	455	600	870	1260
50	1500	30	13	21	30	44	57	80	130	195	245	360	550	780	1030	1540①	2050①
	1000	20	9	14	20	31	38	54	87	130	165	240	365	520	680	1020	1480
	750	15	7	11	15	23	29	41	65	99	120	180	290	410	540	780	1130

① 需采用循环润滑。

表 17-2-48　　DCY、DCYK 型减速器热功率

环境条件	空气流速 /m·s^{-1}	公称中心距 a/mm 160	180	200	224	250	280	315	355	400	450	500	560	630	710	800
		减速器不附加冷却装置时的热功率 P_{G1}/kW														
狭小车间内	≥0.5	22	27	34	41	52	65	81	99	124	156	192	245	299	384	482
中、大型车间内	≥1.4	31	38	48	58	73	91	114	139	174	218	270	343	419	537	675
室外	≥3.7	42	52	65	79	99	124	155	189	237	296	366	465	568	730	910

注：减速器附装冷却管时的热功率 P_{G2}，可根据需要进行设计。

表 17-2-49　　DBZ 型减速器公称输入功率

公称传动比 i	公称转速 /r·min^{-1} 输入 n_1	公称转速 /r·min^{-1} 输出 n_2	公称中心距 a/mm 160	180	200	224	250	280	315	355	400	450	500	560
			公称输入功率 P_N/kW											
8	1500	188	29.0	39.0	55.0	80	120	170	215	320	490	600	930	—
	1000	125	18.8	26.0	36.0	55	78	110	150	220	320	450	650	930
	750	94	14.0	21.0	28.5	42	59	84	110	165	240	365	485	690

续表

公称传动比 *i*	公称转速/r·min^{-1}		公称中心距 a/mm											
			160	180	200	224	250	280	315	355	400	450	500	560
	输入 n_1	输出 n_2	公称输入功率 P_N/kW											
10	1500	150	18.0	32.0	45.0	65	90	130	180	260	370	550	760	—
	1000	100	12.0	21.0	29.0	42	62	87	120	175	250	370	510	680
	750	75	8.5	16.0	22.0	32	46	66	90	130	185	280	370	480
11.2	1500	134	17.5	26.0	36.0	57	75	115	150	215	330	480	670	—
	1000	89	10.5	17.0	24.0	38	51	74	100	150	220	325	440	650
	750	67	8.1	12.5	18.0	28	38	56	71	105	165	250	320	460
12.5	1500	120	14.0	24.0	32.0	52	70	105	140	205	300	430	600	800
	1000	80	9.0	15.0	22.0	34	49	69	95	140	200	295	400	550
	750	60	6.5	12.0	16.5	25	36	52	68	100	145	220	290	380
14	1500	107	13.5	20.0	28.0	45	61	91	120	170	265	390	510	770
	1000	71	8.8	12.0	18.0	30	40	60	85	115	175	260	350	500
	750	53	6.3	9.5	14.0	23	30	44	60	80	130	200	250	360

表 17-2-50　　DCZ 型减速器公称输入功率

公称传动比 *i*	公称转速/r·min^{-1}		公称中心距 a/mm														
			160	180	200	224	250	280	315	355	400	450	500	560	630	710	800
	输入 n_1	输出 n_2	公称输入功率 P_N/kW														
16	1500	94	14.0	20.0	28.0	42.0	60.0	85	120	165	240	350	490	710	—	—	—
	1000	63	9.4	13.5	18.7	28.0	40.0	56	80	110	160	235	330	490	670	980	1450
	750	47	7.0	10.0	13.9	21.0	30.0	41	60	85	120	175	250	350	500	730	1050
18	1500	83	12.0	18.0	26.0	35.0	50.0	75	105	150	215	320	440	630	—	—	—
	1000	56	8.2	12.0	17.3	22.0	35.0	49	70	95	145	215	305	420	590	860	1300
	750	42	6.1	8.8	12.8	18.0	26.0	36	51	73	110	160	225	320	440	640	950
20	1500	75	9.4	15.7	23.0	29.0	48.0	65	85	130	190	280	395	540	—	—	—
	1000	50	6.0	10.2	15.1	18.0	31.0	43	57	90	130	185	270	370	515	760	1050
	750	38	4.4	7.2	11.1	13.5	23.0	32	41	65	95	135	200	260	390	600	780
22.4	1500	67	9.1	14.0	19.0	28.0	39.0	53	75	110	155	210	260	450	—	—	—
	1000	45	6.1	9.3	13.0	17.5	26.0	37	50	75	105	159	190	320	420	630	900
	750	33	4.5	6.9	9.0	13.0	20.0	27	40	55	80	117	145	240	315	480	670
25	1500	60	8.0	10.7	16.0	26.5	35.0	50	68	105	140	200	250	430	—	—	—
	1000	40	5.5	6.9	11.0	17.5	23.0	33	45	70	93	145	175	290	395	580	795
	750	30	4.0	5.3	8.0	13.0	17.5	25	34	50	70	110	130	215	300	440	580
28	1500	54	7.0	10.5	15.0	22.5	32.0	45	63	90	130	190	245	380	—	—	—
	1000	36	4.8	7.3	10.4	14.0	21.0	29	41	62	87	135	165	255	365	540	750
	750	27	3.6	5.4	7.8	10.5	16.5	22	30	48	65	100	120	190	270	410	550
31.5	1500	48	6.3	8.9	12.5	21.0	28.0	40	56	82	115	180	220	350	—	—	—
	1000	32	4.2	5.7	8.8	14.0	19.0	27	38	54	80	125	145	235	330	490	665
	750	24	3.2	4.4	6.5	10.5	14.0	20	28	40	61	90	110	170	245	360	480

续表

公称传动比 i	公称转速 /r·min⁻¹ 输入 n_1	输出 n_2	公称中心距 a/mm 160	180	200	224	250	280	315	355	400	450	500	560	630	710	800
			公称输入功率 P_N/kW														
35.5	1500	42	5.6	8.3	12.0	18.0	26.0	35	48	70	100	160	190	300	420	650	—
	1000	28	3.9	5.5	8.0	11.5	17.0	23	33	48	70	105	125	195	275	435	575
	750	21	2.8	4.2	6.2	8.5	13.0	17	24	35	51	78	95	145	205	325	430
40	1500	38	5.1	6.9	10.5	17.0	23.0	32	43	65	91	145	170	270	390	590	—
	1000	25	3.4	4.6	7.2	11.5	15.5	21	29	42	61	97	115	175	250	400	520
	750	19	2.5	3.4	5.3	8.5	11.5	16	22	31	48	70	80	130	185	300	375
45	1500	33.5	4.5	6.7	9.0	13.7	19.0	27	39	55	80	121	150	240	330	530	685
	1000	22	2.9	4.3	6.2	9.0	13.0	18	25	36	55	85	98	155	225	345	450
	750	16.6	2.1	3.2	4.6	6.5	10.0	14	19	25	41	60	73	115	165	300	345
50	1500	30	3.8	5.1	7.8	13.0	18.0	25	34	51	71	112	130	215	310	465	610
	1000	20	2.6	3.3	5.2	8.7	12.0	17	23	33	48	76	87	140	200	300	405
	750	15	2.0	2.5	4.0	6.5	8.5	12	17	25	36	55	65	105	145	220	300

DB、DC型减速器输出轴轴伸许用径向载荷 F_R

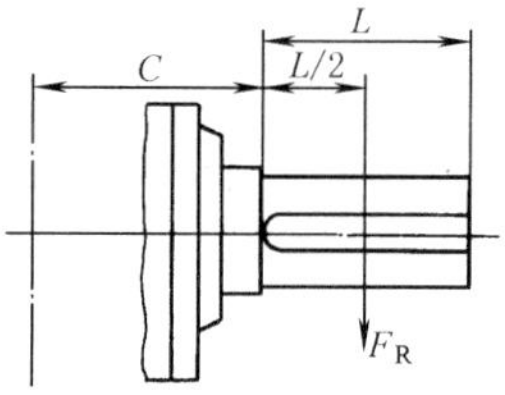

表 17-2-51 kN

规格	输出轴转速/r·min⁻¹ 24	27	30	33	38	42	48	54	60
160	28.7	27.8	26.2	25.2	23.9	23.3	22.4	21.6	19.6
180	34.4	32.8	31.5	29.9	28.7	27.5	26.6	25.4	23.9
200	41.6	40.1	37.5	36.1	34.7	33.3	32.2	31.0	28.4
224	50.1	48.4	45.8	43.6	41.7	40.0	38.5	37.1	35.7
250	63.7	61.4	57.6	55.0	53.2	51.0	49.2	47.5	44.0
280	73.0	69.7	66.1	63.4	61.0	58.6	56.3	53.3	50.5
315	87.2	84.1	78.4	75.1	72.5	67.2	65.9	64.7	62.3
355	103.8	100.1	93.1	90.1	86.2	81.6	78.8	73.2	69.6
400	114.3	111.3	103.9	99.7	91.3	86.0	84.7	81.8	73.6
450	144.3	139.4	138.5	132.5	130.9	126.3	118.8	112.9	107.0
500	189.1	171.4	163.9	157.5	153.9	145.6	135.9	124.0	110.3
560	210.7	207.7	195.6	189.7	174.8	169.9	165.2	160.7	152.5
630	250.3	245.3	244.7	236.0	219.2	203.7	203.3	188.6	170.5
710	260.5	258.5	251.9	243.2	240.3	230.0	227.5	220.1	215.0
800	390.2	320.8	319.0	310.1	300.3	297.9	291.7	286.7	278.2

规格	输出轴转速/r·min⁻¹ 67	75	83	94	107	120	134	150	187
160	18.7	17.3	17.0	16.5	16.5	15.8	15.2	14.4	11.8
180	22.7	22.0	21.2	20.6	20.0	18.9	18.4	17.4	14.9
200	27.8	26.9	25.9	25.2	25.2	22.8	22.4	20.4	19.2
224	33.9	32.7	31.2	30.2	30.2	28.9	28.7	27.0	22.5
250	41.7	41.0	39.5	38.2	36.8	33.6	33.8	29.8	23.5

续表

规　格	输　出　轴　转　速/r·min^{-1}								
	67	75	83	94	107	120	134	150	187
280	48.7	41.7	46.0	39.1	39.1	39.1	38.3	34.9	23.8
315	57.8	57.0	56.9	55.5	53.5	47.7	48.5	41.4	36.3
355	61.1	57.8	61.2	65.2	64.0	62.8	59.5	57.9	49.3
400	69.5	67.2	66.9	65.9	64.1	64.0	60.1	59.8	51.7
450	99.5	93.3	85.0	80.3	70.3	70.3	65.2	62.8	61.5
500	120.6	111.7	101.5	92.4	78.5	77.3	76.0	74.9	72.9
560	142.2	122.9	105.3	95.8	85.4	84.6	83.8	83.6	81.0
630	162.7	149.2	140.6	115.6					
710	195.1	158.2	144.4	119.7					
800	256.3	226.4	210.1	180.4					

注：1. 输出轴转速介于表列转速之间时，许用径向载荷用插值法求值。
2. 输出轴转速小于表列最小转速时，许用径向载荷按该规格最大值选取。

3.4　实际传动比

表 17-2-52

公称中心距 a/mm	公　称　传　动　比　i				
	8	10	11.2	12.5	14
160	7.752	9.593	10.905	12.265	13.943
180	7.811	9.743	11.100	12.458	14.192
200	8.041	10.267	11.119	12.781	13.842
224	7.841	10.267	11.273	12.781	14.035
250	8.028	10.251	11.101	12.698	13.752
280	7.818	9.888	11.256	12.248	13.943
315	7.950	10.244	11.050	12.690	13.688
355	7.829	9.991	11.242	12.377	13.926
400	7.820	10.238	11.368	12.635	14.029
450	7.820	10.238	11.242	12.635	13.874
500	7.812	10.025	11.327	12.635	14.276
560	8.010	9.757	11.008	12.297	13.874

公称中心距 a/mm	公　称　传　动　比　i										
	16	18	20	22.4	25	28	31.5	35.5	40	45	50
160	15.450	17.602	20.260	23.071	25.011	29.053	31.495	35.757	38.763	45.814	49.665
180	15.882	17.962	20.382	22.820	26.168	28.737	32.952	35.442	40.641	45.316	51.963
200	16.323	17.643	19.935	22.431	25.242	28.247	31.786	34.838	39.202	44.543	50.124
224	15.673	17.847	19.393	22.094	25.117	27.427	31.180	33.827	38.455	43.250	49.169
250	16.193	18.130	20.198	22.728	25.893	28.214	32.143	34.798	39.643	44.492	50.687
280	15.805	17.785	20.181	22.852	24.748	28.368	30.722	35.933	38.915	44.735	48.447
315	15.673	17.855	20.520	23.024	25.282	28.582	31.384	36.204	39.753	45.071	49.490
355	15.906	17.898	20.309	23.138	25.057	27.867	30.179	36.147	39.147	44.778	48.493
400	15.490	17.540	19.590	22.318	25.406	26.880	30.600	34.867	39.692	43.192	49.169
450	15.750	17.672	20.296	23.123	24.941	27.849	30.039	36.124	38.964	44.749	48.267
500	15.825	18.029	20.195	22.383	25.185	26.959	30.333	34.969	39.346	43.318	48.741
560	15.688	17.873	20.540	22.201	24.652	27.693	30.750	35.834	39.789	44.221	49.103
630	15.412	17.559	20.179	22.990	25.244	27.901	30.637	36.103	39.643	44.554	48.922
710	15.724	17.428	20.179	22.647	25.588	27.485	31.054	34.823	39.346	43.889	49.589
800	16.123	17.428	19.641	22.376	25.244	27.156	30.637	34.407	38.817	43.364	48.922

3.5　减速器的选用

选用 DB、DC 型减速器时，承载能力必须通过输入功率和热效应两项功率核算，选用步骤如下。

（1）确定减速器传动比

$$i=\frac{n_1}{n_2}$$

式中 n_1——输入轴转速，r/min；

n_2——输出轴转速，r/min。

（2）确定减速器规格（公称中心距）

按公称功率值确定减速器的公称中心距。

$$P_N \geqslant P_e f \tag{17-2-12}$$

式中 P_N——减速器公称输入功率，kW，查表 17-2-45～表 17-2-50；

P_e——被传动机械所需功率，kW；

f——工况系数，查表 17-2-53。

表 17-2-53 工况系数 f

原动机	每天工作时间/h	载荷种类		
		平稳载荷	中等冲击载荷	重冲击载荷
电机、涡轮机	≤3	1.0	1.0	1.50
	>3～10	1.25	1.25	1.75
	>10～24	1.25	1.50	2.0
4～6 缸活塞发动机	≤3	1.0	1.25	1.75
	>3～10	1.25	1.50	2.0
	>10～24	1.50	1.75	2.25
1～3 缸活塞发动机	≤3	1.25	1.50	2.0
	>3～10	1.50	1.75	2.25
	>10～24	1.75	2.0	2.50

注：每天连续 24h 工作时，f 应增大 10%～20%。

（3）验算启动转矩

$$\frac{T_K n_1}{9550 P_N} \leqslant 2.5 \tag{17-2-13}$$

式中 T_K——启动转矩或最大输入转矩，N·m。

（4）验算热功率

当减速器不附加外冷却装置时：

$$P_e \leqslant P_{G1} f_W f_A \tag{17-2-14}$$

如果 $P_e > P_{G1} f_W f_A$ 时，则必须重新选用增大一级中心距的减速器或提供附加冷却管进行冷却，并按式（17-2-15）进行校核。

当减速器附加散热器冷却时：

$$P_e \leqslant P_{G2} f_W f_A \tag{17-2-15}$$

式中 P_{G1}，P_{G2}——减速器热功率，见表 17-2-46 和表 17-2-48，kW；

f_W——环境温度系数，见表 17-2-54；

f_A——功率利用系数，见表 17-2-55。

表 17-2-54 环境温度系数 f_W

冷却方式	环境温度/℃	每小时载荷率				
		100%	80%	60%	40%	20%
减速器不附加外冷却装置	10	1.12	1.18	1.3	1.51	1.93
	20	1.0	1.06	1.16	1.35	1.78
	30	0.89	0.93	1.02	1.33	1.52
	40	0.75	0.87	0.9	1.01	1.34
	50	0.63	0.67	0.73	0.85	1.12
减速器附加散热器	10	1.1	1.32	1.54	1.76	1.98
	20	1.0	1.2	1.4	1.6	1.8
	30	0.9	1.08	1.26	1.44	1.62
	40	0.85	1.02	1.19	1.36	1.53
	50	0.8	0.96	1.12	1.29	1.44

表 17-2-55　　功率利用系数 f_A

型　式	利　用　率　$\frac{P_e}{P_N}\times 100\%$			
	100	80	60	40
DBY、DBYK DCY、DCYK	1.0	0.96	0.89	0.79

例　一带式输送机输送大块废岩，受重冲击载荷。所选电机功率 $P=75\text{kW}$，转速 $n_1=1500\text{r/min}$，启动转矩 $T_K=955\text{N}\cdot\text{m}$，被传动机械所需功率 $P_e=62\text{kW}$，滚筒转速 $n_2=60\text{r/min}$，每天工作 24h，每小时载荷率 100%，环境温度 40℃，露天作业。风速 3.7m/s。试选用合适的减速器。

（1）确定减速器的传动比和型式

$$i=\frac{n_1}{n_2}=\frac{1500}{60}=25$$

选择 DCY 型三级减速器。

（2）确定减速器的公称中心距（规格）

载荷特性为重冲击载荷，按表 17-2-53 查得 $f=2.0$，每天 24h 连续工作，系数 f 应增大 10%，即 $f=2.0+0.1\times2=2.2$，则

$$P_e f=62\times2.2=136.4\text{kW}$$

按表 17-2-47 选用 DCY280，其公称输入功率 $P_N=160\text{kW}>136.4\text{kW}$。

（3）验算启动转矩

$$\frac{T_K n_1}{9550P_N}=\frac{955\times1500}{9550\times160}=0.94<2.5$$

（4）验算热功率

没有附加外冷却装置时，查表 17-2-48，$P_{G1}=124\text{kW}$；查表 17-2-54，$f_W=0.75$；$\frac{P_e}{P_N}\times100\%=\frac{62}{160}\times100\%\approx40\%$，根据表 17-2-55查得 $f_A=0.79$，则

$$P_e\leqslant P_{G1}f_W f_A=124\times0.75\times0.79=73.5\text{kW}$$

符合要求。

4　CW 型圆弧圆柱蜗杆减速器（摘自 JB/T 7935—1999）

4.1　适用范围和标记

（1）适用范围

CW 型圆弧圆柱蜗杆减速器具有整体机体、模块化设计的特点，用于传递两交错轴间的运动和功率的机械传动，如冶金、矿山、起重、运输、化工、建筑、建材、能源及轻工等行业的机械设备。适用范围为：减速器输入轴转速不大于 1500r/min；减速器工作环境温度-40～40℃，当工作环境温度低于 0℃，启动前润滑油必须加热到 0℃以上，或采用低凝固点的润滑油，当工作环境温度高于 40℃时，必须采取冷却措施；减速器输入轴可正、反两方向旋转。

（2）标记示例

CW　200-25-Ⅰ F　　JB/T 7935—1999

- Ⅰ F —— 第一种装配型式、带风扇
- 25 —— 公称传动比
- 200 —— 中心距 (mm)
- CW —— 圆弧圆柱蜗杆减速器

（3）主要生产厂家

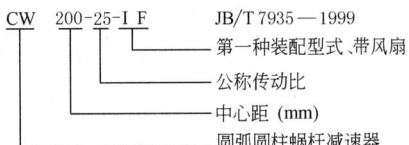

中国重型机械研究院装备试制厂（西安）、山东德州市金宇机械有限公司。

4.2 外形、安装尺寸

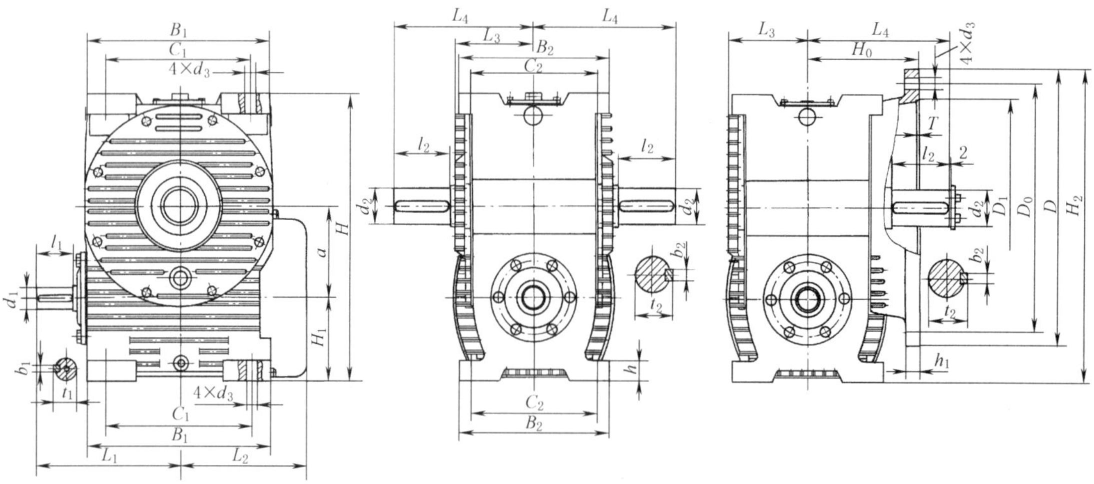

装配型式

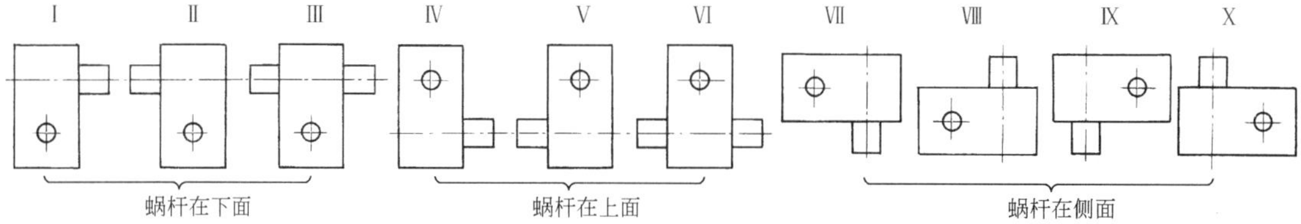

表 17-2-56

mm

中心距 a	B_1	B_2	C_1	C_2	H_1	H	L_1	L_2	L_3	L_4	h	d_1	l_1	b_1	t_1
63	145	125	95	100	65	228	120	120	62	130	16	19j6	28	6	21.5
80	170	160	120	130	80	280	142	140	80	150	20	24j6	36	8	27
100	215	190	170	155	100	340	178	170	95	190	28	28j6	42	8	31
125	260	220	200	180	112	412	215	195	110	205	32	32j6	58	10	35
140	280	240	220	195	125	455	225	215	120	238	35	38k6	58	10	41
160	330	270	275	230	140	500	280	243	140	258	38	42k6	82	12	45
180	360	305	280	255	160	570	295	265	150	270	40	42k6	82	12	45
200	420	340	335	285	180	620	320	295	170	320	45	48k6	82	14	51.5
225	460	360	370	300	200	700	350	320	180	325	50	48k6	82	14	51.5
250	515	390	425	325	200	740	380	350	195	375	55	55k6	82	16	59
280	560	430	450	360	225	840	425	390	215	395	60	60m6	105	18	64
315	620	470	500	395	250	940	460	430	235	415	65	65m6	105	18	69
355	700	520	560	440	280	1050	498	490	260	475	70	70m6	105	20	74.5
400	780	570	630	490	300	1160	545	525	295	510	75	75m6	105	20	79.5

中心距 a	d_2	l_2	b_2	t_2	d_3	D	D_0	D_1	T	h_1	H_0	H_2	质量/kg
63	32k6	58	10	35	M10	240	210	170H8	5	15	100	248	20
80	38k6	58	10	41	M12	275	240	200H8	5	15	125	298	35
100	48k6	82	14	51.5	M12	320	285	245H8	5	16	140	360	60
125	55k6	82	16	59	M16	400	355	300H8	6	20	160	437	100
140	60m6	105	18	64	M16	435	390	340H8	6	22	175	482	130

续表

中心距 a	d_2	l_2	b_2	t_2	d_3	D	D_0	D_1	T	h_1	H_0	H_2	质量/kg
160	65m6	105	18	69	M16	490	455	395H8	6	25	195	545	145
180	75m6	105	20	79.5	M20	530	480	425H8	6	28	210	605	190
200	80m6	130	22	85	M20	580	530	475H8	6	30	230	670	250
225	90m6	130	25	95	M24	660	605	525H8	6	30	250	755	305
250	100m6	165	28	106	M24	705	640	580H8	6	32	270	808	420
280	110m6	165	28	116	M30	800	720	635H8	6	35	300	905	540
315	120m6	165	32	127	M30	890	810	725H8	8	40	325	1010	720
355	130m6	200	32	137	M36	980	890	790H8	8	45	365	1125	920
400	150m6	200	36	158	M36	1080	990	890H8	8	50	390	1240	1250

注：减速器噪声 $a \geqslant 63 \sim 100$mm 时，≤70dB（A）；$a \geqslant 125 \sim 180$mm 时，≤73dB（A）；$a \geqslant 200 \sim 400$mm 时，≤75dB（A）。

4.3 承载能力和效率

表 17-2-57　减速器额定输入功率和转矩

公称传动比 i	输入转速 n_1 /r·min^{-1}	功率、转矩	中心距 a/mm 63	80	100	125	140	160	180	200	225	250	280	315	355	400
			额定输入功率 P_1/kW　额定输出转矩 T_2/N·m													
5	1500	P_1	4.03	7.35	15.75	26.5	—	46.9	—	68.1	—	103.4	—	149.0	—	197.0
		T_2	123	207	450	770	—	1365	—	1995	—	3050	—	4410	—	6300
	1000	P_1	3.44	5.60	12.60	22.4	—	37.4	—	56.4	—	96.4	—	142.5	—	203.3
		T_2	141	235	540	965	—	1630	—	2470	—	4250	—	6300	—	9030
	750	P_1	2.96	4.83	9.88	17.2	—	29.1	—	45.2	—	82.5	—	132.7	—	195.2
		T_2	162	270	560	990	—	1680	—	2625	—	4830	—	7770	—	11550
	500	P_1	2.44	3.88	7.14	12.2	—	20.8	—	32.8	—	59.0	—	109.4	—	177.9
		T_2	198	322	600	1040	—	1785	—	2835	—	5145	—	9600	—	15750
6.3	1500	P_1	3.68	6.33	13.15	22.4	28.9	40.3	50.9	58.2	72.6	88.0	107.6	127.8	158.0	193.6
		T_2	131	230	490	840	1010	1520	1785	2205	2570	3360	3830	4900	5640	7875
	1000	P_1	2.78	4.98	11.10	18.8	26.2	32.6	46.0	52.4	67.3	82.5	100.4	120.1	152.5	181.1
		T_2	146	270	610	1050	1365	1840	2415	2890	3570	4725	5355	6909	8160	11025
	750	P_1	2.40	4.13	8.65	14.9	20.5	26.0	36.2	39.1	59.8	73.3	93.2	112.6	141.5	174.8
		T_2	168	300	630	1100	1420	1945	2520	2940	4200	5565	6615	8610	10070	14175
	500	P_1	1.96	3.40	6.19	11.0	14.3	17.9	25.8	27.9	43.1	52.9	70.7	87.8	118.1	155.5
		T_2	202	362	670	1210	1470	1995	2680	3150	4515	5985	7455	10000	12590	18900
8	1500	P_1	3.37	5.60	9.45	17.9	25.5	29.9	45.7	50.7	64.4	77.5	96.3	119.3	142.8	174.3
		T_2	146	270	455	870	1100	1520	1995	2500	2835	3880	4250	6000	6340	8820
	1000	P_1	2.59	4.49	8.36	14.2	22.8	26.2	41.1	45.8	58.9	71.2	88.7	110.0	133.0	166.1
		T_2	168	316	600	1000	1470	1995	2600	3400	3885	5350	5880	8300	8860	12600
	750	P_1	2.26	3.83	7.38	13.6	17.5	22.4	32.2	36.8	52.9	65.4	81.3	99.9	119.7	156.3
		T_2	193	356	700	1300	1520	2250	2780	3620	4620	6510	7140	10000	10570	15750
	500	P_1	1.89	3.12	5.58	9.8	12.9	16.2	23.0	26.6	37.7	46.9	64.4	84.0	106.8	136.1
		T_2	240	431	780	1400	1620	2415	2940	3885	4880	6930	8400	12500	14000	20475
10	1500	P_1	2.69	4.69	8.43	14.9	18.2	25.7	33.7	44.2	53.3	62.1	77.4	99.3	147.2	153.5
		T_2	152	270	500	890	1100	1575	1940	2730	3400	3990	4980	6200	7850	9660
	1000	P_1	2.07	3.69	7.45	13.4	16.9	23.1	30.1	38.9	46.1	53.7	67.6	92.1	118.0	145.0
		T_2	172	316	660	1200	1520	2100	2570	3570	4400	5140	6500	8600	11000	13650

续表

公称传动比 i	输入转速 n_1 /r·min^{-1}	功率、转矩	中心距 a/mm													
			63	80	100	125	140	160	180	200	225	250	280	315	355	400
			额定输入功率 P_1/kW 额定输出转矩 T_2/N·m													
10	750	P_1	1.83	3.14	6.24	11.1	13.6	18.3	24.9	30.3	36.9	48.7	60.8	84.8	105.2	138.6
		T_2	195	356	730	1310	1620	2200	2835	3675	4670	6190	7700	10500	13000	17300
	500	P_1	1.46	2.53	4.56	8.1	9.8	13.5	17.8	21.9	27.7	37.4	47.8	67.8	86.9	124.0
		T_2	240	425	790	1410	1730	2415	2990	3935	5190	7000	9000	12500	16100	23100
12.5	1500	P_1	2.34	4.06	6.81	11.8	15.5	20.3	26.6	34.3	44.7	54.8	75.5	83.9	110.4	136.9
		T_2	158	276	475	840	1050	1470	1890	2570	3200	4040	5460	6400	8450	10500
	1000	P_1	1.83	3.27	5.78	10.4	14.0	18.5	24.4	30.5	40.4	49.6	70.2	77.6	101.5	133.5
		T_2	182	328	600	1100	1400	1995	2570	3410	4300	5460	7560	8700	11580	15220
	750	P_1	1.58	2.80	5.19	9.4	12.5	16.1	22.1	26.2	37.0	46.6	65.3	72.7	95.9	124.2
		T_2	209	374	710	1300	1680	2310	3090	3885	5250	6825	9345	11000	14595	18900
	500	P_1	1.29	2.26	4.08	7.1	9.6	11.7	16.8	18.5	29.1	34.6	47.3	58.2	80.2	106.4
		T_2	256	448	830	1470	1890	2460	3465	4000	6000	7450	9975	13000	18000	24150
16	1500	P_1	1.98	3.47	6.68	11.6	14.3	20.6	24.3	34.9	41.5	49.0	60.1	81.6	99.2	130.4
		T_2	158	287	570	1000	1260	1830	2310	3150	3885	4460	5670	7500	9360	12000
	1000	P_1	1.56	2.73	5.74	10.1	12.9	17.1	20.8	27.1	32.4	44.1	53.7	76.6	91.2	121.2
		T_2	182	333	730	1310	1680	2250	2940	3600	4500	5980	7560	10500	12580	16800
	750	P_1	1.35	2.33	4.61	8.3	10.4	13.6	16.4	21.7	27.9	39.1	47.3	68.9	88.1	111.7
		T_2	209	374	770	1410	1785	2360	3000	3830	5145	7000	8800	12510	16100	20400
	500	P_1	1.11	1.91	3.37	5.9	7.3	9.6	11.9	15.6	19.6	28.5	34.7	50.1	65.0	90.4
		T_2	256	460	830	1470	1830	2460	3300	4095	5350	7560	9550	13520	17600	24600
20	1500	P_1	1.93	3.08	5.00	9.0	11.6	15.9	20.4	26.2	33.5	44.0	54.3	65.5	84.9	103.6
		T_2	188	328	550	1010	1260	1830	2250	3050	3780	5250	6195	7900	9700	12600
	1000	P_1	1.53	2.41	4.30	8.2	9.8	13.7	17.5	23.1	28.4	39.5	49.2	61.2	78.9	95.5
		T_2	219	380	700	1310	1575	2360	2880	4000	4750	7030	8400	11000	13590	17320
	750	P_1	1.32	2.10	3.75	7.3	9.1	12.0	15.5	19.0	25.6	36.6	45.2	54.6	72.8	87.2
		T_2	252	437	810	1575	1940	2730	3360	4400	5670	8600	10185	13000	16600	21000
	500	P_1	1.00	1.69	2.71	5.5	6.8	9.0	11.4	13.8	18.9	26.7	33.2	42.7	57.0	76.6
		T_2	282	518	850	1730	2100	2940	3620	4700	6195	9240	11000	15000	19100	27300
25	1500	P_1	1.38	2.47	3.94	6.9	8.7	12.4	14.9	19.3	23.4	32.3	39.9	54.0	71.1	87.8
		T_2	162	316	500	930	1200	1680	2150	2780	3465	4725	5880	7700	10570	13100
	1000	P_1	1.16	2.04	3.41	5.6	7.1	10.9	12.7	17.3	20.8	28.9	36.8	47.1	63.6	77.8
		T_2	205	391	640	1150	1470	2200	2730	3675	4560	6300	8000	10000	14000	17300
	750	P_1	0.95	1.74	2.82	5.1	6.4	9.9	11.7	15.5	18.8	26.3	33.3	44.6	60.0	72.9
		T_2	220	437	700	1365	1730	2620	3300	4350	5460	7560	9600	12500	17600	21500
	500	P_1	0.69	1.34	1.99	3.7	4.6	7.2	8.5	12.2	14.8	21.1	27.1	37.6	49.1	63.8
		T_2	235	500	730	1470	1830	2780	3500	5040	6300	8925	11500	15500	21100	27800
31.5	1500	P_1	1.21	2.08	4.27	7.6	8.8	12.7	15.2	22.6	25.9	30.2	36.8	52.9	68.9	—
		T_2	168	299	650	1150	1400	2100	2670	3780	4500	5145	6510	9200	12000	—
	1000	P_1	0.95	1.66	3.39	6.0	7.1	9.8	11.7	17.3	19.4	26.9	32.3	48.6	61.9	78.2
		T_2	193	350	770	1365	1680	2360	3045	3885	5040	6825	8500	12500	16100	20470
	750	P_1	0.79	1.41	2.67	4.8	6.2	7.8	9.3	12.5	15.7	22.3	26.6	38.3	51.3	71.4
		T_2	215	391	790	1400	1785	2460	3150	4040	5250	7350	9240	13000	17600	24670

续表

公称传动比 i	输入转速 n_1 /r · min^{-1}	功率、转矩	中心距 a/mm													
			63	80	100	125	140	160	180	200	225	250	280	315	355	400
			额定输入功率 P_1/kW　额定输出转矩 T_2/N · m													
31.5	500	P_1	0.67	1.17	1.98	3.5	5.8	5.6	6.9	9.1	11.5	16.1	19.4	28.1	35.8	51.3
		T_2	262	472	840	1470	1830	2570	3400	4300	5670	7770	9765	14000	18100	26250
40	1500	P_1	1.17	1.88	3.22	5.7	7.3	9.9	12.4	16.7	21.1	28.3	35.0	42.6	58.2	70.9
		T_2	198	345	620	1150	1410	2100	2570	3620	4500	6300	7450	9600	12580	16275
	1000	P_1	0.90	1.47	2.19	4.9	6.2	8.8	10.9	13.9	18.0	24.1	31.4	39.1	51.9	66.3
		T_2	225	397	790	1470	1785	2730	3300	4410	5670	8190	9870	13000	16600	22575
	750	P_1	0.81	1.26	2.35	4.4	5.5	7.0	8.7	11.2	14.8	20.8	25.4	34.0	42.8	60.7
		T_2	262	449	870	1680	2040	2835	3465	4670	6090	8925	10500	15000	18100	27300
	500	P_1	0.64	1.02	1.68	3.2	3.9	5.2	6.5	8.0	11.0	15.2	19.3	25.0	31.6	46.8
		T_2	298	523	920	1785	2150	3045	3720	4880	6600	9450	11550	16000	19600	30975
50	1500	P_1	0.91	1.64	2.55	4.4	5.6	7.6	9.3	12.7	15.2	21.3	26.7	33.7	45.3	56.3
		T_2	183	357	570	1040	1365	1890	2415	3255	4095	5565	7245	9000	12580	15750
	1000	P_1	0.74	1.32	2.18	3.8	4.7	6.7	8.2	11.0	14.0	19.0	23.5	31.3	41.6	52.1
		T_2	220	414	720	1315	1680	2465	3150	4200	5565	7350	9450	12510	17110	21525
	750	P_1	0.60	1.11	1.77	3.4	4.0	6.1	7.3	9.5	11.9	16.9	21.8	28.6	38.1	48.2
		T_2	236	466	760	1520	1890	2885	3675	4670	6195	8610	11550	15000	20640	26250
	500	P_1	0.45	0.84	1.25	2.4	2.9	4.5	5.4	7.1	8.6	13.2	16.6	22.5	30.2	40.0
		T_2	256	523	790	1575	1995	3095	3885	5090	6510	9660	12600	17000	23650	32000
63	1500	P_1	—	1.35	1.85	3.5	4.7	5.9	8.1	10.5	13.8	16.1	23.2	26.3	35.5	47.7
		T_2	—	322	470	935	1260	1730	2360	3150	4095	4830	6400	8200	11000	15220
	1000	P_1	—	0.99	1.44	2.6	3.6	4.4	6.7	8.2	12.1	14.0	21.4	23.9	32.9	44.7
		T_2	—	345	530	1000	1410	1890	2880	3570	5250	6195	8505	11000	15000	21000
	750	P_1	—	0.82	1.21	2.3	3.0	3.9	5.4	7.2	10.1	12.2	16.2	21.4	30.9	39.7
		T_2	—	374	580	1155	1575	2150	3045	4095	5775	7000	9550	13000	18600	24600
	500	P_1	—	0.66	0.95	1.8	2.4	3.0	4.5	5.6	7.6	9.0	12.4	16.6	22.8	30.2
		T_2	—	449	660	1310	1785	2415	3500	4620	6300	7560	10500	14520	20100	27300

注：当蜗杆副齿面滑动速度大于 10m/s 时，减速器应采用喷油润滑。蜗杆滑动速度值需与制造单位联系。喷油量见表 17-2-60 注。

输出轴轴伸许用径向载荷 F_R 或许用轴向载荷 F_A

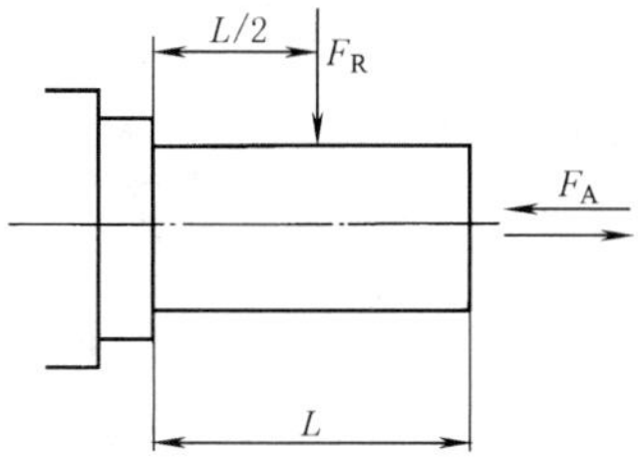

表 17-2-58

中心距 a/mm	63	80	100	125	140	160	180	200	225	250	280	315	355	400
F_R 或 F_A/N	3500	5000	6000	8500	10000	11000	13000	18000	20000	21000	27000	31000	35000	38000

注：表中的 F_R 是根据外力作用于输出轴轴端的中点确定的，当外力作用点偏离中点 ΔL 时，其许用径向载荷按下式计算：

$$F'_R = F_R \frac{L}{L \pm 2\Delta L}$$

表 17-2-59　　减速器效率

公称传动比 i	输入转速 n_1 /r · min^{-1}	中心距 a/mm			
		63~100	125~200	225~280	315~400
		效率 η/%			
5~8	1500	91	93.5	95	96
	1000	90	93	94.5	95.5
	750	89	92.5	94	95
	500	88	92	93.5	94.5
10~12.5	1500	86	91.5	94	95
	1000	85	91	93.5	94.5
	750	83	90	93	94
	500	82	89	92	93.5
16~25	1500	83.5	88	90	91
	1000	82	86	88	89
	750	80	84	87.5	88.5
	500	78	82	85	87
31.5	1500	75	83	84	86
	1000	72	80	81	85
	750	70	77	79	84
	500	67.5	75	76	82
40	1500	74	79.5	82.5	84.5
	1000	72.5	76	81	82.5
	750	70	74	79	81
	500	68	71	74	78
50~63	1500	70	78	81	83
	1000	67	75	80	81
	750	65	72	77	79
	500	63	70	74	75

4.4　润滑油牌号（黏度等级）

表 17-2-60

速　比	输入转速 n_1 /r · min^{-1}	中　心　距　a/mm													
		63	80	100	125	140	160	180	200	225	250	280	315	355	400
	1500													220	
5	1000										320				
6.3	750								460						
	500				680										
8	1500										320			220	
10	1000							460							
16	750														
31.5	500		680												
	1500														
12.5	1000								460			320			
	750														
	500		680												
	1500											320			
20	1000														
40	750			680					460						
	500														
25	1500												320		
50	1000								460						
63	750		680												
	500														

注：当蜗杆副齿面滑动速度大于 10m/s 时，减速器应采用喷油润滑，一般采用 220mm^2/s（40℃）蜗轮蜗杆油，注油压力 0.15~0.25MPa，每分钟注油量应符合下表：

中心距 a/mm	63~100	125~140	160~180	200~225	250~280	315~355	400
注油量/L · min^{-1}	2	3	4	6	8	15	20

4.5 减速器的选用

① 表 17-2-57 中的额定输入功率 P_1 及额定输出转矩 T_2 适用于如下工作条件：减速器工作载荷平稳，无冲击，每日工作 8h，每小时启动 10 次，启动转矩不超过额定转矩的 2.5 倍，小时载荷率 100%，环境温度 20℃。若使用条件与上述条件相同时，可直接由表 17-2-57 选取所需减速器的规格。

② 若使用条件与①规定的工作条件不同时，需进行下列修正计算，再由计算结果的较大值由表 17-2-57 选取承载能力相符或偏大的减速器。

$$P_{1J}=P_{1B}f_1f_2 \quad (17\text{-}2\text{-}16)$$

$$P_{1R}=P_{1B}f_3f_4 \quad (17\text{-}2\text{-}17)$$

或

$$T_{2J}=T_{2B}f_1f_2 \quad (17\text{-}2\text{-}18)$$

$$T_{2R}=T_{2B}f_3f_4 \quad (17\text{-}2\text{-}19)$$

式中 P_{1J}——减速器计算输入机械功率，kW；

P_{1R}——减速器计算输入热功率，kW；

T_{2J}——减速器计算输出机械转矩，N·m；

T_{2R}——减速器计算输出热转矩，N·m；

P_{1B}——减速器实际输入功率，kW；

T_{2B}——减速器实际输出转矩，N·m；

f_1——工作载荷系数，见表 17-2-61；

f_2——启动频率系数，见表 17-2-62；

f_3——小时载荷率系数，见表 17-2-63；

f_4——环境温度系数，见表 17-2-64。

初选好减速器的规格后，还应校核减速器的最大尖峰载荷不超过额定承载能力的 2.5 倍，并按表 17-2-58 进行减速器输出轴上作用载荷的校核。

表 17-2-61　　工作载荷系数 f_1

原动机	日运转时间/h	载荷性质		
		均匀载荷	中等冲击载荷	强冲击载荷
电机 汽轮机 水力机	偶然性的 0.5①	0.8	0.9	1.0
	间断性的 2①	0.9	1.0	1.25
	2~10	1.0	1.25	1.5
	10~24	1.25	1.5	1.75
活塞发动机 (4~6 个汽缸)	偶然性的 0.5①	0.9	1.0	1.25
	间断性的 2①	1.0	1.25	1.5
	2~10	1.25	1.5	1.75
	10~24	1.5	1.75	2.0
活塞发动机 (1~3 个汽缸)	偶然性的 0.5①	1.0	1.25	1.5
	间断性的 2①	1.25	1.5	1.75
	2~10	1.5	1.75	2.0
	10~24	1.75	2.0	2.25

① 指在每日偶然和间歇运转时间的总和。

表 17-2-62　　启动频率系数 f_2

每小时启动次数	≤10	>10~60	>60~240	>240~400
f_2	1	1.1	1.2	1.3

表 17-2-63　　小时载荷率系数 f_3

小时载荷率/%	100	80	60	40	20
f_3	1	0.94	0.86	0.74	0.56

表 17-2-64　　环境温度系数 f_4

环境温度/℃	10~20	>20~30	>30~40	>40~50
f_4	1	1.14	1.33	1.6

例　试为一建筑卷扬机选择 CW 型蜗杆减速器，已知电机转速 $n_1=725\text{r/min}$，传动比 $i=20$，输出轴转矩 $T_{2B}=2555\text{N}\cdot\text{m}$，启动转矩 $T_{2max}=5100\text{N}\cdot\text{m}$，输出轴轴伸许用径向载荷 $F_R=11000\text{N}$，工作环境温度 30℃，减速器每日工作 8h，每小时启动次数 15 次，每次运行时间 3min，中等冲击载荷，装配形式为第一种。

由于使用条件与表 17-2-57 规定的工作应用条件不一致，故应进行有关选型计算。

由表 17-2-61 查得 $f_1=1.25$，由表 17-2-62 查得 $f_2=1.1$，每小时工作时间 45min，查表 17-2-63 得 $f_3=0.92$，由表 17-2-64 查得 $f_4=1.14$，按式（17-2-18）和式（17-2-19）计算得

$$T_{2J}=T_{2B}f_1f_2=2555\times1.25\times1.1=3513.1\text{N}\cdot\text{m}$$

$$T_{2R}=T_{2B}f_3f_4=2555\times0.92\times1.14=2679.7\text{N}\cdot\text{m}$$

按计算结果最大值 3513.1N·m 及 $i=20$、$n_1=725\text{r/min}$，由表 17-2-57 初选减速器为 $a=200\text{mm}$，$T_2=4400\text{N}\cdot\text{m}$，大于要求值，符合要求。

对减速器输出轴轴端载荷及最大尖峰载荷进行的校核均满足要求，故最后选定减速器的型号为 CW200-20-ⅠF。

5　TP 型平面包络环面蜗轮减速器（摘自 JB/T 9051—2010）

5.1　适用范围和标记

（1）适用范围

TP 型减速器是以直齿或斜齿的平面蜗轮为铲形轮展成的环面蜗杆传动，具有承载能力大、传动效率高，结构紧凑的特点，广泛用于各种传动机械，如冶金、矿山、起重、化工、建筑、橡塑、船舶等行业的机械设备上。适用范围为：输入轴转速不大于 1500r/min；工作环境温度 −40~40℃，当工作环境温度为 0℃以下时，启动前润滑油必须加热到 0℃以上或采用低凝固点的润滑油，当环境温度超过 40℃时，需采取强迫冷却措施；蜗杆轴可正、反两方向旋转，蜗杆螺旋线方向为右旋。

（2）标记示例

TP U 200-10-2F

- 2F——第二种装配形式、带风扇（无风扇不注 F）
- 10——公称传动比
- 200——中心距（mm）
- U——蜗杆位置，U、S、A 分别表示蜗杆在蜗轮下面、侧面和上面
- TP——平面包络环面蜗轮减速器

（3）主要生产厂家

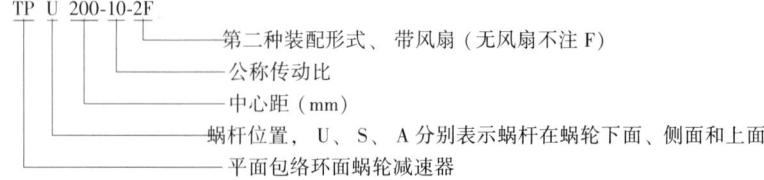

江苏泰隆减速机股份有限公司、山东德州市金宇机械有限公司。

5.2 外形、安装尺寸

TPU型减速器外形、安装尺寸（分箱式）

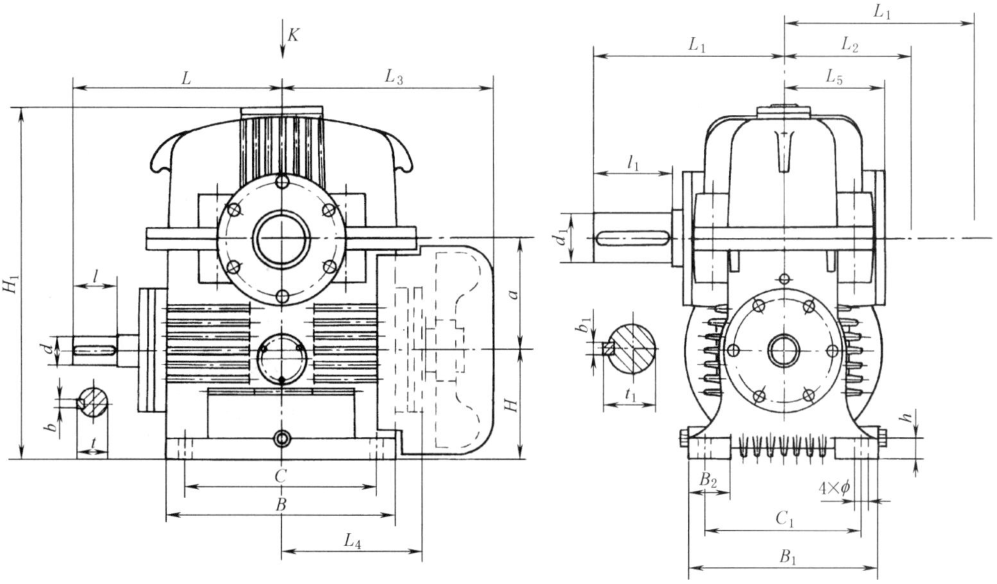

K向（F为带风扇）

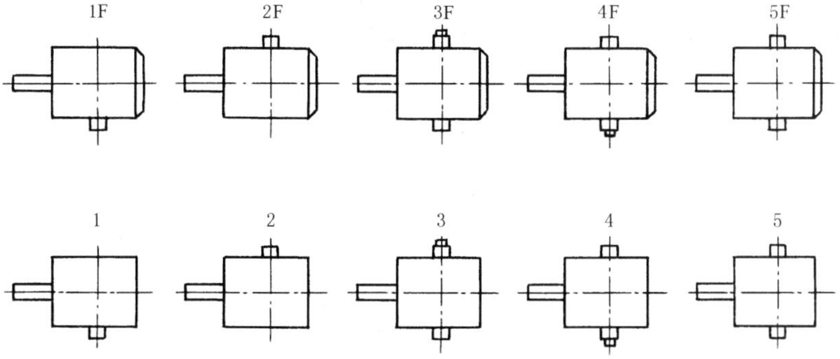

装配型式

3、3F、4、4F带控制器用轴端

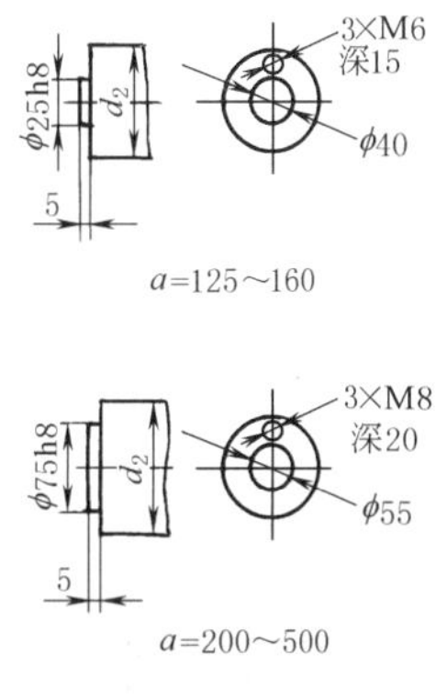

表 17-2-65

mm

型号	a	B	B_1	B_2	C	C_1	H	H_1	h	L	L_1	L_2	L_3	L_4	L_5	l	l_1	d	d_1	d_2	b	b_1	t	t_1	ϕ	质量/kg
TPU125	125	300	300	70	250	250	125	422	30	307	320	185	280	205	175	82	140	40	70	80	12	20	43	74.5	19	157
TPU160	160	380	375	100	320	310	160	540	40	375	375	210	360	280	192	82	170	50	85	95	14	25	53.5	90	24	258
TPU200	200	450	450	125	370	370	200	650	40	420	400	235	435	345	228	82	170	55	95	110	16	28	59	101	28	475
TPU250	250	600	550	150	500	450	225	820	50	530	495	290	520	408	273	110	210	65	120	140	18	32	69	127	35	800
TPU315	315	720	590	120	630	500	280	990	65	630	600	360	605	492	349	130	250	80	140	160	22	36	85	148	39	1450
TPU400	400	850	720	160	750	620	320	1200	75	720	720	425	692	558	412	165	300	100	180	200	28	45	106	190	48	2500
TPU500	500	1060	900	200	920	760	400	1490	90	850	840	495	845	686	497	165	350	110	220	240	32	45	117	210	56	4500

TPS 型减速器外形、安装尺寸（分箱式）

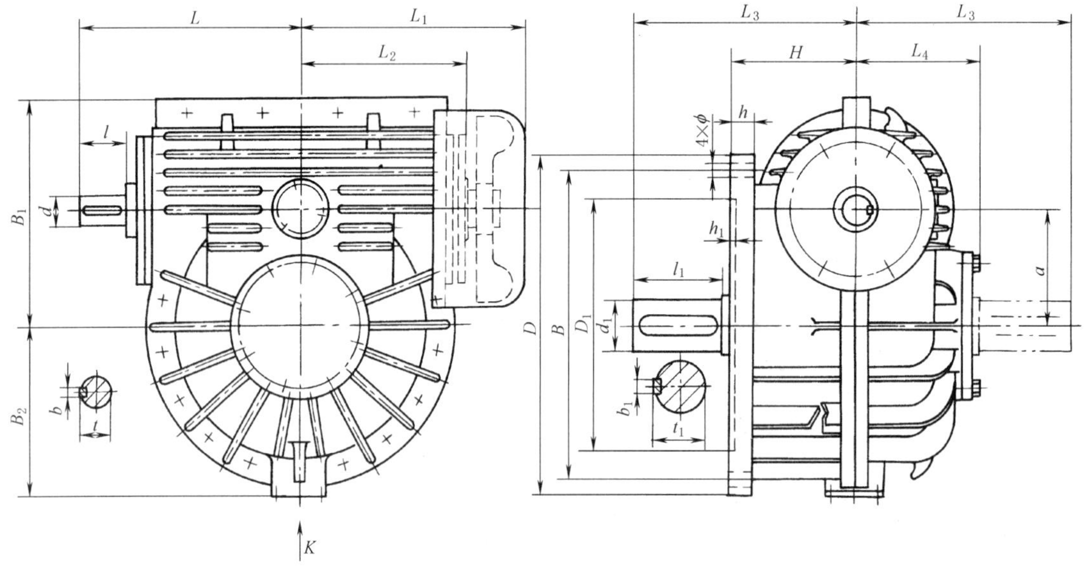

K 向（F 为带风扇）

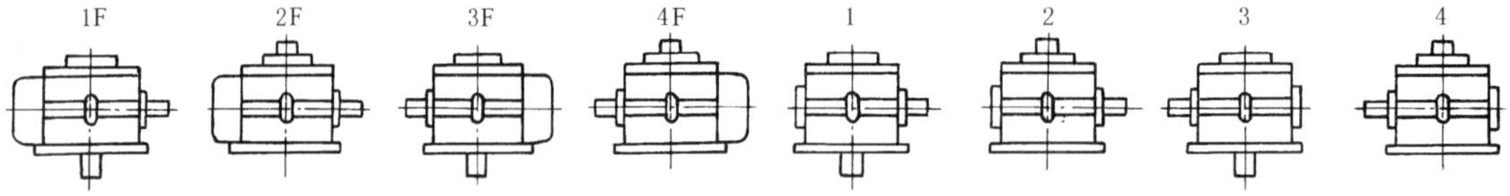

装配型式

表 17-2-66 mm

型号	a	D	D_1	h_1	B	B_1	B_2	H	L	L_1	L_2	L_3	L_4	l	l_1	d	d_1	b	b_1	t	t_1	h	ϕ	质量 /kg
TPS125	125	380	280	6	330	265	193	180	307	280	209	320	175	82	140	40	70	12	20	43	74.5	25	19	170
TPS160	160	530	380	10	470	330	265	200	375	365	280	375	192	82	170	50	85	14	25	53.5	90	35	24	290
TPS200	200	650	480	10	580	400	325	250	420	436	336	400	228	82	170	55	95	16	28	59	101	40	32	530
TPS250	250	800	600	12	700	495	400	280	530	520	408	495	273	110	210	65	120	18	32	69	127	50	35	930
TPS315	315	920	710	15	820	625	460	355	630	605	497	600	349	130	250	80	140	22	36	85	148	65	39	1650
TPS400	400	1100	850	15	1000	740	550	420	720	692	558	720	412	165	300	100	180	28	45	106	190	75	48	2800
TPS500	500	1340	1060	20	1200	920	675	530	850	845	686	840	497	165	350	110	220	32	45	117	210	90	56	4800

TPA 型减速器外形及安装尺寸（分箱式）

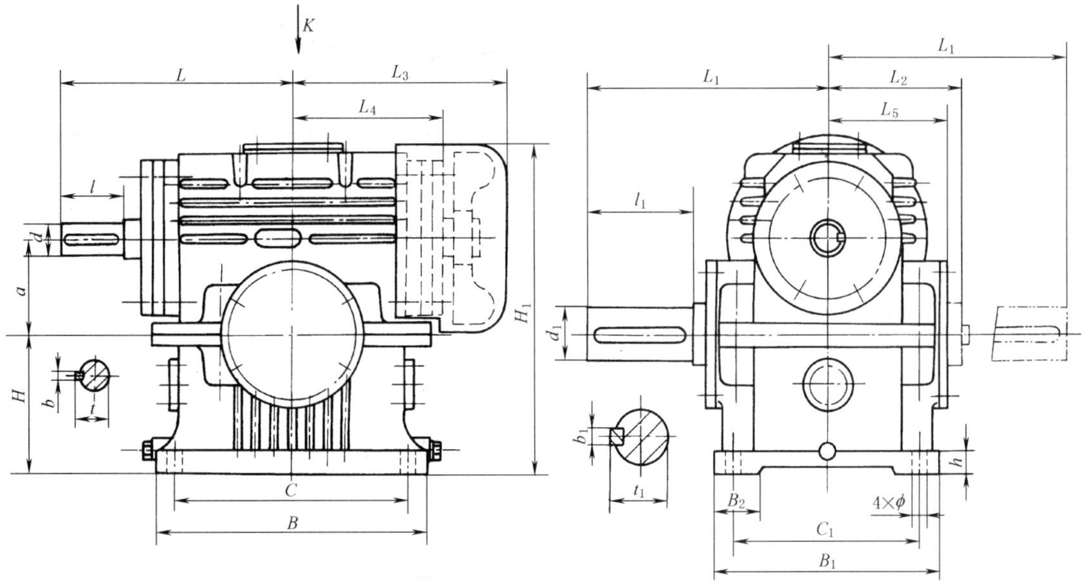

K 向(F为带风扇)

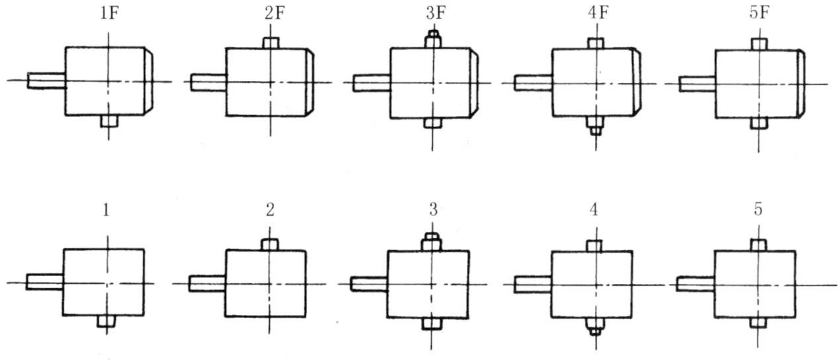

装配型式

3、3F、4、4F带控制器用轴端

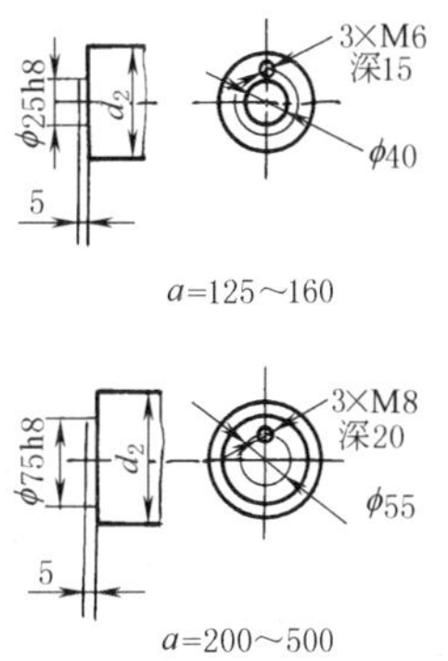

表 17-2-67

mm

型号	a	B	B_1	B_2	C	C_1	H	H_1	h	L	L_1	L_2	L_3	L_4	L_5	l	l_1	d	d_1	d_2	b	b_1	t	t_1	ϕ	质量/kg
TPA125	125	360	300	50	310	250	180	438	30	307	320	185	280	205	175	82	140	40	70	80	12	20	43	74.5	19	165
TPA160	160	460	320	80	400	260	225	550	40	375	375	210	365	280	190	82	170	50	85	95	14	25	53.5	90	24	285
TPA200	200	540	400	100	450	320	250	658	40	420	400	235	436	345	228	82	170	55	95	110	16	28	59	101	28	510
TPA250	250	720	480	120	620	380	315	792	50	530	495	290	520	406	270	110	210	65	120	140	18	32	69	127	35	900
TPA315	315	850	600	140	750	500	400	1000	65	630	600	360	605	492	345	130	250	80	140	160	22	36	85	148	39	1550
TPA400	400	950	720	170	850	620	500	1200	75	720	720	425	690	540	410	165	300	100	180	200	28	45	106	190	48	2650
TPA500	500	1180	900	200	1040	760	630	1530	90	850	840	495	845	680	488	165	350	110	220	240	32	45	117	210	56	4700

5.3 承载能力

减速器的额定输入功率 P_1 和额定输出转矩 T_2

表 17-2-68

中心距 a/mm	传动比 i	输入轴转速 n_1/r·min^{-1}					输入轴转速 n_1/r·min^{-1}				
		500	600	750	1000	1500	500	600	750	1000	1500
		额定输入功率 P_1/kW					额定输出转矩 T_2/N·m				
100	10.0	7.34	8.17	9.25	10.64	11.73	1262	1171	1083	945	695
	12.5	5.76	6.53	7.53	8.90	10.30	1225	1156	1091	977	754
	16.0	4.94	5.58	6.42	7.56	8.71	1313	1250	1178	1052	807
	20.0	4.05	4.60	5.32	6.30	7.33	1315	1259	1165	1047	822
	25.0	3.29	3.75	4.34	5.16	6.03	1306	1252	1188	1071	835
	31.5	2.74	3.10	3.58	4.22	4.87	1271	1214	1176	1053	830
	40.0	2.12	2.42	2.82	3.37	3.98	1199	1157	1120	1056	841
	50.0	1.77	2.02	2.33	2.77	3.22	1203	1171	1114	1071	841
	63.0	1.44	1.69	1.99	2.31	2.60	1213	1220	1197	1112	834
125	10.0	12.55	13.97	15.81	18.20	20.09	2157	2001	1852	1617	1190
	12.5	9.86	11.17	12.89	15.23	17.65	2096	1979	1868	1673	1292
	16.0	8.46	9.55	10.99	12.94	14.89	2248	2141	2016	1800	1380
	20.0	6.93	7.86	9.09	10.77	12.55	2250	2152	1991	1790	1406
	25.0	5.64	6.41	7.43	8.82	10.30	2236	2143	2033	1831	1427
	31.5	4.70	5.32	6.13	7.23	8.34	2178	2080	2016	1805	1422
	40.0	3.64	4.16	4.84	5.77	6.81	2059	1985	1921	1807	1439
	50.0	3.05	3.46	4.00	4.74	5.52	2068	2011	1911	1833	1441
	63.0	2.47	2.91	3.41	3.96	4.47	2081	2101	2052	1906	1434
160	10.0	22.85	25.41	28.75	33.06	36.41	3928	3641	3368	2936	2156
	12.5	17.95	20.32	23.42	27.63	31.93	3815	3598	3392	3035	2338
	16.0	15.30	17.30	19.92	23.46	27.03	4069	3876	3652	3262	2506
	20.0	12.55	14.26	16.50	19.58	22.85	4075	3904	3614	3253	2560
	25.0	10.20	11.61	13.46	16.01	18.77	4043	3881	3686	3326	2599
	31.5	8.53	9.64	11.11	13.09	15.10	3950	3771	3653	3269	2574
	40.0	6.61	7.54	8.77	10.47	12.34	3737	3601	3484	3280	2608
	50.0	5.53	6.28	7.26	8.60	10.02	3749	3646	3466	3326	2616
	63.0	4.48	5.28	6.19	7.18	8.10	3774	3812	3724	3456	2599
200	10.0	39.07	43.47	49.20	56.60	62.42	6715	6227	5764	5027	3696
	12.5	30.70	34.76	40.10	47.34	54.77	6254 (6524)	6156	5808	5199	4010
	16.0	26.32	29.74	34.23	40.31	46.41	6997	6665	6277	5605	4302
	20.0	21.52	24.44	28.28	33.52	39.07	6988	6691	6194	5570	4377
	25.0	17.54	19.95	23.12	27.47	32.13	6953	6669	6330	5706	4449
	31.5	14.59	16.50	19.02	22.43	25.91	6757	6454	6256	5602	4417
	40.0	11.32	12.93	15.04	17.97	21.22	6401	6173	5975	5629	4485
	50.0	9.50	10.77	12.45	14.74	17.14	6439	6259	5945	5701	4474
	63.0	7.67	9.04	10.60	12.31	13.87	6461	6527	6377	5925	4451
250	10.0	67.01	74.57	84.41	97.11	107.10	11776	10920	10103	8810	6478
	12.5	52.53	59.49	68.64	81.06	93.84	11413	10772	10160	9096	7020
	16.0	45.08	50.95	58.64	69.03	79.46	12262	11677	10991	9810	7528
	20.0	36.92	41.93	48.51	57.51	67.01	12271	11746	10871	9776	7680
	25.0	30.09	34.22	39.65	47.10	55.08	12213	11710	11107	10008	7803
	31.5	24.99	28.29	32.61	38.48	44.47	11878	11345	10987	9839	7581
	40.0	19.38	22.13	25.74	30.75	36.31	11253	10847	10490	9516	7490
	50.0	16.32	18.51	21.38	25.30	29.38	11377	11046	10481	9421	7294
	63.0	13.16	15.50	18.18	21.09	23.77	11083	11034	10791	9518	7149

续表

中心距 a/mm	传动比 i	输入轴转速 n_1/r·min^{-1}					输入轴转速 n_1/r·min^{-1}				
		500	600	750	1000	1500	500	600	750	1000	1500
		额定输入功率 P_1/kW					额定输出转矩 T_2/N·m				
315	10.0	117.30	130.45	148.10	169.58	187.20	20612	19102	17727	15385	11322
	12.5	99.96	108.20	120.00	141.78	164.22	21718	19590	17763	15909	12285
	16.0	83.90	91.88	102.80	120.54	138.72	22819	21059	19268	17130	13142
	20.0	65.10	73.23	84.76	100.55	117.30	21635	20516	18996	17093	13443
	25.0	53.45	59.74	69.22	82.24	96.19	21694	20444	19391	17474	13626
	31.5	44.94	49.50	57.04	67.25	77.62	21360	19855	19217	17197	13232
	40.0	33.86	38.66	44.98	53.73	63.44	19260 (19660)	18954	18330	16626	13087
	50.0	28.46	32.29	37.33	44.20	51.41	19839	19273	18298	16463	12765
	63.0	23.63	27.04	31.72	36.82	41.51	19904	19522 (19251)	19084 (18830)	16615	12488
400	10.0	222.20	257.40	276.90	311.00	359.90	39045	37692	33143	28215	21768
	12.5	193.20	215.30	236.30	262.50	304.50	41975	38981	34978	29456	22779
	16.0	170.00	183.80	203.70	230.00	264.60	46237	42127	38180	32684	25067
	20.0	131.30	141.80	156.50	177.50	200.60	44137	40174	35471	30512	23244
	25.0	105.00	114.50	128.10	144.90	164.90	43118	39638	36293	31135	23622
	31.5	88.52	96.92	107.10	121.80	138.60	42606	39360	36514	31511	23905
	40.0	66.57	72.24	80.85	91.98	104.70	39161	35874	33355	28812	21864
	50.0	53.55	58.70	65.21	74.03	84.11	37843	35504	32383	27926	21955
	63.0	46.41	51.14	56.70	64.37	73.19	39650	36922	34114	29433	22311
500	10.0	393.90	424.40	462.50	511.50	582.50	69216	62146	55358	46406	35232
	12.5	329.70	361.20	395.90	432.60	486.20	71631	65396	58603	48543	36372
	16.0	286.70	306.60	340.20	382.20	431.60	77978	70273	63765	54312	40888
	20.0	218.40	240.50	263.60	293.00	326.60	73417	68137	59746	50367	37844
	25.0	180.60	198.50	219.50	243.60	278.30	74163	68718	62188	52344	39866
	31.5	152.30	164.90	183.80	206.90	233.10	73305	66968	62664	53527	40203
	40.0	114.50	126.00	138.60	154.40	176.40	67358	62571	57181	48364	36837
	50.0	92.82	101.40	112.40	123.90	141.80	65595	61330	55818	46738	35660
	63.0	80.85	88.31	97.34	108.20	122.90	69074	63758	58565	49475	37464

注：1. 粗实线框内圆周速度 v>10m/s，应采用喷油循环润滑。

2. P_1 是在每日工作 10h，每小时启动一次，工作平稳，无冲击振动，启动转矩为额定转矩的 1.5 倍，小时载荷率为 100%，环境温度为 20℃，浸油润滑，风扇冷却，制造精度 7 级，并较充分跑合条件下制定的。

3. P_1 按下式计算：

$$P_1=\frac{T_2 n_2}{9550\eta}$$

式中 P_1——额定输入功率，kW；

T_2——额定输出转矩，N·m；

n_2——输出轴转速，r/min；

η——总传动效率，%，见表 17-2-70。

4. 篇幅所限，整箱式未录入。

5. 括号内数值为编者核算值，供参考。

减速器低速轴（蜗轮轴）轴伸许用径向载荷 F_R

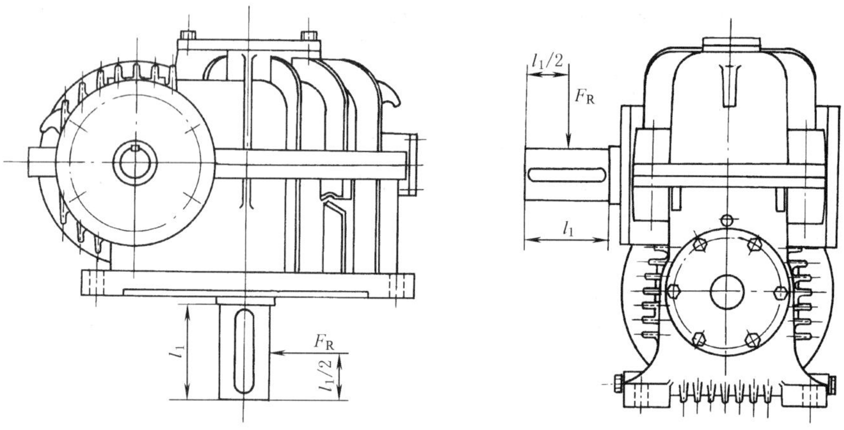

表 17-2-69

中心距 a/mm	100	125	160	200	250	315	400	500
载荷 F_R/N	7000	13000	20000	24000	40000	49000	70000	100000

5.4 减速器的总效率

表 17-2-70

中心距 a/mm	传动比 i	输入轴转速 n_1/r·min^{-1}				
		500	600	750	1000	1500
		效率 η/%				
100~200	10.0	90	90	92	93	93
	12.5	89	89	91	92	92
	16.0	87	88	90	91	91
	20.0	85	86	86	87	88
	25.0	83	84	86	87	87
	31.5	77	78	82	83	85
	40.0	74	75	78	82	83
	50.0	71	73	75	81	82
	63.0	70	72	75	80	80
250~315	10.0	92	92	94	95	95
	12.5	91	91	93	94	94
	16.0	89	90	92	93	93
	20.0	87	88	88	89	90
	25.0	85	86	88	89	89
	31.5	79	80	84	85	85
	40.0	76	77	80	81	81
	50.0	73	75	77	78	78
	63.0	70	71	74	75	75
400~500	10.0	92	92	94	95	95
	12.5	91	91	93	94	94
	16.0	89	90	92	93	93
	20.0	88	89	89	90	91
	25.0	86	87	89	90	90
	31.5	80	81	85	86	86
	40.0	77	78	81	82	82
	50.0	74	76	78	79	79
	63.0	71	72	75	76	76

5.5 减速器的选用

（1）减速器选用方法

表 17-2-68 中的额定输入功率 P_1 及额定输出转矩 T_2 是在减速器工作载荷平稳，每日工作 10h，每小时启动频率不大于 1 次，均匀载荷，无冲击振动，小时载荷率 100%，环境温度 20℃，浸油润滑，制造精度 7 级，风扇冷却，减速器经过较充分跑合的前提下制定的。

① 若已知的工作条件与规定的工作条件相同时，可直接由表 17-2-68 选取所需减速器的规格。

② 若已知的工作条件与规定的工作条件不同时，应由式（17-2-20）~式（17-2-23）进行修正计算，再由计算结果的较大值与表 17-2-68 比较选取承载能力相符或偏大的减速器，即用减速器实际输入功率 P_{1w} 或减速器实际输出转矩 T_{2w}，乘以工作状态系数（表 17-2-71~表 17-2-75）进行修正，再与表 17-2-68 比较进行选用。

计算输入机械功率 $$P_{1J} \geqslant P_{1w} f_1 f_2 \tag{17-2-20}$$

计算输出机械转矩 $$T_{2J} \geqslant T_{2w} f_1 f_2 \tag{17-2-21}$$

计算输入热功率 $$P_{1R} \geqslant P_{1w} f_3 f_4 f_5 \tag{17-2-22}$$

计算输出热转矩 $$T_{2R} \geqslant P_{2w} f_3 f_4 f_5 \tag{17-2-23}$$

式中 P_{1w}——减速器实际输入功率；

T_{2w}——减速器实际输出转矩；

f_1——使用系数，见表 17-2-71；

f_2——启动频率系数，见表 17-2-72；

f_3——环境温度修正系数，见表 17-2-73；

f_4——减速器安装形式系数，见表 17-2-74；

f_5——散热能力系数，见表 17-2-75。

式（17-2-20）和式（17-2-21）属于机械强度计算，式（17-2-22）和式（17-2-23）属于热极限强度计算，油温为 100℃。如果采用专门的冷却措施（循环油或循环水冷却），使温升限制在允许的范围内，则不需再按式（17-2-22）和式（17-2-23）进行计算。

表 17-2-71　　使用系数 f_1

原动机	每天使用时间	载荷特性		
		均匀载荷 U	中等冲击 M	重度冲击 H
电机 汽轮机 液压马达	间歇 2h	0.9	1.0	1.2
	≤10h	1.0	1.2	1.3
	≤24h	1.2	1.3	1.5

表 17-2-72　　启动频率系数 f_2

每小时启动次数			
<1	2~4	5~9	>10
1	1.07	1.13	1.18

表 17-2-73　　环境温度修正系数 f_3

环境温度/℃	0~10	>10~20	>20~30	>30~40	>40~50
f_3	0.85	1.0	1.14	1.33	1.6

表 17-2-74　　减速器安装形式系数 f_4

减速器中心距 a/mm	减速器安装形式	
	TPU、TPS	TPA
100~500	1.0	1.2

表 17-2-75　　无风扇的散热能力系数 f_5

无风扇冷却	蜗杆转速 $n_1/r\cdot min^{-1}$			
	1500	1000	750	500
减速器中心距 a/mm	系数 f_5			
100~200	1.59	1.54	1.37	1.33
250~500	1.85	1.80	1.70	1.51

注：有风扇时，$f_5=1.0$。

输入转速低于 500r/min 时，计算输出转矩按 $n_1=500$r/min 的额定输出转矩选用。当蜗轮轴是两端输出时，按两端转矩之和选用减速器。

（2）校验减速器输出轴轴伸径向载荷

减速器输出轴轴伸装有齿轮、链轮、V 带轮或平带轮时，则需按式（17-2-24）校验轴伸径向载荷。

$$F_{Rc}\leqslant\frac{2T_{2w}f_1}{D}f_7\leqslant F_R \tag{17-2-24}$$

式中　F_{Rc}——轴伸径向载荷，N；

T_{2w}——减速器实际输出转矩，N·m；

f_1——使用系数，见表 17-2-71；

D——齿轮、链轮、V 带轮或平带轮节圆直径，m；

f_7——轴伸径向载荷系数，见表 17-2-76。

F_R——轴伸许用径向载荷，N，见表 17-2-69。

表 17-2-76　　轴伸径向载荷系数 f_7

链轮(单排)	1.00	V 带	1.50
链轮(双排)	1.25	平带	2.50
齿轮	1.25		

例　需要一台 TPU 型减速器驱动卷扬机，减速器为标准型式，风扇冷却，原动机为电机。输入转速 $n_1=1000$r/min，公称传动比 $i=20$，最大输出转矩 $T_{2max}=4950$N·m，输入功率 $P_{1w}=15$kW，输出轴轴伸径向载荷 $F_{Rc}=5520$N，每天工作 8h，每小时启动 15 次，有冲击载荷，双向运动，每次运转时间 3min，环境温度 20℃，制造精度 7 级。

查表 17-2-71，每天工作 8h，有冲击，使用系数 $f_1=1.2$；查表 17-2-72，每小时启动 15 次，启动频率系数 $f_2=1.18$；查表 17-2-73，环境温度修正系数 $f_3=1.0$；查表 17-2-74，减速器安装形式系数 $f_4=1.0$；查表 17-2-75，散热能力系数 $f_5=1.0$。

按式（17-2-20）进行计算得 $P_{1J}\geqslant P_{1w}f_1f_2=15\times1.2\times1.18=21.2$kW；按式（17-2-22）进行计算得 $P_{1R}\geqslant P_{1w}f_3f_4f_5=15\times1.0\times1.0\times1.0=15$kW；由表 17-2-68 查得减速器为 $a=200$mm，$i=20$，$n_1=1000$r/min，$P_1=33.52$kW 大于计算值 21.2kW，符合要求。由表 17-2-69 查得 $F_R=24000$N，大于要求值，符合要求。由表 17-2-68 查得 $T_2=5570$N·m，$T_{2max}=T_2\times2=5570\times2=11140$N·m>4950N·m，符合要求。

选型结果：减速器　TPU 200-20-1F　JB/T 9051—2010。

6　HWT、HWB 型直廓环面蜗杆减速器（摘自 JB/T 7936—2010）

6.1　适用范围和标记

（1）适用范围

本标准规定了直廓环面蜗杆减速器的主要基本参数、技术要求、承载能力和选用方法。主要适用于冶金、矿山、起重、运输、石油、化工、建筑等机械设备的减速传动。其使用条件为：两轴交错角为 90°；蜗杆转速不超过 1500r/min；蜗杆中间平面分度圆滑动速度不超过 16m/s；减速器工作的环境温度为 0~40℃，当环境温度低于 0℃或高于 40℃时，润滑油要相应加热或冷却；蜗杆轴可正、反向运转。

（2）标记示例

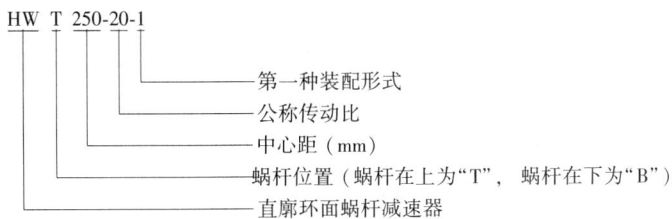

HW T 250-20-1
- 1 — 第一种装配形式
- 20 — 公称传动比
- 250 — 中心距（mm）
- T — 蜗杆位置（蜗杆在上为“T”，蜗杆在下为“B”）
- HW — 直廓环面蜗杆减速器

（3）主要生产厂家

黑龙江省富拉尔基第一重型机械集团公司、郑州机械研究所、山东德州市金宇机械有限公司。

6.2 外形、安装尺寸

HWT 型减速器

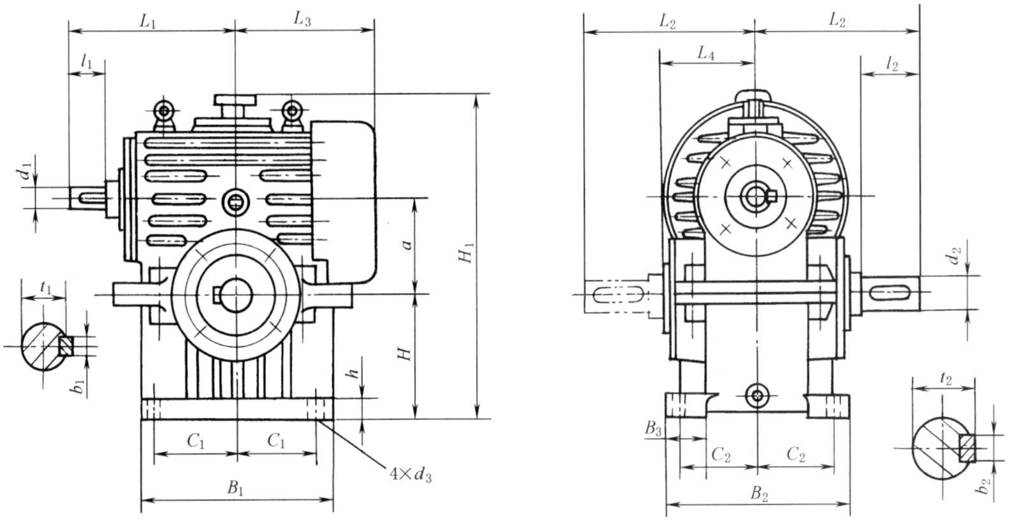

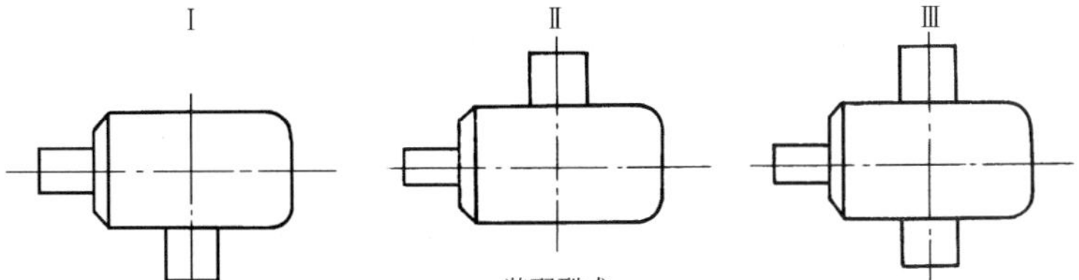

装配型式

表 17-2-77 mm

型　号	a	B_1	B_2	B_3	C_1	C_2	H	d_1	l_1	b_1	t_1	L_1
HWT100	100	250	220	50	100	90	140	28js6	60	8	31	220
HWT125	125	280	260	60	115	105	160	35k6	80	10	38	260
HWT160	160	380	310	70	155	130	200	45k6	110	14	48.5	340
HWT200	200	450	360	80	185	150	250	55m6	110	16	59	380
HWT250	250	540	430	100	225	180	280	65m6	140	18	69	460
HWT280	280	640	500	110	270	210	315	75m6	140	20	79.5	530
HWT315	315	700	530	120	280	225	355	80m6	170	22	85	590
HWT355	355	750	560	130	300	245	400	85m6	170	22	90	610
HWT400	400	840	620	160	315	260	450	95m6	170	25	100	660
HWT450	450	930	700	190	355	300	500	100m6	210	28	106	740
HWT500	500	1020	760	200	400	320	560	110m6	210	28	116	790

续表

型　号	d_2	l_2	b_2	t_2	L_2	L_3	L_4	H_1	h	d_3	油量/L	质量/kg
HWT100	50k6	82	14	53.5	220	220	120	374	25	16	7	69
HWT125	60m6	82	18	64	240	260	142	430	30	20	9	129
HWT160	75m6	105	20	79.5	310	320	177	530	35	24	18	175
HWT200	90m6	130	25	95	350	380	192	640	40	24	38	290
HWT250	110m6	165	28	116	430	440	230	765	45	28	55	490
HWT280	120m6	165	32	127	470	530	255	855	50	35	71	750
HWT315	130m6	200	32	137	500	555	260	930	55	35	95	1030
HWT355	140m6	200	36	148	530	590	300	1040	60	35	126	1640
HWT400	150m6	200	36	158	560	655	310	1225	70	42	170	2170
HWT450	170m6	240	40	179	640	705	360	1345	75	42	220	2690
HWT500	180m6	240	45	190	670	775	390	1490	80	42	275	3410

HWB 型减速器

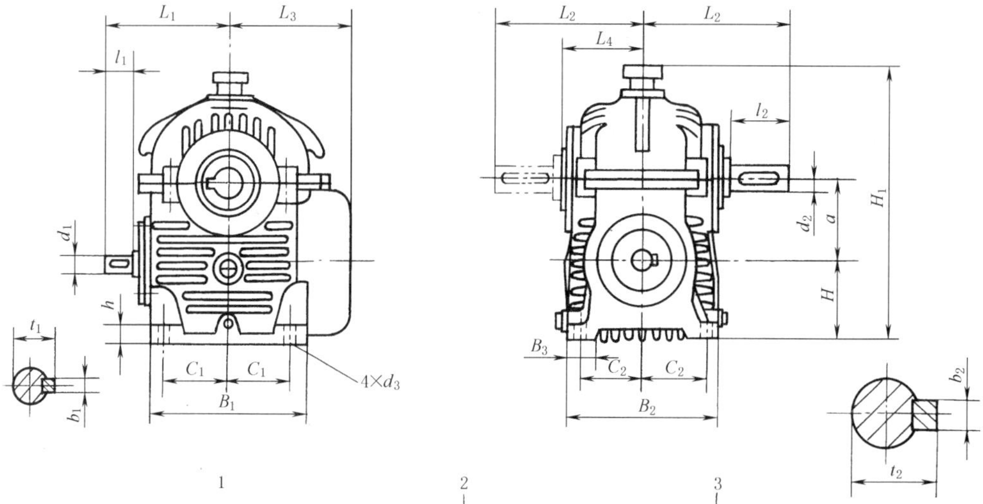

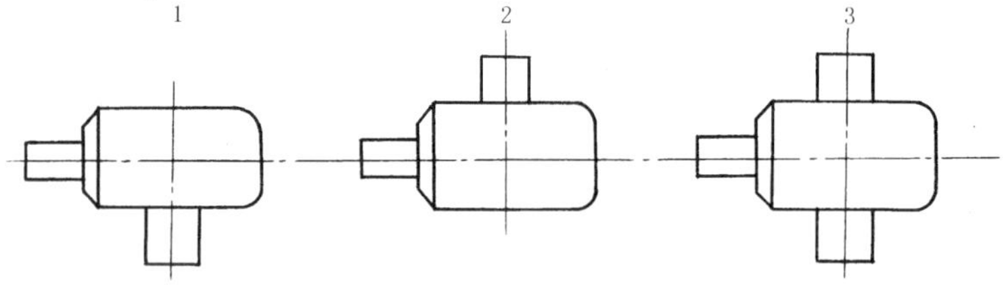

装配型式

表 17-2-78

mm

型　号	a	B_1	B_2	B_3	C_1	C_2	H	d_1	l_1	b_1	t_1	L_1
HWB100	100	250	220	50	100	90	100	28js6	60	8	31	220
HWB125	125	280	260	60	115	105	125	35k6	80	10	38	260
HWB160	160	380	310	70	155	130	160	45k6	110	14	48.5	340
HWB200	200	450	360	80	185	150	180	55m6	110	16	59	380
HWB250	250	540	430	90	225	180	200	65m6	140	18	69	460
HWB280	280	640	500	110	270	210	225	75m6	140	20	79.5	530
HWB315	315	700	530	120	280	225	250	80m6	170	22	85	590
HWB355	355	750	560	130	300	245	280	85m6	170	22	90	610
HWB400	400	840	620	140	315	260	315	95m6	170	25	100	660
HWB450	450	930	700	150	355	300	355	100m6	210	28	106	740
HWB500	500	1020	760	170	400	320	400	110m6	210	28	116	790

续表

型号	d_2	l_2	b_2	t_2	L_2	L_3	L_4	H_1	h	d_3	油量/L	质量/kg
HWB100	50k6	82	14	53.5	220	220	120	373	25	16	3	70
HWB125	60m6	82	18	64	240	260	142	445	30	20	4	132
HWB160	75m6	105	20	79.5	310	320	177	560	35	24	8	170
HWB200	90m6	130	25	95	350	380	192	655	40	24	13	280
HWB250	110m6	165	28	116	430	440	230	800	45	28	21	475
HWB280	120m6	165	32	127	470	530	255	910	50	35	27	725
HWB315	130m6	200	32	137	500	555	260	963	55	35	35	1030
HWB355	140m6	200	36	148	530	590	300	1082	60	35	48	1590
HWB400	150m6	200	36	158	560	655	310	1230	70	42	60	2140
HWB450	170m6	240	40	179	640	705	360	1375	75	42	85	2510
HWB500	180m6	240	45	190	670	775	390	1510	80	42	110	3370

6.3 承载能力及总传动效率

表 17-2-79 额定输入功率及额定输出转矩

公称传动比 i	输入转速 n_1 /r·min^{-1}	功率、转矩	中心距 a/mm										
			100	125	160	200	250	280	315	355	400	450	500
			额定输入功率 P_1/kW 额定输出转矩 T_2/N·m										
10	1500	P_1	11.5	20.8	35.4	65.5	111.0	145.0	190.0	248.0	329.0	431.0	526.0
		T_2	665	1220	2100	3840	6660	8670	11380	14900	19720	26450	32260
	1000	P_1	9.2	16.8	28.9	53.7	92.3	122.0	161.0	213.0	283.0	369.0	464.0
		T_2	790	1460	2530	4660	8190	10800	14290	18910	25080	33470	42080
	750	P_1	8.0	14.8	25.6	47.8	82.9	110.0	147.0	196.0	260.0	338.0	433.0
		T_2	910	1700	2960	5490	9740	12910	17300	23030	30500	40590	51990
	500	P_1	6.1	11.6	20.5	38.7	68.1	90.7	122.0	163.0	217.0	284.0	367.0
		T_2	1040	1970	3520	6600	11870	15800	21260	28390	37740	50550	65350
	300	P_1	4.2	8.1	14.6	28.1	50.8	68.5	93.3	126.0	169.0	223.0	289.0
		T_2	1170	2250	4140	7890	14570	19670	26770	36160	48470	65360	84880
12.5	1500	P_1	10.6	19.4	33.0	58.3	99.4	130.0	171.0	223.0	293.0	384.0	475.0
		T_2	725	1330	2290	4050	7060	9210	12110	15830	20760	27830	34440
	1000	P_1	8.4	15.6	26.8	47.7	82.2	109.0	145.0	191.0	253.0	330.0	418.0
		T_2	845	1580	2740	4890	8620	11420	15190	20010	26490	35330	44800
	750	P_1	7.3	13.6	23.7	42.4	73.6	97.6	131.0	175.0	232.0	303.0	309.0
		T_2	970	1820	3210	5740	10210	13540	18170	24250	32140	42920	55000
	500	P_1	5.5	10.5	18.7	34.1	60.2	80.4	108.0	145.0	193.0	253.0	327.0
		T_2	1100	2090	3760	6870	12400	16540	22290	29830	39670	53200	68850
	300	P_1	3.7	7.2	13.1	24.6	44.5	60.2	82.2	111.0	149.0	198.0	257.0
		T_2	1200	2320	4290	8050	14920	20190	27540	37310	50100	67750	88130
14	1500	P_1	9.3	17.3	29.4	51.8	88.3	115.0	151.0	197.0	260.0	342.0	419.0
		T_2	705	1300	2250	3970	6910	9000	11810	15440	20360	27380	33560
	1000	P_1	7.4	13.9	23.9	42.5	73.2	97.0	129.0	169.0	224.0	294.0	370.0
		T_2	830	1550	2710	4810	8470	11220	14890	19580	25910	34740	43730
	750	P_1	6.4	12.2	21.1	37.8	65.5	87.0	117.0	155.0	206.0	269.0	345.0
		T_2	950	1800	3170	5650	10050	13310	17850	23780	31530	42040	53940
	500	P_1	4.9	9.4	16.8	30.5	53.8	71.7	96.5	129.0	172.0	225.0	291.0
		T_2	1080	2070	3710	6770	12220	16280	21910	29280	38960	52230	67560
	300	P_1	3.3	6.5	11.8	22.1	40.0	54.0	73.6	99.5	133.0	176.0	229.0
		T_2	1170	2280	4210	7880	14600	19720	26870	36330	48760	65880	85610

续表

公称传动比 i	输入转速 n_1 /r·min^{-1}	功率、转矩	中心距 a/mm										
			100	125	160	200	250	280	315	355	400	450	500
			额定输入功率 P_1/kW 额定输出转矩 T_2/N·m										
16	1500	P_1	8.1	14.8	25.2	45.6	78.0	102.0	134.0	175.0	230.0	301.0	390.0
		T_2	690	1250	2170	4130	7210	9440	12430	16230	21240	28430	36860
	1000	P_1	6.5	11.9	20.7	37.3	64.4	85.0	114.0	150.0	198.0	259.0	334.0
		T_2	815	1490	2630	4990	8790	11630	15560	20510	27020	36240	46650
	750	P_1	5.7	10.5	18.2	33.1	57.6	76.4	103.0	137.0	182.0	237.0	306.0
		T_2	940	1740	3050	5850	10400	13820	18540	24750	32840	43910	56530
	500	P_1	4.3	8.2	14.5	26.6	47.1	62.8	84.7	113.0	151.0	198.0	256.0
		T_2	1070	2020	3620	6980	12610	16850	22720	30420	40480	54360	68970
	300	P_1	2.9	5.7	10.3	19.1	34.7	46.9	64.1	86.9	117.0	155.0	201.0
		T_2	1160	2240	4130	8050	14950	20250	27660	37490	50390	68260	88870
18	1500	P_1	7.4	13.5	23.0	41.7	71.5	93.6	124.0	162.0	211.0	275.0	357.0
		T_2	705	1270	2210	4180	7340	9600	12700	16580	21620	28830	37460
	1000	P_1	6.0	10.8	18.8	34.1	58.9	77.7	104.0	138.0	181.0	237.0	306.0
		T_2	845	1510	2660	5050	8920	11760	15750	20900	27400	36760	47420
	750	P_1	5.1	9.5	16.6	30.2	52.6	69.7	93.7	125.0	166.0	217.0	280.0
		T_2	950	1760	3100	5920	10550	13980	18810	25110	33320	44640	57500
	500	P_1	3.9	7.4	13.2	24.2	42.9	57.2	77.3	104.0	138.0	181.0	234.0
		T_2	1070	2040	3660	7030	12760	17020	23000	30820	41020	55150	71380
	300	P_1	2.6	5.1	9.3	17.3	31.4	42.6	58.3	79.1	106.0	141.0	184.0
		T_2	1150	2220	4100	7970	14860	20110	27530	37360	50250	68230	88860
20	1500	P_1	6.4	11.9	20.3	35.9	61.2	79.9	105.0	137.0	180.0	237.0	292.0
		T_2	700	1300	2250	3980	6950	9070	11910	15540	20450	27510	33890
	1000	P_1	5.1	9.6	16.5	29.4	50.7	66.7	88.8	118.0	156.0	203.0	257.0
		T_2	825	1550	2700	4810	8490	11180	14880	19730	26130	34860	44120
	750	P_1	4.4	8.4	14.6	26.1	45.4	60.2	80.7	108.0	143.0	186.0	239.0
		T_2	940	1790	3160	5650	10060	13350	17900	23860	31650	42290	54320
	500	P_1	3.4	6.5	11.6	21.1	37.2	49.6	66.8	89.3	119.0	156.0	202.0
		T_2	1070	2060	3700	6760	12230	16300	21950	29350	39060	52450	67870
	300	P_1	2.3	4.5	8.1	15.2	27.5	37.2	50.8	68.7	92.3	122.0	158.0
		T_2	1140	2230	4130	7730	14380	19420	26500	35850	48150	65190	84770
22.4	1500	P_1	6.1	11.1	18.9	33.4	57.1	74.6	98.4	128.0	168.0	220.0	285.0
		T_2	730	1310	2270	4020	7040	9190	12120	15800	20700	27740	35920
	1000	P_1	4.7	8.8	15.2	27.3	47.2	62.2	82.9	110.0	145.0	190.0	245.0
		T_2	830	1540	2710	4840	8590	11320	15090	20060	26390	35350	45580
	750	P_1	4.1	7.8	13.5	24.3	42.2	56.0	75.2	100.0	133.0	174.0	224.0
		T_2	960	1800	3190	5690	10150	13470	18100	24120	32000	42780	55070
	500	P_1	3.1	6.0	10.7	19.5	34.5	46.1	62.2	83.1	111.0	145.0	188.0
		T_2	1080	2060	3720	6800	12300	16420	22170	29640	39450	52960	68580
	300	P_1	2.1	4.1	7.5	14.0	25.5	34.4	47.1	63.7	85.7	113.0	147.0
		T_2	1150	2220	4130	7740	14400	19480	26640	36050	48460	65650	85490

续表

公称传动比 i	输入转速 n_1 /r·min^{-1}	功率、转矩	中心距 a/mm										
			100	125	160	200	250	280	315	355	400	450	500
			额定输入功率 P_1/kW 额定输出转矩 T_2/N·m										
25	1500	P_1	5.7	10.4	17.7	31.3	53.5	70.1	92.4	121.0	158.0	206.0	268.0
		T_2	740	1340	2320	4100	7180	9400	12390	16190	21150	28270	36730
	1000	P_1	4.5	8.2	14.3	25.5	44.1	58.3	77.6	103.0	136.0	178.0	230.0
		T_2	860	1570	2770	4930	8740	11540	15360	20390	26850	36070	46590
	750	P_1	3.9	7.2	12.6	22.7	39.4	52.4	70.3	93.8	125.0	163.0	210.0
		T_2	980	1830	3230	5800	10330	13710	18410	24580	32630	43700	56290
	500	P_1	2.9	5.6	10.0	18.2	32.2	43.0	58.0	77.8	104.0	136.0	176.0
		T_2	1090	2090	3770	6900	12500	16700	22530	30180	40190	54030	69960
	300	P_1	2.0	3.8	6.9	13.0	23.7	32.1	43.8	59.5	80.0	106.0	138.0
		T_2	1160	2240	4170	7830	14580	19760	26990	36620	49250	66850	87070
28	1500	P_1	5.2	9.4	16.1	28.5	49.0	64.2	84.9	111.0	145.0	188.0	244.0
		T_2	740	1330	2310	4100	7200	9430	12490	16310	21250	28310	36760
	1000	P_1	4.1	7.5	13.0	23.2	40.3	53.2	71.1	94.1	125.0	162.0	210.0
		T_2	855	1560	2750	4920	8740	11540	15420	20400	27040	35990	46670
	750	P_1	3.5	6.6	11.5	20.6	36.0	47.7	64.2	85.7	114.0	149.0	192.0
		T_2	960	1810	3210	5780	10330	13690	18410	24590	32640	43810	56460
	500	P_1	2.6	5.0	9.0	16.5	29.3	39.1	52.9	70.9	94.4	124.0	161.0
		T_2	1060	2040	3690	6770	12310	16430	22220	29780	39660	53420	69150
	300	P_1	1.8	3.4	6.3	11.8	21.5	29.1	39.8	54.0	72.7	96.4	126.0
		T_2	1120	2190	4060	7630	14270	19330	26460	35940	48360	65810	85740
31.5	1500	P_1	4.2	7.7	13.1	25.6	44.0	57.6	76.4	99.9	130.0	169.0	218.0
		T_2	660	1200	2070	4100	7220	9480	12560	16420	21400	28390	36760
	1000	P_1	3.3	6.2	10.7	20.8	36.1	47.7	63.7	84.4	121.0	145.0	188.0
		T_2	765	1420	2490	4930	8760	11580	15470	20490	29370	36130	46860
	750	P_1	2.9	5.5	9.5	18.4	32.2	42.7	57.4	76.6	102.0	133.0	172.0
		T_2	890	1660	2910	5770	10320	13680	18410	24580	32670	43880	56650
	500	P_1	2.2	4.3	7.5	14.7	26.1	34.9	47.3	63.4	84.5	111.0	144.0
		T_2	980	1860	3350	6630	12100	16170	21880	29340	39130	52740	68350
	300	P_1	1.5	2.9	5.4	10.4	19.0	25.8	35.4	48.1	64.8	86.0	112.0
		T_2	1070	2060	3800	7540	14120	19140	26330	35660	48100	65520	85500
35.5	1500	P_1	3.8	7.0	11.9	23.1	39.7	52.2	69.4	90.8	118.0	153.0	198.0
		T_2	660	1200	2070	4070	7180	9440	12530	16420	21370	28280	36610
	1000	P_1	3.0	5.6	9.7	18.7	32.5	43.1	57.7	76.4	101.0	132.0	170.0
		T_2	770	1420	2480	4850	8650	11470	15360	20340	26910	35920	46450
	750	P_1	2.6	4.9	8.6	16.6	29.0	38.5	51.8	69.2	92.0	121.0	156.0
		T_2	880	1650	2900	5700	10220	13560	18270	24390	32440	43600	56540
	500	P_1	2.0	3.8	6.8	13.2	23.5	31.4	42.6	57.2	76.3	100.0	130.0
		T_2	970	1840	3320	6550	11950	15980	21660	29060	38770	52300	68030
	300	P_1	1.4	2.6	4.8	9.4	17.1	23.2	31.8	43.2	58.4	77.5	101.0
		T_2	1030	2000	3690	7280	13680	18570	25490	34670	46800	63870	83660
40	1500	P_1	3.3	6.1	10.4	18.4	31.5	41.1	54.1	70.6	92.7	122.0	151.0
		T_2	640	1200	2070	3660	6410	8370	11010	14360	18870	25410	31420
	1000	P_1	2.6	4.9	8.5	15.1	26.1	34.3	45.7	60.4	79.8	105.0	133.0
		T_2	740	1420	2480	4410	7840	10310	13710	18120	23950	32300	40960
	750	P_1	2.3	4.3	7.5	13.4	23.3	30.9	41.5	55.3	73.4	95.9	123.0
		T_2	860	1640	2890	5170	9250	12270	16450	21930	29120	39020	50170
	500	P_1	1.7	3.3	5.9	10.8	19.1	25.5	34.3	45.9	61.1	80.1	104.0
		T_2	940	1820	3290	6010	10910	14550	19610	26220	34910	47040	60880

续表

公称传动比 i	输入转速 n_1 /r·min^{-1}	功率、转矩	中心距 a/mm										
			100	125	160	200	250	280	315	355	400	450	500
			额定输入功率 P_1/kW　额定输出转矩 T_2/N·m										
40	300	P_1	1.2	2.3	4.2	7.8	14.1	19.1	26.1	35.3	47.4	62.6	81.5
		T_2	1000	1960	3630	6800	12710	17180	23450	31730	42650	58000	75460
45	1500	P_1	3.1	5.7	9.7	17.1	29.3	38.3	50.5	65.8	86.2	113.0	146.0
		T_2	650	1190	2050	3630	6370	8330	11000	14330	18750	25180	32660
	1000	P_1	2.4	4.5	7.8	13.9	24.1	31.8	42.5	56.1	74.1	97.0	126.0
		T_2	745	1380	2440	4360	7740	10230	13660	18040	23820	31980	41510
	750	P_1	2.1	4.0	6.9	12.4	21.6	28.6	38.5	51.3	68.1	89.0	115.0
		T_2	860	1610	2850	5120	9150	12140	16320	21760	28880	38740	49900
	500	P_1	1.6	3.1	5.5	10.0	17.6	23.6	31.8	42.5	56.6	74.3	96.2
		T_2	950	1810	3280	6000	10920	14570	19680	26310	35040	47220	61160
	300	P_1	1.1	2.1	3.8	7.2	13.0	17.6	24.1	32.6	43.8	57.9	75.5
		T_2	980	1910	3550	6660	12470	16880	23080	31260	42040	57230	74560
50	1500	P_1	2.9	5.3	9.0	15.9	27.3	35.8	47.2	61.7	80.6	105.0	137.0
		T_2	650	1190	2060	3630	6390	8370	11040	14430	18850	25240	32810
	1000	P_1	2.3	4.2	7.3	13.0	22.5	29.7	39.6	52.5	69.2	90.4	117.0
		T_2	750	1390	2460	4350	7750	10230	13660	18090	23840	32000	41430
	750	P_1	2.0	3.7	6.4	11.6	20.1	26.7	35.8	47.9	63.6	83.2	107.0
		T_2	850	1610	2850	5120	9150	12150	16320	21800	28940	38910	50150
	500	P_1	1.5	2.8	5.1	9.3	16.4	21.9	29.6	39.7	52.8	69.3	89.8
		T_2	940	1800	3260	5990	10900	14560	19650	26330	35070	47340	61320
	300	P_1	1.0	1.9	3.5	6.6	12.0	16.3	22.3	30.3	40.8	54.0	70.3
		T_2	970	1890	3520	6620	12400	16800	22960	31160	41930	57210	74560
56	1500	P_1	2.6	4.8	8.2	14.5	24.9	32.6	43.2	56.4	73.5	95.5	124.0
		T_2	640	1170	2040	3600	6360	8330	11030	14420	18780	25080	32540
	1000	P_1	2.1	3.8	6.6	11.8	20.5	27.0	36.1	47.8	62.9	82.3	107.0
		T_2	745	1370	2410	4300	7680	10130	13540	17940	23620	31750	41270
	750	P_1	1.8	3.3	5.8	10.5	18.3	24.2	32.6	43.5	57.7	75.7	97.6
		T_2	840	1580	2810	5060	9070	12020	16190	21610	28690	38670	49850
	500	P_1	1.4	2.6	4.6	8.4	14.9	19.8	26.8	36.0	47.9	63.0	81.6
		T_2	930	1760	3210	5890	10770	14380	19440	26070	34720	46960	60800
	300	P_1	0.9	1.7	3.2	6.0	10.9	14.7	20.2	27.4	36.9	48.9	63.8
		T_2	940	1840	3440	6470	12170	16480	22590	30670	41310	56490	73630
63	1500	P_1	—	—	—	12.9	22.2	29.2	38.7	50.6	65.9	85.3	110.0
		T_2	—	—	—	3630	6420	8420	11160	14600	19030	25300	32730
	1000	P_1	—	—	—	10.5	18.2	24.1	32.2	42.6	56.3	73.4	94.8
		T_2	—	—	—	4340	7710	10200	13660	18080	23880	32000	41370
	750	P_1	—	—	—	9.3	16.3	21.6	29.0	38.7	51.5	67.5	87.2
		T_2	—	—	—	5080	9120	12100	16290	21750	28910	38960	50320
	500	P_1	—	—	—	7.4	13.2	17.6	23.9	32.0	42.7	56.1	72.7
		T_2	—	—	—	5900	10790	14460	19520	26190	34930	47260	61240
	300	P_1	—	—	—	5.3	9.6	13.0	17.9	24.3	32.8	43.5	56.7
		T_2	—	—	—	6440	12120	16440	22560	30660	41360	56620	73900

注：1. 表内数值为工况系数 $K_A=1.0$ 时的额定承载能力，其他工况见 6.4 的内容。

2. 启动时或运转中的尖峰载荷允许值为表内数值的 2.5 倍。

表 17-2-80　减速器的许用输入热功率 P_h 和总传动功率 η

公称传动比 i	输入转速 n_1/r·min^{-1}	中心距 a/mm											中心距 a/mm										
		100	125	160	200	250	280	315	355	400	450	500	100	125	160	200	250	280	315	355	400	450	500
		许用输入热功率 P_h/kW											总传动效率 η/%										
10	1500	6.5	11	19	31	50	65	84	100	125	150	185	88.61	89.87	90.90	89.83	91.94	91.62	91.78	92.06	91.84	94.03	93.98
	1000	5.1	8.2	15	25	40	54	70	84	100	120	145	87.72	88.78	89.43	88.65	90.64	90.43	90.67	90.69	90.53	92.66	92.64
	750	4.3	7.1	12	21	34	43	54	70	86	100	125	87.15	88.00	88.59	87.99	90.01	89.92	90.17	90.02	89.87	92.01	91.99
	500	3.2	5.6	8.6	16	26	32	40	50	65	80	92	87.08	86.74	87.70	87.11	89.03	88.98	89.01	88.96	88.83	90.91	90.95
	300	2.2	3.9	6.4	11	19	24	31	37	45	58	70	85.37	85.13	86.90	86.05	87.90	88.00	87.93	87.95	87.89	89.82	90.01
12.5	1500	5.9	9.6	17	29	45	58	75	92	115	135	155	87.69	87.90	88.97	89.07	91.06	90.83	90.80	91.01	90.84	92.92	92.96
	1000	4.6	7.5	13	23	36	45	56	75	92	115	130	85.98	86.57	87.39	87.62	89.63	89.55	89.54	89.55	89.49	91.51	91.61
	750	3.9	6.6	11	19	31	38	47	64	78	94	115	85.18	85.79	86.83	86.78	88.93	88.93	88.92	88.83	88.81	90.81	90.92
	500	3.0	5.0	8	14	23	29	36	45	58	73	88	85.47	85.07	85.93	86.10	88.03	87.92	88.20	87.92	87.84	89.87	89.98
	300	2.0	3.5	5.7	9.2	17	22	28	35	40	50	67	83.16	82.62	83.97	83.91	85.97	86.00	85.91	86.19	86.22	87.74	87.93
14	1500	5.4	8.8	15	27	42	55	72	88	107	130	152	86.59	85.83	87.42	87.54	89.39	89.39	89.34	89.52	89.45	91.45	91.49
	1000	4.3	7.0	12	21	33	42	53	72	86	106	125	85.41	84.92	86.35	86.18	88.11	88.08	87.90	88.23	88.08	89.98	90.00
	750	3.6	6.2	10	18	28	35	45	60	74	90	107	84.78	84.26	85.80	85.37	87.50	87.38	87.13	87.62	87.42	89.26	89.29
	500	2.8	4.7	7.5	13	21	27	35	42	54	69	83	83.92	83.85	84.08	84.51	86.48	86.45	86.45	86.42	86.24	88.38	88.40
	300	1.8	3.2	5.3	8.6	15	20	26	33	38	48	62	81.00	80.13	81.51	81.46	83.38	83.43	83.40	83.41	83.75	85.51	85.40
16	1500	5.0	8.1	14	25	39	53	70	84	100	125	150	86.32	85.58	87.26	87.11	88.90	89.01	89.22	89.20	88.82	90.84	90.90
	1000	4.0	6.7	11	20	31	39	50	70	80	98	120	84.70	84.58	85.83	85.78	87.52	87.73	87.52	87.67	87.50	89.72	89.56
	750	3.4	5.8	9.0	17	26	34	43	54	71	85	100	83.55	83.96	84.90	84.99	86.83	86.99	86.56	86.88	86.77	89.10	88.84
	500	2.6	4.3	7.0	12	20	26	34	40	50	65	78	84.05	83.20	84.32	84.13	85.83	86.02	86.00	86.31	85.94	88.02	86.37
	300	1.6	3.0	5.0	8.0	14	19	25	31	37	46	58	81.06	79.64	81.26	81.07	82.87	83.05	83.00	82.99	82.84	84.71	85.05
18	1500	4.5	7.4	13	22	35	46	60	77	92	112	135	85.50	84.43	86.24	85.89	87.96	87.88	87.76	87.69	87.80	89.83	89.91
	1000	3.6	6.0	10	17	28	35	45	60	75	91	110	84.26	83.65	84.66	84.60	86.51	86.46	86.51	86.51	86.47	88.60	88.52
	750	3.0	5.1	8.2	15	24	30	39	48	63	79	95	83.59	83.13	83.80	83.98	85.93	85.93	86.00	86.06	85.99	88.13	87.98
	500	2.3	4.0	6.5	10	18	23	30	37	45	57	73	82.08	82.47	82.95	82.97	84.95	84.98	84.98	84.64	84.90	87.03	87.12
	300	1.5	2.7	4.5	7.4	12	16	22	28	34	42	53	79.39	78.13	79.13	78.95	81.10	80.90	80.92	80.94	81.24	82.93	82.76
20	1500	4.0	6.7	12	19	32	40	50	70	85	100	125	83.80	83.70	84.92	84.94	87.00	86.97	86.90	86.90	87.07	88.93	88.92
	1000	3.2	5.4	9.0	15	26	32	40	50	70	85	100	82.62	82.47	83.58	83.56	85.53	85.61	85.59	85.40	85.55	87.71	87.68
	750	2.7	4.5	7.5	13	22	28	36	43	55	73	90	81.84	81.63	82.91	82.93	84.88	84.95	84.97	84.63	84.78	87.10	87.06
	500	2.1	3.5	6.0	9.0	16	21	27	34	40	50	68	80.37	80.94	81.46	81.82	83.96	83.93	83.92	83.94	83.82	85.86	85.81
	300	1.4	2.4	4.0	6.7	11	15	19	25	31	38	48	75.95	75.93	78.13	77.92	80.12	79.99	79.93	79.96	79.93	81.88	82.21

续表

公称传动比 i	输入转速 $n_1/r \cdot min^{-1}$	中心距 a/mm											中心距 a/mm										
		100	125	160	200	250	280	315	355	400	450	500	100	125	160	200	250	280	315	355	400	450	500
		许用输入热功率 P_h/kW											总传动效率 η/%										
22.4	1500	3.7	6.3	10	18	30	38	48	65	81	97	120	83.54	82.38	83.84	84.02	86.06	85.99	85.98	86.16	86.01	88.02	87.98
	1000	3.0	5.0	8.2	14	24	30	39	47	65	80	96	82.18	81.44	82.97	82.50	84.69	84.69	84.71	84.86	84.70	86.58	86.58
	750	2.5	4.2	7.0	12	20	26	34	40	51	69	85	81.72	80.54	82.47	81.72	83.95	83.95	84.01	84.18	83.97	85.81	85.81
	500	1.9	3.2	5.5	8.5	15	20	25	32	38	47	64	81.06	79.89	80.89	81.14	82.96	82.88	82.93	82.99	82.70	84.98	84.88
	300	1.3	2.2	3.7	6.3	10	14	18	23	29	36	44	76.45	75.59	76.88	77.18	78.84	79.06	78.96	79.01	78.94	81.11	81.19
25	1500	3.5	6.0	9.0	17	28	36	46	60	78	94	115	83.22	82.60	84.03	83.97	86.03	85.96	85.96	85.77	85.81	87.97	87.86
	1000	2.7	4.7	7.5	13	23	29	38	45	60	76	92	81.68	81.83	82.78	82.62	84.70	84.59	84.59	84.60	84.37	86.60	86.57
	750	2.3	4.0	6.5	11	19	25	33	38	48	65	86	80.54	81.47	82.17	81.90	84.04	83.86	83.94	83.99	83.67	85.93	85.92
	500	1.8	3.0	5.0	8.0	15	19	24	30	37	45	60	80.32	79.75	80.56	81.01	82.95	82.99	83.01	82.89	82.58	84.89	84.94
	300	1.2	2.0	3.5	6.0	9.0	13	18	22	28	35	40	74.36	75.58	77.48	77.22	78.87	78.92	79.00	78.91	78.93	80.86	80.89
28	1500	3.2	5.4	8.5	15	26	33	43	55	74	90	107	81.27	80.81	81.94	82.16	83.92	83.89	84.02	83.92	83.70	86.00	86.04
	1000	2.5	4.3	7.1	12	21	27	35	42	55	73	88	79.40	79.20	80.54	80.74	82.57	82.59	82.58	82.54	82.36	84.59	84.62
	750	2.1	3.7	6.1	10	18	23	30	37	45	60	76	78.33	78.31	79.31	80.12	81.94	81.96	81.89	81.94	81.76	83.96	83.97
	500	1.6	2.8	4.7	7.6	13	17	22	28	35	43	55	77.61	77.67	78.05	78.11	79.98	80.00	79.96	79.96	79.98	82.01	81.77
	300	1.1	1.9	3.2	5.5	8.5	12	16	20	26	33	39	71.07	73.57	73.61	73.86	75.81	75.87	75.94	76.02	75.98	77.98	77.73
31.5	1500	3.0	5.1	8.1	14	25	31	40	50	70	86	100	79.61	78.96	80.06	79.85	81.82	82.06	81.97	81.95	82.08	83.76	84.08
	1000	2.4	4.0	6.7	11	20	26	33	40	50	70	83	78.30	77.36	78.60	78.78	80.66	80.70	80.73	80.70	80.68	82.82	82.85
	750	1.9	3.4	5.8	9.2	17	21	27	36	43	55	72	77.74	76.46	77.60	78.18	79.90	79.87	79.96	80.00	79.85	82.25	82.11
	500	1.4	2.6	4.3	7.2	12	16	21	27	34	41	50	75.23	73.05	75.43	74.96	77.05	77.00	76.88	76.91	76.96	78.97	78.89
	300	1.0	1.8	3.0	5.1	8.0	11	15	19	25	32	38	72.28	71.98	71.30	72.30	74.11	73.98	74.17	73.93	74.02	75.97	76.12
35.5	1500	2.7	4.6	7.4	13	22	29	37	46	62	80	94	77.94	76.93	78.06	77.95	80.01	80.01	79.88	80.01	80.12	81.78	81.80
	1000	2.2	3.6	6.1	10	18	23	30	38	46	60	78	76.78	75.86	76.49	76.50	78.50	78.49	78.52	78.52	78.58	80.26	80.59
	750	1.7	3.1	5.2	8.4	15	19	25	33	40	50	65	75.94	75.55	75.66	75.96	77.96	77.91	78.02	77.97	78.00	79.71	80.17
	500	1.3	2.6	4.0	6.6	11	14	19	24	31	38	46	72.55	72.43	73.03	73.18	74.99	75.05	74.98	74.92	74.93	77.13	77.17
	300	0.9	1.6	2.8	4.5	7.3	10	13	17	22	29	35	66.03	69.04	68.99	68.53	70.79	70.82	70.93	71.01	70.91	72.92	73.29

续表

公称传动比 i	输入转速 n_1/r·min^{-1}	中心距 a/mm											中心距 a/mm										
		100	125	160	200	250	280	315	355	400	450	500	100	125	160	200	250	280	315	355	400	450	500
		许用输入热功率 P_h/kW											总传动效率 η/%										
40	1500	2.4	4.1	6.8	12	20	26	34	42	54	73	89	74.29	75.36	76.25	76.20	77.95	78.01	77.96	77.92	77.98	79.79	79.71
	1000	1.9	3.3	5.6	9.0	16	22	27	35	43	53	72	72.68	74.01	74.51	74.58	76.71	76.76	76.61	76.61	76.65	78.56	78.65
	750	1.5	2.8	4.7	7.6	13	18	24	30	37	45	58	71.62	73.05	73.80	73.90	76.04	76.06	75.92	75.96	75.99	77.93	78.12
	500	1.2	2.2	3.5	6.0	9.4	13	17	22	28	35	42	70.60	70.42	71.20	71.06	72.94	72.86	73.00	72.94	72.96	74.99	74.75
	300	0.8	1.5	2.6	4.0	6.7	9.1	12	16	20	26	32	63.84	65.29	66.22	66.79	69.06	68.91	68.83	68.86	68.94	70.98	70.94
45	1500	2.2	3.7	6.4	11	18	24	31	39	49	66	83	73.18	72.86	73.76	74.09	75.88	75.91	76.02	76.01	75.92	77.77	78.07
	1000	1.7	3.0	5.1	8.3	14	19	25	32	40	50	66	72.23	71.35	72.79	72.98	74.73	74.85	74.79	74.82	74.80	76.71	76.65
	750	1.3	2.5	4.3	7.2	12	16	22	27	34	42	53	71.47	70.24	72.08	72.05	73.92	74.07	73.97	74.02	74.01	75.96	75.72
	500	1.0	2.0	3.2	5.5	8.7	12	16	20	26	32	40	69.08	67.93	69.38	69.80	72.18	71.82	72.00	72.02	72.02	73.94	73.96
	300	0.7	1.3	2.3	3.8	6.2	8.4	11	15	18	24	30	62.19	63.49	65.21	64.57	66.96	66.95	66.85	66.93	67.00	69.00	68.93
50	1500	2.0	3.4	6.0	9.8	17	22	29	36	45	60	78	71.84	71.97	73.36	73.18	75.02	74.94	74.97	74.96	74.96	77.05	76.76
	1000	1.5	2.7	4.7	7.7	13	18	24	30	37	47	60	69.68	70.92	72.01	71.50	73.60	73.60	73.71	73.63	73.62	75.64	75.67
	750	1.2	2.3	3.9	6.8	11	14	19	25	32	39	48	68.11	69.74	71.37	70.74	72.96	72.93	73.06	72.94	72.92	74.95	75.11
	500	0.9	1.7	3.0	5.0	8.0	11	15	18	24	30	37	66.95	68.68	68.29	68.81	71.01	71.03	70.93	70.86	70.96	72.99	72.96
	300	0.6	1.2	2.1	3.6	5.7	7.4	9.4	14	17	22	29	62.18	63.77	64.47	64.30	66.24	66.07	66.00	65.92	65.88	67.92	67.99
56	1500	1.7	3.1	5.4	9.0	15	20	26	33	42	55	73	70.29	69.60	71.04	70.90	72.94	72.97	72.91	73.01	72.96	74.99	74.94
	1000	1.3	2.5	4.3	7.2	12	16	21	27	34	43	55	67.54	68.63	69.51	69.37	71.32	71.42	71.40	71.45	71.49	73.44	73.43
	750	1.1	2.1	3.6	6.3	10	13	17	23	30	36	44	66.63	68.36	69.17	68.81	70.77	70.92	70.91	70.93	70.99	72.94	72.93
	500	0.8	1.5	2.7	4.7	7.5	10	13	17	22	28	34	63.23	64.43	66.42	66.74	68.80	69.13	69.05	68.93	68.99	70.95	70.92
	300	0.5	1.0	1.9	3.3	5.3	6.8	8.7	12	16	20	27	59.65	61.81	61.39	61.58	63.77	64.03	63.87	63.93	63.94	65.98	65.91
63	1500	—	—	—	8.1	14	18	24	31	40	49	68	—	—	—	70.15	72.09	71.89	71.89	71.93	71.99	73.94	74.18
	1000	—	—	—	6.7	11	14	19	25	32	40	49	—	—	—	68.69	70.41	70.34	70.51	70.54	70.49	72.46	72.53
	750	—	—	—	5.8	9.0	12	16	21	27	34	41	—	—	—	68.09	69.74	69.83	70.02	70.05	69.97	71.95	71.93
	500	—	—	—	4.3	7.0	9.3	12	16	20	26	32	—	—	—	66.25	67.93	68.27	67.87	68.01	67.98	70.00	70.00
	300	—	—	—	3.0	5.0	6.3	8.0	11	15	18	25	—	—	—	60.58	62.95	63.05	62.84	62.91	62.87	64.90	64.98

表 17-2-81　　减速器输出轴轴伸许用径向载荷 F_R

中心距/mm	100	125	160	200	250	280	315	355	400	450	500
许用径向载荷/N	3000	4500	8000	12700	21000	24000	27000	30000	35000	37000	40000

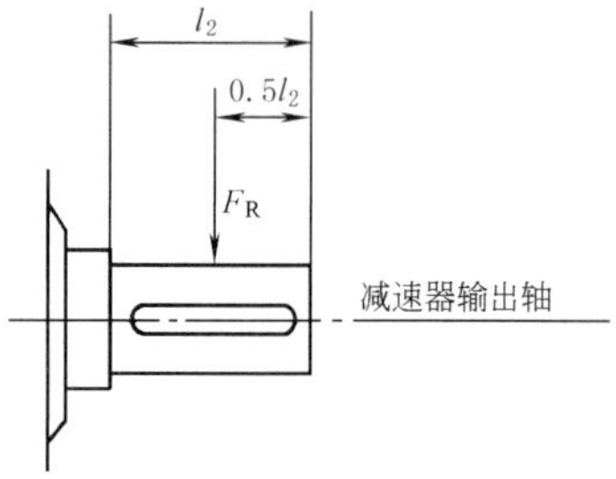

6.4　减速器的选用

（1）输入计算功率 P_{1c} 和输出计算转矩 T_{2c}

$$P_{1c}=P_{w1}K_A<P_1 \tag{17-2-25}$$

$$T_{2c}=T_{w2}K_A<T_2 \tag{17-2-26}$$

式中　P_1——减速器额定输入功率，kW，见表 17-2-79；
　　T_2——减速器额定输出转矩，N · m，见表 17-2-79；
　　P_{w1}——实际输入功率，kW；
　　T_{w2}——实际输出转矩，N · m；
　　K_A——工况系数，见表 17-2-82。

启动时或运转中的短时最大尖峰载荷不得超过额定载荷的 2.5 倍，每小时启动次数不超过 10 次。

表 17-2-82　　工况系数 K_A

原动机	载荷性质	每日工作时间/h				
		≤0.5	>0.5~1	>1~2	>2~10	>10~24
电机	均匀,轻微冲击	0.80	0.90	1.00	1.20	1.30
	中等冲击	0.90	1.00	1.20	1.30	1.50
	强冲击	1.10	1.20	1.30	1.50	1.75
多缸发动机	均匀,轻微冲击	0.90	1.05	1.15	1.40	1.50
	中等冲击	1.05	1.15	1.40	1.50	1.75
	强冲击	1.25	1.40	1.50	1.75	2.00
单缸发动机	均匀,轻微冲击	1.10	1.10	1.20	1.45	1.55
	中等冲击	1.20	1.20	1.45	1.55	1.80
	强冲击	1.30	1.45	1.55	1.80	2.10

（2）校验减速器输出轴轴伸径向载荷

减速器输出轴轴伸装有齿轮、链轮、V 带轮或平带轮时，则需校验轴伸径向载荷。

① 计算轴伸径向载荷 F_{Rc}：

$$F_{Rc}=\frac{2T_{w2}K_A}{D}f_R\ \text{(N)} \tag{17-2-27}$$

式中　T_{w2}——减速器实际输出转矩（承载转矩），N · m；
　　K_A——工况系数，查表 17-2-82；
　　D——齿轮、链轮或 V 带轮和平带轮节圆直径，m；
　　f_R——轴伸径向载荷系数，轴伸装有齿轮时，$f_R=1.5$；装有链轮时，$f_R=1.2$；装有 V 带轮时，$f_R=2.0$；装有平带轮时，$f_R=2.5$。

② 校验轴伸径向载荷：

$$F_{Rc} \leqslant F_R \tag{17-2-28}$$

式中　F_R——轴伸许用径向载荷，N，查表 17-2-81。

（3）输入热功率校验

输入热功率校验按工作制度来进行，在下列间歇工作中，可不需校验输入热功率：在 1h 内多次（两次以上）启动，并且运转时间总和不超过 20min 的场合；在一个工作周期内，运转时间不超过 30min，并且间隔 2h 以上启动一次的场合。

除上述状况外，如果实际输入功率 P_{w1} 超过许用输入热功率 P_h（表 17-2-80）则需采用强制冷却措施或选用更大规格减速器。

例　带式输送机用直廓环面蜗杆减速器，中等冲击载荷，每日工作 8h，连续运转，可靠性一般，电动机功率 $P_{w1}=15$kW，减速器输入转速 $n_1=1500$r/min，传动比 $i=31.5$。

（1）选用计算

由表 17-2-82 查得 $K_A=1.3$，查表 17-2-9 得 $S_A=1.1$，则输入计算功率为

$$P_{1c}=P_{w1}K_A=15\times1.3=19.5\text{kW}$$

查表 17-2-79 选择减速器中心距 $a=200$mm，$n_1=1500$r/min，$i=31.5$，额定输入功率 $P_1=25.6\text{kW}>P_{1c}$，机械强度符合要求。

（2）校验输入热功率

由表 17-2-80 查得 $a=200$mm、$i=31.5$、$n_1=1500$r/min 时许用输入热功率 $P_h=14\text{kW}<P_{w1}$，则需采取强制冷却措施，否则应选用 $a=250$mm 的减速器。

7　行星齿轮减速器

7.1　NGW 型行星齿轮减速器（摘自 JB/T 6502—1993）

7.1.1　适用范围、标记及相关技术参数

（1）适用范围

本节介绍的 NGW 型行星齿轮减速器及其传动型式属 2Z-X（2K-H）行星齿轮传动类型。NGW 型行星齿轮减速器标准包括 NAD、NAZD、NBD、NBZD、NCD、NCZD、NAF、NBF、NCF、NAZF、NBZF、NCZF 十二个系列及派生标准 NASD、NASF、NBSD、NBSF、NCSD、NCSF、NAL、NBL 八个系列。其系列规格以内齿轮分度圆直径的优先数系作为排列基准并划分规格。这样可以使同一规格不同传动比减速器的内齿轮轮缘厚度保持在合理而基本不变的范围内，从而充分利用空间以提高承载能力。

这种减速器主要适用于冶金、矿山、运输、建材、轻工、能源、交通等行业。

高速轴转速按其规格划分如下：200~800 者不大于 1500r/min；900~1120 者不大于 1000r/min；1250~1600 者不大于 750r/min；1800~2000 者不大于 600r/min。

齿轮的圆周速度不大于 15~20m/s，工作环境温度为-40~45℃，低于 0℃时，启动前润滑油应预热至 0℃以上，可正、反双向运转。在以上条件下用作增速器时，承载能力要降低 10%使用。

（2）主要特点

NGW 型行星齿轮减速器主要构件有太阳轮、行星轮、内齿圈及行星架。

为了使三个行星齿轮的载荷均匀分配，采用了齿式浮动机构，即太阳轮或行星架浮动，或者太阳轮、行星架两者同时浮动。减速器中的齿轮为直齿渐开线圆柱齿轮。

此种减速器具有以下特点。

① 重量轻、体积小。在相同条件下，比硬齿面渐开线圆柱齿轮减速器重量减轻 1/2 以上，体积缩小 1/3~1/2。

② 传动效率高：一级行星减速器 $\eta=0.98$；二级行星减速器 $\eta=0.96$；三级行星减速器 $\eta=0.94$。

③ 传动比大，见表 17-2-83。

④ 传动功率范围大，可传动小于 1kW 到上万千瓦，且功率越大优点越突出，经济效益越高。

表 17-2-83 减速器的公称传动比与实际传动比

型号规格		公称传动比 i		4	4.5	5	5.6	6.3	7.1	8	9	10	11.2	12.5	14	16	18
型号规格	NAD NAF NAZD NAZF	200 280 355 400 560 710 800 1120 1400 1600	实际传动比	4.2	4.636	5.211	5.647	6.316	7.313	7.8	8.769	10.88	11.79	12.58	14.40	15.46	17.93
		315 630 1250		4.2	4.636	5.211	5.647	6.3	7.235	7.688	9.231	10.88	11.79	12.58	14.40	15.41	17.93
		224 250 450 500 900 1000 1800 2000		4.111	4.5	5	5.667	6.316	7.313	7.8	8.769	10.44	11.83	12.62	14.45	15.51	18.00

型号规格		公称传动比 i		20	22.4	25	28	31.5	35.5	40	45	50	56	65	71	80	90	100	112	125
型号规格	NBD NBF NBZD NBZF	250 450 500 900 1000	实际传动比	21.42	23.21	25.97	30.06	32.91	35.10	39.46	43.85	49.69	62.74	66.94	73.29	83.92	90.07	96.07	111.5	123.9
		280 315 560 1120		21.00	23.80	26.53	30.71	33.90	36.16	40.65	45.70	49.52	64.09	68.39	75.50	86.45	92.78	98.97	114.8	129.1
		355 630 800 1250 1600		21.89	23.71	26.53	30.71	33.98	36.16	40.65	45.70	49.52	64.09	68.39	75.50	86.45	92.78	98.97	114.8	129.1
		400 710 1400		21.89	23.71	26.46	30.39	33.54	35.64	42.79	41.10	52.12	63.42	67.68	74.69	85.53	91.80	97.55	113.2	127.2
		1800 2000		20.56	23.30	25.97	30.06	32.91	35.10	39.46	43.85	49.69	62.74	66.94	73.29	83.92	90.07	96.07	111.5	123.9

型号规格		公称传动比 i		112	125	140	160	180	200	224	250	280	315	355	400
型号规格	NCD NCF	315 560 1120	实际传动比	118.6	132.6	150.3	167.6	194.0	206.9	239.5	264.4	282.0	317.1	356.4	386.2
		355 630 1250		124.1	138.3	149.8	167.6	194.0	206.9	239.5	264.4	282.0	317.1	356.4	386.2
		400 710 1400		123.6	138.3	149.8	167.1	193.5	206.4	237.0	261.6	278.0	312.5	351.3	380.7
		450		121.0	135.3	146.5	163.9	190.0	202.6	234.5	256.7	273.8	307.8	342.0	387.6
		500 900 1600		121.0	134.9	146.3	163.6	187.9	199.7	231.1	253.0	269.8	324.0	360.0	408.0
		800 1800		123.6	138.3	149.8	167.6	194.0	206.9	239.5	264.4	282.0	317.1	356.4	386.2
		1000 2000		116.1	129.8	147.1	165.9	190.0	202.6	234.5	256.7	273.8	307.8	342.0	387.6

型号规格		公称传动比 i		355	400	450	500	560	630	710	800	900	1000	1120	1250
型号规格	NCZD NCZF	315 355 560 630 800 1120 1250 1600	实际传动比	373.2	432.0	494.7	527.6	610.7	674.2	719.1	771.8	867.9	1007.1	1131.9	1226.6
		400 710 1400		372.1	430.9	493.4	526.3	604.4	667.1	708.9	760.9	855.3	992.5	1115.7	1209.1
		450 1000		365.0	423.1	484.5	516.6	600.0	654.6	698.2	749.4	842.4	977.6	1086.2	1231.0
		500 900		364.3	418.5	479.1	509.2	589.3	645.2	688.0	738.4	885.8	1029.0	1143.4	1295.8

⑤ 装配形式多样，可多面安装，适用性广。在符合给定制造条件下，运转平稳，噪声小。

⑥ 采用了优质低碳合金钢渗碳淬火，外齿轮为 6 级精度，内齿轮为 7 级精度。使用寿命一般均在 10 年以上。

(3) 标记示例

① 标记符号：

N——NGW 型

A——一级行星齿轮减速器

B——二级行星齿轮减速器

C——三级行星齿轮减速器

Z——定轴圆“柱”齿轮

S——螺旋“伞”齿轮

D——“底”座连接

F——“法”兰连接

L——“立”式行星齿轮减速器

② 标记示例：

减速器 N C D 450-112-Ⅰ

- Ⅰ——第一种装配形式
- 112——传动比 i=112
- 450——规格为450(内齿圈分度圆公称直径)
- D——底座连接
- C——三级
- N——NGW型

(4) 相关技术参数

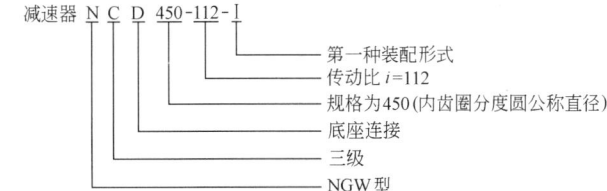

表 17-2-84　　减速器齿轮模数 m_n　　mm

2	2.25	2.5	2.75	3	3.5	4	4.5	5	5.5
6	7	8	9	10	11	12	14	16	18
20	22								

表 17-2-85　　输出、输入轴轴伸中点处额定径向载荷 F_r　　kN

规格		200	224	250	280	315	355	400	450	500	560	630	710	800	900	1000
输出轴	375r/min	3.40	4.54	4.56	6.17	7.68	10.06	12.18	12.41	16.78	22.71	21.74	23.99			
	250r/min	3.89	5.19	5.22	7.06	8.97	11.52	13.95	14.21	19.21	25.99	24.89	27.46	28.25	35.30	44.88
	75r/min	5.81	7.76	7.79	10.55	13.14	17.21	20.83	21.22	28.69	38.83	37.17	41.02	42.20	52.73	67.04
	13.4r/min	6.31	8.77	13.83	18.73	23.33	30.55	37.00	37.68	50.95	68.95	66.01	72.85	74.95	93.63	119.05
一级输入轴	1500r/min	1.15	1.24	1.46	1.64	2.33	2.49	2.58	3.20	4.21	3.92	5.47	6.94	7.45	9.72	10.85
	1000r/min	1.31	1.42	1.68	1.87	2.67	2.86	2.95	3.67	4.82	4.49	6.26	7.49	8.52	11.12	12.42
	750r/min	1.44	1.57	1.85	2.06	2.94	3.14	3.25	4.03	5.31	4.94	6.89	8.74	9.38	12.24	13.67
	600r/min	1.56	1.69	1.99	2.22	3.16	3.39	3.50	4.35	5.72	5.33	7.42	9.42	10.11	13.19	14.73
二级输入轴	1500r/min			0.77	0.74	0.97	1.16	1.40	1.52	1.99	2.33	2.95	3.16	4.23	5.62	7.06
	1000r/min			0.88	0.84	1.11	1.33	1.60	1.74	2.28	2.67	3.38	3.62	4.84	6.44	8.08
	750r/min			0.97	0.93	1.22	1.47	1.77	1.92	2.51	2.93	3.72	3.98	5.33	7.09	8.89
	600r/min			1.04	1.00	1.31	1.58	1.90	2.07	2.71	3.16	4.01	4.29	5.74	7.63	9.58
三级输入轴	1500r/min					0.62	0.74	0.71	0.64	1.05	1.42	1.47	2.24	2.36	3.48	4.13
	1000r/min					0.71	0.84	0.81	0.73	1.21	1.63	1.68	2.56	2.71	3.99	4.73
	750r/min					0.78	0.93	0.89	0.81	1.33	1.79	1.85	2.82	2.98	4.39	5.21
	600r/min					0.85	1.00	0.96	0.87	1.43	1.93	1.99	3.03	3.21	4.73	5.61

注：1. 输入轴转速界于表列转速之间时，许用径向载荷用插值法求值。

2. 输出轴转速界于表列转速之间时，许用径向载荷用插值法求值。小于表列最小转速时，按表列该规格最小转速值选取。

3. 1000 以上规格请另咨询。

表 17-2-86　　减速器输入轴的转动惯量 J_1　　$kg \cdot m^2$

级别	一级		二级		三级	
规格	传动比	转动惯量	传动比	转动惯量	传动比	转动惯量
200	4~5.6	0.013224				
	6.3~18	0.007548				
224	4~5.6	0.024825				
	6.3~18	0.012240				
250	4~5.6	0.037378	20~28	0.004927		
	6.3~18	0.018998	31.5~100	0.002752		
280	4~5.6	0.061210	20~28	0.010022		
	6.3~18	0.033414	31.5~100	0.004946		
315	4~5.6	0.104110	20~28	0.016646	112~224	0.002550
	6.3~18	0.055761	31.5~100	0.007424	250~400	0.001465
335	4~5.6	0.192154	20~28	0.027853	112~224	0.004614
	6.3~18	0.095216	31.5~100	0.014971	250~400	0.002498
400	4~5.6	0.298974	20~28	0.041047	112~224	0.007253
	6.3~18	0.153631	31.5~100	0.022885	250~400	0.003817
450	4~5.6	0.646881	20~28	0.081529	112~224	0.013817
	6.3~18	0.301086	31.5~100	0.040089	250~400	0.007282
500	4~5.6	0.949272	20~28	0.138955	112~224	0.027136
	6.3~18	0.446309	31.5~100	0.076323	250~400	0.015584
560	4~5.6	1.580679	20~28	0.259689	112~224	0.042689
	6.3~18	0.756075	31.5~100	0.121763	250~400	0.022764
630	4~5.6	2.816039	20~28	0.563856	112~224	0.135882
	6.3~18	1.393833	31.5~100	0.270145	250~400	0.069515
710	4~5.6	5.262844	20~28	1.048691	112~224	0.229828
	6.3~18	2.550051	31.5~100	0.530819	250~400	0.121677
800	4~5.6	8.412482	20~28	1.858382	112~224	0.410741
	6.3~18	4.046297	31.5~100	0.872866	250~400	0.209991
900	4~5.6	16.227509	20~28	2.860380	112~224	0.658180
	6.3~18	7.008379	31.5~100	1.452061	250~400	0.351744
1000	4~5.6	25.823976	20~28	6.891248	112~224	1.437411
	6.3~18	11.940972	31.5~100	3.071139	250~400	0.730204

注：1. 减速器输出轴上的转动惯量按下式进行计算：

$$J_2 = i^2 J_1$$

2. 1000 以上规格另行计算。NCZD 型减速器的转动惯量可参考三级传动选取。

（5）主要生产厂家

中国重型机械研究院、湖北荆州市巨鲸传动机械有限公司、江苏泰隆减速机股份有限公司、南京高速齿轮箱厂、洛阳矿山机器厂、呼和浩特新生机械厂。选用时应与生产厂落实其技术参数、外形及安装尺寸。

7.1.2　外形、安装尺寸

一级减速器外形及安装尺寸（NAD 200~560）

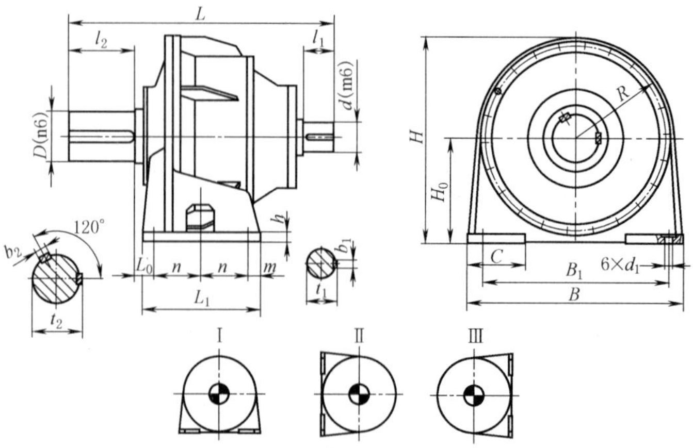

装配型式

表 17-2-87 mm

规格代号	型号规格	公称传动比	外形及中心高 L	B	H	H_0	R	轴伸 d	D	l_1	l_2	t_1	b_1	t_2	b_2	地脚尺寸 L_1	L_0	n	m	h	B_1	C	d_1	质量/kg	油量/L
1	NAD	4~5.6	540	355	345	180	165	50	60	82	105	53.5	14	64	18	220	25	90	20	18	280	90	18	85	2
	200	6.3~9	540					40		82		43	12												
2	NAD	4~5.6	610	400	385	200	185	55	70	82	105	59	16	74.5	20	240	30	95	25	20	310	105	20	120	3
	224	6.3~9	610					45		82		48.5	14												
3	NAD	4~5.6	680	460	435	225	215	60	80	105	130	64	18	85	22	290	30	120	25	20	360	120	20	160	4
	250	6.3~9	657					50		82		53.5	14												
4	NAD	4~5.6	750	500	465	235	230	65	100	105	165	69	18	106	28	300	35	120	30	23	410	130	22	230	6
	280	6.3~9	727					55		82		59	16												
5	NAD	4~5.6	800	560	525	265	260	75	120	105	165	79.5	20	127	32	320	35	130	30	25	470	140	22	360	8
	315	6.3~9	800					60		105		64	18												
6	NAD	4~5.6	895	630	590	300	290	85	140	130	200	90	22	148	36	380	38	155	35	28	520	170	26	420	10
	355	6.3~9	875					60		105		69	18												
7	NAD	4~5.6	979	710	660	335	325	95	150	130	200	100	25	158	36	400	38	165	35	35	600	210	26	547	14
	400	6.3~9	954					75		105		79.5	20												
8	NAD	4~5.6	1135	800	745	375	370	110	170	165	240	116	28	179	40	460	60	180	50	35	670	220	33	755	20
	450	6.3~9	1100					80		130		85	22												
9	NAD	4~5.6	1250	900	835	425	410	120	200	165	280	127	32	210	45	500	80	200	50	40	770	240	33	1095	26
	500	6.3~9	1215					90		130		95	25												
10	NAD	4~5.6	1355	1020	950	480	470	130	220	200	280	137	32	231	50	580	78.5	230	60	40	880	300	38	1510	34
	560	6.3~9	1320					100		165		106	28												

注：外形、安装尺寸资料来自荆州市巨鲸传动机械有限公司，后面各表均同。

一级减速器外形及安装尺寸（NAD 560~2000）

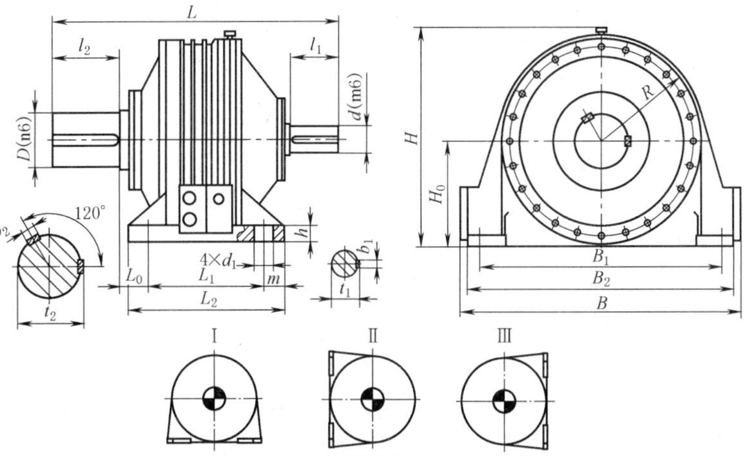

装配型式

表 17-2-88 mm

规格代号	型号规格	公称传动比	外形及中心高 L	B	H	H_0	R	轴伸 d	D	l_1	l_2	t_1	b_1	t_2	b_2	地脚尺寸 L_2	L_0	L_1	m	h	B_2	B_1	d_1	质量/kg	油量/L
11	NAD	4~5.6	1355	1080	990	450	370	130	220	200	280	137	32	231	50	660	103	500	80	70	1060	860	65	1480	140
	560	6.3~9	1320				450	100		165		106	28												
12	NAD	4~5.6	1560	1260	1100	500	485	140	240	200	330	148	36	252	56	740	118	560	90	80	1200	1040	74	2050	160
	630	6.3~9	1530					110		165		116	28												
13	NAD	4~5.6	1750	1360	1230	560	540	160	260	240	330	169	40	272	56	810	130	630	90	80	1320	1140	75	3000	180
	710	6.3~9	1710					130		200		137	32												

第17篇

续表

规格代号	型号规格	公称传动比	外形及中心高					轴伸								地脚尺寸								质量/kg	油量/L
			L	B	H	H_0	R	d	D	l_1	l_2	t_1	b_1	t_2	b_2	L_2	L_0	L_1	m	h	B_2	B_1	d_1		
14	NAD	4~5.6	1880	1560	1335	630	625	160	280	240	380	190	45	292	63	870	158	670	100	100	1500	1300	80	4550	220
	800	6.3~9	1840					140		200		148	36												
15	NAD	4~5.6	2240	1750	1510	710	690	200	340	280	450	210	45	355	80	940	165	740	100	100	1680	1480	80	4900	350
	900	6.3~9	2200					160		240		169	40												
16	NAD	4~5.6	2310	1900	1680	800	770	220	360	280	450	231	50	375	80	1140	160	900	120	120	1840	1600	101	6700	500
	1000	6.3~9	2270					180		240		190	45												
17	NAD	4~5.6	2720	2120	1880	900	870	240	400	330	540	252	56	417	90	1260	207	1000	130	120	2060	1800	101	10500	650
	1120	6.3~9	2670					200		280		210	45												
18	NAD	4~5.6	2970	2340	2060	1000	950	280	450	380	540	292	63	469	100	1400	225	1120	140	140	2280	2000	110	14000	890
	1250	6.3~9	2870					220		280		231	50												
19	NAD	4~5.6	3150	2580	2280	1120	1050	320	500	380	540	334	70	519	100	1500	264	1200	150	150	2600	2200	110	16000	1200
	1400	6.3~9	3100					240		330		252	56												
20	NAD	4~5.6	3690	2970	2560	1250	1200	360	560	450	680	375	80	582	120	1600	350	1250	175	180	2890	2540	120	23000	2000
	1600	6.3~9	3620					280		380		292	63												
21	NAD	4~5.6	4030	3300	2860	1400	1360	380	600	450	680	395	80	625	140	1760	398	1400	180	200	3220	2880	140	31000	2500
	1800	6.3~9	3960					320		380		334	70												
22	NAD	4~5.6	4430	3700	3190	1600	1480	400	630	540	680	417	90	655	140	1960	440	1580	190	220	3620	3260	160	45000	3200
	2000	6.3~9	4390					360		450		375	80												

一级减速器外形及安装尺寸（NAF 200~560）

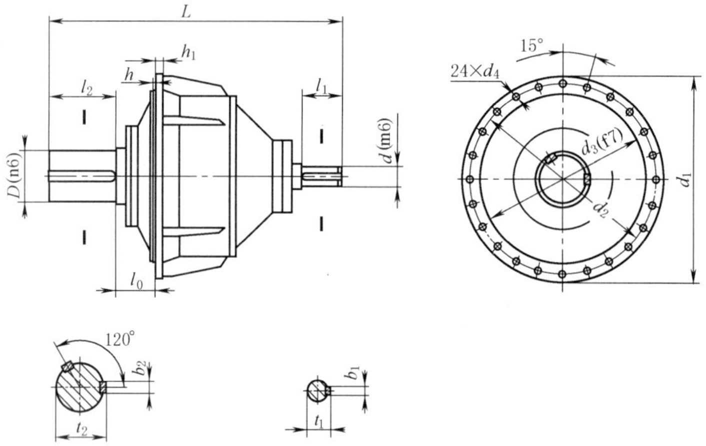

表 17-2-89

mm

规格代号	型号规格	公称传动比	外形尺寸		轴伸								法兰尺寸					质量/kg	油量/L
			L	d_1	d	D	l_1	l_2	t_1	b_1	t_2	b_2	d_2	d_3	d_4	l_0	h/h_1		
1	NAF	4~5.6	540	325	50	60	82	105	53.5	14	64	18	300	275	13.5	70	6/15	70	2
	200	6.3~9	540		40		82		43	12									
2	NAF	4~5.6	610	365	55	70	82	105	59	16	74.5	20	335	300	13.5	76	6/17	100	3
	224	6.3~9	610		45		82		48.5	14									
3	NAF	4~5.6	680	410	60	80	105	130	64	18	85	22	375	340	17.5	85	6/20	130	4
	250	6.3~9	657		50		82		53.5	14									
4	NAF	4~5.6	750	460	65	100	105	165	69	18	106	28	420	385	17.5	95	8/18	195	6
	280	6.3~9	727		55		82		59	16									
5	NAF	4~5.6	800	520	75	120	105	165	79.5	20	127	32	470	435	17.5	113	12/20	260	8
	315	6.3~9	800		60		105		64	18									

续表

规格代号	型号规格	公称传动比	外形尺寸 L	外形尺寸 d_1	轴伸 d	轴伸 D	轴伸 l_1	轴伸 l_2	轴伸 t_1	轴伸 b_1	轴伸 t_2	轴伸 b_2	法兰尺寸 d_2	法兰尺寸 d_3	法兰尺寸 d_4	法兰尺寸 l_0	法兰尺寸 h/h_1	质量/kg	油量/L
6	NAF	4~5.6	895	585	85	140	130	200	90	22	148	36	525	485	22	120	8/20	355	10
	355	6.3~9	875		65		105		69	18									
7	NAF	4~5.6	980	650	95	150	130	200	100	25	158	36	590	545	22	125	8/25	445	14
	400	6.3~9	955		75		105		79.5	20									
8	NAF	4~5.6	1135	740	110	170	165	240	116	28	179	40	670	615	26	138	8/27	620	20
	450	6.3~9	1100		80		130		85	22									
9	NAF	4~5.6	1250	820	120	200	165	280	127	32	210	45	755	680	26	160	8/30	948	26
	500	6.3~9	1215		90		130		95	25									
10	NAF	4~5.6	1355	940	130	220	200	280	137	32	231	50	860	785	33	173.5	10/45	1280	34
	560	6.3~9	1320		100		165		106	28									

二级减速器外形及安装尺寸（NBD 250~560）

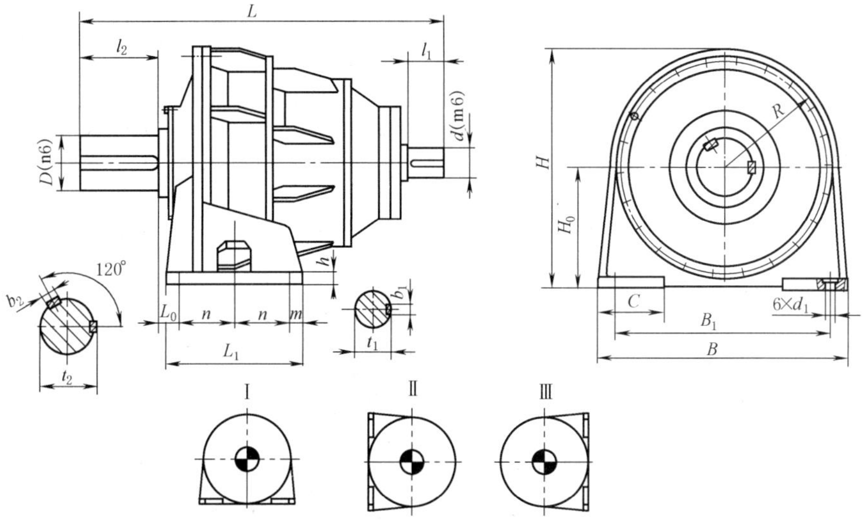

装配型式

表 17-2-90

mm

规格代号	型号规格	公称传动比	外形及中心高 L	B	H	H_0	R	轴伸 d	D	l_1	l_2	t_1	b_1	t_2	b_2	地脚尺寸 L_1	L_0	n	m	h	B_1	C	d_1	质量/kg	油量/L
1	NBD	20~25	715	460	435	225	215	30	80	58	130	33	8	85	22	290	30	120	25	20	360	120	20	210	8
	250	28~50																							
2	NBD	20~25	760	500	465	236	230	35	100	58	165	38	10	106	28	300	35	120	30	23	410	130	22	270	10
	280	28~50																							
3	NBD	20~25	820	560	525	265	260	40	120	82	165	43	12	127	32	320	35	130	30	25	470	140	22	360	14
	315	28~50																							
4	NBD	20~25	900	630	590	300	290	50	140	82	200	53.5	14	148	36	380	38	155	35	28	520	170	26	468	20
	355	28~50																							
5	NBD	20~25	993	710	660	335	325	60	150	105	200	64	18	158	36	400	38	165	35	35	600	210	26	624	28
	400	28~50																							
6	NBD	20~25	1125	800	745	375	370	65	170	105	240	69	18	179	40	460	60	180	50	35	670	220	33	810	38
	450	28~50																							
7	NBD	20~25	1252	900	835	425	410	75	200	105	280	79.5	20	210	45	500	80	200	50	40	770	240	33	1250	45
	500	28~50																							
8	NBD	20~25	1340	1020	950	480	470	80	220	130	280	85	22	231	50	580	78.5	230	60	40	880	300	38	1700	60
	560	28~50																							

二级减速器外形及安装尺寸（NBD 560~2000）

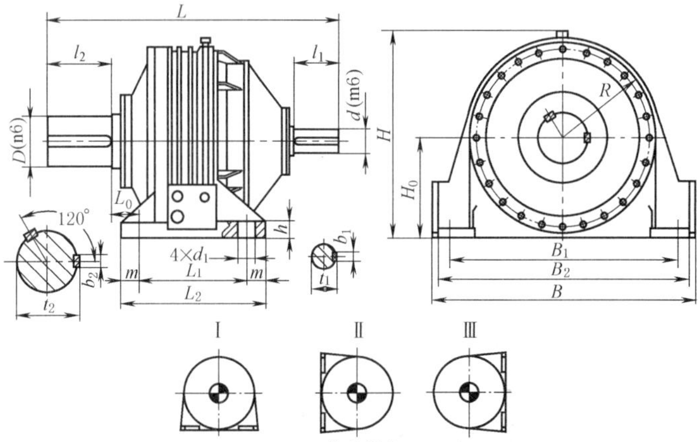

装配型式

表 17-2-91 　　mm

规格代号	型号规格	公称传动比	外形及中心高					轴伸								地脚尺寸								质量/kg	油量/L
			L	B	H	H_0	R	d	D	l_1	l_2	t_1	b_1	t_2	b_2	L_2	L_0	L_1	m	h	B_2	B_1	d_1		
9	NBD 560	20~50	1360	1100	990	450	430	80	220	130	280	85	22	231	50	660	103	500	80	70	1060	900	65	1850	140
10	NBD 630	20~50	1580	1260	1100	500	485	90	240	130	330	95	25	252	56	740	118	560	90	80	1200	1040	74	2300	180
11	NBD 710	20~50	1675	1360	1230	560	540	110	260	165	330	116	28	272	56	810	130	630	90	80	1320	1140	75	3516	240
12	NBD 800	20~50	1955	1560	1335	630	625	120	280	165	380	127	32	292	63	870	158	670	100	100	1500	1300	80	5000	300
13	NBD 900	20~50	2260	1750	1510	710	690	130	340	200	450	137	32	365	80	940	165	740	100	100	1680	1480	80	5600	450
14	NBD 1000	20~50	2330	1900	1680	800	770	140	360	200	450	148	36	375	80	1140	180	900	120	120	1840	1600	101	8100	620
15	NBD 1120	20~50	2580	2120	1880	900	870	160	400	240	540	169	40	417	90	1260	207	1000	130	120	2060	1800	101	13200	800
16	NBD 1250	20~50	2850	2340	2060	1000	950	180	450	240	540	190	45	469	100	1400	225	1120	140	140	2280	2000	110	17000	1000
17	NBD 1400	20~50	3120	2580	2280	1120	1050	200	500	280	540	210	45	519	100	1500	264	1200	150	150	2500	2200	110	19500	1500
18	NBD 1600	20~50	3580	2970	2560	1250	1200	220	560	280	680	231	50	582	120	1600	350	1250	175	180	2890	2540	120	26400	2400
19	NBD 1800	20~50	4150	3300	2860	1400	1350	260	600	330	680	272	56	625	140	1760	398	1420	180	200	3220	2880	140	37500	3000
20	NBD 2000	20~50	4900	3700	3190	1600	1480	280	630	380	680	292	63	655	140	1960	440	1580	190	220	3620	3260	160	51000	3800

二级减速器外形及安装尺寸（NBF 250~560）

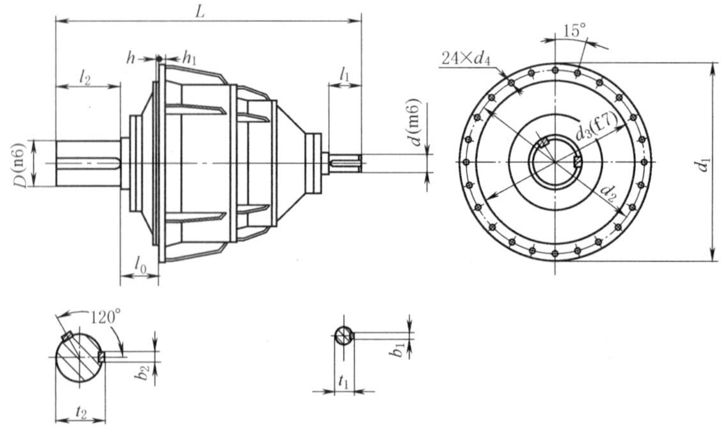

表 17-2-92

mm

规格代号	型号规格	公称传动比	外形尺寸		轴伸								法兰尺寸					质量/kg	油量/L
			L	d_1	d	D	l_1	l_2	t_1	b_1	t_2	b_2	d_2	d_3	d_4	l_0	h/h_1		
1	NBF 250	20~25	715	410	30	80	58	130	33	8	85	22	375	340	17.5	85	6/20	180	8
		28~50																	
2	NBF 280	20~25	760	460	35	100	58	165	38	10	106	28	420	385	17.5	95	8/18	235	10
		28~50																	
3	NBF 315	20~25	820	520	40	120	82	165	43	12	127	32	470	435	17.5	113	12/20	310	14
		28~50																	
4	NBF 355	20~25	900	585	50	140	82	200	53.5	14	148	36	525	485	22	120	8/20	403	20
		28~50																	
5	NBF 400	20~25	993	650	60	150	105	200	64	18	158	36	590	545	22	125	8/25	500	28
		28~50																	
6	NBF 450	20~25	1100	740	65	170	105	240	69	18	179	40	670	615	26	138	8/27	705	38
		28~50																	
7	NBF 500	20~25	1252	820	75	200	105	280	79.5	20	210	45	755	680	26	160	8/30	1095	45
		28~50																	
8	NBF 560	20~25	1340	940	80	220	130	280	85	22	231	50	860	785	33	173.5	10/45	1465	60
		28~50																	

三级减速器外形及安装尺寸（NCD 315~560）

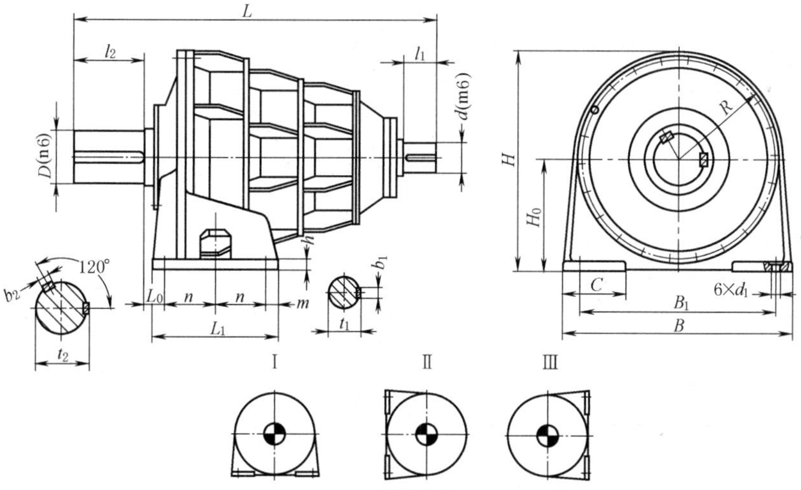

装配型式

表 17-2-93

mm

规格代号	型号规格	公称传动比	外形及中心高					轴伸								地脚尺寸								质量/kg	油量/L
			L	B	H	H_0	R	d	D	l_1	l_2	t_1	b_1	t_2	b_2	L_1	L_0	n	m	h	B_1	C	d_1		
1	NCD 315	112~400	850	560	525	265	260	25	120	42	165	28	8	127	32	320	35	130	30	25	470	140	22	380	18
2	NCD 355	112~400	960	630	590	300	290	28	140	42	200	31	8	148	36	380	38	155	35	28	520	170	26	440	24
3	NCD 400	112~400	1023	710	660	335	325	30	150	58	200	33	8	158	36	400	38	165	35	35	600	210	26	649	36
4	NCD 450	112~400	1147	800	745	375	370	40	170	82	240	43	12	179	40	460	60	180	50	35	670	220	33	900	45
5	NCD 500	112~400	1300	900	835	425	410	45	200	82	280	48.5	14	210	45	500	80	200	50	40	770	240	33	1300	55
6	NCD 560	112~400	1420	1020	950	480	470	50	220	82	280	53.5	14	231	50	580	78.5	230	60	40	880	300	38	1750	72

三级减速器外形及安装尺寸（NCD 560~2000）

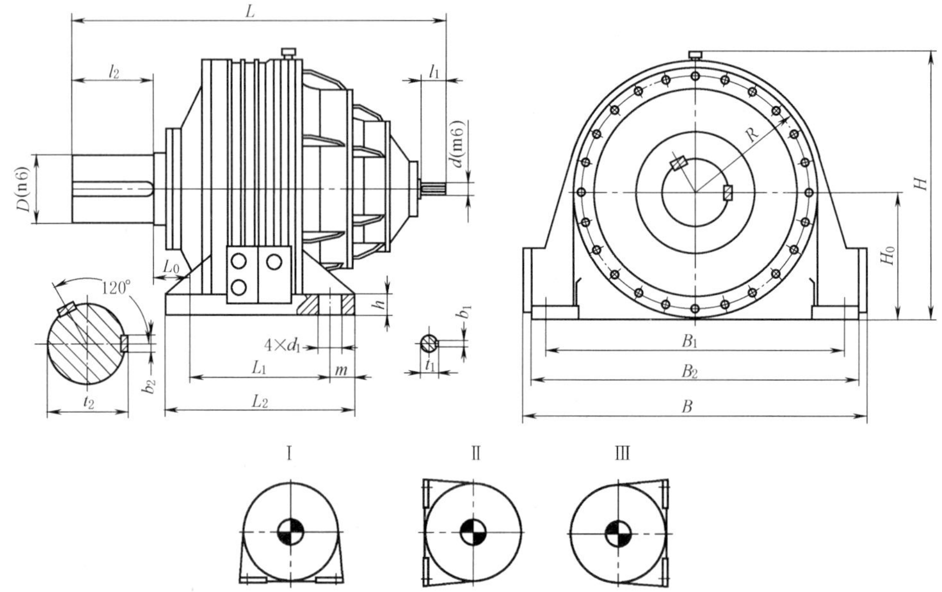

装配型式

表 17-2-94 mm

规格代号	型号规格	公称传动比	外形及中心高					轴伸								地脚尺寸								质量/kg	油量/L
			L	B	H	H_0	R	d	D	l_1	l_2	t_1	b_1	t_2	b_2	L_2	L_0	L_1	m	h	B_2	B_1	d_1		
7	NCD 560	112~400	1500	1100	990	450	430	50	220	82	280	53.5	14	231	50	660	103	500	80	70	1060	900	65	2050	180
8	NCD 630	112~400	1693	1260	1100	500	485	60	240	105	330	65	18	252	56	740	118	560	90	80	1200	1040	74	2540	240
9	NCD 710	112~400	1745	1360	1230	560	540	65	260	105	330	69	18	272	56	810	130	630	90	80	1320	1140	75	3835	300
10	NCD 800	112~400	2090	1560	1335	630	625	65	280	105	380	69	18	292	63	870	158	670	100	100	1500	1300	80	5106	450
11	NCD 900	112~400	2340	1750	1510	710	690	70	340	105	450	74.5	20	355	80	940	165	740	100	100	1680	1480	80	7800	620
12	NCD 1000	112~400	2475	1900	1680	800	770	75	360	105	450	79.5	20	375	80	1140	160	900	120	120	1840	1600	101	10500	800
13	NCD 1120	112~400	2790	2120	1880	900	870	90	400	130	540	95	25	417	90	1260	207	1000	130	120	2060	1800	101	15200	1000
14	NCD 1250	112~400	3140	2340	2060	1000	950	100	450	165	540	106	28	469	100	1400	225	1120	140	140	2280	2000	110	18500	1500
15	NCD 1400	112~400	3560	2580	2280	1120	1050	110	500	165	540	116	28	519	100	1500	264	1200	150	150	2500	2200	110	24000	2400
16	NCD 1600	112~400	4020	2970	2560	1250	1200	120	560	165	680	127	32	582	120	1600	350	1250	175	180	2890	2540	120	31000	3000
17	NCD 1800	112~400	4350	3500	2860	1400	1350	140	600	200	680	148	36	625	140	1760	398	1420	180	200	3220	2880	140	40000	3400
18	NCD 2000	112~400	5225	3700	3190	1600	1680	150	630	200	680	158	36	655	140	1960	440	1580	190	220	3620	3260	160	51000	3900

三级减速器外形及安装尺寸（NCF 315～560）

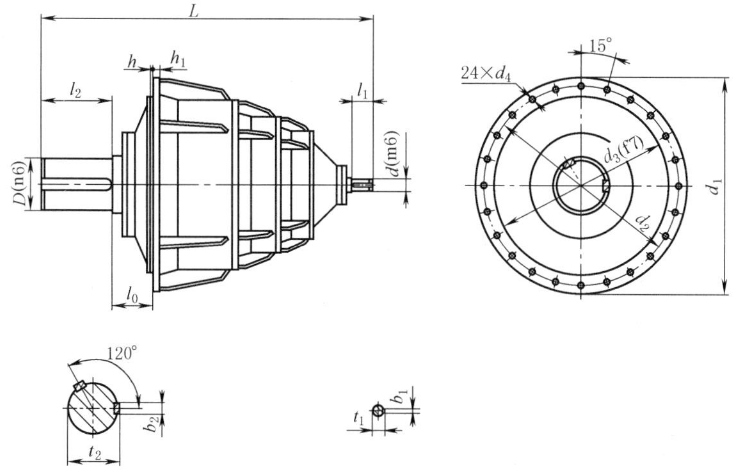

表 17-2-95

mm

规格代号	型号规格	公称传动比	外形尺寸		轴伸								法兰尺寸					质量/kg	油量/L
			L	d_1	d	D	l_1	l_2	t_1	b_1	t_2	b_2	d_2	d_3	d_4	l_0	h/h_1		
1	NCF 315	112～400	850	520	25	120	42	165	28	8	127	32	475	430	22	113	12/20	335	18
2	NCF 355	112～400	960	585	28	140	42	200	31	8	148	36	530	485	22	120	8/20	450	24
3	NCF 400	112～400	1023	650	30	150	58	200	33	8	158	36	595	545	22	125	8/25	510	36
4	NCF 450	112～400	1147	740	40	170	82	240	43	12	179	40	670	615	26	138	8/27	780	45
5	NCF 500	112～400	1300	820	45	200	82	280	48.5	14	210	45	755	690	33	165	8/30	1155	55
6	NCF 560	112～400	1420	940	50	220	82	280	53.5	14	231	50	860	785	33	173.5	10/45	1520	72

一级减速器外形及安装尺寸（NAZD 200～560）

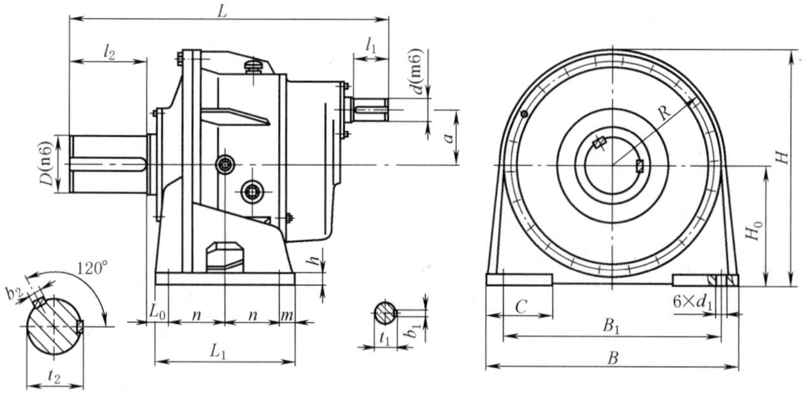

装配型式

表 17-2-96 mm

规格代号	型号规格	公称传动比	外形及中心高					轴伸									地脚尺寸								质量/kg	油量/L
			L	B	H	H_0	R	a	d	D	l_1	l_2	t_1	b_1	t_2	b_2	L_1	L_0	n	m	h	B_1	C	d_1		
1	NAZD 200	10~18	520	355	345	180	165	82	30	60	58	105	34	8	64	18	220	25	90	20	18	280	90	18	110	3
2	NAZD 224	10~18	580	400	385	200	185	91	32	70	58	105	35	10	74.5	20	240	30	95	25	20	310	105	20	145	4
3	NAZD 250	10~18	650	460	435	225	215	100	38	80	58	130	41	10	85	22	290	30	120	25	20	360	120	20	190	6
4	NAZD 280	10~18	720	500	465	235	230	109	42	100	82	165	45	12	106	28	300	35	120	30	23	410	130	22	274	8
5	NAZD 315	10~18	760	560	525	265	260	127	50	120	82	165	53.5	14	127	32	320	35	130	30	25	470	140	22	340	10
6	NAZD 355	10~18	840	630	590	300	290	145	55	140	82	200	59	16	148	36	380	38	155	35	28	520	170	26	450	14
7	NAZD 400	10~18	923	710	660	335	325	164	60	150	105	200	64	18	158	36	400	38	165	35	35	600	210	26	640	20
8	NAZD 450	10~18	1015	800	745	375	370	182	70	170	105	240	74.5	20	179	40	460	60	180	50	36	670	220	33	860	24
9	NAZD 500	10~18	1147	900	835	425	410	200	80	200	130	280	85	22	210	45	500	80	200	50	40	770	240	33	1200	32
10	NAZD 560	10~18	1220	1020	950	480	470	218	85	220	130	280	90	22	231	50	580	78.5	230	60	40	880	300	38	1556	42

一级减速器外形及安装尺寸（NAZD 560~1600）

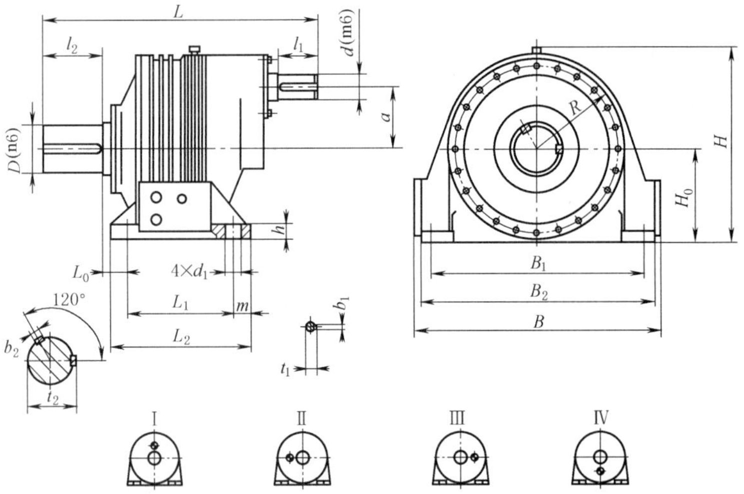

装配型式

表 17-2-97 mm

规格代号	型号规格	公称传动比	外形及中心高					轴伸								地脚尺寸								质量/kg	油量/L
			L	B	H	H_0	R/a	d	D	l_1	l_2	t_1	b_1	t_2	b_2	L_2	L_0	L_1	m	h	B_2	B_1	d_1		
11	NAZD 560	10~18	1300	1100	990	450	430/218	85	220	130	280	90	22	231	50	660	103	500	80	70	1060	900	66	1600	140
12	NAZD 630	10~18	1491	1260	1095	500	485/260	100	240	165	330	106	28	262	56	740	118	560	90	80	1200	1040	74	2200	180
13	NAZD 710	10~18	1540	1360	1215	560	545/296	110	260	165	330	116	28	272	56	810	130	630	90	80	1320	1140	74	3250	240
14	NAZD 800	10~18	1707	1560	1335	630	625/334	120	280	165	380	127	32	292	63	870	158	670	100	100	1500	1300	82	4780	300
15	NAZD 900	10~18	1990	1750	1510	710	690/372	130	340	206	450	137	32	355	80	940	165	740	100	100	1680	1480	82	5400	450

续表

规格代号	型号规格	公称传动比	外形及中心高					轴伸								地脚尺寸								质量/kg	油量/L
			L	B	H	H_0	R/a	d	D	l_1	l_2	t_1	b_1	t_2	b_2	L_2	L_0	L_1	m	h	B_2	B_1	d_1		
16	NAZD 1000	10~18	2125	1900	1680	800	770/408	150	360	200	450	158	36	375	80	1140	160	900	120	120	1840	1600	101	7150	620
17	NAZD 1120	10~18	2450	2120	1880	900	870/446	170	400	240	540	179	40	417	90	1260	207	1000	130	120	2060	1800	101	11900	800
18	NAZD 1250	10~18	2680	2340	2060	1000	950/520	200	450	280	540	210	45	469	100	1400	225	1120	140	140	2280	2000	110	16000	1000
19	NAZD 1400	10~18	2890	2580	2280	1120	1050/592	220	500	280	540	231	50	519	100	1500	264	1200	150	150	2500	2200	110	19000	1500
20	NAZD 1600	10~18	3370	2970	2560	1250	1200/668	248	560	330	680	262	56	582	120	1600	350	1250	175	180	2890	2540	120	27000	2400

一级减速器外形及安装尺寸（NAZF 200~560）

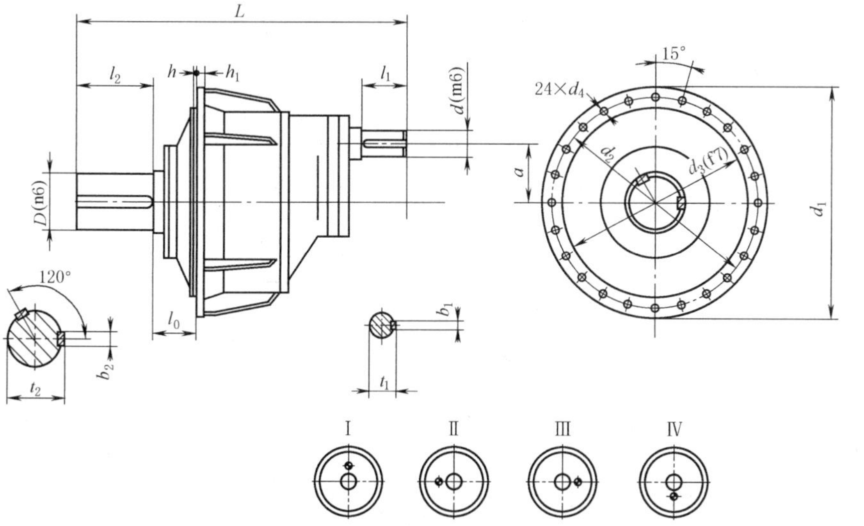

装配型式

表 17-2-98

mm

规格代号	型号规格	公称传动比	外形尺寸			轴伸								法兰尺寸					质量/kg	油量/L
			L	d_1	a	d	D	l_1	l_2	t_1	b_1	t_2	b_2	d_2	d_3	d_4	l_0	h/h_1		
1	NAZF 200	10~18	520	325	82	30	60	58	105	34	8	64	18	300	275	13.5	70	6/15	95	3
2	NAZF 224	10~18	580	365	91	32	70	58	105	35	10	74.5	20	335	300	13.5	76	6/17	125	4
3	NAZF 250	10~18	650	410	100	38	80	58	130	41	10	85	22	375	340	17.5	85	6/20	160	6
4	NAZF 280	10~18	720	460	109	42	100	82	165	45	12	106	28	420	385	17.5	95	8/18	225	8
5	NAZF 315	10~18	760	520	127	50	120	82	165	53.5	14	127	32	470	435	17.5	113	12/20	290	10
6	NAZF 355	10~18	840	585	145	55	140	82	200	59	16	148	36	525	485	22	120	8/20	385	14
7	NAZF 400	10~18	923	650	164	60	150	105	200	64	18	158	36	590	545	22	125	8/25	494	20
8	NAZF 450	10~18	1015	740	182	70	170	105	240	74.5	20	179	40	670	615	26	138	8/27	730	24
9	NAZF 500	10~18	1147	820	200	80	200	130	280	85	22	210	45	755	680	26	160	8/30	1053	32
10	NAZF 560	10~18	1220	940	218	85	220	130	280	90	22	231	50	860	785	33	173.5	10/45	1326	42

二级减速器外形及安装尺寸（NBZD 250～560）

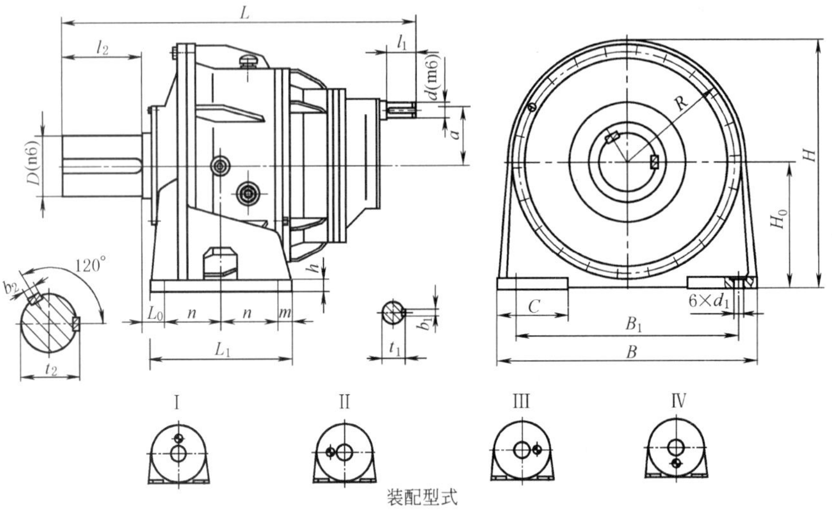

装配型式

表 17-2-99

mm

规格代号	型号规格	公称传动比	外形及中心高					轴伸								地脚尺寸								质量/kg	油量/L
			L	B	H	H_0	R/a	d	D	l_1	l_2	t_1	b_1	t_2	b_2	L_1	L_0	n	m	h	B_1	C	d_1		
1	NBZD 250	56～125	580	460	435	225	215/82	28	80	42	130	51	8	85	22	290	30	120	25	20	360	120	20	240	10
2	NBZD 280	56～125	670	500	465	236	230/91	30	100	42	165	33	8	106	28	300	35	120	30	23	410	130	22	295	14
3	NBZD 315	56～125	770	560	525	265	260/100	32	120	58	165	35	10	127	32	320	35	130	30	25	470	140	22	400	18
4	NBZD 355	56～125	835	630	590	300	294/109	35	140	58	200	38	10	148	36	380	38	155	35	28	520	170	26	525	24
5	NBZD 400	56～125	1003	710	660	335	325/127	40	150	82	200	43	12	158	36	400	38	165	35	35	600	210	26	680	36
6	NBZD 450	56～125	1122	800	745	375	370/145	45	170	82	240	48.5	14	179	40	460	60	180	50	35	670	220	33	905	45
7	NBZD 500	56～125	1232	900	835	425	410/164	50	200	82	280	53.5	14	210	45	500	80	200	50	40	770	240	33	1350	55
8	NBZD 560	56～125	1327	1020	950	480	470/182	55	220	82	280	59	16	231	50	580	78.5	230	60	40	880	300	39	1720	72

二级减速器外形及安装尺寸（NBZD 560～1600）

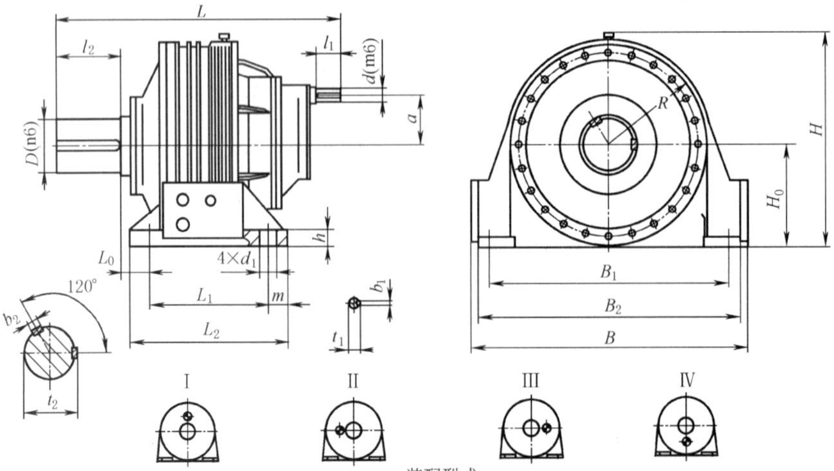

装配型式

表 17-2-100

mm

规格代号	型号规格	公称传动比	外形及中心高					轴伸								地脚尺寸								质量/kg	油量/L
			L	B	H	H_0	R/a	d	D	l_1	l_2	t_1	b_1	t_2	b_2	L_2	L_0	L_1	m	h	B_2	B_1	d_1		
9	NBZD 560	56~125	1360	1100	990	450	430/182	55	220	82	280	59	16	231	50	660	105	500	80	70	1060	900	65	1970	180
10	NBZD 630	56~125	1562	1260	1100	500	485/200	60	240	105	330	64	18	252	56	740	118	560	90	80	1200	1040	74	2400	240
11	NBZD 710	56~125	1650	1360	1230	560	540/218	70	260	105	330	74.5	20	272	56	810	130	630	90	80	1320	1140	75	4000	300
12	NBZD 800	56~125	1955	1560	1335	630	625/260	80	280	130	380	85	22	292	63	870	163	670	100	100	1500	1300	80	5850	450
13	NBZD 900	56~125	2146	1750	1510	710	690/296	90	340	130	450	95	25	355	80	940	194	740	100	100	1680	1480	80	6000	620
14	NBZD 1000	56~125	2364	1900	1680	800	770/334	100	360	165	450	106	28	375	80	1140	185	900	120	120	1840	1600	101	9050	800
15	NBZD 1120	56~125	2665	2120	1880	900	870/372	120	400	165	540	127	32	417	90	1260	207	1000	130	120	2060	1800	101	14300	1000
16	NBZD 1250	56~125	2910	2340	2060	1000	950/408	130	450	200	540	137	32	469	100	1400	225	1120	140	140	2280	2000	112	18700	1500
17	NBZD 1400	56~125	3175	2580	2280	1120	1050/446	150	500	200	540	158	36	519	100	1500	264	1200	150	150	2500	2200	112	21000	2400
18	NBZD 1600	56~125	3670	2970	2560	1250	1200/520	170	560	240	680	179	40	582	120	1600	350	1250	175	180	2890	2540	122	29500	5000

二级减速器外形及安装尺寸（NBZF 250~560）

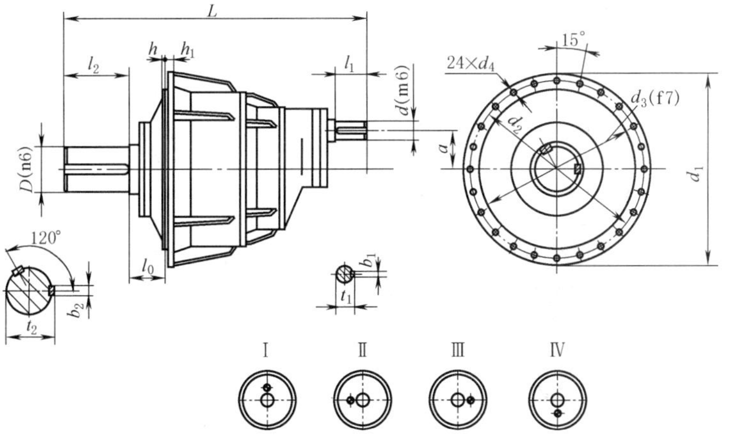

装配型式

表 17-2-101

mm

规格代号	型号规格	公称传动比	外形尺寸			轴伸								法兰尺寸					质量/kg	油量/L
			L	d_1	a	d	D	l_1	l_2	t_1	b_1	t_2	b_2	d_2	d_3	d_4	l_0	h/h_1		
1	NBZF 250	56~125	580	410	82	28	80	42	130	31	8	85	22	375	340	17.5	85	6/20	210	10
2	NBZF 280	56~125	670	460	91	30	100	42	165	33	8	106	28	420	385	17.5	95	8/18	260	14
3	NBZF 315	56~125	770	520	100	32	120	58	165	35	10	127	32	470	435	17.5	113	12/20	350	18
4	NBZF 355	56~125	835	585	109	35	140	58	200	38	10	148	36	525	485	22	120	8/20	460	24
5	NBZF 400	56~125	1003	650	127	40	150	82	200	43	12	158	36	590	545	22	125	8/25	540	36
6	NBZF 450	56~125	1122	740	145	45	170	82	240	48.5	14	179	40	670	615	26	138	8/27	785	45
7	NBZF 500	56~125	1232	820	164	50	200	82	280	54.5	14	210	45	755	680	26	160	8/30	1200	55
8	NBZF 560	56~125	1327	940	182	55	220	82	280	59	16	231	50	860	785	33	173.5	10/45	1500	72

三级减速器外形及安装尺寸（NCZD 315~560）

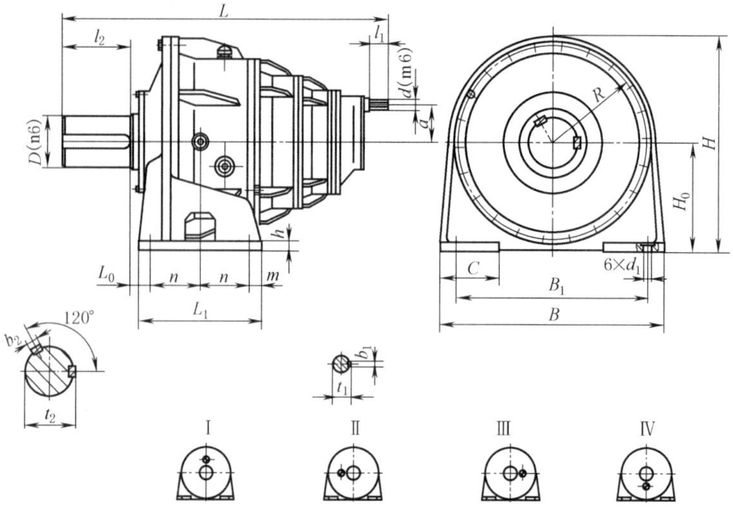

装配型式

表 17-2-102

mm

规格代号	型号规格	公称传动比	外形及中心高					轴伸								地脚尺寸								质量/kg	油量/L
			L	B	H	H_0	R/a	d	D	l_1	l_2	t_1	b_1	t_2	b_2	L_1	L_0	n	m	h	B_1	C	d_1		
1	NCZD 315	450~1120	845	560	525	265	260/82	20	120	36	165	22.5	6	127	32	520	35	130	30	25	470	140	22	430	20
2	NCZD 355	450~1120	974	630	590	300	290/91	22	140	36	200	24.5	6	148	36	380	38	155	35	28	520	170	26	540	26
3	NCZD 400	450~1120	1054	710	660	335	330/100	28	150	42	200	31	8	158	36	400	38	165	35	35	600	210	26	700	40
4	NCZD 450	450~1120	1175	800	745	375	370/109	35	170	58	240	38	10	179	40	468	60	180	50	35	670	220	33	950	50
5	NCZD 500	450~1120	1350	900	835	425	410/127	40	200	82	280	43	12	210	45	500	80	200	50	40	770	240	33	1380	65
6	NCZD 560	450~1120	1440	1020	950	480	470/145	45	220	82	280	48.5	14	231	50	580	78.5	230	60	40	880	300	38	1780	80

三级减速器外形及安装尺寸（NCZD 560~2000）

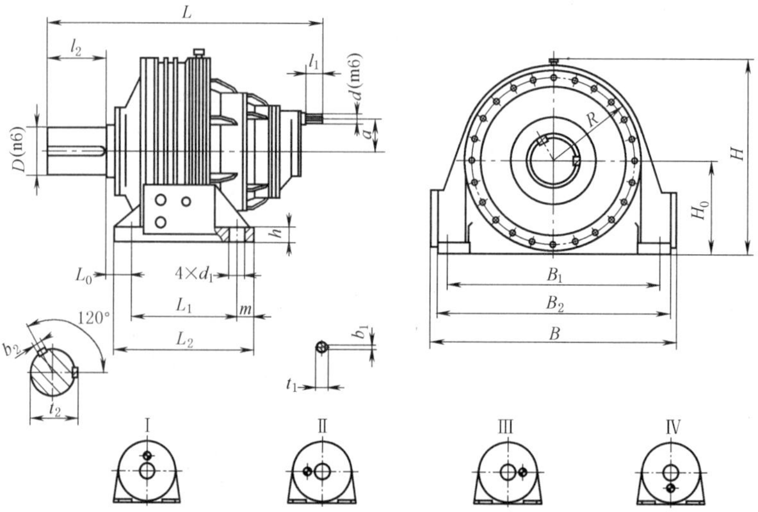

装配型式

表 17-2-103

mm

规格代号	型号规格	公称传动比	外形及中心高					轴伸								地脚尺寸								质量/kg	油量/L
			L	B	H	H_0	R/a	d	D	l_1	l_2	t_1	b_1	t_2	b_2	L_2	L_0	L_1	m	h	B_2	B_1	d_1		
7	NCZD 560	450~1120	1510	1100	900	450	430/145	45	220	82	280	48.5	14	231	50	660	103	500	80	70	1060	900	65	2100	200
8	NCZD 630	450~1120	1670	1260	1100	500	485/182	50	240	82	330	54	14	252	56	740	118	560	90	80	1200	1040	74	2650	280
9	NCZD 710	450~1120	1800	1360	1230	560	540/200	55	260	82	330	59	16	272	56	810	130	630	90	80	1320	1140	75	4300	340
10	NCZD 800	450~1120	2070	1560	1335	630	625/218	60	280	105	380	64	18	292	63	870	163	670	100	100	1500	1300	82	5400	495
11	NCZD 900	450~1120	2345	1750	1510	710	690/218	70	340	105	450	74.5	20	355	80	940	194	740	100	100	1680	1480	82	8500	700
12	NCZD 1000	450~1120	2570	1900	1680	800	770/260	80	360	130	450	85	22	375	80	1140	185	900	120	120	1840	1600	101	12000	900
13	NCZD 1120	450~1120	2890	2120	1880	900	870/296	90	400	130	540	95	25	417	90	1260	207	1000	130	120	2060	1800	101	17000	1100
14	NCZD 1250	450~1120	3136	2340	2060	1000	950/334	100	450	165	540	106	28	469	100	1400	225	1120	140	140	2280	2000	112	20000	1700
15	NCZD 1400	450~1120	3430	2580	2280	1120	1050/372	120	500	165	540	127	32	519	100	1500	264	1200	150	150	2500	2200	112	25900	2700
16	NCZD 1600	450~1120	4010	2970	2560	1256	1200/408	130	560	200	680	137	32	582	120	1600	350	1250	175	180	2890	2540	122	33500	3400
17	NCZD 1800	450~1120	4370	3300	2860	1400	1350/446	150	600	200	680	158	36	625	140	1760	398	1420	180	200	3200	2880	137	45000	3700
18	NCZD 2000	450~1120	4770	3700	3190	1600	1480/500	170	630	290	680	179	40	655	140	1960	440	1580	190	220	3620	3260	155	57000	4000

三级减速器外形及安装尺寸（NCZF 315~560）

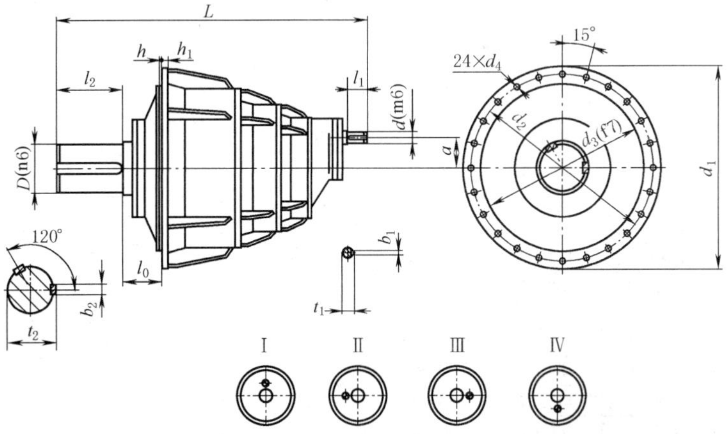

装配型式

表 17-2-104

mm

规格代号	型号规格	公称传动比	外形尺寸			轴伸								法兰尺寸					质量/kg	油量/L
			L	d_1	a	d	D	l_1	l_2	t_1	b_1	t_2	b_2	d_2	d_3	d_4	l_0	h/h_1		
1	NCZF 315	450~1120	845	520	82	20	120	36	165	22.5	6	127	32	470	435	17.5	113	12/20	380	20
2	NCZF 355	450~1120	974	585	91	22	140	36	200	24.5	6	148	36	525	485	22	120	8/20	475	26
3	NCZF 400	450~1120	1054	650	100	28	150	42	200	31	8	158	36	590	545	22	125	8/25	600	40
4	NCZF 450	450~1120	1175	740	109	35	170	58	240	38	10	179	40	670	615	26	138	8/27	820	50
5	NCZF 500	450~1120	1350	820	127	40	200	82	280	43	12	210	45	755	680	26	160	8/30	1230	65
6	NCZF 560	450~1120	1440	940	145	45	220	82	280	48.5	14	231	50	860	785	33	173.5	10/45	1520	80

7.1.3 承载能力

表 17-2-105　　NAD、NAF 减速器高速轴公称输入功率 P_1　　kW

规格	n_1/r·min^{-1}	公称传动比 i							
		4	4.5	5	5.6	6.3	7.1	8	9
200	600	54.5	45.0	34.2	28.4	23.3	16.1	13.9	10.0
	750	68.0	56.4	43.1	35.7	29.2	20.1	17.5	12.5
	1000	86.2	73.0	55.9	47.9	39.2	27.0	23.4	16.9
	1500	132.7	111.1	84.8	70.3	57.6	39.7	34.4	25.6
224	600	89.0	78.5	61.9	47.4	35.5	24.3	21.0	15.0
	750	109.8	95.6	77.8	59.5	44.6	30.5	26.4	18.8
	1000	144.5	125.7	101.1	77.4	59.9	40.9	35.4	25.3
	1500	218.0	193.3	153.3	117.3	87.9	60.1	52.0	37.1
250	600	105.8	95.1	76.3	58.7	46.3	31.8	27.7	19.9
	750	131.7	114.6	92.9	73.7	58.1	40.0	34.7	24.9
	1000	174.5	153.1	124.7	95.8	75.5	53.8	46.6	33.5
	1500	258.6	233.6	189.0	145.3	114.4	78.8	68.5	49.2
280	600	168.7	139.8	106.2	87.6	68.1	46.4	40.1	28.4
	750	212.0	170.1	129.2	110.1	85.6	58.3	50.4	35.7
	1000	284.9	228.6	173.7	143.2	111.3	75.8	67.6	48.0
	1500	414.4	346.7	263.4	217.2	168.8	114.9	99.3	70.5
315	600	226.6	187.3	147.1	121.9	96.3	67.5	59.1	38.2
	750	281.4	235.5	179.0	148.4	117.1	84.9	74.3	45.9
	1000	389.9	316.4	240.6	199.4	157.3	110.4	96.7	61.6
	1500	552.6	460.1	364.8	302.5	238.3	167.4	146.7	90.4
355	600	351.2	284.4	217.0	179.1	140.5	95.9	82.9	59.1
	750	437.1	357.5	272.7	225.3	171.1	120.6	104.2	74.2
	1000	578.6	480.4	366.5	310.4	229.8	156.8	135.6	96.5
	1500	855.8	698.4	532.9	440.4	348.2	237.7	205.7	146.4
400	600	432.5	367.3	280.1	232.3	190.4	135.4	117.6	84.4
	750	538.0	461.8	352.3	292.1	239.2	164.8	143.1	106.2
	1000	711.6	620.5	473.3	392.6	321.3	221.4	192.2	138.2
	1500	1067.5	901.4	688.1	571.1	467.1	335.7	291.6	209.6
450	600	702.5	621.2	506.6	387.6	290.5	198.6	177.6	126.7
	750	872.7	772.9	636.9	487.3	365.1	249.7	216.1	154.1
	1000	1152.1	1022.8	855.4	654.7	490.4	335.4	290.4	207.2
	1500	1694.4	1511.1	1242.1	951.7	712.5	487.8	440.3	314.3
500	600	831.2	749.3	624.5	480.2	378.3	260.6	226.2	167.8
	750	1032.0	931.7	785.1	603.8	475.4	327.5	284.4	204.4
	1000	1360.8	1231.5	1011.4	811.1	638.6	440.1	382.2	274.6
	1500	1997.4	1815.7	1530.0	1178.3	927.3	639.7	556.5	416.6
560	600	1296.6	1113.6	847.8	700.2	545.2	372.3	322.0	229.4
	750	1609.2	1400.0	1065.9	880.5	685.4	468.0	404.8	288.4
	1000	2120.4	1802.9	1373.3	1134.9	920.2	628.6	543.9	385.0
	1500	3107.6	2724.0	2077.4	1718.4	1335.6	913.6	790.7	564.0
630	600	1675.8	1476.7	1172.1	972.9	732.1	540.9	474.2	293.5
	750	2077.6	1834.0	1473.5	1223.4	907.1	680.0	596.1	369.2
	1000	2732.9	2419.5	1897.7	1576.4	1192.2	913.1	800.7	496.1
	1500	3991.9	3554.1	2867.5	2385.0	1738.6	1325.5	1163.2	721.8
710	600	2686.1	2362.3	1832.8	1514.2	1148.8	784.2	678.3	483.0
	750	3326.6	2895.8	2210.0	1826.5	1443.8	985.8	852.8	607.4
	1000	4368.0	3865.8	2965.6	2452.4	1858.6	1270.0	1145.6	816.3
	1500	6358.9	5670.1	4475.5	3706.4	2806.1	1921.5	1663.9	1187.1
800	600	3280.8	2893.9	2366.9	1963.5	1543.6	1107.2	961.6	691.0
	750	4058.6	3588.7	2853.4	2368.1	1908.7	1391.9	1209.0	869.1
	1000	5319.9	4722.1	3827.0	3178.2	2500.1	1792.7	1557.6	1120.3
	1500		6902.4	5673.6	4797.8	3622.4	2709.6	2356.2	1693.3

续表

规格	n_1/r·min^{-1}	公称传动比 i							
		4	4.5	5	5.6	6.3	7.1	8	9
900	600	5284.6	4703.5	4101.3	3139.8	2412.4	1677.3	1452.3	1036.4
	750	6522.4	5822.2	5131.6	3945.1	2953.9	2022.4	1825.8	1303.4
	1000	8517.6	7639.1	6713.5	5289.4	3892.7	2713.9	2351.3	1680.0
	1500			9705.3	7834.7	5615.6	4097.3	3553.1	2543.7
1000	600	6217.3	5640.7	4888.3	3890.1	2941.6	2200.4	1911.2	1373.9
	750	7664.2	6973.6	6033.3	4886.3	3627.0	2652.8	2304.6	1727.7
	1000	9989.0	9131.3	7878.9	6530.2	4278.7	3542.9	3092.7	2226.4
	1500				9434.4	6791.7	5365.2	4668.2	3368.3
1120	600	9623.9	8516.5	6863.8	5673.9	4349.2	3143.1	2720.1	1938.9
	750	11855.4	10528.6	8615.2	7126.1	5410.1	3788.3	3278.4	2338.9
	1000	15434.1	13785.3	11525.8	9544.4	7037.0	5078.6	4398.7	3140.7
	1500					10063.3	7522.8	6631.4	4747.4
1250	600	12302.5	10923.6	9473.5	7879.1	5424.1	4377.6	3839.6	2481.8
	750	15124.5	13476.1	11666.1	9889.9	6659.0	5396.0	4822.1	2993.2
	1000		17585.1	15179.6	13014.5	8621.9	7291.1	6459.6	4017.7
	1500						10417.9	9550.9	6066.6
1400	600	19519.4	17337.9	14811.1	12254.1	8793.1	6347.9	5494.4	3917.3
	750	23953.8	21374.4	18494.4	15371.9	10784.9	7969.0	6900.3	4923.8
	1000			24001.6	20204.0	13943.2	10665.3	9241.6	6605.2
	1500							13654.9	9794.3
1600	600	26419.6	21004.9	18188.8	15669.1	11215.1	8957.7	7784.8	5603.7
	750		25842.8	22322.8	19251.1	13721.4	11238.0	9771.2	7040.8
	1000					17670.5	14860.0	13071.8	9437.3
	1500								
1800	600	38337.2	34355.5	30266.8	25025.3	17923.0	13633.6	11821.8	8447.3
	750			37205.0	30821.7	22043.2	17115.2	14851.0	10623.2
	1000						22523.3	19567.1	14256.8
	1500								
2000	600		40673.0	35169.9	29216.7	21555.5	17864.9	15541.8	11190.7
	750				35898.9	26431.9	22177.1	19509.9	14065.8
	1000						28842.2	25670.4	18549.5
	1500								

表 17-2-106　　NAD、NAF 减速器热功率 P_{h1}、P_{h2}

散热冷却条件		规格																				
没有冷却措施	环境条件	200	224	250	280	315	355	400	450	500	560	630	710	800	900	1000	1120	1250	1400	1600	1800	2000
		P_{h1}/kW																				
	小空间、小厂房	6	9	12	17	24	30	37	49	61	73	90	111	145	182	237	285	375	453	610	816	1095
	较大空间或厂房	9	13	18	26	36	45	55	74	92	110	135	166	217	273	356	425	563	679	915	1224	1643
	户外露天	12.5	15	25	37	51	64	78	104	150	155	190	254	506	585	592	599	794	957	1290	1725	2316
稀油站循环油润滑		P_{h2}按载荷 P_2及其工况条件、稀油站的流量和容积来确定																				

表 17-2-107　　NBD、NBF 减速器高速轴公称输入功率 P_1　　kW

规格	n_1/r·min^{-1}	公称传动比 i								
		20	22.4	25	28	31.5	35.5	40	45	50
250	600	20.5	18.9	13.9	11.4	11.4	10.2	7.6	7.6	7.6
	750	25.6	23.7	17.3	14.2	14.2	12.8	9.6	9.6	9.4
	1000	34.1	31.5	23.0	18.9	18.9	17.2	12.9	12.9	12.2
	1500	51.1	47.2	34.1	28.2	28.2	25.3	19.5	19.5	17.6

续表

规格	$n_1/\mathrm{r\cdot min^{-1}}$	公称传动比 i								
		20	22.4	25	28	31.5	35.5	40	45	50
280	600	35.0	30.9	22.8	18.6	18.6	16.3	12.1	12.1	11.5
	750	43.7	38.6	28.4	23.2	23.2	20.5	15.3	15.3	14.1
	1000	58.3	51.5	37.7	31.1	31.1	27.5	20.4	20.4	18.2
	1500	85.6	75.4	56.0	45.9	45.9	40.4	30.0	30.0	26.2
315	600	45.7	38.9	28.1	23.2	23.2	20.9	15.6	15.6	15.6
	750	57.1	48.5	35.1	28.9	28.9	26.2	19.6	19.6	19.5
	1000	76.0	64.3	46.4	38.4	38.4	35.2	26.3	26.3	25.3
	1500	113.8	95.5	68.8	56.9	56.9	51.7	38.5	38.5	35.1
355	600	68.3	60.5	41.9	34.5	34.5	30.5	22.6	22.6	22.6
	750	85.3	76.0	52.3	43.1	43.1	38.2	28.3	28.3	28.3
	1000	113.6	98.9	69.3	56.5	56.5	51.4	38.1	38.1	38.1
	1500	170.0	150.5	102.8	85.0	85.0	75.4	56.0	56.0	53.2
400	600	84.3	77.8	52.7	43.8	43.8	41.3	28.2	28.2	28.2
	750	105.3	97.2	65.5	54.6	54.6	51.5	35.4	35.4	35.4
	1000	140.2	129.4	86.7	72.4	72.4	68.4	47.6	47.6	47.6
	1500	209.6	193.6	128.3	107.3	107.3	101.4	69.8	69.8	65.8
450	600	137.1	124.1	84.6	69.8	69.8	63.1	46.9	46.9	46.9
	750	171.1	156.0	105.3	86.9	86.9	79.3	52.8	52.8	52.8
	1000	228.4	208.6	139.4	115.2	115.2	103.1	76.6	76.6	76.6
	1500	341.7	304.9	205.8	170.6	170.6	156.4	116.3	116.3	115.0
500	600	163.1	150.5	110.2	91.0	91.0	85.5	64.5	64.5	62.5
	750	203.5	187.9	137.0	113.2	113.2	105.0	81.0	81.0	78.2
	1000	270.8	250.0	181.1	149.8	149.8	141.0	105.4	105.4	98.6
	1500	404.2	373.5	266.9	221.5	221.5	208.5	159.8	159.8	142.3
560	600	265.4	234.3	180.7	149.3	149.3	137.9	102.5	102.5	94.4
	750	331.3	292.5	224.6	185.7	185.7	167.9	124.6	124.6	115.4
	1000	440.6	389.3	296.5	245.5	245.5	225.5	167.5	167.5	143.7
	1500	657.7	581.4	436.0	362.2	362.2	341.1	254.1	254.9	207.4
630	600	330.4	305.0	272.9	235.80	235.8	193.7	172.3	150.5	129.1
	750	412.4	380.7	340.6	294.5	294.5	241.9	215.3	185.8	153.8
	1000	548.3	506.4	453.2	391.9	391.9	322.0	286.7	241.0	199.4
	1500	818.1	755.8	676.8	585.6	585.6	481.7	428.9	348.0	288.0
710	600	531.5	490.7	410.3	342.8	342.8	314.9	230.6	230.2	194.3
	750	663.2	612.4	508.2	425.1	425.1	393.2	289.9	277.2	228.3
	1000	881.6	814.2	667.4	559.5	559.5	523.5	389.5	359.6	296.1
	1500	1314.3	1214.4	971.8	818.3	818.3	773.8	566.6	519.2	427.6
800	600	651.6	601.6	538.3	465.4	407.0	381.7	339.6	297.1	253.3
	750	812.3	750.6	671.8	580.9	508.2	476.6	324.2	371.0	309.9
	1000	1080.0	997.6	893.2	772.6	676.3	634.4	564.7	486.2	402.0
	1500	1609.1	1487.0	1332.2	1153.3	1010.7	948.2	844.4	702.3	580.7
900	600	1057.9	976.9	844.9	700.0	665.8	624.4	527.4	493.9	405.1
	750	1318.9	1218.2	1044.3	866.3	831.1	779.5	663.2	616.5	505.8
	1000	1751.1	1617.9	1366.8	1137.7	1105.5	1037.0	854.9	820.2	669.9
	1500	2604.7	2408.0	1977.4	1655.0	1650.7	1548.9	1295.0	1224.7	968.0
1000	600	1301.8	1150.2	1033.1	893.4	802.0	752.5	669.5	583.8	481.1
	750	1662.4	1434.1	1288.4	1114.6	1001.0	938.9	835.8	728.7	600.5
	1000	2152.8	1903.9	1711.3	1481.1	1331.1	1248.8	1111.9	969.1	798.8
	1500	3198.2	2831.6	2547.2	2206.9	1986.4	1864.1	1660.7	1446.4	1192.7
1120	600	2019.9	1784.9	1603.2	1386.5	1211.1	1135.9	1011.0	885.7	759.8
	750	2517.1	2225.0	1999.1	1717.1	1511.5	1417.8	1262.1	1105.5	931.6
	1000	3339.0	2953.3	2654.7	2244.9	2010.1	1885.7	1679.1	1469.0	1209.4
	1500		4390.3	3857.9	3241.3	2999.4	2814.7	2507.7	2123.8	1748.5
1250	600	2496.3	2305.7	2064.3	1785.7	1565.4	1468.2	1307.0	1141.2	978.9
	750	3109.8	2873.0	2573.2	2226.8	1953.0	1832.0	1631.1	1423.9	1221.6
	1000	4123.2	3811.1	3415.1	2957.1	2595.9	2435.5	2169.2	1892.8	1624.1
	1500			5074.4	4400.1	3869.4	3631.8	3236.8	2822.2	2351.8

续表

规格	$n_1/r\cdot min^{-1}$	公称传动比 i								
		20	22.4	25	28	31.5	35.5	40	45	50
1400	600	3985.8	3682.0	3040.6	2554.1	2517.2	2370.3	1949.0	1732.9	1486.5
	750	4963.4	4586.4	3731.1	3142.3	3140.2	2957.2	2350.5	2162.0	1854.8
	1000	6575.3	6079.7	4827.6	4082.7	4082.7	3860.8	3154.7	2873.5	2465.7
	1500				5826.0	5826.0	5516.9	4685.7	4241.8	3492.7
1600	600	5380.0	4969.7	4449.8	3849.6	3040.3	2852.0	2539.2	2219.7	1904.3
	750	6700.8	6191.4	5545.6	4779.6	3791.7	3557.3	3167.9	2768.4	2375.4
	1000	8880.9	8209.6	7357.6	6371.9	5036.2	4726.0	4210.3	3677.4	3156.1
	1500						7038.3	6275.2	5475.1	4701.1
1800	600	7840.8	7243.4	6135.8	5118.6	4947.5	4640.8	4131.5	3671.2	1013.1
	750	9763.0	9012.8	7502.8	6279.0	6171.5	5789.6	5155.3	4579.7	3769.6
	1000			9653.6	8119.7	8119.7	7656.2	6853.7	6085.4	4997.9
	1500									
2000	600	9564.1	8457.5	7601.2	6578.4	5912.5	5546.4	4938.5	4305.2	3549.6
	750	11899.5	10528.4	9466.3	8196.7	7372.2	6216.8	6160.2	5368.8	4427.7
	1000				10870.9	9789.0	9186.7	8185.4	7130.5	5883.1
	1500									

表 17-2-108　　NBD、NBF 减速器热功率 P_{h1}、P_{h2}

散热冷却条件		规格																		
没有冷却措施	环境条件	250	280	315	355	400	450	500	560	630	710	800	900	1000	1120	1250	1400	1600	1800	2000
		P_{h1}/kW																		
	小空间、小厂房	8	11	16	20	24.5	33	41	49	60	71	93	117	153	182	242	292	393	526	707
	较大空间或厂房	12	17	24	30	36.5	49	61	73.5	90	107	140	176	230	274	363	438	590	790	1060
	户外露天	17	24	34	42	52	69	87	104	128	152	199	249	326	389	515	622	838	1121	1500
稀油站循环油润滑		P_{h2}按载荷 P_2 及其工况条件、稀油站的流量和容积来确定																		

表 17-2-109　　NCD、NCF 减速器高速轴公称输入功率 P_1　　kW

规格	$n_1/r\cdot min^{-1}$	公称传动比 i											
		112	125	140	160	180	200	225	250	280	315	355	400
315	600	8.1	7.2	6.3	4.8	4.1	3.9	3.2	3.2	2.9	2.7	2.5	2.2
	750	10.1	9.0	7.9	6.0	5.1	4.8	3.9	3.9	3.7	3.3	3.2	2.7
	1000	13.5	12.0	10.7	7.9	6.8	6.4	5.3	5.3	5.0	4.5	4.2	3.6
	1500	20.3	18.1	15.9	11.9	10.3	9.6	7.9	7.9	7.3	6.5	6.3	5.5
355	600	12.0	10.8	10.0	7.1	6.2	5.7	4.7	4.7	4.5	3.9	3.9	3.4
	750	15.1	13.6	12.4	8.9	7.7	7.2	5.9	5.9	5.6	5.0	5.0	4.2
	1000	20.1	18.1	16.6	11.9	10.2	9.6	7.9	7.9	7.3	6.6	6.6	5.6
	1500	30.1	27.1	24.5	17.8	15.4	14.4	11.9	11.9	10.5	9.5	9.5	8.5
400	600	14.9	13.4	12.3	9.0	7.8	7.3	6.0	6.0	5.6	5.1	5.0	4.2
	750	18.7	16.7	15.4	11.2	9.6	9.0	7.5	7.5	7.1	6.3	6.2	5.3
	1000	24.9	22.3	20.5	14.9	12.9	12.1	10.1	10.1	9.5	8.5	8.3	7.1
	1500	37.3	33.4	30.8	22.4	19.3	18.1	15.1	15.1	14.2	12.6	12.4	10.7
450	600	24.4	21.8	20.1	14.5	12.4	11.7	9.6	9.6	9.0	8.0	8.0	6.7
	750	30.5	27.2	25.2	18.1	15.6	14.7	12.0	12.0	11.3	10.1	10.1	8.4
	1000	40.7	36.3	33.5	24.1	20.8	19.5	16.0	16.0	15.1	13.4	13.4	11.2
	1500	61.0	54.5	50.4	36.1	31.1	29.2	23.8	23.8	21.8	19.7	19.7	16.8

续表

规格	n_1/r·min^{-1}	公称传动比 i											
		112	125	140	160	180	200	225	250	280	315	355	400
500	600	28.9	26.0	23.9	18.9	16.5	15.5	12.8	12.8	12.0	10.0	9.2	7.6
	750	36.2	32.4	30.0	23.7	20.6	19.4	15.9	15.9	15.0	12.4	11.5	9.5
	1000	48.2	43.3	39.9	31.5	27.5	25.9	21.3	21.3	20.0	16.6	15.4	12.7
	1500	74.4	64.9	59.9	47.1	41.1	38.7	31.8	31.8	29.0	24.9	23.2	19.1
560	600	47.2	42.2	37.2	31.1	26.9	25.2	20.7	20.4	19.1	17.0	14.8	12.7
	750	58.9	52.7	46.5	38.9	33.5	31.5	25.9	25.5	23.8	21.2	18.6	15.9
	1000	78.6	70.3	62.0	51.7	44.7	41.9	34.5	34.0	31.8	28.3	24.8	21.3
	1500	117.8	105.4	93.0	77.4	66.8	62.8	51.6	50.8	45.8	41.2	37.2	31.9
630	600	58.6	52.6	48.5	43.4	37.4	35.1	30.3	26.6	24.9	22.1	19.3	16.5
	750	73.2	66.2	60.6	54.2	46.8	43.9	37.9	33.2	31.1	27.7	24.2	20.7
	1000	97.6	87.6	80.8	72.3	62.4	58.5	50.5	44.2	41.4	36.8	32.3	27.6
	1500	146.2	131.3	121.12	108.3	93.6	87.8	75.8	66.3	62.2	55.3	48.3	41.4
710	600	94.3	84.6	78.1	70.0	60.5	56.7	48.1	43.0	40.4	36.0	31.6	27.1
	750	117.9	105.8	97.6	87.5	75.6	70.8	60.0	53.8	50.6	45.0	39.5	33.9
	1000	157.1	141.0	130.1	116.7	100.8	94.5	79.9	71.6	67.4	60.0	52.7	45.2
	1500	235.5	211.3	195.0	174.9	151.1	141.6	119.5	107.5	101.1	90.0	78.9	67.7
800	600	116.1	103.8	95.8	85.7	74.0	69.4	60.0	52.3	49.1	43.6	38.2	32.8
	750	145.1	129.7	119.8	107.1	92.5	86.7	74.9	65.4	61.3	54.5	47.7	40.9
	1000	193.4	173.0	159.6	142.8	123.3	115.6	99.9	87.2	81.8	72.7	63.7	54.6
	1500	289.8	259.2	239.2	214.0	184.8	173.4	149.7	130.9	122.7	109.1	95.5	81.9
900	600	188.9	169.4	156.3	139.7	121.7	114.5	98.9	87.0	81.6	68.0	60.4	49.5
	750	236.0	211.6	195.3	174.6	152.1	143.1	123.6	108.8	102.0	84.9	75.5	61.9
	1000	314.5	281.9	260.2	232.7	202.7	190.8	164.8	145.0	135.9	113.2	100.7	82.6
	1500	470.9	422.3	389.8	348.7	303.7	285.9	247.0	217.3	203.7	169.7	150.9	123.8
1000	600	232.8	208.1	183.6	164.9	142.4	133.5	115.3	103.3	96.9	86.2	75.2	61.9
	750	290.7	260.1	229.5	206.0	177.9	166.8	144.1	129.2	121.1	107.7	94.0	77.4
	1000	387.4	346.5	305.9	274.5	237.1	222.3	192.1	172.2	161.5	143.6	125.3	103.2
	1500	580.1	519.0	458.1	411.2	355.3	333.2	287.9	258.1	242.0	215.3	187.9	154.7
1120	600	361.3	323.1	285.2	255.9	221.0	207.3	279.0	156.1	246.3	130.2	114.1	97.9
	750	451.4	403.7	356.4	319.8	276.3	259.0	223.8	195.1	182.9	162.7	142.7	122.4
	1000	601.3	537.9	474.8	426.1	368.2	345.2	298.2	260.1	243.8	216.9	190.2	163.1
	1500	900.4	805.5	711.1	638.4	551.6	517.3	447.0	389.8	365.5	325.2	285.0	244.5
1250	600	445.5	399.8	368.9	329.9	285.0	267.3	230.9	202.0	189.3	168.4	147.2	126.2
	750	556.5	499.5	461.0	412.3	356.2	333.9	288.5	252.4	236.7	210.5	184.0	157.7
	1000	741.3	665.4	614.1	549.3	474.6	445.0	384.5	336.5	315.5	280.6	245.2	210.2
	1500	1109.7	996.3	919.7	822.8	711.0	666.7	576.2	504.3	472.8	420.7	367.5	315.1
1400	600	712.3	639.2	589.9	528.9	456.9	428.4	369.4	325.0	305.9	272.1	238.8	204.8
	750	889.7	798.5	737.0	660.7	570.9	535.3	460.7	406.1	382.3	340.0	298.5	256.0
	1000	1184.9	1063.6	981.7	880.3	760.7	713.3	612.1	541.3	509.5	453.3	397.8	341.1
	1500	1773.5	1592.3	1469.9	1318.3	1139.4	1068.5	911.6	811.2	763.6	679.4	596.2	511.3
1600	600	964.2	862.4	795.8	711.7	614.8	576.5	498.0	392.9	368.4	327.7	286.8	245.9
	750	1204.5	1077.3	994.2	889.2	768.3	720.3	622.3	491.0	460.4	409.6	358.4	307.3
	1000	1604.0	1435.0	1324.5	1184.7	1023.6	959.9	829.3	654.4	613.6	545.8	477.7	409.6
	1500		2148.4	1983.2	1774.2	1533.4	1437.9	1242.6	980.6	919.5	818.1	715.8	613.8
1800	600	1406.5	1261.1	1163.9	1040.9	906.6	853.3	737.2	648.2	607.8	506.3	450.4	369.3
	750	1756.9	1575.3	1454.0	1300.4	1132.7	1066.2	921.1	810.6	759.6	632.7	562.8	461.5
	1000	2339.8	2098.3	1936.8	1732.3	1509.1	1420.6	1227.4	1079.7	1012.4	843.3	750.1	615.1
	1500					2260.3	2127.8	1838.9	1618.1	1517.2	1264.2	1124.2	922.0
2000	600	1720.0	1538.5	1357.9	1218.7	1052.9	987.2	852.9	764.6	716.9	637.7	556.5	458.4
	750	2148.2	1921.6	1696.3	1522.5	1315.5	1233.5	1065.7	955.4	895.9	797.0	695.4	572.9
	1000	2860.4	2559.0	2259.3	2028.0	1752.5	1643.3	1420.0	1273.3	1193.9	1062.1	926.8	763.5
	1500						2461.0	2127.0	1907.9	1789.0	1591.8	1388.8	1144.2

表 17-2-110　　　　NCD、NCF 减速器热功率 P_{h1}、P_{h2}

散热冷却条件		规格																
没有冷却措施	环境条件	315	355	400	450	500	560	630	710	800	900	1000	1120	1250	1400	1600	1800	2000
		P_{h1}/kW																
	小空间、小厂房	11	13.5	16.5	22	27	32.5	43	47	62	78	110	131	189	211	290	403	541
	较大空间或厂房	16	20	24.3	33	41	49	64	71	93	117	164	196	279	392	421	585	785
	户外露天	22.5	28	34	46.5	58	69	90	100	131	175	231	276	323	439	594	625	1107
稀油站循环油润滑		P_{h2}按载荷 P_2 及其工况条件、稀油站的流量和容积来确定																

表 17-2-111　　　　NAZD、NAZF 减速器高速轴公称输入功率 P_1　　　　kW

规格	n_1/r·min^{-1}	公称传动比 i						规格	n_1/r·min^{-1}	公称传动比 i					
		10	11.2	12.5	14	16	18			10	11.2	12.5	14	16	18
200	600	14.1	13.4	12.5	10.9	9.9	7.9	500	600	214.7	214.7	198.6	166.2	150.5	120.3
	750	15.0	15.0	14.3	11.9	10.7	8.5		750	244.8	244.8	235.6	196.9	178.1	142.1
	1000	19.4	19.4	18.1	15.0	13.6	10.7		1000	323.0	323.0	299.5	250.4	226.5	180.7
	1500	28.5	28.5	26.3	21.9	19.7	15.6		1500	478.1	478.1	442.0	370.0	334.9	267.4
224	600	19.5	19.5	18.1	15.2	13.7	10.9	560	600	321.1	321.1	265.0	221.5	200.5	160.0
	750	21.1	21.1	19.5	16.3	15.2	12.0		750	328.4	328.4	303.1	263.8	238.5	190.0
	1000	27.5	27.5	25.3	21.0	19.1	15.2		1000	484.5	484.5	400.0	335.6	303.4	241.9
	1500	40.4	40.4	37.2	30.9	27.9	22.1		1500	641.4	641.4	592.5	496.0	448.8	358.0
250	600	25.3	25.3	24.2	20.4	18.5	14.7	630	600	470.7	470.7	435.0	380.2	344.5	276.0
	750	32.0	32.0	26.5	22.1	19.9	16.4		750	579.8	574.9	535.5	449.4	406.9	339.4
	1000	37.4	37.4	34.5	28.7	25.9	20.7		1000	774.1	772.3	715.1	598.9	542.3	435.2
	1500	52.9	52.9	50.8	42.3	38.1	30.2		1500	1137.8	1137.8	1051.8	896.6	812.4	649.8
280	600	33.5	33.5	31.0	27.0	24.4	19.6	710	600	681.2	681.2	629.8	528.5	499.5	400.8
	750	38.5	38.5	35.4	29.6	26.7	21.3		750	846.7	846.7	782.1	654.9	594.5	476.1
	1000	50.5	50.5	46.5	38.7	34.9	27.7		1000	1131.1	1131.1	1045.0	875.5	793.1	635.2
	1500	71.4	71.4	65.8	57.1	51.5	40.8		1500		1662.0	1536.7	1289.2	1168.6	925.4
315	600	50.9	50.9	47.1	39.8	36.2	30.1	800	600	947.2	922.8	863.3	742.1	673.5	541.7
	750	60.0	60.0	55.3	46.2	41.8	33.4		750	1196.1	1160.1	1085.3	927.4	840.6	674.3
	1000	79.1	79.1	73.0	60.8	54.9	43.7		1000	1598.3	1558.8	1458.2	1240.0	1124.2	902.4
	1500	112.3	112.3	103.5	86.3	78.0	64.7		1500				1824.2	1655.4	1330.2
355	600	76.6	76.6	71.6	59.8	54.4	43.5	900	600	1320.3	1320.3	1226.4	1038.9	946.5	762.7
	750	89.8	89.8	82.8	69.3	62.7	50.0		750	1701.1	1701.1	1572.1	1318.0	1194.3	957.0
	1000	118.6	118.6	109.4	91.3	82.6	65.8		1000	2238.3	2238.3	2069.6	1765.3	1600.2	1283.1
	1500	168.4	168.4	155.5	129.9	117.4	93.6		1500						1810.5
400	600	113.4	113.4	105.2	88.6	80.4	64.4	1000	600	1728.3	1728.3	1618.0	1392.4	1274.4	1034.5
	750	134.4	134.4	124.1	103.8	94.0	75.0		750	2323.9	2323.9	2148.1	1801.0	1631.8	1307.0
	1000	170.7	170.7	157.5	137.3	124.2	99.1		1000	3060.2	3060.2	2829.3	2373.2	2186.4	1752.3
	1500	251.6	251.6	232.3	195.5	176.9	141.2		1500						
450	600	159.4	159.4	147.6	123.5	111.9	89.5	1120	600	2168.0	2168.0	2035.6	1762.9	1623.9	1344.6
	750	118.4	118.4	173.9	145.4	131.5	105.0		750	3060.0	3060.0	2829.6	2375.2	2153.3	1725.6
	1000	239.3	239.3	220.9	184.7	167.1	138.9		1000			3727.4	3130.2	2838.4	2313.0
	1500	352.9	352.9	325.9	272.8	264.9	198.2		1500						

续表

规格	n_1/r·min^{-1}	公称传动比 i					
		10	11.2	12.5	14	16	18
1250	600	3456.0	3456.0	3246.0	2812.8	2591.8	2147.1
	750	4808.7	4808.7	4447.2	3795.6	3441.4	2758.5
	1000					4532.4	3634.6
	1500						
1400	600	3940.6	3940.6	3800.8	3364.1	3134.2	2657.1
	750			6430.6	5407.5	4906.6	4005.0
	1000						5297.2
	1500						
1600	600	4879.0	4879.0	4655.3	4238.6	3973.0	3413.5
	750				7581.9	6888.6	5546.0
	1000						
	1500						

表 17-2-112　NAZD、NAZF 减速器热功率 P_{h1}、P_{h2}

散热冷却条件		规格																		
没有冷却措施	环境条件	200	224	250	280	315	355	400	450	500	560	630	710	800	900	1000	1120	1250	1400	1600
		P_{h1}/kW																		
	小空间、小厂房	6	8	11	16	23	28	35	47	58	69	85	104	136	171	223	267	353	425	573
	较大空间或厂房	8.5	12	17	24	34	42	52	70	87	103	127	156	204	257	335	400	529	628	860
	户外露天	12	17	24	34	48	59	73	98.7	123	145	179	220	288	362	472	564	746	899	1212
稀油站循环油润滑		P_{h2}按载荷 P_2 及其工况条件、稀油站的流量和容积来确定																		

表 17-2-113　NBZD、NBZF 减速器高速轴公称输入功率 P_1　kW

规　格	n_1/r·min^{-1}	公称传动比 i							
		56	63	71	80	90	100	112	125
250	600	6.3	6.0	5.5	4.8	4.5	3.9	3.4	2.6
	750	7.9	7.3	6.7	6.0	5.6	5.0	4.3	3.2
	1000	10.5	9.8	9.0	7.9	7.3	6.4	5.7	4.3
	1500	16. 0	14.9	13.6	11.9	11.0	9.7	8.4	6.2
280	600	10.6	9.9	8.9	7.8	7.3	6.3	5.6	4.1
	750	12.8	11.9	10.7	9.7	9.0	7.9	6.8	5.1
	1000	17.2	16.1	14.4	12.5	11.7	10.2	8.8	6.8
	1500	26.0	24.3	21.8	19.0	17.6	15.5	13.4	9.9
315	600	13.0	12.1	10.9	9.7	9.0	8.1	7.1	5.3
	750	16.3	15.2	13.7	11.9	11.1	10.2	8.8	6.5
	1000	21.8	20.4	18.4	16.0	14.9	13.1	11.3	8.8
	1500	32.7	30.7	27.7	24.2	22.6	19.9	17.7	12.8
355	600	18.8	17.6	15.9	14.5	13.5	11.9	10.3	7.7
	750	23.7	22.1	20.0	17.5	16.3	14.3	12.8	9.5
	1000	31.7	29.7	26.9	23.4	21.8	19.2	16.4	12.2
	1500	48.1	45.0	40.7	35.4	32.9	29.0	24.9	18.5
400	600	24.9	23.3	21.1	18.4	17.2	16.2	14.0	9.6
	750	31.1	29.1	26.4	23.0	21.5	20.3	17.4	11.9
	1000	41.4	38.7	35.1	30.6	28.6	27.0	23.2	15.3
	1500	61.8	57.7	52.3	45.8	42.7	40.2	34.8	23.1
450	600	38.7	36.2	33.1	28.8	26.9	23.6	21.5	15.9
	750	48.7	45.4	41.5	36.2	33.6	29.6	25.5	18.9
	1000	65.2	61.0	55.7	48.5	45.1	39.7	34.1	25.4
	1500	97.3	91.8	83.8	72.9	68.0	60.1	51.6	38.4
500	600	51.4	48.0	43.9	38.4	35.8	32.3	28.2	21.9
	750	64.0	60.0	54.8	47.9	44.7	40.5	34.8	26.0
	1000	85.0	79.7	72.8	63.8	59.4	54.3	46.6	34.9
	1500	126.7	118.7	108.5	95.0	88.6	82.2	70.6	52.7

续表

规　格	n_1/r·min^{-1}	公称传动比 i							
		56	63	71	80	90	100	112	125
560	600	83.4	79.6	71.4	62.3	58.0	51.5	45.1	33.4
	750	106.0	99.4	89.1	77.8	72.5	64.7	55.5	41.3
	1000	140.8	131.9	118.8	103.7	96.7	86.7	74.6	55.4
	1500	209.6	196.4	178.0	155.5	144.9	131.4	112.8	83.8
630	600	113.3	106.1	92.9	81.1	75.6	70.8	61.1	54.4
	750	141.5	132.6	116.1	101.4	94.5	88.6	76.4	67.9
	1000	188.5	176.8	154.7	135.1	125.9	118.0	101.8	90.6
	1500	282.2	264.6	231.7	202.5	188.7	176.9	152.5	135.7
710	600	177.9	166.8	150.5	131.4	122.4	115.3	99.3	77.6
	750	221.5	207.8	188.1	164.3	153.0	144.0	124.1	95.8
	1000	293.4	275.4	250.5	218.9	204.0	192.0	165.4	128.6
	1500	434.6	408.3	375.2	328.0	305.5	287.7	248.0	194.8
800	600	223.7	209.6	183.2	160.0	149.1	139.8	120.5	107.2
	750	279.3	261.8	228.9	200.0	186.3	174.7	150.6	133.9
	1000	372.1	348.8	304.9	266.4	248.2	232.8	200.6	178.5
	1500	556.9	522.1	456.7	399.1	371.9	348.8	300.7	267.5
900	600	363.6	340.8	299.8	261.9	244.1	228.9	197.2	175.5
	750	453.6	425.6	374.5	327.3	304.9	286.0	246.5	219.0
	1000	600.1	563.5	499.0	435.9	406.3	381.0	328.5	292.2
	1500		833.2	746.8	652.8	608.4	570.6	492.0	431.2
1000	600	429.9	402.9	361.4	315.7	294.2	275.9	237.8	211.5
	750	536.8	503.2	451.4	394.4	367.5	344.6	297.1	264.3
	1000	714.6	670.0	601.2	525.3	489.6	459.1	395.8	352.2
	1500				786.4	733.0	687.4	592.8	527.5
1120	600	667.3	625.5	545.7	476.7	444.2	416.5	359.1	319.5
	750	833.3	781.1	681.7	595.5	555.0	520.4	448.7	399.1
	1000	1109.1	1039.8	907.8	793.3	739.3	690.7	597.8	531.9
	1500							895.3	796.7
1250	600	860.0	806.2	705.8	616.7	574.6	538.9	464.6	413.3
	750	1073.8	1006.6	881.6	770.3	717.9	673.2	580.3	516.3
	1000	1428.9	1339.7	1380.9	1025.8	956.0	896.5	773.1	687.9
	1500								
1400	600	1348.6	1266.3	1135.5	992.0	924.4	870.2	750.2	625.0
	750	1672.4	1571.2	1417.9	1239.0	1154.7	1087.0	937.2	780.9
	1000		2069.4	1887.7	1649.9	1537.7	1447.7	1248.3	1040.4
	1500								
1600	600	1854.6	1738.5	1372.2	1199.0	1117.4	1047.7	903.3	803.7
	750	2315.3	2170.6	1713.5	1497.4	1395.6	1308.7	1128.4	1004.1
	1000					1858.1	1742.6	1502.8	1337.4
	1500								

表 17-2-114　　NBZD、NBZF 减速器热功率 P_{h1}、P_{h2}

散热冷却条件		规　　格																
没有冷却措施	环境条件	250	280	315	355	400	450	500	560	630	710	800	900	1000	1120	1250	1400	1600
		P_{h1}/kW																
	小空间、小厂房	7.3	11	15	19	23	30	38	45	56	66	87	109	143	170	225	271	366
	较大空间或厂房	11	16	22	28	34	45	57	68	84	99	130	164	214	255	337	407	549
	户外露天	15.5	23	31	39.5	48	63.5	80	96	118	140	183	231	302	359	475	574	774
稀油站循环油润滑		P_{h2} 按载荷 P_2 及其工况条件、稀油站的流量和容积来确定																

表 17-2-115　　NCZD、NCZF 减速器高速轴公称输入功率 P_1　　kW

规格	n_1/r·min^{-1}	公称传动比 i											
		355	400	450	500	560	630	710	800	900	1000	1120	1250
315	600	2.6	2.0	1.8	1.7	1.3	1.2	1.1	1.1	1.0	0.8	0.7	0.6
	750	3.3	3.3	2.3	2.2	1.8	1.6	1.4	1.3	1.1	1.0	0.9	0.8
	1000	4.5	3.5	3.1	2.8	2.3	2.1	1.9	1.8	1.6	1.4	1.2	1.1
	1500	6.8	5.2	4.5	4.3	3.4	3.1	2.9	2.7	2.4	2.1	1.9	1.7
355	600	4.2	3.2	2.8	2.5	2.0	1.8	1.7	1.6	1.4	1.2	1.1	1.1
	750	5.2	3.9	3.5	3.2	2.5	2.3	2.2	2.0	1.7	1.5	1.4	1.2
	1000	6.9	5.3	4.6	4.4	3.4	3.1	2.9	2.7	2.4	2.1	2.0	1.6
	1500	10.4	8.0	6.9	6.5	5.1	4.6	4.4	4.0	3.6	3.1	2.9	2.6
400	600	5.3	4.0	3.6	3.3	2.5	2.3	2.2	2.1	1.8	1.6	1.5	1.2
	750	6.7	5.1	4.5	4.2	3.2	2.9	2.8	2.6	2.2	2.0	1.8	1.5
	1000	8.9	6.9	6.1	5.6	4.3	3.9	3.7	3.4	3.0	2.6	2.5	2.0
	1500	13.4	10.4	9.1	8.5	6.5	5.9	5.6	5.1	4.6	3.9	3.7	3.1
450	600	9.0	6.9	6.1	5.6	4.2	3.8	3.5	3.3	2.9	2.5	2.3	2.1
	750	11.3	8.7	7.6	7.1	5.1	4.7	4.4	4.1	3.6	3.1	2.9	2.5
	1000	15.0	11.5	10.0	9.4	6.8	6.2	5.9	5.5	4.9	4.2	3.9	3.3
	1500	22.5	17.3	15.2	14.2	10.4	9.5	8.9	8.3	7.3	6.3	5.9	4.9
500	600	10.6	8.3	7.2	6.8	5.5	5.0	4.7	4.4	3.6	3.1	2.8	2.4
	750	13.3	10.3	9.1	8.5	6.8	6.2	5.8	5.5	4.5	3.9	3.5	2.9
	1000	17.8	13.9	12.0	11.4	9.2	8.4	7.9	7.3	6.1	5.2	4.7	3.9
	1500	26.7	20.7	18.2	17.1	13.7	12.5	11.8	10.9	9.1	7.9	7.1	6.0
560	600	16.2	12.5	10.9	10.3	8.8	7.9	7.4	6.9	6.2	5.3	4.7	4.1
	750	20.3	15.7	13.6	12.9	11.1	10.0	9.3	8.7	7.7	6.7	5.8	5.0
	1000	27.0	21.0	18.2	17.1	14.7	13.3	12.4	11.6	10.3	8.9	7.8	6.7
	1500	40.6	31.4	27.4	25.7	22.1	19.9	18.7	17.4	15.5	13.4	11.7	10.0
630	600	21.8	16.8	14.7	13.7	11.9	10.4	9.7	9.0	8.0	6.9	6.1	5.3
	750	27.2	21.0	18.3	17.2	14.8	13.0	12.2	11.3	10.1	8.7	7.6	6.5
	1000	36.3	28.0	24.4	22.9	19.8	17.3	16.3	15.1	13.5	11.6	10.2	8.7
	1500	54.4	42.0	36.8	34.4	29.7	26.0	24.3	22.7	20.2	17.4	15.2	13.0
710	600	35.1	27.2	23.7	22.2	18.9	16.9	15.8	14.7	13.1	11.3	10.0	8.7
	750	43.8	34.0	29.6	27.7	23.6	21.0	19.8	18.5	16.4	14.1	12.4	10.7
	1000	58.4	45.3	39.5	37.0	31.5	28.1	26.4	24.6	21.9	18.8	16.5	14.1
	1500	87.7	67.9	59.3	55.5	47.1	42.1	39.6	36.9	32.8	28.3	24.9	21.3
800	600	43.0	33.2	29.0	27.2	23.5	20.5	19.2	17.9	15.9	13.7	12.1	10.6
	750	53.8	41.5	36.2	34.0	29.4	25.6	24.0	22.4	19.9	17.1	15.0	12.9
	1000	71.7	55.4	48.4	45.3	39.1	34.2	32.1	29.9	26.6	22.9	20.0	17.1
	1500	107.6	83.1	72.5	68.0	58.8	51.3	48.1	44.8	39.9	34.4	30.0	25.8
900	600	70.2	54.6	47.7	44.9	38.8	34.1	32.0	29.8	24.8	21.4	19.3	16.1
	750	87.7	68.3	59.6	56.1	48.5	42.6	40.0	37.3	31.0	26.7	23.8	19.5
	1000	117.0	91.1	79.5	74.8	64.6	56.8	53.3	49.7	41.3	35.7	31.7	26.0
	1500	175.4	136.5	119.3	112.3	97.0	85.3	79.9	74.5	62.0	53.4	47.6	39.0
1000	600	82.5	64.0	55.9	52.4	45.3	40.5	37.9	35.4	31.5	27.2	23.8	20.0
	750	103.1	79.9	69.8	65.5	56.6	50.7	47.5	44.2	39.4	33.9	29.6	24.3
	1000	137.5	106.5	93.1	87.2	75.3	67.5	63.4	59.0	52.5	45.3	39.5	32.5
	1500	206.2	159.8	139.6	103.9	113.1	101.4	95.0	88.5	78.7	67.9	59.2	48.7
1120	600	128.1	99.3	86.7	81.3	70.2	61.2	57.4	53.5	47.6	41.0	36.2	31.6
	750	160.2	124.1	108.4	101.6	87.8	76.5	71.8	66.8	59.5	51.5	44.9	38.5
	1000	213.5	165.5	144.5	135.5	117.1	102.0	95.7	89.1	79.5	68.3	59.5	51.4
	1500	320.1	248.2	216.7	203.2	175.6	153.0	143.4	133.7	118.9	102.5	89.9	77.0

续表

规 格	n_1/r · min^{-1}	公称传动比 i											
		355	400	450	500	560	630	710	800	900	1000	1120	1250
1250	600	165.8	128.0	111.9	104.8	90.6	79.3	74.2	69.2	61.6	53.1	46.7	40.8
	750	207.3	160.1	139.8	131.1	113.2	99.1	92.9	86.5	77.0	66.3	57.9	49.7
	1000	276.2	213.3	186.4	174.4	150.9	132.0	123.8	115.3	102.5	88.4	77.2	66.3
	1500			279.4	262.0	226.3	198.0	185.7	173.0	153.9	132.6	115.9	99.3
1400	600	265.2	205.3	179.3	168.2	145.6	127.5	120.0	111.8	99.4	85.7	75.6	66.0
	750	331.5	256.7	224.2	210.2	181.9	159.3	150.0	139.8	124.3	107.1	94.0	80.6
	1000	441.7	342.1	298.8	280.1	242.1	212.5	200.0	186.3	165.7	142.8	125.4	107.5
	1500										214.2	188.1	161.2
1600	600	357.7	276.3	241.4	226.2	195.5	154.1	144.5	134.7	119.8	103. 2	91.0	79.4
	750	447.1	345.3	301.6	282.7	244.2	192.7	180.7	168.3	149.7	129.1	112.9	96.9
	1000	595.9	460.3	402.1	376.9	325.6	256.9	240.8	224.4	199.6	172.0	150.6	129.1
	1500												
1800	600	523.2	407.4	355.8	334.9	289.3	254.4	238.5	222.2	185.1	159.5	144.1	120.3
	750	653.9	509.2	444.8	418.6	361.6	317.9	298.0	277.7	231.1	199.4	177.3	145.4
	1000	871.5	678.8	592.8	558.0	482.2	423.8	397.4	370.2	308.3	265.7	236.4	192.1
	1500												
2000	600	608.9	473.3	413.4	387.6	334.8	300.1	281.3	262.1	233.1	200.9	176.7	148.2
	750	763.1	591.6	516.7	484.4	418.4	375.1	351.6	327.6	291.4	251.1	219.2	180.5
	1000								436.8	388.5	334.8	292.2	240.7
	1500												

表 17-2-116　　NCZD、NCZF 减速器热功率 P_{h1}、P_{h2}

散热冷却条件		规　　格																
没有冷却措施	环境条件	315	355	400	450	500	560	630	710	800	900	1000	1120	1250	1400	1600	1800	2000
		P_{h1}/kW																
	小空间、小厂房	10	12. 5	15. 8	21	27	32	42	46	61	77	107	128	175	195	265	367	492
	较大空间或厂房	15	18. 8	23. 8	32	40	48	63	69. 5	91	115	161	192	262	293	395	550	738
	户外露天	21	26	33	45	56	67	88	97	127	161	225	269	367	410	553	770	1033
稀油站循环油润滑		P_{h2}按载荷 P_2 及其工况条件、稀油站的流量和容积来确定																

7.1.4　减速器的选用

本标准减速器的承载能力受机械强度和热平衡许用功率两方面的限制，必须满足这两方面的功率表。

（1）工况条件和设计要求

① 原动机类型，原动机额定功率 P，减速器输入转速 n_1。

② 减速器的输出转速 n_2 或要求传动比 i。

③ 工作机的名称或载荷特性（每小时启动次数、短时过载及振动冲击大小等）。

④ 工作机的重要性、减速器的使用寿命及可靠性、安全要求等。

⑤ 每小时内载荷持续率。

⑥ 减速器的装配形式与原动机、工作机的连接方式。

⑦ 工作环境温度、通风条件、厂房大小。

（2）按减速器机械强度限制的公称功率 P_1 初选减速器

前面所列按机械强度计算的公称输入功率 P_1，是按下面原始条件计算而得的：驱动减速器的原动机为电机、汽轮机或水力机；减速器每日工作在 3h 以内，每小时启动次数不超过 5 次；带动的工作机械为中等以下冲击载荷，或每日工作在 10h 以内载荷均匀、仅有轻微冲击的载荷。当不同原动机、不同工作载荷（P_2）性质时，应考虑工况系数 K_A 和安全系数 S_A，即按下式计算选用功率 P_{2m}：

$$P_{2m}=P_2K_AS_A \tag{17-2-29}$$

式中 P_2——载荷功率（当未给出载荷功率或转矩时，可以原动机的额定功率 P 代替 P_2 计算），kW；

K_A——减速器工况系数，见表 17-2-8；

S_A——减速器安全系数，见表 17-2-9。

按给定的 n_1、i 和计算的 P_{2m}，根据前面各功率表查出减速器的 P_1，使其满足下式：

$$P_1 \geqslant P_{2m}$$

当给定的 n_1 与功率表中某挡 n_1 的相对误差不超过 4%时，可按该挡 n_1 选取 P_1。如果转速相对误差超过 4%，则应按实际转速折算减速器的公称功率 P_1 选用，即 $P_{1折算}=P_{1表中}\dfrac{n_{1给定}}{n_{1表中}}$。

（3）校核热功率 P_{h1}

前面所列热功率表是按润滑油允许最高平衡温度不超过 100℃及以下给定条件计算得出的。

① 减速器工作环境温度 $t_0=20℃$。

② 减速器满载荷工作功率利用率在 80%以上。

③ 小时载荷率为 100%。

当实际工况与上述条件不符时，应以系数修正，即乘以环境温度系数 f_1、小时载荷率系数 f_2、公称功率利用系数 f_3（P_1 见表 17-2-105、表 17-2-107、表 17-2-109、表 17-2-111、表 17-2-113、表 17-2-115；P_2 为实际载荷功率）。计算选用热功率 P_{2t} 按下式计算：

$$P_{2t}=P_2f_1f_2f_3 \leqslant P_{h1} \tag{17-2-30}$$

f_1、f_2、f_3 分别见表 17-2-10、表 17-2-11、表 17-2-12。若 $P_{h1}<P_{2t}$，应采用油冷却器或稀油集中循环润滑，或选用较大规格的减速器。

（4）校核尖峰载荷和轴伸径向载荷

减速器允许尖峰载荷（短时过载或启动状态）$P_{max} \leqslant 1.8P_1$。减速器的输入、输出轴的额定径向载荷见表17-2-85。

例 由电机驱动，经减速器带动一台钢带式输送机，电机功率 $P=75kW$，电机转速 $n_1=1450r/min$，钢带式输送机转速 $n_2=2.3r/min$，公称传动比 $i=n_1/n_2=1450/2.3=630$，尖峰载荷 $P_{max}=135kW$，轴伸受纯转矩，每天 24h 运转，每小时启动次数小于 5 次，小时载荷率 60%，最高环境温度 $t=30℃$，小空间安装，油池甩油润滑，底座式安装，试选行星减速器型号规格。

（1）按机械强度公称功率 P_1 初选

按表 17-2-8 查得 $K_A=1.65$（按表 17-2-13 查得钢带式输送机属中等冲击载荷，每天 24h 运转再加大 10%），按表 17-2-9 查得 $S_A=1.5$，载荷功率 P_2 按 $P=75kW$ 计算，则

$$P_{2m}=P_2K_AS_A=75\times1.65\times1.5=186kW$$

查表 17-2-115，按转速 $n_1=1500r/min$，$i=630$ 一挡中查得 $P_1=198kW$，初选 NCZD1250-630，因给定 $n_1=1450r/min$ 与功率表中 $n_1=1500r/min$ 的相对误差不超过 4%，可按 $n_1=1500r/min$ 挡选取 $P_1=198kW$。

（2）校核热功率 P_{h1}

按环境温度 $t=30℃$，查表 17-2-10 得 $f_1=1.15$，按小时载荷率 60%，查表 17-2-11 得 $f_2=0.86$，按 $P_2/P_1=75/198\approx0.40$，查表 17-2-12 得 $f_3=1.25$，则

$$P_{2t}=P_2f_1f_2f_3=75\times1.15\times0.86\times1.25=92.7kW$$

按表 17-2-116 查得 NCZD1250 的 $P_{h1}=175kW>P_{2t}=92.7kW$，$P_{h1}$ 通过。

（3）校核尖峰载荷

$$P_{max}=135<1.8P_1=1.8\times198=356kW$$

工作状态的热功率小于减速器平衡功率，因此无需增加冷却措施。

所以选减速器 NCZD1250，$i=630$ 是合适的。

7.2 NGW-S 型行星齿轮减速器

7.2.1 适用范围和标记

（1）适用范围

NGW-S 型行星齿轮减速器由弧齿锥齿轮传动和行星齿轮传动组合，包括两级、三级两个系列，典型传动方式如图 17-2-4 所示，主要用于冶金、矿山、起重运输及通用机械设备。其适用范围为：齿轮圆周速度不大于 13m/s；工作环境温度为-40～45℃；可正、反两方向转动（正方向顺时针为优选方向）。

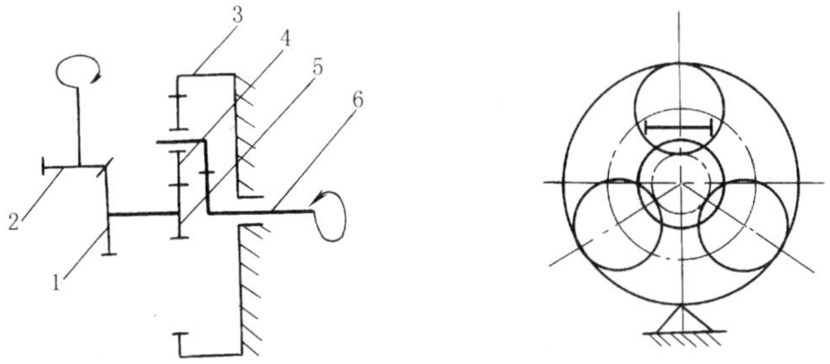

图 17-2-4 NGW-S 型减速器传动简图

1—从动锥齿轮；2—主动锥齿轮；3—内齿轮；4—行星轮；5—太阳轮；6—行星架

（2）标记示例

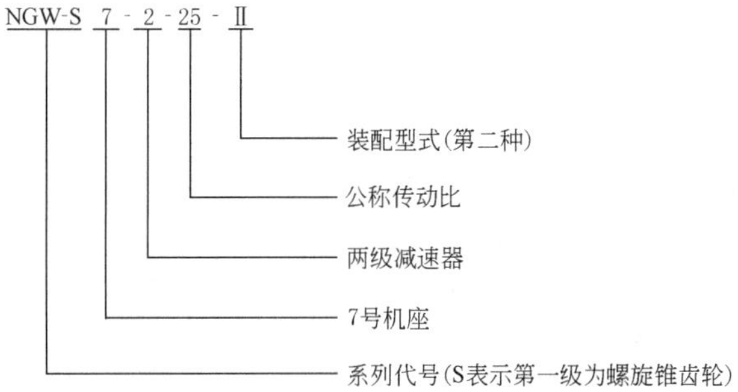

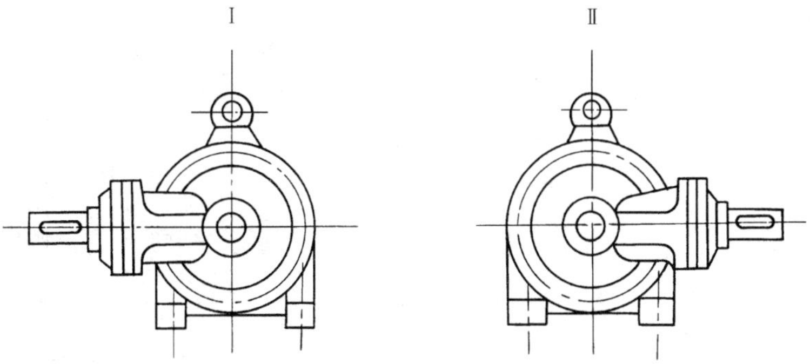

图 17-2-5 NGW-S 型减速器装配形式

（3）主要生产厂家

银川起重机总厂减速器厂、洛阳矿山机器厂、南京高速齿轮箱厂。

7.2.2 外形、安装尺寸

NGW-S 型两级减速器外形及安装尺寸

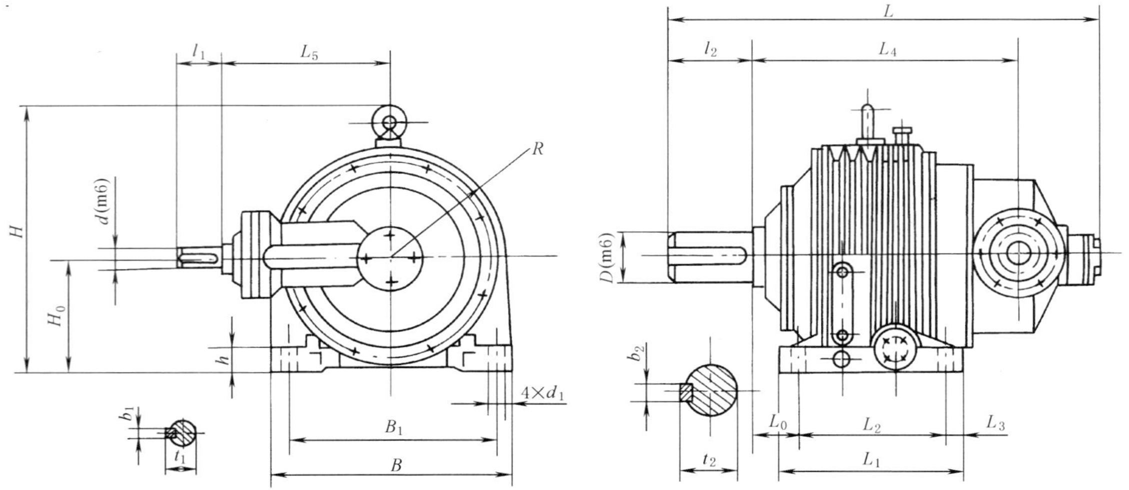

表 17-2-117 mm

机座号	型号	公称传动比 i	外形及中心高 L	B	H	H_0	R	L_4	L_5	轴伸 d	D	l_1	l_2	t_1	b_1	t_2	b_2	地脚尺寸 L_1	L_2	L_3	L_0	B_1	d_1	h	质量/kg	油量/L
4	NGW-S42	11.2~31.5	696	380	425	$180_{-0.5}^{0}$	180	412	310	35	80	58	130	38	10	85	22	290	230	30	72	320	M24	35	180	10
		35.5~50								30				33	8											
5	NGW-S52	11.2~31.5	740	420	463	$200_{-0.5}^{0}$	200	450.5	350	40	90	82	130	43	12	95	25	310	250	30	80.5	360	M24	40	290	14
		35.5~50								35		58		38	10											
6	NGW-S62	11.2~31.5	802	475	524	$225_{-0.5}^{0}$	225	472.5	380	45	100	82	165	48	14	106	28	360	290	35	67.5	405	M30	45	342	18
		35.5~50								40				43	12											
7	NGW-S72	11.2~31.5	863	535	574	$250_{-0.5}^{0}$	250	525	450	50	110	82	165	53.5	14	116	28	375	305	35	80	465	M30	45	420	25
		35.5~50								45				48.5	14											
8	NGW-S82	11.2~31.5	925	590	634	$280_{-0.5}^{0}$	280	584	500	55	120	82	165	59	16	127	32	440	350	45	86	510	M36	50	520	35
		35.5~50								50				53.5	14											
9	NGW-S92	11.2~31.5	1003	660	721	$315_{-0.5}^{0}$	315	622.5	530	60	130	105	200	64	18	137	32	475	385	45	70.5	570	M36	50	630	50
		35.5~50								55		82		59	16											
10	NGW-S102	11.2~31.5	1077	745	800	$355_{-0.5}^{0}$	355	675.5	575	65	150	105	200	69	18	168	36	525	425	50	78	645	M42	55	950	65
		35.5~50								60				64	18											
11	NGW-S112	11.2~31.5	1212	840	891	$400_{-0.5}^{0}$	400	748	670	75	170	105	240	79.5	20	179	40	580	480	50	73	740	M42	60	1365	95
		35.5~50								65				69	18											
12	NGW-S122	11.2~31.5	1344	950	1013	$450_{-0.5}^{0}$	450	828	760	85	190	130	280	90	24	200	45	680	560	60	73	820	M48	65	1900	140
		35.5~50								75		105		79.5	20											

NGW-S 型三级减速器外形及安装尺寸

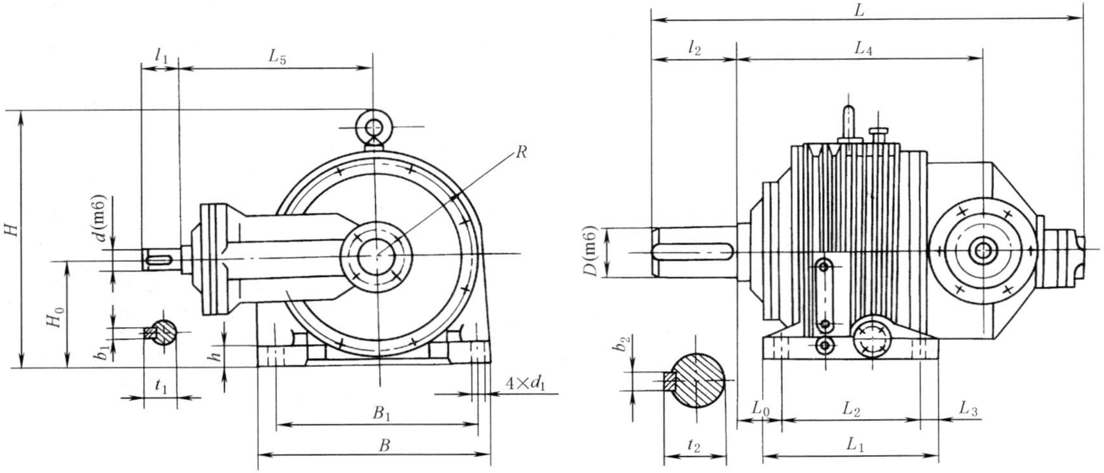

表 17-2-118

mm

机座号	型号	公称传动比 i	外形及中心高 L	B	H	H_0	R	L_4	L_5	轴伸 d	D	l_1	l_2	t_1	b_1	t_2	b_2	地脚尺寸 L_1	L_2	L_3	L_0	B_1	d_1	h	质量 /kg	油量 /L
7	NGW-S73	56~160	891	535	574	$250^{0}_{-0.5}$	250	572	310	35	110	58	165	38	10	116	28	375	305	35	80	465	M30	45	470	25
		180~450								30				33	8											
8	NGW-S83	56~160	968	590	634	$280^{0}_{-0.5}$	280	643.5	350	40	120	82	165	43	12	127	32	440	350	45	86	510	M36	50	570	35
		180~450								35		58		38	10											
9	NGW-S93	56~160	1058	660	724	$315^{0}_{-0.5}$	315	663.5	380	45	130	82	200	48.5	14	137	32	475	385	45	70.5	570	M36	50	690	50
		180~450								40				43	12											
10	NGW-S103	56~160	1112	745	800	$355^{0}_{-0.5}$	355	739	450	50	150	82	200	53.5	14	158	36	525	425	50	78	645	M42	55	1010	65
		180~450								45				48.5	14											
11	NGW-S113	56~160	1238	840	891	$400^{0}_{-0.5}$	400	822	500	55	170	82	240	59	16	179	40	580	480	50	73	740	M42	60	1430	95
		180~450								50				53.5	14											
12	NGW-S123	56~160	1459	950	1013	$450^{0}_{-0.5}$	450	1014.5	530	60	190	105	280	64	18	200	45	680	560	60	73	820	M48	65	2000	140
		180~450								55		82		59	16											

7.2.3 承载能力

表 17-2-119 **两级减速器输入功率**

公称传动比	机座号	4	5	6	7	8	9	10	11	12
	型　号	NGW-S42	NGW-S52	NGW-S62	NGW-S72	NGW-S82	NGW-S92	NGW-S102	NGW-S112	NGW-S122
	转速 n_1 /r·min^{-1}	两级减速器高速轴许用输入功率 P_x/kW								
11.2	600	17.79	24.31	35.9	41.1	66.55	99.16			
	750	22.06	30.3	44.8	58.8	82.94	123.78			
	1000	29.32	40.19	59.5	78.16	110.36	164.8			
	1500	43.81	60.21	88.95	116.95	165	247			
12.5	600	15.93	21.78	31.95	41.98	59.2	88.25			
	750	19.76	27.15	39.87	52.3	73.8	110.17			
	1000	26.27	36	52.96	69.58	98.22	146.69			
	1500	39.26	53.86	79.16	104	146.88	219.9			
14	600	14.23	19.38	28.4	37.36	52.7	78.54	111.69	153.43	225.7
	750	17.65	24.16	35.48	46.57	65.69	98	139.48	191.53	282
	1000	23.46	32	47.14	61.92	87.4	130.56	185.7	255.5	375.85
	1500	35.05	47.94	70.46	92.64	130.73	195.7	284.17	382.49	563.6
16	600	12.45	16.96	25.3	33.25	46.92	69.9	99.4	136.55	223.88
	750	15.44	21.1	31.59	41.45	58.46	87.26	124.13	170.46	250.99
	1000	20.32	28	41.95	55.1	77.8	116.19	165.27	227.1	334.5
	1500	30.67	41.95	62.7	82.45	116.34	174.17	247.8	340.46	501.64
18	600	11	15.06	22.52	29.6	41.75	62.2	88.46	121.53	178.79
	750	13.68	18.76	28.1	36.89	52	77.62	110.48	151.7	223.38
	1000	18.18	24.89	37.34	49.05	69.24	103.4	147.09	225.14	297.7
	1500	27.16	37.24	55.79	73.38	103.55	155	220.54	303	446.46
20	600	9.92	13.55	20	26.34	37.15	55.37	78.74	108.16	159.11
	750	12.31	16.88	25	32.83	46.31	69.12	98.32	135	198.8
	1000	16.36	22.41	33.23	43.66	61.62	92.03	130.91	179.9	264.98
	1500	24.44	33.52	49.66	65.3	92.16	137.96	195.7	269.68	397.34
22.4	600	8.83	12.06	17.825	23.44	33.07	49.27	70	96.26	141.6
	750	10.96	15	22.27	29.22	41.21	61.5	80.6	120.17	176.95
	1000	14.56	19.95	29.57	38.85	54.85	81.91	116.5	160.1	235.8
	1500	21.75	29.83	44.2	58.12	82	122.79	174.69	240	353.52
25	600	7.96	10.89	16	21.12	29.8	44.42	63.16	86.77	127.66
	750	9.89	13.58	20	26.34	37.15	55.45	78.89	108.33	159.5
	1000	13.13	18	26.66	35	49.43	73.84	105	144.33	212.57
	1500	19.63	26.93	39.84	52.39	73.94	110.68	157.48	216.36	318.79
28	600	7.09	9.69	14.31	18.8	26.53	39.53	56.22	77.23	113.62
	750	8.79	12.08	17.9	23.44	33.07	49.35	65.72	96.41	141.95
	1000	11.68	16.03	23.73	31.17	43.99	65.72	93.47	128.46	212.18
	1500	17.46	23.97	35.46	46.63	65.8	98.5	140.16	192.55	283.7
31.5	600	6.02	8.24	12.13	16.04	22.56	33.61	47.65	65.64	96.63
	750	7.47	10.24	15.13	19.99	28.14	41.96	59.8	81.99	120.73
	1000	9.9	13.62	20.11	26.62	37.49	55.86	79.65	109.2	160.89
	1500	14.81	20.32	30.1	39.82	56.1	83.75	119.35	163.69	241.29
35.5	600	5.04	6.9	10.16	13.46	18.87	28.16	40	54.98	80.96
	750	6.26	8.579	12.65	16.79	23.54	35.15	49.96	68.67	101.15
	1000	8.31	11.39	16.8	22.34	31.31	46.8	66.55	91.49	134.8
	1500	12.36	17.04	25.15	33.25	46.82	70.16	99.77	137.19	202.15

续表

公称传动比	机座号	4	5	6	7	8	9	10	11	12
	型　号	NGW-S42	NGW-S52	NGW-S62	NGW-S72	NGW-S82	NGW-S92	NGW-S102	NGW-S112	NGW-S122
	转速 n_1 /r · min^{-1}	两级减速器高速轴许用输入功率 P_x/kW								
40	600	4.17	5.71	8.3	11.17	15.59	23.24	33.12	45.31	66.04
	750	5.16	7.1	10.32	13.92	19.41	29	41.34	56.59	82.51
	1000	6.85	9.4	13.7	18.53	25.83	38.65	55.09	75.42	109.95
	1500	10.23	14.06	20.52	27.71	38.65	57.87	82.55	113.04	164.84
45	600	3.38	4.62	6.69	9.13	12.62	18.86	26.8	36.76	53.21
	750	4.18	5.75	8.32	11.37	15.53	23.5	33.47	45.92	66.48
	1000	5.54	7.64	11.07	15.14	20.9	31.29	44.6	61.16	88.58
	1500	8.28	11.44	16.52	22.63	31.32	46.86	66.8	91.66	132.8
50	600	3.04	4.16	6.02	8.22	11.36	16.79	24.12	33.08	47.88
	750	3.77	5.17	7.49	10.23	13.98	21.16	30.13	41.31	59.82
	1000	4.99	6.9	9.97	13.62	18.81	28.16	40.14	55.05	79.72
	1500	7.45	10.29	14.86	20.13	28.19	41.82	60.13	82.5	119.54

表 17-2-120　　三级减速器输入功率

公称传动比	机座号	7	8	9	10	11	12
	型　号	NGW-S73	NGW-S83	NGW-S93	NGW-S103	NGW-S113	NGW-S123
	转速 n_1 /r · min^{-1}	三级减速器高速轴许用输入功率 P_x/kW					
56	600	14.80	20.16	29.19	42.49	58.9	79.94
	750	18.46	25.15	31.68	53.04	72.55	99.85
	1000	24.56	33.47	48.50	70.68	97.15	133.08
	1500	36.78	50.13	72.67	105.98	145	199.51
63	600	13.17	17.94	25.52	37.77	51.69	71.14
	750	16.42	22.38	32.43	47.2	63.42	88.87
	1000	21.97	29.1	43.18	62.9	86.05	118.44
	1500	33.53	44.62	64.68	94.32	129.05	177.56
71	600	11.72	15.97	23.12	33.66	46	63.32
	750	14.62	19.92	28.85	42	57.47	79.1
	1000	19.46	26.51	38.42	55.98	75.44	105.41
	1500	29.13	39.71	57.56	83.95	114.86	158.03
80	600	10.43	14.21	20.57	30.48	40.95	56.35
	750	13.01	17.73	25.68	37.39	51.15	70.39
	1000	17.32	23.59	34.2	49.83	68.16	93.82
	1500	25.92	35.34	51.23	74.74	102.22	140.65
90	600	9.28	12.65	18.31	26.66	36.44	50.15
	750	11.58	15.78	22.86	33.28	45.52	62.65
	1000	15.42	21.0	30.44	44.34	72.16	83.5
	1500	23.07	31.45	45.6	66.49	90.98	125.18
100	600	8.27	11.26	16.3	23.72	32.44	44.63
	750	10.3	14.04	20.34	29.61	40.51	55.76
	1000	13.72	18.69	27.09	39.47	53.99	74.31
	1500	20.53	27.99	40.58	59.17	80.97	111.41
112	600	7.36	10.02	14.5	21.11	28.87	39.73
	750	9.18	12.5	18.1	26.36	36.05	50.03
	1000	12.21	16.63	24.12	34.89	48.06	59.24
	1500	18.27	24.91	36.12	52.67	72.06	99.15

续表

公称传动比	机座号	7	8	9	10	11	12
	型　号	NGW-S73	NGW-S83	NGW-S93	NGW-S103	NGW-S113	NGW-S123
	转速 n_1 /r·min^{-1}	三级减速器高速轴许用输入功率 P_x/kW					
125	600	6.54	8.91	12.91	18.79	25.69	35.36
	750	8.17	11.12	16.11	23.46	32.1	44.17
	1000	10.87	14.8	21.46	33.56	43.6	58.86
	1500	16.27	22.17	32.14	46.87	64.14	88.25
140	600	5.83	7.94	11.49	16.73	22.86	31.46
	750	7.27	9.9	14.34	20.88	28.57	39.31
	1000	9.67	13.18	19.1	27.82	38.07	52.38
	1500	14.47	19.73	28.61	41.72	57.09	78.55
160	600	5.19	7.06	10.22	14.89	20.36	28
	750	6.46	8.81	12.77	18.58	25.42	34.98
	1000	8.6	11.72	17	24.76	33.88	46.62
	1500	12.88	17.56	25.46	37.13	50.81	69.32
180	600	4.61	6.28	9.1	13.26	18.11	24.92
	750	5.75	7.84	11.36	16.54	22.62	31.13
	1000	7.65	10.43	15.12	20.03	30.15	41.49
	1500	11.47	15.63	26.66	33.05	45.22	62.2
200	600	4.15	5.66	8.19	11.93	16.31	22.43
	750	5.18	7.06	10.22	14.88	20.36	27.72
	1000	6.88	9.38	13.62	19.84	27.21	37.34
	1500	10.32	14.06	20.39	29.74	40.7	55.99
224	600	3.43	4.72	6.81	9.34	12.94	19.9
	750	4.29	5.88	8.51	11.66	16.16	24.16
	1000	5.69	7.82	11.33	15.54	21.54	32.13
	1500	8.53	11.71	16.99	23.3	32.3	48.2
250	600	3.06	4.2	6.06	8.31	11.51	17.17
	750	3.81	5.23	7.57	10.4	14.39	21.46
	1000	5.07	6.96	10.09	14.15	19.17	28.6
	1500	6.59	10.42	15.12	20.73	28.75	42.9
280	600	2.71	3.73	5.39	7.39	10.25	15.28
	750	3.39	4.66	6.74	9.23	12.8	19.1
	1000	4.51	6.2	8.98	12.3	17.07	25.45
	1500	6.75	9.27	13.46	18.98	25.59	38.18
315	600	2.42	3.32	4.81	6.58	9.12	13.6
	750	3.01	4.14	6.0	8.2	11.4	16.95
	1000	4.01	5.52	7.99	10.96	15.18	22.66
	1500	6.01	8.26	11.98	16.42	22.77	33.97
355	600	2.15	3	4.28	5.85	10.42	12.11
	750	2.69	3.69	5.34	7.31	10.14	15.11
	1000	3.58	4.91	7.1	9.75	13.51	20.16
	1500	5.35	7.35	10.66	14.62	20.26	30.23
400	600	1.82	2.5	3.6	4.7	6.85	10.24
	750	2.27	3.12	4.5	5.88	8.57	12.8
	1000	3.01	4.15	5.98	7.83	11.41	17.05
	1500	4.52	6.22	8.96	11.74	17.11	25.58
450	600	1.2	1.69	2.53	3.59	4.92	7.25
	750	1.5	2.1	3.15	4.47	6.14	9.05
	1000	1.99	2.81	4.2	5.96	8.19	12.06
	1500	2.99	4.2	6.28	8.94	12.27	18.09

7.2.4 减速器的选用

(1) 选用输入功率计算

$$P_x = P_s K_1 K_2$$

式中 P_x——选用输入功率，kW；

P_s——实际输入功率，kW；

K_1——使用系数，见表 17-2-121；

K_2——与润滑有关的系数，循环润滑时 $K_2=1$；油池润滑时 K_2 见表 17-2-122。

表 17-2-121　　使用系数 K_1

每日工作时间/h		<3	3~6	6~10	10~21
工作类型		中　型	重　型	特别型	连续型
载荷性质	平稳无冲击	1	1	1	1.25
	中等冲击	1	1.25	1.35	1.5
	强烈冲击	1.5	1.7	1.8	2

注：1. 表中 K_1 值仅适用于电机或汽轮机驱动。
2. 当用多缸发动机驱动时，表中 K_1 值应提高 25%。

表 17-2-122　　采用油池润滑的系数 K_2

圆周速度 v/m·s^{-1}	<2.5	>2.5~3.5	>3.5~5	>5~7	>7~10	>10~13
间断工作	1	1	1	1.05	1.1	1.15
连续工作	1	1.1	1.15	1.2	1.3	1.4

注：减速器圆周速度是对高速级而言。

（2）减速器的润滑与维护

① 减速器有油池润滑和循环润滑两种情况，对功率较大、转速较高、连续工作的减速器应尽可能采用循环润滑，以降低油温，充分发挥减速器的承载能力。

② 当减速器的工作环境温度较低时，应采取措施保证油温在 10℃以上。

③ 油池润滑的油面高度比内齿轮齿顶高 2~5 倍的模数（两级以高速级为准，三级以中间级为准）。

④ 润滑油推荐采用黏度等级为 150~220、GB 5903 中载荷工业齿轮油。

⑤ 润滑油的更换期：第一次使用的减速器（或新更换齿轮）运转 10~15 天后，需更换新油。正常情况下，连续工作的减速器 3 个月更换一次油。

⑥ 在工作过程中，如油温显著升高且超过 90℃，油的质量变坏或产生不正常的噪声时，应停机检查。

⑦ 减速器应半年之内检修一次，备件必须按图纸要求制造，更换备件后的减速器必须经过跑合和承载试车后再正式使用。

⑧ 使用单位应有合理的使用维护规章制度，对减速器的运转情况和检修中发现的问题应进行详细记录。

7.3 垂直出轴星轮减速器（摘自 JB/T 7344—2010）

7.3.1 适用范围及标记

（1）适用范围

这种减速器是在混合少齿差星轮减速器基础上发展的新型产品，具有体积小、传动比范围大、承载能力大、效率高、寿命长、传动平稳等优点，取得中国、美国和英国专利。减速器传动系统如图 17-2-6 所示。

工作条件为：工作环境温度为-40~45℃，低于 0℃时，减速器启动前润滑油应预热，高于 45℃时，应采取降温措施；输入转速不大于 1500r/min；采用中载荷工业齿轮油 N220、N320（GB 5903）作为润滑油。

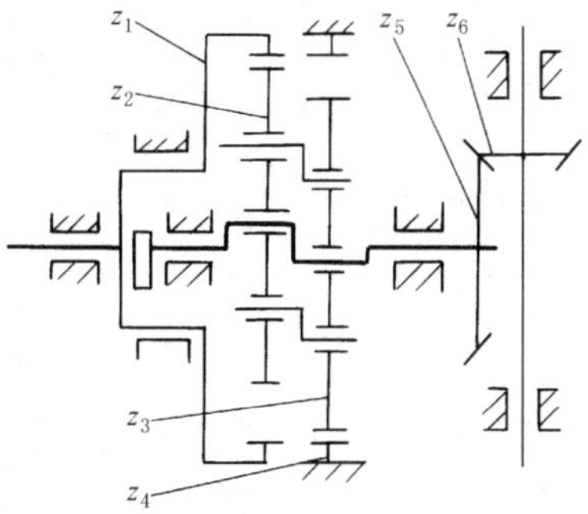

图 17-2-6　垂直输出轴混合少齿差星轮减速器传动系统

（2）标记示例

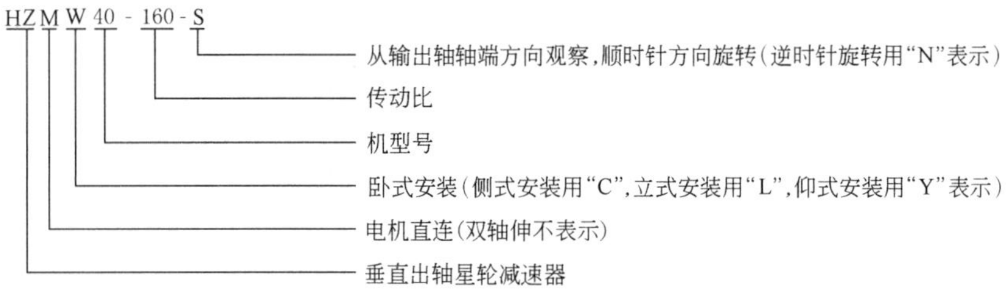

7.3.2 外形、安装尺寸

HZW、HZMW 型减速器外形及安装尺寸

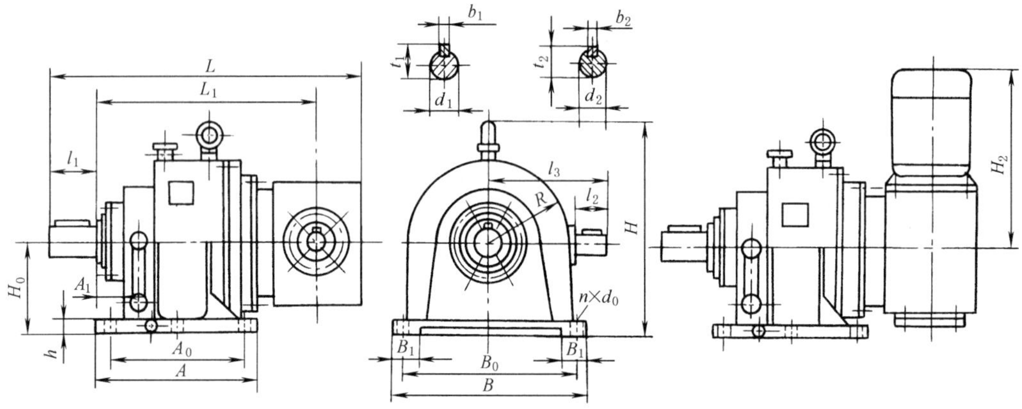

HZW型　　HZMW型

表 17-2-123　　mm

尺寸	机型号										
	18	20	22	25	28	31	35	40	45	50	56
H_0	180	200	224	250	280	315	355	400	450	500	560
A	335	375	415	475	530	600	670	750	850	900	1040
A_0	270	300	335	375	420	475	530	600	670	750	850
B	420	450	500	560	630	700	800	900	1000	1120	1250
B_0	360	400	450	500	560	630	710	800	900	1000	1120
R	185	205	229	255	285	320	360	405	460	510	570
B_1	65	65	70	85	90	105	140	140	150	170	200
A_1	60	65	71	95	100	120	120	132	132	138	140
h	25	30	30	35	40	45	50	55	60	70	75
n	4	4	4	4	4	6	6	6	6	6	6
d_0	22	22	22	26	26	26	33	39	39	39	39
L	770	792	953	1013	1202	1237	1346	1494	1579	1740	1844
L_1	515	537	648	708	812	847	921	889	1064	1185	1287
l_3	234	234	308	308	389	389	389	450	450	540	540
H_2(最大)	616	616	771	811	954	994	994	1260	1260	1325	1325
l_1	105	105	130	130	165	165	200	240	240	280	280
d_1(m6)	65	70	80	95	110	120	140	160	180	200	220
b_1	18	20	22	25	28	32	36	40	45	45	50
t_1	69	74.5	85	100	116	127	148	169	190	210	231
l_2	58	58	82	82	105	105	105	105	105	130	130
d_2(m6)	35	35	40	40	60	60	60	70	70	80	80
b_2	10	10	12	12	18	18	18	20	20	22	22
t_2	38	38	43	43	64	64	64	74.5	74.5	85	85
H	420	470	525	590	645	720	825	915	1040	1130	1250

HZC、HZMC、HZL、HZML、HZY、HZMY 型外形及安装尺寸

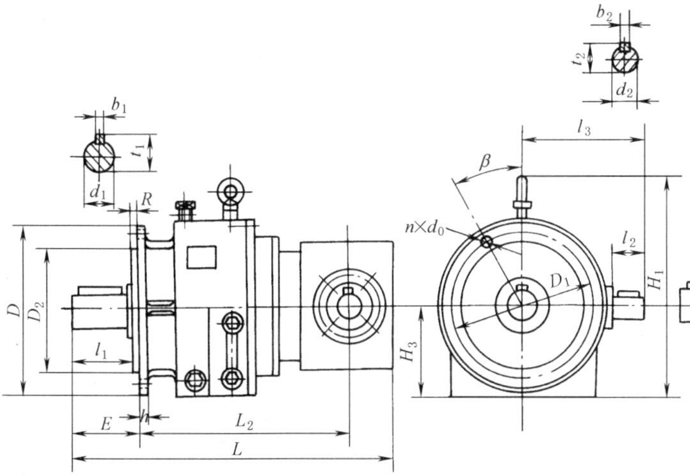

HZC型

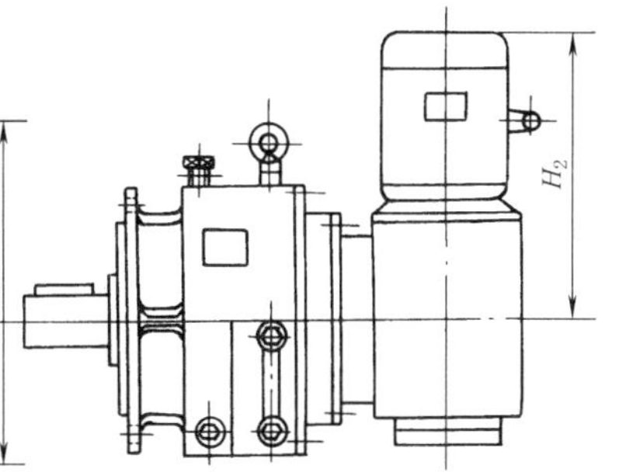

HZMC型

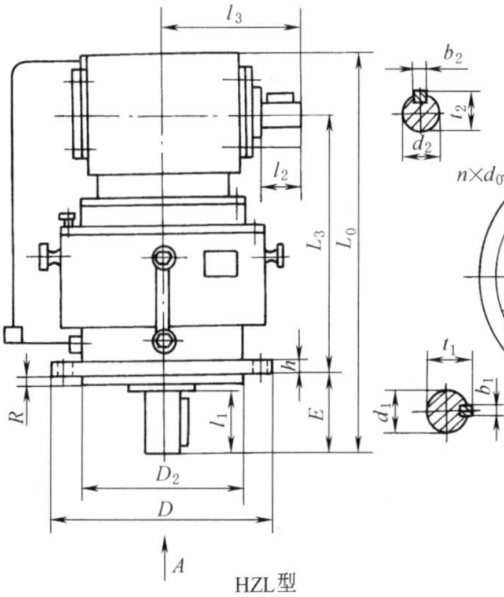

HZL型

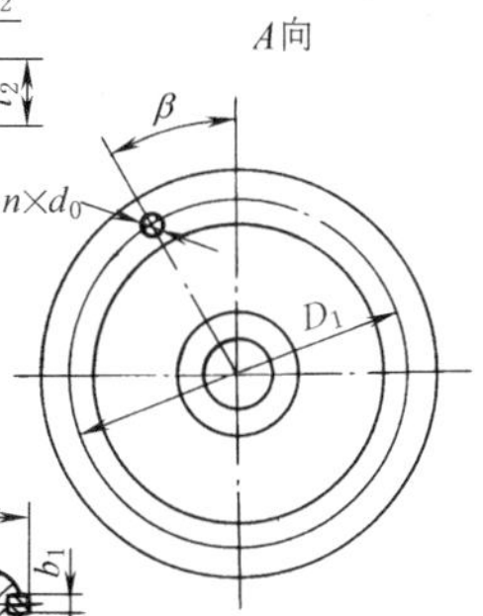

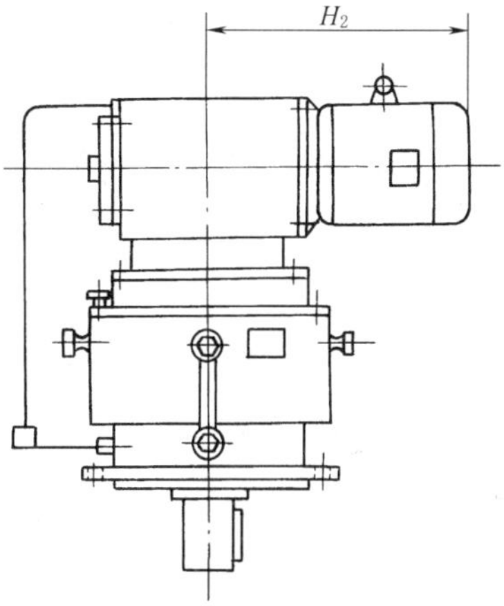

HZML型

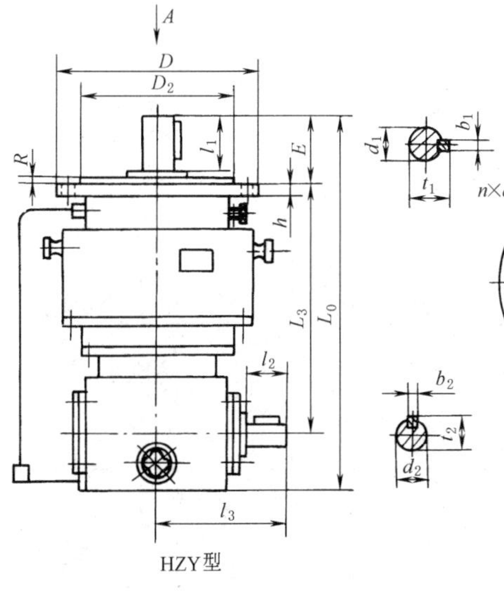

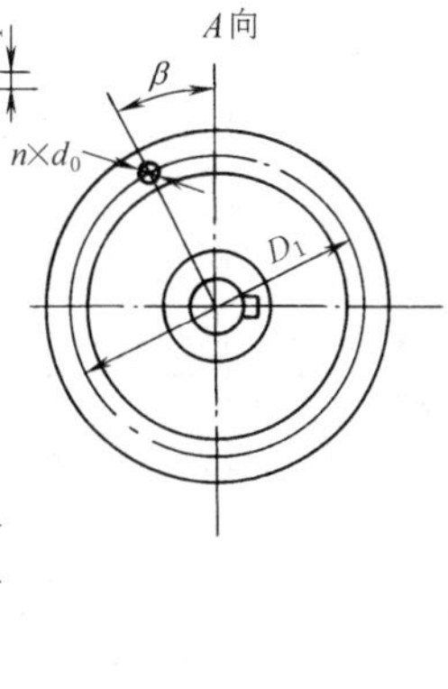

HZY型

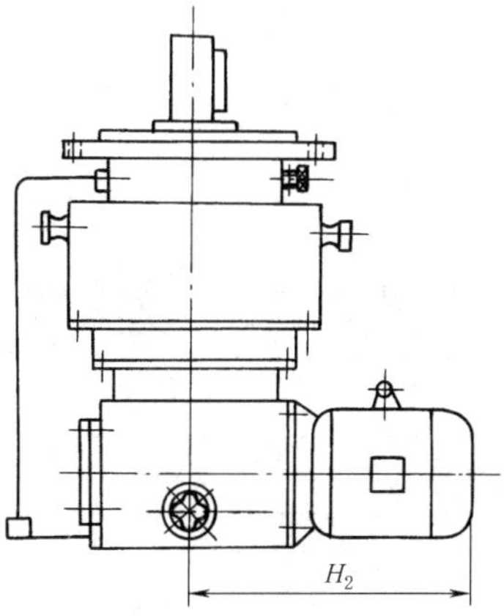

HZMY型

表 17-2-124 mm

尺寸	机型号										
	18	20	22	25	28	31	35	40	45	50	56
D	370	410	458	510	570	640	720	810	920	1020	1140
D_1	300	350	400	450	500	590	670	760	850	950	1050
D_2	250	300	350	400	450	530	600	670	750	850	950
E	110	110	136	136	173	175	210	250	250	290	290
h	24	26	26	30	35	40	45	50	55	60	65
R	5	5	6	6	8	10	10	10	10	10	10
β	22.5°	22.5°	22.5°	15°	15°	15°	15°	15°	15°	15°	15°
n	8	8	8	12	12	12	12	12	12	12	12
d_0	18	18	18	22	22	26	32	32	32	32	32
L_0	770	792	953	1013	1202	1237	1346	1404	1579	1740	1844
L_2	515	537	648	708	812	847	921	889	1064	1185	1289
l_3	234	234	308	308	389	389	389	450	450	540	540
H_2（最大）	616	616	771	811	954	994	994	1260	1260	1325	1325
L_3	527	594	660	724	828	865	939	907	1082	1203	1307
H_3	180	200	224	250	280	315	355	400	450	500	560
l_1	105	105	130	130	165	165	200	240	240	280	280
d_1（m6）	65	70	80	95	110	120	140	160	180	200	220
b_1	18	20	22	25	28	32	36	40	45	45	50
t_1	69	74.5	85	100	116	127	148	169	190	210	231
l_2	58	58	82	82	105	105	105	105	105	130	130
d_2（m6）	35	35	40	40	60	60	60	70	70	80	80
b_2	10	10	12	12	18	18	18	20	20	22	22
t_2	38	38	43	43	64	64	64	74.5	74.5	85	85
H	420	470	525	590	645	720	825	915	1040	1130	1250

注：新标准中未标 H3 尺寸，考虑到此尺寸为型号对应尺寸，故保留作参考。

7.3.3 承载能力

表 17-2-125 HZW（C、L、Y）型减速器承载能力

公称传动比 i	公称转速 /r·min^{-1}		机型号										
	输入 n_1	输出 n_2	18	20	22	25	28	31	35	40	45	50	56
			公称输出转矩/N·m										
			3920	6370	9800	12740	19600	25480	39200	49000	98000	137200	205800
			公称输入功率 P_1/kW										
31.5	1500	47.6	20.8	33.8	52.1	67.7	104.1	135.4	208.2	—	—	—	—
	1000	31.7	13.7	22.3	34.3	44.6	68.6	89.2	137.2	171.6	—	—	—
	750	23.8	10.4	16.9	26.0	33.8	52.0	67.6	104.1	130.1	—	—	—
35.5	1500	42.2	18.5	30.0	46.2	60.1	92.4	120.1	184.8	231.0	—	—	—
	1000	28.1	12.2	19.8	30.4	39.6	60.9	79.2	121.8	152.2	—	—	—
	750	21.1	9.2	15.0	23.1	30.0	46.2	60.0	92.3	115.4	230.8	—	—
40	1500	37.5	16.4	26.6	41.0	53.3	82.0	106.6	164.0	205.0	—	—	—
	1000	25	10.8	17.6	27.0	35.1	54.0	70.3	108.1	135.1	—	—	—
	750	18.7	8.2	13.3	20.5	26.6	41.0	53.3	81.9	102.4	204.9	—	—
45	1500	33.3	14.6	23.7	36.4	47.4	72.9	94.8	145.8	182.2	—	—	—
	1000	22.2	9.6	15.6	24.0	31.2	48.0	62.4	96.1	120.1	240.2	—	—
	750	16.6	7.3	11.8	18.2	23.7	36.4	47.3	72.8	91.0	182.1	—	—
50	1500	30	13.1	21.3	32.8	42.6	65.6	85.3	131.2	164.0	—	—	—
	1000	20	8.6	14.1	21.6	28.1	43.2	56.2	86.5	108.1	216.2	—	—
	750	15	6.6	10.7	16.4	21.3	32.8	42.6	65.6	81.9	163.9	229.4	—
56	1500	26.7	11.7	19.0	29.3	38.1	58.6	76.1	117.1	146.4	—	—	—
	1000	17.8	7.7	12.5	19.3	25.1	38.6	50.2	77.2	96.5	193.0	—	—
	750	13.3	5.9	9.5	14.6	19.0	29.3	38.0	58.5	73.2	146.3	204.9	—
63	1500	23.8	10.4	16.9	26.0	33.8	52.1	67.7	104.1	130.2	—	—	—
	1000	15.8	6.9	11.2	17.2	22.3	34.3	44.6	68.6	85.8	171.6	240.2	—
	750	11.9	5.2	8.5	13.0	16.9	26.0	33.8	52.0	65.0	130.1	182.1	—
71	1500	21.1	9.2	15.0	23.1	30.0	46.2	60.1	92.4	115.5	231.0	—	—
	1000	14	6.1	9.9	15.2	19.8	30.4	39.6	60.9	76.1	152.2	213.1	—
	750	10.5	4.6	7.5	11.5	15.0	23.1	30.0	46.2	57.7	115.4	161.6	242.4
80	1500	18.7	8.2	13.3	20.5	26.6	41.0	53.3	82.0	102.5	205.0	—	—
	1000	12.5	5.4	8.8	13.5	17.6	27.0	35.1	54.0	67.5	135.1	189.1	—
	750	9.3	4.1	6.7	10.2	13.3	20.5	26.6	41.0	51.2	102.4	143.4	215.1

续表

公称传动比 i	公称转速 /r·min^{-1}		机型号										
			18	20	22	25	28	31	35	40	45	50	56
	输入 n_1	输出 n_2	公称输出转矩/N·m										
			3920	6370	9800	12740	19600	25480	39200	49000	98000	137200	205800
			公称输入功率 P_1/kW										
90	1500	16.6	7.3	11.8	18.2	23.7	36.4	47.4	72.9	91.1	182.2	—	—
	1000	11.1	4.8	7.8	12.0	15.6	24.0	31.2	48.0	60.0	120.1	168.1	252.2
	750	8.3	3.6	5.9	9.1	11.8	18.2	23.7	36.4	45.5	91.0	127.5	191.2
100	1500	15	6.6	10.7	16.4	21.3	32.8	42.6	65.6	82.0	164.0	229.6	—
	1000	10	4.3	7.0	10.8	14.1	21.6	28.1	43.2	54.0	108.1	151.3	227.0
	750	7.5	3.3	5.3	8.2	10.7	16.4	21.3	32.8	41.0	81.9	114.7	172.1
112	1500	13.3	5.9	9.5	14.6	19.0	29.3	38.1	58.6	73.2	146.4	205.0	—
	1000	8.9	3.9	6.3	9.6	12.5	19.3	25.1	38.6	48.2	96.5	135.1	202.6
	750	6.6	2.9	4.8	7.3	9.5	14.6	19.0	29.3	36.6	73.2	102.4	153.6
125	1500	12	5.2	8.5	13.1	17.1	26.2	34.1	52.5	65.6	131.2	183.7	—
	1000	8	3.5	5.6	8.6	11.2	17.3	22.5	34.6	43.2	86.5	121.0	181.6
	750	6	2.6	4.3	6.6	8.5	13.1	17.0	26.2	32.8	65.6	91.8	137.7
140	1500	10.7	4.7	7.6	11.7	15.2	23.4	30.5	46.9	58.6	117.1	164.0	246.0
	1000	7.1	3.1	5.0	7.7	10.0	15.4	20.1	30.9	38.6	77.2	108.1	162.1
	750	5.3	2.3	3.8	5.9	7.6	11.7	15.2	23.4	29.3	58.5	81.9	122.9
160	1500	9.3	4.1	6.7	10.2	13.3	20.5	26.6	41.0	51.2	102.5	143.5	215.2
	1000	6.2	2.7	4.4	6.8	8.8	13.5	17.6	27.0	33.8	67.5	94.6	141.9
	750	4.6	2.0	3.3	5.1	6.7	10.2	13.3	20.5	25.6	51.2	71.7	107.5
180	1500	8.3	3.6	5.9	9.1	11.8	18.2	23.7	36.4	45.6	91.1	127.5	191.3
	1000	5.5	2.4	3.9	6.0	7.8	12.0	15.6	24.0	30.0	60.0	84.1	126.1
	750	4.1	1.8	3.0	4.6	5.9	9.1	11.8	18.2	22.8	45.5	63.7	95.6
200	1500	7.5	3.3	5.3	8.2	10.7	16.4	21.3	32.8	41.0	82.0	114.8	172.2
	1000	5	2.2	3.5	5.4	7.0	10.8	14.1	21.6	27.0	54.0	75.7	113.5
	750	3.7	1.6	2.7	4.1	5.3	8.2	10.7	16.4	20.5	41.0	57.4	86.0
224	1500	6.6	2.9	4.8	7.3	9.5	14.6	19.0	29.3	36.6	73.2	102.5	153.7
	1000	4.4	1.9	3.1	4.8	6.3	9.6	12.5	19.3	24.1	48.2	67.5	101.3
	750	3.3	1.5	2.4	3.7	4.8	7.3	9.5	14.6	18.3	36.6	51.2	76.8
250	1500	6	2.6	4.3	6.6	8.5	13.1	17.1	26.2	32.8	65.6	91.8	137.8
	1000	4	1.7	2.8	4.3	5.6	8.6	11.2	17.3	21.6	43.2	60.5	90.8
	750	3	1.3	2.1	3.3	4.3	6.6	8.5	13.1	16.4	32.8	45.9	68.8
280	1500	5.3	2.3	3.8	5.9	7.6	11.7	15.2	23.4	29.3	58.6	82.0	123.0
	1000	3.5	1.5	2.5	3.9	5.0	7.7	10.0	15.4	19.3	38.6	54.0	81.1
	750	2.6	1.2	1.9	2.9	3.8	5.9	7.6	11.7	14.6	29.3	41.0	61.5
315	1500	4.7	2.1	3.4	5.2	6.8	10.4	13.5	20.8	26.0	52.1	72.9	109.3
	1000	3.1	1.4	2.2	3.4	4.5	6.9	8.9	13.7	17.2	34.3	48.0	72.1
	750	2.3	1.0	1.7	2.6	3.4	5.2	6.8	10.4	13.0	26.0	36.4	54.6
355	1500	4.2	1.8	3.0	4.6	6.0	9.2	12.0	18.5	23.1	46.2	64.7	97.0
	1000	2.8	1.2	2.0	3.0	4.0	6.1	7.9	12.2	15.2	30.4	42.6	63.9
	750	2.1	0.9	1.5	2.3	3.0	4.6	6.0	9.2	11.5	23.1	32.3	48.5
400	1500	3.7	1.6	2.7	4.1	5.3	8.2	10.7	16.4	20.5	41.0	57.4	86.1
	1000	2.5	1.1	1.8	2.7	3.5	5.4	7.0	10.8	13.5	27.0	37.8	56.7
	750	1.8	0.8	1.3	2.0	2.7	4.1	5.3	8.2	10.2	20.5	28.7	43.0
450	1500	3.3	1.5	2.4	3.6	4.7	7.3	9.5	14.6	18.2	36.4	51.0	76.5
	1000	2.2	1.0	1.6	2.4	3.1	4.8	6.2	9.6	12.0	24.0	33.6	50.4
	750	1.6	0.7	1.2	1.8	2.4	3.6	4.7	7.3	9.1	18.2	25.5	38.2

表 17-2-126　减速器的热功率 P_h

环境条件	空气流速 /m·s^{-1}	机型号										
		18	20	22	25	28	31	35	40	45	50	56
		不附加冷却装置的热功率 P_h/kW										
狭小车间	≥0.5	12.9	14.3	19.8	23	31.9	36.7	42.4	57.1	65	75.8	89.1
中大型车间	≥1.4	18	20	27.8	32	44	51	59	79	91	112	131
室外	≥3.7	24	26	37	43	61	69	80	108	123	153	178

表 17-2-127　公称径向力

机型号	18	20	22	25	28	31	35	40	45	50	56
公称径向力/N	10510	12390	14670	20740	27150	30360	39200	46380	52680	63210	78400

表 17-2-128　电动机直联型减速器匹配电动机型号及功率

机型号	匹配电动机极数:4、6、8	
	型号	功率/kW
18	Y132M,Y132S	2.2,3,4,5.5,7.5
20		
22	Y132M,Y132S,Y160M,Y160S	2.2,3,4,5.5,7.5,11,15
25	Y160M,Y160L,Y180M,Y180L	4,5.5,7.5,11,15,18.5,22
28	Y180M,Y180L,Y200L	11,15,18.5,22,30
31	Y225M,Y225S	18.5,22,30,37,45
35		
40	Y250M,Y280M,Y280S	30,37,45,55,75,90
45		
50	Y280M,Y280S	37,45,55,75,90
56		

表 17-2-129　减速器的工况系数 f_0

电动机每日工作时长/h	轻冲击载荷	中等冲击载荷	强冲击载荷
≤3	0.8	1	1.5
>3~10	1	1.25	1.75
>10	1.5	1.5	2

表 17-2-130　减速器的环境温度系数 f_1

环境温度 T/℃	10	20	30	40	50
无冷却条件	0.9	1	1.15	1.35	1.65
冷却管冷却	0.9	1	1.10	1.20	1.30

表 17-2-131　减速器的负荷率系数 f_2

小时负荷率/%	100	80	60	40	20
负荷率系数	1	0.94	0.86	0.74	0.56

表 17-2-132　减速器的功率利用系数 f_3

$P_2/P_1\times100\%$	≤40%	50%	60%	70%	80%~100%
f_3	1.25	1.15	1.1	1.05	1

注：P_1 见表 17-2-125；P_2 指负载功率。

表 17-2-133　减速器重要性系数 S_A

配套主机工况特征	S_A
每天不超过 8h 工作	1.2~1.4
因减速器故障使单机停产	1.3~1.5
因减速器故障导致机组或生产线停产	1.6~1.8
因减速器故障造成设备损坏,危及生命安全或严重社会影响	1.9~2.1

7.3.4　减速器的选用

标准 JB/T 6502 中减速器高速级为圆弧齿锥齿轮副，选用时应指明输出轴旋转方向，从输出轴轴端向减速器观察：S 表示顺时针旋转，N 表示逆时针旋转；如果要求减速器双向旋转，则应指明主要载荷的旋向。

该标准减速器的承载能力受机械强度和热平衡两方面的限制，因此，承载能力表和热功率表是选型的主要依据。

该标准减速器的承载能力，是指在规定的公称输出转矩和公称输入转速的条件下，轴承设计使用寿命10000h，机械强度允许，工况系数$f_0=1$、环境温度系数$f_1=1$、负荷系数率$f_2=1$、重要性系数$S_A=1$的前提下确定的，因此选型时应根据不同要求考虑。

电动机直联减速器受减速器结构尺寸限制，选型时应根据表17-2-128规定的电动机型号及功率对照表17-2-125。

承载能力表中相应机号的公称传动比i和公称输入功率P_1，在满足电动机功率$P \leqslant P_1$前提下选用。

选用步骤及实例如下。

① 按减速器的机械强度、承载能力表选用。按照式（17-2-31）求得计算功率，要求$P_{2m} \leqslant P_1$，公称输入功率P_1由表17-2-125确定，如实际减速器输入转速n_i与公称输入转速n_1不相等，则要求$P_{2m} \leqslant P_1 n_i / n_1$。

$$P_{2m}=P_2 f_0 \tag{17-2-31}$$

式中　P_{2m}——计算功率，kW；

P_2——实际传递的负载功率，kW；

f_0——工况系数，见表17-2-129。

② 校核热功率，应满足式（17-2-32）要求：

$$P_{2t}=P_2 f_1 f_2 f_3 \leqslant P_h \tag{17-2-32}$$

式中　P_{2t}——计算热功率，kW；

f_1——环境温度系数，见表17-2-130；

f_2——负载率系数，见表17-2-131；

f_3——功率利用系数，见表17-2-132；

P_h——热功率，见表17-2-126。

当计算结果$P_{2t}>P_h$时，应采取循环冷却措施或增大减速器机型号重算，直至$P_{2t}<P_h$为准。

③ 如果负载波动大，则应验证瞬时尖峰负荷。设瞬时尖峰负荷为P_{2max}，则要求$P_{2max}<1.7P_1$。如果不满足以上要求，则应选用更大的机型号。

④ 减速器的轴承使用寿命。减速器的易损件主要是滚动轴承和密封件。密封件安装在减速器外端，容易更换。滚动轴承装在减速器内腔，故在选型时，应按不同要求考虑轴承使用寿命，表17-2-125中的公称输入功率P_1均按轴承使用10000h确定。

如果用户要求减速器工作10000h以下更换轴承，则不必核算轴承使用寿命。如果用户要求使用10000h以上更换轴承，则应按式（17-2-33）计算：

$$P_1=\frac{L_{h1}{}^{0.3}}{15.85}P_2 \tag{17-2-33}$$

式中　L_{h1}——轴承设计使用寿命，h；

P_2——实际传递的负载功率，kW；

P_1——公称许用输入功率，kW。

注：式中P_1、P_2可用许用输出转矩和实际负载转矩取代。

例如，要求轴承设计使用寿命为$L_{h1}=50000$h时：

$$P_1=\frac{50000^{0.3}}{15.85}P_2=1.62P_2$$

即公称许用输入功率为实际负荷功率的1.62倍，方可满足轴承使用寿命50000h的要求。

⑤ 根据减速器主机的重要性与安全性要求，按表17-2-133引进重要性系数S_A，重要性系数S_A的引入是考虑减速器机械强度更可靠以及延长轴承使用寿命，平稳负荷，引进重要性系数后的轴承使用寿命L_{h1}为

$$L_{h1}=S_A^{0.3}\times 10000\text{h}，例如 S_A=1.9，则$$

$$L_{h1}=1.9^{0.3}\times 10000\text{h}=12123\text{h}$$

⑥ 本标准减速器输出轴轴伸中点承受径向力F，假设实际径向力为F_1，则必须满足$F_1<F$的要求，否则应采用径向卸荷装置，或增大减速器型号选用。

例　有一架空索道传动系统要求选用一台立式垂直出轴减速器，已知负荷功率55kW，轴伸中点径向力19600N，均匀负荷，电动机输入转速1000r/min。每日工作少于8h，间断工作，负荷率60%，要求轴承使用寿命3~5年，环境温度20~40℃，减速器输出转速为8r/min，要求输出轴顺时针旋转，试选型。

① 按式（17-2-31），$P_{2m}=P_2f_0$。查减速器载荷分类，索道传动系统装置属均匀载荷，每日工作>3～10h，查表 17-2-129，取 $f_0=1$，已知负载功率 $P_2=55kW$，所以选用功率 $P_{2m}=55kW$，查表 17-2-125，传动比 125，应选用 50 型，$P_1=76kW$。

② 核算热功率。

由式（17-2-32）计算热功率 $P_{2t}=P_2f_1f_2f_3$；查表 17-2-130，环境温度 30℃、无冷却条件 $f_1=1.15$；查表 17-2-131，负荷率系数 $f_2=0.86$；查表 17-2-132，功率利用系数 $f_3=1.05$。

则
$$P_{2t}=55\times1.15\times0.86\times1.05=57kW$$

查表 17-2-126，50 型 $P_h=112kW$（空间大，通风好），则 $P_{2t}<P_h$，通过。

③ 轴承使用寿命 L_h。已知 50 型公称许用输入功率 $P_1=76kW$，负载功率 $P_2=55kW$，则有

$$P_1=\frac{(L_{h1})^{0.3}}{15.85}P_2$$

$$(L_{h1})^{0.3}=\frac{76}{55}\times15.85=21.9$$

$$L_{h1}=29386h$$

每天连续工作 8 h，可使用 3673 天，每年 300 天，可运行 12 年。

④ 由于选用 50 型，轴承计算使用寿命很长，不必引入重要性系数。

⑤ 查表 17-2-127，50 型星轮减速器轴伸中点公称径向力 $F=63210N$，实际轴向负荷 $F_1=196000N>F$。所以应在输入端增加卸荷装置。

结论：该架空索道用减速器型号应为 HZL50-125-S，并在输出端增加卸荷装置。

8 摆线针轮减速器

8.1 概述

摆线针轮减速器（图 17-2-8）是由少齿差渐开线齿形行星减速器发展而来的。所不同的是它的行星轮齿是采用摆线齿，而内齿轮采用针齿（图 17-2-7）。摆线针轮行星传动属于一齿差行星传动，即内齿轮齿数 z_B 和行星轮齿数 z_C 之差 $z_B-z_C=1$。其转臂和输出机构等则和少齿差行星齿轮传动一样，这时，转臂（输入轴）的转速 n_x 与输出机构（输出轴）的转速 n_v 之间的传动比为

$$i=\frac{n_x}{n_v}=-z_C \qquad (17-2-34)$$

由此可知，这种行星传动的传动比等于行星轮的齿数，输入轴和输出轴的转向相反。

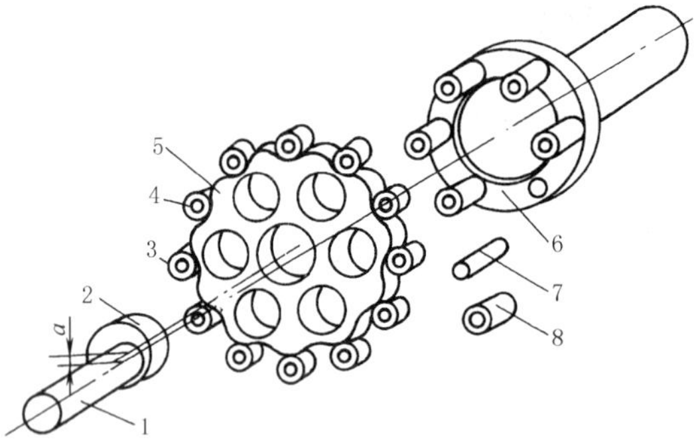

图 17-2-7 针齿

1—输入轴；2—转臂；3—针齿套；4—针齿销；5—摆线轮；6—输出轴；7—销轴；8—销轴套

与普通减速器比较，摆线针轮行星传动和少齿差行星传动一样，也具有结构紧凑、体积小、重量轻等优点。若把摆线针轮行星传动和少齿差行星传动进行比较，摆线针轮行星传动则具有如下优点。

① 转臂轴承载荷只有渐开线齿形的 60%左右，即寿命约提高 5 倍。因为转臂轴承是一齿差行星传动的薄弱环节，所以这是一个很重要的优点。

② 摆线轮和针轮间几乎有半数齿同时接触（指在制造精度较高的情况下），而且摆线齿和针齿都可以磨削，故运转平稳、噪声小。

③ 针齿销可以加套筒，使与摆线轮的接触成为滚动摩擦，延长了摆线轮这一重要零件的寿命。

④ 效率较高，一级传动可达 90%～95%，而渐开线一齿差行星传动的效率只有 85%～90%。

但摆线针轮行星传动也有如下缺点。

① 制造精度要求比较高，否则达不到多齿接触。

② 摆线齿的磨削需要专用的机床。

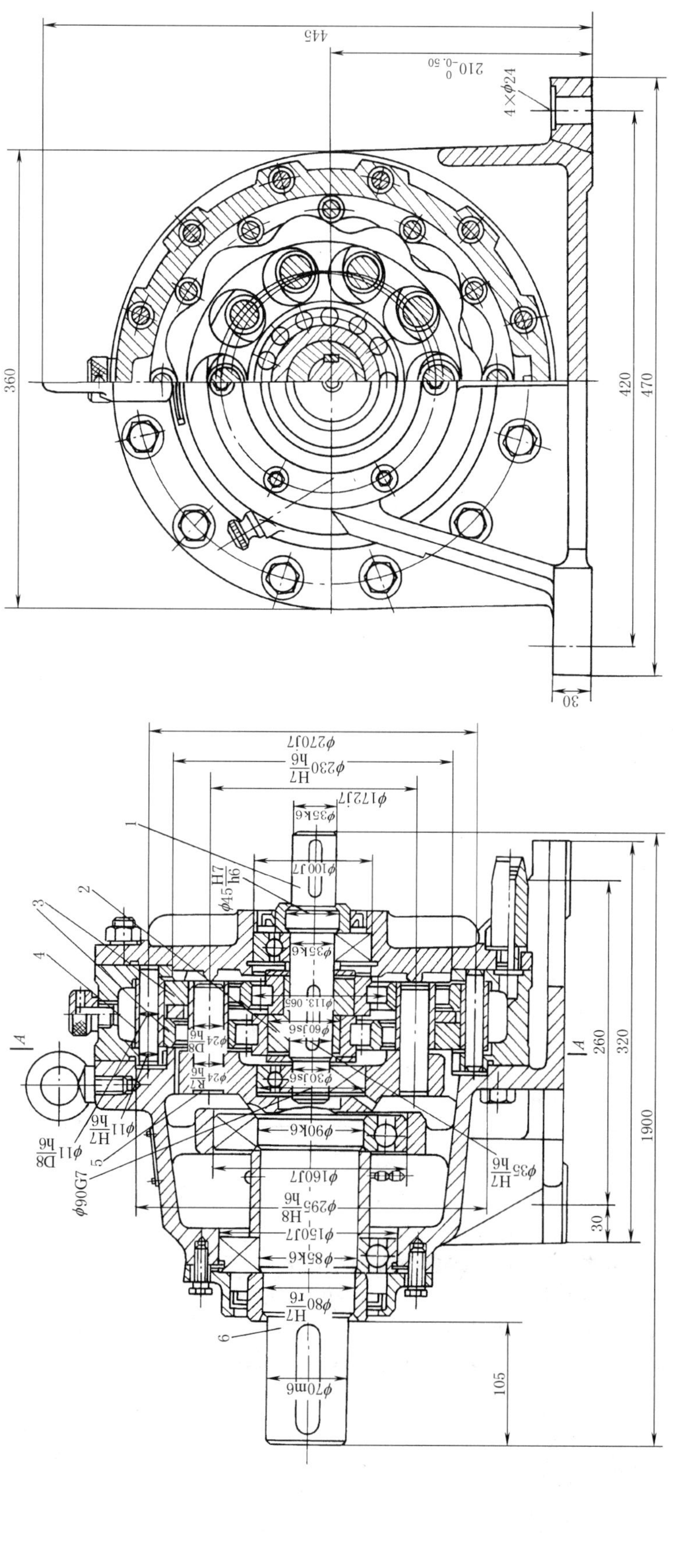

图 17-2-8　摆线针轮减速器

1—输入轴；2—偏心套（转臂）；3—摆线轮；4—针齿；5—柱销；6—输出轴

8.2 摆线针轮减速器❶

8.2.1 标记方法及使用条件

（1）标记方法

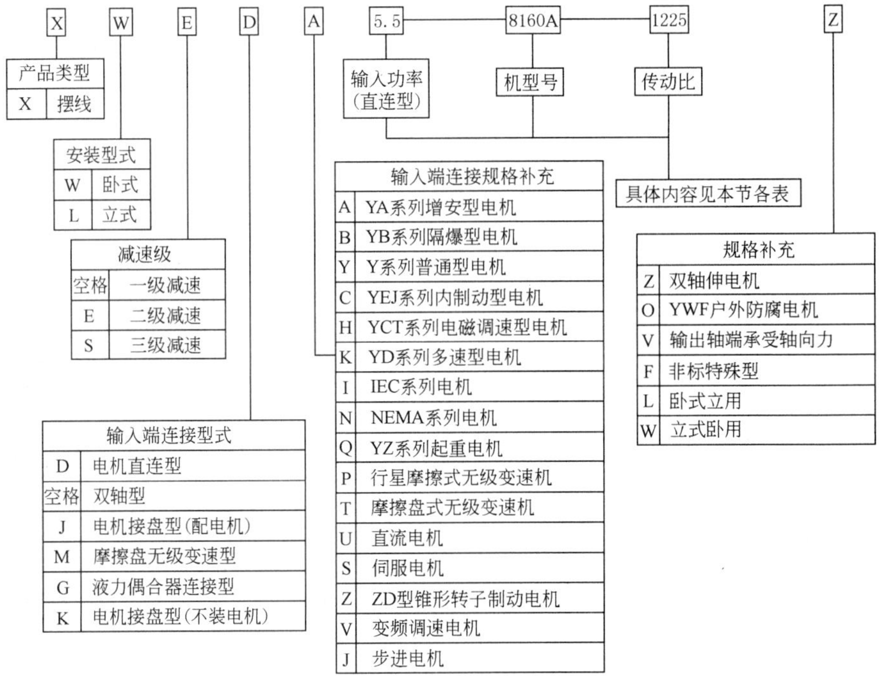

标记示例

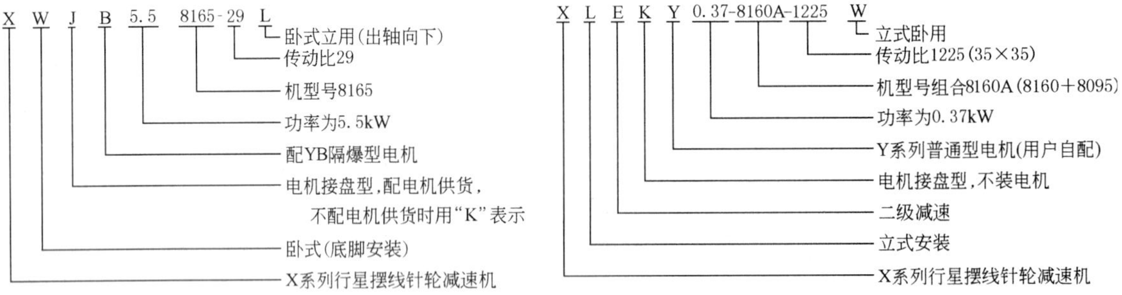

（2）使用条件

① 适用于连续工作制，允许正、反向运转。

② 输出轴及输入轴轴伸上的键按 GB/T 1096 普通平键型式及尺寸。

③ 卧式双轴型减速器输出轴应处于水平位置工作，必须倾斜使用时请与制造厂联系。

④ 立式减速器输出轴应垂直向下使用，8155 以下机型号为油脂润滑，可以水平使用。

⑤ 润滑油使用环境温度为-10~40℃，若超出温度范围，请与制造厂联系。

⑥ 润滑方式详见生产厂样本资料。

---

❶ 本节采用天津减速机总厂资料，设计选用时以该厂最新标本资料为准。浙江通力减速机有限公司、上海艾格瑞特通力传动科技有限公司等也生产摆线针轮减速机，具体技术参数可与生产厂联系。

8.2.2 外形、安装尺寸

一级卧式直连型（XWD 型）和双轴型（XW 型）减速器外形、安装尺寸

XWD 型（机型号 8075~8155）

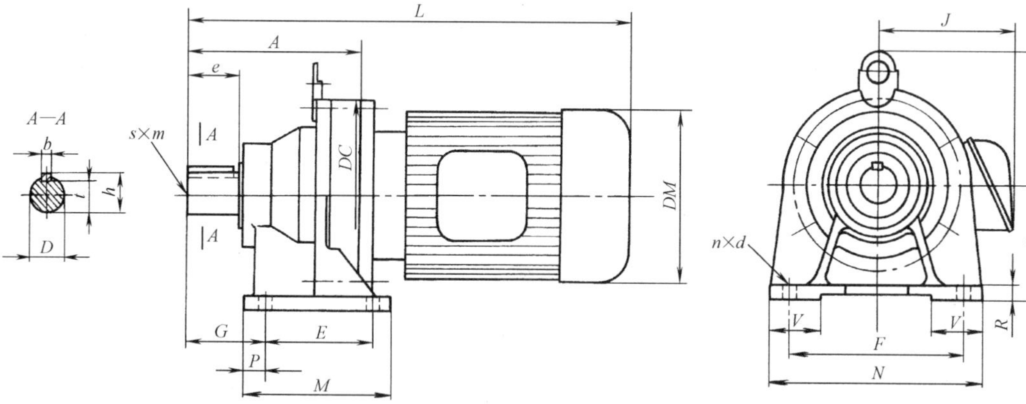

XW 型（机型号 8075~8155）

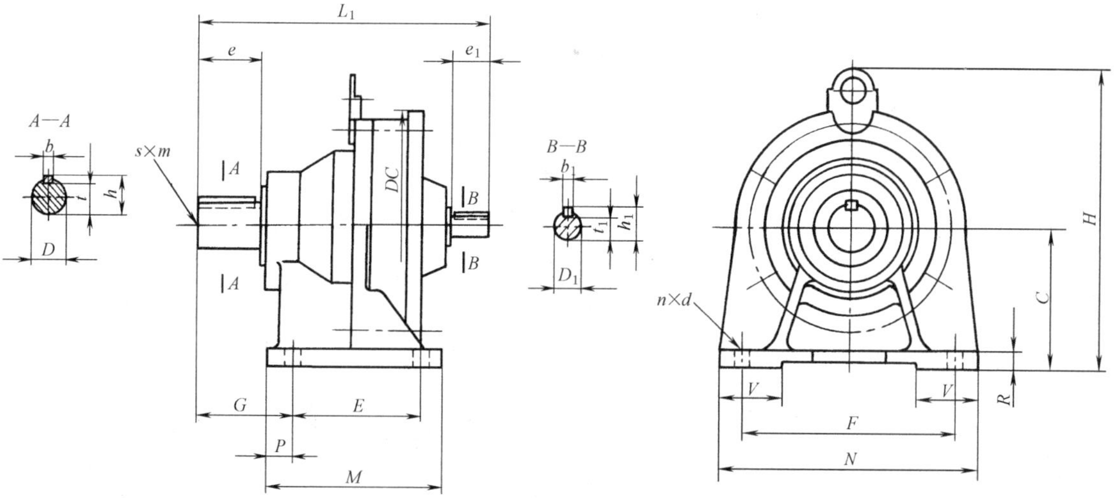

表 17-2-134

mm

机型号	XWD 型		XWD 型、XW 型																		XW 型							
															输出端						输入端							
	A	DC	C	E	F	M	N	G	P	H	R	V	n	d	D (h6)	e	b	t	h	s×m	D_1 (h6)	e_1	b_1	t_1	h_1	DC	L_1	质量/kg
8075	92	110	80	60	120	84	144	41	12	138	10	35	4	9	14	25	5	11	16	—	12	25	4	9.5	13.5	110	145	5
8085	98	110	80	60	120	84	144	47	12	138	10	35	4	9	18	30	6	14.5	20.5	—	12	25	4	9.5	13.5	110	151	5
8095	142	150	100	90	150	130	180	60	15	207	12	40	4	11	28	35	8	24	31	—	15	25	5	12	17	150	202	11
8105	156	150	100	90	150	135	180	60	15	207	12	40	4	11	28	35	8	24	31	—	15	25	5	12	17	150	208	13
8115	192	204	120	115	190	155	230	82	20	257	15	55	4	14	38	55	10	33	41	—	18	35	6	14.5	20.5	204	259	24
8125	192	204	140	115	190	155	230	82	20	277	15	60	4	14	38	55	10	33	41	—	18	35	6	14.5	20.5	204	259	25
8130	240	230	150	145	290	195	330	100	25	300	22	65	4	18	50	70	14	44.5	53.5	M10×18	22	40	6	18.5	24.5	230	321	43
8135	240	230	150	145	290	195	330	100	25	300	22	65	4	18	50	70	14	44.5	53.5	M10×18	22	40	6	18.5	24.5	230	321	43
8145	260	230	150	145	290	195	330	120	25	300	22	65	4	18	50	90	14	44.5	53.5	M10×18	22	40	6	18.5	24.5	230	341	44
8155	260	230	160	145	290	195	330	120	25	310	22	70	4	18	50	90	14	44.5	53.5	M10×18	22	40	6	18.5	24.5	230	341	46

注：1. XWD 型减速器的 DM、J、L 尺寸及质量见表 17-2-135。
2. 润滑脂润滑。

表 17-2-135　　**XWD 型（机型号 8075~8155）减速器外形尺寸**

功率/kW	尺寸/mm	机型号									
		8075	8085	8095	8105	8115	8125	8130	8135	8145	8155
0. 09	*DM*	128	128	128							
	J	120	120	120							
	L	280	289	333							
	质量/kg	10	10	18							
0. 18	*DM*	130	130	130	130						
	J	100	100	100	100						
	L	340	349	390	391						
	质量/kg	11	11	19	23						
0. 37	*DM*		140	140	140	140					
	J		125	125	125	125					
	L		344	388	391	423					
	质量/kg		20	24	28	44					
0. 55	*DM*			175	175	175					
	J			160	160	160					
	L			422	436	468					
	质量/kg			25	30	45					
0. 75	*DM*			175	175	175	175	175	175	175	
	J			160	160	160	160	160	160	160	
	L			422	436	468	468	523	523	543	
	质量/kg			25	31	45	46	59	59	60	
1. 1	*DM*				195	195		195	195		
	J				170	170		170	170		
	L				477	484		528	528		
	质量/kg				37	50		70	70		
1. 5	*DM*				195	195	195	195	195	195	195
	J				170	170	170	170	170	170	170
	L				471	503	503	558	558	578	578
	质量/kg				40	54	55	70	70	71	73
2. 2	*DM*				215	215	215	215	215	215	215
	J				185	185	185	185	185	185	185
	L				514	543	543	598	598	618	618
	质量/kg				50	63	64	78	78	79	82
3	*DM*					215	215	215	215	215	215
	J					185	185	185	185	185	185
	L					543	543	598	598	618	618
	质量/kg					64	65	78	78	79	82
4	*DM*					240	240	240	240	240	240
	J					195	195	195	195	195	195
	L					568	568	623	623	643	643
	质量/kg					68	69	101	101	102	104
5. 5	*DM*						275	275	275	275	275
	J						215	215	215	215	215
	L						624	678	678	698	698
	质量/kg						77	112	112	113	115
7. 5	*DM*							275	275	275	275
	J							215	215	215	215
	L							713	713	733	733
	质量/kg							112	112	113	115
11	*DM*										335
	J										265
	L										756
	质量/kg										153

注：表中所列尺寸及质量是以 Y 型及 YA 型电机为基准，选用其他型式电机时，请与制造厂联系。

XWD 型（机型号 8160~8275）

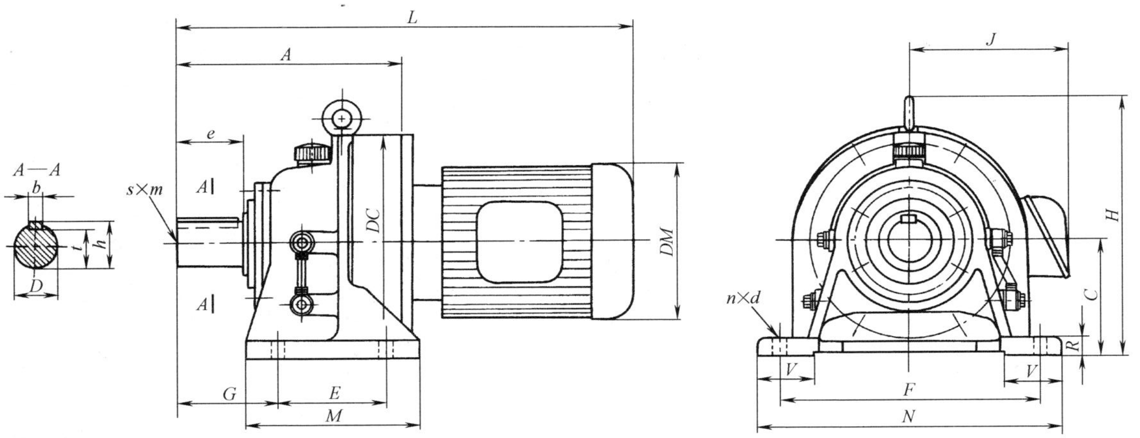

XW 型（机型号 8160~8275）

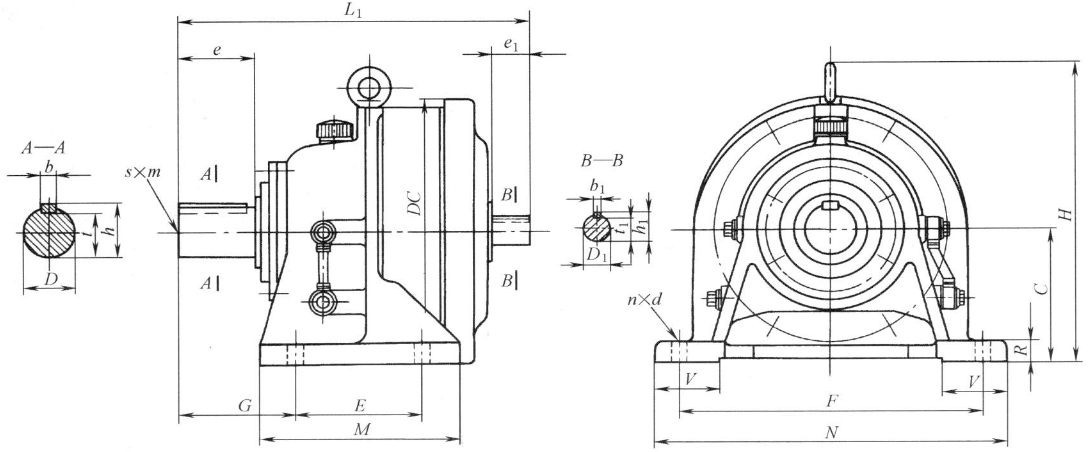

表 17-2-136

mm

机型号	XWD 型		XWD 型、XW 型																	XW 型							
													输出端						输入端							
	A	DC	C	E	F	M	N	G	H	R	V	n	d	D(h6)	e	b	t	h	s×m	D_1(h6)	e_1	b_1	t_1	h_1	DC	L_1	质量/kg
8160	308	300	160	150	370	238	410	139	356	25	75	4	18	60	90	18	53	64	M10×18	30	45	8	26	33	318	413	84
8165	308	300	160	150	370	238	410	139	356	25	75	4	18	60	90	18	53	64	M10×18	30	45	8	26	33	318	413	84
8170	352	340	200	275	380	335	430	125	425	30	80	4	22	70	90	20	62.5	74.5	M12×24	35	55	10	30	38	362	477	125
8175	352	340	200	275	380	335	430	125	425	30	80	4	22	70	90	20	62.5	74.5	M12×24	35	55	10	30	38	362	477	125
8180	389	370	220	320	420	380	470	145	460	30	85	4	22	80	110	22	71	85	M12×24	40	65	12	35	43	390	527	163
8185	389	370	220	320	420	380	470	145	460	30	85	4	22	80	110	22	71	85	M12×24	40	65	12	35	43	390	527	163
8190	465	430	250	380	480	440	530	170	529	35	90	4	26	95	135	25	86	100	M20×34	45	70	14	39.5	48.5	451	620	240
8195	465	430	250	380	480	440	530	170	529	35	90	4	26	95	135	25	86	100	M20×34	45	70	14	39.5	48.5	451	620	240
8205	512	448	250	360	440	440	530	215	530	35	100	4	26	100	165	28	90	106	M20×34	45	82	14	39.5	48.5	471	678	255
8215	531	485	265	395	480	475	580	210	575	40	110	4	26	110	165	28	100	116	M20×34	50	82	14	44.5	53.5	507	708	336
8225	566	526	280	420	540	520	620	230	610	40	115	4	33	120	165	32	109	127	M20×34	55	82	16	49	59	549	752	409
8235	630	562	300	460	580	560	670	260	667	45	120	4	33	130	200	32	119	137	M24×41	60	105	18	53	64	591	839	503
8245	661	614	335	480	630	580	720	263	729	45	128	4	39	140	200	36	128	148	M24×41	65	105	18	53	69	637	877	614
8255	788	670	375	520	670	630	780	320	815	50	140	4	39	160	240	40	147	169	M30×49	80	130	22	71	85	703	1040	957
8265	892	736	400	590	770	700	880	390	874	55	160	4	45	170	300	40	157	179	M30×49	80	130	22	71	85	772	1150	1190
8270	1151	986	540	420×2	1050	1040	1160	485	1161	60	200	6	45	180	330	45	165	190	M42×80	90	150	25	81	95	986	1474	2460
8275	1151	986	540	420×2	1050	1040	1160	485	1161	60	200	6	45	180	330	45	165	190	M42×80	90	150	25	81	95	986	1474	2460

注：1. XWD 型减速器的 *DM*、*J*、*L* 尺寸及质量见表 17-2-124。

2. 油浴式润滑。

表 17-2-137　　　　XWD 型（机型号 8160~8275）减速器外形尺寸

电机		尺寸/mm	机型号										
功率/kW	极数		8160	8165	8170	8175	8180	8185	8190	8195	8205	8215	8225
1.5	4	*DM*	195	195									
		J	170	170									
		L	626	626									
		质量/kg	104	104									
2.2	4	*DM*	215	215	215	215							
		J	185	185	185	185							
		L	669	669	719	719							
		质量/kg	110	110	146	146							
3	4	*DM*	215	215	215	215							
		J	185	185	185	185							
		L	669	669	719	719							
		质量/kg	110	110	146	146							
4	4	*DM*	240	240	240	240	240	240					
		J	195	195	195	195	195	195					
		L	684	684	737	737	781	781					
		质量/kg	142	142	178	178	210	210					
5.5	4	*DM*	275	275	275	275	275	275	275	275			
		J	215	215	215	215	215	215	215	215			
		L	739	739	787	787	831	831	907	907			
		质量/kg	153	153	189	189	221	221	294	294			
7.5	4	*DM*	275	275	275	275	275	275	275	275	275		
		J	215	215	215	215	215	215	215	215	215		
		L	774	774	827	827	866	866	952	952	989		
		质量/kg	153	153	212	212	244	244	309	309			
11	4	*DM*	335	335	335	335	335	335	335	335	335	355	
		J	265	265	265	265	265	265	265	265	265	265	
		L	804	804	857	857	896	896	977	977	1017	1041	
		质量/kg	191	191	227	227	259	259	350	350			
15	4	*DM*	335	335	335	335	335	335	335	335	335	335	335
		J	265	265	265	265	265	265	265	265	265	265	265
		L	853	853	897	897	936	936	1022	1022	1157	1172	1218
		质量/kg	212	212	249	249	281	281	389	389			
18.5	4	*DM*			380	380	380	380	380	380	380	380	380
		J			300	300	300	300	300	300	300	300	300
		L			1019	1019	1056	1056	1132	1132	1176	1191	1234
		质量/kg			289	289	321	321	435	435			
22	4	*DM*			380	380	380	380	380	380	380	380	380
		J			300	300	300	300	300	300	300	300	300
		L			1019	1019	1056	1056	1132	1132	1176	1191	1234
		质量/kg			314	314	346	435	435	435			
30	4	*DM*						420	420	420	420	420	420
		J						340	340	340	340	340	340
		L						1102	1178	1178	1215	1239	1279
		质量/kg						426	515	515			

续表

电机		尺寸/mm	机型号										
功率/kW	极数		8160	8165	8170	8175	8180	8185	8190	8195	8205	8215	8225
37	4	*DM*								490	490	490	490
		J								375	375	375	375
		L								1248	1267	1291	1331
		质量/kg											
45	4	*DM*									490	490	490
		J									375	375	375
		L									1392	1416	1456
		质量/kg											

电机		尺寸/mm	机型号									
功率/kW	极数		8185	8195	8205	8215	8225	8235	8245	8255	8265	8270 8275
15	6	*DM*				380	380	380	380			
		J				300	300	300	300			
		L				1131	1218	1278	1307			
		质量/kg										
18.5	6	*DM*	420	420	420	420	420	420	420	420		
		J	315	315	315	315	315	315	315	315		
		L	1056	1132	1176	1193	1234	1303	1330	1461		
		质量/kg	321	435								
22	6	*DM*	420	420	420	420	420	420	420	420	420	
		J	315	315	315	315	315	315	315	315	315	
		L	1056	1132	1176	1193	1234	1303	1330	1461	1565	
		质量/kg	346	455								
30	6	*DM*		490	490	490	490	490	490	490	490	490
		J		375	375	375	375	375	375	375	375	375
		L		1178	1225	1239	1279	1346	1375	1506	1610	1870
		质量/kg		515								
37	6	*DM*				515	515	515	515	515	515	515
		J				385	385	385	385	385	385	385
		L				1309	1349	1416	1445	1578	1680	1940
		质量/kg										
45	6	*DM*					580	580	580	580	580	580
		J					470	470	470	470	470	470
		L					1439	1503	1534	1661	1765	2025
		质量/kg										
55	6	*DM*								580	580	580
		J								470	470	470
		L								1716	1820	2080
		质量/kg										

注：所用电机为Y系列及YA系列增安型尺寸，若用YB、YEJ、YCT等型式电机，请与生产厂联系。

一级立式直连型（XLD 型）和双轴型（XL 型）减速器外形、安装尺寸

XLD 型

（机型号 8075～8155）

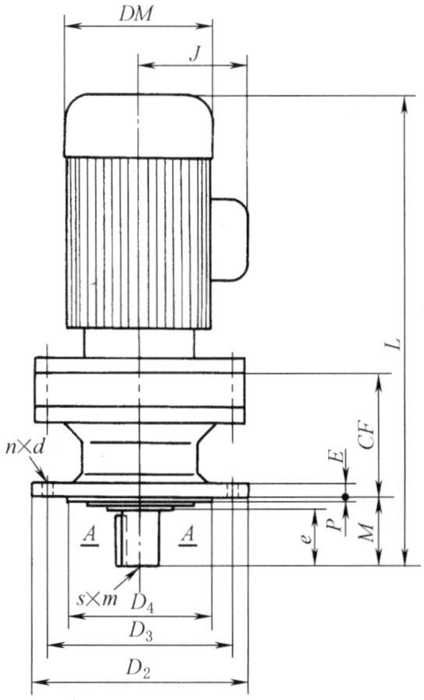

XL 型

（机型号 8075～8155）

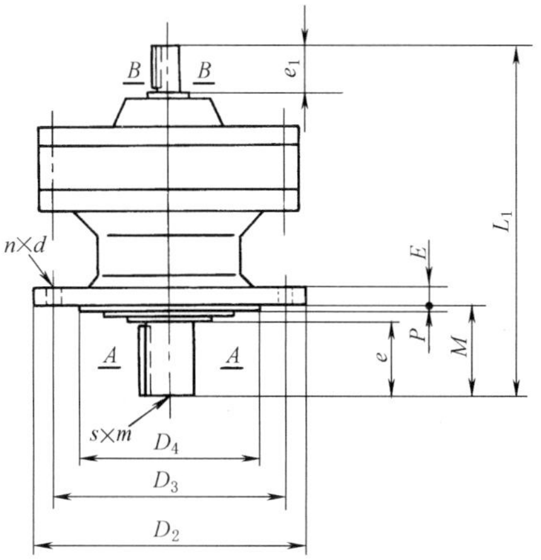

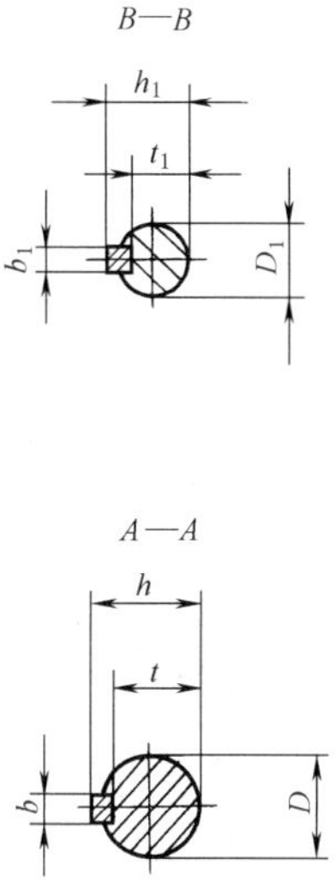

表 17-2-138

mm

机型号	XLD 型	XLD 型、XL 型														XL 型						
	CF	M	E	P	D_2	D_3	D_4 (h9)	n	d	输出端						输入端					L_1	质量/kg
										D (h6)	e	b	t	h	s×m	D_1 (h6)	e_1	b_1	h_1	t_1		
8075	55	34	8	3	120	102	80	6	9	14	25	5	11	16	—	12	25	4	13.5	9.5	145	3.5
8085	56	42	9	3	160	134	110	4	11	18	30	6	14.5	20.5	—	12	25	4	13.5	9.5	151	4.5
8095	94	48	9	3	160	134	110	4	11	28	35	8	24	31	—	15	25	5	17	12	202	9
8105	108	48	9	3	160	134	110	4	11	28	35	8	24	31	—	15	25	5	17	12	208	11
8115	123	69	13	4	210	180	140	6	11	38	55	10	33	41	—	18	35	6	20.5	14.5	259	23
8125	123	69	13	4	210	180	140	6	11	38	55	10	33	41	—	18	35	6	20.5	14.5	259	23
8130	164	76	15	4	260	230	200	6	11	50	61	14	44.5	53.5	M10×18	22	40	6	24.5	18.5	321	42
8135	164	76	15	4	260	230	200	6	11	50	61	14	44.5	53.5	M10×18	22	40	6	24.5	18.5	321	42
8145	164	96	15	4	260	230	200	6	11	50	81	14	44.5	53.5	M10×18	22	40	6	24.5	18.5	341	43
8155	164	96	15	4	260	230	200	6	11	50	81	14	44.5	53.5	M10×18	22	40	6	24.5	18.5	341	43

注：1. XLD 型减速器的 DM、J、L 尺寸及质量见表 17-2-139。

2. 润滑脂润滑。

表 17-2-139　　XLD 型（机型号 8075~8155）减速器外形尺寸

功率/kW	尺寸/mm	机型号 8075	8085	8095	8105	8115	8125	8130	8135	8145	8155
0.09	*DM*	128	128	128							
	J	120	120	120							
	L	280	289	333							
	质量/kg	10	10	18							
0.18	*DM*	130	130	130	130						
	J	100	100	100	100						
	L	340	349	390	391						
	质量/kg	11	11	19	23						
0.37	*DM*		140	140	140	140					
	J		125	125	125	125					
	L		344	388	391	423					
	质量/kg		20	24	28	44					
0.55	*DM*			175	175	175					
	J			160	160	160					
	L			422	436	468					
	质量/kg			25	30	45					
0.75	*DM*			175	175	175	175	175	175	175	
	J			160	160	160	160	160	160	160	
	L			422	436	468	468	523	523	543	
	质量/kg			25	31	45	46	59	59	60	
1.1	*DM*				195	195		195	195		
	J				170	170		170	170		
	L				447	484		528	528		
	质量/kg				37	50		70	70		
1.5	*DM*				195	195	195	195	195	195	195
	J				170	170	170	170	170	170	170
	L				471	503	503	558	558	578	578
	质量/kg				40	54	55	70	70	71	73
2.2	*DM*				215	215	215	215	215	215	215
	J				185	185	185	185	185	185	185
	L				514	543	543	598	598	618	618
	质量/kg				50	63	64	78	78	79	82
3	*DM*					215	215	215	215	215	215
	J					185	185	185	185	185	185
	L					543	543	598	598	618	618
	质量/kg					64	65	78	78	79	82
4	*DM*					240	240	240	240	240	240
	J					195	195	195	195	195	195
	L					568	568	623	623	643	643
	质量/kg					68	69	101	101	102	104
5.5	*DM*						275	275	275	275	275
	J						215	215	215	215	215
	L						624	678	678	698	698
	质量/kg						77	112	112	113	115
7.5	*DM*							275	275	275	275
	J							215	215	215	215
	L							713	713	733	733
	质量/kg							112	112	113	115
11	*DM*										335
	J										265
	L										756
	质量/kg										153

注：表中所列尺寸及质量是以 Y 型及 YA 型电机为基准，选用其他型式电机时，请与制造厂联系。

XLD 型

（机型号 8160～8265）

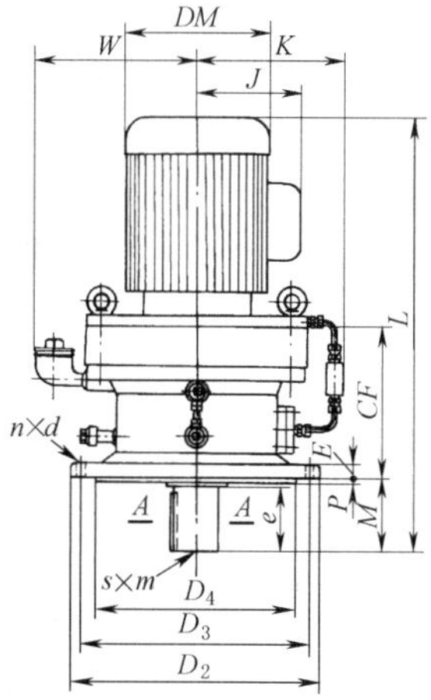

XL 型

（机型号 8160～8265）

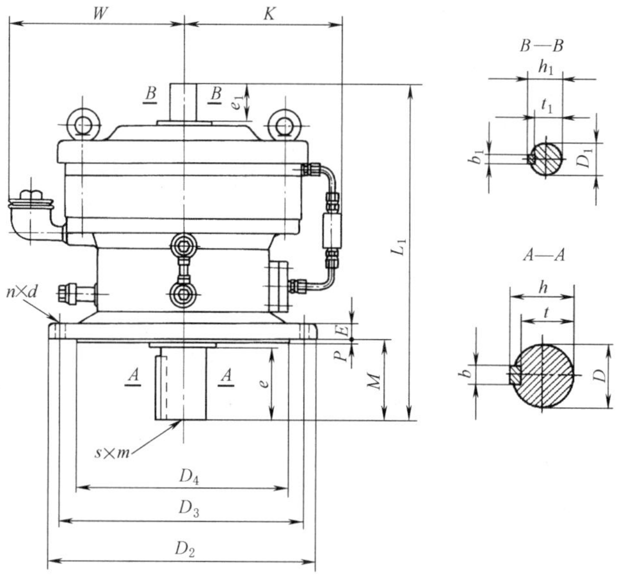

表 17-2-140

mm

机型号	XLD 型	XLD 型、XL 型																XL 型						
												输出端						输入端						
	CF	P	E	M	n	d	D_2	D_3	D_4 (h9)	K	W	D (h6)	e	b	h	t	$s \times m$	D_1 (h6)	e_1	b_1	h_1	t_1	L_1	质量 /kg
8160	219	4	20	89	6	11	340	310	270	217	200	60	80	18	64	53	M10×18	30	45	8	33	26	413	79
8165	219	4	20	89	6	11	340	310	270	217	200	60	80	18	64	53	M10×18	30	45	8	33	26	413	79
8170	258	5	22	94	8	14	400	360	316	222	225	70	84	20	74.5	62.5	M12×24	35	55	10	38	30	477	121
8175	258	5	22	94	8	14	400	360	316	222	225	70	84	20	74.5	62.5	M12×24	35	55	10	38	30	477	121
8180	279	5	22	110	8	18	430	390	345	237	240	80	100	22	85	71	M12×24	40	65	12	43	35	527	150
8185	279	5	22	110	8	18	430	390	345	237	240	80	100	22	85	71	M12×24	40	65	12	43	35	527	150
8190	320	6	30	145	12	18	490	450	400	360	200	95	125	25	100	86	M20×34	45	70	14	48.5	39.5	617	225
8195	320	6	30	145	12	18	490	450	400	360	200	95	125	25	100	86	M20×34	45	70	14	48.5	39.5	617	225
8205	308	5	30	204	8	22	455	405	355	376	287	100	165	28	106	90	M20×34	45	82	14	48.5	39.5	678	
8215	328	7	35	203	8	24	490	440	390	400	290	110	165	28	116	100	M20×34	50	82	14	53.5	44.5	708	
8225	356	10	35	210	8	27	535	475	415	400	326	120	165	32	127	109	M20×34	55	82	16	59	49	752	465
8235	380	10	40	250	8	27	570	510	450	413	344	130	200	32	137	119	M24×41	60	105	18	64	53	839	
8245	411	10	40	250	8	33	635	560	485	420	365	140	200	36	148	128	M24×41	65	105	18	69	58	877	
8255	493	10	45	295	8	33	685	610	535	432	425	160	240	40	169	147	M30×49	80	130	22	85	71	1040	
8265	532	10	50	360	8	39	750	660	570	460	431	170	300	40	179	157	M30×49	80	130	22	85	71	1150	

注：1. 表中所列尺寸及质量是以 Y 型及 YA 型电机为基准，选用其他型式电机时，请与制造厂联系。

2. 柱塞泵强制润滑或油浴润滑（速比较小，$i<13$ 时）。

3. XLD 型减速器的 DM、J、L 尺寸及质量见表 17-2-142。

XLD 型
（机型号 8270~8275）

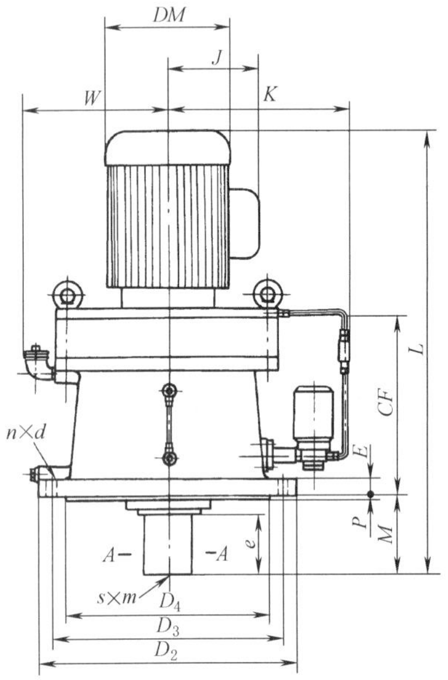

XL 型
（机型号 8270~8275）

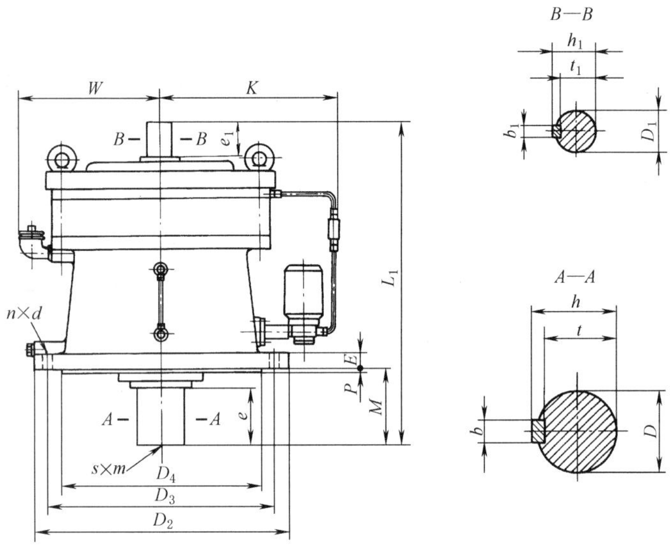

表 17-2-141 mm

机型号	XLD 型	XLD 型、XL 型																XL 型						
												输出端						输入端						
	CF	P	E	M	n	d	D_2	D_3	D_4 (h9)	K	W	D (h6)	e	b	h	t	s×m	D_1 (h6)	e_1	b_1	h_1	t_1	L_1	质量/kg
8270	796	10	60	355	8	39	1160	1020	900	610	613	180	320	45	190	165	M42×80	90	150	25	95	81	1462	2500
8275	796	10	60	355	8	39	1160	1020	900	610	613	180	320	45	190	165	M42×80	90	150	25	95	81	1462	2500

注：1. XLD 型减速器的 DM、J、L 尺寸及质量见表 17-2-142。

2. 齿轮泵强制润滑。齿轮泵的电源技术参数咨询厂家。

表 17-2-142 **XLD 型（机型号 8160~8275）减速器外形尺寸**

电机 功率/kW	电机 极数	尺寸/mm	8160	8165	8170	8175	8180	8185	8190	8195	8205	8215	8225
1.5	4	DM	195	195									
		J	170	170									
		L	626	626									
		质量/kg	104	104									
2.2	4	DM	215	215	215	215							
		J	185	185	185	185							
		L	669	669	719	719							
		质量/kg	110	110	146	146							
3	4	DM	215	215	215	215							
		J	185	185	185	185							
		L	669	669	719	719							
		质量/kg	110	110	146	146							
4	4	DM	240	240	240	240	240	240					
		J	195	195	195	195	195	195					
		L	684	684	737	737	781	781					
		质量/kg	142	142	178	178	210	210					

续表

电机		尺寸	机型号										
功率/kW	极数	/mm	8160	8165	8170	8175	8180	8185	8190	8195	8205	8215	8225
5.5	4	*DM*	275	275	275	275	275	275	275				
		J	215	215	215	215	215	215	215				
		L	739	739	787	787	831	831	907				
		质量/kg	153	153	189	189	221	221	294				
7.5	4	*DM*	275	275	275	275	275	275	275	275	275		
		J	215	215	215	215	215	215	215	215	215		
		L	774	774	827	827	866	866	952	952	989		
		质量/kg	153	153	212	212	244	244	309	309			
11	4	*DM*	335	335	335	335	335	335	335	335	335	335	
		J	265	265	265	265	265	265	265	265	265	265	
		L	804	804	857	857	896	896	977	977	1017	1041	
		质量/kg	191	191	227	227	259	259	350	350			
15	4	*DM*	335	335	335	335	335	335	335	335	335	335	335
		J	265	265	265	265	265	265	265	265	265	265	265
		L	853	853	897	897	936	936	1022	1022	1157	1172	1218
		质量/kg	212	212	249	249	281	281	389	389			
18.5	4	*DM*			380	380	380	380	380	380	380	380	380
		J			300	300	300	300	300	300	300	300	300
		L			1019	1019	1056	1056	1132	1132	1176	1191	1234
		质量/kg			289	289	321	321	435	435			
22	4	*DM*			380	380	380	380	380	380	380	380	380
		J			300	300	300	300	300	300	300	300	300
		L			1019	1019	1056	1056	1132	1132	1176	1191	1234
		质量/kg			314	314	346	346	435	435			
30	4	*DM*						420	420	420	420	420	420
		J						340	340	340	340	340	340
		L						1102	1178	1178	1215	1239	1279
		质量/kg						426	515	515			
37	4	*DM*								490	490	490	490
		J								375	375	375	375
		L								1248	1267	1291	1331
		质量/kg											
45	4	*DM*									490	490	490
		J									375	375	375
		L									1392	1416	1456
		质量/kg											

续表

电机		尺 寸 /mm	机 型 号										
功率/kW	极数		8160	8165	8170	8175	8180	8185	8190	8195	8205	8215	8225
55	4	*DM*										515	515
		J										445	445
		L										1491	1526
		质量/kg											

电机		尺 寸 /mm	机 型 号									
功率/kW	极数		8185	8195	8205	8215	8225	8235	8245	8255	8265	8270 8275
15	6	*DM*				380	380	380	380			
		J				300	300	300	300			
		L				1131	1218	1278	1307			
		质量/kg										
18.5	6	*DM*	420	420	420	420	420	420	420	420		
		J	315	315	315	315	315	315	315	315		
		L	1056	1132	1176	1193	1234	1303	1330	1461		
		质量/kg	321	435								
22	6	*DM*	420	420	420	420	420	420	420	420	420	
		J	315	315	315	315	315	315	315	315	315	
		L	1056	1132	1176	1193	1234	1303	1330	1461	1565	
		质量/kg	346	455								
30	6	*DM*		490	490	490	490	490	490	490	490	490
		J		375	375	375	375	375	375	375	375	375
		L		1178	1225	1239	1279	1346	1375	1506	1610	1870
		质量/kg		515								
37	6	*DM*			515	515	515	515	515	515	515	515
		J			385	385	385	385	385	385	385	385
		L			1302	1309	1349	1416	1445	1578	1680	1940
		质量/kg										
46	6	*DM*				580	580	580	580	580	580	580
		J				470	470	470	470	470	470	470
		L				1416	1439	1503	1534	1661	1765	2025
		质量/kg										
55	6	*DM*					580	580	580	580	580	580
		J					470	470	470	470	470	470
		L					1594	1658	1687	1716	1820	2080
		质量/kg										
75	6	*DM*						645	645	645	645	645
		J						576	576	576	576	576
		L						1798	1827	1945	2062	2322
		质量/kg										

注：所用电机为 Y 系列及 YA 系列增安型尺寸，若用 YB、YEJ、YCT 等型式电机请与生产厂联系。

二级卧式直连型（XWED 型）和双轴型（XWE 型）减速器外形、安装尺寸

XWED 型（机型号 8075A～8145C）

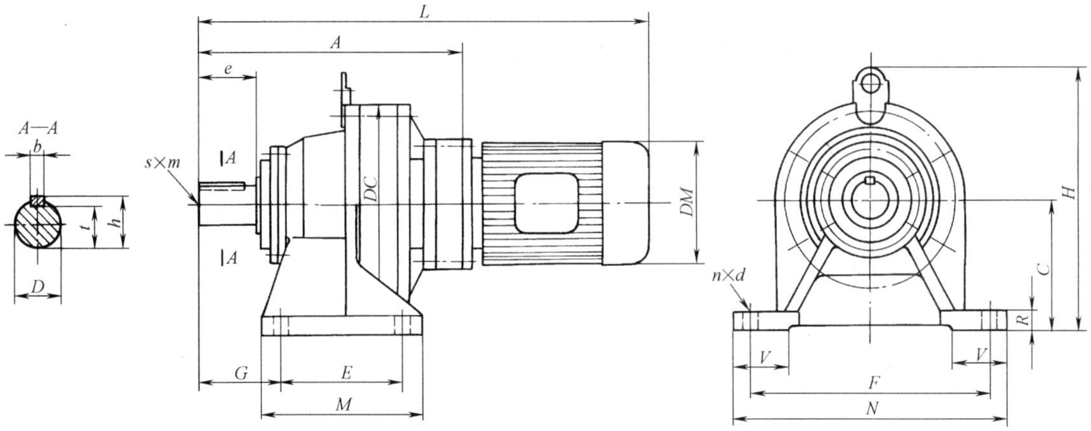

XWE 型（机型号 8075A～8145C）

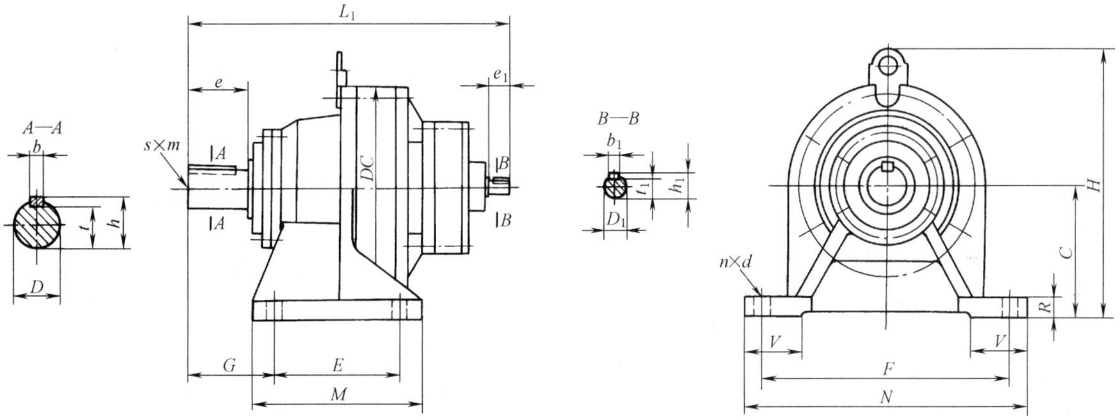

表 17-2-143

mm

机型号	XWED 型		XWED 型、XWE 型										
	A	*DC*	*C*	*E*	*F*	*M*	*N*	*G*	*H*	*R*	*V*	*n*	*d*
8075A	125	110	80	60	120	84	144	42	138	10	35	4	9
8085A	131	110	80	60	120	84	144	47	138	10	35	4	9
8095A	190	150	100	90	150	130	180	60	207	12	40	4	11
8105A	204	150	100	90	150	135	180	60	207	12	40	4	11
8115A	240	204	120	115	190	155	230	82	257	15	55	4	14
8115B	252	204	120	115	190	155	230	82	257	15	55	4	14
8130A 8135A	294	230	150	145	290	195	330	100	300	22	65	4	18
8130B 8135B	303	230	150	145	290	195	330	100	300	22	65	4	18
8130C 8135C	317	230	150	145	290	195	330	100	300	22	65	4	18
8145A	314	230	150	145	290	195	330	120	300	22	65	4	18
8145B	323	230	150	145	290	195	330	120	300	22	65	4	18
8145C	337	230	150	145	290	195	330	120	300	22	65	4	18

续表

机型号	XWED 型、XWE 型						XWE 型						
	输　出　端						输　入　端					DC	L_1
	D(h6)	e	b	t	h	s×m	D_1(h6)	e_1	b_1	t_1	h_1		
8075A	14	25	5	11	16	—	12	25	4	9.5	13.5	110	178
8085A	18	30	6	14.5	20.5	—	12	25	4	9.5	13.5	110	184
8095A	28	35	8	24	31	—	12	25	4	9.5	13.5	150	243
8105A	28	35	8	24	31	—	12	25	4	9.5	13.5	150	257
8115A	38	55	10	33	41	—	12	25	4	9.5	13.5	204	293
8115B	38	55	10	33	41	—	15	25	5	12	17	204	312
8130A 8135A	50	70	14	44.5	53.5	M10×18	12	25	4	9.5	13.5	230	347
8130B 8135B	50	70	14	44.5	53.5	M10×18	15	25	5	12	17	230	363
8130C 8135C	50	70	14	44.5	53.5	M10×18	15	25	5	12	17	230	369
8145A	50	90	14	44.5	53.5	M10×18	12	25	4	9.5	13.5	230	367
8145B	50	90	14	44.5	53.5	M10×18	15	25	5	12	17	230	383
8145C	50	90	14	44.5	53.5	M10×18	15	25	5	12	17	230	389

注：1. XWED 型减速器的 *DM*、*J*、*L* 尺寸见表 17-2-144。

2. 润滑脂润滑。

表 17-2-144　　XWED 型（机型号 8075A～8145C）减速器外形尺寸

功率 /kW	尺　寸 /mm	机　型　号											
		8075A	8085A	8095A	8105A	8115A	8115B	8130A 8135A	8130B 8135B	8130C 8135C	8145A	8145B	8145C
0.09	DM	128	128	128	128	128	128						
	J	120	120	120	120	120	120						
	L	316	322	381	395	431	443						
0.18	DM			130	130	130		130	130		130	130	
	J			100	100	100		100	100		100	100	
	L			441	455	491		540	552		560	572	
0.37	DM				140	140		140			140		
	J				125	125		125			125		
	L				455	491		540			560		
0.55	DM						175		175			175	
	J						160		160			160	
	L						534		585			605	
0.75	DM						175		175				
	J						160		160				
	L						534		585				
1.1	DM									195			
	J									170			
	L									611			
1.5	DM									195			195
	J									170			170
	L									635			655
2.2	DM									215			215
	J									185			185
	L									675			695

注：表中所列尺寸是以 Y 型及 YA 型电机为基准，选用其他型式电机时，请与制造厂联系。

XWED 型（机型号 8160A~8275A）

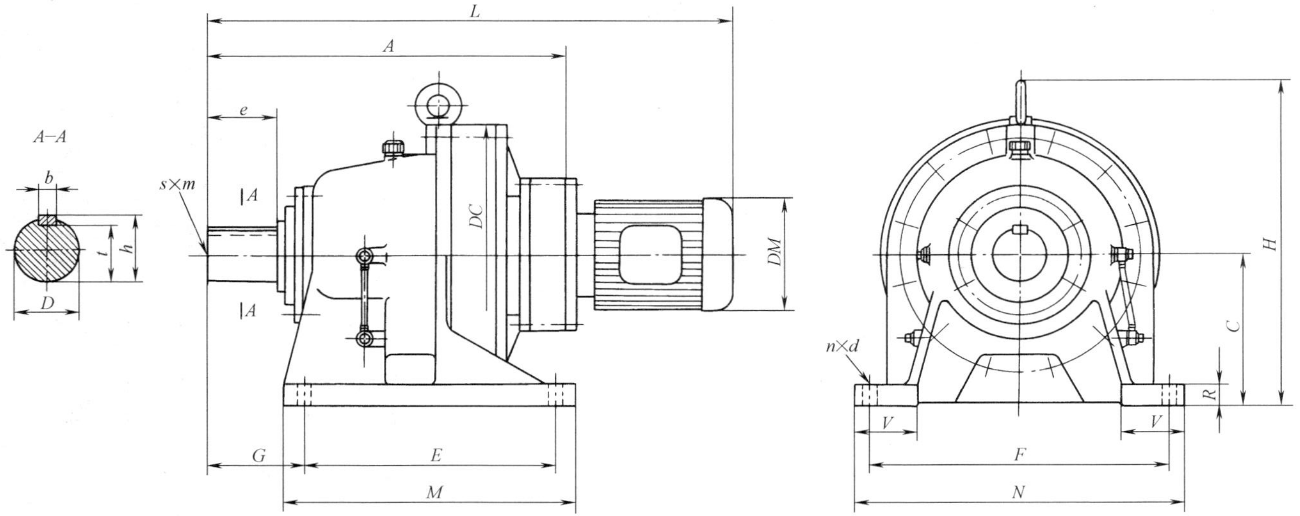

XWE 型（机型号 8160A~8275A）

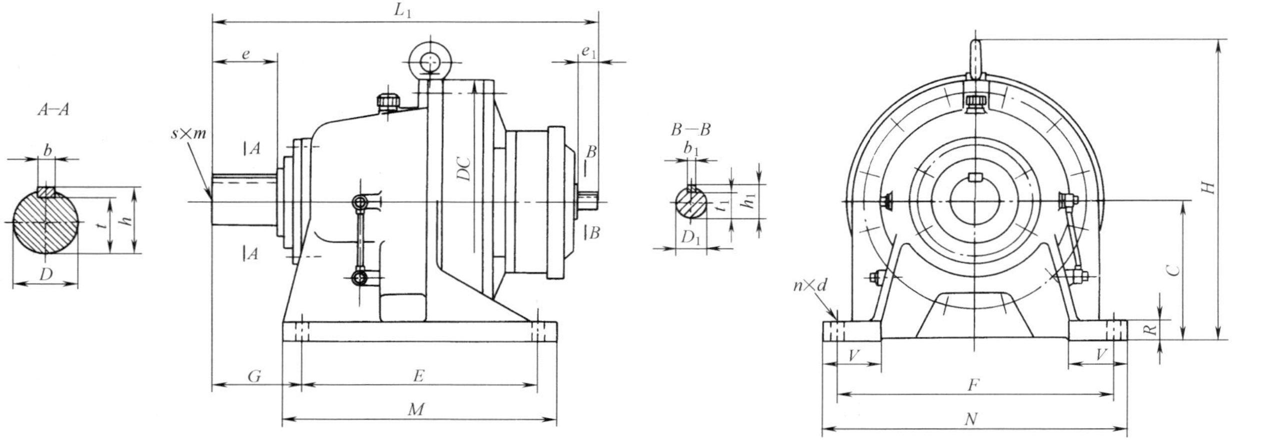

表 17-2-145

mm

机型号	XWED 型		XWED 型、XWE 型																	XWE 型						
													输出端						输入端						
	A	DC	C	E	F	M	N	G	H	R	V	n	d	D(h6)	e	b	t	h	s×m	D_1(h6)	e_1	b_1	t_1	h_1	DC	L_1
8160A 8165A	373	300	160	150	370	238	410	139	356	25	75	4	18	60	90	18	53	64	M10×18	15	25	5	12	17	300	433
8160B 8165B	384	300	160	150	370	238	410	139	356	25	75	4	18	60	90	18	53	64	M10×18	15	25	5	12	17	300	439
8160C 8165C	389	300	160	150	370	238	410	139	356	25	75	4	18	60	90	18	53	64	M10×18	18	35	6	14.5	20.5	300	462
8170A 8175A	418	340	200	275	380	335	430	125	425	30	80	4	22	70	90	20	62.5	74.5	M12×24	15	25	5	12	17	340	478
8170B 8175B	432	340	200	275	380	335	430	125	425	30	80	4	22	70	90	20	62.5	74.5	M12×24	15	25	5	12	17	340	484
8170C 8175C	436	340	200	275	380	335	430	125	425	30	80	4	22	70	90	20	62.5	74.5	M12×24	18	35	6	14.5	20.5	340	509
8180A 8185A	474	370	220	320	420	380	470	145	460	30	85	4	22	80	110	22	71	85	M12×24	15	25	5	12	17	370	526
8180B 8185B	496	370	220	320	420	380	470	145	460	30	85	4	22	80	110	22	71	85	M12×24	22	40	6	18.5	24.5	370	577
8190A 8195A	556	430	250	380	480	440	530	170	529	35	90	4	26	95	135	25	86	100	M20×34	18	35	6	14.5	20.5	430	629
8190B 8195B	572	430	250	380	480	440	530	170	529	35	90	4	26	95	135	25	86	100	M20×34	22	40	6	18.5	24.5	430	653
8205A	602	448	250	360	440	440	530	215	530	35	100	4	26	100	165	28	90	106	M20×34	18	35	6	14.5	20.5	448	670
8205B	628	448	250	360	440	440	530	215	530	35	100	4	26	100	165	28	90	106	M20×34	22	40	6	18.5	24.5	448	705
8215A	650	485	265	395	480	475	580	210	575	40	110	4	26	110	165	28	100	116	M20×34	22	40	6	18.5	24.5	485	731
8215B	675	485	265	395	480	475	580	210	575	40	110	4	26	110	165	28	100	116	M20×34	30	45	8	26	33	485	780
8225A	692	526	280	420	540	520	620	230	610	40	115	4	33	120	165	32	109	127	M20×34	22	40	6	18.5	24.5	526	773
8225B	736	526	280	420	540	520	620	230	610	40	115	4	33	120	165	32	109	127	M20×34	35	55	10	30	38	526	860
8235A	778	562	300	460	580	560	670	260	667	45	120	4	33	130	200	32	119	137	M24×41	30	45	8	26	33	562	883
8235B	800	562	300	460	580	560	670	260	667	45	120	4	33	130	200	32	119	137	M24×41	40	65	12	35	43	562	938
8245A	816	614	335	480	630	580	720	263	729	45	128	4	39	140	200	36	128	148	M24×41	30	45	8	26	33	614	921
8245B	837	614	335	480	630	580	720	263	729	45	128	4	39	140	200	36	128	148	M24×41	40	65	12	35	43	614	975
8255A	956	670	375	520	670	630	780	320	815	50	140	4	39	160	240	40	147	169	M30×49	35	55	10	30	38	670	1081
8255B	978	670	375	520	670	630	780	320	815	50	140	4	39	160	240	40	147	169	M30×49	45	70	14	39.5	48.5	670	1133
8265A	1088	736	400	590	770	700	880	390	874	55	160	4	45	170	300	40	157	179	M30×49	45	70	14	39.5	48.5	736	1243
8270A 8275A	1351	950	540	420×2	1050	1040	1160	485	1163	60	200	6	45	180	330	45	165	190	M42×52	45	70	14	39.5	48.5	950	1504

注：1. XWED 型减速器的 *DM*、*J*、*L* 尺寸见表 17-2-146。
2. 油浴式润滑。

表 17-2-146　　XWED 型（机型号 8160A～8275A）减速器外形尺寸

功率/kW	尺寸/mm	机型号											
		8160A 8165A	8160B 8165B	8160C 8165C	8170A 8175A	8170B 8175B	8170C 8175C	8180A 8185A	8180B 8185B	8190A 8195A	8190B 8195B	8205A	8205B
0.18	*DM*	130			130								
	J	100			100								
	L	624			670								
0.37	*DM*	140			140			140					
	J	125			125			125					
	L	624			670			707					
0.55	*DM*	175			175			175					
	J	160			160			160					
	L	655			701			756					
0.75	*DM*	175			175			175		175		175	
	J	160			160			160		160		160	
	L	655			701			756		838		879	
1.1	*DM*		195			195		195		195		195	
	J		170			170		170		170		170	
	L		681			726		768		850		891	
1.5	*DM*		195			195		195		195		195	
	J		170			170		170		170		170	
	L		705			750		792		874		915	
2.2	*DM*		215	215		215	215	215		215	215		215
	J		185	185		185	185	185		185	185		185
	L		745	747		790	794	832		914	930		982
3	*DM*			215			215		215	215			215
	J			185			185		185	185			185
	L			747			794		854	914			982
4	*DM*			230			230		230	230	230		230
	J			190			190		190	190	190		190
	L			764			811		882	931	947		999
5.5	*DM*						270		270	270	270		270
	J						210		210	210	210		210
	L						874		934	994	1010		1062
7.5	*DM*								270		270		270
	J								210		210		210
	L								972		1048		1100

续表

功 率 /kW	尺 寸 /mm	机 型 号											
		8215A	8215B	8225A	8225B	8235A	8235B	8245A	8245B	8255A	8255B	8265A	8270A 8275A
1.5	*DM*	195		195									
	J	170		170									
	L	968		1010									
2.2	*DM*	215		215		215		215					
	J	185		185		185		185					
	L	1008		1050		1136		1174					
3	*DM*	215		215				215		215			
	J	185		185				185		185			
	L	1008		1050				1174		1361			
4	*DM*	230		230		230		230		230			
	J	190		190		190		190		190			
	L	1025		1067		1153		1191		1331			
5.5	*DM*	270		270		270		270		270		270	270
	J	210		210		210		210		210		210	210
	L	1088		1130		1216		1254		1394		1526	1787
7.5	*DM*	270	270	270		270		270		270		270	270
	J	210	210	210		210		210		210		210	210
	L	1126	1151	1168		1254		1292		1432		1564	1825
11	*DM*		325		325	325		325		325		325	325
	J		255		255	255		255		255		255	255
	L		1187		1247	1290		1328		1468		1600	1861
15	*DM*				325	325		325	325	325		325	325
	J				255	255		255	255	255		255	255
	L				1292	1335		1373	1394	1531		1645	1906
18.5	*DM*				400		400		400	400		400	400
	J				310		310		210	310		310	210
	L				1402		1467		1504	1623		1755	2016
22	*DM*						400		400	400		400	400
	J						310		310	310		310	310
	L						1467		1504	1623		1755	2016
30	*DM*										450	450	450
	J										345	340	340
	L										1691	1768	2029
37	*DM*											450	450
	J											340	340
	L											1793	2054

注：表中所列尺寸是以 Y 型及 YA 型电机为基准，选用其他型式电机时，请与制造厂联系。

二级立式直连型（XLED 型）和双轴型（XLE 型）减速器外形、安装尺寸

XLED 型
（机型号 8075A～8145C）

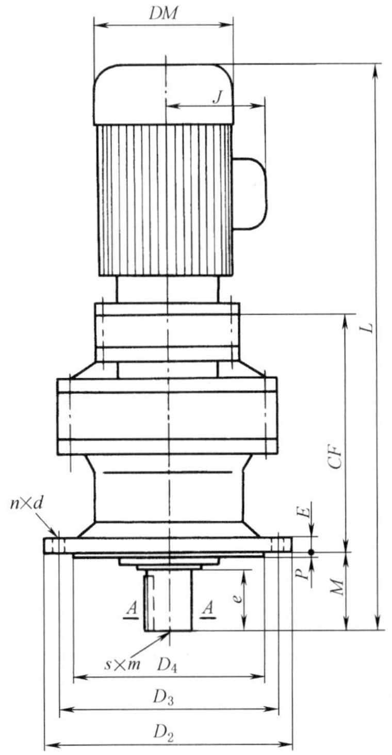

XLE 型
（机型号 8075A～8145C）

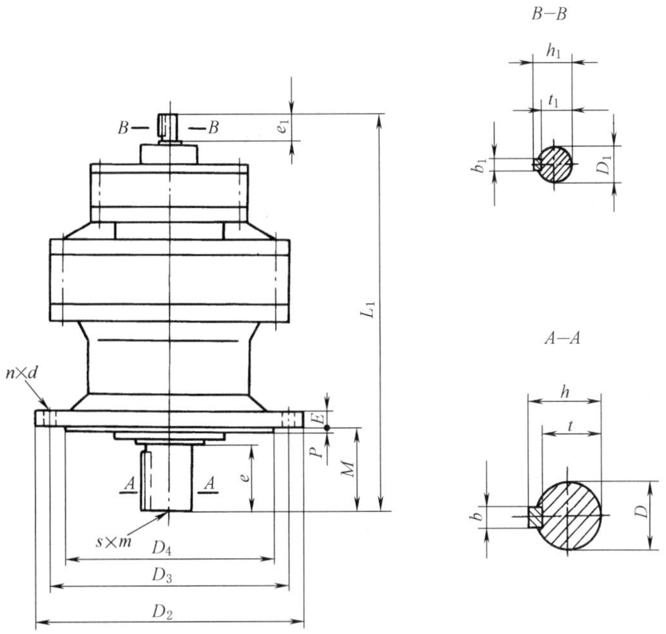

表 17-2-147

mm

机型号	XLED 型	XLED 型、XLE 型														XLE 型					
										输出端						输入端					
	CF	M	E	P	D_2	D_3	D_4 (h9)	n	d	D (h6)	e	b	t	h	$s\times m$	D_1 (h6)	e_1	b_1	t_1	h_1	L_1
8075A	91	34	8	3	120	102	80	6	9	14	25	5	11	16	—	12	25	4	9.5	13.5	178
8085A	89	42	9	3	160	134	110	4	11	18	30	6	14.5	20.5	—	12	25	4	9.5	13.5	184
8095A	142	48	9	3	160	134	110	4	11	28	35	8	24	31	—	12	25	4	9.5	13.5	243
8105A	156	48	9	3	160	134	110	4	11	28	35	8	24	31	—	12	25	4	9.5	13.5	257
8115A	171	69	13	4	210	180	140	6	11	38	55	10	33	41	—	12	25	4	9.5	13.5	293
8115B	183	69	13	4	210	180	140	6	11	38	55	10	33	41	—	15	25	5	12	17	312
8130A 8135A	218	76	15	4	260	230	200	6	11	50	61	14	44.5	53.5	M10×18	12	25	4	9.5	13.5	347
8130B 8135B	227	76	15	4	260	230	200	6	11	50	61	14	44.5	53.5	M10×18	15	25	5	12	17	363
8130C 8135C	241	76	15	4	260	230	200	6	11	50	61	14	44.5	53.5	M10×18	15	25	5	12	17	369
8145A	218	96	15	4	260	230	200	6	11	50	81	14	44.5	53.5	M10×18	12	25	4	9.5	13.5	367
8145B	227															15	25	5	12	17	383
8145C	241															15	25	5	12	17	389

注：1. XLED 型减速器的 DM、J、L 尺寸见表 17-2-148。
2. 润滑脂润滑。

第 17 篇

表 17-2-148　　XLED 型（机型号 8075A~8145C）减速器外形尺寸

功率/kW	尺寸/mm	机型号											
		8075A	8085A	8095A	8105A	8115A	8115B	8130A 8135A	8130B 8135B	8130C 8135C	8145A	8145B	8145C
0.09	*DM*	128	128	128	128	128	128						
	J	120	120	120	120	120	120						
	L	316	322	381	395	431	443						
0.18	*DM*			130	130	130		130	130		130	130	
	J			100	100	100		100	100		100	100	
	L			441	455	491		540	552		560	572	
0.37	*DM*				140	140		140			140		
	J				125	125		125			125		
	L				455	491		540			560		
0.55	*DM*						175		175			175	
	J						160		160			160	
	L						534		585			605	
0.75	*DM*						175		175			175	
	J						160		160			160	
	L						534		585			605	
1.1	*DM*									195			
	J									170			
	L									611			
1.5	*DM*									195			195
	J									170			170
	L									635			655
2.2	*DM*									205			205
	J									180			180
	L									675			695

注：表中所列尺寸是以 Y 型及 YA 型电机为基准，选用其他型式电机时，请与制造厂联系。

XLED 型

（机型号 8160A~8265A）

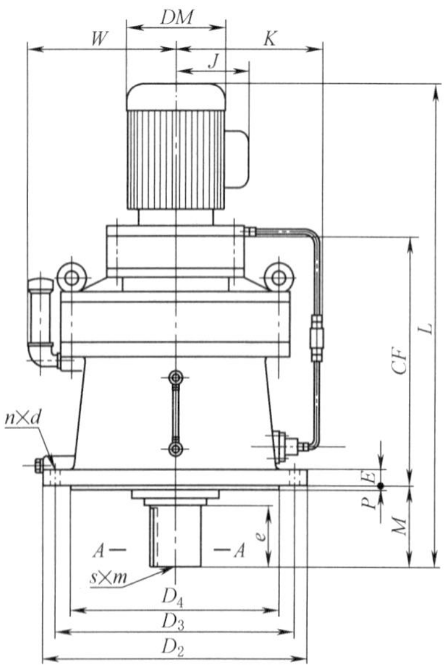

XLE 型

（机型号 8270A~8275A）

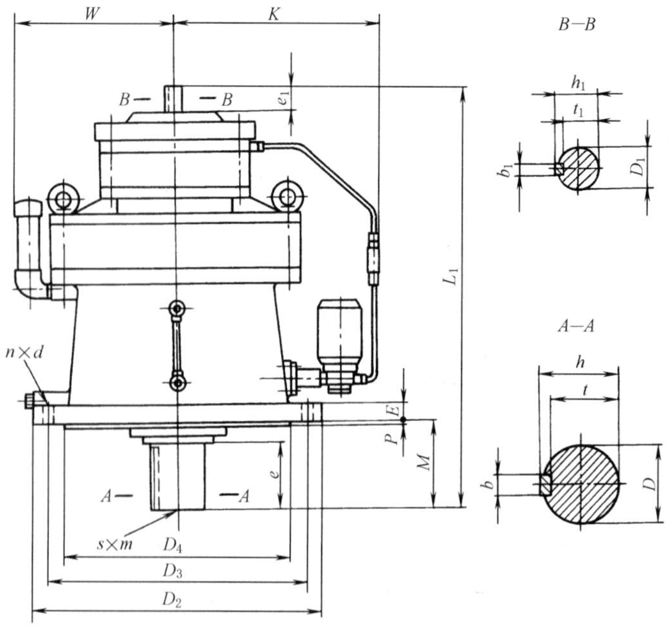

表 17-2-149

mm

机型号	XLED型	XLED型、XLE型																XLE型					
												输出端						输入端					
	CF	M	E	P	D_2	D_3	D_4 (h9)	n	d	K	W	D (h6)	e	b	t	h	$s×m$	D_1 (h6)	e_1	b_1	h_1	t_1	L_1
8160A 8165A	285	89	20	4	340	310	270	6	11	217	200	60	80	18	53	64	M10×18	15	25	5	12	17	433
8160B 8165B	299																	15	25	5	12	17	439
8160C 8165C	300																	18	35	6	14.5	20.5	462
8170A 8175A	324	94	22	5	400	360	316	8	14	222	225	70	84	20	62.5	74.5	M12×24	15	25	5	12	17	478
8170B 8175B	338																	15	25	5	12	17	484
8170C 8175C	342																	18	35	6	14.5	20.5	509
8180A 8185A	364	110	22	5	430	390	345	8	18	237	240	80	100	22	71	85	M12×24	15	25	5	12	17	526
8180B 8185B	386																	22	40	6	18.5	24.5	577
8190A 8195A	411	145	30	6	490	450	400	12	18	360	200	95	125	25	86	100	M20×34	18	35	6	14.5	20.5	629
8190B 8195B	427																	22	40	6	18.5	24.5	653
8205A	398	204	30	5	455	405	355	8	22	376	287	100	165	28	90	106	M20×34	18	35	6	14.5	20.5	670
8205B	424																	22	40	6	18.5	24.5	705
8215A	447	203	35	7	490	440	390	8	24	400	290	110	165	28	100	116	M20×34	22	40	6	18.5	24.5	731
8215B	472																	30	45	8	26	33	780
8225A	482	210	35	10	535	475	415	8	27	400	326	120	165	32	109	127	M20×34	22	40	6	18.5	24.5	773
8225B	526																	35	55	10	30	38	860
8235A	529	250	40	10	570	510	450	8	27	413	344	130	200	32	119	137	M24×41	30	45	8	26	33	883
8235B	551																	40	65	12	35	43	938
8245A	566	250	40	10	635	560	485	8	33	420	365	140	200	36	128	148	M24×41	30	45	8	26	33	921
8245B	587																	40	65	12	35	43	975
8255A	661	295	45	10	685	610	535	8	33	432	425	160	240	40	147	169	M30×49	35	55	10	30	38	1081
8255B	684																	45	70	14	39.5	48.5	1133
8265A	728	360	50	10	750	660	570	8	39	460	431	170	300	40	157	179	M30×49	45	70	14	39.5	48.5	1243
8270A 8275A	994	355	60	10	1160	1020	900	8	39	610	613	180	320	45	165	190	M42×49	45	70	14	39.5	48.5	1504

注：1. XLED 型减速器的 DM、J、L 尺寸见表 17-2-150。

2. 高速级润滑脂润滑，低速级油浴式润滑，或柱塞泵强制润滑。8270A 及 8275A 采用齿轮泵强制润滑，泵的电源技术参数咨询厂家。

表 17-2-150　　XLED 型（机型号 8160A～8275A）减速器外形尺寸

功率/kW	尺寸/mm	机型号							
		8160A 8165A	8160B 8165B	8160C 8165C	8170A 8175A	8170B 8175B	8170C 8175C	8180A 8185A	8180B 8185B
0.18	*DM*	130			130				
	J	100			100				
	L	624			670				
0.37	*DM*	140			140			140	
	J	125			125			125	
	L	624			670			707	
0.55	*DM*	175			175			175	
	J	160			160			160	
	L	655			701			756	
0.75	*DM*	175			175			175	
	J	160			160			160	
	L	655			701			756	
1.1	*DM*		195			195		195	
	J		170			170		170	
	L		681			726		768	
1.5	*DM*		195			195		195	
	J		170			170		170	
	L		705			750		792	
2.2	*DM*		215	215		215	215	215	
	J		180	180		180	180	180	
	L		745	747		790	794	832	
3	*DM*			215			215		215
	J			180			180		180
	L			747			794		854
4	*DM*			230			230		230
	J			190			190		190
	L			764			811		882
5.5	*DM*						270		270
	J						210		210
	L						874		934
7.5	*DM*								270
	J								210
	L								972

续表

功率/kW	尺寸/mm	机型号															
		8190A 8195A	8190B 8195B	8205A	8205B	8215A	8215B	8225A	8225B	8235A	8235B	8245A	8245B	8255A	8255B	8265A	8270A 8275A
0.75	*DM*	175		175													
	J	160		160													
	L	838		879													
1.1	*DM*	195		195													
	J	170		170													
	L	850		891													
1.5	*DM*	195		195		195		195									
	J	170		170		170		170									
	L	874		915		968		1010									
2.2	*DM*	215	215		215	215		215		215		215					
	J	185	185		185	185		185		185		185					
	L	914	930		982	1008		1050		1136		1174					
3	*DM*				215	215		215				215		215			
	J				185	185		185				185		185			
	L				982	1008		1050				1174		1361			
4	*DM*	230	230		230	230		230		230		230		230			
	J	190	190		190	190		190		190		190		190			
	L	931	947		999	1025		1067		1153		1191		1331			
5.5	*DM*	270	270		270	270		270		270		270		270		270	270
	J	210	210		210	210		210		210		210		210		210	210
	L	994	1010		1062	1088		1130		1216		1254		1394		1526	1787
7.5	*DM*		270		270	270	270	270		270		270		270		270	270
	J		210		210	210	210	210		210		210		210		210	210
	L		1048		1100	1126	1151	1168		1254		1292		1432		1564	1825
11	*DM*						325		325	325		325		325		325	325
	J						255		255	255		255		255		255	255
	L						1187		1247	1290		1328		1468		1600	1861
15	*DM*								325	325		325	325	325		325	325
	J								255	255		255	255	255		255	255
	L								1292	1335		1373	1394	1531		1645	1906
18.5	*DM*								400		400		400	400		400	400
	J								310		310		310	310		310	310
	L								1402		1467		1504	1623		1755	2016
22	*DM*										400		400	400		400	400
	J										310		310	310		310	310
	L										1467		1504	1623		1755	2016
30	*DM*														450	450	450
	J														345	345	345
	L														1691	1768	2029
37	*DM*															450	450
	J															345	345
	L															1793	2054

注：表中所列尺寸是以 Y 型及 YA 型电机为基准，选用其他型式电机时，请与制造厂联系。

8.2.3 承载能力

一级直连型（XWD、XLD型）减速器承载能力（配1500r/min电机）

表 17-2-151

传动比	输出转速 /r·min^{-1}	电机功率 /kW	输出转矩 /N·m	使用系数 K	机型号
6	250	0.18	6.8	2.22	8085
		0.37	12.7	1.08	8085
				3.67	8095
		0.55	19.5	2.47	8095
		0.75	26.6	1.82	8095
		1.1	38.9	2.50	8105
		1.5	53.1	1.83	8105
		2.2	77.9	1.25	8105
				2.30	8115
		3	106	1.69	8115
		4	138	1.27	8115
				1.72	8125
		5.5	194	1.25	8125
				1.63	8130
		7.5	266	1.19	8130
				1.35	8135
				1.75	8155
		11	389	1.20	8155
				1.36	8160
8	188	0.18	8.2	2.22	8085
		0.37	16.9	1.08	8085
				3.67	8095
		0.55	25.9	2.47	8095
		0.75	35.4	1.82	8095
		1.1	51.8	2.50	8105
		1.5	70.7	1.83	8105
		2.2	104	1.25	8105
				2.30	8115
		3	142	1.69	8115
		4	183	1.27	8115
				1.72	8125
		5.5	260	1.25	8125
				1.43	8130
				1.84	8135
		7.5	354	1.05	8130
				1.35	8135
				1.75	8155
		11	519	1.20	8155
				1.45	8160
				1.64	8165
		15	708	1.07	8160
8	188	15	708	1.20	8165
9	166	1.1	58.3	2.50	8105
		1.5	79.6	1.83	8105
		2.2	117	1.25	8105
				2.30	8115
		3	159	1.69	8115
				2.45	8130
		4	212	1.27	8115
				1.84	8130
		5.5	292	1.34	8130
				1.80	8135
		7.5	398	1.32	8135
				1.35	8145
				1.75	8155
		11	584	1.20	8155
				1.45	8160
				1.64	8165
		15	796	1.07	8160
				1.20	8165
				1.67	8170
		18.5	982	1.35	8170
		22	1167	1.14	8170
				1.25	8175
11	136	0.09	5.7	2.78	8075
		0.18	11.4	1.38	8075
				2.22	8085
		0.37	23.4	1.08	8085
				3.32	8095
		0.55	35.7	2.23	8095
		0.75	48.7	1.64	8095
		1.1	71.3	2.50	8105
		1.5	97.3	1.83	8105
		2.2	143	1.25	8105
				2.30	8115
		3	195	1.69	8115
				2.45	8130
		4	253	1.27	8115
				1.84	8130
		5.5	357	1.34	8130
				1.80	8135
		7.5	486	1.32	8135
11	136	7.5	486	1.35	8145
				1.75	8155
		11	714	1.20	8155
				1.45	8160
				1.64	8165
		15	973	1.07	8160
				1.20	8165
				1.67	8170
		18.5	1196	1.35	8170
				1.57	8180
				1.82	8185
		22	1432	1.14	8170
				1.25	8175
				1.53	8185
				1.66	8190
		30	1942	1.12	8185
				1.22	8190
				1.47	8195
				1.97	8205
		37	2403	1.19	8195
				1.59	8205
				1.95	8215
		45	2922	1.31	8205
				1.60	8215
		55	3569	1.31	8215
				1.77	8225
		75	4864	1.30	8225
13	115	0.09	6.7	2.77	8075
		0.18	13.4	1.38	8075
				2.22	8085
		0.37	27.7	1.08	8085
				3.29	8095
		0.55	42.2	2.22	8095
		0.75	57.5	1.63	8095
		1.1	84.3	2.45	8105
		1.5	115	1.79	8105
		2.2	169	1.22	8105
				2.24	8115
		3	230	1.64	8115
				1.70	8125
				2.44	8130

续表

传动比	输出转速/r·min^{-1}	电机功率/kW	输出转矩/N·m	使用系数K	机型号
13	115	4	299	1.23	8115
				1.27	8125
				1.83	8130
		5.5	422	1.33	8130
				1.70	8135
		7.5	575	1.25	8135
				1.37	8155
				1.73	8160
		11	843	1.18	8160
				1.58	8165
				1.98	8170
		15	1147	1.16	8165
				1.45	8170
				1.82	8175
		18.5	1422	1.18	8170
				1.47	8175
				1.57	8180
				1.82	8185
		22	1687	1.24	8175
				1.53	8185
				1.66	8190
		30	2295	1.12	8185
				1.22	8190
				1.47	8195
		37	2834	1.19	8195
15	100	0.09	7.8	2.77	8075
		0.18	15.5	1.38	8075
				2.22	8085
		0.37	31.9	1.08	8085
				3.13	8095
		0.55	48.6	2.11	8095
		0.75	66.3	1.55	8095
				3.67	8105
		1.1	97.3	2.5	8105
		1.5	132	1.83	8105
		2.2	194	1.25	8105
				2.26	8115
		3	265	1.66	8115
				1.70	8125
				2.14	8130
		4	344	1.24	8115
				1.27	8125
				1.60	8130
		5.5	487	1.17	8130
				1.41	8135
15	100	5.5	487	1.73	8145
		7.5	663	1.04	8135
				1.27	8145
				1.36	8155
				2.00	8165
		11	973	1.00	8160
				1.36	8165
				1.68	8170
		15	1324	1.00	8165
				1.23	8170
				1.54	8175
				1.75	8180
		18.5	1638	1.00	8170
				1.25	8175
				1.42	8180
				1.69	8185
		22	1942	1.05	8175
				1.20	8180
				1.42	8185
				1.66	8190
		30	2657	1.04	8185
				1.22	8190
				1.47	8195
				1.97	8205
		37	3275	1.19	8195
				1.59	8205
				1.95	8215
		45	3981	1.31	8205
				1.60	8215
		55	4864	1.31	8215
				1.67	8225
		75	6629	1.22	8225
17	88	0.09	8.7	2.77	8075
		0.18	17.6	1.38	8075
				2.22	8085
		0.37	36.2	1.08	8085
				2.94	8095
		0.55	55.1	1.98	8095
		0.75	75.2	1.46	8095
				2.84	8105
		1.1	110	1.94	8105
		1.5	150	1.42	8105
				3.18	8115
		2.2	221	2.17	8115
		3	301	1.59	8115
17	88	3	301	1.70	8125
				2.02	8130
		4	390	1.19	8115
				1.27	8125
				1.51	8130
		5.5	551	1.10	8130
				1.30	8135
				1.69	8145
		7.5	752	1.24	8145
				1.47	8160
				2.04	8165
		11	1098	1.00	8160
				1.39	8165
				1.79	8175
		15	1500	1.02	8165
				1.31	8175
				1.63	8180
		18.5	1853	1.06	8175
				1.32	8180
				1.65	8185
		22	2206	1.11	8180
				1.38	8185
				1.66	8190
		30	3010	1.02	8185
				1.22	8190
				1.47	8195
		37	3707	1.19	8195
21	71	0.09	11.0	2.28	8075
		0.18	21.8	1.14	8075
				2.22	8085
		0.37	44.8	1.08	8085
				2.66	8095
		0.55	68.1	1.78	8095
		0.75	92.9	1.31	8095
				2.70	8105
		1.1	136	136	8105
		1.5	185	1.35	8105
				2.75	8115
		2.2	273	1.87	8115
		3	371	1.37	8115
				2.04	8135
		4	484	1.03	8115
				1.53	8135
		5.5	681	1.11	8135
				1.25	8145

续表

传动比	输出转速/r·min^{-1}	电机功率/kW	输出转矩/N·m	使用系数 K	机型号
21	71	5.5	681	2.00	8160
		7.5	929	1.47	8160
				1.79	8165
		11	1363	1.00	8160
				1.22	8165
				1.36	8170
				1.70	8175
		15	1853	1.00	8170
				1.25	8175
				1.47	8180
				1.83	8185
		18.5	2295	1.01	8175
				1.49	8185
				1.62	8190
		22	2726	1.00	8180
				1.25	8185
				1.36	8190
				1.69	8195
		30	3717	1.00	8190
				1.24	8195
				1.57	8205
				2.02	8215
		37	4579	1.00	8195
				1.27	8205
				1.63	8215
		45	5570	1.05	8205
				1.34	8215
				1.60	8225
		55	6805	1.10	8215
				1.31	8225
23	65	0.75	102	1.93	8105
		1.1	149	1.83	8105
		1.5	203	2.17	8115
		2.2	298	1.48	8115
				1.56	8125
				1.85	8130
		3	407	1.36	8130
				1.72	8135
				1.99	8145
		4	542	1.02	8130
				1.28	8135
				1.49	8145
		5.5	746	1.08	8145
				1.25	8155
				1.61	8160

传动比	输出转速/r·min^{-1}	电机功率/kW	输出转矩/N·m	使用系数 K	机型号
23	65	7.5	1017	1.18	8160
				1.57	8165
				1.72	8170
		11	1492	1.07	8165
				1.43	8175
				1.68	8180
		15	2034	1.05	8175
				1.23	8180
				1.55	8185
				2.00	8190
		18.5	2509	1.00	8180
				1.25	8185
				1.62	8190
		22	2983	1.06	8185
				1.36	8190
				1.59	8195
		30	4068	1.00	8190
25	60	0.09	12.9	1.62	8075
				2.82	8085
		0.18	25.8	1.36	8085
				4.17	8095
		0.37	53.1	2.03	8095
		0.55	81.1	1.37	8095
		0.75	111	1.00	8095
				1.93	8105
		1.1	162	1.32	8105
				2.96	8115
		1.5	222	2.17	8115
		2.2	325	1.48	8115
				1.56	8125
				1.85	8130
		3	442	1.36	8130
				1.72	8135
				1.99	8145
		4	574	1.02	8130
				1.28	8135
				1.49	8145
		5.5	811	1.08	8145
				1.25	8155
				1.61	8160
		7.5	1108	1.18	8160
				1.57	8165
				1.72	8170
		11	1618	1.07	8165
				1.43	8175

传动比	输出转速/r·min^{-1}	电机功率/kW	输出转矩/N·m	使用系数 K	机型号
25	60	11	1618	1.68	8180
		15	2206	1.05	8175
				1.23	8180
				1.55	8185
				2.00	8190
		18.5	2726	1.00	8180
				1.25	8185
				1.62	8190
		22	3246	1.06	8185
				1.36	8190
				1.59	8195
		30	4423	1.00	8190
29	52	0.09	14.9	1.55	8075
				2.77	8085
		0.18	29.7	1.38	8085
				3.77	8095
		0.37	61.2	1.83	8095
		0.55	94.0	2.51	8105
		0.75	129	1.83	8105
		1.1	188	2.64	8115
		1.5	257	1.93	8115
		2.2	377	1.32	8115
				1.42	8130
				2.03	8135
		3	513	1.49	8135
		4	633	1.10	8135
				1.48	8155
		5.5	941	1.08	8155
				1.36	8160
				1.79	8165
		7.5	1285	1.00	8160
				1.32	8165
				1.58	8170
				1.93	8175
		11	1883	1.08	8170
				1.32	8175
				1.36	8180
				1.70	8185
		15	2569	1.00	8180
				1.25	8185
				1.47	8190
				2.04	8195
		18.5	3167	1.01	8185
				1.66	8195
		22	3766	1.00	8190

续表

传动比	输出转速/r·min^{-1}	电机功率/kW	输出转矩/N·m	使用系数K	机型号
29	52	22	3766	1.39	8195
				1.80	8205
		30	5129	1.02	8195
				1.32	8205
				1.63	8215
		37	6324	1.07	8205
				1.32	8215
				1.58	8225
		45	7698	1.08	8215
				1.30	8225
		55	9404	1.06	8225
35	43	0.09	15.5	1.37	8075
				2.74	8085
		0.18	31	1.37	8085
				2.79	8095
		0.37	74	1.35	8095
				2.53	8105
		0.55	113	1.89	8105
		0.75	155	1.38	8105
				3.29	8115
		1.1	227	2.25	8115
		1.5	310	1.65	8115
		2.2	454	1.12	8115
				1.34	8130
				1.68	8135
		3	600	1.23	8135
		4	800	1.18	8145
				1.24	8155
				2.19	8165
		5.5	1140	1.00	8160
				1.60	8165
		7.5	1549	1.17	8165
				1.27	8170
				1.68	8175
		11	2265	1.15	8175
				1.36	8180
				1.70	8185
		15	3099	1.00	8180
				1.25	8185
				1.62	8195
		18.5	3815	1.01	8185
				1.31	8195
		22	4540	1.10	8195
43	35	0.09	22.1	1.12	8075
				2.23	8085
		0.18	44.2	1.11	8085
				2.79	8095
		0.37	90.9	1.35	8095
				2.53	8105
		0.55	139	1.71	8105
		0.75	190	1.25	8105
				2.62	8115
		1.1	279	1.78	8115
		1.5	381	1.31	8115
				1.49	8130
				1.99	8135
		2.2	558	1.02	8130
				1.36	8135
				1.79	8155
		3	737	1.31	8155
		4	981	1.37	8160
				1.70	8165
		5.5	1390	1.00	8160
				1.24	8165
				1.36	8170
				1.70	8175
		7.5	1902	1.00	8170
				1.25	8175
				1.47	8180
				2.00	8185
		11	2785	1.00	8180
				1.37	8185
				1.68	8190
		15	3805	1.00	8185
				1.23	8190
				1.40	8195
				1.83	8205
		18.5	4687	1.00	8190
				1.49	8205
				2.03	8215
		22	5580	1.25	8205
				1.70	8215
		30	7610	1.25	8215
				1.54	8225
		37	9384	1.01	8215
				1.25	8225
		45	11408	1.03	8225
47	31	0.37	103	1.82	8105
		0.55	152	3.09	8115
		0.75	208	2.26	8115
		1.5	416	1.13	8115
				1.23	8130
				1.69	8135
		2.2	610	1.15	8135
				1.35	8145
				1.56	8155
				1.96	8160
		3	831	1.44	8160
		4	1108	1.17	8160
				1.56	8165
				1.74	8170
		5.5	1524	1.05	8165
				1.52	8175
				1.74	8180
		7.5	2078	1.12	8175
				1.27	8180
				1.54	8185
				2.00	8190
		11	3048	1.05	8185
				1.36	8190
				1.65	8195
		15	4157	1.00	8190
				1.21	8195
51	29	0.09	26.7	1.38	8085
				4.08	8095
		0.18	53.3	2.04	8095
		0.37	110	1.82	8105
		0.55	165	3.09	8115
		0.75	226	2.26	8115
		1.1	331	1.55	8115
				1.67	8130
		1.5	451	1.13	8115
				1.23	8130
				1.69	8135
		2.2	662	1.15	8135
				1.35	8145
				1.56	8155
				1.96	8160
		3	902	1.44	8160
		4	1187	1.17	8160
				1.56	8165
				1.74	8170
		5.5	1657	1.05	8165
				1.52	8175
				1.74	8180

续表

传动比	输出转速/r·min^{-1}	电机功率/kW	输出转矩/N·m	使用系数K	机型号
51	29	7.5	2255	1.12	8175
				1.27	8180
				1.54	8185
				2.00	8190
		11	3305	1.05	8185
				1.36	8190
				1.65	8195
		15	4511	1.00	8190
				1.21	8195
59	25	0.09	31.9	1.33	8085
				3.68	8095
		0.18	61.9	1.84	8095
		0.37	127	1.65	8105
				3.78	8115
		0.55	191	2.55	8115
		0.75	261	1.87	8115
		1.1	383	1.98	8130
		1.5	522	1.17	8130
				1.45	8135
				1.92	8145
		2.2	765	1.31	8145
				1.35	8155
				1.68	8160
		3	1033	1.23	8160
		4	1373	1.24	8165
				1.37	8170
				1.79	8175
		5.5	1912	1.00	8170
				1.30	8175
				1.45	8180
				1.70	8185
		7.5	2609	1.06	8180
				1.25	8185
				1.47	8190
				2.03	8195
		11	3824	1.00	8190
				1.38	8195

传动比	输出转速/r·min^{-1}	电机功率/kW	输出转矩/N·m	使用系数K	机型号
59	25	11	3824	1.75	8205
		15	5217	1.02	8195
				1.28	8205
				1.87	8215
		18.5	6433	1.04	8205
				1.52	8215
				1.82	8225
		22	7649	1.27	8215
				1.53	8225
		30	10394	1.12	8225
71	21	0.09	36.9	2.90	8095
		0.18	73.7	1.45	8095
				2.77	8105
		0.37	152	1.35	8105
				2.65	8115
		0.55	230	1.79	8115
		0.75	314	1.31	8115
				1.38	8125
				1.70	8130
		1.1	460	1.15	8130
		1.5	628	1.22	8135
				1.42	8145
				1.57	8155
				2.16	8160
		2.2	921	1.07	8155
				1.48	8160
				1.88	8165
		3	1256	1.38	8165
		4	1638	1.03	8165
				1.11	8170
				1.51	8175
		5.5	2304	1.10	8175
				1.54	8185
				2.00	8190
		7.5	3138	1.13	8185
				1.47	8190
				1.80	8195

传动比	输出转速/r·min^{-1}	电机功率/kW	输出转矩/N·m	使用系数K	机型号
71	21	11	4609	1.00	8190
				1.23	8195
87	17	0.09	40.5	2.75	8095
		0.18	80.9	1.37	8095
				2.76	8105
		0.37	167	1.34	8105
				2.53	8115
		0.55	282	1.71	8115
		0.75	385	1.25	8115
				1.52	8130
				1.97	8135
		1.1	564	1.35	8135
		1.5	770	1.32	8145
				1.70	8160
		2.2	1130	1.16	8160
				1.53	8165
				1.85	8170
		3	1539	1.36	8170
				1.62	8175
		4	1804	1.02	8170
				1.21	8175
				1.46	8180
				1.85	8185
		5.5	2824	1.06	8180
				1.35	8185
				1.63	8190
		7.5	3844	1.19	8190
				1.57	8195
				1.83	8205
		11	5638	1.07	8195
				1.25	8205
				1.67	8215
		15	7698	1.22	8215
				1.54	8225
		18.5	9492	1.25	8225
		22	11277	1.05	8225

一级直连型（XWD、XLD 型）减速器承载能力（配 1000r/min 电机）

表 17-2-152

传动比	输出转速 /$r \cdot min^{-1}$	电机功率 /kW	输出转矩 /$N \cdot m$	使用系数 K	机型号
11	91	55	5350	1.70	8235
		75	7290	1.25	8235
				1.58	8245
				1.92	8255
		90	8750	1.04	8235
				1.32	8245
				1.60	8255
		110	10600	1.08	8245
				1.31	8255
				1.57	8265
		132	12800	1.09	8255
				1.31	8265
15	67	37	4900	2.53	8235
		45	5970	2.08	8235
		55	7290	1.70	8235
		75	9940	1.25	8235
				1.54	8245
				1.91	8255
		90	11940	1.04	8235
				1.29	8245
				1.59	8255
				1.92	8265
		110	14600	1.05	8245
				1.30	8255
				1.57	8265
		132	17500	1.08	8255
				1.31	8265
21	48	30	5570	2.5	8235
		37	6870	2.03	8235
		45	8350	1.67	8235
		55	10100	1.36	8235
			10198	1.75	8245
		75	13900	1.00	8235
				1.28	8245
				1.58	8255
				1.92	8265
		90	16600	1.07	8245

传动比	输出转速 /$r \cdot min^{-1}$	电机功率 /kW	输出转矩 /$N \cdot m$	使用系数 K	机型号
21	48	90	16600	1.32	8255
				1.60	8265
		110	20400	1.08	8255
				1.31	8265
		132	24500	1.09	8265
29	34	30	7680	1.88	8235
		37	9490	1.52	8235
				1.90	8245
		45	11500	1.25	8235
				1.57	8245
				2.14	8255
		55	14100	1.02	8235
				1.28	8245
				1.75	8255
		75	19200	1.28	8255
				1.83	8265
		90	23000	1.07	8255
				1.53	8265
				1.60	8275
		110	28200	1.25	8265
		132	33800	1.04	8265
43	23	18.5	7020	2.34	8235
		22	8360	1.97	8235
		30	11400	1.45	8235
				1.88	8245
		37	14000	1.17	8235
				1.53	8245
				1.86	8255
		45	17100	1.26	8245
				1.53	8255
				2.14	8265
		55	20900	1.03	8245
				1.25	8255
				1.75	8265
		75	28500	1.28	8265
				1.47	8270
				1.7	8275

传动比	输出转速 /$r \cdot min^{-1}$	电机功率 /kW	输出转矩 /$N \cdot m$	使用系数 K	机型号
43	23	90	34200	1.07	8265
				1.22	8270
				1.41	8275
59	17	15	7810	2.02	8235
		18.5	9640	1.64	8235
		22	11400	1.38	8235
				1.78	8245
		30	15600	1.01	8235
				1.31	8245
				1.88	8255
		37	19300	1.06	8245
				1.52	8255
				2.04	8265
		45	23400	1.25	8255
				1.68	8265
		55	28700	1.02	8255
				1.38	8265
				1.64	8270
		75	39100	1.01	8265
				1.20	8270
				1.36	8275
87	11	15	11500	1.40	8235
				1.78	8245
		18.5	14200	1.14	8235
				1.45	8245
				1.86	8255
		22	16900	1.22	8245
				1.56	8255
				2.09	8265
		30	23000	1.15	8255
				1.53	8265
				1.60	8270
		37	28400	1.24	8265
				1.39	8275
		45	34600	1.02	8265

一级双轴型（XW、XL 型）减速器承载能力

表 17-2-153

传动比 6															
输入转速/r·min^{-1}	1800		1500		1200		1000		900		750		600		50 以下
输出转速/r·min^{-1}	300		250		200		167		150		125		100		8.3 以下
机型号	功率/kW	转矩/N·m	功率/kW	转矩/N·m	功率/kW	转矩/N·m	功率/kW	转矩/N·m	功率/kW	转矩/N·m	功率/kW	转矩/N·m	功率/kW	转矩/N·m	转矩/N·m
8085	0.40	11.8	0.40	14.1	0.40	17.7	0.37	19.6	0.35	20.6	0.29	20.6	0.23	20.6	20.6
8095	1.36	40.2	1.36	48.3	1.17	51.6	1.03	54.5	0.95	56.0	0.84	59.4	0.71	63.6	70.6
8105	2.75	81.1	2.75	97.3	2.35	104	2.07	110	1.92	114	1.69	120	1.45	129	157
8115	5.07	149	5.07	180	4.34	192	3.82	203	3.55	209	3.12	221	2.67	236	304
8125	6.88	203	6.88	243	5.88	260	5.18	275	4.81	284	4.23	299	3.44	304	304
8130	8.95	264	8.95	317	7.66	338	6.74	358	6.26	369	5.51	390	4.71	417	461
8135	10.1	298	10.1	357	8.68	384	7.64	405	7.09	419	6.24	442	5.34	473	608
8155	13.2	388	13.2	466	11.3	497	9.90	526	9.20	542	8.10	573	6.87	608	608
8160	15.0	442	15.0	530	12.3	543	10.6	562	9.82	578	8.42	595	6.94	664	664
传动比 8															
输入转速/r·min^{-1}	1800		1500		1200		1000		900		750		600		50 以下
输出转速/r·min^{-1}	225		188		150		125		113		94		75		6.3 以下
机型号	功率/kW	转矩/N·m	功率/kW	转矩/N·m	功率/kW	转矩/N·m	功率/kW	转矩/N·m	功率/kW	转矩/N·m	功率/kW	转矩/N·m	功率/kW	转矩/N·m	转矩/N·m
8085	0.40	15.7	0.40	18.8	0.40	23.5	0.37	26.7	0.35	27.6	0.30	29.1	0.26	31.1	41.2
8095	1.36	53.7	1.36	64.4	1.17	68.9	1.03	72.7	0.95	75.0	0.84	79.4	0.71	84.9	108
8105	2.75	108	2.75	129	2.35	138	2.07	146	1.92	151	1.69	160	1.45	171	206
8115	5.07	199	5.07	239	4.34	256	3.82	271	3.55	280	3.12	295	2.67	315	412
8125	6.88	271	6.88	325	5.88	347	5.18	366	4.81	378	4.23	399	3.49	412	412
8130	7.85	309	7.85	371	6.71	396	5.91	418	5.49	432	4.83	456	4.13	488	608
8135	10.1	397	10.1	477	8.68	512	7.64	541	7.09	558	6.25	590	5.34	630	765
8155	13.2	517	13.2	621	11.3	664	9.91	701	9.20	724	8.10	764	6.90	814	814
8160	16.0	629	16.0	755	13.7	807	12.0	852	11.2	880	9.85	929	8.42	991	1280
8165	18.0	707	18.0	850	17.5	1030	15.4	1090	14.3	1130	12.6	1190	10.8	1270	1520
传动比 9															
输入转速/r·min^{-1}	1800		1500		1200		1000		900		750		600		50 以下
输出转速/r·min^{-1}	200		167		133		111		100		83		67		5.6 以下
机型号	功率/kW	转矩/N·m	功率/kW	转矩/N·m	功率/kW	转矩/N·m	功率/kW	转矩/N·m	功率/kW	转矩/N·m	功率/kW	转矩/N·m	功率/kW	转矩/N·m	转矩/N·m
8105	2.75	121	2.75	146	2.35	156	2.07	165	1.90	168	1.59	169	1.27	168	206
8115	5.07	224	5.07	267	4.35	288	3.84	306	3.57	316	3.14	333	2.69	357	510
8125	5.10	226	5.10	271	4.36	289	3.84	306	3.57	316	3.14	333	2.69	357	510
8130	7.35	325	7.35	390	6.42	426	5.65	450	5.25	464	4.62	490	3.75	497	608
8135	9.91	438	9.91	526	8.48	563	7.47	595	6.93	613	5.90	625	4.72	626	765
8145	10.1	447	10.1	536	8.68	576	7.64	608	7.09	627	6.24	662	5.34	708	1030
8155	13.2	584	13.2	700	11.3	750	9.90	788	9.20	814	7.94	843	6.35	843	1030
8160	16.0	708	16.0	849	13.7	909	12.0	955	11.2	991	9.85	1045	8.43	1118	1520
8165	18.0	796	18.0	955	17.5	1161	15.4	1226	14.1	1247	11.7	1247	9.37	1247	1520
8170	25.0	1106	25.0	1326	22.5	1492	19.8	1576	18.4	1627	16.2	1719	13.8	1831	2260
8175	27.5	1216	27.5	1458	23.5	1559	20.7	1648	19.2	1698	16.9	1794	14.5	1924	2550
8180	29.0	1282	29.0	1538	29.0	1924	27.9	2221	25.9	2291	22.8	2420	19.5	2587	3240
8185	33.6	1486	33.6	1782	33.6	2229	29.7	2364	27.6	2441	24.3	2579	20.6	2733	3340
8190	36.5	1614	36.5	1936	36.5	2421	35.5	2826	33.0	2918	29.0	3078	24.8	3290	5690
8195	44.0	1946	44.0	2333	40.4	2680	35.5	2826	33.0	2918	29.0	3078	24.8	3290	5690

续表

传动比 11															
输入转速/r·min^{-1}	1800		1500		1200		1000		900		750		600		50 以下
输出转速/r·min^{-1}	164		136		109		91		82		68		55		4.5 以下
机型号	功率/kW	转矩/N·m	功率/kW	转矩/N·m	功率/kW	转矩/N·m	功率/kW	转矩/N·m	功率/kW	转矩/N·m	功率/kW	转矩/N·m	功率/kW	转矩/N·m	转矩/N·m
8075	0.25	13.5	0.25	16.2	0.214	17.4	0.188	18.3	0.175	18.9	0.154	19.9	0.131	21.3	25.5
8085	0.40	21.6	0.40	26.0	0.40	32.5	0.377	36.7	0.350	37.9	0.308	39.9	0.263	42.8	51.0
8095	1.23	66.7	1.23	80.0	1.05	85.5	0.928	90.4	0.862	93.3	0.759	98.1	0.649	105	108
8105	2.75	149	2.75	179	2.35	190	2.07	201	1.90	206	1.59	206	1.27	206	206
8115	5.07	274	5.07	329	4.35	353	3.84	373	3.57	386	3.14	408	2.69	438	510
8125	5.10	276	5.10	331	4.36	354	3.84	374	3.57	386	3.14	408	2.69	438	510
8130	7.35	397	7.35	477	6.42	520	5.65	549	5.25	567	4.62	599	3.75	608	608
8135	9.91	536	9.91	644	8.48	688	7.47	727	6.93	749	5.90	765	4.72	765	765
8145	10.1	546	10.1	655	8.68	703	7.64	744	7.09	767	6.24	810	5.34	866	1030
8155	13.2	711	13.2	853	11.3	912	9.90	964	9.20	991	7.94	1030	6.35	1030	1030
8160	16.0	865	16.0	1040	13.7	1110	12.0	1180	11.2	1210	9.85	1280	8.43	1360	1520
8165	18.0	973	18.0	1170	17.5	1420	15.4	1500	14.1	1520	11.7	1520	9.37	1520	1520
8170	25.0	1350	25.0	1620	22.5	1820	19.8	1920	18.4	1990	16.2	2100	13.8	2250	2260
8175	27.5	1490	27.5	1790	23.5	1900	20.7	2010	19.2	2080	16.9	2200	14.5	2340	2550
8180	29.0	1570	29.0	1880	29.0	2350	27.9	2710	25.9	2800	22.8	2950	19.5	3160	3240
8185	33.6	1810	33.6	2180	33.6	2730	29.7	2880	27.6	2980	24.3	3150	20.6	3340	3340
8190	36.5	1970	36.5	2360	36.5	2960	35.5	3450	33.0	3570	29.0	3770	24.8	4030	5690
8195	44.0	2380	44.0	2850	40.4	3280	35.5	3450	33.0	3570	29.0	3770	24.8	4030	5690
8205	59.0	3190	59.0	3830	53.6	4350	47.8	4650	44.8	4850	39.3	5100	32.8	5330	5690
8215	72.1	3890	72.1	4680	68.8	5580	62.1	6040	58.5	6330	52.6	6820	43.9	7120	7260
8225	97.5	5270	97.5	6330	90.3	7320	81.4	7930	76.7	8300	69.1	8970	59.1	9580	9610
8235	—	—	—	—	93.8	7600	93.8	9120	93.4	10100	81.9	10600	69.6	11300	11300
8245	—	—	—	—	119	9620	119	11600	119	12900	104	13500	87.4	14200	14200
8255	—	—	—	—	144	11700	144	14000	144	15600	140	18100	112	18100	18100
8265	—	—	—	—	173	14000	173	16900	173	18700	173	22500	145	23500	23500

传动比 13															
输入转速/r·min^{-1}	1800		1500		1200		1000		900		750		600		50 以下
输出转速/r·min^{-1}	138		115		92		77		69		58		46		3.8 以下
机型号	功率/kW	转矩/N·m	功率/kW	转矩/N·m	功率/kW	转矩/N·m	功率/kW	转矩/N·m	功率/kW	转矩/N·m	功率/kW	转矩/N·m	功率/kW	转矩/N·m	转矩/N·m
8075	0.25	16.0	0.25	19.1	0.21	20.5	0.18	21.7	0.17	22.4	0.15	23.5	0.13	25.2	25.5
8085	0.40	25.6	0.40	30.7	0.40	38.4	0.37	43.3	0.34	44.6	0.30	47.1	0.26	50.3	51.0
8095	1.22	78.2	1.22	93.8	1.05	100	0.92	106	0.84	108	0.70	108	0.56	108	108
8105	2.69	172	2.69	206	2.15	206	1.79	206	1.61	206	1.34	206	1.07	206	206
8115	4.92	315	4.92	378	4.21	403	3.70	426	3.44	439	3.03	465	2.59	496	510
8125	5.09	326	5.09	390	4.36	418	3.84	441	3.56	455	3.14	481	2.66	510	510
8130	7.32	468	7.32	561	6.26	600	5.29	608	4.76	608	3.97	608	3.17	608	608
8135	9.38	599	9.38	719	7.98	765	6.65	765	5.99	765	4.99	765	3.99	765	765
8145	9.78	625	9.78	749	8.36	801	7.36	847	6.84	874	6.02	923	5.15	991	1030
8155	10.3	656	10.3	788	8.78	842	7.73	889	7.18	918	6.32	969	5.37	1030	1030
8160	13.0	831	13.0	1000	11.1	1070	9.79	1130	9.09	1160	8.00	1230	6.85	1320	1520
8165	17.4	1110	17.4	1330	14.9	1420	13.1	1510	12.2	1560	10.7	1640	9.16	1760	1810
8170	21.8	1390	21.8	1670	18.6	1790	16.4	1880	15.2	1950	13.4	2060	11.5	2200	2260
8175	27.3	1750	27.3	2090	23.3	2240	20.5	2360	19.1	2440	16.8	2580	14.3	2750	2750
8180	29.0	1850	29.0	2230	25.7	2460	22.6	2600	21.0	2680	18.5	2840	15.8	3030	3240
8185	33.6	2150	33.6	2580	32.1	3070	28.2	3250	26.2	3360	23.1	3540	19.7	3790	3970
8190	36.5	2330	36.5	2800	35.5	3400	31.2	3590	29.0	3710	25.5	3910	21.9	4190	5690
8195	44.0	2820	44.0	3370	39.6	3800	34.8	4000	32.3	4130	28.5	4370	24.4	4670	6870

续表

传动比 15															
输入转速/r·min^{-1}	1800		1500		1200		1000		900		750		600		50 以下
输出转速/r·min^{-1}	120		100		80		67		60		50		40		3.3 以下
机型号	功率/kW	转矩/N·m	功率/kW	转矩/N·m	功率/kW	转矩/N·m	功率/kW	转矩/N·m	功率/kW	转矩/N·m	功率/kW	转矩/N·m	功率/kW	转矩/N·m	转矩/N·m
8075	0.25	18.4	0.25	22.1	0.213	23.6	0.187	24.9	0.173	25.5	0.144	25.5	0.115	25.5	25.5
8085	0.40	29.5	0.40	35.4	0.40	44.2	0.377	49.9	0.346	51.0	0.288	51.0	0.231	51.0	51.0
8095	1.16	85.8	1.16	103	0.996	110	0.876	117	0.814	120	0.716	127	0.577	128	128
8105	2.75	203	2.75	243	2.31	255	1.92	255	1.73	255	1.44	255	1.15	255	255
8115	4.97	366	4.97	439	4.25	470	3.74	496	3.46	510	2.88	510	2.31	510	510
8125	5.09	376	5.09	450	4.36	483	3.84	509	3.46	510	2.88	510	2.31	510	510
8130	6.42	474	6.42	568	5.49	607	4.58	608	4.12	608	3.44	608	2.75	608	608
8135	7.77	573	7.77	688	6.65	736	5.77	765	5.19	765	4.32	765	3.46	765	765
8145	9.50	700	9.50	841	8.12	899	7.15	949	6.64	979	5.82	1030	4.66	1030	1030
8155	10.2	750	10.2	901	8.71	963	7.67	1020	6.99	1030	5.82	1030	4.66	1030	1030
8160	11.0	811	11.0	973	9.41	1040	8.28	1100	7.69	1140	6.77	1200	5.79	1290	1520
8165	15.0	1110	15.0	1320	12.8	1420	11.3	1500	10.5	1550	9.23	1640	7.90	1750	1810
8170	18.5	1360	18.5	1640	15.8	1750	13.9	1840	12.9	1900	11.4	2010	9.74	2160	2260
8175	23.1	1710	23.1	2050	19.8	2190	17.4	2320	16.2	2380	14.2	2520	12.2	2700	2750
8180	26.3	1940	26.3	2320	22.5	2490	19.8	2630	18.4	2720	16.2	2860	13.9	3060	3240
8185	31.3	2320	31.3	2780	26.8	2960	23.6	3130	21.9	3240	19.3	3410	16.5	3650	4070
8190	36.5	2690	36.5	3230	31.6	3500	27.9	3700	25.9	3820	22.8	4030	19.5	4310	5690
8195	44.0	3250	44.0	3890	39.6	4380	34.8	4620	32.3	4770	28.5	5040	24.4	5390	6870
8205	59.0	4350	59.0	5220	52.5	5800	46.4	6150	43.2	6370	38.2	6750	31.0	6870	6870
8215	72.1	5320	72.1	6380	66.2	7320	58.6	7770	54.6	8040	48.0	8490	38.4	8490	8490
8225	91.6	6750	91.6	8100	83.0	9180	73.0	9690	67.8	10000	59.6	10600	51.0	11300	11300
8235	—	—	—	—	93.8	10400	93.8	12500	89.5	13200	78.8	13900	64.3	14200	14200
8245	—	—	—	—	116	12900	116	15400	112	16600	98.7	17500	82.1	18100	18100
8255	—	—	—	—	143	15800	143	19000	140	20700	122	21600	103	22800	23500
8265	—	—	—	—	173	19100	173	23000	173	25500	165	29200	137	30400	30400

传动比 17															
输入转速/r·min^{-1}	1800		1500		1200		1000		900		750		600		50 以下
输出转速/r·min^{-1}	106		88		71		59		53		44		35		2.9 以下
机型号	功率/kW	转矩/N·m	功率/kW	转矩/N·m	功率/kW	转矩/N·m	功率/kW	转矩/N·m	功率/kW	转矩/N·m	功率/kW	转矩/N·m	功率/kW	转矩/N·m	转矩/N·m
8075	0.25	20.9	0.25	25.1	0.20	25.5	0.17	25.5	0.15	25.5	0.12	25.5	0.10	25.5	25.5
8085	0.40	33.5	0.40	40.1	0.40	50.1	0.33	51.0	0.30	51.0	0.25	51.0	0.20	51.0	51.0
8095	1.09	91.3	1.09	110	0.93	118	0.82	124	0.76	128	0.63	128	0.50	128	128
8105	2.13	178	2.13	214	1.82	229	1.60	241	1.49	249	1.27	255	1.02	255	255
8115	4.76	398	4.76	478	4.07	510	3.39	510	3.05	510	2.54	510	2.03	510	510
8125	5.09	425	5.09	510	4.07	510	3.39	510	3.05	510	2.54	510	2.03	510	510
8130	6.07	507	6.07	608	4.85	608	4.04	608	3.64	608	3.03	608	2.43	608	608
8135	7.17	599	7.17	719	6.11	765	5.09	765	4.58	765	3.82	765	3.05	765	765
8145	9.29	776	9.29	931	7.94	1000	6.85	1030	6.16	1030	5.14	1030	4.11	1030	1030
8155	9.29	776	9.29	931	7.94	1000	6.85	1030	6.16	1030	5.14	1030	4.11	1030	1030
8160	11.0	919	11.0	1100	9.41	1180	8.28	1250	7.69	1290	6.77	1350	5.79	1450	1520
8165	15.3	1280	15.3	1530	13.1	1640	11.5	1730	10.7	1790	9.05	1810	7.24	1810	1810
8170	16.1	1340	16.1	1620	13.8	1730	12.2	1820	11.3	1880	9.94	1990	8.50	2130	2260
8175	19.7	1650	19.7	1970	16.8	2110	14.8	2230	13.8	2300	12.1	2430	10.4	2600	2750
8180	24.4	2040	24.4	2440	22.5	2830	19.8	2980	18.4	3080	16.1	3240	12.9	3240	3240
8185	30.5	2540	30.5	3050	26.1	3270	22.9	3450	21.3	3560	18.8	3760	16.0	4020	4070
8190	36.5	3050	36.5	3660	31.6	3960	27.9	4190	25.9	4330	22.8	4570	19.5	4890	5690
8195	44.0	3680	44.0	4410	39.6	4950	34.8	5240	32.3	5410	28.5	5710	24.4	6100	7060

续表

传动比 21															
输入转速/r·min^{-1}	1800		1500		1200		1000		900		750		600		50 以下
输出转速/r·min^{-1}	86		71		57		48		43		36		29		2.4 以下
机型号	功率/kW	转矩/N·m	功率/kW	转矩/N·m	功率/kW	转矩/N·m	功率/kW	转矩/N·m	功率/kW	转矩/N·m	功率/kW	转矩/N·m	功率/kW	转矩/N·m	转矩/N·m
8075	0.20	21.3	0.20	25.5	0.165	25.5	0.13	25.5	0.124	25.5	0.103	25.5	0.082	25.5	25.5
8085	0.40	41.3	0.40	49.5	0.329	51.0	0.27	51.0	0.247	51.0	0.206	51.0	0.162	51.0	51.0
8095	0.98	102	0.98	122	0.824	128	0.68	128	0.618	128	0.515	128	0.412	128	128
8105	2.02	209	2.02	251	1.65	251	1.37	255	1.24	255	1.03	255	0.824	255	255
8115	4.12	425	4.12	510	3.29	510	2.75	510	2.47	510	2.06	510	1.65	510	510
8125	4.12	425	4.12	510	3.29	510	2.75	510	2.47	510	2.06	510	1.65	510	510
8130	4.25	439	4.25	527	3.64	563	3.20	595	2.95	608	2.45	608	1.96	608	608
8135	6.13	633	6.13	759	4.94	765	4.12	765	3.71	765	3.09	765	2.47	765	765
8145	6.88	709	6.88	852	5.88	910	5.18	961	4.81	991	4.16	1030	3.33	1030	1030
8155	7.25	749	7.25	899	6.20	960	5.46	1010	4.99	1030	4.16	1030	3.33	1030	1030
8160	11.0	1140	11.0	1360	9.41	1460	8.18	1520	7.37	1520	6.14	1520	4.91	1520	1520
8165	13.5	1390	13.5	1670	11.5	1790	9.77	1810	8.79	1810	7.33	1810	5.86	1810	1810
8170	15.0	1550	15.0	1850	12.8	1990	11.3	2100	10.5	2170	9.11	2260	7.29	2260	2260
8175	18.8	1930	18.8	2320	16.0	2480	14.1	2620	13.1	2710	11.1	2750	8.87	2750	2750
8180	22.0	2270	22.0	2730	18.8	2910	16.6	3080	15.4	3180	13.1	3240	10.5	3240	3240
8185	27.5	2840	27.5	3400	23.5	3640	20.7	3850	19.2	3970	16.4	4070	13.1	4070	4070
8190	30.0	3100	30.0	3720	25.7	3970	22.6	4200	21.0	4340	18.5	4570	15.8	4900	5690
8195	37.1	3830	37.1	4590	31.7	4910	27.9	5190	25.9	5360	22.8	5660	19.5	6050	7260
8205	47.2	4870	47.2	5850	40.5	6270	35.7	6630	33.2	6860	29.3	7260	23.4	7260	7260
8215	60.5	6240	60.5	7490	54.3	8410	48.0	8930	44.8	9240	33.8	9610	31.0	9610	9610
8225	72.2	7460	72.2	8940	72.2	11200	65.1	12100	60.5	12500	51.5	12800	41.2	12800	12800
8235	—	—	—	—	75.1	11700	75.1	13900	69.8	14400	61.4	15200	52.3	16200	16200
8245	—	—	—	—	96.3	14900	96.3	17900	89.4	18400	78.7	19500	66.5	20600	20600
8255	—	—	—	—	119	18300	119	22100	119	24500	105	26100	85.5	26500	26500
8265	—	—	—	—	144	22400	144	26800	144	29800	134	33200	113	35000	35300

传动比 23															
输入转速/r·min^{-1}	1800		1500		1200		1000		900		750		600		50 以下
输出转速/r·min^{-1}	78		65		52		43		39		33		26		2.2 以下
机型号	功率/kW	转矩/N·m	功率/kW	转矩/N·m	功率/kW	转矩/N·m	功率/kW	转矩/N·m	功率/kW	转矩/N·m	功率/kW	转矩/N·m	功率/kW	转矩/N·m	转矩/N·m
8105	1.45	164	1.45	197	1.24	210	1.09	222	1.01	228	0.86	233	0.69	232	255
8115	3.26	368	3.26	442	2.77	470	2.31	470	2.08	470	1.73	473	1.38	470	510
8125	3.42	387	3.42	464	2.77	470	2.31	470	2.08	470	1.73	470	1.38	470	510
8130	4.08	461	4.08	553	3.30	559	2.75	559	2.47	559	2.06	559	1.65	559	608
8135	5.15	582	5.15	698	4.15	703	3.46	704	3.11	704	2.59	704	2.08	704	765
8145	5.97	675	5.97	809	5.10	865	4.49	913	4.17	943	3.49	947	2.79	947	1030
8155	6.88	778	6.88	933	5.59	948	4.66	948	4.19	947	3.49	947	2.79	947	1030
8160	8.88	1004	8.88	1204	7.60	1288	6.69	1361	6.19	1399	5.16	1399	4.12	1399	1520
8165	11.7	1322	11.7	1587	9.85	1670	8.21	1670	7.38	1670	6.15	1670	4.92	1660	1810
8170	12.9	1458	12.9	1749	11.0	1865	9.71	1975	9.02	2039	7.65	2075	6.12	2075	2260
8175	15.8	1786	15.8	2142	13.5	2288	11.9	2421	11.0	2486	9.31	2525	7.45	2525	2750
8180	18.5	2091	18.5	2509	15.8	2679	13.9	2827	12.9	2916	11.9	3227	8.78	2983	3240
8185	23.2	2622	23.2	3146	19.9	3373	17.5	3560	16.2	3661	13.8	3743	11.0	3729	4070
8190	30.0	3390	30.0	4068	25.7	4356	22.6	4597	21.0	4746	18.5	5017	15.4	5220	5690
8195	35.0	3955	35.0	4746	29.9	5068	26.3	5350	24.4	5515	21.5	5831	18.4	6238	7260

续表

传动比 25														
输入转速/r·min^{-1}	1800		1500		1200		1000		900		750		600		50 以下
输出转速/r·min^{-1}	72		60		48		40		36		30		24		2.0 以下
机型号	功率/kW	转矩/N·m	功率/kW	转矩/N·m	功率/kW	转矩/N·m	功率/kW	转矩/N·m	功率/kW	转矩/N·m	功率/kW	转矩/N·m	功率/kW	转矩/N·m	转矩/N·m
8075	0.14	18.0	0.14	21.5	0.12	23.1	0.11	24.4	0.10	25.2	0.08	25.5	0.07	25.5	25.5
8085	0.25	31.2	0.25	37.5	0.21	40.1	0.19	42.4	0.17	43.8	0.15	46.3	0.13	49.5	51.0
8095	0.75	92.4	0.75	111	0.64	119	0.56	126	0.51	128	0.43	128	0.34	128	128
8105	1.45	179	1.45	214	1.24	229	1.09	241	1.01	249	0.86	255	0.69	255	255
8115	3.26	401	3.26	481	2.77	510	2.31	510	2.08	510	1.73	510	1.38	510	510
8125	3.42	421	3.42	505	2.77	505	2.31	510	2.08	510	1.73	510	1.38	510	510
8130	4.08	501	4.08	601	3.30	608	2.75	608	2.47	608	2.06	608	1.65	608	608
8135	5.15	633	5.15	759	4.15	765	3.46	765	3.11	765	2.59	765	2.08	765	765
8145	5.97	733	5.97	880	5.10	941	4.49	991	4.17	1030	3.49	1030	2.79	1030	1030
8155	6.88	845	6.88	1010	5.59	1030	4.66	1030	4.19	1030	3.49	1030	2.79	1030	1030
8160	8.88	1090	8.88	1320	7.60	1400	6.69	1480	6.19	1520	5.16	1520	4.12	1520	1520
8165	11.7	1440	11.7	1730	9.85	1810	8.21	1810	7.38	1810	6.15	1810	4.92	1810	1810
8170	12.9	1590	12.9	1900	11.0	2030	9.71	2150	9.02	2220	7.65	2260	6.12	2260	2260
8175	15.8	1930	15.8	2320	13.5	2480	11.9	2620	11.0	2710	9.30	2750	7.45	2750	2750
8180	18.5	2280	18.5	2730	15.8	2910	13.9	3080	12.9	3180	11.0	3240	8.78	3240	3240
8185	23.2	2850	23.2	3420	19.9	3660	17.5	3870	16.2	3990	13.8	4070	11.0	4070	4070
8190	30.0	3690	30.0	4420	25.7	4730	22.6	4990	21.0	5160	18.5	5440	15.4	5690	5690
8195	35.0	4300	35.0	5150	29.9	5510	26.3	5820	24.4	6000	21.5	6350	18.4	6790	7260

传动比 29														
输入转速/r·min^{-1}	1800		1500		1200		1000		900		750		600		50 以下
输出转速/r·min^{-1}	62		52		41		34		31		26		21		1.7 以下
机型号	功率/kW	转矩/N·m	功率/kW	转矩/N·m	功率/kW	转矩/N·m	功率/kW	转矩/N·m	功率/kW	转矩/N·m	功率/kW	转矩/N·m	功率/kW	转矩/N·m	转矩/N·m
8075	0.14	19.9	0.14	23.9	0.119	25.4	0.099	25.5	0.089	25.5	0.075	25.5	0.06	25.5	25.5
8085	0.25	35.6	0.25	42.8	0.214	45.7	0.188	48.3	0.175	49.8	0.149	50.9	0.119	50.9	51.0
8095	0.68	96.9	0.68	117	0.58	124	0.497	128	0.447	128	0.372	128	0.298	128	128
8105	1.38	196	1.38	235	1.18	251	0.994	255	0.895	255	0.746	255	0.597	255	255
8115	2.90	413	2.90	495	2.39	510	1.99	510	1.79	510	1.49	510	1.19	510	510
8125	2.90	413	2.90	495	2.39	510	1.99	510	1.79	510	1.49	510	1.19	510	510
8130	3.11	443	3.11	533	2.66	570	2.34	601	2.13	608	1.78	608	1.42	608	608
8135	4.47	638	4.47	765	3.58	765	2.98	765	2.68	765	2.24	765	1.79	765	765
8145	4.98	709	4.98	852	4.26	910	3.75	961	3.48	990	3.01	1030	2.41	1030	1030
8155	5.94	847	5.94	1020	4.82	1030	4.01	1030	3.61	1030	3.01	1030	2.41	1030	1030
8160	7.50	1070	7.50	1290	6.42	1370	5.65	1450	5.25	1490	4.44	1520	3.56	1520	1520
8165	9.86	1400	9.86	1690	8.44	1810	7.07	1810	6.37	1810	5.31	1810	4.24	1810	1810
8170	11.8	1690	11.8	2020	10.1	2170	8.79	2260	7.91	2260	6.60	2260	5.28	2260	2260
8175	14.5	2070	14.5	2480	12.4	2650	10.7	2750	9.63	2750	8.03	2750	6.42	2750	2750
8180	15.0	2140	15.0	2570	12.8	2750	11.3	2890	10.5	2990	9.23	3160	7.57	3240	3240
8185	18.8	2670	18.8	3210	16.0	3430	14.1	3620	13.1	3740	11.5	3950	9.52	4070	4070
8190	22.0	3140	22.0	3770	18.8	4020	16.6	4250	15.4	4390	13.5	4630	11.6	4950	5690
8195	30.7	4370	30.7	5250	26.2	5610	23.1	5930	21.4	6110	18.9	6450	16.1	6910	7260
8205	39.7	5650	39.7	6790	33.9	7250	28.3	7260	25.5	7260	21.2	7260	17.0	7260	7260
8215	48.8	6960	48.8	8350	42.4	9070	37.4	9580	33.7	9610	28.1	9610	22.5	9610	9610
8225	58.5	8340	58.5	10000	53.6	11500	47.2	12100	43.8	12500	37.3	12800	29.8	12800	12800
8235	—	—	—	—	56.3	12100	56.3	14400	53.9	15400	47.0	16100	37.9	16200	16200
8245	—	—	—	—	70.5	15100	70.5	18100	66.7	19000	58.7	20100	48.2	20600	20600

续表

传动比 29															
输入转速/r·min^{-1}	1800		1500		1200		1000		900		750		600		50 以下
输出转速/r·min^{-1}	62		52		41		34		31		26		21		1.7 以下
机型号	功率/kW	转矩/N·m	功率/kW	转矩/N·m	功率/kW	转矩/N·m	功率/kW	转矩/N·m	功率/kW	转矩/N·m	功率/kW	转矩/N·m	功率/kW	转矩/N·m	转矩/N·m
8255	—	—	—	—	96.3	20600	96.3	24700	92.9	26500	77.4	26500	61.9	26500	26500
8265	—	—	—	—	138	29400	138	35300	124	35300	103	35300	82.6	35300	35300
8270	—	—	—	—	140	29900	140	35900	128	36500	110	37600	91.3	39000	50500
8275	—	—	—	—	144	30900	144	37100	144	41200	133	45600	114	48800	60800

传动比 35															
输入转速/r·min^{-1}	1800		1500		1200		1000		900		750		600		50 以下
输出转速/r·min^{-1}	51		43		34		29		26		21		17		1.4 以下
机型号	功率/kW	转矩/N·m	功率/kW	转矩/N·m	功率/kW	转矩/N·m	功率/kW	转矩/N·m	功率/kW	转矩/N·m	功率/kW	转矩/N·m	功率/kW	转矩/N·m	转矩/N·m
8075	0.12	21.3	0.12	25.5	0.09	25.5	0.08	25.5	0.07	25.5	0.06	25.5	0.05	25.5	25.5
8085	0.24	42.5	0.24	51.0	0.19	51.0	0.16	51.0	0.15	51.0	0.12	51.0	0.10	51.0	51.0
8095	0.58	101	0.58	121	0.49	128	0.41	128	0.37	128	0.30	128	0.24	128	128
8105	1.04	179	1.04	214	0.88	229	0.78	241	0.72	249	0.61	255	0.49	255	255
8115	2.47	425	2.47	510	1.98	510	1.65	510	1.48	510	1.24	510	0.98	510	510
8125	2.47	425	2.47	510	1.98	510	1.65	510	1.48	510	1.24	510	0.98	510	510
8130	2.95	507	2.95	608	2.36	608	1.96	608	1.77	608	1.47	608	1.18	608	608
8135	3.70	636	3.70	764	2.97	765	2.47	765	2.22	765	1.85	765	1.48	765	765
8145	4.74	815	4.74	978	3.99	1030	3.33	1030	2.99	1030	2.49	1030	2.00	1030	1030
8155	4.99	858	4.99	1030	3.99	1030	3.33	1030	2.99	1030	2.49	1030	2.00	1030	1030
8160	5.50	947	5.50	1140	4.70	1220	4.14	1290	3.85	1320	3.39	1390	2.90	1490	1520
8165	8.79	1510	8.79	1810	7.03	1810	5.86	1810	5.27	1810	4.40	1810	3.52	1810	1810
8170	9.56	1650	9.56	1970	8.18	2110	7.20	2230	6.56	2230	5.46	2260	4.37	2260	2260
8175	12.6	2170	12.6	2610	10.6	2750	8.87	2750	7.98	2750	6.65	2750	5.32	2750	2750
8180	15.0	2580	15.0	3100	12.5	3240	10.5	3240	9.41	3240	7.84	3240	6.27	3240	3240
8185	18.8	3230	18.8	3870	15.8	4070	13.1	4070	11.8	4070	9.86	4070	7.89	4070	4070
8190	19.2	3310	19.2	3960	16.4	4240	14.5	4480	13.4	4480	11.8	4890	10.1	5220	5690
8195	24.3	4170	24.3	5000	20.7	5360	18.3	5650	17.0	5650	14.9	6160	12.8	6590	7260

传动比 43															
输入转速/r·min^{-1}	1800		1500		1200		1000		900		750		600		50 以下
输出转速/r·min^{-1}	42		35		28		23		21		17		14		1.2 以下
机型号	功率/kW	转矩/N·m	功率/kW	转矩/N·m	功率/kW	转矩/N·m	功率/kW	转矩/N·m	功率/kW	转矩/N·m	功率/kW	转矩/N·m	功率/kW	转矩/N·m	转矩/N·m
8075	0.10	21.3	0.101	25.5	0.08	25.5	0.067	25.5	0.06	25.5	0.05	25.5	0.04	25.5	25.5
8085	0.20	42.5	0.201	51.0	0.161	51.0	0.134	51.0	0.121	51.0	0.101	51.0	0.08	51.0	51.0
8095	0.50	106	0.503	128	0.402	128	0.335	128	0.302	128	0.251	128	0.201	128	128
8105	0.93	198	0.938	238	0.801	254	0.67	255	0.603	255	0.503	255	0.402	255	255
8115	1.96	415	1.96	497	1.61	510	1.34	510	1.21	510	1.01	510	0.804	510	510
8125	2.01	425	2.01	510	1.61	510	1.34	510	1.21	510	1.01	510	0.804	510	510
8130	2.24	473	2.24	567	1.91	606	1.60	608	1.44	608	1.20	608	0.959	608	608
8135	2.99	633	2.99	759	2.41	765	2.01	765	1.81	765	1.51	765	1.21	765	765
8145	3.20	676	3.20	811	2.74	867	2.41	916	2.24	946	1.97	1000	1.62	1030	1030
8155	3.94	832	3.94	1000	3.25	1000	2.71	1030	2.44	1030	2.03	1030	1.62	1030	1030
8160	5.50	1160	5.50	1390	4.70	1490	4.00	1520	3.60	1520	3.00	1520	2.40	1520	1520
8165	6.83	1440	6.83	1730	5.72	1810	4.77	1810	4.29	1810	3.58	1810	2.86	1810	1810
8170	7.50	1590	7.50	1900	6.42	2030	5.65	2150	5.25	2220	4.45	2260	3.56	2260	2260
8175	9.38	1980	9.38	2370	8.02	2540	7.06	2690	6.50	2750	5.42	2750	4.33	2750	2750

续表

传动比 43															
输入转速/r·min⁻¹	1800		1500		1200		1000		900		750		600		50 以下
输出转速/r·min⁻¹	42		35		28		23		21		17		14		1.2 以下
机型号	功率/kW	转矩/N·m	功率/kW	转矩/N·m	功率/kW	转矩/N·m	功率/kW	转矩/N·m	功率/kW	转矩/N·m	功率/kW	转矩/N·m	功率/kW	转矩/N·m	转矩/N·m
8180	11.0	2320	11.0	2790	9.41	2980	8.28	3150	7.66	3240	6.38	3240	5.11	3240	3240
8185	15.0	3180	15.0	3820	12.8	4070	10.7	4070	9.63	4070	8.03	4070	6.42	4070	4070
8190	18.5	3910	18.5	4690	15.8	5010	13.9	5300	12.9	5470	11.2	5690	8.97	5690	5690
8195	20.9	4420	20.9	5310	17.9	5680	15.8	5990	14.6	6190	12.9	6530	11.0	6980	7260
8205	27.5	5810	27.5	6970	24.3	7700	21.0	7980	19.2	8130	16.6	8430	13.4	8490	8490
8215	37.5	7930	37.5	9520	32.2	10200	28.0	10700	25.6	10800	22.1	11200	17.8	11300	11300
8225	46.3	9770	46.3	11800	39.8	12700	34.2	13000	31.4	13200	27.0	13700	22.4	14200	14200
8235	—	—	—	—	43.4	13700	43.4	16500	40.3	17100	35.5	18000	28.6	18100	18100
8245	—	—	—	—	56.5	18000	56.5	21500	51.7	21900	44.4	22500	36.8	23300	23500
8255	—	—	—	—	68.8	21800	68.8	26200	68.8	29000	60.0	30400	48.0	30400	30400
8265	—	—	—	—	96.3	30500	96.3	36600	89.1	37700	77.2	39100	64.2	40700	40700
8270	—	—	—	—	110	34800	110	41800	100	42300	85.4	43200	70.2	44400	50500
8275	—	—	—	—	127	40300	127	48500	118	50000	104	52800	89.0	56500	60800
传动比 47															
输入转速/r·min⁻¹	1800		1500		1200		1000		900		750		600		50 以下
输出转速/r·min⁻¹	38		32		26		21		19		16		13		1.1 以下
机型号	功率/kW	转矩/N·m	功率/kW	转矩/N·m	功率/kW	转矩/N·m	功率/kW	转矩/N·m	功率/kW	转矩/N·m	功率/kW	转矩/N·m	功率/kW	转矩/N·m	转矩/N·m
8105	0.67	155	0.67	186	0.57	197	0.50	208	0.47	217	0.41	227	0.33	229	255
8115	1.70	393	1.70	471	1.36	471	1.13	471	1.02	471	0.84	471	0.67	471	510
8125	1.70	393	1.70	471	1.36	471	1.13	471	1.02	471	0.84	471	0.67	471	510
8130	1.84	425	1.84	510	1.58	547	1.35	561	1.21	561	1.01	561	0.80	561	608
8135	2.54	587	2.54	704	2.04	706	1.70	707	1.53	707	1.27	707	1.02	707	765
8145	2.97	686	2.97	823	2.54	880	2.24	931	2.05	947	1.71	948	1.37	949	1030
8155	3.42	790	3.42	948	2.74	949	2.28	949	2.05	947	1.71	948	1.37	949	1030
8160	4.32	998	4.32	1197	3.69	1278	3.25	1351	3.02	1395	2.53	1402	2.02	1399	1520
8165	5.75	1328	5.75	1593	4.83	1673	4.02	1671	3.62	1672	3.02	1674	2.41	1674	1810
8170	6.45	1489	6.45	1787	5.51	1909	4.85	2016	4.50	2078	3.75	2078	3.00	2078	2260
8175	8.39	1937	8.39	2325	7.17	2484	6.09	2531	5.48	2533	4.57	2533	3.65	2533	2750
8180	9.56	2208	9.56	2649	8.18	2833	7.17	2980	6.46	2984	5.38	2984	4.30	2984	3240
8185	11.5	2656	11.5	3187	9.88	3422	8.70	3616	8.08	3732	6.77	3752	5.41	3752	4070
8190	15.0	3464	15.0	4157	12.8	4434	11.3	4697	10.5	4849	9.23	5115	7.57	5244	5690
8195	18.2	4203	18.2	5043	15.5	5369	13.7	5695	12.7	5865	11.2	6207	9.56	6623	7260
传动比 51															
输入转速/r·min⁻¹	1800		1500		1200		1000		900		750		600		50 以下
输出转速/r·min⁻¹	35		29		24		20		18		15		12		0.98 以下
机型号	功率/kW	转矩/N·m	功率/kW	转矩/N·m	功率/kW	转矩/N·m	功率/kW	转矩/N·m	功率/kW	转矩/N·m	功率/kW	转矩/N·m	功率/kW	转矩/N·m	转矩/N·m
8085	0.12	31.3	0.12	37.6	0.10	40.2	0.09	42.5	0.08	43.9	0.07	46.4	0.06	49.6	51.0
8095	0.36	92.7	0.36	111	0.31	119	0.27	126	0.25	128	0.21	128	0.17	128	128
8105	0.67	169	0.67	203	0.57	217	0.50	229	0.47	236	0.41	250	0.33	255	255
8115	1.70	425	1.70	510	1.36	510	1.13	510	1.02	510	0.84	510	0.67	510	510
8125	1.70	425	1.70	510	1.36	510	1.13	510	1.02	510	0.84	510	0.67	510	510
8130	1.84	462	1.84	554	1.58	593	1.35	608	1.21	608	1.01	608	0.81	608	608
8135	2.54	636	2.54	763	2.04	765	1.70	765	1.53	765	1.27	765	1.02	765	765
8145	2.97	744	2.97	893	2.54	955	2.24	1010	2.05	1030	1.71	1030	1.37	1030	1030

续表

传 动 比 51															
输入转速/$r \cdot min^{-1}$	1800		1500		1200		1000		900		750		600		50 以下
输出转速/$r \cdot min^{-1}$	35		29		24		20		18		15		12		0.98 以下
机型号	功率/kW	转矩/N·m	功率/kW	转矩/N·m	功率/kW	转矩/N·m	功率/kW	转矩/N·m	功率/kW	转矩/N·m	功率/kW	转矩/N·m	功率/kW	转矩/N·m	转矩/N·m
8155	3.42	858	3.42	1030	2.74	1030	2.28	1030	2.05	1030	1.71	1030	1.37	1030	1030
8160	4.32	1080	4.32	1290	3.69	1390	3.25	1460	3.02	1510	2.53	1520	2.02	1520	1520
8165	5.75	1440	5.75	1730	4.83	1810	4.02	1810	3.62	1810	3.02	1810	2.41	1810	1810
8170	6.45	1620	6.45	1940	5.51	2070	4.85	2190	4.50	2260	3.75	2260	3.00	2260	2260
8175	8.39	2100	8.39	2520	7.17	2700	6.09	2750	5.48	2750	4.57	2750	3.65	2750	2750
8180	9.56	2390	9.56	2870	8.18	3070	7.17	3240	6.46	3240	5.38	3240	4.30	3240	3240
8185	11.5	2890	11.5	3470	9.88	3720	8.70	3920	8.08	4050	6.77	4070	5.41	4070	4070
8190	15.0	3760	15.0	4510	12.8	4830	11.3	5090	10.5	5260	9.23	5550	7.57	5690	5690
8195	18.2	4550	18.2	5460	15.5	5850	13.7	6170	12.7	6730	11.2	6730	9.56	7190	7260

传 动 比 59															
输入转速/$r \cdot min^{-1}$	1800		1500		1200		1000		900		750		600		50 以下
输出转速/$r \cdot min^{-1}$	31		25		20		17		15		13		10		0.85 以下
机型号	功率/kW	转矩/N·m	功率/kW	转矩/N·m	功率/kW	转矩/N·m	功率/kW	转矩/N·m	功率/kW	转矩/N·m	功率/kW	转矩/N·m	功率/kW	转矩/N·m	转矩/N·m
8085	0.12	34.8	0.12	41.8	0.103	44.6	0.09	47.2	0.084	48.7	0.073	51.0	0.059	51.0	51.0
8095	0.332	96.4	0.332	116	0.284	124	0.244	128	0.22	128	0.183	128	0.147	128	128
8105	0.613	178	0.613	213	0.524	228	0.461	240	0.428	248	0.366	255	0.293	255	255
8115	1.40	406	1.40	488	1.17	510	0.977	510	0.88	510	0.733	510	0.586	510	510
8125	1.40	406	1.40	488	1.17	510	0.977	510	0.88	510	0.733	510	0.586	510	510
8130	1.75	507	1.75	608	1.40	608	1.17	608	1.05	608	0.874	608	0.699	608	608
8135	2.18	633	2.18	759	1.76	765	1.47	765	1.32	765	1.10	765	0.88	765	765
8145	2.89	838	2.89	1000	2.37	1030	1.97	1030	1.78	1030	1.48	1030	1.18	1030	1030
8155	2.96	858	2.96	1030	2.37	1030	1.97	1030	1.78	1030	1.48	1030	1.18	1030	1030
8160	3.70	1070	3.70	1290	3.16	1370	2.79	1450	2.59	1500	2.18	1520	1.75	1520	1520
8165	4.98	1440	4.98	1740	4.17	1810	3.48	1810	3.13	1810	2.61	1810	2.09	1810	1810
8170	5.50	1600	5.50	1910	4.70	2050	4.14	2160	3.85	2230	3.24	2260	2.59	2260	2260
8175	7.17	2080	7.17	2500	6.14	2670	5.26	2750	4.74	2750	3.95	2750	3.16	2750	2750
8180	7.96	2310	7.96	2770	6.81	2960	5.99	3130	5.57	3230	4.65	3240	3.72	3240	3240
8185	9.38	2720	9.38	3270	8.02	3490	7.06	3690	6.56	3810	5.77	4010	4.68	4070	4070
8190	11.0	3190	11.0	3830	9.41	4090	8.28	4330	7.69	4460	6.77	4710	5.79	5040	5690
8195	15.2	4410	15.2	5300	13.0	5670	11.5	5980	10.7	6180	9.38	6520	8.02	6970	7260
8205	19.2	5570	19.2	6690	18.0	7850	15.6	8150	14.3	8310	12.2	8490	9.75	8490	8490
8215	28.0	8130	28.0	9760	24.1	10500	20.8	10800	19.0	11000	16.2	11300	13.0	11300	11300
8225	33.7	9760	33.7	11800	28.9	12600	24.9	13000	22.9	13200	19.7	13700	16.3	14200	14200
8235	—	—	—	—	30.3	13100	30.3	15800	27.9	16200	24.2	16900	20.3	17700	18100
8245	—	—	—	—	39.3	17100	39.3	20500	36.1	20900	31.1	21700	26.0	22600	23500
8255	—	—	—	—	56.3	24400	56.3	29300	52.4	30400	43.7	30400	35.0	30400	30400
8265	—	—	—	—	75.6	32900	75.6	39400	70.2	40700	58.5	40700	46.8	40700	40700
8270	—	—	—	—	90.0	39100	90.0	46900	81.5	47200	68.7	47700	55.7	48400	50500
8275	—	—	—	—	102	44200	102	53100	94.4	54700	83.1	57900	69.9	60800	60800

续表

传 动 比 71

输入转速/r·min^{-1}	1800		1500		1200		1000		900		750		600		50 以下
输出转速/r·min^{-1}	25		21		17		14		13		11		8.5		0.70 以下
机型号	功率/kW	转矩/N·m	功率/kW	转矩/N·m	功率/kW	转矩/N·m	功率/kW	转矩/N·m	功率/kW	转矩/N·m	功率/kW	转矩/N·m	功率/kW	转矩/N·m	转矩/N·m
8095	0.26	91.1	0.26	110	0.22	117	0.19	124	0.18	128	0.15	128	0.12	128	128
8105	0.50	175	0.50	209	0.42	224	0.37	236	0.34	244	0.30	255	0.24	255	225
8115	0.98	343	0.98	412	0.84	440	0.74	465	0.68	481	0.60	507	0.48	510	510
8125	1.04	362	1.04	434	0.88	464	0.78	490	0.72	510	0.60	510	0.48	510	510
8130	1.27	444	1.27	533	1.09	570	0.95	601	0.87	608	0.72	608	0.58	608	608
8135	1.83	638	1.83	765	1.46	765	1.22	765	1.10	765	0.91	765	0.73	765	765
8145	2.13	743	2.13	892	1.82	953	1.60	1010	1.48	1030	1.23	1030	0.98	1030	1030
8155	2.35	821	2.35	991	1.97	1030	1.64	1030	1.48	1030	1.23	1030	0.98	1030	1030
8160	3.25	1130	3.25	1360	2.78	1450	2.42	1520	2.18	1520	1.82	1520	1.45	1520	1520
8165	4.13	1440	4.13	1730	3.47	1810	2.89	1810	2.60	1810	2.17	1810	1.73	1810	1810
8170	4.45	1550	4.45	1860	3.80	1990	3.35	2100	3.11	2170	2.69	2260	2.16	2260	2260
8175	6.06	2120	6.06	2540	5.19	2720	4.37	2750	3.94	2750	3.28	2750	2.62	2750	2750
8180	6.45	2250	6.45	2700	5.52	2880	4.85	3050	4.51	3150	3.87	3240	3.09	3240	3240
8185	8.48	2960	8.48	3550	7.26	3800	6.39	4010	5.83	4070	4.86	4070	3.89	4070	4070
8190	11.0	3840	11.0	4610	9.41	4920	8.28	5200	7.69	5370	6.77	5670	5.43	5690	5690
8195	13.5	4720	13.5	5660	11.6	6050	10.2	6390	9.45	6590	8.32	6970	6.93	7260	7260

传 动 比 87

输入转速/r·min^{-1}	1800		1500		1200		1000		900		750		600		50 以下
输出转速/r·min^{-1}	21		17		14		11		10		8.6		6.9		0.57 以下
机型号	功率/kW	转矩/N·m	功率/kW	转矩/N·m	功率/kW	转矩/N·m	功率/kW	转矩/N·m	功率/kW	转矩/N·m	功率/kW	转矩/N·m	功率/kW	转矩/N·m	转矩/N·m
8095	0.248	106	0.248	128	0.199	128	0.166	128	0.149	128	0.124	128	0.099	128	128
8105	0.497	213	0.497	255	0.398	255	0.331	255	0.298	255	0.248	255	0.199	255	255
8115	0.938	401	0.938	481	0.795	510	0.663	510	0.596	510	0.497	510	0.398	510	510
8125	0.938	401	0.938	481	0.795	510	0.663	510	0.596	510	0.497	510	0.398	510	510
8130	1.14	488	1.14	585	0.948	608	0.79	608	0.711	608	0.592	608	0.474	608	608
8135	1.48	633	1.48	759	1.19	765	0.994	765	0.894	765	0.745	765	0.596	765	765
8145	1.97	845	1.97	1010	1.61	1030	1.34	1030	1.20	1030	1.00	1030	0.803	1030	1030
8155	2.01	858	2.01	1030	1.61	1030	1.34	1030	1.20	1030	1.00	1030	0.803	1030	1030
8160	2.54	1090	2.54	1300	2.18	1390	1.92	1470	1.78	1520	1.48	1520	1.19	1520	1520
8165	3.37	1440	3.37	1730	2.83	1810	2.36	1810	2.12	1810	1.77	1810	1.41	1810	1810
8170	4.08	1750	4.08	2090	3.49	2240	2.93	2260	2.64	2260	2.20	2260	1.76	2260	2260
8175	4.86	2080	4.86	2490	4.16	2670	3.57	2750	3.21	2750	2.68	2750	2.14	2750	2750
8180	5.86	2500	5.86	3000	5.01	3210	4.21	3240	3.78	3240	3.15	3240	2.52	3240	3240
8185	7.42	3180	7.42	3810	6.35	4070	5.29	4070	4.76	4070	3.97	4070	3.17	4070	4070
8190	8.95	3830	8.95	4590	7.65	4910	6.74	5190	6.26	5360	5.51	5650	4.44	5690	5690
8195	11.8	5040	11.8	6050	10.1	6470	8.88	6840	8.25	7050	7.07	7260	5.66	7260	7260
8205	13.8	5880	13.8	7050	11.3	7260	9.43	7260	8.49	7260	7.07	7260	5.66	7260	7260
8215	18.4	7850	18.4	9420	14.7	9420	12.2	9420	11.0	9420	9.18	9420	7.34	9420	9420
8225	23.1	9910	23.1	11900	19.8	12700	16.6	12800	14.9	12800	12.4	12800	9.94	12800	12800
8235	—	—	—	—	21.0	13500	21.0	16200	18.9	16200	15.8	16200	12.6	16200	16200
8245	—	—	—	—	26.8	17200	26.8	20600	24.1	20600	20.1	20600	16.1	20600	20600
8255	—	—	—	—	34.4	22100	34.4	26500	31.0	26500	25.8	26500	20.6	26500	26500
8265	—	—	—	—	45.9	29400	45.9	35300	41.3	35300	34.4	35300	27.5	35300	35300
8270	—	—	—	—	48.0	30700	48.0	36900	43.9	37500	37.7	38600	31.2	40000	50500
8275	—	—	—	—	51.3	32900	51.3	39400	49.6	42500	43.7	44800	37.4	48000	60800

二级直连型（XWED、XLED 型）减速器承载能力（配 1500r/min 电机）

表 17-2-154

传动比	输出转速 /r·min^{-1}	电机功率 /kW	输出转矩 /N·m	使用系数 K	机型号
99 (11×9)	15	1.1	608	●	8130C
		1.5	608	●	8130C
			756	●	8135C
		2.2	765	●	8135C
			1030	●	8145C
			1180	1.23	8160B
		3	1520	●	8160C
		4	1520	●	8160C
			1810	●	8165C
		5.5	2260	●	8170C
			2750	●	8175C
104 (13×8)	14	0.18	102	1.00	8095A
		0.37	206	1.00	8105A
		0.55	310	1.52	8115B
		0.75	423	1.12	8115B
		1.1	608	●	8130C
		1.5	608	●	8130C
			765	●	8135C
		2.2	765	●	8135C
			1030	●	8145C
			1240	1.23	8160B
		3	1520	●	8160C
		4	1520	●	8160C
			1810	●	8165C
		5.5	2260	●	8170C
			2750	●	8175C
			3100	1.04	8180B
		7.5	3240	●	8180B
			3970	●	8185B
			4230	1.27	8190B
121 (11×11)	12	0.09	25.5	●	8075A
			46.0	●	8085A
			59.0	1.77	8095A
		0.18	106	●	8095A
			118	1.72	8105A
		0.37	206	●	8105A
			242	1.08	8115A
		0.55	333	1.38	8115B
		0.75	491	1.01	8115B
		1.1	608	●	8130C
		1.5	765	●	8135C
			951	●	8145C
		2.2	951	●	8145C
			1440	1.05	8160B
		3	1520	●	8160C
		4	1520	●	8160C
121 (11×11)	12	4	2260	●	8170C
		5.5	2550	●	8175C
			3240	●	8180B
		7.5	4910	1.08	8190B
		11	7210	1.01	8215B
		15	9480	●	8225B
		18.5	9480	●	8225B
			11300	●	8235B
		22	11300	●	8235B
			14200	●	8245B
		30	18100	●	8255B
		37	23500	●	8265A
143 (13×11)	10	0.09	25.5	●	8075A
			51.0	●	8085A
			69.7	1.55	8095A
		0.18	108	●	8095A
			139	1.50	8105A
		0.37	286	1.00	8115A
		0.55	394	1.2	8115B
		0.75	510	●	8115B
		1.1	608	●	8130C
		1.5	608	●	8130C
			765	●	8135C
			1030	●	8145C
		2.2	1520	●	8160B
			1710	1.06	8165C
		3	1810	●	8165C
		4	1810	●	8165C
			2260	●	8170C
			2750	●	8175C
		5.5	3240	●	8180B
			3970	●	8185B
		7.5	5690	●	8190B
165 (15×11)	9.1	0.09	25.5	●	8075A
			51.0	●	8085A
			80.5	1.55	8095A
		0.18	128	●	8095A
			161	1.61	8105A
		0.37	255	●	8105A
			330	1.08	8115A
		0.55	492	1.04	8115B
		0.75	510	●	8115B
			608	●	8130B
		1.1	765	●	8135C
		1.5	765	●	8135C
			1030	●	8145C

续表

传动比	输出转速 /r·min^{-1}	电机功率 /kW	输出转矩 /N·m	使用系数 *K*	机型号
165 (15×11)	9.1	1.5	1340	1.13	8160B
		2.2	1810	●	8165B
			1970	1.15	8170B
		3	2260	●	8170C
		4	2260	●	8170C
			2750	●	8175C
			3240	●	8180B
		5.5	3240	●	8180B
			4070	●	8185B
			4910	1.16	8190B
		7.5	5690	●	8190B
			6710	1.02	8205B
		11	8490	●	8215B
		15	11300	●	8225B
			13400	1.05	8235B
		18.5	14200	●	8235B
			16600	1.10	8245B
		22	18100	●	8245B
		30	23500	●	8255B
		37	30400	●	8265A
187 (17×11)	8.0	0.09	25.5	●	8075A
			51.0	●	8085A
			91.2	1.33	8095A
		0.18	182	1.33	8105A
		0.37	255	●	8105A
			374	1.08	8115A
		0.55	510	●	8115B
		0.75	510	●	8115B
			608	●	8130B
			765	●	8135B
		1.5	1030	●	8145C
			1520	●	8160B
		2.2	1810	●	8165B
			2229	1.01	8170B
		4	2750	●	8185C
			3240	●	8180B
			4052	1.01	8185B
		5.5	4070	●	8185B
			5572	1.02	8190B
		7.5	6350	●	8195B
195 (15×13)	7.7	0.09	25.5	●	8075A
			51.0	●	8085A
			95.1	1.33	8095A
		0.18	190	1.33	8105A
		0.37	255	●	8105A
			390	1.08	8115A
		0.55	510	●	8115B
		0.75	510	●	8115B

传动比	输出转速 /r·min^{-1}	电机功率 /kW	输出转矩 /N·m	使用系数 *K*	机型号
195 (15×13)	7.7	0.75	608	●	8130B
			765	●	8135B
		1.1	765	●	8135C
		1.5	1030	●	8145C
			1520	●	8160B
		2.2	1810	●	8165B
			2260	●	8170B
		3	2750	●	8175C
		4	2750	●	8175C
			3240	●	8180B
			4070	●	8185B
		5.5	4070	●	8185B
			4620	●	8190A
			5690	●	8190B
		7.5	6350	●	8195B
			6800	●	8205B
			7930	1.07	8215A
		11	8490	●	8215B
			11300	●	8225B
		15	11300	●	8225B
			14200	●	8235A
		18.5	14200	●	8235B
			18100	●	8245B
		22	18100	●	8245B
			23200	1.01	8255A
		30	30400	●	8265A
231 (21×11)	6.5	0.09	25.5	●	8075A
			51.0	●	8085A
			113	1.02	8095A
		0.18	225	1.02	8105A
		0.37	463	1.08	8115A
		0.55	501	●	8115A
		0.75	510	●	8115B
			608	●	8130B
			756	●	8135B
			938	1.10	8145B
		1.1	1030	●	8145B
		1.5	1520	●	8160B
			1810	●	8165B
		2.2	2260	●	8170B
			2750	1.00	8175B
		3	2750	●	8175C
		4	2750	●	8175C
			3240	●	8180B
			4070	●	8185B
		5.5	5690	●	8190B
			6890	1.05	8195B
		7.5	7260	●	8205B

续表

传动比	输出转速 /r·min^{-1}	电机功率 /kW	输出转矩 /N·m	使用系数 K	机型号
231 (21×11)	6.5	7.5	9390	1.02	8215A
		11	9610	●	8215B
			12800	●	8225B
		15	16200	●	8235A
			18700	1.08	8245A
		18.5	20600	●	8245B
		22	26500	●	8255A
		30	26500	●	8255B
			35300	●	8265A
		37	34600	●	8265A
273 (21×13)	5.5	0.09	25.5	●	8075A
			51.0	●	8085A
			128	●	8095A
		0.18	255	●	8105A
			266	1.88	8115A
		0.37	493	1.00	8115A
		0.55	608	●	8130B
		0.75	608	●	8130B
			765	●	8135B
			1030	●	8145B
			1110	1.37	8160A
		1.1	1520	1.12	8160B
		1.5	1520	●	8160B
			1810	●	8165B
			2230	1.02	8170B
		2.2	2750	●	8175B
			3240	●	8180A
		3	3240	●	8180B
		4	3240	●	8180B
			4070	●	8185B
			5690	●	8190A
		5.5	5690	●	8190B
			7260	●	8195B
		7.5	9610	●	8215A
		11	12800	●	8225B
			16200	●	8235A
		15	20600	●	8245A
		18.5	26500	●	8255A
		22	26500	●	8255A
			32600	1.08	8265A
		30	35300	●	8265A
289 (17×17)	5.2	0.09	25.5	●	8075A
			51.0	●	8085A
			128	●	8095A
			141	1.66	8105A
		0.18	255	●	8105A
			281	1.66	8115A
		0.37	510	●	8115A

传动比	输出转速 /r·min^{-1}	电机功率 /kW	输出转矩 /N·m	使用系数 K	机型号
289 (17×17)	5.2	0.75	608	●	8130B
			765	●	8135B
			1030	●	8145B
		1.5	1810	●	8165B
			2260	●	8170B
		2.2	2750	●	8185B
			3240	●	8180A
		3	4070	●	8185B
		4	4070	●	8185B
			5690	●	8190B
		5.5	5690	●	8190B
			7260	●	8195B
319 (29×11)	4.7	0.09	25.5	●	8075A
			51.0	●	8085A
			128	●	8095A
			155	1.66	8105A
		0.18	255	●	8105A
			311	1.66	8115A
		0.37	510	●	8115A
			608	●	8130A
		0.55	608	●	8130B
		0.75	608	●	8130B
			765	●	8135B
			1030	●	8145B
			1296	1.17	8160A
		1.1	1810	●	8165B
		1.5	1810	●	8165B
			2260	●	8170B
		2.2	2750	●	8175B
			2750	●	8175C
			3240	●	8180A
			3810	1.07	8185A
		3	4070	●	8185B
		4	4070	●	8185B
			5690	●	8190B
		5.5	5690	●	8190B
			7260	●	8195B
			9510	1.01	8215A
		7.5	9610	●	8215A
			12800	●	8225A
		11	12800	●	8225B
			15500	●	8235A
			19000	1.05	8245A
		15	20300	●	8245B
			25900	1.02	8255A
		18.5	26500	●	8255A
		22	35300	●	8265A
			38000	1.31	8270A

续表

传动比	输出转速 /r·min⁻¹	电机功率 /kW	输出转矩 /N·m	使用系数 *K*	机型号
319 (29×11)	4.7	30	49700	●	8270A
			51900	1.11	8275A
		37	57500	●	8275A
377 (29×13)	4.0	0.09	25.5	●	8075A
			51.0	●	8085A
			128	●	8095A
			184	1.33	8105A
		0.18	255	●	8105A
			368	1.33	8115A
		0.37	510	●	8115A
			608	●	8130A
			765	●	8135A
		0.55	765	●	8135B
		0.75	765	●	8135B
			1030	●	8145B
			1520	●	8160A
		1.1	1810	●	8165B
		1.5	1810	●	8165B
			2260	●	8170B
			2750	●	8175B
		2.2	3240	●	8180A
			4070	●	8185A
		3	4070	●	8185B
		4	5690	●	8190A
			7260	●	8195B
		5.5	7260	●	8195B
			9510	●	8215A
		7.5	12800	●	8225A
			15300	1.06	8235A
		11	16200	●	8235A
			20600	●	8245A
		15	26500	●	8255A
		18.5	35300	●	8265A
		22	35300	●	8265A
			44900	1.12	8270A
		30	60500	●	8275A
473 (43×11)	3.2	0.09	25.5	●	8075A
			51.0	●	8085A
			128	●	8095A
			255	1.00	8105A
		0.18	510	●	8115A
		0.37	608	●	8130A
			765	●	8135A
			948	1.08	8145A
		0.55	1030	●	8145A
		0.75	1030	●	8145B
			1520	●	8160A
			1810	●	8165A
473 (43×11)	3.2	1.1	1810	●	8165A
		1.5	2260	●	8170B
			2750	●	8175B
			3240	●	8180A
		2.2	4070	●	8185A
			5640	1.00	8190A
		3	5690	●	8190A
		4	5690	●	8190B
			7260	●	8195B
			8490	●	8205B
		5.5	8490	●	8205B
			11300	●	8215A
			14100	1.01	8225A
		7.5	14200	●	8225A
			18100	●	8235A
		11	23500	●	8245A
			28200	1.08	8255A
		15	30400	●	8255A
			38700	1.06	8265A
		18.5	40700	●	8265A
		22	50500	●	8270A
			56400	1.07	8275A
		30	60500	●	8275A
559 (43×13)	2.7	0.09	25.5	●	8075A
			51.0	●	8085A
			128	●	8095A
			255	1.11	8105A
		0.18	510	●	8115A
		0.37	765	●	8135A
			1030	●	8145A
		0.55	1030	●	8145B
		0.75	1520	●	8160A
			1810	●	8165A
			2260	●	8170A
		1.1	2260	●	8170B
		1.5	2260	●	8170B
			2750	●	8175B
			3240	●	8180A
			4070	●	8185A
		2.2	5690	●	8190A
		3	5690	●	8190A
		4	7260	●	8195B
			8490	●	8205B
			11300	●	8215A
		5.5	14200	●	8225A
		7.5	18100	●	8235A
			22800	1.04	8245A
		11	30400	●	8255A

续表

传动比	输出转速 /r·min^{-1}	电机功率 /kW	输出转矩 /N·m	使用系数 K	机型号
559 (43×13)	2.7	15	40700	●	8265A
			50500	1.11	8270A
		18.5	50500	●	8270A
		22	60800	●	8275A
595 (35×17)	2.5	0.09	51.0	●	8085A
			128	●	8095A
			255	●	8105A
			290	2.00	8115A
		0.18	510	●	8115A
			580	●	8130A
		0.37	765	●	8135A
			1030	●	8145A
			1301	1.16	8160A
		0.55	1520	●	8160A
		0.75	1520	●	8160A
			1810	●	8165A
			2260	●	8170A
		1.5	2750	●	8185B
			3240	●	8180A
			4070	●	8185A
			4835	1.17	8190A
		2.2	5690	●	8190A
			7260	●	8195B
649 (59×11)	2.3	0.09	51.0	●	8085A
			128	●	8095A
			255	●	8105A
			317	1.60	8115A
		0.18	510	●	8115A
			608	●	8130A
		0.37	765	●	8135A
			1030	●	8145A
			1301	1.16	8160A
		0.55	1520	●	8160A
		0.75	1520	●	8160A
			1810	●	8165A
			2260	●	8170A
		1.1	2750	●	8175B
		1.5	2750	●	8175B
			3240	●	8180A
			4070	●	8185A
			5280	1.08	8190A
		2.2	5690	●	8190A
			7260	●	8195B
		3	8490	●	8205B
		4	8490	●	8205B
			11300	●	8215A
		5.5	14200	●	8225A
			18100	●	8235A

传动比	输出转速 /r·min^{-1}	电机功率 /kW	输出转矩 /N·m	使用系数 K	机型号
649 (59×11)	2.3	7.5	23500	●	8245A
		11	30400	●	8255A
			38700	1.05	8265A
		15	40700	●	8265A
			50500	●	8270A
		18.5	50500	●	8270A
			60800	●	8275A
		22	60800	●	8275A
731 (43×17)	2.1	0.09	25.5	●	8075A
			51.0	●	8085A
			128	●	8095A
			255	●	8105A
			356	1.44	8115A
		0.18	510	●	8115A
			713	1.11	8135A
		0.37	1030	●	8145A
			1465	1.08	8160A
		0.55	1520	●	8160A
		0.75	1810	●	8165A
			2260	●	8170A
			2750	●	8175A
		1.1	2750	●	8175A
		1.5	3230	●	8180A
			4070	●	8185A
			5690	●	8190A
		2.2	5690	●	8190A
			7260	●	8195B
		3	8490	●	8205B
		4	11300	●	8215A
			14200	●	8225A
		5.5	14200	●	8225A
			18100	●	8235A
			21800	1.08	8245A
		7.5	23500	●	8245A
			29700	1.02	8255A
		11	30400	●	8255A
			40700	●	8265A
		15	40700	●	8265A
			50500	●	8270A
			59400	1.02	8275A
		18.5	60800	●	8275A
841 (29×29)	1.8	0.09	25.5	●	8075A
			51.0	●	8085A
			128	●	8095A
			255	●	8105A
			410	1.22	8115A
		0.18	510	●	8115A
			608	●	8130A

续表

传动比	输出转速 /r·min^{-1}	电机功率 /kW	输出转矩 /N·m	使用系数 K	机型号
841 (29×29)	1.8	0.18	765	●	8135A
		0.37	1030	●	8145A
			1520	●	8160A
			1686	1.08	8165A
		0.55	1520	●	8160A
		0.75	1810	●	8165A
			2260	●	8170A
			2750	●	8175B
			3240	●	8180A
		1.1	3240	●	8180A
		1.5	3240	●	8180A
			4070	●	8185A
			5690	●	8190A
			6840	1.06	8195A
		2.2	7260	●	8195A
			9610	●	8215A
		3	9610	●	8215A
		4	12800	●	8225A
			16200	●	8235A
		5.5	16200	●	8235A
			20600	●	8245A
			25100	1.06	8255A
		7.5	26500	●	8255A
			34100	1.03	8265A
		11	35300	●	8265A
			50100	1.01	8270A
		15	50500	●	8270A
			60800	●	8275A
		18.5	60800	●	8275A
1003 (59×17)	1.5	0.09	51.0	●	8085A
			128	●	8095A
			255	●	8105A
			489	1.11	8115A
		0.18	608	●	8130A
			765	●	8135A
			978	1.11	8145A
		0.37	1520	●	8160A
			1810	●	8165A
		0.55	1810	●	8165A
		0.75	2260	●	8170A
			2750	●	8175A
			3240	●	8180A
			4070	1.00	8185A
		1.1	4070	●	8185A
		1.5	4070	●	8185A
			5690	●	8190A
			6991	●	8195A
		2.2	7260	●	8195B
1003 (59×17)	1.5	2.2	8490	●	8205B
			11300	●	8215A
		3	11300	●	8215A
		4	14200	●	8225A
			18100	●	8235A
		5.5	23500	●	8245A
			29900	1.02	8255A
		7.5	30400	●	8255A
			40700	1.00	8265A
		11	40700	●	8265A
			50500	●	8270A
			59800	1.02	8275A
		15	60800	●	8275A
1225 (35×35)	1.2	0.09	25.5	●	8075A
			51.0	●	8085A
			128	●	8095A
			255	●	8105A
			510	●	8115A
		0.18	608	●	8130A
			765	●	8135A
			1030	●	8145A
		0.37	1520	●	8160A
			1810	●	8165A
			2260	●	8170A
		0.55	2750	●	8175A
		0.75	2750	●	8175A
			3240	●	8180A
			4070	●	8185A
		1.5	5690	●	8190A
			7260	●	8195A
1247 (43×29)	1.2	0.09	25.5	●	8075A
			51.0	●	8085A
			128	●	8095A
			255	●	8105A
			510	●	8115A
		0.18	608	●	8130A
			765	●	8135A
			1030	●	8145A
		0.37	1520	●	8160A
			1810	●	8165A
			2260	●	8170A
		0.55	1810	●	8165A
		0.75	2750	●	8175A
			3240	●	8180A
			4070	●	8185B
		1.1	4070	●	8185B
		1.5	5690	●	8190A
			7260	●	8195A

续表

传动比	输出转速 /r·min^{-1}	电机功率 /kW	输出转矩 /N·m	使用系数 *K*	机型号
1247 (43×29)	1.2	2.2	8480	●	8205B
			11300	●	8215A
			14200	●	8225A
		3	14200	●	8225A
		4	18100	●	8235A
			23500	●	8245A
		5.5	23500	●	8245A
			30400	●	8255A
			37200	1.10	8265A
		7.5	40700	●	8265A
			50500	●	8270A
		11	50500	●	8270A
			60800	●	8275A
1479 (87×17)	1.0	0.09	128	●	8095A
			255	●	8105A
			510	●	8115A
		0.18	603	●	8130A
			765	●	8135A
			1030	●	8145A
		0.37	1810	●	8165A
			2260	●	8170A
			3220	●	8175A
		0.55	2750	●	8175A
		0.75	3240	●	8180A
			4070	●	8185A
			5690	●	8190A
		1.1	7260	●	8195A
		1.5	7260	●	8195A
			9420	●	8215A
		2.2	12800	●	8225A
			16200	●	8235A
		3	20600	●	8245A
		4	20600	●	8245A
			26500	●	8255A
		5.5	26500	●	8255A
			35300	●	8265A
			44000	1.37	8270A
		7.5	50500	●	8270A
		11	60800	●	8275A
1505 (43×35)	1.0	0.09	25.5	●	8075A
			51.0	●	8085A
			128	●	8095A
			255	●	8105A
			510	●	8115A
		0.18	608	●	8130A
			765	●	8135A
			1030	●	8145A
			1520	●	8160A
1505 (43×35)	1.0	0.37	2260	●	8170A
			2750	●	8175A
			3240	●	8180A
		0.55	4070	●	8185A
		0.75	4070	●	8185A
			5690	●	8190A
			6115	1.19	8195A
1849 (43×43)	0.81	0.09	25.5	●	8075A
			51.0	●	8085A
			128	●	8095A
			255	●	8105A
			510	●	8115A
		0.18	608	●	8130A
			765	●	8135A
			1030	●	8145A
			1520	●	8160A
		0.37	2260	●	8170A
			2750	●	8175A
			3240	●	8180A
		0.55	3240	●	8180A
		0.75	4070	●	8185A
			5690	●	8190A
			7260	●	8195A
		1.1	7260	●	8195A
		1.5	8490	●	8205A
			11300	●	8215A
			14200	●	8225A
		2.2	14200	●	8225A
			18100	●	8235A
			22100	1.07	8245A
		3	23500	●	8245A
		4	23500	●	8245A
			30400	●	8255A
		5.5	40700	●	8265A
			50500	●	8270A
		7.5	50500	●	8270A
			60800	●	8275A
2065 (59×35)	0.73	0.09	51.0	●	8085A
			128	●	8095A
			255	●	8105A
			510	●	8115A
		0.18	608	●	8130A
			765	●	8135A
			1030	●	8145A
			1520	●	8160A
			1810	●	8165A
		0.37	2260	●	8170A
			2750	●	8175A

续表

传动比	输出转速/r·min^{-1}	电机功率/kW	输出转矩/N·m	使用系数K	机型号
2065(59×35)	0.73	0.37	3240	●	8180A
		0.55	4070	●	8185A
		0.75	5690	●	8190A
			7260	●	8195A
		1.1	7260	●	8195A
		1.5	11300	●	8215B
			14200	●	8225A
		2.2	18100	●	8235A
			23500	●	8245A
		3	23500	●	8245A
		4	30400	●	8255A
		5.5	40700	●	8265A
			50500	●	8270A
		7.5	60800	●	8275A
2537(59×43)	0.59	0.09	51.0	●	8085A
			128	●	8095A
			255	●	8105A
			510	●	8115A
		0.18	608	●	8130A
			765	●	8135A
			1030	●	8145A
			1520	●	8160A
			1810	●	8165A
			2260	●	8170A
		0.37	3240	●	8180A
			4070	●	8185A
2537(59×43)	0.71	0.55	4070	●	8185A
		0.75	5690	●	8190A
			7260	●	8195A
			8490	●	8205A
		1.1	11300	●	8215A
		1.5	11300	●	8215A
			14200	●	8225A
		2.2	18100	●	8235A
			23500	●	8245A
		3	30400	●	8255A
		4	30400	●	8255A
		5.5	40700	●	8265A
			50500	●	8270A
		7.5	60800	●	8275A
3045(87×35)	0.49	0.09	128	●	8095A
			255	●	8105A
			510	●	8115A
		0.18	608	●	8130A
			765	●	8135A
			1030	●	8145A
			1520	●	8160A
			1810	●	8165A

传动比	输出转速/r·min^{-1}	电机功率/kW	输出转矩/N·m	使用系数K	机型号
3045(87×35)	0.49	0.18	2260	●	8170A
			2750	●	8175A
		0.37	3240	●	8180A
			4070	●	8185A
		0.55	4070	●	8185A
		0.75	5690	●	8190A
			7260	●	8195A
		1.1	9420	●	8215A
		1.5	9420	●	8215A
			12800	●	8225A
		2.2	16200	●	8235A
			20600	●	8245A
		3	26500	●	8255A
		4	26500	●	8255A
		5.5	35300	●	8265A
			50500	●	8270A
		7.5	60800	●	8275A
3481(59×59)	0.43	0.09	128	●	8095A
			255	●	8105A
			510	●	8115A
		0.18	608	●	8130A
			765	●	8135A
			1030	●	8145A
			1520	●	8160A
			1810	●	8165A
			2260	●	8170A
			2750	●	8175A
		0.37	3240	●	8180A
			4070	●	8185A
		0.55	4070	●	8185A
		0.75	5690	●	8190A
			7260	●	8195A
			8490	●	8205A
		1.1	8490	●	8205A
		1.5	11300	●	8215A
			14200	●	8225A
		2.2	18100	●	8235A
			23500	●	8245A
		3	30400	●	8255A
		4	30400	●	8255A
		5.5	40700	●	8265A
			50500	●	8270A
		7.5	60800	●	8275A
4437(87×51)	0.34	0.09	128	●	8095A
			255	●	8105A
			510	●	8115A
		0.18	608	●	8130A
			765	●	8135A

续表

传动比	输出转速 /r·min^{-1}	电机功率 /kW	输出转矩 /N·m	使用系数 K	机型号
4437 (87×51)	0.34	0.18	1030	●	8145A
			1520	●	8160A
			1810	●	8165A
			2260	●	8170A
			2750	●	8175A
		0.37	3240	●	8180A
			4070	●	8185A
		0.55	4070	●	8185A
		0.75	5690	●	8190A
			7260	●	8195A
		1.1	9420	●	8215A
		1.5	9420	●	8215A
			12800	●	8225A
		2.2	16200	●	8235A
			20600	●	8245A
		3	26500	●	8255A
		4	26500	●	8255A
		5.5	35300	●	8265A
			50500	●	8270A
		7.5	60800	●	8275A
5133 (59×87)	0.29	0.09	128	●	8095A
			255	●	8105A
			510	●	8115A
		0.18	608	●	8130A
			765	●	8135A
			1030	●	8145A
			1520	●	8160A
			1810	●	8165A
			2260	●	8170A
			2750	●	8175A
		0.37	3240	●	8180A
			4070	●	8185A
		0.55	4070	●	8185A
		0.75	5690	●	8190A
			7260	●	8195A
			8490	●	8205A
		1.5	11300	●	8215A
			14200	●	8225A
		2.2	18100	●	8235A
			23500	●	8245A
		3	30400	●	8255A
		4	30400	●	8255A
		5.5	40700	●	8265A
			50500	●	8270A
		7.5	60800	●	8275A

传动比	输出转速 /r·min^{-1}	电机功率 /kW	输出转矩 /N·m	使用系数 K	机型号
6177 (87×71)	0.24	0.09	510	●	8115B
		0.18	608	●	8130B
			765	●	8135B
			1030	●	8145B
			1520	●	8160A
			1810	●	8165A
			2260	●	8170A
			2750	●	8175A
		0.37	3240	●	8180A
			4070	●	8185A
		0.55	4070	●	8185A
		0.75	5690	●	8190A
			7260	●	8195A
		1.1	9420	●	8215A
		1.5	9420	●	8215A
			12800	●	8225A
		2.2	16200	●	8235A
			20600	●	8245A
		3	26500	●	8255A
		4	26500	●	8255A
		5.5	35300	●	8265A
			50500	●	8270A
		7.5	60800	●	8275A
7569 (87×87)	0.20	0.09	510	●	8115B
		0.18	608	●	8130B
			765	●	8135B
			1030	●	8145B
			1520	●	8160A
			1810	●	8165A
			2260	●	8170A
			2750	●	8175A
		0.37	3240	●	8180A
			4070	●	8185A
		0.55	4070	●	8185A
		0.75	5690	●	8190A
			7260	●	8195A
		1.1	9420	●	8215A
		1.5	9420	●	8215A
			12800	●	8225A
		2.2	16200	●	8235A
			20600	●	8245A
		3	26500	●	8255A
		4	26500	●	8255A
		5.5	35300	●	8265A
			50500	●	8270A
		7.5	60800	●	8275A

注：1. 使用系数栏内●表示不能使用电机全功率，应在输出转矩条件下使用。

2. 除传动比 5133（59×87）外，其余传动比的二级减速均为：高速端为减速比小的一端，低速端为减速比大的一端。

二级双轴型（XWE、XLE型）减速器承载能力（输入转速1500r/min）

表 17-2-155

传动比	99 (11×9)		104 (13×8)		121 (11×11)		143 (13×11)		165 (15×11)		187 (17×11)		195 (15×13)		231 (21×11)	
输出转速 /r·min^{-1}	15		14		12		10		9.1		8.0		7.7		6.5	
机型号	功率 /kW	转矩 /N·m	功率 /kW	转矩 /N·m	功率 /kW	转矩 /N·m	功率 /kW	转矩 /N·m	功率 /kW	转矩 /N·m	功率 /kW	转矩 /N·m	功率 /kW	转矩 /N·m	功率 /kW	转矩 /N·m
8075A	—	—	—	—	0.10	25.5*	0.10	25.5*	0.10	25.5*	0.10	25.5*	0.10	25.5*	0.10	25.5*
8085A	—	—	—	—	0.10	46.0*	0.10	51.0*	0.10	51.0*	0.10	25.5*	0.10	51.0*	0.10	51.0*
8095A	—	—	0.18	102	0.16	106	0.14	108	0.14	128	0.12	128	0.12	128	0.10	128*
8105A	—	—	0.37	206	0.31	206	0.27	206	0.29	255	0.25	255	0.24	255	0.20	255
8115A	—	—	0.40	226	0.40	262	0.40	310	0.40	350	0.40	405	0.40	423	0.40	510
8115B	—	—	0.84	473	0.76	497	0.66	510	0.57	510	0.50	510	0.48	510	0.41	510
8130A	—	—	—	—	—	—	—	—	—	—	—	—	—	—	—	—
8130B	—	—	1.08	608	0.93	608	0.78	608	0.68	608	0.60	—	0.58	608	0.49	608
8130C	1.08	579	1.08	608	0.93	608	0.78	608	—	—	—	—	—	—	—	—
8135A	—	—	—	—	—	—	—	—	—	—	—	—	—	—	—	—
8135B	—	—	1.36	765	1.06	695	0.99	765	0.86	765	0.75	765	0.72	765	0.61	765
8135C	1.36	579	1.36	765	1.17	765	0.99	765	0.86	765	—	—	—	—	—	—
8145A	—	—	—	—	—	—	—	—	—	—	—	—	—	—	—	—
8145B	—	—	—	—	—	—	1.02	794	1.00	898	0.85	961	0.85	902	0.82	1030
8145C	1.83	982	1.83	1030	1.45	951	1.33	1030	1.15	1030	0.98	1000	0.97	1030	0.82	1030
8160A	—	—	—	—	—	—	—	—	—	—	1.50	1520	1.22	1290	1.21	1520
8160B	2.70	1448	2.70	1520	2.32	1520	1.96	1520	1.70	1520	1.50	1520	1.44	1520	1.21	1520
8160C	2.70	1448	2.70	1520	2.32	1520	—	—	—	—	—	—	—	—	—	—
8165A	—	—	—	—	—	—	—	—	—	—	—	—	—	—	—	—
8165B	—	—	—	—	—	—	2.34	1810	2.03	1810	1.78	1810	1.72	1810	1.45	1810
8165C	3.22	1727	3.22	1810	—	—	2.34	1810	—	—	—	—	—	—	—	—
8170A	—	—	—	—	—	—	—	—	—	—	—	—	—	—	—	—
8170B	—	—	—	—	—	—	—	—	2.52	2260	2.23	2260	2.13	2260	1.80	2260
8170C	4.00	2146	4.00	2260	3.44	2260	2.91	2260	2.52	2260	—	—	—	—	—	—
8175A	—	—	—	—	—	—	—	—	—	—	—	—	—	—	—	—
8175B	—	—	—	—	—	—	—	—	—	—	2.71	2750	2.41	2550	2.19	2750
8175C	4.87	2612	4.87	2750	3.89	2750	3.54	2750	3.07	2750	2.71	2750	2.60	2750	2.19	2750
8180A	—	—	—	—	—	—	—	—	—	—	—	—	—	—	2.59	3240
8180B	—	—	5.74	3240	4.94	3240	4.18	3240	3.62	3240	3.20	3240	3.06	3240	2.59	3240
8185A	—	—	—	—	—	—	—	—	—	—	—	—	—	—	—	—
8185B	—	—	7.05	3970	5.09	3340	5.13	3970	4.55	4070	4.02	4070	3.85	4070	3.25	4070
8190A	—	—	—	—	—	—	—	—	—	—	4.37	4448	4.37	4620	4.36	5450
8190B	—	—	9.56	5390	8.11	5320	7.34	5690	6.36	5690	5.62	5690	5.38	5690	4.54	5690
8195A	—	—	—	—	—	—	—	—	—	—	—	—	—	—	—	—
8195B	—	—	—	—	—	—	7.74	5690	6.70	5690	6.00	6079	6.00	6350	5.80	7260
8205A	—	—	—	—	—	—	—	—	—	—	—	—	—	—	—	—
8205B	—	—	—	—	8.68	5690	—	—	7.68	6870	—	—	6.50	6870	5.80	7260
8215A	—	—	—	—	9.91	6500	—	—	9.49	8490	—	—	8.03	8490	7.68	9610
8215B	—	—	—	—	11.1	7260	—	—	9.49	8490	—	—	8.03	8490	7.68	9610
8225A	—	—	—	—	—	—	—	—	—	—	—	—	—	—	9.91	12500
8225B	—	—	—	—	14.5	9480	—	—	12.6	11300	—	—	10.7	11300	10.2	12800
8235A	—	—	—	—	17.2	11300	—	—	15.8	14100	—	—	13.5	14200	12.6	15800
8235B	—	—	—	—	17.2	11300	—	—	15.8	14100	—	—	13.5	14200	—	—
8245A	—	—	—	—	—	—	—	—	18.0	16100	—	—	17.2	18100	16.2	20200
8245B	—	—	—	—	21.7	14200	—	—	20.3	18100	—	—	17.2	18100	16.5	20600
8255A	—	—	—	—	27.5	18100	—	—	26.3	23500	—	—	22.3	23500	21.2	26500
8255B	—	—	—	—	27.7	18100	—	—	26.3	23500	—	—	—	—	21.2	26500
8265A	—	—	—	—	35.9	23500	—	—	34.0	30400	—	—	28.8	30400	27.7	34700
8270A	—	—	—	—	—	—	—	—	—	—	—	—	—	—	—	—
8275A	—	—	—	—	—	—	—	—	—	—	—	—	—	—	—	—

续表

传动比	273 (21×13)		289 (17×17)		319 (29×11)		377 (29×13)		473 (43×11)		559 (43×13)		595 (35×17)		649 (59×11)	
输出转速 /r·min^{-1}	5.5		5.2		4.7		4.0		3.2		2.7		2.5		2.3	
机型号	功率 /kW	转矩 /N·m	功率 /kW	转矩 /N·m	功率 /kW	转矩 /N·m	功率 /kW	转矩 /N·m	功率 /kW	转矩 /N·m	功率 /kW	转矩 /N·m	功率 /kW	转矩 /N·m	功率 /kW	转矩 /N·m
8075A	0.10	25.5*	0.10	25.5*	0.10	25.5*	0.10	25.5*	0.10	25.5*	0.10	25.5*	0.10	25.5*	—	—
8085A	0.10	51.0*	0.10	51.0*	0.10	51.0*	0.10	51.0*	0.10	51.0*	0.10	51.0*	0.10	51.0*	0.10	51.0*
8095A	0.10	128*	0.10	128*	0.10	128*	0.10	128*	0.10	128*	0.10	128*	0.10	128*	0.10	128*
8105A	0.17	255	0.15	255	0.15	255	0.12	255	0.10	255*	0.10	255*	0.10	255*	0.10	255*
8115A	0.34	510	0.32	510	0.30	510	0.25	510	0.20	510	0.17	510	0.17	510	0.15	510
8115B	0.34	510	—	—	—	—	—	—	—	—	—	—	—	—	—	—
8130A	—	—	0.38	608	0.35	608	0.30	608	0.24	608	0.20	608*	0.20	608*	0.20	608*
8130B	0.41	608	0.38	608	0.35	608	—	—	—	—	—	—	—	—	—	—
8130C	—	—	—	—	—	—	—	—	—	—	—	—	—	—	—	—
8135A	—	—	—	—	—	—	0.37	765	0.30	765	0.25	765	0.23	765	0.22	765
8135B	0.52	765	0.49	765	0.44	765	0.37	765	—	—	—	—	—	—	—	—
8135C	—	—	—	—	—	—	—	—	—	—	—	—	—	—	—	—
8145A	—	—	—	—	—	—	—	—	0.40	1030	0.34	1030	0.32	1030	0.29	1030
8145B	0.70	1030	0.65	1030	0.60	1030	0.50	1030	0.40	1030	0.34	1030	—	—	—	—
8145C	0.70	1030	—	—	—	—	—	—	—	—	—	—	—	—	—	—
8160A	1.03	1520	0.97	1520	0.88	1520	0.74	1520	0.59	1520	0.50	1520	0.47	1520	0.43	1520
8160B	1.03	1520	—	—	—	—	—	—	—	—	—	—	—	—	—	—
8160C	—	—	—	—	—	—	—	—	—	—	—	—	—	—	—	—
8165A	—	—	1.05	1810	1.05	1810	0.89	1810	0.71	1810	0.60	1810	0.56	1810	0.52	1810
8165B	1.23	1810	1.23	1810	1.05	1810	0.89	1810	—	—	—	—	—	—	—	—
8165C	—	—	—	—	—	—	—	—	—	—	—	—	—	—	—	—
8170A	—	—	—	—	—	—	1.10	2260	0.88	2260	0.74	2260	0.70	2260	0.64	2260
8170B	1.52	2260	1.44	2260	1.31	2260	1.10	2260	0.88	2260	0.74	2260	—	—	—	—
8170C	—	—	—	—	—	—	—	—	—	—	—	—	—	—	—	—
8175A	—	—	—	—	—	—	—	—	1.06	2730	0.91	2750	0.85	2750	0.78	2750
8175B	1.86	2750	1.75	2750	1.59	2750	1.34	2750	1.07	2750	0.91	2750	0.85	2750	0.78	2750
8175C	—	—	1.75	2750	1.59	2750	—	—	—	—	—	—	—	—	—	—
8180A	2.19	3240	2.07	3240	1.87	3240	1.58	3240	1.26	3240	1.07	3240	1.00	3240	0.92	3240
8180B	2.19	3240	—	—	—	—	—	—	—	—	—	—	—	—	—	—
8185A	2.69	3970	2.60	4070	2.35	4060	1.99	4070	1.59	4070	1.34	4070	1.26	4070	1.16	4070
8185B	2.75	4070	2.60	4070	2.35	4070	1.99	4070	—	—	—	—	1.26	4070	1.16	4070
8190A	3.85	5690	3.63	5690	3.14	5430	2.78	5690	2.21	5690	1.88	5690	1.76	5690	1.62	5690
8190B	3.85	5690	3.63	5690	3.29	5690	2.78	5690	2.22	5690	1.88	5690	1.76	5690	1.62	5690
8195A	—	—	—	—	—	—	—	—	—	—	—	—	—	—	—	—
8195B	4.91	7260	4.51	7060	4.20	7260	3.55	7260	2.83	7260	2.40	7260	2.25	7260	2.06	7260
8205A	—	—	—	—	—	—	—	—	—	—	—	—	—	—	—	—
8205B	—	—	4.51	7060	4.20	7260	—	—	3.31	8490	2.80	8490	2.64	8490	2.41	8490
8215A	6.50	9610	5.43	8490	5.56	9610	4.70	9610	4.40	11300	3.72	11300	3.51	11300	3.21	11300
8215B	—	—	5.43	8490	5.56	9610	—	—	4.40	11300	—	—	—	—	—	—
8225A	8.62	12800	7.23	11300	7.38	12800	6.24	12800	5.55	14200	4.69	14200	4.41	14200	4.04	14200
8225B	8.62	12800	7.23	11300	7.38	12800	—	—	—	—	—	—	—	—	—	—
8235A	10.9	16200	9.08	14200	8.99	15500	7.92	16200	7.08	18100	5.99	18100	5.62	18100	5.16	18100
8235B	—	—	—	—	—	—	—	—	—	—	—	—	—	—	—	—
8245A	13.9	20600	11.6	18100	11.6	20000	10.1	20600	9.18	23500	7.77	23500	7.30	23500	6.69	23500
8245B	13.9	20600	11.6	18100	11.7	20600	10.1	20600	9.18	23500	—	—	7.30	23500	6.69	23500
8255A	17.9	26500	15.0	23500	15.3	26500	13.0	26500	11.9	30400	10.0	30400	9.44	30400	8.65	30400
8255B	—	—	—	—	—	—	—	—	—	—	—	—	—	—	—	—
8265A	23.9	35300	19.4	30400	20.1	34700	17.3	35300	15.9	40700	13.4	40700	12.6	40700	11.6	40700
8270A	—	—	—	—	28.8	49700	24.7	50500	19.7	50500	16.7	50500	—	—	14.4	50500
8275A	—	—	—	—	33.3	57500	29.6	60500	23.6	60500	20.1	60800	—	—	17.2	60800

续表

传动比	731 (43×17)		841 (29×29)		1003 (59×17)		1225 (35×35)		1247 (43×29)		1479 (87×17)		1505 (43×35)		1849 (43×43)	
输出转速 /r·min^{-1}	2.1		1.8		1.5		1.2		1.2		1.0		1.0		0.81	
机型号	功率 /kW	转矩 /N·m	功率 /kW	转矩 /N·m	功率 /kW	转矩 /N·m	功率 /kW	转矩 /N·m	功率 /kW	转矩 /N·m	功率 /kW	转矩 /N·m	功率 /kW	转矩 /N·m	功率 /kW	转矩 /N·m
8075A	0.10	25.5*	0.10	25.5*	—	—	0.10	25.5*	0.10	25.5*	—	—	0.10	25.5*	0.10	25.5*
8085A	0.10	51.0*	0.10	51.0*	0.10	51.0*	0.10	51.0*	0.10	51.0*	—	—	0.10	51.0*	0.10	51.0*
8095A	0.10	128*	0.10	128*	0.10	128*	0.10	128*	0.10	128*	0.10	128*	0.10	128*	0.10	128*
8105A	0.10	255*	0.10	255*	0.10	255*	0.10	255*	0.10	255*	0.10	255*	0.10	255*	0.10	255*
8115A	0.13	510	0.11	510	0.10	510*	0.10	510*	0.10	510*	0.10	510*	0.10	510*	0.10	510*
8115B	—	—	—	—	—	—	—	—	—	—	—	—	—	—	—	—
8130A	0.20	608*	0.20	608*	0.20	608*	0.20	608*	0.20	608*	0.20	608*	0.20	608*	0.20	608*
8130B	—	—	—	—	—	—	—	—	—	—	—	—	—	—	—	—
8130C	—	—	—	—	—	—	—	—	—	—	—	—	—	—	—	—
8135A	0.20	765*	0.20	765*	0.20	765*	0.20	765*	0.20	765*	0.20	765*	0.20	765*	0.20	765*
8135B	—	—	—	—	—	—	—	—	—	—	—	—	—	—	—	—
8135C	—	—	—	—	—	—	—	—	—	—	—	—	—	—	—	—
8145A	0.26	1030	0.23	1030	0.20	1030*	0.20	1030*	0.20	1030*	0.20	1030*	0.20	1030*	0.20	1030*
8145B	—	—	0.23	1030	—	—	—	—	—	—	—	—	—	—	—	—
8145C	—	—	—	—	—	—	—	—	—	—	—	—	—	—	—	—
8160A	0.40	1520*	0.40	1520*	0.40	1520*	0.40	1520*	0.40	1520*	0.20	1520*	0.20	1520*	0.20	1520*
8160B	—	—	—	—	—	—	—	—	—	—	—	—	—	—	—	—
8160C	—	—	—	—	—	—	—	—	—	—	—	—	—	—	—	—
8165A	0.46	1810	0.40	1810*	0.40	1810*	0.40	1810*	0.40	1810*	0.40	1810*	0.20	1810*	0.20	1810*
8165B	—	—	—	—	—	—	—	—	—	—	—	—	—	—	—	—
8165C	—	—	—	—	—	—	—	—	—	—	—	—	—	—	—	—
8170A	0.57	2260	0.50	2260	0.42	2260	0.40	2260*	0.40	2260*	0.40	2260*	0.40	2260*	0.40	2260*
8170B	—	—	—	—	—	—	—	—	—	—	—	—	—	—	—	—
8170C	—	—	—	—	—	—	—	—	—	—	—	—	—	—	—	—
8175A	0.69	2750	0.60	2750	0.51	2750	0.41	2750	0.41	2750	0.40	2750*	0.40	2750*	0.40	2750*
8175B	—	—	0.60	2750	—	—	—	—	—	—	—	—	—	—	—	—
8175C	—	—	—	—	—	—	—	—	—	—	—	—	—	—	—	—
8180A	0.82	3240	0.75	3240*	0.75	3240*	0.75	3240*	0.75	3240*	0.40	3240*	0.40	3240*	0.40	3240*
8180B	—	—	—	—	—	—	—	—	—	—	—	—	—	—	—	—
8185A	1.03	4070	0.89	4070	0.75	4070*	0.75	4070*	0.75	4070*	0.75	4070*	0.75	4070*	0.75	4070*
8185B	—	—	—	—	—	—	—	—	—	—	—	—	—	—	—	—
8190A	1.44	5690	1.25	5690	1.05	5690	0.85	5690	0.84	5690	0.75	5690*	0.75	5690*	0.75	5690*
8190B	—	—	—	—	—	—	—	—	—	—	—	—	—	—	—	—
8195A	1.67	6600	1.59	7260	1.29	6990	1.07	7260	1.07	7260	0.91	7260	0.75	7260*	0.75	7260*
8195B	1.83	7260	1.59	7260	1.34	7260	1.09	7260	—	—	0.91	7260	—	—	—	—
8205A	—	—	—	—	—	—	—	—	—	—	—	—	—	—	1.50	8120*
8205B	2.20	8490*	—	—	2.20	8490*	2.20	8490	2.20	8490*	—	—	1.50	8490	1.50	8490*
8215A	2.85	11300	2.20	9610*	2.20	11300*	2.20	11300	2.20	11300*	1.50	9420*	1.50	9420	1.50	11300*
8215B	—	—	—	—	—	—	—	—	—	—	—	—	—	—	—	—
8225A	3.59	14200	2.80	12800	2.62	14200	2.20	14200	2.20	14200*	2.20	12800*	2.20	12800	1.50	14200*
8225B	—	—	—	—	—	—	—	—	—	—	—	—	—	—	—	—
8235A	4.58	18100	3.55	16200	3.34	18100	2.73	18100	2.69	18100	2.20	16200*	2.20	16200	2.20	18100*
8235B	—	—	—	—	—	—	—	—	—	—	—	—	—	—	—	—
8245A	5.94	23500	4.52	20600	4.43	23500	3.54	23500	3.48	23500	2.57	20600	2.53	20600	2.35	23500
8245B	—	—	—	—	—	—	—	—	—	—	—	—	—	—	—	—
8255A	7.68	30400	5.81	26500	5.59	30400	4.59	30400	4.50	30400	3.70	26500*	3.70	26500	3.70	30400*
8255B	—	—	—	—	—	—	—	—	—	—	—	—	—	—	—	—
8265A	10.3	40700	7.75	35300	7.49	40700	6.14	40700	6.02	40700	5.50	35300*	5.50	35300	5.50	40700*
8270A	12.8	50500	11.1	50500	9.29	50500	—	—	7.48	50500	6.30	50500	6.20	50500	5.50	50500*
8275A	15.4	60800	13.3	60800	11.2	60800	—	—	11.0	60800*	11.0	60800*	11.0	60800	7.50	60800*

续表

传动比	2065（59×35）		2537（59×43）		3045（87×35）		3481（59×59）		4437（87×51）		5133（87×59）#（59×87）		6177（87×71）#（71×87）		7569（87×87）	
输出转速/r·min^{-1}	0.73		0.59		0.49		0.43		0.34		0.29		0.24		0.20	
机型号	功率/kW	转矩/N·m	功率/kW	转矩/N·m	功率/kW	转矩/N·m	功率/kW	转矩/N·m	功率/kW	转矩/N·m	功率/kW	转矩/N·m	功率/kW	转矩/N·m	功率/kW	转矩/N·m
8075A	—	—	—	—	—	—	—	—	—	—	—	—	—	—	—	—
8085A	0.10	51.0*	0.10	51.0*	—	—	—	—	—	—	—	—	—	—	—	—
8095A	0.10	128*	0.10	128*	0.10	128*	0.10	128*	0.10	128*	0.10	128*	—	—	—	—
8105A	0.10	255*	0.10	255*	0.10	255*	0.10	255*	0.10	255*	0.10	255*	—	—	—	—
8115A	0.10	510*	0.10	510*	0.10	510*	0.10	510*	0.10	510*	0.10	510*	—	—	—	—
8115B	—	—	—	—	—	—	—	—	—	—	—	—	0.10	510*	0.10	510*
8130A	0.20	608*	0.20	608*	0.20	608*	0.20	608*	0.20	608*	0.20	608*	—	—	—	—
8130B	—	—	—	—	—	—	—	—	—	—	—	—	0.20	608*	0.20	608*
8130C	—	—	—	—	—	—	—	—	—	—	—	—	—	—	—	—
8135A	0.20	765*	0.20	765*	0.20	765*	0.20	765*	0.20	765*	0.20	765*	—	—	—	—
8135B	—	—	—	—	—	—	—	—	—	—	—	—	0.20	765*	0.20	765*
8135C	—	—	—	—	—	—	—	—	—	—	—	—	—	—	—	—
8145A	0.20	1030*	0.20	1030*	0.20	1030*	0.20	1030*	0.20	1030*	0.20	1030*	—	—	—	—
8145B	—	—	—	—	—	—	—	—	—	—	—	—	0.20	1030*	0.20	1030*
8145C	—	—	—	—	—	—	—	—	—	—	—	—	—	—	—	—
8160A	0.20	1520*	0.20	1520*	0.20	1520*	0.20	1520*	0.20	1520*	0.20	1520*	0.20	1520*	0.20	1520*
8160B	—	—	—	—	—	—	—	—	—	—	—	—	—	—	—	—
8160C	—	—	—	—	—	—	—	—	—	—	—	—	—	—	—	—
8165A	0.20	1810*	0.20	1810*	0.20	1810*	0.20	1810*	0.20	1810*	0.20	1810*	0.20	1810*	0.20	1810*
8165B	—	—	—	—	—	—	—	—	—	—	—	—	—	—	—	—
8165C	—	—	—	—	—	—	—	—	—	—	—	—	—	—	—	—
8170A	0.20	2260*	0.20	2260*	0.20	2260*	0.20	2260*	0.20	2260*	0.20	2260*	0.20	2260*	0.20	2260*
8170B	—	—	—	—	—	—	—	—	—	—	—	—	—	—	—	—
8170C	—	—	—	—	—	—	—	—	—	—	—	—	—	—	—	—
8175A	0.40	2750*	0.20	2750*	0.20	2750*	0.20	2750*	0.20	2750*	0.20	2750*	0.20	2750*	0.20	2750*
8175B	—	—	—	—	—	—	—	—	—	—	—	—	—	—	—	—
8175C	—	—	—	—	—	—	—	—	—	—	—	—	—	—	—	—
8180A	0.40	3240*	0.40	3240*	0.40	3240*	0.40	3240*	0.40	3240*	0.40	3240*	0.40	3240*	0.40	3240*
8180B	—	—	—	—	—	—	—	—	—	—	—	—	—	—	—	—
8185A	0.40	4070*	0.40	4070*	0.40	4070*	0.40	4070*	0.40	4070*	0.40	4070*	0.40	4070*	0.40	4070*
8185B	—	—	—	—	—	—	—	—	—	—	—	—	—	—	—	—
8190A	0.75	5690*	0.75	5690*	0.75	5690*	0.75	5690*	0.75	5690*	0.75	5690*	0.75	5690*	0.75	5690*
8190B	—	—	—	—	—	—	—	—	—	—	—	—	—	—	—	—
8195A	0.75	7260*	0.75	7260*	0.75	7260*	0.75	7260*	0.75	7260*	0.75	7260*	0.75	7260*	0.75	7260*
8195B	—	—	—	—	—	—	—	—	—	—	—	—	—	—	—	—
8205A	—	—	0.75	8240*	—	—	0.75	8490*	—	—	0.75#	8490*	—	—	—	—
8205B	1.50	8490*	0.75	8490*	—	—	—	—	—	—	—	—	—	—	—	—
8215A	1.50	11300*	1.50	11300*	1.50	9420*	1.50	11300*	1.50	9420*	1.50#	11300*	1.50	9420*	1.50	9420*
8215B	—	—	—	—	—	—	—	—	—	—	—	—	—	—	—	—
8225A	1.50	14200*	1.50	14200*	1.50	12800*	1.50	14200*	1.50	12800*	1.50#	14200*	1.50	12800*	1.50	12800*
8225B	—	—	—	—	—	—	—	—	—	—	—	—	—	—	—	—
8235A	2.20	18100*	2.20	18100*	2.20	16200*	2.20	18100*	2.20	16200*	2.20#	18100*	2.20	16200*	2.20	16200*
8235B	—	—	—	—	—	—	—	—	—	—	—	—	—	—	—	—
8245A	2.20	23500*	2.20	23500*	2.20	20600*	2.20	23500*	2.20	20600*	2.20#	23500*	2.20	20600*	2.20	20600*
8245B	—	—	—	—	—	—	—	—	—	—	—	—	—	—	—	—
8255A	3.70	30400*	3.70	30400*	3.70	26500*	3.70	30400*	3.70	26500*	3.70#	30400*	3.70	26500*	3.70	26500*
8255B	—	—	—	—	—	—	—	—	—	—	—	—	—	—	—	—
8265A	5.50	40700	5.50	40700	5.50	35300	5.50	40700	5.50	35300	5.50#	40700	5.50	35300	5.50	35300*
8270A	5.50	50500*	5.50	50500*	5.50	50500*	5.50	50500*	5.50	50500*	5.50	50500*	5.50	50500*	5.50	50500*
8275A	7.50	60800*	7.50	60800*	7.50	60800*	7.50	60800*	7.50	60800*	7.50	60800*	7.50	60800*	7.50	60800*

注：1. 选用8265A与8275A时请向厂方咨询。

2. 带＊者不能使用电机全功率，应在输出转矩条件下使用。

3. 带#号的传动比59×87（低速端59，高速端87），除此之外，其余传动比的二级减速均为：高速端为减速比小的一端，低速端为减速比大的一端。

若摆线减速机与齿轮、链轮或带轮连接，需在径向力许用值范围内使用，若径向力超出许用值，可选用更大一号机型。

计算公式为

$$P=\frac{T}{R}\leqslant\frac{P_x}{L_f C_f F_s}\ (\mathrm{N}) \tag{17-2-35}$$

式中 P——实际许用径向力，N；

T——输出轴上实际传递转矩，N·m；

R——齿轮、链轮或带轮节圆半径，m；

P_x——许用径向力，N，输出轴许用径向力见表 17-2-156，输入轴许用径向力见表 17-2-157；

L_f——径向力作用位置系数，输出轴径向力作用位置系数见表 17-2-158；输入轴径向力作用位置系数见表 17-2-159；

C_f——连接系数，见表 17-2-160；

F_s——冲击系数，见表 17-2-160。

表 17-2-156　　输出轴许用径向力 P_x　　N

机型号	输出转速/r·min⁻¹											
	1	2	3	4	5	6	8	10	15	20	25	30
8075	1140	1140	1140	1140	1140	1140	1140	1140	1140	1140	1140	1140
8085												
8095	3200	3200	3200	3200	3200	3200	3200	3200	3200	3200	2970	3010
8105	5300	5300	5300	5300	5300	5300	5300	5300	5300	5300	5300	5300
8115	9240	9240	9240	9240	9240	9240	9240	9240	9240	9240	9240	9240
8125												
8130	15690	15690	15690	15690	15690	15690	15690	15690	15690	15690	15690	15690
8135												
8145												
8155												
8160	19200	19200	19200	19200	19200	19200	19200	19200	19200	19200	19200	18000
8165												
8170	27400	27400	27400	27400	27400	27400	27400	27400	27400	24900	23100	21700
8175												
8180	37200	37200	37200	37200	37200	37200	37200	37200	37200	33700	31300	29500
8185												
8190	51900	51900	51900	51900	51900	51900	51900	51900	51900	47400	44000	41400
8195												
8205	69000	69000	69000	69000	69000	69000	69000	69000	65100	59700	55900	52900
8215	86000	86000	86000	86000	86000	86000	86000	86000	82900	76000	71100	67400
8225	145000	145000	141000	130300	122000	115000	106000	99000	87000	80000	74800	71000
8235	178000	178000	176400	161700	150900	143000	131300	122500	181000	100000	93000	88200
8245	208000	208000	196000	180000	168000	160000	146000	137000	122000	110000	104000	98000
8255	257000	257000	240100	220500	206000	195000	179000	167000	148000	136000	127000	121000
8265	275000	275000	275000	269000	251000	238000	219000	205000	180000	166000	155000	147000
8275	196000	196000	196000	196000	196000	196000	196000	196000	196000	196000	196000	196000

机型号	输出转速/r·min⁻¹										
	35	40	50	60	80	100	125	150	200	250	300
8075	1140	1140	1140	1070	980	910	840	790	720	—	—
8085											
8095	3040	3050	2970	3010	2910	2700	2510	2360	2140	2000	1880
8105	5300	5300	5300	5300	4820	4480	4150	3920	3560	3310	3140
8115	9240	9240	9240	8070	7330	6810	6320	5960	5420	5030	4720
8125											

续表

机型号	输出转速/r·min⁻¹										
	35	40	50	60	80	100	125	150	200	250	300
8130 8135 8145 8155	15690	14990	13930	13120	11944	11080	10290	9690	8810	8190	7710
8160 8165	17100	16400	15200	14300	13000	12100	11200	10600	9600	8900	8400
8170 8175	20700	19800	18400	17300	15700	14600	13600	12800	11600	10800	10100
8180 8185	28000	26800	24900	23500	21300	19800	18400	17300	15800	—	—
8190 8195	39400	37700	35000	32900	30000	27800	25800	24200	22100	—	—
8205	50500	48500	45400	43000	39500	36800	34400	32600	29900	—	—
8215	64300	61700	57800	54800	50300	46900	43900	41500	38100	—	—
8225	67600	65100	61000	58000	52000	49400	46000	43700	40200	—	—
8235	84300	81000	75700	71600	65800	61500	57400	—	—	—	—
8245	94000	90000	84400	79900	73300	68500	64000	—	—	—	—
8255	114700	110700	102900	97600	89600	83800	78400	—	—	—	—
8265	140000	135000	126000	120000	110000	102000	96000	—	—	—	—
8275	196000	196000	196000	—	—	—	—	—	—	—	—

注：二级减速器输出轴许用径向力参考所配低速端机型号值。

表 17-2-157　　输入轴许用径向力 P_x　　N

机型号	传动比	输入转速/r·min⁻¹						
		600	750	900	1000	1200	1500	1800
8075	11~43	70	70	70	70	70	70	70
8085	11~43	140	140	140	140	90	90	90
8095	6~43	240	240	190	190	190	190	140
8105	6~87	530	530	530	490	390	340	340
8115	6~17	780	780	780	680	680	580	580
8125	21~87	780	780	530	490	490	440	390
8135	6~21	1760	1660	1560	1470	1370	1170	1079
8145	25~87	1760	1470	1170	1120	1070	1030	930
8155	6~25	1070	980	780	680	680	630	580
	29~87	880	580	580	490	490	440	440
8160	11~17	1960	1960	1960	1860	1760	1660	1610
8165	21~87	1660	1520	1270	1170	1070	930	880
8170	11~17	2640	2400	2350	2250	1960	1860	1860
8175	21~87	2450	2150	2150	1760	1760	1520	1520
8180、8185	11~87	3420	3280	2990	2940	2740	2550	2550
8190	11~25	3920	3920	3570	3430	3130	2940	2940
8195	29~87	3570	3230	3040	2940	2740	2450	2450
8205	11~87	6170	6220	6080	5880	5390	4900	5390
8215	11~87	7250	6810	6320	6120	5440	5090	5730
8225	11~87	7500	6960	6610	6420	5980	5780	6610
8235	11~87	8720	8970	9160	9510	10000	—	—
8245	11~87	11100	10500	10100	10100	11000	—	—
8255	11~87	13100	12200	11200	10700	11700	—	—
8265	11~87	13100	12200	11200	10700	11700	—	—
8270、8275	17~87	14700	14700	14700	14700	14700	—	—

注：二级减速器输入轴许用径向力参考所配高速端机型号值。

表 17-2-158　　　　输出轴径向力作用位置系数 L_f

机型号	径向力作用位置 L/mm																							
	5	10	15	20	25	30	35	40	45	50	60	70	80	90	100	120	140	160	180	200	225	250	275	300
8075	0.83	0.94	1.19	1.56	—	—	—	—	—	—	—	—	—	—	—	—	—	—						
8085	0.82	0.91	1.00	1.29	1.59	1.88	—	—	—	—	—	—	—	—	—	—	—	—						
8095	0.86	0.91	0.97	1.13	1.38	1.64	1.90	—	—	—	—	—	—	—	—	—	—	—						
8105	0.86	0.92	0.97	1.13	1.38	1.64	1.90	—	—	—	—	—	—	—	—	—	—	—						
8115 8125	—	0.82	0.87	0.92	0.97	1.08	1.25	1.42	1.59	1.76	—	—	—	—	—	—	—	—						
8130 8135	—	—	0.83	0.87	0.92	0.96	1.00	1.13	1.25	1.38	1.63	1.88	—	—	—	—	—	—						
8145 8155	—	—	—	0.66	0.73	0.80	0.87	0.93	1.00	1.10	1.30	1.50	1.70	1.90	—	—	—	—						
8160 8165	—	—	—	0.83	0.87	0.90	0.93	0.97	1.00	1.11	1.32	1.53	1.75	1.96	—	—	—	—						
8170 8175	—	—	—	0.86	0.89	0.92	0.94	0.97	1.00	1.11	1.32	1.53	1.75	1.96	—	—	—	—						
8180 8185	—	—	—	—	0.85	0.87	0.90	0.93	0.95	0.98	1.09	1.26	1.43	1.60	1.78	—	—	—	—	—	—	—	—	—
8190 8195	—	—	—	—	—	0.85	0.87	0.89	0.91	0.93	0.97	1.04	1.18	1.32	1.46	1.75	—	—	—	—	—	—	—	—
8205	—	—	—	—	—	—	—	0.70	0.74	0.77	0.84	0.91	0.98	1.05	1.12	1.26	1.40	1.54	—	—	—	—	—	—
8215	—	—	—	—	—	—	—	0.70	0.73	0.77	0.84	0.91	0.98	1.05	1.13	1.27	1.41	1.56	—	—	—	—	—	—
8225	—	—	—	—	—	—	—	0.86	0.88	0.90	0.93	0.96	0.99	1.02	1.06	1.12	1.19	1.25	—	—	—	—	—	—
8235	—	—	—	—	—	—	—	0.82	0.84	0.85	0.88	0.91	0.94	0.97	1.00	1.06	1.12	1.18	1.24	1.30	—	—	—	—
8245	—	—	—	—	—	—	—	0.83	0.84	0.86	0.89	0.92	0.94	0.97	1.00	1.06	1.11	1.17	1.23	1.29	—	—	—	—
8255	—	—	—	—	—	—	—	—	—	0.83	0.85	0.88	0.90	0.93	0.95	1.00	1.05	1.10	1.22	1.36	1.52	1.69	—	—
8265	—	—	—	—	—	—	—	—	—	—	—	0.83	0.85	0.88	0.90	0.94	0.98	1.04	1.17	1.29	1.45	1.61	1.77	1.93
8275	—	—	—	—	—	—	—	—	—	—	—	—	0.67	0.71	0.75	0.82	0.90	0.98	1.09	1.21	1.35	1.50	1.65	1.79

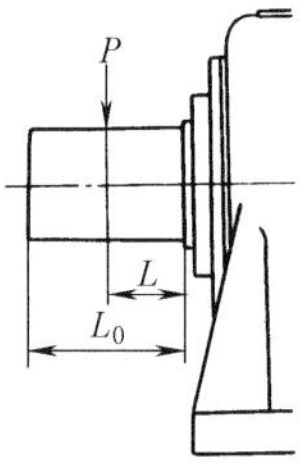

若 $L=L_0/2$
则 $L_f=1$

注：二级减速器输出轴径向力作用位置系数参考所配低速端机型号值。

表 17-2-159　　　　输入轴径向力作用位置系数 L_f

机型号	径向力作用位置 L/mm																			
	5	10	15	20	25	30	35	40	45	50	60	70	80	90	100	120	140	160	180	200
8075	0.73	0.91	1.20	1.60	2.00	—	—	—	—	—	—	—	—	—	—	—				
8085	0.73	0.91	1.20	1.60	2.00	—	—	—	—	—	—	—	—	—	—	—				
8095	0.88	0.96	1.20	1.59	2.00	2.38	—	—	—	—	—	—	—	—	—	—				
8105	0.91	0.97	1.20	1.59	2.00	2.38	—	—	—	—	—	—	—	—	—	—				
8115、8125	—	0.81	0.93	1.14	1.41	1.67	1.96	2.22	—	—	—	—	—	—	—	—				
8130、8135	—	0.78	0.89	1.00	1.23	1.45	1.69	1.92	2.13	—	—	—	—	—	—	—				
8145	—	0.78	0.89	1.00	1.23	1.45	1.69	1.92	2.13	—	—	—	—	—	—	—				
8155	—	0.78	0.89	1.00	1.23	1.45	1.69	1.92	2.13	—	—	—	—	—	—	—				
8160、8165	—	0.92	0.95	0.98	1.05	1.18	1.28	1.41	1.52	1.64	1.85	—	—	—	—	—				
8170、8175	—	—	0.93	0.96	0.99	1.05	1.16	1.28	1.39	1.49	1.72	1.92	2.17	—	—	—				
8180、8185	—	—	—	0.93	0.96	0.99	1.05	1.15	1.25	1.35	1.56	1.75	1.96	2.17	—	—				
8190、8195	—	—	—	0.93	0.95	0.98	1.00	1.09	1.16	1.25	1.41	1.59	1.75	1.92	2.08	—	—	—	—	—
8205	—	—	—	—	0.93	0.95	0.97	1.00	1.04	1.10	1.22	1.33	1.45	1.56	1.68	1.91	—	—	—	—
8215	—	—	—	—	0.93	0.95	0.98	1.00	1.03	1.08	1.19	1.29	1.40	1.51	1.61	1.82	—	—	—	—
8225	—	—	—	—	0.94	0.96	0.98	1.00	1.02	1.04	1.08	1.14	1.24	1.33	1.42	1.60	—	—	—	—
8235	—	—	—	—	0.84	0.86	0.87	0.89	0.93	0.98	1.07	1.16	1.25	1.34	1.44	1.62	—	—	—	—
8245	—	—	—	—	0.91	0.92	0.94	0.96	0.98	0.99	1.07	1.15	1.24	1.33	1.42	1.59	—	—	—	—
8255	—	—	—	—	—	—	0.92	0.93	0.94	0.96	0.99	1.03	1.09	1.16	1.22	1.34	1.47	1.60	1.72	—
8265	—	—	—	—	—	—	0.92	0.93	0.94	0.96	0.99	1.03	1.09	1.16	1.22	1.34	1.47	1.60	1.72	—
8275	—	—	—	—	—	—	—	—	0.93	0.94	0.97	0.99	1.04	1.14	1.22	1.39	1.56	1.72	1.92	2.08

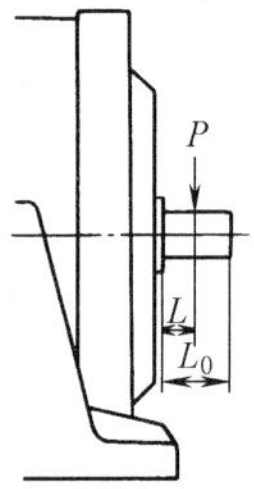

若 $L=L_0/2$
则 $L_f=1$

注：二级减速器输入轴径向力作用位置系数参考所配高速端机型号值。

表 17-2-160　　系数 F_s 和 C_f

冲击系数 F_s			连接系数 C_f		
冲击程度	无冲击	1	连接方式	链轮	1
	轻冲击	1~1.2		齿轮	1.25
	重冲击	1.4~1.6		V 带	1.5

8.2.4　减速器的选用

(1) 直连型减速器的选用示例

① 已知条件

a. 从运机：均匀送料的带式输送机。

b. 工作时间：每日连续运转 24h。

c. 低速轴转速 $n=40\text{r/min}$。

d. 低速轴实际所需转矩 $M=1400\text{N}\cdot\text{m}$。

e. 电机频率为 50Hz，4 极增安型电机。

f. 输出轴连接方法：联轴器（无轴向力）。

② 选型

a. 使用系数：查表 17-2-161，$K=1.2$。

b. 输出转速 40r/min，电机频率 50Hz、4 极，计算传动比 1500/40=37.5，选传动比为 $i=35$，实际输出转速为 $n=43\text{r/min}$。

c. 电机功率 $N=Mn/9550=1400\times43/9550=6.3\text{kW}$，减速器效率按 0.9 计算，6.3/0.9=7kW，选取电机功率为 7.5kW。

d. 按表 17-2-151 选型号为 XWDA 7.5-8170-35，使用系数 $K=1.27>1.2$。

(2) 双轴型减速器的选用示例

① 已知条件

a. 从动机：化学反应釜用搅拌器，搅拌固液混合料。

b. 工作时间：每日连续运转 24h。

c. 输入转速 600r/min。

d. 输出转速 17r/min。

e. 工作转矩 2597N·m。

② 选型

a. 传动比 600/17=35.3，选速比 $i=35$。

b. 查表 17-2-161，$K=1.35$。

c. 实需转矩为 $1.35\times2597\text{N}\cdot\text{m}=3505.95\text{N}\cdot\text{m}<4070\text{N}\cdot\text{m}$（额定转矩）。

d. 按表 17-2-153 选型号为 XL-8185-35。

若减速器输入轴或输出轴与齿轮、链轮或带轮连接，需按式（17-2-35）计算实际许用径向力，若径向力超过许用值，可选用更大一号机型。

表 17-2-161　　使用系数 K

原动机种类	工作条件	载荷性质		
		稳定(U)	中等冲击(M)	大的冲击(H)
电　机	断续 3h/日	0.8	1.0	1.35
	8~10h/日	1.0	1.2	1.5
	24h/日	1.2	1.35	1.6

9　谐波传动减速器

9.1　工作原理与特点

谐波传动包括三个基本构件：柔轮 1、刚轮 2 和波发生器 3（图 17-2-9）。三个构件中可以任意固定一个，其

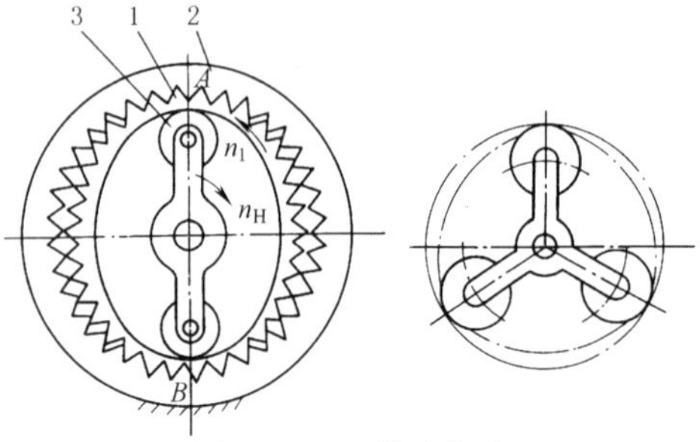

图 17-2-9　谐波传动

1—柔轮；2—刚轮；3—波发生器

余两个一个固定，一个从动，可以实现减速或增速（固定传动比），也可以换成两个输入、一个输出，组成差动传动。谐波传动减速器主要用于军工、精密仪器生产、医疗器械、起重机、船舶柴油机辅机、卷帘门、电动闸门的传动及机器人、天线的传动。

柔轮轮体很薄，其上有特制的完整的齿圈（360°），轮齿模数较小，一般为 0.2～1.5mm。波发生器的径向最大尺寸稍大于柔轮内孔直径，装配时把它放入柔轮内孔，使柔轮齿圈段变形成为椭圆形，并使椭圆长轴处 A、B 两点的轮齿与刚轮相啮合，而短轴处的轮齿脱开。若波发生器顺时针方向旋转，则柔轮 1 和刚轮 2（固定轮）的啮合区也随着变化，轮齿依次进入啮合和脱离状态。柔轮的变形过程基本上是一个对称的谐波，因此称为谐波齿轮传动。对于双波传动其特点是发生器转一转，柔轮相对于刚轮在圆周方向转过两个齿距的弧长，它有两个啮合区。双波谐波齿轮传动变形时柔轮表面应力小，易获得大的传动比，结构较简单。对于三波传动则齿数差为 3，有三个啮合区。三波传动其特点是作用于轴上的径向力小，内应力较平衡，精度较高，变形时柔轮表面应力较双波的大，而且结构较为复杂。

波发生器常有三种结构形式，如图 17-2-10 所示，但作用原理相同。为了减少波发生器对柔轮内表面产生过大摩擦，通常在波发生器上装弹性滚动轴承（图 17-2-10c）。

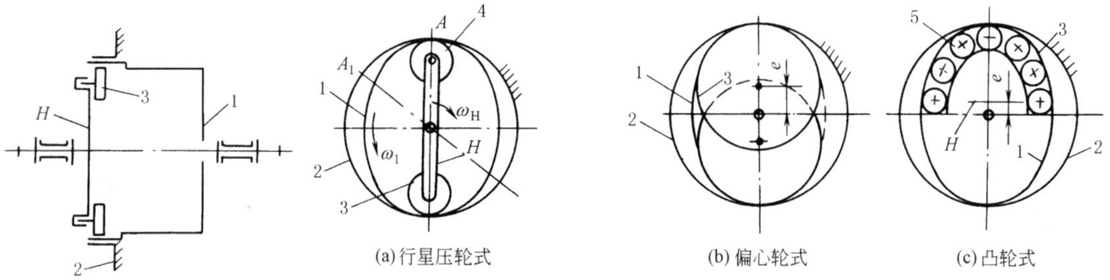

图 17-2-10　波发生器

1—柔轮；2—刚轮；3—波发生器；4—压轮；5—轴承

因柔轮、刚轮齿数不等（通常柔轮比刚轮齿数少 2 齿），在传动过程中，若刚轮固定，波发生器为主动转动一圈时，柔轮只能相对刚轮向反方向位移。当波发生器以 ω_H 方向转动至相当于柔轮一周的 A_1 点（图 17-2-10a）时，啮合经过 z_1 个齿，波发生器继续转动至相当于刚轮 2 一周回到 A 点时，啮合经过的齿数为 z_2，此时柔轮 1 相对于刚轮 2 向 ω_1 方向转动 z_2-z_1 个齿，显然传动比为

$$i=\frac{z_2}{z_2-z_1}$$

传动比与两个齿轮的齿数差成反比，而传动比与波发生器的波数无关。三个基本构件若固定其中任一构件，则传动比和转动方向也各不相同，见表 17-2-162。

谐波齿轮传动的特点如下。

① 结构简单，重量轻、体积小。由于谐波齿轮传动比普通齿轮传动的零件数目大大减少，其体积可比普通齿轮传动体积小 20%～50%。

② 传动比范围大，一般单级谐波齿轮传动，传动比为 60～500；当采用行星发生器时，传动比为 150～4000；而采用复波传动时，传动比可达 10^7。

③ 承载能力高。由于谐波齿轮传动同时啮合齿数多，即同时承受载荷的齿数多，在材料的力学性能和传动比相同的情况下，齿的强度保持一定时，其承载能力比其他型式的传动大大地提高。

④ 损耗小，效率高。这是因为齿的相对滑动速度极低。因此，它可在加工粗糙度和润滑条件差的情况下工作。

表 17-2-162

序　号	传　动　简　图	固 定 件	主、从动件的转向关系	传动比计算公式
1	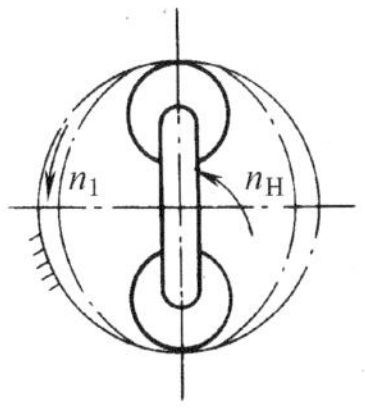	刚轮	反向	$i_{H1}=\frac{n_H}{n_1}=-\frac{z_1}{z_2-z_1}$
2	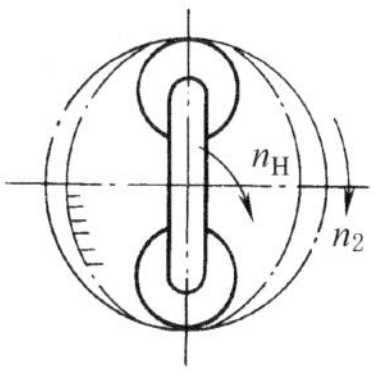	柔轮	同向	$i_{H2}=\frac{n_H}{n_2}=\frac{z_2}{z_2-z_1}$
3	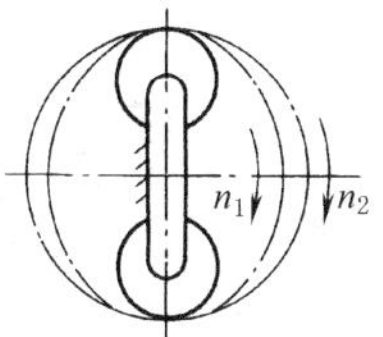	波发生器	同向	$i_{12}=\frac{n_1}{n_2}=\frac{z_2}{z_1}$

⑤ 齿的磨损小且均匀。由于齿的啮合是面接触，啮合齿数多，齿面比压小，滑动速度低，所以对于齿的磨损小且均匀。

⑥ 运动平稳，无冲击。由于柔轮与刚轮啮合时，齿与齿间均匀接触，同时齿的啮入和啮出是随柔轮的变形逐渐进入和退出刚轮齿间的。

⑦ 可以向密封空间传递运动。由于弹性件（柔轮）被固定后，它既可以作为封闭传动的壳体，又可以产生弹性变形，即产生错齿运动，从而达到传递运动的目的。因此，它可用在操纵高温、高压的管道以及用来驱动工作在高真空、有原子辐射和有害介质空间的机构。

在谐波齿轮传动中，柔轮加工较困难，对柔性轴承的材料及制造精度要求较高。

9.2　XB、XBZ 型谐波传动减速器（摘自 GB/T 14118—1993）

XB、XBZ 型谐波传动减速器主要适用于电力、航空、航天、机器人、机床、纺织、医疗、冶金、矿山等行业的机械产品。

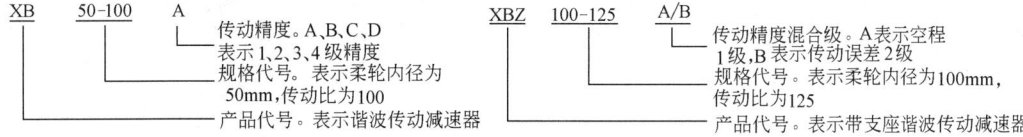

9.2.1　外形、安装尺寸

标记示例

XB　50-100　A
- A：传动精度。A、B、C、D 表示 1、2、3、4 级精度
- 50-100：规格代号。表示柔轮内径为 50mm，传动比为 100
- XB：产品代号。表示谐波传动减速器

XBZ　100-125　A/B
- A/B：传动精度混合级。A 表示空程 1 级，B 表示传动误差 2 级
- 100-125：规格代号。表示柔轮内径为 100mm，传动比为 125
- XBZ：产品代号。表示带支座谐波传动减速器

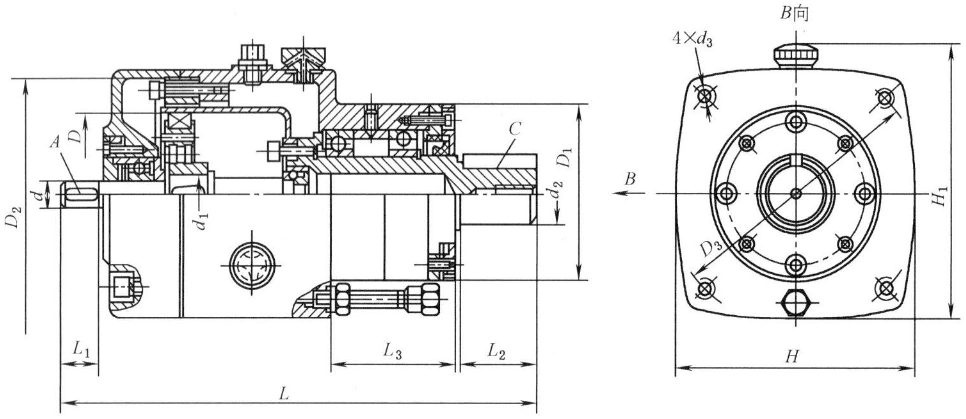

XB型减速器

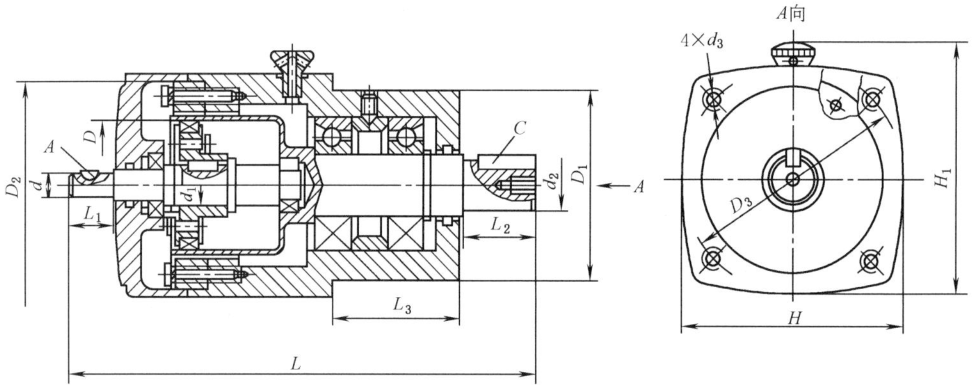

XBZ型减速器

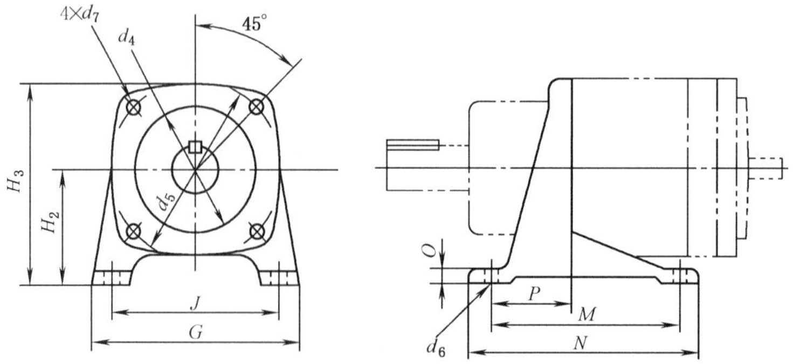

支座外形

表 17-2-163　　mm

机型	XB、XBZ 型减速器主要尺寸																质量/kg
	尺寸																
	d (h6)	d_1	d_2 (h6)	d_3	D	D_1	D_2	D_3	L	L_1	L_2	L_3	H	H_1	A	C	
25	4	6	8	M4	25	28	40	43	86	8	12	22	45	50	键 1×4	键 C2×10	0.3
32	6	10	12	M5	32	36	50	55	115	11	16	33	55	60	键 2×7	键 C4×14	0.5
40	8	12	15	M5	40	44	60	66	140	16	22	39	65	72	键 3×10	键 C5×18	1
50	10	14	18	M6	50	53	70	76	170	18	30	43	75	83	键 3×13	键 C6×25	1.5
60	14	18	22	M6	60	68	85	100	205	18	35	43	92	101	键 5×14	键 C6×32	5.5
80	14	18	30	M10	80	85	115	130	240	20	43	48	122	132	键 5×16	键 C8×40	10
100	16	24	35	M12	100	100	135	155	290	24	55	54	142	155	键 5×20	键 C10×50	16
120	18	24	45	M14	120	114	170	195	340	28	68	67	180	220	键 6×25	键 C14×62	30
160	24	40	60	M20	160	140	220	245	430	38	88	77	230	265	键 8×32	键 C18×80	58
200	30	50	80	M24	200	180	270	300	530	48	108	102	280	320	键 8×40	键 C22×100	100
250	35	60	95	M27	250	215	330	360	669	60	128	156	345	423	键 10×50	键 C25×120	—
320	40	80	110	M30	320	240	370	400	750	80	140	170	400	440	键 12×60	键 C28×130	—

备注：25~50 机型，A 键按 GB 1099 选用；60~320 机型，A 键及 25~320 机型，C 键按 GB 1096 选用。

支座主要尺寸

尺寸	机型							
	60	80	100	120	160	200	250	320
H_3	101	140	160	196	255	310	380	450
G	112	140	168	205	260	320	400	480
H_2	56	80	90	106	140	170	210	250
J	92	116	138	175	220	280	340	400
d_6	7	9	10	10	14	14	18	22
d_4	68	85	100	114	140	180	215	240
M	85	130	150	100	240	280	330	380
N	115	160	180	215	280	330	390	450
O	10	13	14	16	20	20	22	25
P	54	61	67	80	90	110	120	140
d_7	8	12	14	16	24	28	30	34
d_5	100	130	155	195	245	300	350	400

9.2.2 承载能力

表 17-2-164 XB、XBZ 型减速器承载能力

规格	柔轮内径/mm	模数/mm	传动比 i_N	输入转速 3000r/min			输入转速 1500r/min			输入转速 1000r/min			输入转速 750r/min			输入转速 500r/min		
				输入功率/kW	输出转速/$r \cdot min^{-1}$	输出转矩/N·m	输入功率/kW	输出转速/$r \cdot min^{-1}$	输出转矩/N·m	输入功率/kW	输出转速/$r \cdot min^{-1}$	输出转矩/N·m	输入功率/kW	输出转速/$r \cdot min^{-1}$	输出转矩/N·m	输入功率/kW	输出转速/$r \cdot min^{-1}$	输出转矩/N·m
25	25	0.2	63	0.0122	47.6	2	0.0071	23.8	2.5	0.0047	15.8	2.5	0.0035	11.9	2.5	0.0023	7.9	2.5
		0.15	80	0.0096	37.5	2	0.0056	18.8	2.5	0.0044	12.5	2.9	0.0033	9.4	3	0.0023	6.25	3.4
		0.1	125	0.0061	24	2	0.0035	12	2.5	0.0028	8	2.9	0.0021	6	3	0.0016	4	3.4
32	32	0.25	63	0.027	47.6	4.5	0.015	23.8	5	0.012	15.8	6	0.010	11.9	6.5	0.007	7.9	7
		0.2	80	0.024	37.5	5	0.015	18.8	6.5	0.012	12.5	7.6	0.010	9.4	8	0.007	6.25	9
		0.15	100	0.023	30	6	0.014	15	7.5	0.011	10	8.6	0.008	7.5	9	0.006	5	10
		0.1	160	0.015	18.6	6	0.008	9.4	7.5	0.071	6.25	8.6	0.005	4.7	9	0.004	3	10
40	40	0.25	80	0.078	37.5	16	0.044	18.8	20	0.034	12.5	23	0.027	9.4	24	0.021	6.25	28
		0.2	100	0.061	30	16	0.035	15	20	0.028	10	23	0.021	7.5	24	0.016	5	28
		0.15	125	0.049	24	16	0.029	12	20	0.022	8	23	0.018	6	24	0.013	4	28
		0.1	200	0.033	15	16	0.020	7.5	20	0.016	5	23	0.012	3.8	24	0.009	2.5	28
50	50	0.3	80	0.135	37.5	28	0.068	18.8	30	0.045	12.5	30	0.034	9.4	30	0.022	6.25	30
		0.25	100	0.115	30	30	0.068	15	38	0.051	10	42	0.041	7.5	45	0.031	5	50
		0.2	125	0.093	24	30	0.055	12	38	0.040	8	42	0.033	6	45	0.025	4	52
		0.15	160	0.076	18.6	30	0.044	9.4	38	0.032	6.25	42	0.026	4.7	45	0.019	3	52
60	60	0.4	80	0.216	37.5	45	0.136	18.8	60	0.098	12.5	65	0.074	9.4	65	0.049	6.25	65
		0.3	100	0.193	30	50	0.114	15	63	0.087	10	72	0.068	7.5	75	0.049	5	82
		0.25	125	0.154	24	50	0.092	12	63	0.069	8	72	0.054	6	75	0.041	4	86
		0.2	160	0.127	18.6	50	0.072	9.4	63	0.054	6.25	72	0.042	4.7	75	0.031	3	86
80	80	0.5	80	0.481	37.5	100	0.284	18.8	125	0.226	12.5	150	0.171	9.4	150	0.113	6.25	150
		0.4	100	0.461	30	120	0.272	15	150	0.211	10	175	0.162	7.5	180	0.121	5	200
		0.3	125	0.369	24	120	0.218	12	150	0.169	8	175	0.130	6	180	0.101	4	210
		0.25	160	0.305	18.6	120	0.171	9.4	150	0.132	6.25	175	0.102	4.7	180	0.076	3	210
		0.2	200	0.249	15	120	0.135	7.5	150	0.106	5	175	0.082	3.8	180	0.064	2.5	210
100	100	0.6	80	0.961	37.5	200	0.454	18.8	200	0.301	12.5	200	0.227	9.4	200	0.151	6.25	200
		0.5	100	0.961	30	250	0.561	15	310	0.374	10	310	0.28	7.5	310	0.187	5	310
		0.4	125	0.769	24	250	0.449	12	310	0.338	8	350	0.268	6	370	0.183	4	380
		0.3	160	0.637	18.6	250	0.352	9.4	310	0.264	6.25	350	0.209	4.7	370	0.155	3	430
		0.25	200	0.513	15	250	0.317	7.5	310	0.239	5	350	0.192	3.8	370	0.147	2.5	430

规格	柔轮内径/mm	模数/mm	传动比 i_N	输入转速 3000r/min			输入转速 1500r/min			输入转速 1000r/min			输入转速 750r/min			输入转速 500r/min		
				输入功率/kW	输出转速/r·min^{-1}	输出转矩/N·m	输入功率/kW	输出转速/r·min^{-1}	输出转矩/N·m	输入功率/kW	输出转速/r·min^{-1}	输出转矩/N·m	输入功率/kW	输出转速/r·min^{-1}	输出转矩/N·m	输入功率/kW	输出转速/r·min^{-1}	输出转矩/N·m
120	120	0.8	80	1.828	37.5	380	0.862	18.8	380	0.573	12.5	380	0.431	9.4	380	0.287	6.25	380
		0.6	100	1.731	30	450	1.014	15	560	0.675	10	560	0.507	7.5	560	0.338	5	560
		0.5	125	1.385	24	450	0.811	12	560	0.618	8	640	0.485	6	670	0.328	4	680
		0.4	160	1.144	18.6	450	0.635	9.4	560	0.482	6.25	640	0.380	4.7	670	0.279	3	770
		0.3	200	0.923	15	450	0.575	7.5	560	0.437	5	640	0.348	3.8	670	0.263	2.5	770
160	160	1	80				1.814	18.8	800	1.207	12.5	800	0.907	9.4	800	0.604	6.25	800
		0.8	100				1.809	15	1000	1.387	10	1150	1.086	7.5	1200	0.604	5	1000
		0.6	125				1.448	12	1000	1.111	8	1150	0.868	6	1200	0.604	4	1250
		0.5	160				1.134	9.4	1000	0.867	6.25	1150	0.680	4.7	1200	0.488	3	1350
		0.4	200				1.025	7.5	1000	0.787	5	1150	0.750	3.8	1200	0.461	2.5	1350
		0.3	250				0.82	6	1000	0.629	4	1150	0.492	3	1200	0.369	2	1350
200	200	1	80				3.402	18.8	1500	2.262	12.5	1500	1.701	9.4	1500	1.132	6.25	1500
		0.8	100				3.620	15	2000	2.413	10	2000	1.809	7.5	2000	1.207	5	2000
		0.6	125				2.896	12	2000	2.886	8	2300	1.731	6	2390	1.164	4	2410
		0.5	160				2.268	9.4	2000	1.734	6.25	2300	1.355	4.7	2390	0.995	3	2750
		0.4	200				2.051	7.5	2000	1.572	5	2300	1.241	3.8	2390	0.940	2.5	2750
		0.3	250				1.641	6	2000	1.259	4	2300	0.980	3	2390	0.752	2	2750
250	250	1.5	80				6.68	18.8	2800	4.49	12.5	2800	3.37	9.4	2800	2.24	6.25	2800
		1.25	100				6.33	15	3500	4.49	10	3500	3.37	7.5	3500	2.24	5	3500
		1	125				5.07	12	3500	3.86	8	4000	3.04	6	4200	2.33	4	4830
		0.8	160				3.96	9.4	3500	3.01	6.25	4000	2.38	4.7	4200	1.75	3	4830
		0.6	200				3.59	7.5	3500	2.73	5	4000	2.19	3.8	4200	1.65	2.5	4830
		0.5	250				2.87	6	3500	2.19	4	4000	1.72	3	4200	1.32	2	4830
		0.4	320				2.25	4.7	3500	1.69	3.1	4000	1.32	2.3	4200	1.05	1.6	4830
320	320	2	80				12.27	18.8	5300	8.50	12.5	5300	6.40	9.4	5300	4.25	6.25	5300
		1.5	100				11.4	15	6300	8.08	10	6300	6.06	7.5	6300	4.04	5	6300
		1.25	125				9.12	12	6300	6.95	8	7200	5.44	6	7500	4.15	4	8600
		1	160				7.14	9.4	6300	5.44	6.25	7200	4.26	4.7	7500	7.12	3	8600
		0.8	200				6.47	7.5	6300	4.92	5	7200	3.89	3.8	7500	2.94	2.5	8600
		0.6	250				5.17	6	6300	3.93	4	7200	3.07	3	7500	2.35	2	8600
		0.5	320				4.05	4.7	6300	3.05	3.1	7200	2.36	2.3	7500	1.88	1.6	8600

9.2.3 使用条件及主要技术指标

表 17-2-165　　使用条件及主要技术指标

机型	25	32	40	50	60	80	100	120	160	200	250	320
使用条件	使用环境温度为-40~55℃；相对湿度为95%±3%(20℃)；振动频率为10~500Hz，加速度为2g；扫频循环次数为10次											
效率/%	i=63~125，η=75~90；i>125，η=70~85								i=80~160，η=80~90；i>160，η=70~80			
超载性能		超载50%时，能正常运转30min；超载150%时，能正常运转1min										
启动转矩 /N·cm	≤0.8	≤1.25	≤2	≤3	≤5	≤8	≤12.5	≤20	≤35	≤60	≤100	≤150
扭转刚度 /N·m·(′)$^{-1}$	0.365	0.725	1.45	2.90	5.80	11.65	23.25	46.55	93.10	186.20	327.35	744.65
转动惯量 /kg·m^2	7×10^{-7}	2.8×10^{-6}	8.8×10^{-6}	2.5×10^{-5}	5.85×10^{-5}	1.77×10^{-4}	5.46×10^{-4}	1.18×10^{-3}	5.65×10^{-3}	1.72×10^{-2}	5.16×10^{-2}	1.52×10^{-1}
传动误差	1级，≤1′；2级，≤3′；3级，≤6′；4级，≤9′											

9.2.4 减速器的选用

谐波传动减速器所承受的载荷最好是转矩，不能直接承受轴向力和弯矩，若必须承受弯矩时则应在减速器输出轴端增加相应的辅助轴承。

谐波传动减速器也可以垂直安装使用。当输出轴向下时，谐波传动组件、波发生器位于上部，需配置甩油杯，它起油泵的作用，将润滑油带到波发生器及刚轮、柔轮轮齿的啮合面。当输入轴向下时，需注意润滑油油位高度。需要垂直安装的减速器请与制造厂联系。

选择减速器时，应根据承受的载荷确定减速器的机型。同时，应考虑减速器的工作环境及工作状态，如减速器长期在满载荷下连续工作时，应考虑选择大一型号的减速器。

减速器在不同环境温度下，各机型使用的润滑油及润滑脂见表 17-2-166。

表 17-2-166

机　型　XB		25	32	40	50	60	80	100	120	160	200	250	320
环境温度/℃	0~55						32XBY（谐波传动润滑油）			46XBY（谐波传动润滑油）			
	-40~55	XBZH-Y_0（谐波传动半流体润滑脂0#）					32XBY-Y（低温谐波传动润滑油）			46XBY-Y（低温谐波传动润滑油）			
	-50~100						4109（合成油）						

注：生产厂家为北京中技克美谐波传动有限责任公司、北京谐波传动技术研究所及无锡调速器厂等（尺寸略有区别，选用时，请与厂家联系）。

10 三环减速器

10.1 工作原理、特点及适用范围

（1）工作原理

三环减速器是少齿差行星轮传动的一种形式，其齿轮啮合运动属于动轴轮系，其输出轴与输入轴平行配置，又具有平行轴圆柱齿轮减速器的特征。因由三片相同的内齿环板带动一个外齿齿轮输出，而简称三环减速器。

三环减速器主要由一根具有外齿轮的低速轴 1、两根各具有三个互呈 120°偏心的高速轴 2 和三片具有内齿圈的传动环板 3 构成，如图 17-2-11 所示。三根轴互相平行。当高速轴 2 旋转时，带动三片环板 3 呈 120°相位差平面运动，环板上的内齿圈与低速轴 1 上的外齿轮啮合实现大传动比减速。两根高速轴的轴端既可单独又可同时将动力输入。

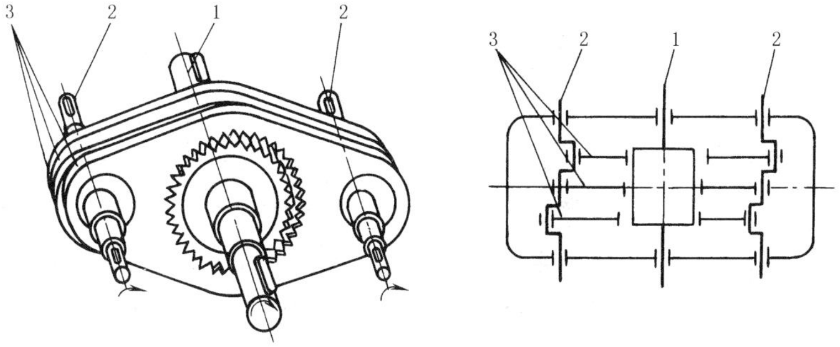

图 17-2-11 三环减速器（基本型）工作原理

1—低速轴；2—高速轴；3—环板

（2）特点

三环减速器兼有行星减速器和普通圆柱齿轮减速器的优点，充分运用了功率分流与多齿内啮合机理，在技术性能、产品制造、使用维护方面具有较明显的优点。

① 承载、超载能力强，使用寿命长。齿轮啮合可有 9~18 对齿同时进入啮合区，随着载荷加大，啮合齿对数也相应增加，能承受过载 2. 7 倍。输出转矩可达 400kN · m。

② 传动比大，分级密集。单级传动比为 11~99，双级达 9801，级差约 1. 1 倍。

③ 效率高。满载荷条件下，单级效率为 90%~93%。

④ 结构紧凑，体积较小，重量比普通圆柱齿轮减速器小 1/3。

⑤ 适用性广，可制成卧式、立式、法兰连接及组合传动等结构。具有多轴端，可供电动机同步传动或带动控制元件。装配形式及派生系列繁多。

（3）存在问题

传动轴上存在不平衡力偶矩等问题，因而目前主要适用于低速重载的工况。

（4）适用范围

① 环境温度为-40~45℃，低于 0℃时，启动前应对润滑油采取预热。

② 高速轴转速≤1500r/min。

③ 瞬时超载转矩允许为额定转矩的 2. 7 倍。

④ 连续或断续工作，可正、反两方向运转。

⑤ 轴伸形式如下。

Y 型：圆柱轴伸，单键平键连接（高速轴与低速轴同为圆柱轴伸，可不标记代号）。

Z 型：圆锥轴伸，单键平键连接。

H 型：渐开线花键轴伸。

C 型：齿轮轴伸（仅 QSH 和 QXSH 减速器用）。

K 型：圆柱形轴孔，平键套装连接（低速轴为套装孔，可不标记代号）。

K（Z）型：圆锥形轴孔，平键套装连接。

K（H）型：花键轴孔，套装连接。

D 型：轴伸与电机直联。

常用轴伸形式，高速轴与低速轴同为圆柱形轴伸或低速轴为套装孔（省略附加标号）。非圆柱形轴伸或高速与低速轴伸形式不同时，则分别依序加注轴伸形式标号。

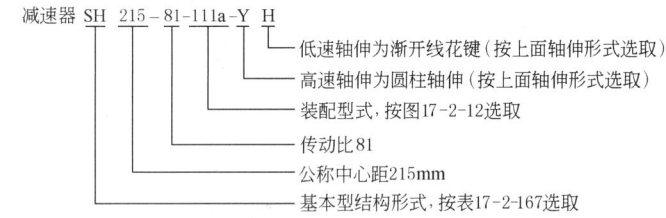

（5）标记示例

减速器 SH 215－81－111a－Y H

- H——低速轴伸为渐开线花键（按上面轴伸形式选取）
- Y——高速轴伸为圆柱轴伸（按上面轴伸形式选取）
- 111a——装配型式，按图17-2-12选取
- 81——传动比81
- 215——公称中心距215mm
- SH——基本型结构形式，按表17-2-167选取

10.2 结构形式与特征

表 17-2-167

序号		型号	简图	结构特征	规格、传动比及输出转矩
1		SH	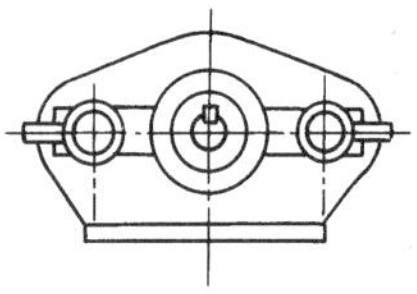	基本型三环传动，二高速轴平行且对称于低速轴，箱体卧式安装（有底座）、平剖分	a = 80～1070 i = 11～99 T_2 = 0.124～469kN · m
2		SHD	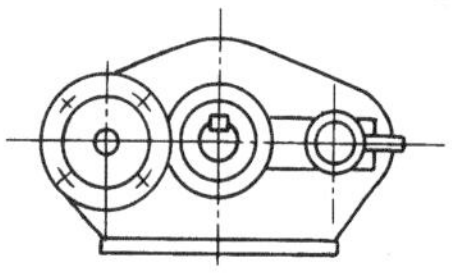	其中一根或二根高速轴与电机直连；其余同 SH	a = 105～300mm i = 11～99 T_2 = 0.259～10.52kN · m
3		SHDK	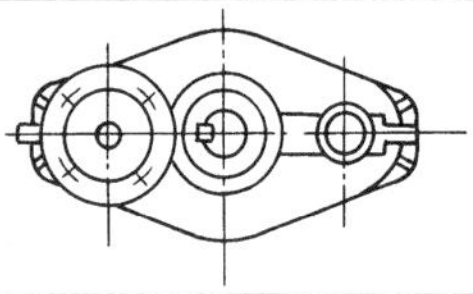	低速轴系具有套装孔的空心轴；箱体上有防摆销孔；其余同 SHD	a = 105～300mm i = 11～99 T_2 = 0.259～10.52kN · m
4	4a	SHC Ⅰ	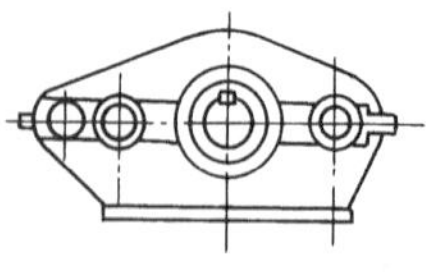	组合二级传动，三环传动的一侧或两侧加高速级圆柱齿轮传动；其余同 SH	a = 125～1070mm i = 21.7～605 T_2 = 0.435～469kN · m
	4b	SHC Ⅱ	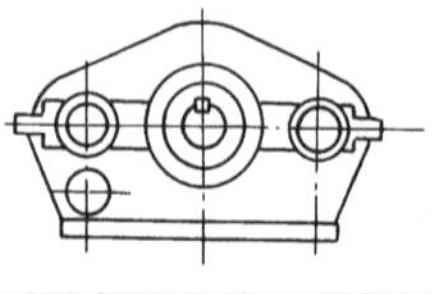	组合二级传动，将高速级圆柱齿轮传动置于箱体剖分面下部；其余同 SHC	a = 125～1070mm i = 21.7～605 T_2 = 0.435～469kN · m
5		SHCD	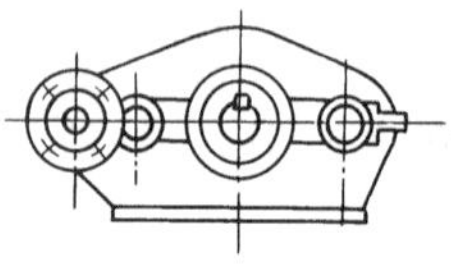	组合二级传动，一个或两个高速轴与电机直联；其余同 SHC	a = 125～450mm i = 21.7～605 T_2 = 0.435～35.9kN · m

续表

序号	型号	简图	结构特征	规格、传动比及输出转矩
6	MSH	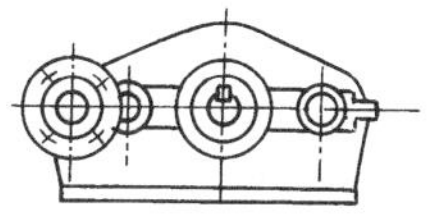	水泥磨慢速驱动用；高速轴与电机直连；类同 SHCD	$a=350\sim600\text{mm}$ $i=100\sim605$ $T_2=15.79\sim87.66\text{kN}\cdot\text{m}$
7	SHS	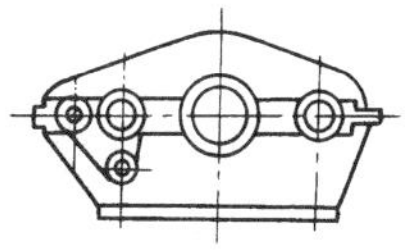	两级三环传动；高速级加于低速级一侧或两侧；其余同 SH	$a=215\sim1070\text{mm}$ $i=299\sim9801$ $T_2=3.336\sim469\text{kN}\cdot\text{m}$
8	LLSH	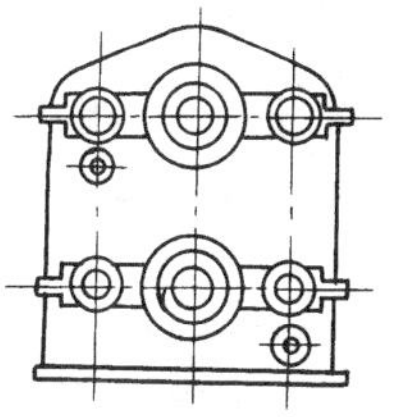	连续铸钢拉矫机传动用；相当于二台 SHCⅡ型组成二重结构	$a=300\sim500\text{mm}$ $i=100\sim605$ $T_2=10.52\sim48.01\text{kN}\cdot\text{m}$
9	SHZ	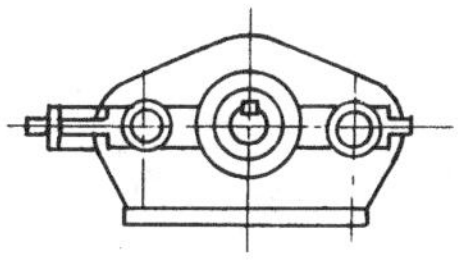	三环传动，一侧或两侧增加高速级锥齿轮垂直传动；其余同 SH	$a=125\sim1070\text{mm}$ $i=33.6\sim503.3$ $T_2=0.435\sim469\text{kN}\cdot\text{m}$
10	ZZSH	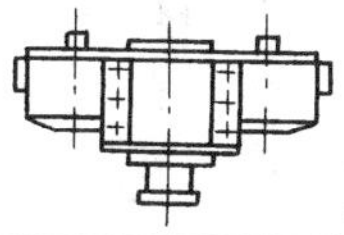	桩孔钻机用；箱体侧面安装（有底座），低速轴中心具有注水孔；其余同 SHP	$a=255\sim450\text{mm}$ $i=11\sim99$ $T_2=5.764\sim35.9\text{kN}\cdot\text{m}$
11	SHZP	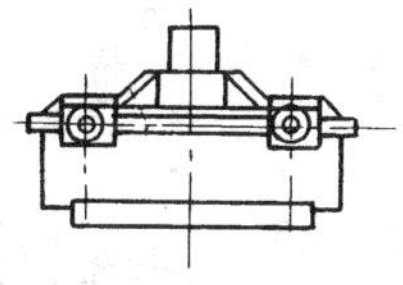	三环传动的一侧或两侧加高速级锥齿轮传动，低速轴竖置且与高速轴垂直，箱体平放安装（有底座），端面剖分	$a=215\sim1070\text{mm}$ $i=33.6\sim503.3$ $T_2=3.336\sim469\text{kN}\cdot\text{m}$
12	YPSH	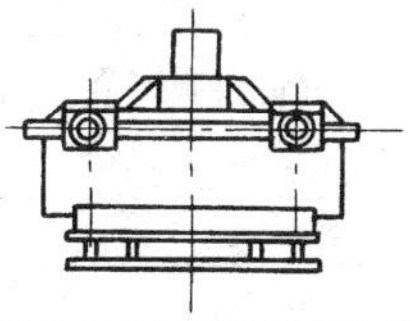	圆盘给料机专用；类同 SHZP	$a=215\sim600\text{mm}$ $i=33.6\sim503.3$ $T_2=3.336\sim87.66\text{kN}\cdot\text{m}$
13	GTSH	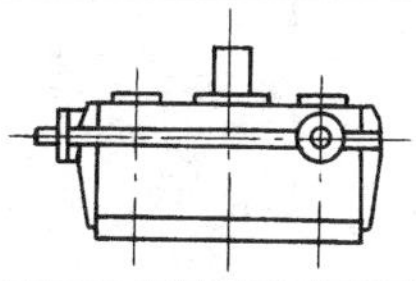	钢包回转台用；具有两根垂直于平面的高速轴；其余类同 SHZP	$a=300\sim400\text{mm}$ $i=77.9\sim503.3$ $T_2=10.52\sim24.67\text{kN}\cdot\text{m}$

10.3 装配形式

根据三环传动的特征，一般有两根高速轴和一根低速轴，每根轴又可制成一端出轴伸、二端出轴伸或不出轴伸，低速轴还可制成空心轴。装配形式分别用三个阿拉伯数字（1、2 和 0）及拼音小写字母表示，数字 1 为一端出轴伸（含套装空心轴）、2 为二端出轴伸、0 为不制出轴伸。数字顺序按轴的顺序排列，其后拼音小写字母为分区号。

SH、SHD、SHCⅠ、SHCⅡ、SHZ、ZZSH、SHZP、GTSH 八种型号的装配形式见图 17-2-12。

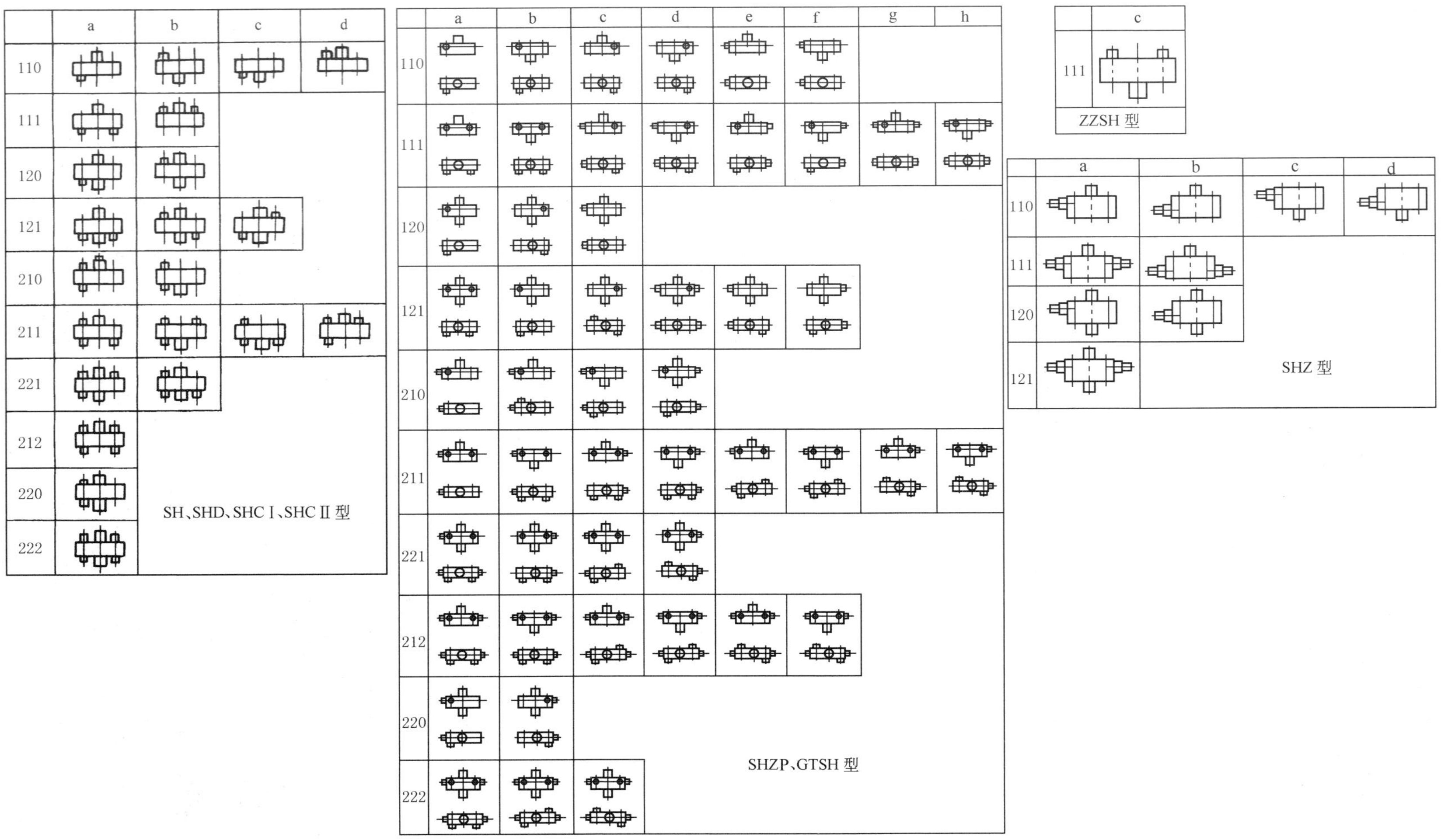

图 17-2-12　SH 等八种型号的装配形式

10.4 外形、安装尺寸（摘自 YB/T 079—2005）

表 17-2-168　　SH、SHC Ⅰ、SHZ、ZZSH、SHZP、GTSH 型减速器外形、安装尺寸　　mm

SH 型

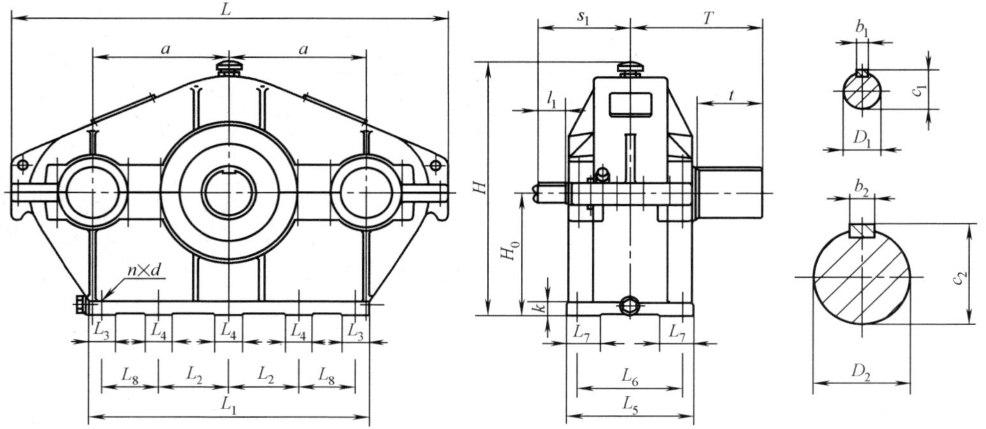

规格	中心尺寸		轮廓尺寸				地脚螺栓									高速轴伸 $i\leqslant23$					高速轴伸 $i\geqslant25.5$					低速轴伸					质量/kg
	a	H_0	H	L	L_1	L_5	d	n	k	L_2	L_3	L_4	L_6	L_7	L_8	D_1	l_1	s_1	c_1	b_1	D_1	l_1	s_1	c_1	b_1	D_2	t	T	c_2	b_2	
215	215	200	433	690	450	240	M20	4	25	190	100		185	65		35k6	58	165	38	10	35k6	58	165	38	10	75m6	105	215	79.5	20	175
255	255	230	493	810	530	260	M20	6	25	220	100	100	210	70		45k6	82	195	48.5	14	45k6	82	195	48.5	14	90m6	130	245	95	25	260
300	300	280	585	960	630	300	M24	6	30	255	120	120	235	80		50k6	82	215	53.3	14	50k6	82	215	53.3	14	110m6	165	315	116	28	440
350	350	325	678	1100	720	340	M24	6	35	310	120	160	270	90		55m6	82	240	53.5	16	55m6	82	240	59	16	130m6	200	365	137	32	590
400	400	355	740	1280	820	370	M24	8	40	150	120	120	310	100	210	65m6	105	290	69	18	65m6	105	290	69	18	150m6	200	395	158	36	900
450	450	400	825	1440	920	420	M30	8	45	160	120	120	340	100	240	75m6	105	310	79.5	20	70m6	105	310	74.5	20	170m6	240	460	179	40	1470
500	500	500	988	1610	1050	465	M36	8	50	185	150	120	390	100	250	80m6	130	350	85	22	70m6	105	325	74.5	20	180m6	240	470	190	45	1800
550	550	560	1110	1750	1130	510	M36	8	60	200	150	150	440	120	290	85m6	130	370	90	22	75m6	105	345	79.5	20	200m6	280	535	210	45	2360
600	600	630	1230	1920	1250	555	M42	8	60	220	180	150	480	120	300	90m6	130	390	95	25	80m6	130	390	85	22	220m6	280	540	231	50	3090
670	670	670	1330	2110	1370	600	M42	8	70	250	180	180	520	140	350	100m6	165	450	106	28	90m6	130	415	95	25	250m6	330	630	262	56	4370
750	750	750	1480	2350	1550	660	M48	8	80	250	210	210	560	150	420	110m6	165	485	116	28	100m6	165	485	106	28	280m6	380	705	292	63	6040
840	840	840	1626	2460	1730	750	M48	10	80	330	225	200	640	150	410	130m6	200	545	137	32	110m6	165	510	116	28	300m6	380	730	314	70	8820
950	950	950	1830	2940	1950	815	M56	10	90	360	235	200	685	200	480	150m6	200	575	158	36	130m6	200	575	137	32	340m6	450	830	355	80	12900
1070	1070	1060	2060	3230	2190	870	M56	10	90	440	240	240	735	200	540	170m6	240	640	179	40	150m6	200	600	158	36	380m6	450	860	395	80	18600

说明：生产厂为北京太富力传动机器有限责任公司（本节三环减速器均为该公司生产）

续表

SHC Ⅰ型

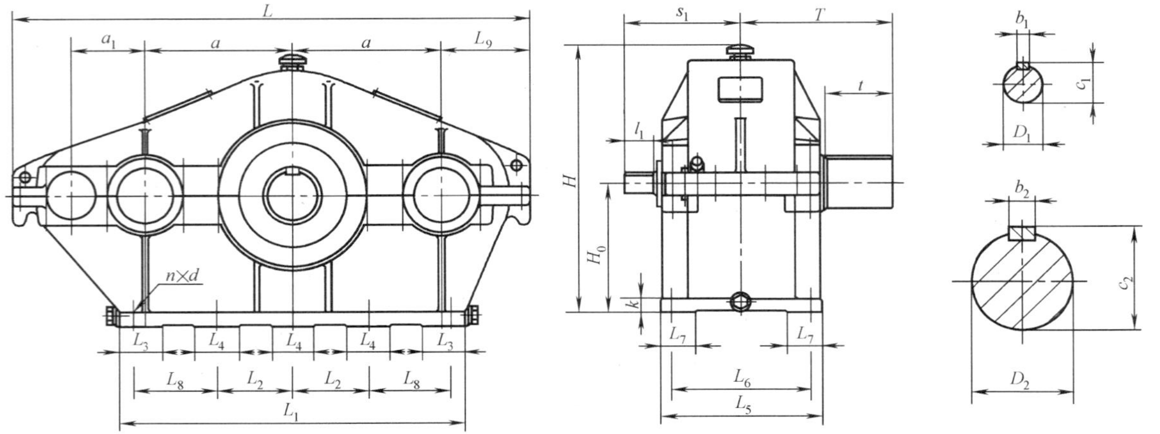

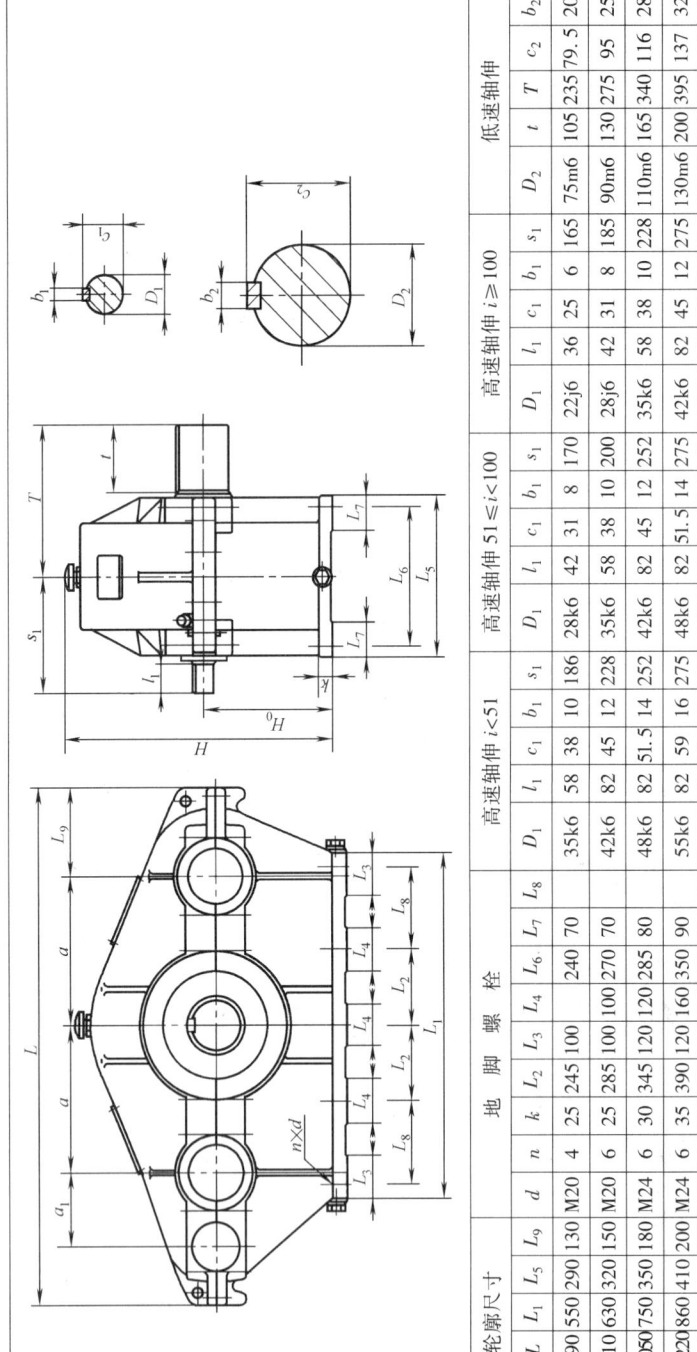

规格	中心尺寸			轮廓尺寸					地脚螺栓									高速轴伸 $i<51$					高速轴伸 $51\leqslant i<100$					高速轴伸 $i\geqslant 100$					低速轴伸					质量/kg
	a	a_1	H_0	H	L	L_1	L_5	L_9	d	n	k	L_2	L_3	L_4	L_6	L_7	L_8	D_1	l_1	c_1	b_1	s_1	D_1	l_1	c_1	b_1	s_1	D_1	l_1	c_1	b_1	s_1	D_2	t	T	c_2	b_2	
215	215	130	200	433	790	550	290	130	M20	4	25	245	100		240	70		35k6	58	38	10	186	28k6	42	31	8	170	22j6	36	25	6	165	75m6	105	235	79.5	20	205
255	255	145	230	493	910	630	320	150	M20	6	25	285	100	100	270	70		42k6	82	45	12	228	35k6	58	38	10	200	28j6	42	31	8	185	90m6	130	275	95	25	310
300	300	160	280	585	1050	750	350	180	M24	6	30	345	120	120	285	80		48k6	82	51.5	14	252	42k6	82	45	12	252	35k6	58	38	10	228	110m6	165	340	116	28	528
350	350	180	325	678	1220	860	410	200	M24	6	35	390	120	160	350	90		55k6	82	59	16	275	48k6	82	51.5	14	275	42k6	82	45	12	275	130m6	200	395	137	32	699
400	400	210	355	740	1410	950	445	240	M24	8	40	150	120	120	385	100	290	65m6	105	69	18	341	55k6	82	59	16	318	48k6	82	51.5	14	318	150m6	200	438	158	36	1145
450	450	230	400	825	1550	1100	510	270	M30	8	45	160	120	120	430	100	340	70m6	105	74.5	20	355	65m6	105	69	18	355	55m6	82	59	16	332	170m6	240	500	179	40	1600
500	500	260	500	1028	1750	1220	570	305	M36	8	55	160	150	150	490	120	410	75m6	105	79.5	20	375	70m6	105	74.5	20	375	60m6	105	64	18	375	180m6	240	510	190	45	2150
550	550	290	560	1110	1910	1320	600	325	M36	8	60	200	150	150	530	120	410	80m6	130	85	22	415	75m6	105	79.5	20	390	65m6	105	69	18	390	200m6	280	580	210	45	2900
600	600	330	630	1270	2110	1460	680	360	M42	8	60	220	180	180	580	150	465	90m6	130	95	25	455	80m6	130	85	22	455	70m6	105	74.5	20	430	220m6	280	600	231	50	3650
670	670	360	670	1330	2310	1600	720	385	M42	8	70	250	180	180	640	140	500	100m6	165	106	28	510	90m6	130	95	25	475	80m6	130	85	22	475	250m6	330	690	262	56	5050
750	750	390	750	1520	2570	1790	790	425	M48	8	80	280	210	210	690	150	560	110m6	165	116	28	550	100m6	165	106	28	550	90m6	130	95	25	515	280m6	380	765	292	63	6600
840	840	420	840	1666	2850	1980	874	480	M48	10	80	450	250	250	764	150	485	130m6	200	137	32	605	110m6	165	116	28	570	100m6	165	106	28	570	300m6	380	790	314	70	9300
950	950	460	950	1870	3180	2240	1000	520	M56	10	90	500	250	250	870	200	555	150m6	200	157	36	665	130m6	200	137	32	665	110m6	165	116	28	630	340m6	450	920	355	80	13400
1070	1070	520	1060	2100	3530	2480	1030	545	M56	10	90	500	250	250	895	200	675	170m6	240	179	40	760	150m6	200	157	36	720	130m6	200	137	32	720	380m6	450	940	395	80	19500

SHZ 型

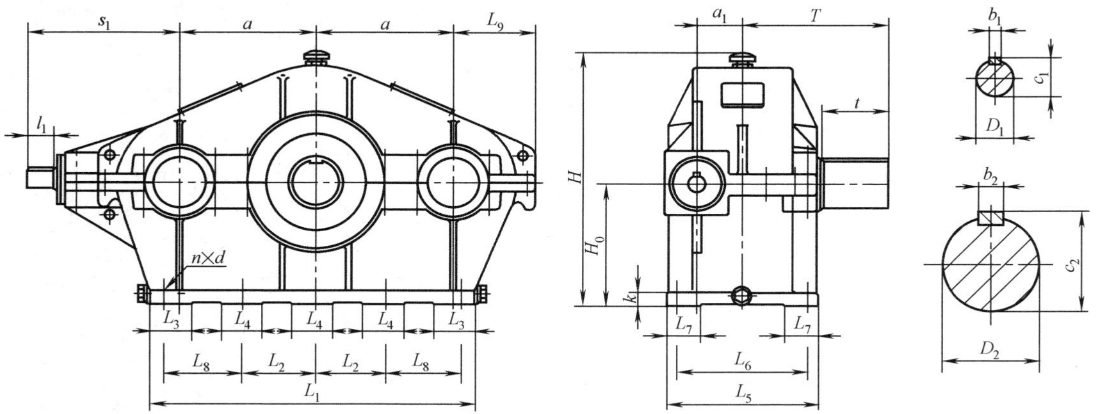

规格	中心尺寸			轮廓尺寸				地脚螺栓									高速轴伸 $i\leqslant137.5$					高速轴伸 $i\geqslant144.9$					低速轴伸					质量/kg
	a	a_1	H_0	H	L_1	L_5	L_9	d	n	k	L_2	L_3	L_4	L_6	L_7	L_8	D_1	l_1	c_1	b_1	s_1	D_1	l_1	c_1	b_1	s_1	D_2	t	T	c_2	b_2	
215	215	70	200	433	550	290	130	M20	4	25	245	100		240	70		28j6	42	31	8	300	18j6	28	20.5	6	285	75m6	105	235	79.5	20	205
255	255	80	230	493	630	320	150	M20	6	25	285	100	100	270	70		35k6	58	38	10	340	22j6	36	24.5	6	320	90m6	130	275	95	25	310
300	300	95	280	585	750	350	180	M24	6	30	345	120	120	285	80		42k6	82	45	12	405	28j6	42	31	8	365	110m6	165	340	116	28	520
350	350	115	325	678	860	410	200	M24	6	35	390	120	160	350	90		48k6	82	51.5	14	450	35k6	58	38	10	425	130m6	200	395	137	32	695
400	400	135	355	740	950	445	240	M24	8	40	150	120	120	385	100	290	55m6	82	59	16	450	42k6	82	45	12	450	150m6	200	438	158	36	1100
450	450	150	400	825	1100	510	270	M30	8	45	160	120	120	430	100	340	60m6	105	64	18	489	48k6	82	51.5	14	466	170m6	240	500	179	40	1570
500	500	165	500	1028	1220	570	305	M36	8	55	160	150	150	490	120	410	70m6	105	74.9	20	540	55m6	82	59	16	517	180m6	240	510	190	45	2150
550	550	180	560	1110	1320	600	325	M36	8	60	200	150	150	530	120	410	75m6	105	79.5	20	575	60m6	105	64	18	575	200m6	280	580	210	45	2900
600	600	200	630	1270	1460	680	360	M42	8	60	220	180	180	580	150	465	80m6	130	85	22	680	65m6	105	69.5	18	655	220m6	280	600	231	50	4010
670	670	220	670	1330	1600	720	385	M42	8	70	250	180	180	640	140	500	90m6	130	95	25	740	70m6	105	74.5	20	715	250m6	330	690	262	56	5100
750	750	250	750	1520	1790	790	425	M48	8	80	280	210	210	690	150	560	100m6	165	106	28	840	80m6	130	85	22	805	280m6	380	765	292	63	7205
840	840	280	840	1666	1980	874	480	M48	10	80	450	250	250	764	150	485	110m6	165	116	28	896	90m6	130	95	25	861	300m6	380	790	314	70	9800
950	950	310	950	1870	2240	1000	520	M52	10	90	500	250	250	870	200	555	130m6	200	137	32	1021	100m6	165	116	28	986	340m6	450	920	355	80	13360
1070	1070	340	1060	2100	2480	1030	545	M56	10	90	500	250	250	895	200	675	150m6	200	158	36	1086	110m6	165	116	28	1051	380m6	450	940	395	80	19100

续表

ZZSH 型

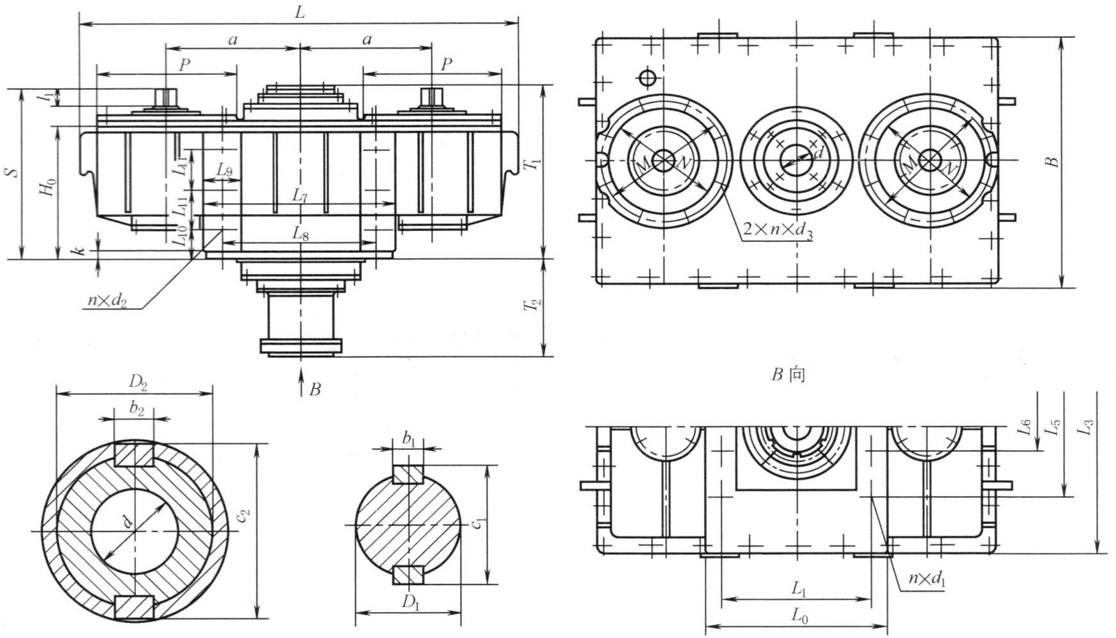

规格	中心尺寸		轮廓尺寸				地脚螺栓													法兰连接尺寸				高速轴伸					低速轴伸				质量/kg
	a	H_0	L	T_1	T_2	B	$n\times d_1$	k	L_0	L_1	L_3	L_5	L_6	$n\times d_2$	L_7	L_8	L_9	L_{10}	L_{11}	P	M	N	$n\times d_3$	D_1	l_1	S	c_1	b_1	D_2	c_2	b_2	d	
255	255	350	970	435	180	560	12×ϕ18	18	425	350	545	320	120	12×M16	440	350	90	55	100	280	240	200H8	6×M16	50m6	50	425	57	14	99	111	28	50	460
350	350	370	1220	535	238	770	12×ϕ22	20	535	450	755	480	180	12×M20	535	450	120	80	115	380	340	300H8	8×M16	60m6	55	480	68	18	169	187	40	125	860
400	400	382	1360	530	320	830	12×ϕ26	21	600	500	810	450	150	12×M24	640	520	120	50	130	440	400	350H8	8×M20	70m6	55	527	79	20	179	199	45	125	1400
450	450	450	1510	665	385	940	12×ϕ32	24	700	560	900	700	400	12×M30	700	560	150	80	160	450	400	350H8	8×M20	75m6	65	640	84	20	190	210	45	130	2090
480	480	525	1550	665	385	970	12×ϕ32	28	780	680	964	600	270	16×M30	780	680	160	77.5	130	据电机确定									190	210	45	139	2300
580	580	585	1826	872	428	1120	12×ϕ38	30	880	790	1114	700	350	16×M36	880	790	150	92.5	135										235	257	50	183	3300
670	670	680	1900	960	590	1310	12×ϕ38	30	1000	880	1330	780	400	16×M36	970	880	160	115	115										321	285	70	198	6300

续表

SHZP 型

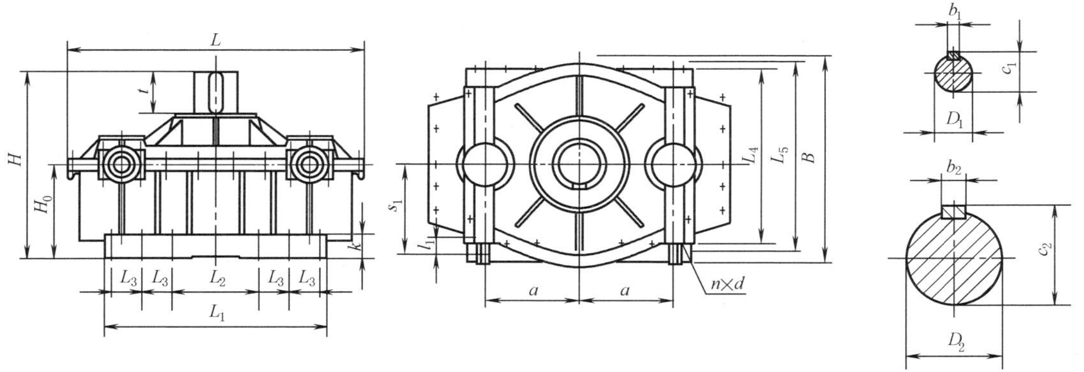

规格	中心尺寸		轮廓尺寸			地脚螺栓								高速轴伸 $i \leq 137.5$					高速轴伸 $i \geq 144.9$					低速轴伸				质量/kg
	a	H_0	L	B	H	L_1	L_2	L_3	L_4	L_5	d	n	k	D_1	l_1	c_1	b_1	s_1	D_1	l_1	c_1	b_1	s_1	D_2	t	c_2	b_2	
215	215	250	690	430	485	560	280	110	350	400	M20	8	60	28j6	42	31	8	340	18j6	28	20.5	6	320	75m6	105	79.5	20	270
255	255	280	810	500	555	660	330	130	410	460	M20	8	65	35k6	58	38	10	405	22j6	36	24.5	6	365	90m6	130	95	25	400
300	300	315	960	580	655	770	380	150	470	530	M24	8	70	42k6	82	45	12	450	28j6	42	31	8	425	110m6	165	116	28	707
350	350	355	1100	680	750	870	420	180	570	630	M24	8	80	48k6	82	51.5	14	450	35k6	58	38	10	405	130m6	200	137	32	946
400	400	400	1280	790	838	990	500	200	670	740	M24	8	90	55m6	82	59	16	489	42k6	82	45	12	466	150m6	200	158	36	1350
450	450	450	1440	900	950	1150	440	150	740	840	M30	12	120	60m6	105	64	16	508	48k6	82	51.5	14	485	170m6	240	179	45	1860
500	500	500	1610	1000	1010	1250	480	160	830	930	M36	12	120	70m6	105	74.9	20	540	55m6	82	59	16	517	180m6	240	190	45	2517
550	550	550	1750	1110	1130	1350	500	180	960	1070	M36	12	140	75m6	105	79.5	20	575	60m6	105	64	18	575	200m6	280	210	45	3360
600	600	600	1920	1220	1200	1490	540	200	1020	1140	M42	12	160	80m6	130	85	22	680	65m6	105	69	18	655	220m6	280	231	50	4580
670	670	630	2110	1340	1320	1630	560	230	1140	1260	M42	12	180	90m6	130	95	25	740	70m6	105	74.5	20	715	250m6	330	262	56	6105
750	750	710	2350	1500	1475	1840	580	180	1250	1410	M48	16	200	100m6	165	106	28	840	80m6	130	85	22	805	280m6	380	292	63	8645
840	840	800	2640	1680	1590	2020	640	200	1430	1590	M48	16	220	110m6	165	116	28	896	90m6	130	95	25	861	300m6	380	314	70	12150
950	950	900	2940	1900	1820	2300	700	230	1620	1800	M56	16	250	130m6	200	137	32	1021	100m6	165	116	28	986	340m6	450	355	80	17505
1070	1070	1000	3230	2120	1940	2550	700	270	1840	2820	M56	16	280	150m6	200	158	36	1086	110m6	165	116	28	1051	380m6	450	395	80	24835

续表

GTSH 型

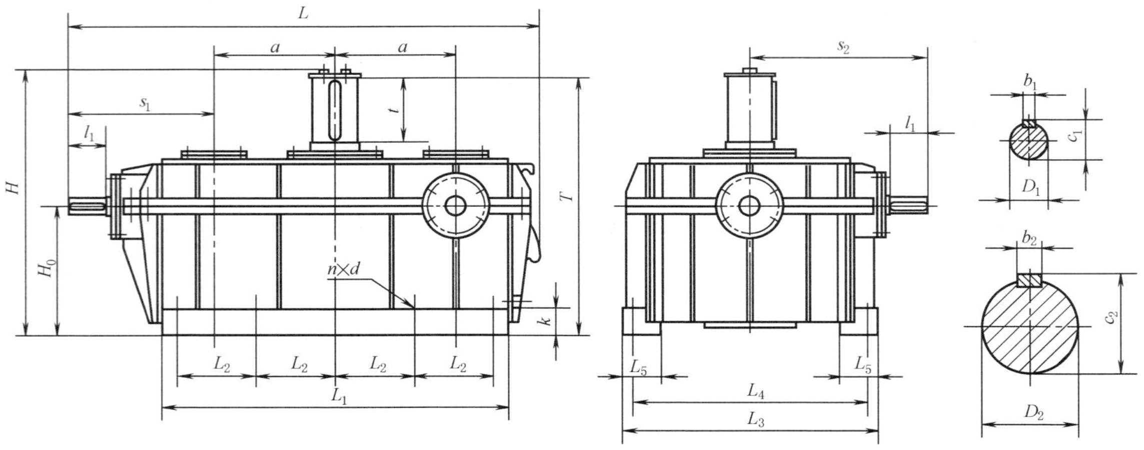

规格	中心尺寸		轮廓尺寸				地脚螺栓						高速轴伸						低速轴伸					质量/kg
	a	H_0	H	L	L_1	L_3	d	n	k	L_2	L_4	L_5	D_1	l_1	s_1	s_2	c_1	b_1	D_2	t	T	c_2	b_2	
300	300	310	686	1170	870	640	M24	10	55	195	580	100	42k6	82	355	417	45	12	110m6	165	665	116	28	680
350	350	370	806	1325	1010	750	M24	10	75	230	690	110	48k6	82	397	497	51.5	14	130m6	200	780	137	32	1140
400	400	430	950	1500	1160	940	M24	10	85	265	870	150	55m6	82	442	577	59	16	150m6	200	865	158	36	2020

10.5 承载能力

表 17-2-169 SH、SHD、SHDK、ZZSH、SHC、SHCD、MSH、LLSH、SHZ、SHZP、YPSH、GTSH 型减速器的额定功率 P_N、输出转矩 T_{2N}

SH、SHD、SHDK、ZZSH 型

规格	输入转速 n_1 /r·min⁻¹	传动比																						输出转矩 T_{2N} /kN·m
		99	93	87	81	75	69	63	57	51	45	40.5	37.5	34.5	31.5	28.5	25.5	23	21	19	17	15	13	
		额定功率 P_N/kW																						
215	1500	6.10	6.48	6.91	7.40	7.96	8.63	9.42	10.4	11.6	13.1	14.5	15.6	17.0	18.6	20.5	22.9	25.4	27.7	30.6	34.2	38.7	44.6	3.54
	1000	4.07	4.32	4.60	4.93	5.31	5.75	6.28	6.93	7.71	8.72	9.67	10.4	11.4	12.4	13.7	15.3	16.9	18.5	20.4	22.8	25.8	22.1	
	750	3.06	3.24	3.45	3.69	3.98	4.32	4.71	5.19	5.78	6.54	7.25	7.82	8.49	9.28	10.2	11.5	12.6	13.9	15.3	17.1	19.3	22.3	
255	1500	10.5	11.2	11.9	12.7	13.8	14.9	16.2	17.9	19.9	22.6	25.0	27.0	29.3	32.0	35.4	39.4	43.7	47.8	52.8	58.9	66.8		6.11
	1000	7.03	7.45	7.95	8.51	9.16	9.93	10.8	12.0	13.4	15.1	16.6	18.0	19.5	21.4	23.5	26.3	29.2	31.9	35.2	39.3	44.5		
	750	5.27	5.60	5.96	6.38	6.87	7.45	8.13	8.97	9.99	11.2	12.5	13.5	14.6	16.0	17.7	19.7	21.8	24.0	26.4	29.5	33.4		
300	1000	12.9	13.7	14.7	15.7	16.9	18.3	20.0	22.0	24.5	27.7	30.7	33.2	36.0	39.4	43.4	48.5	53.7	58.7	64.8	72.4	82.0		11.26
	750	9.70	10.3	11.0	11.8	12.6	13.7	15.0	16.5	18.4	20.8	23.1	24.8	27.0	29.5	32.5	36.8	40.2	44.1	48.7	54.4	61.5		
	600	7.77	8.24	8.78	9.41	10.1	11.0	12.0	13.2	14.8	16.6	18.4	19.9	21.6	23.6	26.1	29.1	32.2	35.2	38.9	43.3	49.2		
350	1000	19.7	20.8	22.1	23.8	25.6	27.8	30.2	33.4	37.2	42.0	46.5	50.2	54.5	59.6	65.8	73.4	81.3	89.0	98.3	110	124		17.05
	750	14.7	15.7	16.6	17.8	19.2	20.7	22.7	25.1	27.9	31.5	34.9	37.7	40.9	44.7	49.4	55.1	61.0	66.7	73.7	82.3	93.2		
	600	11.8	12.5	13.3	14.3	15.9	16.6	18.1	20.0	22.4	25.2	28.0	30.1	32.7	35.7	39.5	44.1	48.8	53.4	59.0	65.9	74.5		
400	1000	30.7	32.5	34.7	37.2	40.0	43.3	47.3	52.2	58.1	65.7	72.8	78.5	85.2	93.2	103	114	127	139	153	172	194		26.64
	750	23.0	24.4	26.0	27.9	29.9	32.5	35.4	39.1	43.5	49.2	54.5	58.9	63.9	69.9	77.1	86.1	95.3	104	116	129	146		
	600	18.4	19.5	20.8	22.2	24.0	26.0	28.4	31.3	34.9	39.4	43.6	47.1	51.1	55.9	61.7	68.9	76.2	83.4	92.1	103	117		
450	750	33.5	35.5	37.8	40.5	43.6	47.3	51.6	56.9	63.4	71.6	79.4	85.6	93.0	102	112	125	138	152	167	187	212		38.77
	600	26.8	28.4	30.2	32.4	34.9	37.8	41.3	45.5	50.8	57.3	63.5	68.5	74.4	81.3	89.7	100	111	121	134	150	170		
500	650	38.2	40.7	43.2	46.4	49.9	54.1	59.1	65.2	72.6	82.0	90.0	98.1	106	116	128	143	159	174	192	215			51.23
	500	29.5	31.3	33.3	35.6	38.4	41.6	45.5	50.2	55.8	63.1	67.9	75.4	81.8	89.5	98.8	110	123	133	147	165			
550	600	48.1	51.1	54.5	58.3	62.9	68.1	74.3	81.9	91.3	103	114	123	134	146	162	180	200	218	242	269			69.81
	450	36.0	38.3	40.9	43.8	47.2	51.1	55.8	63.6	68.5	77.4	85.9	92.2	100	110	122	136	151	164	181	203			

续表

SH、SHD、SHDK、ZZSH 型

规格	输入转速 n_1 /r·min^{-1}	传动比 99	93	87	81	75	69	63	57	51	45	40.5	37.5	34.5	31.5	28.5	25.5	23	21	19	17	15	13	输出转矩 T_{2N} /kN·m
		额定功率 P_N/kW																						
600	500	53.8	57.1	60.8	65.1	70.1	76.0	83.0	91.4	102	115	128	138	149	163	180	202	223	244	270	301			93.53
	400	43.0	45.6	48.7	52.1	56.1	60.8	66.4	73.2	81.6	92.2	102	110	120	130	144	161	178	195	216	241			
670	450	68.4	72.7	77.5	83.0	89.3	96.9	106	117	129	147	163	175	190	208	230	257	284	310	343	383			132.19
	350	53.2	56.5	60.3	64.5	69.4	75.3	82.3	90.8	101	114	126	136	148	162	179	199	221	242	267				
750	400	85.5	91.0	97.0	104	111	121	133	146	162	183	203	219	238	260	287	321	355	388	429				186.04
	300	64.2	68.2	72.8	77.9	83.8	90.8	99.2	109	122	137	152	165	179	195	215	241	266	291	322				
840	350	91.9	97.7	104	111	120	130	142	157	174	197	218	235	256	279	308	345	382	417	461				228.41
	250	65.6	69.8	74.4	79.7	85.8	92.9	102	112	125	140	156	168	183	200	220	246	273	299	330				
950	300	115	122	130	139	150	162	178	196	217	245	272	293	319	349	385	430	476	521					332.50
	200	76.4	81.2	86.7	92.8	99.9	108	119	131	145	164	182	196	213	232	257	287	318	348					
1070	230	132	141	150	161	173	188	205	226	251	283	314	339	368	403	444	496	550	601					500.42
	130	74.7	79.5	84.8	90.8	97.8	106	115	128	142	160	177	191	208	227	251	281	311	340					

SHC、SHCD、MSH、LLSH 型

规格	输入转速 n_1 /r·min^{-1}	传动比 25.7	29.7	33.6	37.6	41.5	45.5	50.4	56.3	62.3	68.2	74.1	80.1	90.2	100	111.8	123.6	135.3	147.1	158.9	176.5	200.1	223.6	247.2	270.7	294.2	317.8	341.3	364.8	388.4	421.7	458.3	495	531.7	568.3	605.5	额定输出转矩 T_{2N} /kN·m
		额定功率 P_N/kW																																			
215	1500	23	19.9	17.6	15.8	14.3	13.1	11.8	10.6	9.58	8.76	8.06	7.48	6.58	5.94	5.33	4.83	4.41	4.06	3.77	3.41	3.01	2.71	2.45	2.25	2.07	1.92	1.79	1.69	1.59	1.44	1.33	1.23	1.16	1.08	1.02	3.54
	1000	15.4	13.3	11.7	10.5	9.52	8.71	7.85	7.05	6.39	5.85	5.38	4.99	4.39	3.96	3.55	3.21	2.94	2.71	2.51	2.27	2.01	1.8	1.63	1.5	1.38	1.28	1.2	1.12	1.06	0.97	0.89	0.83	0.76	0.72	0.68	
	750	11.5	9.96	8.8	7.88	7.14	6.54	5.89	5.28	4.79	4.38	4.03	3.75	3.29	2.97	2.66	2.42	2.21	2.04	1.89	1.7	1.51	1.35	1.22	1.12	1.04	0.97	0.9	0.84	0.8	0.72	0.67	0.62	0.57	0.54	0.51	
255	1500	39.8	34.5	30.3	27.2	24.6	22.6	20.4	18.2	16.5	15.2	13.9	12.9	11.3	10.3	9.19	8.33	7.62	7.02	6.51	5.87	5.19	4.66	4.23	3.88	3.57	3.32	3.1	2.9	2.75	2.49	2.29	2.13	1.99	1.87	1.76	6.11
	1000	26.5	22.9	20.2	18.1	16.4	15.1	13.6	12.2	11	10.1	9.24	8.61	7.58	6.84	6.13	5.55	5.08	4.67	4.34	3.91	3.47	3.11	2.82	2.59	2.39	2.22	2.07	1.94	1.82	1.65	1.53	1.42	1.33	1.24	1.18	
	750	19.8	17.2	15.2	13.6	12.3	11.2	10.2	9.12	8.27	7.56	6.96	6.46	5.68	5.13	4.6	4.17	3.81	3.51	3.25	2.94	2.6	2.33	2.12	1.94	1.79	1.66	1.55	1.45	1.37	1.24	1.14	1.07	1	0.93	0.88	

续表

SHC、SHCD、MSH、LLSH 型

规格	输入转速 n_1 /r·min^{-1}	传动比																																			额定输出转矩 T_{2N} /kN·m
		25.7	29.7	33.6	37.6	41.5	45.5	50.4	56.3	62.3	68.2	74.1	80.1	90.2	100	111.8	123.6	135.3	147.1	158.9	176.5	200.1	223.6	247.2	270.7	294.2	317.8	341.3	364.8	388.4	421.7	458.3	495	531.7	568.3	605.5	
		额定功率 P_N/kW																																			
300	1500	73.2	63.3	56	50.2	45.4	41.5	37.5	33.6	30.5	27.8	25.7	23.8	21	18.9	16.9	15.3	14	12.9	12	10.8	9.58	8.59	7.79	7.14	6.58	6.12	5.71	5.36	5.05	4.58	4.23	3.93	3.67	3.43	3.24	11.26
	1000	48.8	42.3	37.2	33.5	30.3	27.7	24.9	22.4	20.3	18.6	17.1	15.8	13.9	12.6	11.3	10.2	9.06	8.62	7.99	7.21	6.38	5.72	5.2	4.76	4.39	4.08	3.81	3.57	3.37	3.05	2.81	2.62	2.44	2.29	2.16	
	750	36.6	31.7	27.9	25	22.7	20.8	18.7	16.8	15.2	13.9	12.8	11.9	10.5	9.45	8.46	7.67	7.05	6.46	5.99	5.4	4.78	4.29	3.89	3.57	3.3	3.06	2.86	2.68	2.53	2.29	2.12	1.96	1.83	1.72	1.62	
350	1500		96	84.7	76	68.8	63	56.8	50.9	46.1	42.2	38.9	36.1	31.8	28.6	25.7	23.2	21.3	19.5	18.1	16.4	14.5	13	11.8	10.8	9.98	9.27	8.65	8.12	7.65	6.94	6.4	5.95	5.55	5.22	4.91	17.05
	1000	73.9	64	56.5	50.7	45.8	41.9	37.8	33.9	30.8	28.2	25.9	24.1	21.2	19.1	17.1	15.6	14.1	13.1	12.1	10.9	9.67	8.67	7.87	7.21	6.65	6.18	5.77	5.41	5.1	4.63	4.27	3.96	3.7	3.48	3.27	
	750	55.4	48.1	42.3	38	34.3	31.4	28.4	25.5	23.1	21.1	19.4	18	15.9	14.4	12.9	11.7	10.6	9.8	9.08	8.2	7.25	6.5	5.91	5.41	4.99	4.63	4.32	4.06	3.82	3.47	3.21	2.97	2.78	2.6	2.45	
400	1500				119	107	98.3	88.7	79.5	72.1	66	60.7	56.3	49.6	44.7	40.1	36.3	33.3	30.6	28.4	25.6	22.7	20.3	18.5	16.8	15.6	14.5	13.5	12.6	12	10.8	10	9.29	8.68	8.14	7.67	26.64
	1000	116	100	88.2	79.2	71.6	65.6	59.1	53	48.1	44	40.5	37.6	33	29.8	26.7	24.2	22.1	20.4	18.9	17.1	15.1	13.5	12.3	11.2	10.4	9.66	9.01	8.46	7.96	7.24	6.67	6.2	5.79	5.43	5.12	
	750	86.6	75.1	66.2	59.4	53.7	49.1	44.4	39.7	36.1	32.9	30.3	28.2	24.7	22.4	20.1	18.1	16.6	15.3	14.1	12.9	11.3	10.2	9.22	8.45	7.8	7.24	6.76	6.34	5.97	5.42	5	4.64	4.34	4.07	3.83	
450	1500					157	144	130	116	105	96	88.3	82	72.1	65.1	58.3	52.9	48.4	44.5	41.4	37.3	32.9	29.6	26.9	24.6	22.7	21.1	19.7	18.5	17.4	15.8	14.6	13.5	12.6	11.9	11.1	38.77
	1000	168	146	129	116	104	95.4	86.1	77.1	70	63.9	58.9	54.6	48.1	43.4	38.9	35.2	32.2	29.7	27.5	24.8	22	19.8	17.9	16.4	15.1	14	13.1	12.3	11.6	10.5	9.71	9.02	8.42	7.89	7.44	
	750	126	109	96.3	86.4	78.2	71.5	64.6	57.9	52.5	48	44.2	40.9	36.1	32.5	29.2	26.5	24.2	22.2	20.6	18.6	16.5	14.8	13.4	12.3	11.3	10.5	9.84	9.22	8.69	7.89	7.44	6.76	6.32	5.93	5.58	
500	1500						189	171	153	139	127	116	109	95.3	86	77	69.9	63.9	58.8	54.6	49.2	43.5	39.1	35.4	32.4	30	27.9	26	24.4	22.9	20.8	19.2	17.8	16.6	15.7	14.7	51.23
	1000			170	153	138	126	114	102	92.4	84.5	77.8	72.2	63.5	57.4	51.4	46.6	42.6	39.3	36.4	32.9	29	26	23.7	21.7	20	18.6	17.3	16.2	15.4	13.9	12.8	12	11.1	10.4	9.83	
	750	166	144	127	114	103	94.5	85.3	76.5	69.4	63.4	58.4	54.1	47.6	43	38.5	34.9	31.9	29.5	27.3	24.7	21.8	19.5	17.7	16.2	14.9	13.9	13	12.2	11.5	10.4	9.63	8.93	8.34	7.83	7.37	
550	1500								209	189	173	159	147	130	118	105	95.2	87	80.1	74.4	67.1	59.4	53.2	48.3	44.3	40.8	37.9	35.4	33.2	31.3	28.4	26.2	24.4	22.8	21.3	20.1	69.81
	1000				208	188	172	155	139	126	116	106	98.4	86.5	78.1	70.1	63.5	58	53.4	49.6	44.7	39.5	35.5	32.2	29.5	27.2	25.3	23.6	22.2	20.9	19	17.5	16.2	15.2	14.2	13.4	
	750	227	197	174	156	141	129	117	104	94.4	86.4	80	73.8	64.9	58.6	52.5	47.6	43.6	40.1	37.2	33.5	29.7	26.6	24.2	22.2	20.5	19	17.7	16.6	15.7	14.2	13.1	12.2	11.3	10.7	10	
600	1500													174	157	141	128	116	108	100	89.9	79.6	70.4	64.8	59.3	54.7	50.8	47.5	44.5	41.9	38.1	35.1	32.7	30.5	28.6	26.9	93.53
	1000							208	186	169	155	142	132	116	105	93.8	85	77.8	71.6	66.5	60	53	47.6	43.2	39.6	36.5	33.9	31.6	29.7	28	25.4	23.4	21.8	20.3	19.1	17.9	
	750				208	189	173	156	140	127	116	107	98.8	87	78.5	70.3	63.7	58.4	53.7	49.8	44.9	39.8	35.6	32.3	29.7	27.3	25.4	23.7	22.3	21	19	17.6	16.3	15.3	14.3	13.4	

续表

SHC、SHCD、MSH、LLSH 型

规格	输入转速 n_1 /r·min^{-1}	传动比																																			额定输出转矩 T_{2N} /kN·m
		25.7	29.7	33.6	37.6	41.5	45.5	50.4	56.3	62.3	68.2	74.1	80.1	90.2	100	111.8	123.6	135.3	147.1	158.9	176.5	200.1	223.6	247.2	270.7	294.2	317.8	341.3	364.8	388.4	421.7	458.3	495	531.7	568.3	605.5	
		额定功率 P_N/kW																																			
670	1500													246	223	199	181	165	152	141	127	112	101	91.5	83.8	77.4	71.8	67.1	62.9	59.3	53.8	49.4	46.1	43	40.4	38.1	132.19
	1000								263	239	218	201	186	164	148	133	120	110	101	93.9	84.6	74.9	67.2	61	55.9	51.6	47.8	44.7	41.9	39.5	35.8	33.1	30.7	28.7	27	25.4	
	750					266	244	220	197	177	164	151	140	123	111	99.4	90.2	82.4	75.9	70.4	63.6	56.2	50.4	45.8	41.9	38.6	36	33.5	31.5	29.6	26.9	24.8	23	21.5	20.2	19	
750	1000										307	282	262	231	209	186	169	156	142	133	119	106	94.6	85.9	78.6	72.5	67.4	62.9	59.1	55.6	50.5	46.5	43.2	40.4	37.9	35.7	186.04
	750							309	278	251	230	212	197	173	156	140	127	116	107	99.1	89.3	79.1	70.9	64.4	59	54.5	50.5	47.2	44.3	41.7	37.9	35	32.4	30.3	28.5	26.8	
	600					300	275	248	223	201	184	170	157	138	125	112	102	92.8	85.5	79.3	71.5	63.2	56.8	51.6	47.2	43.5	40.4	37.8	35.4	33.4	30.3	27.9	26	24.3	22.8	21.4	
840	1000													284	256	229	208	190	175	163	147	129	117	105	96.5	89.1	82.7	77.3	72.4	68.3	62	57.2	53.1	49.6	46.5	43.9	228.41
	750										282	260	242	213	192	172	156	142	132	122	110	97.2	87.1	79.1	72.4	66.8	62.1	57.9	54.4	51.3	46.4	42.9	39.8	37.2	34.9	32.8	
	600							304	273	247	226	209	194	170	153	138	125	114	105	97.4	87.7	77.7	69.7	63.2	57.9	53.5	49.6	46.3	43.4	41	37.2	34.3	31.9	29.7	27.9	26.3	
950	1000																303	276	255	236	213	188	169	153	140	129	121	112	106	99.4	90.2	83.2	77.4	72.2	67.7	63.8	332.5
	750													309	279	250	227	208	192	178	159	141	127	116	105	97.3	90.3	84.3	79.2	74.6	67.7	62.5	58	54.1	50.8	47.8	
	600											303	281	247	224	200	182	166	153	141	127	113	101	92.1	84.3	77.8	72.2	67.5	63.3	59.7	54.1	50	46.4	43.3	40.7	38.3	
1070	1000																		383	355	320	284	255	232	211	195	181	170	159	149	136	125	116	109	102	96	500.42
	750																341	312	287	267	240	212	191	173	159	146	136	127	120	112	102	94	87.3	81.5	76.5	72	
	600														336	301	273	250	230	213	201	171	153	139	127	117	109	102	95.3	89.7	81.5	75.2	69.8	65.2	61.1	57.6	

SHZ、SHZP、YPSH、GTSH 型

规格	输入转速 n_1 /r·min^{-1}	传动比																													额定输出转矩 T_{2N} /kN·m
		33.6	39.7	45.8	51.9	58.1	64.2	70.3	77.9	87.1	96.3	105.4	114.6	123.8	137.5	144.9	160.1	175.4	190.6	205.9	228.8	259.3	289.8	320.3	350.8	381.3	411.8	442.3	472.8	503.3	
		额定功率 P_N/kW																													
215	1500	17.7	15.1	13.1	11.6	10.3	9.35	8.54	7.71	6.92	6.26	5.73	5.27	4.89	4.41	4.16	3.77	3.44	3.17	2.94	2.65	2.34	2.11	1.91	1.75	1.61	1.50	1.40	1.32	1.24	3.54
	1000	11.9	10.0	8.70	7.68	6.89	6.23	5.70	5.15	4.60	4.18	3.82	3.52	3.26	2.94	2.77	2.51	2.29	2.11	1.96	1.77	1.56	1.40	1.27	1.17	1.07	1.00	0.93	0.88	0.83	
	750	8.88	7.52	6.53	5.76	5.16	4.68	4.28	3.86	3.46	3.13	2.86	2.64	2.45	2.21	2.08	1.88	1.72	1.58	1.47	1.33	1.18	1.05	0.95	0.87	0.81	0.75	0.70	0.66	0.62	

SHZ、SHZP、YPSH、GTSH 型

规格	输入转速 n_1 /r·min^{-1}	传动比 33.6	39.7	45.8	51.9	58.1	64.2	70.3	77.9	87.1	96.3	105.4	114.6	123.8	137.5	144.9	160.1	175.4	190.6	205.9	228.8	259.3	289.8	320.3	350.8	381.3	411.8	442.3	472.8	503.3	额定输出转矩 T_{2N} /kN·m
		额定功率 P_N/kW																													
255	1500	30.6	26.0	22.6	19.9	17.8	16.1	14.7	13.4	12.0	10.8	9.89	9.11	8.45	7.62	7.18	6.50	5.95	5.48	5.08	4.58	4.05	3.64	3.30	3.02	2.79	2.59	2.42	2.27	2.14	6.11
	1000	20.5	17.3	15.1	13.3	11.9	10.7	9.84	8.88	7.96	7.21	6.59	6.07	5.63	5.08	4.78	4.34	3.96	3.65	3.38	3.05	2.70	2.43	2.19	2.01	1.86	1.73	1.61	1.52	1.42	
	750	15.4	12.9	11.2	9.95	8.91	8.07	7.38	6.66	5.97	5.41	4.94	4.56	4.22	3.81	3.58	3.25	2.97	2.73	2.53	2.29	2.02	1.82	1.65	1.52	1.39	1.29	1.21	1.13	1.07	
300	1500	56.5	47.8	41.5	36.7	32.8	29.7	27.2	24.5	21.9	19.9	18.2	16.8	15.5	14.0	13.3	12.0	10.9	10.1	9.35	8.43	7.47	6.70	6.08	5.56	5.14	4.77	4.45	4.18	3.94	11.26
	1000	37.7	31.9	27.7	24.4	21.9	19.8	18.1	16.4	14.7	13.3	12.1	11.2	10.4	9.35	8.81	7.98	7.30	6.72	6.24	5.63	4.98	4.46	4.06	3.71	3.42	3.18	2.96	2.78	2.62	
	750	28.2	24.0	20.8	18.3	16.4	14.9	13.6	12.3	11.0	9.96	9.11	8.39	7.78	7.02	6.61	5.99	5.48	5.04	4.68	4.22	3.73	3.35	3.04	2.78	2.57	2.39	2.23	2.09	1.97	
350	1500	85.5	72.5	62.9	55.5	49.8	45.0	41.1	37.2	33.3	30.1	27.5	25.4	23.5	21.3	20.0	18.1	16.6	15.2	14.1	12.7	11.3	10.2	9.21	8.43	7.78	7.23	6.75	6.33	5.96	17.05
	1000	57.0	48.3	41.9	37.0	33.2	30.0	27.4	24.7	22.2	20.1	18.4	17.0	15.8	14.1	13.4	12.1	11.0	10.2	9.45	8.52	7.54	6.76	6.13	5.63	5.18	4.82	4.49	4.22	3.97	
	750	42.8	36.3	31.4	27.8	24.8	22.6	20.6	18.6	16.6	15.1	13.8	12.7	11.8	10.6	10.0	9.07	8.29	7.64	7.08	6.39	5.66	5.09	4.60	4.21	3.89	3.62	3.40	3.16	2.98	
400	1500		113	98.3	86.7	77.7	70.4	64.3	58.1	52.1	47.2	42.9	39.7	36.8	33.3	31.3	28.3	25.9	23.9	22.1	20.0	17.7	15.9	14.4	13.2	12.2	11.3	10.5	9.89	9.32	26.64
	1000	89.1	75.5	65.4	57.9	51.8	46.9	42.9	38.7	34.7	31.4	28.7	26.5	24.5	22.1	20.8	18.9	17.3	15.9	14.8	13.3	11.8	10.6	9.59	8.78	8.10	7.53	7.03	6.60	6.21	
	750	66.9	56.6	49.1	43.4	38.9	35.2	32.2	29.1	26.0	23.5	21.6	19.9	18.5	16.6	15.7	14.1	13.0	12.0	11.0	9.98	8.83	7.93	7.19	6.59	6.08	5.65	5.27	4.95	4.65	
450	1500			143	126	113	102	93.6	84.6	75.7	68.6	62.7	57.8	53.6	48.4	45.5	41.3	37.7	34.8	32.2	29.1	25.7	23.1	21.0	19.2	17.7	16.4	15.3	14.4	13.6	38.77
	1000	130	110	95.3	84.1	75.4	68.2	62.4	56.4	50.4	45.8	41.8	38.6	35.7	32.2	30.3	27.5	25.2	23.1	21.5	19.3	17.2	15.3	13.9	12.7	11.8	10.9	10.2	9.59	9.04	
	750	97.3	82.4	71.5	63.2	56.5	51.2	46.8	42.2	37.9	34.3	31.3	28.9	26.8	24.2	22.8	20.6	18.9	17.4	16.1	14.6	12.9	11.6	10.5	9.59	8.85	8.22	7.67	7.19	6.78	
500	1500			189	166	149	136	124	112	100	90.7	82.9	76.4	70.9	63.9	60.2	54.5	49.8	45.9	42.6	38.4	33.9	30.5	27.6	25.3	23.4	21.7	20.3	19.0	17.9	51.23
	1000	172	145	126	111	99.6	90.2	82.5	74.5	66.7	60.4	55.3	50.9	47.2	42.6	40.1	36.3	33.2	30.6	28.4	25.6	22.6	20.3	18.5	16.9	15.6	14.5	13.6	12.7	12.0	
	750	129	109	94.4	83.4	74.7	67.7	61.8	55.8	50.0	45.4	41.4	38.2	35.4	31.9	30.1	26.9	24.9	22.9	21.2	19.2	17.0	15.3	13.9	12.7	11.7	10.9	10.1	9.51	8.96	
550	1500					204	184	169	153	137	124	113	104	96.5	87.0	81.9	74.3	67.9	62.5	58.0	52.4	46.3	41.6	37.7	34.6	31.8	29.6	27.7	25.9	24.4	69.81
	1000		198	172	152	136	123	112	101	90.9	82.4	75.3	69.4	64.3	58.0	54.6	49.5	45.3	41.7	38.7	34.9	30.8	27.7	25.1	23.0	22.3	19.7	18.4	17.3	16.3	
	750	175	148	128	113	102	92.2	84.3	76.1	68.2	61.8	56.5	52.0	48.2	43.6	41.0	37.1	33.9	31.3	29.0	26.2	23.1	20.8	18.9	17.3	15.9	14.8	13.8	12.9	12.2	

续表

规格	输入转速 n_1 /r·min^{-1}	SHZ、SHZP、YPSH、GTSH型																													额定输出转矩 T_{2N} /kN·m
		传动比																													
		33.6	39.7	45.8	51.9	58.1	64.2	70.3	77.9	87.1	96.3	105.4	114.6	123.8	137.5	144.9	160.1	175.4	190.6	205.9	228.8	259.3	289.8	320.3	350.8	381.3	411.8	442.3	472.8	503.3	
		额定功率 P_N/kW																													
600	1000				203	181	164	150	136	122	110	101	92.9	86.2	77.8	73.2	66.4	60.6	55.9	51.9	46.7	41.4	37.1	33.7	30.8	28.5	26.5	24.6	23.2	21.8	93.53
	750		198	173	153	137	124	113	102	91.3	82.8	75.7	69.7	64.7	58.3	55.0	49.7	45.5	41.9	38.8	35.0	31.0	27.8	25.3	23.2	21.3	19.8	18.5	17.4	16.3	
	600	188	159	138	122	109	98.8	90.3	81.5	73.1	66.2	60.5	55.8	51.7	46.6	44.0	39.8	36.4	33.5	31.0	28.1	24.9	22.3	20.2	18.5	17.1	15.9	14.4	13.9	13.1	
670	1000					257	233	213	193	172	156	142	132	122	110	103	93.7	85.7	79.0	73.2	66.0	58.4	52.4	47.6	43.6	40.2	37.3	34.9	32.7	30.8	132.19
	750			244	215	193	174	159	144	129	117	107	98.5	91.3	82.4	77.6	70.3	64.3	59.3	54.9	49.5	43.9	39.4	35.7	32.6	30.2	28.0	26.1	24.5	23.1	
	600	265	225	195	172	154	140	127	116	103	93.5	85.6	78.9	73.1	65.9	62.1	56.3	51.5	47.4	44.0	40.2	35.1	31.5	28.6	26.1	24.1	22.4	21.0	19.6	18.5	
750	1000						327	300	271	242	219	201	185	171	155	146	132	121	111	103	93.0	82.3	73.8	67.0	61.3	56.6	52.5	49.1	46.0	43.3	186.04
	750				302	272	246	225	203	182	165	151	139	128	116	109	99.0	91.6	83.4	77.3	69.8	61.7	55.3	50.2	46.0	42.5	39.4	36.8	34.6	32.5	
	600		317	274	243	217	197	180	163	146	132	121	111	103	92.8	87.3	79.2	72.3	66.7	61.9	55.7	49.3	44.3	40.2	36.8	33.9	31.6	29.4	27.6	26.0	
840	1000									297	270	246	227	211	189	179	162	148	137	126	114	101	90.6	82.2	75.3	69.4	64.5	60.2	56.5	53.3	228.41
	750						302	276	249	224	202	185	170	158	142	134	122	111	102	94.9	85.6	75.8	67.9	61.6	56.5	52.1	48.4	45.2	42.1	39.9	
	600				297	266	242	220	199	179	162	148	136	126	114	107	97.2	88.8	81.9	75.9	68.5	60.6	54.4	49.3	45.2	41.7	38.7	36.2	33.9	32.0	
950	1000												331	306	276	260	235	216	199	189	166	147	132	120	109	101	93.9	87.7	82.3	77.6	332.5
	750									325	294	269	248	230	208	195	177	162	149	138	124	110	99.0	89.8	82.2	75.9	70.4	65.8	61.7	58.1	
	600							321	290	260	235	215	198	184	166	156	141	129	119	110	99.7	88.2	79.2	71.8	65.8	60.7	56.4	52.6	49.3	46.5	
1070	1000														416	392	355	324	299	277	250	221	198	180	165	153	142	132	124	116	500.42
	750												373	346	312	293	266	243	224	208	188	166	149	136	124	114	106	99.0	92.8	87.5	
	600										354	324	299	276	250	235	213	195	179	166	150	132	120	108	99.0	91.3	84.8	79.2	74.3	70.0	

10.6 减速器的选用

选用的减速器必须满足机械强度和热平衡许用功率两方面的要求。

① 所选用的减速器额定功率 P_N 或输出转矩 T_{2N} 按表 17-2-169 必须满足：

$$P_C = P_2 K_A K_R \leqslant P_N \tag{17-2-36}$$

或

$$T_C = T_2 K_A K_R \leqslant T_{2N}$$

式中 P_C 或 T_C——计算功率或转矩；

P_2 或 T_2——工作机功率或转矩；

K_A——使用系数，见表 17-2-170；

K_R——可靠度系数，见表 17-2-171。

表 17-2-170　　使用系数 K_A

每天工作时间/h	工作机载荷性质分类		
	U 均匀	M 中等冲击	H 强冲击
≤3	0.8	1	1.5
3~10	1	1.25	1.75
>10	1.25	1.5	2

表 17-2-171　　可靠度系数 K_R

失效概率低于	1/100	1/1000	1/10000
可靠度系数 K_R	1.00	1.25	1.50

② 所选用的减速器热功率 P_t 按表 17-2-172，必须满足：

$$P_{Ct} = P_2 f_1 f_2 f_3 \leqslant P_t \tag{17-2-37}$$

式中 P_{Ct}——计算热功率；

f_1——环境温度系数，$f_1 = 80/(100-\theta)$；

θ——环境温度，℃；

f_2——载荷率系数，见表 17-2-11；

f_3——功率利用系数，见表 17-2-12。

表 17-2-172　　减速器许用热功率 P_t

规格	215	255	300	350	400	450	500	550	600	670	750	840	950	1070	备注
	减速器许用热功率 P_t/kW														
SH 型	16.0	22.5	31.1	42.2	56.1	69.8	86.3	104.4	124.2	154.6	193.9	243.1	211.9	394.8	见注 1
SHC 型	12.6	17.7	24.5	33.3	43.4	54.9	67.9	82.1	97.7	121.8	153.2	191.1	244.5	310.5	$i \leqslant 176.5$
	10.3	14.4	19.9	27.1	35.4	44.8	55.4	66.9	79.7	99.4	124.5	155.9	199.5	252.9	$i \geqslant 200.1$
SHZ 型	11.2	15.7	21.8	29.8	38.8	49.2	60.7	73.4	87.4	108.9	136.6	171.4	219.2	278.2	$i \leqslant 70.3$
	10.2	14.2	19.8	26.9	35.2	44.4	54.9	66.5	78.9	98.5	123.5	154.6	198.1	251.5	$77.9 < i < 228.8$
	8.6	12.1	16.7	22.8	29.8	37.7	46.5	56.4	67.0	83.5	104.6	131.2	167.2	213.6	$i \geqslant 259.3$

注：1. SH 型的许用热功率应除以校正系数 $K_i = 1 + 0.009\ (i-11)$；i 为所选减速器传动比。

2. 表中许用热功率为实验室条件下采用油池飞溅润滑的值，选用时可根据环境的散热条件适当增减；或采取相应的冷却散热措施。

3. 其他减速器的许用热功率，可参考表中相近的结构形式并根据其散热表面积的大小适当增减。

11　釜用立式减速器（浙江长城减速机有限公司）

11.1　X 系列釜用立式摆线针轮减速器（摘自 HG/T 3139.2—2001）

（1）适用范围

① 工作环境温度：-25~40℃，低于0℃时需采用防冻合成润滑油。

② 油池温升：≤45℃，最高温度≤80℃。

③ 允许正、反两方向运转。

（2）标记示例

X L E B 2.2-95-17 Q

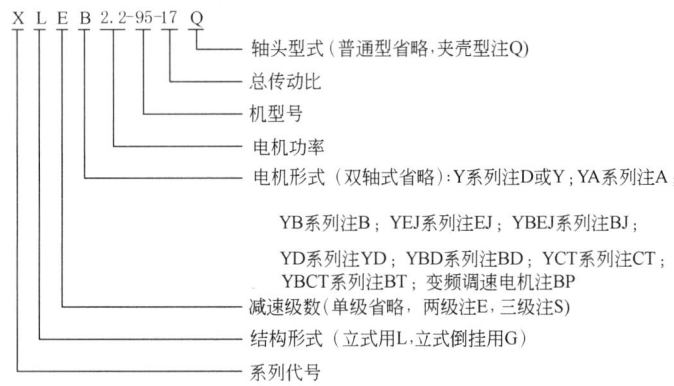

- Q —— 轴头型式（普通型省略，夹壳型注Q）
- 17 —— 总传动比
- 95 —— 机型号
- 2.2 —— 电机功率
- B —— 电机形式（双轴式省略）：Y系列注D或Y；YA系列注A；YB系列注B；YEJ系列注EJ；YBEJ系列注BJ；YD系列注YD；YBD系列注BD；YCT系列注CT；YBCT系列注BT；变频调速电机注BP
- E —— 减速级数（单级省略，两级注E，三级注S）
- L —— 结构形式（立式用L，立式倒挂用G）
- X —— 系列代号

11.1.1 外形、安装尺寸

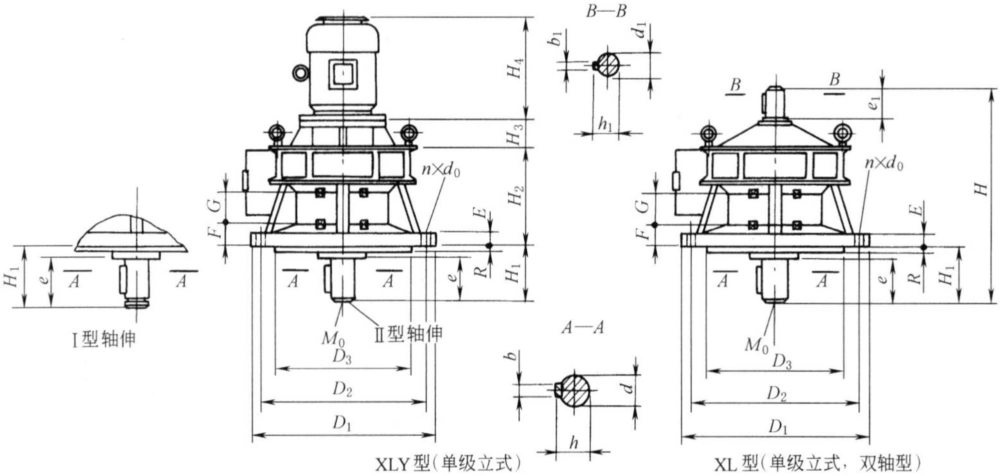

XLY型(单级立式)　　XL型(单级立式，双轴型)

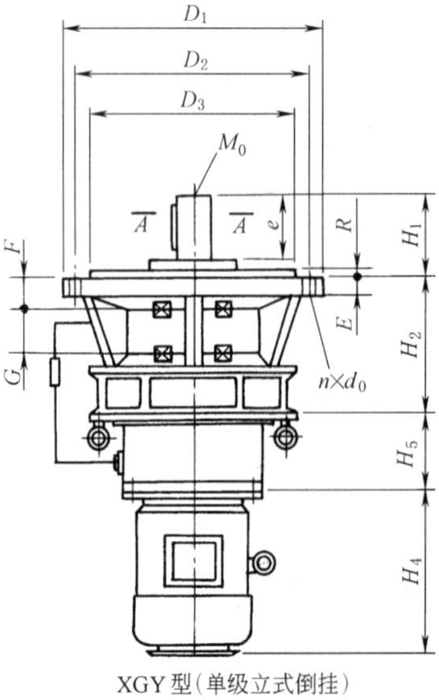

XGY型(单级立式倒挂)

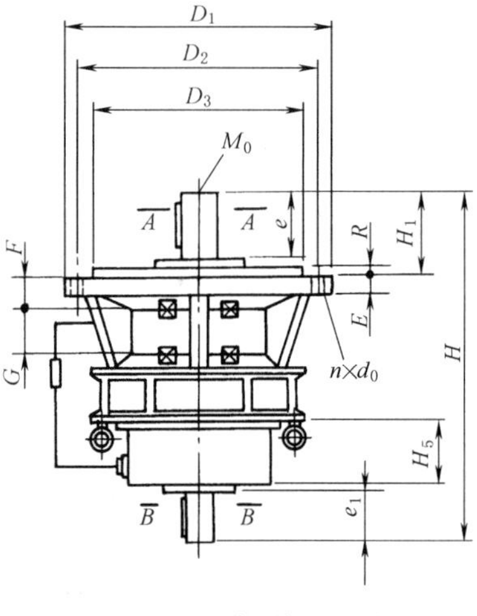

XG型(单级立式倒挂、双轴式)

表 17-2-173　　单级立式及立式倒挂摆线针轮减速器外形尺寸　　mm

型号	输出轴连接尺寸							轴承间距		输入轴连接尺寸				外形及安装尺寸									
	d(h6)	b	h	夹壳型 e	夹壳型 H_1	普通型 e	普通型 H_1	G	F	d_1(h6)	b_1	h_1	e_1	D_1	D_2	D_3(h9)	H_5	H_2	H	E	R	M_0	$n\times d_0$
XL0A	12	4	13.5	—	—	20	24	16	20	10	3	11	16	120	100	65	71	71	135	8	2.5	M4	4×ϕ7
XL0	14	5	16	—	—	23	27	16	21	12	4	13.5	16	140	120	85	83	83	148	9	2.5	M5	4×ϕ9
XL1	18	6	20.5	—	—	25	30	18	23	14	5	16	20	160	134	100	100	100	174	10	3	M6	4×ϕ9
XL2	25	8	28	78	85	34	42	20	25	15	5	17	25	180	160	130	117	117	214	12	3	M8	6×ϕ9
XL3	35	10	38	90	95	45	52	40	37	18	6	20.5	36	230	200	170	142	142	266	15	4	M8	6×ϕ11
XL4	45	14	48.5	100	128	63	81	51	38	22	6	24.5	40	260	230	200	162	162	320	15	4	M8	6×ϕ11
XL5	55	16	59	100	112	79	90	74	41	30	8	33	45	340	310	270	200	219	398	20	4	M10	6×ϕ11
XL6	65	18	69	130	142	80	91	101	45	35	10	38	54	400	360	316	200	260	457	22	5	M12	8×ϕ15
XL7	80	22	85	150	163	100	112	107	51	40	12	43	65	430	390	345	200	279	513	22	5	M12	8×ϕ18
XL8	90	25	95	180	182	110	111	135	54	45	14	48.5	70	490	450	400	215	337	579	30	6	M16	12×ϕ18
XL9	100	28	106	180	219	130	169	151	67	50	14	53.5	80	580	520	455	215	381	700	35	8	M20	12×ϕ22
XL10	110	28	116	200	233	140	173	185	73	55	16	59	100	650	590	520	235	439	778	40	10	M24	12×ϕ22
XL11	130	32	137	230	280	184	210	210	78	70	20	74.5	120	880	800	680	235	598	1025	45	10	M30	12×ϕ35
XL12	180	45	190	290	340	260	310	273	68	90	25	95	150	1160	1020	900	290	796	1435	60	10	M42	8×ϕ39

注：1. 表中 H 为普通型轴伸的双轴型减速器总高度，夹壳型轴伸的总高度=夹壳型 H_1−普通型 H_1+H。

2. H_3、H_4 值见表 17-2-174。

3. 倒挂式减速器输出轴仅有普通型轴头。

4. Ⅰ型轴头配夹壳联轴器（表 17-2-194），Ⅱ型轴头的轴端设有中心孔，供压入联轴器用，与之相配的联轴器有 GT 型、DF 型、SF 型或 TK 型（表 17-2-195～表 17-2-197）。

5. XL0A～XL4 型减速器采用润滑脂润滑；XL5～XL7 型采用油浴润滑；XL8～XL12 和 XG5～XG12 型采用 YA 增安型三相 380V、0.04kW 电机驱动的转子油泵进行循环喷油润滑。

表 17-2-174　　单级立式摆线针轮减速器的 H_3、H_4 尺寸及参考质量　　mm

功率/kW	型号	尺寸 H_4	尺寸 H_3	参考质量/kg XL 型	参考质量/kg XLD 型	功率/kW	型号	尺寸 H_4	尺寸 H_3	参考质量/kg XL 型	参考质量/kg XLD 型	功率/kW	型号	尺寸 H_4	尺寸 H_3	参考质量/kg XL 型	参考质量/kg XLD 型
0.04	X0A	130		5	7	4	X4	340	87	68	85～111	18.5	X8	620	26	340	383～522
0.06							X5	340	87	104	126～185		X9	740	22	490	565～740
0.09	X0A	170		5	7		X6	340	87	162	196～285		X10	740	32	630	780～1180
0.12	X0	170		6	9	5.5	X5	395	100	104	126～185	22	X9	740	22	490	565～740
0.18	X0	190		6	9		X6	395	107	162	196～285		X10	740	32	630	780～1180
0.25	X1	190		9	13		X7	395	107	230	273～353		X11	740	45	1160	1410～2245
0.37	X2	190		17	31～39		X8	395	160	340	383～522	30	X10	795	32	630	780～1180
	X1	225		9	13		X9	435	31	490	565～740		X11	795	45	1160	1410～2245
0.55	X2	225		17	31～39	7.5	X5	435	100	104	126～185		X12	795	60	2250	2868～3570
0.75	X3	245	75	43	60～70		X6	435	107	162	196～285	37	X10	895	32	630	780～1180
	X4	245	77	68	85～111		X7	435	107	230	273～353		X11	895	45	1160	1410～2245
1.1	X2	260		17	31～39		X8	435	160	340	383～522		X12	895	60	2250	2868～3570
	X3	260	75	43	60～70		X9	490	220	490	565～740	45	X10	1030	32	630	780～1180
	X4	260	77	68	85～111	11	X6	490	137	162	196～285		X11	1030	45	1160	1410～2245
	X5	260	70	104	126～185		X7	490	137	230	273～353		X12	1030	60	2250	2868～3570
1.5	X3	285	75	43	60～70		X8	535	26	340	383～522	55	X11	1030	45	1160	1410～2245
	X4	285	77	68	85～111		X9	660	22	490	565～740		X12	1030	60	2250	2868～3570
	X5	285	70	104	126～185		X10	660	32	630	780～1180	75	X11	1100	45	1160	1410～2245
2.2	X4	320	87	68	85～111	15	X8	535	26	340	383～522		X12	1100	60	2250	2868～3570
3	X5	320	87	104	126～185		X9	660	22	490	565～740	90	X11	1180	45	1160	1410～2245
	X6	320	87	162	196～285		X10	660	32	630	780～1180		X12	1180	60	2250	2868～3570

注：表列 H_3、H_4 尺寸为以下电机配置结果的数值，对于其他电机应视电机的外形尺寸有所变动：

（1）X0A～X2 型其输入功率 0.04～0.75kW 者为专用电机；

（2）其他为 Y 系列电机，配用 4 极功率≥18.5kW 和 6 极功率≥15kW 的电机机座安装形式为 V1，其余为 B5。

第 17 篇

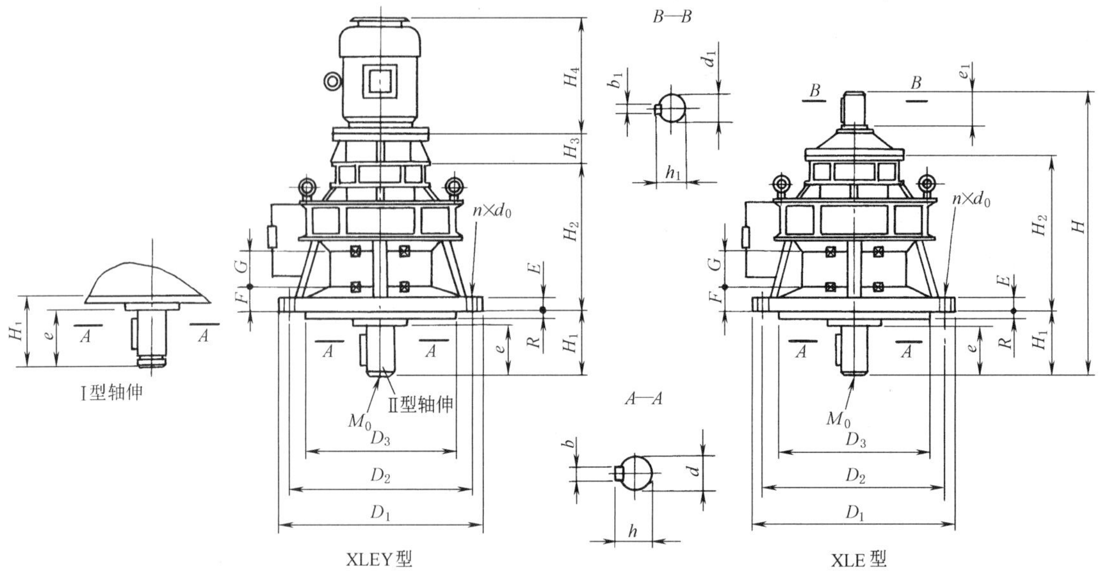

表 17-2-175　　两级立式摆线针轮减速器外形尺寸　　mm

型号	输出轴连接尺寸							轴承间距		输入轴连接尺寸				外形及安装尺寸								
	d (h6)	b	h	夹壳型		通用型				d_1 (h6)	b_1	h_1	e_1	D_1	D_2	D_3 (h9)	H_2	H	E	R	M_0	$n\times d_0$
				e	H_1	e	H_1	G	F													
X10A	18	6	20.5	—	—	25	30	18	23	10	3	11	16	160	134	100	155	220	10	3	M6	4×ϕ9
X20	25	8	28	78	85	34	42	20	25	12	4	13.5	16	180	160	130	188	268	12	3	M8	6×ϕ9
X31	35	10	38	90	95	45	50	40	27	14	5	16	20	230	200	170	230	325	15	4	M8	6×ϕ11
X42	45	14	48.5	100	128	63	79	51	26	15	5	17	25	260	230	200	239	374	15	4	M8	6×ϕ11
X53	55	16	59	100	112	79	91	74	31	18	6	20.5	35	340	310	270	309	473	20	4	M10	6×ϕ11
X63	65	18	69	130	152	80	92	101	34	18	6	20.5	35	400	360	316	350	513	22	5	M12	8×ϕ15
X74	80	22	85	150	163	98	111	107	41	22	6	24.5	40	430	390	345	391	578	22	5	M12	8×ϕ18
X84	90	25	95	180	182	110	111	135	44	22	6	24.5	40	490	450	400	448	638	30	6	M16	12×ϕ18
X85	90	25	95	180	182	110	111	135	44	30	8	33	45	490	450	400	476	750	30	6	M16	12×ϕ18
X95	100	28	106	180	219	129	171	151	78	30	8	33	45	580	520	455	517	775	35	8	M20	12×ϕ22
X106	110	28	116	200	233	140	173	185	63	35	10	38	54	650	590	520	587	865	40	10	M24	12×ϕ22
X117	130	32	137	230	256	184	210	210	78	40	12	43	65	880	800	680	758	1090	45	10	M30	12×ϕ35
X128	180	45	190	290	340	320	370	373	91	45	14	48.5	70	1160	1020	900	796	1482	60	10	M42	8×ϕ39

注：安装及连接尺寸与该机型第二级所对应的单级减速器的尺寸相同，H_3、H_4 值见表 17-2-176。

表 17-2-176　两级立式摆线针轮减速机的 H_3、H_4 尺寸及参考质量　mm

机型号	电机	外形尺寸	输入功率/kW												参考质量/kg	
			0.04 0.06	0.09 0.12	0.18 0.25 0.37	0.55 0.75	1.1	1.5	2.2 3	4	5.5	7.5	11	15	XLE 型	XLEY 型
X10A	4 极	H_4	130	170											13	15
X20		H_4		170	190										24	26~28
X31		H_4			190	225									48	53~55
X42		H_4			190	225									80	85~87
X53		H_3			82	75	75								139	151~161
		H_4			216	245	260									
X63		H_3			82	75	75								195	207~217
		H_4			216	245	260									
X74		H_3				77	77	77	87						268	285~302
		H_4				245	260	285	320							
X84		H_3				77	77	77	87						367	384~405
		H_4				245	260	285	320							
X85		H_3				70	70	70	80						399	417~437
		H_4				245	260	285	320							
X95		H_3				70	70	70	80	86					535	552~578
		H_4				245	260	285	320	340						
X106		H_3					116	116	87	87	107	107			758	780~839
		H_4					260	285	320	340	395	435				
X117		H_3							87	87	107	107	137	137	1251	1273~1332
		H_4							320	340	395	435	535	660		
X128		H_3								160	160	160	26	26	2500	2525~2652
		H_4								340	395	435	535	680		

注：1. 输入功率为 0.04~0.75kW 的 X10A~X42 型配专用电机，其他配 Y 系列 B5 型式电机。若选用其他系列电机，H_4 值相应变化。

2. X10A~X42 型减速器采用润滑脂润滑，X53~X128 采用 YA 增安型三相 380V、0.04kW 电机驱动的转子油泵进行循环喷油润滑。

11.1.2　承载能力

表 17-2-177　单级立式摆线针轮减速器承载能力

机型号	电机		传动比 i															许用转矩/N·m
	功率/kW	转速/r·min^{-1}	9	11	13	15	17	21	23	25	29	35	43	51	59	71	87	
XL0A	0.04	1390		○			○		○		○	○	○					25
XL0A	0.06	1390		○			○		○		○	○	○					25
XL0A	0.09	1390		○			○		○		○	○	△					25
XL0				○			○		○		○	○	○					60
XL0A	0.12	1390		○			○		○		○	△	△					25
XL0				○			○		○		○	○	○					60
XL0	0.18	1390		○			○		○		○	○	○					60
XL1			○	○			○		○		○	○	○					120
XL0	0.25	1390		○			○		○		○	○	△					60
XL1			○	○			○		○		○	○	○					120
XL0	0.37	1390		○			○		○		△	△	△					60
XL1			○	○			○		○		○	○	○					120
XL2			○	○	○	○	○	○	○	○	○	○	○					150
XL1	0.55	1390	○	○			○		○		○	○	△					120
XL2			○	○	○	○	○	○	○	○	○	○	○					150
XL3									○	○	○	○	○	○	○	○		250
XL4																○	○	500
XL1	0.75	1390	○	○			○		○		△	△	△					120
XL2			○	○	○	○	○	○	○	○	○	△						150
XL3											○	○	○	○				250
XL4													○	○	○	○	○	500

续表

机型号	电机		传动比 i															许用转矩/N·m
	功率/kW	转速/r·min^{-1}	9	11	13	15	17	21	23	25	29	35	43	51	59	71	87	
XL2	1.1	1400	○	○	○	○	○											150
XL3							○	○	○	○	○	○						250
XL4												○	○	○	○			500
XL5													○	○	○	○	○	1000
XL3	1.5	1400	○	○	○	○	○	○	○									250
XL4								○	○	○	○	○	○					500
XL5											○	○	○	○	○	○	○	1000
XL4	2.2	1425	○	○	○	○	○	○	○	○								500
XL5								○	○	○	○	○	○	○	○			1000
XL6													○	○	○	○	○	2000
XL4	3	1430	○	○	○	○	○	○	○									500
XL5							○	○	○	○	○	○	○					1000
XL6												○	○	○	○	○	○	2000
XL4	4	1440	○	○	○	○	○											500
XL5							○	○	○	○	○	○						1000
XL6										○	○	○	○	○	○	○		2000
XL7													○	○	○	○	○	2700
XL8														○	○	○	○	4300
XL9		960												○	○	○	○	8300
XL5	5.5	1445	○	○	○	○	○	○	○	○	○							1000
XL6								○	○	○	○	○	○					2000
XL7											○	○	○	○	○	○		2700
XL8												○	○	○	○	○	○	4300
XL9		960											○	○	○	○	○	8300
XL5	7.5	1450	○	○	○	○	○											1000
XL6							○	○	○	○	○	○						2000
XL7								○	○	○	○	○	○	○	○			2700
XL8											○	○	○	○	○	○		4300
XL9		965										○	○	○	○	○		8300
XL6	11	1460		○	○	○	○											2000
XL7							○	○	○	○	○	○						2700
XL8							○	○	○	○	○	○	○					4800
XL9									○	○	○	○	○	○				8300
XL10		965											○	○	○	○	○	11000
XL8	15	1460		○	○	○	○	○	○	○	○							4300
XL9		970							○	○	○	○						8300
XL10													○	○	○			11000
XL8	18.5	1470		○	○	○	○	○	○	○								4300
XL9		975					○	○	○	○								8300
XL10									○	○	○	○	○					11000
XL9	22	975					○	○	○									8300
XL10									○		○	○	○					11000
XL11												○	○	○	○	○	○	20000
XL10	30	980					○		○		○	○						11000
XL11											○	○	○	○	○	○		20000
XL12															○	○	○	30000
XL10	37	980					○		○		○	△						11000
XL11							○		○		○	○	○	○	○			20000
XL12														○	○	○	○	30000
XL10	45	980					○		○		△							11000
XL11											○	○	○	△				20000
XL12													○	○	○	○		30000
XL11	55	980					○		○		○	○	△					20000
XL12												○	○	○	○	△		30000
XL11	75	980					○		○		○							20000
XL12									○		○	○	○	△				30000
XL11	90	980					○		○									20000
XL12							○		○		○	○						30000
输出转速/r·min^{-1}		配4极电机	160	130	110	100	85	69	63	60	50	41	34	28	25	20	17	
		配6极电机		87	74	67	56	46	43	40	33	27	22	19	16	14	11	

注：1. “○”表示可使用电机的全容量，“△”表示应在输出轴许用转矩范围内使用。必要时应增加安全装置以防止减速器承受过大的转矩。

2. XL9、XL10、XL11、XL12均选配6极电机，其余配4极电机。

表 17-2-178　两级立式摆线针轮减速器承载能力

机型号	电机 功率/kW	电机 转速/r·min^{-1}	121 11×11	143 13×11	165 15×11	187 17×11	195 15×13	221 17×13	275 25×11	289 17×17	319 29×11	377 29×13	385 35×11	473 43×11	493 29×17	559 43×13	595 35×17	649 59×11	731 43×17	841 29×29	1003 59×17	1225 35×35	1479 51×29	1505 43×35	1849 43×43	2065 59×35	2537 59×43	3045 87×35	3481 59×59	4437 87×51	5133 87×59	许用转矩/N·m
XL10A	0.04	1390	○			○				○	○		○	○	○		△		△	△		△		△	△							120
XL20			○			○				○	○		○	○	○		○		△	△		△		△	△							150
XL10A	0.06	1390	○			○				○	○		△	△	△		△		△	△		△		△	△							120
XL20			○			○				○	○		○	△	△		△		△	△		△		△	△							150
XL10A	0.09	1390	○			○				△	△		△	△	△		△		△	△		△		△	△							120
XL20			○			○				○	○		△	△	△		△		△	△		△		△	△							150
XL10A	0.12	1390	○			△				△	△		△	△	△		△		△	△		△		△	△							120
XL20			○			○				△	△		△	△	△		△		△	△		△		△	△							150
XL20	0.18	1390	○			△				△	△		△	△	△		△		△	△		△		△	△							150
XL31			○	○	○	○	○	○	△	△	△	△	△	△	△	△	△	△	△	△	△	△	△	△	△							250
XL20	0.25	1390	△			△				△	△		△	△	△		△		△	△		△		△	△							150
XL31			○	○	○	△	△	△	△	△	△	△	△	△	△	△	△	△	△	△	△	△	△	△	△							250
XL42			○	○	○	○	○	○	○	○	○	△	△	△	△	△	△	△	△	△	△	△	△	△	△	△	△	△	△			500
XL53			○	○	○	○	○	○	○	○	○	○	○	○	○	○	○	○	△	△	△	△	△	△	△	△	△	△	△	△		1000
XL31	0.37	1390	○	△	△	△	△	△	△	△	△	△	△	△	△	△	△	△	△	△	△	△	△	△	△							250
XL42			○	○	○	○	○	○	△	△	△	△	△	△	△	△	△	△	△	△	△	△	△	△	△	△	△	△	△			500
XL53			○	○	○	○	○	○	○	○	○	○	○	○	△	△	△	△	△	△	△	△	△	△	△	△	△	△	△	△		1000
XL63			○	○	○	○	○	○	○	○	○	○	○	○	○	○	○	○	○	○	△	△	△	△	△	△	△	△	△	△	△	2000
XL31	0.55	1390	△	△	△	△	△	△	△	△	△	△	△	△	△	△	△	△	△	△	△	△	△	△	△							250
XL42			○	○	○	△	△	△	△	△	△	△	△	△	△	△	△	△	△	△	△	△	△	△	△	△	△					500
XL53			○	○	○	○	○	○	○	○	○	△	△	△	△	△	△	△	△	△	△	△	△	△	△	△	△	△	△			1000
XL63			○	○	○	○	○	○	○	○	○	○	○	○	○	○	○	△	△	△	△	△	△	△	△	△	△	△	△	△	△	2000
XL74			○	○	○	○	○	○	○	○	○	○	○	○	○	○	○	○	○	○	△	△	△	△	△	△	△	△	△	△	△	2700
XL84			○	○	○	○	○	○	○	○	○	○	○	○	○	○	○	○	○	○	○	○	△	△	△	△	△	△	△	△	△	4300
XL95			○	○	○	○	○	○	○	○	○	○	○	○	○	○	○	○	○	○	○	○	○	○	○	○	○	△	△	△	△	8300
XL53	0.75	1390	○	○	○	○	○	○	△	△	△	△	△	△	△	△	△	△	△	△	△	△	△	△	△	△	△	△	△	△	△	1000
XL63			○	○	○	○	○	○	○	○	○	○	○	○	△	△	△	△	△	△	△	△	△	△	△	△	△	△	△	△	△	2000
XL74				○	○	○	○	○	○	○	○	○	○	○	○	○	○	△	△	△	△	△	△	△	△	△	△	△	△	△	△	2700
XL84				○	○	○	○	○	○	○	○	○	○	○	○	○	○	○	○	○	△	△	△	△	△	△	△	△	△	△	△	4300
XL85				○	○	○	○	○	○	○	○	○	○	○	○	○	○	○	○	○	△	△	△	△	△	△	△	△	△	△	△	4300
XL95				○	○	○	○	○	○	○	○	○	○	○	○	○	○	○	○	○	○	○	○	○	○	△	△	△	△	△	△	8300

续表

机型号	电机		传动比 i																													许用转矩 /N·m
	功率/kW	转速 /r·min^{-1}	121 11 ×11	143 13 ×11	165 15 ×11	187 17 ×11	195 15 ×13	221 17 ×13	275 25 ×11	289 17 ×17	319 29 ×11	377 29 ×13	385 35 ×11	473 43 ×11	493 29 ×17	559 43 ×13	595 35 ×17	649 59 ×11	731 43 ×17	841 29 ×29	1003 59 ×17	1225 35 ×35	1479 51 ×29	1505 43 ×35	1849 43 ×43	2065 59 ×35	2537 59 ×43	3045 87 ×35	3481 59 ×59	4437 87 ×51	5133 87 ×59	
XL53	1.1	1400	○	○	○	△	△	△	△	△	△	△	△	△	△	△	△	△	△	△	△	△	△	△	△	△	△	△	△	△	△	1000
XL63			○	○	○	○	○	○	○	○	○	△	△	△	△	△	△	△	△	△	△	△	△	△	△	△	△	△	△	△	△	2000
XL74				○	○	○	○	○	○	○	○	○	○	△	△	△	△	△	△	△	△	△	△	△	△	△	△	△	△	△	△	2700
XL84				○	○	○	○	○	○	○	○	○	○	○	○	○	○	○	△	△	△	△	△	△	△	△	△	△	△	△	△	4300
XL85				○	○	○	○	○	○	○	○	○	○	○	○	○	○	○	△	△	△	△	△	△	△	△	△	△	△	△	△	4300
XL95				○	○	○	○	○	○	○	○	○	○	○	○	○	○	○	○	○	○	○	△	△	△	△	△	△	△	△	△	8300
XL106				○	○	○	○	○	○	○	○	○	○	○	○	○	○	○	○	○	○	○	○	○	○	○	△	△	△	△	△	11000
XL74	1.5	1400		○	○	○	○	○	○	○	△	△	△	△	△	△	△	△	△	△	△	△	△	△	△	△	△	△	△	△	△	2700
XL84				○	○	○	○	○	○	○	○	○	○	○	△	△	△	△	△	△	△	△	△	△	△	△	△	△	△	△	△	4300
XL85				○	○	○	○	○	○	○	○	○	○	○	△	△	△	△	△	△	△	△	△	△	△	△	△	△	△	△	△	4300
XL95						○	○	○	○	○	○	○	○	○	○	○	○	○	○	○	△	△	△	△	△	△	△	△	△	△	△	8300
XL106						○	○	○	○	○	○	○	○	○	○	○	○	○	○	○	○	○	○	△	△	△	△	△	△	△	△	11000
XL74	2.2	1425		○	○	○	○	○	△	△	△	△	△	△	△	△	△	△	△	△	△	△	△	△	△	△	△	△	△	△	△	2700
XL84				○	○	○	○	○	○	△	△	△	△	△	△	△	△	△	△	△	△	△	△	△	△	△	△	△	△	△	△	4300
XL85				○	○	○	○	○	○	△	△	△	△	△	△	△	△	△	△	△	△	△	△	△	△	△	△	△	△	△	△	4300
XL95						○	○	○	○	○	○	○	○	○	○	○	○	△	△	△	△	△	△	△	△	△	△	△	△	△	△	8300
XL106						○	○	○	○	○	○	○	○	○	○	○	○	○	○	△	△	△	△	△	△	△	△	△	△			11000
XL117						○	○	○	○	○	○	○	○	○	○	○	○	○	○	○	○	○	○	○	△	△	△	△	△			20000
XL84	3	1430				○	○	○	△	△	△	△	△	△	△	△	△	△	△	△	△	△	△	△	△	△	△	△	△	△	△	4300
XL85						○	○	○	△	△	△	△	△	△	△	△	△	△	△	△	△	△	△	△	△	△	△	△	△	△	△	4300
XL95						○	○	○	○	○	○	○	○	△	△	△	△	△	△	△	△	△	△	△	△	△	△	△	△	△	△	8300
XL106						○	○	○	○	○	○	○	○	○	○	○	○	○	△	△	△	△	△	△	△	△	△	△	△			11000
XL117						○	○	○	○	○	○	○	○	○	○	○	○	○	○	○	○	△	△	△	△	△	△	△	△			20000
XL95	4	1440				○	○	○	○	△	△	△	△	△	△	△	△	△	△	△	△	△	△	△	△	△	△	△	△	△	△	8300
XL106						○	○	○	○	○	○	○	△	△	△	△	△	△	△	△	△	△	△	△	△	△	△	△	△			11000
XL117						○	○	○	○	○	○	○	○	○	○	○	○	○	○	△	△	△	△	△	△	△	△	△	△			20000
XL128																	○	○	○	○	○	○	△	△	△	△	△	△	△			30000
XL106	5.5	1445				○	○	○	○	○	△	△	△	△	△	△	△	△	△	△	△	△	△	△	△	△	△	△	△			11000
XL117								○	○	○	○	○	○	○	○	○	○	○	△	△												20000
XL128													○	○	○	○	○	○	○	○	△	△	△	△	△	△	△	△	△			30000
XL106	7.5	1450				○	○	○	△	△	△	△	△	△	△	△	△	△	△	△	△	△	△	△	△	△	△	△	△			11000
XL117						○	○	○	○	○	○	○	○	△	△	△	△	△	△	△	△	△	△	△	△	△	△	△	△			20000
XL128												○	○	○	○	○	○	○	△	△	△	△										30000
XL106	11	1460				△	△	△	△	△	△	△	△	△	△	△	△	△														11000
XL117						○	○	○	○	○	△	△	△	△	△	△	△	△	△													20000
XL128								○	○	○	○	○	○	△	△	△	△	△	△	△	△	△	△	△	△	△	△					30000
XL117	15	1460				○	○	○	△	△	△	△	△	△	△	△	△	△	△	△	△											20000
XL128						○	○	○	○	○	○	○	△	△	△	△	△	△	△	△	△											30000
输出转速/r·min^{-1}			12.40	10.49	9.09	8.02	7.69	6.79	5.45	5.19	4.70	3.98	3.90	3.17	3.04	2.68	2.52	2.31	2.05	1.78	1.50	1.22	1.01	1.00	0.81	0.73	0.59	0.49	0.43	0.34	0.29	

注：“○”表示可使用电机的全容量，“△”表示可供货，但应在输出轴许用转矩范围内使用，必要时应增加安全装置以防止减速器承受过大的转矩。

11.2 LC 型立式两级硬齿面圆柱齿轮减速器（摘自 HG/T 3139.3—2001）

11.2.1 外形、安装尺寸

标记示例

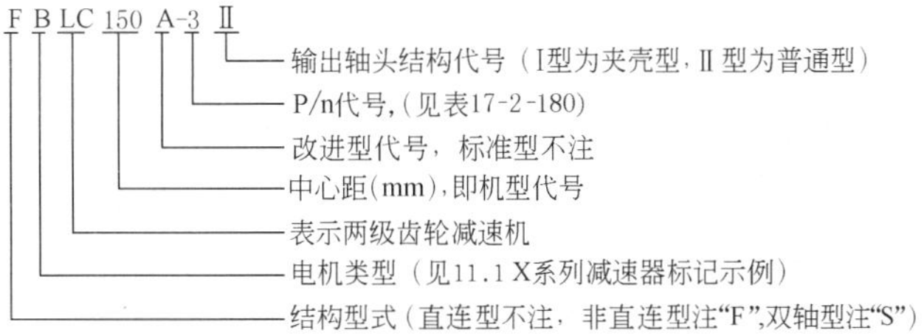

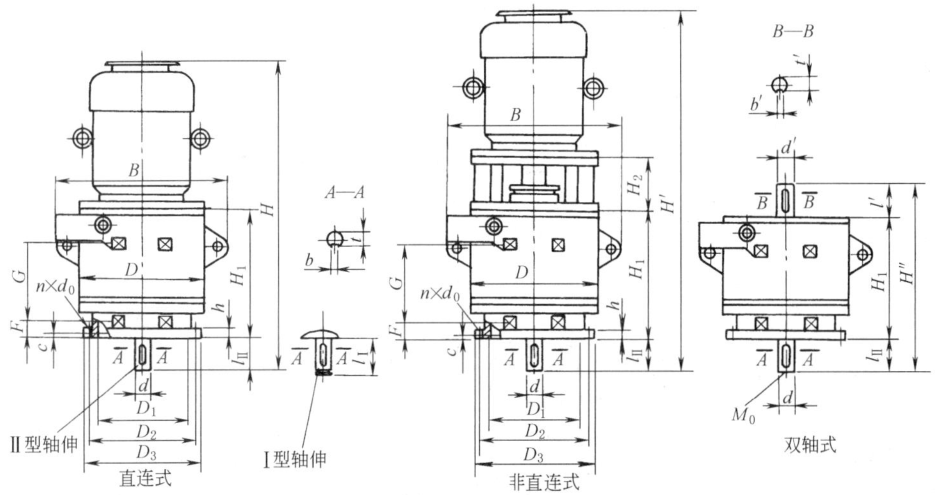

表 17-2-179 mm

型号	中心距 a	轴径 d	输出轴许用转矩 /N·m	轴承间距		外形尺寸						
				G	F	D	B	H_1	H_2	H	H'	H''
LC50	50	25k6	60	112	42	200	215	207	—	350～390	—	—
LC75	75	30k6	89.5	130	58	252	314	262	138	582～622	720～760	379 399
LC100	100	40k6	328	160	66	316	398	326	137 165	681～816	818～981	495 515
LC125	125	50(55)k6	1000	200	71	390	495	403	168 198	868～1148	1026～1346	595 625
LC150	150	65(70)m6	2750	225	76	470	575	455	200	1090～1370	1290～1570	663 693
LC200	200	80m6	3600	252	95	600	775	529	298	1459～1749	1679～1999	744 754
LC250	250	100m6	7000	304	80	725	920	573	345	1683～2108	1973～2398	863 883
LC325	325	130m6	15000	406	134	950	1255	810	430	2300～2500	2690～2890	1230 1250

型号	外形尺寸															减速器质量/kg		带电机质量/kg	
	D_1	D_2	D_3	$n\times d_0$	h	c	$l_Ⅰ$	$l_Ⅱ$	M_0	b	t	d'	l'	b'	t'	直连式	非直连式	直连式	非直连式
LC50	170 H8	200	230	6×ϕ11	14	4	65	45	2×M6	8	21	15	35	5	12	35	—	45～55	—
LC75	200 H8	230	260	6×ϕ14	16	5	75	55	2×M6	8	26	20	35	6	16.5	59	80	81～96	102～117
LC100	230 H8	260	290	6×ϕ14	16	5	95	75	2×M6	12	35	25	55	8	21	104	136	137～184	169～216
LC125	270 H8	305	340	8×ϕ18	18	6	125	95	2×M8	14 16	44.5 49	35	60	10	30	184	230	242～394	288～440

续表

型号	外 形 尺 寸															减速器质量/kg		带电机质量/kg	
	D_1	D_2	D_3	$n\times d_0$	h	c	l_{I}	l_{II}	M_0	b	t	d'	l'	b'	t'	直连式	非直连式	直连式	非直连式
LC150	320 H8	360	400	8×ϕ18	20	6	145	115	2×M10	18 20	58 62. 5	40	65	12	35	299	382	465~619	548~702
LC200	360 H8	410	460	8×ϕ22	24	8	160	150	2×M12	22	71	55	90	16	49. 5	662	796	1022~1442	1156~1576
LC250	470 H8	520	580	12×ϕ22	28	8	190	170	2×M12	28	90	70	125	20	62. 5	883	1040	1413~2123	1570~2280
LC325	680 H8	800	880	12×ϕ35	32	10	230	210	2×M12	32	119	90	170	25	81	2040	2560	—	3525~4010

注：1. Ⅰ型轴头配夹壳联轴器（表 17-2-194），Ⅱ型轴头为普通型，轴端中心配有螺孔 M_0，供压入联轴器用。配用联轴器有 GT、DF、SF、TK 型（表 17-2-195~表 17-2-197）。

2. 当 4 极电机≥18. 5kW 或 6 极电机≥15kW 时，H 和 H'值按 Y 系列 V1 型式电机高度计入，否则按 Y 系列 B5 型式电机高度计入。若配用其他系列电机，H 和 H'值应相应变动。

3. 直连式的小齿轮直接装在电机轴上，非直连式的电机通过弹性联轴器与减速器相连，双轴式不带电机。减速器同轴线输入输出，可正、反方向旋转。改进型（A 型）尺寸与表中相应机型号尺寸相同。

4. 括号内的轴径为可加大输出轴尺寸，需要采用括号内尺寸时应另加说明。

11. 2. 2　承载能力

表 17-2-180

减速比 i	12	12	10	12	10	9	7.5	6.8	6	5.6	5	4.5	4.2	4	3.7	3.3	3.2	减速机型号	输出轴许用转矩/N·m
输出转速 n/r·min^{-1}	65	85	100	125	150	165	200	220	250	265	300	320	350	370	400	450	475		
电机功率 P/kW	8 极	6 极		4 极电机															
	750 r/min	1000r/min		1500r/min															
	P/n 代号																		
0. 12	×	×	×	1	5	9	13	17	21	25	29	33	38	43	48	53	58	LC50	60
0.18	×	1/6	3/6	2	6	10	14	18	22	26	30	34	39	44	49	54	59		
0. 25	×	2/6	4/6	3	7	11	15	19	23	27	31	35	40	45	50	55	60		
0. 37	×	×	×	4	8	12	16	20	24	28	32	36	41	46	51	56	61		
0. 55	×	×	×	1	3	5	9	13	17	21	25	37	42	47	52	57	62		
0. 75	×	1/6	2/6	2	4	6	10	14	18	22	26	29	32	35	38	41	44	LC75	89. 5
1. 1	×	1/6	3/6	1	5	7	11	15	19	23	27	30	33	36	39	42	45		
1. 5	×	2/6	4/6	2	6	8	12	16	20	24	28	31	34	37	40	43	46		
2. 2	1/8*	1/6*	5/6	3	7	10	14	18	22	26	30	34	38	42	46	50	54	LC100	328
3. 0	2/8*	2/6*	5/6*	4	8	11	15	19	23	27	31	35	39	43	47	51	55		
4. 0	3/8*	3/6*	6/6*	1*	9	12	16	20	24	28	32	36	40	44	48	52	56		
5. 5	4/8*	4/6*	7/6*	2*	5*	13	17	21	25	29	33	37	41	45	49	53	57		
7. 5	1/8*	1/6*	8/6*	3*	6*	9*	12*	16	20	24	28	32	36	40	44	48	52	LC125 LC125A	1000
11. 0	2/8*	2/6*	5/6*	4*	7*	10*	13*	17	21	25	29	33	37	41	45	49	53		
15. 0	3/8*	3/6*	6/6*	1*	8*	11*	14*	18	22	26	30	34	38	42	46	50	54		
18. 5	1/8*	4/6*	7/6*	2*	5*	8*	15*	19	23	27	31	35	39	43	47	51	55		
22. 0	2/8*	1/6*	3/6	3*	6*	9*	11*	13*	16	19	22	25	28	31	34	37	40	LC150 LC150A	2750
30. 0	1/8*	2/6*	4/6	4*	7*	10*	12*	14*	17*	20	23	26	29	32	35	38	41		
37. 0	2/8*	1/6*	5/6	1*	3	6	9	16*	18*	21	24	27	30	33	36	39	42		
45. 0	3/8*	2/6*	4/6*	2*	4	7	10	13	16									LC200A	3600
55. 0	1/8*	3/6*	5/6*	1*	5	8	11	14	17										
75. 0	2/8*	1/6*	6/6*	2*	4	7	12	15	18										
90. 0	3/8*	2/6*	4/6*	3*	5	8	10	13	19										
110. 0		3/6*	5/6*	1*	6	9	11	14	16									LC250A	7000
132. 0			6/6*	2*	5*	10*	12	15	17										
160. 0				3*	6*	11*	16*	21*	18										
185				4*	7*	12*	17*	22*	27*									LC325A	15000
200					8*	13*	18*	23*	28*										
220					9*	14*	19*	24*	29*										
250						15*	20*	25*	30*										
280								26*	31*										
315									32*										

注：1. 表中“×”表示非选择区。减速器允许正、反两个方向旋转。有“*”者宜选用非直连式，尤其 LC200A、LC250A、LC325A 带“*”者必须选用非直连型。

2. A 型为改进型，配有润滑油泵，采用喷油润滑以提高齿轮工作寿命。LC150A、LC200A、LC250A、LC325A 型配有单独电动油泵，功率为 120W 三相电源，使用时需与电源连接。LC100A、LC125A 型当转速≤125r/min 时，配有单独电动油泵，功率为 90W；而转速>125r/min 时，为内部传动机构驱动，不另配电动油泵。

3. 选用说明：①根据输入电机功率，如输入电机功率为 45kW，输出转速 100r/min，查表得 P/n 代号为 4/6，减速机型号为 LC250A；②根据输出轴许用转矩，如输出轴转矩 M=9000N·m，输出轴转速 n=100r/min，查表得出需选用 LC325A 减速机，再根据 $N=Mn/9550\eta$=104. 7kW（减速机效率 η=0. 9~0. 95），选定电机功率为 110kW，P/n 代号为 5/6。

11.3 FJ 型硬齿面圆柱、圆锥齿轮减速器（摘自 HG/T 3139.5—2001）

11.3.1 外形、安装尺寸

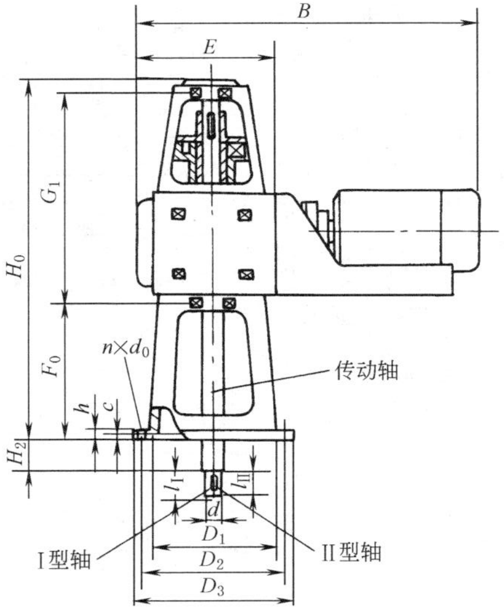

FJA 型(空心轴型)

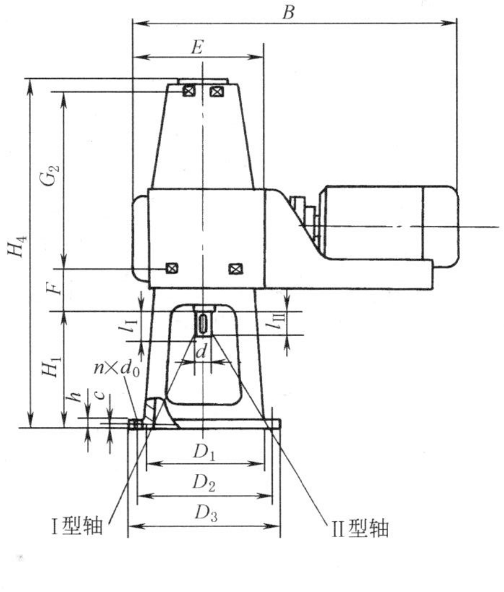

FJB 型(加大跨距型)

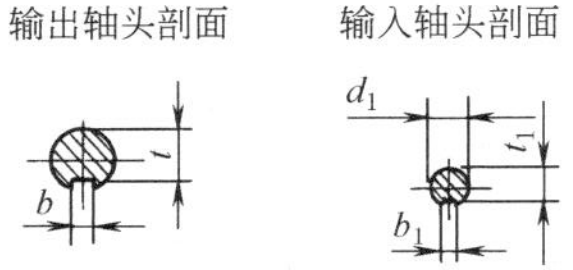

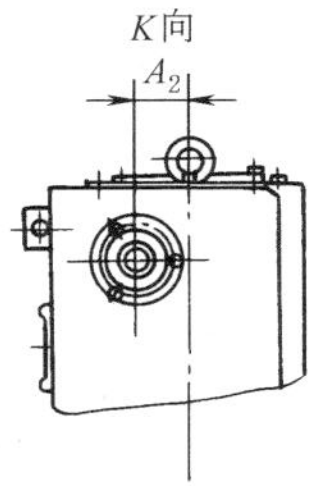

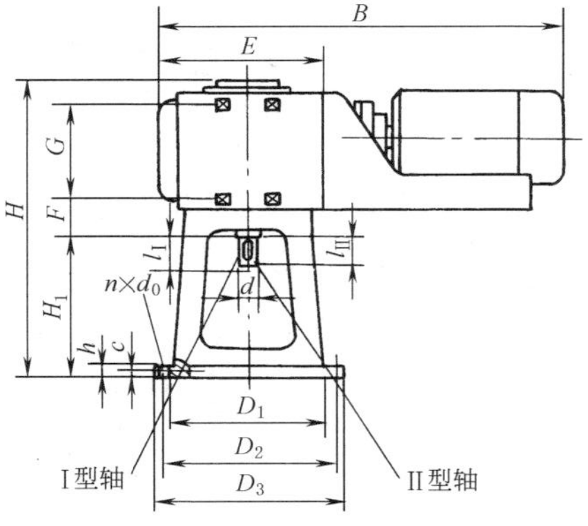

FJ 型(基本型)

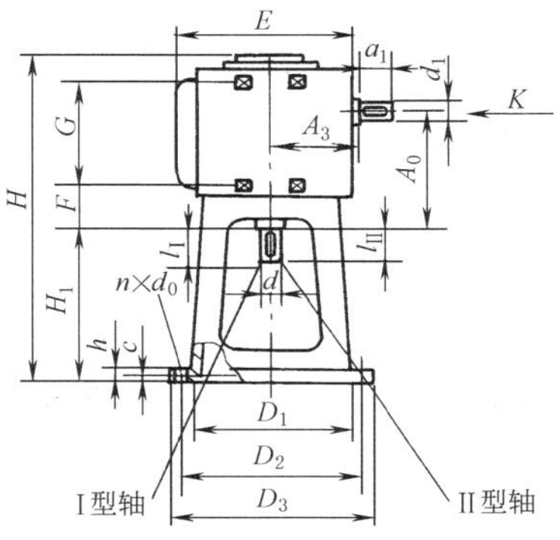

FJC 型(双轴型)

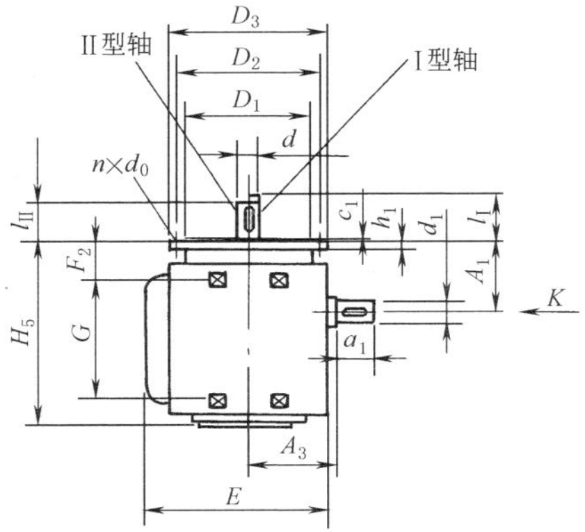

FJD 型(底置型)

标记示例

B FJ6B-11-Ⅰ-204

- 机械密封型号（204）
- 输出轴头型式(Ⅰ型为夹壳型,Ⅱ型为普通型)（Ⅰ）
- P/n代号(见表17-2-182)（11）
- 机型号（FJ6B）
- 电机类型(参见11.1 X系列减速机标记示例)（B）

表 17-2-181

mm

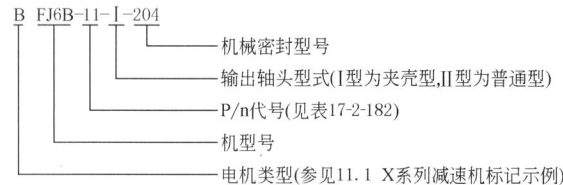

型　号	d (h6)	D_1 (H9)	D_2	D_3	n	d_0	h	h_1	c	c_1	$l_{Ⅰ}$	$l_{Ⅱ}$	d_1	a_1	F	F_2	G	G_1	G_2	H_2	H_5	E	B max
FJ1	30	245	295	340	8	ϕ18	25	30	6	5	70	55	22	45	40	60	200	500	500	150	350	385	800
FJ2	40	290	350	395	12	ϕ18	25	30	6	5	85	75	22	45	40	65	200	500	500	200	350	385	830
FJ3	50	320	400	445	12	ϕ22	28	32	6	5	100	80	30	55	50	80	280	620	620	300	399	475	1033
FJ4	65	415	515	565	16	ϕ22	28	32	8	6	130	110	45	80	80	80	368	778	778	400	501	555	1280
FJ5	80	520	620	670	16	ϕ27	30	35	8	6	130	145	50	100	84	100	372	942	942	500	539	580	1382
FJ6	95	670	780	830	16	ϕ30	30	35	8	6	170	150	50	100	90	100	465	895	895	600	631	650	1594
FJ7	110	730	830	900	16	ϕ30	42	45	12	10	200	200	75	130	110	120	664	1204	1204	700	865	970	2105
FJ8	120	840	940	1010	16	ϕ30	45	50	12	10	225	220	75	130	110	150	664	1204	1204	800	895	970	2225
FJ9	140	970	1080	1150	16	ϕ33	55	55	12	10	255	230	80	130	111	180	733	1398	1393	850	1004	1210	2714
FJ10	160	1100	1220	1300	16	ϕ33	50	55	12	10	255	240	95	170	120	210	750	1550	1550	950	1200	1400	2750
FJ11	200	1200	1350	1450	16	ϕ39	60	65	12	10	280	260	95	170	150	250	850	1700	1700	1000	1250	1550	2900

型　号	A_0	A_1	A_2	A_3	配置单端面、无内置轴承机械密封或较低填料箱及SF式联轴器					配置双端面、内置轴承机械密封或较高填料箱及夹壳型联轴器					b	t	b_1	t_1	质量/kg
					F_0	H	H_0	H_1	H_4	F_0	H	H_0	H_1	H_4					
FJ1	178	168	60	136	250	683	793	400	980	450	783	993	500	1080	8	26	6	18.5	188
FJ2	178	168	60	136	250	683	793	400	980	450	783	993	500	1080	12	35	6	18.5	250
FJ3	250	217	70	166	300	819	959	450	1159	500	919	1159	550	1259	14	44.5	8	26	350
FJ4	350	310	120	202	300	1001	1131	500	1411	520	1101	1351	600	1511	18	58	14	39.5	520
FJ5	350	350	160	230	330	1023	1339	500	1593	550	1173	1559	650	1743	22	71	14	44.5	750
FJ6	425	382	158	281	350	1221	1311	600	1651	600	1371	1561	750	1801	25	86	14	44.5	1000
FJ7	595	510	200	383	350	1605	1635	750	2145	650	1755	1935	900	2295	28	100	20	67.5	1400
FJ8	595	510	200	383	350	1605	1635	750	2145	650	1755	1935	900	2295	32	109	20	67.5	2000
FJ9	655	555	260	427	350	1735	1839	800	2400	650	1935	2139	1000	2600	36	128	22	71	2800
FJ10	750	565	260	570	350	1850	2050	850	2550	650	2050	2050	1050	2750	36	148	25	86	3800
FJ11	805	585	270	598	400	2050	2250	900	2990	700	2250	2550	1100	3100	45	185	25	86	5200

注：FJA型减速器输出轴为空心轴，并配有传动轴，在搅拌釜内通过联轴器与搅拌轴连接，检修轴密封时可以将传动轴抽出，不需拆除减速器。FJB型轴承间距大，承载能力大，适合长搅拌轴而又不需加底轴承的场合。FJC型适合于特殊驱动机构和特殊要求的场合。FJD型用于传动装置位于搅拌釜下方的场合。

11.3.2 承载能力

表 17-2-182

减速比 i	80	70	61	53	46	40	35	30	26	23	20	18	15	13.6	20	18	15	13.6	12.5	11.5	10.7	10	减速机型号	输出轴许用转矩/N·m
输出转速 n/r·min^{-1}	12	14	16	19	22	25	28	33	38	43	50	55	65	73	75	83	100	110	120	130	140	150		
电机功率 P/kW	6极电机P/n代号(斜杠后的S代表三级减速)														4极电机P/n代号									
0.55	—	—	—	—	—	—	—	—	—	—	—	—	—	—	1	3	5	8	11	15	19	23	FJ1	120
0.75	1/S	3/S	5/S	7/S	1/S	2/S	3/S	4/S	6/S	8/S	1/6	4/6	1/6	2/6	2	4	6	9	12	16	20	24		
1.1	2/S	4/S	6/S	8/S	10/S	12/S	14/S	5/S	7/S	9/S	2/6	5/6	7/6	10/6	1	4	7	10	13	17	21	25		
1.5	1/S	2/S	3/S	9/S	11/S	13/S	15/S	17/S	19/S	22/S	3/6	6/6	8/6	11/6	2	5	8	11	14	18	22	26		
2.2	1/S	2/S	4/S	5/S	6/S	7/S	16/S	18/S	20/S	23/S	1/6	4/6	9/6	12/6	3	6	9	12	15	18	21	24	FJ2	350
3	1/S	3/S	4/S	5/S	7/S	8/S	9/S	10/S	21/S	24/S	2/6	5/6	7/6	9/6	1	7	10	13	16	19	22	25		
4	2/S	3/S	4/S	6/S	8/S	9/S	10/S	11/S	12/S	13/S	3/6	6/6	8/6	10/6	2	4	6	14	17	20	23	26		
5.5	1/S	2/S	5/S	6/S	7/S	9/S	11/S	12/S	14/S	14/S	1/6	2/6	3/6	5/6	3	5	7	8	10	12	14	16	FJ3	800
7.5	1/S	3/S	4/S	5/S	8/S	10/S	11/S	13/S	15/S	16/S	1/6	2/6	4/6	6/6	1	2	3	9	11	13	15	17		
11	2/S	3/S	4/S	6/S	7/S	8/S	12/S	13/S	14/S	15/S	1/6	3/6	4/6	5/6	1	3	4	5	6	7	9	11	FJ4	1150
15	1/S	2/S	5/S	6/S	7/S	9/S	10/S	11/S	12/S	16/S	2/6	3/6	5/6	6/6	2	4	5	7	10	8	10	12		
18.5	1/S	3/S	4/S	6/S	8/S	9/S	10/S	12/S	13/S	14/S	1/6	4/6	6/6	7/6	1	3	6	8	11	13	15	17	FJ5	2000
22	2/S	3/S	5/S	7/S	8/S	10/S	11/S	13/S	14/S	15/S	2/6	3/6	4/6	8/6	2	4	5	9	12	14	16	18		
30	1/S	4/S	5/S	7/S	9/S	11/S	12/S	14/S	15/S	16/S	1/6	3/6	5/6	6/6	1	3	6	7	9	11	13	15	FJ6	3300
37	2/S	4/S	6/S	8/S	10/S	12/S	13/S	15/S	17/S	17/S	2/6	4/6	6/6	7/6	2	4	5	8	10	12	14	16		
45	3/S	5/S	6/S	9/S	11/S	13/S	15/S	16/S	18/S	19/S	1/6	5/6	7/6	8/6	1	3	6	7	8	10	12	14	FJ7	5000
55			7/S	8/S	9/S	14/S	16/S	17/S	19/S	20/S	2/6	3/6	4/6	9/6	2	4	5	7	9	11	13	15		
75					10/S	11/S	13/S	18/S	20/S	22/S	1/6	4/6	5/6	6/6	1	3	6	8	10	12	14	16	FJ8	8000
90						12/S	14/S	15/S	21/S	23/S	2/6	5/6	7/6	7/6	2	4	6	9	11	13	15	17		
110								16/S	17/S	19/S	3/6	6/6	8/6	10/6	1	5	7	9	11	14	17	20	FJ9	12750
132									18/S	20/S	1/6	3/6	9/6	11/6	2	4	8	10	12	15	18	21		
160										21/S	2/6	4/6	6/6	12/6	3	5	7	10	13	16	19	22		
200												5/6	7/6	9/6	1	6	8	11	13	16	19	22	FJ10	22000
220													8/6	10/6	2	4	9	12	14	17	20	23		
250														11/6	3	5	7	10	15	18	21	24		
280																6	8	11	14	17	20	23	FJ11	35000
315																	9	12	15	18	21	24		
355																		13	16	19	22	25		

注：1. FJA 型减速器输出轴推荐采用Ⅰ型轴头，配 JQ 型夹壳联轴器（表 17-2-194），但材料需满足工艺介质要求。

2. FJ、FJB、FJC 型减速器输出轴的Ⅰ型轴头需配 JQ 型联轴器（表 17-2-194），Ⅱ型轴头配用 SF 型联轴器（表 17-2-196）。

3. FJD 型减速器需配置机架，机架由设计者自行设计。轴头有Ⅰ型、Ⅱ型，配用联轴器同上。

4. 输出轴可正、反两方向旋转。

5. 减速器选用说明见表 17-2-180 注 3。

第17篇

11.4 LPJ、LPB、LPP型平行轴硬齿面圆柱齿轮减速器（摘自HG/T 3139.4—2001）

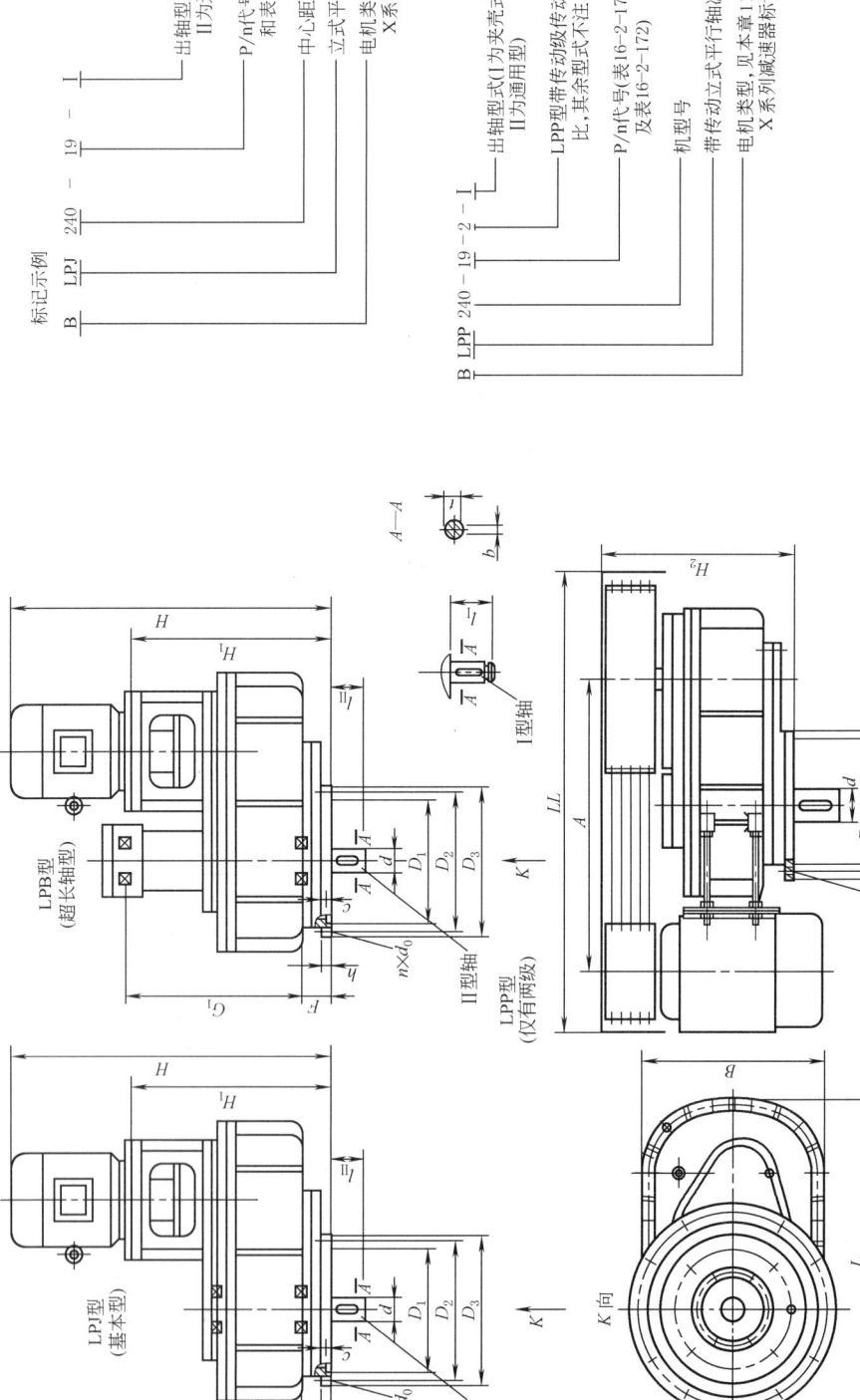

11.4.1 外形、安装尺寸

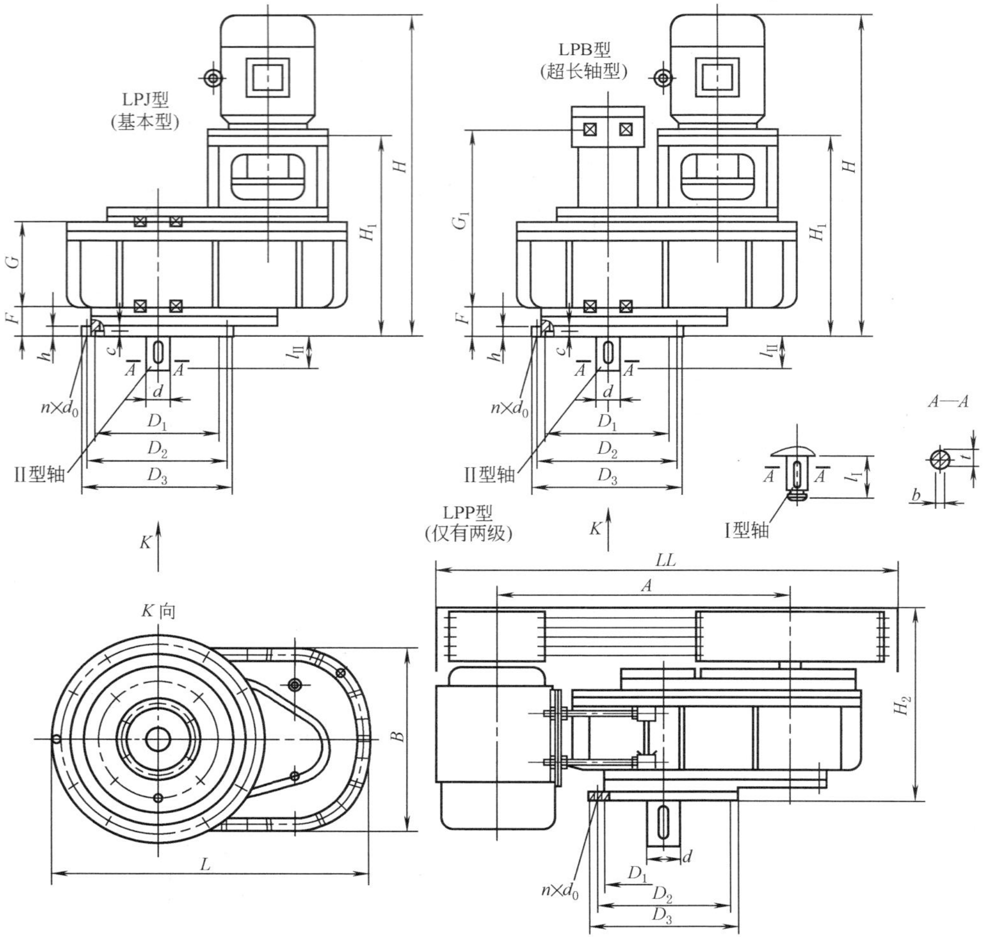

LPJ、LPB、LPP型两级减速器

标记示例

B LPJ 240 - 19 - I

- I：出轴型式(I为夹壳式，II为通用型)
- 19：P/n代号(表16-2-171和表16-2-172)
- 240：中心距之和，即机型号
- LPJ：立式平行轴减速器
- B：电机类型，见本章11.1 X系列减速器标记示例

B LPP 240 - 19 - 2 - I

- I：出轴型式(I为夹壳式，II为通用型)
- 2：LPP型带传动级传动比，其余型式不注
- 19：P/n代号(表16-2-171及表16-2-172)
- 240：机型号
- LPP：带传动立式平行轴减速器
- B：电机类型，见本章11.1 X系列减速器标记示例

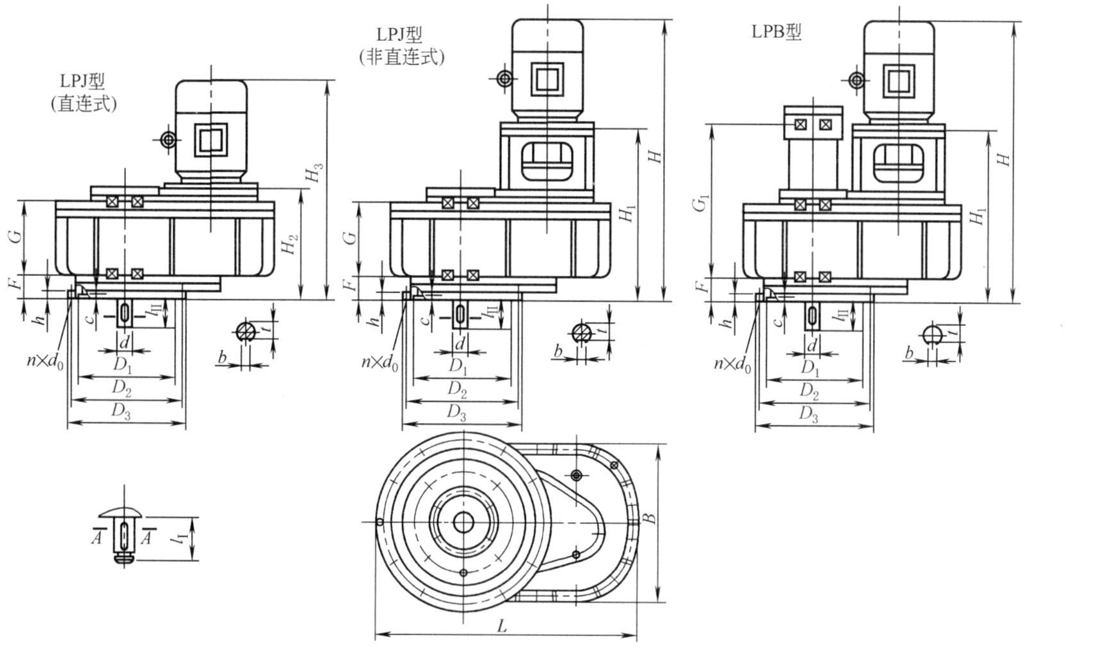

LPJ、LPB 型三级减速器

表 17-2-183

mm

LPJ、LPB、LPP 型两级减速器

型号	轴径	外形尺寸										安装尺寸											质量
	d	B	L	LL	A	H_2	H_1	H	F	G	G_1	D_1	D_2	D_3	c	h	n	d_0	l_I	l_{II}	b	t	/kg
20	40 k6	270	392	600	400	304	430	680~710	53	145	280	200	230	260	5	16	6	M14	95	80	10	30	105
21	50 k6	350	530	730	510	340	507	757~947	65	175	340	230	260	290	5	16	6	M14	125	80	12	35	150
22	60 k6	350	530	730	510	350	507	772~942	65	175	340	230	260	290	5	16	6	M14	145	100	16	49	160
23	70 m6	400	600	909	610	450	580	880~1180	74	195	380	270	305	340	6	16	8	M16	145	100	18	58	220
24	80 m6	490	735	1097	755	515	701	1136~1366	85	250	500	320	360	400	6	22	8	M18	145	130	22	71	310
25	90 m6	490	735	1097	755	560	701	1241~1406	85	250	500	320	360	400	6	22	8	M18	190	130	25	81	324
26	90 m6	580	889	1330	900	600	760	1360~1670	95	300	580	455	500(520)	580	8	30	8	M23	190	130	28	90	436
27	100 m6	720	1050	1702	1160	716	990	1785~1970	110	400	820	640	720	780	10	35	12	M23	190	160	28	100	985
28	130 m6	785	1150	1850	1250	820	1050	1870~2275	125	450	875	680	740	800	10	40	12	M27	230	180	32	119	1610
29	160 m6	850	1240	1913	1375	890	1120	2000~2400	125	500	930	700	760	820	10	40	12	M33	255	240	40	147	2000

LPJ、LPB 型三级减速器

型号	轴径	外形尺寸									安装尺寸									质量
	d	B	L	H_1	H_2	H_3	H	F	G	G_1	D_1	D_2	D_3	$n\times d_0$	c	h	l_I	l_{II}	b/t	/kg
30	35	330	580	480	300	550~600	730~770	50	175	350	230	260	290	6×ϕ14	5	16	85	55	10/30	100
31	50	360	620	500	320	570~660	750~840	58	195	400	270	305	340	8×ϕ18	6	16	100	80	14/44.5	155
32	65	400	640	550	360	680~800	870~990	65	225	450	320	360	400	8×ϕ18	6	22	130	100	18/58	188
33	80	460	780	600	390	750~1000	960~1200	75	260	500	380	430	480	12×ϕ23	8	22	145	130	22/71	342
34	95	500	930	660	420	1020~1125	1260~1365	85	300	580	450	520	580	8×ϕ23	8	28	170	150	25/86	327
35	110	580	1050	800	500	1100~1410	1400~1710	95	360	650	530	590	640	12×ϕ23	10	30	200	170	28/100	436
36	130	760	1391	925	650	1390~1920	1695~2225	110	460	700	680	800	880	12×ϕ33	12	40	225	190	32/119	1750
37	150	820	1456	925	700	1575~1980	1895~2270	130	485	750	680	800	880	12×ϕ33	12	40	255	240	36/138	2200
38	160	880	1535	1010	915	1665~2315	1760~2410	150	505	855	760	830	900	12×ϕ33	12	50	255	240	40/147	2800

注：1. LPB 型减速器输出轴轴承间距大，承受搅拌轴载荷能力大。LPP 型是在相同规格的 LPJ 型之前增加一级带传动（窄 V 带或同步带传动）。

2. 主电机采用 YA、YB 型电机时，LPP 型减速器将采用防静电传动带。

3. 输出轴配用联轴器的说明见表 17-2-180 注 3。

11.4.2 承载能力

表 17-2-184　　**LPJ、LPB、LPP 型两级减速器承载能力**

传动比 i	22	20	18	16	22	20	18	16	14	12	22	20	18	16	14	12	11	10	9	8	7	6	5	4.5	减速机型号	输出轴许用转矩/N·m
输出转速 $n/\mathrm{r\cdot min^{-1}}$	34	37	42	46	45	50	56	62	71	83	68	75	83	94	105	125	135	150	165	188	215	250	300	330		
电机功率 P/kW	8 极电机(750r/min)				6 极电机(1000r/min)						4 极电机(1500r/min)															
	P/n 代号																									
0.55	1/8	3/8	5/8	1/8	1/6	2/6	3/6	4/6	6/6	8/6	1	3	6	9	12	15	19	23	27	32	37	42	47	52	LPJ20 LPB20	150
0.75	2/8	4/8	6/8	7/8	1/6	3/6	5/6	5/6	7/6	9/6	2	4	7	10	13	16	20	24	28	33	38	43	48	53		
1.1	1/8	3/8	5/8	8/8	2/6	4/6	6/6	7/6	9/6	11/6	1	5	8	11	14	17	21	25	29	34	39	44	49	54		
1.5	2/8	4/8	6/8	7/8	1/6	3/6	5/6	8/6	10/6	12/6	2	4	6	8	10	18	22	26	30	35	40	45	50	55		
2.2	1/8	3/8	5/8	8/8	2/6	4/6	6/6	7/6	9/6	11/6	3	5	7	9	11	12	14	16	31	36	41	46	51	56		
3	2/8	4/8	6/8	7/8	1/6	3/6	5/6	8/6	10/6	12/6	1	3	5	7	9	13	15	17	19	21	23	26	29	32	LPJ21 LPB21	300
4	1/8	3/8	5/8	8/8	2/6	4/6	6/6	7/6	9/6	13/6	2	4	6	8	10	12	14	18	20	22	24	27	30	33		
5.5	2/8	4/8	6/8	7/8	1/6	3/6	5/6	8/6	10/6	12/6	1	3	5	7	11	13	15	17	19	21	25	28	31	34		
7.5	1/8	2/8	3/8	8/8	2/6	4/6	6/6	7/6	11/6	13/6	2	4	6	8	8	9	16	18	20	22	23	25	27	29	LPJ22 LPB22	600
11	1/8	5/8	4/8	5/8	1/6	2/6	4/6	8/6	9/6	10/6	1	3	5	7	9	10	11	12	14	16	24	26	28	30		
15	2/8	6/8	9/8	12/8	1/6	3/6	5/6	6/6	8/6	11/6	2	4	6	8	10	12	14	13	15	17	19	22	25	28	LPJ23 LPB23	1250
18.5	3/8	7/8	10/8	13/8	2/6	4/6	7/6	7/6	9/6	10/6	1	2	4	6	11	13	15	17	19	18	20	23	26	29		
22	4/8	8/8	11/8	14/8	3/6	5/6	8/6	10/6	13/6	16/6	1	3	5	7	8	10	16	18	20	22	21	24	27	30		
30	1/8	3/8	5/8	8/8	1/6	6/6	9/6	11/6	14/6	17/6	2	6	9	13	9	11	12	14	21	23	24	26	28	30	LPJ24 LPB24	2250
37	2/8	4/8	6/8	9/8	2/6	4/6	6/6	12/6	15/6	18/6	3	7	10	14	17	20	13	15	16	17	25	27	29	31		
45	1/8	3/8	7/8	10/8	3/6	5/6	7/6	10/6	12/6	15/6	4	8	11	15	18	21	24	27	31	18	19	21	23	25	LPJ25 LPB25	3000
55	2/8	4/8	5/8	7/8	1/6	3/6	8/6	11/6	13/6	16/6	1	4	12	16	19	22	25	28	32	35	20	22	24	26		
75	1/8	4/8	6/8	8/8	2/6	4/6	5/6	7/6	14/6	17/6	2	5	7	9	12	23	26	29	33	36	38	40	42	44	LPJ26 LPB26	7500
90	2/8	5/8	7/8	9/8	1/6	4/6	6/6	8/6	10/6	18/6	3	6	8	10	13	15	18	30	34	37	39	41	43	45		
110	3/8	6/8	8/8	10/8	2/6	5/6	7/6	9/6	11/6	12/6	1	3	5	11	14	16	19	21	24	27	30	33	36	39	LPJ27 LPB27	15000
132				11/8	3/6	6/6	8/6	10/6	13/6	13/6	2	4	6	7	9	17	20	22	25	28	31	34	37	40		
160							9/6	11/6	14/6	17/6	1	5	9	8	10	11	13	23	26	29	32	35	38	41		
185								12/6	15/6	18/6	2	6	10	13	16	12	14	16	18	20	22	24	26	28	LPJ28 LPB28	24000
200									16/6	19/6	3	7	11	14	17	19	15	17	19	21	23	25	27	29		
250										20/6	4	8	12	15	18	20	21	22	23	24	25	26	27	28	LPB/J29	32000

注：减速器选用说明见表 17-2-180 注 3。

表 17-2-185 LPJ、LPB 型三级减速器承载能力

传动比 i	63	56	50	45	40	35.5	31.5	45	40	35.5	31.5	28	25	22.4	20	18	16	14	减速机型号	输出轴许用转矩/N·m
输出转速 n/r·min^{-1}	16	18	20	22	25	28	31	33	37	42	47	53	60	67	75	83	93	105		
电机功率 P/kW	6 极电机(1000r/min)							4 极电机(1500r/min)												
	P/n 代号																			
0.55	1/6	2/6	4/6	7/6	1/6	2/6	3/6	1	3	5	7	9	12	15	19	23	27	31	LPJ30 LPB30	250
0.75	1/6	3/6	5/6	8/6	9/6	11/6	4/6	2	4	6	8	10	13	16	20	24	28	32		
1.1	2/6	4/6	6/6	8/6	10/6	12/6	13/6	1	3	5	8	11	14	17	21	25	29	33		
1.5	3/6	5/6	7/6	9/6	11/6	13/6	14/6	2	4	6	9	11	13	18	22	26	30	34		
2.2	1/6	3/6	5/6	10/6	12/6	14/6	16/6	1	3	7	10	12	14	16	18	21	24	27	LPJ31 LPB31	550
3	2/6	4/6	6/6	8/6	10/6	15/6	17/6	2	4	6	8	10	15	17	19	22	25	28		
4	1/6	3/6	7/6	9/6	11/6	13/6	15/6	1	5	7	9	11	13	16	20	23	26	29		
5.5	2/6	4/6	5/6	7/6	12/6	14/6	16/6	2	4	6	8	12	14	17	19	21	24	27	LPJ32 LPB32	1500
7.5	1/6	3/6	6/6	8/6	9/6	11/6	13/6	3	5	7	9	11	15	18	20	22	25	28		
11	2/6	4/6	5/6	7/6	10/6	12/6	14/6	1	3	6	10	12	13	15	17	23	26	29		
15	1/6	3/6	6/6	8/6	9/6	11/6	13/6	2	4	7	9	12	14	16	18	20	22	25	LPJ33 LPB33	2750
18.5	2/6	4/6	5/6	7/6	10/6	12/6	14/6	1	5	8	10	13	15	17	19	21	23	26		
22	1/6	2/6	6/6	8/6	9/6	11/6	15/6	2	3	5	11	14	16	18	20	22	24	27		
30	1/6	3/6	4/6	5/6	10/6	12/6	13/6	1	4	6	7	9	11	19	21	23	25	28	LPJ34 PLB34	5500
37	2/6	3/6	5/6	6/6	7/6	9/6	14/6	2	3	5	8	10	12	14	16	24	26	29		
45		4/6	6/6	8/6	8/6	10/6	11/6	1	4	6	7	9	13	15	17	19	27	30		
55			7/6	9/6	10/6	12/6	12/6	2	3	5	8	10	12	14	18	20	22	24	LPJ35 LPB35	9000
75					11/6	13/6	14/6	1	4	6	7	11	13	15	17	21	23	25		
90							15/6	2	3	5	8	9	10	16	18	19	21	24	LPJ36 LPB36	15000
110									4	6	8	11	11	12	14	20	22	25		
132										7	9	12	14	13	15	16	23	26		
160											10	13	15	17	19	17	19	22	LPJ37 LPB37	24000
185													16	18	20	18	20	23		
200															21	22	21	24		
250																23	24	25	LPB/J38	35000

注：减速器选用说明见表 17-2-180 注 3。

11.5 FP 型中功率窄 V 带及高强力 V 带传动减速器（摘自 HG/T 3139.10—2001）

11.5.1 外形、安装尺寸

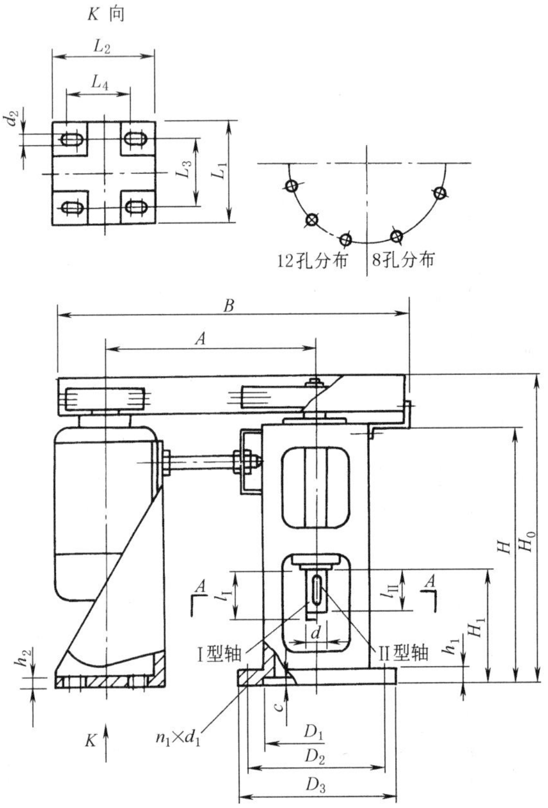

标记示例

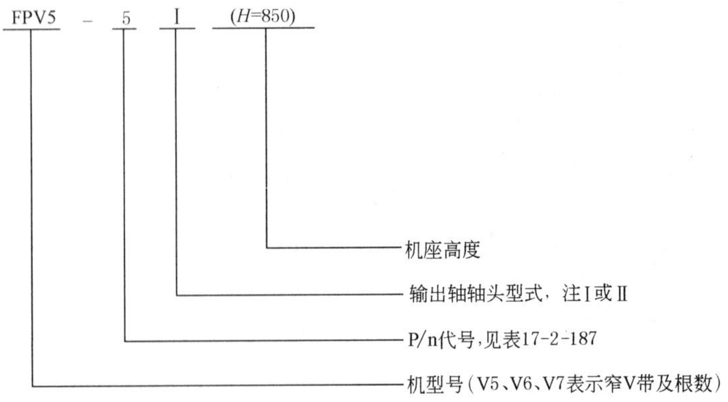

表 17-2-186

mm

机型号	输出轴直径 d	中心距 A	传动比 i	外形及安装尺寸															降低型/标准型/增高型			
				B	D_1	D_2	D_3	$n_1 \times d_1$	L_1	L_2	L_3	L_4	d_2	c	h_1	h_2	l_{I}	l_{II}	H_0	H	H_1	质量/kg
FPV5	65h6	749	5.4	1380	325 H8	400	435	8×ϕ18	500	460	370	250	27	6	22	24	130	95	1080/ 1180/ 1280	850/ 950/ 1050	350/ 450/ 550	850/ 900/ 950
		740	5																			
		728	4.5																			
		556	4	1100																		
		540	3.7																			
		516	3																			
		488	2.5																			
FPV6	80h6	1015	5.4	1850	430 H8	510	555	12×ϕ23	580	610	500	500	33	8	35	35	150	120	1284/ 1384/ 1484	1000/ 1100/ 1200	375/ 475/ 575	1220/ 1300/ 1390
		1005	5																			
		918	4.5	1670																		
		766	4	1530																		
		760	3.7																			
		710	3																			
		660	2.5	1500																		
FPV7	95h6	1352	5.4	2400	560 H8	650	700	12×ϕ27	800	800	520	520	33	11	40	36	170	165	1680/ 1780/ 1880	1300/ 1400/ 1500	500/ 600/ 700	2060/ 2260/ 2500
		1336	5																			
		1062	4.5	2020																		
		965	4	1840																		
		950	3.7																			
		900	3																			
		865	2.5	1825																		

注：1. 高强力 V 带或窄 V 带承载能力比普通带高 50%以上。
2. 输出轴可正、反两方向旋转。
3. 机座高度有降低型、标准型和增高型三种，根据密封和联轴器高度进行选择。

11.5.2 承载能力

表 17-2-187

传动比 i	5.4	5	4.5	5.4	5	4.5	4	3.7	3	2.5	减速机型号	输出轴许用转矩/N·m
输出转速 n/r·min^{-1}	135	150	165	180	200	220	250	270	330	400		
电机功率 P/kW	8 极电机				6 极电机							
	P/n 代号											
4	1										FPV5	720
5.5	2	4	6	9	12	15						
7.5	3	5	7	10	13	16	19	22				
11	1	6	8	11	14	17	20	23				
15	2	7	11	15	21	18	21	24				
18.5	3	8	12	16	22	26	31	25	26	28		
22	4	9	13	17	23	27	32	36	27	29		
30	5	10	14	18	24	28	33	37	41	46	FPV6	2200
37	1	6	11	19	25	29	34	38	42	47		
45	2	7	12	20	19	30	35	39	43	48		
55	3	8	13	16	20	23	26	40	44	49		
75	4	9	14	17	21	24	27		45	50		
90	5	10	15	18	22	25	28				FPV7	7000

注：减速器选用说明参见表 17-2-180 注 3。

11.6 YP 型带传动减速器（摘自 HG/T 3139.11—2001）

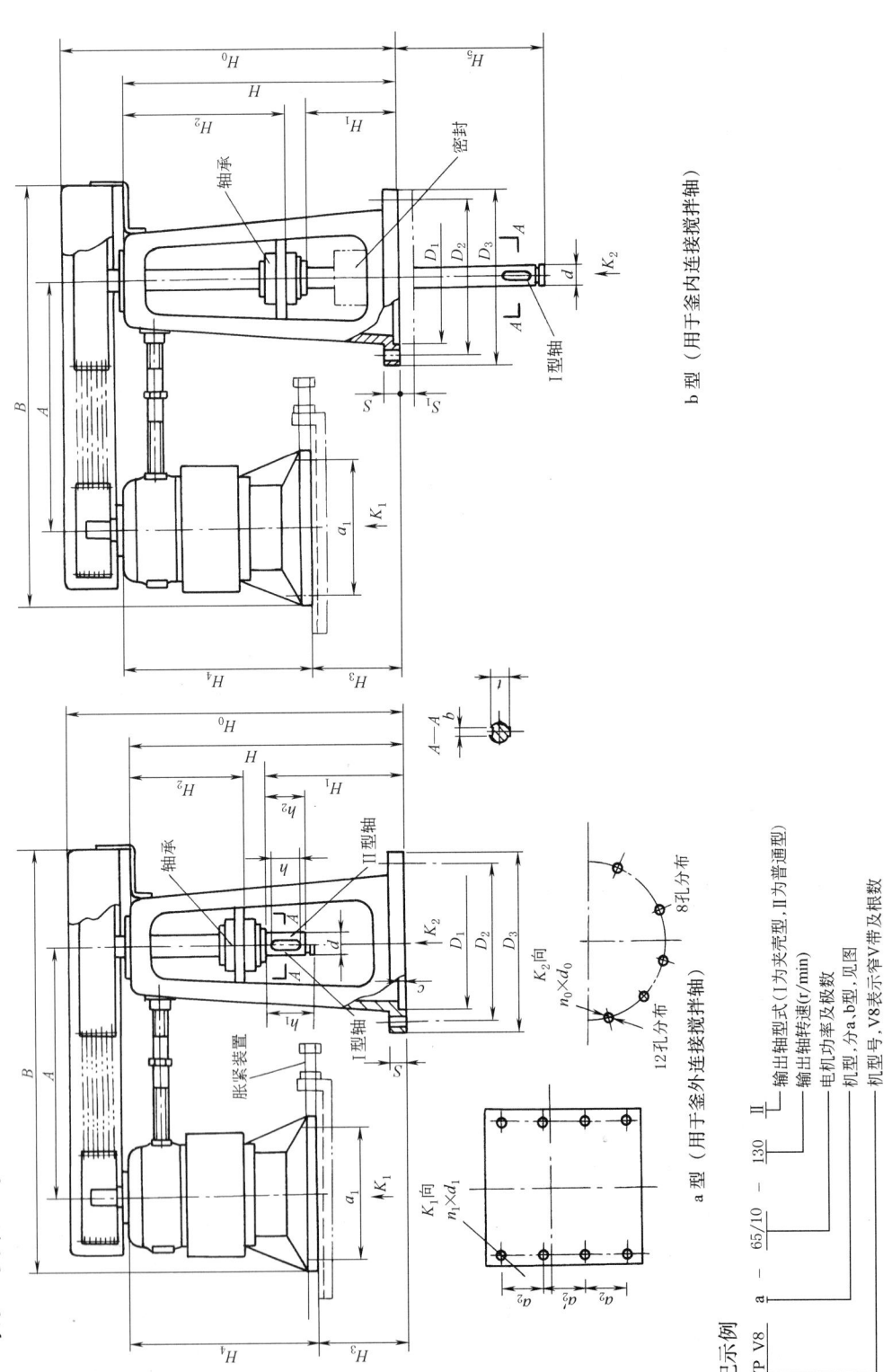

11.6.1 外形、安装尺寸

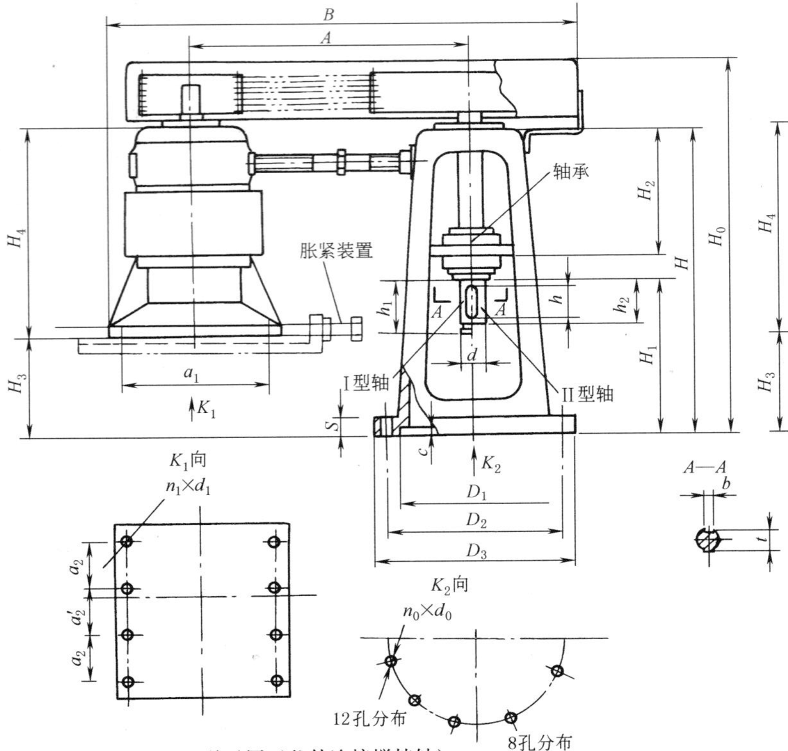

a 型（用于釜外连接搅拌轴）

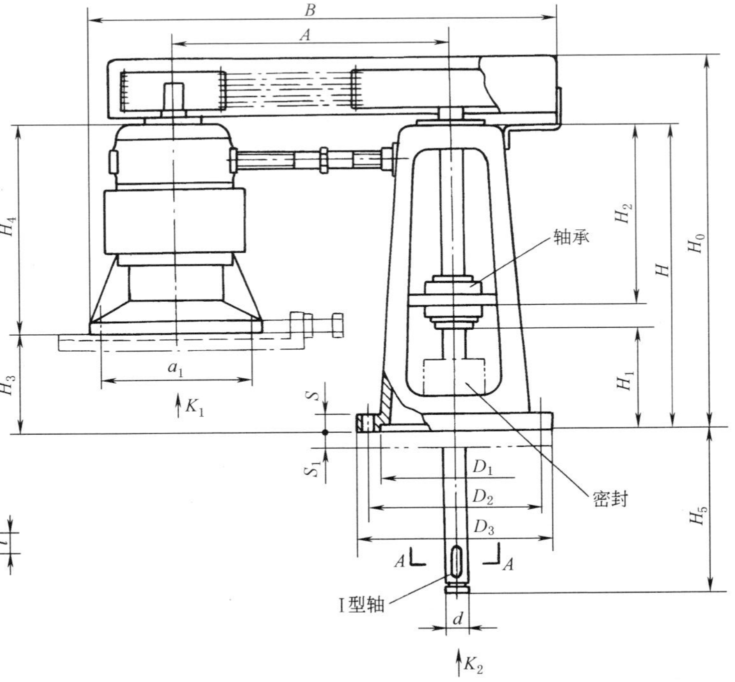

b 型（用于釜内连接搅拌轴）

标记示例

YP V8　a　-　65/10　-　130　II

- II — 输出轴型式（I为夹壳型，II为普通型）
- 130 — 输出轴转速(r/min)
- 65/10 — 电机功率及极数
- a — 机型，分a、b型，见图
- YP V8 — 机型号，V8表示窄V带及根数

表 17-2-188　YP 型减速器外形尺寸　　mm

减速机型号	外形及安装尺寸													a 型尺寸				b 型尺寸					
	B	H_2	H_4	$D_1(H_9)$	D_2	D_3	$n_0 \times d_0$	S	c	a_1	a_2	a'_2	$n_1 \times d_1$	H_0	H	H_1	H_3	H_0	H	H_1	H_3	H_5	S_1
YPV7-65	2815/2402 2402/2250	640	1199	730	830	900	8×ϕ27	40	6	900	300	300	8×ϕ27	1836	1530	709	320	1550	1150	320	0	700	35
YPV7-75	2815/2402 2402/2250	640	1199	840	940	1010	8×ϕ30	50	8	900	300	300	8×ϕ27	1866	1530	709	320	1550	1150	320	0	700	40
YPV8-95	3098/2576 2576/2570	750	1199	840	940	1010	8×ϕ30	50	8	900	300	300	8×ϕ27	2075	1680	798	524	1580	1182	300	26	800	40
YPV8-115 YPV8-130	3422/2570 2570/2571 3422/2570 2570/2571	870	1299	970	1080	1150	2×ϕ30	50	8	900	300	300	8×ϕ27	2306	1950	860	690	1650	1288	300	28	800	45
YPV10-130 YPV10-155 YPV10-200	3472/2620 2620/2571 3472/2724 2724/2810 3823/3805 3805/3896	1300	1360	1200	1330	1410	12×ϕ30	50	10	1000	340	320	8×ϕ27	2920	2500	990	1280	2170	1750	240	530	800	50
YPV11-250 YPV11-280	4006/3522 3522/3842 4006/3540 3540/3510	1300	1740	1300	1500	1600	12×ϕ34	60	10	1310	400	400	8×ϕ28	2940	2500	1020	850	2200	1750	240	100	800	60
YPV12-320 YPV12-380	4006/3582 3582/3650 4006/3582 3582/3650	1300	1725	1300	1500	1600	12×ϕ34	60	10	1310	400	400	8×ϕ28	2940	2500	1020	850	2200	1750	240	100	800	60

注：1. 减速器选用高强力 V 带或窄 V 带，承载能力比普通带高 50%以上。

2. YP 型减速器主要用于医药、生物工程发酵罐上的搅拌装置。

3. 减速器采用 YJL 型立式三相异步电机，一般为 380V、50Hz，特殊要求需另行说明。

4. 中心距 A、输出轴直径 d 及键槽尺寸见表 17-2-189。

5. a 型减速器输出轴轴头有Ⅰ、Ⅱ型结构，b 型减速器一般只有Ⅰ型轴头。Ⅰ型轴头配用 JQ 型联轴器（表 17-2-194），但 b 型减速器的联轴器材料需满足工艺介质要求。Ⅱ型轴头配 SF 型联轴器（表 17-2-196）。

11.6.2 承载能力

表 17-2-189

减速机型号	电机型号	电机功率/kW	电机转速/r·min^{-1}	传动比 i	输出轴转速/r·min^{-1}	中心距 A/mm	输出轴许用转矩/N·m	输出轴尺寸/mm						质量/kg
								d	h_1	h_2	h	b	t	
YPV7-65	YJL12-10	65	590	5.9~4.0 3.9~2.36	100~145 150~250	1445~1202 1205~1052	6250 4800	100 95	220	170	140	28 25	90 86	1900
YPV7-75	YJL12-10	75	590	5.9~4.0 3.9~2.36	100~145 150~250	1445~1202 1205~1052	7200 5500	105 100	220	170	140	28 28	95 90	2200
YPV8-95	YJL12-10	95	590	5.9~4.0 3.9~2.36	100~145 150~250	1668~1370 1370~1376	9100 6000	120 110	240	220	180	32 28	109 100	3000
YPV9-115	YJL12-10	115	590	5.9~4.0 3.9~2.36	100~145 150~250	1875~1370 1370~1376	11000 7300	130 125	240	220	180	32 32	119 114	3200
YPV9-130	YJL12-8	130	735	5.9~4.0 3.9~2.45	125~185 190~300	1875~1370 1370~1376	10000 6900	130 125	240	220	180	32 32	119 114	3200
YPV10-130	YJL13-12	130	490	5.9~4.0 3.9~2.43	82~120 125~200	1875~1370 1370~1376	15200 10000	160 130	240	220	180	40 32	147 119	4600
YPV10-155	YJL13-10	155	590	5.9~4.0 3.9~2.36	100~145 150~250	1875~1432 1432~1560	15000 10000	160 130	260 240	230 220	205/2 20 180	40 32	147 119	5500
YPV10-200	YJL13-10	200	590	5.9~2.36	100~145 150~250	2126~2360 2360~2450	19100	160	250	230	205/2 20	40	147	5500
YPV10-250	YJL1410-12	250	490	5.9~4.0 3.9~2.36	82~120 125~200	2126~1850 1890~1850	29000 19100	200 180	330 300	280 250	270 230	45 45	185 165	6000
YPV12-280	YJL1410-10	280	590	5.9~4.0 3.9~2.36	100~145 150~250	2126~1940 1940~1930	27000 18000	200 180	330 300	280 250	270 230	45 45	185 165	6500
YPV12-320	YJL1410-12	320	490	5.9~4.0 3.9~2.36	82~120 125~200	2126~1885 1898~1952	37000 25000	220 200	330 300	280 250	270 230	50 45	203 185	8000
YPV12-380	YJL1410-10	380	590	5.9~4.0 3.9~2.36	100~145 150~250	2126~1885 1898~1952	37000 25000	220 200	330 300	280 250	270 230	50 45	203 185	8500

11.7 釜用减速器附件

11.7.1 XD型单支点机架

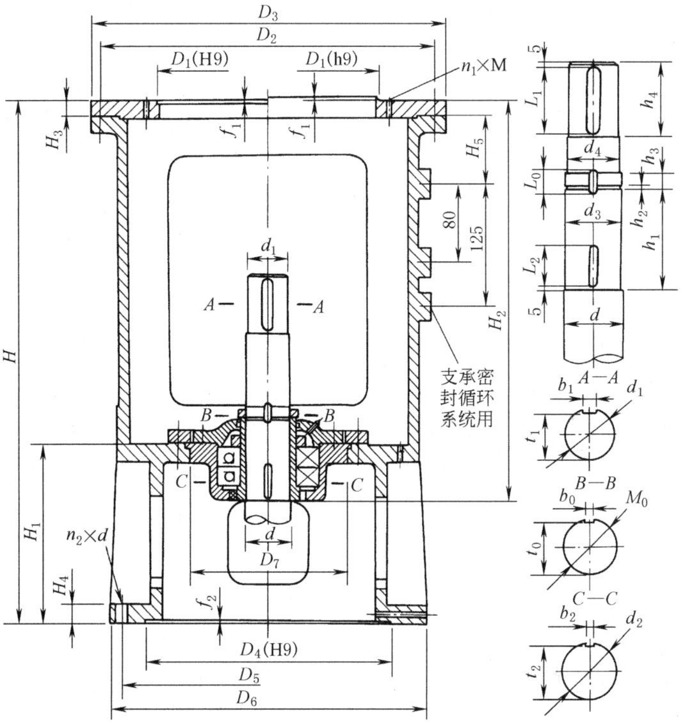

标记示例

XD3 － 60 A 40 C

- C —— 减速器类型，见表17-2-192注
- 40 —— 减速器输出轴直径d_0
- A —— 机架型式(A表示普通型；B表示增高型)
- 60 —— 传动轴直径d
- XD3 —— 机架型号(XD表示单支点机架；XS表示双支点机架)

表 17-2-190 mm

机架型号	机架公称直径 $D_1\left(\frac{H9}{h9}\right)$	传动轴轴径 d	传动轴上端轴径 d_1	传动轴轴端尺寸																
				M_0	d_2 (h9)	d_3	d_4	h_1	h_2	h_3	h_4	L_1	L_0	L_2	b_1	b_0	b_2 (N9)	t_1	t_0	t_2
XD1	200	30	20(k6)	M25×1.5	25	22.8	22	97	3	15	48	40	23	30	6	5	5	16.5	21	22
		40	30(k6)	M35×1.5	35	32.8	32	97	3	15	48	40	24	30	8	6	6	26	31	31.5
XD2	250	50	40(k6)	M45×1.5	45	42.8	42	105	3	15	58	50	24	30	12	6	6	35	41	41.5
		60	45(k6)	M55×2	55	52	50	115	4	18	68	60	30	40	14	8	8	39.5	51	51
		70	55(m6)	M65×2	65	62	60	125	4	18	83	75	30	40	16	8	8	49	61	61
XD3	300	60	45(k6)	M55×2	55	52	50	125	4	18	68	60	30	40	14	8	8	39.5	51	51
		70	55(m6)	M65×2	65	62	60	125	4	18	83	75	30	40	16	8	8	49	61	61
		80	65(m6)	M75×2	75	72	70	139	4	18	98	90	32	50	18	10	10	58	69	70

续表

机架型号	机架公称直径 $D_1\left(\frac{H9}{h9}\right)$	传动轴轴径 d	传动轴上端轴径 d_1	传动轴轴端尺寸																
				M_0	d_2 (h9)	d_3	d_4	h_1	h_2	h_3	h_4	L_1	L_0	L_2	b_1	b_0	b_2 (N9)	t_1	t_0	t_2
XD4	400	90	75(m6)	M85×2	85	82	80	162	4	18	108	100	32	50	20	10	10	67.5	79	80
		100	85(m6)	M95×2	95	92	90	166	4	22	118	110	38	50	22	12	12	76	89	90
XD5	500	100	85(m6)	M95×2	95	92	90	166	4	22	118	110	38	50	22	12	12	76	89	90
		110	90(m6)	M100×2	100	97	95	166	4	22	118	110	38	50	25	12	12	81	94	95
		120	100(m6)	M110×2	110	107	105	177	4	22	128	120	40	60	28	14	14	90	104	104.5
		130	110(m6)	M120×2	120	117	115	177	4	26	138	130	44	70	28	14	14	100	114	114.5
XD6	700	120	100(m6)	M110×2	110	107	105	177	4	22	128	120	40	60	28	14	14	90	104	104.5
		130	110(m6)	M120×2	120	117	115	177	4	26	138	130	44	70	28	14	14	100	114	114.5
		140	120(m6)	M130×2	130	127	125	197	4	26	153	145	44	70	32	14	14	109	122	124.5
		160	140(m6)	M150×2	150	147	145	207	4	30	168	160	50	70	36	16	16	128	142	144
XD7	900	140	120(m6)	M130×2	130	127	125	197	4	26	153	145	44	70	32	14	14	109	122	124.5
		160	140(m6)	M150×2	150	147	145	207	4	30	168	160	50	70	36	16	16	128	142	144
		180	160(m6)	M170×3	170	166	165	227	4	32	198	190	52	80	40	16	16	157	162	164
		200	180(m6)	M190×3	190	186	185	242	4	32	238	230	54	90	45	18	18	175	180	182

机架型号	机架公称直径 D_1	传动轴轴径 d	传动轴上端轴径 d_1	减速器输出轴轴径 d_0	输入端接口	输出端接口					外形及其他尺寸										轴承型号	质量/kg	
											A型			B型									
						D_4	D_5	D_6	$n_2 \times d$	f_2	H	H_1	H_2	H	H_1	H_2	H_3	H_4	H_5	D_7 (H8/f7)		A型	B型
XD1	200	30	20	12	见表16-2-179	245 H8	295	340	8×ϕ22	6	575	220	415	730	295	495	17	24	85	180	46209	57	61
				14																			
				18																			
		40	30	25									415			495					46209	57	61
				30																			
XD2	250	50	40	30		290 H8	350	395	12×ϕ22	6	750	268	556	995	388	681	20	30	100	245	46214	106	116
				35																			
				40																			
		60	45	35									556			681					46214	107	117
				40																			
				45																			
		70	55	45									565			690					46217	104	114
				50																			
				55																			
XD3	300	60	45	35		320 H8	400	445	12×ϕ22	6	795	279	595	1040	399	720	20	30	100	280	46216	153	164
				40																			
				45																			
		70	55	40									595			720					46216	150	161
				50																			
				55																			
		80	65	55									606			731					46218	149	160
				60																			
				65																			

续表

机架型号	机架公称直径 D_1	传动轴轴径 d	传动轴上端轴径 d_1	减速器输出轴轴径 d_0	输入端接口	输出端接口					外形及其他尺寸										轴承型号	质量/kg	
											A型			B型									
						D_4	D_5	D_6	$n_2 \times d$	f_2	H	H_1	H_2	H	H_1	H_2	H_3	H_4	H_5	D_7 (H8/f7)		A型	B型
XD4	400	90	75	55	见表16-2-179	415 H9	515	565	16×ϕ26	6	890	310	691	1115	420	806	25	35	100	310	46222	251	265
				65																			
				70																			
		100	85	65									691			806					46222	256	270
				70																			
				80																			
XD5	500	100	85	60		520 H9	620	670	20×ϕ26	6	1075	369	821	1325	494	946	30	40	140	335	46224	409	435
				70																			
				80																			
		110	90	70									821			946					46224	405	431
				80																			
				90																			
		120	100	90									829			954					46228	401	427
				95																			
				100																			
		130	110	95									829			954					46228	395	421
				100																			
				110																			
XD6	700	120	100	90		670 H9	780	830	28×ϕ26	6	1185	399	909	1415	514	1024	35	45	100	400	46228	729	766
				95																			
				100																			
		130	110	95									909			1024					46228	721	758
				100																			
				110																			
		140	120	100									927			1042					46232	729	766
				110																			
				120																			
		160	140	120									943			1058					46234	697	734
				130																			
				140																			
XD7	900	140	120	100		940 H9	1070	1124	40×ϕ30	6.4	1320	440	1021	1560	570	1141	40	50	140	520	46232	985	874
				110																			
				120																			
		160	140	120									1037			1157					46234	1000	889
				130																			
				140																			
		180	160	140									1050			1170					46240	1010	899
				150																			
				160																			
		200	180	160									1070			1190					46244	1032	921
				170																			
				180																			

注：1. A 型机架适用于 2001、2003、2004、2006、2008 型机械密封，B 型机架适用于 2002、2005、2007 型机械密封或 506、516、606、616 型填料密封（见手册第 11 篇）。

2. 减速器输出轴为Ⅱ型轴头时可选用单支点机架，但宜用于搅拌不强烈、功率及轴承载荷较小的场合。联轴器应选用 GT、DF 型（表 17-2-195）。

11.7.2 XS型双支点机架

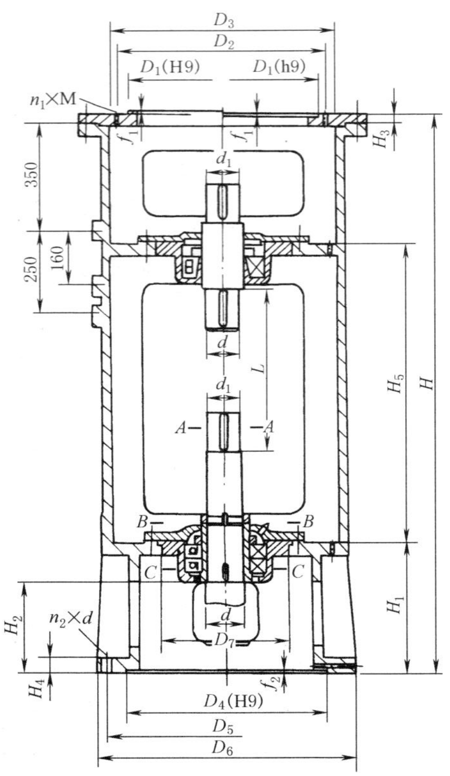

XS3型双支点机架

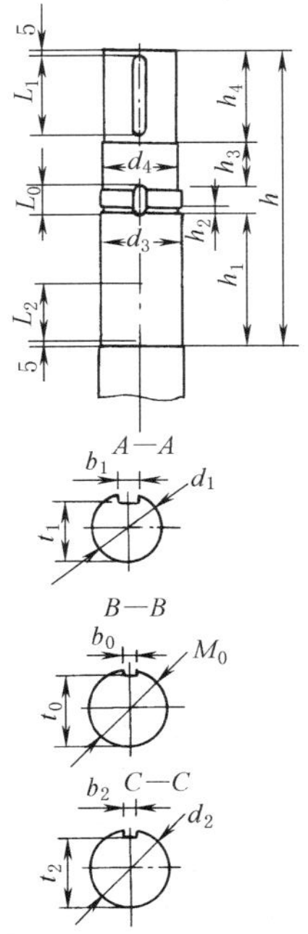

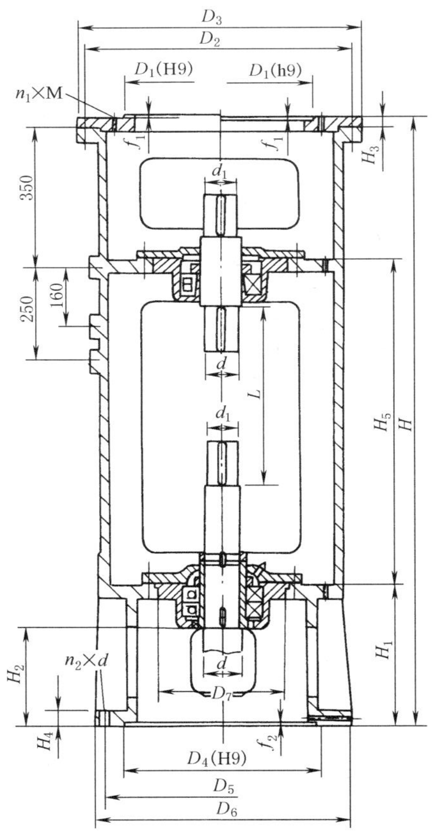

XS4、XS5、XS6、XS7型双支点机架

标记示例

见XD型

表 17-2-191

mm

机架型号	机架公称直径 D_1	传动轴轴径 d	传动轴上端轴径 d_1	减速机输出轴径 d_0	输入端接口	输出端接口					外形及其他尺寸													轴承型号		质量/kg	
						D_4(H9)	D_5	D_6	$n_2 \times d$	f_2	A 型					B 型					H_3	H_4	D_7	上部	下部	A 型	B 型
											H	H_1	H_2	H_5	L	H	H_1	H_2	H_5	L							
XS3	300	60	45	35、40、45	见表16-2-179	320	400	445	12×ϕ22	6	1155	279	200	620	343	1400	399	320	745	433	20	30	280	153513	46216	196	207
		70	55	45、50、55									200		387			320		512				153516	46216	198	209
		80	65	55、60、65									189		417			309		542				153518	46218	203	214
XS4	400	90	75	55、65、70		415	515	565	16×ϕ26	6	1310	310	201	695	453	1535	420	311	810	568	25	35	310	153520	46222	343	357
		100	85	65、70、80									201		473			311		588				153524	46222	356	370
XS5	500	100	85	65、70、80		520	620	670	20×ϕ26	6	1620	369	254	865	476	1870	494	379	990	591	30	40	335	153524	46224	546	572
		110	90	70、80、90									254		506			379		651				153524	46226	561	587
		120	100	90、95、100									246		526			371		671				153528	46228	566	592
		130	110	95、100、110									246		574			371		699				153532	46230	578	604
XS6	700	120	100	90、95、100		670	780	830	28×ϕ26	6	1830	399	276	970	526	2060	514	391	1085	671	35	45	400	153528	46228	981	1018
		130	110	95、100、110									276		574			391		699				153532	46230	991	1028
		140	120	100、110、120									258		604			373		729				153534	46232	998	1035
		160	140	120、130、140									242		652			357		767				153538	46234	990	1027
XS7	900	140	120	100、110、120		940	1070	1124	40×ϕ30	6.4	2150	426	285	1164	604	2450	550	409	1250	729	40	50	490	153534	46232	1500	1600
		160	140	120、130、140									269		652			393		767				153538	46234		
		180	160	140、150、160									256		717			380		832				153540	46240		
		200	180	160、170、180									242		836			366		986				153544	46244		

机架型号	机架公称直径 D_1	传动轴轴径 d	传动轴上端轴径 d_1	传动轴轴端尺寸																	
				M_0	d_2(h9)	d_3	d_4	h	h_1	h_2	h_3	h_4	L_1	L_0	L_2	b_1(N9)	b_0	b_2(N9)	t_1	t_0	t_2
XS3	300	60	45(k6)	M55×2	55	52	50	322	125	4	15	68	60	27	40	14	8	8	39.5	51	51
		70	55(m6)	M65×2	65	62	60	278	125	4	15	83	75	27	40	16	8	8	49	61	61
		80	65(m6)	M75×2	75	72	70	264	139	4	18	98	90	32	50	18	10	10	58	69	70
XS4	400	90	75(m6)	M85×2	85	82	80	322	162	4	18	108	100	32	50	20	10	10	67.5	79	80
		100	85(m6)	M95×2	95	92	90	317	166	4	22	118	110	38	50	22	12	12	76	89	90

第17篇

续表

机架型号	机架公称直径 D_1	传动轴轴径 d	传动轴上端轴径 d_1	传动轴轴端尺寸																	
				M_0	d_2 (h9)	d_3	d_4	h	h_1	h_2	h_3	h_4	L_1	L_0	L_2	b_1(N9)	b_0	b_2 (N9)	t_1	t_0	t_2
XS5	500	100	85 (m6)	M95×2	95	92	90	490	166	4	22	118	110	38	50	22	12	12	76	89	90
		110	90 (m6)	M100×2	100	97	95	420	166	4	22	118	110	38	50	25	12	12	81	94	95
		120	100 (m6)	M110×2	110	107	105	413	177	4	22	128	120	40	60	28	14	14	90	104	104.5
		130	110 (m6)	M120×2	120	117	115	370	177	4	26	138	130	44	70	28	14	14	100	114	114.5
XS6	700	120	100 (m6)	M110×2	110	107	105	508	177	4	22	128	120	40	60	28	14	14	90	104	104.5
		130	110 (m6)	M120×2	120	117	115	465	177	4	26	138	130	44	70	28	14	14	100	114	114.5
		140	120 (m6)	M130×2	130	127	125	468	197	4	26	153	145	44	70	32	14	14	109	122	124.5
		160	140 (m6)	M150×2	150	147	145	441	207	4	30	168	160	50	70	36	16	16	128	142	144
XS7	900	140	120 (m6)	M130×2	130	127	125	468	197	4	26	153	145	44	70	32	14	14	109	122	124.5
		160	140 (m6)	M150×2	150	147	145	441	207	4	30	168	160	50	70	36	16	16	128	142	144
		180	160 (m6)	M170×3	170	166	165	496	227	4	32	198	190	52	80	40	16	16	157	162	164
		200	180 (m6)	M190×3	190	186	185	536	242	4	32	238	230	54	90	45	18	18	175	180	182

注：1. 减速器输出轴为Ⅱ型轴头时可选用双支点机架，用于搅拌强烈、功率及轴承载荷较大的场合。联轴器应选用 TK 型弹性块联轴器（表 17-2-197）。

2. A、B 型机架适用场合见表 17-2-190 注 1。

表 17-2-192　　XD、XS 型机架输入端接口尺寸　　mm

减速器输出轴径 d_0	减速器类别代号	D_1	D_2	D_3	n_1×M	f_1	减速器输出轴径 d_0	减速器类别代号	D_1	D_2	D_3	n_1×M	f_1
12	Z	65	100	120	4×M6	3	70	Z	316	360	400	8×M16	6
14	Z	85	120	140	4×M8	3		C	320 316	360	400	8×M16	5
18	Z	100	134	160	4×M8	4							
25	Z	130	160	180	6×M8	4	80	Z	345	390	430	8×M16	6
	C	170	200	230	6×M10	3		Z_1	316	360	400	8×M12	6
30	C	200	230	260	6×M12	4		C	360	410	460	8×M20	6
35	Z	170	200	230	6×M10	5	90	Z	400	450	490	12×M16	8
	C	230	260	290	6×M12	4		C	360	410	460	8×M20	6
40	Z	170	200	230	6×M10	5	95	Z	400	450	490	12×M16	8
	C	230	260	290	6×M12	4		Z_1	455	520	580	12×M20	10
45	Z	200	230	260	6×M10	5	100	Z	455	520	580	12×M20	10
	C	230	260	290	6×M12	4		C	470	520	580	12×M20	6
50	Z	200	230	260	6×M10	5	110	Z	520	590	650	12×M20	12
	C	270	305	340	8×M16	5		C	470	520	580	12×M20	6
55	Z	270	310	340	6×M10	5	120	Z	520	590	650	12×M20	12
	C	270	305	340	8×M16	5		C	550	600	660	12×M20	6
60	C	320	360	400	8×M16	5	130	Z	680	800	880	12×M30	12
65	Z	316	360	400	8×M12	6		C	680	800	880	12×M30	8
	Z_1	270	310	340	6×M10	5	140	Z	680	800	880	12×M30	12

注：1. 减速器类别代号，Z 为 XL 系列摆线针轮减速器及 CFL 型行星齿轮减速器；C 为 LC 型减速器。若选用 LPJ、LPB 型减速器，需与制造厂联系，作适当调整。

2. 一种规格机架配用两种规格减速器，所以机架输入端接口尺寸不同，分别用 Z、Z_1 表示。

3. 减速器输出轴径 d_0>140mm 的接口尺寸需与制造厂联系。

11.7.3　FZ 型双支点方底板机架

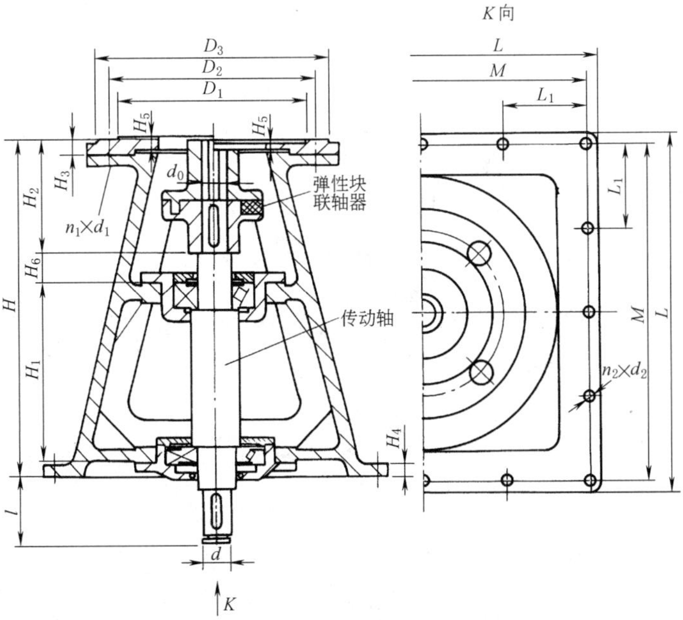

标记示例

FZ 25 A I

- I 表示普通型，可省略不注；II 表示增高型
- A 表示与摆线针轮减速器相配；B 表示与 LC 型和 LPJ 型齿轮减速器相配
- 减速器输出轴径 d
- 机架类型（方底板机架）

表 17-2-193

mm

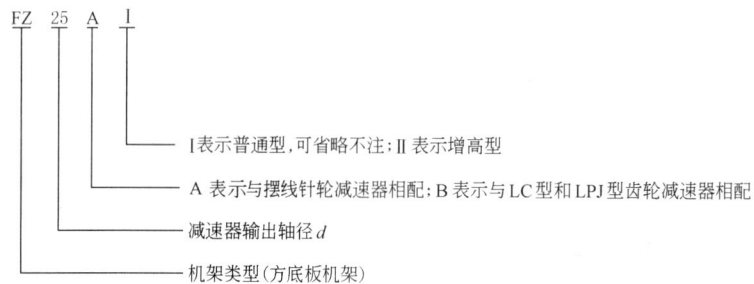

型号	通用尺寸						输入端接口					输出端接口					Ⅰ型			Ⅱ型		
	H_2	H_3	H_4	H_5	H_6	l	D_1	D_2	D_3	d_0	$n_1 \times d_1$	L	L_1	M	d	$n_2 \times d_2$	H	H_1	质量/kg	H	H_1	质量/kg
FZ25A	130	20	25	4	80	100	130	160	180	25	6×M8	400	170	340	30	8×ϕ14	630	380	167	800	550	198
FZ30A				5			140	160	190	30	4×M10				35							
FZ30B				4			200	230	260		6×M12											
FZ35A	155			5	55		170	200	230	35	6×M10				40							
FZ40B				4			230	260	290	40	6×M12				45							
FZ45A	220	20	30	5	Ⅰ型 60 Ⅱ型 45	130	200	230	260	45	6×M10	585	175	525	50	12×ϕ18	765	440	383	900	590	460
FZ50B				5			270	305	340	50	8×M16				55							
FZ55A				6			270	310	340	55	6×M10				60							
FZ55B				5				305			8×M16											
FZ65A	280	25	30	6	50	200	316	360	400	65	8×M12	800	240	720	70	12×ϕ22	900	520	547	1100	720	656
FZ70A				6			316	360	400	70	8×M12				75							
FZ70B				5			320				8×M16											
FZ80A	330	30	40	6	90	250	345	390	430	80	8×M16	1060	250	1000	85	16×ϕ22	1045	600	980	1360	900	1100
FZ80B				5			360	410	460		8×M20											
FZ90A	365			7	55		400	450	490	90	12×M16				95							
FZ95A	385			9	35		455	520	580	95	12×M20				100							
FZ100A				9			455	520	580	100					110							
FZ100B				5			470															
FZ110A	450	40	45	11	45	300	520	590	650	110	12×M20	1260	300	1200	120	16×ϕ22	1200	668	1600	1600	1068	1450
FZ130A				11			680	800	880	130	12×M30				140							
FZ130B				9																		
FZ140				11 9			680	800	880	140	12×M30				150							
FZ150	540	45	50	14 10	120	370	根据所选减速器而定					1470	350	1400	160	20×ϕ27	1400	700	2200	1800	1100	1495
FZ160				14 10											180							
FZ180	565	50	60	14 10	190	370						1670	400	1600	200	20×ϕ33	1700	880	2800	2000	1180	1720

注：1. FZ 型机架适用于常压、敞开式搅拌槽上支承减速器。机架包括传动轴和弹性块联轴器。减速器输出轴通过弹性块联轴器与传动轴连接（见图），传动轴下方通过 JQ 型夹壳型联轴器在槽内与搅拌轴连接，详细尺寸见表 17-2-194。

2. 选用者根据要求的轴承间距 H_1 值选择Ⅰ型或Ⅱ型机架。

11.7.4 JQ 型夹壳联轴器

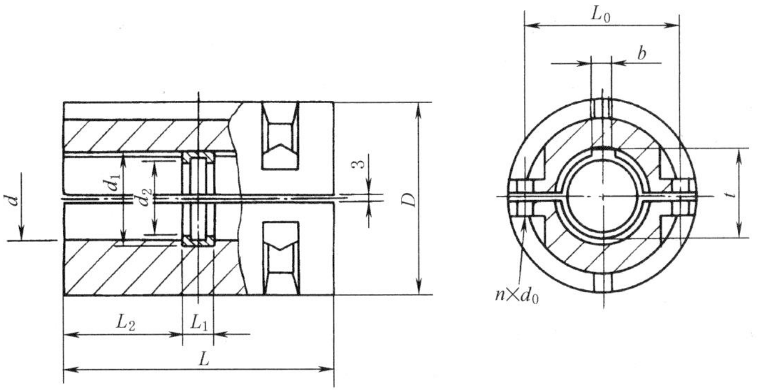

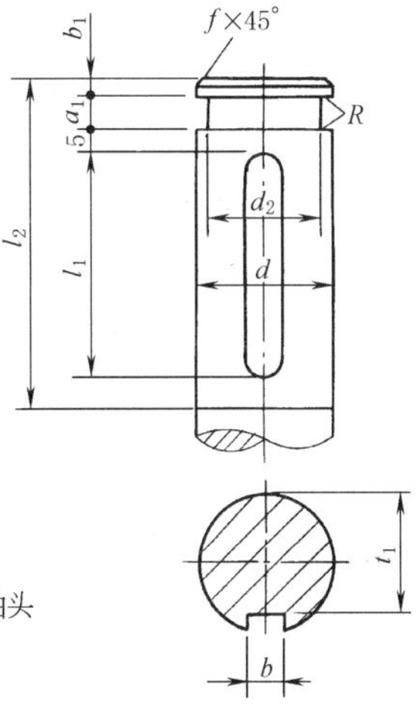

配用JQ型夹壳联轴器的轴头

标记示例

① 内孔直径 ϕ40mm，HT200 材质的夹壳联轴器：联轴器　JQ40

② 内孔直径 ϕ50mm，材质为 ZG0Cr18Ni9 的夹壳联轴器：联轴器　JQ50-ZG0Cr18Ni9

表 17-2-194　　mm

标定符号	孔径 d（H7/h6）	许用转矩 /N·m	D	L	L_1（H8/j7）	L_2	L_0	$n\times d_0$	d_1（H11/h11）	d_2（H11）	a_1（H11）	b_1	l_1	l_2	R	f	b	t	t_1	质量 /kg
JQ-25	25	90	95	110	20	45	58	4×ϕ12	32	20	5	4	35	60	0.2	0.4	8	28.3	21	4.47
JQ-30	30	90	102	130	20	55	64	4×ϕ14	38	25	5	4	45	70	0.2	0.4	8	33.3	26	4.47
JQ-35	35	236	118	162	20	71	80	6×ϕ14	43	30	5	4	55	85	0.4	0.6	10	38.3	30	7.60
JQ-40	40	236	118	162	20	71	80	6×ϕ14	48	35	5	4	55	85	0.4	0.6	12	43.3	35	7.60
JQ-45	45	530	135	190	24	83	94	6×ϕ14	57	37	6	5	70	100	0.4	0.6	14	48.8	39.5	10.85
JQ-50	50	530	135	190	24	83	94	6×ϕ14	62	42	6	5	70	100	0.4	0.6	14	53.8	44.5	10.85
JQ-55	55	530	135	190	24	83	94	6×ϕ14	67	47	6	5	70	100	0.6	1	16	59.3	49	10.85
JQ-60	60	1400	172	250	30	110	124	8×ϕ18	73	50	8	6	100	130	0.6	1	18	64.4	53	25.06
JQ-65	65	1400	172	250	30	110	124	8×ϕ18	78	55	8	6	100	130	0.6	1	18	69.4	58	25.06
JQ-70	70	1400	172	250	30	110	124	8×ϕ18	83	60	8	6	100	130	0.6	1	20	74.9	62.5	25.06
JQ-80	80	2650	185	280	38	121	138	8×ϕ18	94	70	10	8	110	145	0.6	1	22	85.4	71	30.16
JQ-85	85	2650	185	280	38	121	138	8×ϕ18	99	75	10	8	110	145	0.6	1	22	90.4	76	30.16
JQ-90	90	5200	230	330	38	146	164	8×ϕ23	105	80	10	8	140	170	0.6	1	25	95.4	81	56.38
JQ-95	95	5200	230	330	38	146	164	8×ϕ23	110	85	10	8	140	170	0.6	1	25	100.4	86	56.38
JQ-100	100	5200	230	330	38	146	164	8×ϕ23	115	90	10	8	140	170	0.6	1	28	106.4	90	56.38
JQ-105	105	5200	230	330	38	146	164	8×ϕ23	120	95	10	8	140	170	0.6	1	28	111.4	95	56.38
JQ-110	110	9000	260	390	46	172	190	8×ϕ23	125	100	12	10	160	200	0.6	1	28	116.4	100	90
JQ-115	115	9000	260	390	46	172	190	8×ϕ23	130	105	12	10	160	200	0.6	1	32	122.4	104	90
JQ-120	120	9000	260	390	46	172	190	8×ϕ23	135	110	12	10	160	200	0.6	1	32	127.4	109	90

续表

标定符号	孔径 d (H7/h6)	许用转矩 /N·m	D	L	L_1 (H8/j7)	L_2	L_0	$n\times d_0$	d_1 (H11/h11)	d_2 (H11)	a_1 (H11)	b_1	l_1	l_2	R	f	b	t	t_1	质量 /kg
JQ-125	125	15000	280	440	54	193	210	10×ϕ23	140	115	14	12	180	225	0.6	1	32	132.4	114	125
JQ-130	130	15000	280	440	54	193	210	10×ϕ23	146	118	14	12	180	225	0.6	1	32	137.4	119	125
JQ-140	140	15000	300	440	54	193	230	10×ϕ23	158	128	14	12	180	225	0.6	1	36	148.4	128	125
JQ-150	150	28000	340	500	64	218	260	10×ϕ33	179	134	16	14	200	255	0.6	1	36	158.4	138	215
JQ-160	160	28000	340	500	64	218	260	10×ϕ33	180	144	16	14	200	255	0.6	1	40	169.4	147	215
JQ-180	180	31000	380	560	72	244	300	10×ϕ33	200	162	18	16	240	285	1	1.5	45	190.4	165	350
JQ-200	200	33750	420	640	80	280	340	10×ϕ33	220	182	20	18	270	325	1	1.5	45	210.4	185	516

注：1. JQ 型联轴器用于减速器采用无支点机架支承，减速器输出轴为 I 型轴头，与搅拌轴直接连接。

2. 表中所列许用转矩是以联轴器材料 HT200 为基准，若需承受较大转矩时可采用 ZG230-450、ZG270-500、ZG1Cr13、ZG0Cr18Ni9 等材料。

11.7.5 GT、DF 型刚性凸缘联轴器

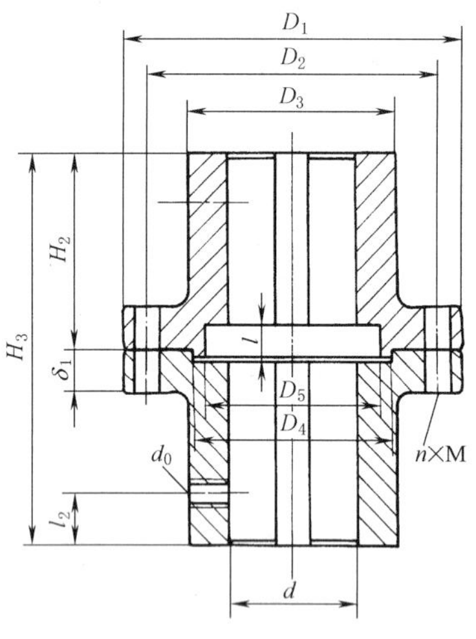

GT 型刚性凸缘联轴器

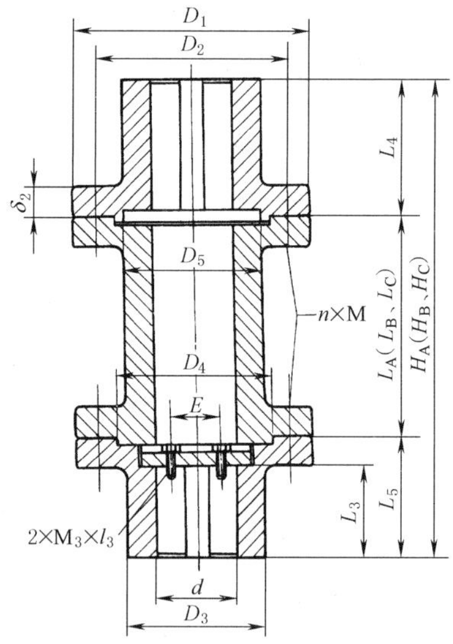

DF 型带短节刚性联轴器

标记示例

1）GT 型联轴器，上、下半联轴器孔径 ϕ100mm，高 192mm（按表中尺寸选取），材料 HT200：

联轴器　GT100

2）GT 型联轴器，上半联轴器孔径 ϕ100mm，高 130mm，下半联轴器孔径 ϕ110mm，高 150mm，材料 ZG230-450：

$$联轴器\quad GT\frac{100\times130}{110\times150}\text{-ZG230-450}$$

标记示例

1）上半联轴器孔径 ϕ80mm，高 152mm，下半联轴器孔径 ϕ80mm，高 129mm，A 型短节（按表中尺寸选取），材料 HT200：

$$联轴器\quad DFA\frac{80\times152}{80\times129}$$

2）上半联轴器孔径 ϕ80mm，高 120mm，下半联轴器孔径 ϕ80mm，高 130mm，B 型短节，材料 ZG 230-450：

$$联轴器\quad DFB\frac{80\times120}{80\times130}\text{-ZG230-450}$$

表 17-2-195

mm

轴径 d	许用转矩 /N·m	D_1	D_2	D_3	D_4	D_5	δ_1	δ_2	n×M	d_0	$M_3 \times l_3$	L_3	l_2	GT 系列 H_2	GT 系列 H_3	GT 系列 l	DF 系列 L_4	DF 系列 L_5	A 型 H_A	A 型 L_A	B 型 H_B	B 型 L_B	C 型 H_C	C 型 L_C	E
20	40	100	80	40	38	30	15	15	3×M8	M8	M5×12	50	20	—	—	—	55	62	272	155	352	235	227	110	①
25																	61	56							
30	85	115	90	55	48	40	18	18	4×M8		M6×16			61	122	15	61	56							
35	236	130	105	60	55	45	20	20	4×M12			60		65	130		67	74	301	160	376	250	251	110	
40		145	115	80	70	55	22	22	4×M12					81	162		70	71							20
45	530										M8×18	70					90	79	339	170	429	260	279	110	25
50		160	130	95	80	65	25	25	6×M12	M12			25	102	204	20	95	74							
55											M10×20	85					102	101	383	180	508	305	313	110	
60	1400	200	170	120	100	85	28	28	12×M12			100		132	264		112	121	413	180	538	305	343	110	30
65																	120	113							
70																									35
75	2650										M12×25	110		—	—	—	132	129	451	190	566	305	371	110	
80		220	185	130	120	100	35	35	8×M16	M16		120	30	162	324	25	152	129	471	190	586	305	401	120	
85																									50
90	5200	250	215	160	135	115	40	40	12×M16				35	192	384			129	501	220	646	365	411	130	
95												130					152	149	521	220	666	365	441	140	
100																	170	131							
110	9000	290	250	190	160	140	42	42	12×M20			140		222	444	30	170	169	569	230	694	355	479	140	
120												155					205	164	599	230	724	355	519	150	
125		340	290	210	190	160	45	45	12×M24		M16×30					35	212	157							
130	15000																212	157							60
140		385	325	250	220	180	50	50	12×M24			170	45		504	40	222	175	647	250	762	365	577	180	
150	28000	400	340	270	250	200			12×M30			200		252			252	209	711	250	826	365	671	210	
160		420	360	290	260	210																			
180	31000	460	390	310	280	230	55	55	16×M30	M20	M20×40	240	50	282	564	45	280	270	830	280	980	430	780	230	80
200	33750	500	430	340	320	260	60	60	16×M30																100

① 轴径 d≤35 时，E 尺寸按 GB 892 中 B 型轴端挡板尺寸选取。

注：1. GT、DF 型联轴器适用于单支点机架（表 17-2-190），输出轴为Ⅱ型（普通型）轴头，并在釜外与搅拌轴连接。

2. GT 型联轴器高度应根据机架安装空间和减速器输出轴轴伸长度作适当调整，并将需要的高度在标记中注明。

3. DF 型联轴器带有中间短轴，可以在拆除短节后使上下轴之间有足够间距，方便密封及轴承拆装与检修。联轴器高度分 A、B、C 型三种，根据拆装密封高度选择。

4. 许用转矩系指联轴器材料为 HT200 的数值。

11.7.6 SF 型三分式联轴器

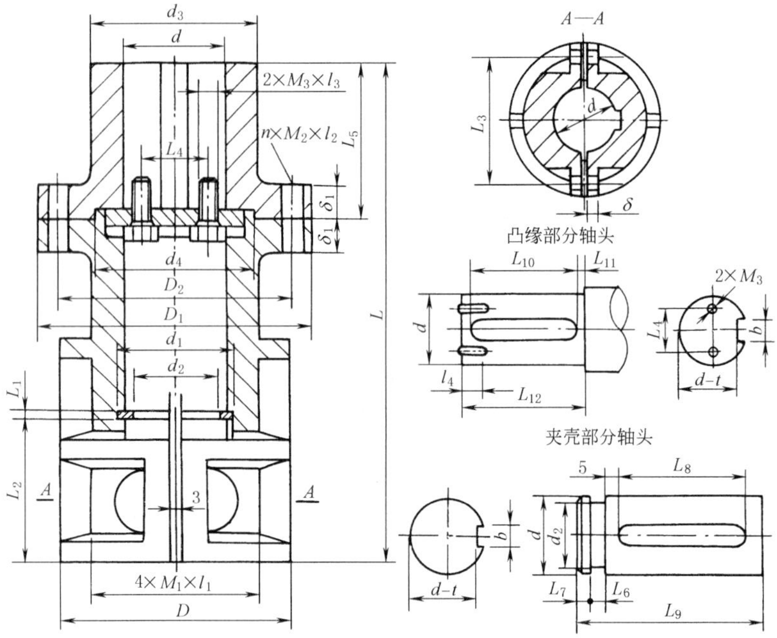

标记示例

孔径 d 为 ϕ40mm，HT200 材料的三分式联轴器：联轴器 SF40

表 17-2-196 mm

标定符号	孔径 d (H7)	许用转矩 /N·m	最高转速 /r·min^{-1}	L	$M_1\times l_1$	D	D_1	D_2	L_1	L_2	L_3	δ	d_1	d_2	$n\times M_2\times l_2$	d_3	d_4	L_5	δ_1	$M_3\times l_3$
SF30	30	85	760	230	M12×50	102	125	100	5	55	64	16	38	25	4×M12×50	62	50	65	16	M6×16
SF35	35	236	655	256	M12×50	118	145	115	5	71	80	16	43	30	6×M12×50	76	60	65	16	M6×16
SF40	40	236	655	256	M12×50	118	145	115	5	71	80	16	48	35	6×M12×50	76	60	65	16	M6×16
SF45	45	530	560	285	M12×55	135	170	140	6	83	94	18	57	37	6×M16×60	90	70	80	20	M8×18
SF50	50	530	560	285	M12×55	135	170	140	6	83	94	18	62	42	6×M16×60	90	70	80	20	M8×18
SF55	55	530	560	285	M12×55	135	170	140	6	83	94	18	67	47	6×M16×60	90	70	80	20	M8×18
SF60	60	1400	450	335	M16×65	172	210	180	8	110	124	22	73	50	6×M16×70	120	85	100	24	M10×20
SF65	65	1400	450	335	M16×65	172	210	180	8	110	124	22	78	55	6×M16×70	120	85	100	24	M10×20
SF70	70	1400	450	335	M16×65	172	210	180	8	110	124	22	83	60	6×M16×70	120	85	100	24	M10×20
SF80	80	2650	405	375	M16×65	185	235	200	10	121	138	24	94	70	6×M16×80	130	110	125	28	M12×25
SF90	90	5200	350	445	M20×90	230	290	245	10	146	160	30	105	80	6×M20×95	160	125	170	32	M12×25
SF95	95	5200	350	445	M20×90	230	290	245	10	146	160	30	110	85	6×M20×95	160	125	170	32	M12×25
SF100	100	5200	350	445	M20×90	230	290	245	10	146	160	30	115	90	6×M20×95	160	125	170	32	M12×25
SF110	110	9000	310	535	M24×120	260	305	250	12	172	190	38	125	100	6×M24×100	190	150	230	35	M12×25
SF125	125	9000	300	555	M24×120	260	305	250	12	172	190	38	140	115	6×M24×100	190	150	230	35	M12×25
SF130	130	15000	250	605	M24×140	280	325	270	14	193	210	42	146	118	6×M24×110	200	180	230	40	M16×30
SF140	140	15000	250	605	M24×140	300	340	290	14	193	230	42	158	128	6×M24×110	220	200	230	40	M16×30
SF150	150	28000	200	685	M30×200	340	360	300	16	218	260	48	170	134	8×M24×120	230	210	250	45	M16×30
SF160	160	28000	200	685	M30×200	340	380	320	16	218	260	48	180	144	8×M24×120	250	220	250	45	M16×30
SF180	180	31000	150	740	M30×200	380	410	350	18	244	300	52	204	162	8×M30×150	280	250	280	50	M20×35
SF200	200	33750	150	765	M30×220	420	440	380	20	280	340	56	228	182	8×M30×160	310	280	300	55	M20×35

续表

标定符号	d (k6)	夹壳部分轴头尺寸					凸缘部分轴头尺寸						共有尺寸		质量/kg	说　　明
		d_2	L_6	L_7	L_8	L_9	L_{10}	L_{11}	L_{12}	L_4	M_3	l_4	b	t		
SF30	30	25	5	4	45	70	45	3	51	20	M6	18	8	4	9	(1)SF 型联轴器适用于无支点机架,输出轴为Ⅱ型轴头,并在釜外与搅拌轴连接,用于拆装、检修密封不需要拆卸减速器的场合 (2)SF 型联轴器上部为刚性凸缘半联轴器,下部为剖分式夹壳型联轴器,并与凸缘半联轴器用螺栓连接 (3)拆开下部夹壳型联轴器后,减速器输出轴与搅拌轴之间有足够的间距,方便密封拆装与检修 (4)表中许用转矩以联轴器材料 HT200 为基准,若需承受较大转矩时可采用铸钢
SF35	35	30	5	4	55	85	56	3	61	20	M6	18	10	5	15	
SF40	40	35	5	4	55	85	56	3	61	20	M6	18	12	5	15	
SF45	45	37	6	5	70	100	70	3	75	25	M8	20	14	5.5	23	
SF50	50	42	6	5	70	100	70	3	75	25	M8	20	14	5.5	23	
SF55	55	47	6	5	70	100	70	3	75	25	M8	20	16	6	23	
SF60	60	50	8	6	100	130	90	3	95	30	M10	25	18	7	49	
SF65	65	55	8	6	100	130	90	3	95	30	M10	25	18	7	49	
SF70	70	60	8	6	100	130	90	3	95	35	M10	25	20	7.5	49	
SF80	80	70	10	8	110	145	110	5	120	35	M12	30	22	9	61	
SF90	90	80	10	8	140	170	160	3	165	50	M12	30	25	9	99	
SF95	95	85	10	8	140	170	160	3	165	50	M12	30	25	9	99	
SF100	100	90	10	8	140	170	160	3	165	50	M12	30	28	10	99	
SF110	110	100	12	10	160	200	220	2	224	50	M12	30	28	10	172	
SF125	125	115	12	10	160	200	220	2	224	50	M12	30	32	11	172	
SF130	130	118	14	12	180	225	220	2	224	60	M16	35	32	11	290	
SF140	140	128	14	12	180	225	220	2	224	60	M16	35	36	12	290	
SF150	150	134	16	14	200	255	220	5	230	60	M16	35	36	12	488	
SF160	160	144	16	14	200	255	220	5	230	60	M16	35	40	13	488	
SF180	180	162	18	16	230	285	250	5	260	60	M20	40	45	15	511	
SF200	200	182	20	18	270	325	270	5	280	60	M20	40	45	15	643	

11.7.7 TK 型弹性块式联轴器

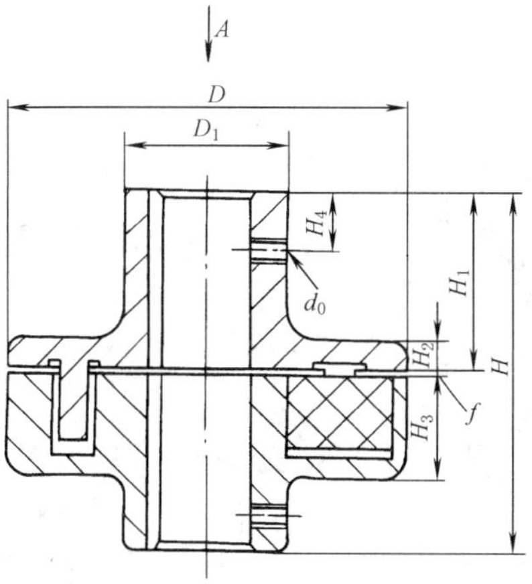

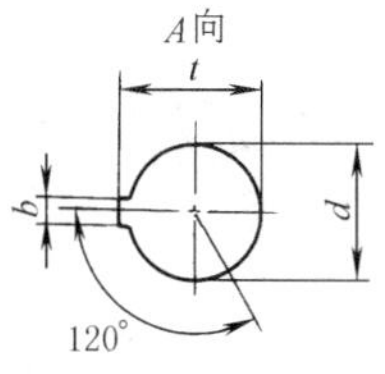

说明：紧定螺钉与键槽的位置为逆时针120°

标记示例

① 上半联轴器内孔 ϕ40mm，高 80mm，下半联轴器内径 ϕ45mm，高 100mm，TK 型联轴器：联轴器TK40/45

② 上半联轴器内孔 ϕ40mm，高 80mm，下半联轴器内孔 ϕ45mm，高 85mm，TK 型联轴器，联轴器材料为 ZG230-450：

联轴器　TK $\frac{40\times80}{45\times85}$-ZG230-450

表 17-2-197　mm

标定符号	孔径 d(H7)	许用转矩 /N·m	D	D_1	H	H_1	H_2	H_3	H_4	f	t	b	d_0	质量 /kg
TK-30	30	110	135	55	122	60	10	35	20	2±1	33.3	8	M8	5
TK-35	35	350	175	75	162	80	15	42	20	2±1	38.3	10	M8	10
TK-40	40	350	175	75	162	80	15	42	20	2±1	43.3	12	M8	10
TK-45	45	860	180	90	202	100	15	50	25	2±1	48.8	14	M12	17
TK-50	50	860	180	90	202	100	15	50	25	2±1	53.8	14	M12	17
TK-55	55	860	180	90	202	100	15	50	25	2±1	59.3	16	M12	17
TK-65	65	2400	245	120	263	130	20	60	25	3±1	69.4	18	M12	35
TK-70	70	2400	245	120	263	130	20	60	25	3±1	74.4	20	M12	35
TK-80	80	4600	285	145	323	160	25	62	30	3±1	85.4	22	M12	60
TK-90	90	10500	355	180	384	190	30	65	35	4±1	95.4	25	M16	135
TK-95	95	10500	355	180	384	190	30	65	35	4±1	100.4	25	M16	135
TK-100	100	10500	355	180	384	190	30	65	35	4±1	106.4	28	M16	135
TK-110	110	17500	420	220	444	220	35	70	35	4±1	116.4	28	M16	170
TK-120	120	17500	420	220	444	220	35	70	35	4±1	127.4	32	M16	170
TK-130	130	35500	450	250	444	220	40	80	35	4±1	137.4	32	M16	221
TK-140	140	35500	450	250	444	220	40	80	35	4±1	148.4	36	M16	221
TK-150	150	40000	500	270	504	250	45	90	40	4±1	158.4	36	M16	304
TK-160	160	40000	500	290	504	250	45	90	40	4±1	169.4	40	M16	320
TK-180	180	45000	550	310	560	278	50	100	40	4±1	190.4	45	M20	410
TK-200	200	50000	550	340	620	308	50	100	40	4±1	210.4	45	M20	462

注：1. TK 型弹性块式联轴器用于减速器采用双支点机架支承，减速器输出轴为Ⅱ型轴头（普通型），并与搅拌轴连接。通常，弹性块材料为橡胶，联轴器材料为铸钢时采用尼龙弹性块。

2. 表中所列许用转矩是以联轴器材料 HT200 为基准，若需承受较大转矩时可采用铸钢。

3. 标记中不注明材料的联轴器材料为 HT200，使用其他材料应注明材料牌号。当选用不同内径半联轴器或联轴器的高度与表列数值不一致时，均应标出规格（见标记示例）。

12　同轴式圆柱齿轮减速器（摘自 JB/T 7000—2010）

12.1　适用范围

TZL、TZS、TZLD、TZSD、TZLDF、TZSDF 系列同轴式圆柱齿轮减速器适用于冶金、矿山、能源、建材、化工等行业。

减速器适用于水平卧式和立式安装，输入转速不大于 1500r/min。

减速器的工作环境温度为：-40~40℃；低于 0℃时，启动前润滑油应预热。

TZLD、TZSD 型减速器直连电机为 Y 系列三相异步四极电动机。

TZLD、TZSD 型减速器的工作海拔：不超过 1000m。

生产厂：江苏江阴齿轮箱厂。

12.2 代号与标记示例

减速器 TZL 140 - 11.11 JB/T 7000—2010

- JB/T 7000—2010：标准号
- 11.11：实际传动比i=11.11
- 140：机座号 140
- TZL：二级传动双出轴型同轴式圆柱齿轮减速器

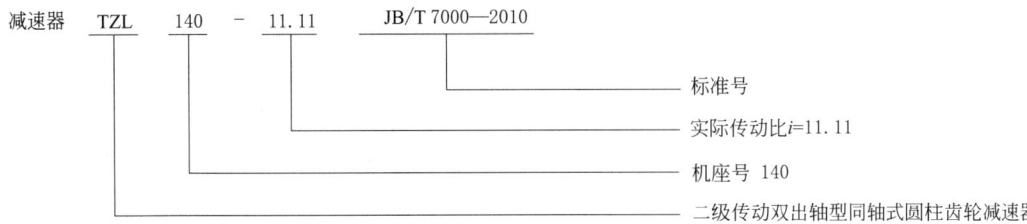

TZLD：二级传动直联电动机型同轴式圆柱齿轮减速器。

TZSD：三级传动直联电动机型同轴式圆柱齿轮减速器。

TZLDF、TZSDF：二、三级传动法兰安装直联电动机型同轴式圆柱齿轮减速器。

减速器 TZSD F 375 - 68.80 - 7.5 JB/T 7000—2010

- JB/T 7000—2010：标准号
- 7.5：电动机功率P=7.5kW
- 68.80：实际传动比i=68.80
- 375：机座号 375
- F：安装型式:F表示法兰安装，地脚安装不标注
- TZSD：三级传动直联电动机型同轴式圆柱齿轮减速器

组合减速器 TZSD 375 TZ 250 - 259.8 - 5.5 JB/T 7000—2010

- JB/T 7000—2010：标准号
- 5.5：电动机功率P=5.5kW
- 259.8：实际传动比i=259.8
- 250：机座号 250
- TZ：组合机型
- 375：机座号 375
- TZSD：三级传动直联电动机型同轴式圆柱齿轮减速器

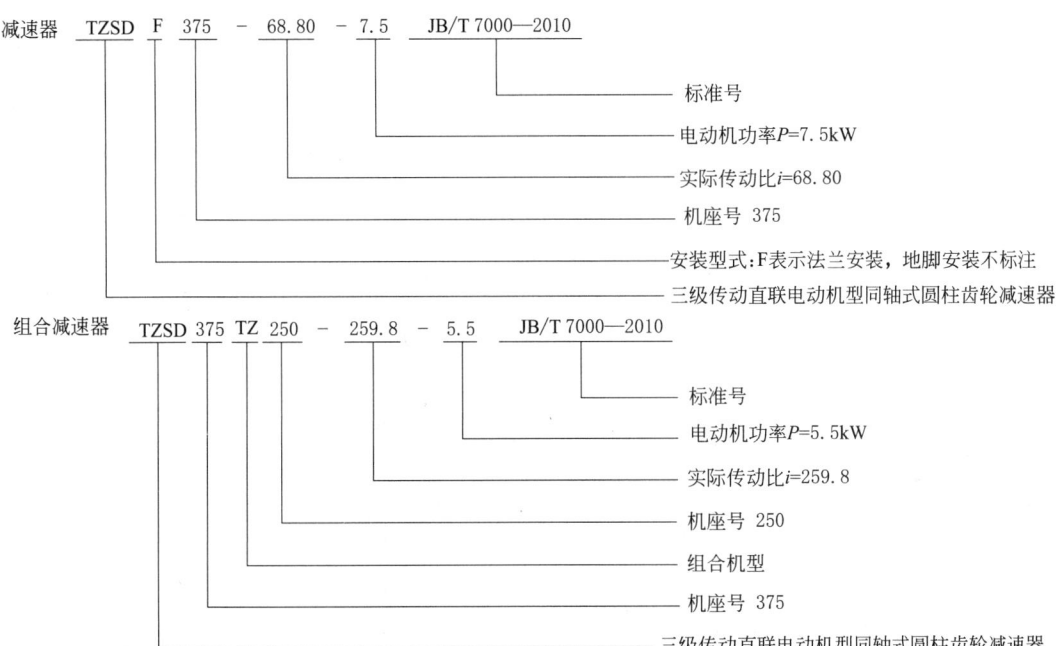

12.3 减速器的外形及安装尺寸

TZL、TZS 型

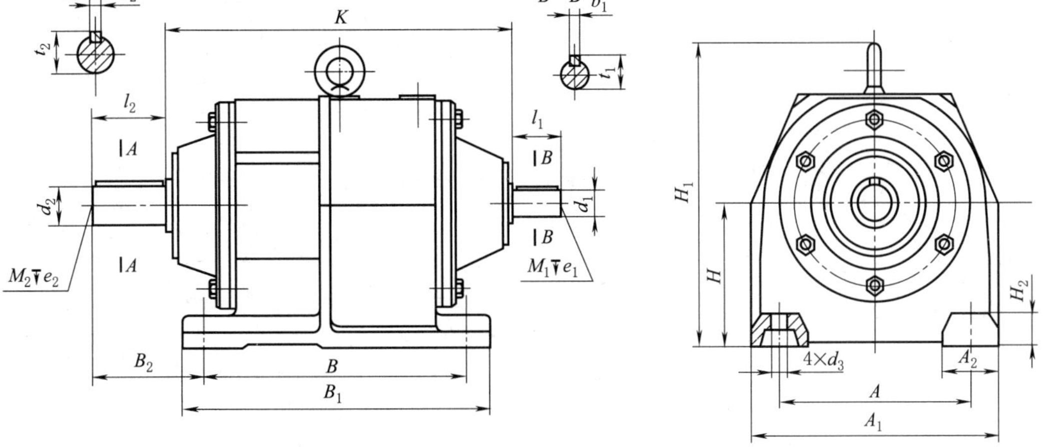

表 17-2-198

mm

机座号		d_2	l_2	b_2	t_2	M_2	e_2	H	B	B_1	B_2	H_1	K	A	A_1	A_2	H_2	d_3	质量/kg ≈	润滑油量/L ≈
112	L	30js6	80	8	33	M8	12	$112_{-0.5}^{0}$	210	245	99	242	276	155	200	45	25	14.5	25	0.8
	S																		26	
140	L	40k6	110	12	43	M8	12	$140_{-0.5}^{0}$	230	270	144	290	314	170	230	60	30	18.5	41	1.1
	S																		42	
180	L	50k6	110	14	53.5	M8	12	$180_{-0.5}^{0}$	260	310	144	364	369	215	290	75	45	18.5	65	1.6
	S																		67	
225	L	60m6	140	18	64	M10	16	$225_{-0.5}^{0}$	310	365	182	468	433	250	340	90	50	24	123	2.9
	S																		127	
250	L	70m6	140	20	74.5	M12	18	$250_{-0.5}^{0}$	370	440	170	503	486	290	400	110	60	28	175	3.8
	S																		181	
265	L	85m6	170	22	90	M16	24	265_{-1}^{0}	390	470	208	543	554	340	450	110	60	35	202	4.7
	S																		211	
300	L	100m6	210	28	106	M16	24	300_{-1}^{0}	365	455	246	620	568	380	530	150	60	42	281	6.5
	S								460	550			612						302	7.2
355	L	110m6	210	28	116	M16	24	355_{-1}^{0}	410	500	250	742	600	440	600	160	80	42	357	9.1
	S								480	570			645						386	10
375	L	120m6	210	32	127	M16	24	375_{-1}^{0}	450	540	255	778	671	500	660	160	80	42	452	12
	S								520	610			718						491	13
425	L	130m6	250	32	137	M20	30	425_{-1}^{0}	480	580	296	827	708	500	670	170	90	48	626	15
	S								550	650			757						675	17

机座号		实际传动比 i	d_1	l_1	b_1	t_1	M_1	e_1
TZL	112	≤12.71	19js6	40	6	21.5	M4	8
		14.29~20.33	16js6	40	5	18	M4	8
		≥22.97	11js6	23	4	12.5	M3	6
	140	≤12.41	24js6	50	8	27	M6	10
		13.96~18.08	19js6	40	6	21.5	M4	8
		≥19.21	16js6	40	5	18	M4	8
	180	≤12.40	28js6	60	8	31	M6	10
		13.61~17.58	24js6	50	8	27	M6	10
		19.72	19js6	40	6	21.5	M4	8
	225	≤12.53	38k6	80	10	41	M8	12
		13.85~18.29	28js6	60	8	31	M6	10
		≥20.65	24js6	50	8	27	M6	10
	250	≤12.89	42k6	110	12	45	M8	12
		14.11~20.16	32k6	80	10	35	M8	12
		≥22.71	24js6	50	8	27	M6	10
	265	≤12.08	50k6	110	14	53.5	M8	12
		14.40~17.51	32k6	80	10	35	M8	12
		19.52	28js6	60	8	31	M6	10
	300	≤12.73	55m6	110	16	59	M10	16
		13.92~17.80	42k6	110	12	45	M8	12
		≥20.29	38k6	80	10	41	M8	12
	355	≤12.65	55m6	110	16	59	M10	16
		14.51~20.13	50k6	110	14	53.5	M8	12
		22.24	42k6	110	12	45	M8	12

续表

机座号		实际传动比 i	d_1	l_1	b_1	t_1	M_1	e_1
TZL	375	≤12.56	70m6	140	20	74.5	M12	18
		14.08～20.16	55m6	110	16	59	M10	16
		22.10	50k6	110	14	53.5	M8	12
	425	≤12.58	70m6	140	20	74.5	M12	18
		13.97～19.32	55m6	110	16	59	M10	16
		22.44	50k6	110	14	53.5	M8	12
TZS	112	≤19.32	16js6	40	5	18	M4	8
		≥21.66	11js6	23	4	12.5	M3	6
	140	≤18.57	19js6	40	6	21.5	M4	8
		≥20.59	16js6	40	5	18	M4	8
	180	≤17.65	24js6	50	8	27	M6	10
		≥20.42	19js6	40	6	21.5	M4	8
	225	≤17.41	28js6	60	8	31	M6	10
		≥20.30	24is6	50	8	27	M6	10
	250	≤20.61	32k6	80	10	35	M8	12
		≥23.28	24js6	50	8	27	M6	10
	265	≤17.96	32k6	80	10	35	M8	12
		≥19.41	28js6	60	8	31	M6	10
	300	≤17.26	42k6	110	12	45	M8	12
		≥20.44	38k6	80	10	41	M8	12
	355	≤19.67	50k6	110	14	53.5	M8	12
		≥21.37	42k6	110	12	45	M8	12
	375	≤19.89	55m6	110	16	59	M10	16
		≥21.60	50k6	110	14	53.5	M8	12
	425	≤19.90	55m6	110	16	59	M10	16
		≥22.52	50k6	110	14	53.5	M8	12

注：L 代表 TZL，S 代表 TZS。

组合型外形及安装尺寸

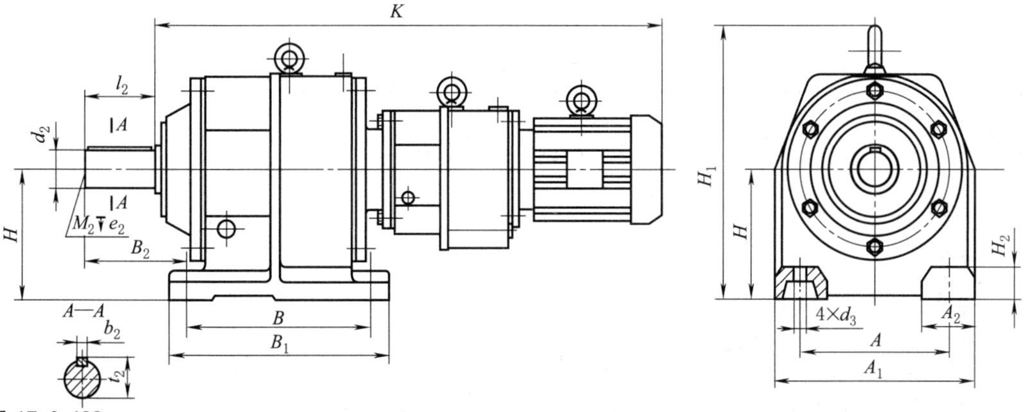

表 17-2-199

mm

机座号	d_2	l_2	b_2	t_2	M_2	e_2	H	B	B_1	B_2	H_1	A	A_1	A_2	H_2	d_3
180-112	50k6	110	14	53.5	M8	12	$180_{-0.5}^{0}$	260	310	144	364	215	290	75	45	18.5
225-112	60m6	140	18	64	M10	16	$225_{-0.5}^{0}$	310	365	182	468	250	340	90	50	24
250-140	70m6	140	20	74.5	M12	18	$250_{-0.5}^{0}$	370	440	170	503	290	400	110	60	28
265-140	85m6	170	22	90	M16	24	265_{-1}^{0}	390	470	208	543	340	450	110	60	35
300L-180	100m6	210	28	106	M16	24	300_{-1}^{0}	365	455	246	620	380	530	150	60	42
300S-180								460	550							

续表

机座号	d_2	l_2	b_2	t_2	M_2	e_2	H	B	B_1	B_2	H_1	A	A_1	A_2	H_2	d_3
355L-225	110m6	210	28	116	M16	24	$355_{-1}^{\ 0}$	410	500	250	742	440	600	160	80	42
355S-225								480	570							
375L-250	120m6	210	32	127	M16	24	$375_{-1}^{\ 0}$	450	540	255	778	500	660	160	80	42
375S-250								520	610							
425L-250	130m6	250	32	137	M20	30	$425_{-1}^{\ 0}$	480	580	296	827	500	670	170	90	48
425S-250								550	650							

机座号	电动机功率/kW								
	0.55	0.75	1.1	1.5	2.1	3	4	5.5	7.5
	$\frac{K}{质量}$/mm · kg −1								
180-112	718/106	718/107							
225-112	763/161	763/162	778/166	803/171					
250-140	857/224	857/225	872/229	897/234	952/248				
265-140	867/255	867/256	882/260	907/265	962/279	962/283			
300L-180	908/352	908/353	932/357	957/362	993/366	993/370	1013/375		
300S-180	953/373	953/374	977/378	1002/383	1038/387	1038/391	1058/396		
355L-225	985/472	985/473	1000/477	1025/482	1071/484	1071/488	1091/493	1221/523	
355S-225	1030/501	1030/502	1045/506	1070/511	1116/513	1116/517	1136/522	1266/552	
375L-250	1040/624	1040/625	1056/629	1081/634	1121/641	1121/645	1141/650	1210/670	1255/681
375S-250	1087/663	1087/664	1103/668	1128/673	1168/680	1168/684	1188/689	1257/709	1302/720
425L-250	1058/795	1058/796	1074/750	1099/805	1139/812	1139/816	1159/821	1228/841	1273/852
425S-250	1107/844	1107/845	1123/849	1148/854	1188/861	1188/865	1208/870	1277/890	1322/901

注：L 代表 TZL，S 代表 TZS。

TZLD、TZSD 型外形及安装尺寸

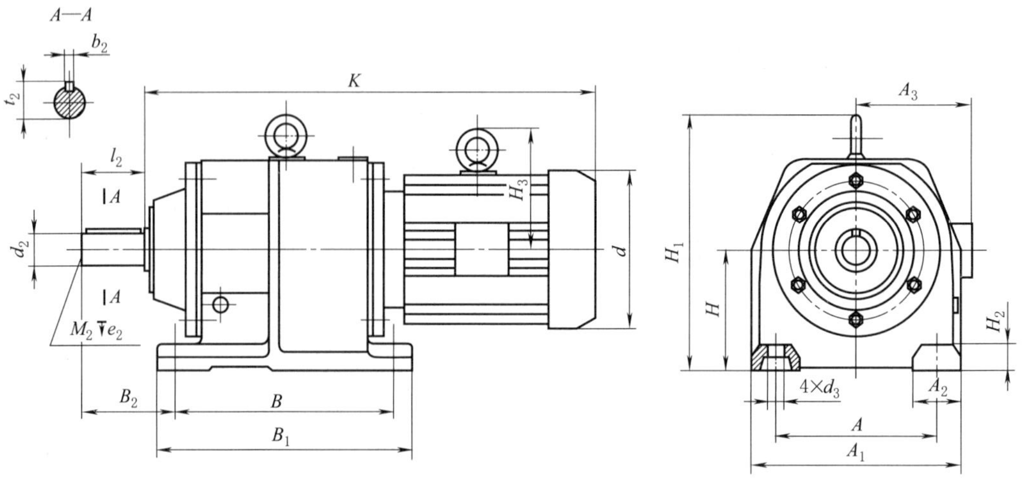

表 17-2-200

mm

机座号		d_2	l_2	b_2	t_2	M_2	e_2	H	B	B_1	B_2	H_1	A	A_1	A_2	H_2	d_3	润滑油量/L ≈
112		30js6	80	8	33	M8	12	$112_{-0.5}^{0}$	210	245	99	242	155	200	45	25	14.5	0.8
140		40k6	110	12	43	M8	12	$140_{-0.5}^{0}$	230	270	144	290	170	230	60	30	18.5	1.1
180		50k6	110	14	53.5	M8	12	$180_{-0.5}^{0}$	260	310	144	364	215	290	75	45	18.5	1.6
225		60m6	140	18	64	M10	16	$225_{-0.5}^{0}$	310	365	182	468	250	340	90	50	24	2.9
250		70m6	140	20	74.5	M12	18	$250_{-0.5}^{0}$	370	440	170	503	290	400	110	60	28	3.8
265		85m6	170	22	90	M16	24	265_{-1}^{0}	390	470	208	543	340	450	110	60	35	4.7
300	L	100m6	210	28	106	M16	24	300_{-1}^{0}	365	455	246	620	380	530	150	60	42	6.5
	S								460	550								7.2
355	L	110m6	210	28	116	M16	24	355_{-1}^{0}	410	500	250	742	440	600	160	80	42	9.1
	S								480	570								10
375	L	120m6	210	32	127	M16	24	375_{-1}^{0}	450	540	255	778	500	660	160	80	42	12
	S								520	610								13
425	L	130m6	250	32	137	M20	30	425_{-1}^{0}	480	580	296	827	500	670	170	90	48	15
	S								550	650								17

电动机功率 P_1/kW	电动机机座号	d	A_3	H_3	机座号 TZLD 112	140	180	225	250	265	300	355	375	425
					$\frac{K}{质量}$/mm · kg^{-1}									
1.1	90S	175	155	—	453/44	—	—	—	—	—	—	—	—	—
1.5	90L			—	478/49	—	—	—	—	—	—	—	—	—
2.2	100L1	205	180	142.5	—	567/76	—	—	—	—	—	—	—	—
3	100L2				—	567/80	578/94	—	—	—	—	—	—	—
4	112M	230	190	150	—	587/85	598/99	—	—	—	—	—	—	—
5.5	132S	270	210	180	—	—	670/133	—	—	—	—	—	—	—
7.5	132M				—	—	715/125	826/190	—	—	—	—	—	—
11	160M	325	255	222.5	—	—	—	838/245	841/279	—	—	—	—	—
15	160L				—	—	—	883/266	886/300	918/323	—	—	—	—
18.5	180M	360	285	250	—	—	—	908/304	911/338	943/361	933/458	—	—	—
22	180L				—	—	—	948/314	951/346	983/369	958/466	—	—	—

续表

电动机功率 P_1/kW	电动机机座号	d	A_3	H_3	机座号 TZLD 112	140	180	225	250	265	300	355	375	425
					$\frac{K}{质量}$/mm · kg^{-1}									
30	200L	400	310	280	—	—	—	—	1002/426	1048/449	1049/538	1054/606	—	—
37	225S	445	345	312.5	—	—	—	—	—	—	1082/567	1098/612	1128/687	—
45	225M				—	—	—	—	—	—	1107/603	1123/648	1153/723	1170/863
55	250M	500	385	320	—	—	—	—	—	—	—	1208/766	1238/841	1255/970
75	280S	560	410	360	—	—	—	—	—	—	—	1278/901	1308/1076	1325/1105
90	280M				—	—	—	—	—	—	—	1308/1006	1358/1081	1375/1210
0.55	80_1	165	150	—	438/40	472/53	493/78	545/130	557/179	—	—	—	—	—
0.75	80_2			—	438/41	472/54	493/79	545/131	557/180	—	—	—	—	—
1.1	90S	175	155	—	453/45	487/58	517/83	560/135	573/184	—	659/298	—	—	—
1.5	90L			—	478/50	512/63	542/88	585/140	598/189	—	684/298	—	—	—
2.2	100L1	205	180	142.5	—	567/77	578/92	631/142	638/196	672/222	722/310	736/402	786/487	805/642
3	100L2				—	567/81	578/96	631/146	638/200	672/226	722/314	736/406	786/491	805/646
4	112M	230	190	150	—	587/86	598/101	651/151	658/205	692/231	742/319	756/411	806/496	825/651
5.5	132S	270	210	180	—	—	670/135	781/181	727/225	754/256	809/344	822/436	872/521	891/676
7.5	132M				—	—	715/127	826/194	772/236	799/269	854/357	867/448	917/531	936/686
11	160M	325	255	222.5	—	—	—	838/249	841/285	873/311	932/399	935/488	985/573	1004/728
15	160L				—	—	—	883/270	886/306	918/332	977/420	979/509	1029/594	1048/749
18.5	180M	360	285	250	—	—	—	908/308	911/344	943/370	1002/458	994/547	1044/632	1063/787
22	180L				—	—	—	948/318	951/352	983/378	1042/466	1034/555	1084/640	1103/795
30	200L	400	310	280	—	—	—	—	1002/432	1048/458	1093/538	1099/635	1149/720	1168/862

续表

电动机功率 P_1/kW	电动机机座号	d	A_3	H_3	机座号									
					TZSD									
					112	140	180	225	250	265	300	355	375	425
					$\frac{K}{质量}$/mm · kg^{-1}									
37	225S	445	345	312.5	—	—	—	—	—	—	$\frac{1126}{567}$	$\frac{1143}{641}$	$\frac{1175}{726}$	$\frac{1194}{876}$
45	225M				—	—	—	—	—	—	$\frac{1151}{603}$	$\frac{1168}{677}$	$\frac{1200}{762}$	$\frac{1219}{912}$
55	250M	500	385	320	—	—	—	—	—	—	—	$\frac{1253}{795}$	$\frac{1285}{880}$	$\frac{1304}{1019}$
75	280S	560	410	360	—	—	—	—	—	—	—	$\frac{1323}{930}$	$\frac{1355}{1115}$	$\frac{1374}{1154}$
90	280M				—	—	—	—	—	—	—	$\frac{1353}{1035}$	$\frac{1405}{1120}$	$\frac{1424}{1259}$

注：L 代表 TZLD，S 代表 TZSD。

TZLDF、TZSDF 型外形及安装尺寸

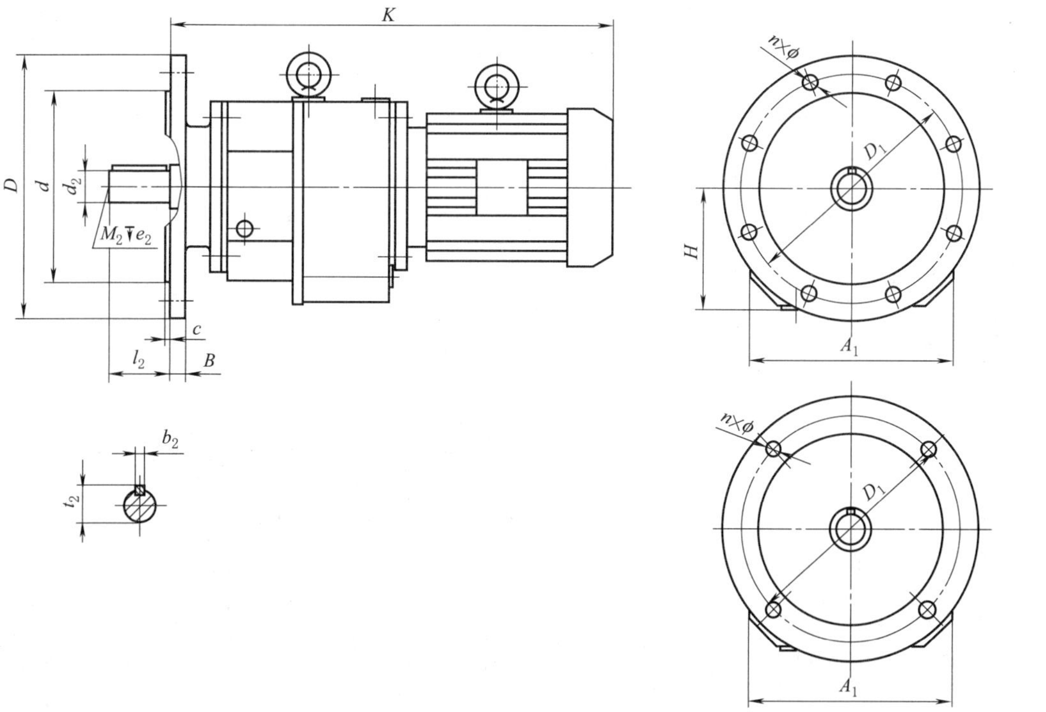

表 17-2-201

mm

机座号	d_2	l_2	b_2	t_2	M_2	e_2	H	D	D_1	d	B	c	A_1	n	ϕ	润滑油 /L≈
112	30js6	80	8	33	M8	12	112	250	215	180h6	15	4	200	4	14	0.8
140	40k6	110	12	43	M8	12	140	300	265	230h6	16	4	230	4	14	1.1
180	50k6	110	14	53.5	M8	12	180	350	300	250h6	18	5	290	4	18	1.6
225	60m6	140	18	64	M10	16	225	450	400	350h6	20	5	340	8	18	2.9
250	70m6	140	20	74.5	M12	18	250	450	400	350h6	22	5	400	8	18	3.8
265	85m6	170	22	90	M16	24	265	550	500	450h6	25	5	450	8	18	4.7

续表

机座号		d_2	l_2	b_2	t_2	M_2	e_2	H	D	D_1	d	B	c	A_1	n	ϕ	润滑油 /L≈
300	L	100m6	210	28	106	M16	24	300	550	500	450h6	25	5	530	8	18	6.5
	S																7.2
355	L	110m6	210	28	116	M16	24	355	660	600	550h6	28	6	600	8	22	9.1
	S																10
375	L	120m6	210	32	127	M16	24	375	660	600	550h6	28	6	660	8	22	12
	S																13
425	L	130m6	250	32	137	M20	30	425	660	600	550h6	30	6	670	8	26	15
	S																17

电动机功率 P_1 /kW	电动机机座号	d	A_3	H_3	机座号 TZLDF									
					112	140	180	225	250	265	300	355	375	425
					$\frac{K}{质量}$/mm·kg^{-1}									
1.1	90S	175	155	—	453/47	—	—	—	—	—	—	—	—	—
1.5	90L			—	478/52	—	—	—	—	—	—	—	—	—
2.2	100L1	205	180	142.5	—	567/82	—	—	—	—	—	—	—	—
3	100L2				—	567/86	578/101	—	—	—	—	—	—	—
4	112M	230	190	150	—	587/91	598/106	—	—	—	—	—	—	—
5.5	132S	270	210	180	—	—	670/140	—	—	—	—	—	—	—
7.5	132M				—	—	715/132	826/205	—	—	—	—	—	—
11	160M	325	255	222.5	—	—	—	838/260	841/289	—	—	—	—	—
15	160L				—	—	—	883/281	886/310	918/348	—	—	—	—
18.5	180M	360	285	250	—	—	—	908/319	911/348	943/386	933/468	—	—	—
22	180L				—	—	—	948/329	951/356	983/394	958/476	—	—	—
30	200L	400	310	280	—	—	—	—	1002/436	1048/474	1049/548	1054/616	—	—
37	225S	455	345	312.5	—	—	—	—	—	—	1082/578	1098/622	1128/697	—
45	225M				—	—	—	—	—	—	1107/613	1123/658	1153/733	1170/872
55	250M	500	385	320	—	—	—	—	—	—	—	1208/776	1238/851	1255/979
75	280S	560	410	360	—	—	—	—	—	—	—	1278/911	1308/1086	1325/1114
90	280M				—	—	—	—	—	—	—	1308/1016	1358/1091	1375/1219

续表

电动机功率 P_1 /kW	电动机机座号	d	A_3	H_3	机座号 TZSDF 112	140	180	225	250	265	300	355	375	425
					$\frac{K}{质量}$/mm · kg^{-1}									
0.55	80_1	165	150	—	438/43	472/59	493/85	545/145	557/189	—	—	—	—	—
0.75	80_2			—	438/44	472/60	493/86	545/146	557/190	—	—	—	—	—
1.1	90S	175	155	—	453/48	487/64	517/90	560/150	573/194	—	659/308	—	—	—
1.5	90L			—	478/53	512/69	542/95	585/155	598/199	—	684/308	—	—	—
2.2	100L1	205	180	142.5	—	567/83	578/99	631/157	638/206	672/247	722/320	736/412	786/497	805/651
3	100L2				—	567/87	578/103	631/161	638/210	672/251	722/324	736/416	786/501	805/655
4	112M	230	190	150	—	587/92	598/108	651/166	658/215	692/256	742/329	756/421	806/506	825/660
5.5	132S	270	210	180	—	—	670/142	781/196	727/235	754/281	809/354	822/446	872/531	891/685
7.5	132M				—	—	715/134	826/209	772/246	799/294	854/367	867/458	917/541	936/695
11	160M	325	255	222.5	—	—	—	838/264	841/295	873/336	932/409	935/498	985/583	1004/737
15	160L				—	—	—	883/285	886/316	918/357	977/430	979/519	1029/604	1048/758
18.5	180M	360	285	250	—	—	—	908/323	911/354	943/395	1002/468	994/557	1044/642	1063/796
22	180L				—	—	—	948/333	951/362	983/403	1042/476	1034/565	1084/650	1103/804
30	200L	400	310	280	—	—	—	—	1002/442	1048/483	1093/548	1099/645	1149/730	1168/871
37	225S	445	345	312.5	—	—	—	—	—	—	1126/577	1143/651	1175/736	1194/895
45	225M				—	—	—	—	—	—	1151/613	1168/687	1200/772	1219/921
55	250M	500	385	320	—	—	—	—	—	—	—	1253/805	1285/890	1304/1028
75	280S	560	410	360	—	—	—	—	—	—	—	1323/940	1355/1125	1374/1163
90	280M				—	—	—	—	—	—	—	1353/1045	1405/1130	1424/1268

注：L 代表 TZLDF，S 代表 TZSDF。

12.4 实际传动比及承载能力

表 17-2-202　　**TZL 型减速器的实际传动比 i 和公称输入功率 P_1**

输入转速 n_1/r·min^{-1}	机座号																			
	112		140		180		225		250		265		300		355		375		425	
	i	P_1/kW	i	P_1/kW	i	P_1/kW	i	P_1/kW	i	P_1/kW	i	P_1/kW	i	P_1/kW	i	P_1/kW	i	P_1/kW	i	P_1/kW
1500		5.63		10.24		20.81		38.36		65.49		69.69		91.20		154.6		177.9		248.5
1000	5.04	3.76	5.09	6.83	4.93	13.87	5.14	25.58	5.06	43.66	5.03	46.47	5.02	60.86	5.00	103.2	5.06	118.8	4.83	165.7
750		2.82		5.13		10.42		19.20		34.85		34.85		45.80		77.36		88.99		124.8
1500		5.15		9.28		19.06		34.97		57.97		63.21		87.57		134.7		155.4		217.7
1000	5.52	3.43	5.62	6.19	5.38	12.71	5.64	23.32	5.72	38.65	5.64	42.15	5.77	58.40	5.74	89.88	5.79	103.9	5.51	145.2
750		2.58		4.65		9.55		17.49		28.99		31.62		43.79		67.39		77.76		108.9
1500		4.51		9.49		17.14		31.26		51.22		53.46		93.58		139.0		152.7		220.1
1000	6.30	3.01	6.15	6.32	6.17	11.43	6.31	20.85	6.47	34.15	6.34	35.65	6.24	62.39	6.36	92.69	6.46	101.8	6.10	146.8
750		2.26		4.75		8.59		15.65		25.63		26.74		46.81		69.62		76.43		110.2
1500		4.49		8.26		14.89		28.52		48.32		52.29		92.44		131.7		173.5		210.8
1000	7.24	2.99	7.07	5.51	7.10	9.93	7.36	19.02	7.35	32.22	7.22	34.87	7.34	61.63	7.31	87.92	7.23	115.7	7.00	140.6
750		2.25		4.14		7.45		14.27		24.18		26.16		46.25		65.88		86.85		105.7
1500		4.56		8.52		16.33		30.49		49.05		57.29		99.05		135.6		176.8		206.8
1000	7.96	3.04	7.78	5.68	7.93	10.89	7.97	20.33	8.05	32.71	7.99	38.2	7.97	66.05	8.15	90.46	8.04	117.9	7.79	137.9
750		2.29		4.27		8.17		15.26		24.53		28.67		49.53		67.94		88.50		103.7
1500		3.93		7.88		16.56		32.54		45.49		58.67		88.83		129.8		154.2		195.1
1000	9.23	2.62	9.01	5.25	8.88	11.02	9.02	21.69	9.32	30.33	8.88	39.12	8.89	59.24	9.12	86.55	9.22	102.9	8.70	130.2
750		1.97		3.95		8.27		16.29		22.76		29.34		44.43		64.96		77.18		97.65
1500		3.55		7.12		15.77		29.25		44.47		52.04		76.27		115.4		158.4		193.9
1000	10.22	2.37	9.99	4.75	9.61	10.51	10.28	19.97	10.07	29.65	10.01	34.70	10.35	50.86	10.25	76.95	10.26	105.7	9.77	129.4
750		1.78		3.57		7.89		14.99		22.25		26.03		38.14		57.81		79.25		96.97
1500		3.19		6.39		13.93		27.34		40.33		49.62		77.41		113.5		141.5		171.5
1000	11.37	2.13	11.11	4.26	10.88	9.28	11.26	18.23	11.35	26.89	11.14	33.08	11.22	51.61	11.13	75.69	11.49	94.34	11.04	114.4
750		1.60		3.20		6.98		13.68		20.18		24.83		38.72		56.84		70.76		85.84
1500		2.86		5.72		12.22		24.57		36.73		48.34		69.44		99.83		144.6		169.4
1000	12.71	1.91	12.41	3.82	12.40	8.15	12.53	16.38	12.89	24.49	12.08	32.23	12.73	46.30	12.65	66.56	12.56	96.46	12.58	113.0
750		1.44		2.87		6.12		12.29		18.38		24.19		34.73		49.92		72.31		84.74

续表

输入转速 n_1/r·min^{-1}	机座号																			
	112		140		180		225		250		265		300		355		375		425	
	i	P_1/kW	i	P_1/kW	i	P_1/kW	i	P_1/kW	i	P_1/kW	i	P_1/kW	i	P_1/kW	i	P_1/kW	i	P_1/kW	i	P_1/kW
1500		2.45		5.09		11.14		22.23		33.58		40.58		63.50		87.02		128.9		152.5
1000	14.29	1.64	13.96	3.40	13.61	7.43	13.85	14.82	14.11	22.39	14.40	27.06	13.92	42.34	14.51	58.02	14.08	85.94	13.97	101.7
750		1.23		2.55		5.58		11.12		16.81		20.31		31.77		43.52		64.45		76.31
1500		2.24		4.49		9.59		18.92		30.25		36.90		55.03		77.84		111.7		133.1
1000	16.19	1.49	15.81	3.00	15.79	6.40	16.27	12.62	15.66	20.17	15.83	24.62	16.07	36.69	16.23	51.90	16.25	74.47	16.01	88.74
750		1.13		2.25		4.81		9.47		15.14		18.46		27.52		38.92		55.86		66.56
1500		1.96		3.93		8.62		16.83		26.23		33.35		49.66		68.89		101.5		120.3
1000	18.51	1.31	18.08	2.62	17.58	5.75	18.29	11.22	18.06	17.49	17.51	22.24	17.80	33.11	18.33	45.93	17.88	67.68	17.54	80.23
750		0.99		1.97		4.32		8.42		13.13		16.68		24.84		34.45		50.76		60.16
1500		1.78		3.70		7.69		14.91		23.48		29.92		43.56		62.74		90.05		170.3
1000	20.33	1.19	19.21	2.47	19.72	5.13	20.65	9.94	20.16	15.66	19.52	19.95	20.29	29.05	20.13	41.83	20.16	60.04	19.32	73.55
750		0.90		1.86		3.85		7.46		11.75		14.97		21.79		31.38		45.03		55.16
1500		1.58		3.27		—		13.45		22.28		—		39.62		56.79		82.15		94.99
1000	22.97	1.06	21.71	2.18	—	—	22.89	8.97	22.71	14.87	—	—	22.31	26.42	22.24	37.87	22.10	54.77	22.44	63.33
750		0.81		1.64		—		6.74		11.15		—		19.81		28.40		41.08		47.51
1500		1.48		2.86		—		—		18.33		—		—		—		—		—
1000	24.50	0.99	24.53	1.91	—	—	—	—	25.85	12.22	—	—	—	—	—	—	—	—	—	—
750		0.75		1.44		—		—		9.17		—		—		—		—		—

表 17-2-203　**TZS 型减速器的实际传动比 i 和公称输入功率 P_1**

输入转速 n_1/r·min^{-1}	机座号																			
	112		140		180		225		250		265		300		355		375		425	
	i	P_1/kW	i	P_1/kW	i	P_1/kW	i	P_1/kW	i	P_1/kW	i	P_1/kW	i	P_1/kW	i	P_1/kW	i	P_1/kW	i	P_1/kW
1500		2.57		5.29		10.93		21.82		34.19		42.54		73.53		105.8		143.0		163.8
1000	14.11	1.75	14.04	3.53	14.44	7.29	14.11	14.55	13.85	22.80	14.47	28.37	13.74	49.04	13.65	70.54	8.80	95.40	13.98	109.2
750		1.29		2.65		5.47		10.92		17.10		21.28		36.78		52.91		71.56		81.95
1500		2.38		4.83		9.58		19.01		29.46		36.95		63.36		94.36		127.5		138.3
1000	15.26	1.59	15.35	3.22	16.48	6.39	16.19	12.68	16.08	19.65	16.67	24.64	15.95	42.25	15.31	62.91	15.47	85.20	16.55	92.25
750		1.19		2.42		4.80		9.51		14.74		18.49		31.69		47.19		63.90		69.19

续表

输入转速 n_1/ $r \cdot min^{-1}$	机座号																			
	112		140		180		225		250		265		300		355		375		425	
	i	P_1/kW	i	P_1/kW	i	P_1/kW	i	P_1/kW	i	P_1/kW	i	P_1/kW	i	P_1/kW	i	P_1/kW	i	P_1/kW	i	P_1/kW
1500		2.06		4.00		8.95		17.68		27.22		34.29		58.55		83.58		113.0		122.6
1000	17.67	1.38	18.57	2.67	17.65	5.97	17.41	11.79	17.40	18.15	17.96	22.87	17.26	39.04	17.28	55.73	17.47	75.34	18.68	81.74
750		1.04		2.01		4.48		8.85		13.62		17.16		29.29		41.80		56.51		61.31
1500		1.88		3.61		7.73		15.17		22.98		31.73		49.43		73.43		99.24		115.0
1000	19.32	1.26	20.59	2.41	20.42	5.15	20.30	10.12	20.61	15.34	19.41	21.16	20.44	32.96	19.67	48.96	19.89	66.17	19.90	76.68
750		0.95		1.81		3.87		7.59		11.51		15.88		24.73		36.73		49.63		57.52
1500		1.67		3.36		7.16		13.98		20.34		26.85		45.11		67.61		91.37		101.6
1000	21.66	1.12	22.08	2.24	22.07	4.78	22.03	9.32	23.28	13.57	22.93	17.91	22.40	30.08	21.37	45.08	21.60	60.92	22.52	67.72
750		0.84		1.69		3.59		6.99		10.18		13.44		22.57		33.82		45.70		50.81
1500		1.46		3.09		6.07		12.82		18.72		24.96		39.26		58.45		78.99		89.77
1000	24.84	0.98	24.06	2.06	26.02	4.05	24.01	8.55	25.31	12.48	24.67	16.64	25.74	26.18	24.72	38.97	24.98	52.67	25.50	59.85
750		0.74		1.55		3.04		6.42		9.37		12.49		19.64		29.23		39.55		44.89
1500		1.32		2.56		5.68		10.67		17.13		21.83		36.28		52.71		71.24		78.46
1000	27.60	0.88	29.01	1.71	27.79	3.80	28.87	7.72	27.65	11.42	28.81	14.56	27.85	24.19	27.40	35.15	27.70	47.50	29.18	52.31
750		0.66		1.29		2.86		5.34		8.57		10.93		18.15		26.37		35.63		39.24
1500		1.20		2.34		4.94		9.83		15.16		19.46		30.84		45.92		62.19		72.99
1000	30.36	0.81	31.78	1.56	32.00	3.30	31.34	6.56	31.24	10.11	31.64	12.98	32.76	20.57	31.46	30.62	31.73	41.47	31.36	48.67
750		0.61		1.18		2.48		4.92		7.59		9.74		15.43		22.97		31.11		36.51
1500		1.05		2.03		4.52		8.96		13.40		17.30		28.42		41.47		55.73		63.93
1000	34.64	0.70	36.54	1.36	34.94	3.02	34.38	5.98	35.35	8.94	35.60	11.54	35.55	18.95	34.84	27.65	35.41	37.16	35.81	42.63
750		0.53		1.02		2.27		4.49		6.71		8.66		14.22		20.74		27.88		31.98
1500		0.91		1.85		3.95		8.01		11.80		15.19		25.49		36.06		49.79		57.83
1000	39.82	0.61	40.19	1.24	40.05	2.64	38.45	5.34	40.15	7.87	40.55	10.13	39.64	17.00	40.06	24.05	39.63	33.20	39.59	38.56
750		0.46		0.93		1.98		4.02		5.91		7.60		12.75		18.04		24.90		28.93
1500		0.83		1.59		3.43		6.87		10.78		13.73		21.88		32.36		44.83		50.39
1000	43.80	0.55	46.57	1.06	46.11	2.29	44.86	4.58	43.94	7.19	44.86	9.16	46.18	14.06	44.64	21.58	44.02	29.89	45.43	33.60
750		0.42		0.80		1.72		3.44		5.40		6.88		10.55		16.19		22.42		25.25
1500		0.71		1.44		3.07		6.34		9.31		12.36		20.19		28.92		39.09		45.28
1000	50.76	0.48	51.59	0.96	51.45	2.05	48.58	4.23	50.91	6.21	49.83	8.24	50.04	13.47	49.95	19.29	50.49	26.07	50.56	30.19
750		0.36		0.72		1.54		3.18		4.66		6.19		10.11		14.47		19.56		22.65

续表

输入转速 n_1/r·min^{-1}	机座号 112		140		180		225		250		265		300		355		375		425	
	i	P_1/kW	i	P_1/kW	i	P_1/kW	i	P_1/kW	i	P_1/kW	i	P_1/kW	i	P_1/kW	i	P_1/kW	i	P_1/kW	i	P_1/kW
1500		0. 65		1. 29		2. 74		5. 60		8. 62		10. 96		17. 79		25. 72		35. 09		40. 52
1000	56. 22	0. 44	57. 38	0. 86	57. 65	1. 83	54. 98	3. 74	54. 97	5. 75	56. 19	7. 31	56. 80	11. 87	56. 17	17. 15	56. 23	23. 40	56. 50	27. 02
750		0. 33		0. 65		1. 38		2. 81		4. 32		5. 49		8. 91		12. 87		17. 56		20. 27
1500		0. 58		1. 16		2. 53		4. 92		7. 64		9. 85		16. 27		23. 70		31. 34		36. 07
1000	62. 53	0. 39	64. 14	0. 78	62. 38	1. 69	62. 62	3. 82	61. 99	5. 10	62. 50	6. 57	62. 11	10. 85	60. 94	15. 82	62. 96	20. 90	63. 46	24. 05
750		0. 30		0. 59		1. 27		2. 46		3. 83		4. 93		8. 14		11. 87		15. 68		18. 04
1500		0. 52		1. 03		2. 24		4. 49		6. 73		9. 08		14. 10		20. 85		28. 68		31. 92
1000	69. 90	0. 35	72. 12	0. 69	70. 58	1. 50	68. 59	2. 99	70. 42	4. 49	67. 81	6. 06	71. 68	9. 41	69. 30	13. 92	68. 80	19. 13	71. 72	21. 29
750		0. 27		0. 52		1. 13		2. 25		3. 37		4. 55		7. 06		10. 44		14. 35		15. 97
1500		0. 46		0. 91		1. 96		4. 03		6. 15		7. 62		12. 72		18. 17		25. 58		28. 02
1000	78. 60	0. 31	81. 70	0. 61	80. 48	1. 31	76. 33	2. 69	77. 03	4. 10	80. 80	5. 09	79. 44	8. 49	79. 51	12. 12	77. 16	17. 06	81. 69	18. 69
750		0. 24		0. 46		0. 99		2. 02		3. 08		3. 82		6. 37		9. 09		12. 80		14. 02
1500		0. 41		0. 80		1. 79		3. 46		5. 54		6. 93		11. 16		16. 25		22. 17		25. 22
1000	89. 04	0. 28	93. 41	0. 54	88. 30	1. 20	88. 87	2. 31	85. 52	3. 70	88. 85	4. 63	90. 54	7. 44	88. 88	10. 84	89. 04	14. 78	90. 75	16. 82
750		0. 21		0. 41		0. 90		1. 74		2. 78		3. 48		5. 59		8. 13		11. 09		12. 62
1500		0. 35		0. 75		1. 54		3. 11		4. 81		6. 26		10. 15		14. 38		20. 15		22. 01
1000	101. 8	0. 24	99. 23	0. 50	102. 5	1. 03	99. 13	2. 07	98. 61	3. 21	98. 30	4. 18	99. 55	6. 77	100. 4	9. 59	97. 94	13. 44	104. 0	14. 68
750		0. 18		0. 38		0. 78		1. 56		2. 41		3. 14		5. 08		7. 20		10. 09		11. 02
1500		0. 33		0. 66		1. 39		2. 76		4. 30		5. 27		7. 46		13. 10		17. 86		20. 10
1000	111. 8	0. 22	112. 2	0. 44	114. 1	0. 93	111. 4	1. 85	110. 1	2. 87	117. 0	3. 52	117. 4	4. 98	110. 3	8. 74	110. 5	11. 91	113. 9	13. 45
750		0. 17		0. 33		0. 70		1. 39		2. 16		2. 65		3. 74		6. 56		8. 94		10. 09
1500		0. 29		0. 58		1. 23		2. 45		3. 82		4. 87		6. 72		11. 16		16. 30		18. 25
1000	126. 3	0. 20	126. 8	0. 39	128. 0	0. 82	125. 8	1. 64	124. 1	2. 55	126. 4	3. 25	128. 1	4. 49	129. 4	7. 45	121. 1	10. 88	125. 5	12. 17
750		0. 15		0. 30		0. 62		1. 23		1. 92		2. 44		3. 37		5. 59		8. 16		9. 13
1500		0. 25		0. 45		1. 12		2. 21		3. 36		3. 73		5. 61		9. 65		12. 68		15. 71
1000	144. 2	0. 17	136. 4	0. 30	140. 5	0. 75	139. 4	1. 48	141. 2	2. 24	142. 0	2. 49	142. 2	3. 75	140. 7	6. 44	144. 5	8. 46	145. 7	10. 49
750		0. 13		0. 23		0. 57		1. 11		1. 69		1. 87		2. 82		4. 84		6. 35		7. 88
1500		0. 20		0. 30		0. 84		1. 98		3. 06		3. 28		4. 01		6. 57		9. 61		13. 56
1000	158. 8	0. 14	161. 7	0. 20	152. 5	0. 56	162. 1	1. 33	154. 7	2. 05	154. 1	2. 19	163. 6	2. 68	163. 5	4. 39	157. 8	6. 41	163. 0	9. 05
750		0. 11		0. 15		0. 42		1. 00		1. 54		1. 65		2. 01		3. 30		4. 82		6. 79

续表

输入转速 n_1/r·min^{-1}	机座号																			
	112		140		180		225		250		265		300		355		375		425	
	i	P_1/kW	i	P_1/kW	i	P_1/kW	i	P_1/kW	i	P_1/kW	i	P_1/kW	i	P_1/kW	i	P_1/kW	i	P_1/kW	i	P_1/kW
1500		—		—		—		1.57		2.47		2.49		—		—		7.48		10.51
1000	—	—	—	—	—	—	176.0	1.05	173.3	1.65	173.3	1.66	—	—	—	—	171.0	4.99	180.3	7.01
750		—		—		—		0.79		1.24		1.25		—		—		3.75		5.26
1500		—		—		—		1.20		1.47		—		—		—		—		8.24
1000	—	—	—	—	—	—	206.9	0.80	205.1	0.98	—	—	—	—	—	—	—	—	201.3	5.51
750		—		—		—		0.61		0.74		—		—		—		—		4.14

表 17-2-204　组合式减速器的实际传动比 i 和公称输入功率 P_1

输入转速 n_1/r·min^{-1}	机座号															
	180-112		225-112		250-140		265-140		300-180		355-225		375-250		425-250	
	i	P_1/kW	i	P_1/kW	i	P_1/kW	i	P_1/kW	i	P_1/kW	i	P_1/kW	i	P_1/kW	i	P_1/kW
1500		0.88		1.69		—		—		—		—		—		—
1000	179.67	0.59	182.2	1.13	—	—	—	—	—	—	—	—	—	—	—	—
750		0.44		0.85		—		—		—		—		—		—
1500		0.79		1.46		—		3.23		5.18		7.2		9.72		10.95
1000	199.88	0.53	211.27	0.97	—	—	195	2.15	194.99	3.45	200.6	4.8	203.01	6.48	209.14	7.3
750		0.39		0.73		—		1.61		2.59		3.6		4.86		5.47
1500		0.71		1.32		2.09		2.9		4.58		6.32		8.62		10.13
1000	223.44	0.47	233.94	0.88	226.87	1.39	216.87	1.93	220.76	3.05	228.63	4.21	228.82	5.75	225.97	6.75
750		0.35		0.66		1.04		1.45		2.29		3.16		4.31		5.07
1500		0.63		1.18		1.88		2.6		4.02		5.77		7.59		8.99
1000	251.22	0.42	260.26	0.79	252.31	1.25	242.24	1.73	251.6	2.68	250.42	3.85	259.86	5.06	254.69	5.99
750		0.31		0.56		0.94		1.3		2.01		2.88		3.8		4.49
1500		0.55		1.06		1.68		2.31		3.66		5.18		6.94		7.92
1000	284.62	0.37	290.93	0.71	281.83	1.12	272.5	1.54	276.15	2.44	278.67	3.46	284.46	4.62	289.25	5.28
750		0.28		0.53		0.84		1.15		1.83		2.59		3.47		3.96
1500		0.49		0.94		1.49		2.04		3.15		4.69		6.25		7.23
1000	325.41	0.32	327.1	0.63	317.03	1	308.61	1.36	320.38	2.1	308.02	3.13	315.71	4.17	316.63	4.82
750		0.24		0.47		0.75		1.02		1.58		2.34		3.12		3.62

续表

输入转速 n_1/r·min^{-1}	机座号															
	180-112		225-112		250-140		265-140		300-180		355-225		375-250		425-250	
	i	P_1/kW	i	P_1/kW	i	P_1/kW	i	P_1/kW	i	P_1/kW	i	P_1/kW	i	P_1/kW	i	P_1/kW
1500	357.4	0.44	370.59	0.83	359.05	1.32	352.92	1.78	356.7	2.83	361.84	3.99	364.09	5.42	351.41	6.51
1000		0.29		0.55		0.88		1.19		1.89		2.66		3.61		4.34
750		0.22		0.42		0.66		0.89		1.42		2		2.71		3.26
1500	403.81	0.39	423.69	0.73	410.6	1.15	402.19	1.56	400.12	2.53	406.77	3.55	406.43	4.85	405.27	5.65
1000		0.26		0.48		0.77		1.04		1.68		2.37		3.24		3.77
750		0.2		0.36		0.58		0.78		1.26		1.78		2.43		2.82
1500	459.77	0.34	458.47	0.67	436.26	1.09	455.49	1.38	452.51	2.23	459.26	3.15	457.83	4.31	452.39	5.06
1000		0.23		0.45		0.72		0.92		1.49		2.1		2.87		3.37
750		0.17		0.34		0.54		0.69		1.12		1.57		2.15		2.53
1500	502.71	0.31	510.06	0.6	493.03	0.96	520.88	1.21	507.59	1.99	509.07	2.84	521.14	3.79	509.61	4.49
1000		0.21		0.4		0.64		0.8		1.33		1.89		2.52		3
750		0.16		0.3		0.48		0.6		1		1.42		1.89		2.25
1500	563.59	0.28	570.17	0.54	557.08	0.85	553.44	1.14	568.08	1.78	559.34	2.58	548.88	3.59	580.07	3.95
1000		0.19		0.36		0.57		0.76		1.19		1.72		2.4		2.63
750		0.14		0.27		0.43		0.57		0.89		1.29		1.8		1.97
1500	646.34	0.24	641.05	0.48	643.23	0.74	636.12	0.99	669.75	1.51	618.26	2.34	637.25	3.1	636.61	3.6
1000		0.16		0.32		0.49		0.66		1.01		1.56		2.06		2.4
750		0.12		0.24		0.37		0.49		0.75		1.17		1.55		1.8
1500	718.15	0.22	726.28	0.42	689.78	0.69	693.17	0.91	715.31	1.41	722.72	2	689.56	2.86	688.87	3.32
1000		0.15		0.28		0.46		0.6		0.94		1.33		1.91		2.22
750		0.11		0.21		0.34		0.45		0.71		1		1.43		1.66
1500	789.97	0.2	792.68	0.39	751.63	0.63	835.78	0.75	823.68	1.23	777.18	1.86	816.77	2.42	815.95	2.81
1000		0.13		0.26		0.42		0.5		0.82		1.24		1.61		1.87
750		0.1		0.19		0.32		0.38		0.61		0.93		1.21		1.4
1500			866.7	0.36	906.27	0.52	915.58	0.69	899.36	1.12	906.19	1.59	922.59	2.14	921.66	2.48
1000				0.24		0.35		0.46		0.75		1.06		1.43		1.66
750				0.18		0.26		0.34		0.56		0.8		1.07		1.24
1500	—	—	971.67	0.32	992.81	0.48	1052.7	0.6	1030.9	0.98	983.42	1.47	1003	1.97	1002	2.28
1000		—		0.21		0.32		0.4		0.65		0.98		1.31		1.52
750		—		0.16		0.24		0.3		0.49		0.73		0.98		1.14

续表

输入转速 n_1/r·min⁻¹	机座号															
	180-112		225-112		250-140		265-140		300-180		355-225		375-250		425-250	
	i	P_1/kW	i	P_1/kW	i	P_1/kW	i	P_1/kW	i	P_1/kW	i	P_1/kW	i	P_1/kW	i	P_1/kW
1500		—		0.28		0.41		0.54		0.85		1.35		1.8		2.09
1000	—	—	1114.3	0.18	1141.5	0.28	1157.9	0.36	1186.9	0.57	1071.8	0.9	1095.8	1.2	1094.7	1.39
750		—		0.14		0.21		0.27		0.43		0.67		0.9		1.05
1500		—		0.25		0.38		0.47		0.76		1.12		1.59		1.85
1000	—	—	1238.1	0.17	1255.5	0.25	1341.7	0.31	1324.3	0.51	1288.8	0.75	1238	1.06	1236.8	1.23
750		—		0.12		0.19		0.23		0.38		0.56		0.8		0.93
1500		—		0.23		0.33		0.42		0.68		1.03		1.41		1.64
1000	—	—	1362	0.15	1454.9	0.22	1486.3	0.28	1483.9	0.45	1399	0.69	1400.9	0.94	1399.5	1.09
750		—		0.11		0.16		0.21		0.34		0.52		0.7		0.82
1500		—		0.2		0.29		0.38		0.63		0.94		1.24		1.44
1000	—	—	1554	0.136	1611.7	0.2	1653.1	0.25	1605.7	0.42	1534.7	0.63	1591.1	0.83	1589.5	0.96
750		—		0.1		0.15		0.19		0.31		0.47		0.62		0.72
1500		—		—		0.26		0.34		0.56		0.84		1.13		1.32
1000	—	—	—	—	1792.6	0.18	1847.9	0.23	1816.7	0.37	1716.4	0.56	1741.3	0.76	1739.6	0.88
750		—		—		0.13		0.17		0.28		0.42		0.57		0.66
1500		—		—		0.24		0.3		0.49		0.72		0.98		1.14
1000	—	—	—	—	2003.7	0.16	2077.8	0.2	2071.6	0.33	2002.6	0.48	2017.6	0.65	2015.5	0.76
750		—		—		0.12		0.15		0.24		0.36		0.49		0.57
1500		—		—		—		—		—		0.67		0.91		1.05
1000	—	—	—	—	—	—	—	—	—	—	2168.6	0.44	2178.5	0.6	2176.3	0.7
750		—		—		—		—		—		0.33		0.45		0.53
1500		—		—		—		—		—		—		0.8		0.93
1000	—	—	—	—	—	—	—	—	—	—	—	—	2456.7	0.54	2454.2	0.62
750		—		—		—		—		—		—		0.4		0.47

表 17-2-205　TZLD、TZSD 型减速器的实际传动比 *i* 电动机功率 P_1 及选用系数 *K*

电动机功率 P_1/kW	实际传动比 i	选用系数 K	机座号
0.55	17.67	3.59	TZSD112
	19.32	3.29	
	21.66	2.93	
	24.84	2.56	
	27.60	2.30	
	30.36	2.09	
	34.64	1.83	
	39.82	1.60	
	43.80	1.45	
	50.76	1.25	
	56.22	1.13	
	62.54	1.02	
	36.54	3.55	TZSD140
	40.19	3.23	
	46.57	2.79	
	51.59	2.52	
	57.38	2.26	
	64.14	2.02	
	70.58	3.91	TZSD180
	80.48	3.43	
	88.30	3.12	
	102.5	2.69	
	205.1	2.56	TZSD250
0.75	14.11	3.30	TZSD112
	15.26	3.05	
	17.67	2.64	
	19.32	2.41	
	21.66	2.15	
	24.84	1.87	
	27.60	1.69	
	30.36	1.53	
	34.64	1.34	
	39.82	1.17	
	43.80	1.06	
	50.76	0.92	
	56.22	0.83	
	24.06	3.95	TZSD140
	29.01	3.28	
	31.78	2.99	
	36.54	2.60	
	40.19	2.37	
	46.57	2.04	
	51.59	1.84	
	57.38	1.66	
	64.14	1.48	
	51.45	3.94	TZSD180
	57.65	3.51	
	62.38	3.24	
	70.58	2.87	
	80.48	2.52	
	88.30	2.29	
	102.5	1.98	

电动机功率 P_1/kW	实际传动比 i	选用系数 K	机座号
0.75	99.13	3.98	TZSD225
	111.4	3.54	
	125.8	3.14	
	173.3	3.16	TZSD250
	205.1	1.88	
1.1	6.30	3.95	TZLD112
	7.24	3.81	
	7.96	3.99	
	14.11	2.25	TZSD112
	15.26	2.08	
	17.67	1.80	
	19.32	1.64	
	21.66	1.47	
	24.84	1.28	
	27.60	1.15	
	30.36	1.05	
	34.64	0.92	
	18.57	3.49	TZSD140
	20.59	3.15	
	22.08	2.94	
	24.06	2.70	
	29.01	2.24	
	31.78	2.04	
	36.54	1.78	
	40.19	1.61	
	46.57	1.39	
	51.59	1.26	
	34.94	3.95	TZSD180
	40.05	3.45	
	46.11	2.99	
	51.45	2.68	
	57.65	2.39	
	62.38	2.21	
	70.58	1.96	
	80.48	1.72	
	88.30	1.52	
	68.59	3.92	TZSD225
	76.33	3.53	
	88.87	3.03	
	99.13	2.72	
	163.6	3.50	TZSD300
1.5	5.04	3.36	TZLD112
	5.52	3.30	
	6.30	2.89	
	7.24	2.80	
	7.96	2.92	
	14.11	1.65	TZSD112
	15.26	1.53	
	17.67	1.32	
	19.32	1.21	
	21.66	1.08	
	24.84	0.94	
	27.60	0.84	

续表

电动机功率 P_1/kW	实际传动比 i	选用系数 K	机座号
1.5	14.04	3.39	TZSD140
	15.35	3.10	
	18.57	2.56	
	20.59	2.31	
	22.08	2.15	
	24.06	1.98	
	29.01	1.64	
	31.78	1.50	
	36.54	1.50	
	40.19	1.18	
	46.57	1.02	
	51.59	0.92	
	26.02	3.89	TZSD180
	27.79	3.64	
	32.00	3.16	
	34.94	2.90	
	40.05	2.53	
	46.11	2.20	
	51.45	1.97	
	57.65	1.76	
	62.38	1.62	
	70.58	1.43	
	80.48	1.26	
	88.30	1.15	
	54.98	3.59	TZSD255
	62.62	3.15	
	68.59	2.88	
	76.33	2.59	
	88.87	2.22	
	99.13	1.99	
	77.03	3.94	
	85.82	3.55	
	98.61	3.08	
	142.2	3.59	TZSD300
	163.6	2.57	
2.2	7.07	3.61	TZLD140
	7.78	3.73	
	9.01	3.45	
	14.04	2.31	TZSD140
	15.35	2.11	
	18.57	1.75	
	20.59	1.58	
	22.08	1.47	
	24.06	1.34	
	29.01	1.12	
	31.78	1.02	
	36.54	0.89	
	40.19	0.81	
2.2	17.65	3.91	TZSD180
	20.42	3.38	
	22.07	3.13	
	26.02	2.65	
	27.79	2.48	
	32.00	2.16	
	34.94	1.98	
	40.05	1.72	
	46.11	1.50	
	51.45	1.34	
	57.65	1.20	
	62.38	1.11	
	70.58	0.98	
	80.48	0.86	
	34.38	3.91	TZSD225
	38.45	3.50	
	44.86	3.00	
	48.58	2.77	
	54.98	2.45	
	62.62	2.15	
	68.59	1.96	
	76.33	1.76	
	88.87	1.51	
	54.97	3.77	TZSD250
	61.99	3.34	
	70.42	2.94	
	77.03	2.69	
	85.52	2.42	
	67.81	3.97	TZSD265
	80.80	3.33	
	88.85	3.03	
	117.4	3.26	TZSD300
	128.1	2.94	
	142.2	2.45	
	163.6	1.75	
	163.5	2.87	TZSD355
	171.0	3.27	TZSD375
	201.2	3.60	TZSD425
3	5.09	3.28	TZLD140
	5.62	2.97	
	6.15	3.04	
	7.07	2.65	
	7.78	2.73	
	9.01	2.53	
	14.04	1.69	TZSD140
	15.35	1.55	
	18.57	1.28	
	20.59	1.16	
	22.08	1.08	
	24.06	0.99	
	29.01	0.82	

续表

电动机功率 P_1/kW	实际传动比 i	选用系数 K	机座号
3	12.40	3.92	TZLD180
	14.44	3.50	TZSD180
	16.48	3.07	
	17.65	2.87	
	20.42	2.48	
	22.07	2.29	
	26.02	1.95	
	27.79	1.82	
	32.00	1.58	
	34.94	1.45	
	40.05	1.26	
	46.11	1.10	
	51.45	0.98	
	57.65	0.88	
	62.38	0.81	
	28.87	3.42	TZSD225
	31.34	3.15	
	34.38	2.87	
	38.45	2.57	
	44.86	2.20	
	48.58	2.03	
	54.98	1.80	
	62.62	1.58	
	68.59	1.44	
	76.33	1.29	
	88.87	1.11	
	40.15	3.78	TZSD250
	43.94	3.45	
	50.91	2.98	
	54.97	2.76	
	61.99	2.45	
	70.42	2.16	
	77.03	1.97	
	85.52	1.18	
	49.83	3.96	TZSD265
	56.19	3.51	
	62.50	3.16	
	67.81	2.91	
	80.80	2.44	
	88.85	2.22	
	90.54	3.58	TZSD300
	99.55	3.25	
	117.4	2.39	
	128.1	2.15	
	142.2	1.80	
	163.6	1.28	
	129.4	3.58	TZSD355
	140.7	3.09	
	163.5	2.11	
	157.8	3.08	TZSD375
	171.0	2.40	
	180.3	3.37	TZSD425
	201.2	2.64	

电动机功率 P_1/kW	实际传动比 i	选用系数 K	机座号
4	5.09	2.46	TZLD140
	5.62	2.23	
	6.15	2.28	
	7.07	1.99	
	7.78	2.05	
	9.01	1.90	
	14.04	1.27	TZSD140
	15.35	1.16	
	18.57	0.96	
	20.59	0.87	
	22.08	0.81	
	7.10	3.58	TZLD180
	7.93	3.93	
	8.88	3.97	
	9.61	3.79	
	10.88	3.35	
	12.40	2.94	
	14.44	2.63	TZSD180
	16.48	2.30	
	17.65	2.15	
	20.42	1.86	
	22.07	1.72	
	26.02	1.46	
	27.79	1.37	
	32.00	1.19	
	34.94	1.09	
	40.05	0.95	
	46.11	0.82	
	20.30	3.65	TZSD225
	22.03	3.36	
	24.01	3.08	
	28.87	2.56	
	31.34	2.36	
	34.38	2.15	
	38.45	1.92	
	44.86	1.65	
	48.58	1.52	
	54.98	1.35	
	62.62	1.18	
	68.59	1.08	
	76.33	0.97	
	88.87	0.83	
	31.24	3.65	TZSD250
	35.35	3.22	
	40.15	2.84	
	43.94	2.59	
	50.91	2.24	
	54.97	2.07	
	61.99	1.84	
	70.42	1.62	
	77.03	1.48	
	85.52	1.33	

续表

电动机功率 P_1/kW	实际传动比 i	选用系数 K	机座号
4	40.55	3.65	TZSD265
	44.86	3.30	
	49.83	2.97	
	56.19	2.63	
	62.50	2.37	
	67.81	2.18	
	80.80	1.83	
	88.85	1.67	
	62.11	3.91	TZSD300
	71.68	3.39	
	79.44	3.06	
	90.54	2.68	
	99.55	2.44	
	117.4	1.79	
	128.1	1.62	
	142.2	1.35	
	163.6	0.96	
	88.88	3.91	TZSD355
	100.4	3.46	
	110.3	3.15	
	129.4	2.68	
	140.7	2.32	
	153.5	1.58	
	121.1	3.92	TZSD375
	144.5	3.05	
	157.8	2.30	
	171.0	1.80	
	145.7	3.78	TZSD425
	163.0	3.26	
	180.3	2.53	
	201.2	1.98	
5.5	4.93	3.64	TZLD180
	5.38	3.33	
	6.17	3.00	
	7.10	2.60	
	7.93	2.86	
	8.88	2.89	
	14.44	1.91	TZSD180
	16.48	1.68	
	17.65	1.56	
	20.42	1.35	
	22.07	1.25	
	26.02	1.06	
	27.79	0.99	
	32.00	0.86	
	14.11	3.82	TZSD225
	16.19	3.32	
	17.41	3.09	
	20.30	2.65	
	22.03	2.44	
	24.01	2.24	

电动机功率 P_1/kW	实际传动比 i	选用系数 K	机座号
5.5	28.87	1.86	TZSD225
	31.34	1.72	
	34.38	1.57	
	38.45	1.40	
	44.86	1.20	
	48.58	1.11	
	54.98	0.98	
	62.62	0.86	
	23.28	3.56	TZSD250
	25.31	3.27	
	27.65	3.00	
	31.24	2.65	
	35.35	2.34	
	40.15	2.06	
	43.94	1.88	
	50.91	1.63	
	54.97	1.51	
	61.99	1.34	
	28.21	3.82	TZSD265
	31.64	3.40	
	35.60	3.02	
	40.55	2.66	
	44.86	2.40	
	49.83	2.16	
	56.19	1.92	
	62.50	1.72	
	67.81	1.59	
	46.18	3.83	TZSD300
	50.04	3.53	
	56.80	3.11	
	62.11	2.84	
	71.68	2.47	
	69.30	3.64	TZSD335
	79.51	3.18	
	88.88	2.84	
	100.4	2.52	
	110.3	2.29	
	89.04	3.88	TZSD375
	97.94	3.52	
	110.5	3.12	
	121.1	2.85	
	144.5	2.22	
	157.8	1.68	
	171.0	1.31	
	104.0	3.85	TZSD425
	113.9	3.51	
	125.5	3.19	
	145.7	2.75	
	163.0	2.37	
	180.3	1.84	
	201.2	1.44	

续表

电动机功率 P_1/kW	实际传动比 i	选用系数 K	机座号
7.5	4.93 5.38 6.17 7.93 8.88	2.67 2.44 2.20 2.09 2.12	TZLD180
	14.44 16.48 17.65 20.42 22.07	1.40 1.23 1.15 0.99 0.92	TZSD180
	7.97 10.28 11.26	3.91 3.84 3.51	TZLD225
	14.11 16.19 17.41 20.30 22.03 24.01 28.87 31.34 34.38 38.45 44.86 48.58	2.80 2.44 2.27 1.94 1.79 1.64 1.37 1.26 1.15 1.03 0.88 0.81	TZSD225
	16.08 17.40 20.61 23.28 25.31 27.65 31.24 35.35 40.15 43.94 50.81 54.97 61.99	3.78 3.49 2.95 2.61 2.40 2.20 1.94 1.72 1.51 1.38 1.19 1.11 0.98	TZSD250
	22.93 24.67 28.21 31.64 35.60 40.55 44.86 49.83 56.19 62.50 67.81	3.44 3.20 2.80 2.50 2.22 1.95 1.76 1.58 1.41 1.26 1.16	TZSD265
	35.55 39.64 46.18	3.64 3.27 2.81	TZSD300
7.5	50.04 56.80 62.11 71.68	2.59 2.28 2.09 1.81	TZSD300
	49.95 56.17 60.94 69.30 79.51 88.88 100.4 110.3	3.71 3.30 3.04 2.67 2.33 2.08 1.84 1.68	TZSD355
	68.80 77.16 89.04 97.94 110.5 121.1 144.5 157.8 171.0	3.68 3.28 2.84 2.58 2.29 2.09 1.63 1.23 0.96	TZSD375
	81.69 90.75 104.0 113.9 125.5 145.7 163.0 180.3 201.2	3.59 3.23 2.82 2.58 2.34 2.01 1.74 1.35 1.06	TZSD425
11	5.14 5.64 6.31 7.36 7.97 9.02	3.35 3.06 2.73 2.49 2.67 2.84	TZLD225
	14.11 16.19 17.41 20.30 22.03 24.01 28.87 31.34	1.91 1.66 1.55 1.33 1.22 1.12 0.93 0.86	TZSD225
	9.32 10.07 11.35	3.99 3.97 3.53	TZSD250

续表

电动机功率 P_1/kW	实际传动比 i	选用系数 K	机座号
11	13.85	2.99	TZSD250
	16.08	2.58	
	17.40	2.38	
	20.61	2.01	
	23.28	1.78	
	25.31	1.54	
	27.65	1.50	
	31.24	1.33	
	35.35	1.17	
	40.15	1.03	
	43.94	0.94	
	50.91	0.81	
	14.47	3.72	TZSD265
	16.67	3.23	
	17.96	3.00	
	19.41	2.77	
	22.93	2.35	
	24.67	2.18	
	28.21	1.91	
	31.64	1.70	
	35.60	1.51	
	40.55	1.33	
	44.86	1.20	
	49.83	1.08	
	56.19	0.96	
	62.50	0.86	
	22.40	3.94	TZSD300
	25.74	3.43	
	27.85	3.17	
	32.76	2.70	
	35.55	2.48	
	39.64	2.23	
	46.18	1.91	
	50.04	1.77	
	56.80	1.56	
	62.11	1.42	
	34.84	3.63	TZSD355
	40.06	3.15	
	44.64	2.83	
	49.95	2.53	
	56.17	2.25	
	60.94	2.07	
	69.30	1.82	
	79.51	1.59	
	88.88	1.42	
	100.4	1.26	
	44.02	3.92	TZSD375
	50.49	3.42	
	56.23	3.07	
	62.96	2.74	
	68.80	2.51	
	77.16	2.24	
11	89.04	1.94	TZSD375
	97.94	1.76	
	110.5	1.56	
	50.56	3.96	TZSD425
	56.50	3.54	
	63.46	3.15	
	71.72	2.79	
	81.69	2.45	
	90.75	2.21	
	104.0	1.92	
	113.9	1.76	
	125.5	1.60	
15	5.14	2.46	TZLD225
	5.64	2.24	
	6.31	2.00	
	7.36	1.83	
	7.97	1.96	
	9.02	2.09	
	14.11	1.40	TZSD225
	16.19	1.22	
	17.41	1.13	
	20.30	0.97	
	22.03	0.90	
	24.01	0.82	
	5.72	3.72	TZLD250
	6.47	3.28	
	7.35	3.10	
	8.05	3.14	
	9.32	2.93	
	10.07	2.92	
	11.35	2.59	
	13.85	2.19	TZSD250
	16.08	1.89	
	17.40	1.75	
	20.61	1.47	
	23.28	1.30	
	25.31	1.20	
	27.65	1.10	
	31.24	0.97	
	35.35	0.86	
	6.34	3.48	TZLD265
	7.22	3.36	
	7.99	3.67	
	8.88	3.76	
	10.01	3.34	
	11.14	3.18	
	14.47	2.73	TZSD265
	16.67	2.37	
	17.96	2.20	
	19.41	2.03	

续表

电动机功率 P_1/kW	实际传动比 i	选用系数 K	机座号
15	22.93	1.72	TZSD265
	24.67	1.60	
	28.21	1.40	
	31.64	1.25	
	35.65	1.11	
	40.55	0.97	
	44.86	0.88	
	17.26	3.75	TZSD300
	20.44	3.17	
	22.40	2.89	
	25.74	2.52	
	27.85	2.33	
	32.76	1.98	
	35.55	1.82	
	39.64	1.63	
	46.18	1.40	
	50.04	1.29	
	56.80	1.14	
	62.11	1.04	
	24.72	3.75	TZSD355
	27.40	3.38	
	31.46	2.94	
	34.84	2.66	
	40.06	2.31	
	44.64	2.07	
	49.95	1.85	
	56.17	1.65	
	60.94	1.52	
	69.30	1.34	
	79.51	1.17	
	88.88	1.04	
	100.4	0.92	
	31.73	3.99	TZSD375
	35.41	3.57	
	39.63	3.19	
	44.02	2.87	
	50.49	2.51	
	56.23	2.25	
	62.96	2.01	
	68.80	1.84	
	77.16	1.64	
	89.04	1.42	
	97.94	1.29	
	110.5	1.15	
	39.59	3.71	TZSD425
	45.43	3.23	
	50.56	2.90	
	56.50	2.60	
	63.46	2.31	
	71.72	2.05	
	81.69	1.80	
	90.75	1.62	
15	104.0	1.41	TZSD425
	113.9	1.29	
	125.5	1.17	
18.5	5.14	1.99	TZLD225
	5.64	1.82	
	6.31	1.63	
	7.36	1.48	
	7.97	1.59	
	14.11	1.13	TZSD225
	16.19	0.99	
	17.41	0.92	
	5.06	3.40	TZSD250
	5.72	3.01	
	6.47	2.66	
	7.35	2.51	
	8.05	2.55	
	9.32	2.38	
	10.07	2.36	
	13.85	1.78	TZSD250
	16.08	1.53	
	17.40	1.42	
	20.61	1.19	
	23.28	1.06	
	25.31	0.97	
	27.65	0.89	
	5.03	3.26	TZLD265
	5.64	3.23	
	6.34	2.83	
	7.22	2.73	
	7.99	2.98	
	8.88	3.05	
	10.01	2.71	
	14.47	2.21	TZSD265
	16.67	1.92	
	17.96	1.78	
	19.41	1.65	
	22.93	1.40	
	24.67	1.30	
	28.21	1.14	
	31.64	1.01	
	35.60	0.90	
	10.35	3.96	TZLD300
	12.73	3.61	
	13.74	3.82	TZSD300
	15.95	3.29	
	17.26	3.04	
	20.44	2.57	
	22.40	2.35	
	25.74	2.04	
	27.85	1.89	
	32.76	1.60	

续表

电动机功率 P_1/kW	实际传动比 i	选用系数 K	机座号
18.5	35.55	1.48	TZSD300
	39.64	1.33	
	46.18	1.14	
	50.04	1.05	
	56.80	0.93	
	19.67	3.82	TZSD355
	21.37	3.51	
	24.72	3.04	
	27.40	2.74	
	31.46	2.39	
	34.84	2.16	
	40.06	1.87	
	44.54	1.68	
	49.95	1.50	
	56.17	1.34	
	60.94	1.23	
	69.30	1.08	
	79.51	0.94	
	88.88	0.85	
	27.70	3.70	TZSD375
	31.73	3.23	
	35.41	2.90	
	39.63	2.59	
	44.02	2.33	
	50.49	2.03	
	56.23	1.82	
	62.96	1.63	
	68.80	1.49	
	77.16	1.33	
	89.04	1.15	
	31.36	3.79	TZSD425
	35.81	3.32	
	39.59	3.01	
	45.43	2.62	
	50.56	2.35	
	56.50	2.11	
	63.46	1.88	
	71.72	1.66	
	81.69	1.46	
	90.75	1.31	
	104.0	1.14	
	113.9	1.05	
22	5.14	1.68	TZLD225
	5.64	1.53	
	6.31	1.37	
	7.36	1.25	
	7.97	1.33	
	14.11	0.95	TZSD225
	16.19	0.83	
	5.06	2.86	TZLD250
	5.72	2.53	
	6.47	2.24	
	7.35	2.11	
	8.05	2.14	
	9.32	2.00	
	10.07	1.99	
	13.85	1.49	TZSD250
	16.08	1.29	
	17.40	1.19	
	20.61	1.00	
	23.28	0.89	
	25.31	0.82	
	5.03	2.74	TZLD265
	5.64	2.72	
	6.34	2.38	
	7.22	2.29	
	7.99	2.50	
	8.88	2.56	
	10.01	2.28	
	14.47	1.86	TZSD265
	16.67	1.62	
	17.96	1.50	
	19.41	1.39	
	22.93	1.17	
	24.67	1.09	
	28.21	0.95	
	31.64	0.85	
	5.02	3.99	TZLD300
	5.77	3.83	
	8.89	3.88	
	10.35	3.33	
	11.22	3.38	
	12.73	3.04	
	13.74	3.21	TZSD300
	15.95	2.77	
	17.26	2.56	
	20.44	2.16	
	22.40	1.97	
	25.74	1.72	
	27.85	1.59	
	32.76	1.35	
	35.55	1.24	
	39.64	1.11	
	46.18	0.96	
	50.04	0.88	
	17.28	3.65	TZSD355
	19.67	3.21	
	21.37	2.96	
	24.72	2.56	
	27.40	2.30	
	31.46	2.01	
	34.84	1.81	
	40.06	1.58	
	44.64	1.41	
	49.95	1.26	
	56.17	1.12	
	60.94	1.04	
	69.30	0.91	

续表

电动机功率 P_1/kW	实际传动比 i	选用系数 K	机座号
22	21.60	3.99	TZSD375
	24.98	3.45	
	27.70	3.11	
	31.73	2.72	
	35.41	2.44	
	39.63	2.18	
	44.02	1.96	
	50.49	1.71	
	56.23	1.53	
	62.96	1.37	
	68.80	1.25	
	77.16	1.12	
	89.04	0.97	
	25.50	3.92	TZSD425
	29.18	3.43	
	31.36	3.19	
	35.81	2.79	
	39.59	2.53	
	45.43	2.20	
	50.56	1.98	
	56.50	1.77	
	63.46	1.58	
	71.72	1.40	
	81.69	1.23	
	90.75	1.10	
	104.0	0.96	
	113.9	0.88	
30	5.06	2.10	TZLD250
	5.72	1.86	
	6.47	1.64	
	7.35	1.55	
	8.05	1.57	
	13.85	1.10	TZSD250
	16.08	0.94	
	17.40	0.87	
	5.03	2.15	TZLD265
	5.64	1.99	
	6.34	1.74	
	7.22	1.68	
	7.99	1.84	
	14.47	1.36	TZSD265
	16.67	1.18	
	17.96	1.10	
	19.41	1.02	
	22.93	0.86	
	5.02	2.92	TZLD300
	5.77	2.81	
	6.24	3.00	
	7.34	2.96	
	7.97	3.18	
	8.89	2.85	
	10.35	2.44	
	11.22	2.48	

电动机功率 P_1/kW	实际传动比 i	选用系数 K	机座号
30	13.74	2.36	TZSD300
	15.95	2.03	
	17.26	1.88	
	20.44	1.58	
	22.40	1.45	
	25.74	1.26	
	27.85	1.16	
	32.76	0.99	
	35.55	0.91	
	39.64	0.82	
	10.25	3.70	TZLD355
	11.13	3.64	
	12.65	3.20	
	13.65	3.39	TZSD355
	15.31	3.02	
	17.28	2.68	
	19.67	2.35	
	21.37	2.17	
	24.72	1.87	
	27.40	1.69	
	31.46	1.47	
	34.84	1.33	
	40.06	1.16	
	44.64	1.04	
	49.95	0.93	
	56.17	0.82	
	17.47	3.62	TZSD375
	19.89	3.18	
	21.60	2.93	
	24.98	2.53	
	27.70	2.28	
	31.73	1.99	
	35.41	1.79	
	39.63	1.60	
	44.02	1.44	
	50.49	1.25	
	56.23	1.13	
	62.96	1.01	
	68.80	0.92	
	18.68	3.93	TZSD425
	19.90	3.69	
	22.52	3.26	
	25.50	2.88	
	29.18	2.52	
	31.36	2.34	
	35.81	2.05	
	39.59	1.85	
	45.43	1.62	
	50.56	1.45	
	56.50	1.30	
	63.46	1.16	
	71.72	1.02	
	81.69	0.90	
	90.75	0.81	

续表

电动机功率 P_1/kW	实际传动比 i	选用系数 K	机座号
37	5.02	2.37	TZLD300
	5.77	2.28	
	6.24	2.43	
	7.34	2.40	
	7.97	2.57	
	8.89	2.31	
	13.74	1.91	TZSD300
	15.95	1.65	
	17.26	1.52	
	20.44	1.29	
	22.40	1.17	
	25.74	1.02	
	27.85	0.94	
	32.76	0.80	
	5.74	3.50	TZLD355
	6.36	3.61	
	7.31	3.42	
	8.15	3.52	
	9.12	3.38	
	10.25	3.00	
	11.13	2.95	
	12.65	2.60	
	13.65	2.75	TZSD355
	15.31	2.45	
	17.28	2.17	
	19.67	1.91	
	21.37	1.76	
	24.72	1.52	
	27.40	1.37	
	31.46	1.19	
	34.84	1.08	
	40.06	0.94	
	44.64	0.84	
	11.49	3.68	TZLD375
	12.56	3.76	
	13.80	3.72	TZSD375
	15.47	3.31	
	17.47	2.94	
	19.89	2.58	
	21.60	2.37	
	24.98	2.05	
	27.70	1.85	
	31.73	1.62	
	35.41	1.45	
	39.63	1.29	
	44.02	1.17	
	50.49	1.02	
	56.23	0.91	
	62.96	0.82	

电动机功率 P_1/kW	实际传动比 i	选用系数 K	机座号
37	16.55	3.59	TZSD425
	18.68	3.19	
	19.90	2.99	
	22.52	2.64	
	25.56	2.33	
	29.18	2.04	
	31.36	1.90	
	35.81	1.66	
	39.59	1.50	
	45.43	1.31	
	50.56	1.18	
	56.50	1.05	
	63.46	0.94	
	71.72	0.83	
45	5.02	1.95	TZLD300
	5.77	1.87	
	6.24	2.00	
	7.34	1.98	
	7.97	2.12	
	8.89	1.90	
	13.74	1.57	TZSD300
	15.95	1.35	
	17.26	1.25	
	20.44	1.06	
	22.40	0.96	
	25.74	0.84	
	5.00	3.30	TZLD355
	5.74	2.88	
	6.36	2.97	
	7.31	2.81	
	8.15	2.90	
	9.12	2.78	
	10.25	2.47	
	11.13	2.43	
	12.65	2.13	
	13.65	2.26	TZSD355
	15.31	2.02	
	17.28	1.79	
	19.67	1.57	
	21.37	1.45	
	24.72	1.25	
	27.40	1.13	
	31.46	0.98	
	34.84	0.89	
	5.06	3.80	TZLD375
	5.79	3.32	
	6.46	3.26	
	7.23	3.71	
	8.04	3.78	
	9.22	3.30	
	10.26	3.39	
	11.49	3.02	
	12.56	3.09	

续表

电动机功率 P_1/kW	实际传动比 i	选用系数 K	机座号
45	13.80	3.06	TZSD375
	15.47	2.73	
	17.47	2.41	
	19.89	2.12	
	21.60	1.95	
	24.98	1.69	
	27.70	1.52	
	31.73	1.33	
	35.41	1.19	
	39.63	1.06	
	44.02	0.96	
	50.49	0.84	
	8.70	3.96	TZLD425
	11.04	3.67	
	12.58	3.12	
	13.98	3.50	TZSD425
	16.55	2.96	
	18.68	2.62	
	19.90	2.46	
	22.52	2.46	
	25.50	1.92	
	29.18	1.68	
	31.36	1.56	
	35.81	1.37	
	39.59	1.24	
	45.43	1.08	
	40.56	0.97	
	56.50	0.87	
55	5.00	2.70	TZLD355
	5.74	2.36	
	6.36	2.43	
	8.15	2.37	
	9.12	2.27	
	10.25	2.02	
	11.13	1.99	
	13.65	1.85	TZSD355
	15.31	1.65	
	17.28	1.46	
	19.67	1.28	
	21.37	1.18	
	24.72	1.02	
	27.40	0.92	
	31.46	0.80	
	5.06	3.11	TZLD375
	5.79	2.72	
	6.46	2.67	
	7.23	3.03	
	8.04	3.09	
	9.22	2.70	
	10.26	2.77	
	11.49	2.47	
	12.56	2.53	
55	13.80	2.50	TZSD375
	15.47	2.23	
	17.47	1.98	
	19.89	1.74	
	21.60	1.60	
	24.98	1.38	
	27.70	1.25	
	31.73	1.09	
	35.41	0.97	
	39.63	0.87	
	5.51	3.80	TZLD425
	6.10	3.85	
	7.00	3.51	
	7.79	3.62	
	8.70	3.24	
	9.77	3.39	
	11.04	3.00	
	12.58	2.96	
	13.98	2.86	TZSD425
	16.55	2.42	
	18.68	2.14	
	19.90	2.01	
	22.52	1.78	
	25.50	1.57	
	29.18	1.37	
	31.36	1.28	
	35.81	1.12	
	39.59	1.01	
	45.53	0.88	
75	5.00	1.98	TZLD355
	5.74	1.73	
	6.36	1.78	
	7.31	1.69	
	8.15	1.74	
	9.12	1.67	
	13.65	1.36	TZSD355
	15.31	1.21	
	17.28	1.07	
	19.67	0.94	
	21.37	0.87	
	5.06	2.28	TZLD375
	5.79	1.99	
	6.46	1.96	
	7.23	2.23	
	8.04	2.27	
	9.22	1.98	
	10.26	2.03	
	13.80	1.83	TZSD375
	15.47	1.64	
	17.47	1.45	
	19.89	1.27	
	21.60	1.17	
	24.98	1.01	
	27.70	0.91	
	4.83	3.19	TZLD425
	5.51	2.79	
	6.10	2.82	

续表

电动机功率 P_1/kW	实际传动比 i	选用系数 K	组合机座号
75	7.00	2.58	TZLD425
	7.79	2.65	
	8.70	2.37	
	9.77	2.20	
	13.98	2.10	TZSD425
	16.55	1.77	
	18.68	1.57	
	19.90	1.48	
	22.52	1.30	
	25.50	1.15	
	29.18	1.01	
	31.36	0.94	
90	5.00	1.65	TZLD355
	5.74	1.44	
	6.36	1.41	
	8.15	1.45	
	9.12	1.39	
	13.65	1.13	TZSD355
	15.31	1.01	
	17.28	0.89	
	5.01	1.90	TZLD375
	5.79	1.66	
	6.46	1.63	

电动机功率 P_1/kW	实际传动比 i	选用系数 K	组合机座号
90	7.23	1.85	TZLD375
	8.04	1.89	
	9.22	1.65	
	10.26	1.69	
	13.80	1.53	TZSD375
	15.47	1.36	
	17.47	1.21	
	19.89	1.06	
	21.60	0.98	
	24.98	0.84	
	4.83	2.66	TZLD425
	5.51	2.33	
	6.10	2.35	
	7.00	2.15	
	7.79	2.21	
	8.70	1.98	
	9.77	2.07	
	11.04	1.83	
	13.98	1.75	TZSD425
	16.55	1.48	
	18.68	1.31	
	19.90	1.23	
	22.52	1.09	
	25.50	0.96	
	29.18	0.84	

表 17-2-206　　组合式减速器的实际传动比 i、电动机功率 P_1 和选用系数 K

电动机功率 P_1/kW	实际传动比 i	选用系数 K	组合机座号
0.55	777.18	3.09	355-225
	906.19	2.65	
	983.42	2.45	
	1071.8	2.24	
	1288.8	1.87	
	1399.0	1.72	
	1534.7	1.57	
	1716.4	1.4	
	2002.6	1.2	
	568.08	2.96	300-180
	669.75	2.51	
	715.31	2.35	
	823.68	2.04	
	899.36	1.87	
	1030.9	1.63	
	1186.9	1.42	
	1324.3	1.27	
	1483.9	1.13	
	1605.7	1.05	
	1816.7	0.93	

电动机功率 P_1/kW	实际传动比 i	选用系数 K	组合机座号
0.55	308.61	3.37	265-140
	352.92	2.95	
	402.19	2.59	
	455.49	2.28	
	520.88	2	
	553.44	1.88	
	636.12	1.63	
	693.17	1.5	
	835.78	1.24	
	915.58	1.14	
	1052.7	0.99	
	1157.9	0.9	
	226.87	3.52	250-140
	252.31	3.17	
	281.83	2.83	
	317.03	2.52	
	359.05	2.23	
	410.60	1.95	
	436.26	1.83	
	493.03	1.62	
	557.08	1.43	
	643.23	1.24	
	689.78	1.16	
	751.63	1.06	
	906.27	0.88	

续表

电动机功率 P_1/kW	实际传动比 i	选用系数 K	组合机座号
0.55	211.27	2.49	225-112
	233.94	2.25	
	260.26	2.02	
	290.93	1.81	
	327.10	1.61	
	370.59	1.42	
	423.69	1.24	
	458.47	1.15	
	510.06	1.03	
	570.17	0.92	
	179.67	1.52	180-112
	199.88	1.37	
	223.44	1.23	
	251.22	1.09	
	284.62	0.96	
0.75	637.25	3.78	375S-250
	689.56	3.5	
	816.77	2.95	
	922.59	2.61	
	1003.0	2.4	
	1095.8	2.2	
	1238.0	1.95	
	1400.9	1.72	
	1591.1	1.51	
	1741.3	1.38	
	2017.6	1.19	
	2178.5	1.11	
	618.26	2.85	355-250
	722.72	2.44	
	777.18	2.27	
	906.19	1.95	
	983.42	1.79	
	1071.8	1.65	
	1288.8	1.37	
	1399.0	1.26	
	1534.7	1.15	
	1716.4	1.03	
	2002.6	0.88	
	452.51	2.72	300-180
	507.59	2.43	
	568.08	2.17	
	669.75	1.84	
	715.31	1.72	
	823.68	1.5	
	899.36	1.37	
	1030.9	1.2	
	1186.9	1.04	
	1324.3	0.93	
0.75	272.5	2.8	265-140
	308.61	2.47	
	352.92	2.16	
	402.19	1.9	
	455.49	1.67	
	520.88	1.46	
	553.44	1.38	
	636.12	1.2	
	693.17	1.1	
	835.78	0.91	
	226.87	2.58	250-140
	252.31	2.32	
	281.83	2.08	
	359.05	1.63	
	410.60	1.43	
	436.26	1.34	
	493.03	1.19	
	557.08	1.05	
	643.23	0.91	
	182.20	2.12	225-112
	211.27	1.83	
	233.94	1.65	
	260.26	1.48	
	290.93	1.33	
	327.10	1.18	
	370.59	1.04	
	423.69	0.91	
	179.67	1.12	190-112
	199.88	1.0	
	223.44	0.9	
1.1	521.14	3.15	375S-250
	548.88	2.99	
	637.25	2.58	
	689.56	2.38	
	816.77	2.01	
	922.59	1.78	
	1003.4	1.64	
	1095.8	1.5	
	1238.0	1.33	
	1400.9	1.17	
	1591.1	1.03	
	1741.3	0.94	
	308.02	3.9	355L-250
	361.84	3.32	
	406.77	2.96	
	459.26	2.62	
	509.07	2.36	

第17篇

续表

电动机功率 P_1/kW	实际传动比 i	选用系数 K	组合机座号
1.1	559.34	2.15	355S-250
	618.26	1.95	
	722.72	1.66	
	777.18	1.55	
	906.19	1.33	
	983.42	1.22	
	1071.8	1.12	
	1288.8	0.93	
	251.60	3.34	300L-180
	276.15	3.04	
	320.38	2.62	
	356.70	2.36	
	400.12	2.1	
	452.51	1.86	300S-180
	507.59	1.66	
	568.08	1.48	
	669.75	1.25	
	715.31	1.17	
	823.68	1.02	
	899.36	0.93	
	1030.9	0.82	
	195.0	2.67	265-140
	216.87	2.40	
	242.24	2.15	
	272.50	1.91	
	308.61	1.68	
	352.92	1.47	
	402.19	1.29	
	455.49	1.14	
	520.88	1.0	
	553.44	0.94	
	226.87	1.76	250-140
	252.31	1.58	
	281.83	1.42	
	359.05	1.11	
	410.60	0.97	
	436.26	0.92	
	182.20	1.45	255-112
	211.27	1.25	
	233.94	1.13	
	260.26	1.01	
	290.93	0.91	
1.5	315.71	3.82	375L-250
	364.09	3.31	
	406.43	2.97	
	457.83	2.63	
	521.14	2.31	
1.5	548.88	2.2	375S-250
	637.25	1.89	
	689.56	1.75	
	816.77	1.48	
	922.59	1.31	
	1003.0	1.2	
	1095.8	1.1	
	1238.0	0.97	
	250.42	3.52	355L-250
	278.67	3.16	
	361.84	2.44	
	406.77	2.17	
	459.26	1.92	
	509.07	1.73	
	559.34	1.58	355S-250
	618.26	1.43	
	722.72	1.22	
	777.18	1.13	
	906.19	0.97	
	983.42	0.9	
	194.99	3.16	300L-180
	220.76	2.79	
	251.60	2.45	
	276.15	2.23	
	320.38	1.92	
	356.70	1.73	
	400.12	1.54	
	452.51	1.36	300S-180
	507.59	1.21	
	568.08	1.08	
	669.75	0.92	
	195.00	1.96	265-140
	216.87	1.76	
	242.24	1.57	
	272.50	1.40	
	308.61	1.24	
	352.92	1.08	
	402.19	0.95	
	226.87	1.29	250-140
	252.31	1.16	
	281.83	1.04	
	317.03	0.92	
	182.2	1.06	225-112
	211.27	0.91	
2.2	203.01	4.11	375L-250
	228.82	3.64	
	259.86	3.21	
	284.46	2.93	
	315.71	2.64	

续表

电动机功率 P_1/kW	实际传动比 i	选用系数 K	组合机座号
2.2	364.09	2.29	375L-250
	406.43	2.05	
	457.83	1.82	
	521.14	1.60	
	548.88	1.52	375S-250
	637.25	1.31	
	689.56	1.21	
	816.77	1.02	
	922.59	0.9	
	200.60	3.04	355L-250
	228.63	2.67	
	250.42	2.44	
	278.67	2.19	
	361.84	1.69	
	406.77	1.50	355S-250
	459.26	1.33	
	509.07	1.20	
	559.34	1.09	
	618.26	0.99	
	194.99	2.19	300L-180
	220.76	1.93	
	251.60	1.69	
	276.15	1.54	
	320.38	1.33	
	356.70	1.20	
	400.12	1.07	
	452.51	0.94	300S-180
	195.0	1.35	265-140
	216.87	1.22	
	242.24	1.09	
	272.50	0.97	
	182.2	1.11	250-140
	211.27	0.96	
3	209.14	3.39	425L-250
	225.97	3.14	
	254.69	2.78	
	289.25	2.45	
	316.63	2.24	
	315.41	2.02	
	405.27	1.75	
	452.39	1.57	
	509.61	1.39	
	580.07	1.22	
	636.61	1.11	425S-250
	688.87	1.03	
	815.95	0.87	
3	203.01	3.01	375L-250
	228.82	2.67	
	259.86	2.35	
	284.46	2.15	
	315.71	1.94	
	364.09	1.63	
	406.43	1.50	
	457.83	1.34	
	521.14	1.17	
	548.88	1.11	375S-250
	637.25	0.96	
	687.56	0.89	
	200.60	2.23	355L-250
	228.63	1.96	
	250.42	1.79	
	278.67	1.61	
	361.84	1.24	
	406.77	1.10	
	459.26	0.97	
	509.07	0.88	
	194.99	1.60	300L-180
	220.76	1.42	
	251.60	1.24	
	276.15	1.13	
	320.38	0.98	
4	209.14	2.60	425L-250
	225.97	2.40	
	254.69	2.13	
	289.25	1.88	
	316.63	1.72	
	351.41	1.55	
	405.27	1.34	
	452.39	1.20	
	509.61	1.07	
	580.07	0.94	
	203.01	2.31	375L-250
	228.82	2.01	
	259.86	1.80	
	284.46	1.65	
	315.71	1.48	
	364.09	1.28	
	406.43	1.15	
	457.83	1.02	
	521.14	0.90	
	200.60	1.71	355L-250
	228.63	1.50	
	250.42	1.37	
	278.67	1.23	
	361.84	0.95	

续表

电动机功率 P_1/kW	实际传动比 i	选用系数 K	组合机座号
4	194.99 220.76 251.60	1.23 1.08 0.95	300L-180
5.5	209.14 225.97 254.69 289.25 316.63 351.41 405.27	1.89 1.75 1.55 1.37 1.25 1.12 0.97	425L-250
	203.01 228.82 259.86 284.46	1.68 1.49 1.31 1.20	375L-250
5.5	315.71 364.09	1.08 0.94	375L-250
	200.60 228.63 250.42 278.67	1.39 1.28 1.14 1.0	355L-250
7.5	209.14 225.97 254.69 289.25 316.63	1.39 1.28 1.14 1.0 0.92	425L-250
	203.01 228.82 259.86	1.23 1.09 0.96	375L-250

表 17-2-207　　减速器的公称热功率 P_{h1} 和 P_{h2}

机座号		112	140	180	225	250	265	300	355	375	425
环境条件	环境气流速度 v/m·s^{-1}	TZL、TZLD									
		P_{h1}/kW									
空间小，厂房小	≥0.5~1.4	7	10	15	23	27	33	42	55	64	71
较大的空间、厂房	1.4~3.7	10	14	21	32	38	46	59	77	90	99
在户外露天	≥3.7	13	19	29	44	51	63	80	105	122	135
机座号		112	140	180	225	250	265	300	355	375	425
环境条件	环境气流速度 v/m·s^{-1}	TZS、TZSD									
		P_{h1}/kW									
空间小，厂房小	≥0.5~1.4	5	7	10	15	18	22	28	37	43	48
较大的空间、厂房	1.4~3.7	7	10	14	21	25	31	39	52	60	67
在户外露天	≥3.7	9.5	13	19	29	34	42	53	70	82	91

注：1. P_{h1}——润滑油允许最高平衡温度计算的公称热功率；P_{h2}——采用循环油润滑冷却时的公称热功率。

2. 当采用循环油润滑冷却时，公称热功率 P_{h2} 为：

二级传动　$P_{h2}=P_{h1}+0.63\Delta t q_V$；

三级传动　$P_{h2}=P_{h1}+0.43\Delta t q_V$。

式中，Δt 为进出油温差，一般 $\Delta t\leqslant 10$℃，进油温度≤25℃；q_V 为油流量，L/min。

表 17-2-208　　减速器的工况系数 K_A

原动机	每日工作小时	轻微冲击（均匀载荷）U	中等冲击载荷 M	强冲击载荷 H
电动机 汽轮机 水轮机	≤3	0.8	1	1.5
	>3~10	1	1.25	1.75
	>10	1.25	1.5	2
4~6 缸的活塞发动机	≤3	1	1.25	1.75
	>3~10	1.25	1.5	2
	>10	1.5	1.75	2.25

续表

原动机	每日工作小时	轻微冲击(均匀载荷)U	中等冲击载荷 M	强冲击载荷 H
1~3 缸的活塞发动机	≤3	1.25	1.5	2
	>3~10	1.5	1.75	2.25
	>10	1.75	2	2.5

表 17-2-209　　减速器的安全系数 S_A

重要性与安全要求	一般设备,减速器失效仅引起单机停产且易更换备件	重要设备,减速器失效引起机组、生产线或全厂停产	高度安全设备,减速器失效引起设备、人身事故
S_A	1.1~1.3	1.3~1.5	1.5~1.7

表 17-2-210　　环境温度系数 f_1

环境温度 t/℃	10	20	30	40	50
冷却条件	f_1				
无冷却	0.88	1	1.15	1.35	1.65
循环油润滑冷却	0.9	1	1.1	1.2	1.3

表 17-2-211　　负荷率系数 f_2

小时负荷系数	100%	80%	60%	40%	20%
f_2	1	0.94	0.86	0.74	0.56

表 17-2-212　　减速器的公称功率利用系数 f_3

功率利用系数	0.4	0.5	0.6	0.7	0.8~1
f_3	1.25	1.15	1.1	1.05	1

注：1. 对 TZL、TZS 型及组合式减速器，功率利用率 $=P_2/P_1$；P_2 为负载功率；P_1 为表 17-2-202、表 17-2-203、表 17-2-204 中的输入功率。

2. 对 TZLD、TZSD 型及组合式减速器，功率利用率 $=P_2/(KP_1)$；P_2 为负载功率；P_1、K 为表 17-2-205、表 17-2-206 中的电动机功率和选用系数。

12.5　减速器的选用

（1）TZL、TZS 型及组合式减速器的选用

① 首先，按减速器机械强度许用公称输入功率 P_1 选用。

a. 确定减速器的负载功率 P_2。

b. 确定工况系数 K_A、安全系数 S_A。

c. 求得计算功率 P_{2c}：

$$P_{2c}=P_1K_AS_A$$

d. 查表 17-2-202 或表 17-2-203、表 17-2-204，使得 $P_{2c}\leqslant P_1$。若减速器的实际输入转速与表 17-2-202、表 17-2-203 或表 17-2-204 中的三挡（1500、1800、750）转速之某一转速相对误差不超过 4%，可按该挡转速下的公称功率选用合适的减速器；如果转速相对误差超过 4%，则应按实际转速折算减速器的公称功率选用。

② 其次，校核热功率能否通过。

a. 确定系数 f_1、f_2、f_3。

b. 求得计算热功率 $P_{2t}=P_2f_1f_2f_3$。

c. 查表 17-2-207，$P_{2t}\leqslant P_{h1}$，则热功率通过。若 $P_{2t}>P_{h1}$，则有两种选择：采用循环油润滑冷却，使 $P_{2t}\leqslant P_{h1}$，这时 f_1 应按表 12-2-210 重选；另选用较大规格减速器，重复以上程序，使 $P_{2t}\leqslant P_{h1}$。

第17篇

③ 如果轴伸承受径向负荷，径向负荷不允许超表 12-2-213 中的许用径向负荷。若轴伸承受有轴向负荷或径向负荷大于许用径向负荷，则应校核轴伸强度与轴承寿命。

④ 减速器许用的瞬时尖峰负荷 $P_{2max} \leqslant 1.8P_1$。

例 输送大块物料的带式输送机要选用 TZL 型减速器，驱动机为电动机，其转速 $n_1 = 1350 \mathrm{r/min}$，要求实际传动比 $i \approx 8$，负载功率 $P_2 = 52\mathrm{kW}$，轴伸受纯转矩，每日连续工作 24h，最高环境温度 38℃。厂房较大，自然通风冷却，油池润滑。

① 首先，按减速器机械强度许用公称输入功率 P_1 选用。

负载功率 $P_2 = 52\mathrm{kW}$，按表 17-2-13，带式输送机输送大块物料时负荷为中等冲击，减速器失效会引起生产线停产，查表 12-2-208、表 12-2-209 得：$K_A = 1.5$，$S_A = 1.4$，计算功率 P_{2C} 为

$$P_{2C} = P_2 K_A S_A = 52\mathrm{kW} \times 1.5 \times 1.4 = 109.2\mathrm{kW}$$

查表 17-2-202：TZL355，$i = 8.15$，$n_1 = 1500 \mathrm{r/min}$ 时，$P_1 = 135.6\mathrm{kW}$。当 $n_1 = 1350 \mathrm{r/min}$ 时，折算公称功率：

$$P_1 = \frac{1350}{1500} \times 135.6\mathrm{kW} = 122\mathrm{kW}$$

$P_{2C} < P_1$，可以选用 TZL355 减速器。

② 其次校核热功率能否通过。

查表 17-2-210、表 17-2-211、表 17-2-212 得：$f_1 = 1.31$，$f_2 = 1$，$f_3 = 1.23$。

计算热功率 P_{2t} 为

$$P_{2t} = P_2 f_1 f_2 f_3 = 52\mathrm{kW} \times 1.31 \times 1 \times 1.23 = 83.8\mathrm{kW}$$

查表 17-2-207：TZL355，$P_{h1} = 77\mathrm{kW}$

$P_{2t} > P_{h1}$，热功率未通过。

不采用循环油润滑冷却，另选较大规格的减速器，按以上述程序重新计算，TZL375 满足要求，因此选定的减速器为 TZL375-8.04。

此例未给出运转中的瞬时尖峰负荷，故不校核 P_{2max}。

（2）TZLD、TZSD 型减速器的选用

首先，按减速器的电动机功率 P_1 选用。

a. 确定减速器的负载功率 P_2。

b. 按负载功率 P_2 大约为电动机全容量的 0.7~0.9，确定电动机的功率 P_1。

c. 确定工况系数 K_A、安全系数 S_A，并求得计算选用系数 K_C：

$$K_C = K_A S_A P_2 / P_1$$

d. 查表 17-2-205，按所要求的 P_1、传动比，查找选用系数 K，使 $K \geqslant K_C$，则 K 所对应的机座号，即为所选的减速器。

其次，校核热功率能否通过，方法同（1）中②。

轴伸的校核同（1）中④。

减速器许用的瞬时尖峰负荷 $P_{2max} \leqslant 1.8KP_1$。

例 生产线上使用的螺旋输送机要选用 TZSD 型减速器，要求实际传动比 $i \approx 25$，实际负载 $P_1 = 6.3\mathrm{kW}$。轴伸受纯转矩，每日连续工作 8h，最高环境温度 $t = 35$℃，户外露天工作，自然通风冷却，油池润滑。

首先，按减速器的电动机功率 P_1 选用。

负载功率 $P_2 = 6.3\mathrm{kW}$，按 $P_2 \approx (0.7 \sim 0.9) P_1$，则 $P_1 = 7.5\mathrm{kW}$ 查表 17-2-3，螺旋输送机负荷为中等冲击，减速器失效会引起生产线停产，查 17-2-208、表 17-2-209 得：$K_A = 1.25$，$S_A = 1.4$，计算选用系数 K_C 为

$$K_C = K_A S_A P_2 / P_1 = 1.25 \times 1.4 \times 6.3 / 7.5 = 1.47$$

查表 17-2-205：TZSD225，实际传动比 $i = 24.01$，符合传动比要求，选用系数 $K = 1.64$，$K > K_C$，可以选用 TZSD225 减速器。

其次，校核热功率能否通过。

查表 17-2-210、表 17-2-211、表 17-2-212 得 $f_1 = 1.25$，$f_2 = 1$，$f_3 = 1.15$。

计算热功率 P_{2t} 为

$$P_{2t} = P_2 f_1 f_2 f_3 = 6.3\mathrm{kW} \times 1.25 \times 1 \times 1.15 = 9.06\mathrm{kW}$$

查表 17-2-207：TZL225，$P_{h1} = 29\mathrm{kW}$。$P_{h1} > P_{2t}$，热功率通过。

所选定的减速器为 TZSD225-24.01-7.5。

此例未给出运转中的瞬时尖峰负荷，故不校核 P_{2max}。

表 17-2-213　　减速器轴伸许用径向负荷

输出转速 n_2/r·min^{-1}	机座号									
	112	140	180	225	250	265	300	355	375	425
	输出轴轴伸的许用径向负荷 Q/kN									
>160	0	0	0	0	4	10	15	19	24	29
>100~160	1.2	2.0	2.8	6.0	11	16	22	26	31	36
>40~100	2.6	4.8	5.9	7.6	13	20	27	31	35	40
>16~40	3.0	5.3	7.5	11	15	25	30	34	39	44
≤16	3.4	5.5	8.1	12	17	27	33	37	42	47
TZL 型减速器										
实际传动比 i	机座号									
	112	140	180	225	250	265	300	355	375	425
	TZL 型减速器输入轴轴伸的许用径向负荷 Q/kN									
≤13	1.0	1.6	2.0	3.1	3.8	4.6	5.4	6.5	7.6	8.1
>13	0.4	0.7	1.1	1.4	1.3	2.0	2.9	3.5	4.1	4.4

TZS 型减速器

机座号									
112	140	180	225	250	265	300	355	375	425
TZS 型减速器输入轴轴伸的许用径向负荷 Q/kN									
0.4	0.7	1.1	1.4	1.3	2.0	2.9	3.5	4.1	4.4

注：1. 表中数值是 Q 的作用点在轴伸中点时的许用值

2. 当轴为双向旋转时，各表中值除以 1.5。

3. 当外部载荷有较大冲击时，各表中值除以 1.4。

4. 当 Q 的作用点在轴伸处端部或轴肩处时，Q 值分别为表中值的 0.5 倍和 1.6 倍。当 Q 作用在其他部位时，许用的 Q 值按插入法计算。

表 17-2-214　　TZLD、TZSD 型减速器电动机功率与直联电动机座号及转速对照表

电动机功率 P_1/kW	电动机机座号	电动机转速 n_1/r·min^{-1}	电动机功率 P_1/kW	电动机机座号	电动机转速 n_1/r·min^{-1}
0.55	Y80$_1$-4	1390	15	Y160L-4	1460
0.75	Y80$_2$-4	1390	18.5	Y180M-4	1470
1.1	Y90S-4	1400	22	Y180L-4	1470
1.5	Y90L-4	1400	30	Y200L-4	1470
2.2	Y100L1-4	1420	37	Y225S-4	1480
3	Y100L2-4	1420	45	Y225M-4	1480
4	Y112M-4	1440	55	Y250M-4	1480
5.5	Y132S-4	1440	75	Y280S-4	1480
7.5	Y132M-4	1440	90	Y280M-4	1480
11	Y160M-4	1460			

13 TH、TB 型硬齿面齿轮减速器

TH、TB 型减速器系采用模块式组合设计而成的平行轴和直交轴两种不同型式的硬齿面齿轮减速器，具有使零部件种类减少、规格品种增加，功率、传动比、转矩范围宽等特点；可卧、立式安装，有空心轴、实心轴及胀紧盘空心轴等多种输出方式，选用方便。

生产厂家：浙江通力减速机有限公司（TH、TB 系列）；类似产品的其他厂家还有：德国弗兰德机电传动（天津）有限公司（H、B 系列）、石家庄减速机厂（PC 系列）。

13.1 适用范围及代号示例

（1）适用范围

输入转速一般不大于 1500r/min；工作环境温度为-40～50℃，当环境温度低于 0℃时，使用前应预加热，使油温升至 40℃以上。

TH、TB 型减速器可广泛配套用于建工、矿山、冶金、水泥、石油、化工、轻工等的机械设备上。

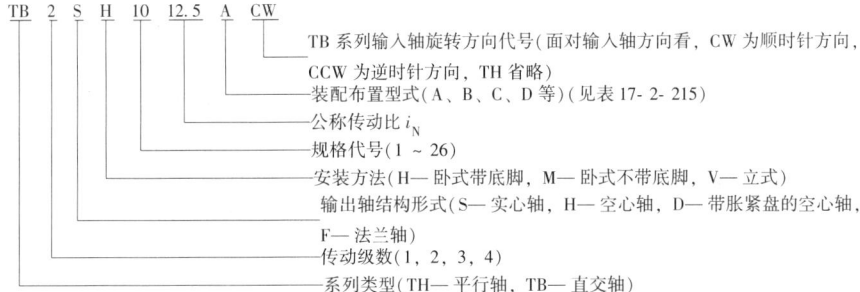

（2）标记示例

TB 2 S H 10 12.5 A CW

- CW — TB 系列输入轴旋转方向代号(面对输入轴方向看，CW 为顺时针方向，CCW 为逆时针方向，TH 省略)
- A — 装配布置型式(A、B、C、D 等)(见表 17-2-215)
- 12.5 — 公称传动比 i_N
- 10 — 规格代号(1～26)
- H — 安装方法(H— 卧式带底脚，M— 卧式不带底脚，V— 立式)
- S — 输出轴结构形式(S— 实心轴，H— 空心轴，D— 带胀紧盘的空心轴，F— 法兰轴)
- 2 — 传动级数(1，2，3，4)
- TB — 系列类型(TH— 平行轴，TB— 直交轴)

13.2 装配布置型式

表 17-2-215 装配布置型式

平行轴减速器	直交轴减速器
TH. SH TH. SV 实心轴	TB. SH TB. SV 实心轴
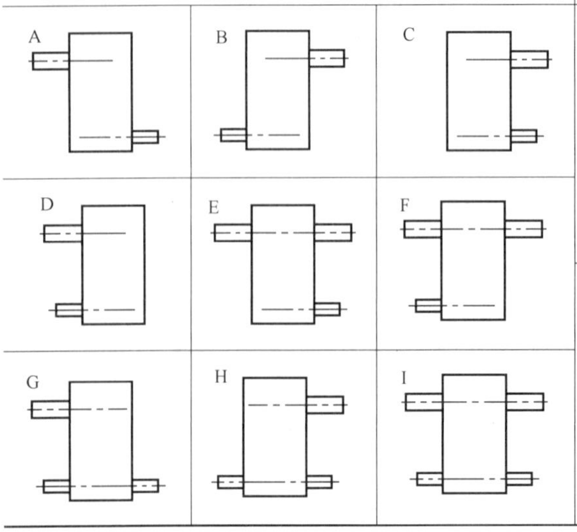	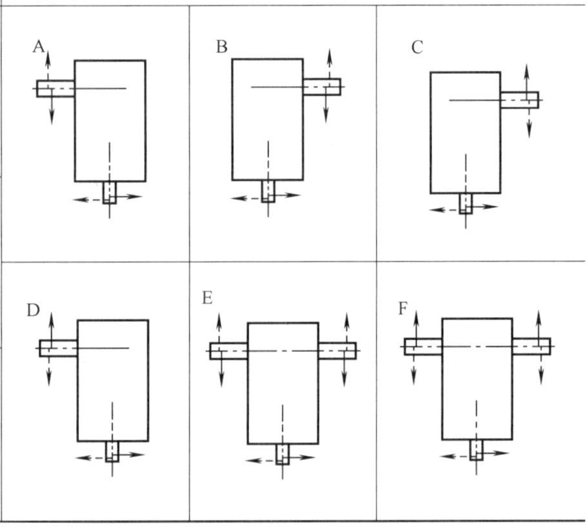

续表

TH. DH TH. DM 带胀紧盘空心轴 TH. DV	TB. DH TB. DM 带胀紧盘空心轴 TB. DV
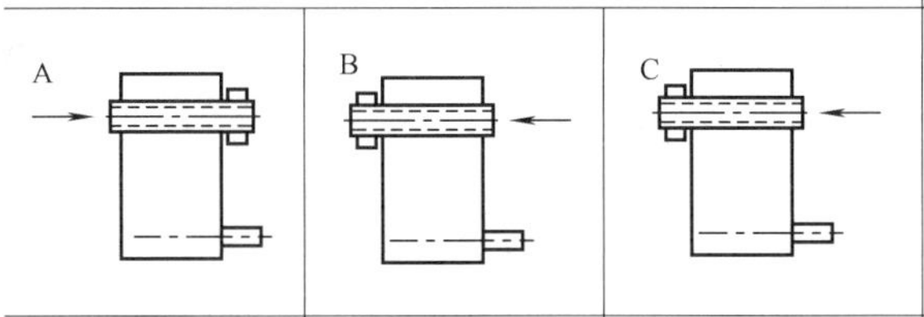	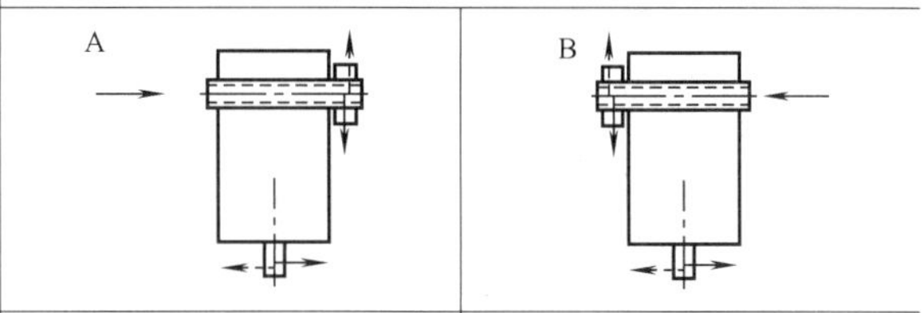
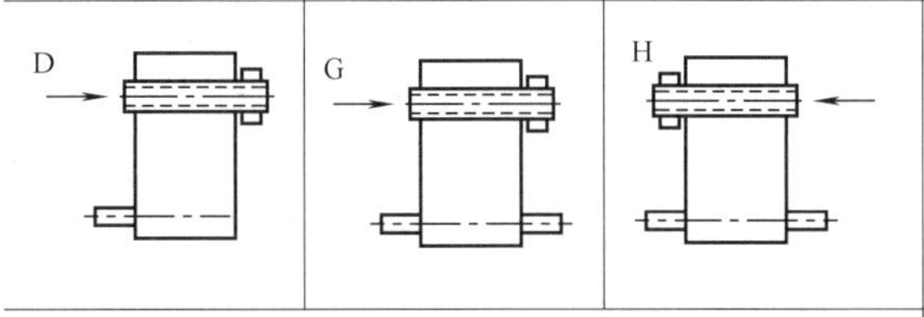	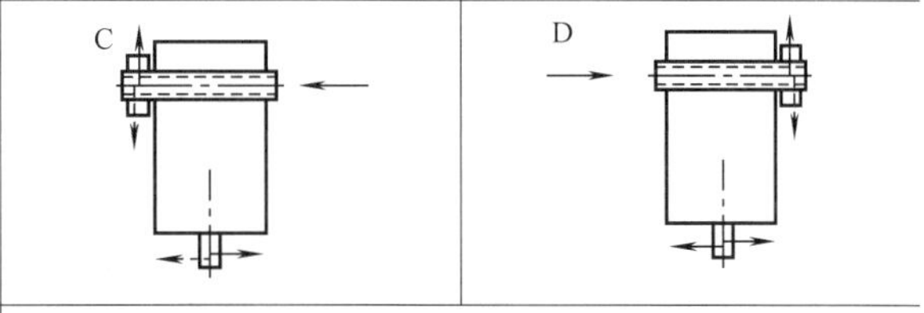
TH. HH TH. HM 空心轴 TH. HV	TB. HH TB. HM 空心轴 TB. HV
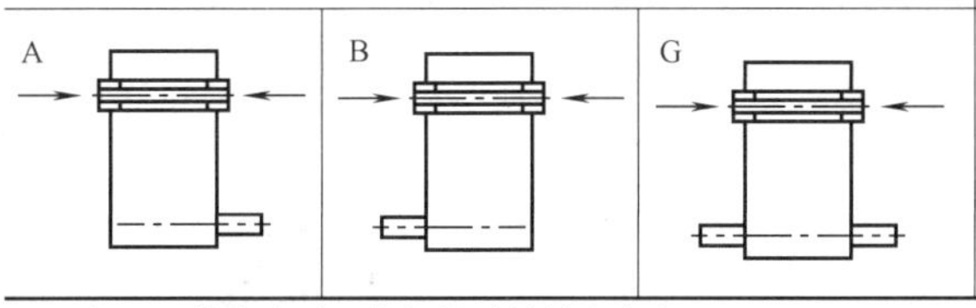	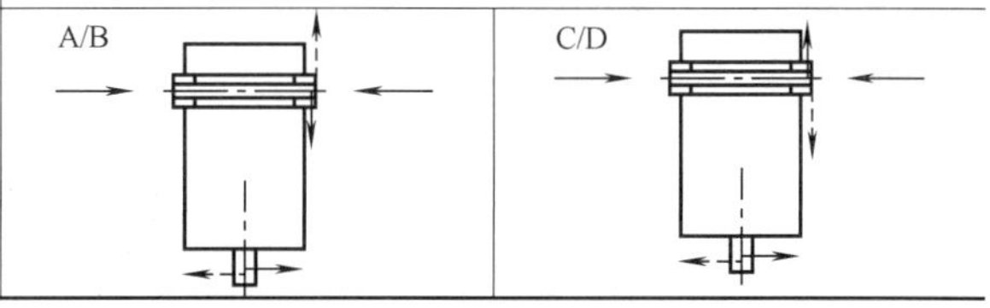

注：1. 箭头表示工作机驱动轴插入方向。
2. 篇幅限制，略去输出轴的法兰轴结构形式。

13.3 外形、安装尺寸

TH、TB 系列减速器均有卧式和立式两种安装方式；由于篇幅限制，本手册仅列入卧式安装方式。略去 23~26 的规格。用户选用立式安装方式时，可选强制润滑或油浸润滑（带补偿油箱），相关安装尺寸详见生产厂家样本。

TH1SH 型减速器的安装尺寸（规格 1~19）

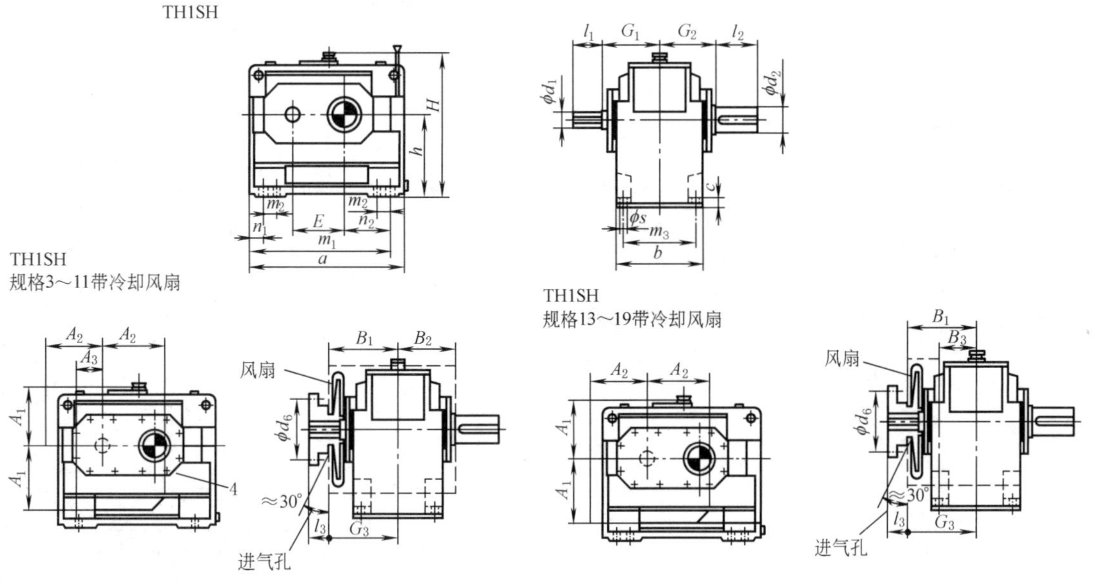

表 17-2-216

mm

规格	输入轴																
	$i_N=1.25\sim2.8$			$i_N=1.6\sim2.8$			$i_N=2\sim2.8$			$i_N=3.15\sim4$			$i_N=4.5\sim5.6$			G_1	G_3
	$d_1$①	l_1	l_3	$d_1$①	l_1	l_3	$d_1$①	l_1	l_3	$d_1$①	l_1	l_3	$d_1$①	l_1	l_3		
1	40	70								30	50	—	24	40	—	110	—
3	60	125	105							45	100	80	32	80	60	170	190
5	85	160	130							60	135	105	50	110	80	210	240
7	100	200	165							75	140	105	60	140	105	250	285
9	110	200	165							90	165	130	75	140	105	280	315
11				130	240	205				110	205	170	90	170	135	325	360
13				150	245	200				130	245	200	100	210	165	365	410
15							180	290	240	150	250	200	125	250	200	360	410
17							200	330	280	170	290	240	140	250	200	400	450
19							220	340	290	190	340	290	160	300	250	440	490

规格	减速器																
	a	A_1	A_2	A_3	b	B_1	B_2	B_3	c	d_6	E	h	H	m_1	m_2	m_3	n_1	n_2	s
1	295	—	—	—	150	—	—	—	18	—	90	140	305	220	—	120	37.5	80	12
3	420	150	145	80	200	205	130	—	28	130	130	200	405	310	—	160	55	110	19
5	580	225	215	115	285	255	185	—	35	190	185	290	555	440	—	240	70	160	24
7	690	255	250	120	375	300	230	—	45	245	225	350	655	540	—	315	75	195	28
9	805	300	265	140	425	330	265	—	50	280	265	420	770	625	—	350	90	225	35
11	960	360	330	190	515	375	320	—	60	350	320	500	875	770	—	440	95	280	35
13	1100	415	350	—	580	430	—	150	70	350	370	580	1055	870	—	490	115	315	42
15	1295	500	430	—	545	430	—	120	80	450	442	600	1150	1025	—	450	135	370	48
17	1410	550	430	—	615	470	—	150	80	445	490	670	1270	1170	130	530	120	425	42
19	1590	630	475	—	690	510	—	190	90	445	555	760	1430	1290	150	590	150	465	48

规格	输出轴			润滑油/L	质量/kg
	$d_2$①	G_2	l_2		
1	45	110	80	2.5	55
3	60	170	125	7	128
5	85	210	160	22	302
7	105	250	200	42	547
9	125	270	210	68	862
11	150	320	240	120	1515
13	180	360	310	175	2395
15	220	360	350	190	3200
17	240	400	400	270	4250
19	270	440	450	390	5800

① d_1 和 d_2 的公差：d_1（和 d_2）≤ϕ24mm 为 k6，ϕ28mm≤d_1（和 d_2）≤ϕ100mm 为 m6，d_1（和 d_2）>ϕ100mm 为 n6。

TH2. H 的安装尺寸（规格 3～12）

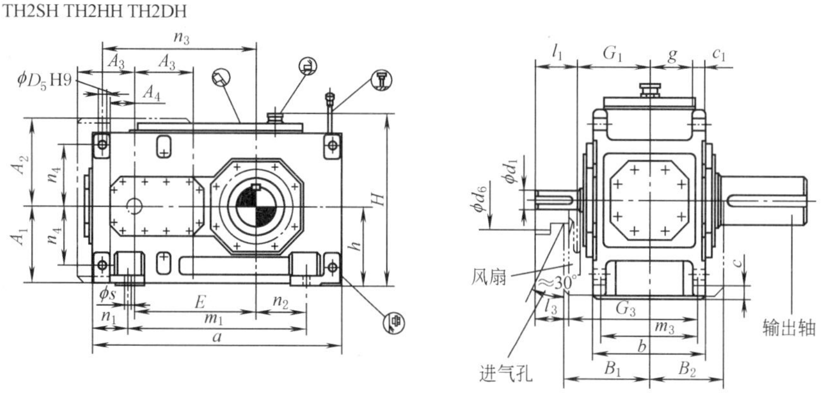

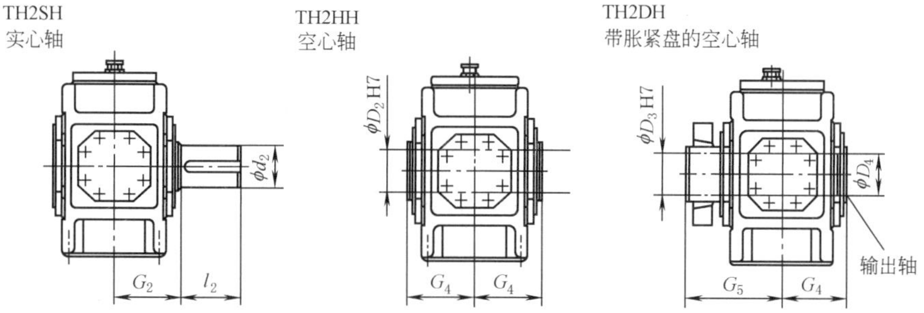

表 17-2-217

mm

规格	输入轴												G1	G3
	i_N=6.3～11.2			i_N=8～14			i_N=12.5～22.4			i_N=16～28				
	$d_1$①	l_1	l_3	$d_1$①	l_1	l_3	$d_1$①	l_1	l_3	$d_1$①	l_1	l_3	G_1	G_3
3	35	60	—				28	50	—				135	—
4	45	100	80				32	80	60				170	190
5	50	100	80				38	80	60				195	215
6				50	100	80				38	80	60	195	215
7	60	135	105				50	110	80				210	240
8				60	135	105				50	110	80	210	240
9	75	140	110				60	140	110				240	270
10				75	140	110				60	140	110	240	270
11	90	165	130				70	140	105				275	310
12				90	165	130				70	140	105	275	310

续表

规格	减速器											
	a	A_1	A_2	A_3	A_4	b	B_1	B_2	c	c_1	D_5	d_6
3	450	—	—	—	—	190	—	—	22	24	18	—
4	565	195	225	150	30	215	205	158	28	30	24	136
5	640	225	260	175	55	255	230	177.5	28	30	24	150
6	720	225	260	175	55	255	230	177.5	28	30	24	150
7	785	272	305	210	70	300	255	210	35	36	28	200
8	890	272	305	210	70	300	255	210	35	36	28	200
9	925	312	355	240	100	370	285	245	40	45	36	200
10	1025	312	355	240	100	380	285	245	40	45	36	200
11	1105	372	420	285	135	430	325	285	50	54	40	210
12	1260	372	420	285	135	430	325	285	50	54	40	210

规格	减速器										
	E	g	h	H	m_1	m_3	n_1	n_2	n_3	n_4	s
3	220	71	175	390	290	160	80	65	285	132.5	15
4	270	77.5	200	445	355	180	105	85	345	150	19
5	315	97.5	230	512	430	220	105	100	405	180	19
6	350	97.5	230	512	510	220	105	145	440	180	19
7	385	114	280	602	545	260	120	130	500	215	24
8	430	114	280	617	650	260	120	190	545	215	24
9	450	140	320	697	635	320	145	155	585	245	28
10	500	140	320	697	735	320	145	205	635	245	28
11	545	161	380	817	775	370	165	180	710	300	35
12	615	161	380	825	930	370	165	265	780	300	35

规格	输出轴									润滑油/L	质量/kg
	TH2SH			TH2HH		TH2DH					
	$d_2$①	G_2	l_2	$D_2$②	G_4	D_3	D_4	G_4	G_5		
3	65	125	140	65	125	70	70	125	180	6	115
4	80	140	170	80	140	85	85	140	205	10	190
5	100	165	210	95	165	100	100	165	240	15	300
6	110	165	210	105	165	110	110	165	240	16	355
7	120	195	210	115	195	120	120	195	280	27	505
8	130	195	250	125	195	130	130	195	285	30	590
9	140	235	250	135	235	140	145	235	330	42	830
10	160	235	300	150	235	150	155	235	350	45	960
11	170	270	300	165	270	165	170	270	400	71	1335
12	180	270	300	180	270	180	185	270	405	76	1615

① 同表 17-2-216。

② 输出轴 D_2 键槽按 GB/T 1095—2003。

TH2. H，TH2. M 的安装尺寸（规格 13~22）

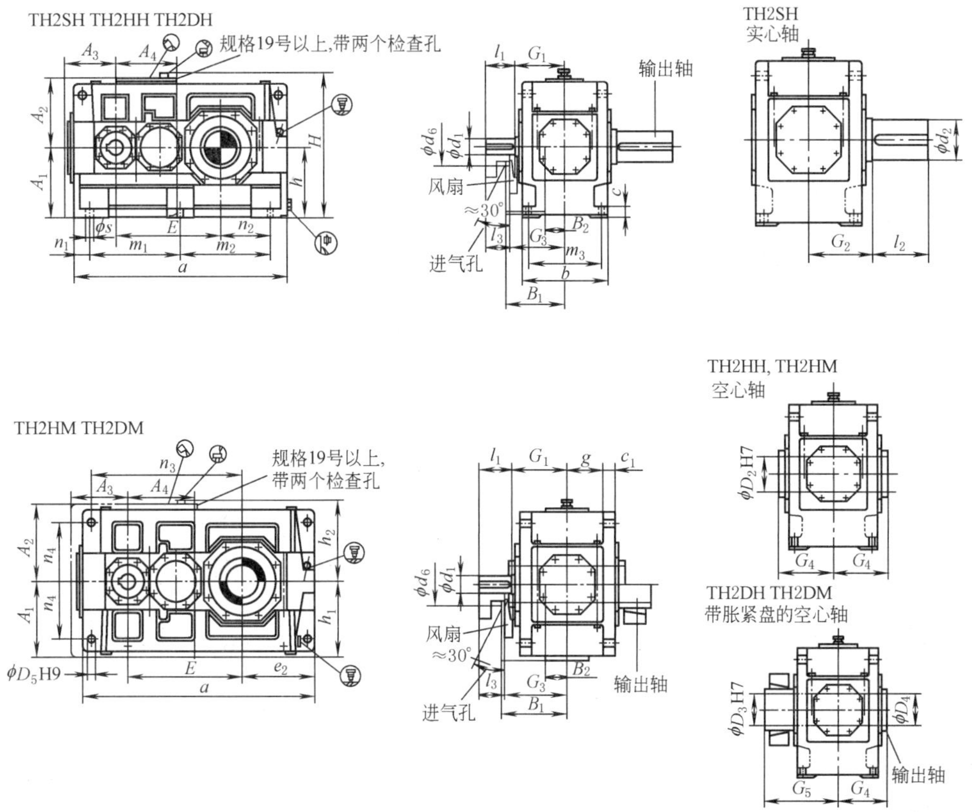

表 17-2-218 mm

规格	输入轴																		G₁	G₃
	$i_N=6.3\sim11.2$			$i_N=7.1\sim12.5$			$i_N=8\sim14$			$i_N=12.5\sim20$			$i_N=14\sim22.4$			$i_N=16\sim25$				
	$d_1$①	l_1	l_3	$d_1$①	l_1	l_3	$d_1$①	l_1	l_3	$d_1$①	l_1	l_3	$d_1$①	l_1	l_3	$d_1$①	l_1	l_3	G_1	G_3
13	100	205	170							85	170	135							330	365
14							100	205	170							85	170	135	330	365
15	120	210	165							100	210	165							365	410
16				120	210	165							100	210	165				365	410
17	125	245	200							110	210	165							420	465
18				125	245	200							110	210	165				420	465
19	150	245	200							120	210	165							475	520
20				150	245	200							120	210	165				475	520
21	170	290	240							140	250	200							495	545
22				170	290	240							140	250	200				495	545

续表

规格	减速器													
	a	A_1	A_2	A_3	A_4	b	B_1	B_2	c	c_1	d_6	D_5	e_2	E
13	1290	430	460	330	365	550	385	135	60	61	250	48	405	635
14	1430	430	460	330	365	550	385	135	60	61	250	48	475	705
15	1550	490	500	370	440	625	430	155	70	72	280	55	485	762
16	1640	490	500	370	440	625	430	155	70	72	280	55	530	808
17	1740	540	565	435	505	690	485	140	80	81	280	55	525	860
18	1860	540	565	435	505	690	485	140	80	81	280	55	585	920
19	2010	600	600	500	450	790	540	190	80	91	310	65	590	997
20	2130	600	600	500	450	790	540	190	90	91	310	65	650	1057
21	2140	680	680	500	610	830	565	200	100	100	450	75	655	1067
22	2250	680	680	500	610	830	565	200	100	100	450	75	710	1122

规格	减速器												
	g	h	h_1	h_2	H	m_1	m_2	m_3	n_1	n_2	n_3	n_4	s
13	211.5	440	450	495	935	545	545	475	100	305	835	340	35
14	211.5	440	450	495	935	545	685	475	100	375	905	340	35
15	238	500	490	535	1035	655	655	535	120	365	1005	375	42
16	238	500	490	535	1035	655	745	535	120	410	1050	375	42
17	259	550	555	595	1145	735	735	600	135	390	1145	425	42
18	259	550	555	595	1145	735	855	600	135	450	1205	425	42
19	299	620	615	655	1275	850	850	690	155	435	1345	475	48
20	299	620	615	655	1275	850	970	690	155	495	1405	475	48
21	310	700	685	725	1425	900	900	720	170	485	1400	520	56
22	310	700	685	725	1425	900	1010	720	170	540	1455	520	56

规格	输出轴									润滑油/L		质量/kg	
	TH2SH			TH2HH TH2HM		TH2DH TH2DM				TH2. H	TH2. M	TH2. H	TH2. M
	$d_2$①	G_2	l_2	$D_2$②	G_4	D_3	D_4	G_4	G_5				
13	200	335	350	190	335	190	195	335	480	135	110	2000	1880
14	210	335	350	210	335	210	215	335	480	140	115	2570	2430
15	230	380	410	230	380	230	235	380	550	210	160	3430	3240
16	240	380	410	240	380	240	245	380	550	215	165	3655	3465
17	250	415	410	250	415	250	260	415	600	290	230	4650	4420
18	270	415	470	275	415	280	285	415	600	300	240	5125	4870
19	290	465	470	—	—	285	295	465	670	320	300	5250	5000
20	300	465	500	—	—	310	315	465	670	340	320	6550	6150
21	320	490	500	—	—	330	335	490	715	320	350	7200	6950
22	340	490	550	—	—	340	345	490	725	340	370	7800	7550

① 同表 17-2-216。

② 键槽 GB/T 1095—2003。

注：规格 13 和 15 号，速比只有 $i_N=6.3\sim18$；规格 17 和 19 号，速比只有 $i_N=6.3\sim14$。

TH3. H 的安装尺寸（规格 5~12）

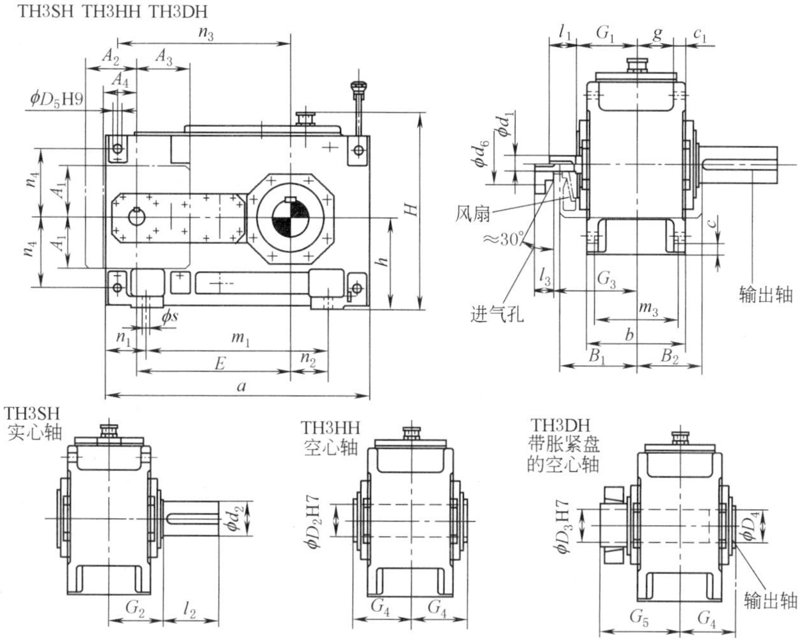

表 17-2-219

mm

规格	输入轴																			
	$i_N=25\sim45$			$i_N=31.5\sim56$			$i_N=50\sim63$			$i_N=63\sim80$			$i_N=71\sim90$			$i_N=90\sim112$			G_1	G_3
	$d_1$①	l_1	l_3	$d_1$①	l_1	l_3	$d_1$①	l_1	l_3	$d_1$①	l_1	l_3	$d_1$①	l_1	l_3	$d_1$①	l_1	l_3		
5	40	70	70				30	50	50				24	40	40				160	220
6				40	70	70				30	50	50				24	40	40	160	220
7	45	80	80				35	60	60				28	50	50				185	250
8				45	80	80				35	60	60				28	50	50	185	250
9	60	125	105				45	100	80				32	80	60				230	300
10				60	125	105				45	100	80				32	80	60	230	300
11	70	120	120				50	80	80				42	70	70				255	330
12				70	120	120				50	80	80				42	70	70	255	330

规格	减速器											
	a	A_1	A_2	A_3	A_4	b	B_1	B_2	c	c_1	d_6	D_5
5	690	137	135	140	80	255	215	175	28	30	60	24
6	770	137	135	140	80	255	215	175	28	30	60	24

续表

规格	减速器										
	a	A_1	A_2	A_3	A_4	b	B_1	B_2	c	c_1	d_6	D_5
7	845	157	160	180	100	300	245	205	35	36	75	28
8	950	157	160	180	100	300	245	205	35	36	75	28
9	1000	182	190	205	120	370	295	240	40	45	90	36
10	1100	182	190	205	120	380	295	240	40	45	90	36
11	1200	218	220	255	150	430	325	280	50	54	100	40
12	1355	218	220	255	150	430	325	280	50	54	100	40

规格	减速器										
	E	g	h	H	m_1	m_3	n_1	n_2	n_3	n_4	s
5	405	97.5	230	512	480	220	105	100	455	180	19
6	440	97.5	230	512	560	220	105	145	490	180	19
7	495	114	280	602	605	260	120	130	560	215	24
8	540	114	280	617	710	260	120	190	605	215	24
9	580	140	320	697	710	320	145	155	660	245	28
10	630	140	320	697	810	320	145	205	710	245	28
11	705	161	380	817	870	370	165	180	805	300	35
12	775	161	380	825	1025	370	165	265	875	300	35

规格	输出轴									润滑油/L	质量/kg
	TH3SH			TH3HH		TH3DH					
	$d_2$①	G_2	l_2	$D_2$②	G_4	D_3	D_4	G_4	G_5		
5	100	165	210	95	165	100	100	165	240	15	320
6	110	165	210	105	165	110	110	165	240	17	365
7	120	195	210	115	195	120	120	195	280	28	540
8	130	195	250	125	195	130	130	195	285	30	625
9	140	235	250	135	235	140	145	235	330	45	875
10	160	235	300	150	235	150	155	235	350	46	1020
11	170	270	300	165	270	165	170	270	400	85	1400
12	180	270	300	180	270	180	185	270	405	90	1675

① 同表 17-2-216。

② 输出轴 D_2 键槽按 GB/T 1095—2003。

TH3. H，TH3. M 的安装尺寸（规格 13~22）

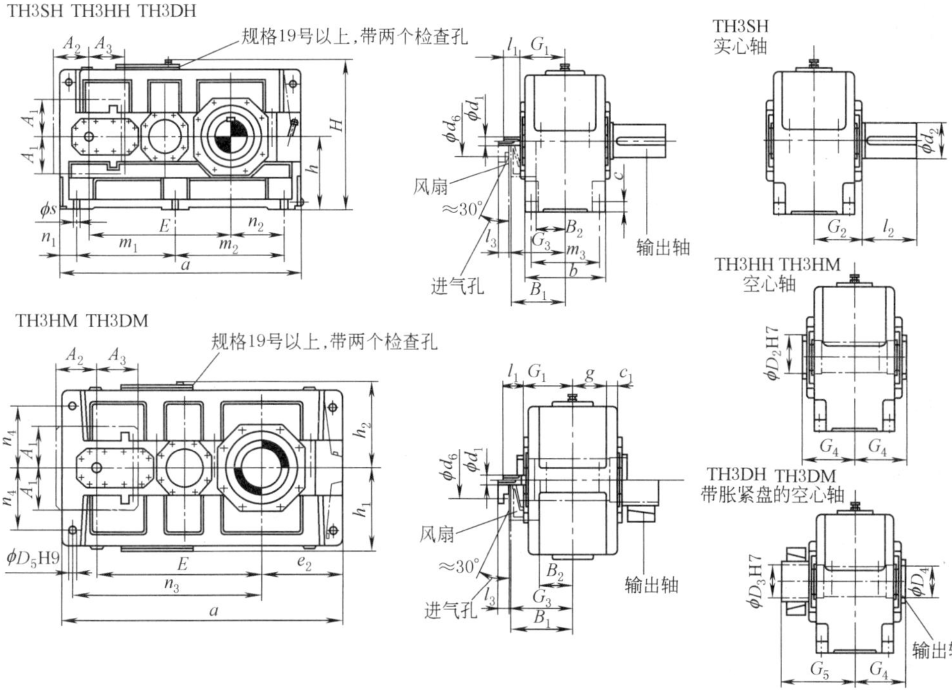

表 17-2-220

mm

规格	输入轴																			
	$i_N=22.4\sim45$			$i_N=25\sim50$ $i_N=28\sim56$③			$i_N=50\sim63$			$i_N=56\sim71$ $i_N=63\sim80$③			$i_N=71\sim90$			$i_N=80\sim100$ $i_N=90\sim112$③			G_1	G_3
	$d_1$①	l_1	l_3	$d_1$①	l_1	l_3	$d_1$①	l_1	l_3	$d_1$①	l_1	l_3	$d_1$①	l_1	l_3	$d_1$①	l_1	l_3		
13	85	160	130				60	135	105				50	110	80				310	385
14				85	160	130				60	135	105				50	110	80	310	385
15	100	200	165				75	140	105				60	140	105				350	420
16				100	200	165				75	140	105				60	140	105	350	420
17	100	200	165				75	140	105				60	140	105				380	450
18				100	200	165				75	140	105				60	140	105	380	450
19	110	200	△				90	165	△				75	140	△				430	△
20				110	200	△				90	165	△				75	140	△	430	△
21	130	240	△				110	205	△				90	170	△				470	△
22				130	240	△				110	205	△				90	170	△	470	△

续表

规格	减速器												
	a	A_1	A_2	A_3	b	B_1	B_2	c	c_1	d_6	D_5	e_2	E
13	1395	225	225	212	550	380	195	60	61	120	48	405	820
14	1535	225	225	212	550	380	195	60	61	120	48	475	890
15	1680	270	265	252	625	415	205	70	72	150	55	485	987
16	1770	270	265	252	625	415	205	70	72	150	55	530	1033
17	1770	270	265	252	690	445	235	80	81	150	55	525	1035
18	1890	270	265	252	690	445	235	80	81	150	55	585	1095
19	2030	△	△	△	790	△	△	90	91	△	65	590	1190
20	2150	△	△	△	790	△	△	90	91	△	65	650	1250
21	2340	△	△	△	830	△	△	100	100	△	75	655	1387
22	2450	△	△	△	830	△	△	100	100	△	75	710	1442

规格	减速器												
	g	h	h_1	h_2	H	m_1	m_2	m_3	n_1	n_2	n_3	n_4	s
13	211.5	440	450	495	935	597.5	597.5	475	100	305	940	340	35
14	211.5	440	450	495	935	597.5	737.5	475	100	375	1010	340	35
15	238	500	490	535	1035	720	720	535	120	365	1135	375	42
16	238	500	490	535	1035	720	810	535	120	410	1180	375	42
17	259	550	555	595	1145	750	750	600	135	390	1175	425	42
18	259	550	555	595	1145	750	870	600	135	450	1235	425	42
19	299	620	615	655	1275	860	860	690	155	435	1365	475	48
20	299	620	615	655	1275	860	980	690	155	495	1425	475	48
21	310	700	685	725	1425	1000	1000	720	170	485	1615	520	56
22	310	700	685	725	1425	1000	1110	720	170	540	1670	520	56

规格	输出轴									润滑油/L		质量/kg	
	TH3SH			TH3HH TH3HM		TH3DH TH3DM				TH3.H	TH3. M	TH3. H	TH3. M
	$d_2$①	G_2	l_2	$D_2$②	G_4	D_3	D_4	G_4	G_5				
13	200	335	350	190	335	190	195	335	480	160	125	2295	2155
14	210	335	350	210	335	210	215	335	480	165	130	2625	2490
15	230	380	410	230	380	230	235	380	550	235	190	3475	3260
16	240	380	410	240	380	240	245	380	550	245	195	3875	3625
17	250	415	410	250	415	250	260	415	600	305	240	4560	4250
18	270	415	470	275	415	280	285	415	600	315	250	5030	4740
19	290	465	470	—	—	285	295	465	670	420	390	5050	4750
20	300	465	500	—	—	310	315	465	670	450	415	6650	6250
21	320	490	500	—	—	330	335	490	715	470	515	6950	6550
22	340	490	550	—	—	340	345	490	725	490	540	7550	7050

①、② 同表 17-2-217。

③ 仅指规格 14 号减速器。

注：△表示根据客户要求供货。

TB2. H 的安装尺寸（规格 1～22）

TB2SH TB2HH TB2DH

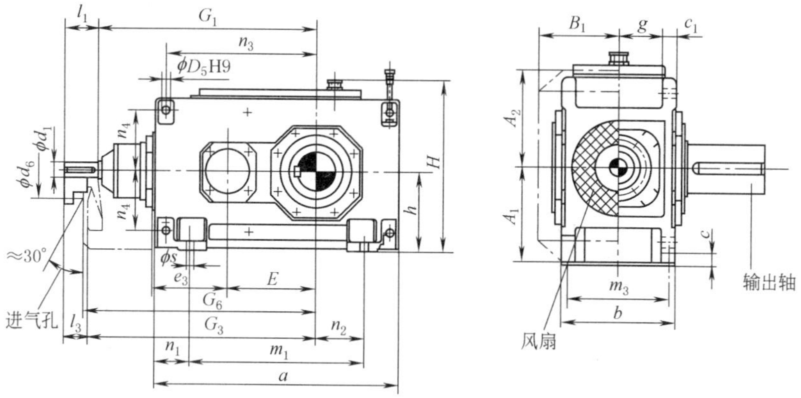

TB2SH
空心轴

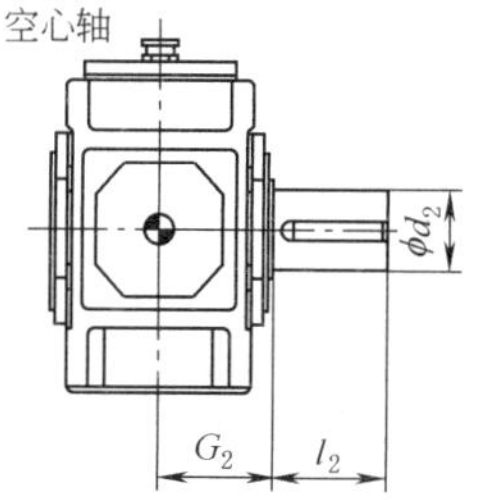

TB2HH
空心轴

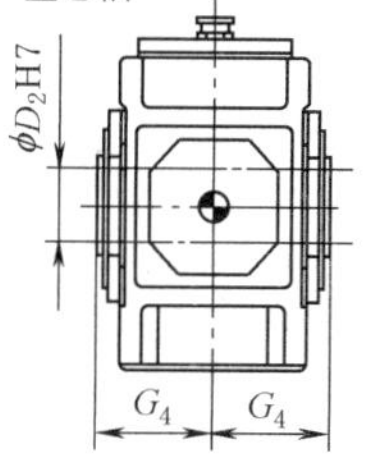

TB2DH
带胀紧盘的空心轴

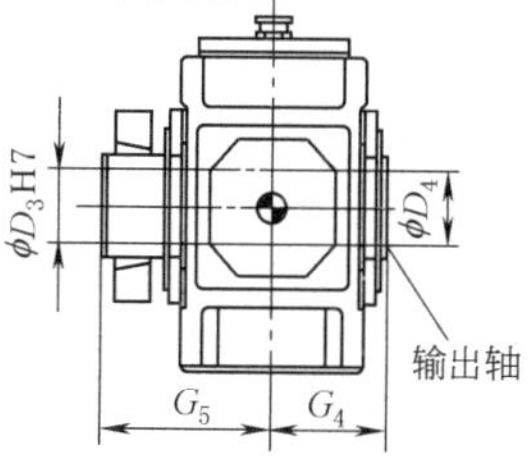

表 17-2-221

mm

规格	输入轴										
	$i_N=5\sim11.2$			$i_N=6.3\sim14$			$i_N=12.5\sim18$			G_1	G_3
	$d_1$①	l_1	l_3	$d_1$①	l_1	l_3	$d_1$①	l_1	l_3		
1	28	55	40				20	50	35	300	315
2	30	70	50				25	60	40	340	360
3	35	80	60				28	60	40	390	410
4	45	100	80							465	485
5	55	110	80							535	565
6				55	110	80				570	600
7	70	135	105							640	670
8				70	135	105				685	715
9	80	165	130							755	790
10				80	165	130				805	840
11	90	165	130							925	960
12				90	165	130				995	1030

规格	减速器											
	a	A_1	A_2	b	B_1	c	c_1	D_5	d_6	e_3	E	g
1	305	125	130	180	128	18	16	12	110	90	90	74
2	355	140	145	205	143	18	20	14	110	110	110	82.5

续表

规格	减速器											
	a	A_1	A_2	b	B_1	c	c_1	D_5	d_6	e_3	E	g
3	405	170	170	225	163	22	24	18	120	130	130	88.5
4	505	195	200	270	188	28	30	24	150	160	160	105
5	565	220	235	320	215	28	30	24	160	185	185	130
6	645	220	235	320	215	28	30	24	160	185	220	130
7	690	270	285	380	250	35	36	28	210	225	225	154
8	795	270	285	380	250	35	36	28	210	225	270	154
9	820	310	325	440	270	40	48	36	195	265	265	172
10	920	310	325	440	270	40	48	36	195	265	315	172
11	975	370	385	530	328	50	54	40	210	320	320	211
12	1130	370	385	530	328	50	54	40	210	320	390	211

规格	减速器									
	G_6	h	H	m_1	m_3	n_1	n_2	n_3	n_4	s
1	325	130	305	185	155	60	70	160	105	12
2	370	145	335	225	180	65	75	195	115	12
3	420	175	390	245	195	80	70	235	132.5	15
4	495	200	445	295	235	105	85	285	150	19
5	575	230	512	355	285	105	100	330	180	19
6	610	230	512	435	285	105	145	365	180	19
7	685	280	612	450	340	120	130	405	215	24
8	730	280	617	555	340	120	190	450	215	24
9	805	320	697	530	390	145	155	480	245	28
10	855	320	697	630	390	145	205	530	245	28
11	980	380	825	645	470	165	180	580	300	35
12	1050	380	825	800	470	165	265	650	300	35

规格	输出轴									润滑油/L	质量/kg
	TB2SH			TB2HH		TB2DH					
	$d_2$①	G_2	l_2	$D_2$②	G_4	D_3	D_4	G_4	G_5		
1	45	120	80	—	—	—	—	—	—	2	65
2	55	135	110	55	135	60	60	135	180	4	90
3	65	145	140	65	145	70	70	145	200	6	140
4	80	170	170	80	170	85	85	170	235	10	235
5	100	200	210	95	200	100	100	200	275	16	360
6	110	200	210	105	200	110	110	200	275	19	410
7	120	235	210	115	235	120	120	235	320	31	615
8	130	235	250	125	235	130	130	235	325	34	700
9	140	270	250	135	270	140	145	270	365	48	1000
10	160	270	300	150	270	150	155	270	385	50	1155
11	170	320	300	165	320	165	170	320	450	80	1640
12	180	320	300	180	320	180	185	320	455	95	1910

① 见表 17-2-216。

② 输出轴 D_2 键槽按 GB/T 1095—2003。

TB2. H，TB2. M 的安装尺寸（规格 13~18）

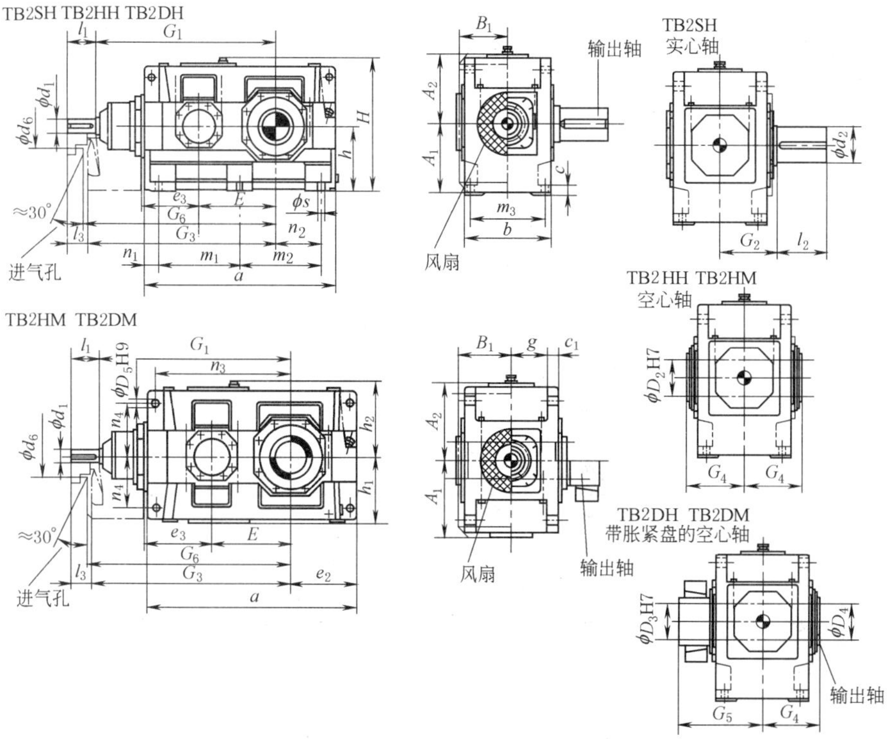

表 17-2-222

mm

规格	输入轴																
	$i_N=5\sim11.2$			$i_N=5.6\sim11.2$			$i_N=5.6\sim12.5$			$i_N=6.3\sim14$			$i_N=7.1\sim12.5$			G_1	G_3
	$d_1$①	l_1	l_3	$d_1$①	l_1	l_3	$d_1$①	l_1	l_3	$d_1$①	l_1	l_3	$d_1$①	l_1	l_3		
13	110	205	165													1070	1110
14										110	205	165				1140	1180
15	130	245	200													1277	1322
16							130	245	200							1323	1368
17				150	245	200										1435	1480
18													150	245	200	1495	1540

规格	减速器												
	a	A_1	A_2	b	B_1	c	c_1	d_6	D_5	e_2	e_3	E	g
13	1130	430	450	655	375	60	61	245	48	405	380	370	264
14	1270	430	450	655	375	60	61	245	48	475	380	440	264
15	1350	490	495	765	435	70	72	280	55	485	450	442	308
16	1440	490	495	765	435	70	72	280	55	530	450	488	308
17	1490	540	555	885	505	80	81	380	65	525	510	490	356
18	1610	540	555	885	505	80	81	380	65	585	510	550	356

续表

规格	减速器												
	G_6	h	h_1	h_2	H	m_1	m_2	m_3	n_1	n_2	n_3	n_4	s
13	1130	440	450	495	935	465	465	580	100	305	675	340	35
14	1200	440	450	495	935	465	605	580	100	375	745	340	35
15	1340	500	490	535	1035	555	555	670	120	365	805	375	42
16	1385	500	490	535	1035	555	645	670	120	410	850	375	42
17	1500	550	555	595	1145	610	610	780	135	390	895	420	48
18	1560	550	555	595	1145	610	730	780	135	450	955	420	48

规格	输出轴									润滑油/L		质量/kg	
	TB2SH			TB2HH TB2HM		TB2DH TB2DM				TB2. H	TB2. M	TB2. H	TB2. M
	$d_2$①	G_2	l_2	$D_2$②	G_4	D_3	D_4	G_4	G_5				
13	200	390	350	—	—	—	—	—	—	140	120	2450	2350
14	210	390	350	210	390	210	215	390	535	155	130	2825	2725
15	230	460	410	—	—	—	—	—	—	220	180	3990	3795
16	240	460	410	240	450	240	245	450	620	230	190	4345	4160
17	250	540	410	—	—	—	—	—	—	320	260	5620	5320
18	270	540	470	275	510	280	285	510	700	335	275	6150	5860

①、②同表 17-2-217。

TB3. H 的安装尺寸（规格 3～22）

TB3SH TB3HH TB3DH

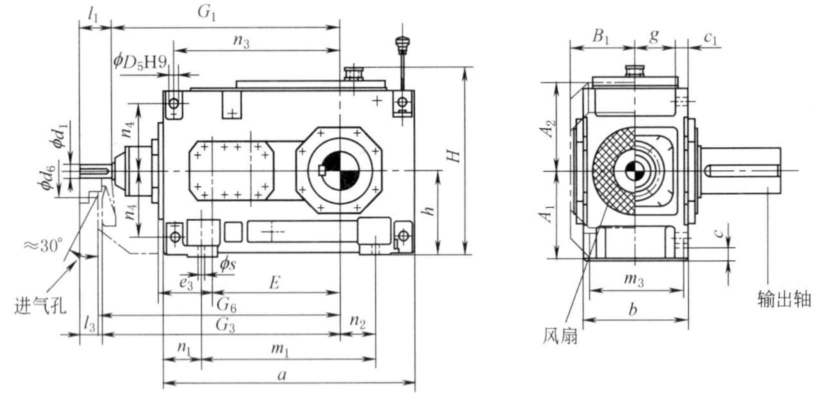

输出轴

TB3SH 实心轴　　TB3HH 空心轴　　TB3DH 带胀紧盘的空心轴

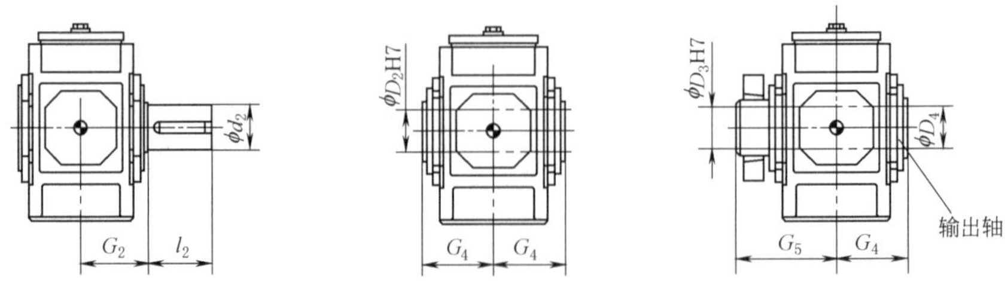

表 17-2-223

mm

规格	输入轴																
	$i_N=12.5\sim45$			$i_N=16\sim56$			$i_N=20\sim45$			$i_N=50\sim71$			$i_N=6.3\sim90$			G_1	G_3
	$d_1$①	l_1	l_3	$d_1$①	l_1	l_3	$d_1$①	l_1	l_3	$d_1$①	l_1	l_3	$d_1$①	l_1	l_3		
3							28	55	40	20	50	35				430	445
4	30	70	50							25	60	40				500	520
5	35	80	60							28	60	40				575	595
6				35	80	60							28	60	40	610	630
7	45	100	80							35	80	60				690	710
8				45	100	80							35	80	60	735	755
9	55	110	80							40	100	70				800	830
10				55	110	80							40	100	70	850	880
11	70	135	105							50	110	80				960	990
12				70	135	105							50	110	80	1030	1060

规格	减速器											
	a	A_1	A_2	b	B_1	c	c_1	d_6	D_5	e_3	E	g
3	450	170	170	190	128	22	24	90	18	90	220	71
4	565	195	200	215	143	28	30	110	24	110	270	77.5
5	640	220	235	255	168	28	30	130	24	130	315	97.5
6	720	220	235	255	168	28	30	130	24	130	350	97.5
7	785	275	275	300	193	35	36	165	28	160	385	114
8	890	275	275	300	193	35	36	165	28	160	430	114
9	925	315	325	370	231	40	45	175	36	185	450	140
10	1025	315	325	380	231	40	45	175	36	185	500	140
11	1105	370	385	430	263	50	54	190	40	225	545	161
12	1260	370	385	430	263	50	54	190	40	225	615	161

规格	减速器									
	G_6	h	H	m_1	m_3	n_1	n_2	n_3	n_4	s
3	455	175	390	290	160	80	65	285	132.5	15
4	530	200	445	355	180	105	85	345	150	19
5	605	230	512	430	220	105	100	405	180	19
6	640	230	512	510	220	105	145	440	180	19
7	720	280	602	545	260	120	130	500	215	24
8	765	280	617	650	260	120	190	545	215	24
9	845	320	697	635	320	145	155	585	245	28
10	895	320	697	735	320	145	205	635	245	28
11	1010	380	817	775	370	165	180	710	300	35
12	1080	380	825	930	370	165	265	780	300	35

规格	输出轴									润滑油/L	质量/kg
	TB3SH			TB3HH		TB3DH					
	$d_2$①	G_2	l_2	$D_2$②	G_4	D_3	D_4	G_4	G_5		
3	65	125	140	65	125	70	70	125	180	6	130
4	80	140	170	80	140	85	85	140	205	9	210
5	100	165	210	95	165	100	100	165	240	14	325
6	110	165	210	105	165	110	110	165	240	15	380
7	120	195	210	115	195	120	120	195	280	25	550
8	130	195	250	125	195	130	130	195	285	28	635
9	140	235	250	135	235	140	145	235	330	40	890
10	160	235	300	150	235	150	155	235	350	42	1020
11	170	270	300	165	270	165	170	270	400	66	1455
12	180	270	300	180	270	180	185	270	405	72	1730

①、②见表 17-2-217。

TB3. H，TB3. M 的安装尺寸（规格 13~22）

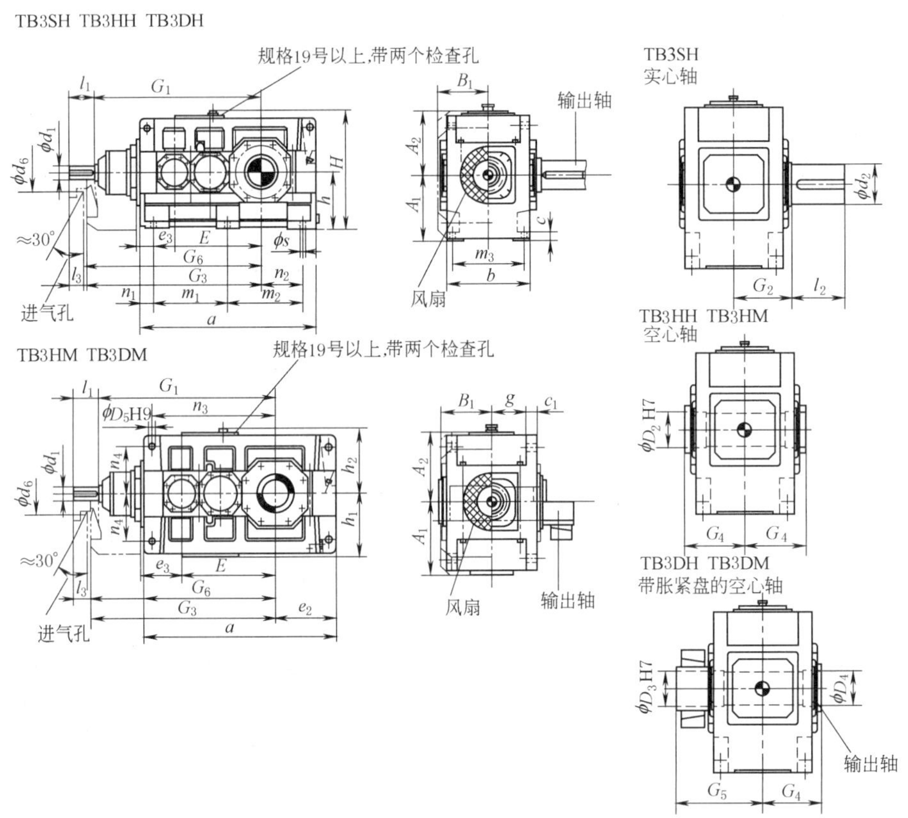

表 17-2-224

mm

规格	输入轴																		G1	G3
	$i_N=12.5\sim45$			$i_N=14\sim50$			$i_N=16\sim56$			$i_N=50\sim71$			$i_N=56\sim80$			$i_N=63\sim90$				
	$d_1$①	l_1	l_3	$d_1$①	l_1	l_3	$d_1$①	l_1	l_3	$d_1$①	l_1	l_3	$d_1$①	l_1	l_3	$d_1$①	l_1	l_3	G_1	G_3
13	80	165	130							60	140	105							1125	1160
14							80	165	130							60	140	105	1195	1230
15	90	165	130							70	140	105							1367	1402
16				90	165	130							70	140	105				1413	1448
17	110	205	165							80	170	130							1560	1600
18				110	205	165							80	170	130				1620	1660
19	130	245	200							100	210	165							1832	1877
20				130	245	200							100	210	165				1892	1937
21	130	245	200							100	210	165							1902	1947
22				130	245	200							100	210	165				1957	2002

规格	减速器												
	a	A_1	A_2	b	B_1	c	c_1	d_6	D_5	e_2	e_3	E	g
13	1290	425	475	550	325	60	61	210	48	405	265	635	211.5
14	1430	425	475	550	325	60	61	210	48	475	265	705	211.5

续表

规格	减速器												
	a	A_1	A_2	b	B_1	c	c_1	d_6	D_5	e_2	e_3	E	g
15	1550	485	520	625	365	70	72	210	55	485	320	762	238
16	1640	485	520	625	365	70	72	210	55	530	320	808	238
17	1740	535	570	690	395	80	81	230	55	525	370	860	259
18	1860	535	570	690	395	80	81	230	55	585	370	920	259
19	2010	610	630	790	448	90	91	245	65	590	420	997	299
20	2130	610	630	790	448	90	91	245	65	650	420	1057	299
21	2140	690	690	830	473	100	100	280	75	655	450	1067	310
22	2250	690	690	830	473	100	100	280	75	710	450	1122	310

规格	减速器												
	G_6	h	h_1	h_2	H	m_1	m_2	m_3	n_1	n_2	n_3	n_4	s
13	1180	440	450	495	935	545	545	475	100	305	835	340	35
14	1250	440	450	495	935	545	685	475	100	375	905	340	35
15	1420	500	490	535	1035	655	655	535	120	365	1005	375	42
16	1470	500	490	535	1035	655	745	535	120	410	1050	375	42
17	1620	550	555	595	1145	735	735	600	135	390	1145	425	42
18	1680	550	555	595	1145	735	855	600	135	450	1205	425	42
19	1900	620	615	655	1275	850	850	690	155	435	1345	475	48
20	1960	620	615	655	1275	850	970	690	155	495	1405	475	48
21	1970	700	685	725	1425	900	900	720	170	485	1400	520	56
22	2025	700	685	725	1425	900	1010	720	170	540	1455	520	56

规格	输出轴									润滑油/L		质量/kg	
	TB3SH			TB3HH TB3HM		TB3DH TB3DM				TB3. H	TB3. M	TB3. H	TB3. M
	$d_2$①	G_2	l_2	$D_2$②	G_4	D_3	D_4	G_4	G_5				
13	200	335	350	190	335	190	195	335	480	130	110	2380	2260
14	210	335	350	210	335	210	215	335	480	140	115	2750	2615
15	230	380	410	230	380	230	235	380	550	210	160	3730	3540
16	240	380	410	240	380	240	245	380	550	220	165	3955	3765
17	250	415	410	250	415	250	260	415	600	290	230	4990	4760
18	270	415	470	275	415	280	285	415	600	300	235	5495	5240
19	290	465	470	—	—	285	295	465	670	380	360	6240	6050
20	300	465	500	—	—	310	315	465	670	440	420	6950	6710
21	320	490	500	—	—	330	335	490	715	370	420	8480	8190
22	340	490	550	—	—	340	345	490	725	430	490	9240	8950

①、②见表 17-2-217。

TB4. H 的安装尺寸（规格 5~12）

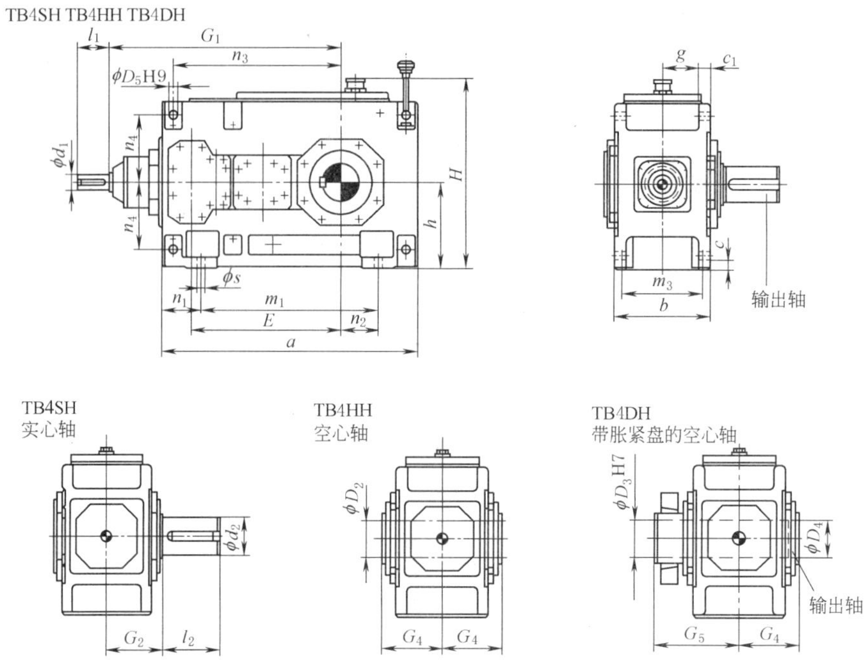

表 17-2-225

mm

规格	输入轴								
	$i_N=80\sim180$		$i_N=100\sim224$		$i_N=200\sim315$		$i_N=250\sim400$		G_1
	$d_1$①	l_1	$d_1$①	l_1	$d_1$①	l_1	$d_1$①	l_1	
5	28	55			20	50			615
6			28	55			20	50	650
7	30	70			25	60			725
8			30	70			25	60	770
9	35	80			28	60			840
10			35	80			28	60	890
11	45	100			35	80			1010
12			45	100			35	80	1080

规格	减速器														
	a	b	c	c_1	D_5	E	g	h	H	m_1	m_3	n_1	n_2	n_3	n_4	s
5	690	255	28	30	24	405	97.5	230	512	480	220	105	100	455	180	19
6	770	255	28	30	24	440	97.5	230	512	560	220	105	145	490	180	19
7	845	300	35	36	28	495	114	280	602	605	260	120	130	560	215	24
8	950	300	35	36	28	540	114	280	617	710	260	120	190	605	215	24
9	1000	370	40	45	36	580	140	320	697	710	320	145	155	660	245	28
10	1100	380	40	45	36	630	140	320	697	810	320	145	205	710	245	28
11	1200	430	50	54	40	705	161	380	817	870	370	165	180	805	300	35
12	1355	430	50	54	40	775	161	380	825	1025	370	165	265	875	300	35

续表

规格	输出轴									润滑油 /L	质量 /kg
	TB4SH			TB4HH		TB4DH					
	d_2[①]	G_2	l_2	D_2[②]	G_4	D_3	D_4	G_4	G_5		
5	100	165	210	95	165	100	100	165	240	16	335
6	110	165	210	105	165	110	110	165	240	18	385
7	120	195	210	115	195	120	120	195	280	30	555
8	130	195	250	125	195	130	130	195	285	33	655
9	140	235	250	135	235	140	145	235	330	48	890
10	160	235	300	150	235	150	155	235	350	50	1025
11	170	270	300	165	270	165	170	270	400	80	1485
12	180	270	300	180	270	180	185	270	405	90	1750

①、②见表 17-2-217。

TB4. H，TB4. M 的安装尺寸（规格 13~22）

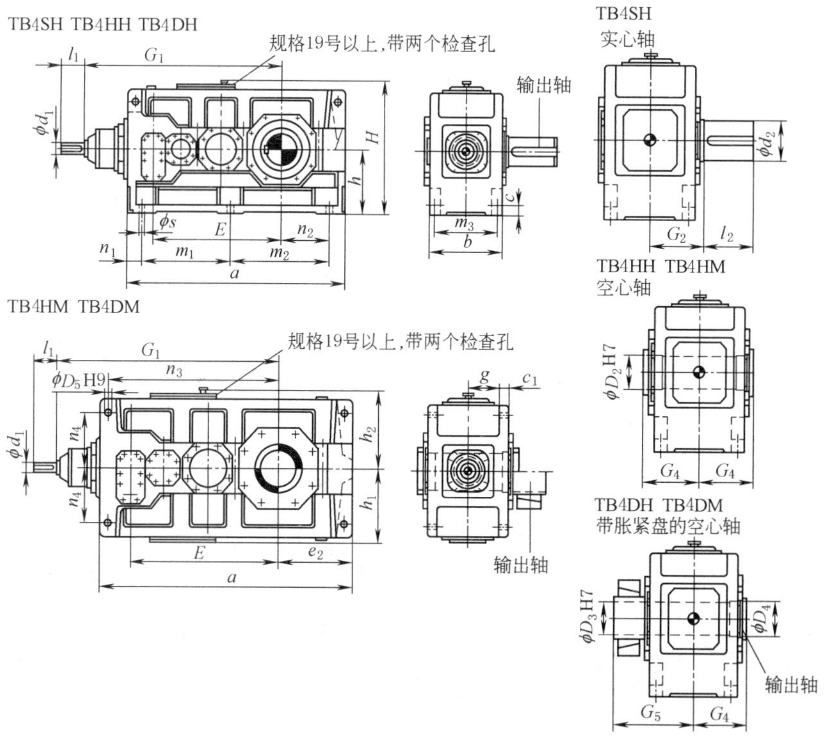

表 17-2-226

mm

规格	输入轴												G_1
	$i_N=80\sim180$		$i_N=90\sim200$		$i_N=100\sim224$		$i_N=200\sim315$		$i_N=224\sim355$		$i_N=250\sim400$		
	d_1[①]	l_1	d_1[①]	l_1	d_1[①]	l_1	d_1[①]	l_1	d_1[①]	l_1	d_1[①]	l_1	
13	55	110					40	100					1170
14					55	110					40	100	1240
15	70	135					50	110					1402

续表

规格	输入轴												
	$i_N=80\sim180$		$i_N=90\sim200$		$i_N=100\sim224$		$i_N=200\sim315$		$i_N=224\sim355$		$i_N=250\sim400$		G_1
	$d_1$①	l_1	$d_1$①	l_1	$d_1$①	l_1	$d_1$①	l_1	$d_1$①	l_1	$d_1$①	l_1	
16			70	135					50	110			1448
17	70	135					50	110					1450
18			70	135					50	110			1510
19	80	165					60	140					1680
20			80	165					60	140			1740
21	90	165					70	140					1992
22			90	165					70	140			2047

规格	减速器									
	a	b	c	c_1	D_5	e_2	E	g	h	h_1
13	1395	550	60	61	48	405	820	211.5	440	450
14	1535	550	60	61	48	475	890	211.5	440	450
15	1680	625	70	72	55	485	987	238	500	490
16	1770	625	70	72	55	530	1033	238	500	490
17	1770	690	80	81	55	525	1035	259	550	555
18	1890	690	80	81	55	585	1095	259	550	555
19	2030	790	90	91	65	590	1190	299	620	615
20	2150	790	90	91	65	650	1250	299	620	615
21	2340	830	100	100	75	655	1387	310	700	685
22	2450	830	100	100	75	710	1442	310	700	685

规格	减速器									
	h_2	H	m_1	m_2	m_3	n_1	n_2	n_3	n_4	s
13	495	935	597.5	597.5	475	100	305	940	340	35
14	495	935	597.5	737.5	475	100	375	1010	340	35
15	535	1035	720	720	535	120	365	1135	375	42
16	535	1035	720	810	535	120	410	1180	375	42
17	595	1145	750	750	600	135	390	1175	425	42
18	595	1145	750	870	600	135	450	1235	425	42
19	655	1275	860	860	690	155	435	1365	475	48
20	655	1275	860	980	690	155	495	1425	475	48
21	725	1425	1000	1000	720	170	485	1615	520	56
22	725	1425	1000	1110	720	170	540	1670	520	56

规格	输出轴									润滑油/L		质量/kg	
	TB4SH			TB4HH TB4HM		TB4DH TB4DM				TB4. H	TB4. M	TB4. H	TB4. M
	$d_2$①	G_2	l_2	$D_2$②	G_4	D_3	D_4	G_4	G_5				
13	200	335	350	190	335	190	195	335	480	145	120	2395	2280
14	210	335	350	210	335	210	215	335	480	150	125	2735	2605
15	230	380	410	230	380	230	235	380	550	230	170	3630	3435
16	240	380	410	240	380	240	245	380	550	235	175	3985	3765
17	250	415	410	250	415	250	260	415	600	295	230	4695	4460
18	270	415	470	275	415	280	285	415	600	305	235	5200	4930
19	290	465	470	—	—	285	295	465	670	480	440	5750	5400
20	300	465	500	—	—	310	315	465	670	550	510	6450	6000
21	320	490	500	—	—	330	335	490	715	540	590	7850	7350
22	340	490	550	—	—	340	345	490	725	620	680	8400	7850

①、②见表 17-2-217。

TH2D、TH3D、TH4D、TB3D、TB4D 带胀紧盘连接的空心轴（规格 3~22）

X=要求预留的力矩扳手空间

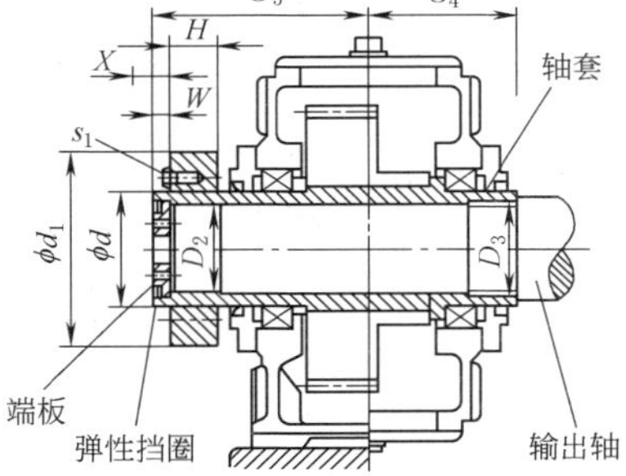

用于胀紧盘连接的工作机驱动轴

工作机驱动轴表面不得粘有机油或润滑脂

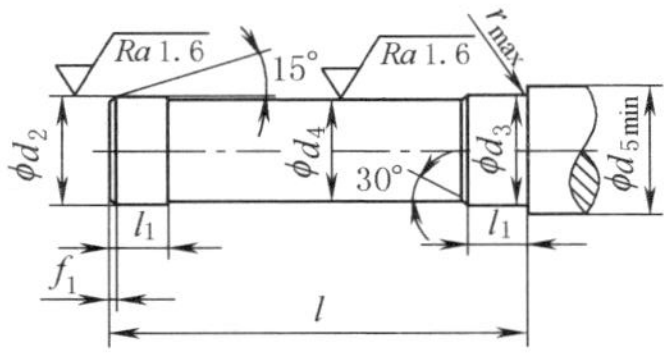

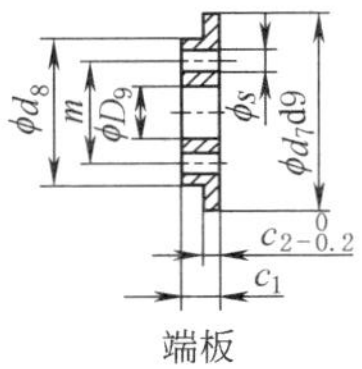

表 17-2-227

mm

减速器规格	工作机驱动轴								端板								弹性挡圈	空心轴				胀紧盘					螺钉
	d_2	d_3	d_4	d_5	f_1	l	l_1	r	c_1	c_2	d_7	d_8	D_9	m	s	数量		D_2	D_3	G_4	G_5	类型	d	d_1	H	W	s_1
3	70g6	70g6	69.5	80	4	286	38	2	17	7	75	55	22	40	M8	2	75×2.5	70	70	125	180	90-32	90	155	38	20	M10
4	85g6	85h6	84.5	95	4	326	48	2	17	7	90	70	22	50	M8	2	90×2.5	85	85	140	205	110-32	110	185	49	20	M12
5	100g6	100h6	99.5	114	5	383	53	2	20	8	105	80	26	55	M10	2	105×3	100	100	165	240	125-32	125	215	53	20	M12
6	110g6	110h6	109.5	124	5	383	58	3	20	8	115	85	26	60	M10	2	115×3	110	110	165	240	140-32	140	230	58	20	M14
7	120g6	120h6	119.5	134	5	453	68	3	20	8	125	90	26	65	M12	2	125×3	120	120	195	280	155-32	155	263	62	23	M14
8	130g6	130h6	129.5	145	6	458	73	3	20	8	135	100	26	70	M12	2	135×3	130	130	195	285	165-32	165	290	68	23	M16
9	140g6	145m6	139.5	160	6	539	82	4	23	10	150	110	33	80	M12	2	150×3	140	145	235	330	175-32	175	300	68	28	M16
10	150g6	155m6	149.5	170	6	559	92	4	23	10	160	120	33	90	M12	2	160×3	150	155	235	350	200-32	200	340	85	28	M16
11	165f6	170m6	164.5	185	7	644	112	4	23	10	175	130	33	90	M12	2	175×3	165	170	270	400	220-32	220	370	103	30	M20
12	180f6	185m6	179.5	200	7	649	122	4	23	10	190	140	33	100	M16	2	190×3	180	185	270	405	240-32	240	405	107	30	M20
13	190f6	195m6	189.5	213	7	789	137	5	23	10	200	150	33	110	M16	2	200×3	190	195	335	480	260-32	260	430	119	30	M20
14	210f6	215m6	209.5	233	8	784	147	5	28	14	220	170	33	130	M16	2	220×5	210	215	335	480	280-32	280	460	132	30	M20
15	230f6	235m6	229.5	253	8	899	157	5	28	14	240	180	39	140	M16	2	240×5	230	235	380	550	300-32	300	485	140	35	M24
16	240f6	245m6	239.5	263	8	899	157	5	28	14	250	190	39	150	M20	2	250×5	240	245	380	550	320-32	320	520	140	35	M24
17	250f6	250m6	249.5	278	8	982	177	5	30	14	265	200	39	150	M20	2	265×5	250	260	415	600	340-32	340	570	155	35	M24
18	280f6	285m6	279.5	306	9	982	177	5	30	14	290	210	39	160	M20	2	290×5	280	285	415	600	360-32	360	590	162	35	M24
19	285f6	295m6	284.5	316	9	1100	187	5	32	15	300	220	39	170	M24	2	300×5	285	295	465	670	380-32	380	640	166	40	M27
20	310f6	315m6	309.5	336	9	1100	187	5	32	15	320	230	39	180	M24	2	320×6	310	315	465	670	390-32	390	650	166	40	M27
21	330f6	335m6	329	358	9	1160	205	5	40	20	340	250	45	190	M24	2	340×6	330	335	490	715	420-32	420	670	186	45	M27
22	340f6	345m6	339	368	9	1170	215	5	40	20	350	260	45	200	M24	2	350×6	340	345	490	725	440-32	440	720	194	45	M27

TB2D 带胀紧盘连接的空心轴（规格 2~18）

X＝要求预留的力矩扳手空间

用于胀紧盘连接的工作机驱动轴
工作机驱动轴表面不得粘有机油或润滑脂

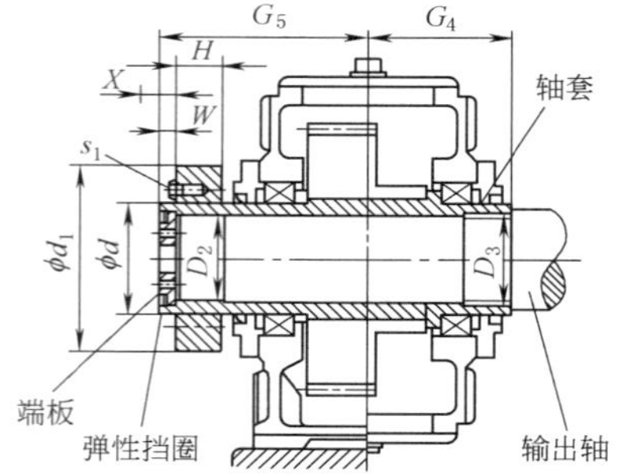

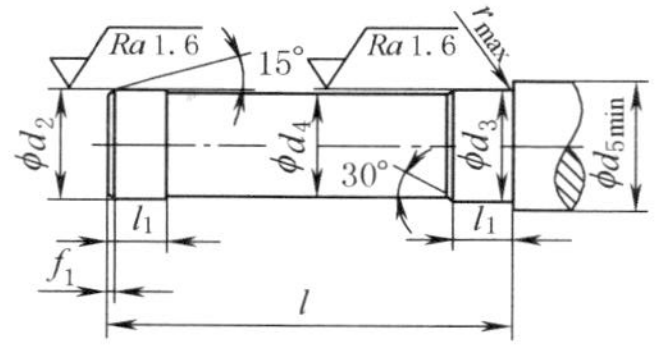

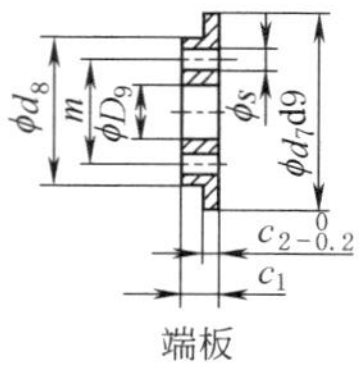

表 17-2-228

mm

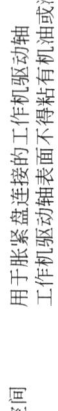

减速器规格	工作机驱动轴							端板								弹性挡圈	空心轴				胀紧盘					螺钉
	d_2	d_3	d_4	d_5	f_1	l	l_1	r	c_1	c_2	d_7	d_8	D_9	m	s	数量		D_2	D_3	G_4	G_5	类型	d	d_1	H	W	s_1
2	60g6	60g6	59.5	70	3	300	36	2	13	6	65	47	22	35	M6	2	65×2.5	60	60	135	180	80-32	80	141	31	16	M10
3	70g6	70h6	69.5	80	4	326	38	2	17	7	75	55	22	40	M8	2	75×2.5	70	70	145	200	90-32	90	155	38	20	M10
4	85g6	85h6	84.5	95	4	386	48	2	17	7	90	70	22	50	M8	2	90×2.5	85	85	170	235	110-32	110	185	49	20	M12
5	100g6	100h6	99.5	114	5	453	53	2	20	8	105	80	26	55	M10	2	105×3	100	100	200	275	125-32	125	215	53	20	M12
6	110g6	110h6	109.5	124	5	453	58	3	20	8	115	85	26	60	M10	2	115×3	110	110	200	275	140-32	140	230	58	20	M14
7	120g6	120h6	119.5	134	5	533	68	3	20	8	125	90	26	65	M12	2	125×3	120	120	235	320	155-32	155	263	62	23	M14
8	130g6	130h6	129.5	145	6	538	73	3	20	8	135	100	26	70	M12	2	135×3	130	130	235	325	165-32	165	290	68	23	M16
9	140g6	145m6	139.5	160	6	609	82	4	23	10	150	110	33	80	M12	2	150×3	140	145	270	365	175-32	175	300	68	28	M16
10	150g6	155m6	149.5	170	6	629	92	4	23	10	160	120	33	90	M12	2	160×3	150	155	270	385	200-32	200	340	85	28	M16
11	165f6	170m6	164.5	185	7	744	112	4	23	10	175	130	33	90	M12	2	175×3	165	170	320	450	220-32	220	370	103	30	M20
12	180f6	185m6	179.5	200	7	749	122	4	23	10	190	140	33	100	M16	2	190×3	180	185	320	455	240-32	240	405	107	30	M20
14	210f6	215m6	209.5	233	8	894	147	5	28	14	220	170	33	130	M16	2	220×5	210	215	390	535	280-32	280	460	132	30	M20
16	240f6	245m6	239.5	263	8	1039	157	5	28	14	250	190	39	150	M20	2	250×5	240	245	450	620	320-32	320	520	140	35	M24
18	280f6	285m6	279.5	306	9	1177	177	5	30	14	290	210	39	160	M20	2	290×5	280	285	510	700	360-32	360	590	162	35	M24

TH2H、TH3H、TH4H、TB3H、TB4H 带平键连接的空心轴（规格 3~18）

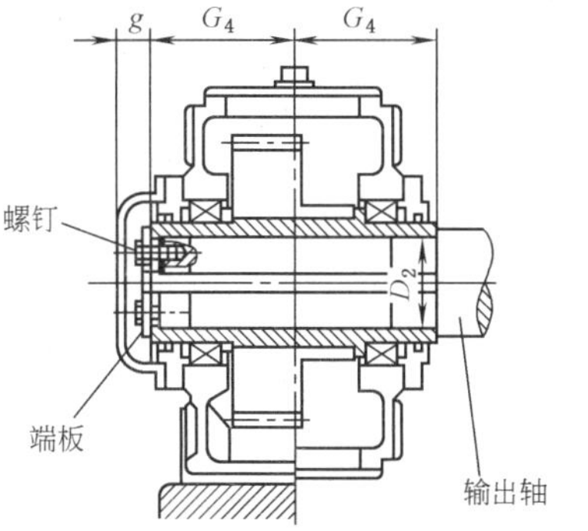

带平键连接的工作机驱动轴，键槽尺寸根据GB/T 1095确定

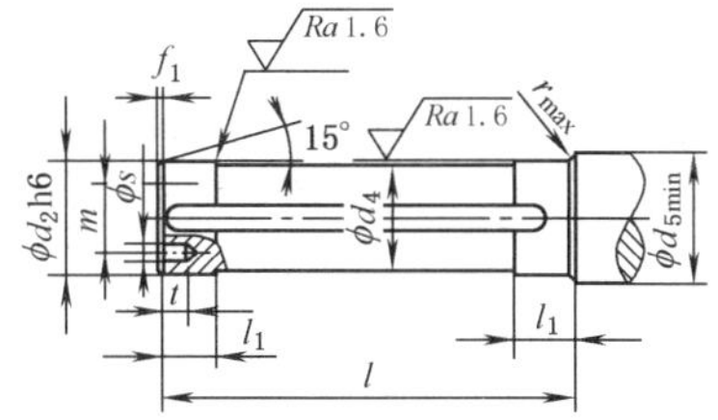

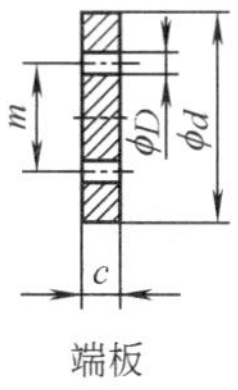

表 17-2-229 mm

减速器规格	工作机驱动轴									端板				螺钉		空心轴		
	d_2	d_4	d_5	f_1	l	l_1	r	s	t	c	D	d	m	规格	数量	D_2	G_4	g
3	65	64.5	73	4	248	30	1.2	M10	18	8	11	78	45	M10×25	2	65	125	35
4	80	79.5	88	4	278	35	1.2	M10	18	10	11	100	60	M10×25	2	80	140	35
5	95	94.5	105	5	328	40	1.6	M10	18	10	11	120	70	M10×25	2	95	165	40
6	105	104.5	116	5	328	45	1.6	M10	18	10	11	120	70	M10×25	2	105	165	40
7	115	114.5	126	5	388	50	1.6	M12	20	12	13.5	140	80	M10×30	2	115	195	40
8	125	124.5	136	6	388	55	2.5	M12	20	12	13.5	150	85	M12×30	2	125	195	40
9	135	134.5	147	6	467	60	2.5	M12	20	12	13.5	150	90	M12×30	2	135	235	45
10	150	149.5	162	6	467	65	2.5	M12	20	12	13.5	180	110	M12×30	2	150	235	45
11	165	164.5	177	7	537	70	2.5	M16	28	15	17.5	195	120	M16×40	2	165	270	45
12	180	179.5	192	7	537	75	2.5	M16	28	15	17.5	220	130	M16×40	2	180	270	45
13	190	189.5	206	7	667	80	3	M16	28	18	17.5	230	140	M16×40	2	190	335	45
14	210	209.5	226	8	667	85	3	M16	28	18	17.5	250	160	M16×40	2	210	335	45
15	230	229.5	248	8	756	100	3	M20	38	25	22	270	180	M16×55	4	230	380	60
16	240	239.5	258	8	756	100	3	M20	38	25	22	280	180	M20×55	4	240	380	60
17	250	249.5	270	8	826	110	4	M20	38	25	22	300	190	M20×55	4	250	415	60
18	275	274.5	295	9	826	120	4	M20	38	25	22	330	210	M20×55	4	275	415	60

TB2H 带平键连接的空心轴（规格 2~18）

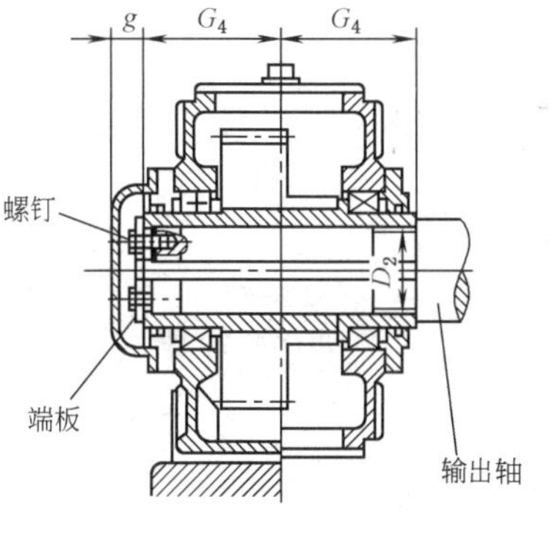

带平键连接的工作机驱动轴，键槽尺寸根据GB/T 1095确定

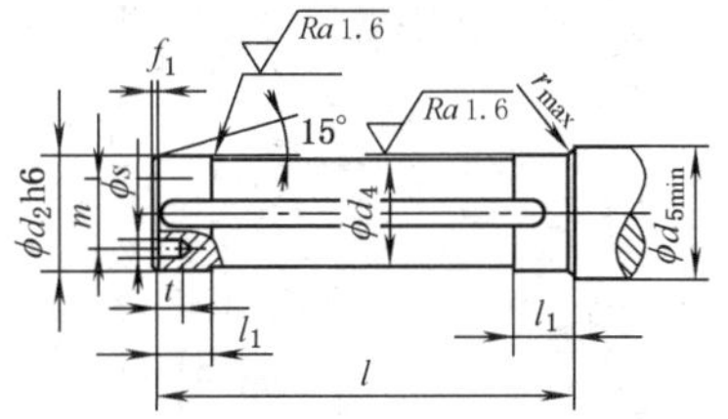

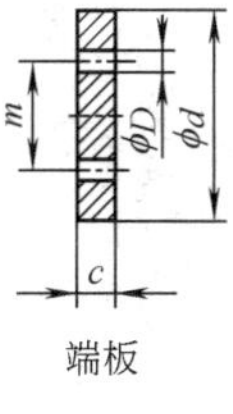

表 17-2-230 mm

减速器规格	工作机驱动轴									端板				螺钉		空心轴		
	d_2	d_4	d_5	f_1	l	l_1	r	s	t	c	D	d	m	规格	数量	D_2	G_4	g
2	55	54.5	63	3	268	30	1.2	M8	15	8	9	70	40	M8×20	2	55	135	35
3	65	64.5	73	4	288	30	1.2	M10	18	8	11	78	45	M10×25	2	65	145	35
4	80	79.5	88	4	338	35	1.2	M10	18	10	11	100	60	M10×25	2	80	170	35
5	95	94.5	105	5	398	40	1.6	M10	18	10	11	120	70	M10×25	2	95	200	40
6	105	104.5	116	5	398	45	1.6	M10	18	10	11	120	70	M10×25	2	105	200	40
7	115	114.5	126	5	468	50	1.6	M12	20	12	13.5	140	80	M12×30	2	115	235	40
8	125	124.5	136	6	468	55	2.5	M12	20	12	13.5	150	85	M12×30	2	125	235	40
9	135	134.5	147	6	537	60	2.5	M12	20	12	13.5	150	90	M12×30	2	135	270	45
10	150	149.5	162	6	537	65	2.5	M12	20	12	13.5	185	110	M12×30	2	150	270	45
11	165	164.5	177	7	637	70	2.5	M16	28	15	17.5	195	120	M16×40	2	165	320	45
12	180	179.5	192	7	637	75	2.5	M16	28	15	17.5	220	130	M16×40	2	180	320	45
14	210	209.5	226	8	777	85	3	M16	28	18	17.5	250	160	M16×40	2	210	390	45
16	240	239.5	258	8	896	100	3	M20	38	25	22	280	180	M20×55	4	240	450	60
18	275	274.5	295	9	1016	120	4	M20	38	25	22	330	210	M20×55	4	275	510	60

13.4 承载能力

表 17-2-231 TH1 的额定功率 P_N 及热功率 P_h kW

额定功率 P_N												
i_N	n_1 /r·min^{-1}	n_2 /r·min^{-1}	规格									
			1	3	5	7	9	11	13	15	17	19
1.25	1500	1200	99	327	880	1671	2702					
	1000	800	66	218	586	1114	1801					
	750	600	50	163	440	836	1351					
1.4	1500	1071	93	303	807	1559	2501					
	1000	714	62	202	538	1039	1667					
	750	536	47	152	404	780	1252					
1.6	1500	938	85	285	737	1395	2318	3929				
	1000	625	57	190	491	929	1545	2618	4123			
	750	469	43	142	368	697	1159	1964	3094			
1.8	1500	833	79	209	672	1326	2128	3611				
	1000	556	53	140	448	885	1421	2410	3860			
	750	417	40	105	336	664	1065	1808	2895			
2	1500	750	73	196	644	1217	1963	3353				
	1000	500	49	131	429	812	1309	2236	3571			
	750	375	37	98	322	609	982	1677	2678	4751		
2.24	1500	670	67	175	589	1087	1754	3087				
	1000	446	45	117	392	724	1168	2055	3283			
	750	335	34	88	295	544	877	1543	2466	4280		
2.5	1500	600	63	163	528	974	1571	2764				
	1000	400	42	109	352	649	1047	1843	3016	4607		
	750	300	31	82	264	487	785	1382	2262	3455		

续表

额定功率 P_N

i_N	n_1 /r·min^{-1}	n_2 /r·min^{-1}	规格									
			1	3	5	7	9	11	13	15	17	19
2.8	1500	536	56	152	471	836	1330	2470				
	1000	357	37	101	314	557	886	1645	2692	4224		
	750	268	28	76	236	418	665	1235	2021	3171	4799	
3.15	1500	476	50	135	419	758	1221	2088	3409			
	1000	317	33	90	279	505	813	1391	2270	3850		
	750	238	25	67	209	379	611	1044	1705	2891	4311	
3.55	1500	423	44	124	368	687	1103	1936	3083			
	1000	282	30	83	245	458	735	1290	2055	3484		
	750	211	22	62	183	342	550	966	1538	2607	3822	
4	1500	375	39	110	330	609	982	1728	2780			
	1000	250	26	73	220	406	654	1152	1853	3194	4529	
	750	188	20	55	165	305	492	866	1394	2402	3406	4823
4.5	1500	333	29	77	234	481	746	1395	2008	3557		
	1000	222	19	51	156	321	497	930	1339	2371	3394	
	750	167	14	38	117	241	374	699	1007	1784	2553	3777
5	1500	300	25	66	198	377	644	1059	1712	2790		
	1000	200	16	44	132	251	429	706	1141	1860	2597	3644
	750	150	12	33	99	188	322	529	856	1395	1948	2733
5.6	1500	268	17	56	168	320	491	892	1454	2371		
	1000	179	12	37	112	214	328	596	971	1584	2212	2812
	750	134	9	28	84	160	246	446	727	1186	1656	2105

热功率 P_h（P_{h1}：无辅助冷却装置；P_{h2}：带冷却风扇）

i_N	P_h	规格									
		1	3	5	7	9	11	13	15	17	19
1.25	P_{h1}	70.4	105	188	322	497					
	P_{h2}		146	360	580	875					
1.4	P_{h1}	68	105	192	319	504					
	P_{h2}		144	358	579	870					
1.6	P_{h1}	66.2	104	186	316	507	516	747			
	P_{h2}		140	347	555	853	1134	1394			
1.8	P_{h1}	66	107	185	313	502	511	740			
	P_{h2}		151	335	561	834	1119	1441			
2	P_{h1}	65	104	178	310	492	507	733	991		
	P_{h2}		146	321	544	806	1204	1413	1766		
2.24	P_{h1}	57	95.5	172	307	473	502	725	950		
	P_{h2}		139	304	506	767	1154	1385	1752		
2.5	P_{h1}	54.1	88.8	164	303	449	498	719	923		
	P_{h2}		127	285	474	720	1088	1357	1788		
2.8	P_{h1}	52.3	86.7	155	295	473	493	713	925	955	
	P_{h2}		119	264	494	750	1015	1329	1699	1846	
3.15	P_{h1}	49.7	84.6	150	269	379	495	707	888	919	
	P_{h2}		111	253	432	606	1067	1301	1609	1718	
3.55	P_{h1}	45	78.4	145	248	351	479	699	849	902	
	P_{h2}		101	245	395	554	955	1273	1565	1649	
4	P_{h1}	41	73.1	132	233	300	452	665	797	866	1051
	P_{h2}		91.2	220	353	467	866	1227	1520	1639	1647
4.5	P_{h1}	41	77	139	225	321	388	630	816	916	1020
	P_{h2}		99.7	221	331	492	728	1115	1475	1675	1771
5	P_{h1}	37	69	134	218	290	377	604	812	980	1146
	P_{h2}		89.7	209	314	439	697	1022	1431	1734	1894
5.6	P_{h1}	36.5	66.4	122	212	274	364	571	736	899	1149
	P_{h2}		79.5	184	280	411	656	929	1386	1541	1878

注：卧式安装减速器要求强制润滑。

表 17-2-232　　　　**TH2 的额定功率 P_N**　　　　kW

i_N	n_1 /r·min^{-1}	n_2 /r·min^{-1}	规格																			
			3	4	5	6	7	8	9	10	11	12	13	14	15	16	17	18	19	20	21	22
6.3	1500	238	87	157	262		474		785		1383		2143		3564		4860					
	1000	159	58	105	175		316		524		924		1432		2381		3247		4862			
	750	119	44	79	131		237		393		692		1072		1782		2430		3639			
7.1	1500	211	77	139	232		420		696		1226		1900		3159	3535	4308	5082				
	1000	141	52	93	155		281		465		819		1270		2111	2362	2879	3396	4311	4946		
	750	106	39	70	117		211		350		616		955		1587	1776	2164	2553	3241	3718	4551	
8	1500	188	69	124	207	266	374	472	620	778	1093	1358	1693	2106	2815	3150	3839	4528				
	1000	125	46	82	137	177	249	314	412	517	726	903	1126	1401	1872	2094	2552	3010	3822	4385	5366	
	750	94	34	62	103	133	187	236	310	389	546	679	846	1053	1408	1575	1919	2264	2874	3297	4036	4508
9	1500	167	61	110	184	236	332	420	551	691	971	1207	1504	1871	2501	2798	3410	4022				
	1000	111	41	73	122	157	221	279	366	459	645	802	1000	1244	1662	1860	2266	2673	3394	3894	4765	5323
	750	83	30	55	91	117	165	209	274	343	482	600	747	930	1243	1391	1695	1999	2538	2912	3563	3981
10	1500	150	55	99	165	212	298	377	495	620	872	1084	1351	1681	2246	2513	3063	3613				
	1000	100	37	66	110	141	199	251	330	414	581	723	901	1120	1497	1675	2042	2408	3058	3508	4293	4796
	750	75	27	49	82	106	149	188	247	310	436	542	675	840	1123	1257	1531	1806	2293	2631	3220	3597
11.2	1500	134	49	88	147	189	267	337	442	554	779	968	1207	1501	2006	2245	2736	3227				
	1000	89	33	59	98	126	177	224	294	368	517	643	801	997	1333	1491	1817	2143	2721	3122	3821	4268
	750	67	25	44	74	95	133	168	221	277	389	484	603	751	1003	1123	1368	1614	2049	2350	2876	3213
12.5	1500	120	44	79	132	170	239	302	396	496	697	867	1081	1345	1797	2010	2450	2890	3669			
	1000	80	29	53	88	113	159	201	264	331	465	578	720	896	1198	1340	1634	1927	2446	2806	3435	3837
	750	60	22	40	66	85	119	151	198	248	349	434	540	672	898	1005	1225	1445	1835	2105	2576	2877
14	1500	107	39	71	118	151	213	269	353	443	622	773	964	1199	1602	1793	2185	2577	3272	3753		
	1000	71	26	47	78	100	141	178	234	294	413	513	639	795	1063	1190	1450	1710	2171	2491	3048	3405
	750	54	20	36	59	76	107	136	178	223	314	390	486	605	809	905	1103	1301	1651	1894	2318	2590
16	1500	94	34	62	103	133	187	236	310	389	546	679	846	1053	1408	1575	1919	2264	2874	3297		
	1000	63	23	42	69	89	125	158	208	261	366	455	567	706	943	1055	1286	1517	1926	2210	2705	3021
	750	47	17	31	52	66	94	118	155	194	273	340	423	527	704	787	960	1132	1437	1649	2018	2254
18	1500	83	30	55	91	117	165	209	274	343	482	600	747	930	1243	1391	1695	1999	2538	2912		
	1000	56	21	37	62	79	111	141	185	232	325	405	504	627	839	938	1143	1349	1712	1964	2404	2686
	750	42	15	28	46	59	84	106	139	174	244	303	378	471	629	704	858	1012	1284	1473	1803	2014
20	1500	75	27	49	82	106	149	188	247	310	436	542	675	840	1123	1257	1531	1806	2293	2631		
	1000	50	18	33	55	71	99	126	165	207	291	361	450	560	749	838	1021	1204	1529	1754	2147	2398
	750	38	14	25	42	54	76	95	125	157	221	275	342	426	569	637	776	915	1162	1333	1631	1822
22.4	1500	67	25	43	72	95	130	168	217	277	382	484		751		1123		1614		2350		
	1000	45	16	29	48	64	88	113	146	186	257	325		504		754		1084		1579		2158
	750	33	12	21	35	47	64	83	107	136	188	238		370		553		795		1158		1583
25	1500	60				85		151		248		434		672								
	1000	40				57		101		165		289		448								
	750	30				42		75		124		217		336								
28	1500	54			74		133		220		383											
	1000	36			49		89		147		256											
	750	27			37		66		110		192											

注：卧式安装减速器要求强制润滑。

表 17-2-233　　TH2 的热功率 P_h　　kW

i_N	P_h	规格																			
		3	4	5	6	7	8	9	10	11	12	13	14	15	16	17	18	19	20	21	22
6.3	P_{h1}	53.2	75	88.1		143		182		244		406		532		572		650			
	P_{h2}		93.9	131		214		295		417		734		993		1031		1071			
7.1	P_{h1}	50.9	76.8	86.8		138		179		240		404		542	570	575	581	699	720	770	
	P_{h2}		95.7	132		204		285		416		717		980	1023	1179	1026	1071	1209	1143	
8	P_{h1}	49.2	73.4	85.1	93	135	155	174	180	235	281	398	437	548	579	575	639	738	745	844	862
	P_{h2}		91.2	128	139	196	229	275	300	403	482	689	757	956	1007	1125	1127	1171	1233	1332	1310
9	P_{h1}	46.5	70.6	82.7	92.3	129	148	169	174	231	273	388	431	542	576	589	653	763	778	892	902
	P_{h2}		87.6	121	137	188	220	263	290	382	471	658	733	923	978	1110	1175	1218	1328	1435	1474
10	P_{h1}	44.1	66.7	80.6	90.1	125	143	165	168	229	264	376	425	537	574	600	672	785	801	917	936
	P_{h2}		82.3	114	134	179	210	251	277	361	459	627	708	891	949	1094	1223	1398	1424	1537	1638
11.2	P_{h1}	41.7	63.5	76.7	88.6	123	139	162	166	220	259	380	414	515	561	595	673	783	822	921	972
	P_{h2}		78.4	109	130	179	200	236	266	360	431	615	678	849	912	1048	1179	1301	1408	1435	1611
12.5	P_{h1}	40.8	60.7	75.3	84.9	120	134	155	164	224	249	349	398	529	549	593	649	783	815	919	972
	P_{h2}		74.1	106	121	170	190	222	253	346	409	563	644	842	867	1016	1128	1307	1355	1457	1578
14	P_{h1}	38.2	57.3	70.6	80.8	110	131	149	162	222	248	330	400	501	556	589	633	765	814	898	966
	P_{h2}		69.6	98.7	114	153	190	212	238	323	408	527	640	782	860	961	1093	1238	1312	1419	1524
16	P_{h1}	35.3	52	65.8	79.2	108	127	143	160	218	242	300	367	476	525	552	594	735	792	865	943
	P_{h2}		63	91.5	111	142	180	196	224	299	390	471	576	733	798	900	1030	1161	1244	1327	1442
18	P_{h1}	34.4	49.3	64.7	74.3	110	122	143	155	213	237	292	350	450	477	535	612	677	767	844	913
	P_{h2}		58.3	87	101	138	158	188	207	288	348	451	515	650	710	838	918	1036	1108	1200	1286
20	P_{h1}	32.1	47.9	60.2	69.1	95.7	109	134	144	206	228	283	317	436	469	545	617	686	732	815	883
	P_{h2}		57.9	82.8	95.8	131	151	186	198	259	305	395	438	590	629	772	860	946	996	1088	1161
22.4	P_{h1}	31.9	44	55.3	67.8	92	105	124	142	202	224		320		455		594		696		817
	P_{h2}		53.5	75.9	93.6	125	150	171	195	238	305		440		602		827		947		1105
25	P_{h1}				63.1		102		138		219		298								
	P_{h2}				86.7		139		188		290		404								
28	P_{h1}				58.1		97.8		127		209										
	P_{h2}				79.6		132		172		267										

注：P_{h1}—无辅助冷却装置的热功率，P_{h2}—带冷却风扇的热功率。

表 17-2-234　　**TH3 的额定功率 P_N**　　kW

i_N	n_1 /r·min⁻¹	n_2 /r·min⁻¹	规格 5	6	7	8	9	10	11	12	13	14	15	16	17	18	19	20	21	22
22.4	1500	67									617		1073		1403		2105		2947	
	1000	45									415		721		942		1414		1979	
	750	33									304		529		691		1037		1451	
25	1500	60	69		129		214		377		553		961	1087	1257	1508	1885	2168	2639	2953
	1000	40	46		86		142		251		369		641	725	838	1005	1257	1445	1759	1969
	750	30	35		64		107		188		276		481	543	628	754	942	1084	1319	1476
28	1500	54	62		116		192		339		498	616	865	978	1131	1357	1696	1951	2375	2658
	1000	36	41		77		128		226		332	411	577	652	754	905	1131	1301	1583	1772
	750	27	31		58		96		170		249	308	433	489	565	679	848	975	1187	1329
31.5	1500	48	55	73	103	128	171	216	302	377	442	548	769	870	1005	1206	1508	1734	2111	2362
	1000	32	37	49	69	85	114	144	201	251	295	365	513	580	670	804	1005	1156	1407	1575
	750	24	28	36	52	64	85	108	151	188	221	274	385	435	503	603	754	867	1055	1181
35.5	1500	42	48	64	90	112	150	189	264	330	387	479	673	761	880	1055	1319	1517	1847	2067
	1000	28	32	43	60	75	100	126	176	220	258	320	449	507	586	704	880	1012	1231	1378
	750	21	24	32	45	56	75	95	132	165	194	240	336	380	440	528	660	759	924	1034
40	1500	38	44	58	82	101	135	171	239	298	350	434	609	688	796	955	1194	1373	1671	1870
	1000	25	29	38	54	67	89	113	157	196	230	285	401	453	524	628	785	903	1099	1230
	750	18.8	22	29	40	50	67	85	118	148	173	215	301	341	394	472	591	679	827	925
45	1500	33	38	50	71	88	117	149	207	259	304	377	529	598	691	829	1037	1192	1451	1624
	1000	22	25	33	47	59	78	99	138	173	203	251	352	399	461	553	691	795	968	1083
	750	16.7	19	25	36	45	59	75	105	131	154	191	268	303	350	420	525	603	734	822
50	1500	30	35	46	64	80	107	135	188	236	276	342	481	543	628	754	942	1084	1319	1476
	1000	20	23	30	43	53	71	90	126	157	184	228	320	362	419	503	628	723	880	984
	750	15	17	23	32	40	53	68	94	118	138	171	240	272	314	377	471	542	660	738
56	1500	27	31	41	58	72	96	122	170	212	249	308	433	489	565	679	848	975	1187	1329
	1000	17.9	21	27	38	48	64	81	112	141	165	204	287	324	375	450	562	647	787	881
	750	13.4	15	20	29	36	48	60	84	105	123	153	215	243	281	337	421	484	589	659
63	1500	24	28	36	52	64	85	108	151	188	221	274	385	435	503	603	754	867	1055	1181
	1000	15.9	18	24	34	42	57	72	100	125	147	181	255	288	333	400	499	574	699	783
	750	11.9	14	18	26	32	42	54	75	93	110	136	191	216	249	299	374	430	523	586
71	1500	21	24	32	45	56	75	95	132	165	194	240	336	380	440	528	660	759	924	1034
	1000	14.1	16	21	30	38	50	63	89	111	130	161	226	255	295	354	443	509	620	694
	750	10.6	12	16	23	28	38	48	67	83	98	121	170	192	222	266	333	383	466	522
80	1500	18.8	22	29	40	50	67	85	118	148	173	215	301	341	394	472	591	679	827	925
	1000	12.5	14	19	27	33	45	56	79	98	115	143	200	226	262	314	393	452	550	615
	750	9.4	11	14	20	25	33	42	59	74	87	107	151	170	197	236	295	340	413	463
90	1500	16.7	19	25	35	45	59	75	105	131	154	191	268	303	350	420	507	603	717	822
	1000	11.1	13	17	23	30	39	50	70	87	102	127	178	201	232	279	337	401	477	546
	750	8.3	10	13	17	22	29	37	52	65	76	95	133	150	174	209	252	300	356	408
100	1500	15		23		40		68		118		171		272		355		526		730
	1000	10		15		27		45		79		114		181		237		351		487
	750	7.5		11		20		34		59		86		136		177		263		365
112	1500	13.4		20		35		59		105		153								
	1000	8.9		13		23		39		70		102								
	750	6.7		10		18		29		53		76								

表 17-2-235　　**TH3 的热功率 P_h**　　kW

i_N	P_h	规格																	
		5	6	7	8	9	10	11	12	13	14	15	16	17	18	19	20	21	22
22.4	P_{h1}									252		367		504		661		769	
	P_{h2}									376		540		712					
25	P_{h1}	61.4		94.3		127		185		262		361	397	440	491	581	610	644	679
	P_{h2}	75.6		131		176		256		378		535	587	651	712				
28	P_{h1}	59.6		95.5		127		181		258	282	355	394	434	476	577	608	642	695
	P_{h2}	73.8		134		173		247		369	414	523	582	636	694				
31.5	P_{h1}	58.4	64.5	89.7	100	123	124	176	214	251	275	347	390	422	469	564	596	638	690
	P_{h2}	71.8	80.5	126	139	166	175	237	288	354	403	498	575	603	683				
35.5	P_{h1}	57	63	89.7	100	120	123	169	208	253	274	347	380	415	454	564	588	635	684
	P_{h2}	69.7	79	122	139	162	170	228	280	347	394	479	543	573	643				
40	P_{h1}	54.3	61.8	86.3	96.6	111	121	162	204	228	258	330	360	382	430	527	562	631	673
	P_{h2}	66	76.9	115	134	150	165	216	271	309	368	470	512	550	606				
45	P_{h1}	52.3	60.1	79.9	86.7	106	116	161	194	217	247	321	344	378	412	521	542	623	666
	P_{h2}	63.5	74.5	107	122	142	157	215	255	291	345	443	496	542	585				
50	P_{h1}	50.8	57.4	73.9	84.8	102	110	156	189	212	238	312	340	369	407	493	536	611	657
	P_{h2}	60.8	70.7	100	115	135	147	206	245	281	322	413	480	490	570				
56	P_{h1}	48.4	55.3	71	82.1	97.4	106	146	182	204	227	305	339	350	398	470	507	600	643
	P_{h2}	57.6	67.9	94.9	110	127	143	189	240	262	297	386	454	460	520				
63	P_{h1}	45.8	53.6	66.4	78.4	92.8	105	139	177	194	221	290	321	327	375	454	500	588	622
	P_{h2}	54	65	88.2	105	120	139	173	230	249	278	365	394	417	460				
71	P_{h1}	46.1	51.1	64.9	75	91.1	101	138	168	190	212	282	301	321	352	436	469	566	598
	P_{h2}	52.8	61.5	83.8	97.7	118	133	166	228	245	271	335	378	384	440				
80	P_{h1}	43.6	48.3	63.4	70.3	86.5	95.9	130	159	185	202	269	291	306	345	411	449	542	585
	P_{h2}	51.1	57.6	82.6	93	112	121	165	201	237	260	325	358	365	423				
90	P_{h1}	43.2	48.8	60.1	66.7	81.4	94.2	127	154	175	199	255	279	286	329	389	422	524	560
	P_{h2}	50.3	56.4	77.6	88.6	108	119	160	198	230	254	310	334	340	395				
100	P_{h1}		46.1		67.4		89.5		145		194		263		307		400		543
	P_{h2}		54.6		87.5		112		182		243		315		369				
112	P_{h1}		45.9		63.7		84.4		140		183								
	P_{h2}		54		82		105		174		235								

注：见表 17-2-233 注。

表 17-2-236　　TH4 的额定功率 P_N　　kW

i_N	n_1 /r·min^{-1}	n_2 /r·min^{-1}	规格 7	8	9	10	11	12	13	14	15	16	17	18	19	20	21	22
100	1500	15	32		53		94		138		240		314		471		660	
	1000	10	21		36		63		92		160		209		314		440	
	750	7.5	16		27		47		69		120		157		236		330	
112	1500	13.4	29		48		84		123		215	243	281	337	421	484	589	659
	1000	8.9	19		32		56		82		143	161	186	224	280	322	391	438
	750	6.7	14		24		42		62		107	121	140	168	210	242	295	330
125	1500	12	26	32	43	54	75	94	111	137	192	217	251	302	377	434	528	591
	1000	8	17	21	28	36	50	63	74	91	128	145	168	201	251	289	352	394
	750	6	13	16	21	27	38	47	55	68	96	109	126	151	188	217	264	295
140	1500	10.7	23	29	38	48	67	84	99	122	171	194	224	269	336	387	471	527
	1000	7.1	15	19	25	32	45	56	65	81	114	129	149	178	223	256	312	349
	750	5.4	12	14	19	24	34	42	50	62	87	98	113	136	170	195	237	266
160	1500	9.4	20	25	33	42	59	74	87	107	151	170	197	236	295	340	413	463
	1000	6.3	14	17	22	28	40	49	58	72	101	114	132	158	198	228	277	310
	750	4.7	10	13	17	21	30	37	43	54	75	85	98	118	148	170	207	231
180	1500	8.3	18	22	30	37	52	65	76	95	133	150	174	209	261	300	365	408
	1000	5.6	12	15	20	25	35	44	52	64	90	101	117	141	176	202	246	276
	750	4.2	9	11	15	19	26	33	39	48	67	76	88	106	132	152	185	207
200	1500	7.5	16	20	27	34	47	59	69	86	120	136	157	188	236	271	330	369
	1000	5	11	13	18	23	31	39	46	57	80	91	105	126	157	181	220	246
	750	3.8	8.2	10	14	17	24	30	35	43	61	69	80	95	119	137	167	187
224	1500	6.7	14	18	24	30	42	53	62	76	107	121	140	168	210	242	295	330
	1000	4.5	10	12	16	20	28	35	41	51	72	82	94	113	141	163	198	221
	750	3.3	7.1	8.8	12	15	21	26	30	38	53	60	69	83	104	119	145	162
250	1500	6	13	16	21	27	38	47	55	68	96	109	126	151	188	217	264	295
	1000	4	8.6	11	14	18	25	31	37	46	64	72	84	101	126	145	176	197
	750	3	6.4	8	11	14	19	24	28	34	48	54	63	75	94	108	132	148
280	1500	5.4	12	14	19	24	34	42	50	62	87	98	113	136	170	195	237	266
	1000	3.6	7.7	9.6	13	16	23	28	33	41	58	65	75	90	113	130	158	177
	750	2.7	5.8	7.2	10	12	17	21	25	31	43	49	57	68	85	98	119	133
315	1500	4.8	10.3	13	17	22	30	38	44	55	77	87	101	121	151	173	211	236
	1000	3.2	7	8.5	11	14	20	25	29	37	51	58	67	80	101	116	141	157
	750	2.4	5.2	6.4	8.5	11	15	19	22	27	38	43	50	60	75	87	106	118
355	1500	4.2	8.6	11	15	19	26	33	39	48	62	76	84	106	128	152	180	207
	1000	2.8	5.7	7.5	9.7	13	17	22	26	32	41	51	56	70	85	101	120	138
	750	2.1	4.3	5.6	7.3	9.5	13	16	19	24	31	38	42	53	64	76	90	103
400	1500	3.8		10.1		17		30		43		63		89		133		185
	1000	2.5		6.7		11		20		29		41		58		88		122
	750	1.9		5.1		8.6		15		22		31		44		67		93
450	1500	3.3		8.6		14		26		38								
	1000	2.2		5.7		9.6		17		25								
	750	1.7		4.4		7.4		13		19								

表 17-2-237　　　　TH4 的热功率 P_h　　　　kW

i_N	P_h	规格															
		7	8	9	10	11	12	13	14	15	16	17	18	19	20	21	22
100	P_{h1}	53.2		72.5		106		154		213		246		331		430	
112	P_{h1}	52.6		71.3		106		152		206	220	239	263	321	335	421	445
125	P_{h1}	51.5	57.5	70.2	75.3	103	117	148	161	200	216	232	255	314	331	416	436
140	P_{h1}	49.8	56.6	68.9	74.3	101	118	144	159	194	207	225	247	293	312	392	424
160	P_{h1}	48.5	55.4	66.1	73.3	97.9	115	138	155	187	201	216	239	282	302	380	406
180	P_{h1}	46.9	53.6	64.1	71.6	95.1	113	133	151	185	194	214	230	267	285	375	392
200	P_{h1}	46.1	52.1	62.7	69	91.9	109	131	145	182	192	212	229	259	275	369	386
224	P_{h1}	43.7	50.6	60.1	66.7	88.3	106	127	140	173	189	200	225	252	267	353	382
250	P_{h1}	41.9	49.7	57.6	65.3	83.5	102	121	138	164	178	191	213	242	260	335	365
280	P_{h1}	40.3	47.2	56.7	62.7	80.7	98.1	117	133	161	170	186	202	233	248	324	346
315	P_{h1}	39.3	45.1	53.8	60.1	79.1	92.8	112	128	153	166	177	198	228	242	314	334
355	P_{h1}	37.3	43.5	53.2	59.2	75.2	89.9	107	123	148	159	173	189	216	236	299	324
400	P_{h1}		42.4		56.2		88.3		118		154		183		223		308
450	P_{h1}		40.1		55.4		83.7		113								

注：见表 17-2-233 注。

表 17-2-238　　　　TB2 的额定功率 P_N　　　　kW

i_N	n_1 /r·min^{-1}	n_2 /r·min^{-1}	规格																	
			1	2	3	4	5	6	7	8	9	10	11	12	13	14	15	16	17	18
5	1500	300	36	63	97	182	295		559		880		1351		2073					
	1000	200	24	42	65	121	197		373		586		901		1382		2555			
	750	150	18	31	49	91	148		280		440		675		1037		1916			
5.6	1500	268	32	56	87	163	264		500		786		1263		1880					
	1000	179	22	37	58	109	176		334		525		843		1256		2287			
	750	134	16	28	43	81	132		250		393		631		940		1712	1894	2736	
6.3	1500	238	29	50	77	145	234	299	444	556	698	887	1171	1371	1769	2044				
	1000	159	19	33	52	97	157	200	296	371	466	593	783	916	1182	1365	2164	2348		
	750	119	14	25	39	72	117	150	222	278	349	444	586	685	885	1022	1620	1757	2430	
7.1	1500	211	25	44	68	128	208	265	393	493	619	787	1083	1259	1613	1856				
	1000	141	17	30	46	86	139	177	263	329	413	526	723	842	1078	1240	1949	2141	2879	
	750	106	13	22	34	64	104	133	198	248	311	395	544	633	810	932	1465	1609	2164	2553
8	1500	188	23	39	61	114	185	236	350	439	551	701	994	1161	1516	1732	2598			
	1000	125	15	26	41	76	123	157	233	292	366	466	661	772	1008	1152	1728	1937	2552	
	750	94	11	20	31	57	93	118	175	219	276	350	497	581	758	866	1299	1457	1919	2264
9	1500	167	20	35	54	101	164	210	311	390	490	623	883	1067	1364	1591	2309	2588		
	1000	111	13	23	36	67	109	139	207	259	325	414	587	709	907	1058	1534	1720	2266	2673
	750	83	10	17	27	50	82	104	155	194	243	309	439	530	678	791	1147	1286	1695	1999
10	1500	150	18	31	49	91	148	188	280	350	440	559	793	974	1225	1492	2073	2325		
	1000	100	12	21	32	61	98	126	186	234	293	373	529	649	817	995	1382	1550	2042	2408
	750	75	9	16	24	46	74	94	140	175	220	280	397	487	613	746	1037	1162	1531	1806
11.2	1500	134	16	28	43	81	132	168	250	313	393	500	709	870	1094	1368	1852	2077		
	1000	89	11	19	29	54	88	112	166	208	261	332	471	578	727	909	1230	1379	1817	2143
	750	67	8.1	14	22	41	66	84	125	156	196	250	354	435	547	684	926	1038	1368	1614

续表

i_N	n_1 /r·min^{-1}	n_2 /r·min^{-1}	规格																	
			1	2	3	4	5	6	7	8	9	10	11	12	13	14	15	16	17	18
12.5	1500	120	14	25	39			151		280		447		779		1225		1860		
	1000	80	10	17	26			101		187		298		519		817		1240		1927
	750	60	7.2	13	19			75		140		224		390		613		930		1445
14	1500	107	13	22	35			134		250		399		695		1092				
	1000	71	8.5	15	23			89		166		265		461		725				
	750	54	6.5	11	18			68		126		201		351		551				
16	1500	94	11	19	31															
	1000	63	7.3	13	20															
	750	47	5.4	9.6	15															
18	1500	83	9	16	26															
	1000	56	6	11	18															
	750	42	4.5	7.9	13															

注：卧式安装减速器要求强制润滑。

表 17-2-239　TB2 的热功率 P_h　kW

i_N	P_h	规格																	
		1	2	3	4	5	6	7	8	9	10	11	12	13	14	15	16	17	18
5	P_{h1}	34.9	45.6	59.7	83.4	106		152		186		280		360		517			
	P_{h2}	38.1	50.6	73.1	115	160		218		236		478		659		828			
5.6	P_{h1}	33.4	44	57.6	77.1	107		145		180		276		376		531	558	570	
	P_{h2}	36	48.5	70.4	106	150		210		225		488		658		818	858	869	
6.3	P_{h1}	32	39.7	52.2	73.3	99.8	112	139	160	176	194	273	339	355	412	523	571	591	
	P_{h2}	34.7	43.7	63.5	100	140	173	197	210	233	252	446	540	597	673	820	848	871	
7.1	P_{h1}	30.7	39.4	51.5	68.8	91.2	106	132	155	168	188	284	350	381	429	534	586	603	627
	P_{h2}	35.4	43.5	62.7	93.6	131	162	186	201	225	237	440	527	601	667	787	838	861	880
8	P_{h1}	28.5	36.6	48	62.6	90.1	99.8	126	150	164	180	276	332	356	423	499	567	580	618
	P_{h2}	31.2	40.2	58.2	86.9	121	150	176	198	219	246	402	515	564	636	746	828	840	862
9	P_{h1}	25	34.2	45.8	58.9	83.2	93.6	121	144	150	168	283	359	374	425	529	560	591	639
	P_{h2}	26.6	37.6	55.2	82.7	117	140	167	195	211	222	387	506	520	626	678	735	773	819
10	P_{h1}	22.2	28.6	38.4	52	84.8	86.4	113	133	140	159	258	327	366	422	500	559	593	620
	P_{h2}	23	31.2	46.4	69.9	99.5	130	155	189	203	218	362	459	492	573	630	702	720	783
11.2	P_{h1}	21.3	27.8	37.6	50.9	65.6	83.2	110	125	132	152	255	336	346	440	467	550	572	619
	P_{h2}	22.1	30.4	44.8	67.2	95.5	125	138	180	195	215	308	401	420	525	536	625	655	708
12.5	P_{h1}	20.5	29.4	37.3			80.6		126		150		321		423		521		580
	P_{h2}	21.4	32	45.1			115		167		205		395		495		567		622
14	P_{h1}	19.4	25.6	33.3			76.5		117		138		302		378				
	P_{h2}	21	27.8	39.7			102		148		181		347		439				
16	P_{h1}	18.6	24	31.2															
	P_{h2}	19.8	25.9	37.1															
18	P_{h1}	17.1	21.8	28.3															
	P_{h2}	18.2	23.7	33.6															

注：见表 17-2-233 注。

表 17-2-240　　TB3 的额定功率 P_N　　kW

i_N	n_1 /r·min⁻¹	n_2 /r·min⁻¹	规格																			
			3	4	5	6	7	8	9	10	11	12	13	14	15	16	17	18	19	20	21	22
12.5	1500	120		69	118		214		352		635		980		1659		2450					
	1000	80		46	79		142		235		423		653		1106		1634		2094		2848	
	750	60		35	59		107		176		317		490		829		1225		1571		2136	
14	1500	107		67	110		204		331		594		896		1535	1658	2185	2577				
	1000	71		45	73		135		219		394		595		1019	1100	1450	1710	1948	2193	2676	
	750	54		34	55		103		167		300		452		775	837	1103	1301	1481	1668	2036	2290
16	1500	94		61	100	118	188	212	305	350	551	610	817	960	1398	1516	1969	2264				
	1000	63		41	67	79	126	142	205	235	369	409	548	643	937	1016	1319	1517	1814	2032	2507	2784
	750	47		31	50	59	94	106	153	175	276	305	408	480	699	758	984	1132	1353	1516	1870	2077
18	1500	83		56	92	110	172	201	282	326	504	565	739	869	1286	1391	1738	2086				
	1000	56		38	62	74	116	135	191	220	340	381	498	586	868	938	1173	1407	1689	1876	2346	2568
	750	42		28	47	55	87	102	143	165	255	286	374	440	651	704	880	1055	1267	1407	1759	1926
20	1500	75	28	52	86	104	161	188	267	309	471	534	691	809	1202	1312	1571	1885				
	1000	50	19	35	58	69	107	125	178	206	314	356	461	539	801	874	1047	1257	1571	1738	2199	2382
	750	38	14	26	44	53	82	95	135	156	239	271	350	410	609	665	796	955	1194	1321	1671	1810
22.4	1500	67	25	46	77	97	144	174	239	288	421	505	617	744	1073	1214	1403	1684	2105	2420		
	1000	45	17	31	52	65	97	117	160	193	283	339	415	499	721	815	942	1131	1414	1626	1979	2215
	750	33	12	23	38	48	71	86	117	142	207	249	304	366	529	598	691	829	1037	1192	1451	1624
25	1500	60	23	41	69	91	129	160	214	270	377	471	553	685	961	1087	1257	1508	1885	2168		
	1000	40	15	28	46	61	86	107	142	180	251	314	369	457	641	725	838	1005	1257	1445	1759	1969
	750	30	11	21	35	46	64	80	107	135	188	236	276	342	481	543	628	754	942	1084	1319	1476
28	1500	54	20	37	62	82	116	144	192	243	339	424	498	616	865	978	1131	1357	1696	1950	2375	
	1000	36	14	25	41	55	77	96	128	162	226	283	332	411	577	652	754	905	1131	1301	1583	1772
	750	27	10.2	19	31	41	58	72	96	122	170	212	249	308	433	489	565	679	848	975	1187	1329
31.5	1500	48	18	33	55	73	103	128	171	216	302	377	442	548	769	870	1005	1206	1508	1734	2111	
	1000	32	12.1	22	37	49	69	85	114	144	201	251	295	365	513	580	670	804	1005	1156	1407	1575
	750	24	9	17	28	36	52	64	85	108	151	188	221	274	385	435	503	603	754	867	1055	1181
35.5	1500	42	15.8	29	48	64	90	112	150	189	264	330	387	479	673	761	880	1055	1319	1517	1847	2067
	1000	28	11	19	32	43	60	75	100	126	176	220	258	320	449	507	586	704	880	1012	1231	1378
	750	21	7.9	15	24	32	45	56	75	95	132	165	194	240	336	380	440	528	660	759	924	1034
40	1500	38	14	26	44	58	82	101	135	171	239	298	350	434	609	688	796	955	1194	1373	1671	1870
	1000	25	9	17	29	38	54	67	89	113	157	196	230	285	401	453	524	628	785	903	1099	1230
	750	18.8	7.1	13	22	29	40	50	67	85	118	148	173	215	301	341	394	472	591	679	827	925
45	1500	33	12	23	38	50	71	88	117	149	207	259	304	377	529	598	691	829	1037	1192	1451	1624
	1000	22	8.3	15	25	33	47	59	78	99	138	173	203	251	352	399	461	553	691	795	968	1083
	750	16.7	6.3	12	19	25	36	45	59	75	105	131	154	191	268	303	350	420	525	603	734	822
50	1500	30	11	21	35	46	64	80	107	135	188	236	276	342	481	543	628	754	942	1083	1319	1476
	1000	20	8	14	23	30	43	53	71	90	126	157	184	228	320	362	419	503	628	723	880	984
	750	15	6	10.4	17	23	32	40	53	68	94	118	138	171	240	272	314	377	471	542	660	738
56	1500	27	10.2	19	31	41	58	72	96	122	170	212	249	308	433	489	565	679	848	975	1187	1329
	1000	17.9	6.7	12	21	27	38	48	64	81	112	141	165	204	287	324	375	450	562	647	787	881
	750	13.4	5.1	9.3	15	20	29	36	48	60	84	105	123	153	215	243	281	337	421	484	589	659
63	1500	24	9	17	28	36	50	64	85	108	151	188	221	274	385	435	503	603	754	867	1055	1181
	1000	15.9	6	11	18	24	33	42	57	72	100	125	147	181	255	288	333	400	499	574	699	783
	750	11.9	4.5	8.2	14	18	25	32	42	54	75	93	110	136	191	216	249	299	374	430	523	586
71	1500	21	7.9	14.5	24	32	44	56	75	95	132	165	194	240	336	380	440	528	660	759	924	1034
	1000	14.1	5.3	9.7	16	21	30	38	50	63	89	111	130	161	226	255	295	354	443	509	620	694
	750	10.6	4	7.3	12	16	22	28	38	48	67	83	98	121	170	192	222	266	333	383	466	522
80	1500	18.8				28		50		85		148		215		341		472		679		925
	1000	12.5				18		33		56		98		143		226		314		452		615
	750	9.4				14		25		42		74		107		170		236		340		463
90	1500	16.7				24		44		75		131		191								
	1000	11.1				16		29		50		87		127								
	750	8.3				12		22		37		65		95								

注：卧式安装减速器要求强制润滑。

第 17 篇

表 17-2-241　　　　TB3 的热功率 P_h　　　　kW

i_N	P_h	规格																			
		3	4	5	6	7	8	9	10	11	12	13	14	15	16	17	18	19	20	21	22
12.5	P_{h1}		57.6	81		104		157		218		335		413		458		552		623	
	P_{h2}		66.5	97		141		205		277		434		535		625		664		761	
14	P_{h1}		55.7	78		109		152		211		322		401	429	445	460	556	605	635	654
	P_{h2}		64.9	93.2		135		197		267		417		520	565	625	648	673	737	780	854
16	P_{h1}		53.7	75.2	86.8	105	122	146	158	204	239	310	365	389	417	433	447	560	611	641	665
	P_{h2}		62.2	89.7	102	130	149	189	212	256	313	400	468	502	543	600	630	687	745	793	862
18	P_{h1}		51.4	72.2	83.7	101	118	139	152	197	232	299	353	377	404	419	436	564	621	657	677
	P_{h2}		59.8	86	98.2	125	143	181	204	246	301	383	449	482	523	581	605	701	754	802	870
20	P_{h1}	33	49.6	69.6	80.7	98.9	113	133	146	194	225	289	340	363	392	400	423	570	629	669	691
	P_{h2}	37.1	57	82.9	94.4	120	138	174	195	241	288	372	429	475	502	548	585	715	761	815	875
22.4	P_{h1}	32.8	47.8	67.5	77.4	92.1	109	130	140	184	218	275	327	344	381	394	425	575	635	681	708
	P_{h2}	37.1	54.7	79.5	90.8	112	132	165	187	227	276	353	409	460	490	537	585	730	781	837	888
25	P_{h1}	30.7	43.8	61.9	74.2	87.5	106	122	135	187	219	260	315	347	378	392	413	562	604	670	681
	P_{h2}	34.7	49.9	72.6	87.4	106	129	155	178	213	269	328	389	430	474	520	571	715	763	822	861
28	P_{h1}	29.9	43.5	61	71.4	82.7	99	115	129	179	221	249	301	330	363	380	388	540	569	638	663
	P_{h2}	33.6	49.9	71.2	84	99.8	120	145	169	201	255	315	372	400	441	486	527	679	725	797	837
31.5	P_{h1}	28.2	41	57.6	65.8	79.5	94.7	109	121	170	208	236	286	319	340	353	373	509	548	601	645
	P_{h2}	31.7	46.9	67.2	76.6	93.6	113	136	159	189	238	296	346	384	428	449	515	621	679	729	805
35.5	P_{h1}	26.7	39	55.5	65.1	75.2	89.6	106	114	149	189	226	255	293	311	315	325	475	500	588	631
	P_{h2}	29.8	44.3	64.3	75.5	89	107	131	148	180	224	282	325	369	395	430	477	596	628	700	744
40	P_{h1}	23.5	33.9	48.6	61.6	65.6	84.3	98.9	108	150	184	211	258	296	315	321	336	464	504	558	611
	P_{h2}	26.2	38.2	56	71.5	77.6	100	121	139	168	211	263	307	347	379	406	457	558	603	655	713
45	P_{h1}	23.2	33.4	47.4	59.2	63.3	80.3	90	103	144	177	192	249	271	307	311	325	445	478	513	578
	P_{h2}	25.6	37.4	54.6	68.5	75	95.1	110	134	153	201	235	294	314	355	370	430	528	563	595	667
50	P_{h1}	22.7	34.1	47.2	52	62.9	70.5	88.1	98.3	143	168	198	234	274	282	300	306	433	439	520	531
	P_{h2}	25.3	38.2	54.1	59.5	74.4	83.7	107	124	150	186	242	273	316	322	375	392	507	515	594	606
56	P_{h1}	20.3	30.4	42.7	50.4	57.5	68.3	79.4	89.9	132	164	180	211	249	275	288	311	395	424	471	521
	P_{h2}	22.4	34.1	48.8	57.9	67.5	81	96.8	113	135	170	217	246	285	323	360	397	458	512	534	593
63	P_{h1}	20	29	40.8	49.6	55.2	67.1	75.9	86.3	124	160	171	203	239	261	272	295	386	410	463	493
	P_{h2}	21.8	32	46.1	57.4	63.9	80	91.2	111	127	167	204	250	270	292	322	359	439	461	513	541
71	P_{h1}	18.6	25.8	37.6	45.8	51	65.3	69.3	79.4	112	148	154	200	226	249	261	288	365	396	436	476
	P_{h2}	20	28.3	42.1	52	58.8	72.8	82.8	99.6	129	164	185	225	249	276	300	341	411	443	480	521
80	P_{h1}				43.4		59.4		75.3		139		189		234		279		375		450
	P_{h2}				49		68.9		94.3		168		212		255		316		414		487
90	P_{h1}				40		55.1		68.7		125		171								
	P_{h2}				45		63.5		85.5		154		193								

注：见表 17-2-233 注。

表 17-2-242　　TB4 的额定功率 P_N　　kW

i_N	n_1 /r·min⁻¹	n_2 /r·min⁻¹	规格																	
			5	6	7	8	9	10	11	12	13	14	15	16	17	18	19	20	21	22
80	1500	18.8	22		40		67		118		173		301		394		591		827	
	1000	12.5	14		27		45		79		115		200		262		393		550	
	750	9.4	11		20		33		59		87		151		197		295		413	
90	1500	16.7	19		36		59		105		154		268	303	350	420	525	603	734	822
	1000	11.1	13		24		40		70		102		178	201	232	279	349	401	488	546
	750	8.3	9.6		18		30		52		76		133	150	174	209	261	300	365	408
100	1500	15	17.3	23	32	40	53	68	94	118	138	171	240	272	314	377	471	542	660	738
	1000	10	12	15	21	27	36	45	63	79	92	114	160	181	209	251	314	361	440	492
	750	7.5	8.6	11.4	16	20	27	34	47	59	69	86	120	136	157	188	236	271	330	369
112	1500	13.4	15	20	29	36	48	60	84	105	123	153	215	243	281	337	421	484	589	659
	1000	8.9	10.3	13.5	19	24	32	40	56	70	82	102	143	161	186	224	280	322	391	438
	750	6.7	7.7	10	14	18	24	30	42	53	62	76	107	121	140	168	210	242	295	330
125	1500	12	14	18	26	32	43	54	75	94	111	137	192	217	251	302	377	434	528	591
	1000	8	9.2	12	17	21	28	36	50	63	74	91	128	145	168	201	251	289	352	394
	750	6	6.9	9.1	13	16	21	27	38	47	55	68	96	109	126	151	188	217	264	295
140	1500	10.7	12	16.2	23	29	38	48	67	84	99	122	171	194	224	269	336	387	471	527
	1000	7.1	8.2	11	15	19	25	32	45	56	65	81	114	129	149	178	223	256	312	349
	750	5.4	6.2	8.2	12	14.4	19	24	34	42	50	62	87	98	113	136	170	195	237	266
160	1500	9.4	11	14.3	20	25	33	42	59	74	87	107	151	170	197	236	295	340	413	463
	1000	6.3	7.3	9.6	14	17	22	28	40	49	58	72	101	114	132	158	198	228	277	310
	750	4.7	5.4	7.1	10	13	17	21	30	37	43	54	75	85	98	118	148	170	207	231
180	1500	8.3	9.6	13	18	22	30	37	52	65	76	95	133	150	174	209	261	300	365	408
	1000	5.6	6.5	8.5	12	15	20	25	35	44	52	64	90	101	117	141	176	202	246	276
	750	4.2	4.8	6.4	9	11.2	15	19	26	33	39	48	67	76	88	106	132	152	185	207
200	1500	7.5	8.6	11.4	16	20	27	34	47	59	69	86	120	136	157	188	236	271	330	369
	1000	5	5.8	7.6	11	13.4	18	23	31	39	46	57	80	91	105	126	157	181	220	246
	750	3.8	4.4	5.8	8.2	10	14	17	24	30	35	43	61	69	80	95	119	137	167	187
224	1500	6.7	7.7	10	14.4	18	24	30	42	53	62	76	107	121	140	168	210	242	295	330
	1000	4.5	5.2	6.8	9.7	12	16	20	28	35	41	51	72	82	94	113	141	163	198	221
	750	3.3	3.8	5	7.1	9	12	15	21	26	30	38	53	60	69	83	104	119	145	162
250	1500	6	6.9	9.1	13	16	21	27	38	47	55	68	96	109	126	151	188	217	264	295
	1000	4	4.6	6.1	8.6	11	14	18	25	31	37	46	64	72	84	101	126	145	176	197
	750	3	3.5	4.6	6.4	8	11	14	19	24	28	34	48	54	63	75	94	108	132	148
280	1500	5.4	6.2	8.2	12	14.4	19	24	34	42	50	62	87	98	113	136	170	195	237	266
	1000	3.6	4.1	5.5	7.7	9.6	13	16	23	28	33	41	58	65	75	90	113	130	158	177
	750	2.7	3.1	4.1	5.8	7.2	10	12	17	21	25	31	43	49	57	68	85	98	119	133
315	1500	4.8	5.5	7.3	10.3	13	17	22	30	38	44	55	77	87	101	121	151	173	211	236
	1000	3.2	3.7	4.9	6.9	8.5	11	14	20	25	29	37	51	58	67	80	101	116	141	157
	750	2.4	2.8	3.6	5.2	6.4	8.5	11	15.1	19	22	27	38	43	50	60	75	87	106	118
355	1500	4.2		6.4		11.2		19		33		48		76		106		152		207
	1000	2.8		4.3		7.5		13		22		32		51		70		101		138
	750	2.1		3.2		5.6		9.5		16		24		38		53		76		103
400	1500	3.8		5.8		10		17		30		43								
	1000	2.5		3.8		6.7		11.3		20		29								
	750	1.5		2.9		5.1		8.6		15		22								

表 17-2-243　　TB4 的热功率 P_h　　kW

i_N	P_h	规格																	
		5	6	7	8	9	10	11	12	13	14	15	16	17	18	19	20	21	22
80	P_{h1}	35.9		53.5		76.4		114		164		216		266		333		464	
90	P_{h1}	35.8		52.1		74		108		158		215	234	254	284	318	343	453	490
100	P_{h1}	33.9	38.1	48.5	57.5	68.9	79.5	103	134	149	173	204	223	238	270	299	326	439	486
112	P_{h1}	33	38.1	48.4	56	68.1	77	98.5	126	143	165	195	211	228	254	283	306	414	440
125	P_{h1}	31.3	36.1	46	52.3	65.3	71.5	93.6	120	135	156	186	203	218	241	270	291	400	440
140	P_{h1}	29.5	35	43.9	52.1	62.9	71.1	90	115	131	149	180	194	209	230	261	278	388	413
160	P_{h1}	26.6	33.1	38.8	49.6	56.3	68.1	81	109	123	141	170	186	198	223	248	269	370	401
180	P_{h1}	26.3	31.5	38.1	47.3	54.9	65.5	78.9	105	114	138	158	176	183	209	228	255	344	383
200	P_{h1}	26.1	28.4	38.8	41.8	54.6	58.6	78.3	94.6	113	130	156	164	181	194	231	245	345	355
224	P_{h1}	23.5	28	35.3	41	50.1	57.3	72.3	91.9	103	120	144	163	166	193	214	239	318	354
250	P_{h1}	23.1	27.8	33.8	41.9	47.8	56.9	69.1	91.3	98.5	119	138	149	159	176	204	220	305	328
280	P_{h1}	21.4	25	30.4	38.1	44.4	52.4	64.5	84	90.5	109	126	143	146	168	189	210	288	313
315	P_{h1}	19.5	24.5	28.5	36.3	41.3	49.8	59.1	80.3	85.9	104	118	130	136	154	178	195	264	295
355	P_{h1}		22.8		32.9		46.5		74.8		95.5		122		144		184		270
400	P_{h1}		21		31.1		43.1		68.8		90.5								

注：见表 17-2-233 注。

表 17-2-244　　TH 的额定输出转矩　　kN·m

i_N	规格																				
	1	3	4	5	6	7	8	9	10	11	12	13	14	15	16	17	18	19	20	21	22
1.25	0.79	2.6		7		13.3		21.5													
1.4	0.83	2.7		7.2		13.9		22.3													
1.6	0.87	2.9		7.5		14.2		23.6		40		63									
1.8	0.91	2.4		7.7		15.2		24.4		41.4		66.3									
2	0.93	2.5		8.2		15.5		25		42.7		68.2		121							
2.24	0.96	2.5		8.4		15.5		25		44		70.3		122							
2.5	1	2.6		8.4		15.5		25		44		72		110							
2.8	1	2.7		8.4		14.9		23.7		44		72		113		171					
3.15	1	2.7		8.4		15.2		24.5		41.9		68.4		116		173					
3.55	1	2.8		8.3		15.5		24.9		43.7		69.6		118		173					
4	1	2.8		8.4		15.5		25		44		70.8		122		173		245			
4.5	0.82	2.2		6.7		13.8		21.4		40		57.6		102		146		216			
5	0.78	2.1		6.3		12		20.5		33.7		54.5		88.8		124		174			
5.6	0.62	2		6		11.4		17.5		31.8		51.8		84.5		118		150			
6.3		3.5	6.3	10.5		19		31.5		55.5		86		143		195		292			
7.1		3.5	6.3	10.5		19		31.5		55.5		86		143	160	195	230	292	335	410	
8		3.5	6.3	10.5	13.5	19	24	31.5	39.5	55.5	69	86	107	143	160	195	230	292	335	410	458
9		3.5	6.3	10.5	13.5	19	24	31.5	39.5	55.5	69	86	107	143	160	195	230	292	335	410	458
10		3.5	6.3	10.5	13.5	19	24	31.5	39.5	55.5	69	86	107	143	160	195	230	292	335	410	458
11.2		3.5	6.3	10.5	13.5	19	24	31.5	39.5	55.5	69	86	107	143	160	195	230	292	335	410	458
12.5		3.5	6.3	10.5	13.5	19	24	31.5	39.5	55.5	69	86	107	143	160	195	230	292	335	410	458
14		3.5	6.3	10.5	13.5	19	24	31.5	39.5	55.5	69	86	107	143	160	195	230	292	335	410	458
16		3.5	6.3	10.5	13.5	19	24	31.5	39.5	55.5	69	86	107	143	160	195	230	292	335	410	458

续表

i_N	规格																				
	1	3	4	5	6	7	8	9	10	11	12	13	14	15	16	17	18	19	20	21	22
18		3.5	6.3	10.5	13.5	19	24	31.5	39.5	55.5	69	86	107	143	160	195	230	292	335	410	458
20		3.5	6.3	10.5	13.5	19	24	31.5	39.5	55.5	69	86	107	143	160	195	230	292	335	410	458
22.4		3.5	6.2	10.2	13.5	18.6	24	31	39.5	54.5	69	88	107	153	160	200	230	300	335	420	458
25				11	13.5	20.5	24	34	39.5	60	69	88	107	153	173	200	240	300	345	420	470
28				11	13	20.5	23.5	34	38.9	60	67.8	88	109	153	173	200	240	300	345	420	470
31.5				11	14.5	20.5	25.5	34	43	60	75	88	109	153	173	200	240	300	345	420	470
35.5				11	14.5	20.5	25.5	34	43	60	75	88	109	153	173	200	240	300	345	420	470
40				11	14.5	20.5	25.5	34	43	60	75	88	109	153	173	200	240	300	345	420	470
45				11	14.5	20.5	25.5	34	43	60	75	88	109	153	173	200	240	300	345	420	470
50				11	14.5	20.5	25.5	34	43	60	75	88	109	153	173	200	240	300	345	420	470
56				11	14.5	20.5	25.5	34	43	60	75	88	109	153	173	200	240	300	345	420	470
63				11	14.5	20.5	25.5	34	43	60	75	88	109	153	173	200	240	300	345	420	470
71				11	14.5	20.5	25.5	34	43	60	75	88	109	153	173	200	240	300	345	420	470
80				11	14.5	20.5	25.5	34	43	60	75	88	109	153	173	200	240	300	345	420	470
90				11	14.5	20	25.5	33.5	43	60	75	88	109	153	173	200	240	290	345	410	470
100					14.5	20.5	25.5	34	43	60	75	88	109	153	173	200	226	300	335	420	465
112					14.1	20.5	25.2	34	42	60	75	88	109	153	173	200	240	300	345	420	470
125						20.5	25.5	34	43	60	75	88	109	153	173	200	240	300	345	420	470
140						20.5	25.5	34	43	60	75	88	109	153	173	200	240	300	345	420	470
160						20.5	25.5	34	43	60	75	88	109	153	173	200	240	300	345	420	470
180						20.5	25.5	34	43	60	75	88	109	153	173	200	240	300	345	420	470
200						20.5	25.5	34	43	60	75	88	109	153	173	200	240	300	345	420	470
224						20.5	25.5	34	43	60	75	88	109	153	173	200	240	300	345	420	470
250						20.5	25.5	34	43	60	75	88	109	153	173	200	240	300	345	420	470
280						20.5	25.5	34	43	60	75	88	109	153	173	200	240	300	345	420	470
315						20.5	25.5	34	43	60	75	88	109	153	173	200	240	300	345	420	470
355						19.6	25.5	33	43	59	75	88	109	140	173	192	240	290	345	410	470
400							25.5		43		75		109		158		223		335		465
450							24.8		41.6		74		109								

表 17-2-245　　TB2、TB3、TB4 的额定输出转矩　　kN · m

i_N	规格																					
	1	2	3	4	5	6	7	8	9	10	11	12	13	14	15	16	17	18	19	20	21	22
5	1.15	2	3.1	5.8	9.4		17.8		28		43		66		122							
5.6	1.15	2	3.1	5.8	9.4		17.8		28		45		67		122	135	195					
6.3	1.15	2	3.1	5.8	9.4	12	17.8	22.3	28	35.6	47	55	71	82	130	141	195					
7.1	1.15	2	3.1	5.8	9.4	12	17.8	22.3	28	35.6	49	57	73	84	132	145	195	230				
8	1.15	2	3.1	5.8	9.4	12	17.8	22.3	28	35.6	50.5	59	77	88	132	148	195	230				
9	1.15	2	3.1	5.8	9.4	12	17.8	22.3	28	35.6	50.5	61	78	91	132	148	195	230				
10	1.15	2	3.1	5.8	9.4	12	17.8	22.3	28	35.6	50.5	62	78	95	132	148	195	230				
11.2	1.15	2	3.1	5.8	9.4	12	17.8	22.3	28	35.6	50.5	62	78	97.5	132	148	195	230				
12.5	1.15	2	3.1	5.5	9.4	12	17	22.3	28	35.6	50.5	62	78	97.5	132	148	195	230	250		340	
14	1.15	2	3.1	6	9.8	12	18.2	22.3	29.5	35.6	53	62	80	97.5	137	148	195	230	262	295	360	405
16	1.1	1.95	3.1	6.2	10.2	12	19.1	21.5	31	35.6	56	62	83	97.5	142	154	200	230	275	308	380	422
18	1.03	1.8	3	6.4	10.6	12.6	19.8	23.1	32.5	37.5	58	65	85	100	148	160	200	240	288	320	400	438
20			3.6	6.6	11	13.2	20.5	23.9	34	39.3	60	68	88	103	153	167	200	240	300	332	420	455
22.4			3.6	6.6	11	13.8	20.5	24.8	34	41	60	72	88	106	153	173	200	240	300	345	420	470
25			3.6	6.6	11	14.5	20.5	25.5	34	43	60	75	88	109	153	173	200	240	300	345	420	470
28			3.6	6.6	11	14.5	20.5	25.5	34	43	60	75	88	109	153	173	200	240	300	345	420	470
31.5			3.6	6.6	11	14.5	20.5	25.5	34	43	60	75	88	109	153	173	200	240	300	345	420	470

续表

i_N	规格																					
	1	2	3	4	5	6	7	8	9	10	11	12	13	14	15	16	17	18	19	20	21	22
35.5			3.6	6.6	11	14.5	20.5	25.5	34	43	60	75	88	109	153	173	200	240	300	345	420	470
40			3.6	6.6	11	14.5	20.5	25.5	34	43	60	75	88	109	153	173	200	240	300	345	420	470
45			3.6	6.6	11	14.5	20.5	25.5	34	43	60	75	88	109	153	173	200	240	300	345	420	470
50			3.6	6.6	11	14.5	20.5	25.5	34	43	60	75	88	109	153	173	200	240	300	345	420	470
56			3.6	6.6	11	14.5	20.5	25.5	34	43	60	75	88	109	153	173	200	240	300	345	420	470
63			3.6	6.6	11	14.5	20	25.5	34	43	60	75	88	109	153	173	200	240	300	345	420	470
71			3.6	6.6	11	14.5	20	25.5	34	43	60	75	88	109	153	173	200	240	300	345	420	470
80					11	14	20.5	25.2	34	43	60	75	88	109	153	173	200	240	300	345	420	470
90					11	14	20.5	25.2	34	43	60	75	88	109	153	173	200	240	300	345	420	470
100					11	14.5	20.5	25.5	34	43	60	75	88	109	153	173	200	240	300	345	420	470
112					11	14.5	20.5	25.5	34	43	60	75	88	109	153	173	200	240	300	345	420	470
125					11	14.5	20.5	25.5	34	43	60	75	88	109	153	173	200	240	300	345	420	470
140					11	14.5	20.5	25.5	34	43	60	75	88	109	153	173	200	240	300	345	420	470
160					11	14.5	20.5	25.5	34	43	60	75	88	109	153	173	200	240	300	345	420	470
180					11	14.5	20.5	25.5	34	43	60	75	88	109	153	173	200	240	300	345	420	470
200					11	14.5	20.5	25.5	34	43	60	75	88	109	153	173	200	240	300	345	420	470
224					11	14.5	20.5	25.5	34	43	60	75	88	109	153	173	200	240	300	345	420	470
250					11	14.5	20.5	25.5	34	43	60	75	88	109	153	173	200	240	300	345	420	470
280					11	14.5	20.5	25.5	34	43	60	75	88	109	153	173	200	240	300	345	420	470
315					11	14.5	20.5	25.5	34	43	60	75	88	109	153	173	200	240	300	345	420	470
355						14.5		25.5		43		75		109		173		240		345		470
400						14.5		25.5		43		75		109								

表 17-2-246　　允许的附加径向力 F_{R2}，作用于输出轴轴端中部　　kN

类型	布置型式	规格																	
		1	2	3	4	5	6	7	8	9	10	11	12	13	14	15	16	17	18
TH2S.	A/B/G/H	—	—	8	10	22	22	30	30	30	45	64	64	150	150	140	205	205	205
	C/D	—	—	8	10	13	13	18	18	10	28	35	35	112	112	85	135	135	135
TH3S.	A/B/G/H	—	—	—	—	29	29	40	40	40	60	85	85	190	190	185	265	265	265
	C/D	—	—	—	—	18	18	26	26	18	40	50	50	150	150	120	185	185	190
TH4S.	A/B	—	—	—	—	—	—	26	26	18	40	50	50	150	150	120	185	185	190
	C/D	—	—	—	—	—	—	40	40	40	60	85	85	190	190	185	265	265	265
TB2S.	A/C	7	10	10	13	27	27	37	37	38	55	78	78	160	160	150	210	210	210
	B/D	4	7	9	12	15	15	17	17	10	30	35	38	110	110	75	145	100	100
TB3S.	A/C	—	—	9	14	29	29	40	40	40	60	85	85	190	190	185	265	265	265
	B/D	—	—	7	9	18	18	26	26	18	40	50	50	150	150	120	185	185	190
TB4S.	A/C	—	—	—	—	29	29	40	40	40	60	85	85	190	190	185	265	265	265
	B/D	—	—	—	—	18	18	26	26	18	40	50	50	150	150	120	185	185	190

注：需要承受附加径向力时请与厂家联系，基础螺栓的最低性能等级为 8.8 级，基础必须干燥，不得有油脂。

13.5　减速器的选用

选用的减速器必须满足机械承载的额定功率及热平衡许用功率两方面要求。

1）计算传动比

$$i_s = \frac{n_1}{n_2} \tag{17-2-38}$$

式中　n_1——输入转速，r/min；

n_2——输出转速，r/min。

2）确定减速器的额定功率，应满足：

$$P_N \geqslant P_z f_1 f_2 f_3 f_4 \tag{17-2-39}$$

式中　P_N——减速器的额定功率，kW（见功率表）；

P_z——载荷功率，kW；

f_1——工作机系数，见表 17-2-247；

f_2——原动机系数，见表 17-2-248；

f_3——减速器安全系数，见表 17-2-249；

f_4——启动系数，见表 17-2-250。

3）校核最大转矩，如峰值工作转矩，启动转矩或制动转矩应满足要求：

$$P_N \geqslant \frac{T_A n_1}{9550} f_5 \tag{17-2-40}$$

式中　T_A——输入轴最大转矩，如峰值工作转矩、启动转矩或制动转矩，N·m；

f_5——峰值转矩系数，见表 17-2-251。

4）检查输出轴上是否允许有附加载荷，许用附加径向力见表 17-2-246。

5）确定供油方式：减速器卧式安装时采用浸油飞溅润滑；立式安装时可选浸油润滑或强制润滑。

6）校核热平衡功率

① 不带辅助冷却时，应满足：

$$P_z \leqslant P_h = P_{h1} f_6 f_7 f_8 f_9 \tag{17-2-41}$$

式中　P_h——减速器的热功率，kW；

P_{h1}——无辅助冷却装置的热功率，kW（见热功率表）；

f_6——环境温度系数，见表 17-2-252；

f_7——海拔高度系数，见表 17-2-253；

f_8——立式安装供油系数，见表 17-2-254；

f_9——无辅助冷却装置的热容量系数，见表 17-2-255。

② 带有冷却风扇装置时应满足：

$$P_z \leqslant P_h = P_{h2} f_6 f_7 f_8 f_{10} \tag{17-2-42}$$

式中　P_{h2}——带冷却风扇装置时的热功率，kW（见热功率表）；

f_{10}——带冷却风扇装置时的热容量系数，见表 17-2-256。

表 17-2-247　　工作机系数 f_1

工作机		日工作小时数			工作机		日工作小时数		
		≤0.5h	0.5~10h	>10h			≤0.5h	0.5~10h	>10h
污水处理	浓缩器(中心传动)	—	—	1.2	污水处理	曝气机	—	1.8	2.0
	压滤器	1.0	1.3	1.5		搂集设备	1.0	1.2	1.3
	絮凝器	0.8	1.0	1.3		纵向、回转组合搂集装置	1.0	1.3	1.5

续表

工作机		日工作小时数		
		≤0.5h	0.5~10h	>10h
污水处理	预浓缩器	—	1.1	1.3
	螺杆泵	—	1.3	1.5
	水轮机	—	—	2.0
	离心泵	1.0	1.2	1.3
	1 个活塞容积式泵	1.3	1.4	1.8
	>1 个活塞容积式泵	1.2	1.4	1.5
挖泥机	斗式运输机	—	1.6	1.6
	倾卸装置	—	1.3	1.5
	Carteypillar 行走机构	1.2	1.6	1.8
	斗轮式挖掘机(用于捡拾)	—	1.7	1.7
	斗轮式挖掘机(用于粗料)	—	2.2	2.2
	切碎机	—	2.2	2.2
	行走机构		1.4	1.8
弯板机		—	1.0	1.0
化学工业	挤压机	—	—	1.6
	调浆机	—	1.8	1.8
	橡胶研光机	—	1.5	1.5
	冷却圆筒	—	1.3	1.4
	混料机,用于均匀介质	1.0	1.3	1.4
	混料机,用于非均匀介质	1.4	1.6	1.7
	搅拌机,用于密度均匀介质	1.0	1.3	1.5
	搅拌机,用于非均匀介质	1.2	1.4	1.6
	搅拌机,用于不均匀气体吸收	1.4	1.6	1.8
	烘炉	1.0	1.3	1.5
	离心机	1.0	1.2	1.3
金属加工设备	翻板机	1.0	1.0	1.2
	推钢机	1.0	1.2	1.2
	绕线机	—	1.6	1.6
	冷床横移架	—	1.5	1.5
	辊式矫直机	—	1.6	1.6
	辊道(连续式)	—	1.5	1.5
	辊道(间歇式)	—	2.0	2.0
	可逆式轧管机	—	1.8	1.8
	剪切机(连续式)	—	1.5	1.5
	剪切机(曲柄式)	1.0	1.0	1.0
	连铸机驱动装置	—	1.4	1.4
	可逆式开坯机	—	2.5	2.5
	可逆式板坯轧机	—	2.5	2.5
	可逆式线材轧机	—	1.8	1.8
	可逆式薄板轧机	—	2.0	2.0
	可逆式中厚板轧机	—	1.8	1.8
	辊缝调节驱动装置	0.9	1.0	—
输送机械	斗式输送机	—	1.2	1.5
	绞车	1.4	1.6	1.6
	卷扬机		1.5	1.8
	带式输送机<150kW	1.0	1.2	1.3
	带式输送机≥150kW	1.1	1.3	1.5
	货用电梯	—	1.2	1.5
	客用电梯		1.5	1.8
	刮板式输送机	—	1.2	1.5
	自动扶梯		1.2	1.4
	轨道行走机构	—	1.5	—
变频装置		—	1.8	2.0
往复式压缩机		—	1.8	1.9
起重机械	回转机构	2.5	2.5	3.0
	俯仰机构	2.5	2.5	3.0
	行走机构	2.5	3.0	3.0
	提升机构	2.5	2.5	3.0
	转臂式起重机	2.5	2.5	3.0
冷却塔	冷却塔风扇	—	—	2.0
	风机(轴流和离心式)	—	1.4	1.5
蔗糖生产	甘蔗切碎机	—	—	1.7
	甘蔗碾磨机	—	—	1.7
甜菜糖生产	甜菜绞碎机	—	—	1.2
	榨取机,机械制冷机,蒸煮机	—	—	1.4
	甜菜清洗机	—	—	1.5
	甜菜切碎机	—	—	1.5
造纸机械	各种类型	—	1.8	2.0
	碎浆机驱动装置	2.0	2.0	2.0
离心式压缩机		—	1.4	1.5
索道缆车	运货索道	—	1.3	1.4
	往返系统空中索道	—	1.6	1.8
	T 形杆升降机	—	1.3	1.4
	连续索道	—	1.4	1.6
水泥工业	混凝土搅拌器	—	1.5	1.5
	破碎机	—	1.2	1.4
	回转窑	—	—	2.0
	管式磨机	—	—	2.0
	选粉机	—	1.6	1.6
	辊压机	—	—	2.0

表 17-2-248　原动机系数 f_2

电机，液压马达，汽轮机	1.0
4～6 缸活塞发动机	1.25
1～3 缸活塞发动机	1.5

表 17-2-249　减速器安全系数 f_3

重要性与安全要求	一般设备，减速器失效仅引起单机停产且易更换备件	重要设备，减速器失效引起机组、生产线或全厂停产	高度安全要求，减速器失效引起设备、人身事故
f_3	1.1～1.3	1.3～1.5	1.5～1.7

表 17-2-250　启动系数 f_4

每小时启动次数	$f_1 \times f_2 \times f_3$			
	1	1.25～1.75	2～2.75	≥3
≤5	1	1	1	1
6～25	1.2	1.12	1.06	1
26～60	1.3	1.2	1.12	1.06
61～180	1.5	1.3	1.2	1.12
>180	1.7	1.5	1.3	1.2

表 17-2-251　峰值转矩系数 f_5

项　目	每小时峰值负荷次数			
	1～5	6～30	31～100	>100
单向载荷	0.5	0.65	0.7	0.85
交变载荷	0.7	0.95	1.10	1.25

表 17-2-252　环境温度系数 f_6

不带辅助冷却装置或仅带冷却风扇					
环境温度/℃	每小时工作周期(ED)百分比/%				
	100	80	60	40	20
10	1.11	1.31	1.60	2.14	3.64
20	1.00	1.18	1.44	1.93	3.28
30	0.88	1.04	1.27	1.70	2.89
40	0.75	0.89	1.08	1.45	2.46
50	0.63	0.74	1.91	1.22	2.07

表 17-2-253　海拔高度系数 f_7

不带辅助冷却装置或仅带冷却风扇					
系数	海拔高度/m				
	高达 1000	高达 2000	高达 3000	高达 4000	高达 5000
f_7	1.0	0.95	0.90	0.85	0.80

表 17-2-254　立式安装减速器供油系数 f_8

类型	供油方式	规格 1～12				规格 13～18			
		不带辅助冷却装置	带冷却风扇	带冷却盘管	带风扇和冷却盘管	不带辅助冷却装置	带冷却风扇	带冷却盘管	带风扇和冷却盘管
TH2.V TH3.V TH4.V	浸油润滑	0.95	…	…	…	…	…	…	…
	强制润滑	1.15	…	…	…	1.15	…	…	…
TB2.V TB3.V TB4.V	浸油润滑	0.95	0.95	…	…	…	…	…	…
	强制润滑	1.15	1.10	…	…	1.15	1.10	…	…

注：…表示根据用户要求供货。

表 17-2-255　无辅助冷却装置减速器的热容量系数 f_9

类型	n /r·min^{-1}	传动比 i	狭小空间安装 风速≥1m/s 规格				室内大厅、大车间安装 风速≥2m/s 规格				室外安装 风速≥4m/s 规格			
			1～6	7～12	13～18	19～22	1～6	7～12	13～18	19～22	1～6	7～12	13～18	19～22
TH1SH	750	1.25～2	0.60	0.57	—	—	0.77	0.73	—	—	1.00	1.00	1.00	—
		2.24～5.6	0.67	0.64	0.61	0.56	0.81	0.79	0.75	0.74	1.00	1.00	1.00	1.00
	1000	1.25～2	0.55	—	—	—	0.72	0.63	—	—	0.99	0.90	—	—
		2.24～5.6	0.69	0.59	0.53	—	0.85	0.76	0.66	0.50	1.07	0.99	0.92	0.78
	1500	1.25～2	0.43	—	—	—	0.63	—	—	—	0.92	—	—	—
		2.24～3.55	0.56	—	—	—	0.76	0.56	—	—	1.04	0.86	—	—
		4～5.6	0.74	0.52	—	—	0.93	0.69	—	—	1.19	0.96	0.76	—
TH2.. TB2..	750	5～9	0.66	0.58	0.60	0.60	0.81	0.76	0.74	0.76	1.00	1.00	1.00	1.00
		10～28	0.71	0.68	0.67	0.68	0.83	0.82	0.81	0.81	1.00	1.00	1.00	1.00
	1000	5～9	0.66	0.54	0.51	—	0.83	0.69	0.65	—	1.06	0.95	0.90	0.97
		10～28	0.75	0.68	0.66	0.63	0.90	0.84	0.80	0.77	1.10	1.06	1.03	0.99

续表

类型	n /r·min⁻¹	传动比 i	狭小空间安装 风速≥1m/s 规格				室内大厅、大车间安装 风速≥2m/s 规格				室外安装 风速≥4m/s 规格			
			1~6	7~12	13~18	19~22	1~6	7~12	13~18	19~22	1~6	7~12	13~18	19~22
TH2.. TB2..	1500	5~6.3	0.56	—	—	—	0.76	0.59	—	—	1.05	0.88	—	—
		7~9	0.64	0.47	—	—	0.82	0.62	—	—	1.10	0.87	0.81	—
		10~16	0.75	0.56	0.54	—	0.94	0.71	0.67	—	1.20	0.98	0.93	0.83
		18~28	0.81	0.69	0.63	—	0.99	0.88	0.78	0.68	1.24	1.14	1.05	0.93
TH3.. TB3..	750	12.5~112	0.71	0.70	0.70	0.70	0.83	0.83	0.83	0.82	1.00	1.00	1.00	1.00
	1000	12.5~112	0.76	0.74	0.71	0.70	0.90	0.89	0.86	0.84	1.09	1.09	1.07	1.05
	1500	12.5~31.5	0.77	0.62	0.54	0.53	0.96	0.82	0.67	0.65	1.21	1.10	0.95	0.88
		35.5~56	0.83	0.78	0.69	0.64	1.00	0.96	0.87	0.81	1.23	1.20	1.12	1.07
		63~112	0.87	0.87	0.84	0.81	1.03	1.03	1.00	0.97	1.24	1.24	1.23	1.20
TH4.. TB4..	750	80~450	0.71	0.72	0.73	0.73	0.84	0.85	0.85	0.85	1.00	1.00	1.00	1.00
	1000	80~450	0.76	0.77	0.78	0.78	0.90	0.91	0.91	0.91	1.09	1.09	1.09	1.09
	1500	80~112	0.79	0.82	0.80	0.72	0.98	0.99	0.98	0.94	1.21	1.21	1.20	1.18
		125~450	0.84	0.86	0.85	0.85	1.01	1.02	1.01	1.01	1.23	1.23	1.22	1.22

注：表中短画线“—”表示需要辅助冷却装置.

表 17-2-256　带冷却风扇的减速器热容量系数 f_{10}

类型	n /r·min⁻¹	传动比 i	狭小空间安装 风速≥1m/s 规格				室内大厅、大车间安装 风速≥2m/s 规格				室外安装 风速≥4m/s 规格			
			1~6	7~12	13~18	19~22	1~6	7~12	13~18	19~22	1~6	7~12	13~18	19~22
TH1SH TH2, H3.. TB2.. TB3..	750	1.25~112	0.89	0.93	0.98	0.98	0.93	0.95	0.99	0.99	1.00	1.00	1.00	1.00
	1000		1.07	1.13	1.16	1.18	1.11	1.15	1.17	1.17	1.18	1.19	1.19	1.19
	1500		1.41	1.46	1.45	1.44	1.43	1.47	1.45	1.44	1.49	1.51	1.46	1.46

14　TR 系列斜齿轮硬齿面减速机

TR 系列斜齿轮硬齿面减速机，其特点是采用模块组合设计，有极其多的组合装配形式，功率和转矩范围宽，选用方便，可广泛配套使用于冶金、矿山、石化、轻工及建筑设备上。

本手册摘录的资料是由浙江通力减速机有限公司提供。国内类似该系列产品的其他生产厂为：江苏泰隆减速机股份有限公司、德国独资 SEW-传动设备（天津）有限公司、德国弗兰德机电传动（天津）有限公司。详细资料见有关厂家产品样本。设计选用时以厂家最新资料为准。

14.1 标记示例

TR F 38-Y 0.55-4P-32.40-M1-Ⅰ-ϕ200-G

- G——连接法兰（直联电机时省略）
- ϕ200——输出法兰外径（底脚安装时省略）
- Ⅰ——电机接线盒位置
- M1——安装形式：M1 ~ M6
- 32.40——传动比
- 0.55-4P——电机功率、极数
- Y——电机代号［普通（更新）Y（Y2）、防爆 B、直流 Z、制动 E、多速 D、变频 V、分马力 F、增安 A、电环调速 C、冶金起重 R、变频制动 VE、辊道 G、自配电机 ZP］
- 38——规格
- F——结构形式［普通轴伸或（省略）、轴伸法兰式 F、普通轴伸式，轴输入 S、轴伸法兰式，轴输入 FS、搅拌机专用 M］
- TR——减速机类型（TR—— 二级或三级减速机、TRX—— 单级减速机）

14.2 TR 系列减速机装配形式

表 17-2-257

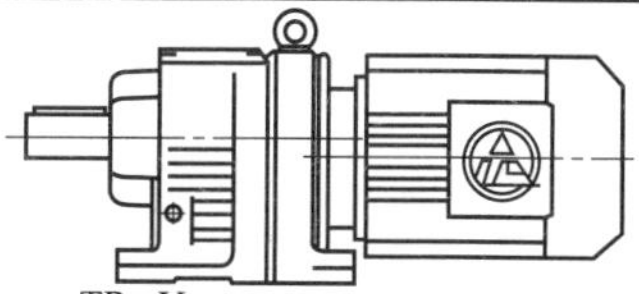

TR...Y...
底脚轴伸式安装

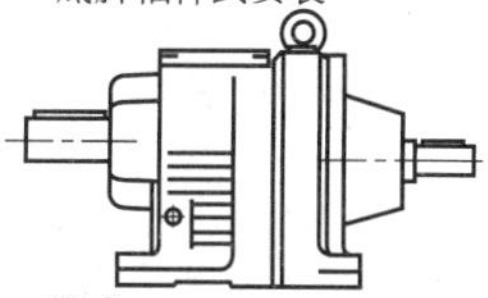

TRS...
底脚轴伸式安装，轴输入

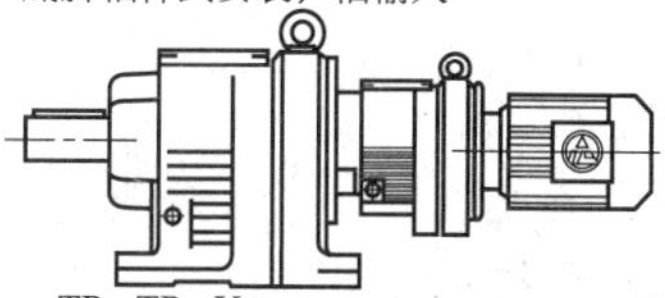

TR...TR...Y...
底脚轴伸式安装组合型

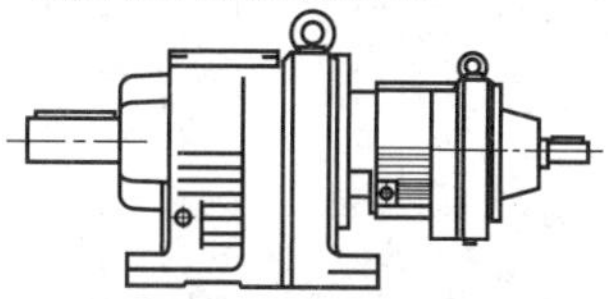

TR...TRS...
底脚轴伸式安装组合型,轴输入rttytr

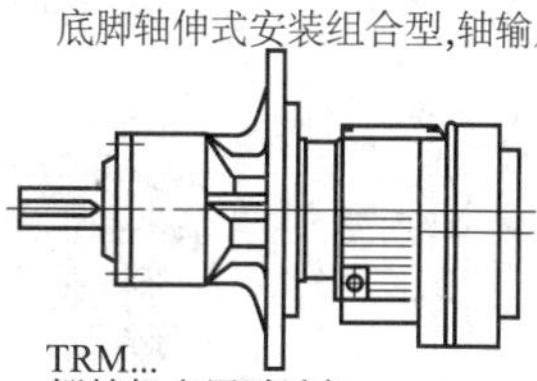

TRM...
搅拌机专用减速机

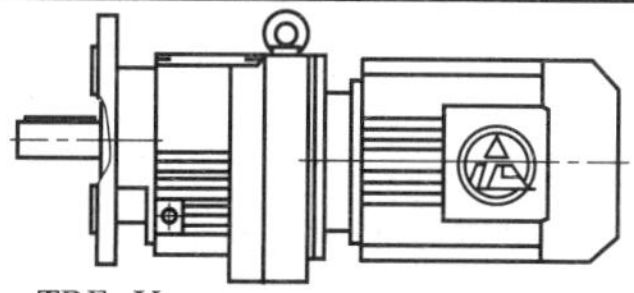

TRF...Y...
法兰轴伸式安装

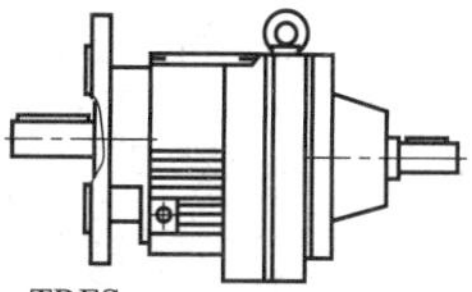

TRFS...
法兰轴伸式，轴输入

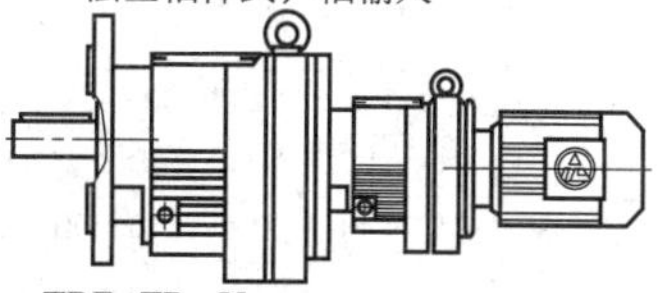

TRF...TR...Y...
法兰轴伸式组合型

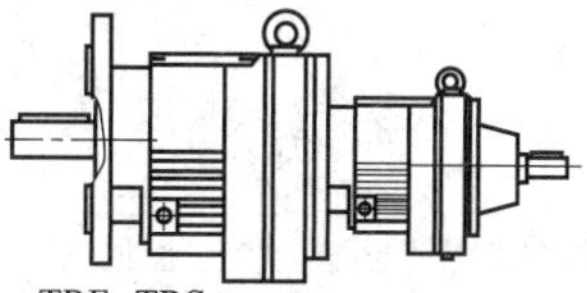

TRF...TRS...
法兰轴伸式组合型,轴输入

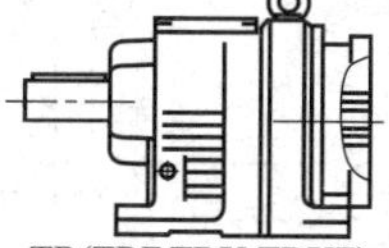

TR(TRF,TRX,TRXF)...Y...
电机用户自配或配特殊电机时
需加连接法兰

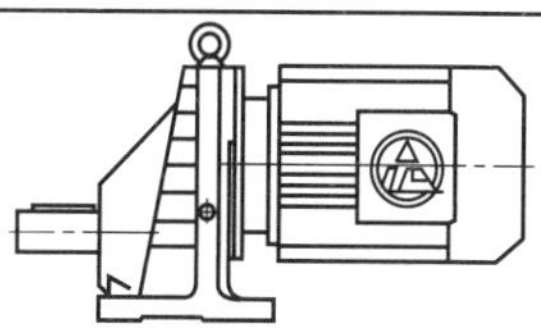

TRX...Y...
底脚轴伸式安装(单级)

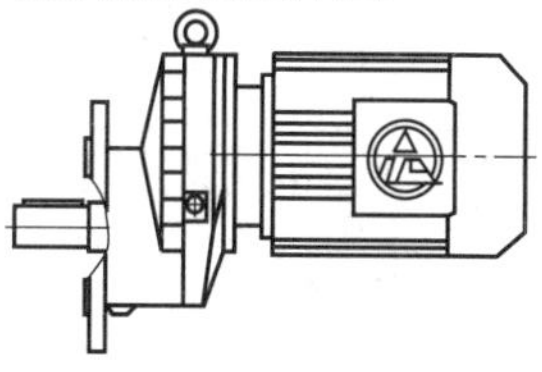

TRXF...Y...
法兰轴伸式安装(单级)

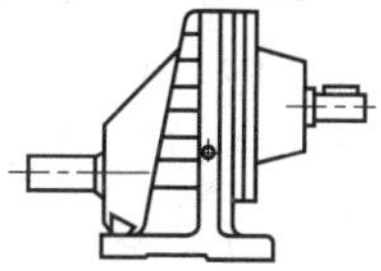

TRXS...
底脚轴伸式安装，轴输入的单级

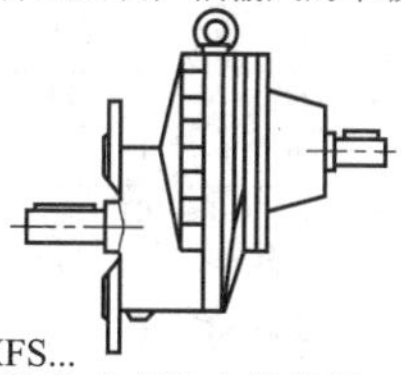

TRXFS...
法兰轴伸式,轴输入的单级

14.3 TR 系列减速机外形、安装尺寸

TRX系列

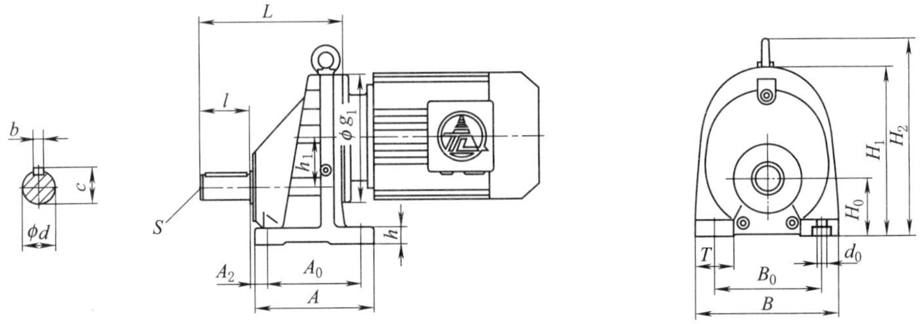

TRXF系列

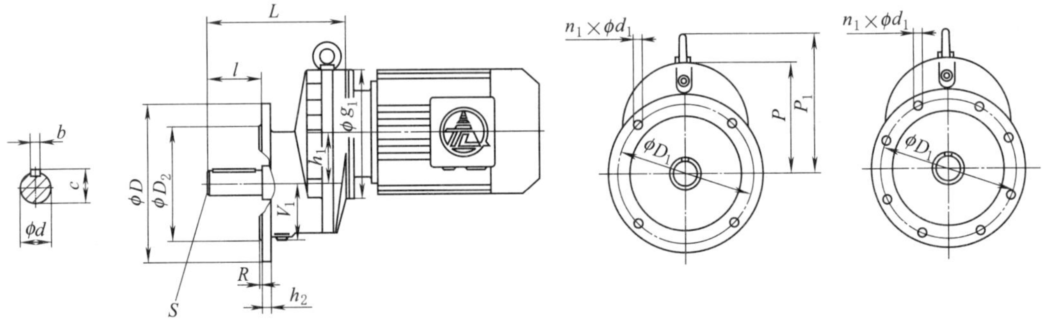

表 17-2-258 mm

型号	安装尺寸						轴伸尺寸					外形尺寸						
	H_0	A_0	B_0	A_2	d_0	h_1	d	c	b	l	S	g_1	L	A	B	H_1	T	h	H_2
TRX38	55	110	125	12	9	46	20k6	22.5	6	40	M6	140	140	140	160	177	40	12	—
TRX58	63	110	125	16	11	52	20k6	22.5	6	40	M6	160	158	137	156	196	31	18	—
TRX68	80	120	135	25	13.5	60	25k6	28	8	50	M10	160	184	155	170	226	35	20	262
TRX78	90	150	170	25	17.5	72	30k6	33	8	60	M10	200	219	190	204	270	50	25	311
TRX88	100	160	215	30	18	93.5	40k6	43	12	80	M16	250	259	206	266	332	60	30	372
TRX98	112	185	250	40	22	116	50k6	53.5	14	100	M16	300	310	240	320	395	70	35	440
TRX108	140	210	310	32	22	130	60k6	64	18	120	M20	350	345	260	360	459	80	45	506
TRX128	160	270	400	35	26	157	75m6	79.5	20	140	M24	450	402.5	350	510	543	120	55	615
TRX158	200	300	500	51	33	180	90m6	95	25	170	M24	550	477	400	620	657.5	120	70	764

型号	安装尺寸																						外形尺寸				
	D			D_1			D_2			R			n_1			d_1			h_2			h_1	g_1	V_1	P	P_1	L
	1	2	3	1	2	3	1	2	3	1	2	3	1	2	3	1	2	3	1	2	3						
TRXF38	160	—	—	130	—	—	110j6	—	—	3	—	—	4	—	—	9	—	—	8	—	—	46	140	60	120	—	140
TRXF58	140	160	200	115	130	165	95j6	110j6	30j6	3	3.5	3.5	4	4	4	9	9	11	10	10	12	52	160	62	133	—	158
TRXF68	160	200	250	130	165	215	110j6	30j6	80j6	3.5	3.5	4	4	4	4	9	11	14	10	12	15	60	160	80	147	183	184
TRXF78	200	250	—	165	215	—	130j6	180j6	—	3.5	3.5	—	4	4	—	11	14	—	12	15	—	72	200	90	180	221	219
TRXF88	250	300	—	215	265	—	180j6	230j6	—	4	4	—	4	4	—	14	14	—	15	15	—	94	250	100	232	272	262
TRXF98	300	350	—	265	300	—	230j6	250j6	—	4	5	—	4	4	—	14	18	—	16	18	—	116	300	118	283	328	310
TRXF108	350	450	—	300	400	—	250j6	350j6	—	5	5	—	4	8	—	18	18	—	18	18	—	130	350	138	319	366	345
TRXF128	450	—	—	400	—	—	350h7	—	—	5	—	—	8	—	—	18	—	—	22	—	—	157	450	170	385	456	403
TRXF158	550	—	—	500	—	—	450h7	—	—	5	—	—	8	—	—	22	—	—	25	—	—	180	550	214	458	564	477

轴伸尺寸同 TRX

TR系列

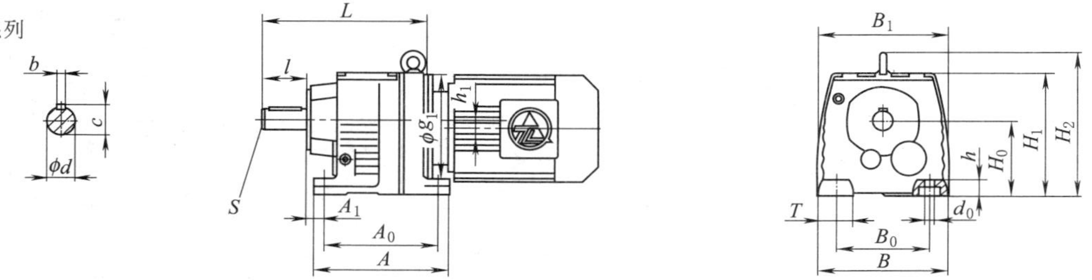

TRF系列

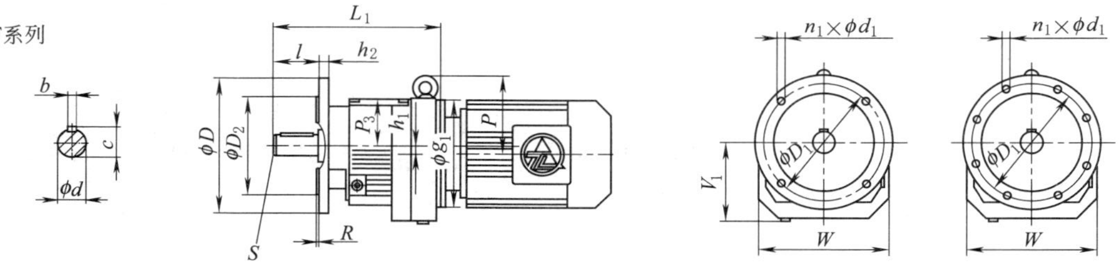

表 17-2-259

mm

型号	安装尺寸						轴伸尺寸					外形尺寸								
	H_0	B_0	A_0	A_1	h_1	d_0	d	b	c	l	S	L	A	B	H_1	T	h	H_2	g_1	B_1
TR18	75	110	110	18	0	9	20k6	6	22.5	40	M6	165	131	140	135	25	12	—	120	140
TR28	90	110	130	25	4.5	9	25k6	8	28	50	M10	193	152	151	152	32	18	—	120	151
TR38	90	110	130	25	10.1	9	25k6	8	28	50	M10	201	160	145	153	35	18	—	120	161
TR48	115	135	165	30	14	13.5	30k6	8	33	60	M10	235	195	170	187	42	24	—	160	178
TR58	115	135	165	30	11.2	13.5	35k6	10	38	70	M12	257	200	190	187	55	24	—	160	202
TR68	130	150	195	30	20.7	14	35k6	10	38	70	M12	280	235	210	212	60	30	243	160	215
TR78	140	170	205	35	15.9	17.5	40k6	12	43	80	M16	300	245	230	228	60	30	269	200	235
TR88	180	215	260	40	12.6	17.5	50k6	14	53.5	100	M16	372	310	290	295	75	45	345	250	297
TR98	225	250	310	40	10.2	22	60k6	18	64	120	M20	440	365	340	368	90	55	418	300	348
TR108	250	290	370	45	20.4	26	70k6	20	74.5	140	M20	495	440	400	408	110	65	475	350	409
TR138	315	340	410	50	25.1	33	90k6	25	95	170	M24	589	490	450	495	110	70	562	400	458
TR148	355	380	500	50	33.4	39	110k6	28	116	210	M24	695	590	530	565	150	80	637	450	540
TR168	425	500	580	60	59.9	39	120m6	32	127	210	M24	790	670	660	668	160	100	749	550	670

续表

型号	安装尺寸															外形尺寸				
	D		D_1		D_2		R		n_1		d_1		h_2		h_1	V_1	W	P_3	L_1	P
	1	2	1	2	1	2	1	2	1	2	1	2	1	2						
TRF18	120	140	110	115	80h6	95h6	3	3	4	4	8.5	8.5	8	9	0	77	135	59	165	—
TRF28	140	160	115	130	95h6	110h6	3	3.5	4	4	8.5	8.5	9	11	4.5	92	151	57	193	—
TRF38	160	200	130	165	110h6	130h6	3	3	4	4	9	11	11	12	10.1	94	165	53	202	—
TRF48	160	200	130	165	110j6	130j6	3.5	3.5	4	4	9	11	10	12	14	118	178	72	235	—
TRF58	200	250	165	215	130j6	180j6	3.5	3.5	4	4	11	13.5	12	12	11.2	121	202	72	257	—
TRF68	200	250	165	215	130j6	180j6	3.5	4	4	4	11	13.5	12	15	20.7	134	215	82	280	113
TRF78	250	300	215	265	180j6	230j6	4	4	4	4	13.5	13.5	15	16	15.9	144	235	88	300	129
TRF88	300	350	265	300	230j6	250j6	4	4	4	4	13.5	17.5	16	18	12.6	184	297	115	372	176
TRF98	350	450	300	400	250j6	350j6	4	4	4	8	17.5	17.5	18	18	10.2	230	348	144	440	193
TRF108	350	450	300	400	250j6	350j6	5	5	4	8	17.5	17.5	20	22	20.4	255	409	148	495	224
TRF138	450	550	400	500	350j6	450j6	5	5	8	8	17.5	17.5	22	25	25.1	315	458	180	589	247
TRF148	450	550	400	500	350h6	450h6	5	5	8	8	17.5	17.5	22	25	33.4	360	540	210	695	285
TRF168	550	660	500	600	450h6	550h6	5	6	8	8	17.5	22	25	28	59.9	430	670	250	790	324
轴伸尺寸同 TR																				

TRM系列

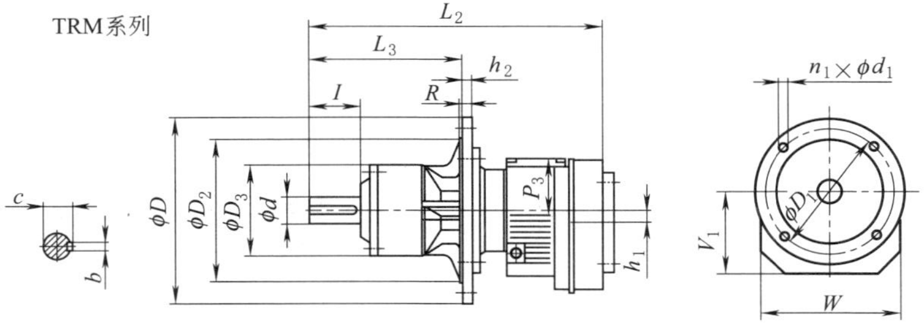

表 17-2-260

型号	安装尺寸													外形尺寸			
	D	D_1	D_2	D_3	d	b	c	h_1	h_2	R	l	n_1	d_1	L_2	L_3	P_3	V_1	W
TRM68	300	265	230h6	145	40k6	12	43	20.7	16	4	80	4	13.5	466	240	82	134	215
TRM78	350	300	250h6	170	50k6	14	53.5	15.9	18	5	100	4	17.5	538	300	88	144	235
TRM88	350	300	250h6	186	60m6	18	64	12.6	18	5	120	4	17.5	650	360	115	184	297
TRM98	450	400	350h7	215	70n6	20	74.5	10.2	22	5	140	8	17.5	762	420	144	230	348
TRM108	550	500	450h7	236	80n6	22	85	20.4	25	5	170	8	17.5	880	500	148	255	409
TRM138	550	500	450h7	255	100n6	28	106	10.2	25	5	210	8	17.5	1039	595	144	320	458
TRM148	660	600	550h7	275	110n6	28	116	33.4	28	6	210	8	22	1173	660	210	361	540
TRM168	660	600	550h7	295	125n6	32	132	59.9	28	6	210	8	22	1338	730	250	430	670

14.4 TR 系列减速机承载能力

表 17-2-261

输出转速 /r·min^{-1}	输出扭矩 N·m	传动比 i	服务系数 f_a	机型号	极数 p
1.5kW					
0.60	21246	2333	0.80	TR168TR98 TRF168TR98	4 4
0.67	18987	2085	0.89		
0.75	17093	1877	0.99		
0.84	15208	1670	1.11		
0.96	13259	1456	1.28		
1.1	11802	1296	1.43		
1.2	10354	1137	1.63		
1.4	9216	1012	1.84		
3.2	3924	432	3.1	TR148TR88 TRF148TR88	4 4
3.8	3388	373	3.6		
0.82	15527	1705	0.8	TR148TR78 TRF148TR78	4 4
0.91	13988	1536	0.87		
1.1	12103	1329	1.01		
1.2	10618	1166	1.15		
1.4	9371	1029	1.30		
1.6	8096	889	1.51		
1.8	7140	784	1.71		
2.0	6329	695	1.93		
2.3	5528	607	2.2		
2.6	4981	547	2.5		
1.4	9393	1020	0.80	TR138 TR78 TRF138 TR78	4 4
1.6	8003	869	0.94		
2.0	6299	684	1.19		
2.4	5479	595	1.37		
1.3	10038	1090	0.75		
1.5	8758	951	0.86		
1.7	7653	831	0.98		
1.9	6723	730	1.12		
2.2	5792	629	1.30		
2.6	5056	549	1.49		
2.9	4512	490	1.67		
3.3	3941	428	1.91		
3.7	3444	374	2.2		
4.4	2919	317	2.6		
2.7	4644	510	0.87	TR108 TR78 TRF108 TR78	4 4
2.6	4827	530	0.84		
2.9	4362	479	0.93		
3.4	3697	406	1.09		
3.9	3251	357	1.24		
4.5	2850	313	1.42		
3.0	4216	463	0.96		
4.2	3060	336	0.92	TR98 TR58 TRF98 TR58	4 4
4.7	2696	296	1.05		
5.6	2268	249	1.24		
6.0	2131	234	1.32		
6.7	1903	209	1.48		

输出转速 /r·min^{-1}	输出扭矩 N·m	传动比 i	服务系数 f_a	机型号	极数 p
1.5kW					
3.1	4413	226.11	0.92	TR108 TRF108	8 8
3.5	3920	200.87	1.03		
4.1	3265	167.29	1.24		
4.4	3045	156.04	1.32		
3.7	3593	245.50	1.12	TR108 TRF108	8 8
4.1	3309	226.11	1.22		
4.6	2940	200.87	1.37		
5.5	2449	167.29	1.65		
5.8	2304	156.04	1.77		
6.6	2041	139.47	1.98		
5.4	2417	256.89	1.14	TR98 TRF98	4 4
5.8	2316	240.83	1.22		
6.5	2077	215.94	1.36		
7.5	1789	185.97	1.58		
8.3	1626	169.06	1.73		
9.3	1450	150.78	1.94		
11	1219	126.75	2.3		
12	1120	116.48	2.5		
14	995	103.44	2.8		
15	889	92.48	3.2		
7.7	1748	181.77	0.83	TR88 TRF88	4 4
9.0	1494	155.34	0.98		
9.8	1370	142.41	1.06		
11	1202	124.97	1.21		
12	1139	118.43	1.28		
14	997	103.65	1.46		
15	898	93.38	1.62		
17	788	81.92	1.85		
19	696	72.37	2.1		
22	611	63.50	2.4		
23	579	60.18	2.5		
27	507	52.67	2.9		
30	456	47.45	3.2		
34	400	41.63	3.6		
38	353	36.73	4.1		
15	894	92.97	0.86	TR78 TRF78	4 4
17	787	81.80	0.98		
18	743	77.24	1.04		
21	633	65.77	1.22		
25	542	56.38	1.42		
28	490	50.90	1.57		
31	431	44.78	1.79		
33	407	42.29	1.90		
39	346	36.01	2.2		
43	315	32.72	2.4		
49	273	28.35	2.8		
57	237	24.67	3.1		
60	225	23.37	3.4		
65	206	21.43	3.7		
74	181	18.80	4.1		

续表

输出转速 /r·min^{-1}	输出扭矩 N·m	传动比 i	服务系数 f_a	机型号	极数 p
1.5kW					
23	589	61.26	0.96	TR68 TRF68	4 4
25	547	56.89	1.03		
27	496	51.56	1.14		
30	445	46.29	1.27		
35	384	39.88	1.47		
37	361	37.50	1.56		
43	310	32.27	1.82		
49	277	28.83	2.0		
50	276	28.13	2.0		
52	262	26.72	2.1		
60	230	23.44	2.4		
70	195	19.89	2.9		
78	176	17.95	3.2		
26	523	53.22	0.8	TR58 TRF58	4 4
29	474	48.23	0.9		
32	425	43.30	1.0		
38	366	37.30	1.15		
40	344	35.07	1.23		
46	296	30.18	1.43		
52	265	26.97	1.60		
53	258	26.31	1.64		
56	245	24.99	1.72		
64	215	21.93	1.96		
75	183	18.60	2.3		
83	165	16.79	2.6		
95	145	14.77	2.8		
100	137	13.95	2.9		
118	117	11.88	3.3		
38	355	36.93	0.8	TR48 TRF48	4 4
40	334	34.73	0.84		
47	287	29.88	0.98		
52	257	26.70	1.1		
59	227	23.59	1.2		
60	224	23.28	1.26		
64	210	21.81	1.34		
73	185	19.27	1.50		
78	172	17.89	1.58		
86	156	16.22	1.66		
96	140	14.56	1.8		
112	121	12.54	1.9		
119	113	11.79	2.0		
138	98	10.15	2.2		
154	87	9.07	2.4		
175	77	8.01	2.5		
180	75	7.76	2.1		
201	67	6.96	2.2		
233	58	6.00	2.5		
248	54	5.64	2.7		
289	47	4.85	3.0		
323	42	4.34	3.3		
366	37	3.83	3.7		

输出转速 /r·min^{-1}	输出扭矩 N·m	传动比 i	服务系数 f_a	机型号	极数 p
1.5kW					
73	186	19.31	1.01	TR38 TRF38	4 4
78	174	18.05	1.08		
90	150	15.60	1.25		
106	127	13.25	1.40		
118	114	11.83	1.51		
138	97	10.11	1.64		
148	91	9.47	1.72		
176	77	7.97	1.91		
210	64	6.67	2.1		
247	55	5.67	2.4		
277	49	5.06	2.6		
324	42	4.32	2.9		
346	39	4.05	2.9		
411	33	3.41	3.2		
90	150	15.63	0.81	TR28 TRF28	4 4
105	128	13.28	0.96		
118	114	11.86	1.06		
138	97	10.13	1.18		
172	78	8.16	1.39		
183	73	7.63	1.43		
212	63	6.59	1.57		
250	54	5.60	1.73		
280	48	5.00	1.86		
328	41	4.27	1.99		
350	38	4.00	2.1		
415	32	3.37	2.3		
249	54	5.63	1.91	TRX78 TRXF78	4 4
262	51	5.35	1.88		
296	45	4.73	2.5		
347	39	4.04	3.5		
378	36	3.70	4.0		
431	31	3.25	5.5		
455	30	3.08	6.1		
519	26	2.70	7.8		
576	23	2.43	8.6		
309	44	4.53	1.77	TRX68 TRXF68	4 4
326	41	4.30	1.82		
371	38	3.77	2.3		
438	31	3.20	3.1		
484	28	2.89	3.6		
551	24	2.54	4.5		
583	23	2.40	5.0		
686	20	2.04	6.4		
753	18	1.86	6.6		
870	15	1.61	6.9		
1000	13	1.40	7.3		
369	36	3.79	1.78	TRX58 TRXF58	4 4
394	34	3.55	1.90		
446	30	3.14	2.0		
481	28	2.91	2.3		
530	25	2.64	2.6		
591	23	2.37	2.8		
686	20	2.04	3.3		
729	18	1.92	3.5		
848	16	1.65	4.1		
946	14	1.48	4.5		
1077	13	1.30	4.7		

续表

输出转速 /r·min^{-1}	输出扭矩 N·m	传动比 i	服务系数 f_a	机型号	极数 p
		2.2kW			
0.85	21991	1670	0.8	TR168 TR98 TRF168 TR98	4 4
0.98	19173	1456	0.88		
1.1	17066	1296	1.0		
1.2	14972	1137	1.1		
1.4	13326	1012	1.27		
1.6	11483	872	1.47		
1.6	10140	770	1.67		
2.1	8744	664	1.9		
2.6	7111	540	1.72	TR148 TR88 TRF148 TR88	4 4
3.1	6084	462	2.0		
3.3	5689	432	2.1		
3.8	4912	373	2.5		
4.3	4346	330	2.8		
1.2	15354	1166	0.80	TR148 TR78 TRF148 TR78	4 4
1.4	13550	1029	0.90		
1.6	11707	889	1.04		
1.8	10324	784	1.18		
2.0	9152	695	1.34		
2.3	7993	607	1.53		
2.6	7203	547	1.70		
3.0	6321	480	1.93		
2.1	9108	684	0.83	TR138 TR78 TRF138 TR78	4 4
2.4	7923	595	0.95		
1.9	9721	730	0.77		
2.3	8376	629	0.90		
2.6	7311	549	1.03		
2.9	6525	490	1.15		
3.3	5699	428	1.32		
3.8	4980	374	1.51		
4.5	4221	317	1.78		
5.0	3808	286	1.97		
5.6	3377	250	2.2		
6.4	2958	219	2.5		
3.9	4822	357	0.84	TR108 TR78 TRF108 TR78	4 4
4.5	4228	313	0.96		
5.1	3741	277	1.08		
5.5	3458	256	1.17		
6.7	2809	208	1.44		
4.4	4336	321	0.93		
6.0	3125	234	0.90	TR98 TR58 TRF98 TR58	4 4
6.7	2791	209	1.01		
3.2	6212	223.34	1.21	TR138 TRF138	8 8
3.8	5234	188.16	1.43		
4.1	4851	174.4	1.55		
4.5	4348	156.31	1.73		
5.0	3925	141.12	1.92		
5.5	3565	128.18	2.1		
6.7	3163	113.72	2.4		
6.9	2871	103.2	2.6		
4.7	4220	200.87	0.96	TR108 TRF108	6 6
5.6	3515	167.29	1.15		
6.0	3278	156.04	1.23		
6.7	2930	139.47	1.38		

输出转速 /r·min^{-1}	输出扭矩 N·m	传动比 i	服务系数 f_a	机型号	极数 p
		2.2kW			
5.8	3414	245.50	1.18	TR108 TRF108	4 4
6.3	3145	226.11	1.29		
7.1	2744	200.87	1.45		
8.5	2327	167.29	1.74		
9.1	2170	156.04	1.86		
10	1940	139.47	2.1		
11	1746	125.55	2.3		
12	1581	113.70	2.6		
14	1402	100.82	2.9		
16	1286	91.16	3.2		
6.6	3003	215.94	0.94	TR98 TRF98	4 4
7.6	2586	185.97	1.09		
8.4	2351	169.06	1.20		
9.4	2097	150.78	1.34		
11	1763	126.75	1.60		
12	1620	116.48	1.74		
14	1439	103.44	1.96		
15	1286	92.48	2.2		
17	1156	83.15	2.4		
20	1004	72.17	2.8		
22	906	65.12	3.1		
24	832	59.84	3.4		
27	739	53.14	3.8		
30	661	47.51	4.3		
11	1738	124.97	0.84	TR88 TRF88	4 4
12	1647	118.43	0.88		
14	1442	103.65	1.01		
15	1299	93.38	1.12		
17	1139	81.92	1.28		
20	1007	72.37	1.45		
22	883	63.50	1.65		
24	837	60.18	1.74		
27	733	52.67	1.99		
30	660	47.45	2.2		
34	579	41.63	2.5		
39	511	36.73	2.9		
44	453	32.57	3.2		
41	478	34.34	3.0		
45	434	31.22	3.4		
51	387	27.81	3.8		
61	325	23.40	4.5		
66	299	21.51	4.7		
22	915	65.77	0.8	TR78 TRF78	4 4
25	784	56.38	1.0		
28	708	50.90	1.1		
32	623	44.78	1.2		
34	588	42.29	1.31		
39	501	36.01	1.54		
43	455	32.72	1.69		
50	394	28.35	1.95		
58	343	24.67	2.1		
61	825	23.37	2.4		
66	298	21.43	2.6		
76	261	18.80	2.8		
80	248	17.82	3.0		
91	217	15.60	3.2		
101	195	14.05	3.5		

续表

输出转速 /r·min^{-1}	输出扭矩 N·m	传动比 i	服务系数 f_a	机型号	极数 p
2.2kW					
36	555	39.88	0.98	TR68 TRF68	4 4
38	522	37.50	1.03		
44	449	32.27	1.13		
49	401	28.83	1.22		
61	326	23.44	1.61		
71	277	19.89	2.0		
79	250	17.95	2.2		
90	220	15.79	2.4		
95	207	14.91	2.5		
112	177	12.70	2.8		
123	160	11.54	2.9		
142	139	10.00	3.2		
163	121	8.70	3.4		
182	108	7.79	3.3		
38	519	37.30	0.82	TR58 TRF58	4 4
40	488	35.07	0.87		
47	420	30.18	1.01		
53	375	26.97	1.13		
65	305	21.93	1.39		
76	259	18.60	1.64		
85	234	16.79	1.81		
96	205	14.77	1.99		
102	194	13.95	2.1		
120	165	11.88	2.3		
132	150	10.79	2.4		
152	130	9.35	2.7		
157	126	9.06	2.8		
178	111	7.97	3.0		
74	268	19.27	1.03	TR48 TRF48	4 4
88	226	16.22	1.15		
98	203	14.56	1.23		
113	174	12.54	1.35		
120	164	11.79	1.40		
140	141	10.15	1.53		
157	126	9.07	1.64		
177	111	8.01	1.73		
183	108	7.76	1.42		
204	97	6.96	1.54		
237	83	6.00	1.76		
252	78	5.64	1.86		
293	67	4.85	2.1		
327	60	4.34	2.3		
371	53	3.83	2.5		
91	217	15.60	0.87	TR38 TRF38	4 4
107	184	13.25	0.97		
120	165	11.83	1.05		
140	141	10.11	1.14		
150	132	9.47	1.19		
178	111	7.97	1.32		
213	93	6.67	1.46		
250	79	5.67	1.69		
281	70	5.06	1.80		
329	60	4.32	2.0		
351	56	4.05	2.0		
416	47	3.41	2.2		
2.2kW					
140	141	10.13	0.81	TR28 TRF28	4 4
215	92	6.59	1.09		
254	78	5.60	1.19		
284	70	5.00	1.28		
333	59	4.27	1.38		
355	56	4.00	1.44		
421	47	3.37	1.58		
300	69	4.73	1.69	TRX78 TRXF78	4 4
351	59	4.04	2.3		
384	54	3.70	2.7		
437	47	3.25	3.6		
461	45	3.08	4.1		
526	39	2.70	5.2		
584	35	2.43	5.7		
667	31	2.13	6.1		
755	27	1.88	6.4		
850	24	1.67	6.7		
1000	21	1.42	7.1		
377	55	3.77	1.50	TRX68 TRXF68	4 4
444	46	3.20	2.0		
491	42	2.89	2.4		
559	37	2.54	3.0		
592	35	2.40	3.3		
696	30	2.04	4.3		
763	27	1.86	4.4		
882	23	1.61	4.6		
1014	20	1.40	4.8		
452	46	3.14	1.34	TRX58 TRXF58	4 4
538	38	2.64	1.69		
599	34	2.37	1.89		
696	30	2.04	2.2		
740	28	1.92	2.3		
861	24	1.65	2.7		
959	21	1.48	3.0		
1092	19	1.30	3.1		
3.0kW					
1.2	20417	1137	0.83	TR168 TR98 TRF168 TR98	4 4
1.4	18172	1012	0.93		
1.6	15658	872	1.08		
1.8	13827	770	1.22		
2.1	11923	664	1.42		
2.8	9158	510	1.85		
2.6	9697	540	1.26	TR148 TR88 TRF148 TR88	4 4
3.1	8296	462	1.47		
3.3	7757	432	1.58		
3.8	6698	373	1.82		
4.3	5926	330	2.1		
5.0	5082	283	2.4		
1.6	15963	889	0.8	TR148 TR78 TRF148 TR78	4 4
1.8	14078	784	0.87		
2.0	12480	695	0.98		
2.3	10900	607	1.12		
2.6	9822	547	1.24		

续表

输出转速 /r·min⁻¹	输出扭矩 N·m	传动比 i	服务系数 f_a	机型号	极数 p
3.0kW					
2.9 3.3 3.8 4.5 5.0 5.7 6.5 2.7 3.1	8898 7772 6791 5756 5193 4540 3977 9388 8226	490 428 374 317 286 250 219 517 453	0.85 0.97 1.11 1.31 1.45 1.66 1.89 0.80 0.91	TR138 TR78 TRF138 TR78	4 4
5.8 6.8 7.8 5.6	4647 3945 3433 4798	245 208 181 253	0.87 1.02 1.18 0.84	TR108 TR78 TRF108 TR78	4 4
3.2 3.8 4.1 4.5 5.0 5.5 6.2 6.9 8.0	8472 7137 6615 5929 5353 4862 4314 3914 3364	223.34 188.16 174.40 156.31 141.12 128.18 113.72 103.20 88.70	0.89 1.05 1.14 1.27 1.40 1.55 1.74 1.92 2.20	TR138 TRF138	8 8
4.3 5.1 5.5 6.1 6.8 7.5 8.4 9.3	6245 5287 4892 4385 3959 3596 3190 2895	223.34 188.16 174.40 156.31 141.12 128.18 113.72 103.20	1.20 1.42 1.54 1.71 1.90 2.10 2.40 2.60	TR138 TRF138	6 6
6.2 6.9 7.6	4377 3913 3522	156.04 139.47 125.55	0.92 1.03 1.15	TR108 TRF108	6 6
6.3 7.1 8.5 9.1 10 11 12 14 16 18 20	4288 3810 3172 2959 2645 2381 2156 1912 1729 1465 1366	226.11 200.87 167.29 156.04 139.47 125.55 113.70 100.82 91.16 77.26 72.00	0.94 1.06 1.27 1.37 1.53 1.70 1.87 2.1 2.3 2.8 3.0	TR108 TRF108	4 4

输出转速 /r·min⁻¹	输出扭矩 N·m	传动比 i	服务系数 f_a	机型号	极数 p
3.0kW					
9.4 11 12 14 15 17 20 22 24 27 30 33 38 43	2860 2404 2209 1962 1754 1577 1369 1235 1135 1008 901 810 703 630	150.78 126.75 116.48 103.44 92.48 83.15 72.17 65.12 59.84 53.14 47.51 42.72 37.08 33.20	0.99 1.17 1.28 1.44 1.61 1.79 2.1 2.3 2.5 2.8 3.1 3.5 4.0 4.3	TR98 TRF98	4 4
15 17 20 22 24 27 30 34 39 44 51 41 45 51 61 66 74 83 93	1771 1554 1373 1204 1141 999 900 790 697 618 527 651 592 528 444 408 362 324 291	93.38 81.92 72.37 63.50 60.18 52.67 47.45 41.63 36.73 32.57 27.81 34.34 31.22 27.84 23.40 21.51 19.10 17.08 15.35	0.82 0.94 1.08 1.21 1.28 1.46 1.62 1.85 2.1 2.4 2.8 2.2 2.5 2.8 3.3 3.5 3.6 4.0 4.3	TR88 TRF88	4 4
32 34 39 43 50 58 61 66 76 80 91 101 115 131 147 169 187 213	849 802 683 621 538 468 443 406 357 338 296 266 234 206 183 160 144 126	44.78 42.29 36.01 32.72 28.35 24.67 23.37 21.43 18.80 17.82 15.60 14.05 12.33 10.88 9.64 8.42 7.59 6.66	0.91 0.96 1.13 1.24 1.43 1.57 1.74 1.90 2.1 2.2 2.4 2.5 2.8 3.0 3.2 3.7 4.0 4.3	TR78 TRF78	4 4

续表

输出转速 /r·min^{-1}	输出扭矩 N·m	传动比 i	服务系数 f_a	机型号	极数 p
3. 0kW					
61	445	23.44	1.18	TR68 TRF68	4 4
71	377	19.89	1.50		
79	340	17.95	1.63		
90	299	15.79	1.76		
95	283	14.91	1.8		
112	241	12.70	2.0		
123	219	11.54	2.1		
142	190	10.00	2.3		
53	511	26.97	0.8	TR58 TRF58	4 4
65	416	21.93	1.02		
76	353	18.60	1.20		
85	318	16.79	1.33		
96	280	14.77	1.46		
102	265	13.95	1.53		
120	225	11.88	1.69		
132	205	10.79	1.79		
152	177	9.35	2.0		
157	172	9.06	2.1		
178	151	7.97	2.2		
189	143	7.53	2.3		
222	122	6.41	2.6		
244	110	5.82	2.7		
281	96	5.05	3.0		
323	83	4.39	3.2		
88	308	16.22	0.84	TR48 TRF48	4 4
98	276	14.56	0.90		
113	238	12.54	0.99		
120	224	11.79	1.03		
140	192	10.15	1.12		
157	172	9.07	1.20		
177	152	8.01	1.27		
183	147	7.76	1.04		
204	132	6.96	1.13		
237	114	6.00	1.29		
252	107	5.64	1.36		
293	92	4.85	1.53		
327	82	4.34	1.67		
371	73	3.83	1.86		
140	192	10.11	0.83	TR38 TRF38	4 4
150	180	9.47	0.87		
178	151	7.97	0.97		
213	126	6.67	1.07		
250	108	5.67	1.24		
281	96	5.06	1.32		
329	82	4.32	1.45		
351	77	4.05	1.49		
416	65	3.41	1.63		

输出转速 /r·min^{-1}	输出扭矩 N·m	传动比 i	服务系数 f_a	机型号	极数 p
3. 0kW					
254	106	5.60	0.88	TR28 TRF28	4 4
284	95	5.00	0.94		
333	81	4.27	1.01		
355	76	4.00	1.05		
421	64	3.37	1.2		
109	258	6.47	4.31	TRX128 TRXF128	8 8
220	127	6.44	1.42	TRX88 TRXF88	4 4
256	110	5.55	1.92		
281	100	5.05	2.3		
316	89	4.50	3.1		
376	75	3.78	3.8		
300	94	4.73	1.24	TRX78 TRXF78	4 4
351	80	4.04	1.68		
384	73	3.70	1.97		
437	64	3.25	2.7		
461	61	3.08	3.0		
377	75	3.77	1.10	TRX68 TRXF68	4 4
444	63	3.20	1.49		
491	57	2.89	1.74		
559	50	2.54	2.2		
592	47	2.40	2.4		
696	40	2.04	3.1		
763	37	1.86	3.2		
882	32	1.61	3.4		
1014	28	1.40	3.5		
452	62	3.14	0.98	TRX58 TRXF58	4 4
538	52	2.64	1.24		
599	47	2.37	1.38		
696	40	2.04	1.61		
740	38	1.92	1.71		
861	33	1.65	1.99		
959	29	1.48	2.2		
1092	26	1.30	2.3		
4.0kW					
1.7	20588	872	0.82	TR168 TR98 TRF168 TR98	4 4
1.9	18179	770	0.93		
2.2	15677	664	1.08		
2.8	12041	510	1.41		
3.8	8972	380	1.89		
4.3	7980	338	2.1		

续表

输出转速 /r·min^{-1}	输出扭矩 N·m	传动比 i	服务系数 f_a	机型号	极数 p
4.0kW					
2.7	12749	540	0.96		
3.1	10908	462	1.12		
3.3	10199	432	1.20		
3.9	8806	373	1.39	TR148	
4.4	7791	330	1.57	TR88	4
5.1	6682	283	1.83	TRF148	4
5.8	5902	250	2.1	TR88	
6.7	5100	216	2.4		
7.5	4509	191	2.7		
8.9	3801	161	3.2		
2.4	14331	607	0.85	TR148	
2.6	12915	547	0.95	TR78	4
3.0	11333	480	1.08	TRF148	4
3.5	9609	407	1.27	TR78	
3.9	8830	374	0.85		
4.5	7484	317	1.00		
5.0	6752	286	1.11	TR138	
5.8	5902	250	1.27	TR78	4
6.6	5171	219	1.45	TRF138	4
3.8	8877	376	0.85	TR78	
4.2	8004	339	0.94		
4.8	7012	297	1.07		
8.0	4273	181	0.95	TR108 TR78	4
7.5	4509	191	0.90	TRF108	4
8.6	3943	167	1.03	TR78	
4.4	8152	163.46	1.50		
4.9	7324	146.85	1.67	TR148	8
6.0	5946	119.24	2.0	TRF148	8
6.5	5487	110.03	2.2		
4.1	8698	174.40	0.86		
4.6	7796	156.31	0.96		
5.1	7038	141.12	1.07	TR138	8
5.6	6393	128.18	1.18	TRF138	8
6.3	5671	113.72	1.33		
7.0	5147	103.20	1.46		
4.3	8354	223.34	0.90		
5.1	7038	188.16	1.07		
5.5	6523	174.40	1.15		
6.1	5847	156.31	1.29	TR138	6
6.8	5278	141.12	1.42	TRF138	6
7.5	4794	128.18	1.57		
8.4	4254	113.12	1.77		
9.3	3860	103.2	1.95		
11	3318	88.70	2.3		

输出转速 /r·min^{-1}	输出扭矩 N·m	传动比 i	服务系数 f_a	机型号	极数 p
4.0kW					
9	4172	167.29	0.97		
9	3891	156.04	1.04		
10	3478	139.47	1.16		
11	3131	125.55	1.29		
13	2835	113.70	1.43		
14	2514	100.82	1.61	TR108	4
16	2273	91.16	1.78	TRF108	4
19	1927	77.26	2.1		
20	1795	72.00	2.3		
22	1616	64.81	2.5		
25	1464	58.69	2.8		
28	1298	52.05	3.1		
12	2905	116.48	0.97		
14	2579	103.44	1.09		
16	2306	92.48	1.22		
17	2073	83.15	1.36		
20	1800	72.17	1.57		
22	1624	65.12	1.74		
24	1492	59.84	1.89		
27	1325	53.14	2.1		
30	1185	47.51	2.4	TR98	4
34	1065	42.72	2.6	TRF98	4
39	925	37.08	3.0		
43	828	33.20	3.3		
45	803	32.22	3.0		
54	669	26.84	3.6		
58	624	25.03	4.3		
64	558	22.37	4.6		
71	502	20.14	4.9		
78	455	18.24	6.2		
23	1583	63.5	0.92		
24	1501	60.18	0.97		
27	1313	52.67	1.11		
30	1183	47.45	1.23		
35	1038	41.63	1.40		
39	916	36.73	1.59		
44	812	32.57	1.79		
52	693	27.81	2.1		
42	858	34.34	1.70	TR88	4
46	779	31.22	1.87	TRF88	4
52	694	27.84	2.1		
62	584	23.40	2.5		
67	536	21.51	2.7		
75	476	19.10	3.1		
84	426	17.08	3.1		
94	383	15.35	3.3		
108	332	13.33	3.6		
121	297	11.93	3.9		

续表

输出转速 /r·min^{-1}	输出扭矩 N·m	传动比 i	服务系数 f_a	机型号	极数 p
4.0kW					
40	898	36.01	0.86		
44	816	32.72	0.94		
51	707	28.35	1.09		
58	615	24.67	1.19		
62	583	23.37	1.32		
67	534	21.43	1.44		
77	469	18.80	1.56		
81	444	17.82	1.65		
92	389	15.60	1.79	TR78	4
102	350	14.05	1.93	TRF78	4
117	307	12.33	2.1		
132	271	10.88	2.3		
149	240	9.64	2.5		
171	210	8.42	2.8		
190	189	7.59	3.0		
216	166	6.66	3.3		
245	147	5.88	3.5		
276	130	5.21	3.7		
72	496	19.89	1.14		
80	448	17.95	1.24		
91	394	15.79	1.34		
97	372	14.91	1.39		
113	317	12.70	1.54		
125	288	11.54	1.63		
144	249	10.00	1.77	TR68	4
166	217	8.70	1.91	TRF68	4
185	194	7.79	1.84		
198	184	7.36	1.90		
230	156	6.27	2.0		
253	142	5.70	2.1		
292	123	4.93	2.2		
336	107	4.29	2.4		
77	464	18.60	0.91		
86	419	16.79	1.01		
97	368	14.77	1.11		
103	348	13.95	1.16		
121	296	11.88	1.29		
133	269	10.79	1.36		
154	233	9.35	1.49	TR58	4
159	226	9.06	1.56	TRF58	4
181	199	7.97	1.68		
191	188	7.53	1.75		
225	160	6.41	1.97		
247	145	5.82	2.1		
285	126	5.05	2.3		
328	109	4.39	2.4		

输出转速 /r·min^{-1}	输出扭矩 N·m	传动比 i	服务系数 f_a	机型号	极数 p
4.0kW					
142	253	10.15	0.85		
159	226	9.07	0.91		
180	200	8.01	0.96		
207	174	6.96	0.86		
240	150	6.00	0.98	TR48	4
255	141	5.64	1.04	TRF48	4
297	121	4.85	1.17		
332	108	4.34	1.27		
376	96	3.83	1.42		
109	344	6.47	3.23	TRX128	8
121	310	5.88	3.59	TRXF128	8
147	254	6.47	4.37	TRX128 TRXF128	6 6
259	144	5.55	1.46		
285	131	5.05	1.78	TRX88	4
320	117	4.50	2.3	TRXF88	4
381	98	3.78	2.9		
356	105	4.04	1.28		
389	96	3.70	1.50		
443	84	3.25	2.0		
468	80	3.08	2.3		
533	70	2.70	2.9	TRX78	4
593	63	2.43	3.2	TRXF78	4
676	55	2.13	3.4		
766	49	1.68	3.6		
862	43	1.67	3.7		
1014	37	1.42	3.9		
450	83	3.20	1.13		
498	75	2.89	1.33		
567	66	2.54	1.68		
600	62	2.40	1.85	TRX68	4
706	53	2.04	2.4	TRXF68	4
774	48	1.86	2.4		
894	42	1.61	2.6		
1029	36	1.40	2.7		
545	69	2.64	0.95		
608	62	2.37	1.05		
706	53	2.04	1.22		
750	50	1.92	1.30	TRX58	4
873	43	1.65	1.51	TRXF58	4
973	38	1.48	1.66		
1108	34	1.30	1.75		

续表

输出转速/r·min^{-1}	输出扭矩 N·m	传动比 i	服务系数 f_a	机型号	极数 p
5.5kW					
2.2	21556	664	0.80	TR168 TR98 TRF168 TR98	4 4
2.5	18764	578	0.90		
2.8	16556	510	1.02		
3.3	14219	438	1.19		
3.8	12336	380	1.37		
4.3	10973	338	1.54		
4.7	9966	307	1.70		
5.1	9155	282	1.85		
3.1	14998	462	0.81	TR148 TR88 TRF148 TR88	4 4
3.3	14024	432	0.87		
3.9	12109	373	1.01		
4.4	10713	330	1.14		
5.1	9187	283	1.33		
5.8	8116	250	1.51		
6.7	7012	216	1.74		
7.5	6201	191	1.97		
3.7	12752	196.41	1.32	TR168 TRF168	8 8
4.5	10440	160.80	1.63		
5.5	8469	130.44	1.99		
6.0	7855	120.99	2.17		
6.9	6779	104.41	2.50		
4.4	10613	163.46	1.15	TR148 TRF148	8 8
4.9	9534	146.85	1.28		
6.0	7742	119.24	1.57		
6.6	7144	110.03	1.72		
5.9	7960	163.46	1.54	TR148 TRF148	6 6
6.5	7151	146.85	1.71		
8	6133	119.24	2.0		
8.8	5659	110.03	2.2		
10	4865	94.60	2.5		
12	4293	83.47	2.8		
5.6	8790	128.18	0.86	TR138 TRF138	6 6
6.3	7798	113.72	0.96		
7.0	7077	103.2	1.06		
8.1	6083	88.70	1.24		
5.5	8970	174.40	0.84	TR138 TRF138	6 6
6.1	8039	156.31	0.94		
6.8	7258	141.12	1.04		
7.5	6592	128.18	1.14		
8.4	5849	113.72	1.29		
9.3	5308	103.20	1.42		

输出转速/r·min^{-1}	输出扭矩 N·m	传动比 i	服务系数 f_a	机型号	极数 p
5.5kW					
6.4	7658	223.34	0.98	TR138 TRF138	4 4
7.7	6451	188.16	1.17		
8.3	5980	174.40	1.26		
9.2	5359	156.31	1.40		
10	4839	141.12	1.55		
11	4395	128.18	1.71		
13	3899	113.72	1.93		
14	3538	103.20	2.1		
16	3041	88.70	2.5		
18	2774	80.91	2.7		
20	2520	73.49	3.0		
22	2236	65.20	3.4		
24	2029	59.17	3.7		
28	1744	50.86	4.3		
11	4305	125.55	0.94	TR108 TRF108	4 4
13	3898	113.70	1.04		
14	3457	100.82	1.17		
16	3126	91.16	1.29		
19	2649	77.26	1.54		
20	2469	72.00	1.64		
22	2222	64.81	1.82		
25	2012	58.69	2.01		
28	1785	52.05	2.3		
31	1614	47.06	2.5		
36	1367	39.88	3.0		
17	2851	83.15	0.99	TR98 TRF98	4 4
20	2475	72.17	1.14		
22	2233	65.12	1.26		
24	2052	59.84	1.37		
27	1822	53.14	1.55		
30	1629	47.51	1.73		
34	1465	42.72	1.93		
39	1271	37.08	2.2		
48	1138	33.20	2.4		
52	944	27.54	2.7		
45	1105	32.22	2.2	TR98 TRF98	4 4
54	920	26.84	2.6		
58	858	25.03	3.1		
64	767	22.37	3.3		
71	691	20.14	3.6		
79	625	18.24	3.8		
89	554	16.17	4.1		

续表

输出转速 /r·min^{-1}	输出扭矩 N·m	传动比 i	服务系数 f_a	机型号	极数 p
5.5kW					
30	1627	47.45	0.90	TR88 TRF88	4 4
35	1427	41.63	1.02		
39	1259	3673	1.16		
44	1117	32.57	1.30		
52	954	27.81	1.53		
52	955	27.84	1.53		
62	802	23.40	1.82		
67	738	21.51	2.0		
75	655	19.10	2.1		
84	586	17.08	2.2		
94	526	15.35	2.4		
108	457	13.33	2.6		
121	409	11.93	2.8		
145	339	9.90	3.3		
156	317	9.25	3.6		
173	285	8.32	3.8		
199	248	7.22	4.1		
77	645	18.80	1.14	TR78 TRF78	4 4
81	611	17.82	1.20		
92	535	15.60	1.30		
102	482	14.05	1.40		
117	423	12.33	1.53		
132	373	10.88	1.66		
149	331	9.64	1.79		
171	289	8.42	2.1		
190	260	7.59	2.2		
216	228	6.66	2.4		
245	202	5.88	2.52		
276	179	5.21	2.68		
91	541	15.79	0.97	TR68 TRF68	4 4
97	511	14.91	1.01		
113	435	12.70	1.12		
125	396	11.54	1.19		
144	343	10.00	1.29		
166	298	8.70	1.39		
185	267	7.79	1.34		
196	252	7.36	1.38		
230	215	6.27	1.44		
253	195	5.70	1.49		
292	169	4.93	1.61		
336	147	4.29	1.73		
97	506	14.77	0.81	TR58 TRF58	4 4
103	478	13.95	0.85		
121	407	11.88	0.93		
133	370	10.79	0.99		
154	321	9.35	1.08		
181	273	7.97	1.22		
191	258	7.53	1.27		
225	220	6.41	1.43		
247	200	5.82	1.51		
285	173	5.05	1.66		
328	151	4.39	1.75		
5.5kW					
297	166	4.85	0.85	TR48 TRF48	4 4
332	149	4.34	0.92		
376	131	3.83	1.03		
116	443	6.22	3.79	TRX158 TRXF158	8 8
123	420	5.88	2.64	TRX128 TRXF128	8 8
147	350	6.47	3.18	TRX128 TRXF128	6 6
164	315	5.88	3.53		
182	283	5.28	3.92		
217	238	6.65	1.82	TRX108 TRXF108	4 4
257	200	5.60	2.14		
277	186	5.19	3.52		
310	166	4.65	3.93		
247	208	5.82	1.9	TRX98 TRXF98	4 4
297	173	4.85	2.1		
319	162	4.52	3.5		
356	144	4.04	3.9		
396	130	3.64	4.3		
436	118	3.30	4.7		
493	104	2.92	5.4		
545	94	2.64	5.9		
643	80	2.24	7.0		
735	70	1.96	7.6		
878	59	1.64	8.1		
1014	51	1.42	8.4		
320	161	4.50	1.7	TRX88 TRXF88	4 4
381	135	3.78	2.1		
414	124	3.48	3.1		
466	110	3.09	3.4		
522	99	2.76	3.9		
581	89	2.48	4.3		
670	77	2.15	4.7		
443	116	3.25	1.47	TRX78 TRXF78	4 4
468	110	3.08	1.65		
533	97	2.70	2.1		
593	87	2.43	2.3		
676	76	2.13	2.5		
766	67	1.88	2.6		
862	60	1.67	2.7		
1014	51	1.42	2.9		
567	91	2.54	1.22	TRX68 TRXF68	4 4
600	86	2.40	1.35		
706	73	2.04	1.73		
774	66	1.86	1.78		
894	58	1.61	1.86		
1029	50	1.40	2.0		

续表

输出转速 $/r \cdot min^{-1}$	输出扭矩 N·m	传动比 i	服务系数 f_a	机型号	极数 p
		5.5kW			
706	73	2.04	0.89		
750	69	1.92	0.95	TRX58	4
873	59	1.65	1.10	TRXF58	4
973	53	1.48	1.21		
1108	46	1.30	1.27		
		7. 5kW			
2.9	22268	510	0.8		
3.3	19124	438	0.88	TR168	
3.8	16591	380	1.02	TR98	4
4.3	14758	338	1.15	TRF168	4
4.8	13404	307	1.26	TR98	
5.2	12313	282	1.37		
4.4	14408	330	0.85		
5.2	12356	283	0.99	TR148	
5.8	10915	250	1.12	TR88	4
6.8	9431	216	1.30	TRF148	4
7.6	8339	191	1.47	TR88	
9.1	7030	161	1.74		
3.7	18366	196.41	0.92		
4.5	15036	160.80	1.13	TR168	8
5.5	12197	130.44	1.39	TRF168	8
6.0	11314	120.99	1.50		
6.9	9763	104.41	1.73		
4.9	13775	196.41	1.23		
6.0	11277	160.80	1.50		
7.4	9145	130.44	1.84		
7.9	8485	120.99	1.99		
9.2	7323	104.41	2.31	TR168	6
10	6462	92.14	2.6	TRF168	6
12	5602	79.88	3.0		
14	4984	71.07	3.4		
15	4487	63.61	3.8		
16	4103	59.00	4.1		
4.4	15285	163.46	0.80		
4.9	13732	146.85	0.89	TR148	8
6.0	11150	119.24	1.09	TRF148	8
6.6	10289	110.03	1.20		
5.9	11464	163.46	1.07		
6.5	10299	146.85	1.19		
8.0	8363	119.24	1.45	TR148	6
8.8	7717	110.03	1.59	TRF148	6
10	6635	94.60	1.84		
12	5854	83.47	2.1		

输出转速 $/r \cdot min^{-1}$	输出扭矩 N·m	传动比 i	服务系数 f_a	机型号	极数 p
		7.5kW			
7.7	8677	188.16	0.87		
8.4	8042	174.40	0.94		
9.3	7208	156.31	1.04		
10	6508	141.12	1.16		
11	5911	128.18	1.27		
13	5244	113.72	1.43	TR138	4
14	4759	103.20	1.58	TRF138	4
16	4090	88.70	1.84		
18	3731	80.91	2.0		
20	3389	73.49	2.2		
22	3007	65.20	2.5		
25	2729	59.17	2.8		
29	2345	50.86	3.2		
16	4204	91.16	0.96		
19	3563	77.26	1.13		
20	3320	72.00	1.22		
23	2989	64.81	1.35		
25	2706	58.69	1.49		
28	2400	52.05	1.68		
31	2170	47.06	1.86	TR108	4
37	1839	39.88	2.2	TRF108	4
42	1607	34.84	2.5		
50	1344	29.14	3.0		
48	1404	30.40	2.9		
54	1257	27.25	3.2		
59	1134	24.60	3.6		
65	1030	22.34	3.9		
24	2760	59.84	1.02		
27	2451	53.14	1.15		
31	2191	47.51	1.29		
34	1970	42.72	1.43		
39	1710	37.08	1.65		
44	1531	33.20	1.77	TR98	4
53	1270	27.54	1.98	TRF98	4
45	1486	32.22	1.72		
54	1238	26.84	1.94		
58	1154	25.03	2.30		
65	1032	22.37	2.48		
72	929	20.14	2.64		
80	841	18.24	2.79		

续表

输出转速/r·min^{-1}	输出扭矩 N·m	传动比 i	服务系数 f_a	机型号	极数 p
7.5kW					
40	1694	36.73	0.86	TR88 TRF88	4 4
45	1502	32.57	0.97		
52	1282	27.81	1.1		
52	1284	27.84	1.13		
62	1079	23.40	1.35		
58	992	21.51	1.42		
76	881	19.10	1.54		
85	788	17.08	1.66		
95	708	15.35	1.78		
110	615	13.33	1.96		
122	550	11.93	2.1		
147	457	9.90	2.4		
158	427	9.25	2.7		
175	384	8.32	2.8		
202	333	7.22	3.0		
226	298	6.47	3.2		
272	247	5.36	3.5		
78	867	18.80	0.85	TR78 TRF78	4 4
82	822	17.82	0.89		
94	719	15.60	0.97		
104	648	14.05	1.04		
118	569	12.33	1.14		
134	502	10.88	1.24		
151	445	9.64	1.33		
173	388	8.42	1.53		
192	350	7.59	1.64		
219	307	6.66	1.78		
248	271	5.88	1.87		
280	240	5.21	2.00		
115	586	12.70	0.83	TR68 TRF68	4 4
127	532	11.54	0.88		
146	461	10.00	0.96		
168	401	8.70	1.03		
187	359	7.79	0.99		
198	339	7.36	1.02		
233	289	6.27	1.07		
256	263	5.70	1.11		
296	227	4.93	1.20		
340	198	4.29	1.28		
183	368	7.97	0.91	TR58 TRF58	4 4
194	347	7.53	0.95		
228	296	6.41	1.07		
251	268	5.82	1.12		
289	233	5.05	1.23		
333	202	4.39	1.30		

输出转速/r·min^{-1}	输出扭矩 N·m	传动比 i	服务系数 f_a	机型号	极数 p
7.5kW					
123	572	5.88	1.94	TRX128 TRXF128	8 8
156	449	6.22	3.74	TRX158 TRXF158	6 6
123	572	5.88	2.94	TRX128 TRXF128	6 6
136	515	5.28	3.26		
167	420	4.29	4.0		
221	318	6.47	3.49	TRX128 TRXF128	4 4
245	286	5.88	3.88		
220	320	6.65	1.35	TRX108 TRXF108	4 4
260	269	5.60	1.59		
281	250	5.19	2.6		
314	224	4.65	2.9		
348	202	4.20	3.9		
251	280	5.82	1.41	TRX98 TRXF98	4 4
301	233	4.85	1.59		
323	217	4.52	2.6		
361	194	4.04	2.9		
401	175	3.64	3.2		
442	159	3.30	3.5		
500	140	2.92	4.0		
324	216	4.50	1.26	TRX88 TRXF88	4 4
386	182	3.78	1.58		
420	167	3.48	2.3		
472	149	3.09	2.6		
529	133	2.76	2.9		
589	119	2.48	3.2		
679	103	2.15	3.5		
756	93	1.93	3.6		
913	77	1.60	3.8		
1050	67	1.39	4.1		
449	156	3.25	1.09	TRX78 TRXF78	4 4
474	148	3.08	1.23		
541	130	2.70	1.56		
601	117	2.43	1.73		
685	102	2.13	1.84		
777	90	1.88	1.94		
874	80	1.67	2.0		
1028	68	1.42	2.1		
575	122	2.54	0.91	TRX68 TRXF68	4 4
608	115	2.40	1.00		
716	98	2.04	1.28		
785	89	1.86	1.32		
907	77	1.61	1.38		
1043	67	1.40	1.45		

续表

输出转速 /r·min^{-1}	输出扭矩 N·m	传动比 i	服务系数 f_a	机型号	极数 p
11kW					
4.9	18891	295	0.90	TR168 TR108 TRF168 TR108	4 4
5.2	17994	281	0.94		
6.1	15241	238	1.11		
7.0	13320	208	1.27		
8.3	11271	176	1.50		
5.1	18379	287	0.92		
4.3	21645	338	0.80	TR168 TR98 TRF168 TR98	4 4
4.8	19659	307	0.86		
5.2	18059	282	0.94		
5.8	16009	250	0.80	TR148 TR88 TRF148 TR88	4 4
6.8	13832	216	0.88		
7.6	12231	191	1.00		
9.1	10310	161	1.19		
9.2	10182	159	1.20		
6.0	16540	160.80	1.02	TR168 TRF168	6 6
7.4	13417	130.44	1.26		
7.9	12445	120.99	1.36		
9.2	10740	104.41	1.58		
7.4	13284	196.41	1.27	TR168 TRF168	4 4
9.1	10876	160.80	1.56		
11.2	8822	130.44	1.91		
12	8183	120.99	2.07		
14	7062	104.41	2.4		
16	6232	92.14	2.7		
18	5403	79.88	3.1		
21	4807	71.07	3.5		
6.5	15105	146.85	0.81	TR148 TRF148	6 6
8.1	12265	119.24	1.0		
8.7	11318	110.03	1.08		
10	9731	94.60	1.26		
12	8586	83.47	1.42		
8.9	11056	163.46	1.11	TR148 TRF148	4 4
10	9932	146.85	1.23		
12	8065	119.24	1.52		
13	7442	110.03	1.64		
15	6398	94.60	1.91		
17	5645	83.47	2.2		
20	4876	72.09	2.5		
22	4508	66.65	2.7		
24	4129	61.50	3.0		
28	3576	52.87	3.4		

输出转速 /r·min^{-1}	输出扭矩 N·m	传动比 i	服务系数 f_a	机型号	极数 p
11kW					
10	9545	141.12	0.8	TR138 TRF138	4 4
11	8669	128.18	0.87		
13	7691	113.72	0.98		
14	6980	103.2	1.08		
16	5999	88.70	1.25		
18	5472	80.91	1.37		
20	4970	73.49	1.51		
22	4410	65.20	1.71		
25	4002	59.17	1.88		
29	3440	50.86	2.2		
33	3002	44.39	2.5		
39	2540	37.65	3.0		
44	2226	32.91	3.4		
23	4383	64.81	0.92	TR108 TRF108	4 4
25	3969	58.69	1.02		
28	3520	52.05	1.15		
31	3183	47.06	1.27		
37	2697	39.88	1.50		
42	2356	34.84	1.72		
50	1971	29.14	2.1		
48	2059	30.44	1.96		
54	1843	27.25	2.2		
59	1664	24.60	2.4		
65	1511	22.34	2.7		
74	1341	19.82	3.0		
81	1217	17.99	3.3		
34	2889	42.72	0.98	TR98 TRF98	4 4
39	2508	37.08	1.12		
44	2245	33.20	1.21		
53	1863	27.54	1.35		
58	1693	25.03	1.57		
65	1513	22.37	1.69		
72	1362	20.14	1.80		
80	1234	18.24	1.90		
90	1094	16.17	2.1		
100	989	14.62	2.2		
118	838	12.39	2.5		
135	732	10.83	2.7	TR98 TRF98	4 4
158	626	9.26	3.0		
174	566	8.37	3.4		
206	480	7.09	3.9		
235	419	6.20	4.2		

续表

输出转速 /r·min^{-1}	输出扭矩 N·m	传动比 i	服务系数 f_a	机型号	极数 p
11kW					
68	1455	21.51	0.97	TR88 TRF88	4 4
76	1292	19.10	1.05		
85	1155	17.08	1.13		
95	1038	15.35	1.21		
110	902	13.33	1.33		
122	807	11.93	1.43		
147	670	9.90	1.66		
158	626	9.25	1.82		
175	563	8.32	1.94		
202	488	7.22	2.1		
226	438	6.47	2.2		
272	363	5.36	2.4		
134	736	10.88	0.84	TR78 TRF78	4 4
151	652	9.64	0.91		
192	513	7.59	1.12		
219	450	6.66	1.21		
248	398	5.88	1.28		
280	352	5.21	1.36		
191	539	5.05	3.12	TRX158 TRXF158	6 6
209	492	4.68	3.41		
240	429	4.04	3.92		
235	437	6.22	3.84	TRX158 TRXF158	4 4
249	414	5.88	2.68	TRX128 TRXF128	4 4
277	372	5.28	2.98		
339	304	4.29	3.65		
372	277	3.95	4.01		
281	366	5.19	1.79	TRX108 TRXF108	4 4
314	328	4.65	1.99		
348	296	4.20	2.63		
383	269	3.81	2.90		
432	238	3.38	3.27		
476	216	3.07	3.60		
553	186	2.64	4.19		
323	319	4.52	1.75	TRX98 TRXF98	4 4
361	285	4.04	1.96		
401	257	3.64	2.2		
442	233	3.30	2.4		
500	206	2.92	2.7		
553	186	2.64	3.0		
652	158	2.24	3.5		
745	138	1.96	3.9		
890	116	1.64	4.1		
1028	100	1.42	4.3		

输出转速 /r·min^{-1}	输出扭矩 N·m	传动比 i	服务系数 f_a	机型号	极数 p
11kW					
420	245	3.48	1.55	TRX88 TRXF88	4 4
472	218	3.09	1.75		
529	195	2.76	1.96		
589	175	2.48	2.2		
679	152	2.15	2.4		
756	136	1.93	2.5		
913	113	1.60	2.6		
1050	98	1.39	2.8		
601	171	2.43	1.18	TRX78 TRXF78	4 4
685	150	2.13	1.25		
777	133	1.88	1.33		
874	118	1.67	1.38		
1028	100	1.42	1.46		
15kW					
6.1	20783	238	0.81	TR168 TR108 TRF168 TR108	4 4
7.0	18163	208	0.93		
8.3	15369	176	1.10		
6.5	19560	224	0.87		
7.5	17028	195	0.99		
7.4	18201	130.44	0.93	TR168 TRF168	6 6
8.0	16883	120.99	1.00		
9.2	14569	104.41	1.16		
11	12857	92.14	1.32		
7.4	18115	196.41	0.93	TR168 TRF168	4 4
9.1	14830	160.80	1.14		
11	12030	130.44	1.41		
12	11159	120.99	1.52		
14	9630	104.41	1.76		
16	8498	92.14	1.99		
18	7367	79.88	2.3		
21	6555	71.07	2.6		
23	5901	63.98	2.9		
25	5396	58.51	3.1		
8.8	15353	110.03	0.80	TR148 TRF148	6 6
10	13200	94.60	0.93		
12	11647	83.47	1.05		
13	10059	72.09	1.21		
14	9300	66.65	1.31		
8.9	15076	163.46	0.81	TR148 TRF148	4 4
9.9	13544	146.85	0.90		
12	10997	119.24	1.11		
13	10148	110.03	1.20		
15	8725	94.60	1.40		
17	7698	83.47	1.59		
20	6649	72.09	1.84		
22	6147	66.65	1.99		
24	5631	61.50	2.2		
28	4876	52.87	2.5		
31	4303	46.65	2.8		

第17篇

续表

输出转速 /r·min⁻¹	输出扭矩 N·m	传动比 i	服务系数 f_a	机型号	极数 p
15kW					
14	9518	103.2	0.8	TR138 TRF138	4 4
16	8181	88.70	0.92		
18	7462	80.91	1.01		
20	6778	73.49	1.11		
22	6013	65.20	1.25		
25	5457	59.17	1.38		
29	4691	50.86	1.60		
33	4094	44.39	1.84		
39	3472	37.65	2.2		
44	3035	32.91	2.5		
52	2567	27.83	2.9		
31	4340	47.06	0.9	TR108 TRF108	4 4
37	3678	39.88	7.10		
42	3213	34.84	1.26		
50	2688	29.14	1.50		
48	2807	30.44	1.44		
54	2513	27.25	1.61		
59	2269	24.60	1.78		
65	2060	22.34	1.96		
74	1828	19.82	2.2		
81	1659	17.99	2.4		
94	1426	15.46	2.8		
108	1245	13.50	3.2		
53	2540	27.54	1.1	TR98 TRF98	4 4
58	2309	25.03	1.15		
65	2063	22.37	1.24		
72	1858	20.14	1.32		
80	1682	18.24	1.40		
90	1491	16.17	1.51		
100	1348	14.62	1.6		
118	1143	12.39	1.8		
135	999	10.83	2.0		
158	854	9.26	2.4		
174	772	8.37	2.5		
206	654	7.09	2.9		
235	572	6.20	3.1		
85	1575	17.08	1.13	TR88 TRF88	4 4
95	1416	15.35	0.89		
110	1229	13.33	0.98		
122	1100	11.93	1.05		
147	913	9.90	1.21		
158	853	9.25	1.33		
175	767	8.32	1.42		
202	666	7.22	1.51		
226	597	6.47	1.61		
272	494	5.36	1.73		

输出转速 /r·min⁻¹	输出扭矩 N·m	传动比 i	服务系数 f_a	机型号	极数 p
15kW					
287	488	5.05	3.44	TRX158 TRXF158	4 4
315	446	4.68	3.77		
361	388	4.04	3.32		
372	378	3.95	2.94	TRX128 TRXF128	4 4
281	479	5.19	1.36	TRX108 TRXF108	4 4
314	429	4.65	1.52		
348	387	4.20	2.0		
383	351	3.81	2.2		
432	325	3.38	2.4		
476	295	3.07	2.6		
553	254	2.64	3.1		
635	221	2.30	3.5		
749	188	1.95	3.8		
854	164	1.71	4.0		
1014	138	1.44	4.4		
323	435	4.52	1.3	TRX98 TRXF98	4 4
361	388	4.04	1.4		
401	350	3.64	1.6		
442	317	3.30	1.8		
500	281	2.92	2.0		
553	254	2.64	2.2		
652	215	2.24	2.6		
745	188	1.96	2.8		
890	158	1.64	3.0		
1028	137	1.42	3.1		
420	335	3.48	1.14	TRX88 TRXF88	4 4
472	297	3.09	1.28		
529	265	2.76	1.43		
589	238	2.48	1.60		
679	207	2.15	1.75		
756	186	1.93	1.80		
913	154	1.60	1.92		
1050	134	1.39	2.0		
18.5kW					
9.1	18291	160.80	0.93	TR168 TRF168	4 4
11	14838	130.44	1.13		
12	13763	120.99	1.24		
14	11877	104.41	1.42		
16	10481	92.14	1.61		
18	9086	79.88	1.86		
21	8084	71.07	2.1		
23	7278	63.61	2.3		
25	6655	59.00	2.5		
29	5791	50.91	2.9		

续表

输出转速 /r·min^{-1}	输出扭矩 N·m	传动比 i	服务系数 f_a	机型号	极数 p
18.5kW					
12	13564	119.24	0.90	TR148 TRF148	4 4
13	12516	110.03	0.98		
15	10761	94.60	1.14		
17	9495	83.47	1.29		
20	8200	72.09	1.49		
22	7581	66.65	1.61		
24	6944	61.50	1.76		
28	6014	52.87	2.0		
31	5306	46.65	2.3		
36	4583	40.29	2.7		
18	9203	80.91	0.82	TR138 TRF138	4 4
20	8359	73.49	0.90		
22	7416	65.20	1.01		
25	6731	59.17	1.12		
29	5785	50.86	1.30		
33	5049	44.39	1.49		
39	4283	37.65	1.76		
44	3744	32.91	2.0		
52	3166	27.83	2.3		
49	3362	29.56	2.2		
61	2730	24.00	2.7		
66	2520	22.15	3.0		
77	2166	19.04	3.5		
87	1911	16.80	3.9		
37	4536	39.88	0.89	TR108 TRF108	4 4
42	3963	34.84	1.02		
50	3315	29.14	1.22		
59	2798	24.60	1.44		
65	2541	22.34	1.59		
74	2255	19.82	1.79		
81	2046	17.99	1.98		
94	1759	15.46	2.3		
108	1536	13.50	2.6		
128	1302	11.45	3.1		
146	1139	10.01	3.5		
181	918	8.07	3.0		
213	778	6.84	3.6		
72	2291	20.14	1.07	TR98 TRF98	4 4
80	2075	18.24	1.13		
90	1839	16.17	1.23		
100	1663	14.62	1.30		
118	1409	12.39	1.46		
135	1232	10.83	1.59		
158	1053	9.26	1.81		
174	952	8.37	2.0		
206	806	7.09	2.3		
235	705	6.20	2.5		
282	589	5.18	2.8		
325	511	4.49	3.0		

输出转速 /r·min^{-1}	输出扭矩 N·m	传动比 i	服务系数 f_a	机型号	极数 p
18.5kW					
110	1516	13.33	0.8	TR88 TRF88	4 4
122	1357	11.93	0.85		
147	1126	9.90	0.98		
158	1052	9.25	1.08		
175	946	8.32	1.15		
202	821	7.22	1.22		
226	736	6.47	1.30		
272	610	5.36	1.40		
317	547	4.68	3.07	TRX158 TRXF158	4 4
364	476	4.04	3.53		
412	420	3.57	4.0		
348	478	4.20	1.63	TRX108 TRXF108	4 4
383	452	3.81	1.73		
432	401	3.38	1.95		
476	364	3.07	2.1		
553	313	2.64	2.5		
635	273	2.30	2.9		
749	231	1.95	3.1		
854	203	1.71	3.3		
1014	171	1.44	3.6		
401	432	3.64	1.30	TRX98 TRXF98	4 4
442	391	3.30	1.43		
500	346	2.92	1.62		
553	313	2.64	1.79		
652	266	2.24	2.1		
745	232	1.96	2.3		
890	194	1.64	2.4		
1028	168	1.42	2.5		
529	327	2.76	1.16	TRX88 TRXF88	4 4
589	294	2.48	1.29		
679	255	2.15	1.42		
756	229	1.93	1.46		
913	190	1.60	1.56		
1050	165	1.39	1.65		
22kW					
11	17645	130.44	0.95	TR168 TRF168	4 4
12	16366	120.99	1.04		
14	14124	104.41	1.20		
16	12464	92.14	1.36		
18	10805	79.88	1.57		
21	9614	71.07	1.76		
23	8655	63.61	2.0		
25	7915	59	2.1		
29	6887	50.91	2.5		
32	6078	44.93	2.8		
37	5269	38.95	3.2		

续表

输出转速 /r·min^{-1}	输出扭矩 N·m	传动比 i	服务系数 f_a	机型号	极数 p
22kW					
13	14884	110.03	0.83	TR148 TRF148	4 4
15	12797	94.60	0.95		
17	11291	83.47	1.08		
20	9752	72.09	1.3		
22	9016	66.65	1.36		
24	8258	61.50	1.48		
28	7152	52.87	1.71		
31	6310	46.65	1.94		
36	5450	40.29	2.2		
41	4821	35.64	2.5		
49	4051	29.95	3.0		
22	8820	65.20	0.85	TR138 TRF138	4 4
25	8004	59.17	0.94		
29	6880	50.86	1.09		
33	6005	44.39	1.25		
39	5093	37.65	1.48		
44	4452	32.91	1.69		
52	3765	27.83	2.00		
49	3999	29.56	1.88		
61	3246	24.00	2.3		
66	2996	22.15	2.5		
77	2576	19.04	2.9		
87	2273	16.80	3.3		
101	1963	14.51	3.8		
114	1736	12.83	4.3		
42	4713	34.84	0.86	TR108 TRF108	4 4
50	3942	29.14	1.03		
59	3328	24.60	1.21		
65	3022	22.34	1.34		
74	2681	19.82	1.51		
81	2434	17.99	1.66		
94	2091	15.46	1.93		
108	1826	13.50	2.2		
128	1549	11.45	2.6		
146	1354	10.01	3.0		
173	1144	8.46	3.5		
181	1092	8.07	2.6		
213	925	6.84	3.0		
244	809	5.98	3.5		
72	2724	20.14	0.90	TR98 TRF98	4 4
80	2467	18.24	0.95		
90	2187	16.17	1.05		
100	1978	14.62	1.10		
118	1676	12.39	1.23		
135	1465	10.83	1.34		
158	1253	9.26	1.52		
174	1132	8.37	1.69		
206	959	7.09	1.96		
235	839	6.20	2.1		
282	701	5.18	2.4		
325	607	4.49	2.5		

输出转速 /r·min^{-1}	输出扭矩 N·m	传动比 i	服务系数 f_a	机型号	极数 p
22kW					
147	1339	9.90	0.83	TR88 TRF88	4 4
158	1251	9.25	0.91		
175	1125	8.32	0.97		
202	977	7.22	1.03		
226	875	6.47	1.10		
272	725	5.36	1.18		
412	500	3.57	3.36	TRX158 TRXF158	4 4
348	592	4.20	1.32	TRX108 TRXF108	4 4
383	537	3.81	1.45		
432	477	3.38	1.64		
476	433	3.07	1.80		
553	372	2.64	2.10		
635	324	2.30	2.41		
749	275	1.95	2.61		
854	241	1.71	2.75		
1014	203	1.44	2.99		
401	513	3.64	1.09	TRX98 TRXF98	4 4
442	465	3.30	1.20		
500	412	2.92	1.36		
553	372	2.64	1.50		
652	316	2.24	1.77	TRX98 TRXF98	4 4
745	276	1.96	1.94		
890	231	1.64	2.05		
1028	200	1.42	2.14		
529	389	2.76	0.98	TRX88 TRXF88	4 4
589	350	2.48	1.09		
679	303	2.15	1.19		
756	272	1.93	1.23		
913	226	1.60	1.31		
1050	196	1.39	1.39		
30kW					
16	16996	92.14	1.0	TR168 TRF168	4 4
18	14735	79.88	1.15		
21	13109	71.07	1.29		
23	11802	63.61	1.43		
25	10793	59.00	1.57		
29	9391	50.91	1.80		
32	8288	44.93	2.04		
37	7185	38.95	2.4		
42	6393	34.66	2.6		
49	5510	29.87	3.1		
60	4477	24.27	3.8		
71	3796	20.58	4.5		

续表

输出转速 /r·min⁻¹	输出扭矩 N·m	传动比 i	服务系数 f_a	机型号	极数 p
30kW					
17	15397	83.47	0.8	TR148 TRF148	4 4
20	13298	72.09	0.92		
22	12294	66.65	0.99		
24	11261	61.50	1.09		
28	9752	52.87	1.25		
31	8605	46.65	1.42		
36	7432	40.29	1.64		
41	6574	35.64	1.86		
49	5525	29.95	2.2		
60	4462	24.19	2.5		
71	3770	20.44	3.0		
81	3328	18.04	3.0		
93	2885	15.64	4.2		
29	9382	50.86	0.80	TR138 TRF138	4 4
33	8188	44.39	0.92		
39	6945	37.65	1.08		
44	6071	32.91	1.24		
52	5183	27.83	1.41		
61	4427	24.00	1.69		
66	4086	22.15	1.85		
77	3512	19.04	2.1		
87	3099	16.80	2.4		
101	2676	14.51	2.8		
114	2367	12.83	3.2		
135	1990	10.79	3.8		
192	1400	7.59	3.4		
229	1177	6.38	4.1		
74	3656	19.82	1.11	TR108 TRF108	4 4
81	3318	17.99	1.22		
94	2852	15.46	1.42		
108	2490	13.50	1.62		
128	2112	11.45	1.91		
146	1846	10.01	2.2		
173	1561	8.46	2.6		
181	1489	8.07	1.88		
213	1262	6.84	2.2		
244	1103	5.98	2.5		
289	933	5.06	2.9		
100	2697	14.62	0.80	TR98 TRF98	4 4
118	2285	12.39	0.90		
135	1998	10.83	0.98		
158	1708	9.26	1.12		
174	1544	8.37	1.24		
206	1308	7.09	1.44		
235	1144	6.20	1.55		
282	955	5.18	175		
325	828	4.49	1.85		
30kW					
432	649	3.40	1.71	TRX128 TRXF128	4 4
432	623	3.38	1.25	TRX108 TRXF108	4 4
476	566	3.07	1.38		
553	487	2.64	1.60		
635	424	2.30	1.84		
749	360	1.95	2.0		
854	315	1.71	2.1		
1014	266	1.44	2.3		
500	539	2.92	1.04	TRX98 TRXF98	4 4
553	487	2.64	1.15		
652	413	2.24	1.35		
745	362	1.96	1.48		
890	303	1.64	1.57		
1028	262	1.42	1.63		
37kW					
18	18049	79.88	0.94	TR168 TRF168	4 4
21	16058	71.07	1.05		
23	14458	63.61	1.17		
25	13220	59.00	1.28		
29	11503	50.91	1.47		
33	10152	44.93	1.67		
38	8801	38.95	1.92		
42	7831	34.66	2.16		
49	6749	29.87	2.5		
61	5484	24.27	3.1		
78	4232	18.73	4.0		
90	3685	16.31	4.6		
101	3290	14.56	5.1		
22	15060	66.65	0.81	TR148 TRF148	4 4
24	13794	61.50	0.89		
28	11946	52.87	1.02		
32	10541	46.65	1.16		
36	9104	40.29	1.34		
41	8053	35.64	1.52		
49	6767	29.95	1.81		
61	5466	24.19	2.0		
72	4618	20.44	2.4		
81	4076	18.04	2.4		
94	3534	15.64	3.5		
106	3143	13.91	3.8		

续表

输出转速 /r·min⁻¹	输出扭矩 N·m	传动比 i	服务系数 f_a	机型号	极数 p
37kW					
39	8507	37.65	0.88	TR138 TRF138	4 4
45	7436	32.91	1.01		
53	6288	27.83	1.20		
61	5423	24.00	1.38		
67	5005	22.15	1.51		
77	4302	19.04	1.75		
88	3796	16.80	1.98		
101	3279	14.51	2.3		
115	2899	12.83	2.6		
136	2438	10.79	3.1		
169	1968	8.71	3.7		
194	1715	7.59	2.8		
230	1442	6.38	3.3		
285	1164	5.15	3.7		
74	4478	19.82	0.90	TR108 TRF108	4 4
82	4065	17.99	0.99		
95	3493	15.46	1.16		
109	3050	13.50	1.33		
128	2587	11.45	1.56		
147	2262	10.01	1.79		
174	1912	8.46	2.1		
182	1823	8.07	1.5		
215	1546	6.84	1.8		
246	1351	5.98	2.1		
291	1143	5.06	2.4		
432	801	3.40	1.39	TRX128 TRXF128	4 4
490	707	3.00	1.57		
568	610	2.59	1.82		
435	796	3.38	0.98	TRX108 TRXF108	4 4
479	723	3.07	1.08		
557	622	2.64	1.25		
639	542	2.30	1.44		
754	459	1.95	1.57		
860	403	1.71	1.65		
1021	339	1.44	1.79		
45kW					
23	17463	63.61	0.97	TR168 TRF168	4 4
25	15970	59.00	1.06		
29	13896	50.91	1.22		
33	12264	44.93	1.38		
38	10631	38.95	1.59		
43	9460	34.66	1.79		
50	8153	29.87	2.08		
61	6624	24.27	2.6		
72	5617	20.58	3.0		
79	5112	18.73	2.4		
91	4452	16.31	3.4		
102	3974	14.56	3.5		

输出转速 /r·min⁻¹	输出扭矩 N·m	传动比 i	服务系数 f_a	机型号	极数 p
45kW					
28	14431	52.87	0.85	TR148 TRF148	4 4
32	12733	46.65	0.96		
37	10997	40.29	1.11		
42	9728	35.64	1.26		
49	8175	29.95	1.49		
61	6603	24.19	1.69		
72	5579	20.44	2.0		
82	4924	18.04	2.0		
95	4269	15.64	2.9		
106	3797	13.91	3.2		
123	3273	11.99	3.7		
204	1979	7.25	4.1		
45	8983	32.91	0.84	TR138 TRF138	4 4
53	7596	27.83	0.99		
62	6551	24.00	1.15		
67	6046	22.15	1.24		
78	5197	19.04	1.45		
88	4586	16.80	1.64		
102	3960	14.51	1.90		
115	3502	12.83	2.1		
137	2945	10.79	2.6		
170	2377	8.71	3.1		
195	2072	7.59	2.3		
232	1741	6.38	2.8		
287	1406	5.15	3.1		
96	4220	15.46	0.96	TR108 TRF108	4 4
110	3685	13.50	1.10		
129	3125	11.45	1.29		
148	2732	10.01	1.48		
175	2309	8.46	1.75		
183	2203	8.07	1.27		
216	1867	6.84	1.50		
247	1632	5.98	1.71		
292	1381	5.06	2.0		
435	968	3.40	115	TRX128 TRXF128	4 4
493	854	3.00	1.30		
571	737	2.59	1.51		
646	652	2.29	1.70		
767	549	1.93	2.02		
438	962	3.38	0.81	TRX108 TRXF108	4 4
482	874	3.07	0.89		
561	751	2.64	1.04		
643	654	2.30	1.19		
759	555	1.95	1.30		
865	487	1.71	1.36		
1028	410	1.44	1.48		

续表

输出转速 /r·min^{-1}	输出扭矩 N·m	传动比 i	服务系数 f_a	机型号	极数 p
55kW					
29	16984	50.91	1.00		
33	14989	44.93	1.13		
38	12984	38.95	1.30		
43	11563	34.66	1.46		
50	9963	29.87	1.70		
61	8097	24.27	2.09	TR168	4
72	6866	20.58	2.50	TRF168	4
79	6248	18.73	1.96		
91	5441	16.31	2.76		
102	4857	14.56	2.90		
119	4140	12.41	4.09		
144	3429	10.28	4.66		
32	15563	46.65	0.8		
37	13441	40.29	0.91		
42	11890	35.64	1.03		
49	9991	29.95	1.22		
61	8070	24.19	1.39		
72	6819	20.44	1.65	TR148	4
82	6018	18.04	1.64	TRF148	4
95	5218	15.64	2.3		
106	4640	13.91	2.6		
123	4000	11.99	3.1		
152	3249	9.74	3.8		
204	2419	7.25	3.4		
251	1965	5.89	4.1		
78	6352	19.04	1.18		
88	5605	16.80	1.34		
102	4841	14.51	1.55		
115	4280	12.83	1.76		
137	3600	10.79	2.1	TR138	4
170	2906	8.71	2.5	TRF138	4
195	2532	7.59	1.90		
232	2128	6.38	2.3		
287	1718	5.15	2.5		
415	1242	3.57	1.35	TRX158	4
479	1075	3.09	1.56	TRXF158	4
75kW					
38	17719	38.95	0.95		
43	15767	34.66	1.07		
50	13588	29.87	1.25		
61	11041	24.27	1.53		
72	9362	20.58	1.81		
79	8521	18.73	1.43	TR168	4
91	7420	16.31	2.03	TRF168	4
102	6624	14.56	2.13		
119	5646	12.41	3.0		
144	4677	10.28	3.4		
169	3990	8.77	4.0		

输出转速 /r·min^{-1}	输出扭矩 N·m	传动比 i	服务系数 f_a	机型号	极数 p
75kW					
49	13625	29.95	0.90		
61	11004	24.19	1.11		
72	9298	20.44	1.21		
82	8207	18.04	1.20		
95	7115	15.64	1.72		
106	6328	13.91	1.87	TR148	4
123	5454	11.99	2.2	TRF148	4
152	4431	9.74	2.8		
179	3758	8.26	3.3		
204	3298	7.25	2.5		
251	2679	5.89	3.0		
296	2275	5.00	3.6		
479	1466	3.09	1.15		
538	1304	2.75	1.29	TRX158	4
624	1124	2.37	1.49	TRXF158	4
767	915	1.93	1.84		
767	915	1.93	1.21	TRX128	4
949	740	1.56	1.50	TRXF128	4
90kW					
43	18921	34.66	0.89		
50	16306	29.87	1.04		
61	13249	24.27	1.28		
72	11235	20.58	1.51		
79	10225	18.73	1.20	TR168	4
91	8904	16.31	1.69	TRF168	4
102	7948	14.56	1.77		
119	6775	12.41	2.5		
144	5612	10.28	2.8		
169	4788	8.77	3.3		
72	11158	20.44	1.01		
82	9848	18.04	1.00		
95	8538	15.64	1.43		
106	7593	13.91	1.56		
123	6545	11.99	1.87	TR148	4
156	5170	9.47	2.4	TRF148	4
179	4509	8.26	2.7		
204	3958	7.25	2.1		
251	3215	5.89	2.5		
296	2729	5.00	3.0		
542	1555	2.75	1.08	TRX158	4
629	1340	2.37	1.25	TRXF158	4
772	1091	1.93	1.54		
955	882	1.56	1.26	TRX128 TRXF128	4 4

续表

输出转速 /r·min^{-1}	输出扭矩 N·m	传动比 i	服务系数 f_a	机型号	极数 p
110kW					
61	16193	24.27	1.04	TR168 TRF168	4 4
72	13731	20.58	1.23		
91	10882	16.31	1.38		
102	9715	14.56	1.45		
119	8280	12.41	2.04		
144	6859	10.28	2.3		
169	5851	8.77	2.7		
629	1638	2.37	1.03	TRX158 TRXF158	4 4
772	1334	1.93	1.26		
914	1126	1.63	1.49		

输出转速 /r·min^{-1}	输出扭矩 N·m	传动比 i	服务系数 f_a	机型号	极数 p
132kW					
72	16477	20.58	1.03	TR168 TRF168	4 4
91	13059	16.31	1.15		
102	11657	14.56	1.21		
119	9936	12.41	1.70		
144	8231	10.28	1.94		
169	7022	8.77	2.28		
914	1351	1.63	1.24	TRX158 TRXF158	4 4
160kW					
120	11963	12.41	1.41	TR168 TRF168	4 4
145	9910	10.28	1.61		
170	8454	8.77	1.89		

注：限于篇幅，0.18、0.25、0.37、0.55、0.75、1.1kW 六挡功率省略。

第3章 机械无级变速器及产品

1 机械无级变速器的基本知识、类型和选用

1.1 传动原理

机械无级变速器（传动）由传动机构、加压装置和调速机构三部分组成。图17-3-1所示的摩擦（牵引）传动是利用传动件1和2间的压紧力 Q 产生的摩擦（牵引）力 $F=\mu Q$ 来传递动力的。为防止打滑应使有效圆周力 F_e 小于摩擦副所能提供的最大摩擦力 F，为此，应增大压紧力和摩擦因数。压紧力由加压装置3提供；调速机构4用来调节传动件间的尺寸（角度）比例关系，以实现无级变速。将无润滑油的干式无级变速传动称为摩擦式无级变速传动；而将有润滑的湿式无级变速传动称为牵引式无级变速传动。

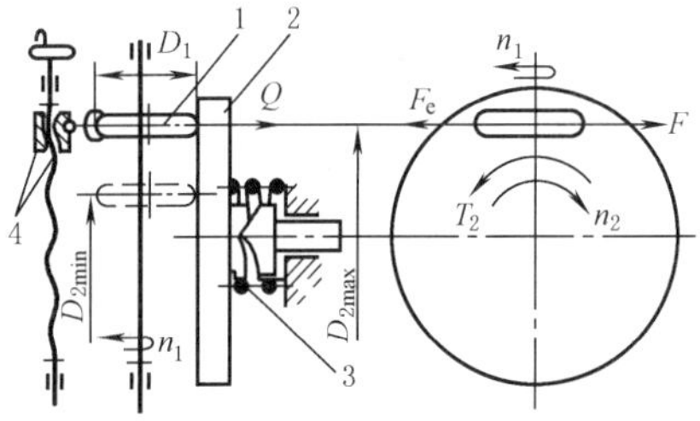

图17-3-1　机械无级变速传动的原理

1，2—传动件；3—加压装置；4—调速机构

当图17-3-1中 D_1、D_2 固定不变时，则为定传动比摩擦（牵引）传动。当 D_1 或 D_2 可调时，则为无级变速传动。当主动轮 D_1 由 D_{2min} 位置移到 D_{2max} 位置，其传动比分别为

$$i_{21max}=n_{2max}/n_1=D_1(1-\varepsilon)/D_{2min}$$

$$i_{21min}=n_{2min}/n_1=D_1(1-\varepsilon)/D_{2max}$$

滑动率 ε 为

$$\varepsilon=\left(1-\frac{n_2/n_1}{n_{02}/n_{01}}\right)\times100\%=\left(1-\frac{i_{21}}{i_{021}}\right)\times100\% \tag{17-3-1}$$

式中，D_1、n_{01}、n_1 分别为主动轮的工作直径和空载、负载时的转速；D_2、n_{02}、n_2 分别为从动轮的工作直径和空载、负载时的转速。

滑动率 ε 说明变速器在受载前后转速的损失情况，是重要的质量指标之一。它与负载大小、输出转速及传动轮的材质与表面粗糙度和硬度、润滑条件、传动系统的刚度等有关。具体值应由实验测定，其理论计算方法参见参考文献［1］和［2］。对于定轴式和动轴（行星）式机械无级变速器 ε 应分别控制在3%~5%和7%~10%以下；对于定传动比摩擦传动则应控制在0.5%~1%（金属轮）和5%~10%（非金属轮）以下。

变（调）速比 R_b 是变速器的一个重要性能指标，它是变速器输出轴的最高转速 n_{2max} 与最低转速 n_{2min} 的比值，即

$$R_b=n_{2max}/n_{2min}=i_{21max}/i_{21min} \tag{17-3-2}$$

变速范围是最高与最低输出转速值的范围，即 $n_{2min}\sim n_{2max}$。

根据以上定义，对无中间轮的变速器，当改变输入轮工作半径 R_{1x} 调速时有

$$i_{21}=n_2/n_1=R_{1x}(1-\varepsilon)/R_2$$

$$R_b=n_{2max}/n_{2min}=R_{1max}/R_{1min}$$

当改变输出轮工作半径 R_{2x} 调速时有

$$i_{21}=n_2/n_1=R_1(1-\varepsilon)/R_{2x}$$

$$R_b=n_{2max}/n_{2min}=R_{2max}/R_{2min}$$

对有中间轮的两级变速器，当只改变输入、输出轮的工作半径 R_{1x} 和 R_{2x} 进行调速时有

$$i_{21}=n_2/n_1=R_{1x}(1-\varepsilon)r_2/(R_{2x}r_1)$$

$$R_b=R_{1max}R_{2max}/(R_{1min}R_{2min})$$

当只改变中间轮输入、输出侧工作半径 r_{1x}、r_{2x} 进行调速时有

$$i_{21}=n_2/n_1=R_1r_{2x}(1-\varepsilon)/(r_{1x}R_2)$$

$$R_b=r_{1max}r_{2max}/(r_{1min}r_{2min})$$

如 $R_{1max}=R_{2max}$、$R_{1min}=R_{2min}$ 或 $r_{1max}=r_{2max}$、$r_{1min}=r_{2min}$，则有中间轮的两级变速器满足 $i_{max}i_{min}=1$ 的条件，称这种变速器为对称调速型变速器，在外形尺寸相等的情况下，它比其他变速器具有较大的变速比，且主、从动轮的外形尺寸相同，便于加工。其缺点是不适用于只要求降（升）速变速的场合。对称调速型变速器的输入轴转速 n_1 与输出轴的最低、最高输出转速必需严格满足式（17-3-3）的条件：

$$n_1=\sqrt{n_{2min}n_{2max}} \tag{17-3-3}$$

变速比、传动比及尺寸间有如下关系：

$$\left.\begin{aligned}&R_b=(R_{1max}/R_{1min})^2=(R_{2max}/R_{2min})^2=i_{21max}^2\\ \text{或}\quad&R_b=(r_{1max}/r_{1min})^2=(r_{2max}/r_{2min})^2=i_{21max}^2\end{aligned}\right\} \tag{17-3-4}$$

在进行行星（动轴）无级变速器的运动学计算时，常用到式（17-3-5）、式（17-3-6），其中摩擦轮工作半径是可以调节的。对于变速器中各轮轴线均平行的变速器，其各轮的转速可用转化机构的概念和公式来求解，其基本公式为

$$\begin{aligned}i_{ab}^{c}&=\frac{n_a-n_c}{n_b-n_c}\\&=(-1)^m\frac{a\to b\text{ 路线中从动轮半径的乘积}}{a\to b\text{ 路线中主动轮半径的乘积}}\end{aligned} \tag{17-3-5}$$

式中，i_{ab}^{c} 是轮系中任意两轮 a、b 对行星架 c 的相对传动比；n_a、n_b、n_c 分别为构件 a、b、c 的转速；m 为外接传动次数。i_{ab}^{c} 的具体表达式视轮系具体结构而定。

在求解行星轮系运动学问题时，式（17-3-6）在具体计算中很有用。

$$\left.\begin{aligned}&i_{ab}^{c}i_{ba}^{c}=1\\&i_{ba}^{c}+i_{bc}^{a}=1\\&n_c=i_{ca}^{b}n_a+i_{cb}^{a}n_b\end{aligned}\right\} \tag{17-3-6}$$

对于各轮轴线并非全平行的行星无级变速器，其运动学问题的求解一般不能用转化机构法，而需要用角速度矢量分析法。以基本行星轮系为基础构成的行星无级变速器及封闭行星无级变速器，由两个以上的基本行星轮系复合而成，因而应按“分清轮系，各立方程，找出联系，联立求解”的思路进行求解，详见参考文献［2］。

带、链式无级变速器的原理基本同上，但采用了带、链等中间挠性件；一般为对称调速型。

脉动无级变速器是先由曲柄摇杆类机构将输入轴的旋转运动转换成摇杆的往复摆动，再经单向超越离合器把摇杆的摆动转换为输出轴的单向脉动性转动。用调速机构来改变连杆机构中某一杆的长度，以形成构件间新的尺寸比例关系，使摇杆获得不同的摆角而实现无级变速。为了保持输出转速的连续和减小输出速度的脉动性，常采

用多相连杆机构并列使用的结构。其运动简图见表 17-3-1 中的第 26、27 项。

一台无级变速器是按给定的输入参数（T_1、n_1 或 P_1）和输出参数（T_2、n_{2min}~n_{2max} 或 P_2）进行设计的。其最大输出转矩 T_2 和最大输出功率 P_2 同时受限于传动构件的机械强度和系统的散热能力（也称热功率）。当变速器输入、输出参数与电机、工作机的输出、输入参数不匹配时，则应在变速器的输入或输出侧加装齿轮，从而形成各种派生的减变速器。

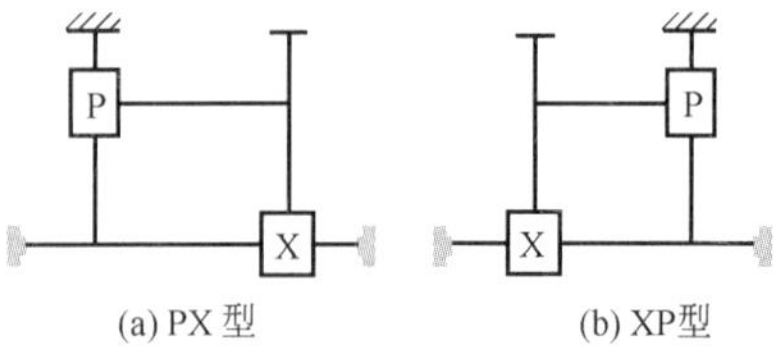

图 17-3-2　封闭行星无级变速器框图

为了扩大整个变速系统的变速比，或扩大传动功率和为缩小变速比以实现精密调速等目的，可用无级变速器 P 作为封闭机构将一个差动轮系 X 的三个基本构件（输入轴、输出轴及转臂）中的两个构件封闭而成为如图 17-3-2 所示的封闭行星减变速器。当封闭机构（无级变速器）P 的两根外伸轴将差动轮系 X 的非输出的两根外伸轴封闭时，所构成的变速系统定义为 PX 型（图 17-3-2a）；而当封闭机构 P 的两根外伸轴将差动轮系 X 的两根非输入外伸轴封闭时，所构成的变速系统则称为 XP 型（图 17-3-2b）。

设封闭机构（变速器）的传动比为 i_p，差动轮系中被封闭两轴相对于未被封闭轴的相对运动传动比为 i_r^e。由于封闭组合的多样性，新组成的系统的变速比 R 的大小、有无封闭功率将取决于封闭组合形式及 i_p、i_r^e 的大小。按 i_p 与 i_r^e 的不同组合可获得三类情况。

① 扩大调速型：$R>R_p$（变速器调速比）。

② 过零调速型：$R<0$。

③ 精密调速型：$R_p>R>0$。

参考文献［2］中分析指出：前两种有较大的封闭功率存在，不宜作为大功率变速器，而第三种系统中无封闭功率，但系统的变速比小于封闭机构者，因而是精密调速型，它可以实现大功率变速，常称为控制式封闭行星无级变速器，意即少量的功率流经被变速器所封闭的路径，变速器主要起调速控制作用，而大量的功率流过差动轮系中未被封闭的路径。控制式封闭行星无级变速器是实现大功率变速传动的重要途径。

1.2　特点和应用

机械无级变速及摩擦轮传动具有结构简单、维修方便、传动平稳、噪声低、有过载保护作用等优点，但轴及轴承上载荷大、承受过载及冲击的能力差、有滑动不能用于内传动链、寿命短、对材质及工艺要求高等缺点。较之其他无级变速器有恒功率特性好、可升速和降速（变速比可达 10~40）、可靠性好、价格低等优点。

无级变速传动主要用于下列场合。

① 为适应工艺参数多变或连续变化的要求，运转中需经常或连续地改变速度，但不应在某一固定转速下长期运转，如卷绕机等。

② 探求最佳工作速度，如试验机、自动线等。

③ 几台机器协调运转。

④ 缓速启动，以合理利用动力。

采用无级变速传动有利于简化变速传动系统、提高生产率和产品质量、实现遥控。

1.3　机械特性

机械特性是指在一定输入转速下，输出轴的功率 P_2 或转矩 T_2 与输出转速 n_2 之间的关系。可按对变速器进行测试或按全变速范围内传动副间最大接触疲劳应力等于许用接触应力的原则绘制。机械无级变速器的机械特性有恒功率（$T_2n_2=c$）、恒转矩（$T_2=c$）和变功率变转矩三类。图 17-3-3 所示为菱锥式无级变速器的机械特性（曲线 1），当其输出转速范围为 400~2400r/min 时，则其可

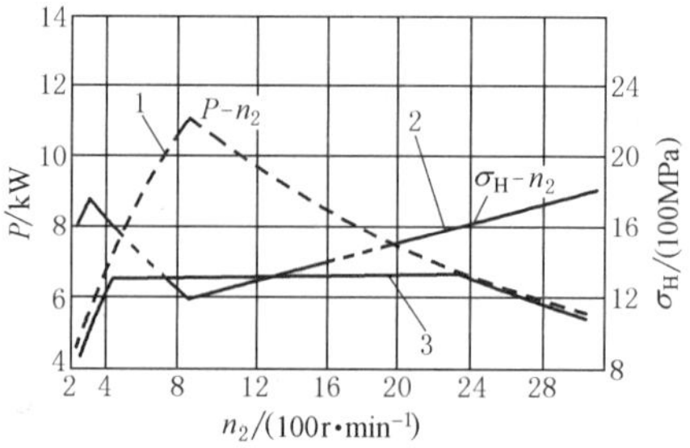

图 17-3-3　菱锥式无级变速器的机械特性

（$P_1=7$kW，$R_b=6$，$n_1=1450$r/min）

1—特性曲线；2—应力曲线；

3—供使用的特性曲线

供使用的恒功率值如图中的实线 3 所示，即可供恒功率使用的功率值是随着变速范围的增大而减小的，因而是有条件的。

1.4　类型、特性和应用示例

表 17-3-1　　机械无级变速器分类、特性和用途举例

名　称	简　图	机械特性	主要传动特性、应用示例
I. 固定轴刚性无级变速器 A. 无中间滚动体的			
1. 滚轮平盘式	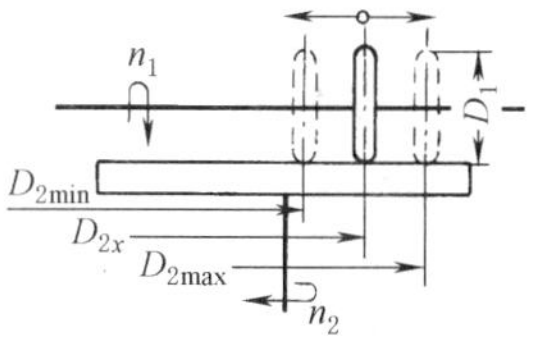	轮 1 主动，恒功率。盘 2 主动，恒转矩	$i_s=0.5\sim2$；$R_{bs}=4$（单滚）、15（双滚）；$P_1\leqslant 4kW$；$\eta=0.8\sim0.85$ 相交轴，升、降速型，可逆转；用于机床、计算机构、测速机构
2. 锥盘环盘式（Prym-SH）	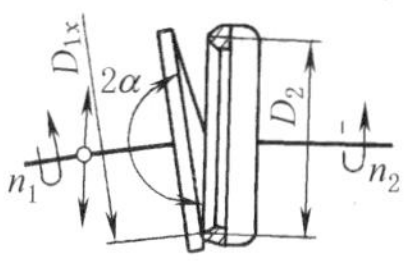	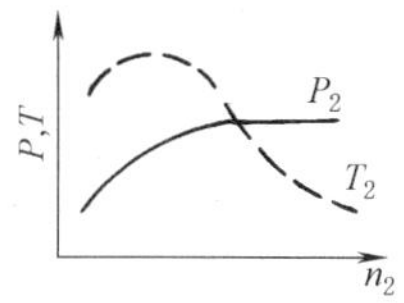	$i_s=0.25\sim1.25$；$R_{bs}\leqslant5$；$P_1\leqslant 11kW$；$\eta=0.5\sim0.92$ 平行轴或相交轴，降速型，可在停车时调速；用于食品机械、机床、变速电机等
	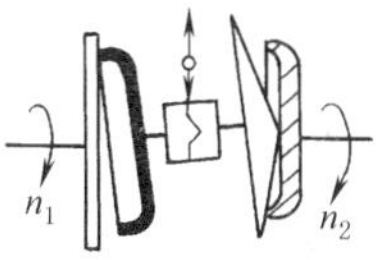	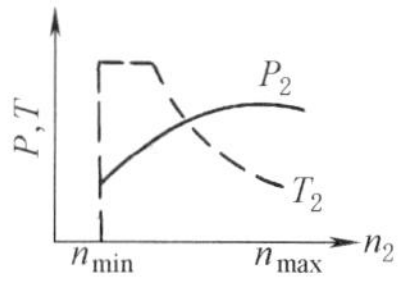	$i_s=0.125\sim1.25$；$R_b\leqslant10$；$P_1\leqslant15kW$；$\eta=0.85\sim0.95$ 同轴或平行轴，降速型；船用辅机
3. 多盘式（Beier）	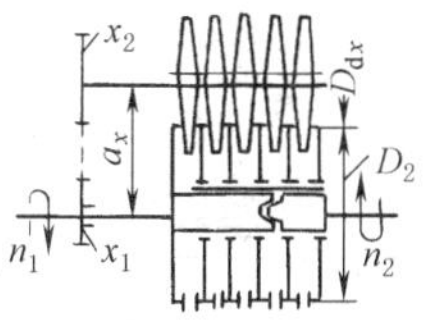	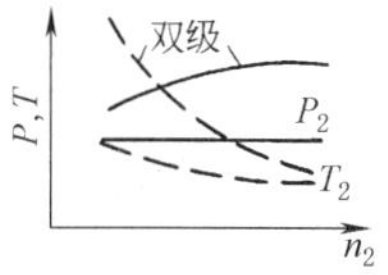	$i_s=0.2\sim0.8$（单级）、$0.076\sim0.76$（双级）；$R_b=3\sim6$（单级）、$10\sim12$（双级）；$P_1=0.5\sim150kW$；$\eta=0.75\sim0.87$；$\varepsilon=2\%\sim5\%$（单级）、$4\%\sim9\%$（双级） 同轴，降速型；用于化纤、纺织、造纸、橡塑、电缆、搅拌机械、旋转泵等
4. 光轴斜环式（Uhing）	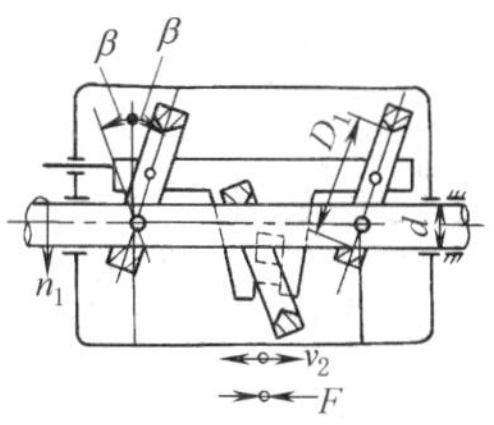	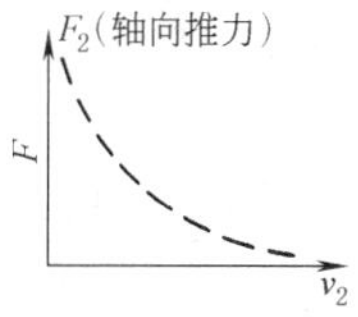	$v_2=0.0183\sim1.16m/min$；$n_1=100\sim1000r/min$；$F=50\sim1800N$ 直线移动，可正、反转，可停车时调速；用于电缆机械、举重器等
B. 有中间滚动体的 a. 改变输入、输出轮工作直径调速的			
5. 滚锥平盘式（FU）	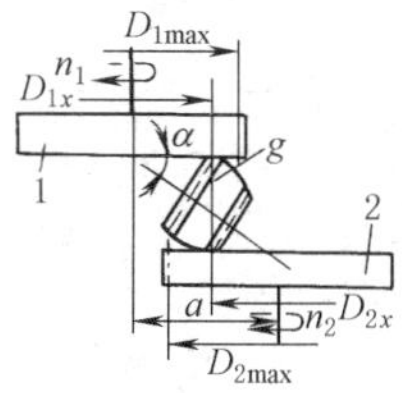	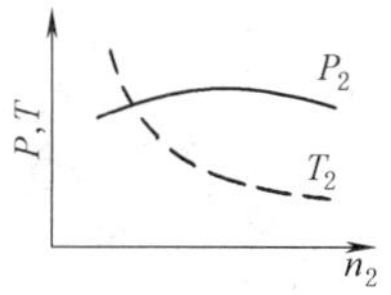	四滚锥： $i_s=0.17\sim1.46$；$R_{bs}\leqslant8.5$；$P_1=26.5(R_b\approx8.5)\sim104(R_b\approx2)kW$；$\eta=0.87\sim0.93$ 单滚锥：$R_b<10$；$P_1\leqslant3kW$；$\eta=0.77\sim0.92$ 同轴或平行轴，升、降速型；用于试验设备、机床主传动、运输、印染及化工机械

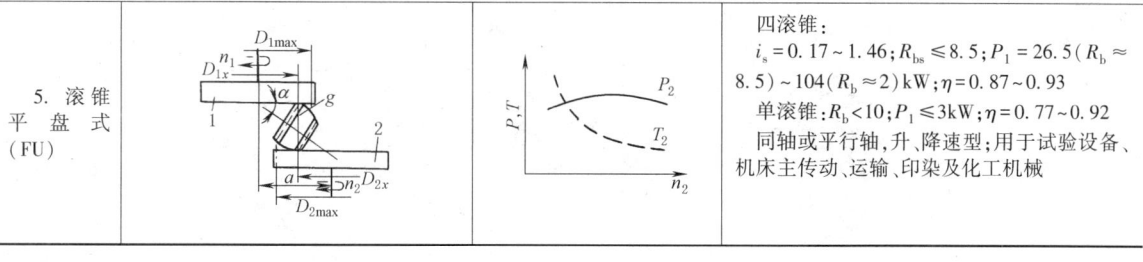

续表

名　称	简　　图	机械特性	主要传动特性、应用示例
B. 有中间滚动体的 a. 改变输入、输出轮工作直径调速的			
6. 钢球平盘式(PIV-KS)	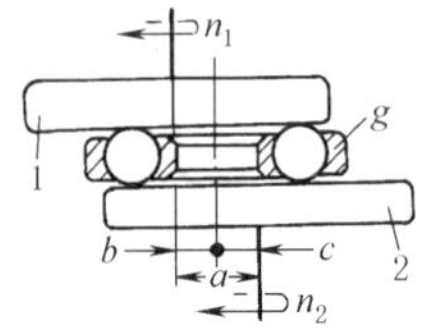	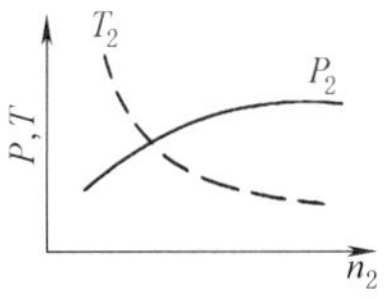	$i_s=0.05\sim1.5$;$R_{bs}\le25$;$P_1=0.12\sim3$kW;$\eta\le0.85$ 平行轴,升、降速型;用于计算机、办公及医疗设备、小型机床 两平盘可做成接触面内凹的锥盘,中间只用一颗钢球,制成 $R_b\le9$ 可传递数十瓦的小型变速器
7. 长锥钢环式	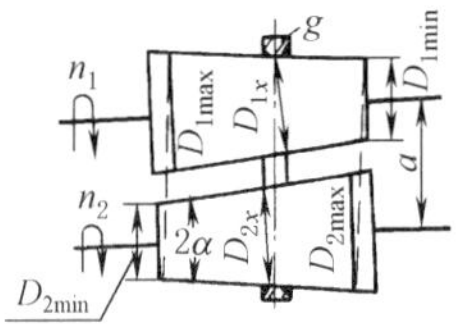	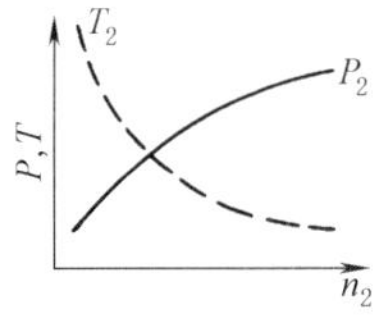	$i_s=0.5\sim2$;$R_{bs}\le4$;$P_1\le3.7$kW;$\eta\le0.85$ 平行轴,升、降速型;用于机床、纺织机械等,有自紧作用,不需加压装置
8. 钢环分离锥式(RC)	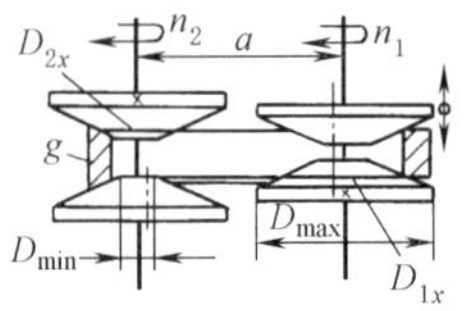	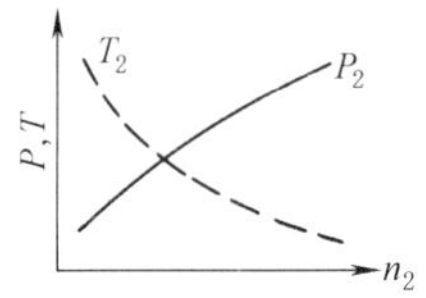	$i_s=\frac{1}{3.2}\sim3.2$;$R_{bs}\le10(16)$;$P_1=0.2\sim10$kW;$\eta=0.75\sim0.9$ 平行轴,对称调速型,钢环自紧加压;用于机床、纺织机械等
9. 杯轮环盘式(RF 单级)(Hayes 双级)	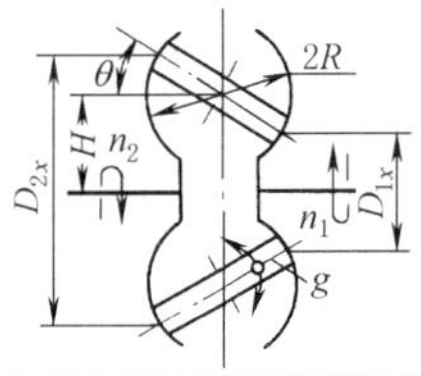	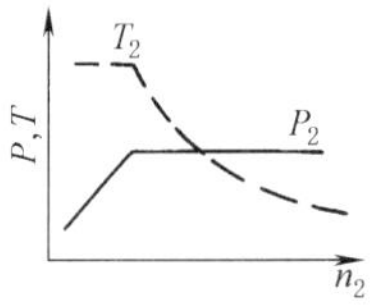	$i_s=0.1\sim3.5$;$R_{bs}=4\sim12$;$P_1=0.5\sim30$kW;$\eta=0.8\sim0.95$ 同轴线,升、降速型;用于航空工业、汽车
10. 弧锥环盘式(Toroidal)	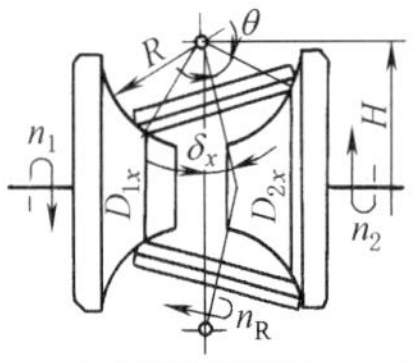		$i_s=0.22\sim2.2$;$R_{bs}=6\sim10$;$P_1=0.1\sim40$kW;$\eta=0.9\sim0.92$ 同轴或相交轴,升、降速型;用于机床、拉丝机、汽车等
b. 改变中间轮工作直径调速的			
11. 钢球外锥轮式(Kopp-B)	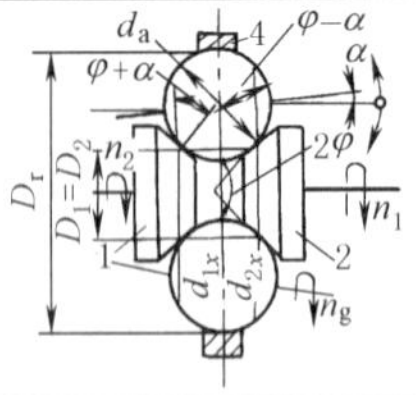	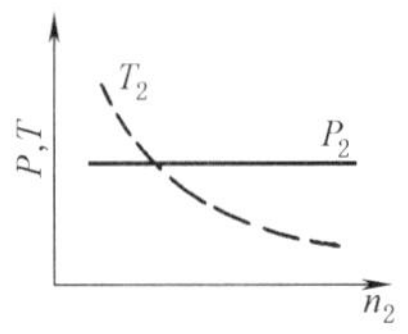	$i_s=\frac{1}{3}\sim3$;$R_{bs}\le9$;$P_1=0.2\sim12$kW;$\eta=0.8\sim0.9$ 同轴,升、降速型,对称调速;用于纺织、电影机械、机床等
12. 钢球内锥轮式(Free Ball、Planetroll)	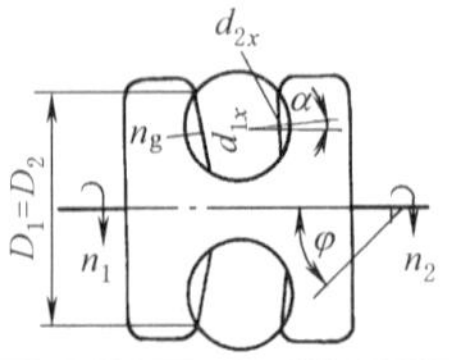	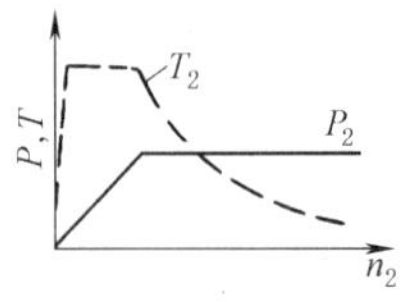	$i_s=0.1\sim2$;$R_{bs}=10\sim12(20)$;$P_1=0.2\sim5$kW;$\eta=0.85\sim0.90$ 同轴,升、降速型,可逆转;用于机床、电工机械、钟表机械、转速表等
13. 菱锥式(Kopp-K)	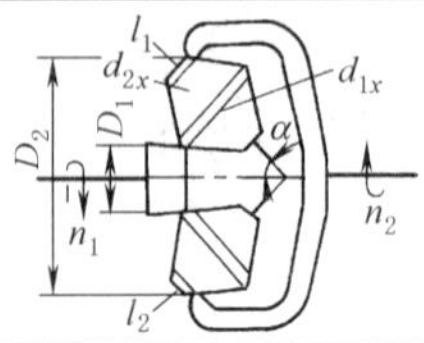	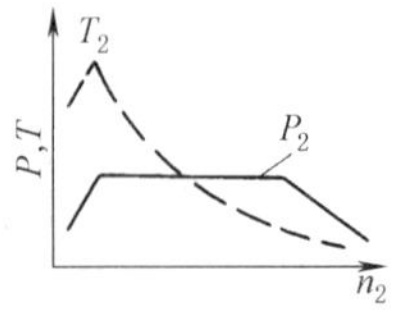	$i_s=\frac{1}{7}\sim1.7$;$R_{bs}=4\sim12(17)$;$P_1\le88$kW;$\eta=0.8\sim0.93$ 同轴,升、降速型;用于化工、印染、工程机械、机床主传动、试验台等

续表

名　称	简　　图	机械特性	主要传动特性、应用示例
		Ⅱ. 行星无级变速器	
14. 内锥输出行星锥式(B_1US)	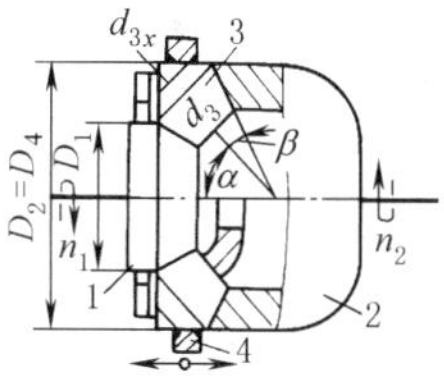	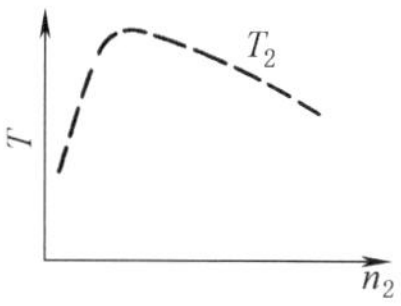	$i_s=-\frac{1}{3}\sim-\frac{1}{115}$；$R_{bs}\leqslant 38.5(\infty)$；$P_1\leqslant 2.2$kW；$\eta=0.6\sim0.7$ 同轴，降速型，可在停车时调速；用于机床进给系统
15. 外锥输出行星锥式(RX)	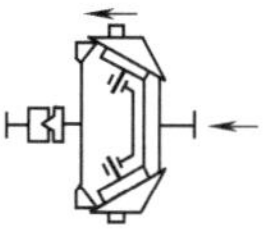	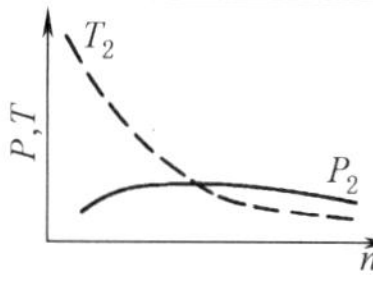	$i_s=-0.57\sim0$；$R_{bs}=33(\infty)$；$P_1=0.2\sim7.5$kW；$\eta=0.6\sim0.8$ 同轴，降速型；广泛用于食品、化工、机床、印刷、包装、造纸、建筑机械等，低速时效率低于60%
16. 转臂输出行星锥式(SC)	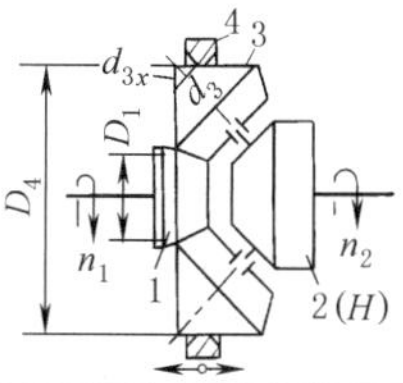	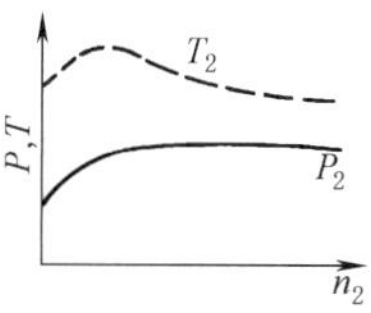	$i_s=\frac{1}{6}\sim\frac{1}{4}$；$R_{bs}\leqslant 4$；$P_1\leqslant 15$kW；$\eta=0.6\sim0.8$ 同轴，降速型；用于机床、变速电机等
17. 转臂输出行星锥盘式(Disco)	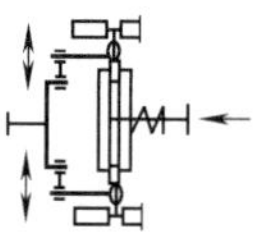	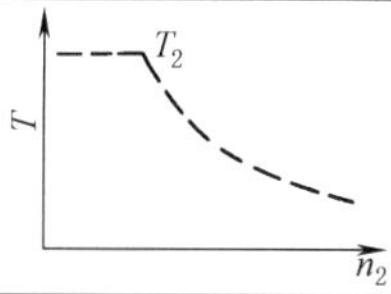	$i_s=0.12\sim0.72$；$R_{bs}\leqslant 6$；$P_1=0.25\sim22$kW；$\eta=0.75\sim0.84$ 同轴，降速型；用于陶瓷、制烟等机械，变速电机
18. 行星长锥式(Graham)	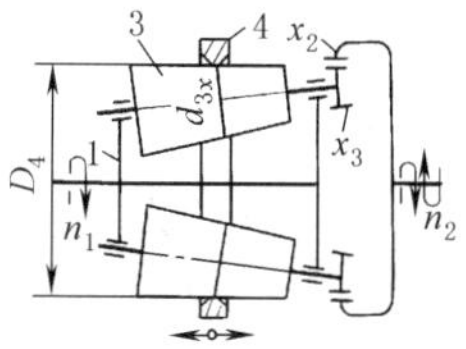	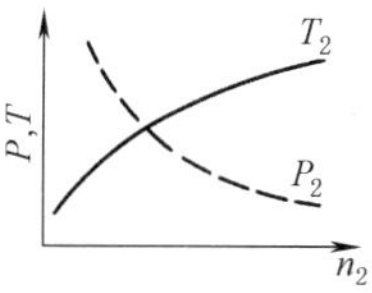	$i_s=-\frac{1}{100}\sim\frac{1}{3}$；$P_1\leqslant 4$kW；$\eta=0.85\sim0.9$ 同轴，降速型，可逆转，有零输出转速但特性不佳，可在停车时调速；用于变速电机等
19. 行星弧锥式(NS)	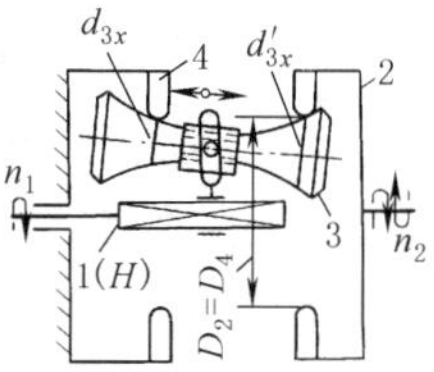	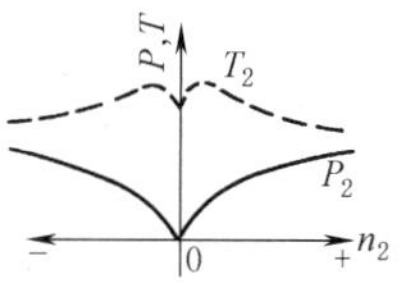	$i_s=-0.85\sim0\sim0.25$；$R_{bs}=\infty$；$P_1\leqslant 5$kW；$\eta=0.75$ 同轴，降速型，可逆转，有零输出转速但特性不佳，可在停车时调速；用于化工、塑料机械、试验设备等
20. 封闭行星锥式(OM)	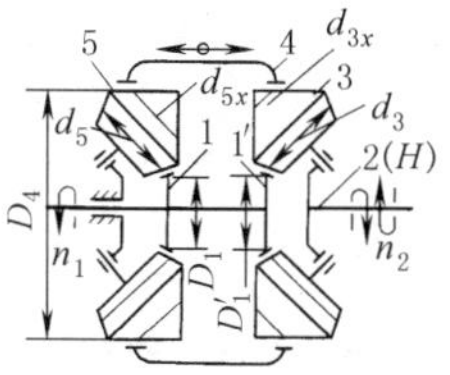	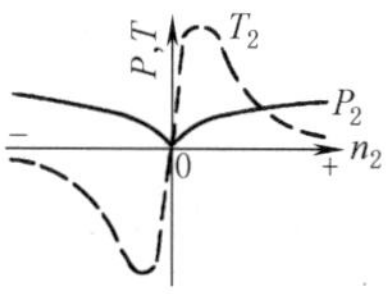	$i_s=-\frac{1}{5}\sim0\sim\frac{1}{6}$；$R_{bs}=\infty$（通常$n_2$>20r/min）；$P_1\leqslant 3.7$kW；$\eta=0.65$ 同轴，降速型，可逆转，有零输出转速但特性不佳；用于机床、变速电机等
		Ⅲ. 带式无级变速器	
21. 单变速带轮式	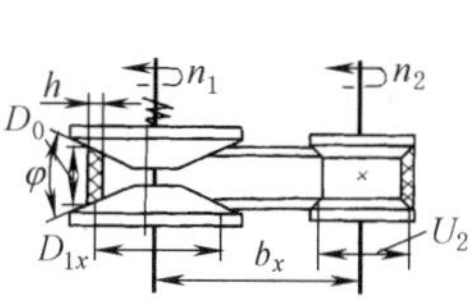	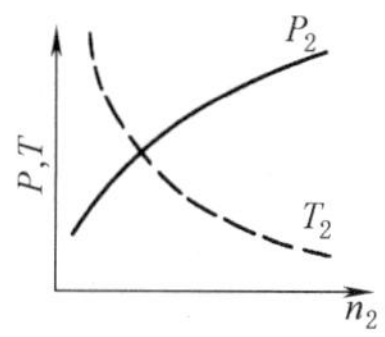	$i_s=0.50\sim1.25$；$R_{bs}=2.5$；$P_1\leqslant 25$kW；$\eta\leqslant 0.92$ 平行轴，降速型，中心距可变；用于食品工业等

续表

名　称	简　　图	机械特性	主要传动特性、应用示例
		Ⅲ. 带式无级变速器	
22. 长锥移带式	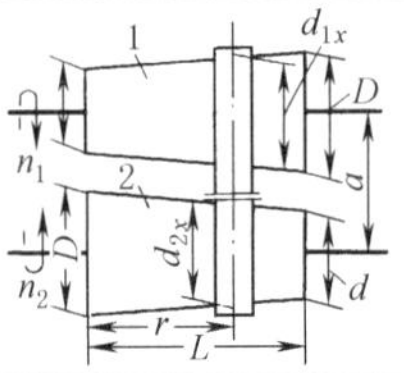	基本为恒功率	平行轴，升、降速型，尺寸大，锥体母线应为曲线；用于纺织机械、混凝土制管机等
23. 普通V带、宽V带、块带式	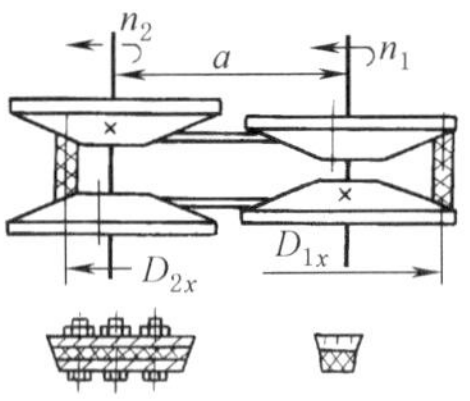	视加压弹簧位置而异，弹簧位于主动轮上时为近似恒功率，在从动轴上为近似恒转矩	$i_s=0.25\sim4$（宽V带、块带） $R_{bs}=3\sim6$（宽V带）；$P_1\leqslant55kW$ $R_{bs}=2\sim10(16)$（块带式）；$P_1\leqslant44kW$ $R_{bs}=1.6\sim2.5$（普通V带）；$P_1\leqslant40kW$ $\eta=0.8\sim0.9$ 平行轴，对称调速，尺寸大；用于机床、印刷、电工、橡胶、农机、纺织、轻工机械等
		Ⅳ. 链式无级变速器	
24. 齿链式（PIV-A）（PIV-AS）（FMB）	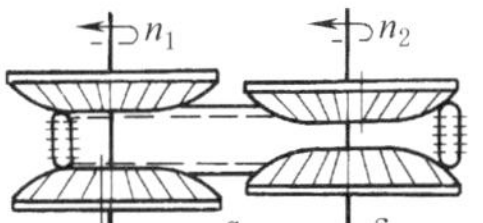		$i_s=0.4\sim2.5$；$R_{bs}=3\sim6$；$\eta=0.9\sim0.95$ $P_1=0.75\sim22kW$（A型，压靴加压） $P_1=0.75\sim7.5kW$（AS型，剪式杠杆加压） 平行轴，对称调速；用于纺织、化工、重型机械、机床等
25. 光面轮链式（RH）、（RK）、（RS）、V形推块金属带式[8]	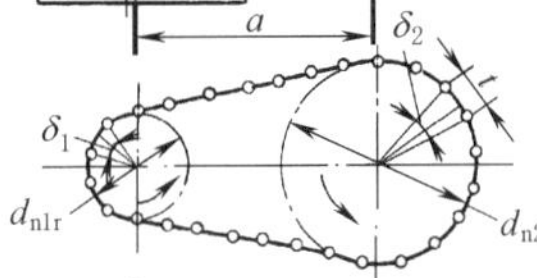 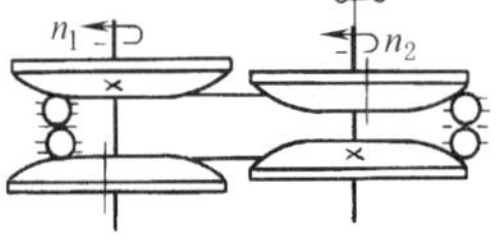	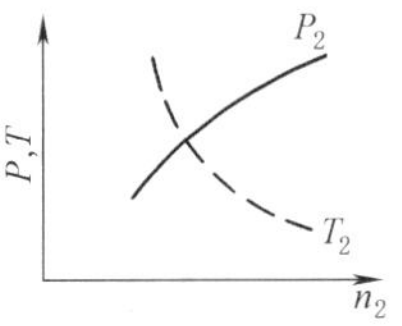	$i_s=0.38\sim2.4$；$R_{bs}=2.7\sim10$；$\eta\leqslant0.93$ 摆销链RH：$P_1=5.5\sim175kW$，$R_{bs}=2\sim6$ RK：$P_2=3.7\sim16kW$，$R_{bs}=3、6、10$ 滚柱链RS：$P_2=3.5\sim17kW$（恒功率用） $P_2=1.9\sim19kW$（恒转矩用） 套环链RS：$P_2=20\sim50kW$（恒功率用） $P_2=11\sim64kW$（恒转矩用） 金属带：$P_2=55\sim110kW$ 平行轴，升、降速型，可停车调速；用于重型机器、机床、汽车等
		Ⅴ. 脉动无级变速器	
26. 四相摇杆脉动变速器（Zero-Max）	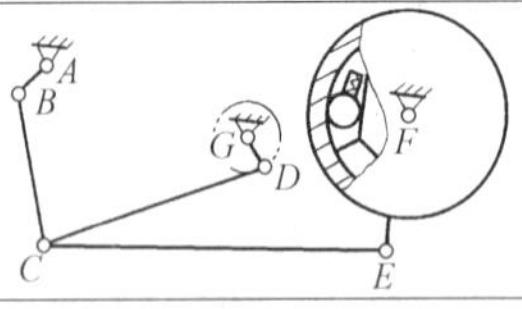	基本为恒转矩	$P_1=0.09\sim1.1kW$；$T_2=1.34\sim23N\cdot m$ $i_s=0\sim0.25$ 平行轴，降速型；用于纺织、印刷、食品、农业机械等
27. 三相摇块脉动变速器（Gusa）	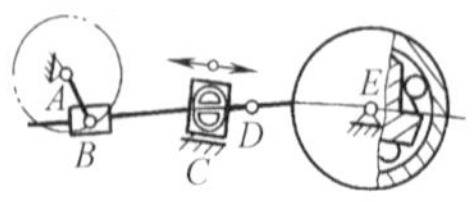	低速时恒转矩 高速时恒功率	$P_1=0.12\sim18kW$；$\eta=0.6\sim0.85$；$i_s=0\sim0.23$ 平行轴，降速型；用于塑料、食品、无线电装配运输带等

注：1. 传动比 $i_{21}=\dfrac{n_2(\text{输出轴转速})}{n_1(\text{输入轴转速})}$，按定轴轮系及动轴轮系的传动比公式，以传动的特征几何尺寸（直径、角度）表示；i_s 为使用的传动比。

2. 变速比 $R_b=\dfrac{n_{2max}(\text{最高输出转速})}{n_{2min}(\text{最低输出转速})}$，表示变速器的变速能力；$R_{bs}$ 为变速器的使用变速比。对称调速是指最大传动比与最小传动比对称于传动比为1的调速，这种变速传动尺寸较小。

3. 除注明者外，均不可在停车时调速。

4. n—转速，下脚标为构件代号；g—滚动体；a 和 D、d—中心距和直径，有下脚标 x 者为可变尺寸；η—效率；ε—滑动率；T—转矩；P—功率。

1.5 选用的一般方法

机械无级变速器的种类繁多，从经济观点考虑应尽可能选用标准产品或现有产品，仅当有特殊要求时才进行非标设计。在选用或设计时，应综合考虑实际使用条件和各种变速器的结构和性能特点。使用条件包括：工作机的变速范围；最高和最低输出转速时所需的转矩和功率；最常使用的转速和所需功率；载荷变动情况；使用时间（时/日）；升速和降速情况；启、制动频繁程度；有无正、反转向使用要求及其频繁程度；换算到变速器输出轴上的工作机的转动惯量等。对于变速器本身而言，主要是根据机械特性和转速特性来选择其类型，再根据负载转矩、转速和安装方式和尺寸来选定其型号。

1.5.1 类型选择

首先，应明确机械本身在整个变速范围内对功率或转矩特性的要求，是恒功率型、恒转矩型，还是变功率、变转矩型，可参考表 17-3-1 的机械特性或产品说明书进行选择。如要求扩大功率、扩大调速范围或过零调速时，应选用封闭行星无级变速器。

其次，应考虑输出转速特性，是单纯升速型、单纯降速型，还是升、降速型。多数行星式及脉动式无级变速器都具有大幅度降速的输出特性，因而不适于有升速变速要求的场合。链、带及某些变速器具有对称调速（$i_{max}=1/i_{min}$）的特性，这时输入轴的转速 $n_1=\sqrt{n_{2max}n_{2min}}$。脉动及滑片链无级变速器的输出角速度有一定的波动性，因而不适用于运动平稳性要求高的场合。此外，还应考虑使用要求的最高与最低输出转速是否在变速器所能提供的最高与最低输出转速范围之内，使用要求的滑动率是否低于变速器的滑动率。

第三，要考虑安装场地及变速器在机器整体布置中的地位，以确定采用带电机的还是不带电机的，法兰式的还是底座式的，平行轴的、相交轴的还是同轴式的，立式的还是卧式（轴水平布置）的。

此外，还应考虑是停车时变速还是运行中调速，调速响应的快慢，手动调速还是远距离自动控制调速，以及运行过程中的振动、噪声、温升和空载功率。

1.5.2 容量选择

选择变速器的容量时，必须明确变速器使用时的输入、输出转速，负载容量及负载条件。

标准的无级变速器一般均以某一额定转速 n_{1H}（通常为电机额定转速）作为输入转速进行设计与试验，并在产品说明书中给出了功率表或机械特性曲线。当滚动体的许用应力及尺寸给定后，其所能传递的功率大体上与转速呈正比关系，故当实际输入转速低于额定输入转速时，允许传递的功率将减小，而且会带来润滑不充分和变速器操作沉重等问题；反之，当实际输入转速高于额定输入转速时，则允许传递的功率将增大，但搅油损耗、温升、振动和噪声均增大，轴承及摩擦传动件的寿命将降低。当无级变速器的实际输入转速 n_1 不等于产品说明书功率表中的额定输入转速 n_{1H}时，其允许的输入功率 P_1 和输出转矩 T_2 及输出转速 n_2，应在原有功率表的基础上分别乘以折算系数 k_P、k_T 和 k_n，它们的数值可查看有关产品说明书；在产品说明书中无此数据时，可按疲劳等效原则折算，这时：

$$k_P=\left(\frac{n_1}{n_{1H}}\right)^x,\ k_T=\left(\frac{n_{1H}}{n_1}\right)^y,\ k_n=\frac{n_1}{n_{1H}}$$

对于点接触结构，$x=0.7$、$y=0.3$；对于线接触结构，$x=0.67$、$y=0.33$。

各种机械无级变速器均有其特定的机械特性曲线（P_2-n_2、T_2-n_2），对应于不同的输出转速范围，所能传递的功率或转矩是不同的。以图 17-3-3 所示的 7kW 菱锥式无级变速器特性曲线为例，当 $n_2=400\sim2400$r/min 时 $P_1=7$kW，而当 $n_2=380\sim2650$r/min 时则 $P_1=6$kW，相应的 T_2 也是不同的。通常输入转速越低、变速范围越大，变速器能提供使用的功率和转矩越小。

以上情况说明：同一规格的变速器，当使用输入转速不同于变速器的额定输入转速，或输出转速不同时，变速器所能提供的功率或转矩将是不同的。这一点必须充分注意。

此外，变速器在整个变速范围内的滑动率 ε 和传动效率 η 也是变化的，选用变速器时应使输出转速范围处于传动效率 η 较高和滑动率 ε 较低的工作范围内。

为了适应高的输入转速或低的输出转速、大的输出转矩，可选用在基本变速器的基础上，前置或后置减速器而形成的孪生型减变速器。若要求扩大传动功率、扩大调速范围或过零调速时，则应采用封闭差动轮系而形成的封闭行星无级变速器。这种变速器目前在国内尚无定型系列产品供应。

在具体选用变速器规格时，无论是恒功率型还是恒转矩型，均应使计算转矩 T_c 和计算功率 P_c 小于变速器的许用输出转矩 T_p 和输入功率。

恒转矩工况的计算转矩 $T_c = KK_T T < T_p$ （N·m） （17-3-7）

恒功率工况的计算转矩 $T_c = 9550KK_T P/n_{2min} < T_p$ （N·m） （17-3-8）

计算功率 $P_c = T_c n_{2max}/9550 <$ 输入功率（kW）

式中，T、P 分别为变速器的负载转矩和负载功率；K 为变速器的工况（使用）系数，见表 17-3-2 或生产厂的产品说明书；K_T 为温度系数，环境温度低于 30℃时取 $K_T = 1$，其余见生产厂的产品说明书；n_{2max}、n_{2min} 分别为变速器的最高和最低输出转速，r/min。

表 17-3-2　　工作状况系数 K

负载形式	平均每日工作时间/h		
	<8	8~16	>16
稳定载荷、连续运转、无正反转	1.0	1.1	1.2
中载荷、有冲击、间断操作、频繁启动、正反转	1.3	1.4	1.5
重载、强冲击、间断操作、频繁启动、正反转	1.7	1.9	2.0

选用无级变速器时可参阅文献［2］中提供的 7 种无级变速器的我国机械行业标准，或文献［4］中提供的 8 类 16 种无级变速器的产品规格。本书选录其中部分应用较广、较典型的产品规格、性能参数、外形安装尺寸和选用方法，供选用时参考。

2　锥盘环盘无级变速器

2.1　概述

图 17-3-4a、b 分别为 SPT 和 ZH 系列锥盘环盘无级变速器的结构图。

停机时，锥盘 4、环盘 5 在预压弹簧 6 的作用下，产生一定的压紧力。工作时，电机 1 驱动锥盘 4，依靠摩擦力矩带动环盘 5 转动，而使输出轴 9 运转。当输出轴上的负载发生变化时，通过自动加压凸轮 8，使摩擦副间的压紧力和摩擦力矩正比于负载而变化，因此，输出功率正比于外界负载的变化而变化。调速时，通过调速齿轮 3（SPT 型）、齿条 2 或调速丝杠 10 和手轮 11（ZH 型），使锥盘 4 相对于环盘 5 作径向移动，改变了锥盘与环盘的接触工作半径，从而实现了平稳的无级变速。

SPT 及 ZH 系列锥盘环盘减变速机均为中小功率无级变速器，具有传动平稳可靠、低噪声、高效耐用、无需润滑、无污染等特点，广泛应用于食品、制药、化工、电子、印刷、塑料等行业的机械传动装置上。

2.2　SPT 系列减变速机的型号、技术参数及基本尺寸

SPT 型锥盘环盘无级变速器是将无级变速器与减速齿轮（最多可达三对）共同组装在一个箱体内的降速型减变速机，分成卧式和立式两类，其变速比为 4。其技术参数见表 17-3-3。其外形及安装尺寸见表 17-3-4 和表 17-3-5。

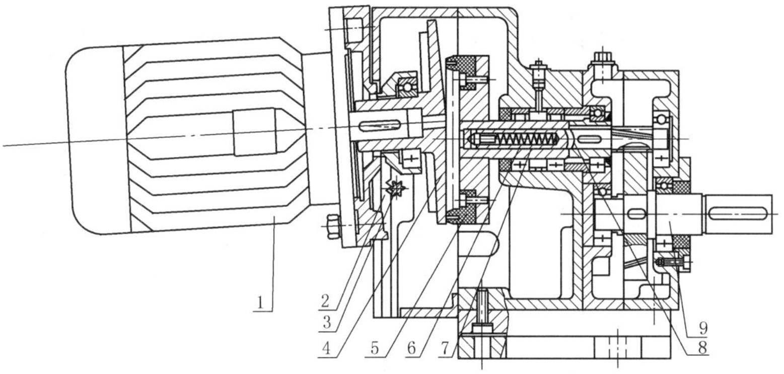

(a) SPT型

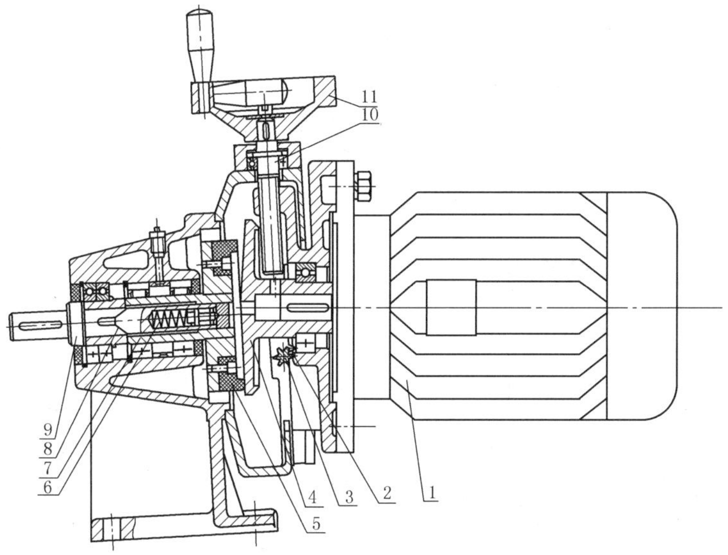

(b) ZH型

图 17-3-4　锥盘环盘无级变速器

1—电机；2—调速齿条；3—齿轮；4—锥盘；5—环盘；6—预压弹簧；
7—连接套；8—加压凸轮；9—输出轴；10—调速丝杠；11—手轮

标记示例

SPT　1.1 － 17　A　C

- C — 调速手轮方位(面对输出轴,C表示手轮在右边,D表示手轮在左边)
- A — 机型(A为卧式,B为立式)
- 17 — 最低输出转速(r/min)
- 1.1 — 电机功率(kW)
- SPT — SPT锥盘环盘减变速机代号

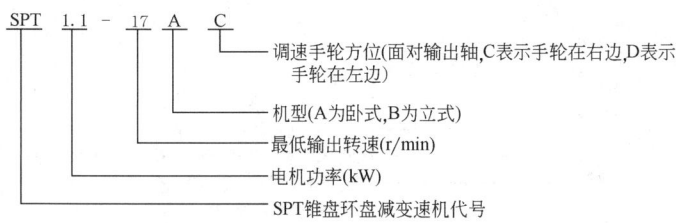

如有配数显、自动控制装置等特殊要求，需注明。

表 17-3-3　　**SPT 减变速机的技术参数**

机座号			调速区间 /r·min^{-1}	0.37kW	0.55kW	0.75kW	1.1kW	1.5kW	2.2kW	3kW
				输出转矩/N·m						
0.37 0.55 0.75	Ⅰ	4 极	205~820	7.4~4	11~6	15~8.2				
			50~197	29~17	43~26	58.6~35				
		6 极	135~545	10.6~6	15.8~9					
			34~135	42~24	62~37					
	Ⅱ	4 极	22~82	66~39.7	98~59	134~80				
			12~44	120~74	179~110	244~150				
		6 极	15~55	96~59	143~88					
			8~30	175~107	261~160					
	Ⅲ	4 极	3~11	481~295	715~439					
		6 极	2~8	701~430	715~439					
0.75 1.1 1.5 2.2	Ⅰ	4 极	53~262			55~25	81~37	110~50	161~73	
		6 极	35~172			84~38	123~56	167~77		
	Ⅱ	4 极	17~82			172~80	252~118	344~161	504~236	
			11~54			266~122	390~179	532~244	780~358	
			5~30			585~274	858~402	1170~548		
		6 极	11~54			266~122	390~179	532~244		
			5~30			585~274	858~402	1170~548		
	Ⅲ	4 极	5~24			585~274	858~402	1170~548		
		6 极	3.5~15			836~439	1226~644	1671~878		
2.2 3	Ⅰ	4 极	81~323						106~60	144~82
		6 极	54~214						159~90	
	Ⅱ	4 极	15~59						572~327	780~446
		6 极	10~39						858~495	
	Ⅲ	4 极	4~14.5						2145~1331	2925~1816
		6 极	2.5~9						3432~2145	

注：Ⅰ、Ⅱ、Ⅲ分别表示一、二、三级齿轮减速。

2.3　ZH 系列减变速机的型号、技术参数及基本尺寸

ZH 型锥盘环盘变速器的基本型（ZH 型）和基本型与减速器组合的减变速机（ZHY-CJ、ZHY-W 和 ZHY-WJ 三类），基本型做成独立部件，其结构安装尺寸参照电机安装尺寸，它与各类减速器进行模块组合后，可实现低级无级变速，输出转速在 2~1740r/min 范围内，变速比为 6。变速器摩擦副采用了大摩擦因数和高耐用度的特种摩擦材料；输出特性为恒功率特性。本节仅介绍基本型系列产品的参数、外形及安装尺寸。

标记示例

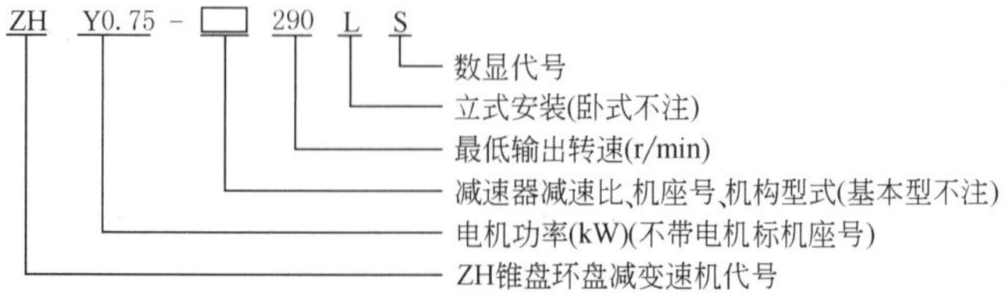

ZH 系列无级变速器的技术参数见表 17-3-6，外形及安装尺寸见表 17-3-7 和表 17-3-8。

表 17-3-4　SPT 系列减变速机（卧式）外形及安装尺寸

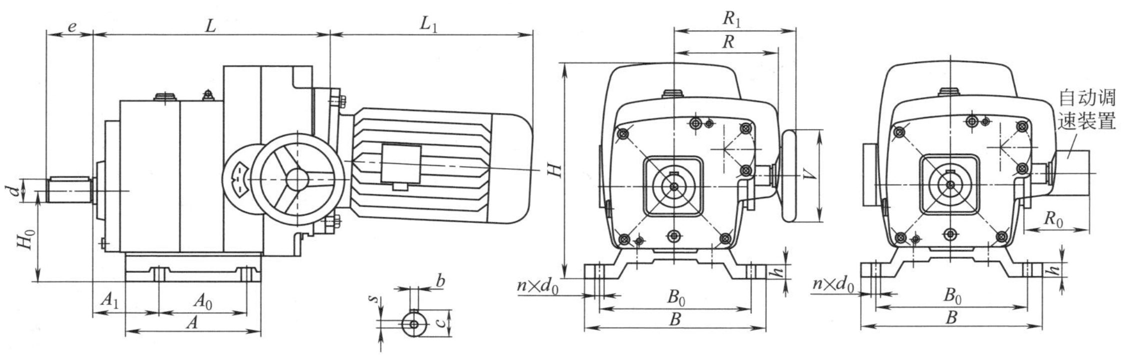

机座号		安装尺寸						输出轴尺寸					外形尺寸									
		H_0	A_1	A_0	B_0	n	d_0	d	e	b	c	s	A	B	h	H	R	R_0	R_1	V	L	L_1
0. 37 0. 55 0. 75	Ⅰ	85	84	100	160	4	9	28h6	58	8	31	M8	155	184	14	225	/	/	142	125	265	尺寸按所配电机
	Ⅱ	85	86	100	160	4	9	28h6	56	8	31	M8	155	184	14	225	85	/	142	125	271	
	Ⅲ	146	54	163	160	4	9	32h6	60	10	35	M10	187	184	14	225	85	/	142	125	320	
0. 75 1. 1 1. 5	Ⅰ	120	68	115	200	4	13	32h6	60	10	35	M10	180	240	18	299	/	88	165	125	302	
	Ⅱ	125	88	115	200	4	13	32h6	60	10	35	M10	180	240	18	299	135	88	165	125	318	
	Ⅲ	122	92	115	200	4	13	48h6	73	16	51.5	M12	215	240	18	330	135	88	165	125	400	
2. 2 3	Ⅰ	160	60	200	280	4	17	48h6	80	16	51.5	M12	240	320	25	396	/	88	208	160	265	
	Ⅱ	175	40	230	280	4	17	58h6	80	18	62	M12	270	320	25	396	215	88	208	160	385	
	Ⅲ	300	69	240	280	4	17	82h6	80	24	87	M16	284	320	25	401	215	88	208	160	450	

注：生产厂：宁波市镇海减变速机制造有限公司。

表 17-3-5　　SPT 系列减变速机（立式）外形及安装尺寸

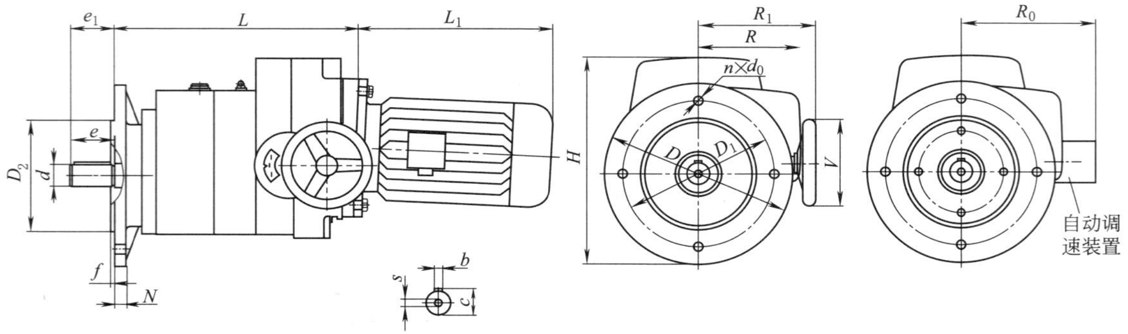

机座号		安装尺寸					输出轴尺寸					外形尺寸									
		D_1	D_2	f	n	d_0	d	e	b	c	s	D	N	e_1	H	R	R_0	R_1	V	L	L_1
0.37 0.55 0.75	Ⅰ	165	130h7	4	4	13	28h6	58	8	31	M8	200	12.5	50	240	/	/	142	125	271	尺寸按所配电机
	Ⅱ	165	130h7	4	4	13	28h6	56	8	31	M8	200	12.5	50	240	/	/	142	125	276	
0.75 1.1 1.5	Ⅰ	210	160h7	5	4	13	32h6	60	10	35	M10	260	16	58	309	/	187	165	125	319	
	Ⅱ	210	160h7	5	4	13	32h6	60	10	35	M10	260	16	58	304	135	187	165	125	339	
2.2 3	Ⅰ	300	250h7	8	6	17	48h6	80	16	51.5	M12	350	25	69	411	/	221	208	160	396	

注：1. 立式输出法兰孔：Ⅰ对为米字类型，Ⅱ对为十字类型。
2. 生产厂：宁波市镇海减变速机制造有限公司。

表 17-3-6　　**ZH 系列无级变速器的技术参数**

无级变速器机座号		07				15		
输入功率/kW	4 极电机	0.37	0.55	0.75	1.1	1.1	1.5	2.2
	6 极电机		0.37	0.55	0.75	0.75	1.1	1.5
型号	输出转速/r·min^{-1}	许用输出转矩/N·m						
ZHY（基本型）	290～740	3.6～1.7	7～2.6	7～3.5	10.5～5.1	14.5～5.2	14.5～7	21～10.3
	190～1160		5.4～2.6	10～3.9	13.6～5.3	14.8～5.3	17～7.7	23～10.5
ZHY-CJ（配 CJ 齿轮减速器型）	17～102	60～27	114～40	114～54	167～79	227～80	277～109	342～167
	11～66		85～42	155～62	211～84	240～85	277～124	374～171
	11～66	93～42	175～62	176～85	258～125	351～124	351～169	530～260
	7～42		131～66	240～97	327～132	376～133	428～196	580～265
	6～36	164～76	312～113	312～155	457～227	644～228	615～298	937～460
	4～24		240～115	450～170	500～237	658～232	735～342	1026～468
	3～18	320～150	500～228	500～311	500～456	1200～456	1200～621	1200～910
	2～12		480～230	500～341	500～465	1200～466	1200～683	1200～927

表 17-3-7　　ZH 基本型无级变速器（卧式）外形及安装尺寸　　mm

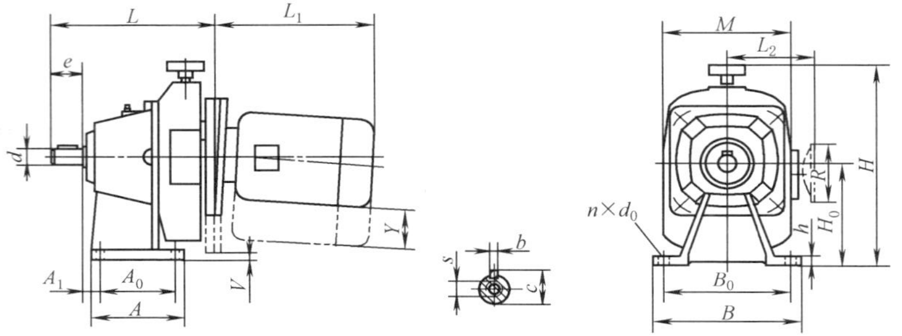

机座号	中心高	安装尺寸							输出轴尺寸					外形尺寸								
	H_0	A_0	B_0	A_1	n	d_0	Y	V	d	b	c	s	e	A	B	h	L	M	H	R	L_2	L_1
07	150	100	160	23	4	12	46	9	19h6	6	21.5	M6	40	130	190	15	223	190	306	140	150	尺寸按所配电机
15	175	120	200	18	4	12	62	19	24h6	8	27	M8	50	150	230	15	264	200	363	140	174	

注：生产厂：宁波市镇海减变速机制造有限公司。

表 17-3-8　　ZH 基本型无级变速器（立式）外形及安装尺寸　　mm

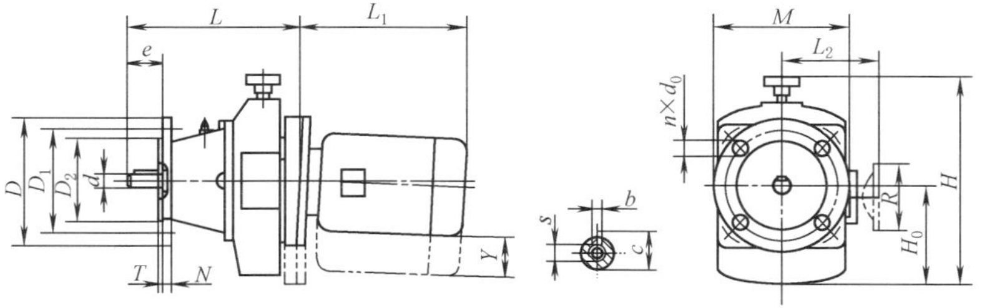

机座号	安装尺寸						输出轴尺寸					外形尺寸								
	D_1	D_2	T	n	d_0	Y	d	b	c	s	e	D	L	M	H_0	H	N	R	L_2	L_1
07	165	130h7	3.5	4	12	46	19h6	6	21.5	M6	40	200	223	190	112	268	12	140	150	尺寸按所配电机
15	165	130h7	3.5	4	12	62	24h6	8	27	M8	50	200	264	200	145	333	12	140	174	

注：生产厂：宁波市镇海减变速机制造有限公司。

3　行星锥盘无级变速器

3.1　概述

图 17-3-5 所示为封闭行星锥盘无级变速器，动力由轴 1 输入，一路经 2— 4—5—H 构成牵引行星无级变速器，另一路经 W(1)—G—N—H 构成差动轮系，由于两个系统的转臂 H、太阳轮 3 与外齿轮 W 是刚性连接的，即用单自由度的行星变速器的两个基本构件 1、H 将差动轮系的两个基本构件 W 和 H 封闭，从而构成了单自由度行星无级变速器，由于封闭的形式不同，可以得到以 N、H 和 W 分别作为输出的三种结构。图 17-3-5 所示为以内齿圈 N 作为输出的结构（北京大兴电机厂提供）。

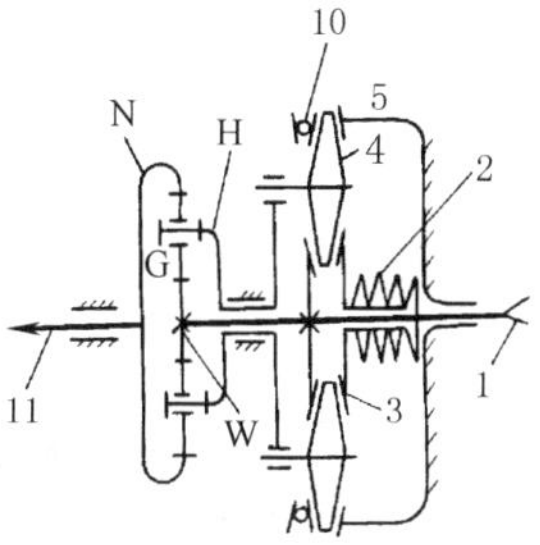

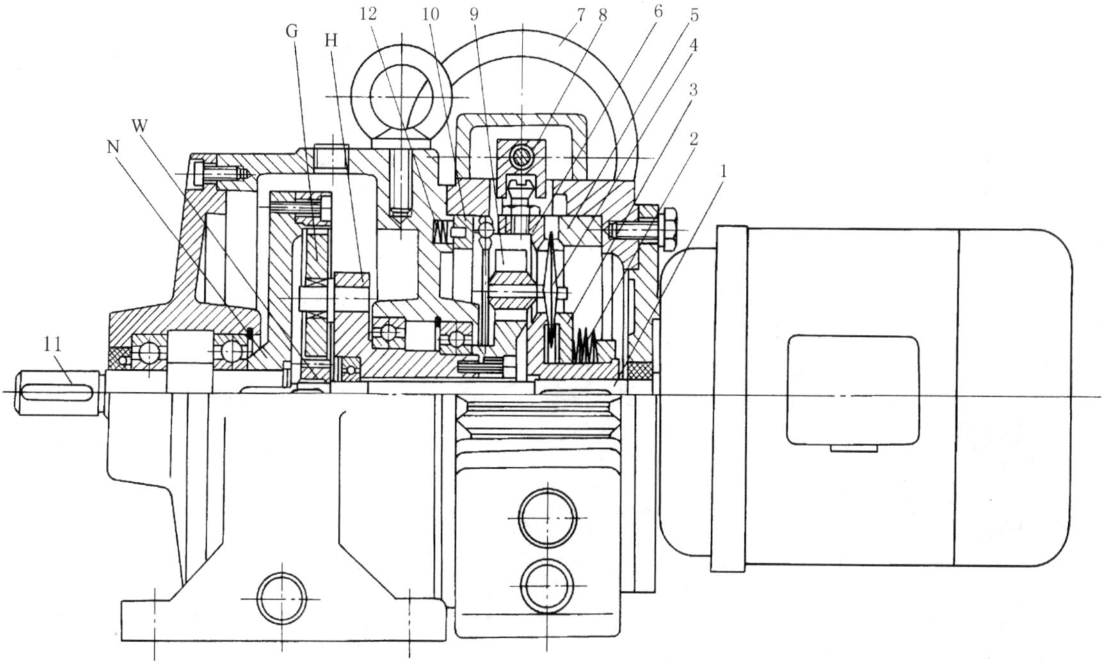

图 17-3-5　封闭行星锥盘无级变速器

1—输入轴；2—加压碟簧；3—太阳轮；4—行星锥盘；5,6—内环；7—调速手轮；8—螺杆；9—螺母；10—定凸轮；11—输出轴；12—弹簧；W—外齿轮；N—内齿圈；H—转臂；G—行星轮调速时转动调速手轮7、螺杆8，螺母9推动嵌在其切口中的球头螺销使动环6转动，环5、6与凸轮10构成滚珠端面凸轮副，当6作轴向移动时，环5、6间的轴向间隙增大（或减小），行星锥盘在碟簧2的作用下沿径向外（或向内）移，改变了行星锥盘4的工作半径，使转臂H、内齿圈N（输出轴）的角速度 ω_H、ω_N 增大（或减小），实现无级变速。

这种无级变速器是目前应用较广的一种先进变速器。它适用于连续工作运转，且能在负载时按需要调节速度，最适应工艺参数多变或连续变化的要求，因而可作为各行业生产自动线传送带动力装置使用。

3.2 行星锥盘无级变速器

（1）适用范围

行星锥盘无级变速器有恒功率型和恒转矩型，本标准适用于调速比范围4~8，传递功率0.09~7.5(22)kW，工作环境温度为-20~40℃。环境温度低于0℃时，启动前润滑油应预热。

（2）标记示例

这种变速器在JB/T 6950—1993的基础上，演变成了MB（N）系列（浙江地区）和JWB-X系列（广东地区）两类，现分述如下。

① MB（N）系列标记示例：

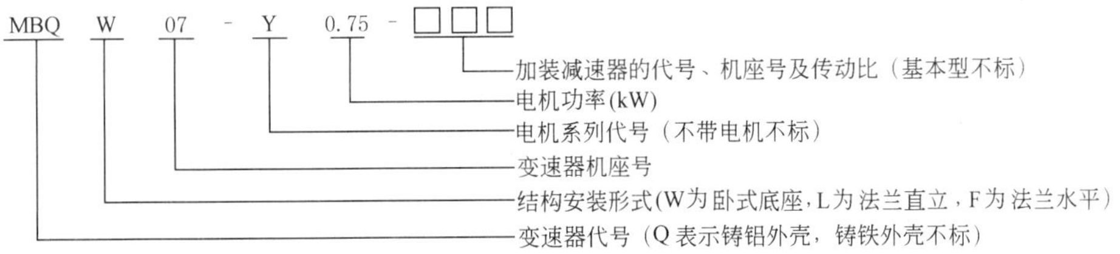

MB系列基本型行星锥盘无级变速器的主要技术参数及尺寸见表17-3-9（卧式底座安装型）及表17-3-10（法兰直立和水平安装型）。组合型减变速器的参数及尺寸见生产厂样品说明书。

② JWB-X系列标记示例：

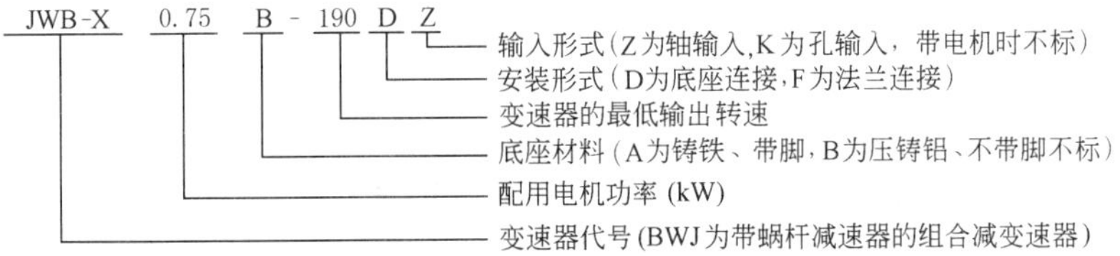

JWB-X系列变速器的技术参数见表17-3-11，基本型的外形及安装尺寸见表17-3-12（底座连接型）及表17-3-13（法兰连接型）。其余型号见生产厂产品样本。

（3）选用示例

例1 带式运输机转速范围为58~185r/min；负载转矩为19.8N·m（恒转矩），工作状况为：每天24h连续运转，载荷稳定，环境温度低于30℃；380V/50Hz/3相供电；安装型式为卧式底座式，试选变速器规格。

由表17-3-2查得工况系数 $K=1.2$，$K_T=1$；由式（17-3-7）求得计算转矩 $T_c=KK_TT=1.2\times1\times19.8=23.76$N·m；由表17-3-11查出符合要求的变速器型号为JWB-X0.75-40D，其输出转速为 $(190\sim950)/4.75=40\sim200$r/min，许用输出转矩为 $(5.4\sim11)\times4.75\approx25\sim52$N·m$>T_c$。相应MB系列的变速器为MBW07-Y0.75-1C5 其输出转速为 $(200\sim1000)/5=40\sim200$r/min，许用输出转矩为 $(6\sim12)\times5=30\sim60$N·m$>T_c$，带一级齿轮减速器，传动比为5。

例2 某微型专用车床，转速范围72~285r/min；负载功率0.055kW（恒功率），工作状况为：每天12h连续工作，载荷稳定，环境温度低于30℃；380V/50Hz/3相供电；法兰型式安装。试选变速器规格。

由表17-3-2查得 $K=1.1$，$K_T=1$；由式（17-3-8）求得计算转矩 $T_c=9550KK_TP/n_{2min}=9550\times1.1\times1\times0.055/72=8.025$N·m；由表17-3-11查得符合要求的变速器型号为JWB-X0.37B-60F，其输出转速为 $(190\sim950)/3\approx60\sim300$r/min，许用输出转矩为 $(5.4\sim2.7)\times3\approx16.5\sim8.2$N·m$>T_c$。相应MB系列的变速器型号为MBQF04-Y0.37-1C3，其输出转速为 $(200-1000)\div3\approx66\sim330$r/min，许用输出转矩为 $(3\sim6)\times3=9\sim18$N·m$>T_c$，带有传动比为3的一级齿轮减速器。

例1和例2的工况均不宜选用基本型变速器，而应选用后置加装齿轮减速器的减变速器，设 T_b、n_b 为基本型变速器的许用输出转矩与转速，T_j、n_j 为减变速器的许用输出转矩与转速、i 为减速器的传动比，则有以下关系存在：

$$T_b/T_j=n_j/n_b=i^{-1}$$

所选用的减变速器许用输出转矩 T_j 及转速 n_j 均应分别大于工作机的计算转矩 T_c 及许用转速范围。如例1和例2所示。

表 17-3-9　MBW 基本型无级变速器（铸铁外壳）主要技术参数及尺寸　　mm

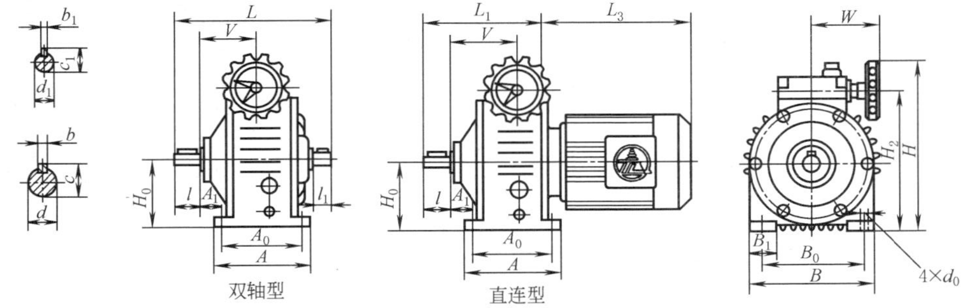

机型号	额定功率/kW	输入转速/r·min⁻¹	输出转速/r·min⁻¹	输出转矩/N·m	中心高 H_0	安装尺寸 A_0	A_1	B_0	B_1	d_0	输出轴尺寸 d	b	c	l	输入轴尺寸 d_1	b_1	c_1	l_1	外形尺寸 H_2	H	A	B	V	W	L	L_1	L_3	质量/kg 双轴型	直连型
MBW02	0.18	1390	200~1000	1.5~3	75	105	18	110	25	9	14js6	5	16	30	14js6	5	16	25	160	210	125	146	69	100	195	130	202	10.5	23
MBW04	0.37	1390		3~6	80	105	26	120	32	10	14js6	5	16	30	14js6	5	16	30	169	219	135	150	82	111	221	145	225	14	27.5
MBW07	0.55	1390		5~10	106	125	33.5	160	40	12	20js6	6	22.5	40	19js6	6	21.5	30	213	263	150	190	90	128	243	182	255	18.3	32
	0.75	1390		6~12																							255		33
MBW15	1.1	1400		9~18	125	140	50	180	50	12	25js6	8	28	50	24js6	8	27	40	246	296	165	230	107	153	314	223	270	35.5	56
	1.5	1400		12~24																							295		57
MBW22	2.2	1420		18~36	150	230	25	245	55	14	30js6	8	33	60	24js6	8	27	50	300	350	270	300	135	157	387	268	325	60	93
MBW40	3	1420		24~48	150	230	25	245	55	14	30js6	8	33	60	24js6	8	27	50	300	350	270	300	135	157	387	268	325	65	95
	4	1440		32~64																							340		97
MBW55	5.5	1440		45~90	200	250	33	315	70	18	35k6	10	38	70	32k6	10	35	60	392	474	290	365	189	186	425	319	390	105	170
MBW75	7.5	1460		60~120	200	250	33	315	70	18	35k6	10	38	70	32k6	10	35	60	392	474	290	365	189	186	425	319	430	110	181

注：1. L_3 值是按 Y_2 系列 B_5 型电机计入，若配用其他系列电机 L_3 值应相应变动。
2. 生产厂：浙江通力减速机有限公司，宁波市镇海减变速机制造有限公司，温州市双联机械有限公司等。

表 17-3-10　MBL（F）基本型无级变速器（铸铁外壳）主要技术参数及尺寸　　mm

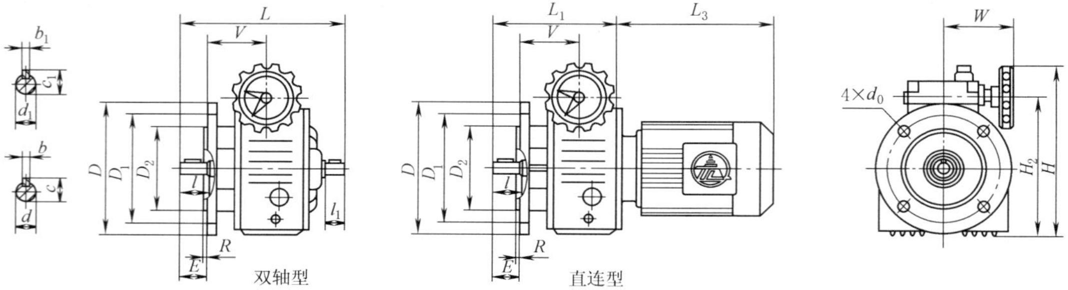

机型号	额定功率/kW	输入转速/r·min⁻¹	输出转速/r·min⁻¹	输出转矩/N·m	安装尺寸 D_1	安装尺寸 D_2	安装尺寸 E	安装尺寸 R	安装尺寸 d_0	输出轴尺寸 d	输出轴尺寸 b	输出轴尺寸 c	输出轴尺寸 l	输入轴尺寸 d_1	输入轴尺寸 b_1	输入轴尺寸 c_1	输入轴尺寸 l_1	外形尺寸 H_2	外形尺寸 H	外形尺寸 V	外形尺寸 W	外形尺寸 D	外形尺寸 L	外形尺寸 L_1	外形尺寸 L_3	质量/kg 双轴型	质量/kg 直连型
MBL(F)02	0.18	1390	200~1000	1.5~3	130	110h9	30	3.5	10	14js6	5	16	30	14js6	5	16	25	154	200	66	100	160	190	127	202	10.5	23
MBL(F)04	0.37	1390		3~6	165	130h9	30	3.5	12	14js6	5	16	30	14js6	5	16	30	166	216	80	111	200	217	143	225	14	27.5
MBL(F)07	0.55	1390		5~10	165	130h9	40	4	12	20js6	6	22.5	40	19js6	6	21.5	30	208	258	88	128	200	241	182	255	18.3	32
	0.75	1390		6~12																					255		33
MBL(F)15	1.1	1400		9~18	215	180h9	50	4	15	25js6	8	28	50	24js6	8	27	40	239	289	107	153	250	312	223	270	35.5	56
	1.5	1400		12~24																					295		57
MBL(F)22	2.2	1420		18~36	265	230h9	60	4	15	30js6	8	33	60	24js6	8	27	50	293	343	135	157	300	385	268	325	60	93
MBL(F)40	3	1420		24~48	265	230h9	60	4	15	30js6	8	33	60	24js6	8	27	50	293	343	135	157	300	385	268	325	65	95
	4	1440		32~64																					340		97
MBL(F)55	5.5	1440		45~90	300	250h9	70	5	19	35k6	10	38	70	32k6	10	35	60	382	464	198	186	350	424	318	390	105	170
MBL(F)75	7.5	1460		60~120	300	250h9	70	5	19	35k6	10	38	70	32k6	10	35	60	382	464	198	186	350	424	318	430	110	181

注：1. L_3 值是按 Y_2 系列 B_5 型电机计入，若配用其他系列电机，L_3 值应相应变动。
2. 型号中 L 表示法兰垂直安装，F 表示法兰水平安装。
3. 生产厂：浙江通力减速机有限公司，宁波市镇海减变速机制造有限公司，温州市双联机械有限公司等。

表 17-3-11

JWB-X 系列变速器的技术参数

机座号		01	02		03		04		05			06	
电机输入功率/kW		0.18	0.25	0.37	0.55	0.75	1.1	1.5	2.2	3	4	5.5	7.5
电机极数		4 极(1500r/min)											
变速器机型	输出转速 /r·min^{-1}	许用输出转矩/N·m											
基本型	190~950	2.5~1.3	3.5~1.8	5.4~2.7	8~4	11~5.4	16~8	22~11	32~16	44~22	59~29	81~40	110~54
带一对齿轮减速	100~500	—	6.5~3.4	10~4.9	15~7.4	21~10	30~15	41~20	58~30	82~40	109~54	150~74	205~101
	80~400	—	8~4	12.4~6.2	18.5~9	26~12.5	37~18.5	51~25	75~37	102~50.5	138~67	188~93	255~126
	60~300	—	11~5.6	16.5~8.2	24.5~13	35~16.8	50~24.5	68~34	98~50	134~67.5	180~90	250~124	340~168
	40~200	—	16~8.4	25~12	37~18.5	52~25	75~37	102~50.5	147~74	200~101	270~134	370~175	510~253
带二对齿轮减速	30~150	—	—	—	—	—	—	—	198~100	267~132	356~176	490~242	668~330
	28~140	—	—	—	52~26	73~35	105~52	143~71	—	—	—	—	—
	25~125	—	25~13	39~20	—	—	—	—	—	—	—	—	—
	20~100	—	—	—	—	—	—	—	294~145	401~198	535~264	735~363	1000~495
	18~90	—	—	—	81~40	114~55	—	—	—	—	—	—	—
	15~75	—	42~22	65~32	—	—	196~97	268~132	—	—	—	—	—
	13~65	—	—	—	113~56	158~76	—	—	—	—	—	—	—
	9~45	—	70~37	105~54	—	—	—	—	—	—	—	—	—
	8~40	—	—	—	182~91	255~124	—	—	—	—	—	—	—
	6.5~32.5	—	—	—	225~112	316~151		—	—	—	—	—	—
带三对齿轮减速	4.7~23.5	—	—	204~102	292~146	426~207	613~303	837~413	—	—	—	—	—
	2~10	—	—	—	426~343	—	—	—	—	—	—	—	—

注：1. 基本型变速器当输出转速由高到低时的传动效率为 81%~65%，滑动率为 2%~6%，温升为 46~47℃。

2. 生产厂：佛山星光机电有限公司。

表 17-3-12　直出式底座连接型（190D）外形及安装尺寸　mm

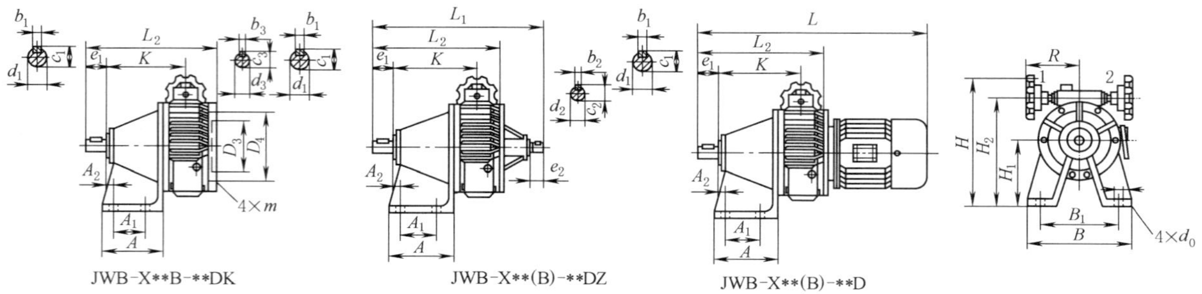

型号	机座号	安装尺寸							输出轴尺寸				输入轴(Z)尺寸				输入孔(K)尺寸			外形尺寸										质量/kg
		A_1	A_2	D_3	D_4	m	d_0	B_1	d_1	b_1	c_1	e_1	d_2	b_2	c_2	e_2	d_3	b_3	c_3	H	H_1	H_2	L	L_1	L_2	A	B	K	R	
JWB-X ** -190D	01	25	5	—	—	—	10	95	11f6	4	12.5	24	—	—	—	—	—	—	—	188	70	145	356	—	146	55	120	87	105	15
JWB-X ** -190D	02	55	7	—	—	—	10	150	14f6	5	16	40	14f6	5	16	30	—	—	—	210	80	168	410	293	200	90	190	121	105	22
JWB-X ** B-190D	02	55	7	110	130	M8	10	150	14f6	5	16	40	14f6	5	16	30	14F7	5	16.3	210	80	168	414	297	204	90	190	121	118	—
JWB-X ** -190D	03	66	7	—	—	—	12	165	24f6	8	27	50	19f6	6	21.5	40	—	—	—	255	105	212	490	356	246	125	212	147	110	38
JWB-X ** B-190D	03	66	7	130	165	M10	12	165	24f6	8	27	50	19f6	6	21.5	40	19F7	6	21.8	268	105	212	493	359	249	125	212	147	120	—
JWB-X ** B-190D	04	75	18	—	—	—	14.5	185	28f6	8	31	60	24f6	8	28	43	—	—	—	307	125	252	602	435	320	145	235	187	147	61
JWB-X ** B-190D	05	85	15	—	—	—	18.5	240	38f6	10	41	80	28f6	8	32	60	—	—	—	368	150	313	747	618	465	148	310	297	160	134
JWB-X ** B-190D	06	120	12	—	—	—	21	295	42f6	12	45	80	38f6	10	43	70	—	—	—	452	190	397	980	735	550	185	380	367	196	198

表 17-3-13　　直出式法兰连接型（190F）外形及安装尺寸　　mm

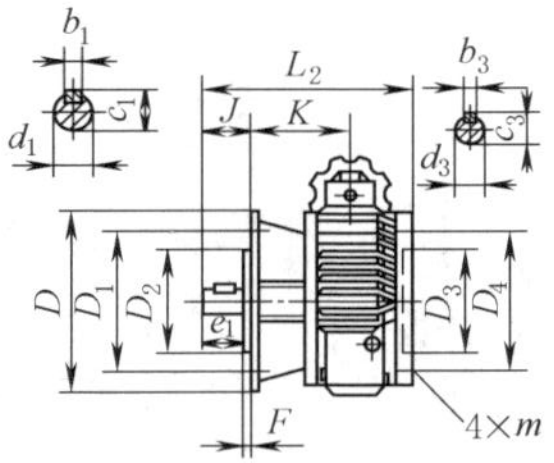

JWB-X**B -**FK

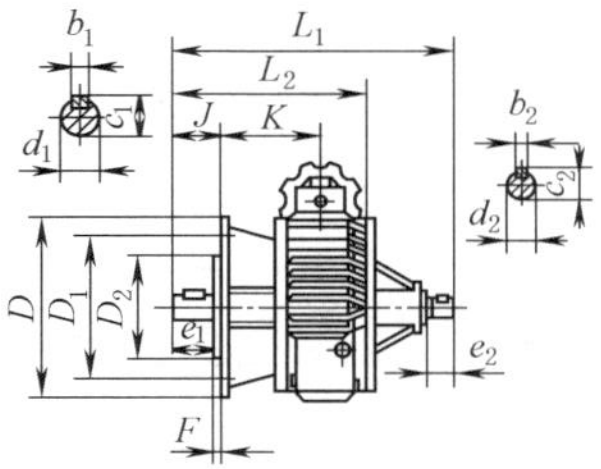

JWB-X**(B)-**FZ

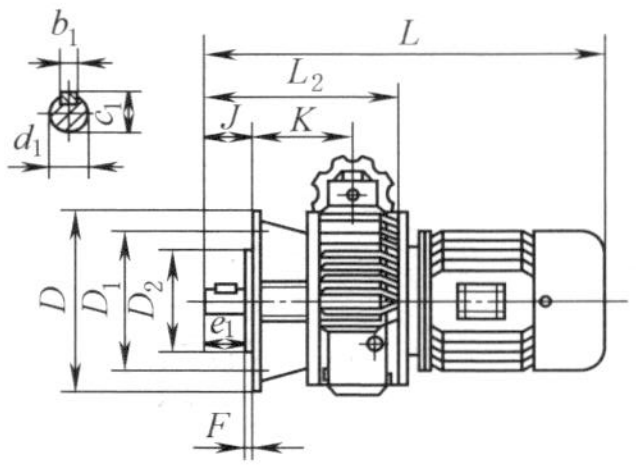

JWB-X**(B)-**F

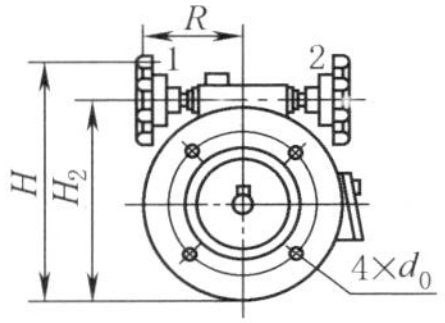

型　　号	机座号	安装尺寸								输出轴尺寸				输入轴(Z)尺寸				输入孔(K)尺寸			外形尺寸								质量/kg
		D_1	D_2	D_3	D_4	m	d_0	J	F	d_1	b_1	c_1	e_1	d_2	b_2	c_2	e_2	d_3	b_3	c_3	H	H_2	L	L_1	L_2	D	K	R	
JWB-X＊＊-190F	01	115	95	—	—	—	10	24	3	11f6	4	12.5	24	—	—	—	—	—	—	—	189	146	351	—	140	142	81	105	15
JWB-X＊＊-190F	02	130	110	—	—	—	10	40	3.5	14f6	5	16	40	14f6	5	16	30	—	—	—	210	168	375	258	165	160	86	105	22
JWB-X＊＊B-190F	02	130	110	110	130	M8	9	30	3.5	14f6	5	16	30	14f6	5	16	30	14F7	5	16.3	210	168	364	247	154	160	81	118	—
JWB-X＊＊-190F	03	165	130	—	—	—	12	50	3.5	24f6	8	27	50	19f6	6	21.5	40	—	—	—	250	207	453	318	208	200	109	100	38
JWB-X＊＊B-190F	03	165	130	130	165	M10	11	40	3.5	19f6	6	21.5	40	19f6	6	21.5	40	19F7	6	21.8	262	207	424	289	179	200	88	120	—
JWB-X＊＊-190F	04	215	180	—	—	—	14.5	60	4	28f6	8	31	60	24f6	8	28	43	—	—	—	307	252	593	422	307	250	174	147	61
JWB-X＊＊-190F	05	265	230	—	—	—	16.5	80	4	38f6	10	41	80	28f6	8	32	60	—	—	—	368	316	753	562	412	300	244	160	134
JWB-X＊＊-190F	06	300	250	—	—	—	21	80	5	42f6	12	45	80	38f6	10	43	70	—	—	—	437	382	787	608	423	350	239	196	198

4　环锥行星无级变速器

4.1　概述

如图 17-3-6 所示，一组沿主动锥轮 2 圆周均布的行星锥轮 7 置于保持架 3（相当于转臂）中。自动加压装置 13、14 使行星锥轮 7 分别与主动锥轮 2、从动锥轮 11 压紧，行星锥轮 7 的锥体与不转动的外环 10 压紧。输入轴 1 上的主动锥轮 2 旋转时，行星锥轮 7 自转并沿外环 10 的内圈公转，驱动从动锥轮 11 转动，最后经自动加压装置 13、14 将动力传至输出轴 15。通过调速机构改变外环 10 的轴向位置，以改变行星锥轮 7 的工作半径，达到调速的目的。

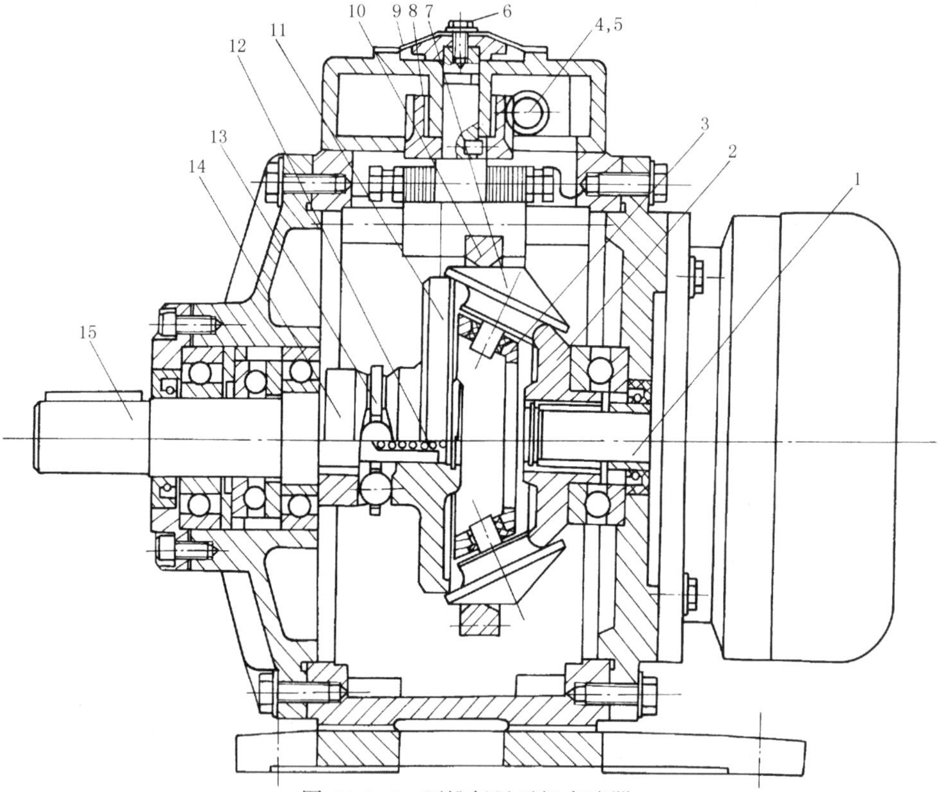

图 17-3-6　环锥行星无级变速器

1—输入轴；2—主动锥轮；3—保持架；4，5，6，8—调速机构；7—行星锥轮；9—转速显示盘；10—外环；11—从动锥轮；12—预压弹簧；13，14—加压装置；15—输出轴

变速器在主、从动侧采用了凸、凹和凸、平接触的结构，增大了当量曲率半径，提高了承载能力。

这种形式的变速器具有变速范围广、恒功率、传动平稳、噪声低、过载保护性强的特点，常用于食品、印染、塑料、皮革印刷等行业以及各种自动生产流水线上。

4.2　环锥行星无级变速器

4.2.1　适用范围及标记示例

（1）适用范围

环锥行星无级变速器有双出轴式和电机直连式（包括匹配减速器及立式），适用于冶金、机械、化工、包装、食品、纺织、印染、电子等行业。

适用条件为：变速器输入轴转速不大于1500r/min；变速器工作环境温度为0~30℃；变速器能在额定载荷下从零转速开始稳定启动；变速器必须在启动后才能进行调速。

（2）标记示例

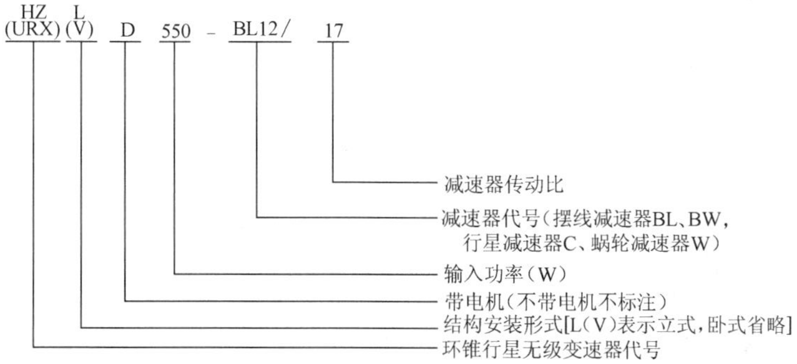

基本型不带减速器，不标减速器的相关项目，（ ）为宁波市无级变速器厂产品代号。

（3）主要生产厂家

浙江平阳市世一变速机械实业有限公司，宁波市无级变速器厂。由于各厂产品尺寸与机标（JB）不一致，选用时请与生产厂联系实际产品的性能参数和外形尺寸。

4.2.2 技术参数、外形及安装尺寸

HZ系列基本型变速器技术参数见表17-3-14，外形及安装尺寸见表17-3-15（卧式）和表17-3-16（立式）。各种带减速器的减变速器的参数见各生产厂产品说明书。

表17-3-14　　HZ系列型号及技术参数

型号	配用电机		输出转速 /r·min⁻¹	输出额定转矩/N·m		型号	配用电机		输出转速 /r·min⁻¹	输出额定转矩/N·m	
	功率 /kW	输入转速 /r·min⁻¹		最大	最小		功率 /kW	输入转速 /r·min⁻¹		最大	最小
HZ90	0.09	1500	0~850	3	0.8	HZ2200	2.2	1500	0~850	68	20
HZ250	0.25			7.7	2.2	HZ3000	3.0			94	25
HZ370	0.37			11.5	3.3	HZ4000	4.0			125	34
HZ400	0.40			13	3.7	HZ5500	5.5			170	46
HZ550	0.55			17	5	HZ7500	7.5			233	63
HZ750	0.75			23	6.8	HZ11K	11			341	93
HZ1100	1.1			33	10	HZ15K	15			465	126
HZ1500	1.5			46.5	14						

注：1. 表中HZ11K及HZ15K为待开发产品。

2. 样机抽查结果：传动效率为89.69%，滑动率为2.8%。

3. 生产厂：浙江平阳市世一变速机械实业有限公司，宁波市无级变速器厂等。

表 17-3-15　　HZ 系列（卧式）外形及安装尺寸　　mm

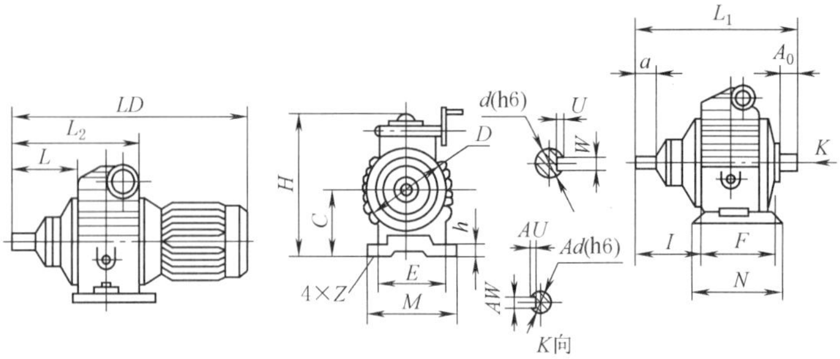

型　号	长				宽	高		底脚尺寸							输出轴尺寸				输入轴尺寸				质量
	L	L_1	L_2	LD	D	H	C	I	h	E	F	M	N	Z	d	W	U	a	Ad	AW	AU	A_0	/kg
HZ90	75	144	139		104	146	65	65	9	70	90	90	110	9	12	4	2.5	25	10	3	1.8	20	5.6
HZ250	68	250	162	400	150	202	94	48	12	90	140	120	180	11	16	5	3		14	5	3	25	11
HZ370																							13
HZ400	68	297	171	410	170	233	106	50	12	120	155	150	185					30					16
HZ550	126	386	258	520	210	280	120	118	12	140	170	170	200	13	24	8	4	50	20	8	4	38	25
HZ750																							30
HZ1500	142	445	292	610	254	359	154	120	16	160	230	200	270		32	10	5	55	24			50	48
HZ2200	157	500	333	680	300	385	175	138	18	210	260	260	310	15	42	12		70					79
HZ3000																							103
HZ4000	190	557	390	810	325	432	196	160	20	230	270	280	330						28				150
HZ5500	217	741	557	1010	410	515	235	200	24	290	375	350	425	20	55	16	6	100	40	12	5	80	200
HZ7500	245	884	585	1120	440	550	250	225	24	300	425	365	490						48	14	5.5		220

注：表中质量指不带电机时的值。

表 17-3-16　　HZLD 系列（立式）带电机外形及安装尺寸　　mm

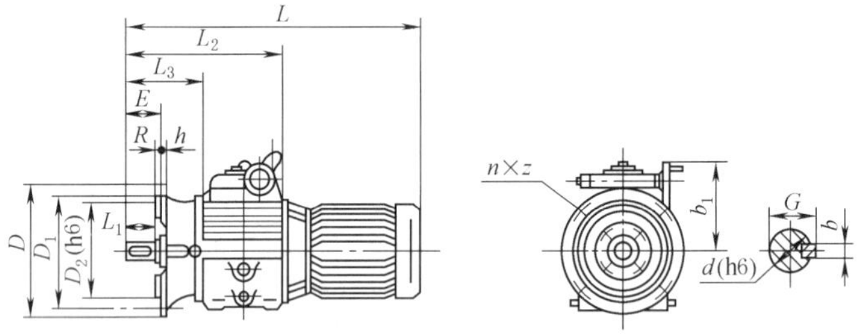

机型	输出轴尺寸				安装尺寸						外形尺寸				
	d	b	G	L_1	D_1	D_2	E	h	R	$n×z$	D	b_1	L	L_2	L_3
HZLD90	12	4	13.8	25	115	92	25	10	3	4×9	140	85	330	139	75
HZLD250	16	5	18	25	165	130	25	12	3.5	4×12	200	108	400	162	68
HZLD370															
HZLD400	16	5	18	30	165	130	30	12	3.5	4×12	200	127	410	171	68
HZLD550	24	8	27	50	215	180	50	14	4	4×15	250	160	520	258	126
HZLD750															
HZLD1500	32	10	35	55	265	230	55	16	4	4×15	300	205	610	292	142
HZLD2200	42	12	45	70	300	250	70	20	4	4×19	350	210	680	333	157
HZLD3000															
HZLD4000	42	12	45	70	300	250	70	20	4	4×19	350	236	810	390	190
HZLD5500	55	16	59	100	350	300	100	25	8	4×19	400	280	1010	557	217
HZLD7500	55	16	59	100	350	300	100	25	8	4×19	400	300	1120	585	245

4.2.3 选型方法

HZ 型无级变速器的传动效率是随着输出转速的变化而变化的。当输入转速为 1500r/min 时，在输出转速 0～850r/min 的全程中，最佳效率区段是 350～700r/min，低于 100r/min 时，效率最低。所以在选型时，应根据工作输出转速范围来确定类型（基本型或带减速器的），再根据负载转矩来确定规格，必须满足计算转矩 T_c 小于变速器的最小许用输出转矩。计算转矩的计算公式为式（17-3-7）、式（17-3-8）。

如已知负载功率 P，算出计算功率 P_c 后，就可在表 17-3-14 和图 17-3-7 中找到相应规格的变速器。如已知负载转矩 T，算出计算转矩 T_c 后，尚需考虑其对应的转速范围，从本机型输出转矩特性曲线（图 17-3-7）上选择合适的规格。对于恒转矩负载，则应使计算转矩 T_c 小于表 17-3-14 中最小输出额定转矩的原则，找出对应的机型规格。例如，某传动装置，每天工作 6h，工作转速范围为 200～600r/min，工作负载为 5N・m 的恒转矩，有中等冲击载荷，需选用一带电机的环锥无级变速器。由式（17-3-7）和表 17-3-2 求得计算转矩 $T_c=KK_TT=1.3\times1\times5=6.5$N・m，查表 17-3-14，选用 HZD750 型变速器，其最小输出额定转矩为 6.8N・m>6.5N・m；又由图 17-3-7 查得，当 $n_2=600$r/min 时，该型变速器的输出转矩为 9.2N・m>6.5N・m。由于 $n_2=200\sim600$r/min 在基本型输出转速范围，故合适。如工作转速范围低于 150r/min 则应考虑选用带减速器的环锥减变速器。

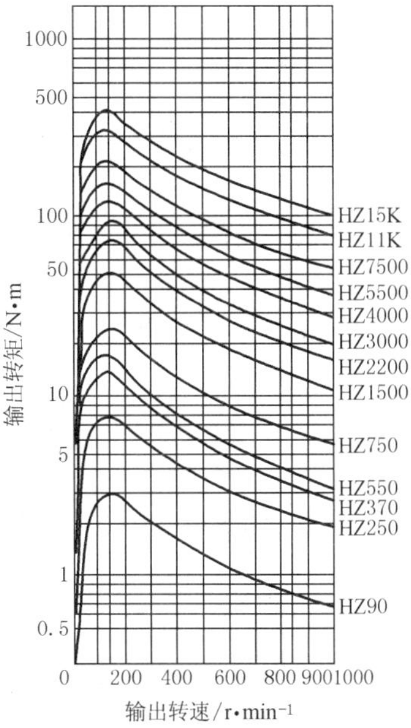

图 17-3-7 HZ 系列变速器输出特性曲线

5 带式无级变速器

5.1 概述

带式无级变速器由于其结构简单、制造容易、工作平稳、能吸收振动、易损件少、带更换方便，因而是机械无级变速器中广泛应用的一种；其缺点是外形尺寸较大，而变速范围较小。它由主、从动锥（带）轮、紧套在两轮上的带、调速操纵机构和加压装置等组成。当主动轮转动时，借助带与锥轮间的摩擦力驱动从动轮并传递动力；通过调速操纵机构改变带在锥轮上的位置，使主、从动轮的工作半径改变，以达到无级变速的目的。

（1）普通 V 带无级变速传动

其结构简单、变速范围小。带轮结构如图 17-3-8 所示，有双面可动锥盘（图 a）、单面可动锥盘（图 b）和多单面可动锥盘（图 c）带轮三种结构，后者用于大功率多根带传动。

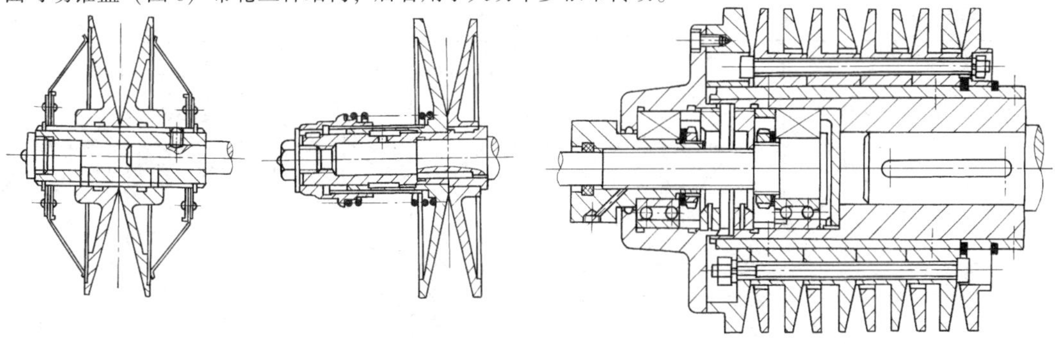

(a) 双面可动锥盘　(b) 单面可动锥盘　(c) 多单面可动锥盘

图 17-3-8 普通 V 带无级变速带轮结构

（2）V 形宽带无级变速传动

无级变速用的 V 形宽带的内周具有齿形，因而具有良好的曲挠性、耐热性和耐侧压性。农业机械中无级变速传动用 V 形半宽带，内周无齿，耐侧压性能好。

（3）块带式无级变速传动

主要用于低速、工作条件恶劣的场合。

5.2 V 形宽带无级变速器

（1）标记示例

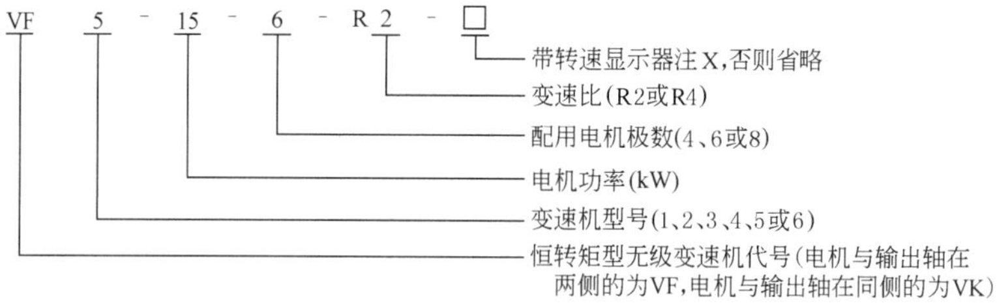

VF5-15-6-R2 表示电机与输出轴在变速机两侧，配用 15kW、6 极电机，变速比为 2（传动比 i=1~2）的 5 型 V 形宽带变速机。

（2）主要生产厂家

浙江长城减速机有限公司，浙江温岭市变速器厂。

（3）标准变速器外形、安装尺寸及性能参数

见表 17-3-17。

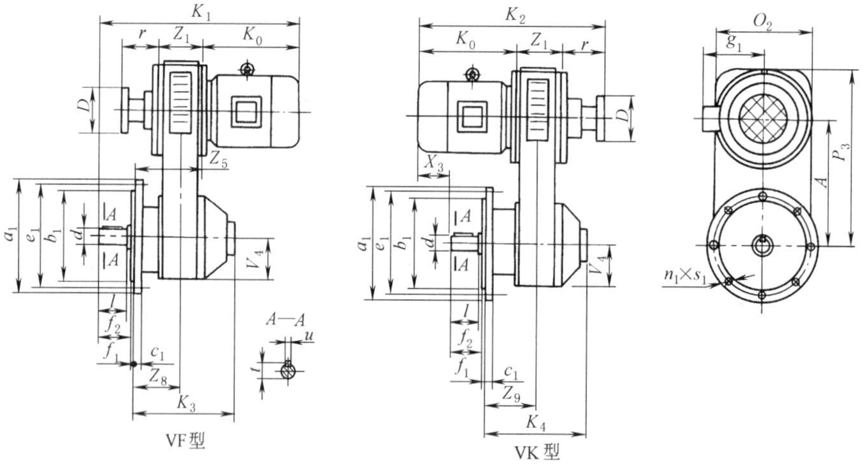

表 17-3-17

mm

型号	所配电机型号	电机功率/kW			许用转矩/N·m		安装尺寸											
		4 极	6 极	8 极	R2	R4	d (k6)	l	u	t	f_1	f_2	c_1	b_1 (h9)	e_1	a_1	n_1	s_1
1	Y801	0.55	—	—	3.8	1.9	19	40	6	21.5	4	40	12	130	165	190	4	12
	Y802	0.75			5.2	2.6												
2	Y90S	1.1	0.75	—	7.5	3.8	24	50	8	27	4	50	12	130	165	200	4	12
	Y90L	1.5	1.1		10.2	5.1												
3	Y100L1	2.2	1.5	—	15	7.5	28	60	8	31	4	60	14	180	215	250	4	15
	Y100L2	3	—		20.2	10.1												
	Y112M	4	2.2		26.5	13.3												
4	Y132S	5.5	3	2.2	36.5	18.2	38	80	10	41	4	80	14	230	265	300	4	15
	Y132M	7.5	4~5.5	3	50	25												

续表

型号	所配电机型号	电机功率/kW			许用转矩/N·m		安装尺寸											
		4极	6极	8极	R2	R4	d(k6)	l	u	t	f_1	f_2	c_1	b_1(h9)	e_1	a_1	n_1	s_1
5	Y160M	11	7.5	4~5.5	72	36	42	110	12	45	5	110	16	250	300	350	4	19
	Y160L	15	11	7.5	98	49												
	Y180M	18.5	—	—	120	60	48		14	51.5			18					
	Y180L	22	15	11	143	71												
6	Y200L	30	18.5~22	15	195	97	55	110	16	59	5	110	18	300	350	400	4	19
	Y225S	37	—	18.5	239	119	60	140	18	64	5	140	20	350	400	450	8	19
	Y225M	45	30	22	290	145												

型号	外形尺寸																	含电机质量/kg
	A	D	g_1	K_1	K_2	K_0	K_3	K_4	O_2	P_3	r	V_4	X_3	Z_1	Z_5	Z_8	Z_9	
1	192	100	150	480	458	245	285	230	235	296	109	104	114	104	195	91	91	59
2	231	125	155	541	539	260	341	273	280	356	163	125	95	116	231	115	115	93
				566	564	285							120					97
3	326	160	180	595	601	320	354	300	320	471	141	145	150	140	215	75	110	124
																		127
			190	615	621	340							170					134
4	323	200	210	725	730	395	422	398	380	498	165	175	135	170	250	80	180	185
				765	770	435							175					196
5	434	320	255	910	885	490	482	432	510	674	185	240	210	210	310	100	170	345
				955	930	535							255					370
			285	980	955	560							280					402
				1020	995	600							320					420
6	618	320	310	1179	1154	665	604	543	680	943	205	325	355	284	404	120	200	902
			345	1224	1169	680							340					952
				1249	1194	705							365					972

注：1. 4极电机输入转速为1440r/min，输出轴转速：R2时为720~1440r/min，R4时为720~2880r/min。

6极电机输入转速为960r/min，输出轴转速：R2时为480~960r/min，R4时为480~1920r/min。

8极电机输入转速为720r/min，输出轴转速：R2时为360~720r/min，R4时为360~1440r/min。

R2为非对称调速型 R4为对称调速型。

2. 表中 K_0 值是按Y系列 B_5 型式电机计入，若配用其他系列电机，K_0 值应相应变动。

(4) 卧式变速器外形、安装尺寸及性能参数

见表17-3-18。

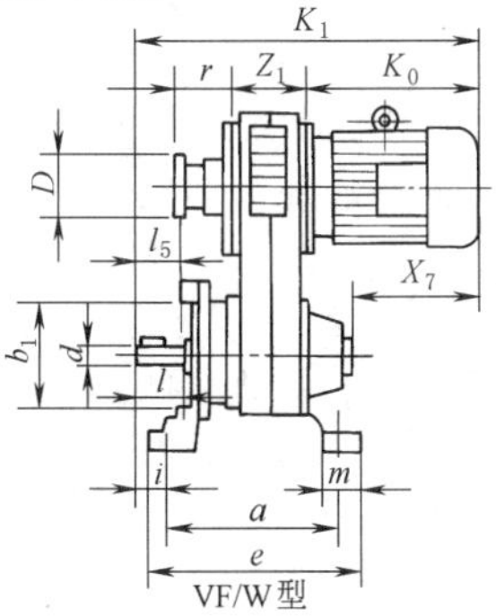

VF/W型

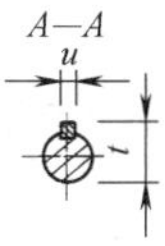

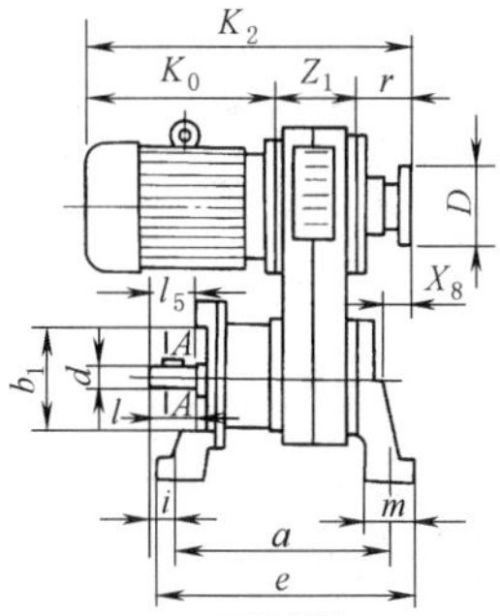

VK/W型

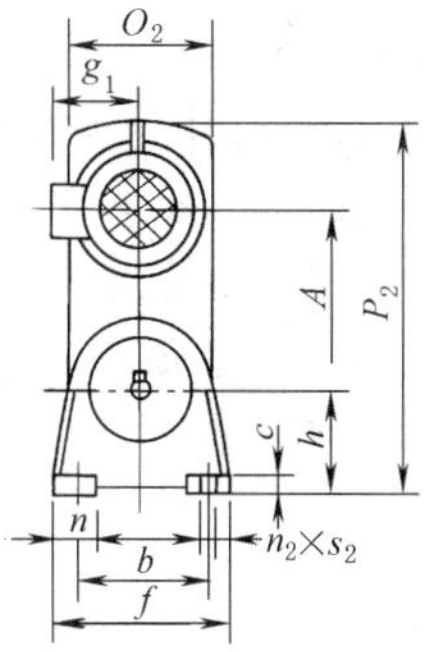

表 17-3-18 　　mm

型号	所配电机型号	外形尺寸															质量/kg	备注
		a	b	c	e	f	h	i	l_5	m	n	P_2	n_2	s_2	X_7	X_8		
1	Y801 Y802	209	170	25	244	230	132	22	33	60	60	428	4	14	155	74	64	除本表所列外形尺寸外，其他尺寸及性能参数见表 17-3-17
2	Y90S Y90L	259	230	30	309	304	160	31	43	60	70	516	4	14	150 175	121	102 103	
3	Y100L1 Y100L2 Y112M	325	270	50	385	360	225	31	52	80	90	696	4	18	181 181 201	91	139 140 149	
4	Y132S Y132M	387	270	50	447	360	225	48	69	80	90	723	4	18	223 263	117	203 217	
5	Y160M Y160L Y180M Y180L	525	300	55	595	400	265	57	96	100	100	939	4	22	318 363 388 428	133	367 386 436 450	
6	Y200L Y225S Y225M	638	340	70	739	480	365	55	97	125	125	1308	4	33	465 480 505	146	945 978 1015	

6　齿链式无级变速器

6.1　概述

6.1.1　特点及用途

齿链式无级变速器与其他摩擦式无级变速器相比有如下特点。

① 输出轴转速稳定，调速准确。当载荷由零增至最大时，转速变化较小，一般不超过 3.5%。

② 调速范围广，调速比一般在 2.8~6 之间。

③ 机械效率高，可达 85%~95%，而且在长期使用后效率保持不变。

④ 结构紧凑，外壳尺寸小。

⑤ 可以人工操纵，也可电动远距离控制进行调速。

⑥ 工作可靠，可用于潮湿、灰尘、酸雾的环境中。

⑦ 结构较复杂，制造精度、热处理条件和装配精度都有较高的要求。

⑧ 链条速度不能太高，所以不宜用高速电机直接带动。一般输入轴转速 $n_1 \leqslant 720$r/min。对冲击载荷较敏感，不宜用于冲击载荷较大的场合。

齿链式无级变速器广泛用于转速需要稳定而又要求无级变速的各种场合，如合成纤维设备、塑料挤出机、合成橡胶设备、造纸机械、印染机械、食品工业、制糖工业、制革设备、拔丝设备、运输机等。

6.1.2　变速原理

齿链式无级变速机构是依靠链条与链轮之间的啮合力和摩擦力传递动力的（图 17-3-9）。它由一对伞状的主动链轮和一对同样的从动链轮所组成，在主动链轮与从动链轮之间借助于特殊的链条拖动，链条与链轮能在任何半径处相啮合，同时链条也在一对轮之间楔紧，因此传动的特征是既靠摩擦又靠啮合，故能得到稳定的速比。

速度的变化是依靠链条在链轮表面上处在不同的半径处来得到的（图 17-3-10）。借助于调速杠杆，使一对主动链轮分离时，从动链轮则互相靠近，这时链条在主动轮上的工作半径减小而在从动轮上的工作半径增大，输出轴转速则平稳地降低；反之，输出轴转速可以平稳地增加。因此，输出轴的转速决定于输入轴和输出轴上齿链与链轮啮合直径之比。

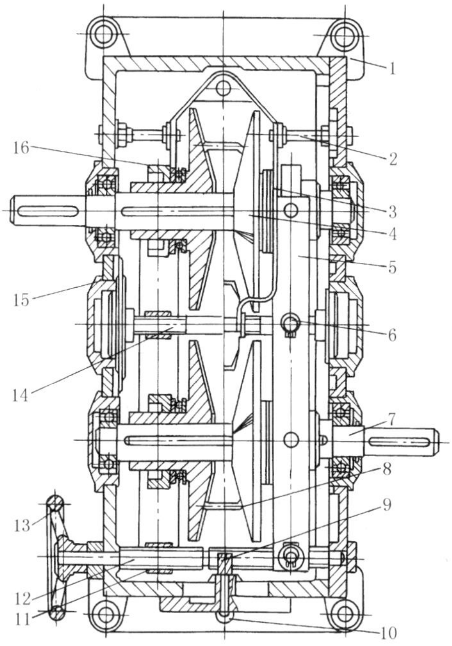

图 17-3-9　P 型齿链式无级变速器结构（卧式）

1—底座；2—加压支架轴；3—加压架；4—链轮；5—调速杠杆；6—右旋调速丝杆支架；7—传动轴；8—齿链；9—指针齿轮；10—指针；11—左旋调速丝杆支架；12，14—调速丝杆；13—手轮；15—调节盘；16—调节环

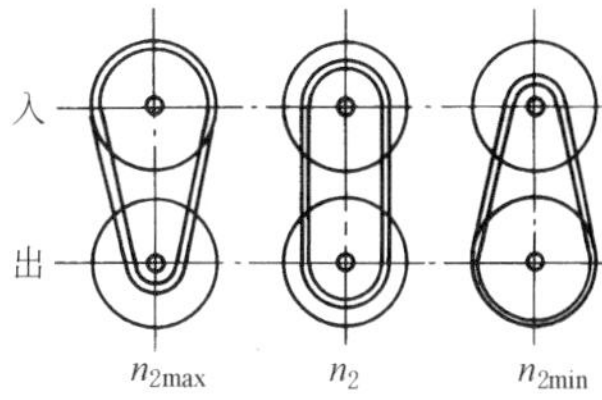

图 17-3-10　工作半径与输出轴转速

6.1.3　调速范围

调速比 R_b 是指当输入轴转速恒定时，输出轴转速的最大值与最小值之比。即

$$R_b=\frac{n_{2max}}{n_{2min}}=\frac{i_{max}}{i_{min}}$$

为使结构紧凑，设计成对称调速，即输入轴传至输出轴时，升速和降速的极限速比相同。例如，当输入轴转速保持 720r/min 时，输出轴的调速范围为 295～1770r/min，即输出轴的最低输出转速与最高输出转速区间。

则

调速比　$R_b=\frac{n_{2max}}{n_{2min}}=\frac{1770}{295}=6$

升速比　$i_{max}=\frac{n_{2max}}{n_1}=\frac{1770}{720}=2.45=\sqrt{6}=\sqrt{R}$

降速比　$i_{min}=\frac{n_{2min}}{n_1}=\frac{295}{720}=\frac{1}{2.45}=\frac{1}{\sqrt{6}}=\frac{1}{\sqrt{R}}$

齿链式无级变速器是通过齿链来传递功率和转矩的，但齿链的许用张力是一个定值。因此，输出轴的输出功率和转矩就要随转速的不同而变化。在作恒功率或恒转矩使用时，应注意使用值不应大于表 17-3-19 中的输出功率和输出转矩。

6.2　P 型齿链式无级变速器

6.2.1　适用范围及标记示例

（1）适用范围

齿链式（滑片链式）无级变速器适用范围调速比 2.8～6，电机可以顺逆双向旋转，工作环境温度为-40～40℃，当环境温度低于 0℃时，启动前润滑油需要预热。

齿链式无级变速器分为基本型，第一、二、三派生型。

① 基本型：输入轴端和输出轴端不加装减速装置，代号为 P，按传递功率大小由小到大分为 0、1、2、3、4、5、6 及各派生型。

② 第一派生型：基本型输入轴端加装减速装置，加装的减速装置直接连接电机，代号为 FP；加装的减速装置通过联轴器或带轮与动力装置相连，代号为 NP；加装差动轮系用联轴器或带轮驱动，代号为 XP。

③ 第二派生型：基本型输出轴端加装减速装置，减速装置内减速齿轮为 1 对，代号为 PB；2 对齿轮，代号为 PC；3 对齿轮，代号为 PD；多于三对齿轮，代号为 PBC；加装差动轮系，代号为 PX。

④ 第三派生型：基本型输入轴端和输出轴端均加装减速装置，且连接方式分别与第一派生型和第二派生型相同，其代号为第一派生型和第二派生型代号的组合，代号为 FPB、FPC、FPD、NPB、NPC、NPD。

例如，某型号第三派生型无级变速器，输入端加装的减速装置直接与电机相连，输出端加装的减速装置通过一对齿轮减速，代号为 FPB。

（2）标记示例

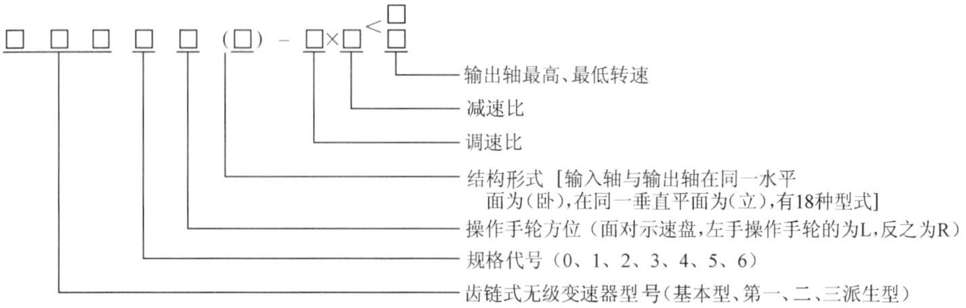

① 整机配用功率为 1.5kW，输出轴、输入轴两端均不加减速装置，调速比为 3，用左手操作调速手轮的立式 1 型齿链式无级变速器，标记为

P1L（立 1）-3

② 在基本型的输出轴端加装 2 对齿轮减速的第二类派生型，电机功率为 4kW，右手操作，调速比为 6，输出轴减速比为 1/30，输出轴最高转速 59r/min，最低转速 9.83r/min 的卧式 1 型齿链式无级变速器，标记为

$$\text{PC3R（卧 1）}-6\times\frac{1}{30}\left\langle\begin{matrix}59\\9.83\end{matrix}\right.$$

（3）主要生产厂家

上海中纺机无级变速器有限公司。选用时，请与生产厂联系实际产品的性能参数和外形尺寸。

6.2.2　技术参数、外形及安装尺寸

P 型齿链式无级变速器基本型的技术参数见表 17-3-19；其外形及安装尺寸见表 17-3-20。派生型的有关参数见生产厂产品说明书。

表 17-3-19　　P 型齿链式无级变速器基本型的技术参数

型号	调速比 R_b	输入轴转速 n_1 /r·min^{-1}	输出轴转速 /r·min^{-1}		输出功率 /kW		输出转矩 /N·m		滑片链型号及节数
			n_{2max}	n_{2min}	n_{2max}	n_{2min}	n_{2max}	n_{2min}	
P0	3	720	1245	415	0.559	0.426	4.28	98	P0-010026 节
	4.5		1530	340	0.559	0.349	3.84	9.8	P0-010025 节
	6		1770	295	0.559	0.301	2.94	9.8	P0-010025 节
	3	830	1437	479	0.647	0.456	4.28	9.8	P0-010026 节
	4.5		1706	391	0.647	0.401	3.48	9.8	P0-010025 节
	6		2028	338	0.647	0.346	2.94	9.8	P0-010025 节
	3	950	1644	548	0.735	0.559	4.28	9.9	P0-010026 节
	4.5		2016	448	0.735	0.456	3.48	9.8	P0-010025 节
P1	3	720	1245	415	1.12	0.82	8.3	18.6	P1-010026 节
	4.5		1530	340	1.12	0.67	6.9	18.6	P1-010025 节
	6		1770	295	1.12	0.59	5.9	18.6	P1-010025 节
P2	3	720	1245	415	2.24	1.64	16.7	37.3	P3-010027 节
	4.5		1530	340	2.24	1.34	13.7	37.3	P3-010026 节
	6		1770	295	2.24	1.12	11.8	37.3	P1-010029 节
P3	3	720	1245	415	3.73	2.6	28.5	58.8	P3-010035 节
	4.5		1530	340	3.73	2.06	22.6	58.8	P3-010034 节
	6		1770	295	3.73	1.86	19.6	58.8	P3-010033 节
P4	3	720	1245	415	5.9	4.1	44.1	93.2	P4-010034 节
	4.5		1530	340	5.9	3.35	36.3	93.2	P4-010033 节
	6		1770	295	5.9	2.97	31.4	93.2	P4-010033 节
P5	3	720	1245	415	11.2	7.8	83.4	176.5	P5-010041 节
	4.5		1530	340	11.2	6.3	68.9	176.5	P5-010040 节
	6		1770	295	10.4	5.6	54.9	176.5	P5-010039 节
P6	2.8	625	1045	375	19.4	11.5	176.5	294.2	P6-010040 节
	4		1250	312	18.6	9.7	137.3	294.2	P6-010039 节
	5.6	550	1300	232	16.4	7.46	117.7	294.2	P6-010038 节

注：生产厂：上海中纺机无级变速器有限公司。

表 17-3-20　P 型齿链式无级变速器基本型的外形及安装尺寸　mm

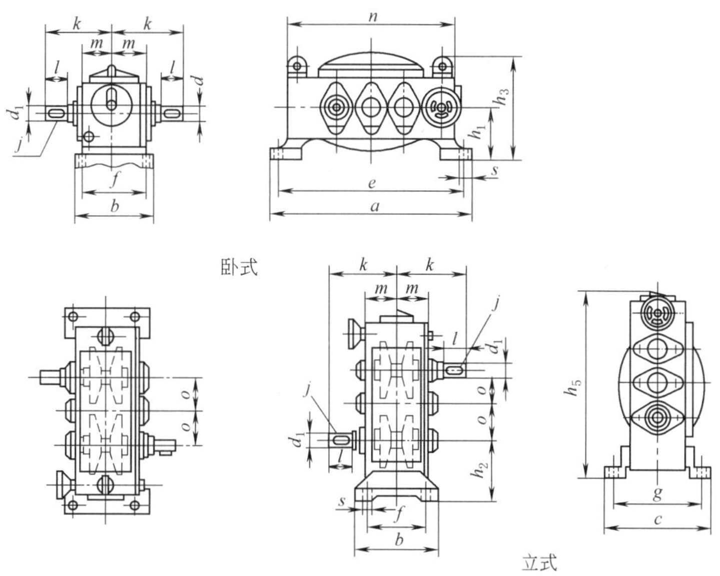

型号	a	b	c	d_1	e	f	g	h_1	h_2	h_3	h_5	j	$2k$	l	m	n	o	s	质量/kg
P0	360	116	242	16	325	85	212	90	90	173	315	键 5×25	222	31.5	67.5	296	60	11	
P1	450	185	285	24	410	150	250	132	132	239	421	键 6×50	320	60	85	383	80	14	45
P2	540	285	345	28	495	200	300	150	150	276	505	键 8×50	360	60	110	460	95	18	75
P3	660	300	390	32	615	265	350	170	170	328	614	键 10×70	466	80	134	580	124	18	130
P4	810	345	470	38	755	295	410	200	215	337	753	键 12×70	514	80	155	712	152	23	210
P5	930	425	590	45	870	360	530	250	250	482	875	键 14×100	652	110	190	830	180	28	385
P6	1150	510	750	60	1060	410	660	300	300	588	1045	键 18×125	800	140	230	1000	215	36	725

7　三相并列连杆式脉动无级变速器

7.1　概述

图 17-3-11 所示为三相并联连杆式脉动无级变速器（国际上称为 Gusa 型），其输入轴是一个具有相位差为 120°的三相曲轴 1，套筒 2 以间隙配合分别与曲轴 1 和连杆 3 组成回转副和圆柱套筒副，连杆 3 的中部与转动球轴承 5 组成套筒副，而轴承 5 又与滑座 6 组成回转副，连杆 3 的右端与超越离合器的外轭圈 7（摇杆）铰接，因而当曲轴旋转时，连杆 3 既绕着轴承 5 的中心 D 转动又作相对滑动，从而使摇杆 7 绕输出轴 9 的轴线摆动，通过超越离合器使输出轴 9 作单向脉动旋转而将动力输出。通过调速手轮 14 和丝杠 16 来改变滑座 6 的位置，便可改变摇杆 7 的摆动角度 β，从而实现无级调速。

由于是三相并列布置，所以当第一相开始送进时，第二相处于中间状态，第三相后退，即运动是交替重叠进行的。这就克服了超越离合器溜滑角所带来的误差，使输出速度更为均匀。

三相并联脉动无级变速器具有体积小，重量轻，输入功率小，输出转矩大，传递功率可靠，转速稳定，变速范围宽，操作灵活，可手动、电动，可在静止或运动状态下调速并变换输出轴旋向等优点。

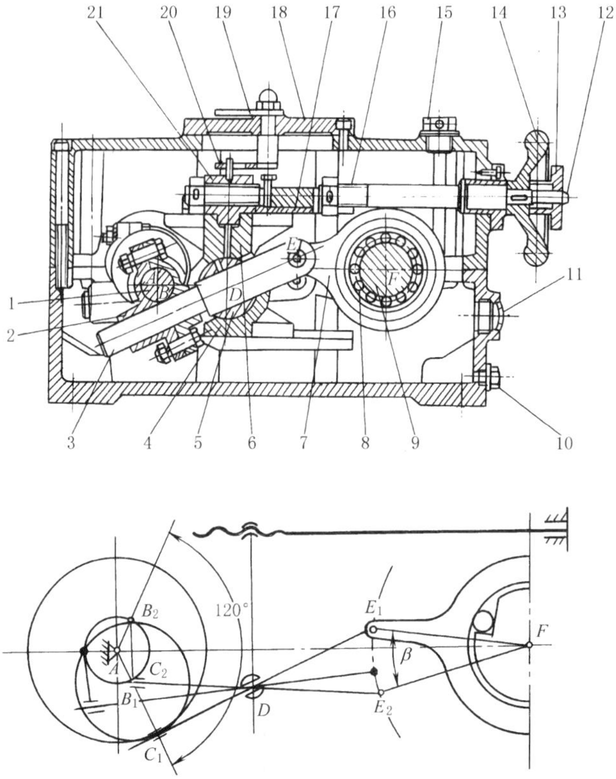

图 17-3-11　三相并联连杆式脉动无级变速器传动原理

1—曲轴；2—套筒；3—连杆；4—调速架；5—转动轴承；
6—滑座；7—外轭圈（摇杆）；8—滚柱；9—输出轴（外装超越离合器）；
10—放油塞；11—油标；12—螺钉；13—锁紧螺母；14—手轮；
15—气塞；16—丝杠；17—调整垫板；18—刻度板；
19—指针；20—拨叉；21—调速螺母

7.2　三相并列连杆式脉动无级变速器

7.2.1　适用范围及标记示例

（1）适用范围

三相并列连杆式脉动无级变速器是由三组并列布置、其原动件相位差为120°的连杆往复摆动机构和单向超越离合器组成的，适用范围为0.75~5.5kW，工作环境温度-20~40℃，当环境温度低于0℃时，启动前润滑油要预热。

（2）标记示例

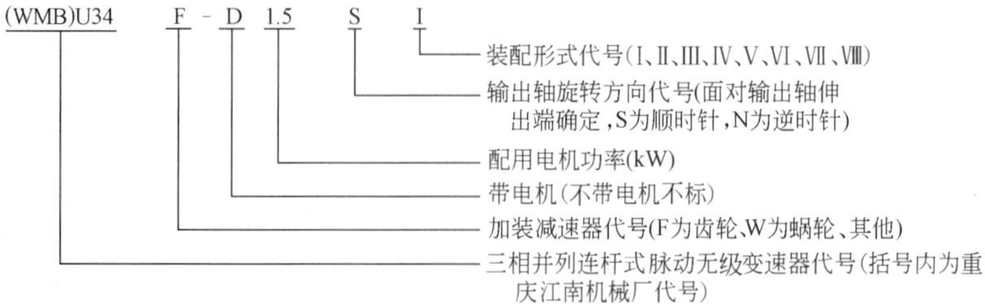

（3）主要生产厂家

重庆江南机械厂，宁波市无级变速器厂。选用时，请与生产厂联系实际产品的性能参数和外形尺寸。

7.2.2 外形、安装尺寸

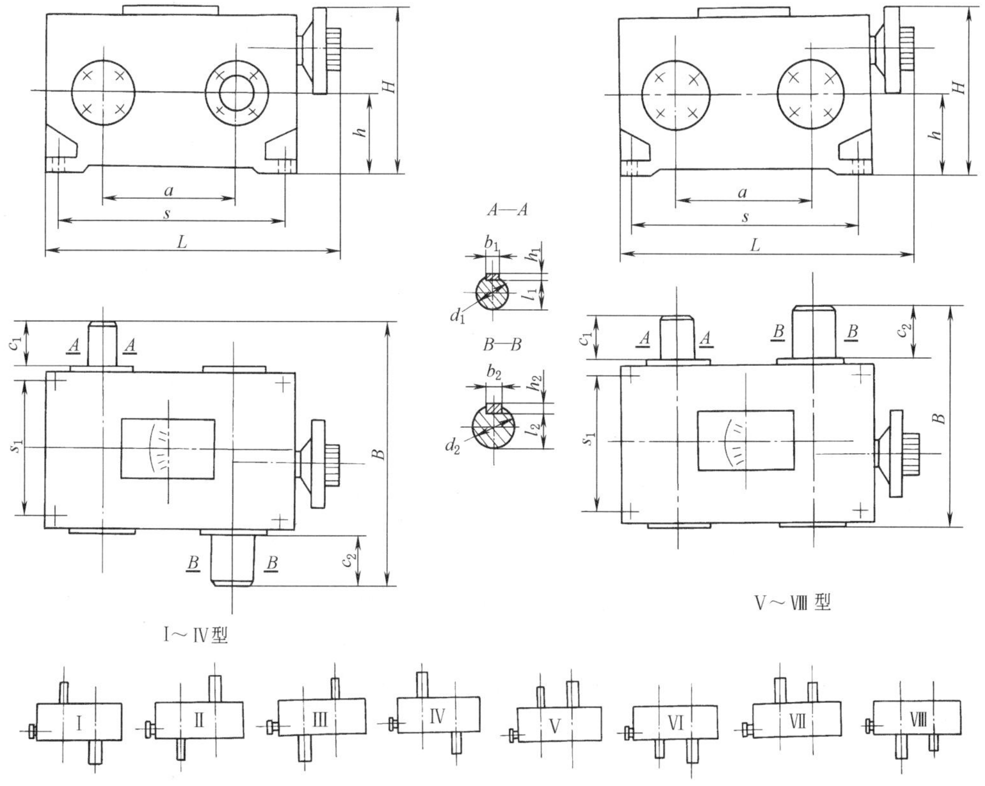

八种装配形式

表 17-3-21

mm

机 型	外形尺寸			安 装 尺 寸														
	L	B	H	a	h	s	s_1	安装螺栓	c_1	d_1	b_1	l_1	h_1	c_2	d_2	b_2	l_2	h_2
Ⅰ～Ⅳ装配型式的外形及安装尺寸																		
U34-0.75	290	225	170	140	80	228	114	4×M6	30	20	6	16.5	6	34	25	8	21	7
U34-1.5	410	312	225	180	100	304	146	4×M8	52	25	8	21	7	60	30		26	
U34-3	595	448	295	300	135	462	196	4×M10	80	35	10	30	8	100	45	16	49	10
U34-5.5	690	467	340	340	165	540	244	6×M12	80	40	12	35		100	50	18	53	11
Ⅴ～Ⅷ装配型式的外形及安装尺寸																		
U34-0.75	290	195	170	140	80	228	114	4×M6	30	20	6	16.5	6	34	25	8	21	7
U34-1.5	410	260	225	180	100	304	146	4×M8	52	25	8	21	7	60	30		26	
U34-3	595	368	295	300	135	462	196	4×M10	80	35	10	30	8	100	45	16	49	10
U34-5.5	690	387	340	340	165	540	244	6×M12	80	40	12	35		100	50	18	53	11

7.2.3 性能参数

表 17-3-22

项目		型号			
		U34-0.75	U34-1.5	U34-3	U34-5.5
输入功率/kW		0.75	1.5	3	5.5
输入轴转速/r·min^{-1}		1390	1400	1420	960
最大输出转矩 /N·m		40	110	220	400
输出转速范围/r·min^{-1}	负载	5~90	0~135	0~135	5~135
	理想	20~80	20~100	20~100	20~100
滑动率 ε/%		输出转速 $n_2=20$r/min 时，$\varepsilon=35$，$\eta=40$ 输出转速 $n_2=40$r/min 时，$\varepsilon=15$，$\eta=75$ 输出转速 $n_2=150$r/min 时，$\varepsilon=10$，$\eta=75$			
效率 η/%					
油池温升/℃	空载	30		35	
	承载	35		45	
清洁度/mg·L^{-1}		杂质含量<132			
轴伸径向圆跳动/mm		d>18~30mm 时为 0.04；d>30~50mm 时为 0.05			

注：1. 油池最高温度不得超过 85℃。

2. 空载运转时，变速器调节至最高输出转速，2min 内启动 5 次，不得出现任何故障。

8 四相并列连杆式脉动无级变速器

图 17-3-12 所示为四相并列连杆式脉动无级变速器的结构简图（国际上称为 Zero-Max 型）。输入轴上装有相位差为 90°的四个偏心盘（曲柄）1，每一相带动由两个四杆机构串接而成的六杆曲柄摇杆机构（由偏心曲柄 1、连杆 2 和 4、中间摇杆 3 和装有超越离合器的摇杆 5 组成）。当驱动曲柄 1 转动时，从动摇杆 5 作往复运动，通过超越离合器将摆动转换成输出轴的单向旋转运动。

改变转速时可旋转调速手轮 9，通过蜗杆 8 带动蜗轮 7 绕中心 G 转动，而固接其上的中间摇杆 3 的支点 D 也随之转动，这就改变了摇杆 3 的位置及机构机架的尺寸比例，从而导致从动摇杆 5 的摆动量产生变化，实现调速的目的。

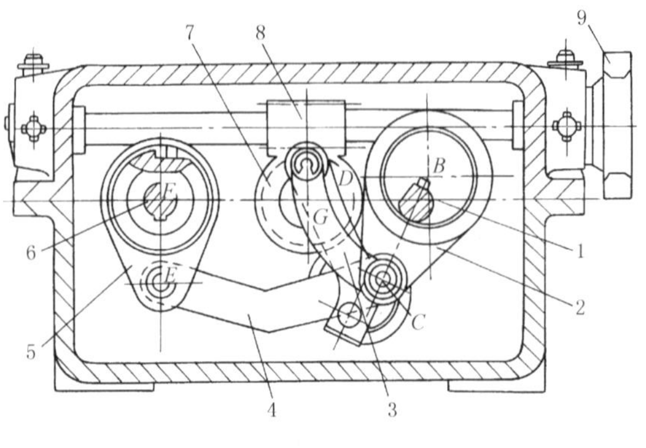

图 17-3-12 四相并列连杆式脉动无级变速器

1—曲柄；2，4—连杆；3，5—摇杆；6—超越离合器轴；7—蜗轮；8—蜗杆；9—调速手轮

无级变速器在承载或静止状态下，均可调速。高速时，变速器呈恒功率特性，低速时呈恒转矩特性。

四相并列连杆式脉动无级变速器是由四组平行布置、其相位差为 90°的单向超越离合器和曲柄摇杆机构组成的，适用于输入功率为 0.18~1.22kW、以传递运动为主的恒转矩的变速器。这类变速器制定的标准 JB/T 7515—1994 只有三种规格，不能满足工业应用的需要，本节摘编了汉中市朝阳机械有限责任公司产品的性能参数和外形及安装尺寸（表 17-3-23）。这种变速器主要用于纺织、印刷、食品等行业，恒转矩变速传动的场合。

表 17-3-23　　四相并列连杆式脉动无级变速器的尺寸、性能参数 　　mm

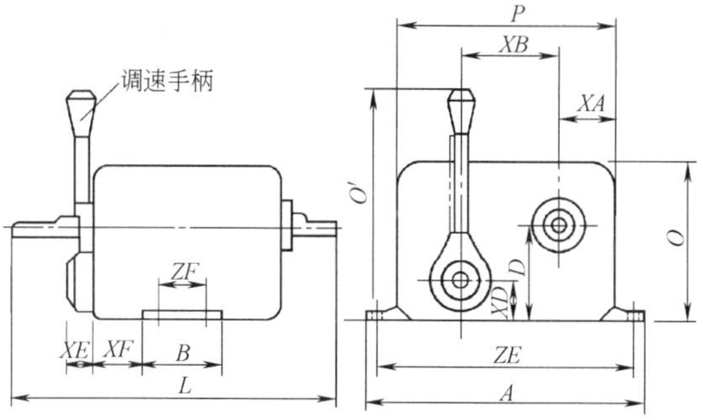

E -1、2,41、42;
JK -1、2,41、42;
Y -1、2,41、42;
QX-1、2,41、42;
ZX-1、2,41、42;

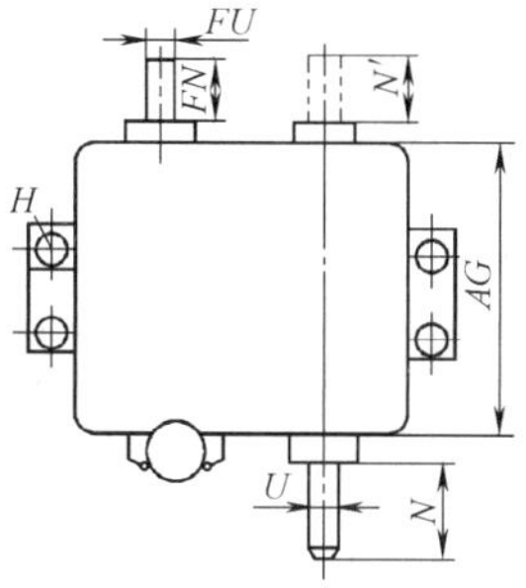

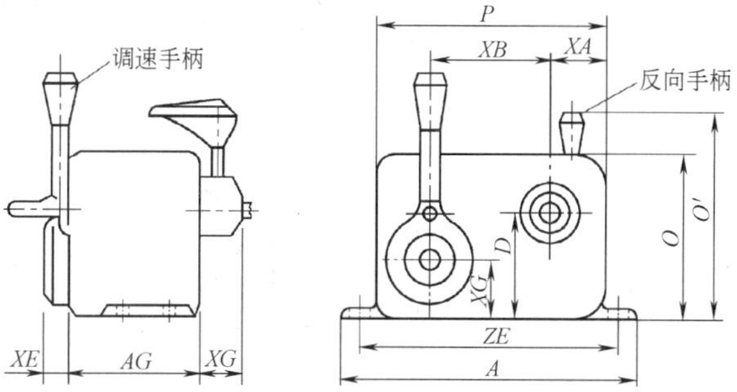

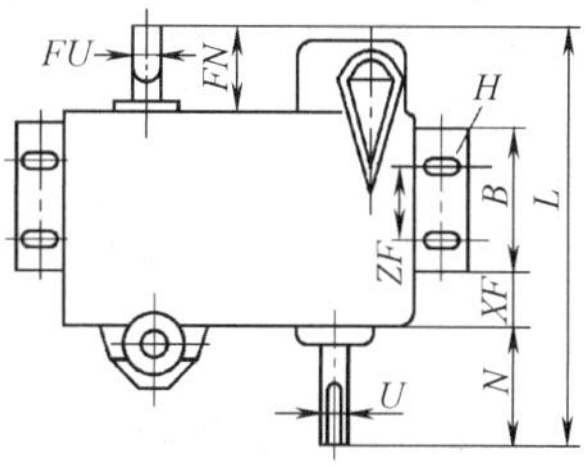

E3、JK3、Y3

<table>
<tr><th>型号</th><th>A</th><th>B</th><th>D</th><th>H</th><th>N/N'</th><th>O</th><th>O'</th><th>P</th><th>U</th><th>FU</th><th>FN</th><th>AG</th></tr>
<tr><td>E 1、2/41、42</td><td rowspan="2">160</td><td rowspan="2">50</td><td rowspan="2">57.5</td><td rowspan="2">7</td><td rowspan="2">33/25.4</td><td rowspan="2">89.5</td><td rowspan="2">134</td><td rowspan="2">127</td><td rowspan="2" colspan="2">9.525</td><td rowspan="2">25.4</td><td>73</td></tr>
<tr><td>JK 1、2/41、42</td><td>102</td></tr>
<tr><td>Y 1、2/41、42</td><td>218</td><td>71.8</td><td>76.3</td><td>10</td><td>50.8</td><td>116</td><td>171.5</td><td>169</td><td>15.87</td><td>12.7</td><td>38.1</td><td>119.5</td></tr>
<tr><td>QX 1、2/41、42</td><td>260</td><td>76.2</td><td>88.9</td><td>10.4</td><td>76.2</td><td>139.7</td><td>209.6</td><td>203.2</td><td>19.05</td><td>15.87</td><td>50.8</td><td>173</td></tr>
<tr><td>ZX 1、2/41、42</td><td>320.6</td><td>120</td><td>114.8</td><td>13</td><td>69.85</td><td>178.5</td><td>254</td><td>254</td><td>25.4</td><td>22.22</td><td>51</td><td>173.8</td></tr>
<tr><td>E3/JK3</td><td>160</td><td>50</td><td>57.5</td><td>7</td><td>40/43</td><td>89.5</td><td>115</td><td>127</td><td colspan="2">9.525</td><td>25.4</td><td>83/110</td></tr>
<tr><td>Y3</td><td>210</td><td>71.8</td><td>76.3</td><td>10</td><td>50.8</td><td>116</td><td>170</td><td>169</td><td>15.87</td><td>12.7</td><td>38.1</td><td>149</td></tr>
</table>

续表

型 号	L	XA	XB	XD	XE	XF	XG	ZE	ZF	转矩/N·m	功率/kW
E 1、2/41、42	116/109	31.75	63.5	32.1	14.3	19	12	139	25.4	1.4	0.18~0.25
JK 1、2/41、42	146/138					47.5				2.8	0.18~0.25
Y 1、2/41、42	175.3	40	82.55	33.38	19	45.6	12	191	48	6.8	0.37
QX 1、2/41、42	263/260	50.8	90.2	40.64	24	48	12.7	235	50.8	11.5	0.75
ZX 1、2/41、42	327.5/257.7	63.5	77.7	25	53.7	26.8	12.5	284	95	22.6	1.22
E3/JK3	148/178	31.75	63.5	32.1	14.3	12	25.4	139	25.4	1.4/2.8	0.18~0.25
Y3	238	40.1	88.9	33.3	19	12	40	191	48	6.8	0.37

注：1. 输入轴转速 n_1 应在 600~2000r/min 范围内。输出转速范围为 $0 \sim n_1/4.5$。

2. 变速器为恒转矩型，应按输出转矩值和输出方向选定变速器型号；功率指输入功率。

3. E1、E2、JK1、JK2 型设有过载保护装置。1、41型为逆时针向输出，2、42 型为顺时针向输出，3 型正、反向均可输出。

4. 本变速器也有丝杠调速的型式。1、2 型输入、输出轴在箱体两侧，41、42 型输入、输出轴在箱体同侧。

5. 生产厂：汉中市朝阳机械有限责任公司。

9　多盘式无级变速器

9.1　概述

多盘式无级变速器（JB/T 7668—1995）属于通用型机械无级变速传动装置。它有基本型（P 型）和大变速范围型（PS 型为两级无级变速）两种，其派生型有多种，输出轴端与齿轮减速装置相连的称为 PZ 型，实质上是减变速器，传动比小于 5 时用齿轮传动，传动比大于 11 时用摆线针轮传动。输出轴端加装齿轮变速装置者称为 PH 型。

图 17-3-13 所示为弹簧加压式多盘无级变速器的传动原理。变速器主要由锥形盘组 3，T 形盘组 4、加压装置 2 和调速机构 5 等组成。一组（m 片）锥形盘组 3 与 n 组（通常 $n=3$）T 形盘组 4（每组 $m-1$ 片）交错排列并分别套装在轴 1 和 6 上，由加压弹簧 2（或凸轮）使它们相互压紧。摆动花键轴 6 端部装有齿轮 7，分别与三个定轴齿轮 12 啮合，并通过定轴齿轮 12 与中心齿轮 10 啮合，将力传给输出轴 9。

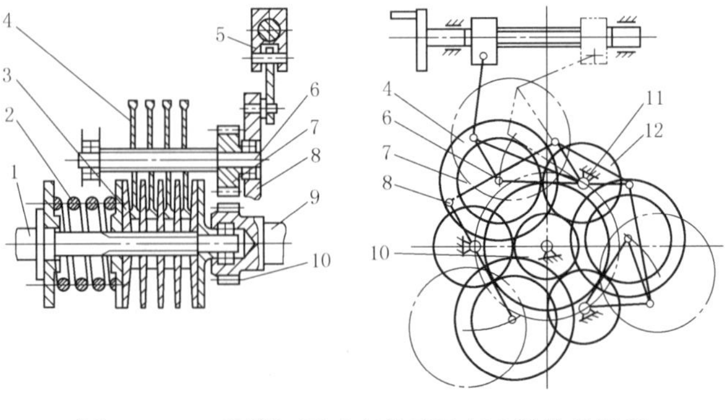

图 17-3-13　弹簧加压式多盘无级变速器传动原理

1—输入轴；2—加压装置；3—锥形盘组；4—T 形盘组；5—调速机构；6—摆动花键轴；7—摆动齿轮；8—调速连杆机构；9—输出轴；10—中心齿轮；11—定轴；12—定轴齿轮

调速时，转动调速机构5的手轮，经调速连杆机构8使装有T形盘组的摆动轴6绕定轴11转动（这时轮12、7仍保持啮合），以改变轴1和6之间的中心距，从而改变了T形盘组和锥形盘组的接触半径，实现无级变速。

大功率（转矩）多盘无级变速器采用凸轮自动加压装置，摩擦盘间的压紧力少量来自弹簧，由凸轮产生的压紧力是随着负载转矩的增减而呈正比地自动增减，因而承受过载和冲击的能力较强，滑动率较小。

其承载能力和运动学计算见文献［1］。

9.2 特点、工作特性和选用

（1）特点

① 承载能力大。由于摩擦盘数量多，共有 $n \times m$ 个接触点，在同样的压紧力作用下，可传递较大的功率或转矩。

② 寿命长。由于接触处是斜度很小的圆锥面，其接触区的综合曲率很小，表面接触应力小，在传动过程中是通过接触表面间一层强韧油膜的牵引力来传递动力的，因而承载能力和寿命较长。

③ 结构紧凑，同轴传动，使用方便。作用在摩擦盘间的压紧力在轴向相互抵消，轴承受力较小。

④ 转动部分转动惯量小，无不平衡零件，因而振动小，运转平稳。

（2）工作特性和选用

这种变速器分为恒转矩和恒功率两种工作特性。恒转矩型用于工作机在全变速范围内负载转矩基本不变的场合，其功率随转速成正比变化。恒功率型的输出转矩在全变速范围内与输出转速近似于呈反比的关系，而功率恒定不变

大变速范围型变速器实际上是两台一级变速器串联装在同一机体中的两级无级变速器，其变速比为10~12，其输出特性介于恒转矩与恒功率之间。

目前国内生产的多盘无级变速器的输入功率为0.15~30kW，国际上最大的输入功率可达150kW。考虑到振动、噪声及寿命等因素，对变速器的输入转速进行了规定：$P<7.5$kW，$n_1 \leqslant 1500$r/min；$P=11\sim30$kW，$n_1 \leqslant 1000$r/min；$P>37$kW，$n_1 \leqslant 750$r/min。变速器的输入转速不应高于规定要求，当输入转速低于规定值时，其允许的输入功率应按输入转矩不变的原则予以换算，即

允许输入功率/实际输入转速=公称输入功率/公称输入转速

为了提高变速器的使用寿命，变速器一般应在低速状态下停车，以保证启动时能承受更大的载荷，若工作机所受冲击载荷较大且启制动频繁时，应在变速器与工作机之间安装缓冲或过载保护装置。

9.3 型号标记、技术参数和外形、安装尺寸

（1）型号标记

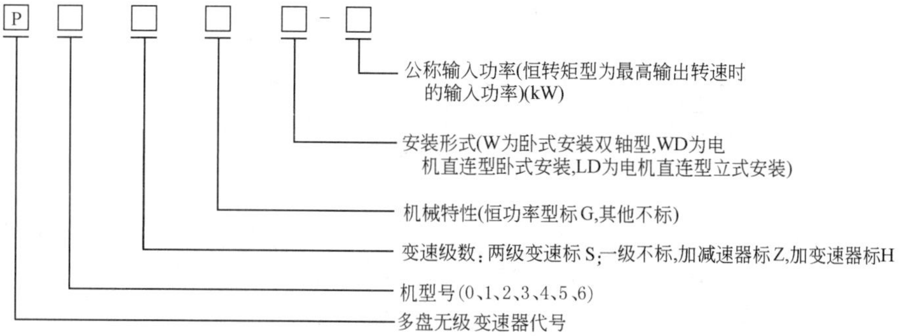

① 2号机型一级变速器，电机直连型立式安装，恒功率型，输入功率2.2kW。P2GLD-2.2

② 1号机型两级变速器，电机直连型卧式安装，恒转矩型，输入功率1.5kW。P1SWD-1.5。

（2）技术参数

基本型变速器的技术参数见表17-3-24。

表 **17-3-24** **基本型变速器的技术参数**

机型号	公称输入功率/kW		公称输入转速 /r·min^{-1}	传动比区间	变速比	输出转速 /r·min^{-1}	输出转矩 /N·m
	低速	高速					
0	0.2		1500	0.2~0.8	1:4	300~1200	1.3~4.8
	0.4						2.6~8.5
	0.125	0.2					1.3~2.8
	0.25	0.4					2.6~5.2
1	0.4			0.23~0.76	1:3.3	345~1140	2.6~8.5
	0.75						5.1~16.2
	0.4	0.75					5.1~8.2
	0.75	1.5					10.6~15.6
2	1.5			0.2~0.8	1:4	300~1200	9.8~37.2
	2.2						14.5~54.8
	1.5	2.2					14.5~35.7
	2.2	4					24.9~52.5
3	4						24.9~91.8
	4	5.5					37.1~89.2
4	5.5						37.1~140
	7.5						49.5~186
	5.5	7.5					49.5~131
	7.5	11					74.4~170
5	11		1000	0.28~1.12		280~1120	74.4~290
	11	15					110~282
6	15			0.27~1.08		270~1080	110~414
	22						161~610
	15	22					161~397
	22	30					225~585

注：1. 高、低速时输入功率不变者为恒功率型。
2. 生产厂：大连橡胶塑料机械厂。

PS 型、PZ 型和 PH 型变速器的技术参数及外形尺寸可参见生产厂产品使用说明书。

(3) 外形、安装尺寸

基本卧式双轴型与电机直连型变速器的外形及安装尺寸见表 17-3-25 和表 17-3-26，基本立式电机直连型变速器的外形及安装尺寸见表 17-3-27。

表 **17-3-25** **基本卧式双轴型变速器外形及安装尺寸** mm

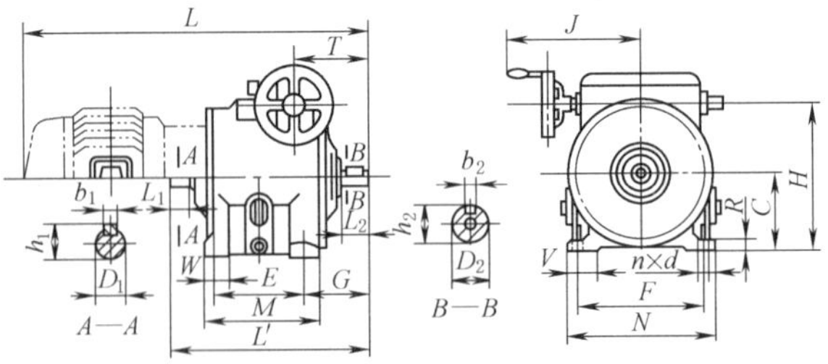

机型号	安装尺寸							轴伸连接尺寸								外形尺寸							
								输出轴				输入轴											
	F	E	G	V	W	n	d	D_2	b_2	h_2	L_2	D_1	b_1	h_1	L_1	C	H	M	N	R	J	T	L'
0	165	85	86	40	35	4	11	19	6	21.5	40	16	5	18	30	100	240	113	190	18	150	96	242
1	190	105	119	50	—	4	12	20	6	22.5	35	20	6	22.5	40	130	275	135	220	22	168	110	305
2	260	180	135	60	55	4	14	28	8	31	60	25	8	28	50	160	352	230	300	25	235	153	397
3	310	150	160	80	55	4	14	40	12	43	70	28	8	31	50	180	406	200	350	25	296	185	460
4	400	260	180	90	70	4	22	45	14	48.5	90	35	10	38	55	240	512	310	450	35	296	208	580
5	500	180	199	95	50	4	22	50	14	53.5	100	48	14	51.5	90	270	608	230	550	40	285	209	633
6	630	280	217	150	100	4	22	55	16	59	120	48	14	51.5	110	330	726	330	680	50	340	232	795

表 17-3-26　　基本卧式电机直连型变速器外形及安装尺寸　　mm

机型号	输入功率/kW	安装尺寸							轴伸连接尺寸				外形尺寸							
		F	E	G	V	W	n	d	D_2	b_2	h_2	L_2	C	H	M	N	R	J	T	L
0	0.2	165	85	86	40	35	4	11	19	6	21.5	40	100	240	113	190	18	150	96	409
	0.4																			434
1	0.4	190	105	119	50	—	4	12	20	6	22.5	35	130	275	135	220	22	168	110	547
	0.75																			557
	1.5																			607
2	1.5	260	180	135	60	55	4	14	28	8	31	60	160	352	230	300	25	235	153	714
	2.2																			759
	4																			779
3	4	310	150	160	80	55	4	14	40	12	43	70	180	406	200	350	25	296	185	862
	5.5																			937
4	5.5	400	260	180	90	70	4	22	45	14	48.5	90	240	512	310	450	35	296	208	1055
	7.5																			1095

注：卧式电机直连型变速器外形尺寸图见表 17-3-25。

表 17-3-27　　基本立式电机直连型变速器外形及安装尺寸　　mm

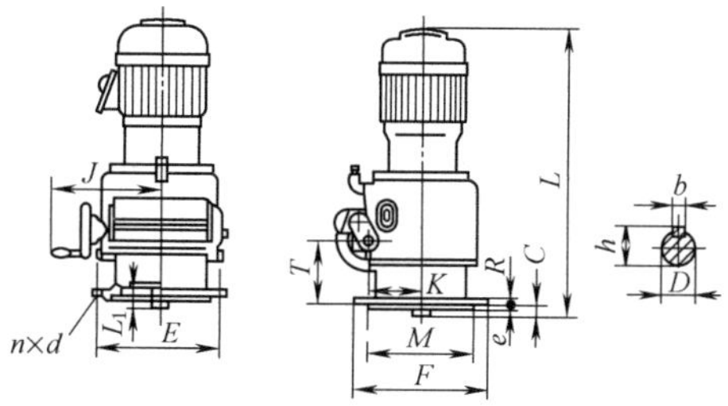

机型号	输入功率/kW	E	M	n	d	e	C	D	b	h	L_1	F	T	J	K	R	L
0	0.2	200	170	6	11	5	5	19	6	21.5	35	225	91	150	98	12	410
	0.4																435
1	0.4	260	225	6	14	5	48	20	6	22.5	40	290	92	150	108	14	577
	0.75																587
	1.5																637
2	1.5	315	280	6	14	5	34	28	8	31	62	350	173	250	140	15	765
	2.2																810
	4																830
3	4	410	370	6	18	6	43	40	12	43	70	450	169	300	170	21	867
	5.5																922
4	5.5	440	400	6	22	5	65	45	14	48.5	90	485	227	300	212	22	1100
	7.5																1140
	11																1225
5	11	510	460	8	18	8	70	50	14	53.5	100	550	228	300	265	25	1293
	15																1358
6	15	590	520	8	22	10	85	55	16	59	120	650	257	340	325	30	1509
	22																1574
	30																1644

参 考 文 献

[1] 阮忠唐主编．机械无级变速器．北京：机械工业出版社，1983.

[2] 阮忠唐主编．机械无级变速器设计与选用指南．北京：化学工业出版社，2002.

[3] Niemann G，Winter H. Maschinenelemente. Bd Ⅱ，Ⅲ. Berlin：Springer-Verlag，1983.

[4] 机械传动装置选用手册编辑委员会．机械传动装置选用手册．北京：机械工业出版社，1999.

[5] Heilich，Frederick W，Shube Eugene E. Traction Drive-Selection and Application. New York and Basel：Marcel Dekker Inc.，1983.

[6] 机械工程手册、电机工程手册编辑委员会．机械工程手册．传动设计卷．第2版．北京：机械工业出版社，1997.

[7] 现代机械传动手册编辑委员会．现代机械传动手册．第2版．北京：机械工业出版社，2002.

[8] 程乃士、减速器和变速器设计与选用手册．北京：机械工业出版社，2007.

[9] 饶振钢．封闭谐波行星齿轮减速器的设计研究．传动技术，2000，(2).

机械设计手册

第六版

第4卷

HANDBOOK OF MECHANICAL DESIGN

第18篇 常用电机 电器及电动（液）推杆与升降机

主要撰稿 王德夫 陈应斗 邹舜卿

审　稿 吴豪泰 王德夫

18

第1章 常用电机

1 电动机的特性、工作状态及其发热与温升

表 18-1-1 电动机的机械特性

类型		特性公式	符号	特性曲线	性能
交流电动机	异步电动机	$P=m_1U_1I_1\cos\varphi$ (三相对称负载时 $P=3U_1I_1\cos\varphi=\sqrt{3}UI\cos\varphi$) $T=\frac{m_1}{\omega_s}\times\frac{U_1^2r_2's}{(r_1s+r_2')^2+s^2x_k^2}$ $s_{cr}=\pm\frac{r_2'}{\sqrt{r_1^2+x_k^2}}$ $x_k=x_1+x_2'$ $T_{cr}=\pm\frac{m_1U_1^2}{2\omega_s(\sqrt{r_1^2+x_k^2}\pm r_1)}$ $T=\frac{2T_{cr}(1+q)}{\frac{s}{s_{cr}}+\frac{s_{cr}}{s}+2q}$ $s_{cr}=s_N(\lambda_T+\sqrt{\lambda_T^2-1})$ $\lambda_T=\frac{T_{cr}}{T_N}$ $T_s=\frac{m_1}{\omega_s}\times\frac{U_1^2r_2'}{(r_1+r_2')^2+x_k^2}$ $s=\frac{\omega_s-\omega}{\omega_s}$ $\omega_s=\frac{2\pi n_s}{60}$ $n_s=\frac{60f_1}{p}$ $q=\frac{r_1}{\sqrt{r_1^2+x_k^2}}$ 大电动机的 r_1 很小，可以忽略，则 $s_{cr}\approx\pm\frac{r_2'}{x_k}$ $T_{cr}\approx\pm\frac{m_1U_1^2}{2\omega_sx_k}$ $T\approx\frac{2T_{cr}}{\frac{s}{s_{cr}}+\frac{s_{cr}}{s}}$ $T_s\approx\frac{m_1}{\omega_s}\times\frac{U_1^2r_2'}{r_2'^2+x_k^2}$	P——输入功率，W m_1——相数 U_1——定子相电压，V U——线电压，V I_1——定子相电流，A I——线电流，A $\cos\varphi$——功率因数 T——电磁转矩，N·m r_1——定子相电阻，Ω r_2'——折算到定子侧的转子相电阻，Ω x_1——定子电抗，Ω x_2'——折算到定子侧的转子电抗，Ω x_k——短路电抗，Ω s——转差率 s_N——额定转差率 s_{cr}——临界转差率 λ_T——转矩过载倍数 T_N——额定转矩，N·m T_{cr}——临界转矩，N·m T_s——启动转矩，N·m ω——角速度，rad/s ω_s——同步角速度，rad/s n_s——同步转速，r/min f_1——供电频率，Hz p——磁极对数 q——系数	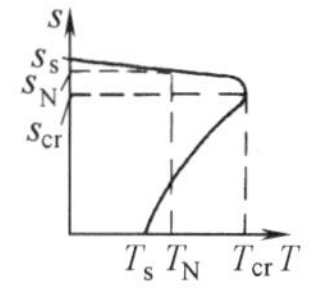 自然特性 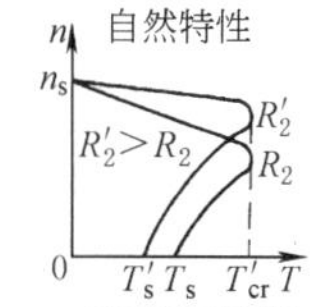 不同转子电阻 (U_1=常数) 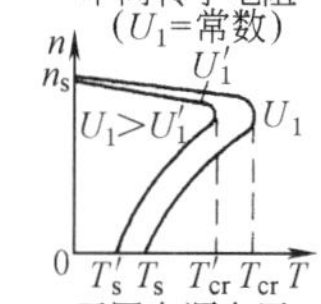 不同电源电压 (R_2=常数) 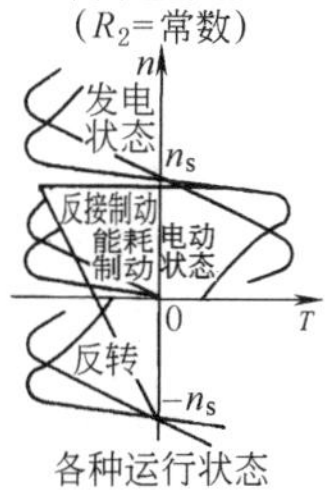 各种运行状态 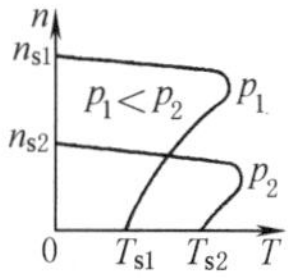 不同极数 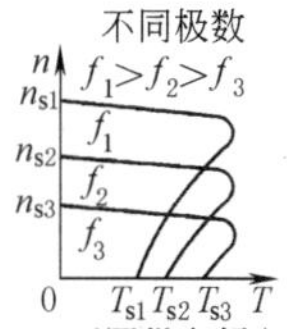 不同供电频率 ($\frac{U_1}{f_1}$=常数)	(1)笼型电动机 简单，耐用，可靠，易维护，价格低，特性硬，但启动和调速性能差，轻载时功率因数低。一般无调速要求的机械广泛采用。在可变频率电源供电下可平滑调速。变极数多速电动机为有(或多)级变速调节，且体积大 (2)绕线型电动机 因有滑环，比笼型电动机维护麻烦，价格也稍贵，转子串电阻的特性属软特性，随负载转矩的增加，电动机转速显著下降，但其启动转矩大，启动时功率因数高，且可进行小范围的非连续速度调节，控制设备简单，故仍使用于各种需简单调速的生产机械，如提升机、起重机及轧钢机械等，或电网容量小、启动次数多的机械

续表

类型		特性公式	符号	特性曲线	性能
交流电动机	同步电动机	$n_s=\frac{60f_1}{p}$ $T_s=\frac{9.55m_1U_1E_0}{n_sx_s}\sin\theta$ $T_{max}=\frac{9.55m_1U_1E_0}{n_sx_s}$	E_0——空载电势,V θ——电势与电压的相角差 T_s——同步转矩,N·m x_s——同步电抗,Ω	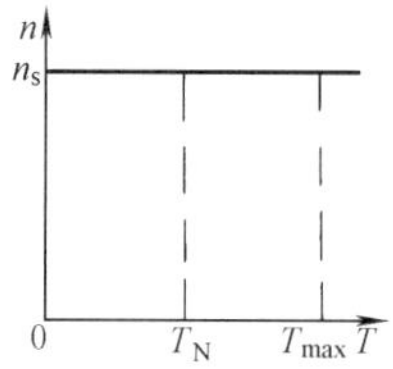	负载转矩在允许限度内变化时,其转速保持恒定,功率因数可调节。价格贵,一般只在不需调速的高压、低速、大容量的机械上采用,能提高功率因数。变频器供电可平滑调速,用于大型需调速的机械,如轧钢机、提升机、船用主传动等机械
直流电动机		$E=K_e\Phi n=C_en$ $K_e=\frac{pN}{60a}$ $T=K_m\Phi I_a=C_mI_a$ $K_m=\frac{K_e}{1.03}$ $n=\frac{U-I_a(R_a+R)}{K_e\Phi}$ $n_s=\frac{U}{K_e\Phi}$ $n=\frac{U}{K_e\Phi}-\frac{R_a+R}{K_eK_m\Phi^2}T$ $T_N=9550\frac{P_N}{n_N}$	E——反电势,V Φ——磁通,Wb K_e——电动机结构常数 K_m——电动机结构常数 N——电枢绕组的导体总数 a——电枢绕组的支路对数 I_a——电枢电流,A U——电枢电压,V T——电磁转矩,N·m R_a——电枢电阻,Ω R——电枢回路附加电阻,Ω T_N——额定转矩,N·m P_N——额定功率,kW C_e——电动机电势常数 C_m——电动机转矩常数	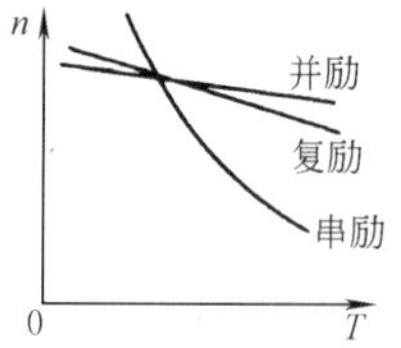 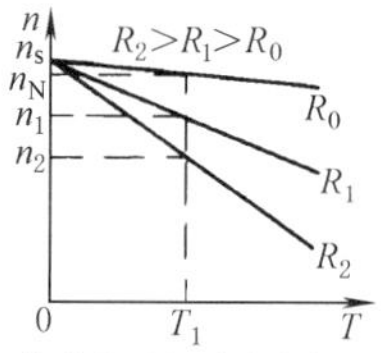 他励电动机改变电枢回路附加电阻 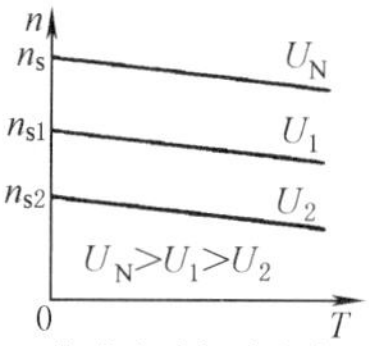 他励电动机改变电枢端电压 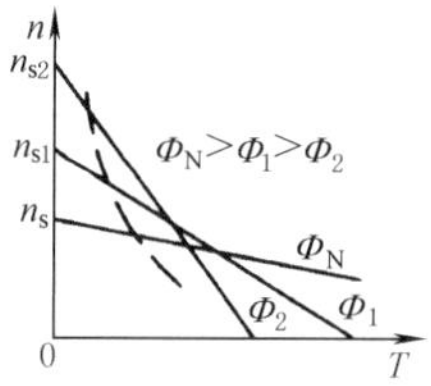 他励电动机改变励磁(虚线为恒功率调速) 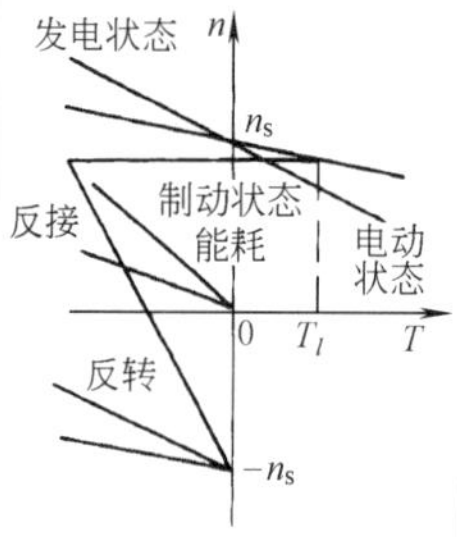 他励电动机各种运行状态	调速性能好,范围宽,在电子装置控制下,能充分适应各种机械负载特性的需要,但其价格贵,维护复杂 串励电动机的特点是启动转矩大、过载能力大、特性软,适用于电力牵引机械和起重机等 复励电动机的启动转矩和过载能力比并励电动机大,但调速范围稍窄。接成积复励时,适用于启动转矩很大、负载具有强烈变化的设备

表 18-1-2　　电机的定额及工作制（摘自 GB 755—2008）

定额	工作制	负载图	负载持续率 FC	附注
连续	连续工作制 S1	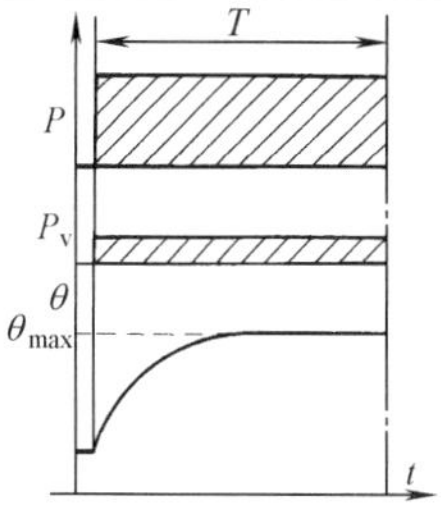		P——负载 P_v——电气损耗 T——在额定条件下运行时间 θ——温度 θ_{max}——在工作周期中达到的最高温度 t——时间
短时	短时工作制 S2	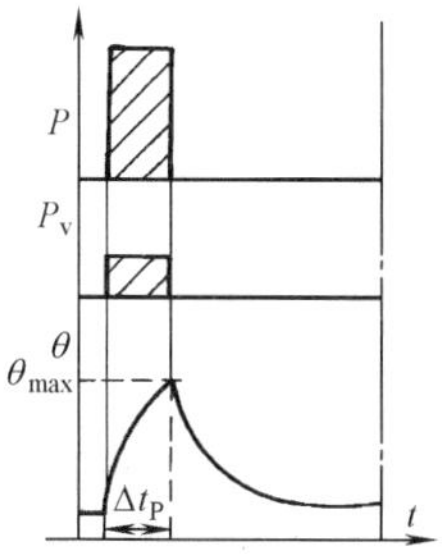		P——负载 P_v——电气损耗 Δt_P——恒定负载运行时间 θ——温度 θ_{max}——在工作周期中达到的最高温度 t——时间 短时定额时限优先采用 10min、30min、60min 或 90min
周期工作	断续周期工作制 S3	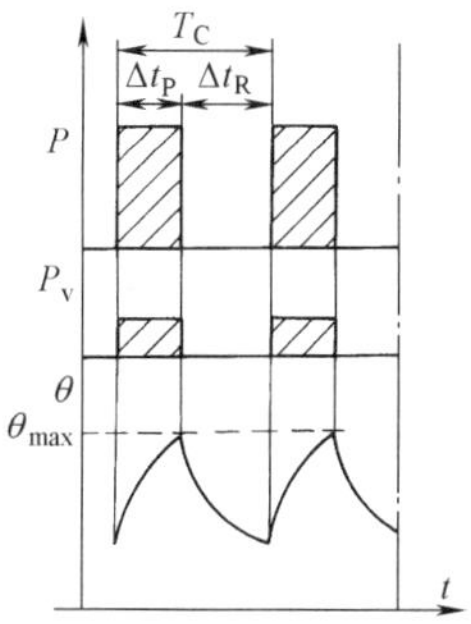	$FC=\dfrac{\Delta t_P}{T_C}\times 100\%$ 这种工作制，每一周期的启动电流不致对温升有显著影响	P——负载 P_v——电气损耗 T_C——负载周期 Δt_P——恒定负载运行时间 Δt_R——停机和断能时间 θ——温度 θ_{max}——在工作周期中达到的最高温度 t——时间
	包括启动的断续周期工作制 S4	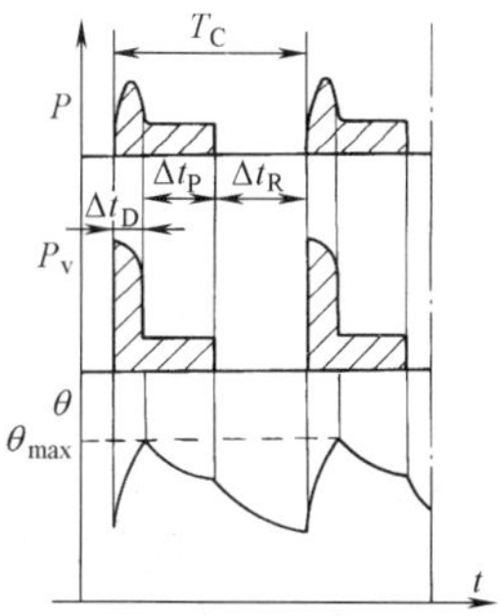	$FC=\dfrac{\Delta t_D+\Delta t_P}{T_C}\times 100\%$ 周期内包括一段对温升有显著影响的启动时间，在 FC 后应标出归算至电动机轴上的电动机转动惯量 J_M 和负载的转动惯量 J_{ext}	P——负载 P_v——电气损耗 T_C——负载周期 Δt_D——启动/加速时间 Δt_P——恒定负载运行时间 Δt_R——停机和断能时间 θ——温度 θ_{max}——在工作周期中达到的最高温度 t——时间
	包括电制动的断续周期工作制 S5	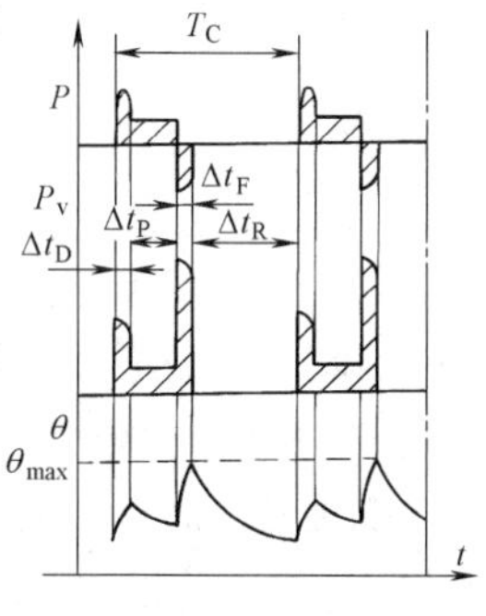	$FC=\dfrac{\Delta t_P}{T_C}\times 100\%$ FC 后应标以归算至电动机轴上的电动机的转动惯量 J_M 和负载的转动惯量 J_{ext}	P——负载 P_v——电气损耗 T_C——负载周期 Δt_P——恒定负载运行时间 Δt_D——启动/加速时间 Δt_F——电制动时间 Δt_R——停机和断能时间 θ——温度 θ_{max}——在工作周期中达到的最高温度 t——时间

续表

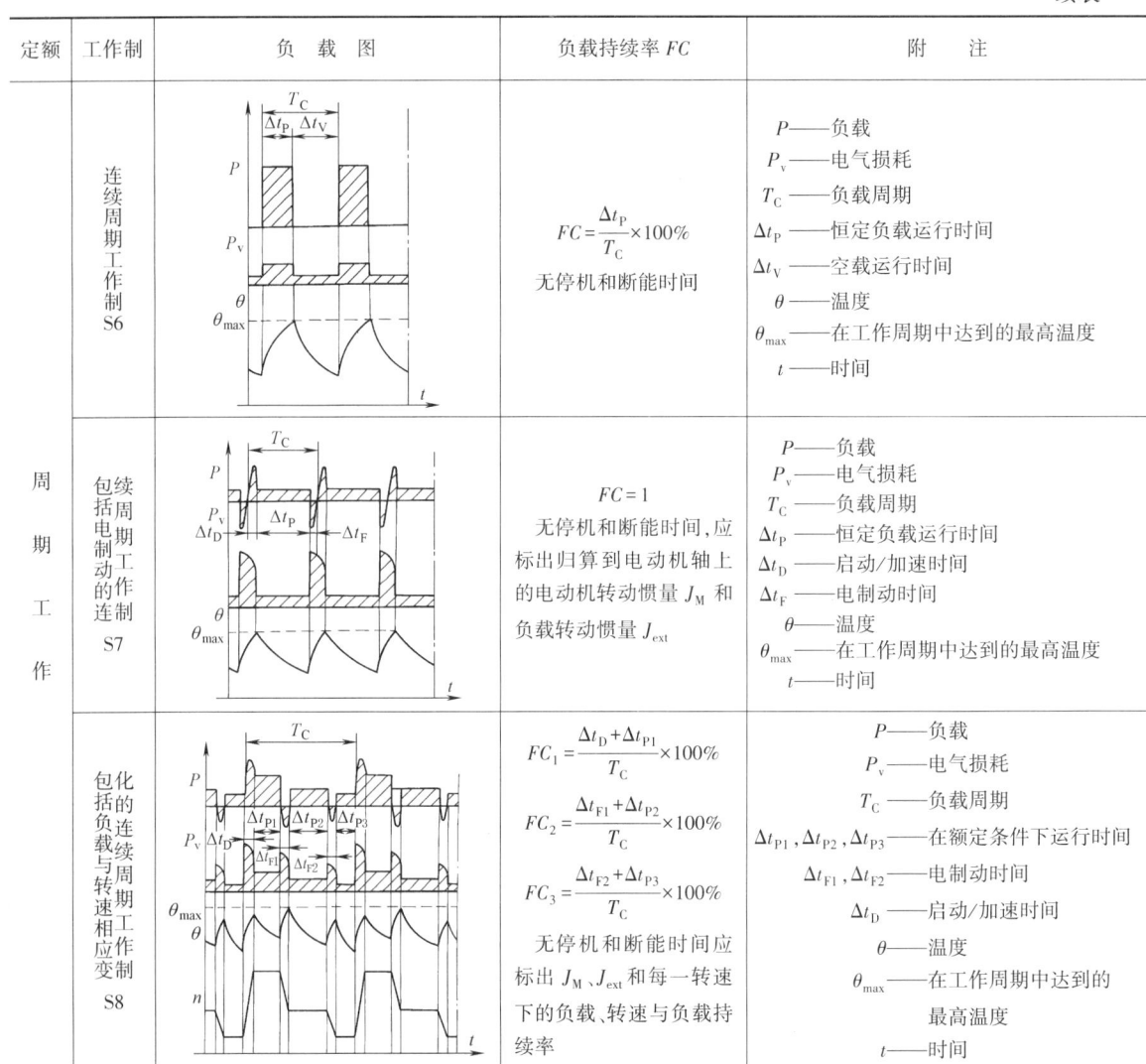

定额	工作制	负　载　图	负载持续率 FC	附　　注
周期工作	连续周期工作制 S6	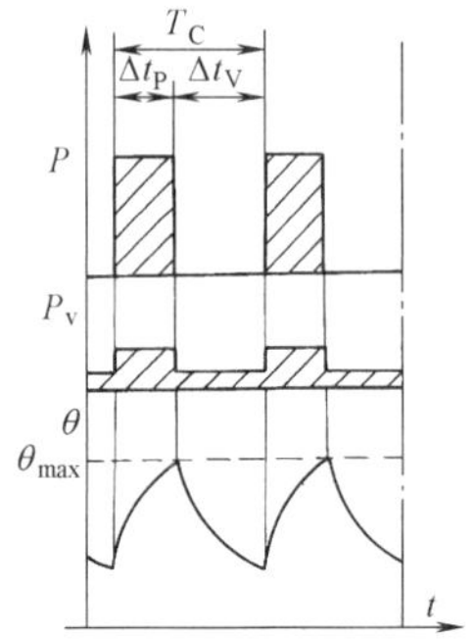	$FC=\frac{\Delta t_P}{T_C}\times100\%$ 无停机和断能时间	P——负载 P_v——电气损耗 T_C——负载周期 Δt_P——恒定负载运行时间 Δt_V——空载运行时间 θ——温度 θ_{max}——在工作周期中达到的最高温度 t——时间
	包括电制动的连续周期工作制 S7	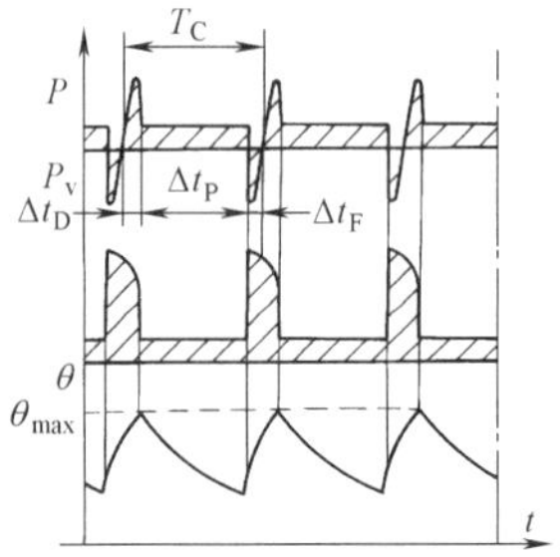	$FC=1$ 无停机和断能时间，应标出归算到电动机轴上的电动机转动惯量 J_M 和负载转动惯量 J_{ext}	P——负载 P_v——电气损耗 T_C——负载周期 Δt_P——恒定负载运行时间 Δt_D——启动/加速时间 Δt_F——电制动时间 θ——温度 θ_{max}——在工作周期中达到的最高温度 t——时间
	包括负载与转速相应变化的连续周期工作制 S8	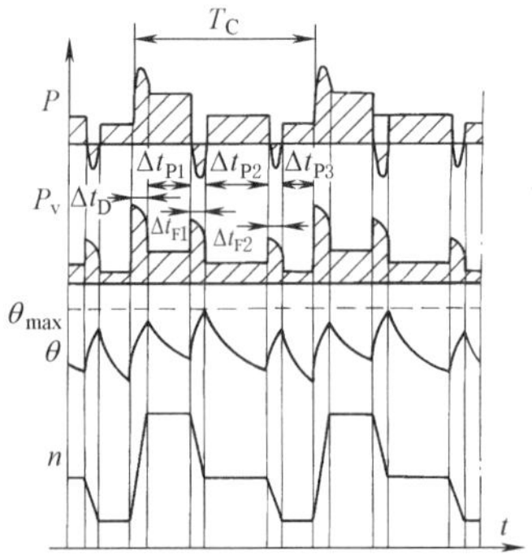	$FC_1=\frac{\Delta t_D+\Delta t_{P1}}{T_C}\times100\%$ $FC_2=\frac{\Delta t_{F1}+\Delta t_{P2}}{T_C}\times100\%$ $FC_3=\frac{\Delta t_{F2}+\Delta t_{P3}}{T_C}\times100\%$ 无停机和断能时间应标出 J_M、J_{ext} 和每一转速下的负载、转速与负载持续率	P——负载 P_v——电气损耗 T_C——负载周期 Δt_{P1}，Δt_{P2}，Δt_{P3}——在额定条件下运行时间 Δt_{F1}，Δt_{F2}——电制动时间 Δt_D——启动/加速时间 θ——温度 θ_{max}——在工作周期中达到的最高温度 t——时间

注：1. 周期工作制指负载运行期间，电机未达到热稳定。

2. 周期工作制（S3～S8），除另有规定，工作周期的持续时间为 10min，负载持续率应为下列数值之一：15%，25%，40%，60%。

表 18-1-3　　　　电动机的发热与温升

损耗与发热	电动机运行过程中有能量损耗，可分为固定损耗和可变损耗。固定损耗包括铁损及机械损耗，与负载无关，一般型电动机此项数值较小。可变损耗主要是铜损，它与电枢电流的平方成比例。损耗导致发热
电动机的温升	发热达到热平衡时电动机温度与环境温度之差称为电动机的温升，最高环境温度不超过 40℃
电动机的热平衡方程式	$Q\mathrm{d}t=C\mathrm{d}\tau+A\tau\mathrm{d}t$ 式中　Q——单位时间内电动机所产生的热量，kJ/s，$Q=\Delta P$ ΔP——电动机功率损耗，kW C——电动机热容量，即电动机温度升高 1℃ 所需的热量，kJ/℃ A——电动机的散热率，即电动机与周围环境温度相差 1℃ 时，单位时间内电动机散发到周围空气中的热量，kJ/(s·℃) τ——电动机温升，℃ 在 $t=0$、$\tau=0$ 的初始条件下： $\tau=\tau_{st}(1-e^{-\frac{t}{T}})$ $\tau_{st}=\frac{Q}{A}$ $T=\frac{C}{A}$ 式中　τ_{st}——电动机温升稳定值，℃ T——电动机发热时间常数，s 可以看出，温升按指数规律随时间的增加而逐渐趋于稳定值 Q 的大小主要取决于铜损（I^2R），也即主要决定于负载的大小。T 与电动机的构造尺寸有关。小型电动机一般为 0.5h 左右，大型电动机一般为 3～4h。电动机的冷却时间常数为发热时间常数的 2～3倍，采用强迫通风时，两者相等

续表

电动机的绝缘等级与允许温升	电动机的绝缘等级决定于所采用的绝缘材料的耐热等级(热分级),分为B、F及H级,B级允许工作温度为130℃,F级允许工作温度为155℃,H级允许工作温度为180℃,见表18-1-4。若电动机的主要部件采用不同耐热等级的绝缘材料,则其绝缘等级按绝缘材料的最低耐热等级考核。一般用途的中小型电动机常选用较低的耐热等级的绝缘材料,如B级;有特殊要求的如高温环境、频繁启动的电动机,则采用较高耐热等级的绝缘材料。但有时为了提高电动机的使用寿命与可靠性,往往也采用较高耐热等级的绝缘材料,但其温升按较低等级考核 电动机的允许温升决定于:电动机的绝缘等级;电动机的使用环境(如海拔和环境温度等);电动机各绕组的冷却方法;绕组温升的测量方法。中小型电动机各部件的温升限值及测量方法见表18-1-4。电动机轴承允许温升:滚动轴承为95℃,滑动轴承为80℃ 电动机铭牌标示的额定功率应理解为,当电动机在额定条件下长期运行时,因发热而升高的温度恰好达到制造厂所规定的允许温升(即额定温升)数值。电动机的选择与使用,均以不超过额定温升为原则

表18-1-4　　空气间接冷却绕组的温升限值(摘自GB 755—2008)　　K

热分级		130(B)			155(F)			180(H)		
测量方法:Th=温度计法,R=电阻法(通常测量电机绕组温度为电阻法) ETD=埋置检温计法		Th	R	ETD	Th	R	ETD	Th	R	ETD
项号	电机部件									
1a)	输出5000kW(或kVA)及以上电机的交流绕组	—	80	85①	—	105	110①	—	125	130①
1b)	输出200kW(或kVA)以上但小于5000kW(或kVA)电机的交流绕组	—	80	90①	—	105	115①	—	125	135①
1c)	项1d)或项1e)②以外的输出为200kW(或kVA)及以下电机的交流绕组	—	80	—	—	105	—	—	125	—
1d)	额定输出小于600W(或VA)电机的交流绕组②	—	85	—	—	110	—	—	130	—
1e)	无扇自冷式电机(IC 410)的交流绕组和/或囊封式绕组②	—	85	—	—	110	—	—	130	—
2	带换向器的电枢绕组	70	80	—	85	105	—	105	125	—
3	除项4外的交流和直流电机的磁场绕组	70	80	—	85	105	—	105	125	—
4a)	同步感应电动机以外的用直流励磁绕组嵌入槽中的圆柱形转子同步电机的磁场绕组	—	90	—	—	110	—	—	135	—
4b)	一层以上的直流电机静止磁场绕组	70	80	90	85	105	110	105	125	135
4c)	交流和直流电机单层低电阻磁场绕组以及一层以上的直流电机补偿绕组	80	80	—	100	100	—	125	125	—
4d)	表面裸露或仅涂清漆的交流和直流电机的单层绕组③	90	90	—	110	110	—	135	135	—

① 高压交流绕组的修正可适用于这些项目,见GB 755表9,项4。
② 对200kW(或kVA)及以下,热分级为130(B)和155(F)的电机绕组,如用叠加法,温升限值可比电阻法高5K。
③ 对于多层绕组,如下面各层均与循环的初级冷却介质接触,也包括在内。

2 电动机的选择

2.1 选择电动机应综合考虑的问题

① 根据机械的负载性质和生产工艺对电动机的启动、制动、反转、调速以及工作环境等要求，选择电动机类型及安装方式。

② 根据负载转矩、速度变化范围和启动频繁程度等要求，并考虑电动机的温升限制、过载能力和启动转矩，选择电动机功率，并确定冷却通风方式。所选电动机功率应大于或等于计算所需的功率，按靠近的功率等级选择电动机，负荷率一般取0.8~0.9。过大的备用功率会使电动机效率降低，对于感应电动机，其功率因数将变坏，并使按电动机最大转矩校验强度的生产机械造价提高。

③ 根据使用场所的环境条件，如温度、湿度、灰尘、雨水、瓦斯以及腐蚀和易燃易爆气体等考虑必要的保护方式，选择电动机的结构型式。

④ 根据企业的电网电压标准，确定电动机的电压等级和类型。

⑤ 根据生产机械的最高转速和对电力传动调速系统的过渡过程性能的要求，以及机械减速机构的复杂程度，选择电动机额定转速。

除此之外，选择电动机还必须符合节能要求，考虑运行可靠性、设备的供货情况、备品备件的通用性、安装检修的难易，以及产品价格、建设费用、运行和维修费用、生产过程中前期与后期电动机功率变化关系等各种因素。

2.2 电动机选择顺序

选择电动机的顺序，一般可参考图18-1-1进行。

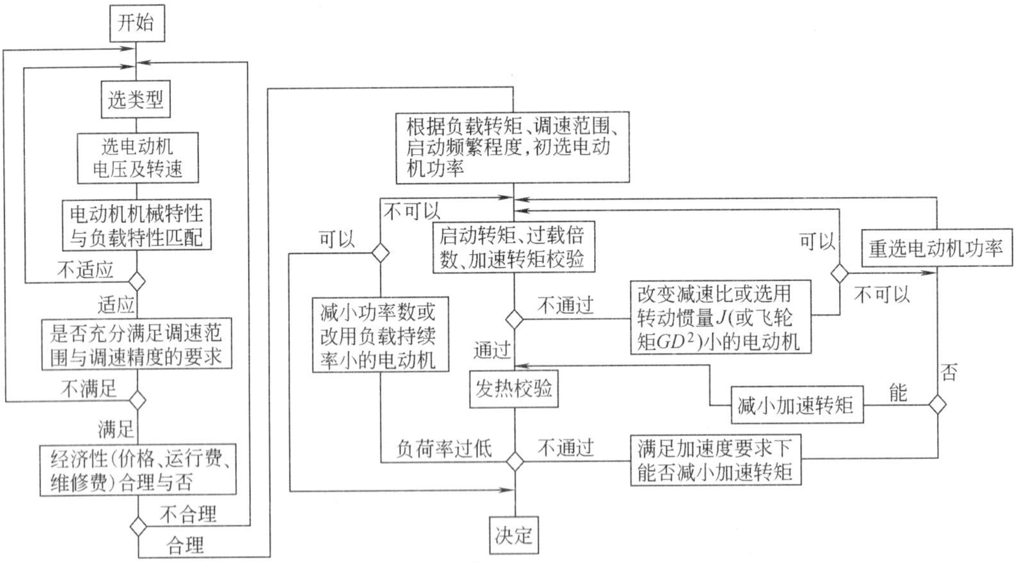

图18-1-1

2.3 电动机类型选择

表18-1-5 电动机类型选择

负 载 类 别	选用电动机类型
恒转矩和通风机负载特性的机械	采用机械特性为硬特性的电动机较适宜
恒功率负载特性的机械	采用可弱磁调速直流电动机、变频调速电动机或带有机械变速的交流异步电动机

续表

负载类别				选用电动机类型
无调速要求的机械	负载平稳，对启动、制动无特殊要求的长期运行的机械		小功率	采用普通笼型电动机
			大功率	采用同步电动机、异步电动机
	带周期性变动负载的机械（如带飞轮），或启动条件沉重时	大中功率		采用绕线转子异步电动机
		小功率，经过载能力及启动条件校验通过的		采用高转差率电动机
		单纯因启动条件沉重的机械	经启动条件校验通过	采用双笼型或深槽型电动机
			若启动校验通不过，或启动时电网压降过大	采用绕线转子异步电动机
	某些断续运行的机械虽无调速要求，但采用交流电动机在发热、启动、制动特性等方面不能满足要求或技术经济指标过低时			采用直流电动机
需调速的机械	只要求几种转速的小功率机械			采用变换定子极数的多速（双速、三速、四速）笼型电动机
	对调速平滑程度要求不高，调速范围不大，负载启，制动转矩较大时			采用绕线转子异步电动机
	调速范围在1∶3以上	需连续稳定平滑调速的机械		采用直流电动机或变频调速电动机
		需启动转矩大的机械（如电车、牵引机车）		采用直流串励电动机或变频调速电动机
	某些特殊场所（如要求防爆）又需平滑调速时			采用由变频电源供电的特殊防爆笼型电动机
	某些要求调速范围不大（1∶2左右）的大功率机械（如风机、水泵）以及无频繁启动、制动要求和无冲击性负载的机械			采用带有串级调速装置的绕线转子异步电动机（可使电能回馈电网，提高经济指标）或变频调速笼型电动机
	要求调速范围很大，且具有恒功率负载特性的机械			采用可弱磁调速直流电动机、变频调速交流电动机或采用机械电气联合调速型式（可节省电动机装机容量）

第18篇

表 18-1-6　　电动机类型选择参考表

负载性质		生产机械工作状态					选用电动机类型				
							异步电动机		同步电动机	直流电动机	
平稳	冲击	长期	短时	断续	调速	飞轮储能	笼型	绕线型		他励	串励
✓		✓					✓	②	①		
✓			✓				✓				
✓				✓			✓			✓	✓
	✓			✓						✓	
	✓					✓		✓			
	✓				✓		⑥	③		✓	⑤
✓					✓		③④	③		✓	✓

① 对于小功率机械，或启动次数较多而电网容量不大易受冲击时，不推荐采用同步电动机。对于驱动球磨机、压缩机等大功率不要求调速的低转速的机械，常采用同步电动机。

② 对于大中型机械，受电网容量限制时，可选用绕线型电动机。

③ 异步电动机需带调速装置（一般为转子外接电阻方式，还有采用滑差离合器、涡流制动器、串级或变频等方式）。

④ 小功率机械只要求几级速度时，采用多速笼型电动机。

⑤ 需要启动转矩大的机械（如电车、牵引机车等）采用直流串励电动机。

⑥ 随着变频装置的发展，越来越多采用笼型电动机，用于调速设备，也已有专门用于变频调速的笼型电动机。

注：笼型电动机按其转矩特性分类。一般用途电动机采用普通笼式或深槽笼转子，其转矩特性适用一般用途，如水泵、风机、机床等负载；高启动转矩电动机常采用深槽笼或双笼转子，常用于卷扬机、传送带、辊道、电梯等负载；高转差率电动机常采用高阻笼转子，常用于带飞轮的冲压设备；力矩电动机采用高阻笼或实心钢轮转子，机械特性软，常用于驱动恒张力、恒线速度（卷绕）、恒转矩（导辊）等机械。

表 18-1-7　　生产机械负载特性 $n=f(T_l)$ 的分类

负载类别		负载特性	基本特性图	机械举例	负载类别		负载特性	基本特性图	机械举例
恒转矩负载	反抗性	$P_l \propto n$ $T_l=$常数	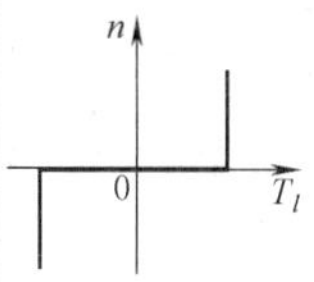	刨削加工、外圆切削、金属压延、平移运动	恒转矩负载	位势性	$P_l \propto n$ $T_l \propto \mid n \mid$	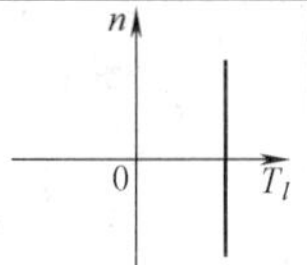	起重、提升机械

续表

负载类别	负载特性	基本特性图	机械举例	负载类别	负载特性	基本特性图	机械举例
通风机负载	$P_l \propto n^3$ $T_l \propto n^2$ (不计空载转矩下)	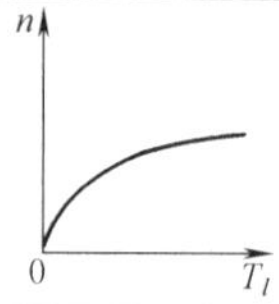	风机、水泵、油泵	恒功率负载	P_l=常数 $T_l \propto n^{-1}$	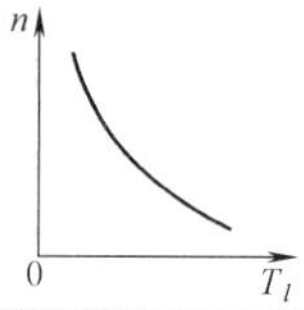	恒张力卷取、端面车削加工

表 18-1-8　　按环境条件选择电动机的类型

环境条件	要求的防护型式	可选用的电动机类型举例
正常环境条件	一般防护型	各类普通型电动机
湿热带或潮湿场所	湿热带型	①湿热带型电动机 ②普通型电动机加强防潮处理
干热带或高温车间	干热带型	①干热带型电动机 ②采用高温升等级绝缘材料的电动机或外加风-风、风-水强制冷却
粉尘较多的场所	封闭型或管道通风型	
户外,露天场所	气候防护型,外壳防护等级不低于IP23①,接线盒应为IP54。封闭型电动机外壳防护等级应为IP54	
户外,有腐蚀性及爆炸性气体	户外、防腐、防爆型,防护等级不低于IP54	YB2-W、YB2-F1、YB2-F2、YB2-WF1、YB2-WF2等

环境条件		要求的防护型式	可选用的电动机类型举例
有腐蚀性气体或游离物		化工防腐型或采用管道通风型	
有爆炸危险的场所②	0级区域(0区)	隔爆型、防爆通风充气型	YB2、YA等
	1级区域(1区)	任意防爆型	
	2级区域(2区)	防护等级不低于IP43	
	10级区域(10区)	任意隔爆型、防爆通风充气型	
	11级区域(11区)	防护等级不低于IP44③	
有火灾危险的场所②	H-1级	防护等级至少应为IP22④	
	H-2级	防护等级至少应为IP44	
	H-3级	防护等级至少应为IP44	
水中		潜水型	

① IP的分级及定义详见GB 4208—2008《外壳防护等级》和旋转电机整体结构的防护等级（GB/T 4942.1—2006）。
② 爆炸和火灾危险场所的分级详见《爆炸和火灾危险场所电气设备装置设计技术规定》。
③ 电动机正常发生火花部件（如集电环）应装在下列类型之一的罩子内：任意一级隔爆型、防爆通风充气型以及防护等级为IP57的罩子。
④ 具有正常工作发生火花部件（如集电环）的电动机最低防护等级应为IP43。

2.4　电动机电压和转速的选择

表 18-1-9　　电动机电压和功率范围

交流电动机				直流电动机	
电压/V	功率范围/kW			电压/V	功率范围/kW
	同步电动机	异步电动机			
		笼型	绕线型		
380 660 3000 6000 10000	3~320 — 250~2200 250~10000 1000~10900	0.37~320 160~500 90~2500 200~5000 —	0.6~320 110~500 75~3200 200~5000 —	110 220 440 600~870	0.25~110 0.25~320 1.0~500 500~4600
供电系统电压为10kV时： ①大功率同步电动机采用10kV直接供电为宜 ②中等功率电动机视降压变压器而定。如用三线圈变压器，则应采用6kV电动机；如用双线圈变压器，电动机电压应进行经济比较后确定。若采用10/3kV与10/6kV变压器差别不大时，宜用6kV电动机 供电系统电压为6kV时： ①大中功率电动机均应采用6kV直接供电 ②小功率电动机一般选用380V电压				直流电动机常用220V，随电动机功率的增大，采用的电压等级也相应提高，一般需经电动机、电缆、控制设备等各项投资的综合比较而确定	

电动机额定转速是根据生产机械的要求而选定的。在确定电动机额定转速时，必须考虑机械减速机构的传动比值，两者相互配合，经过技术、经济全面比较才能确定。通常，电动机转速不低于500r/min，因为当功率一定时，电动机的转速愈低，则其尺寸愈大，价格愈贵，而且效率也较低，如选用高速电动机，势必加大机械减速机构的传动比，致使机械传动部分复杂起来。

对于一些不需调速的高速和中速机械，如水泵、鼓风机、空气压缩机等，可选用相应转速的电动机不经机械减速机构直接传动。需要调速的机械，电动机的最高转速应与生产机械转速相适应。若采用改变励磁的直流变速电动机时，为充分利用电动机容量，应选好调磁调速的基速。又如某些轧钢机械等，工作速度较低，经常处于频繁地正、反转运行状态，为缩短正、反转过渡时间，提高生产效率，降低消耗，并减小噪声，节省投资，选择适当的低速电动机，采用无减速机的直接传动更为合理。

要求快速频繁启、制动的断续周期工作制机械，通常是电动机转子的转动惯量与额定转速平方的乘积（即 $J_D n_N^2$ 值）为最小时，能获得启、制动最快的效果。在空载（或负载很小可以忽略）情况下启、制动时，为达到快速的目的，按下式考虑最为合理：

$$J_D n_N^2 = J_m n_m^2$$

最佳传动比为

$$i_j \approx \sqrt{\frac{J_m}{J_D}} = \frac{n_N}{n_m}$$

式中 J_D——电动机转子的转动惯量，kg·m²；

n_N——电动机额定转速，r/min；

J_m——生产机械在机械轴上的转动惯量，kg·m²；

n_m——生产机械轴转速，r/min。

2.5 异步电动机的调速运行

异步电动机的调速运行有多种形式，简单用负载方式决定。选择方法取决于生产机械的调速要求和投资效益与节能效果。这些条件又随调速技术与制造水平的发展而变化。表18-1-10列出了当前可供选用的调速方式的比较。

表 18-1-10　　异步电动机常用调速方式比较

调速方式	转子串电阻	定子调压	电磁离合器	液力偶合器	液黏离合器	变　极	串级（次同步串级）	变频（PWM型）
调速方法	改变转子串接电阻值	改变定子输入电压值	改变电磁离合器励磁电流值	改变偶合器供油量	改变离合器工作腔中平板间间隙值	改变电动机极对数	改变逆变器中逆变角的数值	改变电网频率和电压值
调速类别	不易做到无级调速、调速的平滑性差	无级	无级	无级	无级	有级	调速范围小时可以做到平滑无级调速	无级
调速范围/%	100~50	100~80	97~20	97~30	100~20	2、3、4种转速	100~50	100~5
调速精度/%	±2	±2	±2	±1	±1	—	±1	±0.5
效率	良	良	调速范围小时良，大时差	调速范围小时良，大时差	优于液力偶合器等	优	优	最优
功率因数	优	良	良	良	良	良	差	优
快速响应能力	差	快	较快	差	差	快	快	最快
控制装置	简单	较简单	较简单	较简单	较简单	简单	复杂	复杂
初投资	低	较低	较高	中	较低	低	中	高
对电网干扰程度	无	大	无	无	无	无	较大	有

续表

调速方式	转子串电阻	定子调压	电磁离合器	液力偶合器	液黏离合器	变　极	串级（次同步串级）	变频（PWM 型）
维护保养	易	易	较易	较易	较易	最易	较难	易
装置出现故障后的处理方法	停车处理	不停车，投工频	停车处理	停车处理	停车处理	停车处理	停车处理	不停车，投工频
对老企业改造	易	易	视改造场地情况决定可否	视改造场地情况决定可否	视改造场地情况决定可否	要更换电动机	易	易
推荐适用的容量和电压	中、小容量低、高压	小容量低压	中、小容量低、高压	大、中容量低、高压	大、中容量低、高压	中、小容量低、高压	大、中容量低、高压	大、中、小容量低、高压
适用范围	调速范围不大，对电动机机械特性硬度要求不高的场合下运行的绕线型异步电动机	长期在高转速范围内调速运行的异步电动机	长期高速运行、短期低速运行的机械，但不能在电动机额定速度下运行	长期高速运行、短期低速运行的机械，但不能在电动机额定速度下运行	长期高速运行、短期低速运行，可以在电动机额定速度下运行	在几挡速度下运行的机械	调速范围不大，只需单象限运行，对动态性能要求不高的场合下使用的绕线型异步电动机	要求调速范围大、精度高或节能效果明显的机械

2.6　电动机功率计算

计算电动机功率时，首先根据生产机械的负载功率初选电动机功率，再校核初选电动机的过载能力、启动能力和发热。

表 18-1-11　　初选电动机功率

绘制负载图	首先经计算（或通过实测及对比）得出生产机械静阻负载图 $T_D=f(t)$ 或 $P=f(t)$，然后根据本表公式初步计算需要的电动机轴功率，根据计算功率并考虑一定的余量再初选电动机功率，随着调速范围和启动频繁程度的提高，余量系数也应随之加大 为了验算初选电动机是否合适，需要根据负载状态、生产机械的工艺参数和初选电动机的参数，根据本表公式计算电动机动态转矩和加、减速时间，绘制电动机转矩负载图 $T_D=f(t)$ 或电流负载图 $I_D=f(t)$，功率负载图 $P=f(t)$，右图是转矩负载图		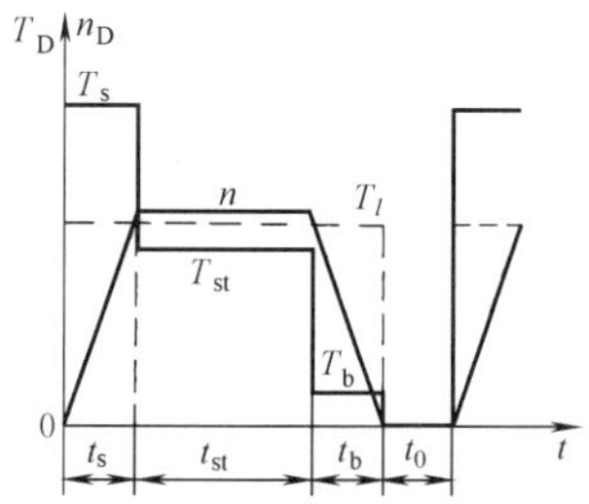 电动机转矩负载图 $T_D=f(t)$ 及速度图 $n_D=f(t)$
常用计算公式	名　称	公　式	符　号
	功率：一般旋转运动的机械	$P=\dfrac{T_D n_D}{9550}$ $P=\dfrac{T_D \omega_D}{1000}$ $\omega_D=\dfrac{\pi n_D}{30}$	P——所需电动机功率，kW T_D——负载加到电动机的转矩，N · m n_D——电动机转速，r/min ω_D——电动机角速度，rad/s

续表

		名称	公式	符号
常用计算公式	功率	离心式通风机	$P=\dfrac{KQH}{1000\eta\eta_c}$ ①	P——所需电动机功率,kW K——余量系数(见表18-1-13) Q——空气耗量,m^3/s H——空气压力,Pa η——风机效率,为0.4~0.75② η_c——传动效率,直接传动时 $\eta_c=1$
		离心泵及活塞泵	$P=\dfrac{K\rho gQ(H+\Delta H)}{1000\eta\eta_c}$ ①	P——所需电动机功率,kW K——余量系数(见表18-1-14) Q——泵的出水量,m^3/s H——水头(扬程),m ΔH——主管损失水头,m η——泵的效率,一般取0.6~0.84② η_c——传动效率,直接传动时 $\eta_c=1$ ρ——液体的密度,对于水 $\rho=1000kg/m^3$ g——重力加速度,$g=9.81m/s^2$
		离心式压缩机	$P=\dfrac{Q}{1000\eta}\left(\dfrac{A_d+A_r}{2}\right)$	P——所需电动机功率,kW Q——压缩机的生产率,m^3/s A_d——压缩 $1m^3$ 空气至绝对压力 p_1 的等温功,J(见表18-1-12) A_r——压缩 $1m^3$ 空气至绝对压力 p_1 的绝热功,J(见表18-1-12) η——压缩机总效率,为0.62~0.8
		直线运动机械	$P=\dfrac{Fv}{1000\eta}$	P——所需电动机功率,kW F——作用力,N,对于起重机械 F 是额定起重力,对于行走机械 F 是运行阻力 v——直线运动机件受 F 力作用时的运动速度,m/s η——传动效率
	运动物体的动能		$E=\dfrac{J\omega^2}{2}=\dfrac{GD^2n^2}{7150}$ $E=\dfrac{mv_m^2}{2}$	E——运动物体的动能,J m——物体的质量,kg J——折算到电动机轴上的转动惯量,$kg\cdot m^2$ GD^2——折算到电动机轴上的总飞轮矩,$N\cdot m^2$ F——作用力,N η——传动效率 T_l——折算到电动机轴上的静阻负载转矩,$N\cdot m$ T_m——机械轴上的静阻转矩(包括摩擦阻转矩),$N\cdot m$ R——物体运动的旋转半径,m i——传动比 n_D——电动机转速,r/min n_m——机械轴转速,r/min T_d——折算到电动机轴上的动态转矩,$N\cdot m$ T_D——电动机转矩,$N\cdot m$ J_m——机械轴上的转动惯量,$kg\cdot m^2$ GD_m^2——机械轴上的飞轮矩,$N\cdot m^2$ g——重力加速度,m/s^2 G_m——直线运动物体的重力,N v_m——直线运动物体的速度,m/s ω_D——电动机角速度,rad/s GD_D^2——电动机转子飞轮矩,$N\cdot m^2$ $GD_{m1}^2,GD_{m2}^2,\cdots,GD_{mn}^2$——相应于转速 $n_{m1},n_{m2},\cdots,n_{mn}$ 的轴上的飞轮矩 $i_1,i_2,\cdots,i_n$——各轴对电动机轴的传动比
	折算到电动机轴上的静阻负载转矩		$T_l=T_m\dfrac{1}{i\eta},i=\dfrac{n_D}{n_m}$ $T_l=F\dfrac{v_m}{\omega_D}\times\dfrac{1}{\eta}$ $T_l=\dfrac{FR}{i\eta}$	
	折算到电动机轴上的动态转矩		$T_d=T_D-T_l=J\dfrac{d\omega}{dt}=\dfrac{GD^2}{375}\times\dfrac{dn}{dt}$	
	折算到电动机轴上的转动惯量和飞轮矩		$J=\dfrac{J_m}{i^2}$ $GD^2=\dfrac{GD_m^2}{i^2}$ $GD^2=\dfrac{365G_mv_m^2}{n_D^2}$ $GD^2=4gJ$ $GD^2=GD_D^2+\dfrac{GD_{m1}^2}{i_1^2}+\dfrac{GD_{m2}^2}{i_2^2}+\cdots+\dfrac{GD_{mn}^2}{i_n^2}$ $i_1=\dfrac{n_D}{n_{m1}},i_2=\dfrac{n_D}{n_{m2}},\cdots,i_n=\dfrac{n_D}{n_{mn}}$	

续表

	名称	公式	符号
常用计算公式	动态转矩恒定下启动（加速）、制动（减速）时间	$t_s=\dfrac{GD^2(n_2-n_1)}{375T_d}$ 加速时 $T_d=T_D-T_l$ $t_b=\dfrac{GD^2(n_1-n_2)}{375(-T_d)}$ 减速时 $-T_d=-(T_D+T_l)$	t_s——启动（加速）时间，s t_b——制动（减速）时间，s v_0——初始速度，m/s a——加速度，m/s^2 T_l——静阻负载转矩，N·m T_D——电动机转矩，N·m T_d——动态（加减速）转矩，N·m s——行程，m N——电动机转过的转数 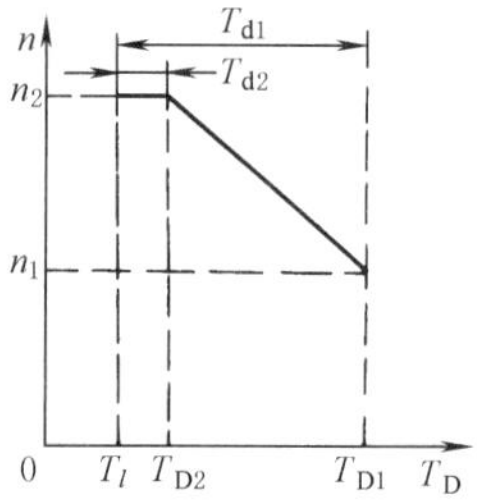
	动态转矩线性变化下的启动、制动时间	$t_s=\dfrac{GD^2(n_2-n_1)}{375(T_{D1}-T_{D2})}\ln\dfrac{T_{D1}-T_l}{T_{D2}-T_l}$ $t_b=\dfrac{GD^2(n_2-n_1)}{375(T_{D1}-T_{D2})}\ln\dfrac{T_{D1}+T_l}{T_{D2}+T_l}$	
	动态转矩非恒定也非线性变化时的启动、制动时间	$t_s=\dfrac{GD^2}{375}\int_{n_1}^{n_2}\dfrac{dn}{T_d}$ （$T_d>0$ 时加速） $t_b=\dfrac{GD^2}{375}\int_{n_2}^{n_1}\dfrac{dn}{T_d}$ （$T_d<0$ 时减速）	
	行程 ①等变速直线运动时 ②动态转矩恒定时，加、减速过程电动机转过的转数	① $s=v_0t_s+\dfrac{1}{2}at_s^2$（加速） $s=v_0t_b-\dfrac{1}{2}at_b^2$（减速） ② $N=\dfrac{GD^2(n_2^2-n_1^2)}{45000T_d}$	

① 考虑偶然过载，所选电动机功率应大于计算功率，其容量附加值见表 18-1-13 及表 18-1-14。
② 此数据为参考值，实际数据以制造厂提供的为准。

表 18-1-12　A_d、A_r 与终点压力 p_1 的关系

p_1/MPa	0.15	0.2	0.3	0.4	0.5	0.6	0.7	0.8	0.9	1.0
A_d/J	39700	67700	108000	136000	158000	176000	191000	204000	216000	226000
A_r/J	42200	75500	127000	168000	201000	230000	256000	280000	301000	321000

表 18-1-13　离心风机电动机容量附加值

功率/kW	<1	1~2	2~5	>5
附加值/%	100	50	25	15~10
K	2	1.5	1.25	1.15~1.1

表 18-1-14　离心泵电动机容量附加值

功率/kW	<2	2~5	5~50	50~100	>100
附加值/%	70	50~30	15~10	8~5	5
K	1.7	1.5~1.3	1.15~1.1	1.08~1.05	1.05

表 18-1-15　电动机过载能力和平均启动转矩的校验

		电动机类型	工作制	λ_T	
电动机过载能力	电动机短时允许转矩过载倍数 λ_T	笼型电动机	连续工作制(S1)（一般型） 断续周期性工作制(S3~S5)（冶金及起重用）	≥1.65 ≥2.5	电动机瞬时过载一般不会造成电动机过热，故不考虑发热问题。交流电动机的瞬时过载能力受临界转矩的限制，直流电动机则受换向器火花的限制 直流电动机允许过载能力常以允许的电流过载倍数 λ_1 来衡量。一般型直流电动机允许电流过载倍数为 1.5。大中型直流电动机（Z 型）在接近额定转速下电流过载倍数：有补偿绕组的一般为 2.5，允许持续 15s；无补偿绕组的一般为 1.5，允许持续 1min。转速超过额定值时，电流过载倍数要相应下降。本表内的 λ_T 在精算时以该型号电机的实际数值为依据
		绕线型电动机	连续工作制(S1)（一般型） 断续周期性工作制(S3~S5)（冶金及起重用）	≥1.8 ≥2.5	
		直流电动机（额定励磁）	连续工作制(S1)（一般型） 断续周期性工作制(S3~S5)（冶金及起重用）	≥1.5 ≥2.5	

续表

电动机过载能力

断续周期工作制(S3)直流电动机短时允许转矩过载倍数 $\lambda_T(FC=25\%)$

励磁方式	额定电压下			启动或转速 $n \leqslant 20\% n_N$		
	ZZY 系列	ZZJ 系列		ZZY 系列	ZZJ 系列	
	220V	220V	440V	220V	220V	440V
串励	4.0	4.0	3.2	5.0	5.0	4.0
复励	3.5	3.5	2.8	4.5	4.5	3.6
并励(额定励磁)	3.0	2.7	2.2	3.0	3.0	2.4

电动机过载倍数校验的公式为:

直流电动机 $I_{max} \leqslant K\lambda_I I_N$

异步电动机 $T_{max} \leqslant KK_u^2 \lambda_T T_N$

同步电动机 $T_{max} \leqslant K\lambda_T T_N$

式中 I_{max}——瞬时最大负载电流,A

T_{max}——瞬时最大负载转矩,N·m

λ_I——允许电流过载倍数

λ_T——允许转矩过载倍数

I_N——电动机额定电流,A

T_N——电动机额定转矩,N·m

K_u——电压波动系数,取 0.85

K——余量系数,直流电动机取 0.9~0.95,交流电动机取 0.9

为了减小对电网的冲击,断续工作制电动机通常不用到最大过载能力

冶金起重型直流电动机短时允许电流过载倍数 $\lambda_I(FC=25\%)$

励磁方式	自然冷却式电流过载倍数		
	ZZY 系列	ZZJ 系列	ZZJ 系列
	220V		440V
串励	3.0	3.2	2.55
复励	2.8	3.0	2.4
并励	2.6	2.8	2.25

在额定电压及相应转速下,上述电流过载倍数能承受 1min,此时,换向器上允许有三级火花

电动机平均启动转矩

电动机类型	平均启动转矩
直流电动机	$T_{stav}=1.3 \sim 1.4T_N$
同步电动机	
$T_s > T_{pi}$ 时	$T_{stav}=0.5(T_s+T_{pi})$
$T_s \leqslant T_{pi}$ 时	$T_{stav}=(1.0 \sim 1.1)T_s$
笼型电动机	
一般型	$T_{stav}=(0.45 \sim 0.5)(T_s+T_{cr})$
冶金起重型	$T_{stav}=0.9T_s$
冶金起重用绕线型电动机	$T_{stav}=(1.0 \sim 2.0)T_{N25}$

T_{stav}——平均启动转矩,N·m

T_s——堵转转矩,N·m($s=1$ 时)

T_{pi}——引入转矩,N·m

T_{cr}——最大转矩,N·m

T_{N25}——当 $FC=25\%$ 时的额定转矩,N·m

异步电动机和同步电动机的异步启动,在启动过程中,其机械特性为非线性,加速转矩是一变量,因此平均启动转矩的计算,需取得电动机制造厂给出的数据后才能确定。表中所列为概略值,可供初步计算选用。表中系数较大者用于要求快速启动的场合

启动条件沉重的机械,需要进行启动转矩校验。如果交流电动机采用直接启动时,则按下式进行校验:

$$K_u^2 K_{min} T_N \geqslant K_s T_{ls}$$

式中 T_N——电动机额定转矩,N·m

T_{ls}——启动时电动机轴上的静阻转矩,N·m

K_u——最小启动电压与额定电压之比(电压波动系数),取 0.85

K_{min}——电动机最小启动转矩与额定转矩之比

K_s——保证启动时有足够加速转矩的系数。应根据启动加速时间的要求和电动机轴上的飞轮矩计算得出,如无明确要求,则取为 1.2~1.5

表 18-1-16　　连续工作制电动机容量的校验

<table>
<tr><th colspan="2">负载状态</th><th>计算公式</th><th>符号</th><th>说明</th></tr>
<tr><td rowspan="3">恒定负载连续工作制</td><td>在基速以下工作</td><td>$P_N \geqslant P_L = \frac{T_L n_N}{9550}$</td><td rowspan="3">$P_N$——电动机额定功率，kW
P_L——折算到电动机轴上的负载功率，kW
T_L——折算到电动机轴上的负载转矩，N·m
n_N——电动机额定转速，r/min
n_{max}——电动机的最高工作转速，r/min
T_{Mmin}——电动机的最小启动转矩，N·m
T_{Lmax}——启动过程中可能出现的最大负载转矩，N·m
K_s——保证启动时有足够加速转矩的系数，一般取 1.15~1.25
K_u——电压波动系数，即启动时电动机端电压与额定电压之比，全电压启动时取 0.85
GD_{xm}^2——电动机允许的最大飞轮矩，N·m²
GD_M^2——电动机转子飞轮矩，N·m²
GD_{mec}^2——折算到电动机轴上的传动机械的最大飞轮矩，N·m²
GD_0^2——包括电动机在内的整个传动系统允许的最大飞轮矩折算到电动机轴上的数值，由电动机资料中查取，N·m²
T_{sav}——电动机的平均启动转矩，N·m</td><td rowspan="3">对启动条件沉重（静阻转矩大或带有较大的飞轮矩）而采用笼型异步电动机或同步电动机传动的场合，在初选电动机的额定功率和转速之后，还要分别校验启动过程中的最小启动转矩 T_{Mmin} 和允许的最大飞轮矩 GD_{xm}^2，以保证生产机械能顺利地启动和在启动过程中电动机不过热</td></tr>
<tr><td>从基速向上调整</td><td>$P_N \geqslant P_L = \frac{T_L n_{max}}{9550}$</td></tr>
<tr><td>校验启动过程最小转矩及允许最大飞轮矩</td><td>电动机最小启动转矩
$T_{Mmin} \geqslant \frac{T_{Lmax} K_s}{K_u}$
电动机允许的最大飞轮矩
$GD_{xm}^2 = GD_0^2\left(1-\frac{T_{Lmax}}{T_{sav}K_u^2}\right) - GD_M^2$
要求　$GD_{xm}^2 \geqslant GD_{mec}^2$
若按上两项校验均能通过，则所选电动机功率可以采用</td></tr>
<tr><td>变动负载连续周期工作制</td><td>发热校验</td><td>（1）等效电流法（见图 a）
$I_{rms} = \sqrt{\frac{I_1^2 t_1 + I_2^2 t_2 + \cdots + I_n^2 t_n}{t_1 + t_2 + \cdots + t_n}}$
要求　$I_{rms} \leqslant I_N$
（2）等效转矩法（见图 a）
$T_{rms} = \sqrt{\frac{T_1^2 t_1 + T_2^2 t_2 + \cdots + T_n^2 t_n}{t_1 + t_2 + \cdots + t_n}}$
要求　$T_{rms} \leqslant T_N$</td><td>$I_1, I_2, \cdots, I_n$——电动机一个周期负载电流曲线近似直线段的各个分段电流值，A
$T_1, T_2, \cdots, T_n$——各分段转矩值，N·m
$P_1, P_2, \cdots, P_n$——各分段功率值，kW
$t_1, t_2, \cdots, t_n$——各分段负载持续时间，s
$I_{rms}, T_{rms}, P_{rms}$——等效电流、转矩、功率
I_N, T_N, P_N——电动机额定电流、转矩、功率</td><td>在这种工作制下，电动机功率可先按等效（均方根）转矩法或等效电流法，算出一个周期内的等效转矩 T_{rms} 或等效电流 I_{rms}，然后选取电动机的额定转矩 T_N 或额定电流 I_N。当负载波形是三角形或梯形时（见图 b），则应将每一个相应的时间间隔内的电流或转矩值换算成等效平均值后，再用（1）或（2）的方法计算 I_{rms} 或 T_{rms}
除深槽型和双笼型异步电动机外，等效电流法适用于交、直流各种电动机。对带通风系统的电动机，因启动、制动及停车时，散热条件变坏，等效电流法需要修正
等效转矩法只适用于磁通不变的他激直流电动机或当负载接近额定负载且功率因灵敏变化不大的异步电动机</td></tr>
</table>

续表

负载状态		计算公式	符号	说明
变动负载连续周期工作制	发热校验	(3) 等效功率法 $P_{rms}=\sqrt{\dfrac{P_1^2t_1+P_2^2t_2+\cdots+P_n^2t_n}{t_1+t_2+\cdots+t_n}}$ 要求 $P_{rms}\leqslant P_N$ 三角形电流线段的等效值(对应图 b 时间 t_1): $I_{jrms}=\sqrt{I_1^2/3}$ $T_{jrms}=\sqrt{T_1^2/3}$ 梯形电流线段的等效值(对应图 b 时间 t_2): $I_{trms}=\sqrt{(I_1^2+I_1I_2+I_2^2)/3}$ $T_{trms}=\sqrt{(T_1^2+T_1T_2+T_2^2)/3}$	I_1——三角形电流曲线最高电流值,A T_1——三角形转矩曲线最高转矩值,N·m I_{jrms}——三角形电流曲线等效电流值,A T_{jrms}——三角形转矩曲线等效转矩值,N·m I_1,I_2——梯形电流曲线两腰高之值,A I_{trms}——梯形电流曲线等效电流值,A T_{trms}——梯形转矩曲线等效转矩值,N·m	等效法的条件是风损、铁损等与负载无关的损耗是不变的,而且数值较小,因此可以平均可变损耗代替平均总损耗 等效电流法适用于各种类型电动机发热校验 等效转矩法适用于转矩与电流成比例的场合。弱磁情况下需要修正。串励直流电动机不能应用此法 等效功率法在近于额定电压和额定转速下,即功率与电流成比例时应用 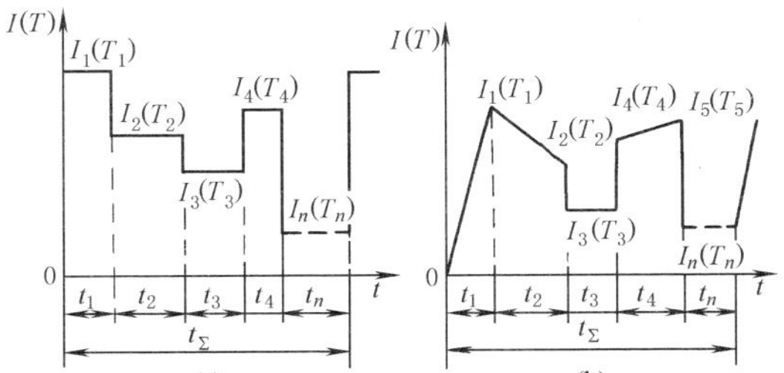 (a) (b)
	校验最大过载转矩	$T_N\geqslant\dfrac{T_{Lmax}}{0.9K_u\lambda_T}$	T_{Lmax}——最大负载转矩,N·m K_u——电网电压波动系数,一般同步电动机 $K_u=0.85$;直流电动机 $K_u=1.0$;异步电动机 $K_u=0.72$ λ_T——电动机转矩过载倍数,查电动机资料 0.9——考虑计算误差和参数波动而取的安全系数	
	校验启动过程最小转矩及允许最大飞轮矩	同恒定负载连续工作制		

表 18-1-17　短时工作制和断续周期工作制电动机容量的校验

负载状态	计算公式	符号	说明
短时工作制	$P_N \geqslant P_L$ (1) $P_g = P_{gB}\sqrt{\frac{t_{gB}}{t_g}+\alpha\left(\frac{t_{gB}}{t_g}-1\right)}$ (2) 对于直流电动机 $P_N \geqslant \frac{P_L}{\lambda_I}$ (3) 对于异步电动机 $P_N \geqslant \frac{P_{Lmax}}{0.75\lambda_T}$ (4)	P_N——电动机额定功率,kW P_L——折算到电机轴的负载功率,kW P_{gB}——标准工作时间电动机功率,kW P_g——实际工作时间电动机允许功率,kW t_{gB}——标准工作时间,s t_g——实际工作时间,s α——系数,对普通直流电动机,$\alpha=1\sim1.5$;对冶金用直流电动机,$\alpha=0.5\sim0.9$;对普通笼型异步电动机,$\alpha=0.5\sim0.7$;对冶金用中小型绕线转子异步电动机,$\alpha=0.45\sim0.5$;对冶金用大型绕线转子异步电动机,$\alpha=0.9\sim1.0$ λ_I——电流过载倍数 λ_T——转矩过载倍数	短时定额电动机的标准工作时间一般规定为30min、60min和90min 当实际负载持续时间与标准工作时间相同时按式(1)计算,式中负载功率P_L按表18-1-16恒定负载在基速以下工作或从基速向上调整的公式计算 实际上,负载持续时间很难与标准工作时间相同,这时应采用折算方法按式(2)计算出实际需要的工作时间对应的电动机允许功率 当不能购到短时工作制电动机时还可选择连续工作制的电动机,此时P_N比P_L小,可按下式计算出满足短时工作时允许使用较大的功率当小得比较多时,发热已不成问题,而过载能力和启动能力却成了主要矛盾,这时电动机的功率应按过载能力选择,即按式(3)、式(4)计算 $P_L=P_N\sqrt{e^{t/T}+\alpha)/(e^{t/T}-1)}$ P_N——电机长时工作时的额定功率,kW P_L——电机短时工作时允许使用的功率,kW t——电动机工作时间,min T——电动机发热时间常数,min,中小型电机一般$T=30$min α——电动机在额定负载工作时定耗与变耗的比例常数,普通电机$\alpha=0.6$
断续周期工作制 发热校验	选用连续定额电动机时 $I_{rms}=\sqrt{\frac{\sum I_s^2 t_s+\sum I_{st}^2 t_{st}+\sum I_b^2 t_b}{C_\alpha(\sum t_s+\sum t_b)+\sum t_{st}+C_\beta\sum t_0}}$ (1) 要求　$I_{rms}\leqslant I_N$ $T_{rms}=\sqrt{\frac{\sum T_s^2 t_s+\sum T_{st}^2 t_{st}+\sum T_b^2 t_b}{C_\alpha(\sum t_s+\sum t_b)+\sum t_{st}+C_\beta\sum t_0}}$ (2) 要求　$T_{rms}\leqslant T_N$ 选用断续定额电动机时 $I_{rms}=\sqrt{\frac{\sum I_s^2 t_s+\sum I_{st}^2 t_{st}+\sum I_b^2 t_b}{C_\alpha(\sum t_s+\sum t_b)+\sum t_{st}}}$ (3) 要求　$I_{rms}\leqslant I_N$(断续电动机在标准持续率下的额定电流) $T_{rms}=\sqrt{\frac{\sum T_s^2 t_s+\sum T_{st}^2 t_{st}+\sum T_b^2 t_b}{C_\alpha(\sum t_s+\sum t_b)+\sum t_{st}}}$ (4) 要求　$T_{rms}\leqslant T_N$(断续电动机在标准持续率下的额定转矩)	I_s, I_{st}, I_b——在一个工作周期中各启动、稳定、制动段电动机相应电流,A T_s, T_{st}, T_b——在一个工作周期中各启动、稳定、制动段电动机相应转矩,N·m t_s, t_{st}, t_b, t_0——启动、稳定、制动、停歇各段相应时间,s $\sum t_s, \sum t_{st}, \sum t_b, \sum t_0$——一个周期中启动、稳定、制动、停歇各阶段时间之和,s C_α——启动、制动过程中电机散热恶化系数 $C_\alpha=\frac{1+C_\beta}{2}$ C_β——停转时电机散热恶化系数	等效电流法适用于直流电动机。等效转矩法适用于不弱磁的直流电动机,弱磁时需加修正 异步电动机启动和制动过程中,转子频率增加,铁损增大,仍以平均变耗代替平均总损耗时,将有误差。误差大小随启动频繁程度而变,越频繁的,误差越大。故用等效法进行校验时,需适当增大余量系数 笼型电动机启动和制动过程中以及空载、轻载运行时,功率因数很低,转矩不与电流成比例。故频繁启动和制动的笼型电动机采用等效转矩法校验时,误差较大,平均损耗法计算较准确

续表

<table>
<tr><th colspan="2">负载状态</th><th>计 算 公 式</th><th colspan="2">符　　号</th><th>说　　明</th></tr>
<tr><td rowspan="6">断续周期工作制</td><td rowspan="6">发热校验</td><td rowspan="6">$$T_{rmsN}=\sqrt{\frac{FC}{FC_N}}T_{rms} \quad (5)$$
$$I_{rmsN}=\sqrt{\frac{FC}{FC_N}}I_{rms} \quad (6)$$
$$FC=\frac{\sum t_s+\sum t_b+\sum t_{st}}{t_\Sigma}\times 100\% \quad (7)$$
所选电动机的额定转矩 $T_N \geqslant T_{rmsN}$ 或额定电流 $I_N \geqslant I_{rmsN}$ 时，则表示电动机的发热校验通过</td><td>电动机的冷却方式</td><td>C_β 值</td><td rowspan="6">为合理利用电动机的容量，规定在不同的负载持续率 FC_N 时有不同的定额（指电动机的额定功率、电流、转速等）。冶金起重用断续定额电动机（JZ、JZR 系列）的额定负载持续率 FC_N 分为25%、40%、60%三种，并采用 10min 作为周期计算时间。因此，所选用的 FC_N 值应尽可能与实际工作的 FC 值相近。当实际工作的 FC 值大于 60%时，可采取强迫通风或选用连续定额电动机，其功率可按式（1）~式（4）的等效转矩（或等效电流）公式进行校验，或用平均损耗法校验（见表 18-1-18）
当实际负载持续率 FC 值与所选的电动机的额定负载持续率 FC_N 值相等时，则按式（1）~式（4）选电动机
但实际负载持续率多数不与电动机额定负载率相一致，这时应将计算出的 T_{rms} 或 I_{rms} 值按式（5）、式（6）折算到对应于电动机的 FC_N 值相等效的值，实际负载持续率（见负载图）按式（7）计算
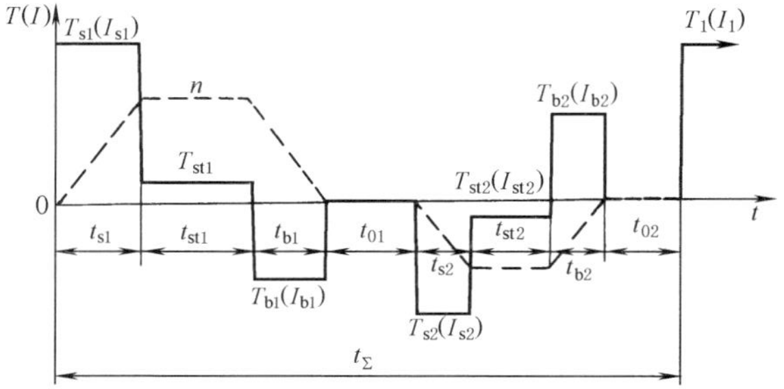
断续周期工作制下电动机的典型负载图</td></tr>
<tr><td>封闭式电动机（无冷却风扇）</td><td>0.95~0.98</td></tr>
<tr><td>封闭式电动机（强迫通风）</td><td>0.9~1.0</td></tr>
<tr><td>封闭式电动机（自带内冷风扇）</td><td>0.45~0.55</td></tr>
<tr><td>防护式电动机（自带内冷风扇）</td><td>0.25~0.35</td></tr>
<tr><td colspan="2">FC——电动机实际负载持续率
FC_N——断续电动机的额定负载持续率
I_{rmsN}，T_{rmsN}——折算到额定负载持续率下的等效电流、等效转矩</td></tr>
<tr><td></td><td>校验最大过载转矩</td><td colspan="3">当发热校验通过后，再按下式校验过载能力，只有这两项都通过电动机的容量校验才算通过
$$T_N \geqslant \frac{T_{Lmax}}{0.9K_u\lambda_T}$$（此式与表 18-1-16 完全相同）</td><td></td></tr>
</table>

表 18-1-18　电动机发热校验平均损耗法计算公式

计 算 公 式	符 号
电动机一个工作周期中的平均总损耗为： $$\Delta P_{av}=\frac{\sum\Delta A_s+\sum\Delta A_{st}+\sum\Delta A_b+\sum\Delta A_0}{T}\ (W)$$	T——工作周期，s $T=\sum t_s+\sum t_{st}+\sum t_b+\sum t_0$ t_s,t_{st},t_b,t_0——启动、平稳运行、制动、停转时间，s $\Delta A_s,\Delta A_{st},\Delta A_b$——启动过程、平稳运行、制动过程中能量损耗，W·s ΔA_0——停歇时的能量损耗，W·s（系直流电动机的励磁损耗，交流电动机无此项）
启动过程中的能量损耗为： $$\Delta A_s\approx\left(\frac{GD^2n_D^2}{7150}+\frac{T_ln_Dt_s}{19}\right)\left(1+\frac{r_1}{r_2'}\right)\ (W\cdot s)$$ 启动时间为： $$t_s=\frac{GD^2n_D}{375(T_{stav}-T_l)}(s)$$	GD^2——折算到电动机转子轴上的系统的总飞轮矩，$N\cdot m^2$ n_D——电动机工作转速，r/min r_1——电动机定子每相电阻，Ω r_2'——折算到定子侧的转子每相电阻，Ω T_l——静阻负载转矩，N·m T_{stav}——平均启动转矩，N·m
稳定运行过程中的能量损耗为： $$\Delta A_{st}\approx\left[\Delta P_{1m}\left(\frac{I_{st}}{I_{N25}}\right)^2+\Delta P_{2m}\left(\frac{T_{st}}{T_{N25}}\right)^2+\Delta P_c\right]t_{st}(W\cdot s)$$ 稳定运行电流为： $$I_{st}=I_{N25}\left[I_0^*+(1-I_0^*)\frac{T_{st}}{T_{N25}}\right]\ (A)$$	$\Delta P_{1m},\Delta P_{2m}$——$FC=25\%$时的电动机定子和转子损耗，W ΔP_c——电动机固定损耗，W I_{N25},T_{N25}——$FC=25\%$时的电动机额定电流和额定转矩 t_{st}——稳定运行的时间，s I_0^*——电动机空载电流标示值 $$I_0^*=\frac{I_0}{I_{N25}}$$ I_0——电动机空载电流
反接制动过程中的能量损耗为： $$\Delta A_b\approx\left(\frac{3GD^2n_1^2}{7150}-\frac{T_ln_1t_b}{19}\right)\left(1+\frac{r_1}{r_2'}\right)\ (W\cdot s)$$ 反接制动时间为： $$t_b=\frac{GD^2n_1}{375(T_{bav}+T_l)}\ (s)$$	n_1——开始制动时电动机转速，r/min T_{bav}——平均制动转矩，N·m
能耗制动过程中定子绕组为星形接线时的能量损耗为： $$\Delta A_b\approx\left(\frac{GD^2n_1^2}{7150}-\frac{T_ln_1t_b}{19}\right)+2I_{1b}^2r_1t_b'\ (W\cdot s)$$ 能耗制动时间为： $$t_b=\frac{GD^2n_1}{375(T_b+T_l)}\ (s)$$	I_{1b}——能耗制动时电动机定子中通入的直流电流，A t_b'——定子中通入直流电流的时间，s
平均损耗法的发热校验公式为： $$\Delta P_{FC}=\frac{\Delta P_{av}}{C(FC_Z+FC_0C_\beta)}\leqslant\Delta P_{NFC}$$	ΔP_{FC}——折算到相近的额定持续率下的损耗，W C——负载持续率折算系数 $$C=\frac{FC_N}{FC_N+(1-FC_N)C_\beta}$$ FC_Z——折算了的实际负载持续率 $$FC_Z=\frac{C_\alpha(\sum t_s+\sum t_b)+\sum t_{st}}{T}$$ FC_0——空载时间持续率 $$FC_0=\frac{\sum t_0}{T}$$ C_β 见表 18-1-17

续表

<table>
<tr><th colspan="2">计 算 公 式</th><th>符 号</th></tr>
<tr><td colspan="3">采用 $FC_N=100\%$ 定额的断续电动机或长期工作制电动机，校验公式为

$$\Delta P_{100}=\frac{\Delta P_{av}}{FC_Z+FC_0C_\beta}\leqslant\Delta P_{N100}$$</td></tr>
<tr><td rowspan="3">短时工作制电动机</td><td colspan="2">短时工作的电动机，一般不需进行发热校验，只需注意短时过载能力及启动转矩的校验，选用短时工作制的电动机，短时额定时间应大于短时工作时间</td></tr>
<tr><td colspan="2">如选用断续工作制电动机作短时工作使用时，其等效的额定时间 T_{STR} 的粗略对应关系如下：

$FC/\%$	15	25	40
T_{STR}/min	15	30	60 |</td></tr>
<tr><td colspan="2">如短时工作比较长，即短时工作时间大于30%～40%的电动机发热时间常数时，除校验过载能力之外，还需进行短时发热校验，即校验电动机允许接电时间 t_c 是否大于或等于短时工作时间 t：

$$t_c=T\ln\frac{\Delta P}{\Delta P-\Delta P_{N100}}\geqslant t\quad(\mathrm{s})$$

式中 ΔP_{N100}——长期工作制电动机额定损耗或断续电动机 $FC=100\%$ 时的额定损耗，W
ΔP——短时负载下功率损耗，W
T——电动机发热时间常数，s</td></tr>
<tr><td colspan="3">平均损耗法是以每一工作周期中的平均总损耗表征电动机温升而进行发热校验的，是一种较为准确的计算方法，适用于所有类型电动机各种工作状态下的发热校验。但是，损耗计算甚为烦琐，故是一种较为复杂的计算方法。频繁启动和制动状态下的笼型电动机，因其铁损增大且不固定，采用等效法校验时，误差较大，如采用平均损耗法校验时，将是较准确的。频繁启动和制动用笼型电动机的额定损耗值，从产品样本上可以查得</td></tr>
</table>

2.7 电动机功率计算与选用举例

例1 一台与电动机直接连接的低压离心式水泵，流量 $Q=50\mathrm{m^3/h}$，总扬程 $H=15\mathrm{m}$，转速 $n=1450\mathrm{r/min}$，泵的效率 $\eta=0.4$，周围环境温度不超过30℃，取余量系数 $K=1$，传动机构效率 $\eta_c=1$，试选择电动机。

解 泵类机械的负载功率为

$$P=\frac{KQ\rho gH}{10^3\eta\eta_c}$$

将已知数据 $Q=50\mathrm{m^3/h}=0.0139\mathrm{m^3/s}$、$H=15\mathrm{m}$、$\eta=0.4$、$\eta_c=1$、$K=1$（直接连接）代入，则

$$P=\frac{1\times0.0139\times1000\times9.81\times15}{10^3\times0.4\times1}=5.1\ \mathrm{kW}$$

对于水泵，应采用封闭扇冷式Y系列电动机，由于 $n=1450\mathrm{r/min}$，应选四极电动机。查产品目录，下列Y系列三相异步电动机同步转速为1500r/min（四极）：

型　号	P_e/kW	U_e/V	I_e/A	$n_e/\mathrm{r\cdot min^{-1}}$
Y112M-4	4.0		8.77	
Y132S-4	5.5	380	11.6	1440
Y132M-4	7.5		15.4	

按 $P_e\geqslant P$，应选Y132S-4型电动机，$P_e=5.5\mathrm{kW}$，$n_e=1440\mathrm{r/min}$（比所需转速略低，但实际负载也略轻，可用）。

当环境温度 $\theta_0=30$℃时，电动机额定功率 P_e 应予修正。取不变损耗与额定可变损耗之比 $\alpha=0.6$，最高允许温度 $\theta_m=120$℃（Y型电动机用E级绝缘），额定负载时的稳态温升 $\tau_{we}=75$℃，则

$$P=P_e\sqrt{1+\frac{40-\theta_0}{\tau_{we}}(\alpha+1)}=P_e\sqrt{1+\frac{40-30}{75}(0.6+1)}=1.1P_e$$

即电动机功率可提高 10%。这时，型号低一挡的电动机是 Y112M-4，$P_e=4.0\text{kW}$，修正后 $P=1.1\times4.0=4.4\text{kW}$，仍低于 5.1kW。所以仍应采用原选的 Y132S-4 型电动机。

对于直流电动机 $\alpha=1\sim1.5$；冶金专用电动机 $\alpha=0.5\sim0.9$；笼型电动机 $\alpha=0.5\sim0.7$；冶金专用中小型电动机 $\alpha=0.45\sim0.6$；冶金专用大型绕线电动机 $\alpha=0.9\sim1.0$。

例 2 求风量 $Q_1=900\text{m}^3/\text{min}$、有效全压 $H=490\text{Pa}$ 的鼓风机传动电动机的功率。当地的大气压 $p_1=93300\text{Pa}$，最高空气温度 $t_1=35℃$，风机效率取 0.65，余量系数取 1.15。

解

（1）折算到标准大气压和热力学温度下的计算送风量

$$Q=Q_1\times\frac{p_0}{p_1}\times\frac{273+t_1}{273}$$

$$=\frac{900}{60}\times\frac{101000}{93300}\times\frac{273+35}{273}=18.3\ \text{m}^3/\text{s}$$

（2）直接连接的电动机所需功率

$$P=\frac{KQH}{10^3\eta\eta_c}=\frac{1.15\times18.3\times490}{10^3\times0.65\times1}=15.9\ \text{kW}$$

例 3 将涌水量为 $22\text{m}^3/\text{min}$ 的矿井地下涌水，用水泵抽到地面上，其扬程为 150m，需用几台 150kW 电动机传动的水泵？损失水头按实际扬程的 15%，泵的效率按 0.75，直接传动。

解 每一台抽水机的抽水量为

$$Q=\frac{10^3\eta P}{K\rho g(H+\Delta H)}$$

$$=\frac{10^3\times0.75\times150}{1.05\times1000\times9.81\times150\times(1+0.15)}$$

$$=0.0633\text{m}^3/\text{s}=3.8\ \text{m}^3/\text{min}$$

需用抽水机台数为

$$\frac{\Sigma Q}{Q}=\frac{22}{3.8}\approx5.8\ 台$$

实际需用 6 台。

例 4 某车间的一般用途桥式吊钩起重机，额定起重量 30t，提升速度 3m/min，横行速度 20m/min，走行速度 30m/min，求提升、横行、走行用电动机的功率。已知横行小车全重 10t，桥重 20t，横行阻力系数 $C=10\text{N/kN}$，走行阻力系数 $C=12\text{N/kN}$，机械传动效率取 0.75。

解

（1）各机构所需功率

提升机构

$$P=\frac{Fv}{10^3\eta}=\frac{30\times1000\times9.81\times\frac{3}{60}}{10^3\times0.75}=19.6\ \text{kW}$$

横行机构

$$P=\frac{G_\Sigma(C+7v)v}{10^3\eta}$$

$$=\frac{(30+10)\times9.81\times\left(10+7\times\frac{20}{60}\right)\times\frac{20}{60}}{10^3\times0.75}$$

$$=2.15\ \text{kW}$$

走行机构

$$P=\frac{G_\Sigma(C+7v)v}{10^3\eta}$$

$$=\frac{(30+10+20)\times9.81\times\left(12+7\times\frac{30}{60}\right)\times\frac{30}{60}}{10^3\times0.75}$$

$$=6.08\text{kW}$$

（2）各机构工作类型以及 FC 对应值

根据起重机工作类型和电动机 FC 值对应的关系（轻型 $FC=15\%$，中型 $FC=25\%$，重型 $FC=40\%$，特重型 $FC=60\%$），此起重机为一般吊钩起重机，提升、横行、行走的各电动机均属中型工作类型，均为 $FC=25\%$。

（3）电动机功率选择

确定减速比后查 YZR 型绕线电动机产品目录，选用如下：提升电动机 YZR225M-8 26kW；横行电动机 YZR132M1-6 2.5kW；走行电动机 YZR160M1-6 6.3kW。

例 5 某竖井提升机，卷筒直径 4m，载重 6t，箕斗重 5t，提升速度 720m/min，加速时间 $t_1=10$s，减速时间 $t_2=12$s，稳速提升时间 50s，停歇时间 10s，提升机效率 0.96，钢绳重量、摩擦阻力、空气阻力等忽略不计，求提升机所需电动机功率。选用高压绕线型开启式电动机。折算到卷筒轴上的总转动惯量 100000kg·m^2。

解

(1) 转矩计算

加速度

$$a_1=\frac{v}{t_1}=\frac{720/60}{10}=1.2\ \text{m/s}^2\ (\text{加速过程})$$

$$a_2=\frac{v}{t_2}=\frac{12}{12}=1\ \text{m/s}^2\ (\text{减速过程})$$

角速度（稳速时）

$$\omega=\frac{v}{R}=\frac{12}{4/2}=6\ \text{rad/s}$$

角加速度

$$\alpha=\frac{v}{t_1R}=\frac{12}{10\times2}=0.6\ \text{rad/s}^2\ (\text{加速过程})$$

$$\beta=\frac{v}{t_2R}=\frac{12}{12\times2}=0.5\ \text{rad/s}^2\ (\text{减速过程})$$

惯性部分加速转矩

$$T_{\alpha1}=J\alpha=100000\times0.6=60000\ \text{N}\cdot\text{m}$$

惯性部分减速转矩

$$T_{\beta1}=J\beta=100000\times0.5=50000\ \text{N}\cdot\text{m}$$

提升全载重加速转矩

$$T_{\alpha2}=m_{\Sigma}a_1R=\frac{vm_{\Sigma}R}{t_1}=\frac{12\times(5000\times2+6000)\times2}{10}=38400\ \text{N}\cdot\text{m}$$

提升全载重减速转矩

$$T_{\beta2}=m_{\Sigma}a_2R=\frac{vm_{\Sigma}R}{t_2}=\frac{12\times(5000\times2+6000)\times2}{12}=32000\ \text{N}\cdot\text{m}$$

提升不平衡负载所需转矩

$$T_3=G_{\Sigma}R=6000\times9.81\times2=117720\ \text{N}\cdot\text{m}$$

加速过程中转矩

$$T_1=T_{\alpha1}+T_{\alpha2}+T_3=60000+38400+117720=216120\ \text{N}\cdot\text{m}$$

减速过程中转矩

$$T_2=T_3-T_{\beta1}-T_{\beta2}=117720-50000-32000=35720\ \text{N}\cdot\text{m}$$

稳速过程中转矩

$$T_{st}=T_3=117720\ \text{N}\cdot\text{m}$$

(2) 功率计算

加速过程中所需功率

$$P_1=\frac{T_1\omega}{1000}=\frac{216120\times6}{1000}\approx1297\ \text{kW}$$

减速过程中所需功率

$$P_2=\frac{T_2\omega}{1000}=\frac{35720\times6}{1000}\approx214\ \text{kW}$$

稳速过程中所需功率

$$P_{st}=\frac{T_{st}\omega}{1000}=\frac{117720\times6}{1000}\approx706\ \text{kW}$$

周期

$$T=C_\alpha t_1+t_{st}+C_\alpha t_2+C_\beta t_0=0.65\times10+50+0.65\times12+0.3\times10=67.3\ \text{s}$$

由于加、减速过程时间较短，电动机基本上在额定电压、额定转速下运行，故可以使用等效功率法计算需要的电动机功率。

$$P_D=\frac{1}{\eta}\sqrt{\frac{P_1^2t_1+P_{st}^2t_{st}+P_2^2t_2}{T}}=\frac{1}{0.96}\sqrt{\frac{1297^2\times10+706^2\times50+214^2\times12}{67.3}}$$

$$\approx 825.8\ \mathrm{kW}$$

例 6 某机械采用四极绕线型异步电动机拖动。已知其典型转矩曲线共分四段，各段的转矩分别为 200N·m、120N·m、100 N·m、-100 N·m，时间分别为 6s、40s、50s、10s，其中第一段是启动，第四段是制动，制动完毕停歇 20s 再重复周期性地工作。试选择合适的电动机。

解 对于绕线型电动机，采用电气启动和制动，可以认为转矩始终近似地与电流成正比，因此等效转矩法能够适用。

考虑到启、制动和停歇时间散热条件的恶化，计算等效转矩，并取 $\alpha=0.5$，$\beta=0.25$（α、β 的取值因电动机而异，对于直流电动机一般取 $\alpha=0.75$，$\beta=0.5$；对于异步电动机一般取 $\alpha=0.5$，$\beta=0.25$）。

$$T_{\mathrm{rms}}=\sqrt{\frac{T_1^2t_1+T_2^2t_2+T_3^2t_3+T_4^2t_4}{\alpha t_1+t_2+t_3+\alpha t_4+\beta t_0}}$$

$$=\sqrt{\frac{200^2\times 6+120^2\times 40+100^2\times 50+(-100)^2\times 10}{0.5\times 6+40+50+0.5\times 10+0.25\times 20}}$$

$$=\sqrt{\frac{1416000}{103}}=117.25\ \mathrm{N\cdot m}$$

在 YR 系列小型四极绕线异步电动机产品目录中给出了下列数据，并计算出额定转矩：

型　号	功率 P_e/kW	转速 n_e/r·min^{-1}	过载系数 λ_T	按 $T_e=\dfrac{9550P_e}{n_e}$计算额定转矩/N·m
YR160L2-4	15	1440	2.0	99.48
YR180M-4	18.5	1426	2.0	123.90
YR180L-4	22	1434	2.0	146.51

注：$\lambda_T=T_{max}/T_e$，T_e 为额定转矩，T_{max} 为最大转矩。

显然，应选择 YR180M-4 型 18.5kW 绕线电动机。

再校验其短时过载能力：

$T_{max}=\lambda_T T_e=2.0\times123.90=247.8\mathrm{N\cdot m}$（工程运用中，应考虑由于电动机端电压降低引起的 λ_T 值的平方降低）

各段转矩都能通过。

本例中，电动机转矩曲线已经给出，因此可以直接计算等效转矩，从而选择电动机功率。在一般情况下，只知道负载转矩曲线，必须先预选电动机，才能计算出电动机转矩曲线，问题就要复杂得多。

例 7 图 18-1-2 是具有平衡尾绳的矿井卷扬机传动示意图，图中电动机 M 直接与摩擦轮连接，当它们旋转时，靠摩擦力带动钢绳和运载矿石车的罐笼，尾绳系在左右两罐笼下面，以平衡罐笼上面一段钢绳的重量。已知数据如下：井深 $H=915\mathrm{m}$；运载重量 $G_1=58800\mathrm{N}$；空罐笼重量 $G_3=77150\mathrm{N}$；钢绳每米重量 $g_4=106\mathrm{N/m}$；罐笼与导轨的摩擦阻力使负载增大 20%；摩擦轮直径 $d_1=6.44\mathrm{m}$；导轮直径 $d_2=5\mathrm{m}$；额定提升速度 $v_e=16\mathrm{m/s}$；提升加速度 $a_1=0.89\mathrm{m/s^2}$（加速段），$a_3=1\mathrm{m/s^2}$（减速段）；摩擦轮飞轮矩 $GD_1^2=2730000\mathrm{N\cdot m^2}$；导轮飞轮矩 $GD_2^2=584000\mathrm{N\cdot m^2}$；工作周期 $t_z=89.2\mathrm{s}$；钢绳及平衡绳总长度 $L=2H+90\mathrm{m}$。试选择电动机的功率。

解

（1）计算负载功率

由于两个罐笼和钢绳与尾绳的重量自相平衡，计算负载功率时，只需考虑运载的重量和摩擦力即可，故负载力为

$$G=(1+0.2)G_1=1.2\times58800=70560\ \mathrm{N}$$

负载功率为

$$P_z=\frac{Gv_e}{1000}=\frac{70560\times16}{1000}=1129\ \mathrm{kW}$$

（2）预选电动机

考虑过渡过程中转矩的增大，取额定功率 $P_e\geqslant1.2P_z=1.2\times1129=1355\ \mathrm{kW}$。

由于容量较大，为了减小总惯量，采用双电动机拖动。选用额定功率 700kW、额定转速 47.5r/min、飞轮矩 1065000N·m^2 的电动机，则电动机总飞轮矩 $GD_d^2=2\times1065000=2130000\mathrm{N\cdot m^2}$，提升速度 $v_e=\dfrac{\pi d_1n_e}{60}=\dfrac{\pi\times6.44\times47.5}{60}=16.02\mathrm{m/s}$，符合需要。

（3）计算电动机负载

如图 18-1-3 所示，$n=f(t)$ 是转速曲线。在启动时间里，$\dfrac{dn}{dt}>0$，电动机转矩 $T_s>T_z$；在制动时间里，$\dfrac{dn}{dt}<0$，$T_b<T_z$；在恒速运行阶段，$T_{st}=T_z$。因此，先计算 T_z，再计算加速和减速的$\dfrac{dn}{dt}$，即可求出电动机转矩$T=f(t)$。

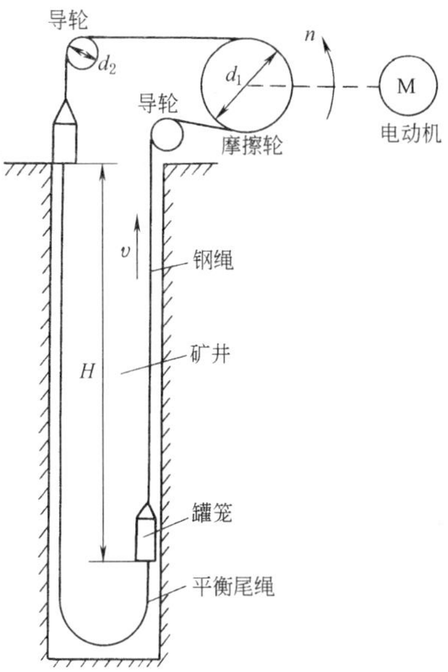

图 18-1-2

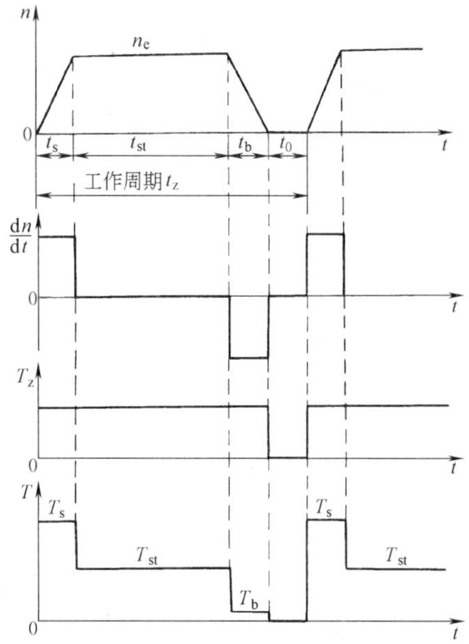

图 18-1-3

t_s—启动时间；t_{st}—恒速提升时间；

t_b—制动时间；t_0—停歇卸载及装载时间

负载转矩为

$$T_z=1.2G_1\frac{d_1}{2}=1.2\times58800\times\frac{6.44}{2}=227200\ \text{N}\cdot\text{m}$$

动态转矩为$\frac{GD^2}{375}\times\frac{dn}{dt}$，其中 GD^2 是运动部件的总飞轮矩，包括旋转运动部分的飞轮矩 GD_x^2 和直线运动部分的飞轮矩 GD_z^2。

折算到电动机轴上的旋转运动部分飞轮矩为

$$GD_x^2=GD_d^2+GD_1^2+2GD_2^2\frac{n_2^2}{n_1^2}=2130000+2730000+2\times584000\times\left(\frac{6.44}{5}\right)^2=6798000\ \text{N}\cdot\text{m}^2$$

直线运动部分总重量为

$$G_z=G_1+2G_3+g_4(2H+90)=58800+2\times77150+106\times(2\times915+90)=416620\ \text{N}$$

值得注意的是：计算飞轮矩时，互相平衡部分的惯量都应加在一起，而不会抵消；同时，导轨上的摩擦力不应算到运动惯量中去。

直线运动部分飞轮矩为

$$GD_z^2=\frac{365G_zv_e^2}{n_e^2}=\frac{365\times416620\times16^2}{47.5^2}=17250000\ \text{N}\cdot\text{m}^2$$

因此，总飞轮矩为

$$\begin{aligned}GD^2&=GD_x^2+GD_z^2\\&=6798000+17250000=24048000\ \text{N}\cdot\text{m}^2\end{aligned}$$

加速转矩为

$$\begin{aligned}T_{a1}&=\frac{GD^2}{375}\left(\frac{dn}{dt}\right)_1=a_1\frac{GD^2}{375}\times\frac{60}{\pi d_1}\\&=0.89\times\frac{24048000}{375}\times\frac{60}{\pi\times6.44}=169260\ \text{N}\cdot\text{m}\end{aligned}$$

减速转矩为

$$\begin{aligned}T_{a3}&=\frac{GD^2}{375}\left(\frac{dn}{dt}\right)_3=a_3\frac{GD^2}{375}\times\frac{60}{\pi d_1}\\&=1\times\frac{24048000}{375}\times\frac{60}{\pi\times6.44}=190180\ \text{N}\cdot\text{m}\end{aligned}$$

负载图上各段转矩为

$$T_s=T_z+T_{a1}=227200+169260=396460\ \text{N}\cdot\text{m}$$
$$T_{st}=T_z=227200\ \text{N}\cdot\text{m}$$
$$T_b=T_z-T_{a3}=227200-190180=37020\ \text{N}\cdot\text{m}$$

各段时间为

$$t_s=\frac{v_e}{a_1}=\frac{16}{0.89}=18\ \text{s}\ （加速时间）$$
$$t_b=\frac{v_e}{a_3}=\frac{16}{1}=16\ \text{s}\ （减速时间）$$
$$t_{st}=\frac{h_2}{v_2}=\frac{H-h_1-h_3}{v_e}=\frac{H-\frac{1}{2}a_1t_s^2-\frac{1}{2}a_3t_b^2}{v_e}$$
$$=\frac{915-\frac{1}{2}\times0.89\times18^2-\frac{1}{2}\times1\times16^2}{16}=\frac{915-144.2-128}{16}=40.2\ \text{s}\ （稳速时间）$$

停歇时间为

$$t_0=t_z-t_s-t_{st}-t_b=89.2-18-40.2-16=15\text{s}$$

根据以上数据绘出电动机负载图，如图 18-1-4 所示。

（4）温升校验

散热恶化系数 $\alpha=0.75$，$\beta=0.5$。

等效转矩为

$$T_{dx}=\sqrt{\frac{T_s^2t_s+T_{st}^2t_{st}+T_b^2t_b}{\alpha t_s+t_{st}+\alpha t_b+\beta t_0}}$$
$$=\sqrt{\frac{396460^2\times18+227200^2\times40.2+37020^2\times16}{0.75\times18+40.2+0.75\times16+0.5\times15}}$$
$$=\sqrt{\frac{4926295\times10^6}{73.2}}=259420\ \text{N}\cdot\text{m}$$

电动机额定转矩为

$$T_e=\frac{9550P_e}{n_e}=\frac{9550\times2\times700}{47.5}=281470\ \text{N}\cdot\text{m}>T_{dx}$$

因此，所选电动机温升通过。

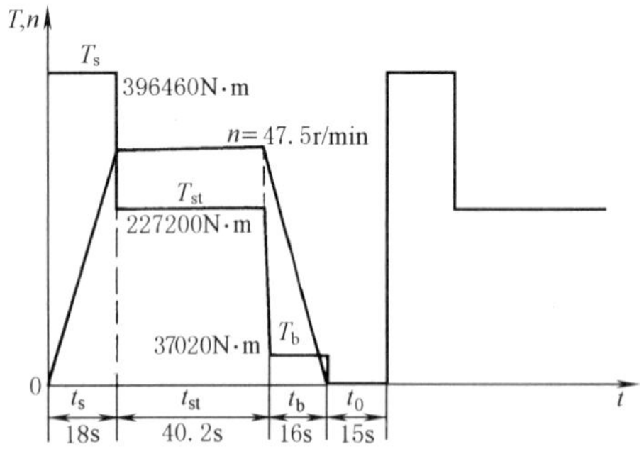

图 18-1-4

（5）过载能力校验

考虑电动机过载能力为 $1.5T_e$。

负载图中最大转矩是启动转矩 $T_s=396460\ \text{N}\cdot\text{m}$，$\frac{396460}{281470}T_e=1.41T_e<1.5T_e$

因此，所选电动机过载能力通过。

由（4）、（5）两项计算可以看出，温升及过载能力都能通过，而且没有浪费，因此所选电动机是合适的。

例 8 某大型车床刀架的快速移动机构，其移动部件重量 $G=5300\text{N}$，移动速度 $v=15\text{m/min}$，最大移动距离 $L_m=10\text{m}$，传动效率 $\eta_c=0.1$，动摩擦因数 $\mu=0.1$，静摩擦因数 $\mu_0=0.2$，传动机构的传动比 $j=100\text{r/m}$。试选择电动机。

解 刀架移动时，电动机的负载功率为

$$P_z=\frac{\mu Gv}{60\eta_c}\times10^{-3}=\frac{0.1\times5300\times15}{60\times0.1}\times10^{-3}=1.325\ \text{kW}$$

最长工作时间为$\frac{L_m}{v}=\frac{10}{15}=0.667\text{min}$，比一般小型电动机的发热时间常数小得多，肯定应按过载能力选择电动机。由于此移动机构电动机不用调速，电动机转速近似为

$$n=jv=100\times15=1500\ \text{r/min}$$

故应选四极笼式电动机。又由于机床上有润滑液，为防止润滑液流入电动机，应采用封闭式。

由产品目录节录，Y 系列四极笼型电动机额定数据如下：

型　号	P_e/kW	U_e/V	I_e/A	n_e/r · $\min^{-1}$	K_I	K_T	$\lambda_T=\frac{T_m}{T_e}$
Y90S-4	1.1	380	2.75	1400	7.0	1.8	2.0
Y90L-4	1.5	380	3.65	1400	7.0	1.8	2.0
Y100L1-4	2.2	380	5.03	1430	7.0	1.8	2.0
Y100L2-4	3.0	380	6.82	1430	7.0	1.8	2.0

按过载能力选择电动机：

$$P_e \geqslant \frac{P_z}{0.9^2\lambda_T}=\frac{1.325}{0.9^2\times 2.0}=0.818\ \text{kW}$$

式中，系数 0.9 是考虑交流电网波动 10%；λ_T 为交流电动机的过载倍数。可选 Y90S-4，$P_e=1.1$kW。

由于刀架电动机应在静摩擦情况下带负载启动，需校验启动能力。

启动时负载转矩 $$T_{zq}=\frac{\mu_0 Gv}{60\eta_c}\times 10^{-3}\times\frac{9550}{n}=\frac{0.2\times 5300\times 15}{60\times 0.1}\times 10^{-3}\times\frac{9550}{1500}=16.87\ \text{N}\cdot\text{m}$$

所选电动机的启动转矩 $$T_q=K_T\frac{P_e}{n_e}\times 9550=1.8\times\frac{1.1}{1400}\times 9550=13.51\ \text{N}\cdot\text{m}$$

式中，K_T 为启动转矩倍数，$K_T=1.8$。$T_q<T_{zq}$，启动能力不能通过。

为了提高启动转矩，改选 Y90L-4 型 1.5kW 电动机，其启动转矩为

$$T_q=K_T\frac{P_e}{n_e}\times 9550=1.8\times\frac{1.5}{1400}\times 9550=18.42\text{N}\cdot\text{m}>T_{zq}$$

启动能力通过了。但是，如果考虑电网电压降落 10%，T_q 将降低为 $0.81T_q=0.81\times 18.42=14.92\text{N}\cdot\text{m}$，又低于 T_{zq} 了，应再选大一号的 Y100L1-4 型 2.2kW 电动机。

例 9　已知一台断续工作电动机的功率曲线如图 18-1-5 所示。预选电动机：YZR200L-6 型他扇冷式绕线电动机，$FC=25\%$，$P_e=18.5$kW，$n_e=701$r/min，$\lambda_T=3$。试校验电动机的温升和过载能力。

解　由图 18-1-5 可知，在工作时间 t_g 以内，功率是变化的，因此需计算其等效功率 P_{rms}。但在第一阶段中，转速 n 是线性变化的，需修正这段的功率（假定在启动过程中 $\cos\varphi_2$ 不变）：

$$P'=\frac{P}{n}n_e=\frac{25}{n_e}\times n_e=25\ \text{kW}$$

由于电动机是他扇冷式，在启动和制动过程中散热能力不变，因此

$$P_{rms}=\sqrt{\frac{25^2\times 5+12^2\times 20}{5+20}}=15.5\ \text{kW}$$

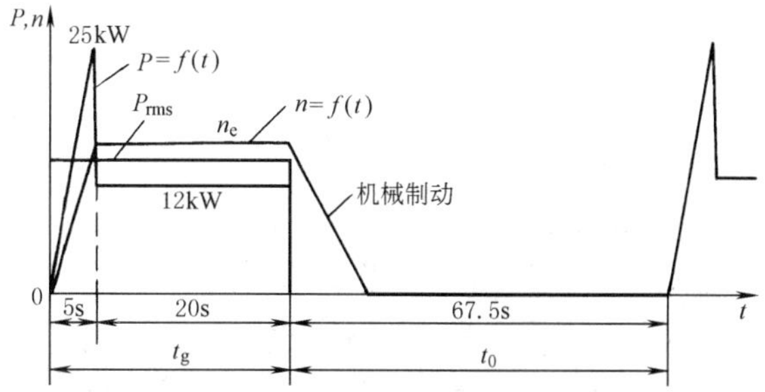

图 18-1-5

又由于制动是靠机械抱闸，在制动过程中电动机断电，制动时间应算在停歇时间之内，所以实际负载持续率为

$$FC_s=\frac{5+20}{5+20+67.5}=\frac{25}{92.5}=27\%$$

换算到额定 $FC=25\%$时的等效功率应为

$$P=P_{rms}\sqrt{\frac{FC_s}{FC}}=15.5\times\sqrt{\frac{27}{25}}=16.1\ \text{kW}$$

$P_e>P$，因此温升可通过。

实际过载系数为$\frac{25}{16.1}=1.5528<3\ (=\lambda_T)$，因此过载能力还是够的。

3 异步电动机常见故障

表 18-1-19 异步电动机常见故障

故障现象	可能原因	处理方法
不能启动	①电源未接通 ②绕组断路或短路 ③熔断器烧断 ④电源电压过低 ⑤负载过大或传动机械有故障 ⑥控制设备接线错误或过电流限值调得过小 ⑦绕线转子启动误操作	①检查熔断器、开关触点及电动机引出线有无断路，如有则进行处理 ②参见本表转速不正常和温升过高项 ③查出原因，排除故障，然后换上新熔断器 ④检查电源电压 ⑤更换功率较大的电动机或减轻负载。将电动机与负载分开，单独启动，如情况正常，应检查被传动机械，排除故障 ⑥校正接线或将过电流限值调到合适值 ⑦检查集电环的短路装置及启动变阻器的位置。启动时，应在线路内串接变阻器，并将短路装置断开
转速不正常	①电源电压太低 ②笼型转子断条 ③绕线转子一相断路或启动变阻器接触不良 ④电刷与集电环接触不良 ⑤负载阻力矩过大	①检查输入端电源电压，予以纠正 ②断条多发生在导条与端环连接处，找出断条位置并修理 ③查明原因，排除故障。绕组断路多发生在元件端部接头处或引出线附近。可用兆欧表或试灯找出断路处 ④调整电刷压力，改善接触情况 ⑤选用功率较大的电动机或减轻负载
温升过高或冒烟	①过载 ②三相异步电动机单相运行 ③电压过低或接线错误 ④绕组接地或匝间短路 ⑤定子、转子相擦 ⑥通风不畅，环境温度过高	①检查负载电流，选用功率较大的电动机或减轻负载 ②检查熔断器及开关的触点，排除故障或加装单相保护装置 ③检查输入电压，如三相异步电动机的Y/△连接错误，应予改正 ④绕组接地是由于绝缘受潮或老化开裂、磨损，使导体与机壳或铁芯相碰。接地多发生在绕组伸出槽口处，可用兆欧表测绝缘电阻或用试灯检查，然后修复。匝间短路处由于局部高温，可用目测法找到位置，也可用兆欧表检查相间绝缘电阻，直流电动机换向器片间短路，可用毫伏表检查片间电压分布，读数突然变小，即可找出短路点，再修复 ⑤检查气隙，予以纠正 ⑥清除积灰，采取降温措施
运转声音不正常	①定子、转子相擦 ②三相异步电动机单相运行 ③轴承缺陷 ④转子风叶碰壳	①检查气隙，予以纠正 ②断电再合闸，如不能启动，则可能有一相断路，检查电源或电动机，排除故障 ③参见本表轴承故障项 ④校正风叶
不正常的振动	①转子不平衡 ②轴瓦与轴颈间隙过大或过小 ③安装定心不正	①校平衡 ②参见本表轴承故障项 ③检查轴线，加以校正
电动机绝缘电阻过小或外壳带电	①绕组受潮，绝缘老化，接线板有污垢或引出线碰接线盒外壳 ②电源线与接地线接错 ③直流电动机电枢绕组槽部或端部绝缘损坏	①将绕组进行干燥处理，去除污垢或更换绕组。如有可能，加装漏电保护器 ②纠正接线错误 ③用低压直流电源测量片间电压，找出接地点，排除故障
异步电动机运行时，电流表指针来回摆动	①笼型转子断条 ②绕线转子电动机一相电刷接触不良或断路 ③绕线转子集电环短路装置接触不良	①参见本表笼型转子断条项 ②调整电刷压力及改善接触情况 ③修理或更换短路装置
滚动轴承发热和不正常杂声	①轴承内润滑脂过多或过少 ②滚珠（滚柱）磨损 ③轴承与轴配合过松（走内圈）或过紧 ④轴承与端盖配合过松（走外圈）或过紧	①维持适量的润滑脂（一般为轴承室内部容积的2/3~3/4） ②更换轴承 ③过松时，可用金属喷镀或镶套筒；过紧时，则需重新加工 ④过松时，可用金属喷镀或镶套筒；过紧时，则需重新加工
滑动轴承发热、漏油	①轴颈与轴瓦间隙太小，轴瓦研刮不好 ②油环运转不灵活，压力润滑系统的油泵有故障，油路不畅通 ③润滑油牌号不合适，油内有杂质 ④油箱内油位太高 ⑤轴承挡油盖密封不好；轴承座上下接合面间隙过大	①研刮轴瓦，使轴颈与轴瓦间隙合适 ②更换新油环，排除油路系统故障，保证有足够的润滑油量 ③换用合适的润滑油，清除杂质 ④减少油量 ⑤改进轴承挡油盖的密封结构，研刮轴承座上下接合面使之密合

4 常用电动机规格

4.1 旋转电机整体结构的防护等级（IP 代码）分级（摘自 GB/T 4942.1—2006）

表 18-1-20 旋转电动机外壳防护分级（IP 代码）

表征数字		简述	含义	试验条件	表示方法
第一位表征数字	0	无防护电动机	无专门防护	不进行试验	①表示防护等级的标志，由表征字母“IP”及附加在后的两个表征数字组成 示例： IP 4 4 第二位表征数字（见本表） 第一位表征数字（见本表） 表征字母（国际防护） ②当只需用一个表征数字表示某一防护等级时，被省略的数字应以字母“X”代替，如 IPX5 或 IP2X ③当防护的内容有所增加，可由第二位数字后的补充字母表示，如 IP55S/IP20M（S 表示静止状态下试验，M 表示运转状态下试验） 对适用于规定气候条件且具有附加防护特点或措施的开启式空气冷却电机，可用字母“W”表示
	1	防护大于 50mm 固体的电动机	能防止大面积的人体（如手）偶然或意外地触及或接近壳内带电或转动部件（但不能防止故意接触） 能防止直径大于 50mm 的固体异物进入壳内	见 GB/T 4942.1—2006 中的表 4	
	2	防护大于 12mm 固体的电动机	能防止手指或长度不超过 80mm 的类似物体触及或接近壳内带电或转动部件 能防止直径大于 12mm 的固体异物进入壳内		
	3	防护大于 2.5mm 固体的电动机	能防止直径大于 2.5mm 的工具或导线触及或接近壳内带电或转动部件 能防止直径大于 2.5mm 的固体异物进入壳内		
	4	防护大于 1mm 固体的电动机	能防止直径或厚度大于 1mm 的导线或片条触及或接近壳内带电或转动部件 能防止直径大于 1mm 的固体异物进入壳内		
	5	防尘电动机	能防止触及或接近壳内带电或转动部件，虽不能完全防止灰尘进入，但进尘量不足以影响电动机的正常运行		
	6	尘密电机	完全防止尘埃进入		
第二位表征数字	0	无防护电动机	无专门防护	不进行试验	
	1	防滴电动机	垂直滴水应无有害影响	见 GB/T 4942.1—2006 中的表 5	
	2	15°防滴电动机	当电动机从正常位置向任何方向倾斜至 15°以内任一角度时，垂直滴水应无有害影响		
	3	防淋水电动机	与垂直线成 60°角范围内的淋水应无有害影响		
	4	防溅水电动机	承受任何方向的溅水应无有害影响		
	5	防喷水电动机	承受任何方向的喷水应无有害影响		
	6	防海浪电动机	承受猛烈的海浪冲击或强烈喷水时，电动机的进水量应不达到有害的程度		
	7	防浸水电动机	当电动机浸入规定压力的水中经规定时间后，电动机的进水量应不达到有害的程度		
	8	持续潜水电动机	电动机在制造厂规定的条件下能长期潜水。电动机一般为水密型，对某些类型电动机也可允许水进入，但应不达到有害的程度		

注：1. 第一位表征数字表示外壳对人和壳内部件的防护等级。表中“含义”栏中“防止”表示能防止部分人体、手持的工具或导线进入外壳，即使进入，也能与带电或危险的转动部件（光滑的旋转轴和类似部件除外）之间保持足够的间隙。也表示能防止进入的最小固体异物尺寸。第二位表征数字表示由于外壳进水而引起有害影响的防护等级。

2. 第一位表征数字为 1 至 4 的电动机所能防止的固体异物，包括形状规则或不规则的物体，其三个相互垂直的尺寸均超过“含义”栏中相应规定的数值。第一位表征数字为 5 的防尘电动机是一般的防尘，当尘的颗粒大小、纤维状或粒状已作规定时，试验条件应由制造厂和用户协商确定。

4.2 旋转电动机结构及安装型式（IM 代码）（摘自 GB/T 997—2008）

旋转电动机结构及安装型式的 IM 代码有两种规定，即代码 1 和代码 2。

代码 1：字母数字代号适用于具有端盖式轴承和一个轴伸的电动机。它由字母 IM 空一格，随后为字母 B（卧式安装）或字母 V（立式安装）和一位或两位数字。代码 1 见表 18-1-21、表 18-1-22。

代码 2：全数字代号适用于更广的电动机型式，包括代码 1 涉及的电动机型式。它由字母 IM 空一格，随后为四位数字。第一位、第二位和第三位数字表示结构状况，第四位数字表示轴伸的型式。根据第一位数字的不同，第二、三位数字具有不同的意义规定，本节只摘编第一位数字为 1、2、3 时分别对应的第二、三位数字的意义，第一位数字为 4~9 时，第二、三位数字的意义见原标准（GB/T 997—2008）。代码 2 见表 18-1-23~表 18-1-26。接线盒位置以末位字母作代号，见表 18-1-27。

代码 1 和代码 2 之间的关系见表 18-1-28。

表 18-1-21　　代码 1 卧式安装电动机代号（IM B··）

代号	示意图	结构型式				安装型式（卧式）
		端盖式轴承数	底脚	凸缘	其他细节	
IM B3	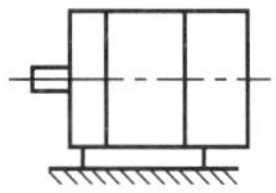	2	有底脚	—	—	借底脚安装，底脚在下
IM B5	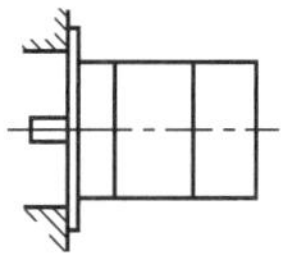	2	—	有凸缘	端盖上带凸缘，凸缘有通孔，凸缘在 D 端	借 D 端凸缘面安装
IM B6	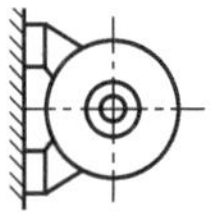	2	有底脚	—	—	借底脚安装，从 D 端看底脚在左边
IM B7	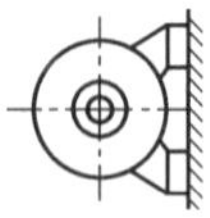	2	有底脚	—	—	借底脚安装，从 D 端看底脚在右边
IM B8	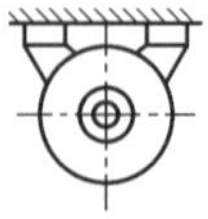	2	有底脚	—	—	借底脚安装，底脚在上
IM B9	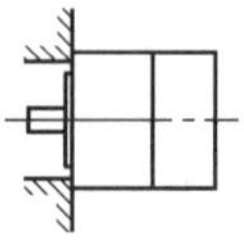	1	—	—	D 端无端盖或轴承	借 D 端的机座面安装

续表

代号	示意图	结构型式				安装型式（卧式）
		端盖式轴承数	底脚	凸缘	其他细节	
IM B10	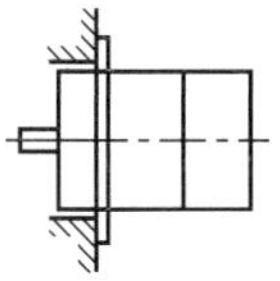	2	—	有凸缘	D 端有特殊的凸缘	借 D 端的凸缘面安装
IM B14	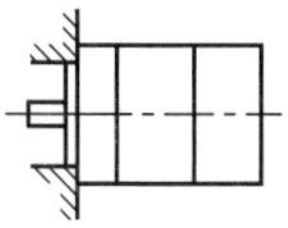	2	—	有凸缘	端盖有止口，有螺孔，凸缘在 D 端	借 D 端的凸缘面安装
IM B15	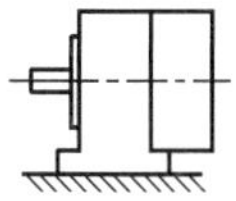	1	有底脚	—	D 端无端盖或轴承，机座的 D 端用作附加安装	借底脚安装，底脚在下，用机座端面作附加安装
IM B20	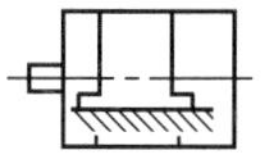	2	有抬高的底脚	—	—	借底脚安装，底脚在下
IM B25	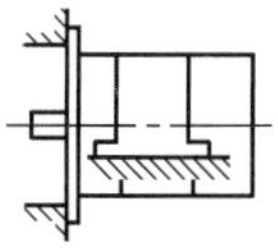	2	有抬高的底脚	有凸缘	端盖凸缘在 D 端，凸缘上有通孔	借底脚安装，底脚在下，用凸缘作附加安装
IM B30	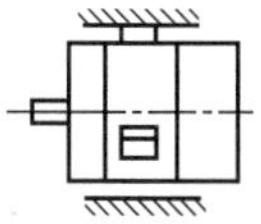	2	—	—	在端盖或机座上有 3 只或 4 只搭子	借搭子安装
IM B34	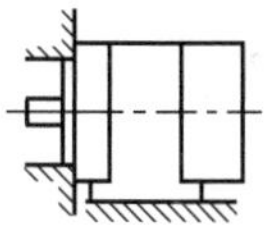	2	有底脚	有凸缘	端盖有止口，有螺孔，凸缘在 D 端	借底脚安装，底脚在下，用 D 端的凸缘面作附加安装
IM B35	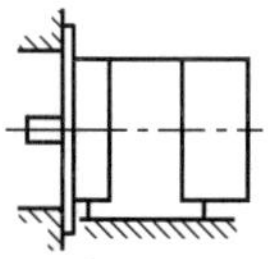	2	有底脚	有凸缘	端盖上带凸缘，凸缘有通孔，凸缘在 D 端	借底脚安装，底脚在下，用 D 端的凸缘面作附加安装

注：D 端通常指电动机的传动端和发电机的被传动端。电机具有不同直径的双轴伸时，直径大的一端为 D 端。电机具有相同直径的圆柱形轴伸和圆锥形轴伸时，圆柱形轴伸一端为 D 端。

表 18-1-22　　代码 1 立式安装电动机的代号（IM V··）

代号	示意图	结构型式				安装型式（立式）
		端盖式轴承数	底脚	凸缘	其他细节	
IM V1	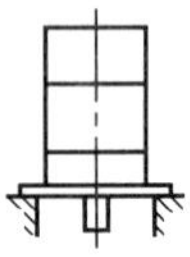	2	—	有凸缘	端盖上带凸缘，凸缘有通孔，凸缘在 D 端	借 D 端凸缘面安装，D 端向下
IM V2	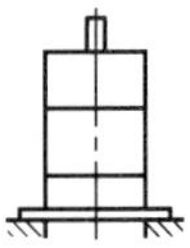	2	—	有凸缘	端盖上带凸缘，凸缘有通孔，凸缘在 N 端	借 N 端凸缘面安装，D 端向上
IM V3	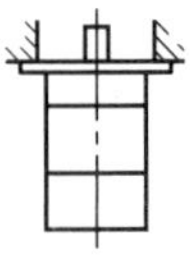	2	—	有凸缘	端盖上带凸缘，凸缘有通孔，凸缘在 D 端	借 D 端凸缘面安装，D 端向上
IM V4	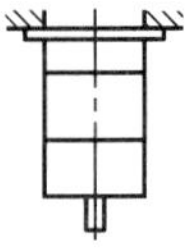	2	—	有凸缘	端盖上带凸缘，凸缘上有通孔，凸缘在 N 端	借 N 端凸缘面安装，D 端向下
IM V5	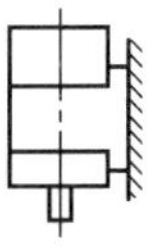	2	有底脚	—	—	借底脚安装，D 端向下
IM V6	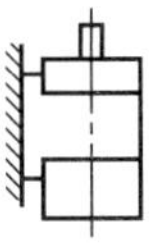	2	有底脚	—	—	借底脚安装，D 端向上
IM V8	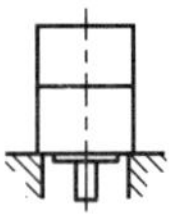	1	—	—	D 端无端盖或轴承	借 D 端机座端面安装，D 端向下
IM V9	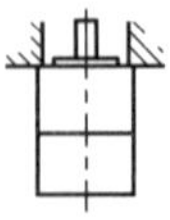	1	—	—	D 端无端盖或轴承	借 D 端机座端面安装，D 端向上
IM V10	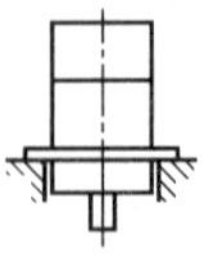	2	—	有凸缘	D 端有特殊的凸缘	借 D 端凸缘面安装，D 端向下
IM V14	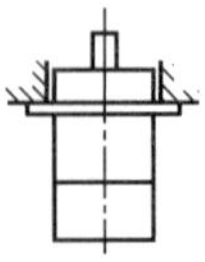	2	—	有凸缘	D 端有特殊的凸缘	借 D 端凸缘面安装，D 端向上

续表

代号	示意图	结构型式				安装型式（立式）
		端盖式轴承数	底脚	凸缘	其他细节	
IM V15	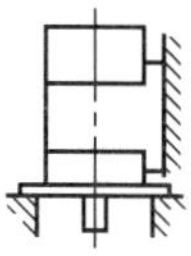	2	有底脚	有凸缘	D端端盖上带凸缘，凸缘有通孔	借底脚安装，用D端的凸缘面作附加安装，D端向下
IM V16	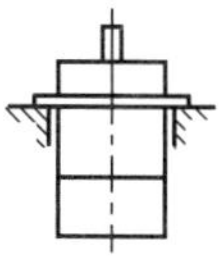	2	—	有凸缘	D端有特殊的凸缘	借N端凸缘面安装，D端向上
IM V17	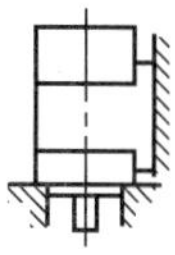	2	有底脚	有凸缘	端盖上带止口，无通孔，凸缘在D端	借底脚安装，有D端的凸缘面作附加安装，D端向下
IM V18	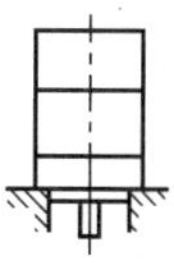	2	—	有凸缘	端盖上带止口，无通孔，凸缘在D端	借D端凸缘面安装，D端向下
IM V19	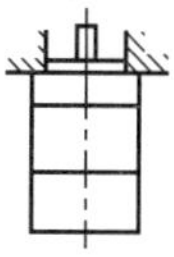	2	—	有凸缘	端盖上带止口，无通孔，凸缘在D端	借D端凸缘面安装，D端向上
IM V30	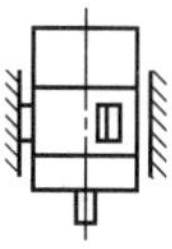	2	—	—	在端盖或机座上有3只或4只搭子	借搭子安装，D端向下
IM V31	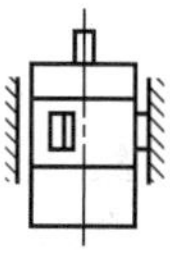	2	—	—	在端盖或机座上有3只或4只搭子	借搭子安装，D端向上
IM V35	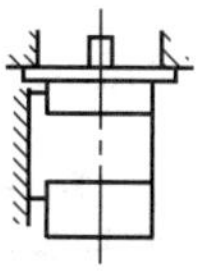	2	有底脚	有凸缘	端盖上带凸缘，凸缘在D端，有通孔	借底脚安装，用D端凸缘面作附加安装，D端向上
IM V37	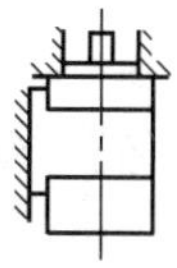				端盖上带止口，无通孔，凸缘在D端	

注：1. D端含义见表18-1-21。

2. N端表示电动机的非传动端，即相对于传动端的另一端。

表 18-1-23　　代码 2 第一位数字和第四位数字的意义

第一位数字	意　　义	第四位数字	意　　义
0	无安排	0	无轴伸
1	底脚安装电动机,仅有端盖式轴承	1	一个圆柱形轴伸
2	底脚和凸缘安装电动机,仅有端盖式轴承	2	两个圆柱形轴伸
3	凸缘安装电动机,仅有端盖式轴承,一个端盖带凸缘	3	一个圆锥形轴伸
4	凸缘安装电动机,仅有端盖式轴承,有一个凸缘,凸缘不在端盖上,而在机座或其他部件上	4	两个圆锥形轴伸
5	无轴承电动机	5	一个带凸缘的轴伸
6	具有端盖式轴承和座式轴承的电动机	6	两个带凸缘的轴伸
7	只有座式轴承的电动机	7	D 端为带凸缘的轴伸,N 端为圆柱形轴伸
8	第一位数字为 1 至 4 以外结构型式的立式电动机	8	无安排
9	特殊安装型式的电动机	9	其他类型的轴伸

表 18-1-24　　代码 2 第一位数字为 1 时第二位和第三位数字的意义（底脚安装电动机，仅有端盖式轴承）

电动机结构		第二位数字	代号和示意图									
			第三位数字									
轴承数	底脚（齿轮箱）		0 卧式,底脚在下	1 D 端向下	2	3 D 端向上	4	5 D 端在左,底脚在背面	6 D 端在右,底脚在背面	7 卧式,底脚在上	8	9
2	正常底脚（无齿轮箱）	0	IM 1001 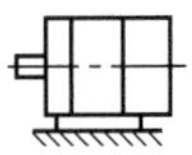	IM 1011 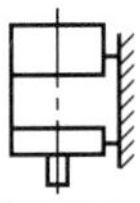	适用于运行在第三位数字为 0 和 1	IM 1031 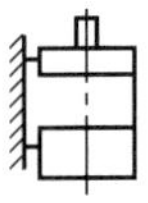	适用于运行在第三位数字为 0,1 和 3	IM 1051 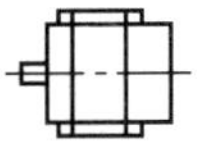	IM 1061 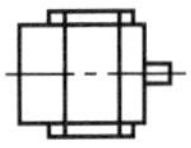	IM 1071 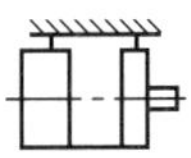	适用于运行在第三位数字为 0,1,3,5,6 和 7	不包括第三位数字 0~8（轴的倾斜不作规定）
2	抬高底脚（无齿轮箱）	1	IM 1101 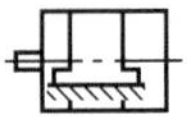									
1	正常底脚（无齿轮箱）	2	IM 1201 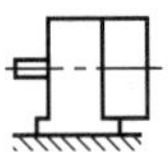	IM 1211 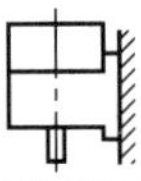		IM 1231 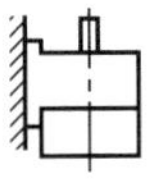		IM 1251 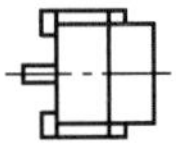	IM 1261 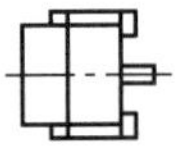	IM 1271 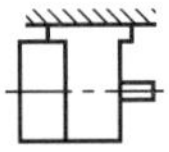		
1	抬高底脚（无齿轮箱）	3	IM 1301 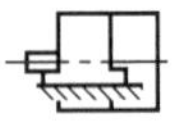									
无安排		4	—	—		—		—	—	—		
无安排		5	—	—		—		—	—	—		
2	正常底脚,带输出轴平行于输入轴的齿轮箱	6	IM 1601 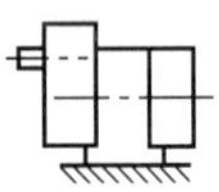	IM 1611 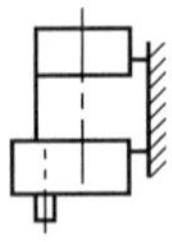		IM 1631 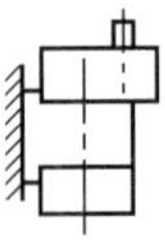		IM 1651 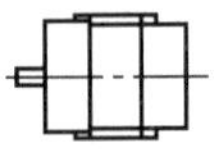	IM 1661 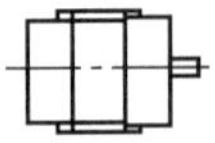	IM 1671 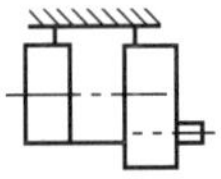		
2	正常底脚,带输出轴位于输入轴右面的齿轮箱	7	IM 1701 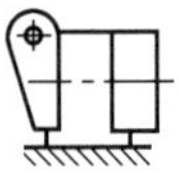	IM 1711 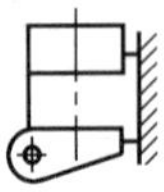		IM 1731 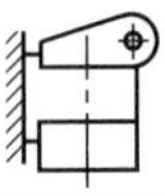		IM 1751 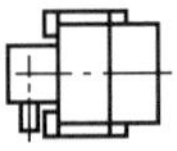	IM 1761 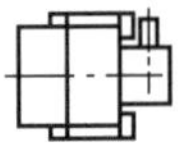	IM 1771 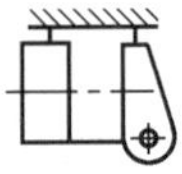		
无安排		8	—	—		—		—	—	—		
无安排		9	—	—		—		—	—	—		

表 18-1-25　代码 2 第一位数字为 2 时第二位和第三位数字的意义

（底脚和凸缘安装电动机，仅有端盖式轴承）

电动机结构		第二位数字	代号和示意图 第三位数字 0 卧式，底脚在下	1 D 端向下	2	3 D 端向上	4	5 D 端在左，底脚在背面	6 D 端在右，底脚在背面	7 卧式，底脚在上	8	9
底脚	凸缘数和凸缘上通孔											
正常底脚	一个凸缘，凸缘有通孔	0	IM 2001 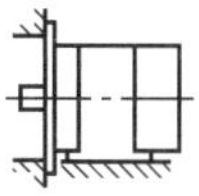	IM 2011 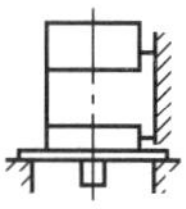	适用于运行在第三位数字为 0 和 1	IM 2031 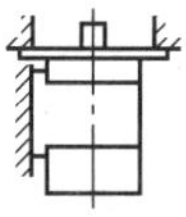	适用于运行在第三位数字为 0,1 和 3	IM 2051 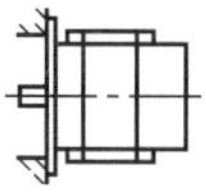	IM 2061 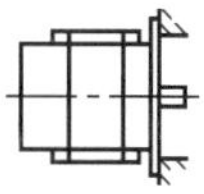	IM 2071 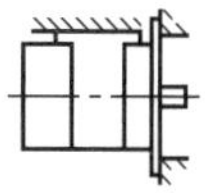	适用于运行在第三位数字为 0,1,3,5,6 和 7	不包括第三位数字 0～8（轴的倾斜不作规定）
正常底脚	一个凸缘，凸缘无通孔	1	IM 2101 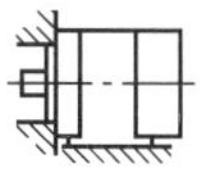	IM 2111 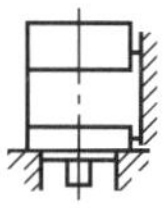		IM 2131 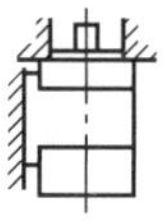		IM 2151 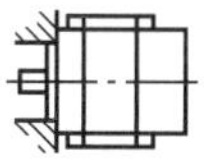	IM 2161 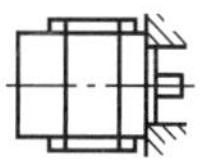	IM 2171 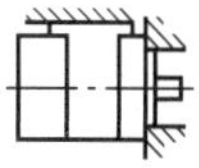		
正常底脚	两个凸缘，凸缘有通孔	2	IM 2202 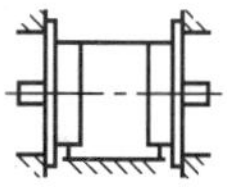	IM 2212 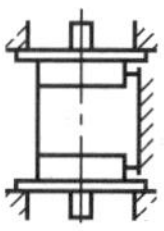		IM 2232 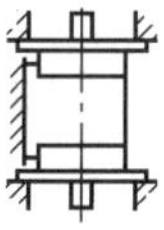		IM 2252 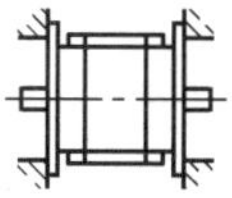	IM 2262 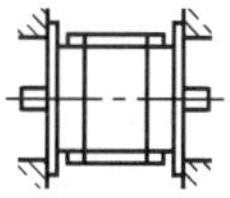	IM 2272 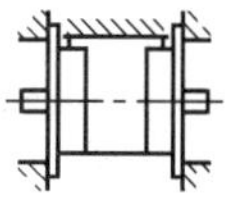		
正常底脚	两个凸缘，凸缘无通孔	3	IM 2302 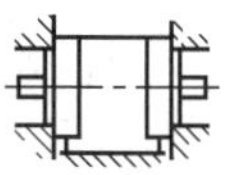	IM 2312 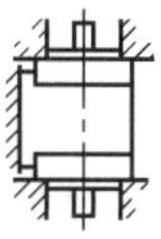		IM 2332 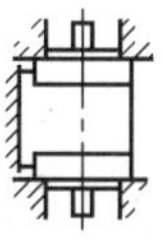		IM 2352 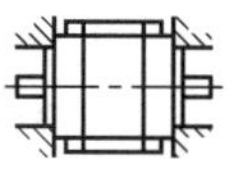	IM 2362 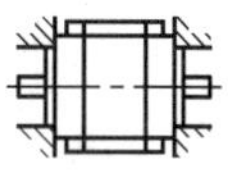	IM 2372 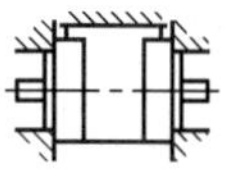		
抬高底脚	一个凸缘，凸缘有通孔	4	IM 2401 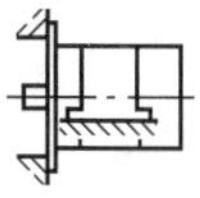									
无安排		5	—	—		—		—	—	—		
无安排		6	—	—		—		—	—	—		

表 18-1-26　　代码 2 第一位数字为 3 时第二和第三位数字的意义

（凸缘安装电动机，仅有端盖式轴承，一个端盖带凸缘）

电动机结构				第二位数字	代号和示意图						
					第三位数字						
轴承数	凸缘位置	凸缘有通孔	凸缘面朝向		0 卧式	1 D 端向下	2	3 D 端向上	4	5~8 无安排	9
2	D 端	是	D 端	0	IM 3001 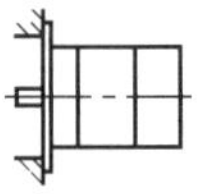	IM 3011 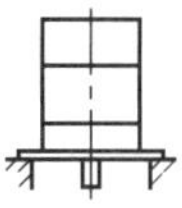	适用于运行在第三位数字为 0 和 1	IM 3031 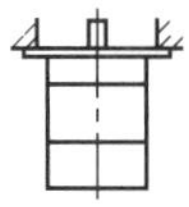	适用于运行在第三位数字为 0,1 和 3	—	不包括第三位数字 0~4（轴的倾斜不作规定）
2	D 端	是	N 端	1	IM 3101 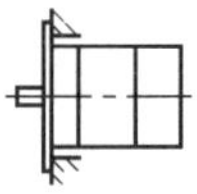	IM 3111 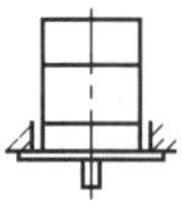		IM 3131 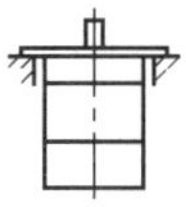			
2	N 端	是	N 端	2	IM 3201 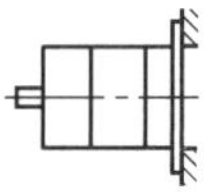	IM 3211 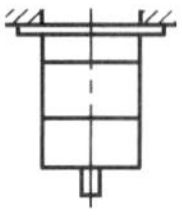		IM 3231 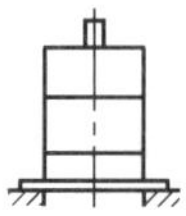			
2	N 端	是	D 端	3	IM 3301 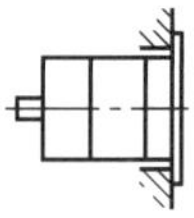	IM 3311 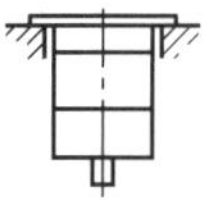		IM 3331 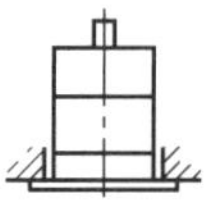			
1	N 端	是	N 端	4	IM 3401 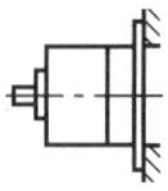	IM 3411 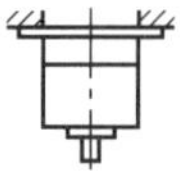		IM 3431 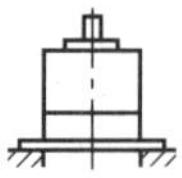			
1	N 端	是	D 端	5	IM 3501 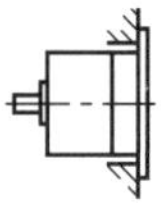	IM 3511 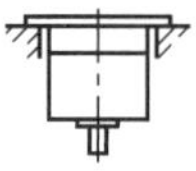		IM 3531 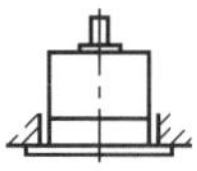			
2	D 端	否	D 端	6	IM 3601 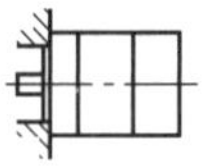	IM 3611 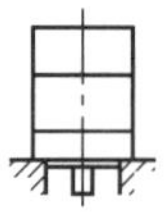		IM 3631 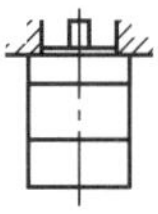			
2	N 端	否	N 端	7	IM 3701 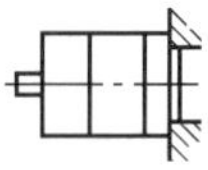	IM 3711 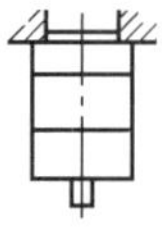		IM 3731 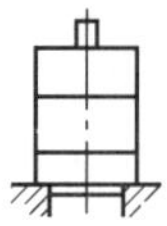			
2	D 端有裙式凸缘，为端盖的一部分	是	D 端	8		IM 3811 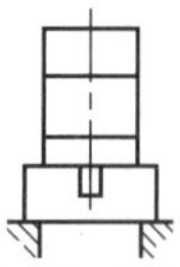					

注：第二位数字为 8，除其有裙式凸缘外与第二位数字为 0 相同。

表 18-1-27　　代码 1、2 接线盒位置代号

字母代号	接线盒位置		说　明
R	右	3 点钟	表示接线盒位置时，根据下面规划以末位字母作代号 ① 有底脚的电机从 D 端视之，底脚应在 6 点钟 ② 只带凸缘且有泄水孔的电机从 D 端视之，泄水孔应在 6 点钟 ③其他结构没有代号
B	底部	6 点钟	
L	左	9 点钟	
I	顶部	12 点钟	
—	未规定		

表 18-1-28　　代码 1 和代码 2 之间的关系

卧式电动机代码 1（IM　B··）和代码 2		立式电动机代码 1（IM　V··）和代码 2	
代码 1	代码 2	代码 1	代码 2
IM　B3	IM　1001	IM　V1	IM　3011
IM　B5	IM　3001	IM　V2	IM　3231
IM　B6	IM　1051	IM　V3	IM　3031
IM　B7	IM　1061	IM　V4	IM　3211
IM　B8	IM　1071	IM　V5	IM　1011
IM　B9	IM　9101	IM　V6	IM　1031
IM　B10	IM　4001	IM　V8	IM　9111
IM　B14	IM　3601	IM　V9	IM　9131
IM　B15	IM　1201	IM　V10	IM　4011
IM　B20	IM　1101	IM　V14	IM　4031
IM　B25	IM　2401	IM　V15	IM　2011
IM　B30	IM　9201	IM　V16	IM　4131
IM　B34	IM　2101	IM　V17	IM　2111
IM　B35	IM　2001	IM　V18	IM　3611
		IM　V19	IM　3631
		IM　V30	IM　9211
		IM　V31	IM　9231
		IM　V35	IM　2031
		IM　V37	IM　2131

4.3　常用电动机的特点及用途

表 18-1-29　　常用电动机的特点及用途

类别	系列名称	主要性能及结构特点	容量范围/kW	用　途	工作条件	安装型式	型号及含义
一般异步电动机	Y 系列（IP44）、Y2 系列（IP54）、Y3 系列（IP55）三相异步电动机	效率高，耗电少，性能好，噪声小，振动小，体积小，重量轻，运行可靠，维修方便。B 级绝缘，Y3 采用 F 级绝缘。结构为全封闭、自扇冷式，能防止灰尘、铁屑、杂物侵入电动机内部。冷却方式为 IC411	0.12~315（连续工作制 S1 的容量）	适用于灰尘多、土扬水溅的场合，如农业机械、矿山机械、搅拌机、碾米机、磨粉机等，为一般用途电动机。660V 电动机的使用范围在逐步扩大，Y 系列在逐步停止生产	① 海拔不超过 1000m ② 环境温度不超过 40℃，最低温度为 -15℃，轴承允许温度（温度计法）不超过 95℃ ③ 最湿月月平均最高相对湿度为 90%，同时该月月平均最低温度不高于 25℃ ④ 额定电压为 380V，额定频率为 50Hz ⑤ 3kW 以下为Y接法，4kW 及以上为△接法	B3 B5 B35 B34 B14 V1	Y132S2-2 Y—异步电动机 132—中心高（mm） S2—机座长（短机座，2 号铁芯长） 2—极数
	Y 系列（IP23）防护式笼型三组异步电动机	为一般用途防滴式电动机，可防止直径大于 12mm 的小固体异物进入机壳内，并防止沿与垂直线成 60°或小于 60°的淋水对电动机的影响。同样机座号 IP23 比 IP44 提高一个功率等级。主要性能同 IP44。B 级绝缘，冷却方式为 IC01	5.5~355（连续工作制 S1 的容量）	适用于驱动无特殊要求的各种机械设备，如金属切削机床、鼓风机、水泵、运输机械等。660V 电动机的使用范围在逐步扩大	① 定子绕组为△接法 ② 其他同Y系列（IP44）	B3	Y160L2-2 Y—异步电动机 160—中心高（mm） L2—机座长（长机座，2 号铁芯长） 2—极数
	YR 系列（IP44）绕线转子三相异步电动机	电动机有良好的密封性，效率高，过载能力强，启动转矩大广泛用于机械工业粉尘多、环境较恶劣的场所。电动机冷却方式为自扇冷却 IC411，B 或 F 级或 F 级绝缘	3~132（连续工作制 S1 的容量）	用于比鼠笼电机更大的启动转矩，馈电线路容量不足以启动鼠笼转子，适用于矿山、冶金等机械工业。660V 电动机的使用范围在逐步扩大	① 定子绕组为△接法（3kW 时为Y接法），转子绕组Y接法 ② 其他同Y系列（IP44）	B3 B35 V1	YR250M2-8 R—绕线转子

续表

类别	系列名称	主要性能及结构特点	容量范围/kW	用途	工作条件	安装型式	型号及含义
一般异步电动机	YR3 系列(IP23)绕线转子三相异步电动机	电动机转子采用绕线型绕组,使电动机能在较小的启动电流下提供较大的转矩,并能在一定范围内调速。冷却方式为IC01,F级绝缘	4~355(连续工作制S1的容量)	适用于不含易燃、易爆或腐蚀性气体的场所,如压缩机、卷扬机、拔丝机、传输带、印刷机等。660V电动机的使用范围在逐步扩大	①定子绕组为△接法,转子绕组为Y接法 ②其他同YR系列(IP44)	B3	YR160L1-4 R—绕线转子
	YH 系列(IP44)高转差率三相异步电动机	为Y系列(IP44)派生系列,转差率高,启动转矩大,启动电流小,机械特性软,能承受冲击负荷。电动机转子采用高电阻铝合金制造。冷却方式为IC411,B级绝缘	0.55~90	适用于传动转动惯量较大和冲击负荷以及正反转次数较多的金属加工机床,如锤击机、剪切机、冲击机、锻冶机等	①为S3工作方式,负载持续率为15%、25%、40%、60%(每个工作周期为10min) ②其他同Y系列(IP44)	B3 B5 B35	H—高转差率
	YEJ 系列(IP44)电磁铁制动三相异步电动机	为全封闭、自扇冷、笼型转子具有附加圆盘型直流电磁铁制动的三相异步电动机,是Y系列电动机加上直流电磁铁制动器组合而成的产品,可使配套主机快速停机和准确定位。电动机约加长20%。B级绝缘。冷却方式IC411。	0.55~45(连续工作制S1的容量)	适用于要求快速停止、准确定位的场合,如起重运输、食品、轻工、包装、印刷、水泥、建筑、木工、化工、机床等方面,广泛用于自动生产线上,不用于各种单机配套	同Y系列(IP44)但电磁制动防护等级为IP23 电磁制动器的额定电压为直流170V(中心高112mm及以上者)、直流90V(中心高为100mm及以下者)	B3 B5 B6 B7 B8 B35	YEJ100L2-4 E—制动 J—附加电磁制动器
	YEP 系列旁磁制动三相异步电动机	是在Y系列电动机基础上附加一个制动器。电动机接通三相交流电源,产生一个旋转磁场,由于分磁铁结构限制,转子部分磁通产生轴向磁拉力,使制动盘与刹车圈脱离,电动机运转。断电后,在弹簧力作用下制动,电动机停转	0.55~11	同YEJ系列	①工作方式S3,负载持续率为25%(每个工作周期为10min) ②其他同Y系列(IP44)	B3 B5 B6 B7 B8 B35	YEP132S-4 EP—旁磁制动
变速和减速异步电动机	YD 系列(IP44)变极多速三相异步电动机	改变Y系列(IP44)电动机定子绕组的接线方法,以改变极对数,得到多种转速。对简化变速系统和节约能源有意义。B级绝缘,冷却方式为IC411	0.45~82	适用于机床、矿山、冶金、纺织等需变速的各种传动	①工作方式S1 ②其他同Y系列(IP44)	B3 B5 B6 B7 B8 B35 V1 V3 V5 V6 V15	YD100L2-6/4 D—多速 6/4—极数比
	YCJ 系列(IP44)齿轮减速三相异步电动机	是Y系列(IP44)的派生系列,由同轴式减速器和全封闭自冷式电动机构成一个整体。输出转速低,转矩大,体积小,噪声小,运行可靠。B级绝缘,IC411冷却方式	0.55~15	适用于驱动低转速传动机械,可供矿山、冶金、制糖、造纸、化工、橡胶等行业设备配套使用	①工作方式S1 ②其他同Y系列(IP44)	B5 B6 B7 B8 V1 V5	YCJ132-1.5-35 CJ—齿轮减速 132—输出轴中心高(mm) 35—输出转速(r/min) 1.5—电动机额定功率(kW)

续表

类别	系列名称	主要性能及结构特点	容量范围/kW	用　途	工作条件	安装型式	型号及含义
变速和减速异步电动机	YCT、YCTD(IP21)系列电磁调速三相异步电动机	由电磁转差离合器、拖动电动机、测速发电机组成,配上专用控制器调节离合器的励磁电流可进行恒转矩或风机型负载设备无级调速,并有速度负反馈的自动调节系统。在最高转速时传递效率较高,转速低时效率低。拖动电动机为4极笼型Y系列电动机,借端盖装在离合器机座上。YCTD系列与YCT系列相比,相同功率的电动机要缩小1~2个机座号,额定最高转速平均提高4.2%。B级绝缘,空气冷却IC01。由于变频器的普及,此类电动机逐渐被变频调速电动机代替	0.55~90(连接工作制S1)	适用于装载机械、化纤、电线电缆、造纸、印刷、水泥、橡胶、电力、水泵、风机等要求无级变速的机械设备	①户内使用 ②介质中不含有铁磁性物质、尘埃或腐蚀金属、破坏绝缘的气体 ③控制器电源为220V、50Hz ④环境温度-15~40℃ ⑤海拔1000m以下	B3	YCTD112-4A(B) C—电磁 T—调速 D—低电阻端环 112—中心高(mm) 4—拖动电动机极数 A(B)—拖动电动机功率等级
起重冶金电动机	YZR、YZ系列起重及冶金用三相异步电动机	YZR系列为绕线转子电动机,YZ系列为笼型转子电动机。有较高的机械强度及过载能力,转动惯量小,适于频繁快速启动及反转频繁的制动场合。绝缘等级为F、H级,冷却方式IC410、IC411 一般用途防护等级为IP44 冶金环境用防护等级为IP54	YZR1.5~200 YZ1.5~30	适用于室内外多尘环境及启动、逆转次数频繁的起重机械和冶金设备等	①工作方式S3 ②户外电动机 ③海拔不超过1000m ④环境温度不超过40℃(F级)、60℃(H级) ⑤轴承允许温升95℃(F级)、115℃(H级)	IM1001 IM1003 IM1002 IM1004 IM3001 IM3003 IM3011 IM3013	YZR132M1-6 Z—起重及冶金用 R—绕线转子(笼型转子无R)
隔爆异步电动机	YB系列隔爆型异步电动机	为全封闭自扇冷式隔爆笼型电动机,是Y系列(IP44)接线盒为IP54的派生产品。加强外壳机械强度设计,保证各接合面上具有一定间隙参数,一旦电动机内部爆炸不致引起周围环境爆炸性混合物爆炸。它的外壳、端盖、接线盒座、接线盒盖等零件组成外部防爆外壳,接线盒具有良好的防爆性能,位于电动机顶部。改变接线盒的位置可从四个方向进线。电动机冷却方式为IC0141,绝缘等级为F级	0.18~315	广泛用于有爆炸性气体混合物存在的场所,(如石油、化工、煤矿井下)作一般用途驱动电动机	①环境温度不超过40℃ ②海拔不超过1000m ③频率50Hz,电压380V、220V、660V或380V/660V、220V/380V ④工作方式S1	B3 V1	YB355S2-2-W B—隔爆型 W—气候防护(W—户外,F—防腐,TH—湿热带)
振动异步电动机	YZU系列振动异步电动机	为各类振动机械通用型激振源,全封闭结构设计,保证电动机在无爆炸性场所工作。调节两块偏心块夹角的大小可实现振动电动机激振力的无级调节。B级绝缘,防护等级为IP54	0.6~210	广泛用于电力、建材、煤炭、矿山、冶金、化工、轻工及铸造等行业,作为振动给料机、振动落砂机、振动筛分机等设备的振源	①环境温度不超过40℃ ②海拔不超过1000m ③相对湿度不超过95% ④电源为三相交流50Hz、380V	B3 V1	YZU-10-2A YZU—普通型振动电动机 10—额定激振力(kN) 2—电动机极数 A—结构代号,底脚与端盖相连(B—底脚与机座相连)

续表

类别	系列名称	主要性能及结构特点	容量范围/kW	用　途	工作条件	安装型式	型号及含义
小功率电动机	YS 系列三相异步电动机	体积小,重量轻,结构简单,运行可靠,维修方便。两个端盖式轴承。E 级绝缘,防护等级 IP44、IP54 或 IP55,冷却方式机座号 63 以上为 IC0141,56 以下为 IC0041	10~2200W	广泛应用在机械传动设备上,如小型机床,冶金、化工、纺织、医疗器械及日用电器	①环境温度不超过 40℃,最低-15℃ ②相对湿度不超过 90% ③海拔不超过 1000m ④电源频率 50Hz,电压 220V/380V ⑤工作方式 S1	B3(V5、V6) B14(V18、V19) B34 B5(V1、V3) B35	
	YU 系列电阻启动异步电动机	冷却方式 IC0141,其他同 YS 系列	60~1100W	适用于不需要较高的启动转矩而启动电流允许较大的一般机械传动,如小型机床、鼓风机、医疗器械、工业缝纫机、排风扇等	①额定电压 220V ②其他同 YS 系列	同 YS 系列	
	YC 系列电容启动异步电动机	同 YU 系列	120~3700W	适用于启动转矩不高、启动电流不大的一般机械传动;功率较大的电动机适用于小型机床、水泵、冷冻机、空气压缩机、木工机械等	同 YU 系列	同 YS 系列	
	YY 系列电容运转异步电动机	同 YS 系列	10~2200W	适用于要求平稳及启动转矩小的传动设备,如录音机、风扇、记录仪表等家用电器	同 YU 系列	同 YS 系列	
	Z4 系列直流电动机	可用直流电源供电,更适用于静止整流电源供电,转动惯量小,有较好的动态性能,能承受高负载变化,适用于需平滑调速、效率高、自动稳速、反应灵敏的控制系统。外壳防护等级为 IP21S,冷却方式为 IC06,F 级绝缘	1.5~530kW	广泛用于轻工机械及纺织、造纸和冶金工业等调速要求高的自动化传动系统	①额定电压 160V,在单相桥式整流供电下一般需带电抗器工作。440V 电动机不接电抗器 ②海拔不超过 1000m ③环境温度不超过 40℃ ④工作方式 S1	B3 B35 B5 V1 V15	Z4-112/2-1 Z—直流电动机 4—设计序号 112—机座中心高(mm) 2—极数 1—1 号铁芯长度 Z4-160/21 160—机座中心高(mm) 2—2 号铁芯长 1—1 号端盖

注:旋转电动机的冷却方法及标记见标准 GB/T 1993—1993。

4.4 一般异步电动机

4.4.1 **Y2 系列**（IP54）（摘自 JB/T 8680—2008）、**Y3 系列**（IP55）（摘自 GB/T 25290—2010）**三相异步电动机**

表 18-1-30 **Y2、Y3 系列三相异步电动机技术数据**（380V）

型号	额定功率 /kW	额定电流 /A	转速 /r·min^{-1}	效率 /%	功率因数 $\cos\varphi$	最大转矩/额定转矩 $\frac{T_{max}}{T_N}$	最小转矩/额定转矩 $\frac{T_{min}}{T_N}$	堵转转矩/额定转矩 $\frac{T_{st}}{T_N}$	堵转电流/额定电流 $\frac{I_{st}}{I_N}$	噪声（声功率级）空载 /dB(A)	噪声（声功率级）空负载之差 /dB(A)	转动惯量 /kg·m^2	参考质量 /kg
Y2-63M1-2	0.18			65.0	0.80	2.2	1.6	2.2	5.5	61	2		
Y2-63M2-2	0.25			68.0	0.81	2.2	1.6	2.2	5.5	61	2		
Y2-71M1-2	0.37			70.0	0.81	2.2	1.6	2.2	6.1	64	2		
Y2-71M2-2	0.55			73.0	0.82	2.3	1.6	2.2	6.1	64	2		
Y2-80M1-2	0.75	1.8	2830	75.0	0.83	2.3	1.5	2.2	6.1	67	2	0.00075	16
Y2-80M2-2	1.1	2.6	2830	76.2	0.84	2.3	1.5	2.2	7.0	67	2	0.00090	17
Y2-90S-2	1.5	3.4	2840	78.5	0.84	2.3	1.5	2.2	7.0	72	2	0.0012	22
Y2-90L-2	2.2	4.9	2840	81.0	0.85	2.3	1.4	2.2	7.0	72	2	0.0014	25
Y2-100L-2	3	6.3	2880	82.6	0.87	2.3	1.4	2.2	7.5	76	2	0.0029	33
Y2-112M-2	4	8.1	2890	84.2	0.88	2.3	1.4	2.2	7.5	77	2	0.0055	45
Y2-132S1-2	5.5	11	2900	85.7	0.88	2.3	1.2	2.2	7.5	80	2	0.0109	64
Y2-132S2-2	7.5	14.9	2900	87.0	0.88	2.3	1.2	2.2	7.5	80	2	0.0126	70
Y2-160M1-2	11	21.3	2930	88.4	0.89	2.3	1.2	2.2	7.5	86	2	0.0377	117
Y2-160M2-2	15	28.8	2930	89.4	0.89	2.3	1.2	2.2	7.5	86	2	0.0449	125
Y2-160L-2	18.5	34.7	2930	90.0	0.90	2.3	1.1	2.2	7.5	86	2	0.055	147
Y2-180M-2	22	41	2940	90.5	0.90	2.3	1.1	2.0	7.5	89	2	0.075	180
Y2-200L1-2	30	55.5	2950	91.4	0.90	2.3	1.1	2.0	7.5	92	2	0.124	240
Y2-200L2-2	37	67.9	2950	92.0	0.90	2.3	1.1	2.0	7.5	92	2	0.139	255
Y2-225M-2	45	82.3	2960	92.5	0.90	2.3	1.0	2.0	7.5	92	2	0.233	309
Y2-250M-2	55	101	2970	93.0	0.90	2.3	1.0	2.0	7.5	93	2	0.312	403
Y2-280S-2	75	134.4	2970	93.6	0.91	2.3	0.9	2.0	7.5	94	2	0.597	544
Y2-280M-2	90	160.2	2970	93.9	0.91	2.3	0.9	2.0	7.5	94	2	0.675	620
Y2-315S-2	110	195	2980	94.0	0.91	2.2	0.9	1.8	7.1	96	2	1.18	980
Y2-315M-2	132	233	2980	94.5	0.91	2.2	0.9	1.8	7.1	96	2	1.82	1080
Y2-315L1-2	160	279	2980	94.6	0.92	2.2	0.9	1.8	7.1	99	2	2.08	1160
Y2-315L2-2	200	348	2980	94.8	0.92	2.2	0.8	1.8	7.1	99	2	2.41	1190

续表

型号	额定功率 /kW	额定电流 /A	转速 /r·min^{-1}	效率 /%	功率因数 cosφ	最大转矩/额定转矩 $\frac{T_{max}}{T_N}$	最小转矩/额定转矩 $\frac{T_{min}}{T_N}$	堵转转矩/额定转矩 $\frac{T_{st}}{T_N}$	堵转电流/额定电流 $\frac{I_{st}}{I_N}$	噪声（声功率级）/dB(A) 空载	噪声（声功率级）/dB(A) 空负载之差	转动惯量 /kg·m^2	参考质量 /kg
Y2-355M-2	250	433	2980	95.2	0.92	2.2	0.8	1.6	7.1	103	2	3.56	1760
Y2-355L-2	315	544	2980	95.4	0.92	2.2	0.8	1.6	7.1	103	2	4.16	1850
Y2-63M1-4	0.12			57.0	0.72	2.2	1.7	2.1	4.4	52	5		
Y2-63M2-4	0.18			60.0	0.73	2.2	1.7	2.1	4.4	52	5		
Y2-71M1-4	0.25			65.0	0.74	2.2	1.7	2.1	5.2	55	5		
Y2-71M2-4	0.37			67.0	0.75	2.2	1.7	2.1	5.2	55	5		
Y2-80M1-4	0.55	1.6	1390	71.0	0.75	2.3	1.7	2.4	5.2	58	5	0.0018	17
Y2-80M2-4	0.75	2	1390	73.0	0.76	2.3	1.6	2.3	6.0	58	5	0.0021	18
Y2-90S-4	1.1	2.9	1400	76.2	0.77	2.3	1.6	2.3	6.0	61	5	0.0021	22
Y2-90L-4	1.5	3.7	1400	78.5	0.79	2.3	1.6	2.3	6.0	61	5	0.0027	27
Y2-100L1-4	2.2	5.2	1430	81.0	0.81	2.3	1.5	2.3	7.0	64	5	0.0054	34
Y2-100L2-4	3	6.8	1430	82.3	0.82	2.3	1.5	2.3	7.0	64	5	0.0067	38
Y2-112M-4	4	8.8	1440	84.2	0.82	2.3	1.5	2.3	7.0	65	5	0.0095	43
Y2-132S-4	5.5	11.8	1440	85.7	0.83	2.3	1.4	2.3	7.0	71	5	0.0214	68
Y2-132M-4	7.5	15.6	1440	87.0	0.84	2.3	1.4	2.3	7.0	71	5	0.0296	81
Y2-160M-4	11	22.3	1460	88.4	0.85	2.3	1.4	2.2	7.0	75	5	0.0747	123
Y2-160L-4	15	30.1	1460	89.4	0.85	2.3	1.4	2.2	7.5	75	4	0.0918	144
Y2-180M-4	18.5	36.5	1470	90.0	0.86	2.3	1.2	2.2	7.5	76	4	0.139	182
Y2-180L-4	22	43.2	1470	90.5	0.86	2.3	1.2	2.2	7.5	76	4	0.158	190
Y2-200L-4	30	57.6	1470	91.4	0.86	2.3	1.2	2.2	7.2	79	4	0.262	270
Y2-225S-4	37	69.9	1480	92.0	0.87	2.3	1.2	2.2	7.2	81	4	0.406	284
Y2-225M-4	45	84.7	1480	92.5	0.87	2.3	1.1	2.2	7.2	81	3	0.469	320
Y2-250M-4	55	103	1480	93.0	0.87	2.3	1.1	2.2	7.2	83	3	0.66	427
Y2-280S-4	75	139.6	1480	93.6	0.87	2.3	1.0	2.2	7.2	86	3	1.12	562
Y2-280M-4	90	166.9	1480	93.9	0.87	2.3	1.0	2.2	7.2	86	3	1.46	667
Y2-315S-4	110	201	1480	94.5	0.88	2.2	1.0	2.1	6.9	93	3	3.11	1000
Y2-315M-4	132	240	1480	94.8	0.88	2.2	1.0	2.1	6.9	93	3	3.62	1100
Y2-315L1-4	160	289	1480	94.9	0.89	2.2	1.0	2.1	6.9	97	3	4.13	1160
Y2-315L2-4	200	359	1480	94.9	0.89	2.2	0.9	2.1	6.9	97	3	4.94	1270
Y2-355M-4	250	443	1480	95.2	0.90	2.2	0.9	2.1	6.9	101	3	5.67	1700

续表

型号	额定功率/kW	额定电流/A	转速/$r\cdot min^{-1}$	效率/%	功率因数 $\cos\varphi$	最大转矩/额定转矩 $\frac{T_{max}}{T_N}$	最小转矩/额定转矩 $\frac{T_{min}}{T_N}$	堵转转矩/额定转矩 $\frac{T_{st}}{T_N}$	堵转电流/额定电流 $\frac{I_{st}}{I_N}$	噪声(声功率级) 空载/dB(A)	噪声(声功率级) 空负载之差/dB(A)	转动惯量/$kg\cdot m^2$	参考质量/kg
Y2-355L-4	315	556	1480	95.2	0.90	2.2	0.8	2.1	6.9	101	3	6.66	1850
Y2-71M1-6	0.18			56.0	0.66	2.0	1.5	1.9	4.0	52	7		
Y2-71M2-6	0.25			59.0	0.68	2.0	1.5	1.9	4.0	52	7		
Y2-80M1-6	0.37	1.3	900	62.0	0.70	2.0	1.5	1.9	4.7	54	7	0.00158	17
Y2-80M2-6	0.55	1.7	900	65.0	0.72	2.1	1.5	1.9	4.7	54	7	0.0021	19
Y2-90S-6	0.75	2.3	910	69.0	0.72	2.1	1.5	2.0	5.5	57	7	0.0029	23
Y2-90L-6	1.1	3.2	910	72.0	0.73	2.1	1.3	2.0	5.5	57	7	0.0035	25
Y2-100L-6	1.5	3.9	940	76.0	0.75	2.1	1.3	2.0	5.5	61	7	0.0069	33
Y2-112M-6	2.2	5.6	940	79.0	0.76	2.1	1.3	2.0	6.5	65	7	0.0138	45
Y2-132S-6	3	7.4	960	81.0	0.76	2.1	1.3	2.1	6.5	69	7	0.0286	63
Y2-132M1-6	4	9.8	960	82.0	0.76	2.1	1.3	2.1	6.5	69	7	0.0357	73
Y2-132M2-6	5.5	12.9	960	84.0	0.77	2.1	1.3	2.1	6.5	69	7	0.0449	84
Y2-160M-6	7.5	17	970	86.0	0.77	2.1	1.3	2.0	6.5	73	7	0.0881	119
Y2-160L-6	11	24.2	970	87.5	0.78	2.1	1.2	2.0	6.5	73	7	0.116	147
Y2-180L-6	15	31.6	970	89.0	0.81	2.1	1.2	2.0	7.0	73	6	0.207	195
Y2-200L1-6	18.5	38.6	970	90.0	0.81	2.1	1.2	2.1	7.0	76	6	0.315	220
Y2-200L2-6	22	44.7	970	90.0	0.83	2.1	1.2	2.1	7.0	76	6	0.36	250
Y2-225M-6	30	59.3	980	91.5	0.84	2.1	1.2	2.0	7.0	76	6	0.547	292
Y2-250M-6	37	71	980	92.0	0.86	2.1	1.2	2.1	7.0	78	6	0.834	408
Y2-280S-6	45	85.9	980	92.5	0.86	2.0	1.1	2.1	7.0	80	5	1.39	536
Y2-280M-6	55	104.7	980	92.8	0.86	2.0	1.1	2.1	7.0	80	5	1.65	595
Y2-315S-6	75	141	990	93.5	0.86	2.0	1.0	2.0	7.0	85	5	4.11	990
Y2-315M-6	90	169	990	93.8	0.86	2.0	1.0	2.0	7.0	85	5	4.28	1080
Y2-315L1-6	110	206	990	94.0	0.86	2.0	1.0	2.0	6.7	85	5	5.45	1150
Y2-315L2-6	132	244	990	94.2	0.87	2.0	1.0	2.0	6.7	85	4	6.12	1210
Y2-355M1-6	160	292	990	94.5	0.88	2.0	1.0	1.9	6.7	92	4	8.85	1600
Y2-355M2-6	200	365	990	94.5	0.88	2.0	0.9	1.9	6.7	92	4	9.55	1700
Y2-355L-6	250	455	990	94.5	0.88	2.0	0.9	1.9	6.7	92	4	10.63	1800

续表

型号	额定功率/kW	额定电流/A	转速/r·min^{-1}	效率/%	功率因数 $\cos\varphi$	最大转矩/额定转矩 $\frac{T_{max}}{T_N}$	最小转矩/额定转矩 $\frac{T_{min}}{T_N}$	堵转转矩/额定转矩 $\frac{T_{st}}{T_N}$	堵转电流/额定电流 $\frac{I_{st}}{I_N}$	噪声(声功率级)/dB(A) 空载	空负载之差	转动惯量/kg·m^2	参考质量/kg
Y2-80M1-8	0.18	0.9	630	51.0	0.61	1.9	1.3	1.8	3.3	52	8	0.00158	17
Y2-80M2-8	0.25	1.2	640	54.0	0.61	1.9	1.3	1.8	3.3	52	8	0.0021	19
Y2-90S-8	0.37	1.5	660	62.0	0.61	1.9	1.3	1.8	4.0	56	8	0.0029	23
Y2-90L-8	0.55	2.2	680	63.0	0.61	2.0	1.3	1.8	4.0	56	8	0.0035	25
Y2-100L1-8	0.75	2.4	690	71.0	0.67	2.0	1.3	1.8	4.0	59	8	0.0069	33
Y2-100L2-8	1.1	3.4	690	73.0	0.69	2.0	1.2	1.8	5.0	59	8	0.0107	38
Y2-112M-8	1.5	4.5	680	75.0	0.69	2.0	1.2	1.8	5.0	61	8	0.0149	50
Y2-132S-8	2.2	6	710	78.0	0.71	2.0	1.2	1.8	6.0	64	8	0.0314	63
Y2-132M-8	3	7.9	710	79.0	0.73	2.0	1.2	1.8	6.0	64	8	0.0395	79
Y2-160M1-8	4	10.3	720	81.0	0.73	2.0	1.2	1.9	6.0	68	8	0.0753	118
Y2-160M2-8	5.5	13.6	720	83.0	0.74	2.0	1.2	2.0	6.0	68	8	0.0931	119
Y2-160L-8	7.5	17.8	720	85.5	0.75	2.0	1.2	2.0	6.0	68	8	0.126	145
Y2-180L-8	11	25.1	730	87.5	0.76	2.0	1.1	2.0	6.6	70	8	0.203	184
Y2-200L-8	15	34.1	730	88.0	0.76	2.0	1.1	2.0	6.6	73	7	0.339	250
Y2-225S-8	18.5	41.1	730	90.0	0.76	2.0	1.1	1.9	6.6	73	7	0.491	266
Y2-225M-8	22	47.4	740	90.5	0.78	2.0	1.1	1.9	6.6	73	7	0.547	292
Y2-250M-8	30	64	740	91.0	0.79	2.0	1.1	1.9	6.6	75	7	0.834	405
Y2-280S-8	37	77.8	740	91.5	0.79	2.0	1.1	1.9	6.6	76	7	1.39	520
Y2-280M-8	45	94.1	740	92.0	0.79	2.0	1.0	1.9	6.6	76	6	1.65	592
Y2-315S-8	55	111	740	92.8	0.81	2.0	1.0	1.8	6.6	82	6	4.79	1000
Y2-315M-8	75	151	740	93.0	0.81	2.0	0.9	1.8	6.6	82	6	5.58	1100
Y2-315L1-8	90	178	740	93.8	0.82	2.0	0.9	1.8	6.6	82	6	6.37	1160
Y2-315L2-8	110	217	740	94.0	0.82	2.0	0.9	1.8	6.4	82	6	7.23	1230
Y2-355M1-8	132	261	740	93.7	0.82	2.0	0.9	1.8	6.4	90	5	10.55	1600
Y2-355M2-8	160	315	740	94.2	0.82	2.0	0.9	1.8	6.4	90	5	11.73	1700
Y2-355L-8	200	388	740	94.5	0.83	2.0	0.9	1.8	6.4	90	5	12.86	1800
Y2-315S-10	45	100	590	91.5	0.75	2.0	0.8	1.5	6.2	82	7	4.79	810
Y2-315M-10	55	121	590	92.0	0.75	2.0	0.8	1.5	6.2	82	7	6.37	930
Y2-315L1-10	75	162	590	92.5	0.76	2.0	0.8	1.5	6.2	82	7	7	1045

续表

型号	额定功率/kW	额定电流/A	转速/$r \cdot min^{-1}$	效率/%	功率因数$\cos\varphi$	最大转矩/额定转矩 $\frac{T_{max}}{T_N}$	最小转矩/额定转矩 $\frac{T_{min}}{T_N}$	堵转转矩/额定转矩 $\frac{T_{st}}{T_N}$	堵转电流/额定电流 $\frac{I_{st}}{I_N}$	噪声（声功率级）/dB(A) 空载	噪声（声功率级）/dB(A) 空负载之差	转动惯量/$kg \cdot m^2$	参考质量/kg
Y2-315L2-10	90	191	590	93.0	0.77	2.0	0.8	1.5	6.2	82	7	7.15	1115
Y2-355M1-10	110	230	590	93.2	0.78	2.0	0.8	1.3	6.0	90	7	12.55	1500
Y2-355M2-10	132	275	590	93.5	0.78	2.0	0.8	1.3	6.0	90	6	13.75	1600
Y2-355L-10	160	334	590	93.5	0.78	2.0	0.8	1.3	6.0	90	6	14.86	1700

注：1. 主要技术指标为

效率——电动机输出机械功率与输入电功率之比，通常用百分数表示；

功率因数 $\cos\varphi$——电动机输入有效功率与视在功率之比；

堵转电流——电动机在额定电压、额定频率和转子堵住时从供电回路输入的稳态电流有效值；

堵转转矩——电动机在额定电压、额定频率和转子堵住时所产生转矩的最小测得值；

最大转矩——电动机在额定电压、额定频率和运行温度下，转速不发生突降时所产生的最大转矩；

噪声——电动机在空载稳定运行时 A 计权声功率级 dB（A）最大值；

振动——电动机在空载稳态运行时振动速度有效值（mm/s）。

2. Y2 系列是在 Y 系列基础上的更新设计，提高了功率、启动转矩、绝缘等级及防护等级。

表中所列数据为 Y2 系列的数据，Y3 系列的数据与 Y2 系列基本一致，但 Y3 系列采用了优质冷轧硅钢片，采用 F 级绝缘，且温升按 B 级考核，从而具有较高效率和节能效果，并提高了使用寿命。Y、Y2、Y3、GX 系列的安装尺寸基本相同。

3. 型号含义

Y2 系列电动机有两种设计。第一种适用于国内外一般机械配套，在轻载时有较高效率，在实际运行中有较佳节能效果，且具有较高堵转转矩，此设计称为 Y2-Y 系列。中心高 63~355mm，功率 0.12~315kW。电动机符合 JB/T 8680—2008 Y2 系列（IP54）三相异步电动机（机座号 63~355）技术条件。型号含义：

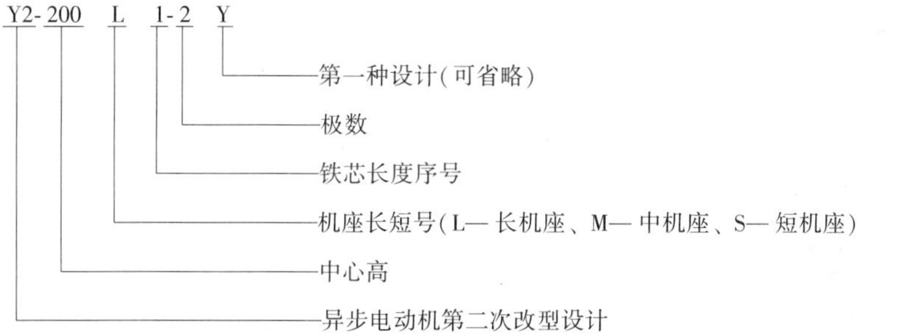

第二种设计满载时有较高效率和节能效果，更适用于长期连续、运行和负载率较高的使用场合，如与水泵、风机配套，此设计称为 Y2-E 系列。中心高 80~280mm，功率 0.55~90kW。型号含义：

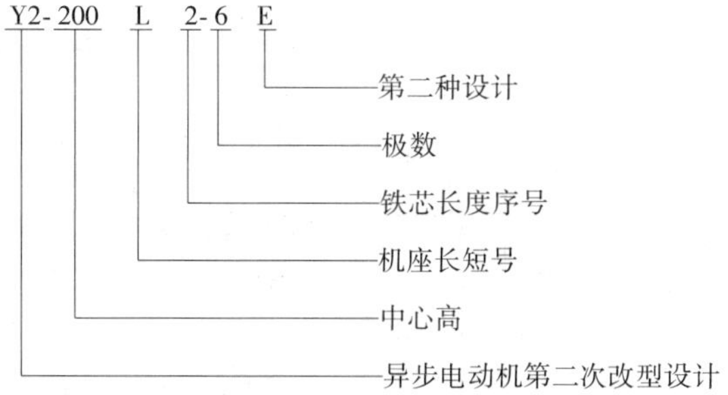

4. S、M、L 后面的数字 1、2 分别代表同一机座号和转速下不同的功率（后面表均同）。

5. 额定电流、转速、转动惯量和参考质量栏数据仅供参考，本表中这些数据取自北京毕捷电机股份有限公司的产品样本。

6. 生产厂家：湘潭电机集团有限公司，北京毕捷电机股份有限公司，西安电机总厂，昆明电机厂，江西特种电机股份有限公司等，南阳防爆集团有限公司，上海电科电机科技有限公司等。

机座带底脚、端盖上无凸缘(B3)的电动机尺寸

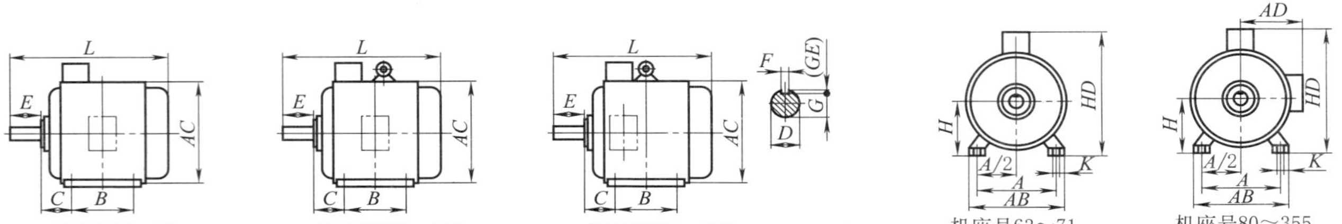

表 18-1-31

mm

机座号	极数	A 基本尺寸	A/2 基本尺寸	B 基本尺寸	C 基本尺寸	C 极限偏差	D 基本尺寸	D 极限偏差	E 基本尺寸	E 极限偏差	F 基本尺寸	F 极限偏差	G[①] 基本尺寸	G[①] 极限偏差	H 基本尺寸	H 极限偏差	K[②] 基本尺寸	K[②] 极限偏差	K[②] 位置度公差	AB	AC	AD	HD	L
		安装尺寸及公差																		外形尺寸				
63M	2、4	100	50	80	40	±1.5	11	+0.008 -0.003	23	±0.26	4	0 -0.030	8.5	0 -0.10	63	0 -0.5	7	+0.36 0	ϕ0.5Ⓜ	135	130	70	180	230
71M	2、4、6	112	56	90	45		14		30		5		11		71					150	145	80	195	255
80M	2、4、6、8	125	62.5	100	50		19	+0.009 -0.004	40	±0.31	6		15.5		80		10		ϕ1.0Ⓜ	165	175	145	220	295
90S		140	70		56		24		50		8	0 -0.036	20	0 -0.20	90					180	195	155	250	320
90L				125																				345
100L		160	80	140	63	±2.0	28		60	±0.37			24		100		12	+0.43 0		205	215	180	270	385
112M		190	95		70										112					230	240	190	300	400
132S		216	108		89		38	+0.018 +0.002	80		10		33		132					270	275	210	345	470
132M				178																				510
160M		254	127	210	108	±3.0	42		110	±0.43	12	0 -0.043	37		160		14.5		ϕ1.2Ⓜ	320	330	255	420	615
160L				254																				670
180M		279	139.5	241	121		48				14		42.5		180					355	380	280	455	700
180L				279																				740
200L		318	159	305	133		55	+0.030 +0.011			16		49		200		18.5	+0.52 0		395	420	305	505	770
225S	4、8	356	178	286	149	±4.0	60		140	±0.50	18		53		225					435	470	335	560	815
225M	2			311			55		110	±0.43	16		49											820
	4、6、8						60		140	±0.50	18		53											845
250M	2	406	203	349	168										250		24		ϕ2.0Ⓜ	490	510	370	615	910
	4、6、8						65						58											
280S	2	457	228.5	368	190										280	0 -1.0				550	580	410	680	985
	4、6、8						75				20	0 -0.052	67.5											

续表

机座号	极数	安装尺寸及公差																		外形尺寸				
		A	*A*/2	*B*	*C*		*D*		*E*		*F*		*G*①		*H*		*K*②			*AB*	*AC*	*AD*	*HD*	*L*
		基本尺寸	基本尺寸	基本尺寸	基本尺寸	极限偏差	基本尺寸	极限偏差	基本尺寸	极限偏差	基本尺寸	极限偏差	基本尺寸	极限偏差	基本尺寸	极限偏差	基本尺寸	极限偏差	位置度公差					
280M	2	457	228.5	419	190	±4.0	65	+0.030 +0.011	140	20	18	0 -0.043	58	0 -0.20	280	0 -1.0	24	+0.52 0	ϕ2.0Ⓜ	550	580	410	680	1035
	4、6、8						75				20	0 -0.052	67.5											
315S	2	508	254	406	216		65				18	0 -0.043	58		315		28			635	645	530	845	1240
	4、6、8、10						80		170		22	0 -0.052	71											1270
315M	2			457			65		140		18	0 -0.043	58											1350
	4、6、8、10						80		170		22	0 -0.052	71											1380
315L	2			508			65		140		18	0 -0.043	58											1350
	4、6、8、10						80		170		22	0 -0.052	71											1380
355M	2	610	305	560	254		75		140		20		67.5		355					730	710	655	1010	1500
	4、6、8、10						95	+0.035 +0.013	170		25		86											1530
355L	2			630			75	+0.030 +0.011	140		20		67.5											1500
	4、6、8、10						95	+0.035 +0.013	170		25		86											1530

① $G=D-GE$，GE 的极限偏差对机座号 80 及以下者为 $\left(\begin{smallmatrix}+0.10\\0\end{smallmatrix}\right)$，其余为 $\left(\begin{smallmatrix}+0.20\\0\end{smallmatrix}\right)$。

② *K* 孔的位置度公差以轴伸的轴线为基准。

注：1. Y2、Y3 系列安装尺寸相同，但个别外形尺寸各厂家可能有差别。

2. 轴伸键的尺寸与公差符合 GB/T 1096 的规定。

机座带底脚、端盖上有凸缘（带通孔）（B35）的电动机尺寸

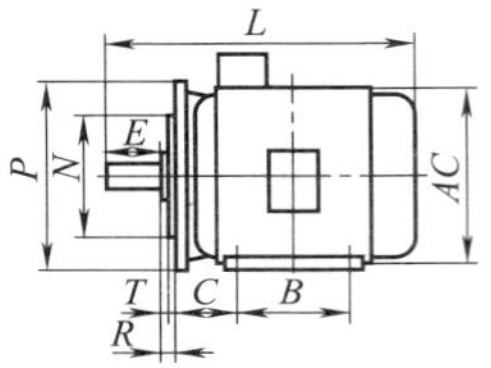

机座号63～90

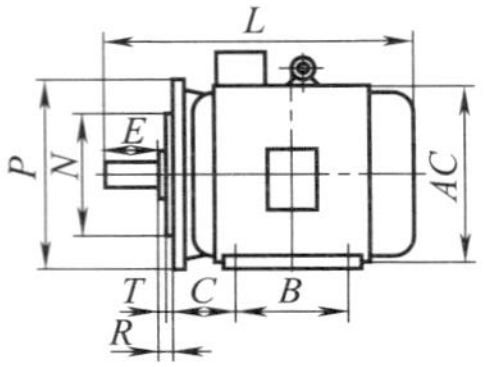

机座号100～132

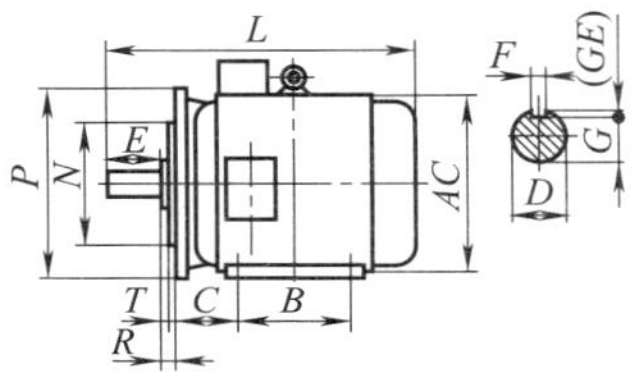

机座号160～355

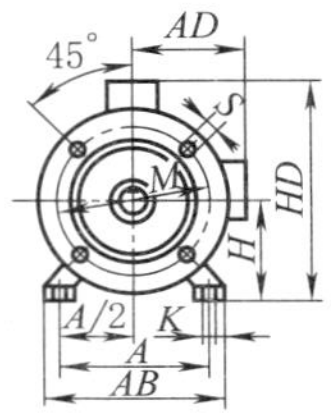

机座号63～200

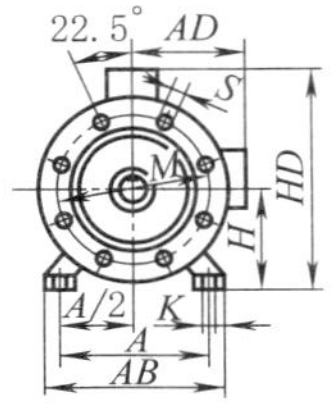

机座号225～355

表 18-1-32

mm

机座号	凸缘号	极数	安装尺寸及公差 A 基本尺寸	A/2 基本尺寸	B 基本尺寸	C 基本尺寸	C 极限偏差	D 基本尺寸	D 极限偏差	E 基本尺寸	E 极限偏差	F 基本尺寸	F 极限偏差	G[①] 基本尺寸	G[①] 极限偏差	H 基本尺寸	H 极限偏差	K[②] 基本尺寸	K[②] 极限偏差	K[②] 位置度公差	M	N 基本尺寸	N 极限偏差	P[③]	R[④] 基本尺寸	R[④] 极限偏差	S[②] 基本尺寸	S[②] 极限偏差	S[②] 位置度公差	T 基本尺寸	T 极限偏差	凸缘孔数	外形尺寸 AB	AC	AD	HD	L
63M	FF115	2、4	100	50	80	40	±1.5	11	+0.008 -0.003	23	±0.26	4	0 -0.030	8.5	0 -0.10	63	0 -0.5	7	+0.36 0	φ0.5Ⓜ	115	95	+0.013 -0.009	140	0	±1.5	10	+0.36 0	φ1.0Ⓜ	3	0 -0.10	4	135	130	70	180	230
71M	FF130	2、4、6	112	56	90	45		14		30		5		11		71					130	110		160						3.5	0 -0.12		150	145	80	195	255
80M	FF165	2、4、6、8	125	62.5	100	50		19	+0.009 -0.004	40	±0.31	6		15.5		80		10		φ1.0Ⓜ	165	130	+0.014 -0.011	200			12	+0.43 0					165	175	145	220	295
90S			140	70		56		24		50		8	0 -0.036	20	0 -0.20	90																	180	195	155	250	320
90L					125																																345
100L	FF215		160	80	140	63	±2.0	28		60	±0.37			24		100		12	+0.43 0		215	180		250		±2.0	14.5			4			205	215	180	270	385
112M			190	95		70										112																	230	240	190	300	400
132S	FF265		216	108		89		38	+0.018 +0.002	80		10		33		132					265	230		300									270	275	210	345	470
132M					178																																510
160M	FF300		254	127	210	108	±3.0	42		110	±0.43	12	0 -0.043	37		160		14.5		φ1.2Ⓜ	300	250	+0.016 -0.013	350		±3.0	18.5	+0.52 0	φ1.2Ⓜ	5			320	330	255	420	615
160L					254																																670
180M			279	139.5	241	121		48				14		42.5		180																	355	380	280	455	700
180L					279																																740
200L	FF350		318	159	305	133		55	+0.030 +0.011			16		49		200		18.5	+0.52 0		350	300	±0.016	400									395	420	305	505	770
225S	FF400	4、8	356	178	286	149	±4.0	60		140	±0.50	18		53		225					400	350	±0.018	450		±4.0						8	435	470	335	560	815
225M		2			311			55		110	±0.43	16		49																							820
		4、6、8						60		140	±0.50	18		53																							845

续表

机座号	凸缘号	极数	安装尺寸及公差 A 基本尺寸	A/2 基本尺寸	B 基本尺寸	C 基本尺寸	C 极限偏差	D 基本尺寸	D 极限偏差	E 基本尺寸	E 极限偏差	F 基本尺寸	F 极限偏差	G[①] 基本尺寸	G[①] 极限偏差	H 基本尺寸	H 极限偏差	K[②] 基本尺寸	K[②] 极限偏差	K[②] 位置度公差	M	N 基本尺寸	N 极限偏差	P[③]	R[④] 基本尺寸	R[④] 极限偏差	S[②] 基本尺寸	S[②] 极限偏差	S[②] 位置度公差	T 基本尺寸	T 极限偏差	凸缘孔数	外形尺寸 AB	AC	AD	HD	L
250M	FF500	2	406	203	349	168	±4.0	60	+0.030 +0.011	140	±0.50	18	0 -0.043	53	0 -0.20	250	0 -0.5	24	+0.52 0	ϕ2.0Ⓜ	500	450	±0.020	550	0	±4.0	18.5	0.52 0	ϕ1.2Ⓜ	5	0 -0.12	8	490	510	370	615	910
		4、6、8						65						58																							
280S		2	457	228.5	368	190										280	0 -1.0																550	580	410	680	985
		4、6、8						75				20	0 -0.052	67.5																							
280M		2			419			65				18	0 -0.043	58																							1035
		4、6、8						75				20	0 -0.052	67.5																							
315S	FF600	2	508	254	406	216		65				18	0 -0.043	58		315		28			600	550	±0.022	660			24		ϕ2.0Ⓜ	6	0 -0.15		635	645	530	845	1240
		4、6、8、10						80		170		22	0 -0.052	71																							1270
315M		2			457			65		140		18	0 -0.043	58																							1350
		4、6、8、10						80		170		22	0 -0.052	71																							1380
315L		2			508			65		140		18	0 -0.043	58																							1350
		4、6、8、10						80		170		22	0 -0.052	71																							1380
355M	FF740	2	610	305	560	254		75		140		20		67.5		355					740	680	±0.025	800									730	710	655	1010	1500
		4、6、8、10						95	+0.035 +0.013	170		25		86																							1530
355L		2			630			75	+0.030 +0.011	140		20		67.5																							1500
		4、6、8、10						95	+0.035 +0.013	170		25		86																							1530

① $G=D-GE$，GE 极限偏差对机座号 80 及以下者为 $\left(\begin{smallmatrix}+0.10\\0\end{smallmatrix}\right)$，其余为 $\left(\begin{smallmatrix}+0.20\\0\end{smallmatrix}\right)$。

② K、S 孔的位置度公差以轴伸的轴线为基准。

③ P 尺寸为最大极限值。

④ R 为凸缘配合面至轴伸肩的距离。

注：同表 18-1-31 注。

机座不带底脚、端盖上有凸缘（带通孔）（B5）的电动机尺寸

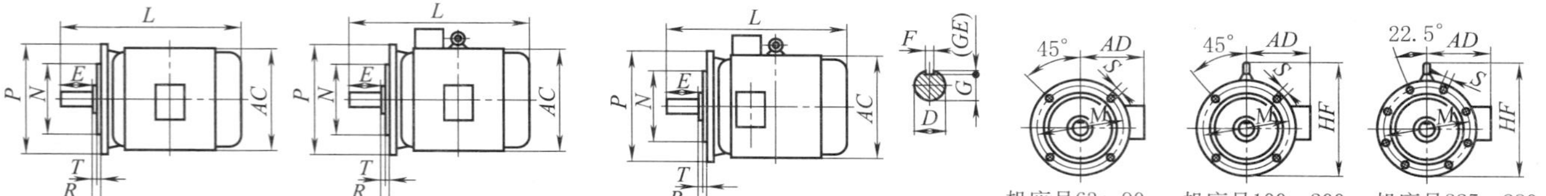

机座号63～90　机座号100～132　机座号160～280　机座号63～90　机座号100～200　机座号225～280

表 18-1-33

mm

机座号	凸缘号	极数	安装尺寸及公差 D 基本尺寸	D 极限偏差	E 基本尺寸	E 极限偏差	F 基本尺寸	F 极限偏差	G① 基本尺寸	G① 极限偏差	M	N 基本尺寸	N 极限偏差	P③	R④ 基本尺寸	R④ 极限偏差	S② 基本尺寸	S② 极限偏差	S② 位置度公差	T 基本尺寸	T 极限偏差	凸缘孔数	外形尺寸 AC	AD	HF	L
63M	FF115	2、4	11	+0.008 -0.003	23	±0.26	4	0 -0.030	8.5	0 -0.10	115	95	+0.013 -0.009	140	0	±1.5	10	+0.36 0	φ1.0Ⓜ	3	0 -0.10	4	130	70	130	230
71M	FF130	2、4、6	14		30		4		11		130	110		160						3.5	0 -0.12		145	80	145	255
80M	FF165	2、4、6、8	19	+0.009 -0.004	40	±0.31	6		15.5		165	130	+0.014 -0.011	200			12	+0.43 0					175	145	185	295
90S			24		50		8	0 -0.036	20	0 -0.20													195	155	195	320
90L																										345
100L	FF215		28		60	±0.37			24		215	180		250		±2.0	14.5		φ1.2Ⓜ	4			215	180	245	385
112M																							240	190	265	400
132S	FF265		38	+0.018 +0.002	80		10		33		265	230	+0.016 -0.013	300									275	210	315	470
132M																										510
160M	FF300		42		110	±0.43	12	0 -0.043	37		300	250		350		±3.0	18.5	+0.52 0		5			330	255	385	615
160L																										670
180M			48				14		42.5														380	280	430	700
180L																										740
200L	FF350		55	+0.030 +0.011			16		49		350	300	±0.016	400									420	305	480	770
225S	FF400	4、8	60		140	±0.50	18		53		400	350	±0.018	450		±4.0						8	470	335	535	815
225M		2	55		110	±0.43	16		49																	820
		4、6、8	60		140	±0.50	18		53																	845
250M	FF500	2									500	450	±0.020	550									510	370	595	910
		4、6、8	65						58																	
280S		2																					580	410	650	985
		4、6、8	75				20	0 -0.052	67.5																	
280M		2	65				18	0 -0.043	58																	1035
		4、6、8	75				20	0 -0.052	67.5																	

① $G=D-GE$，GE 极限偏差对机座号 80 及以下者为（$^{+0.10}_{0}$），其余为（$^{+0.20}_{0}$）。

② S 孔的位置度公差以轴伸的轴线为基准。

③ P 尺寸为最大极限值。

④ R 为凸缘配合面至轴伸肩的距离。

注：同表 18-1-31 注。

机座带底脚、端盖上有凸缘（带螺孔）（B34）的电动机尺寸

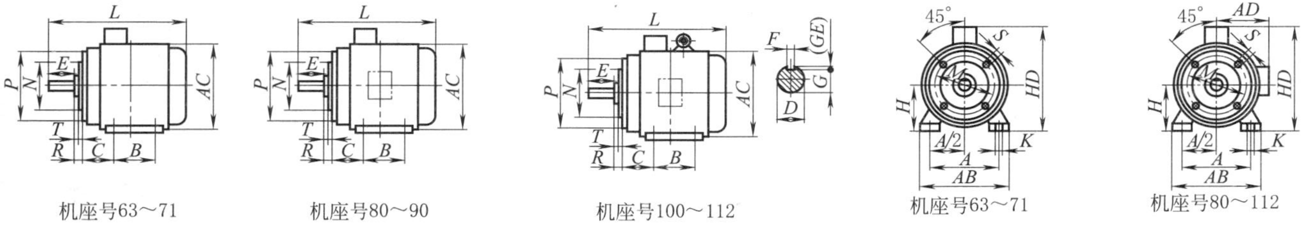

机座不带底脚、端盖上有凸缘（带螺孔）（B14）的电动机尺寸

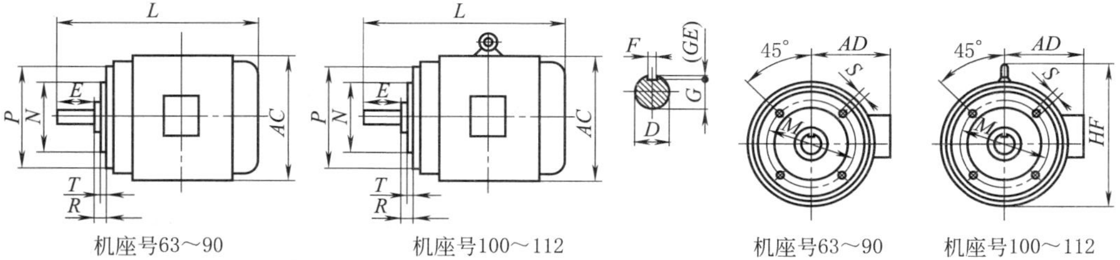

表 18-1-34

mm

机座号	凸缘号	极数	安装尺寸及公差 A 基本尺寸	A/2 基本尺寸	B 基本尺寸	C 基本尺寸	C 极限偏差	D 基本尺寸	D 极限偏差	E 基本尺寸	E 极限偏差	F 基本尺寸	F 极限偏差	G[1] 基本尺寸	G[1] 极限偏差	H 基本尺寸	H 极限偏差	K[2] 基本尺寸	K[2] 极限偏差	K[2] 位置度公差	M	N 基本尺寸	N	P[3]	R[4] 基本尺寸	R[4] 极限偏差	S[2] 基本尺寸	S[2] 位置度公差	T 基本尺寸	T 极限偏差	凸缘孔数	外形尺寸 AB	AC	AD	HD	HF	L
63M	FT75	2、4	110	50	80	40	±1.5	11	+0.008 −0.003	23	±0.26	4	0 −0.030	8.5	0 −0.10	63	0 −0.5	7	−0.36 0	ϕ0.5Ⓜ	75	60	+0.012 −0.007	90	0	±1.0	M5	ϕ0.4Ⓜ	2.5	0 −0.10	4	135	130	70	180	130	230
71M	FT85	2、4、6	112	56	90	45		14		30		5		11		71					85	70		105			M6	ϕ0.5Ⓜ				150	145	80	195	145	255
80M	FT100	2、4、6、8	125	62.5	100	50		19	+0.009 −0.004	40	±0.31	6		15.5		80		10		ϕ1.0Ⓜ	100	80		120		±1.5			3.0			165	175	145	214	185	295
90S	FT115		140	70	100	56		24		50		8	0 −0.036	20	0 −0.20	90					115	95	+0.013 −0.009	140			M8	ϕ1.0Ⓜ				180	195	155	250	195	320
90L					125																																345
100L	FT130		160	80	140	63	±2.0	28		60	±0.37			24		100		12	−0.43 0		130	110		160					3.5	0 −0.12		205	215	180	270	245	385
112M			190	95	140	70										112																230	240	190	300	265	400

① $G=D-GE$，GE 极限偏差对机座号 80 及以下者为 $\left(^{+0.10}_{0}\right)$，其余为 $\left(^{+0.20}_{0}\right)$。
② K、S 孔的位置度公差以轴伸的轴线为基准。
③ P 尺寸为最大极限值。
④ R 为凸缘配合面至轴伸肩的距离。
注：同表 18-1-31 注。

立式安装、机座不带底脚、端盖上有凸缘（带通孔）（V1）轴伸向下的电动机尺寸

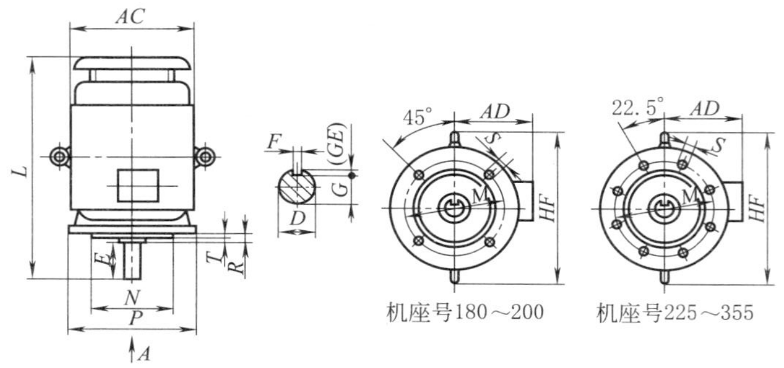

机座号180～200　　机座号225～355

表 18-1-35

mm

机座号	凸缘号	极数	安装尺寸及公差																			外形尺寸			
			D		E		F		G①		M	N		P③	R④		S②			T		AC	AD	HF	L
180M	FF300	2、4、6、8	48	+0.018 +0.002	110	±0.430	14	0 -0.043	42.5	0 -0.20	300	250	+0.016 -0.013	350	0	±3.0	18.5	极限偏差 $^{+0.52}_{0}$	位置度公差φ1.2Ⓜ	5	0 -0.120	380	280	500	760
180L																									800
200L	FF350		55	+0.030 +0.011			16		49		350	300	±0.016	400								420	305	550	840
225S	FF400	4、8	60		140	±0.500	18		53		400	350	±0.018	450		±4.0						470	335	610	905
225M		2	55		110	±0.430	16		49																910
		4、6、8	60		140	±0.500	18		53																935
250M	FF500	2							58		500	450	±0.020	550								510	370	650	1015
		4、6、8	65				20	0 -0.052	67.5																
280S		2																				580	410	720	1110
		4、6、8	75				18	0 -0.043	58																
280M		2	65				20	0 -0.052	67.5																1150
		4、6、8	75				18	0 -0.043	58																
315S	FF600	2	65								600	550	±0.022	660			24		位置度公差φ2.0Ⓜ	6	0 -0.150	645	530	900	1360
		4、6、8、10	80		170		22	0 -0.052	71																1390
315M		2	65		140		18	0 -0.043	58																1470
		4、6、8、10	80		170		22	0 -0.052	71																1510
315L		2	65		140																				1470
		4、6、8、10	80		170		18	0 -0.043	58																1510
355M	FF740	2	75		140		22	0 -0.052	71		740	680	±0.025	800								710	655	1010	1640
		4、6、8、10	95	+0.035 +0.013	170		20		67.5																1670
355L		2	75	+0.030 +0.011	140		25; 20		86; 67.5																1640
		4、6、8、10	95	+0.035 +0.013	170		25		86																1670

①、②、③、④同表 18-1-32 的①、②、③、④。
注：同表 18-1-31 注。

4.4.2 Y 系列（IP44）三相异步电动机（摘自 JB/T 10391—2008）

表 18-1-36 **技术参数**（380V）

型号	额定功率 /kW	满载时				堵转转矩/额定转矩	堵转电流/额定电流	最大转矩/额定转矩	噪声（声功率级）/dB(A)		振动速度 /mm·s^{-1}	转动惯量 /kg·m^2	质量（B3）/kg
		额定电流 /A	转速 /r·min^{-1}	效率 /%	功率因数 cosφ				1 级	2 级			
同步转速 3000r/min													
Y80M1-2	0.75	1.8	2830	75.0	0.84	2.2	6.1	2.3	66	71	1.8	0.00075	16
Y80M2-2	1.1	2.5	2830	76.2	0.86	2.2	7.0	2.3	66	71	1.8	0.0009	17
Y90S-2	1.5	3.4	2840	78.5	0.85	2.2	7.0	2.3	70	75	1.8	0.0012	22
Y90L-2	2.2	4.8	2840	81.0	0.86	2.2	7.0	2.3	70	75	1.8	0.0014	25
Y100L-2	3	6.4	2880	82.6	0.87	2.2	7.5	2.3	74	79	1.8	0.0029	33
Y112M-2	4	8.2	2890	84.2	0.87	2.2	7.5	2.3	74	79	1.8	0.0055	45
Y132S1-2	5.5	11.1	2900	85.7	0.88	2.0	7.5	2.3	78	83	1.8	0.0109	64
Y132S2-2	7.5	15	2900	87.0	0.88	2.0	7.5	2.3	78	83	1.8	0.0126	70
Y160M1-2	11	21.8	2930	88.4	0.88	2.0	7.5	2.3	82	87	2.8	0.0377	117
Y160M2-2	15	29.4	2930	89.4	0.88	2.0	7.5	2.3	82	87	2.8	0.0449	125
Y160L-2	18.5	35.5	2930	90.0	0.89	2.0	7.5	2.2	82	87	2.8	0.055	147
Y180M-2	22	42.2	2940	90.5	0.89	2.0	7.5	2.2	87	91	2.8	0.075	180
Y200L1-2	30	56.9	2950	91.4	0.89	2.0	7.5	2.2	90	93	2.8	0.124	240
Y200L2-2	37	69.8	2950	92.0	0.89	2.0	7.5	2.2	90	93	2.8	0.139	255
Y225M-2	45	84	2970	92.5	0.89	2.0	7.5	2.2	90	95	2.8	0.233	309
Y250M-2	55	103	2970	93.0	0.89	2.0	7.5	2.2	92	95	3.5	0.312	403
Y280S-2	75	139	2970	93.6	0.89	2.0	7.5	2.2	94	97	3.5	0.597	544
Y280M-2	90	166	2970	93.9	0.89	2.0	7.5	2.2	94	97	3.5	0.675	620
Y315S-2	110	203	2980	94.0	0.89	1.8	7.1	2.2	99	97	3.5	1.18	980
Y315M-2	132	242	2980	94.5	0.89	1.8	7.1	2.2	99	100	3.5	1.82	1080
Y315L1-2	160	292	2980	94.6	0.89	1.8	7.1	2.2	99	100	3.5	2.08	1160
Y315L2-2	200	365	2980	94.8	0.89	1.8	7.1	2.2	99	100	3.5	2.41	1190
Y355M1-2	(220)			94.8	0.89	2.2	7.1	2.2		100	3.5		
Y355M2-2	250			95.2	0.90	2.2	7.1	2.2		104	3.5		
Y355L1-2	(280)			95.2	0.90	2.2	7.1	2.2		104	3.5		
Y355L2-2	315			95.4	0.90	2.2	7.1	2.2		104	3.5		
同步转速 1500r/min													
Y80M1-4	0.55	1.5	1390	71.0	0.76	2.4	5.2	2.3	56	67	1.8	0.0018	17
Y80M2-4	0.75	2	1390	73.0	0.76	2.3	6.0	2.3	56	67	1.8	0.0021	18
Y90S-4	1.1	2.7	1400	76.2	0.78	2.3	6.0	2.3	61	67	1.8	0.0021	22
Y90L-4	1.5	3.7	1400	78.5	0.79	2.3	6.0	2.3	62	67	1.8	0.0027	27
Y100L1-4	2.2	5	1430	81.0	0.82	2.2	7.0	2.3	65	68	1.8	0.0054	34
Y100L2-4	3	6.8	1430	82.6	0.81	2.2	7.0	2.3	65	70	1.8	0.0067	38
Y112M-4	4	8.8	1440	84.2	0.82	2.2	7.0	2.3	68	73	1.8	0.0095	43
Y132S-4	5.5	11.6	1440	85.7	0.84	2.2	7.0	2.3	70	73	1.8	0.0214	68

续表

型号	额定功率/kW	满载时				堵转转矩/额定转矩	堵转电流/额定电流	最大转矩/额定转矩	噪声(声功率级)/dB(A)		振动速度/mm·s^{-1}	转动惯量/kg·m^2	质量(B3)/kg
		额定电流/A	转速/r·min^{-1}	效率/%	功率因数 cosφ				1级	2级			
同步转速 1500r/min													
Y132M-4	7.5	15.4	1440	87.0	0.85	2.2	7.0	2.3	71	78	1.8	0.0296	81
Y160M-4	11	22.6	1460	88.4	0.84	2.2	7.0	2.3	75	82	2.8	0.0747	123
Y160L-4	15	30.3	1460	89.4	0.85	2.2	7.5	2.3	77	82	2.8	0.0918	144
Y180M-4	18.5	35.9	1470	90.0	0.86	2.0	7.5	2.2	77	82	2.8	0.139	182
Y180L-4	22	42.5	1470	90.5	0.86	2.0	7.5	2.2	77	82	2.8	0.158	190
Y200L-4	30	56.8	1470	91.4	0.87	2.0	7.2	2.2	79	84	2.8	0.262	270
Y225S-4	37	70.4	1480	92.0	0.87	1.9	7.2	2.2	79	84	2.8	0.406	284
Y225M-4	45	84.2	1480	92.5	0.88	1.9	7.2	2.2	79	84	2.8	0.469	320
Y250M-4	55	103	1480	93.0	0.88	2.0	7.2	2.2	81	86	3.5	0.66	427
Y280S-4	75	140	1480	93.6	0.88	1.9	7.2	2.2	85	90	3.5	1.12	562
Y280M-4	90	164	1480	93.9	0.89	1.9	7.2	2.2	85	90	3.5	1.45	667
Y315S-4	110	201	1480	94.5	0.89	1.8	6.9	2.2	93	94	3.5	3.11	1000
Y315M-4	132	240	1480	94.8	0.89	1.8	6.9	2.2	96	98	3.5	3.62	1100
Y315L1-4	160	289	1480	94.9	0.89	1.8	6.9	2.2	96	98	3.5	4.13	1160
Y315L2-4	200	361	1480	94.9	0.89	1.8	6.9	2.2	96	98	3.5	4.94	1270
Y355M1-4	(220)			94.9	0.87	1.4	6.9	2.2		98	3.5		
Y355M2-4	250			95.2	0.87	1.4	6.9	2.2		102	3.5		
Y355L1-4	(280)			95.2	0.87	1.4	6.9	2.2		102	3.5		
Y355L2-4	315			95.2	0.87	1.4	6.9	2.2		102	3.5		
同步转速 1000r/min													
Y90S-6	0.75	2.3	910	69.0	0.70	2.0	5.5	2.2	56	65	1.8	0.0029	23
Y90L-6	1.1	3.2	910	72.0	0.72	2.0	5.5	2.2	56	65	1.8	0.0035	25
Y100L-6	1.5	4	940	76.0	0.74	2.0	5.5	2.2	62	67	1.8	0.0069	33
Y112M-6	2.2	5.6	940	79.0	0.74	2.0	6.5	2.2	62	67	1.8	0.0138	45
Y132S-6	3	7.2	960	81.0	0.76	2.0	6.5	2.2	66	71	1.8	0.0286	63
Y132M1-6	4	9.4	960	82.0	0.77	2.0	6.5	2.2	66	71	1.8	0.0357	73
Y132M2-6	5.5	12.6	960	84.0	0.78	2.0	6.5	2.2	66	71	1.8	0.0449	84
Y160M-6	7.5	17	970	86.0	0.78	2.0	6.5	2.0	69	75	2.8	0.0881	119
Y160L-6	11	24.6	970	87.5	0.78	2.0	6.5	2.0	70	75	2.8	0.116	147
Y180L-6	15	31.4	970	89.0	0.81	2.0	7.0	2.0	70	78	2.8	0.207	195
Y200L1-6	18.5	37.2	970	90.0	0.83	2.0	7.0	2.0	73	78	2.8	0.315	220
Y200L2-6	22	44.6	970	90.0	0.83	2.0	7.0	2.0	73	78	2.8	0.360	250
Y225M-6	30	59.5	980	91.5	0.85	1.7	7.0	2.0	76	81	2.8	0.547	292
Y250M-6	37	72	980	92.0	0.86	1.7	7.0	2.0	76	81	3.5	0.834	408
Y280S-6	45	85.4	980	92.5	0.87	1.8	7.0	2.0	79	84	3.5	1.39	536
Y280M-6	55	104	980	92.8	0.87	1.8	7.0	2.0	79	84	3.5	1.65	595
Y315S-6	75	141	980	93.5	0.87	1.6	7.0	2.0	87	91	3.5	4.11	990
Y315M-6	90	169	980	93.8	0.87	1.6	7.0	2.0	87	91	3.5	4.78	1080
Y315L1-6	110	206	980	94.0	0.87	1.6	6.7	2.0	87	91	3.5	5.45	1150
Y315L2-6	132	246	980	94.2	0.87	1.6	6.7	2.0	87	92	3.5	6.12	1210
Y355M1-6	160			94.5	0.86	1.3	6.7	2.0		95	3.5		
Y355M2-6	(185)			94.5	0.86	1.3	6.7	2.0		95	3.5		
Y355M3-6	200			94.5	0.86	1.3	6.7	2.0		95	3.5		
Y355L1-6	(220)			94.5	0.86	1.3	6.7	2.0		95	3.5		
Y355L2-6	250			94.5	0.86	1.3	6.7	2.0		98	3.5		

续表

型号	额定功率/kW	满载时				堵转转矩/额定转矩	堵转电流/额定电流	最大转矩/额定转矩	噪声(声功率级)/dB(A)		振动速度/mm·s^{-1}	转动惯量/kg·m^2	质量(B3)/kg
		额定电流/A	转速/r·min^{-1}	效率/%	功率因数cosφ				1级	2级			
同步转速 750r/min													
Y132S-8	2.2	5.8	710	80.5	0.71	2.0	6.0	2.0	61	66	1.8	0.0314	63
Y132M-8	3	7.7	710	82.0	0.72	2.0	6.0	2.0	61	66	1.8	0.0395	79
Y160M1-8	4	9.9	720	84.0	0.73	2.0	6.0	2.0	64	69	2.8	0.0753	118
Y160M2-8	5.5	13.3	720	85.0	0.74	2.0	6.0	2.0	64	69	2.8	0.0931	119
Y160L-8	7.5	17.7	720	86.0	0.75	2.0	6.0	2.0	67	72	2.8	0.126	145
Y180L-8	11	24.8	730	87.5	0.77	1.7	6.6	2.0	67	72	2.8	0.203	184
Y200L-8	15	34.1	730	88.0	0.76	1.8	6.6	2.0	70	75	2.8	0.339	250
Y225S-8	18.5	41.3	730	89.5	0.76	1.7	6.6	2.0	70	75	2.8	0.491	266
Y225M-8	22	47.6	730	90.0	0.78	1.8	6.6	2.0	70	75	2.8	0.547	292
Y250M-8	30	63	730	90.5	0.80	1.8	6.6	2.0	73	78	3.5	0.834	405
Y280S-8	37	78.2	740	91.0	0.79	1.8	6.6	2.0	73	78	3.5	1.39	520
Y280M-8	45	93.2	740	91.7	0.80	1.8	6.6	2.0	73	78	3.5	1.65	592
Y315S-8	55	114	740	92.0	0.80	1.6	6.6	2.0	82	86	3.5	4.79	1000
Y315M-8	75	152	740	92.5	0.81	1.6	6.6	2.0	82	87	3.5	5.58	1100
Y315L1-8	90	179	740	93.0	0.82	1.6	6.6	2.0	82	87	3.5	6.37	1160
Y315L2-8	110	218	740	93.3	0.82	1.6	6.4	2.0	82	87	3.5	7.23	1230
Y355M1-8	132			93.8	0.81	1.3	6.4	2.0		93	3.5		
Y355M2-8	160			94.0	0.81	1.3	6.4	2.0		93	3.5		
Y355L1-8	(185)			94.2	0.81	1.3	6.4	2.0		93	3.5		
Y355L2-8	200			94.3	0.81	1.3	6.4	2.0		93	3.5		
同步转速 600r/min													
Y315S-10	45	101	590	91.5	0.74	1.4	6.2	2.0	82	87	3.5	4.79	990
Y315M-10	55	123	590	92.0	0.74	1.4	6.2	2.0	82	87	3.5	6.37	1150
Y315L2-10	75	164	590	92.5	0.75	1.4	6.2	2.0	82	87	3.5	7.15	1220
Y355M1-10	90			93.0	0.77	1.2	6.2	2.0		93	3.5		
Y355M2-10	110			93.2	0.78	1.2	6.0	2.0		93	3.5		
Y355L-10	132			93.5	0.78	1.2	6.0	2.0		96	3.5		

注：1. 额定电流、转速、质量和转动惯量不是标准 JB/T 10391 规定的数据，仅供参考，各厂家可能稍有不同。

2. 带括号功率为非优先推荐功率。

3. 其他性能、结构特点、工作条件等见表 18-1-29。

4. 生产厂家见表 18-1-30 注。

机座带底脚、端盖上无凸缘（B3）的电动机尺寸

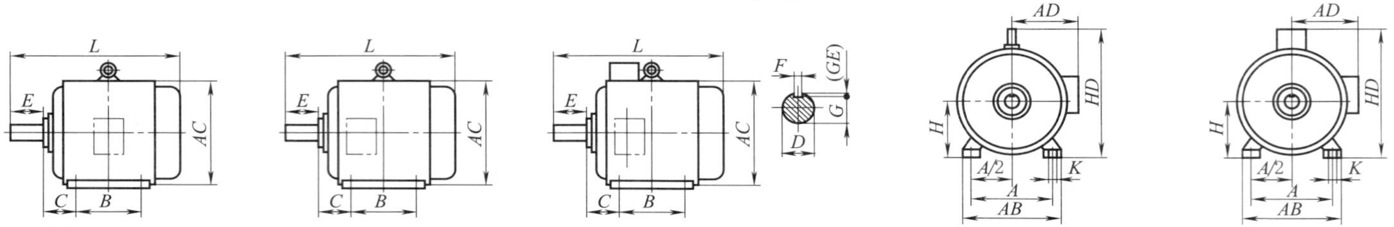

机座号80～132　机座号160～315　机座号355　机座号80～315　机座号355

表 18-1-37

mm

机座号	极数	安装尺寸及公差																		外形尺寸				
		A	A/2	B	C		D		E		F		G①		H		K②			AB	AC	AD	HD	L
		基本尺寸	基本尺寸	基本尺寸	基本尺寸	极限偏差	基本尺寸	极限偏差	基本尺寸	极限偏差	基本尺寸	极限偏差	基本尺寸	极限偏差	基本尺寸	极限偏差	基本尺寸	极限偏差	位置度公差					
80M	2、4	125	62.5	100	50	±1.5	19	+0.009 −0.004	40	±0.31	6	0 −0.030	15.5	0 −0.10	80	0 −0.5	10	−0.36 0	ϕ1.0Ⓜ	165	175	150	175	290
90S	2、4、6	140	70	100	50		24		50		8	0 −0.036	20	0 −0.20	90					180	195	160	195	315
90L				125																				340
100L		160	80	140	63	±2.0	28		60	±0.37			24		100		12	−0.43 0		205	215	180	245	380
112M		190	95	140	70										112					245	240	190	265	400
132S	2、4、6、8	216	108	140	89		38		80		10		33		132					280	275	210	315	475
132M				178																				515
160M		254	127	210	108	±3.0	42	+0.018 +0.002	110	±0.43	12		37		160		14.5		ϕ1.2Ⓜ	330	335	265	385	605
160L				254																				650
180M		279	139.5	241	121		48				14		42.5		180					355	380	285	430	670
180L				279																				710
200L		318	159	305	133		55	+0.030 +0.011			16	0 −0.043	49		200		18.5	−0.52 0		395	420	315	475	775
225S	4、8	356	178	286	149	±4.0	60		140	±0.50	18		53		225					435	475	345	530	820
225M	2			311			55		110	±0.43	16		49											815
	4、6、8						60		140	±0.50	18		53											845
250M	2	406	203	349	168										250		24		ϕ2.0Ⓜ	490	515	385	575	930
	4、6、8						65						58											
280S	2	457	228.5	368	190										280	0 −1.0				550	580	410	640	1000
	4、6、8						75				20	0 −0.052	67.5											
280M	2			419			65				18	0 −0.043	58											1050
	4、6、8						75				20	0 −0.052	67.5											

续表

机座号	极数	安装尺寸及公差																		外形尺寸				
		A	$A/2$	B	C		D		E		F		G[1]		H		K[2]			AB	AC	AD	HD	L
		基本尺寸	基本尺寸	基本尺寸	基本尺寸	极限偏差	基本尺寸	极限偏差	基本尺寸	极限偏差	基本尺寸	极限偏差	基本尺寸	极限偏差	基本尺寸	极限偏差	基本尺寸	极限偏差	位置度公差					
315S	2	508	254	406	216	±4.0	65	+0.030 -0.011	140	±0.50	18	0 -0.043	58	0 -0.20	315	0 -1.0	28	+0.52 0	ϕ2.0Ⓜ	635	645	576	865	1240
	4、6、8、10						80		170		22	0 -0.052	71											1270
315M	2			457			65		140		18	0 -0.043	58											1310
	4、6、8、10						80		170		22	0 -0.052	71											1340
315L	2			508			65		140		18	0 -0.043	58											1310
	4、6、8、10						80		170		22	0 -0.052	71											1340
355M	2	610	305	560	254		75		140		20		67.5		355					740	750	680	1035	1540
	4、6、8、10						95	+0.035 +0.013	170	±0.57	25		86											1570
355L	2			630			75	+0.030 +0.011	140	±0.50	20		67.5											1540
	4、6、8、10						95	+0.035 +0.013	170	±0.57	25		86											1570

① $G=D-GE$，GE 的极限偏差对机座号 80 为 $\left({}^{+0.10}_{0}\right)$，其余为 $\left({}^{+0.20}_{0}\right)$。

② K 孔的位置度公差以轴伸的轴线为基准。

注：Y 系列（IP44）的轴伸键的尺寸（键宽与键高）符合 GB/T 1096 的规定。

第 18 篇

机座带底脚、端盖上有凸缘（带通孔）（B35）的电动机尺寸

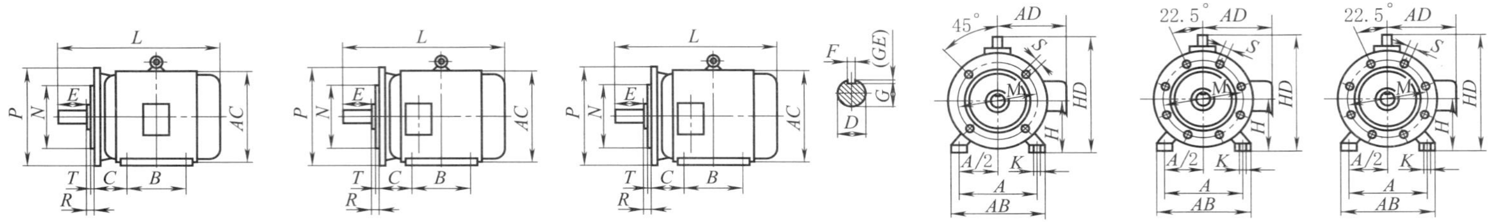

机座号80～132　机座号160～315　机座号355　机座号80～200　机座号225～315　机座号355

表 18-1-38

mm

机座号	凸缘号	极数	A 基本尺寸	A/2 基本尺寸	B 基本尺寸	C 基本尺寸	C 极限偏差	D 基本尺寸	D 极限偏差	E 基本尺寸	E 极限偏差	F 基本尺寸	F 极限偏差	G[①] 基本尺寸	G[①] 极限偏差	H 基本尺寸	H 极限偏差	K[②] 基本尺寸	K[②] 极限偏差	K[②] 位置度公差	M	N 基本尺寸	N 极限偏差	P[③]	R[④] 基本尺寸	R[④] 极限偏差	S[②] 基本尺寸	S[②] 极限偏差	T 位置度公差	T 基本尺寸	T 极限偏差	凸缘孔数	AB	AC	AD	HD	L
80M	FF165	2、4	125	62.5	100	50	±1.5	19	+0.009 -0.004	40	±0.31	6	0 -0.030	15.5	0 -0.10	80	0 -0.5	10	-0.36 0	φ1.0Ⓜ	165	130	+0.014 -0.011	200	0	±1.5	12	+0.43 0	φ1.0Ⓜ	3.5	0 -0.12	4	165	175	150	175	290
90S		2、4、6	140	70		56		24		50		8		20		90																	180	195	160	195	315
90L					125																																340
100L	FF215		160	80		63		28		60			0 -0.036	24		100		12			215	180		250		±2.0	14.5			4			205	215	180	245	380
112M			190	95	140	70	±2.0				±0.37					112																	245	240	190	365	400
132S	FF265		216	108		89		38		80		10		33		132					265	230		300									280	275	210	315	475
132M					178																																515
160M	FF300	2、4、6、8	254	127	210	108		42	+0.018 +0.002			12		37		160		14.5	-0.43 0				+0.016 -0.013										330	335	265	385	605
160L					254																																650
180M			279	139.5	241	121	±3.0	48		110	±0.43	14		42.5	0 -0.20	180					300	250		350		±3.0			φ1.2Ⓜ				355	380	285	430	670
180L					279																																710
200L	FF350		318	159	305	133		55				16	0 -0.043	49		200				φ1.2Ⓜ	350	300	±0.016	400			18.5	+0.52 0		5			395	420	315	475	775
225S	FF400	4、8	356	178	286	149		60		140	±0.50	18		53		225		18.5																			820
225M		2			311			55	+0.030 +0.011	110	±0.43	16		49					-0.52 0		400	350	±0.018	450									435	475	345	530	815
		4、6、8					±4.0	60						53												±4.0						8					845
250M	FF500	2	406	203	349	168				140	±0.50	18				250		24		φ2.0Ⓜ	500	450	±0.020	550									490	515	385	575	930
		4、6、8						65						58																							

续表

机座号	凸缘号	极数	安装尺寸及公差 A	A/2	B	C		D		E		F		G①		H		K②			M	N		P③	R④		S②		T			凸缘孔数	外形尺寸 AB	AC	AD	HD	L
			基本尺寸	基本尺寸	基本尺寸	基本尺寸	极限偏差	基本尺寸	极限偏差	基本尺寸	极限偏差	基本尺寸	极限偏差	基本尺寸	极限偏差	基本尺寸	极限偏差	基本尺寸	极限偏差	位置度公差		基本尺寸	极限偏差		基本尺寸	极限偏差	基本尺寸	极限偏差	位置度公差	基本尺寸	极限偏差						
280S	FF500	2	457	228.5	368	190	±4.0	65	+0.030 +0.011	140	±0.50	18	0 -0.043	58	0 -0.20	280	0 -1.0	24	-0.52 0	φ2.0Ⓜ	500	450	±0.020	550	0	±4.0	18.5	-0.52 0	φ1.2Ⓜ	5	0 -0.12	8	550	585	410	640	1000
		4、6、8						75				20	0 -0.052	67.5																							
280M		2			419			65				18	0 -0.043	58																							1050
		4、6、8						75				20	0 -0.052	67.5																							
315S	FF600	2	508	254	406	216		65				18	0 -0.043	58		315		28			600	550	±0.022	660			24		φ2.0Ⓜ	6	0 -0.15		635	645	576	865	1240
		4、6、8、10						80		170		22	0 -0.052	71																							1270
315M		2			457			65		140		18	0 -0.043	58																							1310
		4、6、8、10						80		170		22	0 -0.052	71																							1340
315L		2			508			65		140		18	0 -0.043	58																							1310
		4、6、8、10						80		170		22	0 -0.052	71																							1340
355M	FF740	2	610	305	560	254		75		140		20		67.5		355					740	680	±0.025	800									740	750	680	1035	1540
		4、6、8、10						95	+0.035 +0.013	170	±0.57	25		86																							1570
355L		2			630			75	+0.030 +0.011	140	±0.50	20		67.5																							1540
		4、6、8、10						95	+0.035 +0.013	170	±0.57	25		86																							1570

① $G=D-GE$，GE 极限偏差对机座号 80 为 $\left({}^{+0.10}_{0}\right)$，其余为 $\left({}^{+0.20}_{0}\right)$。

② K、S 孔的位置度公差以轴伸的轴线为基准。

③ P 尺寸为最大极限值。

④ R 为凸缘配合面至轴伸肩的距离。

机座不带底脚、端盖上有凸缘（带通孔）（B5）的电动机尺寸

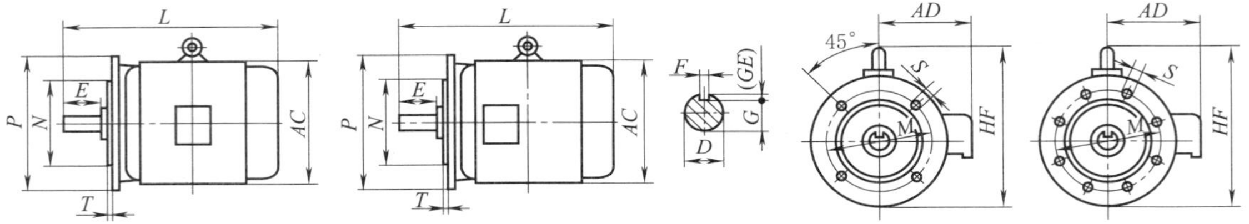

机座号80～132　　机座号160～225　　机座号160～200　　机座号225

表 18-1-39　　mm

机座号	凸缘号	极数	D 基本尺寸	D 极限偏差	E 基本尺寸	E 极限偏差	F 基本尺寸	F 极限偏差	G① 基本尺寸	G① 极限偏差	M	N 基本尺寸	N 极限偏差	P③	R④ 基本尺寸	R④ 极限偏差	S② 基本尺寸	S② 极限偏差	S② 位置度公差	T 基本尺寸	T 极限偏差	凸缘孔数	AC	AD	HF	L
80M	FF165	2、4	19	+0.009 −0.004	40	±0.31	6	0 −0.030	15.5	0 −0.10	165	130	+0.014 +0.011	200	0	±1.5	12	+0.43 0	$\phi1.0$ Ⓜ	3.5	0 −0.12	4	175	150	185	290
90S		2、4、6	24		50		8	0 −0.036	20	0 −0.20													195	160	195	315
90L																										340
100L	FF215		28		60	±0.37			24		215	180		250		±2.0	14.5		$\phi1.2$ Ⓜ	4			215	180	245	380
112M																							240	190	265	400
132S	FF265	2、4 6、8	38	+0.018 +0.002	80		10		33		265	230		300									275	210	315	475
132M																										515
160M	FF300		42		110	±0.43	12	0 −0.043	37		300	250	+0.016 +0.013	350		±3.0	18.5	+0.52 0		5			335	265	385	605
160L																										650
180M			48				14		42.5														380	285	430	670
180L																										710
200L	FF350		55	+0.030 +0.011			16		49		350	300	±0.016	400									420	315	480	775
225S	FF400	4、8	60		140	±0.50	18		53		400	350	±0.018	450		±4.0						8	475	345	535	820
225M		2	55		110	±0.43	16		49																	815
		4、6、8	60		140	±0.50	18		53																	845

① $G=D-GE$，GE 极限偏差对机座号 80 为（$^{+0.10}_{0}$），其余为（$^{+0.20}_{0}$）。

② S 孔的位置度公差以轴伸的轴线为基准。

③ P 尺寸为最大极限值。

④ R 为凸缘配合面至轴伸肩的距离。

立式安装、机座不带底脚、端盖上有凸缘（带通孔）（V1）、轴伸向下的电动机尺寸

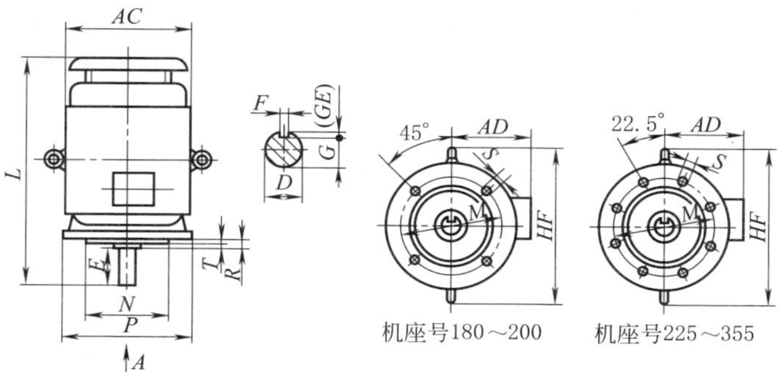

机座号180～200　　机座号225～355

表 18-1-40

mm

机座号	凸缘号	安装尺寸														外形尺寸				
		M	N	P②	R③	S	T	D		E		F		G①		AC	AD	L		HF
								2极	4、6、8、10极	2极	4、6、8、10极	2极	4、6、8、10极	2极	4、6、8、10极			2极	4、6、8、10极	
180M	FF300	300	$250^{+0.016}_{-0.013}$	350	0	4×ϕ18.5	5	$48^{+0.018}_{+0.002}$		110		14		42.5		380	285	730		500
180L		300	$250^{+0.016}_{-0.013}$	350	0	4×ϕ18.5	5	$48^{+0.018}_{+0.002}$		110		14		42.5		380	285	770		500
200L	FF350	350	300±0.016	400	0	4×ϕ18.5	5	$55^{+0.030}_{+0.011}$		110		16		49		420	315	850		550
225S	FF400	400	350±0.018	450	0	8×ϕ18.5	5	—	$60^{+0.030}_{+0.011}$	—	140	—	18	—	53	475	345	—	910	610
225M		400	350±0.018	450	0	8×ϕ18.5	5	$55^{+0.030}_{+0.011}$	$60^{+0.030}_{+0.011}$	110	140	16	18	49	53	475	345	905	935	610
250M	FF500	500	450±0.020	550	0	8×ϕ18.5	5	$60^{+0.030}_{+0.011}$	$65^{+0.030}_{+0.011}$	140	140	18	18	53	58	515	385	1035		650
280S	FF500	500	450±0.020	550	0	8×ϕ18.5	5	$65^{+0.030}_{+0.011}$	$75^{+0.030}_{+0.011}$	140	140	18	20	58	67.5	580	410	1120		720
280M		500	450±0.020	550	0	8×ϕ18.5	5	$65^{+0.030}_{+0.011}$	$75^{+0.030}_{+0.011}$	140	140	18	20	58	67.5	580	410	1170		720
315S	FF600	600	550±0.022	660	0	8×ϕ24	6	$65^{+0.030}_{+0.011}$	$80^{+0.030}_{+0.011}$	140	170	18	22	58	71	645	576	1360	1390	900
315M		600	550±0.022	660	0	8×ϕ24	6	$65^{+0.030}_{+0.011}$	$80^{+0.030}_{+0.011}$	140	170	18	22	58	71	645	576	1460	1490	900
315L		600	550±0.022	660	0	8×ϕ24	6	$65^{+0.030}_{+0.011}$	$80^{+0.030}_{+0.011}$	140	170	18	22	58	71	645	576	1460	1490	900
355L	FF740	740	680±0.025	800	0	8×ϕ24	6	$75^{+0.030}_{+0.011}$	$95^{+0.035}_{+0.013}$	140	170	20	25	67.5	86	750	680	1645	1675	1035

① $G=D-GE$，GE 极限偏差为（$^{+0.20}_{0}$）。
② P 尺寸为最大极限值。
③ R 为凸缘配合面至轴伸肩的距离。

4.4.3 Y 系列（IP23）三相异步电动机（摘自 JB/T 5271—2010）

表 18-1-41　　技术数据（380V）

型号	额定功率 /kW	满载时 转速① /r·min⁻¹	满载时 额定电流① /A	满载时 效率 /%	满载时 功率因数 cosφ	堵转电流/额定电流	堵转转矩/额定转矩	噪声 /dB(A)	质量① /kg
Y160M-2	15	2928	29.5	88.0	0.88	7.00	1.7	85	
Y160L1-2	18.5	2929	35.5	89.0	0.89		1.8		
Y160L2-2	22	2928	42.0	89.5			2.0		160
Y180M-2	30	2938	57.2				1.7	88	
Y180L-2	37	2939	69.8	90.5			1.9		220
Y200M-2	45	2952	84.5	91.0				90	
Y200L-2	55	2950	103	91.5					310
Y225M-2	75	2955	140			6.7	1.8	92	380
Y250S-2	90	2966	167	92.0		6.8	1.7	96	
Y250M-2	110	2966	202	92.5	0.90				465
Y280M-2	132	2967	241				1.6	98	750
Y315S-2	160		296				1.4	102	
Y315M1-2	(185)		342						
Y315M2-2	200		367	93.0					
Y315M3-2	(220)		404	93.5					
Y315M4-2	250		457	93.8	0.88		1.2		
Y355M2-2	(280)			94.0		6.5	1.0	104	
Y355M3-2	315				0.89				
Y355L1-2	355			94.3					
Y160M-4	11	1459	22.5	87.5	0.85	7.0	1.9	76	
Y160L1-4	15	1458	30.1	88.0	0.86		2.0	80	
Y160L2-4	18.5	1458	36.8	89.0					160
Y180M-4	22	1457	43.5	89.5			1.9		
Y180L-4	30	1467	58	90.5	0.87			84	230
Y200M-4	37	1473	71.4				2.0	87	
Y200L-4	45	1475	85.9	91.5					310
Y225M-4	55	1476	104		0.88		1.8	88	330
Y250S-4	75	1480	141	92.0		6.7	2.0	89	
Y250M-4	90	1480	168	92.5			2.2		400
Y280S-4	110	1482	209				1.7	92	
Y280M-4	132	1483	245	93.0		6.8	1.8		820
Y315S-4	160		306				1.4	98	
Y315M1-4	(185)		349	93.5					
Y315M2-4	200		375	93.8					
Y315M3-4	(220)		413	94.0					
Y315M4-4	250		467	94.3			1.2		
Y355M2-4	(280)				0.89	6.5		99	
Y355M3-4	315				0.90		1.0		
Y355L1-4	355			94.5					

续表

型号	额定功率/kW	满载时 转速[①]/r·min^{-1}	满载时 额定电流[①]/A	满载时 效率/%	满载时 功率因数 cosφ	堵转电流/额定电流	堵转转矩/额定转矩	噪声/dB(A)	质量[①]/kg
Y160M-6	7.5	971	16.9	85.0	0.79	6.5	2.0	74	150
Y160L-6	11		24.7	86.5	0.78				
Y180M-6	15	974	33.8	88.0	0.81		1.8	78	
Y180L-6	18.5	975	38.3	88.5	0.83				215
Y200M-6	22	978	45.5	89.0	0.85		1.7	81	
Y200L-6	30	975	60.3	89.5					295
Y225M-6	37	982	78.1	90.5	0.87		1.8		360
Y250S-6	45	983	87.4	91.0	0.86			83	
Y250M-6	55	983	106	91.0	0.87				465
Y280S-6	75	986	143	91.5				86	
Y280M-6	90	986	171	92.0	0.88				820
Y315S-6	110		209	93.0	0.87		1.3	90	
Y315M1-6	132		251	93.5					
Y315M2-6	160		304	93.8					
Y355M1-6	(185)			94.0		6.0	1.1	95	
Y355M2-6	200								
Y355M3-6	(220)				0.88				
Y355M4-6	250			94.3					
Y355L1-6	(280)								
Y160M-8	5.5	723	13.7	83.5	0.73	6.0	2.0	73	
Y160L-8	7.5	723	18.3	85.0					150
Y180M-8	11	727	26.1	86.5	0.74		1.8	77	
Y180L-8	15	726	34.3	87.5	0.76				215
Y200M-8	18.5	728	41.8	88.5	0.78		1.7	80	
Y200L-8	22	729	46.2	89.0			1.8		295
Y225M-8	30	734	63.2	89.5	0.81		1.7		360
Y250S-8	37	735	78	90.0	0.80		1.6	81	
Y250M-8	45	736	94.4	90.5			1.8		465
Y280S-8	55	740	115	91.0				83	
Y280M-8	75	740	154	91.5	0.81				820
Y315S-8	90		185	92.2			1.3	89	
Y315M1-8	110		226	92.8					
Y315M2-8	132		269	93.3					
Y355M2-8	160			93.5		5.5	1.1	93	
Y355M3-8	(185)								
Y355M4-8	200								
Y355L1-8	(220)			94.0					
Y355L2-8	250				0.79				
Y315S-10	55		126	91.5	0.74		1.2	87	
Y315M1-10	75		169	92.0	0.75			90	
Y315M2-10	90		199		0.76				

续表

型号	额定功率 /kW	满载时 转速① /r·min⁻¹	满载时 额定电流① /A	满载时 效率 /%	满载时 功率因数 cosφ	堵转电流/额定电流	堵转转矩/额定转矩	噪声 /dB(A)	质量① /kg
Y355M2-10	110			92.5	0.78	5.5	1.0	90	
Y355M3-10	132			92.8	0.79			94	97
Y355L1-10	160								
Y355L2-10	(185)			93.0					
Y355M4-12	90			92.0	0.74			90	93
Y355L1-12	110			92.3	0.75				
Y355L2-12	132			92.5				94	97

① 非标准内容，仅供参考，各厂家稍有差异。

注：1. 其他参见表 18-1-29。

2. 括号内功率为非优先推荐功率。

3. 生产厂家为上海电科电机科技有限公司、浙江永发机电有限公司、山西电机制造有限公司等。

机座带底脚、端盖上无凸缘（B3）的电动机尺寸

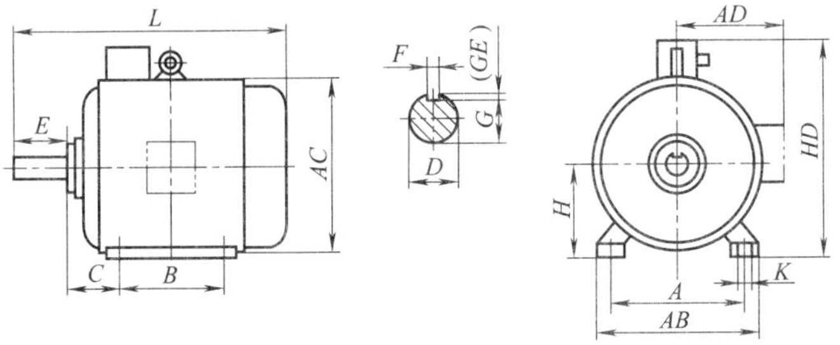

表 18-1-42　mm

机座号	安装尺寸 D 2极	D 4、6、8、10极	E 2极	E 4、6、8、10极	F 2极	F 4、6、8、10极	G 2极	G 4、6、8、10极	H	A	A/2	B	C	K	外形尺寸 AB	AC	AD	HD	L 2极	L 4、6、8、10极
160M	48k6		110		14		42.5		$160_{-0.5}^{0}$	254	127	210	108	14.5	330	380	290	440	676	
160L												254								
180M	55m6				16		49		$180_{-0.5}^{0}$	279	139.5	241	121		350	420	325	505	726	
180L												279								
200M	60m6		140		18		53		$200_{-0.5}^{0}$	318	159	267	133	18.5	400	465	350	570	820	
200L												305							886	
225M	60m6	65m6					53	58	$225_{-0.5}^{0}$	356	178	311	149		450	520	395	640	880	
250S	65m6	75m6			18	20	58	67.5	$250_{-0.5}^{0}$	406	203		168	24	510	550	410	710	930	
250M												349							960	
280S		80m6		170		22		71	$280_{-1.0}^{0}$	457	228.5	368	190		570	610	485	785	1090	
280M	65m6		140		18		58					419							1090	1140
315S	70m6	90m6			20	25	62.5	81	$315_{-1.0}^{0}$	508	254	406	216	28	630	792	586	928	1130	1160
315M												457							1240	1270
355M	75m6	100m6				28	67.5	90	$355_{-1.0}^{0}$	610	305	560	254		710	980	630	1120	1550	1620
355L				210								630							1620	1690

注：1. 安装尺寸符合标准 JB/T 5271，外形尺寸各厂家可能稍有不同，选用时应与生产厂家联系。

2. $G=D-GE$，GE 的极限偏差为（$^{+0.20}_{0}$）。

3. 轴伸键的尺寸与公差符合 GB/T 1096 的规定。

4.4.4 YR 系列（IP44）三相异步电动机（摘自 JB/T 7119—2010）

表 18-1-43 技术数据（380V）

型号	功率 /kW	转速 /r·min^{-1}	电流 /A	效率 /%	功率因数 cosφ	最大转矩/额定转矩	转子开路电压/V	额定转子电流/A	噪声（声功率级）/dB(A)	转动惯量 /kg·m^2	质量 /kg
同步转速 1500r/min											
YR132M1-4	4	1440	9.3	84.5	0.77	3.0	230	11.5	83	0.0895	80
YR132M2-4	5.5	1440	12.6	85.5	0.77	3.0	272	13.0	83	0.104	95
YR160M-4	7.5	1460	15.7	87.0	0.83	3.0	250	19.5	87	0.238	130
YR160L-4	11	1460	22.5	89.0	0.83	3.0	276	25.0	87	0.294	155
YR180L-4	15	1465	30	89.0	0.85	3.0	278	34.0	91	0.448	205
YR200L1-4	18.5	1465	36.7	89.0	0.86	3.0	247	47.5	91	0.8	265
YR200L2-4	22	1465	43.2	90.0	0.86	3.0	293	47.0	91	0.862	290
YR225M2-4	30	1475	57.6	91.0	0.87	3.0	360	51.5	95	1.58	380
YR250M1-4	37	1480	71.4	91.5	0.86	3.0	289	79.0	95	2.17	440
YR250M2-4	45	1480	85.9	91.5	0.87	3.0	340	81.0	97	2.37	490
YR280S-4	55	1480	103.8	91.5	0.88	3.0	385	70.0	97	4.09	670
YR280M-4	75	1480	140	92.5	0.88	3.0	354	128.0	100	5.04	800
YR315S-4	90	1477	196	92.8	0.87	3.0	410	134.0	100	3.3	1050
YR315M-4	110	1479	234	93.0	0.88	3.0	472	141.0	100	4.5	1150
YR315L-4	132	1480	282	93.5	0.88	3.0	517	155.0	103	5	1250
同步转速 1000r/min											
YR132M1-6	3	955	8.2	80.0	0.69	2.8	206	9.5	79	0.127	80
YR132M2-6	4	955	10.7	81.5	0.69	2.8	230	11.0	79	0.148	95
YR160M-6	5.5	970	13.4	84.0	0.74	2.8	244	14.5	79	0.3	135
YR160L-6	7.5	970	17.9	85.5	0.74	2.8	266	18.0	82	0.3598	155
YR180L-6	11	975	23.6	87.0	0.81	2.8	310	22.5	82	0.676	205
YR200L1-6	15	975	31.8	88.0	0.81	2.8	198	48.0	85	1.075	280
YR225M1-6	18.5	980	38.3	88.0	0.83	2.8	187	62.5	85	1.617	335
YR225M2-6	22	980	45	89.5	0.83	2.8	224	61.0	85	1.77	365
YR250M1-6	30	980	60.3	90.0	0.84	2.8	282	66.0	88	3	450
YR250M2-6	37	980	73.9	90.5	0.84	2.8	331	69.0	88	3.245	490
YR280S-6	45	985	87.9	91.5	0.85	2.8	362	76.0	91	5.45	680
YR280M-6	55	985	106.9	92.0	0.85	2.8	423	80.0	91	6.03	730
YR315S-6	75	978	141	93.0	0.85	2.8	404	113.0	95	4.5	1070
YR315M-6	90	978	168	93.5	0.85	2.8	460	120.0	95	5.3	1200
YR315L-6	110	978	204	93.5	0.85	2.8	505	132.0	95	5.8	1250
同步转速 750r/min											
YR160M-8	4	715	10.7	81.5	0.69	2.4	216	12.0	75	0.298	135
YR160L-8	5.5	715	14.2	82.5	0.71	2.4	230	15.5	75	0.357	155
YR180L-8	7.5	725	18.4	84.5	0.73	2.4	255	19.0	79	0.624	190
YR200L1-8	11	725	26.6	85.5	0.73	2.4	152	46.0	79	1.07	280
YR225M1-8	15	735	34.5	87.5	0.75	2.4	189	56.0	83	1.75	365
YR225M2-8	18.5	735	42.1	88.0	0.75	2.4	211	54.0	83	1.98	390
YR250M1-8	22	735	48.1	88.0	0.78	2.4	210	65.5	83	2.96	450
YR250M2-8	30	735	66.1	89.0	0.77	2.4	270	69.0	87	3.33	500
YR280S-8	37	735	78.2	90.5	0.79	2.4	281	81.5	87	5.37	680
YR280M-8	45	735	92.9	91.5	0.80	2.4	359	76.0	90	6.56	800
YR315S-8	55	733	110	91.5	0.79	2.4	387	87.0	90	5.3	1070
YR315M-8	75	735	144	92.5	0.81	2.4	472	97.0	93	7	1150
YR315L-8	90	735	173	93.0	0.81	2.4	500	109.0	93	7.7	1230

注：1. 表中转速、转动惯量、质量不是标准 JB/T 7119 中的数据，仅供参考。

2. 其他性能、结构特点、工作条件等见表 18-1-29。

3. 湘潭电机集团的产品，4 极功率可扩大到 280kW，6 极功率可扩大到 250kW，8 极功率可扩大到 200kW，10 极功率为 45~132kW。

4. 生产厂家：湘潭电机（集团）有限公司、上海电科电机科技有限公司、江西特种电机股份有限公司，山西电机制造有限公司，浙江金龙电机股份有限公司，昆明电机有限公司等。

机座带底脚、端盖上无凸缘（B3）的电动机尺寸

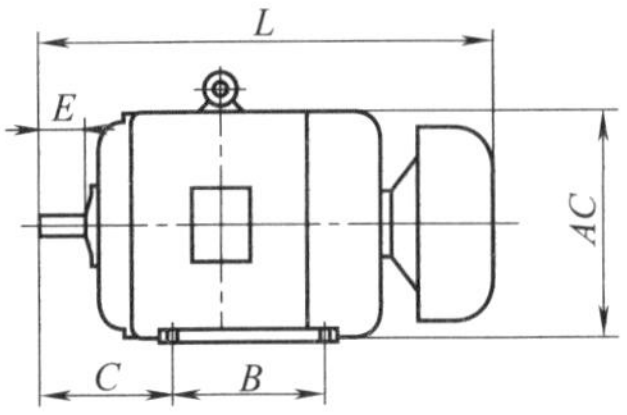

机座号132

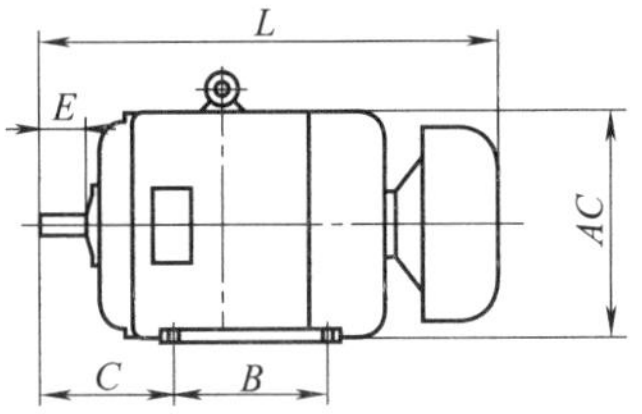

机座号160～H315

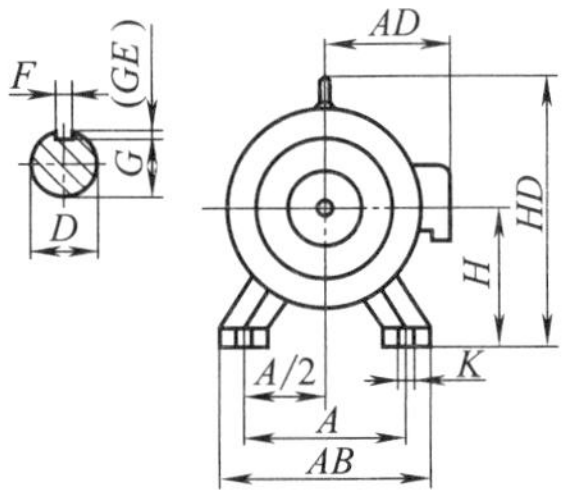

表 18-1-44

mm

机座号	安装尺寸										外形尺寸				
	A	*B*	*C*	*D*		*E*	*F*×*GD*（键高）	*G*	*H*	*K*	*AB*	*AC*	*AD*	*HD*	*L*
132M	216	178	89	38	+0.018 +0.002	80	10×8	33	132	12	280	280	210	315	745
160M	254	210	108	42		110	12×8	37	160	14.5	330	335	265	385	820
160L		254													865
180L	279	279	121	48			14×9	42.5	180		355	380	285	430	920
200L	318	305	133	55	+0.030 +0.011		16×10	49	200	18.5	395	425	315	475	1045
225M	356	311	149	60		140	18×11	53	225		435	475	345	530	1115
250M	406	349	168	65				58	250	24	490	515	385	575	1260
280S	457	368	190	75			20×12	67.5	280		550	580	410	640	1355
280M		419													1405
315S	508	406	216	80		170	22×14	71	318	28	744	645	576	865	1500
315M		457													1550
315L		508													1600

注：1. $G=D-GE$，GE 的极限偏差为 $(^{+0.20}_{\ 0})$。
2. 轴伸键的尺寸与公差符合 GB/T 1096 的规定。

机座带底脚、端盖上有凸缘（带通孔）（B35）的电动机尺寸

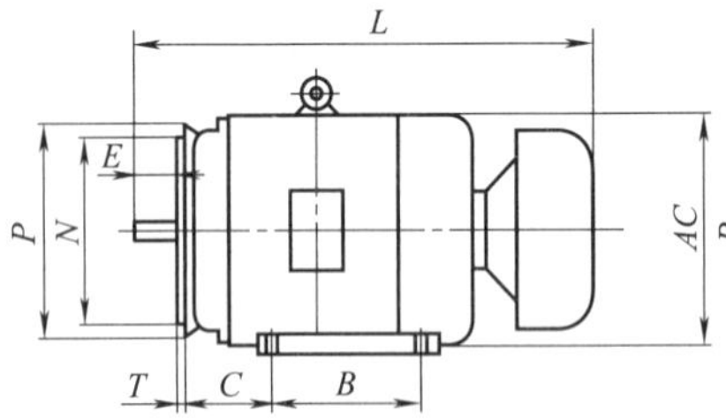

机座号132

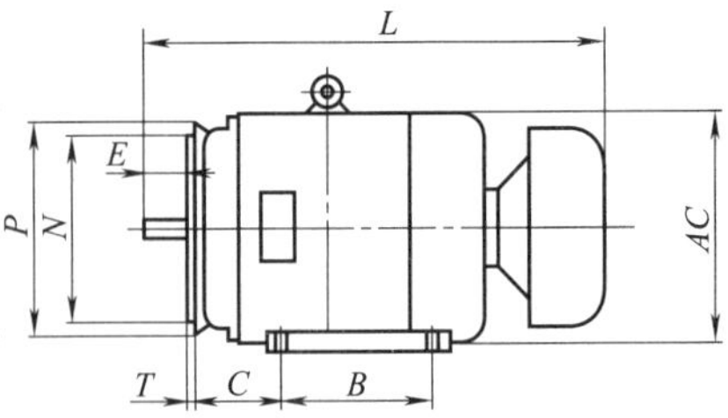

机座号160～315

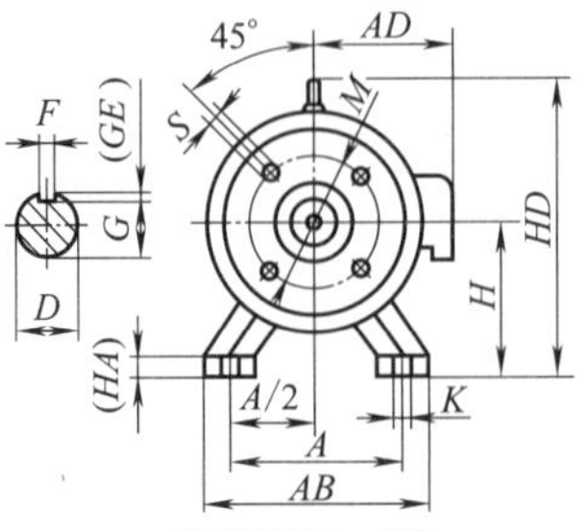

机座号132～200

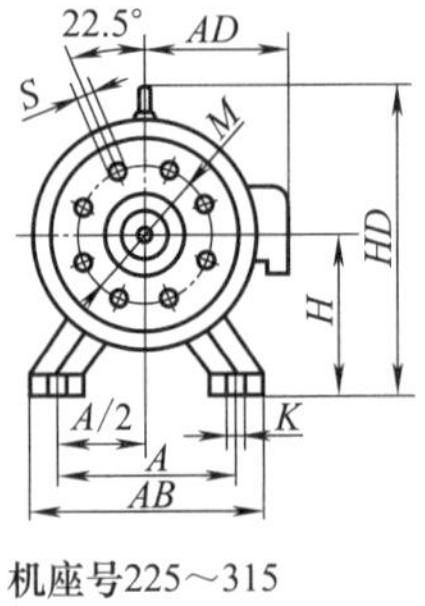

机座号225～315

表 18-1-45

mm

机座号	凸缘号	安装尺寸																外形尺寸					
		A	*B*	*C*	*D*		*E*	*F*×*GD*（键高）	*G*	*H*	*K*	*T*	*M*	*N*	*P*	*R*	*S*	*AB*	*AC*	*AD*	(*HA*)	*HD*	*L*
132M	FF285	216	178	89	38	+0.018 +0.002	80	10×8	33	132	ϕ12	4	265	230	300	0	4×ϕ14.5	280	275	210	18	315	745
160M	FF300	254	210	108	42		110	12×8	37	160	ϕ14.5	5	300	250	350	0	4×ϕ18.5	330	335	265	20	385	820
160L			254																				865
180L		279	279	121	48		110	14×9	42.5	180		5	300	250	350	0	4×ϕ18.5	355	380	285	22	430	920
200L	FF350	318	305	133	55	+0.030 +0.011	110	16×10	49	200	ϕ18.5	5	350	300	400	0	4×ϕ18.5	395	420	315	25	475	1045
225M	FF400	356	311	149	60		140	18×11	53	225		5	400	350	450	0	8×ϕ18.5	435	475	345	28	530	1115
250M	FF500	406	349	168	65		140	18×11	58	250	ϕ24	5	500	450	500	0	8×ϕ18.5	490	515	385	30	575	1260
280S		457	368	190	75		140	20×12	67.5	280	ϕ24	5	500	450	500	0	8×ϕ18.5	550	580	410	35	640	1355
280M			419																				1405
315S	FF600	508	406	216	80		170	22×14	71	315	ϕ28	6	600	550	660	0	8×ϕ24	744	645	576		865	1500
315M			457																				1550
315L			508																				1600

1. 同表 18-1-44 注。
2. *P* 尺寸为最大极限值。
3. *R* 为凸缘配合面至轴伸肩的距离。

机座不带底脚、端盖上有凸缘（带通孔）（V1）的电机尺寸

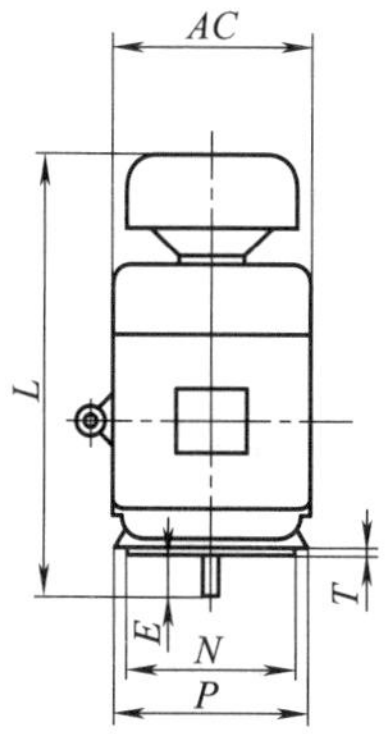

机座号132

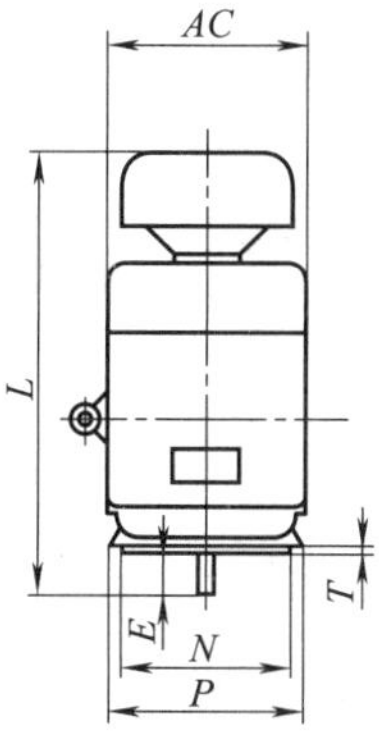

机座号160

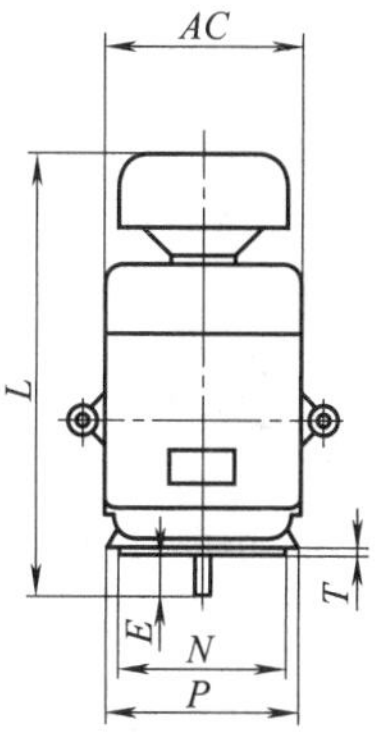

机座号180～315

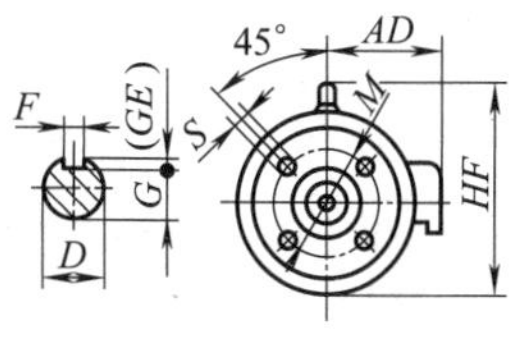

机座号132～160

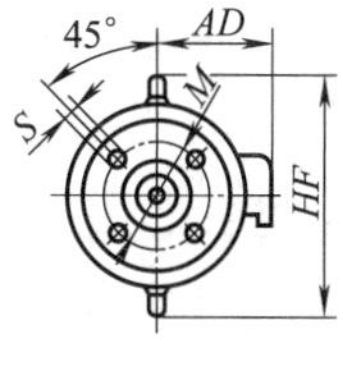

机座号180～200

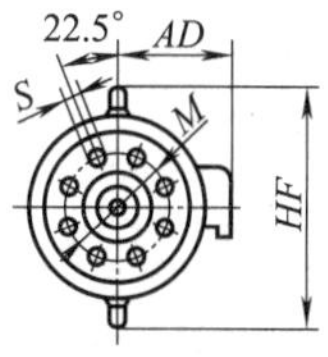

机座号225～315

表 18-1-46

mm

机座号	凸缘号	安装尺寸									外形尺寸			
		D	*E*	*F*×*GD*（键高）	*G*	*T*	*M*	*N*	*P*	*R*	*S*	*AD*	*AC*	*HF*	*L*
132M	FF285	38	80	10×8	33	4	265	230	300	0	4×ϕ14.5	210	275	315	745
160M	FF300	42	110	12×8	37	5	300	250	350	0	4×ϕ18.5	265	335	385	820
160L															865
180L		48	110	14×9	42.5	5	300	250	350	0	4×ϕ18.5	285	380	430	920

续表

机座号	凸缘号	安装尺寸										外形尺寸			
		D	*E*	*F*×*GD*（键高）	*G*	*T*	*M*	*N*	*P*	*R*	*S*	*AD*	*AC*	*HF*	*L*
200L	FF350	55	110	16×10	49	5	350	300	400	0	4×ϕ18.5	315	420	475	1045
225M	FF400	60	140	18×11	53	5	400	350	450	0	8×ϕ18.5	345	475	530	1115
250M	FF500	65	140	18×11	58	5	500	450	500	0	8×ϕ18.5	385	515	575	1260
280S		75	140	20×12	67.5	5	500	450	500	0	8×ϕ18.5	410	580	640	1355
280M															1405
315S	FF600	80	170	22×14	71	6	600	550	660	0	8×ϕ24	576	645	865	1500
315M															1550
315L															1600

注：1. $G=D-GE$，GE 的极限偏差为（$^{+0.20}_{0}$），D 的极限偏差及轴伸键的公差见表 18-1-44。

2. P 尺寸为最大极限值。

3. R 为凸缘配合面至轴伸肩的距离。

4.4.5 YR3 系列（IP23）三相异步电动机（摘自 JB/T 5269—2007）

表 18-1-47 **技术数据**（380V）

型号	额定功率 /kW	满载时				最大转矩/额定转矩	转子电压 /V	转子电流 /A	噪声(声功率级) /dB(A)	转动惯量 /kg·m^2	质量 /kg
		转速 /r·min^{-1}	电流 /A	效率 /%	功率因数 cosφ						
同步转速 1500r/min											
YR160M-4	7.5	1421	16	84.5	0.84	3.0	260	20	85	0.099	
YR160L1-4	11	1434	22.6	86.5	0.84	3.2	275	26	85	0.122	
YR160L2-4	15	1444	30.2	87.0	0.85	3.2	260	37	88	0.149	
YR180M-4	18.5	1426	36.1	87.5	0.87	3.0	197	61	88	0.25	
YR180L-4	22	1434	42.5	88.5	0.88	3.0	232	61	88	0.273	
YR200M-4	30	1439	57.7	88.5	0.88	3.0	255	76	91	0.455	
YR200L-4	37	1448	70.2	89.5	0.88	3.0	317	74	91	0.553	335
YR225M1-4	45	1442	86.7	89.5	0.88	2.6	240	120	94	0.65	350
YR225M2-4	55	1448	104.7	90.0	0.88	2.6	288	120	94	0.74	380
YR250S-4	75	1453	141.7	90.5	0.89	2.8	450	105	97	1.338	440
YR250M-4	90	1457	167.9	91.2	0.89	2.8	525	107	97	1.5	490
YR280S-4	110	1458	201.3	91.5	0.89	2.8	350	196	97	2.275	
YR280M-4	132	1463	239	92.5	0.90	2.8	421	194	100	2.598	880
YR315S-4	160			92.5	0.90	2.8	420	237	100		
YR315M1-4	185			92.8	0.90	2.8	488	233	100		
YR315M2-4	200			93.0	0.90	2.8	525	234	100		
YR315M3-4	220			93.3	0.90	2.8	568	238	100		
YR355M1-4	250			93.0	0.91	2.6	320	480	103		
YR355M2-4	280			93.5	0.91	2.6	349	493	103		
YR355M3-4	315			93.8	0.91	2.6	396	486	103		
YR355L-4	355			94.0	0.91	2.6	440	491	103		
YR160M-6	5.5	949	12.7	82.5	0.78	2.8	265	14	78	0.143	
YR160L-6	7.5	949	16.9	83.5	0.79	2.8	251	20	82	0.164	160
YR180M-6	11	940	24.2	84.5	0.79	2.8	146	50	82	0.313	
YR180L-6	15	947	32.6	85.5	0.80	2.8	177	56	85	0.37	
YR200M-6	18.5	949	39	86.5	0.82	2.6	177	68	85	0.543	
YR200L-6	22	955	45.5	87.5	0.83	2.6	211	67	85	0.638	315
YR225M1-6	30	955	59.4	88.0	0.84	2.6	239	81	88	0.809	335
YR225M2-6	37	964	73.1	89.0	0.85	2.6	288	82	88	0.934	365

续表

型号	额定功率/kW	满载时				最大转矩/额定转矩	转子电压/V	转子电流/A	噪声(声功率级)/dB(A)	转动惯量/kg·m^2	质量/kg
		转速/r·min^{-1}	电流/A	效率/%	功率因数 cosφ						
同步转速 1500r/min											
YR250S-6	45	966	88	89.5	0.85	2.6	308	93	91	1.653	450
YR250M-6	55	967	105.7	90.0	0.85	2.6	360	97	91	1.88	490
YR280S-6	75	969	141.8	90.5	0.86	2.5	393	120	94	2.88	
YR280M-6	90	972	166.7	91.5	0.86	2.6	482	117	94	3.513	880
YR315S-6	110			91.5	0.86	2.6	338	202	94		
YR315M1-6	132			92.0	0.86	2.6	410	198	97		
YR315M2-6	160			92.5	0.86	2.6	480	204	97		
YR315M3-6	185			92.8	0.86	2.6	575	196	97		
YR355M1-6	200			93.0	0.87	2.8	416	295	97		
YR355M2-6	220			93.2	0.87	2.8	454	296	97		
YR355M3-6	250			93.5	0.88	2.8	500	305	100		
YR355L-6	280			93.5	0.88	2.8	556	306	100		
YR160M-8	4	703	10.5	81.0	0.70	2.2	253	11	74	0.142	
YR160L-8	5.5	705	14.2	82.0	0.70	2.2	237	16	74	0.162	160
YR180M-8	7.5	692	18.4	82.0	0.72	2.2	109	47	78	0.309	
YR180L-8	11	699	26.8	83.0	0.72	2.2	141	52	78	0.363	
YR200M-8	15	706	36.1	85.0	0.72	2.2	152	65	81	0.536	
YR200L-8	18.5	712	44	86.0	0.73	2.2	181	66	81	0.63	
YR225M1-8	22	710	48.6	86.5	0.78	2.3	166	86	81	0.791	365
YR225M2-8	30	713	65.3	88.0	0.79	2.3	228	84	84	0.905	390
YR250S-8	37	715	78.9	88.5	0.79	2.3	228	104	84	1.605	450
YR250M-8	45	720	95.5	89.0	0.79	2.3	279	102	87	1.833	500
YR280S-8	55	723	114	89.5	0.80	2.5	295	116	87	2.638	
YR280M-8	75	725	152	90.5	0.80	2.5	386	120	90	3.428	880
YR315S-8	90			91.0	0.79	2.4	237	234	90		
YR315M1-8	110			91.5	0.80	2.4	290	233	90		
YR315M2-8	132			92.0	0.80	2.4	352	230	94		
YR355M1-8	160			92.5	0.81	2.4	315	310	94		
YR355M2-8	185			92.5	0.82	2.4	352	320	94		
YR355M3-8	200			92.8	0.82	2.4	374	325	94		
YR355L1-8	220			93.0	0.82	2.4	399	335	94		
YR355L2-8	250			93.3	0.82	2.4	461	328	96		
YR315S-10	55			89.0	0.74	2.5	217	158	87		
YR315M1-10	75			90.0	0.74	2.5	295	158	90		
YR315M2-10	90			90.5	0.75	2.4	345	160	90		
YR355M1-10	110			91.0	0.77	2.2	203	333	90		
YR355M2-10	132			91.5	0.78	2.2	230	352	94		
YR355L1-10	160			92.0	0.79	2.2	279	350	94		
YR355L2-10	185			92.5	0.79	2.2	312	361	94		
YR315S-12	45			88.0	0.70	2.2	215	130	87		
YR315M1-12	55			88.5	0.71	2.2	253	135	87		
YR315M2-12	75			89.0	0.71	2.0	343	134	90		
YR355M1-12	90			90.0	0.73	2.0	168	328	90		
YR355L1-12	110			90.5	0.73	2.0	202	332	90		
YR355L2-12	132			91.0	0.73	2.0	242	330	94		

注：1. 表中满载时转速与电流、转动惯量和质量不是标准 JB/T 5269 中的数据，设计时应收集生产厂家资料。

2. 生产厂家：湘潭电机有限公司、山西电机制造有限公司、昆明电机有限责任公司等。

机座带底脚、端盖无凸缘（B3）的电机尺寸

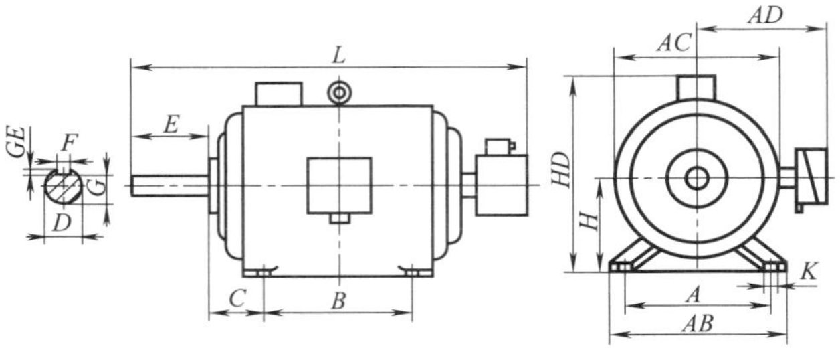

机座号160～280

机座带底脚、端盖无凸缘（B3）的电机尺寸

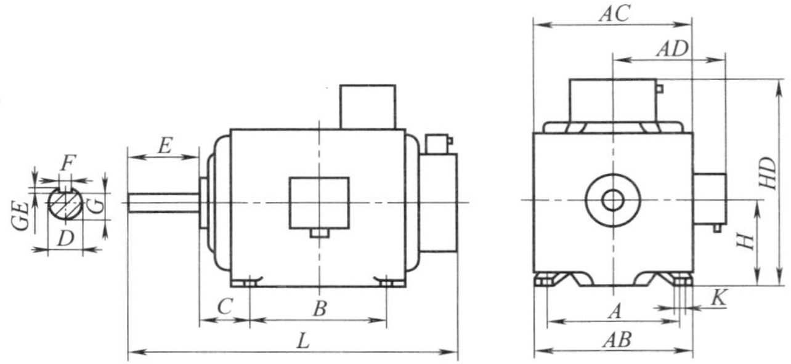

机座号315～355

表 18-1-48

mm

机座号	安装尺寸																	外形尺寸				
	A	*B*	*C*		*D*		*E*		*F*		*G*		*H*		*K*			*AB*	*AC*	*AD*	*HD*	*L*
	基本尺寸	基本尺寸	基本尺寸	极限偏差	基本尺寸	极限偏差	基本尺寸	极限偏差	基本尺寸	极限偏差	基本尺寸	极限偏差	基本尺寸	极限偏差	基本尺寸	极限偏差	位置度					
160M	254	210	108	±3.0	48	+0.018 +0.002	110	±0.43	14	0 −0.043	42.5	0 −0.20	160	0 −0.5	14.5	+0.43 0	φ1.2 Ⓜ	330	380	290	460	860
160L		254																				
180M	279	241	121		55	+0.030 +0.011			16		49		180					350	420	325	520	950
180L		279																				1000
200M	318	267	133		60		140	±0.50	18		53		200		18.5	+0.52 0		400	465	350	570	970
200L		305																				1010
225M	356	311	149	±4.0	65						58		225					450	520	395	640	1100
250S	406	311	168		75				20	0 −0.052	67.5		250		24		φ2.0 Ⓜ	510	550	410	710	1230
250M		349																				1250
280S	457	368	190		80		170		22		71		280					570	610	485	815	1380
280M		419																				
315S	508	406	216		90	+0.035 +0.013			25		81		315	0 −1.0	28			635	790	590	920	1750
315M		457																				
355M	610	560	254		100		210	±0.57	28		90		355					730	980	630	1050	1850
355L		630																				

注：1. $GE=D-G$，GE 的极限公差为 $\left(^{+0.20}_{0}\right)$。

2. K 孔的位置度以轴伸的轴线为基准。

3. 轴伸键的宽度公差为：键宽 14～18 时为 $^{0}_{-0.043}$，键宽 20～28 时为 $^{0}_{-0.052}$；键高公差为：键高 9～10 时为 $^{0}_{-0.090}$，键高 11～16 时为 $^{0}_{-0.110}$。

4.4.6 Y、YR系列中型三相异步电动机（660V）

表 18-1-49　　　　技术数据（设计值）（660V）

型号			额定功率/kW	定子电流/A	转速/r·min^{-1}	效率/%	功率因数 cosφ	最大转矩/额定转矩	堵转转矩/额定转矩	堵转电流/额定电流	转动惯量/kg·m^2	质量/kg
Y系列	IP23	Y400-2	355	354	2977	94.95	0.928	2.07	1.01	5.33	6.14	2000
			400	397	2976	95.18	0.928	1.98	1.02	5.2	6.7	2100
			450	443	2978	95.53	0.932	2.16	1.22	5.86	7.6	2190
			500	492	2981	95.54	0.934	2.43	1.52	6.87	8.5	2320
		Y400-4	355	357	1485	95.12	0.917	1.9	1.16	5.51	9.9	2000
			400	400	1487	95.39	0.919	2.15	1.43	6.47	10.8	2100
			450	452	1481	95.18	0.916	1.8	1.2	5.3	12	2190
			500	498	1487	95.63	0.921	2.11	1.58	6.63	13.6	2320
		Y400-6	315	328	991	95.25	0.883	2.1	1.68	6.5	13.5	2100
			355	372	991	95.07	0.881	1.84	1.44	5.85	15	2190
			400	418	990	95.14	0.882	1.87	1.49	5.9	16.8	2320
		Y400-8	280	310	742	94.63	0.837	1.8	1.48	5.07	15	2190
			315	350	742	94.99	0.831	1.8	1.45	4.91	16.8	2320
			355	396	741	95.14	0.826	1.8	1.56	5.09	18.4	2420
		Y400-10	200	225	590	93.71	0.833	1.6	1.34	4.45	17.4	2190
			220	247	590	93.87	0.834	1.7	1.38	4.54	19.5	2320
			250	282	590	93.96	0.828	1.7	1.49	4.73	21.3	2420
		Y400-12	160	196	493	93.42	0.767	1.84	1.49	4.53	19.6	2360
			185	226	492	93.48	0.769	1.8	1.45	1.36	21.3	2440
			200	245	492	93.69	0.766	1.81	1.52	4.5	23.5	2520
			220	271	493	93.8	0.76	1.87	1.62	4.46	25.7	2620
		Y450-12	250	292	492	93.58	0.803	1.6	1.14	4.09	48.2	2800
			280	328	492	93.67	0.8	1.62	1.19	4.2	52.6	3000
			315	373	493	93.78	0.789	1.7	1.29	4.4	57.1	3190
			355	420	493	93.9	0.79	1.73	1.34	4.54	65	3280
	IP44	Y400-2	315	313	2981	94.38	0.936	2.52	1.3	6.58	6.8	2510
			355	351	2983	94.65	0.936	2.75	1.55	7	7.5	2620
			400	395	2981	94.74	0.937	2.48	1.44	6.7	8.48	2690
		Y400-4	310	317	1488	94.29	0.924	2.01	1.24	5.79	5.79	2540
			355	355	1487	94.5	0.927	2.25	1.52	6.7	6.7	2620
			400	399	1487	94.67	0.928	2.18	1.56	6.7	6.7	2690
		Y400-6	250	259	990	94.5	0.895	2.2	1.66	6.77	13.5	2500
			280	290	992	94.85	0.984	2.2	1.73	6.48	15	2650
			315	326	992	94.76	0.895	2.2	1.7	6.8	17	2730
		Y400-8	220	244	742	94.53	0.836	1.83	1.48	5.26	15	2600
			250	277	743	94.83	0.833	1.91	1.63	5.57	16.8	2700
			280	310	742	94.66	0.836	1.74	1.48	5.07	18.4	2790
		Y400-10	160	187	592	93.69	0.828	2.05	1.68	5.53	17.4	2620
			185	208	592	93.75	0.831	1.97	1.65	5.38	19.5	2700
			200	225	592	93.88	0.831	1.95	1.67	5.37	21.3	2790
		Y400-12	160	203	494	93.5	0.74	2.26	1.91	5.42	23.5	2790
			185	235	494	93.61	0.74	2.23	1.9	5.38	25.6	2890
		Y450-12	200	236	494	93.3	0.80	2.0	1.42	5.06	48.2	3430
			220	262	494	93.37	0.79	2.07	1.52	5.24	52.6	3530
			250	306	494	93.44	0.77	2.14	1.63	5.37	57.1	3620
			280	343	495	93.54	0.77	2.2	1.7	5.55	65	3850
			315	379	494	93.62	0.78	1.96	1.51	5.03	65	3760

续表

型号			额定功率/kW	定子电流/A	转速/$r \cdot min^{-1}$	效率/%	功率因数 $\cos\varphi$	最大转矩/额定转矩	转子电压/V	转子电流/A	转动惯量/$kg \cdot m^2$	质量/kg
YR系列	IP23	YR400-4	355	356	1475	94.46	0.925	2.01	330	675	9.9	2080
			400	399	1479	94.86	0.927	2.28	385	645	10.9	2110
			450	451	1474	94.6	0.926	1.9	386	735	12	2380
			500	496	1480	95.18	0.93	2.2	462	669	13.6	2450
		YR400-6	315	334	984	94.53	0.87	1.94	304	647	13.5	2180
			355	377	983	94.31	0.88	1.8	324	639	15	2450
			400	432	984	94.46	0.88	1.8	360	701	16.8	2480
		YR400-8	280	310	732	93.7	0.847	1.8	272	660	15	2460
			315	344	735	94.2	0.85	1.82	310	613	16.8	2540
			355	391	735	94.4	0.84	1.83	345	642	18.4	2620
		YR400-10	200	224	585	93.3	0.84	1.8	272	471	17.4	2540
			220	245	586	93.5	0.84	1.8	303	464	19.5	2620
			250	280	586	90.62	0.84	1.86	340	467	21.3	2720
		YR400-12	160	197	489	92.8	0.77	1.8	258	395	19.6	2460
			185	228	498	93.5	0.77	1.7	282	420	21.3	2540
			200	246	489	93.7	0.76	1.78	310	410	23.5	2620
			220	272	489	92.8	0.76	1.85	343	450	25.7	2720
		YR450-12	250	296	488	92.8	0.79	1.5	313	518	48.2	3190
			280	332	489	92.9	0.79	1.56	348	520	52.6	3290
			315	378	489	93.13	0.79	1.63	390	518	57	3380
			355	442	490	93.36	0.79	1.68	446	508	65	3400
	IP44	YR400-4	315	317	1477	93.72	0.93	2.13	330	601	10.9	2720
			355	354	1480	94	0.834	2.4	385	575	12	2790
			400	398	1480	94.2	0.936	2.35	420	593	15.6	2870
		YR400-6	250	262	985	93.82	0.89	2.06	274	565	13.5	2680
			280	293	985	94	0.89	2.06	305	574	15	2750
			315	328	986	94.2	0.894	2.06	339	580	16.9	2760
		YR400-8	220	242	737	93.73	0.852	1.95	259	536	15	2800
			250	274	737	94.14	0.851	2.05	296	530	16.9	2890
			280	306	737	94	0.856	1.89	311	569	18.4	2990
		YR400-10	160	180	587	93.18	0.835	2.21	272	370	17.4	2800
			185	207	588	93.3	0.839	2.14	302	359	19.6	2890
			200	224	589	93.46	0.838	2.1	325	388	21.3	2990
		YR400-12	110	144	492	92.65	0.75	2.38	247	279	19.5	2720
			132	162	491	92.6	0.77	2.03	259	322	21.3	2800
			160	204	492	93.4	0.736	2.24	309	324	23.5	2890
			185	235	492	93.5	0.738	2.21	343	336	25.7	2990
		YR450-12	200	239	491	92.7	0.79	1.92	313	406	48	3420
			220	265	491	92.8	0.784	2.0	347	459	56.2	3520
			250	307	492	93	0.77	2.07	389	405	57.1	3630
			280	344	493	93.13	0.77	2.14	445	395	65	3720
			315	381	491	93.15	0.78	1.89	445	443	65	3750

注：1. 电动机可使用在不含易燃、易爆或腐蚀性气体的一般场所的主巷道，也可用于井下通风无特殊要求的机械上。

2. 要求海拔不高于1000m，最高环境空气温度不超过40℃，最低环境空气温度为-15℃（滚动轴承），或5℃（滑动轴承）。

3. 电动机为连续工作制。

4. 生产厂：湘潭电机集团有限公司。

外形及安装尺寸

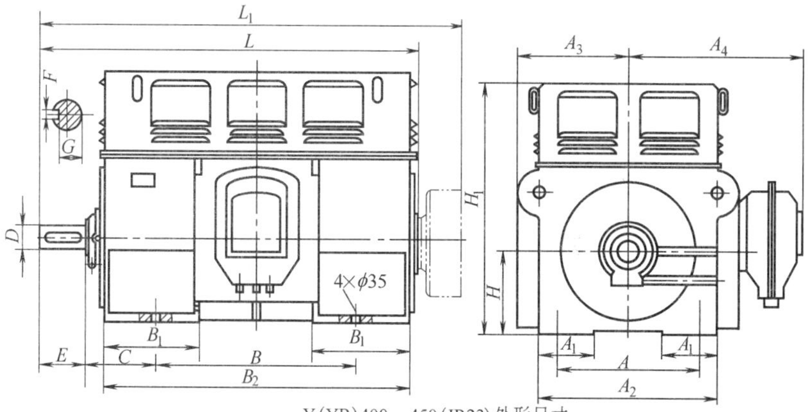

Y(YR)400～450(IP23)外形尺寸

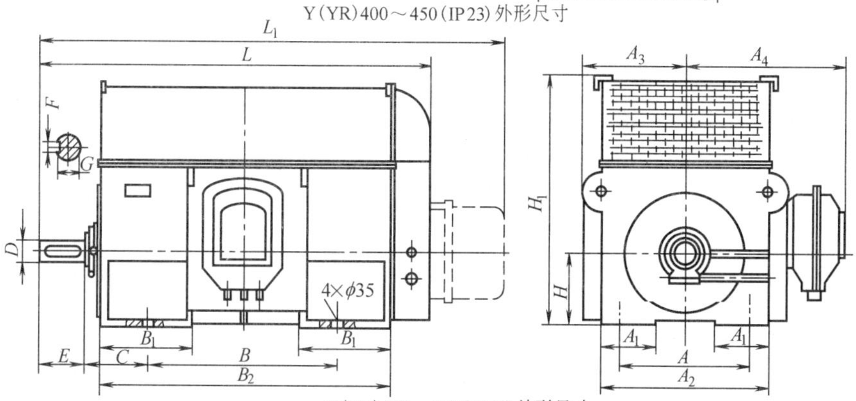

Y(YR)400～450(IP44)外形尺寸

表 18-1-50

mm

	机座号	A	A_1	A_2	A_3	A_4	B	B_1	B_2	C	D	E	F	G	H	H_1	L	L_1
IP23	400-2	710	275	900	560	720	1000	500	1510	335	75	140	20	67.5	400	1200	1790	—
	400-4～12										110	210	28	100			1860	2420
	450-12	800	305	1000	620	780	1120	575	1660	355	130	250	32	119	450	1350	2075	2640
IP44	机座号	H_1				L				L_1				其他尺寸				
	400-2	1445				1955				—				见 IP23				
	400-4～12					2025				2585								
	450-12	1625				2235				2795								

4.4.7 YX3 系列（IP55）高效率三相异步电动机（摘自 GB/T 22722—2008）

表 18-1-51　　技术数据（380V、50Hz）

型号	额定功率/kW	转速 /r·min^{-1}	电流 /A	效率 /%	功率因数 cosφ	堵转转矩/额定转矩	最小转矩/额定转矩	最大转矩/额定转矩	堵转电流/额定电流	转动惯量 /kg·m^2	质量 /kg
YX3-80M1-2	0.75			77.5	0.83	2.3	1.5	2.3	6.8	0.001	18
YX3-80M2-2	1.1			82.8	0.83				7.3	0.0013	20
YX3-90S-2	1.5			84.1	0.84				7.6	0.002	25
YX3-90L-2	2.2			85.6	0.85				7.8	0.026	29
YX3-100L-2	3	2880	5.9	86.7	0.87		1.4		8.1	0.0042	35
YX3-112M-2	4	2910	7.7	87.6	0.88				8.3	0.0058	48

续表

<table>
<tr><th>型号</th><th>额定功率/kW</th><th>转速/r・min⁻¹</th><th>电流/A</th><th>效率/%</th><th>功率因数 cosφ</th><th>堵转转矩
额定转矩</th><th>最小转矩
额定转矩</th><th>最大转矩
额定转矩</th><th>堵转电流
额定电流</th><th>转动惯量/kg・m²</th><th>质量/kg</th></tr>
<tr><td>YX3-132S1-2</td><td>5.5</td><td>2920</td><td>10.6</td><td>88.6</td><td>0.88</td><td rowspan="10">2.2</td><td rowspan="4">1.2</td><td rowspan="12">2.3</td><td>8.0</td><td>0.0128</td><td>70</td></tr>
<tr><td>YX3-132S2-2</td><td>7.5</td><td>2920</td><td>14.3</td><td>89.5</td><td>0.89</td><td>7.8</td><td>0.0151</td><td>75</td></tr>
<tr><td>YX3-160M1-2</td><td>11</td><td>2950</td><td>20.9</td><td>90.5</td><td>0.89</td><td>7.9</td><td>0.0489</td><td>135</td></tr>
<tr><td>YX3-160M2-2</td><td>15</td><td>2950</td><td>27.8</td><td>91.3</td><td>0.89</td><td>8.0</td><td>0.0559</td><td>146</td></tr>
<tr><td>YX3-160L-2</td><td>18.5</td><td>2950</td><td>34.3</td><td>91.8</td><td>0.89</td><td rowspan="4">1.1</td><td>8.1</td><td>0.0648</td><td>157</td></tr>
<tr><td>YX3-180M-2</td><td>22</td><td>2950</td><td>40.1</td><td>92.2</td><td>0.89</td><td>8.2</td><td>0.0808</td><td>195</td></tr>
<tr><td>YX3-200L1-2</td><td>30</td><td>2960</td><td>54.5</td><td>92.9</td><td>0.89</td><td>7.5</td><td>0.163</td><td>258</td></tr>
<tr><td>YX3-200L2-2</td><td>37</td><td>2950</td><td>67</td><td>93.3</td><td>0.89</td><td>7.5</td><td>0.172</td><td>275</td></tr>
<tr><td>YX3-225M-2</td><td>45</td><td>2970</td><td>80.8</td><td>93.7</td><td>0.89</td><td rowspan="2">1.0</td><td>7.6</td><td>0.302</td><td>332</td></tr>
<tr><td>YX3-250M-2</td><td>55</td><td>2980</td><td>99.7</td><td>94.0</td><td>0.89</td><td>7.6</td><td>0.42</td><td>472</td></tr>
<tr><td>YX3-280S-2</td><td>75</td><td>2970</td><td>135.8</td><td>94.6</td><td>0.89</td><td rowspan="8">2.0</td><td rowspan="5">0.9</td><td>6.9</td><td>0.986</td><td>565</td></tr>
<tr><td>YX3-280M-2</td><td>90</td><td>2980</td><td>162.6</td><td>95.0</td><td>0.89</td><td>7.0</td><td>1.04</td><td>605</td></tr>
<tr><td>YX3-315S-2</td><td>110</td><td>2975</td><td>193</td><td>95.0</td><td>0.90</td><td rowspan="6">2.2</td><td>7.1</td><td>1.33</td><td>980</td></tr>
<tr><td>YX3-315M-2</td><td>132</td><td>2978</td><td>231</td><td>95.4</td><td>0.90</td><td>7.1</td><td>1.5</td><td>1080</td></tr>
<tr><td>YX3-315L1-2</td><td>160</td><td>2978</td><td>280</td><td>95.4</td><td>0.91</td><td>7.1</td><td>1.82</td><td>1160</td></tr>
<tr><td>YX3-315L2-2</td><td>200</td><td>2978</td><td>345</td><td>95.4</td><td>0.91</td><td rowspan="3">0.8</td><td>7.1</td><td>2.41</td><td>1190</td></tr>
<tr><td>YX3-355M-2</td><td>250</td><td>2978</td><td>431</td><td>95.8</td><td>0.91</td><td>7.1</td><td>3.56</td><td>1850</td></tr>
<tr><td>YX3-355L-2</td><td>315</td><td>2978</td><td>543</td><td>95.8</td><td>0.91</td><td>7.1</td><td>4.16</td><td>1950</td></tr>
<tr><td>YX3-80M1-4</td><td>0.55</td><td>1430</td><td>1.38</td><td>80.7</td><td>0.75</td><td rowspan="7">2.3</td><td>1.7</td><td rowspan="19">2.3</td><td>6.3</td><td>0.0016</td><td>20</td></tr>
<tr><td>YX3-80M2-4</td><td>0.75</td><td>1430</td><td>1.85</td><td>82.3</td><td>0.75</td><td rowspan="3">1.6</td><td>6.5</td><td>0.002</td><td>21</td></tr>
<tr><td>YX3-90S-4</td><td>1.1</td><td>1435</td><td>2.59</td><td>83.8</td><td>0.75</td><td>6.6</td><td>0.003</td><td>26</td></tr>
<tr><td>YX3-90L-4</td><td>1.5</td><td>1435</td><td>3.48</td><td>85.0</td><td>0.75</td><td>6.9</td><td>0.0038</td><td>31</td></tr>
<tr><td>YX3-100L1-4</td><td>2.2</td><td>1440</td><td>4.7</td><td>86.4</td><td>0.81</td><td rowspan="3">1.5</td><td>7.5</td><td>0.0077</td><td>36</td></tr>
<tr><td>YX3-100L2-4</td><td>3</td><td>1440</td><td>6.4</td><td>87.4</td><td>0.82</td><td>7.6</td><td>0.0093</td><td>41</td></tr>
<tr><td>YX3-112M-4</td><td>4</td><td>1460</td><td>8.3</td><td>88.3</td><td>0.82</td><td>7.7</td><td>0.0128</td><td>52</td></tr>
<tr><td>YX3-132S-4</td><td>5.5</td><td>1460</td><td>11.2</td><td>89.2</td><td>0.82</td><td rowspan="2">2.0</td><td rowspan="4">1.4</td><td>7.5</td><td>0.0285</td><td>75</td></tr>
<tr><td>YX3-132M-4</td><td>7.5</td><td>1460</td><td>14.8</td><td>90.1</td><td>0.83</td><td>7.4</td><td>0.0366</td><td>82</td></tr>
<tr><td>YX3-160M-4</td><td>11</td><td>1470</td><td>20.9</td><td>91.0</td><td>0.85</td><td rowspan="10">2.2</td><td>7.5</td><td>0.0771</td><td>133</td></tr>
<tr><td>YX3-160L-4</td><td>15</td><td>1470</td><td>28.5</td><td>91.8</td><td>0.86</td><td>7.5</td><td>0.101</td><td>157</td></tr>
<tr><td>YX3-180M-4</td><td>18.5</td><td>1480</td><td>35.2</td><td>92.2</td><td>0.86</td><td rowspan="4">1.2</td><td>7.7</td><td>0.152</td><td>190</td></tr>
<tr><td>YX3-180L-4</td><td>22</td><td>1480</td><td>41.7</td><td>92.6</td><td>0.86</td><td>7.8</td><td>0.187</td><td>205</td></tr>
<tr><td>YX3-200L-4</td><td>30</td><td>1480</td><td>56</td><td>93.2</td><td>0.86</td><td>7.2</td><td>0.285</td><td>274</td></tr>
<tr><td>YX3-225S-4</td><td>37</td><td>1490</td><td>68.9</td><td>93.6</td><td>0.86</td><td>7.3</td><td>0.473</td><td>324</td></tr>
<tr><td>YX3-225M-4</td><td>45</td><td>1480</td><td>83.5</td><td>93.9</td><td>0.86</td><td rowspan="2">1.1</td><td>7.4</td><td>0.554</td><td>349</td></tr>
<tr><td>YX3-250M-4</td><td>55</td><td>1480</td><td>100.2</td><td>94.2</td><td>0.86</td><td>7.4</td><td>0.751</td><td>447</td></tr>
<tr><td>YX3-280S-4</td><td>75</td><td>1490</td><td>136.7</td><td>94.7</td><td>0.88</td><td rowspan="2">1.0</td><td>6.7</td><td>1.92</td><td>605</td></tr>
<tr><td>YX3-280M-4</td><td>90</td><td>1490</td><td>161.7</td><td>95.0</td><td>0.88</td><td>6.9</td><td>2.32</td><td>670</td></tr>
</table>

续表

型号	额定功率/kW	转速/r·min^{-1}	电流/A	效率/%	功率因数 cosφ	堵转转矩/额定转矩	最小转矩/额定转矩	最大转矩/额定转矩	堵转电流/额定电流	转动惯量/kg·m^2	质量/kg
YX3-315S-4	110	1489	199	95.4	0.88	2.2	1.0	2.2	6.9	3.11	1000
YX3-315M-4	132	1488	239	95.4	0.88				6.9	3.62	1100
YX3-315L1-4	160	1488	286	95.4	0.89				6.9	4.13	1160
YX3-315L2-4	200	1487	358	95.4	0.89		0.9		6.9	4.94	1270
YX3-355M-4	250	1490	441	95.8	0.90				6.9	5.67	1830
YX3-355L-4	315	1489	555	95.8	0.90		0.8		6.9	6.66	1950
YX3-90S-6	0.75	920	2.04	77.7	0.72	2.1	1.5	2.1	5.8	0.0038	23
YX3-90L-6	1.1	920	2.87	79.9	0.73		1.3		5.9	0.0053	31
TX3-100L-6	1.5	960	3.8	81.5	0.74				6.0	0.0107	35
YX3-112M-6	2.2	970	5.3	83.4	0.74				6.0	0.0151	48
YX3-132S-6	3	980	6.9	84.9	0.74	2.0			6.2	0.0318	70
YX3-132M1-6	4	970	9	86.1	0.74				6.8	0.0394	77
YX3-132M2-6	5.5	970	12.1	87.4	0.75				7.1	0.0494	85
YX3-160M-6	7.5	980	1.6	89.0	0.78	2.1			6.7	0.0964	127
YX3-160L-6	11	980	23.4	90.0	0.79		1.2		6.9	0.127	155
YX3-180L-6	15	980	30.7	91.0	0.81	2.0			7.2	0.201	195
YX3-200L1-6	18.5	980	36.9	91.5	0.81	2.1			7.2	0.325	250
YX3-200L2-6	22	980	43.2	92.0	0.82				7.3	0.371	270
YX3-225M-6	30	980	57.7	92.5	0.81	2.0			7.1	0.533	327
YX3-250M-6	37	990	70.8	93.0	0.84	2.1			7.1	0.877	441
YX3-280S-6	45	990	84	93.5	0.86		1.1	2.0	7.2	1.85	540
YX3-280M-6	55	990	102.4	93.8	0.86				7.2	2.12	595
YX3-315S-6	75	989	140	94.2	0.85	2.0	1.0		6.7	4.11	990
YX3-315M-6	90	988	168	94.5	0.84				6.7	4.28	1080
YX3-315L1-6	110	989	204	95.0	0.85				6.7	5.45	1150
YX3-315L2-6	132	988	242	95.0	0.86				6.7	6.12	1210
YX3-355M1-6	160	991	289	95.0	0.87				6.7	8.85	1650
YX3-355M2-6	200	990	361	95.0	0.87				6.7	9.55	1750
YX3-355L-6	250	990	451	95.0	0.87		0.9		6.7	10.63	1850
YX3-400L1-6	315	992	582	95.6	0.86	1.6		2.2	6.5	18.5	2800
YX3-400L2-6	355	993	656	95.6	0.86	1.6		2.2	6.5	20.7	2950
YX3-400L3-6	400	993	739	95.6	0.86	1.6		2.2	6.5	22.3	3050
YX3-400L4-6	450	992	832	95.6	0.86	1.6		2.2	6.5	24.5	3200

注：1. YX3 系列是由 Y 系列（IP44）派生，与 Y 系列相比，其损耗下降，效率、功率因数提高，是新型节能产品，适合长期连续运行，如水泵、风机等设备。

2. 电机冷却方法为 IC411，绝缘为 F 级。

3. 表中转速、电流及质量系个别厂资料，仅供参考，设计时应收集生产厂家资料。

4. 毕捷公司的产品 4 极功率扩大到 500kW，6 极功率扩大到 450kW，8 极功率为 0.55~355kW。

5. 生产厂：北京毕捷电机股份有限公司、南阳防爆集团股份有限公司，上海电科电机科技有限公司，西安西玛电机有限公司等。

机座带底脚、端盖上无凸缘（B3）的电动机

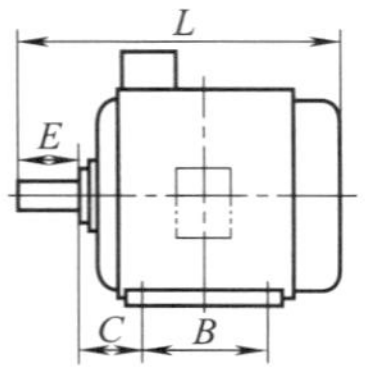

机座号80～90

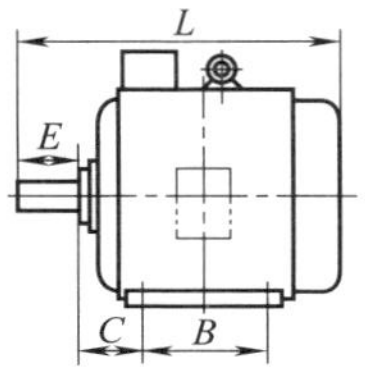

机座号100～132

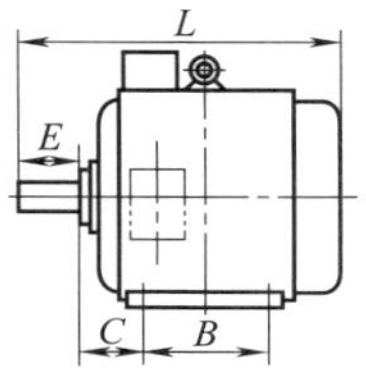

机座号160～355

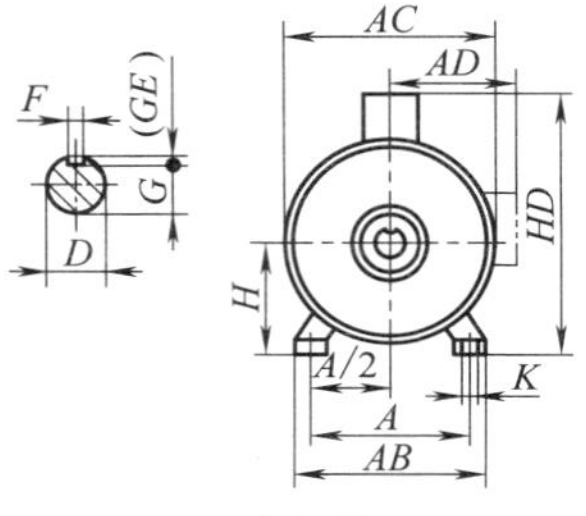

机座号80～355

表 18-1-52

mm

机座号	极数	安装尺寸 A 基本尺寸	A/2 基本尺寸	B 基本尺寸	C 基本尺寸	C 极限偏差	D 基本尺寸	D 极限偏差	E 基本尺寸	E 极限偏差	F 基本尺寸	F 极限偏差	$G^{①}$ 基本尺寸	$G^{①}$ 极限偏差	H 基本尺寸	H 极限偏差	$K^{②}$ 基本尺寸	$K^{②}$ 极限偏差	$K^{②}$ 位置度公差	外形尺寸 AB	AC	AD	HD	L
80M	2、4、6	125	62.5	100	50	±1.5	19	+0.009 −0.004	40	±0.31	6	0 −0.030	15.5	0 −0.10	80	0 −0.5	10	+0.36 0	φ1.0 Ⓜ	165	175	145	220	305
90S		140	70		56		24		50		8	0 −0.036	20		90					180	195	165	260	360
90L				125									24											390
100L		160	80	140	63	±2.0	28		60	±0.37					100		12	+0.43 0		205	215	180	270	435
112M		190	95		70								33		112					230	240	190	300	470
132S		216	108		89		38	+0.018 +0.002	80		10				132					270	275	210	345	510
132M				178																				560
160M		254	127	210	108	±3.0	42		110	±0.43	12	0 −0.043	37	0 −0.20	160		14.5		φ1.2 Ⓜ	320	330	255	420	670
160L				254																				700
180M		279	139.5	241	121		48				14		42.5		180					355	380	280	455	740
180L				279																				790
200L		318	159	305	133		55	+0.030 +0.011			16		49		200		18.5	+0.52 0		395	420	305	505	790
225S	4	356	178	286	149	±4.0	60		140	±0.50	18		53		225					435	470	335	560	830
225M	2			311			55		110	±0.43	16		49											825
	4、6						60		140	±0.50	18		53											855
250M	2	406	203	349	168										250		24		φ2.0 Ⓜ	490	510	370	615	915
	4、6						65						58											
280S	2	457	228.5	368	190										280					550	580	410	680	985
	4、6						75				20	0 −0.052	67.5											

续表

机座号	极数	安装尺寸																		外形尺寸				
		A	$A/2$	B	C		D		E		F		G[1]		H		K[2]			AB	AC	AD	HD	L
		基本尺寸	基本尺寸	基本尺寸	基本尺寸	极限偏差	基本尺寸	极限偏差	基本尺寸	极限偏差	基本尺寸	极限偏差	基本尺寸	极限偏差	基本尺寸	极限偏差	基本尺寸	极限偏差	位置度公差					
280M	2	457	228.5	419	190	±4.0	65	+0.030 +0.011	140	±0.50	18	0 −0.043	58	−0.20 0	280		24	+0.52 0	ϕ2.0Ⓜ	550	580	410	680	1035
	4、6						75				20	0 −0.052	67.5											
315S	2	508	254	406	216		65				18	0 −0.052	58		315		28			635	645	530	845	1180
	4、6						80		170		22	0 −0.043	71											1290
315M	2			457			65		140		18	0 −0.052	58											1210
	4、6						80		170		22	0 −0.052	71											1320
315L	2			508			65		140		18	0 −0.043	58											1210
	4、6						80		170		22	0 −0.052	71											1320
355M	2	610	305	560	254		75		140		20		67.5		355					730	710	655	1010	1500
	4、6						95	+0.035 +0.013	170		25		86											1530
355L	2			630			75	+0.030 +0.011	140		20		67.5											1500
	4、6						95	+0.035 +0.013	170		25		86											1530

① $G=D-GE$，GE 的极限偏差对机座号 80 为（$^{+0.10}_{0}$），其余为（$^{+0.20}_{0}$）。

② K 孔的位置度公差以轴伸的轴线为基准。

注：1. 机座号 80M~112M 还有机座带底脚和不带底脚、端盖上有凸缘（带螺孔）的安装型式，其尺寸见标准 JB/T 6449。

2. 轴伸键宽和键高的公差符合 GB/T 1096 的规定。

机座带底脚、端盖上有凸缘（带通孔）（B35）的电动机

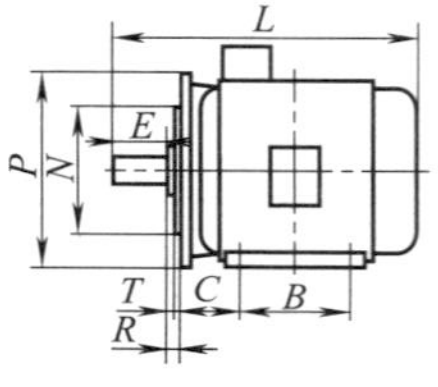

机座号80～90

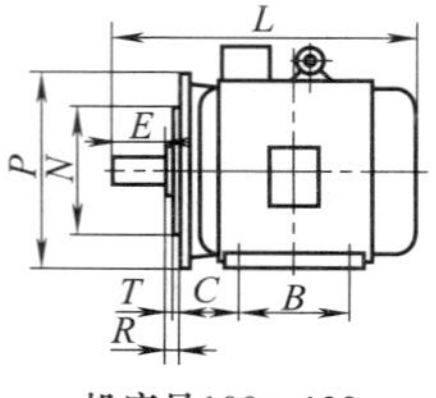

机座号100～132

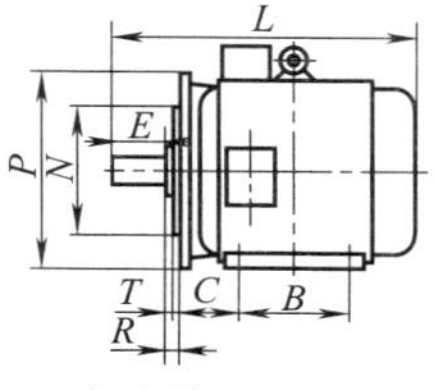

机座号160～355

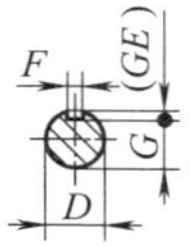

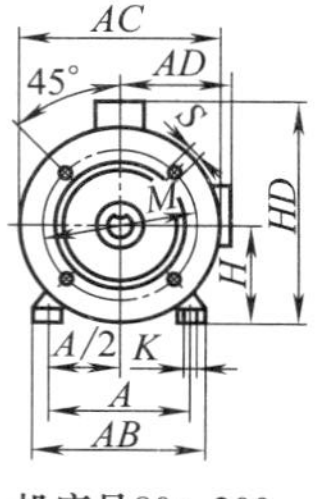

机座号80～200

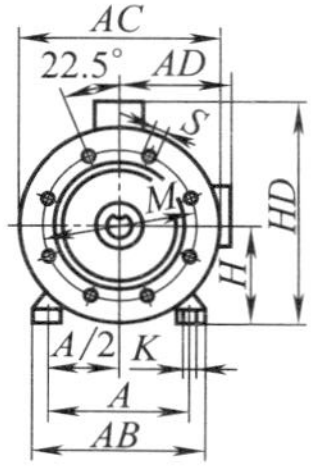

机座号225～355

表 18-1-53

mm

机座号	凸缘号	极数	A	A/2	B	C	C	D	D	E	E	F	F	G①	G①	H	H	K②	K②	K②	M	N	N	P③	R④	R④	S	S	T	T	T	凸缘孔数	AB	AC	AD	HD	L
			基本尺寸	基本尺寸	基本尺寸	基本尺寸	极限偏差	基本尺寸	极限偏差	基本尺寸	极限偏差	基本尺寸	极限偏差	基本尺寸	极限偏差	基本尺寸	极限偏差	基本尺寸	极限偏差	位置度公差		基本尺寸	极限偏差		基本尺寸	极限偏差	基本尺寸	极限偏差	位置度公差	基本尺寸	极限偏差						
80M	FF165	2、4、6	125	62.5	100	50	±1.5	19	+0.009 −0.004	40	±0.31	6	0 −0.030	15.5	0 −0.10	80	0 −0.5	10	+0.36 0	ϕ1.0Ⓜ	165	130	+0.014 +0.011	200	0	±1.5	12	+0.43 0	ϕ1.0Ⓜ	3.5	0 −0.12	4	165	175	145	220	305
90S			140	70		56		24		50		8	0 −0.036	20	0 −0.20	90																	180	195	165	260	360
90L					125																																390
100L	FF215		160	80	140	63	±2.0	28		60	±0.37			24		100		12	+0.43 0		215	180		250		±2.0	14.5		ϕ1.2Ⓜ	4			205	215	180	270	435
112M			190	95		70										112																	230	240	190	300	470
132S	FF265		216	108		89		38	+0.018 +0.002	80		10		33		132					265	230	+0.016 +0.013	300									270	275	210	345	510
132M					178																																560
160M	FF300		254	127	210	108	±3.0	42		110	±0.43	12		37		160		14.5		ϕ1.2Ⓜ	300	250		350		±3.0	18.5	+0.52 0		5			320	330	255	420	670
160L					254																																700
180M			279	139.5	241	121		48				14		42.5		180																	355	380	280	455	740
180L					279																																790
200L	FF350		318	159	305	133		55	+0.030 +0.011			16	0 −0.043	49		200		18.5			350	300	±0.016	400									395	420	305	505	790
225S	FF400	4	356	178	286	149	±4.0	60		140	±0.50	18		53		225					400	350	±0.018	450		±4.0						8	435	470	335	560	830
225M		2			311			55		110	±0.43	16		49																							825
		4、6						60		140	±0.50	18		53																							855
250M	FF500	2	406	203	349	168										250		24	−0.52 0	ϕ2.0Ⓜ	500	450	±0.020	550									490	510	370	615	915
		4、6						65						58																							

续表

机座号	凸缘号	极数	安装尺寸及公差 A 基本尺寸	A/2 基本尺寸	B 基本尺寸	C 基本尺寸	C 极限偏差	D 基本尺寸	D 极限偏差	E 基本尺寸	E 极限偏差	F 基本尺寸	F 极限偏差	G① 基本尺寸	G① 极限偏差	H 基本尺寸	H 极限偏差	K② 基本尺寸	K② 极限偏差	K② 位置度公差	M	N 基本尺寸	N 极限偏差	P③	R④ 基本尺寸	R④ 极限偏差	S 基本尺寸	S 极限偏差	T 位置度公差	T 基本尺寸	T 极限偏差	凸缘孔数	外形尺寸 AB	AC	AD	HD	L
280S	FF500	2	457	228.5	368	190	±4.0	65		140	±0.50	18	0 −0.043	58	0 −0.20	280	0 −1.0	24	+0.52 0	ϕ2.0Ⓜ	500	450	±0.020	550	0	±4.0	18.5	−0.52 0	ϕ1.2Ⓜ	5	0 −0.12	8	550	585	410	680	985
		4、6						75				20	0 −0.052	67.5																							
280M		2			419			65				18	0 −0.043	58																							1035
		4、6						75				20	0 −0.052	67.5																							
315S	FF600	2	508	254	406	216		65				18	0 −0.052	58		315		28			600	550	±0.022	660			24		ϕ2.0Ⓜ	6	0 −0.15		635	645	530	845	1180
		4、6						80	+0.030 +0.011	170		22	0 −0.043	71																							1290
315M		2			457			65		140		18	0 −0.052	58																							1210
		4、6						80		170		22	0 −0.052	71																							1320
315L		2			508			65		140		18	0 −0.043	58																							1210
		4、6						80		170		22	0 −0.052	71																							1320
355M	FF740	2	610	305	560	254		75		140		20		67.5		355					740	680	±0.025	800									730	710	655	1010	1500
		4、6						95	+0.035 +0.013	170		25		86																							1530
355L		2			630			75	+0.030 +0.011	140		20		67.5																							1500
		4、6						95	+0.035 +0.013	170		25		86																							1530

① $G=D-GE$，GE 极限偏差对机座号 80 为（$^{+0.10}_{0}$），其余为（$^{+0.20}_{0}$）。

② K、S 孔的位置度公差以轴伸的轴线为基准。

③ P 尺寸为最大极限值。

④ R 为凸缘配合面至轴伸肩的距离。

机座不带底脚、端盖上有凸缘（带通孔）（B5）的电动机

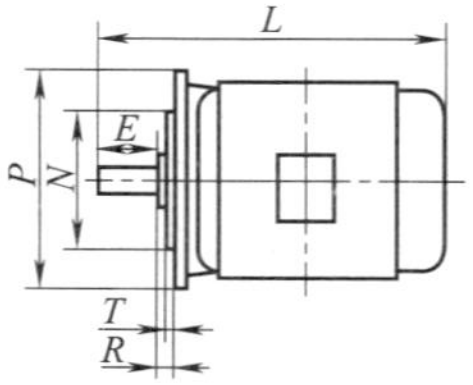

机座号80～90

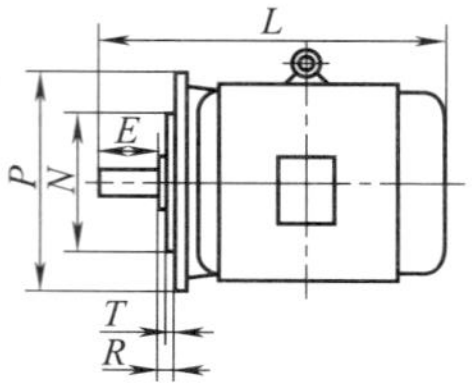

机座号100～132

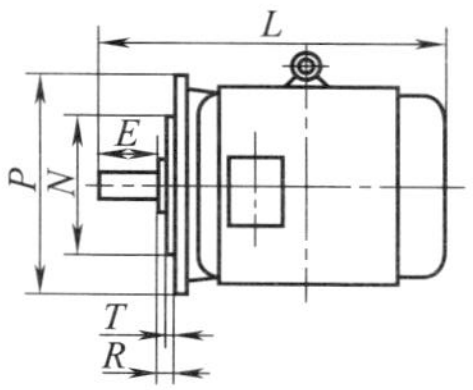

机座号160～280

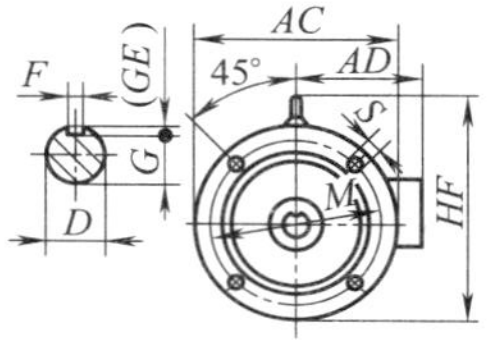

机座号80～200

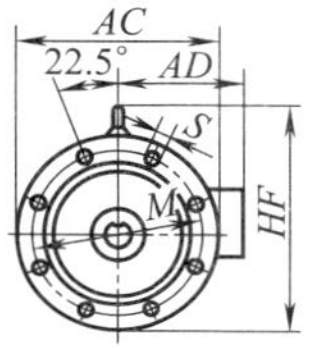

机座号225～280

表 18-1-54

mm

机座号	凸缘号	极数	安装尺寸及公差																				外形尺寸			
			D		E		F		G①		M	N		P③	R④		S②			T		凸缘孔数	AC	AD	HF	L
			基本尺寸	极限偏差	基本尺寸	极限偏差	基本尺寸	极限偏差	基本尺寸	极限偏差		基本尺寸	极限偏差		基本尺寸	极限偏差	基本尺寸	极限偏差	位置度公差	基本尺寸	极限偏差					
80M	FF165	2、4、6	19	+0.009 -0.004	40	±0.31	6	0 -0.030	15.5	0 -0.10	165	130	+0.014 -0.011	200	0	±1.5	12	+0.43 0	ϕ1.0Ⓜ	3.5	0 -0.12	4	175	145		305
90S			24		50		8	0 -0.036	20	0 -0.20													195	165		360
90L																										390
100L	FF215		28		60	±0.37			24		215	180		250		±2.0	14.5		ϕ1.2Ⓜ	4			215	180	245	435
112M																							240	190	265	470
132S	FF265		38	+0.018 +0.002	80		10		33		265	230	+0.016 -0.013	300									275	210	315	510
132M																										560
160M	FF300		42		110	±0.43	12	0 -0.043	37		300	250		350		±3.0	18.5	+0.52 0		5			330	255	385	670
160L																										700
180M			48				14		42.5														380	280	430	740
180L																										790
200L	FF350		55	+0.030 +0.011	140	±0.50	16		49		350	300	±0.016	400									420	305	480	790
225S	FF400	4	60				18		53		400	350	±0.018	450		±4.0						8	470	335	535	830
225M		2	55		110	±0.43	16		49																	825
		4、6	60		140	±0.50	18		53																	855
250M	FF500	2									500	450	±0.020	550									510	370	595	915
		4、6	65						58																	
280S		2																					580	410	650	985
		4、6	75				20	0 -0.052	67.5																	
280M		2	65				18	0 -0.043	58																	1035
		4、6	75				20	0 -0.052	67.5																	

① $G=D-GE$，GE 极限偏差对机座号 80 为 $\left(^{+0.10}_{0}\right)$，其余为 $\left(^{+0.20}_{0}\right)$。

② S 孔的位置度公差以轴伸的轴线为基准。

③ P 尺寸为最大极限值。

④ R 为凸缘配合面至轴伸肩的距离。

4.4.8 YH 系列（IP44）高转差率三相异步电动机（摘自 JB/T 6449—2010）

表 18-1-55 技术数据

型号	额定功率 /kW	在额定功率时						堵转电流/额定电流	堵转转矩/额定转矩	最大转矩/额定转矩	转动惯量 /kg·m²	质量 /kg
		转速 /r·min⁻¹	电流 /A	负载持续率 /%	转差率 /%	效率 /%	功率因数 cosφ					
同步转速 3000r/min												
YH801-2	0.75	2670	1.97	60	11	71	0.86	5.5	2.7	2.7	0.00075	16
YH802-2	1.1	2670	2.63	60	11	73	0.87	5.5	2.7	2.7	0.0009	17
YH90S-2	1.5	2670	3.67	40	11	73	0.85	5.5	2.7	2.7	0.0012	22
YH90L-2	2.2	2670	5.15	40	11	75.5	0.96	5.5	2.7	2.7	0.0014	25
YH100L-2	3	2700	6.89	40	10	76	0.87	5.5	2.7	2.7	0.0014	35
YH112M-2	4	2730	8.81	40	9	77.5	0.86	5.5	2.7	2.7	0.0055	45
YH132S1-2	5.5	2730	11.9	40	9	78.5	0.90	5.5	2.7	2.7	0.0109	64
YH132S2-2	7.5	2730	16	25	9	78.5	0.91	5.5	2.7	2.7	0.0126	70
YH160M1-2	11	2760	22.9	25	8	81	0.90	5.5	2.7	2.7	0.0377	117
YH160M2-2	15	2760	30.5	25	8	82	0.91	5.5	2.7	2.7	0.0449	125
YH160L-2	18.5	2760	37.4	25	8	82.5	0.91	5.5	2.7	2.7	0.0550	147
同步转速 1500r/min												
YH801-4	0.55	1305	1.65	60	13	66.5	0.76	5.5	2.7	2.7	0.0018	17
YH802-4	0.75	1305	2.18	60	13	68	0.77	5.5	2.7	2.7	0.0021	18
YH90S-4	1.1	1305	2.98	60	13	70	0.80	5.5	2.7	2.7	0.0021	22
YH90L-4	1.5	1305	3.96	60	13	72	0.80	5.5	2.7	2.7	0.0027	27
YH100L1-4	2.2	1305	5.52	40	13	73	0.83	5.5	2.7	2.7	0.0054	34
YH100L2-4	3	1305	7.42	40	13	74	0.83	5.5	2.7	2.7	0.0067	38
YH112M-4	4	1335	9.51	40	11	77	0.83	5.5	2.7	2.7	0.0095	43
YH132S-4	5.5	1350	12.5	40	10	77.5	0.86	5.5	2.7	2.7	0.0214	68
YH132M-4	7.5	1350	17	40	10	78	0.87	5.5	2.7	2.7	0.0296	81
YH160M-4	11	1365	24.3	25	9	80	0.86	5.5	2.6	2.6	0.0747	123
YH160L-4	15	1380	32.3	25	8	82	0.86	5.5	2.6	2.6	0.0918	144
YH180M-4	18.5	1380	38.5	25	8	82	0.89	5.5	2.6	2.6	0.139	182
YH180L-4	22	1380	45.2	25	8	83	0.89	5.5	2.6	2.6	0.262	190
YH200L-4	30	1380	61	25	8	84	0.89	5.5	2.6	2.6	0.262	270
YH225S-4	37	1395	74.4	25	7	84	0.90	5.5	2.6	2.6	0.406	284
YH225M-4	45	1395	88.9	25	7	84.5	0.91	5.5	2.6	2.6	0.469	320
YH250M-4	55	1395	108	25	7	86	0.90	5.5	2.6	2.6	0.66	427
YH280S-4	75	1395	144	15	7	86	0.92	5.5	2.6	2.6	1.12	562
YH280M-4	90	1395	172	15	7	86.5	0.92	5.5	2.6	2.6	1.46	667
同步转速 1000r/min												
YH90S-6	0.75	870	2.48	60	13	66.5	0.69	5.0	2.7	2.7	0.0029	23
YH90L-6	1.1	870	3.46	60	13	67	0.72	5.0	2.7	2.7	0.0035	25
YH100L-6	1.5	880	4.28	40	12	70	0.76	5.0	2.7	2.7	0.0069	33
YH112M-6	2.2	880	6.02	40	12	73	0.76	5.0	2.7	2.7	0.0138	45
YH132S-6	3	900	7.69	40	10	76	0.78	5.0	2.7	2.7	0.0286	68
YH132M1-6	4	900	10	40	10	77	0.79	5.0	2.7	2.7	0.0357	73
YH132M2-6	5.5	900	13.6	40	10	78	0.79	5.0	2.7	2.7	0.0449	84
YH160M-6	7.5	890	17.8	25	11	79	0.81	5.0	2.5	2.5	0.0881	119
YH160L-6	11	890	25.8	25	11	80	0.81	5.0	2.5	2.5	0.116	147
YH180L-6	15	910	33.5	25	9	82	0.83	5.0	2.5	2.5	0.207	195
YH200L1-6	18.5	920	39.8	25	8	82	0.86	5.0	2.5	2.5	0.315	220
YH200L2-6	22	920	46.6	25	8	82.5	0.87	5.0	2.5	2.5	0.36	250
YH225M-6	30	920	62.7	25	8	83	0.87	5.5	2.5	2.5	0.547	292
YH250M-6	37	930	75.2	25	7	84	0.89	5.5	2.5	2.5	0.834	408
YH280S-6	45	930	90.9	25	7	84.5	0.89	5.5	2.5	2.5	1.39	536
YH280M-6	55	930	110	25	7	85	0.89	5.5	2.5	2.5	1.65	595

续表

型号	额定功率/kW	在额定功率时						堵转电流额定电流	堵转转矩额定转矩	最大转矩额定转矩	转动惯量/kg·m²	质量/kg
		转速/r·min⁻¹	电流/A	负载持续率/%	转差率/%	效率/%	功率因数 cosφ					
同步转速 750r/min												
YH132S-8	2.2	660	6.27	60	12	73	0.73	4.5	2.6	2.6	0.0314	63
YH132M-8	3	660	8.21	60	12	74	0.75	4.5	2.6	2.6	0.0314	79
YH160M1-8	4	670	10.5	60	11	77	0.75	4.5	2.4	2.4	0.0753	118
YH160M2-8	5.5	670	13.9	60	11	78	0.77	4.5	2.4	2.4	0.0931	119
YH160L-8	7.5	670	18.5	60	11	79	0.78	4.5	2.4	2.4	0.126	145
YH180L-8	11	675	27.3	25	10	76.5	0.80	4.5	2.4	2.4	0.203	184
YH200L-8	15	683	36.6	25	9	77.5	0.80	4.5	2.4	2.4	0.339	250
YH225S-8	18.5	683	45	25	9	80	0.78	4.5	2.4	2.4	0.491	266
YH225M-8	22	683	51.6	25	9	81	0.80	4.5	2.4	2.4	0.547	292
YH250M-8	30	690	67.4	25	8	81.5	0.83	4.5	2.4	2.4	0.834	405
YH280S-8	37	690	84.6	25	8	82	0.81	4.5	2.4	2.4	1.39	520
YH280M-8	45	690	99.8	25	8	82.5	0.83	4.5	2.4	2.4	1.65	592

型号	在 *FC* 下的输出功率/kW					型号	在 *FC* 下的输出功率/kW				
	15%	25%	40%	60%	100%		15%	25%	40%	60%	100%
YH801-2	1.0	0.9	0.8	0.75	0.65	YH280M-4	90	79	70	62	54
YH802-2	1.5	1.3	1.2	1.1	1	YH90S-6	1	0.9	0.8	0.75	0.6
YH90S-2	1.8	1.6	1.5	1.3	1.1	YH90L-6	1.5	1.3	1.2	1.1	0.9
YH90L-2	2.7	2.4	2.2	2	1.8	YH100L-6	1.9	1.7	1.5	1.3	1.1
YH100L-2	3.8	3.3	3	2.7	2.4	YH112M-6	2.7	2.4	2.2	1.9	1.7
YH112M-2	5	4.4	4	3.6	3.2	YH132S-6	3.7	3.2	3	2.6	2.3
YH132S1-2	7	6	5.5	5	4.4	YH132M1-6	5	4.3	4	3.5	3
YH132S2-2	8.5	7.5	6.7	6	5.3	YH132M2-6	6.5	6	5.5	4.5	4
YH160M1-2	12.5	11	9.8	8.8	7.8	YH160M-6	8.5	7.5	7	6	5
YH160M2-2	17	15	13.5	12	10.6	YH160L-6	12.5	11	10	8.5	7.5
YH160L-2	21	18.5	16.5	14.5	13	YH180L-6	17	15	13.5	11.5	10
YH801-4	0.75	0.65	0.6	0.55	0.48	YH200L1-6	21	18.5	17	14.5	12.5
YH802-4	1	0.9	0.8	0.75	0.66	YH200L2-6	25	22	20	17	15
YH90S-4	1.5	1.4	1.2	1.1	1	YH225M-6	34	30	27	23	20
YH90L-4	2	1.8	1.6	1.5	1.3	YH250M-6	42	37	34	29	25
YH100L1-4	2.8	2.5	2.2	2	1.8	YH280S-6	51	45	41	35	31
YH100L2-4	3.8	3.3	3	2.7	2.4	YH280M-6	62	55	50	42	37
YH112M-4	5	4.5	4	3.6	3.2	YH132S-8	3.2	2.8	2.7	2.2	1.9
YH132S-4	7	6	5.5	5	4.3	YH132M-8	4.4	3.8	3.7	3	2.6
YH132M-4	9.5	8.4	7.5	6.6	6	YH160M1-8	6	5.1	5	4	3.4
YH160M-4	12.5	11	9.8	8.8	7.6	YH160M2-8	8.1	7.1	6.5	5.5	4.7
YH160L-4	16	15	13	11.5	10	YH160L-8	10.1	8.7	8.5	7.5	6.5
YH180M-4	21	18.5	16.5	14.5	13	YH180L-8	12.5	11	10.5	8.5	7.2
YH180L-4	25	22	20	17.8	15.8	YH200L-8	17	15	14	11.5	10
YH200L-4	34	30	27	24	21	YH225S-8	21	18.5	18	14.5	12.5
YH225S-4	42	37	33	29	25	YH225M-8	25	22	21	17	14.5
YH225M-4	51	45	40	35	30	YH250M-8	34	30	29	23	20
YH250M-4	62	55	49	43	37	YH280S-8	42	37	35	28	24
YH280S-4	75	66	59	52	45	YH280M-8	52	45	43	34	29

注：1. YH 系列电动机是 Y 系列的派生产品，具有转差率高、堵转转矩大、堵转电流小、机械特性软、能承受冲击性负载的特点，适用于传动飞轮矩大和不均匀冲击负载以及反转次数较多的金属加工机床，如锤击机、剪切机、冲压机、铸冶机等。

2. YH 系列电动机的工作方式为断续周期性工作制（S3）。如电动机不按其额定负载持续率（*FC*）使用，相应调整电动机的输出功率，保证电动机正常使用。表中 *FC* 下的输出功率为近似值，*FC* 为 100%时，表示电动机连续工作制（S1）运行。

3. 生产厂：大连电机有限公司，江西特种电机股份有限公司，南阳防爆集团有限公司，上海电科电机科技有限公司。

机座带底脚、端盖上无凸缘（B3）的电动机

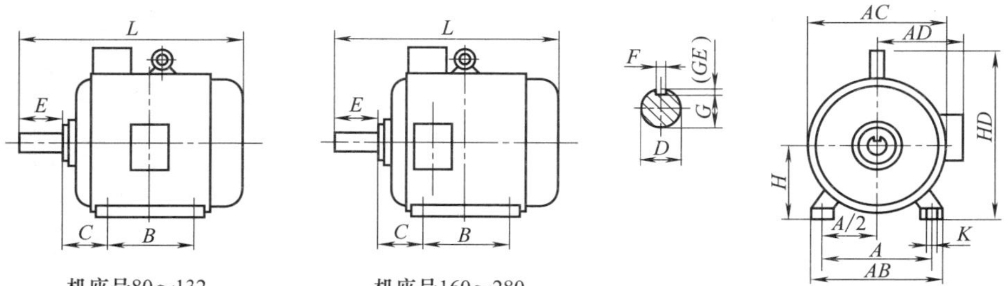

机座号80～132　　机座号160～280

表 18-1-56

mm

机座号	极数	A 基本尺寸	A/2 基本尺寸	B 基本尺寸	C 基本尺寸	C 极限偏差	D 基本尺寸	D 极限偏差	E 基本尺寸	E 极限偏差	F 基本尺寸	F 极限偏差	G[①] 基本尺寸	G[①] 极限偏差	H 基本尺寸	H 极限偏差	K[②] 基本尺寸	K[②] 极限偏差	K[②] 位置度公差	AB	AC	AD	HD	L
		安装尺寸及公差																		外形尺寸				
80M	2、4	125	62.5	100	50	±1.5	19	+0.009 -0.004	40	±0.31	6	0 -0.030	15.5	0 -0.10	80	0 -0.5	10	+0.36 0	ϕ1.0 Ⓜ	165	175	150	175	290
90S	2、4、6	140	70		56		24		50		8	0 -0.036	20	0 -0.20	90					180	195	160	195	315
90L				125																				340
100L		160	80	140	63	±2.0	28		60	±0.37			24		100		12	+0.43 0		205	215	180	245	380
112M		190	95		70										112					245	240	190	265	400
132S	2、4、6、8	216	108		89		38	+0.018 +0.002	80		10		33		132					280	275	210	315	475
132M				178																				515
160M		254	127	210	108	±3.0	42		110	±0.43	12	0 -0.043	37		160		14.5		ϕ1.2 Ⓜ	330	335	265	385	605
160L				254																				650
180M	4	279	139.5	241	121		48				14		42.5		180					355	380	285	430	670
180L	4、6、8			279																				710
200L		318	159	305	133		55	+0.030 +0.011			16		49		200		18.5	+0.52 0		395	420	315	475	775
225S	4、8	356	178	286	149	±4.0	60		140	±0.50	18		53		225					435	475	345	530	820
225M	4、6、8			311																				845
250M		406	203	349	168		65						58		250		24		ϕ2.0 Ⓜ	490	515	385	575	930
280S		457	228.5	368	190		75				20	0 -0.052	67.5		280	0 -1.0				550	580	410	640	1000
280M				419																				1050

① $G=D-GE$，GE 的极限偏差对机座号 80 为（$^{+0.10}_{0}$），其余为（$^{+0.20}_{0}$）。

② K 孔的位置度公差以轴伸的轴线为基准。

注：轴伸键的宽度和高度公差符合 GB/T 1096 的规定。

机座带底脚、端盖上有凸缘（带通孔）（B35）的电动机

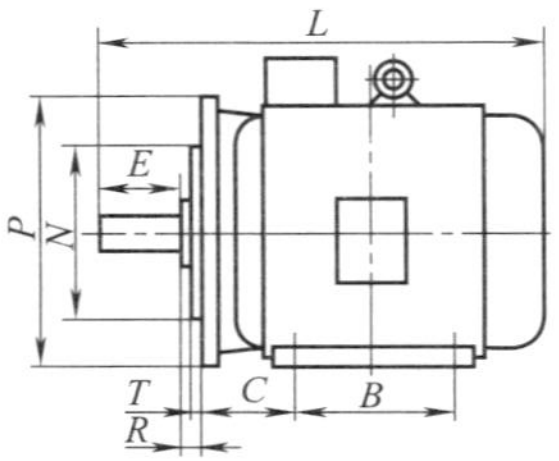

机座号80～132

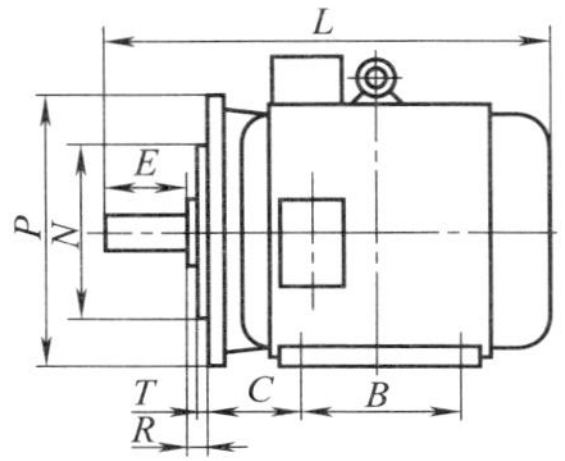

机座号160～280

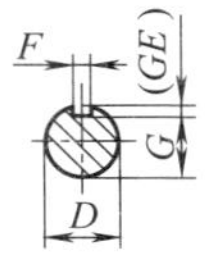

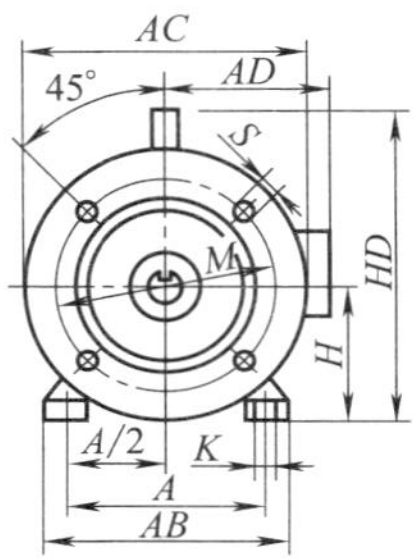

机座号80～200

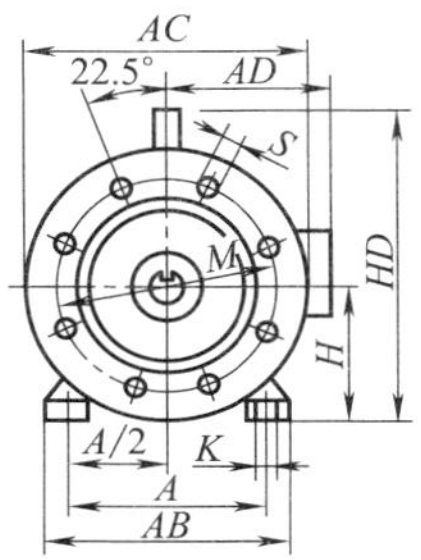

机座号225～280

表 18-1-57

mm

机座号	极数	安装尺寸及公差																														外形尺寸				
		A	A/2	B	C		D		E		F		G①		H		K②			M	N		P③	R④		S②		T			凸缘孔数	AB	AC	AD	HD	L
		基本尺寸	基本尺寸	基本尺寸	基本尺寸	极限偏差	基本尺寸	极限偏差	基本尺寸	极限偏差	基本尺寸	极限偏差	基本尺寸	极限偏差	基本尺寸	极限偏差	基本尺寸	极限偏差	位置度公差		基本尺寸	极限偏差		基本尺寸	极限偏差	基本尺寸	极限偏差	位置度公差	基本尺寸	极限偏差						
80M	2、4	125	62.5	100	50	±1.5	19	+0.009 −0.004	40	±0.31	6	0 −0.030	15.5	0 −0.10	80	0 −0.5	10	+0.36 0	φ1.0Ⓜ	165	130	+0.014 −0.011	200	0	±1.5	12	+0.43 0	φ1.0Ⓜ	3.5	0 −0.12	4	165	175	150	175	290
90S	2、4、6	140	70		56		24		50		8	0 −0.036	20	0 −0.20	90																	180	195	160	195	315
90L				125																																340
100L		160	80	140	63	±2.0	28		60	±0.37			24		100		12	+0.43 0		215	180		250		±2.0	14.5		φ1.2Ⓜ	4.0			205	215	180	245	380
112M		190	95		70										112																	245	240	190	265	400
132S	2、4、6、8	216	108		89		38	+0.018 +0.002	80		10		33		132					265	230	+0.016 −0.013	300									280	275	210	315	475
132M				178																																515
160M		254	127	210	108	±3.0	42		110	±0.43	12	0 −0.043	37		160		14.5		φ1.2Ⓜ	300	250		350		±3.0	18.5	+0.52 0		5.0			330	335	265	385	605
160L				254																																650
180M	4	279	139.5	241	121		48				14		42.5		180																	355	380	285	430	670
180L	4、6、8			279																																710
200L		318	159	305	133		55	+0.030 +0.011	140	±0.50	16		49		200		18.5	+0.52 0		350	300	±0.016	400									395	420	315	475	775
225S	4、8	356	178	286	149	±4.0	60				18		53		225					400	350	±0.018	450		±4.0						8	435	475	345	530	820
225M	4、6、8			311																																845
250M		406	203	349	168		65						58		250		24		φ2.0Ⓜ	500	450	±0.020	500									490	510	385	575	930
280S		457	228.5	368	190		75				20	0 −0.052	67.5		280	0 −1.0																550	580	410	640	1000
280M				419																																1050

① $G=D-GE$，GE 的极限偏差对机座号 80 为 $\left(\begin{smallmatrix}+0.10\\0\end{smallmatrix}\right)$，其余为 $\left(\begin{smallmatrix}+0.20\\0\end{smallmatrix}\right)$。

② K、S 孔的位置度公差以轴伸的轴线为基准。

③ P 尺寸为最大极限值。

④ R 为凸缘配合面至轴伸肩的距离。

机座不带底脚、端盖上有凸缘（带通孔）（B5）的电动机

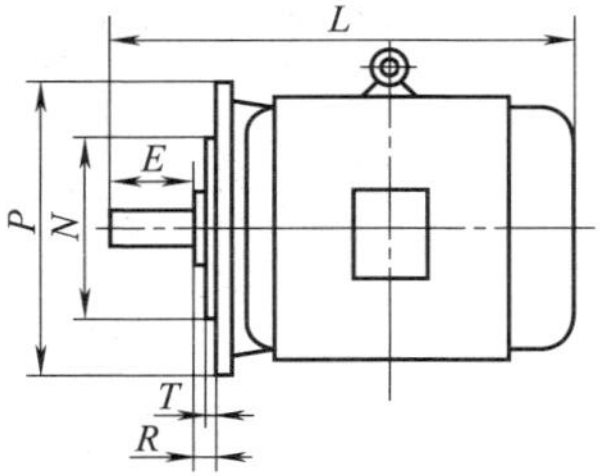

机座号80～132

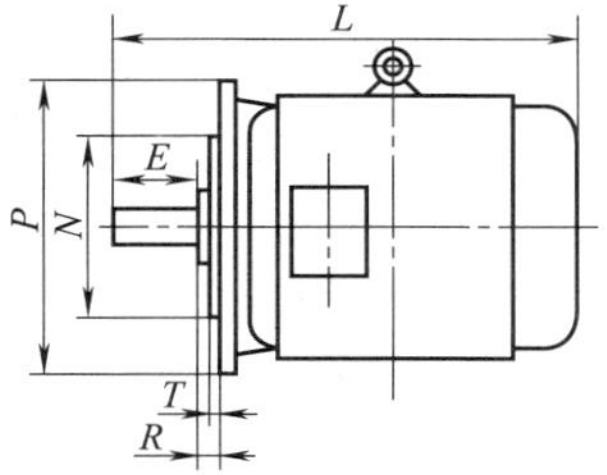

机座号160～225

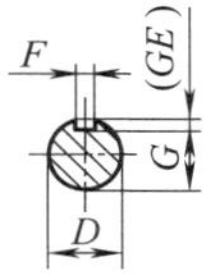

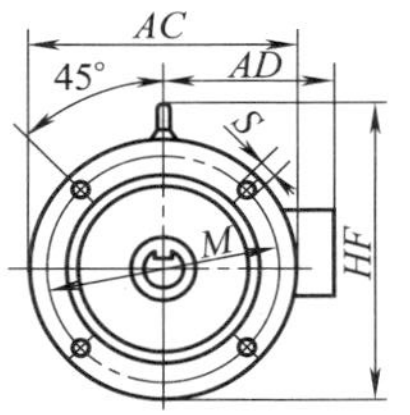

机座号80～200

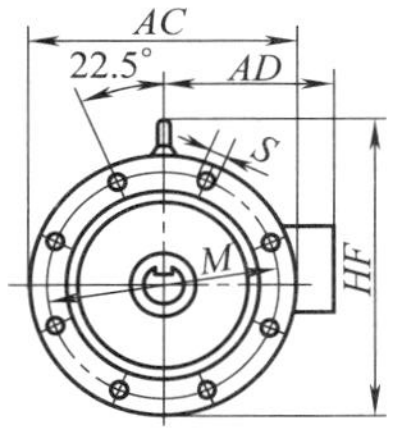

机座号225

表 18-1-58

mm

机座号	凸缘号	极数	安装尺寸及公差																					外形尺寸			
			D		E		F		G①		M	N		P③	R④		S②			T		凸缘孔数	AC	AD	HF	L
			基本尺寸	极限偏差	基本尺寸	极限偏差	基本尺寸	极限偏差	基本尺寸	极限偏差		基本尺寸	极限偏差		基本尺寸	极限偏差	基本尺寸	极限偏差	位置度公差	基本尺寸	极限偏差					
80M	FF165	2、4	19	+0.009 −0.004	40	±0.31	6	0 −0.030	15.5	0 −0.10	165	130	+0.014 +0.011	200	0	±1.5	12	+0.43 0	ϕ1.0 Ⓜ	3.5	0 −0.12	4	175	150	185	290
90S		2、4、6	24		50		8	0 −0.036	20	0 −0.20													195	160	195	315
90L																										340
100L	FF215		28		60	±0.37			24		215	180		250		±2.0	14.5		ϕ1.2 Ⓜ	4.0			215	180	245	380
112M																							240	190	265	400
132S	FF265	2、4、6、8	38	+0.018 +0.002	80		10		33		265	230	+0.016 +0.013	300									275	210	315	475
132M																										515
160M	FF300		42		110	±0.43	12	0 −0.043	37		300	250		350		±3.0	18.5	+0.52 0		5.0			335	265	385	605
160L																										650
180M		4	48				14		42.5														380	285	430	670
180L		4、6、8																								710
200L	FF350		55	+0.030 +0.011			16		49		350	300	±0.016	400									420	315	480	775
225S	FF400	4、8	60		140	±0.50	18		53		400	350	±0.018	450		±4.0						8	475	345	535	820
225M		4、6、8	60		140	±0.50	18		53																	845

① $G=D-GE$，GE 极限偏差对机座号 80 为（$^{+0.10}_{0}$），其余为（$^{+0.20}_{0}$）。

② S 孔的位置度公差以轴伸的轴线为基准。

③ P 尺寸为最大极限值。

④ R 为凸缘配合面至轴伸肩的距离。

立式安装，机座不带底脚，端盖上有凸缘（带通孔），轴伸向下的电动机（V1）

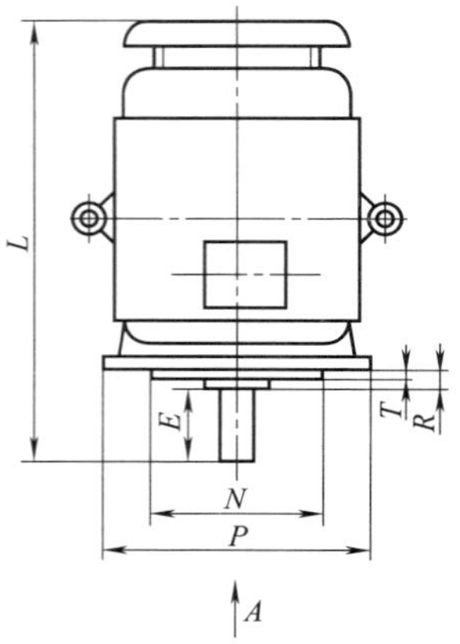

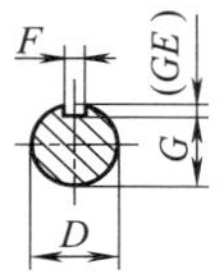

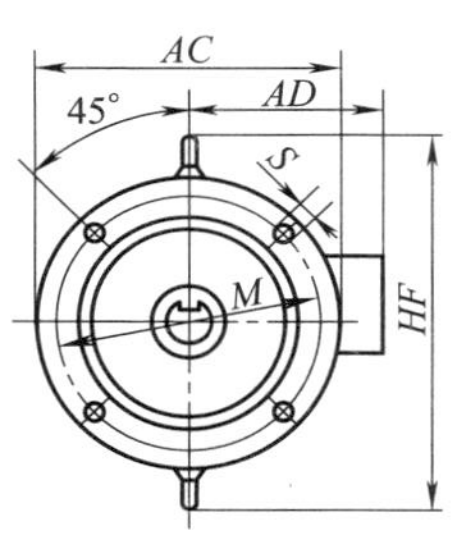

机座号180～200

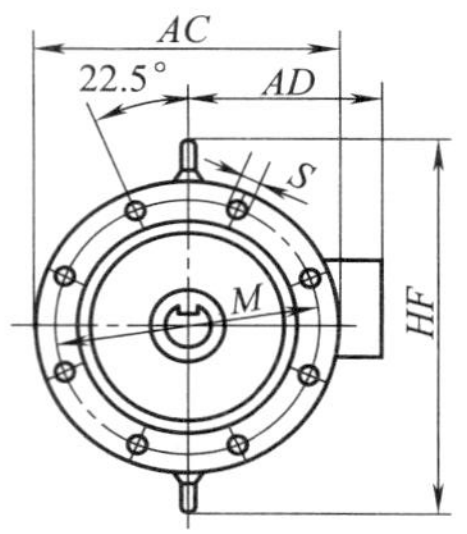

机座号225～280

表 18-1-59

mm

机座号	凸缘号	极数	安装尺寸及公差																					外形尺寸			
			D		E		F		G		M	N		$P^{②}$	$R^{③}$		$S^{①}$			T		凸缘孔数	AC	AD	HD	L
			基本尺寸	极限偏差	基本尺寸	极限偏差	基本尺寸	极限偏差	基本尺寸	极限偏差		基本尺寸	极限偏差		基本尺寸	极限偏差	基本尺寸	极限偏差	位置度公差	基本尺寸	极限偏差					
180M	FF300	4、6、8	48	+0.018 +0.002	110	±0.43	14	0 −0.043	42.5	0 −0.20	300	250	+0.016 +0.013	350	0	±3.0	18.5	+0.52 0	$\phi1.2$ Ⓜ	5	0 −0.12	4	380	285	500	730
180L																										770
200L	FF350		55	+0.030 +0.011			16		49		350	300	±0.016	400									420	315	550	850
225S	FF400	4、8	60		140	±0.50	18		53		400	350	±0.018	450		±4.0						8	475	345	610	910
225M		4、6、8																								935
250M	FF500		65						58		500	450	±0.020	550									515	385	650	1035
280S			75				20	0 −0.052	67.5														580	410	720	1120
280M																										1170

① S 孔的位置度公差以轴伸的轴线为基准。
② P 尺寸为最大极限值。
③ R 为凸缘配合面至轴伸肩的距离。

4.4.9 YEJ 系列（IP44）电磁制动三相异步电动机（摘自 JB/T 6456—2010）

表 18-1-60　　技术数据（380V、50Hz）

型号	额定功率 /kW	满载时				堵转电流/额定电流	堵转转矩/额定转矩	最大转矩/额定转矩	空载启动次数 Z_0 /次·h^{-1}	转动惯量 /kg·m^2	质量 /kg
		转速 /r·min^{-1}	电流 /A	效率 /%	功率因数 cosφ						
YEJ80M1-2	0.75	2825	1.9	73	0.84	6.5	2.2	2.3	1400	0.00428	20
YEJ80M2-2	1.1	2825	2.6	76.2	0.86	7.0	2.2	2.3	1400	0.00496	21
YEJ90S-2	1.5	2840	3.4	78.5	0.85	7.0	2.2	2.3	1100	0.00740	26
YEJ90L-2	2.2	2840	4.7	81	0.86	7.0	2.2	2.3	1100	0.00933	29
YEJ100L-2	3	2880	6.4	82.6	0.87	7.0	2.2	2.3	800	0.01504	39
YEJ112M-2	4	2890	8.2	84.2	0.87	7.0	2.2	2.3	600	0.033	53
YEJ132S1-2	5.5	2900	11.1	85.7	0.88	7.0	2.0	2.3	400	0.06434	85
YEJ132S2-2	7.5	2900	15	87.0	0.88	7.0	2.0	2.3	400	0.0724	90
YEJ160M1-2	11	2930	21.8	88.4	0.88	7.0	2.0	2.3	300	0.22853	146
YEJ160M2-2	15	2930	29.4	89.4	0.88	7.0	2.0	2.2	300	0.26623	153
YEJ160L-2	18.5	2930	35.5	90.0	0.89	7.0	2.0	2.2	300	0.316	175
YEJ180M-2	22	2940	42.2	90.5	0.89	7.0	2.0	2.2	200	0.37637	212
YEJ200L1-2	30	2950	56.9	91.4	0.89	7.0	2.0	2.2	150	0.739	290
YEJ200L2-2	37	2950	69.8	92	0.89	7.0	2.0	2.2	150	0.8181	302
YEJ225M-2	45	2970	83.9	92.5	0.89	7.0	2.0	2.2	100	1.269	380
YEJ80M1-4	0.55	1390	1.6	71	0.76	6.0	2.4	2.3	2500	0.00886	20
YEJ80M2-4	0.75	1390	2.1	73	0.76	6.0	2.3	2.3	2500	0.01073	21
YEJ90S-4	1.1	1400	2.7	76.2	0.78	6.5	2.3	2.3	2000	0.01132	27
YEJ90L-4	1.5	1400	3.7	78.5	0.79	6.5	2.3	2.3	2000	0.01430	30
YEJ100L1-4	2.2	1420	5	81	0.80	7.0	2.2	2.3	1500	0.02733	39
YEJ100L2-4	3	1420	6.8	82.6	0.81	7.0	2.2	2.3	1500	0.03506	44
YEJ112M-4	4	1440	8.8	84.2	0.82	7.0	2.2	2.3	1000	0.04969	55
YEJ132S-4	5.5	1440	11.6	85.7	0.84	7.0	2.2	2.3	600	0.11584	80
YEJ132M-4	7.5	1440	15.4	87	0.84	7.0	2.2	2.3	600	0.15404	95
YEJ160M-4	11	1460	22.6	88.4	0.84	7.0	2.2	2.3	450	0.3986	150
YEJ160L-4	15	1460	30.3	89.4	0.85	7.0	2.2	2.2	450	0.68228	170
YEJ180M-4	18.5	1470	35.9	90	0.86	7.0	2.0	2.2	350	0.68667	210
YEJ180L-4	22	1470	42.5	90.5	0.86	7.0	2.0	2.2	350	0.7677	215
YEJ200L-4	30	1470	56.8	91.4	0.87	7.0	2.0	2.2	200	1.3693	325
YEJ225S-4	37	1480	69.8	92	0.87	7.0	1.9	2.2	120	2.158	560
YEJ225M-4	45	1480	84.2	92.5	0.88	7.0	1.9	2.2	120	2.463	590
YEJ90S-6	0.75	910	2.3	69	0.70	5.5	2.0	2.2	3500	0.015142	27
YEJ90L-6	1.1	910	3.2	72	0.72	5.5	2.0	2.2	3500	0.01811	28
YEJ100L-6	1.5	940	4	76	0.74	6.0	2.0	2.2	2500	0.03573	37
YEJ112M-6	2.2	940	5.6	79	0.74	6.0	2.0	2.2	2000	0.07639	51
YEJ132S-6	3	960	7.2	81	0.76	6.5	2.0	2.2	1200	0.15434	81
YEJ132M1-6	4	960	9.4	82	0.77	6.5	2.0	2.2	1200	0.1906	90
YEJ132M2-6	5.5	960	12.6	84	0.78	6.5	2.0	2.0	1200	0.2384	100
YEJ160M-6	7.5	970	17	86	0.78	6.5	2.0	2.0	800	0.45813	150
YEJ160L-6	11	970	24.6	87.5	0.78	6.5	2.0	2.0	800	0.59078	170
YEJ180L-6	15	970	31.4	89.0	0.81	6.5	1.8	2.0	600	0.9919	225
YEJ200L1-6	18.5	970	37.7	90	0.83	6.5	1.8	2.0	400	1.6609	280
YEJ200L2-6	22	970	44.6	90	0.83	6.5	1.8	2.0	200	1.838	300
YEJ225M-6	30	980	59.5	91.5	0.85	6.5	1.8	2.0	200	2.639	370
YEJ132S-8	2.2	710	5.8	80.5	0.71	5.5	2.0	2.0	1300	0.15334	82
YEJ132M-8	3	710	7.7	82	0.72	5.5	2.0	2.0	1300	0.19184	95
YEJ160M1-8	4	720	9.9	84	0.73	6.0	2.0	2.0	1000	0.37563	135
YEJ160M2-8	5.5	720	13.3	85	0.74	6.0	2.0	2.0	1000	0.47143	145
YEJ160L-8	7.5	720	17.7	86	0.75	5.5	2.0	2.0	1000	0.60838	175
YEJ180L-8	11	730	25.1	87.5	0.77	6.0	1.7	2.0	800	0.9676	220
YEJ200L-8	15	730	34.1	88	0.76	6.0	1.8	2.0	600	1.694	293
YEJ225S-8	18.5	730	41.3	89.5	0.76	6.0	1.7	2.0	300	2.299	340
YEJ225M-8	22	730	47.6	90	0.78	6.0	1.8	2.0	300	2.736	465

注：1. YEJ 系列电动机是在 Y 系列（IP44）电动机前盖与风扇之间附加一个圆盘形直流电磁制动器组成的派生产品，其工作条件同 Y 系列（IP44），见表 18-1-29。

2. YEJ 系列电动机适用于要求快速停止、准确定位、往复运转、频繁启动、防止滑行等各种机械，如升降、运输、包装、食品、印刷、建筑、木工、冶金等机械均可应用。

3. 生产厂：上海海光电机有限公司、西安电机总厂，博山特型电机有限公司，宁波东力传动设备股份有限公司等。

机座带底脚、端盖上无凸缘（B3）的电动机尺寸

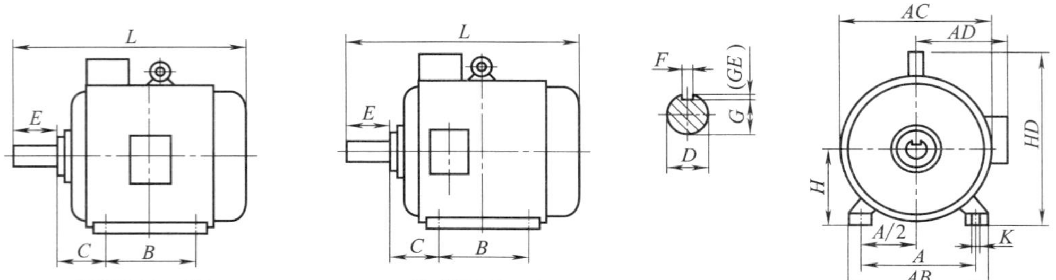

机座号80～132　　机座号160～225

表 18-1-61

mm

机座号	极数	安装尺寸及公差 A 基本尺寸	A/2 基本尺寸	B 基本尺寸	C 基本尺寸	C 极限偏差	D 基本尺寸	D 极限偏差	E 基本尺寸	E 极限偏差	F 基本尺寸	F 极限偏差	G① 基本尺寸	G① 极限偏差	H 基本尺寸	H 极限偏差	K② 基本尺寸	K② 极限偏差	K② 位置度公差	外形尺寸 AB	AC	AD	HD	L
80M	2、4	125	62.5	100	50	±1.5	19	+0.009 −0.004	40	±0.31	6	0 −0.030	15.5	0 −0.10	80	0 −0.5	10	+0.36 0	ϕ1.0 Ⓜ	165	175	150	175	390
90S	2、4、6	140	70		56		24		50		8	0 −0.036	20	0 −0.20	90					180	195	160	195	420
90L				125									24											445
100L		160	80	140	63	±2.0	28		60	±0.37					100		12	+0.43 0		205	215	180	245	480
112M		190	95		70										112					245	240	190	265	510
132S	2、4、6、8	216	108		89		38	+0.018 +0.002	80		10		33		132					280	275	210	315	585
132M				178																				625
160M		254	127	210	108	±3.0	42		110	±0.43	12		37		160		14.5		ϕ1.2 Ⓜ	330	335	265	385	720
160L				254																				765
180M		279	139.5	241	121		48				14	0 −0.043	42.5		180					355	380	285	430	825
180L				279																				875
200L		318	159	305	133		55				16		49		200					395	420	315	475	900
225S	4、8	356	178	286	149	±4.0	60	+0.030 +0.011	140	±0.50	18		53		225		18.5	+0.52 0		435	475	345	530	1000
225M	2			311			55		110	±0.43	16		49											
	4、6、8						60		140	±0.50	18		53											1030

① $G=D-GE$，GE 的极限偏差对机座号 80 为（$^{+0.10}_{0}$），其余为（$^{+0.20}_{0}$）。

② K 孔的位置度公差以轴伸的轴线为基准。

注：轴伸键宽与键高的尺寸与公差符合 GB/T 1096。

机座带底脚、端盖上有凸缘（带通孔）（B35）的电动机尺寸

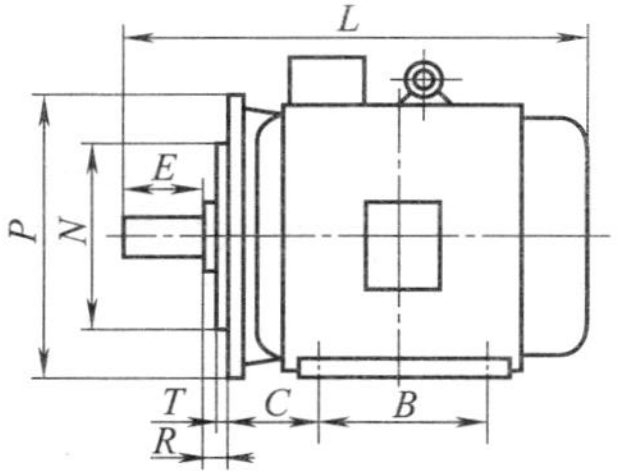

机座号80～132

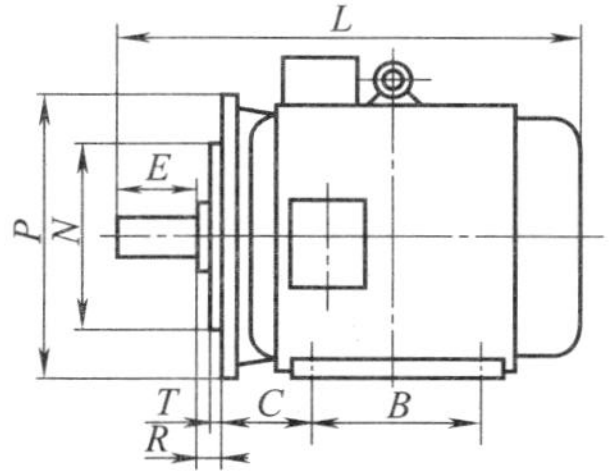

机座号160～225

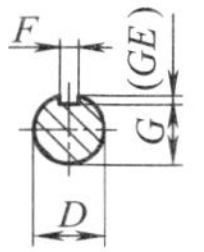

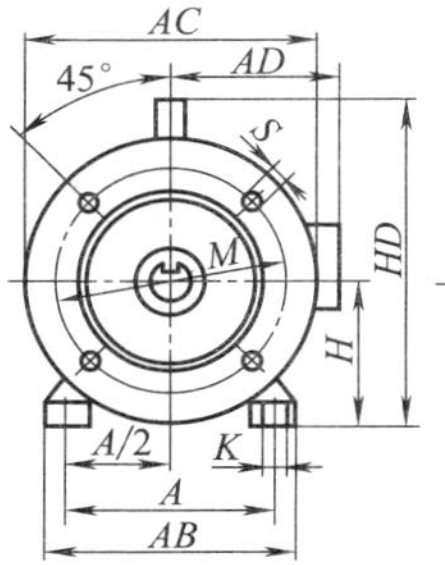

机座号80～200

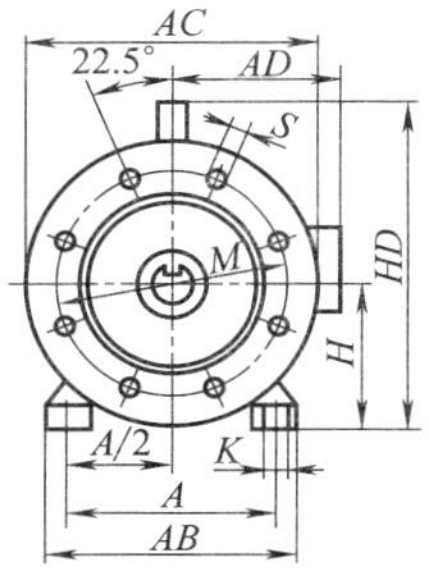

机座号225

表 18-1-62

mm

机座号	凸缘号	极数	A 基本尺寸	A/2 基本尺寸	B 基本尺寸	C 基本尺寸	C 极限偏差	D 基本尺寸	D 极限偏差	E 基本尺寸	E 极限偏差	F 基本尺寸	F 极限偏差	$G^{①}$ 基本尺寸	$G^{①}$ 极限偏差	H 基本尺寸	H 极限偏差	$K^{②}$ 基本尺寸	$K^{②}$ 极限偏差	$K^{②}$ 位置度公差	M	N 基本尺寸	N 极限偏差	$P^{③}$	$R^{④}$ 基本尺寸	$R^{④}$ 极限偏差	$S^{②}$ 基本尺寸	$S^{②}$ 极限偏差	$S^{②}$ 位置度公差	T 基本尺寸	T 极限偏差	凸缘孔数	AB	AC	AD	HD	L
80M	FF165	2,4	125	62.5	100	50	±1.5	19	+0.009 −0.004	40	±0.31	6	0 −0.030	15.5	0 −0.10	80	0 −0.5	10	−0.36 0	φ1.0Ⓜ	165	130	+0.014 −0.011	200	0	±1.5	12	+0.43 0	φ1.0Ⓜ	3.5	0 −0.12	4	165	175	150	175	390
90S		2,4,6	140	70		56		24		50		8	0 −0.036	20	0 −0.20	90																	180	195	160	195	420
90L					125																																445
100L	FF215		160	80	140	63	±2.0	28		60	±0.37			24		100		12	−0.43 0		215	180		250		±2.0	14.5			4.0			205	215	180	245	480
112M			190	95		70										112																	245	240	190	265	510
132S	FF265	2,4,6,8	216	108		89		38	+0.018 +0.002	80		10		33		132					265	230		300									280	275	210	315	585
132M					178																																625
160M	FF300		254	127	210	108	±3.0	42		110	±0.43	12		37		160		14.5		φ1.5Ⓜ	300	250	+0.016 −0.013	350		±3.0	18.5	+0.52 0	φ1.2Ⓜ	5.0			330	335	265	385	720
160L					254																																765
180M			279	139.5	241	121		48				14	0 −0.043	42.5		180																	355	380	285	430	825
180L					279																																875
200L	FF350		318	159	305	133		55				16		49		200		18.5	−0.52 0		350	300	±0.016	400									395	420	315	475	900
225S	FF400	4,8	356	178	286	149	±4.0	60	+0.030 +0.011	140	±0.50	18		53		225					400	350	±0.018	450								8	435	475	345	530	1000
225M		2			311			55		110	±0.43	16		49												±4.0											
		4,6,8						60		140	±0.50	18		53																							1030

① $G=D-GE$，GE 的极限偏差对机座号 80 为（$^{+0.10}_{0}$），其余为（$^{+0.20}_{0}$）。

② K、S 孔的位置度公差以轴伸的轴线为基准。

③ P 尺寸为最大极限值。

④ R 为凸缘配合面至轴伸肩的距离。

机座不带底脚、端盖上有凸缘（带通孔）（B5）的电动机尺寸

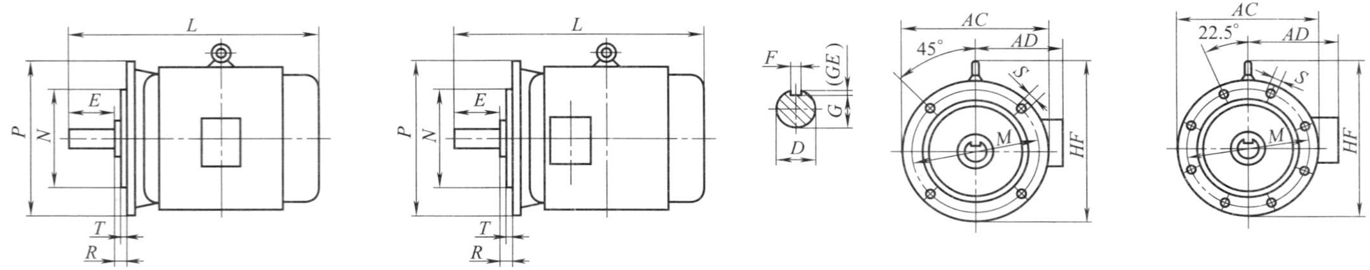

机座号80～132　　机座号160～225　　机座号80～200　　机座号225

表 18-1-63　　mm

机座号	凸缘号	极数	D 基本尺寸	D 极限偏差	E 基本尺寸	E 极限偏差	F 基本尺寸	F 极限偏差	$G^{①}$ 基本尺寸	$G^{①}$ 极限偏差	M	N 基本尺寸	N 极限偏差	$P^{③}$	$R^{④}$ 基本尺寸	$R^{④}$ 极限偏差	$S^{②}$ 基本尺寸	$S^{②}$ 极限偏差	$S^{②}$ 位置度公差	T 基本尺寸	T 极限偏差	凸缘孔数	AC	AD	HF	L
80M	FF165	2、4	19	+0.009 −0.004	40	±0.31	6	0 −0.030	15.5	0 −0.10	165	130	+0.014 +0.011	200	0	±1.5	12	+0.43 0	ϕ1.0 Ⓜ	3.5	0 −0.12	4	175	150	185	390
90S		2、4、6	24		50		8	0 −0.036	20	0 −0.20													195	160	195	420
90L																										445
100L	FF215		28		60	±0.37			24		215	180		250		±2.0	14.5		ϕ1.2 Ⓜ	4.0			215	180	245	480
112M																							240	190	265	510
132S	FF265	2、4、6、8	38	+0.018 +0.002	80		10		33		265	230	+0.016 +0.013	300									275	210	315	585
132M																										625
160M	FF300		42		110	±0.43	12	0 −0.043	37		300	250		350		±3.0	18.5	+0.52 0		5.0			335	265	385	720
160L																										765
180M		4	48				14		42.5														380	285	430	825
180L		4、6、8																								875
200L	FF350		55	+0.030 +0.011			16		49		350	300	±0.016	400									420	315	480	900
225S	FF400	4、8	60		140	±0.50	18		53		400	350	±0.018	450		±4.0						8	475	345	535	1000
225M		2	55		110	±0.43	16		49																	
		4、6、8	60		140	±0.50	18		53																	1030

① $G=D-GE$，GE 极限偏差对机座号 80 为（$^{+0.10}_{0}$），其余为（$^{+0.20}_{0}$）。

② S 孔的位置度公差以轴伸的轴线为基准。

③ P 尺寸为最大极限值。

④ R 为凸缘配合面至轴伸肩的距离。

制动电动机电源接法和制动器时间特性

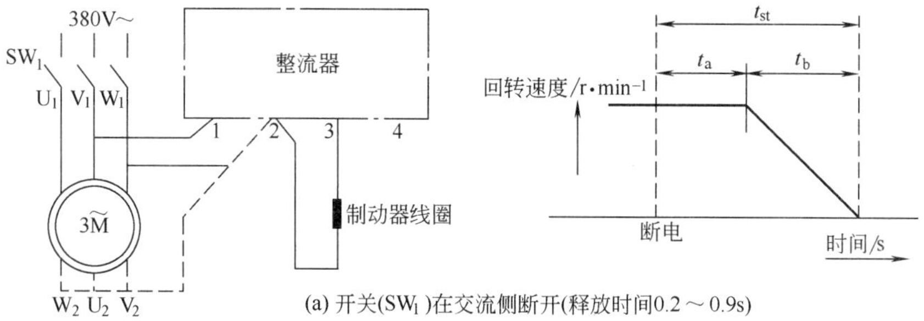

(a) 开关(SW1)在交流侧断开(释放时间0.2～0.9s)

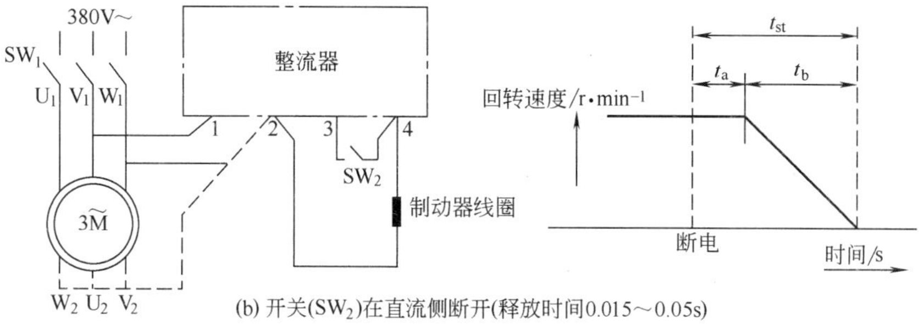

(b) 开关(SW2)在直流侧断开(释放时间0.015～0.05s)

图 18-1-6

t_a—释放时间；t_b—制动时间；t_{st}—全制动时间

注：机座号 100 以下按虚线接线为 AC220V→DC99V，机座号 112 以上，按实线接线为 AC380V→DC170V。

制动电动机的选择及计算式

（1）允许每小时启动次数

$$Z_L = Z_0 K_P K_j K_T \tag{1}$$

$$K_j = \frac{GD_M^2}{GD_M^2 + GD_L^2} \tag{2}$$

$$K_T = \frac{T_H - T_A}{T_H} \tag{3}$$

$$T_H \approx \frac{1}{2}(T_{st} + T_{max})$$

式中 Z_0——电动机空载每小时启动次数，次/h；

K_P——查图 18-1-7；

GD_M^2——制动电动机的飞轮矩，N·m²；

GD_L^2——负载的飞轮矩，N·m²；

T_A——制动电动机启动过程中平均阻力转矩，N·m；

T_{st}——制动电动机的堵转转矩，N·m；

T_{max}——制动电动机的最大转矩，N·m。

根据功率与转速求出额定转矩后，就可求出 T_{st} 和 T_{max}。

（2）停止时间

$$t_{st} \approx t_a + t_b \approx t_a + \frac{(GD_M^2 + GD_L^2)n}{375(M_B + M_L)}$$

式中 t_{st}——全制动时间，s；

t_a——释放时间，s；

t_b——摩擦制动时间，s；

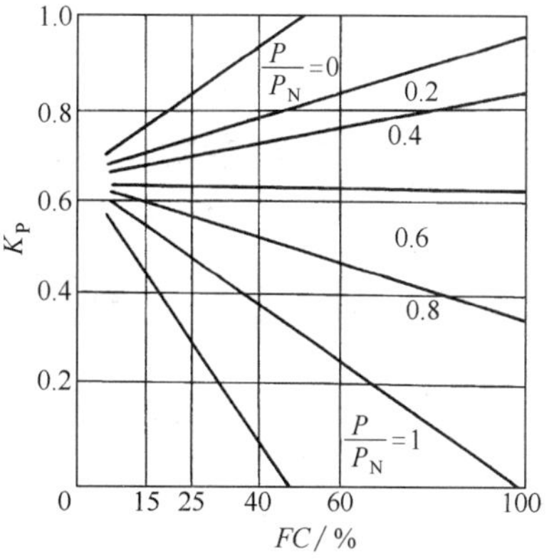

图 18-1-7

P—负载功率，kW；P_N—制动电动机额定功率，kW；FC—负载持续率

n——制动电动机额定转速，r/min；

M_B——制动电动机制动转矩（见表 18-1-64），N · m；

M_L——折算到电动机轴上的负载阻力转矩，N · m。

表 18-1-64　　制动器技术数据

型　号	额定制动转矩 /N · m	衔铁行程 /mm	释放时间/s		制动器功率 (75℃)/W	质量/kg
			开关在交流侧断开	开关在直流侧断开		
YEJ80	7.5	0.4~1.0	0.2	0.015	30	5
YEJ90	15		0.2	0.025	36	5.5
YEJ100	30		0.35	0.03	45	7
YEJ112	40		0.45	0.04	80	10
YEJ132	75		0.5	0.045	80	15
YEJ160	150		0.6	0.045	90	30
YEJ180	220		0.7	0.05	90	30
YEJ200	300		0.8	0.05	150	40
YEJ225	450		0.9	0.05	150	45

（3）选用举例

例　已知制动电动机型号 YEJ112M-4；负载功率 3. 2kW；负载持续率 25%；启动次数 200 次/h；负载折到电动机轴上的飞轮矩 0. 25N · m^2；启动阻力转矩 25N · m。

解

① 允许每小时启动次数计算：

查性能表 $Z_0=1000$ 次/h。

由性能表查到转动惯量 J_M 为 0. 04969kg · m^2，换算成飞轮矩为 $GD_M^2=4g\times0.04969=1.95$N · m^2，则

$$K_j=\frac{1.95}{1.95+0.25}=0.886$$

由性能表可以算出 $T_H=58.4$N · m，则

$$K_T=\frac{58.4-25}{58.4}=0.57$$

$P/P_N=3.2/4=0.8$，由 $FC=25\%$，查图 18-1-7，$K_P=0.56$。

$Z_L=1000\times0.886\times0.57\times0.56=283$ 次/h>200 次/h，满足要求。

② 停止时间计算：

快速全制动时间为

$$t_{st}=0.04+\frac{(1.95+0.25)\times1440}{375\times(40+25)}=0.17\text{s}$$

慢速全制动时间为

$$t_{st}=0.45+\frac{(1.95+0.25)\times1440}{375\times(40+25)}=0.58\text{s}$$

选用的制动电动机满足实际要求。

4.5　变速和减速异步电动机

4.5.1　YD 系列（IP44）变极多速三相异步电动机（摘自 JB/T 7127—2010）

表 18-1-65　　技术数据（380V、50Hz）

型号	同步转速 /r · min^{-1}	额定功率 /kW	额定电流① /A	效率 /%	功率因数 cosφ	堵转电流/额定电流	堵转转矩/额定转矩	最大转矩/额定转矩	声功率级 /dB(A)	质量① /kg
YD80M1-4/2	1500 3000	0.45 0.55	1.4 1.51	66 65	0.74 0.85	6.5 7	1.5 1.7	1.8	79	17
YD80M2-4/2	1500 3000	0.55 0.75	1.66 2.03	68 66	0.74 0.85	6.5 7	1.6 1.8	1.8	79	18

续表

型号	同步转速 /r·min^{-1}	额定功率 /kW	额定电流[①] /A	效率 /%	功率因数 $\cos\varphi$	堵转电流/额定电流	堵转转矩/额定转矩	最大转矩/额定转矩	声功率级 /dB(A)	质量[①] /kg
YD90S-4/2	1500 3000	0.85 1.1	2.27 2.73	74 71	0.77 0.85	6.5 7	1.8 1.9	1.8	79	22
YD90S-6/4	1000 1500	0.65 0.85	2.27 3.34	64 70	0.68 0.79	6 6.5	1.6 1.4	1.8	75	25
YD90S-8/6	750 1000	0.35 0.45	1.58 1.36	56 70	0.6 0.72	5 6	1.8 2	1.8	73	21
YD90L-4/2	1500 3000	1.3 1.8	3.84 4.35	76 73	0.78 0.85	6.5 7	1.8 2	1.8	83	25
YD90L-6/4	1000 1500	0.85 1.1	2.8 2.93	66 71	0.7 0.79	6 6.5	1.6 1.5	1.8	75	26
YD90L-8/4	750 1500	0.45 0.75	1.87 1.82	58 72	0.63 0.87	5.5 6.5	1.6 1.4	1.8	75	24
YD90L-8/6	750 1000	0.45 0.65	1.93 1.91	59 71	0.6 0.73	5 6	1.7 1.8	1.8	73	24
YD100L1-4/2	1500 3000	2 2.4	4.81 5.58	78 76	0.81 0.86	6.5 7	1.7 1.9	1.8	87	34
YD100L1-6/4	1000 1500	1.3 1.8	3.81 4.44	74 77	0.7 0.8	6 6.5	1.7 1.4	1.8	78	35
YD100L2-4/2	1500 3000	2.4 3	5.56 6.65	79 77	0.83 0.89	6.5 7	1.6 1.7	1.8	87	36
YD100L2-6/4	1000 1500	1.5 2.2	4.34 5.43	75 77	0.7 0.8	6 6.5	1.6 1.4	1.8	78	36
YD100L-8/4	750 1500	0.85 1.5	3.06 3.5	67 74	0.63 0.88	5.5 6.5	1.6 1.4	1.8	78	35
YD100L-8/6	750 1000	0.7 1.1	2.92 2.05	65 75	0.6 0.73	5 6	1.8 1.9	1.8	73	35
YD100L-6/4/2	1000 1500 3000	0.75 1.3 1.8	2.62 3.66 4.53	67 72 71	0.65 0.75 0.85	5.5 6 7	1.8 1.6 1.6	1.8	87	36
YD112M-4/2	1500 3000	3.3 4	7.37 8.64	82 79	0.83 0.89	6.5 7	1.9 2	1.8	87	45
YD112M-6/4	1000 1500	2.2 2.8	5.71 6.74	78 77	0.75 0.82	6 6.5	1.8 1.5	1.8	82	44
YD112M-8/4	750 1500	1.5 2.4	5.02 5.31	72 78	0.63 0.88	5.5 6.5	1.7 1.7	1.8	82	43
YD112M-8/6	750 1000	1.3 1.8	1.67 4.8	72 78	0.61 0.73	5 6	1.7 1.9	1.8	75	43
YD112M-6/4/2	1000 1500 3000	1.1 2 2.4	3.52 5.14 5.8	73 74 74	0.66 0.81 0.85	5.5 6 7	1.7 1.4 1.6	1.8	87	44
YD112M-8/4/2	750 1500 3000	0.65 2 2.4	2.66 5.14 5.8	59 74 74	0.63 0.81 0.85	4.5 6 7	1.4 1.3 1.2	1.8	87	45
YD112M-8/6/4	750 1000 1500	0.85 1 1.5	3.72 3.06 3.53	62 68 75	0.56 0.73 0.86	5.5 6.5 7	1.7 1.3 1.5	1.8	82	44
YD132S-4/2	1500 3000	4.5 5.5	9.81 11.89	83 79	0.84 0.89	8.5 7	1.7 1.8	1.8	91	65
YD132S-6/4	1000 1500	3 4	7.69 9.5	79 78	0.75 0.82	6 6.5	1.8 1.7	1.8	82	65

续表

型号	同步转速 /r·min^{-1}	额定功率 /kW	额定电流① /A	效率 /%	功率因数 cosφ	堵转电流/额定电流	堵转转矩/额定转矩	最大转矩/额定转矩	声功率级 /dB(A)	质量① /kg
YD132S-8/4	750 1500	2.2 3.3	6.96 7.17	75 80	0.64 0.88	5.5 6.5	1.5 1.7	1.8	82	59
YD132S-8/6	750 1000	1.8 2.4	5.8 6.24	76 80	0.62 0.73	5 6	1.6 1.9	1.8	79	59
YD132S-6/4/2	1000 1500 3000	1.8 2.6 3	5.14 6.1 7.38	75 78 71	0.71 0.83 0.87	5.5 6 7	1.4 1.3 1.7	1.8	91	65
YD132S-8/4/2	750 1500 3000	1 2.6 3	3.61 6.1 7.08	69 78 74	0.61 0.83 0.87	4.5 6 7	1.4 1.2 1.4	1.8	91	68
YD132S-8/6/4	750 1000 1500	1.1 1.5 1.8	4.1 4.22 4.03	68 74 78	0.6 0.73 0.87	5.5 6.6 7	1.4 1.3 1.3	1.8	82	68
YD132M-4/2	1500 3000	6.5 8	13.83 17.07	84 80	0.85 0.89	6.5 7	1.7 1.8	1.8	91	71
YD132M-6/4	1000 1500	4 5.5	9.75 12.29	82 80	0.76 0.85	6 6.5	1.6 1.4	1.8	82	71
YD132M-8/4	750 1500	3 4.5	8.99 9.37	78 82	0.65 0.89	5.5 6.5	1.5 1.6	1.8	82	65
YD132M-8/6	750 1000	2.6 3.7	8.17 9.39	78 82	0.62 0.73	5 6	1.9 1.9	1.8	79	65
YD132M1-6/4/2	1000 1500 3000	2.2 3.3 4	6.03 7.46 8.79	77 80 76	0.72 0.84 0.91	5.5 6 7	1.3 1.3 1.7	1.8	91	78
YD132M2-6/4/2	1000 1500 3000	2.6 4 5	6.86 9.07 10.84	80 80 77	0.72 0.84 0.91	5.5 6 7	1.5 1.4 1.7	1.8	91	80
YD132M-8/4/2	750 1500 3000	1.3 3.7 4.5	5.26 8.37 10.02	71 80 75	0.61 0.84 0.91	4.5 6 7	1.5 1.3 1.4	1.8	91	79
YD132M1-8/6/4	750 1000 1500	1.5 2 2.2	5.18 5.41 4.86	71 77 79	0.62 0.73 0.87	5.5 6.5 7	1.3 1.5 1.4	1.8	82	79
YD132M2-8/6/4	750 1000 1500	1.8 2.6 3	6.13 6.84 6.55	72 78 80	0.62 0.74 0.87	5.5 6.5 7	1.5 1.5 1.5	1.8	82	80
YD160M-4/2	1500 3000	9 11		87 82	0.85 0.89	6.5 7	1.6 1.8		95	
YD160M-6/4	1000 1500	6.5 8		84 82	0.78 0.84	6 6.5	1.5 1.5		86	
YD160M-8/4	750 1500	5 7.5		83 84	0.66 0.89	5.5 6.5	1.5 1.6		86	
YD160M-8/6	750 1000	4.5 6		83 85	0.62 0.73	5 6	1.6 1.9		83	
YD160M-10/6	500 1000	2.6 5		74 84	0.46 0.76	4 6	1.2 1.4		79	
YD160M-6/4/2	1000 1500 3000	3.7 5 6		82 81 76	0.72 0.84 0.91	5.5 6 7	1.5 1.3 1.4		95	

续表

型号	同步转速 /r·min^{-1}	额定功率 /kW	额定电流① /A	效率 /%	功率因数 cosφ	堵转电流/额定电流	堵转转矩/额定转矩	最大转矩/额定转矩	声功率级 /dB(A)	质量① /kg
YD160M-8/4/2	750 1500 3000	2.2 5 6		75 81 76	0.59 0.84 0.91	4.5 6 7	1.4 1.3 1.4		95	
YD160M-8/6/4	750 1000 1500	3.3 4 5.5		79 81 83	0.62 0.7 0.87	5.5 6.5 7	1.7 1.4 1.5		86	
YD160L-4/2	1500 3000	11 14		87 82	0.86 0.9	6.5 7	1.7 1.9		95	
YD160L-6/4	1000 1500	9 11		85 83	0.78 0.85	6 6.5	1.6 1.7		86	
YD160L-8/4	750 1500	7 11		85 86	0.66 0.89	5.5 6.5	1.5 1.6		86	
YD160L-8/6	750 1000	6 8		84 86	0.62 0.73	5 6	1.6 1.9		83	
YD160L-10/6	500 1000	3.7 7		76 85	0.46 0.79	4 6	1.2 1.4		83	
YD160L-6/4/2	1000 1500 3000	4.5 7 9		83 83 79	0.72 0.85 0.92	5.5 6 7	1.5 1.2 1.3		95	
YD160L-8/4/2	750 1500 3000	2.8 7 9		77 83 79	0.6 0.85 0.92	4.5 6 7	1.3 1.2 1.3		95	
YD160L-8/6/4	750 1000 1500	4.5 6 7.5		80 83 84	0.62 0.75 0.87	5.5 6.5 7	1.6 1.6 1.5		86	
YD180M-4/2	1500 3000	15 18.5		89 85	0.87 0.9	6.5 7	1.8 1.9		95	
YD180M-6/4	1000 1500	11 14		85 84	0.76 0.85	6 6.5	1.6 1.7		90	
YD180M-8/6	750 1000	7.5 10		84 86	0.62 0.73	5 6	1.9 1.9		83	
YD180L-4/2	1500 3000	18.5 22		89 86	0.88 0.91	6.5 7	1.6 1.8		95	
YD180L-6/4	1000 1500	13 16		86 85	0.78 0.85	6 7	1.7 1.7		90	
YD180L-8/4	750 1500	11 17		87 88	0.72 0.91	6 7	1.5 1.5		90	
YD180L-8/6	750 1000	9 12		85 86	0.65 0.75	5 6	1.8 1.8		86	
YD180L-10/6	500 1000	5.5 10		79 86	0.54 0.86	4 6	1.3 1.3		83	
YD180L-8/6/4	750 1000 1500	7 9 12		81 83 84	0.65 0.8 0.9	6.5 7 7	1.6 1.5 1.4		90	
YD180L-10/8/6/4	500 750 1000 1500	3.3 5 6.5 9		72 79 82 83	0.56 0.67 0.88 0.88	5 6.5 6.5 7	1.6 1.5 1.3 1.3		90	

续表

型号	同步转速 /r·min^{-1}	额定功率 /kW	额定电流[①] /A	效率 /%	功率因数 cosφ	堵转电流/额定电流	堵转转矩/额定转矩	最大转矩/额定转矩	声功率级 /dB(A)	质量[①] /kg
YD200L1-4/2	1500 3000	26 30		89 85	0.89 0.92	6.5 7	1.4 1.6		98	
YD200L1-6/4	1000 1500	18.5 22		87 86.5	0.78 0.86	6 7	1.6 1.5		90	
YD200L1-8/4	750 1500	14 22		87 88	0.74 0.92	6 7	1.8 1.7		90	
YD200L1-8/6	750 1000	12 17		86 87	0.65 0.76	5 6	1.8 2		88	
YD200L1-10/6	500 1000	7.5 13		83 87	0.56 0.86	4 6	1.5 1.5		86	
YD200L1-8/6/4	750 1000 1500	10 13 17		85 86 86	0.72 0.81 0.9	6.5 7 7	1.6 1.5 1.4		90	
YD200L1-10/8/6/4	500 750 1000 1500	4.5 7 8 11		74 81 83 84	0.56 0.67 0.88 0.88	5 6.5 6.5 7	1.3 1.3 1.3 1.3		90	
YD200L2-4/2	1500 3000	26 30		89 85	0.89 0.92	6.5 7	1.4 1.6		98	
YD200L2-6/4	1000 1500	18.5 22		87 86.5	0.78 0.86	6.5 7	1.6 1.5		90	
YD200L2-8/4	750 1500	17 26		87 88	0.74 0.92	6 7	1.5 1.7		92	
YD200L2-8/6	750 1000	15 20		87 88	0.65 0.76	5 6	1.8 2		88	
YD200L2-10/6	500 1000	9 15		83 87	0.75 0.87	4 6	1.5 1.5		86	
YD200L2-8/6/4	750 1000 1500	10 13 17		85 86 86	0.72 0.81 0.9	6.5 7 7	1.6 1.5 1.4		90	
YD200L2-10/8/6/4	500 750 1000 1500	5.5 8 10 13		75 81 83 84		5 6.5 6.5 7	1.3 1.3 1.3 1.3		90	
YD225S-4/2	1500 3000	32 37		90 86	0.89 0.92	6.5 7	1.4 1.6		98	
YD225S-6/4	1000 1500	22 28		88 86.5	0.86 0.87	6 7	1.8 1.8		92	
YD225S-8/6/4	750 1000 1500	14 18.5 24		86 87 87	0.7 0.81 0.9	6.5 7 7	1.6 1.6 1.4		92	
YD225M-4/2	1500 3000	37 45		91 86	0.89 0.92	6.5 7	1.6 1.6		100	

续表

型号	同步转速 /r·min⁻¹	额定功率 /kW	额定电流① /A	效率 /%	功率因数 cosφ	堵转电流/额定电流	堵转转矩/额定转矩	最大转矩/额定转矩	声功率级 /dB(A)	质量① /kg
YD225M-6/4	1000 1500	26 32		88 85.5	0.86 0.90	6 7	1.8 1.8		94	
YD225M-8/4	750 1500	24 34		89 88	0.77 0.88	6 7	1.5 1.5		94	
YD225M-10/6	500 1000	12 20		85 88	0.61 0.87	4 6	1.5 1.5		86	
YD225M-8/6/4	750 1000 1500	17 22 28		87 87 87	0.70 0.85 0.92	6.5 7 7	1.6 1.6 1.4		92	
YD225M-10/8/6/4	500 750 1000 1500	7 11 13 20		81 84 85 86	0.63 0.73 0.88 0.92	5 6.5 6.5 7	1.6 1.6 1.5 1.3		90	
YD250M-4/2	1500 3000	45 52		91 87	0.89 0.92	6.5 7	1.6 1.6		100	
YD250M-6/4	1000 1500	32 42		90 86.5	0.87 0.91	6 7	1.5 1.3		94	
YD250M-8/4	750 1500	30 42		90 89	0.78 0.91	6 7	1.6 1.7		94	
YD250M-10/6	500 1000	15 24		86 89	0.63 0.87	4 6	1.5 1.5		89	
YD250M-8/6/4	750 1000 1500	24 26 34		88 88 88	0.75 0.85 0.92	6.5 7 7	1.5 1.6 1.4		92	
YD250M-10/8/6/4	500 750 1000 1500	9 14 16 26		82 85 85 87	0.63 0.75 0.88 0.92	5 6.5 6.5 7	1.6 1.6 1.5 1.3		92	
YD280S-4/2	1500 3000	60 72		91 88	0.90 0.92	6.5 7	1.4 1.5		102	
YD280S-6/4	1000 1500	42 55		90 87	0.87 0.90	6 7	1.5 1.3		94	
YD280S-8/4	750 1500	40 55		91 90	0.80 0.91	6 7	1.6 1.7		94	
YD280S-10/6	500 1000	20 30		88 89	0.63 0.87	4 6	1.5 1.5		89	
YD280S-8/6/4	750 1000 1500	30 34 42		89 89 89	0.75 0.86 0.92	6.5 7 7	1.5 1.6 1.4		94	
YD280S-10/8/6/4	500 750 1000 1500	11 18.5 20 34		83 87 85 87	0.63 0.75 0.88 0.92	5 6.5 6.5 7	1.6 1.6 1.5 1.3		92	
YD280M-4/2	1500 3000	72 82		91 88	0.90 0.93	6.5 7	1.4 1.5		102	
YD280M-6/4	1000 1500	55 67		90 87	0.87 0.89	6 7	1.6 1.3		98	
YD280M-8/4	750 1500	47 67		91 90	0.81 0.92	6 7	1.6 1.7		98	
YD280M-10/6	500 1000	24 37		88 89	0.65 0.87	4 6	1.5 1.5		89	

续表

型号	同步转速 /r·min^{-1}	额定功率 /kW	额定电流① /A	效率 /%	功率因数 cosφ	堵转电流/额定电流	堵转转矩/额定转矩	最大转矩/额定转矩	声功率级 /dB(A)	质量① /kg
YD280M-8/6/4	750 1000 1500	34 37 50		89 89 89	0.75 0.86 0.92	6.5 7 7	1.4 1.5 1.4		94	
YD280M-10/8/6/4	500 750 1000 1500	13 22 24 40		84 87 85 88	0.63 0.75 0.88 0.92	5 6.5 6.5 7	1.7 1.7 1.6 1.5		94	

① 非标准内容，仅供参考。

注：1. YD 系列（IP44）是 Y 系列的派生系列，其安装形式、安装尺寸、外形尺寸及工作条件与 Y 系列（IP44）电动机相同，参见表 18-1-37~表 18-1-40。

2. YD 系列利用改变定子绕组的连接方法改变电动机极数达到变速，具有随负载的不同要求而有级地变化功率和转速的特性，从而与负载合理匹配。

3. 生产厂：上海电科电机科技有限公司，武汉卧龙电机有限公司，北京毕捷电机股份有限公司，昆明电机有限责任公司，江西特种电机股份有限公司，西安西玛电机集团有限公司等。

4.5.2 YCT（摘自 JB/T 7123—2010）、YCTD（摘自 JB/T 6450—2010）系列电磁调速三相异步电动机

表 18-1-66　YCT 系列电磁调速三相异步电动机技术数据（380V，50Hz）

型号	拖动电机标称功率 /kW	额定转矩 /N·m	调速范围 /r·min^{-1}	转速变化率 /%	堵转转矩/额定转矩	质量 /kg
YCT112-4A	0.55	3.6	1230~125	2.5	1.8	50
YCT112-4B	0.75	4.9				53
YCT132-4A	1.1	7.13				75
YCT132-4B	1.5	9.72				77
YCT160-4A	2.2	14.1	1250~125			112
YCT160-4B	3	19.2				117
YCT180-4A	4	25.2				157
YCT200-4A	5.5	35.1				224
YCT200-4B	7.5	47.7				244
YCT225-4A	11	69.1				340
YCT225-4B	15	94.3				360

型号	拖动电机标称功率 /kW	额定转矩 /N·m	调速范围 /r·min^{-1}	转速变化率 /%	堵转转矩/额定转矩	质量 /kg
YCT250-4A	18.5	110	1320~132	2.5	1.8	480
YCT250-4B	22	137				502
YCT280-4A	30	189				632
YCT315-4A	37	232				870
YCT315-4B	45	282				910
YCT355-4A	55	344	1320~440			1300
YCT355-4B	75	469				1410
YCT355-4C	90	564	1320~600			1460

注：1. YCT 系列电动机是交流恒转矩无级调速电机，是 Y 系列（IP44）的派生系列。

2. $转速变化率=\dfrac{10\%额定转矩时转速-100\%额定转矩时转速}{额定最高转速}\times100\%$

$输出功率=\dfrac{输出转矩(N\cdot m)\times输出转速(r/min)}{9550}\ (kW)$

3. 调速电机由电磁转差离合器（包括测速发电机）、拖动电动机和电磁调速控制器组成，可实现连续无级调速。其电动机的防护等级为 IP21，绝缘等级为 B，冷却方法为 IC01，工作制为 S1。其他性能见表 18-1-29。

4. 型号中字母 A、B、C 表示同一中心高下的不同标称功率。

5. 电磁调速控制器应按不同功率选用 CTK 的不同型号，控制器电压为 220V。不要控制器时应指明测速电动机型号。

6. 生产厂：上海电科电机科技有限公司，南京调速电机股份有限公司，杭州调速电机厂。

YCT 系列电磁调速三相异步电动机卧式（B3）安装尺寸及外形尺寸

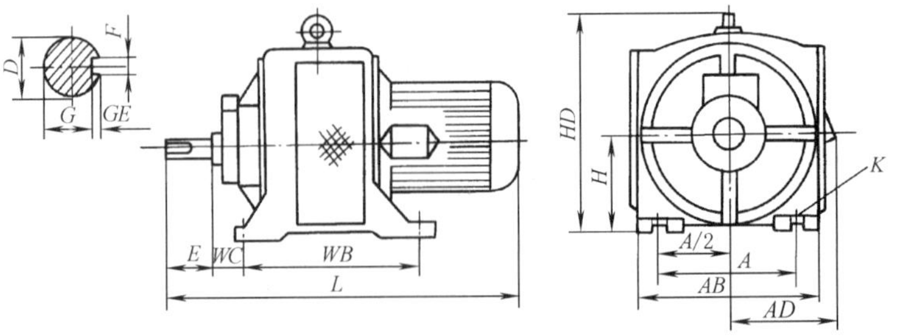

表 18-1-67

mm

型号	安装尺寸										外形尺寸			
	H	A	$A/2$	WB	WC	D	E	F	G	K	AB	AD	HD	L
YCT112-4A	$112_{-0.5}^{0}$	190±0.7	95±0.5	210±0.7	40±1.5	$\phi19_{-0.004}^{+0.009}$	40±0.31	$6_{-0.02}^{0}$	$15.5_{-0.1}^{0}$	$12_{0}^{+0.43}$	240	150	280	520
YCT112-4B														
YCT132-4A	$132_{-0.5}^{0}$	216±0.7	108±0.5	241±0.7		$\phi24_{-0.004}^{+0.009}$	50±0.31	$8_{-0.36}^{0}$	$20_{-0.2}^{0}$		285	165	330	570
YCT132-4B														585
YCT160-4A	$160_{-0.5}^{0}$	254±1.05	127±0.75	267±1.05	45±1.5	$\phi28_{-0.004}^{+0.009}$	60±0.37		$24_{-0.2}^{0}$	$14.5_{0}^{+0.43}$	330	185	385	665
YCT160-4B														665
YCT180-4A	$180_{-0.5}^{0}$	279±1.05	139.5±0.75	305±1.05							365	195	430	700
YCT200-4A	$200_{-0.5}^{0}$	318±1.05	159±0.75	356±1.05	50±1.5	$\phi38_{+0.002}^{+0.018}$	80±0.37	$10_{-0.36}^{0}$	$33_{-0.2}^{0}$	$18.5_{0}^{+0.52}$	410	235	485	820
YCT200-4B														860
YCT225-4A	$225_{-0.5}^{0}$	356±1.05	178±0.75	406±1.05	56±1.5	$\phi42_{+0.002}^{+0.018}$	110±0.43	$12_{-0.043}^{0}$	$37_{-0.2}^{0}$		465	270	545	980
YCT225-4B														1025
YCT250-4A	$250_{-0.5}^{0}$	406±1.4	203±1	457±1.4	63±2	$\phi48_{+0.002}^{+0.018}$		$14_{-0.043}^{0}$	$42.5_{-0.2}^{0}$	$24_{0}^{+0.52}$	520	295	595	1130
YCT250-4B														1170
YCT280-4A	$280_{-0.5}^{0}$	457±1.4	228.5±1	508±1.4	70±2	$\phi55_{+0.011}^{+0.030}$		$16_{-0.043}^{0}$	$49_{-0.2}^{0}$		575	320	665	1280
YCT315-4A	315_{-1}^{0}	508±1.4	254±1	560±1.4	89±2	$\phi60_{+0.011}^{+0.030}$	140±0.5	$18_{-0.043}^{0}$	$53_{-0.2}^{0}$	$28_{0}^{+0.52}$	645	345	770	1400
YCT315-4B														1425
YCT355-4A	355_{-1}^{0}	610±1.4	305±1	630±1.4	108±3	$\phi65_{+0.011}^{+0.030}$			$58_{-0.2}^{0}$		755	390	890	1500
YCT355-4B						$\phi75_{+0.011}^{+0.030}$		$20_{-0.052}^{0}$	$67.5_{-0.2}^{0}$			420		1630
YCT355-4C														1680

注：$G=D-GE$，GE 的极限偏差对机座号 112 为（$_{0}^{+0.10}$），其余为（$_{0}^{+0.20}$）。

表 18-1-68 **YCTD 系列电磁调速三相异步电动机技术数据**（380V、50Hz）

型号	标称功率 /kW	额定转矩 /N·m	堵转转矩/额定转矩	额定调速范围 /r·min^{-1}	噪声 /dB(A)	型号	标称功率 /kW	额定转矩 /N·m	堵转转矩/额定转矩	额定调速范围 /r·min^{-1}	噪声 /dB(A)
YCTD100-4A	0.55	3.6	1.8	1250~100	75	YCTD180-4B	15	94	1.5	1350~100	90
YCTD100-4B	0.75	4.9				YCTD200-4A	18.5	116		1375~100	
YCTD112-4A	1.1	7.1				YCTD200-4B	22	137			
YCTD112-4B	1.5	9.7			78	YCTD225-4A	30	189			97
YCTD132-4A	2.2	14.1		1300~100		YCTD250-4A	37	232		1375~250	
YCTD132-4B	3	19.2			82	YCTD250-4B	45	282			99
YCTD132-4C	4	25.2				YCTD280-4A	55	344		1400~250	
YCTD160-4A	5.5	35.1		1350~100		YCTD315-4A	75	469			103
YCTD160-4B	7.5	47.7			86	YCTD315-4B	90	564			
YCTD180-4A	11	69									

注：1. 见表 18-1-66 注 2、注 3、注 4、注 6。

2. 在拖动恒转矩负载时：标称功率为 11kW 以下，在额定调速范围内为 S1；标称功率为 15~30kW，在 3∶1 调速范围内为 S1，当调速范围超过 3∶1 时，允许短时恒转矩运行，运行时间由制造厂规定。标称功率为 37~90kW 的调速电机主要用于拖动递减转矩负载。

3. 电磁调速控制器电压为 220V，不要控制器时应指明测速发电机类型，否则按三相永磁测速发电机供货。

4. 电动机的防护等级为 IP44，电磁转差离合器的防护等级为 IP21。

YCTD 系列电磁调速三相异步电动机（B3）安装尺寸及外形尺寸

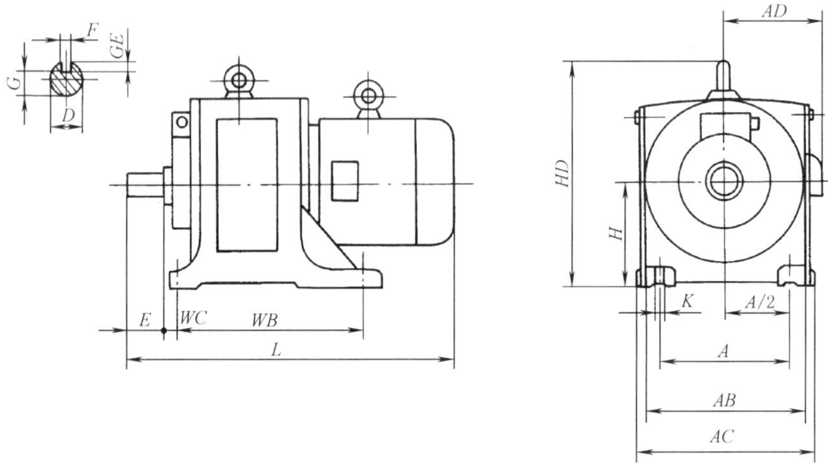

表 18-1-69 mm

<table>
<tr><th rowspan="2">机座号</th><th colspan="13">安装尺寸</th><th colspan="5">外形尺寸</th></tr>
<tr><th>A</th><th>A/2</th><th>WB</th><th colspan="2">WC</th><th>D</th><th colspan="2">E</th><th>F</th><th>G</th><th colspan="2">H</th><th>K</th><th>AB</th><th>AC</th><th>AD</th><th>HD</th><th>L</th></tr>
<tr><td>100-4A
100-4B</td><td>160</td><td>80</td><td>203</td><td>40</td><td rowspan="3">±1.5</td><td>19j6</td><td>40</td><td rowspan="2">±0.31</td><td>6</td><td>15.5</td><td>100</td><td rowspan="8">0
−0.5</td><td rowspan="3">12</td><td>210</td><td>225</td><td>150</td><td>260</td><td>530</td></tr>
<tr><td>112-4A
112-4B</td><td>190</td><td>95</td><td>228</td><td rowspan="2">45</td><td>24j6</td><td>50</td><td rowspan="2">8</td><td>20</td><td>112</td><td>250</td><td>275</td><td>165</td><td>285</td><td>660</td></tr>
<tr><td>132-4A
132-4B
132-4C</td><td>215</td><td>107.5</td><td>267</td><td>28j6</td><td>60</td><td rowspan="2">±0.37</td><td>24</td><td>132</td><td>310</td><td>330</td><td>195</td><td>365</td><td>730</td></tr>
<tr><td>160-4A
160-4B</td><td>279</td><td>139.5</td><td>305</td><td rowspan="2">70</td><td rowspan="7">±2.0</td><td>38k6</td><td>80</td><td>10</td><td>33</td><td>160</td><td rowspan="2">15</td><td>380</td><td>400</td><td>235</td><td>435</td><td>900</td></tr>
<tr><td>180-4A
180-4B</td><td>318</td><td>159</td><td>368</td><td>42k6</td><td rowspan="3">110</td><td rowspan="3">±0.43</td><td>12</td><td>37</td><td>180</td><td>430</td><td>450</td><td>270</td><td>490</td><td>1080</td></tr>
<tr><td>200-4A
200-4B</td><td>356</td><td>178</td><td>457</td><td rowspan="5">89</td><td>48k6</td><td>14</td><td>42.5</td><td>200</td><td rowspan="2">19</td><td>500</td><td>520</td><td>295</td><td>540</td><td>1190</td></tr>
<tr><td>225-4A</td><td>406</td><td>203</td><td>500</td><td>55m6</td><td>16</td><td>49</td><td>225</td><td>530</td><td>550</td><td>320</td><td>580</td><td>1290</td></tr>
<tr><td>250-4A
250-4B</td><td>406</td><td>203</td><td>457</td><td>60m6</td><td rowspan="3">140</td><td rowspan="3">±0.50</td><td rowspan="2">18</td><td>53</td><td>250</td><td rowspan="2">24</td><td>530</td><td>550</td><td>350</td><td>600</td><td>1480</td></tr>
<tr><td>280-4A</td><td>457</td><td>228.5</td><td>508</td><td>65m6</td><td>58</td><td>280</td><td rowspan="2">0
−1.0</td><td>580</td><td>610</td><td>390</td><td>665</td><td>1520</td></tr>
<tr><td>315-4A
315-4B</td><td>508</td><td>254</td><td>560</td><td>75m6</td><td>20</td><td>61.5</td><td>315</td><td>28</td><td>650</td><td>690</td><td>420</td><td>790</td><td>1670</td></tr>
</table>

注：1. 机座号为 250~315 的调速电机为恒转矩输出时，安装及外形尺寸由制造厂自定。

2. $G=D-GE$，GE 的极限偏差对机座号 100 为 $\left(^{+0.10}_{\ 0}\right)$，其余为 $\left(^{+0.20}_{\ 0}\right)$。

4.5.3 YCJ 系列齿轮减速三相异步电动机（摘自 JB/T 6447—2010）

表 18-1-70 技术数据（380V，50Hz）

额定功率 0.55kW

输出转速/r·min^{-1}	输出转矩/N·m	产品代号机座号	配用电动机及端盖号
570	8.8	YCJ71	80M1-F1-4
506	10		
445	11.3		
388	13		
334	15.1		
284	17.6		
237	21.5		
214	23.5		
183	27	YCJ71	80M1-F2-4
163	30.5		
147	33.5		
125	39.5		
112	44.5		
100	49.5		
95	52		
87	57		
80	61	YCJ132	
74	66		
68	73		
57	86		
52	96		
47.5	104		
43	115		
36	135		
29	168		
23	210		
18.5	261	YCJ160	80M1-F3-4
15.2	319		

额定功率 0.75kW

输出转速/r·min^{-1}	输出转矩/N·m	产品代号机座号	配用电动机及端盖号
570	12.1	YCJ71	80M2-F1-4
506	13.6		
445	15.4		
388	17.7		
334	20.5		
284	24		
237	29		
214	32		
183	37.5	YCJ132	80M2-F2-4
163	42		
147	47		
125	55		
112	62		
100	69		
95	73		
87	79		
80	86		
74	93		
68	102		
57	120		
52	133		
47.5	145		
43	161		
36	192		
29	239		
23	299		
17.5	376	YCJ160	90SF3-6
14	470		

额定功率 1.1kW

输出转速/r·min^{-1}	输出转矩/N·m	产品代号机座号	配用电动机及端盖号
579	17.4	YCJ71	90SF1-4
513	19.7		
452	22.5		
393	25.5		
339	29.5		
288	35		
240	42		
217	46.5		
186	53	YCJ132	90SF2-4
166	60		
149	66		
127	78		
113	87		
101	97		
96	103		
88	112		
82	121		
75	131		
69	144		
58	170		
52	189		
48	206		
43.5	228		
34.5	281		
27	358		
21.5	448	YCJ160	90LF3-6
17.5	551		
14.4	672		

额定功率 1.5kW

输出转速/r·min^{-1}	输出转矩/N·m	产品代号机座号	配用电动机及端盖号
579	23.5	YCJ71	90LF1-4
513	27		
452	30.5		
393	35		
339	40.5		
288	47.5		
240	57		
217	63		
186	72	YCJ132	90LF2-4
166	81		
149	90		
127	106		
113	119		
101	133		
96	140		
88	153		
82	165		
75	179		
69	196		
58	232		
52	257		
47	279		
44	307		
40	340		
32	409		
27	488		
21.5	611		
17.5	754	YCJ180	100LF5-6
14	943	YCJ200	100LF6-6

额定功率 2.2kW

输出转速/r·min^{-1}	输出转矩/N·m	产品代号机座号	配用电动机及端盖号
587	34.5	YCJ71	100 L1F1-4
520	39		
458	44		
399	51		
344	59		
292	69		
244	83		
223	90	YCJ80	100 L1F2-4
196	101	YCJ132	100 L1F3-4
171	115		
151	131		
129	154		
115	172		
103	192		
97	203		
89	221		
83	239		
75	262		
70	284		
58	338	YCJ160	100 L1F4-4
53	369		
48	408		
44.5	431		
34.5	557		
27.5	701	YCJ180	100 L1F5-4
22.5	862		
18.2	1061	YCJ200	112MF5-6
14.6	1321	YCJ225	112MF6-6

额定功率 3kW

输出转速/r·min^{-1}	输出转矩/N·m	产品代号机座号	配用电动机及端盖号
587	47	YCJ71	100 L2F1-4
520	53		
458	60		
399	69		
344	80		
292	94		
247	111	YCJ80	100 L2F2-4
223	123		
196	137	YCJ132	100 L2F3-4
171	157		
151	178		
129	209		
115	235		
98	274		
89	295	YCJ160	100 L2F4-4
76	346		
70	379		
58	452		
53	490		
48	554		
43	613		
33.5	788	YCJ180	100 L2F5-4
28	955	YCJ200	100 L2F6-4
22.5	1177		
18.4	1435	YCJ225	132SF7-6
13.8	1911	YCJ250	132SF8-6

续表

额定功率 4kW

输出转速/r·min^{-1}	输出转矩/N·m	产品代号机座号	配用电动机及端盖号
571	64	YCJ80	112 MF1-4
504	73		
442	83		
383	96		
327	112		
275	133		
244	151	YCJ100	112 MF2-4
220	167		
208	173	YCJ160	112 MF3-4
184	195		
161	223		
149	241		
130	276		
114	316		
97	368		
89	400		
76	471		
71	497		
64	551		
56	627		

额定功率 5.5kW

输出转速/r·min^{-1}	输出转矩/N·m	产品代号机座号	配用电动机及端盖号
571	88	YCJ80	132 SF1-4
504	100		
442	114		
383	132		
327	154		
275	183	YCJ100	132 SF2-4
250	201		
226	223		
208	238	YCJ160	132 SF4-4
184	269		
161	306		
150	328		
130	380		
113	436		
100	486		
88	551		
76	634	YCJ180	132 SF5-4
66	727		
60	805		
52	923	YCJ200	132 SF6-4

额定功率 7.5kW

输出转速/r·min^{-1}	输出转矩/N·m	产品代号机座号	配用电动机及端盖号
605	114	YCJ100	132 MF2-4
537	128		
472	146		
411	167		
355	194		
301	228		
250	275		
226	304	YCJ112	132 MF3-4
194	346	YCJ180	132 MF5-4
168	402		
155	435		
140	481		
121	558		
111	604		
102	657		
90	736		
81	816		
76	868	YCJ200	132 MF6-4
67	979		
58	1129	YCJ225	132 MF7-4

额定功率 11kW

输出转速/r·min^{-1}	输出转矩/N·m	产品代号机座号	配用电动机及端盖号
613	164	YCJ100	160 MF1-4
545	185		
479	211		
417	242		
360	280		
305	331		
279	361	YCJ112	160 MF2-4
254	397		
216	457	YCJ200	160 MF3-4
189	522		
166	596		
144	687		
124	796		
105	937		
94	1029		

额定功率 15kW

输出转速/r·min^{-1}	输出转矩/N·m	产品代号机座号	配用电动机及端盖号
613	224	YCJ112	160 LF2-4
545	252		
479	287		
417	330		
360	382		
305	451		
276	488	YCJ200	160 LF3-4
245	550		
216	623		
189	711		
166	813		
144	937		
128	1032		
114	1179	YCJ225	160 LF4-4
106	1276		
97	1387		
84	1577		
74	1779		

续表

额定功率 4kW

输出转速/r·min^{-1}	输出转矩/N·m	产品代号机座号	配用电动机及端盖号
51 44.5	686 791	YCJ180	112 MF4-4
36	982	YCJ200	112MF5-4
30.5 27.5 22.5	1155 1276 1568	YCJ225	112 MF6-4
18	1956	YCJ250	132M1F8-6
12.6	2781	YCJ280	132M1F9-6

额定功率 5.5kW

输出转速/r·min^{-1}	输出转矩/N·m	产品代号机座号	配用电动机及端盖号
48 44	1004 1097	YCJ200	132 SF6-4
35.5 27.5	1362 1757	YCJ225	132 SF7-4
23	2100	YCJ250	132 SF8-4 SF9-4
19.2 15.5	2517 3116	YCJ280	132M2F9-6

额定功率 7.5kW

输出转速/r·min^{-1}	输出转矩/N·m	产品代号机座号	配用电动机及端盖号
54 47.5 43.5	1228 1381 1509	YCJ225	132 MF8-4
36 31	1841 2133	YCJ250	132 MF9-4
25.5 21	2577 3127	YCJ280	

额定功率 11kW

输出转速/r·min^{-1}	输出转矩/N·m	产品代号机座号	配用电动机及端盖号
83 75 66 59 53	1189 1312 1500 1661 1831	YCJ225	160 MF4-4
48	2051	YCJ250	160MF5-4
39 31	2525 3206	YCJ280	160 MF6-4

额定功率 15kW

输出转速/r·min^{-1}	输出转矩/N·m	产品代号机座号	配用电动机及端盖号
67 61 56 51	1975 2156 2353 2585	YCJ250	160 LF5-4
42	3143	YCJ280	160 LF6-4

注：1. 配用电动机为 Y 系列（IP44）技术参数见表 18-1-36。减速电动机额定运行时的效率等于电动机效率与齿轮装置的效率的乘积。齿轮装置的效率以安装型式 B3、B5 为基准时，单级减速的效率 $\eta\geqslant96\%$，两级减速的效率 $\eta\geqslant94\%$，三级减速的效率 $\eta\geqslant92\%$。表中输出转矩是已考虑减速器的传动效率以后的转矩。3kW 以下为Y接法，4kW 以上为△接法。B 级绝缘连续工作制。电动机防护等级为 IP44 或 IP54，冷却方法为 IC141。

2. 运行环境温度-15~40℃，海拔不超过 1000m。

3. 淄博山博安吉富齿轮电机有限公司的产品还有 18.5kW、22kW、30kW、37kW、45kW、55kW 等规格。

4. 安装型式有 B3、B5、B6、B7、B8、V1、V3、V5 及 V6。

5. 选用举例：应根据每日工作小时数和负载性质系数选取。负载性质系数为

每日工作小时数	负载性质：均匀平稳	负载性质：中等振动	负载性质：严重冲击	每日工作小时数	负载性质：均匀平稳	负载性质：中等振动	负载性质：严重冲击
12	1	1.25	1.75	24	1.25	1.50	2.00

设负载均匀平稳，所需减速电动机的额定功率 1.1kW，输出转速为 35r/min，每日工作 12h，查取技术数据表可选 YCJ132-1.1-35。若负载不均匀，有冲击（如驱动螺旋搅拌机等），先取负载性质系数 1.25，则电动机功率为 1.1×1.25=1.375kW（可取作 1.5kW），查技术数据表可选 YCJ160-1.5-40。

6. 标记示例：YCJ 180 □ □-1.5-18

- 1.5-18 中 18：输出转速，r/min
- 1.5：电动机额定功率，kW
- 第二个□：带有电磁制动器时用 Z 表示，或标安装型式如 V1、B8 等
- 第一个□：安装型式，底脚箱不标注，凸缘箱体用 F 表示；带单向停止器（电动机转向不可逆）用 D 表示或标线盒位置 B(A 不标注)
- 180：机座号
- YCJ：系列代号

7. 生产厂：山东山博电机集团有限公司，上海电科电机科技有限公司，浙江金龙电机股份有限公司。

外形及安装尺寸（底脚安装型式）

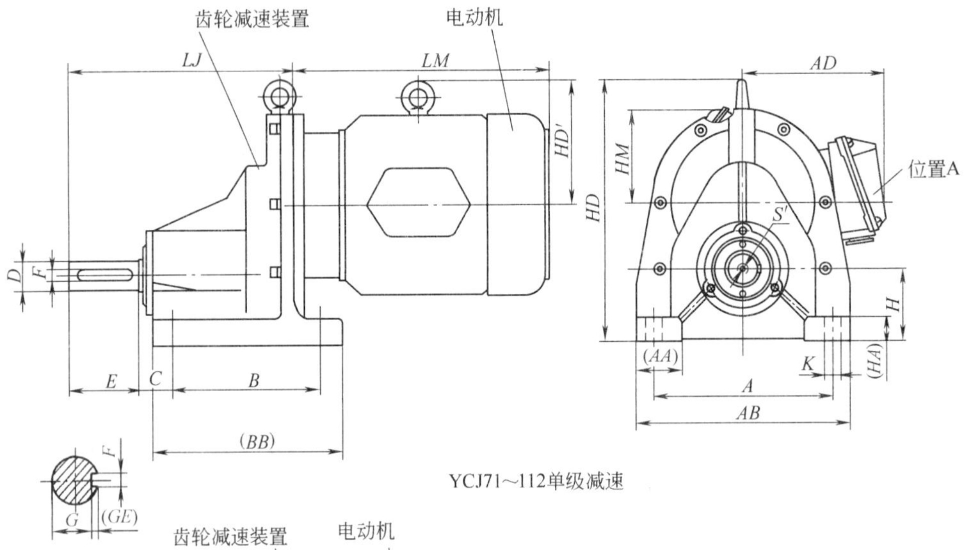

YCJ71～112单级减速

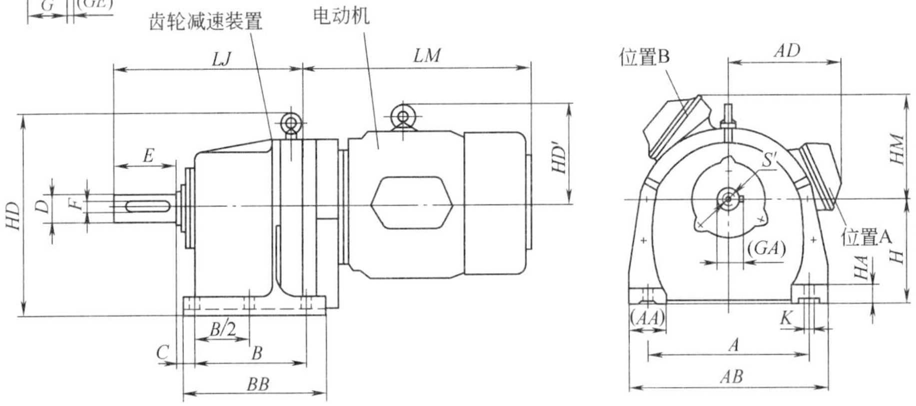

YCJ132～350两级与三级减速

表 18-1-71 mm

机座号	安装尺寸												外形尺寸						
	A	*B*	*B*/2	*C*	*D*	*E*	*F*	*G*	*H*	*K*	孔数	*S'*	(*AA*)	*AB*	(*BB*)	(*GA*)	(*HA*)	*HD*	*LJ*
71	180	150	—	36.5	28	60	8	24	71	15	4	M8	45	225	192	31	22	235	240
80	205	170	—	39.5	32	80	10	27	80	19	4	M10	52	255	218	35	28	305	275
100	270	205	—	44.5	42	110	12	37	100	24	4	M12	60	330	255	45	35	355	345
112	300	215	—	44.5	48	110	14	42.5	112	24	4	M12	60	360	265	51.5	40	420	355
132	215	150	—	37	32	80	10	27	132	15	4	M10	40	260	192	35	25	265	295
160	260	160	—	43.5	42	110	12	37	160	19	4	M12	55	320	208	45	30	310	355
180	300	190	—	31	48	110	14	42.5	180	24	4	M12	65	370	248	51.5	35	350	370
200	330	220	—	31	55	110	16	49	200	24	4	M16	70	400	278	59	40	380	400
225	360	240	120	31	70	140	20	62.5	225	24	6	M20	70	430	298	74.5	45	430	450
250	420	260	130	31	75	140	20	67.5	250	24	6	M20	75	490	318	79.5	50	470	465
280	450	280	140	32	85	170	22	76	280	24	6	M20	80	520	340	90	55	525	520

注：1. 配用电动机尺寸见表 18-1-73。

2. $GE=D-G$，GE 的极限偏差为 $\left(^{+0.20}_{0}\right)$。

3. 括号内尺寸供参考。

外形及安装尺寸（凸缘安装型式）

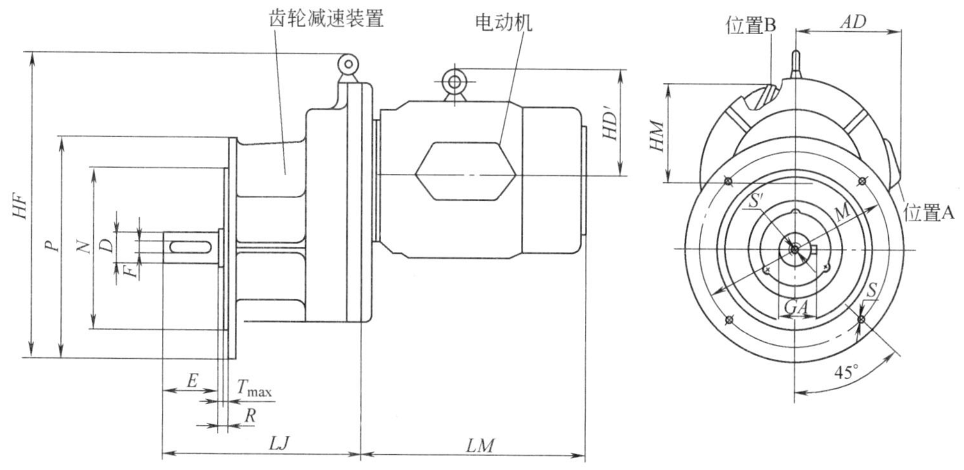

YCJ71～112单级减速

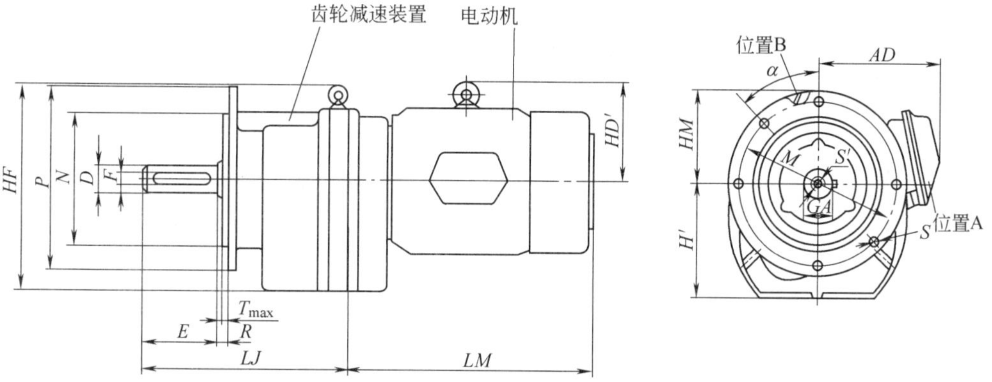

YCJ132～350两级与三级减速

表 18-1-72

mm

机座号	安装尺寸											外形尺寸				
	D	E	F	G	M	N	P	R	S	T_{max}	孔数	S'	(GA)	α	HF	LJ	H'
71F	28	60	8	24	165	130	200	0	12	3.5	4	M8	31	45°	260	240	—
80F	32	80	10	27	215	180	250	0	15	4	4	M10	35	45°	350	275	—
100F	42	110	12	37	265	230	300	0	15	4	4	M12	45	45°	405	345	—
112F	48	110	14	42.5	300	250	350	0	19	5	4	M12	51.5	45°	485	355	—
132F	32	80	10	27	215	180	250	0	15	4	4	M10	35	15°	265	295	132
160F	42	110	12	37	265	230	300	0	15	4	4	M12	45	10°	310	355	160
180F	48	110	14	42.5	265	230	300	0	15	4	4	M12	51.5	0°	350	370	180
200F	55	110	16	49	300	250	350	0	19	5	4	M16	59	0°	380	400	200
225F	70	140	20	62.5	350	300	400	0	19	5	4	M20	74.5	0°	430	450	225
250F	75	140	20	67.5	400	350	450	0	19	5	4	M20	79.5	0°	485	465	250
280F	85	170	22	76	500	450	550	0	19	5	8	M20	90	0°	570	520	280

注：配用电动机尺寸见表 18-1-73。尺寸 G 见前表头图。

表 18-1-73 配用电动机尺寸 mm

电动机 规格代号	电动机 端盖号	AD	HD′	HM	LM	出线螺孔	产品代号 机座号
80M1-4	F1	155		140	270	M24×1.5-6H	71
80M2-4							
80M1-4	F2				305		132
80M2-4							
80M1-4	F3						160
90S-4	F1	160		145	285		71
90L-4					310		
90S-4	F2				320		132
90L-4					345		
90S-4	F3				320		160
90L-4					345		
90S-6					320		
90L-6					345		
	F4				350		180
100L1-4	F1	185	145	165	350	M30×2-6H	71
100L2-4							
100L1-4	F2						80
100L2-4							
100L1-4	F3				385		132
100L2-4							
100L1-4	F4						160
100L2-4							
100L1-4	F5				390		180
100L2-4							
100L-6							
100L2-4	F6						200
100L-6							
112M-4	F1	195	153	165	365		80
	F2						100
	F3				400		160
	F4				405		180
	F5						200
112M-6							

电动机 规格代号	电动机 端盖号	AD	HD′	HM	LM	出线螺孔	产品代号 机座号
112M-4	F6	195	153	165	410	M30×2-6H	225
112M-6							
132S-4	F1	215	183	185	420		80
	F2						100
132M-4					460		
	F3						112
132S-4	F4				455		160
	F5				460		180
132M-4					500		
132S-4	F6				460		200
132M-4					500		
132S-4	F7				470		225
132M-4					510		
132S-6					470		
132S-4	F8						250
132M-4					510		
132S-6					470		
132M1-6					510		
132S-4	F9				470		280
132M-4					510		
132S-6					470		
132M1-6					510		
132M2-6							
160M-4	F1	260	225	260	515	M36×2-6H	100
	F2						112
160L-4					560		
160M-4	F3				555		200
160L-4					600		
160M-4	F4				560		225
160L-4					605		
160M-4	F5				565		250
160L-4					610		
160M-4	F6				565		280
160L-4					610		

表 18-1-74　　YCJ 派生系列技术数据（380V）

功率 /kW	输出转速 /r·min⁻¹	输出转矩 /N·m	机座号	配用电动机
0.55	172	29	YCJ120	Y801F-4
	143	35		
	117	42		
	90	55		
	73	68		
	61	81		
	49	101		
	38	127	YCJ150L	
	29	167		
	24	201		
	19.5	248		
	15.5	312		
	12	403		
	9	537	YCJ170L	
	7.6	638	YCJ190L	
0.75	172	39	YCJ120	Y802F-4
	143	47		
	117	58		
	90	75		
	73	92		
	61	110		
	49	137		
	39	173	YCJ130	Y90SF-6
	30	224		
	26	259	YCJ140	
	23	293		
	19.5	338	YCJ150L	Y802F-4
	15.5	425		
	12.5	527	YCJ170L	
	10	659		
	7.6	867	YCJ190L	
1.1	173	57	YCJ120	Y90SF-4
	143	69		
	117	84		
	91	109		
	74	133		
	60	165	YCJ130	
	50	197		
	40	247	YCJ140	
	32	309		Y90LF-6
	25	395	YCJ150	
	19	509	YCJ170L	Y90SF-4
	15	644		
	12.5	773	YCJ190L	
	10.5	920		

功率 /kW	输出转速 /r·min⁻¹	输出转矩 /N·m	机座号	配用电动机
1.5	173	78	YCJ120	Y90LF-4
	143	94		
	117	115		
	91	148		
	77	175	YCJ130	
	60	224		
	48	281	YCJ140	
	38	354	YCJ150	
	31	434		Y100LF-6
	24	549	YCJ170	Y90LF-4
	19	694		
	16	824	YCJ195L	
	14	941		
2.2	176	112	YCJ130	Y100L1F-4
	139	142		
	116	170		
	100	197		
	83	238	YCJ140	
	64	309		
	52	380	YCJ150	
	44	449	YCJ170	
	36	549		Y112MF-6
	30	658		
	23	840	YCJ195A	Y100L1F-4
	19	1017		Y112MF-6
	15	1288		
	12.5	1546	YCJ210	
	10	1933		
3	176	153	YCJ130	Y100L2F-4
	139	194		
	116	232		
	94	286	YCJ140	
	73	369	YCJ150	
	56	481		
	49	550	YCJ170	
	41	657	YCJ190	
	33	799	YCJ195A	
	28	941		
	23	1146		
	19	1387	YCJ210	
	15	1757		
	12.5	2108		Y132SF-6

第 18 篇

续表

功率/kW	输出转速/r·min⁻¹	输出转矩/N·m	机座号	配用电动机
4	150 127	239 283	YCJ140	Y112MF-4
	99 85	363 422	YCJ150	
	65	552	YCJ170	
	52 42	690 855	YCJ190	
	34 28 23	1034 1255 1528	YCJ195A	
	17	2067	YCJ210	
5.5	157 125	314 395	YCJ150	Y132SF-4
	108 92 73	457 537 676	YCJ170	
	62 52	796 949	YCJ190	
	40 31	1208 1559	YCJ195A	
	27 23	1790 2101	YCJ210	
7.5	180 145 121 101	374 464 556 667	YCJ170	Y132MF-4
	80 62	842 1086	YCJ190	
	50 40	1318 1647	YCJ195A	
	31	2125	YCJ210	
11	127 99	777 997	YCJ195	Y160MF-4
	83 70 54	1164 1381 1790	YCJ195A	
	45	2147	YCJ210	
15	127	1060	YCJ195	Y160LF-4
	98 78	1345 1689	YCJ195A	
	59	2233	YCJ210	

注：生产厂为山东山博电机集团有限公司。

YCJ 派生系列外形及安装尺寸（底脚安装、附加一级减速）

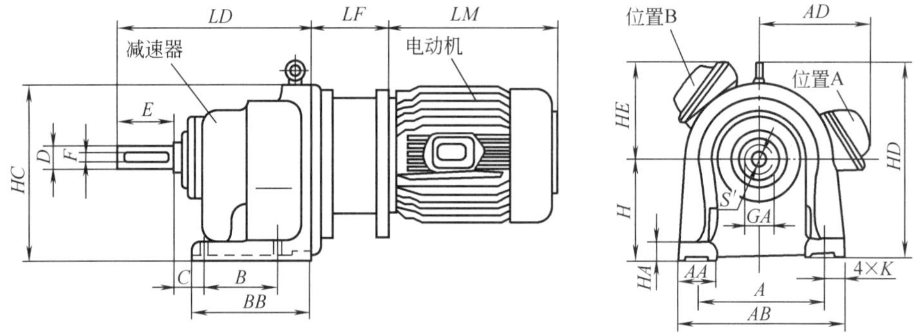

表 18-1-75　　mm

机座号	安装尺寸									外形尺寸								
	A	B	C	D	E	F	H	K	S'	AA	AB	BB	GA	HA	HC	HD	LD	LF
120	160	80	32	25	60	8	120	12	M8	42	192	137	28	20	216	—	217	—
130	160	90	40	30	80	8	130	13	M8	50	210	152	33	20	226	—	250	—
140	180	100	45	35	80	10	140	17	M10	50	220	164	38	20	250	286	260	—
150	200	115	45	40	110	12	150	17	M16	60	260	194	43	30	262	298	324	—
170	240	135	51	45	110	14	170	18	M16	60	290	213	48.5	30	304	350	344	—
190	270	180	51	50	110	14	190	21	M16	60	320	250	53.5	30	325	371	381	—
195	310	170	48	55	110	16	195	22	M16	70	365	245	59	40	335	390	324	—
195A	310	210	48	55	110	16	195	22	M16	70	365	290	59	40	335	390	380	—
210	350	270	49	65	140	18	210	22	M16	70	410	345	69	40	360	415	436	—
150L	200	115	45	40	110	12	150	17	M16	60	260	194	43	30	262	298	324	96
170L	240	135	51	45	110	14	170	18	M16	60	290	213	48.5	30	304	350	344	96
190L	270	180	51	50	110	14	190	21	M16	60	320	250	53.5	30	325	371	381	96

注：配用电动机尺寸见表 18-1-77。

YCJ 派生系列外形及安装尺寸（凸缘安装、附加一级减速）

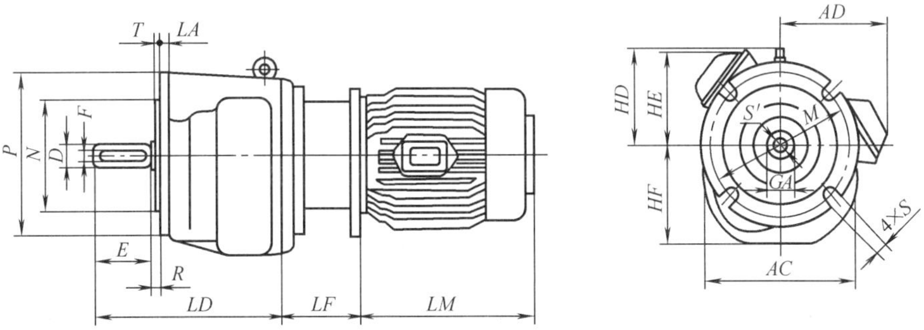

表 18-1-76　　mm

机座号	安装尺寸									外形尺寸						
	D	E	F	M	N	P	R	S	T	S'	AC	GA	HD	HF	LA	LD	LF
120F	25	60	8	130	110	160	8	10	3.5	M8	192	28	—	118	14	217	—
130F	30	80	8	165	130	200	8	12	3.5	M8	186	33	—	128	14	250	—
140F	35	80	10	215	180	250	8	14	4	M10	220	38	146	138	14	260	—
150F	40	110	12	215	180	250	8	14	4	M16	224	43	148	148	14	324	—
170F	45	110	14	215	180	250	8	14	4	M16	268	48.5	180	167	16	344	—
190F	50	110	14	265	230	300	8	14	4	M16	311	53.5	181	187	20	381	—
195F	55	110	16	265	230	300	8	14	4	M16	333	59	195	192	20	324	—
195AF	55	110	16	265	230	300	8	14	4	M16	333	59	195	192	20	380	—
210F	65	140	18	300	250	350	8	18	5	M16	385	69	205	207	20	436	—
150LF	40	110	12	215	180	250	8	14	4	M16	224	43	148	148	14	324	96
170LF	45	110	14	215	180	250	8	14	4	M16	268	48.5	180	167	16	344	96
190LF	50	110	14	265	230	300	8	14	4	M16	311	53.5	181	187	20	381	96

注：配用电动机尺寸见表 18-1-77。

表 18-1-77　　**YCJ 派生系列配用电动机尺寸**　　mm

电动机规格代号	功率/kW	AD	HE	LM	电动机规格代号	功率/kW	AD	HE	LM
Y801F-4	0.55	155	140	257	Y100LF-6	1.5	185	165	354
Y802F-4	0.75	155	140	257	Y112MF-4	4	195	185	349
Y90SF-4	1.1	160	145	273	Y112MF-6	2.2	195	185	349
Y90LF-4	1.5	160	145	298	Y132SF-4	5.5	215	185	422
Y90SF-6	0.75	160	145	273	Y132MF-4	7.5	215	185	460
Y90LF-6	1.1	160	145	298	Y160MF-4	11	260	260	508
Y100L1F-4	2.2	185	165	354	Y160LF-4	15	260	260	553
Y100L2F-4	3	185	165	354					

4.5.4 YVP（IP44）系列变频调速三相异步电动机

表 18-1-78 **技术参数**（380V、50Hz）

型　号	标称功率/kW	额定电流/A	额定转矩/N·m	堵转转矩①/额定转矩	转子转动惯量/kg·m²	质量/kg
同步转速 1500r/min						
YVP90S-4	1.1	2.8	7.5	1.25	0.0021	22
YVP90L-4	1.5	3.8	10	1.25	0.0027	27
YVP100L1-4	2.2	5.2	14.7	1.25	0.0054	33
YVP100L2-4	3	7	19.9	1.25	0.0067	37
YVP112M-4	4	9	26.5	1.25	0.0095	44
YVP132S-4	5.5	12	36.5	1.25	0.0214	80
YVP132M-4	7.5	15.5	49	1.25	0.0296	97
YVP160M-4	11	22.6	72	1.25	0.0747	125
YVP160L-4	15	30.5	98	1.25	0.112	140
YVP180M-4	18.5	36.2	120	1.25	0.139	210
YVP180L-4	22	43	143	1.25	0.158	250
YVP200L-4	30	58	195	1.25	0.262	300
YVP225S-4	37	70	239	1.25	0.406	360
YVP225M-4	45	84	290	1.25	0.469	400
YVP250M-4	55	104	355	1.25	0.66	480
YVP280S-4	75	140	484	1.25	1.12	565
YVP280M-4	90	164	581	1.25	1.46	680
YVP315S-4	110	200	705	1.25	3.11	870
YVP315M-4	132	242	846	1.25	3.62	1025
YVP315L1-4	160	290	1025	1.25	4.13	1095
YVP315L2-4	200	365	1282	1.25	4.94	1160
YVP355M1-4	220	402	1410	1.25	7.41	1600
YVP355M2-4	250	461	1604	1.25	7.62	1680
YVP355L-4	280	518	1800	1.25	7.71	1800
同步转速　1000r/min						
YVP90S-6	0.75	2.5	7.9	1.25	0.0029	22
YVP90L-6	1.1	3.5	11.2	1.25	0.0035	27
YVP100L-6	1.5	4.4	15.2	1.25	0.0069	37
YVP112M-6	2.2	6.1	22	1.25	0.0138	44
YVP132S-6	3	7.5	30	1.25	0.0286	80
YVP132M1-6	4	9.5	40	1.25	0.0357	92
YVP132M2-6	5.5	12.8	54	1.25	0.0881	97
YVP160M2-6	7.5	18	74	1.25	0.0932	125
YVP160L-6	11	26	108	1.25	0.116	140
YVP180L-6	15	34	148	1.25	0.207	250
YVP200L1-6	18.5	38	182	1.25	0.315	300
YVP200L2-6	22	45	217	1.25	0.36	320
YVP225M-6	30	60	292	1.25	0.547	400
YVP250M-6	37	72	361	1.25	0.834	480
YVP280S-6	45	85	438	1.25	1.39	565
YVP280M-6	55	104	536	1.25	1.65	680
YVP315S-6	75	140	723	1.25	4.11	870
YVP315M-6	90	168	868	1.25	4.78	1025
YVP315L1-6	110	205	1061	1.25	5.45	1095
YVP315L2-6	132	245	1273	1.25	6.12	1160
YVP355M1-6	160	295	1537	1.25	7.83	1600
YVP355M2-6	200	375	1922	1.25	7.9	1680
YVP355L1-6	220	410	2112	1.25	8.2	1800
YVP355L2-6	250	467	2400	1.25	8.8	1880
同步转速 750r/min						
YVP132S-8	2.2	5.9	30	1.25	0.0314	80
YVP132M-8	3	7.75	40	1.25	0.0395	92
YVP160M1-8	4	10	53	1.25	0.0753	119
YVP160M2-8	5.5	13.5	73	1.25	0.0931	125
YVP160L-8	7.5	18	99	1.25	0.126	140
YVP180L-8	11	25	144	1.25	0.203	250
YVP200L-8	15	34	196	1.25	0.339	300
YVP225S-8	18.5	41	242	1.25	0.491	360
YVP225M-8	22	48	284	1.25	0.547	400
YVP250M-8	30	63	387	1.25	0.834	480
YVP280S-8	37	78.5	477	1.25	1.39	565
YVP280M-8	45	93.5	581	1.25	1.65	680
YVP315S-8	55	114	710	1.25	4.79	870
YVP315M-8	75	154	968	1.25	5.58	1025
YVP315L1-8	90	179	1161	1.25	6.37	1095
YVP315L2-8	110	218	1419	1.25	7.23	1160
YVP355M1-8	132	254	1700	1.25	8.4	1600
YVP355M2-8	160	303	2051	1.25	8.6	1680
YVP355L-8	200	378	2560	1.25	8.8	1800

① 为 3Hz 时的最小值。

注：1. 变频调速电动机的应用日趋广泛，主要用于风机、水泵及压缩机等负载变化较大的场合，节能效果显著；也用于精密机械等需要过程控制，要求定位和随动性能较高的场合。

2. 变频电动机为适应变频电源对电动机产生的影响，采取了对应的技术措施，例如，提高了绝缘水平，在机械强度、振动、噪声及散热方面采取了相应的措施。从经济方面考虑，对于一般要求的变频调速也可采用普通异步电动机，例如，加装 du/dt 限制器。调速运行时，要考虑通风散热条件等。

3. 该电动机与变频器装置组成机电一体化系统。5～50Hz 为恒转矩运行区，50～100Hz 为恒功率运行区，调速比为1∶20，运行方式为 S1。F 级绝缘，冷却方式为 IC416。为了正确选用变频器的类型和容量匹配，应明确生产机械的负荷性质，即为恒转矩性质还是平方转矩性质或为恒功率性质。订货时应说明电机型号、安装型式，调速要求以及工作负载情况，制造厂可为用户配套变频器。

4. 本系列电动机的功率等级和安装尺寸与 Y 系列电动机相同。电动机有配套冷却风机，由制造厂提供。

5. 电动机的进线螺孔尺寸及数量如下，接线盒一般位于机座右侧（从轴端看），如用户要求，也可装在左侧或上面。

机座号	90	100～132	160～180	200～225	250～280	315	355
螺孔尺寸及数量	M24×1. 5	M30×2	M36×2	M48×2	M64×2	2×M64×2	2×M64×2

6. 生产厂：上海联合电机有限公司，北京毕捷电机股份有限公司，湘潭电机集团有限公司，江西特种电机股份有限公司，西安电机厂等。

7. 变频调速电动机制造厂在不断增加，型号也不尽相同。

机座带底脚、端盖无凸缘的外形及安装尺寸

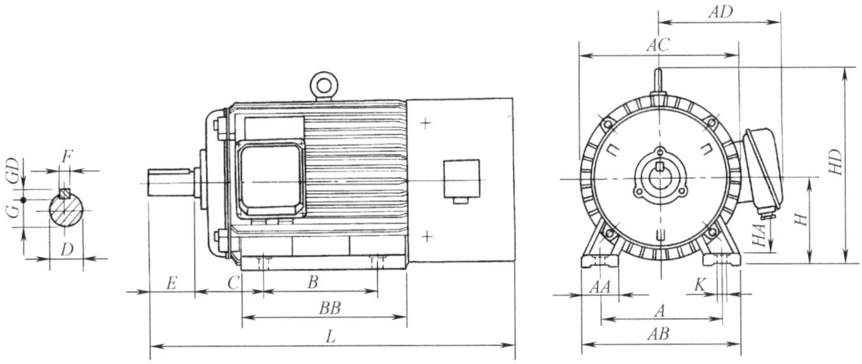

B3（机座号 80~355）
B6、B7、B8、V5、V6
（机座号 80~160）

表 18-1-79　　mm

机座号	安装尺寸									外形尺寸							
	H	A	B	C	D	E	$F\times GD$	G	K	AB	AC	AD	AA	BB	HD	HA	L
90S	$90_{-0.5}^{0}$	140	100	56	$24_{-0.004}^{+0.009}$	50	8×7	20	10	180	175	155	36	130	190	12	400
90L			125											155			430
100L	$100_{-0.5}^{0}$	160	140	63	$28_{-0.004}^{+0.009}$	60		24	12	205	205	180	40	176	245	14	465
112M	$112_{-0.5}^{0}$	190		70						245	230	190	50	180	265	15	490
132S	$132_{-0.5}^{0}$	216		89	$38_{+0.002}^{+0.018}$	80	10×8	33		280	270	210	60	200	315	18	525
132M			178											238			575
160M	$160_{-0.5}^{0}$	254	210	108	$42_{+0.002}^{+0.018}$	110	12×8	37	15	330	325	255	70	270	385	20	645
160L			254											314			690
180M	$180_{-0.5}^{0}$	279	241	121	$48_{+0.002}^{+0.018}$		14×9	42. 5		355	360	285		311	430	22	810
180L			279											349			850
200L	$200_{-0.5}^{0}$	318	305	133	$55_{+0.011}^{+0.030}$		16×10	49	19	395	400	310		379	475	25	890
225S	$225_{-0.5}^{0}$	356	286	149	$60_{+0.011}^{+0.030}$	140	18×11	53		435	450	345	75	368	530	28	930
225M			311											393			970
250M	$250_{-0.5}^{0}$	406	349	168	$65_{+0.011}^{+0.030}$			58	24	490	495	385	80	455	575	30	1050
280S	280_{-1}^{0}	457	368	190	$75_{+0.011}^{+0.030}$		20×12	67. 5		550	555	410	85	530	640	35	1100
280M			419											581			1180
315S	315_{-1}^{0}	508	406	216	$80_{+0.011}^{+0.030}$	170	22×14	71	28	628	645	460	120	610	760	45	1300
315M			457											660			1350
315L			508											750			1450
355M	355_{-1}^{0}	610	560	254	$95_{+0.013}^{+0.035}$		25×14	86		740	750	680		780	1030	50	1650
355L			630														1750

机座无底脚、端盖带凸缘的外形及安装尺寸

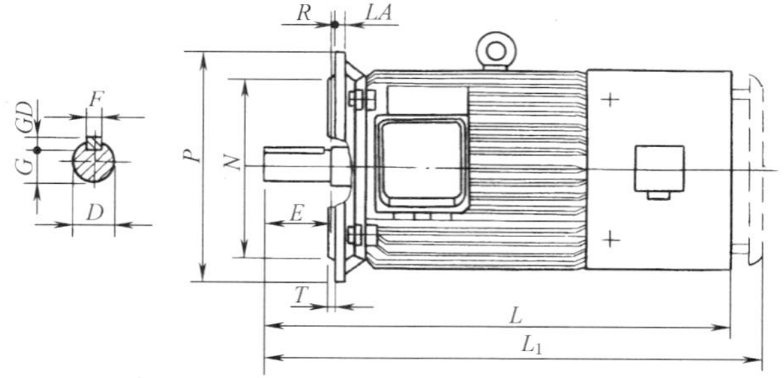

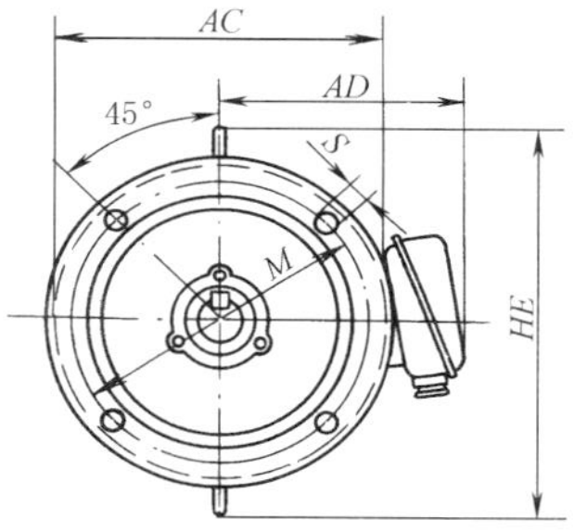

机座号90～200

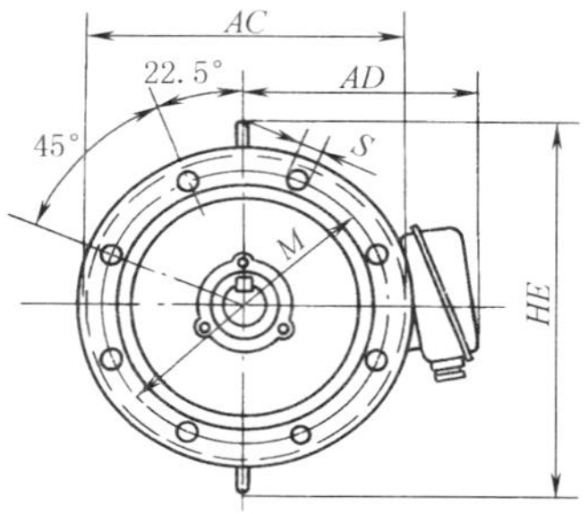

机座号225～355

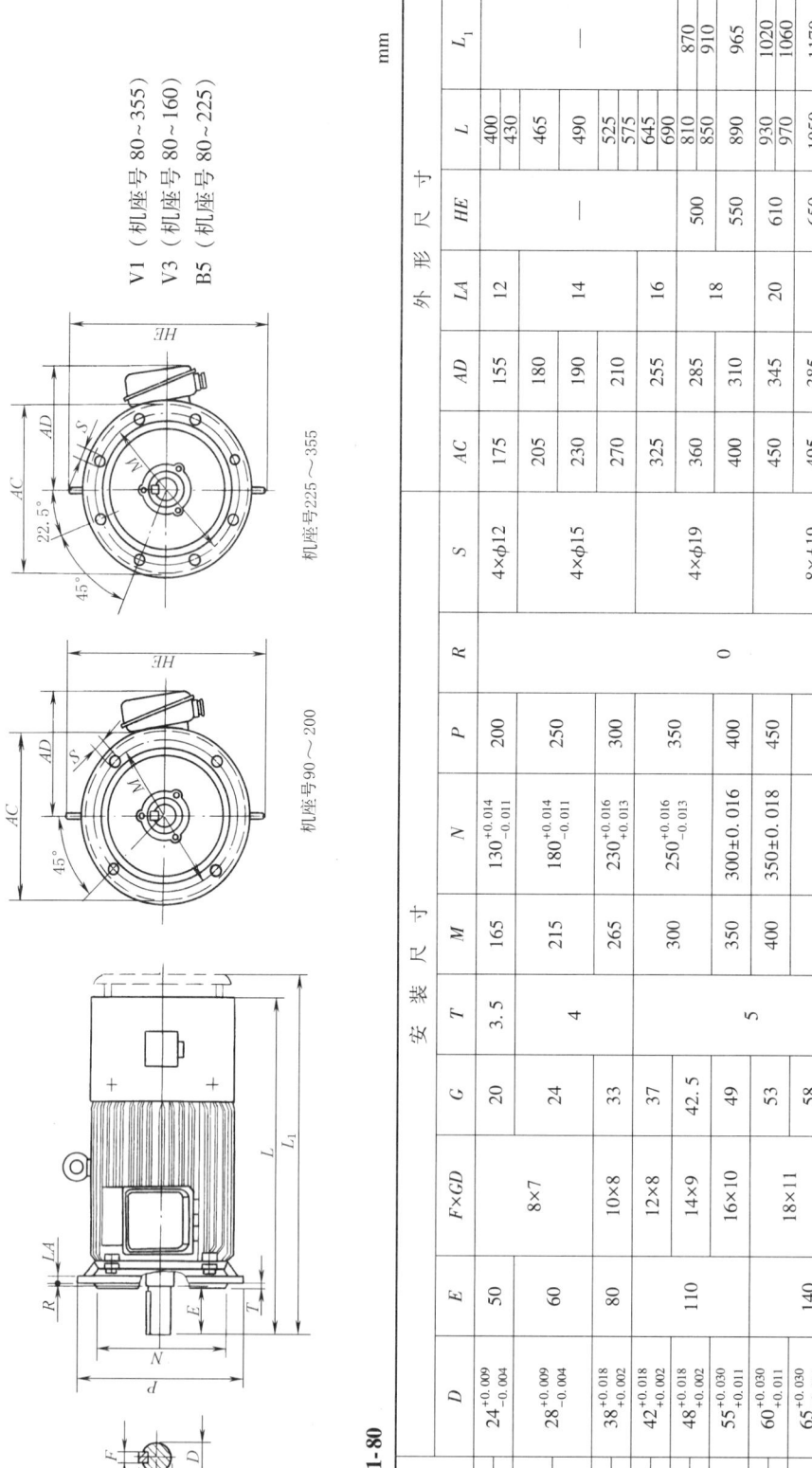

V1（机座号 80～355）
V3（机座号 80～160）
B5（机座号 80～225）

表 18-1-80

mm

机座号	安装尺寸										外形尺寸					
	D	E	$F\times GD$	G	T	M	N	P	R	S	AC	AD	LA	HE	L	L_1
90S	$24^{+0.009}_{-0.004}$	50	8×7	20	3.5	165	$130^{+0.014}_{-0.011}$	200	0	4×ϕ12	175	155	12	—	400	—
90L															430	
100L	$28^{+0.009}_{-0.004}$	60		24	4	215	$180^{+0.014}_{-0.011}$	250		4×ϕ15	205	180	14		465	
112M											230	190			490	
132S	$38^{+0.018}_{+0.002}$	80	10×8	33		265	$230^{+0.016}_{+0.013}$	300			270	210			525	
132M															575	
160M	$42^{+0.018}_{+0.002}$	110	12×8	37	5	300	$250^{+0.016}_{-0.013}$	350		4×ϕ19	325	255	16		645	
160L															690	
180M	$48^{+0.018}_{+0.002}$		14×9	42.5							360	285	18	500	810	870
180L															850	910
200L	$55^{+0.030}_{+0.011}$		16×10	49		350	300±0.016	400			400	310		550	890	965
225S	$60^{+0.030}_{+0.011}$	140	18×11	53		400	350±0.018	450		8×ϕ19	450	345	20	610	930	1020
225M															970	1060
250M	$65^{+0.030}_{+0.011}$			58		500	450±0.02	550			495	385	22	650	1050	1170
280S	$75^{+0.030}_{+0.011}$		20×12	67.5							555	410		720	1100	1220
280M															1180	1300
315S	$80^{+0.030}_{+0.011}$	170	22×14	71	6	600	550±0.022	660		8×ϕ24	645	460	25	900	1300	1450
315M															1350	1500
315L															1450	1600
355M	$95^{+0.035}_{+0.013}$		25×14	86		740	680±0.025	800			750	680	28	1035	1650	1850
355L															1750	1950

机座带底脚、端盖带凸缘外形及安装尺寸

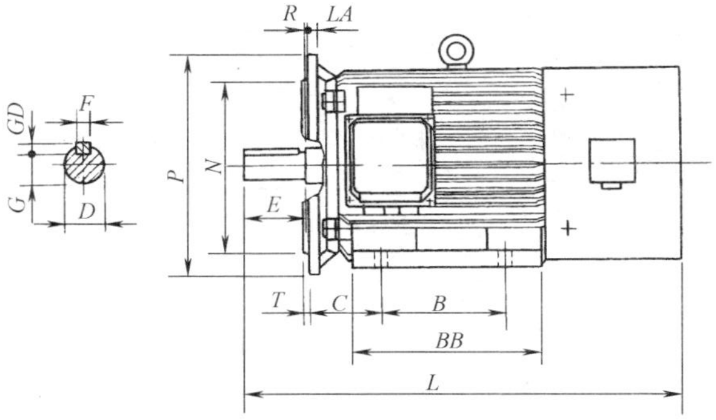

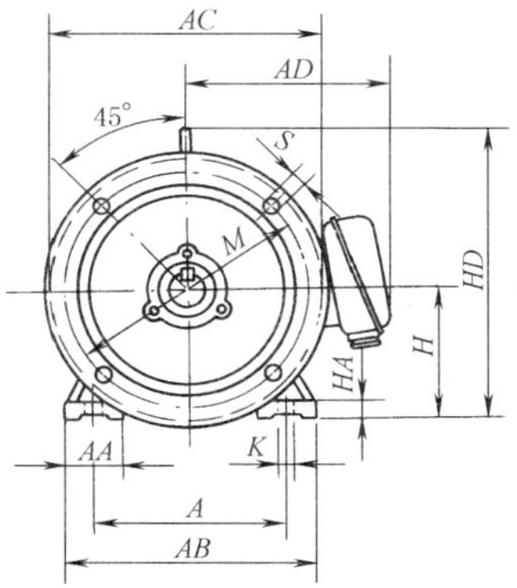

机座号90～200

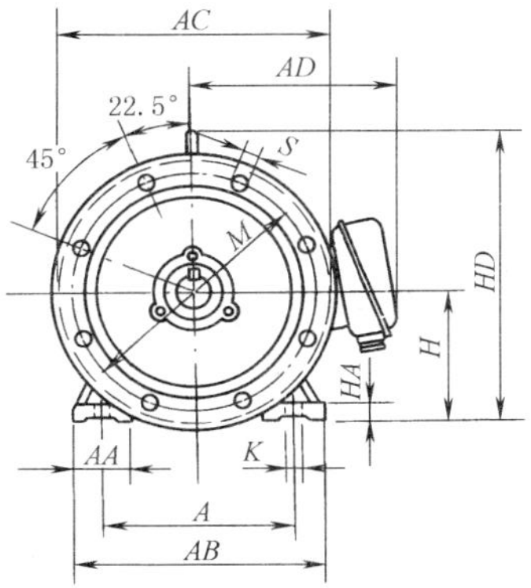

机座号225～355

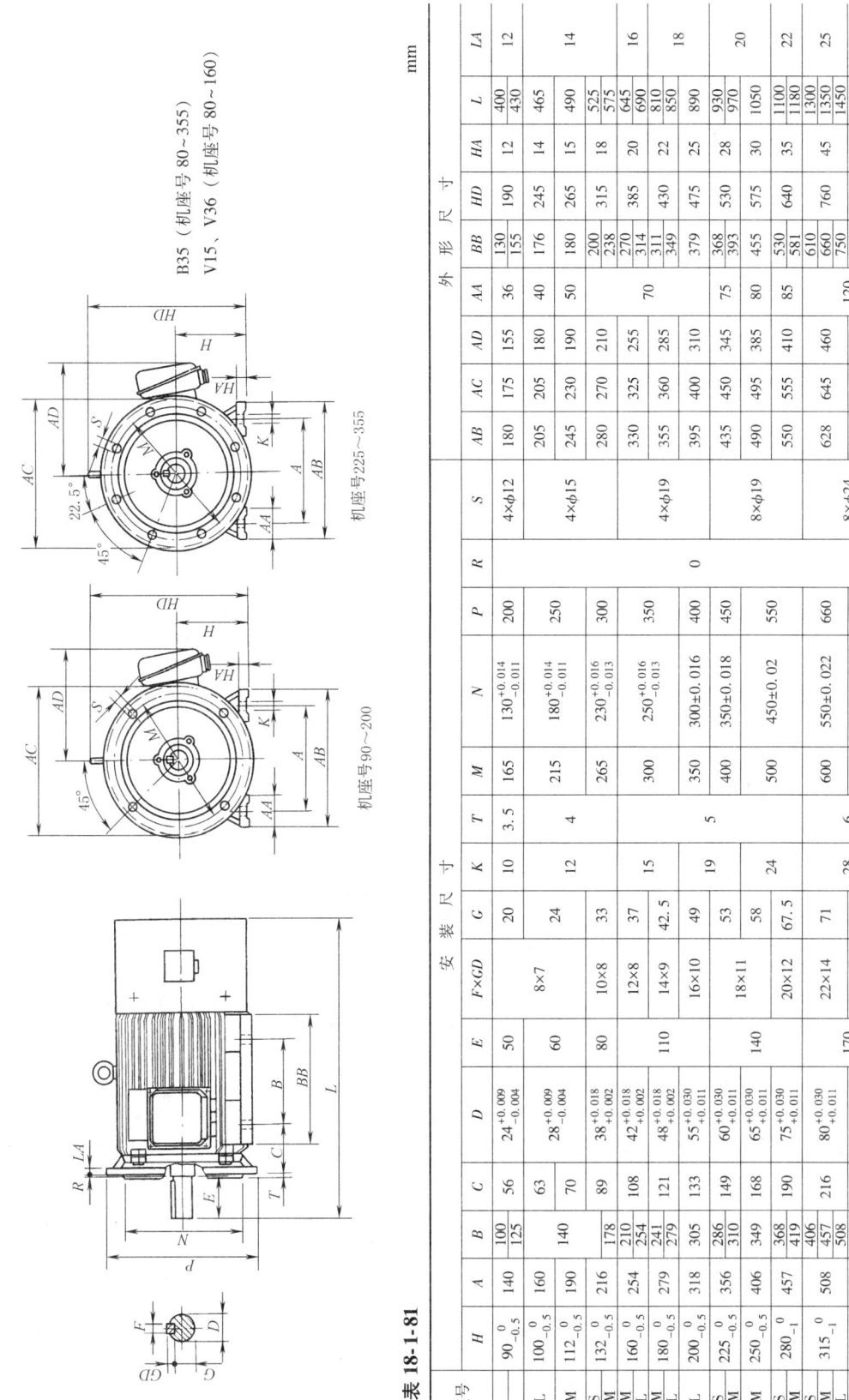

B35（机座号 80～355）
V15、V36（机座号 80～160）

表 18-1-81 mm

机座号	安装尺寸 H	A	B	C	D	E	F×GD	G	K	T	M	N	P	R	S	外形尺寸 AB	AC	AD	AA	BB	HD	HA	L	LA
90S	$90^{0}_{-0.5}$	140	100	56	$24^{+0.009}_{-0.004}$	50	8×7	20	10	3.5	165	$130^{+0.014}_{-0.011}$	200	0	4×ϕ12	180	175	155	36	130	190	12	400	12
90L			125																	155			430	
100L	$100^{0}_{-0.5}$	160	140	63	$28^{+0.009}_{-0.004}$	60		24	12	4	215	$180^{+0.014}_{-0.011}$	250		4×ϕ15	205	205	180	40	176	245	14	465	14
112M	$112^{0}_{-0.5}$	190		70												245	230	190	50	180	265	15	490	
132S	$132^{0}_{-0.5}$	216		89	$38^{+0.018}_{+0.002}$	80	10×8	33			265	$230^{+0.016}_{-0.013}$	300			280	270	210	70	200	315	18	525	
132M			178																	238			575	
160M	$160^{0}_{-0.5}$	254	210	108	$42^{+0.018}_{+0.002}$	110	12×8	37	15	5	300	$250^{+0.016}_{-0.013}$	350		4×ϕ19	330	325	255		270	385	20	645	16
160L			254																	314			690	
180M	$180^{0}_{-0.5}$	279	241	121	$48^{+0.018}_{+0.002}$		14×9	42.5								355	360	285		311	430	22	810	18
180L			279																	349			850	
200L	$200^{0}_{-0.5}$	318	305	133	$55^{+0.030}_{+0.011}$		16×10	49	19		350	300±0.016	400			395	400	310		379	475	25	890	
225S	$225^{0}_{-0.5}$	356	286	149	$60^{+0.030}_{+0.011}$	140	18×11	53			400	350±0.018	450		8×ϕ19	435	450	345	75	368	530	28	930	20
225M			310																	393			970	
250M	$250^{0}_{-0.5}$	406	349	168	$65^{+0.030}_{+0.011}$			58	24		500	450±0.02	550			490	495	385	80	455	575	30	1050	
280S	280^{0}_{-1}	457	368	190	$75^{+0.030}_{+0.011}$		20×12	67.5								550	555	410	85	530	640	35	1100	22
280M			419																	581			1180	
315S	315^{0}_{-1}	508	406	216	$80^{+0.030}_{+0.011}$	170	22×14	71	28	6	600	550±0.022	660		8×ϕ24	628	645	460	120	610	760	45	1300	25
315M			457																	660			1350	
315L			508																	750			1450	
355M	355^{0}_{-1}	610	560	254	$95^{+0.035}_{+0.013}$		25×14	86			740	680±0.025	800			740	750	680		780	1030	50	1650	28
355L			630																				1750	

4.5.5 冶金及起重用变频调速三相异步电动机

表 18-1-82 起重冶金 YTSZ 系列（IP44）、YZP 系列（IP54）（GB/T 21972.1—2008）技术参数

型号	标称功率/kW	额定电流/A	额定转矩/N·m	额定转速/r·min^{-1}	最大转矩/额定转矩	转动惯量/kg·m^2	质量/kg	型号	标称功率/kW	额定电流/A	额定转矩/N·m	额定转速/r·min^{-1}	最大转矩/额定转矩	转动惯量/kg·m^2	质量/kg
YTSZ90S-4	1.1	3	7	1415	2.8	0.003	17	YTSZ250M-6	45	85	429	985	3.2	1.015	480
YTSZ90L-4	1.5	4	9.5	1415	2.8	0.004	27	YTSZ280S-6	55	104	525	975	3.1	1.65	565
YTSZ100L1-4	2.2	5.2	14	1435	3.2	0.008	33	YTSZ280M-6	75	140	716.1	975	3.1	1.95	680
YTSZ100L2-4	3	7.2	19	1435	3.2	0.010	37	YTSZ315S-6	90	168	859.4	980	3	3.225	870
YTSZ112M-4	4	9.5	25.4	1435	3.0	0.016	44	YTSZ315M1-6	110	205	1050.3	980	3	4.725	1025
YTSZ132S-4	5.5	12	35	1455	3.2	0.028	80	YTSZ315M2-6	132	245	1260	980	3	5.3	1090
YTSZ132M-4	7.5	15.5	47.7	1455	3.2	0.038	97	YTSZ315L-6	160	295	1528	980	3	5.9	1160
YTSZ160M-4	11	22	70	1465	3.5	0.085	125	YTSZ355M1-6	200	370	1910	980	3.5	8.05	1600
YTSZ160L-4	15	29	95.5	1465	3.5	0.105	140	YTSZ355M2-6	220	400	2101	980	3.5	9.63	1680
YTSZ180M-4	22	43.7	140	1465	3.5	0.148	210	YTSZ355L-6	250	450	2387.5	980	3.5	11.82	1800
YTSZ200L1-4	30	58	190.9	1465	3.2	0.248	280	YTSZ160L-8	7.5	19	95.5	730	2.8	0.1325	140
YTSZ200L2-4	37	70	235.5	1465	3.2	0.282	300	YTSZ180L-8	11	26	140.1	735	3	0.285	250
YTSZ225M-4	45	84	286.4	1470	3.2	0.523	400	YTSZ200L-8	15	35	191	735	2.8	0.38	300
YTSZ250M-4	55	105	350.1	1470	3.2	0.733	480	YTSZ225S-8	22	47	280.1	735	2.8	0.585	360
YTSZ280S1-4	75	136	477.4	1465	3.3	1.170	530	YTSZ225M-8	30	63	382	735	2.8	0.6925	400
YTSZ280S2-4	90	162	572.9	1465	3.3	1.383	565	YTSZ250M-8	37	76	471.1	735	2.8	1.0475	480
YTSZ280M-4	110	200	700.2	1465	3.3	1.768	680	YTSZ280S-8	45	92	573	730	2.8	1.65	565
YTSZ315S-4	132	235	840.3	1465	3.2	2.610	900	YTSZ280M-8	55	118	700.3	730	2.8	1.95	680
YTSZ315M1-4	160	285	1018.5	1465	3.5	3.458	1025	YTSZ315S-8	75	153	955	735	2.8	3.65	870
YTSZ315M2-4	200	360	1273.3	1465	3.5	3.905	1095	YTSZ315M1-8	90	182	1146	735	2.8	5.4	1025
YTSZ315L-4	220	380	1400.7	1465	3	4.613	1160	YTSZ315M2-8	110	220	1400.7	735	2.8	6.13	1095
YTSZ355M-4	250	440	1591.7	1480	3.2	6.015	1500	YTSZ315L-8	132	265	1680.8	735	2.8	6.82	1160
YTSZ355L-4	315	550	2005.5	1480	3.2	7.445	1800	YTSZ355M1-8	160	320	2037.3	735	2.9	9.2	1600
YTSZ112M-6	2.2	6.1	21	945	2.8	0.0185	44	YTSZ355M2-8	200	395	2546.7	735	2.9	11	1680
YTSZ132S-6	3	7.5	28.6	960	3	0.0375	80	YTSZ355L-8	220	420	2801.3	735	2.9	13.5	1800
YTSZ132M1-6	4	9.5	38.2	960	3	0.0475	92	YTSZ315S-10	55	124	875.4	585	2.8	3.65	870
YTSZ132M2-6	5.5	12.8	52.5	960	3	0.0575	97	YTSZ315M1-10	75	166	1193.7	585	2.8	5.4	1025
YTSZ160M-6	7.5	18	71.6	970	2.8	0.0875	125	YTSZ315M2-10	90	196	1432.5	585	2.8	6.13	1095
YTSZ160L-6	11	26	105	970	2.8	0.1125	140	YTSZ315L-10	110	230	1750.8	585	2.8	6.82	1160
YTSZ180L-6	15	34	143	980	3	0.285	250	YTSZ355M1-10	132	278	2101	585	2.7	9.2	1600
YTSZ200L1-6	22	45	210	980	2.9	0.38	300	YTSZ355M2-10	160	334	2546.7	585	2.7	11	1680
YTSZ200L2-6	30	60	286	980	2.9	0.43	320	YTSZ355L-10	200	416	3183.3	585	2.7	13.5	1800
YTSZ225M-6	37	72	353	985	3.2	0.695	400								

注：1. 绝缘等级 F 级或 H 级，冷却方式为 IC410 或 IC411。

2. 其功率是以基准工作制 S3，负载持续率 40%时的标称功率，其他工作制按下表折算功率：

工作制	功率折算比率/%	工作制	功率折算比率/%
S2-30min	110	S3-25%	110
S2-60min	100	S3-60%	80
S3-15%	135		

3. 在开环 U/f 控制时 3~50Hz 为恒转矩调速，50~100Hz 为恒功率调速；在矢量控制条件时，调速范围可以扩大，恒转矩运行可以从基速到零。

4. YZP 系列还有机座号 400L1 和 400L2，其极数为 6、8、10，相应的功率为 250，300；200，250；160，200kW。

5. 制造厂可根据用户需要，在电动机上安装电磁制动器、测速元件限速装置和限温、测温元件。

6. 生产厂：上海南阳电机有限公司，江西特种电机股份有限公司，佳木斯防爆电机股份有限公司。

机座带底脚、端盖无凸缘（IMB3、IMB6、IMB7、IMB8、IMV5、IMV6）外形及安装尺寸

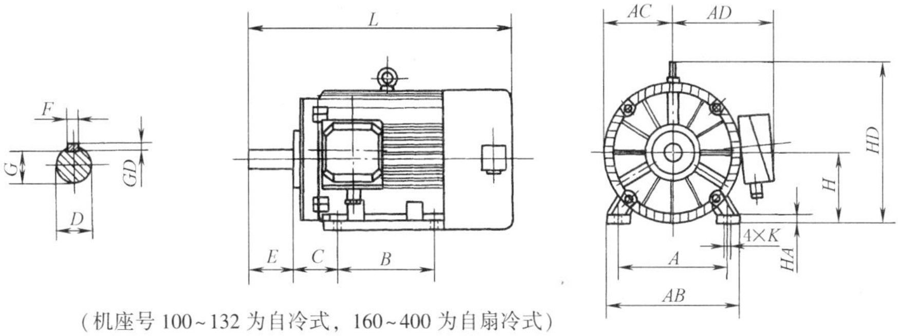

（机座号 100~132 为自冷式，160~400 为自扇冷式）

表 18-1-83

mm

机座号	安装尺寸									外形尺寸					
	H	*A*	*B*	*C*	*D*	*E*	*F*×*GD*	*G*	*K*	*AB*	*AC*	*AD*	*HD*	*HA*	*L*
90S	90	140	100	56	24	50	8×7	20	10	180	85	155	190	13	400
90L	90	140	125	56	24	50	8×7	20	10	180	85	155	190	13	430
100L	100	160	140	63	28	60	8×7	24	12	205	103	180	245	15	465(330)
112M	112	190	140	70	28(32)	60	8×7	24(27)	12	245	115	190	265	17	490(420)
132S	132	216	140	89	38	80	10×8	33	12	280	135	210	315	18	525
132M	132	216	178	89	38	80	10×8	33	12	280	135	210	315	18	575(495)
160M	160	254	210	108	42(48)	110	12×8	37(42.5)	15	330	163	255	385	22	645(610)
160L	160	254	254	108	42(48)	110	12×8	37(42.5)	15	330	163	255	385	22	690(650)
180M	180	279	241	121	48	110	14×9	42.5	15	355	180	285	430	22	810
180L	180	279	279	121	48(55)	110	14×9	42.5(19.9)	15	355	180	285	430	22	850(685)
200L	200	318	305	133	55(60)	110	16×10	49(21.4)	19	395	200	310	475	27	890(780)
225S	225	356	286	149	60	140	18×11	53	19	435	225	345	530	27	930
225M	225	356	311	149	60(65)	140	18×11	53(23.9)	19	435	225	345	530	27	970(850)
250M	250	406	349	168	65(70)	140	18×11	58(25.4)	24	490	248	385	575	33	1050(935)
280S	280	457	368	190	75(85)	140	20×12	67.5(31.7)	24	550	280	410	660	35	1100(1000)
280M	280	457	419	190	75(85)	140	20×12	67.5(31.7)	24	550	280	410	660	35	1180(1060)
315S	315	508	406	216	80(95)	170	22×14	71(35.2)	28	635	320	530	770	50	1300(1130)
315M	315	508	457	216	80(95)	170	22×14	71(35.2)	28	635	320	530	770	50	1350(1180)
315L	315	508	508	216	80	170	22×14	71	28	635	320	530	770	50	1450
355M	355	610	560	254	95(110)	170(210)	25×14	86	28	730	355	355	1010	60	1650(1390)
355L	355	610	630	254	95(110)	170(210)	25×14	86	28	730	355	355	1010	60	1750(1460)

注：1. *L* 为不带传感器、制动器等附件的尺寸。YZP 系列图形和本表图形稍有不同，外形尺寸也稍有不同。
2. 轴伸可以是圆锥形轴伸，按 GB/T 757 的规定。
3. 括号内数据为 YZP 系列的。

机座无底脚、端盖带凸缘（IMB5、IMV1、IMV3）外形及安装尺寸

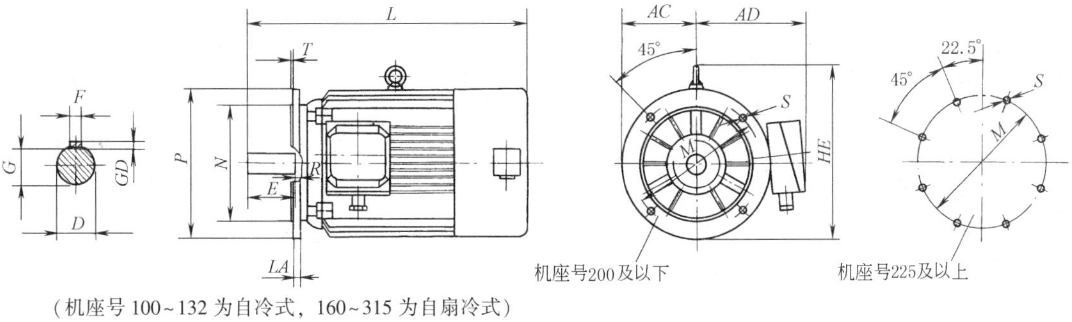

（机座号 100~132 为自冷式，160~315 为自扇冷式）

表 18-1-84

mm

机座号	安装尺寸										外形尺寸				
	D	*E*	*F*×*GD*	*G*	*T*	*M*	*N*	*P*	*R*	*S*	*AC*	*AD*	*LA*	*HE*	*L*
90S	24	50	8×7	20	3.5	165	130	200	0	4×ϕ12	88	155	12	195	400
90L	24	50	8×7	20	3.5	165	130	200	0	4×ϕ12	88	155	12	195	430
100L	28	60	8×7	24	4	215	180	250	0	4×ϕ15	103	180	14	265	465(330)
112M	28(32)	60	8×7	24(27)	4	215	180	250	0	4×ϕ15	115	190	14	265	490(420)
132S	38	80	10×8	33	4	265	230	300	0	4×ϕ15	135	210	14	315	525
132M	38	80	10×8	33	4	265	230	300	0	4×ϕ15	135	210	14	315	575(495)
160M	42(48)	110	12×8	37(42.5)	5	300	250	350	0	4×ϕ19	163	255	16	385	645(610)
160L	42(48)	110	12×8	37(42.5)	5	300	250	350	0	4×ϕ19	163	255	16	385	690(650)
180M	48	110	14×9	42.5	5	300	250	350	0	4×ϕ19	180	285	18	430	810
180L	48(55)	110	14×9	42.5(19.9)	5	300	250	350	0	4×ϕ19	180	285	18	430	850(685)
200L	55(60)	110	16×10	49(21.4)	5	350	300	400	0	4×ϕ19	200	310	18	480	890(780)
225S	60	140	18×11	53	5	400	350	450	0	8×ϕ19	225	345	20	535	930
225M	60(65)	140	18×11	53(23.9)	5	400	350	450	0	8×ϕ19	225	345	20	535	970(850)
250M	65(70)	140(170)	18×11	58(25.4)	5	500	450	550	0	8×ϕ19	248	385	22	620	1050(935)
280S	75(85)	140(170)	20×12	67.5(31.7)	5	500	450	550	0	8×ϕ19	280	410	22	665	1100(1000)
280M	75(85)	140(170)	20×12	67.5(31.7)	5	500	450	550	0	8×ϕ19	280	410	22	665	1180(1060)

注：1. 同表 18-1-83 注。

2. YZP 系列中端盖带凸缘的还有立式安装型式（IM3011、IM3013），见 GB/T 21972.1。

机座带底脚、端盖带凸缘（IMB35、IMV15、IMV36）外形及安装尺寸

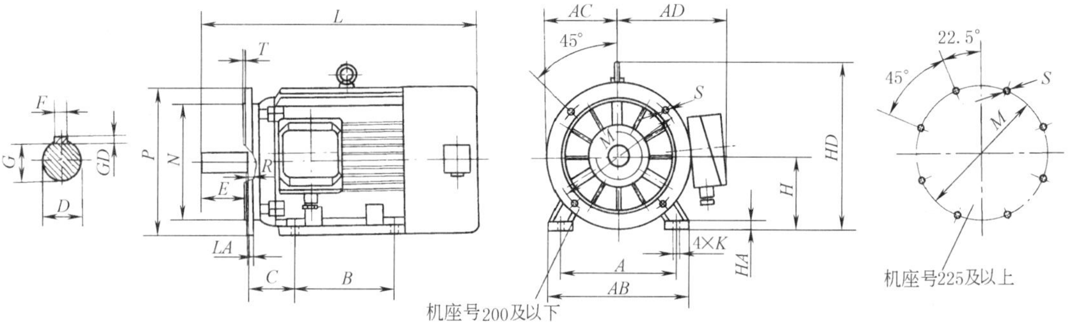

表 18-1-85

mm

机座号	安装尺寸															外形尺寸						
	H	*A*	*B*	*C*	*D*	*E*	*F*×*GD*	*G*	*K*	*T*	*M*	*N*	*P*	*R*	*S*	*AB*	*AC*	*AD*	*HD*	*HA*	*LA*	*L*
90S	90	140	100	56	24	50	8×7	20	10	3.5	165	130	200	0	4×ϕ12	180	88	155	190	13	12	400
90L	90	140	125	56	24	50	8×7	20	10	3.5	165	130	200	0	4×ϕ12	180	88	155	190	13	12	430
100L	100	160	140	63	28	60	8×7	24	12	4	215	180	250	0	4×ϕ15	205	103	180	245	15	14	465
112M	112	190	140	70	28	60	8×7	24	12	4	215	180	250	0	4×ϕ15	245	115	190	265	17	14	490
132S	132	216	140	89	38	80	10×8	33	12	4	265	230	300	0	4×ϕ15	280	135	210	315	18	14	525
132M	132	216	178	89	38	80	10×8	33	12	4	265	230	300	0	4×ϕ15	280	135	210	315	18	14	575
160M	160	254	210	108	42	110	12×8	37	15	5	300	250	350	0	4×ϕ19	330	163	255	385	22	16	645
160L	160	254	254	108	42	110	12×8	37	15	5	300	250	350	0	4×ϕ19	330	163	255	385	22	16	690
180M	180	279	241	121	48	110	14×9	42.5	15	5	300	250	350	0	4×ϕ19	355	180	285	430	22	18	810
180L	180	279	279	121	48	110	14×9	42.5	15	5	300	250	350	0	4×ϕ19	355	180	285	430	22	18	850
200L	200	318	305	133	55	110	16×10	49	19	5	350	300	400	0	4×ϕ19	395	200	310	475	27	18	890
225S	225	356	286	149	60	140	18×11	53	19	5	400	350	450	0	8×ϕ19	435	225	345	530	27	20	930
225M	225	356	311	149	60	140	18×11	53	19	5	400	350	450	0	8×ϕ19	435	225	345	530	27	20	970
250M	250	406	349	168	65	140	18×11	58	24	5	500	450	550	0	8×ϕ19	490	248	385	575	33	22	1050
280S	280	457	368	190	75	140	20×12	67.5	24	5	500	450	550	0	8×ϕ19	550	280	410	660	35	22	1100
280M	280	457	419	190	75	140	20×12	67.5	24	5	500	450	550	0	8×ϕ19	550	280	410	660	35	22	1180
315S	315	508	406	216	80	170	22×14	71	28	6	600	550	660	0	8×ϕ24	635	320	530	770	50	25	1300
315M	315	508	457	216	80	170	22×14	71	28	6	600	550	660	0	8×ϕ24	635	320	530	770	50	25	1350
315L	315	508	508	216	80	170	22×14	71	28	6	600	550	660	0	8×ϕ24	635	320	530	770	50	25	1450
355M	355	610	560	254	95	170	25×14	86	28	6	740	680	800	0	8×ϕ24	730	355	355	1010	60	28	1650
355L	355	610	630	254	95	170	25×14	86	28	6	740	680	800	0	8×ϕ24	730	355	355	1010	60	28	1750

注：1. *L* 为不带传感器、制动器等附件的尺寸。

2. 355 机座号接线盒在机座上方。

3. 本表全为 YTSZ 系列数据。

4.6 YZ（摘自 JB/T 10104—2011）、YZR（摘自 JB/T 10105—1999）、YZR3（摘自 GB/T 21973—2008）系列起重及冶金用三相异步电动机

4.6.1 YZ、YZR 系列起重及冶金用三相异步电动机技术数据

表 18-1-86　　YZ 系列（笼型）技术数据（380V、50Hz）

型号	S2						S3																		转动惯量 /kg·m²	质量 /kg
							6次/h																			
	30min			60min			15%			25%			40%								60%			100%				
	额定功率 /kW	定子电流 /A	转速 /r·min⁻¹	额定功率 /kW	定子电流 /A	转速 /r·min⁻¹	额定功率 /kW	定子电流 /A	转速 /r·min⁻¹	额定功率 /kW	定子电流 /A	转速 /r·min⁻¹	额定功率 /kW	定子电流 /A	转速 /r·min⁻¹	最大转矩/额定转矩	堵转转矩/额定转矩	堵转电流/额定电流	效率 /%	功率因数 cosφ	额定功率 /kW	定子电流 /A	转速 /r·min⁻¹	额定功率 /kW	定子电流 /A	转速 /r·min⁻¹		
YZ112M-6	1.8	4.9	892	1.5	4.25	920	2.2	6.5	810	1.8	4.9	892	1.5	4.25	920	2.0	2.0	4.47	69.5	0.765	1.1	2.7	946	0.8	3.5	980	0.022	58
YZ132M1-6	2.5	6.5	920	2.2	5.9	935	3	7.5	804	2.5	6.5	920	2.2	5.9	935	2.0	2.0	5.16	74	0.745	1.8	5.3	950	1.5	4.9	960	0.056	80
YZ132M2-6	4.0	9.2	915	3.7	8.8	912	5	11.6	890	4	9.2	915	3.7	8.8	912	2.0	2.0	5.54	79	0.79	3	7.5	940	2.8	7.2	945	0.062	92
YZ160M1-6	6.3	14.1	922	5.5	12.5	933	7.5	16.8	903	6.3	14.1	922	5.5	12.5	933	2.0	2.0	4.9	80.6	0.83	5	11.5	940	4	10	953	0.114	119
YZ160M2-6	8.5	18	943	7.5	15.9	948	11	25.4	926	8.5	18	943	7.5	15.9	948	2.3	2.3	5.52	83	0.86	6.3	14.2	956	5.5	13	961	0.143	132
YZ160L-6	15	32	920	11	24.6	953	15	32	920	13	28.7	936	11	24.6	953	2.3	2.3	6.17	84	0.852	9	20.6	964	7.5	18.8	972	0.192	152
YZ160L-8	9	21.1	694	7.5	18	705	11	27.4	675	9	21.1	694	7.5	18	705	2.3	2.3	5.1	82.4	0.766	6	15.6	717	5	14.2	724	0.192	152
YZ180L-8	13	30	675	11	25.8	694	15	35.3	654	13	30	675	11	25.8	694	2.3	2.3	4.9	80.9	0.811	9	21.5	710	7.5	19.2	718	0.352	205
YZ200L-8	18.5	40	697	15	33.1	710	22	47.5	686	18.5	40	697	15	33.1	710	2.5	2.5	6.1	86.2	0.8	13	28.1	714	11	26	720	0.622	276
YZ225M-8	26	53.5	701	22	45.8	712	33	69	687	26	53.5	701	22	45.8	712	2.5	2.5	6.2	87.5	0.834	18.5	40	718	17	37.5	720	0.820	347
YZ250M1-8	35	74	681	30	63.3	694	42	89	663	35	74	681	30	63.3	694	2.5	2.5	5.47	85.7	0.84	26	56	702	22	45	717	1.432	462

注：1. 电动机分为一般环境用，其环境温度≤40℃，F 级绝缘，防护等级为 IP44；冶金环境用，其环境温度≤60℃，H 级绝缘，防护等级为 IP54。

2. 电动机工作制分为 S2、S3、S4、S5 及 S6 五种。其基准工作制为 S3，基准负载持续率为 40%，每个工作周期为 10min。用户应指明所需的工作制，不指明者应认为是 S3 工作制。

3. 佳木斯电机股份有限公司生产 YZ2 系列起重及冶金用电动机（JB/T 10360—2002），功率为 1.5～11kW（同步转速为 1000r/min），功率为 7.5～37kW（同步转速为 750r/min）。

4. 表中 S3-40%中的功率、最大转矩或堵转转矩与额定转矩之比及转动惯量是 JB/T 10104 规定的数据，其余都不是标准规定的数据仅供参考。

5. 生产厂：上海光陆电机有限公司，天津神川电机有限公司，佳木斯电机股份有限公司，江西电机股份有限公司，南阳防爆集团有限公司，江西特种电机有限公司。

表 18-1-87 **YZR3**（绕线转子）技术数据（380V，50Hz）

机座号	同步转速																								质量/kg
	1500r/min						1000r/min						750r/min						600r/min						
	功率/kW				转子绕组开路电压 U_2/V	J_m/kg·m²	功率/kW				转子绕组开路电压 U_2/V	J_m/kg·m²	功率/kW				转子绕组开路电压 U_2/V	J_m/kg·m²	功率/kW				转子绕组开路电压 U_2/V	J_m/kg·m²	
	25%	40%	60%	100%			25%	40%	60%	100%			25%	40%	60%	100%			25%	40%	60%	100%			
100L	2.5	2.2	1.9	1.6	85	0.014	—	—	—	—	—	—	—	—	—	—	—	—	—	—	—	—	—	—	
112M1	3.3	3.0	2.6	2.0	110	0.025	1.7	1.5	1.3	1.1	100	0.025	—	—	—	—	—	—	—	—	—	—	—	—	73.5
112M2	4.0	3.7	3.2	2.5	145	0.029	2.5	2.2	1.9	1.6	132	0.029	—	—	—	—	—	—	—	—	—	—	—	—	
132M1	6.3	5.5	4.8	4.0	140	0.042	3.3	3.0	2.6	2.2	110	0.047	—	—	—	—	—	—	—	—	—	—	—	—	96.5
132M2	7.0	6.3	5.3	4.8	170	0.044	4.0	3.7	3.2	2.5	185	0.053	—	—	—	—	—	—	—	—	—	—	—	—	107.5
160M1	8.5	7.5	6.3	5.0	180	0.085	6.3	5.5	4.8	4.0	138	0.12	—	—	—	—	—	—	—	—	—	—	—	—	153.5
160M2	13	11	9.5	8.8	180	0.11	8.5	7.5	6.3	5.5	185	0.15	—	—	—	—	—	—	—	—	—	—	—	—	159.5
160L	17	15	13	11	260	0.13	13	11	9.5	8.0	250	0.20	8.5	7.5	6.3	5.5	205	0.20	—	—	—	—	—	—	174
180L	25	22	19	16	270	0.25	17	15	13	11	218	0.34	13	11	9.5	8.0	172	0.34	—	—	—	—	—	—	230
200L	35	30	26	22	270	0.41	25	22	19	16	200	0.63	17	15	13	11	178	0.63	—	—	—	—	—	—	
225M	42	37	32	27	325	0.49	35	30	25	22	250	0.77	26	22	19	16	232	0.77	—	—	—	—	—	—	398
250M1	52	45	39	33	185	0.81	42	37	32	27	250	1.20	36	30	26	22	272	1.18	—	—	—	—	—	—	512
250M2	63	55	47	40	230	1.03	52	45	39	33	290	1.46	42	37	32	27	335	1.44	—	—	—	—	—	—	559
280S1	70	63	53	46	230	1.62	63	55	47	40	280	1.78	52	45	39	33	320	2.13	42	37	32	27	150	2.94	746.5
280S2	85	75	63	55	240	1.76	70	63	53	46	300	2.16	—	—	—	—	—	—	—	—	—	—	—	—	
280M	100	90	75	65	310	1.91	85	75	63	55	310	2.55	63	55	47	40	340	2.52	52	45	39	33	170	3.50	840
315S1	125	110	92	80	290	4.00	100	90	75	65	255	5.40	70	63	53	46	250	5.40	63	55	47	40	225	6.70	1026
315S2	—	—	—	—	—	—	—	—	—	—	—	—	85	75	63	55	285	5.80	70	63	53	46	242	7.50	
315M	150	132	110	95	375	4.90	125	110	92	80	305	6.40	100	90	75	65	330	6.40	85	75	63	55	280	8.30	1170
355M	—	—	—	—	—	—	—	—	—	—	—	—	125	110	92	80	285	13.0	100	90	75	65	330	14.3	1520
355L1	—	—	—	—	—	—	—	—	—	—	—	—	150	132	110	95	325	14.4	125	110	92	80	388	16.0	1764
355L2	—	—	—	—	—	—	—	—	—	—	—	—	185	160	132	115	380	16.0	150	132	110	95	450	15.6	1810
400L1	—	—	—	—	—	—	—	—	—	—	—	—	230	200	170	145	390	24.5	185	160	132	115	395	24.1	2400
400L2	—	—	—	—	—	—	—	—	—	—	—	—	300	250	210	180	480	28.0	230	200	170	145	460	28.3	2950

注：1. S、M、L 后面的数字 1、2 分别代表同一机座号和转速下不同的功率。

2. 电动机工作制分为 S2、S3、S4、S5、S6、S7、S8、S9 八种，本表按基准工作制（工作制 S3、$FC=40\%$）、每个工作周期为 10min 编制。用户应指明所需的工作制，否则工厂认为是基准工作制。

3. 表中质量取自南阳防爆集团公司 YZR 系列的质量，仅供参考。

4. 同表 18-1-86 注 1 和 5。

4.6.2 YZ、YZR 系列起重及冶金用电动机的安装尺寸与外形尺寸

卧式安装尺寸及外形尺寸（安装型式 IM1001、IM1002、IM1003、IM1004）

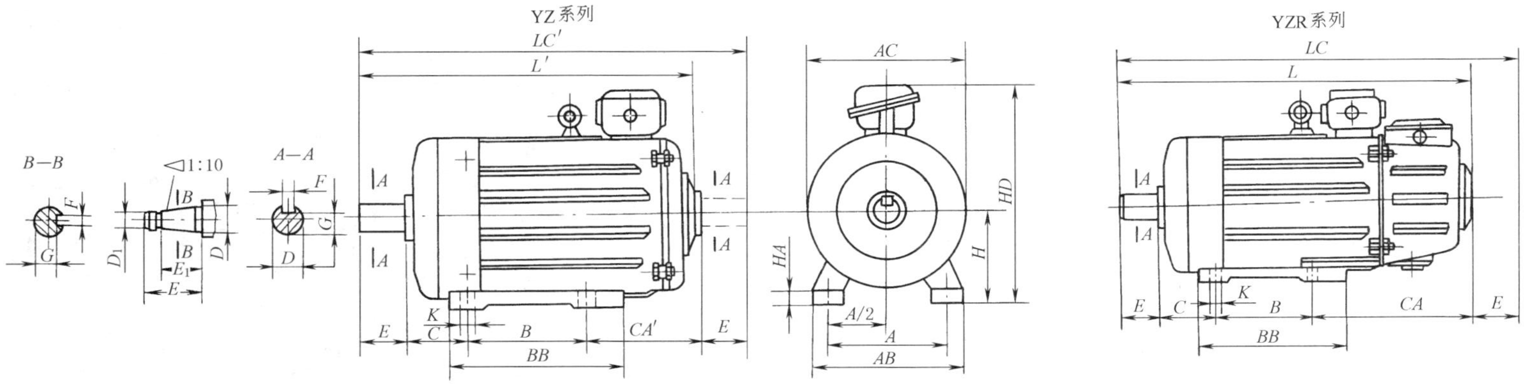

表 18-1-88

mm

型号	安装尺寸														外形尺寸									
	A	A/2	B	C	CA	CA′	D	D_1	E	E_1	F (N9)	G	H	K	螺栓直径	AB	AC	BB	LC	LC′	HD	L	L′	HA	D_2
YZ112M、YZR112M	190	95	140	70	300	135	32k6		80		10	27	112	12	M10	250	245	235	670	505	335	590	420	18	M30×2
YZ132M、YZR132M	216	108	178	89	300	150	38k6		80		10	33	132	12	M10	275	285	260	727	577	365	645	495	20	
YZ160M、YZR160M	254	127	210	108	330	180	48k6		110		14	42.5	160	15	M12	320	325	290	858	718	425	758	608	25	M36×2
YZ160L、YZR160L	254	127	254	108	330	180	48k6		110		14	42.5	160	15	M12	320	325	335	912	762	425	800	650	25	
YZ180L、YZR180L	279	139.5	279	121	360	180	55	M36×3	110	82	14	19.9	180	15	M12	360	360	380	980	800	465	870	685	25	
YZ200L、YZR200L	318	159	305	133	400	210	60	M42×3	140	105	16	21.4	200	19	M16	405	405	400	1118	928	510	975	780	28	M48×2
YZ225M、YZR225M	356	178	311	149	450	258	65	M42×3	140	105	16	23.9	225	19	M16	455	430	410	1190	998	545	1050	850	28	
YZ250M、YZR250M	406	203	349	168	540	295	70	M48×3	140	105	18	25.4	250	24	M20	515	480	510	1337	1092	605	1195	935	30	
YZR280S	457	228.5	368	190	540		85	M56×4	170	130	20	31.7	280	24	M20	575	535	530	1438		665	1265		32	M64×2
YZR280M	457	228.5	419	190	540		85	M56×4	170	130	20	31.7	280	24	M20	575	535	580	1489		665	1315		32	
YZR315S	508	254	406	216	600		95	M64×4	170	130	22	35.2	315	28	M24	640	620	580	1562		750	1390		35	
YZR315M	508	254	457	216	600		95	M64×4	170	130	22	35.2	315	28	M24	640	620	630	1613		750	1440		35	
YZR355M	610	305	560	254	630		110	M80×4	210	165	25	41.9	355	28	M24	740	710	730	1864		840	1650		38	2×M64×2
YZR355L	610	305	630	254	630		110	M80×4	210	165	25	41.9	355	28	M24	740	710	800	1934		840	1720		38	
YZR400L	686	343	710	280	630		130	M100×4	250	200	28	50	400	35	M30	855	840	910	2120		950	1865		45	

注：1. D_2 为定子接线口尺寸。
2. YZ2 系列（JB/T 10360—2002）安装尺寸和 YZ 系列相同，外形尺寸个别稍有不同，YZR3 系列（GB/T 21973—2008）安装尺寸同 YZR，外形尺寸稍有不同，均应以样本为准。
3. 圆锥形轴按 GB/T 357 的规定。

立式安装、机座不带底脚、端盖有凸缘、轴伸向下的安装尺寸及外形尺寸（安装型式 IM3011、IM3013）

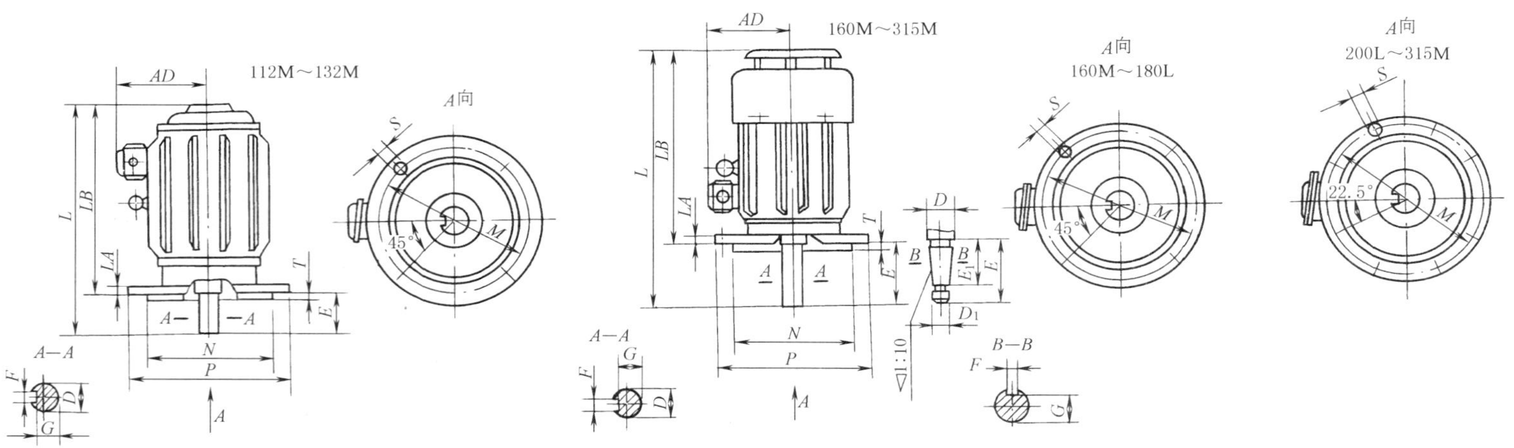

表 18-1-89

mm

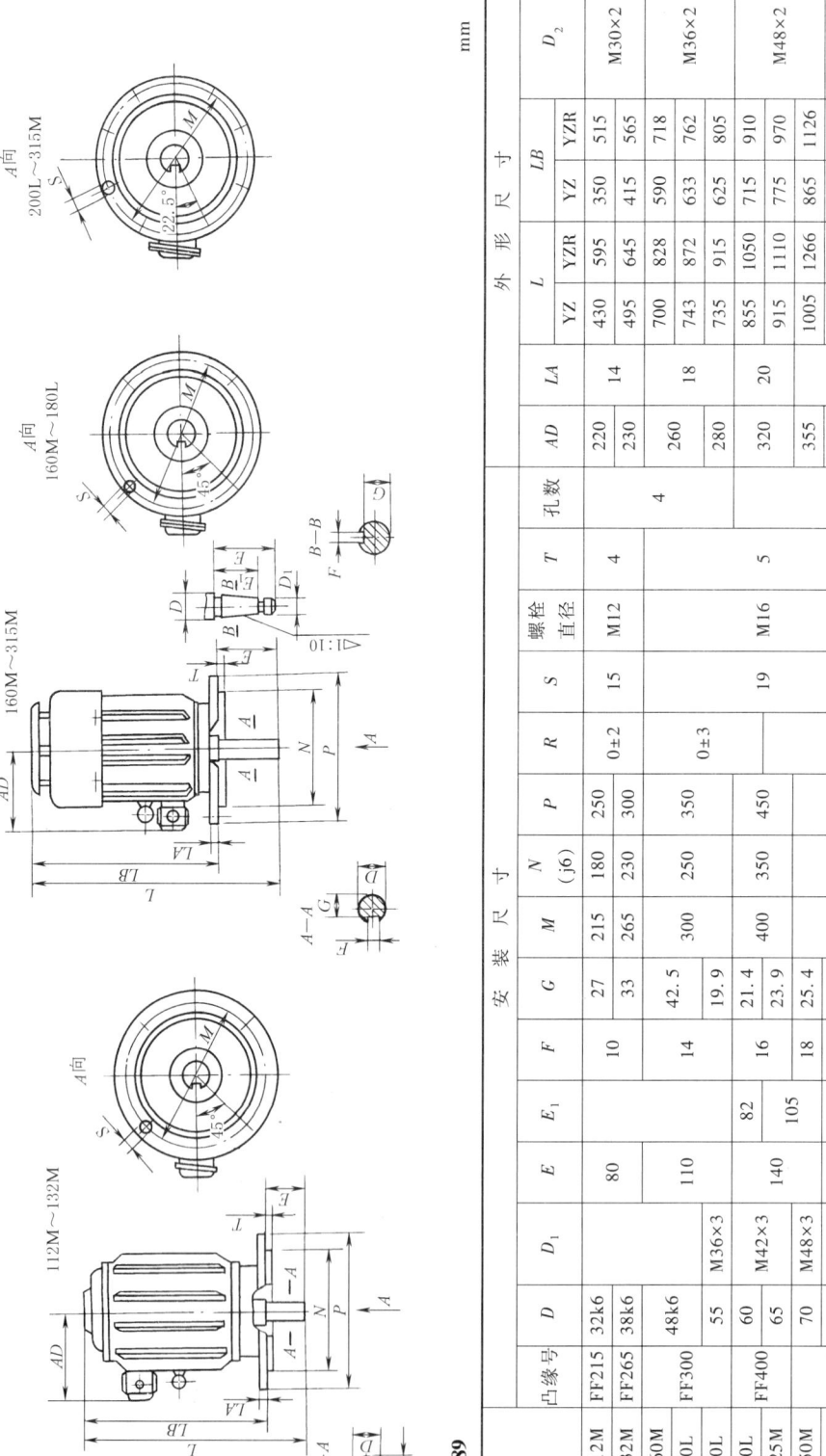

型号	安装尺寸															外形尺寸						
	凸缘号	D	D_1	E	E_1	F	G	M	N（j6）	P	R	S	螺栓直径	T	孔数	AD	LA	L		LB		D_2
																		YZ	YZR	YZ	YZR	
YZ112M、YZR112M	FF215	32k6		80		10	27	215	180	250	0±2	15	M12	4	4	220	14	430	595	350	515	M30×2
YZ132M、YZR132M	FF265	38k6					33	265	230	300						230		495	645	415	565	
YZ160M、YZR160M	FF300	48k6		110		14	42.5	300	250	350	0±3	19	M16	5		260	18	700	828	590	718	M36×2
YZ160L、YZR160L																		743	872	633	762	
YZ180L、YZR180L		55	M36×3				19.9									280		735	915	625	805	
YZ200L、YZR200L	FF400	60	M42×3	140	82	16	21.4	400	350	450					8	320	20	855	1050	715	910	M48×2
YZ225M、YZR225M		65			105		23.9				0±4							915	1110	775	970	
YZ250M、YZR250M	FF500	70	M48×3			18	25.4	500	450	550						355	22	1005	1266	865	1126	
YZR280S		85	M56×4	170	130	20	31.7									385			1370		1200	M64×2
YZR280M																			1420		1250	
YZR315S	FF600	95	M64×4			22	35.2	600	550	660		24	M20	6		435	25		1475		1305	
YZR315M																			1525		1355	

注：1. R 为凸缘配合面至轴伸肩的距离。

2. 见表 18-1-88 注 1、2、3。

卧式安装、机座不带底脚、端盖有凸缘的安装尺寸及外形尺寸（安装型式 IM3001、IM3003）

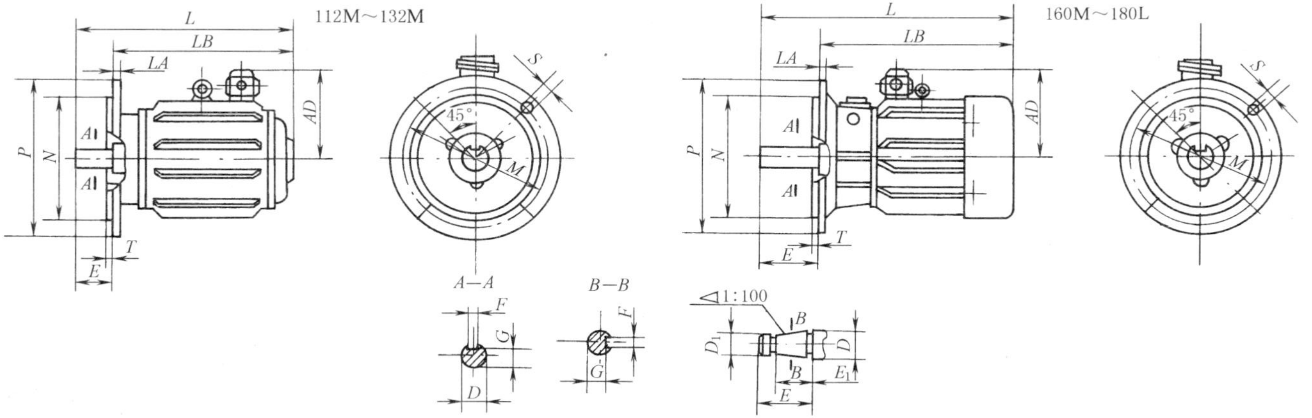

表 18-1-90

mm

机座号	安装尺寸														外形尺寸(不大于)						
	凸缘号	D	D_1	E	E_1	F	G	M	N (j6)	P	R	S	螺栓直径	T	孔数/个	AD	LA	L YZ	L YZR	LB YZ	LB YZR	D_2
112M	FF215	32k6		80		10	27	215	180	250	0±2	15	M12	4	4	220	14	430	595	350	515	M30×2
132M	FF265	38k6					33	265	230	300						230		495	640	415	565	
160M	FF300	48k6		110		14	42.5	300	250	350	0±3	19	M16	5		260	18	700	828	590	718	M36×2
160L																		743	872	633	762	
180L		55	M36×3		82		19.9									280		735	915	625	805	

注：1. R 为凸缘配合面至轴伸肩的距离。

2. 见表 18-1-88 注 1、2、3。

4.7 防爆异步电动机

防爆异步电动机主要用于煤炭、石油、化工等行业。目前除 YB2、YA 系列外，还有户外、防腐等派生系列。防爆电动机的使用场所分爆炸性气体环境和爆炸性粉尘环境。本节编入的是爆炸性气体环境用防爆电动机。爆炸性气体环境用防爆电动机分Ⅰ类和Ⅱ类，Ⅰ类为煤矿用，Ⅱ类用于除煤矿瓦斯气体之外的其他爆炸性气体环境。本节仅编入Ⅱ类防爆电动机。用于爆炸性气体环境的防爆电动机除必须符合 GB 3836.1—2010《爆炸性气体环境用电气设备　第 1 部分：通用要求》外，还必须分别符合各防爆型式的标准，如隔爆型“d”（GB 3836.2）、增安型“e”（GB 3836.3）、本质安全型“i”（GB 3836.4）等。隔爆型电动机采用隔爆外壳把可能产生火花、电弧和危险温度的电气部分与周围爆炸性气体混合物隔开。一旦爆炸性气体进入外壳内引燃爆炸，外壳不会损坏，并能保证内部的火焰气体通过间隙传播时，降低能量，不足以引燃周围的爆炸性气体混合物，增安型电动机是在正常运行条件下不会产生电弧、火花或危险高温的电动机结构上，再采取一些机械、电气和热的保护措施，使之进一步避免在正常条件下出现电弧、火花或高温的危险，从而确保其防爆安全性。Ⅱ类防爆电动机按其允许最高表面温度分为 T1～T6 六个温度组别，即 T1—450℃、T2—300℃、T3—200℃、T4—135℃、T5—100℃及 T6—85℃。Ⅱ类防爆电动机按适用于爆炸性气体混合物最大试验安全间隙的大小（即传爆能力的强弱）分为ⅡA类（代表气体是丙烷）、ⅡB 类（代表气体是乙烯）、ⅡC 类（代表气体是氢气）三级，其余防爆电动机不分级。防爆电动机的防爆型式、类别、级别和温度组别用防爆标志表示。如何正确选择电动机，必须由相关的设计人员根据危险场所分类的具体情况，并遵照 GB 3836.1—2010～3836、14—2000 的规定进行选择。

防爆标志意义：

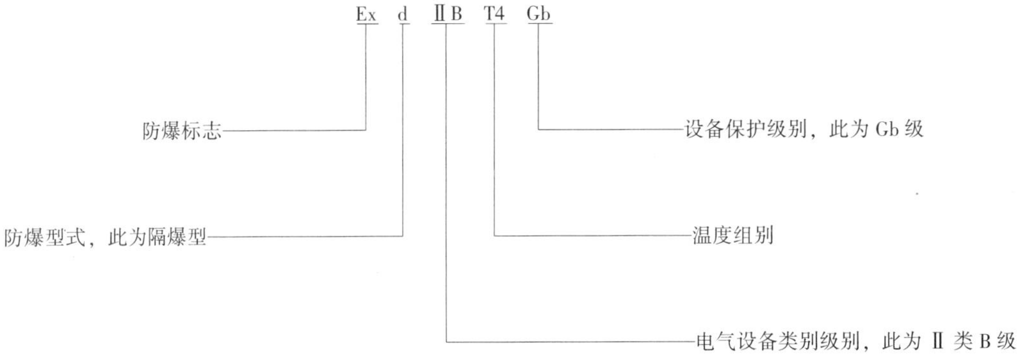

电机型号意义：

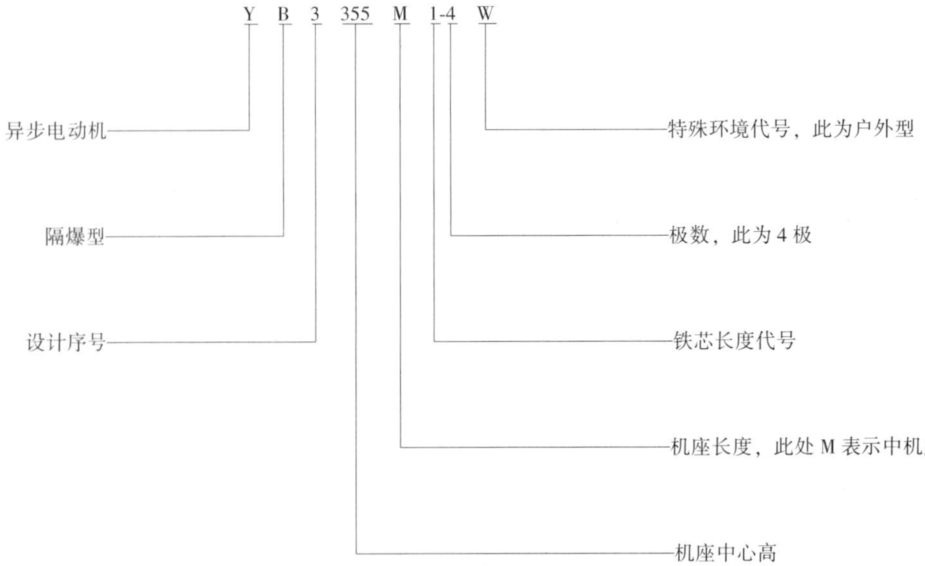

4.7.1 YB3、YB2 系列隔爆型三相异步电动机（摘自 JB/T 7565.1—2011、JB/T 7565.2—2002、JB/T 7565.3—2004、JB/T 7565.4—2004）

表 18-1-91 **技术数据**（380V/660V）

型号	额定功率 /kW	额定转矩 /N·m	额定电流（380V 时）/A	额定转速 /$r \cdot min^{-1}$	效率（满负载时）/%	功率因数 $\cos\varphi$（满负载时）	堵转转矩/额定转矩	堵转电流/额定电流	最大转矩/额定转矩	噪声 /dB(A)	振动等级 /$mm \cdot s^{-1}$	转动惯量 /$kg \cdot m^2$	质量 /kg
同步转速 3000r/min													
YB3-631-2	0.18	0.61	0.52	2800	66.0	0.80	2.3	5.5	2.2	61	1.80		
YB3-632-2	0.25	0.85	0.69	2800	68.0	0.81	2.3	5.5	2.2	61	1.80		
YB3-711-2	0.37	1.26	0.99	2800	70.0	0.81	2.3	6.1	2.2	64	1.80		
YB3-712-2	0.55	1.88	1.38	2800	73.0	0.83	2.3	6.1	2.3	64	1.80		
YB3-801-2	0.75	2.54	1.77	2825	77.5	0.83	2.3	6.8	2.3	67	1.80	0.005	43
YB3-802-2	1.1	3.72	2.43	2825	82.5	0.83	2.3	7.3	2.3	67	1.80	0.007	46
YB3-90S-2	1.5	5.04	3.23	2840	84.1	0.84	2.3	7.6	2.3	72	1.80	0.009	52
YB3-90L-2	2.2	7.4	4.59	2840	85.6	0.85	2.3	7.8	2.3	72	1.80	0.017	55
YB3-100L-2	3	9.95	5.97	2880	86.7	0.88	2.3	8.1	2.3	76	1.80	0.03	71
YB3-112M-2	4	13.2	7.88	2890	87.6	0.88	2.2	8.3	2.3	77	1.80	0.063	89
YB3-132S1-2	5.5	18.1	10.72	2900	88.6	0.88	2.2	8	2.3	80	1.80	0.073	105
YB3-132S2-2	7.5	24.7	14.31	2900	89.5	0.89	2.2	7.8	2.3	80	1.80	0.21	112
YB3-160M1-2	11	35.9	20.75	2930	90.5	0.89	2.2	7.9	2.3	86	2.80	0.25	161
YB3-160M2-2	15	48.9	28.05	2930	91.3	0.89	2.2	8	2.3	86	2.80	0.31	174
YB3-160L-2	18.5	60.3	34.4	2930	91.8	0.89	2.2	8.1	2.3	86	2.80	0.37	193
YB3-180M-2	22	71.5	40.73	2940	92.2	0.89	2.0	8.2	2.3	88	2.80	0.63	253
YB3-200L1-2	30	97.1	55.13	2950	92.9	0.89	2.0	7.5	2.3	90	2.80	0.93	333
YB3-200L2-2	37	119.8	67.7	2950	93.3	0.89	2.0	7.5	2.3	90	2.80	1.28	350
YB3-225M-2	45	144.7	81.98	2970	93.7	0.89	2.0	7.6	2.3	92	2.80	1.55	460

续表

型号	额定功率 /kW	额定转矩 /N·m	额定电流（380V 时）/A	额定转速 /r·min^{-1}	效率（满负载时）/%	功率因数 $\cos\varphi$（满负载时）	堵转转矩/额定转矩	堵转电流/额定电流	最大转矩/额定转矩	噪声 /dB(A)	振动等级 /mm·s^{-1}	转动惯量 /kg·m^2	质量 /kg
同步转速 3000r/min													
YB3-250M-2	55	176.9	99.88	2970	94	0.89	2.2	7.6	2.3	93	3.50	1.89	529
YB3-280S-2	75	241.1	135.34	2970	94.6	0.89	2.0	6.9	2.3	94	3.50	2.02	718
YB3-280M-2	90	289.4	161.72	2970	95	0.89	2.0	7	2.3	94	3.50	2.26	837
YB3-315S-2	110	352.5	195.47	2980	95	0.90	2.0	7.1	2.2	96	3.50	2.42	1265
YB3-315M-2	132	423	233.58	2980	95.4	0.90	2.0	7.1	2.2	96	3.50	2.73	1334
YB3-315L1-2	160	512.8	280.01	2980	95.4	0.91	2.0	7.1	2.2	98	3.50	3.22	1553
YB3-315L-2	185	592.9	323.76	2980	95.4	0.91	2.0	7.1	2.2	98	3.50	3.41	1725
YB3-315L2-2	200	640.9	350.01	2980	95.4	0.91	2.0	7.1	2.2	98	3.50	3.86	1840
YB3-355S1-2	185	592.9	323.76	2980	95.4	0.91	2.0	7.1	2.2	98	3.50	4.82	1944
YB3-355S2-2	200	640.9	350.01	2980	95.4	0.91	2.0	7.1	2.2	98	3.50	5.46	1944
YB3-355M1-2	220	705	385.01	2980	95.4	0.91	2.0	7.1	2.2	100	3.50	6.22	2116
YB3-355M2-2	250	801	435.69	2980	95.8	0.91	2.0	7.1	2.2	100	3.50	6.54	2415
YB3-355L1-2	280	897	487.97	2980	95.8	0.91	2.0	7.1	2.2	100	3.50	6.69	2599
YB3-355L2-2	315	1009	555.07	2980	95.8	0.91	2.0	7.1	2.2	100	3.50	7.06	2668
同步转速 1500r/min													
YB3-631-4	0.12	0.83	0.44	1380	58.0	0.72	2.3	4.4	2.2	52	1.80		
YB3-632-4	0.18	1.25	0.59	1380	63.0	0.73	2.3	4.4	2.2	52	1.80		
YB3-711-4	0.25	1.73	0.78	1380	66.0	0.74	2.3	5.2	2.2	55	1.80		
YB3-712-4	0.37	2.56	1.09	1380	69.0	0.75	2.3	5.2	2.2	55	1.80		
YB3-801-4	0.55	3.78	1.38	1390	80.7	0.75	2.3	6.3	2.3	58	1.80	0.007	43
YB3-802-4	0.75	5.15	1.85	1390	82.3	0.75	2.3	6.5	2.3	58	1.80	0.012	46
YB3-90S-4	1.1	7.5	2.66	1400	83.8	0.75	2.3	6.6	2.3	61	1.80	0.015	51
YB3-90L-4	1.5	10.2	3.57	1400	85	0.75	2.3	6.9	2.3	61	1.80	0.031	55
YB3-100L1-4	2.2	14.8	4.78	1420	86.4	0.81	2.3	7.5	2.3	64	1.80	0.039	71

续表

型　号	额定功率 /kW	额定转矩 /N·m	额定电流（380V 时）/A	额定转速 /r·min^{-1}	效率（满负载时）/%	功率因数 cosφ（满负载时）	堵转转矩/额定转矩	堵转电流/额定电流	最大转矩/额定转矩	噪声 /dB(A)	振动等级 /mm·s^{-1}	转动惯量 /kg·m^2	质量 /kg
同步转速 1500r/min													
YB3-100L2-4	3	20.2	6.36	1420	87.4	0.82	2.3	7.5	2.3	64	1.80	0.059	89
YB3-112M-4	4	26.5	8.39	1440	88.3	0.82	2.3	7.7	2.3	65	1.80	0.113	105
YB3-132S-4	5.5	36.5	11.42	1440	89.2	0.82	2.0	7.5	2.3	71	1.80	0.167	112
YB3-132M-4	7.5	49.7	15.24	1440	90.1	0.83	2.0	7.4	2.3	71	1.80	0.36	117
YB3-160M-4	11	72	21.61	1460	91	0.85	2.2	7.5	2.3	75	2.80	0.42	172
YB3-160L-4	15	98.1	28.87	1460	91.8	0.86	2.2	7.5	2.3	75	2.80	0.68	193
YB3-180M-4	18.5	120	35.45	1470	92.2	0.86	2.2	7.7	2.3	76	2.80	0.72	253
YB3-180L-4	22	143	41.97	1470	92.6	0.86	2.2	7.8	2.3	76	2.80	0.81	278
YB3-200L-4	30	195	56.87	1470	93.2	0.86	2.2	7.2	2.3	79	2.80	1.21	385
YB3-225S-4	37	238.8	69.83	1480	93.6	0.86	2.2	7.3	2.3	81	2.80	1.85	460
YB3-225M-4	45	290.4	84.66	1480	93.9	0.86	2.2	7.4	2.3	81	2.80	2.32	477
YB3-250M-4	55	355	103.15	1480	94.2	0.86	2.2	7.4	2.3	83	3.50	2.86	644
YB3-280S-4	75	484	136.73	1480	94.7	0.88	2.0	6.7	2.3	86	3.50	3.34	765
YB3-280M-4	90	578.8	163.56	1485	95	0.88	2.0	6.9	2.3	86	3.50	4.68	897
YB3-315S-4	110	707.4	199.07	1485	95.4	0.88	2.0	6.9	2.2	93	3.50	4.96	1323
YB3-315M-4	132	848.9	238.88	1485	95.4	0.88	2.0	6.9	2.2	93	3.50	5.22	1380
YB3-315L1-4	160	1029	286.3	1485	95.4	0.89	2.0	6.9	2.2	94	3.50	5.43	1518
YB3-315L-4	185	1190	331.04	1485	95.4	0.89	2.0	6.9	2.2	94	3.50	5.62	1633
YB3-315L2-4	200	1286	357.88	1485	95.4	0.89	2.0	6.9	2.2	94	3.50	6.45	1725
YB3-355S1-4	185	1187	331.04	1488	95.4	0.89	2.0	6.9	2.2	94	3.50	6.56	1955
YB3-355S2-4	200	1284	357.88	1488	95.4	0.89	2.0	6.9	2.2	94	3.50	6.88	2070
YB3-355M1-4	220	1412	389.29	1488	95.4	0.90	2.0	6.9	2.2	95	3.50	7.22	2231
YB3-355M2-4	250	1605	440.53	1488	95.8	0.90	2.0	6.9	2.2	95	3.50	7.46	2392
YB3-355L1-4	280	1797	493.39	1488	95.8	0.90	2.0	6.9	2.2	95	3.50	7.68	2599
YB3-355L2-4	315	2022	555.07	1488	95.8	0.90	2.0	6.9	2.2	95	3.50	7.8	2990

续表

型号	额定功率/kW	额定转矩/N·m	额定电流(380V时)/A	额定转速/r·min^{-1}	效率(满负载时)/%	功率因数 $\cos\varphi$(满负载时)	堵转转矩/额定转矩	堵转电流/额定电流	最大转矩/额定转矩	噪声/dB(A)	振动等级/mm·s^{-1}	转动惯量/kg·m^2	质量/kg
同步转速1000r/min													
YB3-711-6	0.18	1.89	0.67	910	62.0	0.66	1.9	4.0	2.0	52	1.80		
YB3-712-6	0.25	2.62	0.89	910	63.0	0.68	1.9	4.0	2.0	52	1.80		
YB3-801-6	0.37	3.88	1.27	910	63.0	0.70	1.9	4.7	2.0	54	1.80	0.039	46
YB3-802-6	0.55	5.77	1.54	910	75.4	0.72	1.9	4.7	2.1	54	1.80	0.059	51
YB3-90S-6	0.75	7.87	2.04	910	77.7	0.72	2.1	5.8	2.1	57	1.80	0.113	69
YB3-90L-6	1.1	11.5	2.87	910	79.9	0.73	2.1	5.9	2.1	57	1.80	0.167	71
YB3-100L-6	1.5	15.2	3.78	940	81.5	0.74	2.1	6	2.1	61	1.80	0.36	89
YB3-112M-6	2.2	22.4	5.42	940	83.4	0.74	2.1	6	2.1	65	1.80	0.42	105
YB3-132S-6	3	29.8	7.25	960	84.9	0.74	2.0	6.2	2.1	69	1.80	0.68	112
YB3-132M1-6	4	39.8	9.54	960	86.1	0.74	2.0	6.8	2.1	69	1.80	0.72	117
YB3-132M2-6	5.5	54.7	12.75	960	87.4	0.75	2.0	7.1	2.1	69	1.80	0.81	120
YB3-160M-6	7.5	73.8	16.41	970	89	0.78	2.1	6.7	2.1	73	2.80	1.21	177
YB3-160L-6	11	108	23.51	970	90	0.79	2.1	6.9	2.1	73	2.80	1.32	202
YB3-180L-6	15	148	0.92	970	91	0.81	2.0	7.2	2.1	73	2.80	1.62	258
YB3-200L1-6	18.5	182	37.92	970	91.5	0.81	2.1	7.2	2.1	76	2.80	1.84	333
YB3-200L2-6	22	217	44.31	970	92	0.82	2.1	7.3	2.1	76	2.80	2.43	362
YB3-225M-6	30	292	60.83	980	92.5	0.81	2.0	7.1	2.1	76	2.80	2.68	471
YB3-250M-6	37	361	71.96	980	93	0.84	2.1	7.1	2.1	78	3.50	3.46	603
YB3-280S-6	45	439	85.02	980	93.5	0.86	2.1	7.2	2.0	80	3.50	3.97	730
YB3-280M-6	55	536	103.59	980	93.8	0.86	2.1	7.2	2.0	80	3.50	4.57	839
YB3-315S-6	75	727	142.31	985	94.2	0.85	2.0	6.7	2.0	85	3.50	4.83	1242
YB3-315M-6	90	873	168.25	985	94.5	0.86	2.0	6.7	2.0	85	3.50	5.32	1311
YB3-315L1-6	110	1067	206.96	985	95	0.85	2.0	6.7	2.0	85	3.50	5.95	1506
YB3-315L2-6	132	1280	245.47	985	95	0.86	2.0	6.7	2.0	85	3.50	7.32	1610

续表

型号	额定功率/kW	额定转矩/N·m	额定电流(380V 时)/A	额定转速/r·min^{-1}	效率(满负载时)/%	功率因数 $\cos\varphi$(满负载时)	堵转转矩/额定转矩	堵转电流/额定电流	最大转矩/额定转矩	噪声/dB(A)	振动等级/mm·s^{-1}	转动惯量/kg·m^2	质量/kg
同步转速 1000r/min													
YB3-355S-6	160	1551	294.12	985	95	0.87	2.0	6.7	2.0	92	3.50	7.89	1897
YB3-355M1-6	185	1794	340.07	985	95	0.87	2.0	6.7	2.0	92	3.50	8.17	2024
YB3-355M2-6	200	1939	367.65	985	95	0.87	2.0	6.7	2.0	92	3.50	8.25	2265
YB3-355L1-6	220	2133	404.41	985	95	0.87	2.0	6.7	2.0	92	3.50	8.36	2461
YB3-355L2-6	250	2424	459.56	985	95	0.87	2.0	6.7	2.0	92	3.50	8.38	2587
同步转速 750r/min													
YB3-801-8	0.18	2.42	0.86	710	52.0	0.61	1.8	3.3	1.9	52	1.80	0.16	43
YB3-802-8	0.25	3.36	1.13	710	55.0	0.61	1.8	3.3	1.9	52	1.80	0.18	46
YB3-90S-8	0.37	4.98	1.44	710	63.0	0.62	1.8	4.0	1.9	56	1.80	0.2	52
YB3-90L-8	0.55	7.4	2.07	710	64.0	0.63	1.8	4.0	2.0	56	1.80	0.22	55
YB3-100L1-8	0.75	10.1	2.36	710	71.0	0.68	1.8	4.0	2.0	59	1.80	0.24	72
YB3-100L2-8	1.1	14.8	3.32	710	73.0	0.69	1.8	5.0	2.0	59	1.80	0.25	90
YB3-112M-8	1.5	20.2	4.4	710	75.0	0.69	1.8	5.0	2.0	61	1.80	0.28	106
YB3-132S-8	2.2	29.6	5.8	710	79.0	0.73	1.8	6.0	2.0	64	1.80	0.3	113
YB3-132M-8	3	40.4	7.71	710	81.0	0.73	1.8	6.0	2.0	64	1.80	0.32	118
YB3-160M1-8	4	53.1	10.28	720	81.0	0.73	1.9	6.0	2.0	68	2.80	0.46	152
YB3-160M2-8	5.5	73	13.42	720	83.0	0.75	1.9	6.0	2.0	68	2.80	0.61	166
YB3-160L-8	7.5	99.5	17.64	720	85.0	0.76	1.9	6.0	2.0	68	2.80	1.06	202
YB3-180L-8	11	144	25.28	730	87.0	0.76	2.0	6.5	2.0	70	2.80	1.6	258
YB3-200L-8	15	196	33.69	730	89.0	0.76	2.0	6.6	2.0	73	2.80	2.28	262
YB3-225S-8	18.5	242	40.04	730	90.0	0.78	1.9	6.6	2.0	73	2.80	2.74	431
YB3-225M-8	22	288	47.35	730	90.5	0.78	1.9	6.6	2.0	73	2.80	3.67	454
YB3-250M-8	30	392	63.4	730	91.0	0.79	1.9	6.5	2.0	75	3.50	5.16	609
YB3-280S-8	37	478	77.77	740	91.5	0.79	1.9	6.6	2.0	76	3.50	5.82	695
YB3-280M-8	45	581	94.07	740	92.0	0.79	1.9	6.6	2.0	76	3.50	6.74	805
YB3-315S-8	55	710	111.17	740	92.8	0.81	1.8	6.6	2.0	82	3.50	7.35	1058
YB3-315M-8	75	968	150.46	740	93.5	0.81	1.8	6.2	2.0	82	3.50	8.79	1265
YB3-315L1-8	90	1161	177.77	740	93.8	0.82	1.8	6.4	2.0	82	3.50	9.18	1288

续表

型号	额定功率 /kW	额定转矩 /N·m	额定电流（380V时）/A	额定转速 /r·min^{-1}	效率（满负载时）/%	功率因数 cosφ（满负载时）	堵转转矩/额定转矩	堵转电流/额定电流	最大转矩/额定转矩	噪声 /dB(A)	振动等级 /mm·s^{-1}	转动惯量 /kg·m^2	质量 /kg
同步转速 750r/min													
YB3-315L2-8	110	1420	216.82	740	94.0	0.82	1.8	6.4	2.0	82	3.50	10.19	1495
YB3-355S-8	132	1704	259.63	740	94.2	0.82	1.8	6.4	2.0	90	3.50	11.24	1886
YB3-355M-8	160	2065	314.7	740	94.2	0.82	1.8	6.4	2.0	90	3.50	12.48	2093
YB3-355L1-8	185	2388	363.87	740	94.2	0.82	1.8	6.4	2.0	90	3.50	13.56	2415
YB3-355L2-8	200	2581	387.4	740	94.5	0.83	1.8	6.4	2.0	90	3.50	13.72	2530
同步转速 600r/min													
YB3-315S-10	45	732	99.63	585	91.5	0.75	1.5	6.2	2.0	82	3.50	7.35	920
YB3-315M-10	55	895	121.11	585	92.0	0.75	1.5	6.2	2.0	82	3.50	8.79	1100
YB3-315L1-10	75	1220	162.09	585	92.5	0.76	1.5	5.8	2.0	82	3.50	9.18	1120
YB3-315L2-10	90	1464	190.95	585	93.0	0.77	1.5	5.9	2.0	82	3.50	10.19	1300
YB3-355S-10	90	1464	190.95	585	93.0	0.77	1.5	5.9	2.0	82	3.50	11.24	1640
YB3-355M1-10	110	1790	229.89	585	93.2	0.78	1.3	6	2.0	90	3.50	12.48	1820
YB3-355M2-10	132	2148	274.99	585	93.5	0.78	1.3	6	2.0	90	3.50	12.88	2100
YB3-355L1-10	160	2603	333.32	585	93.5	0.78	1.3	6	2.0	90	3.50	13.56	2200
YB3-355L2-10	185	3010	385.40	585	93.5	0.78	1.3	6	2.0	90	3.50	13.72	2260

注：1. 当额定电压 U_N 不是 380V 时，额定电流按 $I_N = I_{(380V)} \times 380/U_N$，3kW 以下电动机额定电压为 380V。

2. 效率、功率因数为标称值。

3. JB/T 7565.1 规定了 YB3 的防爆标志为 E_xdⅠMb、E_xdⅡAT4Gb、E_xdⅡBT4Gb。E_xdⅠMb 用于煤矿井有瓦斯气体环境下非采掘工作面环境。E_xdⅡAT4Gb 用于工厂Ⅱ类 A 级，温度组别为 T1、T2、T3 和 T4 组爆炸性气体混合物存在的环境。E_xdⅡ BT4Gb 适用于工厂Ⅱ类 B 级，温度组别为 T1、T2、T3 和 T4 组的爆炸性气体混合物存在的环境。标志ⅡB 的设备可适用于ⅡA 设备的使用条件。

JB/T 7565.2 规定了 YB2-W（户外场所）、YB2-TH（湿热带场所）YB2-THW（户外湿热带场所）、YB2-TA（干热带场所）、YB2-TAW（户外干热带场所）系列隔爆型异步电动机。电动机应能在表 20-1-92 所列使用环境条件中正常运行。

JB/T 7565.3 规定了 YB2-F1（防中等腐蚀）、YB2-WF1（户外防中等腐蚀）、YB2-F2（防强腐蚀）、YB2-WF2（户外防强腐蚀）系列隔爆型异步电动机。本标准为隔爆型，其防爆标志为 E_xdⅡBT1、E_xdⅡBT2、E_xdⅡBT3、E_xdⅡBT4。电动机应能在表 20-1-93 所列使用环境条件中正常运行。

JB/T 7565.4 为（YB2）隔爆型（E_xdⅡCT1、E_xdⅡCT2、E_xdⅡCT3、E_xdⅡCT4）三相异步电动机。ⅡC 的设备可适用于ⅡA、ⅡB 设备的使用条件。

4. JB/T 7565.2、JB/T 7565.3、JB/T 7565.4 等标准规定的电动机，其基本参数与尺寸与 JB/T 7565.1 一致。各标准规定的电动机外壳防护等级为 IP55，冷却方法为 IC411，绝缘等级为 F 级。JB/T 7565.1 和 JB/T 7565.4 规定的 YB3、YB2 电动机使用地海拔不超过 1000m；其环境最高温度不超过 40℃（工厂时），最低温度为-15℃；最湿月月平均最高相对湿度为 90%。

5. 额定电压：机座号为 63～100 时，为 380V；机座号为 112～280 时，为 380V、660V、380/660V；机座号为 315～355 时，为 380V、660V、1140V、380/600V、660/1140V。

6. 南阳防爆集团公司还生产 YBXn 高效三相异步电动机。

7. 本表数据取自南阳防爆集团有限公司的样本，其中转速、电流及转动惯量、质量等不属于标准规定的数据。

表 18-1-92　户外、湿热、干热隔爆型电动机使用环境条件

序号	环境参数		电动机防护类型				
			YB2-W	YB2-TH	YB2-THW	YB2-TA	YB2-TAW
1	空气温度/℃	年最高	40			45	55
		年最低	-20①	-5	-10	-5	-10
2	空气相对湿度/%	低	—			10	10
		高	100	95(28℃)②		—	
3	气压/kPa		90③				
4	太阳辐射/W·m^{-2}		1120	700	1000	700	1120
5	周围空气运动/m·s^{-1}		30	35	35	10	30
6	降雨强度/mm·min^{-1}		6			—	
7	降水条件(雨、雪、雹等)		有	—	有	—	有
8	凝露条件		有				
9	含盐空气		有				
10	结冰、结霜条件		有				
11	雷暴		有	—	频繁	—	有
12	沙含量/mg·m^{-3}		300	30	300	30	300
13	尘含量(飘浮)④/mg·m^{-3}		5.0	0.2	5.0	0.2	5.0
14	尘含量(沉降)④/mg·m^{-3}		500	35	500	35	500
15	霉菌		有				
16	动物		有				
17	二氧化硫	平均值⑤/mg·m^{-3}	0.3				
18	硫化氢		0.1				
19	氯气		0.1				
20	氯化氢		0.1				
21	氟化氢		0.01				
22	氨气		1.0				
23	氧化氮⑥		0.5				
24	爆炸性气体混合物		有				

① 当使用部门提出低温低于-20℃至-35℃要求时，在订货时协商确定。
② 指该月的月平均最低温度为28℃。
③ 相当于海拔1000m，如超过1000m则按GB 755的规定。
④ 不包括易燃、易爆粉尘。
⑤ 指长期数值的平均值。
⑥ 相当于二氧化氮的值。

表 18-1-93　防腐隔爆型电动机使用环境条件

序号	环境参数		电动机防护类型			
			YB2-F1	YB2-F2	YB2-WF1	YB2-WF2
1	空气温度/℃	年最高	40			
		年最低	-5		-20①	
2	高相对湿度/%		95		100	
3	高绝对湿度/g·m^{-3}		29		25	
4	气压/kPa		90②			
5	太阳辐射/W·m^{-2}		700		1120	
6	周围空气运动/m·s^{-1}		10		30	
7	凝露条件		有			
8	降雨强度/mm·min^{-1}		—		6	
9	结冰、结霜条件		有			
10	降雨以外的水		有			
11	动物		有			
12	盐雾		有			
13	砂含量/mg·m^{-3}		300	3000	1000	4000
14	尘含量(飘浮)③/mg·m^{-3}		0.4	4.0	15	20
15	尘含量(沉降)③/mg·m^{-3}		350	1000	1000	2000
16	二氧化硫	平均值④/mg·m^{-3}	5.0	13	5.0	13
17	硫化氢		3.0	14	3.0	14
18	氯气		0.3	0.6	0.3	0.6
19	氯化氢		1.0	3.0	1.0	3.0
20	氟化氢		0.05	0.1	0.05	0.1
21	氨气		10	35	10	35
22	氧化氮⑤		3.0	10	3.0	10
23	爆炸性气体混合物		有			

① 当使用部门提出低温低于-20℃至-35℃要求时，在订货时协商确定。
② 相当于海拔1000m，如超过1000m则按GB 755的规定。
③ 不包括易燃、易爆粉尘。
④ 指长期数值的平均值。
⑤ 相当于二氧化氮的值。

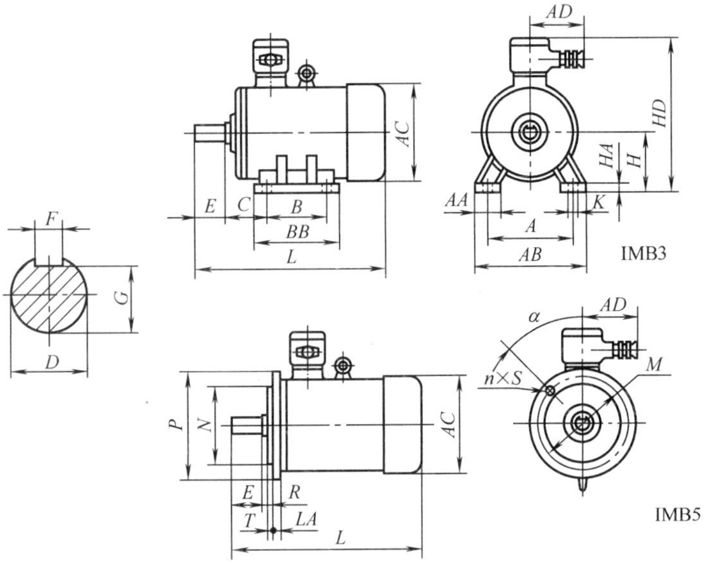

表 18-1-94

机座号	凸缘号 IMB35 IMB5 IMV1	凸缘号 IMB14 IMB34	安装尺寸 A	B	C	D 2极	D ≥4极	E 2极	E ≥4极	F 2极	F ≥4极	G 2极	G ≥4极	H	K	凸缘 IMB35、IMB5、IMV1 M	N	P	R	α	n×S	T
63	FF115	FF75	100	80	40	11		23		4		8.5		63	7	115	95	140	0	45°	4×ϕ10	3
71	FF130	FF85	112	90	45	14		30		5		11		71	7	130	110	160	0	45°	4×ϕ10	3
80	FF165	FF100	125	100	50	19		40		6		15.5		80	10	165	130	200	0	45°	4×ϕ12	3.5
90S	FF165	FF115	140	100	56	24		50		8		20		90	10	165	130	200	0	45°	4×ϕ12	3.5
90L	FF165	FF115	140	125	56	24		50		8		20		90	10	165	130	200	0	45°	4×ϕ12	3.5
100L	FF215	FF130	160	140	63	28		60		8		24		100	12	215	180	250	0	45°	4×ϕ15	4
112M	FF215	FF130	190	140	70	28		60		8		24		112	12	215	180	250	0	45°	4×ϕ15	4
132S	FF265	—	216	140	89	38		80		10		33		132	12	265	230	300	0	45°	4×ϕ15	4
132M	FF265	—	216	178	89	38		80		10		33		132	12	265	230	300	0	45°	4×ϕ15	4
160M	FF300	—	254	210	108	42		110		12		37		160	15	300	250	350	0	45°	4×ϕ19	5
160L	FF300	—	254	254	108	42		110		12		37		160	15	300	250	350	0	45°	4×ϕ19	5
180M	FF300	—	279	241	121	48		110		14		42.5		180	15	300	250	350	0	45°	4×ϕ19	5
180L	FF300	—	279	279	121	48		110		14		42.5		180	15	300	250	350	0	45°	4×ϕ19	5
200L	FF350	—	318	305	133	55		110		16		49		200	19	350	300	400	0	45°	4×ϕ19	5
225S	FF400	—	356	286	149	55	60	110	140	16	18	49	53	225	19	400	350	450	0	22.5°	8×ϕ19	5
225M	FF400	—	356	311	149	55	60	110	140	16	18	49	53	225	19	400	350	450	0	22.5°	8×ϕ19	5
250M	FF500	—	406	349	168	60	65	140	140	18	18	53	58	250	24	500	450	550	0	22.5°	8×ϕ19	5
280S	FF500	—	457	368	190	65	75	140	140	18	20	58	67.5	280	24	500	450	550	0	22.5°	8×ϕ19	5
280M	FF500	—	457	419	190	65	75	140	140	18	20	58	67.5	280	24	500	450	550	0	22.5°	8×ϕ19	5
315S	FF600	—	508	406	216	65	80	140	170	18	22	58	71	315	28	600	550	660	0	22.5°	8×ϕ24	6
315M	FF600	—	508	457	216	65	80	140	170	18	22	58	71	315	28	600	550	660	0	22.5°	8×ϕ24	6
315L	FF600	—	508	508	216	65	80	140	170	18	22	58	71	315	28	600	550	660	0	22.5°	8×ϕ24	6
355S	FF740	—	610	500	254	75	95	140	170	20	25	67.5	86	355	28	740	680	800	0	22.5°	8×ϕ24	6
355M	FF740	—	610	560	254	75	95	140	170	20	25	67.5	86	355	28	740	680	800	0	22.5°	8×ϕ24	6
355L	FF740	—	610	630	254	75	95	140	170	20	25	67.5	86	355	28	740	680	800	0	22.5°	8×ϕ24	6

注：*R* 为凸缘配合面至轴伸肩的距离。

外形尺寸

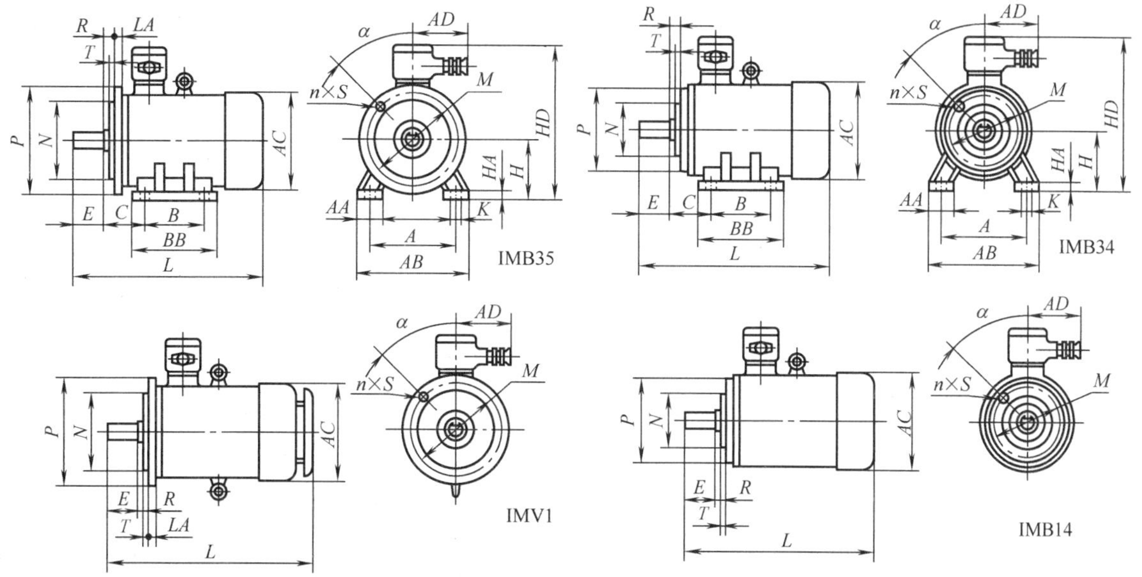

mm

									外形尺寸											
尺　寸							进线口管螺纹		AA	AB	AC	AD	BB	HA	HD	LA	L			
IMB14、IMB34																	2 极		≥4 极	
M	N	P	R	α	n×S	T	单口	双口									其他	V1	其他	V1
75	60	90	0	45°	4×M5	2. 5	M30×2	M48×2	25	125	125	165	110	8	230	8	241	283	241	283
85	70	105	0	45°	4×M6	2. 5	M30×2	M48×2	28	140	143	165	114	8	250	10	272	314	272	314
100	80	120	0	45°	4×M6	3	M30×2	M48×2	34	160	167	175	130	10	295	15	320	362	320	362
115	95	140	0	45°	4×M8	3	M30×2	M48×2	36	176	180	175	135	14	320	12	360	402	360	402
115	95	140	0	45°	4×M8	3	M30×2	M64×2	36	176	180	175	160	14	320	12	385	427	385	427
130	110	160	0	45°	4×M8	3. 5	M30×2	M64×2	43	200	207	175	180	14	345	12	448	500	448	500
130	110	160	0	45°	4×M8	3. 5	M30×2	M64×2	50	240	221	185	180	16	372	18	460	512	460	512
—	—	—	—	—	—	—	M36×2	M72×2	60	276	260	185	190	18	420	20	515	587	515	587
—	—	—	—	—	—	—	M36×2	M72×2	60	276	260	185	230	18	420	20	550	622	550	622
—	—	—	—	—	—	—	M36×2	M72×2	70	324	315	208	258	20	487	20	680	752	680	752
—	—	—	—	—	—	—	M36×2	—	70	324	315	208	302	20	487	20	710	482	710	782
—	—	—	—	—	—	—	M48×2	—	70	349	356	208	311	20	530	20	730	797	730	797
—	—	—	—	—	—	—	M48×2	—	70	349	356	208	349	20	530	20	750	817	750	817
—	—	—	—	—	—	—	M48×2	M48×2	70	388	400	232	366	25	580	22	839	906	839	906
—	—	—	—	—	—	—	M64×2	M48×2	75	431	446	232	355	28	630	20	—	—	880	947
—	—	—	—	—	—	—	M64×2	M48×2	75	431	446	232	380	28	630	20	880	947	910	977
—	—	—	—	—	—	—	M64×2	M48×2	80	486	495	340	420	30	705	24	950	1041	950	1041
—	—	—	—	—	—	—	M85×3	M48×2	85	542	548	340	438	35	767	24	992	1083	1002	1093
—	—	—	—	—	—	—	M85×3	M48×2	85	542	548	340	589	35	767	24	1047	1138	1057	1148
—	—	—	—	—	—	—	M85×3	M64×2	120	628	620	478	590	40	945	28	1230	1330	1280	1380
—	—	—	—	—	—	—	M85×3	M64×2	120	628	620	478	590	40	945	28	1230	1330	1280	1380
—	—	—	—	—	—	—	M85×3	M64×2	120	628	620	478	640	40	945	28	1330	1430	1380	1480
—	—	—	—	—	—	—	M85×3	M72×2	116	726	700	478	670	45	1035	30	1370	1470	1430	1530
—	—	—	—	—	—	—	M85×3	M72×2	116	726	700	478	730	45	1035	30	1450	1550	1510	1610
—	—	—	—	—	—	—	M85×3	M72×2	116	726	700	478	800	45	1035	30	1590	1690	1620	1720

4.7.2 YA系列增安型三相异步电动机（摘自JB/T 9595—1999、JB/T 8972—2011）

表18-1-95　　技术数据

标准号	型号	温度组别	功率/kW	满载时 转速/r·min^{-1}	满载时 电流/A	满载时 效率/%	满载时 功率因数 cosφ	t_E/s	启动电流/额定电流 (I_A/I_N)	堵转转矩/额定转矩	堵转电流/额定电流	最大转矩/额定转矩	转动惯量/kg·m^2	质量/kg
JB/T 9595	同步转速3000r/min(2极)													
	YA801-2	T3	0.75	2840	1.8	75.0	0.84	14.5	5.1	2.2	7.0	2.2	0.0042	16
	YA802-2	T3	1.1	2840	2.5	77.0	0.86	10.9	5.0				0.005	17
	YA90S-2	T3	1.5	2840	3.4	78.0	0.85	7.9	5.7				0.0075	22
	YA90L-2	T3	2.2	2840	4.7	80.5	0.86	6.1	5.9				0.0097	25
	YA100L-2	T3	3	2880	6.4	82.0	0.87	—	6.8				0.0174	34
	YA112M-2	T3	4	2890	8.2	85.5	0.87	6.7	7.2				0.0303	45
	YA132S1-2	T3	5.5	2900	10.7	85.5	0.88	9.81	6.8	2.0			0.0631	66
	YA132S2-2	T3	7.5	2900	14.3	86.2	0.88	7.9	6.8				0.0733	71
	YA160M1-2	T2	11	2930	21.0	87.2	0.88	9.0	6.3	1.8			0.205	121
	YA160M2-2	T3	11	2930	21.0	88.0	0.91	18.8	6.5	2.0			0.205	121
	YA160M2-2	T2	15	2930	29.0	88.2	0.88	7.4	6.3	1.8			0.248	131
	YA160L-2	T3	15	2930	28.6	89.0	0.91	15.4	6.4	2.0			0.248	131
	YA160L-2	T2	18.5	2930	35.5	89.0	0.89	13.5	6.6	2.0			0.307	145
	YA180M-2	T3	18.5	2940	34.9	88.5	0.91	9.6	6.1	1.5			0.362	178
	YA180M-2	T2	22	2940	42.2	89.0	0.89	14.1	6.2	2.0			0.366	178
	YA200L1-2	T3	22	2950	41.5	88.5	0.91	12.8	6.0	1.5			0.588	240
	YA200L1-2	T2	30	2950	56.9	90.0	0.89	15.5	6.0	2.0			0.629	240
	YA200L2-2	T3	30	2950	56.0	89.5	0.91	9.9	6.0	1.5			0.721	256
	YA200L2-2	T2	37	2950	69.8	90.5	0.89	11.4	6.8	2.0			0.721	256
	YA255M-2	T3	37	2960	68.3	90.5	0.91	13.4	5.4	1.5			1.2	322

续表

标准号	型号	温度组别	功率/kW	满载时 转速/r·min^{-1}	满载时 电流/A	满载时 效率/%	满载时 功率因数 cosφ	t_E/s	启动电流/额定电流 (I_A/I_N)	堵转转矩/额定转矩	堵转电流/额定电流	最大转矩/额定转矩	转动惯量/kg·m^2	质量/kg
	同步转速 3000r/min(2极)													
JB/T 9595	YA225M-2	T2	45	2960	84.0	91.5	0.89	18.8	5.5	2.0			1.278	322
	YA250M-2	T3	45	2970	83.0	90.5	0.91	9.9	6.5	1.5			1.45	320
	YA250M-2	T2	55	2970	102.6	91.5	0.89	16.1	5.8	2.0			1.55	400
	YA280S-2	T3	55	2970	99.0	91.0	0.91	9.6	4.9	1.5			2.8	535
	YA280S-2	T2	75	2970	140.0	91.0	0.91	13.8	6.0	1.9			2.87	535
	YA280M-2	T3	75	2970	137.0	91.0	0.91	6.6	4.5	1.5			2.85	620
	YA280M-2	T2	90	2970	163.0	91.5	0.91	11.5	6.2	1.9			3.3	590
JB/T 8972	315S-2	T3	90	2970	168.0	95	0.89	17.0	6.7	1.2			7.5	1000
	315S-2	T1、T2	110	2970	205.3	95	0.89	38.7	6.2	1.2			7.5	1040
	315M-2	T3	110	2980	205.3	95	0.89	17.9	6.3	1.2			7.5	1400
	315M-2	T1、T2	132	2980	242.3	95.4	0.9	35.2	6.4	1.2			8	1400
	315L-2	T3	132	2980	242.3	95.4	0.9	16.5	6.6	1.2	7.0	2.2	8.5	1650
	315L-2	T1、T2	160	2980	292.0	95.4	0.9	43.1	6.6	1.2			9.5	1650
	355M-2	T3	185	2980	337.8	95.4	0.9	8.6	6.1	1.2			10	1610
	355M-2	T1、T2	200	2980	365.3	95.4	0.9	21.2	5.7	1.2			12	1610
	355M-2	T3	200	2980	365.3	95.4	0.9	8.2	6.4	1.2			12	1850
	355M-2	T1、T2	220	2980	395.1	95.4	0.90	20.2	5.9	1.2			12.2	1850
	355L-2	T3	220	2980	395.1	95.4	0.90	9.7	5.3	1.2			12.2	1970
	355L-2	T1、T2	250	2980	449.0	95.8	0.90	17.2	6.4	1.2			12.5	1970
	400M-2	T3	250	2980	449.0	95.8	0.90			1.2				
	400M-2	T1、T2	280	2980	500.2	95.8	0.90			1.2				
	400M-2	T3	280	2980	500.2	95.8	0.90			1.2				
	450L-2	T1、T2、T3	315	2980	559.7	95.8	0.90			1.2				
	450L-2	T1、T2、T3	355	2980	559.7	95.8	0.90			1.2				
	450L-2	T1、T2、T3	400			95.8				1.2				

续表

标准号	型号	温度组别	功率/kW	满载时 转速/r·min^{-1}	满载时 电流/A	满载时 效率/%	满载时 功率因数 cosφ	t_E/s	启动电流/额定电流 (I_A/I_N)	堵转转矩/额定转矩	堵转电流/额定电流	最大转矩/额定转矩	转动惯量/kg·m^2	质量/kg
	同步转速1500r/min(4极)													
JB/T 9595	YA801-4	T3	0.55	1400	1.6	73.0	0.74	18.1	4.1	2.2	6.0	2.2	0.006	18
	YA802-4	T3	0.75	1400	2.1	74.5	0.74	14.5	4.3				0.0077	18
	YA90S-4	T3	1.1	1400	2.8	77.5	0.76	10.6	4.8		6.5		0.012	22
	YA90L-4	T3	1.5	1400	3.7	78.5	0.78	9.5	4.9				0.06	27
	YA100L1-4	T3	2.2	1400	5.1	81.0	0.81	9.9	5.6		7.0		0.031	33
	YA100L2-4	T3	3.0	1425	6.9	82.5	0.80	6.6	6.5				0.039	38
	YA112M-4	T3	4.0	1425	8.9	84.5	0.81	6.7	6.8				0.069	49
	YA132S-4	T3	5.5	1440	11.4	85.5	0.83	9.0	6.4				0.113	67
	YA132M-4	T3	7.5	1440	15.2	87.0	0.84	8.2	6.6				0.167	80
	YA160M2-4	T3	11	1440	22.6	88.0	0.84	8.2	6.0	1.9			0.396	126
	YA160L-4	T3	15	1440	30.0	88.5	0.85	6.8	6.2				0.496	139
	YA180M-4	T2	18.5	1440	35.9	81.0	0.86	18.4	6.8	2.0			0.706	80
	YA180L-4	T3	18.5	1470	35.7	80.5	0.87	9.9	6.0	1.9			0.706	198
	YA180L-4	T2	22	1470	42.5	81.5	0.86	16.8	6.8	2.0			0.75	198
	YA200L-4	T3	22	1470	42.5	81.5	0.86	10.9	6.3	1.9			1.2	258
	YA200L-4	T2	30	1470	56.8	82.2	0.87	18.0	6.5	2.0			1.3	258
	YA225S-4	T3	30	1480	57.2	91.2	0.87	11.3	6.1	1.9			2.4	308
	YA225S-4	T2	37	1470	70.4	91.8	0.87	22.0	6.1	1.9			2.18	303
	YA225M-4	T3	37	1480	69.8	91.5	0.88	10.8	5.7	1.8			2.5	338
	YA225M-4	T2	45	1480	74.2	92.5	0.88	20.3	5.9	1.9			2.4	338
	YA250M-4	T3	45	1480	84.4	92.0	0.88	14.0	5.8	1.7			3.5	425
	YA250M-4	T2	55	1480	102.5	92.5	0.88	16.3	6.4	2.0			3.35	425
	YA280S-4	T3	55	1480	100.0	92.2	0.90	12.1	5.8	1.7			5.95	565
	YA280S-4	T2	75	1480	138.0	92.1	0.88	20.4	6.0	1.9			5.95	565
	YA280M-4	T3	75	1480	135.0	93.0	0.88	9.2	6.4	1.7			6.2	667
	YA280M-4	T2	90	1480	163.0	93.5	0.89	17.7	6.7	1.9			6.2	667

续表

标准号	型　号	温度组别	功率 /kW	满载时 转速 /r·min^{-1}	满载时 电流 /A	满载时 效率 /%	满载时 功率因数 cosφ	t_E /s	启动电流/额定电流 (I_A/I_N)	堵转转矩/额定转矩	堵转电流/额定电流	最大转矩/额定转矩	转动惯量 /kg·m^2	质量 /kg
JB/T 8972	同步转速 1500r/min(4 极)													
	315S-4	T3	90	1485	167.1	95	0.88	10.9	6.9	1.3			10.8	1000
	315S-4	T1、T2	110	1485	204.2	95.4	0.88	23.5	6.4	1.3			11.2	1000
	315M-4	T3	110	1485	204.2	95.4	0.88	10.8	6.7	1.3			11.9	1100
	315M-4	T1、T2	132	1485	242.3	95.4	0.89	22.8	6.6	1.3			12	1100
	315L-4	T3	132、160	1485	242.3	95.4	0.89	10.9	6.9	1.3	6.8		12.5	1450
	315L-4	T1、T2	160、185	1485	292.1	95.4	0.89	21.9	6.7	1.3			12.5	1450
	355M1-4	T3	185	1485	292.1	95.4	0.89	10.7	5.9	1.3			14	1530
	355M1-4	T1、T2	200	1485	337.7	95.4	0.89	26.4	5.1	1.3			14	1530
	355M2-4	T3	200	1485	337.7	95.4	0.89	9.7	6.1	1.3			14	1828
	355M2-4	T1、T2	220	1485	365.2	95.4	0.89	23.8	5.7	1.3		2.2	14	1828
	355L-4	T3	220	1485	395.1	95.4	0.89	11.5	5.1	1.3			14	2300
	355L-4	T1、T2	250	1485	448.9	95.8	0.89	22.3	5.8	1.2				
	400M-4	T3	250	1485	448.9	95.8	0.89			1.2				
	400M-4	T1、T2	280	1485	500.1	95.8	0.89			1.2	7.0			
	400L-4	T3	280	1485	500.1	95.8	0.89			1.2				
	400L-4	T1、T2	315	1485	559.8	95.8	0.89			1.2				
	450M-4	T1、T2、T3	315	1485	559.8	95.8	0.89			1.2				
	450L-4	T1、T2、T3	355、400			95.8	0.89			1.2				
JB/T 9595	同步转速 1000r/min(6 极)													
	YA90S-6		0.75	910	2.3	72.0	0.70	22.3	3.7				0.017	23
	YA90L-6		1.1	910	3.2	73.0	0.72	18.8	3.6		6.0		0.02	25
	YA100L-6		1.5	938	4.2	77.0	0.73	13.1	4.3				0.039	33
	YA112M-6		2.2	940	5.7	80.0	0.73	10.9	4.9		6.1		0.068	45
	YA132S-6	T2 T3	3.0	960	7.2	83.0	0.75	15.1	5.7	2.0	5.0	2.0	0.161	63
	YA132M1-6		4	960	9.3	84.0	0.77	13.0	5.8				0.203	73
	YA132M2-6		5.5	960	12.3	85.3	0.78	12.2	5.6		6.5		0.258	80
	YA160M2-6		7.5	970	17.0	86.0	0.77	9.5	5.5				0.462	121
	YA160L-6		11	970	25.0	87.0	0.77	7.7	5.6				0.615	139

续表

标准号	型号	温度组别	功率/kW	满载时 转速/r·min^{-1}	满载时 电流/A	满载时 效率/%	满载时 功率因数 $\cos\varphi$	t_E/s	启动电流/额定电流 (I_A/I_N)	堵转转矩/额定转矩	堵转电流/额定电流	最大转矩/额定转矩	转动惯量/kg·m^2	质量/kg
	同步转速 1000r/min(6极)													
JB/T 9595	YA180L-6	T2 T3	15	970	31.4	89.5	0.81	7.8	6.2				1.06	185
	YA200L1-6		18.5	970	37.7	89.8	0.83	8.6	6.2	1.8		1.8	1.6	235
	YA200L2-6		22	970	44.6	90.2	0.83	8.1	6.1				1.84	250
	YA225M-6		30	970	60.2	90.2	0.84	9.5	6.5	1.7	6.5	1.7	2.74	303
	YA250M-6		37	985	72.0	92.9	0.86	11.1	6.0				5.05	403
	YA280S-6		45	980	84.0	92.0	0.87	11.8	5.9	1.8		1.8	7.28	540
	YA280M-6		55	980	102.0	92.0	0.87	10.7	5.8				8.89	595
JB/T 8972	315S-6	T3	75	990	143.2	94.2	0.86	15.6	6.6				13	1010
	315M-6		90	990	169.9	94.5	0.87	16.7	6.1		6.8		15.3	1100
	315L-6		110	990	207.7	95	0.87	13.6	6.7				17.8	1200
	315L-6		132	990	246.5	95	0.87	14.7	6.5	1.5			21.7	1690
	355M-6		160	990	298.8	95	0.87	14.7	6.4				21.7	1800
	355M-6		185	990	345.5	95	0.87	14.4	6.4			1.5	21.7	2120
	355L-6		200	990	373.6	95	0.87	14.4	6.4				21.7	2120
	400M-6		220	990	408.7	95	0.87				7.0			
	400L-6		250	990	464.4	95	0.87						23	
	450M-6		280			95	0.88			1.3				
	450L-6		315			95	0.88							
	450L-6		355			95	0.88							
	同步转速 750r/min(8极)													
JB/T 9595	YA132S-8	T2 T3	2.2	710	5.8	80.5	0.71	19.4	4.4		5.5		0.12	63
	YA132M-8		3	710	7.8	81.5	0.72	15.9	4.5				0.2	79
	YA160M1-8		4	720	10.0	84.0	0.72	13.0	5.1				0.36	120
	YA160M2-8		5.5	720	13.3	85.0	0.74	12.6	4.9	2.0	6.0		0.46	131
	YA160L-8		7.5	720	17.7	86.0	0.75	12.0	4.9				0.61	140
	YA180L-8		11	730	25.4	86.5	0.76	14.5	5.7		5.5		1.06	185
	YA200L-8		15	730	34.1	88.0	0.76	12.0	5.1	1.7		2.0	1.6	235
	YA225S-8		18.5	735	41.3	89.5	0.76	13.4	4.9	1.8			2.28	285
	YA225M-8		22	735	47.6	90.0	0.78	13.0	4.8	1.7			2.74	303
	YA250M-8		30	740	63.0	90.5	0.80	13.4	5.5		6.0		5.05	402
	YA280S-8		37	740	76.0	91.0	0.79	12.8	5.5	1.8			7.28	520
	YA280M-8		45	740	91.0	91.7	0.80	12.2	5.4				8.89	592

续表

标准号	型号	温度组别	功率/kW	满载时 转速/r·min⁻¹	满载时 电流/A	满载时 效率/%	满载时 功率因数 cosφ	t_E/s	启动电流/额定电流 (I_A/I_N)	堵转转矩/额定转矩	堵转电流/额定电流	最大转矩/额定转矩	转动惯量/kg·m²	质量/kg
	同步转速 750r/min(8 极)													
JB/T 8972	315S-8	T3	55	740	113.5	92.5	0.80			1.6	6.5	2.0	13	
	315M-8		75	740	154.8	93.0	0.80						15.3	
	315L-8		90	740	185.5	93.5	0.80						17.8	
	315L-8		110	740	225.8	93.5	0.80	18.1	5.7				21.7	1200
	355M-8		132	740	266.3	94.5	0.81	16.6	6.0				21.7	1500
	355M-8		160	740	321.0	94.5	0.81	15.8	5.9	1.3			21.7	1800
	355L-8		185	740	371.1	94.5	0.81	15.4	5.6				21.7	1995
	400M-8		200	740	401.2	94.8	0.81			1.2			23	
	400L-8		220	740	439.0	94.8	0.81							
	450M-8		250	490		95.0	0.82						11.0	1140
	450L-8		280	490		95.0	0.82						11.0	1450
	450L-8		315	490		95.0	0.82	11.4	5.6				11.0	1500
	同步转速 600r/min(10 极)													
JB/T 8972	315S-10	T3	45	580	101.0	92.8	0.74			1.3	6.5	2.0	10.0	920
	315M-10		55	580	123	93.0	0.74	16.6	4.2				10.0	1100
	315L-10		75	580	164	93.5	0.75	15.2	4.0				10.0	1100
	355M-10		90	580	186	93.5	0.77	18.0	4.9				11.0	930
	355M-10		110	580	228	93.5	0.78	18.0	4.9				11.0	1140
	355M-10		132	580	272	93.5	0.78						11.0	1200
	355L-10		160			94	0.78							
	400M-10		185			94	0.79							
	400L-10		200			94.5	0.8							
	450M-10		220			94.5	0.8							
	450L-10		250			94.5	0.81							

注：1. YA 系列电动机防爆标志分为 E_xeⅡT1、E_xeⅡT2、E_xeⅡT3，分别适用于工厂中引燃温度为 T1、T2 和 T3 组的可燃性气体或蒸气与空气形成的爆炸性混合物场所的设备上。电动机在正常运行情况下可避免火花、电弧和危险温度的产生，对于非正常运行情况下，则需借助于外加保护装置，用户应根据 t_E 和 I_N 正确地选用外加电气保护装置。

2. 表中 t_E 和 I_A/I_N 为理论计算值，实际运行数值以铭牌为准。电动机在最高环境温度下达到额定运行最终稳定温升后交流绕组从通过启动电流时计起，各部温度上升至规定的温升限值（T1、T2 时，定子绕组为 145K，转子表面为 250K；T3 时，定子绕组为 145K，转子表面为 155K）的时间即 t_E。

3. 电动机主体外壳的防护等级不低于 IP54，接线外壳不低于 IP55；电动机的冷却方法为 IC411；绝缘等级为 F 级。其使用环境条件同 YB2。

4. 可制成户外型 YA-W、户外防腐型 YA-WF1，YA-W、YA-WF1 的环境条件参见表 18-1-92、表 18-1-93。

5. 电压有 380V、400V、460V、480V、660V、690V、380/660V、400V/690V。

6. 南阳防爆集团还生产 YAXn 高效电动机。

7. 本表数据取自南阳防爆集团有限公司的样本，其中转速、电流及转动惯量、质量等不属于标准规定的数据。南阳防爆集团公司还生产 YAXn 高效增安型三相电动机

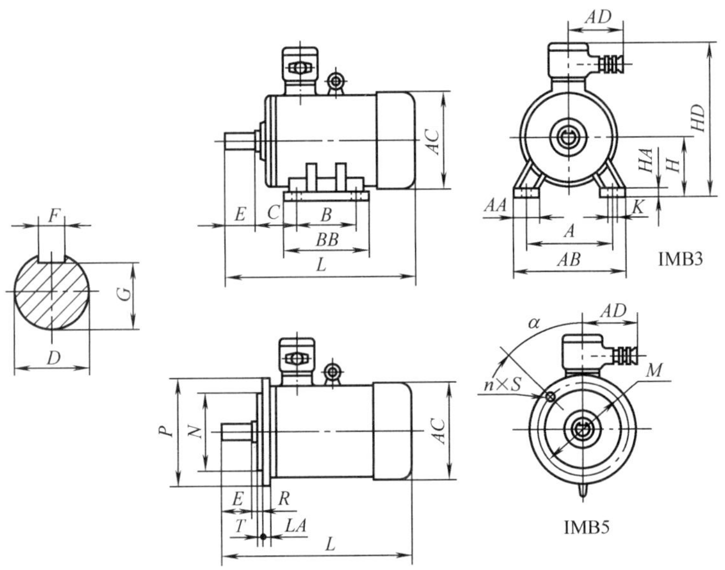

表 18-1-96

机座号	凸缘号		安装尺寸																			
	IMB35 IMV1	IMB14 IMB34	*A*	*B*	*C*	*D*		*E*		*F*		*G*		*H*	*K*	凸缘						
						极数										IMB35、IMB5、IMV1						
						2 极	≥4 极	2 极	≥4 极	2 极	≥4 极	2 极	≥4 极			*M*	*N*	*P*	*R*	α	*n*×*S*	*T*
80	FF165	FF100	125	100	50	19		40		6		15. 5		80	10	165	130	200	0	45°	4×ϕ12	3. 5
90S	FF165	FF115	140	100	56	24		50		8		20		90	10	165	130	200	0	45°	4×ϕ12	3. 5
90L	FF165	FF115	140	125	56	24		50		8		20		90	10	165	130	200	0	45°	4×ϕ12	3. 5
100L	FF215	FF130	160	140	63	28		60		8		24		100	12	215	180	250	0	45°	4×ϕ15	4. 0
112M	FF215	FF130	190	140	70	28		60		8		24		112	12	215	180	250	0	45°	4×ϕ15	4. 0
132S	FF265	—	216	140	89	38		80		10		33		132	12	265	230	300	0	45°	4×ϕ15	4. 0
132M	FF265	—	216	178	89	38		80		10		33		132	12	265	230	300	0	45°	4×ϕ15	4. 0
160M	FF300	—	254	210	108	42		110		12		37		160	15	300	250	350	0	45°	4×ϕ19	5. 0
160L	FF300	—	254	254	108	42		110		12		37		160	15	300	250	350	0	45°	4×ϕ19	5. 0
180M	FF300	—	279	241	121	48		110		14		42. 5		180	15	300	250	350	0	45°	4×ϕ19	5. 0
180L	FF300	—	279	279	121	48		110		14		42. 5		180	15	300	250	350	0	45°	4×ϕ19	5. 0
200L	FF350	—	318	305	133	55		110		16		49		200	19	350	300	400	0	45°	4×ϕ19	5. 0
225S	FF400	—	356	286	149	55	60	110	140	16	18	49	53	225	19	400	350	450	0	22. 5°	8×ϕ19	5. 0
225M	FF400	—	356	311	149	55	60	110	140	16	18	49	53	225	19	400	350	450	0	22. 5°	8×ϕ19	5. 0
250M	FF500	—	406	349	168	60	65	140	140	18	18	53	58	250	24	500	450	550	0	22. 5°	8×ϕ19	5. 0
280S	FF500	—	457	368	190	65	75	140	140	18	20	58	67. 5	280	24	500	450	550	0	22. 5°	8×ϕ19	5. 0
280M	FF500	—	457	419	190	65	75	140	140	18	20	58	67. 5	280	24	500	450	550	0	22. 5°	8×ϕ19	5. 0
315S	FF600	—	508	406	216	65	80	140	170	18	22	58	71	315	28	600	550	660	0	22. 5°	8×ϕ24	6. 0
315M	FF600	—	508	457	216	65	80	140	170	18	22	58	71	315	28	600	550	660	0	22. 5°	8×ϕ24	6. 0
315L	FF600	—	508	508	216	65	80	140	170	18	22	58	71	315	28	600	550	660	0	22. 5°	8×ϕ24	6. 0
355M	FF740	—	610	560	254	75	95	140	170	20	25	67. 5	86	355	28	740	680	800	0	22. 5°	8×ϕ24	6. 0
355L	FF740	—	610	630	254	75	95	140	170	20	25	67. 5	86	355	28	740	680	800	0	22. 5°	8×ϕ24	6. 0
400L	FF740	—	686	710	280	80	100	—	210	—	28	—	90	400	35	940	680	1000	0	22. 5°	8×ϕ28	6. 0

注：本系列电动机安装尺寸对于 E_xeⅡT1、E_xeⅡT2 组与 Y 系列相同；对 E_xeⅡT3 组的 2 极电动机从机座号 160 起，4 极电动机从机座号

外形尺寸

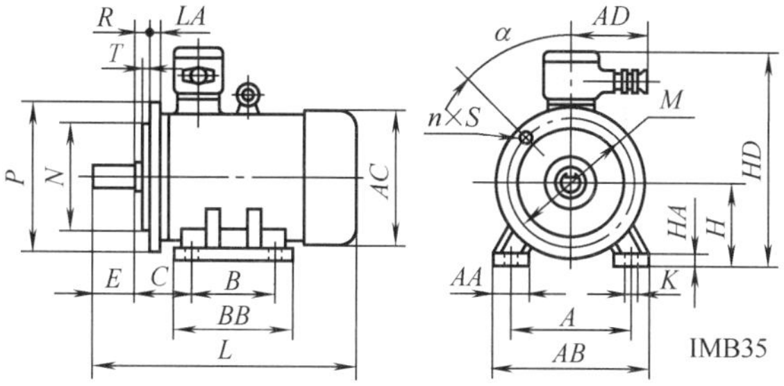

IMB35

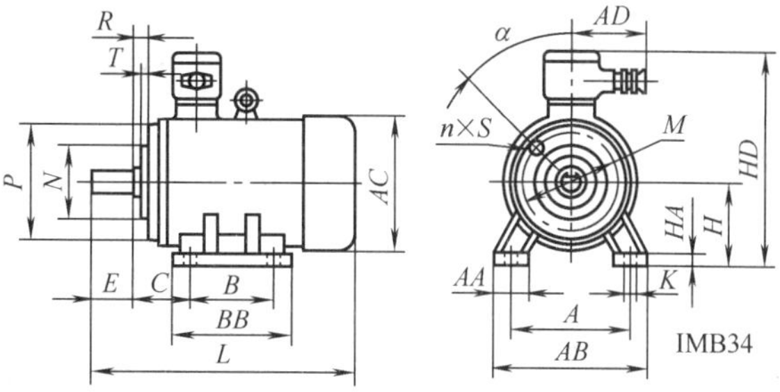

IMB34

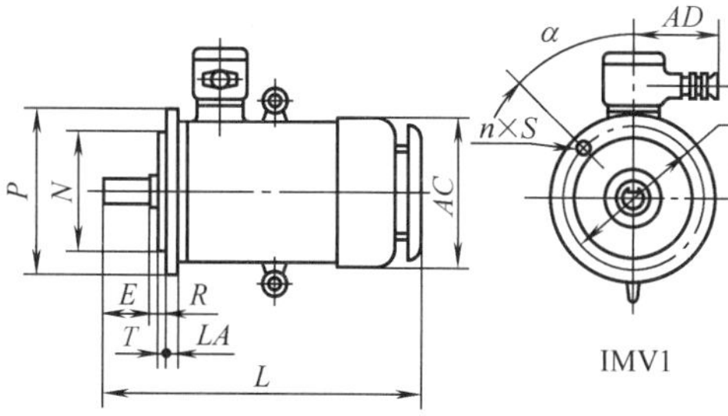

IMV1

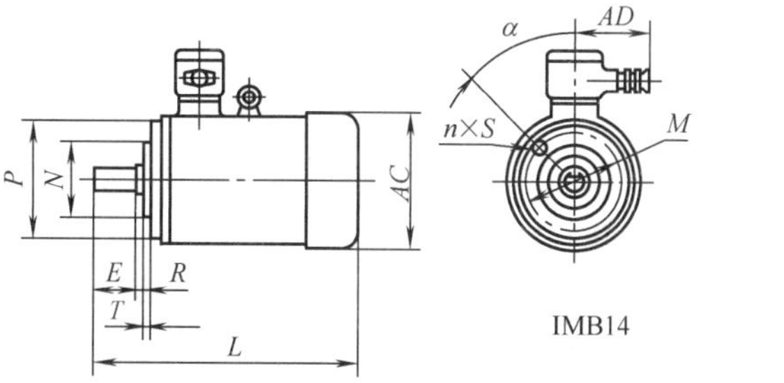

IMB14

mm

尺寸							进线口管螺纹		外形尺寸											
IMB14、IMB34									AA	AB	AC	AD	BB	HA	HD	LA	L			
																	2极		≥4极	
M	N	P	R	α	n×S	T	单口	双口									其他	V1	其他	V1
100	80	120	0	45°	4×M6	3.0	M24×1.5	—	34	165	165	155	135	10	230	15	330	375	330	375
115	95	140	0	45°	4×M8	3.0	M24×1.5	—	36	180	180	155	135	14	240	15	360	405	360	405
115	95	140	0	45°	4×M8	3.0	M24×1.5	—	36	180	180	155	160	14	240	15	385	430	385	430
130	110	160	0	45°	4×M8	3.5	M24×1.5	—	40	205	200	155	180	14	270	18	430	485	430	485
130	110	160	0	45°	4×M8	3.5	M24×1.5	—	50	245	225	155	185	16	300	18	460	520	460	520
—	—	—	—	—	—	—	M24×1.5	—	60	280	265	155	242	18	340	20	550	630	550	630
—	—	—	—	—	—	—	M24×1.5	—	60	280	265	155	242	18	340	20	550	630	550	630
—	—	—	—	—	—	—	M36×2	—	70	330	320	190	275	20	420	20	670	730	655	730
—	—	—	—	—	—	—	M36×2	—	70	330	320	190	320	20	420	20	710	770	695	770
—	—	—	—	—	—	—	M36×2	—	70	355	360	190	325	22	470	20	730	800	730	800
—	—	—	—	—	—	—	M36×2	—	70	355	360	190	365	22	470	20	750	820	750	820
—	—	—	—	—	—	—	M48×2	M48×2	70	395	400	240	385	25	525	22	810	880	810	880
—	—	—	—	—	—	—	M48×2	M48×2	75	435	450	240	375	28	590	22	845	915	845	915
—	—	—	—	—	—	—	M48×2	M48×2	75	435	450	240	400	28	590	22	870	910	870	940
—	—	—	—	—	—	—	M64×2	M48×2	80	490	500	255	430	30	650	25	975	1025	935	1075
—	—	—	—	—	—	—	M64×2	M48×2	85	550	560	255	505	35	710	25	1060	1170	1060	1170
—	—	—	—	—	—	—	M64×2	M48×2	85	550	560	255	505	35	750	25	1080	1170	1060	1170
—	—	—	—	—	—	—	M85×3	M64×2	120	630	630	400	525	32	1000	28	1315	1415	1180	1280
—	—	—	—	—	—	—	M85×3	M64×2	120	630	630	400	580	32	1000	28	1405	1505	1290	1390
—	—	—	—	—	—	—	M85×3	M64×2	120	630	630	400	710	32	1000	28	1525	1625	1410	1510
—	—	—	—	—	—	—	M85×3	M64×2	150	760	710	400	700	35	1090	30	1510	1610	1450	1550
—	—	—	—	—	—	—	M85×3	M64×2	150	760	710	400	800	35	1090	30	1665	1765	1560	1660
—	—	—	—	—	—	—	M85×3	M64×2	160	800	800	400	830	38	1160	36	—	—	—	—

180 起，较 Y 系列电动机降低一功率等级，其余功率等级的尺寸与 Y 系列尺寸一致。

4.8 小功率电动机

表 18-1-97　YS 系列三相异步电动机技术数据（220/380V、50Hz）（摘自 JB/T 1009—2007）

代号 机座	铁芯	极数	功率 /W	电流① /A	转速① /r·min⁻¹	效率 /%	功率因数 cosφ	堵转转矩/额定转矩	堵转电流/额定电流	最大转矩/额定转矩	声功率级 /dB(A)
45	1	2	16	0.09	2800	46	0.57	2.3	6.0	2.3	65
	2	2	25	0.12	2800	52	0.60				
	1	4	10	0.12	1400	28	0.45	2.4		2.4	60
	2	4	16	0.16	1400	32	0.49				
50	1	2	40	0.17	2800	55	0.65	2.3	6.0	2.3	65
	2	2	60	0.23	2800	60	0.66				70
	1	4	25	0.17	1400	42	0.53	2.4		2.4	60
	2	4	40	0.22	1400	50	0.54				
56	1	2	90	0.32	2800	62	0.68	2.3	6.0	2.3	70
	2	2	120	0.38		67	0.71				
	1	4	60	0.28	1400	56	0.58	2.4		2.4	65
	2	4	90	0.38		58	0.61				
63	1	2	180	0.53	2800	69	0.75	2.3	6.0	2.3	70
	2	2	250	0.67		72	0.78				
	1	4	120	0.48	1400	60	0.63	2.4		2.4	65
	2	4	180	0.65		64	0.66				
71	1	2	370	0.96	2800	73.5	0.8	2.3	6.0	2.3	75
	2	2	550	1.35		75.5	0.82				
	1	4	250	0.83	1400	67	0.68	2.4		2.4	65
	2	4	370	1.12		69.5	0.72				70
	1	6	180			59	0.61	2.0	5.5	2	60
	2	6	250			63	0.62				
	1	8	90			49	0.52	1.8	4.5	1.9	55
	2	8	120			52	0.52				
80	1	2	750	1.75		76.5	0.85	2.2	6.0	2.3	75
	2	2	1100			77	0.85		7.0	2.4	78
	1	4	550	1.55		73.5	0.73	2.3	6.0	2.4	70
	2	4	750	2.01		75.5	0.75				
	1	6	370			68	0.62	2.0	5.5	2.0	65
	2	6	550			71	0.64				
	1	8	180			58	0.52	1.8	4.5	1.9	55
	2	8	250			62	0.54				
90 S	—	2	1500			78.5	0.85	2.2	7.0	2.3	83
90 L		2	2200			81	0.86	2.0			
90 S		4	1100			78	0.78	2.3	6.5	2.4	73
90 L		4	1500			79	0.79				78
90 S		6	750			73	0.68	2.0	6.0	2.1	65
90 L		6	1100			74	0.70				68
90 S		8	370			68	0.58	1.8	4.5	1.9	60
90 L		8	550			69	0.6				

① 非标准数据，仅供参考。

注：1. 防护等级 IP44，或 IP54、IP55。工作方式 S1，冷却方法 IC0141（机座号 63 及以上）、IC0041（机座号 56 及以下），绝缘 E 级或 B 级。

2. 生产厂：浙江卧龙科技有限公司，广州微型电机厂有限公司，北京敬业电工集团，闽东电机股份有限公司。

第 18 篇

表 18-1-98　YU 系列单相电阻启动异步电动机技术数据（摘自 JB/T 1010—2007）

代号：机座	铁芯	极数	功率/W	电流①/A	电压/V	转速①/r·min⁻¹	效率/%	功率因数 cosφ	堵转转矩/额定转矩	堵转电流/A	最大转矩/额定转矩	声功率级/dB(A)
63	1	2	90	1.09	220	2800	56	0.67	1.5	12	1.8	70
	2	2	120	1.36			58	0.69	1.4	14		
	1	4	60	1.23		1400	39	0.57	1.7	9		65
	2	4	90	1.64			43	0.58	1.5	12		
71	1	2	180	1.89	220	2800	60	0.72	1.3	17	1.8	70
	2	2	250	2.40			64	0.74	1.1	22		
	1	4	120	1.88		1400	50	0.58	1.5	14		65
	2	4	180	2.49			53	0.62	1.4	17		
80	1	2	370	3.36	220	2800	65	0.77	1.1	30	1.8	75
	2	2	550				68	0.79	1.0	42		
	1	4	250	3.11		1400	58	0.63	1.2	22		65
	2	4	370	4.24			62	0.64	1.2	30		70
90 S		2	750		220	2800	70	0.80	0.8	55	1.8	75
90 L		2	1100				72	0.80	0.8	99		78
90 S		4	550			1400	66	0.69	1.0	42		70
90 L		4	750				68	0.73	1.0	55		

① 非标准数据，仅供参考。

注：1. 外壳防护等级为 IP44、IP54 和 IP55。冷却方法为 IC0141，采用 E 级或 B 级绝缘，工作方式 S_1。

2. 生产厂为：广州微型电机有限公司，北京敬业电工集团，广东肇庆电机有限公司。

表 18-1-99　YC 系列单相电容启动异步电动机技术数据（220V、50Hz）（摘自 JB/T 1011—2007）

代号：机座	铁芯	极数	功率/W	电流①/A	转速①/r·min⁻¹	效率/%	功率因数 cosφ	堵转转矩/额定转矩	堵转电流/A	最大转矩/额定转矩	声功率级/dB(A)
71	1	2	180	1.89	2800	60	0.72	3.0	12	1.8	70
	2	2	250	2.40		64	0.74		15		
	1	4	120	1.88	1400	50	0.58		9		65
	2	4	180	2.49		53	0.62	2.8	12		
80	1	2	370	3.36	2800	65	0.77		21		75
	2	2	550	4.65		68	0.79		29		
	1	4	250	3.11	1400	58	0.63		15		65
	2	4	370	4.24		62	0.64	2.5	21		70
90 S		2	750	5.94	2800	70	0.80		37		75
90 L		2	1100			72	0.80		60		78
90 S		4	550	5.70	1400	66	0.69		29		70
90 L		4	750	6.77		68	0.73		37		
90 S		6	250			54	0.50		20		60
90 L		6	370			58	0.55		25		65
100L	1	2	1500		2800	74	0.81		80		83
	2	2	2200			75	0.81	2.2	120		
	1	4	1100		1400	71	0.74	2.5	60		73
	2	4	1500			73	0.75		80		78
	1	6	550			60	0.60		35		65
	2	6	750			61	0.62	2.2	45		
112M		2	3000		2800	76	0.82		150		87
		4	2200		1400	74	0.76		120		78
		6	1100			63	0.65		70		68
132 S		2	3700		2800	77	0.82		175		87
		4	3000		1400	75	0.77		150		82
		6	1500			68	0.68	2.0	90		73
132 M		4	3700		1400	76	0.79	2.2	175		82
		6	2200			70	0.70	2.0	130		73

① 非标准数据，仅供参考。

注：同表 18-1-97。

第 18 篇

表 18-1-100　YY 系列单相电容运转异步电动机技术数据（220V、50Hz）（摘自 JB/T 1012—2007）

代号			功率/W	转速①/r·min⁻¹	效率/%	功率因数 cosφ	堵转转矩/额定转矩	堵转电流/A	声功率级/dB(A)
机座	铁芯	极数							
45	1	2	16	2800	35	0.90	0.6	1	65
	2	2	25		40			1.2	
	1	4	10	1400	24	0.85	0.55	0.8	60
	2	4	16		33			1	
50	1	2	40	2800	47	0.90	0.5	1.5	65
	2	2	60		53			2	70
	1	4	25	1400	38	0.85	0.55	1.2	60
	2	4	40		45			1.5	
56	1	2	90	2800	56	0.92	0.5	2.5	70
	2	2	120		60			3.5	
	1	4	60	1400	50	0.90	0.45	2	65
	2	4	90		90			2.5	
63	1	2	180	2800	65	0.92	0.4	5	70
	2	2	250		66			7	
	1	4	120	1400	57	0.90	0.4	3.5	65
	2	4	180		59			5	
71	1	2	370	2800	67	0.92	0.35	10	75
	2	2	550		70			15	
	1	4	250	1400	61	0.92	0.35	7	65
	2	4	370		62			10	70
80	1	2	750	2800	72	0.92	0.32	20	75
	2	2	1100		75	0.95		30	78
	1	4	550	1400	64	0.92	0.35	15	70
	2	4	750		68		0.32	20	
90 S	—	2	1500	2800	76	0.95	0.3	45	83
90 S	—	4	1100	1400	71	0.95	0.32	30	73
90 L	—	2	2200	2800	77	0.95	0.3	65	83
90 L	—	4	1500	1400	73	0.95	0.3	45	78

① 非标准数据，仅供参考。

注：1. 用于宜长期连续运转的负载，如家用电器等。

2. 同表 18-1-97。

YS、YU、YC、YY 系列 IMB35 型电动机安装尺寸及外形尺寸（摘自 JB/T 1009～1012—2007）

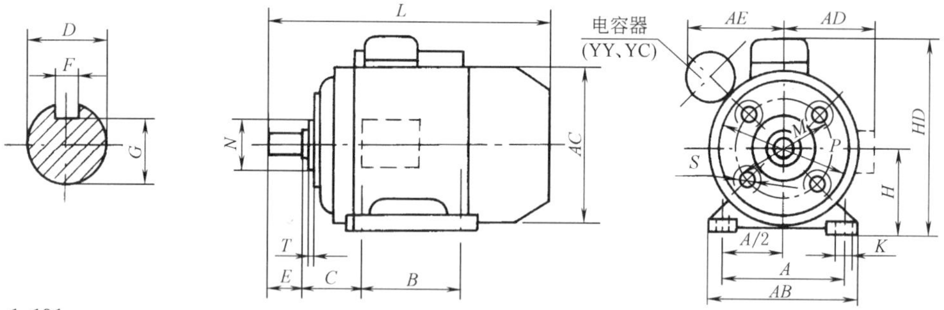

表 18-1-101

mm

机座号	凸缘号	安装尺寸 A	B	C	D	E	F	G	H	K	M	N	P	R	S	T	外形尺寸 AB	AC	AD	AE	HD	L
90S	FF165	140	100	56	24	50	8	20	90	10	165	130	200	0	12	3.5	180	185	160	120	220 (240)	335 (370)
90L			125																			360 (400)
100L	FF215	160	140	63	28	60		24	100	12	215	180	250		15	4.0	205	220	180	130	260	430
112M		190		70					112								245	250	190	140	300	455
132S	FF265	216		89	38	80	10	33	132		265	230	300				280	290	210	155	350	525
132M			178																			565

注：1. YS、YU、YY 系列仅有机座号 90。

2. 括号中 *L* 和 *AE*（电容器外侧尺寸）为 YC 系列的值。

3. 图中虚线表示侧面出线盒。

4. *R* 为凸缘配合面至轴伸肩的距离。

第 18 篇

YS、YU、YY 系列电动机安装尺寸及外形尺寸（摘自 JB/T 1009～1012—2007）

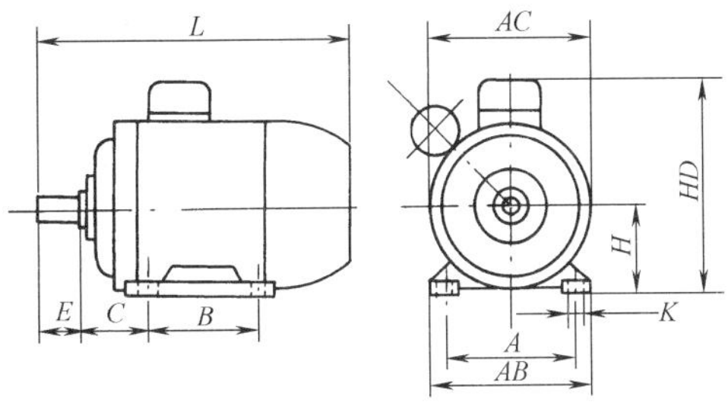

IMB3型(IMV5、IMV6)

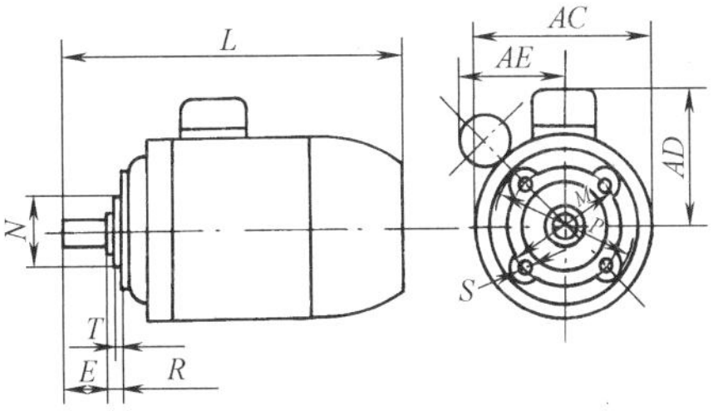

IMB14型(IMV18、IMV19)

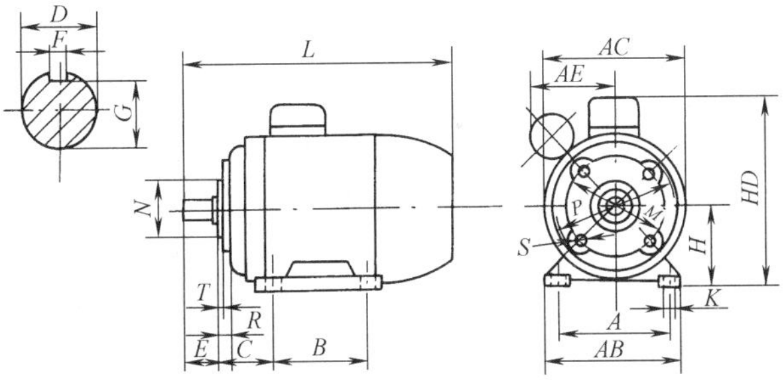

IMB34型

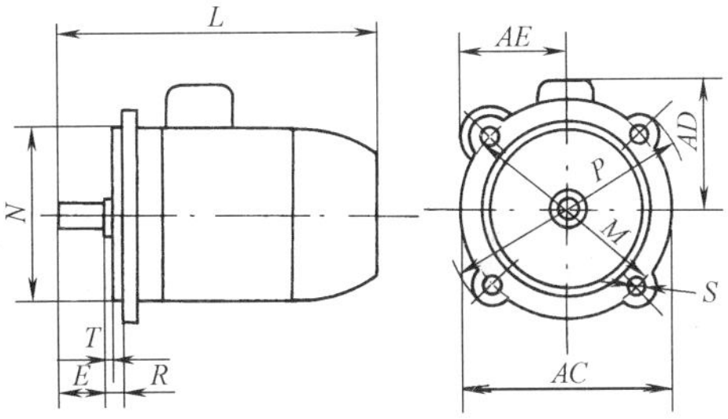

IMB5型(IMV1、IMV3)

表 18-1-102　　mm

机座号	安装尺寸									安装尺寸												外形尺寸(不大于)							
										IMB34、IMB14						IMB5						IMB3、IMB34、IMB14					IMB5		
	A	B	C	D	E	F	G	H	K	M	N	P	R	S	T	M	N	P	R	S	T	AB	AC	AD	HD	L	AC	AD	L
45	71	56	28	9	20	3	7.2	45	4.8	45	32	60	0	M5	2.5							90	100	90	115	150			
50	80	63	32	9	20	3	7.2	50	5.8	55	40	70	0	M5	2.5							100	110	100	125	155			
56	90	71	36	9	20	3	7.2	56	5.8	65	50	80	0	M5	2.5							115	120	110	135	170			
63	100	80	40	11	23	4	8.5	63	7	75	60	90	0	M5	2.5	115	95	140	0	10	3.0	130	130	125	165	230	130	125	250
71	112	90	45	14	30	5	11	71	7	85	70	105	0	M6	2.5	130	110	160	0	10	3.5	145	145	140	180	255	145	140	275
80	125	100	50	19	40	6	15.5	80	10	100	80	120	0	M6	3.0	165	130	200	0	12	3.5	160	165	150	200	295	165	150	300
90S	140	125	56	24	50	8	20	90	10	115	95	140	0	M8	3.0	165	130	200	0	12	3.5	180	185	160	220	310	185	160	335
90L																										335			360

注：YU 系列为 63～90 的机座号。

YC 系列电容启动异步电动机安装尺寸及外形尺寸（摘自 JB/T 1011—2007）

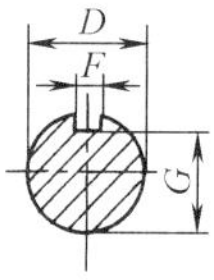

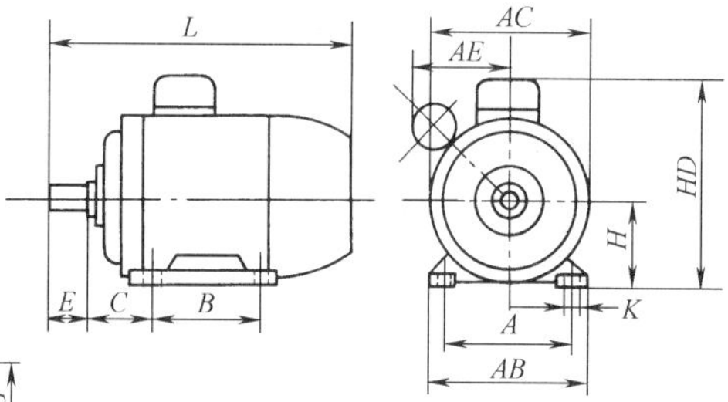

IMB3(IMV5、IMV6)

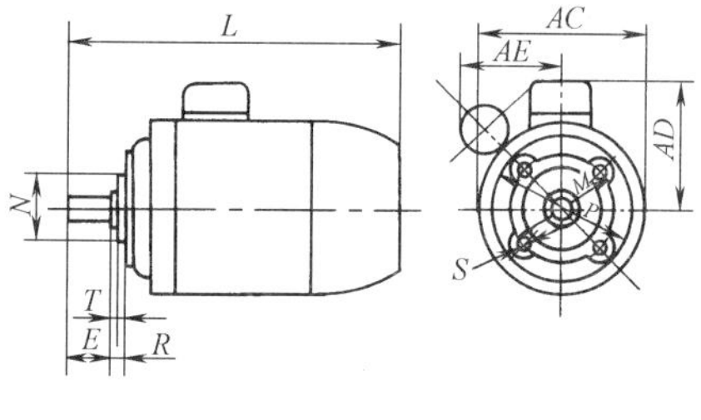

IMB14(IMV18、IMV19) 机座号71～90

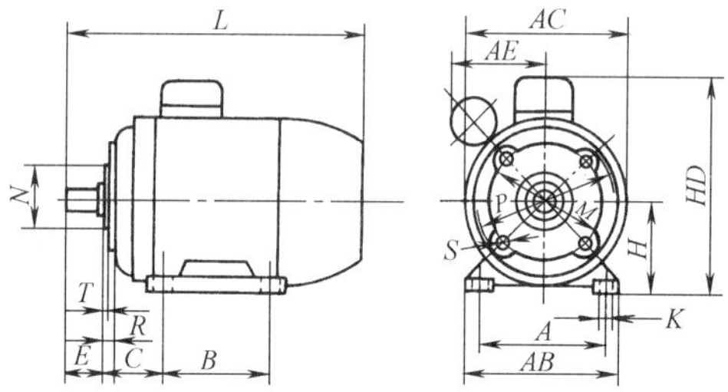

IMB34 机座号71～90

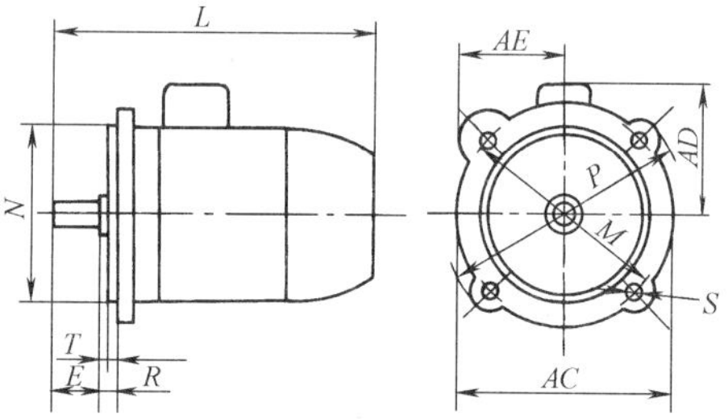

IMB5(IMV1、IMV3)

表 18-1-103

mm

机座号	安装尺寸									安装尺寸 IMB34、IMB14					
	A	B	C	D	E	F	G	H	K	M	N	P	R	S	T
71	112	90	45	14	30	5	11	71	7	85	70	105	0	M6	2. 5
80	125	100	50	19	40	6	15. 5	80	10	100	80	120			3
90S	140		56	24	50	8	20	90		115	95	140		M8	
90L		125													
100L	100	140	63	28	60		14	100	12						
112M	190		70					112							
132S	216		89	38	80	10	33	132							
132M		178													

机座号	安装尺寸 IMB5						外形尺寸 IMB3、IMB34						外形尺寸 IMB14、IMB5			
	M	N	P	R	S	T	AB	AC	AD	AE	HD	L	AC	AD	AE	L
71	130	110	160	0	10	3. 5	145	145	140	95	180	255	145	140	93	255
80	165	130	200		12		160	165	150	110	200	295	165	150	110	295
90S							180	185	160	120	240	370	185	160	120	370
90L												400				400
100L	215	180	250		15	4. 0	205	200	180	130	260	430	220	180	130	430
112M							245	250	190	140	300	455	250	190	140	455
132S	265	230	300				280	290	210	155	350	525	290	210	155	525
132M												565				565

4.9 YZU 系列三相异步振动电动机（摘自 JB/T 5330—2007）

表 18-1-104 **技术数据**（380V、50Hz）

规格代号	额定激振力/kN	额定激振功率/kW	效率%	功率因数 cosφ	同步转速 r/min	规格代号	额定激振力/kN	额定激振功率/kW	效率%	功率因数 cosφ	同步转速 r/min
0.6-2	0.6	0.06	55	0.70		2-4	2	0.12	59	0.63	
1-2	1	0.09	57	0.73		3-4	3	0.18	61	0.65	
2-2	2	0.18	62	0.74		5-4	5	0.25	64	0.67	
3-2	3	0.25	63	0.75		8-4	8	0.37	66	0.68	
5-2	5	0.37	65	0.77		10-4	10	0.55	67	0.70	
10-2	10	0.75	70	0.79	3000	15-4	15	0.75	69	0.71	1500
15-2	15	1.1	73	0.80		20-4	20	1.1	71	0.73	
20-2	20	1.5	75	0.81		30-4	30	1.5	77	0.75	
30-2	30	2.2	78	0.81		50-4	50	2.2	78	0.76	
40-2	40	3.0	79	0.82		75-4	75	3.7	79	0.78	
50-2	50	3.7	79	0.82		100-4	100	6.3	80	0.79	
1.5-6	1.5	0.12	53	0.50		3-8	3	0.25	60	0.49	
2-6	2	0.2	58	0.55		5-8	5	0.37	63	0.50	
3-6	3	0.25	62	0.58		8-8	8	0.55	65	0.52	
5-6	5	0.37	64	0.60		10-8	10	0.75	69	0.56	
8-6	8	0.55	66	0.62		15-8	15	1.1	70	0.59	
10-6	10	0.75	69	0.63		20-8	20	1.5	73	0.60	
15-6	15	1.1	71	0.64		30-8	30	2.2	76	0.63	
20-6	20	1.5	74	0.66		50-8	50	3.7	78	0.67	
30-6	30	2.2	77	0.68	1000	75-8	75	5.5	79	0.69	
40-6	40	3.0	78	0.71		100-8	100	7.5	80	0.70	
50-6	50	3.7	79	0.72		135-8	135	9	81	0.70	
75-6	75	5.5	80	0.74		165-8	165	11	82	0.71	
100-6	100	7.5	81	0.75		185-8	185	13	83	0.71	
135-6	135	9	82	0.76		210-8	210	15	83	0.71	
165-6	165	11	83	0.77							
185-6	185	13	84	0.77							
210-6	210	15	85	0.78							

注：1. 振动电动机激振力可无级调节，使用方便，可用于筛分机、造型及落砂机、打桩及料仓振动等设备。

2. 外壳防护等级为 IP54 或 IP55，冷却方式为 IC410，其定额是以连续工作制（S1）为基准的连续定额。采用 B 级或 F 级绝缘。

3. 额定电压下：堵转转矩/额定转矩=2.5，最小转矩/额定转矩=1.2 堵转电流/额定电流=7。

4. 型号示例：YZU-10-4B，表示额定激振力为 10kN，4 级 B 型安装尺寸的振动电机

5. 生产厂：湖北钟祥新宇机电制造有限公司，浙江临海电机有限公司，新乡北方工业有限公司。

安装及外形尺寸

A型(安装底脚与端盖相连)

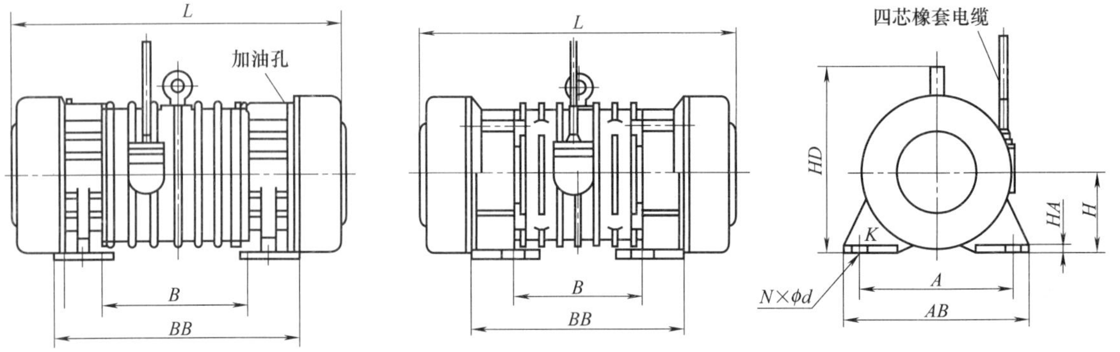

B型(安装底脚与机座相连)

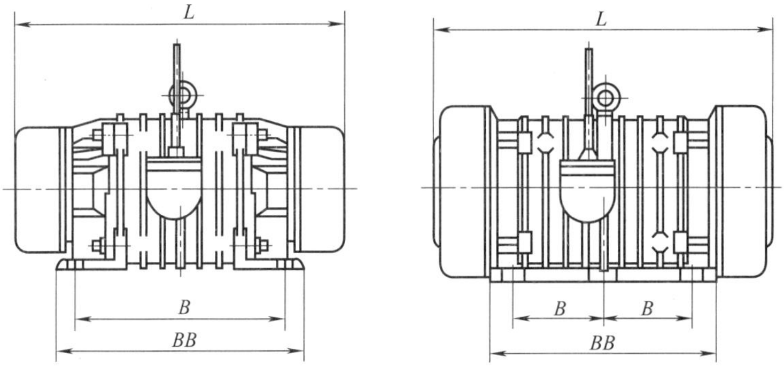

表 18-1-105 mm

规格代号	激振力/kN	安装尺寸					外形尺寸					
		A	*B*	*K*								
		基本尺寸		$N\times\phi d$	极限偏差	位置度公差	*H*	*HA*	*AB*	*BB*	*HD*	*L*
0.6-2	0.6	106	62	4×ϕ10	$^{+0.36}_{0}$	ϕ1.0 Ⓜ	65	10	145	70	170	190
1-2	1	120	40	4×ϕ10			65	10	145	70	170	200
2-2	2	130	80	4×ϕ12	$^{+0.43}_{0}$	ϕ1.0 Ⓜ	80	12	160	130	200	230
3-2	3	150	90	4×ϕ14			90	14	180	150	210	260
5-2	5	180	110	4×ϕ18			100	16	220	160	230	340
10-2A	10	190	210	4×ϕ22	$^{+0.52}_{0}$		100	18	250	260	240	390
15-2	16	250	260	4×ϕ26			140	22	320	320	310	460
20-2A	20	250	260	4×ϕ26			140	22	320	320	310	480
30-2A	30	290	300	4×ϕ33	$^{+0.62}_{0}$	ϕ1.5 Ⓜ	160	28	380	370	390	500
40-2	40	290	300	4×ϕ33			160	28	380	370	390	520
10-2B	10	200	140	4×ϕ22	$^{+0.52}_{0}$	ϕ1.0 Ⓜ	100	18	250	190	240	390
20-2B	20	260	150	4×ϕ26			140	22	320	240	310	480
30-2B	30	300	170	4×ϕ33	$^{+0.62}_{0}$	ϕ1.5 Ⓜ	160	28	380	270	390	520
50-2B	50	350	220	4×ϕ39			190	33	430	310	400	580
2-4	2	130	80	4×ϕ12	$^{+0.43}_{0}$	ϕ1.0 Ⓜ	80	12	160	130	200	240
3-4	3	150	90	4×ϕ14			90	14	180	150	210	250
5-4	5	180	110	4×ϕ18	$^{+0.52}_{0}$		100	16	220	160	230	330
8-4	8	220	140	4×ϕ22			120	18	270	220	260	370
10-4	10	220	140	4×ϕ22			120	18	270	220	260	390
15-4	15	260	150	4×ϕ26			140	22	320	240	300	460
20-4	20	260	150	4×ϕ26			140	22	320	240	300	480
30-4	30	310	170	4×ϕ33	$^{+0.62}_{0}$	ϕ1.5 Ⓜ	160	28	380	280	340	530
50-4	50	350	220	4×ϕ36			190	33	430	350	400	590
75-4B	75	380	125	6×ϕ39			220	35	480	400	460	650
100-4B	100	440	140	6×ϕ39			240	40	530	450	520	720

续表

规格代号	激振力/kN	安装尺寸 A	安装尺寸 B	安装尺寸 K			外形尺寸 H	HA	AB	BB	HD	L
		基本尺寸		$N\times\phi d$	极限偏差	位置度公差						
1.5-6	1.5	130	80	4×φ12	$^{+0.43}_{0}$	φ1.0 Ⓜ	80	12	160	130	200	240
2-6	2	180	110	4×φ14			100	16	220	160	230	350
3-6	3	180	110	4×φ14			100	16	220	160	230	370
5-6	5	220	140	4×φ22	$^{+0.52}_{0}$		120	18	270	220	260	450
8-6	8	220	140	4×φ22			120	18	270	220	260	460
10-6	10	260	150	4×φ26			140	22	320	240	300	480
15-6	15	310	170	4×φ33	$^{+0.62}_{0}$	φ1.5 Ⓜ	160	28	380	280	340	500
20-6	20	310	170	4×φ33			160	28	380	280	340	530
30-6	30	350	220	4×φ39			190	33	430	350	400	590
40-6	40	350	220	4×φ39			220	35	480	400	460	650
50-6B	50	380	125	6×φ39			220	35	480	400	460	700
75-6B	75	380	125	6×φ39			220	35	480	400	460	790
100-6B	100	440	140	6×φ39	$^{+0.62}_{0}$	φ1.5 Ⓜ	260	40	640	690	590	890
135-6B	135	480	140	8×φ39			280	45	710	770	640	960
165-6	165	480	140	8×φ39			280	45	710	770	640	1000
185-6	185	540	140	8×φ45	$^{+0.74}_{0}$	φ2.0 Ⓜ	310	50	730	790	640	1100
210-6	210	540	170	8×φ45			310	50	730	790	640	1140
3-8	3	260	150	4×φ26	$^{+0.52}_{0}$	φ1.0 Ⓜ	140	22	320	240	300	450
5-8	5	260	150	4×φ26			140	22	320	240	300	480
10-8	10	310	170	4×φ33	$^{+0.62}_{0}$	φ1.5 Ⓜ	160	28	380	280	340	530
15-8	15	350	220	4×φ39			190	33	430	350	400	570
20-8	20	350	220	4×φ39			190	33	430	350	400	590
30-8B	30	380	125	6×φ39			220	35	480	400	460	710
50-8B	50	380	125	6×φ39			220	35	480	400	460	790
75-8B	75	440	140	6×φ45			260	40	640	690	590	910
100-8B	100	480	140	8×φ45			280	40	710	770	640	1030
135-8B	135	480	140	8×φ45			280	40	710	770	640	1100
165-8	165	480	140	8×φ45			280	40	710	770	640	1150
185-8	185	540	140	8×φ45	$^{+0.74}_{0}$	φ2.0 Ⓜ	310	50	730	790	640	1200
210-8	210	540	170	8×φ45			310	50	730	790	640	1250

4.10 小型盘式制动电动机

4.10.1 YPE 三相异步盘式制动电动机

表 18-1-106　　技术数据

型号	额定功率/kW	额定电流/A	额定转速/r·min^{-1}	工作方式	制动力矩/N·m	转动惯量/kg·m^2	效率/%	功率因数 cosφ	堵转电流/额定电流	堵转转矩/额定转矩	最大转矩/额定转矩	质量/kg
YPE100S2-4Z	0.1	0.48	1380	S2-30min	1.8	0.012	55	0.58	5	1.8	2.0	8
YPE100-4	0.1	0.48	1380	S1	1.8	0.012	55	0.58	5	1.8	2.0	8
YPE200S2-4Z	0.2	0.85	1380	S2-30min	3.43	0.012	63	0.61	5	1.8	2.0	8
YPE200-4	0.2	0.80	1380	S1	3.43	0.012	63	0.61	5	1.8	2.0	13
YPE400S2-4Z	0.4	1.47	1380	S2-30min	6.86	0.035	68	0.68	5	1.8	2.0	13
YPE400-4	0.4	1.25	1380	S1	6.86	0.035	68	0.68	5	1.8	2.0	14
YPE500S2-4Z	0.5	1.66	1380	S2-30min	6.86	0.04	68	0.68	5	1.8	2.0	14
YPE500-4	0.5	1.46	1380	S1	6.86	0.04	68	0.68	5	1.8	2.0	15
YPE750S2-4Z	0.75	2.6	1380	S2-30min	10.4	0.04	70	0.68	5	1.8	2.0	15
YPE750-4	0.75	2.35	1380	S1	10.4	0.04	70	0.68	5	2.0	2.5	20

续表

型号	额定功率/kW	额定电流/A	额定转速/r·min^{-1}	工作方式	制动力矩/N·m	转动惯量/kg·m^2	效率/%	功率因数 cosφ	堵转电流/额定电流	堵转转矩/额定转矩	最大转矩/额定转矩	质量/kg
YPE1100S2-4Z	1.1	3.41	1380	S2-30min	15.2	0.137	72	0.68	6	2.0	2.5	21
YPE1500S2-4Z	1.5	4.76	1380	S2-30min	20.8	0.28	73	0.70	6	2.0	2.5	33
YPE2200S2-4Z	2.2	6.8	1380	S2-30min	30.4	0.28	75	0.70	6	2.0	2.5	33
YPE3000S2-4Z	3.0	10.2	1380	S2-30min	41.6	0.28	75	0.70	6	2.0	2.5	34

注：1. 电压380V，频率50Hz，绝缘等级B，防护等级IP54，冷却方式IC004，接法Y。
2. 用于一般机械盘式制动电动机。
3. 生产厂：北京富特盘式电机有限公司。

外形及安装尺寸

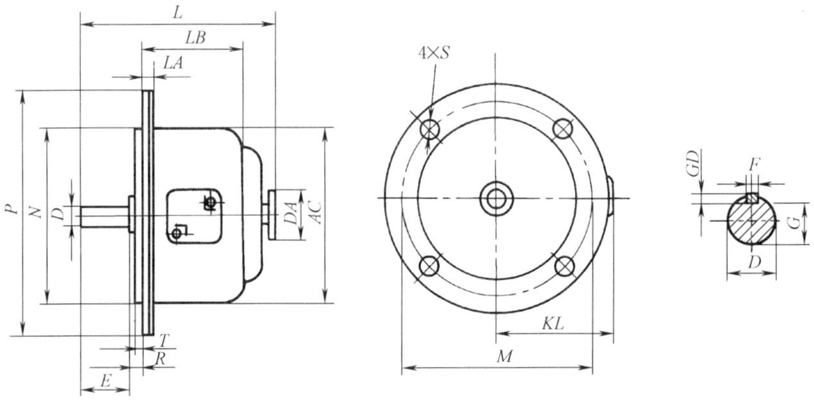

表 18-1-107　　mm

型号	安装尺寸 D (j6)	G (h9)	GD (h9)	F	N (h9)	P	M (±0.2)	E	R	S	T	外形尺寸 L	LB	LA	AC	DA	KL
YPE100S2-4Z	11	8.5	4	4	130	200	180	23	6	7	3	151	79	13	164	59	131
YPE100-4	11	8.5	4	4	130	200	180	23	6	7	3	151	79	13	164	59	131
YPE200S2-4Z	11	8.5	4	4	130	200	180	23	6	7	3	151	79	13	164	59	131
YPE200-4	11	8.5	4	4	180	235	215	23	6	11	3	156	91	15	196	59	148
YPE400S2-4Z	14	11	5	5	180	235	215	30	6	11	3	163	91	15	196	59	148
YPE400-4	14	11	5	5	180	235	215	30	6	11	3	163	91	15	196	59	148
YPE500S2-4Z	14	11	5	5	180	235	215	30	6	11	3	163	91	15	196	59	148
YPE500-4	14	11	5	5	180	235	215	30	6	11	3	163	93	15	196	59	148
YPE750S2-4Z	19	16	5	5	180	235	215	30	6	11	3	163	93	15	196	59	148
YPE750-4	19	16	5	5	230	290	265	30	6	14	4	190	108	13	233	59	168
YPE1100S2-4Z	19	16	5	5	230	290	265	50	6	14	4	205	108	13	233	59	168
YPE1500S2-4Z	24	20	7	8	250	325	300	50	6	14	5	220	122	15	268	59	183
YPE2200S2-4Z	24	20	7	8	250	325	300	50	6	14	5	220	122	15	268	59	183
YPE3000S2-4Z	24	20	7	8	250	325	300	50	6	14	5	220	122	15	268	59	183

4.10.2 YHHPY 起重用盘式制动电动机

表 18-1-108 技术数据

型　号	额定功率/kW	额定电流/A	额定转速/r·min^{-1}	工作方式	制动力矩/N·m	转动惯量/kg·m^2	效率/%	功率因数 cosφ	堵转电流/额定电流	堵转转矩/额定转矩	最大转矩/额定转矩	质量/kg
YHHPY200-4	0.2	0.85	1380	S4-40%	1.38	0.012	65	0.61	4	2.0	2.0	8
YHHPY400-4	0.4	1.47	1380	S4-40%	2.77	0.035	68	0.68	4.5	2.0	2.0	14
YHHPY800-4	0.8	2.75	1380	S4-25%	5.54	0.04	68	0.68	5	2.0	2.0	16
YHHPY1500-4	1.5	4.7	1380	S4-25%	10.4	0.28	70	0.68	5	2.0	2.5	26
YHHPY2200-4	2.2	6.8	1380	S4-25%	15.2	0.28	73	0.72	5	2.0	2.5	36
YHHPY3000-4	3	10	1380	S4-25%	20.8	0.28	75	0.72	5	2.0	2.5	38

注：1. 电压 380V，频率 50Hz，绝缘等级 B，防护等级 IP54，接法Y，冷却方式 IC0041。

2. 用于起重用盘式制动电动机。

3. 生产厂：北京富特盘式电机有限公司。

外形及安装尺寸

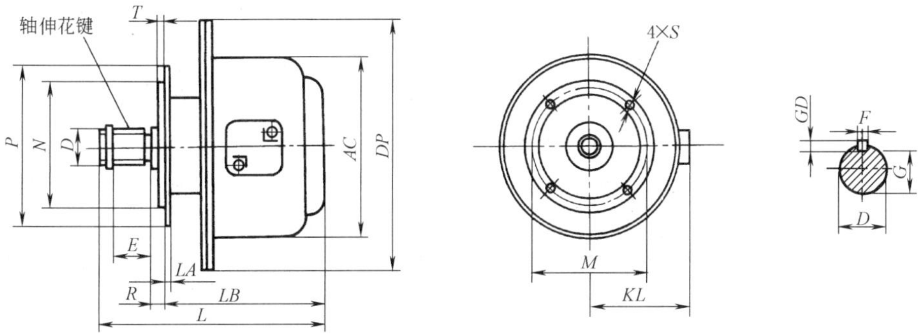

表 18-1-109 mm

型　号	安　装　尺　寸												外　形　尺　寸				
	轴伸（矩形花键）	E	G	GD (h9)	F (h9)	N (h9)	M (±0.2)	P	R	S	LA	T	DP	LB	L	AC	KL
YHHPY200-4	z=36　D=15	22	—	—	—	75	90	110	15	7	8	4	200	116	170	165	131
YHHPY400-4	z=36　D=15	22	—	—	—	75	90	110	15	7	8	4	235	123	178	196	148
YHHPY800-4	z=36　D=18 6D-20×16×4	24	—	—	—	100	120	140	19	9	10	4	235	123	185	196	148
YHHPY200-4	4D-15×12×4	22	—	—	—	75	90	110	9	9	8	3	190	109	163	165	131
YHHPY400-4	6D-15×12×4 4D-15×12×4	22	—	—	—	75	90	110	9	9	8	3	235	123	171	195	148
YHHPY800-4	6D-20×16×4	24	—	—	—	130	165	190	21.5	12	10	4	235	123	185	196	148
	6D-25×22×6	30	—	—	—	180	200	220	13	12	10	4	235	123	191	196	148
YHHPY800-4	D=19jb	50	$16_{-0.1}^{\ 0}$	5	5	130	160	190	5	12	10	4	235	123	210	196	148
YHHPY1500-4	D=24jb	50	$20_{-0.1}^{\ 0}$	7	8	180	215	240	5	14	12	4	290	165	235	233	168
YHHPY1500-4	6D-25×22×6	30	—	—	—	180	200	220	14	11	12	4	290	165	215	233	168

4.11 直流电机

直流电动机具有下列优点。

① 优良的调速特性，调速平滑、方便，调速范围广，调速比可达 1∶200。

② 过载能力大，轧钢用直流电动机短时过转矩可以达到额定转矩的 2.5 倍以上，特殊要求的可以达到 10 倍，并能在低速下连续输出额定转矩。

③ 能承受频繁的冲击性负载。

④ 可实现频繁的无级快速启动、制动和反转。

⑤ 能满足生产过程自动系统各种不同的特殊运行要求。

直流电动机缺点是：较交流电动机结构复杂，制造成本高，维护工作量大。

表 18-1-110　　直流电动机的特性和用途

<table>
<tr><td>励磁方式</td><td>永　磁</td><td>他　励</td><td>并　励</td><td>稳定并励[①]</td><td>复　励</td><td>串　励</td></tr>
<tr><td>励磁特征图</td><td>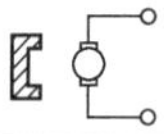</td><td>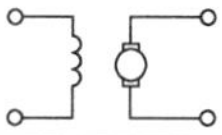</td><td>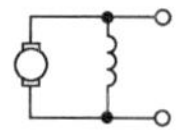</td><td>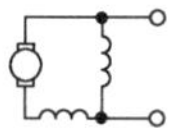</td><td>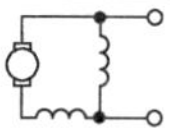</td><td>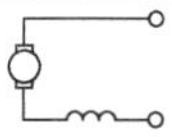</td></tr>
<tr><td>启动转矩</td><td>启动转矩约为额定转矩的 2 倍，也可制成为额定转矩的 4～5 倍</td><td colspan="3">由于启动电流一般限制在额定电流的 2.5 倍以内，启动转矩约为额定转矩的 2～2.5倍，特殊设计的电动机可达 3 倍</td><td>启动转矩较大，约为额定转矩的 4 倍，特殊设计的电动机可达 4.5 倍，由复励程度决定</td><td>启动转矩很大，可达额定转矩的 5 倍左右</td></tr>
<tr><td>短时过载转矩</td><td>一般为额定转矩的 1.5 倍，也可制成为额定转矩的 3.5~4 倍</td><td colspan="3">一般为额定转矩的 1.5 倍，带补偿绕组时，可达额定转矩的 2.5～2.8 倍</td><td>比他励、并励电动机为大，可达额定转矩的 3.5 倍左右</td><td>可达额定转矩的 4～4.5倍左右</td></tr>
<tr><td>转速变化率</td><td>3%～15%</td><td colspan="3">5%～20%</td><td>由复励程度决定，可达 25%～30%</td><td>转速变化率很大，空载转速极高</td></tr>
<tr><td>调速范围</td><td>转速与电枢电压是线性关系，有较好的调速特性，调速范围较大</td><td colspan="3">削弱磁场恒功率调速，转速比可达 1∶2至 1∶4，特殊设计可达 1∶8，他励时，可调节电枢电压，恒转矩向下调速范围较宽</td><td>削弱磁场调速，可达额定转速的 2 倍</td><td>用外接电阻与串励绕组串联或并联；或将串励绕组串联或并联连接起来实现调速。调速范围较宽</td></tr>
<tr><td>用途</td><td>自动控制系统中作为执行元件及一般传动动力用，如力矩电动机</td><td colspan="3">用于环境条件较好并要求调速的传动系统，如离心泵、风机、金属切削机床及纺织印染、造纸和印刷机械等</td><td>用于要求启动转矩较大，转速变化不大的负载，如拖动空气压缩机及冶金辅助传动机械等</td><td>用于要求很大的启动转矩，转速允许有较大变化的负载，如蓄电池供电车、起货机、起锚机、电车、电力传动机车等</td></tr>
</table>

① 稳定并励直流电动机的主极励磁绕组由并励绕组和稳定绕组组成。稳定绕组实质上是少量匝数的串励绕组。在并励或他励电动机中采用稳定绕组的目的，在于使转速不至于随负载增加而上升，而是略为降低，亦即使电动机运行稳定。

表 18-1-111　　直流发电机的特性和用途

<table>
<tr><td>励磁方式</td><td colspan="2">电压变化率</td><td>特　性</td><td>用　途</td></tr>
<tr><td>永磁</td><td colspan="2">1%～10%</td><td>输出端电压与转速成线性关系</td><td>用作测速发电机</td></tr>
<tr><td>他励</td><td colspan="2">5%～10%</td><td>输出端电压随负载电流增加而降低，能调节励磁电流，使输出端电压有较大幅度的变化</td><td>常用于电动机-发电机-电动机系统中，实现直流电动机的恒转矩宽调速</td></tr>
<tr><td>并励</td><td colspan="2">20%～40%</td><td>输出端电压随负载电流增加而降低，降低的幅度较他励时为大，其外特性稍软</td><td>用于充电、电镀、电解、冶炼等使用直流电源的场合</td></tr>
<tr><td rowspan="2">复励[①]</td><td>积复励</td><td>不超过 6%</td><td>输出端电压在负载变动时变化较小。电压变化率由复励程度即串、并励的安匝比决定</td><td>用于直流电源如汽车起重吊和用柴油机带动的独立电源等</td></tr>
<tr><td>差复励</td><td>较大</td><td>输出端电压随负载电流增加而迅速下降，甚至降为零</td><td>用于自动舵控制系统中，作为执行直流电动机的电源</td></tr>
<tr><td>串励</td><td colspan="2">—</td><td>有负载时，发电机才能输出端电压，输出电压随负载电流增大而上升</td><td>用作升压机</td></tr>
</table>

① 串励绕组和并励绕组的极性同向的，称积复励；极性反向的，称差复励。通常所称复励直流电机是指积复励。在复励直流发电机中，串励绕组使其空载电压和额定电压相等的，称为平复励；使其空载电压低于额定电压的，称为过复励；使其空载电压高于额定电压的，称为欠复励。根据串励绕组在电机接线中的连接情况，复励直流电机接线有短复励和长复励之分。

4.11.1 Z4 系列直流电动机（摘自 JB/T 6316—2006）

Z 4-180/2-22

- Z：直流电动机
- 4：第四次系列设计
- 180：电动机中心高
- 2：极数
- 22：仅一个数字时，表示铁芯长度代号。两个数字时，第一个数字表示铁芯长度代号；第二个数字表示端盖长、短，1 表示短端盖，2 表示长端盖

表 18-1-112　　技术数据

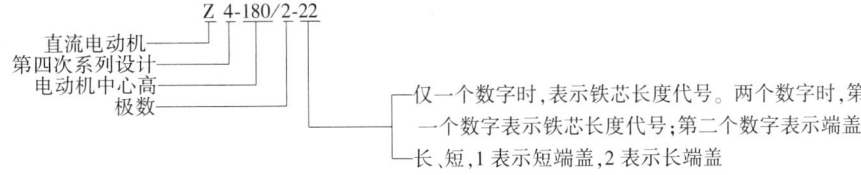

型号	额定功率 P_N /kW	额定转速/r·min⁻¹		弱磁转速 n_F /r·min⁻¹	电枢电流 I_N/A	励磁功率 P_F/W	电枢回路电阻 R（20℃）/Ω	电枢回路电感 L_A /mH	磁场电感 L_F/H	外接电感 L_R/mH	效率 /%	转动惯量 J/kg·m²	质量 /kg
		160V	440V										
Z4-100-1	2.2	1490		3000	17.9	315	1.19	11.2	22	15	67.8	0.044	72
	1.5	955		2000	13.3		2.17	21.4	13	15	58.5		
	4			4000	12		2.82	26	18		78.9		
	4		2960	4000	10.7						80.1		
	2			3000	6.6		9.12	86	18		68.4		
	2.2		1480	3000	6.5						70.6		
	1.4			2000	5.1		16.76	163	18		60.3		
	1.5		990	2000	4.77						63.2		
Z4-112/2-1	3	1540		3000	24	320	0.785	7.1	14	20	69.1	0.072	100
	2.2	975		2000	19.6		1.498	14.1	13	20	62.1		
	5.5			4000	16.4		1.933	17.9	17		79.9		
	5.5		2940	4000	14.7						81.1		
	2.8			3000	9.1		6	59	17		71.2		
	3		1500	3000	8.6						72.8		
	1.9			2000	6.9		11.67	110	13		61.1		
	2.2		965	2000	7.1						63.5		
Z4-112/2-2	4	1450		3000	31.3	350	0.567	6.2	14	12	72.6	0.088	107
	3	1070		2000	24.8		0.934	10.3	14	10	66.8		
	7			4000	20.4		1.305	14	19		82.4		
	7.5		2980	4000	19.7						83.5		
	3.7			3000	11.7		4.24	48.5	19		74.1		
	4		1500	3000	11.2						76		
	2.6			2000	9		7.62	83	14		65.1		
	3		1010	2000	9.1						67.3		
Z4-112/4-1	5.5	1520		3000	42.5	500	0.38	3.85	6.8	6.5	73	0.128	106
	4	990		2000	33.7		0.741	7.7	6.7	4.5	64.9		
	10			3500	29		0.89	9	6.8		82.7		
	11		2950	3500	28.8						83.3		
	5			1800	15.7		3.01	30.5	6.8		74.3		
	5.5		1480	1800	15.4						75.7		
	3.7			1100	13		5.78	60	6.7		65.2		
	4		980	1100	12.2						68.7		
Z4-112/4-2	5.5	1090		2000	43.5	570	0.441	5.1	7.8	6	69.5	0.156	114
	13			3600	37		0.574	6.4	5.8		84.4		
	15		3035	3600	38.6						85.4		
	6.7			1800	20.6		2.12	24.1	7.8		76.8		
	7.5		1460	1800	20.6						78.4		
	5			1200	16.1		3.46	40.5	5.8		71.1		
	5.5		1025	1200	15.7						71.9		

续表

型　号	额定功率 P_N/kW	额定转速/r·min^{-1} 440V	弱磁转速 n_F /r·min^{-1}	电枢电流 I_N/A	励磁功率 P_F/W	电枢回路电阻 R（20℃）/Ω	电枢回路电感 L_A /mH	磁场电感 L_F/H	效率 /%	转动惯量 J/kg·m^2	质量 /kg
Z4-132-1	18.5		4000	52.2	650	0.368	5.3	6.5	85	0.32	140
	18.5	2850	4000	47.1					85.9		
	10		2100	30.1		1.309	18.9	8.9	79.4		
	11	1480	2200	29.6					80.9		
	7		1600	22.7		2.56	37.5	6.3	71.9		
	7.5	975	1600	21.4					74.5		
Z4-132-2	20		3600	55.4	730	0.226	3.65	10	87.8	0.4	160
	22	3090	3600	55.3					88.3		
	15		2500	44.5		0.811	13.5	7.7	81.2		
	15	1510	2500	39.5					83.4		
	10		1400	31.1		1.565	26	6	75.6		
	11	995	1400	30.5					77.7		
Z4-132-3	27		3600	74.5	800	0.1905	3.4	21	88.2	0.48	180
	30	3000	3600	75					88.6		
	18.5		2100	53.2		0.531	9.8	6.6	83.6		
	18.5	1540	2200	47.6					84.7		
	13.5		1600	40.5		0.976	19.4	6.5	79.4		
	15	1050	1600	40.5					80.5		
Z4-160-11	33		3500	93.4	820	0.1835	3.15	10	87.4	0.64	220
	37	3000							88.5		
	19.5		3000	58.8		0.593	10.4	7.7	80.4		
	22	1500							82.6		
22 Z4-160- 21	40.5		3500	113	920	0.1426	2.7	10	88.2	0.76	242
	45	3000							89.1		
	16.5		2000	50.5		0.862	17.7	6	77.9		
	18.5	1000							79.4		
32 Z4-160-31 31	49.5		3500	137	1050	0.097	2.07	11	89.1	0.88	268
	55	3010							90.2		
	27		3000	77.8		0.376	8.3	10	84.7		
	30	1500							85.7		
	19.5		2000	59.1		0.675	15.2	6.3	79.1		
	22	1000							81.7		
Z4-180-11	33		3000	95.4	1200	0.29	5.8	7.1	84.7	1.52	326
	37	1500							88.5		
	16.5		1900	51.4		0.947	17.6	5.6	75.5		
	18.5	750							78.1		
	13		1400	42.4		1.264	25	5.6	73		
	15	600							74.1		

续表

型号	额定功率 P_N /kW	额定转速 /r·min^{-1} 440V	弱磁转速 n_F /r·min^{-1}	电枢电流 I_N /A	励磁功率 P_F /W	电枢回路电阻 R (20℃)/Ω	电枢回路电感 L_A /mH	磁场电感 L_F /H	效率 /%	转动惯量 J /kg·m^2	质量 /kg
22	67		3400	185	1400	0.0555	1.16	6.9	89.5	1.72	350
	75	3000							90.7		
21	40.5		2800	115		0.2125	4.65	6.6	85.8		
	45	1500							87		
Z4-180-21	27		2000	79		0.419	9.3	7.3	82.2		
	30	1000							83.7		
21	19.5		1400	61		0.756	15.7	7.1	77.3		
	22	750							79.7		
21	16.5		1600	52		1.003	21.9	5	73.8		
	18.5	600							76.8		
Z4-180-31	33		2000	97	1500	0.332	7.7	6.6	82.8	1.92	380
	37	1000							83.6		
	19.5		1250	62		0.801	19	6.6	74.8		
	22	600							76.6		
42	81		3200	221	1700	0.051	1.16	12	91	2.2	410
	90	3000							91.3		
Z4-180-41	50		3000	139		0.1417	3.2	5.7	87.5		
	55	1500							87.7		
41	27		2000	80		0.459	10.4	6.3	80.4		
	30	750							81.1		
12	99		3000	271	1400	0.0373	0.83	7.62	90.2	3.68	485
	110	3000							91.6		
11	40.5		2000	118		0.2653	8.4	7.01	83.4		
	45	1000							85.5		
Z4-200-11	33		1600	99		0.369	10.6	7.77	80.2		
	37	750							82.9		
11	19.5		1000	64		0.93	21.9	7.3	72.2		
	22	500							77.4		
21	67		3000	188	1500	0.0885	2.8	6.78	88.7	4.2	530
	75	1500							89.6		
Z4-200-21	27		1000	82		0.535	14	9.64	78.8		
	30	600							80.4		
32	119		3200	322	1750	0.0266	0.79	10.9	91.7	4.8	580
	132	3000							92.4		
Z4-200-31	81		2800	224		0.0771	2.6	5.61	88.7		
	90	1500							90		
31	49.5		2000	141		0.1751	4.8	8.54	85.6		
	55	1000							87.1		

续表

型　号	额定功率 P_N /kW	额定转速 /r·min^{-1} 440V	弱磁转速 n_F /r·min^{-1}	电枢电流 I_N /A	励磁功率 P_F /W	电枢回路电阻 R (20℃)/Ω	电枢回路电感 L_A /mH	磁场电感 L_F /H	效率 /%	转动惯量 J /kg·m^2	质量 /kg
31	40.5		1400	119	1750	0.283	8.5	8.35	82.5	4.8	580
	45	750							84.1		
Z4-200-31	33		1200	101		0.42	12.2	8.42	79.6		
	37	600							82		
31	27		750	84		0.598	17.1	8.4	77.5		
	30	500							79.5		
Z4-225-11	99		3000	276	2300	0.0664	2.1	4.45	87.9	5	680
	110	1500							89.4		
	67		2000	193		0.1406	4.9	4.28	84.4		
	75	1000							86.5		
	49		1300	146		0.2433	8.7	5.77	81.2		
	55	750							84		
	40		1200	123		0.356	9.5	6.38	78.2		
	45	600							80.8		
	33		1000	103		0.476	15.2	6.1	76.5		
	37	500							78.8		
Z4-225-21	49		1000	148	2470	0.2648	9.5	4.14	79.3	5.6	740
	55	600							82.4		
	40		1000	125		0.397	13.7	5.41	76.6		
	45	500							78.9		
Z4-225-31	119		2400	327	2580	0.0454	1.5	5.33	89.3	6.2	800
	132	1500							90.5		
	81		2000	227		0.093	3.4	5.3	86.9		
	90	1000							88		
	67		2250	197		0.167	5.1	5.44	82.5		
	75	750							85.1		
12	144		2100	399	2500	0.0444	1.3	4.29	88.8	8.8	890
Z4-250-	160	1500							89.9		
11	99		2000	281		0.0911	2.4	4.55	86.2		
	110	1000							88.1		
Z4-250-21	167		2200	459	2750	0.0325	0.91	4.28	89.8	10	970
	185	1500							90.5		
	81		2250	234		0.1306	3.9	5.41	83.2		
	90	750							85.2		

第18篇

续表

型号	额定功率 P_N /kW	额定转速 /r·min^{-1}	弱磁转速 n_F /r·min^{-1}	电枢电流 I_N /A	励磁功率 P_F /W	电枢回路电阻 R (20℃)/Ω	电枢回路电感 L_A /mH	磁场电感 L_F /H	效率 /%	转动惯量 J /kg·m^2	质量 /kg
		440V									
Z4-250-31	180		2400	493	2850	0.0281	0.87	5.32	90.4	11.2	1070
	200	1500							91.5		
	119		2000	334		0.0668	1.7	5.46	87.4		
	132	1000							89.1		
	67		2000	204		0.202	4	4	80.8		
	75	600							84.6		
	49		1500	152		0.305	7.3	5.1	78.5		
	55	500							82.4		
41	198		2400	539	3000	0.0237	0.93	6.19	91	12.8	1180
	220	1500							91.7		
42	144		2000	401		0.0485	1.9	4.53	88		
	160	1000							89.2		
Z4-250-41	99		1900	283		0.102	2.6	5.3	85.8		
	110	750							87.4		
41	81		1600	236		0.141	4.7	6.36	83.4		
	90	600							85		
41	67		1500	201		0.195	5.1	4.97	80		
	75	500							83.4		
Z4-280-11	226		2000	614	3100	0.02134	0.69	4.58	90.9	16.4	1280
	250	1500							91.6		
22	253		1800	684	3500	0.01796	0.77	5.3	91.5	18.4	1400
	280	1500							92.1		
21	180		2000	498		0.0373	1.2	4.46	89.1		
	200	1000							90.1		
Z4-280-21	119		1600	333		0.0662	2.3	4.37	87.1		
	132	750							88.6		
21	99		1500	281		0.093	3.1	4.57	84.7		
	110	600							86		
32	284		1800	768	3600	0.01493	0.59	6.94	91.7	21.2	1550
	315	1500							92.6		
31	198		2000	545		0.0314	1.1	5.54	89.7		
	220	1000							90.6		
Z4-280-32	144		1700	402		0.0532	2	5.47	87.8		
	160	750							89.1		
31	118		1000	339		0.0839	2.6	5.77	85.4		
	132	600							86.8		
31	80		1400	234		0.1377	5.3	9.03	84.1		
	90	500							85.4		

续表

型号	额定功率 P_N /kW	额定转速 /r·min^{-1} 440V	弱磁转速 n_F /r·min^{-1}	电枢电流 I_N /A	励磁功率 P_F /W	电枢回路电阻 R (20℃)/Ω	电枢回路电感 L_A /mH	磁场电感 L_F /H	效率 /%	转动惯量 J /kg·m^2	质量 /kg
Z4-280-42	225		1800	616	4000	0.02545	0.96	5.29	90.2	24	1700
	250	1000							91.1		
Z4-280-41	166		1900	464		0.0457	1.7	5.19	88.1		
	185	750							89.4		
Z4-280-41	98		1000	282		0.0993	3.7	6.86	85.1		
	110	500							86.9		
Z4-315-12	321		1800	865	3850	0.015	0.39	8.64	92.2	21.2	1890
	355	1500							92.8		
Z4-315-12	253		1600	690		0.02355	0.46	5.06	90.4		
	280	1000							91.6		
Z4-315-12	180		1900	500		0.04371	0.83	4.97	88.4		
	200	750							89.4		
Z4-315-11	144		1900	409		0.06919	1.3	7.6	86.4		
	160	600							87.4		
Z4-315-11	118		1600	344		0.1	2.3	9.43	84.4		
	132	500							86.3		
Z4-315-11	98		1200	294		0.1415	2.9	9.96	81.7		
	110	400							84.3		
Z4-315-22	284		1600	772	4350	0.02034	0.49	5.91	91	24	2080
	315	1000							91.5		
Z4-315-22	225		1600	624		0.03392	0.74	18.8	88.7		
	250	750							89.6		
Z4-315-21	166		1600	468	4350	0.05382	1.2	25	87.2	24	2080
	185	600							88.5		
Z4-315-21	143		1500	413		0.076	1.5	19	84.7		
	160	500							86		
Z4-315-32	320		1600	867	4650	0.01658	0.39	23.1	91	27.2	2290
	355	1000							92		
Z4-315-32	252		1600	698		0.03043	0.82	21.5	89.1		
	280	750							89.8		
Z4-315-32	180		1500	501		0.04536	0.95	31.6	88.2		
	200	600							89.4		
Z4-315-31	118		1200	344		0.1002	2.1	23.3	83.2		
	132	400							85.3		
Z4-315-42	361		1400	971	5200	0.01302	0.33	29	92.1	30.8	2520
	400	1000							92.7		
	284		1600	778		0.02364	0.67	20.8	90		
	315	750							90.7		

第18篇

续表

型　号	额定功率 P_N /kW	额定转速 /r·min^{-1} 440V	弱磁转速 n_F /r·min^{-1}	电枢电流 I_N /A	励磁功率 P_F /W	电枢回路电阻 R (20℃)/Ω	电枢回路电感 L_A /mH	磁场电感 L_F /H	效率 /%	转动惯量 J /kg·m^2	质量 /kg
42	225		1600	626	5200	0.03554	0.87	21.9	88.3	30.8	2520
	250	600							89		
Z4-315-41	166		1500	468		0.055	1.4	37.4	87.3		
	185	500							88.3		
41	143		1200	416		0.0803	1.8	22.2	84		
	160	400							85.3		
12	406		1500	1094	4700	0.01259	0.36	37.6	91.8	42	2890
	450	1000							92.8		
12	321		1500	877		0.02087	0.59	28.1	90.4		
	355	750							91.2		
Z4-355-11	253		1500	697		0.02952	0.91	22	89.2		
	280	600							90.2		
11	180		1500	506		0.0502	1.5	8.91	87.6		
	200	500							88.9		
11	166		1200	478		0.066	1.8	22.4	84.9		
	185	400							85.9		
22	361		1600	978	5600	0.01583	0.44	15.6	90.8	46	3170
	400	750							91.7		
Z4-355-22	284		1500	783		0.02676	0.81	34.7	89.5		
	315	600							90.5		
22	225		1600	624		0.03462	1	20.5	88.4		
	250	500							89.5		
21	180		1200	511		0.05642	1.6	35.5	86.3		
	200	400							87.5		
32	406		1100	1098	6000	0.01362	0.39	19	91.3	52	3490
	450	750							92.1		
Z4-355-32	320		1600	877		0.02153	0.7	24.3	89.9		
	355	600							91		
32	284		1500	789		0.0293	0.91	18.5	88.3		
	315	500							89.5		
31	197		1200	559		0.04957	1.3	34.6	86.6		
	220	400							88.4		
Z4-355-42	361		1300	985	6500	0.01836	0.64	29.6	90.5	60	3840
	400	600							91.2		
	320		1200	882		0.02361	0.76	17.7	88.9		
	355	500							89.2		
	225		1200	627		0.0358	1.2	17.7	87.5		
	250	400							88.8		

第18篇

续表

型号	额定功率 P_N /kW	额定转速 /r·min⁻¹ 440V	弱磁转速 n_F /r·min⁻¹	电枢电流 I_N /A	励磁功率 P_F /W	电枢回路电阻 R (20℃)/Ω	电枢回路电感 L_A /mH	磁场电感 L_F /H	效率 /%	转动惯量 J /kg·m²	质量 /kg
22	435		1400	1175	5700	0.0139	0.33	7.85	90.8	74	4500
	475	750							92		
Z4-400-21	235		1200	675		0.0497	1	7.3	84.8		
	260	400							86.3		
21	180		900	537		0.0804	1.6	7.44	81.8		
	200	300							83.1		
32	500		1400	1340	6400	0.0112	0.3	9.57	91.2	84	4900
	530	750							92.4		
32	400		1300	1083		0.0162	0.35	4.51	89.9		
	450	600							91.1		
Z4-400-32	344		1300	952		0.0248	0.58	6	88.1		
	380	500							89.5		
31	270		1200	768		0.03821	0.82	6.11	86		
	280	400							87.5		
31	208		900	611		0.0659	1.5	5.89	82.8		
	220	300							84		
42	435		1300	1175	7100	0.0134	0.32	5.54	90.8	94	5300
	475	600							92		
42	390		1400	1070		0.0201	0.47	6.86	88.6		
	400	500							90		
Z4-400- 41	316		1200	880		0.0274	0.73	5.41	87.7		
	355	400							89		
41	235		900	676		0.0508	1.2	5.38	84		
	250	300							85.3		
22	472		1200	1286	6500	0.0133	0.29	10.2	90.8	138	5600
	520	600							92.1		
22	408		1400	1114		0.0159	0.41	7.99	90		
	450	500							91.3		
Z4-450- 22	362		1200	1010		0.0232	0.61	5.79	88.1		
	400	400							89.4		
21	253		900	720		0.0415	1	5.82	85.8		
	280	300							87.1		

第18篇

续表

型号	额定功率 P_N /kW	额定转速 /r·min^{-1} 440V	弱磁转速 n_F /r·min^{-1}	电枢电流 I_N /A	励磁功率 P_F /W	电枢回路电阻 R (20℃)/Ω	电枢回路电感 L_A /mH	磁场电感 L_F /H	效率 /%	转动惯量 J /kg·m^2	质量 /kg
32	500		1200	1358	7100	0.0134	0.30	19.6	90.8	156	6000
	530	600							91.9		
32	453		1300	1228		0.0145	0.32	7.36	90		
	475	500							91.4		
Z4-450-32	408		1200	1130		0.0205	0.53	7.17	88.5		
	450	400							89.7		
32	309		900	875		0.0342	0.83	4.8	85.9		
	315	300							87.1		
31	200		600	595		0.0751	1.9	9.09	81.3		
	220	200							82.6		
42	545		1100	1492	7800	0.0134	0.51	28.2	90.3	174	6700
	600	600							91.5		
42	500		1100	1367		0.0145	0.43	18.6	90		
	530	500							91.3		
Z4-450-42	453		1200	1254		0.0178	0.42	5.85	88.9		
	475	400							89.8		
42	345		900	972		0.0275	0.81	5.62	86.8		
	355	300							88.1		
41	235		600	698		0.0612	1.7	5.73	81.7		
	250	200							83		

注：1. 电动机工作制为S1，防护等级为IP21S或IP23，冷却方法为IC06或IC17。

2. 电动机有调磁、调压两种调速方式，降低电枢电压调速时，为恒转矩。

3. 电动机的励磁方式为他励，励磁电压为180V，启动他励电动机时，需在接通电枢回路之前接通磁场线圈至额定电压，停车时先切断电枢回路，然后断开磁场电路，避免在启动和停车时因弱磁引起过速。额定电压为160V的电动机，在单相桥式整流供电时，需带电抗器工作，交流侧电压为220V。额定电压为440V时，供电变流器为三相全控桥式整流器，交流侧电压为380V。

4. 电压和转速接近额定值时，电动机能承受1.6倍转矩。恒功率弱磁向上调速时，不同规格可达到额定转速的1.0~3.8倍，恒转矩降低电枢电压、向下调速时，最低转速可达20r/min。

5. 本表数据取自南洋电机厂样本。

6. 生产厂：上海联合电机（集团）有限公司南洋电机厂，杭州恒力电机制造有限公司，重庆赛力盟电机责任有限公司。

IMB3 型式的安装及外形尺寸

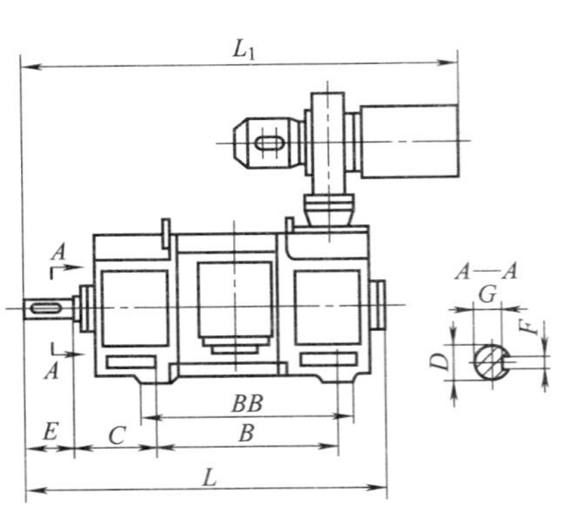

Z4－100～160

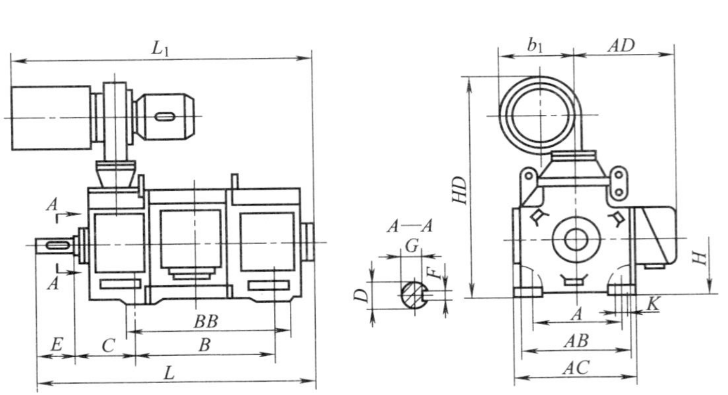

Z4－180～450

表 18-1-113

mm

机座号	安装尺寸									外形尺寸							
	A	B	C	D	E	F	G	H	K	AB	AC	AD	b_1	BB	L	L_1	HD
100-1	160	318	63±2.0	$24^{+0.009}_{-0.004}$	50	$8^{0}_{-0.036}$	$20^{0}_{-0.2}$	$100^{0}_{-0.5}$	$12^{+0.43}_{0}$	210	245	190	165	380	510	590	420
112/2-1	190	337.5	70±2.0	$28^{+0.009}_{-0.004}$	60	$8^{0}_{-0.036}$	$24^{0}_{-0.2}$	$112^{0}_{-0.5}$	$12^{+0.43}_{0}$	235	265	210	180	410	555	615	475
112/2-2		367.5												440	585	645	
112/4-1		347.5		$32^{+0.018}_{+0.002}$	80	$10^{0}_{-0.036}$	$27^{0}_{-0.2}$							420	585	645	
112/4-2		387.5												460	625	685	
132-1	216	355	89±2.0	$38^{+0.018}_{+0.002}$	80	$10^{0}_{-0.036}$	$33^{0}_{-0.2}$	$132^{0}_{-0.5}$	$12^{+0.43}_{0}$	270	305	245	220	435	630	825	550
132-2		405												485	690	875	
132-3		465												545	740	935	
160-11	254	411	108±3.0	$48^{+0.018}_{+0.002}$	110	$14^{0}_{-0.043}$	$42.5^{0}_{-0.2}$	$160^{0}_{-0.5}$	$15^{+0.43}_{0}$	330	360	295	240	495	755	965	640
160-21		451												535	795	1005	
160-22		516												600	860	1040	
160-31		501												585	845	1055	
160-32		566												650	910	1090	

续表

机座号	安装尺寸									外形尺寸							
	A	B	C	D	E	F	G	H	K	AB	AC	AD	b_1	BB	L	L_1	HD
180-11	279	436	121±3.0	$55^{+0.030}_{+0.011}$	110	$16^{0}_{-0.043}$	$49^{0}_{-0.2}$	$180^{0}_{-0.5}$	$15^{+0.43}_{0}$	370	400	305	310	530	805	1035	750
180-21		476												570	845	1075	
180-22		541												635	910	1140	
180-31		526												620	895	1125	
180-41		586												680	955	1185	
180-42		651												745	1020	1250	
200-11	318	566	133±3.0	$65^{+0.030}_{+0.011}$	140	$18^{0}_{-0.043}$	$58^{0}_{-0.2}$	$200^{0}_{-0.5}$	$19^{+0.52}_{0}$	410	440	365	310	660	990	1170	790
200-12		614												705	1035	1220	
200-21		606												700	1030	1210	
200-31		686												780	1110	1290	
200-32		734												825	1155	1340	
225-11	356	701	149±4.0	$75^{+0.030}_{+0.011}$	140	$20^{0}_{-0.052}$	$67.5^{0}_{-0.2}$	$225^{0}_{-0.5}$	$19^{+0.52}_{0}$	450	485	410	370	795	1150	1615	1000
225-21		751												845	1200	1665	
225-31		811												905	1260	1725	
250-11	406	715	168±4.0	$85^{+0.035}_{+0.013}$	170	$22^{0}_{-0.052}$	$76^{0}_{-0.2}$	$250^{0}_{-0.5}$	$24^{+0.52}_{0}$	500	535	440	370	815	1235	1657	1040
250-12		775												875	1295	1717	
250-21		765												865	1285	1707	
250-31		825												925	1345	1767	
250-41		895												995	1455	1837	
250-42		955												1055	1475	1897	
280-11	457	762	190±4.0	$95^{+0.035}_{+0.013}$	170	$25^{0}_{-0.052}$	$86^{0}_{-0.2}$	$280^{0}_{-1.0}$	$24^{+0.52}_{0}$	560	595	465	420	875	1325	1748	1140
280-21		822												935	1385	1808	
280-22		912												1025	1475	1898	
280-31		892												1005	1455	1878	
280-32		982												1095	1545	1968	
280-41		972												1085	1535	1958	
280-42		1062												1175	1625	2048	
315-11	508	887	216±4.0	$100^{+0.035}_{+0.013}$	210	$28^{0}_{-0.052}$	$90^{0}_{-0.2}$	$315^{0}_{-1.0}$	$28^{+0.52}_{0}$	630	665	500	430	1010	1545	1897	1310
315-12		977												1100	1635	1987	
315-21		967												1090	1625	1977	
315-22		1057												1180	1715	2067	
315-31		1057												1180	1715	2067	
315-32		1147												1270	1805	2157	
315-41		1157												1280	1815	2167	
315-42		1247												1370	1905	2257	
355-11	610	968	254±4.0	$110^{+0.035}_{+0.013}$	210	$28^{0}_{-0.052}$	$100^{0}_{-0.2}$	$355^{0}_{-1.0}$	$28^{+0.52}_{0}$	710	745	715	430	1105	1700	2010	1390
355-12		1058												1195	1790	2100	
355-21		1058												1195	1790	2100	
355-22		1148												1285	1880	2190	
355-31		1158												1295	1890	2200	
355-32		1248												1385	1980	2290	
355-42		1358												1495	2090	2400	

续表

机座号	安装尺寸									外形尺寸							
	A	*B*	*C*	*D*	*E*	*F*	*G*	*H*	*K*	*AB*	*AC*	*AD*	b_1	*BB*	*L*	L_1	*HD*
400-21	686	1039	280±4.0	$120^{+0.035}_{+0.013}$	210	$32^{\ 0}_{-0.062}$	$109^{\ 0}_{-0.2}$	$400^{\ 0}_{-1.0}$	$35^{+0.62}_{\ 0}$	790	830	750	600	1285	1812	1897	1620
400-22		1159												1405	1932	2017	
400-31		1129												1375	1902	1987	
400-32		1249												1495	2022	2107	
400-41		1229												1475	2002	2087	
400-42		1349												1595	2122	2207	
450-21	800	1151	315±4.0	$140^{+0.040}_{+0.015}$	250	$36^{\ 0}_{-0.062}$	$128^{\ 0}_{-0.3}$	$450^{\ 0}_{-1.0}$	$35^{+0.62}_{\ 0}$	890	924	800	600	1489	2034	2140	1720
450-22		1271												1609	2154	2260	
450-31		1251												1589	2134	2240	
450-32		1371												1709	2254	2360	
450-41		1361		$160^{+0.040}_{+0.015}$	300	$40^{\ 0}_{-0.062}$	$147^{\ 0}_{-0.3}$							1699	2294	2350	
450-42		1481												1819	2414	2470	

IBM35、IBM5、IMV1 和 IMV15 的安装及外形尺寸

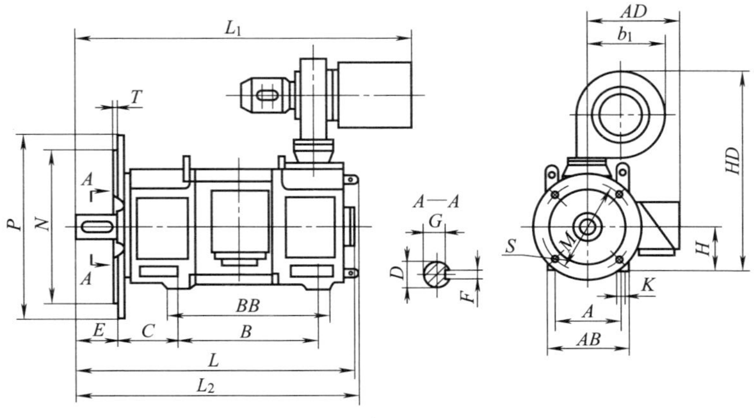

Z4-100～160

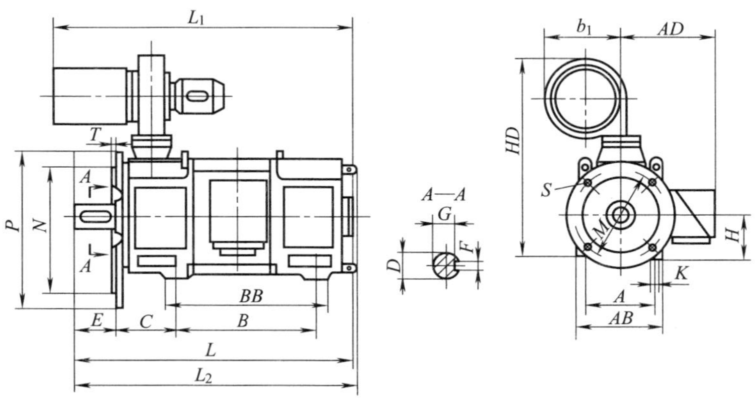

Z4-180～315

表 18-1-114

mm

机座号	安装尺寸														外形尺寸								
	A	B	C	D	E	F	G	H	K	M	N	S	孔数	T	P	AB	AD	b_1	BB	L	L_1	L_2	HD
100-1	160	318	63±2.0	$24^{+0.009}_{-0.004}$	50	$8^{0}_{-0.036}$	$20^{0}_{-0.2}$	$100^{0}_{-0.5}$	$12^{+0.43}_{0}$	215	$180^{+0.014}_{-0.011}$	$15^{+0.43}_{0}$	4	4	250	210	190	165	380	510	590	530	420
112/2-1	190	337.5	70±2.0	$28^{+0.009}_{-0.004}$	60	$8^{0}_{-0.036}$	$24^{0}_{-0.2}$	$112^{0}_{-0.5}$	$12^{+0.43}_{0}$	215	$180^{+0.014}_{-0.011}$	$15^{+0.43}_{0}$	4	4	250	235	210	180	410	555	615	575	475
112/2-2		367.5																	440	585	645	605	
112/4-1		347.5		$32^{+0.018}_{+0.002}$	80	$10^{0}_{-0.036}$	$27^{0}_{-0.2}$												420	585	645	605	
112/4-2		387.5																	460	625	685	645	
132-1	216	355	89±2.0	$38^{+0.018}_{+0.002}$	80	$10^{0}_{-0.036}$	$33^{0}_{-0.2}$	$132^{0}_{-0.5}$	$12^{+0.43}_{0}$	265	$230^{+0.016}_{-0.013}$	$15^{+0.43}_{0}$	4	4	300	270	245	220	435	630	825	650	550
132-2		405																	485	690	875	710	
132-3		465																	545	740	935	760	
160-11	254	411	108±3.0	$48^{+0.018}_{+0.002}$	110	$14^{0}_{-0.043}$	$42.5^{0}_{-0.2}$	$160^{0}_{-0.5}$	$15^{+0.43}_{0}$	300	$250^{+0.016}_{-0.013}$	$19^{+0.52}_{0}$	4	5	350	330	295	240	495	755	965	795	640
160-21		451																	535	795	1005	835	
160-22		516																	600	860	1040	900	
160-31		501																	585	845	1055	885	
160-32		566																	650	910	1090	950	
180-11	279	436	121±3.0	$55^{+0.030}_{+0.011}$	110	$16^{0}_{-0.043}$	$49^{0}_{-0.2}$	$180^{0}_{-0.5}$	$15^{+0.43}_{0}$	350	300±0.016	$19^{+0.52}_{0}$	4	5	400	370	305	310	530	805	1035	855	750
180-21		476																	570	845	1075	895	
180-22		541																	635	910	1140	960	
180-31		526																	620	895	1125	945	
180-41		586																	680	955	1185	1005	
180-42		651																	745	1020	1250	1070	
200-11	318	566	133±3.0	$65^{+0.030}_{+0.011}$	140	$18^{0}_{-0.043}$	$58^{0}_{-0.2}$	$200^{0}_{-0.5}$	$19^{+0.52}_{0}$	400	350±0.018	$19^{+0.52}_{0}$	8	5	450	410	365	310	660	990	1170	1040	790
200-12		614																	705	1035	1220	1085	
200-21		606																	700	1035	1210	1080	
200-31		686																	780	1110	1290	1160	
200-32		734																	825	1155	1340	1205	

续表

机座号	安装尺寸														外形尺寸								
	A	B	C	D	E	F	G	H	K	M	N	S	孔数	T	P	AB	AD	b_1	BB	L	L_1	L_2	HD
225-11		701																	795	1150	1615	1200	
225-21	356	751	149±4.0	$75^{+0.030}_{+0.011}$	140	$20^{0}_{-0.052}$	$67.5^{0}_{-0.2}$	$225^{0}_{-0.5}$	$19^{+0.52}_{0}$	500	450±0.020	$19^{+0.52}_{0}$	8	5	550	450	410	370	845	1200	1665	1250	1000
225-31		811																	905	1260	1725	1310	
250-11		715																	815	1235	1650	1295	
250-12		775																	875	1295	1710	1355	
250-21	406	765	168±4.0	$85^{+0.035}_{+0.013}$	170	$22^{0}_{-0.052}$	$76^{0}_{-0.2}$	$250^{0}_{-0.5}$	$24^{+0.52}_{0}$	600	500±0.022	$24^{+0.52}_{0}$	8	6	660	500	440	370	865	1285	1700	1345	1040
250-31		825																	925	1345	1760	1405	
250-41		895																	995	1455	1830	1515	
250-42		955																	1055	1475	1890	1535	
280-11		762																	875	1325	1748	1390	
280-21		822																	935	1385	1808	1450	
280-22		912																	1025	1475	1898	1540	
280-31	457	892	190±4.0	$95^{+0.035}_{+0.013}$	170	$25^{0}_{-0.052}$	$86^{0}_{-0.2}$	$280^{0}_{-1.0}$	$24^{+0.52}_{0}$	600	550±0.022	$24^{+0.52}_{0}$	8	6	660	560	465	420	1005	1455	1878	1520	1140
280-32		982																	1095	1545	1968	1610	
280-41		972																	1085	1535	1958	1600	
280-42		1062																	1175	1625	2048	1690	
315-11		887																	1010	1545	1897	1620	
315-12		977																	1100	1635	1987	1710	
315-21		967																	1090	1625	1977	1700	
315-22	508	1057	216±4.0	$100^{+0.035}_{+0.013}$	210	$28^{0}_{-0.052}$	$90^{0}_{-0.2}$	$315^{0}_{-1.0}$	$28^{+0.52}_{0}$	740	680±0.025	$24^{+0.52}_{0}$	8	6	800	620	497	430	1180	1715	2067	1790	1310
315-31		1057																	1080	1715	2067	1790	
315-32		1147																	1270	1805	2157	1880	
315-41		1157																	1280	1815	2167	1890	
315-42		1247																	1370	1905	2257	1980	

注：1. L_2 尺寸为立式安装 IMV1 及 IMV15 型的电动机总长（不包括外鼓风机）。

2. IMB5 型制造到机座号中心高 200mm。

4.11.2 测速发电机

表 18-1-115　　ZCF 系列大功率直流测速发电机技术数据

型号	额定							质量 /kg
	功率 /W	转速 /r·min^{-1}	电压 /V	电流 /A	励磁方式	励磁电压 /V	励磁电流 /A	
ZCF-11	50	2000	30	1.67	他励	220	0.29	30
ZCF-11	150	1500	230	0.65	他励	220	0.29	30
ZCF-11	150	1500	230	0.65	他励	110	0.50	30
ZCF-11	150	1500	115	1.31	他励	220	0.29	30
ZCF-11	150	1500	115	1.31	他励	110	0.50	30
ZCF-11	200	3000	230	0.87	他励	220	0.23	30
ZCF-11	200	3000	230	0.87	他励	110	0.38	30
ZCF-11	200	3000	115	1.74	他励	220	0.23	30
ZCF-11	200	3000	115	1.74	他励	110	0.38	30
ZCF-12	150	1000	230	0.65	他励	220	0.33	35
ZCF-12	150	1000	230	0.65	他励	110	0.65	35
ZCF-12	150	1000	115	1.31	他励	220	0.33	35
ZCF-12	150	1000	115	1.31	他励	110	0.65	35
ZCF-12	300	1500	230	1.31	他励	220	0.33	35
ZCF-12	300	1500	230	1.31	他励	110	0.65	35
ZCF-12	300	1500	115	2.61	他励	220	0.33	35
ZCF-12	300	1500	115	2.61	他励	110	0.65	35
ZCF-21	150	750	230	0.65	他励	220	0.40	50
ZCF-21	150	750	230	0.65	他励	110	0.65	50
ZCF-21	150	750	115	1.31	他励	220	0.40	50
ZCF-21	150	750	115	1.31	他励	110	0.65	50
ZCF-21	300	1000	230	1.31	他励	220	0.40	50
ZCF-21	300	1000	230	1.31	他励	110	0.65	50
ZCF-21	300	1000	115	2.61	他励	220	0.35	50
ZCF-21	300	1000	115	2.61	他励	110	0.65	50
ZCF-21	500	1500	230	2.18	他励	220	0.40	50
ZCF-21	500	1500	230	2.18	他励	110	0.70	50
ZCF-21	500	1500	115	4.35	他励	220	0.38	50
ZCF-21	500	1500	115	4.35	他励	110	0.70	50
ZCF-22	150	600	230	0.65	他励	220	0.40	55
ZCF-22	150	600	230	0.65	他励	110	0.70	55
ZCF-22	150	600	115	1.31	他励	220	0.40	55
ZCF-22	150	600	115	1.31	他励	110	0.70	55
ZCF-22	300	750	230	1.31	他励	220	0.40	55
ZCF-22	300	750	230	1.31	他励	110	0.80	55
ZCF-22	300	750	115	2.61	他励	220	0.40	55
ZCF-22	300	750	115	2.61	他励	110	0.76	55
ZCF-22	500	1000	230	2.18	他励	220	0.44	55
ZCF-22	500	1000	230	2.18	他励	110	0.85	55
ZCF-22	500	1000	115	4.35	他励	220	0.44	55
ZCF-22	500	1000	115	4.35	他励	110	0.85	55
ZCF-22	700	1500	230	3.05	他励	220	0.40	55

续表

型 号	额 定							质 量 /kg
	功 率 /W	转 速 /r·min^{-1}	电 压 /V	电 流 /A	励磁方式	励磁电压 /V	励磁电流 /A	
ZCF-22	700	1500	230	3.05	他励	110	0.80	55
ZCF-22	700	1500	115	6.10	他励	220	0.40	55
ZCF-22	700	1500	115	6.10	他励	110	0.80	55

注：1. ZCF 系列大功率直流测速发电机为自冷他励直流发电机，在恒定的励磁电流下，电枢的输出电压与电机的转速成正比，其输出电压的线性偏差不大于 1.2%，在正反两个方向旋转时输出电压不对称度不大于 1.2%。

2. 本系列电机均为连续工作制，适用于稳速系统及具有宽调速要求的同步传动系统中，作速度反馈元件和测速用。

3. 使用条件：最高环境温度不超过 50℃，空气相对湿度为 95%（20℃时），海拔不超过 1000m。绝缘等级为 E 级。

4. 生产厂：博山电机厂集团股份有限公司。

ZCF 系列大功率直流测速发电机外形及安装尺寸

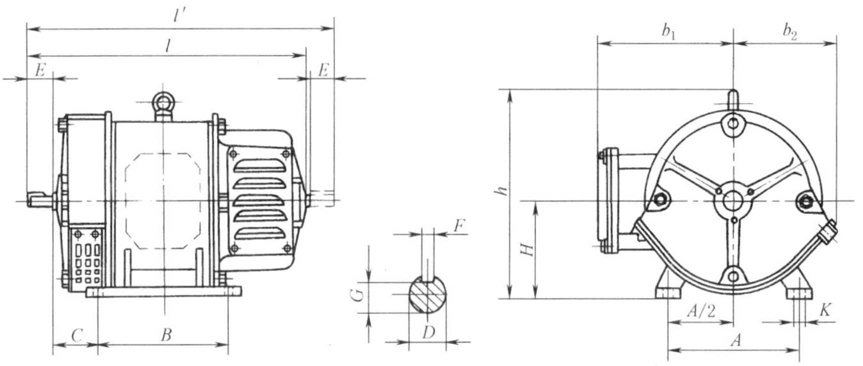

表 18-1-116 mm

型 号	安装尺寸						
	A	A/2	B	C	D	E	F
ZCF-11 ZCF-12	145±0.7	72.5±0.5	155±0.7 175±0.7	80.5±1.5	$14^{+0.014}_{+0.002}$	30	$4^{-0.010}_{-0.055}$
ZCF-21 ZCF-22	200±1.5	100±0.7	180±1.05 205±1.05	73±1.5	$18^{+0.014}_{+0.002}$	40	$4^{-0.010}_{-0.055}$

型 号	安装尺寸			外形尺寸				
	G	H	K	b_1	b_2	h	l	l'
ZCF-11 ZCF-12	$11.5^{0}_{-0.120}$	$112^{+0.5}_{0}$	$12^{+0.43}_{0}$	180	117	215	390 410	420 440
ZCF-21 ZCF-22	$14.8^{0}_{-0.120}$	$140^{+0.5}_{0}$	$15^{+0.43}_{0}$	215	155	305	425 450	470 495

表 18-1-117　　CYB 永磁直流测速发电机技术数据

型　号	最大输出功　率 /W	输出功率 /V·(kr/min)$^{-1}$	额定电流 /A	直流电阻 /Ω	线性误差 /%	输出电压不对称度 /%	纹波系数(有效值) /%	最大线性工作转速 /r·min^{-1}
75CYB01	14.4	60	0.08	110	≤0.5	≤0.5	≤0.5	3000
75CYB01A	1.7	60	0.028	110	≤0.5	≤0.5	≤0.5	1000
75CYB02	24.75	110	0.09	402	≤0.5	≤0.5	≤0.5	2500
130CYB	25	100	0.125	39.5	≤0.5	≤0.5	≤0.5	2000
130CYB01S	25	100	0.125	39.5	≤0.5	≤0.5	≤0.5	2000
130CYB03S	25	60	0.4	15	≤0.5	≤0.5	≤0.5	1000
130CYB04S	25	120	0.2	61	≤0.5	≤0.5	≤0.5	1000
170CYB01	50	100	0.2	5.7	≤0.5	≤0.5	≤0.5	2500
170CYB02	20	100	0.2	50.1	≤0.5	≤1.0	≤0.5	1000
170CYB02B	20	100	0.2	50.1	≤0.5	≤1.0	≤0.5	1000
170CYB02S	20	100	0.2	50.1	≤0.5	≤1.0	≤0.5	1000
170CYB03S	40	150	0.333	10.4	≤0.5	≤0.5	≤0.5	800
170CYB04	50	200	0.25	19.5	≤0.5	≤0.5	≤0.5	1000
170CYB05	50	60	0.8	2	≤0.5	≤0.5	≤0.5	1000
192CYB	30	100	0.15	5.4	≤0.5	≤1.0	≤0.5	2000

注：1. CYB 系列永磁直流测速发电机带温度补偿，可用于数控装置的速度控制和普通速度指示用，具有较高的精度。

2. 环境温度在 0~55℃范围内变化时，空载输出电压变化不大于 0.05%/10℃，具有很高的稳定性。

3. 西安微电机研究所还生产 CYD 系列永磁式低速直流测速发电机，其单位转速输出电压为 0.01~16V/(r·min^{-1})，符合 GB/T 4997—2008。

4. 生产厂：西安微电机研究所，成都精密电机厂。

CYB 永磁直流测速发电机外形及安装尺寸

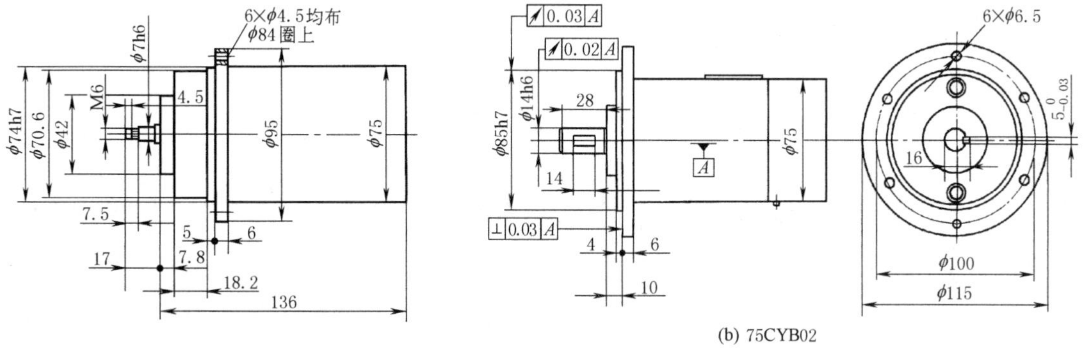

(a) 75CYB01　　(b) 75CYB02

图 18-1-8

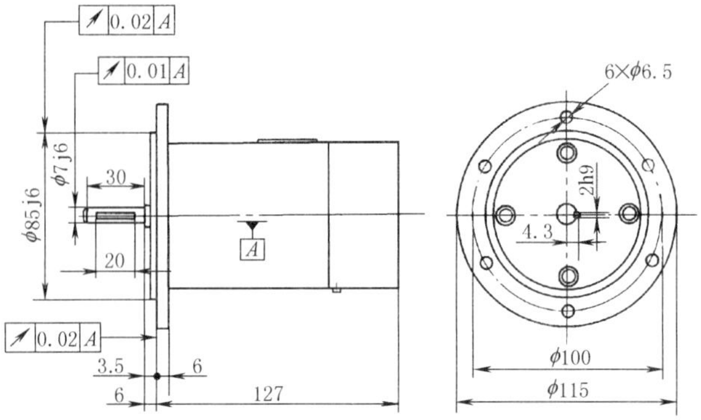

(c) 75CYB01A

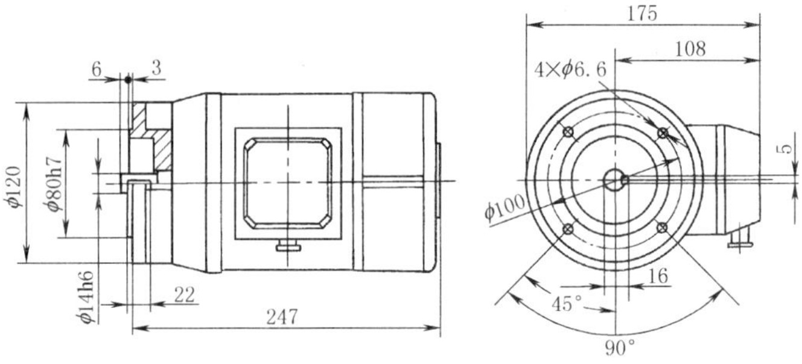

(d) 130CYB

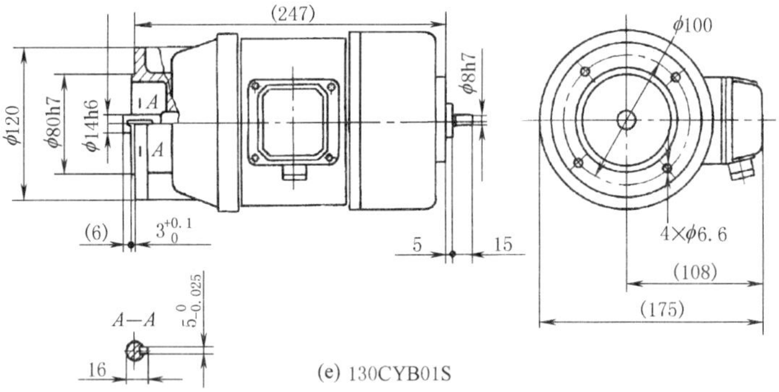

(e) 130CYB01S

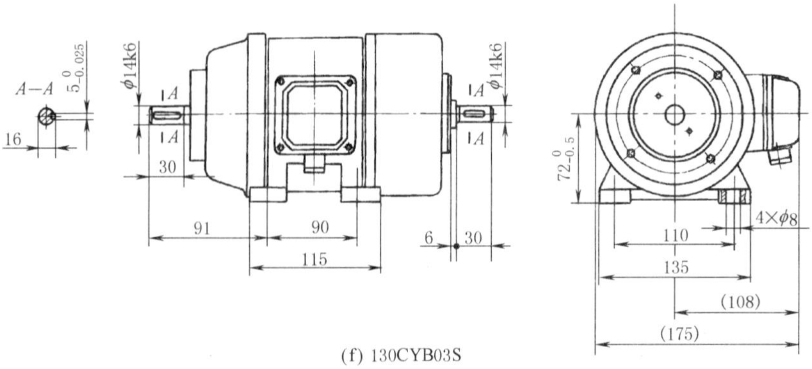

(f) 130CYB03S

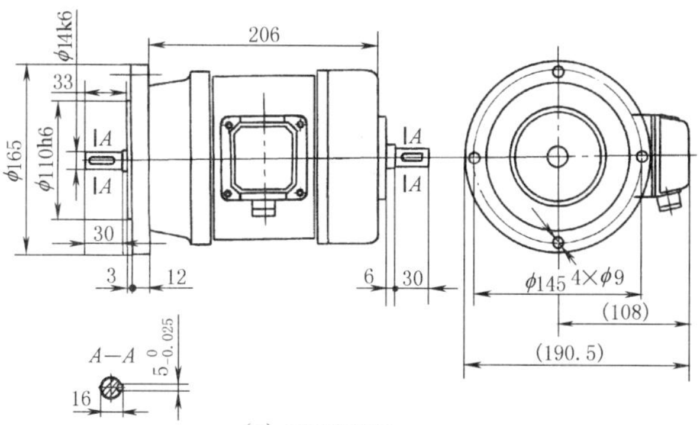

(g) 130CYB04S

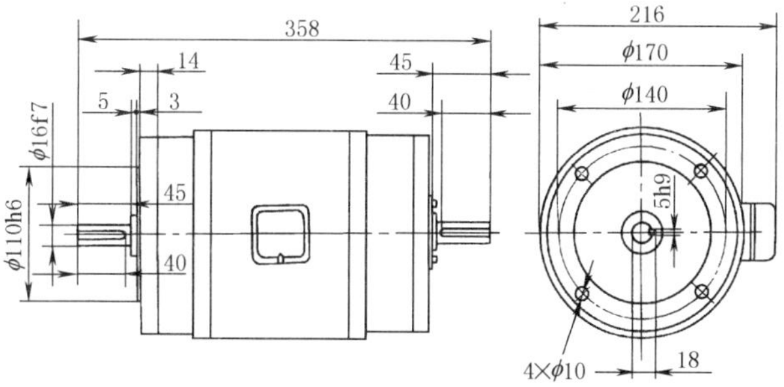

(h) 170CYB01

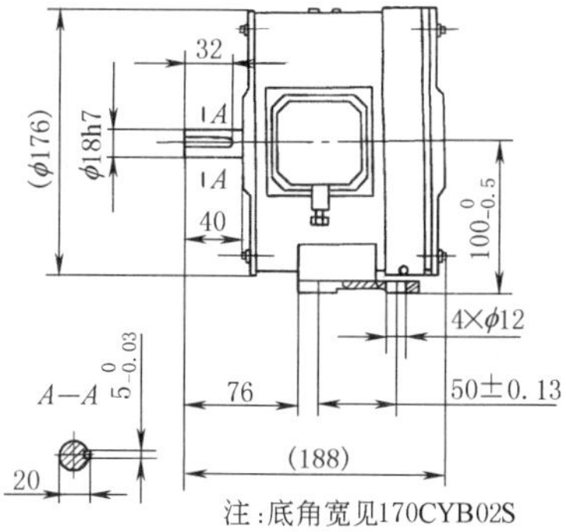

注:底角宽见170CYB02S

(i) 170CYB02

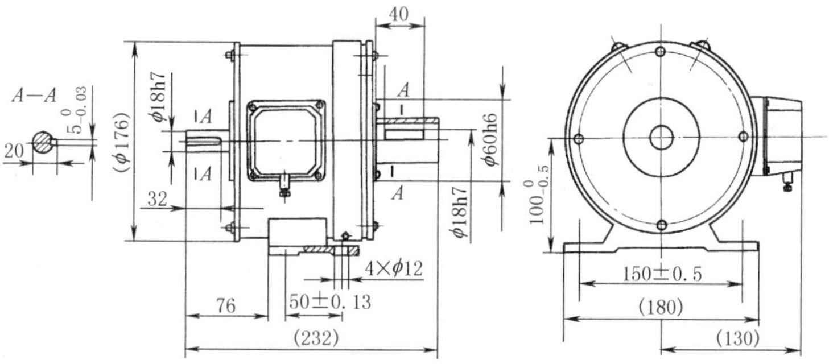

(j) 170CYB02B

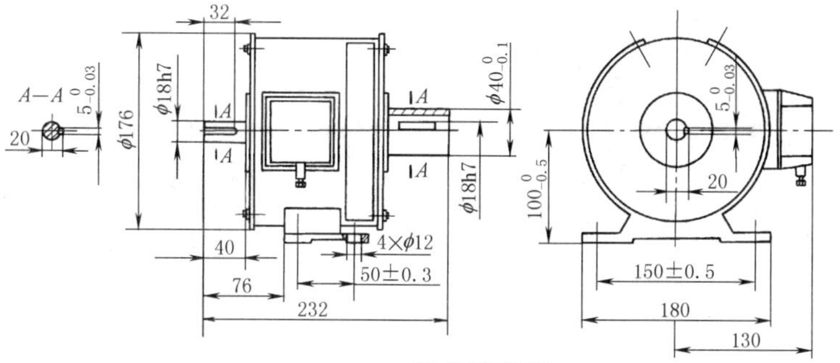

(k) 170CYB02S

图 18-1-8

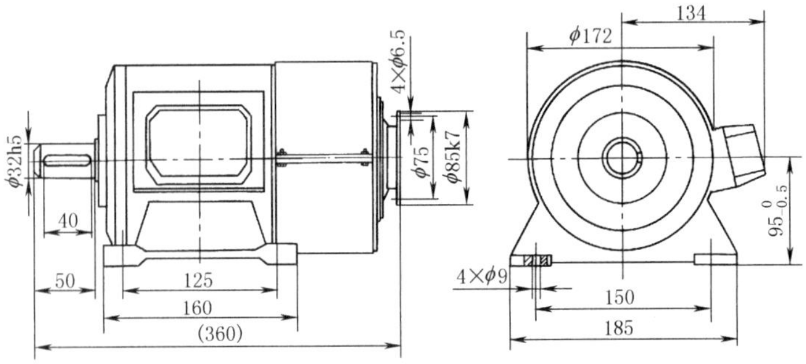

(l) 170CYB03S

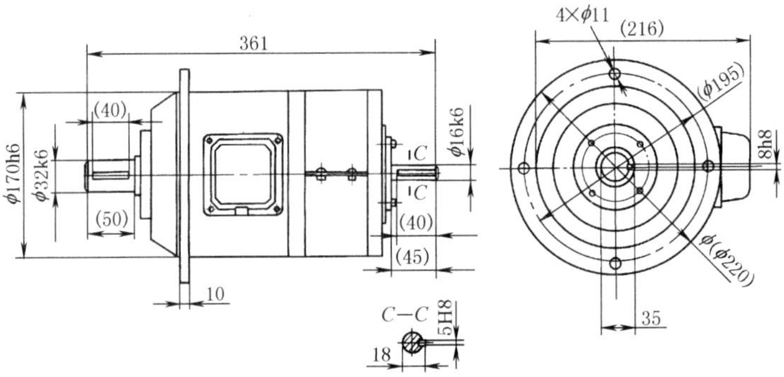

(m) 170CYB04

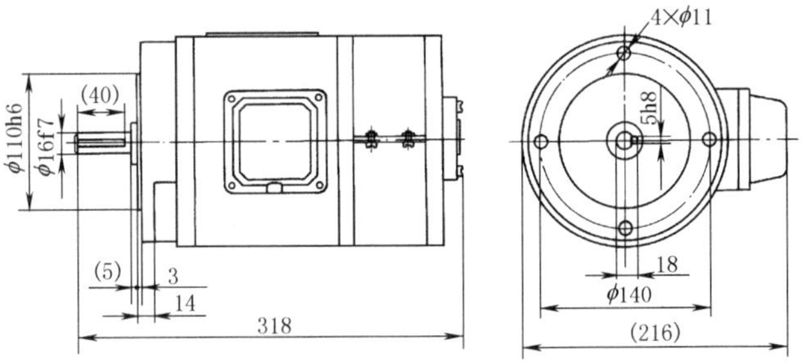

(n) 170CYB05

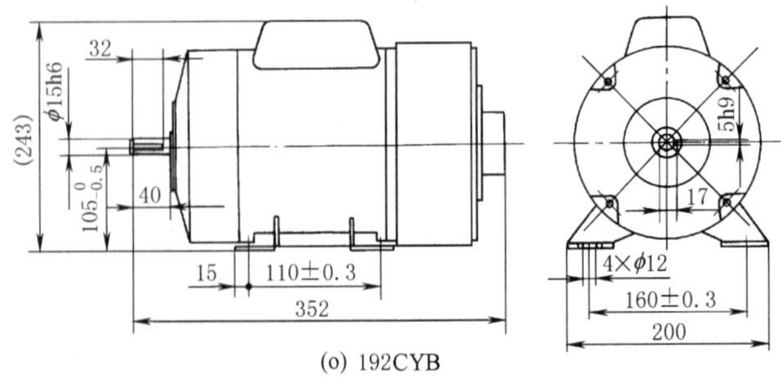

(o) 192CYB

4.12 控制电动机

控制电动机主要用来完成控制信号的传递和变换，输入脉冲信号转化为转矩、转速以驱动控制对象，实现按要求精确运行。要求控制电机技术性能稳定可靠、动作灵敏、精度高、体积小、重量轻、耗电少。在现代数字化、智能化的自动控制生产中，控制电动机得到广泛应用。控制电动机类型很多，小功率的多使用直流伺服电机；中、大功率者多用交流伺服电机；对成本敏感的多用有刷直流感应伺服电机；对性能要求高的、长期使用的多用无刷直流伺服机或永磁交流同步伺服机。步进电机用于开环伺服系统，不设检测与反馈装置，多用于精度、速度不高的设备。本节仅编入伺服电动机和步进电动机中少数几个产品。

4.12.1 MINAS A4 系列交流伺服电动机

(1) 特点与应用

① 本系列是永磁交流伺服电动机，无电刷和换向器，工作可靠，维护保养方便，体积小，重量轻，惯量小，响应快，精度高，能适应高速大转矩工作。

② 根据负载惯量变化，与自适应滤波器配合，从低刚性到高刚性都可以自动调整增益。

③ 能高速高响应，速度响应频率最高达 1kHz，无论易产生共振的机械（如传送带），还是高刚性的丝杆传动，均可以高性能自动响应，实现高速定位。

④ 低振动，可以自动调整陷波滤波器的频率，可控制机械不稳定及共振引发的噪声。

⑤ 可多种控制方式，输入模拟电压实现速度控制，输入脉冲信号可实现位置控制和方向控制。具有全闭环控制功能，提高系统精度，可配用多种编码器，适应各种需要。

⑥ 电机防护等级达 IP65，环境适应性强。

广泛用于数控机床、机器人、轻工机械、纺织机械、医疗器械、自动化生产线等有精确调速、定位及运动轨迹要求的场合。国内已制订“永磁交流伺服电动机通用技术条件”标准，见 JB/T 10183—2000。

生产厂家与供应商：日本松下电器产业株式会社，北京北成新控伺服技术有限公司。

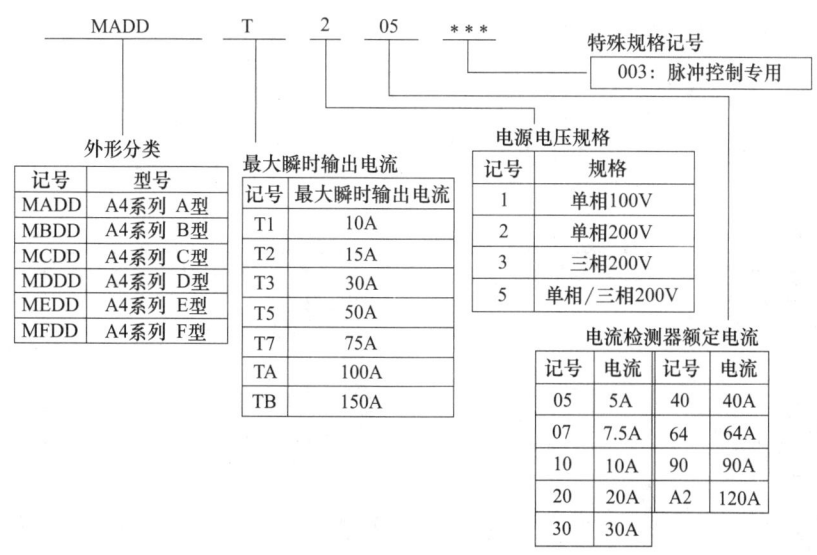

(2) 型号含义

驱动器型号含义：

MADD　T　2　05　***

特殊规格记号

003：脉冲控制专用

外形分类

记号	型号
MADD	A4系列 A型
MBDD	A4系列 B型
MCDD	A4系列 C型
MDDD	A4系列 D型
MEDD	A4系列 E型
MFDD	A4系列 F型

最大瞬时输出电流

记号	最大瞬时输出电流
T1	10A
T2	15A
T3	30A
T5	50A
T7	75A
TA	100A
TB	150A

电源电压规格

记号	规格
1	单相100V
2	单相200V
3	三相200V
5	单相/三相200V

电流检测器额定电流

记号	电流	记号	电流
05	5A	40	40A
07	7.5A	64	64A
10	10A	90	90A
20	20A	A2	120A
30	30A		

电动机型号含义：

MSMD 5A Z P 1 U * *

记号	类型
MAMA	超小惯量
MSMD	小惯量
MQMA	小惯量
MSMA	小惯量
MDMA	中惯量
MGMA	中惯量
MFMA	中惯量
MHMD	大惯量
MHMA	大惯量

电机额定功率

记号	额定功率	记号	额定功率
5A	50W	15	1.5kW
01	100W	20	2.0kW
02	200W	25	2.5kW
04	400W	30	3.0kW
05	500W	40	4.0kW
08	750W	45	4.5kW
09	900W	50	5.0kW
10	1.0kW	60	6.0kW
		75	7.5kW

电压规格

记号	规格
1	100V
2	200V
Z	100V/200V通用

编码器规格

记号	方式	脉冲数	分辨率	线数
P	增量式	2500p/r	10000	5
S	增量式/绝对式通用	17bit	131072	7

设计序号

1:标准型

特殊规格

电机结构

MSMD、MQMA、MHMD

记号	轴		保持制动器		油封
	直轴	键轴	有	无	有
C	●			●	●
D	●		●		●
U		●		●	●
V		●	●		●

(U、V:轴端带螺纹孔)

MSMA、MDMA、MGMA、MFMA、MHMA

记号	轴		保持制动器		油封
	直轴	键轴	有	无	有
C	●			●	●
D	●		●		●
G		●		●	●
H		●	●		●

MAMA

记号	轴		保持制动器		油封
	直轴	键轴	有	无	无
A	●			●	●
B	●		●		●
E		●		●	●
F		●	●		●

MSMD 系列

(3) 电机规格与尺寸

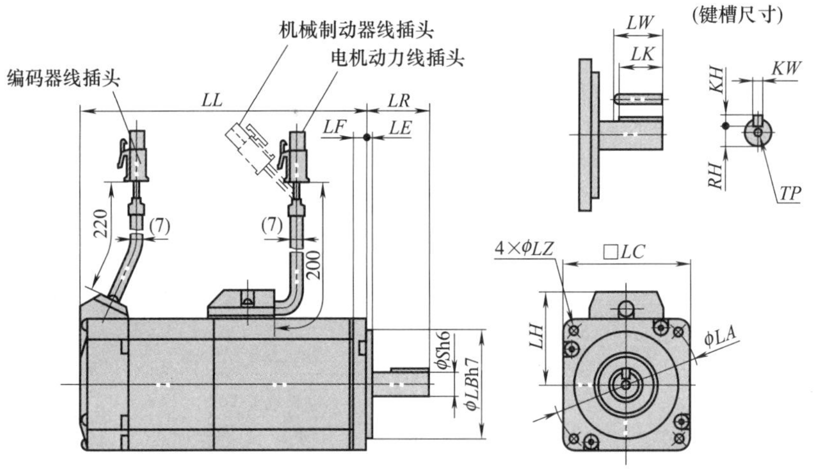

表 18-1-118

伺服电机系列		MSMD				
额定输出功率		50W	100W	200W	400W	750W
适配驱动器型号		MADDT1205		MADDT1207	MBDDT2210	MCDDT3520
外形分类		A 型			B 型	C 型
额定转矩/N·m		0.16	0.32	0.64	1.3	2.4
最大转矩/N·m		0.48	0.95	1.91	3.8	7.1
额定转速/最高转速/(r/min)		3000/5000				3000/4500
电机惯量 /($\times10^{-4}$kg·m^2)	无制动器	0.025	0.051	0.14	0.26	0.87
	有制动器	0.027	0.054	0.16	0.28	0.97
变压器容量/kVA		0.3	0.3	0.5	0.9	1.3
编码器		17 位(分辨率:131072),7 线制增量式/绝对式;2500p/r(分辨率:10000),5 线制增量式				

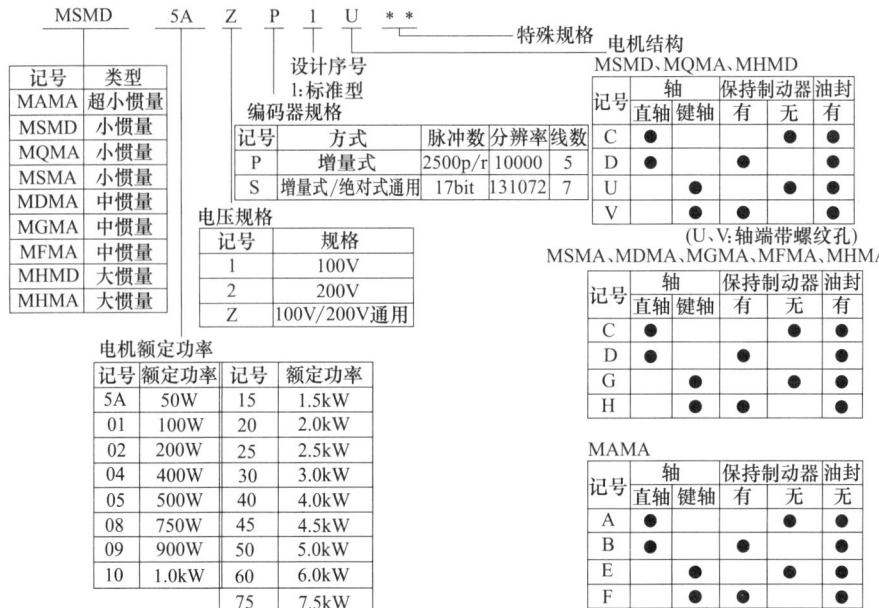

续表

环境要求		温度:工作 0~55℃,保存-20~80℃;湿度:工作/保存≤90%RH(无结露);海拔≤1,000 米;振动≤5.88m/s², 10~60Hz				
质量/kg(制动器:无/有)		0.32/0.53	0.47/0.68	0.82/1.3	1.2/1.7	2.3/3.1
LL	2500p/r,无制动器	72	92	79	98.5	112
	2500p/r,有制动器	102	122	115.5	135.5	149
	17 位,无制动器	72	92	79	98.5	112
	17 位,有制动器	102	122	115.5	135.5	149
LR		25	25	30	30	35
S		8	8	11	14	19
LA		45	45	70	70	90
LB		30	30	50	50	70
LC		38	38	60	60	80
LD		—	—	—	—	—
LE		3	3	3	3	3
LF		6	6	6.5	6.5	8
LG		—	—	—	—	—
LH		32	32	43	43	53
LN		26.5	46.5	—	—	—
LZ		3.4	3.4	4.5	4.5	6
键	*LW*	14	14	20	25	25
	LK	12.5	12.5	18	22.5	22
	KW	3h9	3h9	4h9	5h9	6h9
	KH	3	3	4	5	6
	RH	6.2	6.2	8.5	11	15.5
	TR	M3 深 6	M3 深 6	M4 深 8	M5 深 10	M5 深 10

MQMA 系列

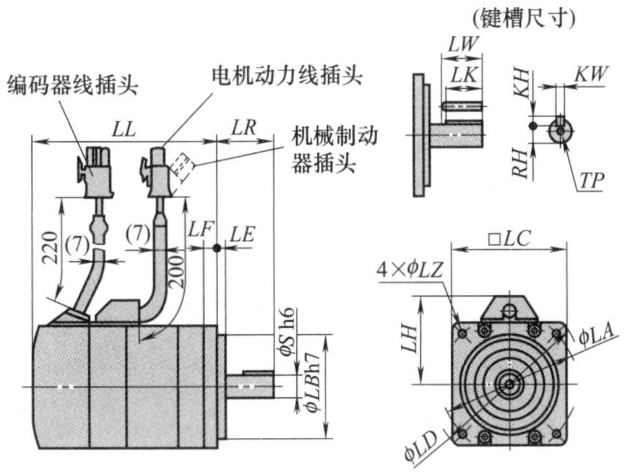

MHMD 系列

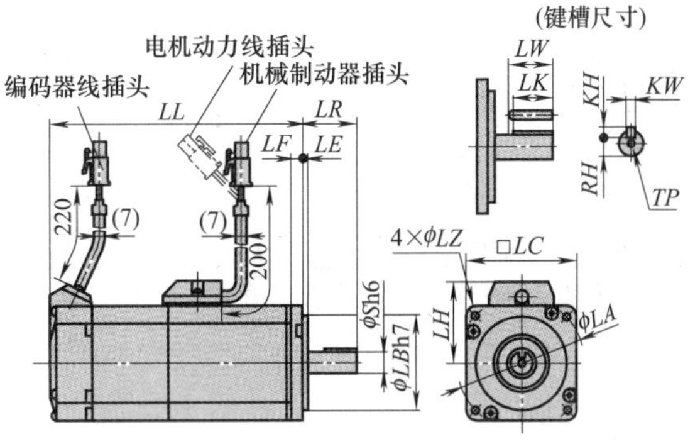

表 18-1-119

伺服电动机系列	MQMA			MHMD		
额定输出功率	100W	200W	400W	200W	400W	750W
适配驱动器型号	MADDT1205	MADDT1207	MBDDT2210	MADDT1207	MBDDT2210	MCDDT3520
外形分类	A 型	A 型	B 型	A 型	B 型	C 型
额定转矩/N·m	0.32	0.64	1.3	0.64	1.3	2.4
最大转矩/N·m	0.95	1.91	3.82	1.91	3.8	7.1
额定转速/最高转速/(r/min)	3000/5000			3000/5000		3000/4500

续表

电机惯量 /(×10^{-4}kg·m^2)	无制动器	0.09(0.10)	0.34(0.35)	0.64(0.65)	0.42	0.67	1.51
	有制动器	0.12(0.13)	0.42(0.43)	0.72(0.73)	0.45	0.70	1.61
变压器容量/kVA		0.4	0.5	1.0	0.5	0.9	1.3
编码器		17位(分辨率:131072),7线制增量式/绝对式:2500p/r(分辨率:10000),5线制增量式					
环境要求		温度:工作0~55℃,保存-20~80℃;湿度:工作/保存≤90%RH(无结露);海拔≤1,000米;振动≤5.88 m/s^2,10~60Hz					
质量/kg	2500p/r,无制动器	0.65	1.3	1.8	0.96	1.4	2.5
	2500p/r,有制动器	0.90	2.0	2.5	1.4	1.8	3.3
	17位,无制动器	0.75	1.4	1.9	0.96	1.4	2.5
	17位,有制动器	1.0	2.1	2.6	1.4	1.8	3.3
LL	2500p/r,无制动器	60	67	82	98.5	118	127
	2500p/r,有制动器	84	99.5	114.5	135	154.5	164
	17位,无制动器	87	94	109	98.5	118	127
	17位,有制动器	111	126.5	141.5	135	154.5	164
LR		25	30	30	30	30	35
S		8	11	14	11	14	19
LA		70	90	90	70	70	90
LB		50	70	70	50	50	70
LC		60	80	80	60	60	80
LD		—	—	—	—	—	—
LE		3	5	5	3	3	3
LF		7	8	8	6.5	6.5	8
LG		—	—	—	—	—	—
LH		43	53	53	43	43	53
LN		—	—	—	—	—	—
LZ		4.5	5.5	5.5	4.5	4.5	6
键	*LW*	14	20	25	20	25	25
	LK	12.5	18	22.5	18	22.5	22
	KW	3h9	4h9	5h9	4h9	5h9	6h9
	KH	3	4	5	4	5	6
	RH	6.2	8.5	11	8.5	11	15.5
	TP	M3深6	M4深8	M5深10	M4深8	M5深10	M5深10

注:()内表示17位编码器的电机惯量。

MSMA 系列

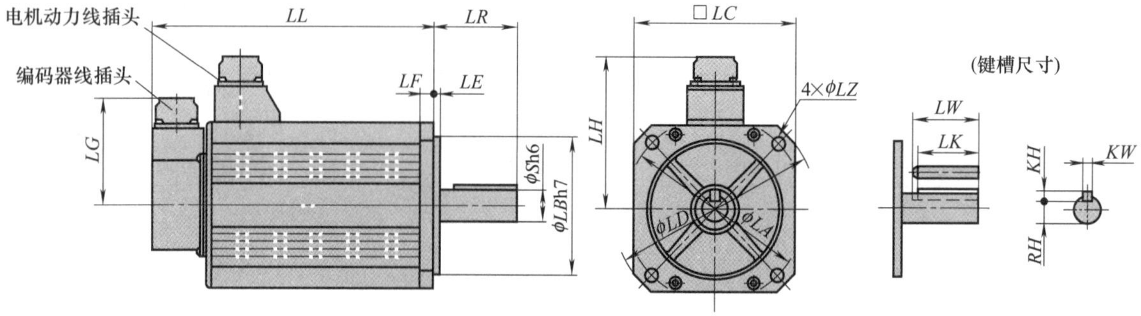

表 18-1-120

伺服电动机系列		MSMA					
额定输出功率		1.0kW	1.5kW	2.0kW	3.0kW	4.0kW	5.0kW
适配驱动器型号		MDDDT5540		MEDDT7364	MFDDTA390	MFDDTB3A2	
外形分类		D 型		E 型	F 型		
额定转矩/N·m		3.18	4.77	6.36	9.54	12.6	15.8
最大转矩/N·m		9.5	14.3	19.1	28.6	37.9	47.6
额定转速/最高转速/(r/min)		3000/5000				3000/4500	
电机惯量/(×10^{-4}kg·m^2)	无制动器	1.69	2.59	3.46	6.77	12.7	17.8
	有制动器	1.88	2.84	3.81	7.45	14.1	19.7
变压器容量/kVA		1.8	2.3	3.3	4.5	6.0	7.5
编码器		17 位(分辨率:131072),7 线制增量式/绝对式;2500p/r(分辨率:10000),5 线制增量式					
环境要求		温度:工作 0~55℃,保存-20~80℃;湿度:工作/保存≤90%RH(无结露);海拔≤1,000 米;振动≤5.88m/s^3,10~60Hz					
质量/kg(制动器:无/有)		4.5/5.1	5.1/6.5	6.5/7.9	9.3/11.0	12.9/14.8	17.3/19.2
LL	2500p/r,无制动器	175	180	205	217	240	280
	2500p/r,有制动器	200	205	230	242	265	305
	17 位,无制动器	175	180	205	217	240	280
	17 位,有制动器	200	205	230	242	265	305
LR		55	55	55	55	65	65
S		19	19	19	22	24	24
LA		100	115	115	130/145	145	145
LB		80	95	95	110	110	110
LC		90	100	100	120	130	130
LD		120	135	135	162	165	165
LE		3	3	3	3	6	6
LF		7	10	10	12	12	12
LG		84	84	84	84	84	84
LH		98	103	103	111	118	118
LZ		6.6	9	9	9	9	9
键	*LW*	45	45	45	45	55	55
	LK	42	42	42	41	51	51
	KW	6h9	6h9	6h9	8h9	8h9	8h9
	KH	6	6	6	7	7	7
	RH	15.5	15.5	15.5	18	20	20

MDMA 系列

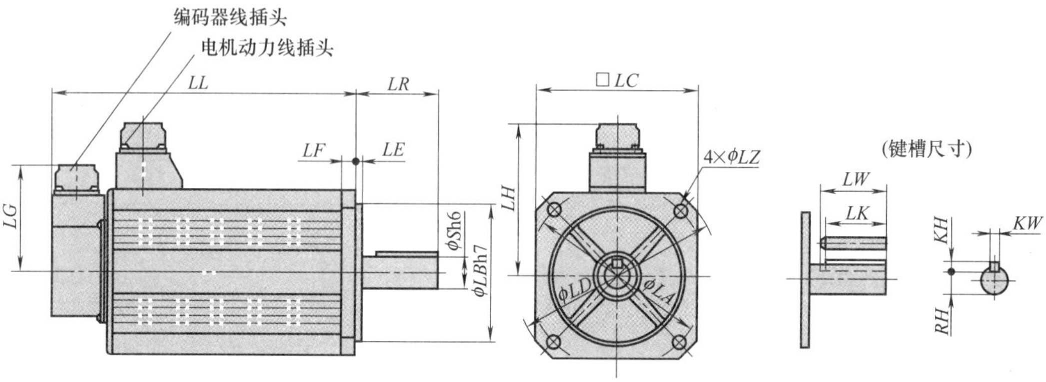

表 18-1-121

伺服电机系列		MDMA									
额定输出功率		750W	1.0kW	1.5kW	2.0kW	2.5kW	3.0kW	3.5kW	4.0kW	4.5kW	5.0kW
适配驱动器型号		MDDDT3530		MDDDT 5540	MEDDT 7364	MFDDTA390			MFDDTB3A2		
外形分类		D 型			E 型	F 型					
额定转矩/N·m		3.57	4.8	7.15	9.54	11.8	14.3	16.6	18.8	21.4	23.8
最大转矩/N·m		10.7	14.4	21.5	28.5	35.5	42.9	50	56.4	64.3	71.4
额定转速/最高转速 /(r/min)		2000/3000									
电机惯量 /($\times10^{-4}$kg·m^2)	无制动器	2.82	6.17	11.2	15.2	19.2	22.3	35.9	42.5	50.6	60.7
	有制动器	3.13	6.79	12.3	16.7	21.1	24.6	40.2	46.8	55.6	66.7
变压器容量/kVA		1.3	1.8	2.3	3.3	3.8	4.5	4.5	3.8	5.4	7.5
编码器		17 位(分辨率:131072),7 线制增量式/绝对式;2500p/r(分辨率:10000),5 线制增量式									
环境要求		温度:工作 0~55℃,保存-20~80℃;湿度:工作/保存≤90%RH(无结露);海拔≤1000 米;振动≤5.88m/s^2,10~60Hz									
质量/kg(制动器:无/有)		4.8/6.5	6.8/8.7	8.5/10.1	10.6/12.5	12.8/14.7	14.6/16.5	16.2/18.7	18.8/21.3	21.5/25	25.0/28.5
LL	2500p/r,无制动器	147	150	175	200	225	250	219	242	202	225
	2500p/r,有制动器	172	175	200	225	250	275	244	267	227	250
	17 位,无制动器	147	150	175	200	225	250	219	242	202	225
	17 位,有制动器	172	175	200	225	250	275	244	267	227	250
LR		55	55	55	55	65	65	65	65	70	70
S		19	22	22	22	24	24	28	28	35	35
LA		130/145	145	145	145	145	145	165	165	200	200
LB		110	110	110	110	110	110	130	130	114.3	114.3
LC		120	130	130	130	130	130	150	150	176	176
LD		162	165	165	165	165	165	190	190	233	233
LE		3	6	6	6	6	6	3.2	3.2	3.2	3.2
LF		12	12	12	12	12	12	18	18	18	18
LG		84	84	84	84	84	84	84	84	84	84
LH		111	118	118	118	118	118	128	128	143	143
LZ		9	9	9	9	9	9	11	11	13.5	13.5
键	*LW*	45	45	45	45	55	55	55	55	55	55
	LK	42	41	41	41	51	51	51	51	50	50
	LW	6h9	8h9	8h9	8h9	8h9	8h9	8h9	8h9	10h9	10h9
	LH	6	7	7	7	7	7	7	7	8	8
	RH	15.5	18	18	18	20	20	24	24	30	30

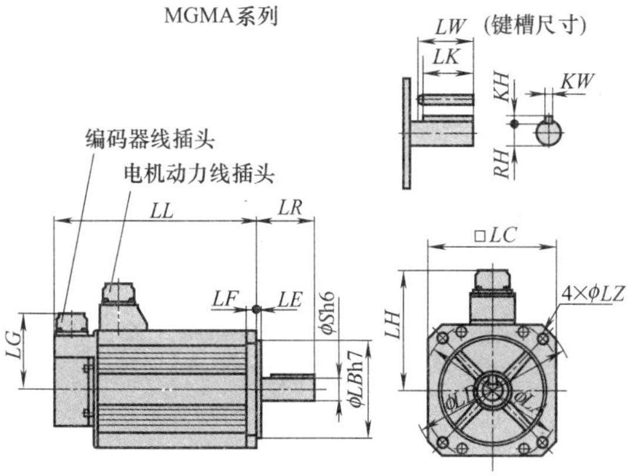

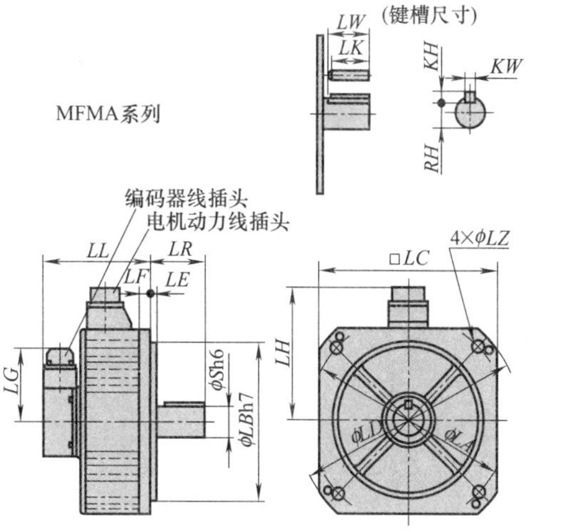

表 18-1-122

伺服电机系列		MGMA				MFMA			
额定输出功率		900W	2.0kW	3.0kW	4.5kW	400W	1.5kW	2.5kW	4.5kW
适配驱动器型号		MDDDT 5540	MFDDT A390	MFDDT B3A2	MFDDT B3A2	MCDDT 3520	MDDDT 5540	MEDDT 7364	MFDDT B3A2
外形分类		D 型	F 型	F 型	F 型	C 型	D 型	E 型	F 型
额定转矩/N·m		8.62	19.1	28.4	42.9	1.9	7.15	11.8	21.5
最大转矩/N·m		19.3	44	63.7	107	5.3	21.5	30.4	54.9
额定转速/最高转速/(r/min)		1000/2000				2000/3000			
电机惯量 /($\times10^{-4}$kg·m^2)	无制动器	11.2	35.5	55.7	80.9	2.45	20.1	41.3	72.3
	有制动器	12.3	41.4	61.7	86.9	2.7	21.5	45.3	78.5
变压器容量/kVA		1.8	3.8	5.3	7.5	1.0	2.3	3.8	6.8
编码器		17 位(分辨率:131072),7 线制增量式/绝对式;2500p/r(分辨率:10000),5 线制增量式							
环境要求		温度:工作 0~55℃,保存-20~80℃;湿度:工作/保存≤90%RH(无结露);海拔≤1000 米;振动≤5.88m/s^2,10~60Hz							
质量/kg(制动器:无/有)		8.5/10.0	17.5/21.0	25/28.5	34/39.5	4.7/6.7	11/14	14.8/17.5	19.9/24.3
LL	2500p/r,无制动器	175	182	222	300.5	120	145	139	163
	2500p/r,有制动器	200	207	271	337.5	145	170	166	194
	17 位,无制动器	175	182	222	300.5	120	145	139	163
	17 位,有制动器	200	207	271	337.5	145	170	166	194
LR		70	80	80	113	55	65	65	70
S		22	35	35	42	19	35	35	35
LA		145	200	200	200	145	200	235	235
LB		110	114.3	114.3	114.3	110	114.3	200	200
LC		130	176	176	176	130	176	220	220
LD		165	233	233	233	165	233	268	268
LE		6	3.2	3.2	3.2	6	3.2	4	4
LF		12	18	18	24	12	18	16	16
LG		84	84	84	84	84	84	84	84
LH		118	143	143	143	118	143	164	164
LZ		9	13.5	13.5	13.5	9	13.5	13.5	13.5
键	*LW*	45	55	55	96	45	55	55	55
	LK	41	50	50	90	42	50	50	50
	LW	8h9	10h9	10h9	12h9	6h9	10h9	10h9	10h9
	LH	7	8	8	8	6	8	8	8
	RH	18	30	30	37	15.5	30	30	30

MHMA 系列

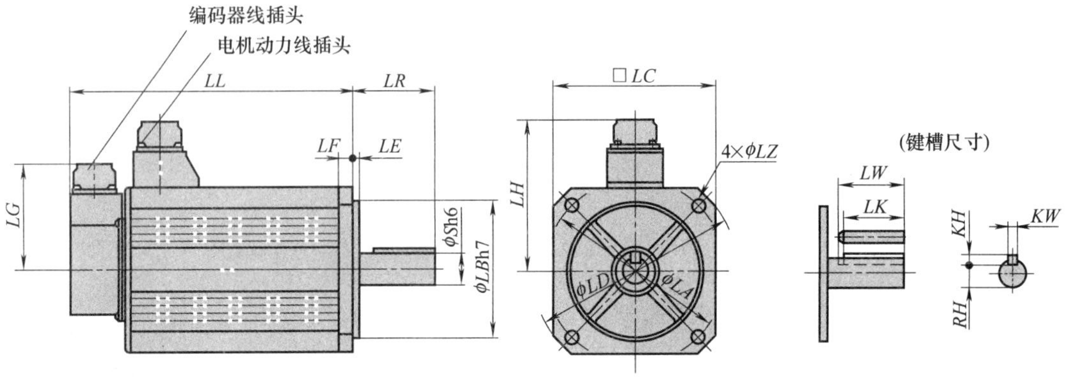

表 18-1-123

伺服电机系列		MHMA						
额定输出功率		500W	1.0kW	1.5kW	2.0kW	3.0kW	4.0kW	5.0kW
适配驱动器型号		MCDDT 3520	MDDDT 3530	MDDDT 5540	MEDDTT 7364	MFDDT A390	MFDDT B3A2	
外形分类		C 型	D 型		E 型	F 型		
额定转矩/N·m		2.38	4.8	7.15	9.54	14.3	18.8	23.8
最大转矩/N·m		6.0	14.4	21.5	28.5	42.9	56.4	71.4
额定转速/最高转速/(r/min)		2000/3000						
电机惯量/($\times10^{-4}$kg·m^2)	无制动器	14.0	26.0	42.9	62.0	94.1	120.0	170.0
	有制动器	15.2	27.2	44.1	67.9	100.0	126.0	176.0
变压器容量/kVA		1.0	1.8	2.3	3.3	4.5	6.0	7.5
编码器		17 位(分辨率:131072),7 线制增量式/绝对式;2500p/r(分辨率:10000),5 线制增量式						
环境要求		温度:工作 0~55℃,保存-20~80℃;湿度:工作/保存≤90%RH(无结露);海拔≤1000 米;振动≤5.88m/s^2,10~60Hz						
质量/kg(制动器:无/有)		5.3(6.9)	8.9(9.5)	10.0(11.6)	16.0(19.5)	18.2(21.7)	22.0(25.5)	26.7(30.2)
LL	2500p/r,无制动器	150	175	200	190	205	230	255
	2500p/r,有制动器	175	200	225	215	230	255	280
	17 位,无制动器	150	175	200	190	205	230	255
	17 位,有制动器	175	200	225	215	230	255	280
LR		70	70	70	80	80	80	80
S		22	22	22	35	35	35	35
LA		145	145	145	200	200	200	200
LB		110	110	110	114.3	114.3	114.3	114.3
LC		130	130	130	176	176	176	176
LD		165	165	165	233	233	233	233
LE		6	6	6	3.2	3.2	3.2	3.2

续表

	LF	12	12	12	18	18	18	18
	LG	84	84	84	84	84	84	84
	LH	118	118	118	143	143	143	143
	LZ	9	9	9	13.5	13.5	13.5	13.5
键	*LW*	45	45	45	55	55	55	55
	LK	41	41	41	50	50	50	50
	KW	8h9	8h9	8h9	10h9	10h9	10h9	10h9
	KH	7	7	7	8	8	8	8
	RH	18	18	18	30	30	30	30

4.12.2 AKM 系列永磁无刷直流伺服电动机

（1）特点与应用

① 使用、调试方便，采用即插即用的电机识别驱动调试功能，快捷无缝方式操作机器中各部件。

② AKM 电机带有旋转变压器、编码器（换向）等智能反馈部件，可控性好，转速正比于控制电压，在闭环系统中运行，处理量大，精度高。

③ 能在较宽速度范围运行，速度可达 8000r/min，连续转矩可达 180N · m，谐波畸变小，运行性能稳定，控制信号发生变化时，伺服电机转速能快捷跟随变化，响应快。

④ 具有 IP67 防水食品级防护等级，提供耐用可旋转的 IP65 接头以及低价 IP20 Molex 插头。能适应环境温度达 40℃，额定绕组温升可达 100℃。

电机在定规程序 Windows 下运行，帮助选用者选择合适的部件并确定其规格，在 www. kollmorgen. com 网站提供了 MOTIONEERING 应用引擎，提供了多种直线和旋转机械结构选择，包括丝杠，齿条、齿轮带、辊子传动、电动缸、转台等，广泛用于仪表、化工、纺织、医疗器械、家用电器以及计算机、录像机等机械中。国内已制订“永磁式直流伺服电动机通用技术条件”标准，见 GB/T 14817—2008。

生产厂家与供应商：美国科尔摩根工业驱动有限公司（Kollmorgen）.

网站 www. kollmorgen. com.

北京艾玛特科技有限公司

（2）型号含义

AKD 驱动器型号含义：

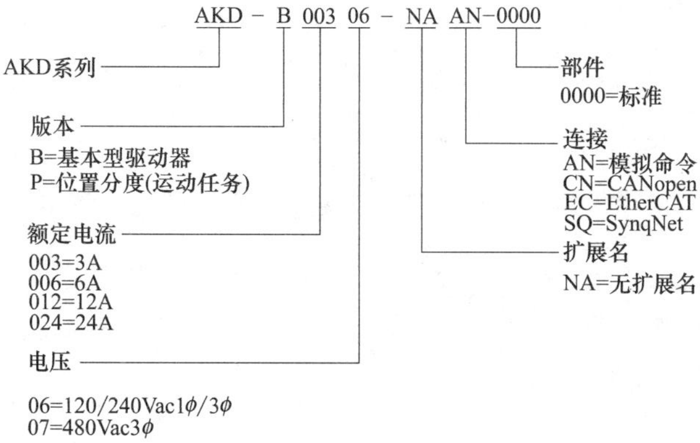

注：关于完整的 AKD 型号命名见科尔摩根网站中的资料。

AKM 伺服电机型号含义：

AKM 4 2 E - E K C N C- 00

AKM系列

电机机架尺寸
1,2,3,4,5,6,7,8

转子组合件长度
1,2,3,4,5

绕组类型
A,B,C,D,E,F,G,H…等
S=特殊

安装
A=国际标准安装部件
B=NEMA型安装部件
C=替代型标准安装部件
D=替代型标准安装部件
E=替代型NEMA安装部件
M="A型安装部件",带有强化轴承AKM8
S=特殊
T="C型安装部件",带有替代型强化轴承，AKM8

轴
C=闭合键槽
K=开放键槽
N=光滑轴
S=特殊

定制/轴封
00=不带轴密封件的标准电机
01＝带有特氟龙轴密封件的标准电机
HG＝带氟橡胶弹簧唇形轴密封的标准电机
其他号码分配给特殊电机

反馈设备
1−=1024PPR数字换向编码器(AKM1−7)
2−=2048PPR数字换向编码器(AKM1−7)
C−=智能反馈设备(SFD)(整个系列的产品都提供)
R−=旋转变压器
AA=BiSS单圈绝对(AKM2−8)
AB=BiSS多圈绝对(AKM2−8)
DA=单圈绝对正弦编码器
(EnDat2.2,01)(AKM2−8)
DB=多圈绝对正弦编码器
(EnDat2.2,01)(AKM2−8)
ED=500 PPR数字编码器，带换向功能(AKM2−7)
EE=1000 PPR数字编码器，带换向功能(AKM2−7)
EF=2000 PPR数字编码器，带换向功能(AKM2−7)
EG=2500 PPR数字编码器，带换向功能(AKM2−7)
EM=4096 PPR数字编码器，带换向功能(AKM2−7)
EH=5000 PPR数字编码器，带换向功能(AKM2−7)
EN=8192 PPR数字编码器，带换向功能
(仅限于AKM5,6,7型号)
EJ=10000PPR数字编码器，带换向功能
(仅限于AKM5,6,7型号)
LA=感应单圈(AKM2−7)
LB=感应多圈绝对(AKM2−7)

抱闸
2=24Vdc抱闸(AKM2−8)
N=无抱闸
S=特殊

接头

B=安装在电机上的可旋转IP65双连接器
(仅限于AKM2)
C=0.5m屏蔽电缆，带有IP65接头(AKM1，2),电机安装可旋转IP65接头(AKM3−7)
D=单直角连接器(AKM2,3,4)
G= 直型电机安装IP65连接器(AKM2−7)
H=电机安装IP65电源连接器1.5号尺寸
(仅限于AKM740和AKM82)
M=0.5m屏蔽电缆，带IP20接头(AKM1,2,3,4型，小于6A)
P=0.5m屏蔽电缆，带IP20接头(AKM1,2,3,4型带智能反馈设备，无制动器，小于6A)
S=特殊
T=接线盒用于电源和反馈接头
1.0号尺寸(仅限于AKM8)

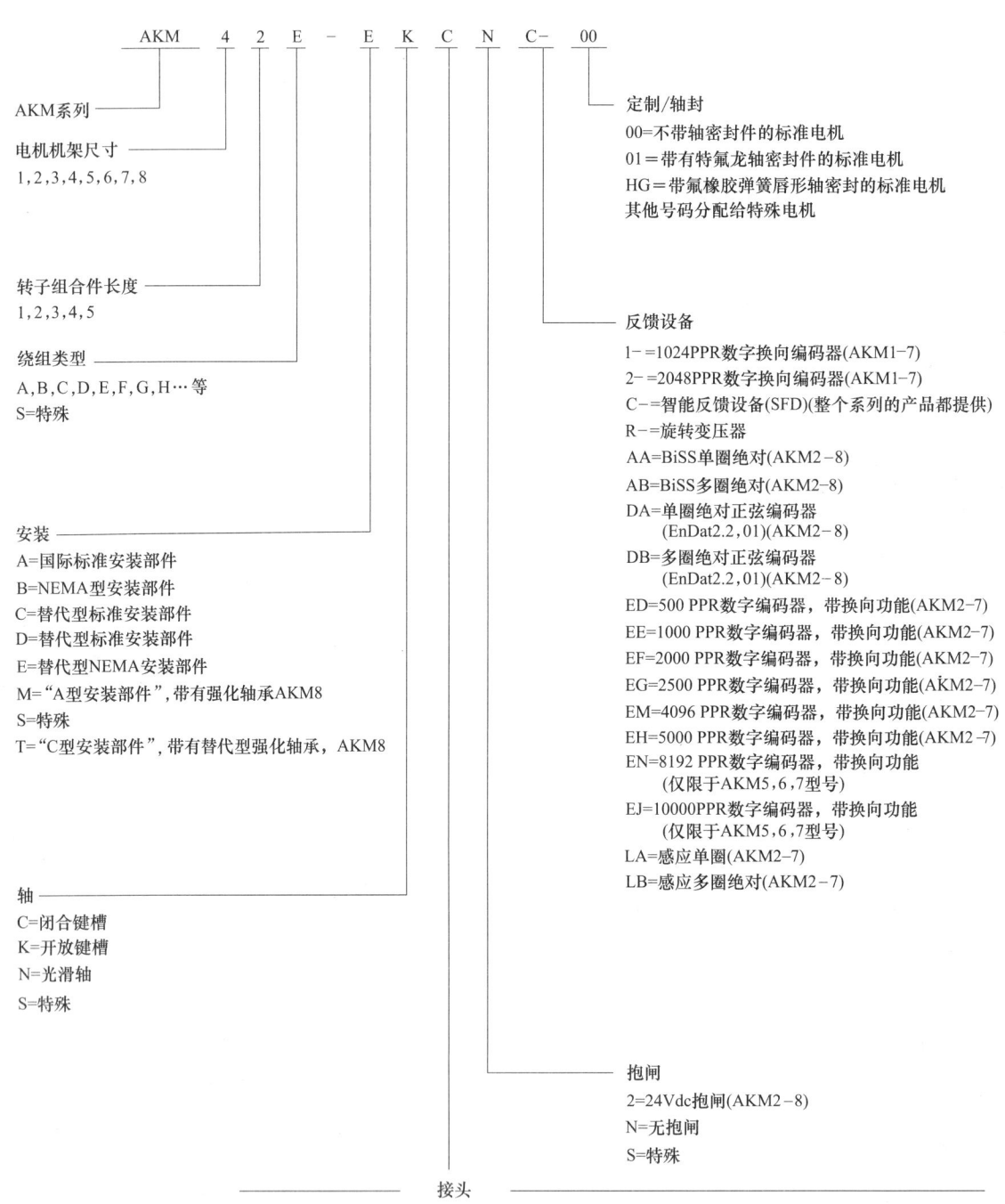

注：关于完整的 AKM 型号的命名，见科尔摩根网站中的资料。

（3）电机规格与尺寸

1）AKM4x 系列

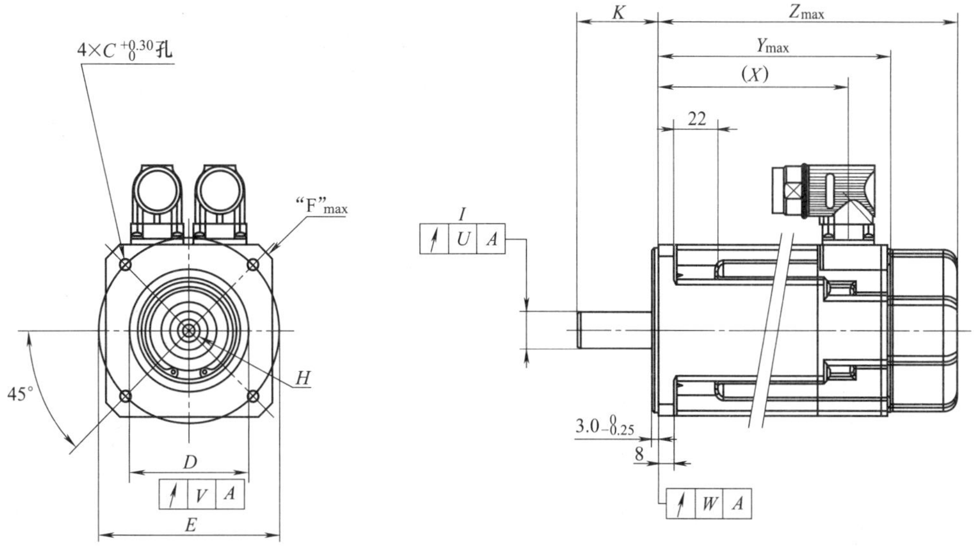

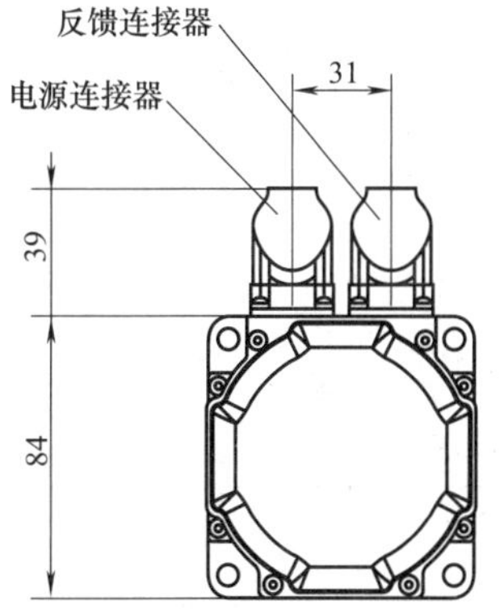

图中给出了C接头选件

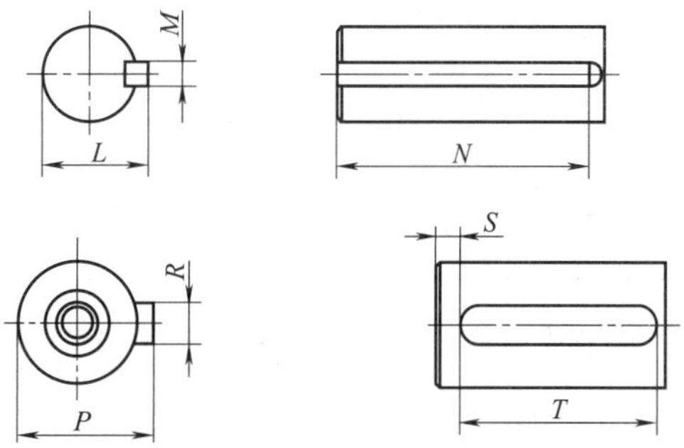

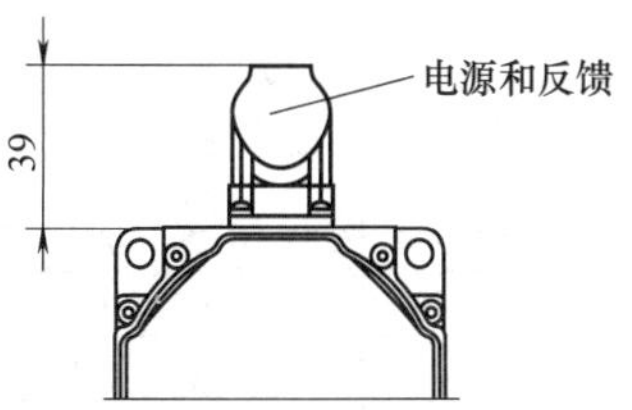

图中给出了D连接器选件

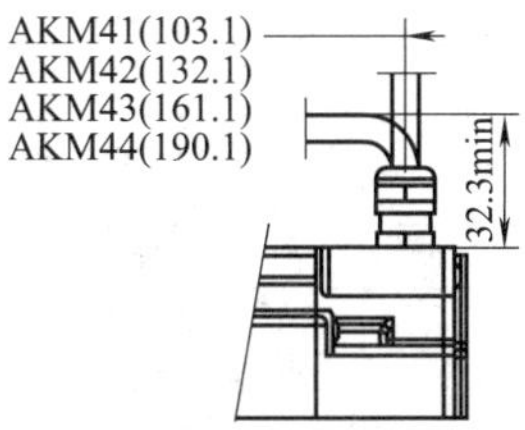

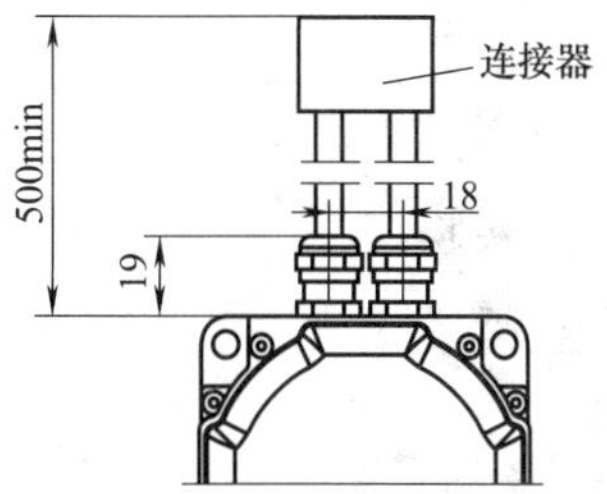

图中给出了M或P连接器选件

表 18-1-124　　AKM4x 系列尺寸数据　　mm

安装代码	C	D	E	F	H	J	K	L
AC	7	$80^{+0.012}_{-0.007}$　j6	100	—	D M6	$19^{+0.015}_{+0.002}$　k6	40.0	—
AN	7	$80^{+0.012}_{-0.007}$　j6	100	—	D M6	$19^{+0.015}_{+0.002}$　k6	40.0	—
BK	5.54	$73.025^{\ 0}_{-0.051}$	98.43	—	—	$15.875^{\ 0}_{-0.013}$	52.40±0.79	$17.92^{\ 0}_{-0.43}$
CC	5.54	$60^{+0.012}_{-0.007}$　j6	90	109	D M6	$19^{+0.015}_{+0.002}$　k6	40.0	—
CN	5.54	$60^{+0.012}_{-0.007}$　j6	90	109	D M6	$19^{+0.015}_{+0.002}$　k6	40.0	—

续表

安装代码	C	D	E	F	H	J	K	L
EK	5.54	$73.025_{-0.051}^{0}$	98.43	—	—	$12.700_{-0.013}^{0}$	31.75±0.25	$14.09_{-0.43}^{0}$
GC	7	$80_{-0.007}^{+0.012}$ j6	100	—	D M6	$14_{+0.001}^{+0.012}$ k6	30	—
GN	7	$80_{-0.007}^{+0.012}$ j6	100	—	D M6	$14_{+0.001}^{+0.012}$ k6	30	—
HC	5.54	$60_{-0.007}^{+0.012}$ j6	90	109	D M6	$14_{+0.001}^{+0.012}$ k6	30	—
HN	5.54	$60_{-0.007}^{+0.012}$ j6	90	109	D M6	$14_{+0.001}^{+0.012}$ k6	30	—
KK	7	$70_{-0.03}^{+0}$ h7	90	109	—	$16_{+0.011}^{+0}$ h6	40.0	—

安装代码	M	N	P	R	S	T	U	V	W
AC	—	—	$21.5_{-0.13}^{0}$	$6_{-0.03}^{0}$ N9	4.00	$32_{-0.30}^{0}$	0.040	0.080	0.080
AN	—	—	—	—	—	—	0.040	0.080	0.080
BK	$4.762_{-0.050}^{0}$	34.93±0.25	—	—	—	—	0.051	0.10	0.10
CC	—	—	$21.5_{-0.13}^{0}$	$6_{-0.03}^{0}$ N9	4.00	$32_{-0.30}^{0}$	0.040	0.080	0.080
CN	—	—	—	—	—	—	0.040	0.080	0.080
EK	$3.175_{-0.050}^{0}$	19.05±0.25	—	—	—	—	0.051	0.10	0.10
GC	—	—	$16_{-0.13}^{0}$	$5_{-0.03}^{0}$ N9	6.00	$20_{-0.20}^{0}$	0.040	0.080	0.080
GN	—	—	—	—	—	—	0.040	0.080	0.080
HC	—	—	$16_{-0.13}^{0}$	$5_{-0.03}^{0}$ N9	6.00	$20_{-0.20}^{0}$	0.040	0.080	0.080
HN	—	—	—	—	—	—	0.040	0.080	0.080
KK	$5_{-0.03}^{0}$	$30_{-0.20}^{0}$	—	—	—	—	0.051	0.008	0.008

型号	(X)	Y_{max}	Z_{max}(带有制动器)	型号	(X)	Y_{max}	Z_{max}(带有制动器)
AKM41	96.4	118.8	152.3	AKM43	154.4	176.8	210.3
AKM42	125.4	147.8	181.3	AKM44	183.4	205.8	239.3

表 18-1-125　　AKM4x 系列性能数据（电压最高为 640V_{dc}）

型号					AKM41			AKM42				AKM43			AKM44		
参数		公差	符号	单位	C	E	H	C	E	G	J	E	H	L	E	H	J
最大额定直流母线电压		max	V_{bus}	V_{dc}	640	640	320	640	640	640	320	640	640	320	640	640	640
连续转矩(失速)绕组温升=100℃①②⑥⑦⑧		nom	T_{cs}	N·m	1.95	2.02	2.06	3.35	3.42	3.53	3.56	4.70	4.82	4.73	5.76	5.89	6.00
连续电流(失速)绕组温升=100℃①②⑥⑦⑧		nom	I_{cs}	A_{rms}	1.46	2.85	5.60	2.74	2.74	4.80	8.40	2.76	5.4	11.2	2.9	5.6	8.8
连续转矩(失速)绕组温升=60℃②		nom	T_{cs}	N·m	1.56	1.62	1.65	2.74	2.74	2.82	2.85	3.76	3.86	3.78	4.61	4.71	4.80
最大机械速度④		nom	N_{max}	r/min	6000	6000	6000	6000	6000	6000	6000	6000	6000	6000	6000	6000	6000
峰值转矩①②		nom	T_p	N·m	6.12	6.28	6.36	11.3	11.3	11.5	11.6	15.9	16.1	16.0	19.9	20.2	20.4
峰值电流		nom	I_p	A_{rms}	5.8	11.4	22.4	11.0	11.0	19.2	33.7	11.0	21.6	11.2	11.4	22.4	35.2
75V_{dc}	额定转矩(速度)①②⑥⑦⑧⑨		T_{rtd}	N·m	—	—	1.99	—	—	—	—	—	—	—	—	—	—
	额定速度		N_{rtd}	r/min	—	—	1000	—	—	—	—	—	—	—	—	—	—
	额定功率(速度)①②⑥⑦⑧		P_{rtd}	kW	—	—	0.21	—	—	—	—	—	—	—	—	—	—
160V_{dc}	额定转矩(速度)①②⑥⑦⑧⑨		T_{rtd}	N·m	—	1.94	1.86	—	—	—	3.03	—	4.46	3.78	—	5.44	—
	额定速度		N_{rtd}	r/min	—	1200	3000	—	—	—	3000	—	1200	3000	—	1000	—
	额定功率(速度)①②⑥⑦⑧		P_{rtd}	kW	—	0.24	0.58	—	—	—	0.95	—	0.56	1.19	—	0.57	—

续表

型号					AKM41			AKM42				AKM43			AKM44		
参数		公差	符号	单位	*C*	*E*	*H*	*C*	*E*	*G*	*J*	*E*	*H*	*L*	*E*	*H*	*J*
320V_{dc}	额定转矩(速度)①②⑥⑦⑧⑨		T_{rtd}	N·m	1.88	1.82	1.62	—	3.12	2.90	2.38	4.24	3.86	2.53	5.22	4.66	3.84
	额定速度		N_{rtd}	r/min	1200	3000	6000	—	1800	3500	6000	1500	3000	6000	1200	2500	4000
	额定功率(速度)①②⑥⑦⑧		P_{rtd}	kW	0.24	0.57	1.02	—	0.59	1.06	1.50	0.67	1.21	1.59	0.66	1.22	1.61
560V_{dc}	额定转矩(速度)①②⑥⑦⑧⑨		T_{rtd}	N·m	1.77	1.58	—	3.10	2.81	2.35	—	3.92	2.81	—	4.80	3.48	2.75
	额定速度		N_{rtd}	r/min	3000	6000	—	1500	3500	6000	—	2500	5500	—	2000	4500	6000
	额定功率(速度)①②⑥⑦⑧		P_{rtd}	kW	0.56	0.99	—	0.49	1.03	1.48	—	1.03	1.62	—	1.01	1.64	1.73
640V_{dc}	额定转矩(速度)①②⑥⑦⑧⑨		T_{rtd}	N·m	1.74	1.58	—	3.02	2.72	2.35	—	3.76	2.58	—	4.56	2.93	2.75
	额定速度		N_{rtd}	r/min	3500	6000	—	2000	4000	6000	—	3000	6000	—	2500	5500	6000
	额定功率(速度)①②⑥⑦⑧		P_{rtd}	kW	0.64	0.99	—	0.63	1.14	1.48	—	1.18	1.62	—	1.19	1.69	1.73
转矩常数①		±10%	K_t	N·m/A_{rms}	1.34	0.71	0.37	2.40	1.26	0.74	0.43	1.72	0.89	0.43	2.04	1.06	0.69
反电动势常数⑤		±10%	K_e	V/k_{rpm}	86.3	45.6	23.7	154	80.9	47.5	27.5	111	57.4	27.5	132	68.0	44.2
电阻(线间)⑤		±10%	R_m	ohm	21.3	6.02	1.56	27.5	7.78	2.51	0.8	8.61	2.1	0.57	8.64	2.23	0.94
电感(线间)			L	mH	66.1	18.4	5.0	97.4	26.8	9.2	3.1	32.6	8.8	2.0	33.9	9.1	3.8
惯量(包括旋转变压器反馈)③			J_m	kg·cm^2	0.81			1.5				2.1			2.7		
可选抱闸惯量(额外)			J_m	kg·cm^2	0.068			0.068				0.068			0.068		
重量			W	kg	2.44			3.39				4.35			5.3		
静摩擦①⑨			T_f	N·m	0.014			0.026				0.038			0.05		
黏性阻尼①			K_{dv}	N·m/K_{rpm}	0.009			0.013				0.017			0.021		
热时间常数			TCT	min	13			17				20			24		
热阻			$R_{thw\text{-}a}$	℃/W	0.97			0.80				0.70			0.65		
极对					5			5				5			5		
散热器尺寸					10″×10″×1/4″铝板			10″×10″×1/4″铝板				10″×10″×1/4″铝板			10″×10″×1/4″铝板		

① 在40℃环境温度下的电机绕组升温 $\Delta T=100$℃。
② 所有数据都为正弦换相数据。
③ 如果适用于总惯量，则增加停车抱闸。
④ 在某些 V_{bus} 值时可能受到限制。
⑤ 在25℃测量。
⑥ 抱闸电机选件使额定连续转矩减少0.12N·m。
⑦ 非旋转变压器反馈选件是连续额定转矩减少：
AKM41=0.1N·m；AKM42=0.1N·m；AKM43=0.2N·m；AKM44=0.3N·m。
⑧ 对于带有旋转变压器反馈和抱闸选件的电机，连续转矩减少：
AKM41=0.22N·m；AKM42=0.36N·m；AKM43=0.55N·m；AKM44=0.76N·m。
⑨ 对于带有可选轴封的电机、减少转矩0.071N·m（0.63lb·in），T_f 增加相同的数值。

2）AKM5x 系列

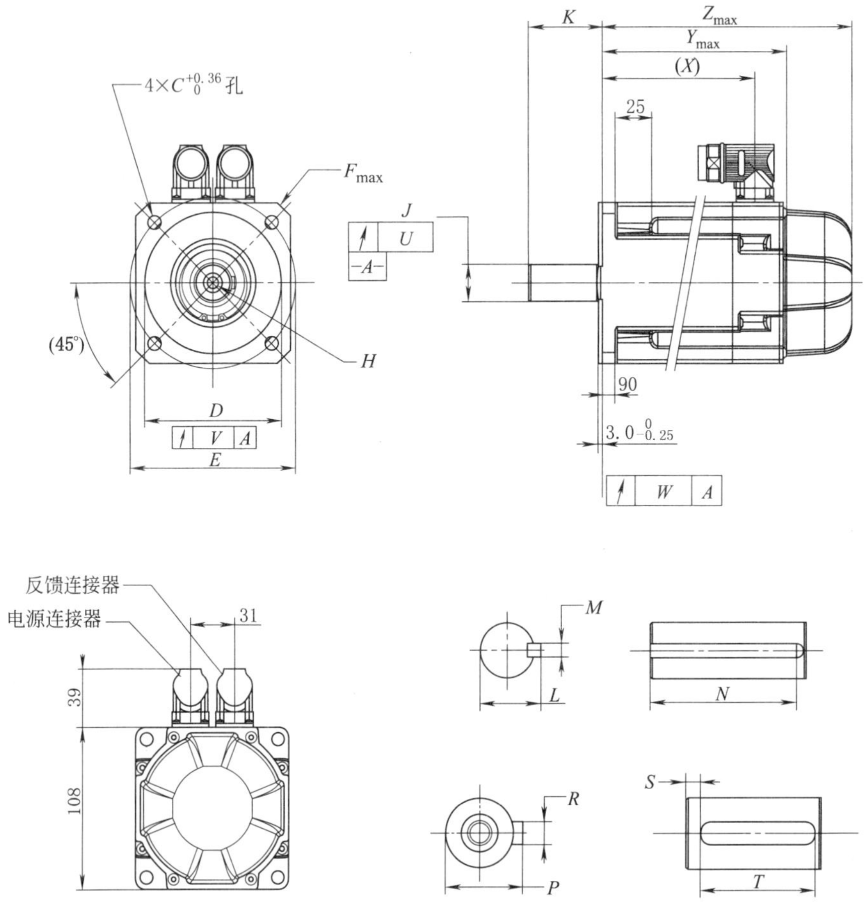

表 18-1-126　　AKM5x 系列尺寸数据　　mm

安装代码	C	D	E	F	H	J	K	L
AC	9	$110^{+0.013}_{-0.009}$ j6	130	—	D M8 DIN 332	$24^{+0.015}_{+0.002}$ k6	50.0	—
AN	9	$110^{+0.013}_{-0.009}$ j6	130	—	D M8 DIN 332	$24^{+0.015}_{+0.002}$ k6	50.0	—
BK	8.33	$55.563^{0}_{-0.051}$	125.73	—	—	$19.05^{0}_{-0.013}$	57.15±0.79	$21.15^{0}_{-0.43}$
CC	9	$95^{+0.013}_{-0.009}$ j6	115	140	D M8 DIN 332	$24^{+0.015}_{+0.002}$ k6	50.0	—
CN	9	$95^{+0.013}_{-0.009}$ j6	115	140	D M8 DIN 332	$24^{+0.015}_{+0.002}$ k6	50.0	—
DK	8.33	$63.5^{0}_{-0.05}$	127	—	—	$19.05^{0}_{+0.013}$	57.15±0.79	$21.15^{0}_{-0.43}$
EK	8.33	$55.563^{0}_{-0.051}$	125.73	—	—	$15.875^{0}_{+0.013}$	44.45	$17.91^{0}_{-0.43}$
GC	9	$110^{+0.013}_{-0.009}$ j6	130	—	D M6 DIN 332	$19^{+0.015}_{+0.002}$ k6	40	—
GN	9	$110^{+0.013}_{-0.009}$ j6	130	—	D M6 DIN 332	$19^{+0.015}_{+0.002}$ k6	40.0	—
HC	9	$110^{+0.013}_{-0.009}$ j6	130	140	D M6 DIN 332	$19^{+0.015}_{+0.002}$ k6	40	—

续表

安装代码	*C*	*D*	*E*	*F*	*H*	*J*	*K*	*L*
HN	9	$110^{+0.013}_{-0.009}$ j6	130	140	D M6 DIN 332	$19^{+0.015}_{+0.002}$ k6	40.0	—

安装代码	*M*	*N*	*P*	*R*	*S*	*T*	*U*	*V*	*W*
AC	—	—	$27^{\ 0}_{-0.29}$	$8^{\ 0}_{-0.036}$ N9	5.00	$40^{\ 0}_{-0.30}$	0.040	0.100	0.100
AN	—	—	—	—	—	—	0.040	0.100	0.100
BK	$4.763^{\ 0}_{-0.050}$	38.1±0.25	—	—	—	—	0.051	0.10	0.10
CC	—	—	$27^{\ 0}_{-0.29}$	$8^{\ 0}_{-0.036}$ N9	5.00	$40^{\ 0}_{-0.30}$	0.040	0.080	0.080
CN	—	—	—	—	—	—	0.040	0.080	0.080
DK	$4.763^{\ 0}_{-0.050}$	34.93±0.25	—	—	—	—	0.051	0.05	0.10
EK	$4.763^{\ 0}_{-0.050}$	38.1±0.25	—	—	—	—	0.051	0.10	0.10
GC	—	—	$21.5^{\ 0}_{-0.13}$	$6^{\ 0}_{-0.03}$ N9	4.00	$32^{\ 0}_{-0.30}$	0.040	0.080	0.080
GN	—	—	—	—	—	—	—	—	—
HC	—	—	$21.5^{\ 0}_{-0.13}$	$6^{\ 0}_{-0.03}$ N9	4.00	$32^{\ 0}_{-0.30}$	0.040	0.080	0.080

型号	Z_{max} 正弦编码器 （无制动器）	Z_{max} 正弦编码器 （带有制动器）	（*X*）	Y_{max}	Z_{max} （带有制动器）
AKM51	146.0	189.0	105.3	127.5	172.5
AKM52	177.0	220.0	136.3	158.5	203.5
AKM53	208.0	251.0	167.3	189.5	234.5
AKM54	239.0	282.0	198.3	220.5	265.5

表 18-1-127　　AKM5x 系列性能数据（电压最高为 $640V_{dc}$）

型号					AKM51			AKM52				AKM53				AKM54			
参数		公差	符号	单位	*E*	*H*	*L*	*E*	*H*	*L*	*M*	*G*	*H*	*L*	*P*	*H*	*K*	*L*	*N*
最大额定直流母线电压		max	V_{bus}	V_{dc}	640	640	320	640	640	640	320	640	640	640	320	640	640	560	320
连续转矩（失速）绕组温升=100℃①②⑥⑦⑧		nom	T_{cs}	N·m	4.70	4.79	4.89	8.34	8.48	8.67	8.60	11.4	11.5	11.6	11.4	14.2	14.4	14.1	14.1
连续电流（失速）绕组温升=100℃①②⑥⑦⑧		nom	I_{cs}	A_{rms}	2.75	6.0	11.9	2.99	5.9	11.6	13.1	4.77	6.6	11.8	19.1	5.5	9.7	12.5	17.8
连续转矩（失速）绕组温升=60℃②		nom	T_{cs}	N·m	3.76	3.83	3.91	6.67	6.78	6.94	6.88	9.10	9.21	9.28	9.10	11.5	11.5	11.3	11.3
最大机械速度④		nom	N_{max}	r/min	6000	6000	6000	6000	6000	6000	6000	6000	6000	6000	6000	6000	6000	6000	6000
峰值转矩①②		nom	T_p	N·m	11.6	11.7	12.0	21.3	21.6	22.0	21.9	29.7	30.0	30.3	29.8	37.5	38.4	37.5	37.6
峰值电流		nom	I_p	A_{rms}	8.24	18.0	35.7	9.00	17.7	34.8	39.4	14.3	19.8	35.4	57.4	16.5	29.2	37.5	53.4
$160V_{dc}$	额定转矩（速度）①②⑥⑦⑧⑨		T_{rtd}	N·m	—	4.46	3.95	—	—	7.89	—	—	—	13.0	—	—	—	—	—
	额定速度		N_{rtd}	r/min	—	1200	3000	—	—	1500	—	—	—	1200	—	—	—	—	—
	额定功率（速度）①②⑥⑦⑧		P_{rtd}	kW	—	0.56	1.24	—	—	1.24	—	—	—	1.63	—	—	—	—	—
$320V_{dc}$	额定转矩（速度）①②⑥⑦⑧⑨		T_{rtd}	N·m	4.41	3.87	2.00	—	7.53	6.40	5.20	10.7	10.5	9.59	5.88	13.4	12.7	11.5	9.85
	额定速度		N_{rtd}	r/min	1200	3000	6000	—	1800	3500	4500	1000	1500	2500	5000	1000	1800	2500	3500
	额定功率（速度）①②⑥⑦⑧		P_{rtd}	kW	0.55	1.22	1.26	—	1.42	2.35	2.45	1.12	1.65	2.51	3.08	1.4	2.39	3.00	3.61

续表

型号					AKM51			AKM52				AKM53				AKM54			
参数		公差	符号	单位	*E*	*H*	*L*	*E*	*H*	*L*	*M*	*G*	*H*	*L*	*P*	*H*	*K*	*L*	*N*
$560V_{dc}$	额定转矩(速度)①②⑥⑦⑧⑨		T_{rtd}	N·m	3.98	1.97	—	7.61	6.26	3.27	—	9.85	8.83	6.00	—	12.6	10.05	8.13	—
	额定速度		N_{rtd}	r/min	2500	6000	—	1500	3500	6000	—	2000	3000	5000	—	1800	3500	4500	—
	额定功率(速度)①②⑥⑦⑧		P_{rtd}	kW	1.04	1.24	—	1.20	2.30	2.06	—	2.06	2.77	3.14	—	2.38	3.68	3.83	—
$640V_{dc}$	额定转矩(速度)①②⑥⑦⑧⑨		T_{rtd}	N·m	3.80	1.97	—	7.28	5.77	3.27	—	9.50	8.82	4.05	—	12.2	9.25	—	—
	额定速度		N_{rtd}	r/min	3000	6000	—	2000	4000	6000	—	2400	3000	6000	—	2000	4000	—	—
	额定功率(速度)①②⑥⑦⑧		P_{rtd}	kW	1.19	1.24	—	1.52	2.42	2.06	—	2.39	2.77	2.55	—	2.56	3.87	—	—
转矩常数①		±10%	K_t	$N\cdot m/A_{rms}$	1.72	0.80	0.41	2.79	1.44	0.75	0.66	2.39	1.75	0.99	0.60	2.6	1.50	1.13	0.80
反电动势常数⑤		±10%	K_e	V/k_{rpm}	110	51.3	26.6	179	92.7	48.3	42.4	154	112	63.6	38.4	166	96.6	72.9	51.3
电阻(线间)⑤		±10%	R_m	ohm	8.98	1.97	0.56	8.96	2.35	0.61	0.49	3.97	2.1	0.69	0.28	3.2	1.08	0.65	0.33
电感(线间)			*L*	mH	36.6	7.9	2.1	44.7	11.9	3.24	2.5	21.3	11.4	3.64	1.3	18.3	6.2	3.5	1.8
惯量(包括旋转变压器反馈)③			J_m	$kg\cdot cm^2$	3.4			6.2				9.1				12			
可选抱闸惯量(额外)			J_m	$kg\cdot cm^2$	0.17			0.17				0.17				0.17			
重量			*W*	kg	4.2			5.8				7.4				9			
静摩擦①⑨			T_f	N·m	0.022			0.04				0.058				0.077			
黏性阻尼①			K_{dv}	$N\cdot m/k_{rpn}$	0.033			0.042				0.052				0.061			
热时间常数			TCT	min	20			24				28				31			
热阻			$R_{thw\text{-}a}$	℃/W	0.68			0.56				0.50				0.45			
极对					5			5				5				5			
散热器尺寸					12″×12″×1/2″铝板			12″×12″×1/2″铝板				12″×12″×1/2″铝板				12″×12″×1/2″铝板			

① 在40℃环境温度下的电机绕组升温 $\Delta T=100$℃。
② 所有数据都为正弦换相数据。
③ 如果适用于总惯量，则增加停车抱闸。
④ 在某些 V_{bus} 值时可能受到限制。
⑤ 在25℃测量。
⑥ 抱闸电机选件使额定连续转矩减少：
AKM51=0. 15N·m；AKM52=0. 26N·m；AKM53=0. 35N·m；AKM54=0. 43N·m。
⑦ 非旋转变压器反馈选件使额定连续转矩减少：
AKM51=0. 15N·m；AKM52=0. 34N·m；AKM53=0. 58N·m；AKM54=0. 86N·m。
⑧ 对于带有旋转变压器反馈和抱闸选件的电机，连续转矩减少：
AKM51=0. 39N·m；AKM52=0. 76N·m；AKM53=1. 13N·m；AKM54=1. 55N·m。
⑨ 对于带有可选轴封的电机、减少转矩0. 013N·m（0. 1. 2lb·in），T_f 增加相同的数值。

3）AKM6x 系列

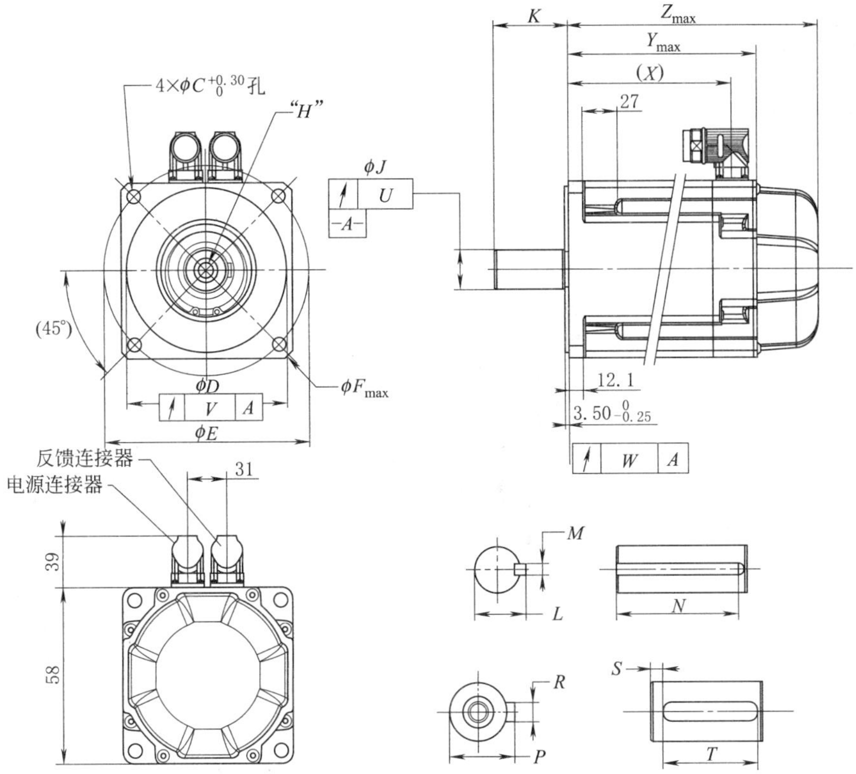

表 18-1-128　　**AKM6x 系列尺寸数据**　　mm

安装代码	C	D	E	F	H	J	K	L
AC	11.00	$130^{+0.014}_{-0.011}$ j6	165.00	—	D M12 DIN 332	$32^{+0.018}_{+0.002}$ k6	58	—
AN	11.00	$130^{+0.014}_{-0.011}$ j6	165.00	—	D M12 DIN 332	$32^{+0.018}_{+0.002}$ k6	58	—
GC	11.00	$130^{+0.014}_{-0.011}$ j6	165.00	—	D M8 DIN 332	$24^{+0.015}_{+0.002}$ k6	50	—
GN	11.00	$130^{+0.014}_{-0.011}$ j6	165.00	—	D M8 DIN 332	$24^{+0.015}_{+0.002}$ k6	50	—
KK	9.00	$110^{0}_{-0.035}$ h7	145.00	165	—	$28^{+0}_{+0.013}$ h6	60	$31^{0}_{-0.29}$
LK	3/18-16UNC -2B	$114.3^{0}_{-0.076}$	149.225	165	—	$28.580^{0}_{+0.013}$	69.85	$31.39^{0}_{-0.43}$

安装代码	M	N	P	R	S	T	U	V	W
AC	—	—	$35^{0}_{-0.29}$	$10^{0}_{-0.036}$ N9	5.00	$45^{0}_{-0.30}$	0.050	0.100	0.100
AN	—	—	—	—	—	—	0.050	0.100	0.100
GC	—	—	$27^{0}_{-0.29}$	$8^{0}_{-0.036}$ N9	5.00	$40^{0}_{-0.30}$	0.050	0.100	0.100
GN	—	—	—	—	—	—	0.050	0.100	0.100
KK	$8^{0}_{-0.036}$	$50^{0}_{-0.30}$	—	—	—	—	0.050	0.100	0.100
LK	$6.35^{0}_{-0.05}$	38.1±0.25	—	—	—	—	0.050	0.100	0.100

续表

型号	Z_{max} 正弦编码器（无制动器）	Z_{max} 正弦编码器（带有制动器）	（X）	Y_{max}	Z_{max}（带有制动器）
AKM62	172.2	218.7	130.5	153.7	200.7
AKM63	197.2	224.7	155.5	178.7	225.7
AKM64	222.2	268.7	180.5	203.7	250.7
AKM65	247.2	294.7	205.5	228.7	275.7

表 18-1-129　　AKM6x 系列性能数据（电压最高为 640V_{dc}）

型号				AKM62				AKM63				AKM64			AKM65		
参数	公差	符号	单位	H	L	M	Q	H	L	M	Q	K	L	Q	L	M	P
最大额定直流母线电压	max	V_{bus}	V_{dc}	640	640	640	320	640	640	640	320	640	640	640	640	640	640
连续转矩（失速）绕组温升=100℃①②⑥⑦⑧	nom	T_{cs}	N·m	11.9	12.2	12.2	12.0	16.6	16.8	17.0	16.7	20.8	21.0	20.6	25	25.0	24.5
连续电流（失速）绕组温升=100℃①②⑥⑦⑧	nom	I_{cs}	A_{rms}	5.4	12.0	13.4	21.8	5.6	11.1	13.8	22.4	9.2	12.8	20.7	12.2	13.6	19.8
连续转矩（失速）绕组温升=60℃②	nom	T_{cs}	N·m	9.5	9.8	9.72	9.6	13.3	13.4	13.6	13.4	16.6	16.8	16	20	20.0	19.6
最大机械速度④	nom	N_{max}	r/min	6000	6000	6000	6000	6000	6000	6000	6000	6000	6000	6000	6000	6000	6000
峰值转矩①②	nom	T_p	N·m	29.6	30.1	30.2	40.9	58.9	42.6	43.0	51.9	53.5	54.1	53.2	65.2	65.2	92
峰值电流	nom	I_p	A_{rms}	16.2	36.0	40.3	109	28.0	33.3	41.4	111.8	27.5	38.4	62.1	36.3	40.9	98.9
320V_{dc} 额定转矩（速度）①②⑥⑦⑧⑨		T_{rtd}	N·m	10.8	10.0	9.50	6.5	—	14.2	14.3	11.9	18.8	18.4	15.3	22.4	21.9	19.1
320V_{dc} 额定速度		N_{rtd}	r/min	1000	2500	3000	5500	—	1500	2000	3500	1200	1500	3000	1300	1500	2400
320V_{dc} 额定功率（速度）①②⑥⑦⑧		P_{rtd}	kW	1.17	2.62	2.98	3.74	—	2.23	2.99	4.36	2.36	2.89	4.81	3.05	3.44	4.8
560V_{dc} 额定转矩（速度）①②⑥⑦⑧⑨		T_{rtd}	N·m	10.2	7.42	5.70	—	14.6	12.9	11.3	—	17.2	15.6	10.7	19.2	19.2	14.9
560V_{dc} 额定速度		N_{rtd}	r/min	2000	5000	6000	—	1500	3000	4000	—	2000	3000	5000	2500	2500	4000
560V_{dc} 额定功率（速度）①②⑥⑦⑧		P_{rtd}	kW	2.14	3.89	3.58	—	2.29	4.05	4.73	—	3.60	4.90	5.6	5.03	5.03	6.24
640V_{dc} 额定转矩（速度）①②⑥⑦⑧⑨		T_{rtd}	N·m	9.9	5.74	5.70	—	14.2	12.0	10.5	—	16.3	14.4	7.4	18.6	18.1	11.6
640V_{dc} 额定速度		N_{rtd}	r/min	2400	6000	6000	—	1800	3500	4500	—	2500	3500	6000	2800	3000	5000
640V_{dc} 额定功率（速度）①②⑥⑦⑧		P_{rtd}	kW	2.49	3.61	3.58	—	2.68	4.4	4.95	—	4.27	5.28	4.65	5.37	5.69	6.08
转矩常数①	±10%	K_t	N·m/A_{rms}	2.2	1.0	0.91	0.60	3.00	1.5	1.24	0.75	2.28	1.66	1.0	2.1	1.85	1.3
反电动势常数⑤	±10%	K_e	V/k_{rpm}	142	65.5	58.8	35.5	191.5	98.2	79.9	48.3	147	107	64.4	133	119	80.5
电阻（线间）⑤	±10%	R_m	ohm	3.3	0.74	0.57	0.24	3.43	0.94	0.61	0.23	1.41	0.75	0.32	0.90	0.73	0.37
电感（线间）		L	mH	25.4	5.4	4.4	1.6	28.1	7.4	4.9	1.8	11.8	6.2	2.3	7.6	6.1	2.8
惯量（包括旋转变压器反馈）③		J_m	kg·cm^2					24				32			40		
可选抱闸惯量（额外）		J_m	kg·cm^2					0.61				0.61			0.61		
重量		W	kg					11.1				13.3			15.4		
静摩擦①⑨		T_f	N·m					0.1				0.15			0.2		
黏性阻尼①		K_{dv}	N·m/k_{rpm}					0.06				0.08			0.1		
热时间常数		TCT	min					25				30			35		
热阻		R_{thw-a}	℃/W					0.41				0.38			0.35		

续表

型　　号				AKM62				AKM63				AKM64			AKM65		
参数	公差	符号	单位	*H*	*L*	*M*	*Q*	*H*	*L*	*M*	*Q*	*K*	*L*	*Q*	*L*	*M*	*P*
极对								5				5			5		
散热器尺寸								18″×18″×1/2″ 铝板				18″×18″×1/2″ 铝板			18″×18″×1/2″ 铝板		

注：

① 在40℃环境温度下的电机绕组升温 $\Delta T=100$℃。

② 所有数据都为正弦换相数据。

③ 如果适用于总惯量，则增加停车抱闸。

④ 在某些 V_{bus} 值时可能受到限制。

⑤ 在25℃测量。

⑥ 抱闸电机选件使额定连续转矩减少：

AKM62＝0. 5N · m；AKM63＝0. 9N · m；AKM64＝1. 3N · m；AKM65＝1. 7N · m。

⑦ 非旋转变压器反馈选件使额定连续转矩减少：

AKM62＝0. 9N · m；AKM63＝1. 2N · m；AKM64＝1. 5N · m；AKM65＝1. 8N · m。

⑧ 对于带有旋转变压器反馈和抱闸选件的电机，连续转矩减少：

AKM62＝1. 6N · m；AKM63＝2. 4N · m；AKM64＝3. 1N · m；AKM65＝4. 0N · m。

⑨ 对于带有可选轴封的电机、减少转矩 0. 25N · m（2. 21lb · in），T_f 增加相同的数值。

4）AKM7x 系列

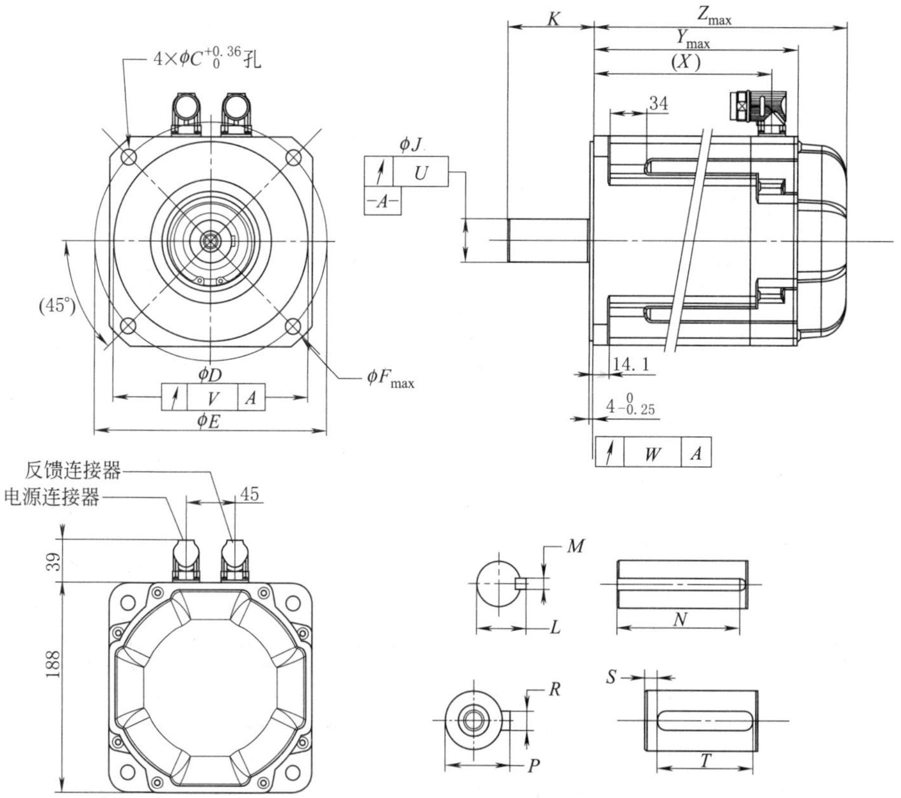

表 18-1-130　　AKM7x 系列尺寸数据　　mm

安装代码	*C*	*D*	*E*	*F*	*H*	*J*	*K*	*L*
AC	13.50	$180^{+0.014}_{-0.011}$ j6	215.00	—	D M12 DIN 332	$38^{+0.018}_{+0.002}$ k6	80	—
AN	13.50	$180^{+0.014}_{-0.011}$ j6	215.00	—	D M12 DIN 332	$38^{+0.018}_{+0.002}$ k6	80	—
GC	13.50	$180^{+0.014}_{-0.011}$ j6	215.00	—	D M12 DIN 332	$38^{+0.018}_{+0.002}$ k6	58.5	—

续表

安装代码	C	D	E	F	H	J	K	L
GN	13.50	$180^{+0.014}_{-0.011}$ j6	215.00	—	D M12 DIN 332	$38^{+0.018}_{+0.002}$ k6	58.5	—
KK	13.50	$114.3^{0}_{-0.025}$	200	225	—	$35^{+0}_{+0.016}$ h6	79	$38^{0}_{-0.29}$

安装代码	M	N	P	R	S	T	U	V	W
AC	—	—	$41^{0}_{-0.29}$	$10^{0}_{-0.036}$ N9	5.00	$70^{0}_{-0.30}$	0.050	0.100	0.100
AN	—	—	—	—	—	—	0.050	0.100	0.100
GC	—	—	$35^{0}_{-0.29}$	$108^{0}_{-0.036}$ N9	4	$50^{0}_{-0.30}$	0.050	0.100	0.100
GN	—	—	—	—	—	—	0.050	0.100	0.100
KK	$10^{0}_{-0.036}$	$70^{0}_{-0.30}$	—	—	—	—	0.050	0.100	0.100

型号	Z_{max} 正弦编码器（无制动器）	Z_{max} 正弦编码器（带有制动器）	(X)	Y_{max}	Z_{max}（带有制动器）
AKM72	201.7	253.3	164.5	192.5	234.5
AKM73	235.7	287.3	198.5	226.5	268.5
AKM74	269.7	321.3	232.5	260.5	302.5

表 18-1-131　　AKM7x 系列性能数据（电压最高为 $640V_{dc}$）

型号					AKM72			AKM73			AKM74		
参数		公差	符号	单位	L	P	Q	L	P	Q	L	P	Q
最大额定直流母线电压		max	V_{bus}	V_{dc}	640	640	640	640	640	640	640	640	640
连续转矩（失速）绕组温升=100℃①②⑥⑦⑧		nom	T_{cs}	N·m	30	29.4	29.5	42	41.6	41.5	53.0	52.5	52.2
连续电流（失速）绕组温升=100℃①②⑥⑦⑧		nom	I_{cs}	A_{rms}	11.5	18.7	23.5	12.1	19.5	24.5	12.9	18.5	26.1
连续转矩（失速）绕组温升=60℃②		nom	T_{cs}	N·m	24	23.5	23.6	33.6	33.3	33.2	42.4	42.0	41.8
最大机械速度⑤		nom	N_{max}	r/min	6000	6000	6000	6000	6000	6000	6000	6000	6000
峰值转矩①②		nom	T_p	N·m	79.5	78.5	78.4	113	111	111	143	142	141
峰值电流		nom	I_p	A_{rms}	34.5	56.1	70.5	36.3	58.6	73.5	38.7	55.5	78.3
$320V_{dc}$	额定转矩（速度）①②⑥⑦⑧⑨		T_{rtd}	N·m	—	23.8	23.3	—	34.7	33.4	—	—	42.8
	额定速度		N_{rtd}	r/min	—	1800	2000	—	1300	1500	—	—	1200
	额定功率（速度）①②⑥⑦⑧		P_{rtd}	kW	—	4.49	4.86	—	4.72	5.25	—	—	5.38
$560V_{dc}$	额定转矩（速度）①②⑥⑦⑧⑨		T_{rtd}	N·m	25.3	20.1	16.3	34.4	28.5	25.2	43.5	39.6	31.5
	额定速度		N_{rtd}	r/min	1500	3000	4000	1400	2400	3000	1200	1800	2500
	额定功率（速度）①②⑥⑦⑧		P_{rtd}	kW	3.97	6.31	6.83	5.04	7.16	7.92	5.47	7.46	8.25
$640V_{dc}$	额定转矩（速度）①②⑥⑦⑧⑨		T_{rtd}	N·m	24.3	18.2	14.1	33.8	26.3	22.0	41.5	35.9	27.3
	额定速度		N_{rtd}	r/min	1800	3500	4500	1500	2800	3500	1400	2000	3000
	额定功率（速度）①②⑥⑦⑧		P_{rtd}	kW	4.58	6.67	6.65	5.31	7.71	8.07	6.08	7.52	8.58
转矩常数①		±10%	K_t	N·m/A_{rms}	2.6	1.58	1.3	3.5	2.13	1.7	4.14	2.84	2.0
反电动势常数⑤		±10%	K_e	V/k_{rpm}	169	102	81.2	225	137	109	266	183	129

续表

型号				AKM72			AKM73			AKM74		
参数	公差	符号	单位	L	P	Q	L	P	Q	L	P	Q
电阻(线间)⑤	±10%	R_m	ohm	0.92	0.35	0.26	0.95	0.38	0.27	0.93	0.47	0.25
电感(线间)		L	mH	13.6	5.0	3.2	15.7	5.9	3.7	16.4	7.7	3.8
惯量(包括旋转变压器反馈)③		J_m	$kg \cdot cm^2$	65			92			120		
可选抱闸惯量(额外)		J_m	$kg \cdot cm^2$	1.64			1.64			1.64		
重量		W	kg	19.7			26.7			33.6		
			lb	43.4			58.8			74.0		
静摩擦①⑨		T_f	N·m	0.16			0.24			0.33		
黏性阻尼①		K_{dv}	N·m/K_{rpm}	0.06			0.13			0.2		
热时间常数		TCT	min	46			53			60		
热阻		$R_{thw\text{-}a}$	℃/W	0.39			0.33			0.30		
极对				5			5			5		
散热器尺寸				18″×18″×1/2″铝板			18″×18″×1/2″铝板			18″×18″×1/2″铝板		

① 在40℃环境温度下的电机绕组升温 $\Delta T=100$℃。
② 所有数据都为正弦换相数据。
③ 如果适用于总惯量，则增加停车抱闸。
④ 在某些 V_{bus} 值时可能受到限制。
⑤ 在25℃测量。
⑥ 抱闸电机选件使额定连续转矩减少1N·m。
⑦ 非旋转变压器反馈选件使额定连续转矩减少：
AKM72=2.0N·m；AKM73=2.7N·m；AKM74=3.4N·m。
⑧ 对于带有旋转变压器反馈和抱闸选件的电机，连续转矩减少：
AKM72=3.9N·m；AKM73=5.1N·m；AKM74=6.2N·m。
⑨ 对于带有可选轴封的电机、减少转矩0.25N·m（2.21lb·in），T_f 增加相同的数值。

5）AKM8x 系列

带有接线盒

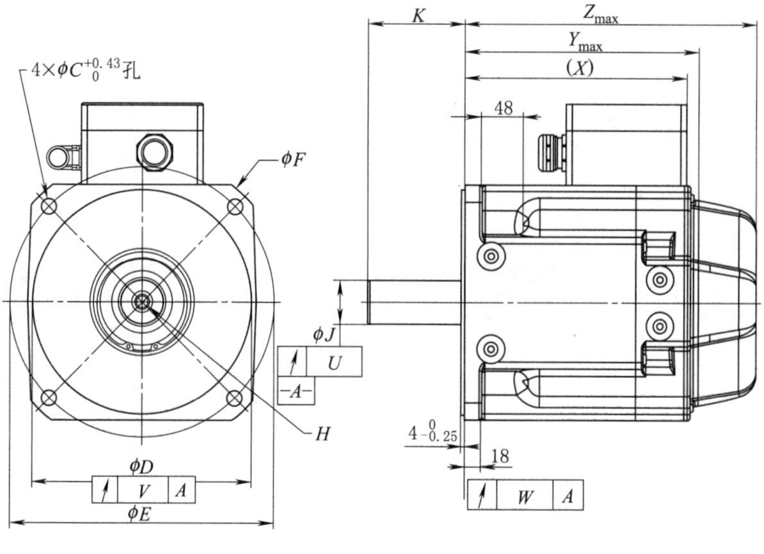

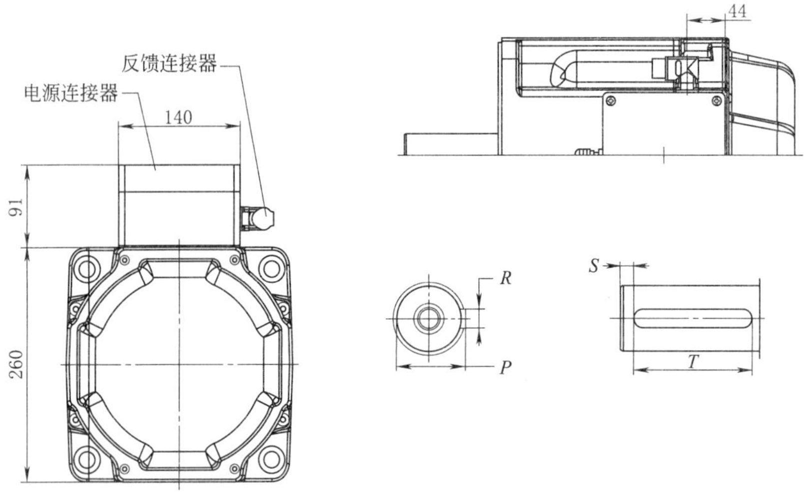

带有可旋转 IP65 连接器

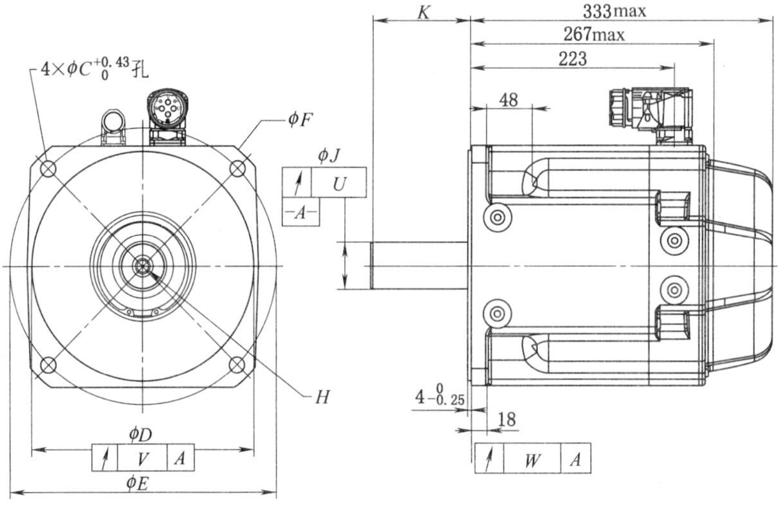

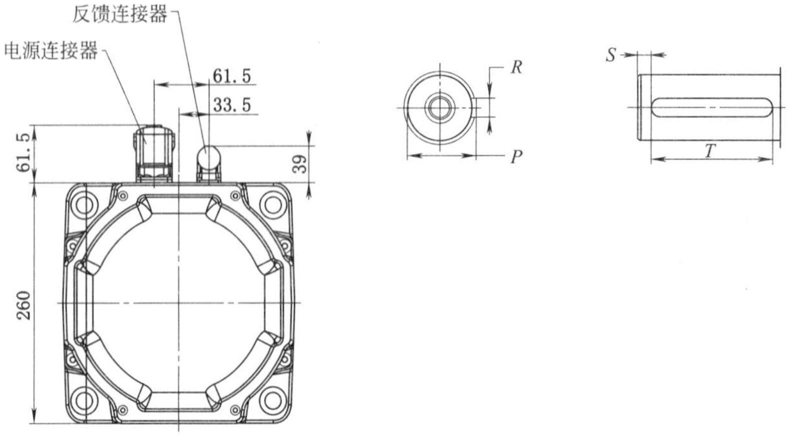

表 18-1-132　　　　AKM8x 系列尺寸数据　　　　mm

安装代码	C	D	E	F	H	J	K	P	R	S	T	U	V	W
AC	18.5	$250^{+0.016}_{-0.013}$ j6	300	—	D M16 DIN 332	$48^{+0.018}_{+0.002}$ k6	110	$51.5^{\ 0}_{-0.29}$	$14^{\ 0}_{-0.043}$ h9	10	$90^{\ 0}_{-0.50}$	0.050	0.125	0.125
AN	18.5	$250^{+0.016}_{-0.013}$ j6	300	—	D M16 DIN 332	$48^{+0.018}_{+0.002}$ k6	110	—	—	—	—	0.050	0.125	0.125
CC	14.5	$230^{+0.016}_{-0.013}$ j6	265	300	D M16 DIN 332	$48^{+0.018}_{+0.002}$ k6	110	$51.5^{\ 0}_{-0.29}$	$14^{\ 0}_{-0.043}$ h9	10	$90^{\ 0}_{-0.50}$	0.050	0.100	0.100
CN	14.5	$230^{+0.016}_{-0.013}$ j6	265	300	D M16 DIN 332	$48^{+0.018}_{+0.002}$ k6	82	—	—	—	—	0.050	0.100	0.100
HC	14.5	$230^{-0.013}_{+0.006}$ j6	265	300	D M16 DIN 332	$42^{+0.018}_{+0.002}$ k6	82	$45^{\ 0}_{-0.29}$	$12^{\ 0}_{-0.043}$ h9	—	$63^{\ 0}_{-0.50}$	0.050	0.100	0.100
HN	14.5	$230^{+0.016}_{-0.013}$ j6	265	300	D M16 DIN 332	$42^{+0.018}_{+0.002}$ k6	82	—	—	—	—	0.050	0.100	0.100
GC	18.5	$250^{+0.016}_{-0.013}$ j6	300	—	D M16 DIN 332	$48^{+0.018}_{+0.002}$ k6	82	$51.5^{\ 0}_{-0.29}$	$14^{\ 0}_{-0.043}$ h9	—	$63^{\ 0}_{-0.50}$	0.050	0.125	0.125
GN	18.5	$250^{+0.016}_{-0.013}$ j6	300	—	D M16 DIN 332	$48^{+0.018}_{+0.002}$ k6	82	—	—	—	—	0.050	0.125	0.125
MC	18.5	$250^{+0.016}_{-0.013}$ j6	300	—	D M16 DIN 332	$48^{+0.018}_{+0.002}$ k6	110	$51.5^{\ 0}_{-0.29}$	$14^{\ 0}_{-0.043}$ h9	10	$90^{\ 0}_{-0.50}$	0.050	0.125	0.125
MN	18.5	$250^{+0.016}_{-0.013}$ j6	300	—	D M16 DIN 332	$48^{+0.018}_{+0.002}$ k6	110	—	—	—	—	0.050	0.125	0.125
TC	14.5	$230^{+0.016}_{-0.013}$ j6	265	300	D M16 DIN 332	$48^{+0.018}_{+0.002}$ k6	110	$51.5^{\ 0}_{-0.29}$	$14^{\ 0}_{-0.043}$ h9	10	$90^{\ 0}_{-0.50}$	0.050	0.100	0.100
TN	14.5	$230^{+0.016}_{-0.013}$ j6	265	300	D M16 DIN 332	$48^{+0.018}_{+0.002}$ k6	110	—	—	—	—	0.050	0.100	0.100

型号	(X)	Y_{max}	Z_{max}（带有抱闸）	型号	(X)	Y_{max}	Z_{max}（带有抱闸）
AKM82 H 连接器	223.0	267.0	333.0	AKM83 T 连接盒	334.5	347.5	413.5
AKM82 T 接线盒	254.0	267.0	333.0	AKM84 T 接线盒	415.0	428.0	494.0

表 18-1-133　　　　AKM8x 系列性能数据（电压最高为 640V_{dc}）

参数		公差	符号	单位	AKM82T	AKM83T	AKM84T
最大额定直流母线电压		max	V_{bus}	V_{dc}	640	640	640
连续转矩(失速)绕组温升=100℃①②⑥⑦⑧		nom	T_{cs}	N·m	75	130	180
				lb·in	664	1151	1593
连续电流(失速)绕组温升=100℃①②⑥⑦⑧		nom	I_{cs}	A_{rms}	48	62	67
连续转矩(失速)绕组温升=60℃②		nom	T_{cs}	N·m	58.1	100	140
				lb·in	514	885	1299
最大机械速度④		nom	N_{max}	r/min	3000	3000	3000
峰值转矩①②		nom	T_p	N·m	210	456	668
				lb·in	1859	4036	5912
峰值电流		nom	I_p	A_{rms}	240	310	335
560V_{dc}	额定转矩(速度)①②⑥⑦⑧⑨		T_{rtd}	N·m	47.5	70	105
				lb·in	420	620	929
	额定速度		N_{rtd}	r/min	2500	2200	1800
	额定功率(速度)①②⑥⑦⑧		P_{rtd}	kW	12.4	16.1	19.8
				Hp	16.65	21.62	26.58

续表

参数		公差	符号	单位	AKM82T	AKM83T	AKM84T
$640V_{dc}$	额定转矩(速度)①②⑥⑦⑧⑨		T_{rtd}	N·m	38	60	93
				lb·in	336	531	823
	额定速度		N_{rtd}	r/min	3000	2500	2000
	额定功率(速度)①②⑥⑦⑧		P_{rtd}	kW	11.9	15.7	19.5
				Hp	16.0	21.0	26.1
转矩常数①		±10%	K_t	$N\cdot m/A_{rms}$	1.6	2.1	2.7
				$lb\cdot in/A_{rms}$	14	19	23.8
反电动势常数⑤		±10%	K_e	V/k_{rpm}	108	140	177
电阻(线间)⑤		±10%	R_m	ohm	0.092	0.061	0.058
电感(线间)			L	mH	2.73	2.36	2.5
惯量(包括旋转变压器反馈)③			J_m	$kg\cdot cm^2$	172	334	495
				$lb\cdot in\cdot s^2$	0.15	0.29	0.43
可选抱闸惯量(额外)			J_m	$kg\cdot cm^2$	5.53	5.53	5.53
				$lb\cdot in\cdot s^2$	4.90E-03	4.90E-03	4.90E-03
重量			W	kg	49	73	97
				lb	107.8	160.6	213.4
静摩擦①⑨			T_f	N·m	1.7	1.83	2.34
				lb·in	15.05	16.20	20.71
黏性阻尼①			K_{dv}	$N\cdot m/K_{rpm}$	0.35	0.95	1.6
				$lb\cdot in/K_{rpm}$	3.10	8.41	14.16
热时间常数			TCT	min	71	94	116
热阻			$R_{thw\text{-}a}$	℃/W	0.225	0.203	0.183
极对					5	5	5
散热器尺寸					18″×18″×1/2″ 铝板	18″×18″×1/2″ 铝板	18″×18″×1/2″ 铝板

① 在40℃环境温度下的电机绕组升温 $\Delta T=100℃$。
② 所有数据都为正弦换相数据。
③ 如果适用于总惯量，则增加停车抱闸。
④ 在某些 V_{bus} 值时可能受到限制。
⑤ 在25℃测量。
⑥ 抱闸选件使连续转矩减少6N·m。
⑦ 抱闸选件使重量增加9kg。
⑧ 非旋转变压器反馈选件使额定连续转矩减少：
AKM82=9N·m；AKM83=6N·m；AKM84=18N·m。
⑨ 带有非旋转变压器反馈和抱闸选件的电机使额定连续转矩减少；
AKM82=17N·m；AKM83=16N·m；AKM84=28N·m。

4.12.3 BYG 系列混合式步进电机

（1）特点与应用

1）混合式步进电机集中了永磁式和反应式结构上的特点，转子上嵌有永久磁铁，也有励磁源，输出转矩大，步距角小，较永磁式与反应式效率高、驱动电流小、功耗低。但较伺服电机效率低，发热较大。

2）步距值不受电压波动、电流值和波形、温度变化等干扰因素的影响。

3）步距角虽有误差，但每转一圈的累积误差为零，不会长期积累。

4）控制性能好，由于转子转动惯量小，动态响应快，易于启停、正反转和变速控制。

广泛用于机床、切割机、轻工、包装、机器人、打印机、复印机和医疗器械等自动控制设备中。国内已制订“步进电动机通用技术条件”标准，见 GB/T 20638—2006。

生产厂家：南京华兴数控设备有限责任公司。

（2）型号含义

三相混合式步进电机：

57 BYG 3 50 B L - S A S S M L - 060 1

- 设计代码
- 相电流：020—2A;030—3A;040—4A;045—4.5A;050—5A;060—6A
- 接线形式：L—引出线,3相3线；A—航空插头
- 尺寸制式：M—公制；B—英制；H—特殊尺寸
- 机壳形状：R—圆形；S—方形
- 轴键形式：K—平键；S—光轴
- 轴伸长度：A—标准；B—加长
- 轴伸形式：S—单；B—双
- 电压等级：L—低压；H—高压
- 机身长度
- 转子齿数：50—50齿
- 相数：3—三相
- 结构形式：B—步进，YG—混合式
- 机座号：57;60;86;110;130

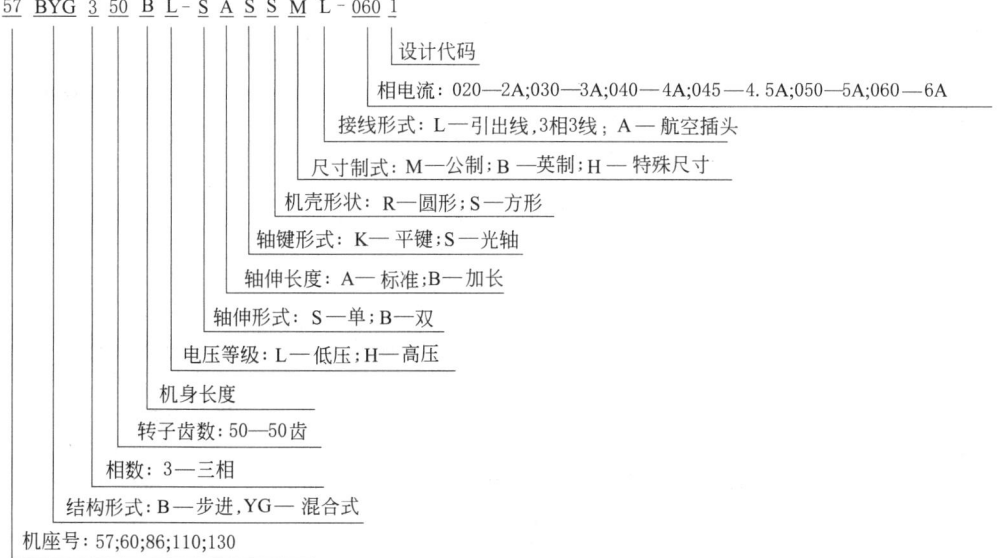

五相混合式步进电机：

130 BYG 5 50 D - S A K R M T - 050 1

- 设计代码
- 相电流：030—3A；040—4A；050—5A；080—8A
- 接线形式：L—引出线;5相5线;T—端子;A—航空插头
- 尺寸制式：M—公制;B—英制;H—特殊尺寸
- 机壳形状：R—圆形；S—方形
- 轴键形式：K—平键；S—光轴；H—半圆键
- 轴伸长度：A—标准；B—加长
- 轴伸形式：S—单；B—双；
- 机身长度
- 转子齿数：50—50齿；60—60齿；200—200齿；
- 相数：5—五相
- 结构形式：B—步进 YG—混合式
- 机座号：90；110；130

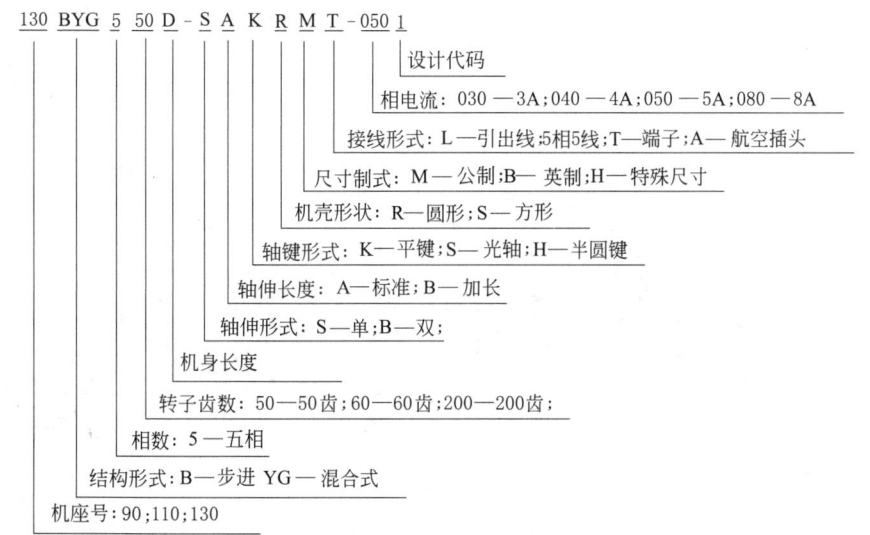

(3) 电机的规格尺寸与技术参数

1) 三相混合式步进电动机

表 18-1-134　　BYG 系列三相混合式步进电动机外形尺寸　　mm

86BYG350××-SAKSML-××××系列

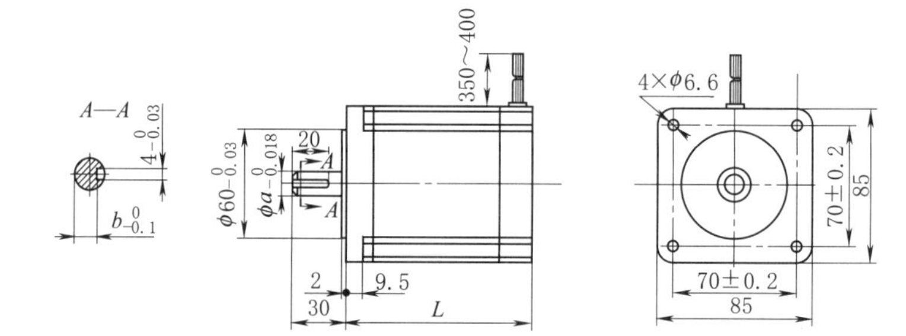

型号	86BYG350AH-SAKSML 86BYG350AL-SAKSML	86BYG350BH-SAKSML 86BYG350BL-SAKSML	86BYG350CH-SAKSML 86BYG350CL-SAKSML
a	12	12	14
b	9.5	9.5	11.5
L	69	97	125

86BYG350××-SAKSML-××××系列

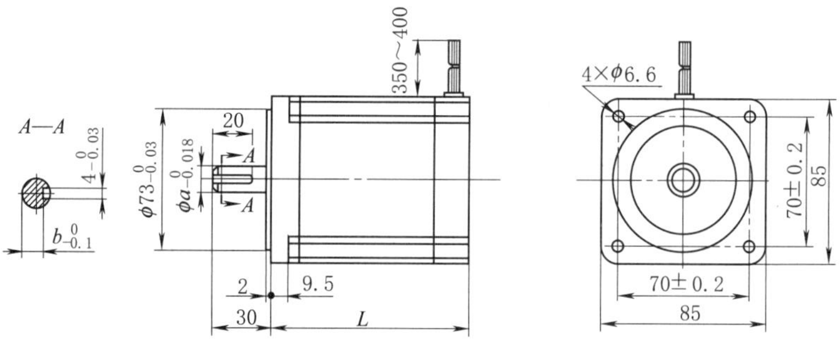

型号	86BYG350AH-SAKSHL 86BYG350AL-SAKSHL	86BYG350BH-SAKSHL 86BYG350BL-SAKSHL	86BYG350 CH-SAKSHL 86BYG350 CL-SAKSHL
a	12	12	14
b	9.5	9.5	11.5
L	69	97	125

110BYG 系列

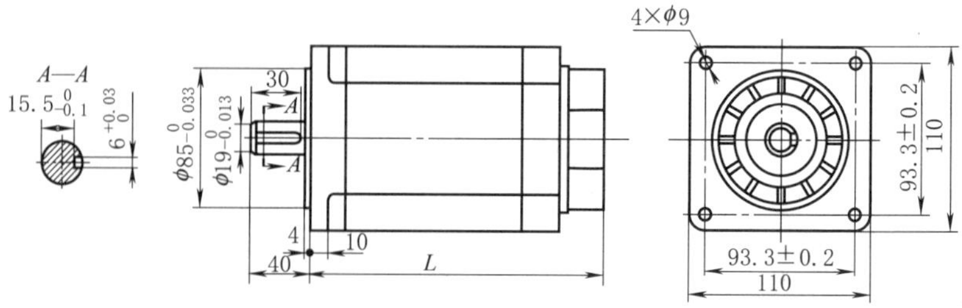

型号	110BYG350BH-SAKSMA	110BYG350CH-SAKSMA	110BYG350DH-SAKSMA
L	148	182	216

续表

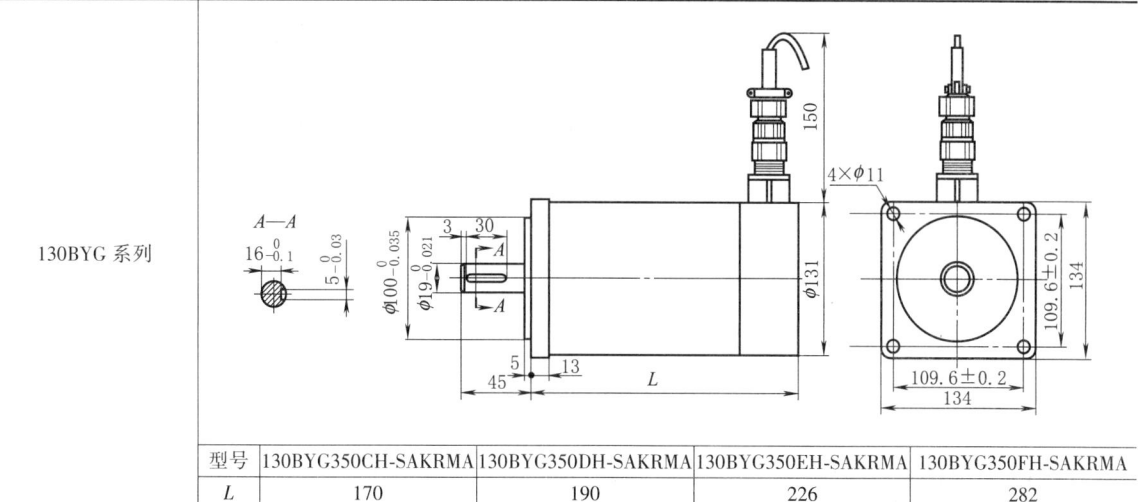

130BYG 系列	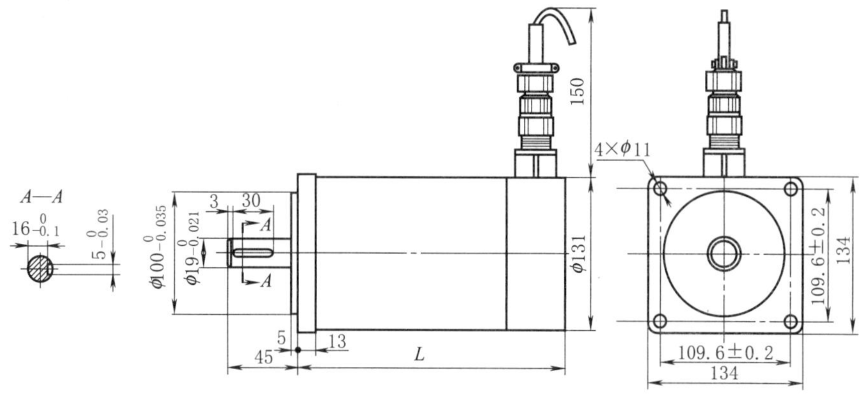				
	型号	130BYG350CH-SAKRMA	130BYG350DH-SAKRMA	130BYG350EH-SAKRMA	130BYG350FH-SAKRMA
	L	170	190	226	282

表 18-1-35　　　　BYG 系列三相混合式步进电动机主要技术参数

规格型号	相数	步距角/(°)	相电流/A	相电阻/Ω	相电感/mH	保持转矩/N·m	定位转矩/N·m	电压/VDC	转动惯量/g·cm²	质量/kg	适配驱动器
86BYG350AH-0201	3	0.6/1.2	2.0	5.86	25.5	2.5	0.4	80~350	1320	2	SH-30506 SH-30806 SH-30806N SH-32206 SH-32206N
86BYG350BH-0201	3	0.6/1.2	2.0	6.97	31.1	5	0.4	80~350	2400	3	
86BYG350CH-0301	3	0.6/1.2	3.0	3.17	19.5	7	0.4	80~350	3480	4	
86BYG350AL-0601	3	0.6/1.2	6.0	0.9	3.6	2.5	0.4	24~70	1320	2	
86BYG350BL-0601	3	0.6/1.2	6.0	1.2	5.2	5	0.4	24~70	2400	3	
86BYG350CL-0601	3	0.6/1.2	6.0	1.6	6.7	7	0.4	24~70	3480	4	
110BYG350BH-0501	3	0.6/1.2	5.0	0.9	8.5	8	0.5	80~350	9720	6.6	SH-32206 SH-32206N
110BYG350CH-0501	3	0.6/1.2	5.0	0.9	12.6	12	0.5	80~350	13560	9	
110BYG350DH-0501	3	0.6/1.2	5.0	0.9	11	16	0.6	80~350	17400	11.1	
130BYG350CH-0602	3	0.6/1.2	6.0	1.75	14.6	23	0.6	80~350	25000	13.5	
130BYG350DH-0602	3	0.6/1.2	6.0	2.0	18	25	0.8	80~350	30000	16.5	
130BYG350EH-0602	3	0.6/1.2	6.0	2.3	22	35	1.0	80~350	35000	17.5	
130BYG350FH-0602	3	0.6/1.2	6.0	3.0	29	45	1.2	80~350	45500	22	

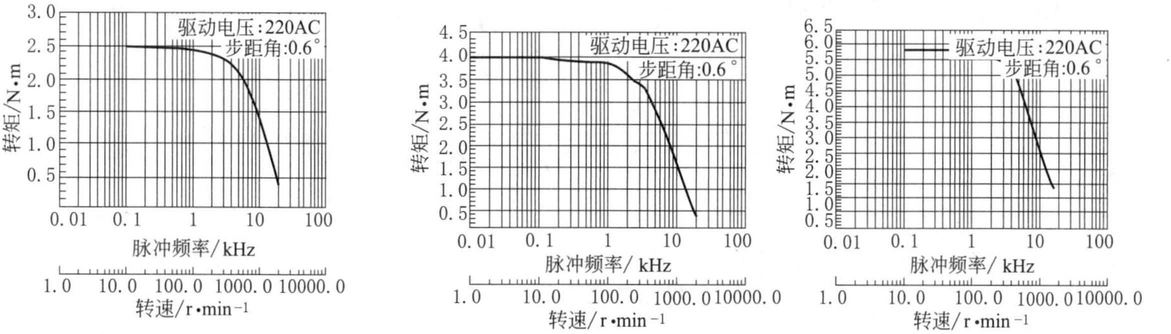

(a) 86BYG350AH-××××××-0201　(b) 86BYG350BH-××××××-0201　(c) 86BYG350CH-××××××-0301

图 18-1-9

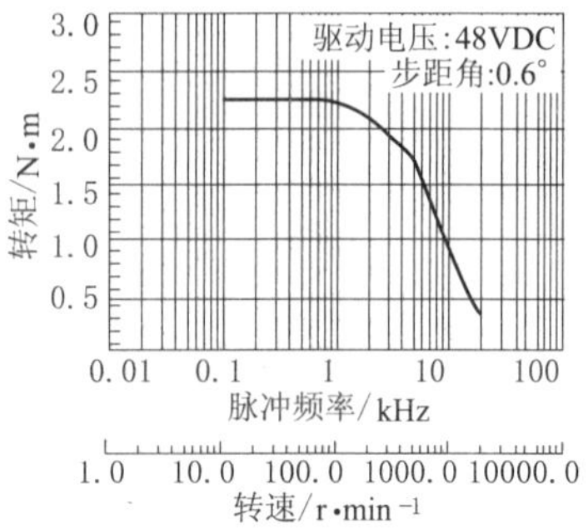

(d) 86BYG350AL-××××××-0601

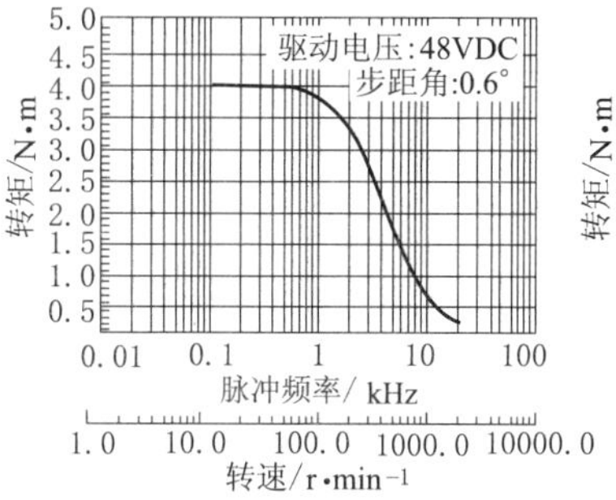

(e) 86BYG350BL-××××××-0601

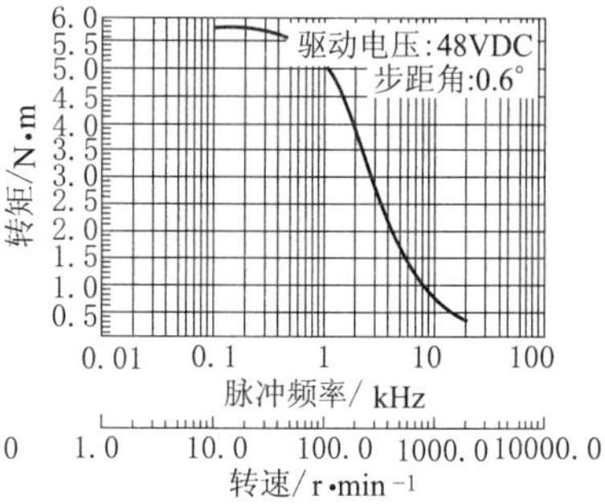

(f) 86BYG350CL-××××××-0601

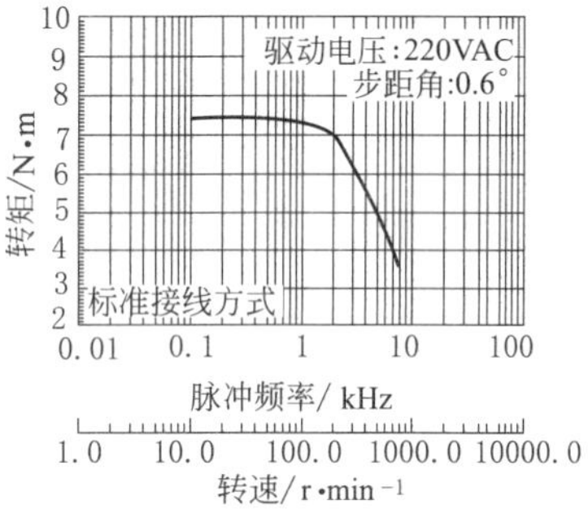

(g) 110BYG350BH-SAKSMA-0501

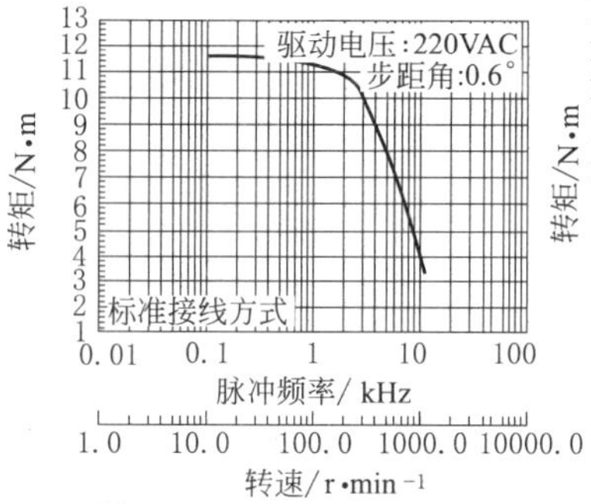

(h) 110BYG350CH-SAKSMA-0501

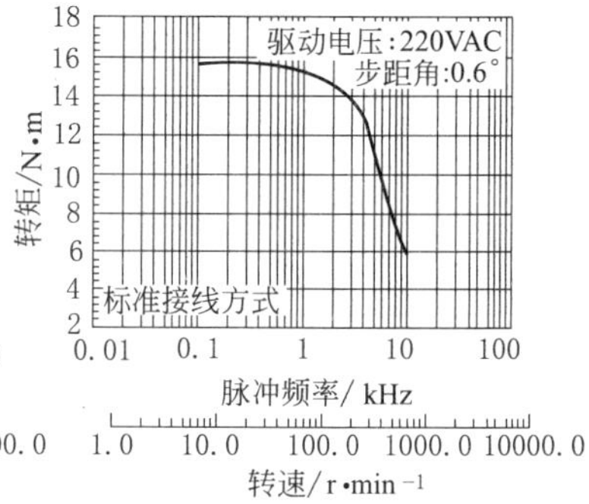

(i) 110BYG350DH-SAKSMA-0501

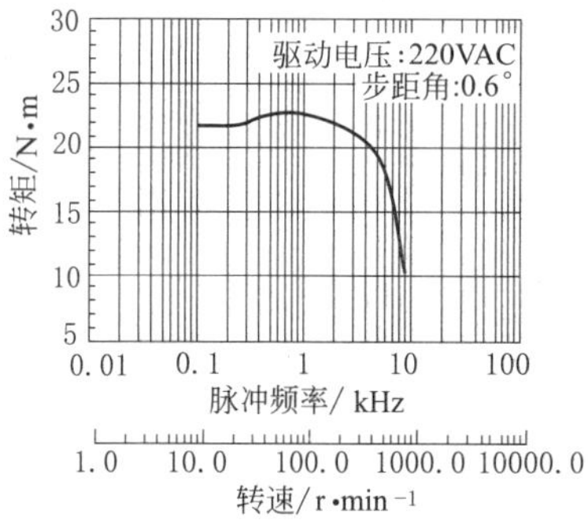

(j) 130BYG350CH-SAKRMA-0602

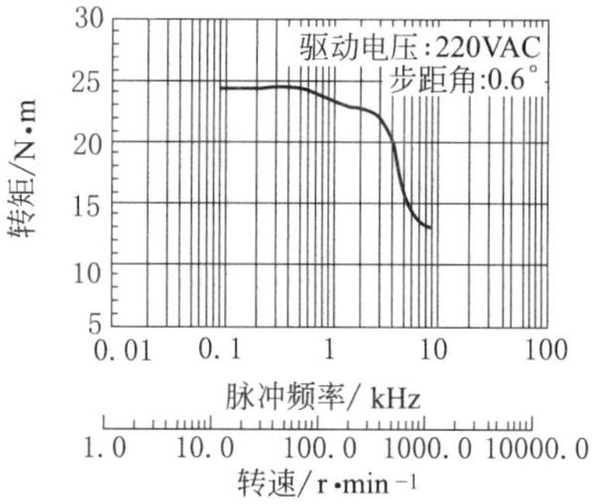

(k) 130BYG350DH-SAKRMA-0602

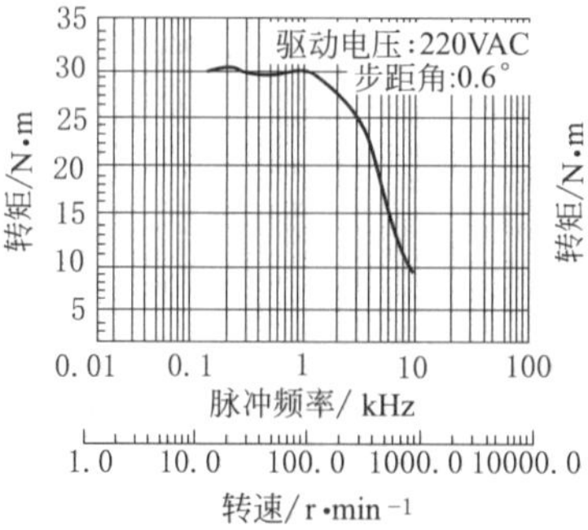

(l) 130BYG350EH-SAKRMA-0602

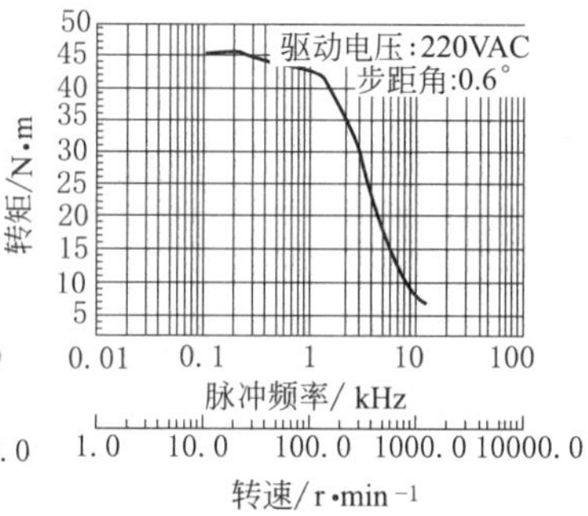

(m) 130BYG350FH-SAKRMA-0602

图 18-1-9　BYG 系列三相步进电动机特性曲线

2）五相混合式步进电机

表 18-1-136　　五相步进电动机外形尺寸　　mm

90BYG 系列

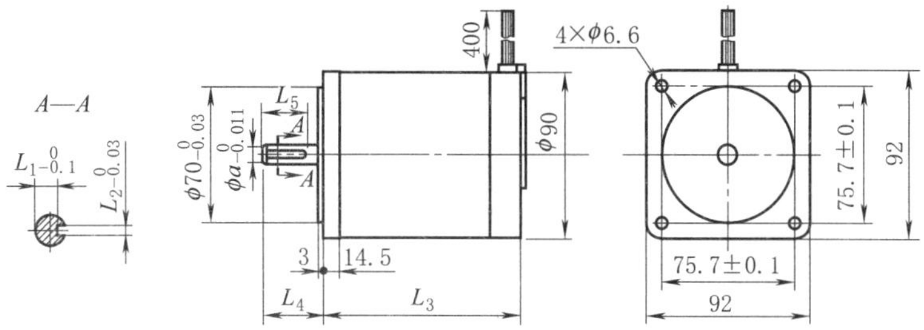

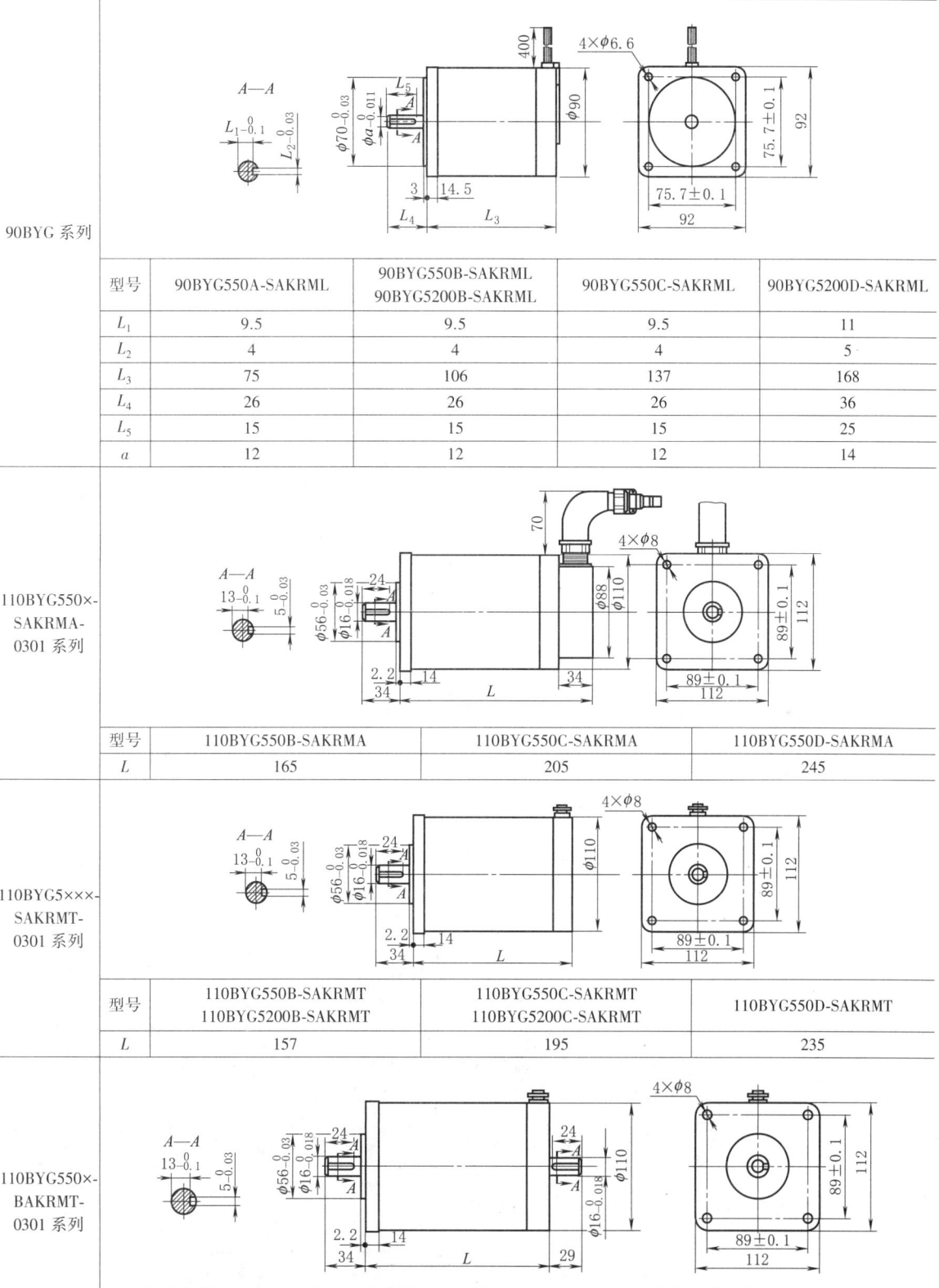

型号	90BYG550A-SAKRML	90BYG550B-SAKRML 90BYG5200B-SAKRML	90BYG550C-SAKRML	90BYG5200D-SAKRML
L_1	9.5	9.5	9.5	11
L_2	4	4	4	5
L_3	75	106	137	168
L_4	26	26	26	36
L_5	15	15	15	25
a	12	12	12	14

110BYG550×-SAKRMA-0301 系列

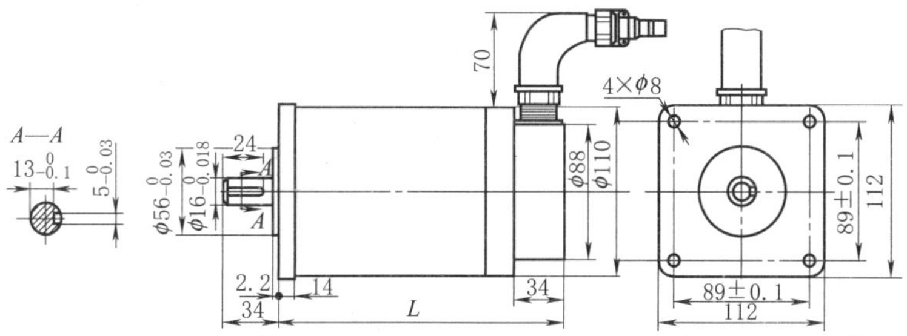

型号	110BYG550B-SAKRMA	110BYG550C-SAKRMA	110BYG550D-SAKRMA
L	165	205	245

110BYG5×××-SAKRMT-0301 系列

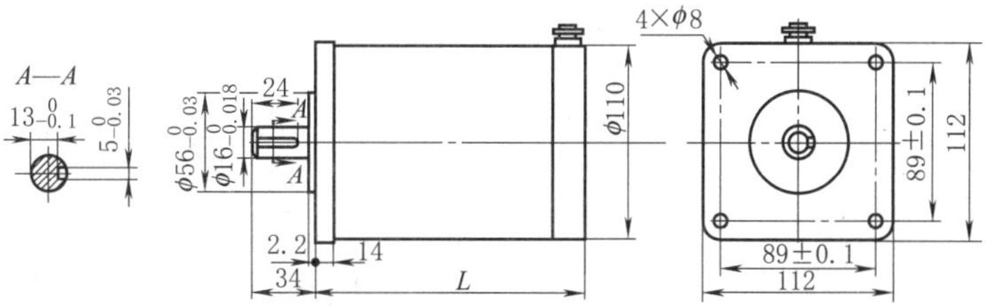

型号	110BYG550B-SAKRMT 110BYG5200B-SAKRMT	110BYG550C-SAKRMT 110BYG5200C-SAKRMT	110BYG550D-SAKRMT
L	157	195	235

110BYG550×-BAKRMT-0301 系列

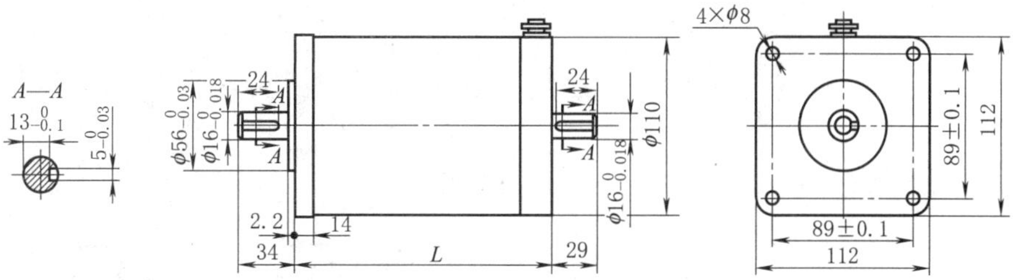

型号	110BYG550B-BAKRMT	110BYG550C-BAKRMT	110BYG550D-BAKRMT
L	157	195	235

表 18-1-137　　**BYG 系列五相混合式步进电动机主要技术参数**

规格型号	相数	步距角 /(°)	相电流 /A	相电阻 /Ω	相电感 /mH	保持转矩 /N·m	定位转矩 /N·m	转动惯量 /g·cm²	质量 /kg	适配驱动器
90BYG550A-0301	5	0.36/0.72	3.0	0.2	2.0	2.0	0.1	2300	2.2	SH-50806B
90BYG550B-0301	5	0.36/0.72	3.0	0.4	4.0	4.0	0.2	4500	3.4	
90BYG550C-0301	5	0.36/0.72	3.0	1.6	7.9	6.0	1.0	8000	4.6	
90BYG5200B-0301	5	0.09/0.18	3.0	0.4	4.0	5.0	0.5	4500	3.4	
90BYG5200D-0301	5	0.39/0.18	3.0	0.8	8.0	10	1.0	9000	5.9	
110BYG550B-0301	5	0.36/0.72	3.0	0.7	10.0	8	0.5	9700	6.4	
110BYG550C-0301	5	0.36/0.72	3.0	1.0	15.0	14	0.6	14600	8.4	
110BYG550D-0301	5	0.36/0.72	3.0	1.3	20.0	18	0.7	19500	10.4	
110BYG5200B-0301	5	0.09/0.18	3.0	0.7	10.0	10	0.6	10000	6.4	
110BYG5200C-0301	5	0.09/0.18	3.0	1.0	15.0	14	0.7	15000	8.4	
130BYG550D-0501	5	0.36/0.72	5.0	0.6	7.5	25	0.8	37000	12	SH-51008
130BYG550E-0801	5	0.36/0.72	8.0	0.25	7.8	35	1.2	46300	15.1	

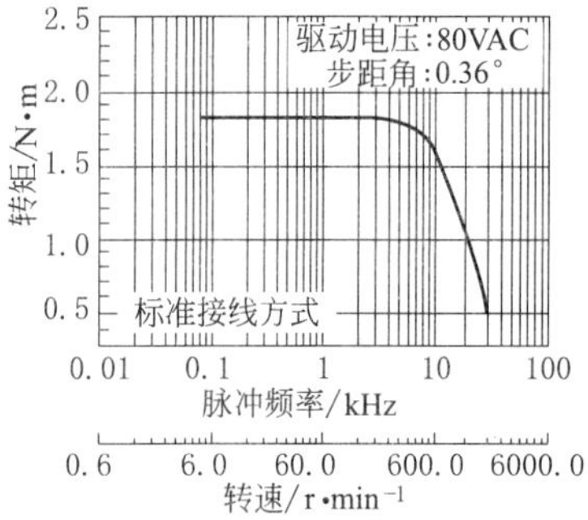

(a) 90BYG550A-SAKRML-0301

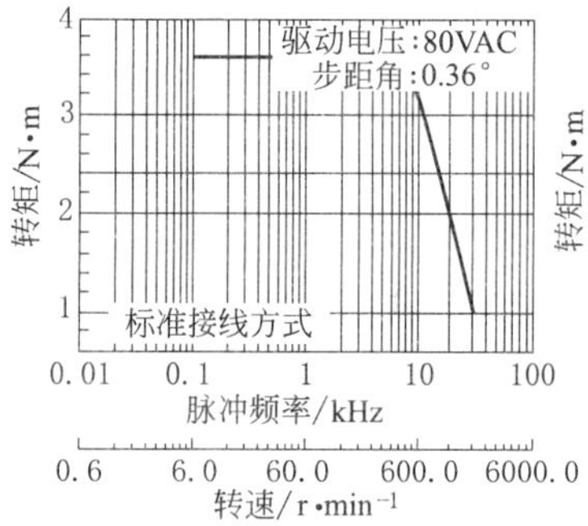

(b) 90BYG550B-SAKRML-0301

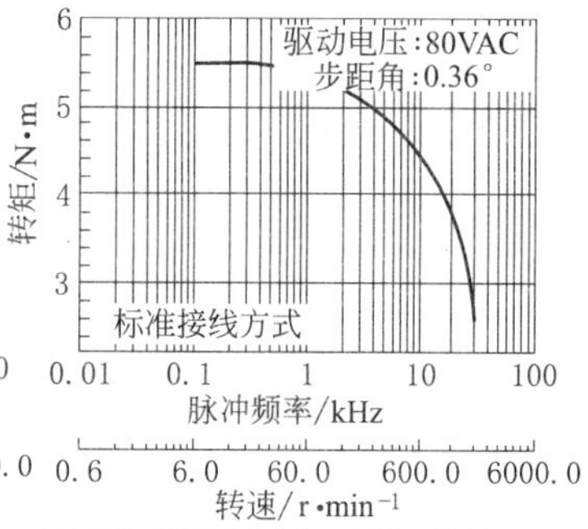

(c) 90BYG550C-SAKRML-0301

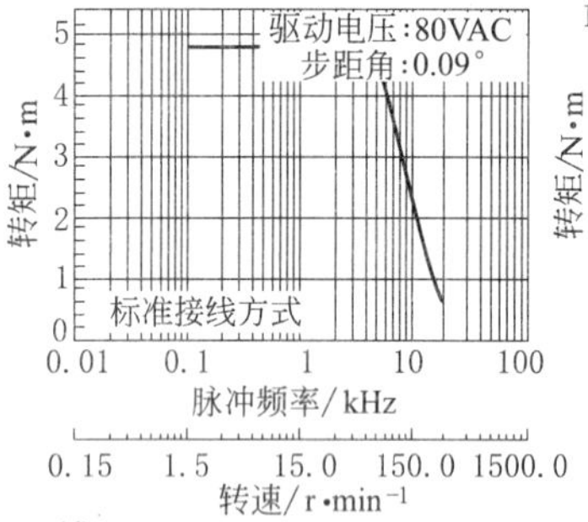

(d) 90BYG5200B-SAKRML-0301

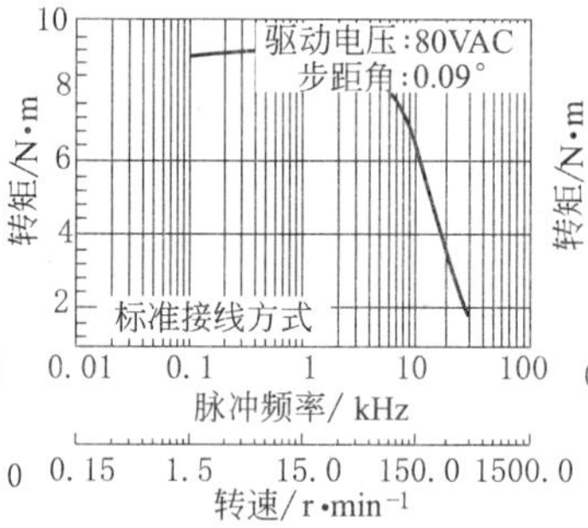

(e) 90BYG5200D-SAKRML-0301

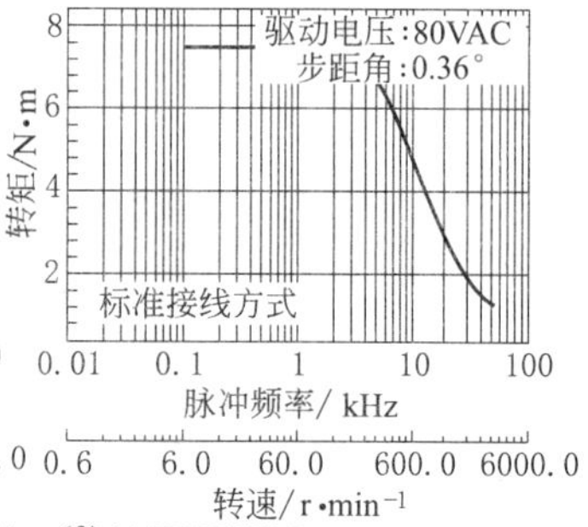

(f) 110BYG550B-××××××-0301

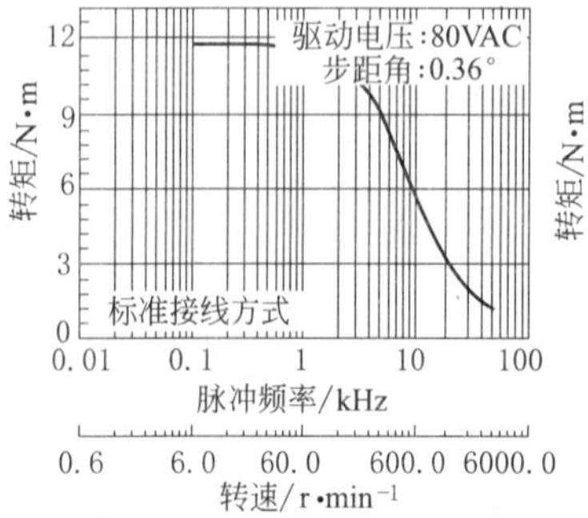

(g) 110BYG550C-××××××-0301

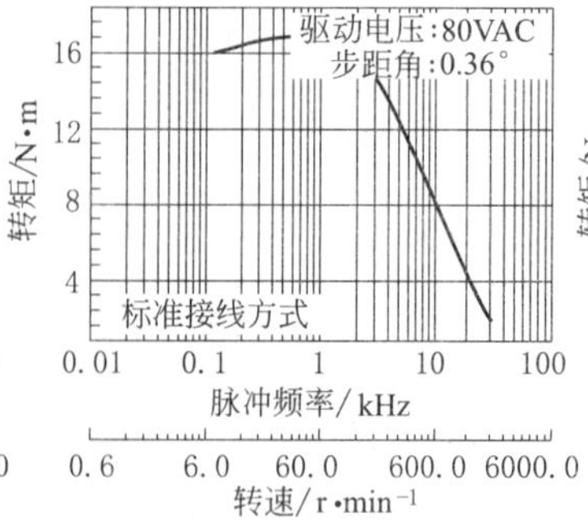

(h) 110BYG550D-××××××-0301

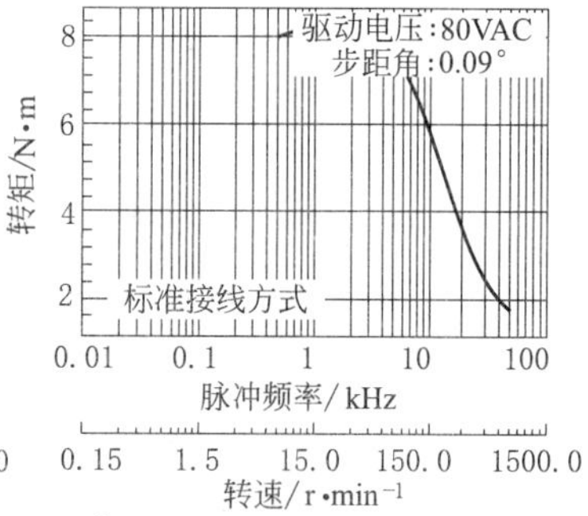

(i) 110BYG5200B-××××××-0301

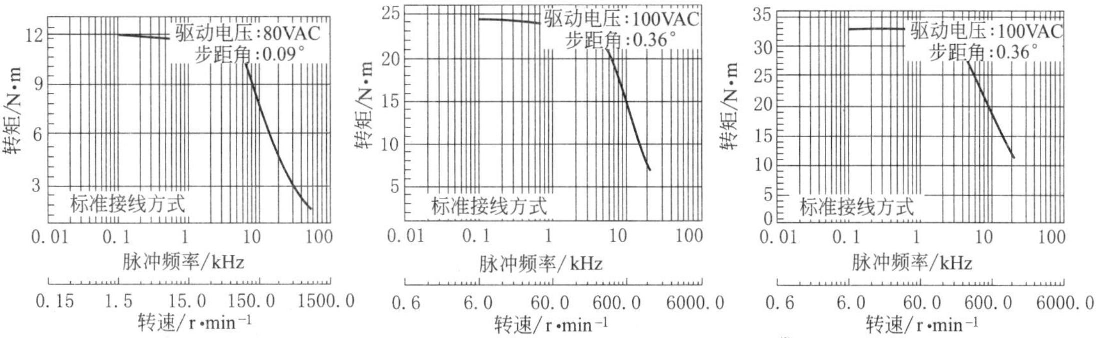

(j) 110BYG5200C-××××××-0301　(k) 130BYG550D-SAKRMT-0501　(l) 130BYG550E-SAKRMX-0801

图 18-1-10　BYG 系列五相步进电动机矩频特性曲线

4.13　电动机滑轨

滑　轨（1）

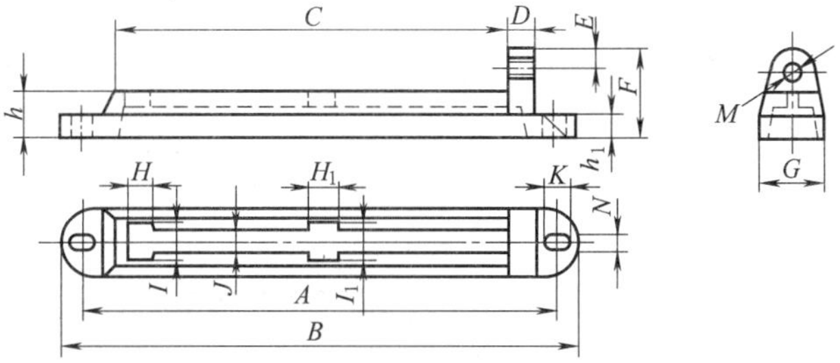

表 18-1-138

规格	安装尺寸/mm																	配电机功率/kW	质量/kg
	A	B	C	D	E	F	G	H	H_1	I	h	h_1	I_1	J	K	N	M		
14″	450	530	365	30	40	105	70	30		28	50	22		14	26	18	1/2″	0.6~2	12
16″	500	570	400	30	40	105	75	38		30	50	22		14	27	18	1/2″	2.5~4	15
18″	560	630	460	35	40	110	80	40		34	60	22		16	30	20	1/2″	4.5~7	18
20″	610	680	510	35	40	120	100	42		40	65	26		16	30	20	5/8″	9.5~10	24
24″	710	780	610	35	40	130	102	42		40	65	26		18	32	24	5/8″	10.5~15	31.5
26″	760	830	660	35	43	130	110	42		40	65	26		18	36	24	5/8″	15.5~20	41.5
30″	900	1000	760	40	50	150	116		40		86	36	45	24	40	32	3/4″	20.5~30	56
36″	1040	1140	890	54	55	150	130		43		90	50	55	24	42	32	3/4″	30.5~40	72
40″	1140	1280	1000	65	55	160	142		43		85	45	55	26	42	32	3/4″	40.5~55	92

注：1″=1in=25.4mm。

滑　轨（2）

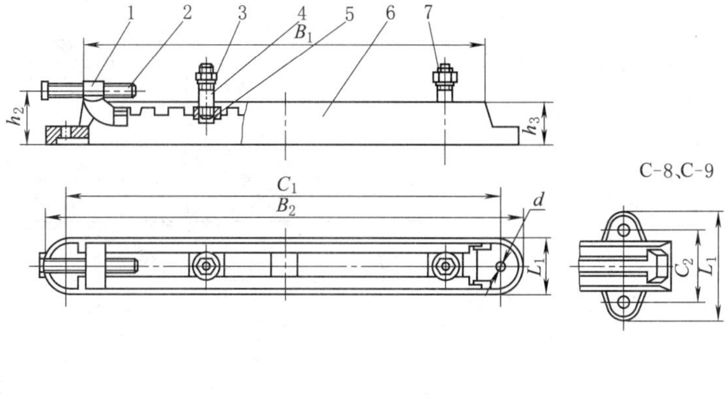

表 18-1-139

型　号	主要尺寸/mm								件 1	件 5	件 6	件 4	件 3	件 2	件 7	质量
	B_1	B_2	C_1	C_2	h_2	h_3	L_1	d	移动卡爪	滑块	路轨	螺　柱 GB/T 900	螺　母 GB/T 6170	螺　栓 GB/T 5783	垫　圈 GB/T 93	/kg
C-3	370	440	410		44	36	44	12		C-3		M10×35 *	BM10	M12×80	10	3.8
C-4	430	510	470		55	45	52	14		C-4		M10×40 *	BM10	M12×90	10	5.3
C-5	570	670	620		67	55	72	18		C-5		M12×50	BM12	M16×110	12	12.5
C-6	630	770	720		74	60	75	18		C-6		M12×60	BM12	M16×120	12	17.5
C-7	770	930	870		88	70	105	24		C-7		M16×75	BM16	M20×150	16	31
C-8	900	950	700	175	95	75	245	28		C-8		M20×95	BM20	M24×180	20	45
C-9	1030	1090	800	190	105	85	260	28		C-9		M20×105	BM20		20	69

注：1. 带 * 号者用 GB/T 899 的双头螺柱。

2. 电动机螺栓孔应与件 4 相配。

滑　轨（3）

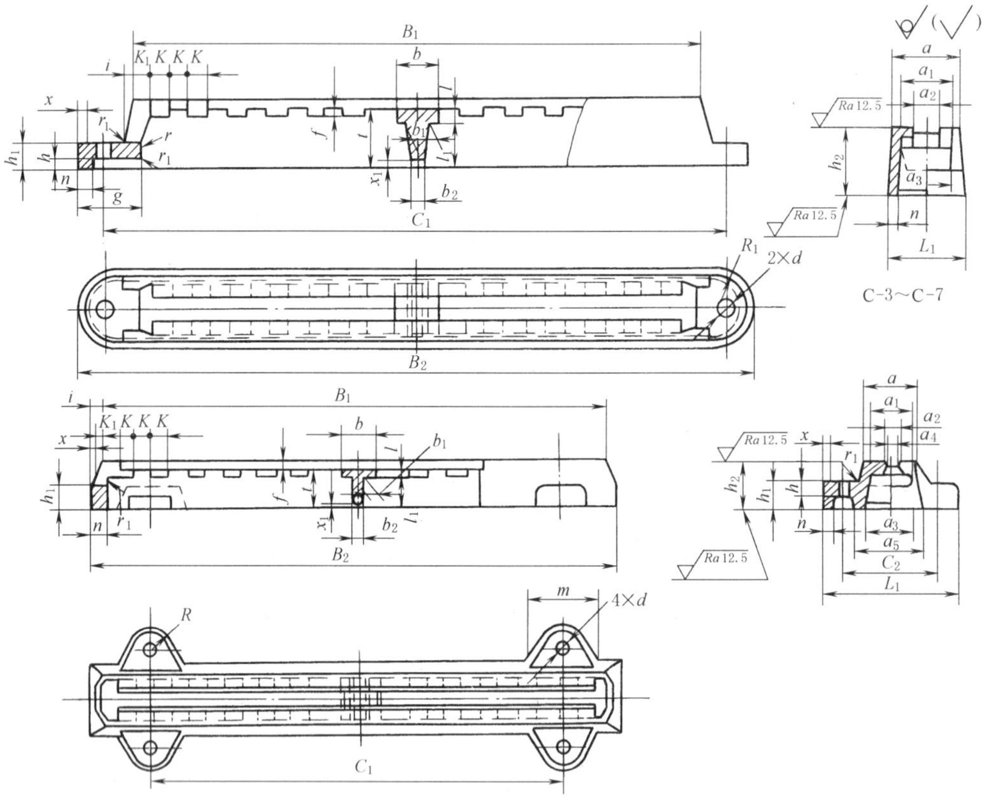

表 18-1-140　　mm

型号	B_1	B_2	C_1	C_2	a	a_1	a_2	a_3	a_4	a_5	L_1	d	b	b_1	b_2	h	h_1
C-3	370	440	410		40	30	16	26			44	12	25	8	6	10	15
C-4	430	510	470		50	36	18	32			54	14	30	8	6	10	18
C-5	570	670	620		66	48	25	44			72	18	40	10	8	15	22
C-6	630	770	720		68	50	25	46			75	18	45	12	10	15	26
C-7	770	930	870		90	68	30	64			105	24	50	16	10	20	30
C-8	900	950	700	175	100	78	38	74	36	125	255	28	70	16	12	20	35
C-9	1030	1090	800	190	110	86	38	78	35	130	270	28	70	16	12	20	35
型号	h_2	K	K_1	f	l	l_1	t	g	i	n	x	x_1	m	R	R_1	r	r_1
C-3	36	14	20	5	10	22	30	35	7	7	1	5			22	10	4
C-4	45	17	30	5	8	34	39	42	7	8	1	5			27	15	4
C-5	55	20	30	6	10	41	47	50	10	10	2	8			36	15	5

续表

型号	h_2	K	K_1	f	l	l_1	t	g	i	n	x	x_1	m	R	R_1	r	r_1
C-6	60	25	25	8	12	40	50	56	20	10	2	8			37.5	15	5
C-7	70	30	30	9	14	51	60	62	25	12	3	8			52.5	15	5
C-8	75	35		10	14	53	63		25	15	3	10	105	40		15	
C-9	85	35		12	15	58	73		30	15	3	10	120	40		15	

注：1. 铸件应经退火处理。
2. 其余铸造圆角半径为 2~4mm。
3. 材料为 HT150。

移 动 卡 爪

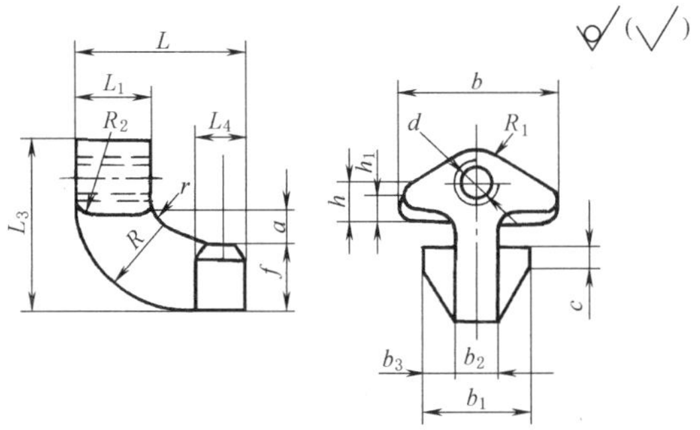

表 18-1-141 mm

型号	d	b	b_1	b_2	b_3	L	L_1	L_3	L_4	h	h_1	R	R_1	R_2	a	f	r	c
C-3	M12	40	24	12	6	40	20	38	11	8	6	20	10	32	8	12	2	4
C-4	M12	48	30	15	7.5	50	25	50	14	10	7	25	14	40	8	18	2.5	5
C-5	M16	65	40	18	11	60	30	60	17	12	8	30	16	48	10	22	3	4
C-6	M16	65	40	20	10	70	30	69	20	14	10	35	16	56	13	26	3.5	6
C-7	M20	90	60	27	16.5	90	45	88	27	18	13	45	22	72	13	35	4.5	7
C-8	M24	100	70	30	20	100	50	95	30	20	14	50	25	80	15	35	5	10
C-9	M24	110	70	30	20	100	50	100	30	20	14	50	25	80	15	40	5	12

注：1. 材料为 HT150。
2. 其余铸造圆角半径为 2mm。

滑 块

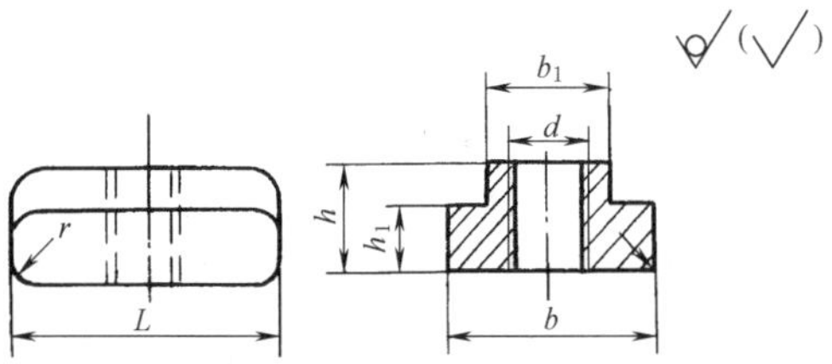

表 18-1-142 mm

型 号	d	b	b_1	h	h_1	L	r
C-3	M10	22	14	12	8	30	2
C-4	M10	28	16	15	8	38	2
C-5	M12	38	22	20	14	44	4
C-6	M12	40	22	22	15	52	4
C-7	M16	60	26	24	15	68	5
C-8、C-9	M20	66	32	30	20	76	5

注：1. 材料为 QT 400-15。
2. 其余铸造圆角半径为 1~2mm。

第 2 章 常用电器

1 电 磁 铁

1.1 MQD1 系列牵引电磁铁

（1）适用范围及型号含义

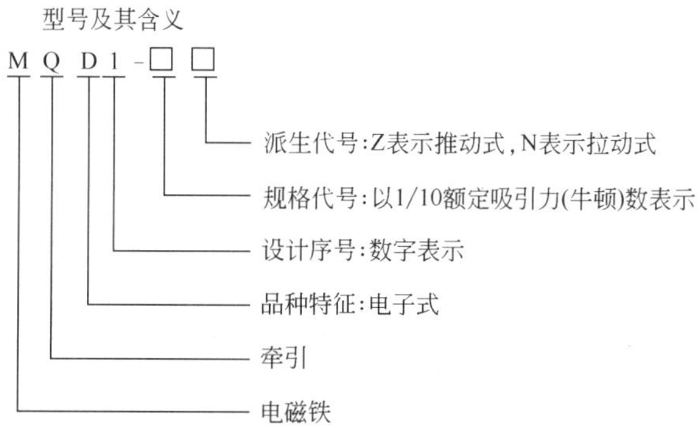

① 交流 50Hz 控制电压至 380V。

② 周围环境污染等级为Ⅲ级。

③ 周围空气温度-5~40℃。

④ 海拔高度不超过 2000m。

⑤ 空气相对湿度：在 40℃时不超过 50%，在较低温度下允许有较大的相对湿度；最湿月的月平均最大相对湿度为 90%，同时该月的月平均最低温度为 25℃，并考虑到因温度变化发生在产品表面上的凝露。

⑥ 安装倾斜度：不大于 5°；安装类别为Ⅲ类。

（2）结构特点

MQD1 型电子牵引电磁铁系单向交流装甲螺管式无罩结构，产品按 100%通电持续率设计，采用交流-直流转换电磁系统，实现大电流启动和小电流维持的自动切换。

产品分拉动式和推动式两种，线圈断电后无复位装置。

（3）主要技术参数

表 18-2-1　主要技术参数

型号规格	使用方式	额定吸引力/N	额定行程/mm	额定电压/V	通电持续率/%	操作次数/次·h^{-1}	消耗功率	
							启动/V·A	吸持/V·A
MQD-8N	拉动式	80	30	380	100	1800	608	114
MQD-8Z	推动式	80	30	380	100	1800	608	114
MQD-15N	拉动式	150	30	380	100	1800	874	17
MQD-25N	拉动式	250	30	380	100	1800	1140	17
MQD-50N	拉动式	500	30	380	100	1200	—	—
MQD-80	拉动式	800	60	380	100	1200	—	—

注：生产厂为浙江省瑞安市科达电子电器制造有限公司。

（4）外形及安装尺寸

外形及安装尺寸见图 18-2-1、表 18-2-2。

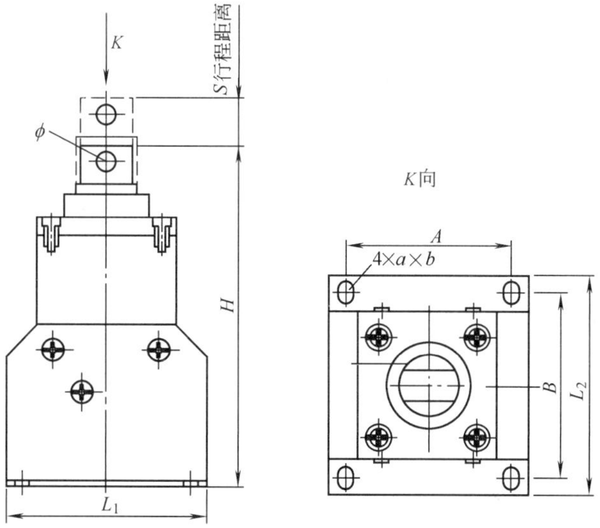

图 18-2-1

表 18-2-2

mm

型号规格	A	B	L_1	L_2	H	ϕ	a	b	总质量/kg
MQD1-8N	83±0.5	72±1.5	109	92	155	8	9	7	2
MQD1-8Z	83±0.5	72±1.5	109	92	155	8	9	7	2
MQD1-15N	108±0.5	85±1.5	130	110	195	10	11	9	5
MQD1-25N	108±0.5	120±1.5	145	130	230	12	11	9	6
MQD1-50N	100±0.5	130±1.5	190	150	245	16	14	16	—
MQD1-80N	180±0.5	150±1.5	210	170	285	—	16	18	—

1.2 直流牵引电磁铁

（1）应用范围

直流（单相桥式全波整流）牵引电磁铁适用于电压至 220V 的各种自动控制电路，用于各种机电控制领域作为执行器件。工作可靠，噪声小。需要另配直流电源。

（2）主要技术参数

表 18-2-3

型　号	MQZ5-15/20C	MZ1-30/25C MQZ5-30/25C	型　号	MQZ5-15/20C	MZ1-30/25C MQZ5-30/25C
起始吸引力/N	15	30	消耗功率/W	40	50
额定行程/mm	20	25	机械寿命/次	6×10^6	6×10^6
额定电压/V	DC6～220	DC12～220			

注：生产厂为无锡明达电器有限公司。

(3) 外形及安装尺寸

外形及安装尺寸见图 18-2-2，接头尺寸可按用户要求加工。

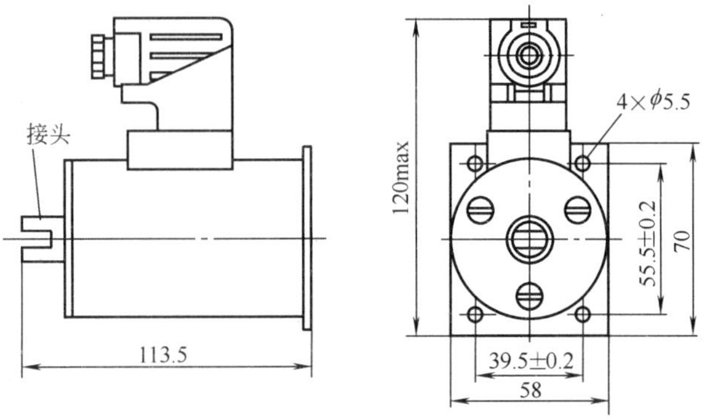

(a) MQZ5-15/20C

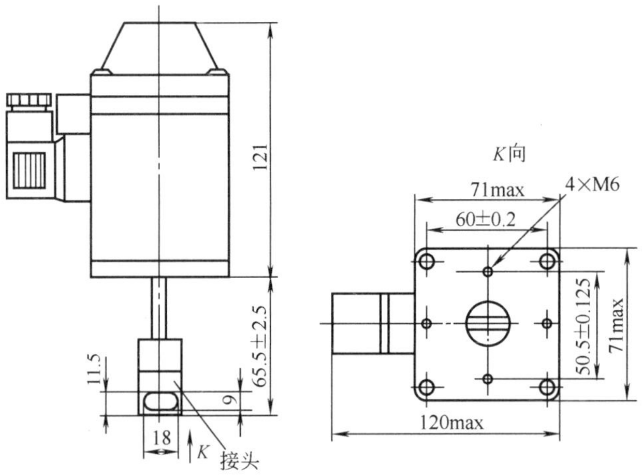

(b) MZ1-30/25C

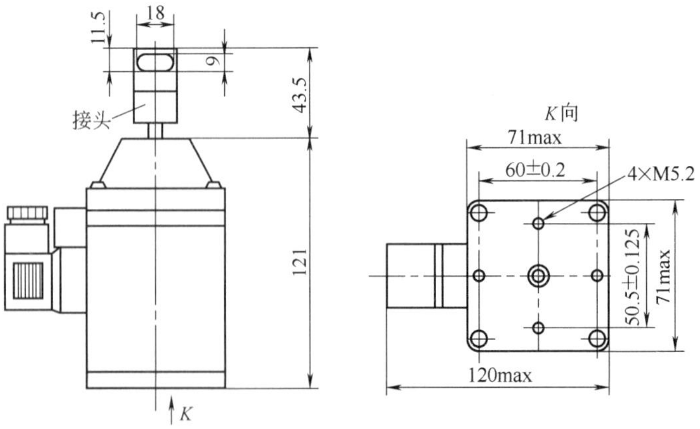

(c) MQZ5-30/25C

图 18-2-2

2 行程开关

2.1 LXP1（3SE3）系列行程开关

（1）用途、特点及工作条件

LXP1（3SE3）系列行程开关系引进德国西门子公司技术生产，适用于交流 40~60Hz、额定电压至 500V，直流额定电压至 600V，电流至 10A 的控制电路中，将机械信号转变为电气信号，用来控制机械动作或作程序控制用。

该系列行程开关，分为开启式和防护式两大类，由外壳、触头部分及开关元件所组成。触头结构有多种类型，动作方式可分为瞬动式、蠕动式及交叉从动式三大类。触头部分可在相差 90°的四个位置任意安装。

工作条件如下：

环境温度 -40 ~ 85℃；相对湿度 40℃时不超过 50%，最湿月平均最大相对湿度为 90%；海拔不超过 2000m。

（2）主要技术参数

表 18-2-4　LXP1（3SE3）系列行程开关主要技术参数

<table>
<tr><th colspan="2" rowspan="3">额定绝缘电压/V</th><th rowspan="4">额定发热电流/A</th><th colspan="9">额定工作电流/A</th><th rowspan="4">机械寿命/万次</th><th colspan="2">电寿命/万次</th><th rowspan="4">重复精度/mm</th><th rowspan="4">防护外壳出线孔</th><th rowspan="4">防护等级</th></tr>
<tr><th colspan="4">AC-11</th><th colspan="5">DC-11</th><th rowspan="3">1A/220V AC-11</th><th rowspan="3">0.5A/220V DC-11</th></tr>
<tr><th colspan="9">额定工作电压/V</th></tr>
<tr><th>AC</th><th>DC</th><th>125</th><th>220</th><th>380</th><th>500</th><th>24</th><th>48</th><th>110</th><th>220</th><th>440</th></tr>
<tr><td>500</td><td>600</td><td>10</td><td>10</td><td>10</td><td>6</td><td>4</td><td>10</td><td>5</td><td>1</td><td>0.4</td><td>0.2</td><td>3000</td><td>500</td><td>1000</td><td>0.02</td><td>M20×1.5</td><td>IP67</td></tr>
</table>

注：生产厂为北京第一机床电器厂，上海第二机床电器厂。

（3）型号含义

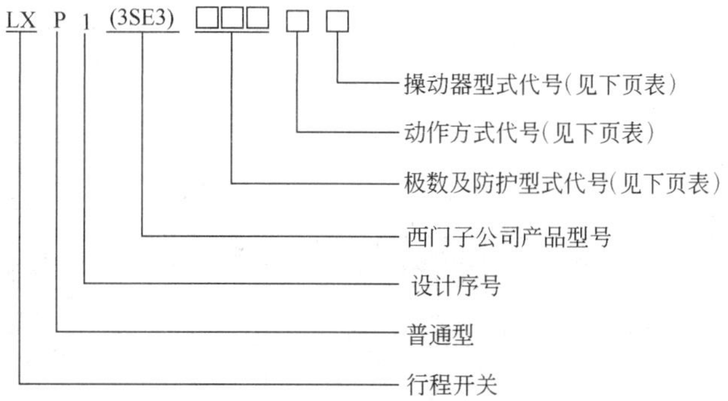

极数及防护型式代号

000	二极开关元件	050	二极开启式行程开关(有防护罩)	120	二极防护式行程开关(窄型)
010	二极有尾顶杆开关元件	003	三极开关元件	303	三极防护式行程开关(宽型)
020	二极开启式行程开关	023	三极开启式行程开关	404	四极防护式行程开关(宽型)
040	二极有尾顶杆开启式行程开关	100	二极防护式行程开关(宽型)		

动作方式代号

代　号	触　头　极　数			代　号	触　头　极　数		
	二极	三极	四极		二极	三极	四极
0	从动触头	一般从动触头，一常开二常闭	两个从动开关元件	3	从动交叉触头	一交叉从动触头，二常开一常闭（一对交叉）	一个从动、一个快速开关元件
1	快速触头	一般从动触头，二常开一常闭	两个快速开关元件	4		二交叉从动触头，一常开二常闭（两对交叉）	
2	从动大开距触头	一交叉从动触头，一常开二常闭（一对交叉）	两个交叉开关元件	5		一交叉从动触头，二常开一常闭（两对交叉）	

操动器型式代号

B	直动型操动器	J	一般操动器，摇杆有定位	W	塑料杆一般操动器
C	大行程直动型操动器	H	阻尼操动器，摇杆可调	P	铝杆、阻尼型操动器
D	滚轮直动式	K	阻尼操动器，摇杆有定位	Q	塑料杆、阻尼型操动器
E	横向杠杆滚轮式	U	一般操动器	R	弹簧杆操动器
F	纵向杠杆滚轮式	N	阻尼操动器	T	双轮式
G	一般操动器，摇杆可调	V	铝杆一般操动器	A	开启式开关的唯一代号

（4）外形及安装尺寸

外形及安装尺寸见图18-2-3、图18-2-4及图18-2-5。

① 开启式

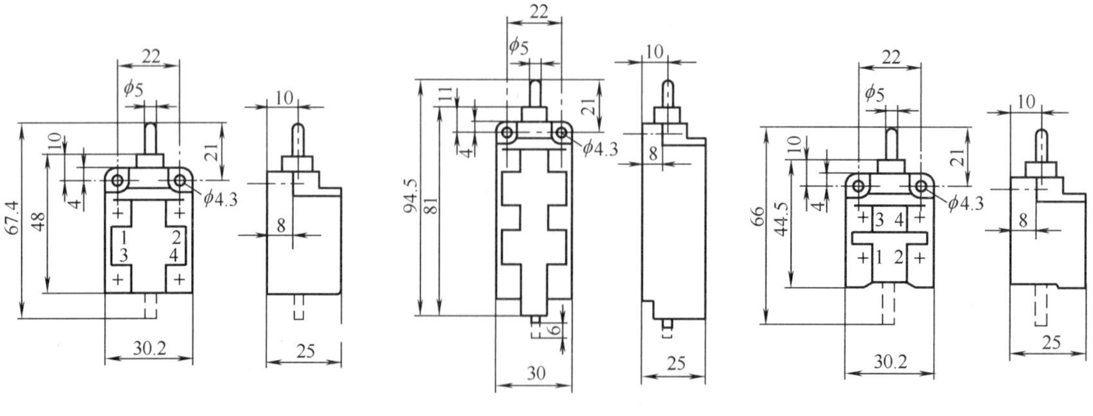

(a) 二极从动开启式　(b) 三极开启式　(c) 二极快速开启式

图18-2-3

② 防护外壳

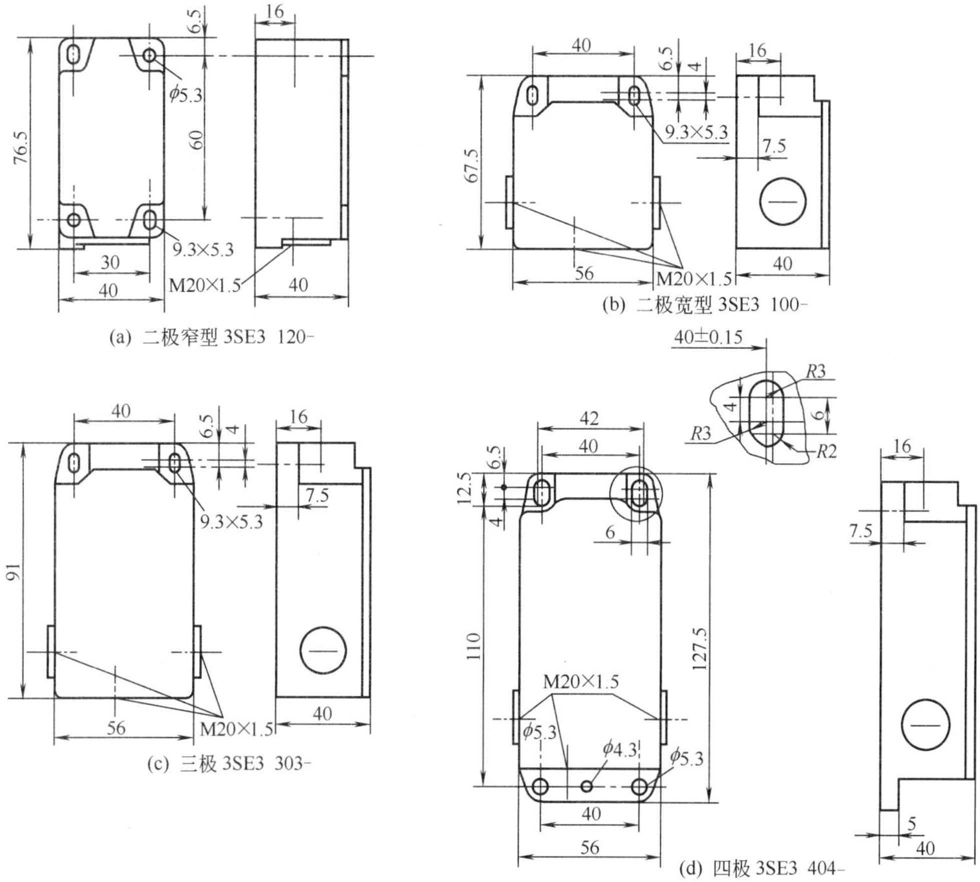

(a) 二极窄型 3SE3 120-

(b) 二极宽型 3SE3 100-

(c) 三极 3SE3 303-

(d) 四极 3SE3 404-

图 18-2-4

③ 操动器

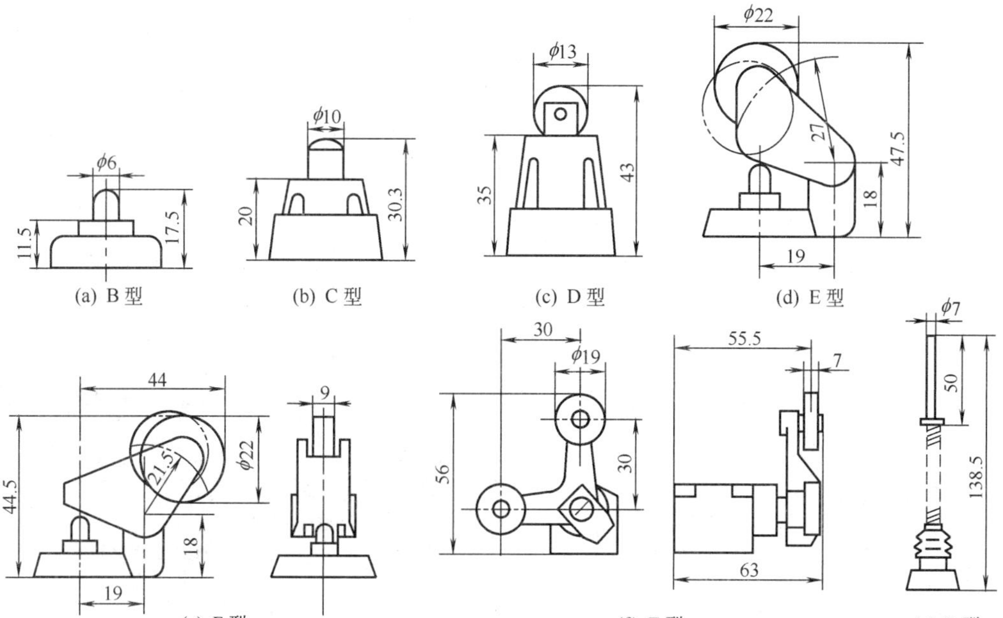

(a) B 型

(b) C 型

(c) D 型

(d) E 型

(e) F 型

(f) T 型

(g) R 型

图 18-2-5

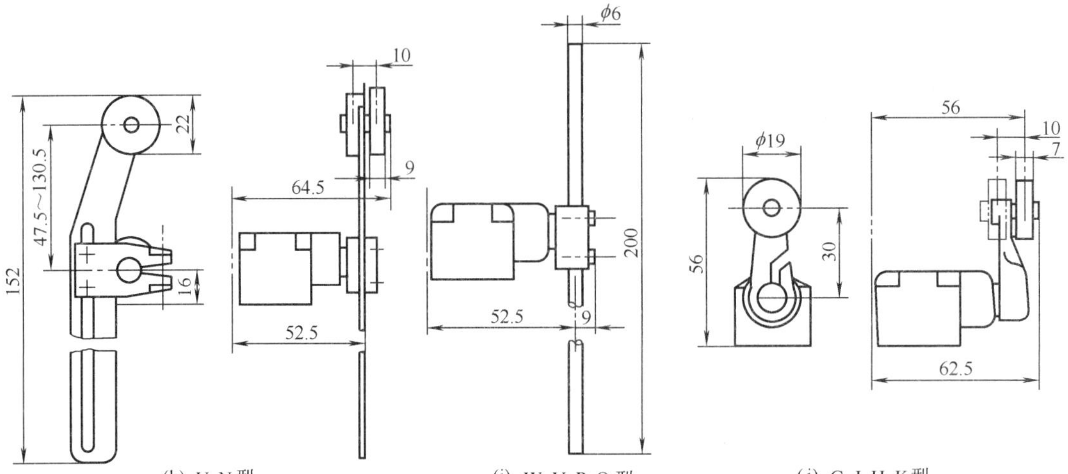

(h) U、N型 (i) W、V、P、Q 型 (j) G、J、H、K型

图 18-2-5

2.2 LX19 系列行程开关

(1) 用途特点及工作条件

LX19 系列行程开关适用于交流 50Hz 或 60Hz、电压至 380V，直流电压至 220V 的控制电路中，将机械信号转换为电气信号，作控制运动机构行程和变换运动方向或速度用。

LX19 系列行程开关采用双断点瞬动式结构，安装在金属外壳内构成防护式。在外壳上配有各种方式的机械部件，组成单轮、双轮转动及无轮直线移动等型式的行程开关。

工作条件如下：

环境温度-25~40℃；最湿月平均最大相对湿度为 90%，且该月的月平均最低温度为 25℃；海拔不超过 2500mm。

(2) 主要技术性能

表 18-2-5 LX19 系列行程开关主要技术数据

型号	触头数量		额定电压/V		额定工作电流/A		约定发热电流/A	触头接触时间/s	动作力/N	动作行程/mm(或角度)
	常开	常闭	交流	直流	交流	直流				
LX19K(-B)	1	1	380	220	0.8	0.1	5	0.04	<9.8	1.5~3.5
LX19-001(B)									<14.7	1.5~3.5
LX19-111(B)									<19.6	≤30°
LX19-121(B)										
LX19-131(B)										
LX19-212(B)										≤60°
LX19-222(B)										
LX19-232(B)										

注：生产厂有北京第一机床电器厂。

(3) 型号含义

LX 19 □-□ □ □ □ □

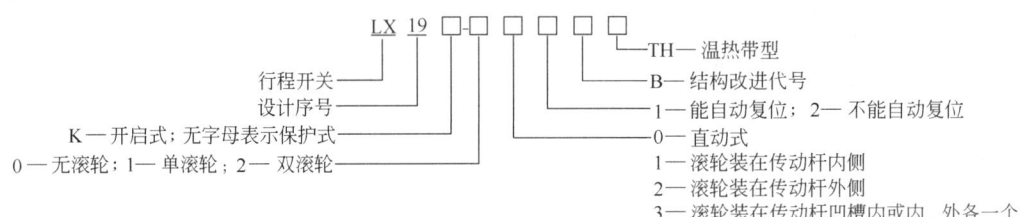

- 行程开关 —— LX
- 设计序号 —— 19
- K—开启式；无字母表示保护式
- 0—无滚轮；1—单滚轮；2—双滚轮
- 0—直动式；1—滚轮装在传动杆内侧；2—滚轮装在传动杆外侧；3—滚轮装在传动杆凹槽内或内、外各一个
- 1—能自动复位；2—不能自动复位
- B—结构改进代号
- TH—温热带型

（4）外形及安装尺寸

外形及安装尺寸见图 18-2-6。

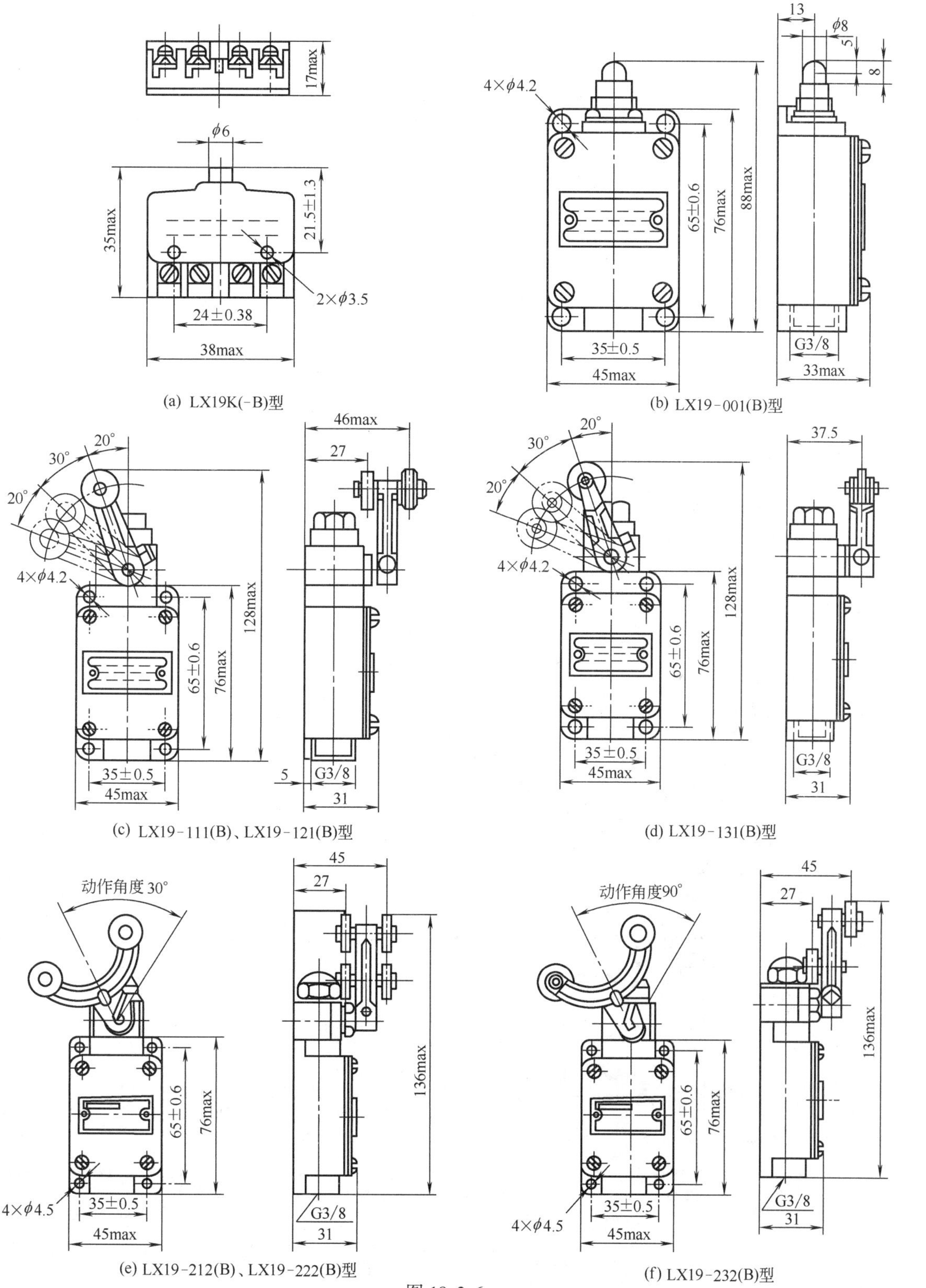

(a) LX19K(-B)型

(b) LX19-001(B)型

(c) LX19-111(B)、LX19-121(B)型

(d) LX19-131(B)型

(e) LX19-212(B)、LX19-222(B)型

(f) LX19-232(B)型

图 18-2-6

2.3 LXZ1 系列精密组合行程开关

（1）用途及特点

LXZ1 系列精密组合行程开关适用于交流 50Hz 或 60Hz、额定电压至 220V 及直流额定电压至 220V 的控制电路中，作为控制、限位、定位、信号及程序转换之用。本系列组合行程开关具有较高的重复定位精度。

本系列行程开关由防护外壳、操动器及触头元件组成。防护外壳由铝合金压铸而成，具有较高的机械强度和刚度，能对壳内的触头元件起良好的保护作用，安装方便，密封性较好。其触头元件是一个双断点的微动开关，其动作灵活，转换速度快。

（2）型号及含义

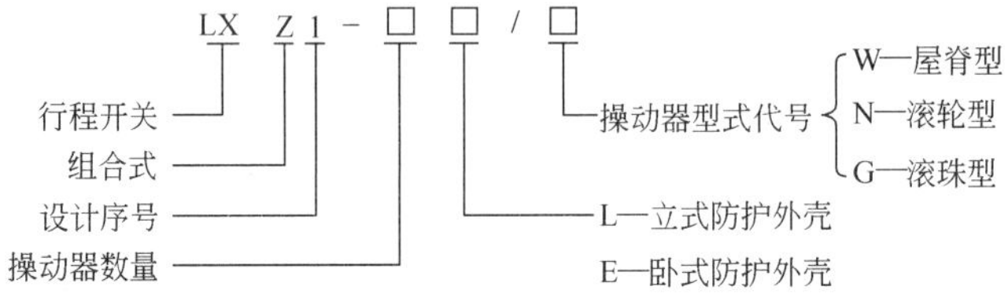

（3）主要技术参数

表 18-2-6　　LXZ1 系列行程开关主要技术参数

型　号	额定绝缘电压/V	AC-11 时额定工作电流/A			DC-11 时额定工作电流/A			重复精度/mm	操作频率/次·h^{-1}	机械寿命/万次	电寿命/万次		防护等级
		24V	110V	220V	24V	110V	220V				AC	DC	
LXZ1-02L	220	3	1.4	0.7	0.5	0.14	0.07	精密型不大于 0.005，普通型不大于 0.02	1200	1000	200	60	IP65
LXZ1-03L													
LXZ1-04L													
LXZ1-05L													
LXZ1-06L													
LXZ1-08L													

注：生产厂为北京第一机床电器厂。

（4）外形及安装尺寸

LXZ1 系列行程开关外形及安装尺寸见图 18-2-7 和表 18-2-7。

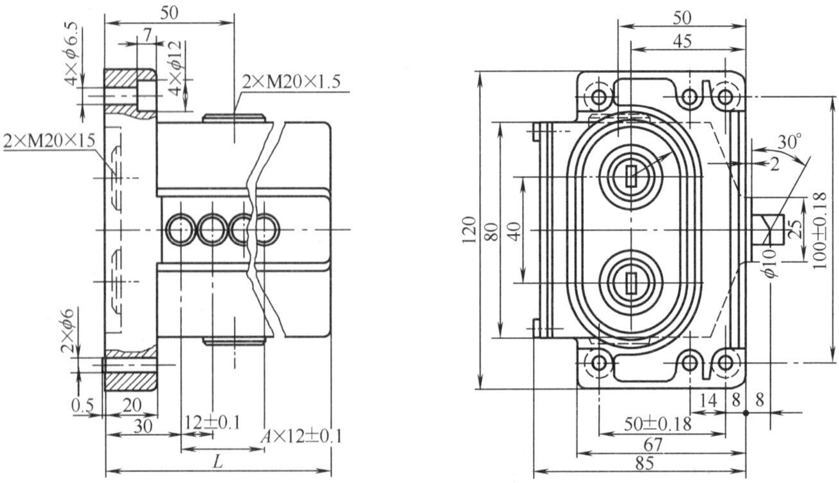

图 18-2-7

表 18-2-7　　**LXZ1 系列行程开关外形及安装尺寸**

型　　号		LXZ1-02L	LXZ1-03L	LXZ1-04L	LXZ1-05L	LX1-06L	LX1-08L
外形及安装尺寸/mm	A	1	2	3	4	5	6
	L	68	80	92	104	116	140

（5）工作条件

环境温度-5～40℃；相对湿度 40℃时不超过 50%，25℃时不超过 90%；海拔不超过 2000m。

2.4　LXW6 系列微动开关

（1）用途、特点及工作条件

LXW6 系列微动开关适用于交流 50Hz、额定电压至 380V 及以下的控制电路中，作行程控制或限位保护用。该系列微动开关都具有一常开、一常闭触头，安装方便，密封性好。该微动开关的出线方向可作 180°变化。工作条件：环境温度-5～40℃；相对湿度 40℃时不超过 50%，25℃时不超过 90%；海拔不超过 2000m。

（2）主要技术参数

表 18-2-8　　**LXW6 系列微动开关主要技术参数**

额定工作电压/V	约定发热电流/A	额定控制容量/V·A	触头对数	动作力/N	复位力/N	动作行程/mm	误差/mm	推杆超行程/mm	机械寿命/万次	电气寿命/万次
AC≤380	3	100	1 常开 1 常闭	3.92 ±1.96	>0.49	0.5 ±0.2	≤0.3	>0.2	100	100

注：生产厂为沈阳二一三电器有限责任公司。

（3）型号含义

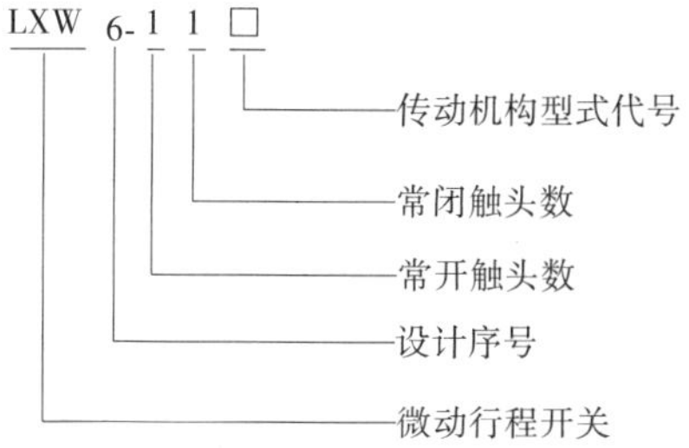

传动机构型式代号

LXW6-11	基型	LXW6-11DDL	单方向短杠杆带滚轮传动
LXW6-11CG	长杠杆传动	LXW6-11CA	长按钮传动
LXW6-11DG	短杠杆传动	LXW6-11DA	短按钮传动
LXW6-11CL	长杠杆带滚轮传动	LXW6-11BZ	带安装螺母、长按钮传动
LXW6-11DL	短杠杆带滚轮传动	LXW6-11ZL	带安装螺母、纵向滚轮传动
LXW6-11DCL	单方向长杠杆带滚轮传动	LXW6-11HL	带安装螺母、横向滚轮传动

（4）外形及安装尺寸

外形及安装尺寸见图 18-2-8。

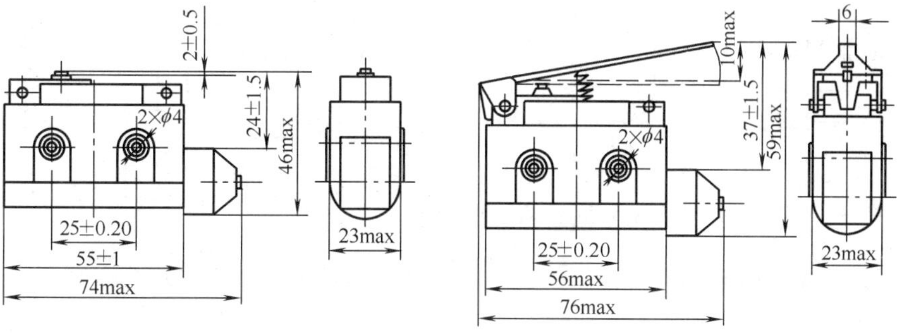

(a) LXW6-11型　　(b) LXW6-11CG型

图 18-2-8

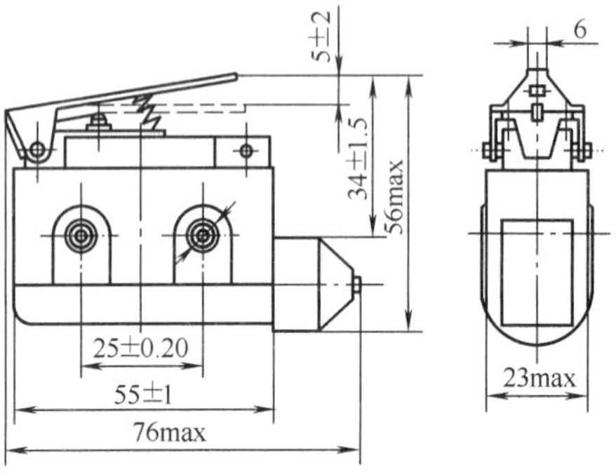

(c) LXW6-11DG型

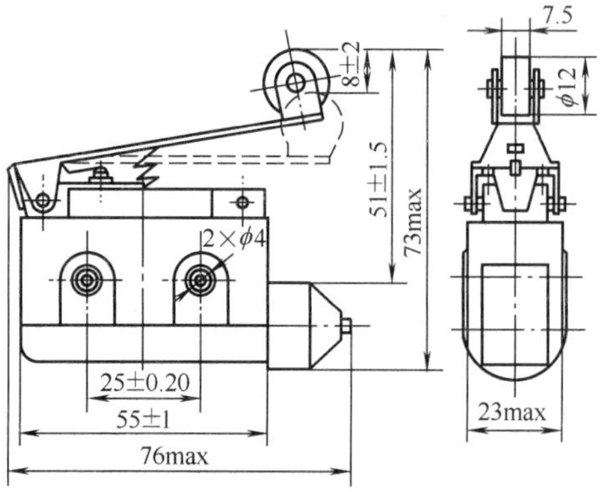

(d) LXW6-11CL型

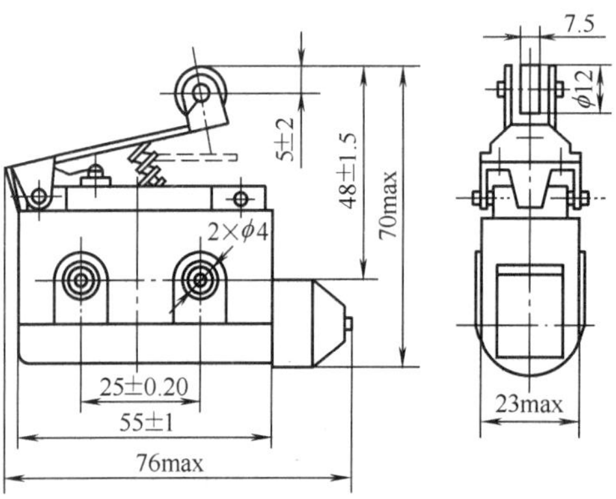

(e) LXW6-11DL型

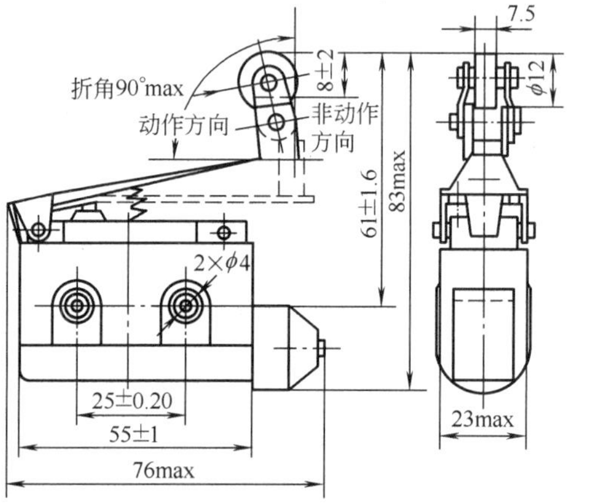

(f) LXW6-11DCL型

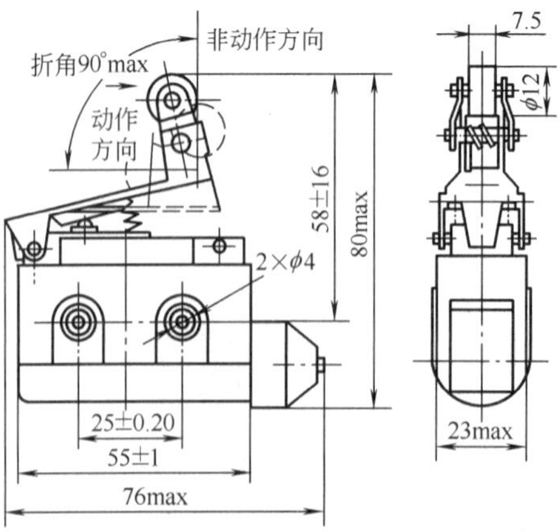

(g) LXW6-11DDL型

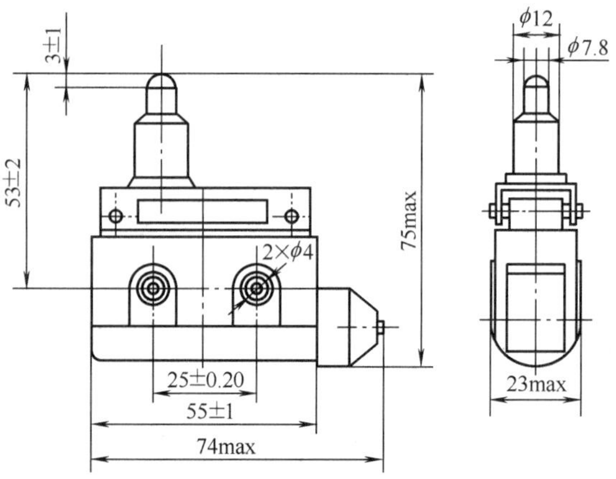

(h) LXW6-11CA型

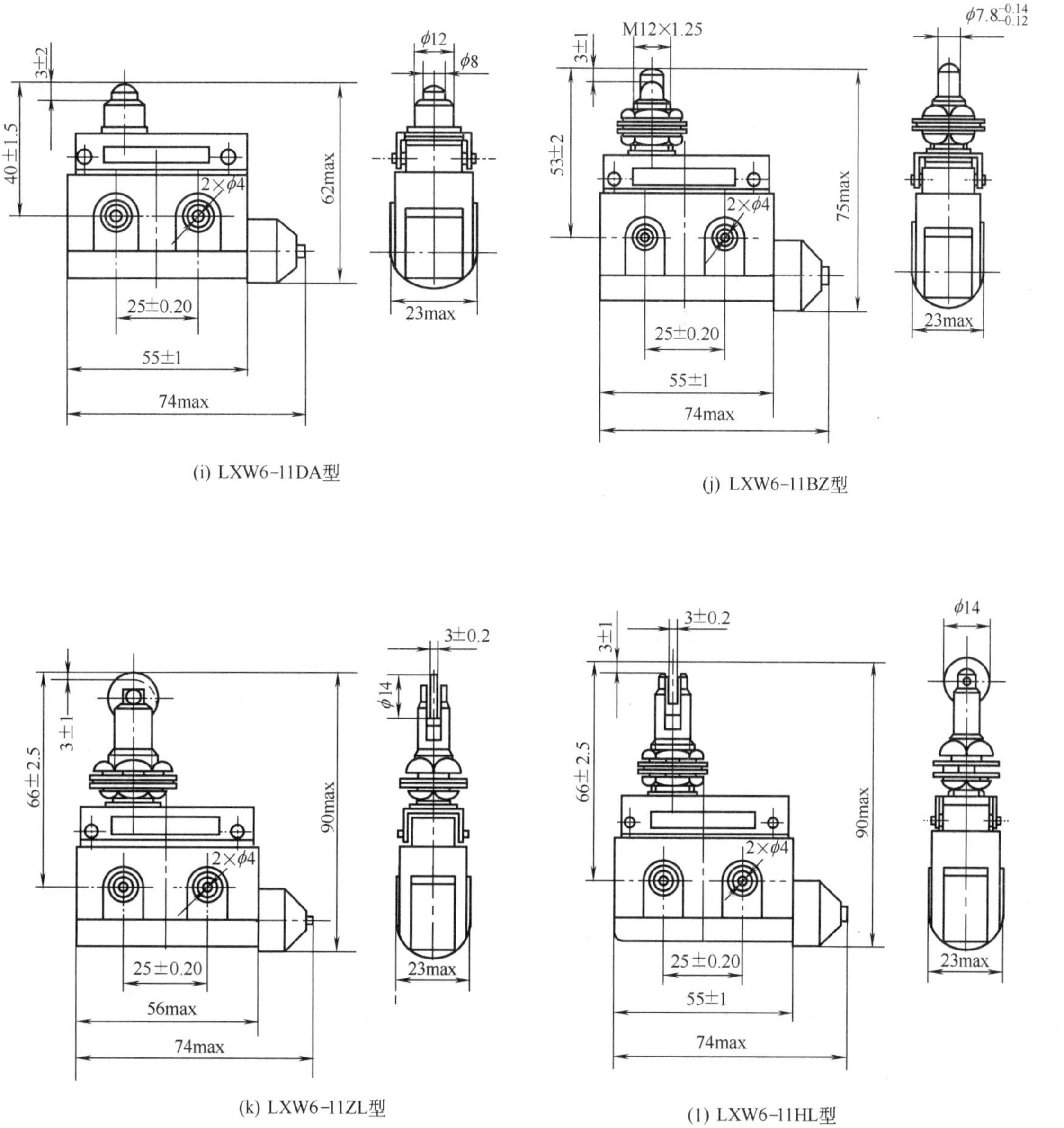

(i) LXW6-11DA型

(j) LXW6-11BZ型

(k) LXW6-11ZL型

(l) LXW6-11HL型

图 18-2-8

2.5　WL 型双回路行程开关

(1) 用途及特点

WL 型双回路限位开关广泛应用于机械传动装置的定位和信息反馈系统中，作为与机构直接碰撞接触并即时可发出动作信号的元件。本节所编产品均为欧姆龙（中国）有限公司的产品。

(2) 型号及含义

WL □ □-□ □ □ □ □ □ □ □ □ □ 型

① ② ③ ④ ⑤ ⑥ ⑦ ⑧ ⑨ ⑩ ⑪

① 标准型无标记；微小型为 01。

② 传动轴头部标记：无摆杆时，WL 后加上 R，有要求时见表 18-2-9。

表 18-2-9　　传动轴头部标记

记　号	传　动　轴　种　类	无摆杆开关型式
CA2	滚轮摆杆型(标准型·R38)	WLRCA2 型
CA2-7	滚轮摆杆型(标准型·中手柄·R50)	WLRCA2 型
CA2-8	滚轮摆杆型(标准型·长手柄·R63)	WLRCA2 型
H2	滚轮摆杆型(过行程型一般型·80°)	WLRH2 型
G2	滚轮摆杆型(过行程型高灵敏度型·80°)	WLRG2 型
CA2-2	滚轮摆杆型(过行程型 90°动作型)	WLRCA-2-2 型
CA2-2N	滚轮摆杆型(过行程型 90°动作型)	WLRCA2-2N 型
GCA2	滚轮摆杆型(高精度型·R38)	WLRGCA2 型
CA12	滚轮摆杆型(标准型)	WLRCA2 型
H12	可调式滚轮摆杆型(过行程型一般型·80°)	WLRH2 型
G12	可调式滚轮摆杆型(过行程型高灵敏度型·80°)	WLRG2 型
CA12-2	可调式滚轮摆杆型(过行程型 90°动作型)	WLRCA-2-2 型
CA12-2N	可调式滚轮摆杆型(过行程型 90°动作型)	WLRCA2-2N 型
CL	可调杆状摆杆型(标准型 25~140mm)	WLRCL 型
HL	可调杆状摆杆型(过行程型一般型·80°·25~140mm)	WLRH2 型
HAL4	可调杆状摆杆型(过行程型一般型·80°·350~380mm)	WLRH2 型
GL	可调杆状摆杆型(过行程型高灵敏度型·80°·25~140mm)	WLRG2 型
CL-2	可调滚轮摆杆型(过行程型 90°动作型·25~140mm)	WLRCA-2-2 型
CL-2N	可调杆状摆杆型(过行程型 90°动作型·25~140mm)	WLRCA2-2N 型
HAL5	簧片杆状摆杆型(过行程型一般型·80°)	WLRH2 型
CA32-41	叉状摆杆锁定型(保持型·WL-5A100 型)	WLRCA32 型
CA32-42	叉状摆杆锁定型(保持型·WL-5A100 型)	WLRCA32 型
CA32-43	叉状摆杆锁定型(保持型·WL-5A100 型)	WLRCA32 型
D	柱塞型(顶部柱塞型)	—
D2	柱塞型(顶部滚轮柱塞型)	—
D28	柱塞型(顶部滚轮柱塞型附密封套)	—
D3	柱塞型(顶部球体柱塞型)	—
SD	柱塞型(侧柱塞型)	—
SD2	柱塞型(侧滚轮柱塞型)	—
SD3	柱塞型(侧球体柱塞型)	—
NJ	触须型(盘簧型)	—
NJ-30	触须型(盘簧型·多圈)	—
NJ-2	触须型(盘簧型·树脂棒)	—
NJ-S2	触须型(钢丝型)	—

③ 耐环境标记：标准型无标记；耐蚀型为 RP；户外型为 P1。

④ 内藏开关标记：一般内藏开关无标记；密封型内藏开关为 55。

⑤ 环境温度标记：适用于-10~80℃无标记；用于 5~120℃的为 TH；用于-40~40℃的为 TC。

⑥ 高密封型标记：见下表。

—	无缆线、塑封
139	一般内藏开关,附缆线、出线孔、盖部塑封
140	密闭型内藏开关,附缆线、出线孔、盒内部、盖安装螺钉塑封(盖子不可拆下)
141	密闭型内藏开关,附缆线、出线孔、盖部、头部、盒内部、盖和头安装螺钉部塑封,头部入口处有对应切削粉(盖不可卸下)
145	密闭型内藏开关,附缆线、出线孔、外盖、盒体内部塑封、头部入口处有对应切削粉
RP40	密闭型内藏开关,附缆线,SC 可变更,盖部、盒内部塑封(外盖不可卸下)
RP60	密闭型内藏开关,附缆线、氟橡胶、出线孔、外盖、盒体内部塑封(外盖不可卸下)

⑦ 出线孔尺寸和有无接地端子的标记：见下表。

—	G1/2　无接地端子	Y	M20　有接地端子
G1	G1/2　有接地端子	TS	1/2-14NPT　有接地端子
G	Pg13.5　有接地端子		

⑧ 动作显示方式的标记：见下表。

—	无显示灯		
LE	氖灯	AC125～250V(电压)	约 0.6～1.9mA(漏电电流)
LD	LED　1 个	AC/DC10～115V(电压)	约 1mA(漏电电流)

⑨ 摆杆固定方式的标记：无标记表示标准摆杆；A 表示 A 摆杆（附翼型螺母）。

⑩ 标准型无标记；溅射对策型为 S。

⑪ 连接器缆线的标记：见下表。

—	锁螺钉端子(G1/2 孔)	K43A	连接器出线型(4 芯 DC)	-AGJ03	附缆线出线型(4 芯 AC) 附 0.3m 缆线
K13	连接器出线型(2 芯 DC)				
K13A	连接器出线型(2 芯 AC)	-M1J	附缆线出线型(2 芯 DC) 附 0.3m 缆线	-DGJ03	附缆线出线型(2 芯 DC) 附 0.3m 缆线
K43	连接器出线型(4 芯 DC)				

(3) 主要技术参数

WL□-□型双回路限位开关主要技术性能见表 18-2-10 和表 18-2-11。

表 18-2-10　　技术性能（一）

型　式	使用类别及额定值	热电流	显示灯
WL□-□型	AC-15 2A/250V DC-12 2A/48V	10A	—
WL01□-□型	AC-14 0.1A/125V DC-12 0.1A/48V	0.5A	—
WL□-□LE 型	AC-15 2A/250V	10A	氖灯
WL01□-□LE 型	AC-14 0.1A/125V	0.5A	氖灯
WL□-□LD 型	AC-15 2A/115V DC-12 2A/48V	10A	LED
WL01□-□LD 型	AC-14 0.1A/115V DC-12 0.1A/48V	0.5A	LED

注：1. 例 AC-15 2A/250V 意义为，AC-15 表示使用类别，2A 为额定动作电流，250V 为额定动作电压。

2. 例 0.1A 125V AC、0.1A 30V DC 表示微小负载型。

表 18-2-11　　　　技术性能（二）

保护构造		IP67	
寿命①	机械性	1500 万次以上②	
	电气性	75 万次以上③(AC125V 10A 阻抗负载)	
容许操作速度		1mm/s~1m/s(WLCA2 型)	
容许动作频率	机械性	120 次/min	
	电气性	30 次/min	
额定周波数		50/60Hz	
绝缘阻抗		100MΩ 以上(DC500V)	
接触阻抗		25mΩ 以下(初期值)	特性曲线 电气寿命曲线($\cos\varphi=1$) (环境温度 5~30℃,环境湿度 40%~70%RH) 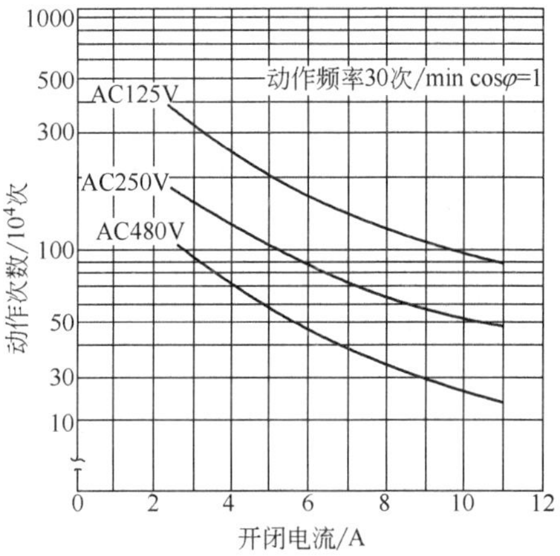
耐电压	同极端子间	AC1000V(600V)50/60Hz 1min	
	充电金属部与接地间	AC2200V(1500V)50/60Hz 1min/U_{imp} 2.5kV	
	各端子与非充电金属间	AC2200V(1500V)50/60Hz 1min/U_{imp} 2.5kV	
额定绝缘电压(U_i)		250V(EN60947-5-1)	
开闭时逆向电压		1000V_{max}(EN60947-5-1)	
污染度(使用环境)		3(EN60947-5-1)	
短路保护装置		10A 保险丝 gG 型或 gI 型(IEC269)	
附条件短路电流		100A(EN60947-5-1)	
额定密闭热电流		10~0.5A(EN60947-5-1)	
触电保护等级		class Ⅰ	
振动	误动作	10~55Hz 复振幅 1.5mm④	
冲击	耐久	1000m/s² 以上(约 100G 以上)	
	误动作	300m/s² 以上(约 30G 以上)④	
使用环境温度		-10~80℃(但不能结冰)⑤	
使用环境湿度		95%RH 以下	
质量		约 275g(WLCA2 型情况下)	

① 寿命值系指环境温度 5~35℃，环境湿度 40%~70%RH 时。
② 大角度型之一般型、高感度型、软杆型在 1000 万次以上。
③ 高感度型室外规格在 50 万次以上，但微小负载型全部在 100 万次以上。
④ 软杆型除外。
⑤ 耐寒型在-40~40℃（但不结冰）。

（4）外形及安装尺寸与动作特性

表 18-2-12 滚轮及可变滚轮摆杆型的外形及安装尺寸 mm

旋转摆杆型 WL□是标准型，WL01□是微小负载型

滚轮摆杆型

滚轮摆杆型
WLCA2 型
WL01CA2 型
WLCA2-2 型
WL01CA2-2 型

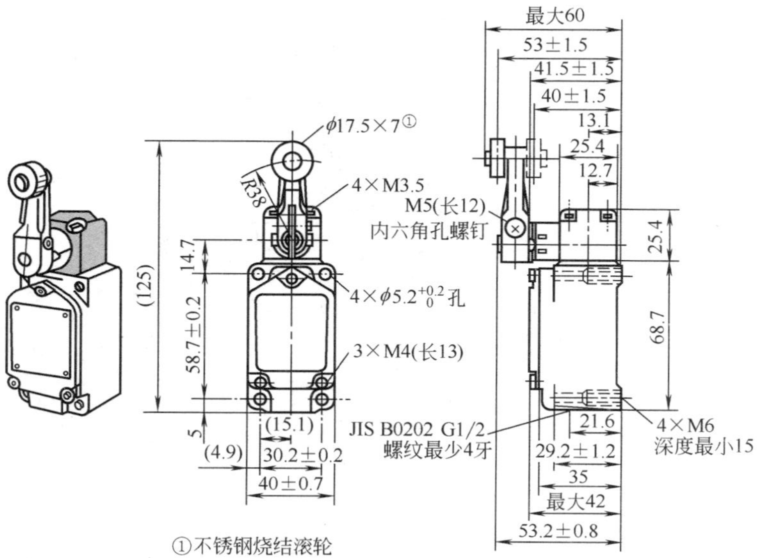

①不锈钢烧结滚轮

滚轮摆杆型
WLCA2-7 型
WL01CA2-7 型

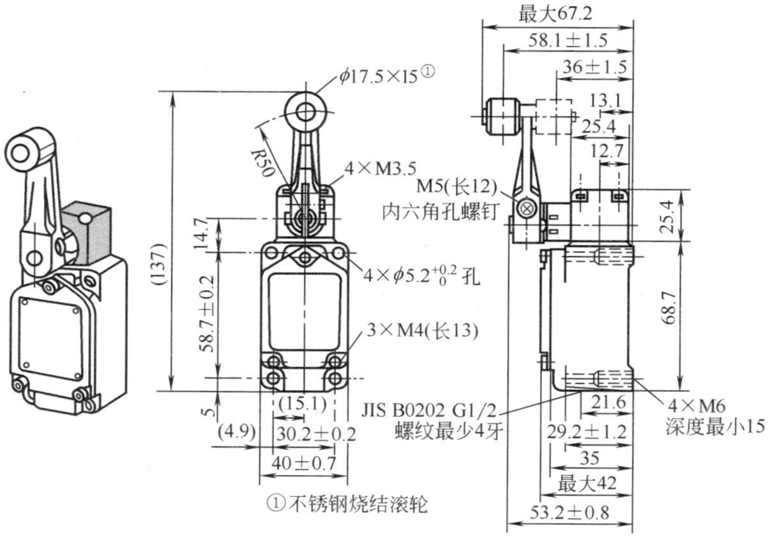

①不锈钢烧结滚轮

续表

旋转摆杆型 WL□是标准型，WL01□是微小负载型

滚轮摆杆型

滚轮摆杆型
WLCA2-8 型
WL01CA2-8 型

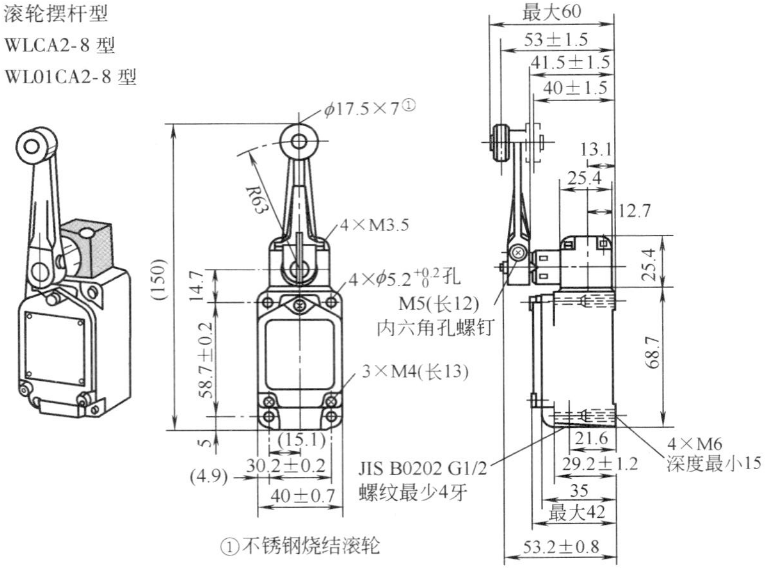

可调滚轮摆杆型
WLCA12 型
WL01CA12 型

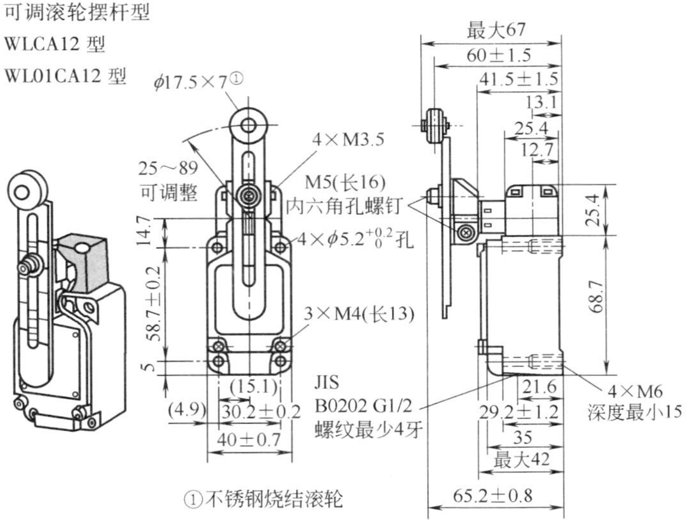

注：表列各种外形尺寸图中，未标明部分的尺寸公差为 0.4mm。

表 18-2-13 动作特性

动作特性			型式					
			WLCA2 型 WL01CA2 型	WLCA2-2 型 WL01CA2-2 型	WLCA2-7 型 WL01CA2-7 型	WLCA2-8 型 WL01CA2-8 型	WLCA12 型① WL01CA12 型①	WLCA12-2 型② WL01CA12-2 型②
动作需要力	OF	最大	13.34N	8.83N	10.2N	8.04N	13.34N	8.83N
恢复力	RF	最小	2.23N	0.49N	1.67N	1.34N	2.23N	0.49N
动作前移动	PT		15°±5°	25°±5°	15°±5°	15°±5°	15°±5°	25°±5°
动作后移动	OT	最小	30°	60°	30°	30°	30°	60°
应差移动	MD	最大	12°	16°	12°	12°	12°	16°

① WLCA12 型、WL01CA12 型动作特性为摆杆长度 38mm 时的值，摆杆长度为 89mm 时的 OF、RF 参考值为：

OF	5.68N
RF	0.95N

② WLCA12-2 型、WL01CA12-2 型动作特性为摆杆长度 38mm 时的值。

表 18-2-14 可调杆状摆杆型、叉状摆杆锁定型外形及安装尺寸 mm

可调杆状摆杆型
WLCL 型 WLCL-2 型
WL01CL 型 WL01CL-2 型

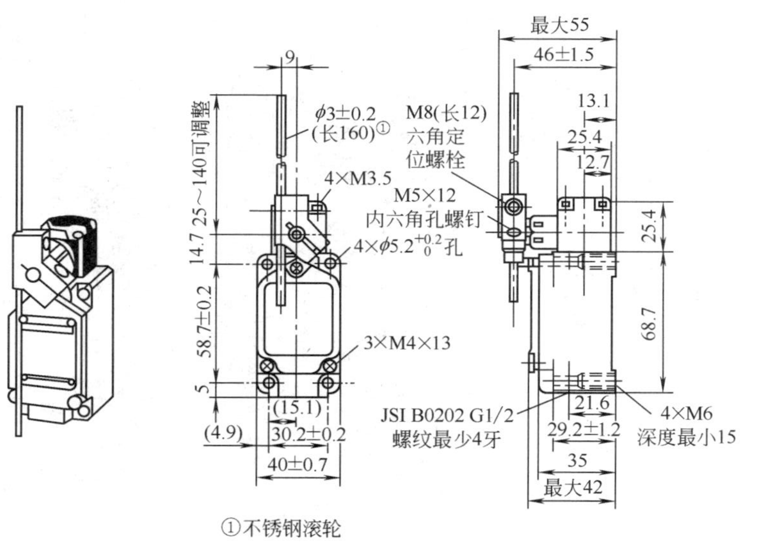

①不锈钢滚轮

叉状摆杆锁定型
WLCA32-41～44 型
WL01CA32-41～44 型

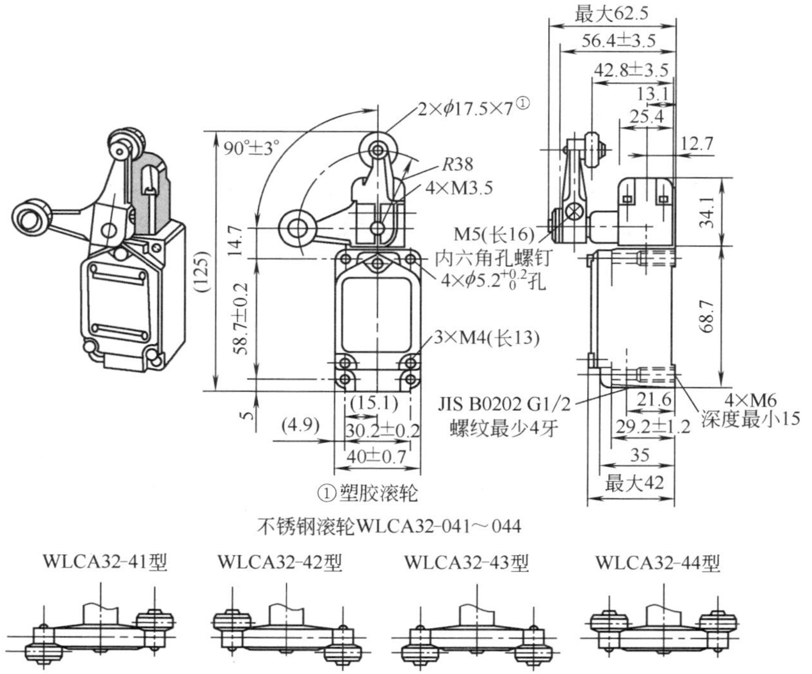

①塑胶滚轮
不锈钢滚轮WLCA32-041～044

注：1. 表列各种外形尺寸图中，未标明部分的尺寸公差为 0.4mm。
2. 动作示意：

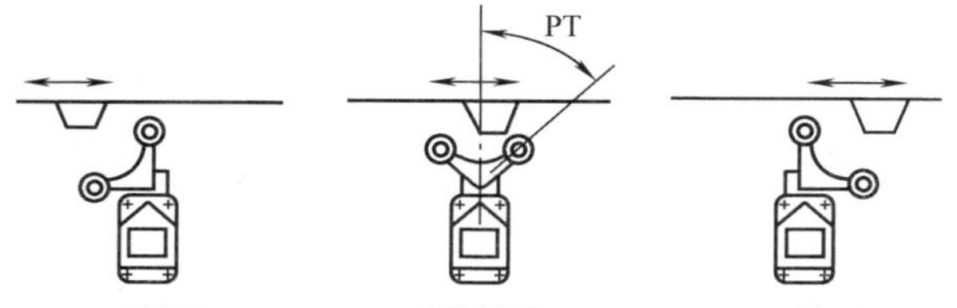

表 18-2-15　　动作特性

动作特性			型式		动作特性		型式
			WLCL 型[1] WL01CL 型[1]	WLCL-2 型[1] WL01CL-2 型[1]			WLCA32-41～44 型 WL01CA32-41～44 型
动作需要力	OF	最大	1.39N	2.55N	摆杆反转需要力	最大	11.77N
恢复力	RF	最小	0.22N	0.1N	摆杆反转前移动		50°±5°
动作前移动	PT		15°±5°	25°±5°	开关动作前移动	最小	55°
动作后移动	OT	最小	30°	60°	开关动作后移动	最大	35°
应差移动	MD	最大	12°	16°			

① WLCL 型、WL01CL 型、WLCL-2 型、WL01CL-2 型动作特性均为摆杆长 148mm 时的值。

表 18-2-16　　柱塞型行程开关的外形及安装尺寸与动作特性　　mm

顶部柱塞型
WLD 型
WL01D 型

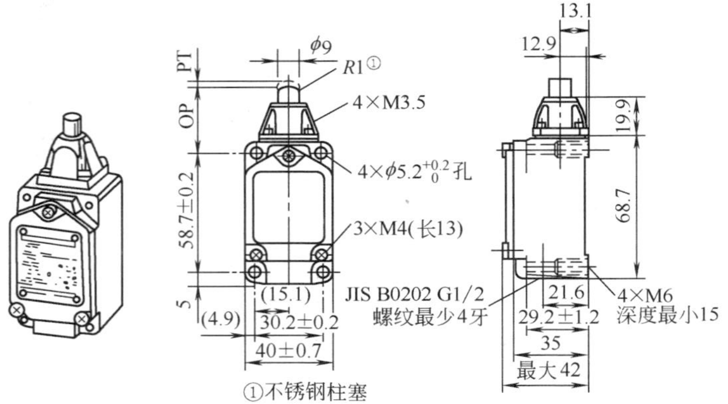

①不锈钢柱塞

侧面柱塞型
WLSD 型
WL01SD 型

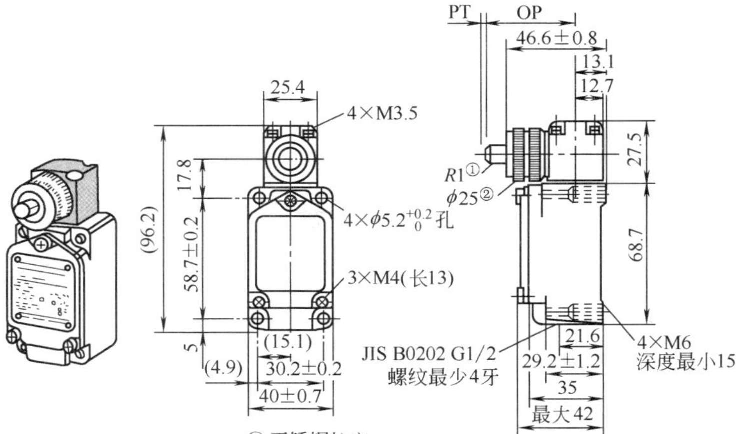

① 不锈钢柱塞
② 装饰螺母

续表

顶部滚轮柱塞型
WLD2 型
WL01D2 型

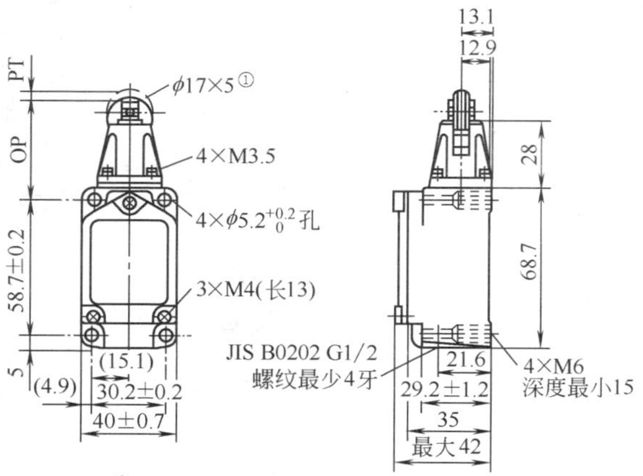

①不锈钢烧结滚轮

侧面滚轮柱塞型
WLSD2 型
WL01SD2 型

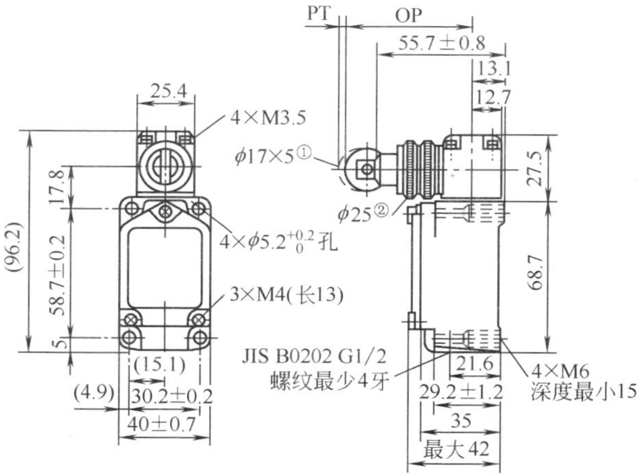

①不锈钢烧结滚轮 ②装饰螺母

顶部球形柱塞型
WLD3 型
WL01D3 型

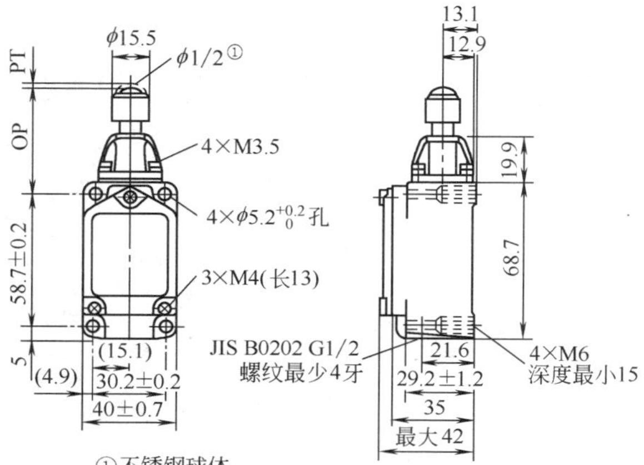

①不锈钢球体

侧面球形柱塞型
WLSD3 型
WL01SD3 型

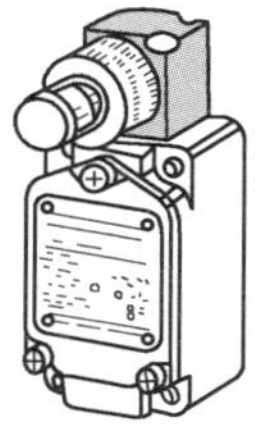

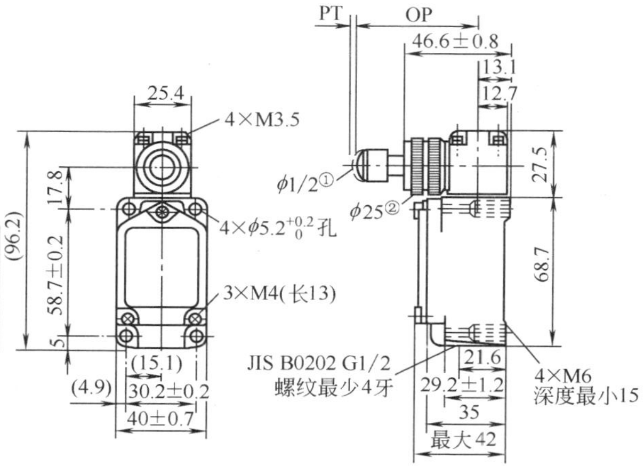

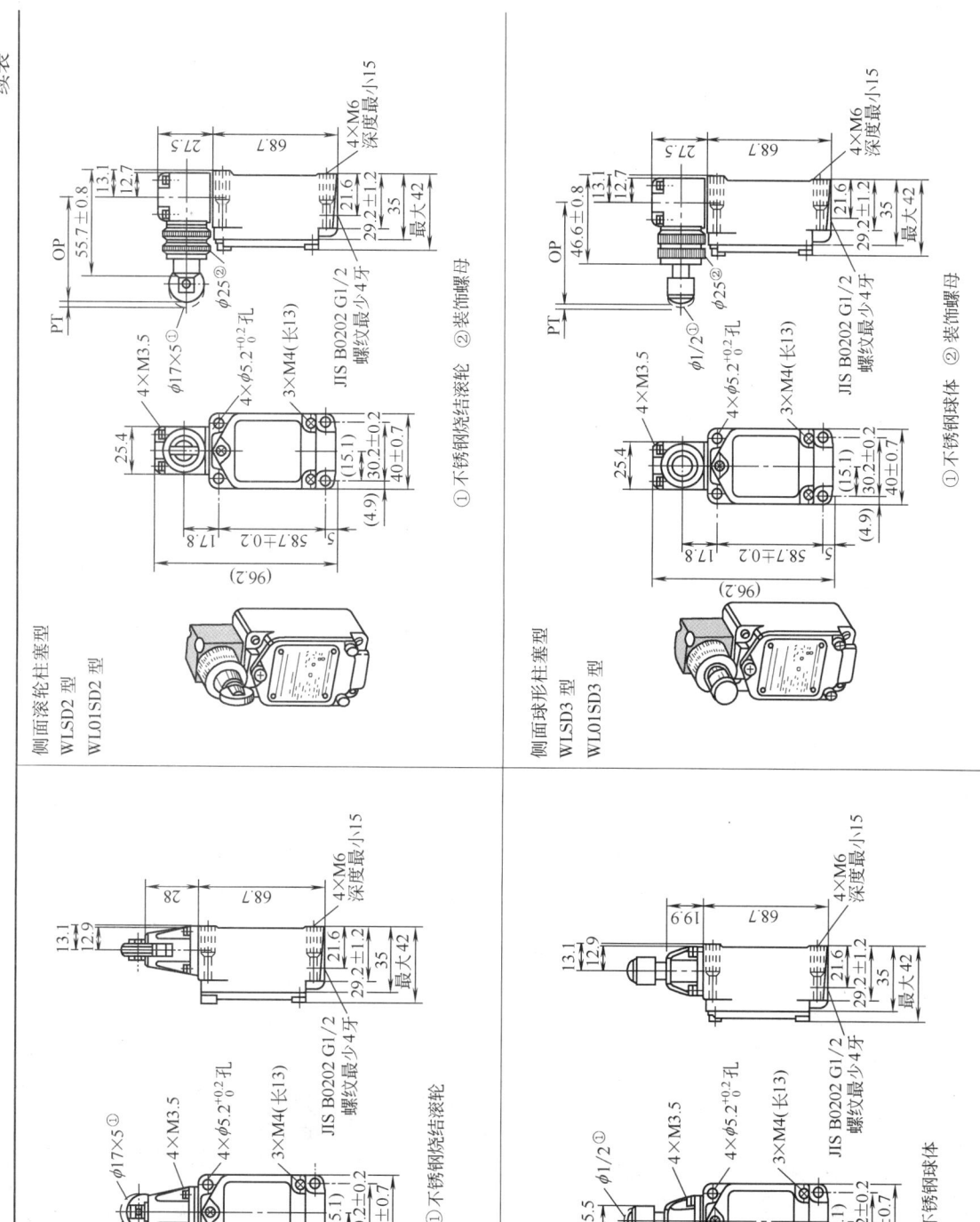

①不锈钢球体 ②装饰螺母

续表

密封顶部滚轮柱塞型
WLD28 型
WL01D28 型

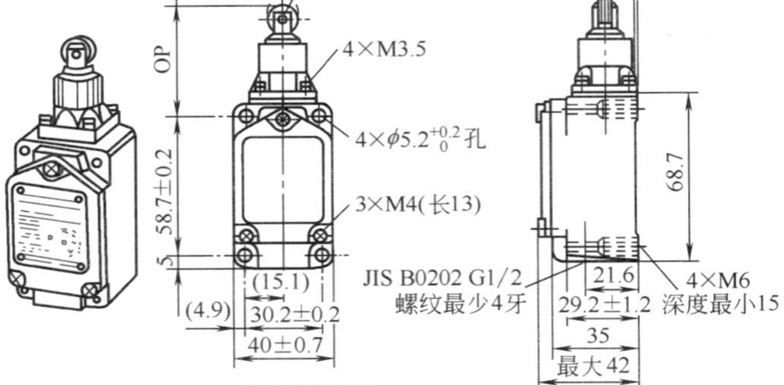

①不锈钢滚轮

动作特性		型式			
		WLD 型 WL01D 型	WLD2 型 WL01D2 型	WLD3 型 WL01D3 型	WLD28 型 WL01D28 型
动作需要力	OF 最大	26. 67N	26. 67N	26. 67N	16. 67N
恢复力	RF 最小	8. 92N	8. 92N	8. 92N	4. 41N
动作前移动	PT 最大	1. 7mm	1. 7mm	1. 7mm	1. 7mm
动作后移动	OT 最小	6. 4mm	5. 6mm	4mm	5. 4mm
应差移动	MD 最大	1mm	1mm	1mm	1mm
动作位置	OP	(34±0. 8) mm	(44±0. 8) mm	(44. 5±0. 8) mm	(44±0. 8) mm
动作限定位置	TTP 最大	29. 5mm	39. 5mm	41mm	39. 5mm

动作特性		型式		
		WLSD2 型 WL01SD2 型	WLSD3 型 WL01SD3 型	WLSD 型 WL01SD 型
动作需要力	OF 最大	40. 03N	40. 03N	40. 03N
恢复力	RF 最小	8. 89N	8. 89N	8. 89N
动作前移动	PT 最大	2. 8mm	2. 8mm	2. 8mm
动作后移动	OT 最小	5. 6mm	4mm	6. 4mm
应差移动	MD 最大	1mm	1mm	1mm
动作位置	OP	(54. 2±0. 8) mm	(54. 1±0. 8) mm	(40. 6±0. 8) mm
动作限定位置	TTP 最大	—	—	—

注：表列各种外形尺寸中，未标明部分的尺寸公差为 0. 4mm。

表 18-2-17　　簧（触须）型的外形及安装尺寸与动作特性

外形与安装尺寸/mm

盘簧型
WLNJ 型
WL01NJ 型

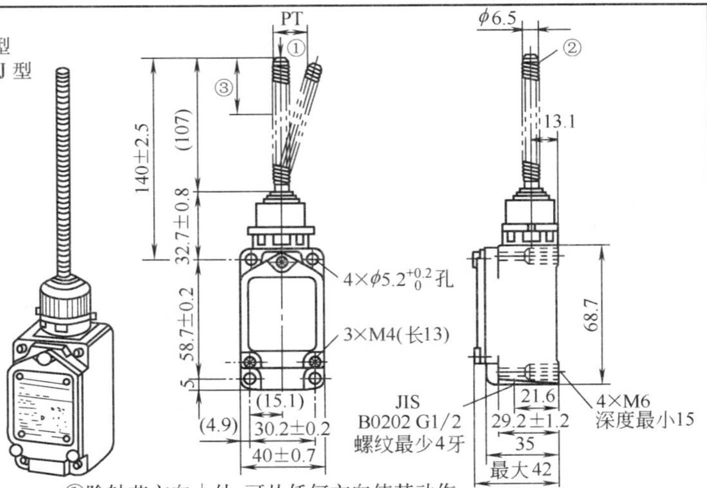

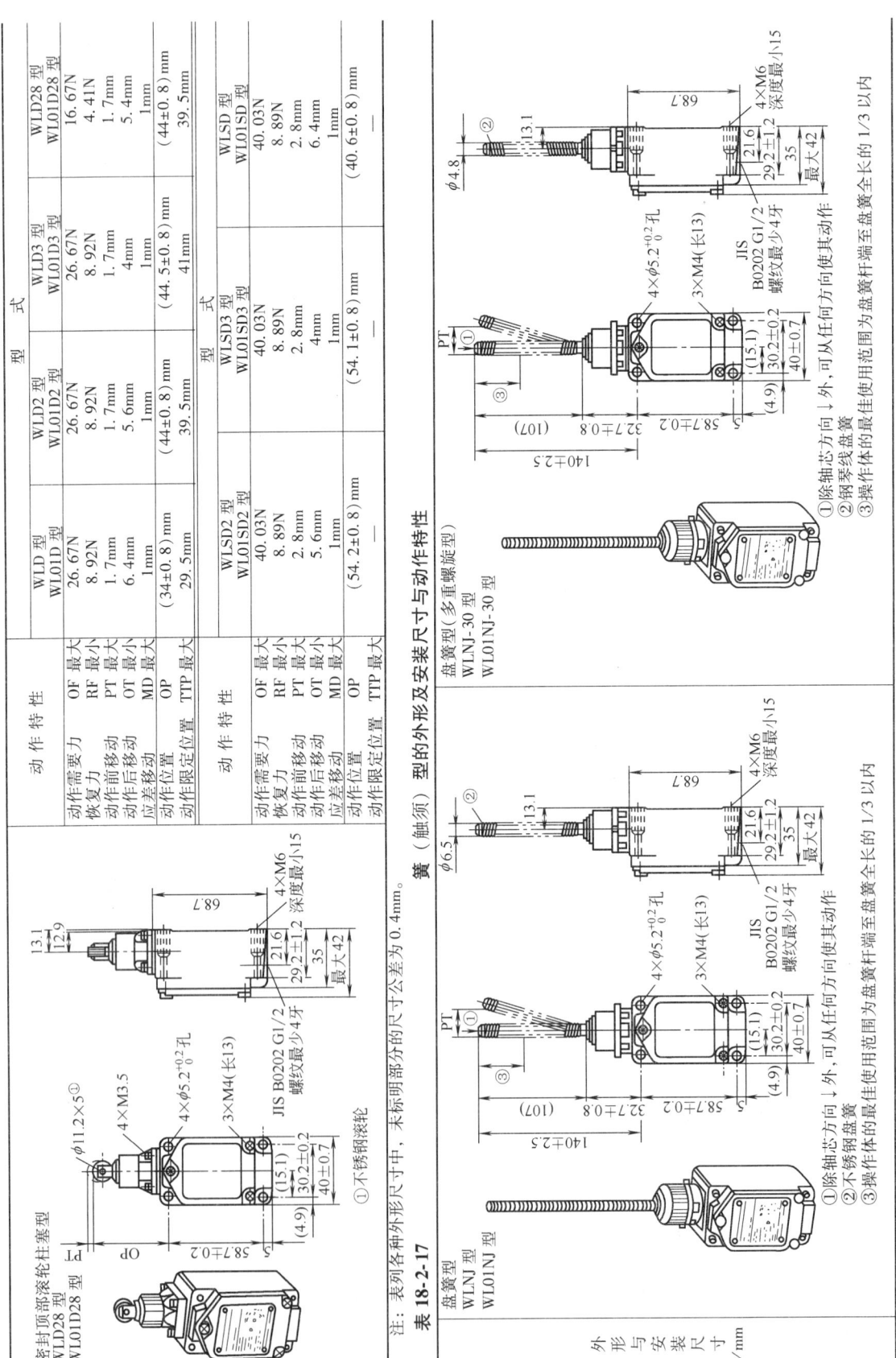

①除轴芯方向↓外，可从任何方向使其动作
②不锈钢盘簧
③操作体的最佳使用范围为盘簧杆端至盘簧全长的 1/3 以内

盘簧型（多重螺旋型）
WLNJ-30 型
WL01NJ-30 型

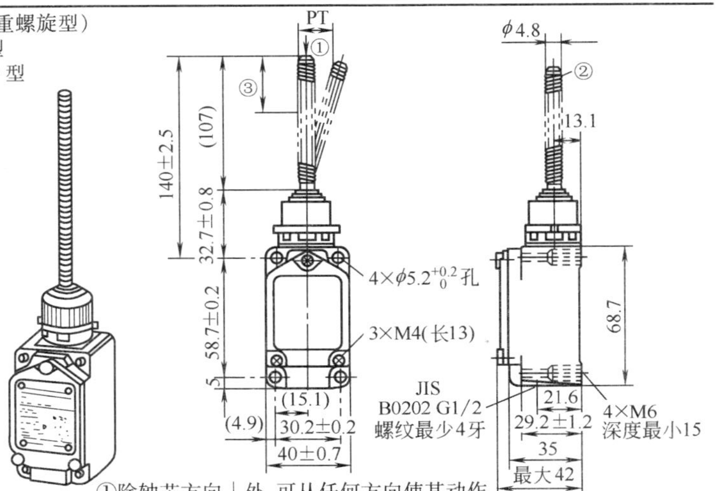

①除轴芯方向↓外，可从任何方向使其动作
②钢琴线盘簧
③操作体的最佳使用范围为盘簧杆端至盘簧全长的 1/3 以内

续表

外形与安装尺寸/mm

盘簧型(树脂杆型)
WLNJ-2 型
WL01NJ-2 型

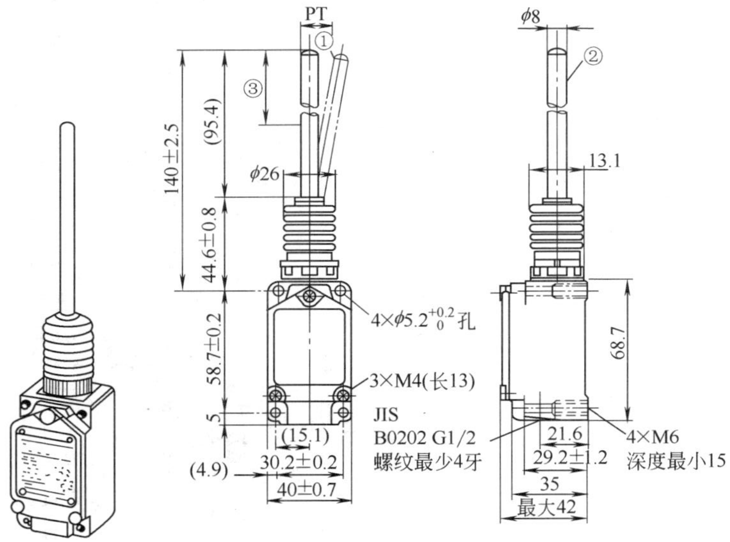

①除轴芯方向↓外,可从任何方向使其动作
②环氧树脂杆
③操作体的最佳使用范围为杆端至杆全长的 1/3 以内

钢丝型
WLNJ-S2 型
WL01NJ-S2 型

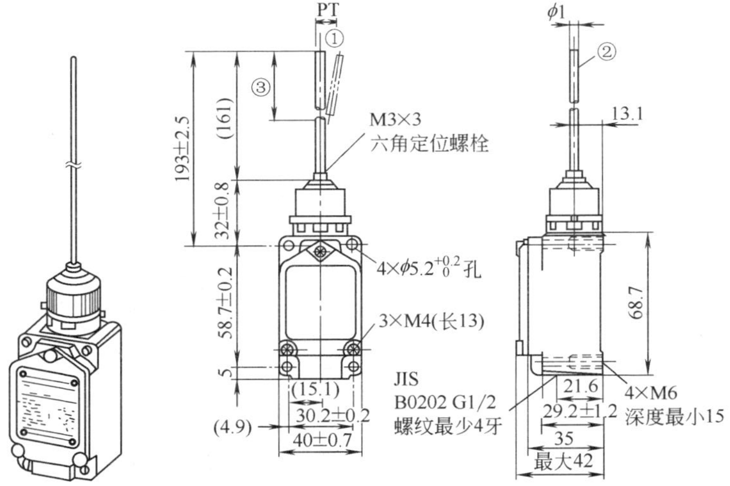

①除轴芯方向↓外,可从任何方向使其动作
②不锈钢丝
③操作体的最佳使用范围为钢丝端至钢丝全长的 1/3 以内

动作特性	型式			
	WLNJ 型① WL01NJ 型①	WLNJ 型 30① WL01NJ30 型①	WLNJ 型-2① WL01NJ-2 型①	WLNJ-S2 型① WL01NJ-S2 型①
动作需要力 OF 最大/N	1. 47	1. 47	1. 47	0. 28
动作前移动 PT/mm	20±10	20±10	40±20	40±20

① 表示所列数值为簧片或钢丝尖端的值。
注：表列各外形尺寸中，未标明的尺寸公差为 0. 4mm。

3 接 近 开 关

3.1 LXJ6 系列接近开关

(1) 用途、特点及工作条件

LXJ6 系列电感式接近开关适用于交流 50Hz 或 60Hz，额定工作电压 100~250V 的线路中，作为机床及自动线的定位或检测信号元件使用。当运动的金属体靠近接近开关并达到动作距离之内时，接近开关无接触、无压力地发出检测信号，供驱动小容量的接触器或中间继电器以及控制程序转换用。该系列开关具有防振、防潮性，外壳采用增强尼龙材料。

工作条件：周围环境温度-5~40℃，相对湿度 40℃时不超过 50%，25℃时不超过 90%；安装地海拔高度不超过 2000m。

(2) 主要技术参数

表 18-2-18　　LXJ6 系列接近开关主要技术参数

型　号	动作距离/mm	复位行程差/mm	额定工作电压/V		输出能力		重复精度/mm	开关压降/V	
			AC	DC	长期/mA	瞬时（t≤20ms）		AC	DC
LXJ6-2/12	2±1		100~250	10~30	30~200	1A	±0.15	<9	<4.5
LXJ6-2/18	2±1	≤1							
LXJ6-4/18	4±1								
LXJ6-4/22	4±1								
LXJ6-6/22	6±1	≤2					±0.3		
LXJ6-8/30	8±1								
LXJ6-10/30	10±1								

注：生产厂为沈阳二一三电器有限责任公司。

(3) 型号含义

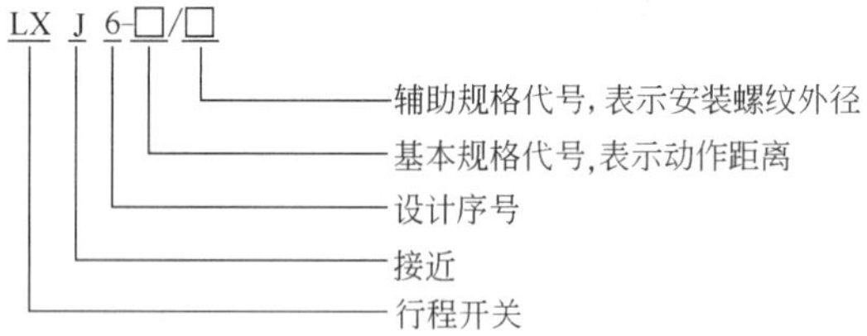

(4) 外形及安装尺寸

表 18-2-19　　外形及安装尺寸　　mm

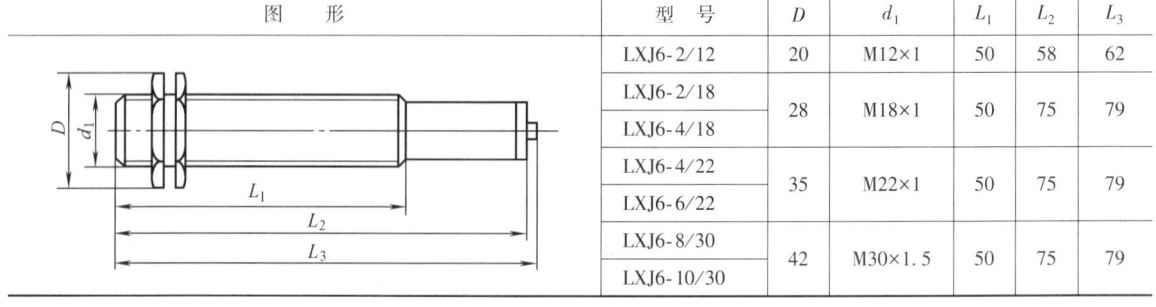

图　形	型　号	D	d_1	L_1	L_2	L_3
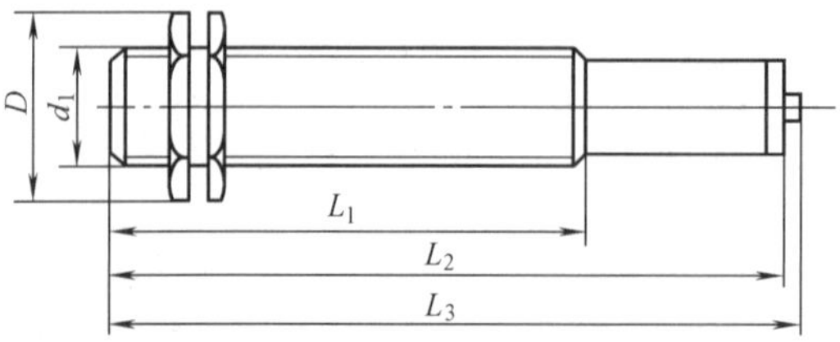	LXJ6-2/12	20	M12×1	50	58	62
	LXJ6-2/18	28	M18×1	50	75	79
	LXJ6-4/18					
	LXJ6-4/22	35	M22×1	50	75	79
	LXJ6-6/22					
	LXJ6-8/30	42	M30×1.5	50	75	79
	LXJ6-10/30					

3.2　LXJ7 系列接近开关

（1）用途、特点及工作条件

LXJ7 系列接近开关适用于交流 50Hz 或 60Hz、额定电压为 100~250V 的线路中，作为机床及自动线的定位或检测信号元件使用。该系列接近开关采用盒式方形结构，安装方便。开关为交流二线制，负载可直接串接在线路中，使用方便。此外，开关还具有耐振、防潮等特点。

工作条件：周围环境温度-25~40℃；相对湿度 25℃时不超过 90%；安装地点海拔高度不超过 2000m。

（2）主要技术参数

表 18-2-20　　LXJ7 系列接近开关主要技术参数

型　号	作用距离 /mm	复位行程差 /mm	额定工作电压 /V	输出能力		重复精度 /mm	开关压降(AC) /V
				长期/mA	瞬时 (t≤20ms)		
LXJ7-10	10±2.5	≤0.2	AC 100~250	30~200	1A	0.5	≤9
LXJ7-15	15±2.5	≤0.3					
LXJ7-20	20±2.5	≤0.4					

注：生产厂为沈阳二一三电器有限责任公司。

（3）型号含义

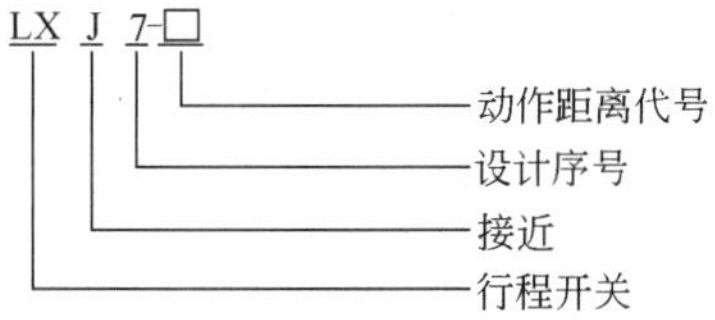

（4）外形及安装尺寸（见图 18-2-9）

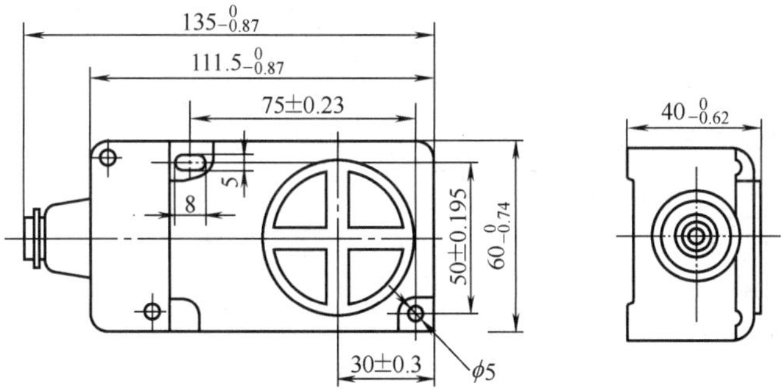

图 18-2-9

3.3　LXJ8（3SG）系列接近开关

（1）用途、特点及工作条件

LXJ8（3SG）系列接近开关系引进德国西门子技术生产，适用于交流 40~60Hz、额定电压 30~250V、电流300~500mA 及直流额定电压 6~30V、电流 10~300mA 的控制线路中，作为机床限位、检测、计数、测速元件使用。

该系列接近开关品种规格齐全，外形结构多样，电压范围宽，输出形式多，且具有重复定位精度高、频率响应快、抗干扰性强及使用寿命长等优点。开关内充以树脂，封闭良好，可耐振、耐腐蚀及防水防尘。此外，开关还具有短路、极性、过载保护及误脉冲抑制等功能。

工作条件：周围环境温度-25~40℃；最湿月平均温度为 25℃时，最大相对湿度不超过 90%；安装地海拔高度不超过 2000m。

（2）型号含义

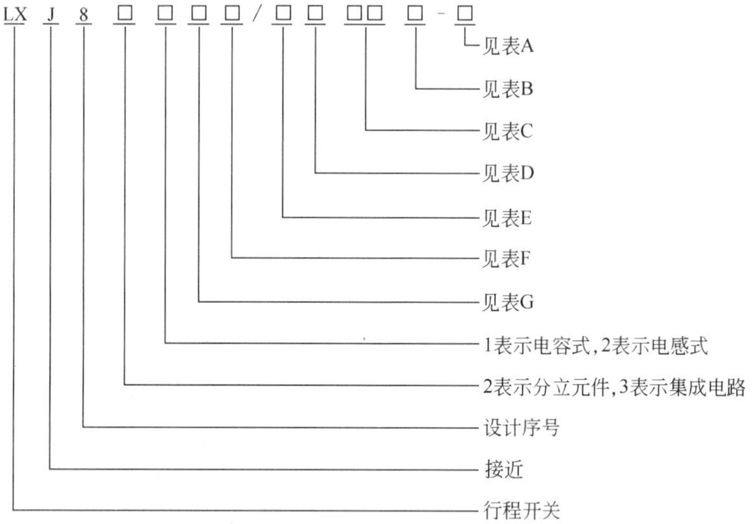

表 A　开关输出接线方式代号

代号	开关输出接线方式
P	PNP
N	NPN

表 B　开关输出型式代号

代号	开关输出型式
1	1 常开
2	1 常闭
3	1 常开和 1 常闭
6	1 常开或 1 常闭

表 C　输入电压和输出电流代号

代号	输入电压	输出电流
H3	直流 24V	200mA 二线
J3	直流 24V	200mA 三(四)线
J8	直流 24V	300mA 三线
R0	交流 220V	300mA 二线
R8	交流 220V	500mA 二线

表 D　感应面方向代号

代号	感应面方向
A	前面(可埋入安装在金属内)
B	上面(可埋入安装在金属内)
K	感应头可转换 5 种方向
F	槽形
N	前面(不可埋入安装在金属内)

表 E　连接线引出方向或引出方式代号

代号	连接线引出方向或引出方式
0	连接线在后面引出
1	接线端子
2	拔插式
3	连接线在侧面引出

表 F　感应面形状及其尺寸代号

代号	感应面形状及其尺寸
0	槽形　槽宽及深 2.6×1.5
1	M8
2	M12,M14
4	M18
5	正方形 40×40,M30
6	矩形 60×40

表 G　外形代号

代号	外　形
0	扁平形
2	槽形
3	带螺纹圆柱形
6	矩形(矩形截面)
7	矩形(正方形截面)

(3) 型号、主要技术参数及外形尺寸

型号、主要技术参数及外形尺寸见表 18-2-21～表 18-2-25。

表 18-2-21

型号及主要技术参数						
外形及安装尺寸			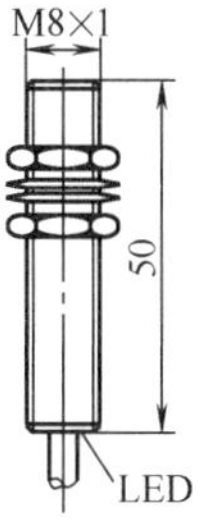	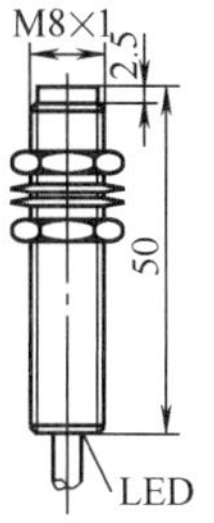	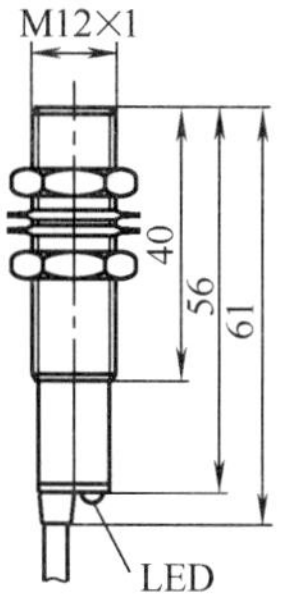	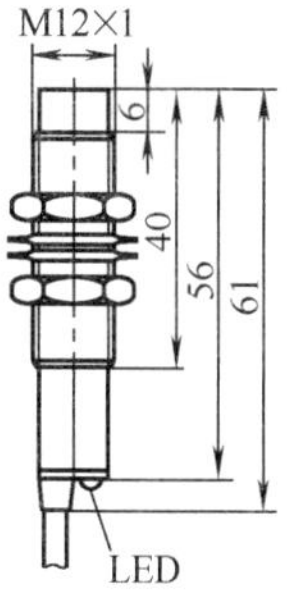
直流三线四线传感器	NPN	常开	LXJ8 3231/0AJ31-N	LXJ8 3231/0NJ31-N	LXJ8 3232/0AJ31-N	LXJ8 3232/0NJ31-N
		常闭	LXJ8 3231/0AJ32-N	LXJ8 3231/0NJ32-N	LXJ8 3232/0AJ32-N	LXJ8 3232/0NJ32-N
		常开+常闭			LXJ8 3232/0AJ33-N	LXJ8 3232/0NJ33-N
	PNP	常开	LXJ8 3231/0AJ31-P	LXJ8 3231/0NJ31-P	LXJ8 3232/0AJ31-P	LXJ8 3232/0NJ31-P
		常闭	LXJ8 3231/0AJ32-P	LXJ8 3231/0NJ32-P	LXJ8 3232/0AJ32-P	LXJ8 3232/0NJ32-P
		常开+常闭			LXJ8 3232/0AJ33-P	LXJ8 3232/0NJ33-P
	检测距离 S_n/mm		1	1.5	2	4
	设定距离 S_a/mm		0~0.8	0~1.2	0~1.6	0~3.2
	回环宽度 H		≤0.2S_r	≤0.2S_r	≤0.2S_r	≤0.2S_r
	重复定位精度 R		≤0.1S_r	≤0.1S_r	≤0.1S_r	≤0.1S_r
	电源电压(DC)/V		6~30	6~30	6~30	6~30
	输出电流/mA		≤200	≤200	≤200	≤200
	输出电压降/V		≤3.5	≤3.5	≤3.5	≤3.5
	开关频率/Hz		800	800	1000	500
	短路保护		有	有	有	有
	动作指示		LED	LED	LED	LED
直流交流二线传感器	DC	常开	LXJ8 3231/0AH31	LXJ8 3231/0NH31	LXJ8 3231/0AH31	LXJ8 3231/0NH31
		常闭	LXJ8 3231/0AH32	LXJ8 3231/0NH32	LXJ8 3231/0AH32	LXJ8 3231/0NH32
	检测距离 S_n/mm		1	1.5	2	4
	设定距离 S_a/mm		0~0.8	0~1.2	0~1.6	0~3.2
	回环宽度 H		≤0.2S_r	≤0.2S_r	≤0.2S_r	≤0.2S_r
	重复定位精度 R		≤0.1S_r	≤0.1S_r	≤0.1S_r	≤0.1S_r
	电源电压(DC)/V		10~30	10~30	10~30	10~30
	输出电流/mA		5~200	5~200	5~200	5~200
	输出电压降/V		5~7	5~7	5~7	5~7
	开关频率/Hz		800	800	1000	500
	短路保护		有	有	有	有
	动作指示		LED	LED	LED	LED
	AC	常开				
		常闭				
	检测距离 S_n					
	设定距离 S_a					
	回环宽度 H					
	重复定位精度 R					
	电源电压					
	输出电流					
	输出电压降					
	开关频率					
	短路保护					
	动作指示					
安装方式			埋入式	非埋入式	埋入式	非埋入式
标准检测片尺寸/mm			8×8×1	8×8×1	12×12×1	12×12×1
壳体材料			黄铜镀镍	黄铜镀镍	黄铜镀镍	黄铜镀镍
防护等级			IP67	IP67	IP67	IP67

表 18-2-22

外形及安装尺寸				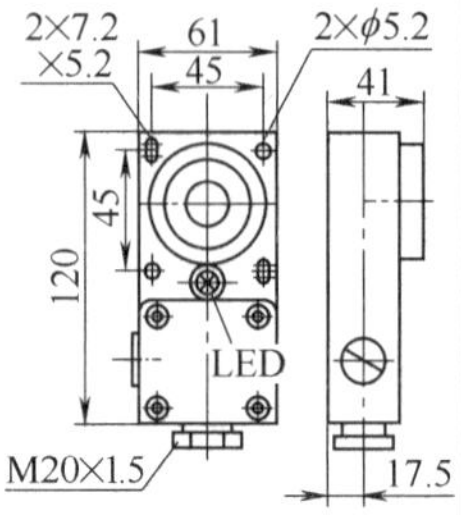	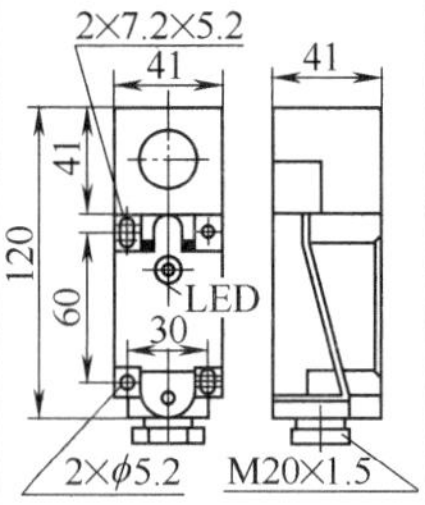	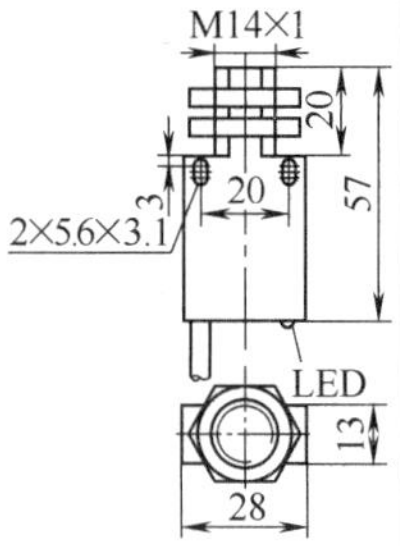	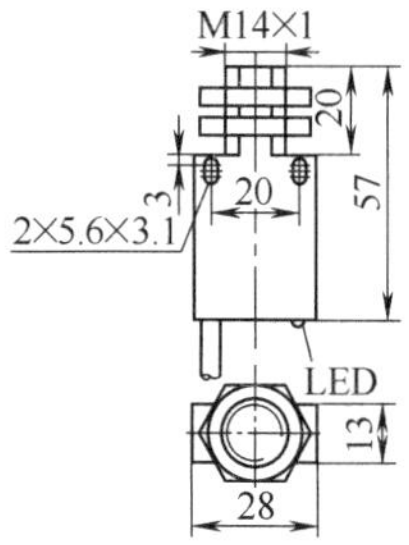
型号及主要技术参数	直流三线四线传感器	NPN	常开	LXJ8 3266/1BJ31-N	LXJ8 3275/1KJ31-N	LXJ8 3202/0AJ31-N	LXJ8 3202/0NJ31-N
			常闭	LXJ8 3266/1BJ32-N	LXJ8 3275/1KJ32-N	LXJ8 3202/0AJ32-N	LXJ8 3202/0NJ32-N
			常开+常闭	LXJ8 3266/1BJ33-N	LXJ8 3275/1KJ33-N	LXJ8 3202/0AJ33-N	LXJ8 3202/0NJ33-N
		PNP	常开	LXJ8 3266/1BJ31-P	LXJ8 3275/1KJ31-P	LXJ8 3202/0AJ31-P	LXJ8 3202/0NJ31-P
			常闭	LXJ8 3266/1BJ32-P	LXJ8 3275/1KJ32-P	LXJ8 3202/1KJ32-P	LXJ8 3202/0NJ32-P
			常开+常闭	LXJ8 3266/1BJ33-P	LXJ8 3275/1KJ33-P	LXJ8 3202/1KJ33-P	LXJ8 3202/0NJ33-P
		检测距离 S_n/mm		25	15	3	5
		设定距离 S_a/mm		0~20	0~12	0~2.4	0~4
		回环宽度 H		≤$0.2S_r$	≤$0.2S_r$	≤$0.2S_r$	≤$0.2S_r$
		重复定位精度 R		≤$0.15S_r$	≤$0.1S_r$	≤$0.1S_r$	≤$0.1S_r$
		电源电压(DC)/V		6~30	6~30	6~30	6~30
		输出电流/mA		≤200	≤200	≤200	≤200
		输出电压降/V		≤3.5	≤3.5	≤3.5	≤3.5
		开关频率/Hz		50	60	200	200
		短路保护		有	有	有	有
		动作指示		LED	LED	LED	LED
	直流交流二线传感器	DC	常开	LXJ8 3266/1BH31	LXJ8 3275/1KH31	LXJ8 3202/0AH31	LXJ8 3202/0NH31
			常闭	LXJ8 3266/1BH32	LXJ8 3275/1KH31	LXJ8 3202/0AH32	LXJ8 3202/0NH32
		检测距离 S_n/mm		25	15	3	5
		设定距离 S_a/mm		0~20	0~12	0~2.4	0~4
		回环宽度 H		≤$0.2S_r$	≤$0.2S_r$	≤$0.2S_r$	≤$0.2S_r$
		重复定位精度 R		≤$0.1S_r$	≤$0.1S_r$	≤$0.1S_r$	≤$0.1S_r$
		电源电压(DC)/V		10~30	10~30	10~30	10~30
		输出电流/mA		5~200	5~200	5~200	5~200
		输出电压降/V		5~7	5~7	5~7	5~7
		开关频率/Hz		50	60	200	200
		短路保护		有	有	有	有
		动作指示		LED	LED	LED	LED
		AC	常开	LXJ8 3266/1BR81	LXJ8 3275/1KR81		
			常闭	LXJ8 3266/1BR82	LXJ8 3275/1KR82		
		检测距离 S_n/mm		25	15		
		设定距离 S_a/mm		0~20	0~12		
		回环宽度 H		≤$0.2S_r$	≤$0.2S_r$		
		重复定位精度 R		≤$0.1S_r$	≤$0.1S_r$		
		电源电压(AC)/V		30~250	30~250		
		输出电流/mA		20~500	20~500		
		输出电压降/V		≤8	≤8		
		开关频率/Hz		15	15		
		短路保护		无	无		
		动作指示		LED	LED		
安装方式				埋入式	埋入式	埋入式	非埋入式
标准检测片尺寸/mm				60×60×1	40×40×1	14×14×1	14×14×1
壳体材料				工程塑料	工程塑料	工程塑料	工程塑料
防护等级				IP65	IP65	IP67	IP67

表 18-2-23

外形及安装尺寸				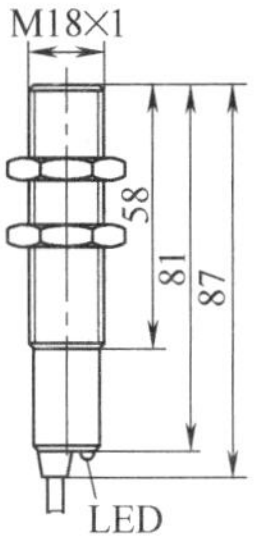	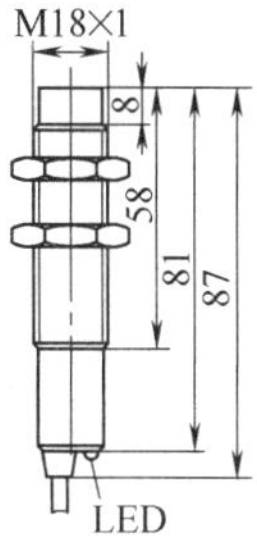	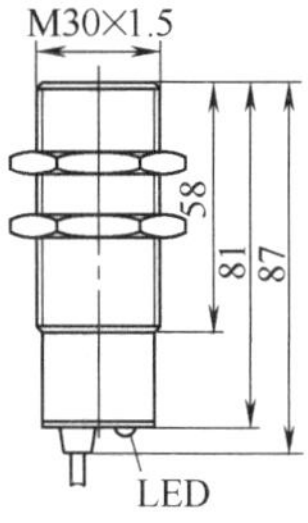	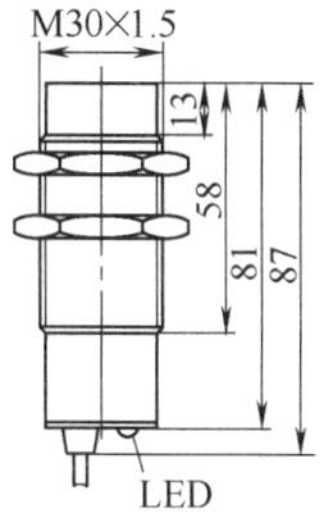
型号及主要技术参数	直流三线四线传感器	NPN	常开	LXJ8 3234/0AJ31-N	LXJ8 3234/0NJ31-N	LXJ8 3235/0AJ31-N	LXJ8 3235/0NJ31-N
			常闭	LXJ8 3234/0AJ32-N	LXJ8 3234/0NJ32-N	LXJ8 3235/0AJ32-N	LXJ8 3235/0NJ32-N
			常开+常闭	LXJ8 3234/0AJ33-N	LXJ8 3234/0NJ33-N	LXJ8 3235/0AJ33-N	LXJ8 3235/0NJ33-N
		PNP	常开	LXJ8 3234/0AJ31-P	LXJ8 3234/0NJ31-P	LXJ8 3235/0AJ31-P	LXJ8 3235/0NJ31-P
			常闭	LXJ8 3234/0AJ32-P	LXJ8 3234/0NJ32-P	LXJ8 3235/0AJ32-P	LXJ8 3235/0NJ32-P
			常开+常闭	LXJ8 3234/0AJ33-P	LXJ8 3234/0NJ33-P	LXJ8 3235/0AJ33-P	LXJ8 3235/0NJ33-P
		检测距离 S_n/mm		5	8	10	15
		设定距离 S_a/mm		0~4	0~6.4	0~8	0~12
		回环宽度 H		≤0.2S_r	≤0.2S_r	≤0.2S_r	≤0.2S_r
		重复定位精度 R		≤0.1S_r	≤0.1S_r	≤0.1S_r	≤0.1S_r
		电源电压(DC)/V		6~30	6~30	6~30	6~30
		输出电流/mA		≤200	≤200	≤200	≤200
		输出电压降/V		≤3.5	≤3.5	≤3.5	≤3.5
		开关频率/Hz		200	200	100	100
		短路保护		有	有	有	有
		动作指示		LED	LED	LED	LED
	直流交流二线传感器	DC	常开	LXJ8 3234/0AH31	LXJ8 3234/0NH31	LXJ8 3235/0AH31	LXJ8 3235/0NH31
			常闭	LXJ8 3234/0AH32	LXJ8 3234/0NH31	LXJ8 3235/0AH32	LXJ8 3235/0NH32
		检测距离 S_n/mm		5	8	10	15
		设定距离 S_a/mm		0~4	0~6.4	0~8	0~12
		回环宽度 H		≤0.2S_r	≤0.2S_r	≤0.2S_r	≤0.2S_r
		重复定位精度 R		≤0.1S_r	≤0.1S_r	≤0.1S_r	≤0.1S_r
		电源电压(DC)/V		10~30	10~30	10~30	10~30
		输出电流/mA		5~200	5~200	5~200	5~200
		输出电压降/V		5~7	5~7	5~7	5~7
		开关频率/Hz		200	200	100	100
		短路保护		有	有	有	有
		动作指示		LED	LED	LED	LED
		AC	常开	LXJ8 3234/0AR01	LXJ8 3234/0NR01	LXJ8 3235/0AR01	LXJ8 3235/0NR01
			常闭	LXJ8 3234/0AR02	LXJ8 3234/0NR02	LXJ8 3235/0AR02	LXJ8 3235/0NR02
		检测距离 S_n/mm		5	8	10	15
		设定距离 S_a/mm		0~4	0~6.4	0~8	0~12
		回环宽度 H		≤0.2S_r	≤0.2S_r	≤0.2S_r	≤0.2S_r
		重复定位精度 R		≤0.1S_r	≤0.1S_r	≤0.1S_r	≤0.1S_r
		电源电压(AC)/V		30~250	30~250	30~250	30~250
		输出电流/mA		20~300	20~300	20~300	20~300
		输出电压降/V		≤8	≤8	≤8	≤8
		开关频率/Hz		25	25	25	25
		短路保护		无	无	无	无
		动作指示		LED	LED	LED	LED
安装方式				埋入式	非埋入式	埋入式	非埋入式
标准检测片尺寸/mm				18×18×1	18×18×1	30×30×1	30×30×1
壳体材料				黄铜镀镍	黄铜镀镍	黄铜镀镍	黄铜镀镍
防护等级				IP65	IP65	IP67	IP67

表 18-2-24

外形及安装尺寸				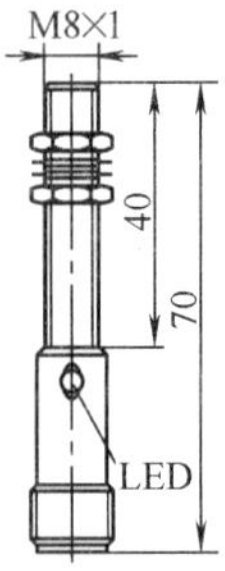	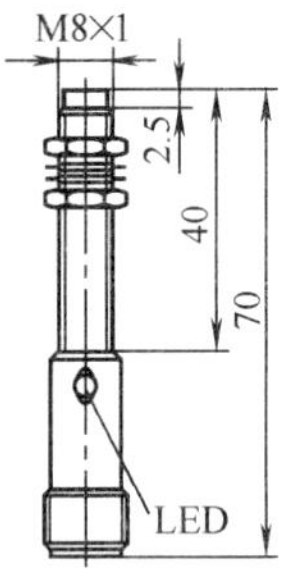	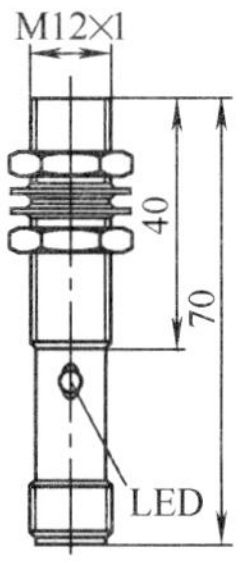	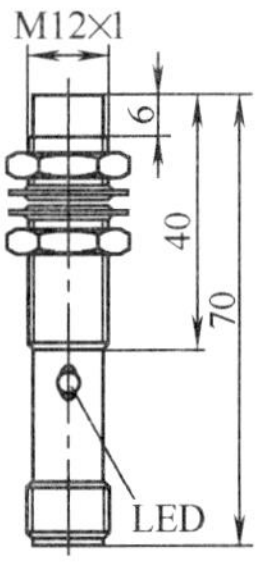
型号及主要技术参数	直流三线四线传感器	NPN	常开	LXJ8 3231/2AJ31-N	LXJ8 3231/2NJ31-N	LXJ8 3232/2AJ31-N	LXJ8 3232/2NJ31-N
			常闭	LXJ8 3231/2AJ32-N	LXJ8 3231/2NJ32-N	LXJ8 3232/2AJ32-N	LXJ8 3232/2NJ32-N
			常开+常闭			LXJ8 3232/2AJ33-N	LXJ8 3202/2NJ33-N
		PNP	常开	LXJ8 3231/2AJ31-P	LXJ8 3231/2NJ31-P	LXJ8 3232/2AJ31-P	LXJ8 3232/2NJ31-P
			常闭	LXJ8 3231/2AJ32-P	LXJ8 3231/2NJ32-P	LXJ8 3202/2AJ32-P	LXJ8 3232/2NJ32-P
			常开+常闭			LXJ8 3202/2AJ33-P	LXJ8 3232/2NJ33-P
		检测距离 S_n/mm		1	1.5	2	4
		设定距离 S_a/mm		0.1~0.8	0~12	0~1.6	0~3.2
		回环宽度 H		≤0.2S_r	≤0.2S_r	≤0.2S_r	≤0.2S_r
		重复定位精度 R		≤0.1S_r	≤0.1S_r	≤0.1S_r	≤0.1S_r
		电源电压(DC)/V		6~30	6~30	6~30	6~30
		输出电流/mA		≤200	≤200	≤200	≤200
		输出电压降/V		≤3.5	≤3.5	≤3.5	≤3.5
		开关频率/Hz		800	800	1000	500
		短路保护		有	有	有	有
		动作指示		LED	LED	LED	LED
	直流交流二线传感器	DC	常开	LXJ8 3231/2AH31	LXJ8 3231/2NH31	LXJ8 3232/2AH31	LXJ8 3232/2NH31
			常闭	LXJ8 3231/2AH32	LXJ8 3231/2NH32	LXJ8 3232/2AH32	LXJ8 3232/2NH32
		检测距离 S_n/mm		1	1.5	2	4
		设定距离 S_a/mm		0~0.8	0~1.2	0~1.6	0~3.2
		回环宽度 H		≤0.2S_r	≤0.2S_r	≤0.2S_r	≤0.2S_r
		重复定位精度 R		≤0.1S_r	≤0.1S_r	≤0.1S_r	≤0.1S_r
		电源电压(DC)/V		10~30	10~30	10~30	10~30
		输出电流/mA		5~200	5~200	5~200	5~200
		输出电压降/V		5~7	5~7	5~7	5~7
		开关频率/Hz		800	800	1000	500
		短路保护		有	有	有	有
		动作指示		LED	LED	LED	LED
		AC	常开				
			常闭				
		检测距离 S_n					
		设定距离 S_a					
		回环宽度 H					
		重复定位精度 R					
		电源电压					
		输出电流					
		输出电压降					
		开关频率					
		短路保护					
		动作指示					
安装方式				埋入式	非埋入式	埋入式	非埋入式
标准检测片尺寸/mm				8×8×1	8×8×1	12×12×1	12×12×1
壳体材料				黄铜镀镍	黄铜镀镍	黄铜镀镍	黄铜镀镍
防护等级				IP65	IP65	IP67	IP67

表 18-2-25

外形及安装尺寸				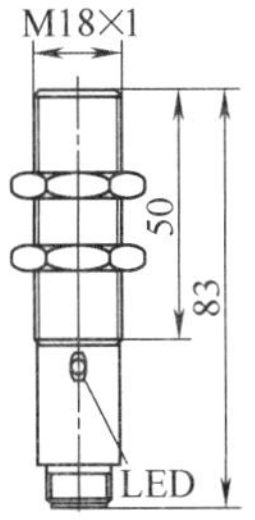	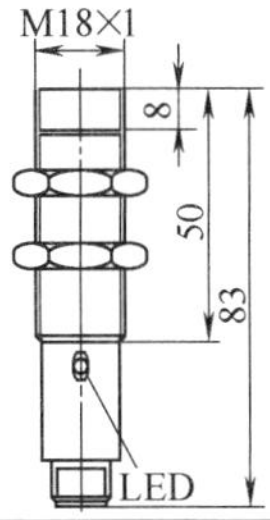	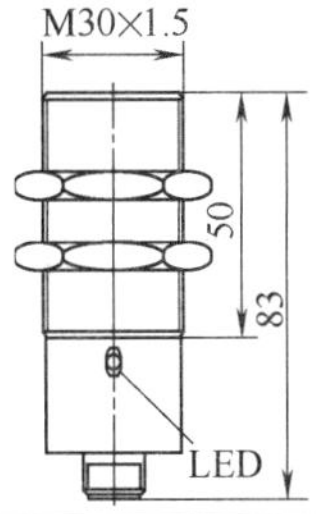	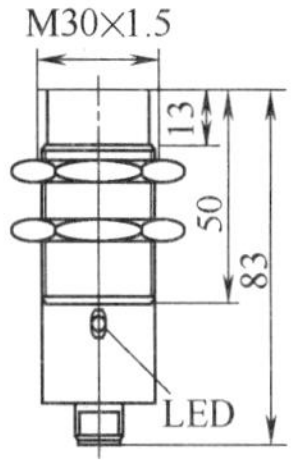
型号及主要技术参数	直流三线四线传感器	NPN	常开	LXJ8 3234/2AJ31-N	LXJ8 3234/2NJ31-N	LXJ8 3235/2AJ31-N	LXJ8 3235/2NJ31-N
			常闭	LXJ8 3234/2AJ32-N	LXJ8 3234/2NJ32-N	LXJ8 3235/2AJ32-N	LXJ8 3235/2NJ32-N
			常开+常闭	LXJ8 3234/2AJ33-N	LXJ8 3234/2NJ33-N	LXJ8 3235/2AJ33-N	LXJ8 3235/2NJ33-N
		PNP	常开	LXJ8 3234/2AJ31-P	LXJ8 3234/2NJ31-P	LXJ8 3235/2AJ31-P	LXJ8 3235/2NJ31-P
			常闭	LXJ8 3234/2AJ32-P	LXJ8 3234/2NJ32-P	LXJ8 3235/2AJ32-P	LXJ8 3235/2NJ32-P
			常开+常闭	LXJ8 3234/2AJ33-P	LXJ8 3234/2NJ33-P	LXJ8 3235/2AJ33-P	LXJ8 3235/2NJ33-P
		检测距离 S_n/mm		5	8	10	15
		设定距离 S_a/mm		0~4	0~6.4	0~8	0~12
		回环宽度 H		≤$0.2S_r$	≤$0.2S_r$	≤$0.2S_r$	≤$0.2S_r$
		重复定位精度 R		≤$0.1S_r$	≤$0.1S_r$	≤$0.1S_r$	≤$0.1S_r$
		电源电压(DC)/V		6~30	6~30	6~30	6~30
		输出电流/mA		≤200	≤200	≤200	≤200
		输出电压降/V		≤3.5	≤3.5	≤3.5	≤3.5
		开关频率/Hz		200	200	100	100
		短路保护		有	有	有	有
		动作指示		LED	LED	LED	LED
	直流交流二线传感器	DC	常开	LXJ8 3234/2AH31	LXJ8 3234/2NH31	LXJ8 3235/2AH31	LXJ8 3235/2NH31
			常闭	LXJ8 3234/2AH32	LXJ8 3234/2NH32	LXJ8 3235/2AH32	LXJ8 3235/2NH32
		检测距离 S_n/mm		5	8	10	15
		设定距离 S_a/mm		0~4	0~6.4	0~8	0~12
		回环宽度 H		≤$0.2S_r$	≤$0.2S_r$	≤$0.2S_r$	≤$0.2S_r$
		重复定位精度 R		≤$0.1S_r$	≤$0.1S_r$	≤$0.1S_r$	≤$0.1S_r$
		电源电压(DC)/V		10~30	10~30	10~30	10~30
		输出电流/mA		5~200	5~200	5~200	5~200
		输出电压降/V		5~7	5~7	5~7	5~7
		开关频率/Hz		200	200	100	100
		短路保护		有	有	有	有
		动作指示		LED	LED	LED	LED
		AC	常开	LXJ8 3234/2AR01	LXJ8 3234/2NR01	LXJ8 3235/2AR01	LXJ8 3235/2NR01
			常闭	LXJ8 3234/2AR02	LXJ8 3234/2NR02	LXJ8 3235/2AR02	LXJ8 3235/2NR02
		检测距离 S_n/mm		5	8	10	15
		设定距离 S_a/mm		0~4	0~6.4	0~8	0~12
		回环宽度 H		≤$0.2S_r$	≤$0.2S_r$	≤$0.2S_r$	≤$0.2S_r$
		重复定位精度 R		≤$0.1S_r$	≤$0.1S_r$	≤$0.1S_r$	≤$0.1S_r$
		电源电压(AC)/V		30~250	30~250	30~250	30~250
		输出电流/mA		20~300	20~300	20~300	20~300
		输出电压降/V		≤8	≤8	≤8	≤8
		开关频率/Hz		25	25	25	25
		短路保护		无	无	无	无
		动作指示		LED	LED	LED	LED
安装方式				埋入式	非埋入式	埋入式	非埋入式
标准检测片尺寸/mm				18×18×1	18×18×1	30×30×1	30×30×1
壳体材料				黄铜镀镍	黄铜镀镍	黄铜镀镍	黄铜镀镍
防护等级				IP65	IP65	IP67	IP67

注：1. 标准检测片材料为电工软钢。

2. 表中 S_r 为实际检测距离，$0.9S_n≤S_r≤1.1S_n$；几何形状、几何尺寸及材料差别会产生不同的检测距离，其修正系数为：电工纯铁（St37）为 1，铜为 0.25~0.50，黄铜为 0.35~0.50，铝为 0.45，特种合金钢为 0.60~1.0。

3. 生产厂为上海第二机床电器厂。

(4) 接线示意图

接线示意图见图 18-2-10。

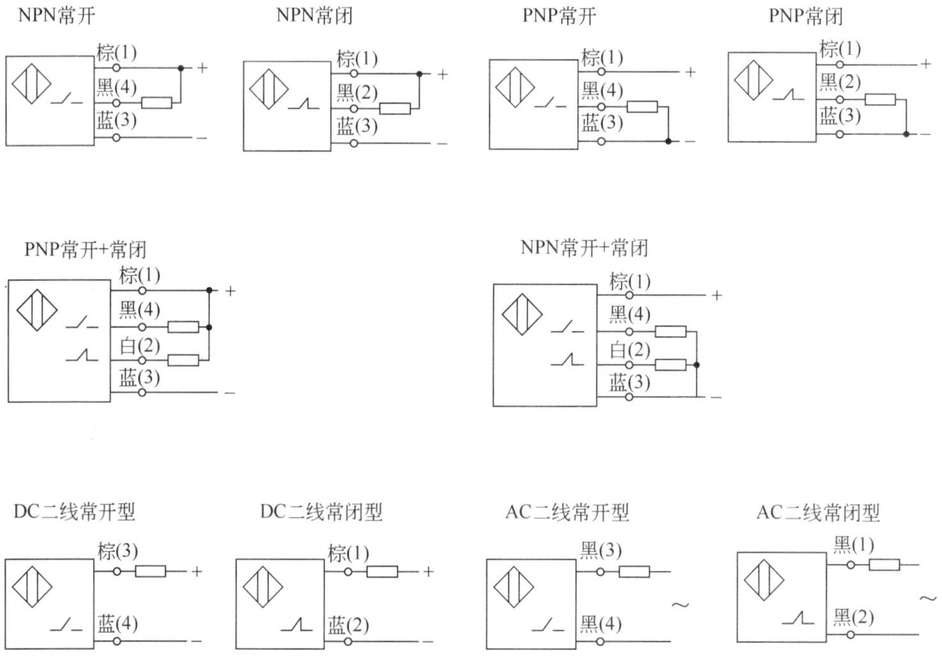

图 18-2-10

(5) 安装要求

安装要求见图 18-2-11。

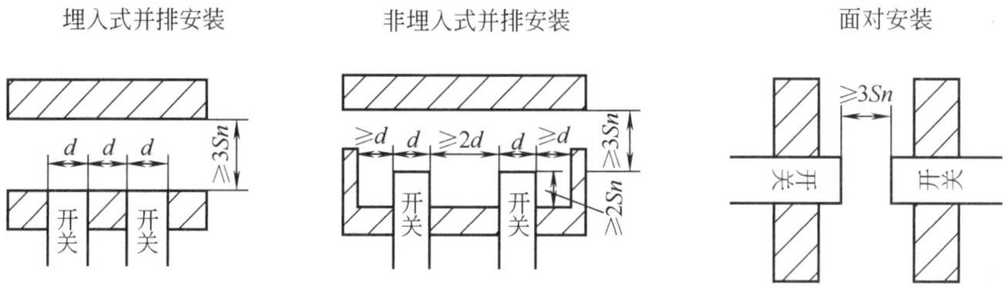

图 18-2-11

3.4 E2 系列接近开关

(1) 用途、特点及工作条件

E2 系列接近开关适用于交流 50Hz、额定电压 24~240V、电流 5~300mA 及直流额定电压 12~24V、电流3~100mA 的控制电路中，作为起重运输机械及其他机械生产线等设备的定位、检测信号元件使用。

该系列接近开关品种规格齐全，外形结构多样，电压范围宽，输出形式多，且具有重复定位精度高、频率响应快、抗干扰性强及使用寿命长等优点。开关封闭良好，安装调整方便。此外，开关还带有一个金属连接器和线缆保护器，具有短路保护功能。

工作条件：环境温度-25~70℃（但未结冰、水）；环境湿度 35%~95%RH。

生产厂：欧姆龙（中国）有限公司。

(2) 型式含义

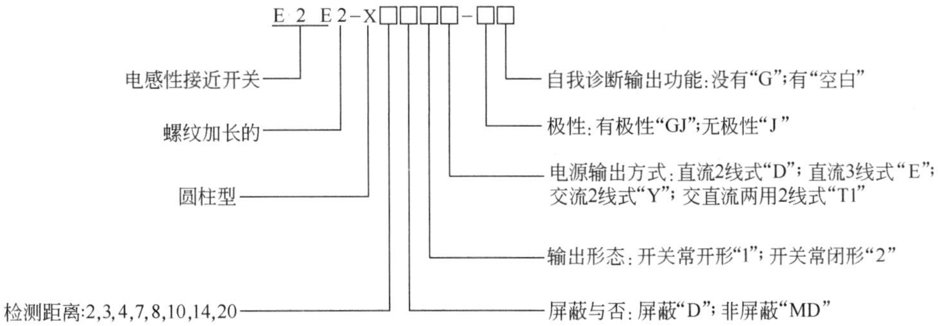

(3) 规格与主要技术性能

表 18-2-26　　直流二线式(E2E-X□D□型)

项目	尺寸	M8		M12		M18		M30	
	屏蔽	屏蔽	非屏蔽	屏蔽	非屏蔽	屏蔽	非屏蔽	屏蔽	非屏蔽
	型式	E2E-X2D□型	E2E-X4MD□型	E2E-X3D□型	E2E-X8MD□型	E2E-X7D□型	E2E-X14MD□型	E2E-X10D□型	E2E-X20MD□型
	检测距离	2mm±10%	4mm±10%	3mm±10%	8mm±10%	7mm±10%	14mm±10%	10mm±10%	20mm±10%
电源电压(使用电压范围)		DC12~24V 脉动(p-p)10%以下(DC10~30V)							
泄漏电流		0.8mA 以下							
检测物体		磁性金属(非磁性金属时检测距离减小,请参照特性资料)							
设定距离①/mm		0~1.6	0~3.2	0~2.4	0~6.4	0~5.6	0~11.2	0~8.0	0~16
标准检测物体/mm		铁 8×8×1	铁 20×20×1	铁 12×12×1	铁 30×30×1	铁 18×18×1	铁 30×30×1	铁 30×30×1	铁 54×54×1
响应距离		检测距离的 15%以下		检测距离的 10%以下					
响应频率②/kHz		1.5	1.0	1.0	0.8	0.5	0.4	0.4	0.1
动作形态(检测物体接近时)		D1 型:负载(动作);D2 型:负载(回归)							
输出(开关容量)		控制输出 3~100mA,但 M1J-T 型为 5~100mA,诊断输出 50mA[只有 D1(5)S 型]							
诊断输出延迟时间		0.3~1s							
回路保护		脉冲吸收、负载短路保护(控制输出、诊断输出同时)							
显示灯		D1 型:动作显示(红色 LED)、设定动作显示(绿色 LED);D2 型:动作显示(红色 LED)							
使用周围温度		动作时、保存时:各-25~70℃(但未结冰)							
使用周围湿度		动作时、保存时:各 35%~95%RH(不结露)							
温度的影响		在-25~75℃温度范围内,23℃时的检测距离在±15%以内		在-25~70℃温度范围内,23℃时的检测距离在±10%以内					
电压的影响		额定电源电压范围±15%以内,额定电源电压值时,±1%检测距离以内							
残留电压③		3.0V 以下(负载电流 100mA,缆线长度为 2m),但 M1J-T 型为 5.0V 以下							
绝缘阻抗		50MΩ 以上(DC500V 兆欧表),充电部整体和外层之间							
耐电压		AC1000V 50/60Hz 1min,充电部整体和外层之间							
振动		耐久:10~55Hz 复振幅 1.5mm,X、Y、Z 方向各 2h							
冲击		耐久:500m/s^2,X、Y、Z 各方向 10 次		耐久:1000m/s^2,X、Y、Z 各方向 10 次					

续表

项目	尺寸	M8		M12		M18		M30	
	屏蔽	屏蔽	非屏蔽	屏蔽	非屏蔽	屏蔽	非屏蔽	屏蔽	非屏蔽
	型式	E2E-X2D□型	E2E-X4MD□型	E2E-X3D□型	E2E-X8MD□型	E2E-X7D□型	E2E-X14MD□型	E2E-X10D□型	E2E-X20MD□型
	检测距离	2mm±10%	4mm±10%	3mm±10%	8mm±10%	7mm±10%	14mm±10%	10mm±10%	20mm±10%
保护构造		预附缆线型：IEC 规格 IP67［JEM 规格 IP67G(耐浸型、耐油型)］，连接型：IEC 规格 IP67							
质量/g	预附缆线型	约 45		约 55		约 130		约 180	
	连接型	约 10		约 20		约 40		约 90	
材质	外壳	不锈钢(SUS303)		黄铜					
	检测面	聚对苯二甲酸丁二醇酯(PBT)							

① 应在绿色显示灯点灯的范围内使用（D2 型除外）。

② 直流开关部的应答频率数为平均值。测定条件为：检测体的间隔为标准检测物体的 2 倍，设定距离为检测距离的 1/2。

③ 使用 M1J-T 型时，因残留电压为 5V，请确认连接机器的界面条件后再使用。

表 18-2-27　　直流三线式（E2E2-X□C□型）

项　目		尺寸	M12		M18		M30	
		屏蔽	屏蔽	非屏蔽	屏蔽	非屏蔽	屏蔽	非屏蔽
		型式	E2E2-X2C□型	E2E2-X5MC□型	E2E2-X5C□型	E2E2-X10MC□型	E2E2-X10C□型	E2E2-X18MD□型
		检测距离	2mm±10%	5mm±10%	5mm±10%	10mm±10%	10mm±10%	18mm±10%
电源电压(使用电压范围)①			DC12~24V 脉动(p-p)10%以下(DC10~55V)					
泄漏电流			13mA 以下					
检测物体			磁性金属(非磁性金属时检测距离减小。请参照特性资料)					
设定距离/mm			0~1.6	0~4.0	0~4.0	0~8.0	0~8.0	0~14.0
标准检测物体/mm			铁 12×12×1	铁 15×15×1	铁 18×18×1	铁 30×30×1	铁 30×30×1	铁 54×54×1
响应距离			检测距离的 10%以下					
响应频率②/kHz			1.5	0.4	0.6	0.2	0.4	0.1
动作形态(检测物体接近时)			C1 型：负载(动作)；C2 型：负载(回归)					
控制输出(开关容量)			NPN 集电极开路输出 200mA 以下(DC55V 以下)					
回路保护			脉冲吸收、逆连接、负载短路保护					
显示灯			动作显示(红色 LED)					
使用周围温度			工作时、保存时：各-40~85℃(但未结冰)					
使用周围湿度			工作时、保存时：各 35%~95%RH(不结露)					
温度的影响			在-40~85℃温度范围内，23℃时的检测距离在±15%以内 在-25~70℃温度范围内，23℃时的检测距离在±10%以内					
电压的影响			额定电源电压范围±15%以内，额定电源电压值时，检测距离为±1%					
残留电压			2.0V 以下(负载电流 200mA、缆线长度为 2m)					
绝缘阻抗			50MΩ 以上(DC500V 兆欧表)，充电部与外壳间					
耐电压			AC1000V 50/60Hz 1min，充电部整体和外壳之间					
振动			耐久：10~55Hz 复振幅 1.5mm，X、Y、Z 方向各 2h					
冲击			耐久：1000m/s^2(约 100g)，X、Y、Z 各方向 10 次					
保护构造			IEC 规格 IP67［JEM 规格 IP67G(耐浸型、耐油型)］					
质量/g			约 75		约 160		约 220	
材质	外壳		黄铜					
	检测面		聚对苯二甲酸丁二醇酯(PBT)					

① 可以使用 DC24V±20%（平均值）的无平滑全波整流电源。

② 直流开关部的应答频率数为平均值。测定条件为：检测体的间隔为标准检测物体的 2 倍，设定距离为检测距离的 1/2。

表 18-2-28　　交流二线式（E2E2-X□Y□型）

<table>
<tr><td rowspan="4">项　目</td><td>尺寸</td><td colspan="2">M12</td><td colspan="2">M18</td><td colspan="2">M30</td></tr>
<tr><td>屏蔽</td><td>屏蔽</td><td>非屏蔽</td><td>屏蔽</td><td>非屏蔽</td><td>屏蔽</td><td>非屏蔽</td></tr>
<tr><td>型式</td><td>E2E2-X2Y□型</td><td>E2E2-X5MY□型</td><td>E2E2-X5Y□型</td><td>E2E2-X10MY□型</td><td>E2E2-X10Y□型</td><td>E2E2-X18MY□型</td></tr>
<tr><td>检测距离</td><td>2mm±10%</td><td>5mm±10%</td><td>5mm±10%</td><td>10mm±10%</td><td>10mm±10%</td><td>18mm±10%</td></tr>
<tr><td colspan="2">电源电压（使用电压范围）</td><td colspan="6">AC24~240V(AC20~264V)50/60Hz</td></tr>
<tr><td colspan="2">泄漏电流</td><td colspan="6">1.7mA 以下</td></tr>
<tr><td colspan="2">检测物体</td><td colspan="6">磁性金属(非磁性金属时检测距离减小,请参照特性资料)</td></tr>
<tr><td colspan="2">设定距离①/mm</td><td>0~1.6</td><td>0~4.0</td><td>0~4.0</td><td>0~8.0</td><td>0~8.0</td><td>0~14.0</td></tr>
<tr><td colspan="2">标准检测物体/mm</td><td>铁 12×12×1</td><td>铁 15×15×1</td><td>铁 18×18×1</td><td>铁 30×30×1</td><td>铁 30×30×1</td><td>铁 54×54×1</td></tr>
<tr><td colspan="2">响应距离</td><td colspan="6">检测距离的 10%以下</td></tr>
<tr><td colspan="2">响应频率</td><td colspan="6">25kHz</td></tr>
<tr><td colspan="2">动作形态(检测物体接近时)</td><td colspan="6">Y1 型：负载(动作)；Y2 型：负载(回归)</td></tr>
<tr><td colspan="2">控制输出(开关容量)②</td><td colspan="2">5~200mA</td><td colspan="4">5~300mA</td></tr>
<tr><td colspan="2">显示灯</td><td colspan="6">动作显示(红色 LED)</td></tr>
<tr><td colspan="2">使用周围温度①②</td><td colspan="6">工作时、保存时：各-40~85℃(但未结冰)</td></tr>
<tr><td colspan="2">使用周围湿度</td><td colspan="6">工作时、保存时：各 35%~95%RH(不结露)</td></tr>
<tr><td colspan="2">温度的影响</td><td colspan="6">在-40~85℃温度范围内，23℃时的检测距离在±15%以内
在-25~70℃温度范围内，23℃时的检测距离在±10%以内</td></tr>
<tr><td colspan="2">电压的影响</td><td colspan="6">额定电源电压范围±15%以内,额定电源电压值时,检测距离为±1%</td></tr>
<tr><td colspan="2">残留电压</td><td colspan="6">请参照特性资料</td></tr>
<tr><td colspan="2">绝缘阻抗</td><td colspan="6">50MΩ 以上(DC500V 兆欧表)，充电部整体和外壳之间</td></tr>
<tr><td colspan="2">耐电压</td><td colspan="6">AC4000V 50/60Hz 1min，充电部整体和外壳之间</td></tr>
<tr><td colspan="2">振动</td><td colspan="6">耐久：10~55Hz,复振幅 1.5mm，X、Y、Z 方向各 2h</td></tr>
<tr><td colspan="2">冲击</td><td colspan="6">耐久：1000m/s²，X、Y、Z 各方向 10 次</td></tr>
<tr><td colspan="2">保护构造</td><td colspan="6">IEC 规格 IP67［JEM 规格 IP67G(耐浸型、耐油型)］</td></tr>
<tr><td colspan="2">质量/g</td><td colspan="2">约 65</td><td colspan="2">约 150</td><td colspan="2">约 210</td></tr>
<tr><td rowspan="2">材质</td><td>外壳</td><td colspan="6">黄铜</td></tr>
<tr><td>检测面</td><td colspan="6">聚对苯二甲酸丁二醇酯(PBT)</td></tr>
</table>

① 使用 AC24V 时，请在-25~85℃以上的周围温度范围内使用。

② 在 70℃周围温度使用 M18、M30 型时，请在控制输出（开关容量）5~200mA 范围内使用。

（4）外形及安装尺寸

外　形　尺　寸

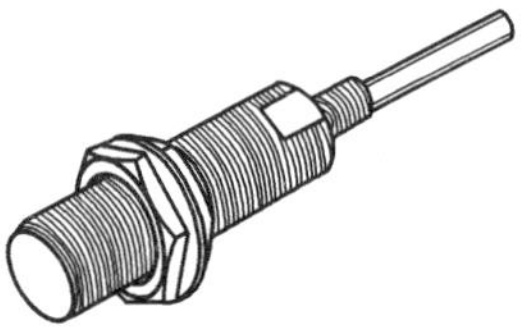

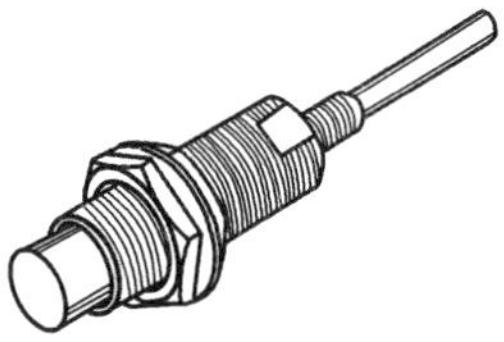

表 18-2-29

E2E2-X3D□/E2E2-X2C□型
E2E2-X2Y□

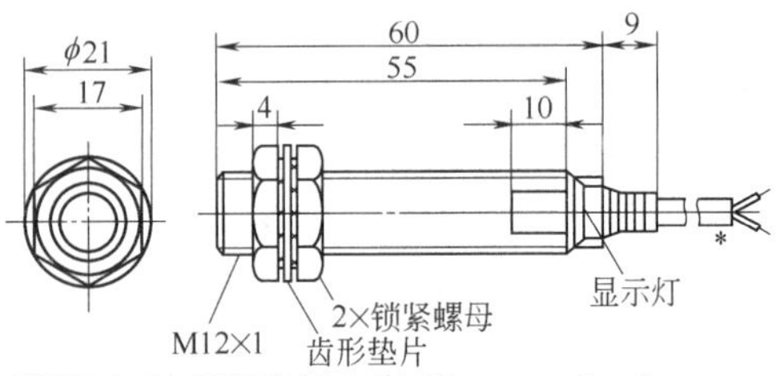

*乙烯基(vinyl)圆形缆线φ4(60/φ0.08)　2芯/3芯
缆线延长(单独金属配管)最大200m　标准2m

E2E2-X8MD□/E2E2-X5MC□型
E2E2-X5MY□

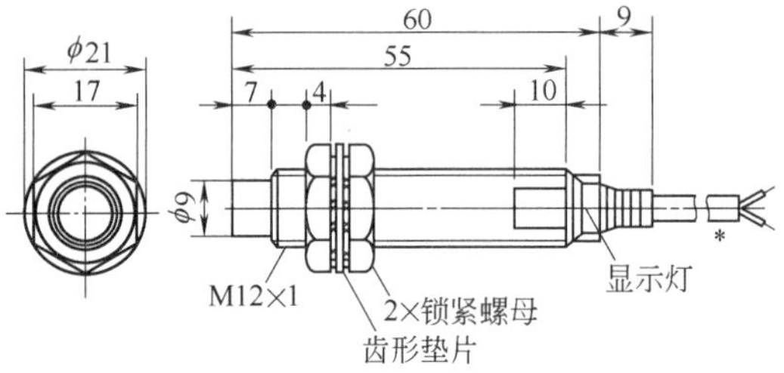

*乙烯基(vinyl)圆形缆线φ4(60/φ0.08)　2芯/3芯
缆线延长(单独金属配管)最大200m　标准2m

E2E2-X5Y□型
E2E2-X7D□/E2E2-X5C□型

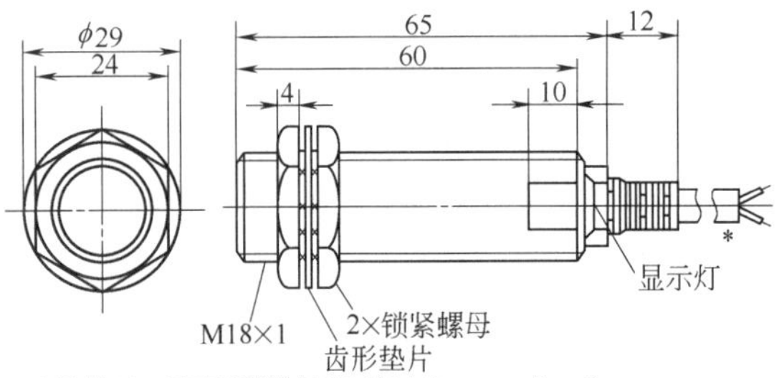

*乙烯基(vinyl)圆形缆线φ6(45/φ0.12)　2芯/3芯
缆线延长(单独金属配管)最大200m　标准2m

E2E2-X14MD□/E2E2-X10MC□型
E2E2-X10MY□型

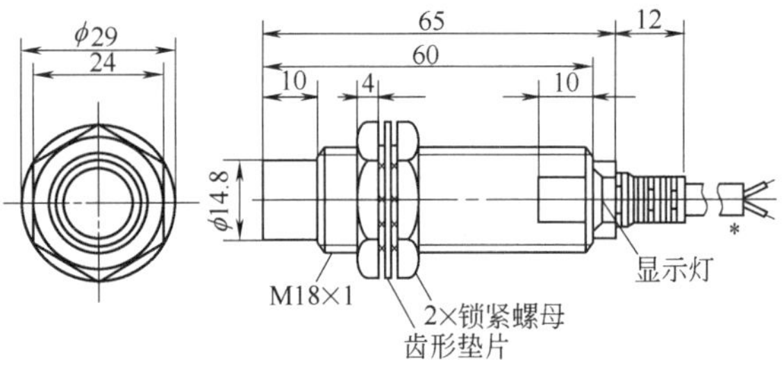

*乙烯基(vinyl)圆形缆线φ6(45/φ0.12)　2芯/3芯
缆线延长(单独金属配管)最大200m　标准2m

E2E2-X10D□/E2E2-X10C□型
E2E2-X10Y□型

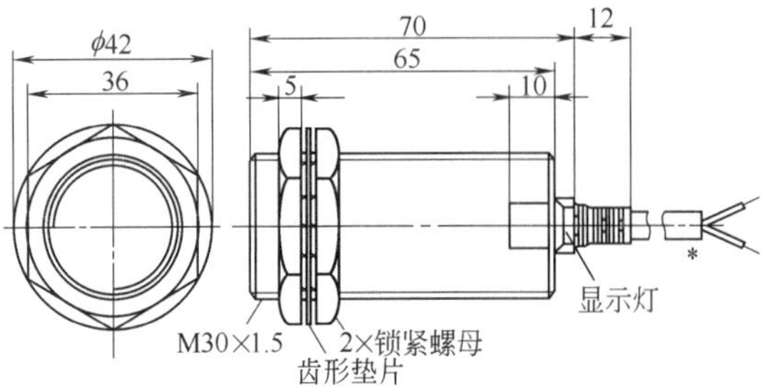

*乙烯基(vinyl)圆形缆线φ6(45/φ0.12)　2芯/3芯
缆线延长(单独金属配管)最大200m　标准2m

E2E2-X20MD□/E2E2-X18MC□型
E2E2-X18MY□型

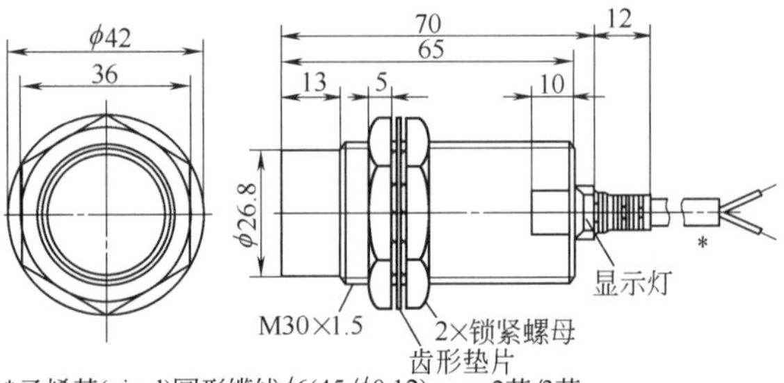

*乙烯基(vinyl)圆形缆线φ6(45/φ0.12)　2芯/3芯
缆线延长(单独金属配管)最大200m　标准2m

续表

安装孔加工尺寸

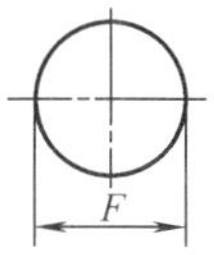

接近开关外径	M12	M18	M30
F 尺寸/mm	$\phi 12.5^{+0.5}_{0}$	$\phi 18.5^{+0.5}_{0}$	$\phi 30.5^{+0.5}_{0}$

备注：(1)各机种都附有 2 个锁紧螺母及一个齿状垫片

(2)缆线部及铣切部有激光记号的型式

3.5 超声波接近开关

超声波接近开关属非接探测，可在 6cm～10m 范围精确测量至毫米级。工作环境不受灰尘影响，可用于液面定位、限位和堆垛探测控制。

欧姆龙 E4C 超声波传感器

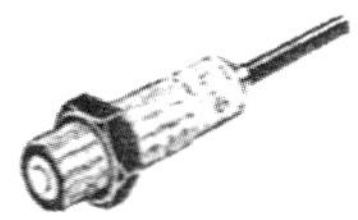

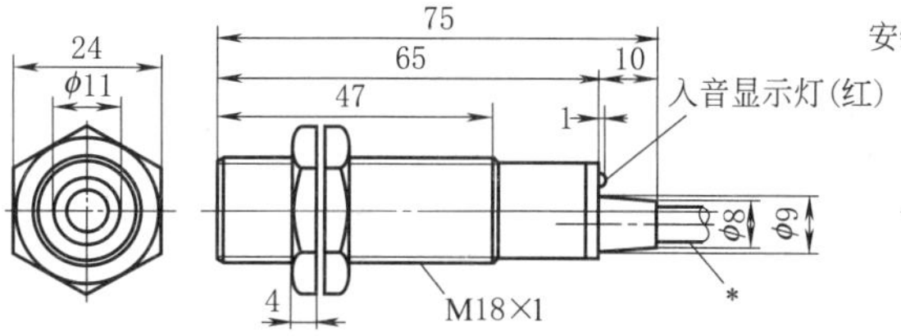

安装孔加工尺寸

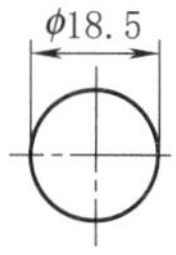

* E4C-TS50R、E4C-LS35

PVC 绝缘圆形导线 φ6、3 芯（导体断面积：0.3mm²、绝缘直径：φ1.18mm）标准 2m

E4C-TS50S

PVC 绝缘圆形导线 φ6、2 芯（导体断面积：0.3mm²、绝缘直径：φ1.18mm）标准 2m

表 18-2-30　　欧姆龙 E4C 超声波传感器产品性能指标

项目 \ 检测方式 \ 型号		E4C-TS50	E4C-LS35
		对射型	反射型
检测距离/mm		500	100～350 (20～250 可限定检测区域)
标准检测距离/mm		100×100 平板	40×40 平板
超声波振荡频率/kHz		约 270	
指向角①		±8°以下	
显示灯		输入音显示(SENSING)：红色	
环境温度范围/℃		工作时：-10～+55(不结冰)	
环境湿度范围		工作时、保存时：各 35%～95%RH	
振动(耐久)		10～55Hz，上下振幅 1.5mm，X、Y、Z 各方向 2h	
冲击(耐久)		500m/s²，X、Y、Z 各方向 3 次	
保护构造②		IEC 规格 IP66	
连接方式		导线引出式(标准导线长 2m)	
质量(捆包模式)/g		约 300	约 150
材质	外壳	耐热 ABS	
	螺母	聚缩醛	

①接受信号为-6dB 时的指向角（半值角）。

② 表示机器的外被（罩壳箱）能保护的程度，可因满足各性能的使用条件而有所不同。

注：厂商名称为欧姆龙自动化（中国）有限公司，http：//www.fa.omron.com.cn。

第 18 篇

4 光电开关

（1）E3S-C 系列光电开关用途、特点及工作条件

E3S-C 系列光电开关采用集成电路，内置放大器，适用于直流电压 10~30V 的控制电路中，作无接触式的检测、限位、信号输入元件用。

E3S-C 系列光电开关检测距离远，检出物体范围广，且有响应速度快、有防止相互干扰机能（回馈反射型和扩散反射型）。广泛应用于机械系统和自动生产线需检测的地方。

工作条件：环境温度-25~55℃（不结露时）；相对湿度 35%~85%；安装地海拔高不超过 2000m。

生产厂：欧姆龙（中国）有限公司。

（2）型号含义

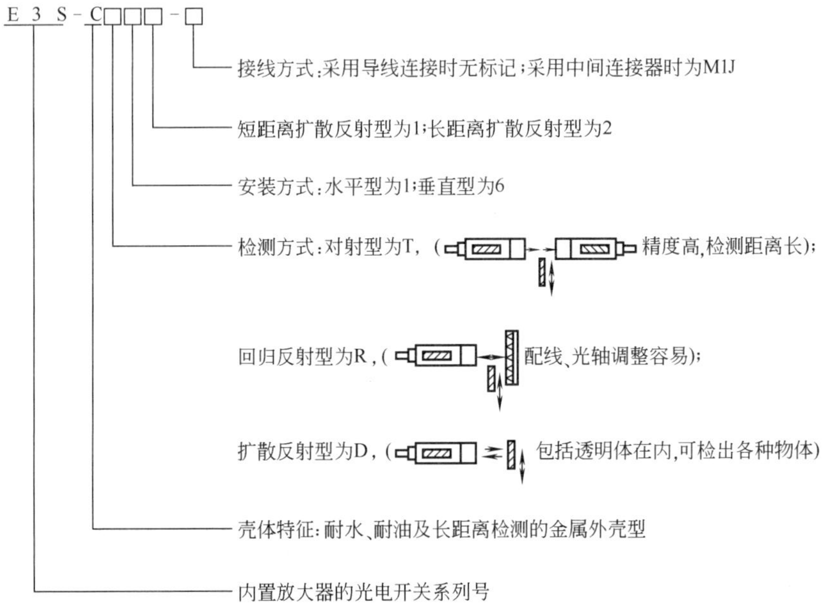

（3）主要技术参数

E3S-C 系列光电开关主要技术参数见表 18-2-31 和表 18-2-32。

表 18-2-31　　技术参数（一）

项目	对射型	回归反射型	扩散反射型	
	E3S-CT11(-M1J) E3S-CT61(-M1J)	E3S-CR11(-M1J) E3S-CR61(-M1J)	E3S-CD11(-M1J) E3S-CD61(-M1J)	E3S-CD12(-M1J) E3S-CD62(-M1J)
电源电压	DC10~30V[含脉动(p-p)10%]			
电流消耗	25mA 以下（发射器和接收器）	40mA 以下		
检测距离（白纸）	0~30m	0~3m （型号 E39-R1 使用时）	0~70cm （白纸 300mm×300mm）	0~2m （白纸 300mm×300mm）
标准检测物体	ϕ15mm 以上的不透明体	ϕ75mm 以上的不透明体	30cm×30cm（白纸）	
检测距离变化	……		±10%以下	
灵敏度	……		检测距离的 20%以下	

续表

项目	对射型	回归反射型	扩散反射型	
	E3S-CT11(-M1J) E3S-CT61(-M1J)	E3S-CR11(-M1J) E3S-CR61(-M1J)	E3S-CD11(-M1J) E3S-CD61(-M1J)	E3S-CD12(-M1J) E3S-CD62(-M1J)
带附件的检测距离	4mm 缝:15m 2mm 缝:7m 1mm 缝:3. 5m 0. 5mm 缝:1. 8m	E39-R2: 0~4m E39-R3: 0~150cm E39-R4: 0~75cm E39-RSA: 5~35cm E39-RSB: 5~60cm	……	
最小检测物体①	4mm 缝: ϕ2. 6mm 2mm 缝: ϕ2mm 1mm 缝: ϕ1mm 0. 5mm 缝: ϕ0. 5mm	E39-R1 型反射板:13mm E39-R3: 8mm E39-R4: 4mm	……	
光轴和安装方向上的差距	±2℃以下(在安装方向上沿光的延伸线进行检验)		±2℃以下	
响应时间	动作、复位:各 1ms 以下			动作、复位:各 2ms 以下
控制输出	负荷电源电压 DC30V 以下、负荷电流 100mA 以下(残留电压 NPN 输出:1. 2V 以下,PNP 输出:2. 0V 以下)集电极开路输出型(NPN/PNP 输出 开关转换式) 入光时 ON/遮光时 ON 开关转换式			
使用环境照度	白炽灯: 光点亮度 5000lx 以下 阳光: 光点亮度 10000lx 以下			
使用环境温度	工作温度: -25~55℃,保养温度:-40~70℃不结冰(结露)			
使用环境湿度	工作湿度: 35%~85%RH,保养湿度:35%~95%RH(不结露)			
绝缘电阻	20MΩ 以上(电压为 DC500V)			
电介质强度	AC/1000V,50/60Hz, 1min			
振动	毁坏性耐久: 10~2000Hz, 1. 5mm 复振幅, 或 300m/s^2 在 X、Y、Z 各方向 0. 5h			
冲击	毁坏性耐久: 1000m/s^2 在 X、Y、Z 各方向 3 次			
保护结构	IEC: IP67; NEMA②: 6P(仅室内); JEM③: IP67G			

① 在额定检测距离上, 将检测物设定在额定检测距离的一半范围内。

② NEMA: 日本全国电气产业协会。

③ JEM: 日本电气制造商。

表 18-2-32　　技术参数(二)

项目	对射型	回归反射型	扩散反射型	
	E3S-CT11-M1J E3S-CT61-M1J	E3S-CR11-M1J E3S-CR61-M1J	E3S-CD11-M1J E3S-CD61-M1J	E3S-CD12-M1J E3S-CD62-M1J
投光用发射二极管	红外 LED(880nm)	红外 LED(700nm)	红外 LED(880nm)	
灵敏度调节	(1 周旋钮)		旋钮	
连接方法	导线引出型(标准导线长 2m)、接插件中继型(标准导线长 300mm)			
质量/g	约 80(带 30cm 芯和接头)			
输出状态	NPN 或 PNP(切换)型集电流输出			
控制输出	亮灯 ON 或灭灯 ON(切换)			
电路保护	负荷短路保护,反连接保护,防止互相干涉功能(对射型除外)			

续表

项目	对射型	回归反射型	扩散反射型	
	E3S-CT11-M1J E3S-CT61-M1J	E3S-CR11-M1J E3S-CR61-M1J	E3S-CD11-M1J E3S-CD61-M1J	E3S-CD12-M1J E3S-CD62-M1J
指示灯	发射二极管,工作指示灯(红色),接收器(受传感物),稳定指示灯(绿色),发射指示灯(红色)	稳定指示灯(绿色),入光指示灯(红色)		
材料	外壳:锌铸模 操作屏板:聚醚磺酸盐酯 镜头:丙烯酸酯 安装配件:不锈钢			
附件	安装配件,调节用的旋具,M4 六边形螺栓,说明书,反光器(E39-R1 型:仅回归反射型)			

(4) 外形及安装尺寸

E3S-C 系列光电开关外形及安装尺寸见图 18-2-12~图 18-2-16。

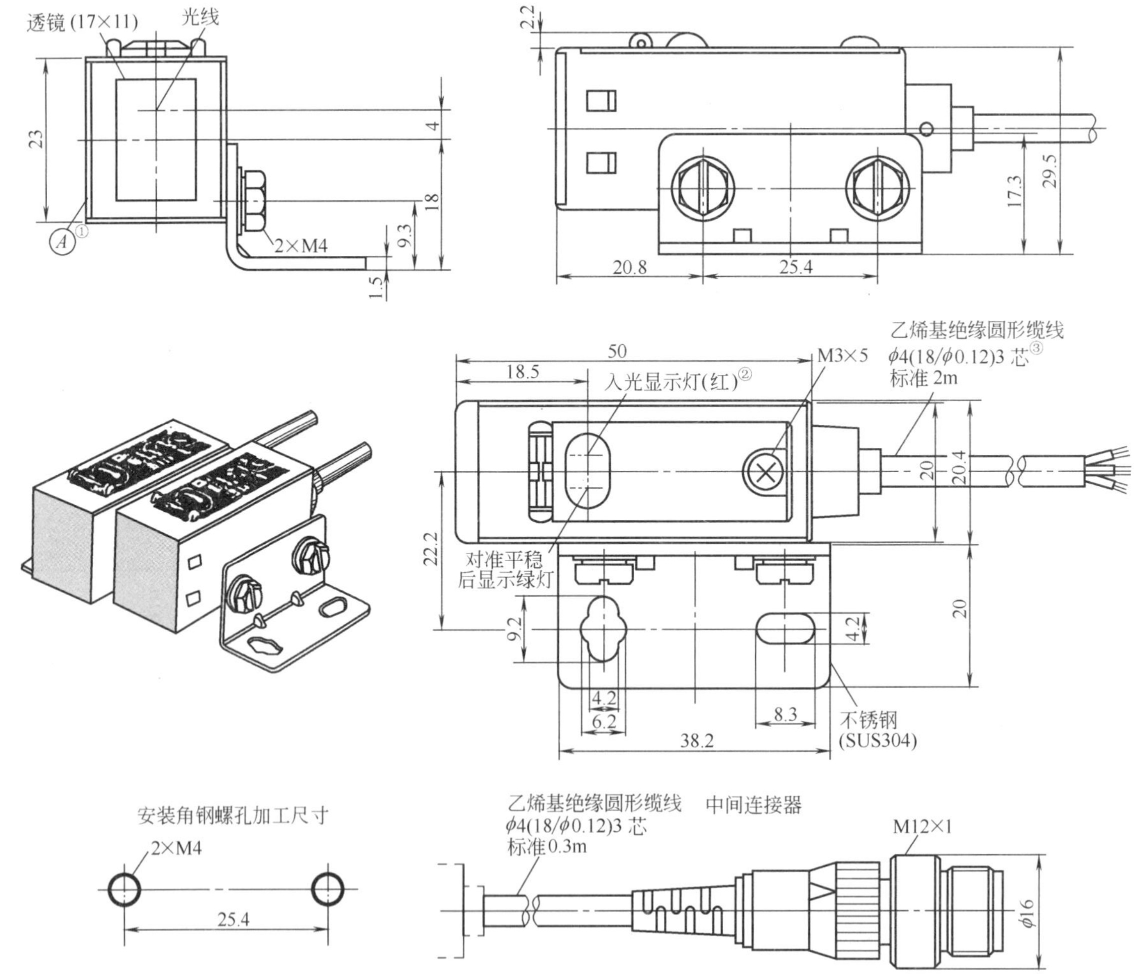

图 18-2-12

① Ⓐ面也可以安装固定角钢。

② 对射型的投光器只有电源显示灯（红）。

③ 对射型的投光器，$\phi 4$（27/ϕ0.12）2 芯。

E3S-CT11-(M1J) 型外形及安装尺寸见图 18-2-12。图示为受光器，同一型号投光器和受光器外形及安装尺寸相同，但投光器在型号后加 L，如 E3S-CT□□-L 型，受光器在型号后加 D，如 E3S-CT□□-D 型。

E3S-CR11-(M1J) 型、E3S-CD11-(M1J) 型、E3S-CD12-(M1J) 型外形及安装尺寸见图 18-2-13。

E3S-CT61-(M1J) 型外形及安装尺寸见图 18-2-14。图示为受光器，投光器尺寸与受光器尺寸相同。

E3S-CR61-(M1J) 型、E3S-CD61-(M1J) 型、E3S-CD62-(M1J) 型外形及安装尺寸见图 18-2-15。

E3S-CR11/CR61 回归反射型光电开关、反射板/E39-R1 型见图 18-2-16（回归反射型 E3S-CR11/CR61 型有附件）。

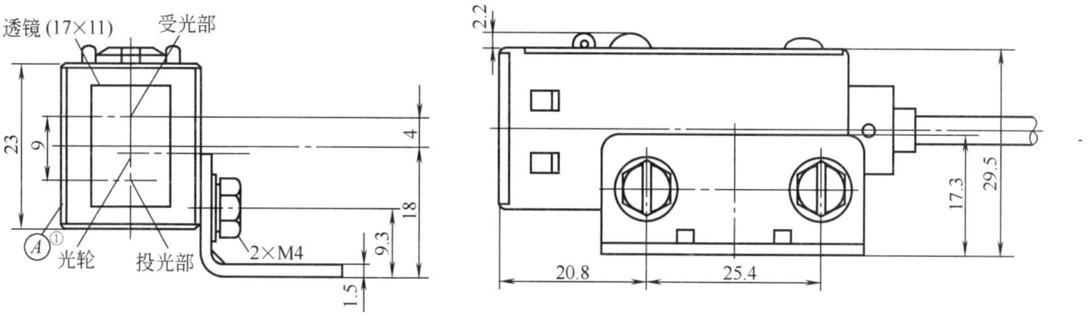

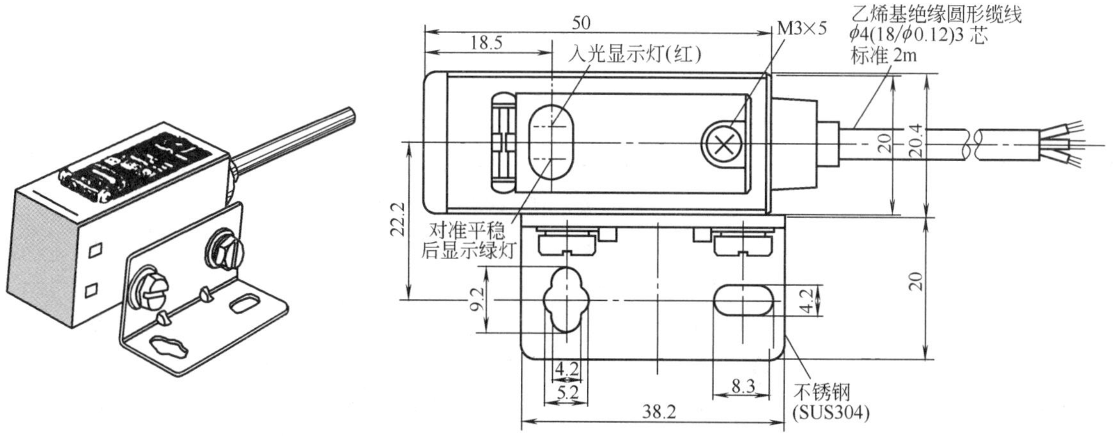

图 18-2-13

① Ⓐ面也可以安装固定角钢。

注：1. 中间连接器同图 18-2-12。

2. 安装角钢螺孔加工尺寸同图 18-2-12。

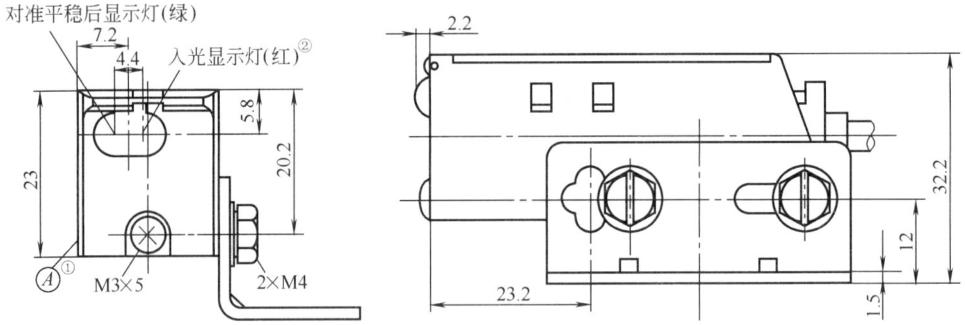

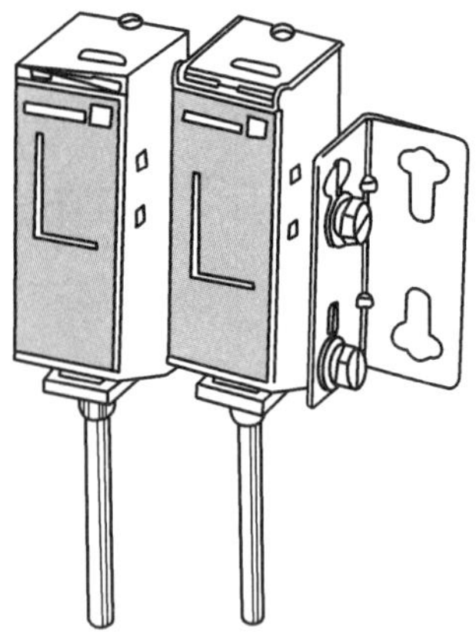

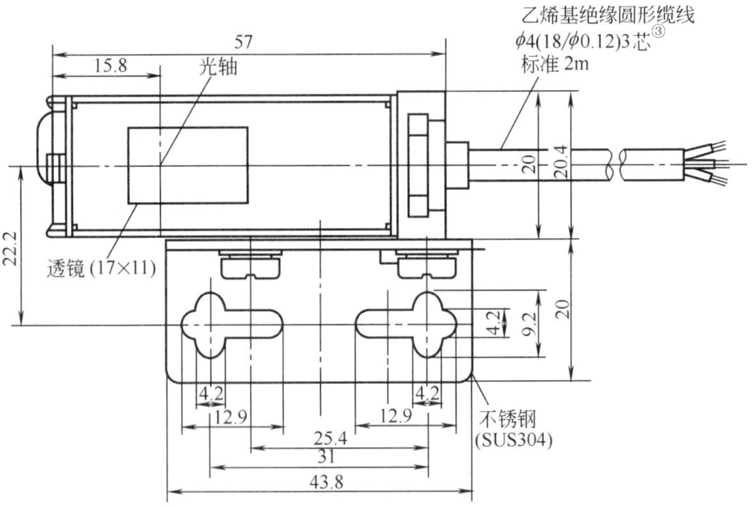

图 18-2-14

① Ⓐ面也可以安装固定角钢。

② 对射型的投光器只有电源显示灯。

③ 对射型的投光器，$\phi 4$（27/ϕ0.12）2 芯。

注：1. 中间连接器同图 18-2-12。

2. 安装角钢螺孔加工尺寸同图 18-2-12。

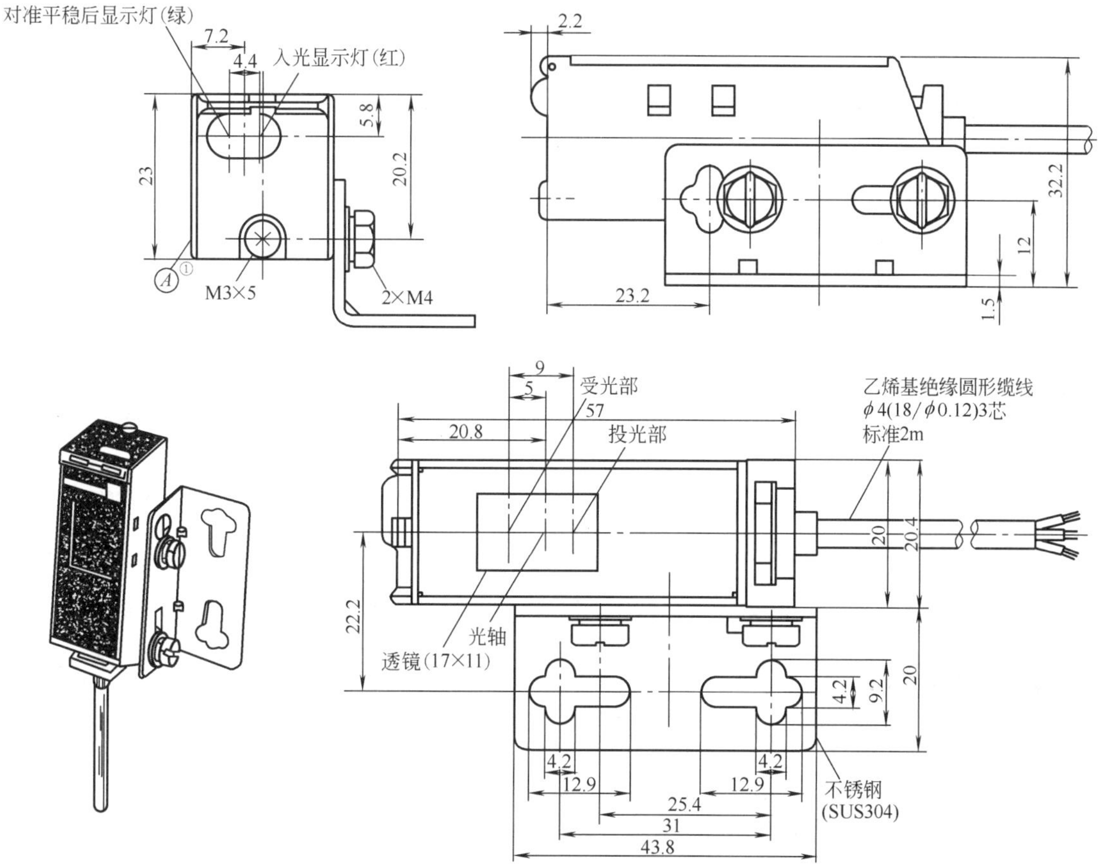

图 18-2-15

① Ⓐ面也可以安装固定角钢。

注：1. 中间连接器同图 18-2-12。

2. 安装角钢螺孔加工尺寸同图 18-2-12。

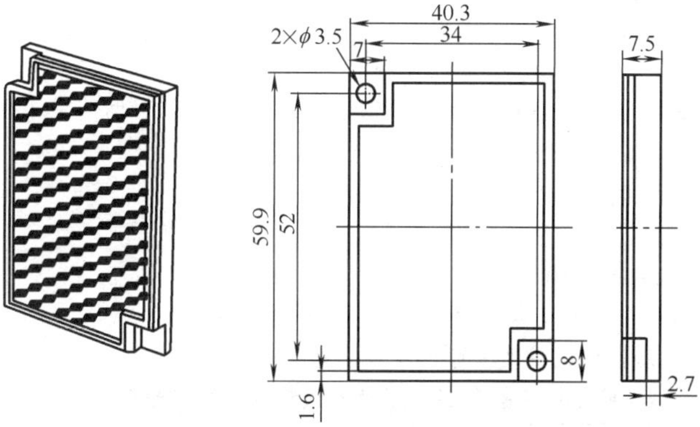

图 18-2-16

5 传 感 器

传感器是能感受规定的被测量并按一定的规律转换成可输出信号的器件或装置，通常由敏感元件和转换元件组成。敏感元件是传感器中能直接感受（或响应）被测的部分。转换元件是指传感器中能将敏感元件感受的被测量转换成适于传输或测量的电信号部分。传感器种类很多，本手册仅编入部分产品。

5.1 传感器命名法及代码（摘自 GB/T 7666—2005）

5.1.1 传感器命名方法

5.1.1.1 命名法的构成

一种传感器产品的名称，应由主题词加四级修饰语构成：

主题词——传感器；

第一级修饰语——被测量，包括修饰被测量的定语；

第二级修饰语——转换原理，一般可后续以“式”字；

第三级修饰语——特征描述，指必须强调的传感器结构、性能、材料特征、敏感元件以及其他必要的性能特征，一般可后续以“型”字。

第四级修饰语——主要技术指标（量程、测量范围、精度等）。

5.1.1.2 命名法范例

（1）题目中的用法

本命名法在有关传感器的统计表格、图书索引、检索以及计算机汉字处理等特殊场合，应采用 5.1.1.1 所规定的顺序。

示例 1：传感器，位移，应变［计］式，100 mm；

示例 2：传感器，声压，电容式，100~160dB；

示例 3：传感器，加速度，压电式，±20g；

示例 4：传感器，压力，压阻式，［单晶］硅，600kPa；

示例 5：传感器，差压，谐振式，智能型，35kPa。

（2）正文中的用法

在技术文件、产品样本、学术论文、教材及书刊的陈述句子中，作为产品名称应采用与 5.1.1.1 相反的顺序。

示例 1：100mm 应变式位移传感器；

示例 2：100~160dB 电容式声压传感器；

示例 3：±20g 压电式加速度传感器；

示例 4：600kPa［单晶］硅压阻式压力传感器；

示例 5：35kPa 智能［型］谐振式差压传感器。

（3）修饰语的省略

当对传感器的产品命名时，除第一级修饰语外，其他各级可视产品的具体情况任选或省略。

示例 1：业已购进 150 只各种测量范围的半导体压力传感器；

示例 2：广告中介绍了我厂生产的电容式液位传感器；

示例 3：附加的测试范围只适用于差压传感器；

示例 4：订购 100mm 位移传感器 10 只；

示例 5：加速度传感器可用作汽车安全气囊。

（4）传感器命名构成及各级修饰语举例一览表

表 18-2-33 典型传感器命名构成及各级修饰语举例一览表

主题词	第一级修饰语——被测量	第二级修饰语——转换原理	第三级修饰语——特征描述(传感器结构、性能、材料特征、敏感元件或辅助措施等)	第四级修饰语——技术指标	
				范围(量程、测量范围、灵敏度等)	单位
传感器	压力	压阻式	[单晶]硅	0~2.5	MPa
	力	应变式	柱式[结构]	0~100	kN
	重量(称重)	应变式	悬臂梁式[结构]	0~10	kN
	力矩	应变式	静扭式[结构]	0~500	N·m

续表

主题词	第一级修饰语——被测量	第二级修饰语——转换原理	第三级修饰语——特征描述(传感器结构、性能、材料特征、敏感元件或辅助措施等)	第四级修饰语——技术指标	
				范围(量程、测量范围、灵敏度等)	单位
传感器	速度	磁电式	—	600	cm/s
	加速度	电容式	[单晶]硅	±5	g
	振动	磁电式	—	5~1000	Hz
	流量	电磁[式]	插入式[结构]	0.5~10	m^3/h
	位移	电涡流[式]	非接触式[结构]	25	mm
	液位	压阻式	投入式[结构]	0~100	m
	厚度	超声(波)[式]	—	1.5~99.9	mm
	角度	伺服式	—	±1~±90	(°)
	密度	谐振式	—	0.3~3.0	g/mL
	温度	光纤[式]	—	800~2500	℃
	(红外)光	光纤[式]	—	20	mA
	磁场强度	霍尔[式]	砷化稼	0~2	T
	电流	霍尔[式]	砷化稼或锑化铟	0~1200	A
	电压	电感式	—	0~1000	V
	(噪)声	—	—	40~120	dB
	(O_2)气体	电化学	—	0~25	%VOL
	湿度	电容式	高分子薄膜	10~90	%RH
	结露	—	—	94~100	%RH
	pH	—	参比电极型	-2~16	(pH)

注：(　) 内的词为可换用词，即同义词（下同）。

5.1.2　传感器代号标记方法

本标准规定用大写汉语拼音字母（或国际通用标志）和阿拉伯数字构成传感器完整的代号。

5.1.2.1　传感器代号的构成及意义

代号表述格式为：

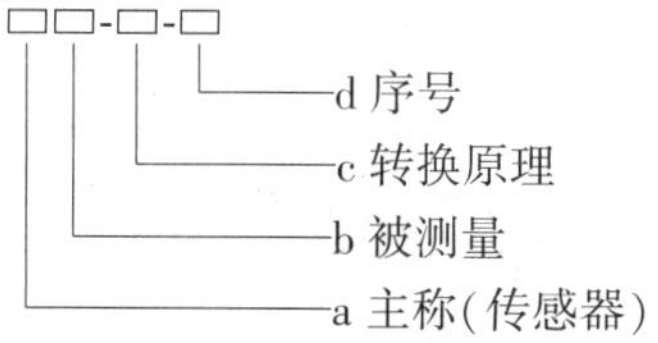

在被测量、转换原理、序号三部分代号之间需有连字符“-”连接。

(1) 第一部分

主称（传感器），用汉语拼音字母“C”标记。

(2) 第二部分

被测量，用其一个或两个汉字汉语拼音的第一个大写字母标记（见表 18-2-34）。当这组代号与该部分的另一个代号重复时，则用其汉语拼音的第二个大写字母作代号。依此类推。当被测量有国际通用标志时，应采用国际通用标志。当被测量为离子、粒子或气体时，可用其元素符号、粒子符号或分子式加圆括号“(　)”表示。

(3) 第三部分

转换原理，用其一个或两个汉字汉语拼音的第一个大写字母标记（见表 18-2-35）。当这组代号与该部分的另一个代号重复时，则用其汉语拼音的第二个大写字母作代号。依此类推。

(4) 第四部分

序号，用阿拉伯数字标记。序号可表征产品设计特征、性能参数、产品系列等。如果传感器产品的主要性能参数不改变，仅在局部有改进或改动时，其序号可在原序号后面顺序地加注大写汉语拼音字母 A、B、C…（其中 I、O 两个字母不用）。序号及其内涵可由传感器生产厂家自行决定。

5.1.2.2　传感器代号标记示例

表 18-2-34　　被测量代号举例

被测量	代号	被测量	代号	被测量	代号
压力	Y	黏度	N	氢离子活[浓]度	(H^+)
真空度	ZK	浊度	Z	pH 值	(pH)
力	L	硬度	YD	DNA	PT
重量(称重)	ZL	流向	LX	葡萄糖	NS
应力	YL	温度	W	尿素	DG
剪切应力	QL	光	G	胆固醇	XZ
力矩	LJ	激光	JG	血脂	(GPT)
扭矩	NJ	可见光	KG	谷丙转氨酶	XX
速度	V	红外光	HG	血型	(BOD)
线速度	XS	紫外光	ZG	生化需氧量	GA
角速度	JS	射线	SX	谷氨酸	(DNA)
转速	ZS	X 射线	(X)	血气	XQ
流速	LS	β 射线	(β)	血液 pH	X(pH)
加速度	A	γ 射线	(γ)	血氧	X(O_2)
线加速度	XA	射线剂量	SL	血液二氧化碳	X(CO_2)
角加速度	JA	照度	HD	血液电解质	XD
振动	ZD	亮度	LU	血钾	X(K^+)
冲击	CJ	色度	SD	血钠	X(Na^+)
流量	LL	图像	TX	血氯	X(Cl^-)
质量流量	[Z]LL	磁	C	血钙	X(Ca^{2+})
容积流量	[R]LL	磁场强度	CQ	血压	[X]Y
位移	WY	磁通量	CT	食道压力	[S]Y
线位移	XW	电场强度	DQ	膀胱内压	[P]Y
角位移	JW	电流	DL	胃肠内压	[W]Y
位置	WZ	电压	DY	颅内压	[L]Y
物位	WW	声	SH	脉搏	MB
液位	YW	声压	SY	心音	XY
姿态	ZT	噪声	ZS	体温	[T]W
尺度	CD	超声波	CS	皮温	[P]W
厚度	H	气体	Q	血流	XL
角度	J	氧气	(O_2)	呼吸	HX
倾角	QJ	湿度	S	呼吸流量	[H]LL
表面粗糙度	MZ	结露	JL	呼吸频率	HP
密度	M	露点	LD	细胞膜电位	BW
液体密度	[Y]M	水分	SF	细胞膜电容	BR
气体密度	[Q]M	离子	LZ	—	—

表 18-2-35　　转换原理代号举例

转换原理	代号	转换原理	代号	转换原理	代号
电容	DR	分子信标	FX	热辐射	RF
电位器	DW	光导	GD	热释电	RH
电阻	DZ	光伏	GF	热离子化	RL
电磁	DC	光纤	GX	伺服	SF
电感	DG	光栅	GS	石英振子	SZ
电离	DL	霍尔	HE	隧道效应	SD
电化学	DH	红外吸收	HX	声表面波	SB
电涡流	DO	化学发光	HF	生物亲和性	SQ
电导	DD	核辐射	HS	涡轮	WL
电解	DJ	核磁共振	HZ	涡街	WJ
电晕放电	DY	控制电位电解法	KD	微生物	WS
电紫外光谱	DZ	晶体管	JG	谐振	XZ
表面等离子激原共振	BJ	PN 结	PN	消失波	XB
磁电	CD	离子选择电极	LX	应变	YB
磁阻	CZ	离子通道	LT	压电	YD
差压	CY	酶	M	压阻	YZ
差动变压器	CB	免疫	MY	荧光	YG
场效应管	CX	浓差电池	NC	阻抗	ZK
超声(波)	CS	热电	RD	转子	ZZ
浮子	FZ	热导	ED	—	—
浮子-干簧管	FH	热丝	RS	—	—

表 18-2-36　　传感器标记代号示例

传感器名称	标记代号					
	主称(传感器)	被测量	—	转换原理	—	序号
压阻式压力传感器	C	T	—	YZ	—	2.5
电容式加速度传感器	C	A	—	DR	—	±5
电磁式流量传感器	C	LL	—	DC	—	10
霍尔式电流传感器	C	DL	—	HE	—	1200
温度传感器	C	W	—			800A
压电式心音传感器	C	XY	—	YD	—	12
氢离子活度传感器	C	(H^+)	—			12

5.2　传感器图用图形符号（摘自 GB/T 14479—1993）

传感器图形符号由三角形轮廓符号表示敏感元件和正方形轮廓符号表示转换元件组成，如图 18-2-17 所示。在两个轮廓中填入或加上适当的限定符号或代号用以表示传感器的功能。

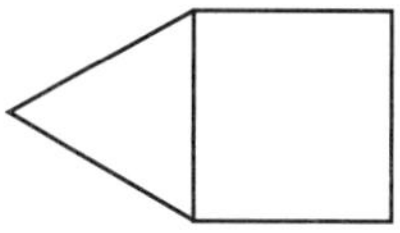

图 18-2-17

5.2.1　传感器图形符号的组合

传感器图形符号应尽可能给出传感器的基本特征，即被测（物理）量和转换原理。

传感器一般符号的正方形内中心应写进表示转换原理的限定符号，三角形内顶部应写进表示被测量的限定符号，如图 18-2-18 所示。其中，x 表示被测量符号，＊表示转换原理。

在无需强调具体的转换原理时，传感器图形符号的组合也可以简化形式，如图 18-2-19 所示。其中，对角线分隔表示内在能量转换功能，(A)、(B) 分别表示输入输出信号。

5.2.2　传感器图形符号表示规则

(1) 限定符号的选定

被测量符号应根据 GB 3102 的规定选择。转换原理图形符号应根据 GB 4728 的规定选择。

(2) 图形符号的示例

图 18-2-20 所示为表示电容式压力传感器和压电式加速度传感器的两个示例，被测量用斜体字母书写。

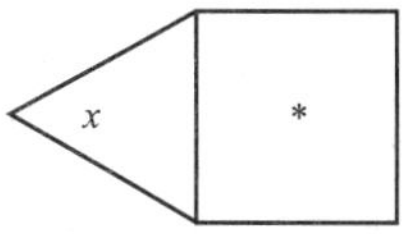

图 18-2-18

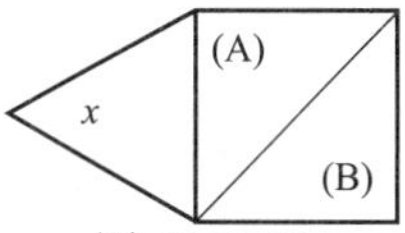

图 18-2-19

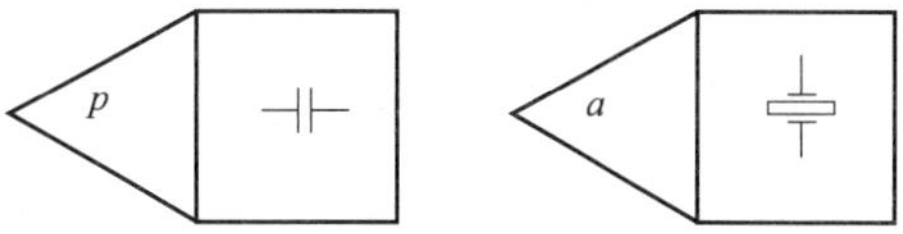

(a) 电容式压力传感器　　(b) 压电式加速度传感器

图 18-2-20

传感器的电气引线应根据接线图设计需要，从正方形三个边线垂直引出，如图 18-2-21a 所示。

如果电气引线需要接地和需要接机壳或接底板时，应按 GB 4782.2 的有关规定绘制，分别如图 18-2-21b 和图 18-2-21c 所示。

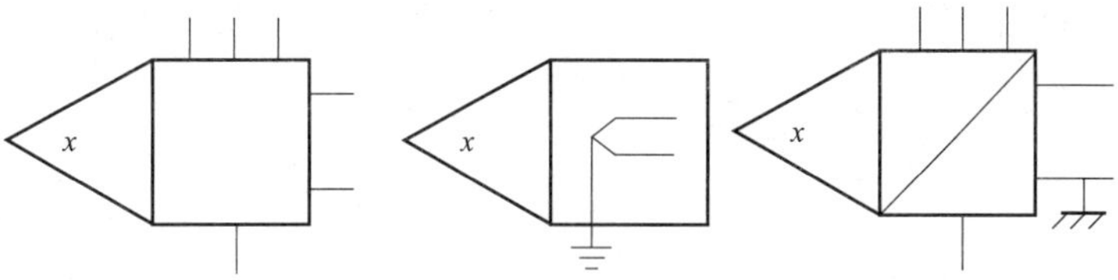

(a)　　(b)　　(c)

图 18-2-21

传感器图形符号在计算机辅助设计系统中的应用可按 GB 4728.1 的有关规定绘制。

本标准规定的图形符号在系统图中的方位不是强制的。在不改变含义的前提下可根据设计图样的布局做旋转或成镜像放置，但字符指示方向不得倒置。

(3) 特殊传感器图形符号的绘制

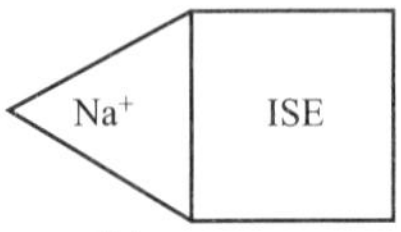

图 18-2-22

对于采用新型或特殊转换原理或检测技术的传感器的图形符号，可根据规定自行绘制，但应经主管部门认可。

对于某些难以用图形符号简单、形象表达的转换原理，也可用文字符号表示。例如离子选择电极式钠离子传感器，如图 18-2-22 所示。

常用传感器图形符号示例见表 18-2-37。

表 18-2-37　常用传感器图形符号示例

图形符号	名　称	图形符号	名　称
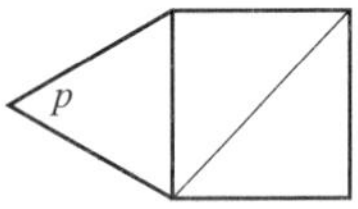	压力传感器	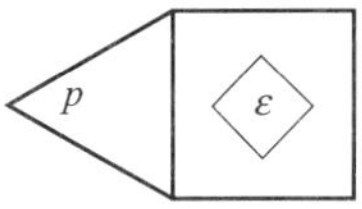	应变计式压力传感器
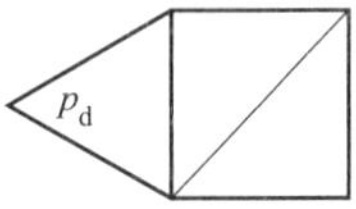	差压传感器 表压(传感器)用 p_g 表示	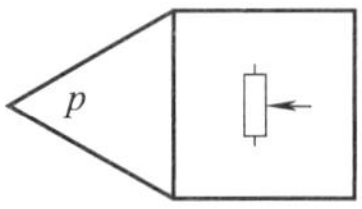	电位器式压力传感器
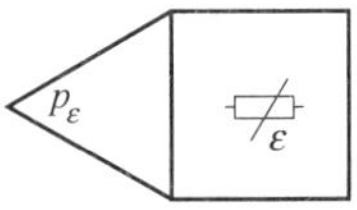	压阻式压力传感器	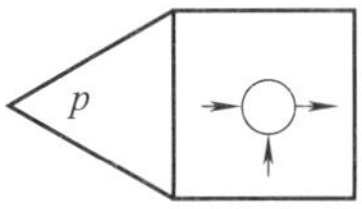	伺服式压力传感器
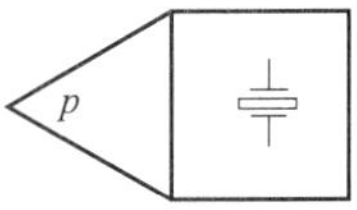	压电式压力传感器	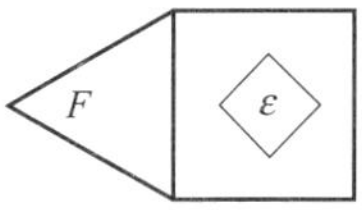	应变计式力传感器
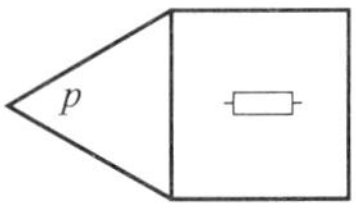	电阻式压力传感器	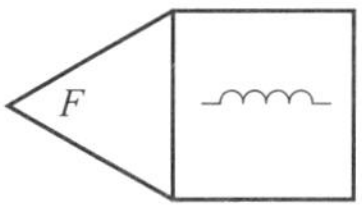	电磁式力传感器
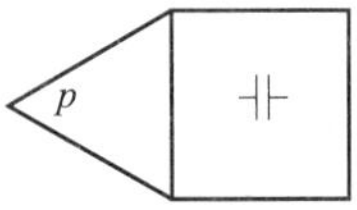	电容式压力传感器	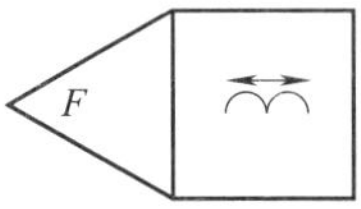	磁致伸缩式力传感器
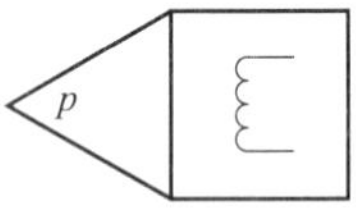	电感式压力传感器	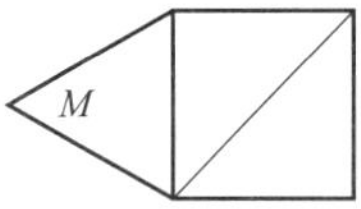	力矩传感器
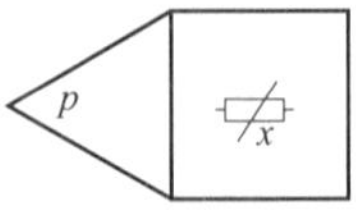	磁阻式压力传感器	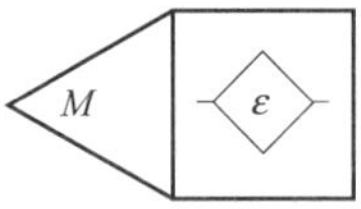	应变计式力矩传感器
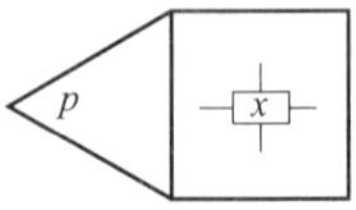	霍尔式压力传感器	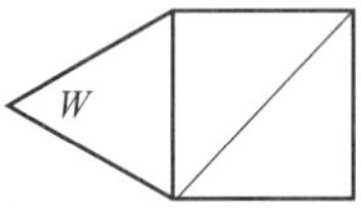	重量(称重)传感器
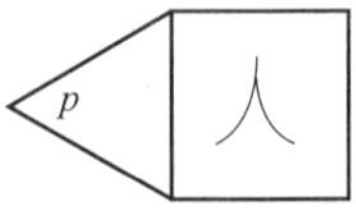	谐振式压力传感器	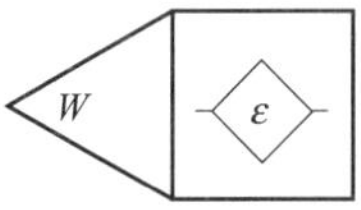	应变计式重量(称重)传感器
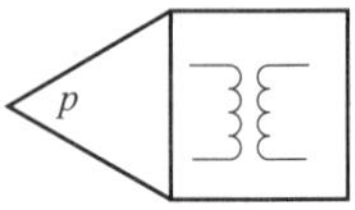	(差动)变压器式压力传感器	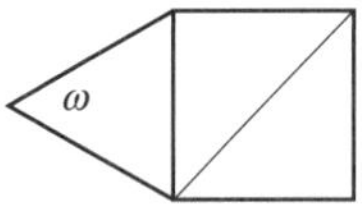	角速度传感器

续表

图形符号	名　称	图形符号	名　称
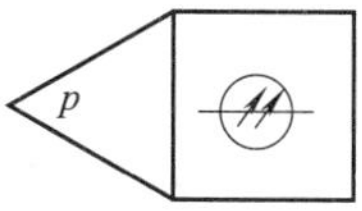	光纤式压力传感器	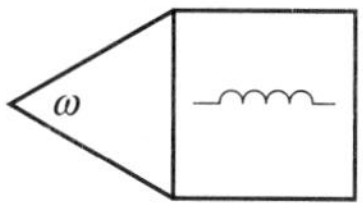	电磁式角速度传感器
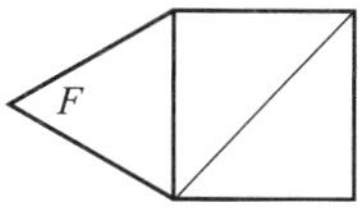	力传感器	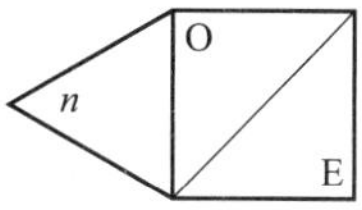	光电式转速传感器
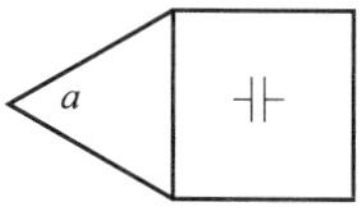	电容式加速度传感器	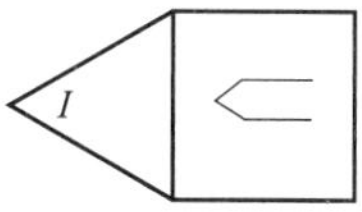	热电式温度传感器
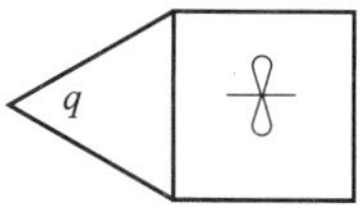	涡流式流量传感器	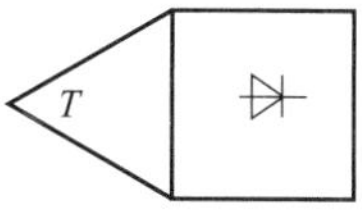	单结温度传感器
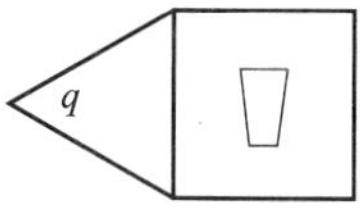	转子流量传感器	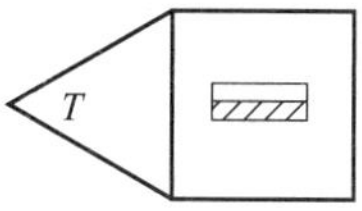	双金属温度传感器
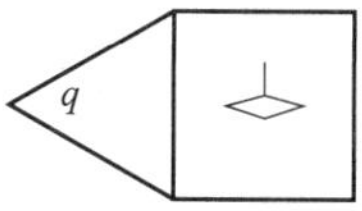	浮子流量传感器	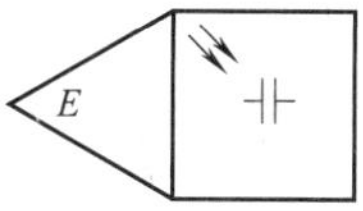	光伏式照度传感器
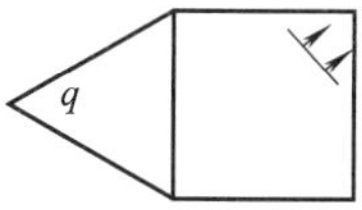	激光流量传感器	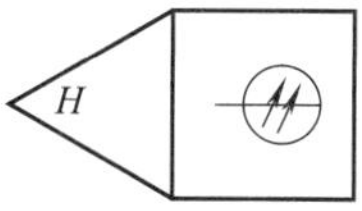	光纤磁场强度传感器
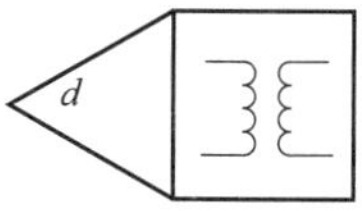	差动变压器式流量传感器	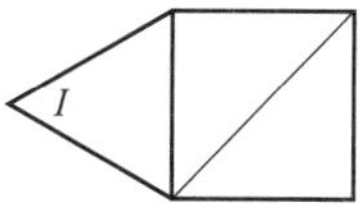	声强传感器
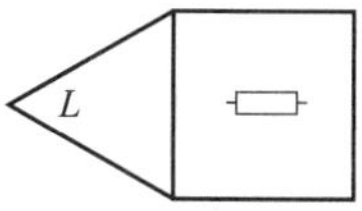	电阻式物位传感器	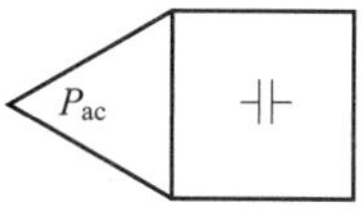	电容式声强传感器
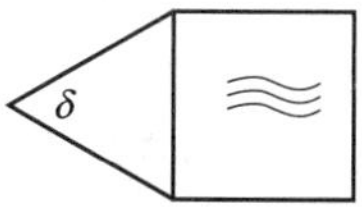	超声波式厚度传感器	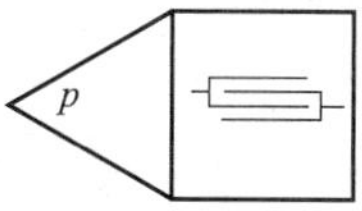	声表面波传感器
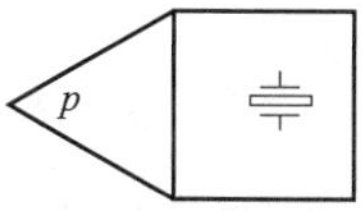	压电式密度传感器		

注：本表只给出具有代表性的传感器图用图形符号，其他类型的传感器，其图形符号可以此类推。

5.3　传感器产品

5.3.1　常用拉压力传感产品

5.3.1.1　荷重传感器

表 18-2-38　　中航电测称重测力传感器

名　　称	称重传感器 HM9E	称重传感器 BM11	称重传感器 HM14H	称重传感器 BM24R
传感器图片		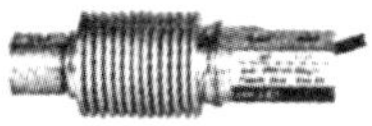		
额定载荷	20/30/40/45/50/60/100/t	5/10/20/30/50/100/200/250/300/350/500/kg	10/20/25/30/40/50/60/t	10/20/47/68/100/t
综合误差/%FS	≤±0.018～≤±0.030			
蠕变/(%FS/30min)	≤±0.012～≤±0.024			
温度对输出灵敏度的影响/(%FS/10℃)	≤±0.009～≤±0.017			
温度对零点输出的影响/(%FS/10℃)	≤±0.010～≤±0.023			
输出灵敏度/(mV/V)	3.0±0.003	2.0±0.02	2.0±0.002	2.85±0.003
输入阻抗/Ω	700±7	460±50	700±7	4450±100
输出阻抗/Ω	703±4	351±2	703±4	4010±4
绝缘阻抗/MΩ	≥5000(50VDC)	≥5000(50VDC)	≥5000(50VDC)	≥5000(50VDC)
零点输出/%FS	1.0	1.5	1.0	1.0
温度补偿/℃	-10～+40	-10～+40	-10～+40	-10～+40
允许使用温度/℃	-35～+65	-35～+65	-35～+65	-35～+65
推荐激励电压/V	5～12(DC)	5～12(DC)	5～12(DC)	5～12(DC)
最大激励电压/V	18(DC)	18(DC)	18(DC)	18(DC)
安全过载范围/%FS	120	120	150	120
极限过载范围/%FS	150	150	300	150
特点与适用范围	合金钢材料，全密封焊接，防油、防水、防一般腐蚀性气体及介质，可适用于多种环境；双剪切梁结构设计，适用于电子汽车衡、汽检线、轨道衡等各类电子称重设备	不锈钢材料，波纹管焊接，内部灌胶密封，防油、防水、耐腐蚀，可适用于各种环境；适用于电子吊钩秤、机改秤、料斗秤等各类电子称重设备；产品安全防爆型，可用于恶劣环境及危险性场合	合金钢材料，全密封焊接，防油、防水、防一般腐蚀性气体及介质，防雷击可达一万伏；柱式结构，防旋转设计，可自动复位，适用于电子平台秤、汽检线、料斗秤等各类电子称重设备	不锈钢材料，全密封焊接，防油、防水、防一般腐蚀性气体及介质，可适用于多种环境；板环式结构，适用于电子汽车衡、汽检线、料斗秤等电子称重和测力设备，也可作为标准传感器适用

注：生产厂为中航电测称重测力传感器，http：//www.zemic.com.cn。

表 18-2-39　　天力称重测力传感器

名　　称	CHBL 型称重传感器	CHBS 型称重传感器	CHBU 型称重传感器	CHBLS 型称重传感器
外形				
测量范围	0～300kg；0～500kg；0～1000kg；0～2t；0～3t；0～5t；0～8t；0～10t；0～15t；0～20t	0～5kg；0～10kg；0～20kg；0～30kg；0～50kg；0～100kg；0～150kg	0～500kg；0～1000kg；0～2000kg；0～3000kg；0～5000kg；0～10000kg；0～20000kg；0～30000kg	0～50kg；0～100kg；0～150kg；0～200kg；0～250kg；0～300kg
过载能力	150%	150%	150%	150%
测量介质	固体	固体	固体	固体
工作方式	称重、压力	称重、压力	称重、压力	称重、压力
工作电压/VDC	10 或 12	10 或 12	10 或 12	10 或 12

续表

名　　称	CHBL 型称重传感器	CHBS 型称重传感器	CHBU 型称重传感器	CHBLS 型称重传感器
输出灵敏度/(mV/V)	1.5~2.0	1.5~2.0	1.5~2.0	1.5~2.0
零位输出	≤1%	≤1%	≤1%	≤1%
综合精度	0.05%、0.03%、0.02%FS	0.05%、0.03%、0.02%FS	0.05%、0.03%、0.02%FS	0.05%、0.03%、0.02%FS
零点温度系数/%FS	±0.05	±0.05	±0.05	±0.05
灵敏度温度系数/%FS	±0.05	±0.05	±0.05	±0.05
输入阻抗/Ω	685±30	385±30	700±30	385±30
输出阻抗/Ω	685±5	350±5	700±5	350±5
工作温度/℃	-20~80	-20~80	-20~80	-20~80
电气连接	航空接插件+电缆连接	航空接插件+电缆连接	直接电缆连接	直接电缆连接
受力连接	悬臂梁式：一端固定、一端圆弧或螺栓连接	一端面接触、一端点接触	一端面接触、一端点接触	悬臂梁式受力：一端固定、另一端受力
应用特点	外形高度低，高级合金钢弹性元件，抗侧向力和抗偏心载荷能力强，可靠性强、长期稳定性能好，广泛用于汽车衡、地磅衡、轨道衡等载荷力的测量	温度特性良好，具有过载保护装置，可靠性强、长期稳定性能好，广泛用于电子皮带秤、调速秤、小型台面秤等称重测量	测量范围宽，具有过载保护装置，可靠性及长期稳定性能好，广泛用于汽车衡、地磅衡、轨道衡等称重测量	测量精度高，高级合金钢弹性元件，整体结构具有良好的温度特性，四角误差校正、完全避开受力点位置不同所产生的误差，广泛用于电子秤、台面秤、水泥微机秤等称重测量

名　　称	CHBL3 型称重传感器	CHBT 型称重传感器	CHBW 型称重传感器	CHBS4 型称重传感器
外形			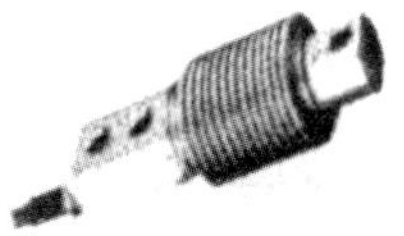	
测量范围	0~50kg；0~100kg；0~200kg；0~300kg；0~500kg；0~1t	0~50kg；0~100kg；0~150kg；0~200kg；0~250kg；0~300kg	0~20kg；0~30kg；0~50kg；0~100kg；0~150kg；0~200kg；0~300kg；0~500kg；0~1000kg；0~2000kg	0~200kg；0~300kg；0~500kg；0~1000kg；0~2t；0~3t；0~5t；0~9t；0~10t；0~15t；0~20t
过载能力	150%	150%	150%	150%
测量介质	固体	固体	固体	固体
工作方式	称重、压力	称重、压力	称重、压力	称重、压力
工作电压/V DC	10 或 12	10 或 12	10 或 12	10 或 12
输出灵敏度/(mV/V)	1.5~2.0	1.5~2.0	1.5~2.0	1.5~2.0
零位输出	≤1%	≤1%	≤1%	≤1%
综合精度	0.05%、0.03%、0.02%FS	0.05%、0.03%、0.02%FS	0.05%、0.03%、0.02%FS	0.05%、0.03%、0.02%FS
零点温度系数/%FS	±0.05	±0.05	±0.05	±0.05
灵敏度温度系数/%FS	±0.05	±0.05	±0.05	±0.05
输入阻抗/Ω	385±30	385±30	385±30	685±30
输出阻抗/Ω	350±5	350±5	350±5	650±5
工作温度/℃	-20~80	-20~80	-20~80	-20~80
电气连接	电缆连接	电缆连接	直接电缆连接	直接电缆连接
受力连接	悬臂梁式：一端固定、一端圆弧或螺栓连接	悬臂梁式受力：一端固定、另一端受力	悬臂梁式：一端固定、另一端受力	底部固定、上端球面受力
应用特点	高级合金钢弹性元件，整体结构具有良好的温度特性，广泛用于人体秤、台面秤、定量包装秤等称重测量	测量精度高，高级合金钢弹性元件，整体结构具有良好的温度特性，芯片内部粘接、更具保护性，广泛用于电子秤、台面秤、包装秤等称重测量	测量精度高，高级合金钢弹性元件，全密封设计，适应环境更宽，长期稳定性能好，广泛用于电子皮带秤、料斗秤、配料秤等称重测量	高级合金钢弹性元件，全密封设计，适应环境更宽，长期稳定性能好，广泛用于电子皮带秤、料斗秤、配料秤等称重测量

注：生产厂为安徽省蚌埠市天力传感器厂，http：//www.bb-tl.com/ybj120.htm。

5.3.1.2　拉压力传感器

表 18-2-40　　天力拉压力传感器

名　　称	CLBS3 型拉压力传感器	CLBS4 型拉压力传感器	CLBSB 型拉压力传感器	CLBST 型拉压力传感器
图片	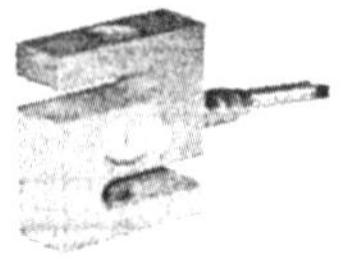			
测量范围	0～10kg;0～20kg;0～30kg;0～50kg;0～100kg;0～200kg;0～300kg;0～500kg;0～1t;0～1.5t;0～2t;0～3t;0～5t	0～200kg;0～300kg;0～500kg;0～1000kg;0～2000kg;0～3000kg;0～5000kg;0～90000kg;0～10t;0～15t;0～20t	0～200kg;0～300kg;0～500kg;0～1000kg	0～5t;0～8t;0～10t;0～15t;0～20t;0～25t;0～30t;0～50t
过载能力	150%	150%	150%	150%
测量介质	固体	固体	固体	固体
工作方式	拉压力、拉力、压力	拉压力、拉力、压力	拉压力、拉力	拉压力、拉力、压力
工作电压/V DC	10 或 12	10 或 12	10 或 12	10 或 12
输出灵敏度/(mV/V)	1.5～2.0	1.5～2.0	1.5～2.0	1.5～2.0
零位输出	≤1%	≤1%	≤1%	≤1%
综合精度	0.05%、0.03%、0.02%FS	0.05%、0.03%、0.02%FS	0.05%、0.03%、0.02%FS	0.05%、0.03%、0.02%FS
零点温度系数/%FS	±0.05	±0.05	±0.05	±0.05
灵敏度温度系数/%FS	±0.05	±0.05	±0.05	±0.05
输入阻抗/Ω	650±30 (0～100kg:380±30)	385±30	650±30	700±30
输出阻抗/Ω	650±5 (0～100kg:380±5)	350±5	650±5	700±5
工作温度/℃	-20～80	-20～80	-20～80	-20～80
电气连接	直接电缆连接	直接电缆连接	直接电缆连接	航空插座+电缆连接
受力连接	两端内螺纹连接	两端内螺纹连接	两端内螺纹连接	两端内螺纹连接
应用特点	测量精度高,高级合金钢弹性元件,具有良好的温度特性,可靠性及长期稳定性能好。广泛用于失重秤、吊秤、料斗秤包装机等方面的拉压力测量	测量范围宽,合金钢弹性元件,具有良好的温度特性,长期稳定性能好,广泛用于失重秤、吊秤、料斗秤包装机等方面的拉压力测量	测量稳定性好,合金钢弹性元件,有较强的抗疲劳性,具有较小的滞后性误差,广泛用于失重秤、吊秤、料斗秤包装机等方面的拉压力测量	测量范围宽,合金钢弹性元件,有较强的抗过载能力,使用稳定性能好,广泛用于汽车、桥梁以及工程机械等方面对于大载荷的测量

注：生产厂为安徽省蚌埠市天力传感器厂，http://www.bb-tl.com/ybj120.htm。

表 18-2-41　　DL 型动态力传感器

型　　号	量程/kg	灵敏度/(mV/V)	直线度/%FS	滞后/%FS	重复性/%FS	零点输出/%FS	使用温度/℃	外形尺寸($H×L$)/mm	连接螺纹/mm
DL-50	50	2	±0.1	±0.1	±0.05	±1	-30～60	ϕ68×40	M8×1
DL-100	100	2	±0.1	±0.1	±0.05	±1	-30～60	ϕ68×40	M10×1
DL-150	150	2	±0.1	±0.1	±0.05	±1	-30～60	ϕ68×40	M10×1
DL-200	200	2	±0.1	±0.1	±0.05	±1	-30～60	ϕ68×40	M12×1
DL-300	300	2	±0.1	±0.1	±0.05	±1	-30～60	ϕ68×40	M12×1
DL-500	500	2	±0.1	±0.1	±0.05	±1	-30～60	ϕ68×40	M12×1
DL-1000	1000	2	±0.1	±0.1	±0.05	±1	-30～60	ϕ80×40	M20×1.5
DL-3000	3000	2	±0.1	±0.1	±0.05	±1	-30～60	ϕ80×40	M24×1.5

续表

型　　号	量程 /kg	灵敏度 /(mV/V)	直线度 /%FS	滞后 /%FS	重复性 /%FS	零点输出 /%FS	使用温度 /℃	外形尺寸 (H×L)/mm	连接螺纹/mm
DL-5000	5000	2	±0.1	±0.1	±0.05	±1	-30~60	ϕ90×40	M30×1.5
DL-10000	10000	2	±0.1	±0.1	±0.05	±1	-30~60	ϕ90×40	M30×1.5
DL-20000	20000	2	±0.1	±0.1	±0.05	±1	-30~60	ϕ90×40	M36×3
应用特点	DL 型动态传感器是一种新型的高频测力传感器,它既能测动态力,又能测静态力,而通常的力传感器(如:筒式、柱式、S 形等)只能测静态力和低频的力,其特点是具有高的固有频率,适用于静态和动态测量;轴向变形小(通常为 0.03~0.05mm),适用于测量装置要求小的位移测量;传感器外形结构尺寸小、重量轻、适用于各种测量装置,传感器精度高,一般优于 0.1%,结构简单、紧凑、高度低,具有良好的密封性和抗腐蚀能力。								

注：生产厂为金桥传感器厂，http：//www.jqsen.com/index.htm。

表 18-2-42　　JSLY 型系列拉压力传感器

型　　号	量程 /t	灵敏度 /(mV/V)	直线度 /%FS	滞后 /%FS	重复性 /%FS	零点输出 /%FS	使用温度 /℃	外形尺寸 (D×H×L)/mm	连接螺纹/mm
JSLY-5	0.5	2	0.03	0.03	0.02	±1	-30~60	66×32×82	M12×1
JSLY-1	1	2	0.03	0.03	0.02	±1	-30~60	66×38×82	M12×1
JSLY-2	2	2	0.03	0.03	0.02	±1	-30~60	70×45×86	M16×1.5
JSLY-5	5	2	0.03	0.03	0.02	±1	-30~60	92×58×120	M20×2
JSLY-10	10	2	0.03	0.03	0.02	±1	-30~60	120×160×52	M30×2
JSLY-15	15	2	0.03	0.03	0.02	±1	-30~60	140×190×72	M36×3
JSLY-20	20	2	0.03	0.03	0.02	±1	-30~60	140×190×72	M36×3
JSLY-30	30	2	0.03	0.03	0.02	±1	-30~60	160×200×80	M42×3
应用特点	JSLY 型系列拉压力传感器,采用 S 形剪切结构,输出对称性好、结构紧凑、安装方便,具有抗侧向力性能。可用于机电结合秤、吊钩秤、料斗秤、各种专用秤、工艺秤等。								

注：厂商名称同表 18-2-40。

5.3.2　常用扭矩传感器

(1) B.I.W 宝宜威扭矩传感器

表 18-2-43　　静态扭矩传感器

外　　形	型号	量程/N·m	精度/%FS	应用范围	机械接口
	0140	25000	0.1~0.2	螺栓扭矩,扳手标定	方头
	0150H	0.005~20	0.1~0.2	超小扭矩测试	法兰/轴
	0155	0.005~20000	0.1	静态扭矩测量,如挤压机	轴
	0140H	0.2~20	0.1	螺栓扭矩,扳手标定	¼″六角周/快速接头
	0155F	5~1000	0.1~0.2	紧凑设计	中空法兰/轴(含键槽)
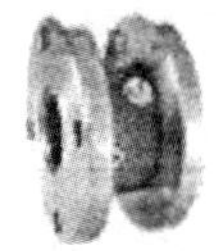	0153	10~200	0.1	紧凑设计	中空大通设计

续表

外　　形	型号	量程/N·m	精度/%FS	应 用 范 围	机 械 接 口
	0109	1～5	0.2	紧凑设计	含台阶法兰
	0130	10～20000	0.05～0.1	紧凑设计	中空法兰
	0135	2～2000	0.1～0.2	螺栓扭矩，扳手标定	中空法兰/方头
	0123	2～5000	0.1～0.2	螺栓扭矩，扳手标定	中空法兰/方空
	0168	100～5000	0.1	超短设计	法兰
	0150	1～100	0.1～0.2	静态扭矩测量，如试验机	轴（含键）

注：生产厂为 B.I.W 宝宜威，http：//www.biw.net.cn/productcenter.htm。

表 18-2-44　　动态扭矩传感器

外　　形	型　号	量程/N·m	精度/%FS	转速/转角	机械接口
	0300	0.5～1000 USB 接口　传感器	0.1	有	轴
	0261	0.1～20000	0.1	有	轴
	0261E	0.1～1000	0.2	有	轴
	0180	0.2～200	0.25	—	轴
	0171Q	0.1～5000	0.1	有	方头/方孔

续表

外　形	型　号	量程/N·m	精度/%FS	转速/转角	机械接口
	0171QE	0.1~5000	0.25	有	方头/方孔
	0171HC	0.1~20	0.1	—	¼″六角头/快换接头
	0171H	0.1~20	0.1	有	¼″六角头/快换接头
	0171HE	0.1~20	0.25	有	¼″六角头/快换接头
	0270	0.1~20000	0.1	有	轴
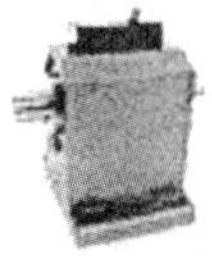	0270E	0.1~1000	0.2	有	轴
	0325	50~1000 无轴承	0.05~0.15	有	夹紧环/键槽
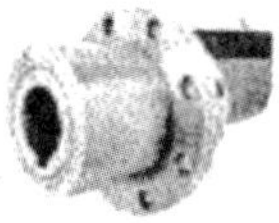	0172	20~5000 皮带轮传感器	0.1	有	安装孔含键槽
	0250	0.005~150 超小扭矩，高转速	0.1	有	轴
	0248	260	0.5	—	花键
	0270Du	0.5/5~2000/20000 双量程传感器	0.1	有	轴
	0261Du	0.5/5~2000/20000 双量程传感器	0.1	有	轴

注：生产厂为B.I.W宝宜威，http://www.biw.net.cn/productcenter.htm。

表 18-2-45　　带滑环动态扭矩传感器

外　形	型　号	量程/N・m	精度/%FS	转速/转角	机械接口
	0143Q	1~5000	0.1	—	方头/方孔
	0143R	1~500	0.1	—	轴(键槽)
	0143QA	1~5000	0.1	有	方头/方孔
	0143RA	1~500	0.1	有	轴(键槽)
	0143H	1~20	0.1	—	¼″六角头/快速接头
	0143HA	1~20	0.1	有	¼″六角头/快速接头

注：生产厂为 B. I. W 宝宜威，http：//www. biw. net. cn/productcenter. htm。

(2) PS 系列扭矩传感器

性能参数

- 输出信号：(10±5) kHz（标准信号），(0±10)V，(0±5)V，4~20mA；
- 工作转速：0~3000r/min、0~6000r/min；
- 转速信号：60 脉冲/转；
- 测量精度：≤0.1%FS，0.25%FS，0.5%FS（直线度、滞后、重复性）；
- 稳定性：≤0.1%FS；
- 供电电源：24VDC；
- 环境温度：-40~80℃；
- 频率响应：100μs；
- 输出电平：TTL，负载电流 10mA；
- 相对湿度：≤90%HR；
- 过载能力：120%。

表 18-2-46　　PS 系列扭矩传感器的特点与测量范围

名　称	外　形	特　点	测量范围/N・m
PS-T1 静止扭矩传感器		PS-T1 静止扭矩传感器是根据电阻应变为敏感元件和集成电路构成的一体化的产品	0~±5、0~±50、0~±100、0~±200、0~±500、0~±1000、0~±2000、0~±5000、0~±100000

续表

名　称	外　形	特　点	测量范围/N·m
PS-T2 动态扭矩传感器		PS-T2 用于测量旋转扭矩值。由于输出为方波频率信号或 4~20mA 电流信号，抗干扰能力强，使用方便	0~±5~±50、0~±100、0~±200、0~±500、0~±1000、0~±2000、0~±5000、0~±100000
PS-T2 转矩转速传感器		PS-T2 转矩转速传感器用于测量旋转转矩转速值，输出为方波频率信号或 4~20mA 电流信号，抗干扰能力强，使用方便。传感器是变压器感应供电，可长期工作，广泛应用于电机、发电机、减速机、柴油机的转矩、转速和功率的检测	0~±5~±50、0~±100、0~±200、0~±500、0~±1000、0~±2000、0~±5000、0~±100000
PS-T3 微量程扭矩传感器		PS-T3 系列扭矩传感器是采用了先进的德国技术和生产设备及检测设备，综合了国内外扭矩传感的优点，研发出的一种动态测小扭矩传感器	0~±5~±50、0~±100、0~±200、0~±500、0~±1000、~±2000、0~±5000、0~±100000
PS-T4 非标扭矩传感器		PS-T4 非标扭矩传感器系列是根据电阻应变为敏感元件和集成电路构成的一体化的产品。本系列扭矩传感器可以根据客户使用现场的要求进行非标设计	0~1、0~200、0~500、0~1000、0~2000、0~5000、0~100000
PS-T5 扭矩传感器		PS-T5 扭矩传感器是根据电阻应变为敏感元件和智能线路即设计紧凑构成的一体产品。扭矩传感器采用德国技术和生产设备及先进的检测设备；综合了国内外扭矩传感器的优点	0~±5、±10、±20、±50、±100、±200、±500、±1000、±2000、±5000、±10000、±20000、±30000、±50000、±60000
PS-T6 型盘式扭矩传感器		PS-T6 型盘式扭矩传感器是采用了先进的德国技术和生产设备及检测设备，综合了国内外扭矩传感的优点，研发出的一种动态测量盘式扭矩传感器	0~±100、±500、±1000、±2000、±5000、±10000、±20000、±30000、±50000、±60000

注：厂商名称为北京普瑞萨思测控技术有限公司，http：//www.bjprss.com/index.htm。

5.3.3　位移和位置传感器

5.3.3.1　变阻式位移传感器产品

（1）KTC 系列位移传感器

该系列传感器可配置 R420 和 R010 等型号的变换器，它们分别输出 4~20mA 电流和 0~10V 电压。KTCA 为内置变换器型，输出 4~20mA 电流。该系列产品的型号及主要参数如表 18-2-47 所示。

KTC+R420 系列产品的型号及主要参数

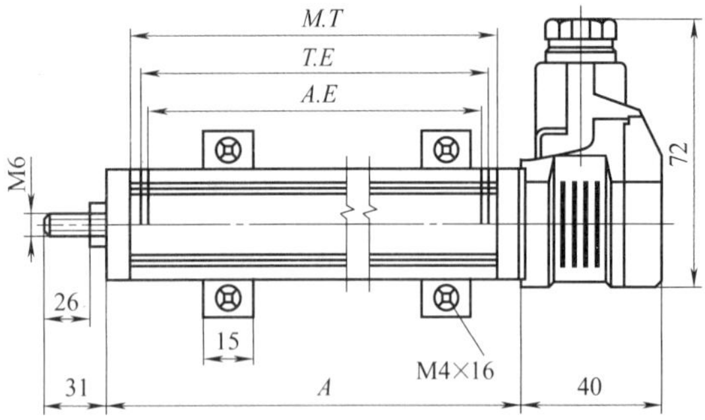

KTC+R420/R010系列产品尺寸

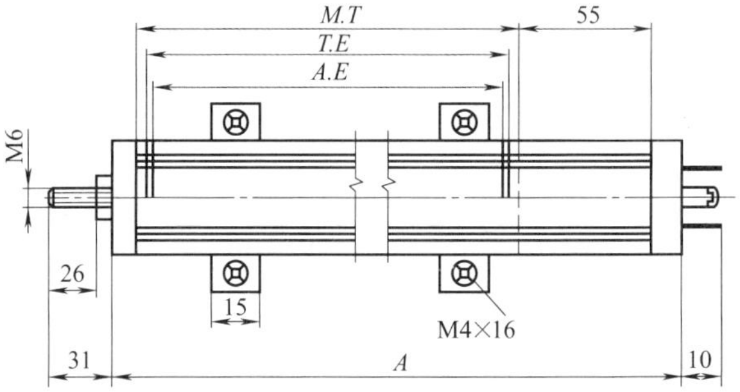

KTCA系列产品尺寸

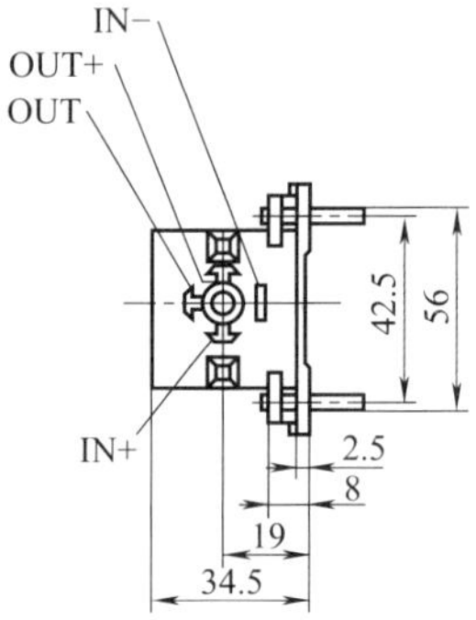

K向

表 18-2-47

型号 KTC-	有效电气行程 (A.E) /mm	机械行程 (M.T) /mm	电阻值 ±20% /kΩ	主体长度 (A)/mm	线性度/%	型号 KTC-	有效电气行程 (A.E) /mm	机械行程 (M.T) /mm	电阻值 ±20% /kΩ	主体长度 (A)/mm	线性度/%
75	75	80	2.5	140	±0.07	400	403	409	4.3	469	±0.05
100	100	106	3.4	168		450	455	461	4.8	521	
130	130	136	4.4	194		500	503	509	5.3	569	
150	150	156	5.0	216		525	531	537	5.6	597	
175	177	184	5.8	244		600	607	614	6.4	674	
200	203	209	6.8	269		650	653	659	6.9	719	
225	226	233	2.4	293		700	703	709	7.5	769	
250	253	259	2.6	319		750	759	766	8.0	826	
300	302	309	3.2	369		800	803	809	8.5	869	
350	353	359	3.7	419		850	853	859	9.1	919	
375	378	385	4.0	445		900	912	918	9.6	978	
						1000	1013	1020	10.7	1080	

注：1. 工作温度：-55~125℃。

2. 厂商名称为上海海智贸易有限公司，http://www.haiz.com。

（2）TWYDC-02 型电阻式位移传感器

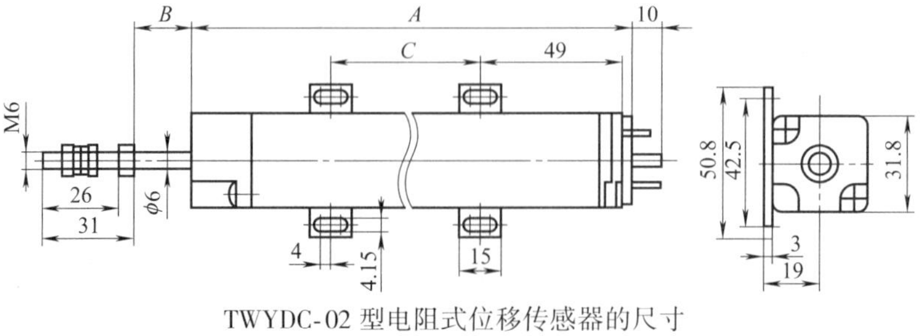

TWYDC-02 型电阻式位移传感器的尺寸

表 18-2-48　　TWYDC-02 电阻式位移传感器的主要技术指标

型　号	10L	5D	75L	35D	…	150L	75D	300L	150D	500L	250D	900L	450D
线性行程/mm	10	±5	75	±35	…	150	±75	300	±150	500	±250	900	±450
总长(A)/mm	100		148		…	223		375		579		985±2	
机械行程(B)/mm	15		83		…	160		312		579		922±2	

综合精度/%FS	0.05,0.1,0.2	工作温度/℃	-30~100
重复性/mm	0.01	振动/Hz	5~2000
输出信号	4~20mA,0~5V, 0~10V,0~±5V	冲击/g	50
		位移速度/$m \cdot s^{-1}$	≤10
电源电压/V	DC 9,12,15,24		

注：厂商名称为安徽省蚌埠天光传感器有限公司，http://www.tg688.com。

5.3.3.2　可变磁阻式直线位移传感器

主要介绍 PM×12 系列位移传感器。PM×12 系列位移传感器主要有 PME12、PMA12 和 PMI12 系列，主要技术指标如表 18-2-49 所示。

表 18-2-49　　PM×12 系列位移传感器

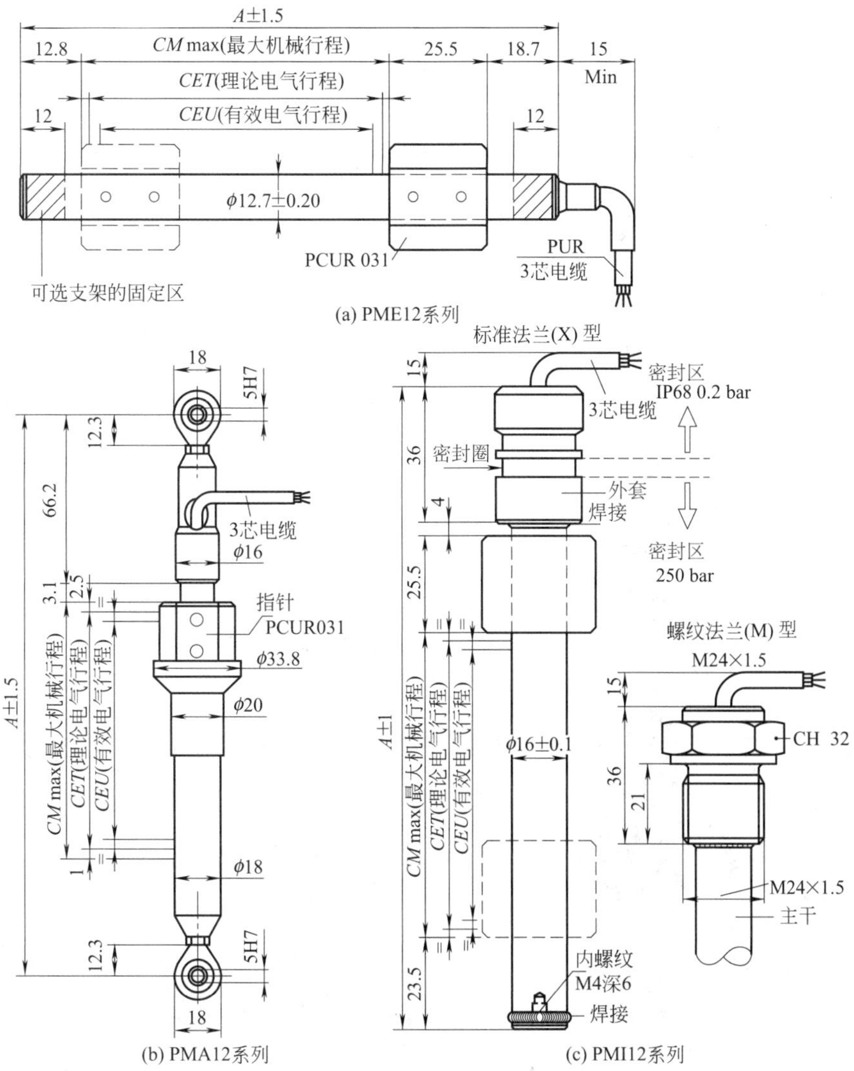

(a) PME12系列

(b) PMA12系列　　(c) PMI12系列

PM×12 系列直线位移传感器尺寸图(单位:mm)

续表

类型		典型应用	特点	使用寿命
应用与特点	PME12	可在工作压强为 2MPa(峰值为 5MPa)的压缩空气中使用	结构不含拖动轴,通过外部磁制动器与内部测量指针耦合。因为用磁指针代替拖动轴,所以结构紧凑。因为理论电气行程之外,电输出信号无变化,所以安装方便。采用水密结构(防护等级 IP67),适用于潮湿和短时浸入的工作环境	行程>25×10^6m 或动作>100×10^6 次,取其较小值
	PMA12	常用于切削机床和陶瓷机械、运土车和多种用途装载车辆。适用于传动轴角度经常变化的场合	采用自动调准铰链的安装方式,采用水密结构(防护等级 IP67),适用于潮湿和短时浸入的工作环境	
	PMI12	能应用于高压场合(静压 250bar,最大值 400bar),如:液压筒	该系列有标准内法兰或外螺纹法兰型,便于与不同的液压缸连接,防护等级为 IP68	

主要技术指标					
有效电气行程(*CEU*)/mm		50~100	推荐指针电流/μA		<0.1
理论电气行程(*CET*)/mm		CEU+1	劣化时最大指针电流/mA		10
机械行程(*CM*)/mm	PME12	CEU+5	电气绝缘(1bar,2s)/MΩ		>100(500V DC)
	PMA12	CEU+3.5	绝缘强度(1bar,2s)/μA		<100(500VAC,50Hz)
	PMI12	CEU+5	输出电压的实际温度系数/ppm·℃$^{-1}$		≤5
位移速度/m·s^{-1}		≤5			
最大加速度/m·s^{-2}		≤10	工作温度/℃		-30~100
振动 DIN IEC68T2-6/g		12(10~2000Hz)	储存温度/℃		-50~120
冲击 DIN IEC68T2-27/g		50(11ms,单行程)	壳体长度/mm	PME12	CEU+155
指针阻力/N		<0.5		PMA12	CEU+94
分辨率(无迟滞)/mm		0.05~0.1		PMI12	CEU+62
电阻公差		±20%			

型号	50	100	150/200/250/300	350/400/450/500/550/600	650/700/750/800/850/900/950/1000
CEU$^{+1}_{0}$/mm	型号+1				
电阻/kΩ	5			10	20
独立线性/%	0.1		0.5		
在 40℃的功耗/W	1	2	3	3	3
可用最高电压/V	40	60			

注:厂商名称为意大利 GEFRAN GEFRANS. p. A., http://www.gefran.com。

5.3.3.3 光电编码器

编码器是把角位移或直线位移转换成电信号的一种传感器,前者称为码盘,后者称为码尺。产品较多,光电编码器应用最多。

(1) LEC 系列增量式光电编码器

1) 产品的特点及用途

LEC 系列增量式光电编码器用于自动控制、自动测量等工作场合,测量长度、位置、速度或角度等。

2) 型号的含义

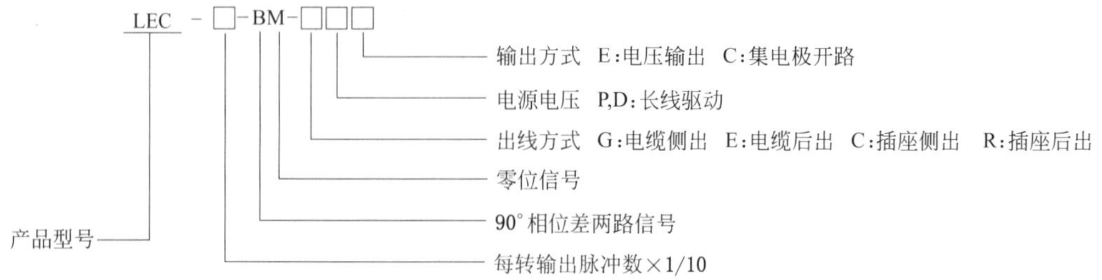

3) 主要技术参数及输出电路

LEC 系列增量式光电编码器的主要技术参数见表 18-2-50,输出电路见表 18-2-51,外形及安装尺寸见图 18-2-23。

表 18-2-50　　LEC 系列增量式光电编码器主要技术参数

	性能代号	电源电压/V	消耗电流/mA	输出型式	输出电压/V V_H	输出电压/V V_L	注入电流/mA	最小负载阻抗/Ω	上升、下降时间/μs	响应频率/kHz
电气参数	05E	5±0.25	≤150	电压	≥3.5	≤0.5	—	—	≤1	0~100
	05C	5±0.25	≤150	集电极开路	—	—	≤40	—	≤1	0~100
	05P	5±0.25	≤150	长线驱动器(75183)	≥2.5	≤0.5	—	—	≤0.2	0~100
	05D	5±0.25	≤250	长线驱动器(75113)	≥2.5	≤0.5	—	—	≤0.2	0~100
	12E	12±1.2	≤150	电压	≥8.0	≤0.5	—	—	≤1	0~100
	12C	12±1.2	≤150	集电极开路	—	—	≤40	—	≤1	0~100
	12F	12±1.2	≤150	互补	≥8.0	≤1.0	—	≥500	≤1	0~100
	15E	15±1.5	≤150	电压	≥10.0	≤0.5	—	—	≤1	0~100
	15C	15±1.5	≤150	集电极开路	—	—	≤40	—	≤1	0~100
	15F	15±1.5	≤150	互补	≥10.0	≤1.0	—	≥500	≤1	0~100
	24E	24±2	≤180	电压	≥20.0	≤0.5	—	—	≤2	0~100
	24C	24±2	≤180	集电极开路	—	—	≤40	—	≤2	0~100
	24F	24±2	≤180	互补	≥20.0	≤2.0	—	≥500	≤2	0~100

	输出轴直径/mm	允许最大机械转速/r·min^{-1}	启动力矩(25℃)/10^{-3}N·m	轴最大负载/N 径向	轴最大负载/N 轴向	惯性力矩/10^{-6}N·m·s^2	允许角加速度/10^4rad·s^{-2}
机械参数	5	5000	3	20	10	3.5	1
	8①	5000	10	40	30	4	1
	10①	5000	10	40	30	4.2	1

	型式记号	使用温度/℃	储存温度/℃	耐振动	耐冲击	构造	质量/g
环境参数	05E、05C 12E、12C、12F 15E、15C、15F 24E、24C、24F	-10~60	-30~70	50m/s^2 10~200Hz, *X*、*Y*、*Z* 三个方向各 2h	980m/s^2 *X*、*Y*、*Z* 三个方向各 2 次	防尘	约 350 (电缆除外)
	05P、05D	0~60	-30~70	50m/s^2 10~200Hz, *X*、*Y*、*Z* 三个方向各 2h	980m/s^2 *X*、*Y*、*Z* 三个方向各 2 次	防尘	约 350 (电缆除外)

① 此类特殊加工。

注：防护等级为 IP54。

表 18-2-51　　LEC 系列增量式光电编码器输出电路

型式记号	05E	12E	15E	24E	05C	12C	15C	24C
输出型式	电压				集电极开路			
电路	5V 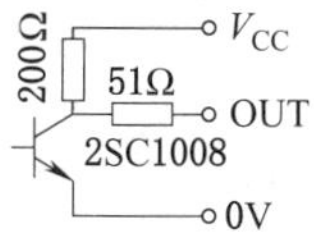		12V 15V 24V 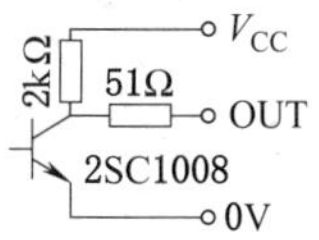		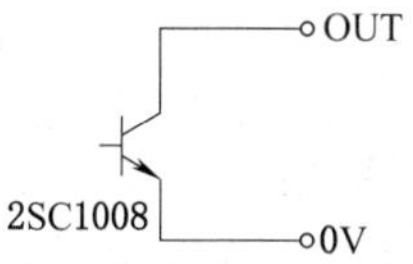			

型式记号	05P	05D	12F	15F	24F
输出型式	长线驱动器		互补输出		
电路	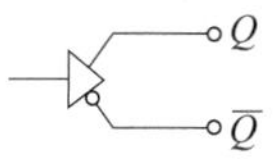 $Q=A.B.Z$　$\overline{Q}=\overline{A}.\overline{B}.\overline{Z}$		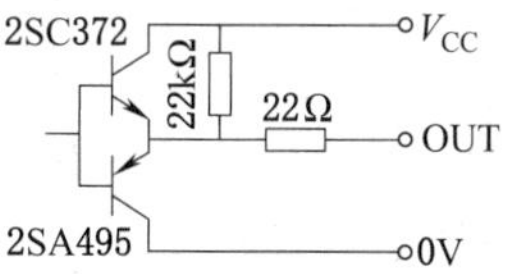		

注：生产厂为长春第一光学有限公司。

4）外形及安装尺寸（见图 18-2-23）

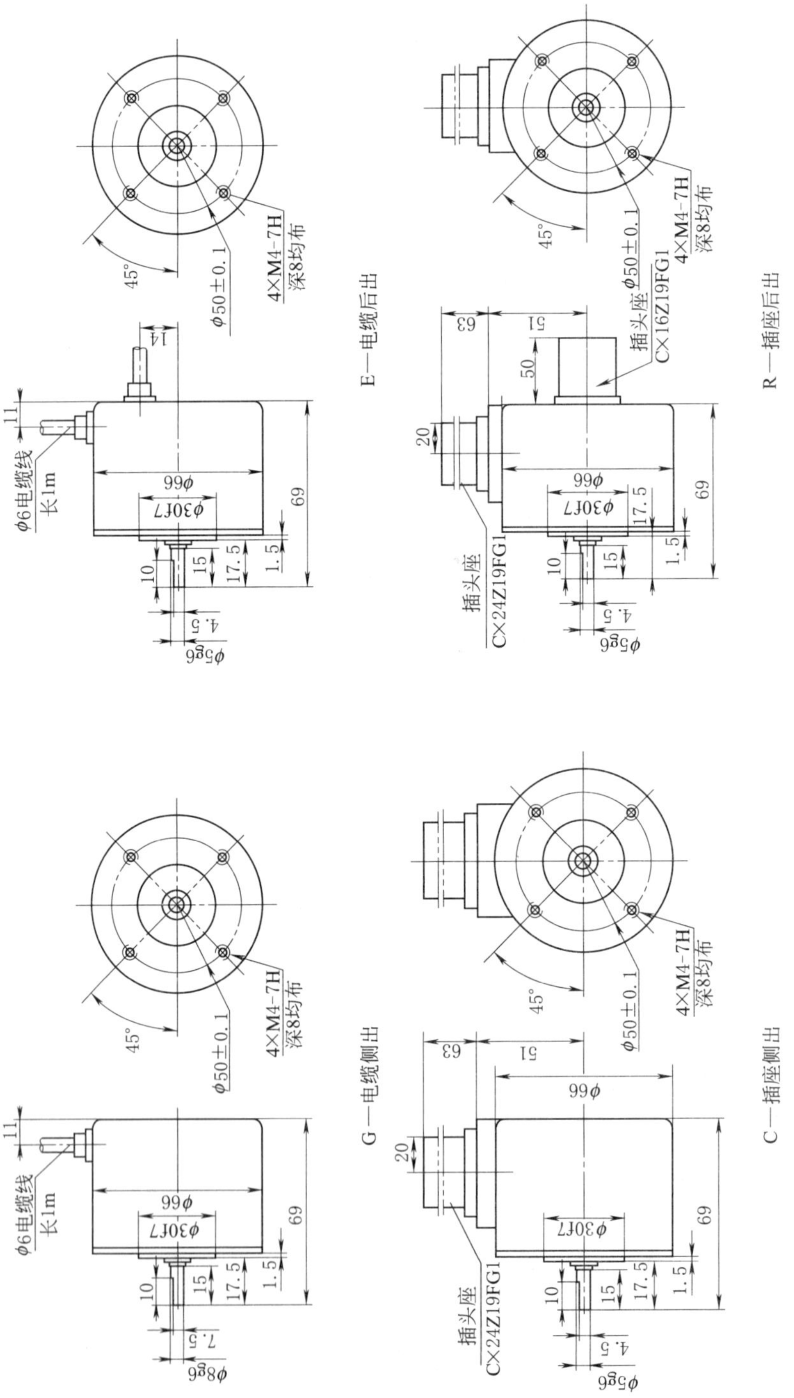
E—电缆后出
G—电缆侧出
R—插座后出
C—插座侧出
φ6电缆线 长1m
插头座 C×24Z19FG1
插头座 C×16Z19FG1
φ50±0.1
4×M4-7H 深8均布
45°
φ66
φ30f7
φ5g6
φ8g6
69
17.5
15
10
1.5
4.5
7.5
11
14
20
50
51
63

图 18-2-23

（2）JXW 系列绝对式光电编码器

1）产品的特点及用途

JXW 系列绝对式光电编码器能够实现零位固定，单值函数输出，抗干扰能力强，结构上采取了防尘、防潮等措施，具有耐冲击、耐振动的性能，能够测量角位移、旋转速度等机械量，并可将测量结果以自然二进制码输出，从而广泛应用于自动测量、自动控制等系统中。

2）型号的含义

JXW－□－□□－E□□

- 产品型号 —— JXW
- 第一个□：性能代号见表18-2-52
- □□：输出位数
- E：电缆后出
- E后第一个□：电源电压　5V、12V
- E后第二个□：输出型式　C：集电极开路　E：电压输出

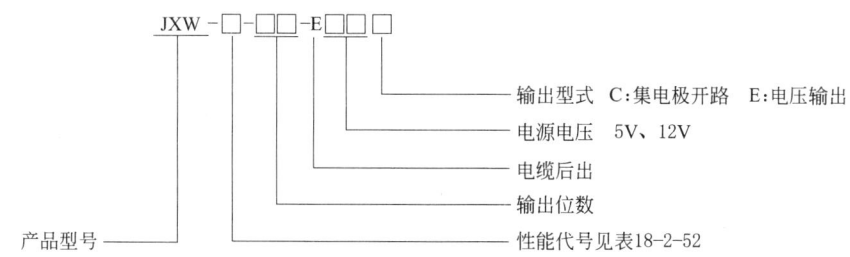

表 18-2-52　　性能代号含义

性能代号	电源电压/V	输出码制
7	5±0.25	自然二进制码
8		循环二进制码
9	12	自然二进制码
10		循环二进制码

3）主要技术参数及输出电路

JXW 系列绝对式光电编码器主要技术参数见表 18-2-53，输出电路见图 18-2-24，外形及安装尺寸见图 18-2-25。

表 18-2-53　　JXW 系列绝对式光电编码器主要技术参数

	位数	分割数	角分辨率	测量范围/(°)	准确度/(″)
基本参数	8	256	$360°/2^8$	0~360	±42
	9	512	$360°/2^9$	0~360	±21
	10	1024	$360°/2^{10}$	0~360	±10

	性能序号	电源电压/V	输出信号			消耗电流/mA	波形	上升下降时间/μs	响应频率/kHz	最小负载/Ω	绝缘阻抗/MΩ
			高电平/V	低电平/V	允许注入电流/mA						
电气参数	7 8	5±0.25	≥3.5	≤0.5	<20	<260	方波	<1	<25	500	>100
	9 10	12	≥10	≤1						集电极开路	

	允许最大机械转速/$r\cdot min^{-1}$	启动力矩(25℃)/N·m	轴最大负载	
			径向/N	轴向/N
机械参数	1000	2×10^{-3}	20	10

环境参数：

使用温度/℃	贮存温度/℃	相对湿度/%	耐振动/$m\cdot s^{-2}$	耐冲击/$m\cdot s^{-2}$
-20~50	-30~70	85	30(10~200Hz，X、Y、Z 三方向各 1h)	300(11ms，X、Y、Z 三个方向各 3 次)

注：1. 允许注入电流 20mA 为单路信号的允许注入电流。

2. 防护等级为 IP54。

3. 生产厂为长春第一光学有限公司。

5.3.4　线速度传感器

线速度传感器主要有磁电式速度传感器、激光多普勒测速传感器和微波多普勒测速传感器。

（1）CD 系列磁电式速度传感器

可用于测量轴承座、机壳或结构的振动，在机械振动测试中被广泛应用。为使用方便，配有 CZ-3 磁座。

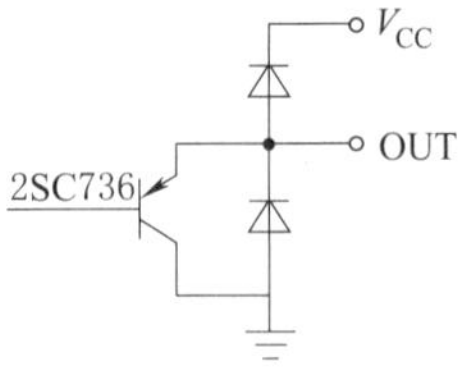

(a) 集电极开路输出

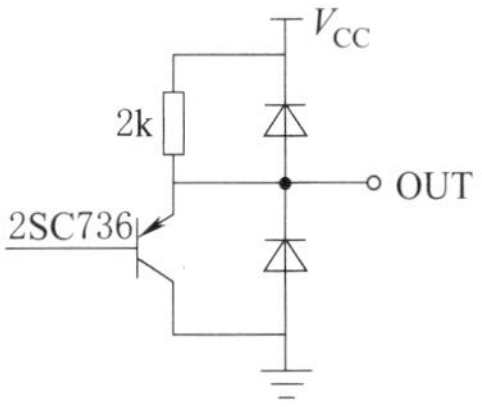

(b) 电压输出

图 18-2-24　JXW 系列绝对式光电编码器输出电路

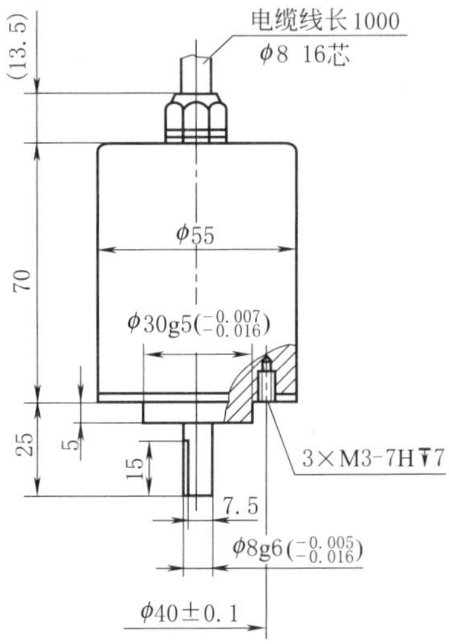

图 18-2-25　JXW 系列绝对式光电编码器外形及安装尺寸

表 18-2-54　　CD 系列磁电式速度传感器的主要技术指标

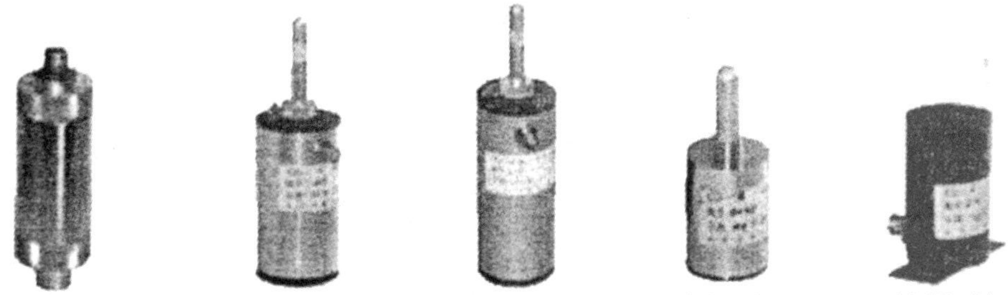

(a) CD-1　(b) CD-4　(c) CD-4A　(d) CD-6　(e) CD-6A

(f) CD-7C　(g) CD-7S　(h) CD-8　(i) CD-21S/C　(j) CD-21T

型号 CD-	灵敏度/ mV·cm^{-1}·s	频率范围/Hz	最大可测位移/mm	最大可测加速度/m·s^{-2}	测量方式	尺寸/mm	应用范围
1	600	10~500	±1	50	绝对	φ45×160	稳态
2	300	2~500	±1.5	100	相对	φ50×100	稳态
4 4A	600	2~300	±7.5,±20	100	相对	φ65×170, φ65×210	动平衡
6 6A	800,1500	0.1~300 1~300	±4,±3	100	相对	φ45×56	动平衡
7-C 7-S	600,6000	0.5~20	±6	10	绝对	70×70×113	低频
8	>20	2~500	—	—	非接触	φ20×55	转速振动
21-C 21-S 21-T	200,280	10~1k	±1	500(冲击)	绝对	φ36×80	监视用

注：1. 表中 CD-4、CD-4A、CD-6、CD-6A 尺寸为主体尺寸，不包括探针的长度。
2. 非线性度 5%。
3. 厂商名称：远东测振（北京）系统工程技术有限公司，http：//www.vmif.com。

（2）Trans-Tek 线速度传感器 100 系列

表 18-2-55　　Trans-Tek 100 系列线速度传感器主要技术指标

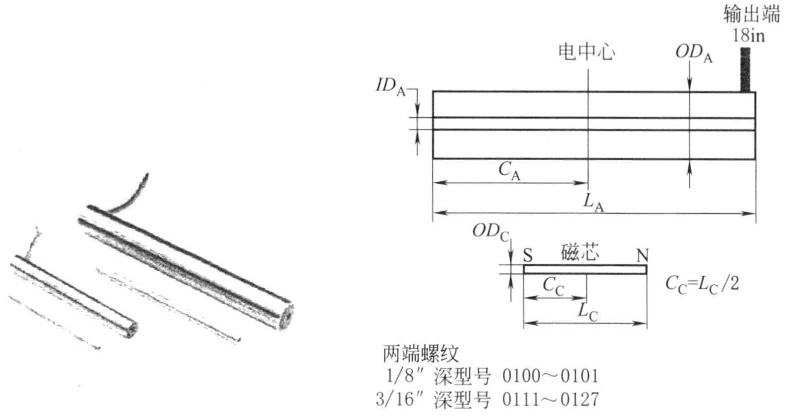

(a) 外形　　(b) 尺寸

型　号	磁铁尺寸/in(mm)		公称输出灵敏度/mV·in^{-1}·s(mV·mm^{-1}·s)	电阻抗线圈串联		替代磁铁	频率响应/Hz	
	工作范围	可用范围	开路	R/Ω	L/H	磁铁号	负载＝10R	负载＝100R
0100-0000	0.5(12)	1.3(33)	120(5)	2000	0.085	M000-0000	350	1500
0100-0001	0.5(12)	1.3(33)	54(2)	2000	0.085	M000-0008	350	1500
0101-0000	1.0(25)	1.9(48)	90(4)	2500	0.065	M000-0001	600	1500
0101-0001	1.0(25)	1.9(48)	40(2)	2500	0.065	M000-0009	600	1500
0111-0000	1.0(25)	2.3(58)	550(22)	13000	1.6	M000-0002	120	600
0111-0001	1.0(25)	2.3(58)	250(10)	13000	1.6	M000-0010	120	600
0112-0000	2.0(50)	3.4(86)	550(22)	19000	2.9	M000-0003	100	500
0112-0001	2.0(50)	3.4(86)	250(10)	19000	2.9	M000-0011	100	500
0113-0000	3.0(75)	4.2(107)	550(22)	25000	3.2	M000-0004	120	500
0113-0001	3.0(75)	4.2(107)	250(10)	25000	3.2	M000-0012	120	500
0114-0000	4.0(100)	5.5(140)	550(22)	32000	4.0	M000-0005	120	400
0114-0001	4.0(100)	5.5(140)	250(10)	32000	4.0	M000-0013	120	400
0122-0000	6.0(150)	8.0(203)	425(17)	11500	1.9	M000-0006	95	450
0122-0001	6.0(150)	8.0(203)	160(6)	11500	1.9	M000-0014	95	450
0123-0000	9.0(225)	11.0(279)	425(17)	17000	2.8	M000-0007	95	450
0123-0001	9.0(225)	11.0(279)	160(6)	17000	2.8	M000-0015	95	450
0124-0001	12.0(300)	15.0(381)	175(7)	22000	3.7	M000-0023	95	450
0125-0001	16.5(412)	18.5(470)	175(7)	29000	5.1	M000-0024	90	430
0126-0001	20.0(500)	22.0(559)	175(7)	34000	6.2	M000-0025	90	430
0127-0001	24.0(600)	26.0(660)	175(7)	42000	7.3	M000-0028	90	430

注：工作温度-50～+200℉（-46～93℃）；最大非线性<±2.5%读数。

表 18-2-56　　Trans-Tek 100 系列线速度传感器机械指标

型　号	线圈外壳尺寸/in(mm)					磁铁尺寸/in(mm)			
	C_A	L_A	OD_A	ID_A	净重 W_A/g	L_C	OD_C	螺纹	净重 W_C/g
0100-0000	1.34(34)	3.17(81)	0.374(9.5)	0.13(3.3)	20	2.38(60)	0.125(3.2)	1-72NF	3.5
0100-0001	1.34(34)	3.17(81)	0.374(9.5)	0.13(3.3)	20	1.63(41)	0.125(3.2)	1-72NF	2.5
0101-0000	1.88(48)	4.24(108)	0.374(9.5)	0.13(3.3)	25	3.00(76)	0.125(3.2)	1-72NF	4.5
0101-0001	1.88(48)	4.24(108)	0.374(9.5)	0.13(3.3)	25	2.25(57)	0.125(3.2)	1-72NF	3.8
0111-0000	2.25(57)	5.06(129)	0.624(15.9)	0.19(4.8)	110	3.50(89)	0.187(4.8)	4-40NC	11
0111-0001	2.25(57)	5.06(129)	0.624(15.9)	0.19(4.8)	110	2.75(70)	0.187(4.8)	4-40NC	10
0112-0000	3.25(83)	7.06(179)	0.624(15.9)	0.19(4.8)	150	4.50(114)	0.187(4.8)	4-40NC	15
0112-0001	3.25(83)	7.06(179)	0.624(15.9)	0.19(4.8)	150	3.75(95)	0.187(4.8)	4-40NC	14
0113-0000	4.25(108)	9.06(230)	0.624(15.9)	0.19(4.8)	200	5.25(133)	0.187(4.8)	4-40NC	17
0113-0001	4.25(108)	9.06(230)	0.624(15.9)	0.19(4.8)	200	4.50(114)	0.187(4.8)	4-40NC	16
0114-0000	5.38(137)	11.31(287)	0.624(15.9)	0.19(4.8)	240	6.75(171)	0.187(4.8)	4-40NC	22
0114-0001	5.38(137)	11.31(287)	0.624(15.9)	0.19(4.8)	240	6.00(152)	0.187(4.8)	4-40NC	21
0122-0000	7.63(194)	15.81(402)	0.749(19)	0.30(7.6)	420	9.25(235)	0.25(6.3)	4-40NC	54

续表

型号	线圈外壳尺寸/in(mm)					磁铁尺寸/in(mm)			
	C_A	L_A	OD_A	ID_A	净重 W_A/g	L_C	OD_C	螺纹	净重 W_C/g
0122-0001	7.63(194)	15.81(402)	0.749(19)	0.30(7.6)	420	8.50(216)	0.23(5.8)	4-40NC	51
0123-0000	11.1(282)	22.81(579)	0.749(19)	0.30(7.6)	610	11.75(298)	0.25(6.3)	4-40NC	69
0123-0001	11.1(282)	22.81(579)	0.749(19)	0.30(7.6)	610	11.00(279)	0.23(5.8)	4-40NC	66
0124-0001	14.1(358)	29.00(737)	0.749(19)	0.30(7.6)	810	14.25(362)	0.23(5.8)	4-40NC	88
0125-0001	18.6(472)	38.00(965)	0.749(19)	0.30(7.6)	1120	18.75(476)	0.23(5.8)	4-40NC	121
0126-0001	22.1(561)	45.00(1143)	0.749(19)	0.30(7.6)	1360	22.25(565)	0.23(5.8)	4-40NC	147
0127-0001	26.1(663)	53.00(1346)	0.749(19)	0.30(7.6)	1520	26.25(667)	0.23(5.8)	4-40NC	156

注：厂商名称为美国传斯泰克（Trans-Tek）公司，http：//www.transtekinc.com。

5.3.5 角速度（转速）传感器

5.3.5.1 霍尔转速传感器

（1）ZSH04 霍尔转速传感器

该传感器性能稳定，功耗小，抗干扰能力强，使用温度范围宽，适用于低速测量。

其外形如图所示，主要技术指标见表 18-2-57。

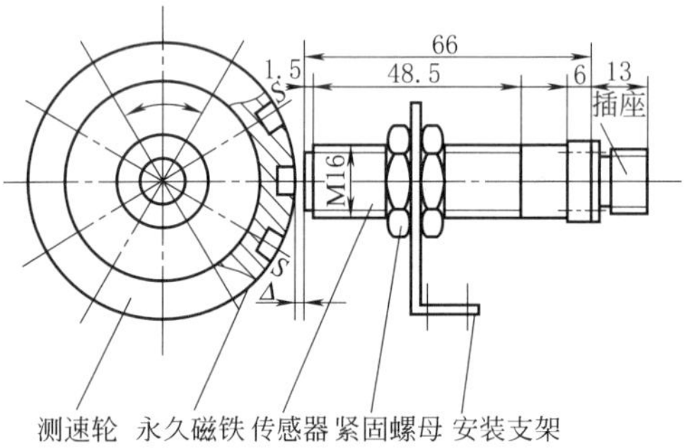

外形与尺寸

表 18-2-57 ZSH04 霍尔转速传感器主要技术指标

名称	技术指标
测量范围/(r/min)	0~10000
供电电源/VDC	5~24
工作距离/mm	3~5
工作温度/℃	-20~480
输出信号幅值/V	高电压：接近供电电源，低电平：≤0.5
输出波形	矩形脉冲波
每转脉冲数	与磁钢数量一致
外形尺寸/mm	M16×1 或 M12×1

注：厂商名称为西安兰华传感器厂，http：//www.lhsensor.com。

（2）S-HC 霍尔转速传感器

测量频率范围宽，输出信号精确稳定，安装简单，防油防水，传感器内置电路对信号进行放大、整形，输出矩形脉冲信号。已在电力、汽车、航空、纺织、石化等领域得到广泛应用。主要技术指标见表 18-2-58。

5.3.5.2 磁电式转速传感器

（1）SZMB 系列磁电式转速传感器

体积小，结实可靠，寿命长，不需电源和润滑油，与一般二次仪表均可配用。主要技术指标见表 18-2-59。

表 18-2-58 S-HC 霍尔转速传感器主要技术指标

名称	技术指标
测量范围/kHz	0~20
供电电源/V	5~24(DC)
测速齿轮形式	模数 2~4(渐开线齿轮)
工作温度/℃	-30~+130
工作距离/mm	1~5
输出波形	方波，其峰值等于工作电源电压幅度，与转速无关，最大输出电流 20mA
螺纹规格	M16×1
引线长度/mm	01——65 02——117 03——148

注：厂商名称为江阴盈誉科技有限公司 http：//www.22lic.com。

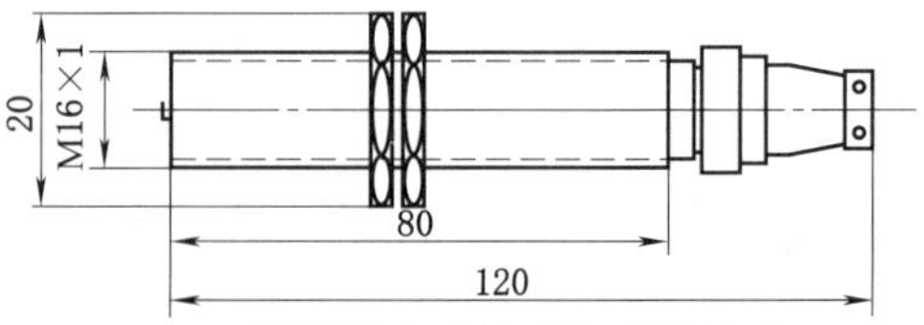

SZMB 系列磁电式转速传感器尺寸

（2）MP-9000 系列磁电转速传感器

结构简单，刚性好，耐环境好，不受振动、温度、油及灰尘的影响。由于是非接触检测信号，对旋转体不加负载可安全测量。自身发电，适用于现场。有防油、防高温、超小型及加长型等多种产品。主要技术指标见表 18-2-60。

表 18-2-59 **SZMB 系列磁电式转速传感器主要技术指标**

型　　号	SZMB-5	SZMB-5-B	SZMB-9	SZMB-10
输出波形	近似正弦波(≥60r/min 时)	矩形波	近似正弦波(≥50r/min 时)	近似正弦波(≥60r/min 时)
输出信号幅值/mV	高电平≈电源电压，低电压<1V	高电平 4.5V±0.5V 低电平≤0.5V	50r/min 时,≥300	60r/min 时,≥300
传感器铁芯和被测齿轮齿顶间隙/mm	—	≤0.5	0.5	0.5
被测齿轮模数	—	≥1.5	2	2
齿数	—	—	60	60
转速/(r/min)	50~5000	50~5000	—	—
信号幅值大小	—	—	与转速成正比,与铁芯和齿顶间隙的大小成反比	与转速成正比,与铁芯和齿顶间隙的大小成反比
工作频率/Hz	—	—	50~5000	60~5000
电源	8~12VDC	12V±0.5VDC	—	—
使用时间	连续使用,使用中切勿无原则加润滑油	连续使用,使用中切勿无原则加润滑油	连续使用	连续使用
环境温度/℃	-10~40	-10~+60	-20~+60	-10~+60
相对湿度	≤85%无腐蚀性气体	湿度≤85%无腐蚀性气体	—	—
材料	—	—	电工钢	电工钢
外形尺寸/mm	—	ϕ22×1,总长 141	外径 M16×1	外径 M12×1,总长 62
传输线最大长度/m	50	50	—	10
质量/g	750	220	285	280

注：1. SZMB-5-B 防爆磁电转速传感器，用于各种防爆现场，其防爆标志为 ibIIBT4。
2. 厂商名称为上海转速表厂，http：//www.mc-saic.com。

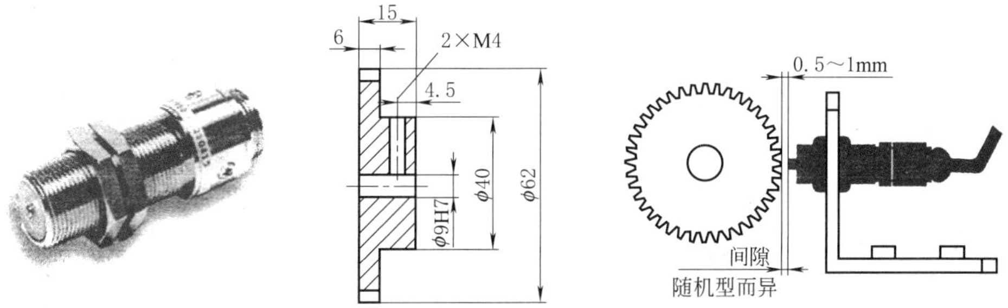

(a) 外形　　(b) 尺寸　　(c) 安装示意图

注：厂商提供的标准检测齿轮是模数为 1、齿数为 60 的渐开线齿轮。

MP-9000 系列磁电转速传感器的外形、尺寸及安装示意图

表 18-2-60 **MP-9000 系列磁电转速传感器主要技术指标**

传感器类型	通用	通用(带信号线)	低阻抗型	防油型	防油耐热型(150℃)	耐热型(220℃)
	MP-9100	MP-911	MP-9120	MP-930	MP-935	MP-936
直流电阻值/Ω	850~950	850~950	85~105	850~950	600~700	800~900
阻抗(1kHz)/mH	300	300	30	300	270	370
阻抗(1kHz)/Ω	2k	2k	240	2k	1.8k	2.5k
输出电压(1kHz)/Vp-p	2.0 以上	2.0 以上	2.0 以上	2.0 以上	2.0 以上	2.0 以上
可检测频率量程/Hz	200~35000	200~35000	200~80000	200~35000	300~35000	300~35000
检测齿轮模数	1~3	1~3	1~3	1~3	1~3	1~3
使用温度范围/℃	-10~+90	-10~+90	-10~+90	-10~+90	-10~+150	-10~+220
耐振动/m·s^{-2}	196	196	196	196	196	196
耐冲击/m·s^{-2}	1960	1960	1960	1960	1960	1960
质量/g	90	300(包括信号线)	90	100(包括信号线)	100	100
外围磁场强度/T	0.03 以下	0.03 以下	0.03 以下	0.03 以下	0.02 以下	0.02 以下
信号线	无	5m 内藏抽出	无	0.5m 内藏抽出	带有耐热线 1m	带有耐热线 1m

续表

传感器类型	长型	长型带信号线	小型带信号线	小型	超小型	小模数用	中模数用
	MP-940A	MP-954	MP-950	MP-962	MP-992	MP-9200	MP-963
直流电阻值/Ω	500~600	2.1~2.3k	2.1~2.3k	1.25k~1.45k	160~190	850~950	3.7~4k
阻抗(1kHz)/mH	270	400	400	210	25	300	1800
阻抗(1kHz)/Ω	1.8k	3.5k	3.5k	2.1k	250	2k	16k
输出电压(1kHz)/Vp-p	2.0 以上	2.0 以上	2.0 以上	1.5 以上	0.5 以上	1.5 以上 (M=0.75)	2.5 以上
可检测频率量程/Hz	300~35000	300~35000	300~35000	400~35000	400~100000	300~35000	45~15000
检测齿轮模数	1~3	1~3	1~3	1~3	1~3	0.5~1	3~10
使用温度范围/℃	-10~+90	-10~+90	-10~+90	-10~+90	-10~+120	-10~+90	-10~+90
耐振动/$m \cdot s^{-2}$	196	196	196	196	196	196	147
耐冲击/$m \cdot s^{-2}$	1960	1960	1960	1960	1960	1960	1960
质量/g	150	90	70	50	3	90	200
外围磁场强度/T	0.01 以下	0.01 以下	0.01 以下	0.005 以下	0.001 以下	0.005 以下	0.03 以下
信号线	无	无	带 0.5m	带 0.5m	带 0.5m	无	无

注：厂商名称为 One Sokki Technology Inc（小野测器集团），http：//www.onosokki.co.jp/CHN/chinese.htm。

5.3.6 距离传感器

5.3.6.1 UP 系列超声波测距传感器

这种传感器检测精度高、工作可靠、动态响应性好、体积小。主要技术指标见表 18-2-61。

表 18-2-61　UP 系列传感器主要技术指标

型号类型	外形图	型号	检测距离/mm	载波频率/kHz	特点与用途
UPK	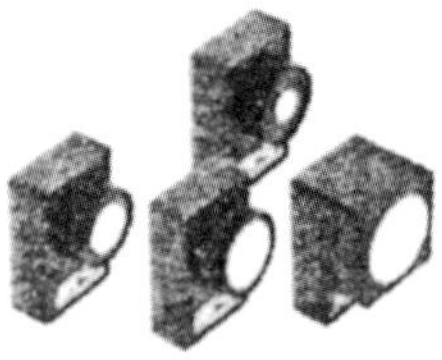	UPK500	80~500	185	精度高，特别适合检测小目标物体，自动增益系数调整(AGC)，除提供开关量输出外，还提供模拟量输出。可应用于卷绕机械上卷形物直径检测，堆物高度监测，检测透明物体，如玻璃等，自引导小车防碰撞检测，汽车倒车报警系统，检测罐体中液位高度，注塑机粒料位检测
		UPK1000	200~1000	185	
		UPK2000	400~2000	185	
		UPK3000	300~3000	90	
		UPK5000	500~5000	90	
UPR		UPR702	0~700	180	UPR 系列的特点是结构紧凑，大小仅是 M18，且可选用 W 形 90°(径向)安装转换装置。传感器可作为接近开关和当用 V 或 mA 为模拟输出时的距离传感器。有快速和慢速两种模式，测量距离达到 1m，测量不受目标的质地、色彩和尺寸限制，可以在尘土、雾气、强光、污垢环境中工作，可以测量透明和强光目标，安全级别 IP67，防水，坚固，典型的应用是物体检测、距离测量和物位测量
		UPR1002	0~1000	180	
		UPR1003	0~1000	180	
		UPR1004	0~1000	180	
		UPR1503 R24C(W)A UPR1503 R24C(W)I	180~1500	180	
		UPR CP	0~1000	180	UPR CP 后面板采用 PVDF 或者 PTFE 封装，高强度抗酸碱等化学腐蚀
UPX		UPX150	0~170	350	UPX 系列的特点是结构紧凑，R 形 90°(径向)安装转换装置；UPX/UPL 系列测量不受目标的质地、色彩和尺寸限制，可以在尘土、雾气、强光、污垢环境中工作，可以测量透明和强光目标，安全级别 IP67，防水，坚固，典型的应用是物体检测、距离测量和物位测量
		UPX500	0~500	175	

续表

型号类型	外形图	型号	检测距离/mm	载波频率/kHz	特点与用途
UPL	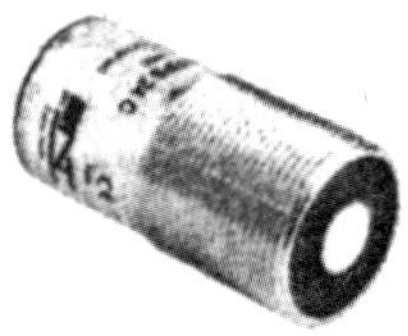	UPL200	0~300	350	UPL 系列的特点是测量距离达到 0.2m，对大多数材料而言没有盲区

注：厂商名称为瑞士森特公司（SNT SENSORTECHNIK AG），深圳市联欧贸易发展有限公司，http：//www.sntag.ch，http：//www.euro-me.com。

5.3.6.2 PT 系列激光距离感测器/激光测距仪

广泛应用于纺织、冶金、重型机械等行业。主要技术指标见表 18-2-62。

(a) PT1200系列　　(b) PT155系列

表 18-2-62　　PT 系列激光距离感测器/激光测距仪

型　号	检测距离/m	精度/mm	工作温度/℃	工作电源/VDC	最大输出电流/mA	防护等级	材料
PT1200-20H	0.5~20	3	-10~+55(可扩展耐高温 1300℃)	18~30	100	IP67	ABS
PT1200-100	黑色物体表面 0.5~40 灰色物体表面 0.5~70 白色物体表面 0.5~155	2	-10~+55	18~30	100	IP67	ABS
PT1200-600	配合反射膜使用 0.5~600 配合塑料反射板使用 0.5~800 配合三棱镜使用 0.5~1200	1	-10~+55	18~30	100	IP67	ABS
PT155-7.5	黑色物体表面 0.1~3.7 灰色物体表面 0.1~7.5 白色物体表面 0.1~15	1.5	-10~+55	18~30	100	IP67	ABS
PT155-10	黑色物体表面 0.1~3.7 灰色物体表面 0.1~7.5 白色物体表面 0.1~20	1.5	-10~+55	18~30	100	IP67	ABS

注：厂商名称为上海卡萨提电子科技有限公司（德国），http：//www.casatitech.com。

5.3.7 物位传感器

5.3.7.1 ZNZC 重锤式料位计

这种料位计可用来测量粉状、颗粒状及块状固体物料料包的料位。主要技术指标见表 18-2-63。

5.3.7.2 JWY 音叉物位开关

这种物位开关可应用的固体物料有：米、奶粉、糖、盐、洗衣粉、染料、水泥、塑料颗粒等；可应用的液体介质有：水、泥浆、纸浆、染料、油类、牛奶、酒类、饮料等非黏性物料。主要技术指标见表 18-2-64。

5.3.7.3 GXY 系列光纤液位传感器/液位开关

这种传感器采用红外光为检测光源，可多个传感器组合使用。适合各类洁净低黏度液体的液测控，特别适合于易燃、易爆、高温、高压等场合，主要用于化工、石化、化纤、化肥、食品、医药及运输等行业。主要技术指标见表 18-2-65。

表 18-2-63　　ZNZC 重锤式料位计主要技术指标

外形图	测量范围/m	0~8,0~16,0~32(特殊规格可协商)
	测量精度/%	±1
	重复性/%	±1
	分辨率/cm	±3
	探测速度/(m/s)	0.15
	测量带	不锈钢钢丝绳
	重锤质量/kg	1
	电机停转力矩/N · m	5
	功耗/W	静止时:0 运行时:40
	环境温度/℃	-40~+60
	质量/kg	30

注：厂商名称为上海质诺电子科技有限公司，http：//www.zntek.net。

表 18-2-64　　JWY 音叉物位开关主要技术指标

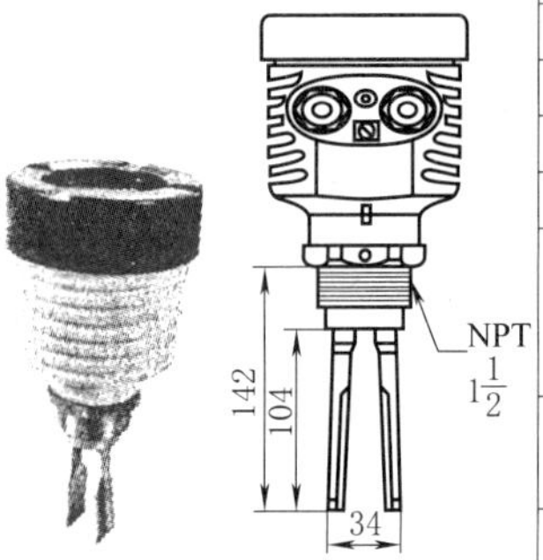

(a) 外形　　(b) 尺寸

项目	指标	项目	指标
环境温度/℃	-25~60	容器压力/MPa	1.0
叉体材料	不锈钢	介质温度/℃	-20~200
供电电压	220V AC50Hz;24V DC	振荡频率/Hz	200
功率/W	2	音叉振幅/mm	0.5
输出信号	(1)两组开关,触点电容220V AC0.5A (2)电流信号 0mA 或 10mA	阻尼延时/s	2
振幅	可调(便于测量状态和密度物料)	音叉自由延时/s	不大于 7
物料粒度/mm	≤10	备注	介质为非黏性物料,不应含有对叉体起腐蚀作用的物质

注：厂商名称为北京昆仑海岸传感器技术中心，http：//www.klha.cn。

表 18-2-65　　GXY 系列光纤液位传感器/液位开关主要技术指标

型号	GXY-Ⅰ-A 微型	GXY-Ⅰ-B 型	GXY-Ⅱ-A 型	GXY-Ⅱ-B 型	GXY-Ⅱ-C 型	GXY-Ⅲ-A 型
外形			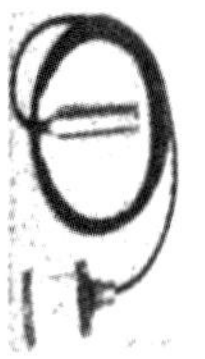			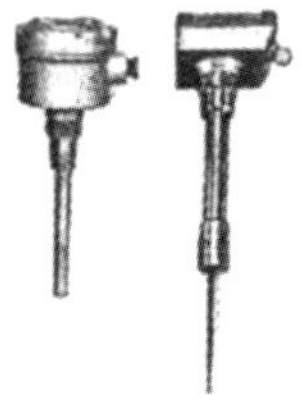
壳体材质	不锈钢或按客户要求	不锈钢或按客户要求	不锈钢或按客户要求	不锈钢或按客户要求	不锈钢或按客户要求	不锈钢或按客户要求
光纤探头	石英	石英	石英	石英	石英	石英
安装规格	M4×0.5 或按客户要求	M16×1 螺纹连接或法兰或按客户要求	M10×1 或按客户要求	M16×1 或按客户要求	M16×1 或按客户要求	DN30 法兰连接或按客户要求
插入深度/mm	3 或按客户要求	3 或按客户要求	3 或按客户要求	8 或按客户要求	3 或按客户要求	3 或按客户要求
工作压力/MPa	真空 30	0~15	真空 30	真空 15	真空 15	真空 15
工作温度/℃	-25~+285	传感器:-40~+400 仪表:-25~+85	传感器:-25~+285 仪表:-25~+85	传感器:-25~+285 仪表:-25~+85	传感器:-25~+285 仪表:-25~+85	传感器:-25~+285 仪表:-25~+85

续表

型号	GXY-Ⅰ-A 微型	GXY-Ⅰ-B 型	GXY-Ⅱ-A 型	GXY-Ⅱ-B 型	GXY-Ⅱ-C 型	GXY-Ⅲ-A 型
供电电压	12V DC 或按客户要求	12V DC 或按客户要求	12V DC 或按客户要求	12V DC 或按客户要求	12V DC 或按客户要求	12V DC 或按客户要求
电流消耗/mA	40	30	40	40	120	120
输出	开关量输出：高电平 12V DC，低电平 0V DC；或继电器输出	开关量输出：高电平 12V DC，低电平 0V DC；或继电器输出	开关量输出：高电平 12V DC，低电平 0V DC；或继电器输出	开关量输出：高电平 12V DC，低电平 0V DC	开关量输出：高电平 12V DC，低电平 0V DC；或继电器输出	开关量输出：高电平 12V DC，低电平 0V DC；或继电器输出
重复精度/mm	±0.1	±0.1	±0.1	±0.1	±0.1	±0.1
检测点	—	1~6 点	1~6 点	—	—	1~6 点
电缆长度/m	1.2	1.2	1.2	1.2	1.2	1.2
电缆芯数	开关量：3 芯，电源(0、V+)，输出(U) 继电器：5 芯，电源(0、V+)，输出(C、NO、NC)	开关量：3 芯，电源(0、V+)，输出(U) 继电器：5 芯，电源(0、V+)，输出(C、NO、NC)	开关量：3 芯，电源(0、V+)，输出(U) 继电器：5 芯，电源(0、V+)，输出(C、NO、NC)	开关量：3 芯，电源(0、V+)，输出(U)	开关量：3 芯，电源(0、V+)，输出(U) 继电器：5 芯，电源(0、V+)，输出(C、NO、NC)	开关量：3 芯，电源(0、V+)，输出(U) 继电器：5 芯，电源(0、V+)，输出(C、NO、NC)
防爆等级	—	Ex(ia)ⅡBT4	Ex(ia)ⅡBT4	Ex(ia)ⅡBT4	Ex(ia)ⅡBT4	Ex(ia)ⅡBT4

注：厂商名称为北京万顺华科技有限公司，http：//www.sensorchina.com.cn。

6 管状电加热元件（摘自 JB/T 2379—1993）

6.1 管状电加热元件的型号与用途

管状电加热元件是用金属管作外壳，管中放入合金电阻丝作发热体，在空隙部分紧密填充具有良好绝缘和导热性能的结晶氧化镁而成的一种电加热元件。它可以加热静止的或流动的空气，也可以浸在水或其他液体中直接进行加热，并能熔炼轻金属或作金属模具加热用。

表 18-2-66　　技术参数

型号	用途	最高工作温度(介质)	管子材料	管子表面负荷/W·cm^{-2}
JGQ1,2,3,4,5,6,7,8	加热空气	≤300℃	碳钢管	<2
JGY1,2	加热静止油	≤300℃	碳钢管	<3
JGY3	加热循环油	≤100℃	碳钢管	<5
JGS1	加热水	敞开：100℃ 密闭：压力 294.2kPa	碳钢管	<10
JGS2,3	加热水	≤120℃	紫铜管	<10
JGX1,2,3	敞开式槽内供硝盐液加热	≤550℃	不锈钢管	<3
JGJ1,2,3	敞开式槽内供碱液加热	≤550℃	碳钢管	<3
JGM1	各种金属模具加热	≤300℃	碳钢管	<3.4
JGM2	各种金属模具加热	≤300℃	碳钢管	<3.9

注：1. 型号含义

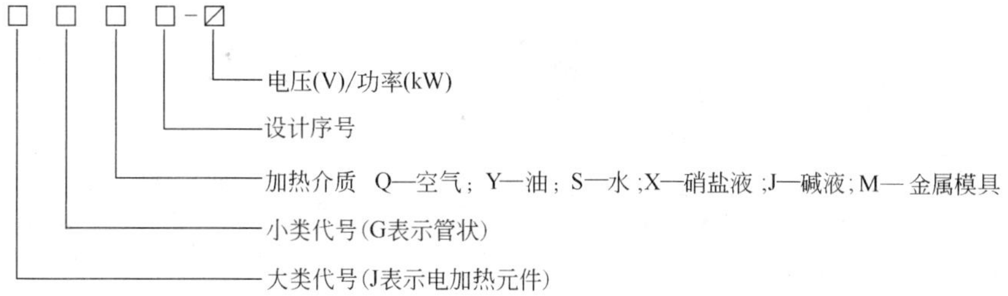

2. 制造要求已按 JB/T 2379—1993 规定，但产品型号仍是过去的老型号。
3. 生产厂为北京鑫京热电器有限责任公司。

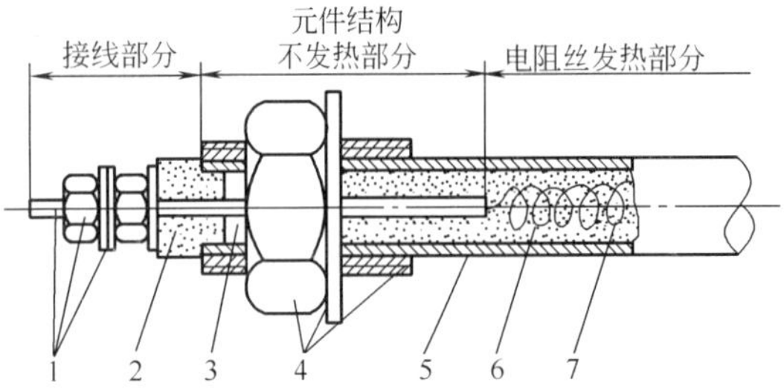

图 18-2-26

1—接线装置；2—绝缘子；3—封口材料；4—紧固装置；
5—金属管；6—结晶氧化镁；7—电阻丝

6.2 管状电加热元件的结构及使用说明

管状电加热元件的结构见图 18-2-26。

使用说明如下。

1）元件允许在下列条件下工作：

① 环境温度为-20～50℃，空气相对湿度不大于95%（环境温度为25℃时），使用地的海拔高度不超过1000m。

② 工作电压不大于额定值的1.1倍，外壳应有效地接地。

2）加热介质为液体时，元件的有效长度（H_1 或 L_1）必须全部浸在液体中。元件发热部分应与容器壁有一定距离，一般为50mm以上。

3）加热液体的元件不得用以加热气体或固体物。

4）加热液体的元件，如发现管子表面有水垢或结炭时，应清除干净后再用，以免影响元件的使用寿命和降低热效率。

5）熔炼轻金属或硝盐、碱、沥青、石蜡等为固态时进行加热，应降压启动，待固态加热介质全部熔化后才能升至额定电压。

6）加热硝盐时应考虑安全措施，预防爆炸事故的发生。

7）元件接线部分应放在保温层、加热室外，并避免与腐蚀性、爆炸性气体接触。必须保持出线端部干燥、清洁，以免造成闪络或短路。接线时勿用力过猛。

8）元件的端部可能溢出少量糊状物，这是封口材料，不影响使用，待断电后，将溢出物揩净即可。

9）元件应储存在空气流通、相对湿度不大于85%、无腐蚀性气体的室内。

10）元件经运输或长期不用受潮后，其冷态绝缘电阻低于1MΩ时，可将元件放在温度200℃左右的干燥箱中焙烘，直到恢复正常，或降低电压直接通电加热，除去潮气，至恢复正常为止。

6.3 管状电加热元件的常用设计、计算公式和参考数据

1）将介质加热至工作温度所需热量

$$Q=m(T_2-T_1)c \quad (\mathrm{kJ})$$

式中 Q——被加热介质所吸收的热量，kJ；

m——被加热介质的质量，kg；

T_2——被加热介质的工作温度，℃；

T_1——被加热介质的初温，℃；

c——被加热介质的比热容，kJ/(kg·℃)。

2）根据所需热量求电功率

$$P=\frac{Q}{3.6t}$$

式中 Q——热能，kJ；

P——电功率，W；

t——电流通过导体的时间，h。

3）成品冷态电阻

$$R_{20}=\frac{1}{K_1}\times\frac{U^2}{P}$$

式中 R_{20}——成品冷态电阻，Ω；

U——元件工作电压，V；

P——元件功率，W；

K_t——电阻温度系数（北京钢丝厂生产的0Cr25Al5电阻丝的系数，600℃以下一般为1.002~1.022）。

4）元件管壁表面负荷

$$\sigma_T=\frac{P}{F}=\frac{P}{\pi D_w(L_s-2l_1)}$$

式中　σ_T——管壁表面负荷，W/cm²；

P——元件功率，W；

D_w——元件成品外径，cm；

L_s——元件成品总长，cm；

l_1——元件引出棒长度，cm。

5）一般元件的弯曲半径和可加工长度范围见表18-2-67。

表18-2-67　　弯曲半径和可加工长度

管径 ϕ/mm	弯曲半径 R/mm	可加工长度/m	管径 ϕ/mm	弯曲半径 R/mm	可加工长度/m
8.5	20	<1	16	40	<4.5
10	25	<2	20	50	<6
12	25,30	<2.5			

6.4　JGQ型管状电加热元件

（1）JGQ1，2，3型管状电加热元件

为空气加热元件，安装于吹风管道中，或安装在其他流动空气加热的地方。元件在风道中宜交错排列，以使流过空气能充分加热。也可作为各种烘箱和电炉的发热元件。最高工作温度不应超过300℃。元件表面涂远红外线涂料。

外形尺寸及主要参数

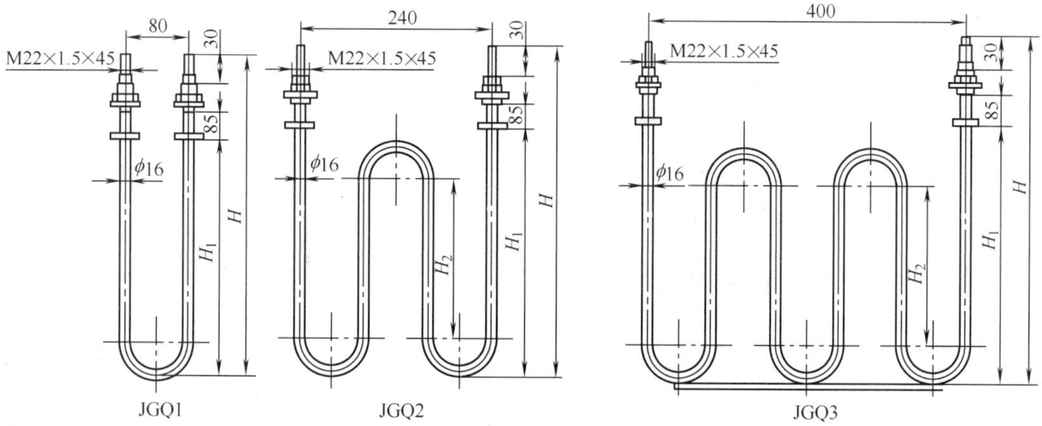

表18-2-68

型　号	电　压/V	功　率/kW	外形尺寸/mm					质量/kg
			H	H_1	H_2	总长	引出棒规格	
JGQ1-220/0.5	220	0.5	490	330	—	1025	M6×230	1.3
JGQ1-220/0.75		0.75	690	530	—	1425		1.6
JGQ2-220/1.0		1.0	490	330	200	1675		1.8
JGQ2-220/1.5		1.5	690	530	400	2475		2.6
JGQ3-380/2.0	380	2.0	590	430	300	2930		3.4
JGQ3-380/2.5		2.5	690	530	400	3530		4
JGQ3-380/3.0		3.0	790	630	500	4130		4.5

（2）JGQ4，5，6 型管状电加热元件

为空气加热元件，适用于干燥箱、烘箱、大型烘炉等，作为各种油漆、绝缘漆等烘干和各种产品的脱水干燥及空气加热等用。最高工作温度不应超过 300℃。元件表面涂远红外线涂料。

外形尺寸及主要参数

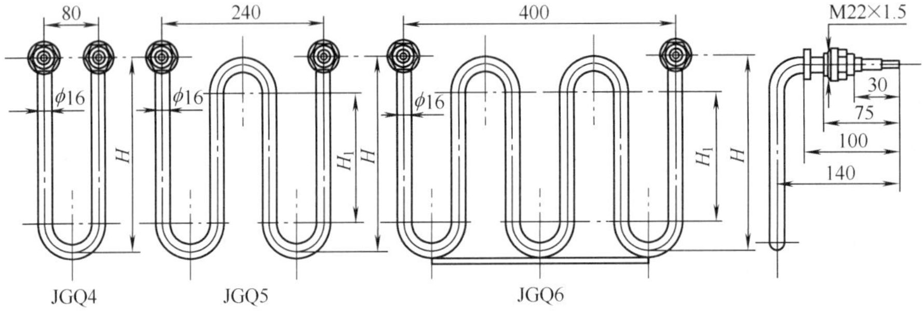

表 18-2-69

型　　号	电压/V	功率/kW	外形尺寸/mm				质量/kg
			H	H_1	总长	引出棒规格	
JGQ4-220/0.5	220	0.5	330	—	950	M6×200	1.3
JGQ4-220/0.8	220	0.8	450	—	1190		1.6
JGQ4-220/1.0	220	1.0	600	—	1490		1.8
JGQ5-220/1.2	220	1.2	350	250	1745		2.1
JGQ5-220/1.5	220	1.5	450	350	2145		2.5
JGQ5-220/1.8	220	1.8	550	450	2545		2.9
JGQ6-380/2.0	380	2.0	400	300	2795		3.1
JGQ6-380/2.5	380	2.5	500	400	3395		3.8
JGQ6-380/3.0	380	3.0	600	500	3995		4.4

（3）JGQ7，8 型管状电加热元件

为空气加热元件，适合于各种烘箱、烘炉等，或安装在恒温恒湿机、除湿机等设备上。最高工作温度不应超过 300℃。元件表面涂远红外线涂料。

外形尺寸及主要参数

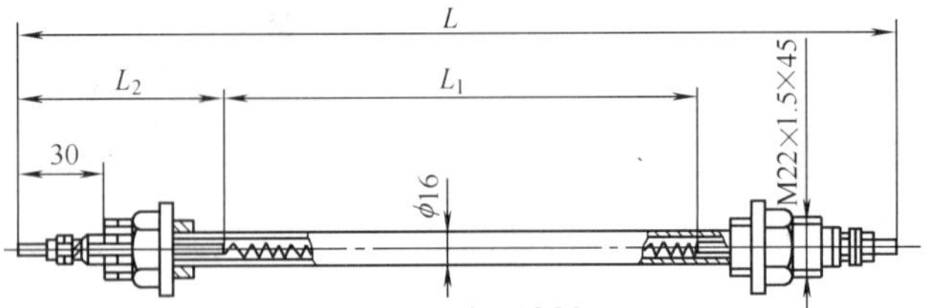

表 18-2-70

型　　号	电压/V	功率/kW	外形尺寸/mm			质量/kg
			L	L_1（有效）	L_2	
JGQ7 220/0.8	220	0.8	1100	800	150	1.4
JGQ7-220/1.0		1.0	1300	1000		1.6
JGQ7-220/1.2		1.2	1500	1200		1.8
JGQ7-220/1.4		1.4	1700	1400		2.0
JGQ7-220/1.6		1.6	1900	1600		2.2
JGQ7-220/2.0		2.0	2300	2000		2.6
JGQ8-220/0.8		0.8	1800	800	500	2.2
JGQ8-220/1.0		1.0	2000	1000		2.4
JGQ8-220/1.2		1.2	2200	1200		2.6
JGQ8-220/1.4		1.4	2400	1400		2.8
JGQ8-220/1.6		1.6	2600	1600		3.0
JGQ8-220/2.0		2.0	3000	2000		3.4

6.5 JGY 型管状电加热元件

（1）JGY1 型管状电加热元件

此为静止油加热元件，用于敞开式或封闭式油槽中加热油，也可以加热水和比油传热好的其他液体。最高工作温度不应超过 300℃。元件表面涂耐热银粉漆。

外形尺寸及主要参数

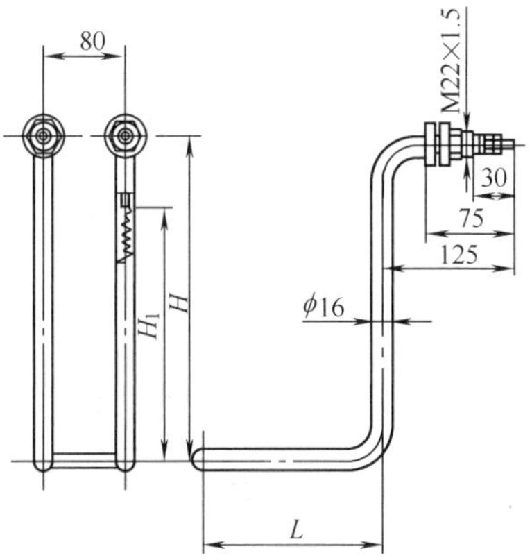

JGY1

表 18-2-71

型　　号	电压/V	功率/kW	外形尺寸/mm					质量/kg
			H	H_1(有效)	L	总　长	引出棒规格	
JGY1-220/2.0	220	2.0	470	320	400	1965	M6×300	2.3
JGY1-220/2.5		2.5	670	520	500	2565		3
JGY1-220/3.0		3.0	670	520	700	2965		3.4

（2）JGY2，3 型管状电加热元件

JGY2 型是静止油加热元件，最高工作温度不应超过 300℃。JGY3 型是循环油加热元件，最高工作温度不应超过 100℃。一般多安装于化工反应釜及焊有管法兰的容器和设备上。元件表面涂耐热银粉漆。

外形尺寸及主要参数

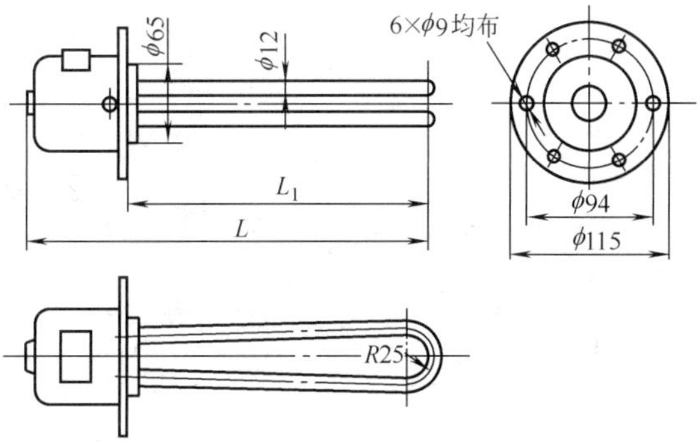

JGY2、JGY3

表 18-2-72

型　　号	电压/V	功率/kW	外形尺寸/mm				质量/kg
			L	L_1(浸入油中)	单支长	引出棒规格	
JGY2-220/1	220	1	330	250	630	M5×100	1.5
JGY2-220/2		2	530	450	1030		1.9
JGY2-220/3		3	730	650	1430		2.4
JGY2-220/4		4	930	850	1830		2.8
JGY3-220/5		5	700	620	1370		2.5
JGY3-220/6		6	810	730	1590		2.7
JGY3-220/8		8	1010	930	1990		3.1

6.6 JGS 型管状电加热元件

此为水加热元件，适用于敞开式和封闭式的水槽中及循环水系统内加热水用。JGS1 型管子材料为 10 钢，元件表面涂耐热银粉漆。JGS2，3 型为紫铜。

外形尺寸及主要参数

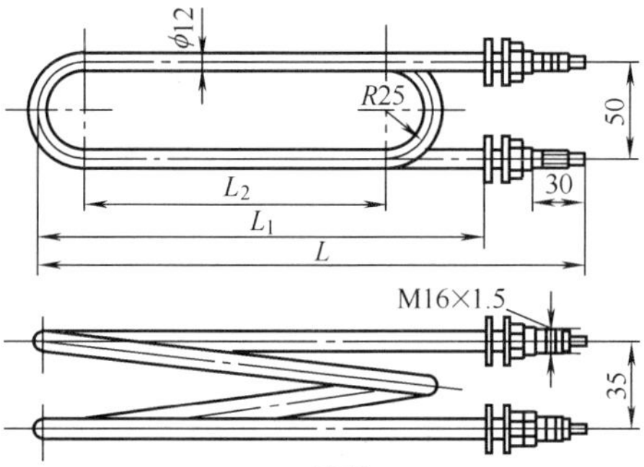

JGS1

第 18 篇

表 18-2-73

型　　号	电压/V	功率/kW	外形尺寸/mm					质量/kg
			L	L_1(浸入水中)	L_2	总长	引出棒规格	
JGS1-220/3	220	3	390	335	250	1465	M5×100	0.8
JGS1-220/4		4	515	460	375	1965		1.1
JGS1-220/5		5	640	585	500	2465		1.4

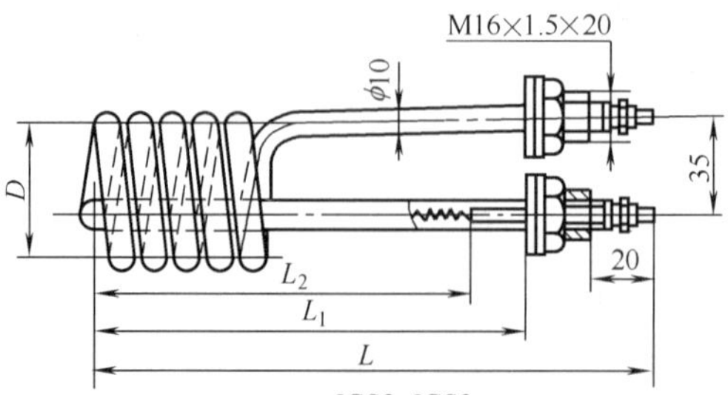

JGS2、JGS3

表 18-2-74

型　　号	电压/V	功率/kW	外形尺寸/mm							质量/kg
			L	L_1	L_2(有效)	D	圈数	总长	引出棒规格	
JGS2-220/0.5	220	0.5	145	105	90	50	3.5	790	M4×70	0.4
JGS2-220/1.0		1.0	170	130	105	50	3.5	840		0.48
JGS2-220/1.5		1.5	195	155	130	50	3.5	890		0.65
JGS2-220/2.0		2.0	245	205	130	50	4.5	1135	M4×125	0.7
JGS3-220/1.5		1.5	120	80	60	70	3.5	965	M4×70	0.5
JGS3-220/2.5		2.5	120	80	60	70	4.5	1170	M4×90	0.6

6.7 JGX1，2，3 型及 JGJ1，2，3 型管状电加热元件

JGX1，2，3 型为硝盐加热元件，用于加热硝盐溶液。管子材料为不锈钢，元件表面不处理。JGJ1，2，3 型为碱加热元件，用于加热各种碱溶液。管子材料为 10 钢。JGJ1 型元件表面涂耐热银粉漆。JGJ2 型、JGJ3 型元件表面涂远红外线涂料。两种元件外形尺寸和技术数据相同，工作温度均为 500~550℃。

外形尺寸及主要参数

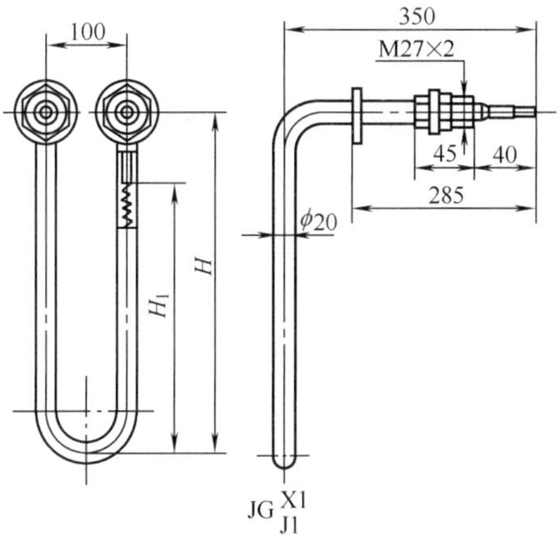

表 18-2-75

型　　号	电压/V	功率/kW	外形尺寸/mm				质量/kg
			H	H_1（有效）	总　　长	引出棒规格	
JGX1/JGJ1-380/2	380	2	800	550	2315	M6×635	4
JGX1/JGJ1-380/3		3	1080	830	2875		4.9
JGX1/JGJ1-380/4		4	1380	1130	3475		6
JGX1/JGJ1-380/5		5	1800	1450	4315	M6×735	7.5
JGX1/JGJ1-380/6		6	2100	1750	4915		8.7
JGX1/JGJ1-380/7		7	2500	2150	5715		9.7

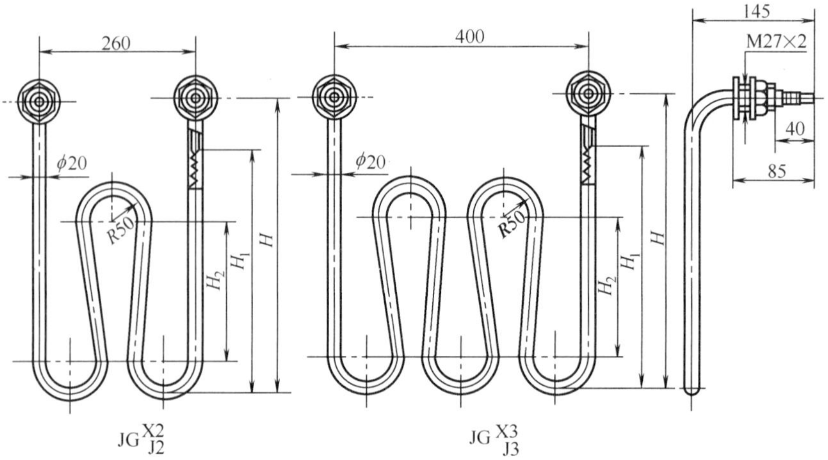

表 18-2-76

型号	电压/V	功率/kW	外形尺寸/mm					质量/kg
			H	H_1(有效)	H_2	总长	引出棒规格	
JGX2 JGJ2 -380/2	380	2	540	390	260	2220	M6×320	3.7
JGX2 JGJ2 -380/3		3	680	530	400	2780		4.7
JGX2 JGJ2 -380/4		4	850	650	530	3380	M6×380	5.4
JGX3 JGJ3 -380/5		5	770	570	460	4315		7.2
JGX3 JGJ3 -380/6		6	870	670	560	4915		8
JGX3 JGJ3 -380/7		7	1020	820	685	5715		9

6.8 JGM 型管状电加热元件

此为金属模具加热元件，安装于各种油压机、挤出机、热芯机、射芯机等模板中，或铸造、压制在金属模具中进行加热。JGM1 型适用于两端接线方式。对不能进行两端接线的，可采用 JGM2 型。最高工作温度不应超过 300℃。JGM1 型、JGM2 型 10 钢元件表面涂远红外线涂料，JGM2 型不锈钢元件表面不处理。

外形尺寸及主要参数

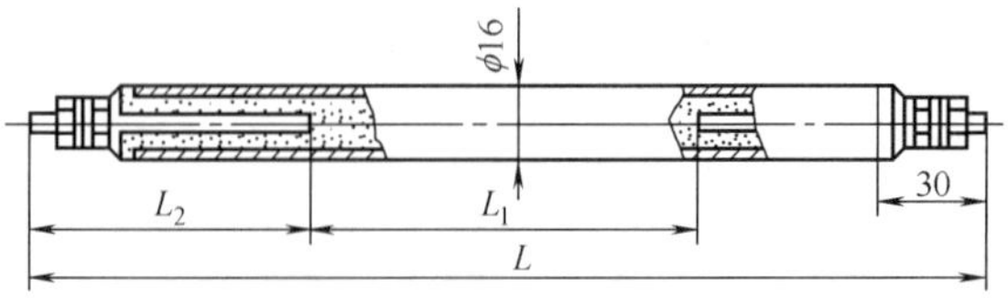

JGM1

表 18-2-77

型　　号	电压/V	功率/kW	外形尺寸/mm			质量/kg
			L	L_1(有效)	L_2	
JGM1-36/0.2	36	0.2	260	120	70	0.3
JGM1-36/0.3	36	0.3	340	200		0.4
JGM1-110/0.4	110	0.4	390	250		0.4
JGM1-110/0.5	110	0.5	440	300		0.5
JGM1-220/0.6	220	0.6	660	520		0.9

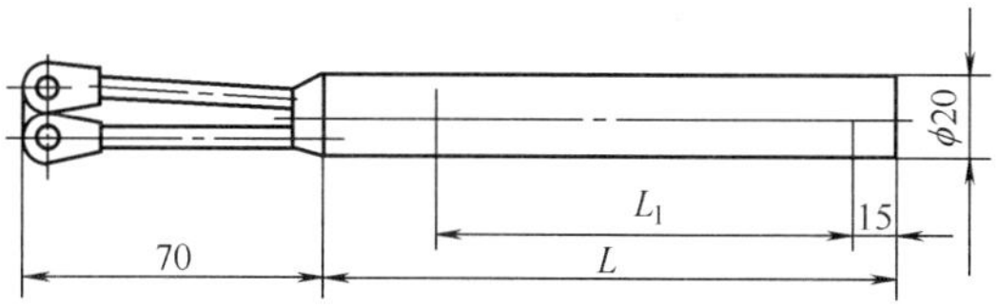

JGM2

表 18-2-78

型　　号	电压/V	功率/kW	外形尺寸/mm		质量/kg
			L	L_1（有效）	
JGM2-220/0.2	220	0.2	200	130	0.3
JGM2-220/0.35		0.35	300	230	0.5
JGM2-220/0.5		0.5	400	330	0.6
JGM2-220/0.75		0.75	500	430	0.8
JGM2-220/1.0		1.0	700	630	1.1
JGM2-220/1.2		1.2	800	730	1.3
JGM2-220/1.5		1.5	1000	930	1.5

第 3 章 电动、液压推杆与升降机

1 电 动 推 杆

电动推杆一般选用滑动丝杠副，交、直流（或变频）电机传动，现在有伺服电机传动，采用滚珠丝杠和配置位置传感器，可实现遥控、数控精确控制。

1.1 一般电动推杆

（1）LPA 型电动推杆

其特点是，电机与推杆垂直，外管和推杆可采用电泳表面处理或选用不锈钢材料，为蜗轮副减速机和梯形丝杠副或滚珠丝杠副组成。行程控制采用继电器、磁感应开关或编码器。

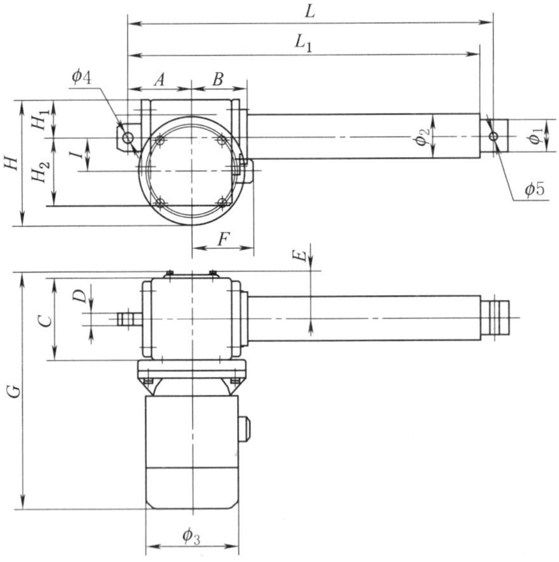

表 18-3-1　LPA 型推杆性能参数及尺寸

型号	最大推力 /kgf	速度范围 /(mm/s)	行程 /mm	行程控制形式	电压 V_{DC}/V_{AC}	功率 /kW	质量 /kg
LPA27-500	500	5~18	100~500	继电器、磁感应、编码器	24/220/380	0.18	10
LPA45~1000	1000	5~20	100~700			0.37	20
LPA45~1500	1500	5~15	200~1000			0.55	30
LPA55-2000	2000	5~10	200~1000			0.75	40
LPA55-2500	2500	5~9	200~1200			1.1	50
LPA70-3000	3000	5~8	200~1200			1.5	55

续表

尺寸/mm								
外形尺寸			LPA27-500	LPA45-1000	LPA45-1500	LPA55-2000	LPA55-2500	LPA70-3000
L_1	继电器开关		180+S	222+S	222+S	285+S	285+S	285+S
	磁感应开关		200+S	272+S	272+S	330+S	330+S	330+S
L	继电器开关	L_{min}	230+S	272+S	272+S	320+S	320+S	320+S
		L_{max}	230+2S	272+2S	272+2S	320+2S	320+2S	320+2S
	磁感应开关	L_{min}	250+S	322+S	322+S	380+S	380+S	380+S
		L_{max}	250+2S	322+2S	322+2S	380+2S	380+2S	380+2S
ϕ_1			27	45	45	57	57	57
ϕ_2			45	63	63	89	89	89
ϕ_3			90	145	145	175	175	175
ϕ_4			10	12	14	16	25	25
ϕ_5			10	12	14	16	25	25
A			63	95	95	100	100	100
B			60	85	85	87	87	87
C			80	120	120	140	140	140
D			16	20	20	30	50	50
E			50	70	70	80	80	80
F			45	80	80	145	145	145
G			264	346	346	426	441	466
H			110	178	178	225	235	235
I			30	50	50	63	63	63
H_1			40	48	48	63	63	63
H_2			60	100	100	120	120	120

注：1. S 指所需要行程，mm。下同。

2. 生产厂家：北京古德高机电技术有限公司，下同。

3. 1kgf=9.8N，下同。

（2）LPB 型电动推杆

其特点是，电机与推杆平行，外管和推杆可采用电泳表面处理或不锈钢，内部采用扭矩限止器、卷簧或碟簧过载保护，行程采用继电器或编码器控制。采用普通电机或变频电机传动，齿轮或同步带减速，梯形丝杠副或滚珠丝杠副。

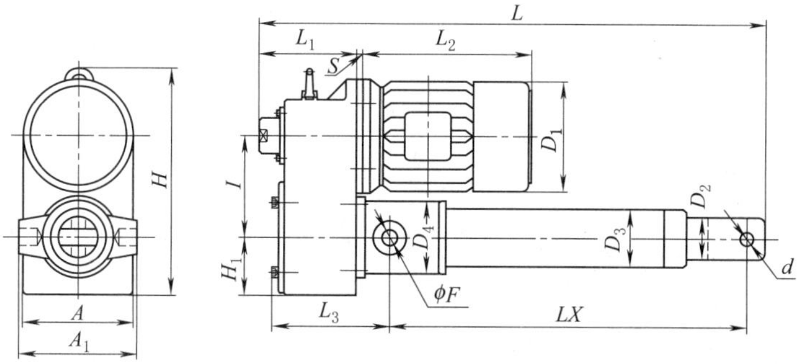

表 18-3-2　　LPB 型推杆性能参数及尺寸

型号	最大推力/kgf	速度/(mm/s)	行程/mm	行程控制形式	电压 V_{AC}	功率/kW	质量/kg
LPB40-1000	1000	12.5~90	≤800	继电器、编码器	380	≤2.2	42~64
LPB50-2000	2000	12.5~75	≤800			≤4	56~90
LPB70-4000	4000	9~60	≤1200			≤4	90~160
LPB80-6000	6000	6.3~45	≤1500			≤5.5	143~222
LPB95-8000	8000	10~42	≤1500			≤5.5	224~300
LPB110-12000	12000	10~32	≤2000			≤7.5	270~420
LPB130-16000	16000	14.5~30	≤2000			≤11	470~660

续表

尺寸/mm							
外形尺寸	LPB40-1000	LPB50-2000	LPB70-4000	LPB80-6000	LPB95-8000	LPB110-12000	LPB130-16000
D_1	195	240	240	275	275	275	335
D_2	56	56	80	80	130	130	130
D_3	89	89	100	100	180	180	180
D_4	104	104	142	142	260	260	260
d	25	32	40	45	50	50	63
L_{min}	600+S	685+S	843+S	1058+S	1200+S	1235+S	1360+S
L_{max}	600+2S	685+2S	843+2S	1058+2S	1200+2S	1235+2S	1360+2S
L_1	180	180	220	220	275	275	275
L_2	395	450	450	500	500	525	610
L_3	260	260	348	348	450	450	450
LX_{min}	340+S	425+S	495+S	710+S	750+S	785+S	910+S
LX_{max}	340+2S	425+2S	495+2S	710+2S	750+2S	785+2S	910+2S
S	20	25	32	45	48	50	63
I	180	180	280	280	330	330	330
H	400	400	580	580	660	660	660
A	200	200	250	250	340	340	340
A_1	214	214	270	270	380	380	380
ϕF	35	35	40	40	40	40	65

（3）DG 型电动推杆

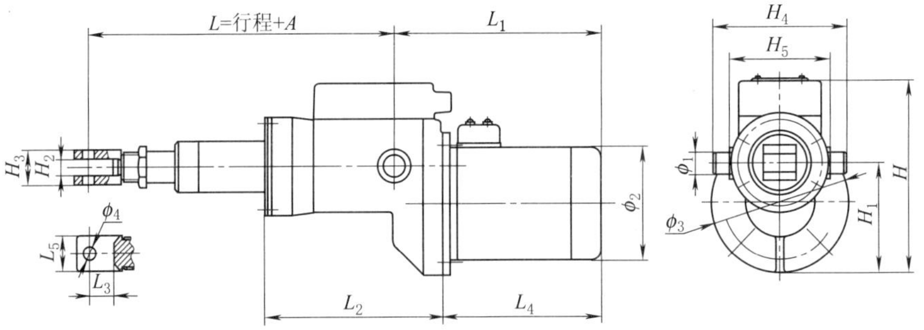

A型

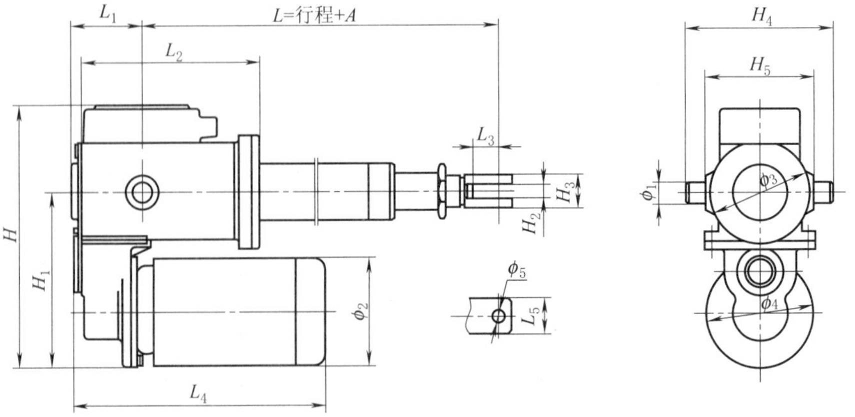

B型

表 18-3-3

A 型基本技术性能与尺寸/mm

额定推力/kgf	额定行程/mm	速度/(mm/s)	A	L_1	L_2	L_3	L_4	L_5	H	H_1	H_2	H_3	H_4	H_5	ϕ_1	ϕ_2	ϕ_3	ϕ_4	电机 型号	电机 功率/kW	质量/kg
100 (0.98kN)	200~800	M:42	232	218	207	30	153	38	217	124	20	40	152	112	25	112	160	15	YZA5634	0.18	20~26
		K:84																	YZA5622	0.18	
300 (2.94kN)	200~800	M:42	253	302	230	30	237	40	229	128	20	40	175	130	25	148	160	15	YZA7134	0.55	30~42
		K:84																	YZA7132	0.75	
500 (4.90kN)	300~1000	M:45	266	330	282	38	245	50	268	160	25	47	190	140	35	165	200	17	Y802-4	0.75	30~42
		K:90																	Y802-2	1.1	
700 (6.86kN)	300~1000	M:35	306	340	308	38	245	54	297	174	30	60	215	165	35	165	200	17	Y802-4	0.75	71~90
		K:70																	Y802-2	1.1	
1000 (9.8kN)	300~1200	M:43	334	380	308	56	285	54	297	174	35	65	215	165	40	175	200	18	Y90L-4	1.5	82~101
		K:86																	Y90L-2	2.2	
2000 (9.6kN)	300~1500	M:52	277	489	371	56	318	54	371	233	40	65	290	240	25	205	250	20	Y100L$_1$-4	2.2	84~103
		K:104																	Y100L-2	3	

B 型基本技术性能与尺寸/mm

额定推力/kgf	额定行程/mm	速度/(mm/s)	A	L_1	L_2	L_3	L_4	L_5	H	H_1	H_2	H_3	H_4	H_5	ϕ_1	ϕ_2	ϕ_3	ϕ_4	ϕ_5	电机 型号	电机 功率/kW	质量/kg
300 (2.94kN)	200~800	M:37	207	107	212	30	296	40	299	203	20	40	175	129	25	148	120	128	15	YZA7134	0.55	34~46
		K:74																		YZA7132	0.75	
500 (4.90kN)	300~1000	M:45	218	147	279	38	338	50	400	280	25	47	232	180	35	165	164	200	17	Y802-4	0.75	56~70
		K:90																		Y802-2	1.1	
700 (6.86kN)	300~1000	M:49	258	148	295	38	338	54	413	288	30	60	242	190	35	165	176	200	17	Y802-4	0.75	84~102
		K:98																		Y802-2	1.1	
1000 (9.8kN)	400~1000	M:45	237	200	319	56	386	54	434	300	35	65	330	250	40	175	196	200	18	Y90L-4	1.5	125~150
		K:90																		Y90L-2	2.2	
2000 (19.6kN)	400~1000	M:51	238	200	321	56	419	54	484	350	35	65	330	250	50	205	196	250	20	Y100L$_1$-4	2.2	136~166
		K:102																		Y100L-2	3.0	
3000 (29.4kN)	400~1000	M:34	238	200	320	56	441	54	484	350	35	65	330	250	40	230	196	250	20	Y112M-6	2.2	137~167
		K:52					419									205				Y100L$_2$-4	3.0	

注：M—慢速；K—快速。下同。

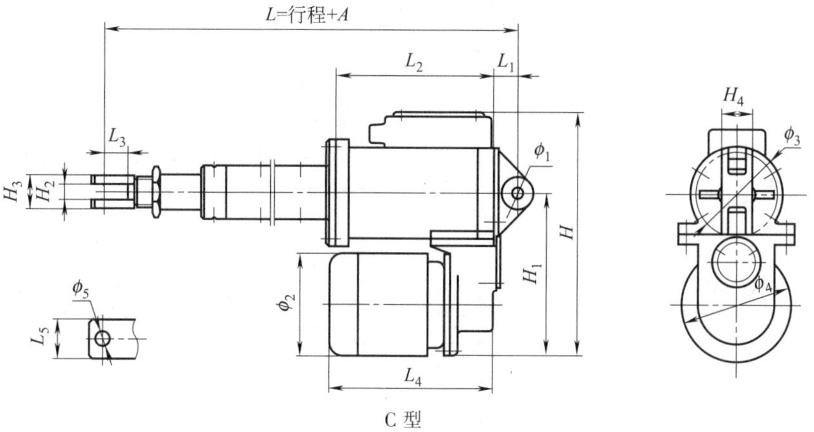

C 型

表 18-3-4　　　　C 型基本技术性能与尺寸　　　　/mm

额定推力/kgf	额定行程/mm	速度/(mm/s)	A	L_1	L_2	L_3	L_4	L_5	H	H_1	H_2	H_3	H_4	ϕ_1	ϕ_2	ϕ_3	ϕ_4	ϕ_5	电机 型号	电机 功率/kW	质量/kg
250 (2.45kN)	200~800	M:10	321	25	205	30	223	40	288	215	20	40	20	16	112	145	140	16	YZA5624	0.12	32~38
		K:20																	YZA5632	0.25	
300 (2.94kN)	200~800	M:37	330	30	203	30	289	40	299	203	20	40	24	15	148	122	128	15	YZA7134	0.55	34~46
		K:74																	YZA7132	0.75	
500 (4.90kN)	400~1000	M:45	393	45	270	38	330	50	400	280	25	47	26	20	165	174	200	17	Y802-4	0.75	56~70
		K:90																	Y802-2	1.1	
1000 (9.8kN)	400~1200	M:45	523	126	310	56	377	54	434	300	35	65	70	30	175	208	200	18	Y90L-4	1.5	125~155
		K:90																	Y90L-2	2.2	
2000 (19.6kN)	400~1500	M:51	524	126	310	56	410	54	484	350	35	65	70	30	205	208	250	20	Y100L$_1$-4	2.2	135~165
		K:102																	Y100L-2	3.0	
3000 (29.4kN)	400~2000	M:34.5	524	126	310	56	432	54	484	350	35	65	70	30	230	208	250	20	Y112M-6	2.2	145~175
		K:51					410								205				Y100L$_2$-4	3.0	
4000 (39.2kN)	400~2000	M:20	667	126	238	80	496	80	554	414	50	100	70	40	270	290	300	30	Y132S-6	3.0	165~210
		K:30																	Y132S-4	5.5	

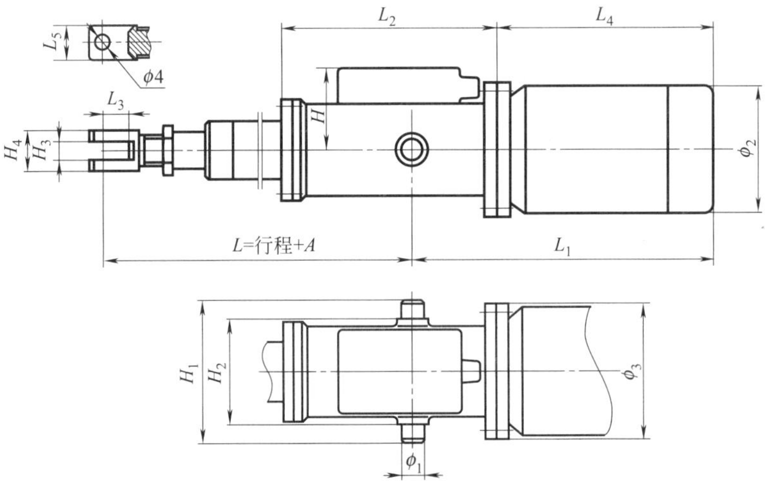

D 型

表 18-3-5　　　　D 型基本技术性能与尺寸　　　　mm

额定推力/kgf	额定行程/mm	速度/(mm/s)	A	L_1	L_2	L_3	L_4	L_5	H	H_1	H_2	H_3	H_4	ϕ_1	ϕ_2	ϕ_3	ϕ_4	电机 型号	电机 功率/kW	质量/kg
50 (0.49kN)	200~800	M:47	114	235	174	16	155	30	91	136	106	10	30	20	112	110	8	YZA5624	0.12	12~18
		K:94																YZA5622	0.18	
100 (0.98kN)	200~800	M:47	232	300	222	30	223	38	93	156	116	20	40	25	148	150	15	YZA7124	0.37	16~22
		K:94																		
200 (1.96kN)	200~800	M:47	232	313	222	30	236	38	93	156	116	20	40	25	148	150	15	YZA7134	0.55	18~24
		K:97																		
300 (2.94kN)	200~800	M:47	232	313	222	30	236	38	93	156	116	20	40	25	148	150	15	YZA7134	0.55	20~26
		K:94																		
500 (4.9kN)	200~800	M:45.5	238	437	321	38	285	50	108	170	130	25	47	30	175	200	17	Y90L-6	1.1	24~30
		K:70																Y90L-4	1.5	

1）DG、DGT、DGW 推杆的选择

① 安装型式的选择　根据用户使用设备具体结构，由用户确定。各类推杆两端的连接型式，亦可做成铰链

（即万向）连接。

② 额定推力的确定　为满足工程上的使用需要，电动推杆的额定推力应大于负载力的 1.3 倍。

③ 额定行程的确定　为使电动推杆能正常工作，额定行程应大于负载实际行程+60mm。

④ 行程速度选择　由用户根据使用需要确定，如有特殊要求可与厂方协商。

2）注意事项

电动推杆本身具有额定推力过载保护装置和行程调节机构。推杆在制造中已设定了额定推力，当意外推力超过额定值时，会立即自动断电停车，保护系统不被破坏。但是，绝不能以此作为正常运行的终点开关使用！行程调节机构可在额定行程范围内任意调节工作行程范围，相应的外行程开关可与微机联网实现自动控制。

3）标记示例

DG 300 40 M(K)-A(B、C、D)

- 推杆型式
- 行程速度(mm/s)：M—慢速，K—快速
- 额定行程(cm)
- 额定推力(kgf，1kgf=9.8N)
- 系列代号

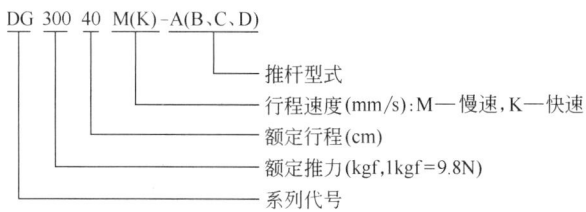

4）DG、DGT、DGW 型的生产厂为北京航天星云机电设备有限公司。

（4）DGT 型电动推焊

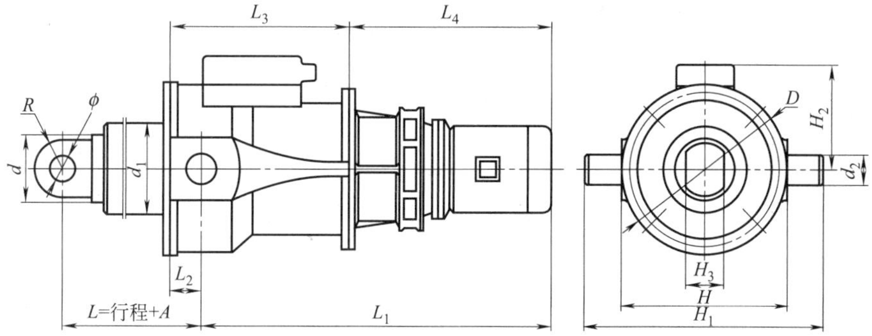

第 18 篇

表 18-3-6　DGT 型推杆基本技术性能与尺寸　mm

额定推力 /kgf	额定行程 /mm	速度 /(mm/s)	A	L_1	L_2	L_3	L_4	H	H_1	H_2	H_3	R	D	d	d_1	d_2	ϕ	减速机 型号	减速机 功率 /kW	质量 /kg
7653（75kN）	600～1500	10.43	255	771	64	324	511	250	330	176	40	41	250	98	146	50	45	XLD2.2-4-23	2.2	370～490
10204（100kN）	600～1500	3.56	362	824	64	324	564	320	420	176	45	60	280	100	146	60	60	XLD2.2-4-71	2.2	420～550
20408（200kN）	600～1500	6.74	623	994	194	432	800	418	518	241	60	90	420	134	190	70	80	XLD7.5-6-43	7.5	450～650
35714（350kN）	600～1500	4.97	544	1231	160	503	888	460	580	234	60	80	460	164	219	80	80	XLD7.5-8-87	7.5	700～880
51020（500kN）	600～1500	5.26	864	1324	200	663	957	620	780	290	70	100	580	190	270	100	100	XLD11-9-87	11	720～930

注：DGT 型电动推杆为重型电动推杆，采用电动机减速器直连，推力大，体积小。

（5）DGW 型电动推杆

DGW 型电动推杆采用滚珠丝杠螺旋副作为传动系统，传动效率较高，结构尺寸小，重量轻，精度较高，且可获得高速。

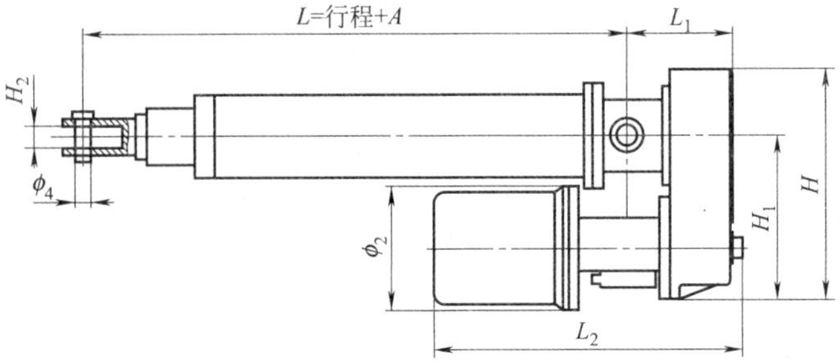

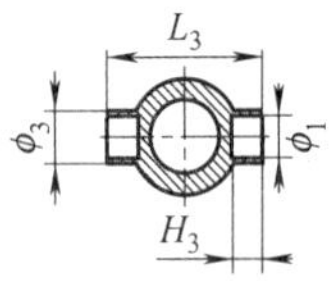

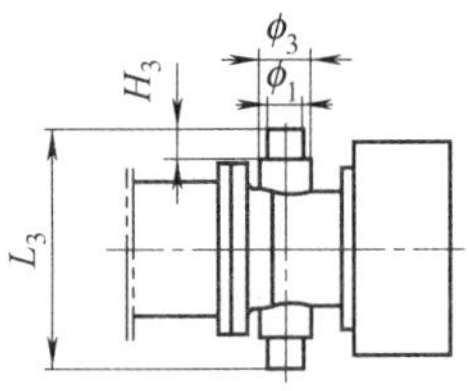

(DG10000W专用)

表 18-3-7　　DGW 型推杆基本技术性能与尺寸　　mm

额定推力/kgf	额定行程/mm	速度/(mm/s)	A	L_1	L_2	L_3	H	H_1	H_2	H_3	ϕ_1	ϕ_2	ϕ_3	ϕ_4	电机 型号	电机 功率/kW	质量/kg
500 (4.9kN)	400~1000	M:23.5	387	145	570	180	300	230	40	40	20	160	40	20	YEJ71M-6	0.18	115~145
		K:35.5													YEJ71M-4	0.25	
1000 (9.8kN)	400~1000	M:23.5	398	145	600	180	300	230	40	40	20	160	50	20	YEJ71M-6	0.25	125~155
		K:35.5													YEJ71M-4	0.37	
2000 (19.6kN)	400~1000	56	468	245	560	250	468	355	50	49	32	250	70	25	YEJ100L-6	1.5	142~172
4000 (39.2kN)	400~1000	M:25	468	200	730	220	410	301	50	49	32	200	75	30	YEJ90L-4	1.5	146~176
		K:50													YEJ90L-2	2.2	
10000 (98kN)	400~2100	50	708	268	941	368	560	398	50	50	60	300	80	40	YEJ132S2-2	7.5	200~285

（6）DTT 型电动推拉杆

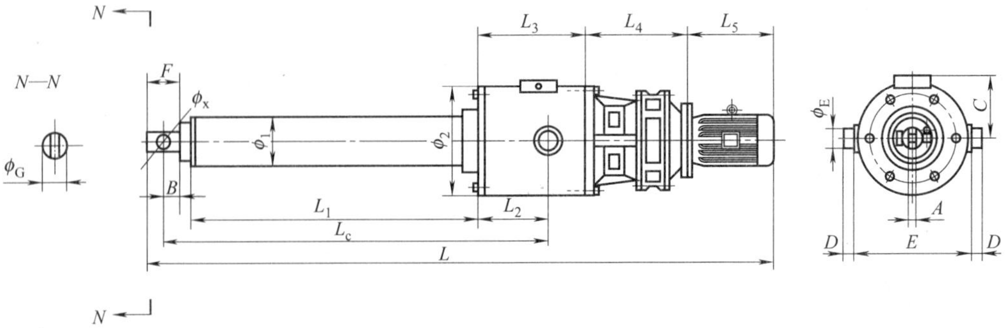

表 18-3-8　　主要尺寸　　mm

<table>
<tr><th>型　号</th><th>行程 S</th><th>L</th><th>L_c</th><th>L_1</th><th>L_2</th><th>L_3</th><th>L_4</th><th>L_5</th><th>ϕ_X</th><th>ϕ_G</th><th>ϕ_1</th><th>ϕ_2</th><th>ϕ_E</th><th>A</th><th>B</th><th>C</th><th>D</th><th>E</th><th>F</th></tr>
<tr><td>DTT40-V-S</td><td>400~1600</td><td>$466+S+L_4+L_5$</td><td>$311+S$</td><td>$126+S$</td><td>120</td><td>245</td><td rowspan="8">按配套减速器确定</td><td rowspan="8">按配套电动机确定</td><td>30</td><td>75</td><td>108</td><td>204</td><td>35</td><td>25</td><td>40</td><td>157</td><td>25</td><td>224</td><td>70</td></tr>
<tr><td>DTT63-V-S</td><td>400~1600</td><td>$466+S+L_4+L_5$</td><td>$311+S$</td><td>$126+S$</td><td>120</td><td>245</td><td>30</td><td>75</td><td>108</td><td>204</td><td>35</td><td>25</td><td>40</td><td>157</td><td>25</td><td>224</td><td>70</td></tr>
<tr><td>DTT100-V-S</td><td>500~2000</td><td>$549+S+L_4+L_5$</td><td>$373+S$</td><td>$160+S$</td><td>128</td><td>264</td><td>40</td><td>95</td><td>140</td><td>268</td><td>40</td><td>30</td><td>53</td><td>192</td><td>30</td><td>288</td><td>93</td></tr>
<tr><td>DTT160-V-S</td><td>500~2000</td><td>$651+S+L_4+L_5$</td><td>$438+S$</td><td>$188+S$</td><td>154</td><td>322</td><td>45</td><td>109</td><td>159</td><td>310</td><td>45</td><td>36</td><td>60</td><td>215</td><td>32</td><td>330</td><td>105</td></tr>
<tr><td>DTT250-V-S</td><td>600~2500</td><td>$708+S+L_4+L_5$</td><td>$489+S$</td><td>$225+S$</td><td>158</td><td>327</td><td>50</td><td>122</td><td>180</td><td>350</td><td>60</td><td>40</td><td>66</td><td>236</td><td>45</td><td>370</td><td>116</td></tr>
<tr><td>DTT400-V-S</td><td>600~3000</td><td>$882+S+L_4+L_5$</td><td>$592+S$</td><td>$249+S$</td><td>216</td><td>446</td><td>60</td><td>140</td><td>219</td><td>410</td><td>70</td><td>46</td><td>80</td><td>267</td><td>52</td><td>440</td><td>140</td></tr>
<tr><td>DTT630-V-S</td><td>600~4000</td><td>$1127+S+L_4+L_5$</td><td>$773+S$</td><td>$345+S$</td><td>257</td><td>531</td><td>80</td><td>195</td><td>273</td><td>530</td><td>90</td><td>66</td><td>106</td><td>328</td><td>68</td><td>560</td><td>186</td></tr>
<tr><td>DTT1000-V-S</td><td>600~5000</td><td>$1444+S+L_4+L_5$</td><td>$988+S$</td><td>$443+S$</td><td>334</td><td>690</td><td>100</td><td>236</td><td>325</td><td>710</td><td>120</td><td>80</td><td>133</td><td>419</td><td>90</td><td>740</td><td>233</td></tr>
</table>

表 18-3-9　　基本性能参数

<table>
<tr><td rowspan="24">推拉杆型号</td><td rowspan="6">DTT40-V-S</td><td>推拉力 F/kN</td><td colspan="14">40</td></tr>
<tr><td>推杆速度 v/mm·s^{-1}</td><td>54.8</td><td>43.3</td><td>34.8</td><td>27.4</td><td>21.6</td><td>17.7</td><td>11.5</td><td>8.5</td><td>6.7</td><td>5.6</td><td>4.5</td><td>3.3</td><td>2.7</td><td>2.5</td></tr>
<tr><td>电动机功率/kW</td><td>7.5</td><td>5.5</td><td colspan="2">4</td><td>3</td><td>2.2</td><td>1.5</td><td colspan="2">1.1</td><td>0.75</td><td colspan="4">0.55</td></tr>
<tr><td>电动机长度 L_5/mm</td><td>435</td><td>395</td><td colspan="2">340</td><td colspan="2">320</td><td>285</td><td colspan="2">260</td><td colspan="5">245</td></tr>
<tr><td>配套减速器型号</td><td colspan="5">NGW40/63</td><td colspan="9">XLD4</td></tr>
<tr><td>减速器长度 L_4/mm</td><td colspan="2">250</td><td colspan="3">200</td><td colspan="9">260</td></tr>
<tr><td rowspan="6">DTT63-V-S</td><td>推拉力 F/kN</td><td colspan="14">63</td></tr>
<tr><td>推杆速度 v/mm·s^{-1}</td><td>54.8</td><td>43.3</td><td>34.8</td><td>27.4</td><td>21.6</td><td>17.7</td><td>11.5</td><td>8.5</td><td>6.7</td><td>5.6</td><td>4.5</td><td>3.3</td><td>2.7</td><td>2.5</td></tr>
<tr><td>电动机功率/kW</td><td>11</td><td colspan="2">7.5</td><td>5.5</td><td colspan="2">4</td><td colspan="2">2.2</td><td>1.5</td><td colspan="2">1.1</td><td>0.75</td><td colspan="2">0.55</td></tr>
<tr><td>电动机长度 L_5/mm</td><td>490</td><td colspan="2">435</td><td>395</td><td colspan="2">340</td><td colspan="2">320</td><td>285</td><td colspan="2">260</td><td colspan="3">245</td></tr>
<tr><td>配套减速器型号</td><td colspan="5">NGW40/63</td><td colspan="9">XLD4</td></tr>
<tr><td>减速器长度 L_4/mm</td><td colspan="4">250</td><td>200</td><td colspan="9">260</td></tr>
<tr><td rowspan="6">DTT100-V-S</td><td>推拉力 F/kN</td><td colspan="14">100</td></tr>
<tr><td>推杆速度 v/mm·s^{-1}</td><td></td><td>54.5</td><td>43.8</td><td>34.5</td><td>27.2</td><td>22.3</td><td>14.4</td><td>10.7</td><td>8.5</td><td>7.0</td><td>5.7</td><td>4.2</td><td>3.5</td><td>2.8</td></tr>
<tr><td>电动机功率/kW</td><td></td><td>18.5</td><td>15</td><td>11</td><td colspan="2">7.5</td><td>4</td><td colspan="2">3</td><td colspan="2">2.2</td><td>1.5</td><td colspan="2">1.1</td></tr>
<tr><td>电动机长度 L_5/mm</td><td></td><td>560</td><td>535</td><td>490</td><td colspan="2">435</td><td>340</td><td colspan="4">320</td><td>285</td><td colspan="2">260</td></tr>
<tr><td>配套减速器型号</td><td colspan="5">NGW100</td><td colspan="9">XLD5</td></tr>
<tr><td>减速器长度 L_4/mm</td><td colspan="5">275</td><td>358</td><td colspan="5">334</td><td colspan="3">319</td></tr>
<tr><td rowspan="6">DTT160-V-S</td><td>推拉力 F/kN</td><td colspan="14">160</td></tr>
<tr><td>推杆速度 v/mm·s^{-1}</td><td></td><td>54.5</td><td>43.8</td><td>34.5</td><td>27.2</td><td>22.3</td><td>14.4</td><td>10.7</td><td>8.5</td><td>7.0</td><td>5.7</td><td>4.2</td><td>3.5</td><td>2.8</td></tr>
<tr><td>电动机功率/kW</td><td></td><td>30</td><td>22</td><td>18.5</td><td>15</td><td>11</td><td>7.5</td><td>5.5</td><td colspan="2">4</td><td>3</td><td colspan="2">2.2</td><td>1.5</td></tr>
<tr><td>电动机长度 L_5/mm</td><td></td><td>665</td><td>600</td><td>560</td><td>535</td><td>490</td><td>435</td><td>395</td><td colspan="2">340</td><td colspan="3">320</td><td>285</td></tr>
<tr><td>配套减速器型号</td><td colspan="6">NGW160</td><td colspan="8">XLD5</td></tr>
<tr><td>减速器长度 L_4/mm</td><td colspan="6">295</td><td colspan="2">358</td><td colspan="5">334</td><td>319</td></tr>
</table>

续表

<table>
<tr><td rowspan="24">推拉杆型号</td><td rowspan="6">DTT250-V-S</td><td>推拉力 F/kN</td><td colspan="14">250</td></tr>
<tr><td>推杆速度 v/mm·s^{-1}</td><td colspan="2"></td><td>52.9</td><td>41.7</td><td>32.9</td><td>26.9</td><td>17.4</td><td>12.9</td><td>10.2</td><td>8.5</td><td>6.9</td><td>5.0</td><td>4.2</td><td>3.4</td></tr>
<tr><td>电动机功率/kW</td><td colspan="2"></td><td>45</td><td>37</td><td>30</td><td>22</td><td>15</td><td colspan="2">11</td><td>7.5</td><td>5.5</td><td colspan="2">4</td><td>3</td></tr>
<tr><td>电动机长度 L_5/mm</td><td colspan="2"></td><td>705</td><td>680</td><td>665</td><td>600</td><td>535</td><td colspan="2">490</td><td>435</td><td>395</td><td colspan="2">340</td><td>320</td></tr>
<tr><td>配套减速器型号</td><td colspan="6">NGW250</td><td colspan="8">XLD7</td></tr>
<tr><td>减速器长度 L_4/mm</td><td colspan="6">360</td><td colspan="3">422</td><td colspan="2">392</td><td colspan="3">372</td></tr>
<tr><td rowspan="6">DTT400-V-S</td><td>推拉力 F/kN</td><td colspan="14">400</td></tr>
<tr><td>推杆速度 v/mm·s^{-1}</td><td>55.8</td><td>44</td><td>35.4</td><td>27.9</td><td>22</td><td>18</td><td>11.6</td><td>8.6</td><td>6.8</td><td>5.7</td><td>4.6</td><td>3.4</td><td>2.8</td><td>2.3</td></tr>
<tr><td>电动机功率/kW</td><td>90</td><td>75</td><td>55</td><td>45</td><td>37</td><td>30</td><td>22</td><td>15</td><td colspan="2">11</td><td>7.5</td><td colspan="2">5.5</td><td>4</td></tr>
<tr><td>电动机长度 L_5/mm</td><td>1080</td><td>1030</td><td>910</td><td>860</td><td>790</td><td>705</td><td>665</td><td>600</td><td colspan="2">535</td><td>490</td><td colspan="3">435</td></tr>
<tr><td>配套减速器型号</td><td colspan="6">NGW400</td><td colspan="8">XLD8</td></tr>
<tr><td>减速器长度 L_4/mm</td><td colspan="6">435</td><td colspan="4">495</td><td colspan="4">465</td></tr>
<tr><td rowspan="6">DTT630-V-S</td><td>推拉力 F/kN</td><td colspan="14">630</td></tr>
<tr><td>推杆速度 v/mm·s^{-1}</td><td colspan="2"></td><td>41.3</td><td>32.5</td><td>25.7</td><td>21</td><td>13.6</td><td>10</td><td>7.9</td><td>6.6</td><td>5.4</td><td>3.9</td><td>3.3</td><td>2.7</td></tr>
<tr><td>电动机功率/kW</td><td colspan="2"></td><td>110</td><td>90</td><td>75</td><td>55</td><td>37</td><td>30</td><td>22</td><td>18.5</td><td>15</td><td colspan="2">11</td><td>7.5</td></tr>
<tr><td>电动机长度 L_5/mm</td><td colspan="2"></td><td colspan="2">1080</td><td>1030</td><td>910</td><td>790</td><td>705</td><td colspan="2">665</td><td>600</td><td colspan="2">535</td><td>490</td></tr>
<tr><td>配套减速器型号</td><td colspan="6">NGW630</td><td colspan="8">XLD10</td></tr>
<tr><td>减速器长度 L_4/mm</td><td colspan="6">530</td><td colspan="2">574</td><td colspan="6">542</td></tr>
<tr><td rowspan="6">DTT1000-V-S</td><td>推拉力 F/kN</td><td colspan="14">1000</td></tr>
<tr><td>推杆速度 v/mm·s^{-1}</td><td colspan="4"></td><td>33</td><td>27</td><td>17.5</td><td>12.9</td><td>10.2</td><td>8.5</td><td>6.9</td><td>5.0</td><td>4.2</td><td>3.4</td></tr>
<tr><td>电动机功率/kW</td><td colspan="4"></td><td>132</td><td>110</td><td>75</td><td>55</td><td>45</td><td>37</td><td>30</td><td>22</td><td>18.5</td><td>15</td></tr>
<tr><td>电动机长度 L_5/mm</td><td colspan="4"></td><td colspan="2">1080</td><td>1030</td><td>910</td><td>860</td><td>790</td><td>705</td><td colspan="2">665</td><td>600</td></tr>
<tr><td>配套减速器型号</td><td colspan="7">NGW1000</td><td colspan="7">XLD11</td></tr>
<tr><td>减速器长度 L_4/mm</td><td colspan="7">705</td><td colspan="4">837</td><td colspan="3">807</td></tr>
</table>

1）型号含义

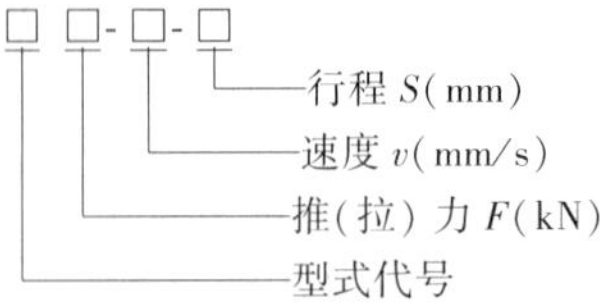

2）标记示例

DTT 型电动推拉杆，推（拉）力 100kN，速度为 4.2mm/s，行程为 1500mm。

标记为：DTT100-4.2-1500

3）生产厂

生产厂为江苏省无锡市万向轴器有限公司，抚顺天宝重工液压机械制造有限公司。

（7）TDT 同步电动推杆

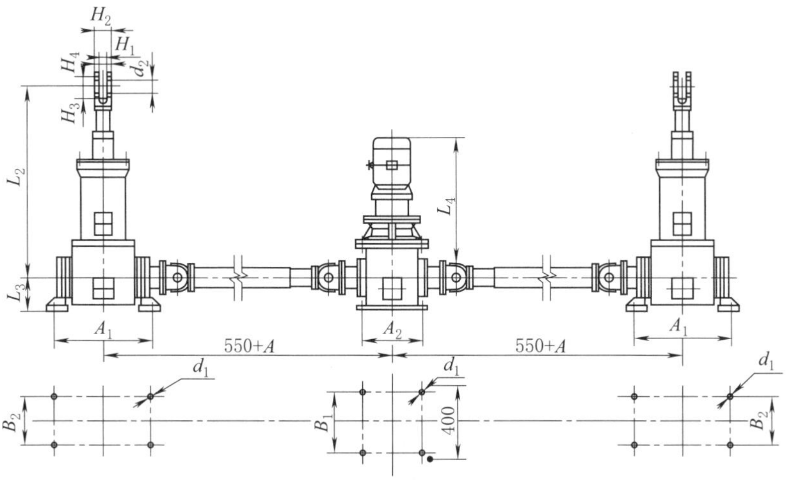

表 18-3-10　　TDT 型推杆的技术参数与尺寸　　mm

	型号	推拉力/t		行程/mm	速度/(mm/s)	配用电动机	功率 kW
		双联	三联				
技术参数	TDT1.6×2	3.2	4.8	200~1200	2.5	Y100L1-4	2.2
	TDT16×3				3.45	Y112M-4	4
	TDT2. 5×2	5		200~1400	4.24	Y100L1-4	2.2
	TDT3. 2×2	6.4			5.12	Y112M-4	4
	TDT5×2	10			6.46 8.75	Y132S-4	5.5
	TDT10×2	20		300~2000	12	Y132M-4	7.5

	型号	L_2	L_3	L_4	A_1	A_2	A_3	B_1	B_2	d_1	H_2	H_3	H_4	d_2
安装尺寸	TDT1.6×2	500+S	150（170）	950	465	280（340）	550+A	280（340）	140	ϕ22	80×80	50	40	ϕ40
	TDT16×3													
	TDT2.5×2													
	TDT3.2×2													
	TDT5×2													
	TDT10×2	989+S	175	1200	520		830+A							

注：1. 表中 L2 项中的 *S* 为所需要行程，mm，A3 项中的 *A* 为推杆之间中心距的增加值，用户在认货时确定。如以上规格不能满足用户需要本厂可为用户特殊设计。

2. 本产品生产单位：无锡龙盘推杆机械制造有限公司、焦作华科液压机械制造有限公司。

1.2　伺服电动推杆

伺服电动推杆配置伺服电机，对减速机、联轴器、滚珠丝杆副等各环节要求零间隙、高刚度、低摩擦、低惯量，能实现精度较高的自动化、数字化控制。

（1）SDTB 型伺服电动推杆（同步带传动）

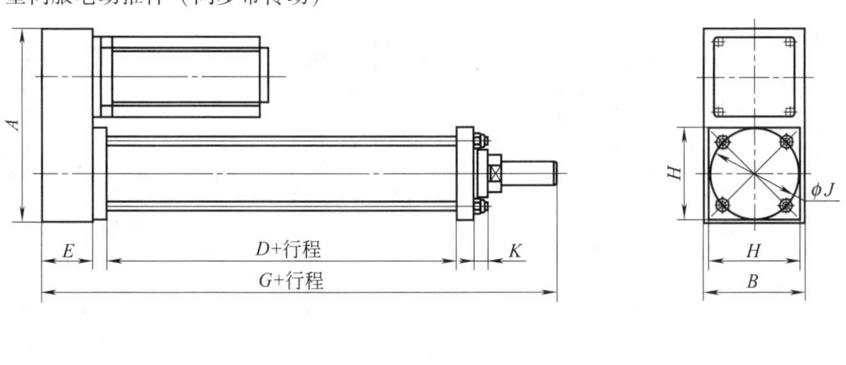

表 18-3-11　　SDTB 型推杆性能参数与尺寸

型号	SDTB1	SDTB2	SDTB5	SDTB10	SDTB20	SDTB30	SDTB50	SDTB75	SDTB100
最大推力 F/kN	1	2	5	10	20	30	50	75	100
丝杠直径 d_1/mm	16	16	16	28	28	40	40	39	48
丝杠导程 S/mm	5	5	5	5	5	10	10	5	5
丝杠转矩 M/N·m	0.83	1.66	4.15	8.3	16.6	49.8	83	62.25	83
转矩系数 K/(N·m/kN)	0.83	0.83	0.83	0.83	0.83	1.66	1.66	0.83	0.83
有效导程/mm	80~1200								
推杆速度 v/(mm/s)	115~320			60~200		110~266			35~266

注：1. 重复定位精度±0.02mm。

2. 不同的丝杠导程可获得不同的 F、K、v。

3. $F\leqslant50$kN 时，选用滚珠丝杠；$F\geqslant75$kN 时，选用滚柱丝杠。

4. 推力扭矩系数 K 表示每 1kN 推力需要的转矩，$KF=M$ 结合传动比值用于选择伺服电机的转矩。系数 K 是在特定的 d_1、S 值条件下计算结果，当 d_1、S 改变时 K 值也相应变化。

型号	尺寸/mm							
	A	B	D	F	G	H	ϕJ	K
SDTB1	200	100	85	65	307	96	72	16
SDTB2								
SDTB5								
SDTB10	260	130	165	75	400	138	103	24
SDTB20	279		170	80		125	125	20
SDTB30	380	180	220	155	510	160	175	25
SDTB50								
SDTB75	420	210	282		635	172	186	30
SDTB100	455	235	322	120	687	215	215	35

注：1. 安装型式有多种，有底脚座式，双二环式，侧耳轴式，杆侧法兰式，内、外螺纹式，可根据用户需要与生产厂家联系。

2. 生产厂家：北京古德高机电技术有限公司，下同。

表 18-3-12　　SDTB 伺服电机-同步带传动参数

型号	SDTB1	SDTB2	SDTB5	SDTB10	SDTB30-1	SDTB30-2	SDTB50	SDTB100-1	SDTB100-2
最大推力 F/kN	1	2	5	10	30	30	50	100	100
丝杠直径×导程 $d_1\times S$	16×5	16×5	16×5	28×5	40×10	40×10	40×10	48×5	48×5
转矩系数 K	0.83	0.83	0.83	0.83	1.66	1.66	1.66	0.83	0.83
丝杠转矩 M/(N·m)	0.83	1.66	4.15	8.3	49.8	49.8	83	83	83
推杆速度 v/(mm/s)	195~320	195~320	195~320	120~200	166~266	166~266	166~266	85~266	85~266
丝杠转速 n/(r/min)	2343~3480	2343~3480	2343~3480	1440~2400	600~444	996~1356	996~1356	324~444	900~1800
电机功率 Nd/kW	0.2	0.4	1.0	2.0	3.0	5.5	8.5	3.0	7.5
额定转矩 Md/(N·m)	0.64	1.27	3.3	6.8	9.5	30.01	47.74	9.5	47.74
瞬时最大扭矩/(N·m)	1.91	3.82	9.9	19.2	19.2	87.53	119.36	30	119.36
电机额定转速/(r/min)	3000	3000	3000	3000	3000	1500	1500	3000	1500
电机瞬时最高转速/(r/min)	5000	5000	5000	4500	4500	3000	3000	4000	3000
电机工作区/(r/min)	2952~4834	2952~4834	2952~4834	1757~2928	1757~2928	1416~1928	1416~1928	2916~3996	1564~1800
传动比 i	0.83/0.64=1.3	1.66/1.27=1.3	4.15/3.3=1.26	8.3/6.8=1.22	49.8/9.5=5.2441	49.8/35=1.422	83/47.74=1.738	83/9.5=8.7	83/47.74=1.738

常用计算公式：1. $v=ns/60$，(v—推杆速度，mm/s；n—丝杠转速，r/min；s—丝杠导程，mm)。2. 初选电机功率 $Nd=Fv\times10^{-6}$kW (F—推力，N)。3. 丝杠转矩 $M=KF$。4. 传动比 $i=M/Md$(丝杠转矩/电机额定转矩)。5. 转矩系数 $K=0.5d_1\tan(\lambda+\rho)$ (λ—丝杠螺旋升角；ρ—丝杠螺旋摩擦角；d_1—丝杠直径)。

（2）SDTC 型伺服电动推杆（行星减速机传动）

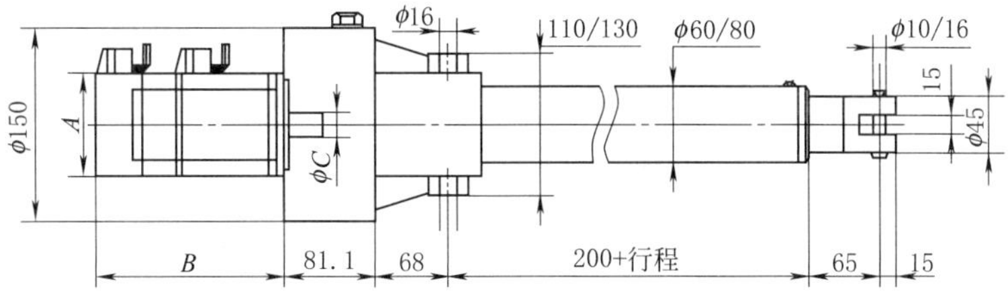

表 18-3-13　　SDTC 型推杆性能参数

型号	SDTC-1	SDTC-2	SDTC-5	SDTC-10	SDTC-20	SDTC-30
额定推力/kN	1.0	2.0	5.0	10	20	30
丝杠所需转矩/N·m	0.83	1.66	4.51	8.3	16.6	49.8
行星减速比 i	2.8					
所需电机转矩/N·m	0.3	0.59	1.48	2.96	5.93	17.8
额定推杆速度/(mm/s)	89.3					
推杆有效行程/mm	80～1200					
选用伺服电机性能参数						
电机功率/kN	0.1	0.2	0.75	1.0	2.0	3.0*
额定转矩/N·m	0.318	0.64	2.39	3.3	6.8	19.1
最大转矩/N·m	0.95	1.91	7.16	9.9	19.2	58.2
额定转速/(r/min)	3000	3000	3000	3000	3000	1500
最高转速/(r/min)	5000	5000	5000	5000	4500	3000
A/mm	40	60	80	100	100	180
B(无制动器/有制动器)	100.1/135.7	102.4/137	135/171.6	143/181	164/213	114.3
ϕC/mm	8	14	19	22	22	35

注：*2kW 以下选低惯量电机，3kW 以上选中惯量电机，电机参数系个别品牌电机参数。

（3）SDTC/Z 型伺服电动推杆（电机与丝杠直接传动）

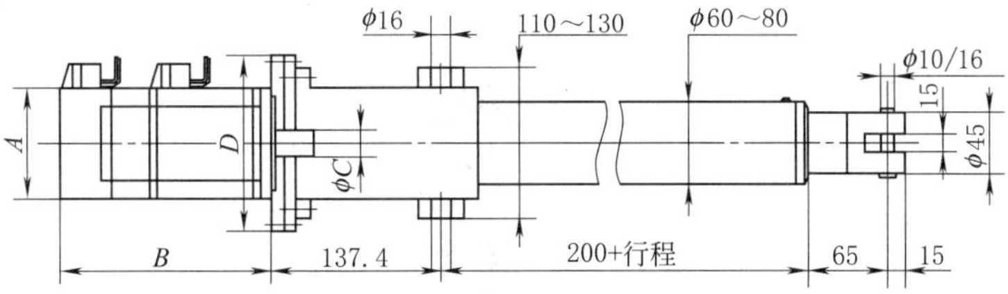

表 18-3-14　　SDTC/Z 型推杆性能参数

型号	SDTC/Z-1	SDTC/Z-2	SDTC/Z-5	SDTC/Z-10	SDTC/Z-20	SDTC/Z-30
额定推力/kN	0.36	0.714	1.786	3.57	7.14	10.7
推杆额定速度/(mm/s)	250					
推杆有效行程/mm	80～1200					
选用伺服电机性能参数						
电机功率/kN	0.1	0.2	0.75	1.0	2.0	3.0*
额定转矩/N·m	0.318	0.64	2.39	3.3	6.8	19.1
最大转矩/N·m	0.95	1.91	7.16	9.9	19.2	58.2
额定转速/(r/min)	3000	3000	3000	3000	3000	1500
最高转速/(r/min)	5000	5000	5000	5000	4500	3000
A/mm	40	60	80	100	100	180
B(无制动器/有制动器)	100.1/135.7	102.4/137	135/171.6	143/181	164/213	114.3
ϕC	8	14	19	22	22	35
D/mm	110～130(按电机配)					

注：1. *2kW 以下选低惯量电机，3kW 以上选中惯量电机，电机参数系个别品牌参数。
2. 电机与丝杠直接传动，无减速增扭环节，适用推力小，推速高场合。

1.3 应用示例

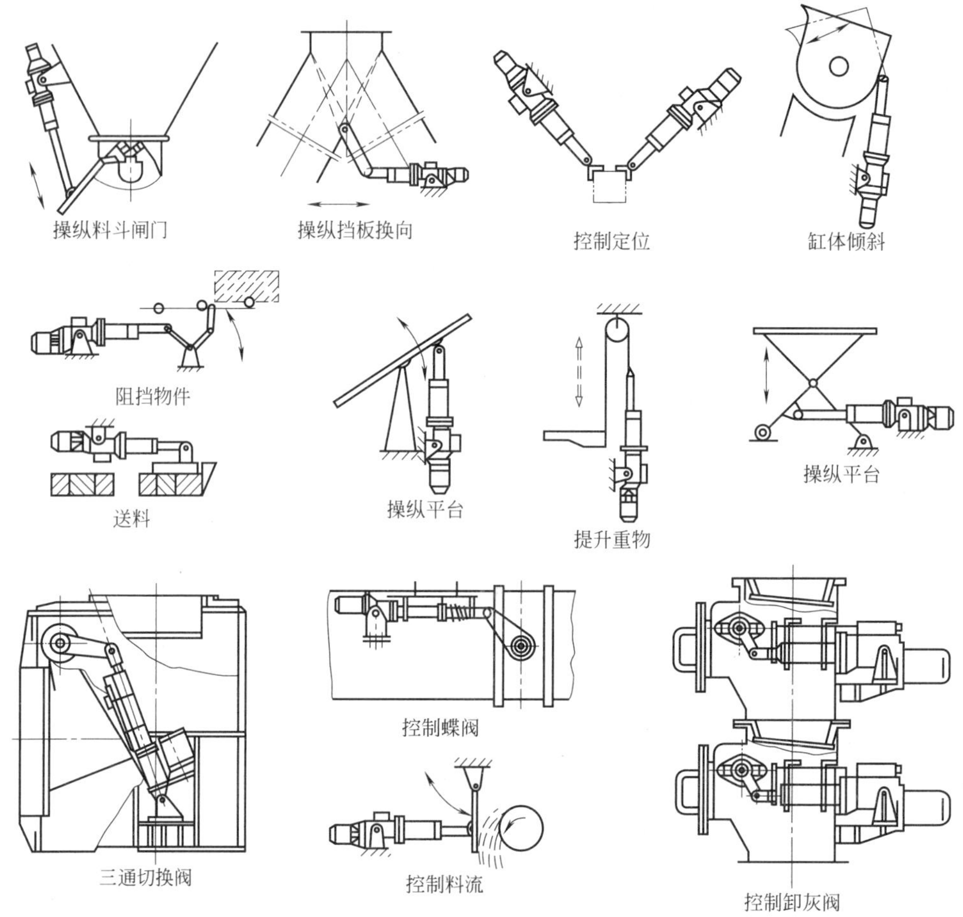

图 18-3-1 应用示例

2 电液推杆

2.1 电动液压缸

2.1.1 UE 系列电动液压缸与系列液压泵技术参数

表 18-3-15 电动液压缸与系列液压泵技术参数举例

液压缸/mm		1 系 列 泵			
		01		02	
缸径	40	20mm/s(推速)	26kN(最大推力)	27mm/s(推速)	26kN(最大推力)
杆径	20	27mm/s(拉速)	19kN(最大拉力)	36mm/s(拉速)	19kN(最大拉力)
	22	29mm/s(拉速)	18kN(最大拉力)	38mm/s(拉速)	18kN(最大拉力)
	28	39mm/s(拉速)	13kN(最大拉力)	52mm/s(拉速)	13kN(最大拉力)

表 18-3-16　　电动液压缸与 1 系列液压泵技术参数

液压缸/mm		1 系列泵																					
		01		02		03		04		05		06		07		08		09		10		11	
		速度/mm·s^{-1}	推、拉力/kN	速度/mm·s^{-1}	推、拉力/kN	速度/mm·s^{-1}	推、拉力/kN	速度/mm·s^{-1}	推、拉力/kN	速度/mm·s^{-1}	推、拉力/kN	速度/mm·s^{-1}	推、拉力/kN	速度/mm·s^{-1}	推、拉力/kN	速度/mm·s^{-1}	推、拉力/kN	速度/mm·s^{-1}	推、拉力/kN	速度/mm·s^{-1}	推、拉力/kN	速度/mm·s^{-1}	推、拉力/kN
缸径	40	20	26	27	26	36	26	44	26	53	25	62	25	71	22	84	22	100	21	129	20	169	18
杆径	20	27	19	36	19	47	19	59	19	71	18	83	18	95	17	113	17	133	16	172	15	225	14
	22	29	18	38	18	51	18	64	18	76	17	89	17	102	15	121	15	143	15	185	14	242	13
	28	39	13	52	13	70	13	87	13	105	13	122	13	139	11	165	11	196	10	253	10	331	9
缸径	50	13	41	17	41	23	41	28	41	34	39	40	39	45	35	54	35	64	33	82	31	108	28
杆径	25	17	31	23	31	30	31	40	31	45	29	53	29	61	26	72	26	85	25	110	23	144	22
	28	19	28	25	28	33	28	41	28	50	27	58	27	66	24	79	24	93	23	120	21	157	20
	36	27	20	35	20	47	20	59	20	71	19	83	19	94	17	112	17	133	16	171	15	224	14
缸径	63	8.1	65	11	65	14	65	18	65	21	62	25	62	29	56	34	56	40	53	52	50	68	44
杆径	32	11	48	14	48	19	48	24	48	29	46	34	46	39	41	46	41	54	39	70	37	92	34
	36	12	44	16	44	21	44	27	44	32	42	37	42	43	37	51	37	60	35	77	33	101	31
	45	16	32	22	32	29	32	37	32	44	30	51	30	58	27	69	27	82	26	106	24	139	22
缸径	80	5	105	6.7	105	8.9	105	11	105	13	100	16	100	18	90	21	90	25	85	32	80	42	75
杆径	40	6.7	79	8.9	79	12	79	15	79	18	75	21	75	24	67	28	67	33	64	43	60	56	56
	45	7.3	72	9.7	72	13	72	16	72	19	68	23	68	26	61	31	61	37	58	47	55	62	51
	56	9.8	53	13	53	17	53	22	53	26	51	30	51	35	46	41	46	49	43	63	41	83	38
缸径	90	3.9	133	5.3	133	7	133	8.8	133	11	127	12	127	14	114	17	114	20	108	25	101	33	95
杆径	45	5.3	100	7	100	9.4	100	12	100	14	95	16	95	19	85	22	85	26	81	34	76	44	71
	50	5.7	92	7.6	92	10	92	13	92	15	88	18	88	20	79	24	79	29	74	37	70	48	65
	63	7.7	68	10	68	14	68	17	68	21	64	24	64	28	58	33	58	39	55	50	51	65	48
缸径	100	3.2	165	4.3	165	5.7	165	7.1	165	8.5	157	9.9	157	11	141	14	141	16	133	21	125	27	117
杆径	50	4.3	123	5.7	123	7.6	123	9.5	123	11	117	13	117	15	106	18	106	21	100	27	94	36	88
	56	4.7	113	6.2	113	8.3	113	10	113	12	107	14	107	17	97	20	97	23	91	30	86	39	80
	70	6.3	84	8.4	84	11	84	14	84	17	80	20	80	22	72	26	72	31	68	40	64	53	60
缸径	110	2.6	200	3.5	200	4.7	200	5.9	200	7	190	8.2	190	9.4	171	11	171	13	161	17	152	22	142
杆径	56	3.6	148	4.8	148	6.3	148	7.9	148	9.5	140	11	140	13	126	15	126	18	119	23	112	30	105
	63	3.9	134	5.2	134	7	134	8.7	134	10	127	12	127	14	115	17	115	20	108	25	102	33	95
	80	5.6	94	7.5	94	10	94	12	94	15	89	17	89	20	80	24	80	28	76	36	71	47	67

注：1. UEC 系列直列式电动液压缸优先选用本系列。

2. 本节（2.1 电动液压缸）产品由天津优瑞纳斯液压机械有限公司、焦作华科液压机械制造有限公司生产。

表 18-3-17　　电动液压缸与 2 系列液压泵技术参数

液压缸/mm		2 系列泵																			
		20		21		22		23		24		25		26		27		28		29	
		速度/mm·s^{-1}	推、拉力/kN	速度/mm·s^{-1}	推、拉力/kN	速度/mm·s^{-1}	推、拉力/kN	速度/mm·s^{-1}	推、拉力/kN	速度/mm·s^{-1}	推、拉力/kN	速度/mm·s^{-1}	推、拉力/kN	速度/mm·s^{-1}	推、拉力/kN	速度/mm·s^{-1}	推、拉力/kN	速度/mm·s^{-1}	推、拉力/kN	速度/mm·s^{-1}	推、拉力/kN
缸径	40	55	31	79	31	111	31	140	31	196	31	236	31	284	31	331	27	391	25	440	22
杆径	20	73	23	105	23	148	23	187	23	262	23	314	23	378	23	442	20	522	18	588	17
	22	78	22	113	22	159	22	201	22	282	22	338	22	407	22	475	19	561	17	632	15
	28	107	16	154	16	218	16	275	16	385	16	462	16	556	16	650	14	767	12	864	11
缸径	50	35	49	50	49	71	49	90	49	126	49	151	49	181	49	212	43	250	39	282	35
杆径	25	47	36	67	36	95	36	120	36	168	36	201	36	242	36	283	32	334	29	376	26
	28	51	33	73	33	104	33	131	33	183	33	220	33	264	33	309	29	365	27	411	24
	36	73	23	104	23	148	23	186	23	261	23	313	23	377	23	440	20	520	18	586	17
缸径	63	22	78	32	78	45	78	56	78	79	78	95	78	114	78	134	68	158	62	178	56
杆径	32	30	57	43	57	60	57	76	57	107	57	128	57	154	57	180	50	213	46	239	41
	36	33	52	47	52	66	52	84	52	118	52	141	52	170	52	198	46	234	42	264	37
	45	45	38	65	38	91	38	115	38	162	38	194	38	233	38	273	33	322	30	363	27
缸径	80	14	125	20	125	28	125	35	125	49	125	59	125	71	125	83	110	98	100	110	90
杆径	40	18	94	26	94	37	94	47	94	65	94	79	94	95	94	110	83	130	75	147	67
	45	20	86	29	86	41	86	51	86	72	86	86	86	104	86	121	75	143	68	161	61
	56	27	64	39	64	54	64	69	64	96	64	116	64	139	64	162	56	192	51	216	46
缸径	90	11	159	16	159	22	159	28	159	39	159	47	159	56	159	65	140	77	127	87	114
杆径	45	14	119	21	119	29	119	37	119	52	119	62	119	75	119	87	105	103	95	116	85
	50	16	110	22	110	32	110	40	110	56	110	67	110	81	110	95	96	112	88	126	79
	63	21	81	30	81	43	81	54	81	76	81	91	81	110	81	128	71	152	64	171	58
缸径	100	8.7	196	13	196	18	196	22	196	31	196	38	196	45	196	53	172	63	157	71	141
杆径	50	12	147	17	147	24	147	30	147	42	147	50	147	60	147	71	129	83	117	94	106
	56	13	134	18	134	26	124	33	134	46	134	55	134	66	134	77	118	91	107	103	97
	70	17	100	25	100	35	100	44	100	62	100	74	100	89	100	104	88	123	80	138	72
缸径	110	7.2	237	10	237	15	237	19	237	26	237	31	237	37	237	44	209	52	190	58	171
杆径	56	9.8	176	14	176	20	176	25	176	35	176	42	176	51	176	59	154	70	140	79	126
	63	11	159	15	159	22	159	28	159	39	159	46	159	56	159	65	140	78	127	87	115
	80	15	112	22	112	31	112	39	112	55	112	66	112	81	112	93	98	110	89	124	80
缸径	125	5.6	306	8	306	11	306	14	306	20	306	24	306	29	306	34	270	40	245	45	220
杆径	63	7.5	228	11	228	15	228	19	228	27	228	32	228	39	228	45	201	54	183	60	164
	70	8.2	210	12	210	17	210	21	210	29	210	35	210	42	210	49	185	58	168	66	151
	90	12	147	17	147	24	147	30	147	42	147	50	147	60	147	70	130	83	118	94	106

续表

液压缸/mm		2 系 列 泵																			
		20		21		22		23		24		25		26		27		28		29	
		速度/mm·s⁻¹	推、拉力/kN	速度/mm·s⁻¹	推、拉力/kN	速度/mm·s⁻¹	推、拉力/kN	速度/mm·s⁻¹	推、拉力/kN	速度/mm·s⁻¹	推、拉力/kN	速度/mm·s⁻¹	推、拉力/kN	速度/mm·s⁻¹	推、拉力/kN	速度/mm·s⁻¹	推、拉力/kN	速度/mm·s⁻¹	推、拉力/kN	速度/mm·s⁻¹	推、拉力/kN
缸径	140	4.5	384	6.4	384	9.1	384	11	384	16	384	19	384	23	384	27	338	32	307	36	277
杆径	70	6	288	8.6	288	12	288	15	288	21	288	26	288	31	288	36	254	43	231	48	207
	80	6.6	259	9.5	259	13	259	17	259	24	259	29	259	34	259	40	228	47	207	53	186
	100	9.1	188	13	188	19	188	23	188	33	188	39	188	47	188	55	165	65	150	73	135
缸径	150	3.9	441	5.6	441	7.9	441	10	441	14	441	17	441	20	441	24	388	28	353	31	318
杆径	75	5.2	331	7.5	331	11	331	13	331	19	331	22	331	27	331	31	291	37	265	42	238
	85	5.7	300	8.2	300	12	300	15	300	21	300	25	300	30	300	35	264	41	240	46	216
	105	7.6	225	11	225	15	225	20	225	27	225	33	225	40	225	46	198	55	180	61	162
缸径	160	3.4	502	4.9	502	6.9	502	8.8	502	12	502	15	502	18	502	21	442	24	402	28	362
杆径	80	4.6	377	6.5	377	9.3	377	12	377	16	377	20	377	24	377	28	331	33	301	37	271
	90	5	343	7.2	343	10	343	13	343	18	343	22	343	26	343	30	302	36	274	40	247
	110	6.5	265	9.3	265	13	265	17	265	23	265	28	265	34	265	39	233	46	212	52	190
缸径	180	2.7	636	3.9	636	5.5	636	6.9	636	9.7	636	12	636	14	636	16	560	19	509	22	458
杆径	90	3.6	477	5.2	477	7.3	477	9.2	477	13	477	16	477	19	477	22	419	26	381	29	343
	100	3.9	439	5.6	439	7.9	439	10	439	14	439	17	439	20	439	24	387	28	351	31	316
	125	5.2	329	7.5	329	11	329	13	329	19	329	22	329	27	329	32	289	37	263	42	237
缸径	200	2.2	785	3.1	785	4.4	785	5.6	785	7.9	785	9.4	785	11	785	13	691	16	628	18	565
杆径	100	2.9	589	4.2	589	5.9	589	7.5	589	10	589	13	589	15	589	18	518	21	471	24	424
	110	3.1	547	4.5	547	6.4	547	8	547	11	547	14	547	16	547	19	482	22	438	25	394
	140	4.3	400	6.2	400	8.7	400	11	400	15	400	18	400	22	400	26	352	31	320	35	288
缸径	220	1.8	950	2.6	950	3.7	950	4.6	950	6.5	950	7.8	950	9.4	950	11	836	13	760	15	684
杆径	110	2.4	712	3.5	712	4.9	712	6.2	712	8.7	712	10	712	12	712	15	627	17	570	19	513
	125	2.7	643	3.8	643	5.4	643	6.8	643	9.6	643	12	643	14	643	16	566	19	514	22	463
	160	3.8	447	5.5	447	7.8	447	9.8	447	14	447	17	447	20	447	23	394	27	358	31	322
缸径	250	1.4	1227	2	1227	2.8	1227	3.6	1227	5	1227	6	1227	7.3	1227	8.5	1080	10	981	11	883
杆径	125	1.9	920	2.7	920	3.8	920	4.8	920	6.7	920	8	920	9.7	920	11	810	13	736	15	662
	140	2	842	2.9	842	4.1	842	5.2	842	7.3	842	8.8	842	11	842	12	741	15	673	16	606
	180	2.9	591	4.2	591	5.9	591	7.4	591	10	591	13	591	15	590	18	520	21	472	23	425

表 18-3-18　　UE 系列电动液压缸等速差动回路参数

缸径/mm	40	50	63	80	90	100	110	125	140	150	180	200	220	250
杆径/mm	28	36	45	56	63	70	80	90	100	105	125	140	160	180
速比 φ	0.96	1.08	1.04	0.96	0.96	0.96	1.12	1.08	1.04	0.96	0.93	0.96	1.12	1.08

注：计算公式 $v_c=\dfrac{v_h}{\varphi}$　$F_{cmax}=\varphi F_{hmax}$

式中　v_c ——推速，mm/s；
v_h ——拉速，mm/s；
φ ——速比；
F_{cmax}——最大推力，kN；
F_{hmax}——最大拉力，kN。
v_h 和 F_{hmax} 查表 18-3-14 或表 18-3-15。

2.1.2　UEC 系列直列式电动液压缸选型方法

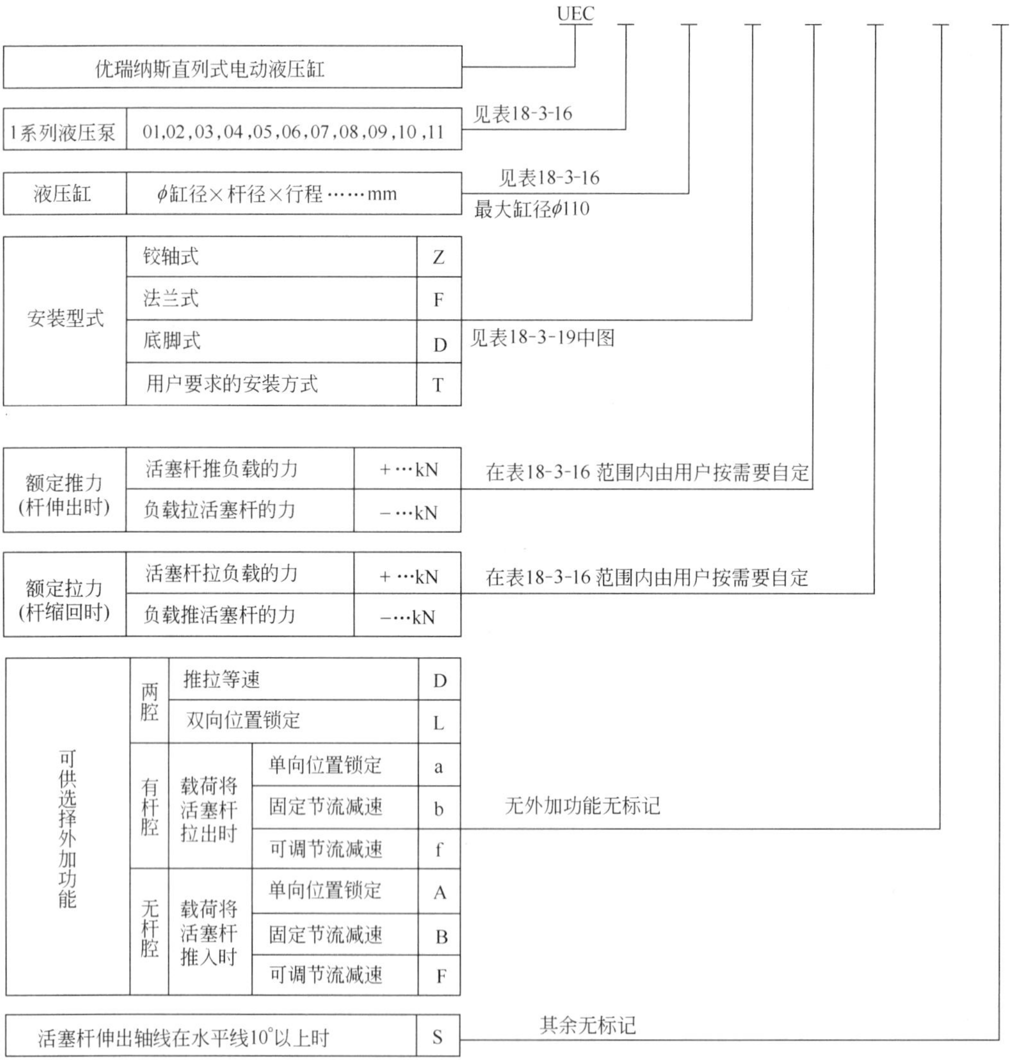

注：1. 活塞杆伸出时，外力对活塞杆的拉力标记为负值。例如，活塞杆朝下，将挂在杆端 1000kg 的重物慢慢放下时，重物对活塞杆的拉力是 10kN，应标记为：−10kN。

2. 活塞杆缩回时，外力对活塞杆的推力标记为负值。例如，伸出的活塞杆朝上，托着 1000kg 重物，慢慢落下时，重物对活塞杆的推力是 10kN，应标记为：−10kN。

3. 推拉等速功能是系统采用差动回路实现的。其推拉速度和最大推拉力都近似，请查表 18-3-17。

UEC 系列直列式电动液压缸外形连接

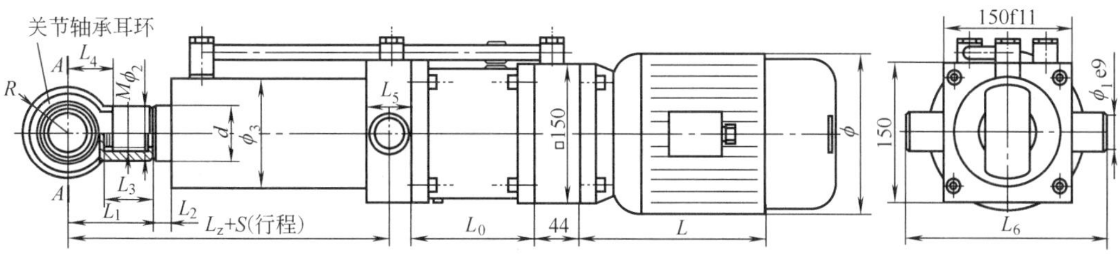

铰轴式 UEC…Z…

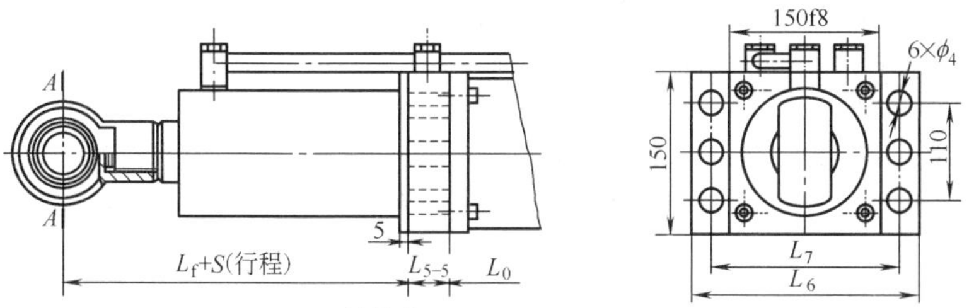

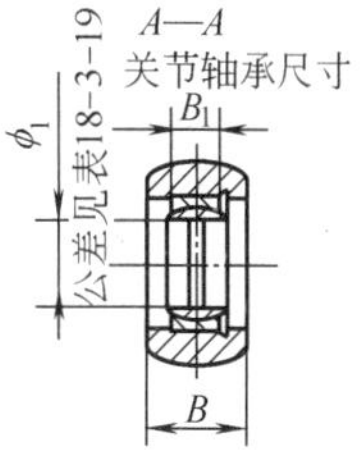

法兰式 UEC…F…

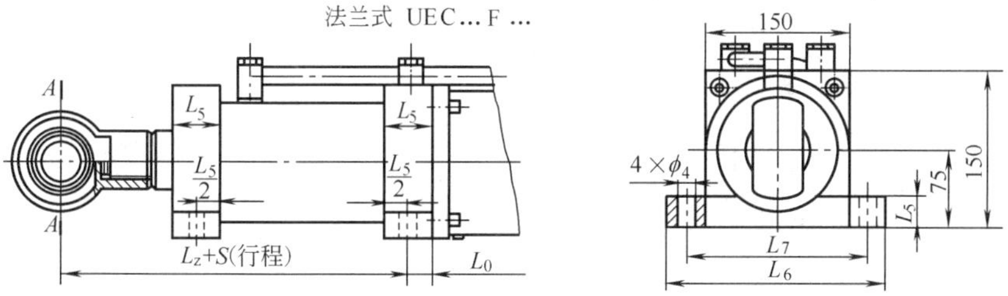

底脚式 UEC…D…

表 18-3-19 外形及安装尺寸 mm

缸径	杆径 d	M	ϕ_2	R	B	B_1	ϕ_1 尺寸	ϕ_1 轴承公差	ϕ_3	ϕ_4	L_1	L_2	L_3	L_4	L_5	L_6	L_7	L_z	L_f	$L_0\geqslant150$
40	20	M14×1.5	25	25		16	20	0 -0.01	58	13	50	16	25	30	25	200	175	220	212	0.04S
	22	M16×1.5	28																	0.05S
	28	M22×1.5	35																	0.08S
50	25	M20×1.5	28	35		22	30		70	13	60	18	30	40	30	200	175	233	223	0.06S
	28	M22×1.5	35																	0.08S
	36	M27×2	42																	0.12S
63	32	M24×1.5	35						83	17	65	20	35	40	30	200	175	270	260	0.10S
	36	M27×2	42																	0.12S
	45	M33×2	45																	0.20S
80	40	M30×2	42	45		28	40	0 -0.012	108	17	105	20	45	55	40	200	175	322	307	0.16S
	45	M33×2	48																	0.20S
	56	M42×3	60																	0.30S
90	45	M33×2	48						114	17	110	20	45	55	40	220	185	327	312	0.20S
	50	M36×2	52																	0.24S
	63	M48×2	68																	0.38S
100	50	M36×2	52	60		35	50		127	21	130	20	50	70	50	220	185	377	357	0.24S
	56	M42×2	60																	0.30S
	70	M52×2	72																	0.50S
110	56	M42×2	60						140	21	135	20	55	70	50	220	185	387	367	0.30S
	63	M48×2	68																	0.38S
	80	M60×2	80																	0.60S

2.1.3 UEG系列并列式电动液压缸选型方法

UEG — — — — — — — —

优瑞纳斯并列式电动液压缸		

液压泵			
液压泵	2系列	20,21,22,23,24,25,26,27,28,29	见表18-3-17
	1系列	01,02,03,04,05,06,07,08,09,10,11	见表18-3-16

液压缸	ϕ缸径×杆径×行程······mm	见表18-3-16和表18-3-17

工作类型	常规缸	无标记
	等速缸	D

安装型式	关节轴承(GE...ES型)耳环	G
	无油润滑衬套耳环	C
	前法兰	Q
	后法兰	H
	前铰轴	J
	中铰轴	Z
	底　脚	D
	用户要求的安装方式	T

见图18-3-2

额定推力(杆伸出时)	活塞杆推负载的力	+···kN
	负载拉活塞杆的力	-···kN

在表18-3-16、表18-3-17范围内由用户按需要自定

额定拉力(杆缩回时)	活塞杆拉负载的力	+···kN
	负载推活塞杆的力	-···kN

在表18-3-16、表18-3-17范围内由用户按需要自定

可供选择外加功能	两腔	推拉等速		D
		双向位置锁定		L
	有杆腔	载荷将活塞杆拉出时	单向位置锁定	a
			固定节流减速	b
			可调节流减速	f
	无杆腔	载荷将活塞杆推入时	单向位置锁定	A
			固定节流减速	B
			可调节流减速	F

无外加功能无标记

活塞杆伸出轴线在水平线10°以上时	S	其余无标记

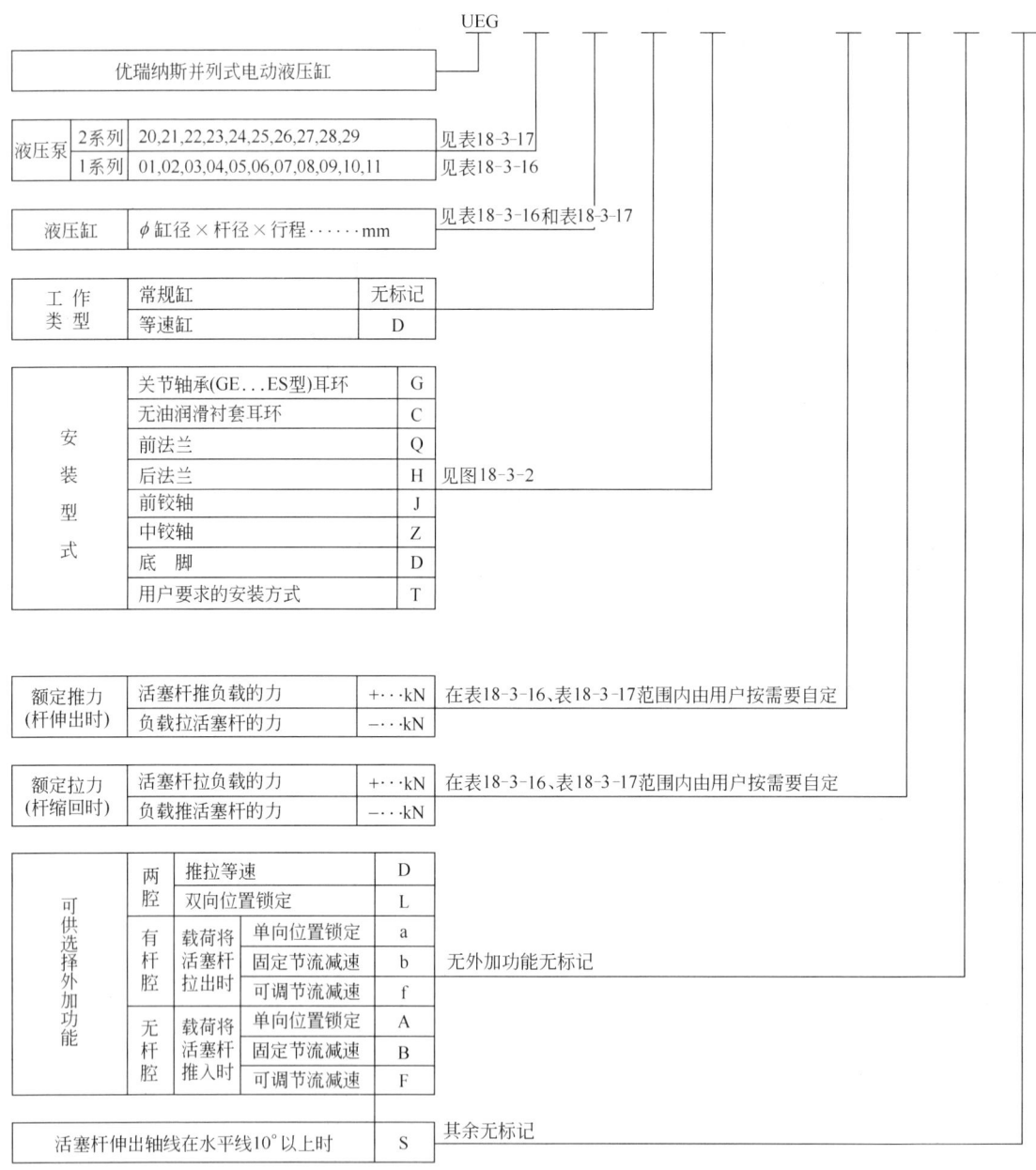

注：1. 活塞杆伸出时，外力对活塞杆的拉力标记为负值。例如，活塞杆朝下，将挂在杆端1000kg的重物慢慢放下时，重物对活塞杆的拉力值是10kN，应标记为：-10kN。

2. 活塞杆缩回时，外力对活塞杆的推力标记为负值。例如，伸出的活塞杆朝上，托着1000kg重物，慢慢落下时，重物对活塞杆的推力值是10kN，应标记为：-10kN。

3. 推拉等速功能是系统采用差动回路实现的。其推拉速度和最大推拉力都近似，请查表18-3-17。

关节轴承耳环式　UEG. . . G. . .
无油润滑衬套耳环式 UEG. . . C. . .

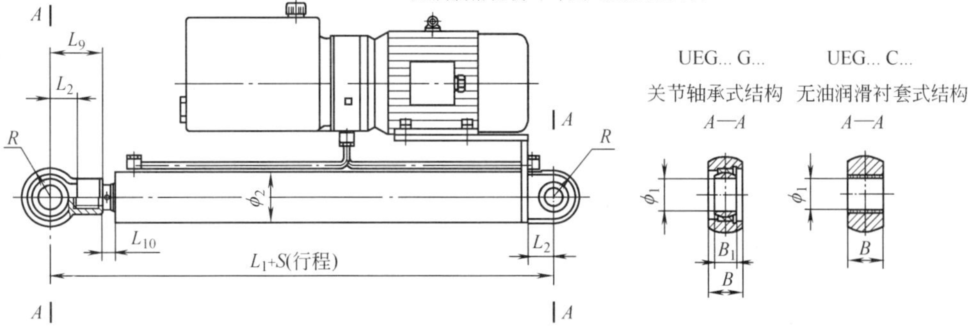

前法兰式 UEG... Q...

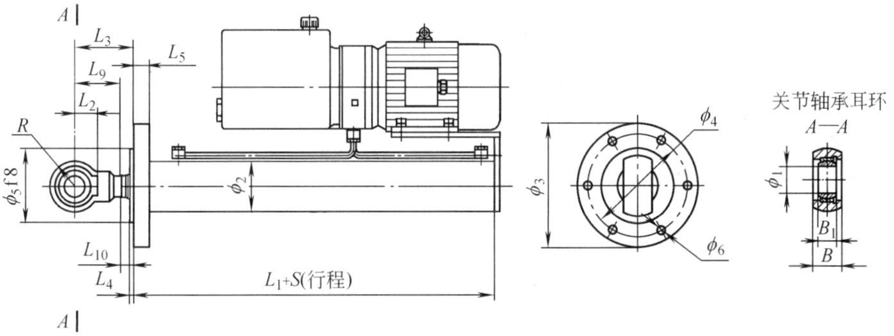

后法兰式 UEG... H...

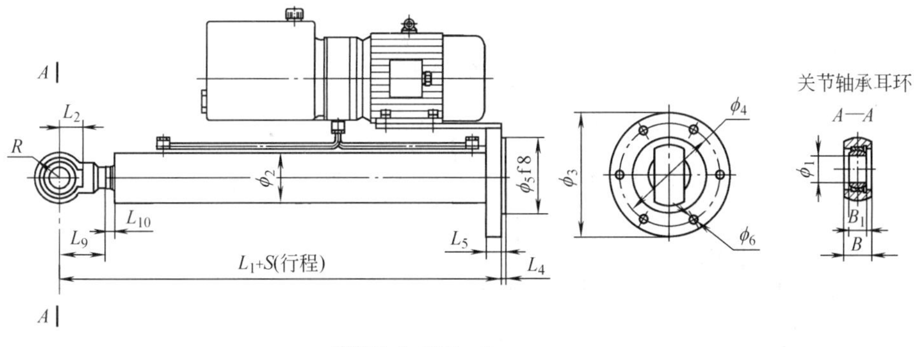

前铰轴式 UEG... J...

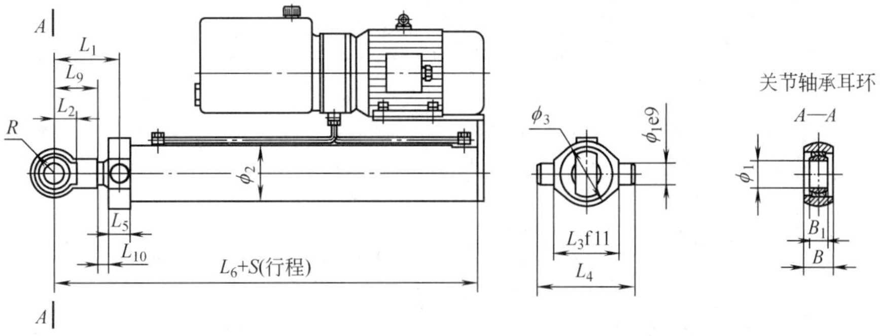

图 18-3-2

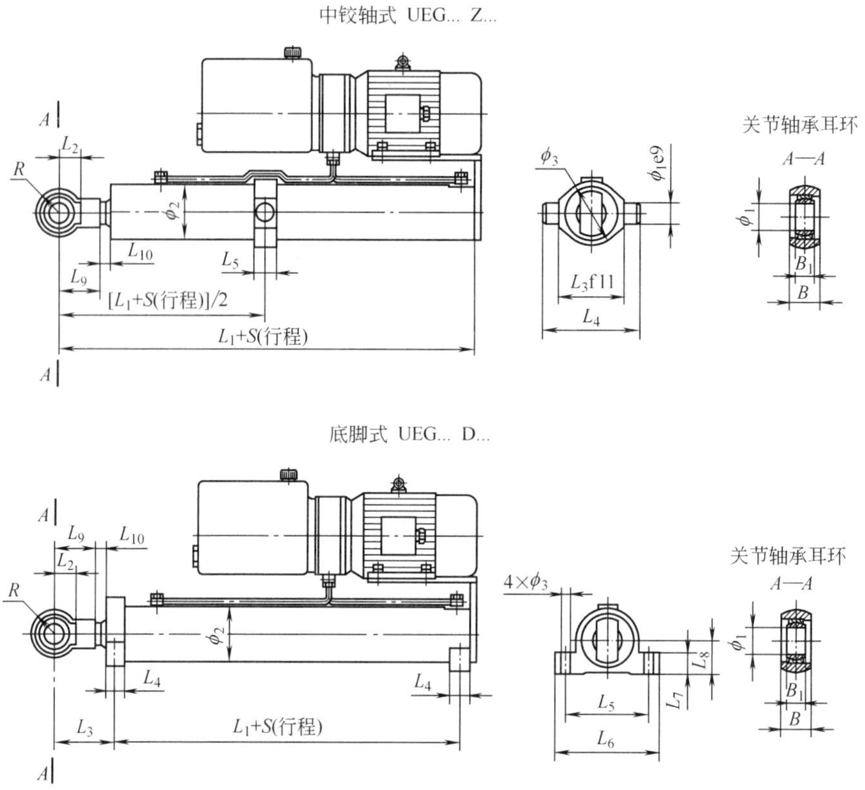

图 18-3-2　UEG 系列并列式电动液压缸外形连接尺寸图

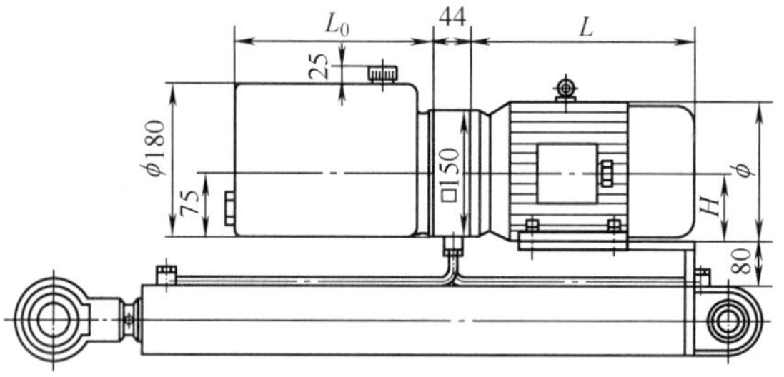

图 18-3-3

表 18-3-20　　电动机技术参数（见图 18-3-3）　　mm

电机功率/kW	0.55	0.75	1.1	1.5	2.0	2.2	3.0	4.0	5.5	7.5	11	15
ϕ	175	175	195	195	195	215	215	240	275	275	335	335
H	80	80	90	90	90	100	100	112	132	132	160	160
L	275	275	280	305	320	370	370	380	475	515	605	650

注：$L_0=0.00005d^2S$，式中，L_0 为油箱长度，mm；d 为活塞杆直径，mm；S 为行程，mm。L_0 最小值为 220，每个档次+100，依次分别为 220，320，420，520…

表 18-3-21　　**UEG 系列并列式电动液压缸外形连接尺寸**（见图 18-3-2）　　mm

型式	项目	40	50	63	80	90	100	110	125	140	150	160	180	200	220	250
	缸径	40	50	63	80	90	100	110	125	140	150	160	180	200	220	250
	杆径	20, 22, 28	25, 28, 36	32, 36, 45	40, 45, 56	45, 50, 63	50, 56, 70	56, 63, 80	63, 70, 90	70, 80, 100	75, 85, 105	80, 90, 110	90, 100, 125	100, 110, 140	110, 125, 160	125, 140, 180
G、C型	L_1	250	265	310	365	370	430	440	455	500	507	515	590	630	690	730
	L_2	30	40	40	55	55	70	70	70	80	80	80	90	100	110	120
	L_9	50	60	65	105	110	130	135	140	155	157	160	180	200	225	245
	L_{10}	16	18	20	20	20	20	20	20	20	20	20	25	25	25	25
	ϕ_1	$20^{+0.01}_{0}$	$30^{+0.01}_{0}$	$30^{+0.01}_{0}$	$40^{+0.012}_{0}$	$40^{+0.012}_{0}$	$50^{+0.012}_{0}$	$50^{+0.012}_{0}$	$50^{+0.012}_{0}$	$60^{+0.015}_{0}$	$60^{+0.015}_{0}$	$60^{+0.015}_{0}$	$70^{+0.015}_{0}$	$80^{+0.015}_{0}$	$90^{+0.02}_{0}$	$100^{+0.02}_{0}$
	ϕ_2	58	70	83	108	114	127	140	152	168	180	194	219	245	272	299
	R, B	25	35	35	45	45	60	60	60	70	70	70	80	90	100	110
	B_1	16	22	22	28	28	35	35	35	44	44	44	49	55	60	70
	$S\leqslant$	2000			3000			4000					5000			
Q型	L_1	162	165	195	212	212	247	252	262	287	292	292	333	343	383	393
	L_2	30	40	40	55	55	70	70	70	80	80	80	90	100	110	120
	L_3	71	83	90	130	135	155	160	165	180	182	190	215	235	260	280
	L_4	5	5	5	5	5	5	5	5	5	5	10	10	10	10	10
	L_5	20	20	25	25	25	30	30	40	40	40	50	50	60	70	70
	L_9	50	60	65	105	110	130	135	140	155	157	160	180	200	225	245
	L_{10}	16	18	20	20	20	20	20	20	20	20	20	25	25	25	25
	ϕ_1	$20^{+0.01}_{0}$	$30^{+0.01}_{0}$	$30^{+0.01}_{0}$	$40^{+0.012}_{0}$	$40^{+0.012}_{0}$	$50^{+0.012}_{0}$	$50^{+0.012}_{0}$	$50^{+0.012}_{0}$	$60^{+0.015}_{0}$	$60^{+0.015}_{0}$	$60^{+0.015}_{0}$	$70^{+0.015}_{0}$	$80^{+0.015}_{0}$	$90^{+0.02}_{0}$	$100^{+0.02}_{0}$
	ϕ_2	58	70	83	108	114	127	140	152	168	180	194	219	245	272	299
	ϕ_3	104	120	140	175	190	210	225	240	260	285	300	325	365	405	450
	ϕ_4	84	98	115	145	160	180	195	210	225	245	260	285	320	355	390
	ϕ_5	64	76	90	115	130	145	160	175	190	205	220	245	275	305	330
	ϕ_6	$6\times\phi11$	$6\times\phi11$	$6\times\phi13$	$8\times\phi13.5$	$8\times\phi15.5$	$8\times\phi18$	$8\times\phi18$	$10\times\phi18$	$10\times\phi20$	$10\times\phi22$	$10\times\phi22$	$10\times\phi24$	$10\times\phi26$	$10\times\phi29$	$12\times\phi32$
	R, B	25	35	35	45	45	60	60	60	70	70	70	80	90	100	110
	B_1	16	22	22	28	28	35	35	35	44	44	44	49	55	60	70

续表

型	缸径	40	50	63	80	90	100	110	125	140	150	160	180	200	220	250
	杆径	20 22 28	25 28 36	32 36 45	40 45 56	45 50 63	50 56 70	56 63 80	63 70 90	70 80 100	75 85 105	80 90 110	90 100 125	100 110 140	110 125 160	125 140 180
H型	L_1	253	268	310	367	372	432	442	467	507	514	532	598	638	713	743
	L_2	30	40	40	55	55	70	70	70	80	80	80	90	100	110	120
	L_4	5	5	5	5	5	5	5	5	5	5	10	10	10	10	10
	L_5	20	20	25	25	25	30	30	40	40	40	50	50	60	70	70
	L_9	50	60	65	105	110	130	135	140	155	157	160	180	200	225	245
	L_{10}	16	18	20	20	20	20	20	20	20	20	20	25	25	25	25
	ϕ_1	$20^{+0.01}_{0}$	$30^{+0.01}_{0}$	$30^{+0.01}_{0}$	$40^{+0.012}_{0}$	$40^{+0.012}_{0}$	$50^{+0.012}_{0}$	$50^{+0.012}_{0}$	$50^{+0.012}_{0}$	$60^{+0.015}_{0}$	$60^{+0.015}_{0}$	$60^{+0.015}_{0}$	$70^{+0.015}_{0}$	$80^{+0.015}_{0}$	$90^{+0.02}_{0}$	$100^{+0.02}_{0}$
	ϕ_2	58	70	83	108	114	127	140	152	168	180	194	219	245	272	299
	ϕ_3	104	120	140	175	190	210	225	240	260	285	300	325	365	405	450
	ϕ_4	84	98	115	145	160	180	195	210	225	245	260	285	320	355	390
	ϕ_5	64	76	90	115	130	145	160	175	190	205	220	245	275	305	330
	ϕ_6	6×ϕ11	6×ϕ11	6×ϕ13	8×ϕ13.5	8×ϕ15.5	8×ϕ18	8×ϕ18	10×ϕ18	10×ϕ20	10×ϕ22	10×ϕ22	10×ϕ24	10×ϕ26	10×ϕ29	12×ϕ32
	R / B	25	35	35	45	45	60	60	60	70	70	70	80	90	100	110
	B_1	16	22	22	28	28	35	35	35	44	44	44	49	55	60	70
J型	L_1	80	95	102	147	152	177	182	187	207	209	212	242	267	297	321
	L_2	30	40	40	55	55	70	70	70	80	80	80	90	100	110	120
	L_3	70	80	100	125	140	155	170	185	200	215	230	255	285	320	350
	L_4	110	130	155	185	200	230	245	260	290	305	320	360	405	455	500
	L_5	28	34	34	44	44	54	54	54	64	64	64	74	84	94	102
	L_6	233	248	285	342	347	402	412	427	467	474	482	548	578	643	673
	L_9	50	60	65	105	110	130	135	140	155	157	160	180	200	225	245
	L_{10}	16	18	20	20	20	20	20	20	20	20	20	25	25	25	25
	ϕ_1	$20^{+0.01}_{0}$	$30^{+0.01}_{0}$	$30^{+0.01}_{0}$	$40^{+0.012}_{0}$	$40^{+0.012}_{0}$	$50^{+0.012}_{0}$	$50^{+0.012}_{0}$	$50^{+0.012}_{0}$	$60^{+0.015}_{0}$	$60^{+0.015}_{0}$	$60^{+0.015}_{0}$	$70^{+0.015}_{0}$	$80^{+0.015}_{0}$	$90^{+0.02}_{0}$	$100^{+0.02}_{0}$
	ϕ_2	58	70	83	108	114	127	140	152	168	180	194	219	245	272	299
	ϕ_3	70	80	100	120	135	150	165	185	210	222	235	270	295	330	355
	R / B	25	35	35	45	45	60	60	60	70	70	70	80	90	100	110
	B_1	16	22	22	28	28	35	35	35	44	44	44	49	55	60	70

型	缸径	40	50	63	80	90	100	110	125	140	150	160	180	200	220	250
	杆径	20 22 28	25 28 36	32 36 45	40 45 56	45 50 63	50 56 70	56 63 80	63 70 90	70 80 100	75 85 105	80 90 110	90 100 125	100 110 140	110 125 160	125 140 180
Z型	L_1	233	248	285	342	347	402	412	427	467	474	482	548	578	643	673
	L_2	30	40	40	55	55	70	70	70	80	80	80	90	100	110	120
	L_3	70	80	100	125	140	155	170	185	200	215	230	255	285	320	350
	L_4	110	130	155	185	200	230	245	260	290	305	320	360	405	455	500
	L_5	28	34	34	44	44	54	54	54	64	64	64	74	84	94	102
	L_9	50	60	65	105	110	130	135	140	155	157	160	180	200	225	245
	L_{10}	16	18	20	20	20	20	20	20	20	20	20	25	25	25	25
	ϕ_1	$20^{+0.01}_{0}$	$30^{+0.01}_{0}$	$30^{+0.01}_{0}$	$40^{+0.012}_{0}$	$40^{+0.012}_{0}$	$50^{+0.012}_{0}$	$50^{+0.012}_{0}$	$50^{+0.012}_{0}$	$60^{+0.015}_{0}$	$60^{+0.015}_{0}$	$60^{+0.015}_{0}$	$70^{+0.015}_{0}$	$80^{+0.015}_{0}$	$90^{+0.02}_{0}$	$100^{+0.02}_{0}$
	ϕ_2	58	70	83	108	114	127	140	152	168	180	194	219	245	272	299
	ϕ_3	70	80	100	120	135	150	165	185	210	222	235	270	295	330	355
	R	25	35	35	45	45	60	60	60	70	70	70	80	90	100	110
	B															
	B_1	16	22	22	28	28	35	35	35	44	44	44	49	55	60	70
D型	L_1	142	145	170	177	177	207	212	212	237	237	237	273	283	306	311
	L_2	30	40	40	55	55	70	70	70	80	80	80	90	100	110	120
	L_3	78. 5	90. 5	100	145	150	172. 5	177. 5	187. 5	202. 5	207	212. 5	240	260	293. 5	316
	L_4	25	25	30	40	40	45	45	55	55	60	65	70	70	87	92
	L_5	105	120	140	160	185	205	230	255	280	295	310	345	385	435	495
	L_6	130	150	175	200	230	255	280	310	340	355	375	415	465	525	595
	L_7	25	30	35	40	45	50	55	60	65	67	70	75	80	90	100
	L_8	40	45	50	60	70	80	90	100	115	120	130	145	165	185	205
	L_9	50	60	65	105	110	130	135	140	155	157	160	180	200	225	245
	L_{10}	16	18	20	20	20	20	20	20	20	20	20	25	25	25	25
	ϕ_1	$20^{+0.01}_{0}$	$30^{+0.01}_{0}$	$30^{+0.01}_{0}$	$40^{+0.012}_{0}$	$40^{+0.012}_{0}$	$50^{+0.012}_{0}$	$50^{+0.012}_{0}$	$50^{+0.012}_{0}$	$60^{+0.015}_{0}$	$60^{+0.015}_{0}$	$60^{+0.015}_{0}$	$70^{+0.015}_{0}$	$80^{+0.015}_{0}$	$90^{+0.02}_{0}$	$100^{+0.02}_{0}$
	ϕ_2	58	70	83	108	114	127	140	152	168	180	194	219	245	272	299
	ϕ_3	11	11	13	17	17	21	21	25	25	25	31	31	31	37	45
	R	25	35	35	45	45	60	60	60	70	70	70	80	90	100	110
	B															
	B_1	16	22	22	28	28	35	35	35	44	44	44	49	55	60	70

注：各型行程 S 与 G、C 型相同。

2.2 电液推杆及电液转角器

2.2.1 DYT（B）电液推杆

电液推杆具有体积小、动作灵活、工作平稳的特点，可带负荷启动，推拉力大，有过载保护装置，能适应远距离、危险及高空的地方控制作业。其推拉型式有单推、单拉和推拉；调速型式有推调速、拉调速、推拉调速或均不调速；锁定型式有推锁定、拉锁定、推拉锁定或推拉均不锁定。推杆行程：50~3000mm。

（1）型号与技术参数

表 18-3-22　　型号与技术参数

型　　号	推力/N	拉力/N	最大速度/mm·s^{-1}		电动机		最大行程/mm
			伸出	缩回	型号	功率/kW	
DYT□-□□2500 Ⅰ□□	0~2500	0~2500	45	64		0.37	1000
DYT□-□□2500 Ⅱ□□			70	100	Y801-4	0.55	
DYT□-□□2500 Ⅲ□□			110	160	Y802-4	0.75	
DYT□-□□4500 Ⅰ□□	0~4500	0~4500	45	65	Y801-4	0.55	
DYT□-□□4500 Ⅱ□□			70	100	Y802-4	0.75	
DYT□-□□4500 Ⅲ□□			110	160	Y90S-4	1.1	
DYT□-□□7000 Ⅰ□□	0~7000	0~5100	45	65	Y801-4	0.55	1500
DYT□-□□7000 Ⅱ□□			70	100	Y802-4	0.75	
DYT□-□□7000 Ⅲ□□			100	160	Y90L-4	1.5	
DYT□-□□10000 Ⅰ□□	0~10000	0~7500	45	65	Y90S-4	0.75	1500
DYT□-□□10000 Ⅱ□□			70	100	Y90L-4	1.1	
DYT□-□□10000 Ⅲ□□			100	150	Y100L1-4	1.5	
DYT□-□□14000 Ⅰ□□	0~14000	0~10000	45	65	Y90S-4	1.1	2000
DYT□-□□14000 Ⅱ□□			70	100	Y90L-4	1.5	
DYT□-□□14000 Ⅲ□□			110	160	Y100L1-4	2.2	
DYT□-□□17000 Ⅰ□□	0~17000	0~13200	45	65	Y90S-4	1.1	
DYT□-□□17000 Ⅱ□□			70	100	Y100L1-4	2.2	
DYT□-□□17000 Ⅲ□□			110	160	Y100L2-4	3	
DYT□-□□21000 Ⅰ□□	0~21000	0~16000	45	65	Y90L-4	1.5	
DYT□-□□21000 Ⅱ□□			70	100	Y100L1-4	2.2	
DYT□-□□21000 Ⅲ□□			110	160	Y112M-4	4	
DYT□-□□27000 Ⅰ□□	0~27000	0~18500	45	65	Y100L1-4	2.2	
DYT□-□□27000 Ⅱ□□			70	100	Y100L2-4	3	
DYT□-□□27000 Ⅲ□□			110	160	Y112M-4	4	
DYT□-□□40000 Ⅰ□□	0~40000	0~29500	45	65	Y100L2-4	3	2000
DYT□-□□40000 Ⅱ□□			70	100	Y112M-4	4	
DYT□-□□50000 Ⅰ□□	0~50000	0~34000	45	65	Y112M-4	4	
DYT□-□□50000 Ⅱ□□			70	100	Y132S-4	5.5	
DYT□-□□60000 Ⅰ□□	0~60000	0~41000	45	65	Y132S-4	5.5	2000
DYT□-□□60000 Ⅱ□□			60	85	Y132S-4	5.5	
DYT□-□□70000 Ⅰ□□	0~70000	0~48000	45	65	Y132S-4	5.5	2000
DYT□-□□80000 Ⅰ□□	0~80000	0~55000	45	65	Y132S-4	5.5	
DYT□-□□100000 Ⅰ□□	0~100000	0~68000	35	50	Y132S-4	5.5	2000
DYT□-□□120000 Ⅰ□□	0~120000	0~80000	35	50	Y132S-4	5.5	
DYT□-□□150000 Ⅰ□□	0~150000	0~110000	30	40	Y132M-4	7.5	2500
DYT□-□□200000 Ⅰ□□	0~200000	0~180000	20	25	Y132M-4	7.5	2500
DYT□-□□250000 Ⅰ□□	0~250000	0~200000	20	25	Y132M-4	11	2500

注：1. 各种类型的电液推杆如配置传感器和数字显示装置，即可显示运行距离。
2. 所有电液推杆可以具备手动装置，技术参数、安装距离一律不变。
3. 用户需行程大于表中规定的最大行程时，应通过双方协商解决。
4. 用户如需表未列出的推（拉）力、速度时，可按用户要求设计、制造。
5. 用户如对外形尺寸、安装方式和尺寸有特殊要求时，可按用户要求设计。
6. 用户应按型号表示方法，标明使用要求或在型号外另加说明，电动机由生产厂配套。

型号表示方法

DYT □ □-□□ □ □-□ C□

- 活塞杆伸出方向代号：P— 水平；S— 向上；X— 向下；SX— 上倾斜；XX— 下倾斜
- 电液推杆带手动控制，无 C 为普通型
- 活塞杆叉头型式：A— 单耳型；B— 双耳型
- 电液推杆的行程(mm)
- 电液推杆的推出速度 v(mm/s)
  - Ⅰ- $v \geqslant 50 \sim 70$mm/s
  - Ⅱ- $v \geqslant 70 \sim 110$mm/s
  - Ⅲ- $v \geqslant 110 \sim 160$mm/s
  - Ⅳ- $v \geqslant 160 \sim 230$mm/s(根据客户要求单独设计)
  - Ⅴ- $v \geqslant 230$mm/s(根据客户要求单独设计)
- 电液推杆的最大推力(N)
- 电动机、油泵与液压缸间的装置方式；J 型；C 型；F 型；CS 型
- 自锁方式代号，J 表示机械自锁，无 J 表示液压自锁
- 液压缸级数，单级缸不标，2 代表二级伸缩缸，以此类推
- 电液推杆代号和电液推杆有无防爆要求代号，B 表示防爆型，无 B 为一般型

(2) 外形安装尺寸

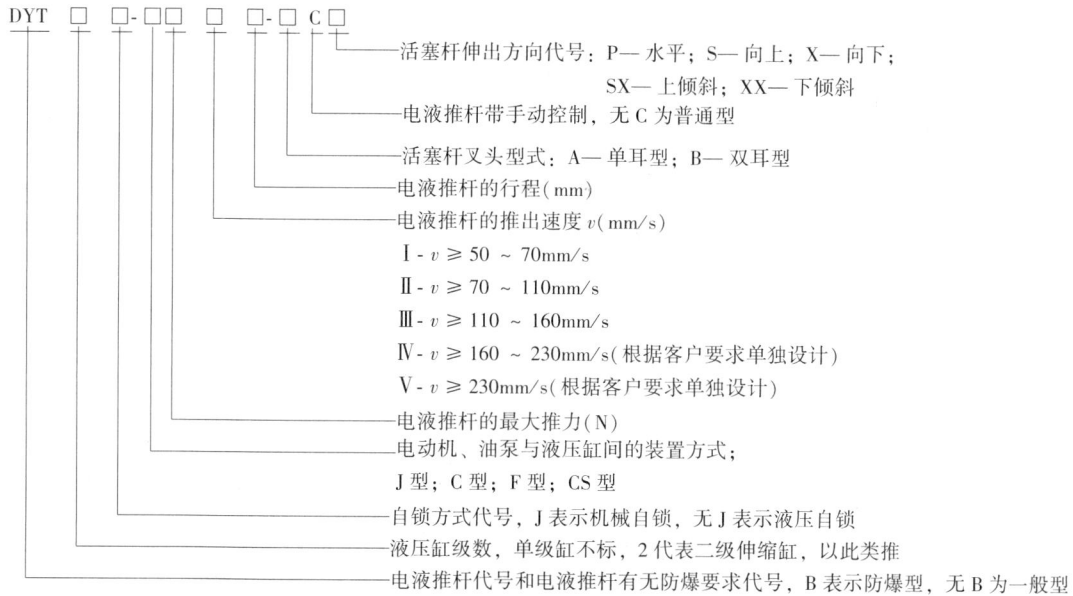

DYT (B)-J 型系列外形安装尺寸

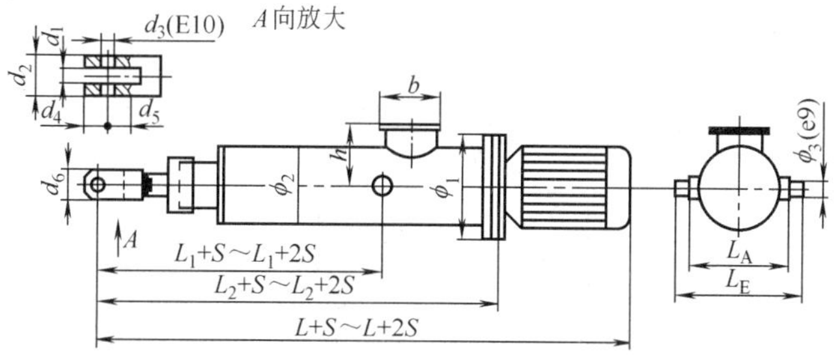

表 18-3-23

mm

型号	L	L_1	L_2	L_A	L_E	ϕ_1	ϕ_2	ϕ_3	h	b	d_1	d_2	d_3	d_4	d_5	d_6	推力 F_t 范围/N
DYT□-□J 2500-4500	795	295	500/550	150/180	200/230	ϕ150/ϕ200	ϕ140/ϕ165	ϕ25	120/140	ϕ140/ϕ180	20	44	ϕ16	20	45	44	$0 \leqslant F_t < 4500$
DYT□-□J 4500-7000	795	295	500/550	150/180	210/240	ϕ200	ϕ140/ϕ165	ϕ30	120/140	ϕ140/ϕ180	20	44	ϕ16	20	45	44	$4500 \leqslant F_t < 7000$
DYT□-□J 7000-14000	908	330	518/588	150/180	210/240	ϕ200/ϕ250	ϕ140/ϕ165	ϕ30	120/140	ϕ140/ϕ180	20	44	ϕ20	20	50	44	$7000 \leqslant F_t < 14000$
DYT□-□J 14000-21000	949	354	629	180	250	ϕ200/ϕ250	ϕ165	ϕ35	140	ϕ180	25	57	ϕ25	25	53	55	$14000 \leqslant F_t < 21000$
DYT□-□J 21000-27000	969	354	629	180	250	ϕ250	ϕ165	ϕ35	140	ϕ180	25	57	ϕ25	25	53	55	$21000 \leqslant F_t < 27000$
DYT□-□J 27000-40000	969	354	629	180	260	ϕ250	ϕ165	ϕ40	140	ϕ180	25	57	ϕ25	25	53	55	$27000 \leqslant F_t < 40000$
DYT□-□J 40000-60000	1077	412	682	210	290	ϕ250/ϕ300	ϕ180	ϕ45	150	ϕ180	38	70	ϕ35	35	70	70	$40000 \leqslant F_t < 60000$
DYT□-□J 60000-80000	1109	444	714	240	340	ϕ300	ϕ220	ϕ50	160	ϕ180	42	82	ϕ40	40	70	80	$60000 \leqslant F_t \leqslant 80000$

续表

型　号	L	L_1	L_2	L_A	L_E	ϕ_1	ϕ_2	ϕ_3	h	b	d_1	d_2	d_3	d_4	d_5	d_6	推力 F_t 范围/N
DYT□-□J 80000-120000	1149	484	754	270	380	ϕ300	ϕ245	ϕ55	160	ϕ200	52	102	ϕ45	45	80	90	$80000<F_t \le 120000$
DYT□-□J 120000-150000	1222	517	787	300	420	ϕ350	ϕ273	ϕ60	170	ϕ200	50	110	ϕ50	50	90	100	$120000<F_t \le 150000$
DYT□-□J 150000-200000	1286	581	851	320	440	ϕ350	ϕ299	ϕ60	195	ϕ200	60	120	ϕ60	60	100	120	$150000<F_t \le 200000$
DYT□-□J 200000-250000	1475	635	985	360	500	ϕ350	ϕ325	ϕ70	215	ϕ250	70	140	ϕ70	65	110	140	$200000<F_t \le 250000$

注：以上数据为行程大于 100mm，凡有两个数据者，横线上的为速度Ⅰ数据，横线下的为速度Ⅱ、Ⅲ数据。

DYT（B）-C 型系列外形安装尺寸

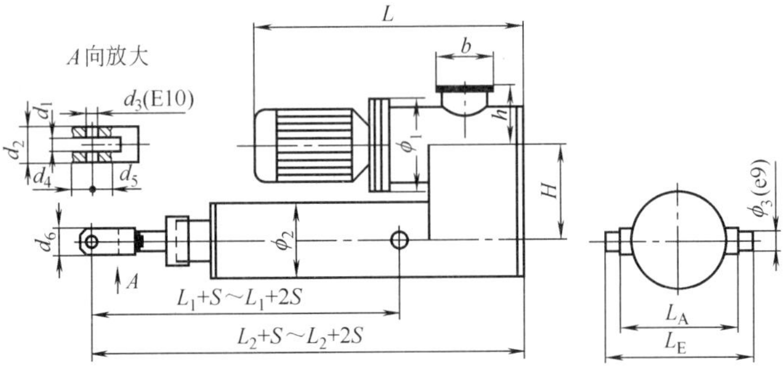

表 18-3-24　　mm

型　号	L	L_1	L_2	L_A	L_E	ϕ_1	ϕ_2	ϕ_3	h	b	H	d_1	d_2	d_3	d_4	d_5	d_6	推力 F_t 范围/N
DYT□-□C 2500-4500	605	135	255	150	200	ϕ150/ϕ200	ϕ140	ϕ25	120/140	ϕ140/ϕ180	200	20	44	ϕ16	20	45	44	$0 \le F_t <4500$
DYT□-□C 4500-7000	625	135	255	150	210	ϕ200	ϕ140	ϕ30	120/140	ϕ140/ϕ180	200	20	44	ϕ16	20	45	44	$4500 \le F_t <7000$
DYT□-□C 7000-14000	685	163	283	150/180	210/240	ϕ200/ϕ250	ϕ140/ϕ165	ϕ30	120/140	ϕ140/ϕ180	220	20	44	ϕ20	20	50	44	$7000 \le F_t <14000$
DYT□-□C 14000-21000	685	194	314	180	250	ϕ200/ϕ250	ϕ165	ϕ35	140	ϕ180	220	25	57	ϕ25	25	53	55	$14000 \le F_t \le 21000$
DYT□-□C 21000-27000	685	194	314	180	250	ϕ250	ϕ165	ϕ35	140	ϕ180	220	25	57	ϕ25	25	53	55	$21000<F_t <27000$
DYT□-□C 27000-40000	685	194	314	180	260	ϕ250	ϕ165	ϕ40	140	ϕ180	220	25	57	ϕ25	25	53	55	$27000 \le F_t <40000$
DYT□-□C 40000-60000	750	247	367	210	290	ϕ250/ϕ300	ϕ180	ϕ45	150	ϕ180	230/250	38	70	ϕ35	35	70	70	$40000 \le F_t <60000$
DYT□-□C 60000-80000	750	254	404	240	340	ϕ300	ϕ220	ϕ50	160	ϕ180	280	42	82	ϕ40	40	70	80	$60000 \le F_t \le 80000$
DYT□-□C 80000-120000	750	294	444	240	340	ϕ300	ϕ220	ϕ55	160	ϕ200	280	52	102	ϕ45	45	80	90	$80000<F_t \le 120000$
DYT□-□C 120000-150000	850	322	472	280	400	ϕ350	ϕ245	ϕ60	170	ϕ200	290	50	110	ϕ50	50	90	110	$120000<F_t \le 150000$
DYT□-□C 150000-200000	850	386	536	320	440	ϕ350	ϕ273	ϕ60	195	ϕ200	320	60	120	ϕ60	60	100	120	$150000<F_t \le 200000$
DYT□-□C 200000-250000	925	435	585	360	500	ϕ350	ϕ325	ϕ70	215	ϕ250	370	70	140	ϕ70	65	110	140	$200000<F_t \le 250000$

注：以上数据为行程大于 100mm，凡有两个数据者，横线上的为速度Ⅰ数据，横线下的为速度Ⅱ、Ⅲ数据。

DYT（B）-CS 型系列外形安装尺寸

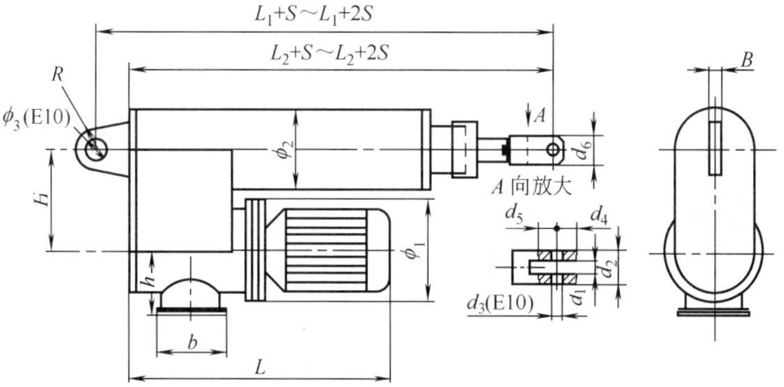

表 18-3-25

mm

型　号	L	L_1	L_2	ϕ_1	ϕ_2	ϕ_3	h	b	H	R	B	d_1	d_2	d_3	d_4	d_5	d_6	推力 F_t 范围/N
DYT□-□CS 2500-4500	605	305	255	ϕ150/ϕ200	ϕ140	ϕ25	120/140	ϕ140/ϕ180	200	25	20	20	44	ϕ16	20	45	44	0≤F_t<4500
DYT□-□CS 4500-7000	625	305	255	ϕ200	ϕ140	ϕ30	120/140	ϕ140/ϕ180	200	30	25	20	44	ϕ16	20	45	44	4500≤F_t<7000
DYT□-□CS 7000-14000	685	333	283	ϕ200/ϕ250	ϕ140/ϕ165	ϕ30	120/140	ϕ140/ϕ180	220	30	25	20	44	ϕ20	20	50	44	7000≤F_t<14000
DYT□-□CS 14000-21000	685	374	314	ϕ200/ϕ250	ϕ165	ϕ35	140	ϕ180	220	35	30	25	57	ϕ25	25	53	55	14000≤F_t≤21000
DYT□-□CS 21000-27000	685	374	314	ϕ250	ϕ165	ϕ35	140	ϕ180	220	35	30	25	57	ϕ25	25	53	55	21000<F_t<27000
DYT□-□CS 27000-40000	685	374	314	ϕ250	ϕ165	ϕ35	140	ϕ180	220	35	30	25	57	ϕ25	25	53	55	27000≤F_t<40000
DYT□-□CS 40000-60000	750	437	367	ϕ250/ϕ300	ϕ180	ϕ40	150	ϕ180	230/250	40	30	38	70	ϕ35	35	70	70	40000≤F_t<60000
DYT□-□CS 60000-80000	750	484	404	ϕ300	ϕ220	ϕ50	160	ϕ180	280	50	40	42	82	ϕ40	40	70	80	60000≤F_t≤80000
DYT□-□CS 80000-120000	750	524	444	ϕ300	ϕ220	ϕ55	160	ϕ200	280	55	50	52	102	ϕ45	45	80	90	80000<F_t≤120000
DYT□-□CS 120000-150000	850	572	472	ϕ350	ϕ245	ϕ60	170	ϕ200	290	60	60	50	110	ϕ50	50	90	100	120000<F_t≤150000
DYT□-□CS 150000-200000	850	626	536	ϕ350	ϕ273	ϕ60	195	ϕ200	320	60	70	60	120	ϕ60	60	100	120	150000<F_t≤200000
DYT□-□CS 200000-250000	925	675	585	ϕ350	ϕ325	ϕ70	215	ϕ250	370	70	70	70	140	ϕ70	65	110	140	200000<F_t≤250000

注：以上数据为行程大于 100mm，凡有两个数据者，横线上的为速度Ⅰ数据，横线下的为速度Ⅱ、Ⅲ数据。

DYT（B）-F 型分离式油箱技术参数及外形安装尺寸

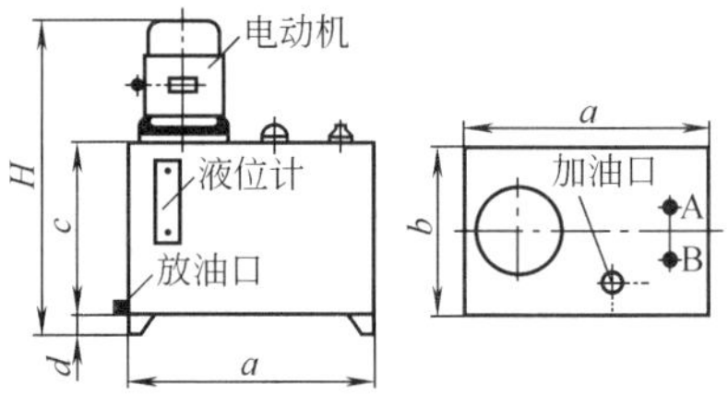

表 18-3-26

型号	电机功率/kW	容积/L	油箱规格	a	b	c	d	$H_{最大}$	推力 F_t 范围/N
				/mm					
DYT□-□F2500-4500	0.37、0.55、0.75	30	1#	420	260	290	60	625	$0 \leqslant F_t < 4500$
DYT□-□F4500-7000	0.55、0.75、1.1	30	1#	420	260	290	60	640	$4500 \leqslant F_t < 7000$
DYT□-□F7000-14000	0.55、0.75、1.1	30	1#	420	260	290	60	665	$7000 \leqslant F_t < 14000$
	1.5、2.2								
DYT□-□F14000-21000	1.1、1.5								$14000 \leqslant F_t \leqslant 21000$
	2.2、3、4	70	2#	560	400	380	70	810	
DYT□-□F21000-27000	2.2、3、4								$21000 < F_t < 27000$
DYT□-□F27000-40000	2.2、3、4	70	2#	560	400	380	70	810	$27000 \leqslant F_t < 40000$
DYT□-□F40000-60000	3、4、5.5	70	2#	560	400	380	70	870	$40000 \leqslant F_t < 60000$
DYT□-□F60000-80000	5.5	70	2#	560	400	380	70	870	$60000 \leqslant F_t \leqslant 80000$
DYT□-□F80000-120000	5.5	70	2#	560	400	380	70	870	$80000 < F_t \leqslant 120000$
DYT□-□F120000-150000	7.5	180	3#	700	600	500	110	1075	$120000 < F_t \leqslant 150000$
DYT□-□F150000-200000	7.5	180	3#	700	600	500	110	1075	$150000 < F_t \leqslant 200000$
DYT□-□F200000-250000	11	180	3#	700	600	500	110	1130	$200000 < F_t \leqslant 250000$

注：客户选型时注意电机功率 0.37~1.5kW 范围用 1#油箱；2.2~5.5kW 范围用 2#油箱；3#油箱可根据油缸行程而定。

DYT（B）-F 型分离式耳轴系列外形安装尺寸

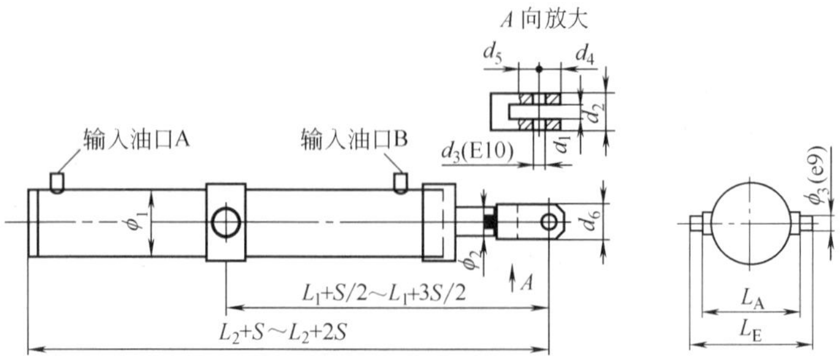

表 18-3-27

mm

型　　号	L_1	L_2	ϕ_1	ϕ_2	ϕ_3	L_A	L_E	d_1	d_2	d_3	d_4	d_5	d_6	推力 F_t 范围/N
DYT□-□F2500-4500	255	255	$\phi65$	$\phi28$	$\phi25$	95	145	20	44	$\phi16$	20	45	44	$0 \leqslant F_t < 4500$
DYT□-□F4500-7000	255	255	$\phi65$	$\phi28$	$\phi30$	95	145	20	44	$\phi16$	20	45	44	$4500 \leqslant F_t < 7000$
DYT□-□F7000-14000	283	283	$\phi76$	$\phi35$	$\phi30$	110	170	20	44	$\phi20$	20	50	44	$7000 \leqslant F_t < 14000$
DYT□-□F14000-21000	314	314	$\phi95$	$\phi45$	$\phi35$	130	190	25	57	$\phi25$	25	53	55	$14000 \leqslant F_t \leqslant 21000$
DYT□-□F21000-27000	314	314	$\phi95$	$\phi45$	$\phi35$	130	190	25	57	$\phi25$	25	53	55	$21000 < F_t < 27000$
DYT□-□F27000-40000	314	314	$\phi95$	$\phi45$	$\phi35$	130	190	25	57	$\phi25$	25	53	55	$27000 \leqslant F_t < 40000$
DYT□-□F40000-60000	367	367	$\phi121$	$\phi55$	$\phi40$	160	240	38	70	$\phi35$	35	70	70	$40000 \leqslant F_t < 60000$
DYT□-□F60000-80000	404	404	$\phi146$	$\phi70$	$\phi50$	190	290	42	82	$\phi40$	40	70	80	$60000 \leqslant F_t \leqslant 80000$
DYT□-□F80000-120000	444	444	$\phi161$	$\phi80$	$\phi55$	205	315	52	102	$\phi45$	45	80	90	$80000 < F_t \leqslant 120000$
DYT□-□F120000-150000	472	472	$\phi184$	$\phi80$	$\phi60$	235	355	50	110	$\phi50$	50	90	100	$120000 < F_t \leqslant 150000$
DYT□-□F150000-200000	536	536	$\phi203$	$\phi90$	$\phi60$	270	390	60	120	$\phi60$	60	100	120	$150000 < F_t \leqslant 200000$
DYT□-□F200000-250000	585	585	$\phi240$	$\phi100$	$\phi70$	310	450	70	140	$\phi70$	65	110	140	$200000 < F_t \leqslant 250000$

DYT（B）-F 型分离式耳环系列外形安装尺寸

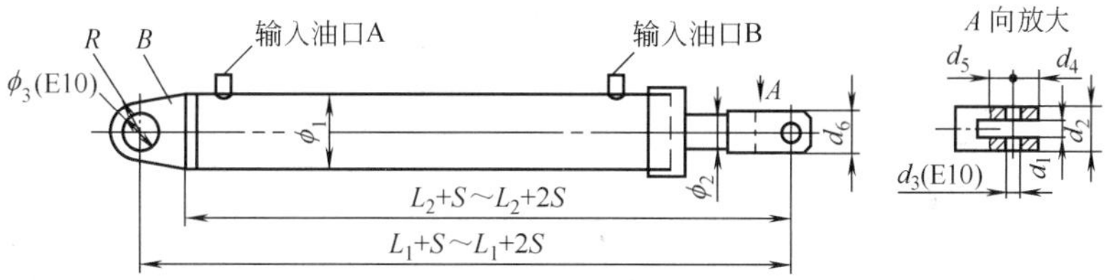

表 18-3-28

mm

型　　号	L_1	L_2	ϕ_1	ϕ_2	ϕ_3	R	B	d_1	d_2	d_3	d_4	d_5	d_6	推力 F_t 范围/N
DYT□-□F2500-4500	305	255	$\phi65$	$\phi28$	$\phi25$	25	20	20	44	$\phi16$	20	45	44	$0 \leqslant F_t < 4500$
DYT□-□F4500-7000	305	255	$\phi65$	$\phi28$	$\phi30$	30	25	20	44	$\phi16$	20	45	44	$4500 \leqslant F_t < 7000$
DYT□-□F7000-14000	333	283	$\phi76$	$\phi35$	$\phi30$	30	25	20	44	$\phi20$	20	50	44	$7000 \leqslant F_t < 14000$
DYT□-□F14000-21000	374	314	$\phi95$	$\phi45$	$\phi35$	35	30	25	57	$\phi25$	25	53	55	$14000 \leqslant F_t \leqslant 21000$
DYT□-□F21000-27000	374	314	$\phi95$	$\phi45$	$\phi35$	35	30	25	57	$\phi25$	25	53	55	$21000 < F_t < 27000$
DYT□-□F27000-40000	374	314	$\phi95$	$\phi45$	$\phi35$	35	30	25	57	$\phi25$	25	53	55	$27000 \leqslant F_t < 40000$
DYT□-□F40000-60000	437	367	$\phi121$	$\phi55$	$\phi40$	40	30	38	70	$\phi35$	35	70	70	$40000 \leqslant F_t < 60000$
DYT□-□F60000-80000	484	404	$\phi146$	$\phi70$	$\phi50$	50	40	42	82	$\phi40$	40	70	80	$60000 \leqslant F_t \leqslant 80000$
DYT□-□F80000-120000	524	444	$\phi161$	$\phi80$	$\phi55$	55	50	52	102	$\phi45$	45	80	90	$80000 < F_t \leqslant 120000$
DYT□-□F120000-150000	572	472	$\phi184$	$\phi80$	$\phi60$	60	60	50	110	$\phi50$	50	90	100	$120000 < F_t \leqslant 150000$
DYT□-□F150000-200000	626	536	$\phi203$	$\phi90$	$\phi60$	60	70	60	120	$\phi60$	60	100	120	$150000 < F_t \leqslant 200000$
DYT□-□F200000-250000	675	585	$\phi240$	$\phi100$	$\phi70$	70	70	70	140	$\phi70$	65	110	140	$200000 < F_t \leqslant 250000$

2.2.2　ZDY 电液转角器

电液转角器是一种液压旋转摆动部件，通过油泵、液压集成阀可使液压缸完成0°~90°、0°~120°范围的旋转摆动运动，与任何蝶阀、球阀、风门等配套使用，是取代电动头的更新换代产品。

（1）型号与技术参数

表 18-3-29　　型号与技术参数

规格型号	额定力矩/N·m	回转角度	启闭时间/s	控制信号	电机功率/kW
ZDY□5□	50	90°+2° 120°+2°	3	行程开关角度显示仪或4~20mA微机控制	0.18
ZDY□15□	150		4		0.37
ZDY□45□	450		8		0.37
ZDY□85□	850		8		0.55
ZDY□150□	1500		12		0.55
ZDY□200□	2000		20		0.75
ZDY□300□	3000		15		0.75
ZDY□400□	4000		20		1.5
ZDY□500□	5000		25		2.2
ZDY□600□	6000		32		2.2
ZDY□800□	8000		30		2.2
ZDY□1000□	10000		47		2.2
ZDY□1500□	15000		70		3
ZDY□2000□	20000		55		3
ZDY□2500□	25000		78		3
ZDY□3000□	30000		78		4

注：1. 表中启闭时间为回转角度90°时的数值，如有表中未列出的特殊要求，可按需设计制造。

2. 型号后数字表示额定力矩的1/10（如ZDY5表示额定力矩50N·m）。

3. 用户按型号表示方法填写要求，电机为Y或YB系列，电压380V，功率范围0.18~4kW。用户有不明确或特殊要求的，请与生产单位联系。

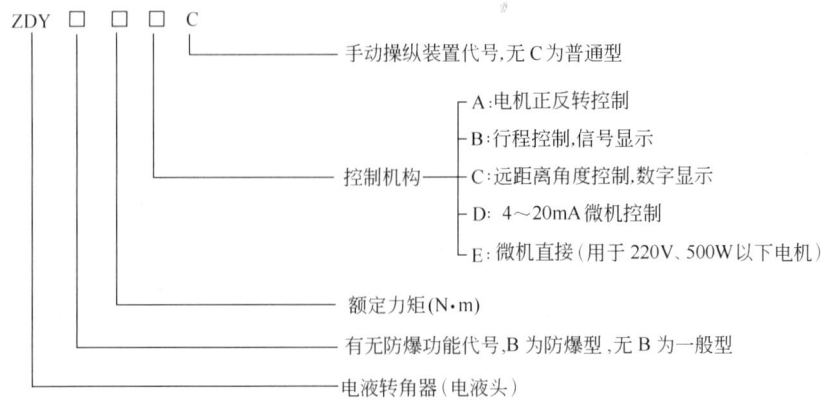

型号表示方法：

ZDY □ □ □ C

- C — 手动操纵装置代号，无C为普通型
- 第三个□ — 控制机构
  - A：电机正反转控制
  - B：行程控制，信号显示
  - C：远距离角度控制，数字显示
  - D：4～20mA微机控制
  - E：微机直接（用于220V、500W以下电机）
- 第二个□ — 额定力矩(N·m)
- 第一个□ — 有无防爆功能代号，B为防爆型，无B为一般型
- ZDY — 电液转角器（电液头）

（2）主要外形连接尺寸

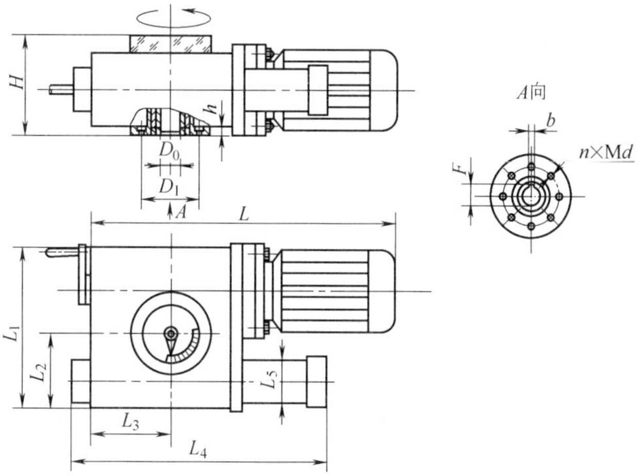

表 18-3-30　　外形安装尺寸　　mm

规格型号	L	L_1	L_2	L_3	L_4	L_5	H	D_0	D_1	F	b	h	$n\times Md$
ZDY□5□	470	210	90	132	280	ϕ65	135	18	90	20.3	5	15	4×M8
ZDY□15□	520	222	102	152	325	ϕ65	145	20	95	22.8	6	15	4×M8
ZDY□45□	545	320	160	135	480	ϕ76	165	24	100	27.3	8	20	4×M12
ZDY□85□	545	330	170	135	490	ϕ95	210	32	110	35.3	10	20	4×M14
ZDY□150□	625	340	200	160	625	ϕ121	210	38	140	41.3	10	25	4×M18
ZDY□200□	625	340	220	160	630	ϕ133	230	42	160	45.3	12	25	4×M18
ZDY□300□	695	480	235	230	640	ϕ140	230	50	160	53.8	14	25	8×M18
ZDY□400□	695	505	260	230	640	ϕ159	290	60	195	64.4	18	30	8×M20
ZDY□500□	695	505	260	230	640	ϕ184	290	70	235	74.9	20	30	8×M20
ZDY□600□	695	505	260	260	750	ϕ184	290	70	235	74.9	20	30	8×M20
ZDY□800□	695	505	260	260	780	ϕ184	340	70	280	79.8	20	30	8×M20
ZDY□1000□	750	550	300	290	810	ϕ184	380	76	300	86.8	22	30	8×M24
ZDY□1500□	750	550	300	290	810	ϕ203	400	98	350	110.8	28	35	8×M24
ZDY□2000□	750	550	300	290	870	ϕ203	420	120	390	134.8	32	35	8×M24
ZDY□2500□	815	580	350	320	950	ϕ219	440	120	390	134.8	32	40	8×M24
ZDY□3000□	815	580	350	320	980	ϕ219	460	120	390	134.8	32	40	8×M24

注：如有表中未列出的特殊要求，可按需设计制造。

2.2.3　有关说明

1）电液缸使用、维护注意事项

① 勿放置和使用于水淋、过度潮湿、高温、低温等工况。

② 电液缸出厂时，油口盖内加 O 形密封圈，将呼吸口封死，在使用时应将此 O 形圈取出以便于油箱的呼吸。等速回路和等速电液缸可不取下此 O 形圈。

③ 电液缸工作介质，建议采用黏度为 25~40mm^2/s 的抗磨液压油（一般选用 46$^\#$）、透平油、机油等矿物油，油液要过滤，清洁度要达到 NAS 1638—9 级或 ISO 4406—19/15 级以上，工作温度控制在 15~60℃范围内。

④ 电液缸首次使用时，应注意排净液压缸内的空气。当液压缸活塞杆缩回时，使液压缸有杆腔和油箱都充

满工作介质。电液缸的油箱很小，一旦出现外泄漏应立即修复，并补足工作介质，因工作介质不足造成液压泵吸空现象，会很快造成泵的损坏和液压缸的气蚀。在电液缸运行中如出现爬行和振动，应首先检查是否油液太少、油泵吸空、液压缸内进入空气。

⑤ 溢流阀在出厂时已调整好，请勿随意调高。超负荷使用，会损坏泵和电机等。

⑥ 电液缸由于油箱太小，不宜用于连续长时间运转和频繁换向的工况，当油箱因连续运转出现高温时，应暂停，等冷却后使用。必须连续长时间运转和频繁换向的电液缸，在订货时应加以说明，以便在设计时采取防止温升过高过快的措施。

⑦ 每年应定期更换一次工作介质。

2）选型有不详之处或特殊要求，用户可与生产单位联系。

3）生产单位：天津优瑞纳斯液压机械有限公司、江苏高邮市液压机电成套设备有限公司，抚顺天宝重工液压机械制造有限公司、焦作华科液压机械制造有限公司。

3 升 降 机

3.1 SWL 蜗轮螺杆升降机（摘自 JB/T 8809—2010）

SWL 蜗轮螺杆升降机适用于冶金、机械、建筑、水利等行业。

3.1.1 型式及尺寸

（1）结构型式

1 型——螺杆同时做旋转运动和轴向移动；

2 型——螺杆做旋转运动，螺杆上的螺母做轴向移动。

（2）装配型式

升降机每种结构型式又分为两种装配型式：

A 型——螺杆（或螺母）向上移动；

B 型——螺杆（或螺母）向下移动。

（3）螺杆头部型式

1 型结构型式的螺杆头部分为Ⅰ型（圆柱型）、Ⅱ型（法兰型）、Ⅲ型（螺纹型）和Ⅳ型（扁头型）四种型式；

2 型结构型式的螺杆头部分为Ⅰ型（圆柱型）和Ⅲ型（螺纹型）两种型式。

（4）传动比

升降机分为两种传动比，即普通（P）和慢速（M）。

（5）螺杆的防护

1 型升降机螺杆的防护分为基本型、防旋转型（F）和带防护罩型（Z）；

2 型升降机螺杆的防护分为基本型和带防护罩型（Z）。

（6）标记示例

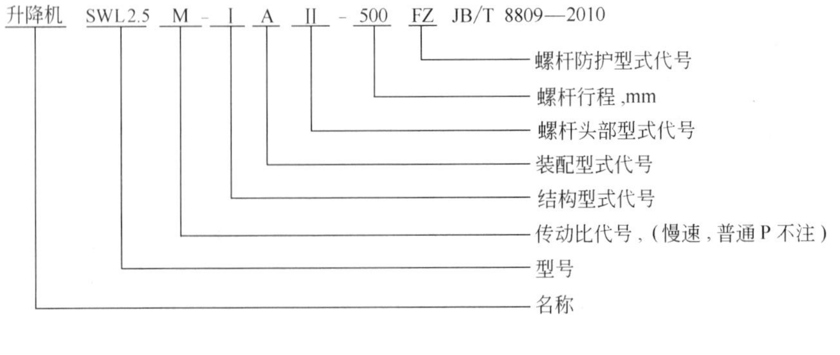

1 型升降机的外形结构尺寸

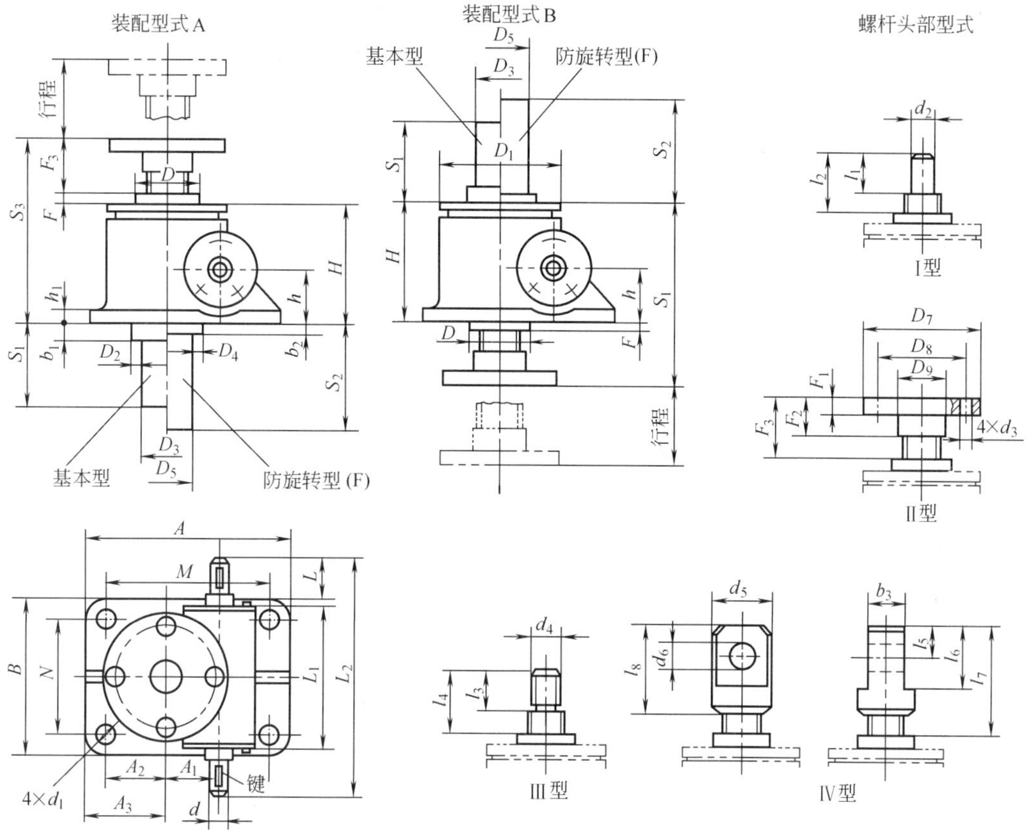

表 18-3-31

mm

型　号	SWL2.5	SWL5	SWL10 SWL15	SWL20	SWL25	SWL35
S_1	行程+20	行程+20	行程+20	行程+20	行程+20	行程+20
S_2	行程+110	行程+110	行程+150	行程+190	行程+205	行程+250
S_3	150.5	193	230	262	317	350
A	165	212	235	295	350	430
B	120	155	200	215	260	280
M	135	168	190	240	280	360
N	90	114	155	160	190	210
H	97	130	150	176	217	240
h	45	61.5	70	87	102	115
h_1	12	18	16	20	25	30
d(k6)	16	20	25	28	32	38
d_1	14	17	21	28	35	35
键 GB/T 1096	5×5×32	6×6×45	8×7×45	8×7×45	10×8×50	10×8×70
L	—	—	42	42	58	80

续表

型号			SWL2.5	SWL5	SWL10 SWL15	SWL20	SWL25	SWL35
L_1			110.5	132	172	213.5	221	265
L_2			190	228	280	322	355	430
D			48	65	80	100	130	150
D_1			98	122	150	185	205	260
D_2			70	90	100	120	150	180
D_3			45	60	76	83	114	121
D_4			98	110	130	170	200	210
D_5			60	70	95	108	133	139
A_1			45.2	56.2	66.8	72.5	97	120
A_2			50	58	63.5	95	95	135
A_3			65	80	86	122.5	130	170
b_1			20	25	17	35	30	35
b_2			20	18	18	31	40	40
F			8.5	12	6.5	6	8	10
螺杆头部型式	Ⅰ	d_2(k6)	20	25	40	50	70	80
		l_1	30	40	50	60	63	80
		l_2	45	51	73.5	80	92	100
	Ⅱ	D_7	98	122	150	185	205	260
		D_8	75	85	105	140	155	200
		D_9	40	50	65	90	100	130
		d_3	14	17	21	26	27	33
		F_1	12	18	20	20	25	30
		F_2	30	40	50	60	63	80
		F_3	45	51	73.5	80	92	100
	Ⅲ	d_4	M22×1.5-6g	M30×2-6g	M42×2-6g	M48×2-6g	M70×3-6g	M80×3-6g
		l_3	30	39	50	60	63	80
		l_4	45	51	73.5	80	92	100
	Ⅳ	d_5	50	65	90	110	130	150
		d_6(H8)	25	35	50	60	70	80
		b_3	30	42	60	75	90	105
		l_5	25	37.5	50	60	70	80
		l_6	50	75	100	120	140	160
		l_7	85	117	153.5	170	204	240
		l_8	70	105	130	150	175	220

2 型升降机的外形结构尺寸

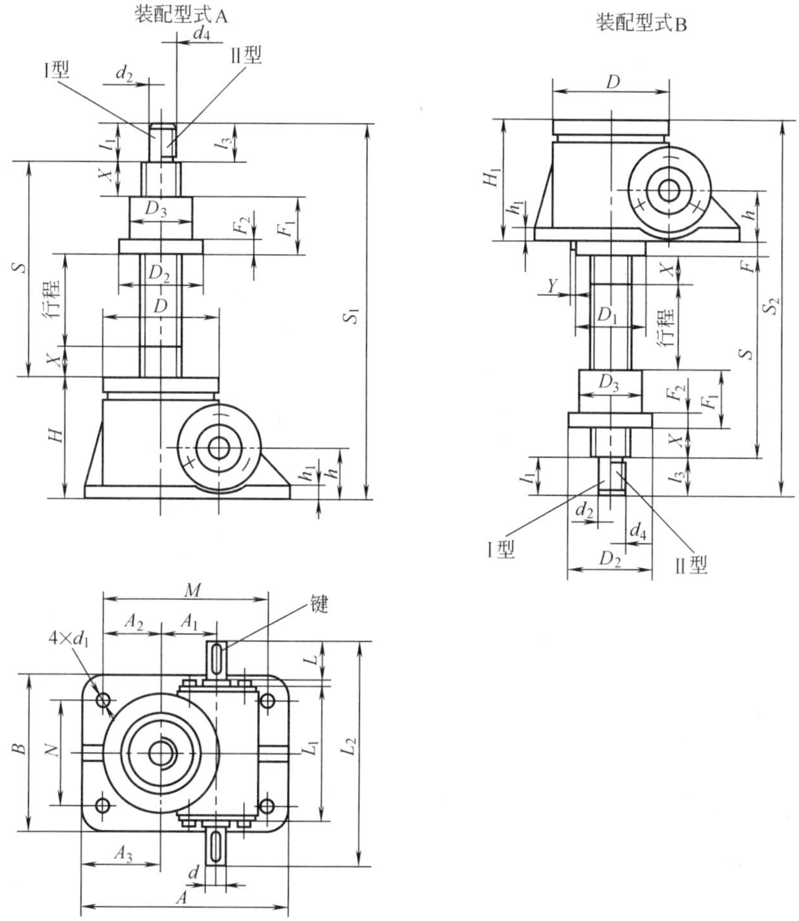

表 18-3-32

mm

型　号	SWL2. 5	SWL5	SWL10 SWL15	SWL20	SWL25	SWL35
S	行程+85	行程+100	行程+125	行程+150	行程+170	行程+205
S_1	行程+215	行程+270	行程+335	行程+404	行程+476	行程+535
S_2	行程+238. 5	行程+300	行程+359	行程+430	行程+513	行程+580
A	165	212	235	295	350	430
B	120	155	200	215	260	280
M	135	168	190	240	280	360
N	90	114	155	160	190	210
H	100	131	160	194	226	250
H_1	97	131	150	181	211	250
h	45	61. 5	70	87	102	115
h_1	12	14	16	20	25	30
d(k6)	16	20	25	28	32	38
d_1	14	17	21	28	35	35
键 GB/T 1096	5×5×32	6×6×32	8×7×45	8×7×45	10×8×50	10×8×70
L	—	—	42	42	58	80
L_1	110. 5	132	172	213. 5	221	265
L_2	190	228	280	322	355	430

续表

型号			SWL2.5	SWL5	SWL10 SWL15	SWL20	SWL25	SWL35
D			98	122	150	185	205	260
D_1			68	83	110	140	160	180
A_1			45.2	56.2	66.8	72.5	97	120
A_2			50	58	63.5	95	95	135
A_3			65	80	86	122.5	130	170
F			26.5	30	34	39	52	45
安全裕度 X			20	20	25	25	25	30
Y			3	3	1	3	3	4
活动螺母		D_2	80	87	110	120	155	190
		D_3(h9)	50	70	90	90	130	150
		F_1	45	60	75	100	120	145
		F_2	15	18	25	30	35	35
螺杆头部型式	Ⅰ	d_2(k6)	20	25	40	50	70	80
		l_1	30	40	50	60	80	80
	Ⅲ	d_4	M22×1.5-6g	M30×2-6g	M42×2-6g	M48×2-6g	M70×3-6g	M80×3-6g
		l_3	30	39	50	60	63	80

3.1.2 性能参数

1）升降机的主要性能参数见表 18-3-33。

表 18-3-33　　性能参数

型号	SWL2.5	SWL5	SWL10/15	SWL20	SWL25	SWL35
最大起升力/kN	25	50	100/150	200	250	350
最大拉力/kN	25	50	99	166	250	350
蜗轮蜗杆传动比(P)	6 : 1	6 : 1	$7\frac{2}{3}$: 1	8 : 1	$10\frac{2}{3}$: 1	$10\frac{2}{3}$: 1
蜗杆每转行程/mm	1.0	1.167	1.565	1.5	1.5	1.5
蜗轮蜗杆传动比(M)	24 : 1	24 : 1	24 : 1	24 : 1	32 : 1	32 : 1
蜗杆每转行程/mm	0.250	0.292	0.5	0.5	0.5	0.5
蜗杆转矩/N·m	见 3.1.4 蜗杆轴伸的许用径向力					
拉力载荷时螺杆的最大伸长/mm	1500	2000	2500	3000	3500	4000
压力载荷时螺杆的最大伸长/mm	见 3.1.5 螺杆长度与极限载荷的关系					
侧向力载荷时螺杆的最大伸长/mm	见 3.1.6 螺杆许用侧向力 F_s 和轴向力 F_a 与行程的关系					
最大许用功率/kW	0.55	1.1	2.6	3.7	4.8	6.0
普通比(P)总效率/%	23	21	23	21	19	18
慢速比(M)总效率/%	14	12	15	13	11	11
润滑油量/kg	0.1	0.25	0.5	0.75	1.1	1.9
不加行程的质量/kg	7.3	16.2	25	36	70.5	87
螺杆每 100mm 的质量/kg	0.45	0.82	1.67	2.15	4.15	5.20

注：1. 最大许用功率是在环境温度为 20℃、工作持续率为 20%/h 的条件下的参数。
2. 总效率为油脂润滑条件下的参数。
3. 工作环境温度-20~80℃。
4. 在静止状态一般可以自锁。

2）螺杆传动的许用起升速度、转矩和功率见表 18-3-34。

表 18-3-34　　螺杆传动的许用起升速度、转矩和功率

	蜗杆转速 n /r·min^{-1}	起升速度 v /m·min^{-1}		起升力 /kN																											
				25				20				15				10				5				2.5				1			
				P		M		P		M		P		M		P		M		P		M		P		M		P		M	
		普通型 P	慢型 M	转矩/N·m	功率/kW	转矩/N·m	功率/kW	转矩/N·m	功率/kW	转矩/N·m	功率/kW	转矩/N·m	功率/kW	转矩/N·m	功率/kW	转矩/N·m	功率/kW	转矩/N·m	功率/kW	转矩/N·m	功率/kW	转矩/N·m	功率/kW	转矩/N·m	功率/kW	转矩/N·m	功率/kW	转矩/N·m	功率/kW	转矩/N·m	功率/kW
SWL2.5	1500	1.500	0.375	18	2.7	7.1	1.2	14	2.2	5.7	0.89	11	1.7	4.3	0.67	6.9	1.10	2.9	0.45	3.5	0.54	1.4	0.22	1.7	0.27	0.71	0.11	0.7	0.11	0.28	0.05
	1000	1.000	0.250	18	1.8	7.1	0.74	14	1.5	5.7	0.60	11	1.1	4.3	0.45	6.9	0.72	2.9	0.30	3.5	0.36	1.4	0.15	1.7	0.18	0.71	0.07	0.7	0.07	0.28	0.05
	750	0.750	0.188	18	1.4	7.1	0.56	14	1.1	5.7	0.45	11	0.82	4.3	0.33	6.9	0.54	2.9	0.22	3.5	0.27	1.4	0.11	1.7	0.14	0.71	0.06	0.7	0.05	0.28	0.05
	500	0.500	0.125	18	0.91	7.1	0.37	14	0.72	5.7	0.30	11	0.54	4.3	0.22	6.9	0.36	2.9	0.15	3.5	0.18	1.4	0.07	1.7	0.09	0.71	0.05	0.7	0.05	0.28	0.05
	300	0.300	0.075	18	0.54	7.1	0.22	14	0.43	5.7	0.18	11	0.33	4.3	0.13	6.9	0.22	2.9	0.09	3.5	0.11	1.4	0.05	1.7	0.05	0.71	0.05	0.7	0.05	0.28	0.05
	200	0.200	0.050	18	0.36	7.1	0.15	14	0.29	5.7	0.12	11	0.22	4.3	0.09	6.9	0.14	2.9	0.06	3.5	0.07	1.4	0.05	1.7	0.05	0.71	0.05	0.7	0.05	0.28	0.05
	100	0.100	0.025	18	0.18	7.1	0.07	14	0.14	5.7	0.06	11	0.11	4.3	0.05	6.9	0.07	2.9	0.05	3.5	0.05	1.4	0.05	1.7	0.05	0.71	0.05	0.7	0.05	0.28	0.05
	50	0.050	0.013	18	0.09	7.1	0.05	14	0.07	5.7	0.05	11	0.05	4.3	0.05	6.9	0.05	2.9	0.05	3.5	0.05	1.4	0.05	1.7	0.05	0.71	0.05	0.7	0.05	0.28	0.05

	蜗杆转速 n /r·min^{-1}	起升速度 v /m·min^{-1}		起升力 /kN																											
				50				40				30				20				10				5				2.5			
				P		M		P		M		P		M		P		M		P		M		P		M		P		M	
		普通型 P	慢型 M	转矩/N·m	功率/kW	转矩/N·m	功率/kW	转矩/N·m	功率/kW	转矩/N·m	功率/kW	转矩/N·m	功率/kW	转矩/N·m	功率/kW	转矩/N·m	功率/kW	转矩/N·m	功率/kW	转矩/N·m	功率/kW	转矩/N·m	功率/kW	转矩/N·m	功率/kW	转矩/N·m	功率/kW	转矩/N·m	功率/kW	转矩/N·m	功率/kW
SWL5	1500	1.750	0.438	44.2	6.9	19.3	3.0	35.4	5.6	15.5	2.4	26.5	4.2	11.6	1.8	17.7	2.8	7.7	1.2	8.8	1.4	3.9	0.6	4.4	0.7	1.9	0.3	2.2	0.3	1.0	0.2
	1000	1.167	0.292	44.2	4.6	19.3	2.0	35.4	3.7	15.5	1.6	26.5	2.8	11.6	1.2	17.7	1.9	7.7	0.8	8.8	0.9	3.9	0.4	4.4	0.5	1.9	0.2	2.2	0.2	1.0	0.1
	750	0.875	0.219	44.2	3.5	19.3	1.5	35.4	2.8	15.5	1.2	26.5	2.1	11.6	0.9	17.7	1.4	7.7	0.6	8.8	0.7	3.9	0.3	4.4	0.3	1.9	0.2	2.2	0.2	1.0	0.1
	500	0.583	0.146	44.2	2.3	19.3	1.0	35.4	1.9	15.5	0.8	26.5	1.4	11.6	0.6	17.7	0.9	7.7	0.4	8.8	0.5	3.9	0.2	4.4	0.2	1.9	0.1	2.2	0.1	1.0	0.1
	300	0.350	0.088	44.2	1.4	19.3	0.6	35.4	1.1	15.5	0.5	26.5	0.8	11.6	0.4	17.7	0.6	7.7	0.2	8.8	0.3	3.9	0.1	4.4	0.1	1.9	0.1	2.2	0.1	1.0	0.1
	200	0.233	0.058	44.2	0.9	19.3	0.4	35.4	0.7	15.5	0.3	26.5	0.6	11.6	0.2	17.7	0.4	7.7	0.2	8.8	0.2	3.9	0.1	4.4	0.1	1.9	0.1	2.2	0.1	1.0	0.1
	100	0.117	0.029	44.2	0.5	19.3	0.2	35.4	0.4	15.5	0.2	26.5	0.3	11.6	0.1	17.7	0.2	7.7	0.1	8.8	0.1	3.9	0.1	4.4	0.1	1.9	0.1	2.2	0.1	1.0	0.1
	50	0.058	0.015	44.2	0.2	19.3	0.1	35.4	0.2	15.5	0.1	26.5	0.1	11.6	0.1	17.7	0.1	7.7	0.1	8.8	0.1	3.9	0.1	4.4	0.1	1.9	0.1	2.2	0.1	1.0	0.1

续表

型号	蜗杆转速 n /r·min⁻¹	起升速度 v /m·min⁻¹		起升力 /kN																											
				100				80				60				40				20				10				5			
				P		M		P		M		P		M		P		M		P		M		P		M		P		M	
		普通型 P	慢型 M	转矩/N·m	功率/kW	转矩/N·m	功率/kW	转矩/N·m	功率/kW	转矩/N·m	功率/kW	转矩/N·m	功率/kW	转矩/N·m	功率/kW	转矩/N·m	功率/kW	转矩/N·m	功率/kW	转矩/N·m	功率/kW	转矩/N·m	功率/kW	转矩/N·m	功率/kW	转矩/N·m	功率/kW	转矩/N·m	功率/kW	转矩/N·m	功率/kW
SWL10	1500	2.348	0.750	108	17	53	8.3	87	14	43	6.7	65	11	32	5.0	44	6.8	22	3.3	22	3.4	11	1.7	11	1.7	5.3	0.8	5.4	0.9	2.7	0.4
	1000	1.565	0.500	108	12	53	5.6	87	9.1	43	4.4	65	6.8	32	3.3	44	4.5	22	2.2	22	2.3	11	1.1	11	1.1	5.3	0.6	5.4	0.6	2.7	0.3
	750	1.174	0.375	108	8.5	53	4.2	87	6.8	43	3.3	65	5.1	32	2.5	44	3.4	22	1.7	22	1.7	11	0.8	11	0.9	5.3	0.4	5.4	0.4	2.7	0.2
	500	0.783	0.250	108	5.7	53	2.8	87	4.5	43	2.2	65	3.4	32	1.7	44	2.3	22	1.1	22	1.1	11	0.6	11	0.6	5.3	0.3	5.4	0.3	2.7	0.1
	300	0.470	0.150	108	3.4	53	1.7	87	2.7	43	1.3	65	2.0	32	1.0	44	1.4	22	0.7	22	0.7	11	0.3	11	0.3	5.3	0.2	5.4	0.2	2.7	0.1
	200	0.313	0.100	108	2.3	53	1.1	87	1.8	43	0.9	65	1.4	32	0.7	44	0.9	22	0.4	22	0.5	11	0.2	11	0.2	5.3	0.1	5.4	0.1	2.7	0.1
	100	0.157	0.050	108	1.1	53	0.6	87	0.9	43	0.4	65	0.7	32	0.3	44	0.5	22	0.2	22	0.2	11	0.1	11	0.1	5.3	0.1	5.4	0.1	2.7	0.1
	50	0.078	0.025	108	0.6	53	0.3	87	0.5	43	0.2	65	0.3	32	0.2	44	0.2	22	0.1	22	0.1	11	0.1	11	0.1	5.3	0.1	5.4	0.1	2.7	0.1

型号	蜗杆转速 n /r·min⁻¹	起升速度 v /m·min⁻¹		起升力 /kN																											
				150				100				80				60				40				20				10			
				P		M		P		M		P		M		P		M		P		M		P		M		P		M	
		普通型 P	慢型 M	转矩/N·m	功率/kW	转矩/N·m	功率/kW	转矩/N·m	功率/kW	转矩/N·m	功率/kW	转矩/N·m	功率/kW	转矩/N·m	功率/kW	转矩/N·m	功率/kW	转矩/N·m	功率/kW	转矩/N·m	功率/kW	转矩/N·m	功率/kW	转矩/N·m	功率/kW	转矩/N·m	功率/kW	转矩/N·m	功率/kW	转矩/N·m	功率/kW
SWL15	1500	2.348	0.750	163	26	92	15	108	17	53	8.3	87	14	43	6.7	65	11	32	5.0	44	6.8	22	3.3	22	3.4	11	1.7	11	1.7	5.3	0.8
	1000	1.565	0.500	163	17	92	9.6	108	12	53	5.6	87	9.1	43	4.4	65	6.8	32	3.3	44	4.5	22	2.2	22	2.3	11	1.1	11	1.1	5.3	0.6
	750	1.174	0.375	163	13	92	7.2	108	8.5	53	4.2	87	6.8	43	3.3	65	5.1	32	2.5	44	3.4	22	1.7	22	1.7	11	0.8	11	0.9	5.3	0.4
	500	0.783	0.250	163	8.5	92	4.8	108	5.7	53	2.8	87	4.5	43	2.2	65	3.4	32	1.7	44	2.3	22	1.1	22	1.1	11	0.6	11	0.6	5.3	0.3
	300	0.470	0.150	163	5.1	92	2.9	108	3.4	53	1.7	87	2.7	43	1.3	65	2.0	32	1.0	44	1.4	22	0.7	22	0.7	11	0.3	11	0.3	5.3	0.2
	200	0.313	0.100	163	3.4	92	1.9	108	2.3	53	1.1	87	1.8	43	0.9	65	1.4	32	0.7	44	0.9	22	0.4	22	0.5	11	0.2	11	0.2	5.3	0.1
	100	0.157	0.050	163	1.7	92	1.0	108	1.1	53	0.6	87	0.9	43	0.4	65	0.7	32	0.3	44	0.5	22	0.2	22	0.2	11	0.1	11	0.1	5.3	0.1
	50	0.078	0.025	163	0.9	92	0.5	108	0.6	53	0.3	87	0.5	43	0.2	65	0.3	32	0.2	44	0.2	22	0.1	22	0.1	11	0.1	11	0.1	5.3	0.1

型号	蜗杆转速 n /r·min^{-1}	起升速度 v /m·min^{-1}		起升力 /kN																											
				200				160				120				100				75				50				25			
				P		M		P		M		P		M		P		M		P		M		P		M		P		M	
		普通型 P	慢型 M	转矩/N·m	功率/kW	转矩/N·m	功率/kW	转矩/N·m	功率/kW	转矩/N·m	功率/kW	转矩/N·m	功率/kW	转矩/N·m	功率/kW	转矩/N·m	功率/kW	转矩/N·m	功率/kW	转矩/N·m	功率/kW	转矩/N·m	功率/kW	转矩/N·m	功率/kW	转矩/N·m	功率/kW	转矩/N·m	功率/kW	转矩/N·m	功率/kW
SWL20	1500	2.250	0.750	228	36	123	20	182	29	98	16	137	22	74	12	114	18	62	9.6	86	14	46	7.2	57	8.9	31	4.8	29	4.5	16	2.4
	1000	1.500	0.500	228	24	123	13	182	19	98	11	137	15	74	7.7	114	12	62	6.4	86	8.9	46	4.8	57	6.0	31	3.2	29	3.0	16	1.6
	750	1.125	0.375	228	18	123	9.6	182	15	98	7.7	137	11	74	5.8	114	8.9	62	4.8	86	6.7	46	3.6	57	4.5	31	2.4	29	2.2	16	1.2
	500	0.750	0.250	228	12	123	6.4	182	9.5	98	5.1	137	7.1	74	3.8	114	6.0	62	3.2	86	4.5	46	2.4	57	3.0	31	1.6	29	1.5	16	0.8
	300	0.450	0.150	228	7.1	123	3.8	182	5.7	98	3.1	137	4.3	74	2.3	114	3.6	62	1.9	86	2.7	46	1.4	57	1.8	31	1.0	29	0.9	16	0.5
	200	0.300	0.100	228	4.8	123	2.6	182	3.8	98	2.1	137	2.9	74	1.5	114	2.4	62	1.3	86	1.8	46	1.0	57	1.2	31	0.6	29	0.6	16	0.3
	100	0.150	0.050	228	2.4	123	1.3	182	1.9	98	1.0	137	1.4	74	0.8	114	1.2	62	0.6	86	0.9	46	0.5	57	0.6	31	0.3	29	0.3	16	0.2
	50	0.075	0.025	228	1.2	123	0.6	182	1.0	98	0.5	137	0.7	74	0.4	114	0.6	62	0.3	86	0.4	46	0.2	57	0.3	31	0.2	29	0.1	16	0.1

型号	蜗杆转速 n /r·min^{-1}	起升速度 v /m·min^{-1}		起升力 /kN																											
				250				200				160				120				100				75				50			
				P		M		P		M		P		M		P		M		P		M		P		M		P		M	
		普通型 P	慢型 M	转矩/N·m	功率/kW	转矩/N·m	功率/kW	转矩/N·m	功率/kW	转矩/N·m	功率/kW	转矩/N·m	功率/kW	转矩/N·m	功率/kW	转矩/N·m	功率/kW	转矩/N·m	功率/kW	转矩/N·m	功率/kW	转矩/N·m	功率/kW	转矩/N·m	功率/kW	转矩/N·m	功率/kW	转矩/N·m	功率/kW	转矩/N·m	功率/kW
SWL25	1000	1.500	0.500	314	33	181	19	252	27	145	16	201	22	116	13	151	16	87	9.1	126	14	73	7.6	95	9.9	55	5.7	63	6.6	37	3.8
	750	1.125	0.375	314	25	181	15	252	20	145	12	201	16	116	9.1	151	12	87	6.8	126	9.9	73	5.7	95	7.4	55	4.3	63	4.9	37	2.8
	500	0.750	0.250	314	17	181	9.5	252	14	145	7.6	201	11	116	6.1	151	7.9	87	4.5	126	6.6	73	3.8	95	4.9	55	2.8	63	3.3	37	1.9
	400	0.600	0.200	314	14	181	7.6	252	11	145	6.1	201	8.4	116	4.8	151	6.3	87	3.6	126	5.3	73	3.0	95	3.9	55	2.3	63	2.6	37	1.5
	300	0.450	0.150	314	9.9	181	5.7	252	7.9	145	4.5	201	6.3	116	3.6	151	4.7	87	2.7	126	3.9	73	2.3	95	3.0	55	1.7	63	2.0	37	1.1
	200	0.300	0.100	314	6.6	181	3.8	252	5.3	145	3.0	201	4.2	116	2.4	151	3.2	87	1.8	126	2.6	73	1.5	95	2.0	55	1.1	63	1.3	37	0.8
	100	0.150	0.050	314	3.3	181	1.9	252	2.6	145	1.5	201	2.1	116	1.2	151	1.6	87	0.9	126	1.3	73	0.8	95	1.0	55	0.6	63	0.7	37	0.4
	50	0.075	0.025	314	1.6	181	0.9	252	1.3	145	0.8	201	1.1	116	0.6	151	0.8	87	0.5	126	0.7	73	0.4	95	0.5	55	0.3	63	0.3	37	0.2

型号	蜗杆转速 n /r·min^{-1}	起升速度 v /m·min^{-1}		起升力 /kN																											
				350				300				250				200				150				100				50			
				P		M		P		M		P		M		P		M		P		M		P		M		P		M	
		普通型 P	慢型 M	转矩/N·m	功率/kW	转矩/N·m	功率/kW	转矩/N·m	功率/kW	转矩/N·m	功率/kW	转矩/N·m	功率/kW	转矩/N·m	功率/kW	转矩/N·m	功率/kW	转矩/N·m	功率/kW	转矩/N·m	功率/kW	转矩/N·m	功率/kW	转矩/N·m	功率/kW	转矩/N·m	功率/kW	转矩/N·m	功率/kW	转矩/N·m	功率/kW
SWL35	1000	1.500	0.500	464	49	253	27	398	42	217	23	332	35	181	19	266	28	145	16	199	21	109	12	133	14	73	7.6	67	6.9	36	3.8
	750	1.125	0.375	464	37	253	20	398	32	217	17	332	26	181	15	266	21	145	12	199	16	109	8.5	133	11	73	5.7	67	5.2	36	2.8
	500	0.750	0.250	464	25	253	14	398	21	217	12	332	18	181	9.5	266	14	145	7.6	199	11	109	5.7	133	6.9	73	3.8	67	3.5	36	1.9
	400	0.600	0.200	464	20	253	11	398	17	217	9.1	332	14	181	7.6	266	12	145	6.1	199	8.3	109	4.5	133	5.6	73	3.0	67	2.8	36	1.5
	300	0.450	0.150	464	15	253	8.0	398	13	217	6.8	332	11	181	5.7	266	8.3	145	4.5	199	6.3	109	3.4	133	4.2	73	2.3	67	2.1	36	1.1
	200	0.300	0.100	464	9.8	253	5.3	398	8.4	217	4.5	332	7.0	181	3.8	266	5.6	145	3.0	199	4.2	109	2.3	133	2.8	73	1.5	67	1.4	36	0.8
	100	0.150	0.050	464	4.9	253	2.7	398	4.2	217	2.3	332	3.5	181	1.9	266	2.8	145	1.5	199	2.1	109	1.1	133	1.4	73	0.8	67	0.7	36	0.4
	50	0.075	0.025	464	2.5	253	1.3	398	2.1	217	1.1	332	1.8	181	0.9	266	1.4	145	0.8	199	1.0	109	0.6	133	0.7	73	0.4	67	0.3	36	0.3

注：表 18-3-33 中的参数适用于环境温度为 20℃、工作持续率为 20%/h 或 30%/10min 的条件下。对粗线范围内的参数，使用时螺杆会产生过热，应严加注意。

3.1.3 驱动功率的计算

(1)驱动功率

$$P=\frac{F_a v}{60\eta}$$

式中 P——驱动功率,kW;

F_a——起升力(或拉力),kN;

v——起升速度,m/min;

η——传递总效率(见表 18-3-35 和表 18-3-36)。

(2)驱动转矩

$$M_t=9550\times\frac{P}{n}$$

式中 M_t——驱动转矩,N·m;

P——驱动功率,kW;

n——转速,r/min。

表 18-3-35　　油脂润滑时的总效率 η

型　号	SWL											
	2.5	2.5M	5	5M	10/15	10M/15M	20	20M	25	25M	35	35M
η	0.23	0.14	0.21	0.12	0.23	0.15	0.21	0.13	0.19	0.11	0.18	0.11

表 18-3-36　　蜗杆副采用稀油润滑时的总效率 η（仅用于 2 型）

蜗杆转速	型　号　SWL											
/r·min^{-1}	2.5	2.5M	5	5M	10/15	10M/15M	20	20M	25	25M	35	35M
1500	0.283	0.214	0.257	0.188	0.290	0.236	0.273	0.275	0.262	0.210	0.248	0.204
1000	0.279	0.206	0.252	0.180	0.285	0.227	0.268	0.217	0.257	0.200	0.243	0.195
750	0.276	0.201	0.249	0.175	0.282	0.222	0.266	0.212	0.253	0.194	0.240	0.189
500	0.272	0.194	0.245	0.168	0.277	0.215	0.262	0.205	0.249	0.187	0.236	0.183
300	0.267	0.187	0.241	0.161	0.272	0.207	0.257	0.198	0.243	0.179	0.231	0.175
100	0.257	0.172	0.231	0.146	0.261	0.191	0.247	0.183	0.233	0.164	0.222	0.160
50	0.251	0.164	0.225	0.138	0.255	0.183	0.242	0.175	0.226	0.155	0.216	0.152

3.1.4 蜗杆轴伸的许用径向力

1）蜗杆轴伸上，由于安装齿轮、链轮或带轮所产生的径向力 F_r，其最大许用力与起升力和型号有关。在 $l/2$ 处所许用的最大径向力和转矩见图 18-3-4 和表 18-3-37。

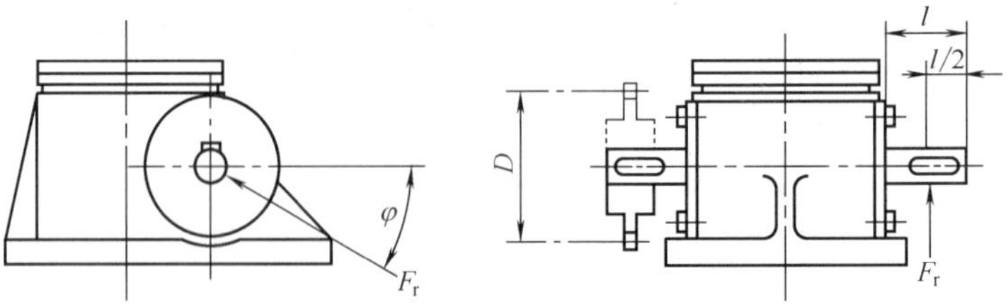

图 18-3-4

表 18-3-37　　$l/2$ 处所许用的最大径向力和转矩

型　号	F_{rmax}/N	M_{tmax}/N·m	型　号	F_{rmax}/N	M_{tmax}/N·m
SWL2.5/2.5M	350	18	SWL20/20M	1300	182
SWL5/5M	750	44.2	SWL25/25M	2000	314
SWL10/10M/15/15M	1000	108	SWL35/35M	2300	398

注：表中参数是按 $\varphi\approx30°$ 或 330°计算的。

2）齿轮或带轮的最小直径

$$D_{\min}=19100\times\frac{P}{F_{\mathrm{rmax}}n}=\frac{2M_{\mathrm{t}}}{F_{\mathrm{rmax}}}$$

式中　$D_{\min}$——齿轮或带轮的最小直径，m；

P——驱动功率，kW；

F_{rmax}——最大径向力，N；

n——蜗杆转速，r/min；

M_{t}——驱动转矩，N · m。

3.1.5　螺杆长度与极限载荷的关系

在欧拉负荷Ⅰ和Ⅱ情况下，螺杆长度与极限载荷的关系见图 18-3-5~图 18-3-8。

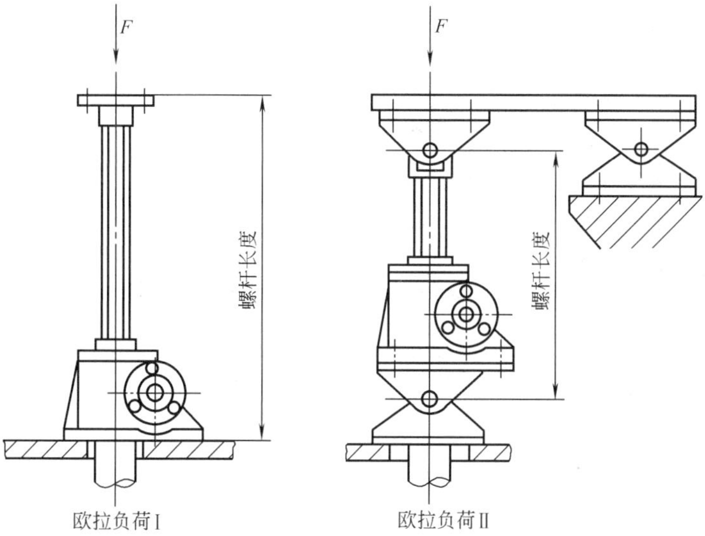

图 18-3-5

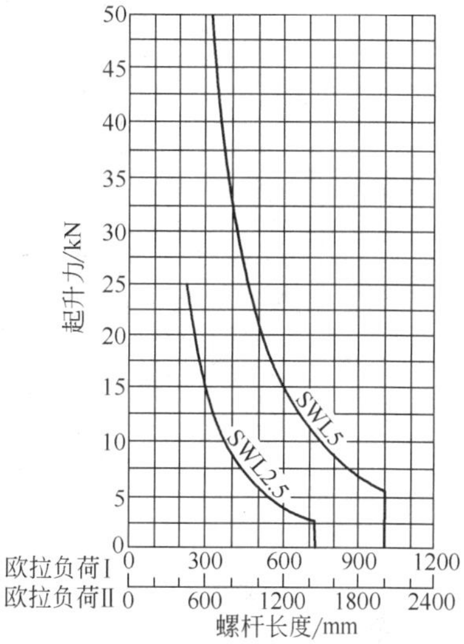

图 18-3-6

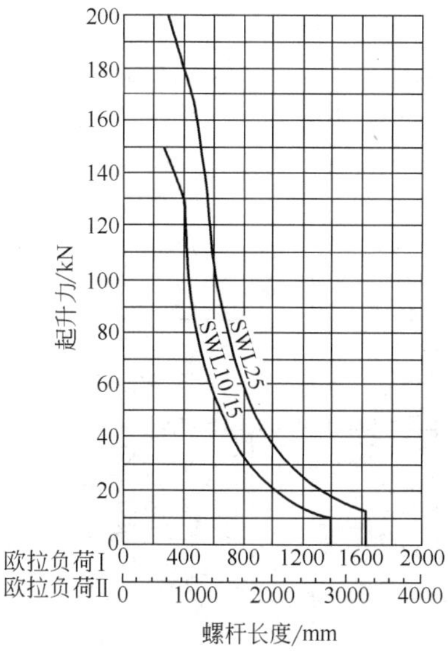

图 18-3-7

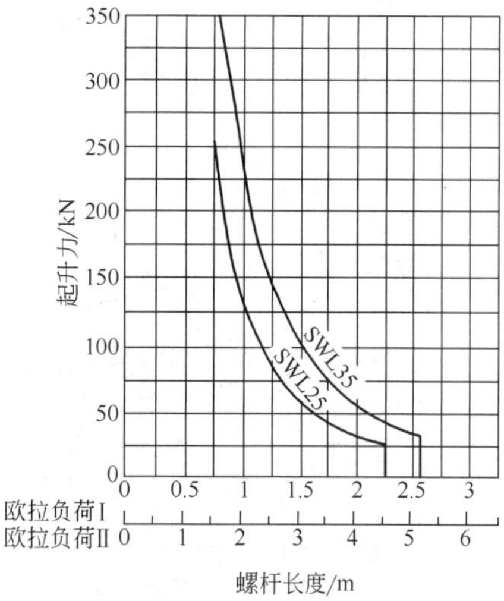

图 18-3-8

3.1.6 螺杆许用侧向力 F_s 和轴向力 F_a 与行程的关系（图 18-3-9）

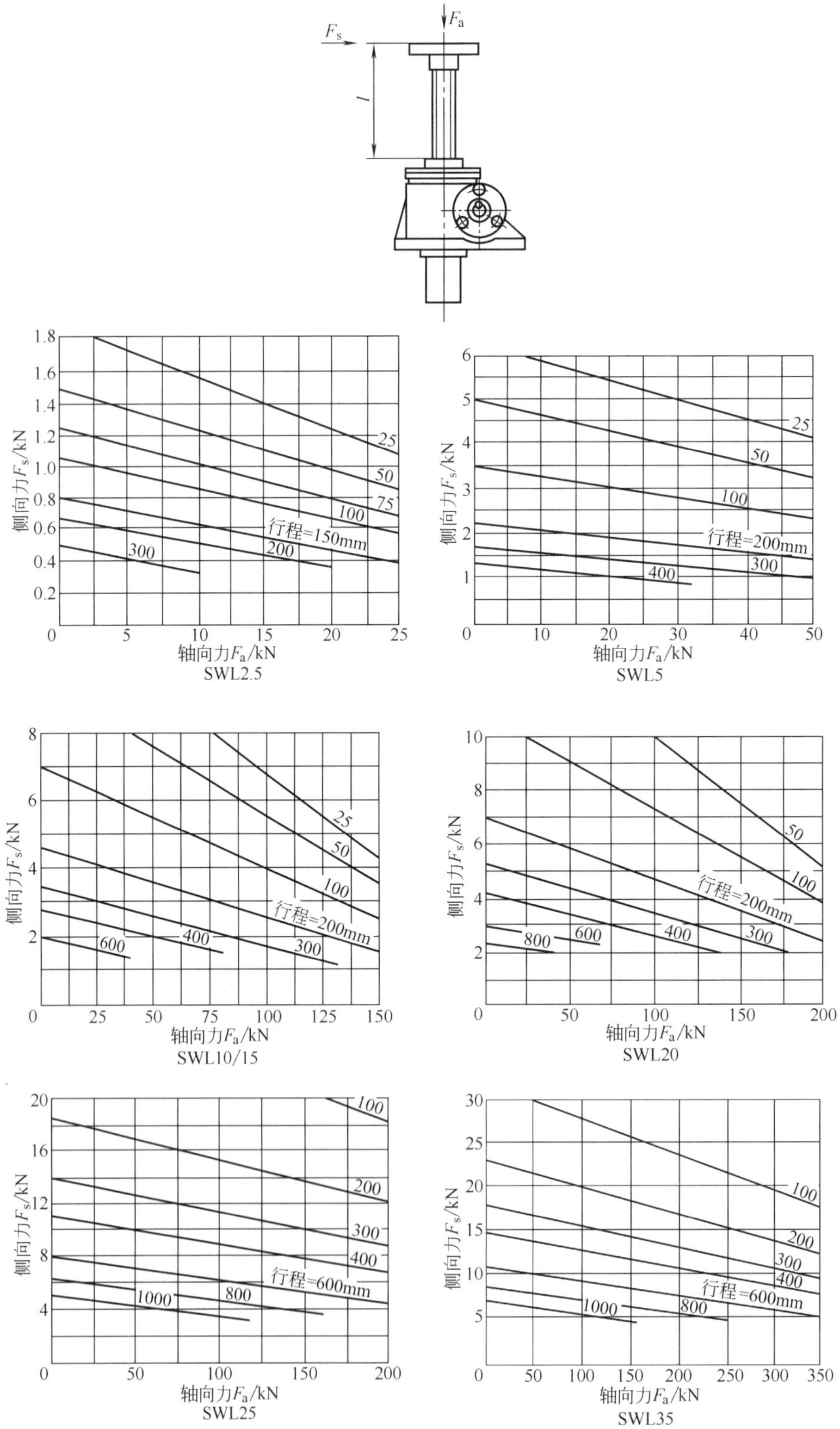

图 18-3-9

3.1.7　工作持续率与环境温度的关系

工作持续率与环境温度的关系见表 18-3-38。

环境温度超过 40℃时，应考虑减小工作持续率。

表 18-3-38　　工作持续率与环境温度的关系

环境温度/℃	50	60	70	80
许用最大工作持续率/%·h^{-1}	18	15	10	5
许用最大工作持续率/%·$(10min)^{-1}$	36	30	20	10

注：1. 选型时，请按产品的型号规格选择（包括提升力规格、普通与慢速、结构型式、螺杆头部型式、行程、附加要求等）。

2. 对附加要求中的防转装置、双导向套、防护罩的结构型式及尺寸以及其他不明确的技术问题，请与生产单位联系。

3. 生产单位：太原重型机械集团有限公司、南京高速齿轮箱厂配件制造公司、宁波东力传动设备有限公司、抚顺天宝重工液压机械制造有限公司。

3.2　其他升降机

（1）南京高速齿轮箱厂配件制造公司产品

① 锥齿轮螺旋丝杠升降机，主要用于舞台及大型联动平台等升降，产品型号为 SSL2.5、SSL5、SSL10、SSL15、SSL20、SSL25、SSL35、SSL50。主要特点：传动效率高，是相同型号蜗轮丝杠升降机的 1.3~1.4 倍；使用寿命较长；升降速度较快。

② 蜗轮滚珠丝杠升降机、锥齿轮滚珠丝杠升降机，是一种节能升降机，主要适用于使用频繁以及定位精度要求高的场合。产品的最大起升力为 2.5t、5t、10t、15t、20t、25t、35t、50t。主要特点：传动效率高，是同型号普通升降机的 3~4 倍；使用寿命长；升降速度快；轴向定位精度高。

③ 大型蜗轮螺杆升降机，型号有 SWL50、SWL100、SWL120、SWL150、SWL200。

（2）北京古德高机电技术有限公司产品

梯形丝杠系列 JWM；滚珠丝杠系列 JWB；大导程滚珠丝杠系列 JWH。它们的最大载荷均为 9.8kN 到 196kN。用户可向该公司索取详细样本。

（3）北京航天星云机电设备有限公司产品

大型蜗轮丝杠升降机，型号有 QWL50、QWL100、QWL120。

参考文献

[1] 徐灏主编. 机械设计手册. 第2卷. 第2版. 北京：机械工业出版社，2000.
[2] 机械工程手册、电机工程手册编辑委员会. 机械工程手册. 第9卷. 第2版. 北京：机械工业出版社，1996.
[3] 秦大同，谢里阳主编. 现代机械设计手册. 第5卷. 北京：化学工业出版社，2011.

机械设计手册

第六版

第4卷

HANDBOOK OF MECHANICAL DESIGN

第19篇 机械振动的控制及利用

主要撰稿 蔡学熙

审　　稿 王　正 王德夫 李长顺

19

本篇主要符号

A，a——振幅，m

A——面积，m^2

a——加速度，m/s^2

a——衰减系数，s^{-1}

B，b——振幅，m

B——宽度，m

C——黏性阻尼系数（即线性阻尼系数），N·s/m

C_c——临界阻尼系数，N·s/m

C_e——等效阻尼系数，N·s/m

C_φ——黏性扭转（或摆动）阻尼系数，N·m·s/rad

D，d——直径，m

D——抛掷指数

E——拉压弹性模量，Pa 或 N/m^2

F——力

F_0——简谐振动激振力幅，N

$F(f)$，$F(\omega)$——时域函数的傅里叶变换

$F(x)$——概率分布函数

f——频率，Hz

f_d——有阻尼固有频率，Hz

f_i——多自由度系统 i 阶固有频率，Hz

f_n——固有频率，Hz

$f(t)$——时域函数

$f(x)$——概率密度函数

I——转动惯量，$kg \cdot m^2$

I——冲量，N·s

I_p——极转动惯量，$kg \cdot m^2$

i——传动比

J——截面惯性矩，m^4

J_p——截面极惯性矩，m^4

K——刚度，N/m

K_d——共振时动刚度的模，N/m

K_e——等效刚度，N/m

K_φ——扭转刚度，N·m/rad

L，l——长度，m

M，m——质量，kg

M——力矩，弯矩，N·m

M——扭矩，N·m

N——功率，W 或 kW

N——正压力，Pa 或 N/m^2

n——转速，r/min

n——每分钟振次，min^{-1}

n_c——临界转速，r/min

P——力，N

p——压强，Pa

Q——力，N

q——广义坐标，m 或 rad

R，r——半径，m

r——质量偏心半径，m

$R(\tau)$——相关函数

$S(\omega)$——功率谱密度函数

S——刚度比

T——周期，s

T——张力，N

T——动能，J 或 N·m

T——传递率

t——时间，s

U——运动位移幅值，m

U——弹性势能，N·m

V——体积，m^3

V——速度，m/s

V——势能，J 或 N·m

v——速度，m/s

x，y，z——位移，m

$\dot{x}$，$\dot{y}$——速度，m/s

$\ddot{x}$，$\ddot{y}$——加速度，m/s^2

Z——频率比

α——转角，rad

α——相位角，rad

α——倾角，(°)

α——衰减系数

β——转角，rad

β——相位差角，rad

β——放大因子

β——材料损耗因子

γ——转角，rad

δ——柔度，m/N

δ——相对位移，m

δ——对数衰减率

δ——振动方向角，(°)

δ——静变形，m

ζ——阻尼比

η——隔振系数

η——传动效率

η——损耗因子，摩擦阻尼参数

θ——转角，rad
θ——角位移，rad
$\dot{\theta}$——角速度，rad/s
$\ddot{\theta}$——角加速度，rad/s^2
θ——扭转（或摆动）振幅，rad
θ——相位差角，rad
μ——泊松比
μ——质量比
μ——摩擦因数
ρ——回转半径，m
ρ_V，ρ——密度，kg/m^3
ρ_A——面密度，kg/m^2
ρ_l——线密度，kg/m
σ——应力，Pa 或 N/m^2
σ——标准离差
τ——时间，s
φ——转角，rad
φ——角位移，rad
$\dot{\varphi}$——角速度，rad/s
$\ddot{\varphi}$——角加速度，rad/s^2
φ——相位差角，rad
ψ——相位差角，rad
ψ——角位移，rad
ω——角频率，rad/s
ω_d——有阻尼固有角频率，rad/s
ω_n——固有角频率，rad/s
$\boldsymbol{M}$——质量矩阵
$\boldsymbol{K}$——刚度矩阵

第1章 概 述

1 机械振动的分类及机械工程中的振动问题

1.1 机械振动的分类

振动与冲击是自然界中广泛存在的现象。振动系统具体说是机械系统在其平衡位置附近的往复运动。冲击则是系统在瞬态或脉冲激励下的运动。

机械振动的分类方法，由着眼点的不同可有不同的分类。见表 19-1-1，表中未包括对冲击、波动等的分类。

表 19-1-1　　机械振动的分类

分类			基本特征
按产生振动的原因	自由振动		系统在去掉激励或约束之后所出现的振动。这种振动靠弹性力、惯性力和阻尼力来维持。振动的频率就是系统的固有频率。因阻尼力的存在，振动逐渐衰减，阻尼越大，衰减越快。如系统无阻尼，则称这种振动为无阻尼自由振动（这只是理想状态，实际上是不可能的）
	受迫振动		外部周期性激励所激起的稳态振动。振动特征与外部激振力的大小、方向和频率有关，在简谐激振力作用下，能同时激发起以系统固有频率为振动频率的自由振动和以干扰频率为振动频率的受迫振动，其自由振动部分将逐渐消减，乃至最终消失，只剩下恒幅受迫振动部分，即稳态振动响应
	自激振动		由于外部能量与系统运动相耦合形成振荡激励所产生的振动。即在非线性机械系统内，由非振荡性能量转变为振荡激励所产生的振动。当振动停止，振荡激励随之消失。振动频率接近于系统的固有频率
	参激振动		激励方式是通过周期地或随机地改变系统的特性参量来实现的振动。系统中能量缓慢集聚又快速释放而形成运动量有快速变化段和慢速变化段的张弛振动为其一例
按随时间的变化	确定性系统	常参量系统	即定常系统，系统中的各个特性参量（质量、刚度、阻尼系数等）都不随时间而变，即它们不是时间的显函数。用常系数微分方程描述。简谐运动只是其一个简单的例子
		变参量系统	系统中有一个特性参量随时间而变。用变系数微分方程描述
	随机系统		对未来任一给定时刻，物体运动量的瞬时值均不能根据以往的运动历程预先加以确定的振动。只能以数理统计方法来描述系统的运动规律
按振动系统结构参数	线性振动		系统的惯性力、阻尼力和弹性恢复力分别与加速度、速度和位移的一次方成正比，能用常系数线性微分方程描述的振动。能运用叠加原理
	非线性振动		系统的惯性力、阻尼力和弹性恢复力具有非线性特性，只能用非线性微分方程描述的振动。不能运用叠加原理

续表

分类		基本特征	
按振动系统的自由度数目	单自由度系统的振动	用一个广义坐标就能确定系统在任意瞬时位置的振动	
	多自由度系统的振动	用两个或两个以上广义坐标才能确定系统在任意瞬时位置的振动	
	连续系统的振动	需要用无穷多个广义坐标才能确定系统在任意瞬时位置的振动。通常可以简化为有限多个自由度系统振动问题来处理	
按振动形式	纵向直线振动	振动体上的质点只作沿轴线方向的直线振动	无论哪种运动都具有相同的规律性。有关直线振动与定轴摆动振动系统类比见表 19-3-4 系统
	横向直线振动	振动体上的质点只作沿垂直线方向的直线振动	
	弯曲振动	振动体作弯曲的振动。通常为横向振动	
	扭转振动	振动体垂直轴线的平面上的质点相对作绕轴线回转振动	
	摆动	振动体上的质点绕轴线的摆动振动	
	圆振动或椭圆振动	振动体上的质点作圆振动或椭圆振动	

1.2 机械工程中常遇到的振动问题

表 19-1-2　　机械工程常见的振动问题

振动问题	内容及其控制	振动利用
共振	当外部激振力的频率和系统固有频率接近时，系统将产生强烈的振动，这在机械设计和使用中，多数情况下是应该防止或采取控制措施。例如：隔振系统和回转轴系统应使其工作频率和工作转速在各阶固有频率和各阶临界转速的一定范围之外。工作转速超过临界转速的机械系统在启动和停机过程中，仍然要通过共振区，仍有可能产生较强烈的振动，必要时需采取抑制共振的减振、消振措施	在近共振状态下工作的振动机械，就是利用弹性力和惯性力基本接近于平衡以及外部激振力主要用来平衡阻尼力的原理工作的，因而所需激振力和功率较非共振类振动机械显著减小
自激振动	自激振动中有机床切削过程的自振、低速运动部件的爬行、滑动轴承油膜振荡、传动带的横向振动、液压随动系统的自振等。这些对各类机械及生产过程都是一种危害，应加以控制	蒸汽机、风镐、凿岩机、液压气动碎石机等均为自激振动应用实例
不平衡惯性力	旋转机械和往复机械产生振动的根本原因，都是由于不平衡惯性力所造成的。为减小机械振动，应采取平衡措施。有关构件不平衡力的计算和静动平衡及各类转子的许用不平衡量已分别在“一般设计资料”篇和“轴及其连接”篇进行了介绍	惯性振动机械就是依靠偏心质量回转时所产生的离心力作为振源的
振动的传递	为减小外部振动对机械设备的影响或机械设备的振动对周围环境的影响，可配置各类减振器，进行隔振、减振和消振	弹性连杆式激振器就是将曲柄连杆形成的往复运动，通过连杆弹簧传递给振动机体的
非线性振动	在减振器设计中涉及的摩擦阻尼器和黏弹性阻尼器均为非线性阻尼器。自激振动系统和冲击振动系统也都是非线性振动系统。实际上客观存在的振动问题几乎都是非线性振动问题，只是某些系统的非线性特性较弱，作为线性问题处理罢了	振动利用问题很多是利用振动系统的非线性特性工作的，例如：振动输送类振动机等
冲击振动	当机械设备或基础受到冲击作用时，常常需要校核系统对冲击的响应，必要时采取隔振措施	冲击类振动机实际上都可以转换为非线性振动问题加以处理

续表

振动问题	内容及其控制	振动利用
随机振动	随机振动的隔离和减振与确定性振动的隔离和消减有两点重要区别：一是随机振动的隔离和消减只能用数理统计方法来解决；二是对宽带随机振动隔离措施已经失效，只能采取阻尼减振措施	
机械结构抗振能力及噪声	衡量机械结构抗振能力的最重要的指标是动刚度，复杂结构的动刚度多采用有限单元法进行优化设计，若要提高结构的动刚度并控制噪声源，通常是合理布置筋板和附以黏弹性阻尼材料。噪声源控制问题涉及面较宽，因受篇幅限制，本篇不加以讨论	
振动的测试与调试	振动设计中常碰到系统阻尼系数很难确定的问题，解决这类问题唯一可靠的方法是测试。另外，由于振动设计模型忽略了许多振动影响因素，使得振动系统的实际参数与设计参数间有较大差别，特别像动力吸振器要求附加系统与主振系统的固有频率一致性较高的一类问题，设备安装后必须进行调试，否则振动设计将不能发挥应有的作用。对于实际经验不丰富的设计人员，调试前，可凭借测试对实际系统有一个充分了解，确定怎样调试，调试后又要借助测试检验调试结果，因此，测试是振动设计的一个重要工具	
颤振	颤振是弹性体（或结构）在相对其流动的流体中，由流体动力、弹性力和惯性力的交互作用产生的自激振动 颤振的重要特征是存在临界颤振速度 V_F 和临界颤振频率 ω_F。即在一定密度和温度的流体中，弹性体呈持续简谐振动，处于中性稳定状态时的最低流速和相应的振动频率。流速低于 V_F 时，弹性体或结构对外界扰动的响应受到阻尼。在高于 V_F 的一定流速范围内，所有流速出现发散振动或幅度随流速增加的等幅振动 由于颤振常导致工程结构在极短时间内严重损坏或引起疲劳而损坏。在飞行器、水翼船、叶片机械和大型桥梁等工程结构的设计中，均应仔细分析，消除其影响	
颤抖	机械运动中发生颤抖现象，例如本来应是一个稳定运动却发生暂时停顿颤动再运动的情况，或者像向前输送物料的振动输送机发生横向的振动或扭振。后者往往是振动源位置有偏差或振动件没调整好的缘故；前者往往是液压系统的毛病，例如背压不足等原因	

2　机械振动等级的评定

机器种类很多，针对各种类型的机械可以各有各的标准。对于振动的特征可以用位移、速度或加速度检测来衡量与评定。通常是采用按 ISO 10816.1 制定的 GB/T 6075.1“在非旋转部件上测量和评价机器的机械振动第 1 部分：总则”来执行的。该标准规定了在整机的非旋转或非往复式部件上测量和评价机器振动的通用条件和方法。还有 GB/T 11348.1“旋转机械转轴径向振动的测量和评定　第 1 部分：总则”可以对照执行。

2.1　振动烈度的确定

通常在各个测量位置的两个或三个测量方向上进行测量以得到一组不同的振动幅值。在规定的机器支承和运行条件下，所测的宽带最大幅值定义为振动烈度。

对于大多数类型的机器，振动烈度值表示了该机器的振动状态。但是对有些机器采用这种方法是不适当的，应在若干测点上对测量位置分别进行振动烈度评定。

按规定的几个点设定且测得数据后，由所测的振动速度的均方根值按下式算得：

$$V_{ei} = \sqrt{\frac{1}{T}\int_0^T V^2(t)\,dt} \tag{19-1-1}$$

式中　$V(t)$——与时间有关的振动速度；

V_{ei}——相应的速度均方根值；

T——采样时间，组成 $V(t)$ 的任何主频率分量的时间。

在离散数据处理时可按：

$$V_e = \sqrt{\frac{1}{N}\sum_{1}^{n} V_i^2} \tag{19-1-2}$$

式中　N——样本数。

如果振动由若干个谐波组成，由频谱分析得到了频率 f_j 时，相应的加速度幅值 a_j、速度幅值 v_j，位移峰-峰幅值 s_j 可由下式计算振动的速度均方根值：

$$V_e = \sqrt{\frac{1}{2}\sum_{1}^{n} v_j^2} = \pi \times 10^{-3}\sqrt{\frac{1}{2}\sum (s_i f_j)^2} = \frac{10^3}{2\pi}\sqrt{\left(\frac{\alpha_j}{f_j}\right)^2} \tag{19-1-3}$$

式中　s_i——振动的峰-峰位移幅值，μm；

v_j——相应的速度幅值，mm/s；

α_j——加速度幅值，m/s²；

f_j——频率，Hz。

仅对单一频率谐振分量机械振动加速度、速度或位移的变换，可按下式计算（单位同上）：

$$s \approx \frac{450V_e}{f}, \alpha = 0.00628fV_e \tag{19-1-4}$$

2.2　对机器的评定

以所测得的振动速度有效值（即均方根值）的最大值表示机器的振动烈度。按表 19-1-3 驱动该设备属于哪种状态。

表 19-1-3　　典型区域边界限值

<table>
<tr><th>振动速度均方根值 mm/s</th><th>Ⅰ类</th><th>Ⅱ类</th><th>Ⅲ类</th><th>Ⅳ类</th></tr>
<tr><td>0.28</td><td rowspan="3">A</td><td rowspan="4">A</td><td rowspan="5">A</td><td rowspan="6">A</td></tr>
<tr><td>0.45</td></tr>
<tr><td>0.71</td></tr>
<tr><td>1.12</td><td rowspan="2">B</td></tr>
<tr><td>1.8</td><td rowspan="2">B</td></tr>
<tr><td>2.8</td><td rowspan="2">C</td><td rowspan="2">B</td></tr>
<tr><td>4.5</td><td rowspan="2">C</td><td rowspan="2">B</td></tr>
<tr><td>7.1</td><td rowspan="5">D</td><td rowspan="2">C</td></tr>
<tr><td>11.2</td><td rowspan="4">D</td><td rowspan="2">C</td></tr>
<tr><td>18</td><td rowspan="3">D</td></tr>
<tr><td>28</td><td rowspan="2">D</td></tr>
<tr><td>45</td></tr>
</table>

区域 A——新交付使用的机器的振动通常属于该区域；

区域 B——通常认为振动值在该区域的机器可不受限制地长期运行；

区域 C——通常认为振动值在该区域的机器不适宜于长期持续运行，一般来说，该机器可在这种状态下运行有限时间，直到有采取补救措施的合适时机为止；

区域 D——振动值在该区域中通常被认为振动剧烈，足以引起机器损坏。

机器的分类如下。

Ⅰ类：发动机和机器的单独部件。它们完整地连接到正常运行状况的整机上（15kW 以下的电机是这一类机器的典型例子）。

Ⅱ类：无专门基础的中型机器（具有 15~75kW 输出功率的电机），在专门基础上刚性安装的发动机或机器（300kW 以下）。

Ⅲ类：具有旋转质量安装在刚性的重型基础上的大型原动机和其他大型机器，基础在振动测量方向上相对是刚性的。

Ⅳ类：具有旋转质量安装在基础上的大型原动机和其他大型机器，其基础在振动测量方向上相对是柔性的（例如输出功率大于 10MW 的汽轮发电机组和燃气轮机）。

2.3 其他设备振动烈度举例

例如 JB/T 10490—2004“小功率电动机机械振动——振动测量方法评定和限值”规定了各类型电机的振动烈度限值，表 19-1-4 只是直流、三相电机系的振动烈度限值。该规定把电机的振动按照振动烈度的不同分为三个等级：

S 级（特殊级）——电机振动水平的最高要求，用于对振动要求严格的特殊机械驱动；

R 级（低振级）；

N 级（常规级）——电机振动水平的最低要求。

表 19-1-4　直流、三相电机系的振动烈度限值（有效值）　mm/s

振动等级	额定转速/$r \cdot min^{-1}$	轴中心高 $H \leq 56mm$
N	600~3600	1.8
R	600~1800	0.45
	>1800~3600	0.71
S	600~1800	0.28
	>1800~3600	0.45

注：1. 如未规定级别，电机应符合 N 级要求。

2. 以相同机座带底脚卧式电机的轴中心高作为无底脚电机、上脚式电机或立式电机的轴中心高。

3. 对要求比 GB 10068—2008 表 1 中限值更小的电机，应在相应的电机技术条件中加以规定，推荐从数系值 0.28mm/s，0.45mm/s，0.71mm/s，1.12mm/s，1.8mm/s 中选取。

4. 轴中心高 $H>56mm$ 的直流电机、三相交流电机的振动限值按 GB 10068—2008 中表 1 的规定。

5. 对于额定转速不在上述范围内的电机的振动烈度限值由用户和制造厂协商确定。

IEC 标准对汽轮机的振动要求见表 19-1-5。

表 19-1-5　IEC 标准对汽轮机的振动要求

转速/$r \cdot min^{-1}$	1000	1500	1800	3000	3600	≥6000
轴承座振动位移峰峰值/μm	75	50	42	25	21	12

振动的位移峰-峰值 s 与振动速度均方根值的换算可按（19-1-4）式。

第2章 机械振动的基础资料

机械振动是物体（振动体）在其平衡位置附近的往复运动。振动的时间历程是指以时间为横坐标，以振动体的某个运动参数（位移、速度或加速度）为纵坐标的线图，用来描述振动的运动规律。振动的时间历程分为周期振动和非周期振动。

1 机械振动表示方法

1.1 简谐振动表示方法

表 19-2-1

项　目	时间历程表示法	旋转矢量表示法	复 数 表 示 法
简图	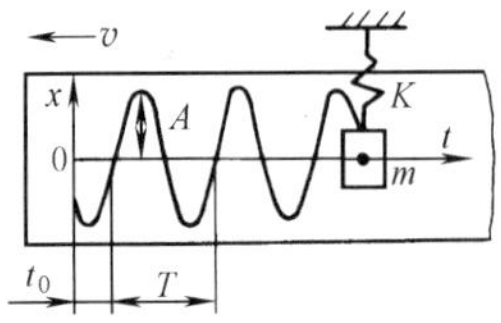	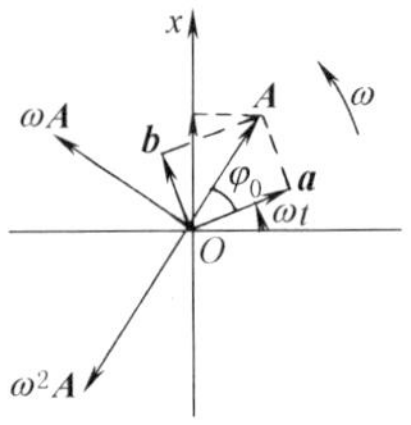	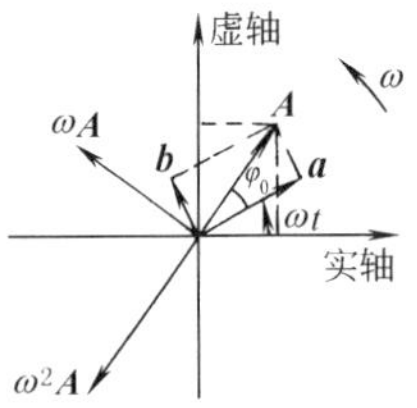
说明	作简谐振动的质量 m 上的点光源照射在以运动速度为 v 的紫外线感光纸上记录的曲线	矢量 $\boldsymbol{A}$ 或 $(\boldsymbol{a}+\boldsymbol{b})$ 以等角速度 ω 逆时针方向旋转时，在坐标轴 x 上的投影	矢量 $\boldsymbol{A}$ 或 $(\boldsymbol{a}+\boldsymbol{b})$ 以等角速度 ω 逆时针方向旋转时，同时在实轴和虚轴上投影
	T——周期，s；f_0——频率，Hz，$f_0=\frac{1}{T}$；ω——角频率，rad/s，$\omega=\frac{2\pi}{T}=2\pi f_0$； A——振幅，m；φ——相位角，rad，$\varphi=\omega t$；φ_0——初相角，rad，$\varphi_0=\omega t_0$； $\lvert \boldsymbol{a}\rvert=\lvert \boldsymbol{A}\rvert\cos\varphi_0$；$\lvert \boldsymbol{b}\rvert=\lvert \boldsymbol{A}\rvert\sin\varphi_0$		
振动位移	$x=A\sin(\omega t+\varphi_0)$		$x=A\mathrm{e}^{\mathrm{i}(\omega t+\varphi_0)}$
振动速度	$\dot{x}=A\omega\cos(\omega t+\varphi_0)$		$\dot{x}=i\omega A\mathrm{e}^{\mathrm{i}(\omega t+\varphi_0)}$
振动加速度	$\ddot{x}=-A\omega^2\sin(\omega t+\varphi_0)$		$\ddot{x}=-\omega^2A\mathrm{e}^{\mathrm{i}(\omega t+\varphi_0)}$
振动位移、速度、加速度的相位关系	振动位移、速度和加速度的角频率都等于 ω。最大位移即振幅为 A 振动速度矢量比位移矢量超前 90°，最大速度 $v_0=\omega A$ 振动加速度矢量又超前速度矢量 90°，最大加速度 $a_0=\omega^2A$		

注：时间历程曲线表示法是振动时域描述方法，也可以用来描述周期振动、非周期振动和随机振动。

1.2　周期振动幅值表示法

表 19-2-2

名　　称	幅　　值	简谐振动幅值比	简　　图
峰值 A	$x(t)$的最大值	1	见下图
峰峰值 A_{FF}	$x(t)$的最大值和最小值之差	2	
平均绝对值 $\overline{A}$	$\frac{1}{T}\int_0^T \lvert x(t)\rvert \mathrm{d}t$	0.636	
均方值 A_{ms}	$\frac{1}{T}\int_0^T x^2(t)\mathrm{d}t$	—	
均方根值(有效值)A_{rms}	$\sqrt{\frac{1}{T}\int_0^T x^2(t)\mathrm{d}t}$	0.707	

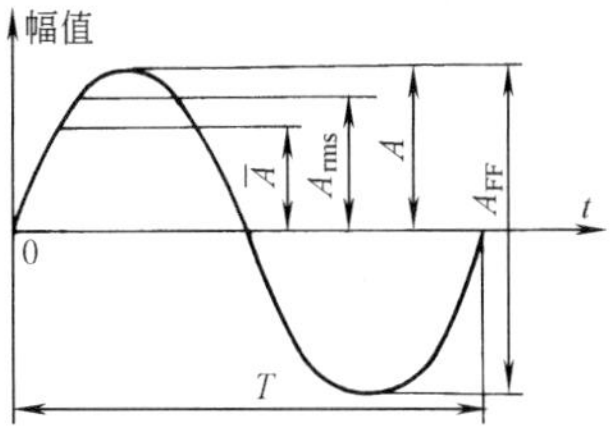

注：1. 周期振动幅值表示法是一种幅域描述方法，也可以用来描述非周期振动和随机振动。

2. 对简谐振动峰值即为振幅，峰峰值即为双振幅。

1.3　振动频谱表示法

表 19-2-3

项　　目	周　期　性　振　动	非　周　期　性　振　动
振动时间函数 $f(t)$的傅里叶变换	$f(t)=a_0+\sum_{n=1}^{\infty}(a_n\cos n\omega_0 t+b_n\sin n\omega_0 t)$ $=c_0+\sum_{n=1}^{\infty}c_n\cos(n\omega_0 t+\varphi_n)$ $=\sum_{n=-\infty}^{\infty}D_n e^{in\omega_0 t}$	$f(t)=\frac{1}{2\pi}\int_{-\infty}^{\infty}F(\omega)e^{i\omega t}\mathrm{d}\omega$ $=\int_{-\infty}^{\infty}F(f)e^{i2\pi ft}\mathrm{d}f$
振动的频谱表达式	傅里叶系数：$\left(\omega_0=\frac{2\pi}{T}=2\pi f_0\right)$，$T$—振动周期 $a_0=c_0=\frac{1}{T}\int_0^T f(t)\mathrm{d}t$ $a_n=\frac{2}{T}\int_0^T f(t)\cos n\omega_0 t\mathrm{d}t$ $b_n=\frac{2}{T}\int_0^T f(t)\sin n\omega_0 t\mathrm{d}t$ 幅值谱：$c_n(\omega)=\sqrt{a_n^2+b_n^2}$ 相位谱：$\varphi_n(\omega)=\arctan(-b_n/a_n)$ 复谱：$D_n(\omega_0)=\frac{1}{T}\int_0^T f(t)e^{-in\omega_0 t}\mathrm{d}t$ $D_n(f_0)=\frac{1}{T}\int_0^T f(t)e^{-i2\pi nf_0 t}\mathrm{d}t$	$F(\omega)=\int_{-\infty}^{\infty}f(t)e^{-i\omega t}\mathrm{d}t$ $F(f)=\int_{-\infty}^{\infty}f(t)e^{-i2\pi ft}\mathrm{d}t$
图例	见下图 (a)、(b)	见下图 (c)

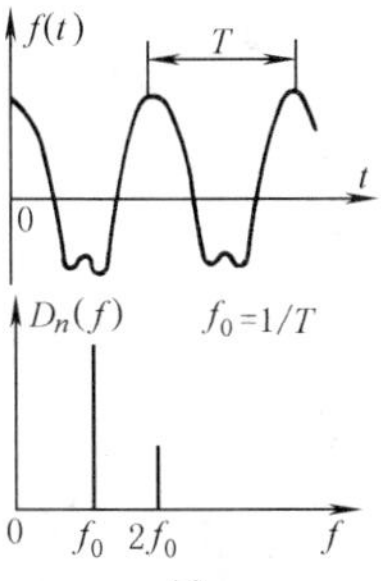

(a)

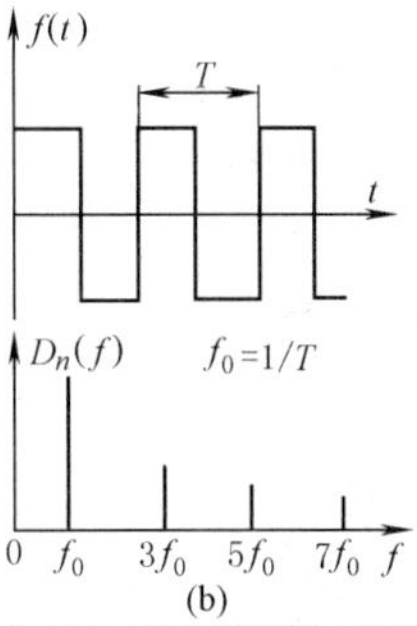

(b)

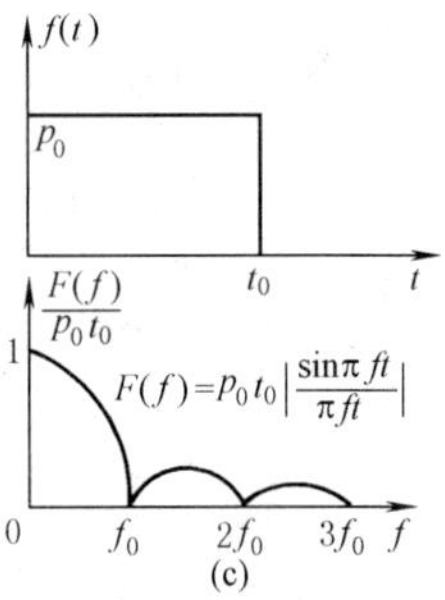

(c)

注：1. 复杂的振动可分解为许多振幅不同和频率不同的谐振，这些谐振荡的幅值（或相位）按频率（或周期）排列的图形叫做频谱。

2. 图 a、b、c 的下图为上图的频谱。图 a 下图表示只有两个谐波分量，为完全谱。图 b 下图只表示前四个谐波分量，为非完全谱。图 c 下图表明非周期振动的频谱是连续曲线。

3. 该振动频域描述方法也可以用以描述随机振动。

2　弹性构件的刚度

作用在弹性元件上的力（或力矩）的增量 F 与相应的位移（或角位移）的增量 δ_{st} 之比称为刚度。刚度 K 由下式计算：

$$K=F/\delta_{st}\quad (\mathrm{N/m}\ 或\ \mathrm{N\cdot m/rad})$$

表 19-2-4　　弹性元件的刚度

序号	构件型式	简图	刚度 $K/\mathrm{N\cdot m^{-1}}$（$K_\varphi/\mathrm{N\cdot m\cdot rad^{-1}}$）
1	圆柱形拉伸或压缩弹簧	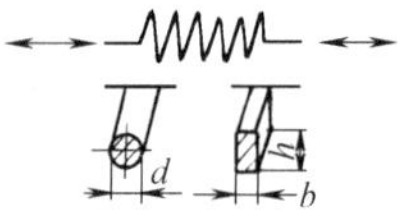	圆形截面 $K=\dfrac{Gd^4}{8nD}$ 矩形截面 $K=\dfrac{4Ghb^3\Delta}{\pi nD}$　n——弹簧圈数 h/b: 1, 1.5, 2, 3, 4 Δ: 0.141, 0.196, 0.229, 0.263, 0.281
2	圆锥形拉伸弹簧	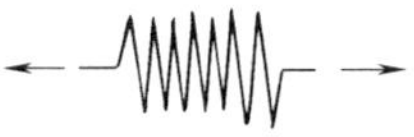	圆形截面 $K=\dfrac{Gd^4}{2n(D_1^2+D_2^2)(D_1+D_2)}$ 矩形截面 $K=\dfrac{16Ghb^3\eta}{\pi n(D_1^2+D_2^2)(D_1+D_2)}$ $\eta=\dfrac{0.276\left(\dfrac{h}{b}\right)^2}{1+\left(\dfrac{h}{b}\right)^2}$ D_1——大端中径，m D_2——小端中径，m
3	两个弹簧并联	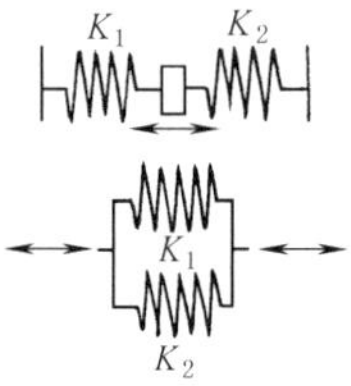	$K=K_1+K_2$
4	n 个弹簧并联		$K=K_1+K_2+\cdots+K_n$
5	两个弹簧串联	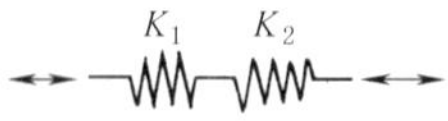	$\dfrac{1}{K}=\dfrac{1}{K_1}+\dfrac{1}{K_2}$
6	n 个弹簧串联		$\dfrac{1}{K}=\dfrac{1}{K_1}+\dfrac{1}{K_2}+\cdots+\dfrac{1}{K_n}$
7	混合连接弹簧	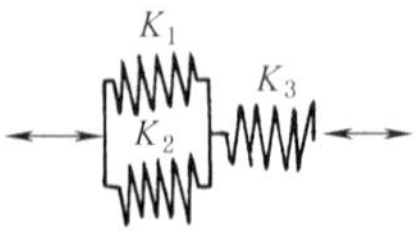	$K=\dfrac{1}{K_1+K_2}+\dfrac{1}{K_3}$
8	受扭圆柱弹簧	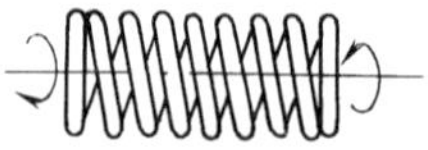	$K_\varphi=\dfrac{Ed^4}{32nD}$
9	受弯圆柱弹簧	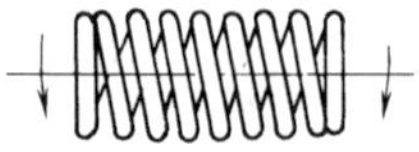	$K_\varphi=\dfrac{Ed^4}{32nD}\times\dfrac{1}{1+E/2G}$

续表

序号	构件型式	简　图	刚度 K/N·m^{-1}(K_φ/N·m·rad^{-1})
10	卷簧	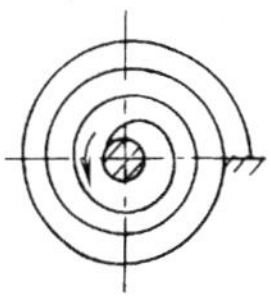	$K_\theta=\frac{EJ}{l}$ l——钢丝总长
11	等截面悬臂梁	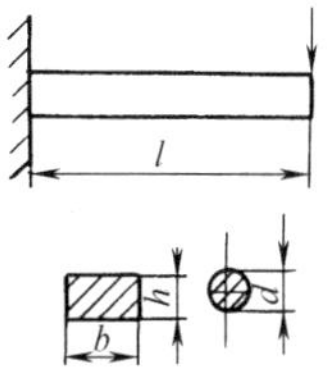	$K=\frac{3EJ}{l^3}$ 圆截面:$K=\frac{3\pi d^4 E}{64l^3}$ 矩形截面:$K=\frac{bh^3 E}{4l^3}$
12	等厚三角形悬臂梁	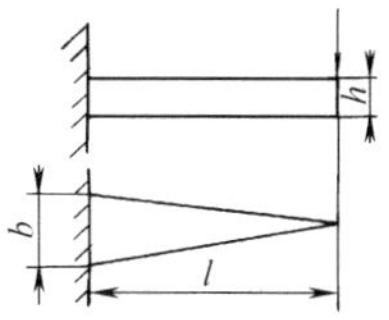	$K=\frac{bh^3 E}{6l^3}$
13	悬臂板簧组(各板排列成等强度梁)	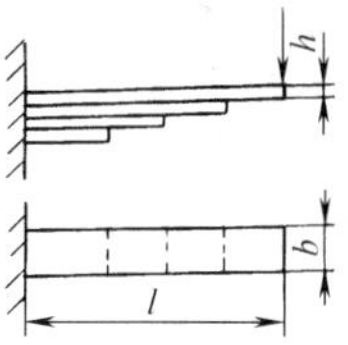	$K=\frac{nbh^3 E}{6l^3}$ n——钢板数
14	两端简支	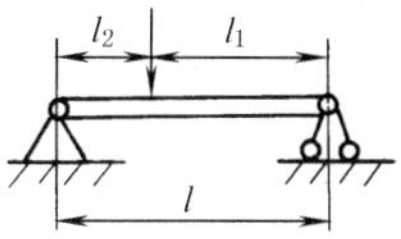	$K=\frac{3EJl}{l_1^2 l_2^2}$ 当 $l_1=l_2$ 时,$K=\frac{48EJ}{l^3}$
15	两端固定	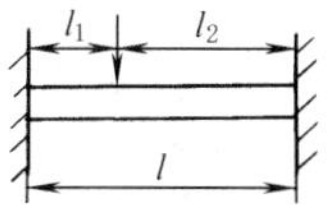	$K=\frac{3EJl^3}{l_1^3 l_2^3}$ 当 $l_1=l_2$ 时,$K=\frac{192EJ}{l^3}$
16	力偶作用于悬臂梁端部	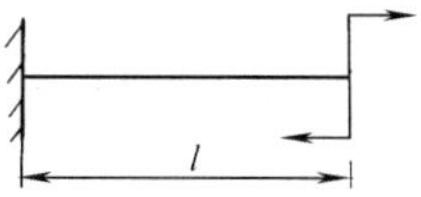	$K_\varphi=\frac{EJ}{l}$
17	力偶作用于简支梁中点	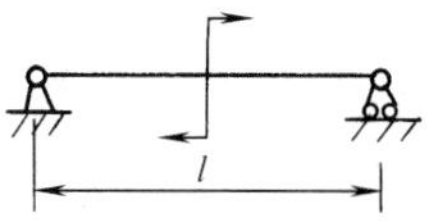	$K_\varphi=\frac{12EJ}{l}$
18	力偶作用于两端固定梁中点	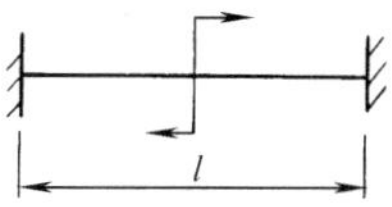	$K_\varphi=\frac{16EJ}{l}$

续表

<table>
<tr><th>序号</th><th>构件型式</th><th>简　图</th><th>刚度 $K/N \cdot m^{-1}(K_\varphi/N \cdot m \cdot rad^{-1})$</th></tr>
<tr><td>19</td><td>受扭实心轴</td><td>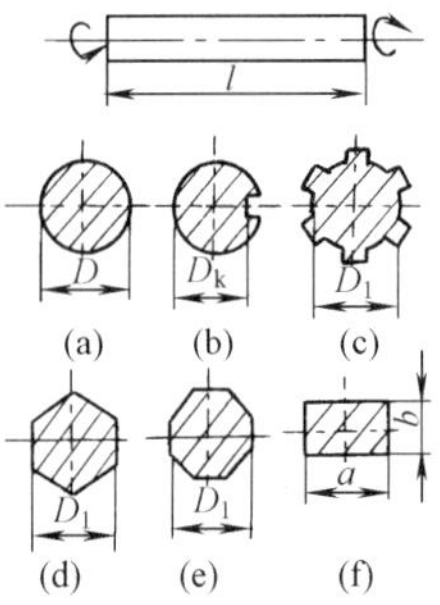</td><td>(a) $K_\varphi=\frac{G\pi D^4}{32l}$　(b) $K_\varphi=\frac{G\pi D_k^4}{32l}$
(c) $K_\varphi=\frac{G\pi D_1^4}{32l}$　(d) $K_\varphi=1.18\frac{G\pi D_1^4}{32l}$
(e) $K_\varphi=1.1\frac{G\pi D_1^4}{32l}$　(f) $K_\varphi=\alpha\frac{G\pi b^4}{32l}$
<table>
<tr><td>a/b</td><td>1</td><td>1.5</td><td>2</td><td>3</td><td>4</td></tr>
<tr><td>α</td><td>1.43</td><td>2.94</td><td>4.57</td><td>7.90</td><td>11.23</td></tr>
</table></td></tr>
<tr><td>20</td><td>受扭空心轴</td><td>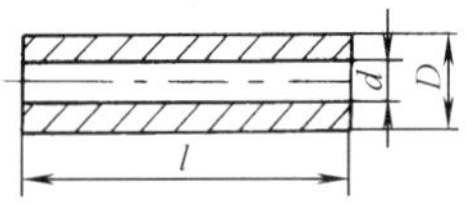</td><td>$K_\varphi=\frac{G\pi(D^4-d^4)}{32l}$</td></tr>
<tr><td>21</td><td>受扭锥形轴</td><td>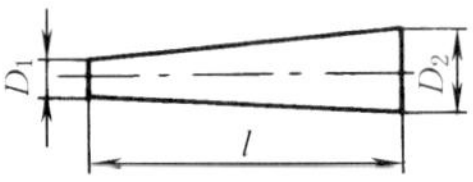</td><td>$K_\varphi=\frac{3G\pi D_1^3D_2^3(D_2-D_1)}{32l(D_2^3-D_1^3)}$</td></tr>
<tr><td>22</td><td>受扭阶梯轴</td><td>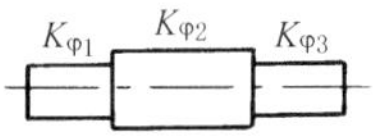</td><td>$\frac{1}{K_\varphi}=\frac{1}{K_{\varphi1}}+\frac{1}{K_{\varphi2}}+\frac{1}{K_{\varphi3}}+\cdots$</td></tr>
<tr><td>23</td><td>受扭紧配合轴</td><td>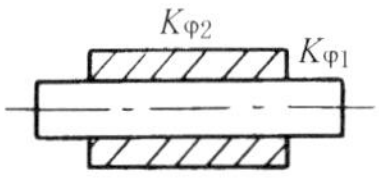</td><td>$K_\varphi=K_{\varphi1}+K_{\varphi2}+\cdots$</td></tr>
<tr><td rowspan="2">24</td><td>两端受扭的矩形条</td><td rowspan="2">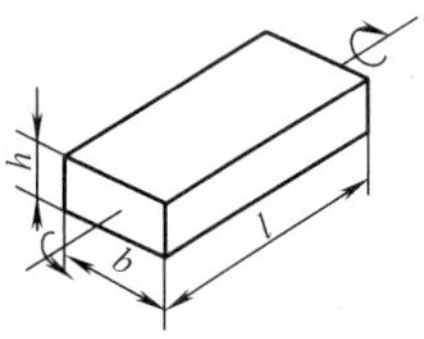</td><td>当$\frac{b}{h}=1.75\sim20$　$k_\theta=\frac{\alpha Gbh^3}{l}$
式中：$\alpha=\frac{1}{3}-\frac{0.209h}{b}$</td></tr>
<tr><td>两端受扭的平板</td><td>当$\frac{b}{h}>20$　$k_\theta=\frac{Gbh^3}{3l}$</td></tr>
<tr><td>25</td><td>周边简支中心受力的圆板</td><td>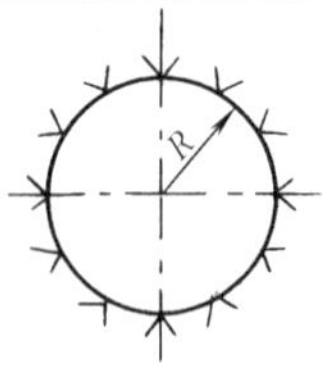</td><td>$K=\frac{4\pi E\delta^3}{3R^2(1-\mu)(3+\mu)}$</td></tr>
<tr><td>26</td><td>周边固定中心受力的圆板</td><td>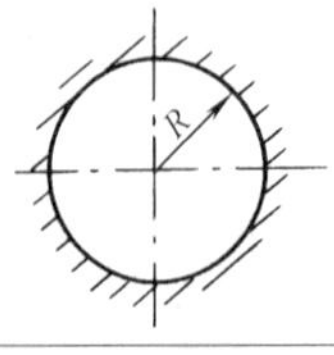</td><td>$K=\frac{4\pi E\delta^3}{3R^2(1-\mu^2)}$</td></tr>
<tr><td>27</td><td>受张力的弦</td><td>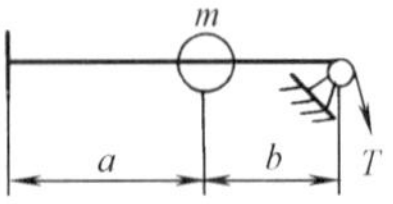</td><td>$K=\frac{T(a+b)}{ab}$</td></tr>
</table>

注：E—弹性模量，Pa；G—切变模量，Pa；J—截面惯性矩，m^4；D—弹簧中径、轴外径，m；d—弹簧钢丝直径、轴直径，m；n—弹簧有效圈数；δ—板厚，m；μ—泊松比；T—张力，N。

3 阻尼系数

黏性阻尼——又称线性阻尼。它在运动中产生的阻尼力与物体的运动速度成正比：

$$F=-C\dot{x}$$

式中，负号表示阻力的方向与速度方向相反。C 称为阻尼系数，是线性的阻尼系数。

等效黏性阻尼——在运动中产生的阻尼力与物体的运动速度不成正比的。非黏性阻尼，有的可以用等效黏性阻尼系数表示，以简化计算。非黏性阻尼在每一个振动周期中所作的功 W 等效于某一黏性阻尼其系数为 C_e 所作的功，以 C_e 为等效黏性阻尼系数。即

$$C_e=W/(\pi\omega A^2)$$

式中，W 为功；A 为振幅；ω 为角频率。

3.1 线性阻尼系数

表 19-2-5

序号	机　理	简　　图	阻尼力 F/N （或阻尼力矩 M/N·m）	阻尼系数 C/N·s·m^{-1} （C_φ/N·m·s·rad^{-1}）
1	液体介于两相对运动的平行板之间	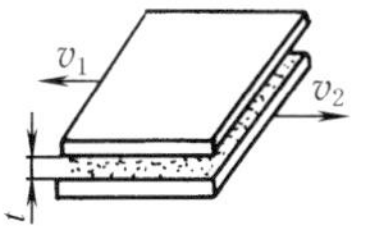	$F=\frac{\eta A}{t}v$ 流体动力黏度系数 η，N·s/m^2 15℃空气　$\eta=1.82$　N·s/m^2 20℃水　$\eta=103$　N·s/m^2 20℃酒精　$\eta=176$　N·s/m^2 15.6℃机油　$\eta=11610$　N·s/m^2 v——两平行板相对运动速度，m/s，$v=v_1-v_2$	$C=\frac{\eta A}{t}$ A——与流体接触面积，m^2 t——流体层厚度，m
2	板在液体内平行移动	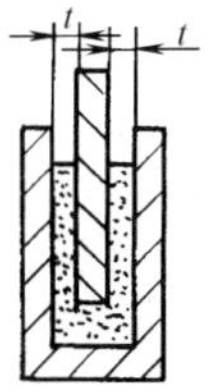	$F=\frac{2\eta A}{t}v$	$C=\frac{2\eta A}{t}$ A——动板一侧与液体接触面积，m^2
3	液体通过移动活塞上的小孔	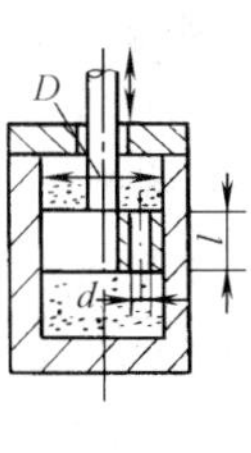	圆孔直径为 d 时： $F=\frac{8\pi\eta l}{n}\left(\frac{D}{d}\right)^4v$ n——小孔数 矩形孔面积为 $a\times b$ 时： $F=12\pi\eta l\frac{A^2}{a^3b}v(a\ll b)$ A——活塞面积，m^2	圆形孔： $C=\frac{8\pi\eta l}{n}\left(\frac{D}{d}\right)^4$ 矩形孔： $C=12\pi\eta l\frac{A^2}{a^3b}$
4	液体通过移动活塞柱面与缸壁的间隙	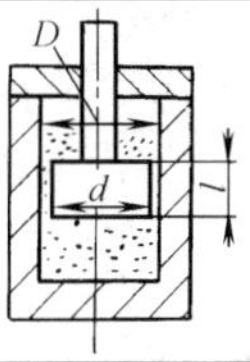	$F=\frac{6\pi\eta ld^3}{(D-d)^3}v$	$C=\frac{6\pi\eta ld^3}{(D-d)^3}$

续表

序号	机　理	简　　图	阻尼力 F/N （或阻尼力矩 M/N·m）	阻尼系数 C/N·s·m^{-1} （C_φ/N·m·s·rad^{-1}）
5	液体介于两相对转动的同心圆柱之间	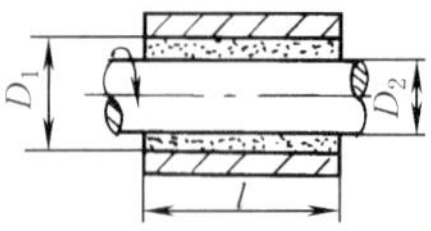	$M=\dfrac{\pi\eta l(D_1+D_2)^3}{2(D_1-D_2)}\omega$ ω——角速度，rad/s	$C_\varphi=\dfrac{\pi\eta l(D_1+D_2)^3}{2(D_1-D_2)}$
6	液体介于两相对运动的同心圆盘之间	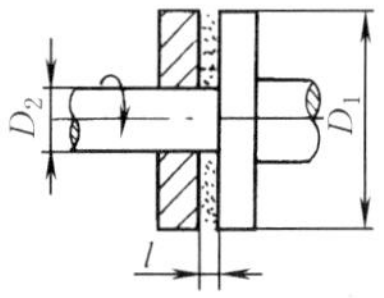	$M=\dfrac{\pi\eta}{32t}(D_1^4-D_2^4)\omega$	$C_\varphi=\dfrac{\pi\eta}{32t}(D_1^4-D_2^4)$
7	液体介于两相对运动的圆柱形壳和圆盘之间	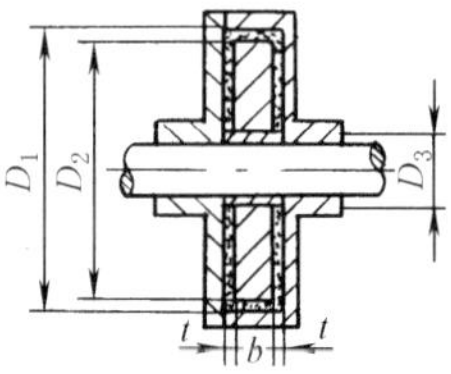	$M=\pi\eta\left(\dfrac{bD_1^2D_2^2}{D_1^2-D_2^2}+\dfrac{D_2^4-D_3^4}{16t}\right)\omega$	$C_\varphi=\pi\eta\left(\dfrac{bD_1^2D_2^2}{D_1^2-D_2^2}+\dfrac{D_2^4-D_3^4}{16t}\right)$

3.2　非线性阻尼的等效线性阻尼系数

表 19-2-6

序号	阻尼种类	阻尼机理	阻尼力 F/N	等效线性阻尼系数 C_e/N·s·m^{-1}
1	干摩擦阻尼	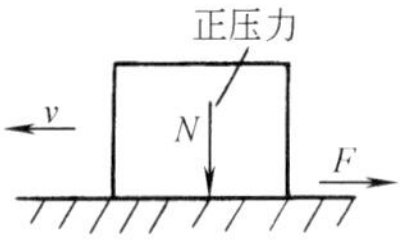	$F=\mu N$ μ——摩擦因数 钢与铸铁　$\mu=0.2\sim0.3$ 钢与铸铁（涂油）$\mu=0.08\sim0.16$ 钢与钢　$\mu=0.15$ 钢与青铜　$\mu=0.15$	$C_e=\dfrac{4\mu N}{\pi A\omega}$ 尼龙与金属　$\mu=0.3$ 塑料与金属　$\mu=0.05$ 树脂与金属　$\mu=0.2$
2	速度平方阻尼	物体在流体中以很高速度运动时，也就是当雷诺数 Re 很大时，所产生的阻尼力与速度的平方成正比	$F=C_2v^2$	$C_e=\dfrac{8}{3\pi}C_2\omega A$
			例：当活塞快速运动使流体从活塞上的小孔流出时 $C_2=\dfrac{\rho S^3}{2(C_da)^2}$ ρ——流体密度，kg/m^3； S——活塞面积，m^2； a——小孔面积，m^2； C_d——流出系数； v——活塞运动速度，m/s	孔长较短 $C_d=0.6$ 孔长为直径 3 倍，边缘为直角 $C_d=0.8$ 孔长为直径 3 倍，流入一侧为圆弧 $C_d=0.9$ 带阀门的孔 $C_d=0.6\sim0.7$

续表

序号	阻尼种类	阻尼机理	阻尼力 F/N	等效线性阻尼系数 C_e/N·s·m^{-1}
3	内部摩擦阻尼	当固体变形时，以滞后形式消耗能量产生的阻尼。例如：橡胶材料谐振时的阻尼	$F=K(1+i\beta)x$ $K(1+i\beta)$——复数形式的弹簧常数；i——第二项相对于第一项的相位滞后 90°；K——动弹簧常数；β——力学的材料损耗因子	$C_e=\dfrac{\beta K}{\omega}$ 邵氏硬度 30° 50° 70° β 5% 10% 15% 品种 / β 氯丁橡胶 15%~30% 丁腈橡胶 25%~40% 苯乙烯橡胶 15%~30%
4	一般非线性阻尼		$F=f(x,\dot{x})$ 其中：$x=A\sin\varphi$ $\dot{x}=\omega A\cos\varphi$	$C_e=\dfrac{1}{\pi\omega A}\int_0^{2\pi}f(x,\dot{x})\cos\varphi \mathrm{d}\varphi$ A—振幅，m；ω—振动频率，rad/s

4 振动系统的固有角频率

4.1 单自由度系统的固有角频率

质量为 m 的物体作简谐运动的角频率 ω_n 称固有角频率（或固有圆频率）。其与弹性构件刚度 K 的关系可由下式计算：

$$\omega_n=\sqrt{\frac{K}{m}} \quad (\mathrm{rad/s}) \tag{19-2-1}$$

固有频率 f_n 为：

$$f_n=\frac{\omega_n}{2\pi}=\frac{1}{2\pi}\sqrt{\frac{K}{m}} \quad (\mathrm{s}^{-1}) \tag{19-2-2}$$

表 19-2-4 已列出弹性构件的刚度，若其受力点的参振质量为 m，将两者代入式（19-2-1）即可求得各自的角频率。表 19-2-7、表 19-2-8 列出典型的固有角频率，按刚度可直接算得的不一一列出。

表 19-2-7

序号	系统形式	系统简图	固有角频率 ω_n/rad·s^{-1}
1	一个质量一个弹簧系统	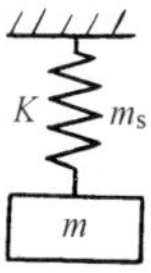	$\omega_n=\sqrt{\dfrac{K}{m}}\approx\sqrt{\dfrac{g}{\delta}}$ 若计弹簧质量 m_s： $\omega_n=\sqrt{\dfrac{3K}{3m+m_s}}$ K——弹簧刚度，N/m；m——刚体质量，kg；m_s——弹簧分布质量，kg；δ——静变形量，m；g——重力加速度，$g=9.81\mathrm{m/s^2}$

续表

序号	系统形式	系统简图	固有角频率 ω_n/rad·s^{-1}
2	两个质量一个弹簧的系统	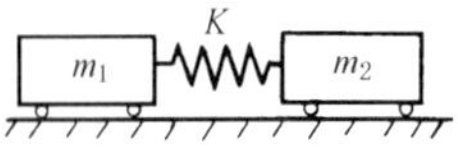	$\omega_n=\sqrt{\dfrac{K(m_1+m_2)}{m_1m_2}}$
3	质量 m 和刚性杆弹簧系统	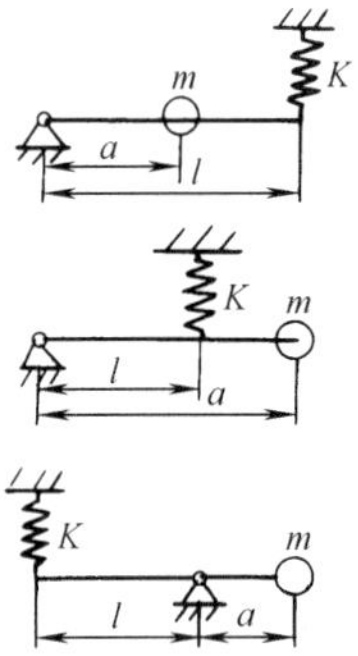	不计杆质量时 $\omega_n=\sqrt{\dfrac{Kl^2}{ma^2}}$ 若计杠杆质量 m_s 时，则 $\omega_n=\sqrt{\dfrac{3Kl^2}{3ma^2+m_sl^2}}$ 系统具有 n 个集中质量时，以 $(m_1a_1+m_2a_2^2+\cdots+m_na_n^2)$ 代替式中的 ma^2 系统具有 n 个弹簧时，以 $(K_1l_1^2+K_2l_2^2+\cdots+K_nl_n^2)$ 代替式中的 Kl^2
4	悬臂梁端有集中质量系统	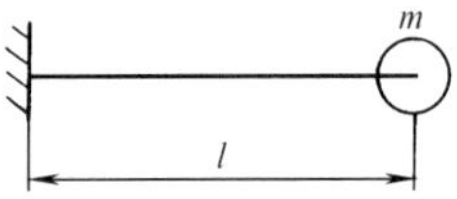	$\omega_n=\sqrt{\dfrac{3EJ}{ml^3}}$ 若计杆质量 m_s 时，$\omega_n=\sqrt{\dfrac{3EJ}{(m+0.24m_s)l^3}}$ E——弹性模量，Pa；J——截面惯性矩，m^4
5	杆端有集中质量的纵向振动	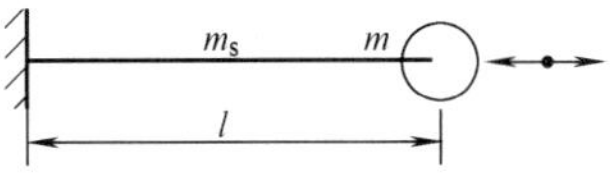	$\omega_n=\dfrac{\beta}{l}\sqrt{\dfrac{E}{\rho_V}}$ 式中，β 由下式求出 $\beta\tan\beta=\dfrac{m_s}{m}$ ρ_V——体积密度，kg/m^3
6	一端固定、另一端有圆盘的扭转轴系	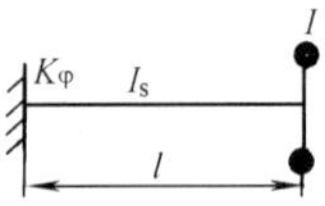	$\omega_n=\sqrt{\dfrac{K_\varphi}{I}}$ 若计轴的转动惯量 I_s 时，$\omega_n=\sqrt{\dfrac{3K_\varphi}{3I+I_s}}$
7	两端固定、中间有圆盘的扭转轴系	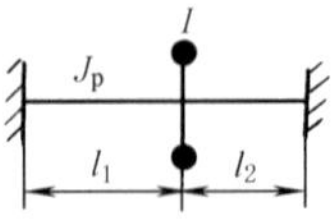	$\omega_n=\sqrt{\dfrac{GJ_p(l_1+l_2)}{Il_1l_2}}$ G——变模量，Pa；J_p——截面极惯性矩，m^4
8	单摆	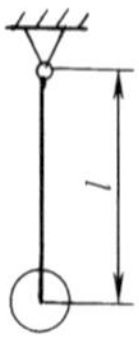	$\omega_n=\sqrt{\dfrac{g}{l}}$

续表

序号	系统形式	系统简图	固有角频率 ω_n/rad·s^{-1}
9	物理摆	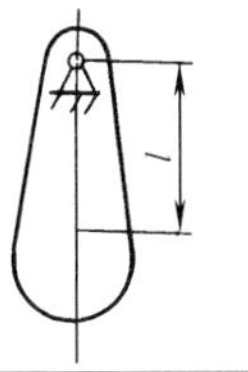	$\omega_n=\sqrt{\frac{gl}{\rho^2+l^2}}$ l——摆重心至转轴中心的距离,m ρ——摆对质心的回转半径,m
10	倾斜摆	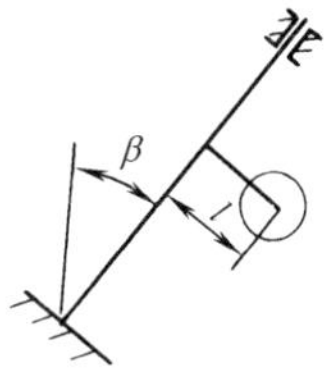	$\omega_n=\sqrt{\frac{g\sin\beta}{l}}$
11	双簧摆	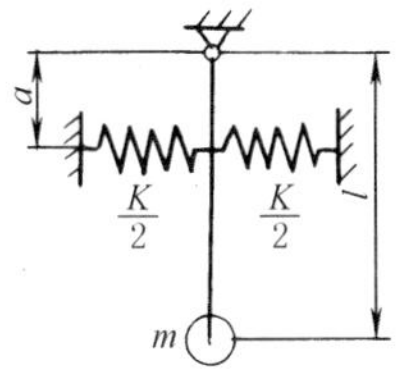	$\omega_n=\sqrt{\frac{Ka^2}{ml^2}+\frac{g}{l}}$
12	倒立双簧摆	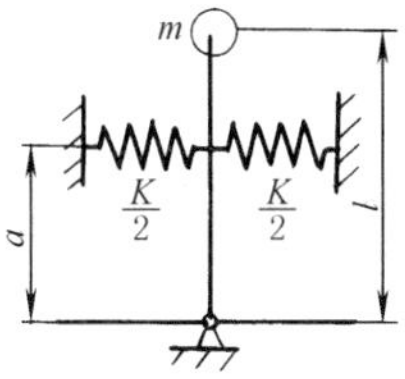	$\omega_n=\sqrt{\frac{Ka^2}{ml^2}-\frac{g}{l}}$
13	杠杆摆	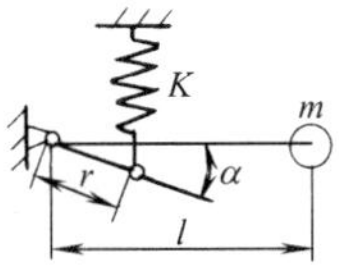	$\omega_n=\sqrt{\frac{Kr^2\cos^2\alpha-K\delta r\sin\alpha}{ml^2}}$ δ——弹簧静变形,m
14	离心摆(转轴中心线在振动物体运动平面中)	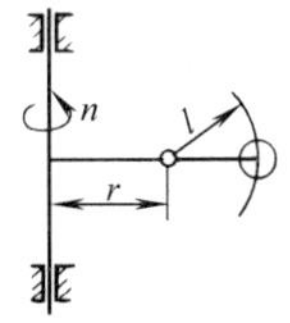	$\omega_n=\frac{\pi n}{30}\sqrt{\frac{l+r}{l}}$ n——转轴转速,r/min
15	离心摆(转轴中心线垂直于振动物体运动平面)	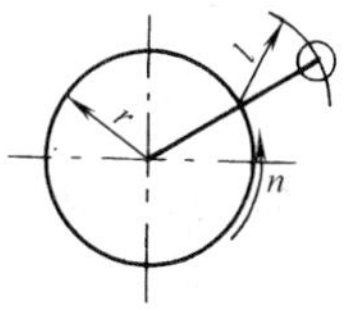	$\omega_n=\frac{\pi n}{30}\sqrt{\frac{r}{l}}$
16	圆柱体在弧面上做无滑动的滚动	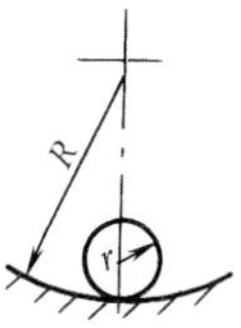	$\omega_n=\sqrt{\frac{2g}{3(R-r)}}$

续表

序号	系统形式	系统简图	固有角频率 ω_n/rad·s^{-1}
17	圆盘轴在弧面上做无滑动的滚动	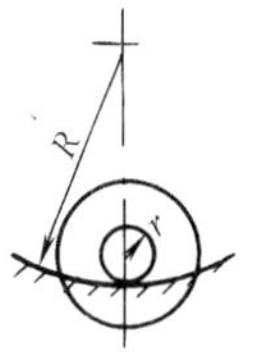	$\omega_n=\sqrt{\dfrac{g}{(R-r)(1+\rho^2/r^2)}}$ ρ——振动体回转半径,m
18	两端有圆盘的扭转轴系	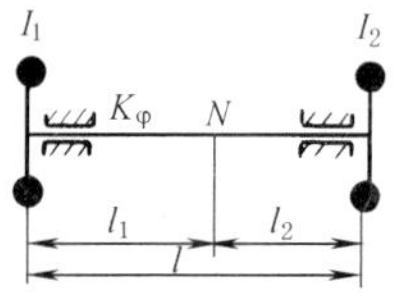	$\omega_n=\sqrt{\dfrac{K_\varphi(I_1+I_2)}{I_1I_2}}$ 节点 N 的位置: $l_1=\dfrac{I_2}{I_1+I_2}l \quad l_2=\dfrac{I_1}{I_1+I_2}l$
19	质量位于受张力的弦上	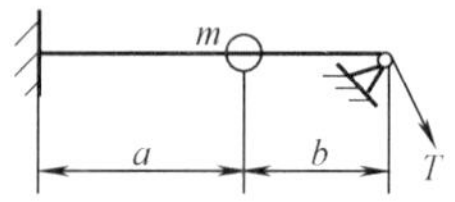	$\omega_n=\sqrt{\dfrac{T(a+b)}{mab}}$;$T$——张力,N 若计及弦的质量 m_s $\omega_n=\sqrt{\dfrac{3T(a+b)}{(3m+m_s)ab}}$
20	一个水平杆被两根对称的弦吊着的系统	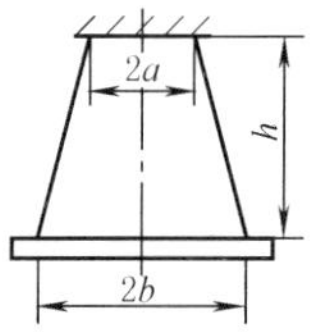	$\omega_n=\sqrt{\dfrac{gab}{\rho^2h}}$ ρ——杆的回转半径,m
21	一个水平板被三根等长的平行弦吊着的系统	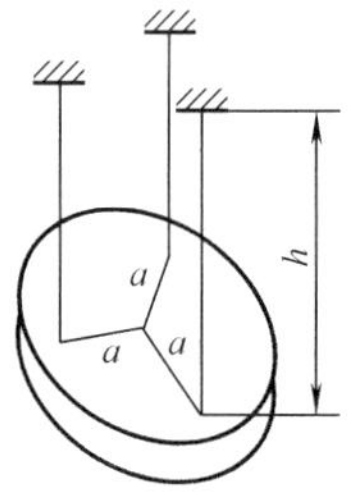	$\omega_n=\sqrt{\dfrac{ga^2}{\rho^2h}}$ ρ——板的回转半径,m
22	只有径向振动的圆环		$\omega_n=\sqrt{\dfrac{E}{\rho_VR^2}}$ ρ_V——密度,kg/m^3
23	只有扭转振动的圆环	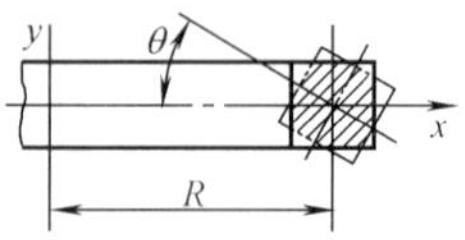	$\omega_n=\sqrt{\dfrac{E}{\rho_VR^2}\times\dfrac{J_x}{J_p}}$ J_x——截面对 x 轴的惯性矩,m^4 J_p——截面的极惯性矩,m^4
24	有径向与切向振动的圆环	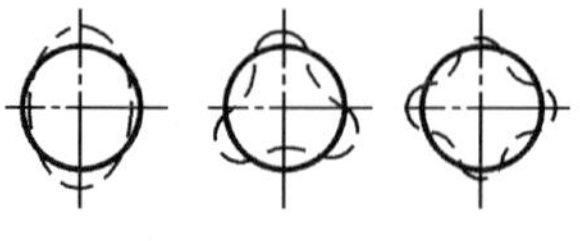 $n=2$ $n=3$ $n=4$	$\omega_n=\sqrt{\dfrac{EJ_a}{\rho_VAR^4}\times\dfrac{n^2(n^2-1)^2}{n^2+1}}$ n——节点数的一半 A——圆环圈截面积,m^2 J_a——截面惯性矩,m^4

第19篇

表 19-2-8 管内液面及空气柱振动的固有角频率

序号	系统形式	简图	固有角频率 ω_n/rad·s^{-1}
1	等截面U形管中的液柱	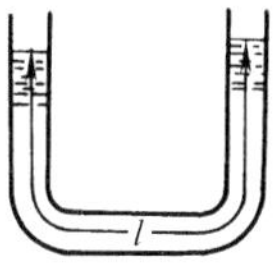	$\omega_n=\sqrt{\dfrac{2g}{l}}$ g——重力加速度,$g=9.81\text{m/s}^2$
2	导管连接的两容器中液面的振动	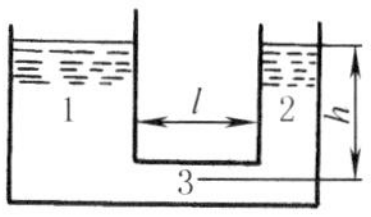	$\omega_n=\sqrt{\dfrac{gA_3(A_1+A_2)}{lA_1A_2+A_3(A_1+A_2)h}}$ A_1,A_2,A_3——分别为容器1、2及导管的截面积,m^2
3	空气柱的振动	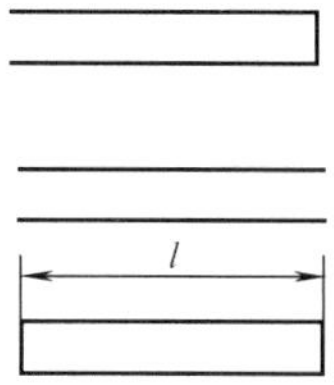	$\omega_n=\dfrac{a_n}{l}\sqrt{\dfrac{1.4p}{\rho}}$ 两端闭 $a_n=\pi、2\pi、3\pi、\cdots$ 两端开 $a_n=\pi、2\pi、3\pi、\cdots$ 一端开一端闭 $a_n=\dfrac{\pi}{2}、\dfrac{3\pi}{2}、\dfrac{5\pi}{2}、\cdots$ p——空气压强,Pa; ρ——空气密度,kg/m^3

4.2 二自由度系统的固有角频率

表 19-2-9

序号	系统形式	系统简图	固有角频率 ω_n/rad·s^{-1}
1	两个质量三个弹簧系统	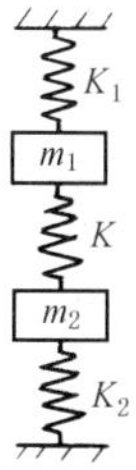	$\omega_n^2=\dfrac{1}{2}(\omega_{11}^2+\omega_{22}^2)\mp\dfrac{1}{2}\sqrt{(\omega_{11}^2-\omega_{22}^2)^2+4\omega_{12}^4}$ $\omega_{11}^2=\dfrac{K_1+K_2}{m_1}$ $\omega_{22}^2=\dfrac{K_2+K_3}{m_2}$ $\omega_{12}^2=\dfrac{K_2}{\sqrt{m_1m_2}}$
2	两个质量两个弹簧系统	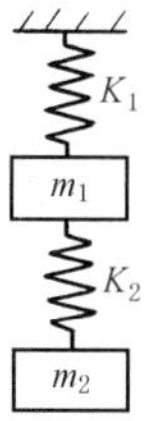	$\omega_n^2=\dfrac{1}{2}\left[\omega_1^2+\omega_2^2\left(1+\dfrac{m_2}{m_1}\right)\right]\mp$ $\dfrac{1}{2}\sqrt{\left[\omega_1^2+\omega_2^2\left(1+\dfrac{m_2}{m_1}\right)\right]^2-4\omega_1^2\omega_2^2}$ $\omega_1^2=\dfrac{K_1}{m_1}$ $\omega_2^2=\dfrac{K_2}{m_2}$
3	三个质量两个弹簧系统	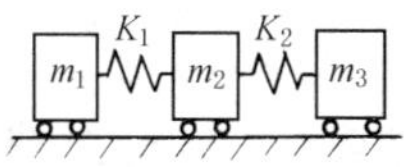	$\omega_n^2=\dfrac{1}{2}(\omega_1^2+\omega_2^2+\omega_3^2)\mp$ $\dfrac{1}{2}\sqrt{(\omega_1^2+\omega_2^2+\omega_3^2)^2-4\omega_1^2\omega_3^2\dfrac{m_1+m_2+m_3}{m_2}}$ $\omega_1^2=\dfrac{K_1}{m_1}$ $\omega_2^2=\dfrac{K_1+K_2}{m_2}$ $\omega_3^2=\dfrac{K_2}{m_3}$

续表

序号	系统形式	系统简图	固有角频率 ω_n/rad·s^{-1}
4	三个弹簧支持的质量系统（质量中心和各弹簧中心线在同一平面内）	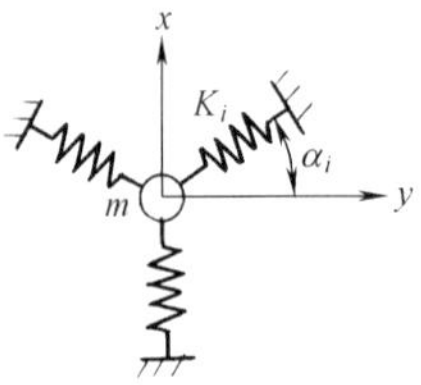	$\omega_n^2=\frac{1}{2}(\omega_x^2+\omega_y^2)\mp\frac{1}{2}\sqrt{(\omega_x^2+\omega_y^2)^2+4\omega_{xy}^4}$ $\omega_x^2=\frac{K_x}{m}\quad \omega_y^2=\frac{K_y}{m}\quad \omega_{xy}^2=\frac{K_{xy}}{m}$ $K_x=\sum_{i=1}^{n}K_i\cos^2\alpha_i\quad K_y=\sum_{i=1}^{n}K_i\sin^2\alpha_i$ $K_{xy}=\sum_{i=1}^{n}K_i\sin\alpha_i\cos\alpha_i(n=3)$
5	刚性杆为两个弹簧所支持的系统	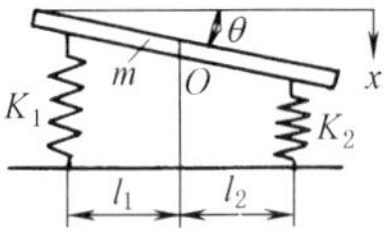	$\omega_n^2=\frac{1}{2}(a+c)\mp\frac{1}{2}\sqrt{(a-c)^2+\frac{4mb^2}{I}}$ $a=\frac{K_1+K_2}{m}\quad b=\frac{K_2l_2-K_1l_1}{m}$ $c=\frac{K_1l_1^2+K_2l_2^2}{I}\quad I$——转动惯量，kg·m^2
6	直线振动和摇摆振动的联合系统	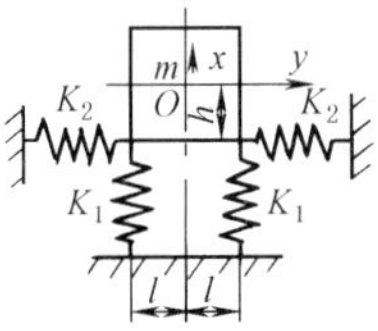	$\omega_n^2=\frac{1}{2}(\omega_y^2+\omega_0^2)\mp\frac{1}{2}\sqrt{(\omega_y^2-\omega_0^2)^2+\frac{4\omega_y^4mh^2}{I}}$ $\omega_y^2=\frac{2K_2}{m}\quad \omega_0^2=\frac{2K_1l^2+2K_2h^2}{I}$
7	三段轴两圆盘扭振系统	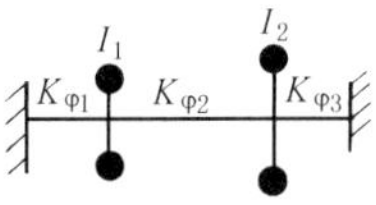	$\omega_n^2=\frac{1}{2}(\omega_1^2+\omega_2^2)\mp\frac{1}{2}\sqrt{(\omega_1^2-\omega_2^2)^2+4\omega_{12}^2}$ $\omega_1^2=\frac{K_{\varphi1}+K_{\varphi2}}{I_1}\quad \omega_2^2=\frac{K_{\varphi2}+K_{\varphi3}}{I_2}\quad \omega_{12}^2=\frac{K_{\varphi2}}{\sqrt{I_1I_2}}$
8	两段轴三圆盘扭振系统	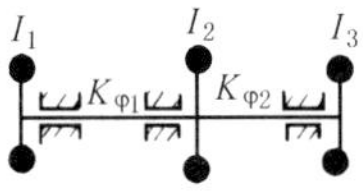	$\omega_n^2=\frac{1}{2}(\omega_1^2+\omega_2^2+\omega_3^2)\mp$ $\frac{1}{2}\sqrt{(\omega_1^2+\omega_2^2+\omega_3^2)^2-4\omega_1^2\omega_3^2\frac{I_1+I_2+I_3}{I_2}}$ $\omega_1^2=\frac{K_{\varphi1}}{I_1}\quad \omega_2^2=\frac{K_{\varphi1}+K_{\varphi2}}{I_2}\quad \omega_3^2=\frac{K_{\varphi2}}{I_3}$
9	两端圆盘轴和轴之间齿轮连接系统	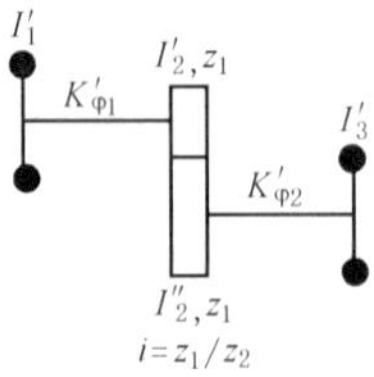	$\omega_n^2=\frac{1}{2}(\omega_1^2+\omega_2^2+\omega_3^2)\mp$ $\frac{1}{2}\sqrt{(\omega_1^2+\omega_2^2+\omega_3^2)^2-4\omega_1^2\omega_3^2\frac{I_1+I_2+I_3}{I_2}}$ $\omega_1^2=\frac{K_{\varphi1}}{I_1}\quad \omega_2^2=\frac{K_{\varphi1}+K_{\varphi2}}{I_2}\quad \omega_3^2=\frac{K_{\varphi2}}{I_3}$ $I_1=I'_1\quad I_2=I'_2+i^2I''_2\quad I_3=i^2I'_3\quad K_{\varphi1}=K'_{\varphi1}\quad K_{\varphi2}=i^2K'_{\varphi2}$
10	二重摆	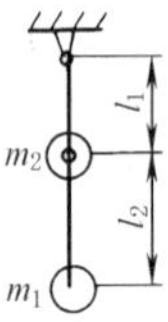	$\omega_n^2=\frac{m_1+m_2}{2m_1}\left[\omega_1^2+\omega_2^2\mp\sqrt{(\omega_1^2-\omega_2^2)^2+4\omega_1^2\omega_2^2\frac{m_2}{m_1+m_2}}\right]$ $\omega_1^2=\frac{g}{l_1}\quad \omega_2^2=\frac{g}{l_2}\quad g$——重力加速度，$g=9.81\text{m/s}^2$

续表

序号	系统形式	系统简图	固有角频率 ω_n/rad·s^{-1}
11	二联合单摆	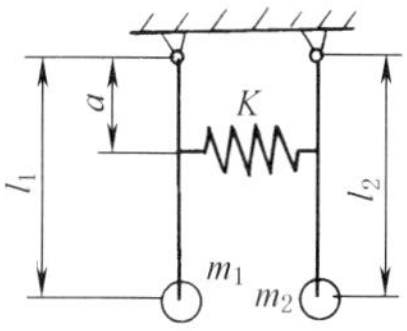	$\omega_n^2=\frac{1}{2}(\omega_1^2+\omega_2^2+\omega_3^2+\omega_4^2)\mp\frac{1}{2}\sqrt{(\omega_1^2+\omega_2^2+\omega_3^2+\omega_4^2)^2-4(\omega_2^2\omega_3^2+\omega_1^2\omega_4^2+\omega_3^2\omega_4^2)}$ $\omega_1^2=\frac{Ka^2}{m_1l_1^2}$ $\omega_2^2=\frac{Ka^2}{m_2l_2^2}$ $\omega_3^2=\frac{g}{l_1}$ $\omega_4^2=\frac{g}{l_2}$
12	二重物理摆	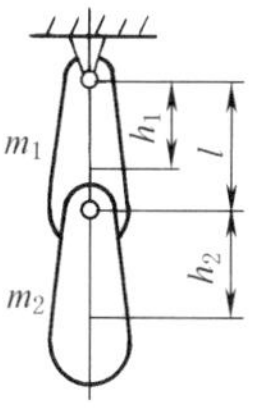	$\omega_n^2=\frac{1}{2a}(b\mp\sqrt{b^2-4ac})$ $a=(I_1+m_1h_1^2+m_2l^2)(I_2+m_2h_2^2)-m_2^2h_2^2l^2$ $b=(I_1+m_1h_1^2+m_2l^2)m_2h_2g+(I_2+m_2h_2^2)(m_1h_1+m_2l)g$ $c=(m_1h_1+m_2l)m_2h_2g^2$
13	两个质量的悬臂梁系统	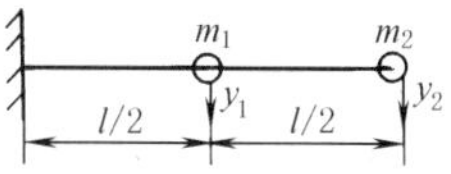	$\omega_n^2=\frac{48EJ}{7m_1m_2}\left[m_1+8m_2\mp\sqrt{m_1^2+9m_1m_2+64m_2^2}\right]$ E——弹性模量,Pa;J——截面惯性矩,m^4
14	两个质量的简支梁系统	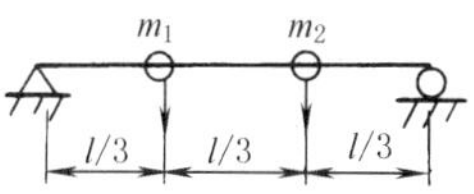	$\omega_n^2=\frac{162EJ}{5m_1m_2l^3}\left[4(m_1+m_2)\mp\sqrt{16m_1^2+17m_1m_2+16m_2^2}\right]$
15	两个质量的外伸简支梁系统	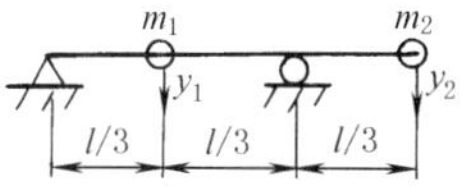	$\omega_n^2=\frac{32EJ}{5m_1m_2l^3}\left[(m_1+6m_2)\mp\sqrt{m_1^2-3m_1m_2+36m_2^2}\right]$
16	两质量位于受张力弦上	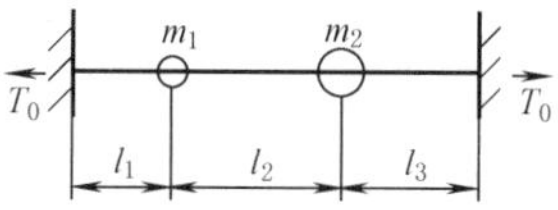	$\omega_n^2=\frac{T_0}{2}\left[\frac{l_1+l_2}{m_1l_1l_2}+\frac{l_2+l_3}{m_2l_2l_3}\mp\sqrt{\left(\frac{l_1+l_2}{m_1l_1l_2}-\frac{l_2+l_3}{m_2l_2l_3}\right)^2+\frac{4}{m_1m_2l_2^2}}\right]$ T_0——张力,N

4.3 各种构件的固有角频率

表 19-2-10 为弦、梁、膜、板、壳的固有角频率。

表 19-2-10

序号	系统形式	简图	固有角频率 ω_n/rad·s^{-1}
1	两端固定,内受张力的弦	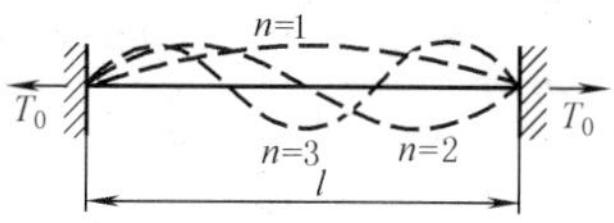	$\omega_n=\frac{n}{l}\sqrt{\frac{T_0}{\rho_l}}$ $n=\pi,2\pi,3\pi,\cdots$ T_0——内张力,N ρ_l——线密度,kg/m

续表

序号	系统形式	简图	固有角频率 ω_n/rad·s^{-1}
2	两端自由等截面杆、梁的横向振动	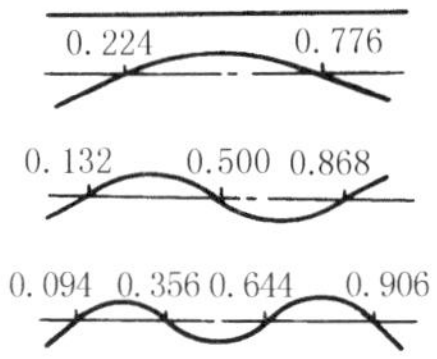	$\omega_n=\frac{a_n^2}{l^2}\sqrt{\frac{EJ}{\rho_l}}$ E——弹性模量,Pa;J——截面惯性矩,m^4; l——杆、梁长度,m;ρ_l——线密度,kg/m; a_n——振型常数,$a_1=4.73$,$a_2=7.853$,$a_3=10.996$
3	一端简支,一端自由等截面杆、梁的横向振动	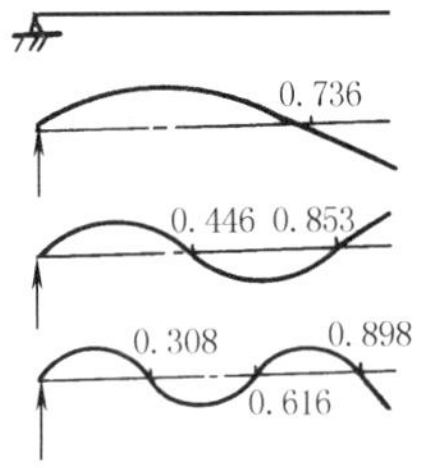	$\omega_n=\frac{a_n^2}{l^2}\sqrt{\frac{EJ}{\rho_l}}$ $a_1=3.927$,$a_2=7.069$,$a_3=10.21$
4	两端简支等截面杆、梁的横向振动	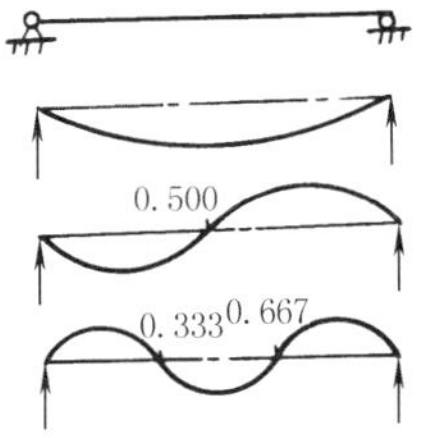	$\omega_n=\frac{a_n^2}{l^2}\sqrt{\frac{EJ}{\rho_l}}$ $a_1=\pi$,$a_2=2\pi$,$a_3=3\pi$
5	一端固定,一端自由等截面杆、梁的横向振动	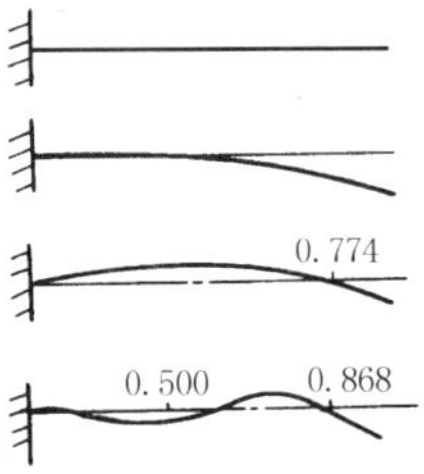	$\omega_n=\frac{a_n^2}{l^2}\sqrt{\frac{EJ}{\rho_l}}$ $a_1=1.875$,$a_2=4.694$,$a_3=7.855$
6	一端固定一端简支等截面杆、梁的横向振动	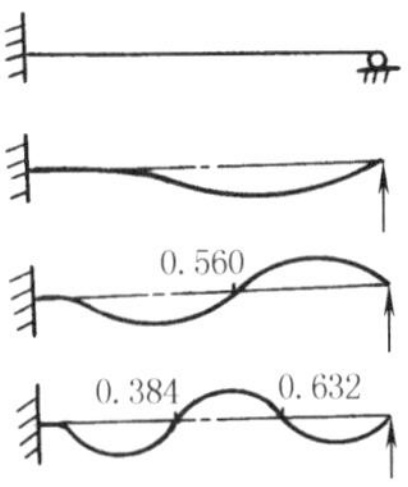	$\omega_n=\frac{a_n^2}{l^2}\sqrt{\frac{EJ}{\rho_l}}$ $a_1=3.927$,$a_2=7.069$,$a_3=10.21$
7	两端固定等截面杆、梁的横向振动	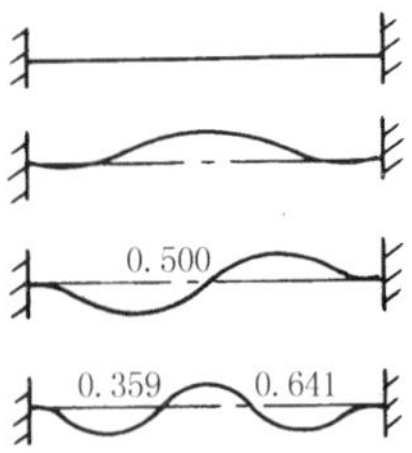	$\omega_n=\frac{a_n^2}{l^2}\sqrt{\frac{EJ}{\rho_l}}$ $a_1=4.73$,$a_2=7.853$,$a_3=10.996$

续表

<table>
<tr><th>序号</th><th>系统形式</th><th>简　　图</th><th>固有角频率 ω_n/rad · s^{-1}</th></tr>
<tr><td>8</td><td>两端自由等截面杆的纵向振动</td><td>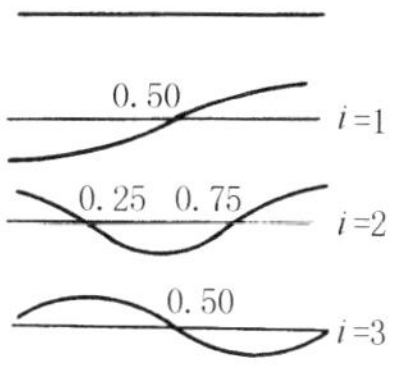</td><td>$$\omega_n=\frac{i\pi}{l}\sqrt{\frac{E}{\rho_v}}$$ $i=1,2,3\cdots$
ρ_v——密度,kg/m^3</td></tr>
<tr><td>9</td><td>一端固定一端自由等截面杆的纵向振动</td><td>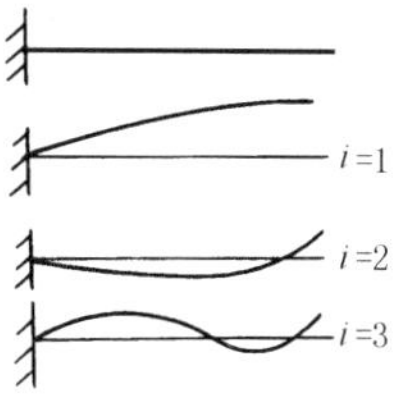</td><td>$$\omega_n=\frac{2i-1}{2}\frac{\pi}{l}\sqrt{\frac{E}{\rho_v}}$$ $i=1,2,3\cdots$</td></tr>
<tr><td>10</td><td>两端固定等截面杆的纵向振动</td><td>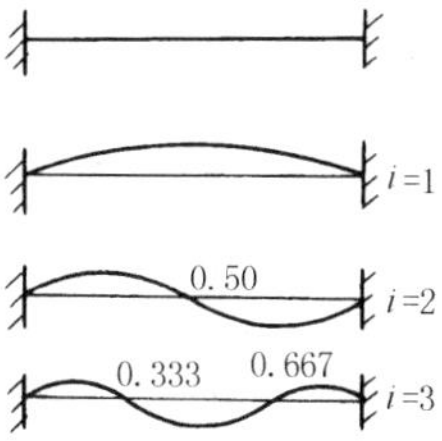</td><td>$$\omega_n=\frac{i\pi}{l}\sqrt{\frac{E}{\rho_v}}$$ $i=1,2,3\cdots$</td></tr>
<tr><td>11</td><td>轴向力作用下,两端简支的等截面杆、梁的横向振动</td><td>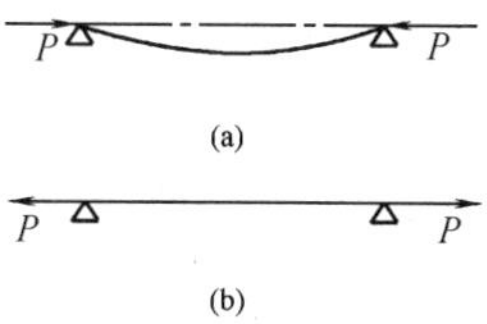</td><td>图 a 受轴向压力
$$\omega_n=\left(\frac{a_n\pi}{l}\right)^2\sqrt{\frac{EJ}{\rho_l}}\sqrt{1-\frac{Pl^2}{EJa_n^2\pi^2}}$$ 图 b 受轴向拉力
$$\omega_n=\left(\frac{a_n\pi}{l}\right)^2\sqrt{\frac{EJ}{\rho_l}}\sqrt{1+\frac{Pl^2}{EJa_n^2\pi^2}}$$ 式中　$a_n=1,2,3\cdots$</td></tr>
<tr><td>12</td><td>周边受张力的矩形膜</td><td>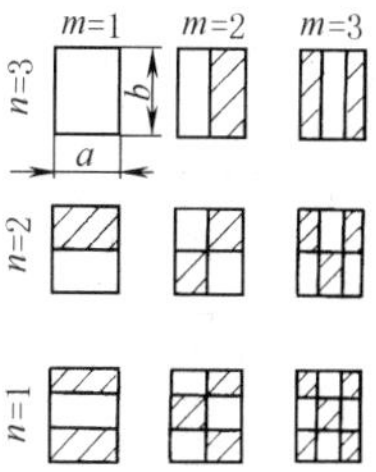</td><td>$$\omega_n=\pi\sqrt{\frac{T}{\rho_A}\left(\frac{m^2}{a^2}+\frac{n^2}{b^2}\right)}$$ $m=1,2,3\cdots$　$n=1,2,3\cdots$
T——单位长度的张力,N/m;
ρ_A——面密度,kg/m^2</td></tr>
<tr><td>13</td><td>周边受张力的圆形膜</td><td>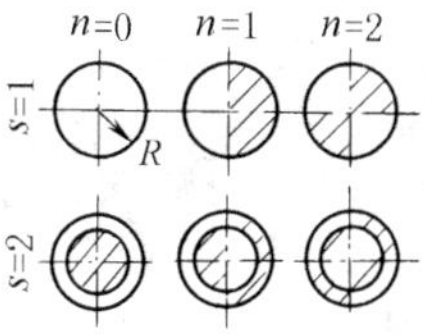</td><td>$$\omega_n=(a_{ns}\sqrt{T/\rho_A})/R$$ 振型常数 a_{ns}
<table><tr><th>n</th><th>s=1</th><th>s=2</th><th>s=3</th></tr><tr><td>0</td><td>2.404</td><td>5.52</td><td>8.654</td></tr><tr><td>1</td><td>3.832</td><td>7.026</td><td>10.173</td></tr><tr><td>2</td><td>5.135</td><td>8.417</td><td>11.62</td></tr></table></td></tr>
</table>

续表

<table>
<tr><th>序号</th><th>系统形式</th><th>简　图</th><th>固有角频率 ω_n/rad · s^{-1}</th></tr>
<tr><td>14</td><td>周边简支的矩形板</td><td>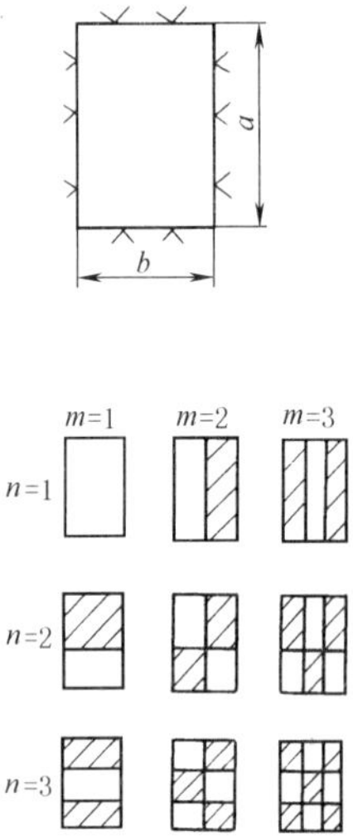
</td><td>$$\omega_n=\pi^2\left(\frac{m^2}{a^2}+\frac{n^2}{b^2}\right)\sqrt{\frac{E\delta^3}{12(1-\mu^2)\rho_A}}$$
$m=1,2,3\cdots$　$n=1,2,3\cdots$
δ——板厚，m；
μ——泊松比；
a,b——边长，m</td></tr>
<tr><td>15</td><td>周边固定的正方形板</td><td>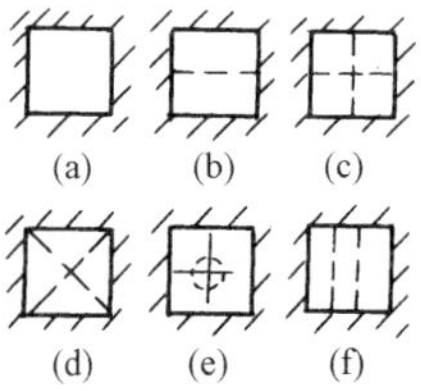
</td><td>$$\omega_n=\frac{a_{ns}}{a^2}\sqrt{\frac{E\delta^3}{12(1-\mu^2)\rho_A}}$$
图 a～f 中振型常数 a_{ns} 分别为
35.99、73.41、108.27
131.64、132.25、165.15
a——边长，m</td></tr>
<tr><td>16</td><td>两边固定两边自由的正方形板</td><td>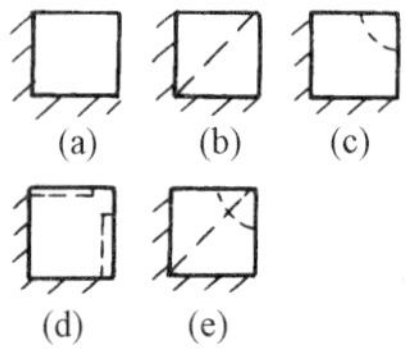
</td><td>$$\omega_n=\frac{a_{ns}}{a^2}\sqrt{\frac{E\delta^3}{12(1-\mu^2)\rho_A}}$$
图 a～e 中振型常数 a_{ns} 分别为
6.958、24.08、26.80
48.05、63.54</td></tr>
<tr><td>17</td><td>一边固定三边自由的正方形板</td><td>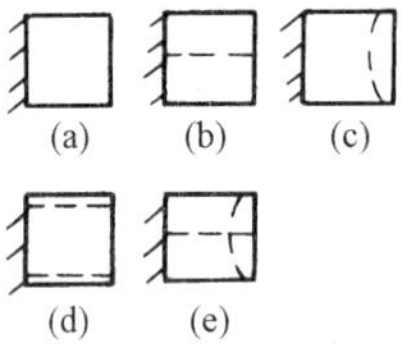
</td><td>$$\omega_n=\frac{a_{ns}}{a^2}\sqrt{\frac{E\delta^3}{12(1-\mu^2)\rho_A}}$$
图 a～e 中振型常数 a_{ns} 分别为
3.494、8.547、21.44
27.46、31.17</td></tr>
<tr><td>18</td><td>周边固定的圆形板</td><td>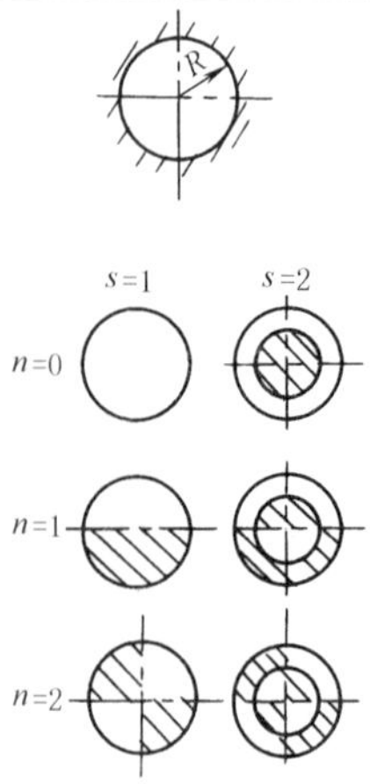
</td><td>$$\omega_n=\frac{a_{ns}}{R^2}\sqrt{\frac{E\delta^3}{12(1-\mu^2)\rho_A}}$$
振型常数 a_{ns}
<table><tr><th>s</th><th>n=0</th><th>n=1</th><th>n=2</th></tr><tr><td>1</td><td>10.17</td><td>21.27</td><td>34.85</td></tr><tr><td>2</td><td>39.76</td><td>60.80</td><td>88.35</td></tr></table></td></tr>
</table>

续表

<table>
<tr><th>序号</th><th>系统形式</th><th>简 图</th><th>固有角频率 ω_n/rad · s^{-1}</th></tr>
<tr><td>19</td><td>周边自由的圆板</td><td>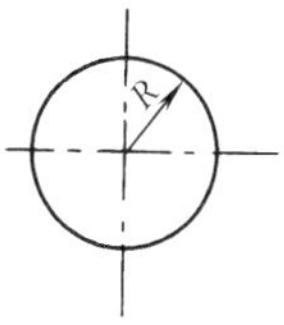
</td><td>

$$\omega_n=\frac{a_{ns}}{R^2}\sqrt{\frac{E\delta^3}{12(1-\mu^2)\rho_A}}$$

振型常数 a_{ns}

<table>
<tr><th>s</th><th>n=0</th><th>n=1</th><th>n=2</th></tr>
<tr><td>1</td><td>—</td><td>—</td><td>5. 251</td></tr>
<tr><td>2</td><td>9. 076</td><td>20. 52</td><td>35. 24</td></tr>
</table>
</td></tr>
<tr><td>20</td><td>周边自由中间固定的圆板</td><td>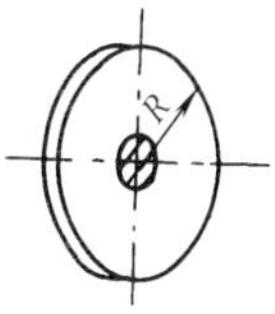
</td><td>

$$\omega_n=\frac{a_{ns}}{R^2}\sqrt{\frac{E\delta^3}{12(1-\mu^2)\rho_A}}$$

振型常数 a_{ns}

<table>
<tr><th>s</th><th>n=0</th><th>n=1</th><th>n=2</th></tr>
<tr><td>1</td><td>3. 75</td><td>—</td><td>5. 4</td></tr>
<tr><td>2</td><td>20. 91</td><td>—</td><td>30. 48</td></tr>
</table>
</td></tr>
<tr><td>21</td><td>有径向和切向位移振动的圆筒</td><td>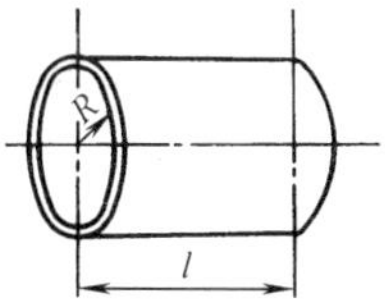
</td><td>

$$\omega_n^2=\frac{E\delta^3}{12(1-\mu^2)\rho_A R^4}\times\frac{n^2(n^2-1)^2}{n^2+1}$$

n——节点数的一半
振型与表 19-2-7 第 24 项相仿
</td></tr>
<tr><td>22</td><td>有径向和切向位移振动的无限长圆筒</td><td>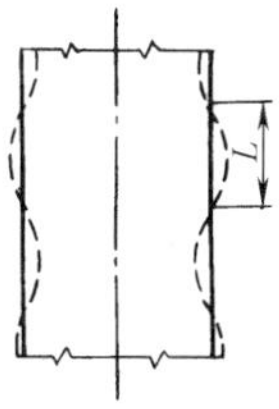

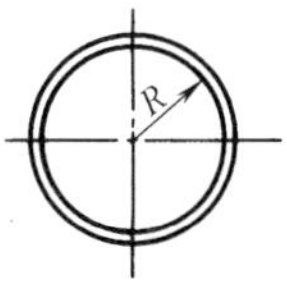
</td><td>

$$\omega_n=\frac{K}{R}\sqrt{\frac{G\delta}{\rho_A}}$$

m——周边波的波数
G——切变模量,Pa
K 值表

<table>
<tr><th rowspan="2">m</th><th rowspan="2">L/R</th><th>扭振</th><th colspan="2">非扭振</th></tr>
<tr><th>K</th><th>K_1</th><th>K_2</th></tr>
<tr><td rowspan="4">0</td><td>1</td><td>3. 142</td><td>1. 604</td><td>5. 338</td></tr>
<tr><td>2</td><td>1. 571</td><td>1. 569</td><td>2. 729</td></tr>
<tr><td>3</td><td>1. 017</td><td>1. 445</td><td>1. 976</td></tr>
<tr><td>∞</td><td>0</td><td>0</td><td>1. 691</td></tr>
</table>

<table>
<tr><th rowspan="2">m</th><th rowspan="2">L/R</th><th colspan="3">非扭振</th></tr>
<tr><th>K_1</th><th>K_2</th><th>K_3</th></tr>
<tr><td rowspan="4">1</td><td>1</td><td>1. 428</td><td>3. 357</td><td>5. 611</td></tr>
<tr><td>2</td><td>0. 968</td><td>2. 109</td><td>3. 294</td></tr>
<tr><td>3</td><td>0. 63</td><td>1. 724</td><td>2. 753</td></tr>
<tr><td>∞</td><td>0</td><td>1</td><td>2. 391</td></tr>
<tr><td rowspan="4">2</td><td>1</td><td>1. 102</td><td>3. 84</td><td>6. 357</td></tr>
<tr><td>2</td><td>0. 553</td><td>2. 709</td><td>4. 491</td></tr>
<tr><td>3</td><td>0. 307</td><td>2. 378</td><td>4. 095</td></tr>
<tr><td>∞</td><td>0</td><td>2</td><td>3. 78</td></tr>
</table>
</td></tr>
<tr><td>23</td><td>半球形壳</td><td>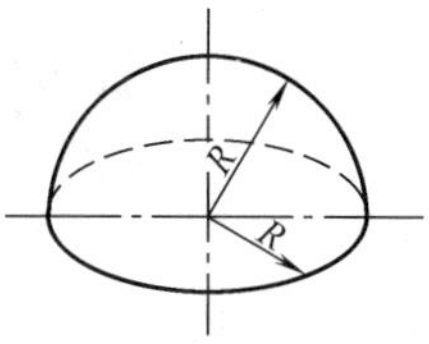
</td><td>

$$\omega_n=\frac{\lambda\delta}{R^2}\sqrt{\frac{G}{\rho_v}}$$

λ=2. 14,6. 01,11. 6…
δ——壳厚,m
</td></tr>
<tr><td>24</td><td>碟形球壳</td><td>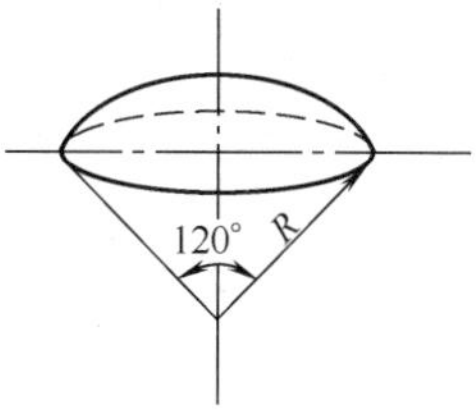
</td><td>

$$\omega_n=\frac{\lambda\delta}{R^2}\sqrt{\frac{G}{\rho_v}}$$

λ=3. 27,8. 55…
</td></tr>
</table>

续表

序号	系统形式	简 图	固有角频率 ω_n/rad·s^{-1}
25	圆球形壳	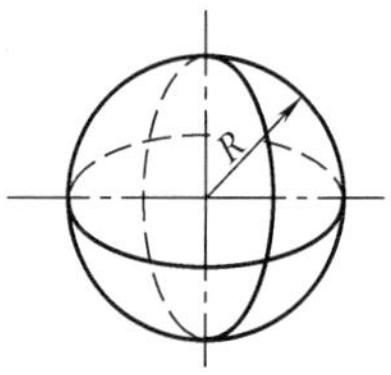	只有径向位移的振动 $\omega_n=\frac{2}{R}\left(\frac{1+\mu}{1-\mu}\right)\sqrt{\frac{G\delta}{\rho_A}}$ 只有切向位移的振动 $\omega_n=\frac{1}{R}\sqrt{(n-1)(n-2)\frac{G\delta}{\rho_A}}$ 有径向与切向位移的综合振动 $\omega_n=\frac{\lambda}{R}\sqrt{\frac{G\delta}{\rho_A}}$ λ 由下式求得：(n 为大于 1 的整数) $\lambda^4-\lambda^2\left[(n^4+n+4)\frac{1+\mu}{1-\mu}+(n^2+n-2)\right]+$ $4(n^2+n-2)\frac{1+\mu}{1-\mu}=0$

4.4 结构基本自振周期的经验公式

1）一般高耸结构的基本自振周期，钢结构可取下式计算的较大值，钢筋混凝土结构可取下式计算的较小值：

$$T=(0.007\sim0.013)H \tag{19-2-3}$$

式中 H——结构的高度，m。

2）一般情况下，高层建筑的基本自振周期可根据建筑总层数近似地按下列规定采用：

钢结构 $$T=0.10\sim0.15n \tag{19-2-4}$$

钢筋混凝土结构 $$T=0.05\sim0.10n \tag{19-2-5}$$

式中 n——建筑总层数。

3）石油化工塔架（图 19-2-1）

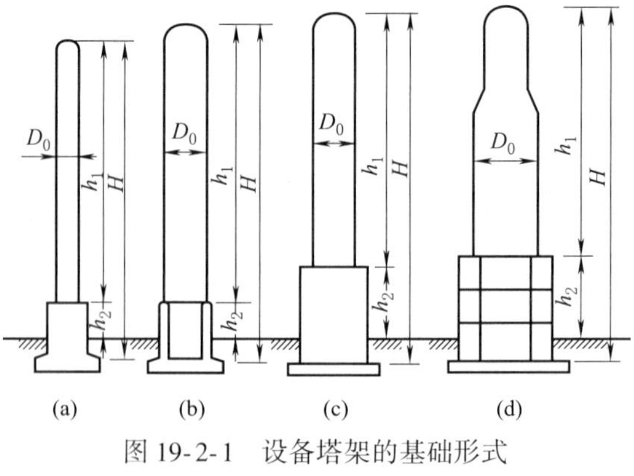

(a) (b) (c) (d)

图 19-2-1 设备塔架的基础形式

（a）圆柱基础塔；（b）圆筒基础塔；（c）方形（板式）框架基础塔；（d）环形框架基础塔

① 圆柱（筒）基础塔（塔壁厚不大于 30mm）：

当 $H^2/D_0<700$ 时

$$T_1=0.35+0.85\times10^{-3}\frac{H^2}{d} \tag{19-2-6}$$

当 $H^2/D_0\geqslant700$ 时

$$T_1 = 0.25 + 0.99 \times 10^{-3} \frac{H^2}{d} \tag{19-2-7}$$

式中　H——从基础底板或柱基顶面至设备塔顶面的总高度，m；

D_0——设备塔的外径（m）；对变直径塔，可按各段高度为权，取外径的加权平均值；

d——设备塔 $H/2$ 处的外径，m。

② 框架基础塔（塔壁厚不大于 30mm）：

$$T_1 = 0.56 + 0.40 \times 10^{-3} \frac{H^2}{d} \tag{19-2-8}$$

③ 塔壁厚大于 30mm 的各类设备塔架的基本自振周期应按有关理论公式计算。

④ 当若干塔由平台连成一排时，垂直于排列方向的各塔基本自振周期 T_1 可采用主塔（即周期最长的塔）的基本自振周期值；平行于排列方向的各塔基本自振周期 T_1 可采用主塔基本自振周期乘以折减系数 0.9。

5　简谐振动合成

5.1　同向简谐振动的合成

表 19-2-11

序号	振动分量	合成振动	简图
1	同频率两个简谐振动 $x_1 = A_1\sin(\omega t + \varphi_1)$ $x_2 = A_2\sin(\omega t + \varphi_2)$	合成振动为简谐振动 $x = A\sin(\omega t + \varphi)$ $A = \sqrt{A_1^2 + A_2^2 + 2A_1A_2\cos(\varphi_2 - \varphi_1)}$ $\varphi = \arctan\dfrac{A_1\sin\varphi_1 + A_2\sin\varphi_2}{A_1\cos\varphi_1 + A_2\cos\varphi_2}$	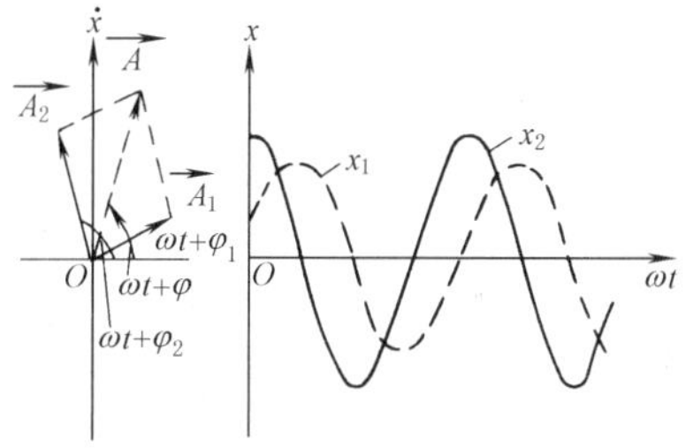
2	同频率多个简谐振动 $x_i = A_i\sin(\omega t + \varphi_i)$ $i = 1, 2, \cdots, n$	合成振动为简谐振动 $x = A\sin(\omega t + \varphi)$ $A = \left[\left(\sum_{i=1}^{n} A_i\cos\varphi_i\right)^2 + \left(\sum_{i=1}^{n} A_i\sin\varphi_i\right)^2\right]^{1/2}$ $\varphi = \arctan\dfrac{\sum_{i=1}^{n} A_i\sin\varphi_i}{\sum_{i=1}^{n} A_i\cos\varphi_i}$	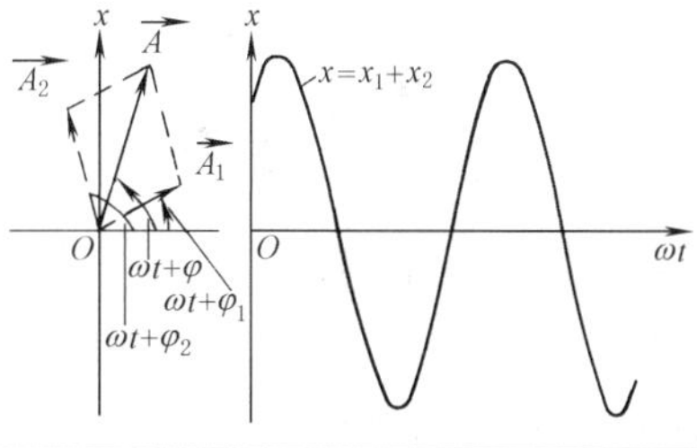
3	不同频率两个简谐振动 $x_1 = A_1\sin(\omega_1 t + \varphi_1)$ $x_2 = A_2\sin(\omega_2 t + \varphi_2)$ $\omega_1 \neq \omega_2$ 频率比为较小的有理数	合成振动为周期性非简谐振动，振动的频率与振动分量中的最低频率相一致，振动波形取决于频率 ω 和振动分量各自振幅的大小和相位角 $x = A_1\sin(\omega_1 t + \varphi_1) + A_2\sin(\omega_2 t + \varphi_2)$	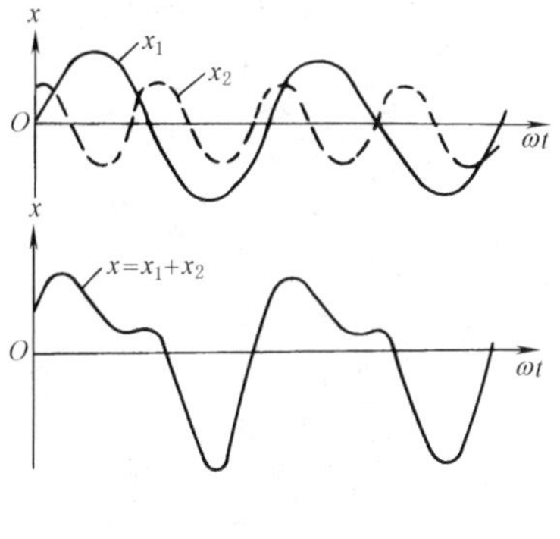

续表

序号	振动分量	合成振动	简图
4	大振幅低频率与小振幅高频率两个简谐振动 $x_1=A_1\sin(\omega_1 t+\varphi_1)$ $x_2=A_2\sin(\omega_2 t+\varphi_2)$ $A_1>A_2$ $\omega_2>\omega_1$ 频率比为较大的有理数	合成振动为周期性的非简谐振动，主要频率为低频振动频率 $x=A_1\sin(\omega_1 t+\varphi_1)+A_2\sin(\omega_2 t+\varphi_2)$	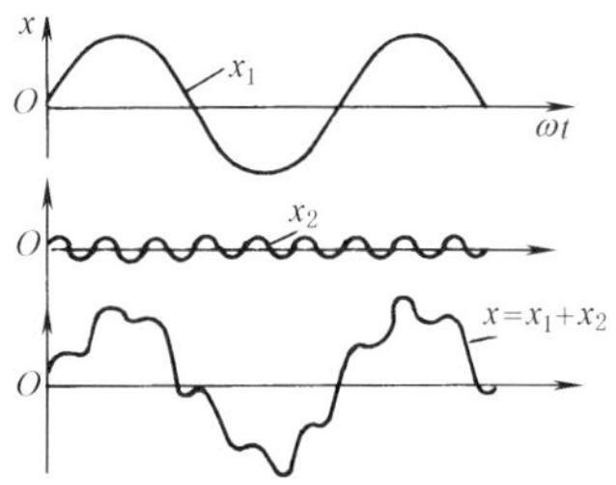
5	大振幅高频率与小振幅低频率两个简谐振动 $x_1=A_1\sin(\omega_1 t+\varphi_1)$ $x_2=A_2\sin(\omega_2 t+\varphi_2)$ $A_2>A_1$ $\omega_2>\omega_1$ 且频率比为较大的有理数	合成振动为周期性的非简谐振动，主要频率为高频振动频率 $x=A_1\sin(\omega_1 t+\varphi_1)+A_2\sin(\omega_2 t+\varphi_2)$	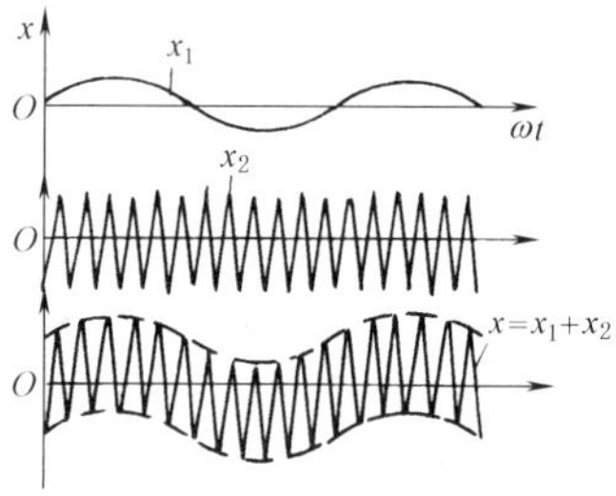
6	两个频率接近的简谐振动 $x_1=A\cos\omega_1 t$ $x_2=A\cos\omega_2 t$ $\omega_1\approx\omega_2$ （两振幅相等时）	合成振动为拍振 $x=2A\left[\cos\left(\frac{\omega_1-\omega_2}{2}\right)t\right]\times\sin\left(\frac{\omega_1+\omega_2}{2}\right)t$ 振幅变化频率等于$(\omega_1-\omega_2)$	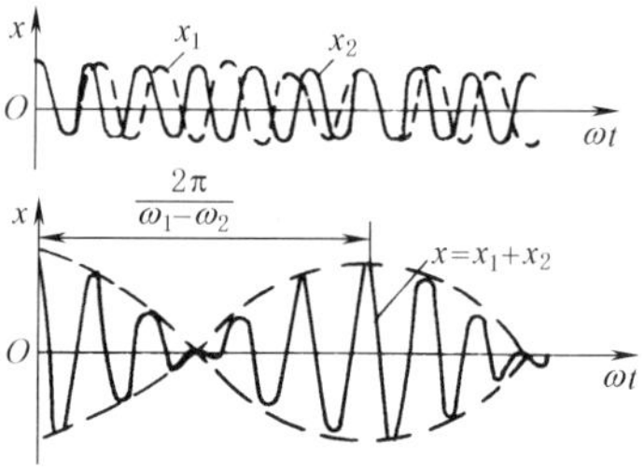

5.2 异向简谐振动的合成

二个互相垂直的谐振动：

$$x=A\sin(a\omega t+\varphi_1)$$
$$y=B\sin(b\omega t+\varphi_2)$$

其合成结果与频率 ω_1、ω_2 及位相 φ_1、φ_2 有关。合成得到的图形，称李沙育图。

当同频率，即 $a=b=1$ 时，可得到：

$$\left(\frac{x}{A}\right)=\cos\varphi_1\sin\omega t+\sin\varphi_1\cos\omega t$$

$$\left(\frac{y}{B}\right)=\cos\varphi_2\sin\omega t+\sin\varphi_2\cos\omega t$$

消去 t 后得

$$\left(\frac{x}{A}\right)^2+\left(\frac{y}{B}\right)^2-2\frac{xy}{AB}\cos\varphi=\sin^2\varphi \qquad (\varphi=\varphi_2-\varphi_1)$$

一般说来，上述方程是一椭圆。当 $\varphi=0$ 时，运动轨迹是一条经原点的直线。$A=B$ 时，是圆。

当频率比为 $m:n$，位相差为 φ 时，合成运动的运动轨迹李沙育图见第 7 章图 19-7-18。几种特例见表 19-2-12。

表 19-2-12

序号	振动分量 $y=B\sin b\omega t$, $x=A\sin(a\omega t+\varphi)$			合成振动的动点轨迹	
	$A:B$	$a:b$	φ	方程	简图
1	1 : 1	1 : 1	0	$x=y$	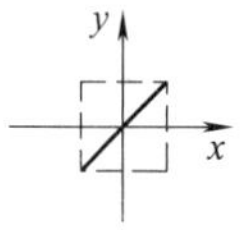
2	2 : 1	1 : 1	0	$x=2y$	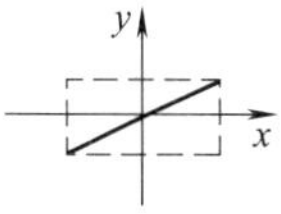
3	2 : 3	1 : 1	0	$3x=2y$	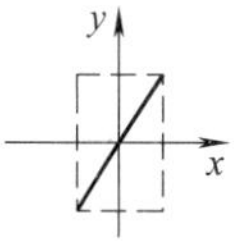
4	1 : 1	1 : 1	$\frac{\pi}{2}$	$x^2+y^2=1$	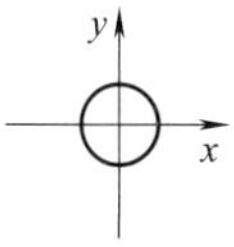
5	2 : 1	1 : 1	$\frac{\pi}{2}$	$\frac{x^2}{2^2}+y^2=1$	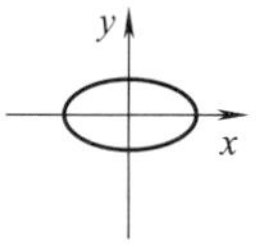
6	2 : 3	1 : 1	$\frac{\pi}{2}$	$9x^2-6\sqrt{2}xy+4y^2=18$	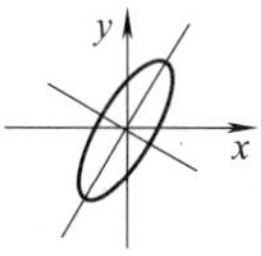
7	2 : 3	2 : 1	0	$x^2=\left(\frac{4}{3}\right)^2y^2-\left(\frac{4}{9}\right)^2y^4$	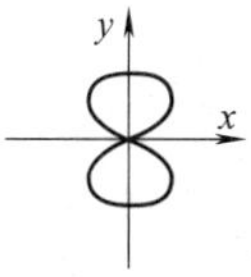
8	2 : 3	2 : 1	$\frac{\pi}{2}$	$9x=18-4y^2$	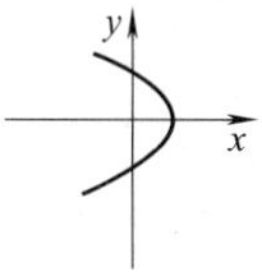
9	2 : 3	3 : 1	$\frac{\pi}{2}$	$x^2=4-4y^2+\frac{32}{27}y^4-\frac{64}{729}y^6$	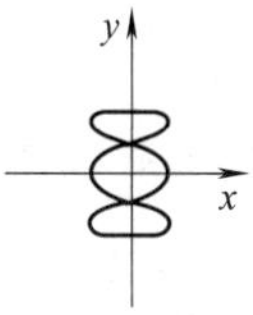
10	2 : 3	3 : 1	0	$x=2y-\left(\frac{2y}{3}\right)^3$	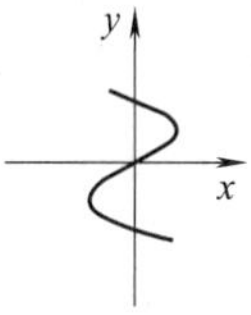

6 各种机械产生振动的扰动频率

除转速外，各机械产生的扰动频率或高次扰动频率见表 19-2-13。

表 19-2-13

机械名称	扰动频率	说明
泵,螺旋桨,风机,汽轮机	轴转数×叶片数	f——轴转数,$f=n/60$,1/s; n——转速,r/s,见注 1
电机	轴转数×极数	
齿轮传动	$f_m=f_1z_1=f_2z_2$ 高次谐波 $2f_m$、$3f_m$… 齿面局部损伤产生的激振: $f_j=fz_j$	撞击频率就是它的啮合频率 f_m,Hz f_1,f_2——分别是主动齿轮轴和从动齿轮轴的转数,1/s z_1,z_2——分别是主动齿轮和从动齿轮的齿数 z_j——局部损伤的齿数
滚动轴承	回转数×滚珠数/2	见注 2
滑动轴承的涡动	高速旋转时 理论上:$f_m=0.5f$ 实际上:$f_m=(0.42\sim0.48)f$	高速转子轴颈在滑动轴承内高速旋转的同时,围绕某一平衡中心作公转运动,即涡动(或进动) f_m——轴颈涡动的速度,1/s f——轴颈的转速,1/s
滑动轴承油膜振荡	在 $\omega>\omega_c$ 时发生 在 $\omega\gg2\omega_c$ 时,油膜振荡常有毁坏机器的危险	ω_c——临界角速度,rad/s ω——转子角速度,rad/s,$\omega=2\pi f$
迷宫密封气流涡动	一般 $f_m=0.6\sim0.9f$	f_m——轴颈涡动的速度,1/s f——轴颈的转速,1/s
转子不对中	平行不对中:$f_0=2f$ 角度不对中:$f_0=f$	平行不对中激振转子产生径间振动;角度不对中产生轴向振动 f——转速,1/s;f_0——振动频率,1/s
联轴器不对中	以 $f_0=f$ 及 $f_0=2f$ 为主	联轴器两侧的转子振动产生相位差 180° 平行不对中主要引起径向振动,角度不对中主要引起轴向振动

注：1. 上表只是主要来自动叶片的激振源，其激振频率是动叶片数乘转速。还有其他的激振力产生的叶片振动频率，例如机械的激振力，叶片旋转失速激振力，即低转速时进气攻击角增大、减小使叶片压差变化，其周期与叶片的固有频率一致时，叶片就会发生振动，等等。

2. 轴承的脉冲频率是由轴承的故障产生的，一般按如下关系式确定。

① 基础系列频率 $f_d=\dfrac{1}{2}f(1-\lambda)$；式中 $\lambda=\dfrac{d}{D}\cos\alpha$。

② 缺陷来自内滚道 $f_a=\dfrac{1}{2}zf(1+\lambda)$。

③ 缺陷来自外滚道 $f_b=\dfrac{1}{2}zf(1-\lambda)$。

④ 缺陷来自单个滚动体 $f_c=\dfrac{D}{2d}f(1-\lambda^2)$，如与内外滚道都碰撞则乘 2。

⑤ 保持架不平衡 $f_e=\dfrac{1}{2}f(1+\lambda)$，与外环碰用“-”号，与内环碰用“+”号。

f——轴转动频率，r/s；d——滚动体直径；D——节径；z——滚珠数；α——滚珠与内外环的接触角。

第 19 篇

第3章 线性振动

线性系统在振动过程中，其惯性力、阻尼力和弹性恢复力分别与振动物体的加速度、速度、位移的一次方成正比。运动的位移、速度和加速度分别用 x、$\dot{x}$、$\ddot{x}$ 表示，坐标均以静平衡状态为坐标原点，惯性力为 $-m\ddot{x}$，阻尼力为 $-C\dot{x}$，弹性恢复力为 $-Kx$。一般只有微幅振动的情况下，系统才是线性系统，所以，本章讨论线性系统的振动都是微幅振动。

1 单自由度系统自由振动模型参数及响应

表 19-3-1

序号	项目	无阻尼系统	线性阻尼系统
1	力学模型	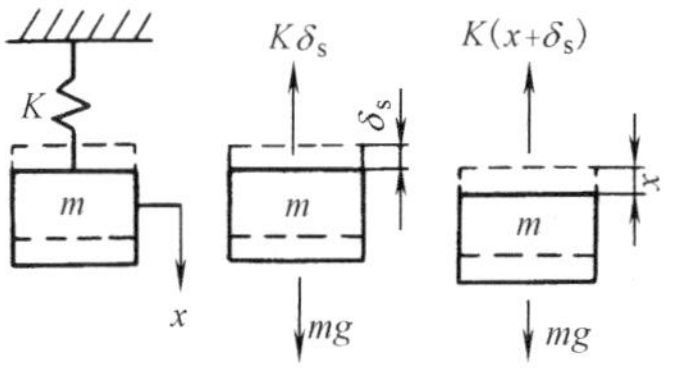	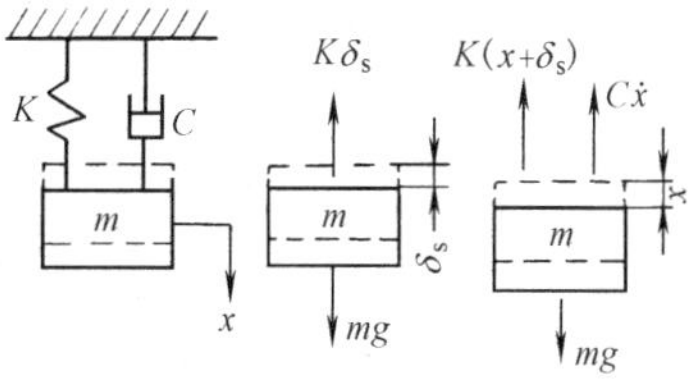
2	运动微分方程	$m\ddot{x}+Kx=0$ m——质量，kg；K——刚度，N/m；C——黏性阻尼系数，N·s/m	$m\ddot{x}+C\dot{x}+Kx=0$
3	特解	$x=e^{St}$	
4	特征方程	$S^2+\omega_n^2=0$ $\omega_n^2=\dfrac{K}{m}$　$2\alpha=\dfrac{C}{m}$　S——特征值，若 S 为复数才能产生振动；ω_n——固有角频率，rad/s；α——衰减系数，1/s	$S^2+2\alpha S+\omega_n^2=0$
5	固有角频率	$\omega_n=\sqrt{\dfrac{K}{m}}$ 单自由度系统的固有角频率见表 19-2-7、表 19-2-8	$\omega_d=\sqrt{\omega_n^2-\alpha^2}$（小阻尼 $\alpha<\omega_n$ 时） ω_d——有阻尼时固有角频率，rad/s C_c——临界阻尼，$C_c=2m\omega_n$ 当 $\zeta=0.05$ 时，$\omega_d=0.99875\omega_n$ 当 $\zeta=0.2$ 时，$\omega_d=0.98\omega_n$ 所以 $\omega_d\approx\omega_n$（小阻尼 $\alpha<\omega_n$ 时） ζ——阻尼比，$\zeta=\dfrac{C}{C_c}=\dfrac{\alpha}{\omega_n}$

续表

<table>
<tr><th>序号</th><th>项　目</th><th>无　阻　尼　系　统</th><th>线　性　阻　尼　系　统</th></tr>
<tr><td rowspan="2">6</td><td rowspan="2">对初始条件(当 $t=0$ 时,$x=x_0$,$\dot{x}=\dot{x}_0$)的振动响应</td><td>$$x=a\cos\omega_n t+b\sin\omega_n t=A\sin(\omega_n t+\varphi_0)$$
式中　$a=x_0$　$b=\dfrac{\dot{x}_0}{\omega_n}$(振幅)
$$A=\sqrt{x_0^2+\left(\dfrac{\dot{x}_0}{\omega_n}\right)^2}\text{(振幅)}$$
$$\varphi_0=\arctan\left(\dfrac{x_0\omega_n}{\dot{x}_0}\right)\text{(初相位)}$$
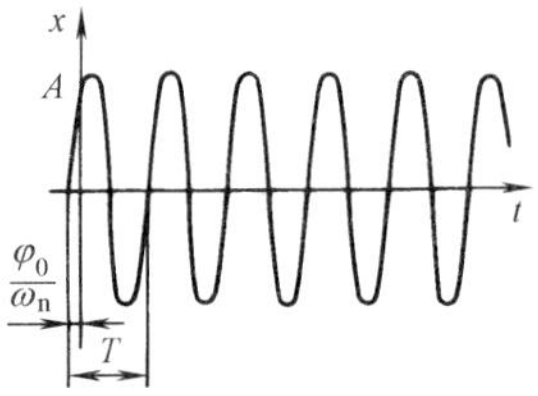
</td><td>当 $\alpha<\omega_n$(小阻尼)时:
$$x=e^{-\alpha t}(a\cos\omega_d t+b\sin\omega_d t)$$
$$=Ae^{-\alpha t}\sin(\omega_d t+\varphi_0)$$
式中　$a=x_0$　$b=\dfrac{\dot{x}_0+\alpha x_0}{\omega_d}$
$$A=\sqrt{x_0^2+\left(\dfrac{\dot{x}_0+\alpha x_0}{\omega_d}\right)^2}$$
$$\varphi_0=\arctan\left(\dfrac{x_0\omega_d}{\dot{x}_0+\alpha x_0}\right)$$
该振动如左下图所示的衰减振动,常用下面减幅系数来衡量。减幅系数(相邻两振幅比):
$$\eta=A_1/A_2=e^{\alpha T_d}$$
对数减幅系数:
$$\delta=\dfrac{1}{n}\ln(A_1/A_{n+1})=\alpha T_d$$</td></tr>
<tr><td>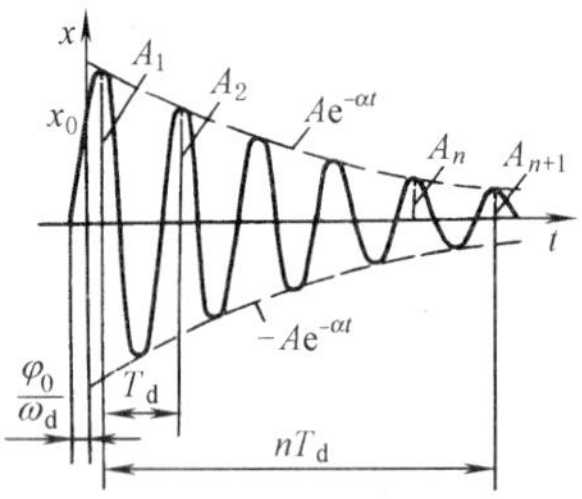
</td><td>当 $\zeta=0.05$ 时,$\eta=1.37$,$A_2=0.73A_1$,一个周期振幅衰减 27%,振幅衰减显著,不能忽略。所以 $x\approx Ae^{-\alpha t}\sin(\omega_n t+\varphi_0)$(小阻尼 $\alpha<\omega_n$ 时)
当 $\alpha=\omega_n$(临界阻尼)或 $\alpha>\omega_n$(过阻尼)时,系统不能产生振动,只能产生向静平衡位置的缓慢蠕动
见本表注</td></tr>
<tr><td>7</td><td>振动过程中的能量关系</td><td>动能和势能相互转换。当 m 运动到最大位移处,能量全部转换为势能。当 m 运动到静平衡位置时,能量全部转换为动能。即:
$$T+V=V_{max}=T_{max}$$</td><td>动能和势能相互转换,但由于阻尼消耗能量,所以,其振动为减幅振动</td></tr>
</table>

续表

序号	项　目	无　阻　尼　系　统	线　性　阻　尼　系　统
	结　论	(1)任何实际振动系统无论阻尼多么小,总是一个有阻尼系统 (2)当机械系统为小阻尼时,单自由度系统的固有角频率可以用无阻尼振动系统的固有角频率来代替,即 $\omega_d \approx \omega_n = \sqrt{\dfrac{K}{m}}$。同理,多自由度小阻尼系统的固有角频率和振型矢量也可用无阻尼系统的固有角频率和振型矢量来代替 (3)机械系统在自由振动过程中,动能和势能总是在相互转换,但由于实际系统存在阻尼,消耗系统的能量,所以,自由振动不能维持恒幅振动,其振动的位移表达式 $x \approx A e^{-\alpha t}\sin(\omega_n t+\varphi_0)$ 式中,$A=\sqrt{x_0^2+\left(\dfrac{\dot{x}_0+\alpha x_0}{\omega_n}\right)^2}$,$\varphi_0 \approx \arctan\left(\dfrac{x_0\omega_n}{\dot{x}_0+\alpha x_0}\right)$,该振动经过足够长的时间总会衰减成为零	

注：分三种情况：(A) 小阻尼 $\zeta<1$ 即 $a<\omega_n$，即 $\dfrac{c}{2m}<\sqrt{\dfrac{k}{m}}$，如上面的图；

(B) 临界阻尼 $\zeta=1$ 即 $a=\omega_n$，即 $\dfrac{c}{2m}=\sqrt{\dfrac{k}{m}}$，如图 a；

(C) 大阻尼 $\zeta>1$ 即 $a>\omega_n$，即 $\dfrac{c}{2m}>\sqrt{\dfrac{k}{m}}$，如图 b。

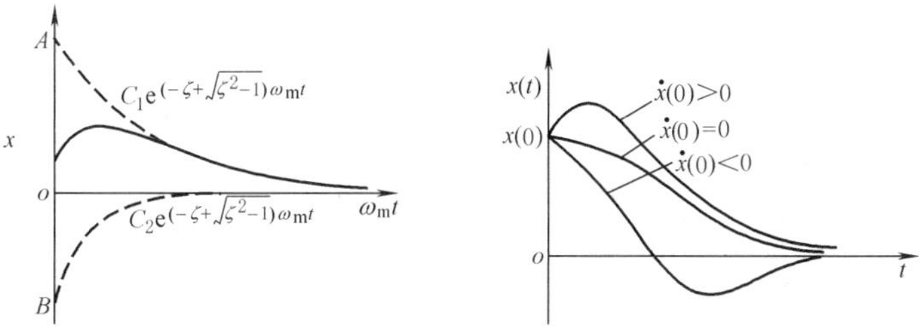

(a) $\zeta=1$　　(b) $\zeta>1$

2　单自由度系统的受迫振动

2.1　简谐受迫振动的模型参数及响应

表 19-3-2

序号	项目	简谐激励作用下的受迫振动	偏心质量回转引起的受迫振动	支承运动引起的受迫振动
1	力学模型	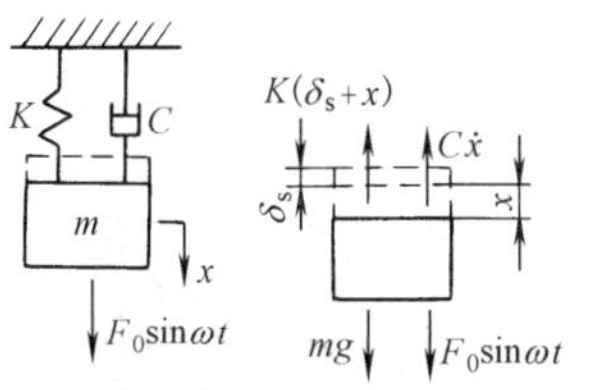	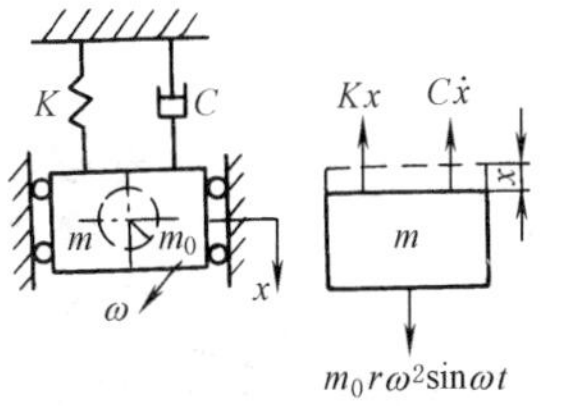	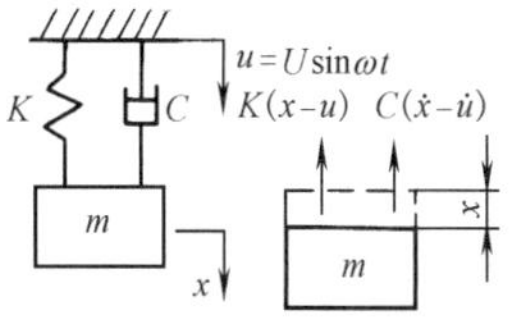
2	运动微分方程	$m\ddot{x}+C\dot{x}+Kx=F_0\sin\omega t$ F_0——简谐振动激励力,N	$m\ddot{x}+C\dot{x}+Kx=F_0\sin\omega t$ 式中　$F_0=m_0 r\omega^2$ $m_0 r$——偏心质量矩,kg·m	$m\ddot{x}+C\dot{x}+Kx=F_0\sin(\omega t+\theta)$ 式中　$F_0=U\sqrt{K^2+C^2\omega^2}$ $\theta=\arctan(C\omega/K)$(初相位) U——支承运动位移幅值,m
3	瞬态解(过渡过程)	$x=Ae^{-\alpha t}\sin(\omega_n t+\varphi_0)+B\sin(\omega t-\psi)$机械启动过程中总存在以 ω_n 和 ω 为频率的两种振动的组合,但经过一定时间之后,以 ω_n 为频率的振动消失		

第19篇

续表

序号	项目	简谐激励作用下的受迫振动	偏心质量回转引起的受迫振动	支承运动引起的受迫振动
4	拍振	当 $\omega \to \omega_n(\omega_n-\omega=2\varepsilon)$ 时，瞬态解成为：$$x=-\frac{F_0}{2\varepsilon m\omega_n}\sin\varepsilon t\cos\omega_n t$$ 这种振幅忽大忽小周期性变化的振动称为拍振。可用出现这一振动现象的干扰频率 ω 去估计系统固有角频率 ω_n		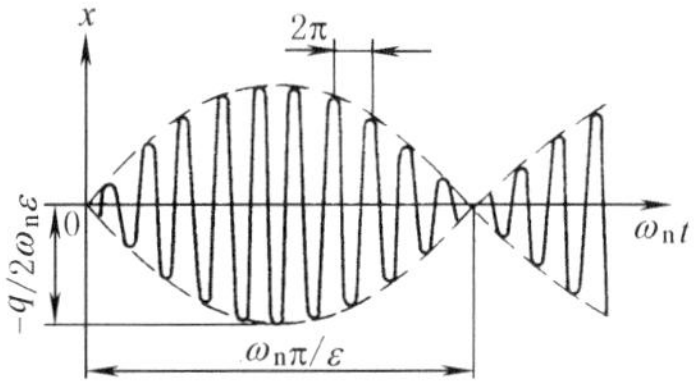
	共振	当 $\omega=\omega_n(\varepsilon=0)$ 时，瞬态解成为：$$x=-\frac{F_0 t}{2m\omega_n}\cos\omega_n t$$ 这种振幅随时间无限增长的振动称为共振。但只要时间 t 不长，振幅也不会很大。例如机械启动或停机过程中，只要迅速通过共振区，振幅就不很大		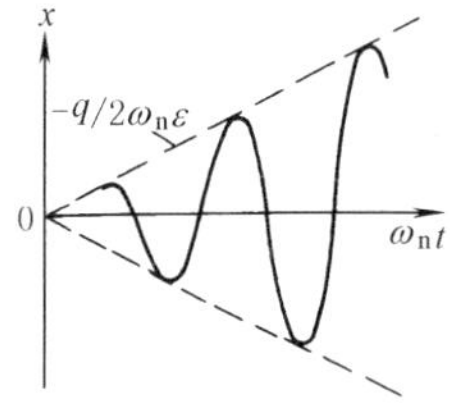
5	稳态解	$x=B\sin(\omega t-\psi)$，即以 ω_n 为频率的振动完全消失的振动		
6	稳态解的振幅及幅频响应曲线	$$B=\frac{F_0}{K}\times\frac{1}{\sqrt{(1-Z^2)^2+(2\zeta Z)^2}}$$ 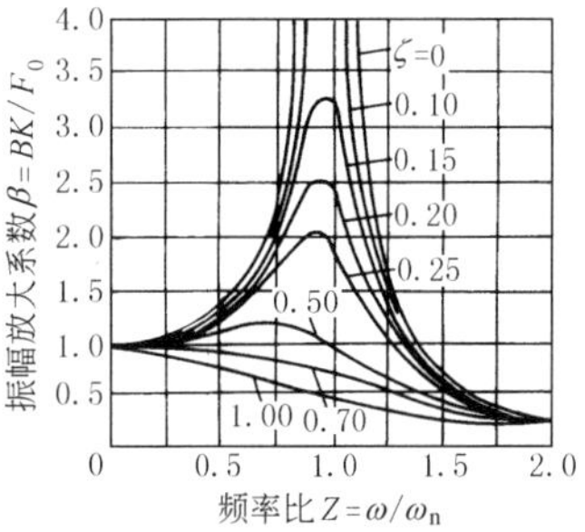	$$B=\frac{m_0 r}{m}\times\frac{Z^2}{\sqrt{(1-Z^2)^2+(2\zeta Z)^2}}$$ 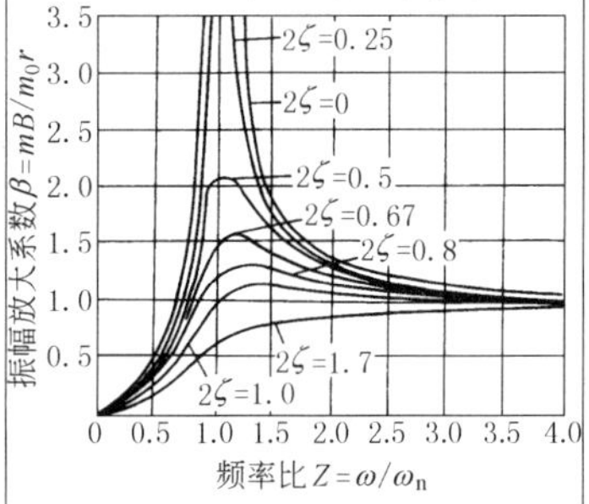	$$B=\frac{U\sqrt{1+(2\zeta Z)^2}}{\sqrt{(1-Z^2)^2+(2\zeta Z)^2}}$$ 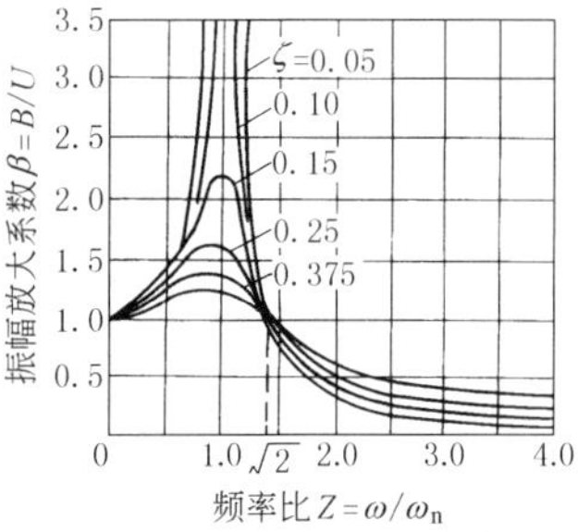
		m——质量，kg；K——刚度，N/m；F_0——干扰力幅，N；ω_n——固有角频率，rad/s，$\omega_n=\sqrt{\frac{K}{m}}$；$\omega$——激振频率，rad/s；$Z$——频率比，$Z=\frac{\omega}{\omega_n}$；$\alpha$——衰减系数，$\alpha=\frac{C}{2m}$；$C$——阻尼系数，N·s/m；$\zeta$——阻尼比，$\zeta=\frac{\alpha}{\omega_n}$；$q$——单位质量激振力，N/kg，$q=\frac{F_0}{m}$；$B$——振幅		
7	稳态解的相位差角及相频响应曲线	$$\psi=\arctan\frac{2\zeta Z}{1-Z^2}$$ 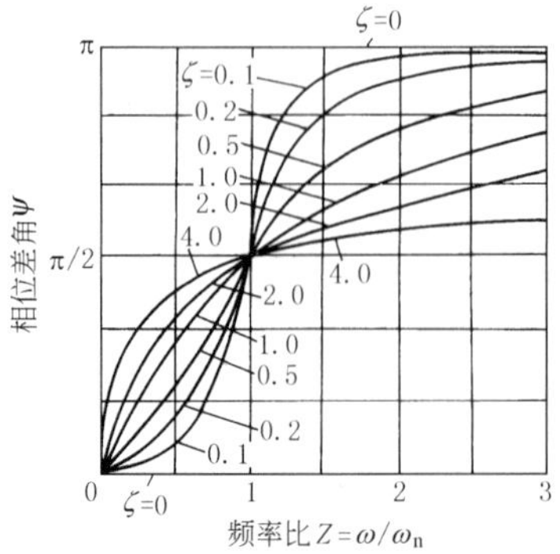		$$\psi=\arctan\frac{2\zeta Z^3}{1-Z^2+(2\zeta Z)^2}$$ 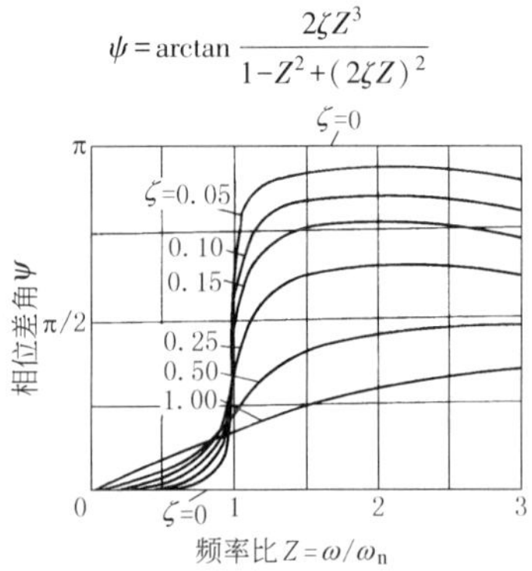 当稳态解为 $x=B\sin(\omega t+\theta-\psi)$ 时，$\psi=\arctan\frac{2\zeta Z}{1-Z^2}$

续表

序号	项目	简谐激励作用下的受迫振动	偏心质量回转引起的受迫振动	支承运动引起的受迫振动
8	能量关系及力的平衡	受迫振动过程中的能量关系：一方面激振力向系统输入能量，另一方面系统的阻尼又不断地消耗能量。若前者大于后者，振幅将增大；若前者小于后者，振幅将减小。直到两者重新平衡，系统出现新的恒幅振动，这种状态下，激振力在一个周期向系统输入能量 $\Delta W=\pi F_0 B\sin\psi$，该能量与激振力幅 F_0、稳态振幅 B 以及激振力和位移的相位差 ψ 有关（支承运动引起的受迫振动 ψ 中包含有 θ 角在内） 另外，从力平衡角度来看，当 $\omega \ll \omega_n$ 时，振动缓慢，速度很小，加速度更小，系统内的惯性力和阻尼很小，激振力主要是和弹性力相平衡。当 $\omega \gg \omega_n$ 时，加速度很大，而弹性力和阻尼力与惯性力相比是很小的，所以，激振力主要是平衡惯性力。当 $\omega=\omega_n$ 时，弹性力和惯性力相平衡，激振力用于平衡阻尼力。介于前述状态之间的状态分为两种情况：当 $\omega<\omega_n$ 时，激振力主要用于平衡部分弹性力和阻尼力；当 $\omega>\omega_n$ 时，激振力主要用于平衡部分惯性力和阻尼力		
结论		（1）简谐激励作用下的稳态受迫振动为简谐振动，振动频率与激振频率相同 （2）受迫振动的振幅主要决定于系统的固有角频率、阻尼、激振力幅值以及激振频率与固有频率之比		

2.2 非简谐受迫振动的模型参数及响应

表 19-3-3

序号	项　目	周期激励作用	非周期激励作用
1	力学模型及运动微分方程	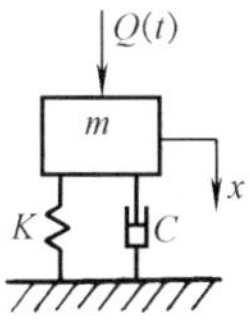	$m\ddot{x}+C\dot{x}+Kx=Q(t)$　　$Q(t)$——任意激励 $\ddot{x}+2\zeta\omega_n\dot{x}+\omega_n^2x=q(t)$　　$q(t)=Q(t)/m$ $2\alpha=\dfrac{C}{m}$　　$\omega_n^2=\dfrac{K}{m}$　　$\zeta=\dfrac{\alpha}{\omega_n}$
2	非简谐激励的分解	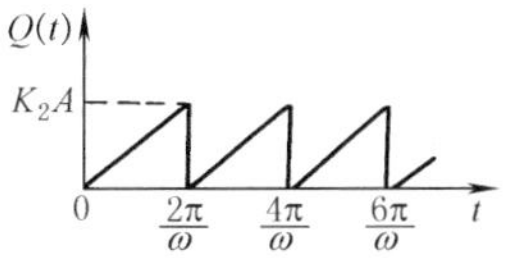$Q(t)=a_0+\sum_{i=1}^{\infty}(a_i\cos i\omega t+b_i\sin i\omega t)$ $a_0=\dfrac{1}{T}\int_0^T Q(t)\,dt$ $a_i=\dfrac{2}{T}\int_0^T Q(t)\cos i\omega t\,dt$ $b_i=\dfrac{2}{T}\int_0^T Q(t)\sin i\omega t\,dt$ T——激励的周期，s	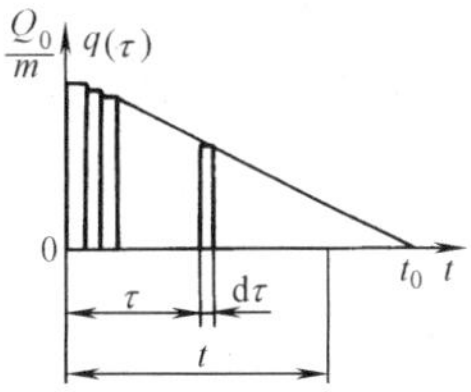$q(\tau)=\begin{cases}\dfrac{Q_0}{m}(1-\tau/t_0) & \tau\leqslant t_0\\ 0 & \tau>t_0\end{cases}$ 将 $q(\tau)$ 分解为 n 个在 $(\tau,\tau+d\tau)$ 区间上值为 τ 时刻 $q(\tau)$ 值的脉冲
3	局部激励作用下的响应	$x_0=\dfrac{a_0}{K}$ $x_i=B_i\sin(i\omega t+\alpha_i-\psi_i)$ 式中　$B_i=\dfrac{\sqrt{a_i^2+b_i^2}}{K\sqrt{(1-i^2Z^2)^2+(2\zeta iZ)^2}}$ $\alpha_i=\arctan\dfrac{b_i}{a_i}$　$\psi_i=\arctan\dfrac{2\zeta iZ}{1-i^2Z^2}$ $Z=\dfrac{1}{T\omega_n}$	根据动量定理将 τ 时刻作用系统的冲量 $q(\tau)d\tau$ 转换为初始速度： $d\dot{x}=q(\tau)d\tau$ t 时刻系统对 τ 时刻冲量 $q(\tau)d\tau$ 的响应为以 $d\dot{x}$ 为初始速度自由振动响应： $dx=e^{-\alpha(t-\tau)}\dfrac{q(\tau)d\tau}{\omega_n}\sin\omega_n(t-\tau)$

续表

序号	项　目	周期激励作用	非周期激励作用
4	局部激励响应叠加合成	$x(t)=x_0+\sum_{i=1}^{\infty}x_i$ $=\frac{a_0}{K}+\sum_{i=1}^{\infty}B_i\sin(i\omega t+\alpha_i-\psi_i)$	当 $t=0$、$x_0=\dot{x}_0=0$ 时的杜哈梅积分 $x(t)=\frac{e^{-\alpha t}}{\omega_d}\int_0^T e^{\alpha\tau}q(\tau)\sin\omega_n(t-\tau)d\tau$
5	系统对图示激励响应实例计算	$m\ddot{x}+C\dot{x}+(K_1+K_2)x=Q(t)$ $Q(t)=\frac{K_2A}{2}-\frac{K_2A}{2}\left(\sin\omega t+\frac{1}{2}\sin2\omega t+\frac{1}{3}\sin3\omega t+\cdots\right)$ $a_0=\frac{K_2A\omega^2}{4\pi^2}\int_0^{2\pi/\omega}t\mathrm{d}t=\frac{K_2A}{2}$ $a_i=\frac{K_2A\omega^2}{2\pi^2}\int_0^{2\pi/\omega}t\cos i\omega t\mathrm{d}t=0$ $b_i=\frac{K_2A\omega^2}{2\pi^2}\int_0^{2\pi/\omega}t\sin i\omega t\mathrm{d}t=\frac{-K_2A}{i\pi}$ $x(t)=\frac{K_2A}{K_1+K_2}\left[\frac{1}{2}-\frac{1}{\pi}\times\sum_{i=1}^{\infty}\frac{1}{i\sqrt{(1-i^2Z^2)^2+(2\zeta iZ)^2}}\times\sin(i\omega t-\psi_1)\right]$ $\psi_i=\arctan[2\zeta iZ/(1-i^2Z^2)]$	当 $0<t<t_0(C=\alpha=0)$ 时， $x(t)=\frac{Q_0}{\omega_n m}\int_0^T(1-\tau/t_0)\sin\omega_n(t-\tau)d\tau$ $=\frac{Q_0}{K}(1-\cos\omega_n t)-\frac{Q_0}{Kt_0}\left(t-\frac{1}{\omega_n}\sin\omega_n t\right)$ 当 $t=t_0$ 时， $x(t)=\frac{Q_0}{\omega_n m}\int_0^T(1-\tau/t_0)\sin\omega_n(t-\tau)d\tau$ $=\frac{Q_0}{K}(1-\cos\omega_n t)-\frac{Q_0}{Kt_0}\left(t_0-\frac{1}{\omega_n}\sin\omega_n t\right)$ 当 $t>t_0$ 时， $x(t)=\frac{Q_0}{\omega_n m}\int_0^T(1-\tau/t_0)\sin\omega_n(t-\tau)d\tau$ $=\frac{Q_0}{K\omega_n t_0}[\sin\omega_n t-\sin\omega_n(t-t_0)]-\frac{Q_0}{K}\cos\omega_n t$

2.3 无阻尼系统对常见冲击激励的响应

表 19-3-4

序号	冲击激励函数 $f(t)$	响应 $x(t)=\frac{1}{m\omega_n}\int_0^t f(\tau)\sin[\omega_n(t-\tau)]d\tau$
1	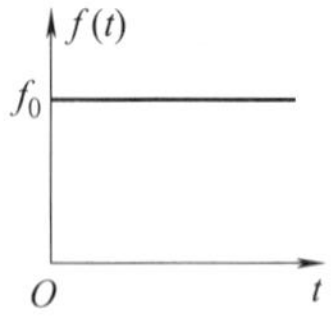	$x(t)=\frac{f_0}{K}(1-\cos\omega_n t)$
2	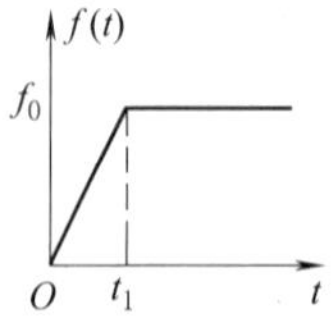	$x(t)=\begin{cases}\frac{f_0}{Kt_1}\left(t-\frac{\sin\omega_n t}{\omega_n}\right) & t\leqslant t_1\\ \frac{f_0}{Kt_1}\left[t_1+\frac{\sin\omega_n(t-t_1)}{\omega_n}-\frac{\sin\omega_n t}{\omega_n}\right] & t\geqslant t_1\end{cases}$
3	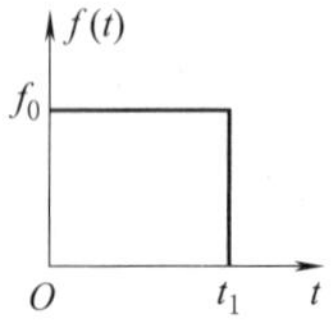	$x(t)=\begin{cases}\frac{f_0}{K}(1-\cos\omega_n t) & t\leqslant t_1\\ \frac{f_0}{K}[\cos\omega_n(t-t_1)-\cos\omega_n t] & t\geqslant t_1\end{cases}$

（续）

序号	冲击激励函数 $f(t)$	响应 $x(t)=\frac{1}{m\omega_n}\int_0^t f(\tau)\sin[\omega_n(t-\tau)]d\tau$
4	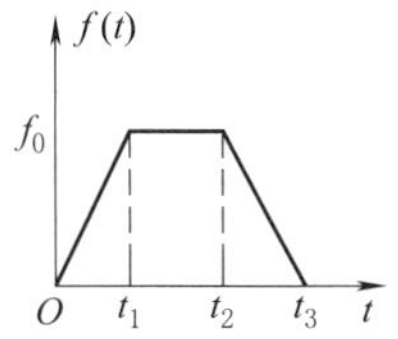	$x(t)=\begin{cases}\text{同 2 式} & t<t_2 \\ \frac{f_0}{K\omega_n t}[\omega_n t_1+\sin\omega_n(t-t_1)-\sin\omega_n t] \\ -\frac{f_0}{\omega_n^2(t_3-t_2)}[\omega_n(t-t_2)-\sin\omega_n(t-t_2)] & t_2<t<t_3 \\ \frac{f_0}{K}\left[\frac{\sin\omega_n(t-t_1)}{\omega_n t_1}-\frac{\sin\omega_n t}{\omega_n t_1}-\frac{\sin\omega_n(t-t_s)}{\omega_n(t_3-t_2)}+\frac{\sin\omega_n(t-t_2)}{\omega_n(t_3-t_2)}\right] & t>t_3\end{cases}$
5	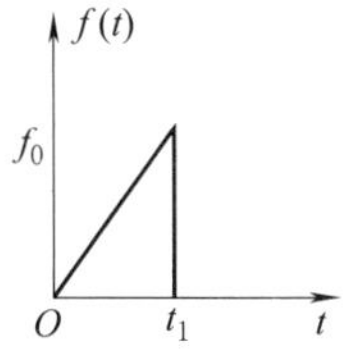	$x(t)=\begin{cases}\frac{f_0}{Kt_1}\left(t-\frac{\sin\omega_n t}{\omega_n}\right) & t<t_1 \\ \frac{f_0}{Kt_1}\left[t_1\cos\omega_n(t-t_1)+\frac{\sin\omega_n(t-t_1)}{\omega_n}-\frac{\sin\omega_n t}{\omega_n}\right] & t>t_1\end{cases}$
6	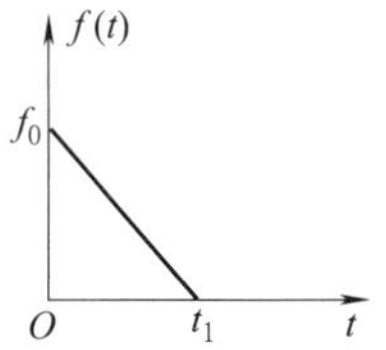	$x(t)=\begin{cases}\frac{f_0}{K}\left[1-\cos\omega_n t-\frac{t}{t_1}+\frac{\sin\omega_n t}{\omega_n t_1}\right] & 0\leqslant t\leqslant t_1 \\ \frac{f_0}{K}\left[-\cos\omega_n t-\frac{\sin\omega_n(t-t_1)}{\omega_n t_1}+\frac{\sin\omega_n t}{\omega_n t_1}\right] & t\geqslant t_1\end{cases}$
7	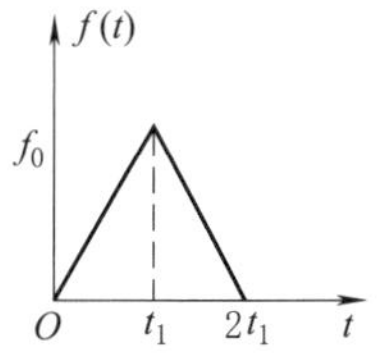	$x(t)=\begin{cases}\frac{f_0}{Kt_1}\left(t-\frac{\sin\omega_n t}{\omega_n}\right) & t<t_1 \\ \frac{f_0}{Kt_1}\left[2t_1-t+\frac{2\sin\omega_n(t-t_1)}{\omega_n}-\frac{\sin\omega_n t}{\omega_n}\right] & t_1<t<2t_1 \\ \frac{f_0}{K\omega_n t_1}[2\sin\omega_n(t-t_1)-\sin\omega_n(t-2t_1)-\sin\omega_n t] & t>2t_1\end{cases}$
8	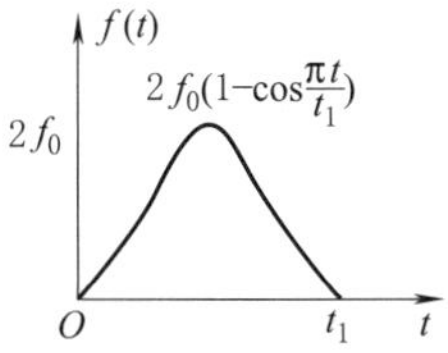	$x(t)=\begin{cases}\frac{f_0}{K}(1-\cos\omega_n t)-\frac{f_0\omega_n t_1^2}{\omega_n^2 t_1^2-4\pi^2}\left(\cos\frac{2\pi t}{t_1}-\cos\omega_n t\right) & t<t_1 \\ \frac{f_0}{K}\{\cos\omega_n(t-t_1)-\cos\omega_n t \\ -\frac{\omega_n^2 t_1^2}{\omega_n^2 t_1^2-4\pi^2}[\cos\omega_n(t-t_1)-\cos\omega_n t] & t>t_1\end{cases}$

3 直线运动振系与定轴转动振系的参数类比

表 19-3-5

序号	项　目	直线运动振系	定轴转动振系
1	力学模型	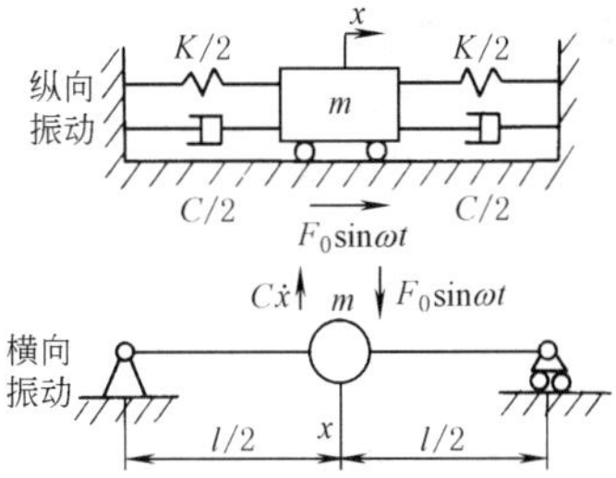	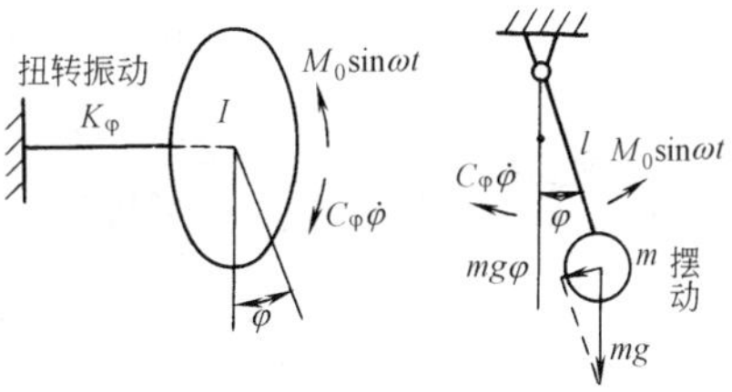

续表

序号	项　目	直线运动振系	定轴转动振系
2	运动微分方程	$m\ddot{x}+C\dot{x}+Kx=F_0\sin\omega t$	$I\ddot{\varphi}+C_\varphi\dot{\varphi}+K_\varphi\varphi=M_0\sin\omega t$ M_0——激振力矩幅值，N·m
3	位移	$x=x(t)$　(m)	$\varphi=\varphi(t)$　(rad)
4	速度	$\dot{x}=\dfrac{dx}{dt}$　(m/s)	$\dot{\varphi}=\dfrac{d\varphi}{dt}$　(rad/s)
5	加速度	$\ddot{x}=\dfrac{d\dot{x}}{dt}=\dfrac{d^2x}{dt^2}$　(m/s^2)	$\ddot{\varphi}=\dfrac{d\dot{\varphi}}{dt}=\dfrac{d^2\varphi}{dt^2}$　(rad/s^2)
6	惯性力及惯性力矩	$F_u=m\ddot{x}$　(N) m——质量，kg	$M_u=I\ddot{\varphi}$　(N·m) I——转动惯量，kg·m^2 摆动：$I=ml^2$
7	阻尼力及阻尼力矩	$F_d=C\dot{x}$　(N) C——阻尼系数，N·s/m	$M_d=C_\varphi\dot{\varphi}$　(N·m) C_φ——阻尼系数，N·m·s/rad
8	恢复力及恢复力矩	$F_k=Kx$　(N) K——刚度，N/m	$M_k=K_\varphi\varphi$　(N·m) K_φ——刚度，N·m/rad 摆动：$K_\varphi=mgl$/rad
9	激励	$F(t)=F_0\sin\omega t$　(N)	$M(t)=M_0\sin\omega t$　(N·m)
10	固有角频率	$\omega_n=\sqrt{\dfrac{K}{m}}$　(rad/s)	$\omega_n=\sqrt{\dfrac{K_\varphi}{I}}$　(rad/s) 摆动：$\omega_n=\sqrt{\dfrac{g}{l}}$　(rad/s)
11	动能	$T=\dfrac{1}{2}m\dot{x}^2$　(J)	$T=\dfrac{1}{2}I\dot{\varphi}^2$　(J)
12	能量耗散函数	$D=\dfrac{1}{2}C\dot{x}^2$　(J)	$D=\dfrac{1}{2}C_\varphi\dot{\varphi}^2$　(J)
13	势能	$V=\dfrac{1}{2}Kx^2$　(J)	$V=\dfrac{1}{2}K_\varphi\varphi^2$　(J)
例	表 19-3-1 中第 6 项线性阻尼的直线运动的响应为 $x=Ae^{-\omega t}\sin(\omega_d t+\varphi_0)$ $a=x_0$；$b=\dfrac{\dot{x}+ax_0}{\omega_d}$ 振幅：$A=\sqrt{x_0^2+\left(\dfrac{\dot{x}+ax_0}{\omega_d}\right)^2}$ 初相位：$\varphi_0=\arctan\left(\dfrac{x_0\omega_d}{\dot{x}_0+ax_0}\right)$		扭转运动的响应相应为 $\varphi=Ae^{-\omega t}\sin(\omega_d t+\psi_0)$ $a=\varphi_0$；$b=\dfrac{\dot{\varphi}_0+a\varphi_0}{\omega_d}$ 振幅：$A=\sqrt{\varphi_0^2+\left(\dfrac{\dot{\varphi}_0+a\varphi_0}{\omega_d}\right)^2}$ 初相位：$\psi_0=\arctan\left(\dfrac{\varphi_0\omega_d}{\dot{\varphi}_0+a\varphi_0}\right)$

注：1. 左列 φ_0 为初相位；右列 φ_0 为扭转初始角。

2. 其他项目或多自由度振动可按此类比。

4　共振关系

一个振动系统其自由振动的弹簧刚度为 K（恢复力——Kx），阻力系数为 C（阻力——$C\dot{x}$），参振质量为 m，在外力 $A\cos\omega t$ 的作用下产生振动。外力的振动频率为 $f=\omega/2\pi$。令 $p^2=\dfrac{K}{m}$；$2n=\dfrac{C}{m}$。可以推导得在 $\dfrac{\omega}{p}=\sqrt{1-\dfrac{2n^2}{p^2}}$ 时，系统将发生最大的位移振幅。经运算将其列于表 19-3-6 的第 2 列第 2 栏及第 3 栏；此时相对应的速度幅值和位移与力之间的相角差各列于下面两栏。同样发生最大的速度振幅的频率与其相应的结果列于第 3 列；最后一列为外力的振动频率与阻尼系统固有频率相等时的各项公式。

表 19-3-6

特 征 量	激振频率引起位移共振	激振频率引起速度共振	激振频率等于阻尼固有频率
频率	$\frac{1}{2\pi}\sqrt{\frac{K}{m}-\frac{C^2}{2m^2}}$	$\frac{1}{2\pi}\sqrt{\frac{K}{m}}$	$\frac{1}{2\pi}\sqrt{\frac{K}{m}-\frac{C^2}{4m^2}}$
位移幅值	$\frac{A}{C\sqrt{\frac{K}{m}-\frac{C^2}{4m^2}}}$	$\frac{A}{C\sqrt{\frac{K}{m}}}$	$\frac{A}{C\sqrt{\frac{K}{m}-\frac{3C^2}{16m^2}}}$
速度幅值	$\frac{A}{C\sqrt{1+\frac{C^2}{4mK-2C^2}}}$	$\frac{A}{C}$	$\frac{A}{C\sqrt{1+\frac{C^2}{16mK-4C^2}}}$
位移与力之间的相角差	$\arctan\sqrt{\frac{4mK}{C^2}-2}$	$\frac{\pi}{2}$	$\arctan\sqrt{\frac{16mK}{C^2}-4}$

还有一种加速度共振，频率为$\frac{1}{2\pi}\sqrt{\frac{K/m}{1-2(C/2\sqrt{mK})^2}}$，系统作受迫振动时，激励频率有任何微小变化均会使系统响应上升。

5 回转机械在启动和停机过程中的振动

5.1 启动过程的振动

回转机械的转子无论静、动平衡做得如何好，仍会有不平衡惯性力存在，激发机械系统产生振动。为减少传给基础的动载荷，通常在回转机械和基础之间装有隔振弹簧或者隔振弹簧加阻尼器。这样便构成了质量、弹簧和阻尼的振动系统。如果只研究铅垂方向的振动，额定转速超过临界转速的机器在启动过程中随转速逐渐升高，必然要经过共振区，机械系统的振幅明显增大，回转机械启动过程的位移曲线如图 19-3-1 所示。启动过程大致可分为两个阶段。第一阶段为电机带动负载的启动过程。该阶段是电机带动偏心转子完成转子从零到正常转速的过渡，在这个过渡过程中，当转子的转速和系统的固有频率接近或相等时，机械系统将处于共振状态，振幅将明显增大。但由于启动速度较快，转子在共振状态下运转时间较短，振幅增长有限，通常为正常工作时振幅的 3~5 倍；第二阶段是在第一阶段激发起系统具有一定初始位移和初始速度条件下的自由振动和受迫振动的叠加。初始条件取决于第一阶段启动的快慢，启动得快，初始位移和初始速度就小，第二阶段的过渡过程也就短，否则相反。

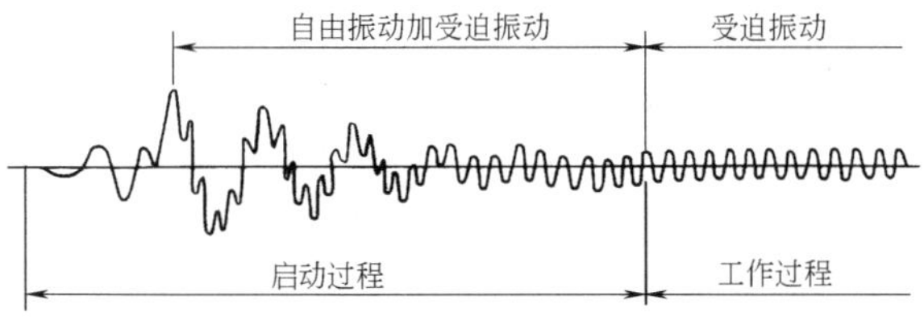

图 19-3-1 回转机械启动过程的位移曲线

5.2 停机过程的振动

回转机械停机过程的位移曲线如图 19-3-2 所示。停机过程也可大致分为两个阶段。第一阶段虽然电机电源切断，偏心转子在惯性力矩和阻尼力矩作用下，处于减速回转状态。当转速降低到系统固有角频率以下时，由于转速低，离心力也很小，对系统已不起激振作用。在减速回转过程中，当激振频率逐渐接近系统固有角频率时，振幅将增大。由于转子的阻尼力矩较小，所以，停机过程越过共振区较启动过程越过共振区的时间充分，越过共振区时的振幅通常可以达到机械正常工作时振幅的 5~7 倍。这一现象应当给予充分重视，在设计隔振弹簧时，必须保证弹簧的静变形量大于该最大幅值和限位装置。否则，机体由于振幅过大，瞬时机体可能脱离弹簧，当机体重新落在弹簧上时，对机体和弹簧都会造成很大冲击，对机械的使用寿命有很大影响。更有甚者，不仅机体振幅大于弹簧的静变形，造成机体和弹簧的脱离，而且使限位装置不起作用，弹簧会像炮弹一样地飞出，造成人身和设备的严重事故。第二阶段为衰减自由振动，这种自由振动衰减快慢主要取决于系统的阻尼。阻尼包含振动阻尼和转子回转阻尼。回转阻尼影响转子的减速和越过共振区的时间，也就意味着影响第二阶段的初始条件；振动阻尼影响振动的衰减速度。若第二阶段的初始位移和初始速度小，振动阻尼又较大，则第二阶段较短，否则相反（以上未考虑到加制动的停车状态）。

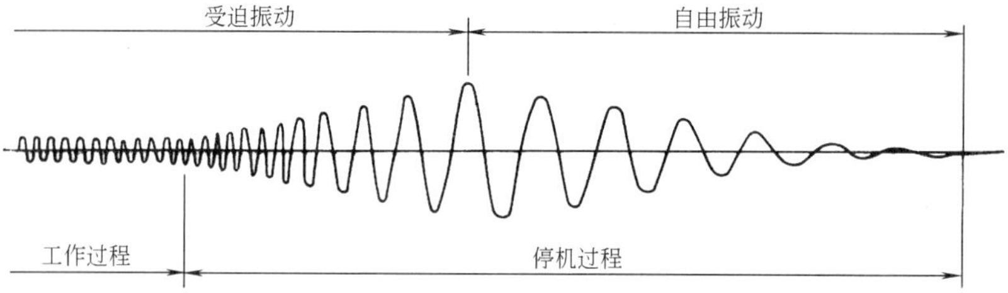

图 19-3-2　回转机械停机过程的位移曲线

6　多自由度系统

6.1　多自由度系统自由振动模型参数及其特性

表 19-3-7

序号	项　　目	二自由度系统	n 自由度系统
1	力学模型	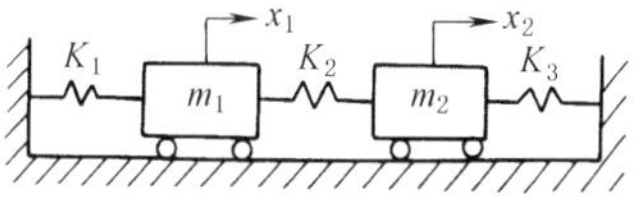	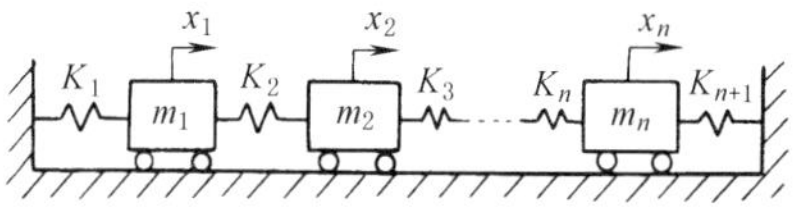
2	运动微分方程	$M_{11}\ddot{x}_1+M_{12}\ddot{x}_2+K_{11}x_1+K_{12}x_2=0$ $M_{21}\ddot{x}_1+M_{22}\ddot{x}_2+K_{21}x_1+K_{22}x_2=0$ 式中　$M_{11}=m_1$　$M_{22}=m_2$ $M_{12}=M_{21}=0$ $K_{11}=K_1+K_2$　$K_{22}=K_2+K_3$ $K_{12}=K_{21}=-K_2$	$\boldsymbol{M}\ddot{\boldsymbol{x}}+\boldsymbol{K}\boldsymbol{x}=\boldsymbol{0}$ 式中 $\boldsymbol{M}=\begin{bmatrix} M_{11} & M_{12} & \cdots & M_{1n} \\ M_{21} & M_{22} & \cdots & M_{2n} \\ \cdots & \cdots & \cdots & \cdots \\ M_{n1} & M_{n2} & \cdots & M_{nn} \end{bmatrix}=\begin{bmatrix} m_1 & 0 & \cdots\cdots & 0 \\ 0 & m_2 & 0\cdots\cdots & 0 \\ \cdots & \cdots & \cdots & \cdots \\ 0 & \cdots\cdots & 0 & m_n \end{bmatrix}$ $\boldsymbol{K}=\begin{bmatrix} K_{11} & K_{12} & \cdots & K_{1n} \\ K_{21} & K_{22} & \cdots & K_{2n} \\ \cdots & \cdots & \cdots & \cdots \\ K_{n1} & K_{n2} & \cdots & K_{nn} \end{bmatrix}=\begin{bmatrix} K_1+K_2 & -K_2 & 0 & \cdots\cdots \\ -K_2 & K_2+K_3 & -K_3 & 0\cdots \\ \cdots & \cdots & \cdots & \cdots \\ \cdots\cdots 0 & -K_n & & K_n+K_{n+1} \end{bmatrix}$ $\boldsymbol{x}=\begin{Bmatrix} x_1 \\ x_2 \\ \vdots \\ x_n \end{Bmatrix}$　$\ddot{\boldsymbol{x}}=\begin{Bmatrix} \ddot{x}_1 \\ \ddot{x}_2 \\ \vdots \\ \ddot{x}_n \end{Bmatrix}$　$\boldsymbol{0}=\begin{Bmatrix} 0 \\ 0 \\ \vdots \\ 0 \end{Bmatrix}$ $\boldsymbol{M}$——质量矩阵 $\boldsymbol{K}$——刚度矩阵 K_{ij}——j 处产生单位位移(其他处位移为0)时，i 点所需作用力的大小

续表

序号	项　目	二自由度系统	n 自由度系统
3	特解	$x_1=A_1\sin(\omega_n t+\varphi)$ $x_2=A_2\sin(\omega_n t+\varphi)$	$\boldsymbol{x}=\begin{Bmatrix}x_{M1}\\x_{M2}\\\vdots\\x_{Mn}\end{Bmatrix}\sin(\omega_n t+\varphi)$
4	特征方程	$\begin{vmatrix}K_{11}-M_{11}\omega_n^2 & K_{12}-M_{12}\omega_n^2\\K_{21}-M_{21}\omega_n^2 & K_{22}-M_{22}\omega_n^2\end{vmatrix}=0$ 展开：$a\omega_n^4+b\omega_n^2+C=0$ 式中　$a=M_{11}M_{22}-M_{12}^2$ $b=-(M_{11}K_{22}+M_{22}K_{11}-2M_{12}K_{12})$ $c=K_{11}K_{22}-K_{12}^2$	$\|\boldsymbol{K}-\omega_n^2\boldsymbol{M}\|=0$ 展开： $a_n\omega_n^{2n}+a_{n-1}\omega_n^{2(n-1)}+\cdots+a_1\omega_n^2+a_0=0$
5	固有角频率	一阶固有角频率： $\omega_{n1}=\sqrt{\dfrac{-b-\sqrt{b^2-4ac}}{2a}}$ 二阶固有角频率： $\omega_{n2}=\sqrt{\dfrac{-b+\sqrt{b^2-4ac}}{2a}}$	用数值计算方法求特征方程的 n 个特征值，并由小到大排列，分别称为一阶、二阶、……、n 阶固有角频率。通常前一、二、三阶的振动频率在总振动中较为重要
6	振幅联立方程	$(K_{11}-M_{11}\omega_n^2)A_1+(K_{12}-M_{12}\omega_n^2)A_2=0$ $(K_{21}-M_{21}\omega_n^2)A_1+(K_{22}-M_{22}\omega_n^2)A_2=0$	$(\boldsymbol{K}-\omega_n^2\boldsymbol{M})\boldsymbol{x}_M=\boldsymbol{0}$
7	振幅比及振型矢量	一阶振幅比： $\Delta_1=\dfrac{A_2^{(1)}}{A_1^{(1)}}=-\dfrac{K_{11}-M_{11}\omega_{n1}^2}{K_{12}-M_{12}\omega_{n1}^2}$ 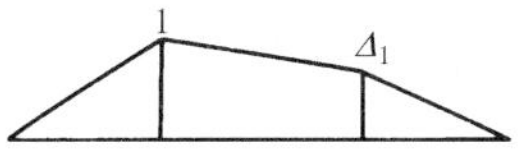 一阶主振型（同相位） 二阶振幅比： $\Delta_2=\dfrac{A_2^{(2)}}{A_1^{(2)}}=-\dfrac{K_{11}-M_{11}\omega_{n2}^2}{K_{12}-M_{12}\omega_{n2}^2}$ 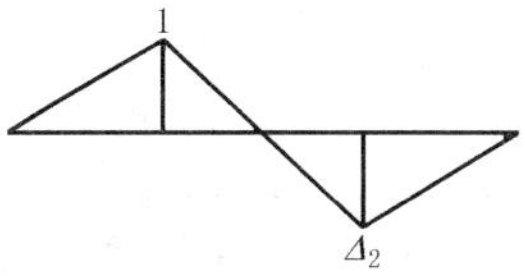 二阶主振型（反相位）	将一阶固有角频率 ω_{n1} 代入振幅联立方程得一阶振型矢量 $\boldsymbol{x}_{M1}$，同理可得 $\boldsymbol{x}_{M2}$、…、$\boldsymbol{x}_{Mn}$。也可用数值计算方法和固有角频率同时计算出来 振型矩阵： $\boldsymbol{x}_M=[\boldsymbol{x}_{M1}\boldsymbol{x}_{M2}\cdots\boldsymbol{x}_{Mn}]$ 振型矩阵由 n 阶振型矢量组成 $n\times n$ 阶矩阵正则振型矩阵： $\boldsymbol{x}_N=\boldsymbol{x}_M\begin{bmatrix}\dfrac{1}{\mu_1} & & 0\\ & \ddots & \\0 & & \dfrac{1}{\mu_n}\end{bmatrix}$ 正规化因子：$\mu_i=\sqrt{\boldsymbol{X}_{Mi}^{\mathrm{T}}\boldsymbol{M}\boldsymbol{X}_{Mi}}$ $=\sqrt{\sum_{s=1}^{n}x_{Msi}(\sum_{r=1}^{n}M_{sr}x_{Mri})}$
8	振型矢量的正交性	$\{1\quad\Delta_1\}\begin{bmatrix}M_{11} & M_{12}\\M_{12} & M_{22}\end{bmatrix}\begin{Bmatrix}1\\\Delta_2\end{Bmatrix}=0$ $\{1\quad\Delta_1\}\begin{bmatrix}K_{11} & K_{12}\\K_{21} & K_{22}\end{bmatrix}\begin{Bmatrix}1\\\Delta_2\end{Bmatrix}=0$ 一阶振型矢量和二阶振型矢量关于质量矩阵成正交，关于刚度矩阵也成正交	$\boldsymbol{x}_{Mi}^{\mathrm{T}}\boldsymbol{M}\boldsymbol{x}_{Mj}=0$ $\boldsymbol{x}_{Mi}^{\mathrm{T}}\boldsymbol{K}\boldsymbol{x}_{Mj}=0$ i 阶振型矢量和 j 阶振型矢量关于质量矩阵成正交，关于刚度矩阵也成正交
9	能量关系	不同阶振型矢量的动能和势能不能相互转换，只有同阶振型矢量间的动能和势能才能相互转换	

注：1. 自由振动响应只在机械系统的启动和停机过程中存在，而且持续时间又较短，所以一般振动分析均不考虑自由振动响应。

2. n 自由度系统的特征值（固有角频率）和特征矢量（振型矢量）的数值计算可用矩阵迭代法、QR 法、雅可比法等计算程序进行计算。

6.2 二自由度系统受迫振动的振幅和相位差角计算公式

表 19-3-8

序号	模型及简图		振幅	相位差角
1	主动二级隔振	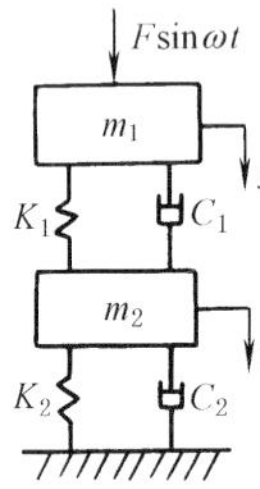	$B_1=F\sqrt{\dfrac{a^2+b^2}{g^2+h^2}}$ $B_2=F\sqrt{\dfrac{e^2+f^2}{g^2+h^2}}$ F——激振力幅	$\psi_1=\arctan\dfrac{bg-ah}{ag+bh}$ $\psi_2=\arctan\dfrac{fg-ef}{eg+fh}$
2	弹性连杆振动机	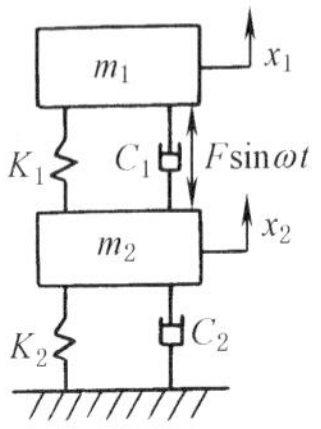	$B_1=F\sqrt{\dfrac{(a+e)^2+(b+f)^2}{g^2+h^2}}$ $B_2=F\dfrac{c+e}{\sqrt{g^2+h^2}}$	$\psi_1=\arctan\dfrac{(b+f)g-(a+e)h}{(a+e)g+(b+f)h}$ $\psi_2=\arctan\dfrac{h}{g}$
3	被动二级隔振	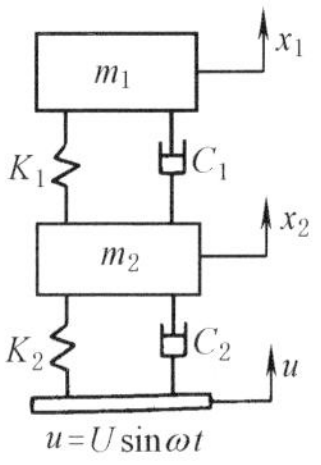	$B_1=\lambda U\sqrt{\dfrac{c^2+d^2}{g^2+h^2}}$ $B_2=\lambda U\sqrt{\dfrac{e^2+f^2}{g^2+h^2}}$ U——振幅	$\psi_1=\arctan\dfrac{dg-ch}{cg+dh}-\theta$ $\psi_2=\arctan\dfrac{fg-eh}{eg+fh}-\theta$
4	动力减振	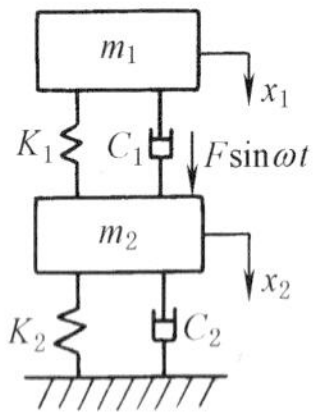	$B_1=F\sqrt{\dfrac{e^2+f^2}{g^2+h^2}}$ $B_2=F\sqrt{\dfrac{c^2+d^2}{g^2+h^2}}$	$\psi_1=\arctan\dfrac{fg-eh}{eg+fh}$ $\psi_2=\arctan\dfrac{dg-ch}{cg+dh}$

注：$a=K_1+K_2-m_2\omega^2$；$b=(C_1+C_2)\omega$；$c=K_1-m_1\omega^2$；$d=C_1\omega$；$e=-K_1$；$f=-C_1\omega$；$g=(K_1-m_1\omega^2)(K_2-m_2\omega^2)-(K_1m_1+C_1C_2)\omega^2$；$h=[(K_1-m_1\omega^2)C_2-(K_2-m_2\omega^2-m_1\omega^2)C_1]\omega$；$\lambda=\sqrt{K_2^2+C_2^2\omega^2}$；$\theta=\arctan(C_2\omega/K_2)$。

7 机械系统的力学模型

研究振动问题时，机械总体或机械零部件以及它们的安装基础构成了振动系统。实际振动系统是很复杂的。影响振动的因素很多，在处理工程振动问题的过程中，根据研究问题的需要，抓住影响振动的主要因素，忽略影响振动的次要因素，使复杂的振动系统得以简化。称简化后的振动系统为实际振动系统的力学模型。本节首先以汽车为例来说明力学模型的定性简化原则。通过系统的振动分析，阐明怎样根据研究问题的需要，定量地确定被忽略的次要因素对振动的影响。最终提出设计的计算模型。

7.1 力学模型的简化原则

表 19-3-9

序号	简 化 原 则	汽 车 模 型 简 化 说 明
1	根据研究问题的需要和可能,突出影响振动的主要因素,忽略影响振动的次要因素	根据研究,人乘汽车的舒适性或车架振动问题的需要,对汽车系统进行下列简化 (1)轮胎和悬挂弹簧的质量与车架和前后桥的质量相比,前者的质量是影响振动的次要因素,可以忽略;但前者的弹性与后者的弹性相比,前者的弹性又是影响振动的主要因素,应当加以突出。因此,将轮胎和悬挂弹簧简化为无质量的弹性元件,而将车架和前后桥简化为刚体质量 (2)发动机不平衡惯性力与汽车行驶时路面起伏对汽车振动的影响相比,前者很小可忽略。于是,将系统的受迫振动问题简化成支承运动引起的受迫振动问题
2	简化后的力学模型要能反映实际振动系统的振动本质 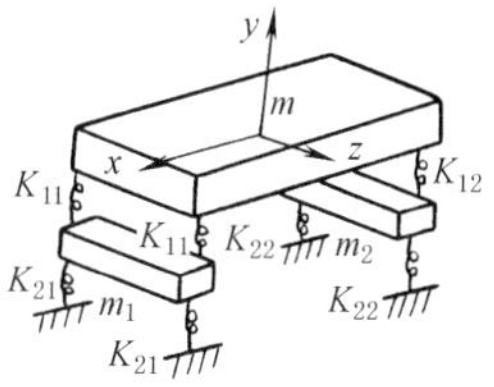	简化后的力学模型应按下列顺序依次反映实际振动系统的振动本质 (1)主要振动:车架沿 y 方向振动和绕 z 轴摆动(y,φ_z) (2)比较主要的振动:前后桥沿 y 方向振动(y_1,y_2) (3)一般振动:车架和前后桥绕 x 轴的摆动($\varphi_x,\varphi_{1x},\varphi_{2x}$) (4)其他次要振动被忽略,于是系统被简化为具有 7 个自由度($y,\varphi_z,y_1,y_2,\varphi_x,\varphi_{1x},\varphi_{2x}$)的力学模型
3	允许力学模型同实际系统的主要振动有误差,但必须满足工程精度(允许误差)要求 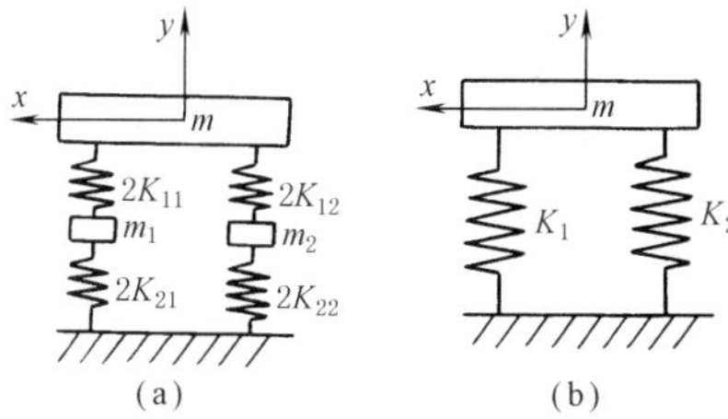	(1)工程精度要求放宽点,可将车架和前后桥绕 x 轴摆动($\varphi_x,\varphi_{1x},\varphi_{2x}$)忽略,系统则被简化成为如图 a 所示具有四个自由度(y,φ_z,y_1,y_2)的力学模型 (2)工程精度再放宽一点,还可将前后桥沿 y 方向的振动(y_1,y_2)忽略,于是系统又被简化成为如图 b 所示具有两个自由度(y,φ_z)的力学模型 (3)如果再忽略两个不同方向振动的耦联,系统还可以被分解成为两个单自由度模型 (4)处理工程振动问题时,宁可工程精度差一点,也要把系统简化成为单自由度或二自由度的力学模型,这样更能突出振动本质,误差大些可通过调试加以弥补

7.2 等效参数的转换计算

一个振动系统可以按周期能量相等的原则,转换为另一个相当的有等效参量的较简单的振动系统来计算。见表 19-3-10。

表 19-3-10

分类	能量守恒原则	等效参数	实例计算说明
等效刚度	$V=\frac{1}{2}K_e x_e^2$ $=\sum\frac{1}{2}K_i x_i^2+\sum m_i g h_i$ $\left(V=\frac{1}{2}K_{\varphi e}\varphi_e^2=\sum\frac{1}{2}K_{\varphi i}\varphi_i^2\right)$	$K_e=\frac{2V}{x_e^2}$	$x_1=a\theta \quad x_2=l\theta \quad x_e=a\theta$ $h=l(1-\cos\theta)\approx\frac{1}{2}l\theta^2$ $V=\frac{1}{2}Ka^2\theta^2+mg\times\frac{1}{2}l\theta^2$ $K_e=K+\frac{mgl}{a^2}$ 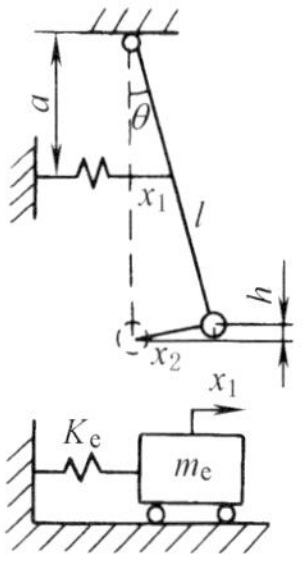
等效质量	$T=\frac{1}{2}m_e\dot{x}_e^2$ $=\sum\frac{1}{2}m_i\dot{x}_i^2$ $\left(T=\frac{1}{2}I_e\dot{\varphi}_e^2=\sum\frac{1}{2}I_i\dot{\varphi}_i^2\right)$	$m_e=\frac{2T}{\dot{x}_e^2}$	$\dot{x}_1=a\dot{\theta} \quad \dot{x}_2=l\dot{\theta} \quad \dot{x}_e=a\dot{\theta}$ $T=\frac{1}{2}ml^2\dot{\theta}^2$ $m_e=m\frac{l^2}{a^2}$ 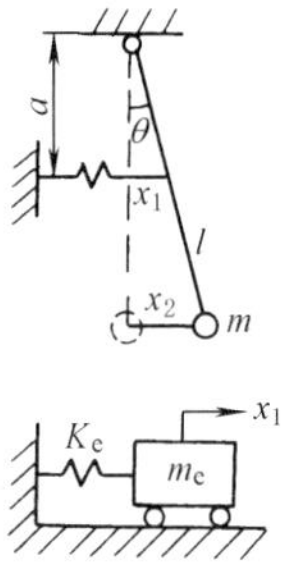
弹簧刚度的等效质量	$T+V=\frac{1}{2}m_e\dot{x}_e^2$ $T=\sum\frac{1}{2}m_i\dot{x}_i^2$ $V=\sum\frac{1}{2}K_i x_i^2$ $\left(T+V=\frac{1}{2}I_e\dot{\varphi}_e^2 \quad T=\sum\frac{1}{2}I_i\dot{\varphi}_i^2\right.$ $\left.V=\sum\frac{1}{2}K_{\varphi i}\varphi_i^2\right)$	$m_e=\frac{2(T+V)}{\dot{x}_e^2}$	$x_1=B_1\sin(\omega t-\varphi)$ $\dot{x}_1=B_1\omega\cos(\omega t-\varphi)$ $\dot{x}_e=B_1\omega\cos(\omega t-\varphi)$ $T_1=\frac{1}{2}m_1B_1^2\omega^2\cos^2(\omega t-\varphi)$ $V_1=\frac{1}{2}K_1B_1^2[1-\cos^2(\omega t-\varphi)]$ 所以 $m_{e1}=\frac{2(T_1+V_1)}{\dot{x}_e^2}=m_1-\frac{K_1}{\omega^2}$ 同理： $m_{e2}=m_2-\frac{K_3}{\omega^2}$ 其中 $\frac{1}{2}K_1B_1^2$， $\frac{1}{2}K_3B_2^2$ 只表示静态特性 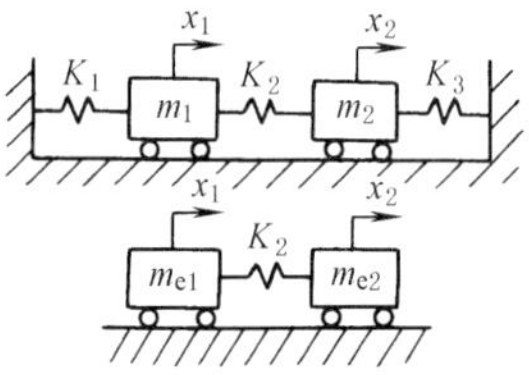
等效阻尼	$W=C_e\dot{x}_e x_e=C_i\dot{x}_i x_i$ $(W=C_{\varphi e}\dot{\varphi}_e\varphi_e=\sum C_{\varphi i}\dot{\varphi}_i\varphi_i)$	$C_e=\frac{W}{\dot{x}_e x_e}$	$\dot{x}_2=l\dot{\theta} \quad x_2=l\theta$ $\dot{x}_e=a\dot{\theta} \quad x_e=a\theta$ $W=C\dot{x}_2x_2=Cl^2\dot{\theta}\theta$ $C_e=C\frac{l^2}{a^2}$ 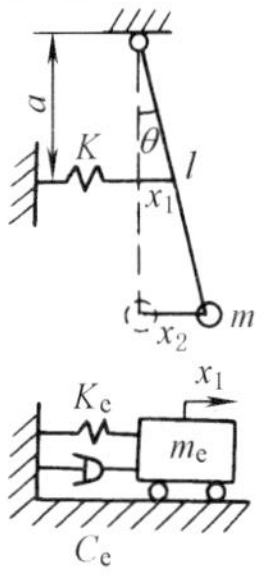
等效激励	$W=F_e(t)x_e$ $=\sum F_i(t)x_i$ $[W=M_e(t)\varphi_e$ $=\sum M_i(t)\varphi_i]$	$F_e(t)=\frac{W}{x_e}$	$x_1=a\theta \quad x_2=l\theta$ $x_e=a\theta$ $W=F(t)l\theta$ $F_e(t)=F(t)\frac{l}{a}$ 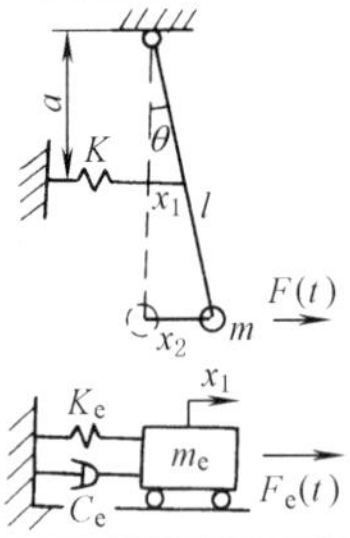

续表

分类	能量守恒原则	等效参数	实例计算说明
6. 方向转换	$V=\frac{1}{2}K_e s^2$ $=\frac{1}{2}K_x x^2+\frac{1}{2}K_y y^2$	$K_e=\frac{2V}{s^2}$	$x=s\cos\delta \quad y=s\sin\delta$ $V=\frac{1}{2}(K_x s^2\cos^2\delta+K_y s^2\sin^2\delta)$ $K_e=K_x\cos^2\delta+K_y\sin^2\delta$ 其他参数可类似进行振动方向的转换计算 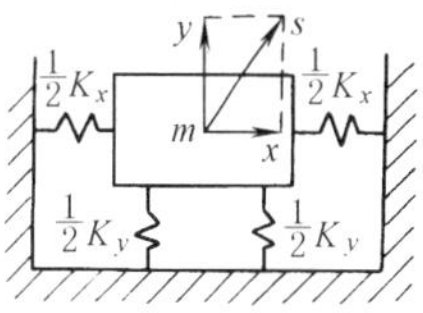

注：1. 参数转换计算均按微幅简谐振动计算。

2. V—势能；T—动能；W—功；C—阻尼系数；B—振幅。

8　线性振动的求解方法及示例

表 19-3-10 已列出了各种计算的结果。本节再把振动的计算原理举例以及现代的一些计算方法简介如下。

8.1　运动微分方程的建立方法

8.1.1　牛顿第二定律示例

如图 19-3-3 所示，按每个物体的受力分析，用牛顿第二定律写出加速度和力的关系式，经过整理，可得：

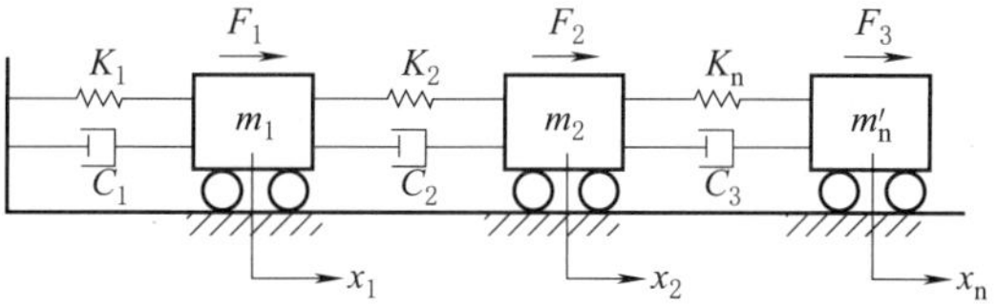

图 19-3-3　受力简图

$$m_1\ddot{x}_1+(C_1+C_2)\dot{x}_1-C_2\dot{x}_2+(K+K_2)x_1-K_2x_2=F_1$$
$$m_2\ddot{x}_2-C_2\dot{x}_1+(C_2+C_3)\dot{x}_2-C_3\dot{x}_3-K_2x_1+(K_2+K_3)x_2-K_3x_3=F_2$$
$$m_3\ddot{x}_3-C_3\dot{x}_2+C_3\dot{x}_3-K_3x_2+K_3x_3=F_3$$

将其写成矩阵形式（也可以推广到 n 个自由度系统）：

$$\boldsymbol{M}\ddot{\boldsymbol{X}}+\boldsymbol{C}\dot{\boldsymbol{X}}+\boldsymbol{K}\boldsymbol{X}=\boldsymbol{F} \tag{19-3-1}$$

其中，$\boldsymbol{M}=\begin{bmatrix}\boldsymbol{m}_1 & 0 & 0\\ 0 & \boldsymbol{m}_2 & 0\\ 0 & 0 & \boldsymbol{m}_3\end{bmatrix}$，$\boldsymbol{C}=\begin{bmatrix}C_1+C_2 & -C_2 & 0\\ -C_2 & C_2+C_3 & -C_3\\ 0 & -C_3 & C_3\end{bmatrix}$，$\boldsymbol{K}=\begin{bmatrix}K_1+K_2 & -K_2 & 0\\ -K_2 & K_2+K_3 & -K_3\\ 0 & -K_3 & K_3\end{bmatrix}$，

$$\ddot{\boldsymbol{X}}=\begin{Bmatrix}\ddot{x}_1\\ \ddot{x}_2\\ \ddot{x}_3\end{Bmatrix},\dot{\boldsymbol{X}}=\begin{Bmatrix}\dot{x}_1\\ \dot{x}_2\\ \dot{x}_3\end{Bmatrix},\boldsymbol{X}=\begin{Bmatrix}x_1\\ x_2\\ x_3\end{Bmatrix},\boldsymbol{F}=\begin{Bmatrix}F_1\\ F_2\\ F_3\end{Bmatrix} \tag{19-3-2}$$

矩阵 $\boldsymbol{M}$ 为由惯性参数组成的矩阵，称为质量矩阵或惯性短阵；$\boldsymbol{C}$ 为阻尼矩阵；$\boldsymbol{K}$ 为由系统的弹性参数组成的矩阵，称为刚度矩阵，其元素也经常被称为刚度影响系数；$\boldsymbol{X}$ 为位移坐标列向量。质量矩阵和刚度矩阵都是对称矩阵，对角元素称为主项，非对角元素称为耦合项。质量矩阵的非对角元素不等于零，说明系统存在惯性耦合。见 8.1.3。

8.1.2　拉格朗日法

对于简单的系统用牛顿第二定律是比较方便的。对于较复杂的系统则用拉格朗日法较为方便。但是推导结果是一样的。如图 19-3-4，列出系统的动能和势能方程式。

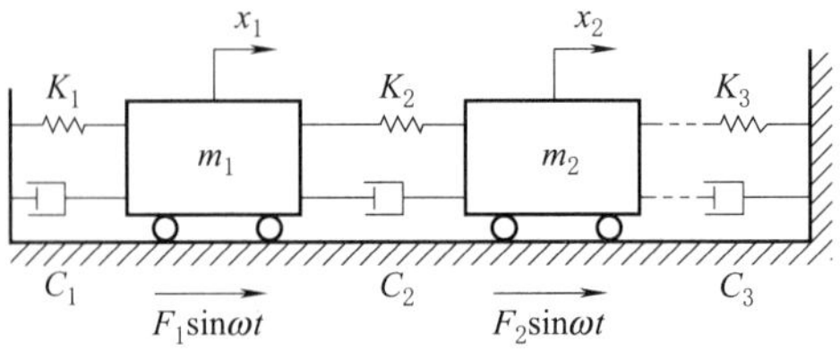

图 19-3-4　受力简图

系统动能：
$$T=\frac{1}{2}(m_1\dot x_1^2+m_2\dot x_2^2) \tag{19-3-3}$$

系统势能：
$$V=\frac{1}{2}[K_1x_1^2+K_2(x_1-x_2)^2+K_3x_2^2] \tag{19-3-4}$$

系统的能量耗散函数：
$$D=\frac{1}{2}[C_1\dot x_1^2+C_2(\dot x_1-\dot x_2)^2+C_3\dot x_2^2] \tag{19-3-5}$$

广义干扰力：
$$F_1(t)=F_1\sin\omega t;F_2(t)=F_2\sin\omega t \tag{19-3-6}$$

将上述各项代入拉格朗日方程：

$$\frac{\mathrm{d}}{\mathrm{d}t}\left(\frac{\partial T}{\partial \dot x_i}\right)-\frac{\partial T}{\partial x_i}+\frac{\partial V}{\partial x_i}+\frac{\partial D}{\partial \dot x_i}=F_i(t)\quad (i=1,2,\cdots,n)\text{，本例 } n=2$$

则：$i=1$ 时，

$$\frac{\mathrm{d}}{\mathrm{d}t}\left(\frac{\partial T}{\partial \dot x_1}\right)=\frac{\mathrm{d}}{\mathrm{d}t}(m_1\dot x_1)=m_1\ddot x_1;\frac{\partial T}{\partial x_1}=0$$

$$\frac{\partial V}{\partial x_{1_i}}=K_1x_1+K_2(x_1-x_2)=(K_1+K_2)x_1-K_2x_2$$

$$\frac{\partial D}{\partial \dot x_1}=C_1\dot x_1+C_2(\dot x_1-\dot x_2)=(C_1+C_2)\dot x_1-C_2\dot x_2$$

同理，对 x_2、$\dot x_2$ 求偏导和微分，整理后得：

$$m_1\ddot x_1+(C_1+C_2)\dot x_1-C_2\dot x+(K_1+K_2)x_1-K_2x_2=F_1\sin\omega t$$

$$m_2\ddot x_2-C_2\dot x_1(C_2+C_3)\dot x_2-K_2x_1+(K_2+K_3)x_2=F_2\sin\omega t$$

说明：同一能量不能在各表达式中重复出现。已写入能量表达式中的能量所对应的力或力矩，在拉格朗日方程的力或力矩中不能再出现。例如，偏心质量回转引起的受迫振动，干扰力项已写入系统的势能和能量的耗散函数，则拉格朗日方程的广义干扰力就不该再出现。

8.1.3　用影响系数法建立系统运动方程

如图 19-3-5 平面硬机翼系统，坐标为 y，α；弹簧刚度为 K_1，K_α；质量为 m，质量的静矩为 $S=m\delta$（尺寸 δ 为重心与悬挂点水平距见图）。机翼对弯心的转动惯量 $I=I_0+m\delta^2$。

略去阻尼和强迫振动，式（19-3-1）可写成：

$$\boldsymbol{M}\ddot{\boldsymbol{X}}+\boldsymbol{K}\boldsymbol{X}=0 \tag{19-3-7}$$

即

$$\begin{aligned}&m\ddot y+S\ddot\alpha+K_1y=0\\&S\ddot y+I\ddot\alpha+K_\alpha\alpha=0\end{aligned} \tag{19-3-8}$$

这里，$\boldsymbol{M}=\begin{bmatrix}m & S\\ S & I\end{bmatrix}$，$\boldsymbol{K}=\begin{bmatrix}K_1 & 0\\ 0 & K_\alpha\end{bmatrix}$，$\boldsymbol{X}=\begin{Bmatrix}y\\ \alpha\end{Bmatrix}$

在结构静力学分析中，广泛采用柔度影响系数的概念。所谓柔度影响系数是指在单位外力作用下系统产生的位移。

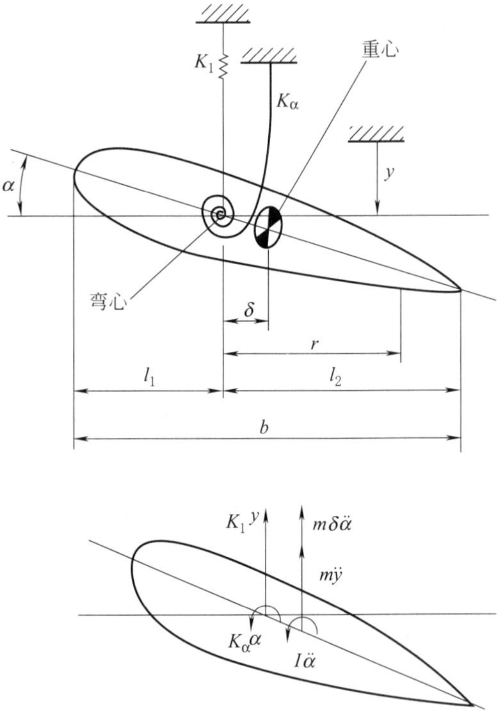

图 19-3-5　平面硬机翼系统受力分析

在系统的广义坐标 j 上作用单位外力，在广义坐标 i 上产生位移，用柔度影响系数 f_{ij} 来表示，并且 $f_{ij}=f_{ji}$。设 F_1 和 F_2 是作用在系统上分别与广义坐标 y 和 α 相对应的广义力，那么弯心所产生的位移与翼段绕弯心的转角就分别为：

$$\begin{aligned} y &= f_{11}F_1+f_{12}F_2 \\ \alpha &= f_{21}F_1+f_{22}F_2 \end{aligned} \tag{19-3-9}$$

根据柔度影响系数的力学含义，$f_{12}=f_{21}=0$，$f_{11}=1/K_1$，$f_{22}=1/K_\alpha$

因此，

$$F_1=-m(\ddot{y}+\delta\ddot{\alpha})$$

$$F_2=-m\delta\ddot{y}-(I_0+m\delta^2)\ddot{\alpha}$$

代入上面的式子，得：

$$y=-\frac{1}{K_1}(m\ddot{y}+m\gamma\ddot{\alpha})$$

$$\alpha=-\frac{1}{K_\alpha}[m\delta\ddot{y}+(I_0+m\delta^2)]\ddot{\alpha}$$

式（19-3-8）可以写成：$\boldsymbol{FM}\ddot{\boldsymbol{X}}+\boldsymbol{X}=0$ 或 $\boldsymbol{D}\ddot{\boldsymbol{X}}+\boldsymbol{X}=0$

式中

$$\boldsymbol{F}=\begin{bmatrix} 1/K_1 & 0 \\ 0 & 1/K_\alpha \end{bmatrix} \tag{19-3-10}$$

$\boldsymbol{F}$ 为柔度影响系数矩阵，即柔度矩阵。$\boldsymbol{D}=\boldsymbol{FM}$ 为系统的动力矩阵。

但是，还是用刚度矩阵来研究无阻尼多自由度系统动态特性为主要形式。

8.2 求解方法

8.2.1 求解方法

主要是推求多自由度无阻尼系统的各阶固有频率和振型。由特征方程式

$$|[\boldsymbol{A}]-\boldsymbol{\lambda}[\boldsymbol{I}]|=0 \tag{19-3-11}$$

式中 $[\boldsymbol{I}]$ 为单位矩阵；

$[\boldsymbol{A}]$ 为动力矩阵：

$$[\boldsymbol{A}]=[\boldsymbol{M}]^{-1}[\boldsymbol{K}] \tag{19-3-12}$$

而

$$\lambda=\omega^2$$

可求得 n 个特征根 λ，即可知系统的 n 个固有频率 ω，ω_1 为系统第一阶固有频率：

$$\omega_1<\omega_2<\omega_3\cdots<\omega_n$$

从

$$[[\boldsymbol{A}]-\lambda[\boldsymbol{I}]]\{\boldsymbol{x}\}=0$$

中可求得 n 个振型：

设都作简谐运动，特解为：

$$\boldsymbol{X}=\boldsymbol{a}\phi\sin(\omega t+\theta) \tag{19-3-13}$$

式中，$\phi=\begin{Bmatrix} \phi \\ \phi_2 \\ \vdots \\ \phi_n \end{Bmatrix}$，为各阶振幅的比值；$\theta$ 为振动的初始角；α 为一参数。

把任意个特征值 λ_j 代入方程：

$$(\boldsymbol{K}-\lambda 0)\phi=0 \tag{19-3-14}$$

就可以得到与之对应的特征向量 ϕ_j。特征向量 ϕ_j 表达了各个坐标在以频率 ω_j 作简谐振动时各个坐标幅值的相对大小，称之为系统的第 j 阶固有模态或固有振型，或简称为第 j 阶模态或振型。再把它代入式（19-3-13），得到

$$x_j=a_j\phi_j\sin(\omega_j t+\theta_j) \tag{19-3-15}$$

就是多自由度系统以 ω_j 为固有频率，以 ϕ_j 为模态的第 j 阶主振动。系统的响应就是各阶主模态振动的叠加，即

$$x=\sum_{j=1}^{n}x_j=\sum_{j=1}^{n}a_j\varphi_j\sin(\omega_j t+\theta_j) \tag{19-3-16}$$

式中，a_j，θ_j 由初始条件确定。

8.2.2 实际方法及现代方法简介

从上面计算可以看出，随着自由度数目的增多，计算变得复杂，所以人们想了各种办法来近似地求得其数值结果。设计者主要关心的是振动的频率和最大的振幅。

表 19-3-11 列举了一些求解的办法及现代的还在发展的方法。

表 19-3-11

序号	名称	简 单 说 明
1	直接积分法	只能计算少量自由度的振动
2	瑞利法（能量法）	根据能量守恒定律，对于保守系统，系统的最大势能等于其最大的动能。系统的动能 T_{max} 可表示为：$T_{max}=\omega^2T_0$ 式中，T_0 称为系统的动能系数。系统的最大势能为 U_{max} 从系统各件的弯曲和扭转内能算得 由 $U_{max}=T_{max}=\omega^2T_0$，得：$\omega^2=U_{max}/T_0$（瑞利法） 本法特点：①只能求基本固有频率；②近似解大于精确解；③计算精度取决于假设的基本振型的好坏
3	里兹-瑞利法	对于复杂系统瑞利法是很复杂的函数。里兹对瑞利法的改进，引入线性无关的坐标及可能位移，实际上变成一个求解 m 阶广义特征值问题 瑞利法取极值的条件式给出了关于里兹坐标的齐次线性方程组。由此得到关于频率的代数方程，也就是频率方程，可以求得前 n 阶频率的近似值。再求得里兹坐标的相对比值；再求得近似模态函数 对于离散系统，里兹-瑞利法相当于缩减了系统的自由度，从而达到减小计算工作量的目的。前一两阶的固有频率近似值比瑞利法准确
4	子空间迭代法	瑞利-里兹法与迭代法结合起来使用，这就形成了子空间迭代法。该法是反复使用迭代法与瑞利-里兹法以求得一批低阶振型和频率的方法。该法是计算大型结构前一批自频和振型的经常使用的方法之一
5	矩阵迭代法	先取一个经过基准化的假设振型左乘以动力矩阵，得新的矩阵，将其基准化再进行迭代，直到最后的矩阵与前一矩阵相等，该矩阵就是第一阶振型。适用于只需求出最低几阶频率。可参见第 8 章 5 轴系的临界转速计算。
6	里兹向量直接接叠加法	是按照一定方法生成初始里兹向量，用瑞利-里兹法计算里兹向量，代替振型用里兹向量分解位移的方法 子空间迭代法要反复使用迭代法和瑞利-里兹法，本方法则无需反复计算。对于单工况情况（只需计算一组荷载作用），里兹向量直接叠加法比振型分解法（子空间迭代法）收敛得快，省机时，省存储单元。对于荷载作用点不同的多工况情况：每换一种工况情况，都得重新计算里兹向量，用哪种方法好，视工况数多少比较确定。在有限元法中还要用到里兹法
7	机电比拟法	振动系统可与电路系统相比拟，因此，在谐波激励下的振动系统也可以像正弦电路一样，用网络理论来分析 阻抗综合法是分析复杂振动系统的有效方法。作为一种子系统综合法，它首先将整体系统分解成若干个子系统，应用上述机械阻抗或导纳概念分别研究各个子系统，建立各子系统的机械阻抗或导纳形式的运动方程；然后根据子系统之间互相连接的实际状况，确定子系统之间结合的约束条件；最后根据结合条件将各子系统的运动方程耦合起来。从而得到整体系统的运动方程与振动特性
8	有限元法（动力有限元法）	有限元法对于结构的计算已普遍应用，在数值计算上更为准确、快速，但需要有前期的软件程序编制工作，所以只用于重要的或批量生产的设备零部件，或者是可以套用的、规格的结构。其力学的理论和计算分析结构的强度和刚度的方法是相同的 有限元法在结构方面已可以应用于动力分析，即动力有限元法。动力有限元的特点： ① 一个杆要离散成若干个单元。这是因为指定的变形形式是静力位移形式，用来近似动力变形形式，只有分段较多时才能有足够精度 ② 有分布的惯性力，相当于有限元的非节点荷载，要用公式化成等效节点荷载 ③ 在动力有限元法中，把分布的惯性力视为非节点荷载，要把它化为等效的节点惯性力 用来计算结构的固有频率、振型、强迫振动、动力响应等；还可以计算箱体的热特性，如热变形、热应力，以及箱体的温度场等的计算。与计算机辅助设计 CAD 相结合，还可以自动绘制三维图形、几何造型和零件工作图
9	振型叠加法	由于自由度数的增加，在分析和计算时需要更有效的处理方法。对于多自由度系统的二阶常微分方程组，可以采用另一种更便于分析的解法，那就是振型叠加法（模态分析法）。这种方法是通过坐标变换，使一组互相耦合的二阶常微分方程组变成一组互相独立的二阶常微分方程组，其中每个方程就如单自由度系统那样求解，这不仅在系统受有更复杂载荷情况下，可以简化运动分析的过程，而且各阶固有频率对整个振动的参与情况也一目了然

续表

序号	名称	简 单 说 明
10	模态分析法模态综合法	是缩减自由度的方法,用于大型复杂结构 模态分析法按 GB/T 2298—2010 的定义:"基于叠加原理的振动分析方法,用复杂结构系统自身的振动模态,即固有频率、模态阻尼和模态振型来表示其振动特性。" 模态综合法是把结构分割为许多子结构,分别假定各子结构的变形形式。根据假定的变形形式,作各子结构的模态分析,然后利用连接条件把各子结构综合为原结构 结合各种方法,模态分析还包括动力有限元法、动态特性分析、模态试验、模拟噪声的传播、温度分布等 有关设备的动态特性分析已在我国各个工程领域中得到应用,也做出了一些初步的成绩。如对某型齿轮箱的模态、振动烈度和振动加速度进行测试;上海东方明珠电视塔的振动模态试验;目前我国主跨 1385 米的斜拉索江阴长江大桥的振动试验对大桥动力模型的修正提供了技术依据。但总的来说,还只做了部分工作,还没有广泛地在工程领域内应用
11	其他	还有:邓柯莱法、雅克比法及其推广,豪斯厚德法、兰佐斯法、QL 迭代法、伽辽金法、线性加速度法及其推广(威尔逊法、纽马克法),模态加速度法等

注：在动态激振力作用下结构刚度是激励频率的函数。如果结构动刚度特性在某频率附近较差，可以通过进一步的模态分析和受迫模态振型分析等得到结构在该频率下的整体动态响应特性，确定刚度薄弱的区域以便进行改进。模态分析也是要应用振动理论、有限元法、边界元法、模态频响分析、曲线分析与振动型的动画显示方法、优化设计、模态修改技术等部分的理论与方法。可以让设计者在屏幕上看到机架在某些振动激励下的振动状态。可以画出各阶的振型图。对于汽车车架来说，这是很值得分析的，因为汽车车架不但要“结实”（强度、刚度足够）、重量轻，还要舒适。

8.2.3 冲击载荷示例

若冲击载荷可用简单解析式表达，则响应也能用解析式表达。以所示的半止弦波脉冲（图 19-3-6）为例，此时响应可分为两个阶段：载荷作用期间为第一阶段，随后发生的自由振动为第二阶段。在两阶段内的响应分别为：

$$y(t)=\frac{F_0}{k}\frac{1}{(1-\lambda^2)}(\sin\omega t-\lambda\sin\omega_n t)\quad(0\leqslant t\leqslant t_1) \tag{19-3-17}$$

$$y(t)=-\frac{\dot{y}(t_1)}{\omega_n}\sin\omega_n\bar{t}+y(t_1)\cos\omega_n\bar{t}\quad(t\geqslant t_1) \tag{19-3-18}$$

式中，$\lambda=\omega/\omega_n$；$\omega_n=\sqrt{k/m}$；$\bar{t}=t-t_1$；$y(t_1)$ 和 $\dot{y}(t_1)$ 分别为第一阶段结束时的位移和速度；ω_n—固有角频率。

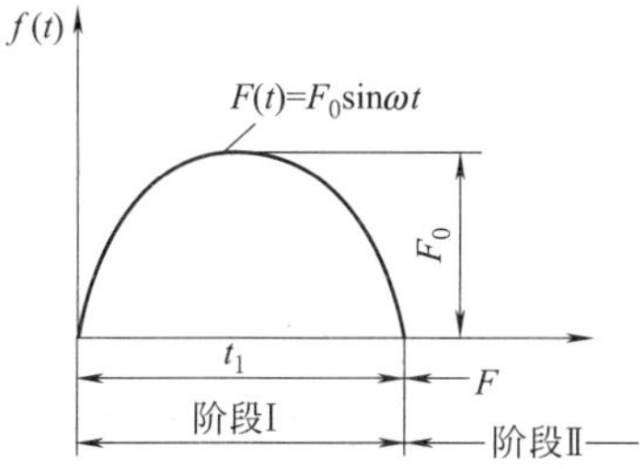

图 19-3-6

工程上最感兴趣的通常是冲击载荷引起结构的最大响应。

1）当 $\lambda<1$（即 $\omega<\omega_n$）时，最大响应出现在第一阶段，出现时刻为

$$t=2\pi/(\omega_n+\omega) \tag{19-3-19}$$

显见，当 $\omega=\omega_n$ 时，$t=t_1$，将上式代入式（19-3-17）得到最大响应值。

2）当 $\lambda>1$ 时，（即 $\omega>\omega_n$）时，最大响应出现在第二阶段，首次出现时刻为：

$$t=t_1+\frac{\pi}{2\omega_n}\left(1-\frac{\omega_n}{\omega}\right) \tag{19-3-20}$$

由 $t_1=\frac{\pi}{\omega}$代入式（19-3-17）得：

第19篇

$$\left.\begin{aligned} y(t_1) &= \frac{F_0}{k}\times\frac{1}{(1-\lambda^2)}\left(0-\lambda\sin-\frac{\pi}{\lambda}\right)\\ \dot{y}(t_1) &= \frac{F_0}{k}\times\frac{\omega}{(1-\lambda^2)}\left(-1-\cos-\frac{\pi}{\lambda}\right)\end{aligned}\right\}$$

最大响应值即自由振动的幅值为：

$$y_{\max}=\sqrt{\left[\frac{\dot{y}(t_1)}{\omega_{n}}\right]^2+[y(t_1)]^2}$$

$$=\frac{2F_0\lambda}{k(1-\lambda^2)}-\cos\frac{\pi}{2\lambda} \qquad (19\text{-}3\text{-}21)$$

动刚度为：

$$K_{d}=\frac{F_0}{y_{\max}}$$

动力放大系数为：

$$\beta=\frac{y_{\max}}{F_0}k=\frac{2\lambda}{1-\lambda^2}\cos\frac{\pi}{2\lambda} \qquad (19\text{-}3\text{-}22)$$

8.2.4 关于动刚度

在“机架设计”篇中，对于动载荷，是乘以不同的动载系数来考虑的。如果机架上有较大的动载荷，或有振动载荷受到轻微的碰撞，计算方法是用工程力学的理论和方法，求得其动载荷，加于静载荷之上来进行强度和允许挠度的校核。其许用应力则按动载荷所占比例选择不同的许用应力。所以机架的刚度是力与挠度的比值(N/cm)，称静刚度。静柔度则是静刚度的倒数，即单位力所产生的位移或变形。设备或机架的动柔度和动刚度，按“GB/T 2298—2010 机械振动、冲击与状态监测词汇”，动柔度的定义是：以频率为自变量的位移的频谱或频谱密度与力的频谱或频谱密度之比。动刚度的定义是：机械系统中，某点的力与该点或另一点位移的复数比。根据线性平移单自由度系统的振动方程式：

$$m\ddot{x}+c\dot{x}+kx=F$$

当激振力 F 与振动位移方向不一致或不在同一点时（机械设备往往如此），用复平面来表示：

$$F=F_0e^{i\omega t};x=Ae^{i(\omega t-\varphi)} \qquad (19\text{-}3\text{-}23)$$

式中 φ——位移滞后于激振力的相位角；

A——位移振幅；

F_0——激振力幅。

动刚度为：

$$k_{d}=\frac{F_0}{A}e^{i\varphi} \qquad (19\text{-}3\text{-}24)$$

当相位角一致时，$k_{d}=\frac{F_0}{A}$或$A=\frac{F_0}{k_{d}}$

动力放大系数β，即刚度减少倍数，为：

$$\beta=k/k_{d}\ \text{或}\ k_{d}=k/\beta$$

对照表 19-3-2 第 6 栏，栏中振幅用 B 表示，可知受迫振动稳态时动刚度 k_{d} 与静刚度 k 的关系。

对表 19-3-2 第 6 栏第 1 列简谐作用力作用下的振动位移，放大系数为：

$$\beta=\frac{1}{\sqrt{(1-Z^2)^2+(2\zeta Z)^2}} \qquad (19\text{-}3\text{-}25)$$

即

$$k_{d}=k\sqrt{(1-Z^2)^2+(2\zeta Z)^2} \qquad (19\text{-}3\text{-}26)$$

说明动刚度不仅和结构的静刚度有关，还和激振力的频率与结构的固有频率比及阻尼比有关。其他形式的激振力仿此。

对照上面的图表分析，对于大多数机架的计算，特别是非标准机架，在未采用现代新的方法之前，根据振动的理论，当机架上有振动的设备时：

1）如果设备的动作用力的振动频率远小于机架的振动频率，将动载荷加于静载荷之上来进行计算，即认为动刚度和静刚度基本相同；

2）如果设备的振动频率比机架的低阶振动频率大很多，结构则不容易变形，即结构的动刚度相对较大，则基本上可以不考虑动载荷，仅采用动力系数 k_d 的办法来计算就可以了；

3）如果设备振动的动作用力的频率和机架的振动频率相近，则机架就可能发生共振。此时变形大，动刚度就较小。就要大大地增加结构的刚度。

本方法的主要缺点就在于很难确定机架哪一位置可能发生较剧烈的振动。以往的方法是设计者根据经验分析机架的薄弱环节而加强之。例如节点的加固，加肋等。

9　转轴横向振动和飞轮的陀螺力矩

在本章第 3 节表 19-3-5 中已表明转轴在扭转激振力矩作用下振系参数和直线振动振系参数的对比。按参数的对换，上面各表和计算公式皆可应用于转动的扭转振动计算。但有时轴在旋转时还受到径向激振力的作用以及垂直于轴向的弯矩激振力的作用。

9.1　转子的涡动

通常转轴的两支点在同一水平线，设圆盘位于两支点的中央，图 19-3-7 所示。转轴未变形时，中心线是水平的。当轴的自重及轴中心有较重的转子，使轴产生静变形到 O'点时，轴曲线为 ACB。一般假设轴中心静变形时的 O'点就在 O 点，振动就以此作为原点。就如直线振动是以弹簧受参振质量 m 作用静变形 δ_0 处作原点一样。因为轴在各种静态作用力作用下的变形是很小的。设计中通常的方法是：在动态计算和应力及变形校核后，把各种静态作用力作用下的应力和变形加上去就可以了。

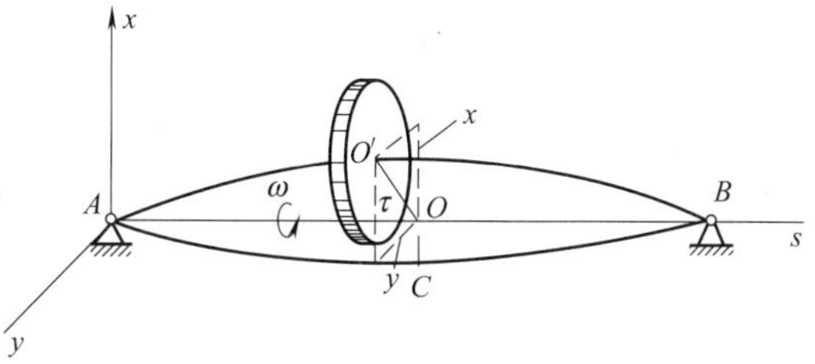

图 19-3-7

当轴侧向受到某一力冲击作用时，轴将如梁一样进行横向振动，其振动角速度为 ω_n，即轴的固有频率角速度，令圆盘的质量为 m，轴的刚度为 k，$\omega_n=\sqrt{\dfrac{k}{m}}$。略去阻尼，轴中心 O'将在施力的方向作直线的简谐运动。但由于同时轴以角速度 ω 旋转，根据运动的合成，O'将以 O 点为中心描绘出绕原点 O 旋转的规则的∝形或心形曲线。圆盘中心在作进动，即涡动，其频率即是转轴弯曲振动的自然频率。要说明的是：①因为有阻尼，自然振动会很快消失；②因为有离心力的作用，$\omega<\omega_n$ 时振幅可变化；$\omega>\omega_n$ 时，有定心作用，详细参看下一节。

9.2　转子质量偏心引起的振动

当轴转动时，由于离心力的作用，轴将可能继续变形，设圆盘此时的中心 O'距原轴中心为 r，如图 19-3-7 所示，轴曲线为 $AO'B$。圆盘面仍垂直于轴，不计轴的重量。设圆盘制造重心 C 与几何安装中心 O'的偏差为圆盘制造偏心距为 ε，即 $O'C=\varepsilon$。该偏差按设备要求，有规范可查。

令轴的转速为 ω，轴的固有频率为 ω_n，圆盘的质量为 m，如参振的总质量为 M，轴的刚度为 k，略去阻尼，不平衡质量偏心 ε 所产生强迫振动的微分方程式为：

$$\boldsymbol{M}\ \ddot{x}-kx=m\varepsilon\omega^2\cos\omega t\text{，由 }\omega_n=\sqrt{\frac{k}{M}}$$

即 $\ddot{x}-\omega_n^2x=\dfrac{m}{M}\varepsilon\omega^2\cos\omega t$

由表 19-3-2 第 6 行的阻尼系数 $C=0$；$Z=\omega/\omega_n$

解得 $$r=A\mathrm{e}^{\mathrm{i}\omega t}\text{；振幅 }A=\frac{\frac{m}{M}\varepsilon(\omega/\omega_n)^2}{1-(\omega/\omega_n)} \tag{19-3-27}$$

上式在计算振动输送机时用到。通常不计轴的质量，$M=m$，$\omega_n=\sqrt{\frac{k}{m}}$，则上式即为：

$$A=\frac{\varepsilon(\omega/\omega_n)^2}{1-(\omega/\omega_n)^2} \tag{19-3-28}$$

轴心 O'的响应频率与偏心质量的激振力频率都是 ω。$A>0$ 时，相位差为 0°；$A<0$ 时，相位差为 180°。O、O'、C 三点在同一条直线上，以同一速度 ω 旋转，并且：

1）$\omega<\omega_n$ 时，$A>0$，C 点在 O'点的同一侧，即静变形与动变形是叠加的；

2）$\omega>\omega_n$ 时，$A<0$，但当 $M=m$ 时，$|A|>\varepsilon$，说明 C 在 O 与 O'之间；

3）$\omega\gg\omega_n$ 时，$A\approx-\varepsilon$，圆盘重心 C 近似落于固定点 O，振动趋于平稳，即所谓“自动对心”。

4）$\omega\approx\omega_n$ 为临界角速度。临界转速将在第 8 章中较详细地阐述。

9.3 陀螺力矩

当圆盘不装在两支承的中点而偏于一边或悬臂时，如图 19-3-8 所示，转轴变形后，圆盘的轴线与两支点 A 和 B 的连线有一夹角 ψ。圆盘相对于轴无自转，圆盘和轴的角速度为 ω，极转动惯量为 I_p，则圆盘对质心 O'的动量矩为：$\boldsymbol{H}=\boldsymbol{I}_p\omega$。转动圆盘由于方向的改变，对轴作用有惯性力矩，是为陀螺力矩。

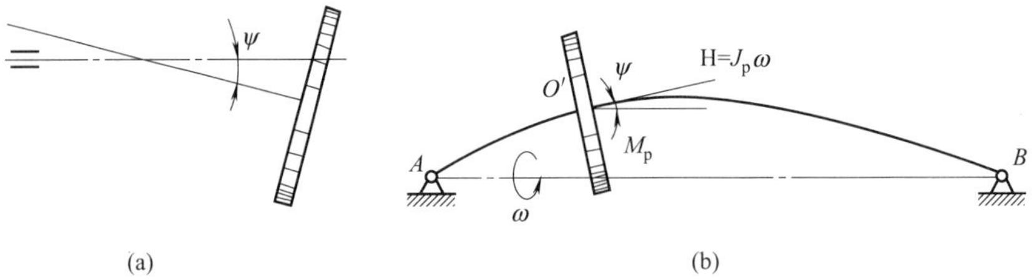

图 19-3-8

由薄圆盘对直径的转动惯量，$I_d=\frac{1}{2}I_p$

得 $$M_p=\frac{1}{2}I_p\omega^2\sin\psi=\frac{1}{2}I_p\omega^2\psi \tag{19-3-29}$$

当轴为柔轴时，即 $\omega>\omega_n$ 时，将 ω_n 看作是圆盘相当于轴的自转速度，陀螺力矩为：

$$M_p=I_p\omega\omega_n\sin\psi=I_p\omega\omega_n\psi \tag{19-3-30}$$

该力矩是相当大的，不仅作用于轴，还作用于轴承。

以上只是简单的计算，实际情况要复杂得多。例如，汽轮机转子的各横截面的质心的连线与各截面的几何中心的连线不重合，从而使转子在旋转时，各截面离心力构成一个空间连续力系，转子的挠度曲线为一连续的三维曲线，如图 19-3-9 所示。这个空间离心力力系和转子的挠度曲线是旋转的，其旋转的速度与转子的转速相同，从而使转子产生工频振动。这些要参考专门的书籍和方法来进行计算。

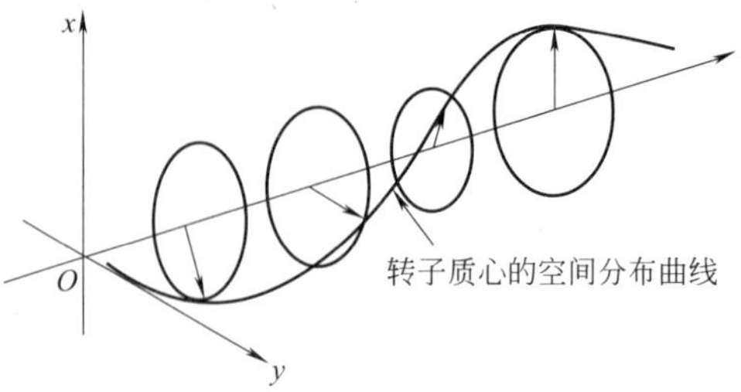

图 19-3-9　转子质心空间分布曲线

第 4 章　非线性振动与随机振动

1　非线性振动

1.1　机械工程中的非线性振动类别

在对一个振动系统进行研究时，一般情况下其阻尼力和弹性力有时可线性化，但有时则必须考虑其非线性性质。在工程实际问题中也存在着一些不能线性化的系统。在机械系统中非线性力有非线性势力、非线性阻尼力和混合型非线性力。

非线性振动的普遍方程式为：$m\ddot{x}+P(x,\dot{x})=F=(t)$　　(19-4-1)

或

$$m\ddot{x}+f(x,\dot{x},t)=0 \tag{19-4-2}$$

只有 x、$\dot{x}$ 均较小，才可以将 $p(x,\ \dot{x})$ 函数在 $x=0$、$\dot{x}=0$ 附近展开成泰勒级数，并只取一次项，得线性振动的普遍方程式：$m\ddot{x}+c\dot{x}+kx=F(t)$　　(19-4-3)

非线性振动系统可分为自治系统和非自治系统。

（1）自治系统

系统中，广义力 f 不直接与时间有关，其微分方程式是：

$$\ddot{x}+f(x,\dot{x})=0 \tag{19-4-4}$$

自治系统分保守系统和非保守系统。

1）保守系统中，广义力仅与坐标 x 有关，系统的总机械能保持不变，微分方程式是：

$$\ddot{x}+f(x)=0 \tag{19-4-5}$$

2）非保守系统是指系统受到的广义作用力与广义速度有关。普遍的微分方程式是：

$$m\ddot{x}+g(x,\dot{x})\dot{x}+f(x)=0 \tag{19-4-6}$$

若 $f(x)$ 为保守力，上式可分为三类：

① $g(x,\ \dot{x})>0$，系统在振动中总能量将不断消耗，振动将衰减，称耗散系统；

② $g(x,\ \dot{x})<0$，系统在振动中总能量将不断增长，振动将增大，称负阻尼系统；

③ $\left.\begin{array}{l}\text{当}|x|\text{、}|\dot{x}|\text{较小时，}g(x,\ \dot{x})<0\\ \text{当}|x|\text{、}|\dot{x}|\text{较小时，}g(x,\ \dot{x})>0\end{array}\right\}$ 较小的振动将增大，增大到一定时将减小，最终出现定常振动，是为自激振动。自激振动的一个典型例子是范德波尔振子（即范德波尔方程）：

$$\ddot{x}-\varepsilon(1-x^2)\dot{x}+x=0 \tag{19-4-7}$$

和瑞利方程：

$$\ddot{x}-\varepsilon(1-\mu\dot{x}^2)\dot{x}+x=0 \tag{19-4-8}$$

（2）非自治系统

当系统受到的外力 $F(t)$ 是随时间而变化的动态力，或弹性力和阻尼力与 x、$\dot{x}$ 的关系是随时间而变化的，运动的微分方程式中含有时间 t，如式（19-4-2）。

非自治系统中主要的两类如下。

1）强迫振动系统。系统只受到随时间变化的激振力 $P(t)$，系统的微分方程式为：

$$m\ddot{x}+\varphi(x,\dot{x})+f(x)=P(t) \tag{19-4-9}$$

若 $\varphi(x,\ \dot{x})=0$ 或 $\varphi(x,\ \dot{x})=c\dot{x}$，$f(x)=\alpha x+\beta x^3$，则该式即为杜芬方程。以该式表示的系统即为杜芬系统。

2）参数激励系统。弹性恢复力和阻尼力的系统随时间而变化时，得到变系数的运动微分方程式：

$$\ddot{x}+[\varphi(x,\dot{x})+r(t)\psi(x,\ddot{x})]+[f(x)+q(t)e(x)]=0 \tag{19-4-10}$$

或一般的是如下的形式：

$$m(t)\ddot{x}+C(t)\dot{x}+K(t)x=0 \tag{19-4-11}$$

该系统一般都可以转化为马蒂厄方程：

$$\ddot{x}+(\delta+2\varepsilon\cos\omega t)x=0 \tag{19-4-12}$$

1.2 机械工程中的非线性振动问题

表 19-4-1 为机械工程中的非线性振动问题的典型例子。

表 19-4-1

类型	力学模型及非线性力曲线	运动微分方程及非线性力表达式
非线性恢复力	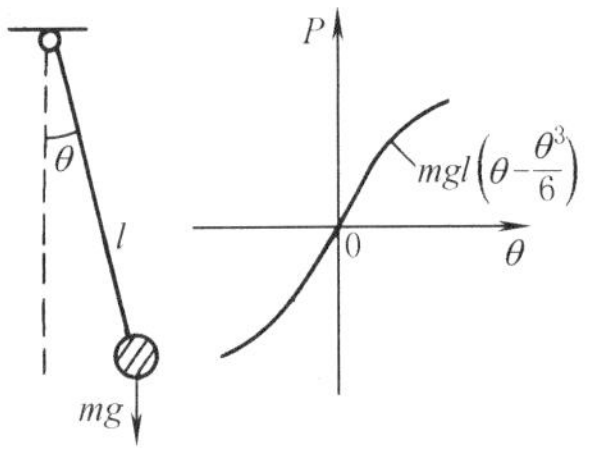	单摆运动微分方程：$ml^2\ddot{\theta}+mgl\sin\theta=0$，当摆角 θ 较大时，将 $\sin\theta$ 展成幂级数，即 $\sin\theta=\theta-\dfrac{\theta^3}{6}+\dfrac{\theta^5}{120}-\cdots$ 如果只取前两项，则非线性运动微分方程： $\ddot{\theta}+\dfrac{g}{l}\left(\theta-\dfrac{\theta^3}{6}\right)=0$ 这种恢复力的系数随着角位移幅值增大而减小的性质，称为“软特性”
	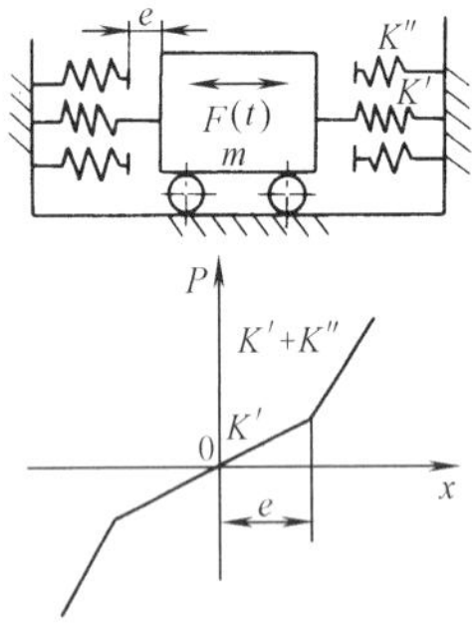	非线性运动微分方程： $m\ddot{x}+C\dot{x}+P(x,t)=F(t)$ 其弹性恢复力： $P(x,t)=\begin{cases}K'x & -e\leqslant x\leqslant e\\ K'x+K''(x-e) & e\leqslant x<\infty\\ K'x+K''(x+e) & -\infty<x\leqslant -e\end{cases}$ 这里 K' 为软弹簧刚度，K'' 为两个硬弹簧的刚度和。这种弹性恢复力为分段线性的非线性恢复力，这种弹性恢复力的系数随着位移幅值的增长而分段（或连续）增长的性质称为“硬特性”
非线性阻尼力	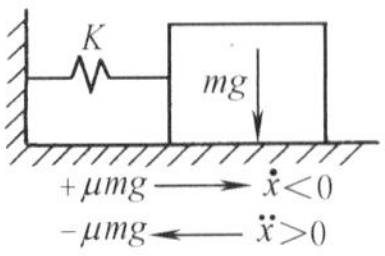	非线性运动微分方程：$m\ddot{x}+P(\dot{x},t)+Kx=0$ 库仑（干摩擦）阻尼： $P(\dot{x},t)=\begin{cases}-\mu mg & \dot{x}>0\\ \mu mg & \dot{x}<0\end{cases}$ μ——摩擦因数；m——质量，kg

续表

类型	力学模型及非线性力曲线	运动微分方程及非线性力表达式
非线性惯性力	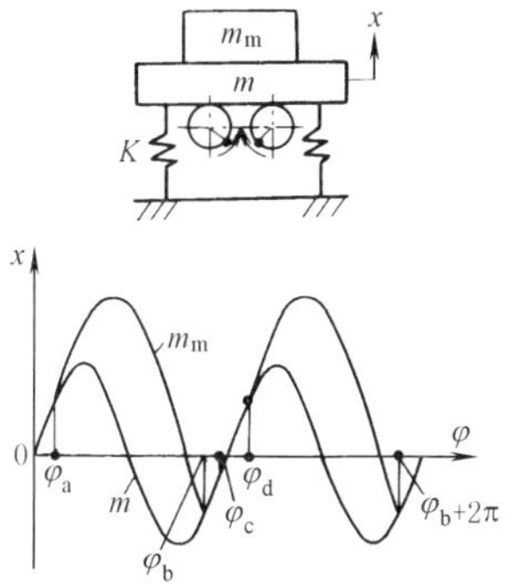	振动落砂机上质量为 m_m 的铸件做抛掷运动时，系统的运动微分方程： $m\ddot{x}+P(\ddot{x},\dot{x},t)+C\dot{x}+Kx=F(t)$ 其分段线性的非线性惯性力为： $-P(\ddot{x},\dot{x},t)=\begin{cases}0 & \varphi_a\leqslant\varphi\leqslant\varphi_b\\ m_m(\ddot{x}+g) & \varphi_c\leqslant\varphi\leqslant\varphi_d\\ \dfrac{m_m(\dot{x}_m-\dot{x})}{\Delta t} & \varphi_b\leqslant\varphi\leqslant\varphi_c\end{cases}$ φ_a——m_m 的抛始角；$\varphi_d=\varphi_a+2\pi$；$\varphi_c-\varphi_b=\omega\Delta t$； Δt——冲击时间（很短）；$\dot{x}_m$，$\dot{x}$——分别为 m_m 和 m 的运动速度

注：1. 严格说，振动系统都是非线性的，只有在微幅振动时系统才能被简化为线性系统，上述各例微幅振动分别在如下的范围时，可简化为线性计算：$-\varphi_0\leqslant\theta_0\leqslant\varphi_0(\theta=\theta_0\sin\omega t,\ \sin\varphi_0\approx\varphi_0)$；$-e\leqslant B\leqslant e[x=B\sin(\omega t-\psi)]$；$-A_0\leqslant A\leqslant A_0[x=A\sin(\omega t-\psi),\ \omega A_0\approx A_0]$；$-\dfrac{g}{\omega^2}\leqslant A\leqslant\dfrac{g}{\omega^2}[x=A\sin(\omega t-\psi)=A\sin\varphi$；$\varphi_c=0\leqslant\varphi\leqslant\varphi_d=2\pi]$。当振动幅值超出上述范围，则系统产生的振动为非线性振动。

2. θ_0、B、A—各自的振幅。

1.3 非线性力的特征曲线

表 19-4-2 为各种系统所常见的几种非线性弹性力的特征曲线。

表 19-4-3 为各种系统所常见的几种非线性阻尼力的特征曲线。

表 19-4-4 为混合型非线性力的例子，基本上由材料或组件的弹性及内部阻力而形成。

表 19-4-2　　各种系统所常见的几种非线性弹性力的特征曲线

序号	系统说明	系统图例	力的特征曲线
1	以弹簧压于平面的物体	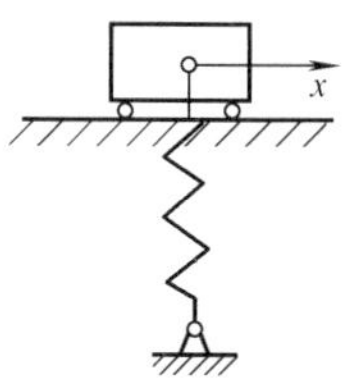	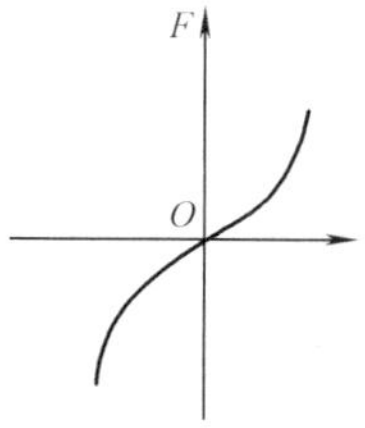
2	置于锥形弹簧上的物体	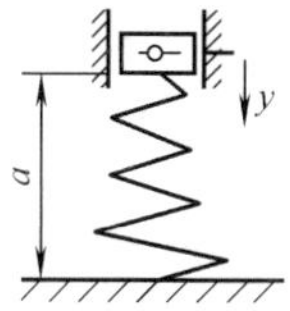	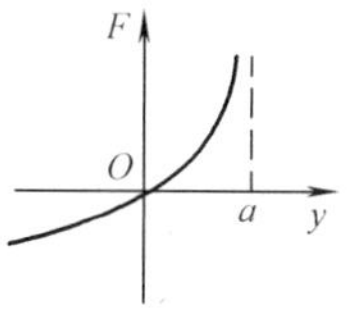
3	柔性弹性梁	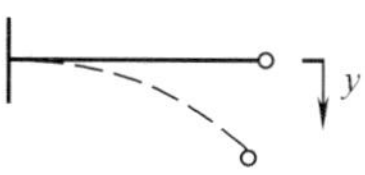	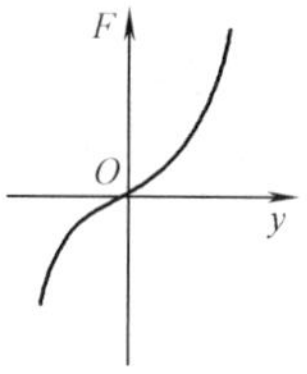

续表

序号	系统说明	系统图例	力的特征曲线
4	密闭缸内的气体上的重物	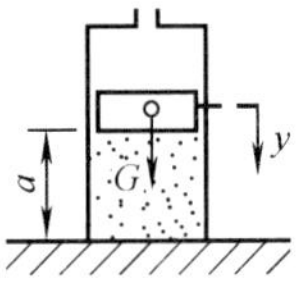	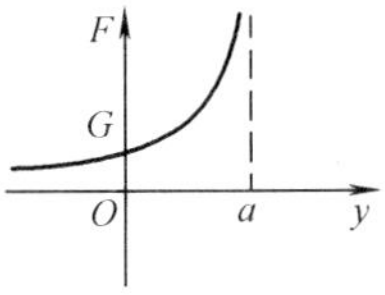
5	悬挂轴旋转的单摆	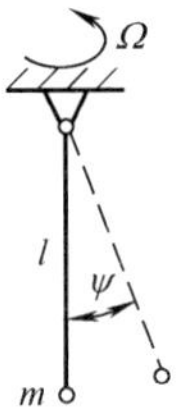	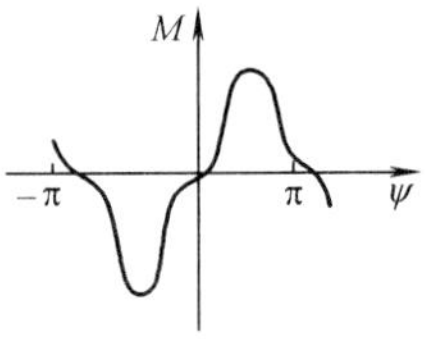 $M=mgl\sin\psi-m\Omega^2l^2\cos\psi\sin\psi$
6	曲面船垂直偏离平衡位置	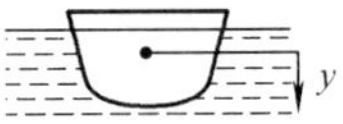	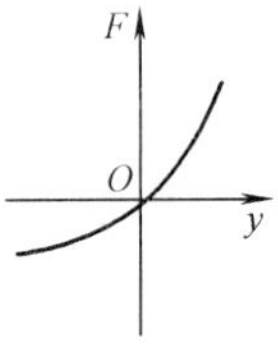
7	曲面船绕平衡位置转动		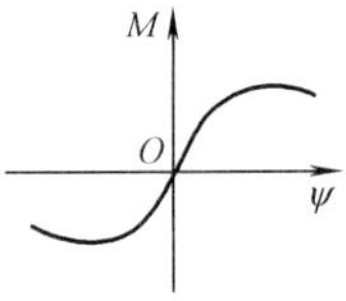
8	磁场中的电枢	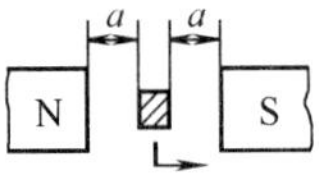	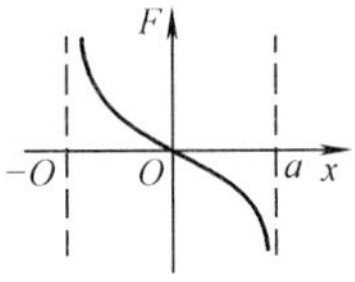
9	有间隙的弹簧	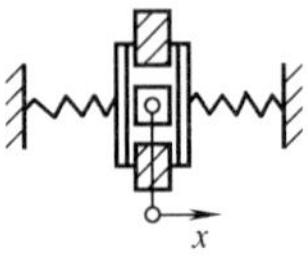	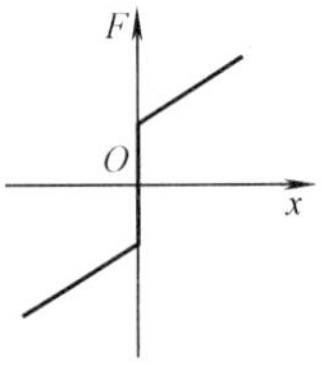
10	有纵向横槽的半圆柱体	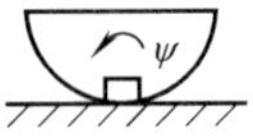	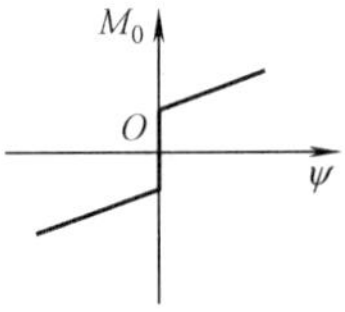

表 19-4-3　　各种系统所常见的几种非线性阻尼力的特征曲线

序号	阻尼说明	阻尼力公式	力的特征曲线	说　明
1	幂函数阻尼	$F_1=b\|v\|^{n-1}v$	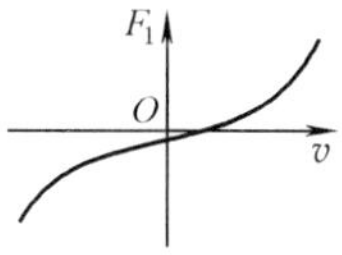	
2	库仑摩擦（1 中 $n=0$ 时）	$F_1=b_0$	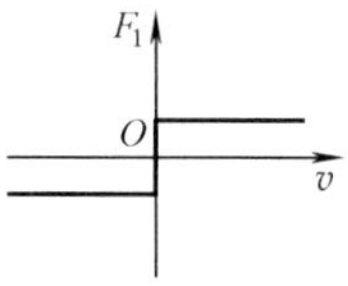	即表 19-2-6 中的 1 项
3	平方阻尼（1 中 $n=2$ 时）	$F_1=b_1v^2$	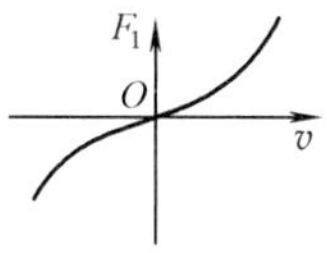	即表 19-2-6 中的 2 项
4	线性和立方阻尼的组合	a) $F_1=b_1v+b_3v^3$ b) $F_1=b_1v-b_3v^3$ c) $F_1=-b_1v+b_3v^3$	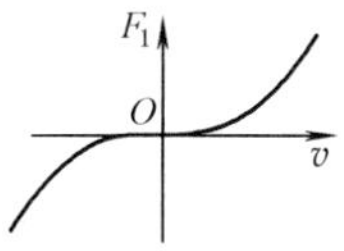 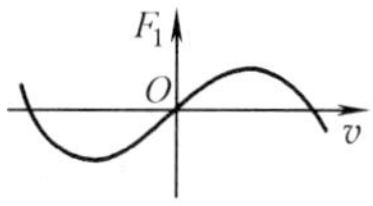 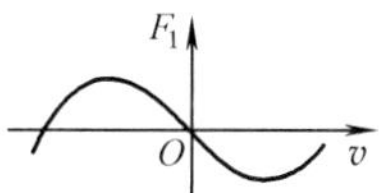	
5	线性与库仑阻尼的组合	a) $F_1=b_0\dfrac{v}{\|v\|}+b_1v$ b) $F_1=b_0\dfrac{v}{\|v\|}-b_1v$ c) $F_1=-b_0\dfrac{v}{\|v\|}+b_1v$	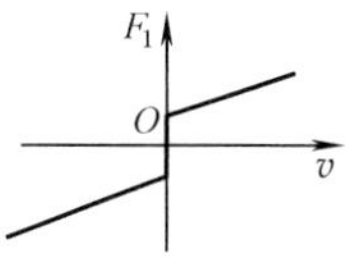 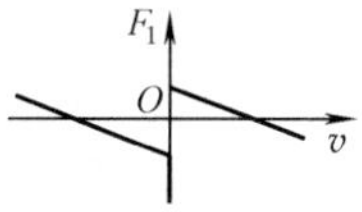 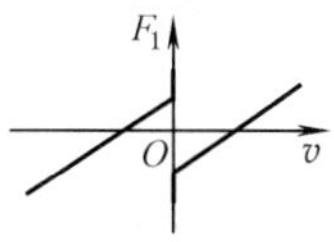	
6	干摩擦（2 和 4 的一部分）	$F_1=b_0\dfrac{v}{\|v\|}-b_1v+b_3v^3$	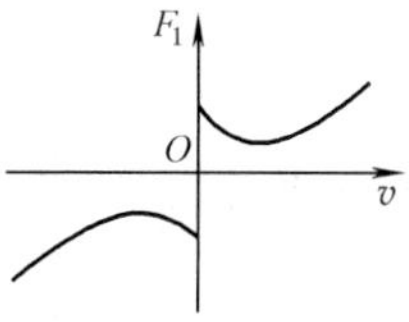	

注：v—速度，$v=\dot{x}$；b_0，b_1，b_2，b_3—正的常数。

表 19-4-4　　　　混合型非线性力

序号	系统说明	系统图例	力的特性曲线
1	在其间有库仑摩擦的板弹簧组合	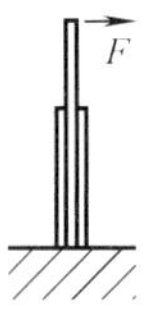	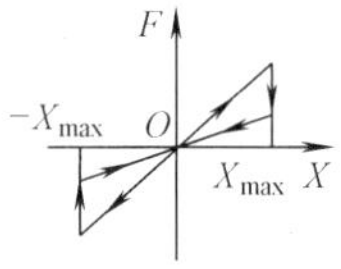
2	固定在螺栓弹簧上的圆盘，在旋转时由于弹簧拧紧，它与粗糙表面 *A* 或 *B* 压紧	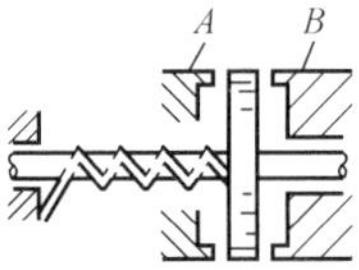	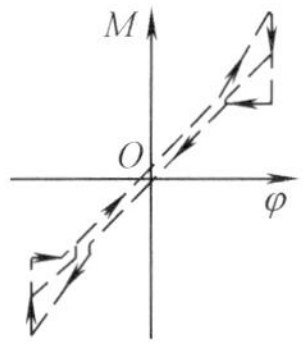
3	弹塑性系统	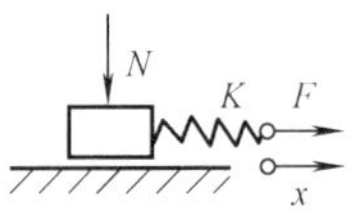	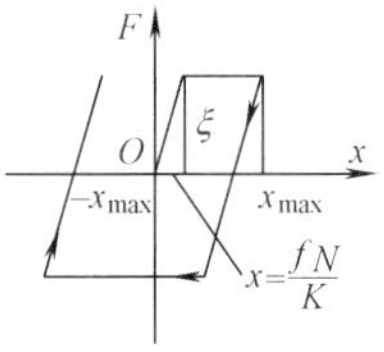
4	以常压 *p* 压在粗糙表面上的弹性带钢	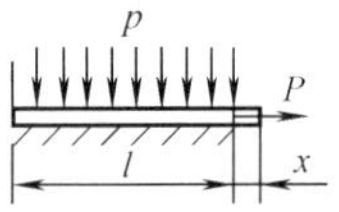 $x_{max}=\dfrac{P_{max}^2}{2fpEFb}$ *E*——弹性模量 *F*——截面面积 *b*——宽度 *f*——摩擦因数 $P_{max}=fpbl$	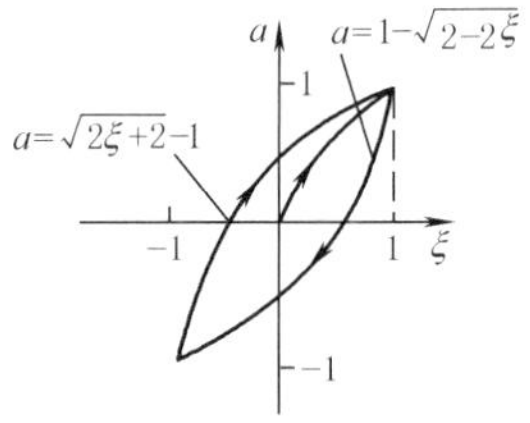 $a=\dfrac{P}{P_{max}}$；$\xi=\dfrac{x}{x_{max}}$
5	具有材料内阻的杆	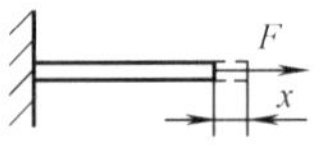	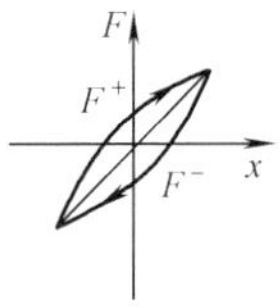

1.4　非线性系统的物理性质

在线性系统中，由于有阻尼存在，自由振动总是被衰减掉，只有在干扰力作用下有定常的周期解；而在非线性系统中，如自激振动系统，在有阻尼及无干扰力的情况下，也有定常的周期振动。

非线性振动与线性振动不同的特点有如下几个方面（其特性曲线与说明见表 19-4-5）。

1）在线性系统中，固有频率和起始条件、振幅无关；而在非线性系统中，固有频率则和振幅、相位以及初始条件有关。如表 19-4-5 中的第 2 项。

2）幅频曲线出现拐点，受迫振动有跳跃和滞后现象，表中第 3 项恢复力为硬特性的非线性系统受简谐激振力作用时的响应曲线，第 4 项恢复力为软特性的响应曲线。

3）在非线性系统中，对应于平衡状态和周期振动的定常解一般有数个，必须研究解的稳定性问题，才能决定各个解的特性，如第 5 项。

4）线性系统中的叠加原理对非线性系统不适用。

5）在线性系统中，强迫振动的频率和干扰力的频率相同；而在非线性系统中，在简谐干扰力作用下，其定常强迫振动解中，除有和干扰力同频的成分外，还有成倍数的频率成分存在。

多个简谐激振力作用下的受迫振动有组合频率的响应，出现组合共振或亚组合共振，如第7项。

6）频率俘获现象。

7）广泛存在混沌现象。混沌是在非线性振动系统上有确定的激励作用而产生的非周期解。

8）非理想系统、自同步系统等不能线性化，必须研究非线性微分方程才能对其振动规律进行分析。

表 19-4-5　　非线性系统的物理性质

序号	物 理 性 质	特性曲线(公式)	说　　明
1	恢复力为非线性时，频率和振幅间的关系	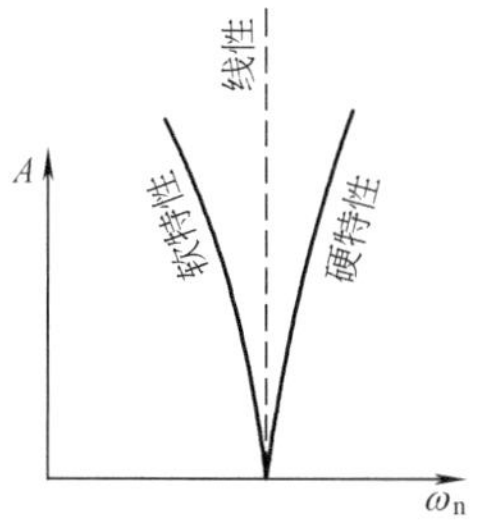	第3、4项的拐曲可参照
2	固有频率是振幅的函数	弹性恢复力： $f(x)=Kx+ax^3+bx^5$ 系统固有角频率： $\omega_n=\sqrt{\dfrac{K+aA^2+bA^4}{m}}$	系统的固有角频率将随着振幅 A 的增大而增大（硬特性）或减小（软特性） 非线性系统的运动微分方程： $m\ddot{x}+Kx+ax^3+bx^5=0$ m——质量，kg；K,a,b——分别为位移的一、三、五次方项的系数；A——位移幅值
3	幅频响应曲线发生拐曲	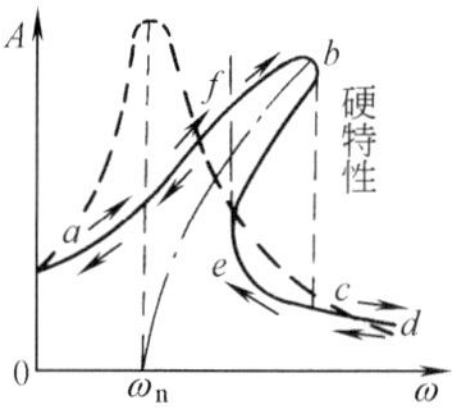	硬式非线性系统幅频响应曲线的峰部向右拐 软式非线性系统幅频响应曲线的峰部向左拐，见序号1
4	受迫振动的跳跃和滞后现象	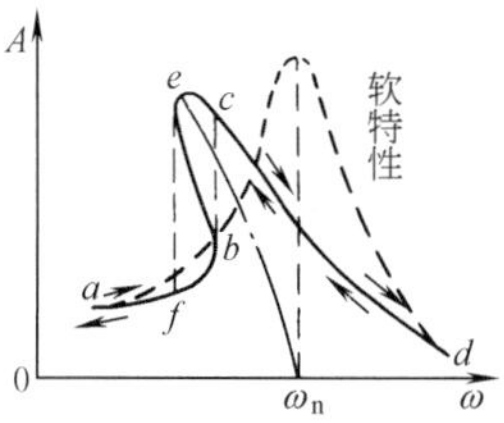	当激振力幅值不变时，缓慢改变激振频率，则受迫振动的幅值 A 将发生如图所示的变化。当 ω 从0开始增大时，则振幅将沿 afb 增大，到 b 点若 ω 再增大，则 A 突然下降（或增大）到 c，这种振幅的突然变化称为跳跃现象，然后若 ω 继续增大，则 A 沿 cd 减小。反之，当 ω 从高向低变化时，A 将沿 dc 方向增大，到达 c 点并不发生跳跃，而是继续沿 ce 方向增大，到 e 点，若 ω 再变小，则振幅又一次出现跳跃现象，这种到 c 不发生跳跃，而到 e 才发生跳跃的现象，称为滞后现象。从 e 点跳跃到 f 点后，振幅 A 将沿 fa 方向减小 除振幅有跳跃现象外，相位也有跳跃现象。下面是非线性系统的相频响应曲线（硬特性） 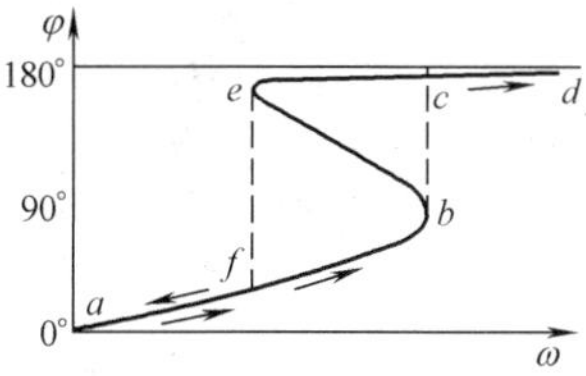

续表

序号	物理性质	特性曲线(公式)	说明
5	稳定区和不稳定区	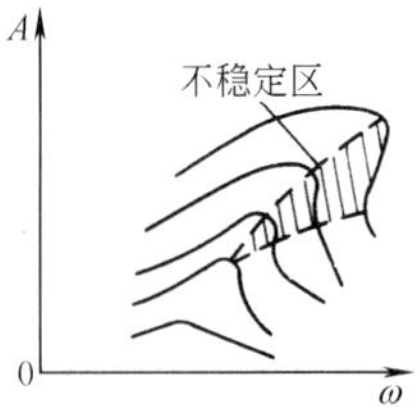 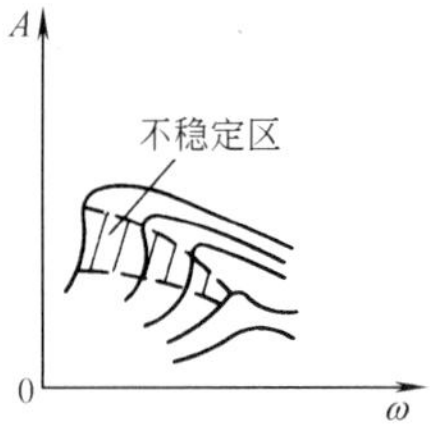	在非线性系统幅频响应曲线的滞后环(上面两图的 *bcef*)内,即两次跳跃之间,对应同一频率,有三个大小不同的幅值,也就是对应同一频率有三个解,其中对应 *be* 段上的解,无法用试验方法获取,该解就是不稳定的。多条幅频响应曲线对应的这一区域称为不稳定区。正因为如此,就需要对多值解的稳定性进行判别
6	线性叠加原理不再适用	$(x_1+x_2)^2 \neq x_1^2+x_2^2$ $\left[\frac{\mathrm{d}(x_1+x_2)}{\mathrm{d}t}\right]^2 \neq \left(\frac{\mathrm{d}x_1}{\mathrm{d}t}\right)^2+\left(\frac{\mathrm{d}x_2}{\mathrm{d}t}\right)^2$	
7	简谐激振力作用下的受迫振动有组合频率响应	非线性系统在 $F_1\sin\omega_1 t$ 和 $F_2\sin\omega_2 t$ 作用下,不仅会出现角频率为 ω_1 和 ω_2 的受迫振动,而且还可能出现频率为 $m\omega_1 \pm n\omega_2$(m、n 为整数)的受迫振动	非线性系统在 $F_1\sin\omega_1 t$ 作用下,不仅会出现角频率为 ω_1 的受迫振动,而且还可能出现角频率等于 ω_1/n 的超谐波和角频率等于 $n\omega_1$ 的次谐波振动。当 $\omega=\omega_n$ 时,除谐波共振外,还可能有超谐波共振和次谐波共振
8	频率俘获现象	非线性系统在受到接近于固有角频率 ω_n 的频率为 ω 的简谐激振力作用下,不会出现拍振现象,而是出现不同于 ω_n 和 ω 的单一频率的同步简谐振动,这就是频率俘获现象。产生频率俘获现象的频带为俘获带	

几个非线性系统的响应曲线见表 19-4-6。

表 19-4-6　　非线性系统的响应曲线

恢复力	响应曲线	恢复力	响应曲线
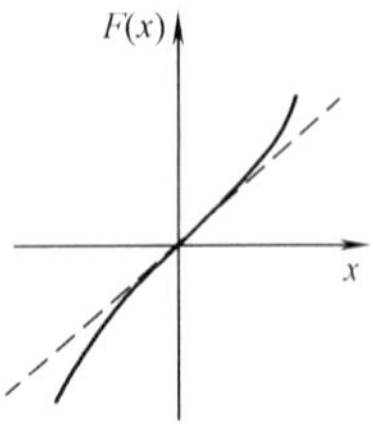	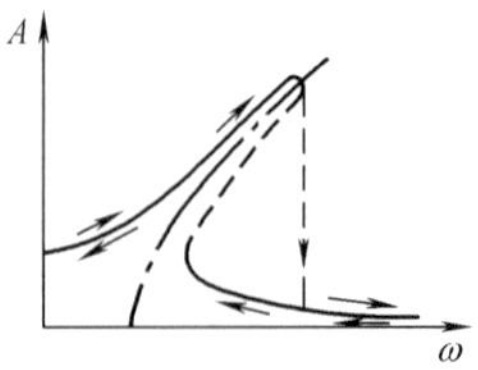	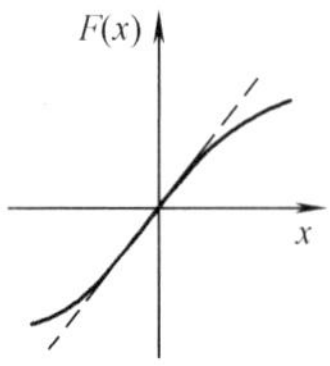	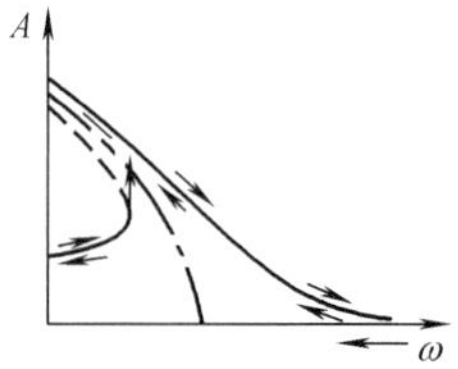 小于临界阻尼,非线性特性较弱
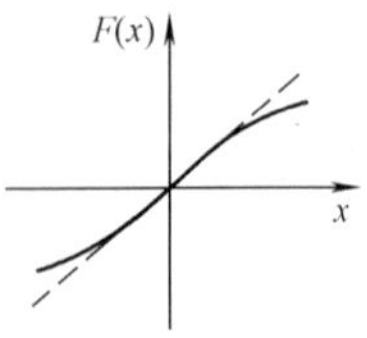	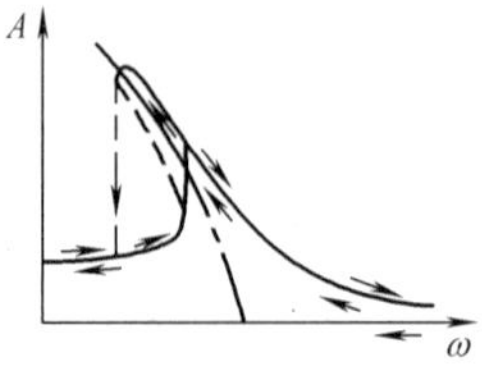 大于临界阻尼	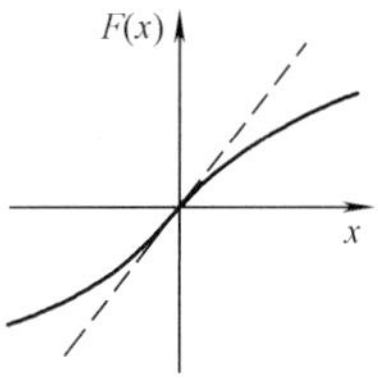	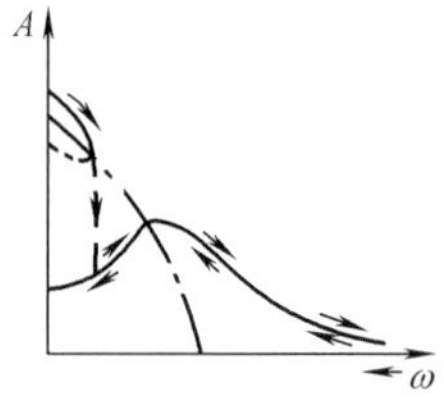 小于临界阻尼,非线性特性较强

续表

恢复力	响应曲线	恢复力	响应曲线
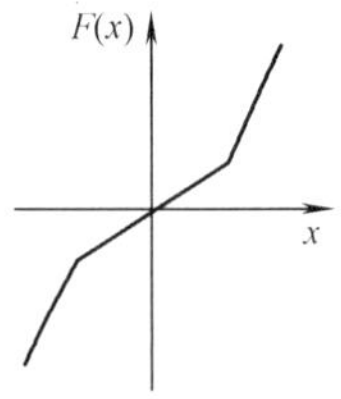	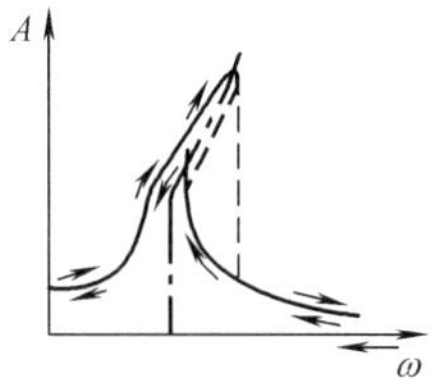	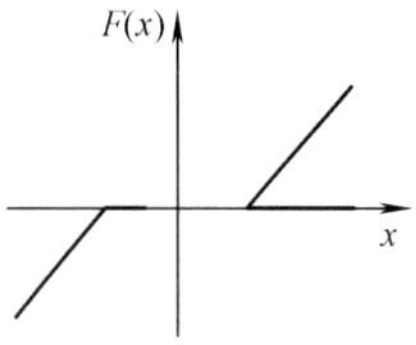	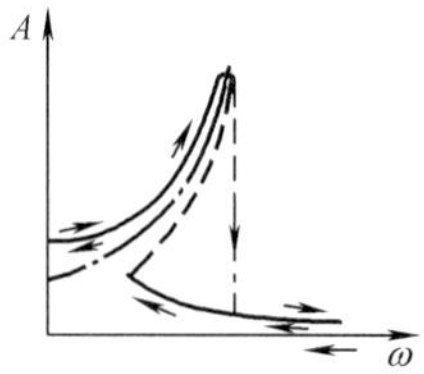

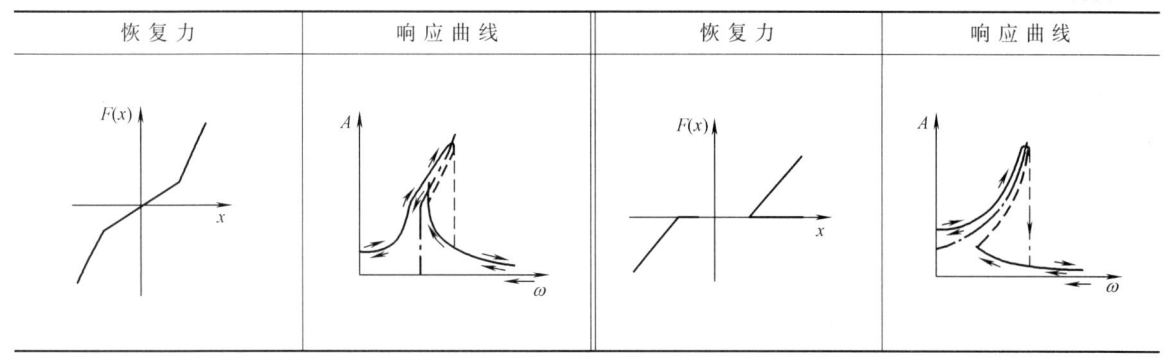

1.5 分析非线性振动的常用方法

表 19-4-7 分析非线性振动的常用方法

名称			适用范围及优缺点
精确解法		特殊函数法	可用椭圆函数或 Γ 函数等求得精确解的少数特殊问题，以及构造弹性力三次项为强非线性系统的振动解
		结合法	分段线性系统
近似方法	定性方法	相平面法	可研究强非线性自治系统
		点映射法	可研究强非线性组织系统的全局性态，并且是研究混沌问题的有力工具
		频闪法	求拟线性系统的周期解和非定常解，但必须把非自治系统化为自治系统
	定量方法	三级数法（渐近法）	求拟线性系统的周期解和非定常解，高阶近似较繁，又称 KBM 法
		平均法	求拟线性系统的周期解和非定常解，高阶近似较简单。计算振动的包络方程
		小参数法（摄动法）	求拟线性系统的定常周期解，其中最常用的是 L-P 法
		多尺度法	求拟线性系统的周期解和非定常解，能计算非稳态过程，描绘非自治系统的全局运动性态
		递代法及谐波平衡法	求强非线性系统和拟线性系统的定常周期解，但必须已知解的谐波成分
		等效线性化法	求拟线性系统的周期解和非定常解
		伽辽金法	求解拟线性系统，多取一些项也可用于强非线性系统
		数值解法	求解拟线性系统，强非线性系统

注：1. 其他方法还有如纽马克法、威尔逊 θ 法等；

2. 数值解法包括有限元法、模态分析综合法等，见第 3 章的表 19-3-11。

1.6 等效线性化近似解法

表 19-4-8

项目	数学表达式	说明
非线性运动微分方程	$m\ddot{x}+f(x,\dot{x})=F_0\sin\omega t$ $f(x,\dot{x})$ 为阻尼力和弹性恢复力的非线性函数	非线性函数可推广成为 $f(x,\dot{x},\ddot{x},t)$ 更一般函数
等效线性运动微分方程	$m\ddot{x}+C_e\dot{x}+K_e x=F_0\sin\omega t$	C_e、K_e 分别为等效线性阻力系数和刚度

续表

项　　目	数学表达式	说　　明
等效线性方程的稳态解	$x=A\sin(\omega t-\varphi)=A\sin\varphi$ 式中 $A=\dfrac{F_0}{\sqrt{(K_e-m\omega^2)^2+C_e^2\omega^2}}=\dfrac{F_0\cos\varphi}{K_e-m\omega^2}$ $\varphi=\arctan\dfrac{C_e\omega}{K_e-m\omega^2}$	这里的振幅 A、相位差角 φ 的表达式和第 3 章给出的公式是等价的
将 $f(x,\dot{x})$ 非线性项展成傅里叶级数	$f(x,\dot{x})\approx a_1\cos\varphi+b_1\sin\varphi$ 式中 $a_1=\dfrac{1}{\pi}\int_0^{2\pi}f(A\sin\varphi,A\omega\cos\varphi)\cos\varphi\mathrm{d}\varphi$ $b_1=\dfrac{1}{\pi}\int_0^{2\pi}f(A\sin\varphi,A\omega\cos\varphi)\sin\varphi\mathrm{d}\varphi$	通常一级谐波都远大于二级以上谐波，所以一般均忽略二级以上谐波。a_0 只影响静态特性，一般也不考虑
将展开的 $f(x,\dot{x})$ 代入非线性方程并同等效线性方程比较得出等效线性参数	等效刚度： $K_e=\dfrac{b_1}{A}=\dfrac{1}{\pi A}\int_0^{2\pi}f(A\sin\varphi,A\omega\cos\varphi)\sin\varphi\mathrm{d}\varphi$ 等效阻尼系数： $C_e=\dfrac{a_1}{A\omega}=\dfrac{1}{\pi A\omega}\int_0^{2\pi}f(A\sin\varphi,A\omega\cos\varphi)\cos\varphi\mathrm{d}\varphi$	

注：有关运动稳定性问题在本章 2.3 节一并加以讨论。

1.7　示例

例　求解如图 19-4-1 所示的系统，该机的非线性振动方程为：

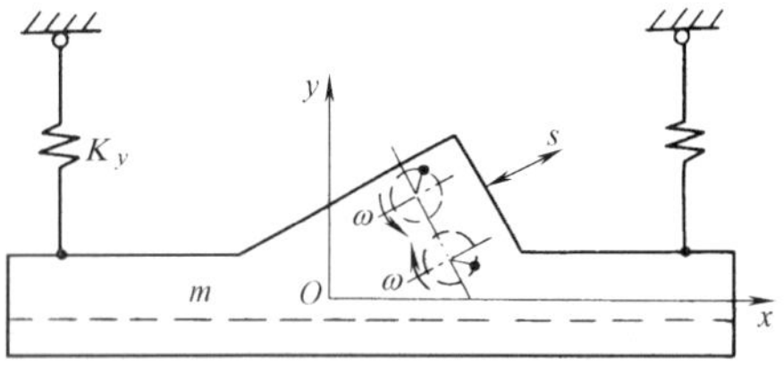

图 19-4-1　某自同步式振动机的力学模型

$$m\ddot{y}+C_y\dot{y}+F_m(\ddot{y},\dot{y})+K_y y=F_0\sin\delta\sin\varphi$$

$$m\ddot{x}+C_x\dot{x}+F_m(\ddot{x},\dot{x})+K_x x=F_0\cos\delta\sin\varphi$$

式中

$$F_m(\ddot{y},\dot{y})=\begin{cases}0 & \varphi_d<\varphi<\varphi_z\\ m_m(\ddot{y}+g) & \varphi_z-2\pi+\Delta\varphi\leqslant\varphi\leqslant\varphi_d\\ \dfrac{m_m(\dot{y}_m-\dot{y}_z)}{\Delta t} & \varphi_z\leqslant\varphi\leqslant\varphi_z+\Delta\varphi\end{cases}$$

$$F_m(\ddot{x},\dot{x})=\begin{cases}0 & \varphi_d<\varphi<\varphi_z\\ m_m\ddot{x} & \varphi_1\leqslant\varphi\leqslant\varphi_2\\ m_m(g+\ddot{y}) & \varphi_2\leqslant\varphi\leqslant\varphi_3\text{（正向滑动取负号，反向滑动取正号）}\\ \mu\dfrac{m_m(\dot{y}_m-\dot{y}_z)}{\Delta t}\text{ 或 }\dfrac{m_m(\dot{x}_m-\dot{x})}{\Delta t} & \varphi_z\leqslant\varphi\leqslant\varphi_z+\Delta\varphi\end{cases}$$

式中　m_m——物料质量，kg；

μ——摩擦因数；

Δt——冲击时间，s，$\Delta t\to0$；

$\dot{y}_m$——物料抛掷运动结束，落至机体瞬时速度，m/s；

$\dot{y}_z$——物料落至机体瞬时机体速度，m/s；

φ_d——物料做抛掷运动的抛始角，rad；

φ_z——物料做抛掷运动终止相角，称为抛止角，rad；

δ——振动方向角；

φ_1——物料在机体槽台上与槽台开始作等速运动时的相角；

φ_2——物料在机体槽台上与槽台开始有相对运动时的相角；

φ_3——物料在机体槽台上与槽台停止有相对运动时的相角；此时物料在机体槽台上与槽台又开始作等速运动，相当于又一次的相角 φ_1。$(\varphi_2-\varphi_1)$ 为物料与槽台作一次等速运动的相角差，$(\varphi_3-\varphi_2)$ 为物料与槽台作一次相对运动的相角差，在机体槽台的一个运动循环中，物料未跳起之前可能有几个这样的相角差。

该机做直线振动，因此，$y=s\sin\delta$　　$x=s\cos\delta$

解　非线性方程的等效线性方程为：

$$(m+K_{my}m_m)\ddot{y}+(C_y+C_{my})\dot{y}+K_y y=F_0\sin\delta\sin\varphi$$

$$(m+K_{mx}m_m)\ddot{x}+(C_x+C_{mx})\dot{x}+K_x x=F_0\cos\delta\sin\varphi$$

非线性方程的一次近似解为：

$$y=A_y\sin\varphi_y\qquad \varphi_y=\omega t-\alpha_y$$

$$x=A_x\sin\varphi_x\qquad \varphi_x=\omega t-\alpha_x$$

对小阻尼振动机来说 $\alpha_y\approx\alpha_x$，所以，$\varphi_y\approx\varphi_x=\varphi$，推求非线性作用力一次谐波傅里叶系数，代入非线性方程（在忽略非线性作用力的二次以上谐波项，过程从略）可求得：

$$A_y=\frac{F_0\sin\delta\cos\alpha_y}{K_y-\left(m-\dfrac{b_{1y}}{m_m A_y\omega^2}m_m\right)\omega^2}\qquad \alpha_y=\arctan\frac{\left(C_y+\dfrac{a_{1y}}{A_y\omega}\right)\omega}{K_y-\left(m-\dfrac{b_{1y}}{m_m A_y\omega^2}m_m\right)\omega^2}$$

$$A_x=\frac{F_0\cos\delta\cos\alpha_x}{K_x-\left(m-\dfrac{b_{1x}}{m_m A_x\omega^2}m_m\right)\omega^2}\qquad \alpha_x=\arctan\frac{\left(C_x+\dfrac{a_{1x}}{A_y\omega}\right)\omega}{K_x-\left(m-\dfrac{b_{1x}}{m_m A_x\omega^2}m_m\right)\omega^2}$$

因而，物料的等效质量系数和等效阻尼系数为：

$$K_{my}=-\frac{b_{1y}}{m_m A_y\omega^2}\qquad C_{my}=\frac{a_{1y}}{A_y\omega}$$

$$K_{mx}=-\frac{b_{1x}}{m_m A_x\omega^2}\qquad C_{mx}=\frac{a_1 x}{A_x\omega}$$

将振动 y 和 x 合成为振动 s 后的等效线性方程为：

$$(m+K_m m_m)\ddot{s}+C_e\dot{s}+K_e s=F_0\sin\omega t$$

式中　$K_m=K_{my}\sin^2\delta+K_{mx}\cos^2\delta$

$C_e=(C_y+C_{my})\sin^2\delta+(C_x+C_{mx})\cos^2\delta$

$K_e=K_y\sin^2\delta+K_x\cos^2\delta$

该方程的一次近似解：$s=A_s\sin(\omega t-\alpha_s)$

式中　$A_s=\dfrac{F_0\cos\alpha_s}{K_e-(m+K_m m_m)\omega^2}$，$\alpha_s=\arctan\dfrac{C_e\omega}{K_e-(m+K_m m_m)\omega^2}$。

1.8　非线性振动的稳定性

对于线性系统，除了无阻尼共振的情况外，所有的运动都是稳定的。但是对于非线性系统，正像表 19-4-5 所表述的，可能出现许多不同的周期运动，如各种组合频率振动，其中有些振动是稳定的，有些振动是不稳定的。非线性系统运动稳定性是非常重要的，有时判断系统的运动稳定性比求得运动精确形态更重要。例如机械工程中常碰到的自激振动，重要的是判断系统在什么条件下会产生自激振动及系统各参数对稳定性的影响。有关非线性系统的运动稳定性判断问题，在自激振动中一起讨论。

2 自 激 振 动

2.1 自激振动和自振系统的特性

表 19-4-9

项　　目	基 本 特 性	说　　明
自激振动(自振)	自振是依靠系统自身各部分间相互耦合而维持的稳态周期运动。它的频率和振幅只取决于系统自身的结构参数,与系统的初始运动状态无关。一般情况下,振动频率为系统固有频率	自振无需周期变化外力就能维持稳态周期运动,这是与稳态受迫振动的根本区别 无阻尼自由振动的振幅与系统初始运动状态有关,这是无阻尼自由振动与自振的根本区别
自振系统	任何物理系统振动时都要耗散能量,自振系统要维持稳态周期运动,一定要有给系统补充能量的能源,自振系统是非保守系统	能源向自振系统输入的能量,不是任意瞬时都等于系统所耗散的能量。当输入能量大于耗散能量,则振动幅值将增大。当输入能量小于耗散能量时,振动幅值将减小。但无论如何增大减小,最终都得达到输入和耗散能量的平衡,出现稳态周期运动
	自振系统是非线性系统,它具有反馈装置的反馈功能和阀的控制功能	线性阻尼系统没有周期变化外力作用产生衰减振动。只有非线性系统才能将恒定外力转换为激励系统产生振动的周期变化内力,并通过振动的反馈来控制振动
自振与稳态受迫振动的联系	如果只将自振系统中的振动系统和作用于系统的周期力作为研究对象,则可将自振问题转化为稳态受迫振动问题	当考察各种稳态受迫振动时,如果扩展被研究系统的组成,把受迫振动周期变化的外力变为扩展后系统的内力,则会发现更多的自激振动
自振与参激振动的联系	当系统受到不能直接产生振动的周期交变力(如交变力垂直位移)作用,通过系统各部分间的相互耦合作用,使系统参数(如摆长、弦和传动带张力、轴的截面惯性矩或刚度等)作周期变化,并与振动保持适当相位滞后关系,交变力向系统输入能量,当参数变化角频率 ω_k 和系统固有角频率 ω_n 之比 $\omega_k/\omega_n=2、1、2/3、2/4、2/5、\cdots$ 时,可能产生稳态周期振动,这种振动是广义自激振动	例如荡秋千时,利用人体质心周期变化,使摆动增大,但是如果秋千静止,无论人的质心如何上下变化,秋千仍然摆动不起来,这是典型广义自振的例子 如果缩小研究对象的范围,可将广义自振问题转化为参激振动问题,相反,在考察某些参激振动问题时,如果进一步探讨系统结构周期性变化的原因,也就是把结构变化的几何性描述转变为相应子系统的动力过程,就可将这类参激振动问题转变为自激振动问题
自振的控制及利用	自振系统往往在达到稳态周期运动之前,振动的幅值就超过了允许的限度,所以,应采取措施控制和防止。但像蒸汽机、风动冲击工具等则是利用自振来工作的	

第 19 篇

2.2 机械工程中常见的自激振动现象

表 19-4-10

自振现象	机 械 系 统	振动系统和控制系统相互联系示意图	反馈控制的特性和产生自振条件的简要说明
机床的切削自振	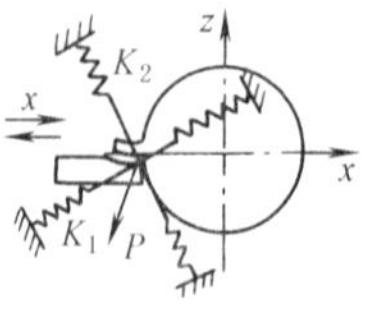	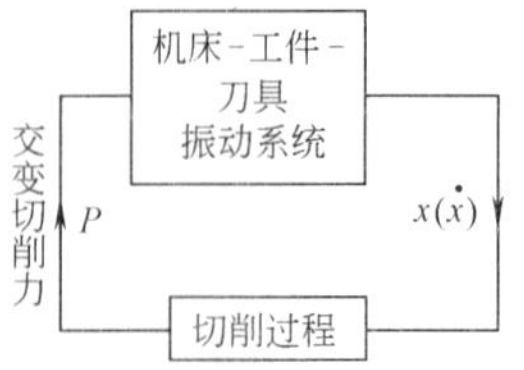	振动系统的动刚度不足或主振方向与切削力相对位置不适宜时,因位移 x 的联系产生维持自振的交变切削力 P 切削力具有随切削速度增加而下降的特性时,因速度 $\dot{x}$ 的联系产生交变切削力 P
低速运动部件的爬行	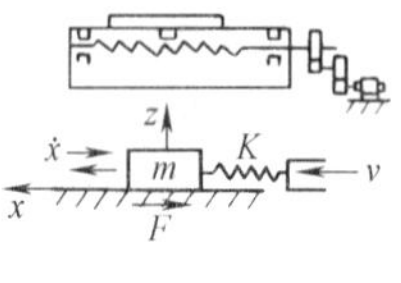	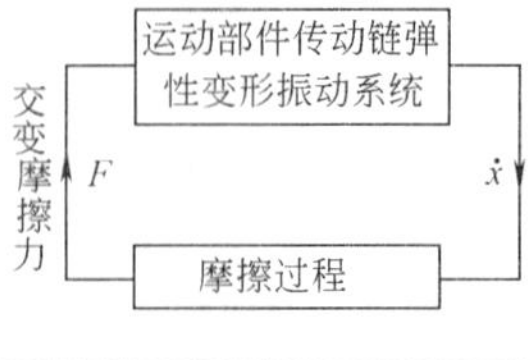	摩擦力具有随运动速度增加而下降的特性时,因振动速度 $\dot{x}$ 和运动速度 v 的联系产生维持自振的交变摩擦力 F

续表

自振现象	机 械 系 统	振动系统和控制系统 相互联系示意图	反馈控制的特性和产生自振 条件的简要说明
液压随动系统的自振	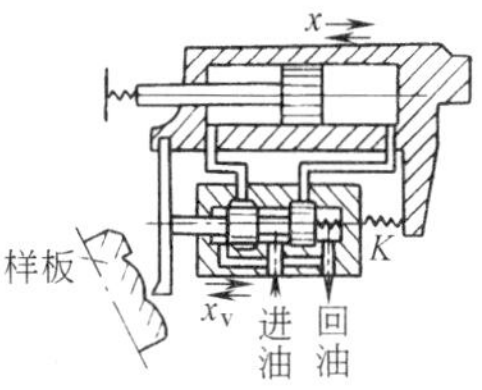	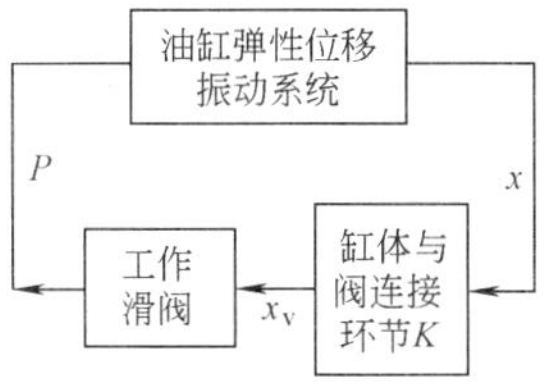	缸体与阀反馈连接的环节 K 的刚度不足或存在间隙时，缸体弹性位移 x 会产生维持自振的交变油压力 P
高速转轴的弓状回转自振	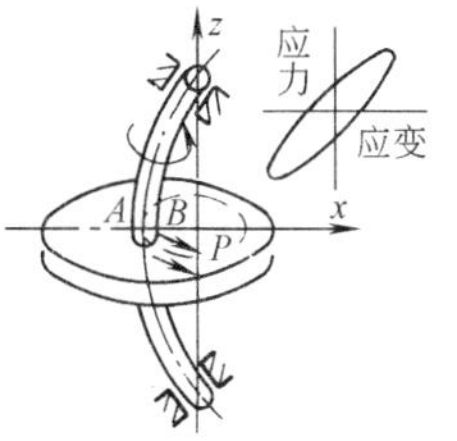	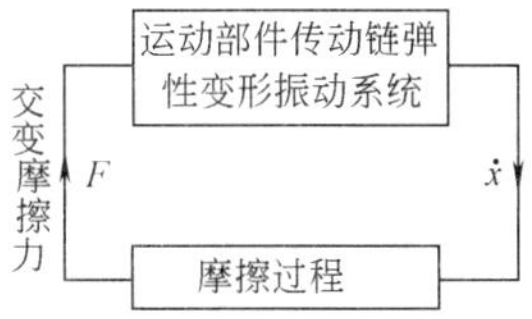	转轴材料的内滞作用使应力和应变不成线性关系。圆盘与轴配合较松时，内滞更加明显。轴转动时，轴上所受的弹性力 P 不通过中心 B，而使轴心 A 产生绕 B 点（轴线 Z）作弓状回转运动。转速大于轴的临界转速时产生自振，其频率等于临界转速
传动带横向自振	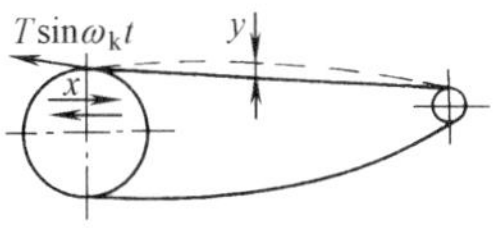	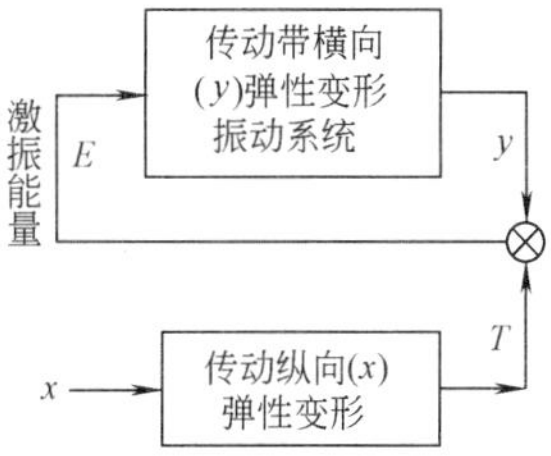	传动带轮振动位移 x 引起传动带张力 T 的变化，当 x 和 T 的振动角频率 ω_k 为传动带横向弹性变形振动系统的固有角频率 ω_n 的 2 倍时，产生横向 y 的参数自振，y 的振动角频率 ω_n
滑动轴承的油膜振荡	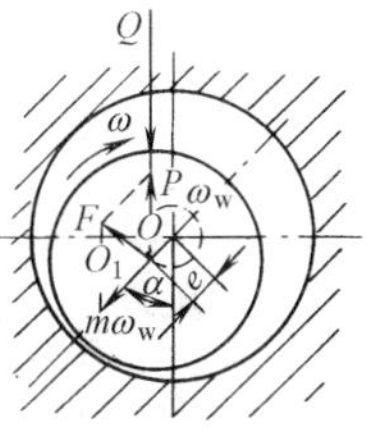	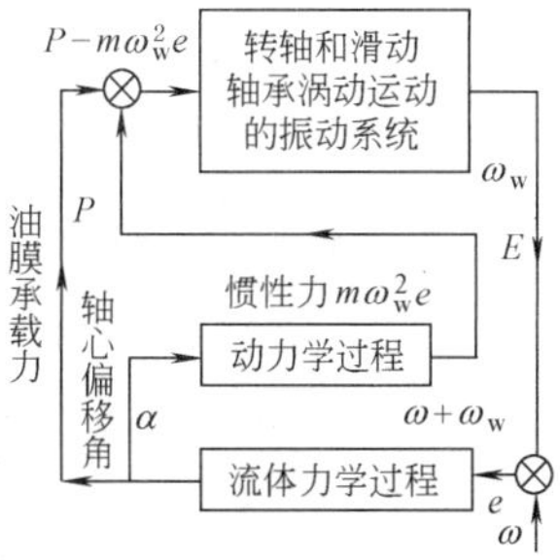	轴承油膜承载力 P 与油膜的运动使偏离轴心 O 的轴颈轴心 O_1 绕轴承中心作涡动运动。其方向与轴的转速 ω 方向相同，涡动角速度 $\omega_w=\frac{1}{2}\omega_c$，$\omega\geqslant 2\omega_c$（$\omega_c$ 为轴的一阶临界转速）时，产生强烈的油膜振荡，振荡角频率 $\omega_k=\omega_c$，不随 ω 而变化
汽车车轮的闪动	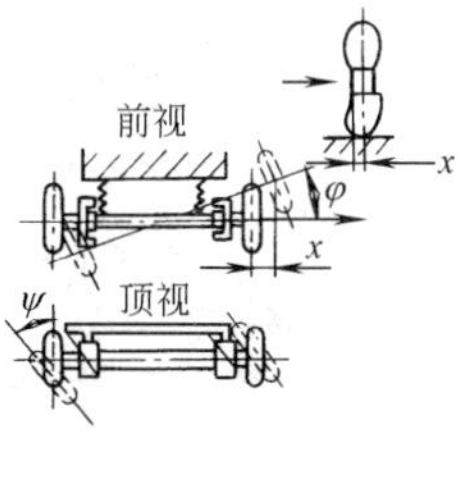	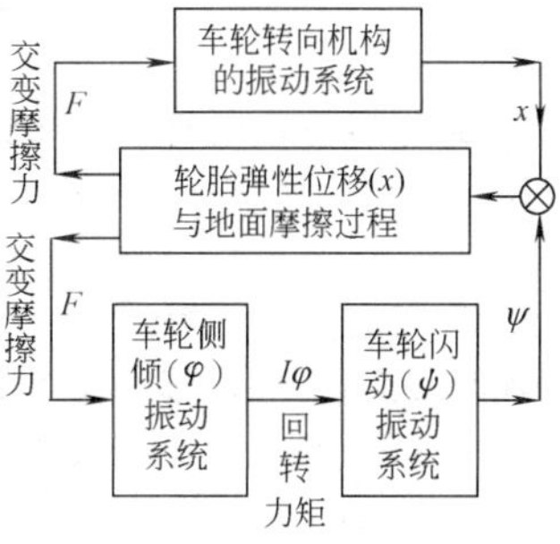	车轮的侧向位移 x、倾角 φ 和闪动角 ψ 三者相互关联，在一定的行驶速度范围内，产生维持自振的交变摩擦力 轮胎内气压和轮胎侧向刚度愈低，愈容易产生侧向位移；悬挂弹簧刚度愈低，侧倾愈大。侧向位移出现和侧倾的加大，使各振动的相互联系加强，因而愈易产生车轮闪动的自振 提高车轮转向机构的刚度和阻尼，可避免车轮闪动现象出现

续表

自振现象	机 械 系 统	振动系统和控制系统相互联系示意图	反馈控制的特性和产生自振条件的简要说明
受轴向交变力作用的简支梁横向自振	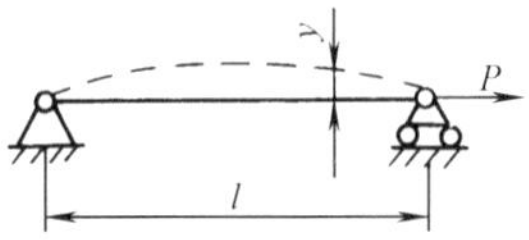	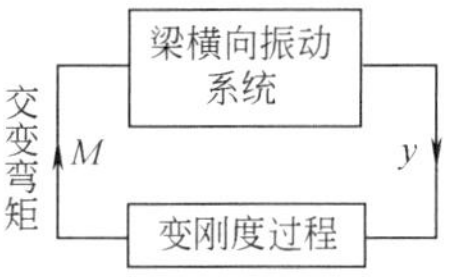	受轴向交变力 P 作用的简支梁，由于 P 与振动位移 y 产生交变弯矩作用，使梁抗弯刚度有周期性变化，只要 P 的变化角频率 ω_k 和系统固有角频率 ω_n 之间保持一定关系（ω_k/ω_n = 2、1、2/3、2/4、2/5、…），则梁可能产生横向自激振动
气动冲击工具的自振	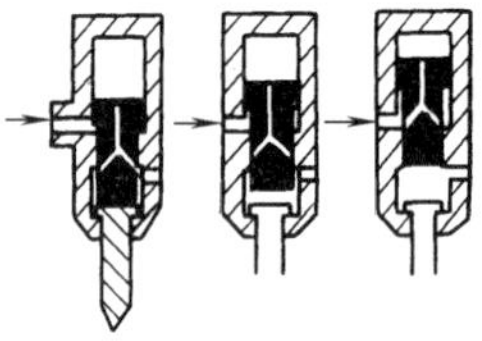	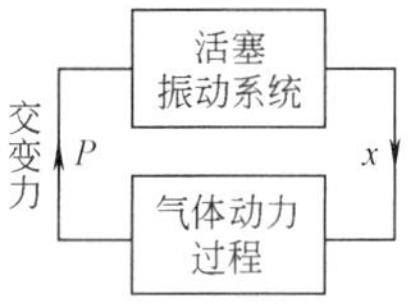	气动冲击工具的活塞往复运动，通过配气通道交替改变活塞前后腔压力，使活塞维持恒频率恒振幅的稳态振动。压缩空气为活塞往复运动提供了能量，活塞本身完成了振动体、阀和反馈装置的全部职能

2.3　单自由度系统相平面及稳定性

单自由度非线性系统振动的定性研究经常用图解法，其中相平面法是常用的方法。在平面图上作出系统的运动速度和位移的关系，称相轨迹，以此了解系统可能发生的运动的总情况。例如，对于自治系统，非线性单自由度系统的微分方程式可普遍写作：

$$\ddot{x}+f(x,\dot{x})=0$$

令

$$y\equiv\dot{x}=\frac{dx}{dt}$$

上式可化为：

$$\dot{y}=-f(x,y)=Y(x,y)$$

而

$$\dot{x}=X(x,y)$$

两式相除，得：

$$\frac{\dot{y}}{\dot{x}}=\frac{dy}{dx}=\frac{Y(x,y)}{X(x,y)}=m$$

积分后，即为以 x，y 为坐标的相平面图上，由初始条件（x_0，y_0）开始画出的等倾线（以斜率 m 为参数）族，是作相平面图的方法之一。

说明：对保守系统，机械能守恒，相平面上是一条封闭的曲线。由起点（x_0，y_0）开始，经一周又回到该点。不同的起点（x_0，y_0）相平面上则是另一条封闭的曲线，各曲线互不相交。

对非保守系统也可能存在封闭轨线，这种封闭轨线也代表一种周期解，但与保守系统的封闭轨线有很大的不同。①其总机械能并不守恒，它既吸能又耗散能量，总机械能在不断变化，只不过经过一周后，能量“收支”平衡，系统的状态变量返回原状，然后再开始下一个周期的运动。②有极限环存在。

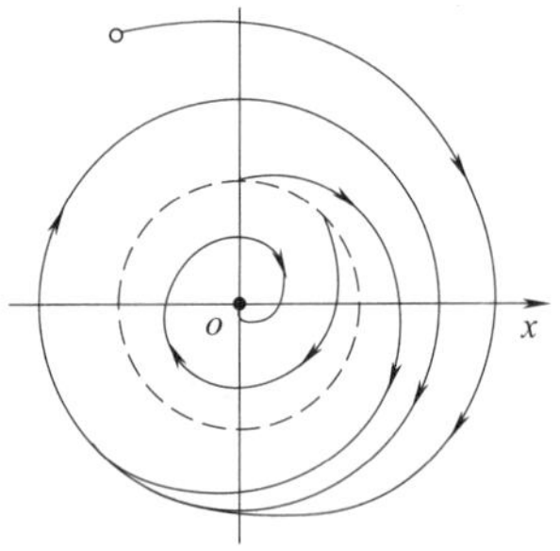

图 19-4-2　极限环

极限环分稳定的与不稳定的两种。如图 19-4-2 所示，图中以实线表示的极限环是稳定的。初始条件在一定范围内变化，如图中最外面的点，最终会回到极限环的运动轨迹上来。称“吸引”或“俘获”。

以虚线表示的极限环是不稳定的。此时原点是一个平衡点，如果扰动不超过虚线环所规定的阀限，系统可以稳定在其中心平衡点上，一旦越过这一阀值，则激起增幅振动，最后振动被稳定在外层的实线环上。

单自由度系统相平面及稳定性的几种主要情况见表 19-4-11。

表 19-4-11　　单自由度系统相平面及稳定性

项　　目	相轨迹方程及阻尼区划分	相　平　面	平衡点和极限环稳定性
无阻尼系统自由振动（以单摆大摆角振动为例）	用 x 表示单摆的角位移，用 y 表示单摆的角速度，则自由振动状态方程为 $\frac{\mathrm{d}x}{\mathrm{d}t}=y$，$\frac{\mathrm{d}y}{\mathrm{d}t}=-K\sin x$，$K=\frac{g}{l}$，给定初始条件 $t=0$，$x=x_0$，$y=y_0$ 时，将两个一阶方程相除，整理并积分得相轨迹方程： $y^2+2K(1-\cos x)=E$ 式中　$E=y_0^2+2K(1-\cos x_0)$	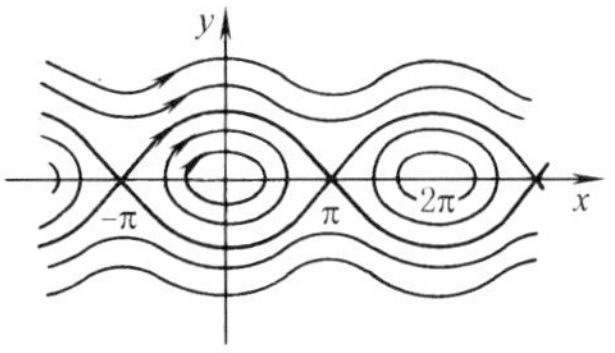 以 x、y 坐标轴构成的平面为相平面，相平面任意点 $P(x,y)$ 称为相点，表示了系统的一种状态，给定初始状态 $P_0(x_0,y_0)$，按照相轨迹方程可绘制出过该点的相轨迹。选定不同的初始状态，能绘制出一族相轨迹	当 $E<4K$ 时，相轨迹为封闭曲线，称为极限环，对应的运动状态为稳态周期运动。当 $E>4K$ 时，各相点的 y 值均不等于零，对应运动状态为回转运动 当 $\ddot{x}=\dot{x}=0$ 时，系统处于静平衡，从微分方程可求得平衡方程 $\sin x=0$ 和平衡点 $x=i\pi(i=0,\pm1,\cdots)$，无阻尼自由振动系统受到扰动离开平衡状态，当扰动消失后，系统的状态始终保持在平衡状态附近，既不无限趋近它，也不远离它，这种平衡点称为稳定平衡点。一切稳定平衡点，在其附近的相轨迹是一族彼此不相交的封闭曲线。因此，可以依据平衡点稳定性的这一性质判定无阻尼自由振动是稳定的
线性阻尼（小阻尼）系统自由振动	线性阻尼系统运动微分方程：$\ddot{x}+2\alpha\dot{x}+\omega_n^2x=0$ 给定初始条件 $t=0$，$x=x_0$，$y=y_0$，则方程解及其速度为： $x=A\mathrm{e}^{-\alpha t}\cos(\omega_d t+\theta)$ $y=-A\mathrm{e}^{-\alpha t}[\alpha\cos(\omega_d t+\theta)+\omega_d\sin(\omega_d t+\theta)]$ 其中：$A=\left[x_0^2+\left(\frac{y_0+\alpha x_0}{\omega_d}\right)^2\right]^{1/2}$ $\theta=-\arctan\left(\frac{y_0+\alpha x_0}{\omega_d}\right)$ $\omega_d=\sqrt{\omega_n^2-\alpha^2}$ 从 x 和 y 的关系可导出相轨迹方程： $y^2+2\alpha xy+\omega_n^2x^2=R^2\mathrm{e}^{\left[\frac{2\alpha}{\omega_d}\arctan\left(\frac{y+\alpha x}{\omega_d x}\right)\right]}$ 其中：$R=\omega_d A\mathrm{e}^{\frac{\alpha\theta}{\omega_d}}$	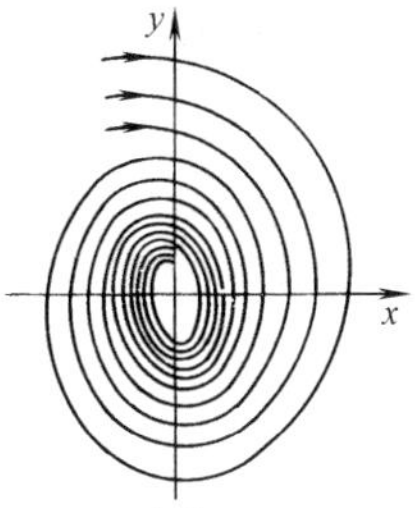 (a) 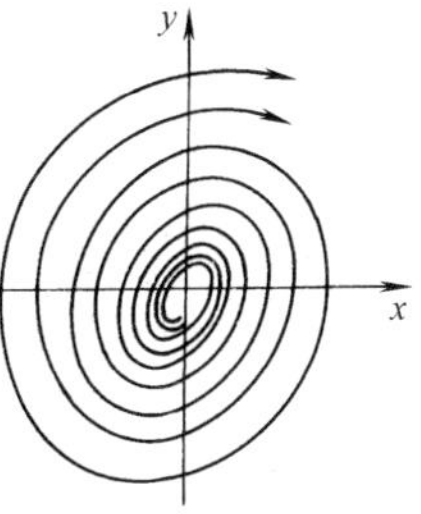 (b)	当 $0<\alpha<\omega_n$ 时，相轨迹为图 a 所示的一族对数螺旋线，对应的运动状态为衰减振动。这种系统受扰动离开平衡状态，扰动消失后，系统状态能无限趋近此平衡状态。这种平衡点称为渐近稳定的平衡 当 $-\omega_n<\alpha<0$（负阻尼）时，相轨迹为图 b 所示的对数螺旋线，对应的运动状态为发散运动状态。这种系统受扰动离开平衡状态，扰动消失后，系统的状态越来越远离此平衡状态。这种平衡点称为不稳定平衡点
软激励自振（以瑞利方程和范德波方程为例）	(1)瑞利方程： 用 x 表示运动的位移，用 y 表示运动速度，可将瑞利方程 $\ddot{x}-\varepsilon(1-\mu\dot{x}^2)\dot{x}+x=0$ 改写为状态方程： $\frac{\mathrm{d}x}{\mathrm{d}t}=y$，$\frac{\mathrm{d}y}{\mathrm{d}t}=\varepsilon(1-\mu y^2)y-x$ 两式相除整理积分得相轨迹方程： $y^2-2(y-\mu y^3)x-x^2=E$ E 取决于初始条件，当 $t=0$，$x=x_0$，$y=y_0$ 时， $E=y_0^2-2(y_0-\mu y_0^3)x_0-x_0^2$ 单位时间内非线性阻尼力对系统做功： $W=F_d y=\varepsilon(1-\mu y^2)y^2$	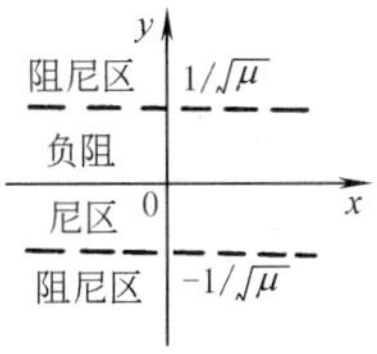 (a) 按 W 表达式将相平面划分为如图 b 所示的正阻尼区和负阻尼区 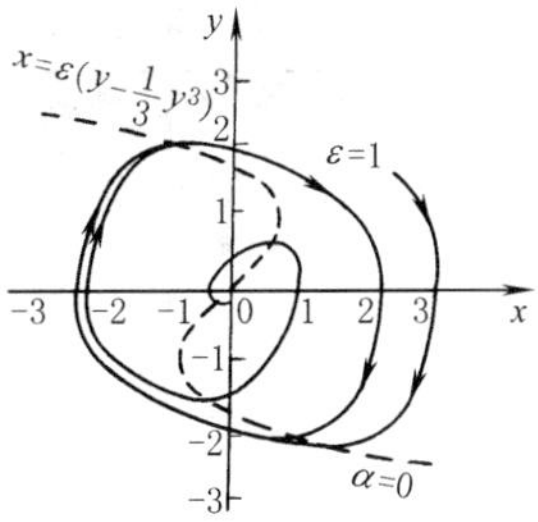 (b)	瑞利方程和范德波方程描述的系统，原点附近是负阻尼区，相轨迹必定向外扩展。进入正阻尼区后又会向原点趋近，因而相轨迹不会走向无穷远处。这就意味着距离原点不远不近区域存在一条封闭曲线，在该曲线内外的相轨迹都向它趋近。极限环对应的运动状态为周期运动，上述的这种周期运动，称为渐近稳定的运动。于是，便可根据平衡稳定性和极限环，判断稳定周期运动自振能否发生 相轨迹和极限环的形状如何，人们并不关心 这种平衡点不稳定的自振系统受很微小扰动就能激发的自振，称为软激励自振

续表

项　　目	相轨迹方程及阻尼区划分	相　平　面	平衡点和极限环稳定性
软激励自振(以瑞利方程和范德波方程为例)	(2)范德波方程: $\ddot{x}-\varepsilon(1-x^2)\dot{x}+x=0$ 上述方程描述系统承受的阻尼 $F_d=\varepsilon(1-x^2)y$ 单位时间内该力对系统做功: $W=F_d y=\varepsilon(1-x^2)y^2$ 按上式将相平面划分为如图c所示的正阻尼区和负阻尼区	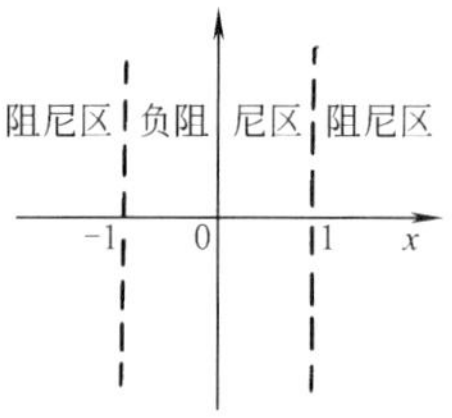 (c) 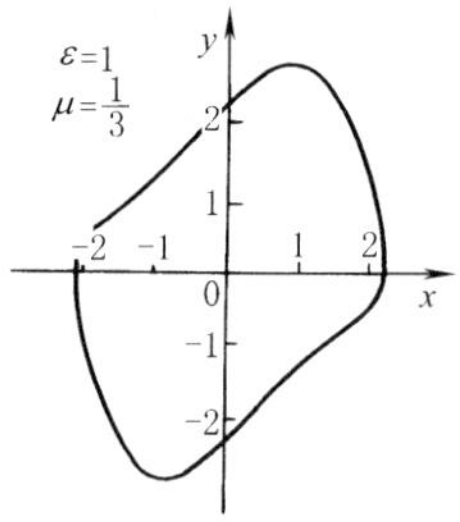 (d)	
硬激励自振(以复杂阻尼系统为例)	自振系统运动方程: $\ddot{x}+\varepsilon(1-\dot{x}^2+\mu\dot{x}^4)\dot{x}+x=0$ 系统承受阻尼力: $F_d=-\varepsilon(1-y^2+\mu y^4)y$ 单位时间该力对系统做功: $W=F_d y=-\varepsilon(1-y^2+\mu y^4)y^2$ 按上式相平面被划分为如图b所示正、负阻尼区	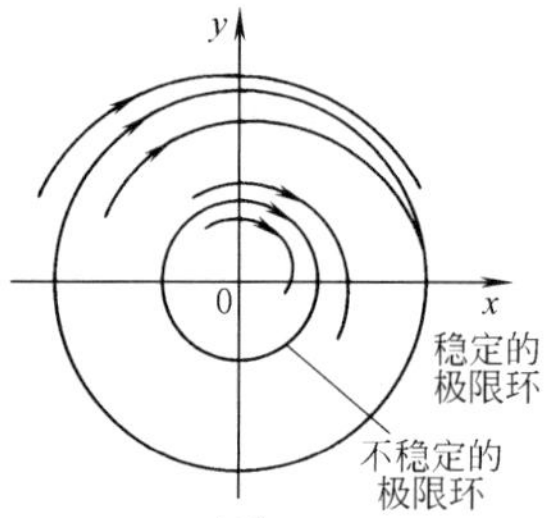 (a) 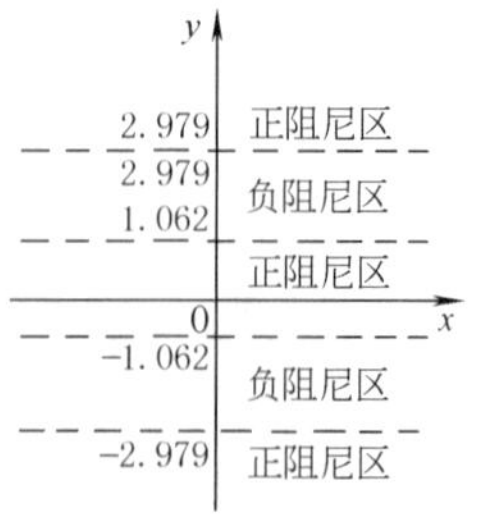 (b)	方程描述的系统原点位于正阻尼区,相轨迹必定无限趋近于它,平衡点为渐近稳定的。位移大一点的相轨迹进入两个负阻尼区,相轨迹会充分向外扩展,对这一区域来说,平衡点是不稳定的。当位移更大时,相轨迹进入了外面的两个正阻尼区,平衡又变成渐近稳定的。在相平面正负阻尼分界处,肯定会有一封闭曲线极限环。该自振系统有两个分界处,相应也有两个极限环。外面极限环内外的相轨迹都趋近于极限环,称为渐近稳定的极限环;内侧极限环内外的相轨迹都远离该极限环,称为不稳定极限环。该系统受小的扰动后离开平衡位置,当干扰消失后,又会恢复平衡状态,不会发生自振。当系统受到足够强的扰动时,则系统的相点位于不稳定极限环之外,这时若干扰消失,系统就会发生自振。这样的自振系统称为硬激励系统 相平面中的相轨迹和极限环不是真实的,只能供定性分析之用。实际人们关心的是如何根据平衡点和极限环的稳定性来判断系统是否是硬激励自振系统以及在什么条件下能发生自振。气动冲击工具的自振系统就是硬激励自振系统

续表

项　　目	相轨迹方程及阻尼区划分	相　平　面	平衡点和极限环稳定性
单摆在液体中的运动	所受阻尼与速度的平方成正比，方向与速度的方向相反，振动方程为 $\ddot{x}+a\dot{x}\lvert\dot{x}\rvert+K\sin x=0$	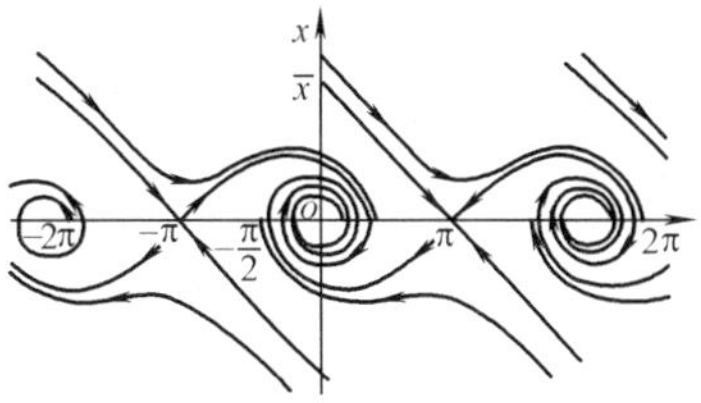	
非线性系统的受迫振动	运动微分方程： $m\ddot{x}+f(\dot{x},x)=Q(t)$ 状态方程： $\dfrac{dx}{dt}=X(x,y,t)$ $\dfrac{dy}{dt}=Y(x,y,t)$ 两式相除并积分得相轨迹方程	根据相轨迹方程绘制相轨迹，受迫振动相轨迹方程是 x、y 和时间 t 的函数	李亚普诺夫为周期解的稳定性作过如下定义：设由 $t=t_0$ 时 $P_0(x_0,y_0)$ 出发的解为 $[\bar{x}(t),\bar{y}(t)]$，而由 $t=t_0$ 时，与 (x_0,y_0) 极其靠近的任意点 (x_0+u_0,y_0+v_0) 出发的全部解 $[x(t),y(t)]$，经过任意时间 t 之后，仍然回到原来解 $[\bar{x}(t),\bar{y}(t)]$ 的近旁时，则该解 $[x(t),y(t)]$ 称为稳定解。反之，不管靠近 (x_0,y_0)，从 $t=t_0$ 时的某一点 (x_0+u_0,y_0+v_0) 出发的解，在长时间的过程中，离开了原来的解 $[\bar{x}(t),\bar{y}(t)]$ 的近旁，这种情况只要一出现，则 $[\bar{x}(t),\bar{y}(t)]$ 称为不稳定的。若全部解 $[x(t),y(t)]$ 很接近上述稳定解，且当 $t\to\infty$ 时，均收敛于 $[\bar{x}(t),\bar{y}(t)]$，则解 $[\bar{x}(t),\bar{y}(t)]$ 称为渐近稳定的

注：由于系统中某个参数作周期性变化而引起的振动称参数振动。如具有周期性变刚度的机械系统、受振动载荷作用的薄拱等，都属于参数振动系统。此时描述该系统的微分方程是变系数的，对单自由度系统为：

$$m(t)\ddot{x}+C(t)\dot{x}+K(t)=0$$

方程的系数是时间的函数。这些函数与系统的位置无关，且它们的物理意义取决于系统的具体结构和运动状况。

3　随机振动

若振动系统受到的激励是随机变化的或系统本身的参数有随机变化的，则响应是随机过程，称随机振动。它的特征是从振动的单个样本观察，有不确定性、不可预估性和相同条件下的各次振动的不重复性。各次振动记录是随机函数，它的总体称随机过程。随机振动的激励或响应过程的分类如下。

1）按统计规律分：平稳；非平稳。

2）按记忆性质分：纯粹随机过程；马尔可夫过程；独立增量过程；维纳过程和泊松过程。

3）按概率密度函数分：正态随机过程；非正态随机过程。

随机振动的系统动态特性可分类如下。

1）按系统特性分：线性系统；非线性系统。

2）按定常与否分：时变系统；时不变系统。

3.1 平稳随机振动描述

表 19-4-12

<table>
<tr><th colspan="2">项　目</th><th>定　　义</th><th colspan="2">统　计　特　性</th></tr>
<tr><td colspan="2">随机振动</td><td>不能用简单函数或这些函数的组合来描述，而只能用概率和数理统计方法描述的振动称为随机振动</td><td colspan="2">例如汽车、拖拉机、工程机械、船舶、石油钻井平台及安装在它们上面的机电设备等，在路面、波浪、地震等作用下的振动系统设计均以随机振动理论为基础。这种振动特性：(1)不能预估一次振动观测记录时间 T 之外某时刻的振动状态；(2)在相同的试验条件下，各次观察结果不同，即各次记录曲线有不重复性</td></tr>
<tr><td colspan="2">随机过程</td><td>如果一次振动观察记录 $x_i(t)$ 称为样本函数，则随机过程是所有样本函数的总和，即
$X(t)=\{x_1(t),x_2(t),\cdots,x_n(t)\}$</td><td>$X(t)$ 在任一时刻 $t_i(t_i\in T)$ 的状态 $X(t_i)$ 是随机变量，于是可将随机过程和随机变量联系起来</td><td rowspan="2">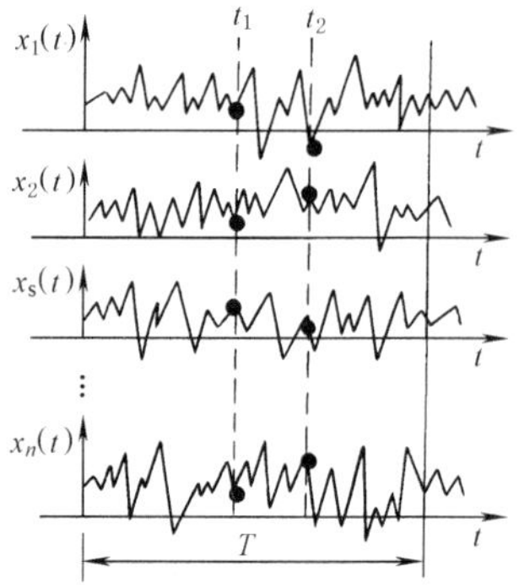
</td></tr>
<tr><td colspan="2">平稳随机过程</td><td>统计参数不随时间 t 的变化而变化的随机过程为平稳随机过程</td><td>机械工程中多数随机振动是平稳随机过程</td></tr>
<tr><td rowspan="4">幅值域描述</td><td>概率分布函数</td><td>$F(x)=P(X<x)$
随机过程 $X(t)$ 小于给定 x 值的概率，描述了概率的累积特性</td><td>(1) $F(x)$ 为非负非降函数，即 $F(x)\geqslant 0, F'(x)>0$
(2) $F(-\infty)=0, F(\infty)=1$</td><td>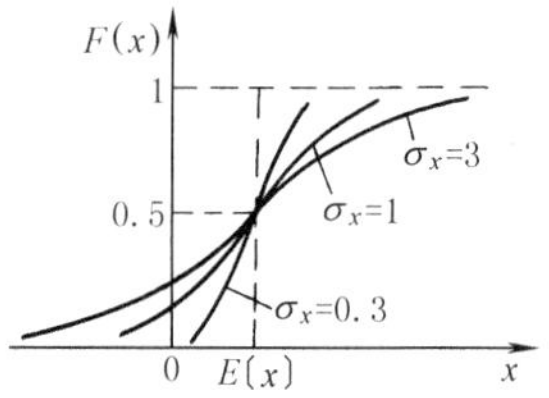
</td></tr>
<tr><td>概率密度函数</td><td>$f(x)=\lim\limits_{\Delta t\to 0}\dfrac{F(x+\Delta x)-F(x)}{\Delta t}$
$=F'(x)$
具有高斯分布随机过程 $X(t)$
$f(x)=\dfrac{1}{\sigma_x\sqrt{2\pi}}e^{-\frac{(x-E[x])^2}{2\sigma_x^2}}$</td><td>表示了 $X(t)$ 概率分布的密度状况
(1)非负函数即 $f(x)\geqslant 0$
(2) $\int_{-\infty}^{\infty}f(x)\mathrm{d}x=1$</td><td rowspan="3">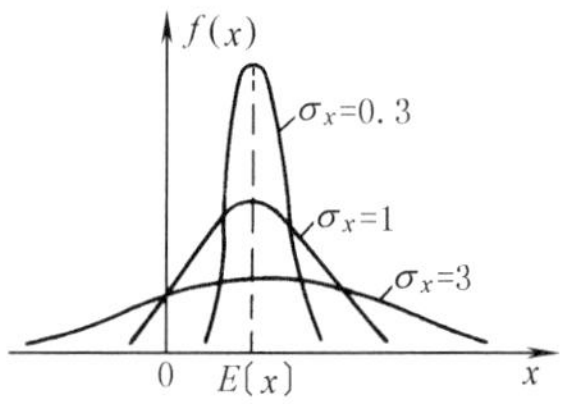

机械工程中的随机振动多数为具有高斯分布的随机过程，因此，只要求得随机过程的均值 $E[x]$ 和标准差 σ_x，即可确定 $f(x)$，再通过从 $-\infty$ 到 x 的积分可得 $F(x)$</td></tr>
<tr><td>均值</td><td>$E[x]=\int_{-\infty}^{\infty}xf(x)\mathrm{d}x$
$X(t)$ 的集合平均值</td><td>$F(x)$、$f(x)$ 都是围绕均值 $E[x]$ 向两侧扩展的</td></tr>
<tr><td>均方差</td><td>$D[x]=\int_{-\infty}^{\infty}(x-E[x])^2f(x)\mathrm{d}x$
$\sigma_x^2=D[x]$</td><td>描述了 $F(x)$、$f(x)$ 围绕均值向两侧的扩展程度</td></tr>
</table>

续表

项目		定义	统计特性
时域描述	自相关函数	$R_x(\tau) = E[x(t)x(t+\tau)]$ $= \lim\limits_{T\to\infty} \frac{1}{T}\int_0^T x(t)x(t+\tau)\mathrm{d}t$ 描述平稳随机过程 $X(t)$ 在 t 时刻的状态与 $(t+\tau)$ 时刻状态的相关性。t 为 $X(t)$ 的时间变量，τ 为延时时间。T 为所取时间过程不是周期	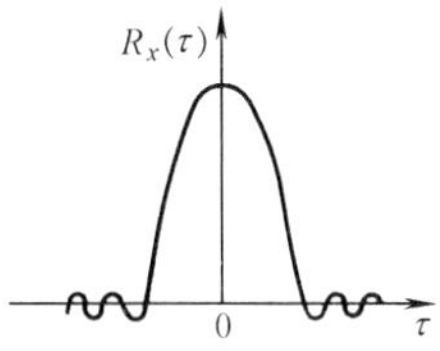 (1)当 $E[x(t)]=0$ 时 $R_x(0)=E[x(t)^2]$，$R_x(\infty)=0$ (2)$R_x(\tau)$ 为实偶函数 即 $R_x(\tau)=R_x(-\tau)$ (3)当 $X(t)$ 的均值 $E[x(t)]=C\neq0$ 时，可将各样本函数 $x(t)$ 分解为一恒定量 $E[x(t)]$ 和一均值为零的波动量 $\xi(t)$，即 $x(t)=E[x(t)]+\xi(t)$，则：$R_x(\tau)=\{E[x(t)]\}^2+R_\xi(\tau)$ (4)自相关函数 $R_x(\tau)$ 可由功率谱密度函数 $S_x(\omega)$ 的傅里叶变换得到，即 $R_x(\tau) = \int_{-\infty}^{\infty} S_x(\omega)\mathrm{e}^{\mathrm{i}\omega\tau}\mathrm{d}\omega$，$S_x(\omega)$ 见后 (5)当 $S_x(\omega)=S_0$ 时，$R_x(\tau)=2\pi S_0\delta(\tau)$，$\delta(\tau)$ 为广义函数， $\delta(\tau) = \begin{cases}\infty & \tau=0\\ 0 & \tau\neq0\end{cases}$ 且 $\int_{-\infty}^{\infty}\delta(\tau)\mathrm{d}\tau = 1$
	互相关函数	$R_{xy}(\tau)=E[x(t)y(t+\tau)]$ $\frac{1}{T}\int_0^T x(f)y(t+\tau)\mathrm{d}t$ 描述了 $X(t)$ 的 t 时刻状态和 $Y(t)$ 的 $(t+\tau)$ 时刻状态的相关性。τ 和 T 意义同上	(1)$R_{xy}(\tau)=R_{yx}(-\tau)$ (2)$R_{xy}(\tau) = \int_{-\infty}^{\infty} S_{xy}(\omega)\mathrm{e}^{\mathrm{i}\omega\tau}\mathrm{d}\omega$
频域描述	自功率谱密度函数	$S_x(\omega)=\frac{1}{2\pi}\int_{-\infty}^{\infty} R_x(\tau)\mathrm{e}^{-\mathrm{i}\omega\tau}\mathrm{d}\tau$	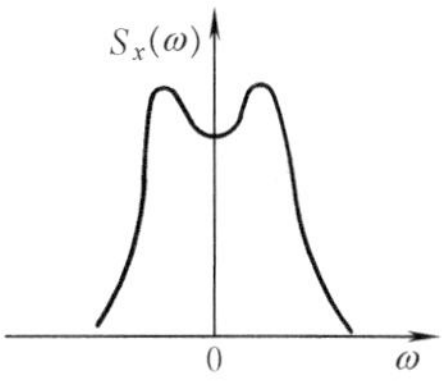 (1)$E[x(t)^2] = \int_{-\infty}^{\infty} S_x(\omega)\mathrm{d}\omega$ (2)$S_x(\omega)$ 是非负的实偶函数 (3)$S_x(\omega)=\lim\limits_{T\to\infty}\frac{1}{T}[\|X_\mathrm{T}(\omega)\|^2]$ (4)逆变换：$R_x(\tau)=\int_{-\infty}^{\infty} S_x(\omega)e^{i\omega\tau}\mathrm{d}\omega$
	互谱密度函数	$S_{xy}(\omega)=\frac{1}{2\pi}\int_{-\infty}^{\infty} R_{xy}(\tau)\mathrm{e}^{-\mathrm{i}\omega\tau}\mathrm{d}\tau$ $S_{\dot{x}y}(\omega)=\frac{1}{2\pi}\int_{-\infty}^{\infty} R_{yx}(\tau)\mathrm{e}^{-\mathrm{i}\omega\tau}\mathrm{d}\tau$	(1)$S_{xy}(\omega)$ 是一个复值量 (2)$S_{xy}(\omega)$ 和 $S_{yx}(\omega)$ 是复共轭的
	相干函数	$r_{xy}(\omega)=\frac{\|S_{xy}(\omega)\|}{[S_x(\omega)S_y(\omega)]^{1/2}}$	$0\leqslant r_{xy}(\omega)\leqslant1$ 通常当 $r_{xy}(\omega)>0.7$ 时，认为 y 是由 x 引起的，噪声(外干扰)影响较小

注：各参数的脚标 x 表示参数为随机过程 $X(t)$ 的对应参数，x 可以为位移、速度、加速度、干扰力等物理量，为区分也可用 x、$\dot{x}$、$\ddot{x}$、…表示。

3.2 单自由度线性系统的传递函数

1）频率响应函数（或复频响应函数）——系统在频率 ω 下的传递特性的函数。

2）脉冲响应函数——稳态的静止系统受到单位脉冲激励后的响应 $h(t)$。它是系统的质量、刚度和阻尼的函数。

3）阶跃响应函数——静止的线性的振动系统受到单位阶跃激励后所产生的阶跃响应 $K(t)$。阶跃响应函数 $K(t)$ 等于脉冲响应函数 $h(t-\tau)$ 曲线下的面积。

表 19-4-13

项　　目	数学表达式	动态特征
频率响应函数	$H(\omega)=\dfrac{1}{(\omega_0^2-\omega^2)+\mathrm{i}2\zeta\omega_0\omega}$ $\lvert H(\omega)\rvert=\dfrac{1}{\sqrt{(\omega_0^2-\omega^2)^2+4\zeta^2\omega_0^2\omega^2}}$ $\alpha=\arctan\dfrac{2\zeta\omega_0\omega}{\omega_0^2-\omega^2}$	$\ddot{x}+2\zeta\omega_0\dot{x}+\omega_0^2x=\omega_0^2\mathrm{e}^{\mathrm{i}\omega t}$ 式中　$\omega_0=\sqrt{\dfrac{K}{m}}$　$\zeta=\dfrac{\alpha}{\omega_0}=\dfrac{C}{2\sqrt{mK}}$ $x(t)=H(\omega)\omega_0^2\mathrm{e}^{\mathrm{i}\omega t}$ $H(\omega)$可通过计算或测试得到
脉冲响应函数	$h(t)=\dfrac{\omega_0^2}{\omega_\mathrm{d}}\mathrm{e}^{-\zeta\omega_0 t}\sin\omega_\mathrm{d}t$ 其中　$\omega_\mathrm{d}=\omega_0\sqrt{1-\zeta^2}$	上述方程的解： $x(t)=\int_0^t f(\tau)h(t-\tau)\mathrm{d}\tau$（杜哈曼积分） 式中　$f(\tau)=\omega_0^2\mathrm{e}^{\mathrm{i}\omega\tau}$ 杜哈曼积分的卷积形式： $x(t)=\int_{-\infty}^{\infty}h(\theta)f(t-\theta)\mathrm{d}\theta$
$H(\omega)$和$h(t)$的关系	$H(\omega)=\dfrac{1}{2\pi}\int_{-\infty}^{\infty}h(t)\mathrm{e}^{-\mathrm{i}\omega t}\mathrm{d}t$ $h(t)=\int_{-\infty}^{\infty}H(\omega)\mathrm{e}^{\mathrm{i}\omega t}\mathrm{d}\omega$	$H(\omega)$、$h(t)$都是反映系统动态特性的，它只与系统本身参数有关，与输入的性质无关

注：1. 系统的传递函数只反映系统的动态特性，与激励性质无关，简谐激励或随机激励都一样传递。

2. 频响函数为复数形式的输出（响应）和输入（激励）之比。

3.3　单自由度线性系统的随机响应

表 19-4-14

项　目	计算公式	计算结果及说明
输入$x(t)$	$E[x(t)]=0\quad S_x(\omega)=S_0$ $R_x(\tau)=2\pi S_0\delta(\tau)$	输入$x(t)$是各态历经具有高斯分布的白噪声过程 $R_x(\tau)$——自协方差函数，线性零均值假设时等于自相关函数 $\delta(\tau)$——狄拉克函数（单位脉冲函数），积分时用，见表19-4-12
响应的均值	$E[y(t)]=0$	
响应的协方差函数	$R_y(\tau)=\int_{-\infty}^{\infty}\int_{-\infty}^{\infty}h(\theta_1)h(\theta_2)R_x(\tau-\theta_2+\theta_1)\mathrm{d}\theta_1\mathrm{d}\theta_2$ $=\dfrac{2\pi S_0\omega_0^4}{\omega_\mathrm{d}^2}\int_{-\infty}^{\infty}\int_{-\infty}^{\infty}\delta(\tau+t_1-t_2)\times$ $\mathrm{e}^{-\zeta\omega_0(t_1+t_2)}\sin\omega_\mathrm{d}t_1\sin\omega_\mathrm{d}t_2\mathrm{d}t_1\mathrm{d}t_2$	$R_y(\tau)=\dfrac{2\pi S_0\omega_0}{4\zeta}\mathrm{e}^{-\zeta\omega_0 t}\times\left(\cos\omega_\mathrm{d}t\pm\dfrac{\zeta}{\sqrt{1-\zeta^2}}\sin\omega_\mathrm{d}t\right)$ （当$t\geqslant0$取正值，$t<0$取负值）
响应的自谱密度函数	$S_y(\omega)=H(\omega)H^-(\omega)S_x(\omega)=\lvert H(\omega)\rvert^2S_x(\omega)$	$S_y(\omega)=\dfrac{\omega_0^4S_0}{(\omega_0^2-\omega^2)^2+4\zeta^2\omega_0^2\omega^2}$
响应的均方值	$E[y^2(t)]=R_y(0)=\int_{-\infty}^{\infty}S_x(\omega)\mathrm{d}\omega$	$E[y^2(t)]=\dfrac{\pi S_0\omega_0}{2\zeta}=\sigma_y^2$
响应的概率密度函数	$f(y)=\dfrac{1}{\sigma_y\sqrt{2\pi}}\mathrm{e}^{-\frac{y^2}{2\sigma_y^2}}$	输入具有高斯分布的，则输出也一定是具有高斯分布的

注：1. 工程中窄带随机振动问题的处理方法和确定性振动问题相似，所以，通常将其转化为确定性振动来处理。

2. 功率谱密度函数不随频率改变而改变的谱$[S_x(\omega)=S_0]$称为白谱，其对应的随机过程称为白噪声过程，这种过程只是一种理想状态，但宽带随机只要在一定的频带范围内缓慢变化，可近似处理为白噪声过程。

3. 对已知系统的传递函数$H(\omega)$，先算出输入自功率谱密度函数$S_x(\omega)$，应用表中公式即可算出输出的自功率谱密度函数$S_y(\omega)$，进而可获得系统的输出响应。$y(t)$；或者由已知的输入自功率谱密度函数$S_x(\omega)$，测得输出的自功率谱密度函数$S_y(\omega)$，可推求系统的传递函数$H(\omega)$。

4 混沌振动

混沌的发现和理论研究冲破了牛顿力学确定论的约束。它对自然科学与社会科学乃至哲学都起了极大的影响与作用。例如对气象学、经济学、医学、心理学、密码学等的实践与理论都有所创新和改变。有些人认为混沌学相当于微积分学在18世纪对数理科学的影响。它在工程中有广阔的应用前景。混沌振动在机械振动理论中是一个崭新的分支，正成为一个很活跃的研究领域。

实际工程中的很多现象，许多非线性系统之振动，要用混沌振动才能得到恰当解释，例如：机器人手臂振动；多自由度摆的振动；振动造型机的碰撞振动；多级透平扭振；多索吊桥摆振；火车蛇行振动；齿轮的噪声；汽车导向轮摆振；打印机打字头的振动；管道振动；不对称的卫星沿非圆轨道远行时，会有混沌自振等。

混沌振动是指发生在确定性系统中的貌似随机振动的无规则运动。但其性态极为复杂。即在非线性系统中，有一种非周期的运动，其轨线看似杂乱无序的，但又限于一定的范围内运动。即在有规律的振动系统中，在有限区域内存在有轨道永不重复的无序的振动。混沌振动之所以产生是由于非线性振动系统对初始条件的敏感性。初始条件的微小差别会产生捉摸不定的混沌。即对于初始条件的极小变化就会得到不同的运动状态。这种复杂的现象称为混沌。

许多科学家给过混沌的定义，但到目前为止，对于混沌，还没有一个公认的普遍适用的定义，但基本上都认为混沌系统是指敏感地依赖于初始条件的偏差而导致的系统。

在非线性动力学中普遍存在混沌现象。

研究混沌的方法很多，最常用的是直接观测法、庞加莱映射法、李普雅诺夫指数法、梅尔尼可夫法等。

在普通的相平面上每隔一个外激励周期（$T=2\pi/\omega$）取一个点，绘制出相点，即庞加莱映射。若为周期激励，可在激励的某个任定相角（ωt）处，陆续测响应以获响应的庞加莱映射。周期性响应的庞加莱映射为一个点或有限点；若干相点排列成在一条封闭曲线流型上，是拟周期振动；有无数个点而杂乱无序分布于某区域内，则是非周期性混沌响应的庞加莱映射。

李亚普诺夫指数用来反映初始误差在迭代过程中被放大或缩小的长期效应，是初值敏感性的数量度量。以李普雅诺夫指数大于零来确认有混沌振动。对 n 维一阶自治微分方程组的 n 个李普雅诺夫指数，只要有一个指数大于零，则就可能出现混沌。

例如，一个离散的一维动力学系统的固有特性：

$$x_{n+1}=ax_n(1-x_n) \quad n=0,1,2,\cdots$$

函数 $f(x)=ax(1-x)$ 称为迭代函数，或映射函数。算出其李普雅诺夫指数 λ 与 α 的关系，见图19-4-3。发现在 $\alpha\geqslant3.57$ 时，有正 λ，出现混沌。

当参数 $\alpha=4$ 时：

$$x_{n+1}=4x_n(1-x_n) \quad n=0,1,2,\cdots$$

迭代多次的结果显示于图19-4-4。图a的初始条件是 $x_0=0.202$，而图b的初始条件是 $x_0=0.202001$，两者相差仅为 10^{-6}。开始，两条轨线的差别也很小，可是，愈到后来，差别愈大，以至面目全非。图c给出了两轨线之间的偏差。这就是混沌状态。可见，在混沌状态下，即使是非常微小的初始偏差，其后续效应是不可忽视的。这个例子只是说明一个混沌现象。

一般，在各种工程振动系统中，若含有下列条件之一者，就有可能存在混沌振动。

1）几何非线性或运动关系非线性；

2）力非线性；

3）约束条件的非线性；

4）本沟关系（由归纳实验数据所得反映宏观物质性质的数学关系。最简单的是应力和应变率之间的函数关系）的非线性；

5）有多个平衡位置。

近几年来国内外学者还重视研究分岔现象和混沌先兆，就是因为分岔有可能引起复杂的混沌运动。其他如吸引子理论也是研究混沌的。也已经陆续把混沌振动应用于各种工程研究、测试或发明创造中。本课题太专门且广泛，不在本篇范围之内。一两个应用实例见本篇第6章。

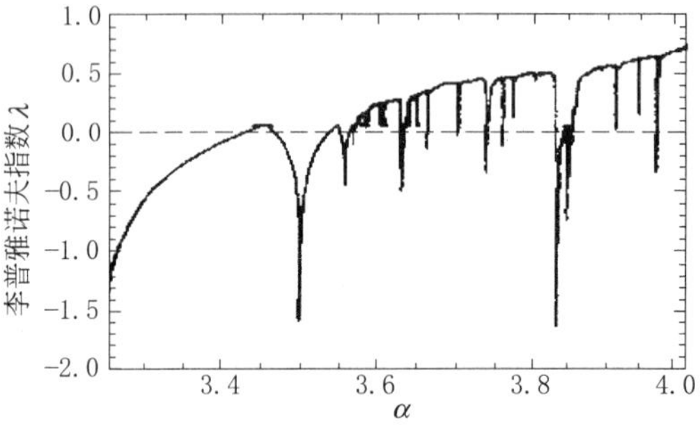

图 19-4-3

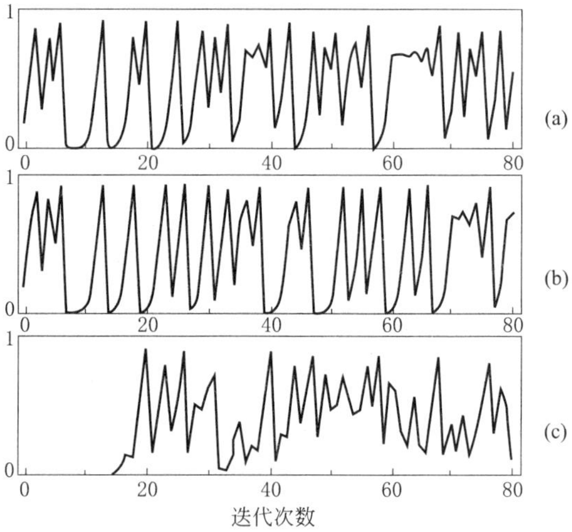

图 19-4-4

第 5 章　振动的控制

振动的害处：影响设备的正常工作；影响机床的加工精度；引起机器构件的加速磨损，甚至导致急剧断裂而破坏；产生噪声，污染环境，危害人类健康。随着科学技术的发展，对机器的运转速度、承载能力、工作精度和稳定性要求等方面，越来越高，因而对机器的要求也越来越高，对控制振动的要求又越来越迫切。

本章主要阐述隔振与减振技术，在最后一节“平衡法”中将简述设计时的主动减振措施。

1　隔振与减振方法

隔振与减振的方法大致有以下几种。

1）隔离法　用隔离器来减弱冲击和（或）振动传输，通常是弹性支承物。用来在某频率范围内减弱振动传输的隔离器称为隔振器。

2）阻尼法　用能量耗散的方法来减少冲击和（或）振动。

3）动力减振法　在所要求的频率上将能量转移到附加系统中来减小原系统的振动，该装置称为动力吸振器。

4）冲击法　利用两物体碰撞后动能损失的原理来减振，该类装置称为冲击减振器。而冲击吸振器则是用能量耗散方法来减少机械系统受冲击后响应的装置。

5）平衡法　通过改善旋转机械的平衡来消除激振力。平衡是卓有成效的技术之一，其实质是改变机械的振动源，是一种主动控制。

无论何种方法都不能离开阻尼的作用。

2　隔 振 设 计

2.1　隔振原理及一级隔振的动力参数设计

表 19-5-1

项　　目	主动（积极）隔振	被动（消极）隔振
隔振目的与说明	机械设备本身为振源，为减少振动对周围环境的影响，即减少传给基础的动载荷，将机械设备与基础隔离开来	振源来自于基础运动，为了使外界振动尽可能少地传到机械设备中来，将机械设备与基础隔离开来
力学模型	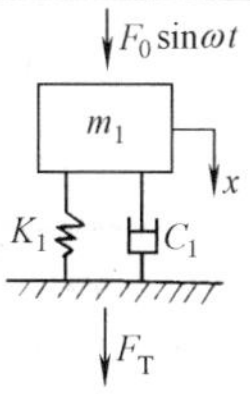	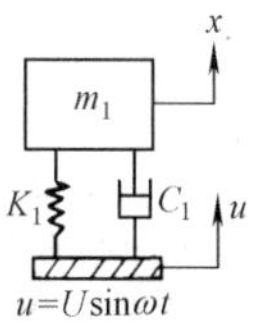
主要考核内容	传给基础的动载荷值 $F_{T0}=T_AF_0$	传动机械设备的位移幅值 $B=T_AU$

续表

<table>
<tr><th colspan="2">项　　目</th><th>主动(积极)隔振</th><th>被动(消极)隔振</th></tr>
<tr><td colspan="2">绝对传递系数 T_A（隔振系数 η）</td><td colspan="2">$$T_A=\frac{\sqrt{1+(2\zeta Z)^2}}{\sqrt{(1-Z^2)^2+(2\zeta Z)^2}}$$ 式中 $Z=\frac{\omega}{\omega_n}$
ω——被隔离的振源角频率；
ω_n——隔振系统的固有角频率
ζ 很小时
$$T_A=\left|\frac{1}{1-Z^2}\right|$$
绝对传递系数 T_A 只与系统的结构参数(质量、阻尼、刚度)有关,与外激励的性质无关,所以,确定系统在传递简谐激励、非简谐激励、随机激励过程中,绝对传递系数都是一样的</td></tr>
<tr><td colspan="2">隔振效率</td><td colspan="2">$E=(1-\eta)\times100\%$</td></tr>
<tr><td colspan="2">说明</td><td colspan="2">从绝对传递系数公式中看出:在很小阻尼情况下($\zeta\approx0$),只有频率比 $Z>\sqrt{2}$ 时,才有隔振效果,即 $\eta<1$</td></tr>
<tr><td colspan="2">设计条件</td><td>在已知机械设备总体质量 m_1 和激振角频率 ω 的条件下,可根据要求的隔振系数 η 进行隔振的动力参数设计。如果还知道激振力幅值,可根据基础所能承受的动载荷进行隔振的动力参数设计</td><td>在已知机械设备或装置的总体质量 m_1 和支承运动角频率 ω 的条件下,可根据隔振系数 η 进行隔振的动力参数设计。如果还知道支承运动位移幅值,可根据机械设备允许的运动位移幅值进行隔振的动力参数设计</td></tr>
<tr><td colspan="2">频率比的选择</td><td colspan="2">一般选择范围:$Z=2\sim10$　　$\eta=0.25\sim0.01$
最佳选择范围:$Z=3\sim5$　　$\eta=0.11\sim0.04$　　$Z\approx\frac{1}{\sqrt{\eta}}$</td></tr>
<tr><td colspan="2">隔振弹簧总刚度</td><td colspan="2">隔振弹簧总刚度:　$K_1=\frac{1}{Z^2}m_1\omega^2$　(N/m)</td></tr>
<tr><td rowspan="4">辅助考核内容</td><td>考核指标</td><td>瞬时最大运动响应:
$B_{max}=(3\sim7)B$
式中　$B=\frac{F_0}{K_1}T_M$</td><td>瞬时最大相对运动响应:
$\delta_{max}=(3\sim7)\delta_0$
式中　$\delta_0=UT_R$</td></tr>
<tr><td>稳态响应系数</td><td>运动响应系数:
$$T_M=\frac{B}{B_s}=\frac{1}{\sqrt{(1-Z^2)^2+(2\zeta Z)^2}}$$</td><td>相对传递系数:
$$T_R=\frac{\delta_0}{U}=\frac{Z^2}{\sqrt{(1-Z^2)^2+(2\zeta Z)^2}}$$</td></tr>
<tr><td>说明</td><td colspan="2">当 $Z>\sqrt{2}$ 时,如单纯从隔振观点出发,阻尼的增加会降低隔振效果,但工程实践中常遇见外界突然冲击和扰动,为避免弹性支承物体产生过大振幅的自由振动,常人为地增加一些阻尼以抑制其振幅,且可使自由振动很快消失,特别是当隔振对象在启动和停机过程中经过共振区时,阻尼的作用就更显得重要。综合考虑,实用最佳阻尼比 $\zeta=0.05\sim0.20$。在此范围内,加速和停车造成的共振不会过分大,第一,因共振区是低频区,而不平衡扰动力在低频时都很小;其次,隔振系统受扰动后常以较快速度越过共振区,该瞬时最大位移可达正常振幅的3~7倍。同时,隔振性能也不致降得过多,通常隔振效率可达80%以上</td></tr>
<tr><td>设计思想</td><td colspan="2">为防止机体 m_1 和基础相互碰撞(包括机体与基础或与固定在基础上六个方向所有物体的碰撞),机体 m_1 和基础间的最小间隙应大于二倍 B_{max} 或 δ_{max}。为防止机体 m_1 跳离隔振弹簧,弹簧的静压缩量应大于 B_{max} 或 δ_{max},弹簧的允许极限压缩量 δ'_j 应大于二倍 B_{max} 或 δ_{max};非压缩弹簧相对允许变形量应大于二倍 B_{max} 或 δ_{max}</td></tr>
<tr><td colspan="2">隔振弹簧设计参数的确定</td><td>弹簧的最小、工作和极限变形量分别为:
$\delta_1\geqslant0.2B_{max}$
$\delta_n=\delta_1+B_{max}$
$\delta_j=\delta_1+2B_{max}$
与之所对应的力分别为:
$P_1=K'_1\delta_1$　$P_n=K'_1\delta_n$
$P_j=K'_1\delta_j$</td><td>弹簧最小、工作和极限变形量分别为:
$\delta_1\geqslant0.2\delta_{max}$
$\delta_n=\delta_1+\delta_{max}$
$\delta_j=\delta_1+2\delta_{max}$
与之所对应的力分别为:
$P_1=K'_1\delta_1$　$P_n=K'_1\delta_n$
$P_j=K'_1\delta_j$</td></tr>
</table>

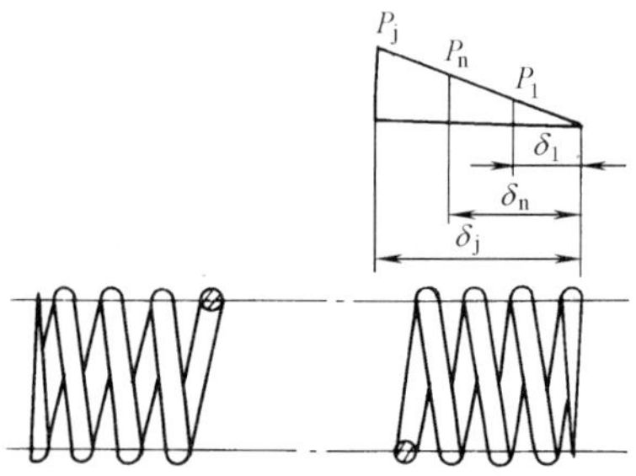

注:1. 符号意义:F_0—激振力幅值,N;U—支承运动位移幅值,m;ω—激振力或支承运动的角频率,rad/s;B—简谐激励稳态响应振幅,m;B_s—隔振弹簧在数值为 F_0 的静力作用下的变形量,$B_s=F_0/K_1$,m;δ_0—支承简谐运动,隔振物体与基础相对振动($x-u$)的振幅,m;ω_n—系统的固有角频率,$\omega_n^2=K_1/m_1$,rad/s;Z—频率比,$Z=\omega/\omega_n$;ζ—阻尼比,$\zeta=C_1/2\omega_n$。

2. 一级隔振指的是经一级弹簧进行振动隔离,隔振系统(如力学模型所示)是一个二阶单自由度系统。

第19篇

2.2 一级隔振动力参数设计示例

图 19-5-1 所示某柴油发电机组总质量 $m_1=10000\text{kg}$，转子的质量 $m_0=2940\text{kg}$，转子回转转速 1500r/min，（偏心质量激振角频率 $\omega=157\text{rad/s}$）多缸柴油发电机组（包括风机在内）的平衡品质等级为 G250，回转轴心与 m_1 的质心基本重合，试设计一级隔振器动力参数。

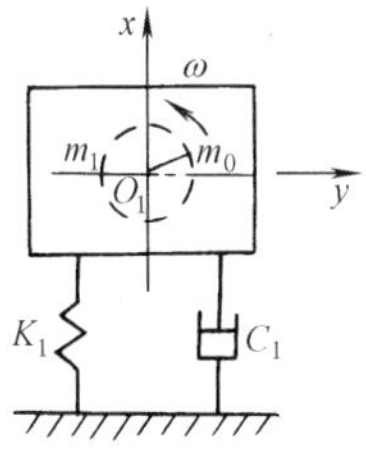

图 19-5-1 柴油发电机组隔振系统力学模型

（1）频率比

选取隔振系数 $\eta=0.06$，则频率比：

$$Z\geqslant\frac{1}{\sqrt{\eta}}=\frac{1}{\sqrt{0.06}}=4.08\quad 选择\ Z=4.5$$

（2）隔振弹簧刚度

隔振弹簧总刚度：

$$K_1=\frac{1}{Z^2}m_1\omega^2=\frac{1}{4.5^2}\times10000\times157^2=1217\times10^4\text{N/m}$$

隔振弹簧共采用 8 个橡胶弹簧、对称布置，1 个弹簧刚度为：

$$K_1'=K_1/8=\frac{1217\times10^4}{8}=152.1\times10^4\ \text{N/m}$$

（3）惯性激振力幅值

$$m_0e\omega^2=2940\times0.0016\times157^2=11.6\times10^4\ \text{N}$$

式中，转子质量偏心半径：

$$e=\frac{G}{\omega\times10^6}=\frac{250}{157\times10^6}=0.0016\ \text{m}$$

（4）稳态响应振幅

$$B=\left|\frac{F_0}{K_1(1-Z^2)}\right|=\left|\frac{11.6\times10^4}{1217\times10^4\times(1-4.5^2)}\right|=0.00049\ \text{m}$$

（5）最大位移

$$B_{\max}=5B=5\times0.00049=0.0025\ \text{m}$$

（6）隔振弹簧的设计参数

弹簧的最小、工作和极限变形量分别为：

$$\delta_1\geqslant0.2B_{\max}=0.2\times0.0025=0.0005\text{m}\qquad 选取\ \delta_1=0.0025\text{m}$$

$$\delta_n=\delta_1+B_{\max}=0.0025+0.0025=0.005\text{m}$$

$$\delta_j=\delta_1+2B_{\max}=0.0025+2\times0.0025=0.0075\text{m}$$

对应弹簧变形量的弹性恢复力分别为：

$$P_1=K_1'\delta_1=152.1\times10^4\times0.0025=3800\text{N}$$

$$P_n=K_1'\delta_n=152.1\times10^4\times0.0050=7610\text{N}$$

$$P_j=K_1'\delta_j=152.1\times10^4\times0.0075=11410\text{N}$$

隔振器的设计参阅本章 2.5 节。

（7）校核计算稳态振幅

沿 x 方向稳态振动的幅值：

$$B_x=\left|\frac{F_0}{K_x(1-Z_x^2)}\right|=\left|\frac{11.6\times10^4}{12288000\times(1-4.47^2)}\right|=0.0005\text{m}$$

式中，$K_x=K_x'\times8=1536000\times8=12288000\text{N/m}$

$$\omega_{nx}=\sqrt{\frac{K_x}{m_1}}=\sqrt{\frac{12288000}{10000}}=35.05\text{rad/s}$$

$$Z_x=\frac{\omega}{\omega_{nx}}=\frac{157}{35.05}=4.47$$

沿 y 方向稳态振动的幅值：

$$B_y=\left|\frac{F_0}{K_y(1-Z_y^2)}\right|=\left|\frac{11.6\times10^4}{1708800\times(1-12^2)}\right|=0.00047\text{m}$$

式中，$K_y=K_y'\times8=213600\times8=1708800\text{N/m}$

$$\omega_{ny}=\sqrt{\frac{K_y}{m_1}}=\sqrt{\frac{1708800}{10000}}=13.1\text{rad/s}$$

$$Z_y=\frac{\omega}{\omega_{ny}}=\frac{157}{13.1}=12$$

由于该隔振系统给定条件有回转轴心与 m_1 质心基本重合，即对 m_1 质心的偏心惯性力矩为零或很小，m_1 不会产生围绕质心的摇摆振动，或摇摆振动很小，通常设计中不加考虑。设计中应使弹簧对称于合成质心布置，以防止出现摇摆振动。

（8）传给基础的动载荷幅值

沿垂直方向传给基础的动载荷幅值：

$$F_x=K_xB_x=12288000\times0.0005=6144\text{N}$$

沿水平方向传给基础的动载荷幅值

$$F_y=K_yB_y=1708800\times0.00047=803\text{N}$$

这两个重要参数是提供给土建设计的参数，自然需要同土建设计进行协调。

当采用悬挂隔振器时，由于 $K_y\approx0$，$F_{ymax}\approx0$，传给基础的为垂直方向动载荷。

（9）最大位移

垂直方向的最大位移：$B_{xmax}=5B_x=5\times0.0005=0.0025\text{m}$

水平方向的最大位移：$B_{ymax}=5B_y=5\times0.00048=0.0024\text{m}$

机体 m_1 和基础之间沿垂直、水平两个方向的最小间隙应分别大于 B_{xmax}、B_{ymax}。

（10）瞬时传给基础的最大动载荷

垂直方向：$F_{xmax}=K_xB_{xmax}=12288000\times0.0025=30720\text{N}$

水平方向：$F_{ymax}=K_yB_{ymax}=3724800\times0.0024=8940\text{N}$

瞬时传给基础的最大动载荷尽管比较大，但由于该动载荷的频率很低，只要隔振物体不脱离弹簧，弹簧也不会出现类似压靠现象，即无瞬时冲击现象，瞬时传给基础的最大动载荷也可忽略不计。

2.3 二级隔振动力参数设计

表 19-5-2

项　　目	主动（积极）隔振	被动（消极）隔振
力学模型	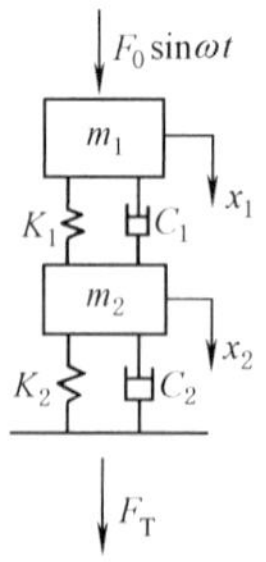	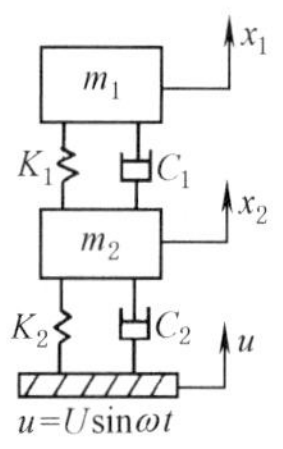
设计已知条件	当一级隔振满足不了隔振要求时，需采用二级隔振，所以，一级隔振器动力参数设计的已知条件以及一级隔振设计确定的动力参数均为二级隔振设计的已知条件，即已知系统的参数 m_1、K_1、C_1、激振力幅值 F_0 或支承运动幅值 U、激振角频率 ω、传给基础的允许动载荷幅值 $[F_{T0}]$ 或被隔振物体允许的位移幅值 $[B_1]$	

续表

项　　目	主动(积极)隔振	被动(消极)隔振
确定的动力参数	二级隔振设计所要确定的动力参数是二级隔振架的参振质量 m_2 和二级隔振弹簧的刚度 K_2。为方便设计,引用刚度比 S_1、质量比 μ、振幅比 Δ 和一级隔振系统的固有圆频率 ω_n 四个物理量: $S_1=\dfrac{K_2}{K_1}$　$\mu=\dfrac{m_2}{m_1}$　$\Delta=\dfrac{B_1}{B_2}$　$\omega_n=\sqrt{\dfrac{K_1}{m_1}}$　(rad/s) 由于 $K_2=S_1K_1$, $m_2=\mu m_1$,于是将确定 K_2 和 m_2 的问题转化为确定 S_1 和 μ 的问题	
合成系统的固有频率(共振频率)	$\begin{matrix}\omega_{n1}\\ \omega_{n2}\end{matrix}=\sqrt{\dfrac{\omega_n^2}{2\mu}\left[(S_1+\mu+1)\mp\sqrt{(S_1+\mu+1)^2-4S_1\mu}\right]}$	
系统稳态响应振幅	$B_2=\dfrac{\omega_n^4}{(\omega^2-\omega_{n1}^2)(\omega^2-\omega_{n2}^2)\mu}\times\dfrac{F_0}{K_1}$ $B_1=\dfrac{\omega_n^2[(S_1+1)\omega_n^2-\mu\omega^2]}{(\omega^2-\omega_{n1}^2)(\omega^2-\omega_{n2}^2)\mu}\times\dfrac{F_0}{K_1}$	$B_1=\dfrac{\omega_n^4S_1U}{(\omega^2-\omega_{n1}^2)(\omega^2-\omega_{n2}^2)\mu}$ $B_2=\dfrac{(\omega_n^2-\omega_2)S_1U}{(\omega^2-\omega_{n1}^2)(\omega^2-\omega_{n2}^2)\mu}$
刚度比与质量比的关系	$S_1=\dfrac{K_2}{K_1}=K_s\dfrac{m_1+m_2}{m_1}=K_s(1+\mu)$ 式中　K_s——两弹簧静变形量之比,$K_s=\dfrac{\delta_{10}}{\delta_{20}}$,设计中 K_s 的取值可在 0.8~1.2 的范围内选择; δ_{10}——K_1 弹簧在 m_1g 作用下的静变形量,m; δ_{20}——K_2 弹簧在$(m_1+m_2)g$ 作用下的静变形量,m	
主要考核指标	传给基础的动载荷幅值 $F_{T2}=\eta F_0=K_2B_2$	传到机械设备的位移幅值 $B_1=\eta U$
隔振系数 η	$\eta=\dfrac{\omega_n^2S_1}{(\omega^2-\omega_{n1}^2)(\omega^2-\omega_{n2}^2)\mu}$ $=K_2\dfrac{\omega_n^4}{(\omega^2-\omega_{n1}^2)(\omega^2-\omega_{n2}^2)\mu}\times\dfrac{1}{K_1}$	$\eta=\dfrac{\omega_n^4S_1}{(\omega^2-\omega_{n1}^2)(\omega^2-\omega_{n2}^2)\mu}$ $=K_2\dfrac{\omega_n^4}{(\omega^2-\omega_{n1}^2)(\omega^2-\omega_{n2}^2)\mu}\times\dfrac{1}{K_1}$
设计思想	在考察二级隔振与一级隔振传给基础的动载荷幅值之比 K_p 和二级隔振 m_2 与 m_1 振动位移幅值之比关系中,寻求在 K_s 给定条件下确定质量比 μ 的计算公式	被动隔振与主动隔振的隔振系数(绝对传递系数)完全一样,所以,可将 U 看成 F_0,将 B_1 看成 F_{T2},按主动隔振确定质量比 μ,不影响被动二级隔振的隔振效果
二级隔振与一级隔振传给基础动载荷幅值之比	$K_p=\dfrac{F_{T2}}{F_{T0}}=\dfrac{K_2B_2}{K_1B_1}=K_s(1+\mu)\lvert\Delta\rvert$	$K_p=\dfrac{B_1}{B}=\dfrac{K_2\lambda_2}{K_1\lambda_1}=K_s(1+\mu)\lvert\Delta\rvert$ 等效主动二级隔振稳态振幅 $\lambda_2=\dfrac{\omega_n^4}{(\omega^2-\omega_{n1}^2)(\omega^2-\omega_n^2)\mu}\times\dfrac{U}{K_1}$ $\lambda_1=\dfrac{\omega_n^2[(S_1+1)\omega_n^2-\mu\omega^2]}{(\omega^2-\omega_{n1}^2)(\omega^2-\omega_{n2}^2)\mu}\times\dfrac{U}{K_1}$ 等效主动一级隔振稳态振幅 $\lambda=\dfrac{\omega_n^2U}{\omega^2-\omega_n^2}$
振幅比	$\Delta=\left\lvert\dfrac{B_2}{B_1}\right\rvert$	$\Delta=\left\lvert\dfrac{\lambda_2}{\lambda_1}\right\rvert$
	$\Delta=\left\lvert\dfrac{1}{1+K_s(1+\mu)-\dfrac{\omega^2}{\omega_n^2}\mu}\right\rvert$	
质量比	$\mu=\dfrac{1+\left(1\mp\dfrac{1}{K_p}\right)}{\left(\dfrac{\omega}{\omega_n}\right)^2-K_s\left(1\mp\dfrac{1}{K_p}\right)}$　式中正负号的选取应使 μ 为正值	
动力参数	二级隔振架参振质量　$m_2=\mu m_1$ 二级隔振弹簧刚度　$K_2=K_s(1+\mu)K_1$	

第19篇

续表

项　　目	主动(积极)隔振	被动(消极)隔振
辅助考核指标	$B_{1max}=(3\sim7)B_1$ $\delta_{1max}=(3\sim7)(B_2-B_1)$ $B_{2max}=(3\sim7)B_2$	$\delta_{max}=(3\sim7)(U-B_1)$ $\delta_{1max}=(3\sim7)(B_1-B_2)$ $\delta_{2max}=(3\sim7)(U-B_2)$
设计思想	为防止机体 m_1、二级隔振架 m_2 和基础(包括固定在它上面的物体)沿空间六个方向的相互碰撞,机体和基础间的最小间隙应大于 B_{1max}(或 δ_{max}),机体 m_1 和二级隔振架 m_2 间的最小间隙应大于 δ_{1max},二级隔振架 m_2 和基础间的最小间隙应大于 B_{2max}(或 δ_{2max}) 为防止机体 m_1 和二级隔振架 m_2 在振动过程中跳离隔振弹簧,弹簧的静压缩量 δ_{n1}、δ_{n2} 应分别大于 δ_{1max}、B_{2max}(或 δ_{2max}),允许极限压缩量 δ'_{j1}、δ'_{j2} 应分别大于($\delta_{n1}+\delta_{1max}$)、($\delta_{n2}+B_{2max}$)或($\delta_{n2}+\delta_{2max}$);对非压缩弹簧,允许相对变形量应大于二倍 δ_{1max}、B_{2max} 或 δ_{2max}	
隔振弹簧设计参数确定	用 δ_{1max} 确定一级隔振弹簧的变形量 $\delta_{11}>0.2\delta_{1max}$　　$\delta_{n1}=\delta_{11}+\delta_{1max}$　　$\delta_{j1}=\delta_{n1}+\delta_{1max}$ 用 B_{2max} 或 δ_{2max} 确定二级隔振弹簧的变形量 $\delta_{12}>0.2B_{2max}$　　$\delta_{n2}=\delta_{12}+B_{2max}$　　$\delta_{j2}=\delta_{n2}+B_{2max}$ 或　$\delta_{12}>0.2\delta_{2max}$　　$\delta_{n2}=\delta_{n2}+\delta_{2max}$　　$\delta_{j2}=\delta_{n2}+\delta_{2max}$ 根据刚度分配原则和弹簧的布置情况,确定出各组弹簧的一只弹簧的刚度,用该刚度分别去乘弹簧的各变形量 δ_1、δ_n、δ_j 得到相应的力 P_1、P_n、P_j	

2.4　二级隔振动力参数设计示例

某直线振动机二级隔振力学模型如图 19-5-2 所示，该振动机机体质量 $m_1=7360$kg，沿与水平方向成 α 角的方向上施加激振力 $F(t)=F_0\sin\omega t$，激振力幅值 $F_0=258300$N，激振频率 $\omega=83.78$rad/s，一级隔振器动力参数设计确定隔振弹簧沿 x 方向的刚度 $K_{1x}=1972000$N/m（采用 8 只 $K'_{1x}=246500$N/m，$K'_{1y}=174900$N/m 的隔振弹簧），因此，隔振弹簧沿 y 方向的刚度 $K_{1y}=1399000$N/m，沿 x 方向和 y 方向传给基础的动载荷幅值分别为 $F_{Tx}=6508$N，$F_{Ty}=5500$N，该振动机安装在上层楼板工作位置后，由于 ω 和楼板的固有角频率很接近，楼板产生强烈的振动。为减轻楼板振动，生产单位要求通过减小传给基础动载荷的方法，解决楼板强烈振动构成的安全隐患问题。试进行二级隔振器动力参数设计。

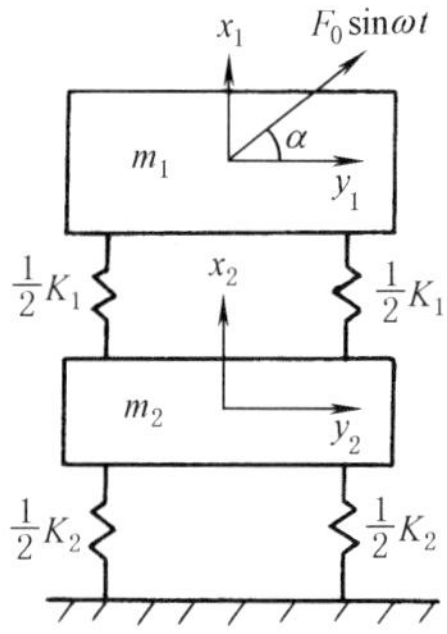

图 19-5-2　某振动机二级隔振力学模型

（1）质量比

首先选取 $K_s=1.05$，$K_p=\dfrac{1}{7}$（K_s、K_p 及其他符号说明见上表）

$$\mu=\left|\frac{1+K_s\left(1\pm\dfrac{1}{K_p}\right)}{\left(\dfrac{\omega}{\omega_{nx}}\right)^2-K_s\left(1\pm\dfrac{1}{K_p}\right)}\right|=\left|\frac{1+1.05(1+7)}{\left(\dfrac{83.78}{16.4}\right)^2-1.05(1+7)}\right|=0.54$$

式中，$\omega_{nx}=\sqrt{K_{1x}/m_1}=\sqrt{1972000/7360}=16.4$rad/s

（2）二级隔振架质量

$$m_2=\mu m_1=0.54\times7360=4120\text{kg}$$

（3）二级隔振弹簧刚度

$$K_{2x}=K_s(1+\mu)K_{1x}=1.05(1+0.54)\times1972000=3168000\text{N/m}$$

选用 14 只 $K'_{2x}=246500$N/m、$K'_{2y}=174900$N/m 的隔振弹簧，并对称质心均匀布置。

$$K_{2x}=K'_{2x}\times14=246500\times14=3451000\text{N/m}$$

$$K_{2y}=K'_{2y}\times 14=174900\times 14=2449000\text{N/m}$$

以上两数值为最后确定的二级隔振弹簧的刚度。

(4) 系统的固有角频率

沿 x 方向的固有角频率

$$\left.\begin{matrix}\omega_{nx1}\\ \omega_{nx2}\end{matrix}\right\}=\omega_{nx}\sqrt{\frac{1}{2\mu}\left[(S_x+\mu+1)\mp\sqrt{(S_x+\mu+1)^2-4S_x\mu}\right]}$$

$$=16.4\times\sqrt{\frac{1}{2\times 0.54}\left[(1.75+0.54+1)\mp\sqrt{(1.75+0.54+1)^2-4\times 1.75\times 0.54}\right]}$$

$$=\left\{\begin{matrix}12.59\\ 38.47\end{matrix}\right.\text{rad/s}$$

式中，$S_x=\dfrac{K_{2x}}{K_{1x}}=\dfrac{3451000}{1972000}=1.75$

沿 y 方向的固有角频率

$$\left.\begin{matrix}\omega_{ny1}\\ \omega_{ny2}\end{matrix}\right\}=\omega_{ny}\sqrt{\frac{1}{2\mu}\left[(S_y+\mu+1)\mp\sqrt{(S_y+\mu+1)^2-4S_y\mu}\right]}$$

$$=13.79\sqrt{\frac{1}{2\times 0.54}\left[(1.75+0.54+1)\mp\sqrt{(1.75+0.54+1)^2-4\times 1.75\times 0.54}\right]}$$

$$=\left\{\begin{matrix}10.62\\ 32.34\end{matrix}\right.\text{rad/s}$$

式中，$\omega_{ny}=\sqrt{K_{1y}/m_1}=\sqrt{1399000/7360}=13.79\text{rad/s}$

$$S_y=\frac{K_{2y}}{K_{1y}}=\frac{2449000}{1399000}=1.75$$

(5) 稳态响应幅值

$$B_{x2}=\frac{\omega_{nx}^4}{(\omega^2-\omega_{nx1}^2)(\omega^2-\omega_{nx2}^2)\mu}\times\frac{F_0\sin\alpha}{K_{1x}}$$

$$=\frac{16.4^4}{(83.78^2-12.59^2)(83.78^2-38.47^2)\times 0.54}\times\frac{258300\times\sin 40°}{1972000}$$

$$=0.0003\text{m}$$

$$B_{x1}=\frac{\omega_{nx}^2\left[(S_x+1)\omega_{nx}^2-\mu\omega^2\right]}{(\omega^2-\omega_{nx1}^2)(\omega^2-\omega_{n2}^2)\mu}\times\frac{F_0\sin 40°}{K_{1x}}$$

$$=\frac{16.4^2\times\left[(1.75+1)\times 16.4^2-0.54\times 83.78^2\right]}{(83.78^2-12.59^2)(83.78^2-38.47^2)\times 0.54}\times\frac{258300\times\sin 40°}{1972000}$$

$$=-0.0034\text{m}$$

$$B_{y2}=\frac{\omega_{ny}^4}{(\omega^2-\omega_{ny1}^2)(\omega^2-\omega_{ny2}^2)\mu}\times\frac{F_0\cos\alpha}{K_{1y}}$$

$$=\frac{13.79^4}{(83.78^2-10.62^2)(83.78^2-32.34^2)\times 0.54}\times\frac{258300\times\cos 40°}{1399000}$$

$$=0.00023\text{m}$$

$$B_{y1}=\frac{\omega_{ny}^2\left[(S_y+1)\omega_{ny}^2-\mu\omega^2\right]}{(\omega^2-\omega_{ny1}^2)(\omega^2-\omega_{ny2}^2)\mu}\times\frac{F_0\cos\alpha}{K_{1y}}$$

$$=\frac{13.79^2\times\left[(1.75+1)\times 13.79^2-0.54\times 83.78^2\right]}{(83.78^2-10.62^2)(83.78^2-32.34^2)\times 0.54}\times\frac{258300\times\cos 40°}{1399000}$$

$$=-0.0039\text{m}$$

(6) 最大位移

机体 m_1 的最大绝对位移

$$B_{x1\max}=5B_{x1}=5\times0.0034=0.017\text{m}$$

$$B_{y1\max}=5B_{y1}=5\times0.0039=0.0195\text{m}$$

为了使机体 m_1 和基础在振动过程中不发生碰撞，沿垂直方向的最小间隙应大于 0.017m，沿水平方向最小间隙应大于 0.0195m。

机体 m_1 和二级隔振架 m_2 间的相对位移

$$\delta_{x1\max}=5(B_{x2}-B_{x1})=5\times(0.0003+0.0034)=0.0185\text{m}$$

$$\delta_{y1\max}=5(B_{y2}-B_{y1})=5\times(0.00013+0.0039)=0.02\text{m}$$

为了使机体 m_1 和二级隔振架 m_2 在振动过程中不发生碰撞，沿垂直方向的最小间隙应大于 0.0185m，沿水平方向的最小间隙应大于 0.02m。

二级隔振架 m_2 的最大绝对位移

$$B_{x2\max}=5B_{x2}=5\times0.0003=0.0015\text{m}$$

$$B_{y2\max}=5B_{y2}=5\times0.00013=0.00065\text{m}$$

为了使二级隔振架 m_2 和基础在振动过程中不发生碰撞，沿垂直方向的最小间隙应大于 0.0015m，沿水平方向的最大间隙应大于 0.00065m。一级隔振弹簧和二级隔振弹簧的变形量与 $\delta_{x1\max}$ 和 $B_{x2\max}$ 的关系符合要求。

（7）传给基础的动载荷幅值

垂直即 x 方向传给基础的动载荷幅值

$$F_{Tx}=K_{2x}B_{x2}=3451000\times0.0003=1035\text{N}$$

水平即 y 方向传给基础的动载荷幅值

$$F_{Ty}=K_{2y}B_{y2}=2449000\times0.00023=563\text{N}$$

2.5 隔振设计的几个问题

2.5.1 隔振设计步骤

（1）一级隔振动力参数初步设计

只考虑 x（垂直）方向振动隔振效果，初步确定一级隔振弹簧总刚度 K_{1x}，按照刚度分配原则，即预防出现摇摆振动的条件，初步确定单只弹簧刚度，再根据振动最大位移确定一级隔振弹簧的最小、工作、极限变形量及对应的弹性力，提供设计或选用一级隔振弹簧的原始数据。

（2）二级隔振动力参数初步设计

只考虑 x（垂直）方向振动隔振效果，初步确定二级隔振架的参振质量 m_2 和二级隔振弹簧刚度 K_{2x}，按照刚度分配原则，确定一只弹簧刚度，再根据振动最大位移 $B_{x\max}$ 或 $\delta_{x\max}$ 确定二级隔振弹簧的最小、工作和极限变形量及对应的弹性力，提供设计二级隔振弹簧的原始设计参数。采用二级隔振安装的机械设备多数为大中型机械设备，从结构上允许安装较多数量的二级隔振弹簧，为了简化设计和方便生产中备件管理，二级隔振弹簧和一级隔振弹簧往往选用完全相同的弹簧，总刚度及刚度比通过采用弹簧的数量加以调整和匹配。确定质量比 μ 时，应对实际刚度比变化的影响留有余地。

（3）隔振弹簧设计

根据隔振器动力参数设计提供的各种规格弹簧的最小、工作和极限变形量及其对应的弹性力，分别设计选用各种规格弹簧。金属螺旋弹簧板弹簧等设计详见第 3 卷第 12 篇弹簧，橡胶弹簧设计详见本章 2.7 节。由于所设计的弹簧参数不可能与要求参数相同，因此，弹簧设计出来后，要重新协调各参数之间的关系，直至各参数匹配，隔振弹簧的参数才最终确定。

（4）隔振器参数的校核计算

首先校核计算隔振弹簧水平方向的刚度及运动稳定性，金属螺旋弹簧的水平刚度计算及稳定性校核详见本章 2.5.3 节，橡胶弹簧的设计及水平刚度的计算详见本章 2.7 节；其次根据动力参数的设计和最后确定的弹簧参数，校核计算隔振系统的稳定解振幅、传给基础的动载荷幅值以及绝对运动或相对运动的最大位移量，这包含有垂直和水平两个方向的参数校核计算。校核计算时，多数情况下对摇摆振动不做校核计算（但设计时必须考虑预防出现摇摆振动的条件），垂直和水平两个方向的各参数则必须进行校核计算，若计算结果不满足要求时，应重新设计。橡胶减振器的形式见本篇 4.1 节。

2.5.2 隔振设计要点

1）预防机体产生摇摆振动，设计中要注意激振力作用点尽量靠近机体质心，使围绕质心的激振力矩尽可能减小；还要使围绕质心的弹性力矩之和接近于零（变形量相同），并注意弹性支承稳定性。

2）以压缩弹簧支承隔振机械设备时，弹簧两端均采用凸台式或碗式弹簧座，在弹簧静变形量不够的情况下试运转时，可防止弹簧飞出伤人，又可为支承机械设备限制定位。

3）如果对称质心布置的弹簧数量较多时，每排弹簧数量尽量采用奇数，而且弹簧的总刚度可以稍高于要求的值，这样便于调试时在每排弹簧中增减 1~2 只，既可调节弹簧的静变形量和隔振系统的频率比，又不影响弹簧的对称质心分布。

4）振动输送，给料、振动筛等有物料作用的振动机隔振器设计，有时可在空载条件下，将频率比选择在2~4 的范围内，当物料压在机体上时，其频率比自动变高，刚好在 3~5 的范围内，确保隔振器的隔振效果。

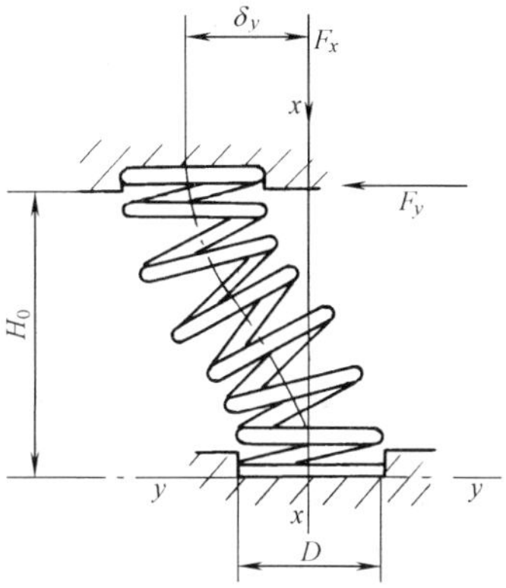

图 19-5-3　圆柱螺旋弹簧在垂直和水平方向的变形

2.5.3 圆柱螺旋弹簧的刚度

圆柱螺旋弹簧同时受垂直载荷和水平载荷作用产生如图 19-5-3 所示的变形，其垂直方向刚度计算公式为：

$$K_x=\frac{F_x}{\delta_x}=\frac{Gd^4}{8nD^3}\quad (\mathrm{N/m}) \tag{19-5-1}$$

式中　F_x——垂直方向载荷，N；

δ_x——由载荷 F_x 所引起的垂直方向变形量，m；

G——弹簧钢的切变模量，一般可取 $G=8\times10^{10}\mathrm{N/m^2}$；

d——弹簧的钢丝直径，m；

D——弹簧中径，m；

n——弹簧的有效圈数。

当弹簧钢的弹性模量 $E=2.1\times10^{11}\mathrm{N/m^2}$、切变模量 $G=8\times10^{10}\mathrm{N/m^2}$ 时，弹簧的水平刚度为：

$$K_y=\frac{F_y}{\delta_y}=\frac{0.7\times10^{10}\times d^4}{C_s nD(0.204H^2+0.256D^2)}\quad (\mathrm{N/m}) \tag{19-5-2}$$

式中　F_y——水平方向载荷，N；

δ_y——由载荷 F_y 所引起的水平方向变形量，m；

C_s——考虑垂直方向载荷影响的修正系数，其值取决于$\frac{\delta_s}{H_0}$和$\frac{H_0}{D}$，可由图 19-5-4 选取；

H——弹簧的工作高度，m，$H=H_0-\delta_s$；

H_0——弹簧的自由高度，m；

δ_s——弹簧的静载变形量，m。

比较式(19-5-1) 及式(19-5-2) 得到刚度的比值关系为：

$$\frac{K_x}{K_y}=\frac{GC_s(0.204H^2+0.256D^2)}{5.6\times10^{10}D^2} \tag{19-5-3}$$

当 $G=8\times10^4\mathrm{N/mm^2}$ 时，

$$\frac{K_x}{K_y}=1.43C_s\left(0.204\frac{H^2}{D^2}+0.265\right) \tag{19-5-4}$$

$\frac{K_y}{K_x}$随$\frac{H}{D}$及$\frac{\delta_s}{H}$的变化关系，如图 19-5-5 所示。

为了使弹簧所支承的机械设备具有足够的稳定性，弹簧的水平刚度对垂直刚度的比值应满足下式：

$$\frac{K_y}{K_x}\geqslant1.20\left(\frac{\delta_s}{H}\right) \tag{19-5-5}$$

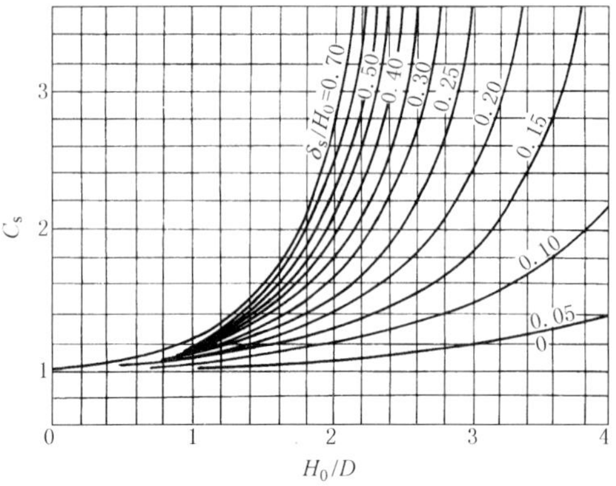

图 19-5-4　修正系数 C_s 与 $\frac{H_0}{D}$ 和 $\frac{\delta_s}{H_0}$ 关系曲线

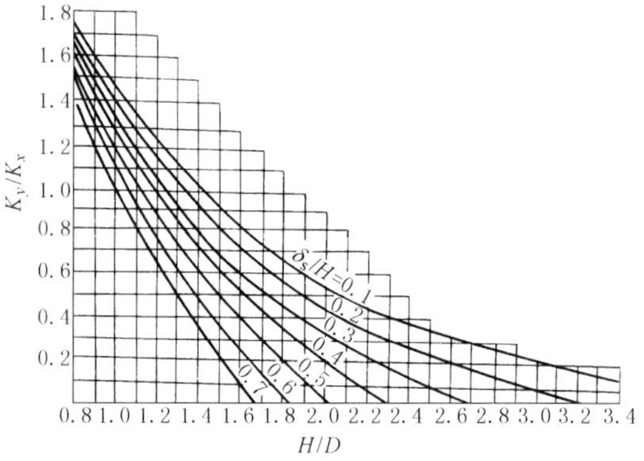

图 19-5-5　刚度比 $\frac{K_y}{K_x}$ 与 $\frac{H}{D}$ 和 $\frac{\delta_s}{H}$ 关系曲线

2.5.4　隔振器的阻尼

如果单纯从隔振角度看，阻尼对隔离高频振动是不起大的作用的，但在生产实际中，常遇见外界冲击和扰动。为避免弹性支承物体产生大幅度自由振动，人为增加阻尼，抑制振幅，且使自由振动尽快消失。特别是当隔振对象在启动和停机过程中需经过共振区时，阻尼作用就更为重要。从隔振器设计角度出发，阻尼值大小似乎和隔振器设计无关，实际上系统阻尼大小，决定了系统减速的快慢，系统阻尼大，启动和停机时间就短，越过共振区的时间也短，共振振幅就小，否则相反。综合考虑，从隔振效果来看，实用最佳阻尼比为 ζ=0.05~0.2。在此范围内，共振振幅不会很大，隔振效果也不会降低很多。通常的隔振系统 ζ=0.05，无需加专门的阻尼器，当 ζ=0.1~0.2 时，最简单的方法是用橡胶减振器，它既是弹性元件，又是黏弹性阻尼器。

2.6　隔振器的材料与类型

表 19-5-3　　隔振材料的主要特性和应用范围

类　型	主　要　特　性	应　用　范　围	注　意　事　项
橡胶	承载能力低，刚度大，阻尼系数为 0.05~0.15，有蠕变效应，耐温范围为-50~70℃，易于成形，能自由选取三个方向的刚度	多用于高频振动的积极和消极隔振，和金属弹簧配合使用效果好，可做成承压型或承剪型隔振器	相对变形量应控制在 10%~20%，避免日晒和油、水侵蚀、承压型隔振器还应保证橡胶件有自由膨胀空间
金属弹簧	承载能力大，变形量大，刚度小，阻尼系数小，为 0.005 左右，水平刚度小于垂直刚度，易摇晃，价廉	用于消极隔振和激振力大的设备的积极隔振，由于易晃动，不适用于精密设备的隔振	当需要较大阻尼时，可加阻尼器或与橡胶减振材料组合使用
空气弹簧	刚度由压缩空气内能决定，承载能力可调，兼有隔振和隔声效果，阻尼系数大，为 0.15~0.5，使用寿命长	用于机车车辆、汽车及有特殊要求的精密设备的隔振。可制成具有任意非线性特性的隔振器	需有衡压空气源保持压力稳定，当环境温度超过 70℃时，不宜采用
泡沫橡胶	刚度小，富有弹性，承载能力小。阻尼比为 0.1~0.15，性能不稳定，易老化	用于小型仪表的消极隔振	许用应力低，相对变形应控制在 20%~35%以内，禁止日晒及与油接触
泡沫塑料	刚度小，承载能力低，性能不稳定，易老化	用于小型仪表的消极隔振	工作应力应控制在 1.96×10^4Pa 以内
软木	质轻，有一定弹性，阻尼系数为 0.02~0.12，有蠕变效应	用于积极隔离，或与橡胶、金属弹簧组合使用时作辅助隔振材料	应力应控制在 9.8×10^4Pa 左右，要防止软木向四周膨胀，防止吸水、吸油
毛毡	阻尼大，弹性小，在干、湿反复作用下易丧失弹性，阻尼系数为 0.06 左右	多用于冲击隔离	厚度一般取$(6.5\sim7.5)\times10^{-3}$m，工作环境要求温度、湿度变化较小
其他	包括木屑、玻璃纤维、细砂等形状不固定的隔振材料，价廉，但特性差	用于设备与地面间的隔振或冲击隔离，一般作为辅助材料	使用时应放置在适当的容器或凹坑内
钢丝绳隔振器	具有较好的弹性和阻尼，承载能力高	广泛用于各种设备的隔振，是目前世界上较为新型的隔振器	

第 19 篇

2.7 橡胶隔振器设计

2.7.1 橡胶材料的主要性能参数

表 19-5-4

<table>
<tr><th>主要参数</th><th>天然橡胶
NR</th><th>丁腈橡胶
NBR</th><th>氯丁橡胶 CR 及丁基橡胶 JIR</th></tr>
<tr><td>性能及使用范围</td><td>强度、延伸率、耐磨性、耐寒性等综合物理力学性能较好，能与金属牢固粘合。缺点是耐油、耐热性较差。常用于一般仪器设备的隔振器</td><td>耐油、耐热性好，阻尼较大，与金属的粘合性也好。常用作动力机械和工程机械的隔振器</td><td>CR 主要优点是耐候性好，常用于防老化、防臭氧要求较高的场合。缺点是自生热大、耐寒性差、电绝缘性较差
JIR 优点是阻尼较大，隔振性能好，耐寒、耐酸、耐臭氧性能较好。缺点是与金属的粘合性差，只能单独使用</td></tr>
<tr><td>硬度</td><td colspan="3">邵氏硬度 $H=30\sim70$</td></tr>
<tr><td rowspan="2">弹性模量</td><td>$H=40\sim60$ 时
$G=(5\sim12)\times10^5\mathrm{N/m^2}$
$E=(15\sim38)\times10^5\mathrm{N/m^2}$</td><td>$H=55\sim70$ 时
$G=(10\sim17)\times10^5\mathrm{N/m^2}$
$E=(38\sim65)\times10^5\mathrm{N/m^2}$</td><td></td></tr>
<tr><td colspan="3">弹性模量和表面硬度间的关系如图 19-5-6 所示。橡胶隔振器制造时，硬度的变化范围为±3～±5，相应的弹性模量的变化范围为±12%～±20%。因此，设计时应控制硬度公差</td></tr>
<tr><td>形状影响系数</td><td colspan="3">$m=f(n)$，$n=\dfrac{约束面积}{自由面积}$，$m=f(n)$ 的关系相当复杂，见表 19-5-5 一般按给出的相应隔振器的数据，如表 19-5-18，直接换算 E_s</td></tr>
<tr><td rowspan="2">动态系数</td><td>$d=1.2\sim1.6$</td><td>$d=1.5\sim2.5$</td><td>$d=1.4\sim2.8$</td></tr>
<tr><td colspan="3">d 的数值随频率、振幅、温度、硬度、配合及承载方式而异，很难获得准确值。通常只考虑 $H=40\sim70$，按上述范围选取，H 小时取下限，否则相反</td></tr>
<tr><td>温度影响系数</td><td colspan="3">λ_t 随温度的变化曲线如图 19-5-7 所示</td></tr>
<tr><td>弹性模量</td><td colspan="3">静态弹性模量：$E_s=\lambda_t mE$，$G_s=\lambda_t mG$
动态弹性模量：$E_d=d\lambda_t mE$，$G_d=d\lambda_t mG$</td></tr>
<tr><td>许用应力及最大允许变形</td><td colspan="3"><table>
<tr><th rowspan="2">受力类型</th><th colspan="3">许用应力/$10^5\mathrm{N\cdot m^{-2}}$</th></tr>
<tr><th>静态</th><th>动态</th><th>冲击</th></tr>
<tr><td>拉伸</td><td>10～20</td><td>5～10</td><td>10～15</td></tr>
<tr><td>压缩</td><td>30～50</td><td>10～15</td><td>25～50</td></tr>
<tr><td>剪切</td><td>10～20</td><td>3～5</td><td>10～20</td></tr>
<tr><td>扭转</td><td>20</td><td>3～10</td><td>20</td></tr>
</table>
静态载荷下：压缩变形<15%，剪切变形<25%
动态载荷下：压缩变形<5%，剪切变形<8%</td></tr>
<tr><td>设计准则</td><td colspan="3">$\sigma<[\sigma]$，$\tau<[\tau]$，$\delta_\sigma<[\delta_\sigma]$，$\delta_\tau<[\delta_\tau]$
$[\sigma]$，$[\tau]$——许用拉压应力、许用剪切应力，$\mathrm{N/m^2}$
$[\delta_\sigma]$，$[\delta_\tau]$——许用拉压变形、许用剪切变形，m</td></tr>
<tr><td rowspan="2">阻尼比</td><td>$\zeta=0.025\sim0.075$</td><td>$\zeta=0.075\sim0.15$</td><td>CR：$\zeta=0.075\sim0.30$
JIR：$\zeta=0.12\sim0.50$</td></tr>
<tr><td colspan="3">阻尼比随着硬度 H 的增加而增加，$H=40$ 时取下限，$H=70$ 时取上限</td></tr>
</table>

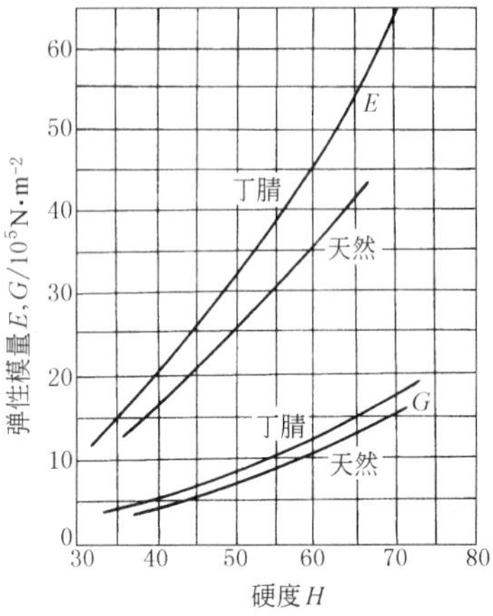

图 19-5-6　弹性模量与硬度的关系

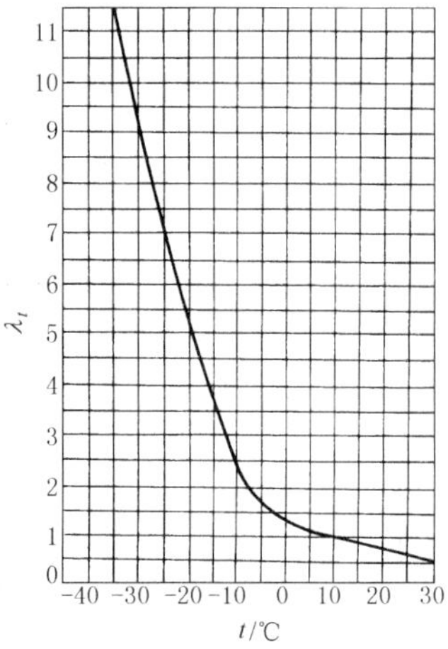

图 19-5-7　温度影响系数曲线

2.7.2　橡胶隔振器刚度计算

表 19-5-5

类别	简　图	刚　度	计 算 说 明
圆柱形	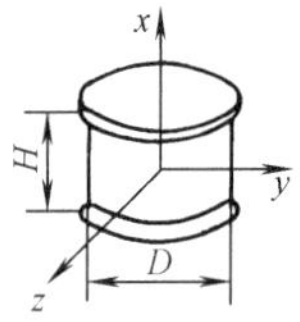	$K_x=\dfrac{A_L m_x}{H}E$ $K_y=\dfrac{A_L m_y}{H}E$ $K_z=K_y$	$m_x=1+1.65n^2$ $m_y=\dfrac{1}{1+0.38\left(\dfrac{H}{D}\right)^2}$ $n=\dfrac{A_L}{A_f}$　$A_L=\dfrac{\pi D^2}{4}$　$A_f=\pi DH$ $\left(一般\dfrac{1}{4}\leqslant\dfrac{H}{D}\leqslant 1\right)$ (静变形 $\delta_{xs}=0.15\sim0.25H$)
环柱形	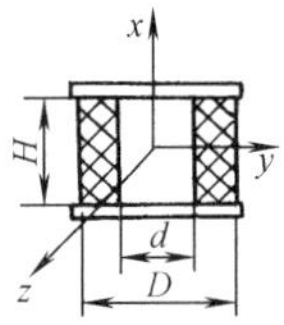	$K_x=\dfrac{A_L m_x}{H}E$ $K_y=\dfrac{A_L m_y}{H}G$ $K_z=K_y$	$m_x=1.2(1+1.65n^2)$ $m_y=\dfrac{1}{1+\dfrac{4}{9}\left(\dfrac{H}{D}\right)^2}$ $n=\dfrac{A_L}{A_f}$　$A_L=\dfrac{\pi(D^2-d^2)}{4}$ $A_f=\pi(D+d)H$
矩形	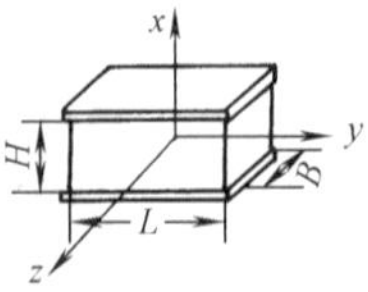	$K_x=\dfrac{A_L m_x}{H}E$ $K_y=\dfrac{A_L m_y}{H}G$ $K_z=\dfrac{A_L m_z}{H}G$	$m_x=1+2.2n^2$ $m_y=\dfrac{1}{1+0.29\left(\dfrac{H}{L}\right)^2}$ $m_z=\dfrac{1}{1+0.29\left(\dfrac{H}{B}\right)^2}$ $n=\dfrac{A_L}{A_f}$　$A_L=LB$ $A_f=2(L+B)H$
圆柱形	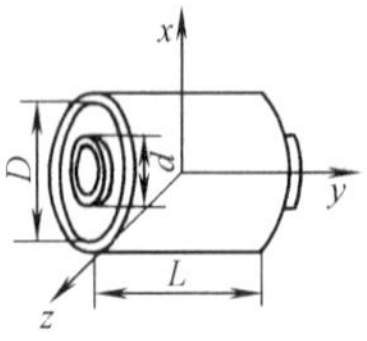	$K_x=\dfrac{\pi L}{\ln\dfrac{D}{d}}(mE+G)$ $K_y=\dfrac{2\pi L}{\ln\dfrac{D}{d}}G$ $K_z=K_y$	$m=1+4.67\dfrac{dL}{(d+L)(D-d)}$ 一般 $m=2\sim5$ (硬度高,尺寸大者取大值)

续表

类别	简图	刚度	计算说明
圆筒形	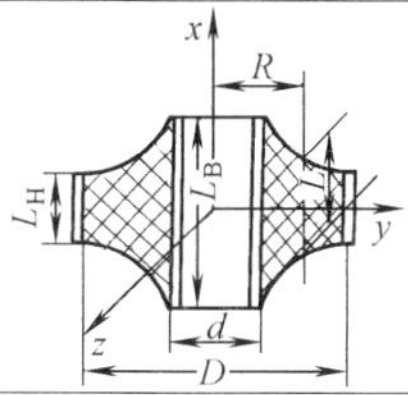	$K_x=\dfrac{2\pi DL_H}{D-d}G$ ① $K_x=\dfrac{4\pi L_B d^2}{D^2-d^2}G$ ② $K_y=K_z=(2\sim6)K_x$	① LR=常数，截面等强度设计，适宜于承受轴向载荷 ② LR^2=常数，适宜承受扭转载荷，此时剪切应力为常数
圆锥形	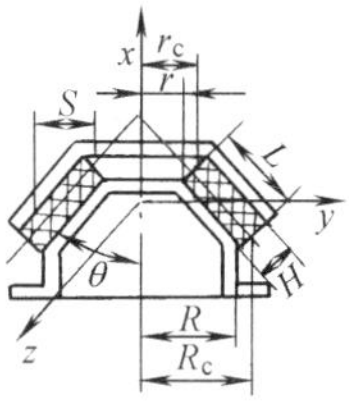	$K_x=\dfrac{\pi L(R_c-r_c)}{H}(Em\sin^2\theta+G\cos^2\theta)$ $K_y=\dfrac{\pi(R-r)(Em\eta+G)}{\tan\theta\ln\left(1+\dfrac{2S}{R+r}\right)}$ $K_z=L_y$	$E=3G$ $m=1+2.33\dfrac{L}{H}$ $\eta=\dfrac{2(1-\cos\zeta)}{\sin^2\zeta\cos\zeta}$ $\dfrac{\delta_y}{S}=\sin\zeta$ $\delta_y=\dfrac{F_y}{K_y}$（初估时可取 $\eta=1$）
剪切型	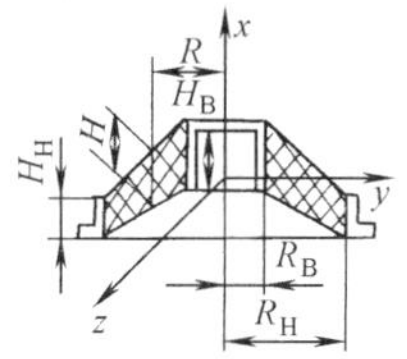	$K_x=\dfrac{2\pi R_B H_B}{R_H-R_B}G$ ① $K_x=\dfrac{2\pi H}{\ln\dfrac{R_H}{R_B}}G$ ② $K_x=\dfrac{2\pi(R_B H_H-R_H H_B)}{(R_H-R_B)\ln\dfrac{R_B H_H}{R_H H_B}}G$ ③ $K_y=K_z=(2\sim6)K_x$	① RH=常数，截面等强度 ② H=常数，截面等高度 ③ $RH\neq$常数，$H\neq$常数，截面不等，高度不等
复合型	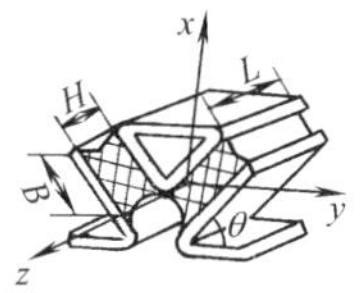	$K_x=2K_p\left(\cos^2\theta+\dfrac{1}{K}\sin^2\theta\right)$ $K_y=2K_p\left(\sin^2\theta+\dfrac{1}{K}\cos^2\theta\right)$ $K_z=2K_q$	$K_p=\dfrac{A_L m_x}{H}E$ $K_q=\dfrac{A_L m_y}{H}G$ $K_r=\dfrac{A_L m_z}{H}G$ $m_x=1+2.2n^2$ $m_y=\dfrac{1}{1+0.29\left(\dfrac{H}{L}\right)^2}$ $m_z=\dfrac{1}{1+0.29\left(\dfrac{H}{B}\right)^2}$ $n=\dfrac{A_L}{A_f}$ $A_L=LB$ $A_f=2(L+B)H$ $K=\dfrac{K_p}{K_r}$

注：1. 静刚度设计中，有三个独立尺寸，可根据具体安装情况，先假设两个尺寸，求出第三个尺寸，然后用设计准则进行验算，若不满足设计准则，应重新假定尺寸，再进行计算，直至满足设计准则中的条件为止。

2. 表中的 E、G 为橡胶材料的静态弹性模量，可按表 19-5-5 给出的范围或图 19-5-6 选定，计算所得刚度为静刚度，乘以动静比 d 即为隔振器动刚度。

3. 表中计算的刚度为 15℃情况下的刚度，当环境温度偏差大时，应用温度影响系数修正。

2.7.3 橡胶隔振器设计要点

① 应根据使用环境和条件，选用合适的橡胶。

② 注意橡胶与金属的粘接强度，避免粘接面处的应力集中。

③ 对于剪切变形隔振器，为了提高寿命，通常在垂直剪切方向给予适当预压缩，压缩方向刚度变硬，剪切方向刚度变软。

④ 隔振器应避免长期在受拉状态下工作。

⑤ 由于有阻尼就要消耗能量，这部分损失的能量转换成热能，而橡胶是热的不良导体，为防止温升过高影响橡胶隔振器性能，第一，橡胶隔振器不宜做得过大；第二，从结构上应采取易于散热的措施，或选用生热较少的天然橡胶材料。正因橡胶隔振器能将部分能量转换成热能，降低了振动能量，达到减振目的，所以，常将橡胶隔振器称作减振器。

3 阻尼减振

现代工程结构大多为复杂的多自由度系统，一般的减振隔振技术很难满足控制振动的要求，还必须采用各种形式的阻尼，耗散振动体的能量，达到减小振动的目的。常用的人工阻尼技术包括阻尼层结构、阻尼减振器，后者包括黏弹性阻尼减振器、干摩擦（库仑）阻尼减振器、流体阻尼减振器及其他减振器。

3.1 阻尼减振原理

阻尼减振的原理见表 19-5-6。大部分用于减振器，参见下一节。

表 19-5-6 **阻尼减振的原理**

类别	图例	说明
空气阻尼器	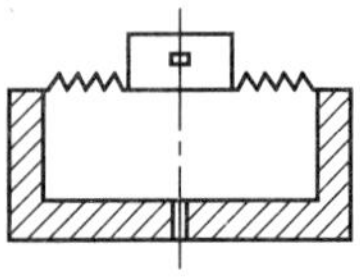	摆锤运动时空气以很大的速度从小孔流入或流出而获得大的阻尼力;性能稳定;阻尼力与运动速度的线性较差
油阻尼器	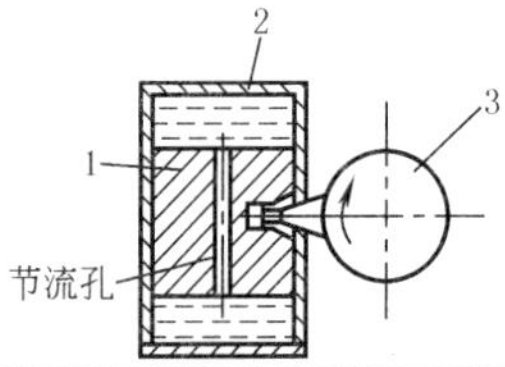	阻尼板在油中产生涡流及阻尼板与油的黏滞力获得阻尼力;种类很多;流体介质以硅油为最稳定 左图例说明:振动体通过摇臂 3 使活塞 1 产生往复运动,迫使油液通过活塞的节流孔来回流动,产生摩擦阻尼
干摩擦阻尼	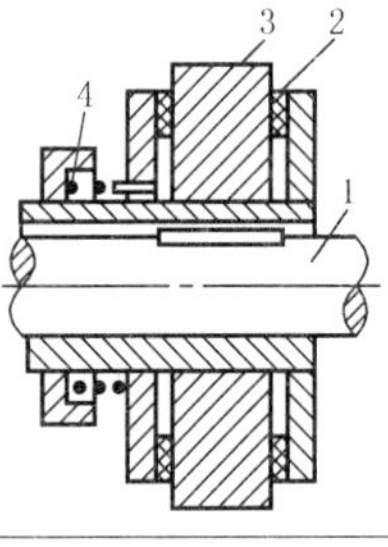	摩擦片、弹簧、橡胶、钢丝绳减振器等;种类很多 左图例说明:1—轴;2—摩擦盘;3—飞轮;4—弹簧
磁阻尼器	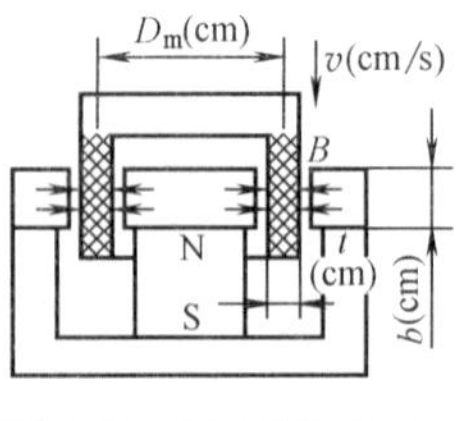	金属材料制成的阻尼环在磁场中运动产生电动势产生涡流而形成阻尼力 $F=\pi\dfrac{B^2}{\rho}D_m btv\times10^{-14}(\mathrm{N})$ B——空隙的磁通密度,G(1G=10^{-4}T) ρ——圆环的电阻率,Ω · cm 设磁场中圆环部分的电阻为 $R(\Omega)$,则 $\rho=Rbt/(\pi D_m)$
线圈式电磁阻尼器	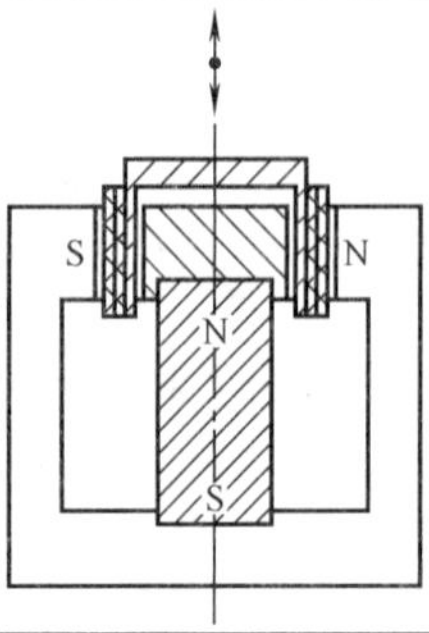	如用线圈在磁场中运动切割磁力线时产生电动势,与磁场相互作用而产生阻止运动的力,则为线圈式电磁阻尼器

要说明一点，电磁流变技术用于减振器是机械领域的一个大的变革。例如智能半主动减振器可广泛应用于机械动力装备，如车辆的主动悬架、主动抗侧翻装置、驾驶员坐椅主动减振和主动隔振、建筑结构的主动消能等。同时磁流变调速离合器、磁流变刹车可广泛应用于机械动力传动链中的动力控制装置，从而为用微电子器件直接控制机械动力装置提供了直接便利的执行器。见本章 4. 5 节新型可控减振器。

3. 2 材料的损耗因子与阻尼层结构

3. 2. 1 材料的损耗因素与材料

通常以材料的损耗因子 η_1 来衡量其对振动的吸收能力的特征量。它是材料受到振动激励时，损耗能量与振动能量的比值：

$$\eta_1=\frac{W_d}{2\pi U} \tag{19-5-6}$$

式中 W_d——一个周期中阻尼所消耗的功；

U——系统的最大弹性势能，$U=\frac{1}{2}KA^2$；

K——系统刚度；

A——振幅。

由于等效阻尼 $$C_e=\frac{W_d}{\pi\omega A^2}$$

因此，损耗因子 η_1 和等效阻尼 C_e 的关系为： $$C_e=\frac{K}{\omega}\eta_1 \tag{19-5-7}$$

可以大致地认为在结构合理，受力与变形都在许可范围的情况下，$\eta_1>2$ 的材料将阻止振动的持续。

通常材料的损耗因子见表 19-5-7。

表 19-5-7 **通常材料的损耗因子 η_1**

材　料	损耗因子 η_1	材　料	损耗因子 η_1	材　料	损耗因子 η_1
钢、铁	0.0001～0.0006	夹层板	0.01～0.13	高分子聚合物	0.1～10
铜、锡	0.002	软木塞	0.13～0.17	混凝土	0.015～0.05
铅	0.0006～0.002	复合材料	0.2	砖	0.01～0.02
铝、镁	0.0001	有机玻璃	0.02～0.04	干砂	0.12～0.6
阻尼合金	0.02～0.2	塑料	0.005		
木纤维板	0.01～0.03	阻尼橡胶	0.1～5		

常用的 31 型、90 型等阻尼橡胶层的较详细资料见表 19-5-8。

表 19-5-8

系　列	型　　号	最大损耗因子 η_{max}	最大损耗因子时的温度/℃	最大损耗因子时切变模量/N · m^{-2}	最佳使用频率/Hz
31 系列	3101	0. 45	20	1.4×10^{10}	100～5000
	3102	0. 65	42	2×10^{10}	100～5000
	3103	0. 92	60	6.5×10^{10}	100～5000
90 系列	9030	1. 4	8	5.8×10^{9}	100～5000
	9050	1. 5	10	6.5×10^{9}	100～5000
	9050A	1. 3	32	7×10^{9}	100～5000
ZN00	ZN01	1. 6	10	2×10^{7}	
	ZN02	1. 42	20	2×10^{7}	
	ZN03	1. 42	30	1.5×10^{7}	
	ZN04	1. 45	−10	2×10^{7}	
ZN10	ZN11	1. 5	20	2.5×10^{7}	
	ZN12	1. 1	10	5×10^{8}	
	ZN13	1. 34	20	1.5×10^{8}	
	ZN14	1. 0	100	4×10^{7}	
ZN20	ZN21	1. 4	25	5×10^{7}	
ZN30	ZN31	1. 2	100	7×10^{7}	
	ZN33	1. 0	200	1×10^{9}	

注：橡胶材料的复刚度 $K^*=K'+ih=K'(1+i\eta)$，K'为橡胶弹性元件的单向位移动刚度（同相动刚度），h 为反映橡胶材料阻尼特性的正交动刚度（即结构阻尼），损耗因子 $\eta=h/K'$。复刚度 K^* 同时代表了橡胶元件的动刚度和阻尼。

对于橡胶的物理力学性能应符合表 19-5-9 的要求。（按 CJ/T 286—2008 城市轨道交通轨道橡胶减振器）。（GB/T 3532—2011 规定略有不同，见第 4 节，表 19-5-17）。

表 19-5-9　　减振器橡胶的物理力学性能

序号	项目名称	单位	指标
1	扯断强度	MPa	≥15
2	扯断伸长率	%	≥300
3	扯断永久变形		≤20
4	老化变化率(70℃×144h)		≥-25
5	与金属粘结强度	MPa	≥4.2
6	耐臭氧(40℃,50×10^{-6}96h)		表面无龟裂

3.2.2　橡胶阻尼层结构

在结构表面喷涂一层或粘贴一层黏弹性阻尼材料，例如高分子聚合物、混凝土、高速变形下的某些金属材料等，如只在原结构表面涂覆或粘贴一层阻尼层，原构件发生弯曲变形时，阻尼层以拉压变形的方式与构件的变形相协调，黏弹性阻尼材料就构成了非约束性黏弹阻尼结构，如在原结构表面上粘贴一层阻尼材料，然后再在阻尼材料上粘贴一层金属薄板就构成了约束阻尼层结构。后一种结构形式多样，可分为对称型、非对称型和多层结构。当结构发生弯曲变形时，由于约束层的作用使阻尼层产生较大的剪切变形来耗散较多的机械能，其减振效果比自由阻尼层结构大，应用最广泛。在拉压、扭转型的构件中也都采用约束阻尼技术，使阻尼层在构件的特定变形方式下处于切应力状态。

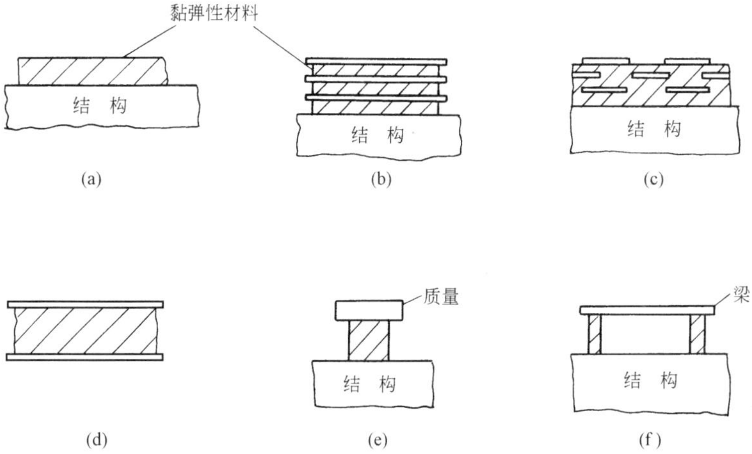

图 19-5-8　几种典型的附加阻尼

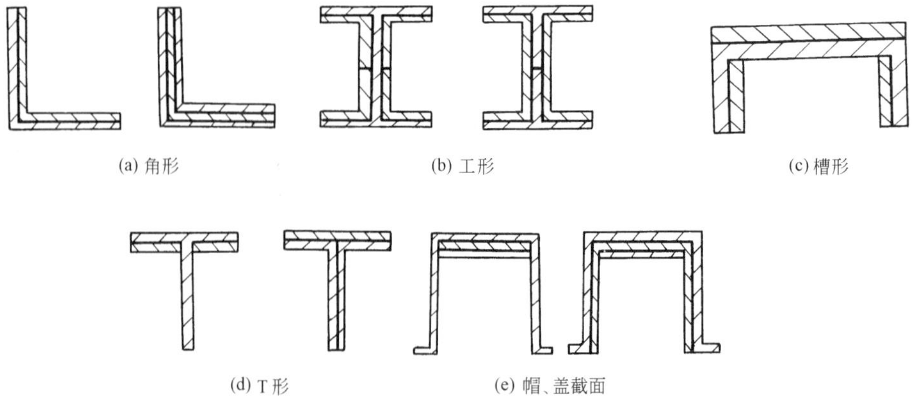

图 19-5-9　多层薄板梁的阻尼结构横截面

图 19-5-8 为典型的附加阻尼形式。图 19-5-9 为典型的多层薄板梁的阻尼结构的横截面。图 19-5-10 为典型的外体-嵌入体-黏弹性材料组成的梁的横截面。

层叠橡胶支承件是由层叠橡胶构成的防振材料（弹性支承部件），该层叠橡胶系将橡胶薄片与钢板交替层叠、并硫化粘接而成。图 19-5-11a 为 NH 系列支承件，橡胶总厚度全部为 200mm。图 19-5-11b 为国内外用于楼房、桥梁、结构物等的叠层橡胶支座，进行基础隔振。某小区一幢原设计的 6 层框架砖混结构楼房，在 68 根立柱上装了 68 只叠层橡胶减振器，可抗 7 级地震。图 19-5-12 为叠层橡胶支承减振器安装在高压开关绝缘柱的底部，在多次地震和余震中，均保证开关站完好无损。

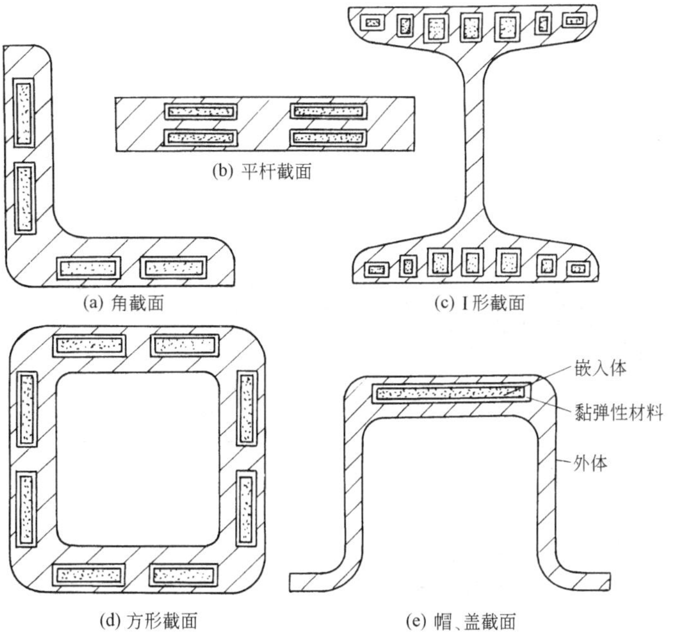

图 19-5-10　外体-嵌入体-黏弹性材料梁的阻尼结构横截面

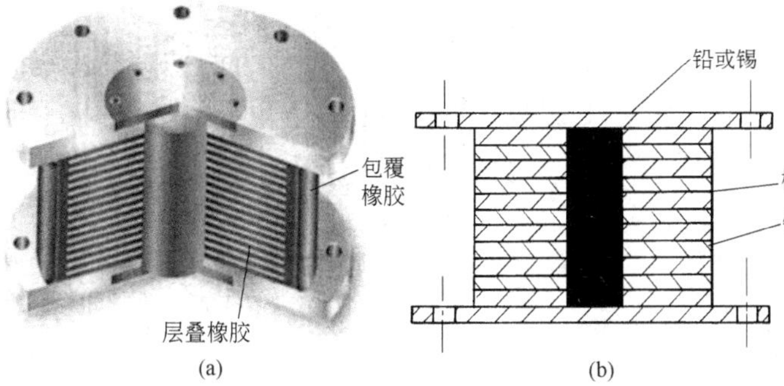

图 19-5-11　层叠橡胶支承件

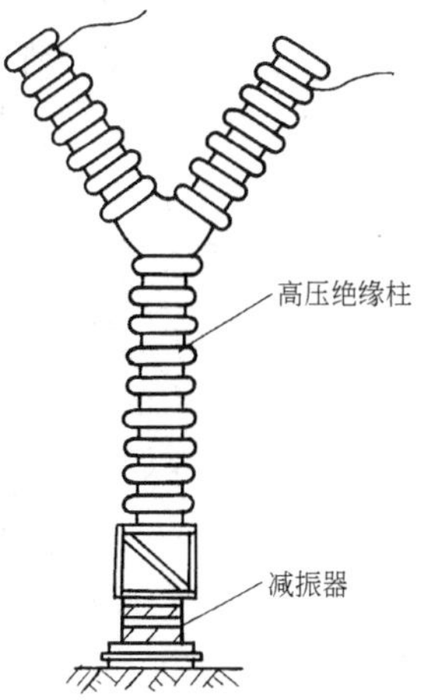

图 19-5-12　叠层橡胶减振器

橡胶支承还可与液压联合使用组成液压支承系统。它是将传统橡胶支承与液压阻尼组成一体的结构，在低频率范围内能提供较大的阻尼，对发动机大幅值振动起到迅速衰减的作用，中高频时具有较低的动刚度，能并行地降低驾驶室内的振动与噪声。

除铅心橡胶支承垫（LRB）之外，还有四氟板式橡胶支座、高阻尼橡胶支承垫（HRB）、摩擦摆支承（FPB）、反力分散装置及其他金属机械的消能器等。采用铅心橡胶支承垫及反力分散装置作为隔减振设置的实例占绝大多数。

还可以根据需要设计成各种阻尼层结构，例如各种截面组合结构、蜂窝形板、壳结构等。

3.2.3 橡胶支承实例

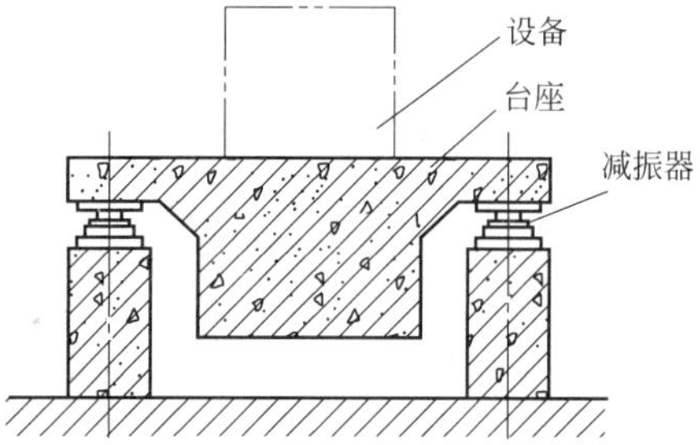

图 19-5-13 设备隔振体系示意图

1）设备隔振体系示意如图 19-5-13 所示。

2）桥梁橡胶支承系统及四氟板式橡胶支座示意如图 19-5-14 所示。

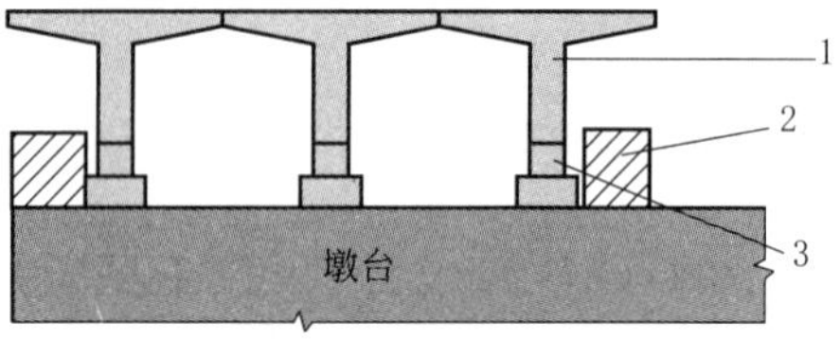

(a)

1—T形梁；2—横向挡块；3—橡胶支座

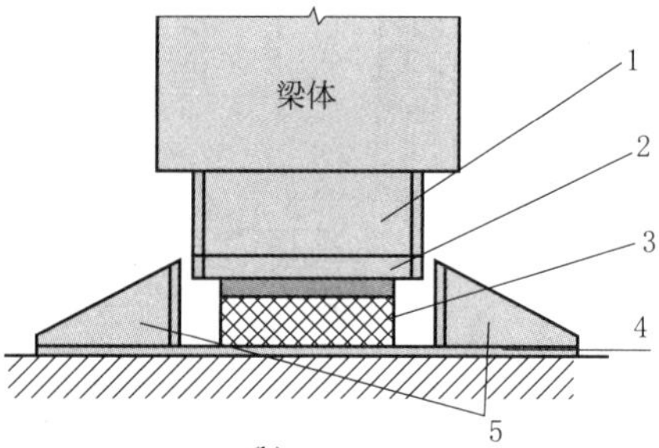

(b)

1—梁底上钢板；2—不锈钢板；3—四氟支座；4 挡块底板；5—横向挡块

图 19-5-14 桥梁橡胶支承系统示意图

3）传统的发动机采用弹性支承（如橡胶）降低振动，隔振装置结构简单，成本低，性能可靠。橡胶支承一般安装在车架上，根据受力情况分为压缩型，剪切型和压缩-剪切复合型等。剪切型自振频率较低，但强度不高。目前国内外最广泛采用的压缩-剪切复合型。在橡胶中间加入钢板可改变缩剪切的弹簧常数。见图 19-5-15（a），为工程机械的一种橡胶锥形支承。

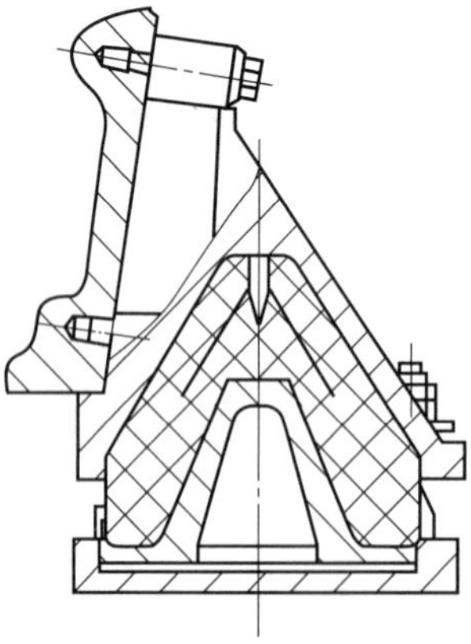
(a) 橡胶锥形支承

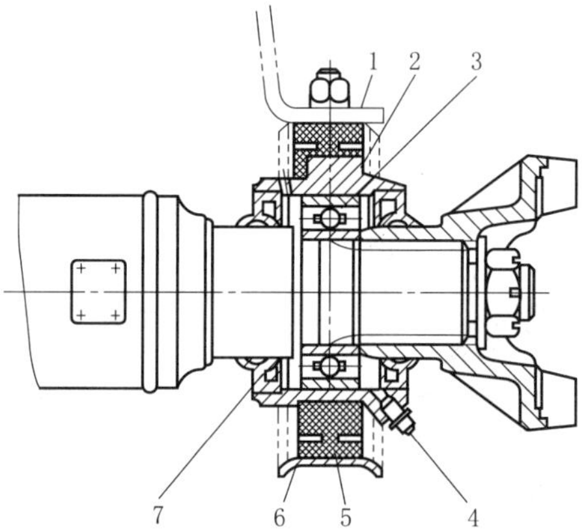

(b) 东风EQ1090汽车的中间橡胶支承

1—车架横梁；2—轴承座；3—轴承；4—油嘴；5—蜂窝形橡胶；6—U形支架；7—油封

图 19-5-15

3.3 线性阻尼隔振器

刚性连接的线性阻尼隔振器系统参数及设计已见表 19-5-1。本节简述弹性连接的线性阻尼隔振器的参数及设计。所谓弹性连接是指阻尼器通过弹簧连接于质体 m 和基础之间。

3.3.1 减振隔振器系统主要参数

表 19-5-10

<table>
<tr><th>隔振方式</th><th>系 统 简 图</th><th>刚度比
S</th><th>阻 尼 比
ζ</th><th>频率比
Z</th><th>绝对传递系数 T_A</th><th>相对传递系数 T_R</th><th>运动响应系数 T_M</th></tr>
<tr><td>主动隔振</td><td>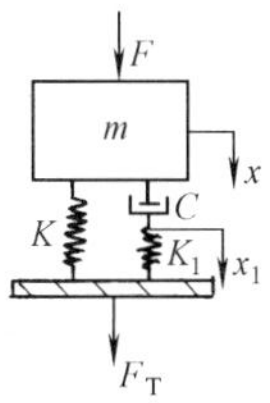</td><td>$\frac{K_1}{K}$</td><td>$\frac{C}{2\sqrt{mK}}$</td><td>$\frac{\omega}{\sqrt{\frac{K}{m}}}$</td><td>$\left|\frac{F_{T0}}{F_0}\right|$</td><td>—</td><td>$\left|\frac{B}{\frac{F_0}{K}}\right|$</td></tr>
<tr><td>被动隔振</td><td>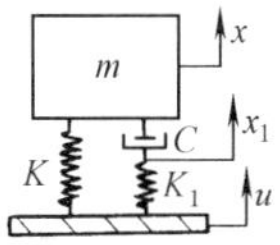</td><td>$\frac{K_1}{K}$</td><td>$\frac{C}{2\sqrt{mK}}$</td><td>$\frac{\omega}{\sqrt{\frac{K}{m}}}$</td><td>$\left|\frac{B}{U}\right|$</td><td>$\left|\frac{\delta}{U}\right|$</td><td>—</td></tr>
<tr><td>主动隔振</td><td>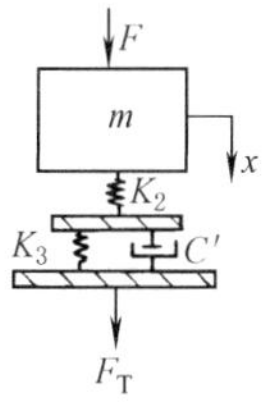</td><td>$\frac{K_2}{K_3}$</td><td>$\frac{C\left(\frac{S}{S+1}\right)}{2\sqrt{\frac{K_2K_3m}{K_2+K_3}}}$</td><td>$\frac{\omega}{\sqrt{\frac{K_2K_3}{(K_2+K_3)m}}}$</td><td>$\left|\frac{F_{T0}}{F_0}\right|$</td><td>—</td><td>$\left|\frac{B}{\frac{F_0}{K}}\right|$</td></tr>
<tr><td>被动隔振</td><td>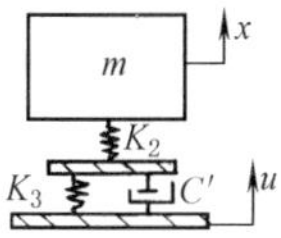</td><td>$\frac{K_2}{K_3}$</td><td>$\frac{C\left(\frac{S}{S+1}\right)}{2\sqrt{\frac{K_2K_3m}{K_2+K_3}}}$</td><td>$\frac{\omega}{\sqrt{\frac{K_2K_3}{(K_2+K_3)m}}}$</td><td>$\left|\frac{B}{U}\right|$</td><td>$\left|\frac{\delta}{U}\right|$</td><td>—</td></tr>
<tr><td rowspan="3">隔振考核指标计算式</td><td>绝对传递系数 T_A(隔振系数 η)</td><td colspan="6">$T_A=\sqrt{\frac{1+4\left(\frac{S+1}{S}\right)^2\zeta^2Z^2}{(1-Z^2)^2+\frac{4}{S^2}\zeta^2Z^2(S+1-Z^2)^2}}$</td></tr>
<tr><td>相对传递系数 T_R</td><td colspan="6">$T_R=\sqrt{\frac{Z^2+\frac{4}{S^2}\zeta^2Z^2}{(1-Z^2)^2+\frac{4}{S^2}\zeta^2Z^2(S+1-Z^2)^2}}$</td></tr>
<tr><td>运动响应系数 T_M</td><td colspan="6">$T_M=\sqrt{\frac{1+\frac{4}{S^2}\zeta^2S^2}{(1-Z^2)^2+\frac{4}{S^2}\zeta^2Z^2(S+1-Z^2)^2}}$</td></tr>
</table>

注：符号意义 F—激振力，$F=F_0\sin\omega t$，N；F_0—激振力幅值，N；u—支承运动位移，$u=U\sin\omega t$，m；U—支承运动位移幅值，m；B—质量 m 的稳态运动位移幅值，m；δ—质量 m 的基础相对运动位移幅值，m；F_{T0}—传给基础的动载荷幅值，N。

3.3.2 最佳参数选择

表 19-5-11

最佳参数	对应绝对传递系数 T_A	对应相对传递系数 T_R	说明
最佳频率比	$Z_{OPA}=\sqrt{\dfrac{2(S+1)}{S+2}}$	$Z_{OPR}=\sqrt{\dfrac{S+2}{2}}$	S—刚度比 也可查阅图 19-5-16
最佳传递系数	$T_{OP}=T_{OPA}=1+\dfrac{2}{S}\approx T_{OPR}$		也可查阅图 19-5-17
最佳阻尼比	$\zeta_{OPA}=\dfrac{S}{4(S+1)}\sqrt{2(S+2)}$	$\zeta_{OPR}=\dfrac{S}{\sqrt{2(S+1)(S+2)}}$	也可查阅图 19-5-18

注：1. 本表按被动隔振给出各最佳参数，对主动隔振同样适用。

2. 本表也适用于非线性系统，本表选择的参数均为等效线性参数。

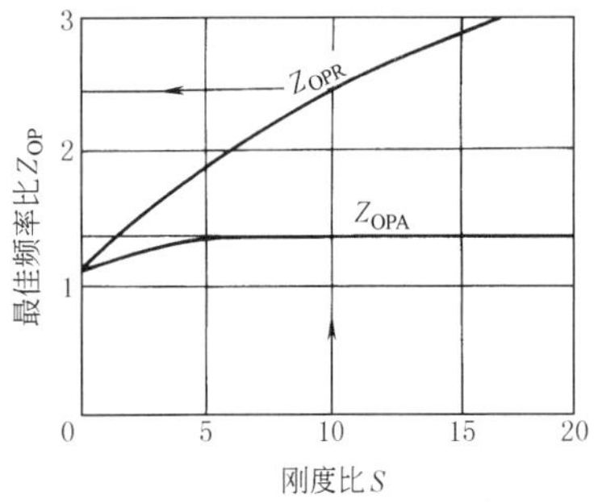

图 19-5-16 Z_{OP}与 S 的关系

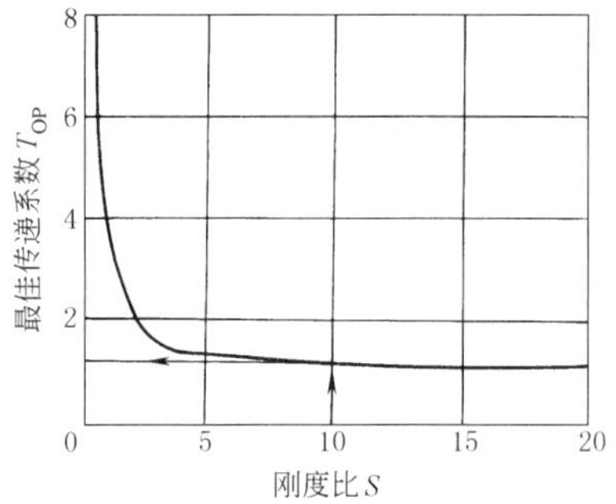

图 19-5-17 T_{OP}与 S 的关系

弹性连接线性阻尼减振隔振器的最佳参数均由刚度比 S 决定。例如：$S=10$ 时，由图 19-5-16 查得 $Z_{OPA}=1.35$，$Z_{OPR}=2.45$；由图 19-5-17 查得 $T_{OP}=1.2$；由图 19-5-18 查得 $\zeta_{OPA}=1.1$，$\zeta_{OPR}=0.62$。

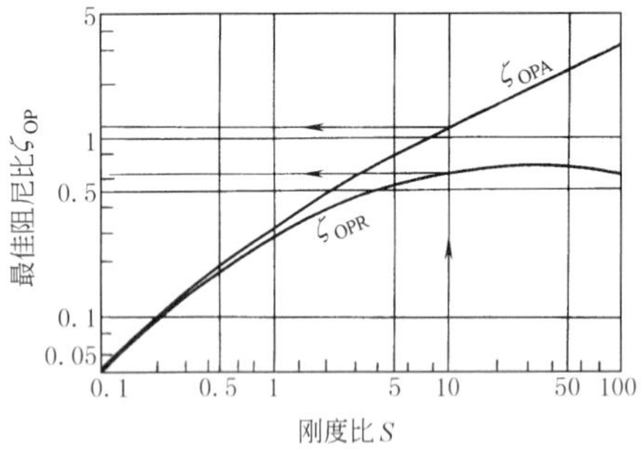

图 19-5-18 ζ_{OP}与 S 的关系

3.3.3 设计示例

某高速离心压气机，其质量为 1240kg，工作转速为 2800r/min，要求设计一弹性连接线性阻尼减振隔振器，使共振时的最大绝对传递系数 $T_{Amax}<3$，正常工作时的隔振系数 $\eta\leqslant 0.05$。

（1）确定刚度比 S

当 $T_{Amax}=3$ 时，从图 19-5-17 查得对应的刚度比 $S=1$；当 $T_{Amax}\leqslant 3$ 时，则 $S\geqslant 1$；为了安全起见，取 $S=2$。

（2）确定最佳阻尼比 ζ_{OPA}

当 $S=2$ 时，从图 19-5-18 查得对应的最佳阻尼比 $\zeta_{OPA}=0.47$。

（3）确定系统的固有角频率 ω_n

当 $S=2$，$\zeta_{OPA}=0.47$，$T_A=0.05$ 时，从隔振系数

$$\eta=\sqrt{\frac{1+4\left(\dfrac{S+1}{S}\right)^2\zeta_{OPA}^2Z^2}{(1-Z^2)^2+\dfrac{4}{S^2}\zeta_{OPA}^2Z^2(S+1-Z^2)^2}}$$

中可以计算出对应的频率比 $Z=8$；当 $\eta\leqslant 0.05$ 时，$Z=\dfrac{\omega}{\omega_n}\geqslant 8$；高速离心压气机的工作转速 $n=2800\text{r/min}$，$\omega=$

293. 2rad/s，所以，系统的固有角频率 $\omega_n \leqslant \dfrac{\omega}{Z}=\dfrac{293.2}{8}=36.65\text{rad/s}$。

（4）主支承总刚度

$$K=m\omega_n^2=1240\times36.65^2=1.67\times10^6\ \text{N/m}$$

主支承弹簧选择四角均匀布置，每组选用 3 只弹簧，共用 12 只弹簧作为主支承弹簧，一只弹簧刚度

$$K'=\frac{K}{12}=\frac{1.67\times10^6}{12}=1.39\times10^5\text{N/m}$$

（5）主支承弹簧的静变量

$$\delta_n=\frac{mg}{K}=\frac{1240\times9.8}{1.67\times10^6}=0.0073\text{m}$$

选取 $\delta_n=0.01\text{m}$。因选取 S、δ_n 值两次选大，该弹簧静变量肯定满足要求。主支承弹簧设计参数 K'、δ_n 确定后，则可进行弹簧设计。

（6）阻尼器支承弹簧总刚度

$$K_1=SK=2\times1.67\times10^6=3.34\times10^6\ \text{N/m}$$

阻尼器支承弹簧采用和主支承弹簧相同的 24 只弹簧，沿圆周均匀布置，见图 19-5-19。

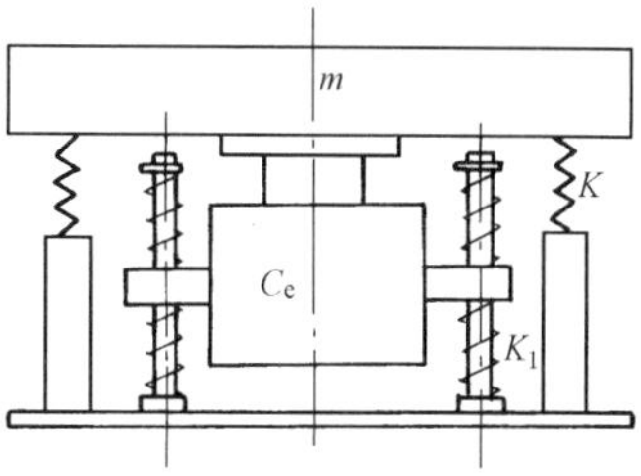

图 19-5-19　弹性连接线性阻尼结构布置简图

（7）阻尼器总等效线性阻尼系数

$$C_e=\zeta_{OPA}C_c=0.47\times90900=42720\ \text{N·s/m}$$

式中　$C_c=2m\omega_n=2\times1240\times36.65=90900\ \text{N·s/m}$

因该高速离心压气机工作频率高，采用速度平方阻尼器是很有效的，所以，求得的阻尼系数为等效线性阻尼系数，采用 4 只阻尼器，每一只阻尼器的阻尼系数为：

$$C_e'=\frac{C_e}{4}=\frac{42720}{4}=10680\ \text{N·s/m}$$

（8）流体阻尼器的行程估计

因为传给基础的瞬时最大动载荷幅值 $F_{T\max}=T_{A\max}F_0=KB_{\max}$；正常工作时传给基础的动载荷幅值 $F_{T0}=T_AF_0=KB$，当$T_{A\max}=3$ 时，$B_{\max}=\delta_n=0.0073\text{m}$，所以，稳态振幅

$$B=\frac{T_A}{T_{A\max}}B_{\max}=\frac{0.05}{3}\times0.0073=1.22\times10^{-4}\ \text{m}$$

阻尼器的正常工作行程为二倍稳态振幅，最大行程往往根据装配工艺要求确定。阻尼器设计可根据 C_e'、ω、B 进行。

3.4　非线性阻尼系统的隔振

3.4.1　刚性连接非线性阻尼系统隔振

表 19-5-12

项　　目	黏弹性阻尼系统	摩擦（库仑）阻尼系统
力学模型	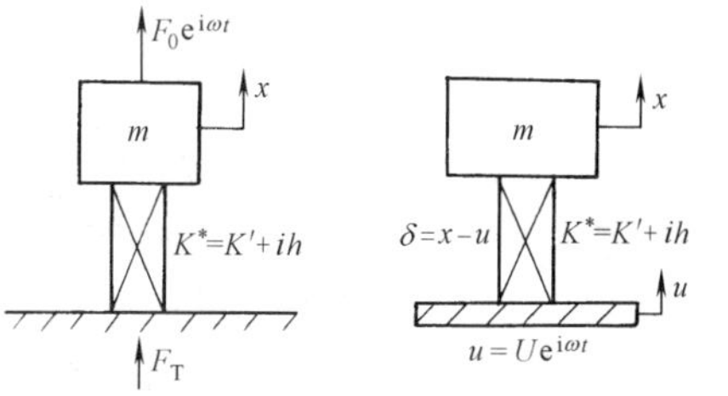 (a)　(b) K'——橡胶弹簧单向位移动刚度 h——橡胶材料阻尼特性的正交动刚度，$h=K'\eta_1$ η_1——黏性材料的损耗因子，一般橡胶 $\eta_1=0.03\sim0.50$	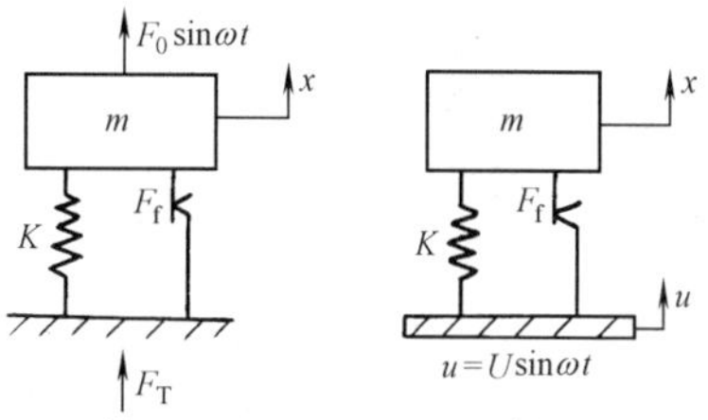 (a)　(b) F_f——极限摩擦力，$F_f=\mu N$ η_1——摩擦阻尼参数（a）$\eta_1=\dfrac{F_f}{F_0}$（b）$\eta_1=\dfrac{F_f}{KU}$

续表

项　目	黏弹性阻尼系统	摩擦(库仑)阻尼系统
等效阻尼	等效线性阻尼系数 $C_e=\frac{K'\eta_1}{\omega}$	等效线性阻尼比 $\zeta_e=\sqrt{\frac{\left(\frac{2}{\pi}\eta_1\right)^2(1-Z^2)^2}{Z^2\left[Z^4-\left(\frac{4}{\pi}\eta_1\right)^2\right]}}$
传递系数	绝对传递系数 $T_A=\sqrt{\frac{1+\eta_1^2}{(1-Z^2)^2+\eta_1^2}}$ 相对传递系数 $T_R=\frac{Z^2}{\sqrt{(1-Z^2)^2+\eta_1^2}}$ 运动响应系数 $T_M=\frac{1}{\sqrt{(1-Z^2)^2+\eta_1^2}}$	绝对传递系数 $T_A=\sqrt{\frac{1+\left(\frac{4}{\pi}\eta_1\right)^2\left(\frac{12}{Z^2}\right)}{(1-Z^2)^2}}$ 相对传递系数 $T_R=\sqrt{\frac{Z^4-\left(\frac{4}{\pi}\eta_1\right)^2}{(1-Z^2)^2}}$ 运动响应系数 $T_M=\sqrt{\frac{Z^4-\left(\frac{4}{\pi}\eta_1\right)^2}{Z^4(1-Z^2)^2}}$ 力传递系数 $(T_A)_F=\sqrt{\frac{1+\left(\frac{4}{\pi}\eta_f\right)^2Z^2(Z^2-2)}{(1-Z^2)^2}}$ η_f——力阻尼参数，$\eta_f=\frac{F_f}{F_0}$
频率比 Z	$Z^2=\frac{\omega^2}{\omega_n^2}=\frac{m\omega^2}{K'}$	$Z^2=\frac{\omega^2}{\omega_n^2}=\frac{m\omega^2}{K}$ 摩擦阻尼器松动频率比 近似值：$Z_L=\sqrt{\frac{4}{\pi}\eta_1}=\sqrt{\frac{4}{\pi}\times\frac{F_f}{KU}}$ 精确值：$Z_L=\sqrt{\eta_1}=\sqrt{\frac{F_f}{KU}}$
隔振特征	(1) 当 $Z=1$（共振），$\eta_1=2\zeta\ll1$ 时，$T_{Amax}=\frac{1}{\eta_1}$，该值很大 (2) 当 $Z\gg1$（远超共振），$\eta_1\ll1$ 时，黏弹性阻尼系统与无阻尼系统的 η_1 之差为 $\sqrt{1+\eta_1^2}$，该值很小，所以，橡胶隔振器的内阻尼在越过共振区以后，几乎不妨碍隔振效果 (3) 通常增大 η_1 值会引起发热量的增加，寿命缩短，因此，大损耗因子（$\eta_1>0.5$）的橡胶在隔振技术中的应用仍有困难	(1) 在“松动”刚开始的一段频率范围内，振动的一个周期内仍然交替地出现“松动”和“锁住”运动，所以，这一频带对应的 T_A、T_R 近似性较差，计算时应注意 (2) 如果摩擦阻力小于临界最小值，即使系统有阻尼，共振时的位移传递系数也能达到无穷大。为避免共振时 T_A 达到无穷大，给出了摩擦力最小条件和最佳条件 $(F_f)_{min}=0.79KU$ $(F_f)_{OP}=1.57KU$ (3) 当激振频率较高时，T_A 与 ω^2 成反比

3.4.2 弹性连接干摩擦阻尼减振隔振器动力参数设计

表 19-5-13

项　目	计　算　公　式	说　明
力学模型	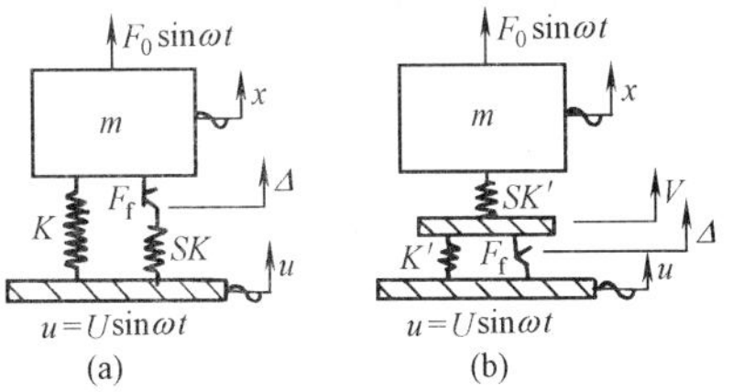	系统频率比参看表 19-5-10
传递系数	$T_A=\sqrt{\dfrac{1+\left(\dfrac{4}{\pi}\eta_1\right)^2\left[\dfrac{S+2}{S}-2\left(\dfrac{S+1}{S}\right)\Big/Z^2\right]}{(1-Z^2)^2}}$ $T_R=\sqrt{\dfrac{Z^4+\left(\dfrac{4}{\pi}\eta_1\right)^2\left[\dfrac{2}{S}Z^2-\left(\dfrac{S+2}{S}\right)\right]}{(1-Z^2)^2}}$ $T_M=\sqrt{\dfrac{1+\left(\dfrac{4}{\pi}\eta_1\right)^2\left(\dfrac{2Z^2}{S}-\dfrac{S+2}{S}\right)\Big/Z^4}{(1-Z^2)^2}}$ $(T_A)_F=\sqrt{\dfrac{1+\left(\dfrac{4}{\pi}\eta_f\right)^2Z^2\left[\dfrac{S+2}{S}Z^2-2\left(\dfrac{S+1}{S}\right)\right]}{(1-Z^2)^2}}$ $\eta_1=\dfrac{F_f}{KU}$　$\eta_f=\dfrac{F_f}{F_0}$ $(T_A)_F=\dfrac{F_{T0}}{F_0}$	(1)无阻尼($\eta_1=0$)和无穷阻尼($\eta_1=\infty$)的情况下,只有弹簧起作用 (2)低阻尼(小于最佳阻尼)时,阻尼器松动频率也比较低,当松动频率低于固有角频率时,即 $\eta_1<\dfrac{\pi}{4}$,共振 T_A 为无穷大 (3)松动和锁住频率比 $Z_L=\sqrt{\dfrac{(4\eta_1/\pi)(S+1)}{(4\eta_1/\pi)\pm S}}$ 取"+"时为松动频率,取"-"时为锁住频率,当根号内出现负值时,松动后不再锁住 (4) 高频时,加速度传递系数与频率平方成反比,所以,高频加速度传递系数相对较小
最佳频率比	$Z_{OPA}=\sqrt{\dfrac{2+(S+1)}{S+2}}$　$Z_{OPR}=\sqrt{\dfrac{S+2}{2}}$	也可查阅图 19-5-16
最佳传递系数	$T_{OP}=T_{OPA}=1+\dfrac{2}{S}\approx T_{OPR}$	也可查阅图 19-5-17
最佳阻尼参数	$\eta_{OPA}=\dfrac{\pi}{2}\sqrt{\dfrac{S+1}{S+2}}$　$\eta_{OPR}=\dfrac{\pi}{4}\sqrt{S+2}$	可通过计算或查图 19-5-20 确定 η_{OP} 和 F_f,再依据 F_f 选择 μ 和 N

3.5 减振器设计

3.5.1 油压式减振器结构特征

筒式油压减振器的典型结构如图 19-5-21a 所示。值得注意的有两点：其一是该减振器采用了两个完全相同的单向阀 A、B 和一个带有阻尼孔 C 的压力阀；其二是油缸的内径与活塞杆的外径之比取为$\sqrt{2}$。这样就可保证减振器在正反两方向行程相等、运动速度也相等的条件下，正反向运动流过阻尼孔 C 和 A、B 阀的油量相等，作用于活塞上的阻尼力相等。减振器具有稳定的阻尼特性。另外，单向阀、阻尼孔和油缸零件均采用分体式，便于制造、安装和调试。图 19-5-21 为常见的车用油压减振器，各零件如筒体、弹簧、密封等未标明。

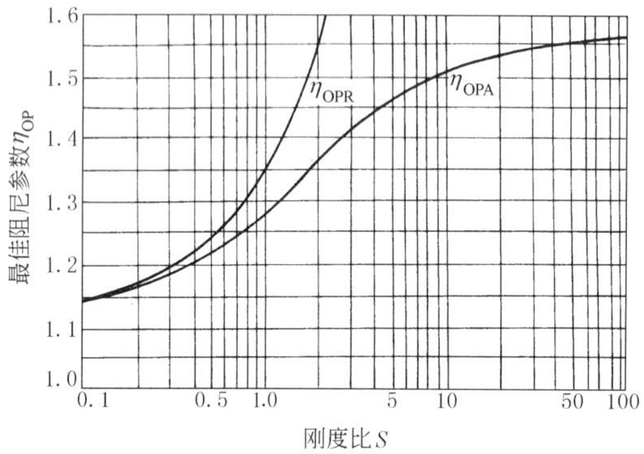

图 19-5-20 最佳阻尼参数 η_{OP}与刚度比的关系

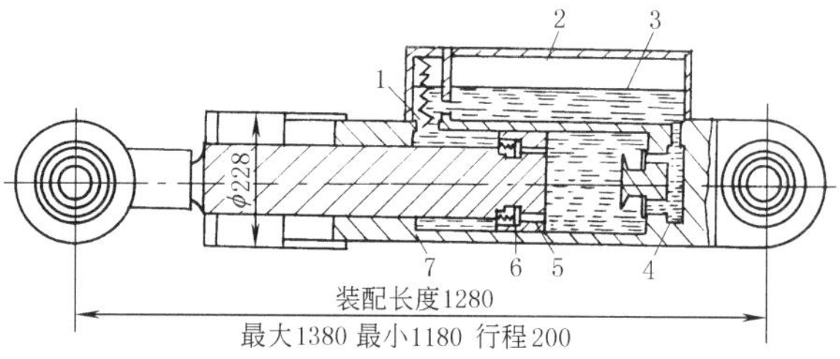

(a)

1—阻尼孔 C；2—气室；3—油面；4—阀 B；
5—活塞；6—阀 A；7—油缸

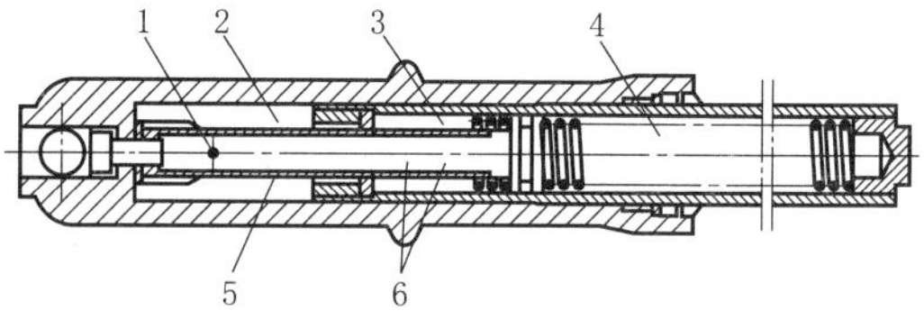

(b)

1—导流孔；2—C 腔；3—B 腔；4—A 腔；
5—活塞杆；6—阻尼孔

图 19-5-21 油压式减振器

3.5.2 阻尼力特性

表 19-5-14 阻尼力特性

项目	定截面阻尼孔	圆锥阀阻尼孔	速度比例阀阻尼孔
结构简图	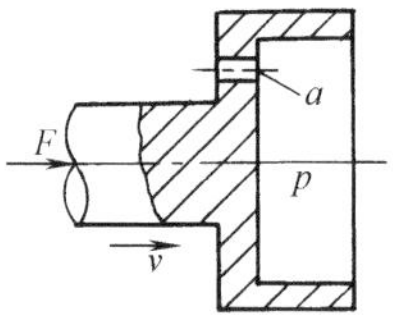	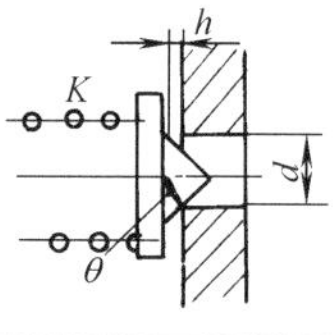	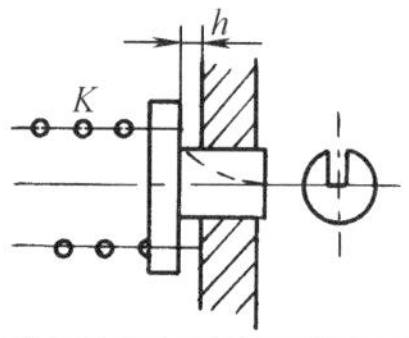
压力差与活塞速度关系	$p=\frac{1}{2}\rho\frac{S^2v^2}{(C_d a)^2}$	$p=\frac{1}{2}\rho\times\frac{S^2v^2}{\left[N\left(\frac{1}{K}p\frac{\pi}{4}d^2-h_0\right)\right]^2}$ $N=C_d\pi d\sin\theta$	$p=\frac{1}{2}\rho\times\frac{S^2v^2}{(C_d\alpha)^2\left(\frac{1}{K}p\frac{\pi}{4}d^2-h_0\right)^2}$ 阀的开程 h 与阀体切槽深度关系为抛物线，实际上是圆弧，油通路面积 $a=\alpha\sqrt{h}$，则 $\alpha=\frac{a}{\sqrt{h}}$，式中 h 仅以数值代入开方
	ρ——流体密度，kg/m^3；S——活塞面积，m^2；a——阻尼孔面积，m^2；v——活塞速度，m/s；C_d——流量系数，取决于孔形状和雷诺数；p——油压差，N/m^2		
	孔长较短 $C_d=0.6$ 孔长径比为 3，流入侧边缘 直角：$C_d=0.8$ 圆弧：$C_d=0.9$	带阀门的阻尼孔 $C_d=0.6\sim0.7$ K——阀弹簧的弹簧刚度，N/m h_0——阀弹簧的预压变形量，m 未注几何尺寸见简图	

续表

项　　目	定截面阻尼孔	圆锥阀阻尼孔	速度比例阀阻尼孔
阻尼力速度特性	$F=pS=\frac{1}{2}\rho\frac{S^3}{(C_d a)^2}v^2$	当 $h_0=0$ 时 $F=\frac{S}{a}\left[\frac{\rho}{8\pi}\left(\frac{KS}{C_d\sin\theta}\right)^2\right]^{1/3}v^{2/3}$	当 $h_0=0$ 时 $F=\sqrt{\frac{\rho}{2}\times\frac{4K}{\pi d^2}\times\frac{S^2}{C_d\alpha}v}$
阻尼系数	$C_2=\frac{1}{2}\rho\frac{S^3}{(C_d a)^2}$	$C_2=\frac{S}{\pi d^2/4}\left[\frac{\rho}{8\pi}\left(\frac{KS}{C_d\sin\theta}\right)^2\right]^{1/3}$	$C=\frac{S^2}{C_d\alpha}\sqrt{\frac{2\rho K}{\pi d^2}}$
等效线性阻尼系数	$C_e=\frac{8}{3\pi}C_2\omega B$ ω——活塞振动频率，rad/s B——活塞振动振幅，m		$C_e=C$
使用说明	图 19-5-21 阻尼孔 C 为定截面阻尼孔。阻尼系数计算公式中面积 $S=\pi D^2/8$，D 为油缸内径。另外阻尼力随 v^2 按正比增长，v 很大时，受力很大，阻尼器将受到强度上的限制。为控制内压，阻尼孔 C 处装一限压阀	图 19-5-21 中的阀 A、B 可采用圆锥阀。当流体流过该类阀时，产生的阻尼力很小，因此，圆锥阀都是像图 19-5-21 那样与定截面阻尼孔配用。圆锥阀的阻尼力可以忽略不计	图 19-5-21 中阀 A、B 也可采用速度比例阀，它所产生的阻尼力是线性阻尼。当速度比例阀与阻尼孔 C 配合使用且流动速度 v 很高时，速度平方阻尼起主要作用；v 比较低时，线性阻尼占主导地位，是一种比较好的搭配

注：其他各种孔隙的压力差计算可参见第 21 篇 3 液压流体力学常用公式。

3.5.3　设计示例

3.3.3 节的减振隔振器动力参数设计示例，确定等效线性阻尼 $C_e=42720\text{N}\cdot\text{s/m}$，阻尼器的振动角频率 $\omega=293.2\text{rad/s}$，振幅 $B=1.22\times10^{-4}\text{m}$，设计如图 19-5-21 所示的油阻尼器。

阀 A 和阀 B 采用圆锥阀阻尼孔，阻尼孔 C 采用定面积阻尼孔。

阻尼系数

$$C_2=\frac{3\pi C_e}{8\omega B}=\frac{3\pi\times42720}{8\times293.2\times1.22\times10^{-4}}=6.07\times10^6\ \text{N}\cdot\text{s}^2/\text{m}^2$$

定截面阻尼孔 C 的直径选为 $d_1=0.002\text{m}$，阻尼油选择为机油，其密度 $\rho=900\text{kg/m}^3$，阻尼孔长径比大于 3 且边缘为圆弧，所以 $C_d=0.9$，活塞杆面积

$$S=\sqrt[3]{\frac{2C_d^2a^2C_2}{\rho}}=\sqrt[3]{\frac{2\times0.9^2\times(\pi\times0.002^2/4)^2\times1.67\times10^6}{900}}=0.325\text{m}^2$$

活塞杆直径

$$d=\sqrt{\frac{4S}{\pi}}=\sqrt{\frac{4\times0.325}{\pi}}=0.143\text{m}$$

油缸内径

$$D=\sqrt{2}d=\sqrt{2}\times0.143=0.203\text{m}$$

3.5.4　摩擦阻尼器结构特征及示例

摩擦阻尼器结构特征，一是选用合适的摩擦材料做摩擦片，二是对摩擦片施加足够的摩擦力，通常施加正压力方法有预压弹簧、气缸或油缸三种加压形式。

图 19-5-22 为非线性干摩擦阻尼减振器（专利），该阻尼减振器结构概述如下：摩擦顶盖 5 内开有摩擦棒孔 10，外壳 2 的上部壳壁上开有摩擦棒通孔 11，摩擦顶盖 5 的下端设置在减振弹簧 3 的上端，顶紧弹簧 8 设置在摩擦棒孔 10 的里端，摩擦棒 6 的杆端设在摩擦棒孔 10 内顶紧弹簧 8 的外端，摩擦棒 6 的摩擦端设在外壳 2 上的摩

擦棒通孔 11 内，外壳 2 上摩擦棒通孔 11 的外壁上由螺杆 9 固定有摩擦板 7，摩擦棒 6 摩擦端的外端面与摩擦板 7 的内壁之间摩擦接触。减振原理是将振动能量转化为摩擦功，据称比常规阻尼减振器增大吸振能量三倍以上。摩擦棒及摩擦板可方便更换，大大提高了应用效果。据称寿命比常规橡胶阻尼减振器长三倍，比金属网阻尼减振器的寿命长。

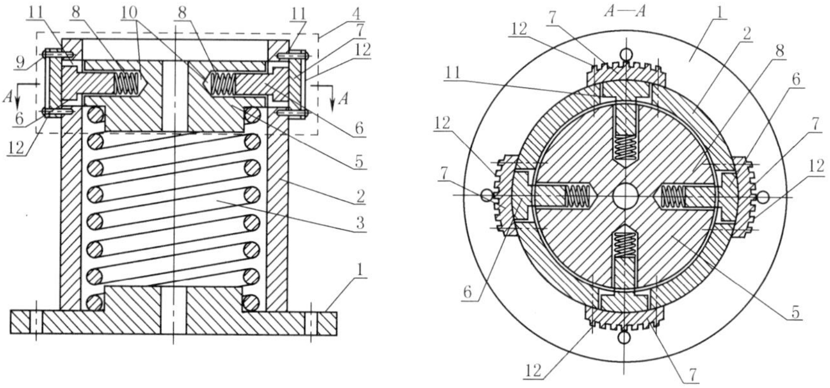

图 19-5-22　非线性干摩擦阻尼减振器

1—底座；2—外壳；3—减振弹簧；4—干摩擦阻尼器；5—摩擦顶盖；6—摩擦棒；7—摩擦板；8—顶紧弹簧；9—螺杆；10—摩擦棒孔；11—摩擦棒通孔；12—散热翅片

图 19-5-23 为钢丝网干摩擦减振器及黏弹性阻尼材料。

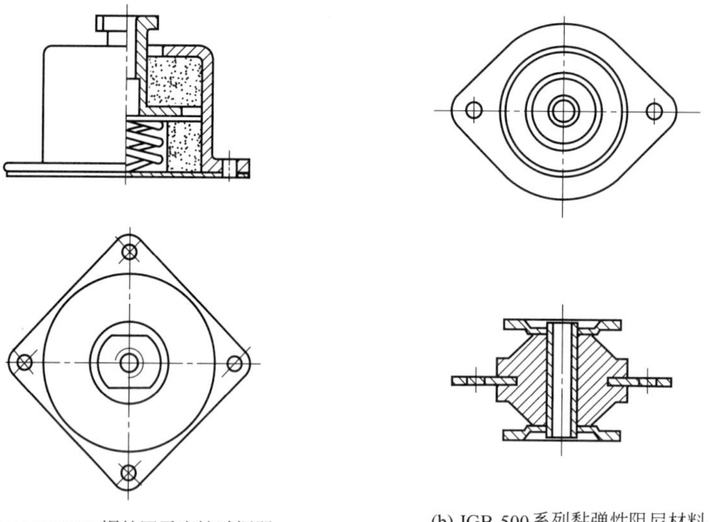

(a) AAW-3000 钢丝网干摩擦减振器　　(b) JGB-500 系列黏弹性阻尼材料

图 19-5-23

4　阻尼隔振减振器系列

4.1　橡胶减振器

4.1.1　橡胶剪切隔振器的国家标准

按“CB/T 3532—2011 橡胶剪切隔振器”的国家标准，如图 15-5-24 所示，其尺寸应符合表 19-5-15，隔振器的重量偏差为±5%。表 19-5-16 为隔振器的基本参数。隔振器的橡胶应用丁腈橡胶制造，其物理力学性能应符合表 19-5-17 的要求。

表 19-5-15　　隔振器尺寸　　mm

形式	C	D	d	H	质量/kg
JG1	24	100	M12-7H	43	0.35
JG3	49	200	M16-7H	87	2.20
JG4	84	290	M20-7H	133	6.50

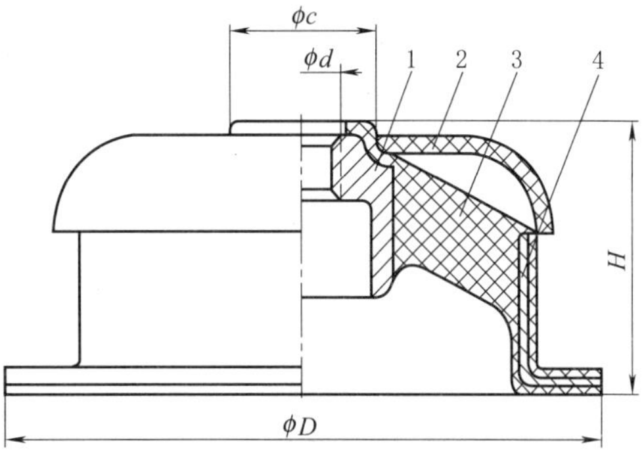

图 19-5-24　隔振器结构简图

1—内铁件；2—橡胶罩壳；3—橡胶；4—外铁件

表 19-5-16　　隔振器基本参数

型号	Z 向额定载荷/kN	额定载荷下变形量/mm	额定载荷下的固有频率/Hz	Z 向压缩破坏载荷≥kN	阻尼比	隔振器橡胶邵氏 A 硬度 HA
JG1-1	0.19	3.00~5.50	10.8~15.3	0.92	0.08~0.14	45
JG1-2	0.27			1.65		55
JG1-3	0.36			1.82		60
JG1-4	0.47			2.38		65
JG1-5	0.57			2.90		70
JG1-6	0.69			3.20		75
JG1-7	0.82			3.80		80
JG3-1	0.98	6.00~11.50	7.0~10.0	3.85		45
JG3-2	1.37			6.90		55
JG3-3	1.96			7.70		60
JG3-4	2.65			10.00		65
JG3-5	3.23			12.30		70
JG3-6	3.97			13.50		75
JG3-7	4.73			16.00		80
JG4-1	2.94	10.50~22.00	5.1~7.4	9.30		45
JG4-2	4.12			16.70		55
JG4-3	5.68			18.60		60
JG4-4	7.06			24.00		65
JG4-5	9.02			30.00		70
JG4-6	10.58			32.00		75
JG4-7	12.35			38.00		80

表 19-5-17　　橡胶物理力学性能表

序号	性能名称	指标
1	扯断强度	≥12MPa
2	扯断伸长率	≥300%(硬度小于 70HA)
3	扯断永久变形	≤25%
4	邵氏 A 硬度的变化范围	±5HA
5	脆性温度	-35℃
6	基尔老化系数 70℃,96h 的变化率	≥-25%
7	耐油(CC 10W/30 柴油机油、23℃×7d)重量比	-0.2%~+1%
8	耐海水(5%盐水 23℃×72h)重量比	≤1%
9	橡胶与金属的粘合强度	≥3.9MPa

4.1.2　常用橡胶隔振器的类型

1）常用橡胶隔振器的类型和主要特征见表 19-5-18。

表 19-5-18　　　　　　　　　　常用隔振器的类型和主要特性

序号	类　型	代　号	简　　　图	主　要　特　性
1	平板形 隔振器	JP	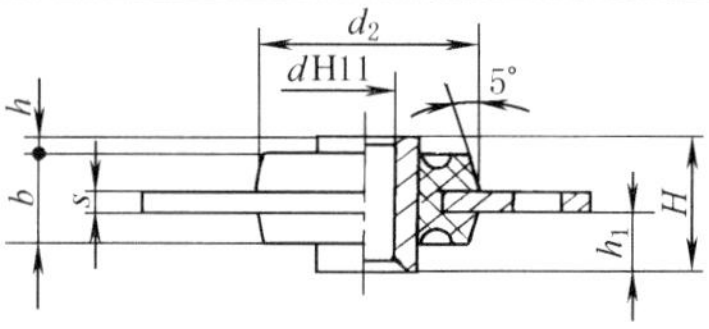	额定载荷范围为 4.41～153.35N，结构紧凑，连接方便。垂直方向的固有角频率为 13.5～15Hz，水平方向的固有角频率为 30～35Hz
2	碗　形 隔振器	JW	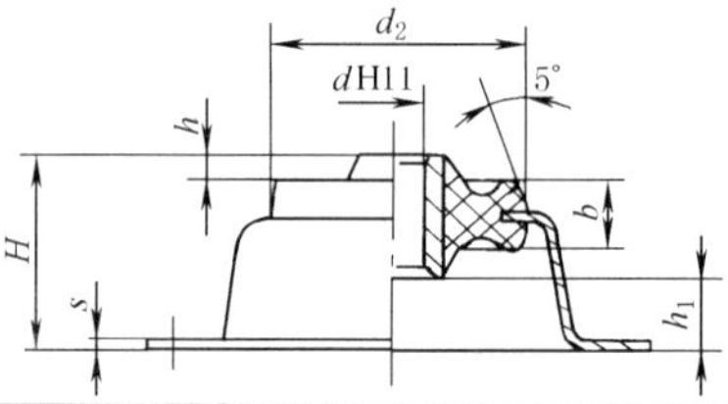	额定载荷范围为 4.41～153.35N，结构紧凑，连接方便。垂直方向的固有角频率为 13.5～15Hz，水平方向的固有角频率为 30～35Hz
3	加固形 隔振器	JG	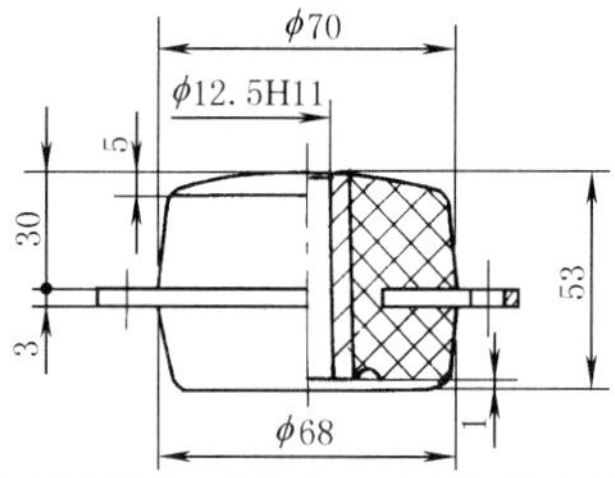	能承受高达 323.4～980N 的较大额定载荷。当隔振器橡胶损坏时，能防止设备与基础脱开，因此可用于支承在水平、倾斜和竖直基础上的设备
4	封闭形 隔振器	JF	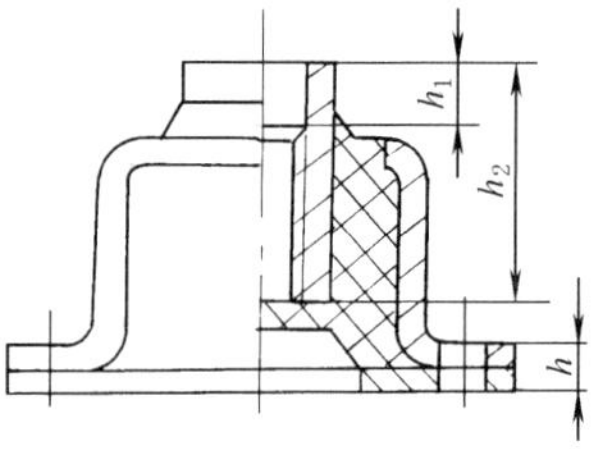	
5	封闭形 隔振器 （耐油）	JF-A	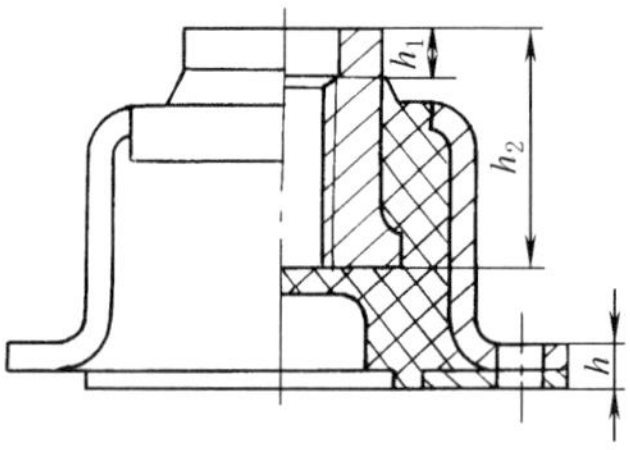	
6	封闭形 隔振器 （耐油）	JF-B	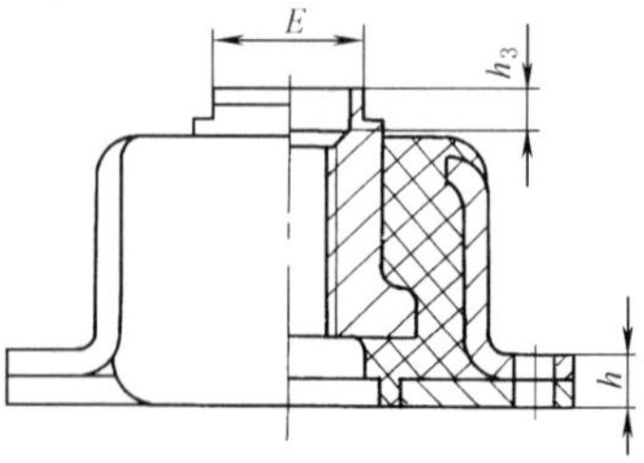	允许在润滑油、柴油和海水长期浸泡条件下工作，适用环境温度为-5～70℃
7	弧　形 隔振器	JH	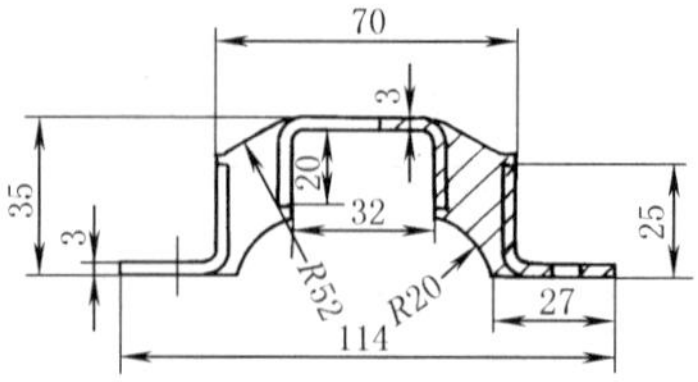	耐振强度小，随所加载荷方向的不同，特性变化较大

第 19 篇

续表

序号	类　型	代　号	简　　图	主　要　特　性
8	剪切形隔振器	JJQ	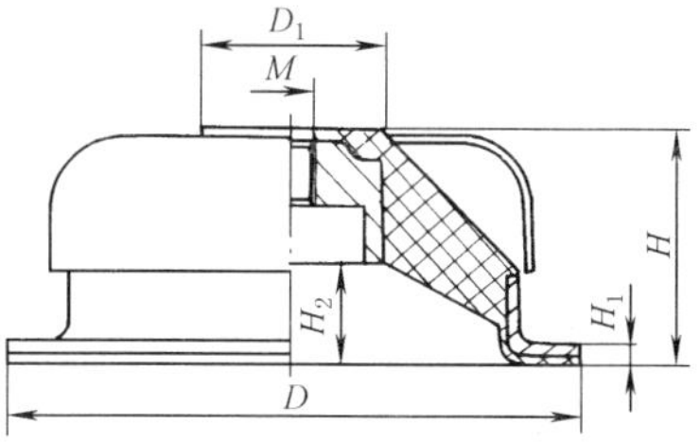	刚度小、阻尼大，支承稳定。额定载荷为 98～1176N
9	三　向等刚度隔振器	JPD	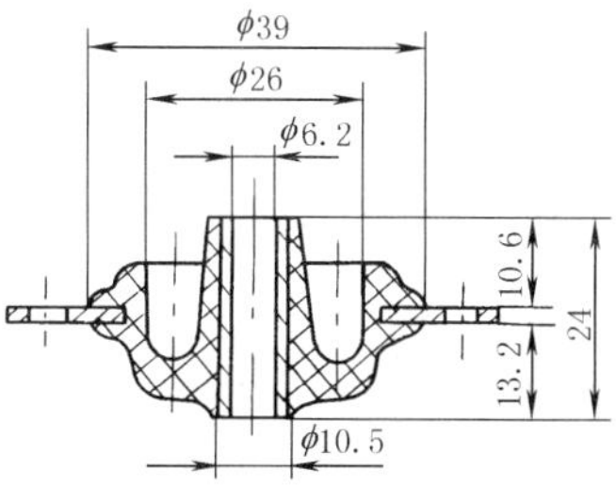	三个方向等刚度，垂直方向固有角频率为 7～12Hz，水平方向为 8～12.5Hz，额定载荷为 980～9800N
10	支柱形隔振器	JZ	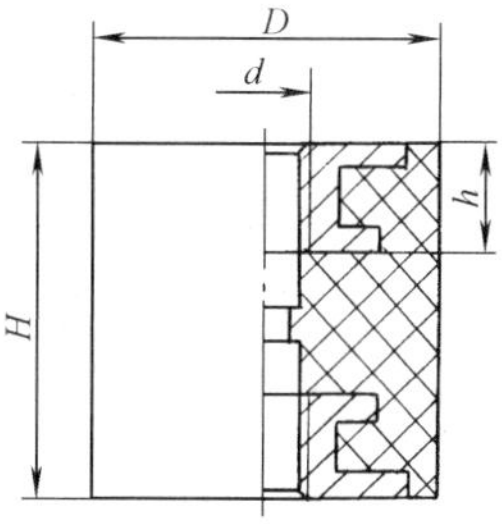	水平方向固有角频率为 6～7Hz，垂直方向为 11～13Hz，大多用于水平方向的隔振
11	支脚形隔振器	JJ	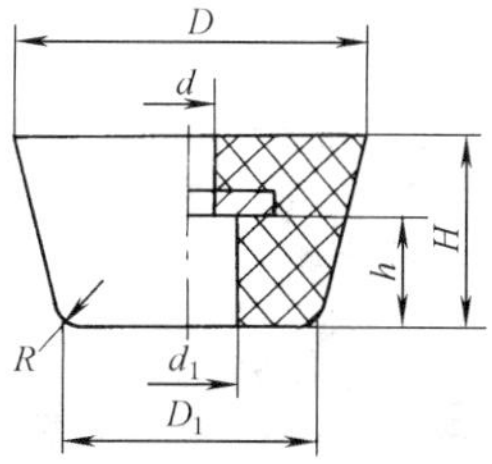	结构简单，成本低，额定载荷小，为 98～588N
12	框架形隔振器	JK	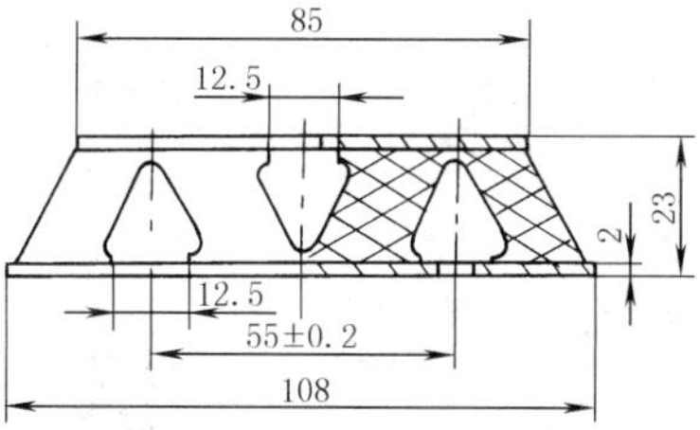	用来保护无线电设备整机振动与冲击隔离，额定载荷为 147～245.3N
13	衬套形隔振器	JC	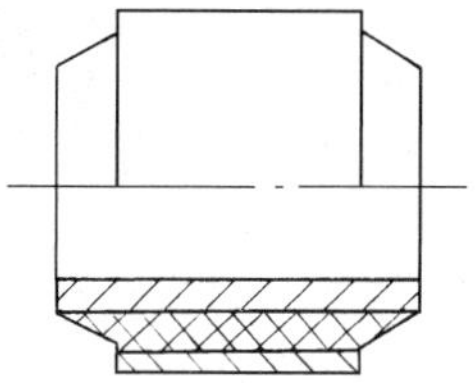	结构简单、紧凑，性能稳定，用于小型设备的单个隔振，能承受水平和垂直两个方向的载荷

续表

序号	类型	代号	简图	主要特性
14	球形隔振器	JQ	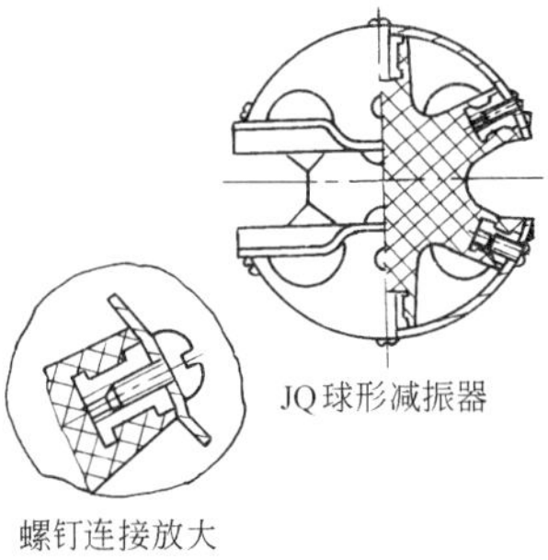	水平和垂直方向固有角频率相近，平均为11~12Hz，应力分布均匀，额定载荷为19.6~78.5N
15	橡胶等频隔振器	JX	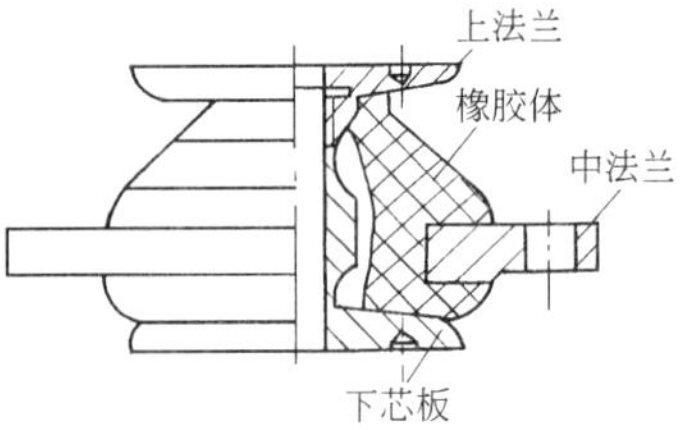	非线性隔振器，承载范围大，既能用于隔振，也可用于冲击隔离
16	空气阻尼隔振器	JQZ	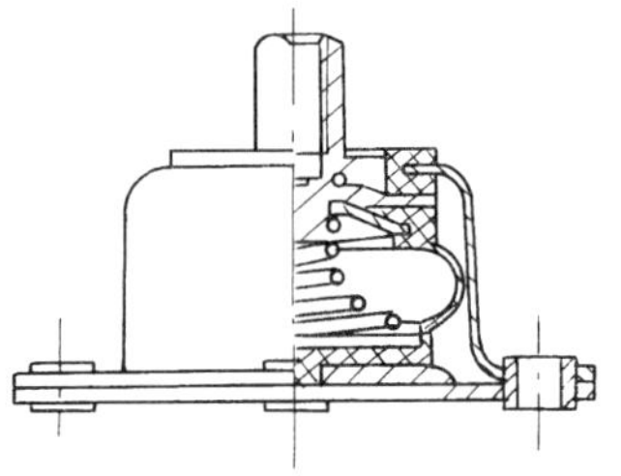	可通过改变孔径来调节阻尼系数，只能承受垂直方向载荷，额定载荷为3.92~147.15N
17	金属网阻尼隔振器	JWL	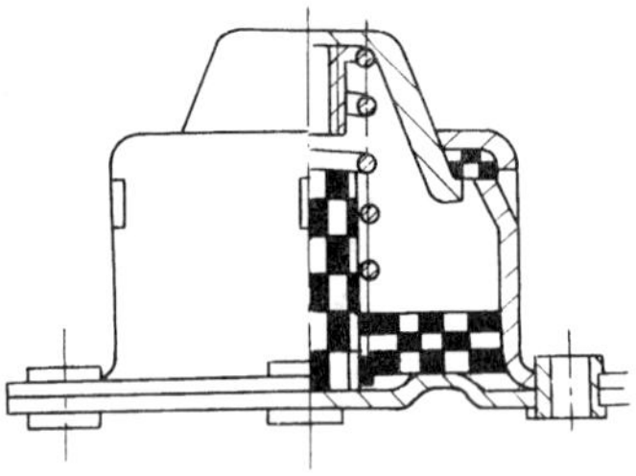	性能稳定，不会老化，用于环境恶劣的场合，能承受较大的线性过载，额定载荷为14.7~147.15N

2）其他橡胶隔振器，品种较多。如JSD型低频橡胶隔振器等。图19-5-25为WHD型吊式橡胶隔振器是由金属隔振元件与橡胶组成，对固体传声有明显的降噪效果，主要适用于各种大小设备及管道的吊装隔振。已使用于国家大剧院风管和设备吊装隔振消声。

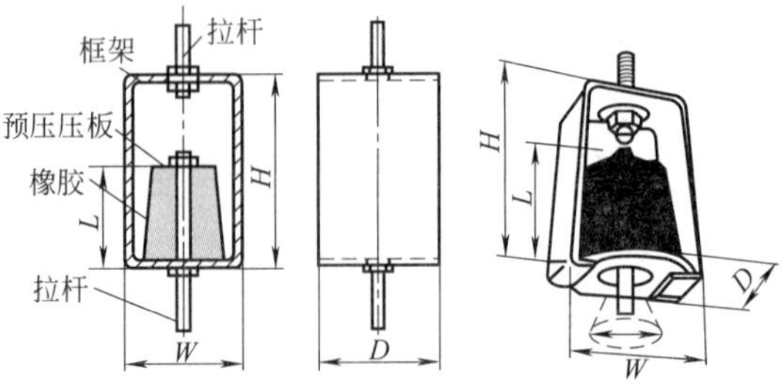

(a) WHD型简图　　(b) WHD–D型简图

图19-5-25　WHD型吊式橡胶隔振器

第19篇

4.2 不锈钢丝绳减振器

4.2.1 主要特点

1）金属材料制成　能抗疲劳、耐辐射、耐高低温。钢丝绳全部采用军用航空绳（1Cr18Ni9Ti 不锈钢丝绳），固定板选用优质钢，表面电镀处理。特种也可选用 1Cr18Ni9Ti 不锈钢制作固定板（称全不锈钢）。

2）变刚度特性　在外载荷作用下，减振器弹簧的径向曲率半径随之发生变化，使得应力比应变呈软非线性特性，因此具有较好的隔冲效果。

3）变阻尼特性　当外界激励频率变化时减振器的阻尼也随之发生变化。共振点阻尼很大（$C/C_c \geqslant 0.17$）有效地抑制共振峰，越过共振点后，阻尼迅速减小，从而具有良好的隔振效果。

4）刚度大　能隔离任意方向的振动与冲击激励。

综合起来，钢丝绳作为减振元件具有低频大阻尼的高频低刚度的变参数性能，因而能有效地降低机体振动。与传统的橡胶减振器相比，除上述优点外，还具有抗油、抗腐蚀、抗温差、耐老化以及体积小等优点。

钢丝绳减振器的隔振效果主要取决于它的非线性迟滞特性，如图 19-5-26 所示。

图 19-5-27 表明钢丝绳隔振器的加速度传递率。由该图可见，即使在共振情况下，钢丝绳隔振器的加速度传递率也小于 1。

图 19-5-28 为钢丝绳隔振器典型的隔振传递率曲线。

图 19-5-29 为钢丝绳隔振器典型的隔冲传递率曲线。

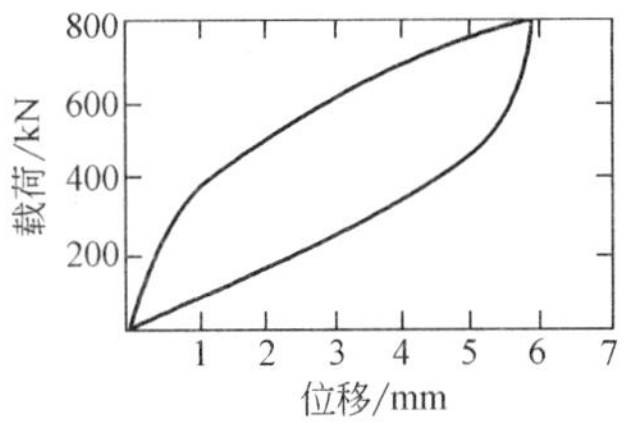

图 19-5-26　钢丝绳静刚度曲线

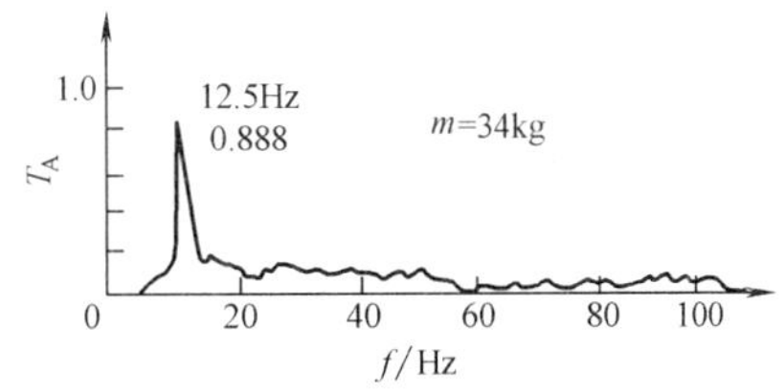

图 19-5-27　钢丝绳隔振器的加速度传递率

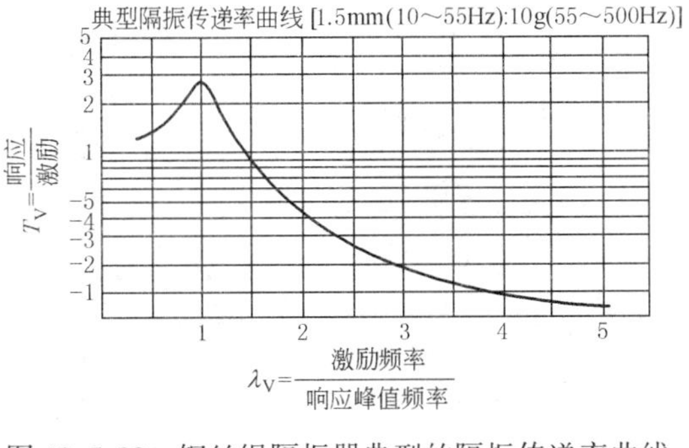

图 19-5-28　钢丝绳隔振器典型的隔振传递率曲线

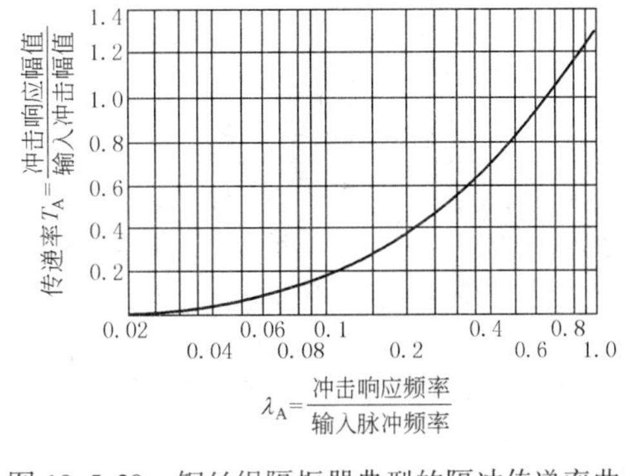

图 19-5-29　钢丝绳隔振器典型的隔冲传递率曲线

钢丝绳减振器广泛地用于宇航、飞机、车辆、导弹、卫星、运载工具、舰船电器、舰用灯具及军用仪表仪器、海洋平台、高层建筑、核工业装置以及工业各类动力机械的隔振防冲。主要为轻型，重型及车用、船用、固定装置用或其他专用。例如有螺旋引进型、引进改良型（反螺旋形）、圆形、拱形（超重型）。圆形主要用于船用灯具、铁路、公路、大桥灯具及输送架、海洋平台照明灯具；重型或超重型实用性广，具备侧向承载能力强、固有频率较低的特点。其中两种形状见表 19-5-19 及图 19-5-29。其他还有：JTF 轻型钢丝绳减振器、GSF 型钢丝绳隔振器、GJT 重型负载系列钢丝绳减振器、HVG 钢丝绳减振器 FXG 型非线性金属弹簧隔振器等。

减振器型号一般标明其品种、所选用的钢丝绳径尺寸和负载能力。

现在已有承载 5～20000N 的各种型号的产品，并可另行定制更小或更大的产品。

4.2.2 选型原则与方法

选型原则与方法如下。

1）在保证系统稳定性前提下，尽量降低系统动刚度，增大动变形空间。

2）首先知道物体大小和自身重量，自身重量平衡力点如何布局安装，隔振器安装布点应确保系统刚度中心与质量中心重合，有利于消除振动耦合。

3）物体所需要技术条件，如在什么样的环境中使用及它的冲击、振动频率是多少；系统最大冲击输入能量和冲击力应不大于隔振器许可值，并应适当增加所需的保险因素，使其能抗冲击又能防振动。

4）当设备高宽（或深）之比大于 1 时，应考虑增设稳定用隔振器。

表 19-5-19 为 GJY 轻型负载系列部分数据。还有 GJTF 型轻型负载系列，GJTZ、GJG 重型负载系列（未列出）。

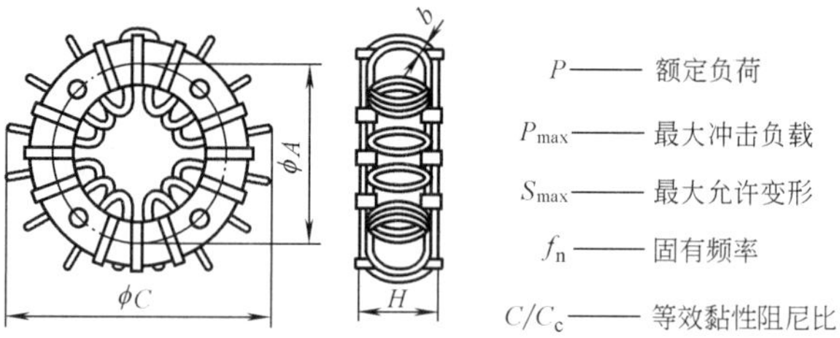

表 19-5-19　GJY 型负载系列

型号规格	性能参数						安装尺寸/mm				
	P/N	P_{max}/N	S_{max}/mm	f_n/Hz	C/C_c	试验规格	ϕA	b	ϕC	H	等分
GJY-10N	10	30	6	5~28	≥0.15	MIL-STD-167-1 GJB4.48—83 GJB150.18—86	35	4	52	21	4
							50	4	52	21	2
GJY-15N	15	45	6				45	4	70	20	4
							68	4	70	20	2
GJY-32N	32	90	10				104	6	146	33	4
GJY-100N	100	300	10				179	9	170	40	3
GJY-1000N	1000	3000	30								
GJY-2000N	2000	6000	35								
GJY-3000N	3000	9500	40								
GJY-4000N	4000	13000	45								
GJY-5000N	5000	16000	50				325	13	505	180	4
GJY-6000N	6000	18000	60				375	13	572	191	4

注：生产厂家为常州环宇减振器厂。

表 19-5-20 为“全金属钢丝绳隔振器通用规范”（SJ 20593—1996）的隔振器系列，按外形结构分为四类：T 型——外形结构为条状螺旋体；Q 型——球状体；B 型——半环状体；QT 型——外形结构为其他形状。T 型全金属钢丝绳隔振器外形结构见图 19-5-30。其主要承载方向见图 19-5-31。结构形式有对称结构和反对称结构。T 型全金属钢丝绳隔振器外形结构尺寸与质量见表 19-5-20。其性能参数见表 19-5-21。

表 19-5-22 为其安装方式。

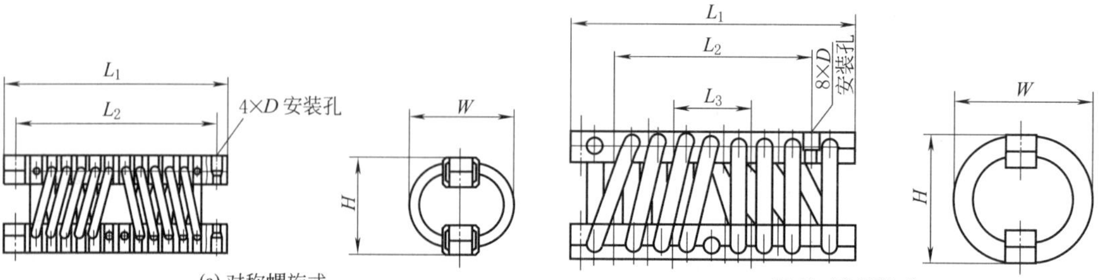

(a) 对称螺旋式　　(b) 反对称螺旋式

图 19-5-30　T 型全金属钢丝绳隔振器外形结构

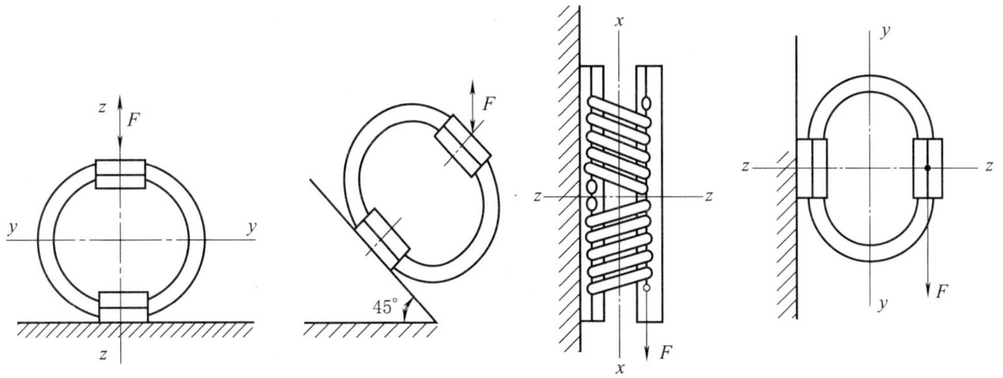

(a) 对称安装　(b) 45°斜安装　(c) 竖向安装　(d) 横向安装

图 19-5-31　T 型全金属钢丝绳隔振器主要承载方向

表 19-5-20　T 型全金属钢丝绳隔振器外形结构尺寸与质量　mm

型号	L_1	L_2	L_3	W	H	D	质量/kg
GG0.46-18	80	69±0.2	—	25	18	M4-5H	0.020
GG0.59-20				28	20		0.022
GG0.64-25				30	25		0.024
GG0.66-28				33	28		0.025
GG0.62-30				36	30		0.028
GG0.58-33				38	33		0.030
GG2.1-23	112	100±0.2	—	28	23	M5-5H	0.055
GG2.7-25				30	25		0.057
GG3.0-28				33	28		0.060
GG2.8-33				38	33		0.065
GG2.5-36				41	36		0.068
GG2.3-38				43	38		0.070
GG2.5-28	128	116±0.2	—	36	28	M6-5H	0.085
GG3.9-30				38	30		0.092
GG4.6-33				41	33		0.100
GG5.3-36				43	36		0.115
GG4.3-38				46	38		0.125
GG4.3-41				48	41		0.130
GG8.7-30	128	116±0.2	—	36	30	M6-5H	0.190
GG9.3-33				38	33		0.198
GG9.7-34				40	34		0.205
GG11-38				43	38		0.212
GG12-41				46	41		0.220
GG9.5-45				50	45		0.230
GG30-48	146	102±0.2	—	56	48	M8-6H	0.61
GG44-54				64	54		0.62
GG53-59				71	59		0.63
GG48-64				80	64		0.64
GG44-65				89	65		0.65
GG42-67				95	67		0.66
GG51-71	178	156±0.5	66±0.5	84	71	M8-6H	1.39
GG54-75				90	75		1.41
GG55-76				105	76		1.44
GG51-83				108	83		1.47
GG43-89				110	89		1.50
GG39-105				121	105		1.52

第 19 篇

续表

型号	L_1	L_2	L_3	W	H	D	质量/kg
GG72-71	216	156±0.5	66±0.5	84	71	M8-6H	1.55
GG79-75				90	75		1.58
GG86-76				105	76		1.62
GG83-83				108	83		1.65
GG68-89				110	89		1.68
GG65-105				121	105		1.72
GG190-83	178	156±0.5	66±0.5	102	83	M8-6H	2.10
GG240-90				105	90		2.13
GG230-95				121	95		2.18
GG220-108				133	108		2.22
GG220-124				144	124		2.28
GG220-137				156	137		2.33
GG230-83	216	156±0.5	66±0.5	102	83	M8-6H	2.50
GG270-90				105	90		2.66
GG270-95				121	95		2.80
GG270-108				133	108		2.85
GG280-124				144	124		2.93
GG250-137				156	137		3.00
GG440-90	268	192±0.5	82±0.5	103	90	M10-6H	3.60
GG430-99				112	99		4.05
GG500-109				135	109		4.50
GG550-119				152	119		5.25
GG480-127				165	127		5.77
GG920-133	370	268±0.5	114±0.5	140	133	M16-6H	11.25
GG1000-152				165	152		12.25
GG1200-159				178	159		12.90
GG1300-191				210	191		15.00
GG1100-216				235	216		16.90

表 19-5-21　　T 型全金属钢丝绳隔振器性能参数

型号	最大动变形/mm			最大冲击力/kN			最大承受输入能量(能容)/J		
	ΔS_x、ΔS_y	ΔS_{45}	ΔS_z	P_x、P_y	P_{45}	P_z	E_{mx}、E_{my}	E_{m45}	E_{mz}
GG0.46-18	7	—	7	—	0.19	0.14	0.32	—	0.46
GG0.59-20	9	16	10	0.11	0.20	0.12	0.48	1.8	0.59
GG0.64-25	14	18	12	—	0.21	—	0.60	—	0.64
GG0.66-28	16	21	18	0.10	0.23	0.09	0.66	1.8	0.66
GG0.62-30	21	22	20	—	0.25	0.07	0.73	1.7	0.62
GG0.58-33	22	25	23	0.08	0.27	0.07	0.68	1.5	0.58
GG2.1-23	9	18	7	0.47	0.51	0.53	2.1	5.9	2.1
GG2.7-25	11	20	8	0.51	—	0.44	2.5	6.4	2.7
GG3.0-28	13	21	10	0.56	0.53	0.31	2.5	7.0	3.0
GG2.8-33	14	22	13	0.40	0.51	0.26	2.5	7.2	2.8
GG2.5-36	16	25	15	0.30	—	0.22	2.3	7.5	2.5
GG2.3-38	18	34	18	0.31	0.56	0.20	2.4	8.8	2.3
GG2.5-28	9	—	5	—	—	—	4.4	6.8	2.5
GG3.9-30	14	20	10	0.80	0.58	1.1	4.8	6.7	3.9
GG4.6-33	16	23	13	0.48	0.52	1.0	5.1	6.6	4.6
GG5.3-36	18	25	17	—	0.43	0.79	4.7	6.3	5.3
GG4.3-38	20	27	—	0.44	0.39	0.73	4.5	5.8	4.3
GG4.3-41	21	34	18	0.38	—	0.42	4.5	4.6	4.3

续表

型号	最大动变形/mm			最大冲击力/kN			最大承受输入能量(能容)/J		
	$\Delta S_x \Delta S_y$	ΔS_{45}	ΔS_z	P_x、P_y	P_{45}	P_z	E_{mx}、E_{my}	E_{m45}	E_{mz}
GG8.7-30	—	9	7	1.4	1.3	—	6.7	8.8	8.7
GG9.3-33	9	14	8	1.2	1.2	1.7	6.8	11	9.3
GG9.7-34	11	16	10	1.0	1.2	1.7	6.0	15	9.7
GG11-38	11	18	13	1.1	—	—	5.8	16	11
GG12-41	11	20	18	1.2	1.1	1.7	5.7	15	12
GG9.5-45	14	23	22	1.2	1.0	1.3	5.6	14	9.5
GG30-48	18	34	15	2.8	2.3	4.0	19	62	30
GG44-54	23	41	20	1.9	1.7	2.4	21	64	44
GG53-59	30	50	25	—	1.9	2.3	25	64	53
GG48-64	37	53	28	1.4	1.3	—	26	53	48
GG44-65	39	57	33	1.4	1.0	1.6	28	48	44
GG42-67	43	62	38	1.2	1.1	1.3	26	45	42
GG51-71	23	34	25	2.1	2.3	—	26	57	51
GG54-75	25	46	28	2.4	2.1	3.3	29	64	54
GG55-76	34	53	33	2.0	2.0	—	34	90	55
GG51-83	37	64	38	1.8	2.1	2.9	35	100	51
GG43-89	39	80	41	1.6	1.8	2.8	—	120	43
GG39-105	46	91	50	1.7	1.6	1.8	35	110	39
GG72-71	23	34	25	2.8	3.0	4.4	37	91	72
GG79-75	25	46	28	3.2	2.8	4.9	42	100	79
GG86-76	34	53	33	2.6	2.7	4.4	49	140	86
GG83-83	37	64	38	2.4	2.8	3.9	55	150	83
GG68-89	39	80	46	2.1	2.5	3.8	54	160	68
GG65-105	46	91	50	2.3	2.1	2.4	58	150	65
GG190-83	27	57	38	5.1	5.1	8.3	46	230	190
GG240-90	30	62	41	4.3	4.3	7.3	53	240	240
GG230-95	34	73	43	2.8	3.4	6.0	58	250	230
GG220-108	41	80	58	—	3.0	—	62	240	220
GG220-124	53	91	71	2.1	2.3	4.0	73	200	220
GG220-137	59	103	89	1.7	4.0	4.3	69	160	220
GG230-83	27	57	38	6.8	6.8	11	150	220	230
GG270-90	30	62	40	5.7	5.7	9.8	160	240	270
GG270-95	34	73	43	3.8	4.5	8.0	140	270	270
GG270-108	41	80	58	1.8	4.0	6.8	160	270	270
GG280-124	53	91	71	2.8	3.1	5.3	180	230	280
GG250-137	59	103	90	2.3	5.3	4.8	160	190	250
GG440-90	27	41	30	18	13	27	280	580	440
GG430-99	32	53	35	13	11	19	320	510	430
GG500-109	41	65	46	8.1	7.6	13	310	440	500
GG550-119	50	73	56	8.7	5.6	11	290	400	550
GG480-127	57	82	63	8.3	7.6	13	270	350	480
GG920-133	48	57	46	22	27	31	840	1000	920
GG1000-152	59	73	53	26	26	33	880	1200	1000
GG1200-159	66	87	58	20	22	31	930	1400	1200
GG1300-191	75	107	86	22	24	27	870	1600	1300
GG1100-216	91	146	106	20	21	19	870	1700	1100

注：1. ΔS_x、ΔS_y、ΔS_{45}、ΔS_z 分别为隔振器作纵向、横向、45°斜支承、垂向压缩支承时的最大动变形。见图 19-5-31。

2. P_x、P_y、P_{45}、P_z 分别为隔振器作纵向、横向、45°斜支承、垂向压缩支承时的最大冲击力。

3. E_{mx}、E_{my}、E_{m45}、E_{mz} 分别为隔振器作纵向、横向、45°斜支承、垂向压缩支承时的最大承受输入能量（能容）。

第 19 篇

表 19-5-22　　　　**GG 系列钢丝绳隔振器安装方式**

示意图	说明	示意图	说明
1. 垂向压缩支承 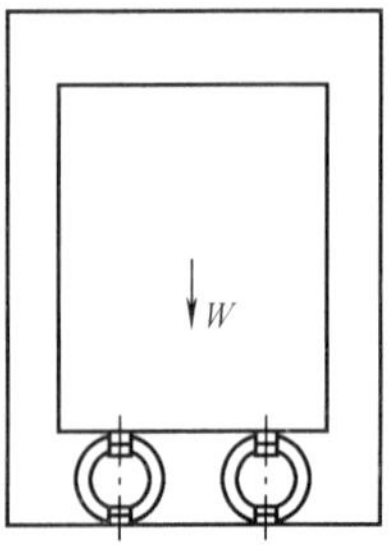	基础支承 常用安装方式，中心较高，常用于高宽比很小的情况下。当高宽比较大时，或者当干扰幅值较大时，容易产生倾覆力矩，建议采用稳定用隔振器附加支承(见示意图 2)	6. 侧向悬挂 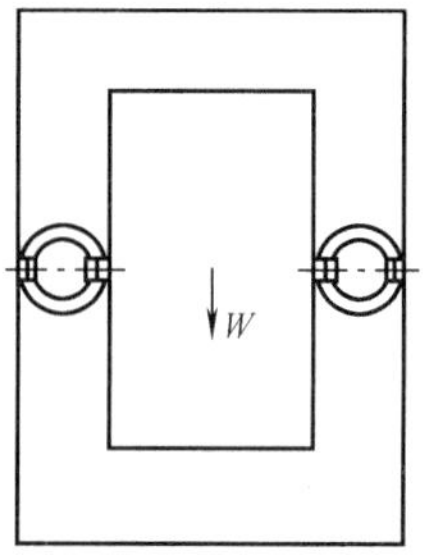	侧悬挂支承 可实现隔振系统较低的峰值响应频率。应注意安装的力学对称性
2. 垂向压缩支承 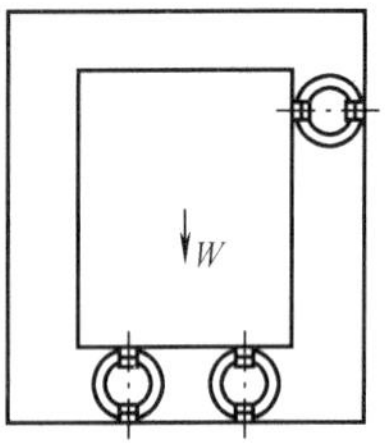	基础支承 一般在设备侧顶部增装稳定用隔振器。稳定性好。当高宽比大于 1 时常用此安装方式	7. 壁挂式支承 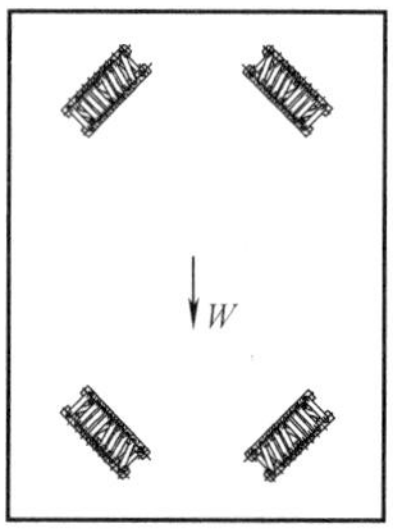	常用壁挂式安装方式
3. 45°压缩支承 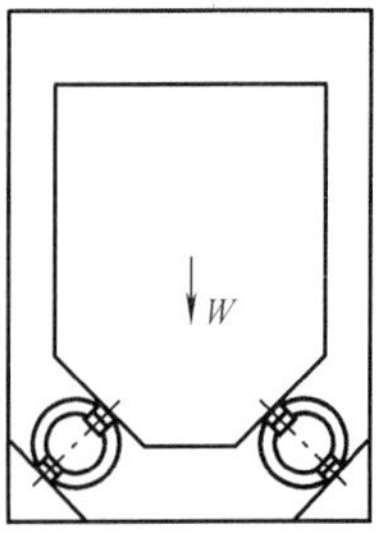	45°基础支承 其优点是系统在图示平面内于水平、垂直两方向上具有基本相同的动态特性。系统兼顾优良的隔振、缓(抗)冲性能，稳定性好。旋转机械常用安装形式	8. 顶悬吊 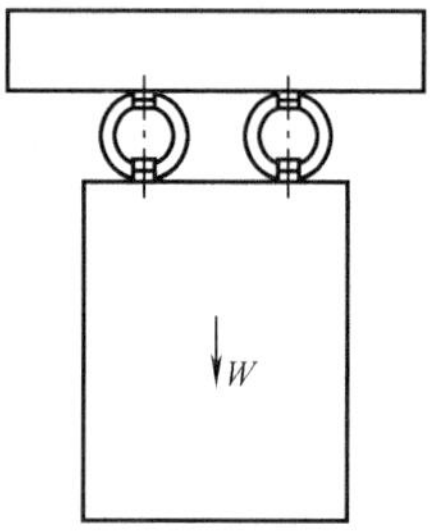	吊装 隔振元件呈拉伸变形状态，稳定性较好，但承载能力不大。尽量不要单独采用这种形式
4. 壁挂式支承 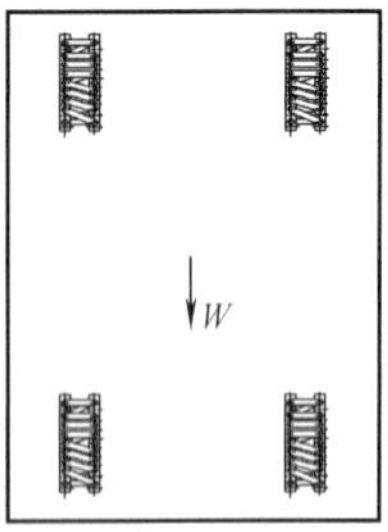	常用壁挂式安装方式	9. 顶悬吊 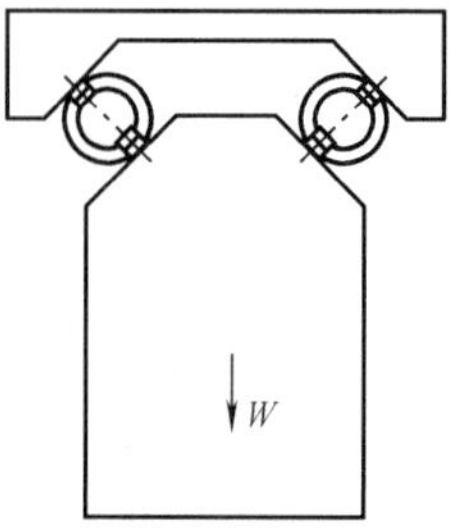	45°吊装 隔振元件呈拉伸变形状态，稳定性较好，有一定承载能力。尽量少单独采用这种形式
5. 侧向悬挂 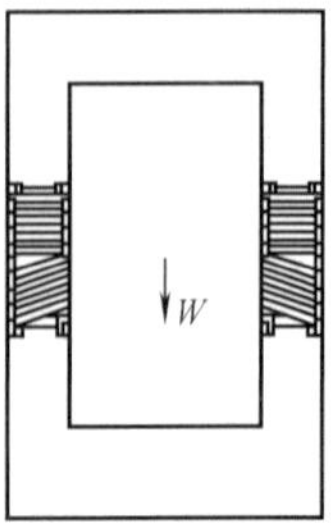	侧悬挂支承 可实现隔振系统较低的峰值响应频率。应注意安装的力学对称性		

4.2.3 组合形式的金属弹簧隔振器

图 19-5-32 为 FXG 型非线性金属弹簧隔振器简图，是由钢板和金属弹簧组合而成，钢丝绳作侧向限位和阻尼作用，同时在受冲击时分担了一部分冲击力。产品低频性好，阻尼比大，结构简单，适用于各类动力设备的隔振。

图 b 为非线性复合阻尼隔振器（GB/T 14527—2007），它配有非线性的阻尼隔振器与刚性负载组成的弹性系统，适用于电子设备、仪器仪表隔板、防冲击使用的隔振器和阻尼器的设计、生产和验收。

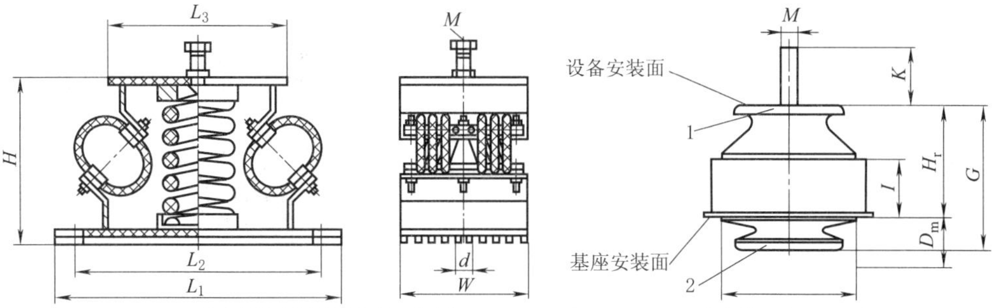

(a) FXG型非线性金属弹簧隔振器简图　　(b) 非线性复合阻尼隔振器

1、2—制动板

图 19-5-32

4.3 扭转振动减振器

扭转振动减振器的常用结构形式见表 19-5-23；其结构图见图 19-5-33a（GB/T 16305—2009）。

表 19-5-23　　扭转振动减振器的常用结构形式

序号	减振器形式	代号	序号	减振器形式	代号
1	硅油型	GY	5	簧片滑油型	HH
2	弹簧型	TH	6	注入式橡胶型	YJ
3	橡胶硅油型	JG	7	硫化橡胶型	LJ
4	卷簧型	JH			

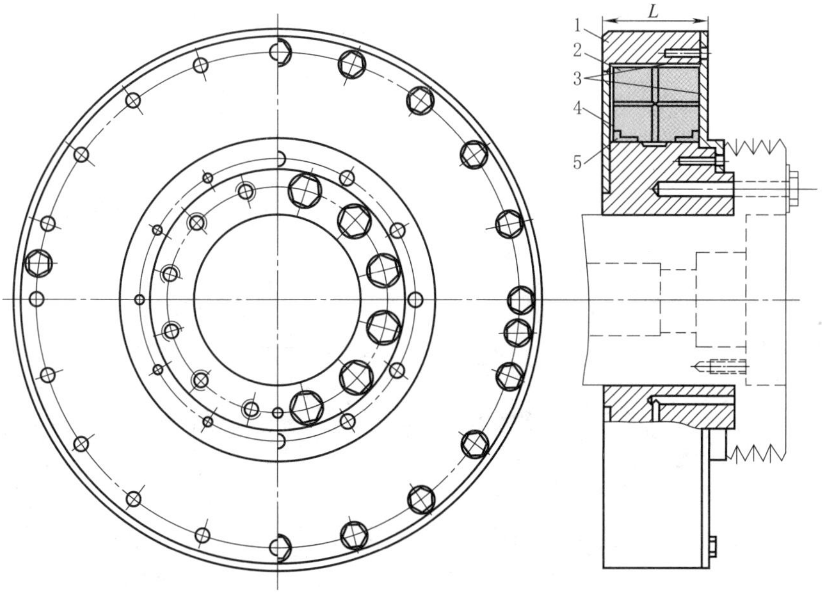

(a) 序号1　硅油减振器

1—壳体；2—惯性块；3— 盖板；4—硅油；5— 摩擦环

图 19-5-33

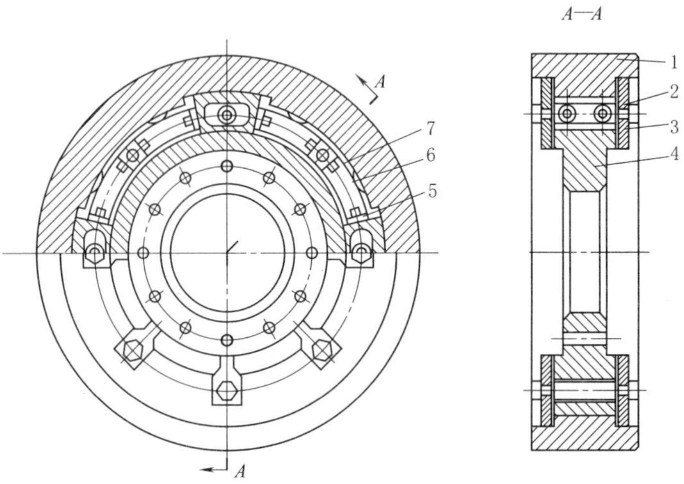

(b) 序号2　弹簧减振器

1— 惯性块；2— 定距块；3— 挡块；4—主动盘；5— 弹簧座；6— 滑瓦；7— 弹簧

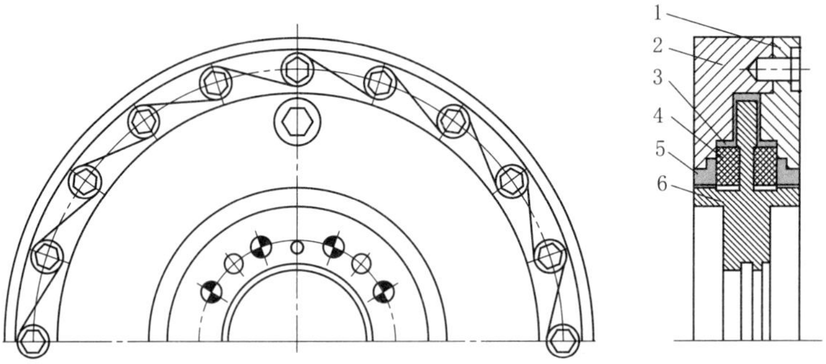

(c) 序号3　橡胶硅油减振器

1— 惯性块 Ⅰ；2— 惯性块 Ⅱ；3— 硅油；4—橡胶环；5—摩擦环；6— 主动盘

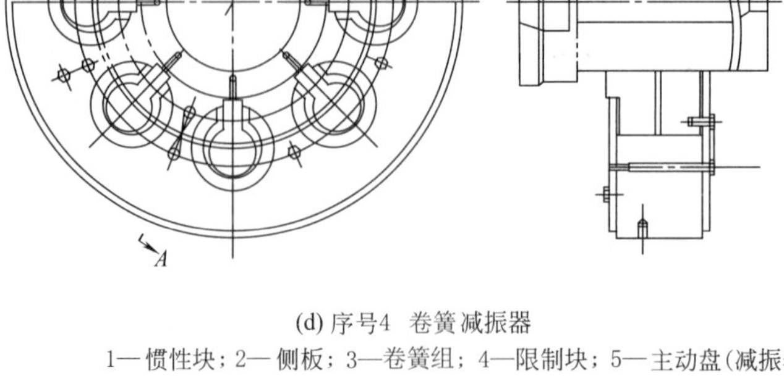

(d) 序号4　卷簧减振器

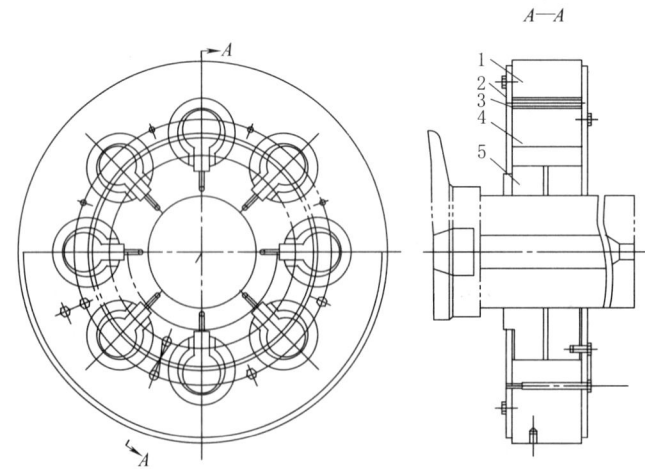

1— 惯性块；2— 侧板；3—卷簧组；4—限制块；5— 主动盘(减振器座)

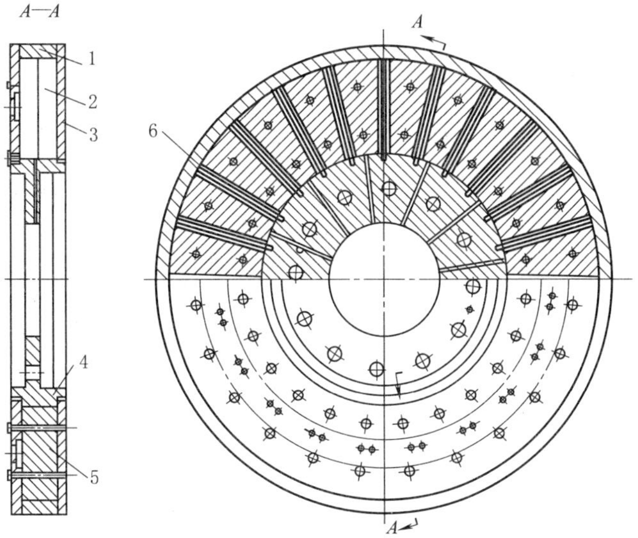

(e) 序号5　簧片滑油减振器
1—紧固圈；2—簧片组；3—侧板；4—主动盘；5 —中间块；6—滑油

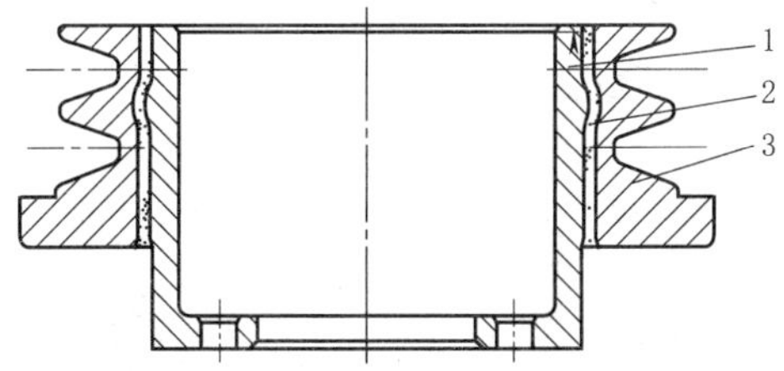

(f)序号6　注入式橡胶减振器
1—主动盘；2—橡胶件；3—惯性块

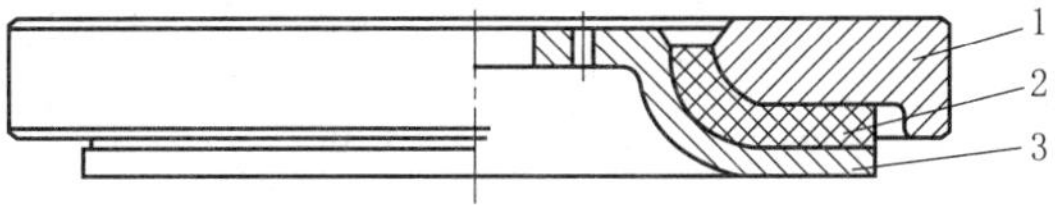

(g) 序号7　硫化橡胶型减振器
1—惯性块；2—橡胶件；3—主动盘

图 19-5-33　扭转振动减振器

4.4　新型可控减振器

4.4.1　磁性液体

磁性液体（磁液）是由纳米级铁氧体、Fe、Ni、Co 金属及其合金或铁磁性氮化铁超细磁性颗粒借助表面活性剂高度、均匀弥散于载液（基液）中所形成的一种稳定的胶体溶液，是固、液相混的二相流体，兼有液体的流动性和磁性材料的磁性，目前还发展了复合磁性液体材料及磁流变液。它广泛应用于科学和工程技术领域中，现已深入到电子、化工、能源、冶金、仪表、环保、医疗等各个领域。

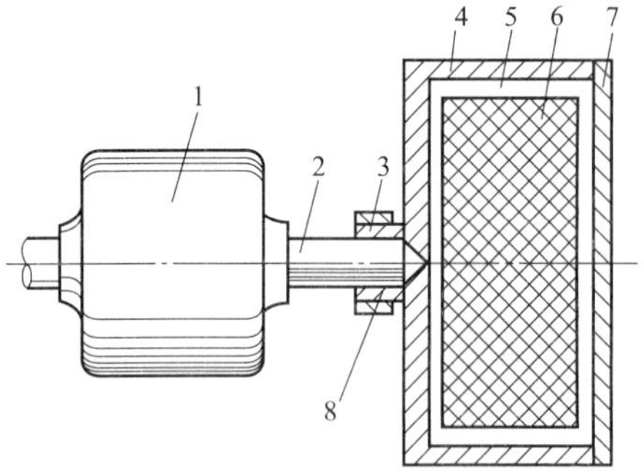

图 19-5-34　一种惯性阻尼器结构示意图
1—马达；2—轴；3,8—联轴器；4—阻尼器壳；
5—磁液；6—永磁体；7—密封盖

当外磁场作用于磁液，其全部磁液的磁化强度随着磁场的增强而增强；当取消外磁场时磁矩很快就随机化了。磁液产生的力取决于外加磁场强度和磁液的饱和磁化强度值，并且，磁液的流变黏度随外加磁场增强而增高，从而它的阻尼作用也增大。因此这两种功能均受外加磁场所精确控制，显然具有了智能化的特性。

应用后一特性可制作各种阻尼器、减振器、缓冲器、联轴器、制动器和阀门等。图 19-5-34 为一种惯性阻尼器结构示意图。圆柱状永磁体 6 作为惯性材料被悬浮于磁液 5 中而构成了阻尼器。在运行时，阻尼器同心地与马达的轴 2 连接，通过磁液膜被剪切而建立起来的粘滞剪切力消耗掉由旋转轴 2 接收来的旋转能，从而实现阻尼。

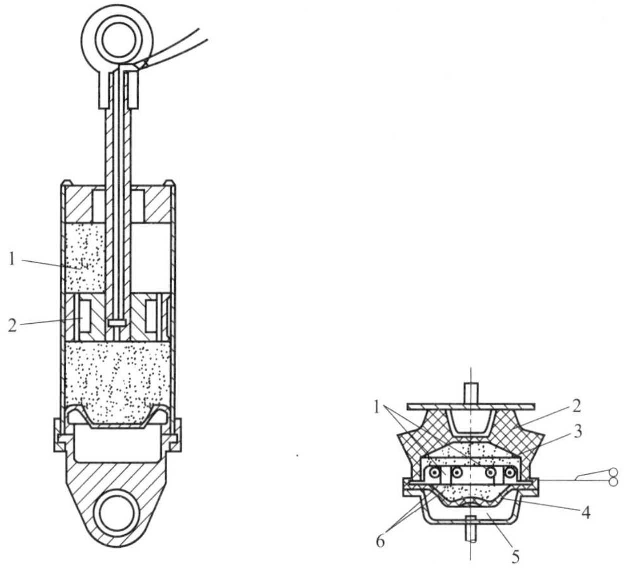

(a)　一种轻负载阻尼器的结构示意图
1 — 电流变液体；2 — 线圈

(b)　电流变液体的液力悬置
1 — 溢流孔；2 — 橡胶；3 — 电流变液体；
4 — 橡胶膜；5 — 空气；6 — 电极

图 19-5-35

4.4.2　磁流变液

磁流变液可在固体与液态之间进行毫秒（ms）级快速可逆转化，其黏度在磁场作用下会逐渐增大，当磁场强度大到一定值时由液态完全转变成固态，其过程快速可逆，黏度保持连续无级可控，可实现实时主动控制，耗能极小，因而在航空航天、机械工程、汽车工业、精密加工、建筑工程、医疗卫生等领域广泛应用，可完成智能传动、制动、减振、降噪等功能，制成阀式、剪切式和挤压式各类磁流变液器件，如液压控制伺服阀、离合器与制动器、振动悬架、减振器等。

图 19-5-35a 是一种轻负载阻尼器的结构示意图。该减振阻尼器总长（活塞伸出后）21.5cm，缸体直径 3.8cm，共用磁流变液 50ml，行程±2.5cm。在 0~3V 直流电压下活塞头部

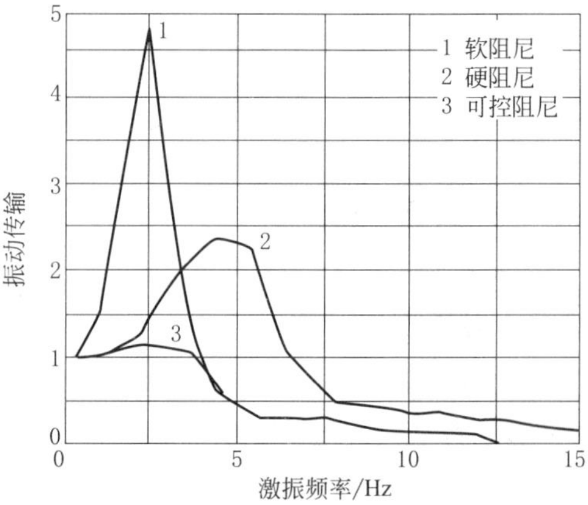

图 19-5-36　卡车座位振动传输曲线

线圈产生 0~1A 的电流，于是在活塞头部流孔周围产生磁场以控制 MR 液的流通使其变粘直至固化，从而改变阻尼大小。这种阻尼器最大功率小于 10W，产生的阻尼力超过 3000N，在−40~150℃温度范围内变化率小于 10%，响应时间为 8ms。一种商品化的磁流变液卡车座位减振器，全长 15cm，有效流体需量仅 0.3cm^3，耗功仅 15W，代替普通减振器，使卡车座位振幅减小 50%以上（图 19-5-36），大大减少了卡车司机在矿山崎岖道路上驾车的危险。

图 19-5-35b 是一半主动控制式液力悬置系统，根据输入信号（如发动机激励，路况，行驶状态和载荷等）利用低功率作动器调节系统参数，来优化系统动力学特性，实现最佳减振。电流变液体或磁流变液体在电场作用下的这种从液态属性到固态属性间的变化是可逆的，可控制的。可以被用来制作电流变离合器、电流变减振器、电流变液压阀、机器人的活动关节等。

5 动力吸振器

所谓动力吸振就是借助于转移振动系统的能量来减小振动。

5.1 动力吸振器设计

5.1.1 动力吸振器工作原理

表 19-5-24

项　　目	简　　图	说　　明
使用条件	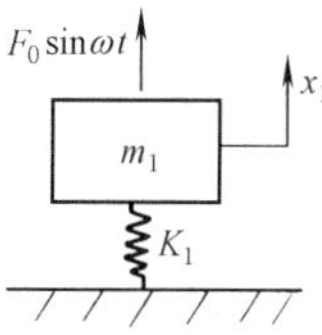	基本恒定的激振圆频率 ω 接近于主系统的固有角频率 $\omega_n=\sqrt{K_1/m_1}$，系统处于共振状态，又无足够阻尼抑制振动，振动比较强烈
增设辅助弹簧质量系统	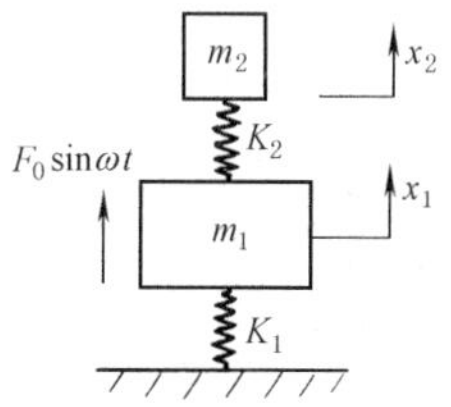	当 $\omega\approx\omega_n=\sqrt{K_1/m_1}$ 时，在主系统上再安装一个 m_2 和 K_2 的辅助系统，要求条件是 $\omega_{22}=\sqrt{K_2/m_2}=\omega_n$，把单自由度系统变为二自由度系统
二自由度系统的稳态响应	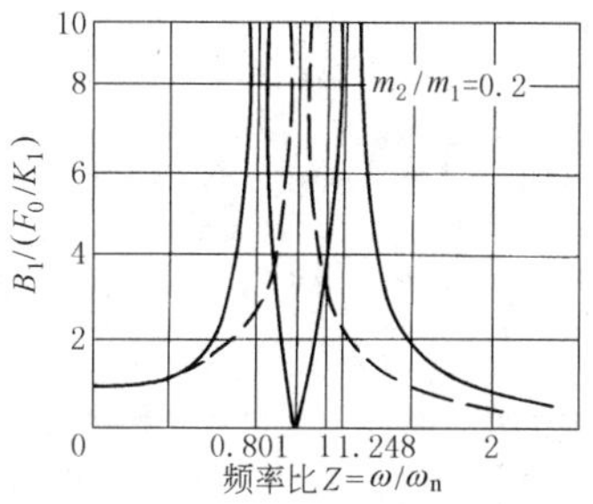	系统不可能无阻尼： $B_1\approx0$ $B_2=\dfrac{1}{(1-Z^2)(1+S_1-Z^2)-S_1}\times\dfrac{F_0}{K_1}$ 主系统的强烈振动为辅助系统所吸收

（续）

项　目	简　图	说　明
系统的频率特性	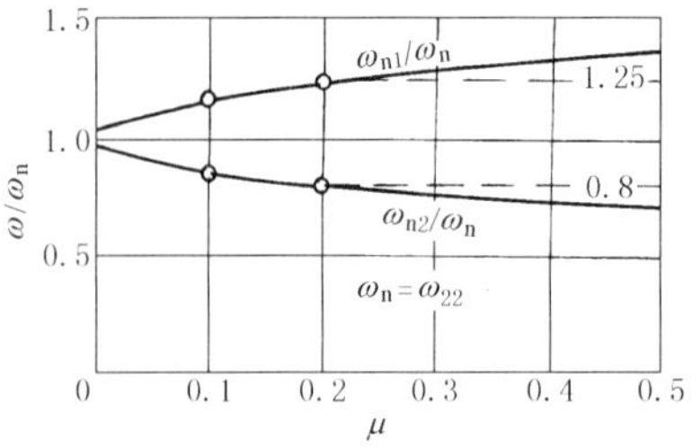	$\left.\begin{matrix}\omega_{n1}^2\\ \omega_{n2}^2\end{matrix}\right\}=\omega_n^2\left[\left(1+\frac{\mu}{2}\right)\mp\sqrt{\mu+\frac{\mu^2}{4}}\right]$ 给出μ值，就可找到系统的两个固有角频率，从图中可以看出在μ不太大时，这两个固有角频率之间的频带相当窄。从二自由度系统稳态响应图中主质量m_1的幅频响应曲线可以看出，无阻尼动力吸振器有效工作频带就更窄，因为在ω_n的左右不远处各有一个固有角频率ω_{n1}和ω_{n2}。所以，使用不当时，很容易带来产生共振的弊端

注：ω_n—主系统的固有角频率，$\omega_n^2=K_1/m_1$，rad/s；ω_{22}—辅助系统的固有角频率，$\omega_{22}^2=K_2/m_2$，rad/s；ω_{n1}，ω_{n2}—二自由度系统的一、二阶固有角频率，rad/s；μ—质量比，$\mu=m_2/m_1$；S_1—刚度比，$S_1=K_2/K_1$；Z—频率比，$Z=\omega/\omega_n$；F_0—简谐激振力幅值，N；B_1、B_2—振幅。

5.1.2　动力吸振器的设计

表 19-5-25

项　目	设 计 原 则	说　明
设计已知条件	已知激振力幅值F_0、频率ω、主系统质量m_1和固有角频率ω_n	如果ω和ω_n未知，可通过测试直接获得。如果F_0未知，可通过主系统振幅测试，经换算得出
质量m_2的确定	通常根据新共振点频率比限定值$\left(例如：\frac{\omega_{n1}}{\omega_n}<0.9,\frac{\omega_{n2}}{\omega_n}>1.1\right)$按公式 $\left(\frac{\omega_{n1}}{\omega_n}\right)^2=\left(1+\frac{\mu}{2}\right)-\sqrt{\mu+\frac{\mu^2}{4}}<0.9^2$ $\left(\frac{\omega_{n2}}{\omega_n}\right)^2=\left(1+\frac{\mu}{2}\right)+\sqrt{\mu+\frac{\mu^2}{4}}>1.1^2$ 确定质量比μ，最终得到$m_2=\mu m_1$	根据给定新共振点频率比（或在新共振点频率没给定条件下，可自行选择频率比），可从表 19-5-24 中系统频率特性曲线图查出μ
弹簧K_2的参数确定	吸振器弹簧总刚度$K_2=m_2\omega_n^2$并确定一只弹簧的刚度K_2'。弹簧的最大相对变形量$\delta_{max}=\|B_1\|+\|B_2\|$，因$\|B_1\|\approx0$，所以， $\delta_{max}\geqslant B_{2max}=F_0/K_2$ 于是可根据确定的K_2'和δ_{max}进行弹簧设计	在没有确切知道激振力幅值F_0的条件下，弹簧的最大相对变形量可以估计得稍偏高一点
系统调试设计	（1）在m_2固定的条件下，采用如图 19-5-37 所示动力消振装置，凭借改变悬臂梁的悬臂长来调整K_2，保证$\omega_{22}=\omega_n$ （2）在K_2固定条件下，采用如图 19-5-38 所示动力消振装置，凭借改变m_2来保证$\omega_{22}=\omega_n$。下面的大质量块，是进行宏观调节的，上面的小质量块是进行细微调节的	动力吸振器是一种单频窄带吸振器，ω偏离ω_n的程度、新共振点频带宽和弹簧的制造安装误差都影响动力吸振器的工作有效性，所以，调试设计应引起足够的重视。在ω_n未知的条件下，也可以通过逐渐试验的办法，寻找动力吸振器的最佳参数，这样虽具有盲目性，但对解决工程实际问题是很重要的
动力吸振器与主系统的连接点选择	若主系统为多自由度系统，动力吸振器只要不附连在主系统的振动节点（振幅为零位置）上，总能在窄带范围内使连接点邻近区域的振动得到抑制。当动力吸振器附连在激振力作用点或欲抑制振动的振幅最大处，效果都很好	当机械设备和安装基础在激振力作用下产生共振，并采用动力吸振器控制主系统振动时，应注意动力吸振器的安装位置

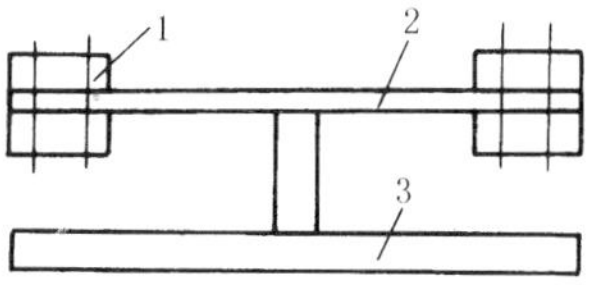

图 19-5-37　卧式动力吸振器

1—质量；2—板弹簧；3—底座

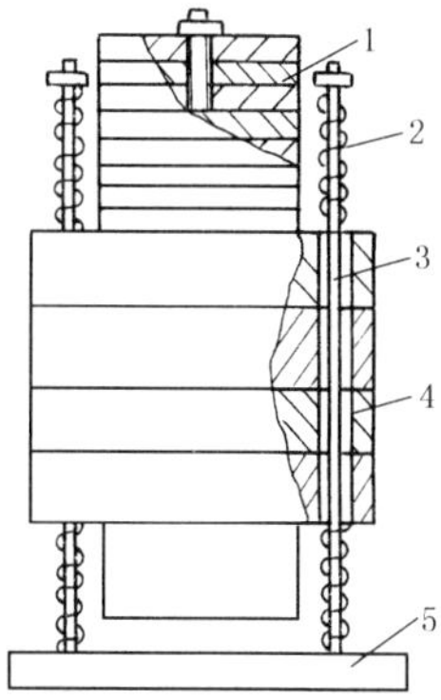

图 19-5-38　立式动力吸振器

1—调整质量；2—弹簧；3—导杆；4—质量；5—底座

5.1.3　动力吸振器附连点设计

首先，为了方便调试，板弹簧设计长度应考虑可在±15%的范围内调节；其次，如果动力吸振器附连在机械设备的机座下面，可直接将激振力的能量吸收，消减机械设备的振动，但有时机械设备上不具备这种附连条件，也可将动力吸振器分解为几个，放在机械设备周围的基础上，附连点应放在基础振动的最强烈部位，同样可以达到消减基础和机械设备振动的目的。

5.1.4　设计示例

某安装在厂房三楼的机械设备 $m_1=7830\text{kg}$，系统的固有角频率 $\omega_n=93.2\text{rad/s}$，激振力频率 $\omega=93.2\text{rad/s}$，激振力幅值 $F_0=5200\text{N}$。设计一动力吸振器，要求新共振频率比$\left(\dfrac{\omega_{n1}}{\omega_n}\right)<0.9$，$\dfrac{\omega_{n2}}{\omega_n}>1.1$。

（1）确定吸振器的质量

$$\left(\frac{\omega_{n1}}{\omega_n}\right)^2=\left(1+\frac{\mu}{2}\right)-\sqrt{\mu+\frac{\mu^2}{4}}<0.9\quad \text{则：}\mu>0.048$$

$$\left(\frac{\omega_{n2}}{\omega_n}\right)^2=\left(1+\frac{\mu}{2}\right)+\sqrt{\mu+\frac{\mu^2}{4}}>1.1\quad \text{则：}\mu>0.04$$

选取质量比 $\mu=0.05$，则

$$\frac{\omega_{n1}}{\omega_n}=\sqrt{\left(1+\frac{0.05}{2}\right)-\sqrt{0.05+\frac{0.05^2}{4}}}=0.89<0.9$$

$$\frac{\omega_{n2}}{\omega_n}=\sqrt{\left(1+\frac{0.05}{2}\right)+\sqrt{0.05+\frac{0.05^2}{4}}}=1.12>1.1$$

所以，吸振器质量

$$m_2=\mu m_1=0.05\times7830=392\text{kg}$$

采用图 19-5-37 形式的动力吸振器，将质量均匀分成 6 块，每块质量

$$m_2'=\frac{m_2}{6}=\frac{392}{6}=65.33\text{kg}$$

选取每块质量 $m_2'=65\text{kg}$，总质量 $m_2=390\text{kg}$。

（2）吸振器弹簧参数确定

吸振器弹簧刚度

$$K_2 = m_2\omega_{22}^2 = m_2\omega_n^2 = 390\times93.\ 2^2 = 3.\ 4\times10^6\,\mathrm{N/m}$$

吸振弹簧采用 6 只矩形截面的悬臂梁形式的板弹簧，一只弹簧的刚度

$$K_2' = \frac{K_2}{6} = \frac{3.\ 4\times10^6}{6} = 5.\ 67\times10^5\,\mathrm{N/m}$$

吸振器弹簧的最大相对变形量

$$\delta_{max} = \frac{F_0}{K_2} = \frac{5200}{3.\ 4\times10^6} = 0.\ 0015\mathrm{m}$$

为安全起见，选取 $\delta_{max} = 0.\ 002\mathrm{m}$。于是吸振器弹簧可根据 K_2' 和 δ_{max} 进行设计。

5.2 加阻尼的动力吸振器

5.2.1 设计思想

动力吸振器是一种单频窄带吸振器，当激振力频率 ω 发生变化时，动力吸振器就失去了作用，但是，若在辅助系统中再增加适当的阻尼 C_2，将动力吸振器变为如图 19-5-39 所示的减振吸振器，其消减振动的性能得到了明显的改善。

辅助振动系统加上阻尼 C_2 时，主系统振动的共振曲线如图 19-5-40 所示。其中，$Z=\omega/\omega_n$，$\omega_n=\sqrt{K_1/m_1}$，$\zeta=\alpha/\omega_n$，$\alpha=C_2/C_c$，$C_c=2\sqrt{m_2K_2}$，$\mu=m_2/m_1$，$\omega_{22}=\sqrt{K_2/m_2}$，$S=\omega_{22}/\omega_n$。

图 19-5-40 表明：当阻尼小时，系统有两个共振点，随着阻尼的增大，共振振幅变小，当阻尼超过某值时，则共振点变成了一个，且共振振幅随着阻尼的增加而增加。阻尼为 0 的共振曲线和阻尼为∞的共振曲线交点有两个，分别为 P 点和 Q 点，无论阻尼大小如何，所有的共振曲线都通过这两点。PQ 点理论还指出，（ω_{22}/ω_n）越大，P 点的高度越大，而 Q 点的高度就越小。

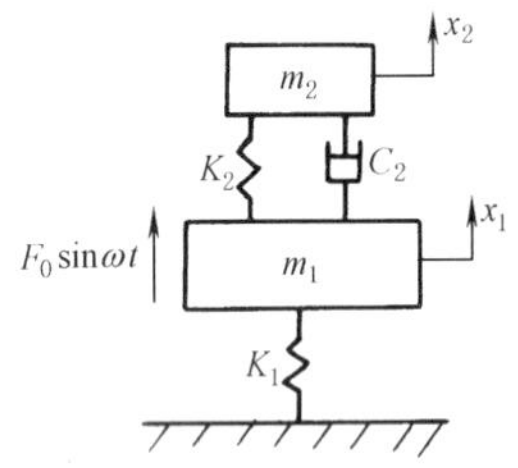

图 19-5-39　减振吸振器系统力学模型

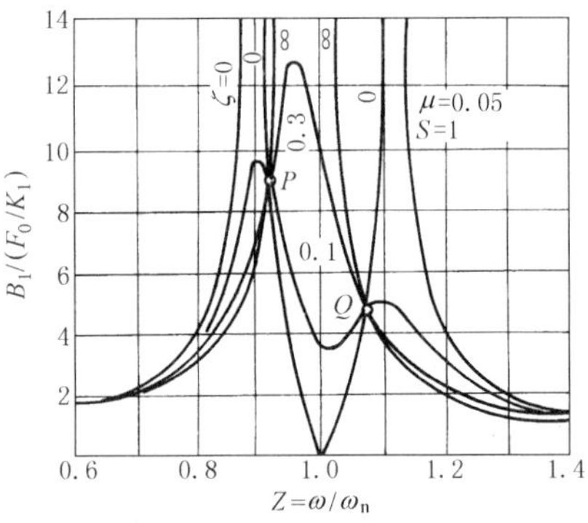

图 19-5-40　具有减振吸振器的主振动系统的位移共振曲线

为了提高减振吸振器消减振动的效果，减振吸振器的设计就是要尽可能降低 P 点和 Q 点的高度，并保证 P 点和 Q 点之间较宽的频带范围内的振幅稳定。要做到这两点，一是适当地选取（ω_{22}/ω_n）比值，使 P 点和 Q 点高度相等；二是适当地选取阻尼使 P 点和 Q 点高度最低，并在两点出现振幅最大值。选取最佳的（ω_{22}/ω_n）和（α/ω_n）的共振曲线如图 19-5-41 所示。当减振吸振器选好了合适参数后，主系统的振幅就能得到相当好的控制，而且当主系统为单自由度系统时，减振吸振器的有效使用频带是不受限制的，因而减振吸振器属于宽带吸振器。减振吸振器按其调谐频率比 S 值，可分为最佳调谐$\left(S=\dfrac{1}{1+\mu}\right)$、等频率调谐（$S=1$）和兰契司特（$S=0$）三类；按阻尼特性可分为黏性阻尼和库仑阻尼两类。最常用的依次是最佳调谐黏性阻尼减振吸振器、等频率调谐黏性阻尼减振吸振器、兰契特黏性阻尼减振吸振器和兰契司特库仑阻尼减振吸振器四种。黏性阻尼兰契司特减振吸振器的主振系统的共振曲线如图 19-5-42 所示。

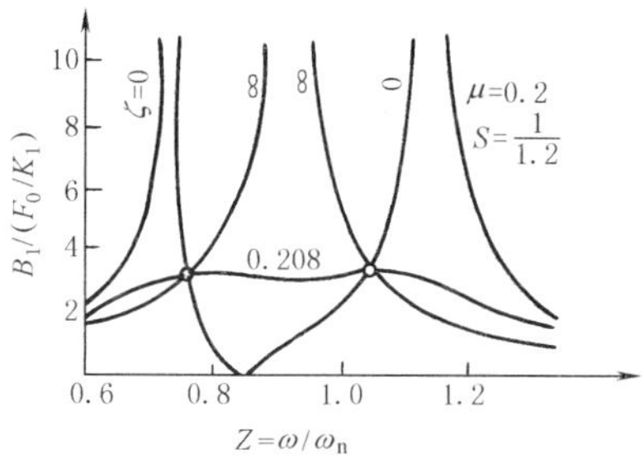

图 19-5-41　具有减振吸振器的主振动系统的最佳共振曲线

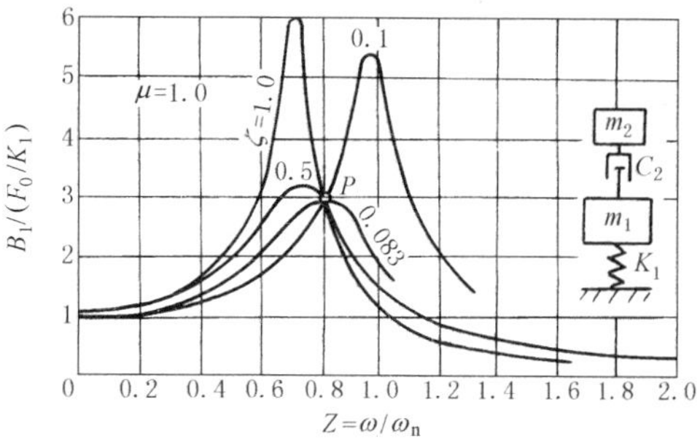

图 19-5-42　具有兰契司特减振吸振器的主振动系统的共振曲线

5.2.2 减振吸振器的最佳参数

表 19-5-26

项　　目	最佳调谐黏性阻尼减振吸振器	等频率调谐黏性阻尼减振吸振器	兰契司特黏性阻尼减振吸振器
调谐频率比 $S=\omega_{22}/\omega_n$	$S=\dfrac{1}{1+\mu}$	$S=1$	$S=0$
阻尼比 $\zeta=C/C_c$	$\zeta^2=\dfrac{3\mu}{8(1+\mu)^3}$	$\zeta^2=\dfrac{\mu(\mu+3)[1+\sqrt{\mu/(\mu+2)}]}{8(1+\mu)}$	$\zeta^2=\dfrac{1}{2(2+\mu)(1+\mu)}$
减振吸振系数 $T=B_1/(F_0/K_1)$	$T=\sqrt{1+\dfrac{2}{\mu}}$	$T=\dfrac{1}{-\mu+(1+\mu)\sqrt{\mu/(\mu+2)}}$	$T=1+\dfrac{2}{\mu}$
最大相对位移比 $\Delta=\delta_{max}/(F_0/K_1)$	$\Delta=\sqrt{\dfrac{B_1}{2\mu Z\zeta(F_0/K_1)}}$		
兰契司特库仑阻尼减振吸振器	调谐频率比 $S=0$		减振吸振系数 $T=\dfrac{\pi^2}{4\mu}=\dfrac{2.46}{\mu}$

注：各符号意义与 5.1 和 5.2.1 相同。

5.2.3 减振吸振器的设计步骤

（1）质量比

根据已知的激振角频率 ω、主系统的固有角频率 ω_n，以及期望的两个新共振点 ω_{n1} 和 ω_{n2} 之间的频带宽，按照表 19-5-26 中系统频率特性公式或曲线图，求得相应的 μ 值，为避免减振吸振器其他参数超出允许限值，设计选取的 μ 值通常都大于计算值。

（2）弹簧刚度

吸振器的弹簧刚度

$$K_2=m_2\omega_{22}^2=m_2S^2\omega_n^2 \tag{19-5-8}$$

式中　S——调谐频率比 $\left(S=\dfrac{\omega_{22}}{\omega_n}\right)$，可按表 19-5-26 中的公式计算，一般情况下多采用最佳调谐减振吸振器，$S=1/(1+\mu)$。

（3）阻尼系数

不同形式的减振吸振器的阻尼比 ζ 可按表 19-5-26 公式算出，或从图 19-5-43a 中查出。因阻尼比 $\zeta=C/C_c$，临界阻尼系数 $C_c=2\sqrt{m_2K_2}$，$m_2=\mu m_1$，所以，吸振器的黏性阻尼系数

$$C=\zeta C_c=2\zeta\sqrt{\mu m_1K_2} \tag{19-5-9}$$

对于兰契司特库仑阻尼减振吸振器的等效黏性阻尼比 ζ_e 可参照兰契司特黏性阻尼减振吸振器的公式或曲线图确定。

（4）主要考核指标的校核

不同形式减振吸振器的主要考核指标 T 可按表 19-5-26 公式算出，或从图 19-5-43b 中查出。于是主质量的振动幅值

$$B_1 = TF_0/K_1 < [B_1] \tag{19-5-10}$$

式中 $[B_1]$——主质量 m_1 的允许振动幅值，m。

（5）辅助考核指标的校核

不同形式减振吸振器的辅助考核指标 Δ 可按表 19-5-26 公式算出，或从图 19-5-43c 中查出。于是主质量 m_1 和吸振器质量 m_2 间的最大相对位移

$$\delta_{max} = \Delta F_0/K_1 < [\delta] \tag{19-5-11}$$

式中 $[\delta]$——主质量 m_1 和吸振器质量 m_2 间的允许相对位移，m。

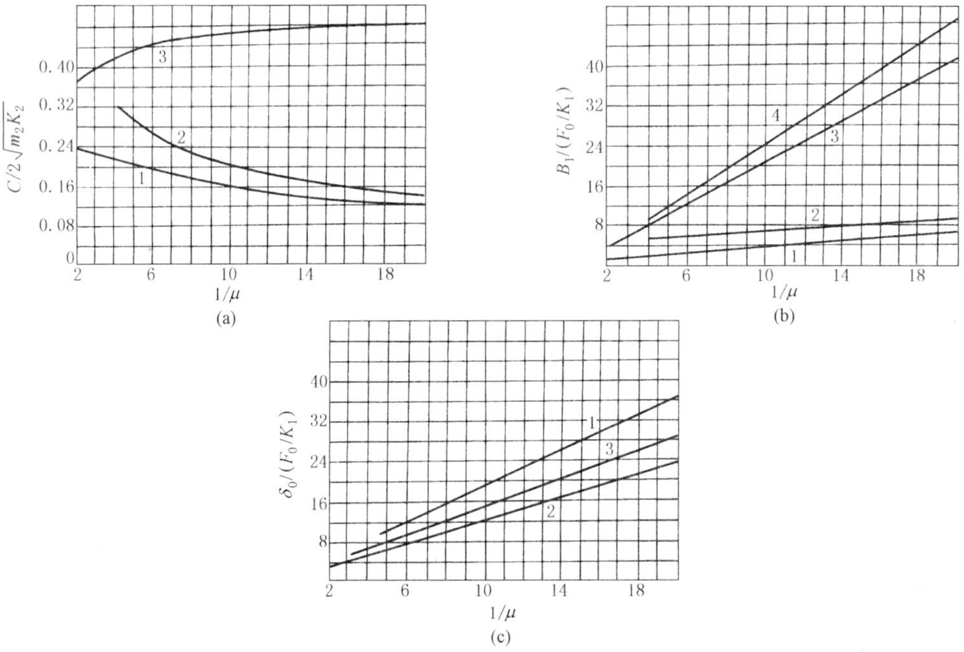

图 19-5-43　几种减振吸振器的设计参数图线

1—最佳调谐黏性阻尼减振吸振器；2—单频率调谐黏性阻尼减振吸振器；

3—兰契司特黏性阻尼减振吸振器；4—兰契司特库仑阻尼减振吸振器

（6）吸振器质量 m_2

如果上述各设计参数均在允许范围内，则表明最初确定的质量比 μ 是合适的。如果上述设计参数有一个参数不合适，就要根据该参数超限量重新确定质量比 μ 值，重新计算上述各参数，按上述（1）~（6）的程序反复进行，直至各参数均达到最佳为止。按最后确定的最佳质量比 μ_{OP} 确定的弹簧刚度 K_{OP} 和阻尼系数 C_{OP}，是减振吸振器的最佳参数。吸振器的质量

$$m_2 = \mu_{OP} m_1 \tag{19-5-12}$$

（7）吸振器弹簧设计

根据最佳刚度系数 K_{OP} 确定一只弹簧的刚度 K_{OP}，再根据最大相对位移 δ_{max} 确定弹簧的各变形量，参照第 3 卷第 12 篇设计弹簧。

（8）阻尼器的设计

根据最佳阻尼系数 C_{OP}（等效线性阻尼系数）确定一只阻尼器的最佳阻尼系数 C'_{OP}，再根据最大相对位移 δ_{max} 确定阻尼器的工作行程，参照本章第 3 节进行阻尼器设计。

5.3 二级减振隔振器设计

5.3.1 设计思想

PQ 点理论指出：作为二级减振隔振器的二自由度系统与动力吸振器系统一样，在激振力 $F_0\sin\omega t$ 作用于主质量的情况下，同样存在着 P、Q 两个定点，因而它们的设计基本思想也是一样的，即尽可能地降低 PQ 点的高度，同时又使 P、Q 点高度相等，并在 P、Q 点或其附近出现最大振幅。与设计动力吸振器所不同的是主系统的频率比（$Z=\omega/\omega_n$）通常都在 3~5 范围内，因而在选取弹簧刚度比时，与动力吸振器调谐频率比有所不同。根据这一基本设计思想，对二级减振隔振器系统进行理论分析，可以得出类似于表 19-5-26 各参数间的关系式，为了方便设计，直接将这些参数关系绘制成量纲-参数关系曲线图。

5.3.2 二级减振隔振器动力参数设计

（1）设计的已知条件

二级减振隔振器动力参数的设计是在一次隔振设计基础上进行的，因此，主质量 m_1、主刚度 K_1、激振角频率 ω 和支承运动位移幅值 U（或主动隔振激振力幅值 F_0 和一次隔振弹簧刚度 K_1 之比）都是二级减振隔振器的已知参数。

（2）阻尼器与主质量组合的减振隔振器设计

该二级减振隔振器系统的力学模型及其参数设计曲线如图 19-5-44 所示。

使用图 19-5-44 进行设计时，在给定 μ 和 S 值的条件下，从 μ 的实线部分和 S 线交点所确定的 ζ 再求出 C_1 值，满足其相应的定点（P 或 Q）出现最大值条件；在只给出 μ 值的条件下，对应此 μ 值两条曲线的交点的 S 值和 ζ 值，即能使 P、Q 点高度相等，又能使 P、Q 点都出现振幅最大值。设计时通常选用二级隔振器的质量比作为二级减振隔振器的质量比（即 μ 值给定），如果再选用二级隔振器的刚度比作为二级减振隔振器的刚度比（即 S值也给定），得出的阻尼 C_1 满足使 P 点和 Q 点出现最大值条件，在 μ 和 S 值同时给定条件下，具有最佳阻尼参数值的共振曲线的例子如图 19-5-45 所示（虽然 P 点和 Q 点的最大值不相等，但在很宽的频带范围内是相当平坦的）。

（3）阻尼器与二级隔振架组合的减振隔振器设计

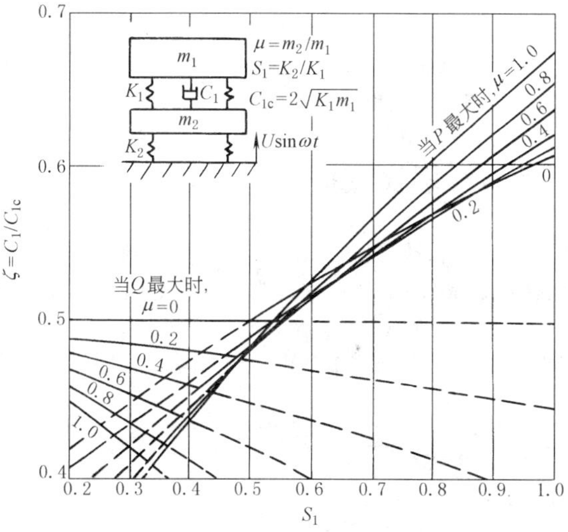

图 19-5-44 阻尼器与主质量组合减振隔振器的设计曲线

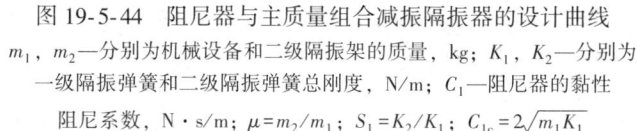

m_1，m_2—分别为机械设备和二级隔振架的质量，kg；K_1，K_2—分别为一级隔振弹簧和二级隔振弹簧总刚度，N/m；C_1—阻尼器的黏性阻尼系数，N·s/m；$\mu=m_2/m_1$；$S_1=K_2/K_1$；$C_{1c}=2\sqrt{m_1K_1}$

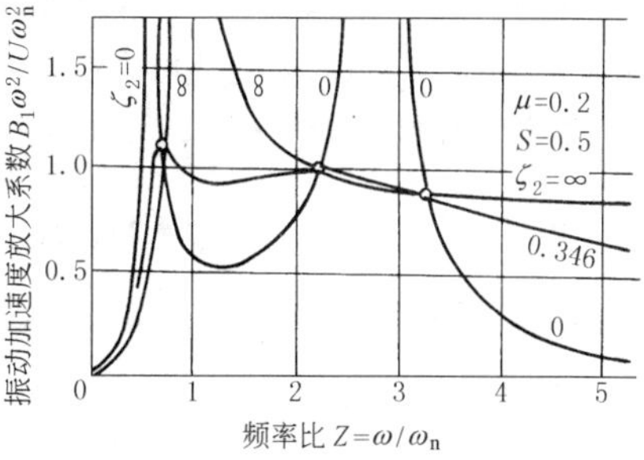

图 19-5-45 最佳系统的共振曲线

该二级减振隔振器的力学模型及其参数设计曲线如图 19-5-46 所示。图中参数除 C_2 为阻尼器阻尼系数（N·s/m），$\zeta=C_2/C_{2c}$，$C_{2c}=2\sqrt{m_2K_2}$外，其他参数同前，设计方法也同前。

（4）库仑阻尼器与主质量组合的减振隔振器设计

该二级减振隔振器系统的力学模型及其参数设计曲线如图 19-5-47 所示。除阻尼为库仑阻尼外，其他参数同前，设计方法也同前。图 19-5-48 所示的是两种阻尼器隔振效果的比较。

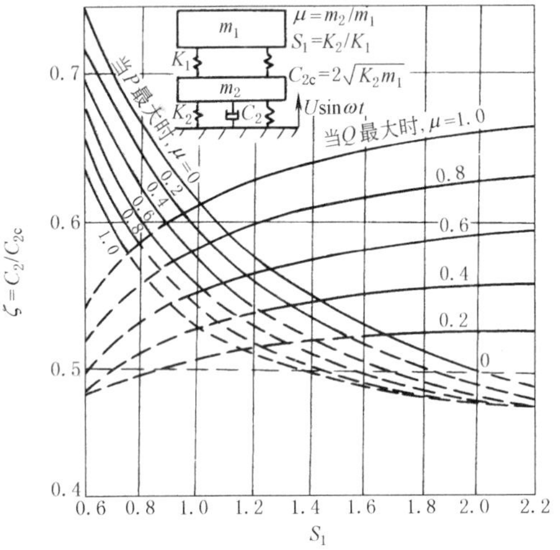

图 19-5-46　阻尼器与二级隔振架组合减振隔振器的设计曲线

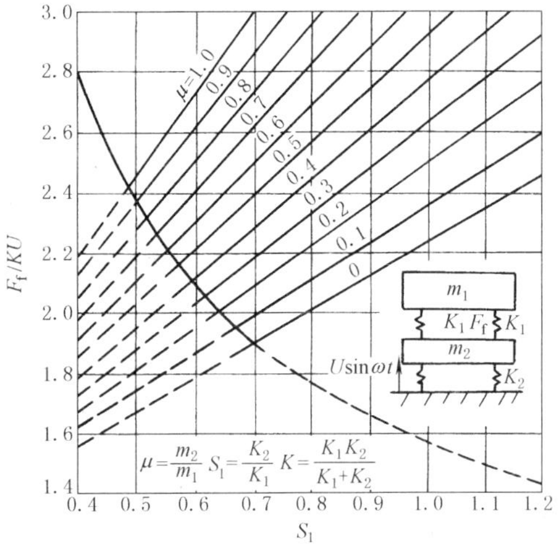

图 19-5-47　库仑阻尼与主质量组合的减振隔振器的设计曲线

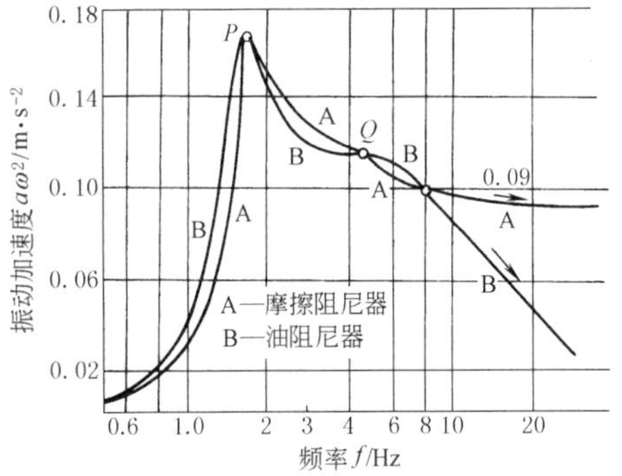

图 19-5-48　摩擦阻尼器与油阻尼器系统的特性比较

（5）二级减振隔振器的参数校核

根据设计的已知条件和通过上述设计确定的μ、S_1、ζ（$S_1=MS^2$），求得相应的m_2、K_2、C_1或C_2。在二自由度系统参数全部已知的条件下，根据第 3 章表 19-3-9 中 1 和 3 的公式计算出稳态振幅B_1、B_2和相位差角ψ_1、ψ_2。即可校核主动隔振的$B_{1\max}$、$\delta_{1\max}$、$B_{2\max}$、F_{T2}，被动隔振的$\delta_{\max}$、$\delta_{1\max}$、$\delta_{2\max}$、B_1各参数。其次就是根据确定的弹簧原始设计参数设计弹簧，根据确定的阻尼器原始设计参数设计阻尼器。

5.4　摆式减振器

图 19-5-49 表示一种摆式减振器，利用其动力作用可以减小扭转系统的扭振。摆式减振器通常采用离心摆的形式，其固有频率与旋转速度成正比。当激振频率也与转速成比例时，则在系统的整个运转速度范围内都有减振作用。

装有摆式减振器的旋转系统可以简化为图 19-5-50 所示的力学模型，对于角位移微小的微幅振动的摆的运动微分方程式：

$$\ddot{\phi}+\frac{R}{l}\Omega^2\phi=\left(1+\frac{R}{l}\right)\omega_j^2\phi_0\sin\omega_j t \tag{19-5-13}$$

可求得摆的稳态振幅ϕ_0与主系统振幅θ_0的关系式如下：

$$\theta_0=\frac{\phi_0(\omega_n^2-\omega_j^2)}{\left(1+\frac{R}{l}\right)\omega_j^2} \tag{19-5-14}$$

式中　Ω——系统的工作角速度；

ω_n——离心摆的固有角频率，$\omega_n=\Omega\sqrt{\dfrac{R}{l}}$。

上式令 $S=\sqrt{\dfrac{R}{l}}=\dfrac{\omega_n}{\Omega}$或

$$\omega_n=S\Omega \tag{19-5-15}$$

旋转机械发生扭振时，激振力的频率通常为系统工作角速度 Ω 的整数倍，即 $\omega_j=n\Omega$（$n=1$，2，…），所以适当选择摆的固有频率，使 $\omega_n=\omega_j$，则主系统的频率 $\theta_0=0$，从而达到减振的目的。因此，摆悬挂点至回转中心的距离 R 与摆长之间应采用如下的关系式：$S=\sqrt{\dfrac{R}{l}}=n$，则对某 n 次激振达到完全减振的作用。

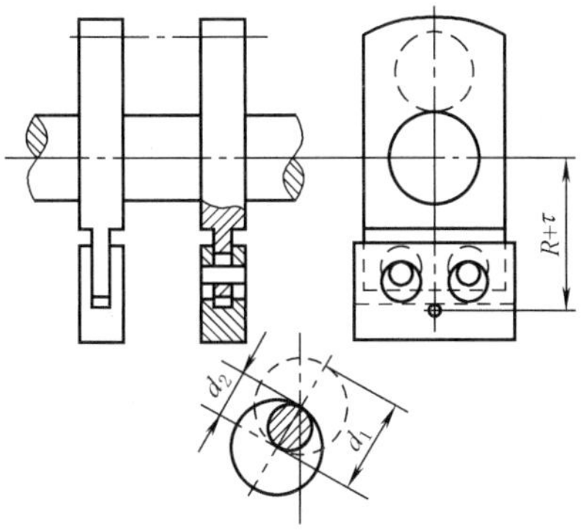

图 19-5-49　双离心摆式减振器

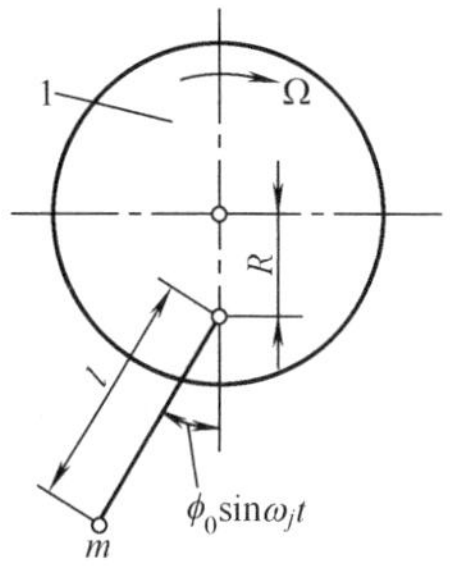

图 19-5-50　摆式减振器的力学模型

摆式减振器有挂摆式、滚摆式、环摆式等，部分原理、结构和计算见表 19-5-27。

表 19-5-27　　几种摆式减振器的原理、结构和计算

类型	原　理	结　构	计算公式
滚摆式	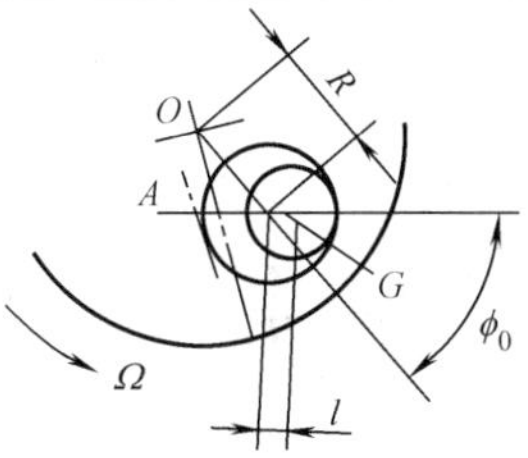	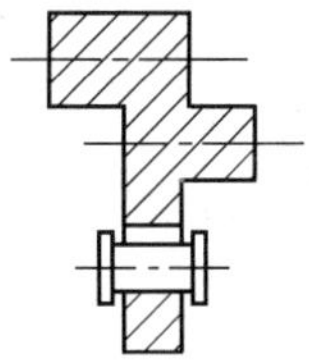	$S^2=\dfrac{R}{l}\times\dfrac{1}{1+\dfrac{4I_2}{md^2}}$ $\phi_0=\dfrac{M_j}{\left[m(R+l)+\dfrac{2l^2}{d}\right]l\omega_j^2}$
环摆式	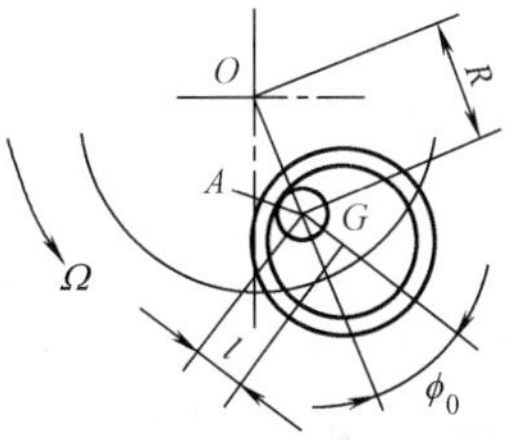	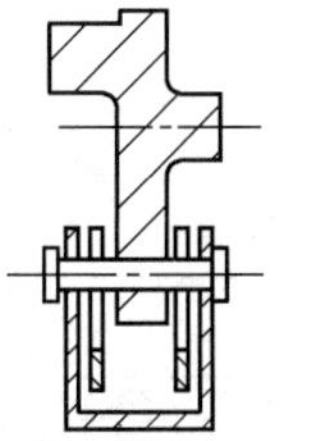	$S^2=\dfrac{R}{l}\times\dfrac{1}{1+\dfrac{4I_2}{mD^2}}$ $\phi_0=\dfrac{M_j}{\left[m(R+l)+\dfrac{2l^2}{D}\right]l\omega_j^2}$

注：S—调谐比；ϕ_0—共振时摆的振幅；m—摆的质量，kg；I_2—摆的转动惯量，kg · m²；M_j—激振力矩，N · m；ω_j—激振角频率，rad/s；d—滚子的外径，m；D—环的外径，m。

5.5　冲击减振器

冲击阻尼减振器是利用非完全弹性体碰撞时所引起动能损耗的原理设计制造的。这类减振器重量轻、体积小、制造简单，通常适用于减少振动力不大的高频振动的振幅，也属于动力减振器。最常用的是车床上的车刀减振器。

图 19-5-51 为最简单的冲击减振器。为减少轴 3 的振动，轴上套有冲击环 4，当轴产生弯曲振动时，冲击环 4

的内表面与轴 3 的外表面产生冲击，阻尼轴的振动。此时，间隙 b 是工作间隙。而当轴产生扭转振动时，冲击环 4 通过冲击钉 1 与轴的相配孔产生冲击，此时，间隙 a 是工作间隙。可用更换冲击钉来改变此间隙的大小。平衡钉 2 起平衡配重作用，它与轴的间隙大，不与轴接触。冲击钉 1 和平衡钉 2 与冲击环 4 的配合有过盈。图 19-5-52 为安装于铣床的轴环式冲击减振器。

图 19-5-53 为可减小镗杆弯曲振动的冲击减振镗杆结构图。根据经验，冲击质量块的质量可取镗杆外伸部分质量的 0.1~0.125 倍，冲击质量块与镗杆内孔的配合为$\frac{H7}{g6}$，轴向间隙无严格要求，以不妨碍冲击块的运动为宜。冲击块的材料宜采用淬硬钢。为了增加冲击块的密度，可将冲击块挖空，并在孔内灌铅。若采用硬质合金作为冲击块的材料，由于其密度和恢复系数提高，因而可增加减振效果。

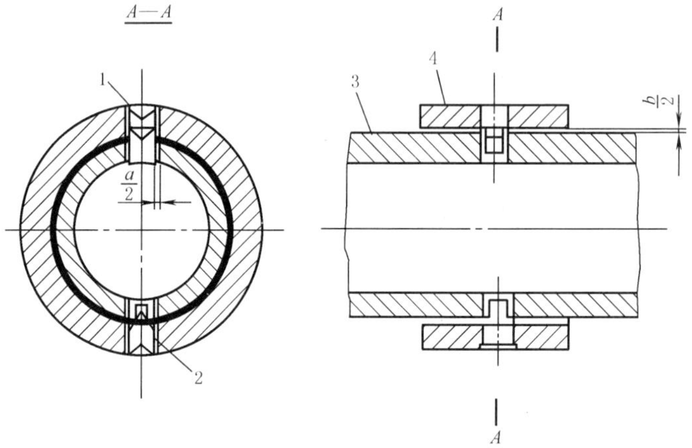

图 19-5-51　冲击减振环

1—冲击钉；2—平衡钉；3—轴；4—冲击环

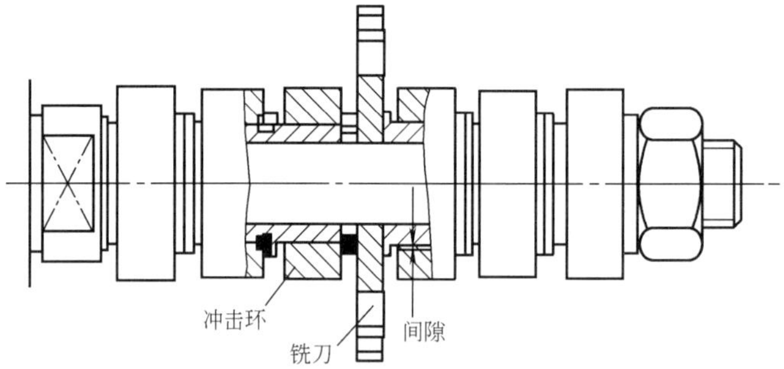

图 19-5-52　铣床的轴环式冲击减振器

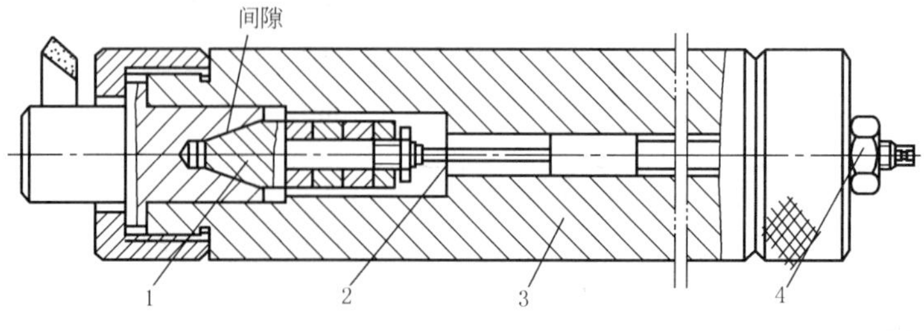

图 19-5-53　冲击减振镗杆

1—冲击块；2—软弹性杆；3—镗杆；4—调节螺母

图 19-5-54 为冲击减振器在镗刀上的安装图。这里冲击块 2 或冲击环 5 与镗杆 3 之间的间隙是工作间隙。图 b 的冲击环安装在镗刀外，重量较大，减振效果较图 a 好。

第 19 篇

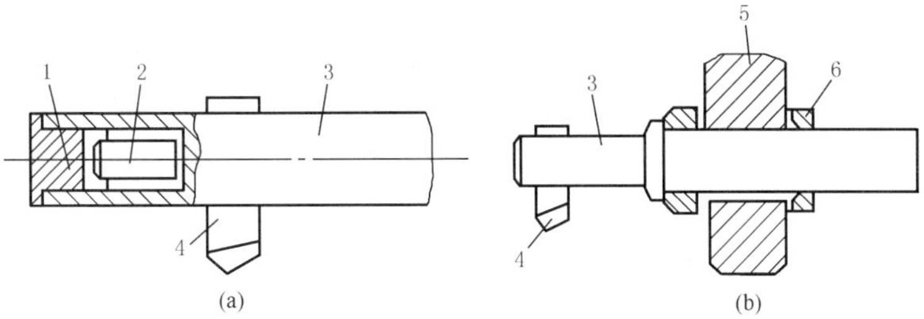

图 19-5-54　镗杆上的冲击减振器

1—螺塞；2—冲击块；3—镗杆；4—镗刀；5—冲击环；6—限位环

近年来为了简化冲击减振器的结构，采用铅弹、水银或水来代替整体冲击块。试验表明，以采用铅弹的效果为最好。

5.6　可控式动力吸振器示例

磁流变弹性体自调谐式吸振器，安装于振动设备之上。其吸振器的结构示意图见图 19-5-55。工作原理为：上轴线圈 6、上轴铁芯 8、导磁侧板 9、侧轴线圈 10 和侧轴铁芯 11 等组件与磁流变弹性构成闭合磁回路，这些组件安装在铜制安装基 5 上，构成了吸振器的动子。吸振器的基座上安装有四根导杆。导杆外套有支撑弹簧 3，这些支撑弹簧主要用来支撑动体质量，从而消除了原来作用在磁流变弹性体中的静变形量。吸振器的固有频率 f 为：

$$f=\frac{1}{2\pi}\sqrt{\frac{GA}{hm}} \qquad (19\text{-}5\text{-}16)$$

式中　G——磁流变弹性体剪切模量，N/m^2；

A——磁流变弹性体发生剪切的面积，m^2；

h——磁流变弹性体厚度，m；

m——振子的质量，kg。

磁流变弹性体中的铁磁性颗粒在磁场作用下被磁化，磁化后颗粒之间的磁场作用力导致剪切模量的增加。磁流变弹性体的剪切模量将发生改变，因而在剪切方向上的剪切刚度也随之发生改变，最终引起吸振器的固有频率的改变。这样，通过改变磁场强度便可控制改变吸振器的固有频率，使之跟踪主系统的外界干扰频率。

磁流变弹性体自调谐式吸振器控制系统图及磁流变弹性体自调谐式吸振器控制系统图略。

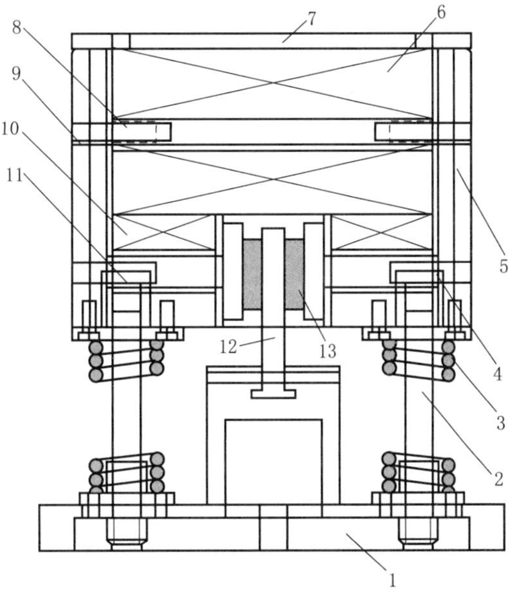

图 19-5-55　吸振器结构示意图

1—基座；2—导杆组；3—支撑弹簧；4—线性轴承；5—铜制安装基；6—上轴线圈；7—盖板；8—上轴铁芯；9—导磁侧板；10—侧轴线圈；11—侧轴铁芯；12—剪切片；13—磁流变弹性体

6　缓冲器设计

6.1　设计思想

隔振系统所受的激励是振动，缓冲系统所受的激励是冲击。所以缓冲问题与隔振减振问题是有所不同的，但又有相似的地方。不同的是：隔振减振处理的是稳态的振动，振幅较小；缓冲则主要处理瞬态振动，振幅大。由于振幅大，有时就必须考虑非线性问题。隔振器的设计，主要是寻求激振角频率和系统固有角频率间的关系，使传递系数控制在允许范围内；缓冲的主要问题是要求所设计的缓冲器能够储存冲击作用的能量，冲击结束后将此能量以系统作衰减自由振动的形式释放出来。故缓冲器实际上是一个储能装置，使冲击波以较缓和的形式作用于基础和设备。隔振器与缓冲器都是要阻止或减少振动能量的危害，其所用的理论、材料、甚至有些设备都是模拟的。例如车辆的缓冲器往往就被通俗地称作减振器。

6.1.1 冲击现象及冲击传递系数

1）常遇到的冲击及其受力状态如表 19-5-28 所示。

表 19-5-28

起吊重物	汽车制动	锤头下落	包装物下落碰撞地面
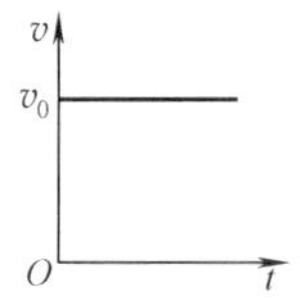	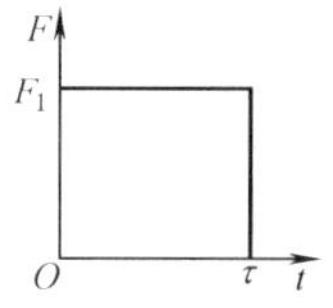	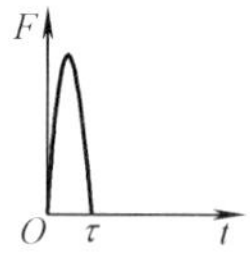	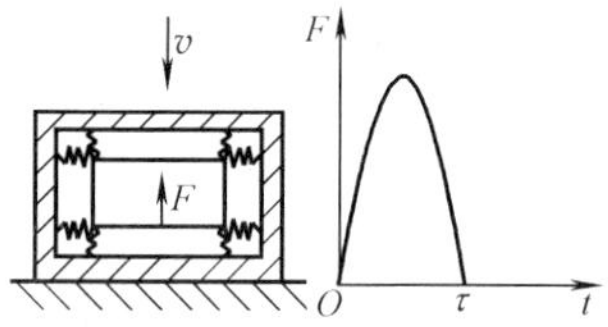

2）缓冲问题也就是冲击隔离问题。因此，像隔振问题一样，可将缓冲问题分为主动（积极）缓冲和被动（消极）缓冲两类。缓冲系统的力学模型见图 19-5-56，在忽略阻尼和非线性影响以及冲击作用时间的条件下，可以得到两个数学意义相同的运动方程：

主动缓冲时

$$\begin{cases} m\ddot{x}+Kx=F(t) \\ F(t)=\begin{cases} F_m & 0\leqslant t\leqslant\tau \\ 0 & t>\tau \end{cases} \end{cases}$$

$$\tau=\frac{1}{F_m}\int_0^{t_1}F(t)\,dt$$

式中 F_m——冲击力最大值。

被动缓冲时

$$\begin{cases} m\ddot{\delta}+K\delta=-m\ddot{u}(t) \\ \ddot{u}(t)=\begin{cases} \ddot{u}_m & 0\leqslant t\leqslant\tau \\ 0 & t>\tau \end{cases} \end{cases}$$

$$\tau=\frac{1}{\ddot{u}_m}\int_0^{t_1}\ddot{u}(t)\,dt,\ \delta=x-u$$

式中 $\ddot{u}_m$——基础加速度脉冲最大值。

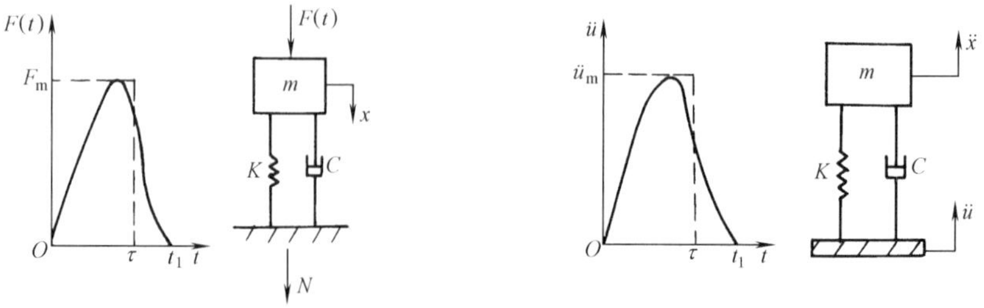

(a) 主动缓冲　　(b) 被动缓冲

图 19-5-56　缓冲系统力学模型

评价缓冲器品质的重要指标是冲击传递系数。被缓冲器保护的基础或机械设备所受的最大冲击力为 N_m，无缓冲器时基础或机械设备所受的最大冲击力为 $N_{m\infty}$，则冲击传递系数：

主动缓冲时
$$T_s=\frac{N_m}{N_{m\infty}}=\frac{N_m}{F_m}\tag{19-5-17}$$

被动缓冲时
$$T_s=\frac{N_m}{N_{m\infty}}=\frac{m\ddot{X}_m}{m\ddot{u}_m}=\frac{\ddot{X}_m}{\ddot{u}_m}\tag{19-5-18}$$

冲击传递系数也称冲击隔离系数，为冲击响应加速度的幅值 $\ddot{X}_m$ 与冲击激励加速度幅值 $\bar{u}_m$ 之比，$\eta_B=\frac{\ddot{X}_m}{\ddot{u}_m}$。如（19-5-18）式所示。只有该值小于 1 时才起隔振作用。

从力学模型、运动微分方程和传递系数上看，缓冲和隔振非常相似。因此，缓冲问题也会像隔振问题一样，从被动缓冲模型动力分析中所得出的结论会完全适用于主动缓冲。

6.1.2 速度阶跃激励及冲击的简化计算

冲击激振函数分脉冲型和阶跃型两大类。上面的公式看出脉冲型冲击响应可分为两个阶段：脉冲作用期间为第一阶段，脉冲停止作用后的自由振动为第二阶段。而工程上最感兴趣的通常是冲击载荷引起结构的最大响应。(最大受力 f_m、最大位移 X_m 或最大加速度 $\ddot{X}_m$ 之一，因为它们可以互换，见式（19-5-19）。对于过程并不着重。当作用时间很短时，脉冲波虽然不同，物体产生的速度阶跃则是一样的故在工程设计时常采用速度阶跃作为缓冲器设计的理想模型。即把速度阶跃作为激励函数。如果是力或加速度的冲击，只要作用时间短，都可以化为速度阶跃来计算。系统的运动方程和初始条件为：

$$\begin{cases} m\ddot{X}-F(\delta,\dot{\delta})=0 \\ \delta(0)=0,\dot{\delta}(0)=\dot{u}_m \end{cases}\tag{19-5-19}$$

式中　$F(\delta,\ \dot{\delta})$——缓冲器的恢复力和阻尼力函数；

　　$\dot{u}_m$——速度阶跃，近似地作为激励的加速度脉冲。

例如，一般冲击力作用时间 τ 远小于系统的固有周期 $T(\tau<0.3T)$，根据冲动量定理，冲量等于系统动量的改变。系统受到的冲量 I 等于系统产生的速度阶跃与其直接受到冲击的参振质量 m 的乘积：

$$I=\int_0^{\tau}f(t)\,\mathrm{d}t=\Delta\dot{u}_m=m\dot{u}_m$$

$\dot{u}_m$——速度阶跃。

令弹簧的刚度为 k，冲击后运动最大位移为：$X_m=\frac{\dot{u}_m}{\omega_n}=\frac{I}{m\omega_n}$　　(19-5-20)

最大受力为：

$$F_m=kX_m=\frac{k\dot{u}_m}{\omega_n}=\frac{kI}{m\omega_n}=I\omega_n=\sqrt{mk}\,\dot{u}_m\tag{19-5-21}$$

这种计算在一般工程中是比较方便的。必须说明：

1）如果冲击力函数作用时间比较长，超过了系统固有周期的 0.3 倍，计算是不够准确的；

2）这种计算在实践中是偏大的。因为冲击中能量损失是很大的。如碰撞的能量损失、局部变形、摩擦、声音等的损失。当然还有运动中的阻尼没有计算。有时候必须将冲量乘以一小于 1 的系数才能满足设计的要求。例如车辆阻车器的弹簧，实际的尺寸比计算所需的尺寸要小。

例　如图 19-5-57 所示，设质量为 m_1 的车 1 以速度 v_1 向质量为 m 的车（静止）撞去，撞后车 m 的速度为 v，车 m_1 的速度为 v_2，碰撞恢复系数为 e，由 $m_1v_1=mv+m_1v_2$ 及 $e=(v-v_2)/v_1$ 知：

$$\dot{u}_m=v=\frac{m_1(1+e)v_1}{m+m_1}$$

知道弹簧刚度后按式（19-5-20）、式（19-5-21）本来是可以算得弹簧所受最大的力和长度的，或者按设定的位移来求得弹簧所需的刚度。但是一般阻车器 m 的弹簧有预紧，令预压缩量 $X_0=aX_m$，按能量转换原理可算得（仍没有考虑阻尼损失）。

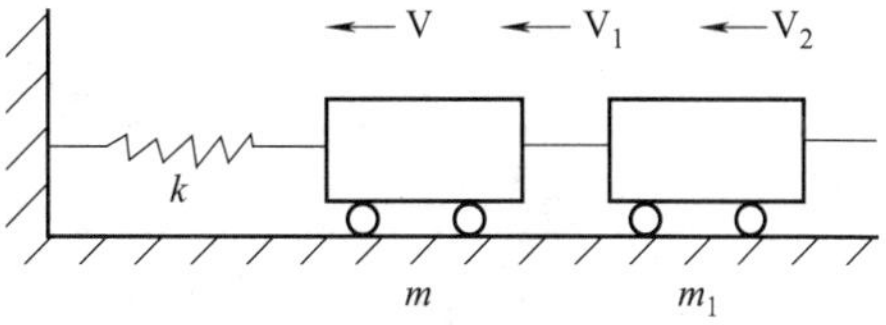

图 19-5-57

$$X_m=\frac{\dot u_m}{\omega_n\sqrt{1+2a}};\ F_m=k(X_m+X_0)=kX_m(1+a)$$

如设定弹簧的长度，就可选得弹簧的刚度 k。实际设计中由于考虑有各种阻尼存在而选用较小的 k 值。实际情况比这要复杂，如：车头还有弹簧、碰撞恢复系数 e 将变化难定等。

6.1.3 缓冲弹簧的储能特性

缓冲弹簧的储能特性为：

当 $\delta=\delta_m$ 时，$U=\int_0^{\delta_m}-F(\delta)\,d\delta$

它应该大于或等于从外部来的激励的能量 $\frac{1}{2}m\dot u_m^2$。缓冲弹簧的特性不同，其储能特性分别列于表 19-5-29（没考虑阻尼）。在工程设计中则往往根据所选弹簧的特性 $F=F(\delta)$ 曲线，取其下面的面积即为弹簧的可能储能。对于硬特性或软特性，则将其曲线用几个折线来取代，这就简化了计算。

速度阶跃理想模型所得到的结果具有较好的准确性。

表 19-5-29

类型	线性弹簧	非线性弹簧	
		硬特性弹簧	软特性弹簧
特性曲线	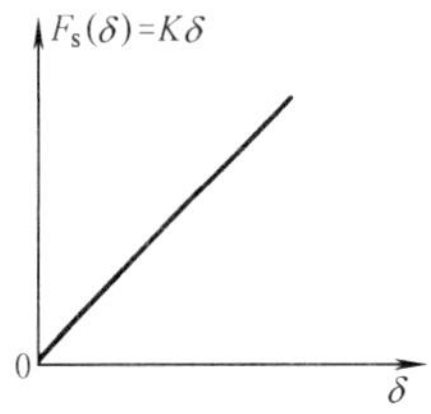	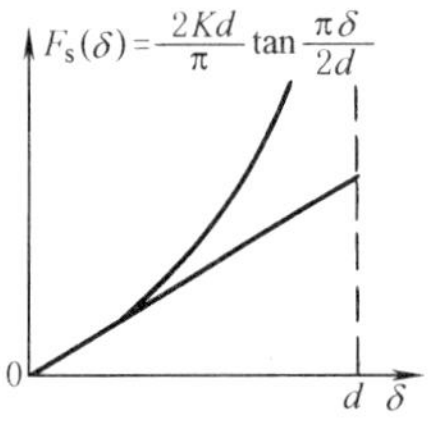	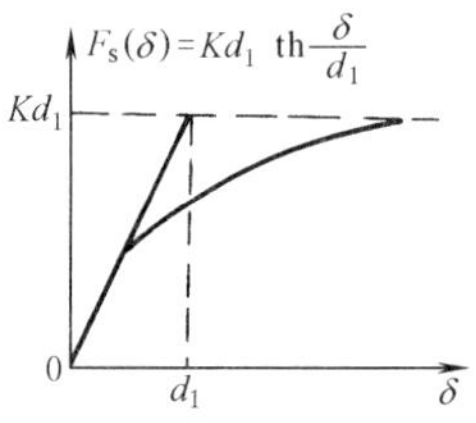
储能特性	当 $\delta=\delta_m$ 时 $\int_0^{\delta_m}F_s(\delta)\,d\delta=\frac{1}{2}m\dot u_m^2$ δ_m——最大相对位移		
各参数间的关系	$\ddot X_m=\omega_n^2\delta_m=\omega_n\dot u_m$ $\dot u_m=\omega_n\delta_m$	$\frac{\ddot X_m}{\omega_n^2 d}=\frac{2}{\pi}\tan\frac{\pi\delta_m}{2d}$ $\frac{\dot u_m^2}{\omega_n^2 d^2}=\frac{8}{\pi^2}\ln\left(\sec\frac{\pi\delta_m}{2d}\right)$ $\frac{\ddot X_m\delta_m}{\dot u_m^2}=\frac{\frac{\pi\delta_m}{d}\tan\frac{\pi\delta_m}{2d}}{4\ln\left(\sec\frac{\pi\delta_m}{2d}\right)}$ $\left(\frac{\ddot X_m\delta_m}{\dot u_m^2}\right)$、$\left(\frac{\dot u_m}{\omega_n d}\right)$与$\frac{\delta_m}{d}$的关系曲线见图 19-5-58（无量纲）	$\frac{\ddot X_m}{\omega_n^2 d_1}=\text{th}\frac{\delta_m}{d_1}$ $\frac{\dot u_m^2}{\omega_n^2 d_1^2}=\ln\left(\text{Ch}^2\frac{\delta_m}{d_1}\right)$ $\frac{\ddot X_m\delta_m}{\dot u_m}=\frac{\frac{\delta_m}{d_1}\text{th}\frac{\delta_m}{d_1}}{\ln\left(\text{Ch}^2\frac{\delta_m}{d_1}\right)}$ $\left(\frac{\ddot X_m\delta_m}{\dot u_m^2}\right)$、$\left(\frac{\dot u_m}{\omega_n d_1}\right)$与$\frac{\delta_m}{d_1}$的关系曲线见图 19-5-59（无量纲）
说明	ω_n——弹簧固有频率 $\omega_n=\sqrt{K/m}$	K——弹簧的初始刚度，图中曲线的初始斜率 d——曲线渐近线的 $\delta=d$，见图 ω_n——弹簧初始刚度固有频率（δ 很小时），式子同左	d_1——曲线渐近线，与（力值）kd_1 相当的 δ 值，见上图 其他同左
η_0 值	1	>1	<1
	$\eta_0=\frac{\ddot X_m\delta_m}{\dot u_m^2}$是弹簧按 $F_m\delta_m/2$ 计算可能储存的能量与弹簧实际所需储存外来能量之比，即斜线 $F=k\delta$ 下 $0\sim\delta_m$ 三角形面积与弹簧特性曲线下 $0\sim\delta_m$ 面积之比		

续表

类型	线性弹簧	非线性弹簧	
		硬特性弹簧	软特性弹簧
特性比较		缓冲效果差 抗超载能力强	缓冲效果好 抗超载能力小，小冲击能引起大变形
典型弹簧	金属螺旋弹簧	橡胶弹簧、泡沫塑料、金属锥形螺旋弹簧	垂直方向预压的橡胶剪切弹簧、空气弹簧

注：$\dot{u}_m$——缓冲器受到的速度跃阶的最大值；δ_m——缓冲器受到冲击时得到的最大变形值；$\ddot{X}_m$——缓冲器受冲击时的最大加速度值。

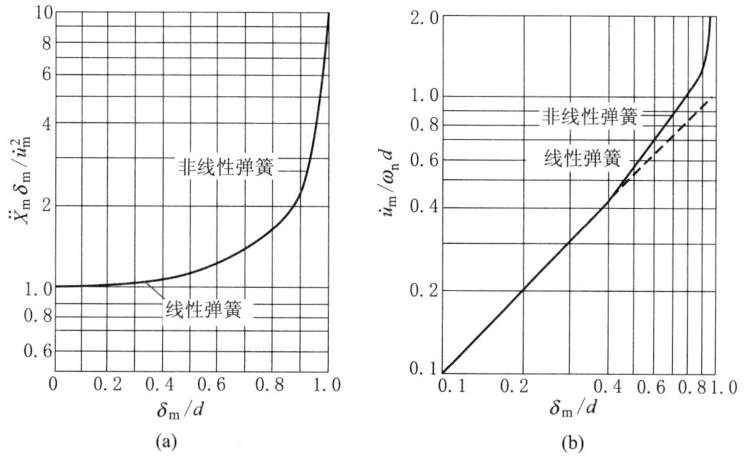

图 19-5-58　硬特性弹簧$\left(\frac{\ddot{X}_m\delta_m}{\dot{u}_m^2}\right)$、$\left(\frac{\dot{u}_m}{\omega_n d}\right)$与$\left(\frac{\delta_m}{d}\right)$的关系曲线

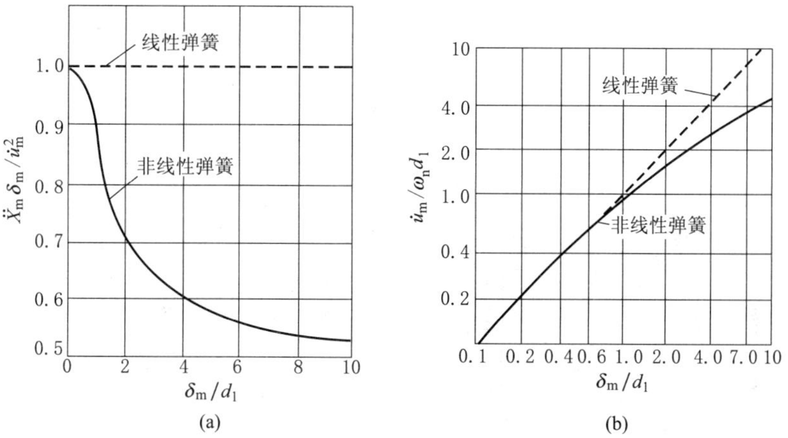

图 19-5-59　软特性弹簧$\left(\frac{\ddot{X}_m\delta_m}{\dot{u}_m^2}\right)$、$\left(\frac{\dot{u}_m}{\omega_n d_1}\right)$与$\left(\frac{\delta_m}{d_1}\right)$的关系曲线

例　设备重 30kg，刚性，基础受速度阶跃 $\dot{u}_m=2.5\text{m/s}$ 的冲击，设备允许最大加速度 $[\ddot{X}_m]=25g$（245m/s^2），冲击缓冲隔振器最大允许变形 $[\delta_m]=0.026\text{m}$。

1）用金属弹簧隔振器：

根据最大加速度条件，隔振器的频率应为：$\omega_n\leqslant\frac{\ddot{X}_m}{\dot{u}_m}=\frac{245}{2.5}=98\text{rad/s}$

根据隔振器最大变形条件，频率应为：$\omega_n \geqslant \dfrac{\dot{u}_m}{\delta_m} = \dfrac{2.5}{0.026} = 96.1\text{rad/s}$

选 $\omega_n = 98\text{rad/s}$，周期 $f = 2\pi \times 98 = 615.71/\text{s}$ 的弹簧组，求弹簧组的刚度：

$$k = m\omega_n^2 = 30 \times 98^2 = 2.88 \times 10^5\ \text{N/m}$$

校核冲击缓冲隔振器最大变形为 2.5/98=0.0255m。符合 $\eta_0 = \dfrac{\ddot{X}_m \delta_m}{\dot{u}_m^2} = 1$。

2）用硬特性弹簧：

因 $\eta_0 = \dfrac{\ddot{X}_m \delta_m}{\dot{u}_m^2} = \dfrac{245 \times 0.026}{2.5^2} = 1.019 > 1$

查图 19-5-58a 知 δ_m/d 约 0.5，得 $d = \delta_m/0.5 = 0.052$。

选 $\omega_n = 96.1\text{rad/s}$ 的弹簧组，其初期的刚度：$k = m\omega_n^2 = 30 \times 96.1^2 = 2.77 \times 10^5\ \text{N/m}$。具体数字代入表 19-5-29 表头的公式即可求得弹簧硬特性的力与变形的关系。实际工作中一般不这么做，而是根据现有的弹簧特性曲线选择符合要求，即：

① 弹簧变形 $\delta = \delta_m$ 时，弹簧的最大载荷 $\geqslant 30 \times 245 = 7350\text{N}$；

② 弹簧特性曲线下 $0 \sim \delta_m$ 范围内的面积 $\geqslant \dfrac{1}{2} m\dot{u}_m^2 = \dfrac{1}{2} \times 30 \times 2.5^2 = 93.7\text{N} \cdot \text{m}$。

3）如果用软特性弹簧，由于 $\dfrac{\ddot{X}_m \delta_m}{\dot{u}_m^2} > 1$，不在图 19-5-59a 范围内，可改变参数计算，例如令 $\dfrac{\ddot{X}_m \delta_m}{\dot{u}_m^2} = 0.65$，从该图中对应的 $\dfrac{\delta_m}{d_1} = 3$，令 $\ddot{X}_m = 230\text{m/s}^2$（留有富裕）得：$\delta_m = 0.65 \times 2.5^2/230 = 0.0177\text{cm} < [\delta_m]$

由图 19-5-59b 查得 $\delta_m/d_1 = 3$ 时，$\dfrac{\dot{u}_m}{\omega_n d_1} = 2.1$，而 $d_1 = 0.0177/3 = 0.0059\text{cm}$，则 $\omega_n = 2.5/(2.1 \times 0.0059) = 201\text{rad/s}$

可算得弹簧初始刚度和力与变形的关系，选出的弹簧初始刚度将要增大很多。

建议仍采用上述①、②点的办法来选择。

6.1.4 阻尼参数选择

令 C 为阻尼系数，相对阻尼系数为 $\xi = \dfrac{C}{2m\omega_n} = \dfrac{C}{2\sqrt{mk}}$ 时，对于线性弹簧，图 19-5-60a 为经过冲击减振隔振器最大加速度与阻尼的关系，$\dfrac{\ddot{X}_m}{\omega_n \dot{u}_m^2}$ 随 ξ 变化曲线；图 b 为经过冲击减振隔振器吸收的能量与阻尼的关系，$\dfrac{X_m \delta_m}{\dot{u}_m^2}$ 随 ξ 变化曲线。

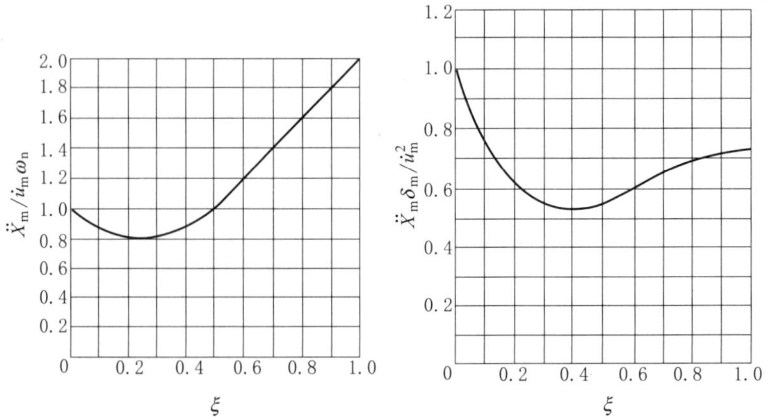

(a) $\dfrac{\ddot{X}_m}{\omega_n \dot{u}_m}$ 与 ξ 的关系　　(b) $\dfrac{\ddot{X}_m \delta_m}{\dot{u}_m^2}$ 与 ξ 的关系

图 19-5-60　黏性阻尼冲击隔离（单自由度）

从分析研究或图中可以看出：

1）$\xi<0.5$ 时，$\dfrac{\ddot{X}_m}{\omega_n \dot{u}_m}<1$，上表算得为$\dfrac{\ddot{X}_m}{\omega_n \dot{u}_m}=1$，说明阻尼的存在使最大加速度减小，提高了缓冲效果；$\xi>0.5$ 时则相反。

2）在 $\xi=0.265$ 处，$\dfrac{\ddot{X}_m}{\omega_n \dot{u}_m}$值最小，为 0.81，所以 $\xi=0.265$ 为弹簧刚度和外激励固定时的最佳阻尼比。

3）图 19-5-60b 看出，有阻尼时$\dfrac{\ddot{X}_m\delta_n}{\dot{u}_m^2}<1$，所需的吸收能量变小，在 $\xi=0.404$ 处，$\dfrac{\ddot{X}_m\delta_n}{\dot{u}_m^2}$值最小，为 0.52，所以 $\xi=0.404$ 为弹簧最大变形和外激励固定时的最佳阻尼比。

例 上节示例设备重 30kg，刚性，基础受速度阶跃 $\dot{u}_m=2.5\text{m/s}$ 的冲击，冲击缓冲隔振器最大允许变形 $[\delta_m]=0.026\text{m}$。设备允许最大加速度 $[\ddot{X}_m]$ 可降为多少？

1）用线性弹簧加黏性阻尼，由于线性弹簧加了黏性阻尼，弹簧变细，为留有一点裕度，取最大变形 $\delta_m=2.4\text{cm}$。按图 19-5-60b 选 $\xi=0.4$，加速度最小，$\dfrac{\ddot{X}_m\delta_m}{\dot{u}_m^2}=0.52$，$\ddot{X}_m=0.52\times2.5^2/0.024=135.4\text{m/s}^2$

选小于允许值。$[\ddot{X}_m]=25g$（245m/s^2）。按图 a，$\xi=0.4$ 时，$\dfrac{\ddot{X}_m}{\omega_n \dot{u}_m}=0.86$，得

$$\omega_n=135.4/0.86/2.5=63.7\text{l/s}$$

弹簧刚度只要 $k=30\times63.7^2=122\times10^3\text{N/m}$

阻尼系数为 $C=2\xi m\omega_n=2\times0.4\times30\times63.7=1529\text{N}\cdot\text{s/m}$

2）用库仑阻尼，使缓冲行程中保持有一定的摩擦力 F_f，则弹簧要吸收的总能量为：

$$\frac{1}{2}m\ddot{X}_m\delta_m=\frac{1}{2}m\dot{u}_m^2-F_f\delta_m$$

代入具体数字后就可求得 $\ddot{X}_m$ 及弹簧固有频率 ω_n 和刚度。

6.2 一级缓冲器设计

6.2.1 缓冲器的设计原则

1）由冲击激励性质分析，确定计算模型。冲击激励一般可以表达为力脉冲、加速度脉冲或速度阶跃。由于缓冲系统的固有振动周期比较长，而冲击的作用时间比较短，所以各种冲击作用一般可以简化为速度阶跃这一较理想的冲击模型，而不致有大的误差。这一模型可使设计计算简化，且偏保守。当需要用力脉冲或加速度脉冲作为冲击输入时，常见的各种形状的脉冲可以简化为等效的矩形脉冲，所得结果能满足工程的精度要求。

2）根据缓冲要求，确定缓冲器设计控制量，即缓冲器的最大压缩量 δ_m，所保护的对象受到的最大力 F_m 或最大加速度 $\ddot{X}_m$。

3）分析缓冲器的工作环境，看是否有隔振要求。若要求隔振，则设计就变得复杂。隔振器和缓冲器的设计侧重点不尽相同，应采用前述相应章节分析，进行综合设计。

4）阻尼的处理是缓冲器设计中的一个重要问题。阻尼的作用是耗散部分冲击能，从而减小冲击力。设计时，一般取相对黏性阻尼系数为 0.3，如果阻尼太大（如>0.5），反而使受保护设备所受的冲击增大。

5）根据缓冲对象及缓冲器工作空间环境要求，确定在所设计的缓冲器中是否需加限位器。

6）无论哪种缓冲器或减振器设计说明中都应标明其缓冲特性，并要求作特性的实测及调整记录。

6.2.2 设计要求

主动缓冲：在已知机械设备质量 m、最大冲击力 F_m 和作用时间 τ（已知 $\dot{u}_m=F_m\tau/m$）的条件下，要求通过缓冲器传给基础的最大冲击力 N_m、作用基础的最大冲量和缓冲器的最大变形量 δ_m 小于许用值。

被动缓冲：在已知机械设备质量 m、最大冲击加速度 $\dot{u}_m$ 和持续时间 τ（已知 $\dot{u}_m=\ddot{u}_m\tau$）的条件下，要求通过缓冲器传递到机械设备最大冲击加速度 $\ddot{X}_m$、最大冲量和缓冲器的最大变形量 δ_m 小于许用值。

6.2.3 一级缓冲器动力参数设计

如果再知道最大允许加速度 $\ddot{X}_s$ 和最大允许变形 δ_a，可求缓冲弹簧的参数（线性弹簧 K；硬特性弹簧 K、d；软特性弹簧 K、d_1）。

线性弹簧：由 $\ddot{X}_m=\omega_n\dot{u}_m\leqslant\ddot{X}_a$，求出 ω_n 的最大允许值，再由 $\delta_m=\dfrac{\dot{u}_m}{\omega_n}\leqslant\delta_a$，求出 ω_n 的最小允许值，然后再在 ω_n 的最大允许值和最小允许值之间找到合适的值。由 ω_n 值求 K 值。

硬特性弹簧：由$\dfrac{\ddot{X}_m\delta_m}{\dot{u}_m^2}$值在图 19-5-58a 的曲线上查得$\dfrac{\delta_m}{d}$值，再在图 19-5-58b 中查得 ω_n 值，由 ω_n 值求 K 值。

软特性弹簧：根据$\dfrac{\ddot{X}_m\delta_m}{\dot{u}_m^2}$值在图 19-5-59a 的曲线上查得$\dfrac{\delta_m}{d_1}$值，再在图 19-5-59b 中查得 ω_n 值，由 ω_n 值求K值。

线性弹簧黏性阻尼可依照 6.1.4 节的方法，在弹簧刚度固定时，选取 $\zeta=0.265$，在最大变形固定条件下选$\zeta=0.404$。阻尼 ζ 稍有变化对冲击传递系数影响不是很显著，但对限制最大变形量 δ_m 是很有益的。

6.2.4 加速度脉冲激励波形影响提示

当加速度脉冲 $\dot{u}_m$ 的持续时间（或冲击力作用时间）$\tau>0.3T$ 时，再用速度阶跃激励则过于保守，甚至会得出完全错误的结果，需参考有关文献，考虑加速度脉冲形状对缓冲的影响。

6.3 二级缓冲器的设计

表 19-5-30

项　　目	基础运动冲击	外力冲击
力学模型及运动方程(暂忽略阻尼)	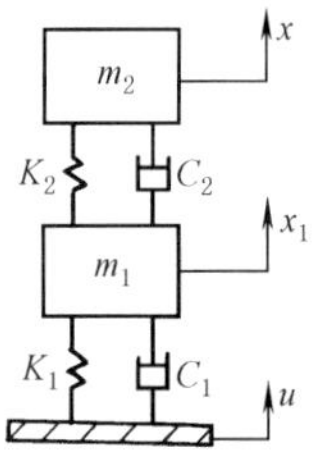 $\delta_1=x_1-x_2$ $\delta_2=x_2-\mu$ $\mu=m_2/m_1$ $S=\omega_2/\omega_1$ $\omega_1=\sqrt{K_1/m_1}$ $\omega_2=\sqrt{K_2/m_2}$ $m_2\ddot{\delta}_2+K_2\delta_2=K_1\delta_1-m_1\ddot{u}$ $m_1\ddot{\delta}_1+K_1\delta_1=-m_1\ddot{\delta}_2-m_1\ddot{u}$ $\delta_{1(0)}=\delta_{2(0)}=\dot{\delta}_{1(0)}=0$ $\dot{\delta}_{2(0)}=\dot{u}_m$	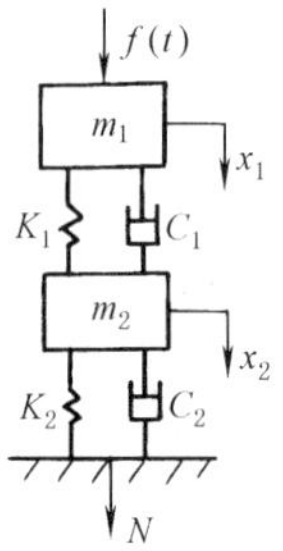 $\delta_1=x_1-x_2$ $\delta_2=x_2$ $\mu=m_2/m_1$ $S=\omega_2/\omega_1$ $\omega_1=\sqrt{K_1/m_1}$ $\omega_2=\sqrt{K_2/m_2}$ $\ddot{\delta}_1+\omega_1^2\delta_1=-\ddot{\delta}_2$ $\ddot{\delta}_2+\omega_2^2\delta_2=\mu\omega_1^2\delta_1$ $\delta_{1(0)}=\delta_{2(0)}=\delta_{2(0)}=0$ $\dot{\delta}_{1(0)}=\dot{u}_m=I/m_1$ $I=\int_0^{\tau}F(t)\mathrm{d}t$
防冲效应	$\ddot{x}_{1m}=\dfrac{\dot{u}_m\omega_1}{\sqrt{(S-1)^2+\mu S^2}}$ $\delta_{2m}=\dfrac{\dot{u}_m[1+S(1+\mu)]}{\omega_2\sqrt{(1+S)^2+\mu S^2}}$	$\delta_{1m}=\dfrac{I}{m_1\omega_1\sqrt{1+\mu/(1+S)^2}}$ $N_m=\dfrac{I\omega_1}{\sqrt{(1-S)^2+\mu S^2}}$
参数设计	(1)给定 m_1、K_1(一级缓冲器设计确定)，减小 K_2 时，能使 $\ddot{x}_{1m}$ 和 N_m 下降，提高缓冲能力 (2)给定 m_1、K_1、K_2，增加 m_2(μ 随着增加)时，使 $\ddot{X}_{1m}$ 和 N_m 下降。由于 μ 增加，则 S 下降，所以 $\ddot{X}_m$ 和 N_m 又上升。其综合效果 $\ddot{X}_{1m}$ 和 N_m 是下降的，提高了缓冲能力，但第二级弹簧变形量增加	
阻尼比	$\zeta_1=\zeta_2=0.05$	

7 平 衡 法

7.1 结构的设计

在结构设计时就应该考虑到受力的平衡及构件受到振动时所能承受的振动力。最明显的例子是大跨度的架空索道承载索在支架上的八个托索轮，两两地用平衡架相连，再用更长的平衡架将两轮平衡架连成四轮平衡架，最后用更长的平衡架将四轮平衡架连成八轮平衡架。这样，客车通过支架时八个轮子基本上将分担客车的重量并承受相同的冲击力。

图 19-5-61 为三轴汽车中桥与后桥的平衡悬架，在不平道路上行驶时，能使中、后桥车轮的载荷与所受冲击力较为均布。

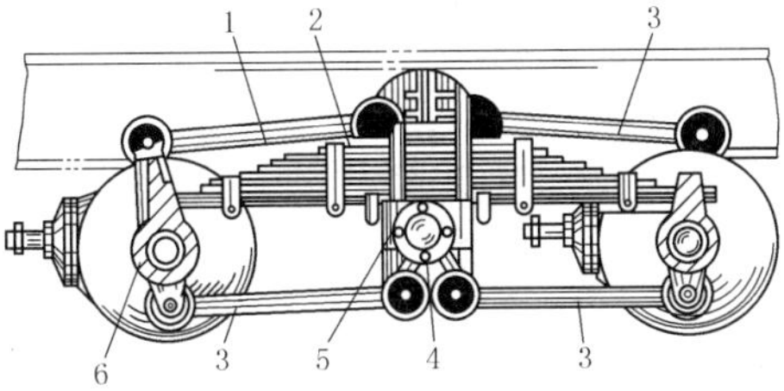

(a) 平衡悬架

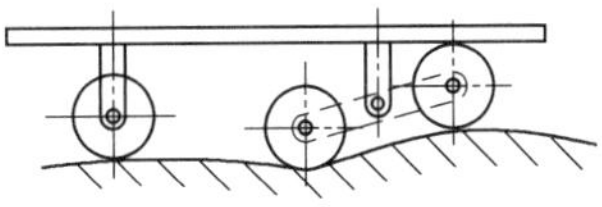
(b) 示意图

图 19-5-61　三轴汽车中桥与后桥的平衡悬架

1,3—反作用杆；2—钢板弹簧；4—芯轴；5—芯轴轴承毂；6—半轴套管座架

7.2 转子的平衡

不平衡的原因：材质不均匀；制造和装配误差；初始弯曲；转动部件间的相对移动；热变形或者设计上的缺陷，可能使得转子的每个轴段的质心偏离旋转轴线。这种振动的特点是振动的频率和转子转动频率相同。

转子不平衡的类型可分为三类或四类：①静不平衡；②准静不平衡；③偶不平衡；④动不平衡。①、②可合称为静不平衡。

由于转子质量偏心可能沿轴长分布是随机性的未知函数，即使是同一类型同一尺寸的转子，其偏心量的大小、方向和沿轴线方向的分布也是不相同的。当转子旋转时转子每个轴段的质量偏心将产生惯性力，从而引起转子和整个旋转机器的振动。

转子的“平衡”是在转子上选定适当的校正平面，在其上加上适当的校正质量（或质量组），使得转子（或轴承）的振动（或力）减小到某个允许值以下。

转子不平衡量可以在任意两平面校正的，或可以用刚性转子平衡技术平衡的称刚性转子或准刚性转子，如齿轮；有不平衡量轴向分布已知的转子，如带有带轮的砂轮、离心式压气机转子；有不平衡量轴向分布未知的转子，如多级离心泵、中压汽轮机转子；还有不能用刚性转子平衡技术平衡而要用高速平衡的挠性转子，如二级及以上的发电机转子，等等。它们的分类与要求各不相同。

总结起来，刚性转子的平衡方法有①单面平衡法；②二平面平衡法。柔性转子的平衡方法有①振型平衡法；②影响系数法。

在本手册第 1 篇第 8 章“装配工艺性”第 3 节“转动件的平衡”中已详细阐述了该部分内容可参考。

这里提醒一下，轴承座、台架及基础的弹性对小型转子振动的影响一般可忽略，但对于大型转子来说，支承件特性将对系统的振动有明显的影响。对于结构简单的支承，可通过计算求出支承特性，而对于结构复杂的支承，由于接合面多，边界条件难以准确决定，因此用试验的办法来确定支承特性比较有效。可以用正弦激振、冲击激振或其他激振方法，测量支承的机械阻抗或导纳以确定支承结构的动特性。表 19-5-31 为支承简化模型。

表 19-5-31　　　　支承简化模型

支承模型		条件	实例
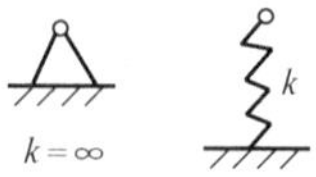	简支或一弹簧	刚性很大的支承座 非常轻的支承座 阻尼很小的支承座	板弹簧支承 小型轴承座
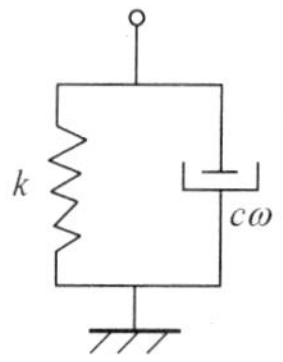	一弹簧 一阻尼	支承的共振点比工作转速高得多	在刚性基础上固定的刚性高的轴承座
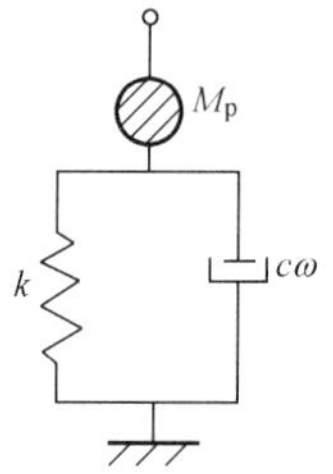	一质量 一弹簧 一阻尼	支承的共振点低于工作转速或在其附近	通常的大型机械的轴承座
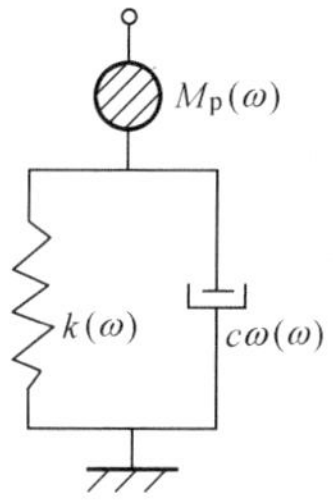	动刚度，其质量、弹簧、阻尼是振动频率的函数	支承共振点低于工作转速或在其附近，需考虑基础的影响	复杂支承结构的大型机械轴承座
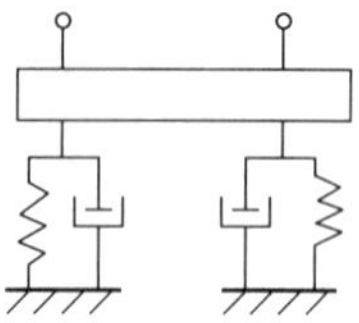	共同台架	各支承的动特性相互影响，彼此不独立	燃气轮机 共同台架的重型转子

7.3　往复机械的平衡

往复机械运转时所产生的往复惯性力、旋转惯性力以及反扭矩将最终传递到往复机械的机体支承，以力和力矩的形式出现。这些力和力矩都是曲轴转角的周期函数，对往复机械的支承及其机架是一种周期性的激励，引起系统的振动。

所谓往复机械的平衡，就是采取某些措施抵消上述三种惯性力或使它们减小到容许的程度。通常采取的措施是使由惯性力和惯性力矩所产生的不平衡性尽可能在往复机械的内部解决，使其尽量不传或尽可能少地传到机外。

为了保证往复机械得到较好的静力平衡和动力平衡，在设计和制造过程中应使各缸活塞组的重量、连杆重量以及连杆组重量在其大端和小端的分配时控制在一定的公差带内。曲轴在装入往复机械以前，也应将其不平衡的质量（包括静平衡和动平衡）控制在规定的公差范围内。

往复质量惯性力的平衡方法如下。

（1）连杆的质量折算

为简化计算，将连杆两头的质量各算入两端，其杆部按重心划分也各算入两端。这样，只有滑块活塞阀往复运动和曲柄的回转运动。

（2）活塞的惯性力

按简化计算活塞（图 19-5-62）的加速度可求得活塞的惯性力为：

$$Q=Rm\omega^2(\cos\alpha+\lambda\cos2\alpha) \qquad (19\text{-}5\text{-}22)$$

式中　m——往复运动的质量；

R——曲柄半径；

λ——曲柄半径与连杆长度之比 R/L。

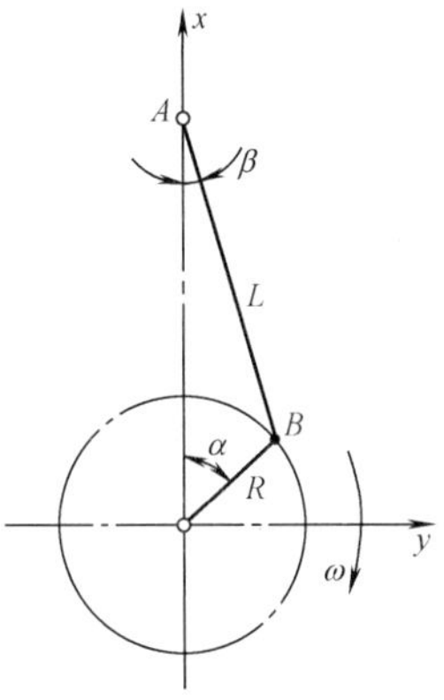

图 19-5-62

（3）单缸发动机往复惯性力的平衡

式（19-5-22）第一项为一阶往复惯性力，可改写成：

$$Q=Rm_A\omega^2\cos\omega t$$

式中　m_A——包括曲柄等在内的旋转质量。

通常在曲柄销的另一端对等距离处加装一个质量相等的平衡质量。这样，一阶往复惯性力可以得到平衡，而水平方向（图 19-5-62y 向）的惯性力增加了为：

$$Q=Rm_A\omega^2\sin\omega t$$

它与连杆的水平力组成了二阶往复惯性力，虽有平衡方法但复杂，一般不用。

（4）双缸发动机及多缸发动机

计算方法原理是一样的。首先在于曲轴与气缸的布置使各曲柄活塞的惯性力可相互平衡而部分抵消。例如图 19-5-63 布置的二缸发动机，图 b 中一阶往复惯性力矩已平衡，二阶往复惯性力矩则还存在。图 a 中则相反，二阶往复惯性力矩已平衡，一阶往复惯性力矩则还存在。

关于平面机构的平衡，在本手册第 4 篇第 1 章第 3 节“平面机构的受力分析”中有较详细的阐述。

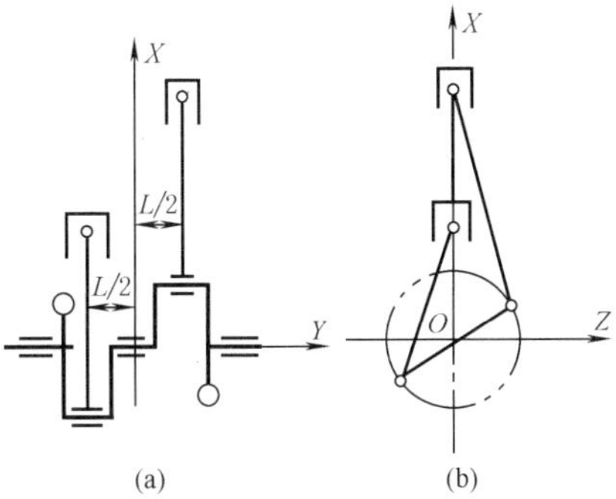

图 19-5-63　二缸发动机

第6章　机械振动的利用

1　概　　述

振动的利用主要表现在几个方面。

1）各种振动机械。利用振动来完成生产过程的机器称为“振动机械”。包括各种工艺过程需要的设备，振动试验装置等。振动机械种类很多，例如，振动压路机就有多种，有振荡式、垂直式、混沌式，冲击式，智能式等，都用到振动原理。

2）检测诊断设备。利用振动来检测和诊断设备或零部件内部的状态或试验设备的工作状态。

3）医疗及保健器械，包括各种按摩器，生活用具，美容器械（例如，利用机械振动的原理，产生高速超声波使细胞间隙的宽度扩大，提高药剂进入皮肤的通透性）等。医疗器械（包括检测与辅助治疗）及生活卫生等方面的内容，这些都是专门的课题，与机械振动密切相关的还有电磁振荡设备，各种波、声、超声、激光、射线、核磁共振等都可以用来为人们服务。不在本手册范围之内。

由于振动机械具有结构简单、制造容易、重量轻、成本低、能耗少和安装方便等一系列优点，所以在很多工业部门中得到了广泛的应用。目前应用于工业各部门的振动机械品种已超过百余种。但有些振动机械存在着工作状态不稳定、调试比较困难、动载荷较大、零件使用寿命低和噪声大等缺点，这些正是设计中应当注意的问题。

本章主要介绍振动机械设备，简单介绍钢丝绳拉力的振动检测方法。

1.1　振动机械的用途及工艺特性

表 19-6-1

类别	工艺特性	实例
振动输送	物料在工作机体内作滑行或抛掷运动，达到输送或边输送边加工的目的。对黏性物料和料仓结拱有一定疏松作用	水平振动输送机，垂直振动输送机，振动给料机，振动料斗，仓壁振动器，振动冷却机，振动烘干机、振动布料器、振动排队器等
振动分选	物料在工作体内作相对运动，产生一定的惯性力，能提高物料的筛分、选别、脱水和脱介质的效率	振动筛，共振筛，弹簧摇床，振动离心摇床，振动离心脱水机，重介质振动溜槽淘汰机等
破碎研磨清理	借工作机体内的物料和介质、工件和磨料、工件和机体间的相对运动和冲击作用，使矿物破碎、粉磨、或对机械零件打磨、光饰、落砂、清理和除尘等目的	振动颚式破碎机、振动圆锥破碎机、各种振动球（棒）磨机，振动光饰机、振动粉磨机、振动落砂机，振动除灰机，矿车清底振动器等
成型紧实	能降低颗粒状物料的内摩擦，使物料具有类似于流体的性质，因而易于充填模具中的空间并达到一定密实度	石墨制品振动成型机，耐火材料振动成型机，混凝土预制件振动成型机，铸造砂型振动造型机等
振动夯实	借振动体对物料的冲击作用，达到夯实目的。有时还将夯实和振动成型结合起来，从而提高振动成型的密实度	振动夯土机，振捣器，振动压路机，重锤加压式振动成型机等
沉拔插入	当某物体要贯入或拔出土壤和物料堆时，振动能降低插入拔出时的阻力	振动沉拔桩机，振动装载机，风动或液压冲击器等
振动时效	振动可加快铸件或焊接件内部形变晶粒的重新排列，缩短消除内应力的时间	时效振动台

续表

类别	工 艺 特 性	实 例
振动切削	刀杆沿切削速度方向作高频振动,可以淬硬高速钢,软铅等特殊材料进行镜面切削,加工精度高	振动切削机床、刨床、镗床、铣床、振动切削滚齿机、插齿机、拉床、磨床等
振动加工	振动使加工能集中为脉冲形式,使材料得到高速加工,使加工表面光滑,拉、压的深度提高	如振动拉丝、振动轧制、振动拉深、振动冲裁、振动压印
试验检测	回转零部件的动平衡试验,设备仪器的耐振试验,机器零部件的振动试验、耐疲劳试验 钢丝绳的拉力检测	振动试验台,试验机,振动测量仪,各种检测装置,索桥钢丝绳拉力检测仪
状态监测与故障诊断	结构件、铸件的故障检测,回转机械、转子轴的状态监测与故障诊断	回转机械或往复机械的振动监测与诊断设备,裂纹检测设备等

1.2 振动机械的组成

振动机械设备的共同特点通常由下列三部分组成:

1）工作机体（包括平衡机体）;

2）弹性元件（弹簧）（包括主振弹簧与隔振弹簧）;

3）激振器（用以产生激振力）。

最常见的激振器形式有惯性式、弹性连杆式、电磁式、电动式、液压式、气动式和电液式等多种。

电磁式振动机常用于供料、输送、筛分与落砂等各种工作。该种振动机通常在近共振条件下工作，可以使工作机体的激振力显著减小，激振器线圈的电流及电磁铁的体积和重量也可以相应减小。

对于激振器工作质体，有单质体的，有双质体的，有多质体的。

对弹性元件的特性，有线性的，有非丝性的。

对工作状态，有近共振的，有非共振的，还有冲击式的。

由上述的不同特点，按动力学特征可为如下四类。

近共振的有：电磁振动给料机、输送机，螺旋电磁振动上料机，惯性式和连杆式共振给料机、输送机，共振筛、冷却机，离心脱水机，振动炉排，混凝土振捣器机等。

线性非共振的有：惯性式振动给料机、惯性式输送机、落砂机、球磨机、光饰机、冷却机、成型机、试验台、压路机、振动筛、自同步概率筛、插入式振捣器等。

非线性的有：非线性振动给料机、输送机、共振筛、离心脱水机、离心摇床、弹簧摇床，振动沉拔桩机、附着式振捣器等。

冲击式的有：蛙式振动夯土机、抛离式振动夯土机、振动钻探机、振动锤锻机，风动式或液压式冲击器、冲击式电磁振动落砂机、冲击式振动造型机等。

1.3 振动机械的频率特性及结构特征

表 19-6-2

类 别	频 率 特 性	结 构 特 征	应 用 说 明
共振机械	频率比 $Z=\frac{\omega}{\omega_n}=1$(共振) ω——激振角频率,rad/s ω_n——振动系统的固有角频率,rad/s		由于共振机械参振质量和阻尼(例如物料的等效参振质量和等效阻尼系数)及激振角频率的稍许变化,振动工况很不稳定,因此很少采用
弹性连杆式振动机	$Z=0.75\sim0.95$(近低共振)	具有双振动质体、主振弹簧、隔振弹簧和弹性连杆激振器	振幅稳定性较好,特别是具有硬特性的弹簧具有振幅稳定调节作用,所需激振力小,功率消耗少,传给基础动载荷小等特点
惯性近共振振动机		激振器为惯性激振器,其他同上	
电磁式振动机		激振器为电磁激振器,其他同上	同上。但设计、制造要求较高

续表

类　别	频率特性	结构特征	应用说明
近超共振振动机	Z=1.05~1.2(近超共振)	上述三种激振器均可,其他同上	当主振弹簧具有软特性时,振幅稳定性较好,但启动、停机过程中振动也较强烈,较少采用;当主振弹簧为硬特性时,振幅稳定性较差,无法采用
单质体近共振振动机	Z=0.75~0.95 或 Z=1.05~1.2	具有单质体,无隔振弹簧,其他同上	传给基础的动载荷较大,使用受到限制。其他同上
惯性振动机	Z=2.5~8(远超共振)	除二次隔振外,均具有单质体、隔振弹簧和惯性激振器	振幅稳定性好,阻尼影响小,隔振效果好,但激振力和功率消耗大。应用广泛
非惯性振动机			激振力很大,弹性连杆或电磁激振器均承受不了。很少采用
远低共振振动机	Z<0.7		任何形式激振器均不能满足生产需要。不能采用

注：1. 通常所说的弹性连杆式振动机、惯性共振式振动机、电磁式振动机，如不加说明，均指双质体近低共振振动机。
2. 通常所说的惯性振动机，如不加说明，指的是远超共振振动机。

2　振动输送类振动机的运动参数

2.1　机械振动指数

工程上把机体振动加速度最大值$\ddot{x}_{max}$与重力加速度 g 的比值称为机械指数，即振动强度：

$$K_{jq}=\ddot{x}_{max}/g=\frac{B\omega^2}{g} \tag{19-6-1}$$

式中　$\ddot{x}_{max}$——机体振动最大加速度，$\ddot{x}_{max}=B\omega^2$，m/s²；

B——机体振幅，m；

ω——机体振动角频率，rad/s。

K_{jq}越大，输送物料的速度越快，机械所受的动载荷也就越大。通常受机械强度的限制，一般选 $K_{jq}\leqslant 6$。

2.2　物料的滑行运动

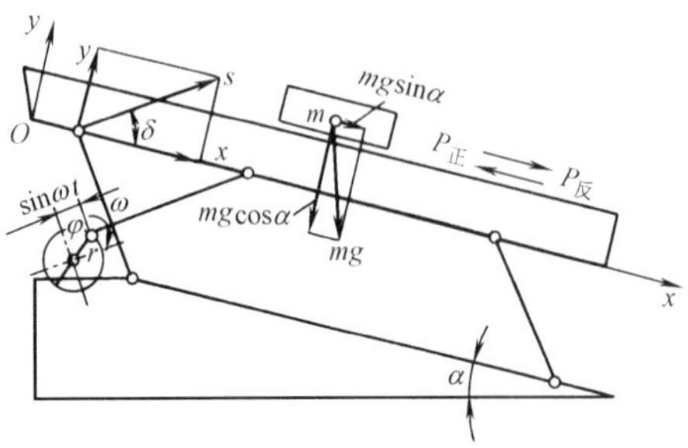

图 19-6-1　槽体运动规律及物料受力分析

若输送槽体作简谐运动，槽体内的物料和槽体的受力情况如图19-6-1所示。根据出现滑行运动时的受力平衡条件，可推出物料正向滑动（相对工作面沿 x 方向前进）的条件为正向滑行指数 $D_k>1$：

$$D_k=\frac{B\omega^2}{g}\times\frac{\cos(\mu_0-\delta)}{\sin(\mu_0-\alpha)} \tag{19-6-2}$$

而反向滑动的条件是反向滑行指数 $D_q>1$：

$$D_q=\frac{B\omega^2}{g}\times\frac{\cos(\mu_0+\delta)}{\sin(\mu_0+\alpha)} \tag{19-6-3}$$

式中　α——槽面与水平面夹角；

δ——振动方向角，即振动方向线与输送槽面夹角；

μ_0——静摩擦角，$\tan\mu_0=f_0$；

f_0——物料与槽面的摩擦因数。

按滑行原理工作的振动机械，大多采用 $D_k>1$、$D_q<1$；对于少数振动机械，如槽式振动冷却机、低速振动筛，采用 $D_k>1$、$D_q>1$ 状态工作。

对于物料运动轨迹相对于槽面近于直线的振动输送机，即以滑行为主的输送机，在设计计算中，首先根据工作要求、物料情况，选定 D_k、D_q、α 的具体数值，再进行如下计算。

（1）振动方向角 δ

$$\delta=\arctan\frac{1-C}{(1+C)f_0} \tag{19-6-4}$$

式中

$$C=\frac{D_q\sin(\mu_0+\alpha)}{D_k\sin(\mu_0-\alpha)}$$

（2）振动强度 K_{jq}

$$K_{jq}=\frac{B\omega^2}{g}=D_k\frac{\sin(\mu_0-\alpha)}{\cos(\mu_0-\delta)} \tag{19-6-5}$$

（3）选定振幅 B 后，计算每分钟振动次数 n

$$n=30\omega/\pi \tag{19-6-6}$$

例 用于输送不要求破碎物品的输送机，输送长度 20m，物料对工作面的摩擦因数 $f_0=0.9$，求其运动系参数。

解 因运输易碎物品，不抛掷，选正向滑行指数 $D_k=3$，反向滑行指数 $D_q\approx1$。长距离输送，取 $\alpha=0$，$\mu_0=\arctan 0.9=42°$。

按式(19-6-4) 计算：

$$C=\frac{D_q\sin(\mu_0+\alpha)}{D_k\sin(\mu_0-\alpha)}=\frac{1}{3}\frac{\sin(42°+0°)}{\sin(42°-0°)}=0.33$$

$$\delta=\arctan\frac{1-C}{(1+C)f_0}=\arctan\frac{1-0.33}{(1+0.33)\times0.9}\approx30°$$

按式(19-6-5) 计算振动强度：

$$\frac{B\omega^2}{g}=D_k\frac{\sin(\mu_0-\alpha)}{\cos(\mu_0-\delta)}=3\times\frac{\sin(42°-0°)}{\cos(42°-30°)}=2.05$$

按机械结构，取振幅 $B=5\text{mm}=0.005\text{m}$，得：

$$\omega=\sqrt{2.05\times9.81/0.005}=63.4\quad \text{rad/s}$$

$$n=30\times63.4/\pi=605.2\quad \text{r/min}$$

2.3 物料抛掷指数

如图 19-6-1，若输送槽体作简谐运动 $s=B\sin\omega t=B\sin\varphi$，由动力平衡方程可得：

$$N=mg\cos\alpha-m\ddot{s}\sin\delta \tag{19-6-7}$$

如果物料在输送过程中被抛离了工作面，则此瞬时正压力 $N=0$。工程上把 $m\ddot{s}\sin\delta$ 的幅值和 $mg\cos\alpha$ 之比称为物料抛掷指数 D，即

$$D=\frac{B\omega^2\sin\delta}{g\cos\alpha} \tag{19-6-8}$$

对应物料开始出现抛掷运动瞬时，槽体振动的相位角称为抛始角 φ_d，即

$$\varphi_d=\arcsin\frac{1}{D} \tag{19-6-9}$$

在该瞬时之前，物料和工作面沿 y 方向是一起运动的；在该瞬时之后，物料抛离工作面，在重力作用下在空中作抛物运动，$\Delta\ddot{y}=-g\cos\alpha+B\omega^2\sin\delta\sin\varphi$，积分两次得到相对位移 Δy 的表达式，当相对位移 $\Delta y=0$ 时，物料重新落至槽体，抛掷运动终止。此时槽体的相角 $\varphi=\varphi_z$，称 φ_z 为抛止角。$\theta_d=\varphi_z-\varphi_d$，称 θ_d 为抛离角。抛离角 θ_d 和抛始角 φ_d 的关系

$$\cot\varphi_d=\frac{\frac{1}{2}\theta_d-(1-\cos\theta_d)}{\theta_d-\sin\theta_d}=\sqrt{D^2-1} \tag{19-6-10}$$

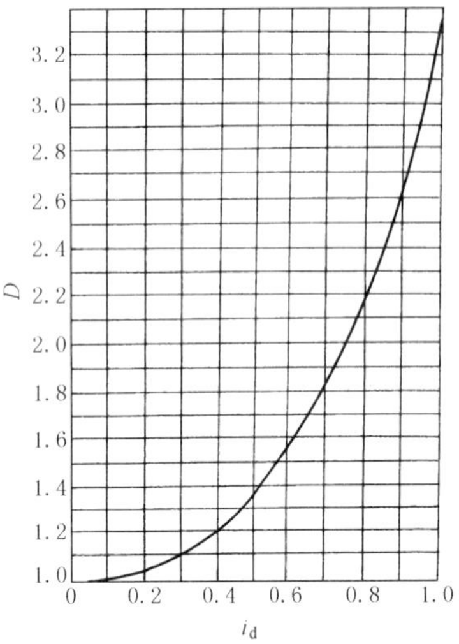

图 19-6-2　抛掷指数 D 与抛离系数 i_d 的关系

物料抛掷一次的时间与机体振动周期之比称为抛离系数 i_d

$$i_d=\frac{\theta_d}{2\pi} \tag{19-6-11}$$

抛离系数 i_d 和抛掷指数 D 的关系

$$D=\sqrt{\left[\frac{2\pi^2 i_d^2+\cos(2\pi i_d)-1}{2\pi i_d-\sin(2\pi i_d)}\right]^2+1} \tag{19-6-12}$$

i_d 值可根据给定 D 值按式(19-6-12) 求得，也可从图 19-6-2 查得。

当 $D<1$ 时，物料相对槽体静止或只作滑动；当 $D>1$ 时，物料相对槽体的运动状态以抛掷运动为主，这样可以降低物料运动的阻力和减少物料对槽体的磨损，但抛掷运动过于激烈又易使物料破碎或使输送状态不稳。一般取 $1<D\leqslant 3.3$，因为在这样的条件下，在机体的一个振动周期中，物料完成一次抛掷运动，工作状态稳定。个别时取 $4.6<D\leqslant 6.36$（如振动成型机等），在这种条件下，在机体的两个振动周期中，物料只完成一次抛掷运动。当输送脆性易碎物料时，D 值应小于 1 或略大于 1。

2.4　常用振动机的振动参数

表 19-6-3

激振形式		惯性式						弹性连杆式	
用途		输送			筛分和给料		成型密实落砂清理	输送	筛分
		长距离	上倾	下倾	单轴	双轴			
参数	频率 f/Hz	12~16					25~30	5~16	
	振幅 B/mm	5~6			3~6	3~5	0.8~1.2	5~15	6~9
	方向角 δ/(°)	20~30	20~45	20~30		30~60 多用 45	90	25~35	30~60 多用 45
	倾角 α/(°)	0	−8~−3	5~15	12~20	0~10	0	0~10	0~10

注：1. 表内数据为大致范围，只供选择参考。
2. 输送速度近似与频率 $f\left(\omega=2\pi f=\frac{\pi n}{30}\right)$ 成反比，与 $\sqrt{B}$ 成正比，因此，采用低频大振幅可以提高输送速度。
3. 输送磨损性大的物料时，δ 宜取较大值；输送易碎性物料时，δ 可取得小些；筛分时，δ 可选得大些，最大可取 $\delta_{max}=65°$。
4. 上倾角 α 应小于静摩擦角；下倾角 α 加大时，可提高输送速度，但会增加槽体的磨损。
5. 垂直输送的螺旋升角和振动方向角与上倾输送相同。

2.5　物料平均速度

$$v_m=C_\alpha C_h C_m C_w \frac{\pi g i_d^2\cos(\alpha-\delta)}{\omega\sin\delta}\quad (\text{m/s}) \tag{19-6-13}$$

式中各影响系数可由下列各表查得。上式只适用于计算 $1<D\leqslant 3.3$ 时的 v_m。若 $D=4.6\sim 6.36$，计算 v_m 时，上式的右端应乘以 0.5。

表 19-6-4　　**倾角影响系数 C_α**

倾角 α/(°)	−15	−10	−5	0	5	10	15
C_α	0.6~0.8	0.8~0.9	0.9~0.95	1	1.05~1.1	1.3~1.4	1.5~2

表 19-6-5　　**料层厚度影响系数 C_h**

料层厚度	薄料层	中厚料层	厚料层
C_h	0.9~1	0.8~0.9	0.7~0.8

注：通常筛分为薄料层，振动输送为中厚料层，振动给料为中厚料层或厚料层。

表 19-6-6　　物料性质影响系数 C_m

物料性质	块状物料	颗粒状物料	粉状物料
C_m	0.8~0.9	0.9~1	0.6~0.7

注：物料的粒度、密度、水分、摩擦因数、黏度等都对物料输送速度有影响，由于影响因素多而复杂，目前尚缺乏充足的实验资料，表中只给出了约略的数值。

表 19-6-7　　滑动运动影响系数 C_w

抛掷指数 D	1	1.25	1.5	1.75	2	2.5	3
C_w	1.18	1.16	1.15	1.1~1.15	1.05~1.1	1~1.05	1

注：物料平均运动速度是按抛掷运动进行计算的，在一个振动周期中，除完成一次抛掷运动外，还伴随有一定的滑行运动。

2.6　输送能力与输送槽体尺寸的确定

振动输送机，振动给料机和振动筛的生产能力

$$Q=3600hbv_m\rho \quad (t/h) \tag{19-6-14}$$

式中　h——料层厚度，m；

b——槽体宽度，m；

ρ——物料松散密度，t/m^3；

v_m——物料平均速度，m/s。

对振动输送机，矩形槽一般取 $h=(0.7\sim0.8)H$，H 为槽体高度；输送圆管一般取 $h\leqslant\frac{D_1}{2}$，D_1 为管体内径。对振动给料机，槽体侧板高度取 $H=0.15\sim0.3$m，利用侧挡板将料层厚度加厚到 $h=0.3\sim0.7$m。对振动筛，当薄层筛分时，可取 $h=(1\sim2)a$，a 为筛分分离粒度；当普通筛分时，取 $h=(3\sim5)a$；当厚层筛分时，取 $h=(10\sim20)a$，筛箱通过高度 H 为最大给料块度的二倍。根据生产能力要求或工艺对槽体尺寸的要求，按式(19-6-14)即可计算其他参数。槽体内物料质量：

$$m_m=QL/(3600v_m) \quad (kg) \tag{19-6-15}$$

式中　L——槽体长度，m。

2.7　物料的等效参振质量和等效阻尼系数

对振动机械的振动系统进行正确的分析，必须考虑物料对机器振动的影响。考虑这些影响最简便的方法，是将物料的各种作用力归化到惯性力与阻尼力之中。从而得出该振动系统物料的结合质量和当量阻尼。

运动物料相当有百分之几参振，称等效参振系数或等效参振折算系数 K_m，物料对振动机体产生的阻尼用当量阻尼系数 C_m 表示。当抛掷指数 $D=2\sim3$ 时，当量阻尼系数 C_m 在（0.16~0.18)$m_m\omega$ 之间变化。K_m 值与 D、δ 有关，可按图 19-6-3 查得。表 19-6-8 列出了对应于 $D=1.75\sim3.25$ 的 K_m 值（近似）。

表 19-6-8　　不同抛掷指数的物料等效参振质量折算系数 K_m 和等效阻尼系数 C_m

D	$\varphi_d/(°)$	$\varphi_z/(°)$	K_{my}	K_{mx}	K_m	C_{my}	C_{mx}	C_m
1.75	34.85	261.65	-0.902	-0.014	0.236			
2.00	30	289.2	-0.766	-1.805	0.192			
2.25	26.38	307.2	-0.600	-1.608	0.155	0.66V	0	0.16V
2.50	23.58	333.2	-0.328	-1.410	0.092	0.726V	0	0.18V
2.75	21.32	361.65	-0.044	-0.004	0.008	0.71V	0	0.17V
3.00	19.38	379.47	-0.002	0	0	0.66V	0	0.165V
3.25	17.92	395.92	0.360	0.005	-0.086			

注：$K_{my}=b_{1y}/m_m w^2 B_y$，$K_{mx}=b_{1x}/m_{mx} w^2 B_x$，$V=m_m w$，$C_{my}=a_{1y}/wB_y$，$C_{mx}=a_{1x}/wB_x$。$a_{1x}$、$b_{1x}$、$a_{1y}$、$b_{1y}$为傅里叶展开的一级谐波，见表 19-4-8，$x$、$y$ 为下标指方向，x 向或 y 向。

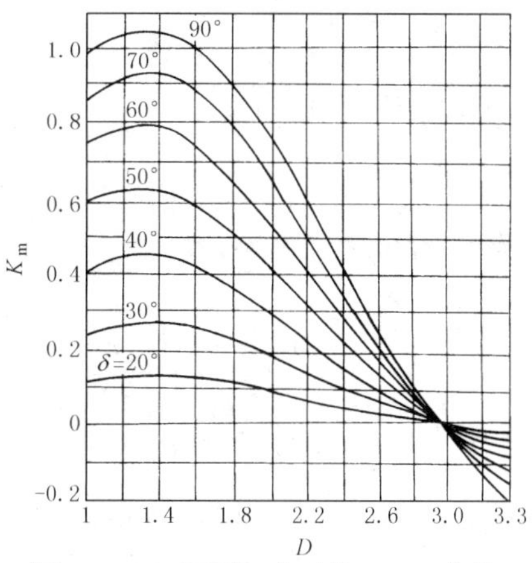

图 19-6-3　不同 δ 角时的 D-K_m 曲线

对于振动成型机的加压重锤或振动落砂机上的铸件，$D=4.6\sim6.36$，K_m 变为负值，C_m 变化不大，此时主要计算垂直方向的数据，K_{my} 和 C_{my} 与 D 的关系见表 19-6-9。

表 19-6-9　　不同抛掷指数的重物等效参振质量折算系数 K_{my} 和等效阻尼系数 C_{my}

D	$\varphi_d/(°)$	$\varphi_z/(°)$	K_{my}	C_{my}
4.6	12.56	577.56	0.361	0.007V
4.8	12.02	610.02	0.35	0.058V
5.0	11.54	635.54	0.343	0.134V
5.2	11.09	654.09	0.31	0.2V
5.4	10.67	669.67	0.26	0.254V
5.6	10.29	683.79	0.198	0.294V
5.8	9.93	696.43	0.133	0.318V
6.0	9.59	708.59	0.065	0.327V
6.2	9.28	719.78	0.001	0.322V
6.36	9.05	729.05	−0.05	0.311V

注：$V=m_m\omega$。

总阻尼系数

$$C=\sum C_m$$

式中　$\sum C_m$——各阻尼系数之和。

系统的阻尼系数除计算外，还可通过振动试验求得。

用于放矿溜井，上台面全压满矿石的振动放矿机，按其台板所受总压力来换算其物料质量，再乘以参振系数来确定参振质量，且以重力作用重心作为物料中心。

2.8　振动系统的计算质量

计算质量 m'

$$m'=m+K_m m_m+\sum K_b m_b$$

式中　m——振动体质量，kg；

m_m——物料质量，kg；

K_m——物料参振系数；

$\sum K_b m_b$——各弹性元件参振质量之和，kg。

2.9　激振力和功率

（1）最大激振力之和 P

$$P=\sum m_0 r\omega^2 \quad (\text{N}) \tag{19-6-16}$$

式中　m_0——偏心块质量，kg；

r——偏心半径，m。

（2）电功功率 N

振动阻尼所消耗功率：

$$N_z=\frac{C_0}{1000}C\omega^2B^2 \quad (\text{kW}) \tag{19-6-17}$$

轴承摩擦所消耗功率：

$$N_f=\mu\sum m_0 r\omega^3\frac{d_1}{2000}=\frac{\mu P\omega d_1}{2000} \quad (\text{kW})$$

总功率

$$N=\frac{1}{\eta}(N_z+N_f) \quad (\text{kW}) \tag{19-6-18}$$

$$C=(0.1\sim0.14)m\omega$$

式中　η——传动效率，一般取 0.95；

d_1——轴承平均直径，$d_1=(D+d)/2$，m；

第19篇

D，d——轴承外径和内径，m；

μ——滚动轴承摩擦因数，一般 $\mu=0.005\sim0.007$；

C_0——系数。对非定向振动，例如单轴激振器系统、圆振动系统，$C_0=1$；对定向振动，例如双轴激振系统、直线振动系统，$C_0=0.5$。

在概算时，可选 $N_f=(0.5\sim1.0)N_z$。考虑振动状态参数的变化、计算的误差，实际选用功率应适当放大。在实际工作中，对恶劣条件下，例如矿用振动放矿机，用最大可能功耗来决定电机最大功率，此时，

对非定向振动输送机

$$N=\frac{\sqrt{2}}{2000}P\omega B \quad (\text{kW}) \tag{19-6-19}$$

对定向振动输送机

$$N=\frac{\sqrt{2}}{4000}P\omega B \quad (\text{kW}) \tag{19-6-20}$$

式(19-6-19) 和式(19-6-20) 计算结果远大于式(19-6-17) 和式(19-6-18) 的计算结果。

3　单轴惯性激振器设计

3.1　平面运动单轴惯性激振器

单轴惯性激振器如图 19-6-4 所示。

1）激振器回转中心与振动机体质心重合。振动机结构和力学模型如图 19-6-5。振动机的阻尼力和弹性力远小于机体的惯性力与激振力，对机体运动的影响很小。尽管 $K_x<K_y$（隔振弹簧采用悬吊安装时，$K_x=0$），x 方向和 y 方向振动幅值 B_x 和 B_y 近似相等，机体上的质点基本上在一平面上沿圆轨迹运动。单轴惯性激振器激振力幅值

$$m_0r\omega^2=\frac{1}{\cos\varphi}(K_y-m'\omega^2)B \tag{19-6-21}$$

式中　m_0——偏心块质量，kg；

r——偏心半径，m；

ω——回转角速度，rad/s；

m'——振动机计算质量，kg；（见前面 2.8 节）。

K_y——隔振弹簧沿 y 方向的刚度，N/m；

B——振动体稳态振动的幅值，m；

φ——振动响应滞后激振力的相位差角，rad，$\varphi=\arctan\dfrac{C\omega}{K_y-m'\omega^2}$；

C——系统的振动阻尼，实验指出，一般振动机 $C\leqslant(0.1\sim0.14)m'\omega$。

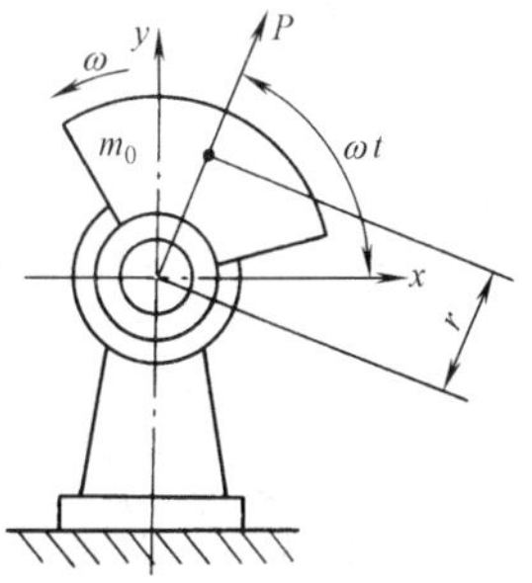

图 19-6-4　单轴惯性激振器

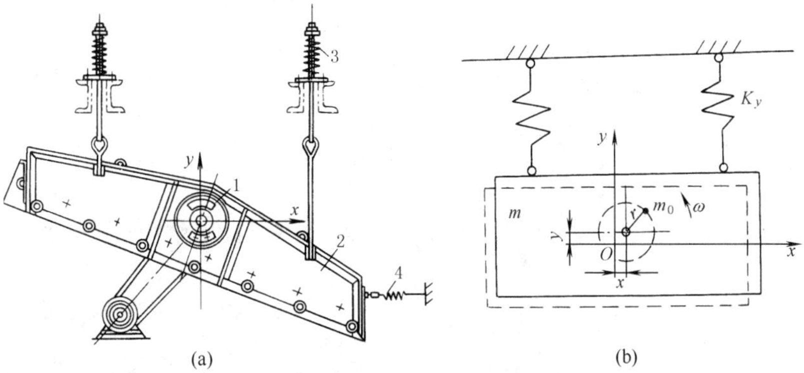

图 19-6-5　单轴惯性振动机及力学模型

1—单轴惯性激振器；2—振动机体；3—隔振弹簧；4—前拉弹簧

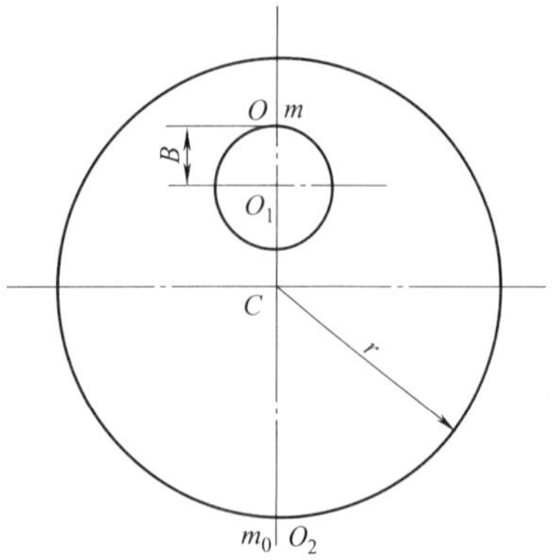

图 19-6-6　自定中心原理图

如果设计时，考虑激振力的调节，将所需激振力放大，可将阻尼和弹性都忽略，单轴惯性激振器激振力幅值

$$m_0r\omega^2 \approx -m'B\omega^2 \quad 即\ B=-rm_0/m' \tag{19-6-22}$$

上式表明在振动过程中，机体与偏心块始终处在振动中心的两侧，机体在上时，偏心块在下，机体在左时，偏心块在右，或者相反。实际上振动中心就是机体和偏心块的合成质心。机体质心 O、偏心块质心 O_2 和振动中心 O_1 的关系如图 19-6-6 所示。图中大圆为偏心块运动相对于其中心 C 的轨迹，由于 r 大于 B 很多，所以就作为绝对轨迹。如果采用带传动的话，将带轮回转中心设在 O_1 处，则振动中带轮基本不振动。

2）当单轴惯性激振器的回转中心离开了机体的质心，如图 19-6-7 所示。近似计算时（忽略了阻尼和弹性力），机体质心 O 的运动轨迹仍是圆。由于激振器中心偏离机体质心，离心力对机体有力矩作用，设机体及偏心块绕机体质心 O 的转动惯量为 I 及 I_0，以图示旋转方向，以 O_x 轴为起点，可由下列方程式推求：

$$m'\ddot{x}=m_0r\omega^2\cos\omega t$$

$$m'\ddot{y}=m_0r\omega^2\sin\omega t$$

$$(I+I_0)\ddot{\psi}=m_0r\omega^2(l_{0y}\cos\omega t+l_{0x}\sin\omega t)$$

得：

$$x_0=-\frac{m_0r}{m'}\cos\omega t$$

$$y_0=-\frac{m_0r}{m'}\sin\omega t \tag{19-6-23}$$

$$\psi=\frac{m_0r}{J+J_0}(l_{0y}\cos\omega t+l_{0x}\sin\omega t) \tag{19-6-24}$$

对距 O 为 l_{ex}，l_{ey}的任意点：

$$x=x_0+\psi l_{ey}$$

$$y=y_0-\psi l_{ex} \tag{19-6-25}$$

由式（19-6-23）可知，机体质心的运动轨迹是一个圆，其半径，即振幅为：$B=\frac{m_0r}{m'}$；由式（19-6-25）可算得机体质心的前面的点及前面点的运动轨迹，它们是各种椭圆，如图 19-6-7b 所示。

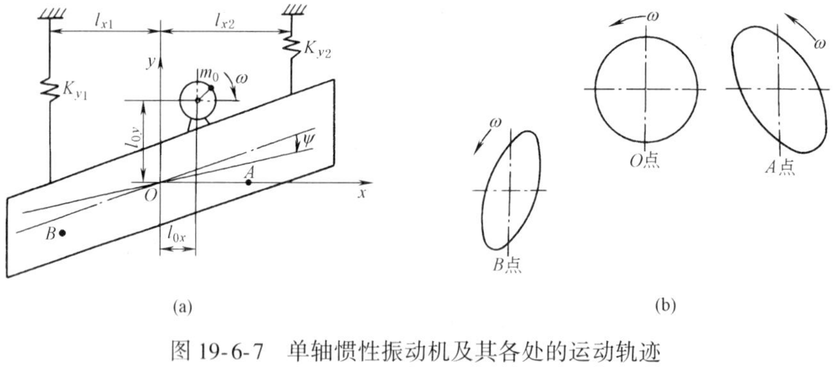

(a)　　(b)

图 19-6-7　单轴惯性振动机及其各处的运动轨迹

摆动最大角度，即幅角为：$B_\psi=\frac{m_0r}{J+J_0}l_{00_2}$，（$l_{00_2}=\sqrt{l_{0x}^2+l_{0y}^2}$）如果该振动机为单轴惯性振动筛，物料从 A 端进入，从 A 点椭圆运动轨迹的长轴大小和方向来看，有利于物料的迅速散开，运动速度快；而排料端，从 B 点椭圆运动轨迹长轴的大小和方向来看，将不利于物料的输送。常借助于大倾角来改善排料条件，即使如此，有时处理不当，仍然产生堵料现象，所以，设计这种振动机最根本的是机体不宜长，激振器回转中心不能离机体质心太远。

3.2 空间运动单轴惯性激振器

图 19-6-8 所示立式振动粉磨机或光饰机由单轴惯性激振器驱动。激振器的轴垂直安装。轴上下两端的偏心块夹角为 γ。因此，激振器产生在水平平面 xOy 内沿 x 方向和 y 方向合成的激振力 $P(t)$，以及由绕 x 轴和绕 y 轴的激振力矩所合成的激振力矩 $M(t)$ 分别为：

$$P(t)=\sum m_0 r\omega^2\cos\frac{\gamma}{2}(\cos\omega t+\mathrm{i}\sin\omega t)=\sum m_0 r\omega^2\cos\frac{\gamma}{2}\mathrm{e}^{\mathrm{i}\omega t}$$

$$M(t)=\sum m_0 r\omega^2 L\mathrm{e}^{\mathrm{i}(\omega t-\beta)}$$

式中 $L=\sqrt{\left(\frac{1}{2}l_0+l_1\right)^2\cos^2\frac{\gamma}{2}+\frac{1}{4}l_0^2\sin^2\frac{\gamma}{2}}$；

$$\beta=\arctan\frac{\tan\gamma}{1+\frac{2l_1}{l_0}};$$

l_0——上下偏心块的垂直距离，m；

l_1——上偏心块至机体质心距离，m；

其他符号同前。

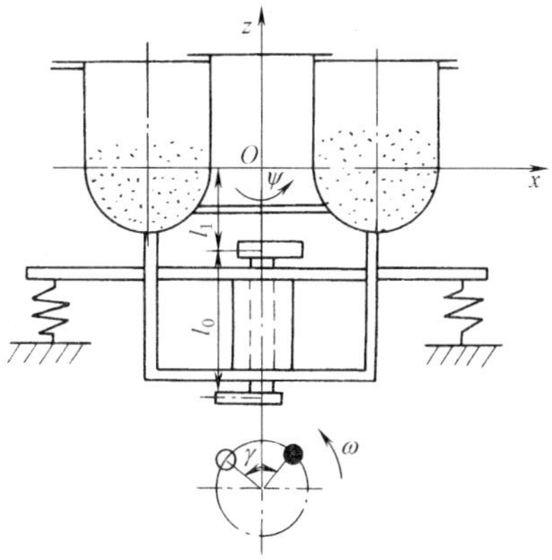

图 19-6-8 立式振动光饰机力学模型

在忽略阻尼的情况下，机体水平振动稳态振幅 B 和摇摆振动的幅值（幅角）B_ψ 为：

$$B=\frac{\sum m_0 r\cos\frac{\gamma}{2}}{m\left(\frac{1}{Z^2}-1\right)},\quad B_\psi=\frac{\sum m_0 rL}{I\left(\frac{1}{Z_\psi^2}-1\right)} \tag{19-6-26}$$

式中 Z，Z_ψ——频率比，$Z=\omega/\omega_n$，$\omega_n^2=K/m$，$Z_\psi=\omega/\omega_{n\psi}$，$\omega_{n\psi}^2=K_\psi/I$；频率比 Z、Z_ψ 均在 3~8 的范围内选取；

m，I——机体的质量及对 x 轴和 y 轴的转动惯量，kg，kg·m²；

K，K_ψ——水平方向及摇摆方向的刚度，N/m，N·m/rad。

为了提高工作效率，要合理选择偏心块夹角 γ。试验证明 $\gamma=90°$时，水平振动和摇摆振动都比较强烈，这种复合振动研磨效果最佳。

当机体 m、I 和工艺要求的振动参数 B、B_ψ、ω 已知，并由隔振设计确定了 K、K_ψ 的条件下，可从式（19-6-26）的前式求得 $\sum m_0 r$，再根据后式求得 L 值。根据 $\sum m_0 r$ 设计偏心块，根据 L 值设计 l_0、l_1。

3.3 单轴惯性激振器动力参数（远超共振类）

表 19-6-10

项　目	计算公式	参数选择与说明
隔振弹簧总刚度	$K_y=\frac{1}{Z^2}m\omega^2$（N/m） 物料对隔振弹簧的影响在频率比的选取中考虑	m——机体质量，kg；ω——振动频率，rad/s；隔振弹簧与第 5 章隔振器设计相同，一般隔振器设计取 $Z=3\sim5$，对于有物料作用的振动机，Z 值可取得小些，物料量越多，Z 值越小
等效参振质量	$m'=m+K_m m_m$　（kg）	物料质量 m_m 按式（19-6-15）计算；物料 m_m 的等效参振质量折算系数 K_m 可参照表 19-6-8 和表 19-6-9 选取
等效阻尼系数及相位差角	$C=(0.1\sim0.14)m\omega$　（N·s/m） $\varphi=\arctan\frac{C\omega}{K_y-m\omega^2}$	
激振力幅值及偏心质量矩	$\sum m_0 r\omega^2=\frac{1}{\cos\varphi}(K_y-m\omega^2)B$ $\approx m\omega^2 B$　（N） $\sum m_0 r=\sum m_0 r\omega^2/\omega^2=mB$	B——振动的振幅，m m_0——偏心块质量，kg r——偏心半径，m 根据 $\sum m_0 r$ 设计偏心块

第 19 篇

续表

项　　目	计算公式	参数选择与说明
电机功率	见本章 2.9 节	
稳态振幅	$B=\dfrac{\sum m_0 r\omega^2\cos\varphi}{K_y-m\omega^2}$　（m）	
传给基础的动载荷	$F_y=K_yB_y$，$F_x=K_xB_x$ 启动、停止时， $F'_y=(3\sim7)F_y$，$F'_x=(3\sim7)F_x$	K_y，K_x——分别为垂直方向和水平方向的刚度，N/m B_y，B_x——分别为垂直方向和水平方向的振幅，m 悬挂弹簧时，$F_x\approx0$，$F'_y\approx F_y$

3.4　激振力的调整及滚动轴承

（1）激振器的振激力调整（见表 19-6-11）

表 19-6-11

调整方式	结构简图	调整说明及调整范围
无级调整	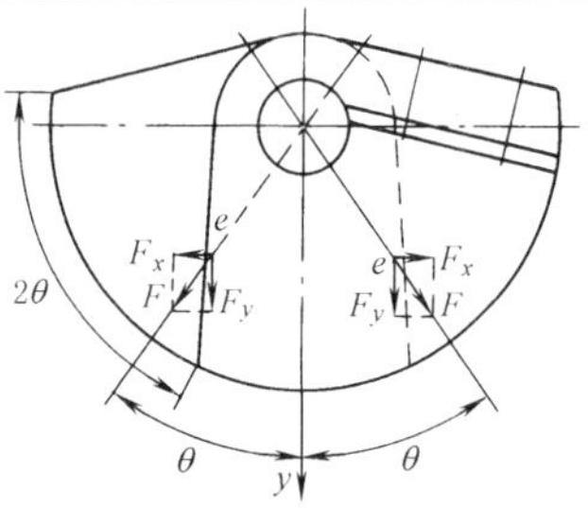	两偏心块，一块固定，另一块可调，动块相对定块可转动 2θ 角，转动某一角度后，用螺栓将动块夹紧固定在轴上。单块离心力 $F=m_0r\omega^2$，两块合成离心力，即激振力 $F_y=2m_0r\omega^2\cos\theta$。激振力可在 $0\sim2m_0r\omega^2$ 范围内无级调整
有级调整	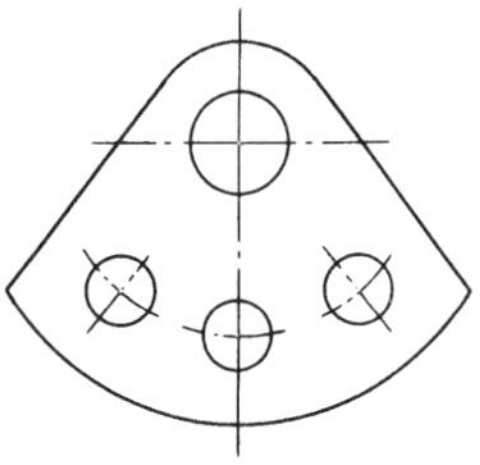	偏心块上钻三个孔，用圆环和圆柱或灌铅的方式，对称填充不同位置的孔，使离心力即激振力增加相应的值，实现有级调整激振力，调整范围有限
	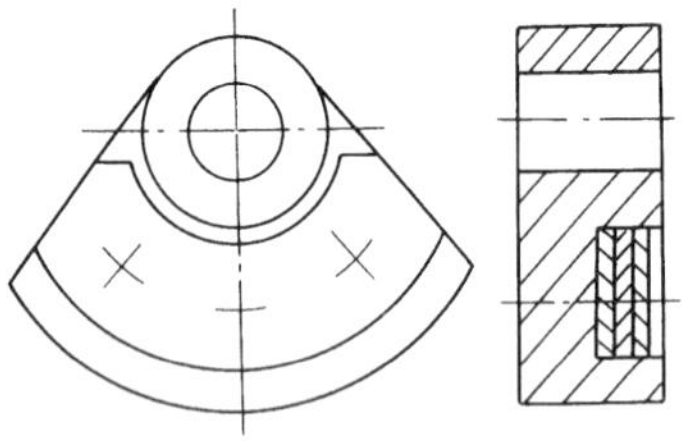	在偏心块侧面切槽，然后加扇形调整片调整激振力，调整范围有限，但较前一种有级调整方法略宽些

（2）滚动轴承的载荷及径向游隙

滚动轴承的径向载荷为 $\sum m_0r\omega^2$（N），轴向载荷通常取为（0.1~0.2）$\sum m_0r\omega^2$，然后按轴承常规方法进行设计。

为了提高滚动轴承的极限转速、降低滚动轴承的摩擦力矩，防止由配合和温升所造成的径向游隙过小，惯性激振器的轴承应当选用大游隙轴承。

3.5　用单轴激振器的几种机械示例

3.5.1　混凝土振捣器

通常将混凝土振动器按频率分为：低频振动器，其振动频率在 50Hz 左右；高频振动器，其振动频率在

200Hz 左右。振动器的振幅一般都控制在 0.7~2.8mm 之间。

振动棒的形式有：偏心轴式（图 19-6-9）和行星轮式（图 19-6-10）。

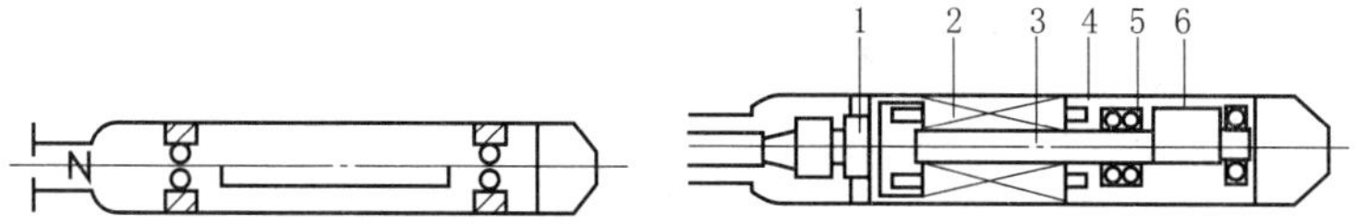

(a) 偏心轴式　　(b) 电机内装式

(c) 两种偏心振动子

图 19-6-9　偏心轴式振动棒激振原理示意图

1—电源接头；2—电机定子；3—电机转子；4—棒壳；5—轴承；6—偏心轴

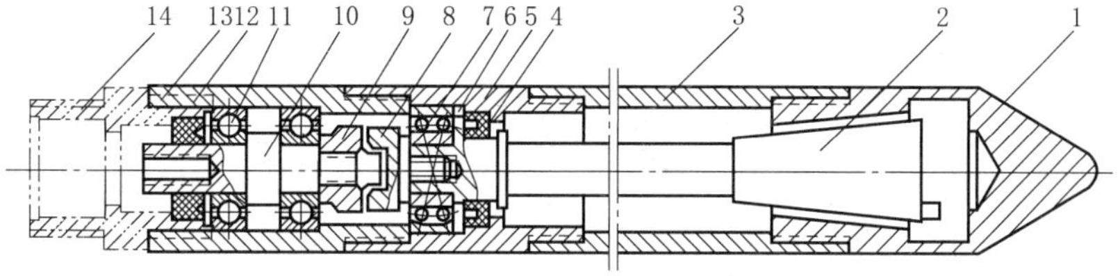

(a) 外滚道式

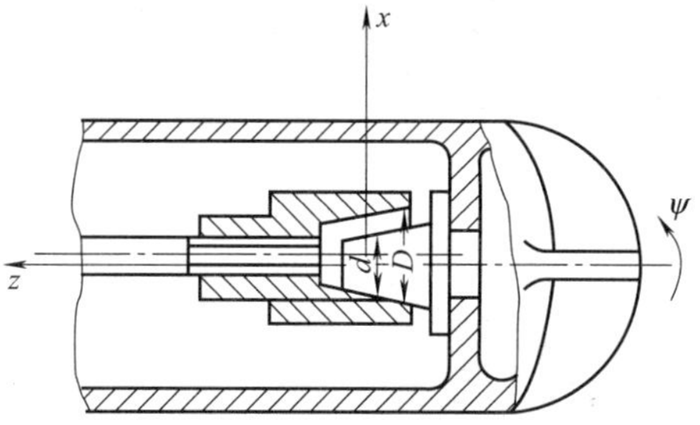

(b) 内滚道式

图 19-6-10　行星轮式振动棒激振原理示意图

1—外滚道；2—锥形滚子；3—棒壳；4,12—橡胶油封；5—调心轴承座；6—挡圈；7—调心轴承；8—外接手；9—内接手；10—传动轴；11—向心轴承；13—向心轴承座；14—管夹子

（1）偏心轴式振动棒

利用振动棒中心安装的具有偏心质量的转轴，在作高速旋转时产生的离心力，通过轴承传递给振动棒壳体，使其产生圆振动。为适应各种性质的混凝土和提高生产率，现在对插入式振动器的振动频率一般都要求达到 125Hz 以上或更高。对偏心式振动器来说其偏心轴的转速将达到 7000r/min 以上，因而这种振动器主要采用转速较高的串激电动机驱动并经软轴传动；或者将电机内装插入式混凝土振动器，以变频机组供电，如图 19-6-9b 所示。此时振动棒电机的转速可达：

$$n=\frac{60}{P}f$$

式中　n——电动机的转速，r/min；

P——电动机的电极对数；

f——电动机的供电频率，Hz。

（2）行星轮式振动棒

行星式的激振器见图 19-6-10，图 a 为外滚道式，图 b 为内滚道式。它是利用振动棒中一端空旋的转轴，在它旋转时，其空旋下垂端的圆锥部分沿棒壳内的圆锥面滚动，从而形成滚动体的行星运动以驱动棒体产生圆振动。转轴滚锥沿滚道每公转一周，振动棒体即可产生一次振动，与行星运动不同的是锥体与转轴是固定为一体

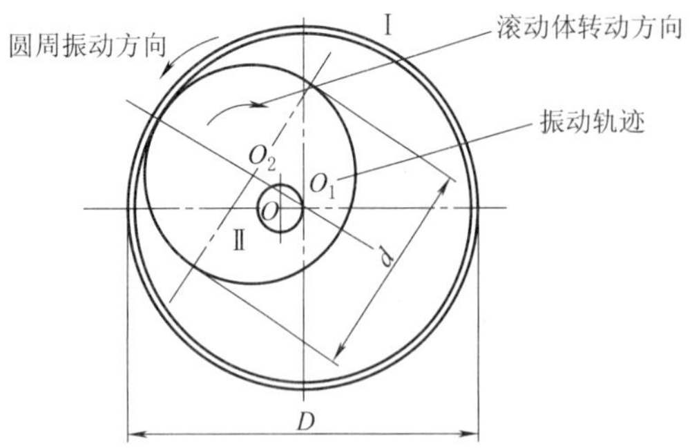

图 19-6-11　转轴的公转示意图

O_1—振动棒中心；O_2—转轴中心；O—振动棒振动中心

的。原理可由图 19-6-11 算出转轴的公转公式（ω_1）

令 n_0——转轴转速，r/min；

n——轴的公转转速，r/min；

d——轴锥体外径，mm，见图 19-6-11 及图 19-6-10b；

D——振动壳体滚道内径，mm。

锥体的角速度为 $\omega=2\pi n_0/60$，周边的速度为：

$$v=\omega d/2$$

由于振动壳体被限定，不能转动，所以轴中心 O_2 只有向相反的方向以速度 v 运动，由于偏心 O_1O_2 等于 $(D-d)/2$，所以轴中心 O_2 向相反的方向转动的角速度为：

$$\omega_1=\frac{v}{(D-d)/2}$$

从两式可得：

$$\omega_1=\frac{\omega}{\frac{D}{d}-1}$$

即振动次数为：

$$n=\frac{n_0}{\frac{D}{d}-1} \tag{19-6-27}$$

对于内滚道式振动棒原理相似，可求得振动次数为：

$$n=\frac{n_0}{1-\frac{D}{d}} \tag{19-6-28}$$

式（19-6-27）是近似的计算。由于转轴的上面一端的轴承中心与振动棒中心相近，振动棒工作时的运动状态如图 19-6-12 所示，振动频率按式（19-6-29）计算更为精确：

$$n=\frac{n_0\sin\alpha_2}{\sin\alpha_1-\sin\alpha_2} \tag{19-6-29}$$

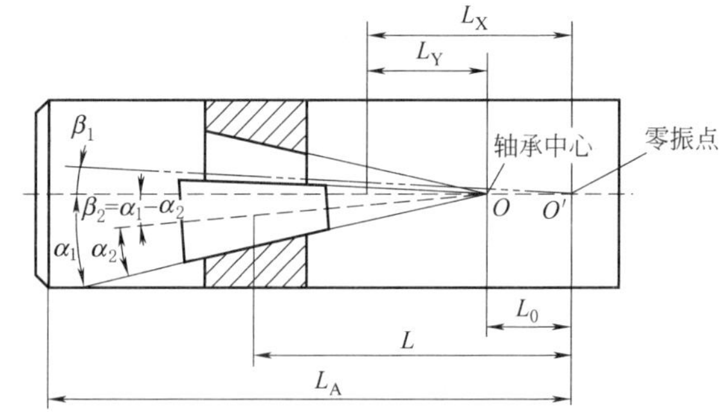

图 19-6-12　振动棒工作时的运动状态

α_1—滚道锥角之半；α_2—滚锥锥角之半；β_1—振锥角之半；β_2—滚锥摆角之半；L_0—轴承中心至零振点距离；L—合力作用点至零振点距离；L_A—棒顶平面至零振点距离；L_Y—振动棒某截面至零振点距离；L_X—振动棒某截面至轴承中心距离

3.5.2　破碎粉磨机械

（1）颚式振动破碎机

目前国内外颚式破碎机采用振动形式的还比较少，尤其是单轴传动的。图 19-6-13 是我国设计的单轴颚式振动破碎机专利示意图。图 19-6-14 是国外的

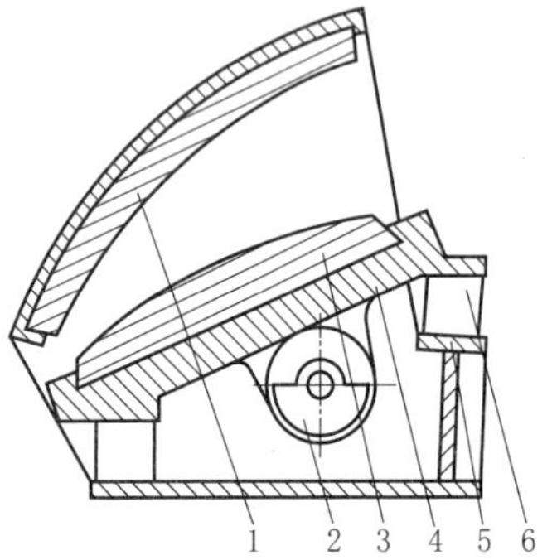

图 19-6-13　单轴颚式破碎机专利

1—定颚；2—不平衡转子；3—动颚衬；4—动颚；5—底架；6—主振弹簧

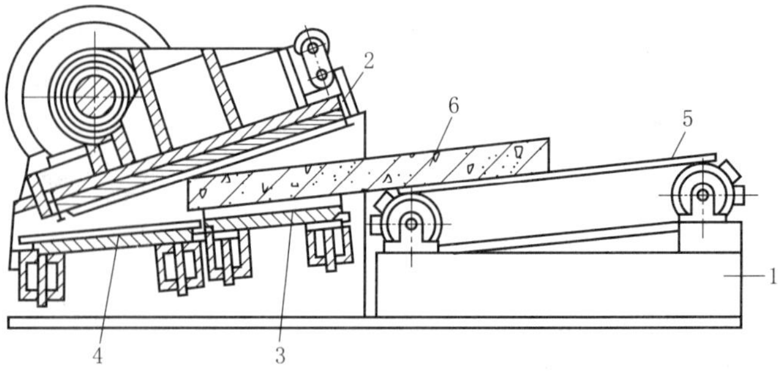

图 19-6-14　混凝土预制板颚式振动破碎机专利

1—机座；2—动颚；3，4—定颚；5—运输机；6—混凝土板

一个单轴颚式振动破碎机专利，专门用来破碎混凝土预制板的。双轴振动颚式振动破碎机则较为合理，已有生产应用，见本章 4.5 节。

(2) 振动圆锥破碎机

国内外设计、研制和使用最多的是惯性圆锥破碎机。它也是利用偏心块的旋转使动锥相对定锥转动、靠拢来破碎物料的。振动圆锥破碎机实质上是利用了振动系统改进了惯性圆锥破碎机的工作点及破碎的参数。使破碎机可以在亚共振区、共振区或远共振区工作以适应对破碎物料的要求。如在亚共振区工作，可获得较大的产量；在共振区工作，可获得较好的节能效果或较细的物料。惯性圆锥破碎机和振动圆锥破碎机的产品种类很多，专利也很多。大同小异，仅各举一例，PZ 系列惯性圆锥破碎机见图 19-6-15a，其最大破碎比可达 30；振动圆锥破碎机专利见图 19-6-15b，其特点是构造简单，没有像普通圆锥破碎机那样采用球面滑动轴承。

图 19-6-16 则是振动辊式破碎机，它利用偏心块的振动使破碎滚子碾压、冲击来粉碎物料。

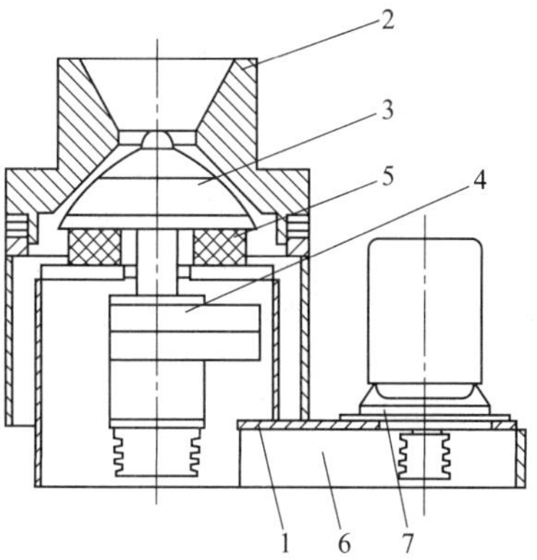

(a) PZ系列惯性圆锥破碎机

1—机座；2—外锥；3—内锥；4—偏心块；5—橡胶弹簧支承；6—V 带；7—电机

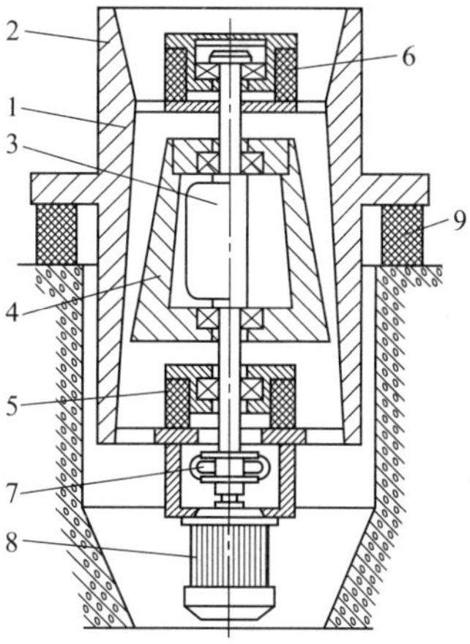

(b) 振动圆锥破碎机

1—外壳；2—给料口；3—不平衡转子；4—内圆锥；5，6，9—弹簧；7—传动装置；8—电机

图 19-6-15

(3) 振动磨机

图 19-6-17 为振动球磨机结构示意图，它有上下设置的两个管形筒体 1，筒体之间由 2~4 个支承板 2 连接；支承板由橡胶弹簧 3 支撑于机架上；在支承板中部装有主轴 4 的轴承，主轴上固定有偏心重块，电动机通过万向联轴器驱动主轴。

小规格的振动球磨机有两个偏心重块，大规格有四个偏心重块。每个偏心重块各由两件组成，其间相互角度可调，以调节偏心力的大小。通常给料部和排料部分别设置在筒体两端，振动球磨机的直径和长度分别达 200~650mm 和 1300~4300mm，电动机最大功率达 200kW。调整振幅、振次、管径、研磨介质、填充率和控制给料等就能得到所需的产品粒度。随着管径的增加，在有效断面内，低能区所占比重较大。目前正在研制新型单筒偏心振动磨，主要是要解决筒中心区研磨的效率问题。

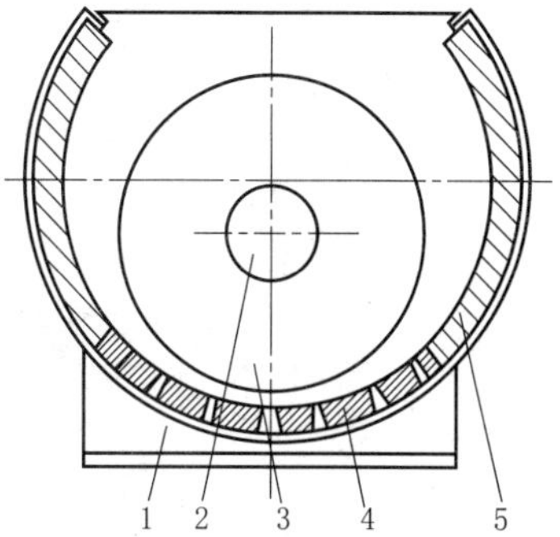

图 19-6-16 振动辊式破碎机

1—底架；2—不平衡转子；3—破碎滚子；4—筛板；5—衬板

图 19-6-18 是我国超级细粉磨和分级的振动磨专利图。该机目的是可获得 5~10μm 的微粉。其计算方法见本章 3.2 节。

单筒偏心振动磨采用椭圆或近直线运动轨迹，加强了研磨作用，较普通球磨机能量用于磨矿的成分高，效率高，发热量小。图 19-6-19 为特大型振动磨，目前已设计出 3500mm 直径的特大型振动磨，装机功率可达 2500kW。用于各种矿物、水泥、食品行业。

3.5.3 圆形振动筛

图 19-6-20 为圆形振动筛的基本结构。减振器 5 由均布的 16 个尺寸、刚度相等的弹簧组成。振动体由激振器和筛框组成。

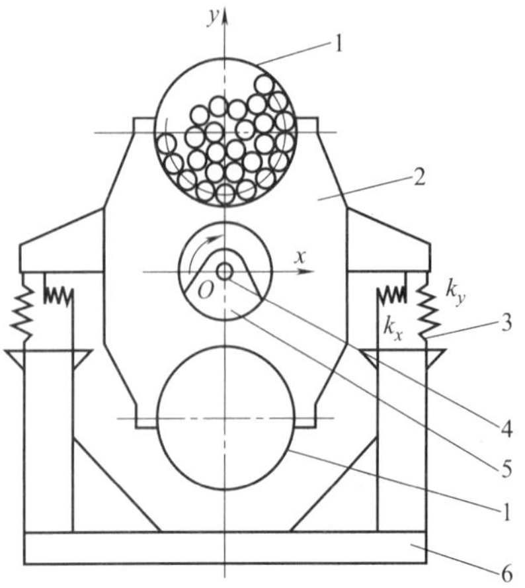

图 19-6-17　振动球磨机结构示意图

1—筒体；2—支承板；3—隔振弹簧；
4—主轴；5—偏心重块；6—机座

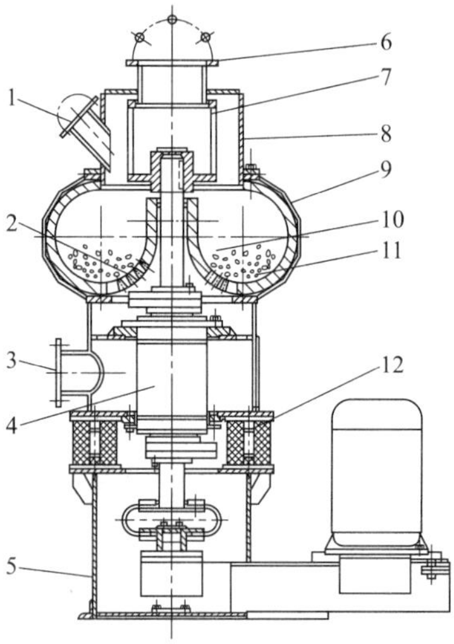

图 19-6-18　利用剪切和滚压进行超细粉磨和分级的振动磨专利图

1—进料口；2—进气板；3—进风口；4—不平衡转子；
5—底架；6—出料口；7—分级轮；8—分级部；9—外壳；
10—粉磨腔；11—研磨介质；12—主振弹簧

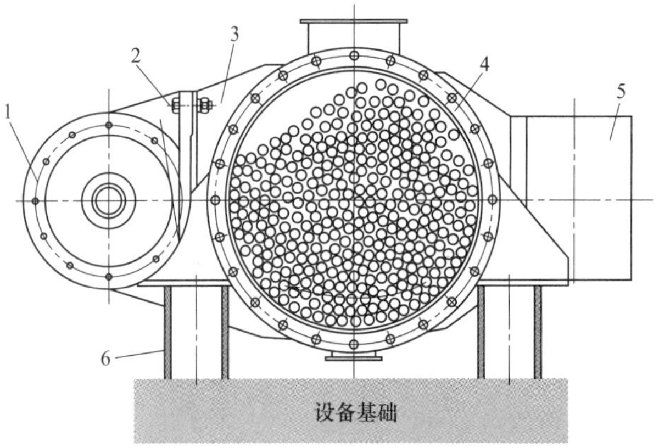

图 19-6-19　单筒偏心振动磨

1—激振器；2—连接螺栓；3—环形连接架；
4—磨体；5—配重；6—弹簧

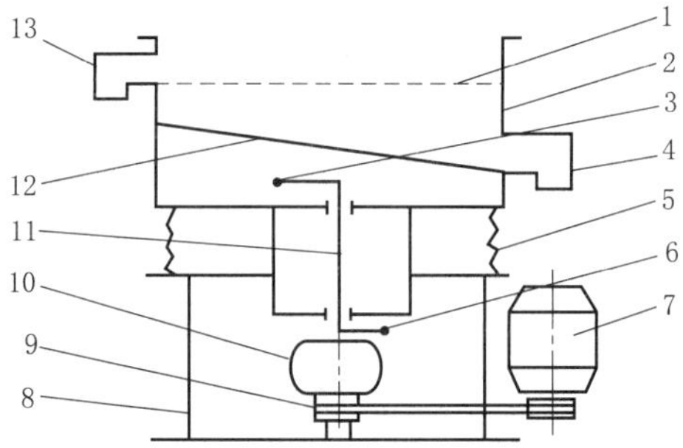

图 19-6-20　圆形筛结构示意图

1—筛网；2—框体；3—上偏心块；4—排浆口；5—减振弹簧；6—下偏心块；7—电动机；8—底座；9—传动胶带及胶带轮；10—胶带联轴器；11—激振轴；12—泥浆收集板；13—排渣口

激振器的激振轴 11 通过轴承垂直安装在筛框上。调整上、下偏心块的夹角及偏心质量的大小，可控制物料的运动轨迹及振幅的大小。

当激振轴以一定的角速度 ω 旋转时，上、下偏心块质量产生沿 x、y、z 方向周期性变化的激振力及使振动体偏转的激振力矩，迫使振动体系统作周期性变化的空间运动。钻井泥浆流到振动筛网的中心部位，泥浆及小于网孔尺寸的颗粒透过筛网孔眼流到泥浆收集板，经排浆门排出，使泥浆得到回收；不能透过筛网孔眼的钻屑颗粒，从筛面的中心部位螺旋状地向筛网边沿运动，经排渣口清出。

通常振动筛的工作频率远离共振区，系统的运动阻尼可忽略不计。计算同本章 3.2 节。

高频振动筛振动频率可达 3000 次/分，对细粒度、高黏度物料过筛效果更明显。适用于食品工业、化工行业、医药行业、磨料陶瓷、冶金工业的任何粉、粒、粘液的筛分过滤。其工作特点：体积小、重量轻、安装移动方便、可自由调节、筛分精度高、效率高。

其他例子还有：振动压路机、搅拌机振动叶片等，不一一列举。例如，振动压路机的原理是利用机械高频率的振动（对土壤为17~50Hz），使被压材料颗粒产生振动，使其颗粒之间的摩擦减小，使其易被压实。搅拌机振动叶片的原理是振动轴上安装有2个偏心块，使物料在搅拌器中受到循环搅拌作用之外，还受到振动的作用。

4 双轴惯性激振器

4.1 产生单向激振力的双轴惯性激振器

图19-6-21a所示为产生单向激振力的双轴惯性激振器，质量为m_0的两偏心块以ω的角速度同步反向回转，如果初相角φ对称s轴，则沿s方向和e方向的激振力为：

$$P_s=2m_0r\omega^2\sin\omega t \tag{19-6-30}$$

$$P_e=0$$

单向激振力P_s作用于图19-6-21b所示的振动机机体的质心，将使机体产生沿s方向的直线振动。因阻尼系数$C\ll m\omega$，隔振弹簧沿s方向刚度$K_s\ll m\omega^2$，偏心质量$m_0\ll m$，在忽略阻尼、隔振弹簧和偏心块质量偏离重心对振动影响的条件下，机体的振幅：

$$B=-\frac{2m_0r}{m} \tag{19-6-31}$$

且 $P_y=P_s\sin\delta$，$P_x=P_s\cos\delta$，$B_y=B\sin\delta$，$B_x=B\cos\delta$，$B=\sqrt{B_y^2+B_x^2}$

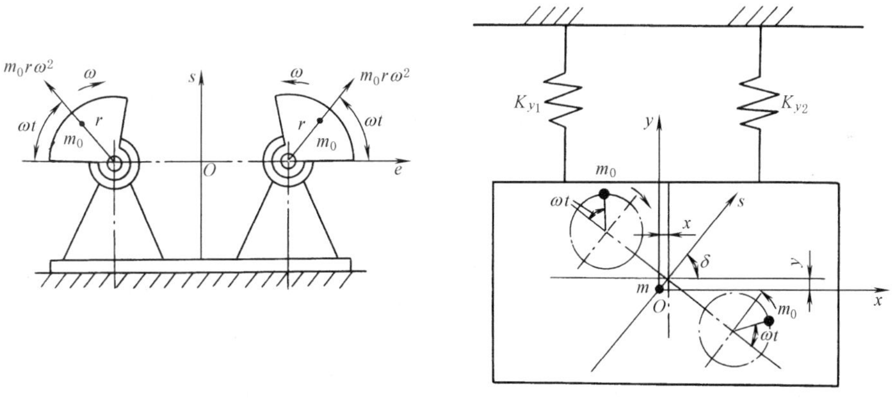

(a) 产生单向激振力的双轴惯性激振器　(b) 单向激振力双轴惯性振动机力学模型

图19-6-21

使两偏心块同步反向回转的方法：①用传动比为1的一对外啮合齿轮强迫实现，机体振动的直线性很好；②激振器的两轴分别由两台同型号的异步电动机带动，之间无任何机械联系，由力学的质心守恒原理使两轴自动保持反向同步回转，结构简单，但由于两台电机驱动力矩的差异和两激振器回转摩擦阻力矩的不同，振动机的运动轨迹可能出现轻微的椭圆。

4.2 空间运动双轴惯性激振器

垂直振动输送机，广泛适用于冶金、煤炭、建材、粮食、机械、医药、食品等行业，用于粉状、颗粒状物料的垂直提升作业，也可对物料进行干燥、冷却作业。

垂直振动输送机以振动电机作为激振源，与其他类型的输送机、斗式提升机等相比具有以下特点：①占地面积小，便于工艺布置；②节约电能，料槽磨损小；③噪声低，结构简单，安装、维修便利；④物料可向上输送，亦可向下输送。

图 19-6-22 所示的螺旋振动输送机，若实现绕垂直坐标 z 的螺旋振动，要求其双轴惯性激振器同时产生沿 z 方向的激振力和绕 z 轴的激振力矩。螺旋振动输送机的惯性激振器有交叉轴式和平行轴式两种。

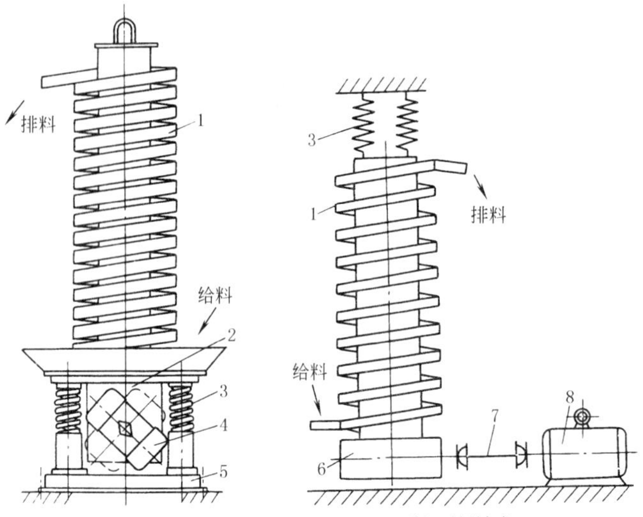

图 19-6-22　螺旋振动输送机

1—螺旋输送槽；2—激振器座；3—隔振弹簧；4—振动电机；5—机座；6—平行轴式激振器；7—万向联轴器；8—电机

4.2.1　交叉轴式双轴惯性激振器

如图 19-6-23 所示，两转子轴各与 Z 轴成一夹角 α（方向相反），两轴上转子质心初始相位角为反向，当两轴反向同步旋转时，参照图 19-6-21，α 为零时的一端的 P_y 力为 $m_0r\omega^2\cos\omega t$，α 不为零时，此时沿 Z 方向的激振力和绕 Z 轴方向的激振力矩分别为：

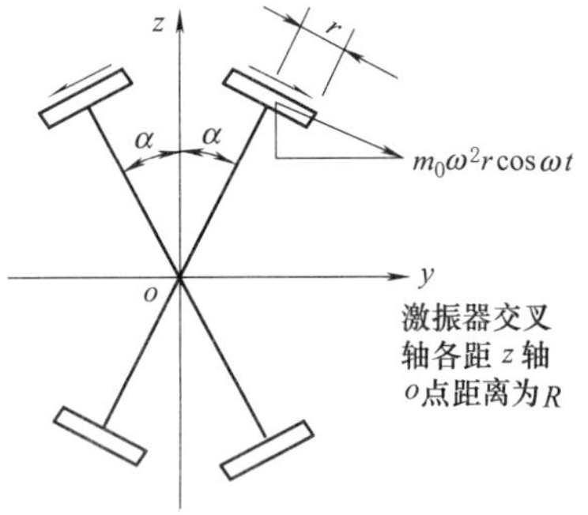

图 19-6-23　交叉轴双轴惯性激振器工作原理图

$$P_Z=4m_0r\omega^2\sin\alpha\cos\omega t$$

$$M_Z=4m_0r\omega^2R\cos\alpha\cos\omega t \tag{19-6-32}$$

式中　R——旋转轴和 Z 轴的距离，m。

4.2.2　平行轴式双轴惯性激振器

如图 19-6-24 所示，当偏心块在两轴上的安装角为初相角，且 $\varphi_1=\varphi_2=\pi-\varphi_3=\pi-\varphi_4$，令 $\alpha=\varphi_1$，可求得沿 z 方向的激振力和绕 z 轴方向的激振力矩分别为：

$$P_Z=4m_0r\omega^2\sin\alpha\cos\omega t$$

$$M_Z=4m_0r\omega^2R\cos\alpha\cos\omega t$$

此两式与式(19-6-32）是相同的。

当 Z 轴通过机体质心时，机体的质量为 m，机体绕 Y 轴的转动惯量为 I，与前相同，在忽略阻尼、隔振弹簧及偏心块的质量 m_0 偏离重心和转动惯量 I_0 对振动的影响的条件下，很容易求得机体在式(19-6-32）的 P_Z 和 M_Z 作用下，机体在 Z 方向和绕 Z 轴方向上的振幅和振动幅角：

$$B_Z=\frac{4m_0r\sin\alpha}{m}$$

$$B_{\psi2}=\theta_Z=\frac{4m_0rR\cos\alpha}{I} \tag{19-6-33}$$

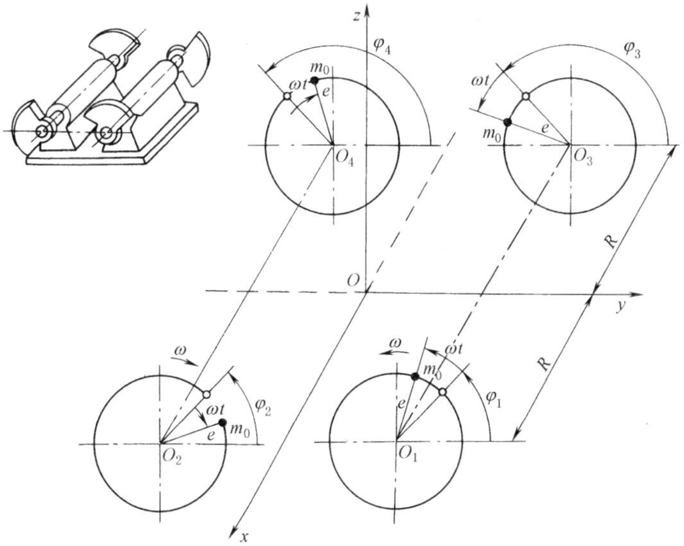

图 19-6-24 平行轴式双轴惯性激振器

按式(19-6-33)求得 B_z 和 θ_z 后，可进一步求出机体上距 z 轴为 ρ 的任一点的合成振幅和振动角（振动方向与水平面夹角）：

$$B=\sqrt{B_z^2+\theta_z^2\ \rho^2}\qquad \delta=\arctan\frac{B_z}{\theta_z\rho}\tag{19-6-34}$$

从式(19-6-34)可以看出，输送槽上的任意点，实际上都是在做直线振动。一般振动角 δ 比螺旋角大 20°~35°。

由于平行轴式双轴惯性激振多采用强同步，因此，设计激振器时，首先根据工艺要求的合成振幅 B 和振动角 δ，求得相应的 B_z 和 θ_z，再从式(19-6-33)求得 $\sum m_0r$、a（同一轴上两偏心块距离之半）和 α（同一轴上两偏心块夹角之半）。装配时应保证各偏心块离心力作用线与 z 轴夹角为 α。

交叉轴式双轴惯性激振器常采用两台同型号振动电机作为激振器同步反向回转，靠自同步实现，所以，激振力和两激振器轴夹角都便于调整，这样就使设计参数 $\sum m_0r$、R、α 的匹配变得容易。计算公式相同。

4.3 双轴惯性激振器动力参数（远超共振类）

表 19-6-12

<table>
<tr><th rowspan="2">项　目</th><th rowspan="2">平面运动</th><th colspan="2">空间运动</th></tr>
<tr><th>交叉轴式</th><th>平行轴式</th></tr>
<tr><td>隔振弹簧总刚度</td><td>$K_y=\frac{1}{Z^2}m\omega^2$</td><td colspan="2">$m$——机体质量，kg；$Z$——频率比，$Z=\omega/\omega_{ny}$，通常取 $Z=3\sim5$；
ω_{ny}——固有角频率，rad/s，$\omega_{ny}=\sqrt{\frac{\sum K_y}{m}}$；
y——垂直坐标方向的位移，下标有 y 的参数就是在 y 方向的，m</td></tr>
<tr><td>等效参振质量</td><td>$m'=m+K_mm_m$
m_m 按式(19-6-15)计算，K_m 按表 19-6-8 或表 19-6-9 选取</td><td colspan="2">$m'=m+K_mm_m\quad I'=I+K_mm_m\rho^2$
m_m 按式(19-6-15)计算，K_m 按表 19-6-8 或表 19-6-9 选取，ρ 为输送槽的平均半径，m</td></tr>
<tr><td>等效阻尼系数及相位差角</td><td>$C=(0.1\sim0.14)m\omega$(N·s/m)
$\varphi=\arctan\frac{C\omega}{K_s-m\omega^2}$
$K_s=K_y\sin^2\delta+K_x\sin^2\delta$</td><td colspan="2">$C=C_y=(0.1\sim0.14)m\omega$
$C_\theta=(0.1\sim0.14)m\rho\omega$
$\varphi\approx\varphi_x\approx\varphi_\theta\approx\varphi_y=\arctan\frac{C_y\omega^2}{K_y-m\omega^2}$</td></tr>
</table>

续表

项　目	平面运动	空间运动	
		交叉轴式	平行轴式
激振力、偏心质量矩及距离 a	$P=\sum m_0 r\omega^2=\dfrac{B}{\cos\varphi}(K_s-m\omega^2)$ (N) $\sum m_0 r=P/\omega^2$ (kg·m)	$P=\dfrac{B}{\cos\varphi\sin\alpha}(K_y-m\omega^2)$ $\sum m_0 r=P/\omega^2$ $a=\dfrac{(K_\theta-I\omega^2)\theta_y}{P\cos\varphi_y\cos\alpha}$	$P=\dfrac{B}{\cos\varphi\cos\alpha}(K_y-m\omega^2)$ $\sum m_0 r=P/\omega^2$ $a=\dfrac{(K_\theta-I\omega^2)\theta_y}{P\cos\varphi_y\sin\alpha}$
		K_θ——隔振弹簧绕 y 轴方向扭转刚度，N·m/rad $K_\theta=K_x\rho_1$ K_x——隔振弹簧水平刚度，N/m ρ_1——隔振弹簧离 y 轴的距离，m 预定 B 或 θ_y，给定 α 值计算出 $\sum m_0 r$、a，再根据 $\sum m_0 r$ 和 a，调整 α，重新计算 $\sum m_0 r$ 和 a，直至 $\sum m_0 r$、a、α 达到最佳匹配为止	
振幅和振动幅角	$B=\dfrac{P\cos\varphi}{K_s-m\omega^2}$ $B_y=B\sin\delta$ $B_x=B\cos\delta$	$B_y=\dfrac{P\sin\alpha\cos\varphi}{K_y-m\omega^2}$ $\theta_y=\dfrac{Pa\sin\alpha\cos\varphi}{K_\theta-I\omega^2}$	$B_y=\dfrac{P\cos\alpha\cos\varphi}{K_y-m\omega^2}$ $\theta_y=\dfrac{Pa\sin\alpha\cos\varphi}{K_\theta-I\omega^2}$
		$B_x=\rho_1\theta_y$ $B=\sqrt{B_y^2+\rho_1^2\theta_y^{\ 2}}$	
电机功率	见本章 2.9 节		
传给基础的动载荷	$F_y=K_yB_y$ $F_x=K_xB_x$ 启动和停止时，$F_y'=(3\sim7)F_y$， $F_x'=(3\sim7)F_x$	说明：如为悬挂弹簧，$F_y'=K_yB_y$，$F_x\approx0$ K_y、K_x，B_y、B_x 分别为垂直与水平方向刚度及振幅	

注：激振器偏转式自同步双轴惯性激振器虽然有力矩作用，但摆动不很大，可近似按产生单向激振力双轴惯性激振器进行程序设计。

4.4　自同步条件及激振器位置

表 19-6-13

项　目	自　同　步	激振器偏转式自同步
激振器位置简图	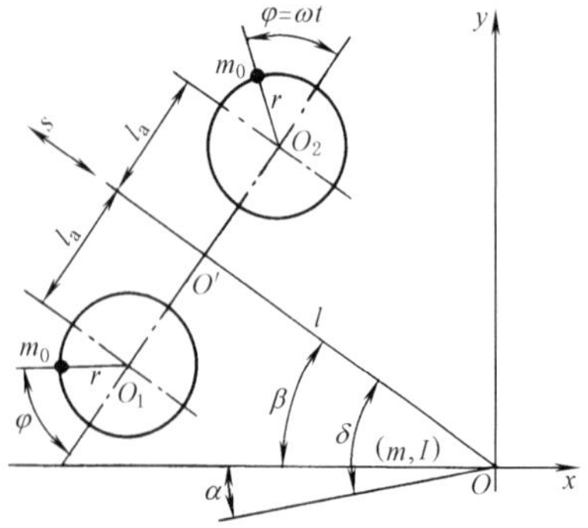	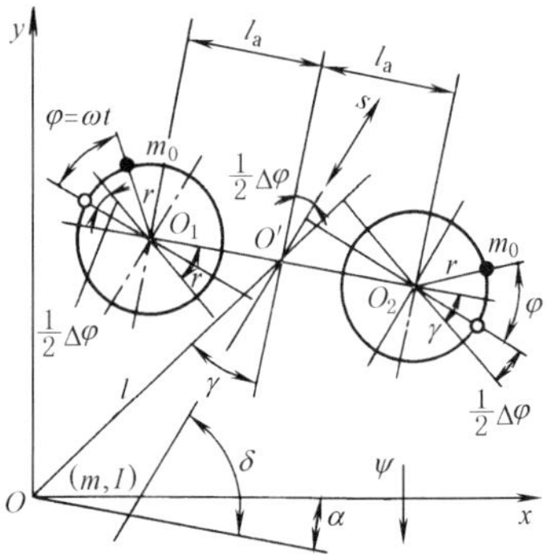
	O 为机体质心，O_1、O_2 为激振器两个回转轴心，O' 为 O_1O_2 的中点，l 为 OO' 的距离，l_a 为 O_1O' 及 $O'O_2$ 的距离，α 为机体倾角，机体质量为 m，绕 O 的转动惯量为 I	
		为了降低机体高度，改善受力状态，通常将 O_1O_2 绕 O' 偏转到 O_1O_2 平行于机体的底面，即偏转 γ 角

续表

项　　目	自　同　步	激振器偏转式自同步
同步性条件	$\left\lvert \dfrac{m_0^2 r^2 \omega^2 W}{\Delta M_g - \Delta M_f} \right\rvert \geqslant 1$ 式中　W—稳定性指数，计算较为复杂，(略)，对远超共振振动机稳定性条件：$W \approx \dfrac{l_a}{l+\sum I_0} > 0$ 从同步性条件和稳定性条件来看，l_a 越大，两电动机驱动力矩差 ΔM_g 及两激振器摩擦阻矩差 ΔM_f 越小，越容易同步	
振动方向角	$\delta=\beta+\alpha$	$\delta=90°-\gamma+\dfrac{1}{2}\Delta\varphi$ $\Delta\varphi=-\cot\dfrac{l^2+l_a^2\cos2\gamma}{l_a\sin2\gamma}$
机体运动轨迹	全机体直线运动轨迹	有力矩作用和摆动，机体除质心外为近于直线的椭圆轨迹

4.5　用双轴激振器的几种机械示例

4.5.1　双轴振动颚式振动破碎机

图 19-6-25 为双轴振动的颚式振动破碎机示意图。加拿大生产的某型号双轴振动的颚式振动破碎机，两个动颚由高速旋转（1800r/min）的偏心轴驱动，最大规格的给料口尺寸为 14″×48″，破碎比可达 20～40，处理能力可达 150t/h。俄罗斯研制的双轴振动颚式振动破碎机，最大规格的给料口尺寸为 520mm×900mm，固有振动频率为 52r/s，电机功率（2×54）kW，机重 7540kg。

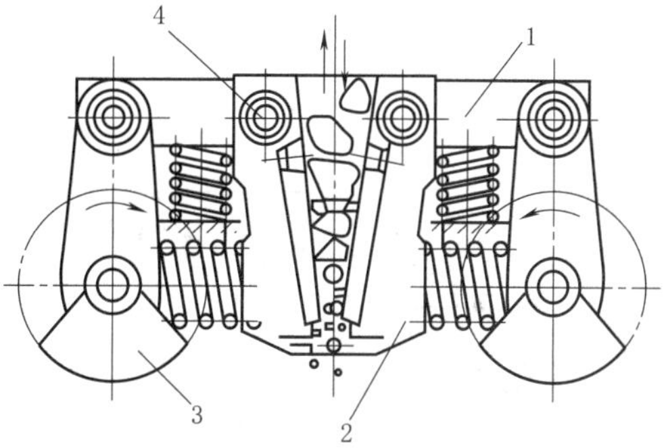

图 19-6-25　双轴振动的颚式振动破碎机示意图

1—机座；2—颚板；3—激振器；4—扭力轴

4.5.2　振动钻进

振动器的振动力传到钻头周围的岩土中，使岩土的抗剪强度下降，在钻具和振动器的自重及振动力的作用下，钻头很容易切入岩土中。振动钻进可以有两种方式：振动器在孔上的上位冲锤（图 19-6-26a）和振动器在孔下的下位冲锤（图 19-6-26b）。后者可使振动钻进的孔深达到 25～30m，钻进 4～5 级岩石。钻进过程中还可以利用振动器来下、拔套管，处理孔内事故等。

振动钻进常用的振动器有无簧式和有簧式两类。图 19-6-26c 所示为有簧式振动锤，它由电动机、振动器、弹簧、冲头、砧子和接头组成。其特点是振动器与钻具分开。冲头与砧子可以接触，也可不接触，这样既可振动钻进，又可进行冲击振动钻进。冲击振动钻进的效率高，适用于在致密土壤中钻进。用直流电机或采用液压马达无级变速来改变偏心轮的转速。在工程钻探中，除单纯采用振动钻进方法外，还发展了振动与回转、振动与冲击相结合的多功能钻机。

4.5.3　离心机

卧式振动离心机的结构如图 19-6-27 所示。具有偏心质量的振动电机 7 转动产生对壳体 10 的激振作用力，使旋转主轴及筛篮 8 转动，并产生沿轴线方向的振动，含有水分的物料由入料管 9 落入筛篮底部；小于筛孔尺寸的物料在离心力作用下透过筛篮，通过离心液出口 13 排出，固体物料落入出料口 11，实现对加工物料的固液分离。

卧式振动离心机的动力学模型如图 19-6-28 所示。图中 m_1、k_1、c_1 构成主系统，m_2、k_2、c_2 构成吸振器。其动力学方程为：

$$
\begin{aligned}
m_1\ddot{x}_1+c_1\dot{x}_1+c_2(\dot{x}_1-\dot{x}_2)+k_1\dot{x}_1+k_2(x_1-x_2)&=f(t)\\
m_2\ddot{x}_2-c_2(\dot{x}_1-\dot{x}_2)-k_2(x_1-x_2)&=0
\end{aligned}
\qquad (19\text{-}6\text{-}35)
$$

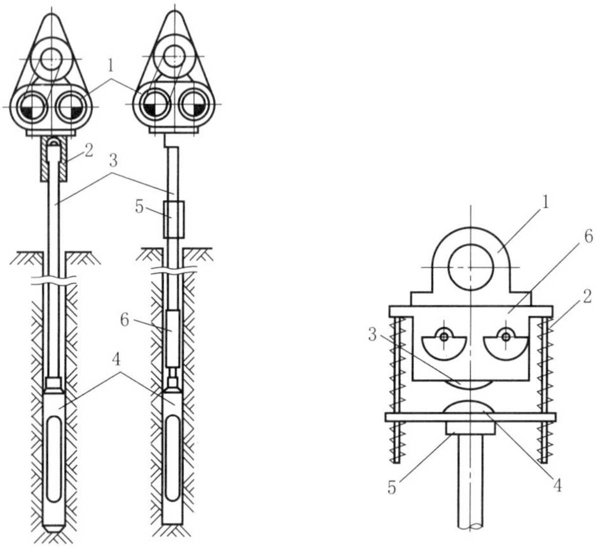

(a) 上位冲锤 (b) 下位冲锤

1—振动器；2—地表冲击筒；
3—钻杆；4—振动钻头；5—接头；
6—潜孔冲击筒

(c) 振动锤示意图

1—电机(或液压马达)； 2—弹簧； 3—冲头；
4—砧子；5—接头； 6—振动器

图 19-6-26 振动钻进

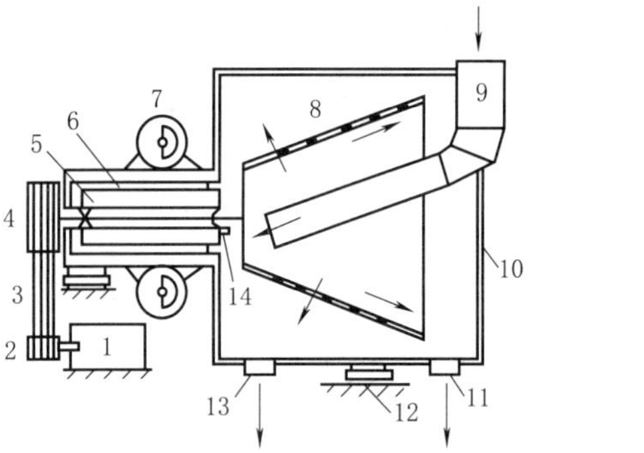

图 19-6-27 卧式振动离心机结构

1—电动机；2—主动轮；3—三角带；4—大带轮；5—旋转主轴；
6—隔振橡胶弹簧；7—振动电机；8—筛篮；9—入料管；
10—壳体；11—出料口；12—支承橡胶弹簧；
13—离心液出口；14—轴承

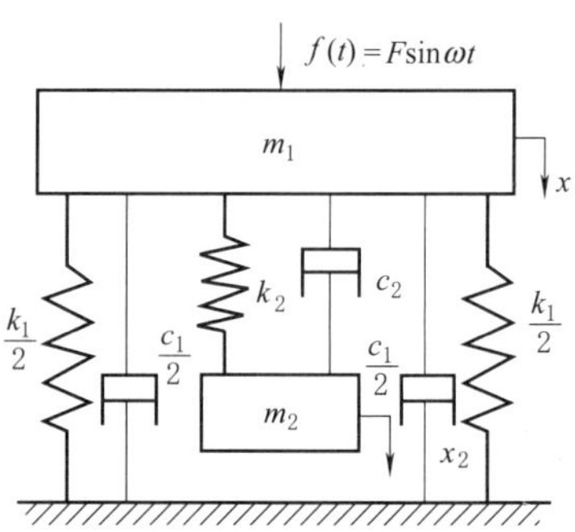

图 19-6-28 卧式振动离心机的动力学模型

此为非线性方程组，或写成如下形式（求解方法略）。

$$\begin{bmatrix} m_1 & 0 \\ 0 & m_2 \end{bmatrix}\begin{Bmatrix} \ddot{x}_1 \\ \ddot{x}_2 \end{Bmatrix}+\begin{bmatrix} c_1+c_2 & -c_2 \\ -c_2 & c_2 \end{bmatrix}\begin{Bmatrix} \dot{x}_1 \\ \dot{x}_2 \end{Bmatrix}+\begin{bmatrix} k_1+k_2 & -k_2 \\ -k_2 & k_2 \end{bmatrix}\begin{Bmatrix} x_1 \\ x_2 \end{Bmatrix}=\begin{Bmatrix} f(t) \\ 0 \end{Bmatrix}$$

式中 m_1——离心机外壳、振动电机的质量，kg；

m_2——筛篮、旋转主轴、从动轮的质量，kg；

c_1——支撑橡胶弹簧的阻尼系数，N · s/mm；

c_2——隔振橡胶弹簧的阻尼系数，N · s/mm；

k_1——支撑橡胶弹簧的刚度，N/m；

k_2——隔振橡胶弹簧的刚度，N/m；

$f(t)$——振动电机的激振作用力，kN。

5 其他各种形式的激振器

除前述偏心块激振器以外，尚有电动式振动器、电液式振动器、液压式振动器和气动式振动器等。

5.1 行星轮式激振器

振动轴上安装有曲柄，曲柄的另一端安装有行星轮，行星轮上安装有可调节偏心距的重块，行星轮沿固定的齿圈内轨道滚动，因偏心质量而产生振动。因重块偏心距是可调节的，激振力就可调。由于行星轮是旋转的，激振力的幅值是变化的。激振力矢量的矢端曲线也随之变化。这更有利于振动筛分等设备。

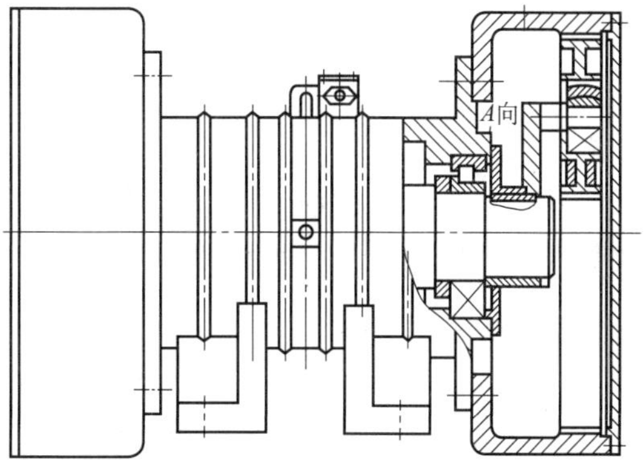

图 19-6-29 行星轮式激振器

5.2 混 激振器

由于混沌振动具有比简谐振动更宽的振动频率，更剧烈的速度变化，有利于用作振动压实，振动筛选，振动钻进，振动切削，振动时效，振动落料及宽频振动试验等工作，故1995年，有人研制出具有很强的几何及物理非线性的混沌激振器，可作为各种振动作业器械的高效振源，并取得国家专利。在机制、农机、轻工、石油、化工、食品、土建、矿冶、制药、制烟、制茶等各行业均有广泛应用前景。

图 19-6-30a 为双偏心盘加速度分析图。图中，小圆为偏心轴；大圆为偏心盘。偏心轴转角 $\varphi_1=\omega t$；偏心盘转角 φ_2；R 为偏心盘孔径；m 为偏心盘质量；ρ_0 为偏心盘对 O 点的回转半径。

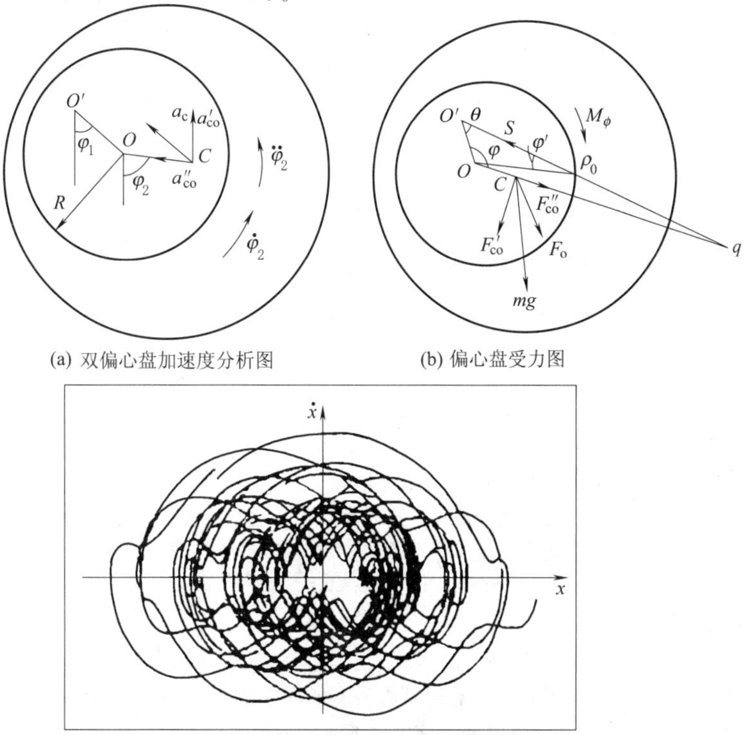

(a) 双偏心盘加速度分析图 (b) 偏心盘受力图

(c) 偏心盘相对偏心轴振动的相轨迹

图 19-6-30

O'—偏心轴转动中心；O—偏心轴的几何中心；C—偏心盘质心；$OO'=e_1$；$CO=e_2$

偏心盘质心 C 的加速度为：

$$a_c = a_0 + a'_{co} + a''_{co} = e_1\omega^2 + e_2\ddot{\varphi}_2 + e_2\dot{\varphi}_2^2$$

偏心盘受力包括惯性力和力矩，如图 19-6-30b 所示。图中 $\varphi' = \arctan\mu$，（μ——动摩擦因数），S 为全反力（$F_0 \gg mg$ 时过 O'点）。

令 J_C 为偏心盘相对质心的转动惯量　则偏心盘的惯性力矩 $M_\Phi = J_C\ddot{\varphi}_2$；偏心盘质心的惯性力 F_C 为：

$$F_c = F_o + F'_{co} + F''_{co} = me_1\omega^2 + me_2\ddot{\varphi}_2 + me_2\dot{\varphi}_2^2$$

要编程计算。例，当参数为 $\mu = 0.15$，$R = 3.725\text{cm}$，$e_1 = e_2 = 0.94\text{cm}$，$\rho_0 = 4.784\text{cm}$，$\omega = 314\text{rad/s}$ 时，混沌激振器中偏心盘相对偏心轴振动的相轨迹见图 19-6-30c。从相轨不重复性和复杂性可知，偏心盘相对偏心轴作混沌振动。

5.3　电动式激振器

图 19-6-31，励磁线圈 5 中通入直流电而产生恒定磁场，将交变电流通入动线圈 7，线圈电流 i 在给定的磁场中，将产生一个受周期变化的电磁激励力 F 而产生振动，带动顶杆作往复运动。激振器的振动频率取决于交流电的频率，可由几 Hz 到 10000Hz。激振力 F 为：

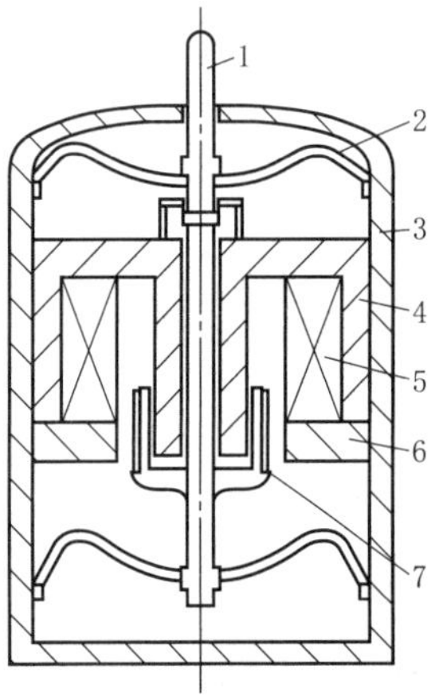

图 19-6-31　电动式激振器

1—顶杆；2—弹簧；3—壳体；4—铁芯；5—直流线圈；6—磁极板；7—交流动线圈

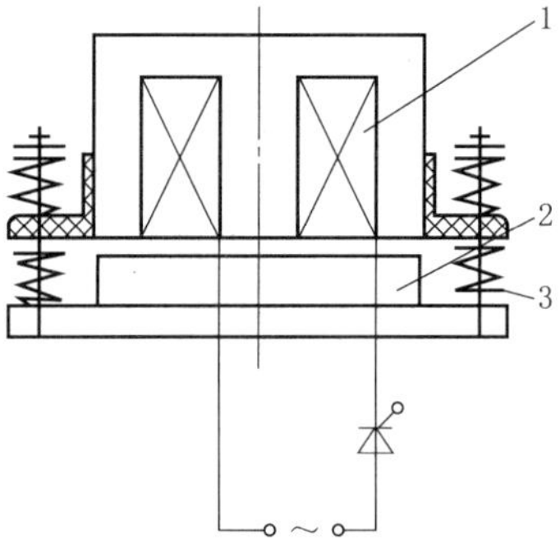

图 19-6-32　电磁式激振器示意图

1—铁芯；2—衔铁；3—弹簧

$$F = 1.02Bli = 1.02BlI_m\sin\omega t \tag{19-6-36}$$

式中　$i = I_m\sin\omega t$；

B——磁感应强度，T；

l——动圈绕线有效长度，m；

I_m——通过动圈的电流幅值，A。

由顶杆给试件的激振力，实际上应该是电磁力 F 和可动部件的惯性力、弹性力、阻尼力之差。因为弹性力与阻尼力都很小，近似计算时可忽略。

5.4　电磁式激振器

图 19-6-32，振动机械中应用的电磁式激振器通常由带有线圈的电磁铁铁芯和衔铁组成，在铁芯与衔铁之间装有弹簧。当将周期变化的交流电，或交流电加直流电，或半波整流后的脉动电流输入电磁铁线圈时，在被激件与电磁铁之间便产生周期变化的激励力。这种激振器通常是将衔铁直接固定于需要振动的工作部件上。

各种电磁振荡器、电振荡器种类繁多，有各种专门的书籍、手册介绍，不在本手册范围之内。

5.5 电液式激振器

电液式激振器的工作原理是：利用小功率电动激振器或电磁式振动发生器，带动液压阀或伺服阀，控制管道中的液压力介质，使液压缸中的活塞产生很大的激励力，从而使被激件获得振动。随着流入及流出的油量发生变化，振幅及振动速度也发生变化。电磁式振动发生器则靠输入信号与反馈信号及反馈信号的信号差来驱动。油的可压缩性引起的弹性及包括试验物体在内的可动部分的质量形成一个完整的质量-弹簧系统，该系统在一定条件下可能发生共振。

液压激振器的主要类型有（图 19-6-33）：

（a）无配流式液压激振器，特点：构造简单，振动稳定，惯性较大。

（b）强制配流式液压激振器，有转阀式及滑阀式；按控制方式，又分为机械式及电磁式。特点：惯性较大，振动频率小于 17Hz。

（c）反馈配流式液压激振器，特点：振动活塞反馈控制配油阀，易于调节。

（d）液体弹簧式液压激振器，其特点为：靠液体弹性和活塞惯性维持振动。振动活塞兼作配油用，结构简单、振动频率高，可达 100~150Hz，效率高、噪声小、体积较大。

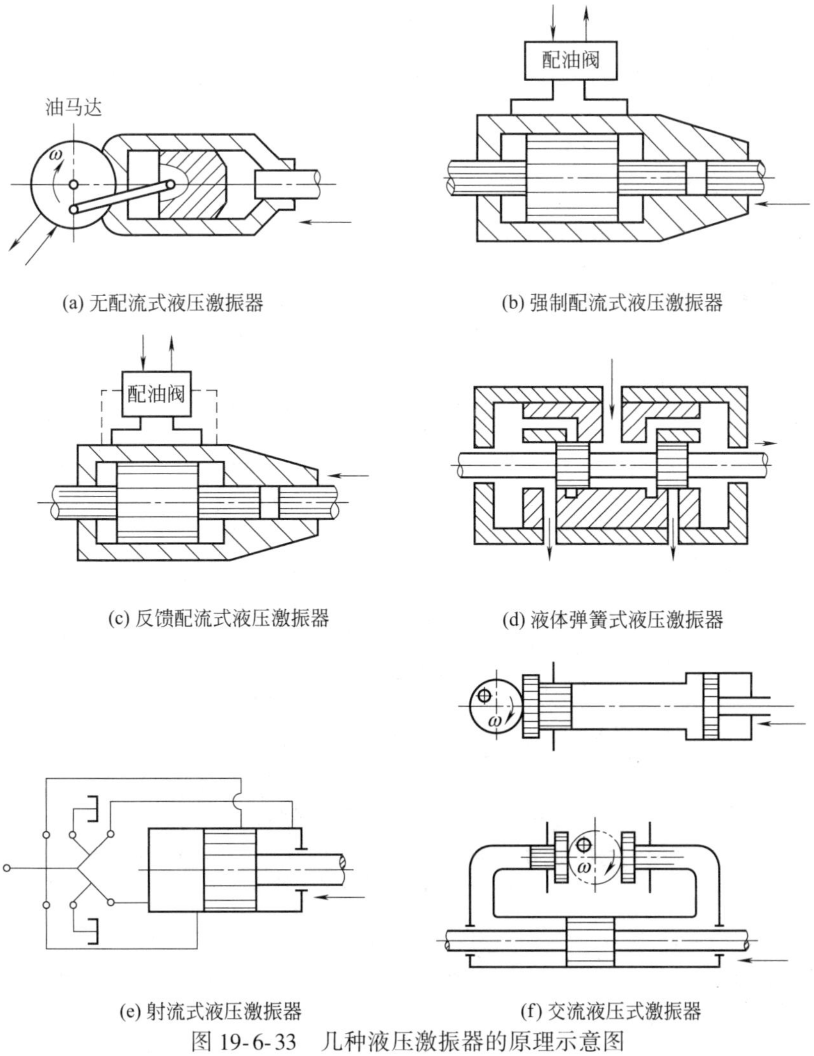

(a) 无配流式液压激振器　(b) 强制配流式液压激振器

(c) 反馈配流式液压激振器　(d) 液体弹簧式液压激振器

(e) 射流式液压激振器　(f) 交流液压式激振器

图 19-6-33　几种液压激振器的原理示意图

（e）射流式液压激振器，通过射流元件的自动切换，实现活塞的振动。结构简单，制造安装方便；工作稳定，维修容易。详见下面5.6节。

(f) 交流液压式激振器，特点：液体不在回路中循环，对工作液要求不高，可采用不同的工作液；选择余地大，检修容易，效率偏低，要求防振。

5.6 液压射流激振器

(1) 用振动法激活油层

用油管将激振器下到油井的油层段，激振器的上、下封隔器将井筒封隔，在两封隔器之间产生液压振动波。此振动波穿过套管的射孔孔道以强烈的交变压力作用于油层，在油层内产生周期性的张压应力。其主要作用有四：①清除堵塞，即液压振动波可激发油层空隙堵塞物，迅速地松动堵塞物且将其剥蚀下来；②粉碎射孔弹在孔壁上产生的不渗透层；③加速扩展和延伸油层已有裂缝并造出新裂缝。由于油层抗张强度低，在液压振动波诱发的交变应力作用下易于破裂；④液压振动波对被作用油层流体的物性和流态产生影响，降低原油黏度。液压双稳射流激振器结构如图19-6-34a所示，其工作原理如图19-6-34b所示。

(2) 液压振荡器

激振器的核心构件是切换器，它是一个液压附壁式双稳振荡器。利用附壁效应使输入液流左右切换。其换向过程如图19-6-35所示。液流从主喷嘴喷出射流，若射流首先附于右壁，沿右通道流出（如图a)，由于通道逐渐扩大，流速下降，压力升高，很小一部分液流进入右反馈管3（如图b)。右反馈管的液流通过右反馈喷嘴对射流作用，使其向左壁靠近，直到附于左壁沿左通道流出（如图c)。射流从右通道切换到左通道，同样有很小一部分液流进入左反馈管（如图d)。

同样可将射流从左通道再切换到右通道，如此反复形成周期性切换，其切换周期 t 可由液流的压力、流量和喷嘴、通道、反馈管的几何参数等决定。

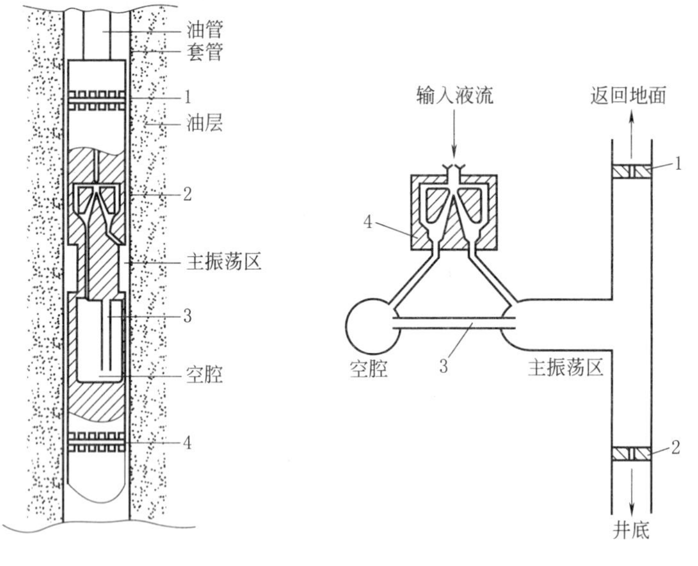

(a) 液压双稳射流激振器示意图
1—上封隔器；2—切换器；
3—惯性管；4—下封隔器

(b) 液压双稳射流激振器原理图
1—上封隔器；2—下封隔器；
3—惯性管；4—切换器

图19-6-34 激振器下到油井油管示意图

5.7 气动式激振器

目前主要是气动式冲击器。广泛应用与于凿岩、破碎、铸件的清砂等各种工作。气动式冲击器有两种：一种是无阀冲击器，其活塞的往复运功是依赖活塞自身的运动来调配压缩空气交替地进入前后活塞缸；另一种是有阀冲击器，其活塞的往复运动是依靠阀片或阀杆的运动使压缩空气交替地进入前后活塞缸，使其产生振动。

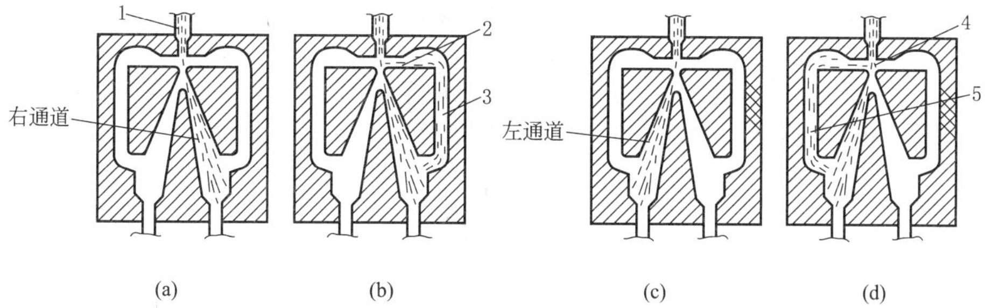

图 19-6-35　切换器换向过程

1—主喷嘴；2—右反馈喷嘴；3—右反馈管；4—左反馈喷嘴；5—左反馈管

图 19-6-36a 为钻井用的气动泥浆筛，改变气缸 5 的充气可改变筛面的倾斜角。通过改变气动激振器的相互位置和控制进气的先后顺序，振动筛箱即可做不同的振动形式，如直线运动、圆运动或椭圆运动。直线振动的气动激振器与筛面的安装角一般在 30°~90°之间。

图 19-6-36b 为气动式激振器。工作原理是：当气动激振器的换向阀 4 处于如图所示的上位时，压缩空气从气道 1 经进入气缸的上腔，推动活塞向下运动；下腔气体经排气孔 7、8 排入大气。当活塞封闭排气孔 7 后，气缸下腔的气体受到压缩而使压力升高，当活塞运动到排气孔 6 打开后，上腔的压缩空气迅速排放，压力很快下降到与大气压力相等。此时，作用在换向阀上表面的气压大于阀下表面的气压，使阀下移封死进气口 3，气缸上腔停止进气。压缩空气从气道 1、经配气室 2、气道Ⅱ和回程进气口 5 进入气缸下腔，开始回程运动。

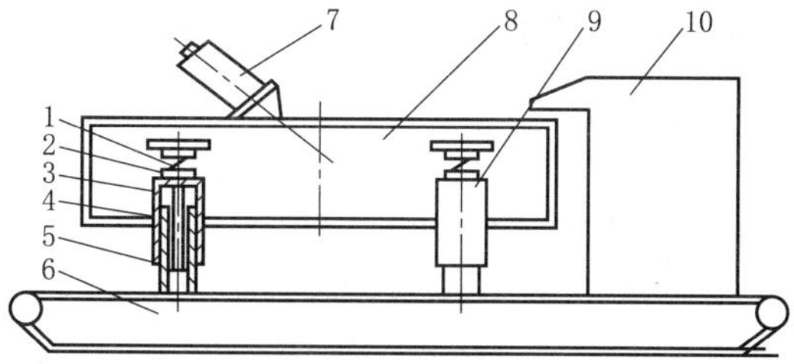

(a) 气动泥浆筛

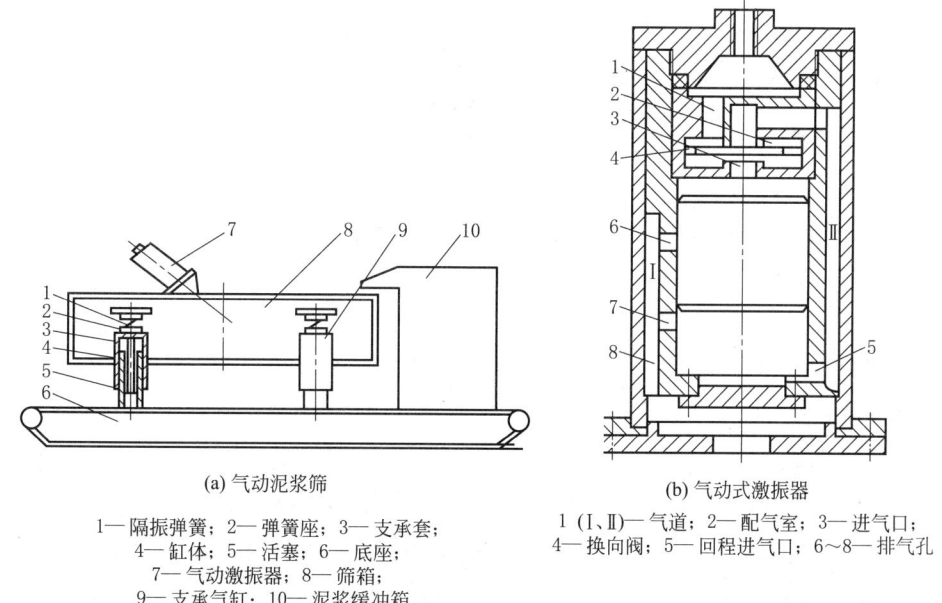

1— 隔振弹簧；2— 弹簧座；3— 支承套；
4— 缸体；5— 活塞；6— 底座；
7— 气动激振器；8— 筛箱；
9— 支承气缸；10— 泥浆缓冲箱

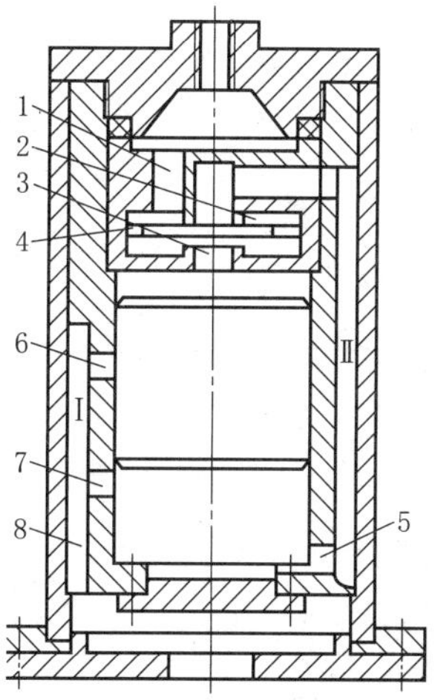

(b) 气动式激振器

1 (Ⅰ、Ⅱ)— 气道；2— 配气室；3— 进气口；
4— 换向阀；5— 回程进气口；6~8— 排气孔

图 19-6-36

5.8　其他激振器

(1) 强声响式激振器

机械式激振方式所产生的振动只能从一个特定的面或特定的点传递一个方向的振动，强声响式振动器用来研究飞行物体或其零件在强声环境下的振动习性或作检验其可靠性的试验。

(2) 超声波振荡器

超声波振荡器的基本原理是振荡器产生高频电振荡由转换器转换成正弦波及纵向振荡。这些波动被传输到共振器，然后均匀传输至被振物。

例：泥浆超声振动摇床、筛等装置，有一个向下倾斜的带有上翻边的金属盘，和可以产生自由振动挠曲及波动的悬吊缆索或支承。盘下装有多个超声振子。将流动泥浆从盘的上端以薄层流动沿盘长度方向下行，超声振动能对所有颗粒和团聚物都具有“显微洗涤”作用，破坏颗粒的表面张力，净化颗粒表面，把细煤粒或其他有用矿物从不同组分颗粒和凝胶、矿泥、藻类、黏土或渣的包覆中分离开。

6　近共振类振动机

6.1　惯性共振式

6.1.1　主振系统的动力参数

图 19-6-37a 为单轴惯性共振式振动机，该机在单轴惯性激振器激励下会产生摆动。但与主振动系统相比，还是很小的。图 19-6-37b 为双轴惯性共振式振动机，会产生直线振动。以图 a 为例，s 方向的微分方程式为：

$$m_1\ddot{s}_1+C(\dot{s}_1-\dot{s}_2)+K(s_1-s_2)+K_1s_1=0$$

$$m_2\ddot{s}_1-C(\dot{s}_1-\dot{s}_2)-K(s_1-s_2)=m_0r\omega^2\sin\omega t$$

式中　K——主振弹簧 s 方向的总刚度；

K_1，K_2——分别作用于质体 m_1、m_2 上的隔振弹簧沿 s 方向的总刚度。可由图示的 K_{11}、K_{12}求得。本图 $K_2=0$，$K_1=K_y\sin^2\beta$，β 为振动方向与水平夹角；

K_x，K_y——为 K_{11}、K_{12}在 x、y 方向的总刚度，本图 $K_x=0$，$K_y=\sum K_{11}+\sum K_{12}$；

C——质体 1 和质体 2 相对运动的阻力系数，$C=2\xi m\omega/Z$；

Z——频率比，$Z=\omega/\omega_n$；

ω——主振弹簧的角频率。

经过对弹性力的转化为参振质量及简化，引入诱导质量计算，(例，第 1 式，由 $\ddot{s}_1=-\omega^2s_1$，得 $K_1s_1=-\dfrac{K_1}{\omega^2}\ddot{s}_1$，与第 1 项合并得 $m_1'=m_1-\dfrac{K_1}{\omega^2}$)。振动机主系统的力学模型如图 19-6-37c 所示。双轴惯性共振式振动机同此图。除参振质量不同外，计算方法与结果都是一样的。其参数设计计算列于表 19-6-14 第二列；第三列为 6.2.1 节弹性连杆式振动机的数据。

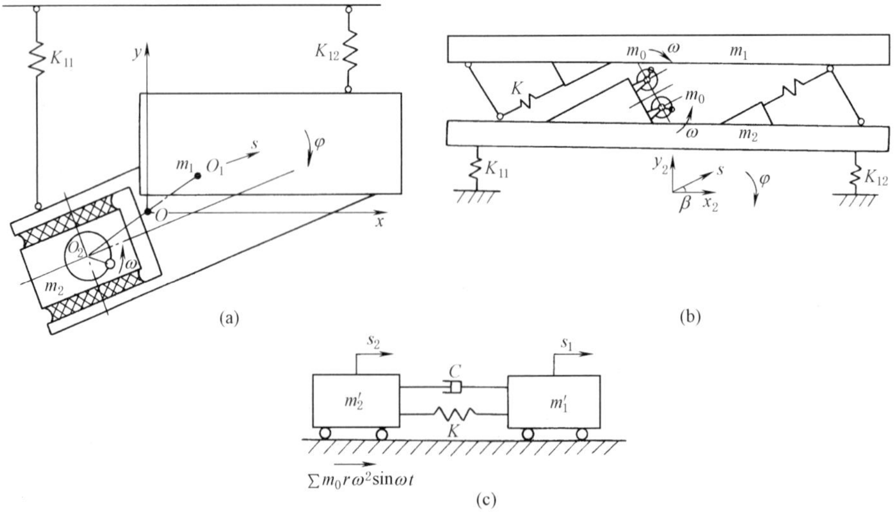

图 19-6-37　惯性共振式振动机及主振系统的力学模型

表 19-6-14　　惯性共振式及弹性连杆共振式动力参数设计计算

<table>
<tr><th>项目</th><th>惯性共振式(图 19-6-37)</th><th>弹性连杆式(图 19-6-39)</th></tr>
<tr><td>隔振弹簧总刚度</td><td colspan="2">$$K_g=\frac{1}{Z_0^2}(m_1+m_2)\omega^2\qquad (\mathrm{N/m})$$ Z_0——频率比,通常取 $Z_0=3\sim5$,对有物料作用的振动机,可适当取小些</td></tr>
<tr><td>工作机体质量 m_1</td><td colspan="2">根据振动机的工作要求(包括机体尺寸、产量、频率等)与机体强度、刚度等确定</td></tr>
<tr><td>质体 2 的质量 m_2</td><td colspan="2">$m_2=(0.4\sim0.8)m_1$,在主振弹簧允许的情况下应尽量减小。m_2 越小则相对运动的振幅越大</td></tr>
<tr><td rowspan="3">诱导质量 m</td><td colspan="2">$$m=\frac{m_1'm_2'}{m_1'+m_2'}\qquad (\mathrm{kg})$$</td></tr>
<tr><td>图 a
$$m_1'=m_1-\frac{K_1}{\omega^2},m_2'=m_2$$ 图 b
$$m_1'=m_1,m_2'=m_2-\frac{K_2}{\omega^2}$$</td><td>$$m_1'=m_1,m_2'=m_2-\frac{K_2}{\omega^2}$$</td></tr>
<tr><td colspan="2">m_2 包括偏心块质量 m_0
重载时 m_1 包括物料参振质量 $K_m m_m$,等效参振质量折算系数 K_m 见表 19-6-8</td></tr>
<tr><td>主振弹簧总刚度</td><td>$$K=\frac{1}{Z^2}m\omega^2\qquad (\mathrm{N/m})$$ $$Z=\frac{\omega}{\omega_n}$$ 频率比通常取 $Z=0.75\sim0.95$</td><td>$K+K_0=m\omega^2,K=m\omega^2$,N/m
$K_0=\left(\frac{1}{Z^2}-1\right)K,K_0\approx(0.2\sim0.5)K$
$Z=\frac{\omega}{\omega_n}$,在有载情况下:
线性振动机取 $Z=0.8\sim0.9$
非线性振动机取 $Z=0.85\sim0.95$</td></tr>
<tr><td>相位差角</td><td colspan="2">$$\alpha=\arctan\frac{2\zeta Z}{1-Z^2}$$ Z——阻尼比,通常取 0.02~0.07</td></tr>
<tr><td>相对运动振幅</td><td>$$B=-\frac{m}{m_2'}\times\frac{m_0r\omega^2\cos\alpha}{K-m\omega^2}=-\frac{1}{m_2'}\times\frac{Z^2m_0r\cos\alpha}{1-Z^2}(\mathrm{m})$$</td><td>$$B=\frac{K_0r\cos\alpha}{K_0+K-m\omega^2}(\mathrm{m})$$ m——所有偏心块质量,kg
r——偏心块质心旋转半径,m</td></tr>
<tr><td>绝对振幅</td><td>$$B_1=-\frac{m}{m'_1Z^2}B\gamma_1(\mathrm{m})$$ $$B_2=(B_1-B)\gamma_2(\mathrm{m})$$ $$\gamma_1=\sqrt{1+4\zeta^2z^2}\approx1$$ $$\gamma_2=\sqrt{1+\left(\frac{2\zeta Z}{1-\frac{m_1'}{m}Z^2}\right)^2}\approx1$$</td><td>$$B_1=\frac{m}{m_1'}B$$ $$B_2=-\frac{m}{m_2'}B=B_1-B$$</td></tr>
<tr><td>传给基础的动载荷</td><td colspan="2">$F_x=K_xB_{1x}$,B_{1x}、B_{1y}——x、y 方向弹簧 K_1(或 K_2)的振幅,m
$F_y=K_yB_{1y}$,K_x、K_y——弹簧 K_1 在 x、y 方向的刚度,N/m
说明:需另外加静载荷(包括设备及物料的总重量)</td></tr>
</table>

6.1.2　激振器动力参数设计

表 19-6-15

项　　目	计　算　公　式	概　算　公　式
激振力振幅和偏心块质量矩	$\sum m_0r\omega^2=-\frac{m_2'B(K-m\omega^2)}{m\cos\alpha}\quad(\mathrm{N})$ $\sum m_0r=(\sum m_0r\omega^2)/\omega^2\quad(\mathrm{kg\cdot m})$	$\sum m_0r=-\frac{m_2'B(1-Z^2)}{Z^2}$ Z——频率比,通常取 $Z=0.75\sim0.95$
电机功率	振动阻尼所消耗的功率: $N_z=\frac{1}{2000}C\omega^2B^2$ 轴承摩擦所消耗的功率: $N_f=\frac{1}{2000}f_d\sum m_0r\omega^3d_1$ 总功率: $N=\frac{1}{\eta}(N_z+N_f)$ $C=2\zeta m\omega/Z$	ζ——阻尼比,通常取 $\zeta=0.02\sim0.07$ f_d——轴承摩擦因数,通常取 $f_d=0.005\sim0.007$ d_1——轴承内外圈平均直径,m η——传动效率,通常取 $\eta=0.95$ m——诱导质量,见表 19-6-14

注:概算公式只在假定参振质量 m 条件下试算时用。

6.2 弹性连杆式

6.2.1 主振系统的动力参数

弹性连杆式激振器如图 19-6-38 所示。当曲柄回转时，通过连杆和连杆弹簧能够带动工作机体实现直线往复运动。弹性连杆式振动机为近共振类振动机，如果振动机为单质体，势必会使传给基础的动载荷很大。如将激振器装在如图 19-6-39a 所示的两个振动质体之间，驱动两质体作相对直线运动，经过隔振，传给基础的动载荷明显减小。主振系统的力学模型如图 19-6-39b 所示。其相对运动微分方程为：

$$m\ddot{s}+C\dot{s}+(K+K_0)s=K_0 r\sin\omega t \qquad (19\text{-}6\text{-}37)$$

式中 m——诱导质量，kg，$m=\dfrac{m'_1 m'_2}{m'_1+m'_2}$，$m'_1=m_1-\dfrac{K_1}{\omega^2}$，$m'_2=m_2-\dfrac{K_2}{\omega^2}$；

K_1，K_2——分别为作用于 m_1、m_2 的隔振弹簧 β 方向的总刚度，N/m，图 19-6-39a 所示系统中 $K_1=0$，$K_2=(K_{11y}+K_{12y})\times\sin^2\beta+(K_{11x}+K_{12x})\cos^2\beta$。

设计参数见表 19-6-16。

图 19-6-40 是弹性连杆式垂直振动输送机，在弹性连杆激振力的作用下，槽体沿一定的倾斜方向作扭转振动。扭转振动的方向与导向杆相垂直。由于槽体的振动，物料将沿螺旋槽体向上运动。

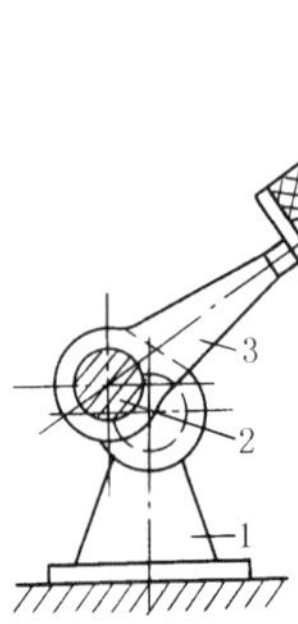

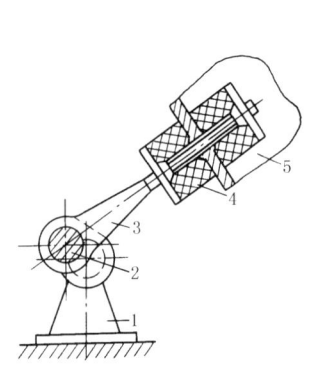

图 19-6-38 弹性连杆式激振器
1—基座；2—曲柄；3—连杆；4—弹簧；5—工作机体

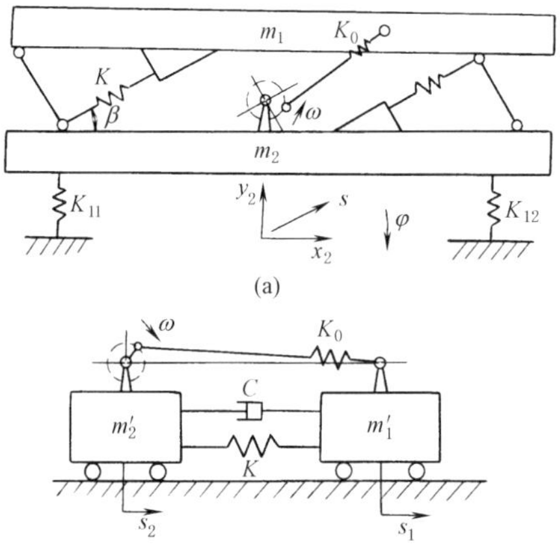

图 19-6-39 弹性连杆式振动机及主振系统的力学模型

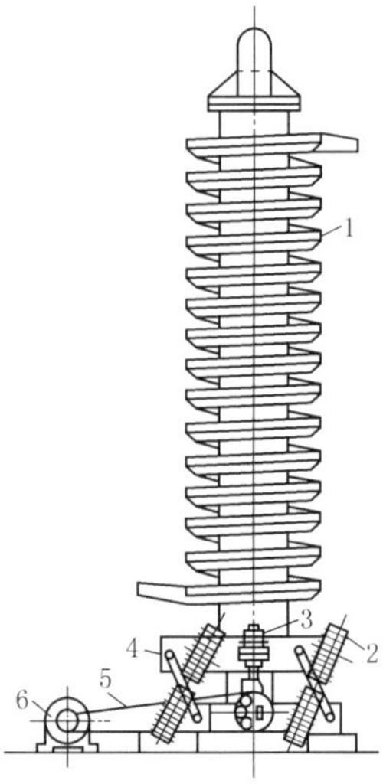

图 19-6-40 弹性连杆式垂直振动输送机
1—螺旋槽体；2—主振弹簧；3—弹性连杆式激振器；4—导向杆；5—传动带；6—电动机

6.2.2 激振器动力参数设计

表 19-6-16

项　目	计 算 公 式	参 数 选 择
连杆受力最小条件	主振弹簧刚度 $K=m\omega^2$ (N/m)	当频率比 Z 按空载条件选取时，m 也按空载计算(参振物料质量为零)
连杆弹簧刚度	$K_0=\left(\dfrac{1}{Z^2}-1\right)m\omega^2=\left(\dfrac{1}{Z^2}-1\right)K$ (N/m)	空载条件下，线性振动机取 $Z=0.82\sim0.88$，非线性振动机取 $Z=0.85\sim0.95$

第 19 篇

续表

项　目	计 算 公 式	参 数 选 择
曲柄半径	$r=\dfrac{B}{\cos\alpha}$	相位差　$\alpha=\arctan\dfrac{2\zeta Z}{1-Z^2}$　$\zeta=0.02\sim0.07$
名义激振力	$P=K_0r=\dfrac{K_0B}{\cos\alpha}$	
最大启动力矩(按静刚度计算)	线性振动机 $M_c=\dfrac{K_0Kr^2}{2(K_0+K)}$　(N·m)	K_0——连杆弹簧刚度,N/m K——主振弹簧刚度,N/m r——曲柄半径,m
电机功率	按启动力矩计算 $N_c=M_c\omega/(1000\eta K_c)$　(kW) 正常工作时的功率 $N=\dfrac{K_0r^2\omega\sin2\alpha}{4000\eta}=\dfrac{c\omega^2B^2}{2000\eta}$　(kW) 或参照2.9节式(19-6-20)	K_c——启动转矩系数,考虑到 M_c 未乘安全系数,通常取 $K_c=1.2\sim1.5$ η——传动效率,通常取 $\eta=0.9\sim0.95$ 正常工作时功率也可按表19-6-15计算
连杆所受最大力	启动时:$F_c=2M_c/r$　(N) 正常工作时:$F=K_0\sqrt{B^2+r^2-2Br\cos\alpha}$　(N)	取连杆主振弹簧刚度 $K=m\omega^2$ 时 $F=c\omega B$　(N)

6.3　主振系统的动力平衡——多质体平衡式振动机

对于如图19-6-37b和图19-6-39所示的直线振动机，可采用图19-6-41所示的动力平衡机构。两质体之间有如图19-6-43所示的橡胶铰链式导向杆，整个机器通过此导向杆的中间铰链与刚性底座或弹性底座固定。工作时，两质体绕导向杆中间摆动，两质体运动方向相反，惯性力方向也相反。当两质体质量相等时，两惯性力可以获得平衡。实际上，两质体的质量及其中的物料的质量很难完全相等，所以，还有一部分未平衡的惯性力传给基础。如基础能够承受，就采用图19-6-41a所示刚性底座形式。如果承受不了，还可采用图19-6-41b的形式，进一步减振。

如果图19-6-37b和图19-6-39a所示的振动机是一个有弹性支座的单槽振动输送机，采取上述动力平衡措施后，动力特性也有相应变化，其动力参数计算见表19-6-17。

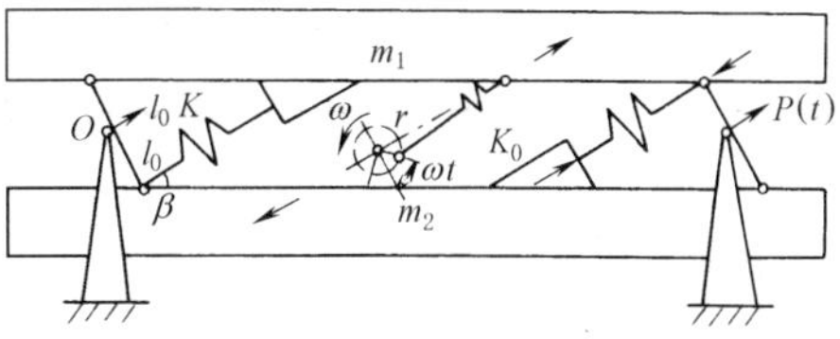

(a) 刚性底座

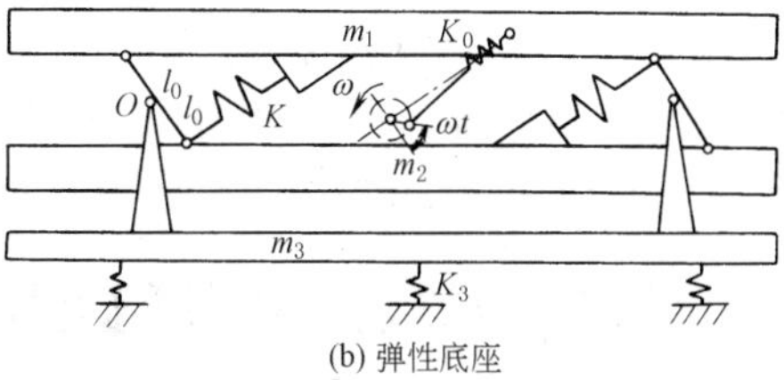

(b) 弹性底座

图19-6-41　平衡式近共振类振动机

表19-6-17　**动力参数计算**

项目	刚性底座(图19-6-41a)	弹性底座(图19-6-41b)
隔振弹簧总刚度	$K_g=\dfrac{1}{Z_0^2}(m_1+m_2)\omega^2$　(N/m)	$K_g=\dfrac{1}{Z^2}(m_1+m_2+m_3)\omega^2$　(N/m)
	Z_0——频率比,通常取 $Z_0=3\sim5$,对有物料作用的振动机,可适当取小些	
空载诱导质量	$m_k=\dfrac{1}{4}(m_1+m_2)$	$m_k=\dfrac{1}{4}\left[m_1+m_2-\dfrac{(m_1-m_2)^2}{m_1+m_2-m_3'}\right]$

续表

项目	刚性底座(图 19-6-41a)	弹性底座(图 19-6-41b)
重载诱导质量	$m=\frac{1}{4}(m_1'+m_2')$	$m=\frac{1}{4}\left[m_1'+m_2'-\frac{(m_1'-m_2')^2}{m_1'+m_2'+m_3'}\right]$
诱导阻力系数	$C=(C_1-C_2)/4$	
说明	$m_1'=m_1+K_m m_m$ $m_2'=m_2+K_m m_m$ C_1,C_2——质体 1、2 的阻力系数 K_m——见表 19-6-8 ζ——由本表算得的 $C=2\zeta m\omega/Z$	$m_1'=m_1+K_m m_m$ $m_2'=m_2+K_m m_m$ $m_3'=m_3-\frac{K_3}{\omega^2}$ m_3——底架部分实际质量,kg K_3——隔振弹簧沿振动方向的刚度
固有频率	$\omega_n=\sqrt{\frac{K+K_0}{m}}$	
相位差角	$\alpha=\arctan\frac{2\zeta Z}{1-Z^2}$	
频率比	$Z=\omega/\omega_n$,Z 通常取 0.85~0.95	$Z=\omega/\omega_n$,Z 通常取 0.85~0.9
相对振幅	$B=\frac{K_0 r\cos\alpha}{(K+K_0)(1-Z^2)}$	$B=\frac{K_0 r}{(K+K_0)(1-Z^2)}$
绝对振幅	$B_1=-B_2=\frac{B}{2}$	$B_3=\frac{-(m_1'-m_2')}{2(m_1'+m_2'+m_3')}B$ $B_1=\frac{1}{2}B+B_3$;$B_2=-\frac{1}{2}B+B_3$
基础受动力	$P=(m_1'-m_2')\omega^2 B_1$ 沿 s 方向	垂直方向 $P_c=\sum K_{3c}B_3\sin\delta$ 水平方向 $P_s=\sum K_{3s}B_3\cos\delta$ δ——振动方向线与水平线夹角,近似按 β 选取 $\sum K_{3c}$,$\sum K_{3s}$——隔振弹簧垂直、水平方向的总刚度

6.4 导向杆和橡胶铰链

近共振类振动机主振系统采用的导向杆常见的有两种：一种是板弹簧导向杆（图 19-6-42），可用弹簧钢板、酚醛压层板、竹片或优质木材等制成，多用于中小型振动机；另一种是橡胶铰链导向杆，多用于大中型振动机。图 19-6-43 是平衡式振动机的刚性导向杆，能承受较大负荷，在导向杆的两端和中间部位有三个孔，孔中装有如图 19-6-44 所示的橡胶铰链，橡胶铰链可以根据它所承受的扭矩和径向力按本手册第 12 篇橡胶弹簧进行设计。

6.5 振动输送类振动机整体刚度和局部刚度的计算

槽体的刚度计算是一项重要的工作。计算槽体的刚度，实际上是计算槽体横向振动的固有角频率。槽体横向振动固有角频率与工作频率一致时，就会使槽体的弯曲振动显著增大。更严重的是，当出现较大弯曲振动时，会使它的振幅和振动方向角发生明显变化；在槽体不同位置上物料平均输送速度有显著差异；某些部位物料急剧跳动，物料快速向前运动；另一些部位，物料仅轻微滑动，有时甚至会出现反方向运动，使机器难以正常工作。因此，在设计与调试时，必须避免槽体各阶弯曲振动的固有角频率与工作频率相接近。

各段槽体固有角频率按表 19-6-18 公式计算。通过对各段槽体固有角频率的计算，可以确定较为合理的支承点间距 l。支承点间距越小，固有角频率越高。因此，支承点间距要根据振动输送机工作频率高低及机器大小在 2.5m 的范围内进行选择。工作频率越高，支承点间距 l 越小；机器越小，即断面惯性矩 J_a 也越小，支承点间距 l 也应越小。通常振动强度 $K=4\sim6$ 及小型机器时，$l<1$m；振动强度 $K<4$ 及大机器时，$l=1\sim2.5$m；当支承点间有集中载荷时，应取较小值。

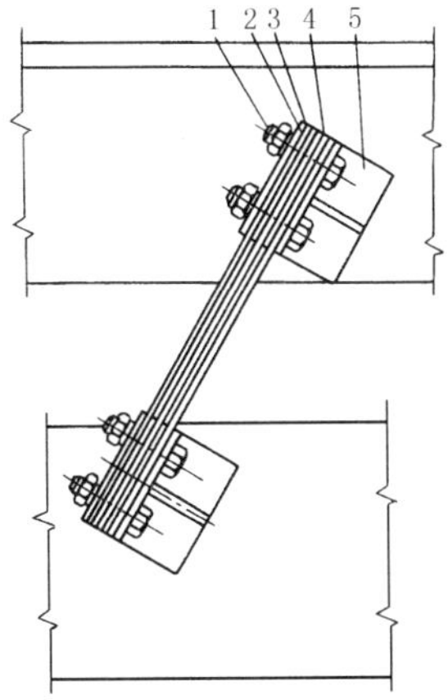

图 19-6-42 板弹簧的结构

1—紧固螺栓；2—压板；3—板弹簧；4—垫片；5—支座

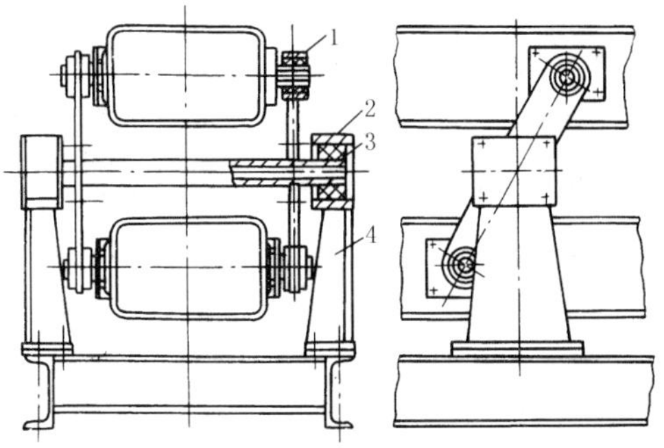

图 19-6-43 平衡式振动输送机的橡胶铰链式导向杆

1—两端橡胶铰链；2—滑块；3—中间橡胶铰链；4—支座

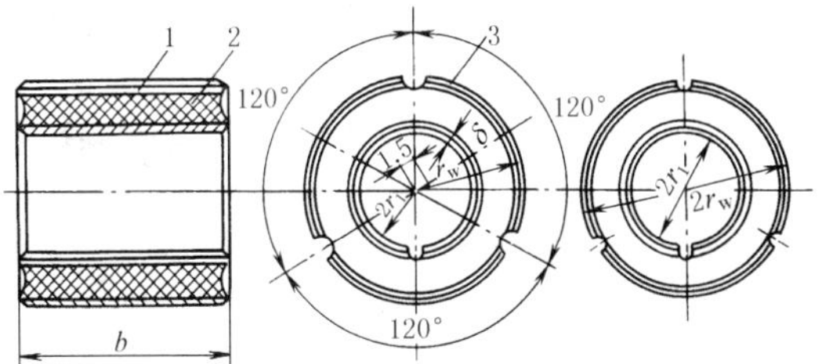

安装前 安装后

图 19-6-44 橡胶铰链结构

1—橡胶圈；2—内环；3—外环

表 19-6-18 **振动输送槽体段的固有角频率**

典型模型	固有角频率/rad·s^{-1}	适用范围
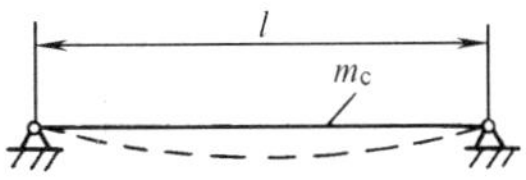	$\omega_{n1}=\left(\frac{n\pi}{l}\right)^2\sqrt{\frac{EJ_a}{m_c}}(n=1,2,3,\cdots)$	振动输送机导向杆之间的各段槽体
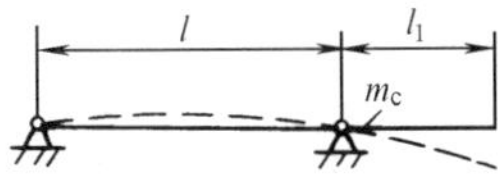	$\omega_{n1}=\left(\frac{a_1}{l}\right)^2\sqrt{\frac{EJ_a}{m_c}}$	振动输送机两端槽体段，系数 a_1 参见表 19-6-19
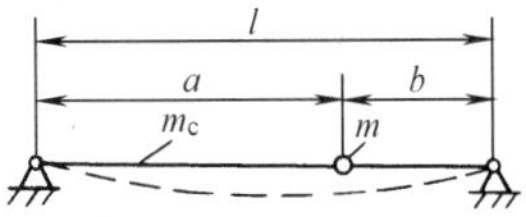	$\omega_{n1}=\sqrt{\frac{3EJ_a}{(m/l+0.49m_c)a^2b^2}}$	振动输送机安装有传动部或给料口、排料口的槽体段。集中力为相应部分质量的惯性力
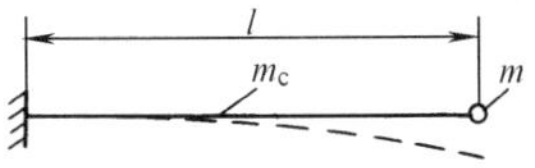	$\omega_{n1}=\sqrt{\frac{3EJ_a}{(m/l+0.24m_c)l^4}}$	振动输送机两端有给料口或排料口槽体段

注：J_a—槽体的截面惯性矩，m^4；m—集中质量，kg；m_c—分布质量，kg/m；l—两支承的距离或悬臂长度，m；l_1—外伸端长度，m；a，b—集中质量与两端的距离。

表 19-6-19 **系数 a_1**

l_0/l	1	0.75	0.5	0.33	0.2
a_1	1.5	1.9	2.5	2.9	3.1

弹簧隔振双质体振动输送机总体出现弹性弯曲振动的固有角频率：

第19篇

$$\omega_{n1}=\sqrt{\left[\left(\frac{4.73}{l}\right)^4 E\sum J_1+\sum K_1\right]\frac{1}{\sum m_1}}$$

$$\omega_{n2}=\sqrt{\left[\left(\frac{7.853}{l}\right)^4 E\sum J_1+\sum K_1\right]\frac{1}{\sum m_1}}$$

$$\omega_{n3}=\sqrt{\left[\left(\frac{10.996}{l}\right)^4 E\sum J_1+\sum K_1\right]\frac{1}{\sum m_1}} \tag{19-6-38}$$

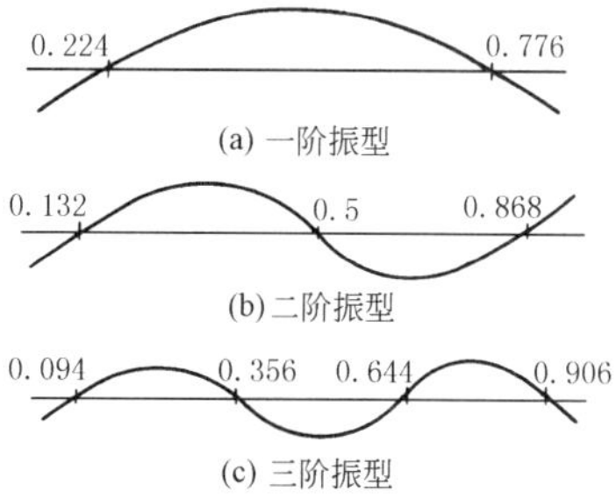

图 19-6-45　振动输送机的弯曲振动的振型

式中　l——输送机长度，m；

$\sum J_1$——弯曲振动方向上总截面惯性矩，m^4；

$\sum m_1$——单位长度上的总质量，kg；

$\sum K_1$——槽体单位长度上所安装的隔振弹簧刚度，N/m。

各阶固有角频率对应的振型如图 19-6-45 所示。

槽体出现弹性弯曲时，主要的调试方法是改变隔振弹簧刚度和支承点，或增减配重，使工作频率避开固有圆频率。

6.6　近共振类振动机工作点的调试

借助测试，可以了解近共振振动机的固有角频率，确定怎样调试，向哪个方向调试。因此，设计时应考虑调试方法：①弹簧数目较多时，可通过改变刚度方法调试工作点；②弹簧数量少时，主要是通过增减配重来进行调试，设计时应留有增减配重的装置；③当激振器采用带传动时，可以适当修改传动带轮直径，改变工作转速可调节频率比，但改变不能太大，以免影响机械的工作性能；④弹性连杆激振器可通过改变连杆弹簧的预压量来改变总体刚度。

6.7　间隙式非线性振动机及其弹簧设计

在共振筛类振动机械中，常常应用间隙式非线性的弹簧连杆式振动机构，可以采用比较接近共振点的工作状态，而减小所需激振力，还能使工作槽体获得较大的冲击加速度，而提高机器的工作效率。调节弹簧的间隙就可以调整机器的工作点。带有间隙式分段线性弹簧的振动机力学模型见图 19-6-46。简化为线性计算，主振系统弹簧的等效刚度为：

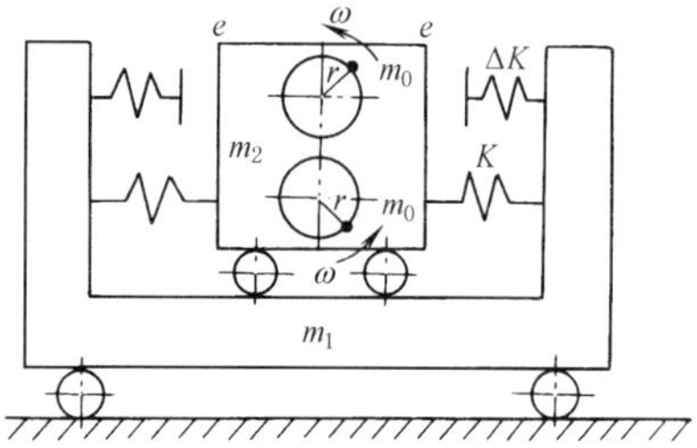

图 19-6-46　带有间隙非线性弹簧的惯性共振式振动机力学模型

$$K_e=K+K_{el} \tag{19-6-39}$$

$$K_{le}=\Delta K\left\{1-\frac{\pi}{4}\left(\frac{e}{B}\right)\left[1-\frac{1}{6}\left(\frac{e}{B}\right)^2-\frac{1}{40}\left(\frac{e}{B}\right)^4\right]\right\} \tag{19-6-40}$$

式中　K——主振弹簧中线性弹簧的刚度；

K_{el}——主振弹簧中间隙线性弹簧的折算刚度；

ΔK——间隙线性弹簧的刚度；

$\left(\frac{e}{B}\right)$——隙幅比，通常 $\left(\frac{e}{B}\right)=0.3\sim0.5$，$e$ 为弹簧的平均间隙，B 为振动机振幅。振动机及其激振器动力参数的计算，除启动力矩按下式计算外，都可以用表 19-6-14 右列弹性连杆式的公式和表 19-6-16 的公式计算，当然，要用 K_e 来代替该表中的 K 值。

最大启动力矩：

$M_c=\dfrac{K_0K_er^2}{2(K_0+K_e)}\left(\sin2\varphi_m-\dfrac{2e}{B}\cos\varphi_m\right)$，其中

$$\varphi_m=\arcsin\left[\frac{1}{4}\left(\frac{e}{r}\right)\pm\sqrt{\left(\frac{e}{4r}\right)^2+0.5}\right]$$

r——偏心块半径，m。

根据振动机要求，可按主振系统线性计算公式求得总等效刚度 K_e，并可按式（19-6-39）和式（19-6-40）算得：

$$\Delta K=\frac{(K_e-K)}{1-\frac{\pi}{4}\left(\frac{e}{B}\right)\left[1-\frac{1}{6}\left(\frac{e}{B}\right)^2-\frac{1}{40}\left(\frac{e}{B}\right)^4\right]}$$

当 $K<<\Delta K$ 时，只要主振系统允许浮动，K 可取为零。

7　振动机械动力参数设计示例

7.1　远超共振惯性振动机动力参数设计示例

已知某自同步振动给料机（图 19-6-21），振动质体的总质量为 740kg，转速 $n=930$r/min，振幅 $B=5$mm，物料呈抛掷运动状态，给料量 $Q=220$t/h，物料平均输送速度 $v_m=0.308$m/s，槽体长 $L=1.5$m，振动方向角$\delta=30°$，槽体倾角 $\alpha=0°$，设计其动力参数。

（1）隔振弹簧刚度

查表 19-6-2 取隔振系统频率比 $Z=4$，系统振动的圆频率：

$$\omega=\frac{\pi n}{30}=\frac{\pi\times930}{30}=97.4\text{rad/s}$$

隔振弹簧总刚度：

$$\sum K=\frac{1}{Z^2}m\omega^2=\frac{1}{4^2}\times\frac{740}{1000}\times97.4^2=438.7\text{kN/m}$$

取 $\sum K=440$kN/m，采用四只悬吊弹簧，则每只弹簧刚度：

$$K=\frac{\sum K}{4}=\frac{440}{4}=110\text{kN/m}$$

（2）参振质量

根据式(19-6-8)，

$$D=\frac{B\omega^2\sin\delta}{g\cos\alpha}=\frac{0.005\times97.4^2\sin30°}{9.8\times\cos0°}=2.42$$

由表 19-6-8 插入法查得 $K_m=0.12$，再根据式(19-6-15)

$$m_m=\frac{QL}{3600v_m}=\frac{220\times1000\times1.5}{3600\times0.308}=292\text{kg}$$

参振质量：

$$m=m_p+K_m m_m=740+0.12\times292=775\text{kg}$$

（3）等效阻尼系数

$$C=0.14m\omega=0.14\times\frac{775}{1000}\times97.4=10.57\text{kN}\cdot\text{s/m}$$

（4）激振力幅值和偏心质量矩

按图 19-6-21，折算到 s 方向上的弹簧刚度：

$$K_s=\sum K\sin^2\delta=440\times\sin^2 30°=110\text{kN/m}$$

相位差角，(按表 19-6-12)：

$$\alpha=\arctan\frac{C\omega}{K_s-m\omega^2}=\arctan\frac{10.57\times97.4}{110-0.775\times97.4^2}=172°$$

激振力幅值：

$$P=\sum m_0 r\omega^2=\frac{1}{\cos\alpha}(K_s-m\omega^2)B=\frac{1}{\cos172°}(110-0.775\times97.4^2)\times0.005=36.57\text{kN}$$

因采用双轴自同步激振器，每一激振器的激振力为 18.28kN，每一激振器采用四片偏心块，每片偏心块的质量矩

$$m_0 r=\frac{18.28\times1000}{4\times97.4^2}=0.48\text{kg}\cdot\text{m}$$

(5) 电机功率 (按 2.9 节)

振动阻尼所消耗的功率：

取 $Co=0.5$，$C=0.14m\omega$

$$N_z=\frac{0.14}{2000}m\omega^3B^2=\frac{0.14}{2000}\times775\times97.4^3\times0.005^2=1.25\text{kW}$$

轴承摩擦所消耗的功率：

取轴承中径 $d_1=0.05$m，$\mu_d=0.007$，则

$$N_f=\frac{1}{2000}\mu_d/P\omega d_1=\frac{1}{2000}\times0.007\times36570\times97.4\times0.05=0.62\text{kW}$$

总功率：取 $\eta=0.95$，则

$$N=\frac{1}{\eta}(N_z+N_f)=\frac{1}{0.95}(1.25+0.62)=1.97\text{kW}$$

选用两台振动电机以自同步形式作为激振器，根据激振力、激振频率、功率要求，选取两台 YZO-19-6 型振动电机，激振力为 20×2=40kN，激振频率为 950r/min，功率为 1.5×2=3kW，满足设计要求。

(6) 传给基础的动载荷

按表 19-6-12 说明，因是悬挂弹簧，

$$F_y=\sum KB\sin\delta=438.7\times0.005\times\sin30°=1.1\text{kN}$$

7.2 惯性共振式振动机动力参数设计示例

某非线性振动共振筛，力学模型如图 19-6-37b 所示，但机体与水平成 $\alpha_0=5°$倾角安装（图中右端低），主振弹簧 K 采用间隙隔振类似图 19-6-46 形式，其筛体质量 $m_1=835$kg，振动方向角 $\delta=45°$，转速 $n=800$r/min，振幅 $B_1=6.5$mm，机体内的平均物料量 $m_m=750$kg，试进行其动力参数设计。

(1) 预估参振质量

振动机械设计中的主要困难就是未知量太多，首先遇到的问题是参振质量，甚至 m_1、m_2 全未知，m_m 可从运动学参数设计中确定。m_1 可根据机体尺寸、振动参数、结构强度预估为 $m_1=835$kg，m_2 受到主振弹簧允许变形量的限制，预估 $m_2/m_1=0.7$，$m_2=0.7m_1=0.7\times835=584.5$kg。

(2) 隔振弹簧刚度

选取隔振弹簧 K_1（图 19-6-37b 中的 K_{11}、K_{12}）的频率比 $Z_0=3.2$。以下按表 19-6-14 计算。

激振角频率 $\omega=\frac{\pi n}{30}=\frac{\pi\times800}{30}=83.78$rad/s，隔振弹簧总刚度为：

$$\sum K_1=\frac{1}{Z_0^2}(m_1+m_2)\omega^2=\frac{1}{3.2^2}\times(835+584.5)\times83.78^2=972.9\times10^3\text{N/m}=972.9\text{kN/m}$$

隔振弹簧采用四角均匀布置，每角 2 只弹簧，一只弹簧的刚度为：

第 19 篇

$$K_1=\frac{\sum K_1}{8}=\frac{972.9}{8}=121.6\text{kN/m}$$

（3）诱导质量式（19-6-8）：

由于 $D=\dfrac{B_1\omega^2\sin\delta}{g\cos\alpha_o}=\dfrac{0.0065\times83.78^2\times\sin45°}{9.8\times\cos5°}=3.3$，从表 19-6-8 查得 $K_m\approx0$，为安全起见，取 $K_m=0.01$。

筛体的折算质量：

$$m'_1=m_1+K_mm_m-\frac{\sum K_1}{\omega^2}=835+0.01\times750-\frac{972.9\times10^3}{83.78^2}=704\text{kg}$$

诱导质量：

$$m=\frac{m'_1m_2}{m'_1+m_2}=\frac{704\times584.5}{704+584.5}=319\text{kg}$$

（4）主振弹簧刚度

选取频率比 $Z=0.9$，则

$$K_e=\frac{1}{Z^2}m\omega^2=\frac{1}{0.9^2}\times\frac{319\times83.78^2}{1000}=2764\text{kN/m}$$

如果主振弹簧为分段线性弹簧，选取 $\dfrac{e}{B}=0.4$，软特性弹簧 $K=600\text{kN/m}$，即采用 6 只刚度为 100kN/m 的弹簧连接两个质体（如图 19-6-46），则硬弹簧刚度按式(19-6-39)、式（19-6-40）计算：

$$\Delta K=\frac{K_e-K}{1-\frac{\pi}{4}\left(\frac{e}{B}\right)\left[1-\frac{1}{6}\left(\frac{e}{B}\right)^2-\frac{1}{40}\left(\frac{e}{B}\right)^4\right]}$$

$$=\frac{2764-600}{1-\frac{\pi}{4}\times0.4\times\left(1-\frac{1}{6}\times0.4^2-\frac{1}{40}\times0.4^4\right)}=3116\text{kN/m}$$

当硬弹簧采用 3 只并联弹簧时，则 1 只弹簧刚度

$$\Delta K'=\frac{\Delta K}{3}=\frac{3116}{3}=1038\text{kN/m}$$

（5）相位差角

选取阻尼比 $\zeta=0.05$，则

$$\alpha=\arctan\frac{2\zeta Z}{1-Z^2}=\arctan\frac{2\times0.05\times0.9}{1-0.9^2}=25.3°$$

（6）相对振幅

由于已知 B_1，查表 19-6-14，$K=\dfrac{1}{Z^2}m\omega^2$ 及 $B_1=\dfrac{KB}{m'_1\omega^2}$（令 $r_1=r_2=1$）可得

$$B=\frac{m'_1Z^2}{m}B_1=\frac{704\times0.9^2}{319}\times0.0065=0.0116\text{m}$$

$$B_2=B_1-B=0.0065-0.0116=-0.0051\text{m}$$

（7）偏心质量矩

$$\sum m_0r=\frac{m_2B(1-Z^2)}{Z^2\cos\alpha}=\frac{584.5\times0.0116\times(1-0.9^2)}{0.9^2\times\cos25.3°}=1.76\text{kg}\cdot\text{m}$$

（8）激振力幅

$$\sum m_0r\omega^2=1.76\times83.78^2=12354\text{N}$$

(9) 电机功率（按 2.9 节）

振动阻尼所消耗的功率：$C=2\zeta m\dfrac{\omega}{Z}=2\times0.05\times m\omega/0.9=0.11m\omega$

$$N_z=\frac{1}{2000}C\omega^2B^2=\frac{0.11}{2000}m\omega^3B^2$$

$$=\frac{0.11}{2000}\times319\times83.78^3\times0.0116^2=1.39\text{kW}$$

轴承摩擦所消耗的功率取：$N_f=0.8N_z$

总功率：$N=\dfrac{1}{\eta}(N_z+N_f)=\dfrac{1}{0.95}(1.39+0.8\times1.39)=2.63\text{kW}$

选用一台 3kW 的电机。

(10) 传给基础的动载荷

$$F_T=\sum K_1B_1\sin(\delta-\alpha_o)=972.9\times0.0051\times\sin(45°-5°)=3.2\text{kN}$$

振动机械的设计过程大致可分为这样几个阶段。首先在预估参振质量 m_1 的条件下，协调好 m_1、m_2、主振弹簧 K、绝对振幅 B_1、相对振幅 B 之间的关系，然后进行主振弹簧、隔振弹簧设计，激振器设计，初步设计告一段落。设计的第二阶段为绘制设计草图，计算出参振机体的质量 m_1，转动惯量 I_1、质心位置 O_1，第二阶段主要是结构设计阶段。第三阶段为精确设计计算阶段，这一阶段，根据精确质量 m_1、I_1 协调各动力参数关系，再重新校核各零件的设计参数，最终设计参数被确定。

7.3 弹性连杆式振动机动力参数设计示例

如图 19-6-41 所示的平衡式弹性连杆式振动输送机，经过初步设计之后，确定上槽体质量 $m_1=1838\text{kg}$，下槽体质量 $m_2=2150\text{kg}$，两槽体中的平均物料量均为 $m_m=1600\text{kg}$，底架质量 $m_3=6130\text{kg}$，该输送机振动方向角 $\delta=30°$，水平布置，转速 $n=600\text{r/min}$（$\omega=62.8\text{rad/s}$），振动槽体的振幅 $A_1=-A_2=7\text{mm}$。试设计其动力学参数。

(1) 隔振弹簧刚度（按表 19-6-14）

选取隔振频率比 $Z_0=3$，则

$$\sum K_3=\frac{1}{Z_0^2}(m_1+m_2+m_3)\omega^2=\frac{1}{3^2}\times\frac{1838+2150+6130}{1000}\times62.8^2=4434\text{kN/m}$$

(2) 诱导质量

由于 $D=\dfrac{B_1\omega^2\sin\delta}{g\cos\alpha}=\dfrac{0.007\times62.8\times\sin30°}{9.8\times\cos0°}=1.4$，从表 19-6-8 可推得 $K_m=0.25$，所以

$$m_1'=m_1+K_mm_m=1838+0.25\times1600=2238\text{kg}$$

$$m_2'=m_2+K_mm_m=2150+0.25\times1600=2550\text{kg}$$

$$m_3'=m_3-\frac{\sum K_3}{\omega^2}=6130-\frac{4434\times10^3}{62.8^2}=5008\text{kg}$$

空载诱导质量（表 19-6-17）：

$$m=\frac{1}{4}\left[m_1+m_2-\frac{(m_1-m_2)^2}{m_1+m_2+m_3'}\right]=\frac{1}{4}\times\left[1838+2150-\frac{(1838-2150)^2}{1838+2150+5008}\right]=994\text{kg}$$

有载诱导质量（表 19-6-17）：

$$m'=\frac{1}{4}\left[m_1'+m_2'-\frac{(m_1'-m_2')^2}{m_1'+m_2'+m_3'}\right]=\frac{1}{4}\times\left[2238+2550-\frac{(2238-2550)^2}{2238+2550+5008}\right]=1194\text{kg}$$

(3) 主振弹簧刚度（表 19-6-14）

$$K=m'\omega^2=\frac{1194\times62.8^2}{1000}=4708\text{kN/m}$$

（4）连杆弹簧刚度（表 19-6-14）

取 $Z=0.85$，则

$$K_0=\left(\frac{1}{Z^2}-1\right)m'\omega^2=\left(\frac{1}{0.85^2}-1\right)\times\frac{1194}{1000}\times62.8^2=1808\text{kN/m}$$

（5）相对振幅和相位差角

根据表 19-6-17 平衡式振动输送机振幅关系可求得：

$$B=B_1+B_2=0.007+0.007=0.014\text{m}$$

当阻尼比取 $\zeta=0.07$ 时，相位差角（表 19-6-14）

$$\alpha=\arctan\frac{2\zeta Z}{1-Z^2}=\arctan\frac{2\times0.07\times0.85}{1-0.85^2}=23.2°$$

（6）曲柄半径（表 19-6-16）

$$r=\frac{B}{\cos\alpha}=\frac{0.014}{\cos23.2°}=0.0145\text{m}$$

（7）名义激振力（表 19-6-16）

$$K_0r=1808\times0.0145=26.2\text{kN}$$

（8）所需功率（表 19-6-16）

最大启动力矩：

$$M_c=\frac{K_0Kr^2}{2(K_0+K)}=\frac{1808\times4708\times0.0145^2}{2\times(1808+4708)}=0.14\ \text{kN}\cdot\text{m}$$

按启动力矩计算电动机功率：取 $\eta=0.95$，$K_c=1.3$

$$N_c=\frac{M_c\omega}{\eta K_c}=\frac{0.14\times62.8}{0.95\times1.3}=7.12\text{kW}$$

正常工作时的电动机功率：

$$N=\frac{K_0r^2\omega\sin2\alpha}{4\eta}=\frac{1808\times0.0145^2\times62.8\times\sin(23.2\times2)}{4\times0.95}=4.55\text{kW}$$

选用 Y160M-6 型电动机，功率为 7.5kW，转速 $n=970\text{r/min}$。

（9）传给基础的动载荷

底架 m_3 的振幅按下式近似计算：

$$B_3=\left|\frac{B}{2}\times\frac{m'_1-m'_2}{m'_1+m'_2+m'_3}\right|=\left|\frac{0.0145\times(2238-2550)}{2\times(2238+2550+5008)}\right|=2.3\times10^{-4}\text{m}$$

当隔振弹簧按照 $\sum K_3=ky=4434\text{kN/m}$ 设计时，隔振弹簧沿 y 方向和 x 方向的刚度分别为 $\sum K_y=4434\text{kN/m}$，$\sum K_x=2306\text{kN/m}$（按弹簧性能选定）。

沿 y 方向传给基础的动载荷：

$$F_{Ty}=\sum K_yB_3\sin\delta=4434\times2.3\times10^{-4}\times\sin30°=0.51\text{kN}$$

沿 x 方向传给基础的动载荷：

$$F_{Tx}=\sum K_xB_3\cos\delta=2306\times2.3\times10^{-4}\times\cos30°=0.46\text{kN}$$

8 其他一些机械振动的应用实例

8.1 多轴式惯性振动机

图 19-6-47 为四轴惯性振动摇床。一对轴低速相对旋转；另一对轴高速相对旋转。一般设定其频率比为 1：

2；高频轴与低频轴的相角差 θ。如忽略阻力，运动可看成是两个简谐运动的合成：

$$x=A_1\sin\omega t+A_2\sin(2\omega t+\theta) \qquad (19\text{-}6\text{-}41)$$

式中　振幅 $A_1=-\dfrac{\sum m_1' r_1}{m}$，$A_2=-\dfrac{\sum m_2 r_2}{m}$；

m——振动体总质量（包括偏心块质量）；

$\sum m_1$，$\sum m_2$——分别为低频偏心块质量、高频偏心块质量；

r_1，r_2——分别为低频偏心块偏心距、高频偏心块的偏心距。

合成激振力为：$F=\sum m_1 r_1\omega^2\sin\omega t+4\sum m_2 r_2\omega^2\sin(2\omega t+\theta)$　　(19-6-42)

激振力与床面的运动方向始终是相反的。

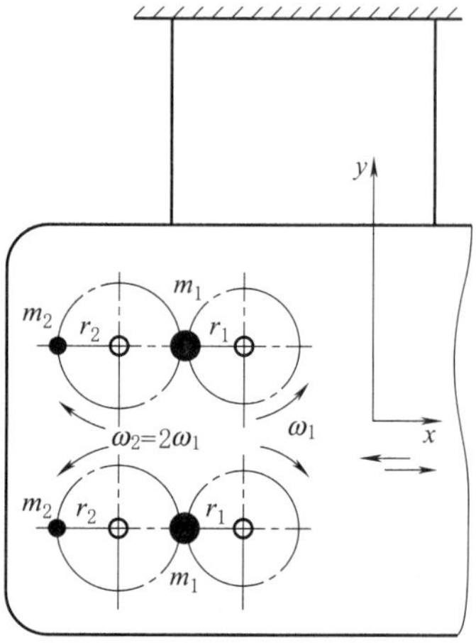

图 19-6-47　四轴惯性振动摇床

8.2　混　振动的设计例

8.2.1　多连杆振动台

如图 19-6-48 的振动台，如图中连杆 S_1、S_2 不存在，是个四连杆机构。连杆 S_3 转动时，连杆 BDE（振动台）将产生上下、左右的振动。通过加大运动副的间隙，可产生混沌振动，但间隙的存在会引起运动副间的冲击，碰撞，产生噪声，加快其疲劳失效。该图的设计是用短杆 S_1、S_2 代替间隙。当连杆 S_3 转动时，台面就是具有很强几何非线性的水平混沌振动台。

曲柄（即振动台面）的加速度图与相轨图（图略）看来，台面的加速度是非线性的；台面的相轨图呈现无穷缠绕和折叠的情况，运动具有混沌性质。

由水平摇动的平台上固定筛子，即为振动筛。与普通振动筛的实验对比，大致情况是：两台设备的效果相当，但混沌振动台功率（100W）小于振筛机的功率（370W），且混沌振动台无需同时周期性地打击筛子上的盖。

8.2.2　双偏心盘混沌激振器在振动压实中的应用

如 5.2 节图 19-6-30 的双偏心盘混沌激振器，对砂子做振动压实试验：压前压后先后以大采样环刀取样，再用天平称。振动压实前取样称得为 150.4g，正弦激振压实 5 分钟后取样，称得为 152.2g；混沌振动压实 5min 后取样，称得为 162.2g。证明混沌激振有更好的振动减摩作用与压实效果。

由于双偏心盘的混沌振动的振动频带有一定的宽度，正好可以适合混凝土中不同大小颗粒的沙石的共振要求，更好地压实混凝土，已有应用这一原理设计制造的混凝土块压制机，可以预制混凝土板、梁、块。由于振动波在混凝土中的传播衰减较快，对于较长的压制混凝土（板、梁、块）机，最好是设有两个振动源的双向振动机。

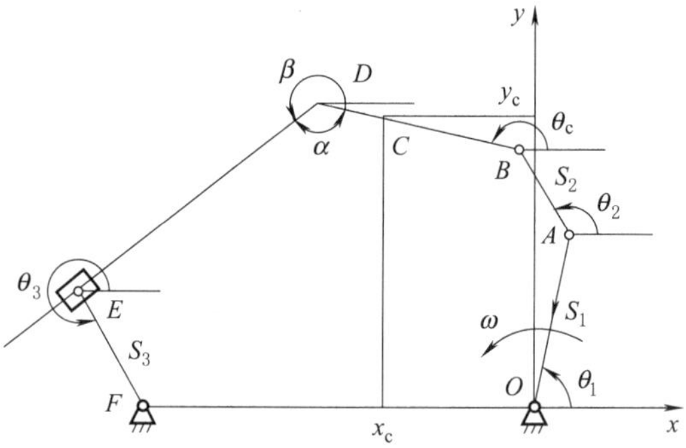

图 19-6-48

8.3　利用振动的拉拔

振动拉拔是指在常规拉拔的过程中，对拉模施加振动的一种塑性加工工艺。振动拉拔的频率一般分为低频（25~500Hz）和高频（16~800kHz）两种。施振方式多数沿拉模的轴向。拉拔工艺与传统拉拔相比，一方面可以大幅度降低拉拔力、减少拉拔道次（或提高道次变形量），另一方面还可以提高棒、线或管材等的表面加工质量。例如，采用水耦合式的超声振动拉丝，能得到表面光洁度极高的线材。下面简单介绍一种计算方法。

设模具作简谐振动，运动速度为 $v_d\cos\omega t$；模具出口端外的金属流动近似均匀流动，速度为 v_m（按 x 方向为负值），则金属相对于模具的速度为：

$$\Delta v=v_d\cos\omega t-v_m$$

一般在振动拉拔过程中，$|v_m|<v_d$；

工程实践表明　模具静止不动时，当拉拔速度较低时，拉拔应力随拉拔速度的增加而有所增加。当拉拔速度增加到 6~50m/min 时，拉拔应力开始下降。继续增加拉拔速度，拉拔力变化不大。拉拔速度增大时，模具与被拉拔金属间的摩擦因数通常减小，在相同的材质和拉拔几何条件下，最大拉拔速度与摩擦因数的平方的乘积为一常数。故拉拔速度增大后，原摩擦因数减小的幅度并不显著。

弹性阶段的阻力 P_e 和塑性阶段的阻力 P_p 可写成：

$$P_e = k_e \Delta v; P_p = k_p \Delta v + \sigma_t S = k_p \Delta v + P_0 \tag{19-6-43}$$

式中　k_e，k_p——模具阻力影响系数；

σ_t——静态拉拔应力；

S——拉拔金属模具出口处的截面积；

P_0——静态拉拔力，$P_0 = \sigma_t S$。

模具阻力的滞回线如图 19-6-49a 所示，振动拉拔系统的力学模型如图 19-6-49b 所示。

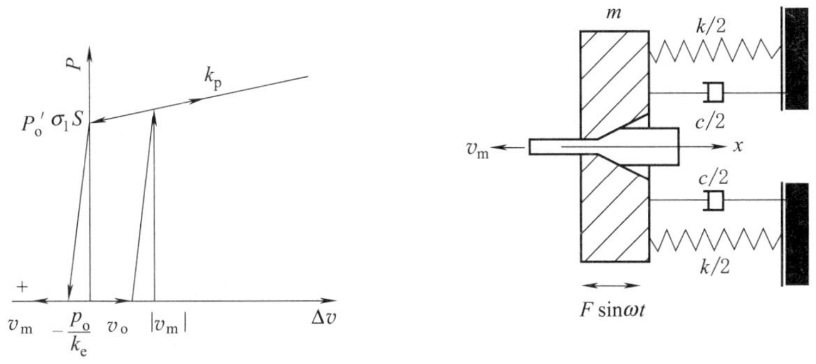

(a) 模具阻力关于相对速度的滞回线　　(b) 振动拉拔系统的力学模型

图 19-6-49

系统的运动微分方程为：

$$m\ddot{x} + c\dot{x} + kx + P(\dot{x}, x) = F\sin\omega t \tag{19-6-44}$$

令　v_o——工件开始弹性变形时模具的速度。

滞回约束力函数由图 19-6-49 可写为（注意到 v_m 为-，v_o 为+，及 $\Delta v = \dot{x} - x_m$）

$$P(x,\dot{x}) = \begin{cases} O & \dot{x} \leqslant v_o & \text{出现滑动之后} \\ k_e\ (\dot{x} - v_o) & \dot{x} \geqslant v_o & \text{塑性流动之前} \\ k_p\ (x - v_m)\ + p_o & \dot{x} \geqslant |v_m| & \text{塑性流动之后} \\ k_e\ (\dot{x} - v_m)\ + p_o & |v_m| - p_o/k_e \leqslant \dot{x} \leqslant |v_m| & \text{塑性流动结束后} \end{cases}$$

下面就是进行求解的计算。可以用无量纲的方法简化，可以籍计算机用数值计算方法等。(略) 同样的例子还有振动压路机、矿物破碎机等，只是它们各自有不同的被动物质，有不同的滞回约束力函数。关键的问题是要取得准确的原始参数的测试数据，合乎实际的简化及公式的准确性。最后当然还要以实物的实验测试和修改为定论。

8.4　振动时效技术应用

在工件的铸造、焊接、锻造、机械加工、热处理、校直等制造过程中在工件的内部产生残余应力，这会导致一些不良的后果出现。有人研究用不同的激振频率进行金属型铸件的振动凝固，研究表明采用铸模系统的低阶固有频率进行振动凝固，铸模系统各部位的位移振幅达到极大值，相应会取得极佳的降低和匀化铸造残余应力的效果，达到免于时效处理的程度。

振动时效技术，旨在通过专业的振动时效设备，使被处理的工件产生共振，将一定的振动能量传递到工件的所有部位，使工件内部发生微观的塑性变形，被歪曲的晶格逐渐回复平衡状态。

在焊接中，振动时效源自于敲击时效，施焊一段时间后立即用小锤对焊缝及周边进行敲击，随时将焊接应力消除一些以防止裂纹产生，以免最终产生较大的应力集中。但敲击法能量有限，后来发现使工件产生共振可消除残余应力。

激振频率：选择共振区，一般铸件可以采用中频大激振力，焊接件可分频激振。

激振力：由构件上最大的动应力来确定，一般铸件为∓20N/mm²，软钢件为∓70N/mm²。

激振时间：振动的前 10min 残余应力变化最快，20min 后趋于稳定，一般认为处理 20~50min 即可。工件质量对应振动时间的大致关系见表 19-6-20。

表 19-6-20　工件质量对应振动时间的大致关系

工件质量/t	<1	1~3	3~6	6~10	10~50	>50
振动时间/min	10	12	15	20	25	30~50

8.5　声波钻进

如图 19-6-50 所示，声波钻进是一种新型钻探技术方法，主要设备是振动头，能够产生可以调节的高频振动和低速回转作用，再加上向下的压力，使钻柱和环形钻头不断向岩土中推进。振动头产生的振动频率通常为 50~185Hz，转速 100~200r/min。当振动与钻柱的自然谐振频率叠合时，就会产生共振。此时钻柱把极大的能量直接传递给钻头。高频振动作用使钻头的切刃以切削、剪切、断裂的方式排开其钻进路径上的物质，甚至还会引起周围土粒液化，让钻进变得非常容易。另外，振动作用还把土粒从钻具的侧面移开，降低钻具与孔壁的摩擦阻力，也大大提高了钻进速度，在许多地层中钻速高达 30.5cm/min。比常规回转钻进和螺旋钻进快 3~5 倍。

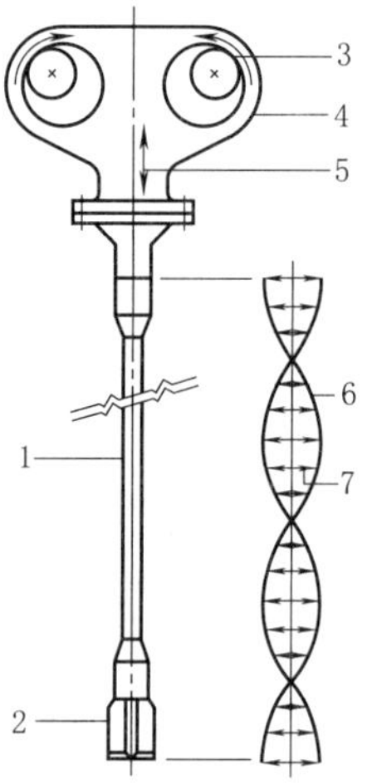

图 19-6-50　声波钻进示意图

1—钻柱；2—回转和振动的钻头；3—旋转方向相反的摆轮；4—高功率振动器；5—沿钻柱轴线的高频正弦波力；6—钻柱中形成的第三谐频驻波；7—水平箭头代表钻柱材料质点的垂直运动

9　主要零部件

9.1　三相异步振动电机

9.1.1　部颁标准

按 JB/T 5330—2007“三相异步振动电机技术条件”制造。型号为：“产品代号—规格—安装形式”。产品代号由厂家制定。例：YZU—10—4B 表示额定激振力为 10kN，4 极，B 型安装尺寸的 YZU 系列三相异步振动电机。振动电机的安装尺寸分 A 型和 B 型。A 型采用安装底脚与端盖相连结构；B 型采用安装底脚与机座相连结构。绝缘结构采用 B 级或 F 级。振动电机的额定电压为 380V，额定频率为 50Hz。振动电机的定额是连续工作制。卧式任意方向安装。环境温度不超过 40℃，最低为-15℃；海拔不超过 1000m。

国内生产振动电机的厂家很多，品种也很多。有立式的，单相的（220V，380V），半波整流的振动电机。还可以根据用户的要求设计生产。还有按引进技术参数生产的。

表 19-6-21　振动电机代号、额定激振力、额定激振功率和同步转速的关系

（摘自 JB/T 5330—2007）

规格代号	额定激振力/kN	额定激振功率/kW	同步转速/r·min⁻¹	规格代号	额定激振力/kN	额定激振功率/kW	同步转速/r·min⁻¹
0.6—2	0.6	0.06	3000	3—2	3	0.25	3000
1—2	1	0.09		5—2	5	0.37	
2—2	2	0.18		10—2	10	0.75	

续表

规格代号	额定激振力 /kN	额定激振功率 /kW	同步转速 /r·min^{-1}	规格代号	额定激振力 /kN	额定激振功率 /kW	同步转速 /r·min^{-1}
15—2	15	1.1	3000	40—6	40	3.0	1000
20—2	20	1.5		50—6	50	3.7	
30—2	30	2.2		75—6	75	5.5	
40—2	40	3.0		100—6	100	7.5	
50—2	50	3.7		135—6	135	9	
2—4	2	0.12	1500	165—6	165	11	
3—4	3	0.18		185—6	185	13	
5—4	5	0.25		210—6	210	15	
8—4	8	0.37		3—8	3	0.25	750
10—4	10	0.55		5—8	5	0.37	
15—4	15	0.75		8—8	8	0.55	
20—4	20	1.1		10—8	10	0.75	
30—4	30	1.5		15—8	15	1.1	
50—4	50	2.2		20—8	20	1.5	
75—4	75	3.7		30—8	30	2.2	
100—4	100	6.3		50—8	50	3.7	
1.5—6	1.5	0.12	1000	75—8	75	5.5	
2—6	2	0.2		100—8	100	7.5	
3—6	3	0.25		135—8	135	9	
5—6	5	0.37		165—8	165	11	
8—6	8	0.55		185—8	185	13	
10—6	10	0.75		210—8	210	15	
15—6	15	1.1					
20—6	20	1.5					
30—6	30	2.2					

振动电机的安装尺寸及公差应符合表 19-6-22 的规定，外形尺寸应不大于表中的规定（按 JB/T 5330—2007）。

A型

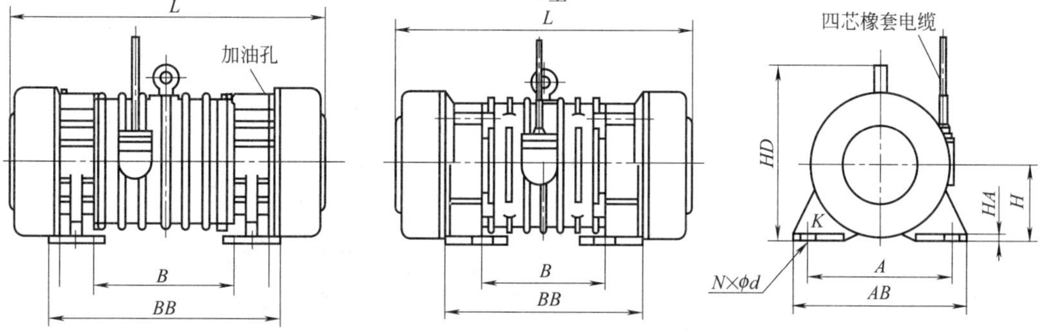

B型

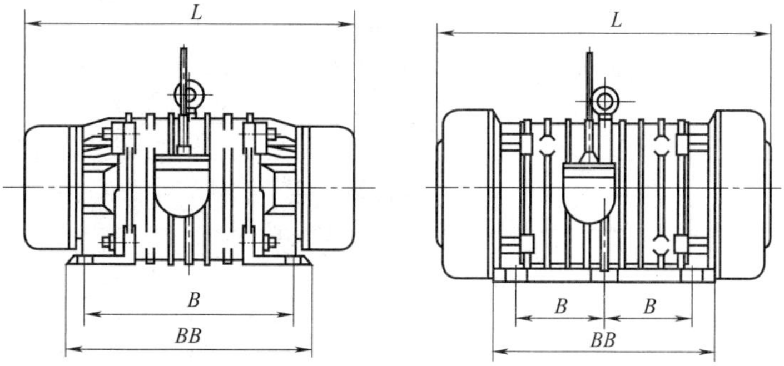

表 19-6-22　　振动电机的安装尺寸、公差和外形尺寸

规格代号	激振力/kN	安装尺寸 A	安装尺寸 B	安装尺寸 K			外形尺寸 H	HA	AB	BB	HD	L
		基本尺寸	基本尺寸	$N\times\phi d$	极限偏差	位置度公差						
0.6—2	0.6	106	62	4×ϕ10	$^{+0.36}_{0}$	ϕ1.0Ⓜ	65	10	145	70	170	190
1—2	1	120	40	4×ϕ10			65	10	145	70	170	200
2—2	2	130	80	4×ϕ12	$^{+0.43}_{0}$	ϕ1.0Ⓜ	80	12	160	130	200	230
3—2	3	150	90	4×ϕ14			90	14	180	150	210	260
5—2	5	180	110	4×ϕ18			100	16	220	160	230	340
10—2A	10	190	210	4×ϕ22	$^{+0.52}_{0}$		100	18	250	260	240	390
15—2	16	250	260	4×ϕ26			140	22	320	320	310	460
20—2A	20	250	260	4×ϕ26			140	22	320	320	310	480
30—2A	30	290	300	4×ϕ33	$^{+0.62}_{0}$	ϕ1.5Ⓜ	160	28	380	370	390	500
40—2	40	290	300	4×ϕ33			160	28	380	370	390	520
10—2B	10	200	140	4×ϕ22	$^{+0.52}_{0}$	ϕ1.0Ⓜ	100	18	250	190	240	390
20—2B	20	260	150	4×ϕ26			140	22	320	240	310	480
30—2B	30	300	170	4×ϕ33	$^{+0.62}_{0}$	ϕ1.5Ⓜ	160	28	380	270	390	520
50—2B	50	350	220	4×ϕ39			190	33	430	310	400	580
2—4	2	130	80	4×ϕ12	$^{+0.43}_{0}$	ϕ1.0Ⓜ	80	12	160	130	200	240
3—4	3	150	90	4×ϕ14			90	14	180	150	210	250
5—4	5	180	110	4×ϕ18	$^{+0.52}_{0}$		100	16	220	160	230	330
8—4	8	220	140	4×ϕ22			120	18	270	220	260	370
10—4	10	220	140	4×ϕ22			120	18	270	220	260	390
15—4	15	260	150	4×ϕ26			140	22	320	240	300	460
20—4	20	260	150	4×ϕ26			140	22	320	240	300	480
30—4	30	310	170	4×ϕ33	$^{+0.62}_{0}$	ϕ1.5Ⓜ	160	28	380	280	340	530
50—4	50	350	220	4×ϕ36			190	33	430	350	400	590
75—4B	75	380	125	6×ϕ39			220	35	480	400	460	650
100—4B	100	440	140	6×ϕ39			240	40	530	450	520	720
1.5—6	1.5	130	80	4×ϕ12	$^{+0.43}_{0}$	ϕ1.0Ⓜ	80	12	160	130	200	240
2—6	2	180	110	4×ϕ14			100	16	220	160	230	350
3—6	3	180	110	4×ϕ14			100	16	220	160	230	370
5—6	5	220	140	4×ϕ22	$^{+0.52}_{0}$		120	18	270	220	260	450
8—6	8	220	140	4×ϕ22			120	18	270	220	260	460
10—6	10	260	150	4×ϕ26			140	22	320	240	300	480
15—6	15	310	170	4×ϕ33	$^{+0.62}_{0}$	ϕ1.5Ⓜ	160	28	380	280	340	500
20—6	20	310	170	4×ϕ33			160	28	380	280	340	530
30—6	30	350	220	4×ϕ39			190	33	430	350	400	590
40—6	40	350	220	4×ϕ39			220	35	480	400	460	650
50—6B	50	380	125	6×ϕ39			220	35	480	400	460	700
75—6B	75	380	125	6×ϕ39			220	35	480	400	460	790
100—6B	100	440	140	6×ϕ39	$^{+0.62}_{0}$	ϕ1.5Ⓜ	260	40	640	690	590	890
135—6B	135	480	140	8×ϕ39			280	45	710	770	640	960
165—6	165	480	140	8×ϕ39			280	45	710	770	640	1000
185—6	185	540	140	8×ϕ45	$^{+0.74}_{0}$	ϕ2.0Ⓜ	310	50	730	790	640	1100
210—6	210	540	170	8×ϕ45			310	50	730	790	640	1140
3—8	3	260	150	4×ϕ26	$^{+0.52}_{0}$	ϕ1.0Ⓜ	140	22	320	240	300	450
5—8	5	260	150	4×ϕ26			140	22	320	240	300	480
10—8	10	310	170	4×ϕ33	$^{+0.62}_{0}$	ϕ1.5Ⓜ	160	28	380	280	340	530
15—8	15	350	220	4×ϕ39			190	33	430	350	400	570
20—8	20	350	220	4×ϕ39			190	33	430	350	400	590
30—8B	30	380	125	6×ϕ39			220	35	480	400	460	710

续表

规格代号	激振力/kN	安装尺寸					外形尺寸					
		A	B	K			H	HA	AB	BB	HD	L
		基本尺寸		$N\times\phi d$	极限偏差	位置度公差						
50—8B	50	380	125	$6\times\phi39$	+0.62 0	$\phi1.5$Ⓜ	220	35	480	400	460	790
75—8B	75	440	140	$6\times\phi45$			260	40	640	690	590	910
100—8B	100	480	140	$8\times\phi45$			280	40	710	770	640	1030
135—8B	135	480	140	$8\times\phi45$			280	40	710	770	640	1100
165—8	165	480	140	$8\times\phi45$			280	40	710	770	640	1150
185—8	185	540	140	$8\times\phi45$	+0.74 0	$\phi2.0$Ⓜ	310	50	730	790	640	1200
210—8	210	540	170	$8\times\phi45$			310	50	730	790	640	1250

9.1.2 立式振动电机与防爆振动电机

立式振动电机的安装法兰位置可以在中间、上部或下部（单法兰结构）。可用来产生圆形或椭圆形复合振动。激振力易于无级调整。可调整水平、垂直、倾斜等方向多元激振力，使物料形成快速平面分散、或中心聚集、或平面旋转、三维旋转等多种运动方式。调节范围广。主要应用于旋振筛、旋振清理机、振动破碎机、振动混料机等设备。

另外，还有防爆（隔振）振动电机，尚没有标准。防爆（隔振）振动电机基本上参照、符合普通振动电机尺寸或各厂家另行设计，包括隔爆型系列振动电机、隔爆型系列立式振动电机、户外隔爆型振动电动机、户外立式隔爆型振动电动机、设计成细长结构的隔爆型振动电动机、铝壳的隔爆型振动电动机；还有两电机连为一体，作直线振动源的结构等，型号种类很多。防爆标志为：EXdⅠ，（一类防爆设备）适用煤炭、矿山行业（瓦斯、煤尘）；EXdII（二类防爆设备）适用化工、医药、粮油行业（易燃易爆气体）。绝缘等级：F-B，外壳防护等级：IP55-IP54。

例如，YBZD 系列户外隔爆型振动三相异步电动机，其防爆性能符合 GB 3836.2—2010《爆炸性环境用电气设备——隔爆型“d”》。防爆标志为 EXdⅡBT4，使用于Ⅱ类 A、B 级 T1~T4 组可燃性气体或蒸汽与空气形成的爆炸性混合物的场所。例如，BZDL 立式防爆振动电机，激振力约为 2.5~40kN，频率约由910~1410r/min 等。

9.2 仓壁振动器

按“JB/T 3002—2008 仓壁振动器 形式、基本参数和尺寸”，CZ 形式为电磁式；CZG 为惯性式。例：CZ50 为电磁式的仓壁振动器，激振力为 500N。仓壁振动器的基本参数和尺寸应符合表 19-6-23 及表头图图 a、图 b、图 c 的规定

仓壁振动器的基本参数和尺寸

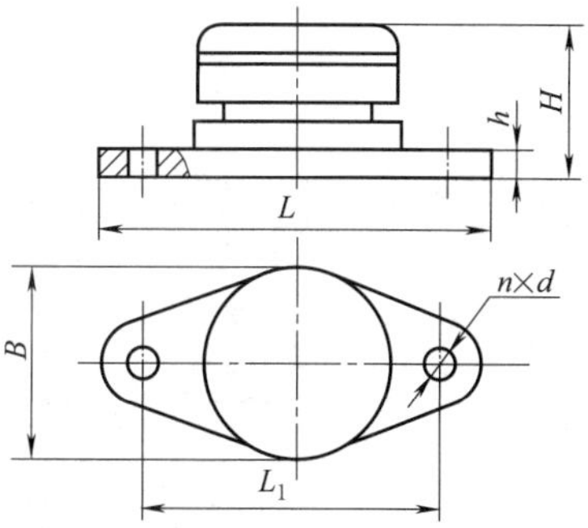

(a) CZ10、CZ25、CZ50、CZ80、CZ100

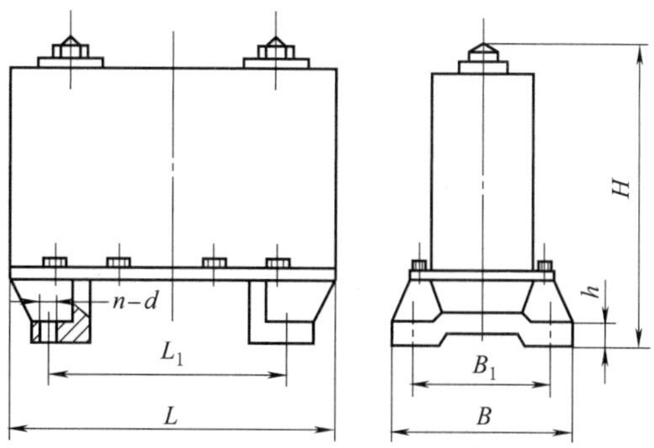

(b) CZ160、CZ250、CZ400、CZ630、CZ800

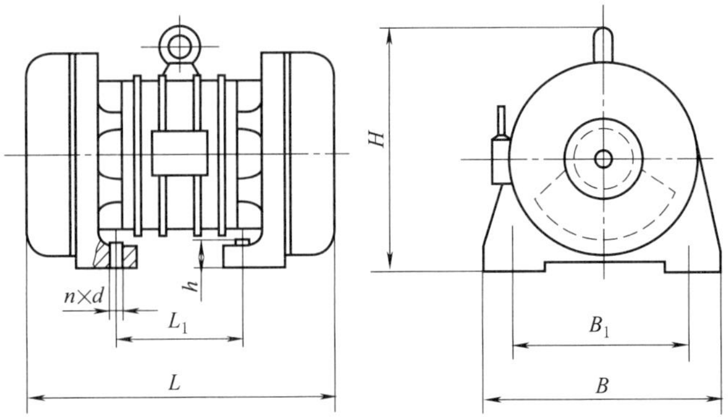

(c) CZG100、CZG200、CZG315、CZG500、CZG1000

表 19-6-23　　仓壁振动器的基本参数和尺寸（摘自 JB/T 3002—2008）

型号	激振力 /N	适用料仓		振动频率 /Hz	额定电压 /V	功率 /kW	尺寸						
		容量 /t	壁厚 /mm				L	L_1	B	B_1	H	h	$n\times\phi d$
							mm						
CZ10	100	0.02	0.6~0.8	50	220	0.015	166	146	120	—	71	10	2×ϕ10
CZ25	250	0.04	0.8~1.2			0.025	190	160	130	—	110	10	2×ϕ10
CZ50	500	0.10	1.2~1.6			0.05	280	250	180	—	115	12	2×ϕ13
CZ80	800	0.35	1.6~2.5			0.07	—	—	—	—	—	—	—
CZ100	1000	0.50	2.5~3.2			0.10	300	260	205	—	185	16	2×ϕ18
CZ160	1600	1.0	3.2~4.5			0.15	—	—	—	—	—	—	—
CZ250	2500	3.0	4.5~6.0			0.25	400	230	170	145	328	15	4×ϕ13
CZ400	4000	20	8.0~10			0.50	400	230	245	210	330	16	4×ϕ13
CZ630	6300	50	10~12			0.65	400	230	245	210	330	16	4×ϕ13
CZ800	8000	60	12~14	50	380	0.85	512	200	346	306	380	23	4×ϕ18
CZG100	1000	1.0	3.2~4.5			0.09	190	40	145	120	150	10	4×ϕ10
CZG200	2000	3.0	4.5~6.0			0.18	230	80	180	150	190	12	4×ϕ12
CZG315	3150	20	8.0~10			0.25	245	90	180	150	190	12	4×ϕ14
CZG500	5000	50	10~12			0.37	330	110	240	190	240	13	4×ϕ19
CZG1000	10000	60	12~14			0.75	370	210	250	190	240	16	4×ϕ24

另外还有电机式的仓壁振动器，ZFB 型。一般用于容量小的钢制结构料仓或钢制溜槽、导料管。振动器装在仓壁外面。振动时，料仓局部产生弹性振动，并进一步将振动渗透到物料中一定深度，活化部分物料流动，达到破拱、防闭塞目的。其性能参数见表 19-6-24。

表 19-6-24　　ZFB 系列防闭塞装置的性能参数

型号	电压 /V	功率 /kW	适仓壁板厚 /mm	仓钳部容量 /t	激振力 /kg	激振频率 /r · min^{-1}	振幅 /mm	外形尺寸 /mm×mm×mm
ZFB-3	380	0.09	2-3	0.5	100	3000	1.5	240×150×215
ZFB-4		0.18	3.2-4.5	1	200		1.5	240×150×215
ZFB-5		0.25	4.5-6	3	300		2	280×160×230
ZFB-6		0.37	6-8	10	500		2	280×160×230
ZFB-9		0.75	8-10	20	1000		4	420×200×240
ZFB-12		1.5	10-13	50	2000		4	520×300×290
ZFB-20		2.2	13-25	150	3000		5	520×300×290
ZFB-30		3.7	25-40	200	5000		5	525×390×360

注：该产品执行 JB/T 5330“三相异步振动电机技术条件”。海安恒业机电制造有限公司等生产。

表 19-6-25 **ZFB 系列防闭塞装置的外形尺寸**

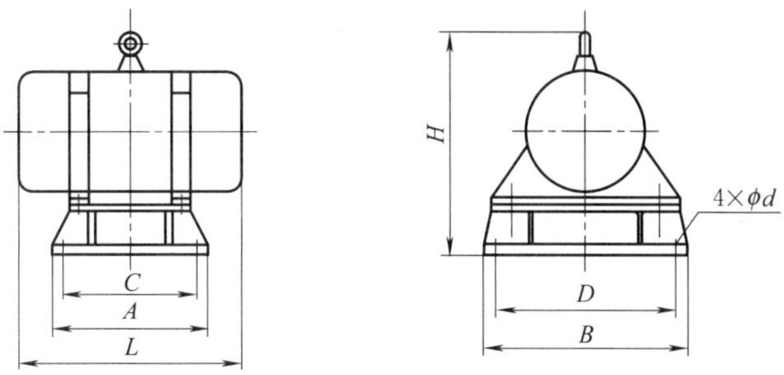

型号 尺寸	ZFB-3	ZFB-4	ZFB-5	ZFB-6	ZFB-9	ZFB-12	ZFB-20	ZFB-30
L	240	240	280	280	420	520	520	523
A	180	180	190	190	310	320	320	363
B	190	190	200	200	250	360	360	410
H	215	215	225	225	240	290	290	360
C	140	140	150	150	250	260	260	303
D	150	150	160	160	200	300	300	390
ϕ	10	10	14	14	20	22	34	34

仓壁振动器的安装位置见图 19-6-51

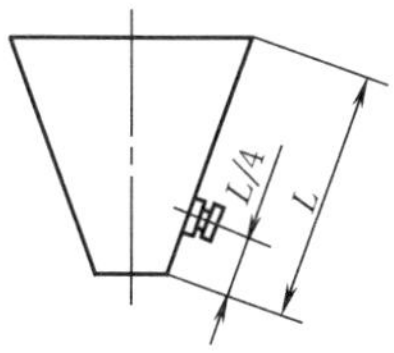

(a) 圆锥形料仓

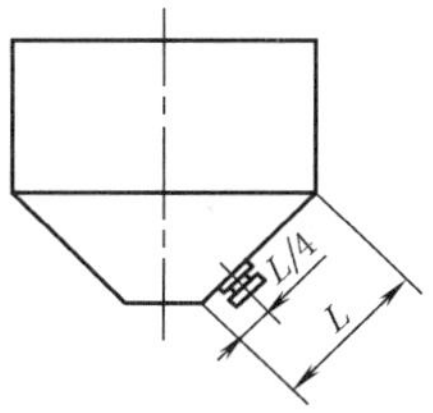

(b) 角形料仓

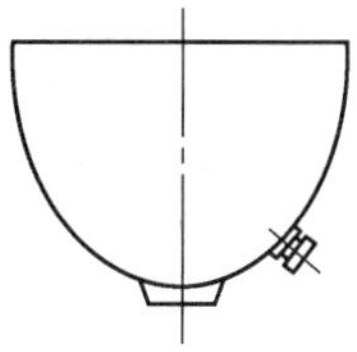

(c) 抛物线形料仓

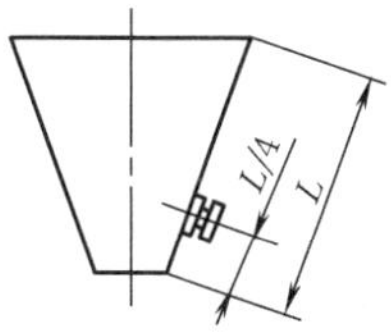

(d) 四棱锥出口料仓

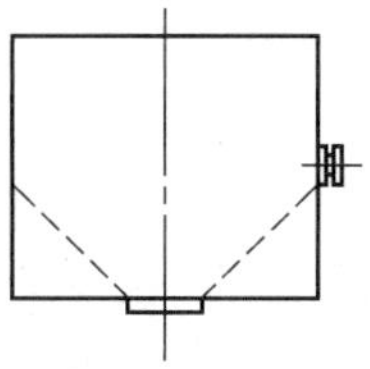

(e) 平底出口料仓

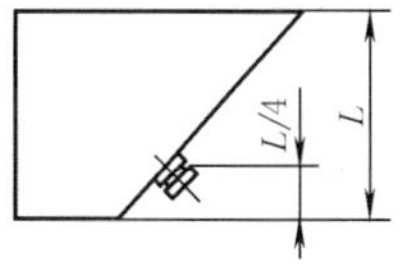

(f) 一个面是垂直面的料仓

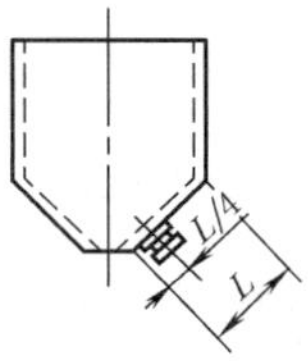

(g) 混凝土料仓

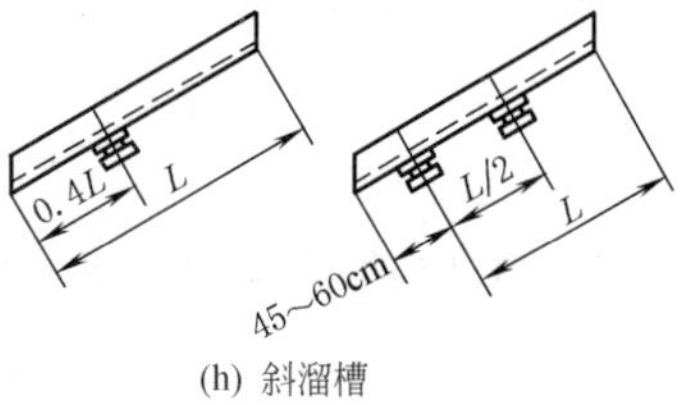

(h) 斜溜槽

图 19-6-51 仓壁振动器的安装位置图

9.3 橡胶——金属螺旋复合弹簧

复合弹簧是由金属螺旋弹簧与橡胶（或其他高分子材料）经热塑处理后复合而成的一种筒状弹性体。还可以利用高强度纤维与其他高分子材料做成复合材料弹簧。

金属螺旋复合橡胶弹簧广泛地用作各类振动机械的弹性元件，一方面它支承着振动机体，使机体实现所需要的振动，另一方面起减振作用，减小机体传递给基础的动载荷。还可用作汽车前后桥的悬挂弹簧、列车车辆的枕弹簧和各类动力设备（如风机、柴油机、电动机、减速机等）的减振元件。

复合弹簧既有金属螺旋弹簧承载大、变形大、刚度低的特点，又有橡胶和空气弹簧的非线性，结构阻尼特性、各向刚度特性；既克服金属弹簧不适应高频振动、噪声大、横向刚度小、结构阻尼小的缺点，又克服了橡胶弹簧承载小、刚度不能做得很低，性能环境变化出现的不稳定等缺点；结构维护比空气弹簧简便，使用寿命比空气弹簧长。用于振动机械上可使振动平稳，横向摆动减小，起停机时间比金属弹簧缩短 50%，过共振时振幅降低 40%，减振效率提高，整机噪声减小。对于撞击等引起的高频振动的吸收作用，使得振动机械的机体焊接框架不易开裂，紧固体不易松动，电机轴承寿命得以延长，提高了设备的寿命和安全性。用作列车车辆的枕弹簧，可在路况不变的条件下，提高列车的蛇形运动速度，减小横向摆动以及由于列车启动、制动、溜放、挂靠等操作而引起的车辆加速度值的急剧增加。其对高频振动的吸收作用，使得列车运行更平稳，减振降噪，乘客（客车）更舒适。

在振动利用工程技术领域，还有一种变节距螺旋金属橡胶复合弹簧。由变节距螺旋金属弹簧和橡胶包覆层两部分复合而成。所述变节距螺旋金属弹簧至少有 3 圈以上的有效螺旋，且至少有 2 圈以上的有效节距为不同节距的螺旋。

复合弹簧的品种见表 19-6-26；尺寸种类可以很多，表 19-6-27 仅为一例。可以按非标准设计制造。

表 19-6-26　　复合弹簧的代号、名称和结构形式

代号	名称	结构形式	图示
FA	直筒型	金属螺旋弹簧内外均被光滑筒型的橡胶所包裹	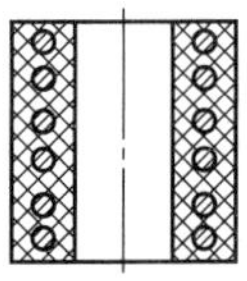
FB	外螺内直型	金属螺旋弹簧外表面为螺旋型的橡胶所包裹，金属螺旋弹簧内表面为光滑筒型的橡胶所包裹	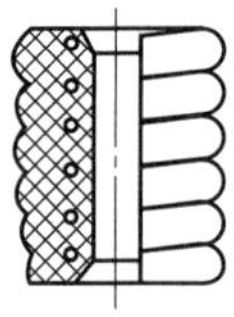
FC	内外螺旋型	金属螺旋弹簧内外均被螺旋型的橡胶所包裹	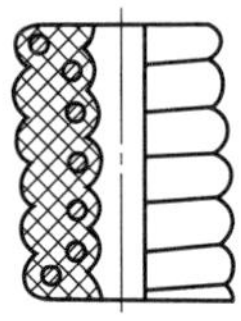
FD	外直内螺型	金属螺旋弹簧内表面为螺旋型的橡胶所包裹，金属螺旋弹簧表面为光滑筒型的橡胶所包裹	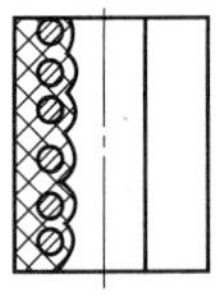
FTA	带铁板直筒型	代号为 FA 的复合弹簧的两端或一端硫化有铁板	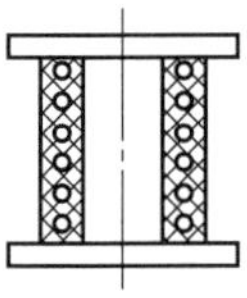
FTB	带铁板外螺内直型	代号为 FB 的复合弹簧的两端或一端硫化有铁板	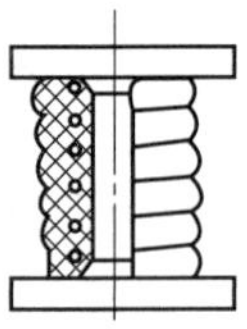

续表

代号	名称	结构形式	图示
FTC	带铁板内外螺旋型	代号为 FC 的复合弹簧的两端或一端硫化有铁板	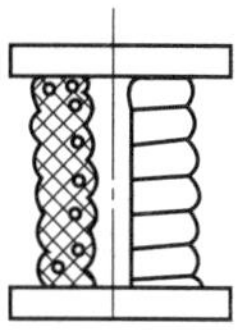
FTD	带铁板外直内螺型	代号为 FD 的复合弹簧的两端或一端硫化有铁板	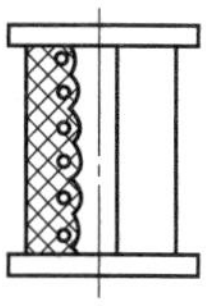

表 19-6-27　　复合弹簧尺寸系列表

规格 $D\times H\times d$/mm×mm×mm	外径 D /mm	内径 d /mm	自由高度 H /mm	工作变形量 FV /cm	刚度 KL /N·cm^{-1}	工作载荷/Pa
ϕ50×50×ϕ18	50	18	50	0.8	500	80
ϕ60×60×ϕ20	60	20	60	0.8	600	100
ϕ80×80×ϕ25	80	25	80	0.8	1000	200
ϕ80×80×ϕ30	80	30	80	0.8	1000	200
ϕ100×100×ϕ25	100	25	100	1	1400	500
ϕ100×100×ϕ30	100	30	100	1	1400	500
ϕ100×130×ϕ30	100	30	130	1	1500	550
ϕ120×120×ϕ30	120	30	120	1.2	2200	600
ϕ120×140×ϕ30	120	30	140	1.2	2300	650
ϕ127×127×ϕ30	127	30	127	1.2	2300	640
ϕ130×130×ϕ30	130	30	130	1.3	2400	680
ϕ140×140×ϕ30	140	30	140	1.4	3000	700
ϕ140×160×ϕ30	140	30	160	1.4	3500	680
ϕ140×160×ϕ40	160	40	160	1.4	3500	680
ϕ160×160×ϕ30	160	30	160	1.6	3500	750
ϕ160×160×ϕ40	160	40	160	1.6	3500	750
ϕ160×160×ϕ50	160	50	160	1.6	3500	750
ϕ160×160×ϕ60	160	60	160	1.6	3500	750
ϕ160×235×ϕ40	160	40	235	1.6	4000	800
ϕ160×240×ϕ40	160	40	240	1.6	4000	800
ϕ180×180×ϕ40	180	40	180	1.8	4000	800
ϕ180×240×ϕ40	180	40	240	1.8	4000	1000
ϕ200×150×ϕ65	200	65	150	1.5	3500	800
ϕ200×200×ϕ40	200	40	200	2	4500	1000
ϕ200×200×ϕ50	200	50	200	2	4500	1000
ϕ200×300×ϕ50	200	50	300	2	4800	1300
ϕ220×220×ϕ40	220	40	220	2.2	5000	1500
ϕ220×220×ϕ50	220	50	220	2.2	500	1500
ϕ240×240×ϕ50	240	50	240	2.4	550	1800
ϕ250×250×ϕ50	250	50	250	2.5	580	2000
ϕ300×245×ϕ80	300	80	245	1	480	2800

10 振动给料机

10.1 部颁标准

按 JB/T 7555—2008“惯性振动给料机”标准，GZG125-4 表示：通用型惯性振动给料机的型号，给料槽宽 1250 mm，4 极电机；DZDZ 型为重型。给料机的基本参数应符合表 19-6-28 的规定。尺寸应符合表 19-6-29 的规定。运行条件同振动电机的运行条件。

表 19-6-28　　给料机的基本参数

型号	给料槽宽度 /mm	额定给料量 $r=1.6t/m^3$ t/h 水平	额定给料量 $r=1.6t/m^3$ t/h 下倾 10°	最大给料粒度 /mm	振动器转速 /r·min^{-1}	振幅（双峰值） /mm	额定电压 /V	额定电流 /A	电源频率 /Hz	功率 /kW
GZG40-4	400	30	40	100	1450	4.0	380	2×0.75	50	2×0.25
GZG50-4	500	60	85	150						
GZG63-4	630	110	150	200				2×1.55		2×0.55
GZG70-4	700	120	170							
GZG80-4	800	160	230	250				2×1.95		2×0.75
GZG90-4	900	180	250							
GZG100-4	1000	270	380	300				2×2.75		2×1.10
GZG110-4	1100	300	420							
GZG125-4	1250	460	650	350				2×3.55		2×1.50
GZG130-4	1300	480	670							
GZG150-1	1500	720	1000	500		3.5		2×5.20		2×2.20
GZG160-4	1600	770	1100			4.0				
GZG180-4	1800	900	1200			3.0		2×6.85		2×3.00
GZG200-4	2000	1000	1400			2.5				
GZG70-6	700	130	180	200	960	5.0		2×1.85		2×0.55
GZG80-6	800	170	250	250						
GZG90-6	900	200	270							
GZG100-6	1000	290	410	300				2×2.50		2×0.75
GZG110-6	1100	320	450					2×3.00		2×1.10
GZG125-6	1250	500	700	350						
GZG130-5	1300	520	720					2×4.00		2×1.50
GZG150-6	1500	780	1080	500				2×6.00		2×2.20
GZG160-6	1600	830	1190							
GZG180-6	1800	970	1320					2×8.50		2×3.00
GZG125-6	1250	500	700	350				2×4.00		2×1.50
GZG130-6	1300	520	730							
GZG150-6	1500	780	1080	600				2×6.00		2×2.20
GZG160-6	1600	830	1190							
GZG180-6	1800	970	1300					2×10.50		2×4.00
GZG200-6	2000	1300	1800							

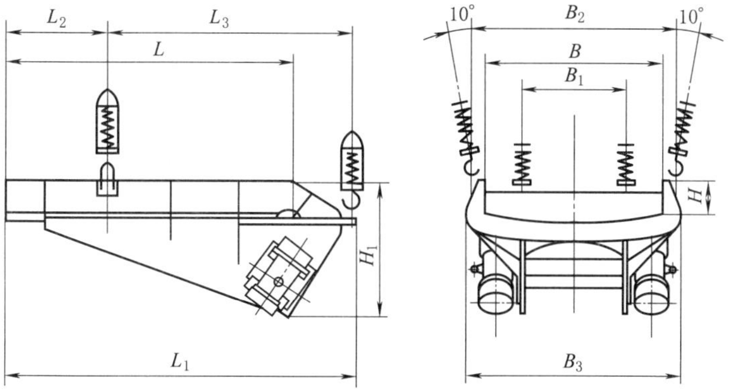

表 19-6-29　　给料机的基本尺寸　　mm

型号	基本尺寸			外形尺寸						
	B	L	H	B_1	B_2	B_3	L_1	L_2	L_3	H_1
GZG40-4	400	1000	200	287	500	750	1337	361	950	600
GZG50-4	500	1000	200	340	626	800	1374	413	930	630
GZG63-4	630	1250	250	410	782	1000	1648	515	1100	767
GZG70-4	700	1250	250	420	850	1010	1548	465	1050	787
GZG80-4	800	1500	250	583	957	1180	1910	550	1320	850
GZG90-4	900	1500	250	573	1057	1170	2003	500	1470	960
GZG100-4	1000	1750	250	633	1157	1362	2190	650	1500	900
GZG110-4	1100	1750	250	633	1257	1362	2151	630	1485	970
GZG125-4	1250	2000	315	760	1426	1506	2540	750	1750	1030
GZG130-4	1300	2000	300	760	1470	1556	2544	750	1750	1084
GZG150-4	1500	2250	300	836	1676	1776	2794	800	1950	1220
GZG160-4	1600	2500	315	886	1776	1850	3050	910	2100	1110
GZG180-4	1800	2325	375	1352	1980	2210	2885	735	2100	1260
GZG200-4	2000	3000	400	1450	2180	2400	3490	775	2665	1220
GZG70-6	700	1250	250	420	850	1010	1548	465	1050	791
GZG80-6	800	1500	250	583	957	1180	1910	550	1320	850
GZG90-6	900	1500	250	573	1057	1170	2003	500	1470	960
GZG100-6	1000	1750	250	631	1157	1238	2190	650	1500	912
GZG110-6	1100	1750	250	631	1257	1362	2151	630	1485	980
GZG125-6	1250	2000	315	758	1426	1506	2540	750	1750	1009
GZG130-6	1300	2000	300	758	1476	1556	2544	750	1750	1119
GZG150-6	1500	2250	300	834	1676	1776	2791	800	1950	1220
GZG160-6	1600	2500	315	884	1776	1876	3050	910	2100	1101
GZG180-6	1800	2325	375	1352	1980	2210	2880	735	2100	1318
GZGZ125-6	1250	2000	315	960	1426	1506	2534	750	1750	1075
GZGZ130-6	1300	2040	300	960	1476	1556	2534	750	1750	1177
GZGZ150-6	1500	2250	300	1065	1681	1776	2784	800	1950	1216
GZGZ160-6	1600	2500	315	1065	1781	1866	3044	900	2100	1170
GZGZ180-6	1800	2325	375	1351	2000	2200	2925	735	2140	1555
GZGZ200-6	2000	3000	400	2200	2351	2400	3680	775	2855	1560

10.2　XZC 型振动给料机

XZG 型振动给料机及 FZC 系列振动出矿机专门供金属及类似矿山应用。该两种型号的振动机广泛用于冶金、化工、建材、煤炭等行业，作散状物料、矿物的放矿和给料用。适应于多尘及载矿量有较大波动，环境温度不大于 40℃，空气相对湿度不大于 90%的场合。该两系列振动机结构先进，具有节能高效、维护方便、可频繁启动等特点。XZG 型为橡胶弹簧振动给料机，给料量 5~1800t/h，给料粒度可达到 800~1000mm。

XZG 型系列振动给料机

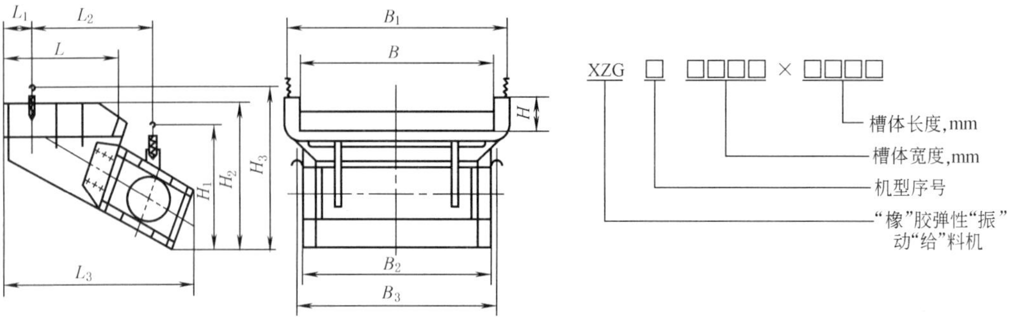

表 19-6-30

型　号	槽形尺寸（宽×长×高）/mm	生产率/t·h^{-1} 水平	-10°	-12°	给料粒度/mm	振动频率	振幅/mm	电流/A	电压/V	功率/kW	质量/kg
XZG1	200×600×100	5	10	15	50	1000	2	0.32	220~380	0.2	70
XZG2	300×800×120	10	20	30	50	1000	2.5	0.4	220~380	0.2	140
XZG3	400×900×150	20	50	80	70	1000	2.5	0.62	220~380	0.2	200
XZG4	500×1100×200	50	100	150	100	1000	3	1.24	380~660	0.45	350
XZG5	700×1200×250	100	150	200	150	1000	3	1.74	380~660	0.75	650
XZG6	900×1600×250	150	250	350	200	1000	3.5	3.5	380~660	1.52	1240
XZG7	1100×1800×250	250	400	550	250	1000	3.5	8.4	380~660	2.4	1900
XZG8	1300×2200×300	400	600	800	300	1000	4	10.5	380~660	3.7	3000
XZG9	1500×2400×300	600	850	1000	350	1000	4	11.4	380~660	5.5	3700
XZG10	1800×2500×375	750	1100	1300	500	1000	5	17.2	380~660	7.5	6450
XZG11	2000×2800×375	1100	1500	1800	500	1000	5	22.4	380~660	10	7630
XZGK1	1600×1400×250	—	200	250	100	1000	3.5	8.4	380~660	2.4	1600
XZGK2	1900×1400×250	—	250	300	100	1000	3.5	8.4	380~660	2.4	1650
XZGK3	2200×1400×250	—	270	350	100	1000	4	10.5	380~660	3.2	1760
XZGK4	2500×1400×250	—	300	400	100	1000	4	10.5	380~660	3.2	1856

型　号	外形尺寸/mm B	B_1	B_2	B_3	H	H_1	H_2	H_3	L	L_1	L_2	L_3
XZG1	200	280	220	230	100	470	500	690	600	209	550	970
XZG2	300	388	220	230	120	490	520	690	800	310	660	1140
XZG3	400	496	230	240	150	470	500	700	311	100	200	500
XZG4	500	623	430	580	200	680	850	1100	1100	416	960	1460
XZG5	700	850	562	692	250	730	1000	1390	1200	465	1050	1630
XZG6	900	1057	560	720	250	1035	1200	1640	1600	500	1360	2300
XZG7	1100	1257	960	1100	250	1400	1320	1850	1800	650	1465	2550
XZG8	1300	1476	1200	1060	300	1460	1343	1995	2200	750	1800	2960
XZG9	1500	1676	1200	1340	300	1580	1440	2200	2400	800	2000	3180
XZG10	1800	2014	2304	1000	375	1500	1450	2235	2500	900	2120	3630
XZG11	2000	2294	2425	1010	375	1580	1545	2310	2800	900	2370	4060
XZGK1	1600	1750	1200	1350	250	1330	1090	1720	1400	450	1260	2050
XZGK2	1900	2050	1200	1350	250	1330	1090	1720	1400	450	1260	2050
XZGK3	2200	2350	1200	1350	250	1330	1090	1720	1400	450	1260	2050
XZGK4	2500	2650	1200	1350	250	1330	1090	1720	1400	450	1260	2050

注：1. XZG 和 FZC 系列振动出矿机为北京有色冶金设计研究总院组织有关设计研究院联合设计的。

2. 生产厂家为河南省鹤壁市煤化机械厂等。

10.3　FZC 系列振动出矿机

FZC 系列振动出矿机也是一种以振动电机为激振源的振动出矿设备，主要用于矿石溜井出矿用。振动机的尾部直接插于溜井内，振动出矿机运转时，机械振动可直接传给溜井内矿石，起到松动矿石、破坏矿石的结拱作用。如图 19-6-52 所示。生产能力可达 2760t/h。可有效地防止跑矿、悬拱、卡矿等现象。

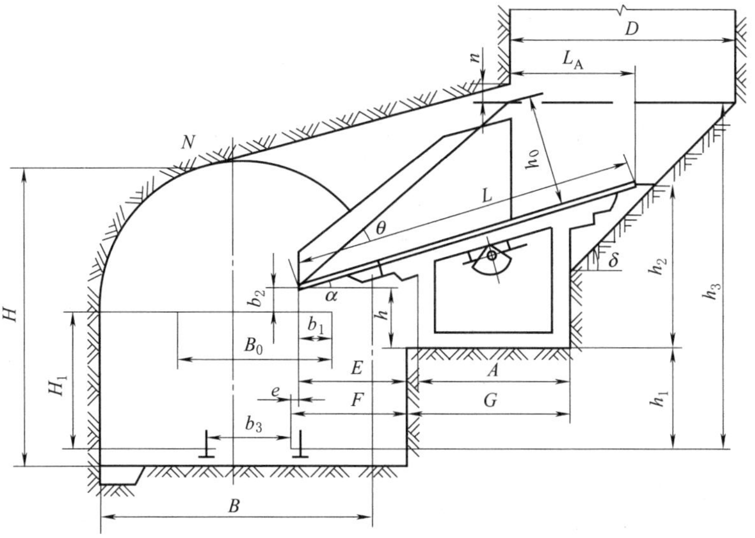

图 19-6-52　FZC 系列振动出矿机工艺布置示意图（尺寸略）

FZC 系列振动出矿机型号表示方法：

FZC　3.5/1.5 × 2 —— 5.5 × 2.

- 2.："2" 双电机"1" 不注
- 5.5：振动电机功率 5.5Kw
- 2："2" 双台板，"单台板" 不注
- 1.5：振动台面宽度 1.5m
- 3.5：振动台面长度 3.5m
- FZC：振源附着式振动出矿机

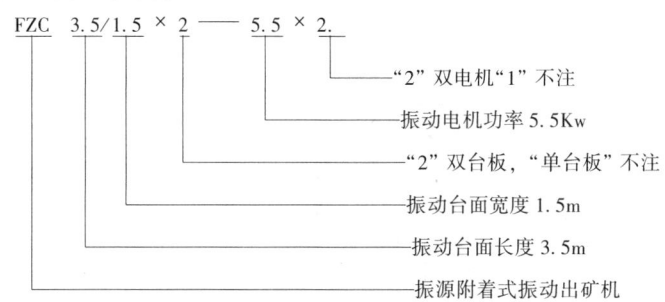

FZC 型系列振动出矿机主要技术特性及其埋设参数

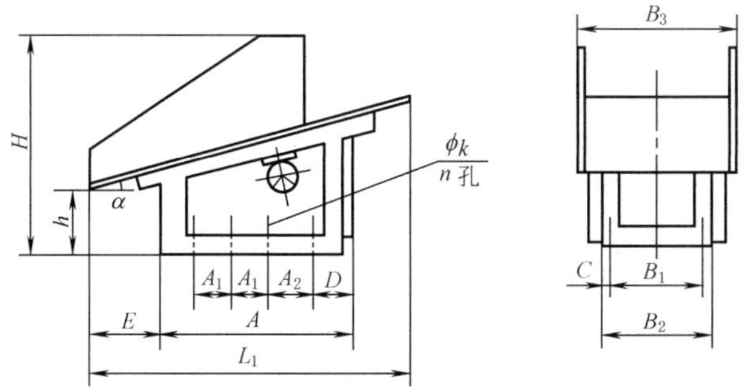

(a) 单台板振动出矿机

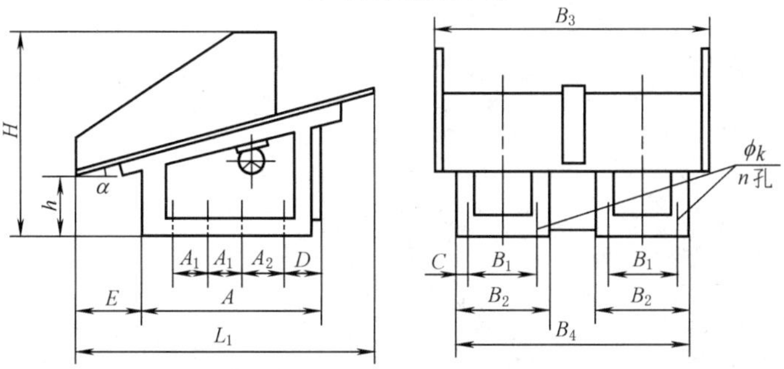

(b) 双台板并联振动出矿机

表 19-6-31

机号	振动出矿机型号		技术特性 台面长度 L/m	台面宽度 B/m	台面面积 F/m^2	台面倾角 α/(°)	额定振频 n /min^{-1}	振动幅值 A/mm	最大激振力 P/t	额定功率 N/kW	工况系数 K_k	技术生产能力 $Q/t\cdot h^{-1}$	机重 G/kg	埋设参数 埋设深度 LA/m	眉线高度 h_0/m	眉线角 ϕ/(°)
1	FZC-1.6/1~1.5	单台板振动出矿机	1.6	1.0	1.6	12	1400	0.8	1.0	1.5	0.89	300~360	440	0.6	0.6	40
2①	FZC-1.8/0.9~1.5		1.8	0.9		12	1400	0.9	1.0	1.5	0.88	350~400	430	0.6	0.7	40
3	FZC-2/0.8~1.5		2.0	0.8		14	1400	0.9	1.0	1.5	0.89	310~370	490	0.6	0.7	38
4	FZC-2.3/0.7~1.5		2.3	0.7		16	1400	0.8	1.0	1.5	0.89	290~330	575	0.7	0.7	38
5①	FZC-2/1~3		2.0	1.0	2	14	940	3.0	2.0	3.0	1.43	850~1000	690	0.7	0.7	40
6	FZC-2.3/0.9~3		2.3	0.9		14	940	3.0	2.0	3.0	1.38	770~910	870	0.8	0.8	40
7①	FZC-2.3/1.2~3		2.3	1.2	2.8	14	940	1.8	2.0	3.0	1.04	630~760	960	0.8	0.8	40
8	FZC-2.8/1~3		2.8	1.0		18	940	1.7	2.0	3.0	1.02	580~690	1000	0.9	0.9	41
9	FZC-2.3/1.2~4		2.3	1.2		14	1420	0.9	3.0	4.0	1.55	630~730	1010	0.9	0.8	41
10	FZC-2.5/1.2~3		2.5	1.2	3.1	16	940	1.7	2.0	3.0	0.95	590~720	980	0.8	0.8	39
11	FZC-3.1/1~3		3.1	1.0		18	940	1.7	2.0	3.0	0.92	560~670	1060	0.8	0.9	38
12①	FZC-2.5/1.2~4		2.5	1.2		16	1420	0.9	3.0	4.0	1.43	660~770	1030	0.8	0.9	41
13	FZC-3.1/1~4		3.1	1.0		18	1420	1.0	3.0	4.0	1.38	760~870	1110	0.9	0.9	38
14	FZC-3.5/0.9~4		3.5	0.9		18	1420	1.0	3.0	4.0	1.36	730~830	1130	0.9	1.0	37
15①	FZC-2.3/1.4~5.5		2.5	1.4	3.5	14	960	2.0	4.0	5.5	1.63	990~1180	1360	0.9	0.9	41
16	FZC-3.5/1~5.5		3.5	1.0		18	960	2.0	4.0	5.5	1.63	980~1150	1525	1.1	1.1	40
17	FZC-2.8/1.4~5.5		2.8	1.4	4.0	14	960	1.8	4.0	5.5	1.46	900~1080	1460	1.0	1.0	41
18①	FZC-3.1/1.2~5.5		3.1	1.2		14	960	1.8	4.0	5.5	1.54	910~1090	1515	1.1	1.1	40
19	FZC-3.1/1.4~5.5		3.1	1.4	4.5	14	960	1.7	4.0	5.5	1.32	920~1120	1600	1.0	1.1	39
20①	FZC-3.5/1.2~5.5		3.5	1.2		14	960	1.8	4.0	5.5	1.36	870~1050	1670	1.0	1.1	36
21	FZC-4.5/1~5.5		4.5	1.0		18	960	1.8	4.0	5.5	1.59	830~980	2040	1.0	1.1	34
22	FZC-3.1/1.4~7.5	单台板振动出矿机	3.1	1.4	4.5	14	960	2.0	5.0	7.5	1.65	1260~1500	1875	1.1	1.1	40
23	FZC-3.5/1.2~7.5		3.5	1.2		14	960	2.1	5.0	7.5	1.70	1220~1440	1810	1.2	1.2	39
24	FZC-4.5/1~7.5		4.5	1.0		18	960	2.0	5.0	7.5	1.59	1290~1510	2225	1.2	1.4	39
25①	FZC-3.5/1.4~7.5		3.5	1.4	5.0	14	960	1.8	5.0	7.5	1.46	1160~1380	2000	1.0	1.2	37
26	FZC-4/1.2~7.5		4.0	1.2		18	960	1.6	5.0	7.5	1.49	870~1040	1935	1.2	1.2	39
27	FZC-5/1~7.5		5.0	1.0		18	960	1.6	5.0	7.5	1.43	840~1010	2355	1.2	1.4	37
28	FZC-4/1.6~10		4.0	1.6	6.3	16	960	1.8	7.5	10	1.67	1570~1870	2355	1.2	1.4	40
29①	FZC-5/1.4~10		5.0	1.4	7.0	18	960	1.7	7.5	10	1.53	1300~1550	2800	1.4	1.4	38
30	FZC-3.1/1×2~4×2	双台板并联振动出矿机	3.1	1.0×2	3.1×2	18	1420	1.0	3.0×2	4.0×2	1.38	1520~1740	2220	0.9	0.9	38
31	FZC-3.5/1×2~5.5×2		3.5	1.0×2	3.5×2	18	960	2.0	4.0×2	5.5×2	1.63	1960~2300	3050	1.1	1.1	40
32	FZC-3.1/1.2×2~5.5×2		3.1	1.2×2	4.0×2	14	960	1.8	4.0×2	5.5×2	1.54	1820~2180	3030	1.1	1.1	40
33①	FZC-3.5/1.2×2~5.5×2		3.5	1.2×2	4.5×2	14	960	1.8	4.0×2	5.5×2	1.36	1740~2100	3310	1.0	1.1	36
34	FZC-3.5/1.4×2~7.5×2		3.5	1.4×2	5.0×2	14	960	1.8	5.0×2	7.5×2	1.46	2320~2760	3970	1.0	1.2	37
35	FZC-4/1.2×2~7.5×2		4.0	1.2×2	5.0×2	18	960	1.6	5.0×2	7.5×2	1.49	1740~2080	3870	1.2	1.2	39

机号	型号	外形及安装尺寸/mm α/(°)	A	A_1	A_2	B_1	B_2	B_3	C	D	E	h	H	L_1	n	ϕk
1	FZC-1.6/1~1.5	12	806	200	—	610	700	1000	45	206	460	544	1257	1565	4	18
2	FZC-1.8/0.9~1.5	12	806	200	—	610	700	900	45	206	607	522	1278	1760	4	18
3	FZC-2/0.8~1.5	14	906	250	—	610	700	800	45	206	673	594	1587	1940	4	18

续表

机号	型　号			外形及安装尺寸/mm														
				α /(°)	A	A_1	A_2	B_1	B_2	B_3	C	D	E	h	H	L_1	n	ϕk
4	FZC-2.3/0.7~1.5			16	1006	250	—	510	600	730	45	256	819	571	1661	2210	4	18
5	FZC-2/1~3			14	906	250	—	610	700	1000	45	206	673	594	1560	1940	4	18
6	FZC-2.3/0.9~3			14	906	400	—	640	700	1026	30	256	809	900	1988	2232	4	18
7	FZC-2.3/1.2~3			14	1206	600	—	840	900	1326	30	306	588	1028	2125	2232	4	18
8	FZC-2.8/1~3			18	1406	600	—	840	900	1126	30	406	727	713	2196	2663	4	18
9	FZC-2.3/1.2~4			14	1206	600	—	840	900	1326	30	306	588	1028	2100	2232	4	18
10	FZC-2.5/1.2~3			16	1206	600	—	840	900	1326	30	306	673	884	2140	2403	4	18
11	FZC-3.1/1~3			18	1606	400	400	840	900	1126	30	406	812	620	2228	2948	6	18
12	FZC-2.5/1.2~4			16	1206	600	—	840	900	1326	30	306	673	884	2245	2403	4	18
13	FZC-3.1/1~4			18	1606	400	400	840	900	1126		406	812	620	2196	2948	6	18
14	FZC-3.5/0.9~4			18	1806	500	500	740	800	1026		406	945	512	2256	3329	6	18
15	FZC-2.5/1.4~5.5			14	1232	370	480	874	934	1420		195	770	1010	2250	2426	6	22
16	FZC-3.5/1~5.5			18	1608	610	610	775	835	1020		198	1099	850	2612	3329	6	22
17	FZC-2.8/1.4~5.5			14	1232	370	480	874	934	1420		195	961	962	2354	2717	6	22
18	FZC-3.1/1.2~5.5			14	1232	370	480	874	934	1220		195	1152	920	2405	3008	6	22
19	FZC-3.1/1.4~5.5			14	1232	370	480	874	934	1420		195	1252	895	2405	3008	6	22
20	FZC-3.5/1.2~5.5			14	1608	610	610	775	835	1220	30	198	1066	900	2466	3396	6	22
21	FZC-4.5/1~5.5			18	2806	700	700	840	900	1030		306	1023	407	2493	4280	8	22
22	FZC-3.1/1.4~7.5			14	1706	550	550	1100	1160	1400		306	692	1100	2670	3008	6	22
23	FZC-3.5/1.2~7.5			14	1706	550	550	940	1000	1200		306	980	1028	2770	3396	6	22
24	FZC-4.5/1~7.5			18	2806	700	700	840	900	1072		306	773	700	3100	4280	8	22
25	FZC-3.5/1.4~7.5			14	1706	550	550	1100	1160	1400		306	1081	1003	2770	3396	6	22
26	FZC-4/1.2~7.5			18	2008	500	500	940	1000	1200		308	1139	430	2463	3804	8	22
27	FZC-5/1~7.5			18	2806	700	700	840	900	1072		306	1250	545	3100	4756	8	22
28	FZC-4/1.6~10			16	2208	440	440	1226	1300	1726	37	446	1018	311	2381	3844	8	27
29	FZC-5/1.4~10			18	2808	700	700	1186	1260	1420		308	1250	545	3031	4755	8	27
30	FZC-3.1/1×2~4×2	双台板并联振动出矿机	18	1606	400	400	840	900	2050	1950	30	406	812	620	2130	2948	12	18
31	FZC-3.5/1×2~5.5×2		18	1608	610	610	775	835	2050	1885	30	198	1099	850	2630	3329	12	22
32	FZC-3.1/1.2×2~5.5×2		14	1232	370	480	874	934	2450	2184	30	195	1152	920	2445	3008	12	22
33	FZC-3.5/1.2×2~5.5×2		14	1608	610	610	775	835	2450	2085	30	198	1066	900	2500	3396	12	22
34	FZC-3.5/1.4×2~7.5×2		14	1706	550	550	1100	1160	2850	2610	30	306	1081	1003	2710	3396	12	22
35	FZC-4/1.2×2~7.5×2		18	2008	500	500	940	1000	2450	2250	30	308	1139	430	2463	3804	16	22

① 为主要机型，其余为派生机型。

注：1. 工况系数 K_k 供设计部门选择机型时使用。公式为 $P=K_kpF_2$，取 $p=0.7\text{t/m}^2$。

2. 本表采用 ZDJ 系列振动电机，推荐使用 JZO 系列节能型振动电机。

3. 生产厂家为河南省鹤壁市煤化机械厂。

11　利用振动来监测缆索拉力

近年来，随着大跨度桥梁设计的轻柔化以及结构形式与功能的日趋复杂化，大型桥梁结构安全监测已成为国内外工程界和学术界关注的热点。特别是利用振动法对悬索桥和斜拉桥的钢丝绳拉力的监测方法有许多的研究，这里作重点介绍。

对于两端固定的架空索道承载索是完全可以利用振动的方法来检测的。钢丝振弦应变仪就是利用振动来测量钢丝绳的拉力，比电阻应变仪准确，且已有产品用于索桥钢丝绳的拉力测量。对于两端固定的架空索道承载索，尚没有现成产品，但完全可以仿制，毕竟拉力要小得多。下面作简单的介绍。

振动法测索力是目前测量斜拉桥索力应用最广泛的一种方法。在这种方法中，以环境振动或者强迫激励拉索，传感器记录下时程数据，并由此识别出索的振动频率。而索的拉力与其固有频率之间存在着特定的关系。于是，索力就可由测得的频率经换算而间接得到。振动法测索力，设备均可重复使用。当前的电子仪器也日趋小型化，整套仪器携带、安装均很方便，测定结果也可信。所以振动法测索力得到了广泛的应用。

11.1 测量弦振动计算索拉力

桥梁索力动测的仪表型号很多，所用基本原理相同，都是按拉力与振动频率的关系公式进行换算。但修正系数则简繁有别。钢索测量的特点是必须有钢索的原始测定数据。下面只介绍一种测试仪表，其他形式的仪器类似，可参考有关资料。

11.1.1 弦振动测量原理

根据弦的振动原理，知道波在弦索中的传播速度由下式表示：

$$a=\sqrt{\frac{T}{q}} \tag{19-6-45}$$

式中 T——索的拉力，N；

q——弦索的单位长度质量，kg/m。

令 L 为索的计算长度；f 为振动频率，用下标 $n=1$，2，…表示第 n 阶的固有频率 f_n。则波在弦索中从一端传播至另一端再返回来的时间为：

$$t=2L/a,\quad 即\quad a=2L/t$$

式中 a——波在弦索中的传播速度，m/s。

代入式（19-6-45）就可得：$T=4qL^2/t^2=4qL^2f^2$

或

$$T=4A_0qL^2f_n^2/n^2 \tag{19-6-46}$$

式中 A_0——考虑钢丝绳与弦的特性不同而修正的系数，由实验确定。

在实际应用中，拉索由于自重具有一定垂度和具有一定的抗弯刚度及边界条件的影响，为准确使用振动法测定索力，必须考虑这两个因素，对弦公式进行修正。有的学者用差分的方法和有限元的方法很好地解决了这个问题，不仅同时考虑了以上两个因素，而且还可以考虑拉索上装有阻尼减振器等的影响。特别是桥梁的斜拉索，由于长度较短，一阶频率（基频）不容易测量准确，而采用频差法。而对大跨度架空索道的钢丝绳来说测量 一阶频率是不会有问题的。

下面将介绍运用该原理的实际设备。

11.1.2 MGH 型锚索测力仪

MGH 型锚索测力仪用于钢索斜拉桥、大坝、岩土工程边坡、大型地基基础、隧道等处对锚索或锚杆拉力进行检测，及对其应力变化情况进行长期监测；还可用于预应力混凝土桥梁钢筋张拉力的检测和波纹管摩阻的测定，以保证安全和取得准确数据。

（1）结构原理

MGH 型锚索测力仪由 MGH 型锚索测力传感器与 GSJ-2 型检测仪、GSJ-2 型便携式检测仪或 GSJ-2A 型多功能电脑检测仪配套使用，直接显示锚索拉力。

锚索拉力施压于油缸，使其内部油压升高，油压经过油管传到振弦液压传感器的工作膜，膜挠曲使弦张力减小，固有振动频率降低。若其电缆接 GSJ-2 型检测仪，启动电源，因其内部装有激发电路，则力、油压被转换为频率信号输出。GSJ-2 型的测频电路测定频率 f 后，单片机按以下数学模型计算出拉力 T 并直接数字显示。

$$T=A_1(f^2-f_0^2)-B(f-f_0) \tag{19-6-47}$$

式中 A_1，B——传感器常数；

f_0——初频（力 $T=0$ 时的频率）；

f——力为 T 时的输出频率。

（2）性能特点

1）振弦液压传感器的设计精度较高；

2）具有良好的抗振能力，并经过多种老化处理，故在大载荷作用下具有良好的长期稳定性；

3）当温度不同于标定温度时，只要将传感器放在现场 2h，待热平衡后，测定现场温度的初频作为 f_0 输入式（19-6-47），则由 f 计算 T 仍然准确。对于长期埋设的传感器，若要求精度较高，可事先实测出初频 f_0 与温度 t 的关系曲线，检测时测定传感器的温度 t，找出对应的 f_0 输入式（19-6-47），即可完成温漂修正，获得比较准确的结果。

4）已实现温度补偿。工程上若允许误差在 2%以内，不需进行温漂修正。

（3）主要技术参数（FS—频率标准）

量程	200~10000kN
准确度（%FS）	0.5、1.0
重复性（%FS）	0.2、0.4
分辨率（%FS）	0.1~0.01
温度系数	≤0.025%FS/℃（%FS—满量程的百分比）
稳定性	准确度的年漂移一般不大于准确度

11.2 按两端受拉梁的振动测量索拉力

11.2.1 两端受拉梁的振动测量原理

把钢丝绳当作一根两端固定（简支）并承受拉力的梁，测量其振动频率来计算实际拉力也是一个有效的方法。

从本篇表 19-2-10 序号 11 中可以查到，两端简支并承受拉力的梁的固有振动频率为：

$$\omega=\left(\frac{a_n\pi}{L}\right)^2\sqrt{\frac{EJ}{\rho_l}}\sqrt{1+\frac{PL^2}{EJa_n^2\pi^2}} \qquad (a_n=1,\ 2,\ \cdots)$$

式中　E——梁的弹性模量。

令 $P=T$；$\rho_l=q$；$\omega=2\pi f_n$（参数符号同 11.1 节）代入，整理后可得：

$$T=\frac{4f_n^2L^2q}{a_n^2}\left(1-\frac{EJa_n^4\pi^2}{4f^2L^4q}\right) \tag{19-6-48}$$

高屏溪桥斜张钢缆的检测基本采用这个原理。

11.2.2 高屏溪桥斜张钢缆检测部分简介

高屏溪河川桥主桥系采单桥塔非对称复合式斜张桥设计。桥长 510m，主跨 330m 为全焊接箱型钢梁，侧跨 180m 则为双箱室预力混凝土箱型梁。两侧单面混合扇形斜张钢缆系统分别锚碇于塔柱及箱梁中央处。钢筋混凝土桥塔高 183.5m，采用造型雄伟且结构稳定性高的倒 Y 形设计。

斜张钢缆承受风力时，其反复振动将可能引起钢绞索产生疲劳现象或在支承处产生裂缝破坏，将降低其耐久性与安全性。钢缆的风力效应主要包括有涡流振动、尾流驰振及风雨诱发振动等。当涡漩振动的频率与结构体的固有频率或扭转频率近似或相等时，便会产生共振现象，此时结构体会有较大的位移振动。经计算斜张钢缆的固有频率即可推得发生涡流振动时的临界风速，一般而言，临界风速多发生在第一模态，且此时具有最大的振幅。在分析高屏溪桥自编号 F101 最长钢缆及至编号 F114 最短钢缆时，发现其固有频率为第一模态时，仅有编号 B114 钢缆在风速 1.5m/s 时会发生共振现象。但由于此时风速极低，几乎无法扰动钢缆。因此，于斜张钢缆上装设一速度测震计，当钢缆受自然力扰动而产生激振反应时，速度计可将此振动传送到 FFT 分析器，经由快速傅里叶转换解析，判定振动波形内稳态反应的振动频率后，再透过计算式即可求得钢缆的受力，亦即钢缆索力大小。

考虑斜张钢缆刚度（含外套管刚度），使用轴向拉力梁理论，当受弯曲梁含轴向拉力时的自由振动运动方程式为：

$$EJ\frac{\partial^4 y}{\partial x^4}+T\frac{\partial^2 y}{\partial x^2}+q\frac{\partial^2 y}{\partial t^2}=0$$

式中 T——轴向拉力；

q——单位长度质量；

δ——中垂度与钢缆长度之比；

J——截面惯性矩。

令

$$\xi=\sqrt{\frac{T}{EJ}}\times L \tag{19-6-49}$$

$$c=\sqrt{\frac{EJ}{qL^4}} \tag{19-6-50}$$

$$\Gamma=\sqrt{\frac{qL}{128EA\delta^3\cos^5\theta}}\times\frac{0.31\xi+0.5}{0.31-0.5} \tag{19-6-51}$$

式中 L——钢缆长度；

θ——钢缆的倾斜角。

1）钢缆具较小垂度时，即 $\Gamma\geqslant 3$，则适用于下列力与第一振动频率关系式（这里已代入钢丝绳的具体数据，且考虑到阻尼，求得）：

$$T=4m(f_1L)^2\left[1-2.2\left(\frac{c}{f_1}\right)-0.55\left(\frac{c}{f_1}\right)^2\right]\quad（当\ \xi\geqslant 17\ 时）$$

$$T=4m(f_1L)^2\left[0.865-11.6\left(\frac{c}{f_1}\right)^2\right]\quad（当\ 6\leqslant\xi\leqslant 17\ 时）$$

$$T=4m(f_1L)^2\left[0.828-10.56\left(\frac{c}{f_1}\right)^2\right]\quad（当\ 0\leqslant\xi\leqslant 6\ 时） \tag{19-6-52}$$

2）钢缆具较大垂度时，即 $\Gamma\leqslant 3$，则适用于下列力与第二振动频率关系式：

$$T=m(f_2L)^2\left[1-4.4\left(\frac{c}{f_2}\right)-1.1\left(\frac{c}{f_2}\right)^2\right]\quad（当\ \xi\geqslant 60\ 时）$$

$$T=m(f_2L)^2\left[1.03-6.33\left(\frac{c}{f_2}\right)-1.58\left(\frac{c}{f_2}\right)^2\right]\quad（当\ 17\leqslant\xi\leqslant 60\ 时）$$

$$T=m(f_2L)^2\left[0.882-85\left(\frac{c}{f_2}\right)^2\right]\quad（当\ 0\leqslant\xi\leqslant 17\ 时） \tag{19-6-53}$$

3）钢缆长度较长时，适用于下列力与频率关系式：

$$T=\frac{4m}{n^2}(f_nL)^2\left[1-2.2\left(\frac{nc}{f_n}\right)^2\right]\quad（当\ n\geqslant 2，\xi\geqslant 200\ 时） \tag{19-6-54}$$

式中 f_1，f_2，f_n——第 1、第 2、第 n 阶振动频率。

此桥斜张钢缆对涡漩振动不甚敏感。此外，由于钢缆涡流振动、尾流驰振及风雨诱发振动等风力因素相当复杂，若仅欲以数值分析探讨其行为模式似显粗糙且不可靠，因此钢缆风力现象仍主要以经验法则配合钢缆频率与阻尼量测值进行综合研判，且研判时机通常选择设定于施工期间与完工后较佳。

由于斜张钢缆在长期预拉力、风力、地震力及车行动载荷下，将随时间变化产生应力松弛现象，造成斜张桥整体结构系统应力的重新分配，如此将影响桥梁的结构静力及动力特性。综观国内外相关施工经验得知，监测系统在斜张桥完工后均规划有定期检测钢缆实存索力的作业，以检核结构系统的稳定性。该桥在检核斜张钢缆受力情形或预力变化时，采用自然振动频率法进行测量。

一般而言，通常选择较不受乱流干扰的第二振动频率，即可经式（19-6-54）求得钢缆拉力 T，亦即钢缆的索力值。

检测结果如下。

1）本桥在斜张钢缆进行预力施拉作业时，配合液压泵实际输出压力读数对照式（19-6-54）计算所得钢缆索力值时，发现两者相当接近；

2）本工程于钢缆施拉预力作业时，亦随机挑选某一钢绞索装设单枪测力器检核钢缆的实际索力；

3）另外于主跨钢缆锚碇承压板内侧及侧跨钢缆锚碇螺母处装设有钢缆应变计，亦可同时量测钢缆索力的变化情况。

经由相互比较结果发现，液压泵实际输出压力读数、单枪测力器测量值、钢缆应变计读数以及固有振动频率计算值等，彼此间数值差异并不大。因此推论日后桥梁维护计划中有关钢缆索力变化检核作业应可借由固有频率振动法及钢缆应变计进行综合监测。

下面介绍钢缆振动试验（动静态服务载重试验）。

基于阻尼值为判断钢缆抗风稳定性的关键因素，为求得较正确的阻尼值，本工程亦即进行强制振动借以求得较合理的振幅。

该工程钢缆强制振动试验系利用大型吊车以绳索拖拉的方式提供钢缆初始变位值，并利用角材提供临时支撑，再以卡车迅速将角材拖离，让钢缆产生激振反应，并逐渐衰减至停止。试验主要以主跨外侧钢缆为对象，共计七根钢缆，每根钢缆进行二次试验。

按主跨最外侧五根钢缆强制振动试验计算资料，其值显示所有钢缆的对数阻尼衰减值均大于5%，参考前述相关的稳定度判读原则，则可推估所有钢缆均具有相当高的抗风稳定度，此一结果与现场观测结果相当接近。

经由长时间的观测结果初判该桥钢缆系统抗风稳定性相当高。虽然强风期间外侧较长钢缆产生振动现象，但振动行为相当稳定，且振幅不大，对于钢缆服务寿命并无任何影响。但考虑钢缆风力行为不确定因素繁多，故仍规划在桥梁通车后持续进行观测。若发现钢缆产生不稳定振动，则建议于钢缆锚碇处附近安装黏性剪力型阻尼器，以提供抗风所需的额外阻尼量。

11.3 索拉力振动检测的一些最新方法

对于索桥的索拉力检测的研究和试验最近十年来非常活跃，成果也很多。例如，新基频法、用有限元法，模态参数识别法、优化模型的建立以及检测仪表的基频识别方法的研究等。参考文献[78~93]的作者们研究了拉索垂度的影响、拉索抗弯刚度的影响、边界条件的影响、温度的影响、测试系统分析精度的影响、其他因素的影响，如外界多余的约束装置、各种附加质量的影响，等等。这些方法的特点是必须有钢索的原始测定数据且要与钢索实际测量的数据进行比较，得出相应的修正系数。但总的说来，没有脱离基本公式，即式（19-6-16）。当式中不考虑修正系数 A_0，且按一阶振频 $n=1$ 计算时：

$$T=4qL^2f_1^2 \tag{19-6-55}$$

有的实际试验测试结果表明，用频率法按照上面公式测定斜拉索张拉力误差可控制在5%以内，满足工程应用要求。顺便提一下，钢索的使用经过一段时间会伸长，初张力会变小，需要重新张紧和重新测试。

对于斜拉桥拉索的建模，现在大致有三种方法。

1）等效弹性模量法。在斜拉桥拉索建模中，用具有等效弹性模量的直杆代替实际的曲线索。此模型仅适用于初步静力设计，不宜用于动力分析。

2）多段直杆法。

3）曲线索单元法。

这些方法过于专门化不予介绍，读者可以找有关的书籍和论文。下面介绍我国在这方面的研究成果之一。

11.3.1 考虑索的垂度和弹性伸长 λ

$$\lambda^2=\left(\frac{ql}{H}\right)^2\frac{EA}{HL_s} \tag{19-6-56}$$

第 19 篇

式中　L_s——索线的弧长；

H——索平行于弦的拉力；

A——索的截面积；

其他参数同前。

根据研究分析，考虑索的垂度、弹性的影响等因素，索的拉力与索的基频的实用关系可以采用以下的公式计算，其计算误差都保证在1%以内：

$$\omega=\frac{\pi}{l}\sqrt{\frac{H}{q}}\quad(\text{当}\ \lambda^2\leqslant 0.17\ \text{时})\tag{19-6-57}$$

$$\omega^2=\pi^2\frac{H}{ql^2}+0.777\frac{EA}{q}\left(\frac{q}{H}\right)^2\quad(\text{当}\ 0.17\leqslant\lambda^2\leqslant 4\pi^2\ \text{时})$$

$$\omega=\frac{2\pi}{l}\sqrt{\frac{H}{q}}\quad(\text{当}\ 4\pi^2\leqslant\lambda^2\ \text{时})\tag{19-6-58}$$

或由上式算得：

$$H=4ql^2f^2(\text{当}\ \lambda^2\leqslant 0.17\ \text{时})\tag{19-6-59}$$

$$H^3=4ql^2f^2H^2+0.0787EFq^2l^2=0\quad(\text{当}\ 0.17\leqslant\lambda^2\leqslant 4\pi^2\ \text{时})$$

$$H=ql^2f^2(\text{当}\ 4\pi^2\leqslant\lambda^2\ \text{时})\tag{19-6-60}$$

索的抗弯刚度的影响较小，从略。

11.3.2　频差法

振动在某个较高的阶数之后，频差将趋于稳定，为一常数，而且是弦理论的基频。令该稳定的频差为$\Delta\omega$，则

$$\Delta\omega=\frac{\pi}{l}\sqrt{\frac{T}{q}}$$

即

$$T=4ql^2\Delta f^2\tag{19-6-61}$$

如测得索的高阶频差，索力就可方便地确定，而不必考虑是否有垂度的影响。

11.3.3　拉索基频识别工具箱

拉索基频识别工具箱GUI，用于福建闽江斜拉桥的检测。原理是当索力一定时，高阶频率是基频的数倍，表现在功率谱上是出现一系列等间距的峰值。峰值的间距就是基频。拾取这一系列峰值，求相邻峰值间距的平均数，即为基频，这是功率谱频差法。由于环境振动测试得到的功率谱结果不够理想，还采用倒频谱分析作为功率谱峰值法的补充。所以该工具箱可绘制自功率谱和倒频谱，各种参数可随时调整。可用鼠标精确捕捉峰值（频谱值），并自动计算差值，亦即所要识别的基频。

鉴于架空索道承载索跨度大，测量基频就能达到目的。

第7章 机械振动测量技术

1 概　　述

1.1 测量在机械振动系统设计中的作用

测量是获取准确设计资料的重要手段。在第5、6章各类机械振动系统的设计中，系统的频率比、阻尼比以及零件材料的弹性模量和阻尼系数等的取值范围都相当宽，振动参数的取值直接影响振动系统和振动元件的设计质量，对大量机械振动系统中各种参数的测量是获取和积累准确设计资料的重要手段。在工程上也经常遇见某些原始设计参数需要直接从测量中获得。例如动力吸振器设计中主振系统的固有频率、随机振动隔振器设计中的载荷谱、缓冲器设计中的最大冲击力和冲击作用时间等，往往需依靠测量手段获得。

调试工作更直接依靠测量。由于在机械振动系统设计之前，对实际振动系统进行了简化和抽象，忽略了诸多影响振动的因素，设计中又会遇到参数选取的准确性问题，再加上制造、安装上的误差，因而很难保证机械振动系统一经安装就能满足工程需要，一般要经过调试才能使各项参数符合设计要求。例如动力吸振器和近共振类振动机工作点（频率比）的调试。对于一个经验丰富的设计人员，可以凭借经验对振动系统进行调试。但对于一般设计人员和调试人员，则需要通过测量和对测量结果的分析，确定调试方案。另外，振动测量结果及其分析也是机械振动系统设计验收的依据。

1.2 振动的测量方法

1.2.1 振动测量的主要内容

1）振动量　振动体上选定点的位移、速度、加速度的大小，振动的时间历程曲线、频率、相位、频谱、激振力等。

2）系统的特征参数　系统的刚度、阻尼、固有频率、振型、动态响应特性（系统的频率响应函数、脉冲响应函数）等。

3）机械结构或零部件的动力强度　对机械或零部件进行模拟环境条件的振动或冲击试验，以检验其耐振寿命，性能的稳定性，以及设计、制造、安装、包装运输的合理性。

4）设备、装置或运行机械的振动监测　在线监测、测取振动信息、诊断其运行状态与故障发生的可能性，及时作出处理以保证其可靠的运行。

1.2.2 振动测量的类别

振动测量可以分为被动式的振动测量和主动式的振动测量。后者是指振动可人为施加，且振源特性可控可测，即采用了激振设备。

必须指出“振动”和“冲击”有时没有明确的界限，如瞬态振动也可叫复杂脉冲，两者所用的传感器和仪器很多也可通用。

振动与冲击测量，按力学原理可分为相对式（分顶杆式、非接触式）测量法和惯性式（又称绝对式，测量惯性坐标系的绝对振动）测量法。

按振动信号的转换方式，可分为机械测振法；电测法和光测法。最近还发展有超声波法。

（1）机械测振法

将工程振动的参量转换成机械信号，再经机械系统放大后，进行测量、记录。常用的仪器有杠杆式测振仪和盖格尔测振仪，能测量的频率较低，精度也较差（见表 19-7-1）。但在现场测试时较为简单方便。

表 19-7-1　用杠杆或惯性原理接收并记录振动的机械法的优缺点

项　　目	相对式	惯性式
测量范围/mm	0.01~15	0.01~20
频率范围/Hz	0~330	2~330
供电电源	无	
体积	大	
灵敏度	低	
价格	便宜	
测试环境	无电磁干扰、但须考虑温度、安装及腐蚀问题	
举例	手持式仪	盖格尔测振仪

（2）光测法

光测法是将机械振动转换为光信息进行测量的方法。目前常用的仪器是光导纤维式拾振器，原理是由于外界因素（温度、压力、电场、磁场、振动等）对光纤的作用，会引起光波特征参量（如振幅、相位、偏振态等）发生变化。因此人们只要能测出这些参量随外界因素的关系变化，就可以用它作为传感器元件来检测温度、压力、电流、振动等物理量的变化。

目前生产的有：非接触测量的光纤位移传感器（包括反射式强度调制位移传感器，反射补偿式位移传感器）；光纤接触式位移传感器；集成光学微位移传感器；光纤加速度拾振器等。

光纤本身就能够制作成许多光信号传播的器件（比如分束器、合束器、复用器、过滤器和延时线路），从而形成全光纤化的测量系统。特别是内部传感器是光纤一体化的系统，更多的应用在测量旋转、应变、声音和振动。由于光纤传感是抗电磁干扰的，因此它能够在巨大电器设备（如发电机、电动机）附近稳定工作，它也能够大大降低雷电对传感器带来的可能破坏。目前发展的是光纤传感器的分布式传感技术、研制超窄线宽高功率激光器等。

（3）电测法

电测法主要采用电力传感器，电力传感器是用来将被测的工程振动参量换成电信号，经电子线路放大后显示和记录的装置。这是目前应用得最广泛的测量方法。它与机械式方法比较，有以下几方面的优点：较宽的频带；较高的灵敏度和分辨率；具有较大的动态测量范围；振动传感器可以做得很小，以减小传感器对试验对象的附加影响；可以做成非接触式的测量系统；可以根据被测参量的不同来选用不同的振动传感器；能进行远距离测量；适合于多点测量和对信号进行实时分析；便于对测得的信号进行储存。电测法基本系统示意图见图 19-7-1。

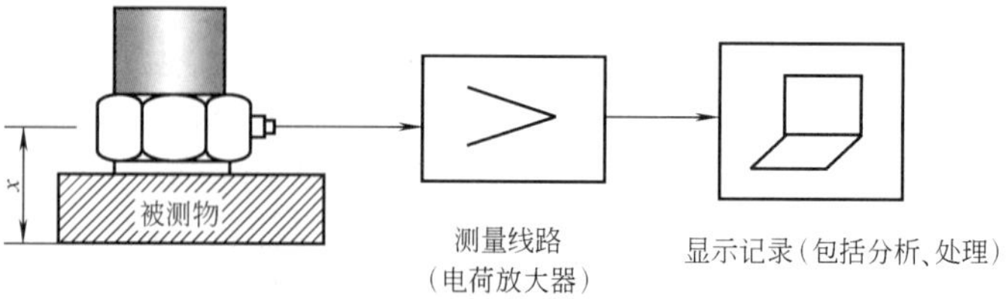

图 19-7-1　电测法基本系统示意图

电测法所用的传感器按机电变换可分为发电型和参量型。发电型是将振动转化为电压或电荷，为电动式或压电式；参量型是将振动转化为电阻、电容、电感等参量，有变电阻式、变电容式、电感式、压阻式、电涡流式。

按测量的机械量可分为位移计（包括速度计、加速度计、应变计）和力传感器（包括扭矩传感器、角度传感器）。

按接收与变换是否反馈可分为非伺服式和伺服式（包括无源伺服和有源伺服式）。

光测法与电测法的优缺点见表 19-7-2。

表 19-7-2　　光测法与电测法的优缺点

	光　测　法	电　测　法
测量范围	1/4 波长或更低	大、中、小量程均有
频率范围	中低频	宽（大、中、小量程均有）
可选传感器	较少	规格型号多
电源或光源	激光或其他光源	需要电源
体积	大、中、小	中、小
灵敏度	高（<光波长，如<1μm）	高、中、低均有
价格	贵	高档、中档、低档均有
测试环境	一般要求隔振、现场测量较困难、不接触式、温度及腐蚀要求低	需考虑温度、湿度、腐蚀及电磁干扰等影响
举例	读数显微镜 激光干涉仪（麦克尔逊干涉条纹） 激光散斑法（ESPI 电子散斑） 高速摄影法	伺服式加速度计　　各种振动测量仪 压电式加速度计 涡流式位移计 惯性式速度计 角位移计

1.3　测振原理

1.3.1　线性系统振动量时间历程曲线的测量

对于线性系统，无论施加给振动系统的激励是确定性激励还是随机激励，系统所产生的位移，速度和加速度之间始终存在着下列关系：

$$\dot{x}=\frac{\mathrm{d}x}{\mathrm{d}t}\quad \ddot{x}=\frac{\mathrm{d}\dot{x}}{\mathrm{d}t}=\frac{\mathrm{d}^2x}{\mathrm{d}t^2} \tag{19-7-1}$$

因此，对于线性振动来说，只要测得振动位移、速度、加速度三者之一，就可换算出另外两个量。如果知道了激励和多点线性振动的时间历程曲线，通过分析，即可得出其相应的振幅、相位等各种物理量。因此，测量线性振动加速度（或者速度、位移）的时间历程曲线在振动测量中占有重要地位。

实际振动系统往往具有一定的非线性性质，但对大多数工程实际系统来说，这种非线性性质都是很弱的，非线性系统振动的某些物理现象可能存在。但是在比较高次谐波振动和基频振动幅值时，就会发现高次谐波振动的幅值远小于基频振动幅值，测量弱非线性系统振动得到的时间历程曲线，几乎与测量线性系统振动所得到的时间历程曲线是相同的。

在线性振动测量中，简谐振动的测量十分重要。因工程中的实际振动问题多数具有简谐变化性质或周期变化性质；其次，在识别系统的动态特性（例如频率响应函数）时，一般施加给系统的激励都是简谐激励（因动态特性与激励性质无关），系统产生的振动也是简谐振动。简谐振动的振幅、相位、频谱、激振力和线性系统刚度、阻尼、固有频率和振型等参数的相互变换也非常方便。

1.3.2　测振原理

图 19-7-2 为测振仪原理图。测振仪包括惯性测振装置，位移计、加速度计等。采用线性阻尼系统，一自由度，测振仪机壳固定于振动物体，随其一起振动；拾振物体 m 相对于壳体作相对运动。系统输入的是壳体运动引起的惯性力，输出的是质量 m 的位移。低频段输出与加速度成正比；高频段输出与位移成正比。

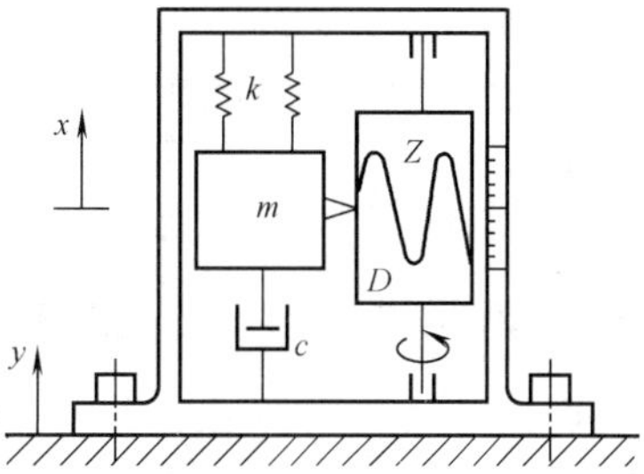

图 19-7-2　测振仪原理图

1.4 振动测量系统图示例

以单点动态特性测试为例，仪器设备布置框图见图 19-7-3。其中记录仪不是必需的，其目的是为了可以重放现场各种环境振动波形。

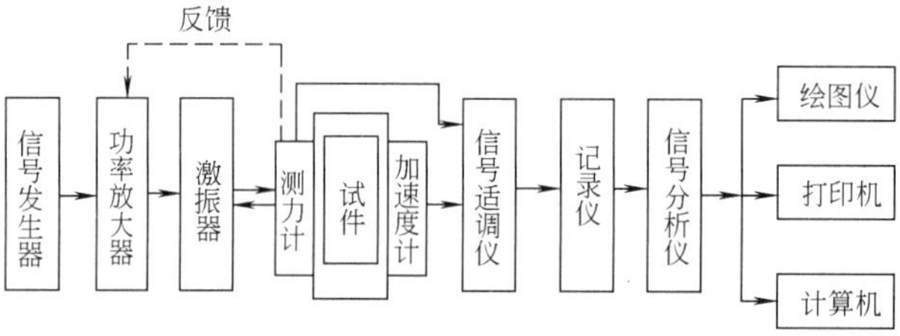

图 19-7-3　振动测试仪器设备布置框图示例

2　数据采集与处理

2.1　信号

2.1.1　信号的类别

信号有数字量和模拟量。信号的类别如图 19-7-4 所示。

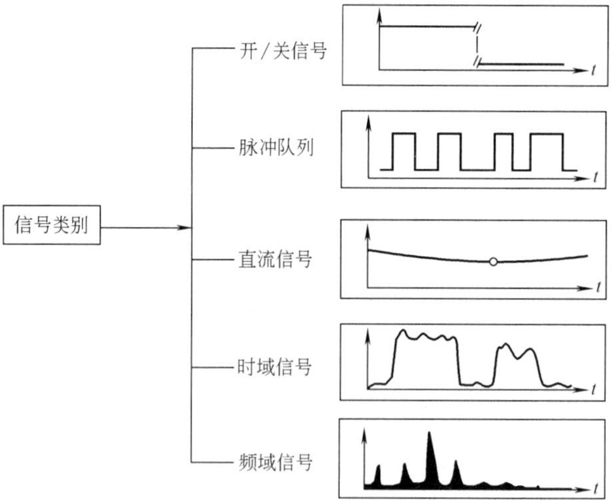

图 19-7-4　信号的类别

信号输出的内容包括信息的状态、速率、幅值、波形、频率等。

电压信号可输出包括温度、压力、流量、应力等。

时域信号可输出包括雷达回波、血液变化、内燃机点火波形等。

频域信号可输出包括振动、语音、声呐等。

2.1.2　振动波形因素与波形图

每一个振动量对时间坐标作出的波形，可以得到峰值、峰峰值（正峰值到负峰值）、有效值和平均绝对值等量值。它们之间存在一定的关系。振动量的描述常用峰值表示，但在研究比较复杂的波形时，只用峰值描述振动过程是不够的。因为峰值只能描述振动大小的瞬时值，不包含产生振动的时间过程。在考虑时间过程时的进一步描述，是平均绝对值和有效（均方根）值。有效值与振动的能量有直接关系，使用较多。

平均绝对值的定义是
$$y_C=\frac{1}{T}\int_0^T|y(t)|dt$$

有效值的定义是
$$y_E=\sqrt{\frac{1}{T}\int_0^T y^2(t)dt}$$

设波峰为 y_m，则

波峰因数为：
$$f_f=\frac{y_m}{y_E}$$

波形因数为：
$$f_x=\frac{y_E}{y_C}$$

对于正弦波，$f_f=\sqrt{2}$，$f_x=\frac{\pi}{2\sqrt{2}}$。

关于波形峰值、有效值和平均绝对值之关系的分析，对位移、速度、加速度和各种信号波形都是适用的。但各种不同波形的 f_f 和 f_x 值是不一样的，有时有很大的差别。正弦波、三角波和方波，其 f_f 值与 f_x 值分别列于表 19-7-3。

表 19-7-3　　三种波的波形因数与波峰因数

波形	波形因数 f_x	波峰因数 f_f
正弦波	1.111	1.414
三角波	1.155	1.732
方波	1.000	1.000
高斯随机波	1.253	—

波形图现代的测试方法一般是用压电晶体加速度计。经电荷放大器放大后，送往示波器得到加速度波形图。若要得到速度或位移的波形，则需经过积分线路。

2.2　信号的频谱分析

频谱是构成信号的各频率分量的集合，它完整地表示信号的频率结构，即信号由哪些谐波组成，各谐波分量的幅值大小及初始相位，从而揭示了信号的频率信息。信号的频谱可分为幅值谱、相位谱、功率谱、对数谱等。对信号作频谱分析的设备主要是频谱分析仪。其工作方式有模拟式和数字式两种。

（1）周期信号的频谱分析

周期信号是经过一定时间可以重复出现的信号，即
$$x(t)=x(t+nT)$$

一般可展开成为傅里叶级数，通常有实数形式表达式：
$$x(x)=a_0+\sum_{n=1}^{\infty}a_n\cos n\omega_0 t+\sum_{n=1}^{\infty}b_n\sin n\omega_0 t$$

或
$$x(x)=A_0+\sum_{n=1}^{\infty}A_n\cos(n\omega_0 t-\varphi_n)$$

式中，T 为周期；ω_0 为基波角频率；a_n，b_n，A_n，φ_n 为信号的傅里叶系数，表示信号在频率 f_n 处的成分大小。

以 f_n 为横坐标：以 a_n，b_n 为纵坐标画图，称为时频-虚频谱图；以 A_n，φ_n 为纵坐标画图，称为幅值-相位谱；以 A_n^2 为纵坐标画图，则称为功率谱。如图 19-7-5 所示。

（2）非周期信号的频谱分析

非周期信号是在时间上不会重复出现的信号。这种信号的频域分析手段也是傅里叶变换。其计算与周期信号

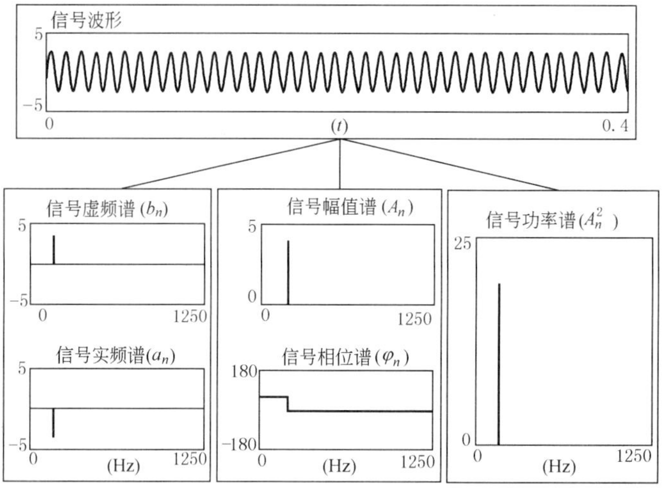

图 19-7-5　周期信号的频谱表示方法

相似，所不同的是，由于非周期信号的周期 $T\to\infty$，基频 $\omega_0\to d\omega$，它包含了从零到无穷大的所有频率分量，各频率分量的幅值为无穷小量，所以频谱不能再用幅值表示，而必须用幅值密度函数描述。与周期信号不同的是，非周期信号的谱线出现在 $0\sim f_{max}$ 的各连续频率值上，这种频谱称为连续谱。如图 19-7-6 所示，不再赘述。

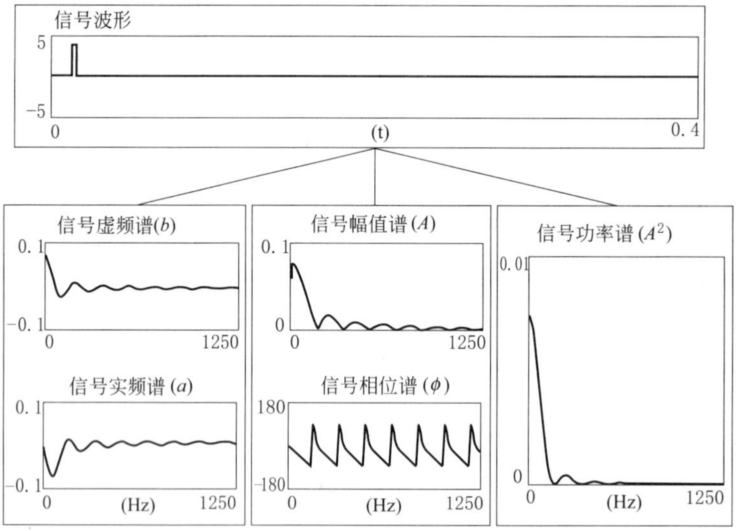

图 19-7-6　非周期信号的频谱表示方法

2.3　信号发生器及力锤的应用

2.3.1　信号发生器

激振信号由控制振荡频率变化的信号发生器供给。为了将所需的激振信号变为激振力施加于被测系统上，就需要使用各种激振器。常用激振器有电动式、电磁式和电液式三种。随机激振是一种宽带激振方法，一般用白噪声或伪随机信号发生器作为信号源。白噪声发生器能产生连续的随机信号，其所用设备较复杂（功率谱密度函数为常数的信号称白噪声）。

2.3.2 力锤及应用

力锤又称手锤，是手握式冲击激励装置，也是目前试验模态分析中经常采用的一种激励设备。图 19-7-7 为力锤的结构示意图。它由锤帽、锤体和力传感器等几个主要部件组合而成。当用力锤敲击试件时，冲击力的大小与波形由力传感器测得并通过放大记录设备输出、记录。使用不同的锤帽材料可以得到不同脉宽的力脉冲，相应的力谱也不同。常用的锤帽材料有橡胶、尼龙、铝、钢等。一般橡胶锤帽的带宽窄，钢最宽。因此，要根据相同的结构和分析频带选用不同的锤。常用力锤的锤体重约几十克到几十千克，冲击力可达数万牛顿。由于力锤结构简单，便于制作，使用十分方便，而且避免了使用价格昂贵的激振设备及其安装激振器带来的大量工作，因此，它被广泛地应用于现场及室内的激振试验。

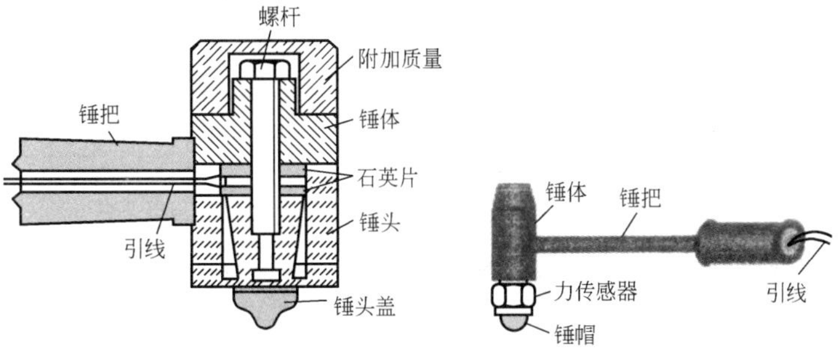

(a) 力锤的结构示意图　　(b) 力锤

图 19-7-7　力锤

脉冲锤击激振法，是采用力锤对试件敲击，系统示意图如图 19-7-8 所示；冲击力函数和频谱如图 19-7-9 所示。为了消除噪声干扰，采用脉冲锤击法时，必须采用多次平均。

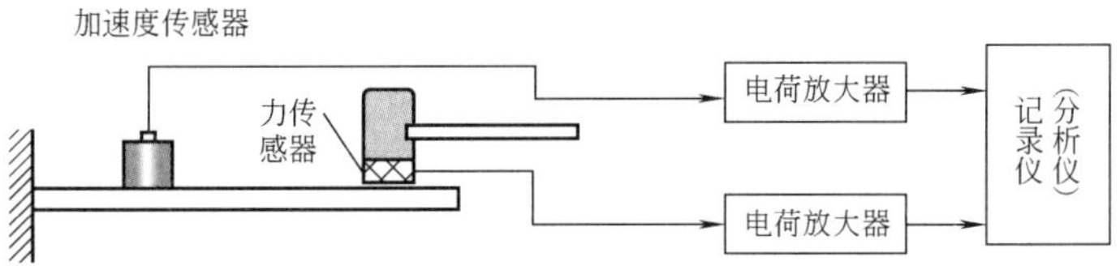

图 19-7-8　脉冲锤击激振法示意图

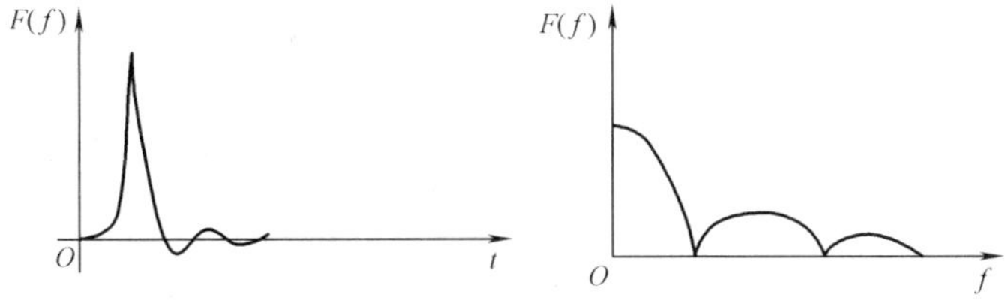

(a) 冲击力函数　　(b) 冲击力频谱

图 19-7-9　冲击力函数和频谱

2.4　数据采集系统

振动的数据采集系统一般由拾振器（传感器）、放大器（包括滤波器）和记录器三部分组成。即信号采集过程：

拾振器（传感器）——信号调理（放大、滤波、信号转换）——输入计算机——处理——输出典型信号采集系统见图 19-7-10。

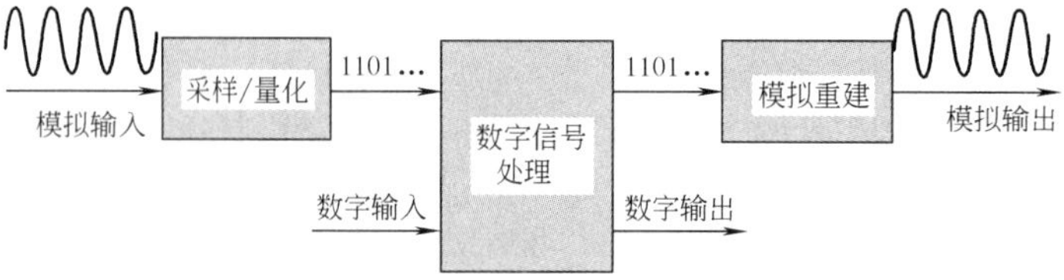

图 19-7-10　典型信号采集系统

信号采集一般使用采集卡，对其要求：驱动能力，通道数，频率（时钟频率，采样频率），分辨率，精度等。

由压电式加速度计、双积分线路电荷放大器和记录仪组成的典型测试系统见图 19-7-11。

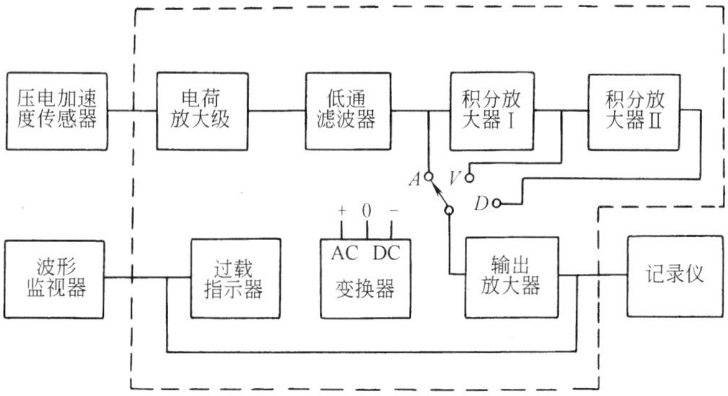

图 19-7-11　典型电测系统

2.5　数据处理

本节概略地介绍机械振动的数据处理问题。

2.5.1　数据处理方法

振动信号按其特征可分为两大类，一类是确定性振动，它可以用一个确定性的时间函数来描述。另一类是随机振动信号，它只能用数理统计的方法去描述。确定性振动又可分为周期性振动和非周期性振动。对于周期性振动，可从振动时间历程中得到一些有用信息，如峰值（振幅）、基本周期等，为了知道周期振动中所包含的各个频率分量的大小，只需做频谱分析就可以了；对于非周期振动中的准周期振动也只需做频谱分析，对瞬态振动处理，则常用冲击响应谱分析。

对于统计特性不随时间变化的平稳随机振动，在幅值域上，可以进行均值分析、均方根值分析、概率分布分析等；在时域上可进行相关分析；在频域上可进行谱密度分析、频响函数分析和相干分析。对于非平稳随机振动，目前虽有很多方法，但尚无一个很完善的分析方法。

2.5.2　数字处理系统

数据处理可分为模拟数据分析和数字数据分析两大类。20 世纪 70 年代之前振动分析设备以模拟式分析仪为主。由于电子技术和计算技术的迅速发展，各种数字分析仪相继问世，特别是快速傅里叶变换（FFT）分析技术得到应用后，目前数字分析仪已成为振动数据处理设备的发展方向。数值分析系统如图 19-7-12 所示。

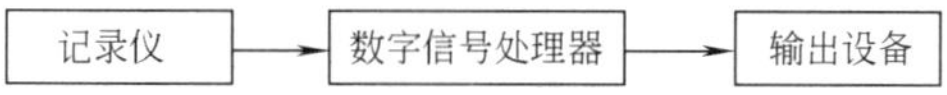

图 19-7-12　数字分析系统框图

数字分析仪有以下特点。

1）运算功能多，数字分析仪一般都具有十几种或几十种功能，随机振动时域、频域、幅值域的各种参数都可以经数字分析仪处理得到；

2）运算速度快，实时能力强，可用于高速振动的在线监测和控制系统中；

3）分辨能力和分析精度高，特别是细化快速傅里叶变换的出现，在不扩大计算机容量条件下，大大提高所感兴趣频段的频率分辨力；

4）操作简单，显示直观，复制与储存、扩展与再处理等均方便，每一种功能运算只要一次或几次按键就可以完成，运算要求和程序调配，可以实现人机对话；

5）分析仪一般均留有接口，为扩大和开发新的功能以及进行数字通信提供条件。

2.6 智能化数据采集与分析处理、监测系统

振动测试仪器布置框图示例已见图 19-7-3。

（1）智能化振动数据采集分析系统

智能模块化结构以 DSP 系统为核心模块，作为主-次处理器。通过接口把各模块和 PC 机连成整体，配置相应的软件，成为功能全面的监测、预测和诊断系统。开发的 DSP 系统，包括存储器分配、系统控制、各种接口电路、总线等，满足现代旋转机械振动数据采集分析的需要。例如，用于发电机组等旋转机械的振动数据采集分析装置。DSP（数字信号处理器）是市场可以购置的。

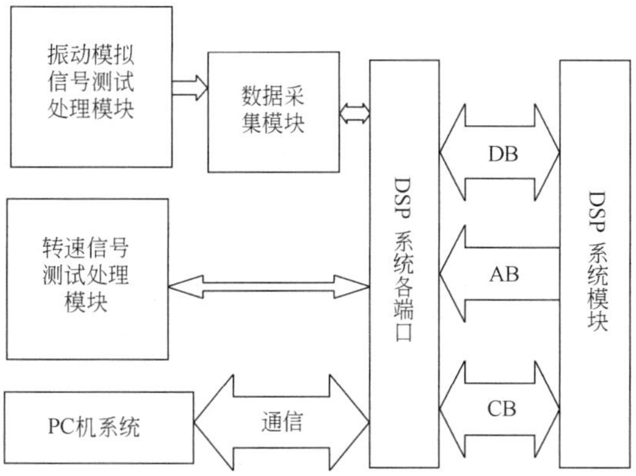

图 19-7-13　振动数据采集分析装置的主-次处理器结构框图

振动数据采集分析装置的主-次处理器结构的框图，如图 19-7-13 所示。

数据采集模块，是经两通道的 D/A 程控放大器和 A/D 转换器与 DSP 系统接口的。还有转速信号处理模块，DSP 系统模块软件，由 DSP 汇编语言编制调试而成。可以实时地进行大量的振动信号和转速信号的数据采集，实时滤波、实时 FFT 分析及其他实时分析等；可进行人机对话，可输入装置的参数、变量、命令等；可以显示数据、绘制图形、打印结果等。有用于连接其他计算机（PC）的接口和多用途的 I/O 引线，进行数据交换。

（2）传感器与数据采集卡的选用

对于机械设计人员来说，振动的处理与分析主要是了解其内容及可能有的方法和其优缺点，适用范围等，以便于购买或定制。网上可查到很多制造传感器与生产数据采集卡的公司和厂家，也有研制测试、监控全系统的单位。

3　振动幅值测量

目前市场上已有多种成熟的振动检测设备产品，可以测量到各种设备的振动参数，包括振动加速度、速度、振运位移等，还可以自动完成数据采集、信号处理、振动噪声、动态测试等功能，自动跟踪转速信号的变化，解决了旋转机械在不同转速下实现整周期采样的问题。在一个完整的信号周期内实现采样 N 点数。有的仪表设备除实时检测和以人工智能分析机械设备经历的和当前的状态外，还可以预测随后的发展，即预测维修系统。例如主要功能有：幅值趋势图显示，时域波形显示，频谱显示，三维谱图显示，用旋转机械故障诊断专家系统进行离线故障诊断，对频谱进行自动比较，识别由于旋转机械转速变化所引起的频率漂移，并提供自动报警等。有的设备专门针对关于旋转机械叶片振动的检测方法。这些仪器在外形结构上体现小型、轻便、携带式的优点。

对于非接触、远距离、网络化在线测量，应用超声波测量或激光测量已较普遍。已有多种仪表问世，且一直有不少机构或个人在研究发展。例如汽轮机叶片的振动的研究，根据叶片声信号的多普勒效应信号输出，进行调

解，还原成叶片的振动信号并进行分析，进而确定出叶片的振动强度有无叶片裂纹扩展等。计算机仿真以及模拟旋转机械转子叶片的振动等。

超声波振幅，例如超声波焊接设备的振幅，其测量难点在于频率高和振幅小。通常频率在10~60kHz之间，振幅在1~100μm之间。用激光束多普勒振动测试仪可以测得。目前系统的测量范围已可达1~100kHz。多激光束多普勒振动测试仪可以一次同时测量目标上16个点的振动。

本节及以下各节（4节~6节）只是在基本原理上来阐述振动参数的测量。

振动幅值是指位移幅值（振幅）、速度幅值、加速度幅值。如本章1.3.1节所述，位移、速度、加速度是由公式（19-7-1）关联的，但如果只测得其幅值，则还需要知道其振动频率或角频率。

3.1 光测位移幅值法

（1）振幅牌测量振幅

这是视觉滞留作用法的一种测量方法。直观法测振幅只需要一个如图19-7-14a或图19-7-15a所示振幅牌，当被测物做直线振动时，振幅牌为一直角三角形（也有用等腰三角形）。直角三角形的高（或等腰三角形的底）b必须是实际尺寸，同时将另一直角边（或等腰三角形的腰）l分为若干等分。例如：当最大量程$b=10$mm时，最好将l等分为5等分（或10等分、20等分），并在下方标注上平行于b的线段的实际高度。利用振幅牌测量振幅，必须使振动体的振动方向与三角形的高b相平行。测量时需将振幅牌固定在振动体上。随着质体的振动，此三角形在两死点位置之间移动。应用视觉暂留原理，可以观察出直角三角形直角边与斜边的交点（图19-7-14b），交点所对应的读数，即为质体振幅的二倍，通常称为双振幅。

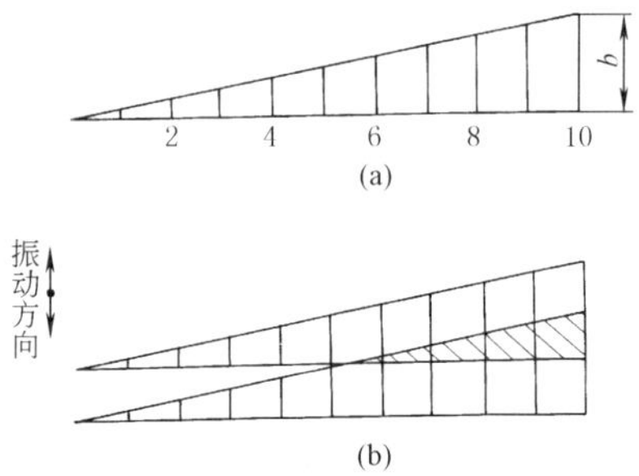

图19-7-14　直线振动振幅牌及运动轨迹

当被测物体做圆运动时，其振幅牌是由一系列直径不等的圆组成的，如图19-7-15a所示。例如：当最大量程为$d_{max}=10$mm时，类似前面振幅牌将l等分，也可以分别以直径$d_3=10$mm、$d_2=8$mm、$d_1=6$mm做三个圆，并在每个圆附近标上对应直径数值。测量时将振幅牌固定在振动体上，随着质体的振动，振幅牌各圆上的每一个点的运动轨迹都是直径相等的圆，这圆轨迹的直径即为待测的双振幅。于是根据视觉暂留原理，振幅牌上各圆都有一外包络线圆和一内包络线圆，如图19-7-15b所示。某圆内包络线圆刚好为一点时，则此圆直径即为质体双振幅。该振幅牌也可用来测量直线振动的幅值，如图19-7-15c所示。既然圆振幅牌能测直线振动幅值和圆振动幅值，按理也应能测量介于两者之间的椭圆运动轨迹的长轴和短轴，只是其内包络线的椭圆模糊不清，不易分辨而已。

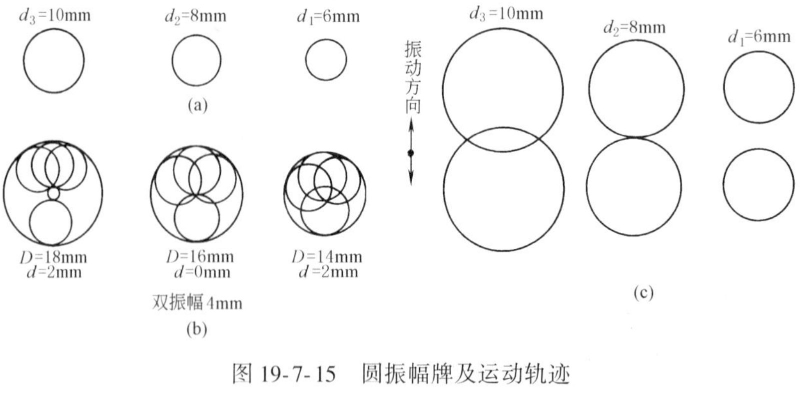

图19-7-15　圆振幅牌及运动轨迹

振幅牌测量位移的最大量程为$b/2$（或$d_{max}/2$）。精度与l/b（或d_n/d_{n+1}）成比例。通常采用$b=20$mm（或$d_{max}=20$mm）。这种测量方法一般用于频率大于10Hz、振幅大于0.1mm的振动测量。

（2）读数显微镜测量位移幅值

如果要求精度较高，可采用读数显微镜观测振幅，在振动体上贴上一细砂纸，用灯光照射，砂纸上砂粒位移的反射光通过读数显微镜可观测到被测位移幅值。所能测量振幅的大小，由读数显微镜放大倍数决定，一般不超过 1mm。测量要求与用振幅牌测量相同，只是这种测量要求振动稳定性好。

3.2 电测振动幅值法

本章第 2 节已较详细地介绍了电测信号的形成与典型的测量加速度的框图。最简单的办法是用双积分电荷放大器接加速度传感器就可测得系统的位移幅值或速度幅值或加速度幅值：

系统的幅值=输出电压×传感器倍率×单位额定机械量×量程倍率

其中，输出电压由峰值电压表测得；传感器倍率由传感器的技术特性确定；单位额定机械量由电荷放大器技术特性给出；量程倍率由被测量的过载限制决定。

电测振动幅值法不仅可直接测定简谐振动的位移、速度、加速度的幅值，还可以测定非简谐振动的位移、速度、加速度的幅值和随机振动的位移、速度、加速度的幅值。

3.3 激光干涉测量振动法

3.3.1 光学多普勒干涉原理测量物体的振动

激光测量是一种非接触式测量，其测量精度高、测量动态范围大，同时不影响被测物体的运动，具有很高的空间分辨率。

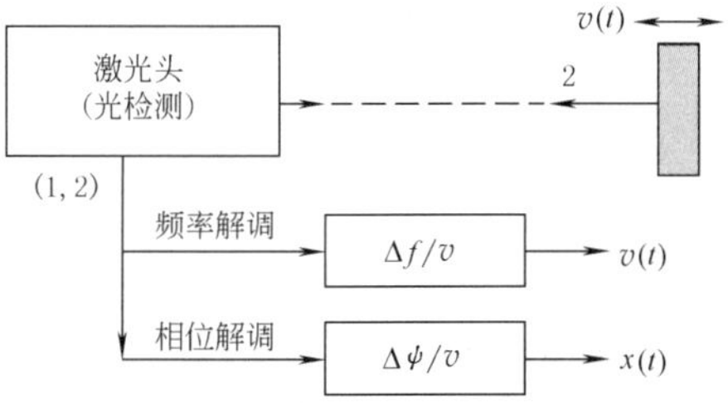

图 19-7-16 激光测量系统原理图

多普勒干涉原理是：光源发射一束频率为 f_0 的光照射到物体表面，运动物体接收到光信号后把它反射出来，光接收器接收到频率为 f 光波信号，其频率随运动物体速度增加而增加。激光多普勒干涉技术用于振动测量就是应用此原理。激光振动测量仪发出的激光经过透镜分成两束光（图 19-7-16），光束 1 是参考光束，直接被光检测器接收；另一束光经过一对可摆动的透镜照射在物体表面上，受运动物体表面粒子散射或反射的光为光束 2。它被集光镜收集后由光检测器接收，经过干涉产生正比于运动物体速度的多普勒信号，通过频率和相位解调便可得到运动物体速度和位移的时间历程信号。

3.3.2 低频激光测振仪

图 19-7-17 为一台低频激光测振仪光路示意图。图中参考光路为：激光至 M_1、B_1、M_2、M_3、M_4、M_5、M_6 反射镜，并由 M_6 自准直后再返回至分光镜 B_1，经 B_1 透射后入射至光电倍增管。为使参考光路长短可调，M_4 可以前后移动，以平衡参考光路和实际的水平台和垂直台测量光路。

垂直台测量光路为：激光至 M_1、B_1 反射后至 M_9、M_{11}（此时反射镜 M_{10}退出光路，见 A 向视图）。经自准直后，由 M_{11}沿原路返回 M_9、B_1，并透过 B_1 至光电倍增管，于是参考光及测量光相干涉，产生干涉条纹。水平台测量光路为：激光至 M_1、B_1，此时经反射镜 M_{10}进入光路，光由 M_{12}至 M_{13}（C 向视图），经自准直调节后，由 M_{13}返回 M_{12}、B_1 至光电倍增管。此时，水平台测量光与参考光干涉，产生干涉条纹。

以低频激光测振仪的激光波长为长度绝对标准，对振动台振幅 A 进行测量与测量振动周期的绝对时间标准配合，可测得振动表面振幅、速度、加速度等各振动参数。最终对振动传感器的位移、速度和加速度等振动参数进行绝对标定。本系统利用条纹计数法对振动平台的台面振动进行测量，振幅和条纹数之间的关系可以用下式算出：

$$A=\frac{1}{8}N\lambda$$

式中 A——振动台的振幅；

N——条纹数；

λ——激光的波长。

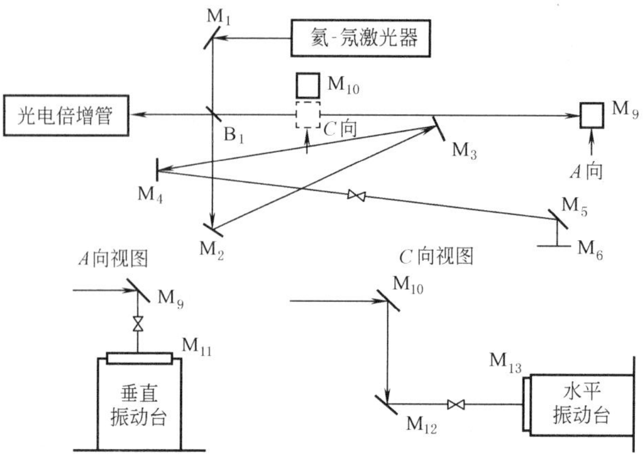

图 19-7-17　低频激光测振仪光路示意图

A 向视图—激光到垂直振动台的视图；*C* 向视图—水平振动台的视图

4　振动频率与相位的测量

在振动测量中，振动频率的测量比其他参数的测量容易实现。然而，它在振动测量中却占据很重要的地位，而且往往是首先遇到和必须解决的问题。

4.1　李沙育图形法

利用李沙育图形测量振动频率，所用的仪器为阴极射线示波器和正弦信号发生器。将传感器感受到的信号，接到示波器的垂直（或水平）输入，再把正弦信号发生器的输出接至示波器的水平（或垂直）输入。同时把“*x* 轴选择”开关置于“*x* 轴增幅”位置，并适当调整“*x* 轴增幅”与“*y* 轴增幅”的旋钮，就会在示波器的荧光屏上出现两信号的合成图形。调节正弦信号发生器的输出频率，使荧光屏上出现稳定的椭圆或圆形波形。这时被测信号的频率就等于正弦信号发生器的频率。从正弦信号发生器的刻度盘上可读出输出信号的频率值，即被测振动信号频率。若示波器荧光屏上出现的是其他复杂稳定图形，同样可根据正弦信号发生器的输出频率值，来确定被测信号的频率。这时需要根据图 19-7-18 判断正弦信号发生器的输出频率和被测振动频率的比值（m/n）。

由此可见，利用李沙育图形，可以测量出被测振动信号的频率。其测量精度和信号发生器的频率指示精度一样。在测量过程中，应当注意选用示波器和信号发生器的工作频率范围，必须能够覆盖测量所需要的数值。对于机械振动量来说，主要是下限频率应满足测量要求。

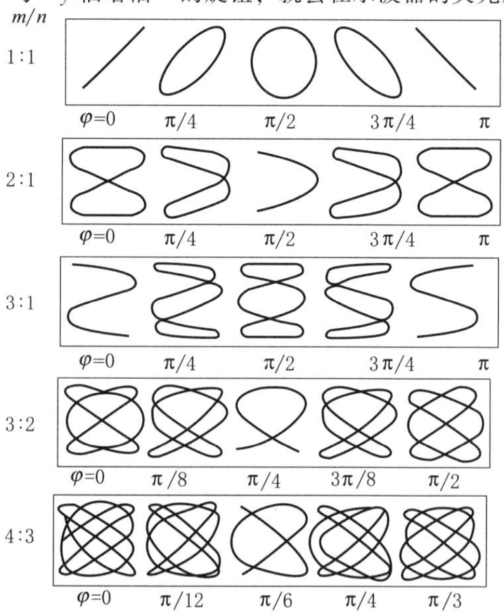

图 19-7-18　李沙育图形

m—沿水平轴简谐振动信号的频率；

n—沿垂直轴简谐振动信号的频率

4.2　标准时间法

标准时间法测量振动频率，通常是用带有时间标度的示波器。若振动信号波形一个周期占据 5 格，而每格代表 1μs，因频率是周期的倒数，故该振动信号的频率为 200kHz。

4.3 闪光测频法

闪光测频是通过闪光仪来实现的。如果闪光频率正好和物体振动频率一致，那么，当振动体每次被照亮时，它正好振动到同一位置，看起来振动体就好像稳定在一个位置不动一样。这时从闪光仪上读出闪光频率，就是物体的振动频率。但应注意，当物体的振动频率是闪光频率的整数倍时，同样会出现振动稳定在一个位置不动的情况，这就需要从低频至高频反复调节闪光频率，以确定振动体的真实振动频率，或者根据振动系统的特性凭经验确定振动体的实际振动频率。可测频率范围：1～2400Hz。

4.4 数字频率计测频法

测量振动频率的直读仪器，目前多采用数字式频率计，这是因为数字式频率计具有很高的精确度和稳定性，同时数字显示使用也很方便。

数字频率计测量频率的过程，就是在标准单位时间内，记录电信号变化的周波数。典型的数字频率计的方框图如图 19-7-19 所示。显然数字频率计必须有一高精度的时间标准。通常由石英晶体振荡器经分频器分频后，获得不同的时间标准。被测信号首先进入放大整形电路，将周期信号放大并整形为前沿陡峭的脉冲信号。然后再把此信号送入计数门。计数门的开闭由标准时间信号控制。当计数门打开的标准时间内通过计数门的信号脉冲数被计数器记录下来，该脉冲数即为被测信号的频率。

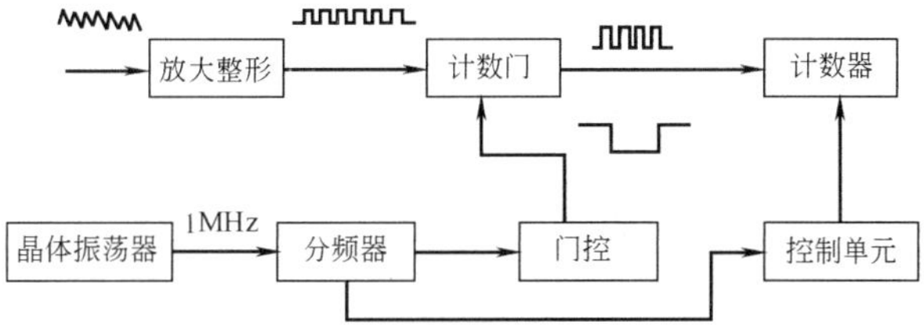

图 19-7-19　测量频率的工作原理

当用频率计测量频率较低的振动时，误差很大。所以对低频信号改为测周期，测量周期的原理（图 19-7-20）与测量频率是相反的，这样就会明显地提高准确度。

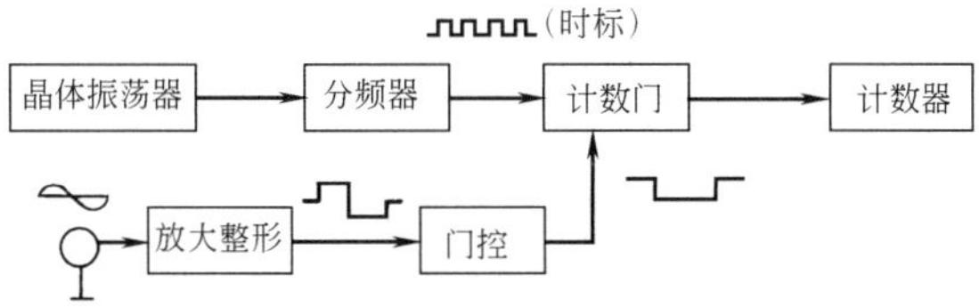

图 19-7-20　测量周期的工作原理

4.5 振动频率测量分析仪

目前市场上的振动频率测量分析仪不仅具有测量机械设备振动加速度、速度、位移的，并可测量它的主频率。一般仪器采用单片机电路及各种技术设计而成，可靠性高、耗电量小、抗干扰能力强、体积小、操作携带方便等特点，采用电池供电。

还有频谱分析仪，将周期振动信号输入频谱分析仪，就可直接测量出信号中所包含的各次谐波的频率。

4.6 相位的测量

振动测试中感兴趣的通常不是某一正弦波的初相位，而是两同频率正弦波间的相位差。可用相位计测量，还可用示波器测量。有线性扫描法、椭圆法和填充计数式相位测量。目前市场上供应有相位表。

例如，填充计数式相位测量是将两个同频被测信号整形为两个方波信号，然后测量出这两个同频方波的前沿（或后沿）之间的时间差比例，即为这两个被测信号之间的相位差。要获得这个时间差比例，通常采用脉冲信号填充计数之：设两信号经整形后形成 A 和 B 两路方波，若 A 的两个前沿之间（一个信号周期）的计数脉冲的个数为 N 个，A 与 B 的两个相邻前沿之间的计数脉冲的个数为 n 个，则 A，B 两路之间的相位差为 $2\pi n/N$。

又如，用双线示波器测量各点的相位关系；取双线示波器中的一条扫描记录参考点的信号，另一条扫描逐点显示各测点的波形，以参考点波形为基准来对比，逐点读出各测点的相位。

5　系统固有频率与振型的测定

固有频率是振动系统一项重要参数。它取决于振动系统结构本身的质量、刚度及分布。确定系统固有频率可以通过理论计算或振动测量得到。对较复杂系统只有通过测量才能得到较准确的系统固有频率。确定系统固有频率的常用方法有自由衰减振动法与共振法。

5.1　自由衰减振动法

设法使被测系统产生自由振动，同时记录下振动波形与时标信号，然后进行比较，可求得系统自由衰减振动的频率 f 由于阻尼的存在，它与系统的固有频率 f_0 之间关系为：

$$f=f_0\sqrt{1-\zeta^2} \tag{19-7-2}$$

式中　ζ——系统的阻尼比。

由式(19-7-2) 可知，用自由振动法测出的系统固有频率，略小于实际的固有频率，当阻尼很小时，两者是很接近的。

为使系统产生自由振动，通常采用敲击法对系统施加一冲击力，但应注意力的作用点、大小和作用时间等。

5.2　共振法

该方法是利用激振器对被测系统施以简谐干扰力，使系统产生受迫振动，然后连续改变干扰力频率，进行扫描激振，当干扰力频率和系统固有频率相近时，系统产生共振（振动幅值最大）。只要逐渐调节干扰力频率，同时测量振动幅值，绘出幅频响应曲线。曲线峰值所对应的频率即为系统的各阶固有频率。

应当指出：由于测量振动参数不同，存在位移共振、速度共振、加速度共振，它们对应的共振频率之间的关系见表 19-7-4。

表 19-7-4　　单自由度系统固有频率和共振频率关系

阻　　尼	固有频率	位移共振频率	速度共振频率	加速度共振频率
无阻尼	ω_n	ω_n	ω_n	ω_n
有阻尼	$\omega_n\sqrt{1-\zeta^2}$	$\omega_n\sqrt{1-2\zeta^2}$	ω_n	$\omega_n\sqrt{1+2\zeta^2}$

由表 19-7-4 可见，在有阻尼情况下，只有速度共振时，测得速度共振频率就是系统的无阻尼固有角频率。所以在测量中，最好测速度信号。位移共振频率和加速度共振频率，只有阻尼不大时，才接近无阻尼固有角频率。

5.3　频谱分析法

给系统一个激励，如果同时测试输入的激励以及物体引起的振动（位移、速度或加速度），就可以求取输出（振动）与输入（力）的关系——即物体或结构的响应函数。该系统响应函数反映了机械结构固有的力学特征。

设 $X(s)$ 表示对系统的输入，$Y(s)$ 表示系统的输出，$H(s)$ 表示系统函数，s 为广义参量，则机械结构的响应函数为：

$$H(s)=\frac{Y(s)}{X(s)}$$

如果以频率为参量，则 $H(s)$ 成为频响函数。频响函数上的各个峰值所对应的频率即为结构的各阶固有频率。

特别地，当输入力为标准脉冲力 $\delta(t)$ 时，其频谱幅度恒定为 1，$X(s)=\delta(s)=1$；直接对响应信号（振动信号）进行频谱分析，即可得到结构的频响函数。

例如，对叶片敲击时，相当于对叶片施加一个准脉冲力，然后用微型加速度传感器将其振动信号送入仪器进行频率分析，即得到响应信号的频谱，亦即叶片频响函数。频谱上的峰值对应的频率即为叶片固有频率。

可采用频率分析仪测定固有频率，过程是：传感器将拾取叶片振动信号，经电荷放大器转换为电压信号，然后滤掉无用的频率成分，放大后送 A/D 转换器转换成数字量送入微处理器，微处理器将信号进行频谱分析，分析结果在液晶显示器上显示出来，其峰值点对应的频率即为叶片固有频率。

另外，还有试验模态分析法等。

5.4 振型的测定

振型的测定常与固有频率的测定同时进行。

要测定结构的振型，可施加一激振力使结构物在某一阶固有频率下振动，即可得单一的振型，如此时测定结构物上各点的位移值，即可得到结构对应于该频率的主振型。

在工程上，往往还只是用激振器激振结构找出共振时各点的位移值，用连接起来的振动曲线，作为振型处理。

此外，亦可把结构物（或模型）放于振动台上进行激振，这样测得的振型是由基础运动引起的强迫振动情况下的振型。

振型的测定大致有如下几种方法：

1）谱分析法（基本同 5.3 节）；

2）试验模态分析法；

3）探针法；

4）砂型法；

5）激光法：本方法发展得很快，它具有许多优点：除了非接触、精度高以外，还可以用于具有粗糙表面的三维体机器及其零部件，还能得到全部振动表面的振幅等高线。激光法有：激光多普勒测振仪测振法，激光全息摄像法，脉冲激光电子斑点干涉法等。

对于比较复杂、大型、刚度较大的部件或结构，需用传感器及测振仪器，测出被测结构上各点的振幅（或加速度）值及相位，以绘出其振型曲线。

例如，用紫外线示波器记录在共振时各点振动信号，然后读出同一瞬时各点振幅值和各振幅间的相位关系。按各点振幅值画出即为第一振型；当相位差 180°时，按各点振幅值及相位关系画出即为第二振型。

又如，用上面谈到的双线示波器测量各点间的相位关系，逐点读出测点的相位，亦可求得振型。

6 阻尼参数的测定

阻尼是影响振动响应的重要因素之一。确定系统的阻尼系数，多数用实测方法，这里介绍几种常用测定方法。

6.1 自由衰减振动法

用自由衰减振动法测出系统自由振动衰减曲线（图 19-7-21），即测出振动幅值（可以是位移、速度或加速度幅值）随时间 t 而变化的曲线，然后从衰减曲线上，量出相隔 n 个周期的两个振幅值 A_1 和 A_{n+1}，则对数减幅系数：

$$\delta=\frac{1}{n}\ln\frac{A_1}{A_{n+1}}=\frac{2\pi\zeta}{\sqrt{1-\zeta^2}} \tag{19-7-3}$$

从超越方程(19-7-3) 中可求得阻尼比ζ。当$\zeta\leqslant0.1$时，

$$\zeta=\frac{1}{2\pi n}\ln\frac{A_1}{A_{n+1}} \tag{19-7-4}$$

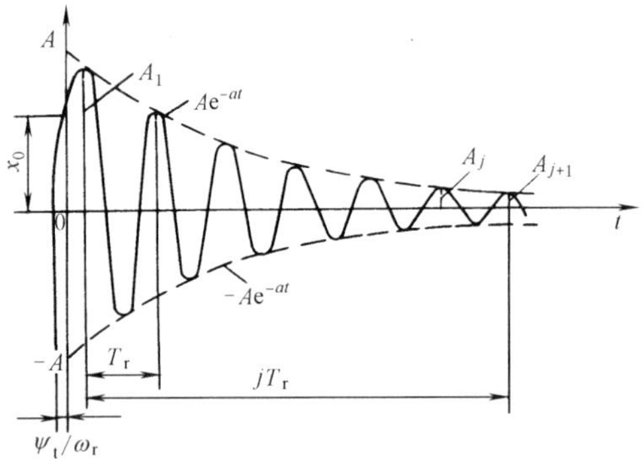

图 19-7-21　自由振动衰减曲线

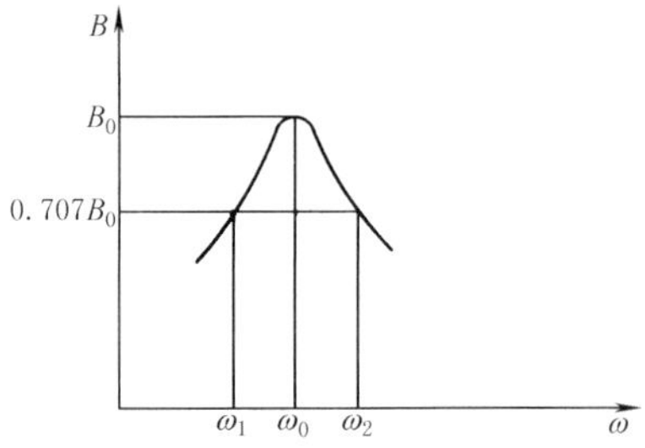

图 19-7-22　共振曲线

6.2　带宽法

在简谐激振力作用下，使系统产生共振，在共振峰附近，改变激振频率，记录相应的振动幅值，作出如图 19-7-22 的共振曲线，利用下式求出阻尼比：

$$\zeta=\frac{\omega_2-\omega_1}{2\omega_n} \tag{19-7-5}$$

式中　ω_n——系统固有角频率，rad/s；

ω_1，ω_2——分别为幅频响应曲线上对应幅值为 $0.707B_0$ 的角频率（B_0 为共振振幅），rad/s。

带宽法既可用于低阶，也可用于高阶下阻尼的测定，但两个角频率值需相差较大，否则误差很大，甚至失效。

第 8 章　轴和轴系的临界转速

1　概　　述

轴系由轴、联轴器、安装在轴上的传动件、转动件、紧固件等各种零件以及轴的支承组成。激起轴系共振的转速称为临界转速。当转子的转速接近临界转速时，轴系将引起剧烈的振动，严重时造成轴、轴承及轴上零件破坏，而当转速在临界转速的一定范围之外时，运转趋于平稳。若不考虑陀螺效应和工作环境等因素，轴系的临界转速在数值上等于轴系不转动而仅作横向弯曲振动的固有频率：

$$n_c = 60f_n = \frac{30}{\pi}\omega_n \tag{19-8-1}$$

式中　n_c——临界转速，r/min；

f_n——固有频率，Hz；

ω_n——固有角频率，rad/s。

由于转子是弹性体，理论上应有无穷多阶固有频率和相应的临界转速，按数值从小到大排列为 n_{c1}、n_{c2}、…、n_{ck}、…，分别称为一阶、二阶、……、k 阶临界转速。在工程中有实际意义的只是前几阶，特别是一阶临界转速。

为了保证机器安全运行和正常工作，在机械设计时，应使各转子的工作转速 n 离开其各阶临界转速一定的范围。一般的要求是，对工作转速 n 低于其一阶临界转速的轴系，$n<0.75n_{c1}$；对工作转速高于其一阶临界转速的轴系，$1.4n_{ck}<n<0.7n_{ck+1}$。

临界转速的大小与轴的材料、几何形状、尺寸、结构形式、支承情况、工作环境以及安装在轴上的零件等因素有关。要同时考虑全部影响因素，准确计算临界转速是很困难的，也是不必要的。实际上，常按不同设计要求，只考虑主要影响因素，建立简化计算模型，求得临界转速的近似值。

本手册第 7 篇第 1 章 1.7 “轴的临界转速校核” 可以对照参考。

2　简单转子的临界转速

2.1　力学模型

表 19-8-1

轴系组成	简　化　模　型	说　　明
两支承轴	等直径均匀分布质量模型 m_0	阶梯轴当量直径： $D_m = a\frac{\sum d_1 \Delta l_1}{\sum \Delta l_1}$ 式中　d_1——阶梯轴各阶直径,m; Δl_1——对应 d_1 段的轴段长度,m; a——经验修正系数 若阶梯轴最初段长超过全长 50%，$a=1$；小于 15%，此段轴可以看成以次粗段直径为直径的轴上套一轴环；a 值一般可参考有准确解的轴通过试算找出，例如一般的压缩机、离心机、鼓风机转子 $a=1.094$
	两支承等直径梁刚度模型 EJ	

续表

轴系组成	简 化 模 型	说 明
圆盘	集中质量模型 m_1	适用转子转速不高，圆盘位于两支承的中点附近回转力矩影响较小的情况
支承	刚性支承模型。各种轴承刚性支承形式按下图选取 结构简图 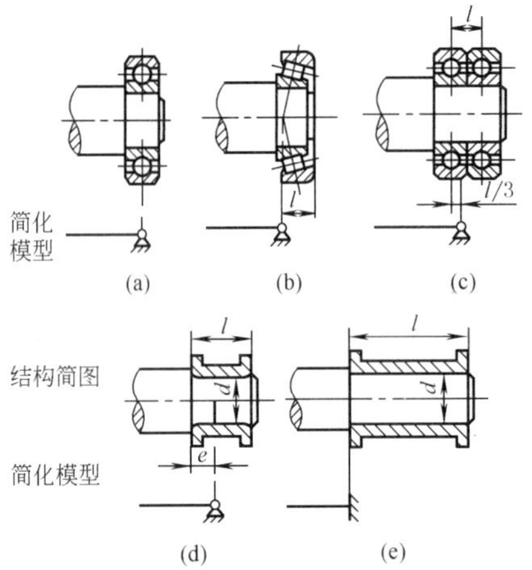	刚性支承反力作用点： 图 a 为深沟球轴承；图 b 为角接触球轴承或圆锥滚子轴承；图 c 为成对安装角接触球轴承、双列角接触球轴承、调心球轴承、双列短圆柱滚子轴承、调心滚子轴承、双列圆锥滚子轴承；图 d 为短滑动轴承（$l/d<2$）：当 $l/d\leqslant 1$ 时，$e=0.5l$，当 $l/d>1$ 时，$e=0.5d$；图 e 为长滑动轴承（$l/d>2$）和四列滚动轴承 一般小型机组转速不高，支座总刚度比转子本身刚度大得多，可按刚性支座计算临界转速

2.2 两支承轴的临界转速

转轴 k 阶临界转速：

$$n_{ck}=\frac{30\lambda_k}{\pi L^2}\sqrt{\frac{EJL}{m_0}}\ (\mathrm{r/min}) \tag{19-8-2}$$

式中 m_0——轴质量，kg；

L——轴长，m；

E——材料弹性模量，Pa；

J——轴的截面惯性矩，m^4；

λ_k——计算 k 阶临界转速的支承形式系数，见表 19-8-2。

表 19-8-2　　等直径轴支承形式系数 λ_k

支 座 形 式	λ_1	λ_2	λ_3	支 座 形 式	λ_1	λ_2	λ_3
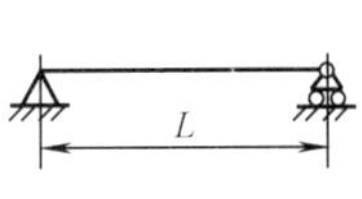	9.87	39.48	88.83	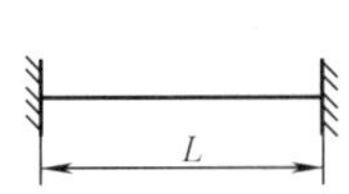	22.37	61.67	120.9
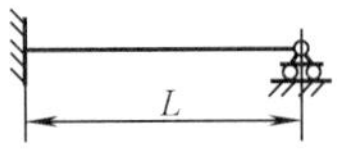	15.42	49.97	104.2				

续表

支座形式	λ_1											μ_2
	μ_1											
	0	0.05	0.10	0.15	0.20	0.25	0.30	0.35	0.40	0.45	0.50	
两端外伸轴 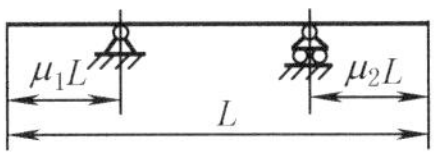	9.87*	10.92*	12.11*	13.34*	14.44*	15.06*	14.57*	13.13*	11.50*	9.983*	8.716*	0
		12.15	13.58	15.06	16.41	17.06	16.32	14.52	12.52	10.80	9.37	0.05
			15.22	16.94	18.41	18.82	17.55	15.26	13.05	11.17	9.70	0.10
				18.90	20.41	20.54	18.66	15.96	13.54	11.58	10.02	0.15
					21.89	21.76	19.56	16.65	14.07	12.03	10.39	0.20
						21.70	20.05	17.18	14.61	12.48	10.80	0.25
							19.56	17.55	15.10	12.97	11.29	0.30
								17.18	15.51	13.54	11.78	0.35
									15.46	14.11	12.41	0.40
										14.43	13.15	0.45
											14.06	0.50

注：1. μ_1、μ_2 为外伸端轴长与轴总长 L 的比例系数，μ_1 和 μ_2 之中有一值为零，即为一端外伸。

2. 表中只给出 $\mu_2=0$ 左端外伸时一阶支承形式系数 λ_1，见标记 * 值，当 $\mu_1=0$ 右端外伸只是把表中 μ_1 当成 μ_2，仍查标记 * 值。

2.3 两支承单盘转子的临界转速

表 19-8-3

支承形式	不计轴的质量 m_0	考虑轴的质量 m_0
	$n_{c1}=\dfrac{30}{\pi L^2}\sqrt{\dfrac{K}{m_1}}$	$n_{c1}=\dfrac{30\lambda_1}{\pi L^2}\sqrt{\dfrac{EJL}{m_0+\beta m_1}}$
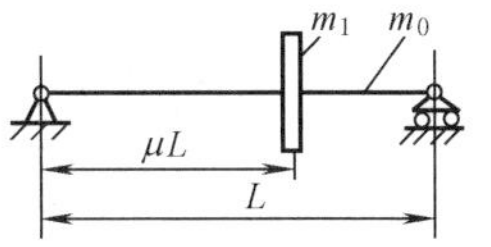	$K=\dfrac{3EJL}{\mu^2(1-\mu)^2}$	$\beta=32.47\mu^2(1-\mu)^2$
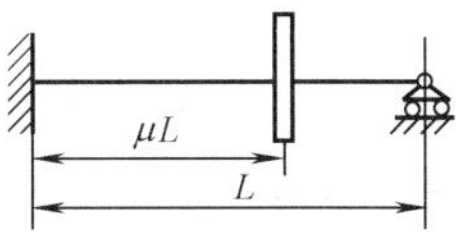	$K=\dfrac{12EJL}{\mu^3(1-\mu)^2(4-\mu)}$	$\beta=19.84\mu^3(1-\mu)^2(4-\mu)$
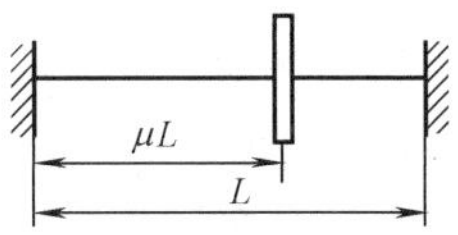	$K=\dfrac{3EJL}{\mu^3(1-\mu)^3}$	$\beta=166.8\mu^3(1-\mu)^3$
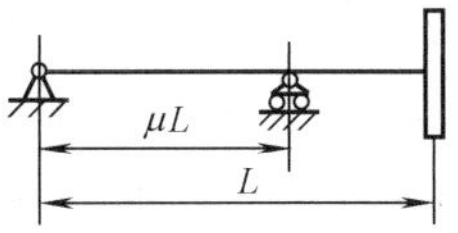	$K=\dfrac{3EJL}{(1-\mu)^2}$	$\beta=\dfrac{1}{3}(1-\mu)^2\lambda_1^2$

注：m_1—圆盘质量，kg；m_0—轴的质量，kg；E—轴材料弹性模量，Pa；J—轴的截面惯性矩，m^4；λ_1—支座形式系数，见表 19-8-2；β—集中质量 m_1 转换为分布质量的折算系数；μ—轴段长与轴全长 L 之比的比例系数。

3　两支承多圆盘转子临界转速的近似计算

3.1　带多个圆盘轴的一阶临界转速

带多个圆盘并需计及轴的自重时，按如下公式可以计算一阶的临界转速 n_{c1}：

$$\frac{1}{n_{c1}^2}=\frac{1}{n_0^2}+\frac{1}{n_{01}^2}+\frac{1}{n_{02}^2}+\cdots\cdots+\frac{1}{n_{0n}^2} \qquad (19\text{-}8\text{-}3)$$

式中　n_0——只有轴自重时轴的一阶临界转速；

n_{01}，n_{02}，…，n_{0n}——分别表示只装一个圆盘（盘 1，2，…，n）且不考虑轴自重时的一阶临界转速。

应用表 19-8-2 及表 19-8-3 可以分别计算 n_0 及各 n_{01}，n_{02}，…值，代入即可求得 n_{c1}。

在本手册第 2 卷第 7 篇第 1 章 1.7.4 列有几种光轴带多圆盘的一阶临界转速的表，可以参看。

对阶梯轴及复杂转子的轴则用下面的方法计算。本方法是较古老的算法，在没有软件的情况下，设计者可手算求得。一般还是推荐运用本章第 5 节轴系临界转速的计算的方法去求解原理是相同的。

3.2　力学模型

将实际转子按轴径和载荷（轴段和轴段上安装零件的重力）的不同，简化成为如图 19-8-1 所示 m 段受均布载荷作用的阶梯轴。各段的均布载荷 $q_i=\frac{m_i g}{l_i}$（N/m），m_i 为 i 段轴和装在该段轴上零件的质量，kg；l_i 为该轴段长度，m；g 为重力加速度，$g=9.8\text{m/s}^2$。支承为刚性简支，各种形式支承的位置按表 19-8-1 中支承图选取。

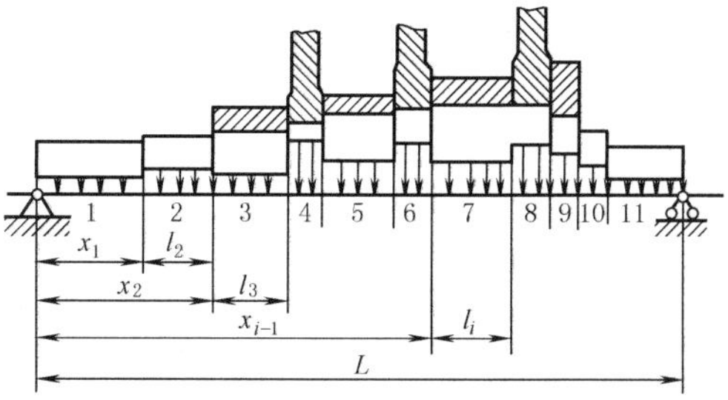

图 19-8-1　轴系的计算模型

3.3　临界转速计算公式

由公式（19-8-2），将 $\lambda_1=9.87$ 及 $g=9.8\text{m/s}^2$ 代入，得

$$n_{ck}=\frac{2.95\times10^2k^2}{L^2\sqrt{\left(\sum\limits_{i=1}^{m}q_i\Delta_i\right)\left(\sum\limits_{i=1}^{m}\frac{\Delta_i}{E_iJ_i}\right)}}$$

对于钢轴 $E=2.1\times10^{11}\text{N/m}^2$，则

$$n_{ck}=\frac{4.28\times10^2k^2}{L^2}\sqrt{\frac{J_{max}\times10^{11}}{\left(\sum\limits_{i=1}^{m}q_i\Delta_i\right)\left(\sum\limits_{i=1}^{m}\frac{J_{max}}{J_i}\Delta_i\right)}} \qquad (19\text{-}8\text{-}4)$$

式中　k——临界转速阶次，通常只计算一、二阶临界转速，用于计算高于三阶临界转速时误差较大；

L——转子两支承跨距，m；

q_i——第 i 段轴的均布载荷，$q_i=m_ig/l_i$，N/m；

J_i——第 i 段轴截面惯性矩，$J_i=\pi d_i^4/64$，m^4；

J_{max}/J_i——最大截面惯性矩与第 i 段轴截面惯性矩之比；

d_i——第 i 段轴的直径，m；

Δ_i——第 i 段轴的位置函数，$\Delta_i=\phi(\lambda_i)-\phi(\lambda_{i-1})$，$\lambda_i=kx_i/L$，$\phi(\lambda_i)=\lambda_i-\frac{\sin2\pi\lambda_i}{2\pi}$，也可由表 19-8-4 查出。

表 19-8-4　　函数 $\phi(\lambda)$ 数值表

λ	φ(λ)	λ	φ(λ)	λ	φ(λ)	λ	φ(λ)	λ	φ(λ)
0.000	0	0.115	0.00975	0.375	0.2625	0.635	0.7544	0.895	0.9926
0.002	0.0000004	0.120	0.0111	0.380	0.2711	0.640	0.7626	0.900	0.99343
0.004	0.0000014	0.125	0.0125	0.385	0.2797	0.645	0.7708	0.902	0.99381
0.006	0.0000014	0.130	0.0140	0.390	0.2886	0.650	0.7788	0.904	0.99418
0.008	0.0000034	0.135	0.0156	0.395	0.2975	0.655	0.7866	0.906	0.99455
0.010	0.0000066	0.140	0.0174	0.400	0.3064	0.660	0.7944	0.908	0.99488
0.012	0.000011	0.145	0.0192	0.405	0.3155	0.665	0.8020	0.910	0.99521
0.014	0.000018	0.150	0.0212	0.410	0.3247	0.670	0.8095	0.912	0.99552
0.016	0.000027	0.155	0.0234	0.415	0.3340	0.675	0.8168	0.914	0.99582
0.018	0.000038	0.160	0.0256	0.420	0.3433	0.680	0.8240	0.916	0.99611
0.020	0.000053	0.165	0.0280	0.425	0.3527	0.685	0.8311	0.918	0.99638
0.022	0.00007	0.170	0.0305	0.430	0.3622	0.690	0.8380	0.920	0.99663
0.024	0.000091	0.175	0.0332	0.435	0.3718	0.695	0.8447	0.922	0.99688
0.026	0.000115	0.180	0.0360	0.440	0.3814	0.700	0.8514	0.924	0.99711
0.028	0.000144	0.185	0.0389	0.445	0.3911	0.705	0.8578	0.926	0.99734
0.030	0.000177	0.190	0.0420	0.450	0.4008	0.710	0.8641	0.928	0.99755
0.032	0.000215	0.195	0.0453	0.455	0.4106	0.715	0.8704	0.930	0.99774
0.034	0.000258	0.200	0.0486	0.460	0.4204	0.720	0.8763	0.932	0.99796
0.036	0.000306	0.205	0.0522	0.465	0.4302	0.725	0.8822	0.934	0.99812
0.038	0.00036	0.210	0.0558	0.470	0.4402	0.730	0.8879	0.936	0.99828
0.040	0.00042	0.215	0.0597	0.475	0.4501	0.735	0.8935	0.938	0.99843
0.042	0.000487	0.220	0.0637	0.480	0.4601	0.740	0.8988	0.940	0.99858
0.044	0.00056	0.225	0.0678	0.485	0.4700	0.745	0.9041	0.942	0.99872
0.046	0.00064	0.230	0.0721	0.490	0.4800	0.750	0.9092	0.944	0.99885
0.048	0.000725	0.235	0.0766	0.495	0.4900	0.755	0.9141	0.946	0.99897
0.050	0.00082	0.240	0.0812	0.500	0.5000	0.760	0.9188	0.948	0.99908
0.052	0.00092	0.245	0.0859	0.505	0.5100	0.765	0.9234	0.950	0.99918
0.054	0.00103	0.250	0.0908	0.510	0.5200	0.770	0.9279	0.952	0.999275
0.056	0.00115	0.255	0.0959	0.515	0.5300	0.775	0.9322	0.954	0.99936
0.058	0.00128	0.260	0.1012	0.520	0.5400	0.780	0.9363	0.956	0.99944
0.060	0.00142	0.265	0.1066	0.525	0.5499	0.785	0.9403	0.958	0.999513
0.062	0.00157	0.270	0.1121	0.530	0.5598	0.790	0.9441	0.960	0.99958
0.064	0.00172	0.275	0.1178	0.535	0.5697	0.795	0.9478	0.962	0.99964
0.066	0.00188	0.280	0.1237	0.540	0.5796	0.800	0.9514	0.964	0.999694
0.068	0.00204	0.285	0.1297	0.545	0.5894	0.805	0.9547	0.966	0.999742
0.070	0.00226	0.290	0.1358	0.550	0.5992	0.810	0.9580	0.968	0.999785
0.072	0.00245	0.295	0.1412	0.555	0.6089	0.815	0.9611	0.970	0.999823
0.074	0.00266	0.300	0.1486	0.560	0.6186	0.820	0.9640	0.972	0.999856
0.076	0.00289	0.305	0.1553	0.565	0.6282	0.825	0.9668	0.974	0.999885
0.078	0.00312	0.310	0.1620	0.570	0.6378	0.830	0.9695	0.976	0.999906
0.080	0.00337	0.315	0.1689	0.575	0.6473	0.835	0.9720	0.978	0.999993
0.082	0.00362	0.320	0.1760	0.580	0.6567	0.840	0.9744	0.980	0.999947
0.084	0.00389	0.325	0.1823	0.585	0.6660	0.845	0.9766	0.982	0.999962
0.086	0.00418	0.330	0.1905	0.590	0.6753	0.850	0.9788	0.984	0.999973
0.088	0.00448	0.335	0.1980	0.595	0.6845	0.855	0.9808	0.986	0.999982
0.090	0.00479	0.340	0.2056	0.600	0.6935	0.860	0.9826	0.988	0.999989
0.092	0.00512	0.345	0.2134	0.605	0.7025	0.865	0.9844	0.990	0.9999934
0.094	0.00545	0.350	0.2212	0.610	0.7114	0.870	0.9860	0.992	0.9999956
0.096	0.00581	0.355	0.2292	0.615	0.7203	0.875	0.9875	0.994	0.9999986
0.098	0.00619	0.360	0.2374	0.620	0.7289	0.880	0.9890	0.996	0.9999996
0.100	0.00645	0.365	0.2456	0.625	0.7375	0.885	0.9902	0.998	1
0.105	0.00745	0.370	0.2540	0.630	0.7460	0.890	0.9915	1.000	1
0.110	0.00855								

注：当 $\lambda>1$ 时，$\phi(\lambda)$ 的整数部分与 λ 的整数部分相等。小数部分由表中查得。

3.4 计算示例

某转子系统简化成为如图 19-8-1 所示的 11 段阶梯轴均布载荷计算模型，已知条件、计算过程和按式（19-8-4）计算的 n_{c1} 和 n_{c2} 列于表 19-8-5。

表 19-8-5　　临界转速近似计算表

轴段号	已知条件				均布载荷 q_i /N·m^{-1}	截面惯性矩 J_i /10^{-6}m^4	$\frac{J_{max}}{J_i}$	$k=1$				
	质量 m_i /kg	轴段长 l_i/m	轴径 d_i /m	坐标 x_i /m				λ_i	$\phi(\lambda_i)$	Δ_i	$\frac{J_{max}}{J_i}\Delta_i$	$q_i\Delta_i$
1	4.16	0.16	0.065	0.16	254.8	0.876	11.62	0.123	0.0119	0.0119	0.138	3.03
2	8.85	0.168	0.085	0.328	516.3	2.562	3.97	0.252	0.0928	0.0809	0.321	41.77
3	7.74	0.155	0.09	0.483	489.4	3.221	3.16	0.372	0.2574	0.1646	0.520	80.56
4	54.08	0.06	0.105	0.543	8833	5.967	1.71	0.418	0.3396	0.0822	0.141	726.07
5	18.31	0.18	0.11	0.723	996.9	7.187	1.42	0.556	0.6108	0.2712	0.385	270.36
6	53.88	0.06	0.115	0.783	8800	6.585	1.55	0.602	0.6971	0.0863	0.103	759.44
7	18.75	0.15	0.12	0.933	1225	10.18	1	0.718	0.8739	0.1768	0.177	216.58
8	56.84	0.077	0.12	1.01	7234	10.18	1	0.777	0.9338	0.0599	0.060	433.32
9	20.75	0.08	0.11	1.09	2542	7.187	1.42	0.838	0.9734	0.0396	0.056	100.66
10	4.15	0.05	0.10	1.14	813.4	4.909	2.07	0.877	0.9881	0.0147	0.030	11.96
11	4.71	0.16	0.07	1.30	288.5	1.179	8.63	1	1	0.0119	0.103	3.43
总和	252.22	1.30									2.034	2647.18

轴段号	n_{c1}/r·min^{-1}			$k=2$					n_{c2}/r·min^{-1}		
	近似	精确	误差	λ_i	$\phi(\lambda_i)$	Δ_i	$\frac{J_{max}}{J_i}\Delta_i$	$q_i\Delta_i$	近似	精确	误差
1	3478	3584	2.96%	0.246	0.0869	0.0869	1.010	22.14	12788	13430	4.78%
2				0.564	0.6263	0.5394	2.141	278.49			
3				0.744	0.0030	0.2767	0.874	135.42			
4				0.836	0.9725	0.0895	0.153	790.55			
5				1.112	1.0090	0.0365	0.052	36.39			
6				1.204	1.0515	0.0425	0.066	374			
7				1.436	1.3737	0.3222	0.322	394.7			
8				1.554	1.6070	0.2333	0.233	1687.69			
9				1.676	1.8182	0.2112	0.299	536.87			
10				1.754	1.9131	0.0949	0.196	77.15			
11				2	2	0.0869	0.750	25.07			
总和							5.863	4358			

3.5 简略计算方法

1）如只要作近似的计算，按表 19-8-1 将阶梯轴化作一等效当量直径为 d_e 的光轴的计算。其长度不变。这方法简单，但是，因为轴的截面惯性矩是和轴直径的四次方成正比的，所以是很粗略的估算。只适用于某些特定的设备，且经过试验取得修正系数后使用。

2）最常用的是能量法。由于轴的临界转速角频率与其作为梁的横向振动角频率相同，只要按梁的挠度推求振动角频率即可，不算剪切变形，误差约为 2%：

$$\omega_n = \sqrt{\frac{g\sum m_i y_i}{\sum m_i y_i^2}} \quad \text{rad/s}$$

式中 m_i——各阶段轴的质量（参见图 19-8-1），kg；

y_i——各阶段轴中点的变形（挠度），cm；

g——重力加速度，981cm/s^2。

3）关于变截面梁的挠度 y_i 可按材料力学的方法计算。由于挠度很小，这里介绍另一方法。

由轴上的荷载可计算轴的弯矩图，计算各阶段轴两截面的剪力、弯矩，按照这些力可计算各阶段轴右截面相对于左截面的转角 Δ_i 和位移 δ_i，则各截面相对于支点 O 的转角和位移各为：$\sum\Delta_i$、$\delta_{0i}=\sum\delta_i$，支点 n 相对于支点 O 的转角和位移为：

$$\Delta_{0n} = \sum_1^n \Delta_i\ ;\delta_{0n} = \sum_1^n \delta_i$$

因 n 点实际位移为 0，所有转角都要减去：$\theta=\frac{\delta_{0n}}{L}$，（此亦为 0 截面的转角）。所有位移都各要减去 $\delta'_{0i}=x_i\theta$。即 $y'_i=\delta_{0i}-x_i\theta$，这里是以截面右端的位移来代替各阶段轴中点的位移。可以取两端截面位移的平均值来算得 y_i 值：$y_i=\frac{y'_{i-1}+y'_i}{2}$。用列表进行计算。

4）上面只是求一阶临界转速。若要推求二阶临界转速，必须先设定中间某一点，将轴分成两段，且令该点的位移为零，试算两段轴的临界转速，若两段轴的临界转速相等，则此临界转速即为二阶临界转速。若不相等，则移动该点，重新计算，比较麻烦，不如编程序进行计算。或者，近似的取二阶临界转速为一阶临界转速的四倍来估算。

4 轴系的模型与参数

4.1 力学模型

表 19-8-6

轴系组成	简化模型	说明
圆盘	刚性质量圆盘模型 m_{ci} 和 $I_i(I_{pf})$	将转子按轴径变化和装在轴上零件不同分为若干段。每段的质量以集中质量代替，并按质心不变原则分配到该段轴的两端。两质量间以弹性无质量等截面梁连接，弯曲刚度 EJ_i 和实际轴段相等。对轴段划分越细，计算精度越高，但计算工作量也越大。有时为简化计算，还可略去轴的质量，仅计轴上件质量
转轴	离散质量模型 $m'_i=m'_{i,i}+m'_{i,i+1}(I'_i=I'_{i,i}+I'_{i,i+1})$	
	无质量弹性梁模型 EJ_i、l_i、a_i、GA_i	

（续）

轴系组成	简化模型		说明
支承	弹性支承模型	支承形式如下图，图 a 只考虑支承静刚度 K；图 b 同时考虑支承静刚度 K 和扭转刚度 K_θ；图 c 同时考虑支承静刚度 K_2、油膜刚度 K_1 及参振质量为 m 的弹性支承；图 d 同时考虑支承静刚度 K 和阻尼系数 C 的弹性支承 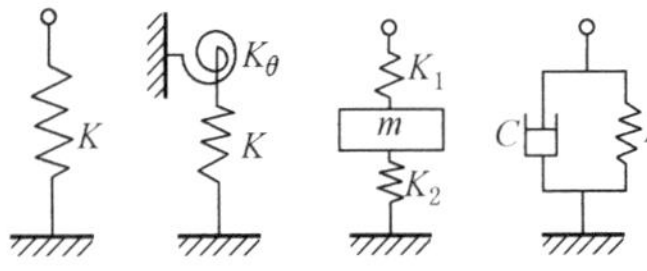 (a) (b) (c) (d)	弹性支承的刚度可通过测试方法获得。也可按 4.2 节的方法确定滚动轴承支承的刚度，按 4.3 节的方法确定滑动轴承的刚度。对于大中型机组支承总刚度与转子刚度相近、且较精确计算轴系临界转速时，支承必须按弹性支承考虑。特别是支承的动刚度随转子转速的变化而变化，转速越高支座的动刚度越低，因此，在计算高速转子和高阶临界转速时，支承更应按弹性支承考虑。
支承	刚性支承模型		刚性支承形式和支反力作用点及模型适用范围完全与表 19-8-1 刚性支承模型相同

4.2 滚动轴承支承刚度

表 19-8-7

项目		计算公式	公式使用说明
单个滚动轴承径向刚度		$K=\dfrac{F}{\delta_1+\delta_2+\delta_3}$（N/μm）	F——径向负荷，N； δ_1——轴承的径向弹性位移，μm δ_2——轴承外圈与箱体的接触变形，μm δ_3——轴承内圈与轴颈的接触变形，μm β——弹性位移系数，根据相对间隙 g/δ_0 从图 19-8-2 查出 δ_0——轴承中游隙为零时的径向弹性位移，μm，根据表 19-8-8 的公式进行计算 g——轴承的径向游隙，有游隙时取正号，预紧时取负号，μm
滚动轴承径向弹性位移	已经预紧时	$\delta_1=\beta\delta_0$（μm）	
滚动轴承径向弹性位移	存在游隙时	$\delta_1=\beta\delta_0-g/2$（μm）	
轴承配合表面接触变形（外圈或内圈）	有间隙的配合	$\delta_2=\delta_3=H_1\Delta$（μm）	Δ——直径上的配合间隙或过盈，μm H_1——系数，由图 19-8-3a 根据 n 查出，$n=\dfrac{0.096}{\Delta}\sqrt{\dfrac{2F}{bd}}$ H_2——系数，由图 19-8-3b 根据 Δ/d 查出，当轴承内圈与轴颈为锥体配合时，H_2 可取 0.05，间隙为零时，H_2 可取 0.25 b——轴承套圈宽度，cm d——配合表面直径，cm，计算 δ_3 时为轴承内径，计算 δ_2 时为轴承外径
轴承配合表面接触变形（外圈或内圈）	有过盈的配合	$\delta_2=\delta_3=\dfrac{0.204FH_2}{\pi bd}$（μm）	

例 某机器的支承中装有一个双列圆柱滚子轴承 3182120（NN3020k）（$d=100$mm，$D=150$mm，$b=37$mm，$i=2$，$z=30$，$d_\delta=11$mm，$l=11$mm，$r=0.8$mm）。轴承的预紧量为 5μm（即 $g=-5$μm），外圆与箱体孔的配合过盈量为 5μm（即 $\Delta=5$μm），$F=4900$N。求支承的刚度。

解 （1）求间隙为零时轴承的径向弹性位移 δ_0

根据表 19-8-8

$$\delta_0=\frac{0.0625F^{0.893}}{d^{0.815}}=\frac{0.0625\times4900^{0.893}}{100^{0.815}}$$

$$=2.89\mu m$$

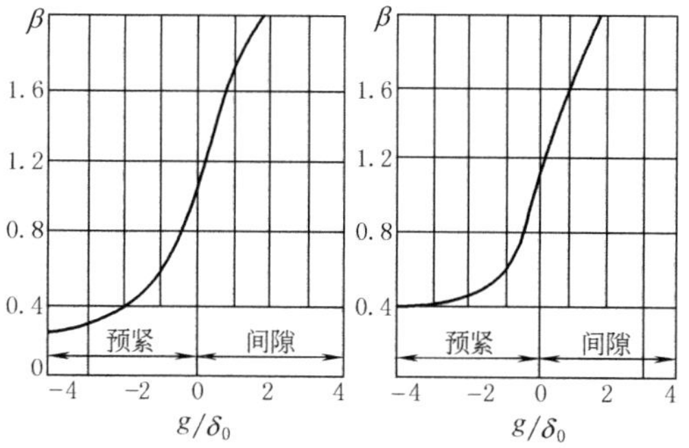

(a) 滚子轴承　　(b) 球轴承

图 19-8-2　弹性位移系数

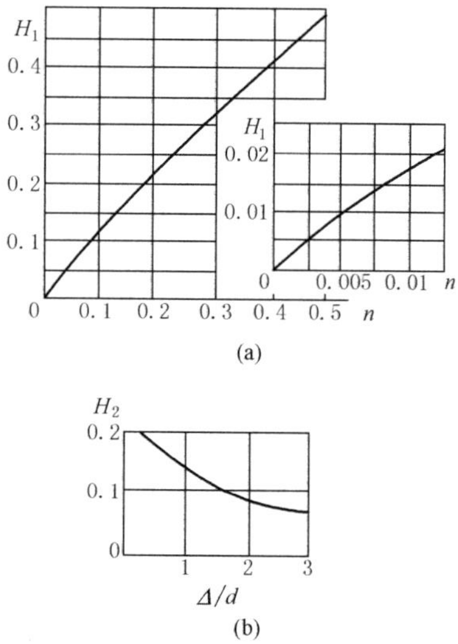

图 19-8-3　接触变形系数曲线

表 19-8-8　　**滚动轴承游隙为零时径向弹性位移 δ_0 计算公式**

轴　承　类　型	径向弹性位移 $\delta_0/\mu m$	轴　承　类　型	径向弹性位移 $\delta_0/\mu m$
深沟球轴承	$\delta_0=0.437\sqrt[3]{Q^2/d_\delta}$ $=1.277\sqrt[3]{\left(\dfrac{F}{z}\right)^2\Big/d_\delta}$	角接触球轴承	$\delta_0=\dfrac{0.437}{\cos\alpha}\sqrt[3]{\dfrac{Q^2}{d_\delta}}$
调心球轴承	$\delta_0=\dfrac{0.699}{\cos\alpha}\sqrt[3]{\dfrac{Q^2}{d_\delta}}$	圆柱滚子轴承	$\delta_0=0.0769(Q^{0.9}/d_\delta^{0.8})$ $=0.3333\left(\dfrac{F}{iz}\right)^{0.9}\Big/l_n^{0.8}$
双列圆柱滚子轴承	$\delta_0=\dfrac{0.0625F^{0.893}}{d^{0.815}}$	内圈无挡边双列圆柱滚子轴承	$\delta_0=\dfrac{0.045F^{0.897}}{d^{0.8}}$
圆锥滚子轴承	$\delta_0=\dfrac{0.0769Q^{0.9}}{l_a^{0.8}\cos\alpha}$	滚动体上的负荷	$Q=\dfrac{5F}{iz\cos\alpha}$(N)

注：F—轴承的径向负荷，N；i—滚动体列数；z—每列中滚动体数；d_δ—滚动体直径，mm；d—轴承孔径，mm；α—轴承的接触角，(°)；l_a—滚动体有效长度，mm，$l_a=l-2r$；l—滚子长度，mm；r—滚子倒圆角半径，mm。

(2) 求轴承有 5μm 预紧量时的径向弹性位移 δ_1

计算相对间隙：$g/\delta_0=-5/2.89=-1.73$

从图 19-8-2 查得：$\beta=0.47$，于是得

$$\delta_1=\beta\delta_0=0.47\times2.89=1.35\mu m$$

(3) 求轴承外圈与箱体孔的接触变形 δ_2

计算 Δ/D：$\Delta/D=5/15=0.333$，从图 19-8-3b 查得 $H_2=0.2$，于是

$$\delta_2=\frac{0.204FH_2}{\pi bD}=\frac{0.204\times4900\times0.2}{\pi\times3.7\times15}=1.15\mu m$$

(4) 求轴承内圈与轴颈的接触变形 δ_3

因内圈为锥体配合，故 $H_2=0.05$，于是

$$\delta_3=\frac{0.204FH_2}{\pi bD}=\frac{0.204\times4900\times0.05}{\pi\times3.7\times10}=0.43\mu m$$

（5）求支承刚度

将 δ_1，δ_2，δ_3 代入刚度公式得

$$K=\frac{F}{\delta_1+\delta_2+\delta_3}=\frac{4900}{1.35+1.15+0.43}=1672\text{N}/\mu\text{m}$$

4.3 滑动轴承支承刚度

滑动轴承的力学模型如图 19-8-4。沿各方向的刚度：

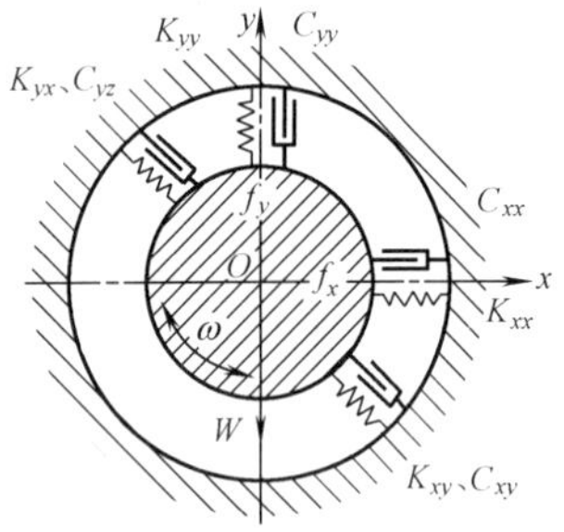

图 19-8-4 滑动轴承力学模型

$$K_{yy}=\frac{\overline{K}_{yy}W}{c}(\text{N/m})\quad K_{xx}=\frac{\overline{K}_{xx}W}{c}(\text{N/m})$$

$$K_{yx}=\frac{\overline{K}_{yx}W}{c}(\text{N/m})\quad K_{xy}=\frac{\overline{K}_{xy}W}{c}(\text{N/m})\qquad(19\text{-}8\text{-}5)$$

式中 W——轴颈上受的稳定静载荷，N；

c——轴承半径间隙，m；

$\overline{K}_{yy}$，$\overline{K}_{xx}$，$\overline{K}_{yx}$，$\overline{K}_{xy}$——无量纲，刚度系数，可根据轴瓦形式、S、L/D 和 δ 值由表 19-8-9 查得。

几种常用轴瓦的参数值

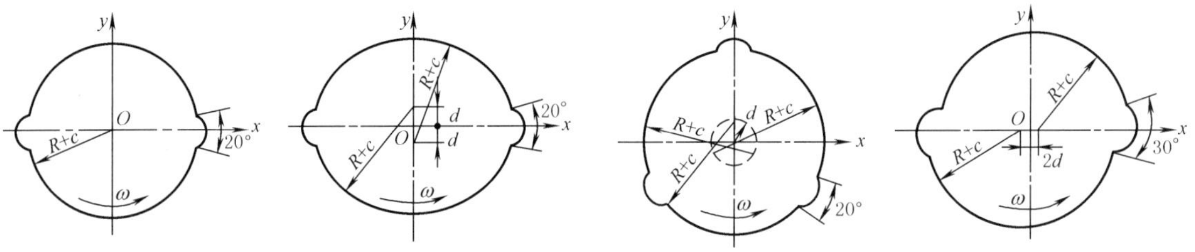

(a) 双油槽圆形轴瓦　(b) 椭圆轴瓦　(c) 三叶轴瓦　(d) 偏位圆柱轴瓦

表 19-8-9

S	ε	ψ	$\overline{Q}$	$\overline{P}$	$\overline{T}$	$\overline{K}_{xx}$	$\overline{K}_{xy}$	$\overline{K}_{yx}$	$\overline{K}_{yy}$	$\overline{C}_{xx}$	$\overline{C}_{xy}=\overline{C}_{yx}$	$\overline{C}_{yy}$
双油槽圆形轴瓦 $L/D=0.5$												
6.430	0.071	81.89	0.121	0.860	5.7	1.88	6.60	−14.41	1.55	13.31	−1.89	28.75
3.937	0.114	77.32	0.192	0.846	5.9	1.89	4.20	−9.27	1.57	8.58	−1.93	18.44
2.634	0.165	72.36	0.271	0.833	6.2	1.91	3.01	−6.74	1.61	6.28	−2.00	13.36
2.030	0.207	68.75	0.332	0.835	6.6	1.93	2.50	−5.67	1.65	5.33	−2.07	11.18
1.656	0.244	65.85	0.383	0.835	7.0	1.95	2.20	−5.06	1.69	4.80	−2.15	9.93
0.917	0.372	57.45	0.540	0.850	8.5	1.85	1.30	−4.01	2.12	3.23	−2.06	7.70
0.580	0.477	51.01	0.651	0.900	10.5	1.75	0.78	−3.70	2.67	2.40	−1.94	6.96
0.376	0.570	45.43	0.737	0.977	13.4	1.68	0.43	−3.64	3.33	1.89	−1.87	6.76
0.244	0.655	40.25	0.804	1.096	17.9	1.64	0.13	−3.74	4.21	1.54	−1.82	6.87
0.194	0.695	37.72	0.833	1.156	21.3	1.62	−0.01	−3.84	4.78	1.40	−1.80	7.03
0.151	0.734	35.20	0.858	1.240	25.8	1.61	−0.15	−3.98	5.48	1.27	−1.79	7.26
0.133	0.753	33.93	0.870	1.289	28.7	1.60	−0.22	−4.07	5.89	1.20	−1.79	7.41
0.126	0.761	33.42	0.875	1.310	30.0	1.60	−0.25	−4.11	6.07	1.18	−1.79	7.48
0.116	0.772	32.65	0.881	1.343	32.2	1.60	−0.30	−4.17	6.36	1.15	−1.79	7.59
0.086	0.809	30.04	0.902	1.473	41.4	1.59	−0.47	−4.42	7.51	1.03	−1.79	8.03
0.042	0.879	24.41	0.936	1.881	80.9	1.60	−0.92	−5.23	11.45	0.82	−1.80	9.48

续表

S	ε	ψ	$\overline{Q}$	$\overline{P}$	$\overline{T}$	$\overline{K}_{xx}$	$\overline{K}_{xy}$	$\overline{K}_{yx}$	$\overline{K}_{yy}$	$\overline{C}_{xx}$	$\overline{C}_{xy}=\overline{C}_{yx}$	$\overline{C}_{yy}$
双油槽圆形轴瓦 $L/D=1$												
1.470	0.103	75.99	0.135	0.850	5.9	1.50	3.01	-10.14	1.53	6.15	-1.53	20.34
0.991	0.150	70.58	0.189	0.844	6.2	1.52	2.16	-7.29	1.56	4.49	-1.58	14.66
0.636	0.224	63.54	0.264	0.843	6.9	1.56	1.57	-5.33	1.62	3.41	-1.70	10.80
0.358	0.352	55.41	0.369	0.853	8.7	1.48	0.97	-3.94	1.95	2.37	-1.63	8.02
0.235	0.460	49.27	0.436	0.914	11.1	1.55	0.80	-3.57	2.19	2.19	-1.89	7.36
0.159	0.559	44.33	0.484	1.005	14.2	1.48	0.48	-3.36	2.73	1.74	-1.78	6.94
0.108	0.650	39.72	0.516	1.136	19.2	1.44	0.23	-3.34	3.45	1.43	-1.72	6.89
0.071	0.734	35.16	0.534	1.323	27.9	1.44	-0.03	-3.50	4.49	1.20	-1.70	7.15
0.056	0.773	32.82	0.540	1.449	34.9	1.45	-0.18	-3.65	5.23	1.10	-1.71	7.42
0.050	0.793	31.62	0.541	1.524	39.6	1.45	-0.26	-3.75	5.69	1.06	-1.71	7.60
0.044	0.811	30.39	0.543	1.608	45.3	1.46	-0.35	-3.88	6.22	1.01	-1.72	7.81
0.024	0.883	25.02	0.543	2.104	89.6	1.53	-0.83	-4.69	9.77	0.83	-1.78	9.17
椭圆轴瓦，预载 $\delta=0.5$，$L/D=0.5$												
7.079	0.024	88.79	0.512	1.313	9.8	1.29	57.12	-40.32	91.58	45.50	63.29	159.20
2.723	0.061	88.58	0.518	1.315	10.0	0.74	22.03	-15.77	35.54	17.80	23.96	61.63
1.889	0.086	88.33	0.525	1.318	10.3	0.71	15.33	-11.18	24.93	12.59	16.31	43.14
1.229	0.127	87.75	0.541	1.325	10.8	0.78	10.03	-7.66	16.68	8.57	10.11	28.65
0.976	0.155	87.22	0.555	1.332	11.2	0.84	7.99	-6.39	13.59	7.08	7.66	23.20
0.832	0.176	86.75	0.567	1.338	11.6	0.90	6.82	-5.69	11.88	6.23	6.23	20.14
0.494	0.254	84.36	0.624	1.371	13.5	1.00	3.99	-4.28	8.11	4.27	2.76	13.26
0.318	0.323	81.08	0.684	1.421	16.4	1.23	2.34	-3.82	6.52	3.15	0.81	10.03
0.236	0.364	78.09	0.723	1.468	19.4	1.31	1.49	-3.76	6.07	2.54	-0.11	8.80
0.187	0.391	75.18	0.747	1.515	22.6	1.37	0.92	-3.82	6.03	2.13	-0.66	8.23
0.153	0.410	72.26	0.762	1.562	26.1	1.41	0.52	-3.92	6.21	1.82	-1.02	7.98
0.127	0.424	69.31	0.770	1.612	30.1	1.45	0.21	-4.04	6.53	1.58	-1.26	7.91
0.090	0.444	63.24	0.772	1.727	40.1	1.50	-0.23	-4.33	7.55	1.23	-1.54	8.11
椭圆轴瓦，预载 $\delta=0.5$，$L/D=1$												
1.442	0.050	93.81	0.309	1.338	10.8	-1.29	22.14	-22.65	38.58	18.60	28.14	79.05
0.698	0.100	93.12	0.320	1.345	11.2	-0.24	10.79	-11.25	18.93	9.40	12.97	38.73
0.442	0.150	91.97	0.338	1.357	11.9	0.26	6.87	-7.45	12.28	6.36	7.50	25.00
0.308	0.200	90.37	0.361	1.376	12.8	0.58	4.79	-5.58	8.93	4.82	4.50	17.99
0.282	0.213	89.87	0.368	1.382	13.1	0.66	4.38	-5.24	8.30	4.53	3.91	16.66
0.271	0.220	89.61	0.372	1.385	13.2	0.69	4.20	-5.09	8.03	4.40	3.64	16.08
0.261	0.226	89.37	0.375	1.388	13.4	0.72	4.03	-4.96	7.79	4.28	3.41	15.57
0.240	0.239	88.80	0.383	1.396	13.7	0.77	3.70	-4.70	7.31	4.04	2.93	14.54
0.224	0.250	88.28	0.389	1.403	14.1	0.82	3.43	-4.51	6.95	3.86	2.55	13.74
0.211	0.260	87.79	0.395	1.409	14.4	0.86	3.21	-4.36	6.65	3.70	2.23	13.09
0.161	0.304	85.29	0.423	1.445	16.2	1.01	2.32	-3.84	5.63	3.07	1.02	10.75
0.120	0.350	81.80	0.452	1.500	19.1	1.14	1.52	-3.54	4.99	2.49	0.01	9.04
0.097	0.381	78.65	0.470	1.554	22.1	1.21	1.01	-3.46	4.82	2.10	-0.56	8.26
0.081	0.403	75.63	0.479	1.607	25.4	1.26	0.65	-3.47	4.87	1.82	-0.92	7.87
0.069	0.419	72.65	0.484	1.664	29.1	1.31	0.38	-3.52	5.06	1.60	-1.17	7.71
0.060	0.432	69.69	0.485	1.724	33.4	1.34	0.16	-3.60	5.36	1.42	-1.34	7.67
0.045	0.451	63.70	0.478	1.867	44.3	1.40	-0.19	-3.83	6.25	1.16	-1.56	7.88

续表

S	ε	ψ	$\bar{Q}$	$\bar{P}$	$\bar{T}$	$\bar{K}_{xx}$	$\bar{K}_{xy}$	$\bar{K}_{yx}$	$\bar{K}_{yy}$	$\bar{C}_{xx}$	$\bar{C}_{xy}=\bar{C}_{yx}$	$\bar{C}_{yy}$
三叶轴瓦，预载 $\delta=0.5$，$L/D=0.5$												
6.574	0.018	55.45	0.250	1.420	8.2	31.32	46.78	-45.43	34.58	93.55	1.46	97.87
3.682	0.031	56.03	0.251	1.421	8.5	17.08	26.57	-25.35	20.35	51.73	1.35	56.10
2.523	0.045	56.57	0.252	1.423	8.9	11.48	18.48	-17.41	14.75	35.06	1.22	39.50
1.621	0.070	57.35	0.255	1.429	9.5	7.25	12.20	-11.38	10.53	22.25	1.01	26.81
1.169	0.094	57.95	0.259	1.437	10.2	5.26	9.06	-8.49	8.56	15.96	0.79	20.62
0.717	0.144	58.62	0.271	1.461	11.8	3.49	5.92	-5.85	6.85	9.93	0.37	14.74
0.491	0.192	58.63	0.285	1.497	13.8	2.77	4.34	-4.75	6.27	7.12	-0.02	12.07
0.356	0.237	58.14	0.300	1.543	16.2	2.41	3.35	-4.26	6.15	5.51	-0.36	10.67
0.267	0.278	57.30	0.315	1.599	19.1	2.19	2.63	-4.05	6.29	4.46	-0.66	9.87
0.203	0.314	56.18	0.331	1.665	22.8	2.04	2.05	-4.00	6.62	3.68	-0.91	9.43
0.156	0.347	54.85	0.345	1.742	27.6	1.90	1.55	-4.05	7.11	3.06	-1.12	9.23
0.141	0.360	54.26	0.352	1.776	29.8	1.85	1.36	-4.10	7.35	2.84	-1.20	9.20
0.121	0.377	53.31	0.361	1.830	33.6	1.78	1.09	-4.19	7.77	2.54	-1.30	9.20
0.093	0.402	51.55	0.379	1.931	41.6	1.67	0.67	-4.39	8.63	2.10	-1.44	9.30
0.055	0.441	47.10	0.419	2.182	66.1	1.49	-0.14	-4.94	11.07	1.29	-1.61	9.91
三叶轴瓦，预载 $\delta=0.5$，$L/D=1$												
3.256	0.020	59.21	0.132	1.424	8.8	25.25	43.40	-43.30	28.31	88.33	1.11	94.58
1.818	0.035	59.68	0.133	1.426	9.2	13.70	24.34	-24.39	16.74	48.27	0.98	54.59
1.243	0.050	60.09	0.134	1.429	9.6	9.18	16.72	-16.93	12.21	32.37	0.84	38.75
0.796	0.076	60.62	0.136	1.436	10.4	5.80	10.82	-11.26	8.82	20.18	0.61	26.62
0.574	0.103	60.95	0.139	1.447	11.2	4.24	7.90	-8.55	7.24	14.27	0.37	20.73
0.353	0.155	61.00	0.147	1.478	13.0	2.89	5.02	-6.07	5.91	8.70	-0.06	15.15
0.245	0.203	60.44	0.156	1.521	15.2	2.36	3.60	-5.01	5.48	6.16	-0.43	12.59
0.181	0.246	59.46	0.165	1.574	17.8	2.09	2.74	-4.49	5.41	4.73	-0.73	11.20
0.138	0.285	58.22	0.173	1.637	21.0	1.92	2.12	-4.22	5.54	3.81	-0.98	10.39
0.108	0.320	56.80	0.181	1.710	24.9	1.80	1.65	-4.10	5.83	3.16	-1.18	9.91
0.085	0.351	55.23	0.189	1.794	29.9	1.71	1.26	-4.08	6.25	2.67	-1.35	9.64
0.068	0.379	53.54	0.197	1.891	36.2	1.62	0.92	-4.13	6.82	2.29	-1.48	9.54
0.062	0.389	52.82	0.201	1.934	39.2	1.59	0.79	-4.17	7.09	2.16	-1.52	9.54
0.054	0.403	51.68	0.208	2.014	44.4	1.54	0.57	-4.25	7.56	1.92	-1.57	9.57
0.034	0.441	47.19	0.232	2.290	69.8	1.42	-0.11	-4.65	9.70	1.23	-1.67	10.03
偏位圆柱轴瓦，预载 $\delta=0.5$，$L/D=0.5$												
8.519	0.025	-4.87	1.664	0.971	7.7	64.74	-5.48	-82.04	47.06	59.71	-45.00	97.56
4.240	0.050	-4.82	1.664	0.972	8.0	32.32	-2.64	-41.06	23.60	29.94	-22.62	49.04
2.805	0.075	-4.72	1.664	0.975	8.4	21.49	-1.65	-27.42	15.81	20.06	-15.22	32.97
2.081	0.100	-4.59	1.664	0.978	8.8	16.05	-1.12	-20.61	11.93	15.15	-11.56	25.01
1.339	0.150	-4.14	1.660	0.988	9.7	10.56	-0.54	-13.79	8.08	10.25	-7.98	17.15
0.953	0.200	-3.47	1.649	1.002	10.8	7.78	-0.20	-10.39	6.18	7.83	-6.31	13.34
0.717	0.250	-2.76	1.641	1.023	12.1	6.15	0.05	-8.45	5.14	6.51	-5.43	11.29
0.555	0.300	-2.02	1.637	1.036	13.7	5.00	0.09	-7.20	4.63	5.38	-4.76	10.00
0.493	0.325	-1.78	1.637	1.052	14.2	4.53	-0.01	-6.72	4.56	4.74	-4.38	9.49
0.353	0.400	-1.70	1.645	1.108	16.5	3.53	-0.22	-5.78	4.63	3.40	-3.56	8.51
0.284	0.450	-2.00	1.656	1.154	18.4	3.08	-0.33	-5.40	4.85	2.79	-3.18	8.17
0.228	0.500	-2.51	1.671	1.210	21.0	2.74	-0.42	-5.15	5.18	2.34	-2.88	7.99
0.182	0.551	-3.19	1.690	1.276	24.4	2.48	-0.51	-5.01	5.65	1.98	-2.65	7.95
0.162	0.576	-3.58	1.700	1.314	26.5	2.37	-0.55	-4.97	5.93	1.82	-2.55	7.97
0.143	0.601	-4.02	1.711	1.357	28.9	2.27	-0.60	-4.95	6.26	1.69	-2.46	8.02
0.126	0.627	-4.49	1.723	1.404	31.9	2.19	-0.65	-4.95	6.64	1.56	-2.38	8.10

续表

S	ε	ψ	$\overline{Q}$	$\overline{P}$	$\overline{T}$	$\overline{K}_{xx}$	$\overline{K}_{xy}$	$\overline{K}_{yx}$	$\overline{K}_{yy}$	$\overline{C}_{xx}$	$\overline{C}_{xy}=\overline{C}_{yx}$	$\overline{C}_{yy}$
偏位圆柱轴瓦，预载 $\delta=0.5$，$L/D=1$												
3.780	0.025	−8.21	1.271	1.030	7.7	56.69	−8.14	−83.73	52.13	47.10	−42.08	113.96
1.883	0.051	−8.16	1.271	1.031	8.0	28.31	−3.99	−41.89	26.11	23.61	−21.13	57.20
1.247	0.076	−8.08	1.271	1.034	8.3	18.83	−2.57	−27.95	17.45	15.81	−14.19	38.38
0.927	0.101	−7.96	1.271	1.037	8.7	14.08	−1.83	−20.99	13.13	11.93	−10.75	29.04
0.596	0.151	−7.46	1.266	1.047	9.5	9.22	−1.05	−13.89	8.74	8.00	−7.33	19.61
0.418	0.201	−6.58	1.244	1.061	10.6	6.68	−0.62	−10.17	6.44	5.96	−5.64	14.73
0.316	0.251	−5.85	1.224	1.081	11.8	5.26	−0.33	−8.13	5.22	4.90	−4.78	12.18
0.248	0.301	−5.10	1.206	1.105	13.3	4.35	−0.11	−6.87	4.49	4.28	−4.30	10.71
0.198	0.351	−4.29	1.191	1.133	15.3	3.70	0.04	−6.02	4.08	3.83	−3.99	9.80
0.160	0.401	−3.59	1.179	1.168	17.4	3.17	−0.01	−5.40	4.00	3.22	−3.57	9.07
0.130	0.451	−3.27	1.171	1.223	19.6	2.76	−0.12	−4.96	4.13	2.65	−3.15	8.55
0.107	0.501	−3.28	1.166	1.289	22.4	2.46	−0.22	−4.68	4.37	2.22	−2.84	8.23
0.087	0.551	−3.54	1.165	1.369	26.1	2.23	−0.31	−4.50	4.74	1.89	−2.60	8.08
0.078	0.576	−3.76	1.166	1.415	28.5	2.14	−0.36	−4.45	4.98	1.75	−2.50	8.06
0.070	0.601	−4.03	1.167	1.466	31.2	2.06	−0.41	−4.42	5.25	1.63	−2.42	8.07

S 值的确定方法，一般是先预估轴瓦中油的温度，并确定润滑油的运动黏度 η，再算出 Sommerfeld 数，即 S 值：

$$S=\frac{\eta NDL}{W}\left(\frac{R}{c}\right)^2$$

式中 η——润滑油动力黏度，N·s/m²；

D——轴颈直径，m；

R——轴颈半径，m；

N——轴颈转速，r/s；

L——轴颈长，m。

查表用到的量值：

L/D——油颈的长径比；

δ——无量纲预载，$\delta=d/c$；

d——轴瓦各段曲面圆心至轴瓦中心距离，不同形式轴瓦的预载详见表 19-8-9 表头图。

根据轴瓦形式、L/D、δ 和预估油温条件下的 S 值，可由表 19-8-9 查出该轴瓦的无量纲值 $\overline{Q}$、$\overline{P}$、$\overline{T}$。若假定 80% 的摩擦热为润滑油吸收，利用热平衡关系就能得到轴承工作温度：

$$T_{工作}=T_{供油}+0.8\frac{P}{c_vQ}T_{供油}+0.8\frac{\eta\omega}{c_v}\left(\frac{R}{c}\right)^2 4\pi\frac{\overline{P}}{\overline{Q}} \tag{19-8-6}$$

式中 $\overline{Q}$——量纲边流，$\overline{Q}=Q/(0.5\pi NDLc)$，查表 19-8-9；

$\overline{P}$——无量纲摩擦功耗，$\overline{P}=Pc/(\pi^3\eta N^2LD^3)$，查表 19-8-9；

$\overline{T}$——轴瓦无量纲温升，$\overline{T}=\Delta T/\frac{\eta\omega}{c_v}\left(\frac{R}{c}\right)^2$，查表 19-8-9；

c_v——单位体积润滑油的比热容，J/(m³·℃)；

ω——轴颈的转动角速度，rad/s；

P——每秒消耗的摩擦功，N·m/s。

油膜中的最高温度

$$T_{max}=T_{工作}+\Delta T=T_{工作}+\frac{\eta\omega}{c_v}\left(\frac{R}{c}\right)^2\overline{T} \tag{19-8-7}$$

所以，可用 T_{max} 作为确定润滑油黏度的温度。如果 T_{max} 与最初估计的温度值不同，就需重新估计温度再按上述过程计算，直到两温度值基本一致为止，最后确定了正确的 S 值，按该 S 值从表 19-8-9 查得无量纲刚度系数 $\overline{K}_{yy}$、$\overline{K}_{xx}$、$\overline{K}_{yx}$、$\overline{K}_{xy}$，这些值虽有差别，但差别不大，所以，在计算轴系临界转速时，只考虑 $\overline{K}_{yy}$。

4.4 支承阻尼

各类支承的阻尼值，一般通过试验求得，目前尚无准确的计算公式，表 19-8-10 列出了各类轴承阻尼比的概略值。

表 19-8-10　　各类轴承阻尼比的概略值

轴承类型		阻尼比 ζ	轴承类型		阻尼比 ζ
滚动轴承	无预负荷	0.01～0.02	滑动轴承	单油楔动压轴承	0.03～0.045
				多油楔动压轴承	0.04～0.06
	有预负荷	0.02～0.03		静压轴承	0.045～0.065

注：滑动轴承阻尼系数也可按本章 4.3 节的方法从表 19-8-9 查得量纲——阻尼系数 $\overline{C}_{yy}$、$\overline{C}_{xx}$、$\overline{C}_{xy}$、$\overline{C}_{yx}$ 值，换算成有单位的阻尼系数，$C_{yy}=\overline{C}_{yy}W/c\omega$、$C_{xx}=\overline{C}_{xx}W/c\omega$、$C_{xy}=C_{yx}=\overline{C}_{xy}W/c\omega$。（$W$、$c$ 见式（19-8-5）说明）

5　轴系的临界转速计算

在本篇第 3 章表 19-3-7 中已列出多自由度系统自由振动模型参数及其特征：特征方程、振幅联立方程。在该章表 19-3-10 中列出了数值求解这些方程的几种方法。本节仅限于介绍传递矩阵法。

5.1 传递矩阵法计算轴弯曲振动的临界转速

通常轴系支承在同一水平线上。由于转子的重力作用，未旋转时转轴就产生了弯曲静变形。转动时，这种弯曲变形有可能加大。实际上，当转子以 ω 的角速度回转时，由于不平衡质量激励，轴系只能作同步正向窝动，即圆盘相对于轴线弯曲平面的角速度为零。这种状态下，转轴不承受交变弯矩。轴材料的内阻不起作用。轴系的运动微分方程就是轴系的弯曲振动微分方程。轴系的临界转速问题即为轴系的弯曲振动的特征值问题。即轴系的临界转速等于轴系的横向固有振动频率。目前计算临界转速最通用、最简便的方法是传递矩阵法。

5.1.1 传递矩阵

把轴系简化为质量离散化的有限元模型，如图 19-8-5 所示的系统；n 个圆盘，各对应一根轴为一单元，共 n-1 根轴，n 轴的长度为零。从左至右编号。支座按弹性支座考虑，以 K 表示其刚度。例如，对于多支座的汽轮发电机组支座多为流体动压滑动轴承，其动压油膜具有一定的刚度。

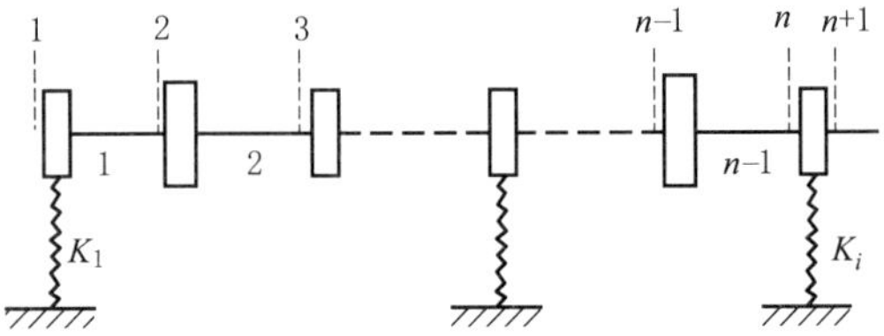

图 19-8-5　轴系各单元编号

各点的力学参数有位移 y、偏角 θ、弯矩 M、剪切力 Q，以 $\{Z\}$ 表示这些参数；$\{Z\}_i=\{y, \theta, M, Q\}_i$。各单元右边参数可由左边参数计算得到：

$$\{Z\}_2=[T]_1\{Z\}_1$$
$$\cdots$$
$$\{Z\}_i=[T]_{i-1}\{Z\}_{i-1}=[T]_{i-1}[T]_{i-2}\cdots[T]_1\{Z\}_1=[a]_{i-1}\{Z\}_1$$
$$\cdots$$
$$\{Z\}_{n+1}=[T]_n\{Z\}_n=[T]_n[T]_{n-1}\cdots[T]_1\{Z\}_1=[a]_n\{Z\}_1 \tag{19-8-8}$$

$$\begin{bmatrix} y \\ \theta \\ M \\ Q \end{bmatrix}_{n+1} = \begin{bmatrix} a_{11} & a_{12} & a_{13} & a_{14} \\ a_{21} & a_{22} & a_{23} & a_{24} \\ a_{31} & a_{32} & a_{33} & a_{34} \\ a_{41} & a_{42} & a_{43} & a_{44} \end{bmatrix} \begin{bmatrix} y \\ \theta \\ M \\ Q \end{bmatrix}_1 \tag{19-8-9}$$

从以上算式看出，从初始参数即可推导出后面各点参数。$[T]_i$ 即为传递矩阵。$[a]$ 为轴系统的传递矩阵。由下节计算。(下面，$\{Z\}_{n+1}$即 $\{Z\}_i^{R}$，右上角 R 表示为单元右边)。

5.1.2 传递矩阵的推求

各单元的传递矩阵由两部分组成：圆盘左边的参数传递到圆盘的右边，称点矩阵 $[D]$；再从圆盘的右边(即轴的左边) 传递到轴的右边，称场矩阵 $[B]$：

$$[T]_i = [D]_i [B]_i \tag{19-8-10}$$

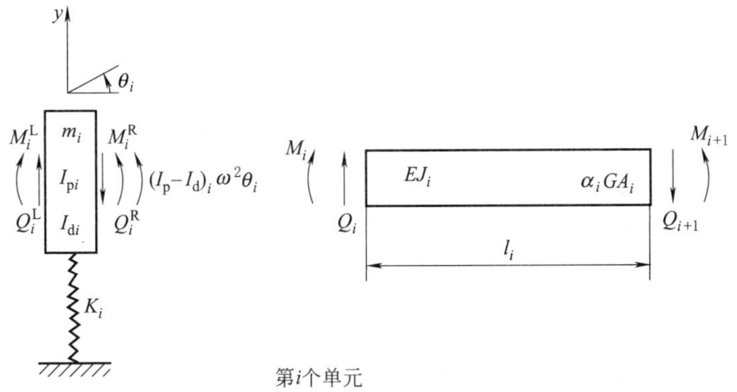

图 19-8-6　单元受力分析

(1) 点矩阵

① 如图 19-8-6 圆盘有弹性支承时：

$$\begin{bmatrix} y \\ \theta \\ M \\ Q \end{bmatrix}_i^R = \begin{bmatrix} 1 & 0 & 0 & 0 \\ 0 & 1 & 0 & 0 \\ 0 & (I_p-I_d)\omega^2 & 1 & 0 \\ m\omega^2-K_i & 0 & 0 & 0 \end{bmatrix} \begin{bmatrix} y \\ \theta \\ M \\ Q \end{bmatrix}_i \tag{19-8-11}$$

即 $\{Z\}_i^R = [D]_i \{Z\}_i$

式中　$[D]_i$——i 标号的点矩阵；

K_i——该弹性支承的刚度；

m——圆盘的质量；

I_p——圆盘对于中心的转动惯量；

I_d——圆盘对圆直径的转动惯量；

J——轴截面对轴直径惯性矩。

$(I_p-I_d)\omega^2$ 为圆盘因轴偏转 θ 角而产生对轴的弯矩，即陀螺力矩（该关系只在转速 ω 小于等于临界转速 ω_n 时适用)。右上角 R 指圆盘右边；右上角 L 指圆盘左边，略去。

② 如对于通常不带弹性支承的圆盘，则令式（19-8-11）中，$K_i=0$。

③ 如支座处无旋转质量，则令式（19-8-11）中，$m=0$。

④ 如不计算圆盘的偏转 θ 角产生的陀螺力矩，则令式（19-8-11）中，$(I_p-I_d)=0$。

(2) 场矩阵

① 不考虑弹性轴的质量时：

$$\{Z\}_{i+1} = [B]_i \{Z\}_i^R$$

$$[B]_i=\begin{Bmatrix} 1 & l & \dfrac{l^2}{2EJ} & \dfrac{l^3(1-\nu)}{6EJ} \\ 0 & 1 & \dfrac{l}{EJ} & \dfrac{l^2}{2EJ} \\ 0 & 0 & 1 & l \\ 0 & 0 & 0 & 1 \end{Bmatrix}_i \tag{19-8-12}$$

式中

$$\nu=\frac{6EJ_i}{\alpha_i GA_i l_i^2}$$

α_i 为与截面形状有关的因子：对于实心圆轴，$\alpha_i=0.886$；G 为切变模量，A 为轴的截面积。

② 不考虑剪切变形时，令式（19-8-12）中 $\nu=0$。

（3）传递矩阵

按式（19-8-10），将式（19-8-11）和式（19-8-12）合成即为该单元的传递矩阵。

例如，对于无弹性支承的圆盘，不考虑陀螺力矩及不计算剪切变形，则按式（19-8-11）及其②、④的说明和式（19-8-12）及其②的说明，得 i 单元传递矩阵为：

$$[T]_i=[D]_i[B]_i=\begin{bmatrix} 1 & l & \dfrac{l^2}{2EJ} & \dfrac{l^3}{6EJ} \\ 0 & 1 & \dfrac{l}{EJ} & \dfrac{l^2}{2EJ} \\ 0 & 0 & 1 & l \\ m\omega^2 & ml\omega^2 & \dfrac{ml^2\omega^2}{2EJ} & \dfrac{ml^3\omega^2}{6EJ} \end{bmatrix}_i \tag{19-8-13}$$

计算得各单元传递矩阵后，按式（19-8-8）可计算得各截面的参数，直至最终得到式（19-8-9）。由式（19-8-13）可看出，式（19-8-9）中矩阵［A］内包括有 ω^2 的各高次方的多项式。

5.1.3 临界转速的推求

根据边界条件，例如：

① 两端弹性支座（如图 19-8-5 所示）：$M_1=0$，$Q_1=0$ 及 $M_{n+1}=0$，$Q_{n+1}=0$。

由 $M_1=0$，$Q_1=0$，式（19-8-9）中的轴系矩阵［A］后两列为零，由 $M_{n+1}=0$，$Q_{n+1}=0$，得

$$\begin{bmatrix} M_{n+1} \\ Q_{n+1} \end{bmatrix}=\begin{bmatrix} a_{31} & a_{32} \\ a_{41} & a_{42} \end{bmatrix}\begin{bmatrix} y \\ \theta \end{bmatrix}_1=\begin{bmatrix} 0 \\ 0 \end{bmatrix}$$

即

$$\begin{aligned} a_{31}y_1+a_{32}\theta_1=0 \\ a_{41}y_1+a_{42}\theta_1=0 \end{aligned} \tag{19-8-14}$$

由于 y_1、θ_1 不能再为零，则必须令其系数的行列式为零：

$$a_{31}a_{42}-a_{32}a_{41}=0 \tag{19-8-15}$$

该式为 ω^2 的高次方的多项式，即频率方程式。求得各正数的 ω^2 解，即可算得各阶的临界转速。因为这情况下 y_1、θ_1 最大。此时，按式（19-8-8）到各单元的总传递矩阵算得的各参数 $\{Z\}_i$ 表明了在临界转速下轴系的振动状态。

本计算方法只能通过软件由计算机进行数值计算分析完成。

② 如果两端为刚性简支（中间不能为刚性简支）则：$y_1=0$，$M_1=0$ 及 $y_{n+1}=0$，$M_{n+1}=0$，同理得：

$$a_{12}a_{34}-a_{14}a_{32}=0 \tag{19-8-16}$$

③ 中间 i 点有固定支座时，传递到 i 为止。此时，$y_1=0$，$M_1=0$ 及 $y_i=0$，$\theta_i=0$：

$$a_{12}a_{24}-a_{14}a_{22}=0 \tag{19-8-17}$$

④ 中间 i 点为铰接刚性支座时，如图 19-8-7 所示，当剪切力传递到该跨右端的刚性支座 i 处，因该支座的反力 V_i 为未知数，就要修改后再继续传递。

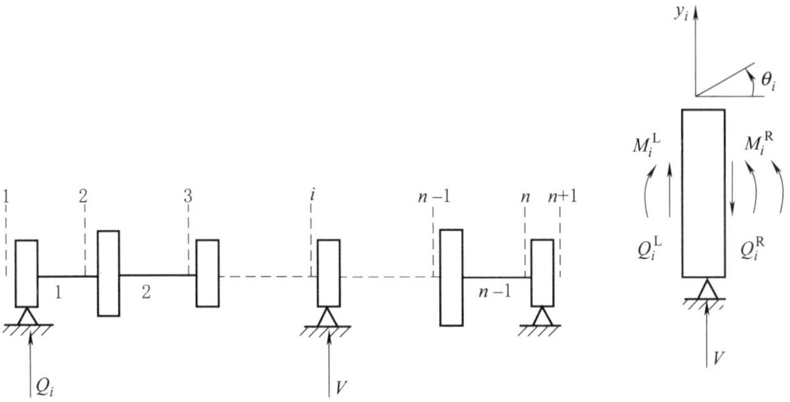

图 19-8-7

仿照式（19-8-9），由于 $y_1=0$，$M_1=0$，i 处的参数可写成：

$$y_i=(a_{12})_{i-1}\theta_1+(a_{14})_{i-1}Q_i=0$$

$$Q_1=-\left(\frac{a_{12}}{a_{14}}\right)_{i-1}\theta_1$$

因而得知 i 点参数可表示为 θ_1 的关系：

$$\begin{bmatrix} y \\ \theta \\ M \\ Q \end{bmatrix}_i=\begin{bmatrix} 0 \\ a_{22}-a_{24}a_{12}/a_{14} \\ a_{32}-a_{34}a_{12}/a_{14} \\ a_{42}-a_{44}a_{12}/a_{14} \end{bmatrix}_{i-1}\theta_1$$

轴承右边：$y_i^{\mathrm{R}}=y_i$，$\theta_i^{\mathrm{R}}=\theta_i$，$M_i^{\mathrm{R}}=M_i$，$Q_i^{\mathrm{R}}=Q_i+V$

$$\{z\}_i^{\mathrm{R}}=\begin{bmatrix} y \\ \theta \\ M \\ Q \end{bmatrix}_i^{\mathrm{R}}=\begin{bmatrix} 0 & 0 \\ a_{22}-a_{24}a_{12}/a_{14} & 0 \\ a_{32}-a_{34}a_{12}/a_{14} & 0 \\ a_{42}-a_{44}a_{12}/a_{14} & 1 \end{bmatrix}_{i-1}\begin{bmatrix} \theta \\ V \end{bmatrix}_i \tag{19-8-18}$$

这是经过中间刚性铰支轴承后的初始参数。以后各单元仍按上面的传递矩阵进行传递。如还有第 2 个中间刚性铰支轴承，按同法处理。最后，到最右端的刚性铰支轴承，有边界条件：$y_{n+1}=0$，$M_{n+1}=0$，求得频率方程。

此外，还有其他的改进的传递矩阵解法，不一一介绍了。

5.2 传递矩阵法计算轴扭转振动的临界转速

轴扭转振动的临界转速就是轴扭转自振的固有频率。轴扭转振动的传递矩阵计算如下：设

M ——轴扭矩；

φ ——扭转角；

k ——轴扭转刚度，$k=GJ_{\mathrm{p}}/l$，N-m/rad；

I ——圆盘的转动惯量，即 I_{p}；

J_{p} ——轴截面对于轴中心的惯性矩；

l ——轴长度。

各单元的圆盘和轴的标号如图 19-8-8 所示。轴的转动惯量较小，不计或分配到两端圆盘上，则轴两端的扭矩相等。传递公式如下面各小节所示。

5.2.1 单轴扭转振动的临界转速

令 ω 为扭振角速度，由 $M_i=M_{i-1}+I\ddot{\varphi}_i=M_{i-1}-I_i\omega_i^2\varphi_i$，及 $\varphi_{i+1}=\varphi_i+M_i/K_{i+1}$ 即 $\varphi_i=\varphi_{i-1}+M_{i-1}/K_i$ 代入前式，写

成矩阵形式

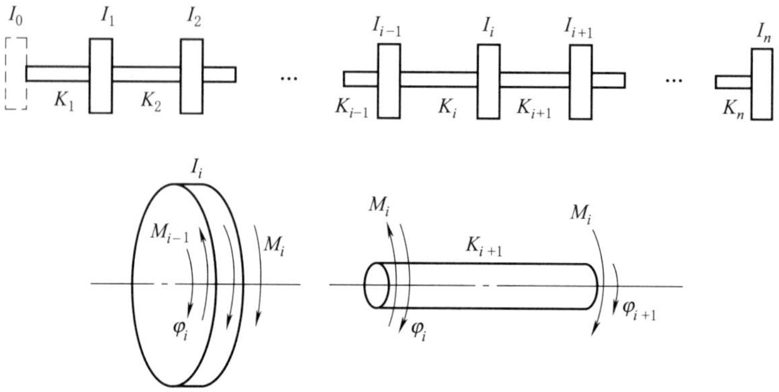

图 19-8-8　*i* 圆盘

$$\begin{bmatrix}\varphi\\M\end{bmatrix}_i=\begin{bmatrix}1 & 1/K_i\\-\omega^2 I_i & 1-\omega^2 I_i/K_i\end{bmatrix}\begin{bmatrix}\varphi\\M\end{bmatrix}_{i-1} \tag{19-8-19}$$

则可求得；

$$\begin{bmatrix}\varphi\\M\end{bmatrix}_n=[T]\begin{bmatrix}\varphi\\M\end{bmatrix}_0=\begin{bmatrix}a_{11} & a_{12}\\a_{21} & a_{22}\end{bmatrix}\begin{bmatrix}\varphi\\M\end{bmatrix}_0 \tag{19-8-20}$$

再依据边界条件，求得频率方程式，计算各 ω 值，即为各阶临界转速。

① 例如两端为自由的轴：　$M_0=M_n=0$

知　$\varphi_n=a_{11}\varphi_0, a_{21}\varphi_0=0$

则包含 ω^2 高次方的频率方程式为：　$a_{21}=0$　（19-8-21）

由满足该式的各 ω^2 即为轴的各阶固有频率。

② 一端固定，一端自由：$\varphi_0=0$，$M_n=0$

频率方程式为：　$a_{22}=0$　（19-8-22）

例　如图 19-8-9 所示，一根直径相等的轴上有等距 l 的三个圆盘。圆盘的转动惯量 $I_1=I_3=I$，$I_2=2I$，用传递矩阵法求系统的固有频率。

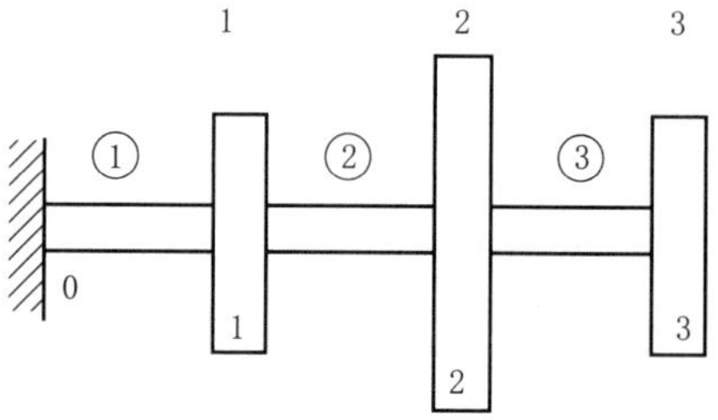

图 19-8-9

由图知 $\varphi_0=0$，$M_3^R=0$　则

按式（19-8-19）及 5.2 节说明，并令 $\lambda=\omega^2 I/K=\omega^2 Ie/GJ_p$（$\lambda$ 为无量纲数）　（19-8-23）

$$[T_1]=[T_3]=\begin{Bmatrix}1 & 1/K\\-\omega^2 I & 1-\omega^2 I/K\end{Bmatrix}=\begin{Bmatrix}1 & 1/K\\-\omega^2 I & 1-\lambda\end{Bmatrix}$$

$$[T_2]=\begin{Bmatrix}1 & 1/K\\-2\omega^2 I & 1-2\omega^2 I/K\end{Bmatrix}=\begin{Bmatrix}1 & 1/K\\-2\omega^2 I & 1-2\lambda\end{Bmatrix}$$

因 $\varphi_0=0$

$$\begin{bmatrix}\varphi\\M\end{bmatrix}_1=[T]M_0=\begin{bmatrix}1/K\\1-\lambda\end{bmatrix}M_0 \tag{19-8-24}$$

$$\begin{bmatrix}\varphi\\M\end{bmatrix}_2=[T_2]\begin{bmatrix}\varphi\\M\end{bmatrix}_1=\begin{bmatrix}(2-\lambda)/K\\2\lambda^2-5\lambda+1\end{bmatrix}M_0 \tag{19-8-25}$$

$$\begin{bmatrix}\varphi\\M\end{bmatrix}_3=[T_3]\begin{bmatrix}\varphi\\M\end{bmatrix}_2=\begin{bmatrix}(3-6\lambda+2\lambda^2)\Big/K\\-2\lambda^3+8\lambda^2-8\lambda+1\end{bmatrix}M_0 \tag{19-8-26}$$

因 $M_3=0$，故解

$$2\lambda^3-8\lambda^2+8\lambda-1=0$$

得

$$\lambda_1=0.145,\lambda_2=1.40,\lambda_3=2.45$$

代入式（19-8-23），得：$\omega_1^2=0.145k/I$，$\omega_2^2=1.40k/I$，$\omega_3^2=2.45k/I$

代入具体的数据后，就可求得固有圆频率 ω_1，ω_2，ω_3。

说明：注意到式（19-8-24），$M_0/k=\varphi_1$，以其作为 1，各 λ 值代入式（19-8-24）~式（19-8-26），则可得到系统的三个主振型 $\psi=\{\varphi_1,\ \varphi_2,\ \varphi_3\}$：

$$\psi_1=\begin{bmatrix}1\\1.85\\2.17\end{bmatrix}\quad\psi_2=\begin{bmatrix}1\\0.60\\-1.48\end{bmatrix}\quad\psi_3=\begin{bmatrix}1\\-0.45\\0.31\end{bmatrix}$$

5.2.2 分支系统扭转振动的临界转速

如图 19-8-10a 的传动系统，（图中各轴只画出一个圆盘，可以是多个圆盘），齿数 $Z_A:Z_B=j:1$。一般情况是将 B 轴经过如下换算直联于 A 轴计算，如图 19-8-10b 所示：以图示方向为正，因其转速 $\omega_B=-j\omega$，转角为 $\varphi_B=-j\varphi$，扭矩为 $M_B=-M/j$ 轴上圆盘的转动惯量折算为 $I'_2=j^2I_2$，轴的刚度折算为 $k'_2=j^2k_2$，扭转角 $\varphi'=\varphi_B/j$。

如果是如图所示速比 $j>1$，且以 B 轴为主要目标时，可只校核 B 轴或将 A 轴折算至 B 轴。也可以从两端向齿轮传递，于齿轮处按传动条件相符来计算。

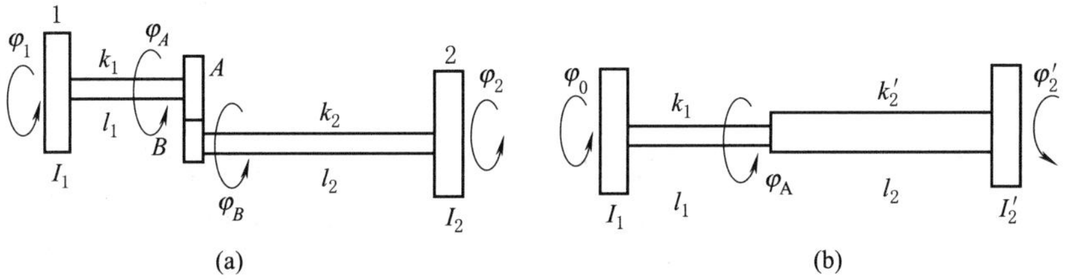

图 19-8-10

如图 19-8-11a 的分支系统，按上面的折算方法可简化为如图 19-8-11b 的直联系统。以分支点为 0，向各端传递矩阵。传动条件是；

$$\varphi_{A0}=\varphi_{B0}=\varphi_{C0}=\varphi_0$$

及

$$M_A+M_B+M_C=0 \tag{19-8-27}$$

各传递矩阵为：

$$\begin{bmatrix}\varphi_A\\M_A\end{bmatrix}_n=\begin{bmatrix}a_{11}&a_{12}\\a_{21}&a_{22}\end{bmatrix}\begin{bmatrix}\varphi\\M_A\end{bmatrix}_0$$

$$\begin{bmatrix}\varphi_B\\M_B\end{bmatrix}_n=\begin{bmatrix}b_{11}&b_{12}\\b_{21}&b_{22}\end{bmatrix}\begin{bmatrix}\varphi\\M_B\end{bmatrix}_0$$

$$\begin{bmatrix}\varphi_C\\M_C\end{bmatrix}_n=\begin{bmatrix}c_{11}&c_{12}\\c_{21}&c_{22}\end{bmatrix}\begin{bmatrix}\varphi\\M_C\end{bmatrix}_0 \tag{19-8-28}$$

或合成为：

$$\begin{bmatrix}\varphi_A\\M_A\\\varphi_B\\M_B\\\varphi_C\\M_C\end{bmatrix}_n=\begin{bmatrix}a_{11}&a_{12}&0&0\\a_{21}&a_{22}&0&0\\b_{11}&0&b_{12}&0\\b_{21}&0&b_{22}&0\\c_{11}&0&0&c_{12}\\c_{21}&0&0&c_{22}\end{bmatrix}\begin{bmatrix}\varphi\\M_A\\M_B\\M_C\end{bmatrix}_0 \tag{19-8-29}$$

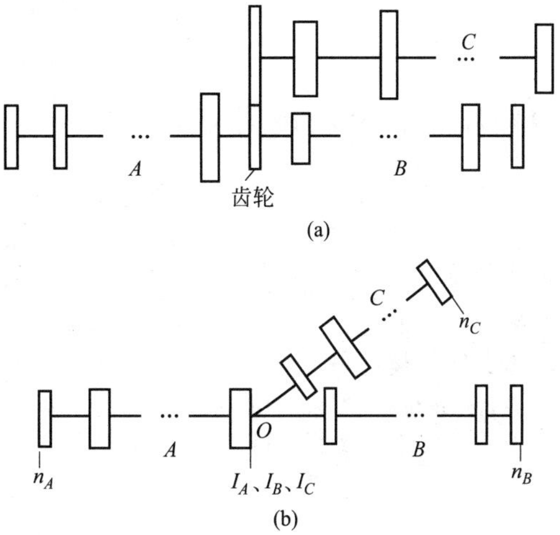

图 19-8-11

左边有一半元素取决于边界条件，端部为自由，弯矩为零；端部为固定，扭角为零。

例：如图 19-8-11 所示，A、B、C 轴三端皆为自由端，则 $M_{A,n}=M_{B,n}=M_C$，$n=0$，只保留与其有关的三行，再加上传动条件，由式（19-8-27），则得到齿轮处的 φ、M_A、M_B、M_C 的齐次方程式：

$$0=\begin{bmatrix} a_{21} & a_{22} & 0 & 0 \\ b_{21} & 0 & b_{22} & 0 \\ c_{21} & 0 & 0 & c_{22} \\ 0 & 1 & 1 & 1 \end{bmatrix}\begin{bmatrix} \varphi \\ M_A \\ M_B \\ M_C \end{bmatrix}_0$$

其非零解的条件是行列式等于零：

$$\begin{vmatrix} a_{21} & a_{22} & 0 & 0 \\ b_{21} & 0 & b_{22} & 0 \\ c_{21} & 0 & 0 & c_{22} \\ 0 & 1 & 1 & 1 \end{vmatrix}=0$$

展开得含 ω^2 的高次方的频率方程式：

$$a_{21}b_{22}c_{22}+b_{21}a_{22}c_{22}+c_{21}a_{22}b_{22}=0$$

解之，可得系统的各阶固有频率。

5.3 影响轴系临界转速的因素

1）传递矩阵法在用于求解高速大型转子的动力学问题时，有可能出现数值不稳定现象。必要时要采用改进的传递矩阵法。

2）本计算中未考虑轴质量。在横向振动中，有时长轴自重的均布载荷是应该计入的。这可以根据梁的力学公式仿照上面的方法在各单元中增加项目。

3）上面的计算虽然考虑了油膜和轴承的弹性，但支座、地基等都是有一定弹性的，没法准确的计算。

4）回转力矩在本法计算中是引入了。但在大多数计算中都是按一集中的点来分析的，就有可能出现如第 3 章 9.3 节所述的陀螺力矩。它将改变临界转速的计算值。

5）联轴器的影响。联轴器可以作为一个圆盘参与轴系的计算，但是因为它内部有弹性，有的还有内部位移，都影响轴系的临界转速计算的精确性。

6）其他影响因素：影响临界转速的因素很多，包括轴向力、横向力、温度场、阻尼、多支承的轴心不同心，以及转轴的结构形式特殊等等。例如相邻轴上齿轮啮合的影响，轮齿的变形影响。有些是很难计算的，有些是有专著可作特殊处理的。但最终是要以实物测试来修正和确定其实在的临界转速。

6 轴系临界转速的修改和组合

6.1 轴系临界转速的修改

当按初步设计图纸提出简化临界转速力学模型，用特征值数值计算方法求出各阶临界转速及对应的振型矢量以后。如发现某阶临界转速 n_{ci} 与轴系的工作转速接近，立即将计算得到的第 i 阶振型矢量进行正规化处理，即按表 19-3-7 中 7 的公式，求得正规化因子 μ_i，用 μ_i 去除振型矢量的各个值。然后利用轴系同步正向涡动的特征方程导出的第 i 阶临界转速对参数 S_j 的敏感度公式（见表 19-8-11），并给出参数微小变化量 ΔS_j（通常<20%），计算出引起临界转速的变化量。通过对各种参数改变计算结果的比较，优化组合，选出最佳参数修改组合，对轴系临界转速进行修改设计。如果轴系有 n 个参数 S_j 同时有微小变化（$j=1$，2，…，n），改变量分别为 ΔS_j，轴系第 i 阶临界转速的相对改变量：

$$\Delta n_{ci}=\sum_{j=1}^{n}\frac{\partial n_{ci}}{\partial S_j}\Delta S_j \qquad (19\text{-}8\text{-}30)$$

参数修改后轴系的第 i 阶临界转速：

$$n_{ci}^{1}=n_{ci}+\Delta n_{ci} \tag{19-8-31}$$

表 19-8-11　　临界转速对各种参数的敏感度计算公式

改变参数的前提	敏感度计算公式	敏感度说明
设 $S_j=EJ_j$，即考虑系统第 j 段轴的抗弯刚度有微小变化，但对该段轴两端的质量影响不大，并忽略不计	$\frac{\partial n_{ci}}{\partial(EJ_j)}=\frac{1800}{\pi^2 n_{ci} l_j^3}[3(\bar{Y}_j-\bar{Y}_{j+1})^2+3l_j(\bar{Y}_j-\bar{Y}_{j+1})(\bar{\theta}_j+\bar{\theta}_{j+1})+l_j^{\ 2}(\bar{\theta}_j^2+\bar{\theta}_j\bar{\theta}_{j+1}+\bar{\theta}_{j+1})]$ $(i=1,2\cdots;j=1,2,\cdots,n-1)$ $\bar{Y}_j$、$\bar{Y}_{j+i}$、θ_j、$\bar{\theta}_{j+1}$ 为第 i 阶正规化振型中，第 j 段轴两端质点的挠度值和转角值	
设 $S_j=l_j$，即考虑第 j 段轴的长度有微小变化，但对该段轴两端的质量影响不大，并忽略不计	$\frac{\partial n_{ci}}{\partial l_j}=-\frac{1800}{\pi^2 n_{ci}}\left(\frac{EJ_j}{l_j^4}\right)[9(\bar{Y}_j-\bar{Y}_{j+1})^2+6l_j(\bar{Y}_j-\bar{Y}_{j+1})(\bar{\theta}_j+\bar{\theta}_{j+1})+l_j^2(\bar{\theta}_j^2+\bar{\theta}_j\bar{\theta}_{j+1}+$ $\theta_{j+1}^2)]$ $(i=1,2,\cdots,j=1,2,\cdots,n-1)$	
设 $S_j=m_j$，即考虑第 j 个圆盘的质量有微小变化，但不计由此引起圆盘转动惯量的变化	$\frac{\partial n_{ci}}{\partial m_j}=-\frac{n_{ci}}{2}\bar{\theta}_j^2$ $\left(\begin{matrix}i=1,2,\cdots\\j=1,2,\cdots,n\end{matrix}\right)$	敏感度为负值，说明质量增加，n_{ci} 将下降；如果振型中 $\bar{Y}_j$ 较大，说明敏感，否则相反
设 $S_j=m_{bj}$，即考虑第 j 个轴承座的等效质量有微小变化	$\frac{\partial n_{ci}}{\partial m_{bj}}=-\frac{n_{ci}}{2}$ $\left(\frac{K_{pj}}{K_{pj}+K_{bj}-m_{bj}\omega_{nj}^2}\right)^2\bar{Y}_{s(j)}{}^2$ $\left(\begin{matrix}i=1,2,\cdots\\j=1,2,\cdots,l\end{matrix}\right)\bar{Y}_{s(j)}$ 第 i 阶正规振型中对应第 j 个支承轴质点 $S(j)$ 的挠度值	等效质量 m_{bj} 增加，临界转速 n_{ci} 下降
设 $S_j=K_{bj}$，即考虑第 j 个轴承座的等效静刚度有微小变化	$\frac{\partial n_{ci}}{\partial K_{bj}}=-\frac{450}{\pi^2 n_{ci}}$ $\left(\frac{K_{pj}}{K_{pj}+K_{bj}-m_{bj}\omega_{ni}^2}\right)^2\bar{Y}_{s(j)}^2$ $\left(\begin{matrix}i=1,2,\cdots\\j=1,2,\cdots,l\end{matrix}\right)$	—
设 $S_j=K_{pj}$，即考虑第 j 个轴承油膜刚度有微小变化	$\frac{\partial n_{ci}}{\partial K_{pj}}=-\frac{450}{\pi^2 n_{ci}}$ $\left(\frac{K_{bj}-m_{bj}\omega_{ni}^2}{K_{pj}+K_{bj}-m_{bj}\omega_{ni}^2}\right)^2\bar{Y}_{s(j)}^2$ $\left(\begin{matrix}i=1,2,\cdots\\j=1,2,\cdots,l\end{matrix}\right)$	油膜刚度增加，临界转速上升
设 $S_j=K_j$，即支承为刚度系数为 K_j 弹性支承，刚度有微小变化时	$\frac{\partial n_{ci}}{\partial K_j}=\frac{450}{\pi^2 n_{ci}}\bar{Y}_{s(j)}^2$ $\left(\begin{matrix}i=1,2,\cdots\\j=1,2,\cdots,l\end{matrix}\right)$	支承刚度增加，临界转速上升

6.2　轴系临界转速的组合

转子系统经常是由多个转子组合而成。组合转子系统和各单个转子的临界转速间既有区别又有联系，其间存在一定的规律。这种联系就是各轴系具有相同形式的特征方程。设 A、B 为两个不同的转子，如图 19-8-12a 所示，各转子分别有 r 及 s 个圆盘，为简单起见，设各支承为等刚度支承，这一组合系统的特征值方程：

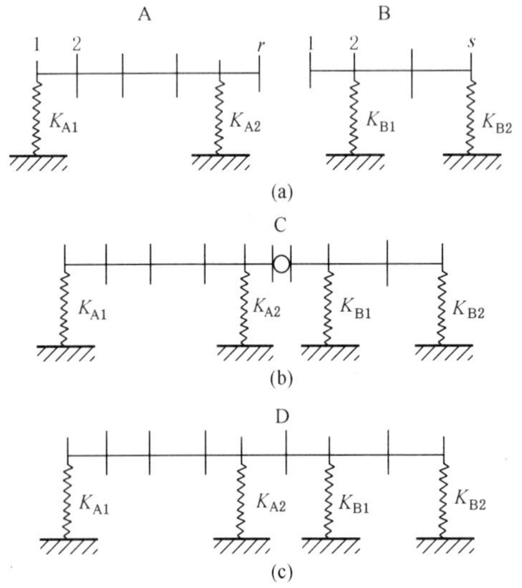

图 19-8-12　轴系组合模型

$$\begin{bmatrix} (K_A-\omega_n^2 M_A) & 0 \\ 0 & (K_B-\omega_n^2 M_B) \end{bmatrix} \begin{Bmatrix} x_A \\ x_B \end{Bmatrix} = 0 \quad (19\text{-}8\text{-}32)$$

式中

$$x_A = [y_{A1}, \theta_{A1}, y_{A2}, \theta_{A2}, \cdots, y_{Ar}, \theta_{Ar}]^T$$

$$x_B = [y_{B1}, \theta_{B1}, y_{B2}, \theta_{B2}, \cdots, y_{Bs}, \theta_{Bs}]^T$$

K_A、K_B、M_A、M_B 分别为 A、B 两个转子的刚度矩阵和质量矩阵。

当对系统坐标进行如下线性变换：

$$\left.\begin{aligned} q_{2i-1} &= y_{Ai} \\ q_{2i} &= \theta_{Ai} \end{aligned}\right\} \ (i=1,\ 2,\ \cdots,\ r) \qquad \begin{aligned} q_{2(r+i)-1} &= y_{Bi} \ (i=2,\ 3,\ \cdots,\ s) \\ q_{2(r+i)} &= \theta_{Bi} \ (i=1,\ 2,\ \cdots,\ s) \end{aligned}$$

$$q_{2r+1} = y_{Ar} - y_{B1}$$

$$(K' - \omega_n^2 M')q = 0$$

式中　$q = [q_1, q_2, \cdots, q_{2(r+s)}]^T$

系统的频率方程：

$$\Delta(\omega_n^2) \mid K' - \omega_n^2 M' \mid = 0 \quad (19\text{-}8\text{-}33)$$

线性变换不改变系统的特性值。现将 A、B 两转子端部铰接成图 19-8-12b 所示的系统 C，由连续性条件 $y_{Ar}=y_{B1}$ 决定 $q_{2r+1}=0$，系统 C 的频率方程实际上就是式(19-8-33) 划去 $2r+1$ 行和 $2r+1$ 列的行列式 $\Delta_{2r+1}(\omega_n^2)=0$。由频率方程根的可分离定理知，系统 C 的临界角速度应介于在原系统 A 和 B 各临界角速度之间，这是组合系统与各单个转子临界角速度间的一条重要规律。同理再将系统 C 的铰接改为图 19-8-12c 所示的刚性连接系统 D 作同样变换，又会得出 D 系统的临界角速度界于在 C 系统各临界角速度之间。综合以上结果，这一重要规律可概括为：如果将组合前各系统的所有阶临界角速度混在一起由小到大排列：

$$\omega_1^{A+B} < \omega_2^{A+B} < \cdots < \omega_i^{A+B} < \cdots < \omega_{2(r+s)}^{A+B}$$

则按 C 系统组合后第 i 阶临界转速与组合前临界转速之间的关系为

$$\omega_i^{A+B} \leqslant \omega_i^C \leqslant \omega_{i+1}^{A+B} \quad [i=1,2,\cdots,2(r+s)-1]$$

按 D 系统组合后临界转速与组合前临界转速关系为

$$\omega_i^C \leqslant \omega_i^D \leqslant \omega_{i+1}^C \quad [i=1,2,\cdots,2(r+s-1)]$$

由以上两式可知

$$\omega_i^{A+B} \leqslant \omega_i^D \leqslant \omega_{i+2}^{A+B} \quad [i=1,2,\cdots,2(r+s-1)] \quad (19\text{-}8\text{-}34)$$

现以 20 万千瓦汽轮发电机组为例，组合前后都用数值计算方法计算系统低于 3600r/min 的各阶固有频率及振型矢量，临界转速的计算结果按从小至大排列，列于表 19-8-12，组合后的各阶振型如图 19-8-13 所示。

计算结果也验证了机组的临界转速界于各单机临界转速间，这就使得在设计中，有可能根据各个转子的临界转速去估计机组的临界转速的分布情况，也有助于判断机组临界转速计算结果是否合理，有无遗漏等。由图 19-

8-13 中各阶主振型可以看出，机组的一阶主振型，发电机振动显著，其他转子振动相对较小，所以称一阶主振型为发电机转子型，这一结果对现场测试布点具有重要意义。

表 19-8-12　单个转子和机组转子的临界转速　r/min

类型	n_{c1}	n_{c2}	n_{c3}	n_{c4}	n_{c5}
	发电机转子型	中压转子型	高压转子型	低压转子型	发电机转子型
单个转子	943	1221	1693	1740	2654
机组转子	1002	1470	1936	2014	2678

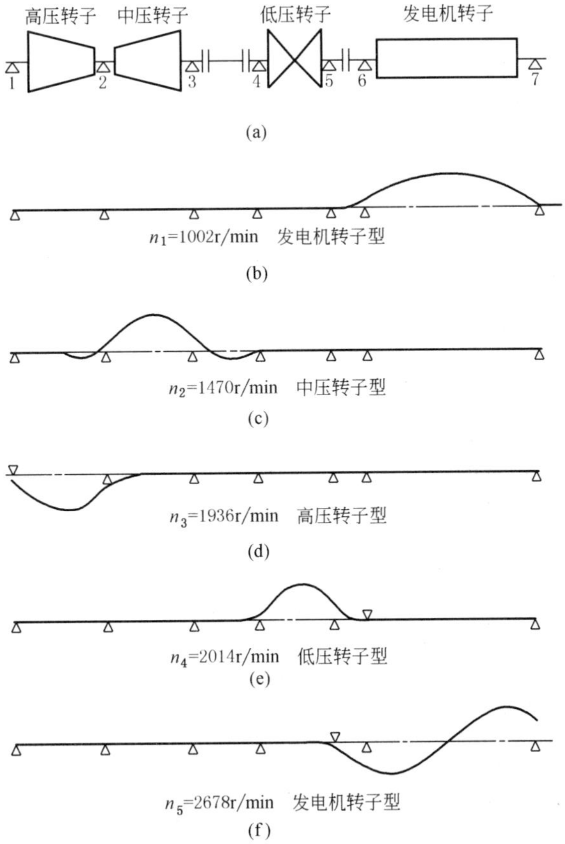

图 19-8-13　机组转子的振型

参 考 文 献

[1] 韩润昌主编. 隔振降噪产品应用手册. 哈尔滨：哈尔滨工业大学出版社，2003.
[2] 关文远主编. 汽车构造. 第2版. 北京：机械工业出版社，2005.
[3] 闻邦椿，刘树英，何勍著. 振动机械的理论与动态设计方法. 北京：机械工业出版社，2002.
[4] 张阿舟主编. 实用振动工程（2）振动的控制与设计. 北京：航空工业出版社，1997.
[5] 方同，薛璞. 振动理论及应用. 西安：西北工业出版社，1998.
[6] ［美］F. S. 谢 I. E. 摩尔著. 机械振动-理论及应用. 沈文均，张景绘译. 北京：国防工业出版社，1984.
[7] 张思主编. 振动测试与分析技术. 北京：清华大学出版社，1992.
[8] 孙利民编. 振动测试技术. 郑州：郑州大学出版社，2004.
[9] 龙运佳编著. 混沌振动研究：方法与实践. 北京：清华大学出版社，1996.
[10] 《机械工程手册》、《机电工程手册》编辑委员会. 机械工程手册. 第2版. 北京：机械工业出版社，1996.
[11] 《振动与冲击手册》编辑委员会. 振动与冲击手册. 北京：国防工业出版社，1992.
[12] 闻邦椿等. 振动筛，振动给料机，振动输送机的设计与调试. 北京：化学工业出版社，1989.
[13] 严济宽. 机械振动隔离技术. 上海：上海科学技术文献出版社，1986.
[14] 张阿舟等. 振动控制工程. 北京：航空工业出版社，1989.
[15] 张阿舟等. 振动环境工程. 北京：航空工业出版社，1986.
[16] 方明山. 项海帆等超大跨径桥梁结构中的特殊力学问题. 重庆交通学院学报，1998，（12）.
[17] 陈刚. 振动法测索力与实用公式. 福州大学硕士论文，2003，（12）.
[18] 西北工业大学. 复合弹簧，淄博市信息中心，2003.
[19] 庄辉雄，蔡同宏. 高屏溪桥监测计书概述，中华技术：2001，10.
[20] 闻邦椿，刘凤翘. 振动机械的理论与应用. 北京：机械工业出版社，1982.
[21] 丁文镜. 减振理论. 北京：清华大学出版社，1988.
[22] 李方泽，刘馥清，王正. 工程振动测试与分析. 北京：高等教育出版社，1992.
[23] 徐小力，梁福平等. 旋转机械状态监测及预测技术的发展与研究. 北京机械工业学院学报，中国工程机械网，2005.
[24] 刘棣华，粘弹性阻尼减振降噪应用技术，北京：宇航出版社，1990.
[25] 姚光义，蔡学熙. 悬索横向振动的实测和运用. 化工矿山技术：1974，2.
[26] 戴德沛主编. 阻尼技术的工程应用. 北京：清华大学出版社，1991.
[27] 张洪方等. 叠层橡胶支座在结构抗地震中的应用. 振动与冲击：1999，18（3）.
[28] GB 10889—1999 泵的振动测量与评价方法.
[29] S. 铁摩辛柯等. 工程中的振动问题. 北京：人民铁道出版社，1978.
[30] 蔡学熙. 钢丝绳拉力的振动测量. 矿山机械，2006，（11）.
[31] 黄永强，陈树勋. 机械振动理论. 北京：机械工业出版社，1996.
[32] 华中科技大学/深圳蓝津信息技术有限公司，工程测试实验指导书，2006.
[33] 师汉民. 机械振动系统：分析·测试·建模·对策. 上册. 2004.
[34] J Michael Robichaud，P. Eng，Reference Standards for Vibration Monitoring and Analysis，2003，9.
[35] Kumaraswamy. S，Rakesh. J and Amol Kumar Nalavade，Standardization of Absolute Vibration Level and Damage Factors for Machinery Health Monitoring，Proceedings of VETOMAC-2，16-18，9，2002.
[36] VIBRATION MEASUREMENT AND ANALYSIS www. sintechnology. com.
[37] 谷口修主编. 振动工学. ハンドブック. 东京株式会社养贤堂发行，1979.
[38] W. T. Thomson. Theory of Vibration with Application New Jersey：Pren tice Hall Inc，1972.
[39] C. M. Harris and C. E. Crede. Shock and Vibration Handbook. New York：Mc Graw-Hill Co.，1976.
[40] L. Meirovitch. Elements of Vibration Analysis. New York. McGraw Hill Book Co.，1975.
[41] A. D. Dimarogonas. Vibration Engineering. West Publishing Co. 1976.
[42] Francis S. Tse，Ivan，E. Morse，Rolland T. Hinkle. Mechanical Vibrations Theory and Applications. Aliyn and Bacon Inc，1978.
[43] 国际电气电子中心，IEEEC专题.
[44] 王贡献，沈荣瀛. 起重机臂架在起升冲击载荷作用下动态特性研究. 机械强度，2005，（05）.
[45] 王大方，赵桂范. 汽车动力总成及其传递系统振动模态分析. 振动工程学报，2004，（2）.
[46] 郭晓东等. 汽车变速器模态分析及振动噪声测试实验研究. 现代制造工程，2004，（04）.
[47] 程广利等. 齿轮箱振动测试与分析. 海军工程大学学报，2004，（06）.
[48] 刘杰等. 平面刚架横向振动模态分析新方法探讨. 江苏理工大学学报（自然科学报），2001，（5）.

[49] 电机工程手册编辑委员会. 机械工程手册. 第二版. 北京：机械工业出版社，1997.
[50] 胡少伟，苗同臣. 结构振动理论及其应用. 北京：中国建筑工业出版社，2005.
[51] 顾海明主编. 机械振动理论与应用. 南京：东南大学出版社，2007.
[52] 郭长城. 建筑结构振动计算续编. 南京：中国建筑工业出版社，1992.
[53] 师汉民. 机械振动系统——分析・测试・建模・对策. 第二版. 武汉：华中科技大学出版社，2004.
[54] 朱石坚等. 振动理论与隔振技术. 北京：国防工业出版社，2008.
[55] 庞剑等. 汽车噪声与振动. 北京：北京理工大学出版社，2008.
[56] 邬喆华，陈勇. 磁流变阻尼器对斜拉索的振动控制. 北京：科学出版社，2007.
[57] 胡少伟，苗同臣. 结构振动理论及其利用. 北京：中国建筑工业出版社，2005.
[58] 寇胜利，汽轮发电机组的振动及现场平衡. 北京：中国电力出版社，2007.
[59] 金栋平，胡海岩. 碰撞振动与控制. 北京：科学出版社，2008.
[60] 闻邦椿等. 振动利用工程. 北京：科学出版社，2005.
[61] 闻邦椿等. 机械振动理论及应用. 北京：高等教育出版社，2009.
[62] 张世礼. 振动粉碎理论及设备. 北京：冶金工业出版社，2005.
[63] 邹家祥等. 轧钢机现代设计理论，北京：冶金工业出版社，1991.
[64] William T. Thomson & Marie Dillon Dahleh Theory of Vibration Qith Applications（Fifth Edition）. 北京：清华大学出版社，2008.
[65] 唐百瑜等. 现代机械动力学及其工程应用：建模、分析、仿真、修改、控制、优化. 北京：机械工业出版社，2003.
[66] 姚起杭，葛祖德，潘树祥. 航空用高阻尼减振器研制. 航空学报，1998.（7）
[67] 徐振邦等. 机械自调谐式动力吸振器的研究. 中国机械工程，2009.（5）
[68] 王莲花等. 磁流变弹性体自调谐式吸振器及其优化控制. 实验力学，2007，（8）.
[69] 陈宜通. 混凝土机械. 北京：中国建材工业出版社，2002.
[70] 赵国珍. 钻井振动筛的工作理论与测试技术. 北京：石油工业出版社，1996.
[71] 高纪念等. 液压双稳射流激振器的理论分析与仿真. 石油机械，1999.（6）.
[72] 于宝成等. 微波液压激振器的设计和应用. 液压和气动，2001（6）.
[73] 张世礼. 特大型振动磨及其应用. 北京：冶金工业出版社，2007.
[74] 刘克铭等. 卧式振动离心机的动力学分析与响应测试. 煤炭学报，2010（09）.
[75] 闻邦椿等. 振动与波利用技术的新进展. 沈阳：东北大学出版社，2000.
[76] 鄢泰宁. 岩石钻掘工程学. 武汉：中国地质大学出版社，2001.
[77] 张义民等. 振动利用与控制工程的若干理论及应用. 吉林：吉林科学技术出版社，2000.
[78] 钱若军，杨联萍等. 张力结构的分析・设计・施工. 南京：东南大学出版社，2003.
[79] 周先雁等. 基于频率法的斜拉索索力测试研究. 中南林业科技大学学报，2009，（4）.
[80] 刘志军等. 超长斜拉索张力振动法测量研究. 振动与冲击，2008，27（1）.
[81] 陈淮，董建华. 中、下承式拱桥吊索张力测定的振动法实用公式. 中国公路学报，2007，20（3）.
[82] 孟新田. 斜拉桥单梁多索模型的非线性振动. 中南大学学报（自然科学版），2009，40（3）.
[83] 秦艳岚等. 提高斜拉桥索力测试精度的方法研究. 现代制造工程，2008，（5）.
[84] 高建勋. 斜拉桥索力测试方法及误差研究. 公路与汽运，2004，（8）.
[85] 李红. 斜拉桥索力的频率法测试及其参数分析. 科技资讯，2010，（2）.
[86] 刘凤奎等. 矮塔斜拉桥拉索初张力优化. 兰州铁道学院学报（自然科学版），2003，22（4）.
[87] 田养军，王鸿龙. 悬索桥主缆施工控制与监测. 地球科学与环境学报，2005，27（2）.
[88] 陈再发，冯志敏. 一种斜拉桥索力检测的基频混合识别方法. 微型机与应用，2011，（10）.
[89] 李春静. 钢丝绳张力检测的研究现状及趋势. 煤矿安全，2006，（1）.
[90] 林志宏，徐郁峰. 频率法测量斜拉桥索力的关键技术. 中外公路，2003，23（5）.
[91] 吴海军等. 斜拉桥索力测试方法研究. 重庆交通学院学报，2001，20（4）.
[92] 程波. 关于斜拉桥索力的分析. 重庆交通学院硕士论文，2005.
[93] 肖昌量. 提高频谱法测量斜拉桥索力精度的方法. 世界桥梁，2011，（2）.
[94] 江征风. 测试技术基础（第2版）. 北京：北京大学出版社，2010.
[95] 徐小力，梁福平等. 旋转机械状态监测及预测技术的发展与研究. 北京机械工业学院学报，2005（6）.
[96] 杜彬等. 旋转机械振动检测装置数据采集的实现. 仪表技术，2004，（4）
[97] 王江萍 主编. 机械设备故障诊断技术及应用. 西安：西北工业大学出版社，2001.
[98] 王少清等. 用光子相关法测量振动频率. 光电工程，2009，36（11）.
[99] 闻邦椿，顾家柳主编. 高等转子动力学——理论、技术及应用. 北京：机械工业出版社，2010.
[100] 崔光彩，杨光朝. 机械零件振动计算. 郑州：河南科学技术出版社，1988.
[101] 邢誉峰，李敏. 工程振动基础. 北京：北京航空航天大学，2011.

HANDBOOK OF MECHANICAL DESIGN

第20篇 机架设计

主要撰稿 蔡学熙
审　　稿 王　正

20

本篇主要符号

A——垂直于风向的迎风面积，m^2
A——梁闭口截面壁厚中心线所围成的面积
A_0——剪切或弯矩相对于拉压的折减系数
A_1，A_2——截面面积
A_1——单片桁架结构的外轮廓面积，m^2
A_2——后片结构的迎风面积，m^2
B——双力矩，N·cm^2
B——与结构自振周期有关的指数
C——风力系数
C——柔度系数，cm/N
D——圆形截面直径
d——直径、距离
E——弹性模量
F——力
F_{ij}——结点 i 到结点 j 的杆件的内力，拉、压力
f——挠度
f_1——垂直挠度
$[f_T]$——永久载荷和可变载荷标准值产生的挠度容许值
$[f_Q]$——可变载荷标准值产生的挠度容许值
G——材料的切变模量
g——重力加速度，取 9.81m/s^2
H——水平力、钢丝绳的水平拉力
H——高度
H_i——质点 i 的计算高度，m
h_0——高度
I——杆截面的回转半径
I——横截面对中性轴的惯性矩，cm^4
I_e——等效惯性矩，cm^4
I_t——截面的扭转常数（截面抗扭惯性矩），cm^4
I_y——截面对 y 轴的惯性矩，cm^4
I_1——一个翼缘的惯性矩，cm^4
I_W——扇性惯性矩，cm^6
K——结构的刚度，N/cm
K_0——许用应力折减系数
K_1——载荷类别 I 的折减系数
K_d——动力系数
K_r——铆焊连接许用应力折减系数值
K_h——考虑风压高度变化的系数
k——计算梁时所用的系数，cm^{-1}
k——截面的扭转常数
k_0——截面形状系数
k_0，k_1，k_2，k_3——影响系数
k_0——剪力修正系数
k_1——校正系数
L——长度，总长度
L，λ——起重机跨度
λ——长度，节间长度
λ_C——结构件的计算长度，mm
M——质量
m_e——设备的操作质量，kg
m_{eq}——等效总质量，kg
m_i——集中于 i 点的等效质量，kg
M_k——实际外载荷作用下的各杆件弯矩图；
$\overline{M}_i$——位移方向单位力 $P_i=1$ 作用下产生的各杆件弯矩图
M_n——梁截面的扭矩，自由扭转扭矩，N·cm
M_P——由载荷 P 所产生的弯矩
M_S——截面扭转扭矩，N·cm
M_{su}——杆件受弯曲时按其截面塑性变形时能承受的弯矩
M_t——外扭矩，N·cm
M_W——约束扭矩，N·cm
M_x——截面 x 向弯矩，N·cm
M_y——截面 y 向弯矩，N·cm
N_i——桁架各构件的内力，N；
N_P——外载荷 P 所产生的桁架各杆件的内力
$\overline{N}_i$——杆件 i 的未知力 $N_i=1$ 时所产生的桁架各杆件的内力
$\overline{N}_k$——单位虚载荷 $P_k=1$ 所产生的桁架各杆件的内力
N_e^0——力 P 在代替构件中产生的轴力
N_i^0——力 P 在代替桁架各构件中产生的轴力
$\overline{N}_{iX}$——力 $X_1=1$ 在代替桁架各构件中产生的轴力
n——安全系数
n——质点数、组成截面的狭长矩形的数目
P——外载荷，集中力
$P_{\rm I}$——载荷类别Ⅰ，近静载荷
$P_{\rm II}$——载荷类别Ⅱ，脉动载荷
$P_{\rm III}$——载荷类别Ⅲ，循环载荷
$P_{z\rm I}$——正常工作下的各种可能载荷的组合
$P_{z\rm II}$——非正常工作下的各种可能载荷与此时允许工作的最大风压作用的组合
$P_{z\rm III}$——不允许工作时的各种可能载荷与可能的最大风压（暴风）作用的组合
P_k——作用于 k 点的集中力
P_H——设备或结构的总水平地震作用力
P_n——作用于 n 点的集中力
P_s——雪载荷，kN/m^2
P_{s0}——基本雪压，kN/m^2
P_v——总竖向地震作用力，N
P_{vi}——质点 i 的竖向地震作用，N
P_w——作用在机器上或物品上的风载荷，N
Q——截面的剪切力
q——计算风压，N/m^2
q——单位自重力，N/mm
q_0——均布载荷

R——反力

R_P——由载荷 P 的作用，在附加联系 i 内产生的反力或反力矩

R——构件毛截面对某轴的回转半径，mm

R_1，R_2——截面最外层、最内层的原始曲率半径

r——断面中心的原始曲率半径

r_0——截面惯性中心的原始曲率半径

r_{ik}——由转角或位移 $Z_k=1$ 引起的附加联系 i 内产生的反力或反力矩

S——截面半边对中心轴 x 的面积矩，cm^3

S——曲线长度

S_1——腹板上边面积对中心轴 x 的面积矩，cm^3

S_w——扇性静矩，cm^4

s——截面中线的总长

s_i——第 i 个狭长矩形的长度

t，t_W——壁厚

t——温度改变量,℃

t_i——第 i 个狭长矩形的厚度

T——钢绳拉力

T——设备的自振周期，s

T_g——特征周期，s

T_s——结构自振周期，s

V——垂直反力

v_s——计算风速，m/s

W——截面系数

W_t——抗扭截面系数

W_x，W_y——截面对 x、y 轴的截面系数

W_Z——曲梁修正的抗弯截面系数

X_i——未知内力

Y——横截面上距中性轴最远的点，y 表示与 x 的垂直方向

y_0——上拱度

$\bar{y}$——对应于 M 弯矩图形心处 $\overline{M}$ 的纵坐标

y_i——对应于 M_k 弯矩图形心处 $\overline{M}_i$ 的纵坐标（简写）

y_k——对应于 $\overline{M}_i$ 弯矩图形心处 M_k 的纵坐标（简写）

Z_k——刚架结点 k 的未知转角或位移

α——对应于结构基本自振周期的水平地震影响系数

α_{max}——水平地震影响系数的最大值

α_{vmax}——竖向地震影响系数最大值

Δ——变形量、挠度、位移

Δ_t——温度变量,℃

Δ_k——k 点作用有集中力 P 时 n 点的挠度

Δ_p——n 点作用有集中力 P 时 n 点的挠度

Δ_q——均布载荷时 n 点的挠度

Δ_R——k 点作用有水平力 R 时 n 点的挠度

Δ_x——x 方向变形量

Δ_{iP}——载荷 P 产生的结构在 i 的变位（在力 X_i 方向）

Δ_{kC}——支座位移 C 引起的 k 点的位移

Δ_{kt}——温度差引起的 k 点的位移

ΔL——L 的变形量

δ——挠度

δ_{ik}——力 $X_k=1$ 产生的结构在力 X_i 方向的变位

ε——伸长变形量

φ——弯矩作用平面内轴心受压构件稳定系数

φ，φ_1，φ_2——扭转角

η——挡风折减系数

θ——转角

λ——构件长细比

λ_h——换算长细比

λ_m——等效质量系数

λ_P——许用长细比

μ——积雪分布系数

μ——材料的泊松比

μ_1，μ_2，μ_3——长度系数

ρ——密度，g/cm^3

σ——横截面上最大的拉伸或压缩正应力

σ_b——钢材的抗拉强度，N/mm^2

$[\sigma_d]$——端面承压许用应力（起重机设计规范），N/mm^2

σ_j——极限状态设计法机架在最大的特殊载荷，最不利的情况下可能出现的最大应力

σ_{jp}——基本许用应力

σ_{lim}——极限应力值

σ_{max}——载荷引起的最大应力

σ_{min}——载荷引起的最小应力

σ_p——许用应力

σ_s——钢材屈服点，N/mm^2

σ_{1p}——一类载荷的基本许用应力

σ_W——扇性正应力

τ——切应力

τ_P——许用切应力

τ_{jd}——端面承压许用应力

τ_{jP}——基本许用切应力

ψ——折减系数（刚度）

ω——扇性坐标，cm^2

Ω_k——M_k 弯矩图的面积

Ω_i——$\overline{M}_i$ 弯矩图的面积

第1章　机架结构概论

在机器（或设备）中支撑、承托或容纳且支承机器或机械零部件的设备装置称机架。即，机器的底座、机架、箱体等零部件，统称为机架。如支承储罐的塔架、机械的臂架、固定发动机的机架、容纳且支承传动齿轮的减速器壳体、机床的床身等。机架不仅包括支承系统，还可以是机器的一部分运动件，如起重机的悬臂架、铲车的辕架等。有些机架兼作运动部件的滑道（导轨）。机架使整个机器组成一个整体，起基准作用，以保证各部件正确的相对位置，并且承受机器中的作用力。

无论是传统机械产品还是现代机械产品，机械的机身、框架、机械连接等的支持结构都是机械的基础。现代机械产品引进电子技术以后，使产品的技术性能、功能和水平都有了很大提高，因此对机械结构也提出了更高的要求。由于机械本体在整个产品中占有较大的体积和重量，而机架部分又在机械本体中占很大的一部分，因此要求采用新结构、新材料、新工艺，以适应现代机械产品在多功能、可靠、高效、节能、小型、轻量、美观等方面的要求，因而现代机械系统中的机械结构和机架仍然是一个富有创造性的领域。

1　机架结构类型

1.1　按机架结构形式分类

机架种类繁多，形式多样，功能也不相同。按结构形式应合理地划分为如下几大类（表 20-1-1）：

表 20-1-1　　　　　　机架的结构形式

整块式	梁式	柱式	组合式	架式	箱式
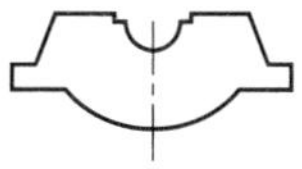 底座	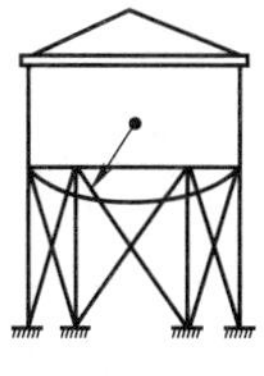 网络式储罐塔架	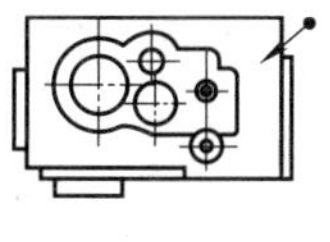 减速箱体	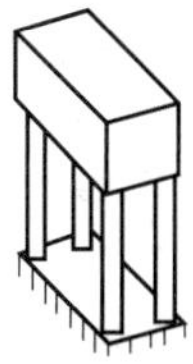 柱式压力机	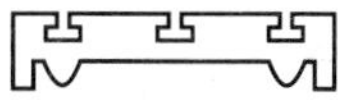 工作台	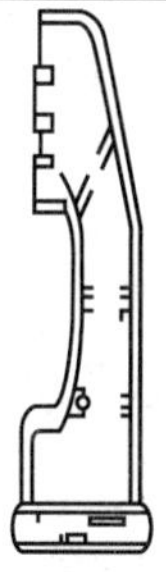 机床立座

1）整块式（底座、车床床身等）；

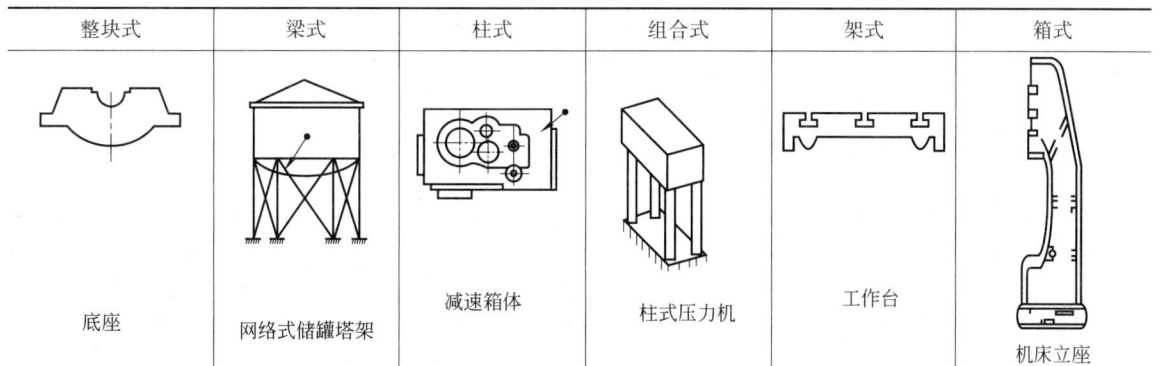

2）梁式（水平底座、工作台、各种车底盘、板制摇架等）；

3）柱式（各式立座）；

4）组合式（由梁和柱及其形变组成各式各样的机架，例如钻机的梁柱式机架、门式机座、环式机座等）；

5）架式（桁架式、框架式、网架式等）；

6）箱式（传动箱体、减速箱体等）；

7）其他（上述未能包括的特殊机架，例如胶带输送机的钢丝绳机架、煤矿工作面刮板运输机的机槽、露天工作面平行推动的运输机的与类似轨道相连的机座）。

说明：组合式和架式是有重复之嫌，但为了突出桁架及框架的特点，单独列出架式。有些机架如柱式压力机，可以说是梁和柱的组合，也是一个只有一间的框架；环式机座也是一个圆形的架子而已。

1.2 按机架的材料和制造方法分类

1.2.1 按材料分

按材料可分为金属机架和非金属机架。

(1) 金属材料

作机架的金属材料有钢、铸铁及铁合金（各种不锈钢等）、钛合金、铝合金、镁合金、铜合金和其他（如钢丝绳等）。常用作机架的金属材料举例见表 20-1-2。

表 20-1-2 常用作机架的金属材料举例

名称	牌号	常用机架举例
铸铁	HT150	大多数机床的底座、减速机和变速器的箱体
	HT200 HT250	各种机器的机身、机座与机架、齿轮箱体，如机床的立柱、横梁、滑板、工作台等
	HT300	轧钢机机座、重型机床的床身与机座、多轴机床的主轴箱等
球墨铸铁	QT800-2	冶金、矿山机械的减速机机体等
	QT500-7 QT450-10	曲柄压力机机身等
	QT400-15 QT400-18	各种减速器、差速器、离合器的箱体，例如汽车和拖拉机驱动桥的壳体
铸钢	ZG200-400 ZG230-450	各种机座、机架、箱体
	ZG270-500	各种大型机座、机架、箱体，如轧钢机架、机体、辊道架、水压机与压力机的梁架、立柱、破碎机机架等
	ZG310-570	重要机架
铸铝合金	ZL101(ZAlSi7Mg)	船用柴油机机体、汽车传动箱体等
	ZL104(ZAlSi9Mg)	中小型高速柴油机机体等
	ZL105A (ZAlSi5Cu1Mg)	高速柴油机机体等
	ZL401 (Za1Zn11Si7)	大型、复杂和承受较高载荷而又不便进行热处理的零件，如特殊柴油机机体等
压铸铝合金	YL11、YL113、 YL102、YL104	承受较高液压力的壳体、电动机底座、曲柄箱、打字机机架等
钢板及型钢焊接	Q235、Q345、25、 20Mn、0Cr18Ni9 等	各种大型机座、机架、箱体

除表 20-1-2 列举的例子之外，镁合金、钛及钛合金用作机架的介绍如下。

1）镁合金　可以制作镁合金车架、内支撑件、镁合金发电机支承，具有重量轻、减振性能好、节能、降噪、抗电磁辐射等优点。用镁合金制造的折叠式自行车可轻到 5.6kg，是用冷、热压铸机设备，微弧氧化等后处理生产线生产的。

2）钛及钛合金　钝钛和以钛为主的合金是新型的结构材料。钛及钛合金的密度较小（$3.5\sim4.5g/cm^3$），即重量几乎只有同体积的钢铁的一半，而其硬度与钢铁差不多，且强度高，耐热性好（熔点高达 1725℃）。钛耐腐蚀，在常温下，钛可以“安然无恙”地“躺”在各种强酸强碱的溶液中。就连最凶猛的王水，也不能腐蚀它。钛不怕海水。

用钛制作的零部件越来越广，例如，钛合金锻造的主桨毂、公路车架、钛合金山地越野架。

(2) 非金属材料

非金属机架有钢筋混凝土机架或机座、素混凝土机座平台、花岗岩机架或机座、塑料机架、玻璃纤维机架、碳素纤维机架或其他材料机架。

1）混凝土材料　混凝土的相对密度是钢的1/3，弹性模量是钢的1/10~1/15，阻尼高于铸铁，成本低廉。应用于制造受载面积大、抗振性要求高的支承件，如机床中的床身、立柱、底座等。目前，在超高速切削机床的床身制造中，由于主轴直径的圆周速度已达到或超过125m/s，为了获得良好的动态性能，床身完全由聚合水泥混凝土材料制成。

2）天然岩石及陶瓷材料　这类材料线胀系数小，热稳定性好，又经长期自然时效，残余应力小，性能稳定、精度保持性好，阻尼系数比钢大15倍，耐磨性比铸铁高5~10倍。目前在三坐标测量机工作台、金刚石车床床身的制造中，已将花岗岩、大理石作为其标准材料，国外还出现了采用陶瓷制造的支承件。

3）塑料　轻型设备可以用塑料作为架子。多层塑料燃油箱可满足市场对汽车燃油箱阻渗性能越来越高的要求。

4）玻璃纤维机架　各种玻璃纤维增强复合材料可用于生产行李厢底板、蓄电池槽、备胎架、发动机底座、多功能支架、蓄电池托架、仪表板托架等。

5）碳素纤维机架　碳素纤维的密度比玻璃纤维小约30%，强度大40%，尤其是弹性模量高3~8倍。但碳纤维的价格大约是玻璃纤维价格的10倍。

碳纤维含碳量在90%以上。具有十分优异的力学性能，与其他高性能纤维相比具有最高比强度和最高比模量，低密度、高升华热、耐高温、耐腐蚀、耐摩擦、抗疲劳、高震动衰减性、低线胀系数、导电导热性、电磁屏蔽性、优良的纺织加工性等优点。高强度中模量碳纤维T800H纤维抗拉强度达到5.5GPa。应用多功能的树脂或复合树脂，可制作汽车主承载结构和车身。例如，用碳纤维材料作高级乘用汽车的底盘，可将目前的钢铁底盘质量约300kg降低到150kg左右。即如果改用碳纤维与树脂合成的碳纤维强化塑料，则可将1.5t左右的汽车总质量减轻一成。

增强材料除玻璃纤维及碳纤维外，还有硼纤维、芳纶纤维、金属丝和硬质细粒、碳化硅纤维与陶瓷复合材料等。

1.2.2　按制造方法分

按机架的制造方法分类如下。

1）铸造机架，常用的材料是铸铁，有时也用铸钢、铸铝合金和铸铜等。铸铁机架的特点是结构形状可以较复杂，有较好的吸振性和机加工性能，常用于成批生产的中小型箱体。注塑机架的制造方法类似，它适用于大批量生产的小型、载荷很轻的机架。

2）焊接机架，由钢板、型钢或铸钢件焊接而成，结构要求较简单，生产周期较短。焊接机架适用于单件小批量生产，尤其是大件箱体，采用焊接件可大大降低成本。

3）螺栓连接机架或铆接机架，适用于大型结构的机架。这两种机架大部分被焊接机架代替，但螺栓连接机架仍被广泛应用于需要拆卸移动的场合。还有楔接机架。

4）冲压机架，适用于大批量生产的小型、轻载和结构形状简单的机架。

5）专业的轧制、锻造机架。

6）其他，各种金属机架或非金属机架的独自制造方法。例如，玻璃纤维缠绕机架，钢丝绳机架等。

这只是大概的分类。其实，机架的成品是综合了几种制造方法的结果，即组合的制造方法。从本章第5节的例子看出，例如汽车车架，不仅采用了几种制造方法装配，并且使用的材料也是组合成的。

金属机架的铸造工艺设计、冲压工艺设计、锻造和焊接工艺设计可参考本手册第1篇有关章节。螺栓连接和铆接可查看本手册第5篇第1章和第2章。

本篇主要介绍钢结构形式的机架。

1.3　按力学模型分类

表20-1-3

结构类型	杆系结构	板壳结构	实体结构
几何特征	结构由杆件组成，而杆件（直杆或曲杆）长度远大于其他两个方向的尺寸	结构由薄壁构件组成，而薄壁构件（薄板或薄壳）厚度远小于其他两个方向的尺寸	结构三个方向的尺寸是同一数量级的
机架举例	网架式机架，多数框架式和梁柱式机架	多数板块式和箱壳式机架	少数板块式、框架式和箱壳式机架

注：对某一具体机架，有时很难把它归于哪种结构，因为它可能介于杆系和板壳或板壳和实体两种结构之间。究竟按哪种结构计算，取决于计算工作量和计算精度。若计算精度满足结构设计要求，则按简化计算，否则详细计算。有的机架要简化为几种结构的组合，用有限元法计算。

2 杆系结构机架

2.1 机器的稳定性

作为一个机器，在空间有不在一条直线上的三个点就可以使其平衡。只要这三个点能够承受机器所施予的各种力。化作平面问题，一个物体或一根梁有两个铰就可以使其平衡。所以简单的各种承托式整体式机架只是计算的问题。但是对于由杆系组成的架式机架则会出现机架本身是否稳定的问题。

不少机架都可以看成是由杆件组成的，但是并非把若干杆件随意组合起来就能成为合理机架结构。也就是杆系机架本身（可结合机器本身一起考虑）必须是几何不变性的，并且还应避免是几何瞬变体系。

2.2 杆系的组成规则

2.2.1 平面杆系的组成规则

要保证一个杆系的几何不变性必须要有足够数目的约束；但是约束数目足够，并不能肯定几何不变，因为还有一个约束布置的问题。几何不变杆系的组成规则（表 20-1-4）就是为保证杆系几何不变，使约束数目足够又布置合理而规定的准则。

表 20-1-4　　平面杆系几何不变性规则

规则名称	几何不变且无多余约束的组成条件	组成示意图	分析举例
二元体规则	两根链杆各用一个铰相连于一个平面刚体上，且三个铰不在同一直线上（若三铰共线，则几何瞬变）	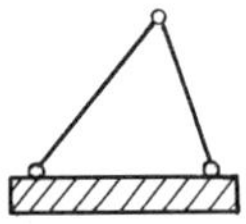	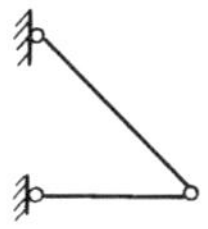
三连杆规则	两个平面刚体用三根链杆相连，且三根链杆不交于一点（若交于一点，则实交点时，几何可变；虚交点时，几何瞬变）		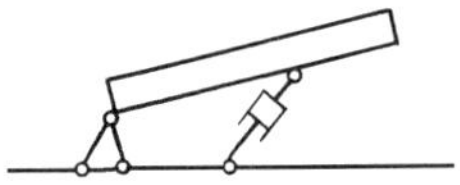

注：连杆可以是刚体，也可以是长度可控的，如油缸等。

2.2.2 空间杆系的几何不变准则

所谓平面杆系实际上实体都不是平面的。例如上述的两铰支承的梁是有宽度的，而铰也有一定的宽度，梁才不会有侧向翻转的倾向。如果梁足够宽而成平台，则众所周知通常在宽度延伸方向再加一个铰。对于表 20-1-4 中的二元体就要改成三元锥体，如图 20-1-1a 所示。对于表 20-1-4 中的三连杆，在宽度延伸方向理论上再加一个连杆就足够了。因为上面的工作台平面有三个点定位。但是这新加的连杆的上端点是未定位的，所以实际设计时往往在宽度延伸方向再加一个相同的支点，且认定连杆的铰只在图面方向可以转动，而把图中的缸式连杆设置于台的中部，以使工作台受力均匀。否则，还要增加一个斜连杆，如图 20-1-1c 的侧视图中虚线所示。

所以，对于空间架子，必须保证有两个相互正交（或相交）的垂直面上有三根不交于一点的连杆组成，这架子才是稳定的（这里说的是杆件和机体铰接的或按铰接计算的情况）。可以将机体沿三个相互垂直的轴 X、Y、Z 方向推动，研究机体是否可能移动；再将机体绕这三个轴 X、Y、Z 转动，研究机体是否可能摆动。如果没有微动的可能，说明机架是几何不变的、稳定的。例如图 20-1-2 所示的储罐塔架，支腿与顶圈梁按铰接计算（或者支腿经过垫板直接焊接于罐体），无论前后、左右晃动或者绕中心轴轻微扭动，都有斜杆顶着或拉着。所以是稳定的。

如上所述，可以在两个相互交叉的平面内来分析平面杆件的方法来分析空间架子。下面就只讨论平面杆系的自由度问题。由于机架一般都是由比较简单的、少量的杆件组成，所以下面 2.3 节可以只在有必要的情况下参阅。

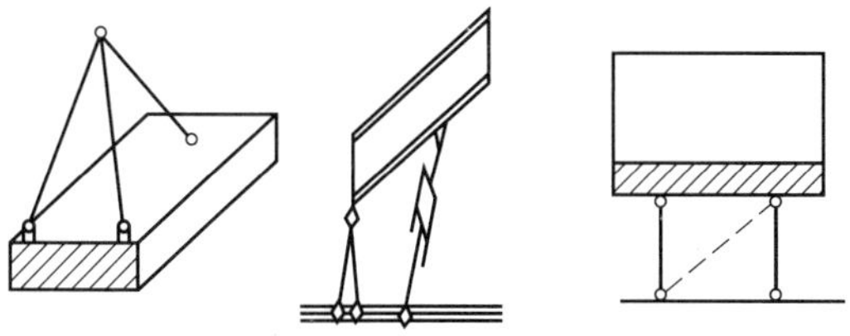

(a) 三元锥体　(b) 三连杆工作台　(c) 侧视图

图 20-1-1　空间杆系

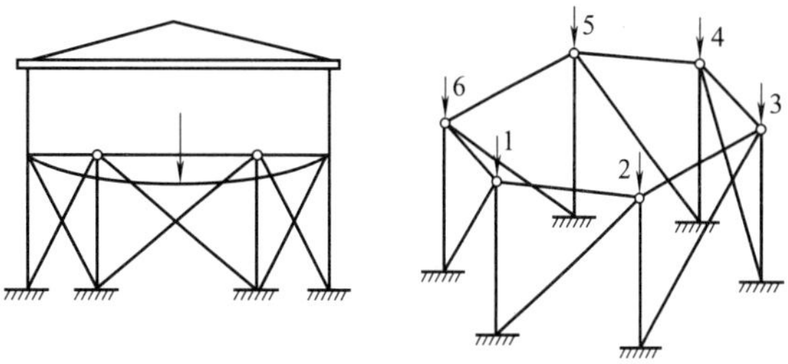

图 20-1-2　储罐塔架

2.3　平面杆系的自由度计算

2.3.1　平面杆系的约束类型

表 20-1-5

约束名称	约束方式	约束示意图	约束数	说　明
简单铰结	一个铰结连两个刚体	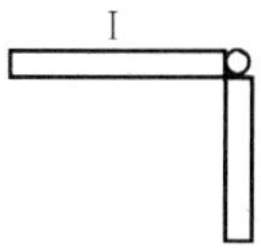	2	
复杂铰结	一个铰结连 n 个刚体	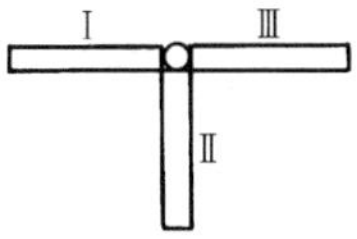	$2(n-1)$	相当于 $n-1$ 个简单铰结
简单刚结	一个刚结连两个刚体	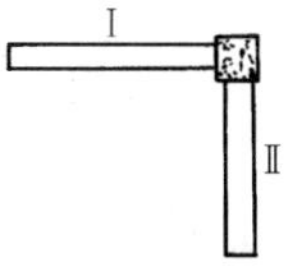	3	
复杂刚结	一个刚结连 n 个刚体	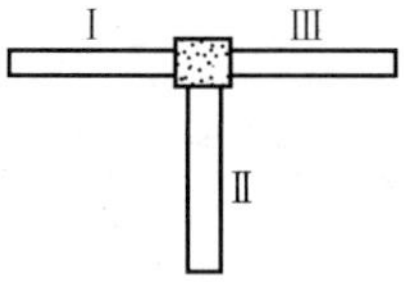	$3(n-1)$	相当于 $n-1$ 个简单刚结
简单链杆	一根杆连两个铰点		1	
复杂链杆	一根杆连 n 个铰点	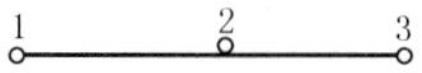	$2n-3$	相当于 $2n-3$ 个简单链杆

2.3.2 平面铰接杆系的自由度计算

由于刚性连接的杆件可以看成一个整体的杆件，对有刚性连接和又有铰接的机架，只需计算铰接杆系的自由度；对于刚性连接的机架，因是静不定框架，只有用变位的条件来补充计算。平面杆系自由度计算方法见表 20-1-6。

表 20-1-6 平面杆系自由度计算方法

计算方法	算　法　1	算　法　2
基本观点	杆系由若干平面刚体受铰结、刚结和链杆的约束而组成	杆系由若干结点受链杆的约束而组成
计算公式	$W=3m-(3g+2h+b)$	$W=2J-B$
	W——平面杆系的计算自由度数	
	m——平面刚体数 g——简单刚结数 h——简单铰结数 b——支承链杆数	J——结点数 B——简单链杆数
计算举例	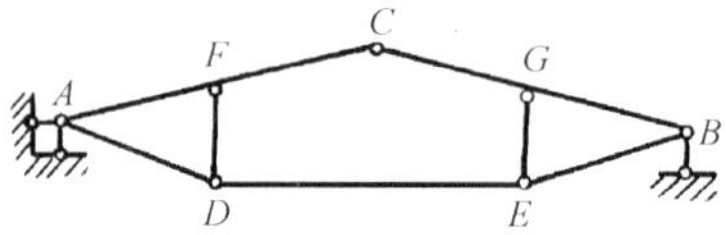	
	原有简单铰结数 $h_1=5$（A、B、C、F、G 点） 折算简单铰结数 $h_2=2\times(3-1)$（D、E 点复杂铰结，$n=3$） 简单铰结总数 $h=h_1+h_2=9$ 平面刚体数 $m=7$（AC、CB、AD、DF、DE、EG、EB） 简单刚结数 $g=0$（无刚结点） 支承链杆数 $b=3$（A 处两根，B 处一根） 计算自由度数 $W=3\times7-2\times9-3=0$	原有简单链杆数 $B_1=8$（AD、DF、DE、EG、EB 三根支杆） 折算简单链杆数 $B_2=2\times(2\times3-3)$（AC、BC 复杂链杆，$n=3$） 简单链杆总数 $B=B_1+B_2=14$ 结点数 $J=7$（A、B、C、D、E、F、G 点） 计算自由度数 $W=2\times7-14=0$
结论	$W>0$ 为几何可变杆系 $W\leqslant0$ 为几何不变杆系的必要条件（但非充分条件，必须布置合理）	

2.4 杆系几何特性与静定特性的关系

杆系静力分析的基本方法是：截断约束，取分离体，用约束力代替约束；根据分离体的平衡方程，解出约束力。可见，平衡方程总数和未知约束力总数是杆系静力分析的两个基本要素。这两个基本要素的计算见表20-1-7。

表 20-1-7 杆系平衡方程数和约束力数

所用自由度计算方法		表 20-1-6 算法 1			表 20-1-6 算法 2
平衡方程数	截取的分离体	平面刚体			结　点
	所截分离体数目	m			J
	每个分离体平衡方程数	3			2
	杆系平衡方程总数	$3m$			$2J$
未知约束力数	被截断的约束	简单刚结	简单铰结	支承链杆	简单链杆
	被截约束数目	g	h	b	B
	每个约束的约束力数	3	2	1	1
	杆系未知约束力总数	$3g+2h+b$			B

按表 20-1-6 和表 20-1-7 计算自由度数 W，可得表 20-1-8。

表 20-1-8

$W=0$	静定结构	平衡方程数等于未知力数	有唯一解
$W<0$	超静定结构	平衡方程数少于未知力数	要有变位等条件求解

上面只是个综合的分析，在实际设计分析中要简化得多。例如两端铰接的杆件，只有一个沿杆件中心线的作用力；只有两个铰接点的实体，只有一个沿两个铰接点连线的作用力等，可大大简化计算。

3　机架设计的准则和要求

3.1　机架设计的准则

（1）工况要求

任何机架的设计首先必须保证机器的特定工作要求。例如，保证机架上安装的零部件能顺利运转，机架的外形或内部结构不致有阻碍运动件通过的突起；设置执行某一工况所必需的平台；保证上下料的要求、人工操作的方便及安全等。

（2）刚度要求

在必须保证特定外形的条件下，对机架的主要要求是刚度。例如机床的零部件中，床身的刚度决定了机床的生产率和加工产品的精度；在齿轮减速器中，箱壳的刚度决定了齿轮的啮合性及运转性能。

（3）强度要求

对于一般设备的机架，刚度达到要求的同时，也能满足强度的要求。但对于重载设备的强度要求必须引起足够的重视。其准则是在机器运转中可能发生的最大载荷情况下，机架上任何点的应力都不得大于允许应力。此外，还要满足疲劳强度的要求。

对于某些机器的机架尚需满足振动或抗振的要求。例如振动机械的机架；受冲击的机架；考虑地震影响的高架等。

（4）稳定性要求

对于细长的或薄壁的受压结构及受弯-压结构存在失稳问题，某些板壳结构也存在失稳问题或局部失稳问题。失稳对结构会产生很大的破坏，设计时必须校核。

（5）其他特殊要求

如散热的要求；耐蚀及特定环境的要求；对于精密机械、仪表等热变形小的要求等。

（6）工艺的合理性

特别提出注意的是，设计和工艺是相辅相成的，设计的基础是工艺。所以设计要遵循工艺的规范，要考虑工艺的可能性、先进性和经济性，要考虑到适合批量生产还是少量生产的不同工艺。

3.2　机架设计的一般要求

在满足机架设计准则的前提下，必须根据机架的不同用途和所处环境，考虑下列各项要求，并有所偏重。

① 机架的重量轻，材料选择合适，成本低。

② 结构合理，便于制造。

③ 结构应使机架上的零部件安装、调整、修理和更换都方便。

④ 结构设计合理，工艺性好，还应使机架本身的内应力小，由温度变化引起的变形应力小。

⑤ 抗振性能好。

⑥ 噪声低。

⑦ 耐腐蚀，使机架结构在服务期限内尽量少修理。

⑧ 有导轨的机架要求导轨面受力合理，耐磨性良好。

⑨ 美观。目前对机器的要求不仅要能完成特定的工作，还要使外形美观。

3.3 设计步骤

① 初步确定机架的形状和尺寸。根据设计准则和一般要求，初步确定机架结构的形状和尺寸，以保证其内外部零部件能正常运转。

② 根据机架的制造数量、结构形状及尺寸大小，初定制造工艺。例如非标准设备单件的机架、机座，可采用焊接代替铸造。

③ 分析载荷情况，载荷包括机架上的设备重量、机架本身重量、设备运转的动载荷等。对于高架结构，还要考虑风载、雪载和地震载荷。

④ 确定结构的形式，例如采用桁架结构还是板结构等。再参考有关资料，确定结构的主要参数（即高、宽、板厚与材料等）。

⑤ 画出结构简图。

⑥ 参照类似设备的有关规范、规程，确定本机架结构所允许的挠度和应力。

⑦ 进行计算，确定尺寸。

⑧ 有必要时，进行详细计算并校核或做模型试验，对设计进行修改，确定最终尺寸。对于复杂重要的机架，要批量生产的机架，有时采用计算机数值计算且与实验测试相结合的办法，最后确定各部分的尺寸。

⑨ 标明各种技术特征和技术要求。例如机架的允许载荷、应用场合等的限定；制造工艺和材料的要求，制造与安装偏差，热处理要求，运输、吊装的特殊要求，检测或探测的规定；除锈和上漆要求，以及其他各种特殊的要求等。

4 架式机架结构的选择

机架结构形式的选择是一个较复杂的过程。根据所要设计设备的状况，再根据前面的准则和要求，参考类似设备的机架结构形式，首先进行机架形式的选择。对结构形式、构件截面和结点构造等均需要结合具体的情况进行仔细的分析。可以选用几种方案初步比较来确定。对于大批量的设备机架或特大型的机架，还应该对结构方案进行技术经济比较。

由于各种设备各有不同的规范和要求，制定统一的机架结构选择方法较困难。但是，总的原则无非是实用、可靠、经济和美观。

对于整体机架的各支架横截面，空心的长方形截面在相同材料情况下能承受更大的弯矩；而空心的圆截面能承受更大的转矩。所以这两种截面形式（或其变形）在支架截面中运用较多。可以从本手册第 1 篇第 1 章或其他相关书籍中找到各种截面形状的截面惯性矩等资料，本篇不赘述。一些支架的实际采用的截面形状在以后的章节中介绍。这里只是利用结构力学的知识，提出由型材制作的钢结构的设计选择的一般规律。

4.1 一般规则

1）结构的内力分布情况要与材料的性能相适应，以便发挥材料的优点。

① 轴力较弯矩能更充分地利用材料。杆件受轴力作用时，截面上材料的应力分布是均匀的（图 20-1-3a）。所有材料都得到充分利用。在弯矩作用下截面上的应力分布是不均匀的（图 20-1-3b），所以材料的利用不够经济。

② 机械结构中许多构件所受的载荷都设计成沿垂直于杆轴的方向作用。弯矩沿杆长变化很迅速，最大的弯矩仅限于一小段内，因此可设计变截面梁或在局部范围内加大、加高截面。

③ 有横向垂直载荷处，弯矩曲线有曲率，曲率与载荷密集度成正比。在较长段内材料不能充分利用，这与②款相似。如有可能应设法使载荷分散传播。例如，用桁架来代替梁。梁所以常用于小跨结构是因为构造简单和制作方便。在大跨结构中，桁架更为经济。

④ 在塑性设计中，钢构件在弯矩作用下的极限状态的应力分布如图 20-1-3c 所示；钢筋混凝土构件相应的应力分布如图 20-1-3d 所示。虽然由这些应力图可知，塑性设计比弹性设计要经济一些，但在机架设计中有动载荷的情况下一般是不考虑塑性设计的，只能用来考虑极端情况下的不损坏状态。

⑤壳体结构由于主要受轴力作用，使用材料极为经济，在可能的情况下应采用。下文关于浓密机底座的设计将再谈这个设计实例。

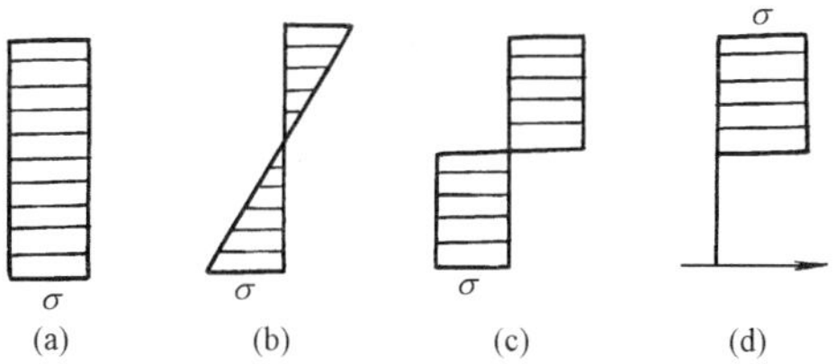

图 20-1-3

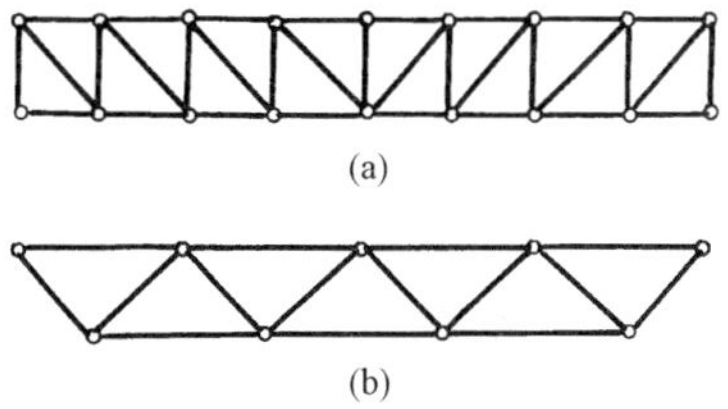

图 20-1-4

2）结构的作用在于把载荷由施力点传到基础。载荷传递的路程愈短，结构使用的材料愈省。

图 20-1-4a 和 b 所示为钢架常用的两种腹杆布置。图 a 为斜杆腹系，长斜杆在载荷作用下承受拉力，这是一个优点。但是载荷通过交替的斜杆和竖杆传到桁架的两端所经的路程很长。在图 b 所示的三角形腹系中，载荷通过斜杆传到桁架两端所经的路程就比较短。因此，图 b 所示桁架使用材料较少。

图 20-1-5 是梁和桁架的组合体系，在载荷较大时，要比一般桁架经济。

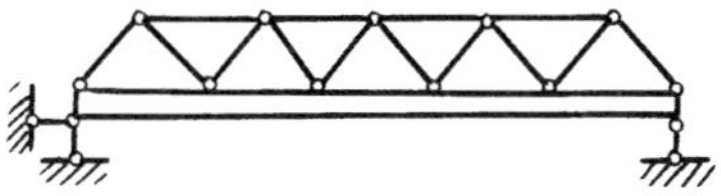

图 20-1-5

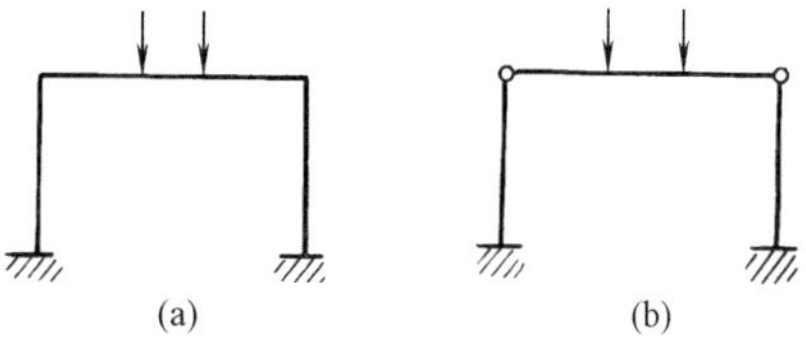

图 20-1-6

3）结构的连续性可以降低内力，节省材料。

例如，连续梁比一串简支梁经济，连续桁架也比一串简支桁架经济。在刚架中由于结点的刚性使弯矩降低，例如在同样载荷下图 20-1-6a 所示刚架受到的弯矩比图 20-1-6b 所示刚架受到的要小。一般来说，连续刚架比孤立的梁柱体系要经济。

以上规则在实际应用中有时是互相矛盾的。例如图 20-1-6a 所示结构和 b 所示结构比较起来，是互有利弊的。一方面由于结构的刚性，图 a 所示结构中梁的弯矩较小，但在另一方面由于结点的刚性，柱的弯矩增加了。

4.2 静定结构与超静定结构的比较

表 20-1-9

比较项目	静定结构	超静定结构
防护能力	静定结构没有多余约束。当任一约束突然破坏，即变成几何可变杆系，不能承受任何载荷，所以防护能力差	超静定结构有多余约束。多余约束突然破坏后，仍能维持几何不变性，还能承受一定的载荷，所以防护能力强
内力分布	由于没有多余约束，局部载荷对结构的影响范围小，内力分布很不均匀，内力峰值大	由于有多余约束，局部载荷对结构的影响范围大，内力分布比较均匀，内力峰值较小
结构刚度和稳定性	由于没有多余约束，载荷作用下的结构变形，受不到多余约束的进一步限制，结构的刚度和稳定性差	由于有多余约束，载荷作用下的结构变形要受到多余约束的进一步限制，结构的刚度和稳定性较好
结构材料和杆件截面的影响	静定结构的内力只需用静力平衡方程即可确定，所以内力与结构材料性质和杆件截面尺寸无关	超静定结构的内力不能单用静力平衡方程来确定，还需同时考虑变形条件，所以内力与结构的材料性质和杆件截面尺寸有关

续表

比较项目	静定结构	超静定结构
非载荷因素(支座移动、温度改变、材料收缩和制造误差)的影响	非载荷因素只引起静定结构的位移和变形,不在静定结构中产生内力(因为位移和变形受不到多余约束的限制)	非载荷因素不仅引起超静定结构的变形,而且还在超静定结构中产生内力(因为变形要受到多余约束的限制)
杆件截面设计的简单程度和调整结构内力分布的能力	静定结构杆件截面尺寸设计简单,只要结构外形及其尺寸(指用杆轴表示的力学模型)一定,即可由平衡方程求出内力,再按强度条件设计杆件截面。但静定结构的内力分布与杆件刚度比值无关,故不能通过改变杆件刚度来调整内力分布	超静定结构杆件截面尺寸设计复杂,只有事先假定截面尺寸才能求出内力,然后再根据内力重新设计杆件截面,若设计截面与假定截面相差过大,需重新计算。但超静定结构的内力分布与杆件刚度比值有关,故可通过改变杆件刚度来调整内力分布

注:静定结构的优点是设计计算方便,外力诸多因素清楚后,受力得到了保证,通常设计者愿意选用。

4.3 静定桁架与刚架的比较

表 20-1-10

比较项目	静定桁架	刚　　架
是否便于使用	由于桁架结点都是铰结点,所以为了保证杆系的几何不变性,所用的杆件数目较多,而且占据了内部空间,不便使用	由于刚架结点主要是刚结点,所以刚架的几何不变性,除了支座的约束作用外,主要依靠刚结点的连接作用,所用的杆件数目较少,内部空间大,便于使用
是否节省材料	由于桁架杆件都是二力杆件,只有轴力,所以内力沿杆轴和应力沿杆件截面都是均匀分布的,充分利用了材料	由于刚架杆件大都是梁式杆件,内力主要是弯矩,所以内力沿杆轴和应力沿杆件截面都是非均匀分布的,没有充分利用材料

4.4 几种杆系结构力学性能的比较

机架的典型结构形式有梁、刚架、桁架和组合结构,还可按其结构受力有以下两种分类方式。

1)无推力结构和有推力结构。梁和梁式桁架属于前者;三铰拱、三铰刚架、拱式桁架和某些组合结构属于后者。

2)将杆件分为链杆和梁式杆。只两端有正作用力的为链杆,横向有作用力或端部有弯矩的为梁式杆。桁架中除横向有作用力的杆件外,都是链杆。

对于梁式杆,应尽量减小杆件中的弯矩。现从这个角度,讨论各杆系结构的特点。

① 在静定多跨梁和伸臂梁中,利用杆端的负弯矩可以减小跨中的正弯矩(图 20-1-7b)。

② 在有推力结构中,利用水平推力的作用可以减小弯矩峰值(图 20-1-7e)。

③ 在桁架中,利用杆件的铰结和合理布置以及载荷的结点传递方式,可使桁架中的各杆处于无弯矩状态。

为了对各种杆系结构形式的力学特点进行综合比较,在图 20-1-7 中给出了几种结构形式在相同跨度和相同载荷(全跨受均布载荷 q)作用下的主要内力数值。

a. 图 20-1-7a 是简支梁$\left(跨中截面 C 的弯矩为 M_C^0=\dfrac{ql^2}{8}\right)$。图 20-1-7b 是伸臂梁。为了使弯矩减小,设法使支座负弯矩与跨中正弯矩正好相等。根据这个条件可以求出伸臂长度应为 $0.207l$,这时弯矩峰值下降为$\dfrac{1}{6}M_C^0$。

b. 图 20-1-7c 是带拉杆的三角形三铰架,拉杆受拉力为 $H=M_C^0/f$,由于此力的作用,使上弦杆的弯矩峰值下降为$\dfrac{1}{4}M_C^0$。图 20-1-7e 原理与其相同。

c. 图 20-1-7d 中,拉杆与上弦杆端部之间有一个偏心距 $e=f/6$,这样,上弦杆端部负弯矩与杆中正弯矩正好相等,弯矩峰值进一步下降为$\dfrac{1}{6}M_C^0$,这两种情况都属于三铰刚架的特殊情况。

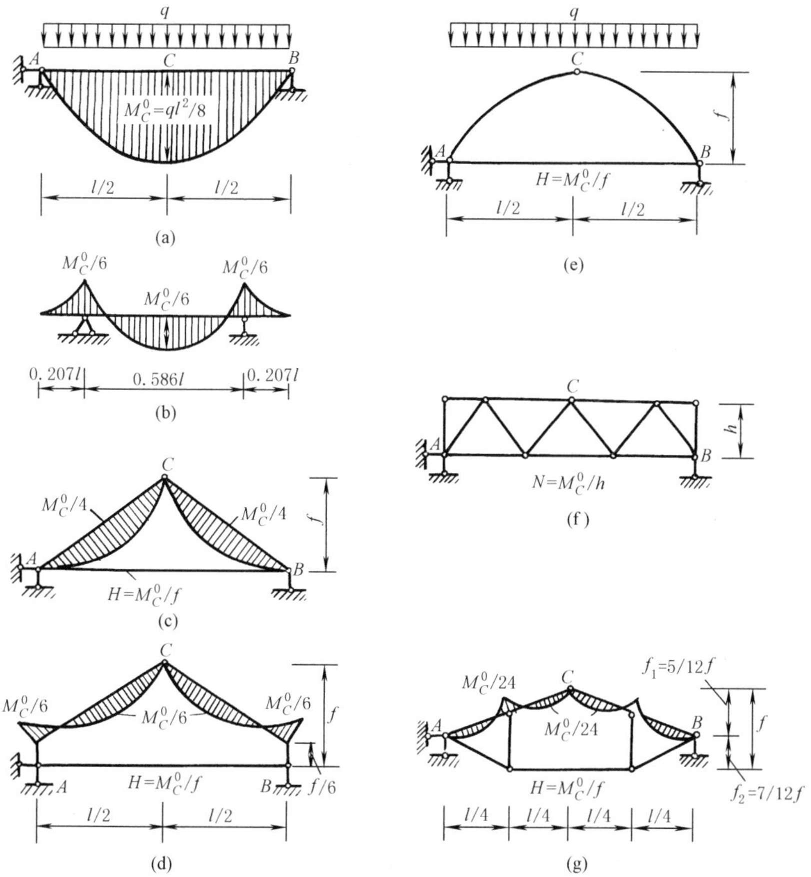

图 20-1-7

d. 图 20-1-7f 是梁式桁架，在结点载荷作用下，各杆处于无弯矩状态，中间下弦杆的轴力为 M_C^0/h。

e. 图 20-1-7g 是组合结构，为了使正弦杆的结点负弯矩与杆中正弯矩正好相等，故取 $f_1=\frac{5}{12}f$，$f_2=\frac{7}{12}f$，这时上弦杆的弯矩峰值下降为 $\frac{1}{24}M_C^0$，中间下弦杆的轴力为 $\frac{M_C^0}{f}$。

从以上的分析和比较可看出，在相同跨度和相同载荷下，简支梁的弯矩最大，伸臂梁、静定多跨梁、三铰刚架、组合结构的弯矩次之，而桁架中除了受均布载荷作用的杆件有弯矩外，其他杆件的弯矩为零。基于这些受力特点，所以在工程实际中，简支梁多用于小跨度结构；伸臂梁、静定多跨梁、三铰刚架和组合结构可用于跨度较大的结构；当跨度更大时，则多采用桁架。

另一方面，各种结构形式都有它的优点和缺点。简支梁虽然具有上述缺点，但也有许多优点，如制造简单，使用方便。所以在工程实际中简支梁仍然是广泛使用的一种结构形式。其他结构形式虽具有某些优点，但也有其缺点：如桁架的杆件很多，结点构造比较复杂；三铰刚架要求基础能承受推力（或需要设置拉杆承受推力）。所以选择结构形式时，不能只从受力状态这一方面去看，而必须进行全面的分析和比较。

4.5 几种桁架结构力学性能的比较

（1）力学性能比较

对于几种常见形式的桁架，为了便于比较，使它们的跨度、节距及承受的载荷（上弦各结点承受的载荷）都相同。又为了方便计算，使各结点载荷均等于 1。

1）平行弦桁架（图 20-1-8a）

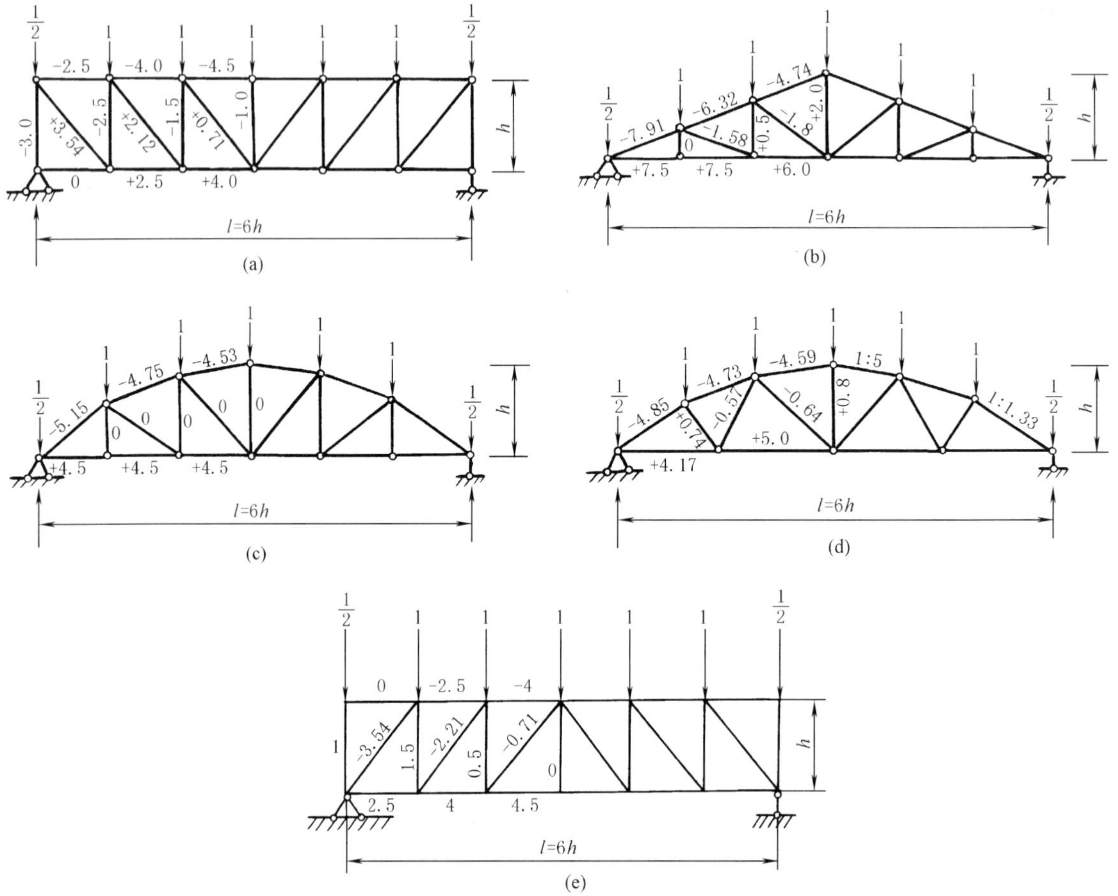

图 20-1-8

① 弦杆轴力　设与桁架同跨度、同载荷的简支梁上，对应于桁架各结点的截面弯矩为 M^0，则弦杆的轴力可表示为

$$N=\pm\frac{M^0}{h}$$

式中，h 见图 20-1-8a；右边的正号表示下弦杆的轴力为拉力，负号表示上弦杆的轴力为压力。因为平行弦桁架的轴力与梁相应结点处的 M^0 值成比例，所以，中间弦杆的轴力大，两端弦杆的轴力小。

② 腹杆轴力　求桁架腹杆轴力时用截面法。斜杆的铅垂分力和竖杆的轴力，分别等于简支梁相应节间的剪力 Q^0，即

$$V_{斜杆}=+Q^0$$

$$N_{竖杆}=-Q^0$$

上式表明，这里的斜杆轴力为拉力，竖杆轴力为压力。图 20-1-8a 中，给出了平行弦桁架各杆的轴力值（因载荷取值为 1，所以此内力值也就是内力系数）。

若对上边平行弦桁架与实体梁的内力进行比较，可以看出二者有许多类似之点。桁架弦杆主要承受弯矩，相当于工字梁中翼缘的作用；腹杆主要承受剪力，相当于工字梁中腹板的作用。

2）三角形桁架（图 20-1-8b）

① 弦杆轴力　弦杆所对应的力臂，由中间到两端按直线规律变化。设力臂为 r，则弦杆轴力仍可表示为

$$N=\pm\frac{M^0}{r}$$

力臂 r 向两端减小的速度比 M^0 要快，因而$\frac{M^0}{r}$向两端渐增。所以，弦杆越靠近两端，其轴力越大。

② 腹杆轴力　由截面法可知，斜杆轴力为压力，竖杆轴力为拉力，并且二者都是越靠近桁架中间，其轴力越大。三角形桁架各杆的轴力如图 20-1-8b 所示。

3）抛物线桁架（图 20-1-8c）

① 弦杆轴力　所有例子中，均布载荷产生的弯矩是按抛物线分布的，抛物线桁架下弦杆的轴力和上弦杆轴力的水平分力的力矩按抛物线分布。抛物线桁架的竖杆的长度就是力臂，它也按抛物线分布。因此，桁架各下弦杆的轴力和各上弦杆轴力的水平分力的大小是相等的。上弦杆的轴力则按其水平角度有所变化。

② 腹杆轴力　由于下弦杆轴力与上弦杆轴力的水平分力相等，根据截面法，由 $\sum X=0$，可知各斜杆轴力均等于零。不难断定，各竖杆的轴力也均等于零。

4）折线形桁架（图 20-1-8d）　是三角形桁架和抛物线形桁架的一种中间形式。由于上弦改成折线，端节间上弦杆的坡度比三角形桁架大，因而使力臂 r 向两端递减得慢一些，这就减小了弦杆特别是端弦杆的内力，虽然 $\frac{M^0}{r}$ 值也逐渐增大，但比三角形桁架的变化要小。

由上面的分析，可得以下结论。

① 平行弦桁架的内力分布不均匀，弦杆内力向中间增加，因而弦杆截面要随着改变，这就增加了拼接的困难；如用同样的截面，又浪费材料。但是，由于它在构造上有许多优点，如可使结点构造划一，腹杆标准化等，因而仍得到广泛应用；不过多限于轻型桁架，这样便于采用截面一致的弦杆，而不致有很大的浪费。

② 三角形桁架的内力分布也不均匀。弦杆的内力近支座处最大，并且端结点夹角很小，构造复杂。由于其两面斜坡的外形符合屋顶构造的要求，所以三角形桁架只在屋顶结构中应用。其半桁架则常作为悬臂架。

③ 抛物线形桁架的内力分布均匀，从受力角度来看是比较好的桁架形式。但是，曲弦上每一结点均须设置接头，构造较复杂。

④ 折线形桁架的内力分布近似抛物线形桁架，但制造较方便。

（2）桁架腹杆的布置对其内力的影响

在平行弦桁架中（图 20-1-8a），若腹杆的布置由 N 式变为反 N 式（图 20-1-8e），则其内力的性质也随着改变，斜杆由受拉变为受压，竖杆由受压变为受拉。至于斜杆的内力大小，则与其倾角有关。斜杆与弦杆的夹角小，则斜杆的内力大。腹杆的布置对桁架的构造和制造有影响。如桁架节间长度变小，斜杆与弦杆夹角加大，其内力虽较小，但腹杆增多，结点数目增加，制造工作量较大，反而不一定经济，所以布置腹杆需要全面权衡。

在三角形桁架中（图 20-1-8b），若腹杆的布置由 N 式变为反 N 式，则腹杆内力的性质也要改变，即斜杆受拉，竖杆受压。以前钢屋架采用这种形式，可以避免钢材压杆过长容易失稳的缺点。用钢筋混凝土或钢材做成的三角形桁架，跨度较大时，腹杆采用 N 式或反 N 式，都使下弦结点和腹杆太多，不够经济，故常采用如图20-1-9 a、b 所示的形式。图 20-1-9c 表示三角形桁架的另一种形式，由于改变了腹杆的布置，使压杆短而拉杆长。压杆采用钢筋混凝土，截面大，不易失稳，拉杆采用钢材，使两种材料都能发挥各自的长处。

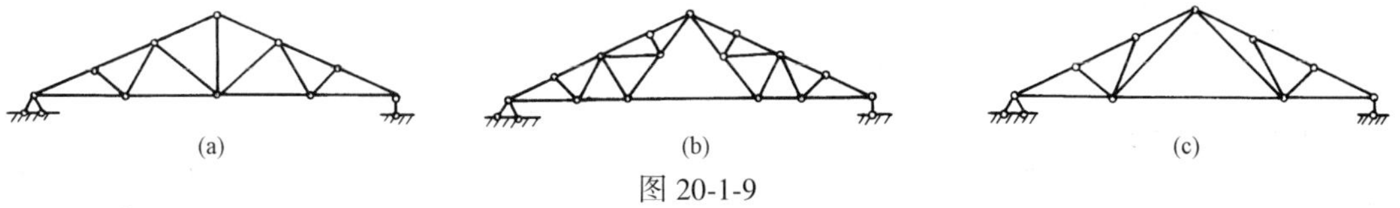

图 20-1-9

5　几种典型机架结构形式

本节提供一些设备所采用的机架结构形式，供设计选用时参考。首先以汽车车架作为典型来介绍机架的多样性。

5.1　汽车车架

汽车车架是机架设计与制造中最为复杂的构件。它不仅要有足够的强度和刚度、扭转刚度，还要承受汽车行驶时产生的动载荷；要有平稳性，安全性；在发生碰撞时车架能吸收大部分冲击力。既要求有足够的空间，将发动机、变速器、转向器及车身部分都固定其上，并留出操纵的空间；又要求尽量能减轻重量，并满足一定的载重量和速度。

汽车车架首先根据汽车车身结构来分类：非承载式车身的汽车有刚性车架，又称底盘大梁架；承载式车身的汽车，车身和底架共同组成了车身本体的刚性空间结构；还有半承载式车身，介于非承载式车身和承载式车身之间的车身结构。

5.1.1 梁式车架

非承载式车身本体悬置于车架上，用弹性元件连接。车架的振动通过弹性元件传到车身上，大部分振动被减弱或消除。车架强度和刚度大，车厢变形小，平稳性和安全性好，厢内噪声低。但这种车身和车架都比较笨重，质量大，汽车质心高，高速行驶稳定性较差。一般用在货车、客车和越野车上。

车架有边梁式、钢管式等形式，其中边梁式是采用最广泛的一种车架。

（1）边梁式车架

边梁式车架由两根长纵梁及若干根短横梁铆接或焊接成形。纵梁主要承负弯曲载荷，一般采用具有较大抗弯强度的钢梁。钢梁有槽形、工字形、Z 形、箱形；也有采用钢管的，但多用于轻型车架上。一般纵梁中部受力最大，因此设计者一般将纵梁中部的截面高度加大，两端的截面高度逐渐减少。这样可使应力分布均匀，同时也减轻了重量。可以由焊接或冲压低合金钢钢板制作。横梁有槽形、箱形或管形，以保证车架的扭转刚度和抗弯强度，及用以安装发动机、变速器、车身和燃油箱等。纵梁与横梁用焊接或铆接连接成一刚性的整体。

图 20-1-10a 为梯形车架；图 20-1-10b 为周边形车架，这种车架中部水平面较低，使整体装配后的重心较低。有的车架，例如君威车的车架，由三道结实的大梁纵贯前后，有多达五道的横向梁从车头至车尾均匀分布，构成一个高刚性地板框架支撑结构。

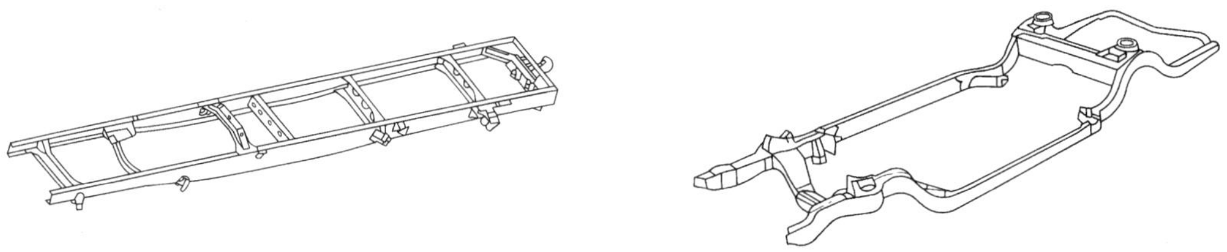

(a) 梯形车架　　(b) 周边形车架

图 20-1-10　边梁式汽车车架

图 20-1-11 为解放 CA1091 汽车车架实例。东风 EQ1090E 型汽车车架与解放牌汽车车相似。但解放 CA1091 汽车车架前面窄后面宽，前面宽度缩小的原因是为了让出一定的空间给转向轮和转向杆，以保证车轮有最大的偏转角。

（2）各种变形边梁式车架

① X 形布置的车架，这也属于边梁式车架。为适应不同的车型，横梁布置有多种方式，如为了提高车架的扭转刚度采用 X 形布置的横梁或纵梁。图 20-1-12a 为将横梁做成 X 形的边梁车架，目的是要提高车架的抗扭刚度；图 20-1-12b 是将纵梁做成 X 形的车架。

② 平台式车架，是一种将底板从车身中分出来，而与车架组成一个整体的平台底车架，车身通过螺栓与车架相连接。这种车架强度和刚度大，还可以减少空气阻力和汽车的颠簸。适合轿车使用。见图 20-1-12c。

（3）脊梁式车架

脊梁式车架亦称中梁式车架。车架只有一根位于汽车中间的纵梁，可以是槽形、箱形或管形。有些汽车的传动轴可以通过空心的中梁。这种形式的优点是抗扭转刚度较好；前轮转向角较大，便于安装独立悬架以提高汽车的越野性；质心低，故稳定性较好。其缺点是制造工艺复杂，总成安装困难，维修也不方便。脊梁式车架如图 20-1-13a 所示。可由边梁式车架和中梁式车架联合构成综合式车架。车架前部是边梁式，而后部是中梁式。图 20-1-13b 是脊梁综合式轿车底盘。

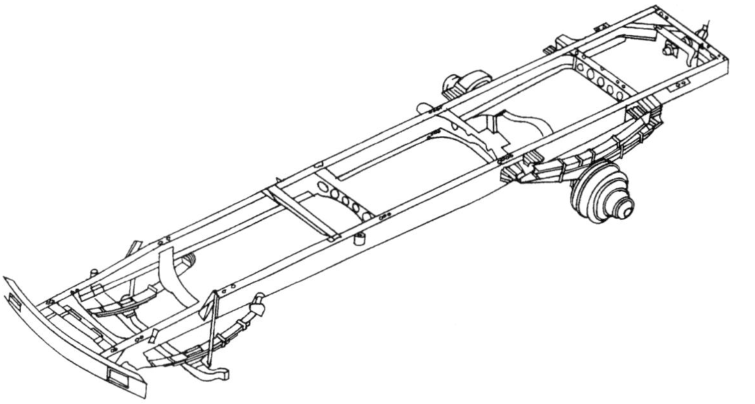

图 20-1-11　解放 CA1091 汽车车架

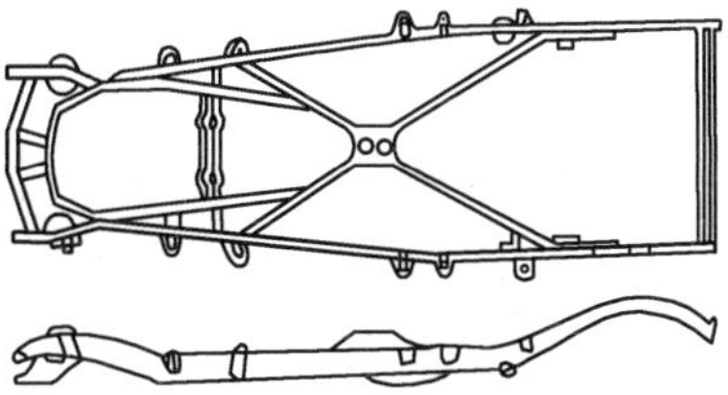

(a) 横梁做成 X 形的边梁车架

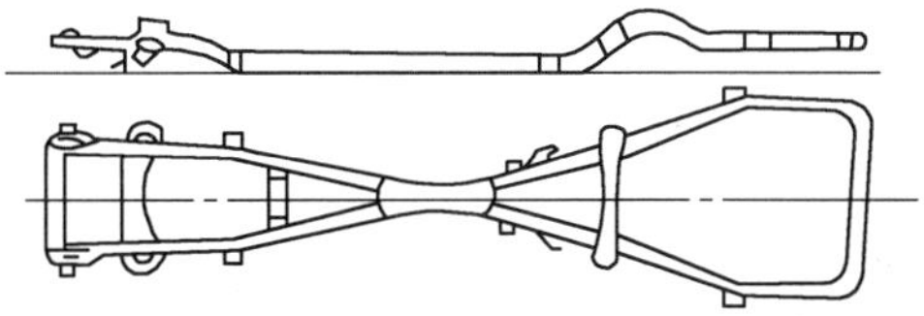

(b) X 形车架

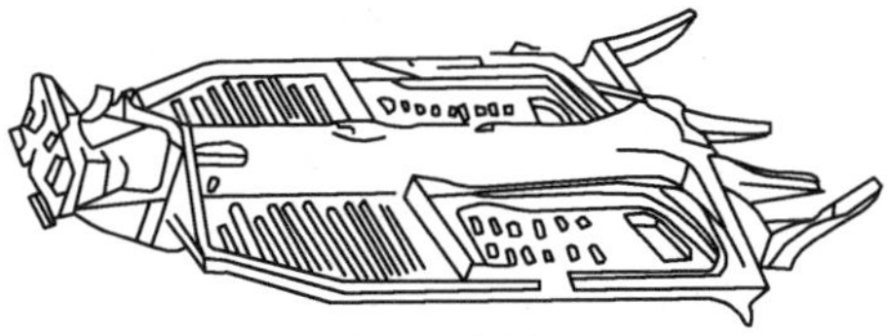

(c) 平台式车架

图 20-1-12　变形边梁式汽车车架

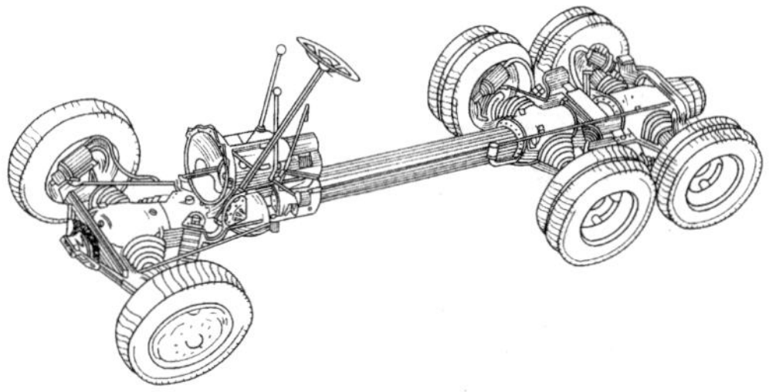

(a) 中梁式车架

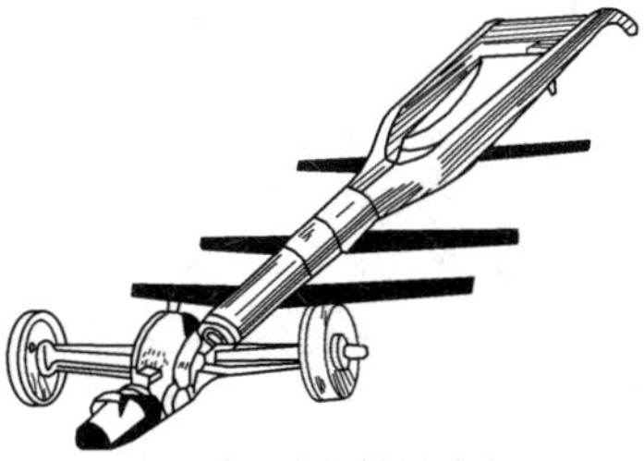

(b) 脊梁综合式轿车底盘

图 20-1-13　脊梁式车架

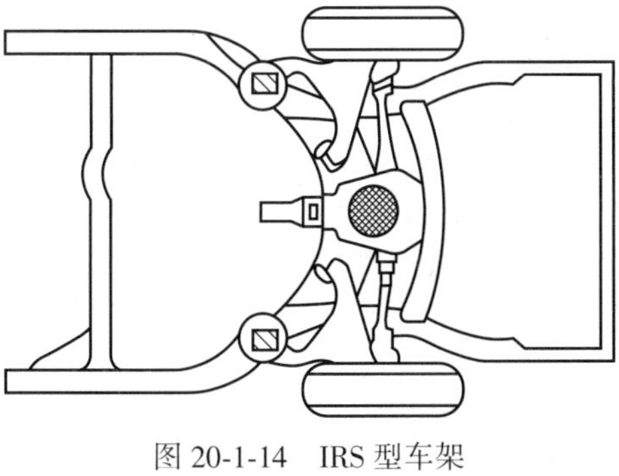

图 20-1-14　IRS 型车架

（4）IRS 型车架

某些高级轿车采用了 IRS 型车架，后部车架与前部车架用活动铰链连接，后驱动桥总成安装在后车架上，半轴与驱动轮之间用万向联轴器连接。这样不仅由于独立悬架可使汽车获得良好的行驶平顺性，而且活动铰链点处的橡胶衬套也使整车获得一定的缓冲，从而进一步提高了汽车行驶平顺性（图 20-1-14）。

5.1.2　承载式车身车架

1）半承载式车身车架是车身本体与底架用焊接或螺栓刚

性连接，加强了部分车身底架而起到一部分车架的作用。可参看 5.1.3 节（3）的内容。

2）承载式车身车架也称为整体式或单体式车架，由钢（或铝）经冲压、焊接而制成坚固的车身，再将发动机、悬架等机械零件直接安装在车身上，车身承受所有的载荷。这个对设计和生产工艺的要求都很高。成形的车架是个带有坐舱、发动机舱和底板的骨架。

承载式车身车架重量小，高度低，汽车重心低，装配简单，有很好的操控响应性，高速行驶稳定性较好。但由于道路负载会通过悬架装置直接传给车身本体，因此噪声和振动较大。刚度（尤其是抗扭刚度）不足也是承载式车身的一大缺陷。它一般用在轿车上，一些客车也采用这种形式。一些针对良好道路环境设计的越野车也有弃大梁车架而改用承载式车身的趋势。对于大功率、大扭力的高性能跑车，要求有很高的车架刚度。因此近年的高性能汽车，除了功率不断提升外，各车厂也不断致力于提高车身的刚度，目前主要采取的办法是优化车架的几何形状和采用局部增粗或补焊以加强抗扭能力。

对于采用承载式车身的大型客车，由于取消了大梁，旅游大巴可以在车底腾出巨大且左右贯通的行李空间，用于市区的公共汽车则可以将地台降至与人行道等高以便于上下车（要配合特殊的低置车桥）。

例如，上海桑塔纳、一汽奥迪 100、红旗 CA7220、捷达/高尔夫轿车皆为承载式车身车架。奥迪 A8 是用铝合金冲压成型做的车架结构。本田 NSX 也使用铝合金。承载式车身车架的形式见图 20-1-15。

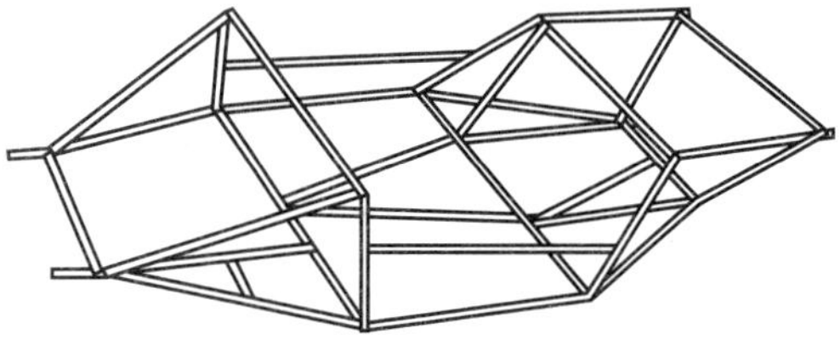

(a) 钢管焊接的桁架式车架

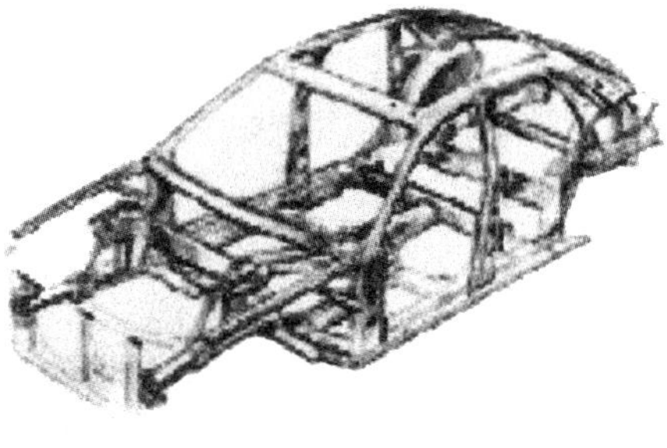

(b) 铝合金承载式车架

图 20-1-15　承载式车身车架

大客车整体承载式车身见图 20-1-16。

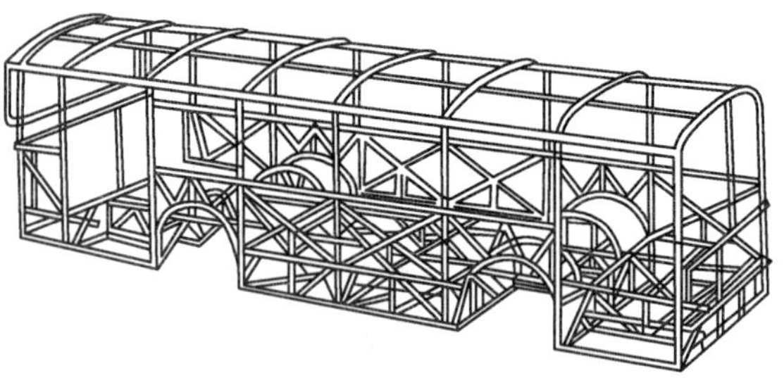

图 20-1-16　大客车整体承载式车身

有些轿车为了减轻车架重量，尽量做到轻量化，采用了半车架。即只是轿车的前部采用承载式车架。

5.1.3　各种新型车架形式

（1）管式车架

① 钢管式车架。对于少量生产的轿车采用钢管式车架，就是用很多钢管焊接成一个框架，再将零部件装在这个框架上。原因是可以省去冲压设备的巨大投资。由于对钢管式车架进行局部加强十分容易（只需加焊钢管），在质量相等的情况下，往往可以得到比承载式车架更强的刚度，这也是很多跑车厂仍喜欢用它的原因。

② 轻型的新钢种车架。使用新钢种用内高压成形制成的钢管制造的汽车车架，可以比传统钢车架的重量轻。特制管件钢材可制造成渐收形几何形状的汽车纵梁。采用滚压变形加工工艺制造的管材，其材料的性能高于用一般传统的变形加工工艺制造出的材料。

③ 铝合金方管式车架。另一种类型的铝合金车架是将高强度铝合金方条梁焊接、铆接或贴合在一起组成一个框架，可以理解为钢管车架的变种，只是铝合金是方梁状而非管状。铝合金车架最大优点是轻（相同刚度的情况下）。但是成本高，不宜大量生产，而且铝合金本身的特性决定了其承载能力受限制，暂时只有少数车厂运用在小型的跑车上。

（2）碳纤维车架

制造方法是用碳纤维浇铸成一体化的底板、坐舱和引擎舱结构，再装上机械零件和车身覆盖件。碳纤维车架的刚度极高，重量比其他任何车架都要轻，重心也可以造得很低。但是制造成本太高。目前都只用于不计成本的赛车和极少数量产的车上。碳纤维的刚度不仅有利于操控，对提高安全性也有很大的作用。

（3）副车架与组合车架

副车架并非完整的车架，只是支承前后车轿、悬架的支架，使车轿、悬架通过它再与“正车架”相连。副架的作用是阻隔振动和噪声，减少其直接进入车厢，所以大多出现在豪华的轿车和越野车上，有些汽车还为发动机装上副架。

近年出现了融合梁式和承载式车架优点的车架设计方案：在承载式结构的车厢底部增加了独立的钢框架，从而在保证刚度的同时，重量和重心又比大梁式结构大为下降。

5.2 摩托车车架和拖拉机架

1）拖拉机车架类似于汽车车架，但简单得多。图 20-1-17 为履带式拖拉机机架型式。机架按结构类型主要分为半架式和全架式。图 a 为半架式机架，由后桥壳体和纵横梁组成，刚性较好，广泛用于采用整体台车行走系的履带拖拉机，特别是工业用履带拖拉机。图 b 为全架式机架，由纵横梁组成，各部件均安装在上面，拆装方便，多用于采用平衡台车或独立台车行走系的履带拖拉机。轮式拖拉机的履带变型采用无架式和半架式。

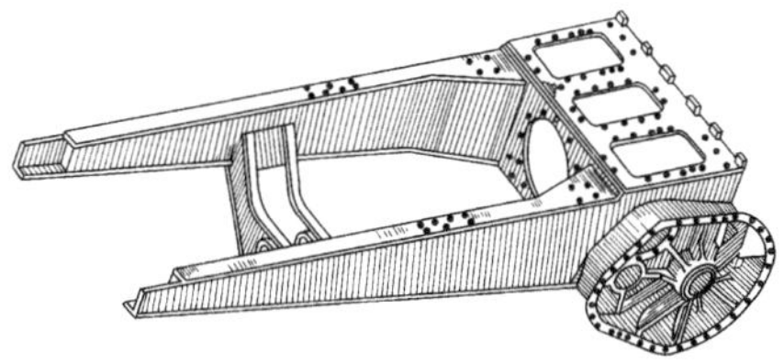

(a) 半架式

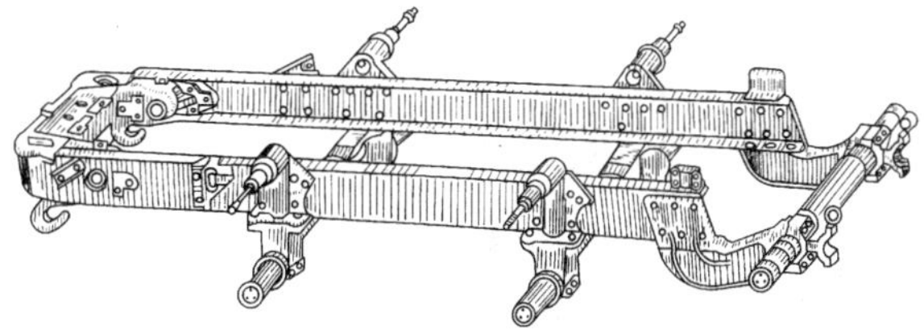

(b) 全架式

图 20-1-17　履带式拖拉机机架型式

2）目前摩托车车架的形式主要分成三大类：

① 主梁结构式车架又称脊骨型车架，见图 20-1-18a，是用一根或两根主梁作脊骨的车架，这种车架应用比较广泛。

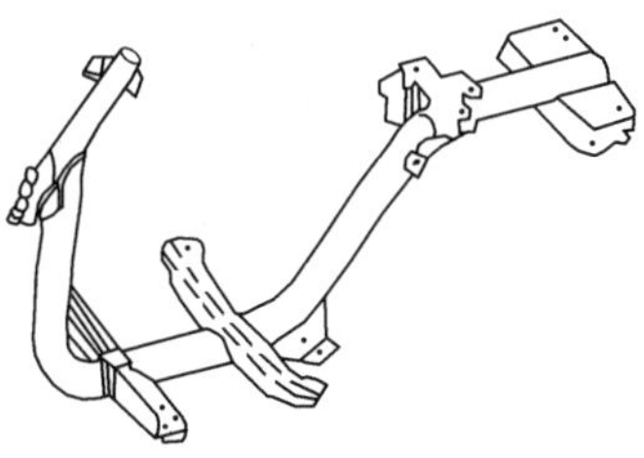

(a) 主梁结构式车架

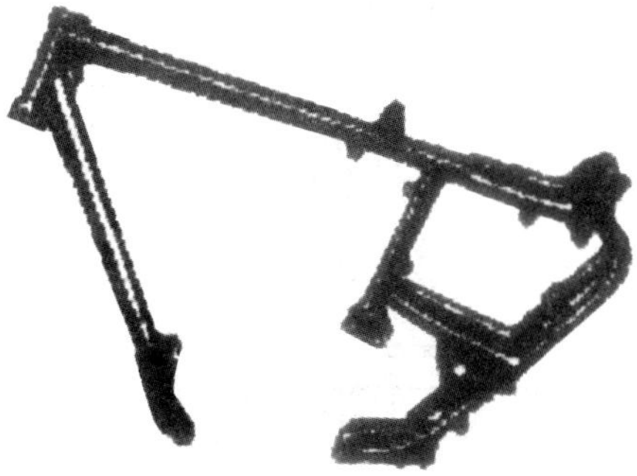

(b) 菱形式车架

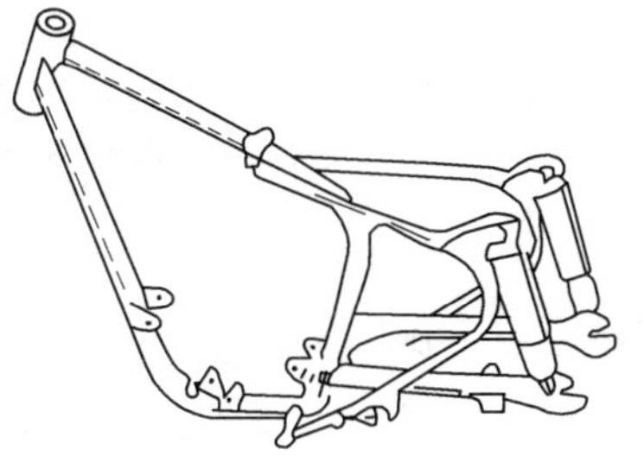

(c) 托架式车架

图 20-1-18　摩托车车架

② 菱形式车架（车架形似钻石状，又称钻石式车架），见图 20-1-18b，这种车架属于空间结构形式。发动机横置在钻石形内，作为车架的一个支承点，能增强车架的强度和刚度，道路竞赛摩托车应用较多。

③ 托架式车架（车架形似摇篮，又称摇篮式车架），见图 20-1-18c，也属空间结构形式。发动机安装在摇篮形中，由于发动机下面有钢管支承，对发动机能起保护作用，所以许多越野车用此类车架。

摩托车的车架看上去只是几支杆件焊接在一起，比较简单，实际上它的设计涉及多方面的因素。车架除必须要有足够的强度和刚度外，而且在重量、造型等方面也有相应的要求。

① 不同使用对象的摩托车车架强度是不一样的，例如街车就比越野车的强度要低。

② 车架的结构尺寸要符合要求。车架的设计既要考虑到车辆的敏捷又不宜太灵活，既要稳定又不宜太沉重。车架有些部分，影响摩托车运行的平稳性。例如转向轴头，涉及到前叉倾角。前叉倾角大，转向时方向把手移动的角度也就小，拖拽距就大，前轮回转中的扭力也就越大，车子也就觉得越稳定。所以美式摩托车车型虽然较大，但由于前叉角度较大，行驶起来十分平稳。但拖拽距越大转向就越重，因此一般轻型摩托车的拖拽距在 85~120mm 之间。

③ 摩托车在行驶中所产生的转向力、离心力及车子的颠簸，都会促使转向轴头向侧扭，为抵抗这种侧向扭力，车架常使用粗大的管梁和加强杆，从发动机两侧伸延至转向轴头位置焊接。

④ 车架重量要轻，多用含有钛、铌、钒等微量元素的高强度钢材。有些车辆已应用铝合金车架或钛合金车架。减轻摩托车本身的重量，等于增加了发动机的功率。

5.3 起重运输设备机架

5.3.1 起重机机架

起重机的类型很多，综合起来大致可分为三大类：①桥式起重机；②架式或门架式起重机（包括门式起重机、装卸桥等）；③臂架式起重机（包括转臂式起重机、流动式起重机、浮式起重机、高架式起重机、门座式起重机等）。主要的结构是梁、柱、桁架、框架及其组合。对于非标准设计的机架，它们可以作为很有价值的参考。

1）门架式起重机的结构，有图 20-1-19 所示的类型。

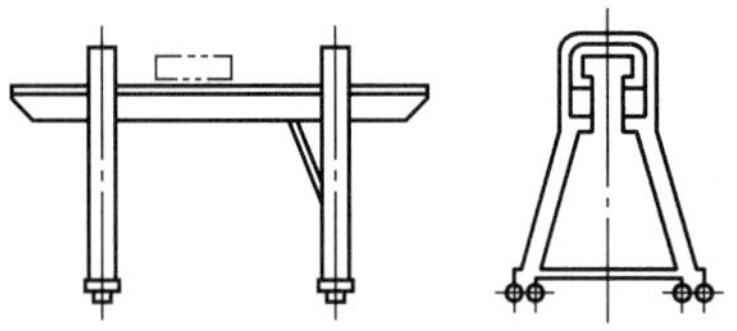

(a) 双梁箱形式

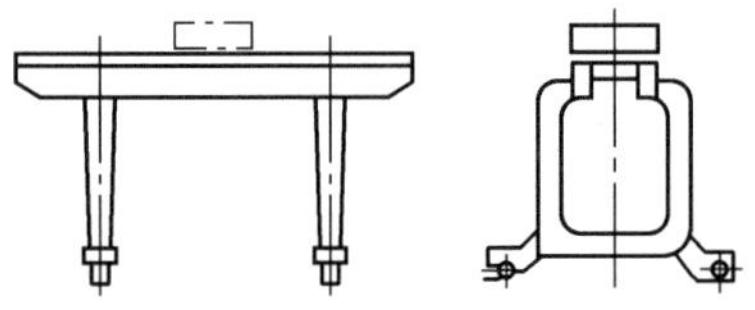

(b) 双梁箱形U形支腿式

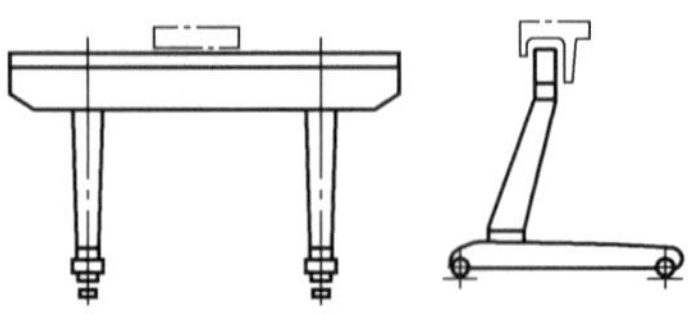

(c) 双梁箱形角形支腿式

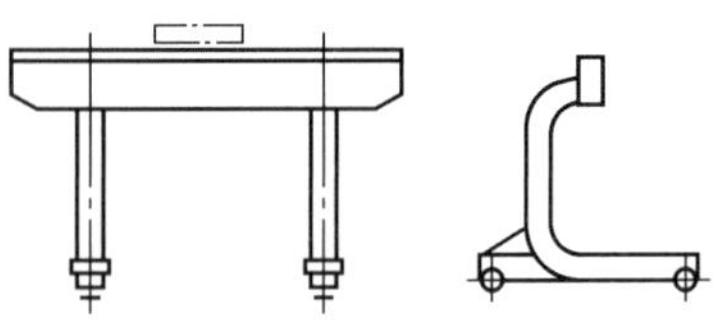

(d) 双梁箱形L形支腿式

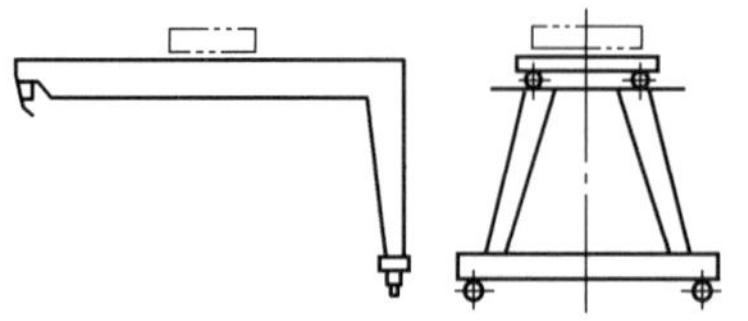

(e) 双梁箱形半龙门架

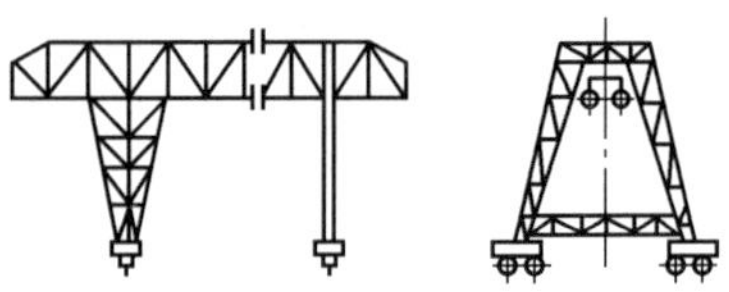

(f) Π形截面桁架式

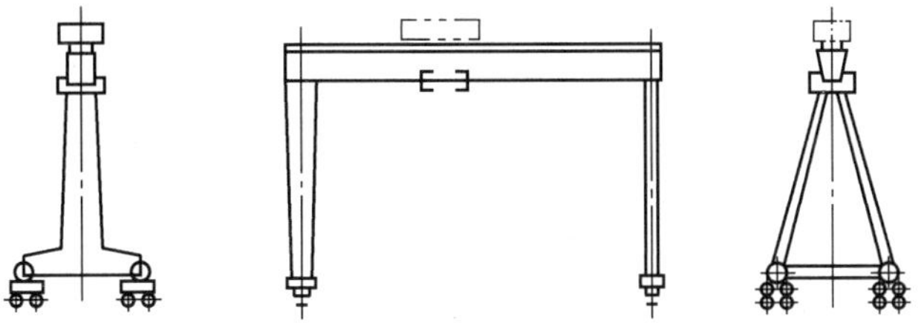

(g) 单箱形梁造船龙门式起重机

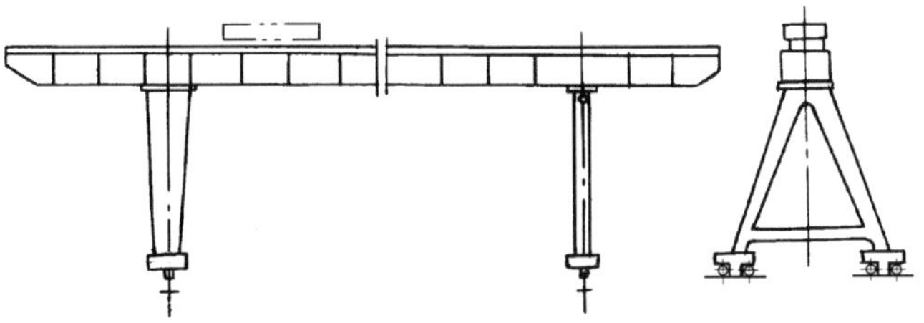

(h) 刚性-挠性支腿架形空腹桁架形龙门式起重机

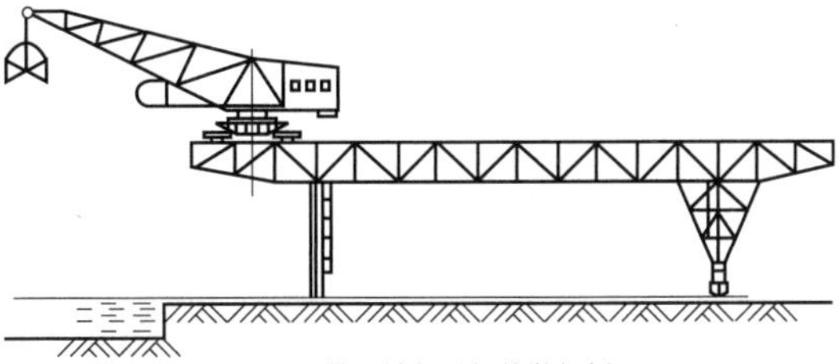

(i) 带回转起重机的装卸桥

图 20-1-19　门架式起重机的结构类型

2）图 20-1-20 为两种门座式起重机的门架结构类型，其他参见第 4 章。

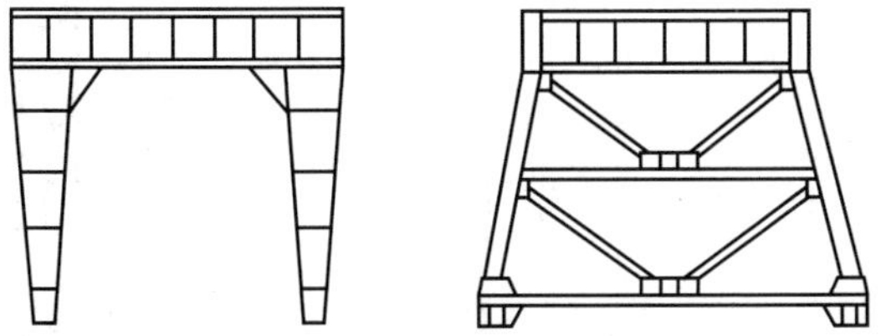

(a) 5t门座起重机

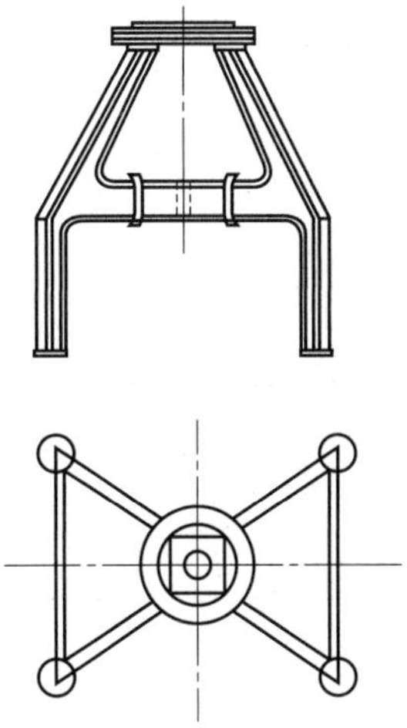

(b) 四撑杆门架

图 20-1-20　门座式起重机门架结构

3）桥式起重机，有单梁式桥架、双梁式桥架和四桁架式桥架。图 20-1-21 为桥式起重机的三种大梁类型。图 a 所示机架为桁架式起重机机架（起重量 20t 的加料起重机）；图 b 所示为空腹式框架式起重机机架（15t 刚性肥料起重机）；图 c 所示为箱形梁式起重机机架。

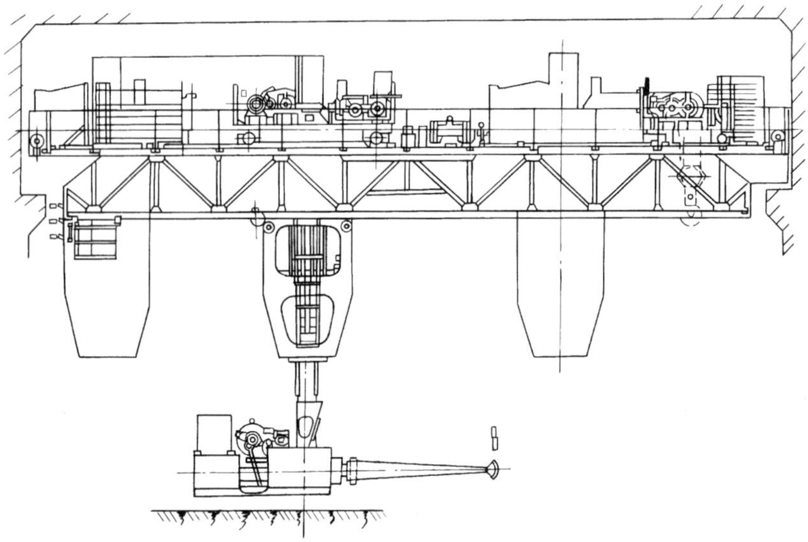

(a) 桁架式机架

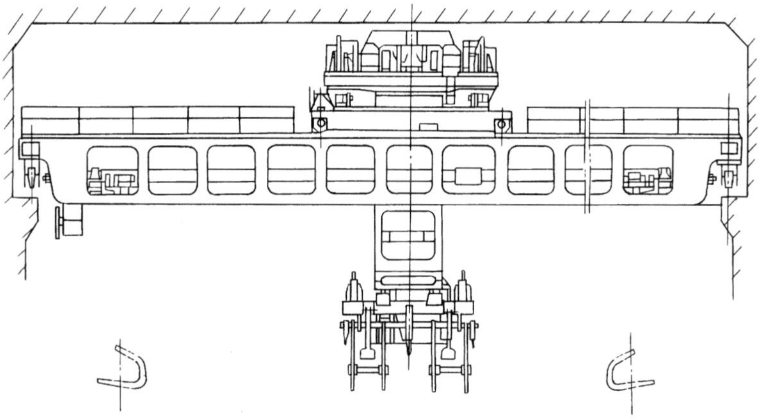

(b) 空腹式框架式机架

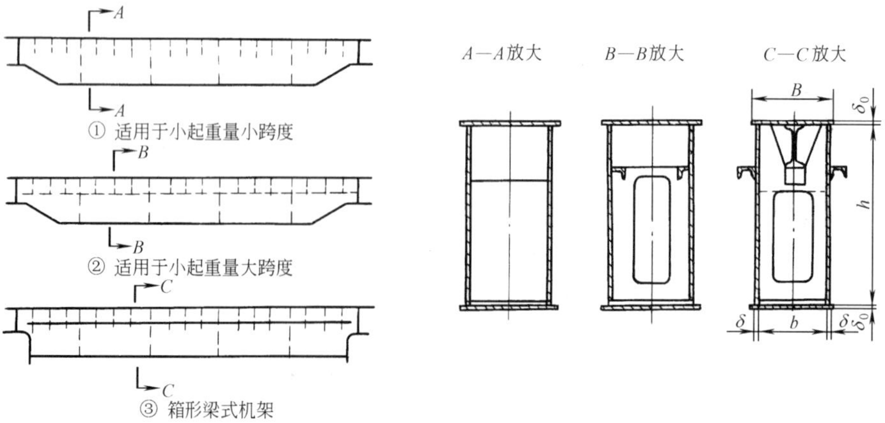

(c) 箱形梁式机架

图 20-1-21　桥式起重机机架

4）图 20-1-22 是象鼻组合臂架，图 a 是其一种形式；图 b 是象鼻梁结构图。

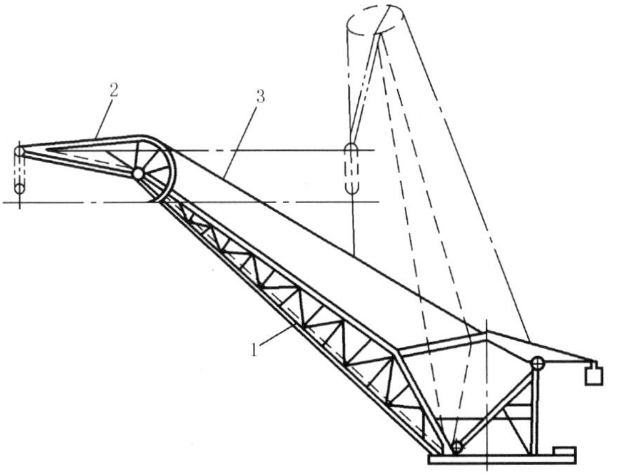

(a) 总图

1—大臂；2—象鼻梁；3—钢丝绳

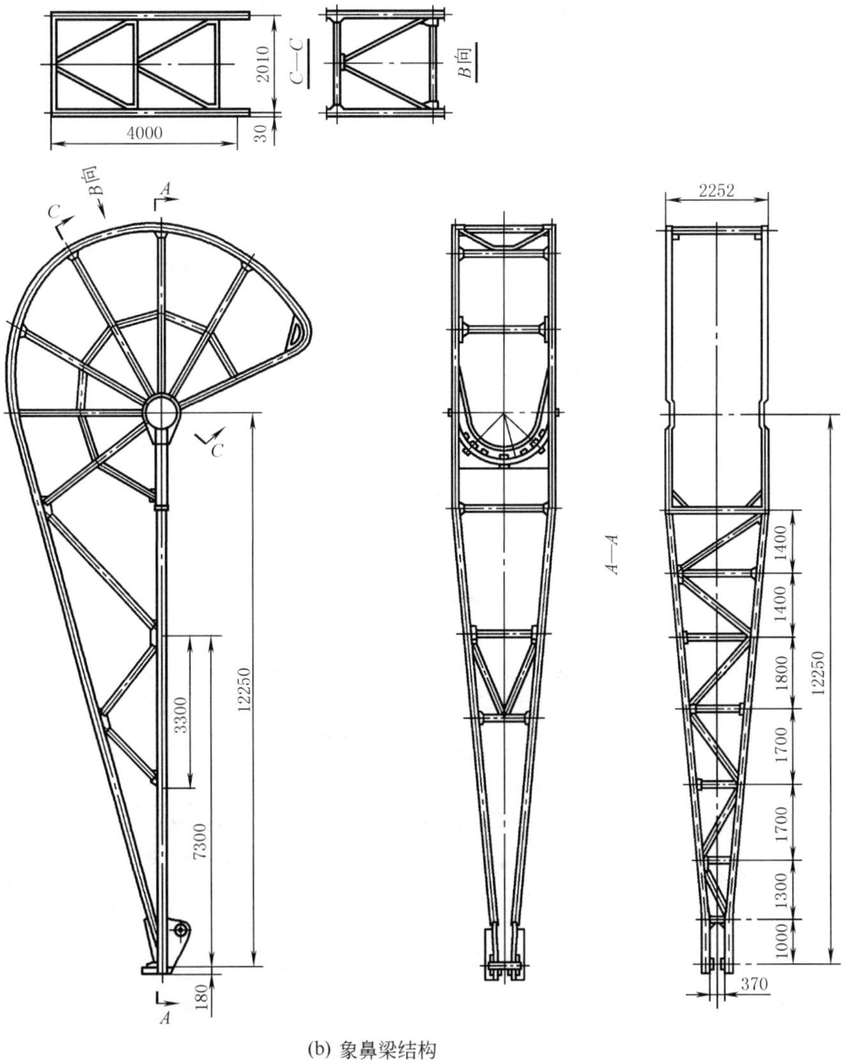

(b) 象鼻梁结构

图 20-1-22　象鼻组合臂梁

5.3.2 缆索起重机架

图 20-1-23 是缆索起重机的桅杆式机架。

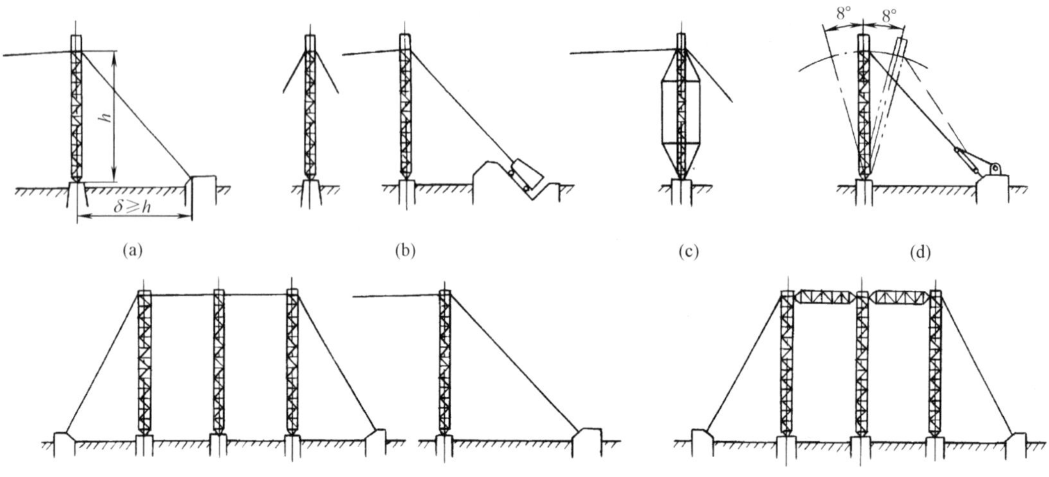

图 20-1-23 缆索起重机桅杆式机架

5.3.3 吊挂式带式输送机的钢丝绳机架

图 20-1-24 为带式输送机机架的一种——吊挂式带式输送机的钢绳机架。这是柔性的支持系统，安装其上的零部件所受的动载荷明显较小。目前在国外地下和露天矿山中用得很多，我国也已经有一些厂家定型生产吊挂托辊组，承载托辊一般有 3~5 节托辊组成，节数越多，柔性越好，成弧性也就越好。其结构特点是其构成托辊之间为柔性连接，托辊组通过抓手可与槽钢、钢管等刚性机架挂接，也可以与钢丝绳柔性机架挂接。抓手可以是刚性的，也可以是柔性的，其结构不同，成弧特点也不同。

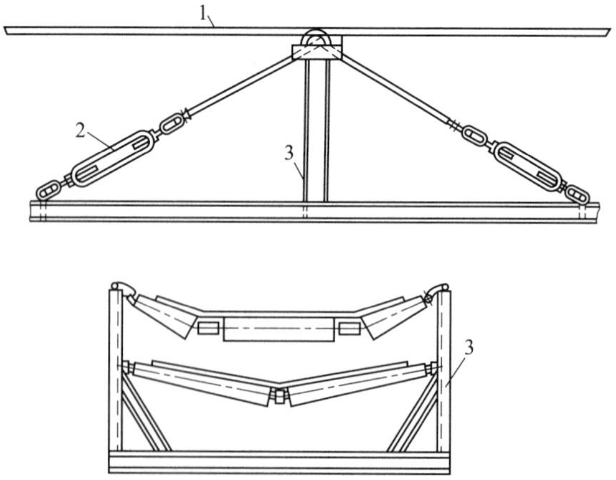

图 20-1-24 吊挂式带式输送机的钢丝绳机架

1—机架绳；2—花篮螺钉；3—收绳架

5.4 挖掘机机架

1）图 20-1-25 为 $4m^3$ 采矿挖掘机底架的下架图，与履带架组成支持整机的底架。

该下架为呈蜂窝状的焊接箱形结构，内部用隔板 6、井字板 8 焊成井字形，对角焊有斜板 5。上下盖板留有开孔，便于进行检修、安装工作。

箱形结构的下架刚度大，承载能力强，能保证机器原地转弯时有较好的刚性。

2）图 20-1-26 所示是 $23m^3$ 采矿挖掘机的下架，该下架是焊接的箱形结构，是由上下盖板间许多纵横交错、垂直布置的隔板焊接而成。下架中一些关键性隔板，都是由具有耐低温、高冲击韧性的优质钢材制造。随着抗疲劳设计原理和焊接技术的迅速发展，结构不连续所引起的应力集中已减小到最低限度。

3）履带架。履带架是用来承受来自下架的载荷并传递给支重轮的构件，有铸钢件也有焊接件，是一封闭箱形结构，简单可靠。

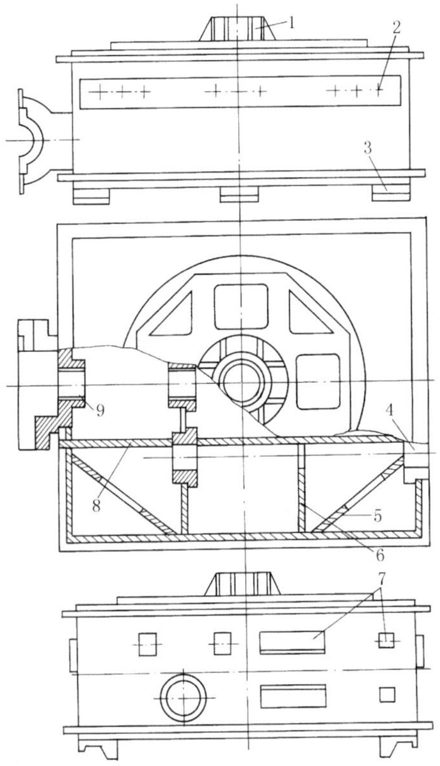

图 20-1-25　$4m^3$ 采矿挖掘机底架的下架

1—轴座；2—螺栓孔；3—钩牙；4—轴孔；5—斜板；6—隔板；7—机座；8—井字板；9—轴孔

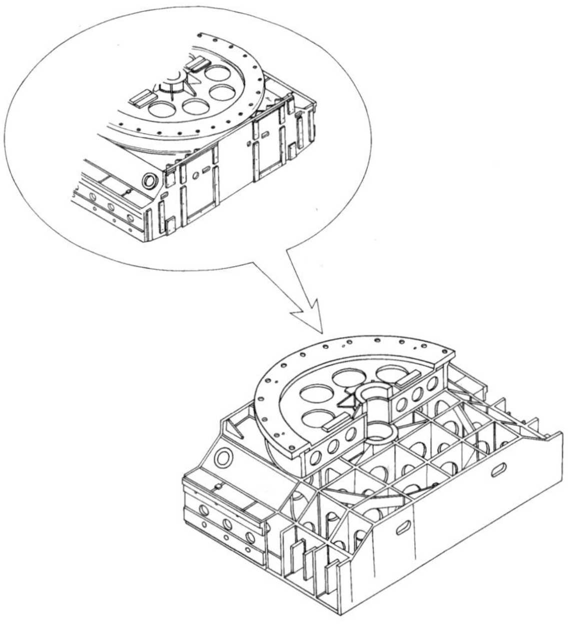

图 20-1-26　$23m^3$ 挖掘机下架

图 20-1-27 所示是 $4m^3$ 采矿挖掘机的履带架，其左端开有装张紧机和导向轮的轴孔 1，三个装支重轮的心轴孔 2，右端为减速器的机壳 4 及驱动轮的轴孔 3，上面是缓倾斜的斜面并加工有与下架联接用的螺钉孔 5，下面有三个同下架相连的钩牙 6。

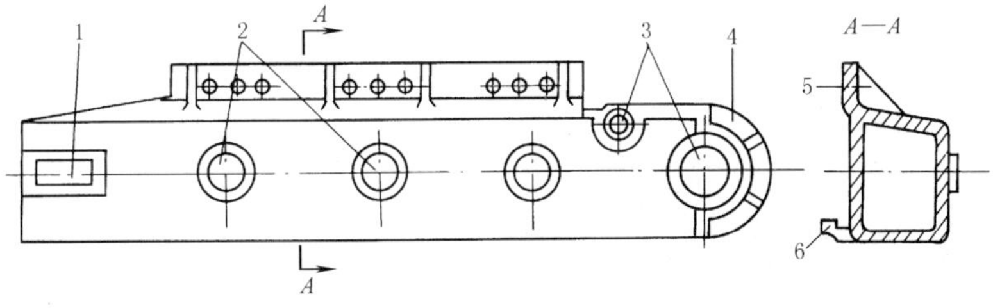

图 20-1-27　履带架

1,3—轴孔；2—心轴孔；4—机壳；5—螺钉孔；6—钩牙

4）图 20-1-28 所示为卡特皮勒公司 235 型液压挖掘机的回转平台。它用螺栓固定在回转轴承组件的外侧，并支承行走机构上面的部件。两个箱形截面纵梁构成平台的主梁，它和箱形截面的横梁连接，形成臂杆支承架组件和回转驱动机构的坚固支座。中心箱形结构件的四周焊有槽钢，构成整个机架，并为安装燃油箱、液压油箱、液压控制阀、电池和驾驶室提供坚固的支座。

5）斗桥。链斗挖泥船中，斗桥是支承全部斗链进行挖掘工作的大梁，为桁架结构，如图 20-1-29 所示。

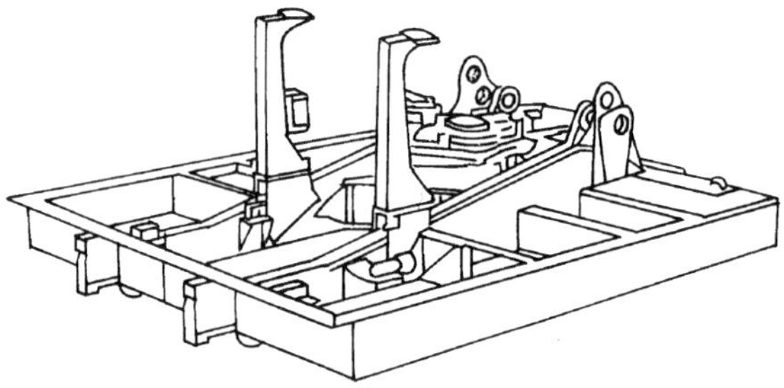

图 20-1-28　回转平台

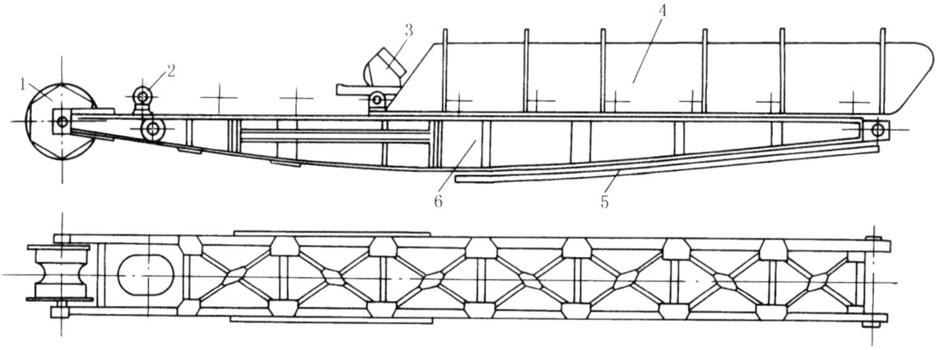

图 20-1-29　斗桥

1—下导轮；2—导链滚筒；3—斗链；4—上部挡泥板；5—底部挡泥板；6—斗桥

6）图 20-1-30 为铲运机工作装置的辕架，主要由曲梁（俗称象鼻梁）和Ⅱ形架组成。曲梁 2 用钢板焊接成箱形断面，其后端焊接在横梁 4 的中部。臂杆 5 也为整体箱形断面，按等强度原则作变断面设计，其前部焊接在横梁的两端。因横梁在铲运机作业中主要受扭，故作圆形断面设计。连接座 6 为球形铰座。

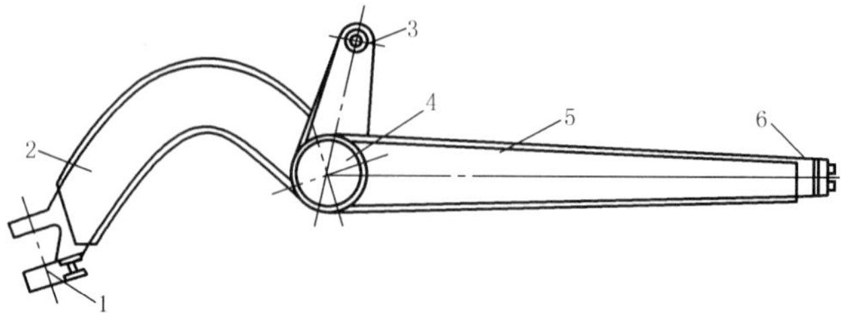

图 20-1-30　CL7 型铲运机辕架

1—牵引架；2—曲梁；3—提升油缸支座；4—横梁；5—臂杆；6—铲运斗球销连接座

第 20 篇

5.5　管架

固定管架的基本形式见图 20-1-31。

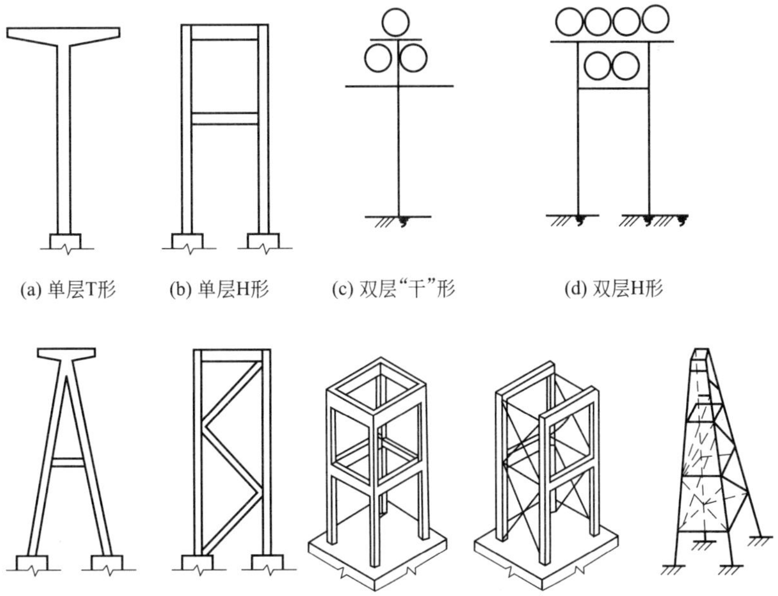

(a) 单层T形　(b) 单层H形　(c) 双层“干”形　(d) 双层H形

(e) A形单片平面管架　(f) 单片平面管架　(g) 空间刚架一　(h) 空间刚架二　(i) 塔架

图 20-1-31　管架形式

表 20-1-11　　建筑中常用的管架结构形式

序号	项　目	内　　容	图　号
1	独立式管架	这种管架适于在管径较大、管道数量不多的情况下采用。有单柱式和双柱式两种(根据管架宽度和推力大小而定)。这种形式,应用较为普遍,设计和施工也较简单	20-1-32a
2	悬臂式管架	悬臂式管架与一般独立式管架不同点在于把柱顶的横梁改为纵向悬臂,作管路的中间管座,延长了独立式管架的间距,使造型轻巧、美观。其缺点是管路排列不多,一般管架宽度在 1.0m 以内	20-1-32b
3	梁式管架	梁式管架可分为单层和双层,又有单梁和双梁之分。常用的梁式管架为单层双梁结构,跨度一般在 8~12m 之间,适用于管路推力不太大的情况。可根据管路跨度不同,在纵向梁上按需要架设不同间距的横梁,作为管道的支点或固定点,也可成横架式	20-1-32c
4	桁架式管架	适用于管路数量众多,而且作用在管架上推力大的线路上。跨度一般在 16~24m 之间,这种形式的管架外形比较宏伟,刚度也大,但投资和钢材耗量也大	20-1-32d
5	悬杆式管架	这种管架适用于管架较小、多根排列的情况。要求管路较直,跨度一般在15~20m 之间,中间悬梁一般悬吊在跨中 1/3 长度处。其优点是造型轻巧,柱距大,结构受力合理。缺点是钢材耗量多,横向刚性差(对风力和振动的抵抗力较好),施工和维修要求较高,常需校正标高(用花兰螺栓),而且拉杆金属易被腐蚀性气体腐蚀	20-1-32e
6	悬索式管架	这种管架适用于管路直径较小,需跨越宽阔马路、河流等情况;跨越大跨度时可采用小垂度悬索管架。悬索下垂度与跨度之比,一般可选 1/10~1/20	20-1-33a
7	钢绞线铰接管架	管架与管架之间设拉杆,在沿管路方向,由于管架底部能够转动,不会产生弯矩,固定管架及端部的中间管架采用钢铰线斜拉杆,使整体形成稳定。作用于管架的轴向推力,全部由水平拉杆或斜拉杆承受。适用于管路推力大和管架变位量大的情况	20-1-33b
8	拱形管道	当管路跨越公路、河流、山谷等障碍物时,利用管路自身的刚度,煨成弧状,形成一个无铰拱,使管路本身除输送介质外,兼作管承结构,拱形又可考虑作为管路的补偿设施,这种方案称为拱形管道	20-1-33c
9	下悬管道	适用于小直径管路通过公路、河流、山谷等障碍物,管路内介质或凝结水允许有一定积存时,利用管路自身的刚度作为支承结构的情况	20-1-33d
10	墙架	当管径较小,管道数量也少,且有可能沿建筑物(或构筑物)的墙壁敷设时,可以采用如图所示的各种形式的墙架	20-1-33e
11	长臂管架	长臂管架可分为单长臂管架与双长臂管架两种 单长臂管架适用于 DN150mm 以下的管道。长臂管架的优点是增大管架跨距,解决小管径架空敷设时管架过密的问题	20-1-33f、g

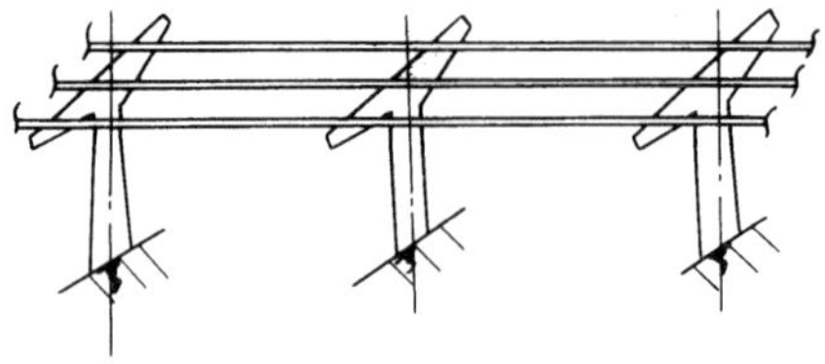

(a) 独立式管架

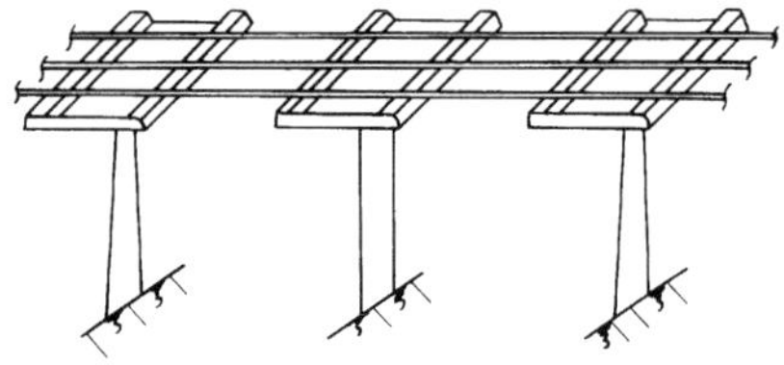

(b) 悬臂式管架

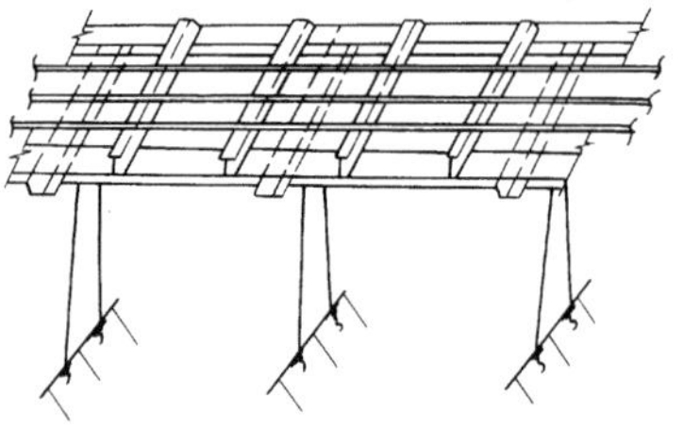

梁式纵架式

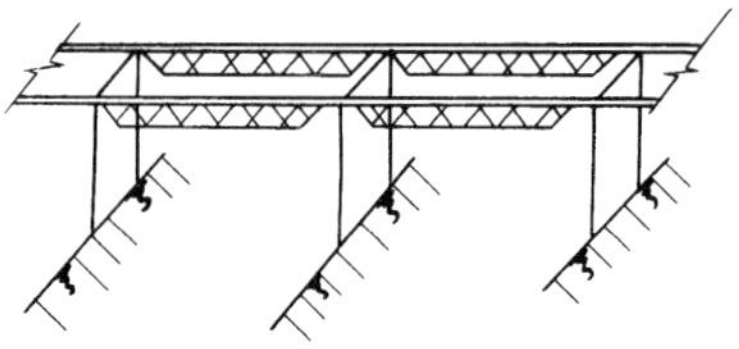

横架式

(c) 梁式管架

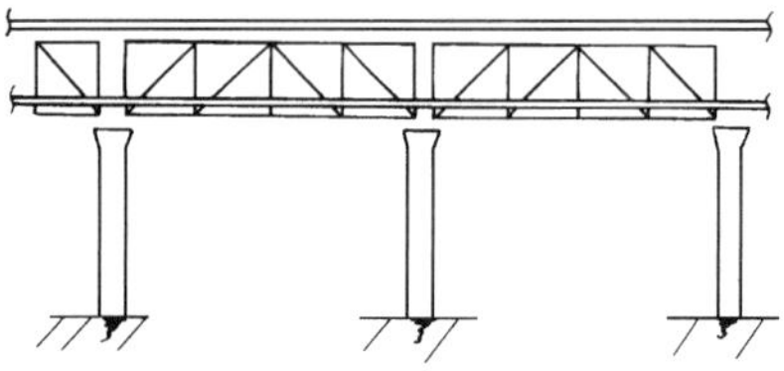

(d) 桁架式管架

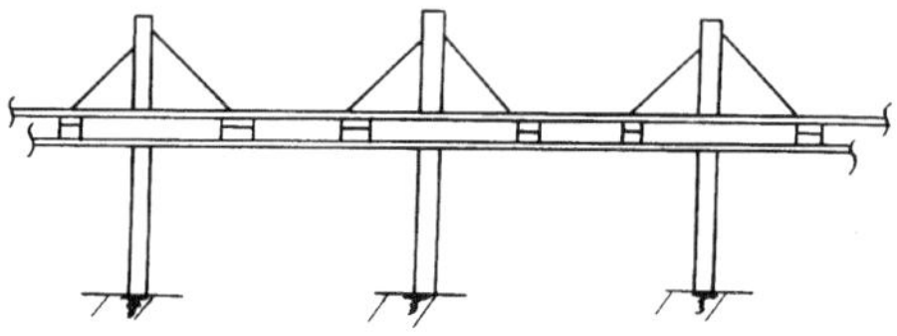

(e) 悬杆式管架

图 20-1-32　管架

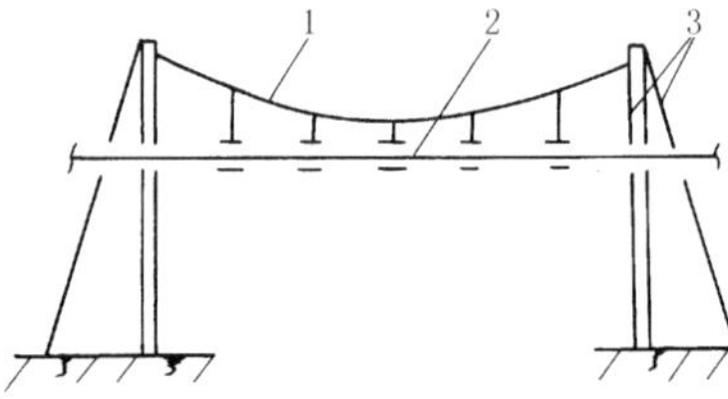

(a) 悬索式管架

1—钢索吊架；2—管道；3—钢拉杆

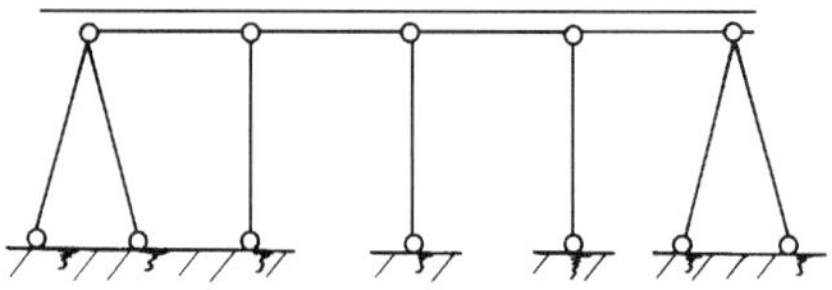

(b) 钢绞线铰接管架

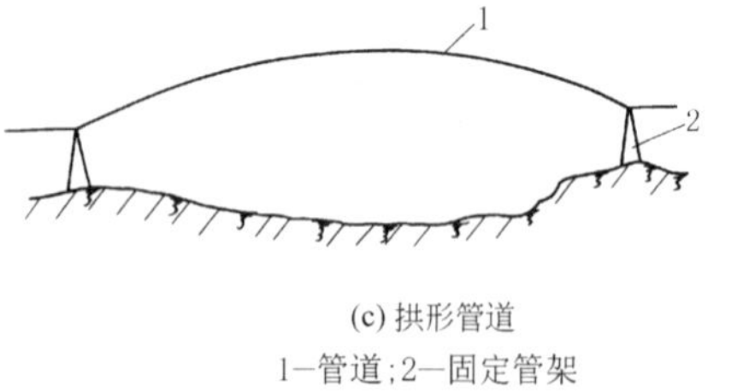

(c) 拱形管道

1—管道；2—固定管架

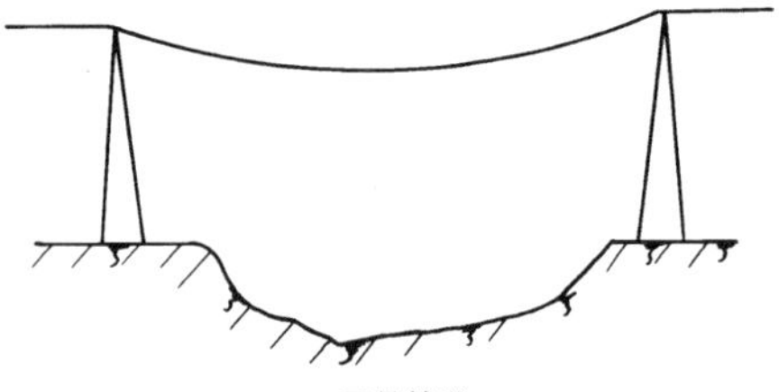

(d) 下悬管道

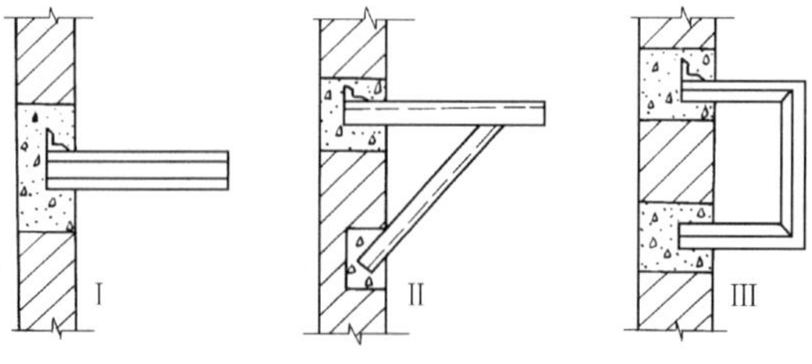

(e) 墙架

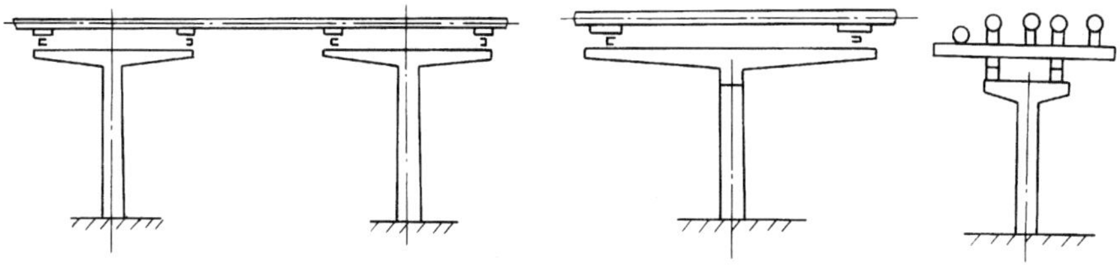

(f) 单长臂支架　　　(g) 双长臂支架

图 20-1-33　管架

管子典型的支吊架标准零部件有国家标准，还有部颁标准；管架标准图及钢结构管架通用图集（包括桁架式管架通用图、纵梁式管架通用图、独立式管架通用图等系列通用图）可供一般情况下选用。

设计计算则可依据标准《压力管道规范》。

各厂家或公司还根据用途不同生产有各种类型的管架。例如，图 20-1-34 所示的管架。

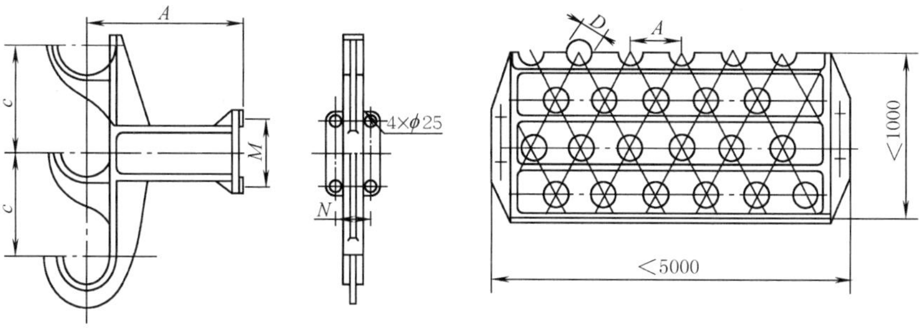

(a) 辐射中间管架　　　(b) 对流中间管板

图 20-1-34　管架

5.6　标准容器支座

容器支座已有部颁标准。包括鞍式、腿式、耳式和支承式。

腿式支座的布置方式见图 20-1-35。腿式支座的结构有角钢为支腿的 AN、A 型；圆管为支腿的 BN、B 型；H 钢或钢板结构的 CN、C 型。

以 C 型腿式支座为例，见图 20-1-36。CN 型则是无垫板与容器相焊接的（见本图上标明的垂直垫板）。C、CN 型腿式支座的主要型号参数见表 20-1-12（各尺寸略）。

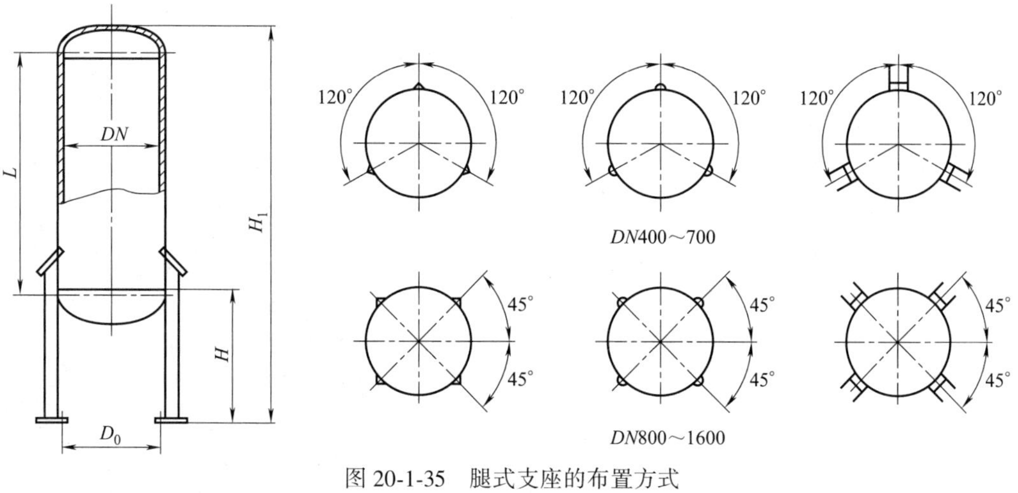

图 20-1-35　腿式支座的布置方式

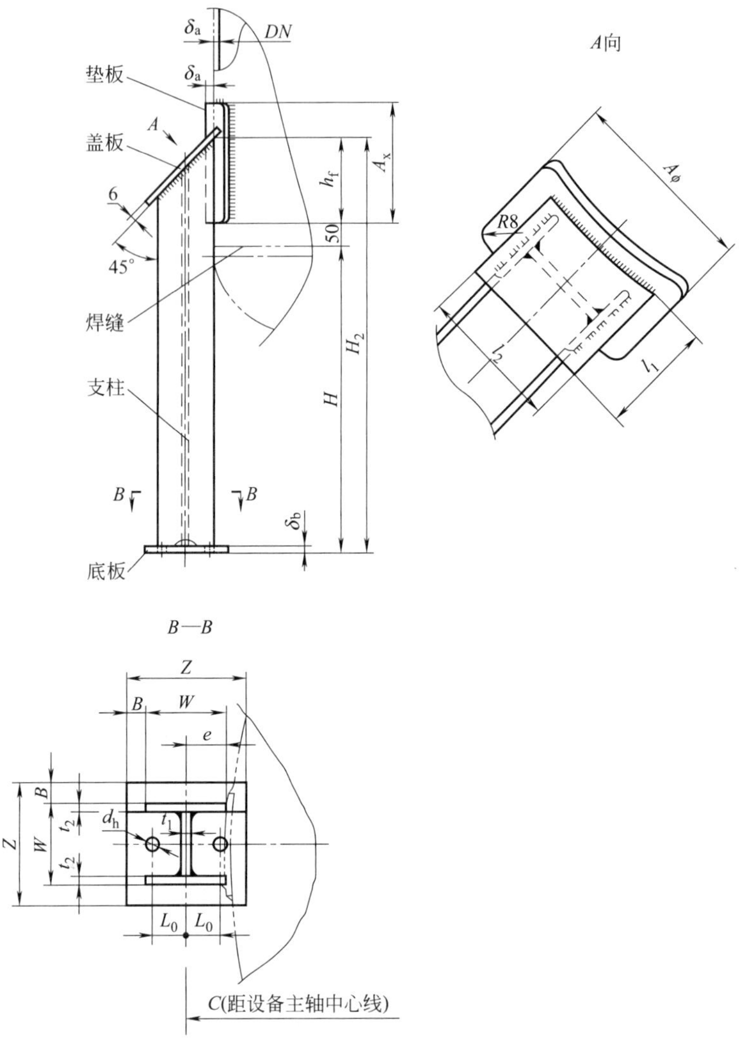

图 20-1-36　C 型腿式支座

表 20-1-12　　　C、CN 型腿式支座的主要型号参数

<table>
<tr><th rowspan="2">支座号</th><th rowspan="2">允许载荷(在 H 高度下) Q_0/kN</th><th rowspan="2">适用公称直径 DN /mm</th><th rowspan="2">支腿数量</th><th rowspan="2">壳体最大切线距 L_{max}/mm</th><th rowspan="2">最大支承高度 H_{max} /mm</th><th colspan="3">H 型钢支柱</th></tr>
<tr><th>规格 $W \times W \times t_1/t_2$</th><th>腹板厚 t_1/mm</th><th>翼板厚 t_2/mm</th></tr>
<tr><td rowspan="2">1</td><td>6</td><td>400</td><td rowspan="4">3</td><td>2000</td><td rowspan="4">1600</td><td rowspan="3">125×125×6/8</td><td rowspan="4">6</td><td rowspan="3">8</td></tr>
<tr><td>8</td><td>500</td><td>2500</td></tr>
<tr><td>2</td><td>10</td><td>600</td><td>3000</td></tr>
<tr><td>3</td><td>14</td><td>700</td><td>3500</td><td>125×125×6/10</td><td rowspan="3">10</td></tr>
<tr><td rowspan="2">4</td><td>14</td><td>800</td><td rowspan="9">4</td><td>4000</td><td rowspan="4">1800</td><td rowspan="2">150×150×8/10</td><td rowspan="9">8</td></tr>
<tr><td>17</td><td>900</td><td>4500</td></tr>
<tr><td>5</td><td>22</td><td>1000</td><td>5000</td><td>150×150×8/12</td><td rowspan="3">12</td></tr>
<tr><td>6</td><td>27</td><td>1100</td><td>5500</td><td rowspan="2">180×180×8/12</td></tr>
<tr><td>7</td><td>33</td><td>1200</td><td>5824</td><td rowspan="3">1900</td></tr>
<tr><td>8</td><td>38</td><td>1300</td><td>5797</td><td>180×180×8/14</td><td rowspan="4">14</td></tr>
<tr><td>9</td><td>43</td><td>1400</td><td>5772</td><td>200×200×8/14</td></tr>
<tr><td rowspan="2">10</td><td>49</td><td>1500</td><td>5655</td><td rowspan="2">2000</td><td rowspan="2">250×250×8/14</td></tr>
<tr><td>54</td><td>1600</td><td>5630</td></tr>
</table>

鞍式支座分固定式（代号F）和滑动式（代号S）两种安装形式。鞍式支座分轻型（代号A）和重型（代号B）两种。重型鞍式支座按制作方式、包角及附带垫板情况分5种型号。各种型号的鞍式支座结构特征见表20-1-13。图20-1-37为DN2100~4000mm、150°包角重型带垫板鞍式支座结构（尺寸表略）。

表 20-1-13　　鞍式支座结构特征

类型			包角	垫板	筋板数	适用公称直径 DN/mm
轻型	焊制	A	120°	有	4	1000~2000
					6	2100~4000
重型	焊制	BⅠ	120°	有	1	159~426
						300~450
					2	500~900
					4	1000~2000
					6	2100~4000
		BⅡ	150°	有	4	1000~2000
					6	2100~4000
		BⅢ	120°	无	1	159~426
						300~450
					2	500~900
	弯制	BⅣ	120°	有	1	159~426
						300~450
					2	500~900
		BⅤ	120°	无	1	159~426
						300~450
					2	500~900

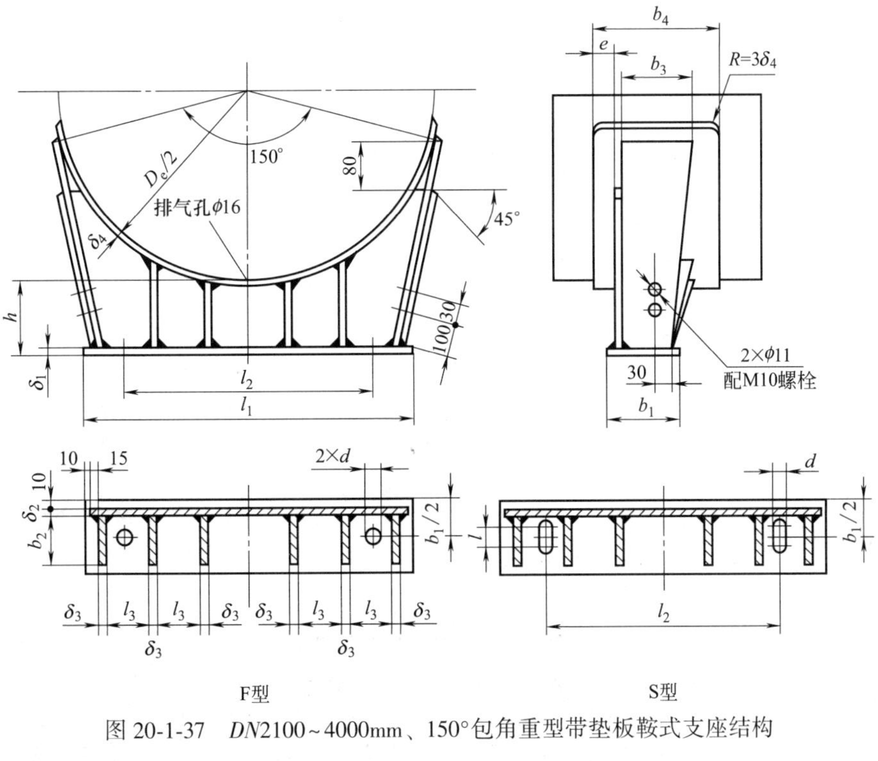

图 20-1-37　DN2100~4000mm、150°包角重型带垫板鞍式支座结构

5.7　大型容器支架

下面以浓密机支架为例，其他圆形容器支架请参看第5章6.2。“圆形容器支承桁架”。

图 20-1-38 为直径 15m 浓密机的支座和立架。立架 1 支承浓密机全部机器的重量，共 21. 5t。用 100×100 的角钢作立杆，用 80×80 的角钢作斜杆。储矿槽约贮存矿浆 1200t，槽壁厚 10mm，用 16 根主梁和 16 根辅梁及 5 个圈梁托于立柱 4 上。立柱用两 36 号工字钢制造。这是属于通常的设计方法，即把底盘看成是平板来设计计算。底板厚度至少要 16mm。如果按柔性设计方法考虑，底板厚度只要 4mm，并且可以取消辅梁和圈梁。详细计算方法见第 7 章 5. 2 节。

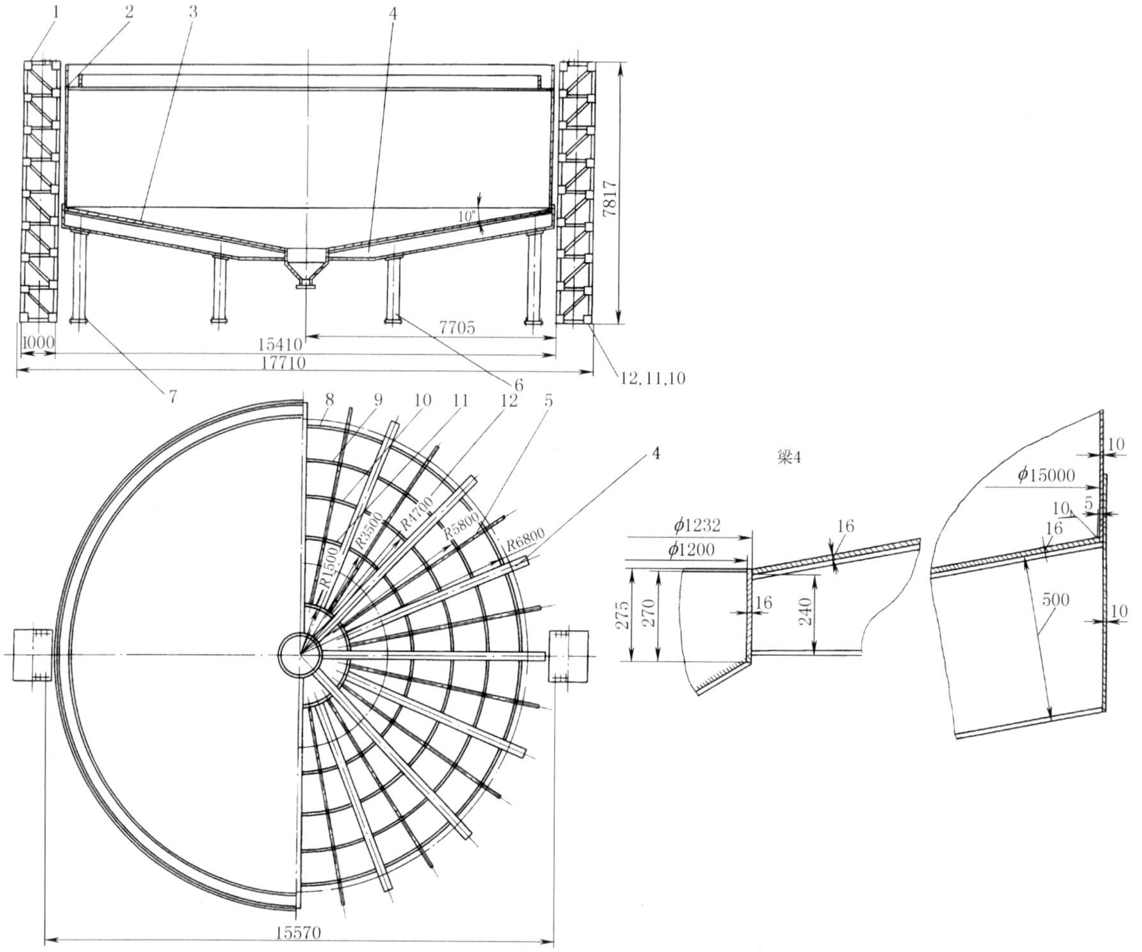

图 20-1-38 浓密机支座和立架

1—立架；2—壁；3—底；4—梁（有立柱）；5—梁（无立柱）；6,7—立柱；8~12—圈梁

5. 8 其他形式机架

（1）柔性机架

还有几种关于柔性机架的说法。一种是说采用恒压负荷控制使机架承受恒定的压力，称机架为柔性机架。另一种是说机架支承于柔性（弹性）体上，如筛床四周由 2~8 支软轴支承的斜面筛选机，由于筛床四周采用柔性支承产生筛床不平稳运转，明显提高了物料筛选的效果，克服了普通圆筛机四周由偏心轴承等支承易磨损、成本高的缺陷，提高了机器的免维护性。类似的有振动筛，机架安装于弹簧上振动。这两种实际上都不完全是柔性机架。而前文介绍的缆索起重机的承载索及钢绳支架可归于柔性机架。

（2）组合机架

图 20-1-39 为各种组合机架型式。图 a 为典型的机架。图 b 是叠板式机架，它一般是用整张钢板切出中间的工作空间，通过螺钉、销钉和楔块组合成一个整体。如美国 196MN 模锻水压机就是由每块 60t 的 12 张整块钢板

叠成一个机架。由于钢板的强度可靠性高，因而叠板机架比铸锻机架具有更高的强度可靠性。图 c 是闭式曲柄压力机机架。梁柱均为箱形结构，通过螺栓预紧成一整体。图 d 是由于重型液压机超重超限的困难，而采用两个“C”形的半框合并成一个“O”形的框架。图 e 为钢丝缠绕机架（立柱 2 为锻钢，半圆梁 3 为铸钢）。图 f 为选板式缠绕机架。图 g 为拱形梁式缠绕机架。图 h 为预应力混凝土机架。

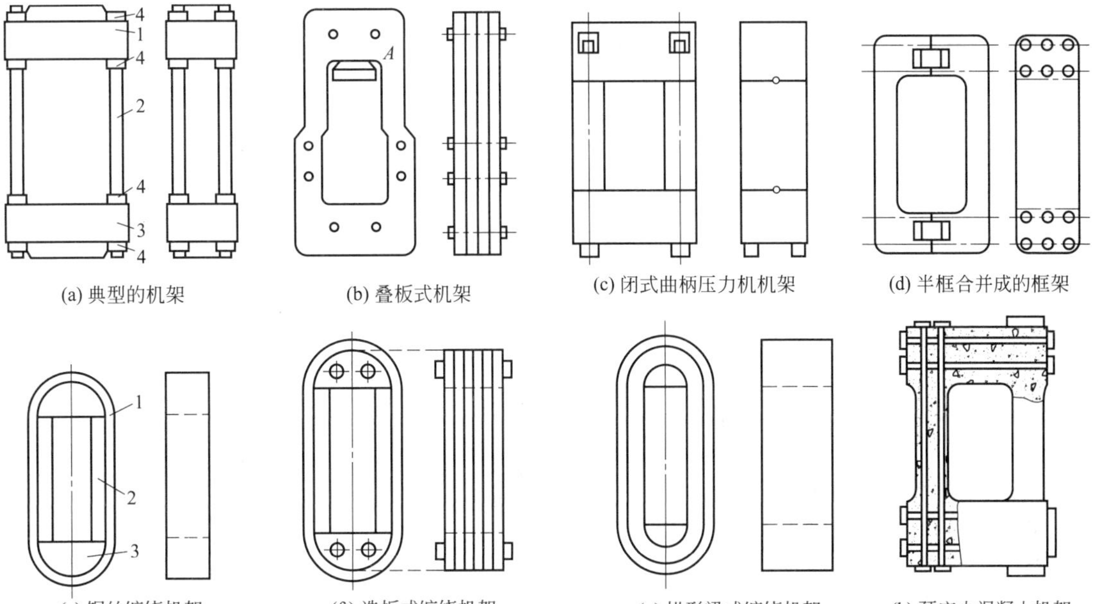

(a) 典型的机架　(b) 叠板式机架　(c) 闭式曲柄压力机机架　(d) 半框合并成的框架

(e) 钢丝缠绕机架　(f) 选板式缠绕机架　(g) 拱形梁式缠绕机架　(h) 预应力混凝土机架

图 20-1-39　各种组合机架型式

（3）螺栓预应力组合机架

在承载前，对结构施加预紧载荷，使其特定部位产生的预应力与工作载荷引起的应力相抵消，以提高结构的承载能力。这种结构称为预应力结构。

在压机的通常机架结构中，立柱均在有较大拉应力振幅的脉动循环载荷下工作，特别是在立柱与横梁的连接部位，由于截面形状的剧烈变化，均会带来应力集中，很容易导致疲劳破坏。图 20-1-40a 为压机中采用的预应力拉紧杆组合机架的结构原理简图。拉紧杆预先受拉，施立柱以极大的压力。压机工作时将对立柱作用拉力，被预

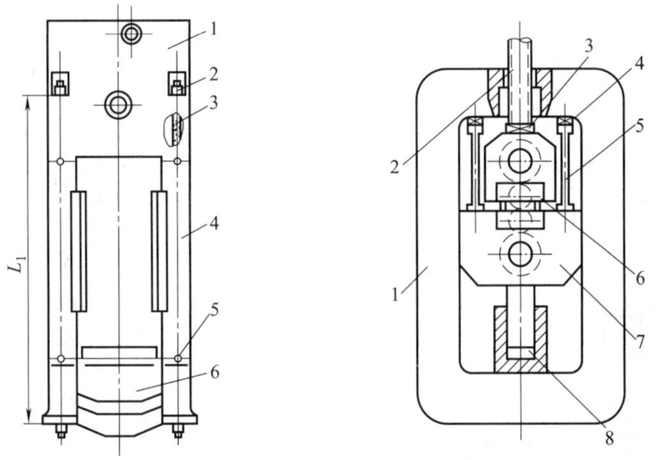

(a) 螺栓预应力拉紧杆组合机架

1—上梁；2—螺母；3—预紧螺栓；
4—立柱；5—定位销；6—底座

(b) 预应力热轧钢板轧机结构示意图

1—机架；2—压下装置；3,4—测压仪；5—预应力压杆；
6—上轴承座；7—下轴承座；8—预应力加载液压缸

图 20-1-40　预应力机架结构原理简图

紧的压力抵消，立柱则仍受到较小的压力，拉紧杆受到的拉力则不变。

图 20-1-40b 为一种预应力热轧钢板轧机结构示意图。这种轧机比一般钢板轧机增加了预应力压杆 5 和预应力加载液压缸 8。在轧制前，先把辊缝调至要求的位置，然后使液压缸 8 充液进行预应力加载，施加的最小预紧力 P_0 为轧制力的 1.5 倍。压力变化由预应力压杆 5 承受，机架受不变的拉力。

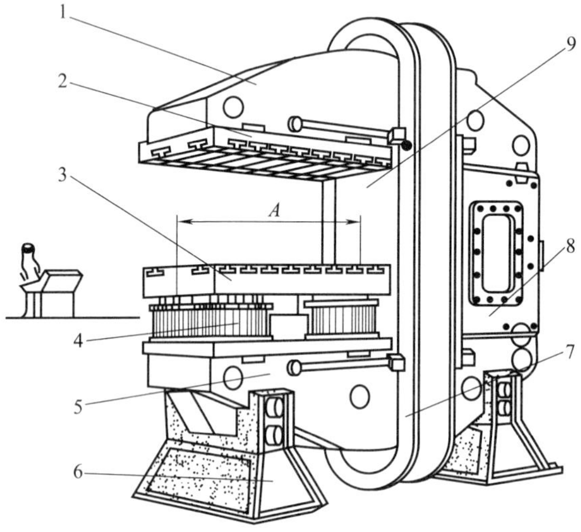

图 20-1-41　预应力开式机架

1—上梁；2—上工作台板；3—下工作台板；4—工作液压缸；5—下梁；6—支座；7—预应力钢丝预紧层；8—补偿平衡装置；9—立柱

（4）预应力钢丝缠绕机架

预应力钢丝缠绕机架是迅速发展的一种新型重型承载机架。它强度高、重量轻、疲劳抗力好，广泛应用于各种专用超高压液压机。

预应力开式机架见图 20-1-41。其中补偿平衡装置 8 用以减小上、下工作台板间的平行度误差。钢丝层将上、下梁及立柱预紧成一个整体。此种预应力开式机架最大的特点是可以制成很深的喉口（图中的 *A* 值可达 5m），而不会引起梁柱过渡处的应力集中。由于喉口很深，因而使压机有很强的工艺适应性。它广泛应用厚板弯曲、封头压制，冲压等工艺。此类压机最大吨位达 800MN，而主机自重仅数百吨。

对于一台缠绕机架，除要进行结构设计及强度、刚度计算外，还要进行缠绕设计。读者可参阅相关资料。

（5）钢板预应力机架

采用多层钢板重叠包扎在机架外面，在施加预应力的情况下，外面的钢板层处于拉应力状态，机架则被预紧。这种预应力层板包扎机架结构主要解决预应力钢丝缠绕机架存在的制造工艺繁复，需特制的缠绕设备，钢丝需钢厂专门制造，预应力施加不便等问题。

（6）预应力混凝土机架

近几十年来，在用预应力钢筋混凝土制造强大压力的液压机机架方面，国内外都做了不少工作。采用高强材料，就有可能获得强度、刚度很大的钢筋混凝土结构，由于施加了预应力，使混凝土总在受压状态下工作，以防止出现裂纹。重型液压机的一些金属消耗量特别大的零件（例如液压机的三梁四柱），采用钢筋混凝土结构，可以获得一些比较先进的技术经济指标。

预应力钢筋混凝土机架一般是现场浇铸的整体框架，如图 20-1-42a 所示。混凝土浇铸成的机架从三个方向上

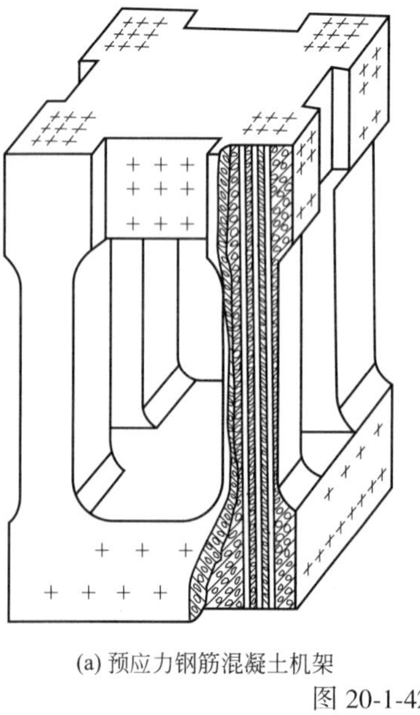

(a) 预应力钢筋混凝土机架

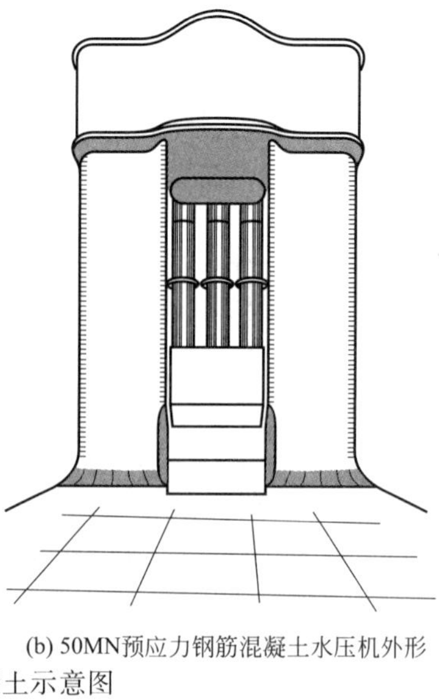

(b) 50MN预应力钢筋混凝土水压机外形

图 20-1-42　预应力钢筋混凝土示意图

用预应力高强钢丝束预紧。预应力钢丝束用小直径（ϕ5mm 左右）的高强钢丝组成，其抗拉强度极限约在1800MPa左右。在混凝土浇注时，在混凝土块体中预先为钢丝束留出孔道，并用预埋螺钉来安装导轨等部件。在混凝土养护到有足够强度后，用油压千斤顶，张拉钢丝束两端的锚头，然后垫上垫板。

在机架受力分析及计算的基础上，配置预应力钢丝束。同时，考虑到主应力的分布情况，尚应配一些斜向的结构钢筋。图 20-1-42b 为 50MN 预应力钢筋混凝土水压机外形。

（7）人造花岗岩机床床身

人造花岗石（树脂混凝土）材质是近年来国际上新兴起的用于代替机床基础材料铸铁的一种新型优良材料。目前，欧洲、美国、日本等国家和地区已普遍将其应用于高精度的高速加工中心、超精加工设备和高速检测影像扫描设备等项目上。它是优质的天然花岗岩加微量元素和结合剂经特殊工艺铸造而成。与灰铸铁比，它除了具有好的阻尼性能（阻尼为灰铸铁的 8~10 倍）外，还具有尺寸稳定性好、耐蚀性强、热容量大、热导率低、构件的热变形小、制造成本低等优点。缺点是脆性、抗弯强度较低、弹性模量小（约为灰铸铁的 1/4~1/3）。它多用于制造床身或支承件。目前我国已有许多生产人造花岗石原料和床身的厂家。有整体为人造花岗岩的床身。

人造花岗石床身的结构形式一般可以分为以下三种，如图 20-1-43 所示。

图 a 为整体结构，该结构除了一些金属预埋件外，其余部分均为人造花岗石材质。导轨也可以是人造花岗石材质，而采用耐磨的非金属材质作为导轨面。图 b 为框架结构，其特点是周边缘为金属型材质焊接而成，其内浇铸人造花岗石材质，以防止边角受到冲撞而破坏。它适合于结构简单的大、中型机床床身。图 c 为分块结构，对于结构形状较复杂的大型床身构件，可以把它分成几个形状简单，便于浇铸的部分，分别浇铸后，再用黏结剂或其他形式连接起来。这样可使浇铸模具的结构设计简化。

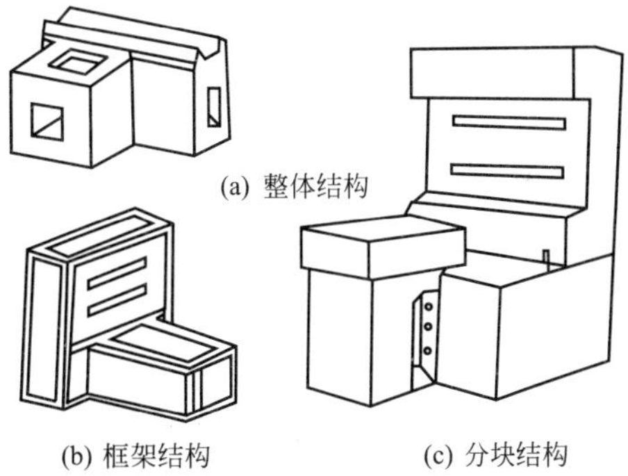

图 20-1-43　人造花岗石床身的结构形式

从结构设计来看，灰铸铁床身为带筋的薄壁结构，而人造花岗石床身的截面形状多以短形为主，壁厚取得较厚，约为灰铸铁的 3~5 倍。

图 20-1-44 所示为床身与金属零部件的连接形式。床身结构设计时，应尽量简化表面形状和避免薄壁结构。如采用图 20-1-45a 所示的结构以形成冷却润滑液沟槽或容屑槽；采取图 b 所示的结构以避免表面不等高，简化了结构。

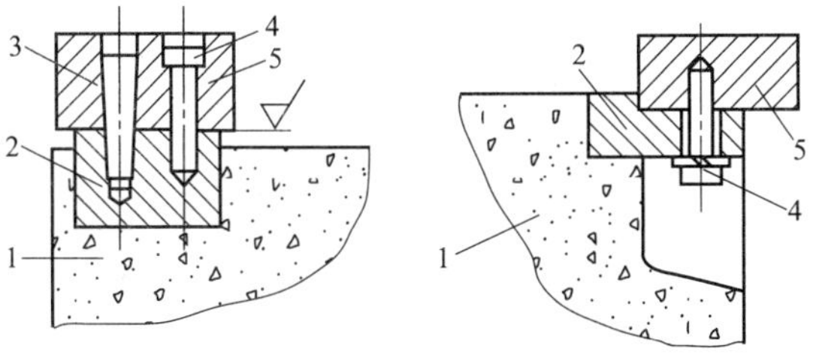

图 20-1-44　人造花岗石床身与金属零部件的连接

1—人造花岗石材料；2—预埋件；

3—销钉；4—螺钉；5—被连接件

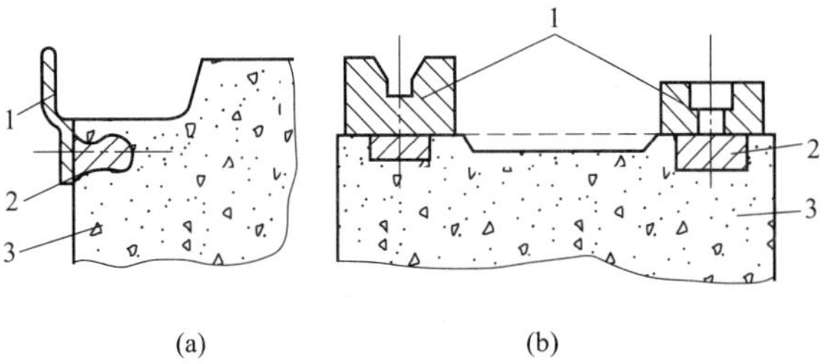

图 20-1-45　人造花岗石构件的结构与简化

1—金属件；2—预埋件；

3—AG 材料

第 2 章　机架设计的一般规定

1　载　　荷

1.1　载荷分类

作用在设备上的载荷一般分为三类：基本载荷、附加载荷和特殊载荷。

(1) 基本载荷

基本载荷指始终和经常作用在机架结构上的载荷，包括自重力 P_G 及设备运行时产生的动载荷 P_d。自重力包括机架的自重力及其上机械设备、电气设备和附加装置的重力。例如其上设有物料贮仓的自重力及物料重力等。

动载荷可根据设备的各种工作情况来进行计算（计算方法根据设备工作机构的工作状况而定，此处略）。对于有设计规范的设备按其规范进行计算。对于相似的设备应按其相近的规范进行计算。一般在工程设计中为了避免复杂的振动分析计算，可用动力系数 K_d 乘以运动部件的自重力来作为基本载荷。动力系数 K_d 值见表 20-2-1。

表 20-2-1　　动力系数 K_d

较小冲击、一般振动	一般冲击、中等振动	较大冲击、单向强力振动	强烈冲击、双向振动
1.1~1.25	1.25~1.5	1.5~2	2~3(4)

(2) 附加载荷

附加载荷是指设备正常工作时不一定有而可能经常或偶尔出现的载荷。如设备运转偏离正常工作状态时可能产生的附加载荷。允许设备在某一定强度的风、雪、冰条件下工作时的风、雪、冰的载荷。

(3) 特殊载荷

设备在非工作状态下可能受到的最大载荷，或在工作状态下设备偶尔承受的不利载荷。用以校核设备的无破坏可能。特殊载荷包括：

1) 最大的风、雪、冰的载荷，计算见本章 1.3 及 1.4 节；
2) 地震载荷，计算见本章 1.5 节；
3) 工作状态下有可能受到的突发载荷；
4) 安装载荷及试验载荷。

1.2　组合载荷与非标准机架的载荷

(1) 组合载荷

基本载荷、附加载荷、特殊载荷按可能同时出现的情况进行组合。

$P_{zⅠ}$——正常工作下的各种可能载荷的组合，还加上与此时允许工作的平均风压作用。

$P_{zⅡ}$——非正常工作下的各种可能载荷与此时允许工作的最大风压作用的组合。

$P_{zⅢ}$——不允许工作时的各种可能载荷与可能的最大风压（暴风）作用的组合。

以三种不同的载荷组合只表示外载荷的情况。应用不同的安全系数来计算结构和连接的强度和稳定性。本章

3.2 节有对应于三种载荷组合的安全系数。疲劳强度只以 $P_{z\text{I}}$ 来计算，且可不包括风压。而 $P_{z\text{III}}$ 用于校核机架的完整性，见本章 3.4 节。

（2）非标准机架的载荷

由于对于工程中的非标准设备的机架，往往只按工作中最不利的各种可能载荷与此时允许工作的最大风压作用的组合，即 $P_{z\text{II}}$ 来计算（包括动载荷），下面的章节皆以此为准来阐述。由于该载荷中的动载荷作用，引起机架的应力变化不同而分为Ⅰ、Ⅱ、Ⅲ类，采用不同的安全系数（以折减系数表现），见本章 3.1.2 节。通常机架计算属Ⅰ类的居多。但由于没有进行动载荷的计算，只是按上面的表 20-2-1 计入动力系数，往往在许用应力的选取上按Ⅱ类或Ⅰ、Ⅱ类之间的数据选用。而 $P_{z\text{III}}$ 与上面的相同，用于校核机架的完整性，见本章 3.4 节。

对于移动的载荷，计算时必须使移动载荷处于对所计算结构或连接最不利的位置。

1.3 雪载荷和冰载荷

（1）雪载荷

只对大型机架平面才考虑。

$$P_S=\mu P_{SO} \tag{20-2-1}$$

式中 P_S——雪载荷，kN/m^2；

μ——积雪分布系数，均匀分布时 $\mu=1$；

P_{SO}——基本雪压，kN/m^2，按当地年最大雪压资料（50 年一遇）统计确定。

（2）冰载荷

高架的结构件或绳索等裹冰后引起的载荷及由此增加挡风面积应该考虑。应按离地高 10m 处的观测资料取统计 50 年一遇的最大裹冰厚度为标准。无资料的情况下，在重裹冰区基本裹冰厚度取 10～20mm；轻裹冰区基本裹冰厚度取 5～10mm。

全国各城市的 50 年一遇雪压和风压值见 GB 50009《建筑结构荷载规范》附录。

1.4 风载荷

露天设备的大型机架应考虑风载荷。工作状态下机架及其上设备或机构所受到的最大风载荷作用对机架所产生的水平载荷 P_{WH}，要与基本载荷中的水平载荷按最不利的方向叠加。

$$P_W=CK_hqA \tag{20-2-2}$$

式中 P_W——作用在机器上或物品上的风载荷，N；

C——风力系数；

q——计算风压，N/m^2；

K_h——考虑风压高度变化的系数，它与地区、地貌等有关，但只有超过 30m 才变化较大，并且允许工作时的风载荷不大，可以取 $K_h=1$；

A——垂直于风向的迎风面积，m^2。

以上是按风向垂直于平面计算的，如果一平面的面积是 A_0，风向与平面不垂直而有一角度 θ，则 $A=A_0\sin\theta$，且由于风压为分力，式（20-2-2）应为

$$P_W=CK_hqA_0\sin^2\theta \tag{20-2-3}$$

计算机架风载时，应考虑风对机架沿着最不利的方向作用。

（1）计算风压 q

风压与空气密度和风速有关，按式（20-2-4）计算。

$$q=\frac{1}{2}\rho v_s^2 \tag{20-2-4}$$

式中 q——计算风压，N/m^2；

ρ——空气密度，kg/m^3；

v_s——计算风速，m/s。

按《起重机设计规范》（GB/T 3811），计算风速规定为按空旷地区离地 10m 高度处的阵风风速（3s 时距的

平均瞬时风速）。工作状态阵风风速取 10min 时距的平均瞬时风速的 1.5 倍。非工作状态阵风风速取 10min 时距的平均瞬时风速的 1.4 倍。也可按《建筑结构荷载规范》（GB 10009）所附全国基本风压分布图计算。

起重机机架工作状态的计算风压见表 20-2-2。起重机非工作状态下的计算风压见表 20-2-3。表中计算风速 $v_s=15.5\text{m/s}$ 时，计算风压 q 为 150N/m^2。这里是用空气密度 $\rho=1.25\text{kg/m}^3$ 计算的，没有考虑高原空气稀薄，密度降低的结果。例如，在格尔木市地区气压只有 0.75 大气压左右，空气密度 $\rho=0.75\times1.225=0.92\text{kg/m}^3$，计算风速 $v_s=15.5\text{m/s}$ 时，在 15℃ 温度下计算风压只有 $q=0.75\times0.92\times15.5^2=111\text{N/m}^2$。

表 20-2-2　工作状态的计算风压

地　区		计算风压 $q/\text{N}\cdot\text{m}^{-2}$		计算风速 $v_s/\text{m}\cdot\text{s}^{-1}$
		P_{I}	P_{II}	
在一般风力工作下的起重机	内陆	$0.6P_{\text{II}}$	150	15.5
	沿海、台湾及南海诸岛		250	20.0
在 8 级风中应继续工作的起重机			500	28.3

注：沿海地区指离海岸线 100km 以内的陆地或海岛地区。

表 20-2-3　非工作状态的计算风压

地　区	计算风速 $v_s/\text{m}\cdot\text{s}^{-1}$	计算风压 $q/\text{N}\cdot\text{m}^{-2}$
内陆	28.3~31.0	500~600
沿海	31.0~40.0	600~1000
中国台湾及南海诸岛	49.0	1500

注：华北、华中、华南地区宜取小值，西北、西南、东北和长江下游等地区宜取大值；沿海地区以上海为界，上海可取 800N/m^3，上海以北取小值，以南取大值。

（2）风压高度变化系数

表 20-2-4　风压高度变化系数 K_h

离地面高度 h/m	≤10	10~20	20~30	30~40	40~50	50~60	60~70	70~80	80~90	90~100	100~110
陆上按 $\left(\frac{h}{10}\right)^{0.3}$ 计算	1.00	1.13	1.32	1.46	1.57	1.67	1.75	1.83	1.90	1.96	2.02
海上及海岛按 $\left(\frac{h}{10}\right)^{0.2}$ 计算	1.00	1.08	1.20	1.28	1.35	1.40	1.45	1.49	1.53	1.56	1.60

注：计算非工作状态风载荷时，可沿高度划分成 10m 高的等风压段来计算，也可以取结构顶部的风压作为全高的风压。

（3）风力系数 C

风力系数与结构物的形状、尺寸等有关，按下列各种情况确定。

① 单根构件根据其长细比，即迎风的长度 l 与宽度 b 或直径 D 之比：$\frac{l}{b}$ 或 $\frac{l}{D}$ 来选取风力系数，见表 20-2-6。

② 单片桁架按结构的风力系数按充实率 φ（见表 20-2-5）和表 20-2-6 选取。充实率 φ 见图 20-2-1，单片桁架结构的迎风面积：

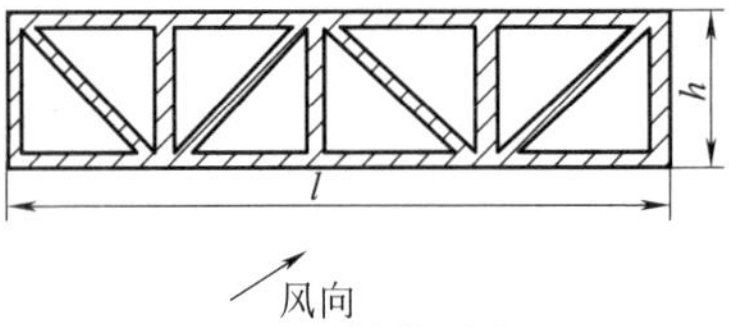

图 20-2-1　结构或物品的面积轮廓示意图

$$A=\varphi A_1 \tag{20-2-5}$$

式中　A_1——单片桁架结构的外轮廓面积，m^2，如图 20-2-1 所示，$A_1=hl$；

A——桁架结构的各构件迎风面积总和。

表 20-2-5　结构的充实率 φ

受风结构类型和物品		
	实体结构和物品	1.0
	机构	0.8~1.0
	型钢制成的桁架	0.3~0.6
	钢管桁架结构	0.2~0.4

③ 对两片并列等高、相同类型的结构，考虑前片对后一片的挡风作用，其总迎风面积按下式计算。

$$A=A_1+\eta A_2 \tag{20-2-6}$$

式中　A_1——前片结构的迎风面积，$A_1=\varphi_1 A_{11}$；

A_2——后片结构的迎风面积，$A_2=\varphi_2 A_{12}$；

η——两片相邻桁架前片对后片的挡风折减系数，它与第一片（前片）结构的充实率 φ_1 及两片桁架之间的间隔比 $\frac{a}{B}$ 或 $\frac{a}{b}$（见图 20-2-2）有关，按表 20-2-7 查取。

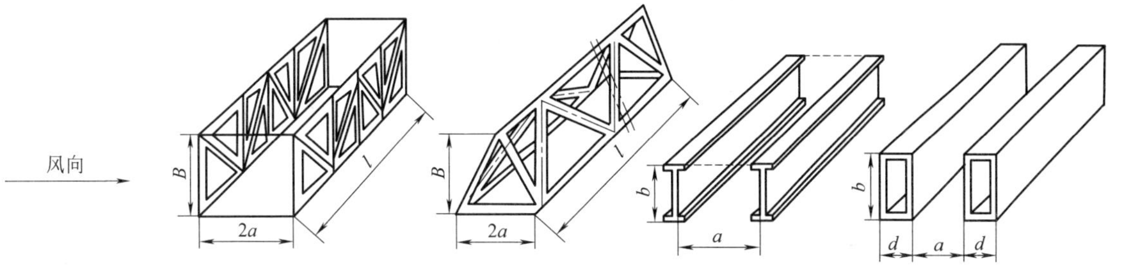

间隔比 = $\frac{a}{B}$ 或 $\frac{a}{b}$

图 20-2-2　并列结构的间隔比

表 20-2-6　单根构件与单片桁架的风力系数 *C*

类型	说明			空气动力长细比 l/b 或 l/D					
				≤5	10	20	30	40	≥50
单根构件	轧制型钢、矩形型材、空心型材、钢板			1.30	1.35	1.60	1.65	1.70	1.90
	圆形型钢构件	$Dv_s<6m^2/s$		0.75	0.80	0.90	0.95	1.00	1.10
		$Dv_s\geqslant 6m^2/s$		0.60	0.65	0.70	0.70	0.75	0.80
	箱形截面构件，大于 350mm 的正方形和 250mm×450mm 的矩形		b/d						
			≥2	1.55	1.75	1.95	2.10	2.20	
			1	1.40	1.55	1.75	1.85	1.90	
			0.5	1.00	1.20	1.30	1.35	1.40	
			0.25	0.80	0.90	0.90	1.00	1.00	
单片平面桁架	直边型钢桁架结构			1.70					
	圆形型钢桁架结构	$Dv_s<6m^2/s$		1.20					
		$Dv_s\geqslant 6m^2/s$		0.80					
机器房等	地面上或实体基础上的矩形外壳结构			1.10					
	空中悬置的机器房或平衡重等			1.20					

注：1. 单片平面桁架式结构上的风载荷可按单根构件的风力系数逐根计算后相加，也可按整片方式选用直边型钢或圆形型钢桁架结构的风力系数进行计算；当桁架结构由直边型钢和圆形型钢混合制成时，宜根据每根构件的空气动力长细比和不同气流状态（$Dv_s<6m^2/s$ 或 $Dv_s\geqslant 6m^2/s$，D 为圆形型钢直径，单位为 m），采用逐根计算后相加的方法。

2. 除了本表提供的数据之外，由风洞试验或者实物模型试验获得的风力系数值，也可以使用。

表 20-2-7　挡风折减系数 η

间隔比	结构迎风面充实率 φ					
a/b 或 a/B	0.1	0.2	0.3	0.4	0.5	≥0.6
0.5	0.75	0.40	0.32	0.21	0.15	0.10
1.0	0.92	0.75	0.59	0.43	0.25	0.10
2.0	0.95	0.80	0.63	0.50	0.33	0.20
4.0	1.00	0.88	0.76	0.66	0.55	0.45
5.0	1.00	0.95	0.88	0.81	0.75	0.68
6.0	1.00	1.00	1.00	1.00	1.00	1.00

④ 对多片并列等高、相同类型的结构，其总迎风面积按下式计算：

$$A=A_1+\eta A_2+\eta^2 A_3+\cdots+\eta^{n-1}A_n \tag{20-2-7}$$

式中　A_n——各片的迎风面积；

n——片数。

⑤ 正方形格构式塔架的风力系数。在计算正方形格构塔架正向迎风面的总风载荷时，应将实体迎风面积乘

以下列总风力系数。

a. 由直边型材构成的塔身，总风力系数为 1.7(1+η)；

b. 由圆形型材构成的塔身：Dv_s<6m^2/s 时，总风力系数为 1.2（1+η）；Dv_s≥6m^2/s 时，总风力系数为 1.4。

其中挡风折减系数 η 值按表 20-2-7 中的 $a/b=1$ 时相对应的结构迎风面的充实率 φ 查取。

在正方形塔架中，当风沿塔身截面对角线方向作用时，风载荷最大，可取为正向迎风面风载荷的 1.2 倍。

⑥ 其他情况需详细计算时可以查阅有关规范或参照上述的数据类比确定。机架上设备或物品的轮廓尺寸不确定时，迎风面积允许采用近似方法加以估算。

1.5 温度变化引起的载荷

一般不考虑温度载荷。但在温度变化剧烈的地区，要考虑温度变化是否会引起设备脱离正常位置或构件膨胀与收缩受到约束所产生的应力。

1.6 地震载荷

一般不考虑地震引起的载荷。只有在会构成重大危险时，例如与核电站、剧毒容器有关联的设备，才考虑地震造成的损害。这种情况下必须对高度 10m 以上的设备或高度与直径（或宽度）之比大于 10 的装置进行地震水平力的校核计算；对于长度与直径比大于或等于 5 的卧式设备，考虑竖向地震作用，并与水平地震作用进行不利的组合。设防烈度为 7 度及以下时可以不进行截面抗震验算，仅需满足抗震构造要求。如政府或规范或用户对设备有关地震的特殊要求时，地震作用应按设备所在地的抗震设防基本烈度进行计算；设防烈度为 9 度时应同时考虑竖向地震与水平地震作用的不利组合。

有关地震的详细计算可参见 GB 50009《建筑结构载荷规范》的附录及相关资料。也可按一般工程力学的方法进行计算。

下面对底部剪力法进行简单介绍。该法适用于单质点或可简化为单质点的设备，或平面对称，立面比较规则，刚度和质量沿高度分布较均匀，且高度不超过 40m，以剪切变形为主的设备。

（1）地震水平作用力（图 20-2-3）

各质点按一个自由度考虑，其地震水平作用力为

$$P_H=k_z a m_{eq} g \tag{20-2-8}$$

式中 P_H——设备或结构的总水平地震作用力，N；

k_z——综合影响系数按表 20-2-8 选取；

a——对应于结构基本自振周期的水平地震影响系数，见图 20-2-4；

m_{eq}——结构在操作状态下的等效总质量，kg；

g——重力加速度，取 9.81m/s^2。

表 20-2-8　　综合影响系数 k_z

设备及支承结构类型	k_z
裙座式直立设备	0.50
管式加热炉	0.45
钢支柱支承的球罐	0.45
卧式设备	0.45
支腿式直立设备	0.45
立式圆筒形储罐	0.40
钢筋混凝土构架	0.35
钢构架	0.30

图 20-2-4 中，a_{max} 为水平地震影响系数的最大值，见表 20-2-9；T_g 为特征周期，s，按设备场地类别和近震、远震由表 20-2-10 选取；T 为设备的自振周期，由下式算得：

$$T=2\pi\sqrt{\frac{m_{eq}}{K}} \tag{20-2-9}$$

式中　K——结构的刚度，N/m。

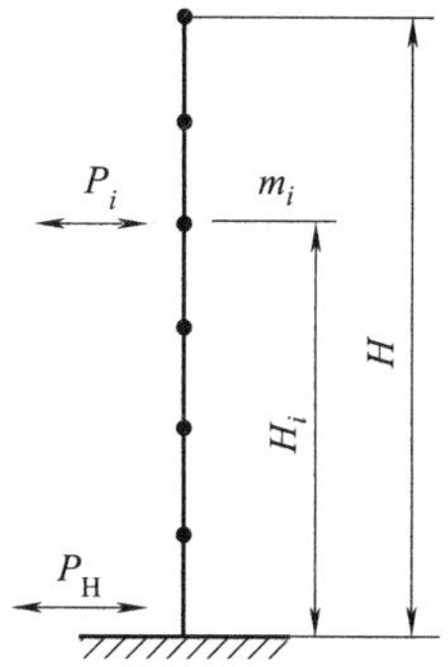

图 20-2-3　水平地震作用力计算简图

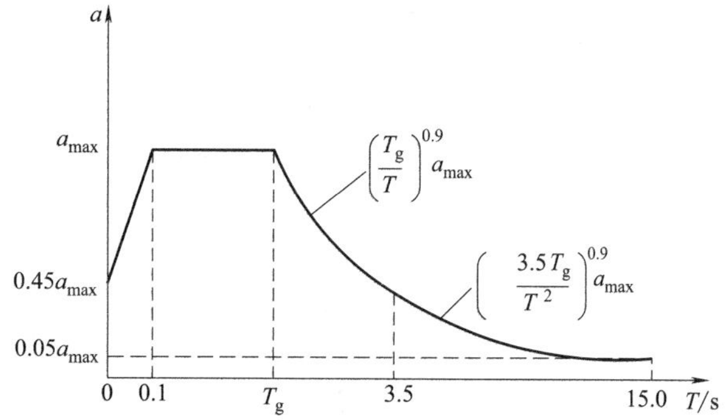

图 20-2-4　水平地震影响系数曲线

结构基本自振周期的经验公式见 GB 50009 附录。

表 20-2-9　　水平地震影响系数的最大值 a_{max}

设防烈度	6	7	8	9
a_{max}	0.11	0.23	0.45	0.90

表 20-2-10　　特征周期 T_g　　s

场地类别	近　震	远　震
Ⅰ	0.20	0.25
Ⅱ	0.30	0.40
Ⅲ	0.40	0.55
Ⅳ	0.65	0.85

注：场地类别是根据岩石的剪切波速（或土的等效波速）及覆盖层厚度来分类的，一般覆盖层薄的岩石为Ⅰ类。详细分类方法可参看 GB 50011《建筑抗震设计规范》。

结构或设备分多段时（图 20-2-3）的等效总质量 m_{eq} 可按下式计算：

$$m_{eq}=\lambda_m\sum_{i=1}^{n}m_i \tag{20-2-10}$$

式中　λ_m——等效质量系数，单质点体系取 1，多质点体系时，加热炉取 1，其他结构取 0.85；

m_i——集中在质点 i 的操作质量，kg。

分配到各质点的水平力为

$$P_i=\frac{m_iH_i^b}{\sum_{i=1}^{n}m_iH_i^b}P_H \tag{20-2-11}$$

式中　H_i——质点 i 的计算高度，m；

n——质点数；

b——与结构自振周期有关的指数，见表 20-2-11。

表 20-2-11　　与结构自振周期有关的指数 b

设备基本自振周期 T/s	<0.5	0.5~2.5	>2.5
b	1.0	$0.75+0.5T_s$	2

(2) 竖向地震作用力(图 20-2-5)

直立设备、重叠式卧式设备的地震作用,按下列公式计算。

总竖向地震作用力:

$$P_v = k_z a_{vmax} m_e g \qquad (20\text{-}2\text{-}12)$$

式中 P_v——总竖向地震作用力,N;

a_{vmax}——竖向地震影响系数最大值,取水平地震影响系数最大值的 50%;

m_e——设备的操作质量,kg,取各质点质量的总和。

各质点的竖向地震作用力:

$$P_{vi} = \frac{m_i H_i}{\sum_{i=1}^{n} m_i H_i} P_v \qquad (20\text{-}2\text{-}13)$$

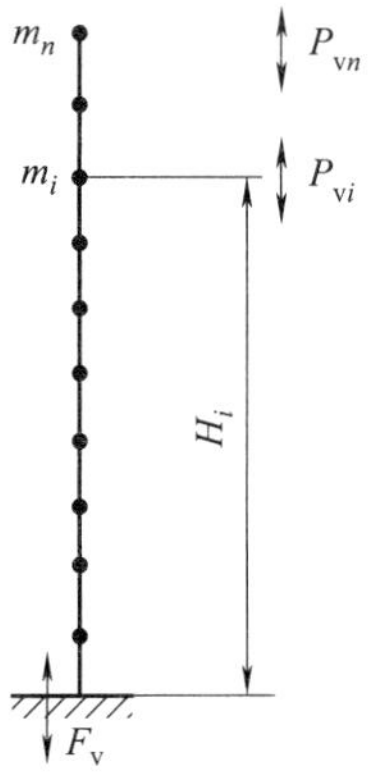

图 20-2-5 竖向地震作用力简图

式中 P_{vi}——质点 i 的竖向地震作用,N。

非重叠式卧式设备的竖向地震作用,当抗震设防烈度为 8 度、9 度时,应分别取该设备重力荷载的 10%、20%。

2 刚 度 要 求

2.1 刚度的要求

对机架设计来说,刚度要求最为重要。绝大多数设备都有各自的刚度要求规范,且各不相同。

例如,机床在加工过程中,承受的各种静态力与动态力。机床的各个部件在这些力的作用下,将产生变形。包括固定连接表面或运动啮合表面的接触变形,各个支承部件的弯曲和扭转变形,以及某些支承构件的局部变形等。这些变形都会直接或间接地引起刀具和工件之间的相对位移,从而引起工件的加工误差,或者影响机床切削过程的特性。因而结构刚度是有严格要求的。对不同的机床有不同的精度规范及精度等级规定和静刚度标准,可查看 GB/T 和 JB/T 的相关标准。数控机床的结构设计除了要求具有较高的几何精度、传动精度、定位精度和热稳定性及实现辅助操作自动化的结构外,还要求具有大切削功率,高的静、动刚度和良好的抗振性能,因而要求具有更高的静刚度和动刚度。有标准规定数控机床的刚度系数应比类似的普通机床高 50%。由于工作情况复杂,一般很难对结构刚度进行精确的理论计算。设计者只能对部分构件(如轴、丝杠等)用计算方法求算其刚度,而对于床身、立柱、工作台、箱体等零部件的弯曲和扭转变形,接合面的接触变形等,只能将其简化进行近似计算。计算结果往往与实际相差很大,故只能作为定性分析的参考。一般来讲,在设计时仍然需要对模型、实物或类似的样机进行试验、分析相对比以确定合理的结构方案,以提高机床的结构刚度。这是专门化的问题,本手册不予以阐述。

建议:除对精度有特殊要求因而挠度必须控制在很小范围内的设备机架(如机床立柱等)之外,对一般机架来说,建议在垂直方向挠度与长度(跨度)之比或水平方向位移与高度之比都以限制在 1/1000~1/500 以下为宜,并且一般只考虑静刚度的计算。

下面介绍建筑结构与起重机的刚度要求以供设计者对非标准件机架设计时参考。

2.2 《钢结构设计规范》的规定

① GB 50017《钢结构设计规范》规定的受弯构件挠度不得超过表 20-2-12 所列的允许值。计算时可不考虑螺钉或铆钉引起的截面削弱,以计算载荷(基本载荷乘以动力系数,见前文)进行校核。

表 20-2-12　受弯构件挠度容许值

项　次	构　件　类　别	挠度容许值	
		$[f_T]$	$[f_Q]$
1	吊车梁和吊车桁架(按自重和起重量最大的一台吊车计算挠度) (1)手动吊车和单梁吊车(含悬挂吊车) (2)轻级工作制桥式吊车 (3)中级工作制桥式吊车 (4)重级工作制桥式吊车	 l/500 l/800 l/1000 l/1200	—
2	手动或电动葫芦的轨道梁	l/400	—
3	有重轨(重量等于或大于 38kg/m)轨道的工作平台梁 有轻轨(重量等于或小于 24kg/m)轨道的工作平台梁	l/600 l/400	—
4	楼(屋)盖梁或桁架、工作平台梁(第 3 项除外)和平台板 (1)主梁或桁架(包括设有悬挂起重设备的梁和桁架) (2)抹灰顶棚的次梁 (3)除(1)、(2)款外的其他梁(包括楼梯梁) (4)略 (5)平台板	 l/400 l/250 l/250 l/150	 l/500 l/350 l/300 —
5	墙架构件(风荷载不考虑阵风系数) (1)支柱 (2)抗风桁架(作为连续支柱的支承时) (3)砌体墙的横梁(水平方向) (4)支承压型金属板、瓦楞铁和石棉瓦墙面的横梁(水平方向) (5)带有玻璃窗的横梁(竖直和水平方向)	 — — — — l/200	 l/400 l/1000 l/300 l/200 l/200

注：1. l 为受弯构件的跨度（对悬臂梁和伸臂梁为悬伸长度的 2 倍）。

2. $[f_T]$ 为永久和可变荷载标准值产生的挠度（如有起拱应减去拱度）的容许值；$[f_Q]$ 为可变荷载标准值产生的挠度的容许值。

② 冶金工厂或类似车间中设有工作级别为 A7、A8 级吊车的车间，其跨间每侧吊车梁或吊车桁架的制动结构，由一台最大吊车横向水平荷载（按荷载规范取值）所产生的挠度不宜超过制动结构跨度的 1/2200。

③ 在冶金工厂或类似车间中设有 A7、A8 级吊车的厂房柱和设有中级和重级工作制吊车的露天栈桥柱，在吊车梁或吊车桁架的顶面标高处，由一台最大吊车水平荷载（按荷载规范取值）所产生的计算水平变形值，不宜超过表 20-2-13 所列的容许值。

表 20-2-13　柱水平位移（计算值）的容许值

项次	位移的种类	按平面结构图形计算	按空间结构图形计算
1	厂房柱的横向位移	H_c/1250	H_c/2000
2	露天栈桥柱的横向位移	H_c/2500	—
3	厂房和露天栈桥柱的纵向位移	H_c/4000	—

注：1. H_c 为基础顶面至吊车梁或吊车桁架顶面的高度。

2. 计算厂房或露天栈桥柱的纵向位移时，可假定吊车的纵向水平制动力分配在温度区段内所有柱间支撑或纵向框架上。

3. 在设有 A8 级吊车的厂房中，厂房柱的水平位移容许值宜减小 10%。

4. 在设有 A6 级吊车的厂房柱的纵向位移宜符合表中的要求。

2.3　《起重机设计规范》的规定

GB/T 3811《起重机设计规范》对一般起重不校核动态刚度，仅对静态刚度提出如下要求，可供设计者设计各种有动载荷的机架时参考。

(1) 桥架式手动起重机

手动小车（或手动葫芦）位于桥架主梁跨中位置时，由额定起升载荷及手动小车（或手动葫芦）自重载荷在该处产生的垂直静挠度 f 与起重机跨度 L 的关系，推荐为 $f\leqslant\frac{1}{400}L$。

（2）桥架式电动起重机

自行式小车（或电动葫芦）位于桥架主梁跨中位置时，由额定起升载荷及自行式小车（或电动葫芦）自重载荷在该处产生的垂直静挠度 f 与起重机跨度 L 的关系，推荐为如下。

① 对低定位精度要求的起重机，有无级调速控制特性的起重机，或采用低起升速度和低加速度能达到可接受定位精度（可接受定位精度是指低与中等之间的定位精度）的起重机：$f\leqslant\frac{1}{500}L$。

② 使用简单控制系统能达到中等定位精度特性的起重机：$f\leqslant\frac{1}{750}L$。

③ 需要高定位精度特性的起重机：$f\leqslant\frac{1}{1000}L$

（3）有效悬臂长度

自行式小车（或电动葫芦）位于桥架主梁有效总臂长度位置时，由额定起升载荷及小车（或电动葫芦）自重载荷在该处产生的垂直静挠度 f_1 与有效悬臂长度 L_1 的关系，推荐为 $f_1\leqslant\frac{1}{350}L_1$。

（4）塔式起重机

在额定起升载荷（有小车时应包括小车自重）作用下，塔身（或转柱）在其与臂架连接处产生的水平静位移 ΔL 与塔身自由高度 H 的关系，推荐为 $\Delta L\leqslant\frac{1.34}{100}H$。

（5）汽车起重机和轮胎起重机的箱形伸缩式臂架

① 在相应工作幅度起升额定载荷，且只考虑臂架的变形时，臂架端部在变幅平面内垂直于臂架轴线方向的静位移 f_L 与臂架长度 L_C 的关系，推荐为：$f_L\leqslant0.1\ (L_C/100)^2$。当 $L_C\geqslant45\text{m}$ 时，式中系数 0.1 可适当增大（单位皆为 m）。

② 在相应工作幅度起升额定载荷及在臂架端部施加数值为5%额定载荷的水平侧向力时，臂架端部在回转平面内的水平静位移 ΔL 与臂架长度 L_C 的关系，推荐为 $\Delta L\leqslant0.07\ (L_C/100)^2$。

2.4 提高刚度的方法

提高结构刚度的主要措施可有以下几点：

1）用构件受拉、压代替受弯曲；

2）合理布置受弯曲零件的支承（包括支承点数量、支承点的位置），避免对刚度不利的受载形式；

3）合理设计受弯曲零件的断面形状，使在相同截面面积的条件下，能有尽可能大的断面惯性矩；

4）尽量使用封闭式截面，因它的刚度比不封闭式截面的刚度大很多；

5）如壁上需要开孔时，将使刚度下降，应在孔周加上凸缘，使抗弯刚度得到恢复；

6）正确采用筋板、隔板以加强刚度，尽可能使筋板受压；

7）用预变形（由预应力产生的）抵消工作时的受载变形；

8）选用合适的结构，例如用桁架、板结构代替梁等；

9）机架内部有空间时可填塞阻尼材料如沙土、混凝土等以增加机架的抗振动阻尼；

10）对于机架上有相对运动的零部件，要求它们的安装精度比较高，运动副的间隙比较小，运动较平稳。

3 强度要求

一般来说，机架通过挠度校核，强度是不会有太大问题的。但为了设计选材方便，都首先进行强度计算。

必须说明，《钢结构设计规范》所规定的强度设计值是不可以直接应用的。因为《钢结构设计规范》的制定是按全概率分析，分项系数表达式而来的，而机械设计尚未应用极限状态设计法。在新的《起重机设计规范》中，也允许采用极限状态设计法，在附录中引入了该方法，可以作为参考，但该规范的制定仍以许用应力法为主。在非标准机架设计是以许用应力法为准，还是以偏安全为主。极限状态设计法可以用来校核最大的特殊载荷下机架的完整性。下面首先介绍许用应力方法，再介绍《起重机设计规范》的许用应力值，再介绍极限状态设计法。要说明的是，在实际的非标准设备机架中或一些定型的设备机架中，机架的强度是相当大的，校算它们的许用应力往往都远小于下面所述的许用应力的数值。原因是凭习惯选用且担心机架不结实而盲目加大有关。这是设计者普遍存在的问题。

3.1 许用应力

$$\sigma_p=\sigma_{jp}/K_0 \qquad (20\text{-}2\text{-}14)$$

式中 σ_p——许用应力；

σ_{jp}——基本许用应力；

K_0——折减系数。

3.1.1 基本许用应力

① 基本许用应力：

塑性材料 $$\sigma_{jp}=\sigma_s/n_s \qquad (20\text{-}2\text{-}15)$$

脆性材料 $$\sigma_{jp}=\sigma_b/n_b \qquad (20\text{-}2\text{-}16)$$

式中，n_s、n_b 按表 20-2-14 选取。

表 20-2-14　　基本安全系数

n_s		n_b	
轧、锻钢	铸　钢	钢	铸　铁
1.2~1.5	1.5~2.0	2.0~2.5	3.5

② 名义计算的弯曲、剪切或扭转时的基本许用应力应乘以表 20-2-15 所列的系数 A_0。

表 20-2-15　　系数 A_0

变形情况	弯曲 σ_{jp}	剪切 τ_{jp}	扭转 τ_{jp}
塑性材料	1.0~1.2	0.6~0.8	0.5~0.7
脆性材料	1.0	0.8~1.0	0.8~1.0

③ 受偶然骤加载荷，许用弯曲应力可为屈服极限 σ_s；拉应力可为 $0.9\sigma_s$。

3.1.2 折减系数 K_0

折减系数 K_0 按构件的重要性、耐用性、刚性、受力的波动情况选取（表 20-2-16）。

表 20-2-16　　折减系数 K_0

要　　求	一　　般	稍　　高	较　　高
K_0	1~1.1	1.1~1.2	1.2~1.4

通常以 $K_0=1.1\sim1.2$ 为宜。

3.1.3 基本许用应力表

表 20-2-17~表 20-2-19 分别为钢、铸钢及灰铸铁的基本许用应力。表中Ⅰ、Ⅱ、Ⅲ分别为载荷类型。通常，机架所受的载荷为第Ⅰ类载荷，即

$$0.85\leqslant r\leqslant 1 \qquad (20\text{-}2\text{-}17)$$

$$r=\sigma_{min}/\sigma_{max} \qquad (20\text{-}2\text{-}18)$$

式中 σ_{min}——载荷引起的最小应力；

σ_{max}——载荷引起的最大应力。

第Ⅱ、Ⅲ类分别为脉动循环载荷（$-0.25\leqslant r\leqslant 0.25$）和对称循环载荷（$-1\leqslant r\leqslant -0.7$）。基本许用应力已按疲劳极限计算，但许用应力仍应乘以折减系数（根据载荷振动强度、表面及开孔等情况选取）。

表 20-2-17　　普通碳钢及优质碳钢构件基本许用应力　　MPa

材料类别	材料标号	截面尺寸/mm	热处理	材料性能	拉压			弯曲			扭转			剪切		
				抗拉强度 σ_b 屈服强度 σ_s /MPa	Ⅰ	Ⅱ	Ⅲ	Ⅰ	Ⅱ	Ⅲ	Ⅰ	Ⅱ	Ⅲ	Ⅰ	Ⅱ	Ⅲ
					$\sigma_{\text{Ⅰjp}}$	$\sigma_{\text{Ⅱjp}}$	$\sigma_{\text{Ⅲjp}}$	$\sigma_{\text{Ⅰjp}}$	$\sigma_{\text{Ⅱjp}}$	$\sigma_{\text{Ⅲjp}}$	$\tau_{\text{Ⅰjp}}$	$\tau_{\text{Ⅱjp}}$	$\tau_{\text{Ⅲjp}}$	$\tau_{\text{Ⅰjp}}$	$\tau_{\text{Ⅱjp}}$	$\tau_{\text{Ⅲjp}}$
普通碳钢	Q215	100	热轧	σ_b335~410 σ_s185~215	145	125	90	175	140	105	95	90	60	100	90	60
	Q235			σ_b375~460 σ_s205~235	160	140	100	190	160	120	105	95	65	110	100	70
	Q275			σ_b490~610 σ_s235~275	175	150	110	210	170	130	115	105	70	120	110	80
优质碳钢	20	≤100	正火	σ_b410 σ_s245	175	145	105	210	165	125	115	105	70	120	105	75
	25			σ_b450 σ_s275	195	160	115	230	175	135	125	115	75	135	120	80
	35			σ_b530 σ_s315	210	180	125	250	200	150	135	120	80	145	120	85
			调质	σ_b550~750 σ_s320~370	210	185	130	250	205	155	135	125	85	145	120	85
	45		正火	σ_b600 σ_s355	230	200	145	270	220	170	150	135	90	160	140	95
			调质	σ_b630~800 σ_s370~430	250	215	150	300	235	180	160	150	100	175	150	100
	50	≤25	正火	σ_b630 σ_s375	250	215	150	300	235	180	160	150	100	175	150	100
		≤100	调质	σ_b>700 σ_s>400	265	235	165	310	260	195	170	155	105	180	160	110

注：1. 本表数值不应直接作为“许用应力”采用，应根据构件不同情况取表值并引入相应的 $K_{\text{Ⅰ}}$、$K_{\text{Ⅱ}}$、$K_{\text{Ⅲ}}$ 折减系数以求得所需的“许用应力”值。

2. 本表按原矿山非标准设备设计的推荐值，较为安全。机架设计中一般只用到第Ⅰ类或第Ⅱ类载荷。$K_{\text{Ⅰ}}$ 可取表 20-2-16 中稍高的 K_0 值；$K_{\text{Ⅱ}}$ 可取较高的折减系数。

表 20-2-18　　铸钢基本许用应力　　MPa

材料标号	截面尺寸/mm	热处理	材料性能	拉压			弯曲			扭转			剪切		
			抗拉强度 σ_b 屈服强度 σ_s /MPa	Ⅰ	Ⅱ	Ⅲ	Ⅰ	Ⅱ	Ⅲ	Ⅰ	Ⅱ	Ⅲ	Ⅰ	Ⅱ	Ⅲ
				$\sigma_{\text{Ⅰjp}}$	$\sigma_{\text{Ⅱjp}}$	$\sigma_{\text{Ⅲjp}}$	$\sigma_{\text{Ⅰjp}}$	$\sigma_{\text{Ⅱjp}}$	$\sigma_{\text{Ⅲjp}}$	$\tau_{\text{Ⅰjp}}$	$\tau_{\text{Ⅱjp}}$	$\tau_{\text{Ⅲjp}}$	$\tau_{\text{Ⅰjp}}$	$\tau_{\text{Ⅱjp}}$	$\tau_{\text{Ⅲjp}}$
ZG200~400	100	正火及回火	σ_b400 σ_s200	135	120	90	160	135	105	90	80	60	95	85	60
ZG230~450			σ_b450 σ_s230	155	140	100	185	155	120	100	85	65	110	90	65
ZG270~500			σ_b500 σ_s270	175	160	115	210	175	135	115	100	75	120	105	75
ZG310~570			σ_b570 σ_s310	190	170	125	230	190	145	125	105	80	130	110	80
ZG340~640			σ_b640 σ_s340	200	180	130	240	205	155	130	115	87	140	120	87

注：见表 20-2-17 表注。

表 20-2-19　　灰铸铁基本许用应力　　MPa

材料标号	壁厚/mm	抗压强度/MPa	抗拉强度/MPa	中心拉压					弯曲			扭剪		
				压		拉		拉-压						
				Ⅰ	Ⅱ	Ⅰ	Ⅱ	Ⅲ	Ⅰ	Ⅱ	Ⅲ	Ⅰ	Ⅱ	Ⅲ
				$\sigma_{\text{Ⅰjp}}$	$\sigma_{\text{Ⅱjp}}$	$\sigma_{\text{Ⅰjp}}$	$\sigma_{\text{Ⅱjp}}$	$\sigma_{\text{Ⅲjp}}$	$\tau_{\text{Ⅰjp}}$	$\tau_{\text{Ⅱjp}}$	$\tau_{\text{Ⅲjp}}$	$\tau_{\text{Ⅰjp}}$	$\tau_{\text{Ⅱjp}}$	$\tau_{\text{Ⅲjp}}$
HT-150	>2.5~10	500~700	175	140	80	50	28	20	50	30	23	45	24	18
	>10~20		145	140	80	41	24	17	41	25	19	37	20	15
	>20~30		130	140	80	37	21	15	37	22	17	33	18	13
	>30~50		120	140	80	34	19	14	34	21	15	31	17	12

续表

材料标号	壁厚 /mm	抗压强度 /MPa	抗拉强度 /MPa	中心拉压					弯曲			扭剪		
				压		拉		拉-压						
				Ⅰ	Ⅱ	Ⅰ	Ⅱ	Ⅲ	Ⅰ	Ⅱ	Ⅲ	Ⅰ	Ⅱ	Ⅲ
				$\sigma_{\mathrm{I\,jp}}$	$\sigma_{\mathrm{II\,jp}}$	$\sigma_{\mathrm{I\,jp}}$	$\sigma_{\mathrm{II\,jp}}$	$\sigma_{\mathrm{III\,jp}}$	$\tau_{\mathrm{I\,jp}}$	$\tau_{\mathrm{II\,jp}}$	$\tau_{\mathrm{III\,jp}}$	$\tau_{\mathrm{I\,jp}}$	$\tau_{\mathrm{II\,jp}}$	$\tau_{\mathrm{III\,jp}}$
HT-200	>2.5~10	600~800	220	170	100	63	36	25	63	38	28	57	31	23
	>10~20		195	170	100	56	32	22	56	33	25	50	27	20
	>20~30		170	170	100	49	28	19	49	29	22	44	24	17
	>30~50		160	170	100	46	26	18	46	27	21	41	22	16
HT-250	>4.0~10	800~1000	270	230	130	77	44	31	77	46	35	69	37	28
	>10~20		240	230	130	69	39	27	69	41	31	62	33	25
	>20~30		220	230	130	63	36	25	63	38	28	57	31	23
	>30~50		200	230	130	57	32	23	57	34	26	51	28	21
HT-300	>10~20	1000~1200	290	285	160	83	47	33	83	50	37	75	40	30
	>20~30		250	285	160	71	41	29	71	43	32	64	35	26
	>30~50		230	285	160	66	37	26	66	39	30	59	32	24
HT-350	>10~20	1100~1300	340	315	180	97	55	39	97	58	44	87	47	35
	>20~30		290	315	180	83	47	33	83	50	37	75	40	30
	>30~50		260	315	180	74	42	30	74	44	33	67	36	27

注：见表 20-2-17 表注。

3.2 起重机钢架的安全系数和许用应力

1）对于 $\sigma_s/\sigma_b<0.7$ 的钢材，基本许用应力 σ_{jp} 为钢材屈服点 σ_s 除以强度安全系数 n，见表 20-2-20。

表 20-2-20　　强度安全系数 n 和钢材的基本许用应力 σ_{jp}

载荷组合	$P_{z\mathrm{I}}$	$P_{z\mathrm{II}}$	$P_{z\mathrm{III}}$
强度安全系数 n	1.48	1.54	1.22
基本许用应力 σ_{jp}/N·mm^{-2}	$\sigma_s/1.48$	$\sigma_s/1.54$	$\sigma_s/1.22$

注：σ_s 值应根据钢材的厚度选取。

2）对于 $\sigma_s/\sigma_b\geqslant0.7$ 的钢材，基本许用应力 σ_{jp} 按下式计算：

$$\sigma_{jp}=\frac{0.5\sigma_s+0.35\sigma_b}{n} \tag{20-2-19}$$

式中　σ_{jp}——钢材的基本许用应力，N/mm^2；

σ_s——钢材屈服点，N/mm^2；

σ_b——钢材的抗拉强度，N/mm^2。

3）剪切的许用应力，按下式计算：

$$\tau_{jp}=\frac{\sigma_{jp}}{\sqrt{3}} \tag{20-2-20}$$

其中，σ_{jp} 按上面 1）或 2）求得。

4）端面承压许用应力 σ_d（N/mm^2）按下式计算：

$$\sigma_{jd}=1.4\sigma_{jp} \tag{20-2-21}$$

其中，σ_{jp} 按上面 1）或 2）求得。

3.3 铆焊连接基本许用应力

各种铆、焊、螺栓连接在本手册第 6 篇已有详细介绍，可以参照。为方便计算，此处简单列出，铆焊连接的基本许用应力见表 20-2-21。由于用于非标准机架的设计，数值偏于安全。结构承受移动载荷或振动载荷或其他载荷产生变化内力时，还应乘折减系数 K_r 以折减其许用应力，K_r 见表 20-2-22。如果在计算载荷时已考虑了表 20-2-1 所列的动载系数 K_d，则可以对比 K_r 取大值。对于特别重要的连接，则应进行详细的计算合成的应力和标明检测的要求。

表 20-2-21　　铆焊连接的基本许用应力　　MPa

<table>
<tr><th rowspan="2">铆　或　焊</th><th rowspan="2">应 力 种 类</th><th colspan="3">结　构　钢</th></tr>
<tr><th colspan="2">Q195、Q215</th><th>Q235</th></tr>
<tr><td rowspan="2">铆钉(冲孔)</td><td>剪　切</td><td colspan="2">100</td><td>100</td></tr>
<tr><td>挤　压</td><td colspan="2">240</td><td>280</td></tr>
<tr><td rowspan="2">铆钉(钻孔)</td><td>剪　切</td><td colspan="2">140</td><td>140</td></tr>
<tr><td>挤　压</td><td colspan="2">280</td><td>320</td></tr>
<tr><td>铆钉</td><td>钉头拉断</td><td colspan="2">90</td><td>90</td></tr>
<tr><td rowspan="2"></td><td rowspan="2">应力种类</td><td rowspan="2">薄涂焊条
手工焊接</td><td colspan="2">厚涂焊条及熔剂下自动焊</td></tr>
<tr><td>结构钢 Q195、Q215</td><td>结构钢 Q235</td></tr>
<tr><td rowspan="3">焊缝</td><td>压　力</td><td>110</td><td>125</td><td>145</td></tr>
<tr><td>拉　力</td><td>100</td><td>110</td><td>130</td></tr>
<tr><td>剪　切</td><td>80</td><td>100</td><td>110</td></tr>
</table>

表 20-2-22　　铆焊连接许用应力折减系数 K_r 值

<table>
<tr><td rowspan="3">铆　接</td><td colspan="4">变　号　应　力</td><td rowspan="2">同　号　应　力</td></tr>
<tr><td colspan="2">Q195、Q215、Q235、Q255</td><td colspan="2">Q275</td></tr>
<tr><td colspan="2">按式(20-2-22)</td><td colspan="2">按式(20-2-23)</td><td>—</td></tr>
<tr><td rowspan="3">焊　接</td><td colspan="2">对　接　焊</td><td colspan="3">填　角　焊</td></tr>
<tr><td>变号应力</td><td>同号应力</td><td>变号应力</td><td colspan="2">同号应力</td></tr>
<tr><td>按式(20-2-22)</td><td>1</td><td>按式(20-2-23)</td><td colspan="2">0.85</td></tr>
</table>

$$K_r=\frac{1}{1-0.3\dfrac{N_{min}}{N_{max}}} \tag{20-2-22}$$

$$K_r=\frac{1}{1.2-0.8\dfrac{N_{min}}{N_{max}}} \tag{20-2-23}$$

其中，N_{min} 和 N_{max} 分别为载荷在被连接杆件中产生的最小及最大内力，代入式中计算，应加上作用力本身的正负号。

3.4　极限状态设计法

极限状态设计法可以用来校核最大的特殊载荷下机架的完整性。按式（20-2-24）或式（20-2-25）计算：机架的杆件受拉、压时取小值；杆件受弯曲时取 1。

$$\sigma_j \leqslant \sigma_{lim}=(0.9\sim1)\sigma_s \tag{20-2-24}$$

或

$$M_j \leqslant 0.9M_{su} \tag{20-2-25}$$

式中　σ_j，M_j——机架在最大的特殊载荷、最不利的情况下，可能出现的最大应力或弯矩；

σ_{lim}——极限应力值；

σ_s——钢材的屈服点；

M_{su}——杆件受弯曲时按其截面塑性变形时能承受的弯矩。

4　机架结构的简化方法

机架结构计算的内容涉及三个方面：把实际机架抽象为力学模型；对力学模型进行力学分析和计算；把力学

分析和计算结果用于机架的结构设计。

4.1 选取力学模型的原则

选定机架结构的力学模型时，一方面要反映结构的工作情况，使计算结果与实际情况足够接近；同时也要略去次要的细节，使计算工作得以简化。

实际机架结构往往比较复杂，各部分之间存在着多种多样的联系。如何对各种联系进行合理的简化，是确定结构力学模型的一个主要问题。为此需要分析联系的性质，并找出决定联系性质的主要因素。决定联系性质的主要因素是结构各部分刚度的比值，即结构各部分的相对刚度。

力学模型的选择，受到多种因素的影响。虽有一般规律可以遵循，但在运用时要注意灵活性。影响力学模型的主要因素如下。

① 结构的重要性　对重要的结构应采用比较精确的力学模型。

② 设计阶段　在初步设计阶段可使用粗糙的力学模型，在技术设计阶段再使用比较精确的力学模型。

③ 计算问题的性质　一般说来，对结构作静力计算时，可使用比较复杂的力学模型；对结构作动力计算和稳定计算时，由于问题比较复杂，要使用比较简单的力学模型。

④ 计算工具　使用的计算工具愈先进，采用的力学模型就可以愈精确。计算机的应用使许多复杂的力学模型得以采用。

此外，还应注意到，从实际结构得出合理的力学模型，这只是一个方面。另一方面，在选定力学模型之后，还应采取适当的构造措施，使所设计的结构体现出力学模型的要求。

4.2 支座的简化

计算中选用的支座简图必须与支座的实际构造和变形特点相符合。支座通常可简化为活动铰支座、固定铰支座、固定端支座三种。有时需精确计算而简化为弹性支座。弹性支座所提供的反力与结构支承端相应的位移成正比。

在对实际支座进行简化时，有的支座构造特征明显，很容易简化，例如图 20-2-6 所示的车辆常用的叠板弹簧的左支座 A 和右支座 B 就分别是活动铰支座和固定铰支座。有的并不明显。因为铰支座的计算比较方便，因此，对于非标准设计的机架，在满足下列条件下都可按活动铰支座或固定铰支座计算：

① 该支座简化为铰支座后，结构仍是稳定的；

② 该支座简化为铰支座后，结构杆件内的应力仍在许用应力范围之内。

一般地基上部的基础是结构的支座。如以不在一条直线上的三个和三个以上的螺钉牢固安装在基础上，且支架座有足够的刚度时，视为固定端支座。例如本章 5.2 节中的图 20-2-32、图 20-2-33 为固定端支座。除此两图外，本章 5.1、5.2 节各种支座图（包括固定支座）皆可作为铰支座而使计算工作量大为简化。对于插入混凝土的钢支柱，当插入基础深度是柱宽边宽度 1.5 倍以上，且不小于 500mm 时，可作为固定支座。否则仍可作为铰支座。除了是悬臂的支柱支座无法简化为铰支座外，为简化计算也可以简化为铰支座（铰支点一般以插入长度的 1/2 处计算）。

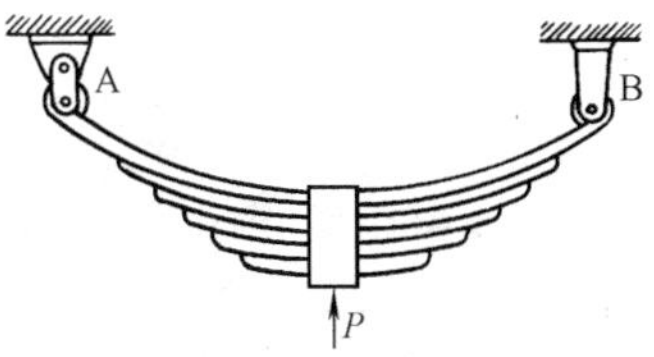

图 20-2-6

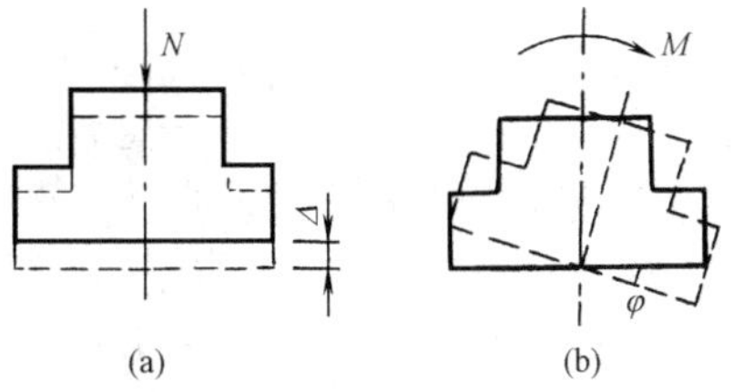

图 20-2-7

有的支座构造特征很不明显，需要具体分析支座处构件和基础的相对变形或刚度。有时，支座的计算简图决定于基础的构造。当地基土壤比较坚实，其变形可以忽略时，地基上部的支座中心即支点。当地基土壤较软，变形比较显著时，可以把基础简化为弹性支座（图 20-2-7）。

例如一根受均布载荷 q 的连续梁，各支点都固结时（这是比较难实现的），按两端固定梁计算，最大内弯矩发生在支点处，为 $M=ql^2/12$（l 为两支点间跨度）；按各支点为铰结的连续梁来计算，最大内弯矩也发生在支点处，为 $M=ql^2/10$。应力相差约 20%。

4.3 结点的简化

计算中选用的结点简图要考虑结点的实际构造，通常将结点简化为铰结点和刚结点两种。

对实际结点进行简化时，一般都把用铆接连接钢构件的结点（图 20-2-8）和连接木构件的结点简化为铰结点。至于焊接结点和螺栓连接的结点，就需按连接的具体方式进行简化，一般，把无加劲肋的焊接结点（图 20-2-9）简化为铰结点，把有加劲肋的焊接结点（图 20-2-10）简化为刚结点；把沿构件截面局部位置用螺栓连接的结点（图 20-2-11）简化为铰结点，此时螺栓主要起定位作用；把沿构件整体截面用螺栓连接的结点（图 20-2-12）简化为刚结点，此时螺栓起刚性固结作用，但计算中为方便起见，也常化简为铰结点，这样，梁的内力加大了。

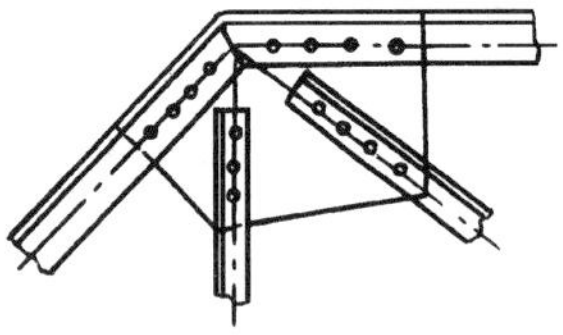

图 20-2-8

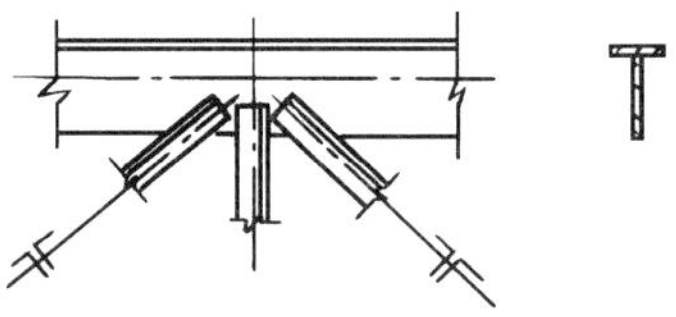

图 20-2-9

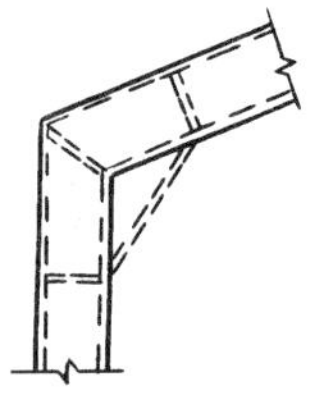

图 20-2-10

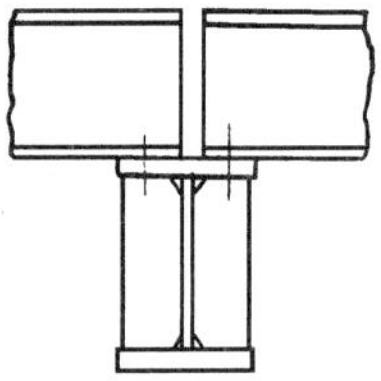

图 20-2-11

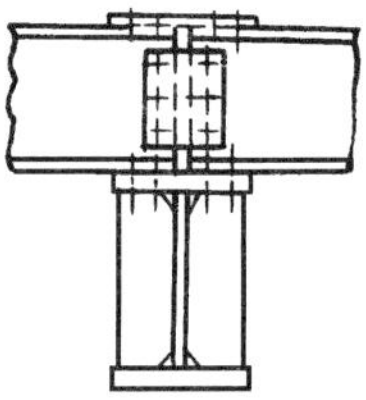

图 20-2-12

总之，结点简图是根据结点的受力状态而确定的。影响结点受力状态的因素主要有两个：一个是结点的构造情况；另一个是结构的几何组成情况。凡是由于结点构造上的原因，或者由于几何组成上的原因，在结点处各杆的杆端弯矩较小而可以忽略时，都可以简化成铰结点。

4.4 构件的简化

杆件的截面尺寸（宽度、厚度）通常比杆件长度小得多，截面上的应力可根据截面的内力（弯矩、轴力、剪力）来确定。因此，在计算简图中，杆件用其轴线表示，杆件之间的连接区用结点表示，杆长用结点间的距离表示，而载荷的作用点也转移到轴线上。以上是构件简化的一般原则。下面再说明几个具体问题。

（1）以直杆代替微弯或微折的杆件

图 20-2-13a 所示为一门式刚架。因为杆件是变截面的，梁截面形心的连线不是直线，柱截面形心的连线不是竖直线。为了简化，在计算简图（图 20-2-13b）中，横梁的轴线采用从横梁顶部截面形心引出的平行于上表面的直线，柱的轴线采用从柱底截面形心引出的竖直线。

还需指出，按以上计算简图算出的内力是计算简图轴线上的内力。因为计算简图的轴线并不是各截面形心的连线，因此在选择截面尺寸时，应将算得的内力转化为截面形心轴处的内力。例如在图 20-2-13c 中，某截面求得的内力为 M 和 N。因为计算简图的轴线与截面形心有偏心距 e。故截面形心处的内力为 $M'=M-Ne$ 和 N。

（2）以实体杆件代替格构式杆件

在比较复杂的结构中，常以实体杆件代替格构式杆件，使计算简化。以承受弯矩时的转角相等求等效惯性矩，此时有以下几种情况。

① 如格构式杆件是等截面的，则格构式杆件的截面惯性矩即为杆件的惯性矩。

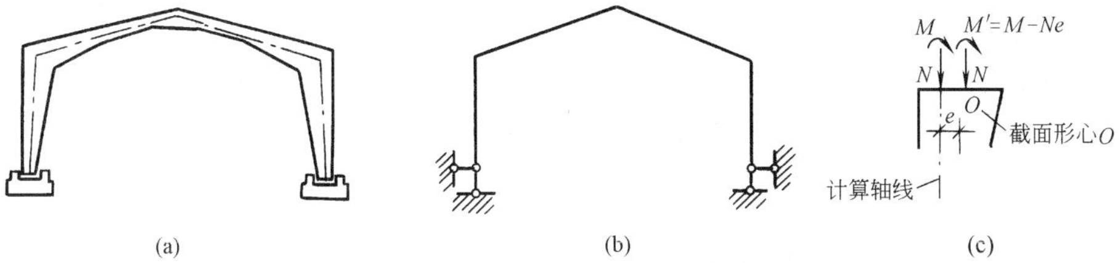

图 20-2-13

② 如格构式杆件在长度方向是梯形的或锥形的，则杆件的等效惯性矩 I_e 近似为

$$I_e=\sqrt{I_1 I_2} \tag{20-2-26}$$

式中　I_1，I_2——格构式杆件两端的惯性矩。

③ 如格构式杆件的长度是由两段各不相同的长度和惯性矩组成，则杆件的等效惯性矩 I_e 为

$$I_e=\frac{l}{\dfrac{l_1}{I_1}+\dfrac{l_2}{I_2}}\quad (l=l_1+l_2) \tag{20-2-27}$$

式中　l_1，l_2——各段长度；

　　I_1，I_2——相应各段的截面惯性矩。

④ 如格构式杆件由 n 段各不相同的长度和惯性矩的杆断组成，则杆件的等效惯性矩 I_e 为

$$I_e=\frac{l}{\sum\limits_{i=1}^{n}\dfrac{l_i}{I_i}}\quad \left(l=\sum_{i=1}^{n} l_i\right) \tag{20-2-28}$$

式中　l_i，I_i——各段长度及相应各段的截面惯性矩。

（3）杆件刚度的简化

结构中某一构件与其他构件相比，如果它的刚度大很多，则可把它的刚度设为无限大；反之，如果它的刚度小很多，则可把它的刚度设为零。采用这种假设，可使计算得到简化。

图 20-2-14a 为矿山工程中常遇到的有贮仓的框架结构。由于贮仓的刚度很大，计算刚架时，可以假设它的刚度为无限大（图 20-2-14b）。计算简图如图 20-2-14c 所示。横梁 CD 的 $EI=\infty$，A、B、C 和 D 点的转角为零。

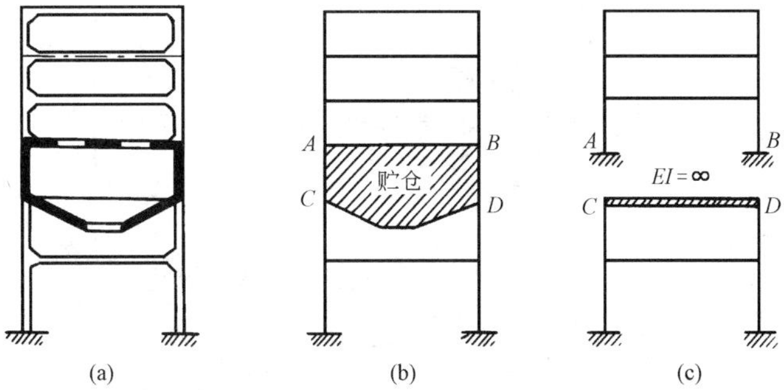

图 20-2-14

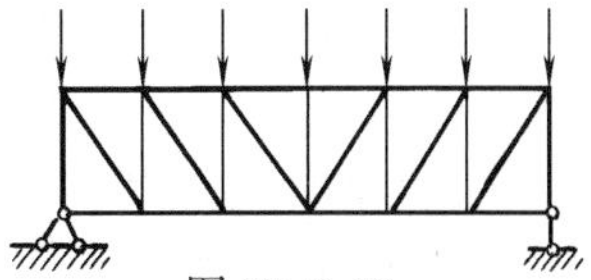

图 20-2-15

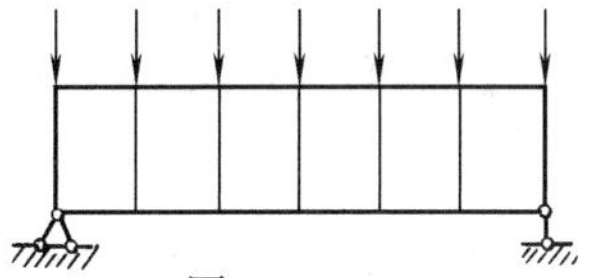

图 20-2-16

4.5　简化综述及举例

确定结点简图时，除要考虑结点的构造情况外，还要考虑结构的几何组成情况。例如图 20-2-15 所示结构，结点可取为铰结点，按桁架计算；图 20-2-16 所示结构，结点却必须取为刚结点，按刚架计算，否则为几何可变体系。

桁架和刚架的基本区别是：桁架的所有结点虽然都是铰结点，但由于杆件布置方面的原因，仍能维持几何不变；刚架则不同，如果所有结点都改成铰结点，固定支座都改成铰支座，则不能维持几何不变。即桁架的几何不变性依赖于杆件的布置，而不依靠结点的刚性；而刚架的几何不变性则依靠结点的刚性。工程中的钢桁架和钢筋

混凝土桁架，虽然从结点构造上看接近于刚结点，但其受力状态与一般刚架不同，轴力是主要的，而弯曲内力是次要的，因此计算时可把它简化为铰结点。

桁架即使具有刚结点，但按铰结体系计算所求得的内力仍是主要内力。所以在一般情况下，桁架按铰结体系计算是可以满足设计要求的。另一方面，这里也指出了次内力的存在及其产生的来源。

下面是汽车车身简化计算的具体方法，见图 20-2-17。

(1) 非承载式车身

承载载荷只作用在车架平面上，其余各构件不作为垂直载荷的受力件，载荷由地板传到车架的纵梁及横梁，纵、横梁均简化为简支梁。乘客重量与一部分车身（顶与侧壁）重量成为集中于横梁两端的载荷。由于横梁刚度比立柱大得多，立柱引起的弯矩可以不计，立柱与横梁连接点可认为是铰接点。

按静载荷计算，安全系数取 3~4。由于未计算车身骨架的承载能力，实际应力比计算应力小，安全系数可取下限。

(2) 半承载式车身

车身自重和乘客重量由横梁传到桁架各结点，根据平衡条件算出悬架的反作用力，对于桁架（图20-2-17b）可直接计算各杆件内力；对于刚架（图 20-2-17c）可将其作为超静定刚架计算。刚性侧板也作为简支梁计算。

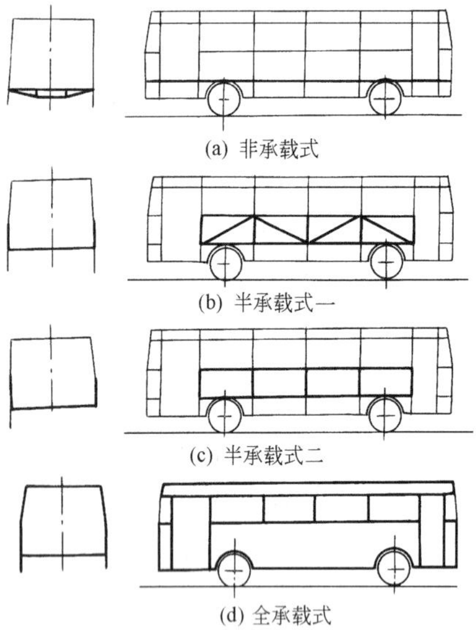

(a) 非承载式

(b) 半承载式一

(c) 半承载式二

(d) 全承载式

图 20-2-17　汽车的承载系统

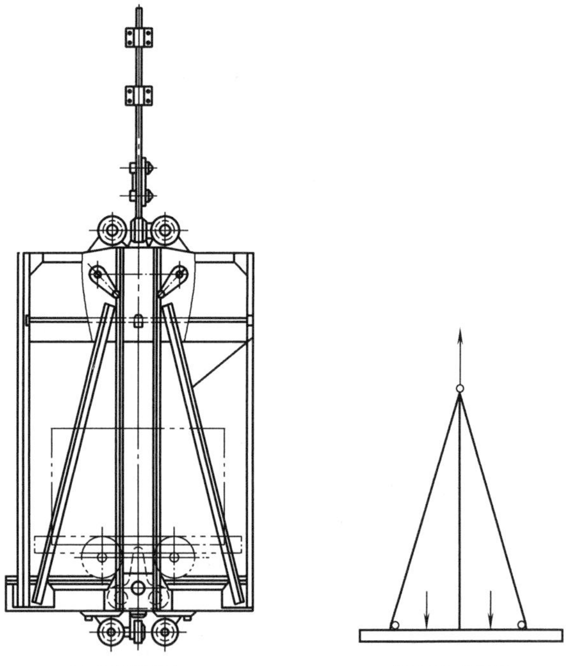

(a) 实际形状之一

(b) 简化计算图

图 20-2-18　矿山提升罐笼

(3) 承载式车身

将车身作为空心简支梁，支点为悬架支点，先计算出悬架的支承反作用力，并作出弯矩和剪力计算，然后按预定的杆件断面计算出中轴位置和惯性矩。

又如图 20-2-18a 为矿山提升罐笼中最简单的一种实际形状。笼体的计算可分成两片架子，每片架子承受矿车车轴的一半压力，以铰结来简化杆件的计算，如图 20-2-18b 所示。甚至，中间的竖杆与底盘的连接亦可用铰来代替。这样只要求出竖杆和斜杆内的拉力或压力就可以了。应力是增加了很多，但是偏向安全。

图 20-2-19 为导弹车车架简化为桁架计算图。节点都按铰接，简化了计算。

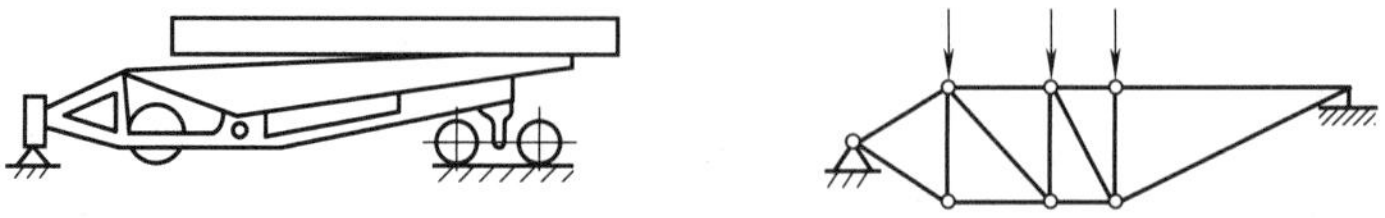

图 20-2-19　导弹车车架

图 20-2-20 为冷轧机机架简化为一框方框架。

图 20-2-21 为龙门起重机门架受力简化图。

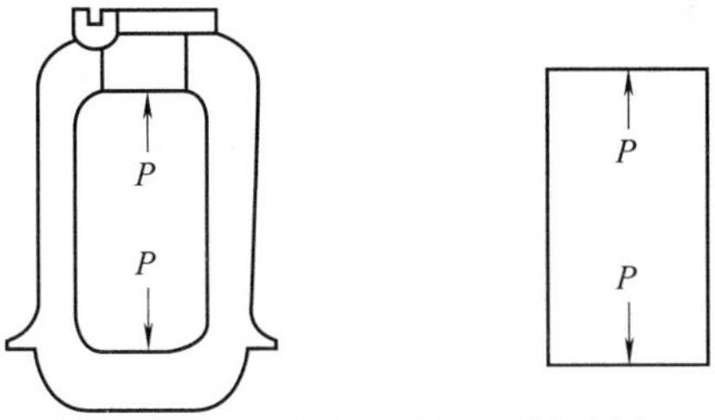

图 20-2-20　冷轧机机架计算草图

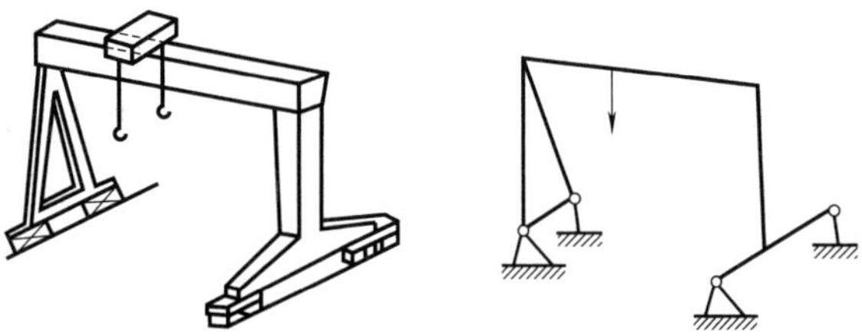

图 20-2-21　龙门起重机门架

5　杆系结构的支座形式

5.1　用于梁和刚架或桁架的支座

无须考虑温度变化剧烈时，或安装于钢质设备上时，最简单的形式是梁或钢架的端部可焊接垫板直接架设于有基础的垫板上。若端面面积是按承受压强计算得到的，则应刨平顶紧，见图 20-2-22a；如采用图 20-2-22b 所示的凸缘加肋板形式，则其伸出的长度不得大于其厚度的 2 倍。图 20-2-22c 所示为桁架的直接架设，用螺钉或螺栓或焊接固定，适宜于跨度小于 20m、支承于砖石墙和未加钢筋的柱或基础上的桁架。如不符合上述情况，则另一端要留出使桁架有一定的微量位移的间隙，例如长形螺孔或滑槽等。

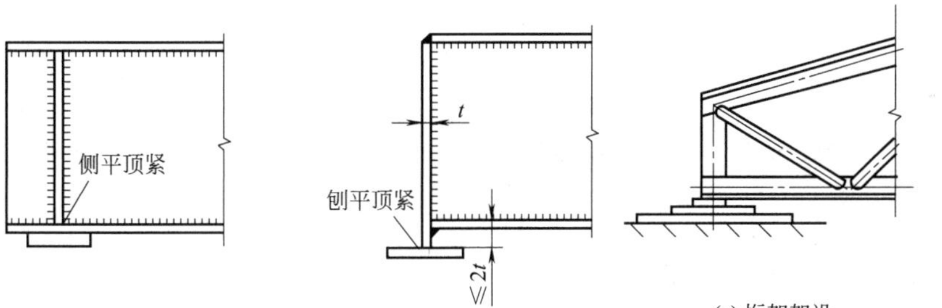

(a) 平板支座　(b) 凸缘支座　(c) 桁架架设

图 20-2-22　梁的支座

图 20-2-23 所示是梁和桁架的几种轻型铰支座形式，其中平板或圆弧板可使结构绕支座微小转动，并沿水平方向微小移动，其中图 20-2-23d 所示的支座适宜用于跨度小于 40m 的桁架。图 20-2-24 和图 20-2-25 分别是几种重型铰支座和重型滚轴支座，它们都有较大的支承面以传递大的载荷，又有较完善的可移动和可转动的机构。其中图 20-2-25c 滚轴支座适宜用于跨度大于 40m 的桁架。图 20-2-26 是专门用于连续梁或连续桁架非端部的支座，也是活动铰支座，其中 20-2-26c 为走轮式。

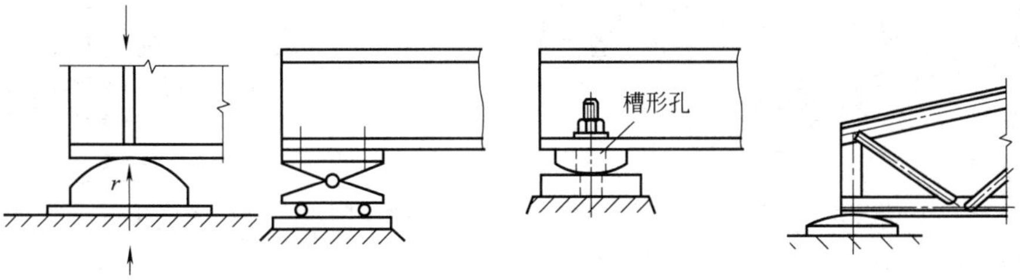

(a)　(b)　(c)　(d)

图 20-2-23　梁或桁架的几种轻型铰支座

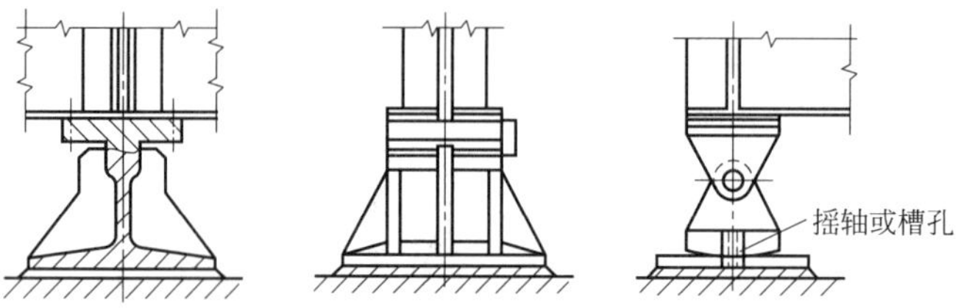

图 20-2-24　重型铰支座

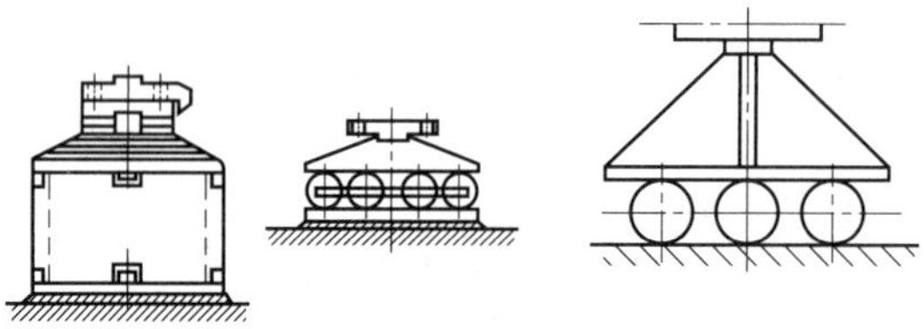

(a)　　(b)　　(c)

图 20-2-25　重型滚轴支座

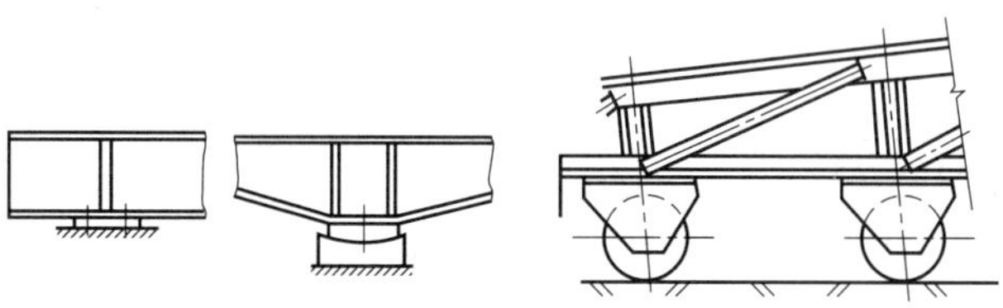

(a)　　(b)　　(c)

图 20-2-26　连续梁或连续桁架非端部的支座

以上是钢支座。为了降低振动，在公路桥梁中还采用了橡胶支座。主要由钢构件与聚四氟乙烯组成。中小跨度公路桥一般采用板式橡胶支座，大跨度连续梁桥一般采用盆式橡胶支座。盆式橡胶支座可以制成固定式支座或活动式支座。盆式橡胶支座具有承载能力大（橡胶的容许抗压强度可以提高到 25MPa）、水平位移量大、转动灵活等特点，适用于支座承载力为 1000kN 以上的大跨径桥梁。盆式橡胶支座的一般构造如图 20-2-27 所示。承压橡胶板的硬度一般为 50~60HS，橡胶板的厚度约为直径的 1/15~1/10。

支座的其他形式还有弹簧式、拉压式、混凝土式、铅芯式等。图 20-2-28 为铅芯式橡胶支座构造示意图。铅芯式橡胶支座的优点是，当板式支座的钢板和橡胶紧夹住铅芯时，使铅芯发生塑性剪切变形改变了支座的滞回曲线，使支座具有良好的阻尼效果。

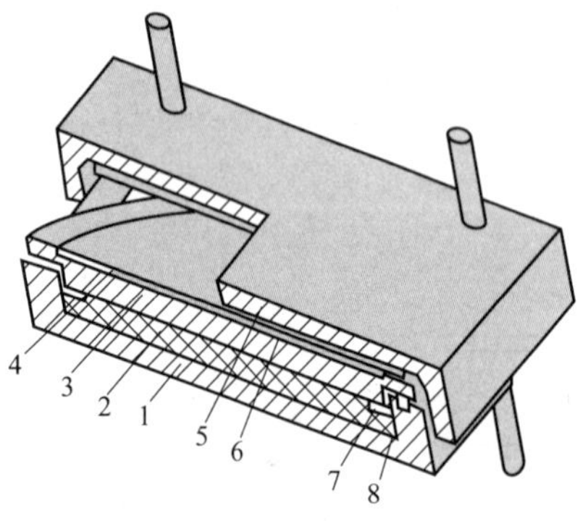

图 20-2-27　盆式橡胶支座构造示意图

1—钢盆；2—承压橡胶板；3—钢衬板；4—聚四氟乙烯板；5—上支座板；6—不锈钢滑板；7—钢紧箍圈；8—密封胶圈

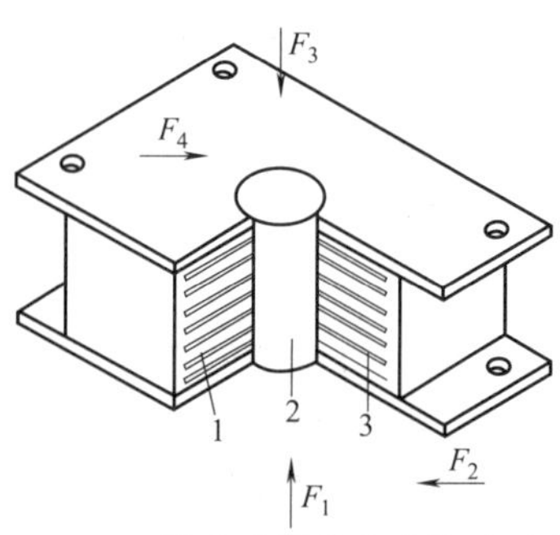

图 20-2-28　铅芯式橡胶支座构造示意图

1—橡胶；2—铅芯；3—钢板

实际的支座结构要复杂得多，图 20-2-29 为大型挖掘机单梁动臂支持于回转平台的连接图。动臂 2 的支腿不是直接与回转平台相连，而是将其叉子插在球面轴承 3 上，轴承 3 用销轴 4 装在平台支腿 1 的铰销孔中。动臂在回转过程中承受的惯性扭矩及其他载荷传到支腿上，此时振动则由缓冲装置来吸收，使动臂支腿可以绕球铰向上及向前稍微移动。

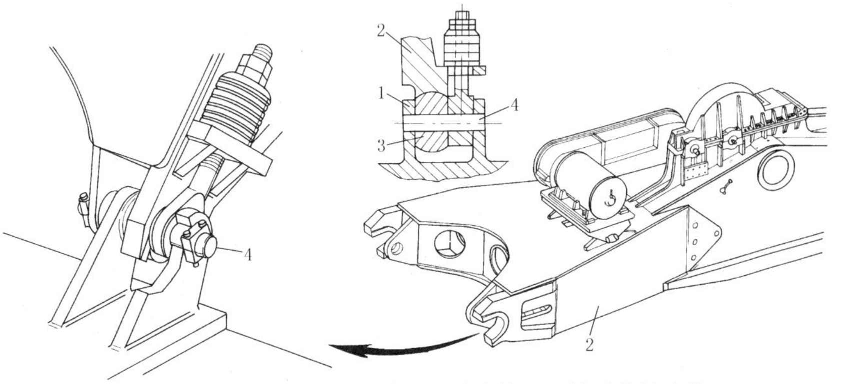

图 20-2-29　大型挖掘机单梁动臂支持于回转平台的连接

1—支腿；2—动臂；3—球面轴承；4—销轴

5.2　用于柱和刚架的支座

1）图 20-2-30 是几种固定铰支座，其中图 a 是轻型的，柱的压力由焊缝传给底板，再由底板传给基础；图 b~d 是重型的，在柱端与底板之间增设靴梁、肋板和隔板等中间传力零件，以增加柱与底板之间的焊缝长度，并将底板分隔成几个区格，使底板所受弯矩减小；图 20-2-31 和图 20-2-32 分别是整体式和分离式固定端支座，其中整体式用于实腹柱和柱肢间距小于 1.5m 的格构柱。为了保证柱端与基础之间形成刚性连接，锚栓应固定在刚度较大的零件上。请参见第 4 章 2.2 节。

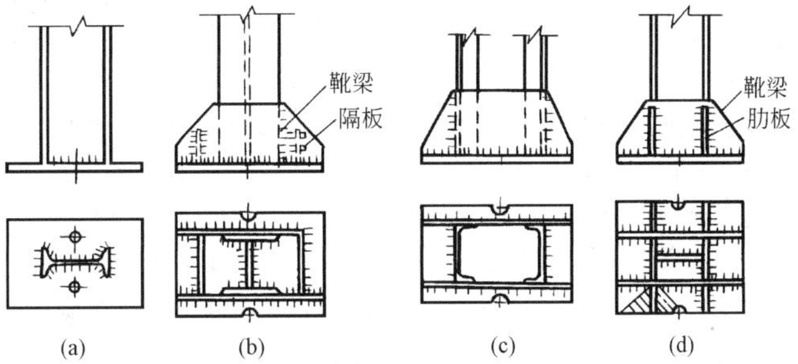

图 20-2-30

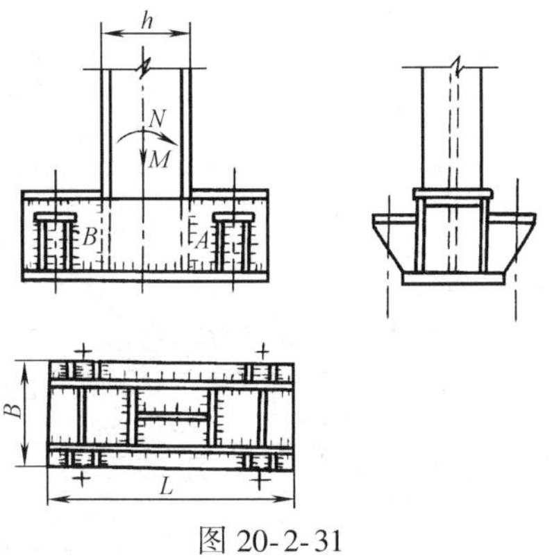

图 20-2-31

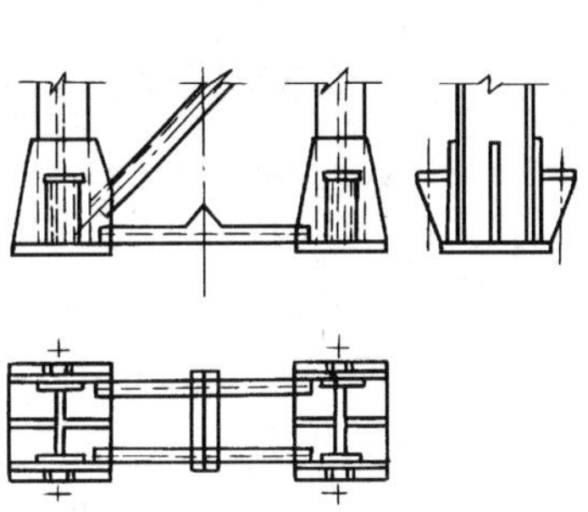

图 20-2-32

2）对于插入混凝土基础的钢柱，插入混凝土基础杯口的最小深度 d_m 为下列数值，但不宜小于 500mm，且不宜小于吊装时钢柱高度的 1/20：

对实腹柱　$d_m=1.5h$ 或$1.5d$

对双肢格构柱（单口杯或双口杯）$d_m=0.5h$ 或 $1.5b$（或 d）的较大值

式中　h——柱截面高度（长边尺寸）；

b——柱截面宽度；

d——圆管柱外径。

钢柱底端至基础杯口底的距离一般采用 50mm；当柱有底板时，可采用 200mm。

6　技术要求

① 材质应符合国家标准的规定。根据需要情况进行复验、补项检验，包括强度试验、化学成分检验等。

② 型材尺寸与偏差应符合国家标准。不得有裂纹、分层、重皮、夹渣等缺陷，麻条或划痕深度不得大于钢材厚度负公差的一半，且不得大于 0.5mm，并有出厂合格证书与标号说明。

③ 各连接件、焊条、焊丝、焊剂应按被焊材料选定，并符合国家标准。

④ 工艺技术要求，如加工误差要求，铸件的圆角要求，焊缝的形式等必须注明，按有关规定执行。

⑤ 钢架焊接零件的下料加工尺寸应根据要求确定，对一般钢桁架的下料尺寸，极限偏差不得大于 2mm。在焊接、组装前必须清除表面的油污、飞溅、毛刺、铁锈等污物。切口必须整齐，缺棱不得大于 1mm。

对于气切或机械剪切的零件须机械加工时，边缘加工的允许偏差是±0.1mm，允许加工面粗糙度是$\overset{50}{\triangledown}$。

⑥ 热处理要求，例如对铸铁机架的时效处理；铸钢机架的热处理，一般有正火加回火，退火，高温扩散退火，补焊后回火等。

⑦ 螺栓孔孔距允许偏差见表 20-2-23。

⑧ 涂漆前的表面处理要求，一般用工具或喷砂或加除锈剂将表面处理干净，再涂漆。涂漆的次数和厚度为：一般为底漆两遍、面漆两遍，漆膜的总厚度为 100～150μm（室内）、125～175μm（室外）。大型桁架在现场涂漆时，要在出厂前涂一遍底漆，厚度不小于 25μm。油漆的材料要注明。涂漆前要对油漆进行抽样检查。涂后不得有漆液流痕、皱褶等。

⑨ 完工后要进行检查和验收。并且施工验收文件应齐全，包括钢材、连接件（或焊接材料）、油漆等的合格证明与检验报告，焊工及无损检验人员的资料复印件，焊缝的检验报告，施工记录，设计文件及修改文件等。

⑩ 钢材的局部表面允许补焊矫正，矫正后的钢材表面不应有明显的凹面或损伤，划痕深度不得大于 0.5mm，且不应大于该钢材厚度负允许偏差的 1/2。钢材形状的矫正后的允许偏差见表 20-2-24。

⑪ 钢结构的制造尺寸的极限偏差，如无特殊要求可按机械零件的各种规定执行，或按《钢结构工程施工质量验收规范》（GB/T 50205）及其附录中的钢结构各种制作组装的尺寸、外形尺寸的允许偏差选取。见表 20-2-25、表 20-2-26。

表 20-2-23　　螺栓孔孔距允许偏差　　mm

螺栓孔孔距范围	≤500	501～1200	1201～3000	>3000
同一组内任意两孔间距离	±1.0	±1.5	—	—
相邻两组的端孔间距离	±1.5	±2.0	±2.5	±3.0

注：1. 在节点中连接板与一根杆件相连的所有螺栓孔为一组。
2. 对接接头在拼接板一侧的螺栓孔为一组。
3. 在两相邻节点或接头间的螺栓孔为一组，但不包括上述两款所规定的螺栓孔。
4. 受弯构件冀缘上的连接螺栓孔，每米长度范围内的螺栓孔为一组。

表 20-2-24　　钢材矫正后的允许偏差　　mm

项　目		允许偏差	图　例
钢板的局部平面度	$t\leq14$	1.5	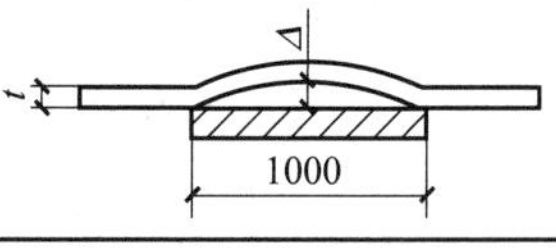
	$t>14$	1.0	

续表

项　目	允许偏差	图　例
型钢弯曲矢高	l/1000,且不应大于5.0 (l为钢材长度)	
角钢肢的垂直度	b/100,双肢栓接角钢的角度不得大于90°	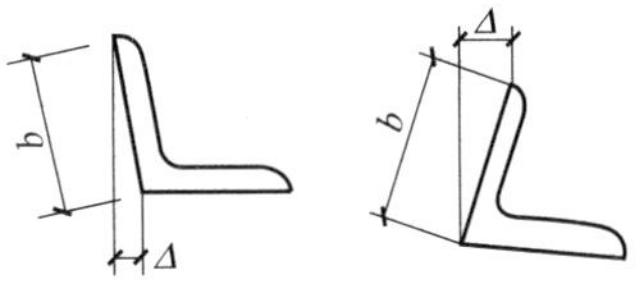
槽钢翼缘对腹板的垂直度	b/80	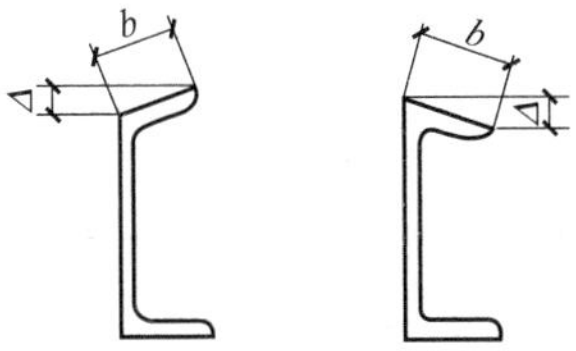
工字钢、H型钢翼缘对腹板的垂直度	b/100,且不大于2.0	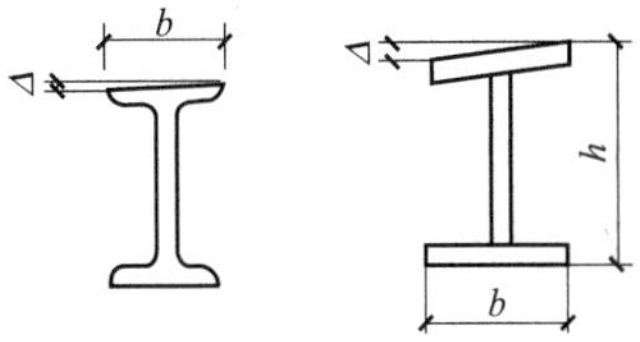

表 20-2-25　　焊接实腹钢梁外形尺寸的允许偏差　　mm

项　目		允许偏差	检验方法	图　例
梁长度 l	端部有凸缘支座板	0 −5.0	用钢尺检查	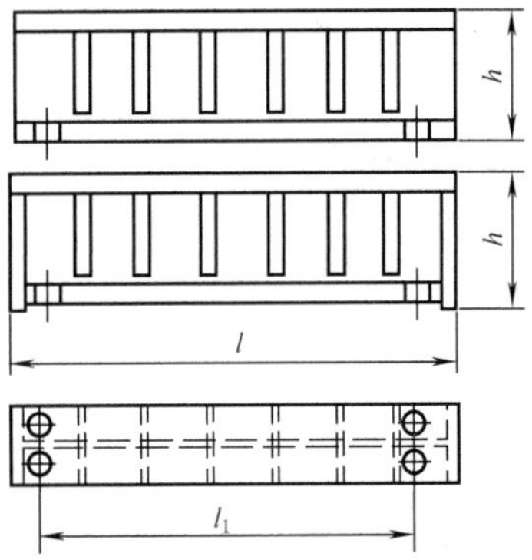
	其他形式	±l/2500 ±10.0		
端部高度 h	h≤2000	±2.0		
	h>2000	±3.0		
拱度	设计要求起拱	±l/5000	用拉线和钢尺检查	
	设计未要求起拱	10.0 −5.0		
侧弯矢高		l/2000,且不应大于10.0		
扭曲		h/250,且不应大于10.0	用拉线吊线和钢尺检查	
腹板局部平面度 f	t≤14	5.0	用1m直尺和塞尺检查	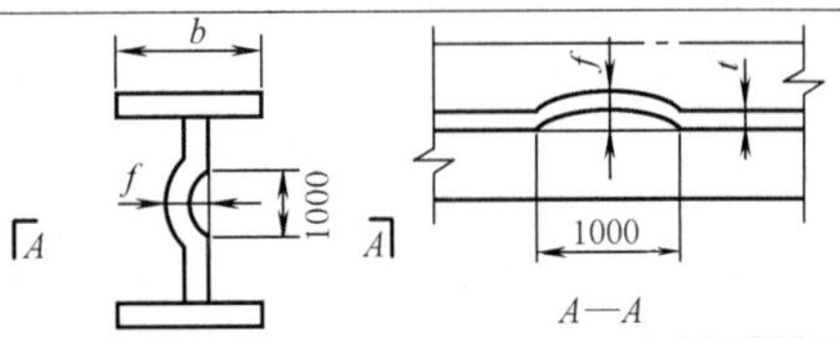
	t>14	4.0		
翼缘板对腹板的垂直度		b/100,且不应大于3.0	用直角尺和钢尺检查	
吊车梁上翼缘与轨道接触面平面度		1.0	用200nm、1m直尺和塞尺检查	
箱型截面对角线 l_1 与 l_2 之差		5.0	用钢尺检查	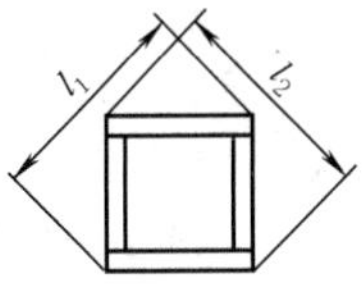

续表

项目		允许偏差	检验方法	图例
箱型截面两腹板至翼缘板中心线距离 a	连接处	1.0	用钢尺检查	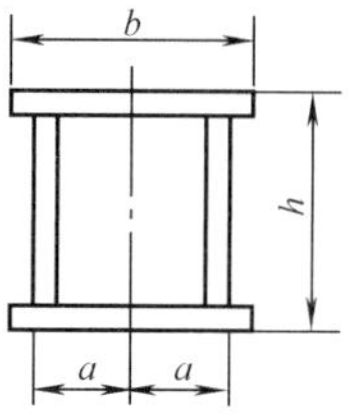
	其他处	1.5		
梁端板的平面度（只允许凹进）		$h/500$，且不应大于2.0	用直角尺和钢尺检查	
梁端板与腹板的垂直度		$h/500$，且不应大于2.0	用直角尺和钢尺检查	

表 20-2-26　　钢桁架外形尺寸的允许偏差　　mm

项目		允许偏差	检验方法	图例
桁架最外端两个孔或两端支承面最外侧距离	$l\leqslant 24$m	+3.0 -7.0	用钢尺检查	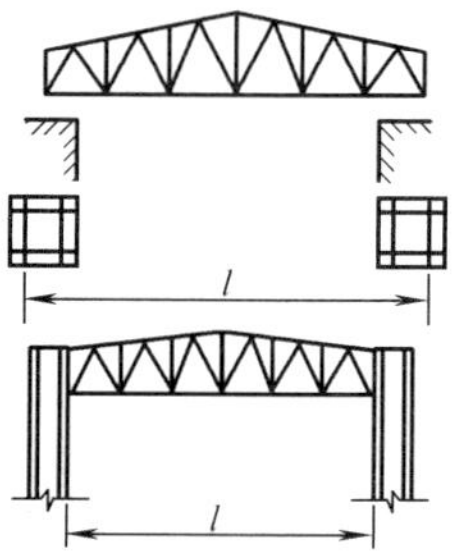
	$l>24$m	+5.0 -10.0		
桁架跨中高度		±10.0		
桁架跨中拱度	设计要求起拱	$\pm l/5000$		
	设计未要求起拱	10.0 -5.0		
相邻节间弦杆弯曲（受压除外）		$L/1000$		
支承面到第一个安装孔距离 a		±1.0	用钢尺检查	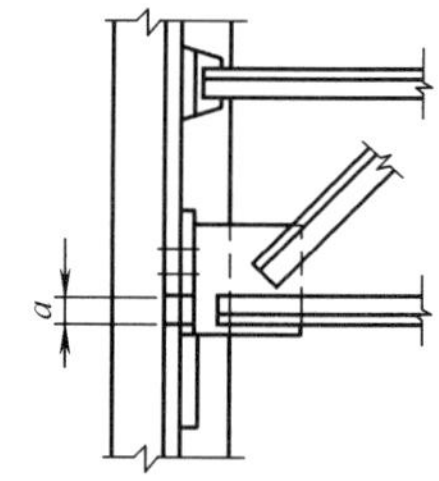
檩条连接支座间距 a		±5.0		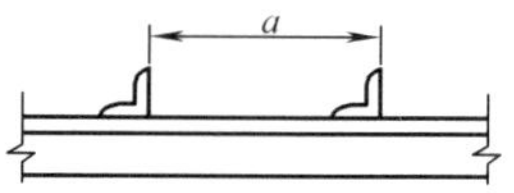

7　设计计算方法简介

（1）传统的方法

本篇是采用传统的设计计算方法，即按力学的理论来计算和分析结构的强度和刚度，以校核其是否达到设计规定的要求。除了地震载荷等极限载荷可采用本章3.4节极限强度计算法外，整篇的计算都以许用应力作为强度的准绳，以允许挠度作为刚度的准绳。

对于动载荷，是乘以不同的动载系数来考虑的，见本章1.1节“载荷分类”中的基本载荷。如果机架上有较大的动载荷，例如机架上有小车启动、运行和制动，或有重物的突然起吊和卸载，或有振动载荷和受到轻微的碰撞，计算方法是用工程力学的理论和方法，求得其动载荷，加于静载荷之上来进行强度和允许挠度的校核。其许用应力则按动载荷所占比例选择不同的许用应力，见本章3.1.3节的相关说明。所以机架的刚度是力与挠度的比值（N/cm），称静刚度。

这种方法适用于大多数机架的计算，特别是非标准机架。在未采用现代新的方法之前，只有这种方法。到目前为止仍是主要的方法。

当机架上有振动的设备时：

1）如果设备的动作用力的振动频率远小于机架的振动频率，动载荷可以用上段所述，将动载荷加于静载荷之上来进行计算，即认为动刚度和静刚度基本相同。

2）如果设备的振动频率比机架的低阶振动频率大很多，结构则不容易变形，即结构的动刚度相对较大，则基本上可以不考虑动载荷，仅采用表 20-2-1 动力系数 K_d 的办法来计算就可以了。

3）如果设备的振动的动作用力的频率和机架的振动频率相近，则机架就可能发生共振。此时变形大，动刚度较小。本方法的主要缺点就在于很难确定机架哪一位置可能发生较剧烈的振动。以往的方法是设计者根据经验分析机架的薄弱环节而加强之。例如节点的加固，加肋等。

有些机架必须计算在动态激振力作用下结构的变形情况，这就要引入动刚度的计算。动刚度的定义为："机械系统中，某点的力与该点或另一点位移的复数比"（GB/T 2298—2010）。即动刚度 k_d 可理解为在机架上引起某一 i 点（或 j 点）单位振幅所需要的 j 点（i 点）的动态力（N/cm）。静刚度与动刚度之比 k/k_d 称放大因子。刚度的倒数为柔度（cm/N）。它与传递函数、频响函数具有相同的物理意义。

在动态激振力作用下结构动刚度与激振力的大小、激励频率及阻尼有关。

有关振动而产生的位移及因而求得的动力放大因子或动刚度可参见第 19 篇第 3 章"线性振动"。

（2）有限元法

随着计算机应用的发展，近几十年来有限元法在结构设计计算中已普遍应用，在数值计算上更为准确、快速，但需要有前期的软件程序编制工作。所以只用于重要的或批量生产的设备零部件，或者是可以套用的、规格的结构。其力学的理论和计算分析结构的强度和刚度的方法是相同的。

有限元法在结构方面已可以应用于动力分析，即动力有限元法。用来计算结构的固有频率、振型、强迫振动、动力响应等；还可以计算箱体的热特性，如热变形、热应力等的计算，以及箱体的温度场；与计算机辅助设计 CAD 相结合，还可以自动绘制机架的三维图形、几何造型和零件工作图。

（3）模态分析

"基于叠加原理的振动分析方法，用复杂结构系统自身的振动模态，即固有频率、模态阻尼和模态振型来表示其振动特性"（GB/T 2298—2010）。因此，在动态激振力作用下结构刚度是激励频率的函数。如果结构动刚度特性在某频率附近较差，可以通过进一步的模态分析和受迫模态振型分析等得到结构在该频率下的整体动态响应特性，确定刚度薄弱的区域以便进行改进。模态分析还可以包括模态试验，模拟噪声的传播、温度的分布等。模态分析也是要应用振动理论、有限元法、边界元法、模态频响分析、曲线分析与振动型的动画显示方法、优化设计、模态修改技术等部分的理论与方法。可以让设计者在屏幕上看到机架在某些振动激励下的振动状态，可以画出各阶的振型图。对于汽车车架来说，这是很值得分析的。因为汽车车架不但要"结实"（强度、刚度足够）、重量轻，还要舒适。

模态分析在我国各个工程领域的应用已近二三十年，也作出了一些初步的成绩。如对某型齿轮箱的模态、振动烈度和振动加速度进行测试；上海东方明珠电视塔的振动模态试验；目前世界上跨度第一的斜拉索杨浦大桥的振动试验对大桥抗风振动的安全性分析与故障诊断提供了技术依据。但总的来说，还只做了部分工作，还有不少工作要做，还没有广泛地在工程领域内应用。

第 3 章　梁的设计与计算

机架结构的主要构件是梁。桁架可看成是一个组合的梁。立式塔梁也可看成是一个直立的悬臂梁。

1　梁的设计

1.1　纵梁的结构设计

1.1.1　纵梁的结构

纵梁形状一般中部断面较大，两端较小，与所受的弯矩大体适应。不用大型压制设备时，也可采用等断面纵梁。对于大断面的梁，可用钢板焊接、铆接或螺钉连接。图 20-3-1 为汽车纵梁的外形和截面图。有时，将纵梁前端适当下弯以简化横梁的设计，或将下翼缘局部加宽以增加横梁的紧固件数。在汽车的多品种系列化生产中，为了适应轴距与汽车总重的变化，常使各种槽形纵梁的变断面部分和等断面部分的内高保持不变，而只改变其等断面部分的长度。改用不同强度的材料，采用加强板（图 20-3-1b）改变板厚或翼缘宽度，以便横梁可以通用。

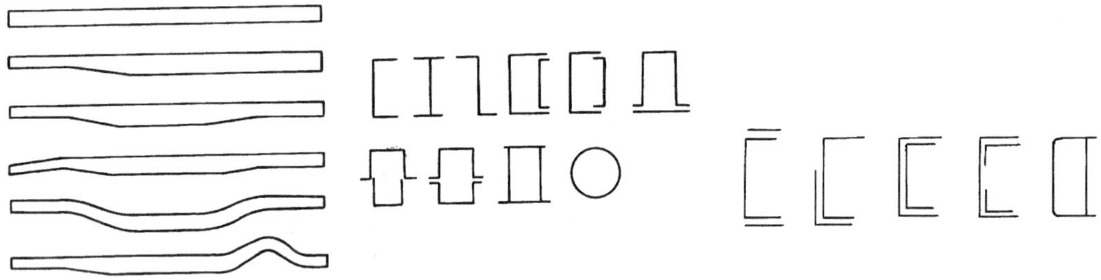

(a) 纵梁外形　　(b) 截面形状

图 20-3-1　汽车纵梁

图 20-3-2 和图 20-3-3 为起重机主梁的断面形状。其中图 20-3-2a～f 为手动梁式起重机常用的主梁截面形式简图；图 g～k 为电动单梁起重机主梁截面形式简图；图 l、m 为电动葫芦双梁起重机主梁常用的截面形式。图 20-3-3 为桥式起重机桥架主梁的截面基本形式。

对于焊接的梁，通常还有如图 20-3-4 所示的外形及图 20-3-5 所示的截面形状。在图 20-3-5 中，图 m 为日本生产的起重机主梁截面形状；图 n 为天津起重设备厂生产的电动葫芦双梁起重机主梁截面形状。

对于大型梁，可以采用拼接、焊接或铆接。为了拆装运输方便，也可以采用螺栓连接。此时，大多数采用变截面梁。但端部的高度不宜小于 0.5 倍梁高。变截面长度约为全长的 1/6。梁的连接见图 20-3-6a～f，但必须保证焊接工艺，使拼接的截面与没有拼接的截面能承受同样大小的外力。板梁为对接拼接时，腹板和翼缘板焊缝可相互错开约 $S=200\text{mm}$，以免使焊缝过于密集，见图 20-3-6b。或在腹板上开间隔圆弧，见图 20-3-6b、c。

1.1.2　梁的连接

（1）节点设计原则（对立柱也适用）

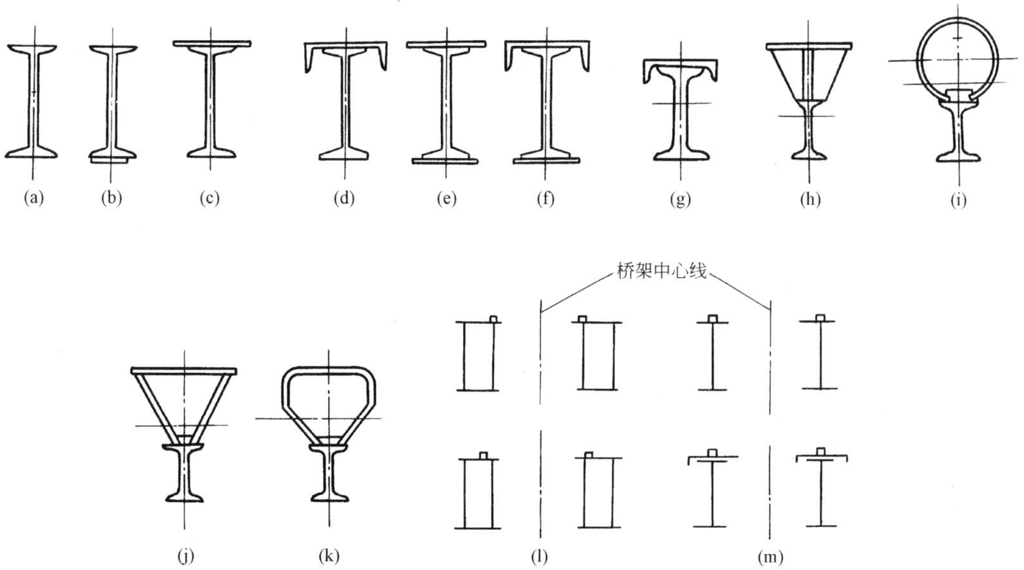

图 20-3-2 起重机主梁断面形状（一）

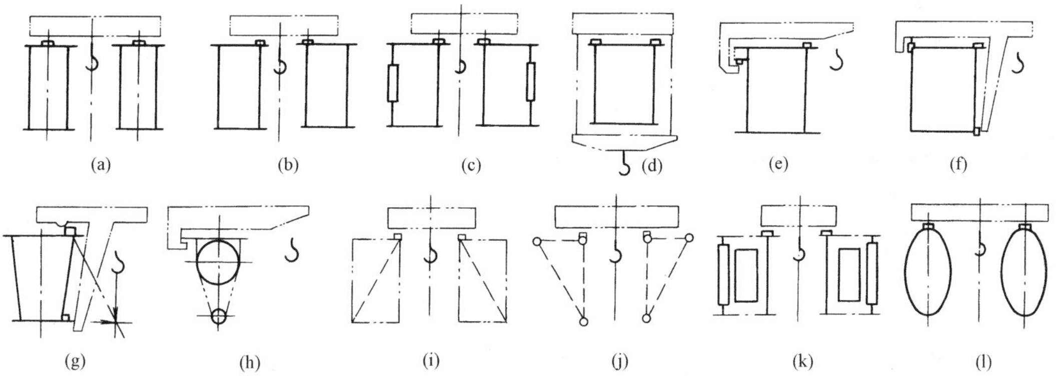

图 20-3-3 起重机主梁断面形状（二）

（a）正轨箱形双梁；（b）偏轨箱形双梁；（c）偏轨空腹箱形；（d）正轨单主梁箱形；（e）~（g）偏轨单主梁箱形；（h）管形单主梁；（i）四桁架结构；（j）三角形截面桁架结构；（k）空腹副桁架结构；（l）椭圆管双梁结构

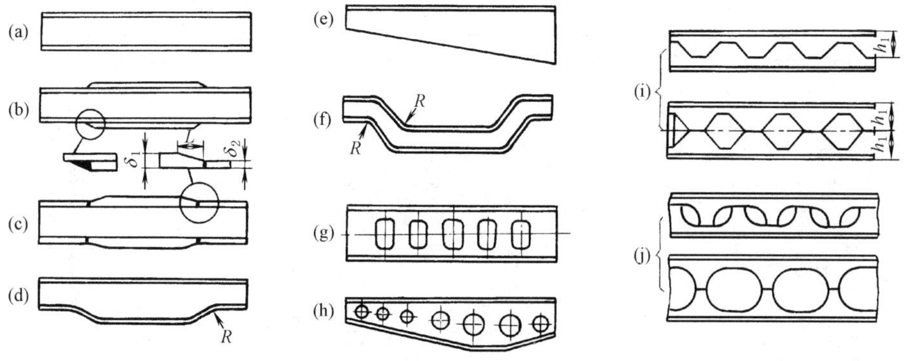

图 20-3-4 焊接梁的外形

（a）等断面梁；（b）多翼缘梁；（c）不等厚翼缘对接梁；（d）鱼腹梁；（e）悬臂梁；（f）曲形梁；（g）等高空腹梁；（h）不等高空腹梁；（i），（j）锯齿梁

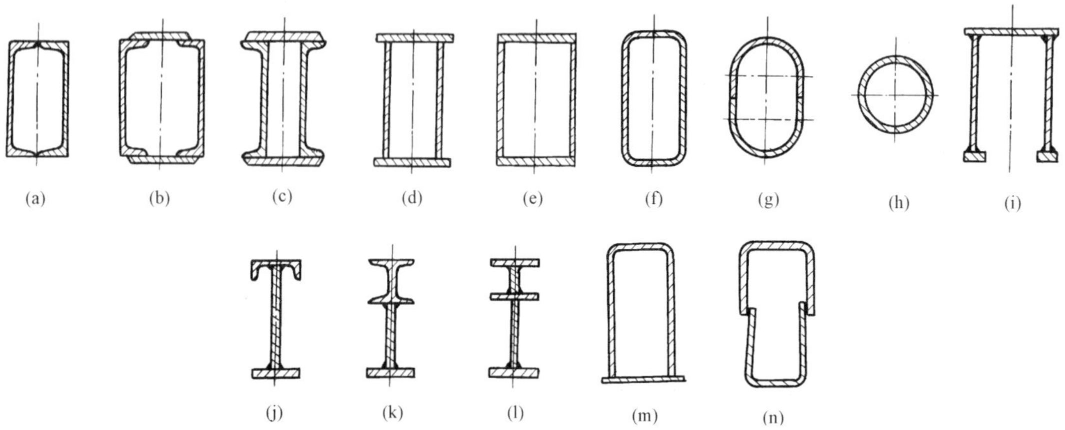

图 20-3-5　焊接梁的截面形状

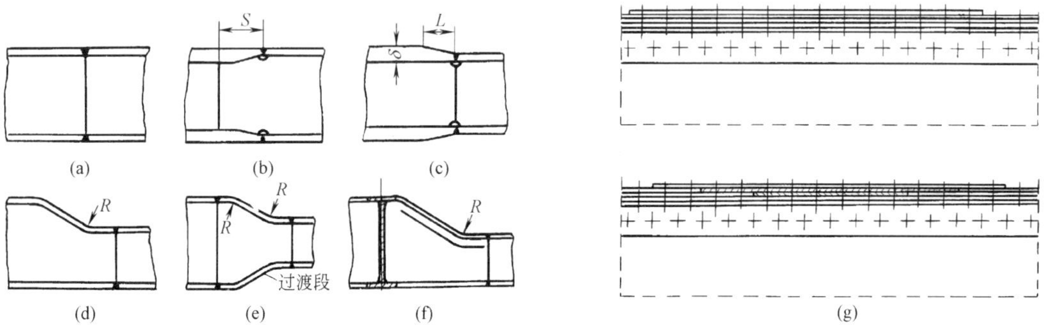

图 20-3-6　梁的连接

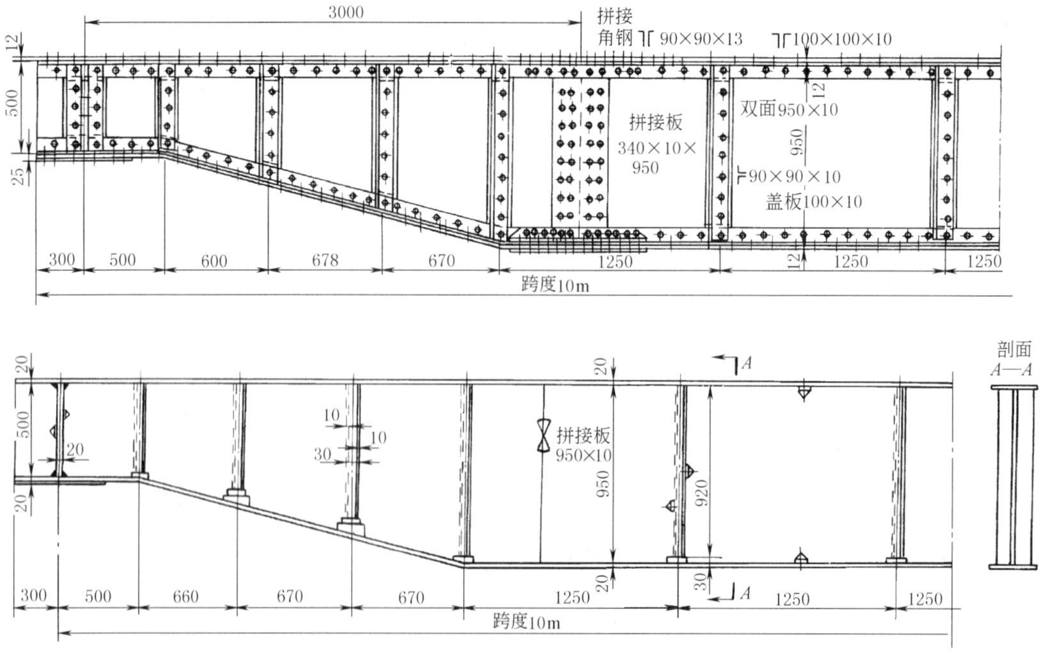

图 20-3-7　变截面板式梁局部详图

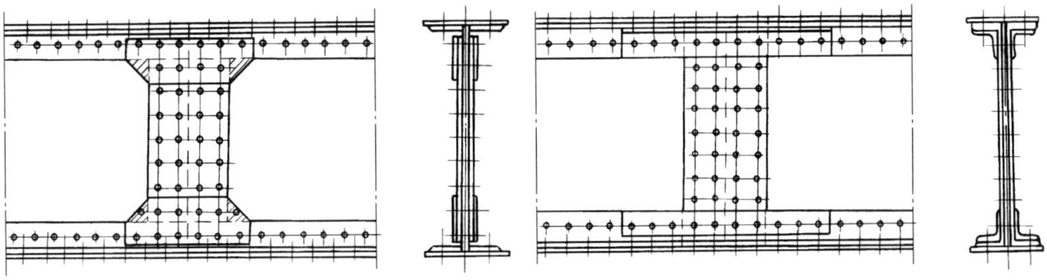

图 20-3-8 铆接板梁的拼接形式

1）节点受力明确，减少应力集中，避免材料三向受力；

2）节点构造一定要简化以便于制造及安装时容易就位和调整；

3）构件的拼接、节点的连接一般采用与构件等强度或比等强度更高的设计原则；

4）要考虑到节点的设计是铰接连接节点还是刚性连接节点或半刚性连接节点；

5）节点应尽可能布置在应力较小的地方。

（2）连接节点的拼接或连接方法

对于常用的工字形、H 形和箱形截面的梁和柱，通常几种连接方法都可采用：

1）翼缘和腹板都采用完全焊透的坡口对接焊缝连接。

2）翼缘采用完全焊透的坡口对接焊缝连接，而腹板采用角焊缝连接或摩擦型高强度螺栓连接。

3）冀缘和腹板都采用摩擦型高强度螺栓连接或都采用角焊缝连接。

4）对于不同高度的梁的对接，应有一过渡段，焊缝应尽量不在拐角部位（图 20-3-6d~f）。图 20-3-6g 为翼缘板的阶梯形焊接拼接形式。

5）图 20-3-7 绘出了变截面板式梁的局部详图。图 20-3-8 为铆接板梁的拼接形式。

1.1.3 主梁的截面尺寸

1）对于铆接梁，简支梁的经济高度为（1/15~1/8）L（L 为跨度），常用值为（1/12~1/10）L。连续梁可用较小的腹板高度，最低可达 $L/25$。

2）对于通用桥式起重机，主梁的截面尺寸一般按以下要求选取，设计其他机架时可以参考。

主梁高度 h　$h=(1/14\sim1/18)L$。

腹板间距 b　$b=(1/50\sim1/60)L$；$h/b\leqslant3$，以便于进行焊接。

盖板宽度 B　用手工焊时 $B=b+2(10+\delta)$（mm）；

用自动焊时 $B=b+2$（$20+\delta$）（mm）。

为考虑锈蚀和控制波浪度，主梁腹板厚度一般取为 $t\geqslant6$mm。

设计中常取：当 $Q=5\sim63$t 时，$t\geqslant6$mm；

当 $Q=80\sim100$t 时，$t\geqslant8$mm；

当 $Q=125\sim200$t 时，$t\geqslant10$mm；

当 $Q=250$t 时，$t\geqslant12$mm。

主梁受压盖板宽度 b 和厚度 t 之比宜取为：$b/t\leqslant60$。

梁与柱的连接可参看第 4 章 2.3 节。

1.1.4 梁截面的有关数据

表 20-3-1 为非圆形截面形状的强度、刚度（惯性矩）与质量的对比。

表 20-3-2 为几种不同截面形状的惯性矩比较。

表 20-3-3 为各种开式断面的梁类构件的刚度比较表。还可以参看第 7 章第 1.3 节“布肋形式对刚度影响”的相关表格。

表 20-3-1　　非圆形截面形状的强度、刚度与质量对比

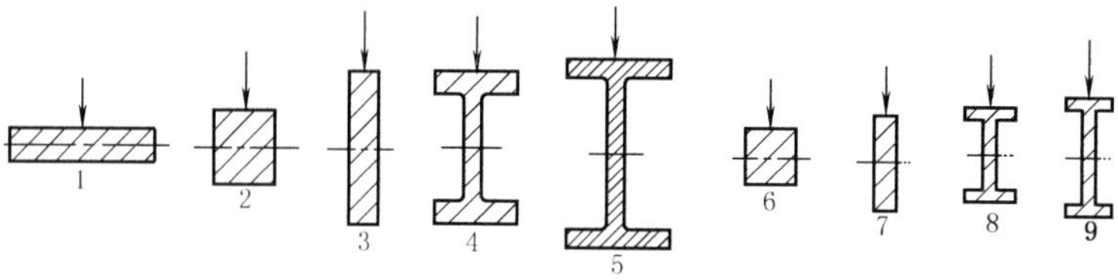

A(G)=常数				W=常数			
图号	G	W	I	图号	G	W	I
1	1	1	1	6	0.6	1	1.7
2	1	2.2	6	7	0.33	1	3
3	1	6	25	8	0.2	1	3
4	1	9	40	9	0.12	1	3.5
5	1	12	70				

注：A—截面积；G—单位长度重量；W—截面模数；I—截面惯性矩。

表 20-3-2　　几种不同截面形状的惯性矩比较

序号	截面形状	抗弯惯性矩（相对值）	抗扭惯性矩（相对值）	序号	截面形状	抗弯惯性矩（相对值）	抗扭惯性矩（相对值）
1	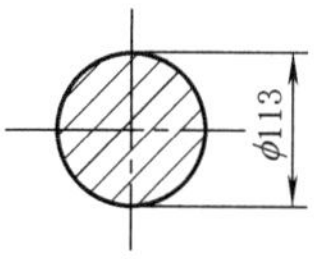	1	1	5	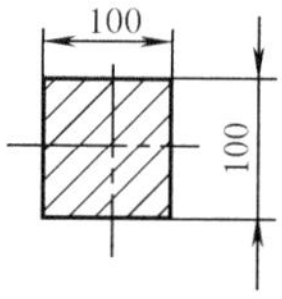	1.04	0.88
2	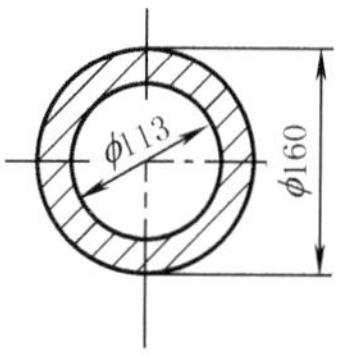	3.03	2.88	6	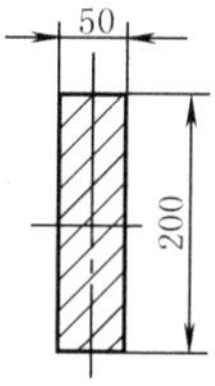	4.13	0.43
3	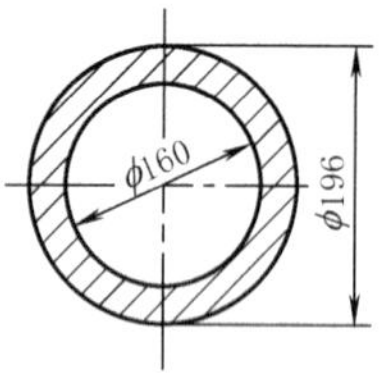	5.04	5.37	7	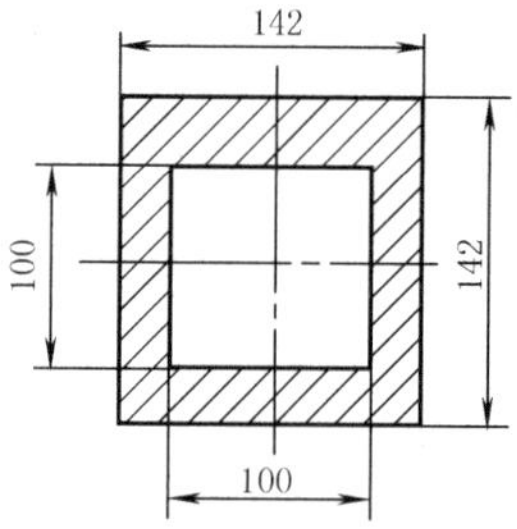	3.19	1.27
4	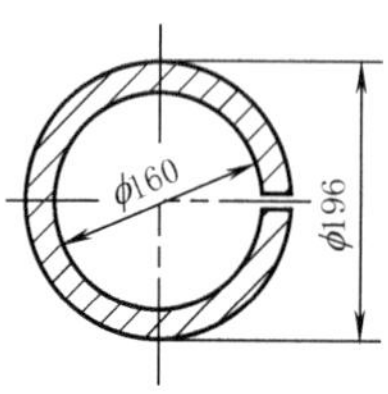		0.07	8	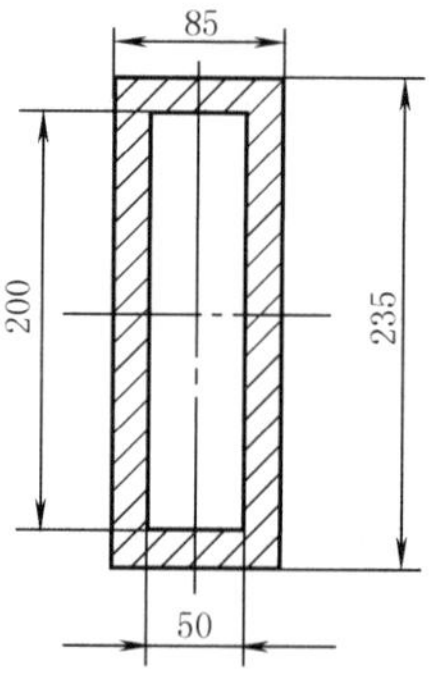	7.35	0.82

第 20 篇

表 20-3-3 各种开式断面的梁类构件的刚度比较

序号	结构简图	抗弯刚度（相对值）		抗扭刚度（相对值）	弯曲振动固有频率/Hz		扭振固有频率/Hz
		绕 xx	绕 yy	绕 OO	xx	yy	OO
1	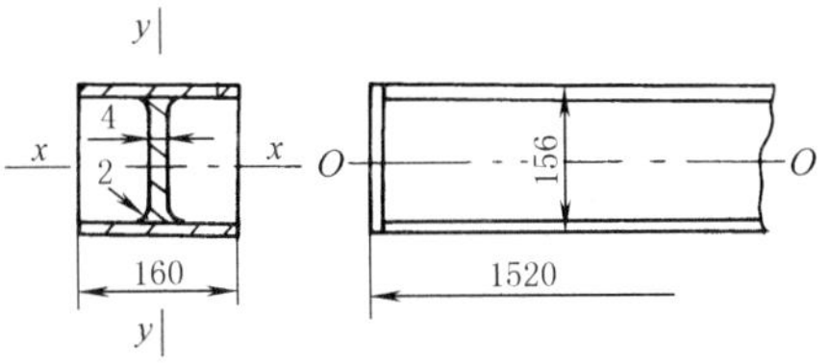 纵向肋板与外壁单侧焊接	1	1	1	195	135	50.5
2	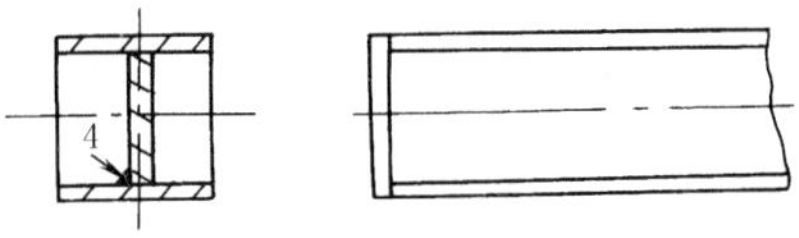 纵向肋板与外壁双侧焊接	1.14	1	1.6	209	135	54.5
3	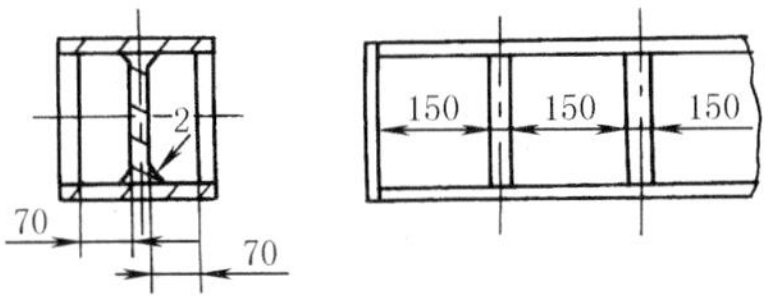 同 2，另加 9 条横向肋板	1.14	1	1.6	190	128	53.5
4	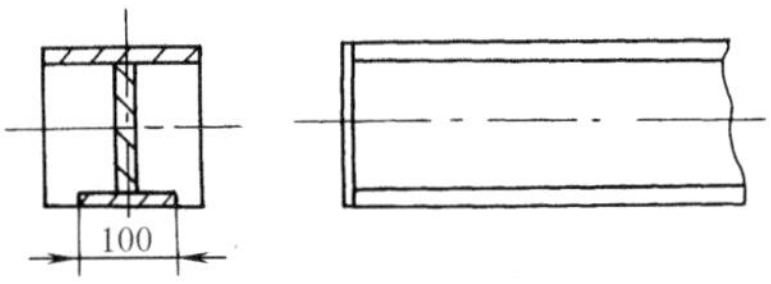 相对两外壁的宽度不等	0.94		1	196		50.5
5	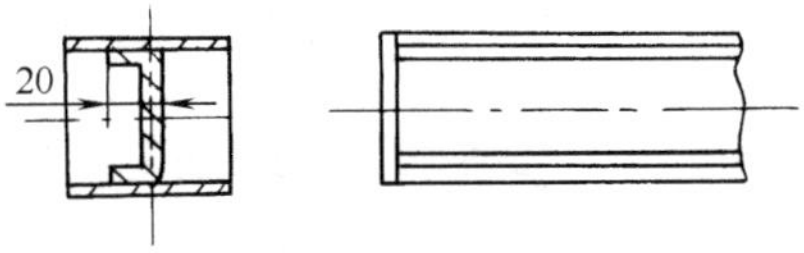 Π形纵向肋板	1.12	1.03	1.75	194	132.5	58
6	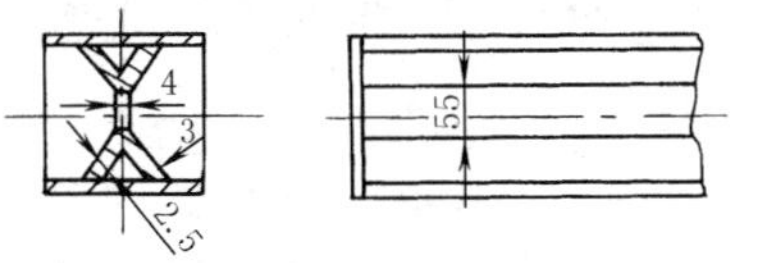 X 形纵向肋板	1.12	1.22	11.6	187	137.6	129.5
7	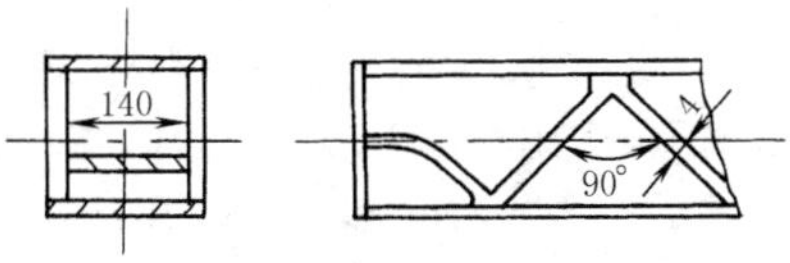 Z 形肋板（垂直）	0.5	1.03	22.3	118	134	183

第 20 篇

续表

序号	结构简图	抗弯刚度（相对值）		抗扭刚度（相对值）	弯曲振动固有频率/Hz		扭振固有频率/Hz
		绕 xx	绕 yy	绕 OO	xx	yy	OO
8	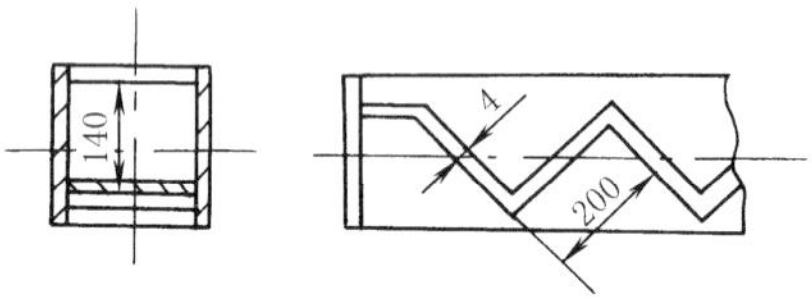 Z形肋板（水平）	0.97	1.16	2.9	181	134.5	70
9	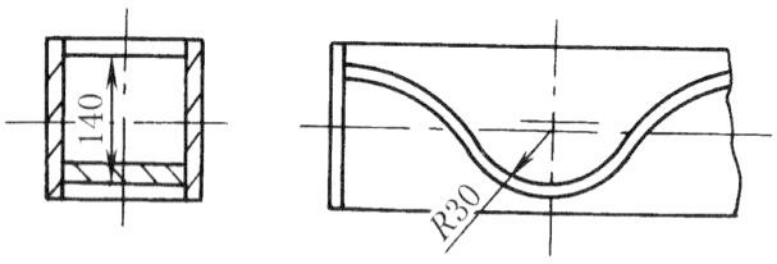 波形肋板（水平）	0.92	1.12	3.7	178	136	78.5

1.2 主梁的上拱高度

对于大型机架，例如起重机主梁，在跨中应有一上拱度 y_0 以消除因主梁自重及小车重力引起的下挠，使小车在梁上工作时大致成水平运行。通常跨中的上拱度是（图 20-3-9）：

$$y_0=(0.9\sim1.4)L/1000 \tag{20-3-1}$$

对于跨度 $L\geqslant17$m，悬臂长度 $l\geqslant5$m 的桁架式主梁，均应设置上拱，取上式的中间数：

$$y_0=(1.1\sim1.2)L/1000 \tag{20-3-2}$$

$$y_0=(1.1\sim1.2)l/500 \tag{20-3-3}$$

对于桥式起重机的主梁，跨度大于 15m 时，其下料的最大上拱度为

$$y_0=\frac{L}{1000}+\frac{5qL^2}{384EI} \tag{20-3-4}$$

式中　q——主梁的单位自重力，N/mm；

E——主梁的弹性模量，N/mm^2；

I——主梁的截面惯性矩，mm^4。

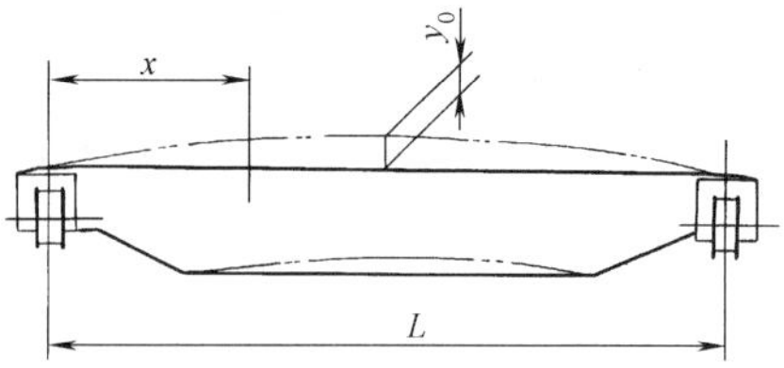

图 20-3-9　主梁的上拱高度

上拱曲线按抛物线式（20-3-5）或正弦曲线式（20-3-6）计算：

$$y=\frac{4y_0(L-x)}{L^2}x\quad\left(悬臂:y=\frac{y_0(2l-x)}{l^2}x\right) \tag{20-3-5}$$

$$y=y_0\sin\frac{\pi x}{L}\quad\left(悬臂:y=y_0\sin\frac{\pi x}{2l}\right) \tag{20-3-6}$$

1.3 端梁的结构设计

当机架有两个纵梁时，需要用横梁或端梁将两个纵梁连在一起，构成一个完整的框架，以限制其变形，降低其应力或为总成提供悬置点。例如双梁桥式起重机的桥架由两根主梁和位于跨度两边的各一根端梁组成。图 20-3-10为几种汽车的横梁断面和连接形式，可供参考。其中最后一个图无扭转刚度较大的箱形纵梁与管形横梁相焊接的形式。选定横梁时应注意其特点：直的或弯度不大的槽形断面梁，沿腹板方向弯曲刚度较大，且较易冲压成形。直的或大弯度帽形断面梁可用矩形坯料直接压制，连接宽度较大。当空间受到限制时，采用厚板可得到

较大的弯曲刚度。封闭断面梁、X 形梁、K 形梁的扭转刚度很大，对限制车架扭转变形作用较好。

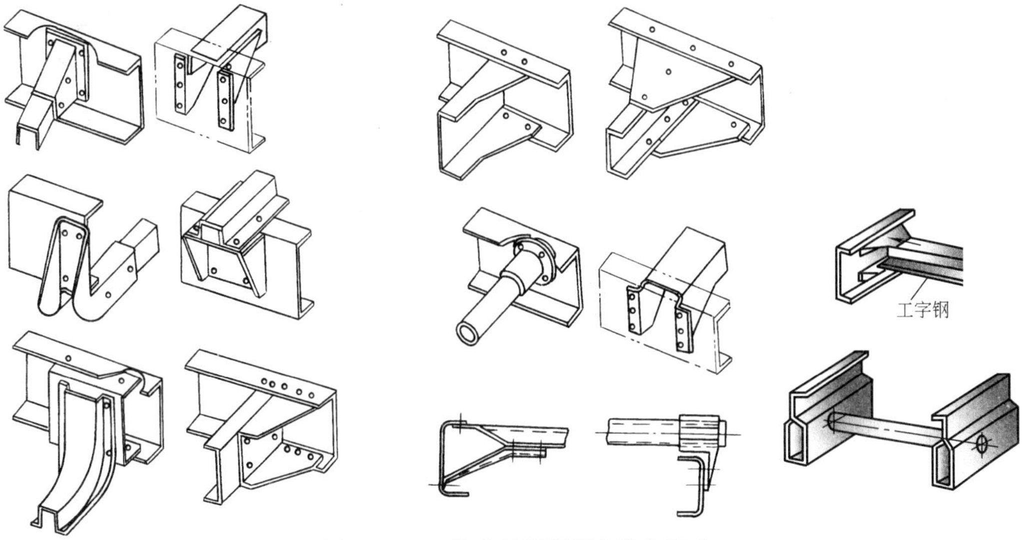

图 20-3-10　汽车横梁断面和连接形式

纵横梁连接（节点）处，一般应力较高，应注意横梁连接方式的选择。当横梁同纵梁翼缘连接时，可以提高纵梁的扭转刚度，但当车架扭转时纵梁应力往往较大。一般车架两端的横梁多用这种连接方式。横梁同纵梁腹板相连时则相反。腹板翼缘综合连接则兼有两者的特征。后两种连接方式适应性强。

横梁与纵梁连接时多用铆接。螺栓连接装配不便，且较易松动。采用电弧焊接或点焊时，可以减少纵横梁的孔数。采用塞焊，则较易实现装配自动化。

起重机的端梁截面则常为箱形。其高度 h_0 根据主梁的高度 h 选取，常为 $h_0=(0.4\sim0.6)h$，其宽度 $b_0=(0.5\sim0.8)h_0$，见图 20-3-11。端梁常用压弯成形的钢板焊成的箱形梁或型钢焊成的组合断面梁。与汽车机架不同，为便于运输和存放，常将主梁与端梁的连接做成螺栓连接，也可做成焊接结构，见图20-3-12。梁与梁的 T 形连接形式见图 20-3-13。在第 4 章中还将谈及梁和柱或梁和梁的连接（主要是螺栓连接），可参阅。

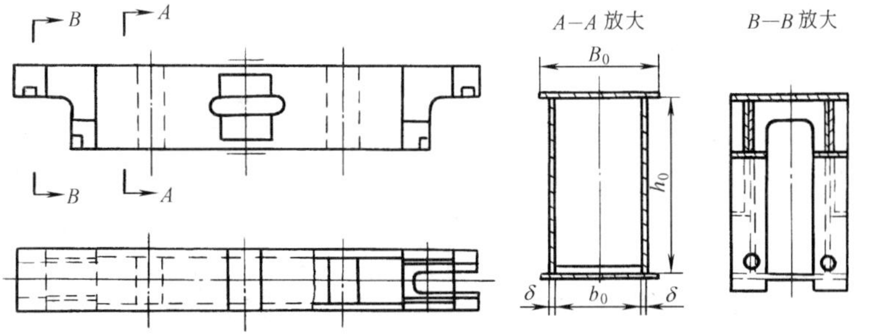

图 20-3-11　起重机端梁箱形截面

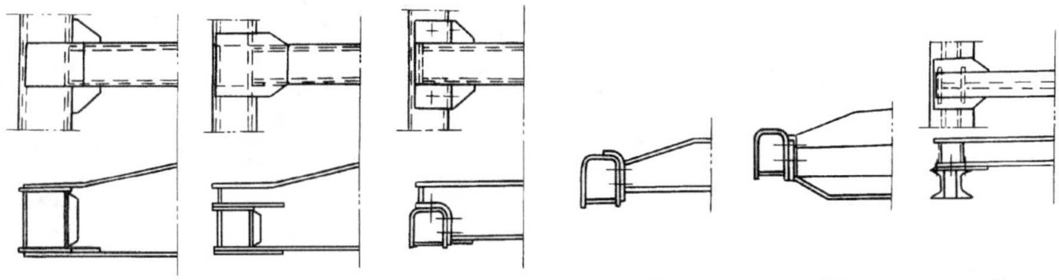

图 20-3-12　电动单梁起重机主梁与端梁的连接形式

(a)，(b) 焊接；(c)～(f) 螺栓连接

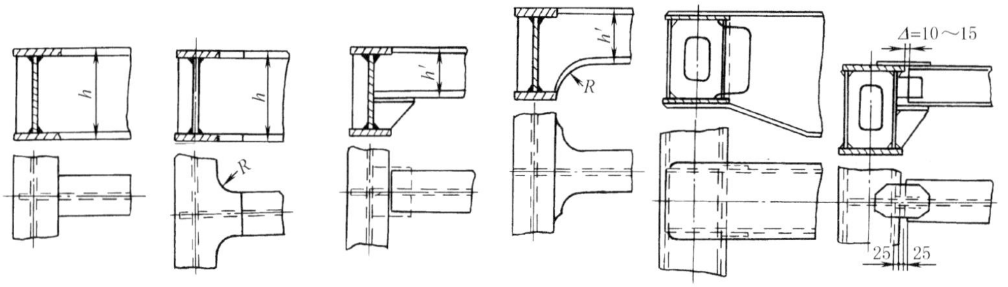

(a)　(b)　(c)　(d)　(e)　(f)

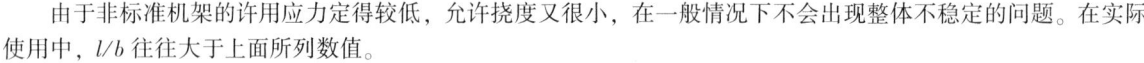

图 20-3-13　梁与梁的 T 形连接

1.4　梁的整体稳定性

1）梁的支座处，应采取构造措施以防止梁端截面的扭转。

2）一般机架结构的梁是组合形式的，如果有铺板密铺在梁的受压翼缘上并与其牢固相连、能阻止梁受压翼缘的侧向位移，则不必计算梁的整体稳定性。

3）在本章 1.1 节中已推荐了梁的结构尺寸与跨度的关系，符合该要求时一般可保证梁的稳定性。

4）如符合下述条款时，可不计算整体稳定性（《起重机设计规范》）。

① 对于用钢板焊接的箱形截面的简支梁，如图 20-3-14 所示，其截面尺寸满足如下要求时，可不计算整体稳定性：

$$h/b_0 \leqslant 3$$

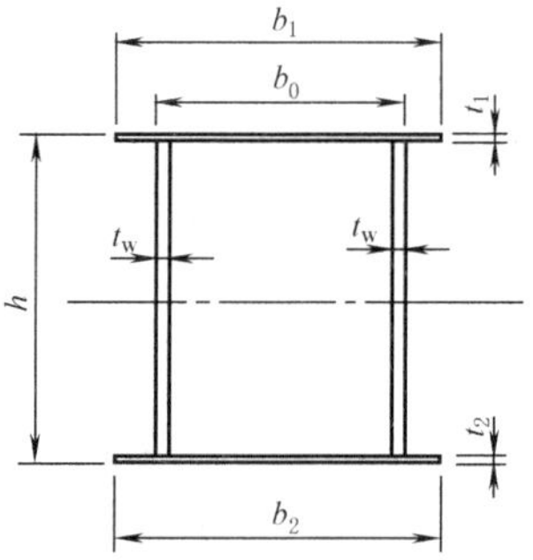

图 20-3-14

② 对两端简支且不能扭转的焊接的工字钢梁或等截面轧制的 H 型钢梁，其受压翼缘的侧向支承间距 l（无侧向支承点者，则为梁的跨距）与其受压翼缘宽度 b 之比满足如下条件时，可不计算整体稳定性：

a. 无侧向支承且载荷作用在受压翼缘上时，$l/b \leqslant 13\sqrt{235/\sigma_s}$；

b. 无侧向支承且载荷作用在受拉翼缘上时，$l/b \leqslant 20\sqrt{235/\sigma_s}$；

c. 跨中受压翼缘有侧向支承时，$l/b \leqslant 16\sqrt{235/\sigma_s}$。

其中，σ_s 为钢材的名义屈服点。

由于非标准机架的许用应力定得较低，允许挠度又很小，在一般情况下不会出现整体不稳定的问题。在实际使用中，l/b 往往大于上面所列数值。

5）梁上受有倾斜载荷或偏心载荷时，应力（包括横向力和扭矩）应合成计算，并考虑受压部件的许用应力相应降低。

1.5　梁的局部稳定性

按强度计算，梁的腹板可取得很薄，以节约金属和减轻结构重量。但梁易失稳，常用肋板提高其局部稳定性。组合工字梁的翼缘受压时也可能失稳，因而规定其翼缘的伸出长度。表 20-3-4 为工字梁及箱形梁受压翼缘宽厚比的规定值。

受弯构件腹板配置加强肋板的规定见表 20-3-5；加强肋布置见图 20-3-15；肋板的横截面形状与配置见图 20-3-16。对于表 20-3-5 中 1 项有局部压应力的梁及其他各项无局部压应力的梁，其配肋尺寸的一般原则如下。

① $0.5h_0 \leqslant a \leqslant 2h_0$，且 $a \leqslant 3$m。

② 短加肋板　$a_1 > 0.75h_1$。

③ 肋板宽度　$b \geqslant \dfrac{h_0}{30} + 40$mm，且不得超过翼缘宽度（应离翼缘 5～10mm）。

表 20-3-4　　受压翼缘的宽厚比

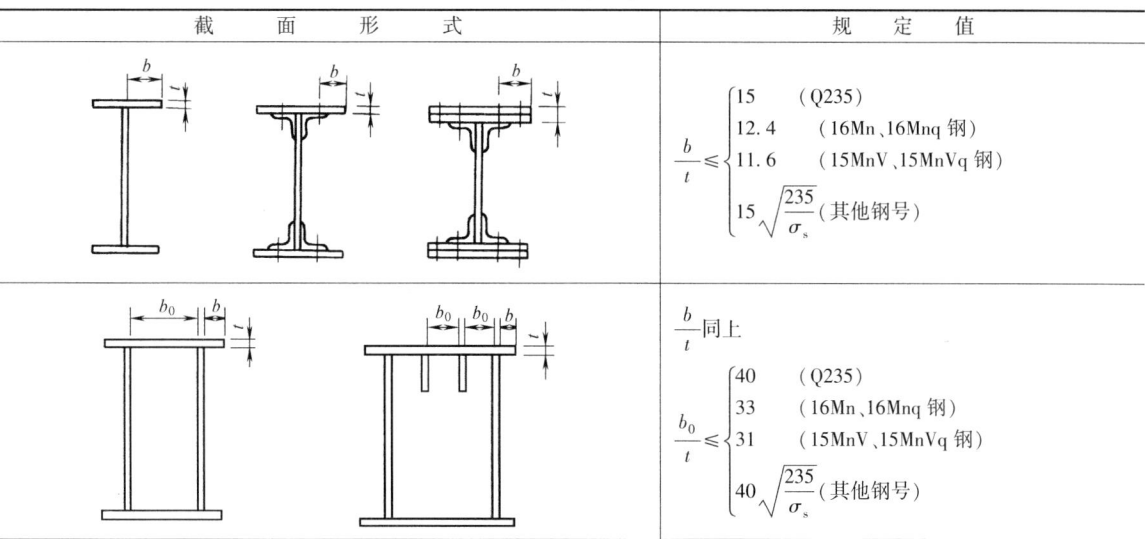

截面形式	规定值
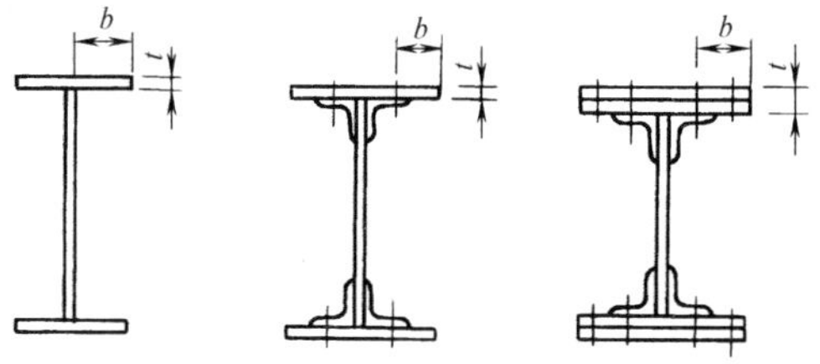	$\frac{b}{t}\leqslant\begin{cases}15 & (Q235)\\ 12.4 & (16Mn、16Mnq钢)\\ 11.6 & (15MnV、15MnVq钢)\\ 15\sqrt{\frac{235}{\sigma_s}} & (其他钢号)\end{cases}$
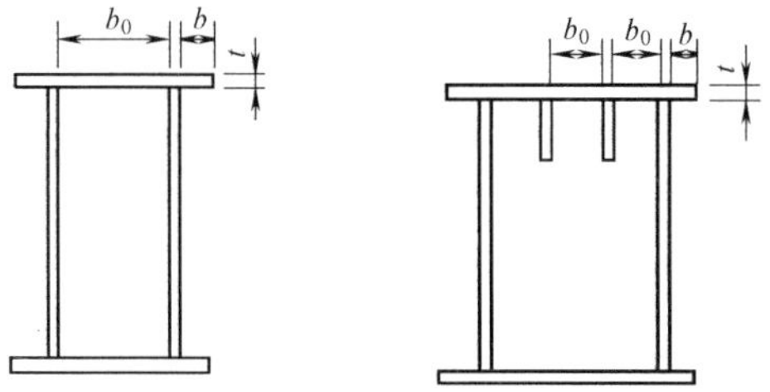	$\frac{b}{t}$同上 $\frac{b_0}{t}\leqslant\begin{cases}40 & (Q235)\\ 33 & (16Mn、16Mnq钢)\\ 31 & (15MnV、15MnVq钢)\\ 40\sqrt{\frac{235}{\sigma_s}} & (其他钢号)\end{cases}$

注：表中 σ_s 为钢的屈服点。对 Q235 钢，取 $\sigma_s=235N/mm^2$；对 16Mn、16Mnq 钢，取 $\sigma_s=345N/mm^2$；对 15MnV、15MnVq 钢，取 $\sigma_s=390N/mm^2$。

表 20-3-5　　受弯构件腹板配置加强肋板的规定

项次		配置规定	备注
1	$h_0/t_W\leqslant80\sqrt{\frac{235}{\sigma_s}}$时	可不配置加强肋，但对有局部压应力的梁应配加强肋	加强肋间距按计算确定 h_0——腹板的计算高度，按图 20-3-15 采用 t_W——腹板的厚度 σ_s——钢材的屈服点，N/mm^2
2	$80\sqrt{\frac{235}{\sigma_s}}<\frac{h_0}{t_W}\leqslant170\sqrt{\frac{235}{\sigma_s}}$时	应配置横向加强肋	
3	$\frac{h_0}{t_W}>170\sqrt{\frac{235}{\sigma_s}}$时	应配置： (1)横向加强肋 (2)受压区的纵向加强肋 (3)必要时尚应在受压区配置短加强肋	
4	支座处和上翼缘受有较大固定集中载荷处，宜设置支承加强肋		

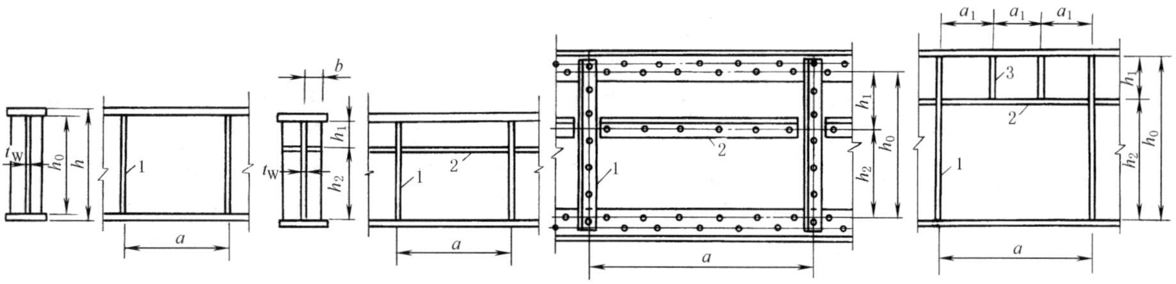

图 20-3-15　加强肋布置

1—横向加强肋；2—纵向加强肋；3—短加强肋

④ 肋板的厚度　$t_W\geqslant\frac{1}{15}b\sqrt{\frac{235}{\sigma_s}}$，但不得超过腹板厚度。

⑤ 梁需加纵向肋板时，h_1 值宜为 $(1/5\sim1/4)h_0$。纵向肋板应连续，长度不足时应预先接长，并保证对接焊缝。

⑥ 连接肋板的焊缝宜用小焊脚的连续角焊缝，对于只承受静载荷或动载荷不大的梁，可用断续焊缝。

⑦ 为了易于装配和避免焊缝汇交于一点，通常在肋板上切去一个角（图 20-3-16），角边高度约为焊脚高度的 2~3 倍。图中 *C—C* 剖面所示的短肋板，其端部易产生裂纹，动载梁不宜采用，应设计成通高的长肋板（见 *B—B* 剖面）。肋板与受拉翼缘连接的角焊缝会降低疲劳强度，对重要的动载梁可用 *A—A* 剖面的结构，即肋板下部放垫板并与之焊接，垫板与受拉翼缘不焊，或焊缝平行于内力。

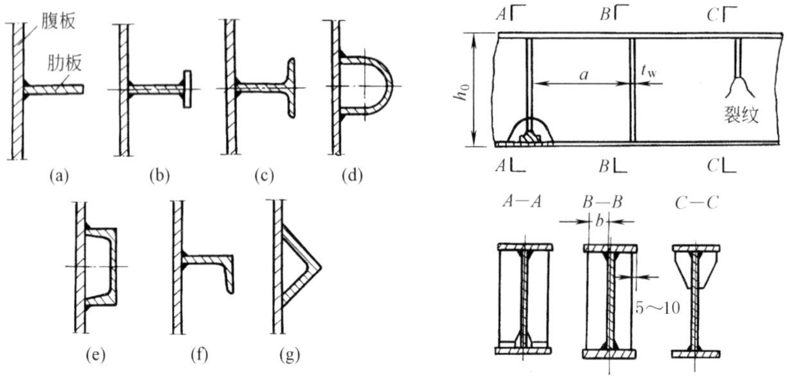

图 20-3-16　肋板的横截面形状与配置

⑧ 对于局部受压的梁，受压处的加强肋板必须有足够的厚度或要计算使其有足够的强度和稳定性。

1.6　梁的设计布置原则

总结梁的设计布置原则如下：

① 按第 1 章第 3 节“机架设计的准则和要求”。

② 使外载荷尽量作用在梁的对称中心线上。

③ 没有对称中心线的材料，例如槽钢，最好成对使用。

④ 按照本章 1.3、1.4 的要求布置设计梁和肋板。

⑤ 如不合②、③要求时，载荷有偏心作用，将对梁产生扭矩。此时对于按④布置的有封闭截面的梁、或工字钢梁，扭矩在一般情况下不会主导梁的强度。

⑥ 对于其他不封闭截面的梁，如非成对使用的槽钢、有通长开口的类似箱形梁，尽量不用。否则，一定要计算其受扭矩的强度和不稳定性，见本章第 2 节。

1.7　举例

1）图 20-3-17 为大型挖掘机的单梁动臂。由于动臂承载较大，为加强其强度和刚度，采用了整体箱形焊接结构。材料为高强度合金钢钢板，并经淬火、回火处理。图示为带增强板的单梁动臂臂体。该结构呈鱼腹式，动臂根部有两个宽斜支腿。在动臂内部全长范围内，为加强其空间强度，焊有许多隔板，把动臂分隔成若干个小箱形结构，使动臂整体坚固，可承受较大的弯曲力。为减轻动臂质量，各隔板中部都挖掉一部分。为加强动臂外缘

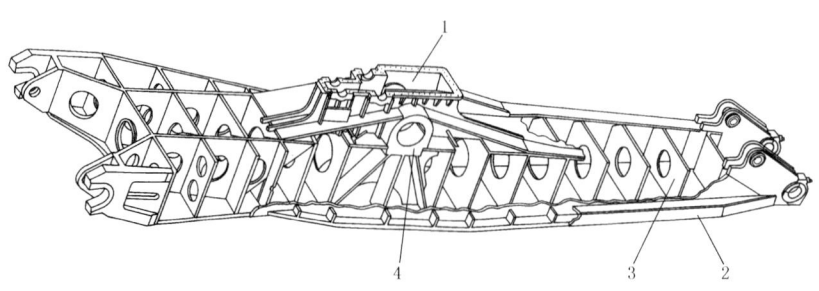

图 20-3-17　挖掘机单梁动臂

1—推压减速机下箱体；2—侧面耐磨箱；3—横向隔板；4—推压轴轴承座

的刚度和强度，在动臂底部两侧分别焊有高强度合金钢板隔成的许多小箱体，犹如人体的脊椎，使动臂沿纵向有较高的强度，同时，也使动臂上部与下部质量协调。另外，在动臂两侧设有耐磨箱口，以防斗杆沿两侧运动时动臂受损。

2）图 20-3-18 为国产 WK-4 型挖掘机动臂。臂体 1 是一根由钢板焊成的箱形结构件，其后端焊有支腿 2，通过 2 与挖掘机回转平台铰接。因支腿两铰销孔之间距离较短，为平衡因工作装置回转而引起的惯性力，在臂体与回转平台之间还设置有两根拉杆 4。动臂前端安装有端部滑轮 6，旁侧有绳轮 8，动臂中部装有推压机构和开斗底机构。为防止工作时铲斗和斗杆与动臂直接相撞，动臂下部还敷有缓冲木 10。

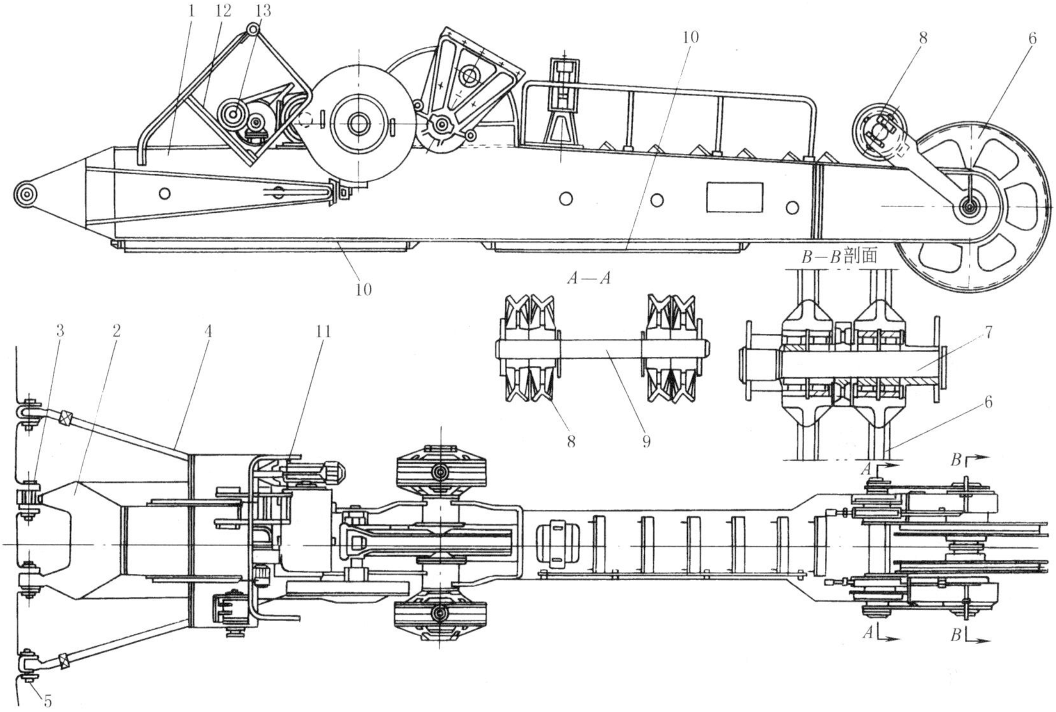

图 20-3-18　WK-4 型挖掘机动臂

1—箱体结构；2—支腿；3,5—销轴；4—拉杆；6—端部滑轮；7—端部轴；
8—绳轮；9—轴；10—缓冲木；11—制动器；12—小平台；13—开斗电机

3）图 20-3-19 为立车的焊接横梁，是封闭箱形截面结构。内部加强肋板交叉布置，用断续焊缝与壁板连接。交叉处设圆管以免焊缝密集。肋的形式和计算可参看第 4 章 3.6 节。

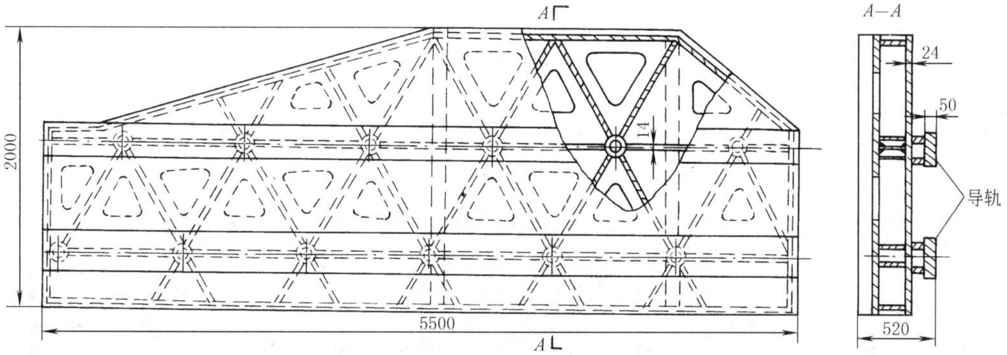

图 20-3-19　立车的焊接横梁

图 20-3-20 为专用机床的焊接床身，采用开式截面。内部肋板之字形布置以提高抗扭刚度。地脚螺栓孔附近焊有肋板以提高局部刚度肋板受力，计算如同桁架。可参见第 5 章及第 7 章。

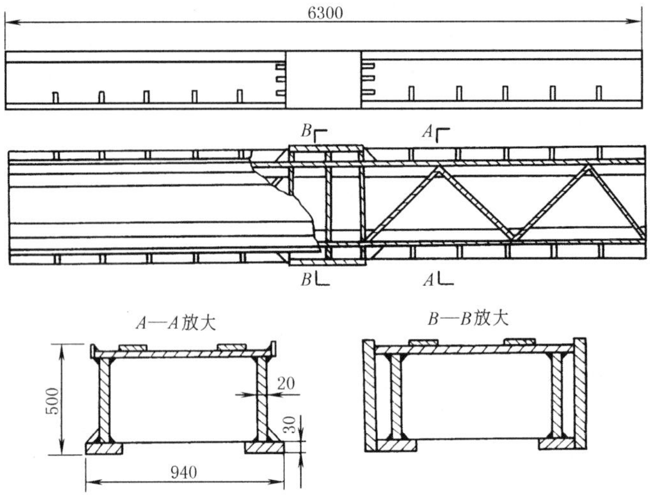

图 20-3-20　专用机床的焊接床身

4）机床的导轨和支承件的联结部分，往往是局部刚度最弱的部分。图 20-3-21 所示为导轨和床身连接的几种形式。导轨较窄只能用单壁时可加厚单壁，或者在单壁上增加垂直筋条以提高局部刚度。如果导轨的尺寸较宽时，应用双壁连接形式，见图 20-3-21d~f。

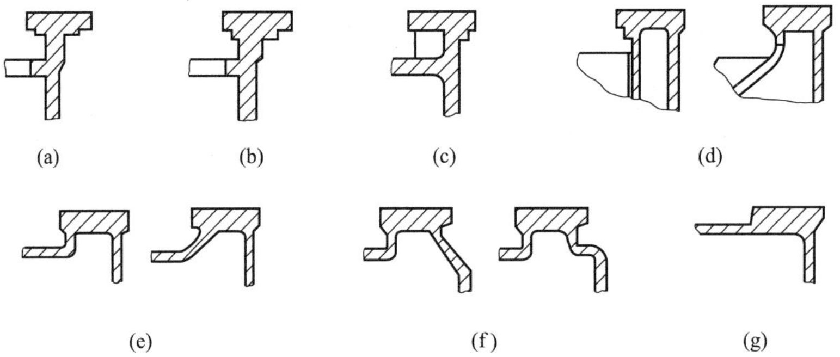

图 20-3-21　机床的导轨和支承件的连接

5）各种截面的应用实例见图 20-3-22、图 20-3-23。还可参看第 4 章 1. 3. 2 节的图。

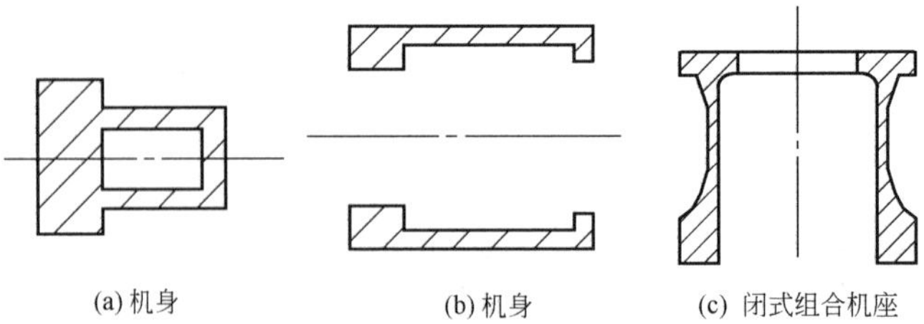

图 20-3-22　曲柄压力机机身与组合机座

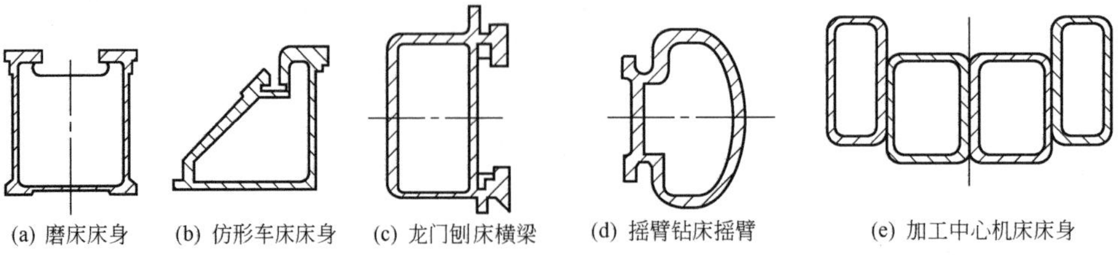

图 20-3-23　金属切削机床床身

2 梁的计算

梁的计算以满足刚度要求为主。刚度的要求见第 2 章第 2 节。挠度计算的表格见第 1 篇第 1 章“常见力学公式”，本章 2.4 中各表是补充连续梁和其他的计算问题的。

按照 1.6 节的布置原则，就可大大简化非标准设备梁的计算工作。

2.1 梁弯曲的正应力

梁的强度计算主要是考虑受弯曲时的正应力。

单向受弯时
$$\sigma=\frac{M}{I}y\leqslant\sigma_{\mathrm{p}} \tag{20-3-7}$$

双向受弯时
$$\sigma=\frac{M_x}{I_x}y+\frac{M_y}{I_y}x\leqslant\sigma_{\mathrm{p}} \tag{20-3-8}$$

式中 M——所计算截面的弯矩；

I——横截面对中性轴的惯性矩；

σ——横截面上的最大拉伸或压缩正应力；

y——横截面上距中性轴最远的点，y 表示与 x 的垂直方向；

σ_{p}——许用应力。

如果梁上还作用有纵向拉、压力 F，则还应增加一项应力：

$$\sigma_1=\frac{F}{A} \tag{20-3-9}$$

式中 A——横截面积。

理论上说来，该拉应力的作用使梁受弯矩作用的变形减少，不能分别计算相加，在特殊情况下才这样考虑。

2.2 扭矩产生的内力

2.2.1 实心截面或厚壁截面的梁或杆件

对于实心截面或厚壁截面的梁或杆件的纯扭转，可以式（20-3-10）计算截面上的剪应力：

$$\tau_{\max}=\frac{M_{\mathrm{s}}}{W_{\mathrm{t}}} \tag{20-3-10}$$

式中 M_{s}——截面所受扭矩；

W_{t}——抗扭截面系数。

单位长度的扭转角同式（20-3-13）。

各种截面的 I_{t} 和 W_{t} 可从有关技术资料中查得。本手册第 1 篇第 1 章“常见力学公式”可查得矩形等几种截面的 I_{t} 和 W_{t} 数值。

最大剪应力［式（20-3-7）］与梁的最大弯曲正应力［式（20-3-8）］合成就可以得到梁中最大的应力。

同一点的剪应力与正应力合成，就可以得到梁中最大的应力：

$$\sigma_{\max}=\sqrt{\sigma_1^2+\sigma_2^2-\sigma_1\sigma_2+3\tau^2} \tag{20-3-11}$$

式中 σ_1，σ_2，τ——验算点处两向的正应力（或压应力）和剪应力，要注意正负号。

2.2.2 闭口薄壁杆件

薄壁空心梁由于外载荷偏心作用，使梁受到扭矩 M_{s}，该扭矩所应与其产生的梁内的剪力的截面扭矩应相平衡。剪力的计算如下（考虑梁截面可自由扭转）。

如图 20-3-24a 所示的闭口薄壁杆件或任意截面形状的闭口薄壁杆件，截面上的剪应力为

$$\tau=\frac{M_s}{2At} \tag{20-3-12}$$

式中　M_s——梁截面的扭矩，或称截面自由扭转扭矩，N·cm；

A——梁闭口截面壁厚中心线所围成的面积，本例为 60cm×40cm；

t——壁厚，最大剪应力出现在壁厚最小处，本例为 1cm。

本例的数据代入式（20-3-12）可得

$$\tau=\frac{M_s}{2\times60\times40\times1}=\frac{M_s}{4800}\quad(\text{N/cm}^2)$$

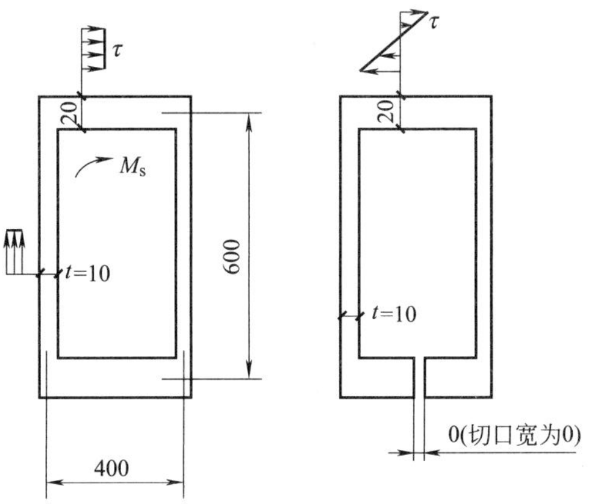

(a) 闭口截面　(b) 开口截面

图 20-3-24　薄壁杆件

单位长度的扭转角：

壁厚不等时
$$\theta=\frac{M_s}{GI_t}=\frac{M_s}{4A^2G}\oint\frac{ds}{t} \tag{20-3-13}$$

壁厚均匀时
$$\theta=\frac{M_s s}{4A^2Gt} \tag{20-3-14}$$

$$I_t=\frac{4A^2}{\oint\frac{ds}{t}} \tag{20-3-15}$$

式中　I_t——截面的扭转常数（或称截面抗扭惯性矩），即截面的抗扭几何刚度；

θ——截面的单位长度扭转角；

s——截面中线的总长；

G——材料的切变模量。

2.2.3　开口薄壁杆件

如图 20-3-24b 所示的开口薄壁杆件或任意截面形状的开口薄壁杆件，截面上周边任意点的剪应力为（自由扭转）

$$\tau_{max}=\frac{M_s t}{I_t} \tag{20-3-16}$$

式中，几个狭长矩形组成的截面（如工字形、槽形、T 形、L 形、Z 形）的扭转常数 I_t，由下式求得：

$$I_t=\frac{k_0}{3}\sum_{i=1}^{n}s_it_i^3 \tag{20-3-17}$$

式中　n——组成截面的狭长矩形的数目；

s_i，t_i——第 i 个狭长矩形的长度及厚度；

k_0——截面形状系数，工字钢截面 $k_0=1.30$，槽钢截面 $k_0=1.12$，T 形截面 $k_0=1.20$，组合截面及角钢截面 $k_0=1.0$。

本例　$I_t=\frac{1.12}{3}(40\times2^3+2\times60\times1^3+2\times20\times2^3)=284\ (\text{cm}^4)$

用最厚的 t 代入式（20-3-16），得

$$\tau_{max}=\frac{2M_s}{284}=\frac{M_s}{142}\quad(\text{N/cm}^2)$$

与闭口截面，图 20-3-24（a）相比，开口梁的剪应力是闭口梁剪应力的 4800/142 = 33.8 倍。

对于开口截面的薄壁梁，如载荷不作用在弯曲中心时，应考虑其扭转变形。开口薄壁杆件单位长度的扭转角为

$$\theta=\frac{M_s}{GI_t} \tag{20-3-18}$$

2.2.4 受约束的开口薄壁梁偏心受力的计算

以上是只考虑纯弯曲的情况，即认为受到扭矩的梁的两端可以自由翘曲，实际上往往两端有一定的约束，阻止梁的自由翘曲。因而使梁的纵向纤维受到拉伸，也就是使梁的主应力发生变化。即还有弯曲扭转正应力叠加于梁所受的弯曲正应力之上，有时该数值较大，往往从结构和布置上来避免出现这种情况。对于闭口薄壁梁可以不必考虑这个问题，对于开口薄壁梁有时是避免不了的，例如载荷的作用严重偏离了对称轴，或弯曲中心。如槽钢没有对称轴的截面，其弯曲中心在截面范围之外。附加的应力计算如下，此时约束扭矩 M_W 及自由扭转扭矩 M_s 两者相加才是截面的总抗扭力矩，与外扭力矩 M_t 平衡。

外加载荷扭矩
$$M_t = M_s + M_W \tag{20-3-19}$$

附加的扇性正应力
$$\sigma_W = \frac{B\omega}{I_W} \tag{20-3-20}$$

附加的扇性剪应力［叠加于式（20-3-16）］
$$\tau_W = \frac{M_W S_W}{I_W} \tag{20-3-21}$$

式中　B——双力矩，$B = \int_A \sigma_w \omega \mathrm{d}A$，N·cm²；

ω——扇性坐标，$\omega = \int_0^s r\mathrm{d}s$，cm²；

I_W——扇性惯性矩，$I_W = \int_A \omega^2 \mathrm{d}A$，cm⁶；

M_W——约束扭矩，$M_W = \frac{\mathrm{d}B}{\mathrm{d}z}$，N·cm；

S_W——扇性静矩，$S_W = \int_0^s \omega \mathrm{d}A$，cm⁴。

其中，r 为截面剪心 S 至各板段中心线的垂直距离，均取正号；s 为由剪心 S 算起的截面上任意点 s 的坐标。

以上 5 个参数都可以由表格查得，见第 1 篇第 1 章。其他各种特殊情况都可以根据通常的力学公式进行分析和计算。梁的计算示例见 2.3.1。

2.3 示例

2.3.1 梁的计算

如图 20-3-25a 所示，一根长度为 l 的两端下翼缘固定的工字形截面的梁，有一偏心距为 e 的均布载荷 q 的作用，将对梁产生弯曲和扭转，且是有约束的翘曲。求其最大的正应力和最大的剪应力。尺寸数据为：$l=500$cm，$e=3$cm，$q=30$kN/m，$h=40$cm，$h'=36$cm，$b=16$cm，$b'=14.8$cm，$t=1.2$cm，$t_1=2$cm。单位扭矩为 $m_t=30\times1000\times3/100=900$N·cm/cm。

（1）载荷作用在中心线上产生的应力

梁的截面惯性矩：
$$I_x = \frac{bh^3}{12} - \frac{b'h'^3}{12} = 16\times40^3/12 - 14.8\times36^3/12 = 27791\ (\mathrm{cm}^4)$$

梁的截面模数
$$W_x = I_x \frac{2}{h} = 27791/20 = 1389.5\ (\mathrm{cm}^3)$$

两端简支梁的最大弯矩在梁的中间：
$$M = ql^2/8 = 30\times5^2/8 = 93.75\ (\mathrm{kN\cdot m})$$

最大弯曲应力：
$$\sigma = M/W_x = 9375000/1389.5 = 5749\ (\mathrm{N/cm^2}) \tag{a}$$

剪应力一般是不必计算的，这里为说明梁的所有计算内容而列入，如下。

最大截面剪力在近支承处：

$$Q=ql/2=30\times5/2\times1000=75000\ (\mathrm{N})$$

由弯曲产生的剪应力（腹板上边） $\tau=\dfrac{Qhbt_1}{2I_xt}=\dfrac{75000\times40\times16\times2}{2\times27791\times1.2}=1439(\mathrm{N/cm^2})$ (b)

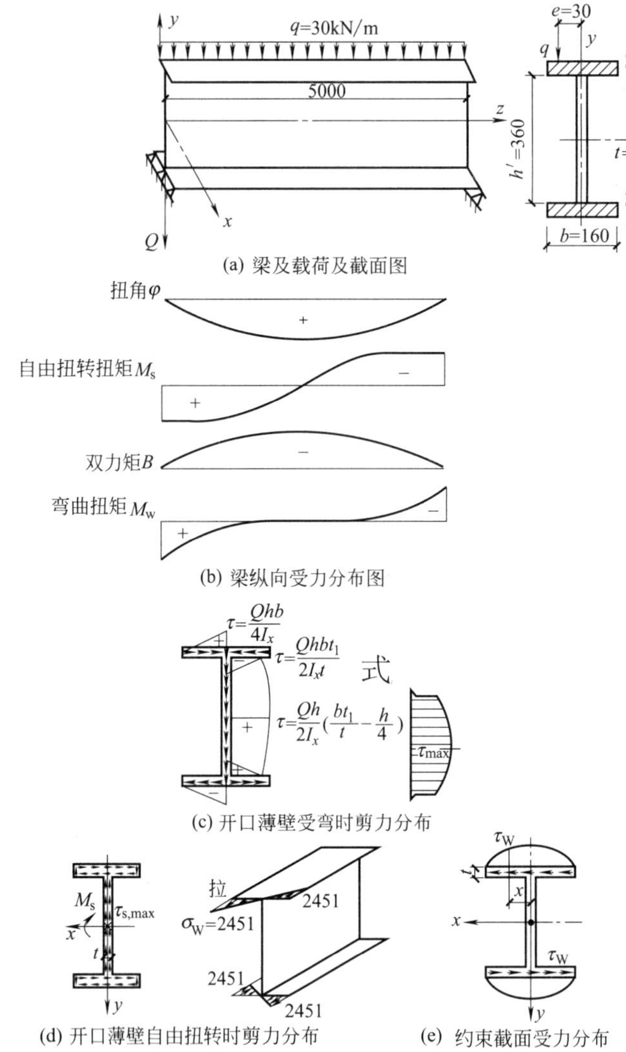

图 20-3-25 梁的计算

剪应力（腹板中间） $\tau_{\max}=\dfrac{Qh}{2I_x}\left(\dfrac{bt_1}{t}+\dfrac{h}{4}\right)=\dfrac{75000\times40}{2\times27791}\times\left(\dfrac{16\times2}{1.2}+\dfrac{40}{4}\right)=1979\ (\mathrm{N/cm^2})$ (c)

对于工字形截面，翼缘的剪应力很小，只在腹板上面约有（通常可以不计算的），且向翼缘两边直线下降至零，见图 20-3-25c。翼缘上靠近腹板处则为：

$$\tau=\frac{Qhb}{4I_x}=\frac{75000\times40\times16}{4\times27791}=431\ (\mathrm{N/cm^2}) \qquad \text{(d)}$$

（2）扭矩产生的应力

由式（20-3-17）（工字钢截面 $k=1.30$）可得

$$I_t=\frac{k_0}{3}\sum_{i=1}^{n}s_it_i^3=1.3\times(2\times16\times2^3+36\times1.2^3)/3=137.9\ (\mathrm{cm^4})$$

外扭矩在梁中处为零；在梁端为

$$M_t=m_tl/2=900\times250=225000\ (\mathrm{N\cdot cm})$$

如自由挠曲，代入式（20-3-16）得

$$\tau_{\max}=\frac{M_n t}{I_t}=\frac{225000\times2}{137.9}=3263\ (\text{N/cm}^2) \tag{e}$$

但实际上在两端必须有阻挡其受扭矩旋转的可能。设两端有阻挡扭转的装置（例如螺栓）而不影响其轴向的弯曲（仍按简支梁计算弯曲），并且在两端面双力矩为零，但扭转力矩是存在的，约束力矩也存在。双力矩（按简支梁作用有均布扭矩查得）其沿梁的分布情况见图 20-3-25b。

首先查得扇性惯性矩 I_W，对于工字形截面（表 1-1-97）有

$$I_W=\frac{I_y h^2}{4}=\frac{I_1 h^2}{2}$$

式中 I_y——截面对 y 轴的惯性矩，cm^4；

I_1——一个翼缘的惯性矩，cm^4。

$$I_W=\frac{t_1 b^3 h^2}{2\times12}=\frac{2\times16^3\times40^2}{24}=546133\ (\text{cm}^6)$$

查得沿梁（z 轴）双力矩的公式（表 1-1-98）：

$$B(z)=\frac{m_t}{k^2}\left[1-\frac{\text{ch}k\left(\frac{l}{2}-z\right)}{\text{ch}\left(\frac{kl}{2}\right)}\right]$$

查得其约束扭矩：

$$M_W(Z)=\frac{m_t}{k}\left[\frac{\text{sh}k\left(\frac{l}{2}-z\right)}{\text{ch}\left(\frac{kl}{2}\right)}\right]$$

$$k^2=\frac{1-\mu}{2}\times\frac{I_t}{I_W} \tag{f}$$

令 $\mu=0.3$，将 I_t、I_W 代入，得

$$k^2=\frac{1-0.3}{2}\times\frac{137.9}{546133}=0.8838\times10^{-4}(\text{cm}^{-2})$$

$$k=0.9401\times10^{-2}\text{cm}^{-1}$$

$$\frac{kl}{2}=0.009401\times250=2.35$$

① 梁端部 $z=0$，$B=0$，查表 1-1-98

$$M_W(0)=\frac{m_t}{k}\text{th}\frac{kl}{2}=\frac{900}{0.009401}\text{th}2.35=9.573\times10^4\times0.9819=94002\ (\text{N}\cdot\text{cm})$$

附加的扇性剪应力（翼缘处）为

$$\tau_W=\frac{M_W S_W}{I_W t}=\frac{94002\times1280}{546133\times2}=110\quad(\text{N/cm}^2)(\text{腹板处为}0) \tag{g}$$

其中 $S_W=\frac{b^2 t_1 h}{16}=\frac{16^2\times2\times40}{16}=1280\ (\text{cm}^4)$

② 梁中部 $z=\frac{l}{2}$，$M_W\left(\frac{l}{2}\right)=0$，$B\left(\frac{l}{2}\right)=\frac{m_t}{k^2}\left[1-\frac{1}{\text{ch}\left(\frac{kl}{2}\right)}\right]=\frac{900}{0.9401^2\times10^{-4}}\left(1-\frac{1}{\text{ch}2.35}\right)$

$$=10.2\times10^6\times\left(1-\frac{1}{5.2971}\right)=10.0\times0.8112\times10^6=8274240\ (\text{N}\cdot\text{cm}^2)$$

梁中部的约束应力最大由式（20-3-20）得

$$\sigma_W=\frac{B\omega}{I_W}=\frac{8274240\times160}{546133}=2424\ (\text{N/cm}^2) \tag{h}$$

其中扇性坐标　$\omega=\frac{bh}{4}=\frac{16\times40}{4}=160\ (\text{cm}^2)$　　（见图 20-3-25）

(3) 总计

① 梁中部最大应力为，加最大弯曲应力［见（1）中求得的式（a）］：

$$\sigma_{max}=5749+2451=8200\ (N/cm^2)$$

② 梁端部截面自由扭转扭矩为

$$M_s=M_t-M_W(0)=225000-90000=135000(N\cdot cm)$$

该扭矩产生的剪应力为

翼缘处：
$$\tau=\frac{M_s t}{I_t}=\frac{135000\times 2}{137.9}=1958\ (N/cm^2)$$

腹板处：
$$\tau=1958\times\frac{1.2}{2}=1175(N/cm^2)$$

最大剪应力总和（计算翼缘）加式（d）及式（g）为

$$\tau_{max}=1958+110+410=2478\ (N/cm^2) \qquad (i)$$

最大剪应力总和（腹板），加式（c）为

$$\tau_{max}=1175+1854=3029\ (N/cm^2)$$

与自由扭转的剪应力［式(e)］相比还是较小的。从所有计算看来，剪力相对来说是比较小的。所以一般都不进行计算。

2.3.2 汽车货车车架的简略计算

下面为汽车货车车架的简略计算。汽车车架的计算是很复杂的。目前的方法是将整个车架，即将横梁与纵梁联合在一起考虑。同时还要考虑悬挂装置、轮胎和路面的影响，工作载荷的影响等等。现在的计算多用有限元方法来分析，并且最终还要以实际检测作为依据。所以下面的计算只能作为初步设计比较的参考。因这是很专业的问题，应由专业人士来设计。一般说来，机架采用封闭断面纵梁或局部扭转小的纵梁，是可根据弯曲计算来初步确定梁断面尺寸的。对于某些机架结构的扭转问题，可以用上面的薄壁杆件理论加以补充分析。本手册介绍这种计算方法是用来说明一般梁的弯曲和扭转设计计算的实际内容。

(1) 纵梁弯曲应力

$$\sigma=M/W$$

式中　W——截面系数。

弯矩 M 可用弯矩差法或力多边形法求得。对于载重汽车，可假定空车簧上重量 G_s 均布在纵梁全长上，载重 G_e 均布在车厢中，因有两根梁，每根梁的均布载荷各为（见图 20-3-26）

$$q_s=\frac{G_s}{2(a+L+b)};\ q_e=\frac{G_e}{2(c_1+c_2)}$$

其产生在 x 处的弯矩各为

$$M_x=\frac{q_s}{2}\left[(Lx-x^2-a^2)+(a^2-b^2)\frac{x}{L}\right];\ M_e=\frac{q_e}{2}\left[(c_1^2-c_2^2)\frac{x}{L}-(x-L+c_1)^2\right]$$

总弯矩为

$$M=M_x+M_e$$

计算应力同使用中实际应力很难完全符合。典型轻型货车架纵梁在碎石路上实测应力见图 20-3-27。

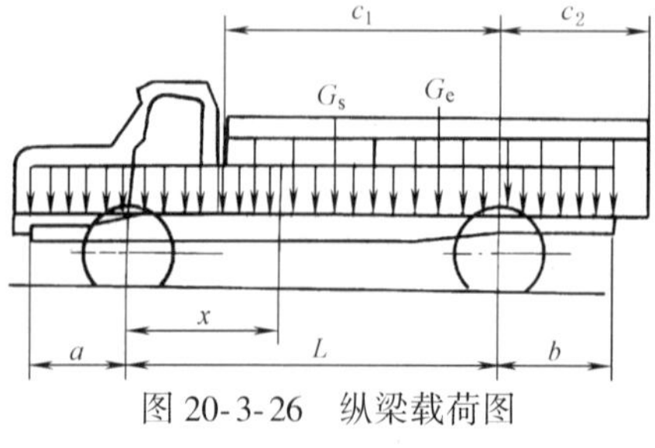

图 20-3-26　纵梁载荷图

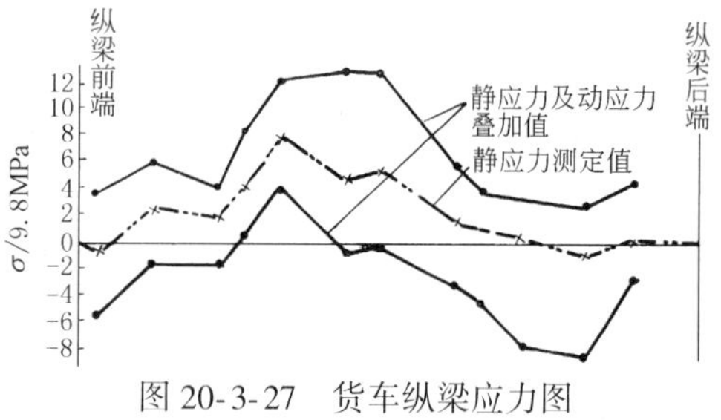

图 20-3-27　货车纵梁应力图

(2) 局部扭转应力

相邻两横梁如果都同纵梁翼缘连接，扭矩 M_t 作用于该段纵梁的中点，则在开口断面梁中扇形应力可按下式计算（无自由扭转）：

$$\sigma_W = \frac{B\omega}{I_W}$$

对于槽形断面 $\omega = \frac{hb}{2} \times \frac{h+3b}{h+6b}$

对于工字形断面 $\omega = -\frac{hb}{4}$

式中 I_W——扇性惯性矩，mm^6；

ω——薄壁曲杆受弯的截面特性，即扇性坐标，mm^2；

B——双力矩，沿杆件长度的分布情形如图 20-3-28a 所示。

B 的最大值在杆件的中点和两端，为

$$B_{max} = \frac{M_t L}{2} n$$

n——kL 的函数，有专门的表格可查，或从第 1 篇第 1 章表 1-1-133 可推算，而 $kL = L\sqrt{\frac{GI_t}{EI_w}}$，当 $kL=0 \sim 2.5$ 时，$n=0.25 \sim 0.22$；

I_t——截面的扭转常数，mm^4。

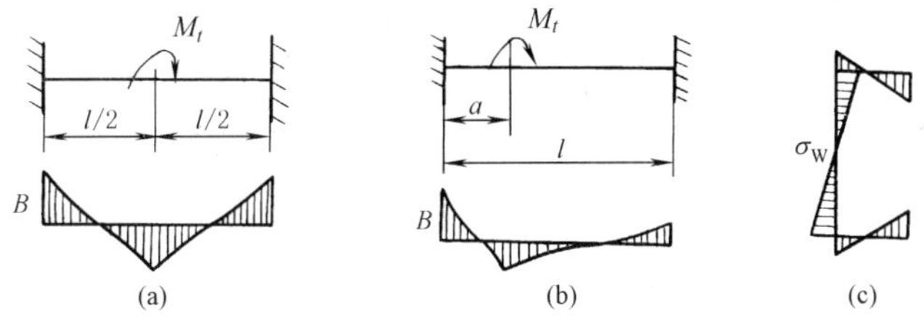

图 20-3-28 双力矩及扇形应力 σ_W 图

扭矩 M_t 不在杆件中点时，B 的分布情况见图 20-3-28b，σ_W 沿杆件断面的分布特点同 W 相似，对于槽形断面如图 20-3-28c 所示。

(3) 车架扭转时纵梁应力

如横梁同纵梁翼缘相连，则在节点附近，纵梁的扇形应力为：

当车架的弯曲度可略去不计时

$$\sigma_W = a\frac{E\alpha}{L} \times \frac{\omega}{l}$$

式中 E——弹性模量；

α——车架轴间扭角；

L——汽车轴距；

l——节点间距；

a——系数，当 $kL=0$ 时 $a=6$，$kL=1 \sim 2$ 时 $a=5.25$。

车架扭转时，纵梁还将出现弯曲应力，须和 σ_W 相加。典型中型货车车架扭转时纵梁应力如图 20-3-29 所示。

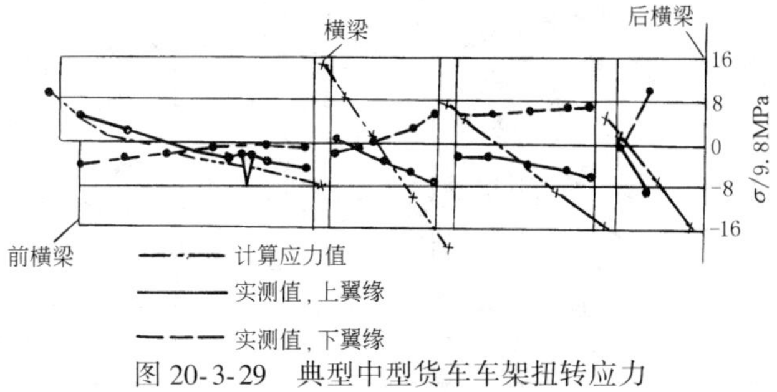

图 20-3-29 典型中型货车车架扭转应力

上述计算方法将汽车车架简化成为两根互不相干的纵梁，用简支梁理论计算其弯曲强度。实际车架是空间结构，其弯曲必然要引起扭转，而车架的危险工况是扭转而不是弯曲，因此20世纪50年代开始对车架进行抗扭转的计算分析。这种计算方法假定车架在扭转时不发生弯曲变形，并假定在扭转时各构件的单位扭角相等。这些假定都不符合实际情况，而且只能计算扭转工况，不能计算扭转与弯曲联合作用工况，计算时也不能考虑车架上的油箱、蓄电池、备胎的载荷影响及悬架支承的局部载荷影响，所以计算的结果仍然误差很大，只能供初选数据时分析比较用。

近年来基本上都用电子计算机以有限元来计算车架。计算结果虽可以得到较接近实际应力分布情况的数值解，但仍然要以实际检测为准。

2.4 连续梁计算用表

① 一般机架梁的计算按悬臂梁、简支梁、两端固定梁等简单形式的梁来分析就已足够了。有关这方面公式请参见本书第1篇第1章。表20-3-6补充编入等截面连续梁的计算系数表，可供计算2~3跨连续梁的内力和挠度时直接查找。

② 对于无限多跨的连续梁，在都有均布载荷 q 作用下，支座的弯矩为 $-0.095ql^2$；最大弯矩出现在只连续两跨有载荷时；支座处梁的弯矩为 $-0.106ql^2$。在中点都作用有集中力 P 时，支座的弯矩为 $-0.125Pl$。其他参数可根据其支座跨距及上面的载荷按简支梁算得。当载荷与表20-3-6所载不相同时，可按表20-3-7将对称载荷化作等效均布载荷计算。

③ 连续水平圆弧梁在均布载荷作用下的弯矩、剪力及扭矩见表20-3-8。

④ 井式梁的最大弯矩及剪力系数见表20-3-9及表20-3-10。

等跨梁在常用载荷作用下的内力及挠度系数

1）在均布及三角形载荷作用下

$$M=\text{表中系数}\times ql^2$$
$$Q=\text{表中系数}\times ql$$
$$f=\text{表中系数}\times\frac{ql^4}{100EI}$$

2）在集中载荷作用下

$$M=\text{表中系数}\times Pl$$
$$Q=\text{表中系数}\times P$$
$$f=\text{表中系数}\times\frac{Pl^3}{100EI}$$

3）当载荷组成超出本表所示的形式时，对于对称载荷，可利用表20-3-7中的等效均布载荷 q_E，计算支座弯矩；然后按单跨简支梁在实际载荷及求出的支座弯矩共同作用下计算跨中弯矩和剪力。

4）内力正负号说明

M——弯矩，使截面上部受压，下部受拉者为正；

Q——剪力，对邻近截面所产生的力矩沿顺时针方向者为正；

f——挠度，向下变位者为正。

表20-3-6

载荷图		跨内最大弯矩		支座弯矩	剪力			跨度中点挠度	
		M_1	M_2	M_B	Q_A	$Q_{B左}$ $Q_{B右}$	Q_C	f_1	f_2
两跨梁	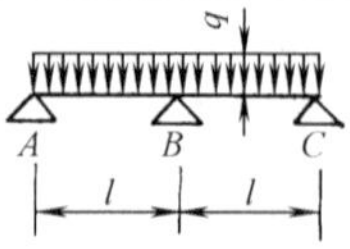	0.070	0.0703	−0.125	0.375	−0.625 0.625	−0.375	0.521	0.521
	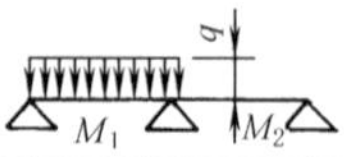	0.096	—	−0.063	0.437	−0.563 0.063	0.063	0.912	−0.391

续表

载荷图		跨内最大弯矩 M_1	跨内最大弯矩 M_2	支座弯矩 M_B	剪力 Q_A	剪力 $Q_{B左}$ $Q_{B右}$	剪力 Q_C	跨度中点挠度 f_1	跨度中点挠度 f_2
两跨梁		0.048	0.048	-0.078	0.172	-0.328 0.328	-0.172	0.345	0.345
	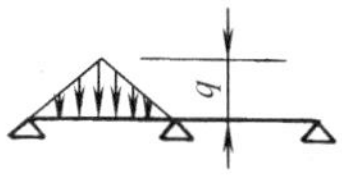	0.064	—	-0.039	0.211	-0.289 0.039	0.039	0.589	-0.244
	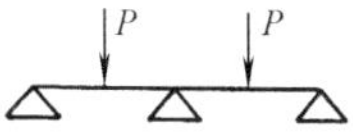	0.156	0.156	-0.188	0.312	-0.688 0.688	-0.312	0.911	0.911
	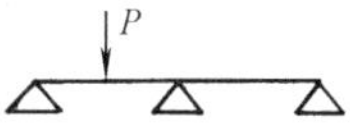	0.203	—	-0.094	0.406	-0.594 0.094	0.094	1.497	-0.586
	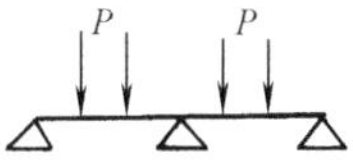	0.222	0.222	-0.333	0.667	-1.333 1.333	-0.667	1.466	1.466
	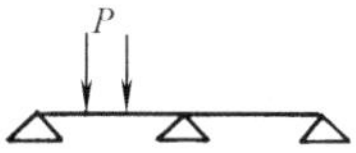	0.278	—	-0.167	0.833	-1.167 0.167	0.167	2.508	-1.012

载荷图		跨内最大弯矩 M_1	跨内最大弯矩 M_2	支座弯矩 M_B	支座弯矩 M_C	剪力 Q_A	剪力 $Q_{B左}$ $Q_{B右}$	剪力 $Q_{C左}$ $Q_{C右}$	剪力 Q_D	跨度中点挠度 f_1	跨度中点挠度 f_2	跨度中点挠度 f_3
三跨梁	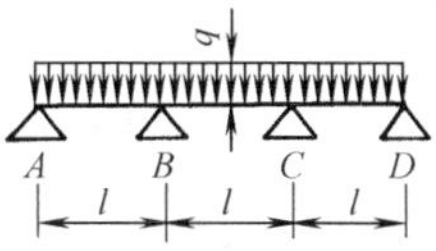	0.080	0.025	-0.100	-0.100	0.400	-0.600 0.500	-0.500 0.600	-0.400	0.677	0.052	0.677
	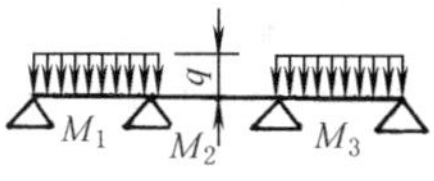	0.101	—	-0.050	-0.050	0.450	-0.550 0	0 0.550	-0.450	0.990	-0.625	0.990
	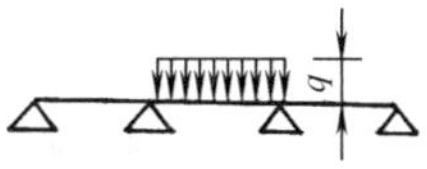	—	0.075	-0.050	-0.050	-0.050	-0.050 0.500	-0.500 0.050	0.050	-0.313	0.677	-0.313
	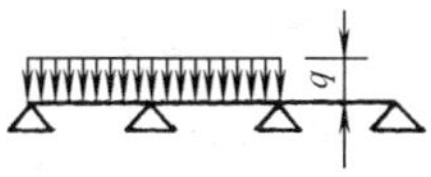	0.073	0.054	-0.117	-0.033	0.383	-0.617 0.583	-0.417 0.033	0.033	0.573	0.365	-0.208
	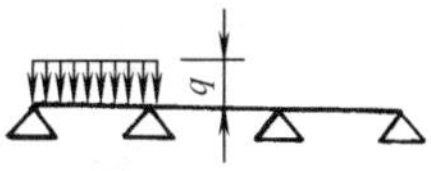	0.094	—	-0.067	0.017	0.433	-0.567 0.083	0.083 -0.017	-0.017	0.885	-0.313	0.104

注：表中 f、l 单位为 mm；Q、P 单位为 N；M 单位为 N · mm；q 单位为 N/mm。

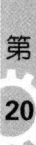

表 20-3-7　　各种载荷化成具有相同支座弯矩的等效均布载荷

实际载荷	支座弯矩等效均布载荷 q_E	实际载荷	支座弯矩等效均布载荷 q_E	实际载荷	支座弯矩等效均布载荷 q_E
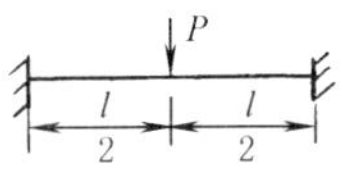	$\frac{3P}{2l}$	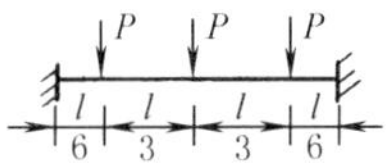	$\frac{19P}{6l}$	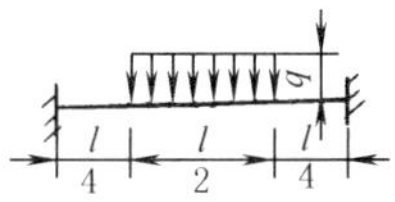	$\frac{11q}{16}$
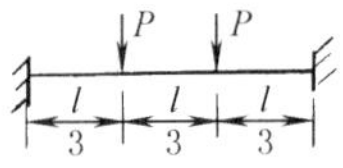	$\frac{8P}{3l}$	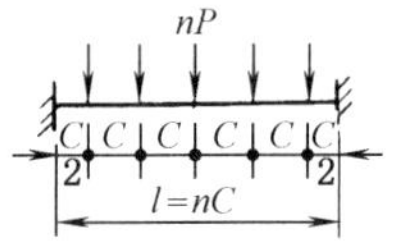	$\frac{2n^2+1}{2n}\times\frac{P}{l}$	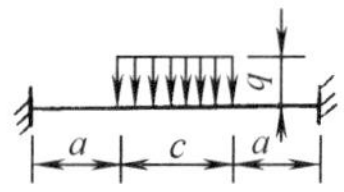	$\frac{\gamma}{2}(3-\gamma^2)q$
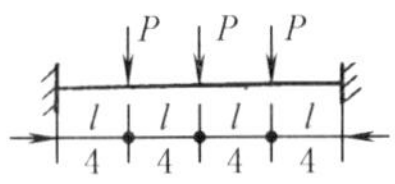	$\frac{15P}{4l}$	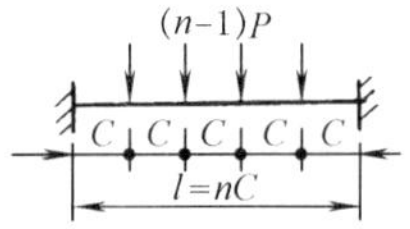	$\frac{n^2-1}{n}\times\frac{P}{l}$	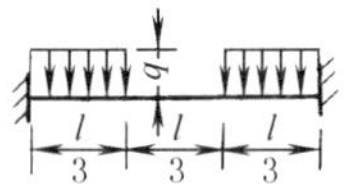	$\frac{14q}{27}$
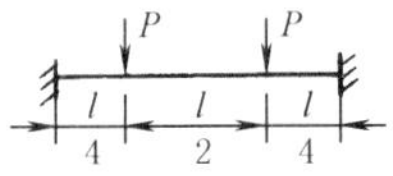	$\frac{9P}{4l}$	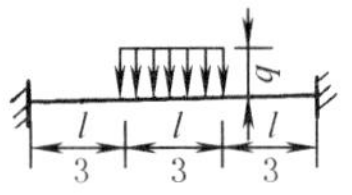	$\frac{13q}{27}$	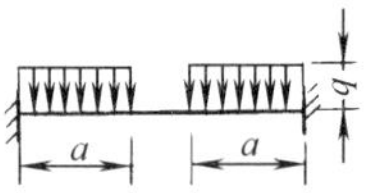	$2\alpha^2(3-2\alpha)q$

注：1. 表中 $\alpha=\frac{a}{l}$；$\gamma=\frac{c}{l}$；l 为梁的跨度。

2. 表中 l、a、c 单位为 mm；P 单位为 N；q 单位为 N/mm。

连续水平圆弧梁在均布载荷作用下的弯矩、剪力及扭矩

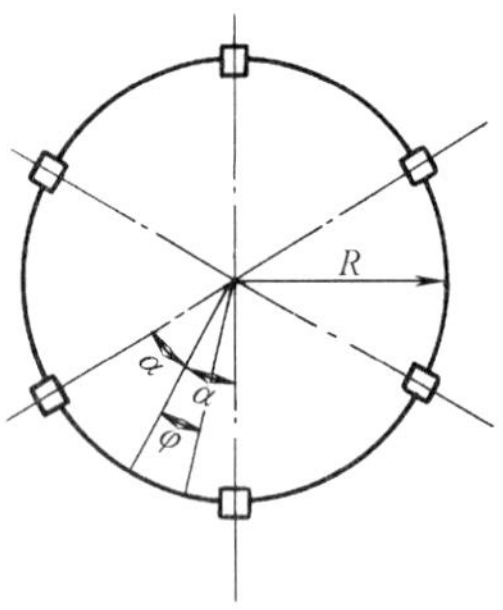

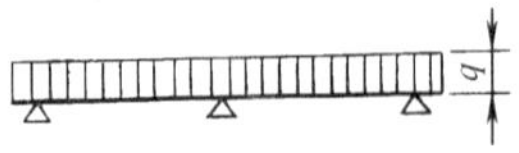

最大剪力 $=\frac{R\pi q}{n}$；

任意点弯矩 $=\left(\frac{\pi}{n}\times\frac{\cos\varphi}{\sin\alpha}-1\right)qR^2$；

跨度中点弯矩 $=\left(\frac{\pi}{n}\times\frac{1}{\sin\alpha}-1\right)qR^2$；

支座弯矩 $=\left(\frac{\pi}{n}\cot\alpha-1\right)qR^2$；

任意点扭矩 $=\left(\frac{\pi}{n}\times\frac{\sin\varphi}{\sin\alpha}-\varphi\right)qR^2$。

式中　n——支座数量。

因载荷及支点均对称，扭矩在支座及跨度中点均为零。

表 20-3-8

圆弧梁支柱数	最大剪力	弯矩		最大扭矩	支柱轴线与最大扭矩截面间的中心角
		在二支柱间的跨中	支　柱　上		
4	$R\pi q/4$	$0.03524\pi qR^2$	$-0.06831\pi qR^2$	$0.01055\pi qR^2$	19°12′
6	$R\pi q/6$	$0.01502\pi qR^2$	$-0.02964\pi qR^2$	$0.00302\pi qR^2$	12°44′
8	$R\pi q/8$	$0.00833\pi qR^2$	$-0.01653\pi qR^2$	$0.00126\pi qR^2$	9°32′
12	$R\pi q/12$	$0.00366\pi qR^2$	$-0.00731\pi qR^2$	$0.00037\pi qR^2$	6°21′

注：表中 R 单位为 mm；q 单位为 N/mm。

表 20-3-9 井式梁最大弯矩及剪力系数之一

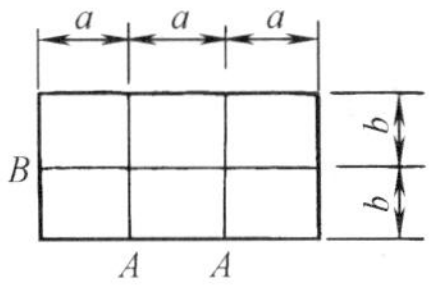

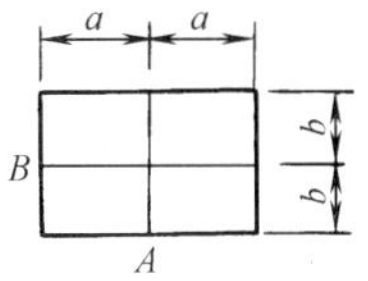

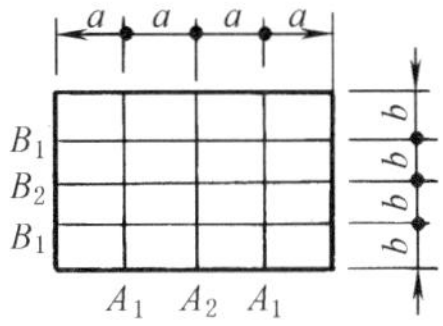

b/a	A梁		B梁		A梁		B梁		A_1 梁		A_2 梁		B_1 梁		B_2 梁	
	M	Q	M	Q	M	Q	M	Q	M	Q	M	Q	M	Q	M	Q
0.6	0.480	0.730	0.040	0.290	0.410	0.660	0.090	0.340	1.410	1.330	1.970	1.730	0.260	0.505	0.360	0.600
0.8	0.455	0.705	0.090	0.340	0.330	0.580	0.170	0.420	1.110	1.115	1.580	1.460	0.540	0.710	0.770	0.890
1.0	0.420	0.670	0.160	0.410	0.250	0.500	0.250	0.500	0.830	0.915	1.170	1.170	0.830	0.915	1.170	1.170
1.2	0.370	0.620	0.260	0.510	0.185	0.435	0.315	0.565	0.590	0.745	0.840	0.940	1.060	1.080	1.510	1.410
1.4	0.325	0.575	0.350	0.600	0.135	0.385	0.365	0.615	0.420	0.620	0.600	0.770	1.240	1.210	1.740	1.570
1.6	0.275	0.525	0.450	0.700	0.100	0.350	0.400	0.650	0.300	0.535	0.420	0.640	1.370	1.300	1.910	1.690

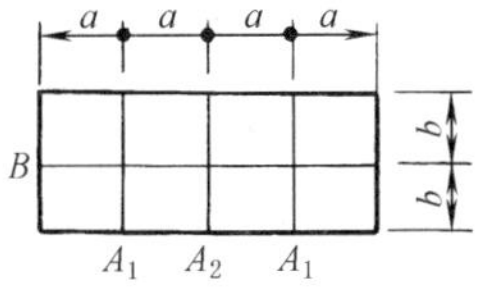

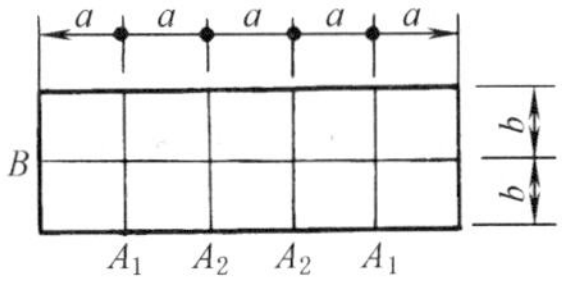

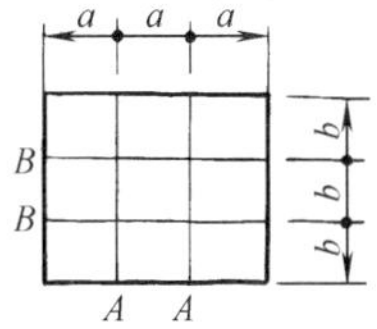

b/a	A_1 梁		A_2 梁		B梁		A_1 梁		A_2 梁		B梁		A梁		B梁	
	M	Q	M	Q	M	Q	M	Q	M	Q	M	Q	M	Q	M	Q
0.6	0.460	0.710	0.545	0.795	0.035	0.285	0.455	0.705	0.530	0.780	0.030	0.280	0.820	1.070	0.180	0.430
0.8	0.435	0.685	0.555	0.805	0.075	0.325	0.425	0.675	0.535	0.785	0.080	0.330	0.660	0.910	0.340	0.590
1.0	0.415	0.665	0.550	0.800	0.120	0.370	0.400	0.650	0.540	0.790	0.120	0.370	0.500	0.750	0.500	0.750
1.2	0.395	0.645	0.530	0.780	0.180	0.430	0.375	0.625	0.540	0.790	0.170	0.420	0.370	0.620	0.630	0.880
1.4	0.370	0.620	0.505	0.755	0.255	0.505	0.360	0.610	0.530	0.780	0.220	0.470	0.270	0.520	0.730	0.980
1.6	0.345	0.595	0.475	0.725	0.360	0.610	0.340	0.590	0.520	0.770	0.280	0.530	0.200	0.450	0.800	1.050

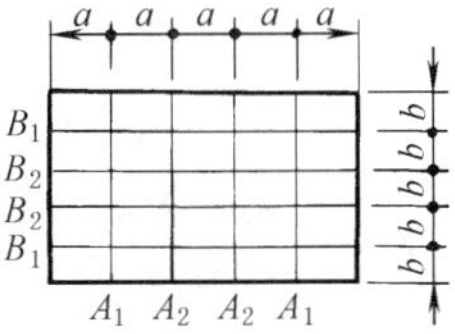

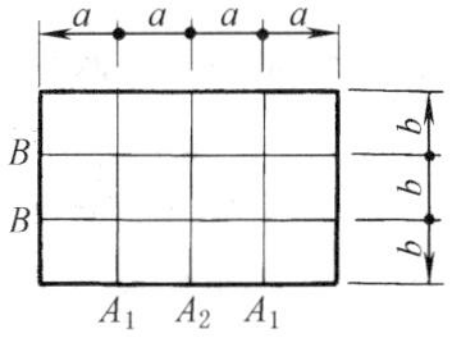

b/a	A_1 梁		A_2 梁		B_1 梁		B_2 梁		A_1 梁		A_2 梁		B梁	
	M	Q	M	Q	M	Q	M	Q	M	Q	M	Q	M	Q
0.6	1.800	1.500	2.850	2.160	0.360	0.580	0.570	0.760	0.820	1.070	1.090	1.340	0.135	0.385
0.8	1.420	1.260	2.290	1.820	0.700	0.800	1.150	1.120	0.750	1.000	1.020	1.270	0.240	0.490
1.0	1.060	1.030	1.720	1.470	1.060	1.030	1.720	1.470	0.660	0.910	0.910	1.160	0.430	0.635
1.2	0.760	0.840	1.250	1.180	1.360	1.220	2.190	1.760	0.550	0.800	0.780	1.030	0.670	0.810
1.4	0.550	0.700	0.890	0.960	1.590	1.370	2.540	1.970	0.460	0.710	0.640	0.890	0.900	0.970
1.6	0.390	0.600	0.620	0.790	1.770	1.480	2.800	2.130	0.370	0.620	0.520	0.770	1.110	1.120

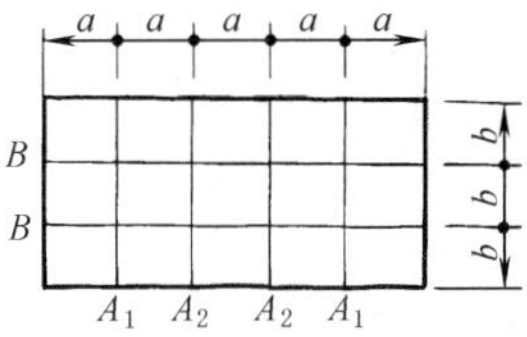

续表

b/a	A_1 梁		A_2 梁		B 梁	
	M	Q	M	Q	M	Q
0.6	0.790	1.040	1.080	1.330	0.130	0.380
0.8	0.720	0.970	1.070	1.320	0.210	0.460
1.0	0.660	0.910	1.020	1.270	0.320	0.570
1.2	0.600	0.850	0.950	1.200	0.500	0.700
1.4	0.540	0.790	0.860	1.110	0.740	0.850
1.6	0.480	0.730	0.760	1.010	1.000	1.010

注：1. 跨中弯矩用表中 M 栏的系数，乘数分别按下式采用：

M_A、M_{A1}、M_{A2} = 表中系数 $\times qab^2$；

M_B、M_{B1}、M_{B2} = 表中系数 $\times qa^2b$。

2. 梁端剪力用表中 Q 栏的系数，乘数均为 qab，即 Q_A 或 Q_B = 表中系数 $\times qab$。

3. q 为单位面积上的计算载荷，在计算中近似假定集中在梁交点处（$P=qab$），为减小误差，计算最大剪力时，一律增加一项梁端节点载荷（$0.25qab$）。

4. 表中数据计算时，假定井式梁四边均为简支。

5. 表中 a、b 单位为 mm；q 单位为 N/mm^2。

表 20-3-10　　井式梁的最大弯矩及剪力系数之二

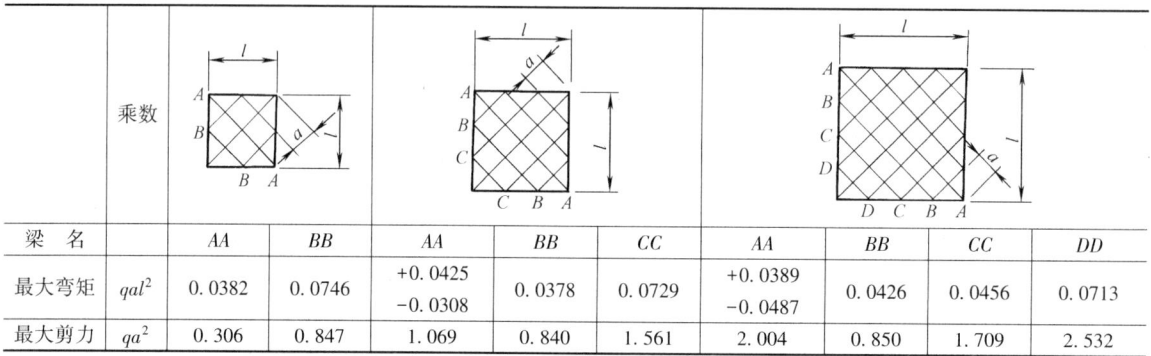

	乘数	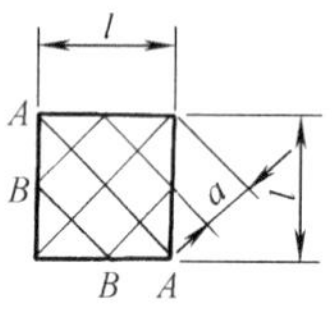		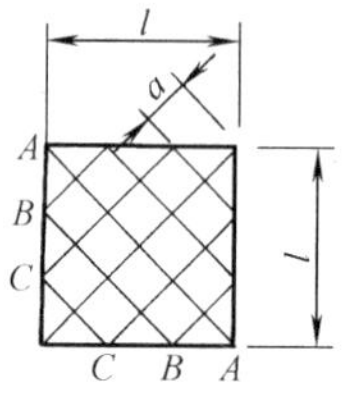			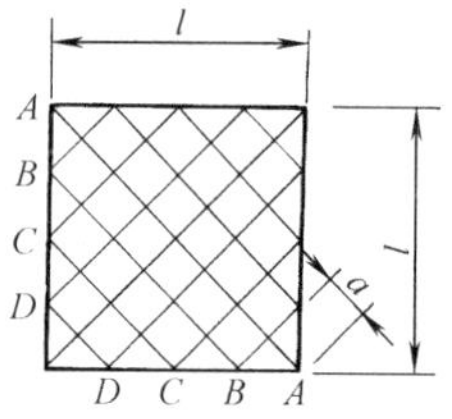			
梁　名		AA	BB	AA	BB	CC	AA	BB	CC	DD
最大弯矩	qal^2	0.0382	0.0746	+0.0425 −0.0308	0.0378	0.0729	+0.0389 −0.0487	0.0426	0.0456	0.0713
最大剪力	qa^2	0.306	0.847	1.069	0.840	1.561	2.004	0.850	1.709	2.532

注：1. 最大弯矩 = 表中系数 $\times qal^2$，最大剪力 = 表中系数 $\times qa^2$。

2. 其他见表 20-3-9 注 3、4。

3. 表中 a、l 单位为 mm；q 单位为 N/mm^2。

2.5　弹性支座上的连续梁

在工程结构中常会遇到支承在弹性支座上的连续梁。在载荷的作用下，各个支座有弹性伸长或缩短，即支点处产生竖直位移。一般考虑支点的伸缩量与支点反力的大小成正比。例如在以连续梁作为纵梁，而此纵梁又支承在具有弹性的横梁上；连续梁浮桥支承在浮动桥墩上；矿山用振动放矿机的机架支承在橡胶弹簧上等。在必须作较精确计算时，就要按弹性支座来计算。设图 20-3-30a 所示的连续梁支承在弹性支座上，其各跨的截面相同，跨度相等，支座的柔度系数 C（即弹簧在单位力作用下的伸缩量）相等。

写出在支点 n 之上的截面内冗力 M_n 作用方向内的相对角位移等于零的正则方程式 $\theta_n=0$。这个相对角位移包括两部分。第一部分是在刚性支承的连续梁中，冗力 M_n 方向内的相对角位移。它包括以下几项：

$$M_{n-1}\delta_{n,n-1}+M_n\delta_{n,n}+M_{n+1}\delta_{n,n+1}+\Delta_{np}=\frac{l}{6EI}M_{n-1}+\frac{2l}{3EI}M_n+\frac{l}{6EI}M_{n+1}+\frac{1}{EI}\left(B_n^{\Phi}+A_{n+1}^{\Phi}\right) \tag{20-3-22}$$

这一部分的相对角位移仅受到支点 n 左右两跨上的冗力与载荷的影响。

其中

$$B_n^{\Phi}=\frac{\Omega_n a_n}{l_n} \tag{20-3-23}$$

$$A_{n+1}^{\Phi}=\frac{\Omega_{n+1}b_{n+1}}{l_{n+1}} \tag{20-3-24}$$

式中，Ω_n 与 Ω_{n+1} 分别为在跨度 l_n 与 l_{n+1} 内由于载荷所引起的力矩图面积；a_n 与 b_{n+1} 分别为这两个力矩图面积的重心至各该跨度的左支点与右支点的距离。

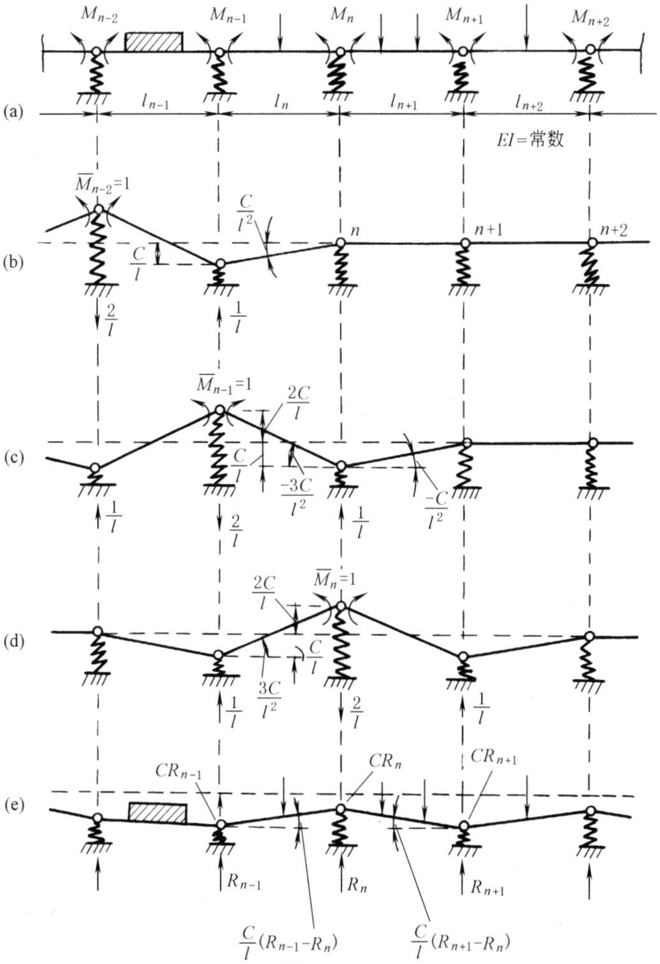

图 20-3-30

式（20-3-23）表示将 Ω_n 视作在跨度 l_n 内的虚梁载荷，跨度 l_n 内的右端虚梁反力；式（20-3-24）表示将 Ω_{n+1} 视作为跨度 l_{n+1} 内的虚梁载荷，跨度 l_{n+1} 内左端的虚梁反力。

在冗力 M_n 作用方向内所产生的相对角位移数值的第二部分，是由于支点的竖直位移所引起的。冗力与载荷不仅直接产生在 M_n 方向内的相对角位移，并且能够使弹簧伸缩而间接地影响到 θ_n 的数值。图 20-3-30b 表示在单位力 $\overline{M}_{n-2}=1$ 作用下，基本结构的支点位移与受力情形。在支点 $n-1$ 处的反力为 $1/l$，它使该处的弹簧压缩 C/l 的数值，从而使跨度 l_n 转动，因此在 M_n 作用方向内产生一相对角位移 $\frac{C}{l}\times\frac{1}{l}=\frac{C}{l^2}$。图 20-3-30c 表示在单位力 $\overline{M}_{n-1}=1$ 作用下，基本结构的支点位移与受力情形；由此可得，在 M_n 作用方向内的相对角位移为 $-\frac{3C}{l^2}-\frac{C}{l^2}=-\frac{4C}{l^2}$。由图 20-3-30d 可知，在单位力 $\overline{M}_n=1$ 作用下，M_n 作用方向内的相对角位移为 $2\times\frac{3C}{l^2}=\frac{6C}{l^2}$。至于在 $\overline{M}_{n+2}=1$ 与 $\overline{M}_{n+1}=1$ 作用下，支点位移对 θ 的影响是与支点 n 相对称的，它们的数值分别为 $\frac{C}{l^2}$ 与 $-\frac{4C}{l^2}$。图 20-3-30e 表示在载荷作用下，基本结构的支点位移与受力情形，其中 R_{n-1}、R_n、R_{n+1} 分别为在载荷作用下支点 $n-1$、n、$n+1$ 的简支梁反力；它们使各该支点处的弹簧缩短 CR_{n-1}、CR_n、CR_{n+1}，从而在 M_n 作用方向内产生一相对角位移 $\frac{C}{l}(R_{n-1}-2R_n+R_{n+1})$。由上述可知，第二部分的相对角位移受到支点 n 左右四个跨度上的冗力与载荷的影响。其他跨度上的冗力与载荷并不影响 θ_n。

以上两部分相对角位移之和，即为 θ_n 的总值，按诸力法原理，它应该等于零。故得：

$$\frac{C}{l^2}M_{n-2}+\left(\frac{l}{6EI}-\frac{4C}{l^2}\right)M_{n-1}+2\left(\frac{l}{3EI}+\frac{3C}{l^2}\right)M_n+\left(\frac{l}{6EI}-\frac{4C}{l^2}\right)M_{n+1}+$$

$$\frac{C}{l^2}M_{n+2}+\frac{B_n^{\Phi}+A_{n+1}^{\Phi}}{EI}+\frac{C}{l}(R_{n-1}-2R_n+R_{n+1})=0 \tag{20-3-25}$$

令 $\frac{6EIC}{l^3}=\alpha$，则在各项乘以 $\frac{6EI}{l}$ 之后，上式可改写为五弯矩方程：

$$\alpha(M_{n-2}+M_{n+2})+(1-4\alpha)(M_{n-1}+M_{n+1})+(4+6\alpha)M_n=-\frac{6B_n^{\Phi}}{l}-\frac{6A_{n+1}^{\Phi}}{l}-\alpha l(R_{n-1}-2R_n+R_{n+1}) \tag{20-3-26}$$

在第 n 个支点处，弹性支承的下沉量 Δ_n 为：

$$\Delta_n=\frac{C}{l}(M_{n-1}-2M_n+M_{n+1}+R_nl) \tag{20-3-27}$$

由上两公式可知，在 $\alpha=0$ 的情况下，式（20-3-26）与刚性支承的连续梁三弯矩方程式相符合；而由式（20-3-27）得 $\Delta_n=0$。

例 图 20-3-31a 为一搁置于橡胶块 A、B、C 上的振动放矿机槽台的载荷分布图。图 20-3-31b 为槽台构件组合截面的基本结构参数，求弹性支座上连续梁的支点反力 A、B、C。反力求出后则整个构体的强度皆可设计❶。

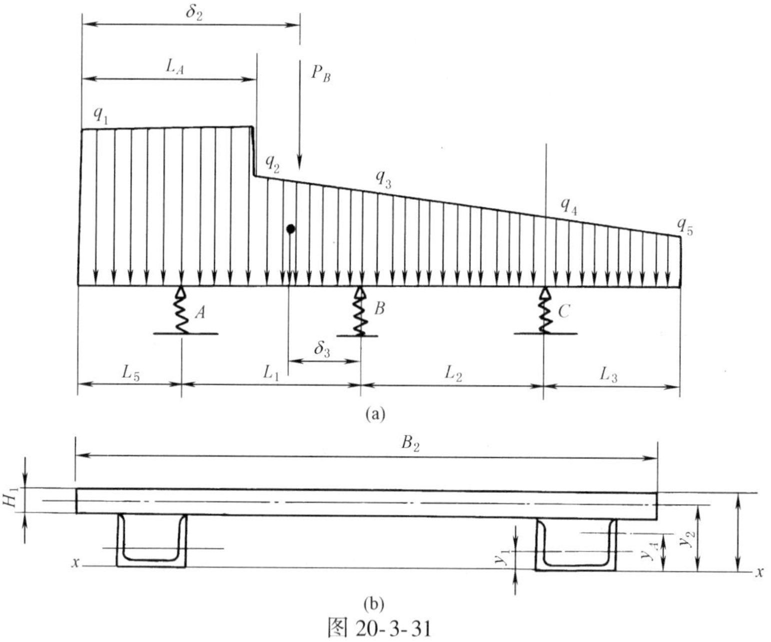

图 20-3-31

载荷：

集中力　$P_B=14050\text{N}$；

均布力　$q_1=298.5\text{N/cm}$，$q_2=153.6\text{N/cm}$，$q_3=142.1\text{N/cm}$，$q_4=76.6\text{N/cm}$，$q_5=12.0\text{N/cm}$。

图中尺寸　$\delta_2=67\text{cm}$，$L_A=60\text{cm}$，$L_5=0$，$L_1=73\text{cm}$，$L_2=74\text{cm}$，$L_3=73\text{cm}$，$H_1=1\text{cm}$，$B_2=86\text{cm}$。

槽钢截面参数　惯性矩 $J_1=2\times11.872=23.744\text{cm}^4$，面积 $A_1=2\times8.44=16.88\text{cm}^2$，截面形心至 x 轴距离 $y_1=1.36\text{cm}$。

槽板截面参数　惯性矩 $J_2=B_2H_1^3/12=7.167\text{cm}^4$，面积 $A_2=B_2H_1=86\text{cm}^2$，截面形心至 x 轴距离 $y_2=4.5\text{cm}$。

组合截面参数　组合截面形心至 x 轴距离 $y_A=(A_1y_1+A_2y_2)/(A_1+A_2)=3.985\text{cm}$。

惯性矩　$J=J_1+J_2+F_1(y_A-y_1)^2+A_2(y_A-y_2)^2=170.034\text{cm}^4$。

截面材料弹性模量　$E=2.1\times10^5\text{MPa}=2.1\times10^7\text{N/cm}^2$。

橡胶块的静刚度　$K_j=17380\text{N/cm}$；柔度系数 $C=\frac{1}{K_j}=0.0000575\text{cm/N}$。

❶ 本侧已于振动放矿机系列设计中实际应用。

本问题的求解不能直接套用上述的五弯矩方程。因为五弯矩方程提供的是等跨度 $l_{n-1}=l_n=l_{n+1}$ 的计算公式。本题为不等跨的弹性支承连续梁。因此式（20-3-25）需作修改。主要是对在多余力 M_n 作用方向内所产生的相对角位移数值的第二部分，即式（20-3-25）中带 $\frac{C}{l^2}$ 部分的各值进行修改：由图 20-3-30b 可知，在单位力 $\overline{M}_{n-2}=1$ 作用下，在支点的反力为 $1/l_{n-1}$，它使该弹簧变形为 C/l_{n-1}，因此，使 l_n 跨转动，在 M_n 作用方向内产生一相对角位移：$\frac{C}{l_{n-1}}\times\frac{1}{l_n}=\frac{C}{l_{n-1}l_n}$；由图 20-3-30c 可知，在单位力 $\overline{M}_{n-1}=1$ 作用下，M_n 方向内产生的相对角位移为 $-\frac{3C}{l_n^2}-\frac{C}{l_nl_{n+1}}$；由图 20-3-30d 可知，在单位力 $\overline{M}_n=1$ 作用下，在 M_n 作用方向产生的相对角位移为 $\frac{3C}{l_n^2}+\frac{3C}{l_{n+1}^2}=\frac{3C(l_{n+1}^2+l_n^2)}{l_n^2l_{n+1}^2}$；在 $\overline{M}_{n+1}=1$ 和 $\overline{M}_{n+2}=1$ 作用下，支点位移对 M_n 作用方向产生的角位移参照上面的式子（即 $\overline{M}_{n-1}=1$，$\overline{M}_{n-2}=1$ 所产生的角位移公式，l_n 与 l_{n+1} 替换，l_{n+2} 替换 l_{n-1}）分别为：$\frac{-3C}{l_{n+1}^2}-\frac{C}{l_nl_{n+1}}$ 和 $\frac{C}{l_{n+1}l_{n+2}}$。

由此，对比式（20-3-25），可得不等跨弹性支承连续梁的五弯矩方程：

$$\frac{C}{l_{n-1}l_n}M_{n-2}+\left(\frac{l_n}{6EJ}-\frac{3C}{l_n^2}-\frac{C}{l_nl_{n+1}}\right)M_{n-1}+\left[\frac{l_n+l_{n+1}}{3EJ}+\frac{3\ (l_n^2+l_{n+1}^2)}{l_n^2l_{n+1}^2}\right]M_n+$$
$$\left(\frac{l_{n+1}}{6EJ}-\frac{3C}{l_{n+1}^2}-\frac{C}{l_nl_{n+1}}\right)M_{n+1}+\frac{C}{l_{n+2}l_{n+1}}M_{n+2}+\frac{B_n^{\Phi}+A_{n+1}^{\Phi}}{EJ}+$$
$$\frac{CR_{n-1}}{l_{n-1}}-2R_n\frac{C}{l_n}+R_{n+1}\frac{C}{l_{n+1}}=0 \tag{20-3-28}$$

本题为三支点梁，因而 $M_{n-2}=0$，$M_{n+2}=0$，上式可大为简化，并令 R_A、R_B、R_C 表示 R_{n-1}、R_n、R_{n+1}，M_A、M_B、M_C 表示 M_{n-1}、M_n、M_{n+1}，L_1、L_2 表示 l_n、l_{n+1}，则可得

$$\left(\frac{L_1}{6EJ}-\frac{3C}{L_1^2}-\frac{C}{L_1L_2}\right)M_A+\left[\frac{L_1+L_2}{3EJ}+\frac{3C(L_2^2+L_1^2)}{L_1^2L_2^2}\right]M_B+\left(\frac{L_2}{6EJ}-\frac{3C}{L_2^2}-\frac{C}{L_1L_2}\right)M_C+$$
$$\frac{B_n^{\Phi}+A_{n+1}^{\Phi}}{EJ}+\frac{C}{L_1}R_A-\left(\frac{C}{L_1}+\frac{C}{L_2}\right)R_B+\frac{C}{L_2}R_C=0 \tag{20-3-29}$$

该方程中首先要推求槽台构件按简支梁计算的支座反力（见图 20-3-31a）：

$$R_A=\frac{q_1L_A\times(L_5+L_1-L_A/2)}{L_1}+\frac{(L_5+L_1-L_A)^2(q_3+2q_2)}{6L_1}+\frac{P_B(L_5+L_1-d_2)}{L_1} \tag{20-3-30}$$

$$R_B=\frac{q_1L_A\left(\frac{L_A}{2}-L_5\right)}{L_1}+\frac{P_B(A_2-L_5)}{L_1}+\frac{(q_2+q_3)}{2}(L_5+L_1-L_A)\left(\frac{L_1-d_3}{L_1}\right)+$$
$$\frac{L_2(q_4+2q_3)}{6}-\frac{(2q_5+q_4)L_3^2}{6L_2} \tag{20-3-31}$$

式中，δ_3 为梯形载荷 q_2、q_3 的重心距离（见图 20-3-31），

$$\delta_3=\ (L_1+L_5-L_A)\ \cdot\frac{(2q_2+q_3)}{3\ (q_2+q_3)}$$

$$R_C=\frac{(2q_5+q_3)\ (L_2+L_3)^2}{6L_2} \tag{20-3-32}$$

将已知数据代入，可求得：

$$R_A=11878\text{N};\ R_B=25247\text{N};\ R_C=8084\text{N}$$

然后，还要求出梁上虚载荷在 B 点反力，由式（20-3-22）及式（20-3-23），按 L_2 跨内载荷引起的力矩图面积载荷对 B 的虚反力 A_{n+1}^{Φ}，及按 L_1 跨内载荷引起的力矩图载荷对 B 点的虚反力 B_n^{Φ}（可分别查图表）。

对 L_2 跨：$A_{n+1}^{\Phi}=L_2^3\ (7q_4+8q_3)/360$

对 L_1 跨：按图 20-3-31a，梁上载荷分四部分分别查表：①局部均布载荷 q_1；②局部均布载荷 q_3；③局部三角形载荷（q_2-q_3）；④集中力 P_B 为简化起见，令 $a=L_A-L_5$，$b=L_1+L_5-L_A$，$a_1=d_2-L_5$；$b_1=L_1+L_5-d_2$，$\alpha=a/L_1$，$\beta=b/L_1$，$\alpha_1=a_1/L_1$，查表得：

$$B_n^{\Phi}=\frac{q_1a^2L_1}{24}(2-\alpha^2)+\frac{q_3b^2L_1}{24}(2-\beta)^2+\frac{(q_2-q_3)b^2L_1}{360}(40-45\beta+12\beta^2)+\frac{P_Ba_1b_1(1+\alpha_1)}{6}$$

将已知数据代入后，得 $A_{n+1}^{\Phi}=1883166\text{N}\cdot\text{cm}^2$，$B_n^{\Phi}=6389617\text{N}\cdot\text{cm}^2$。

从图 20-3-31 可看出，只有三个支点，真实弯矩 M_A、M_C 可直接求得：

$$M_A = -q_1 L_5^2/2 = 0$$

$$M_C = -(q_4+2q_5)L_3^2/6 = 89350\text{N}\cdot\text{cm}$$

由式(20-3-29) 即可求得 M_B：

$$M_B = \left[\left(\frac{3C}{L_2^2}+\frac{C}{L_1L_2}-\frac{L_2}{6EJ}\right)M_C+\left(\frac{3C}{L_1^2}+\frac{C}{L_1L_2}-\frac{L_1}{6EJ}\right)M_A-\frac{B_n^{\Phi}+A_{n+1}^{\Phi}}{EJ}-\frac{C}{L_1}R_A+\left(\frac{C}{L_1}+\frac{C}{L_2}\right)R_B-\frac{C}{L_2}R_C\right]\Bigg/\left[\frac{L_1+L_2}{3EJ}+\frac{3C(L_1^2+L_2^2)}{L_1^2L_2^2}\right]$$

$$= 322246\text{N}\cdot\text{cm}$$

支座 A、B、C 反力为：

$$R_{A0} = R_A+(M_B-M_A)/L_1 = 16292\text{N}$$

$$R_{B0} = R_B-M_B/L_1-M_B/L_2+M_C/L_2+M_A/L_1 = 17685\text{N}$$

$$R_{C0} = R_C+(M_B-M_C)/L_2 = 11231\text{N}$$

真实反力和弯矩都已求出，槽台强度校核即可进行，橡胶块变形也可算得。

对于每侧有 5 个橡胶块的槽台计算方法同上。但必须得到中间三个支点的弯矩方程，联立求解 3 个方程即可求得三个弯矩，然后再求出 5 个支点的反力。

说明：这种计算方法对于槽台强度校核来说，并不是主要的，因为其机架梁（槽台）的强度是足够的，即使用简支梁校核也会满足强度要求。关键的问题是，用这种方法才能确定弹性支座（这里为橡胶块）的受力状况。

第4章 柱和立架的设计与计算

1 柱和立架的形状

1.1 柱的外形和尺寸参数

焊接柱按外形分为实腹柱和格构柱。

(1) 实腹柱

实腹柱分为型钢实腹柱（图 20-4-1）和钢板实腹柱（图 20-4-2）两种。前者焊缝少，应优先选用。后者适应性强，可按使用要求设计成各种大小尺寸。当腹板的计算高度 h_0 与腹板厚度 t 之比大于 80 时，应有横向隔板加强，间距不得大于 $3h_0$；柱肢外伸自由宽度 b_0 不宜超过 $15t$，箱形柱的两腹板间宽度 b 也不宜超过 $40t$（t 为板厚）。

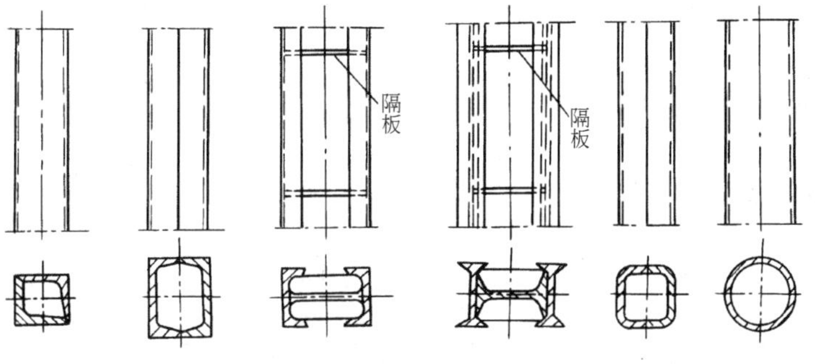

图 20-4-1 型钢实腹柱

柱的每一施工或运输单元，不得少于两块隔板。大型的并受弯曲的箱形柱，工作时有较大弯曲应力，推荐用图 20-4-3 所示的结构。其纵向筋板不管是用钢板、角钢或槽钢，都不许断开，长度不足时，须预先对接并焊透。

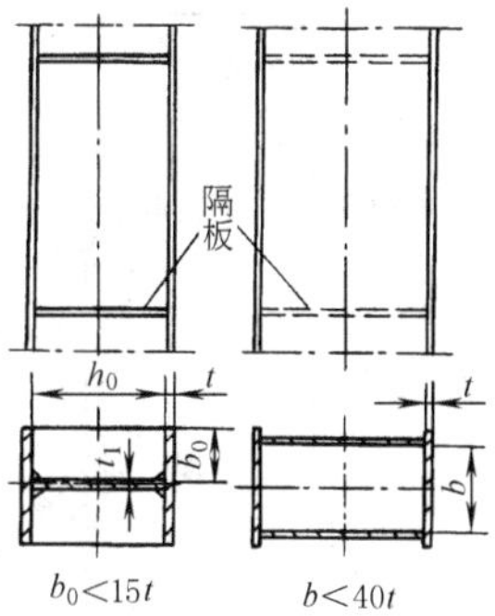

图 20-4-2 钢板实腹柱

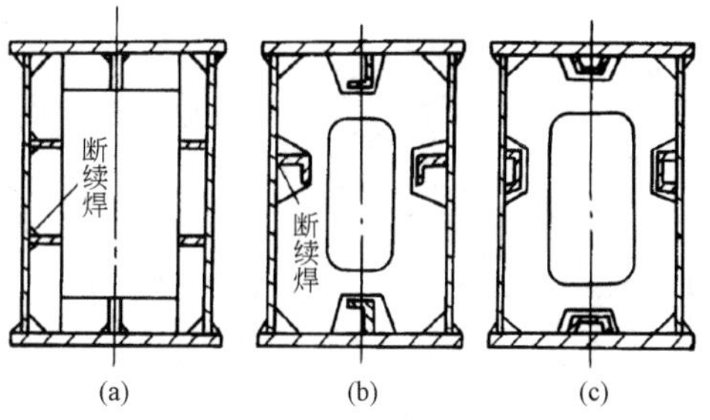

图 20-4-3 大型箱形柱断面结构

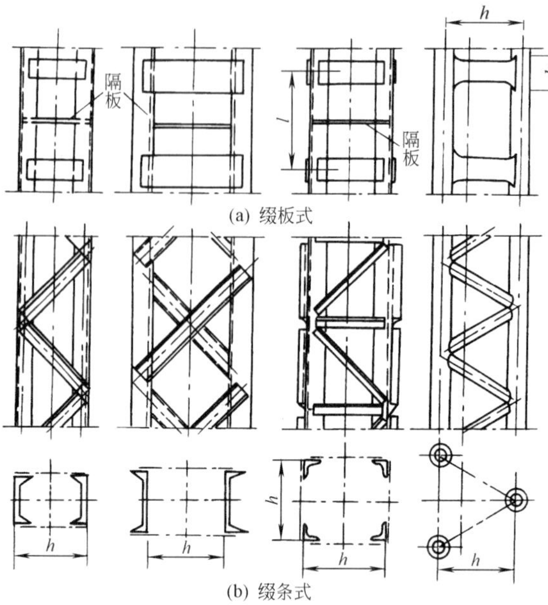

图 20-4-4　焊接格构柱

（2）格构柱

格构柱分缀板式和缀条式两种（图 20-4-4）。前者的承载能力较后者低，但焊接较为方便。格构柱的重量轻，省材料，风的阻力小。但焊缝短，不利于自动化焊接。在缀材面内剪力较大或宽度较大的格构式柱，宜用缀条柱。格构式柱或大型实腹式柱，在受有较大水平力处和运送单元的端部应设置横膈。横膈间距不得大于柱截面较大宽度的 9 倍或 8m。缀板宽度 $b \geqslant \frac{2}{3}h$（h 为柱截面宽度）；缀板厚度 $t \geqslant \frac{1}{40}h$，但不小于 6mm。缀板间距 l 由主柱局部长度的稳定性及缀板受力分析决定。此外，第 3 章 1.4 及 1.5 节相关内容亦适用于本章。对于加肋板构造尺寸的要求见本章 3.6 节。

1.2　柱的截面形状

按轴心受压构件的截面分类见表 20-4-1。按机架上常用的柱的截面形状，可分为等断面柱和变断面柱。

表 20-4-1　　　　　　　　　　　　**轴心受压构件的截面类型**

<table>
<tr><th colspan="5">截面分类</th><th>对 x 轴</th><th>对 y 轴</th></tr>
<tr><td colspan="4">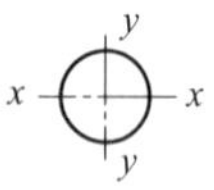
轧制</td><td rowspan="3">板厚
t<40mm</td><td>a 类</td><td>a 类</td></tr>
<tr><td colspan="4">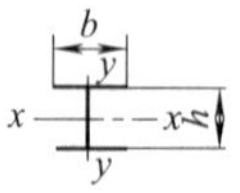
轧制 $b/h \leqslant 0.8$</td><td>a 类</td><td>b 类</td></tr>
<tr><td>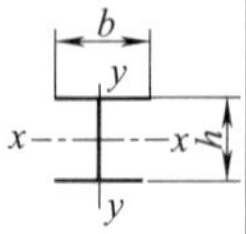
轧制 b/h>0.8</td><td>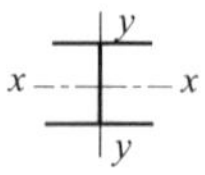
焊接</td><td>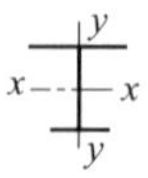
翼缘为焰切边</td><td>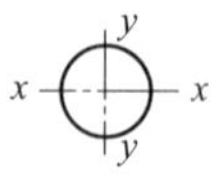 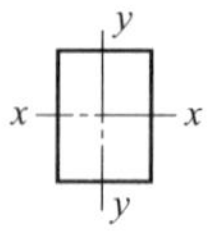
焊接　轧制、焊接（板件宽厚比>20）</td><td>b 类</td><td>b 类</td></tr>
</table>

续表

截面分类		对 x 轴	对 y 轴
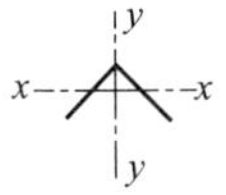 轧制　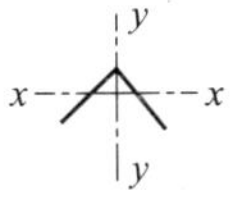 轧制等边角钢	板厚 t<40mm	b 类	b 类
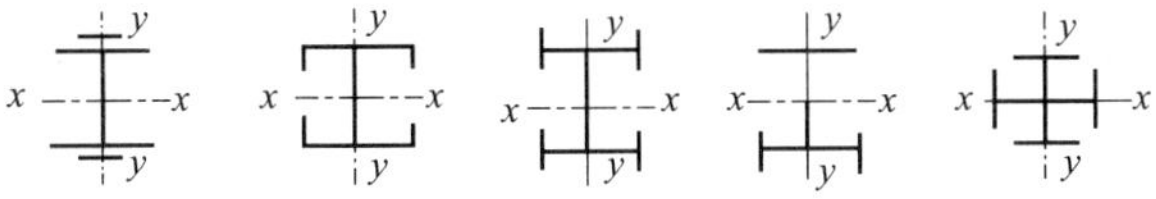 焊接	板厚 t<40mm	b 类	c 类
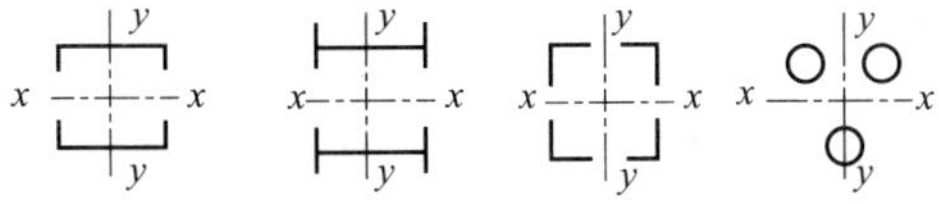	板厚 t<40mm	c 类	c 类
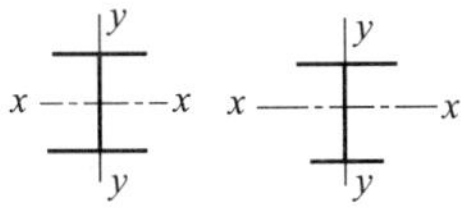 焊接　翼缘为轧制或剪切边　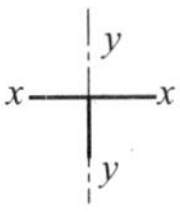 轧制、焊接	板厚 t<40mm	c 类	c 类
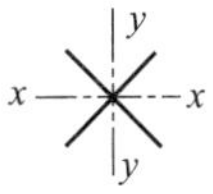 焊接　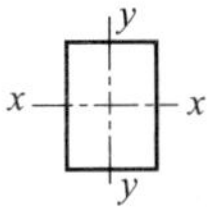 焊接　板件宽厚比 ≤ 20	板厚 t<40mm	c 类	c 类
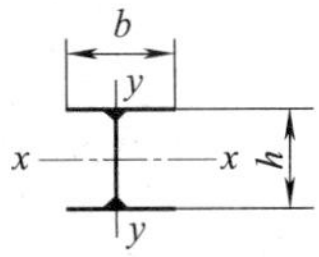 轧制工字形或H形截面	40mm≤t<80mm	b 类	c 类
	t≥80mm	c 类	d 类
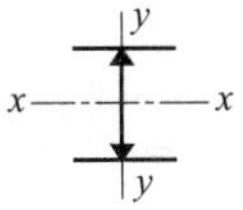 焊接工字形截面，板厚t≥40mm	翼缘为焰切边	b 类	b 类
	翼缘为轧制或剪切边	c 类	d 类
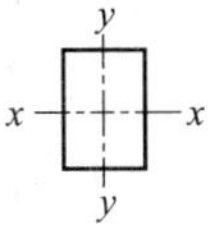 焊接箱形截面，板厚t≥40mm	板件宽厚比>20	b 类	b 类
	板件宽厚比≤20	c 类	c 类

1.3 立柱的外形与影响刚度的因素

1.3.1 起重机龙门架外形

图 20-1-19 已示出起重机龙门架结构类型；图 20-4-5 为起重机龙门架中一种较详细的结构；图 20-4-6 为 Q=150t 门座起重机的八杆门架。起重机龙门架桁架的结构形式可参看第 5 章。

图 20-4-7 是 Π 形截面桁架式龙门架的示意图。该桁架结构的龙门架或装卸桥桥梁：主架在跨度范围内（两支腿之间）的主桁架高度 $H_1=\left(\frac{1}{14}\sim\frac{1}{8}\right)L$，在悬臂靠近支腿处的主桁架高度 $H_1=\left(\frac{1}{5}\sim\frac{1}{3}\right)L_1$，对有悬臂的主梁，其悬臂的有效长 $L_1=\left(\frac{1}{5}\sim\frac{1}{3}\right)L$，此时，两片主桁架之间的距离 A_0 常取为 $A_0=\left(\frac{1}{12}\sim\frac{1}{15}\right)L$，Π 形面桁架的下水平桁架宽度 b_0 常取为 $b_0\geqslant\frac{L}{35}$，所有斜杆的倾角取为 $\alpha=40°\sim50°$。轮距 $B=\left(\frac{1}{6}\sim\frac{1}{4}\right)L$。

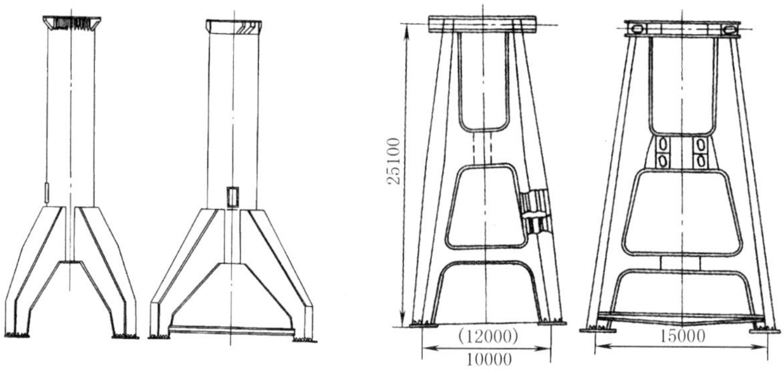

(a) 圆筒门架　　(b) Q=100t门座起重机门架(交叉门架)

图 20-4-5 起重机龙门的门架

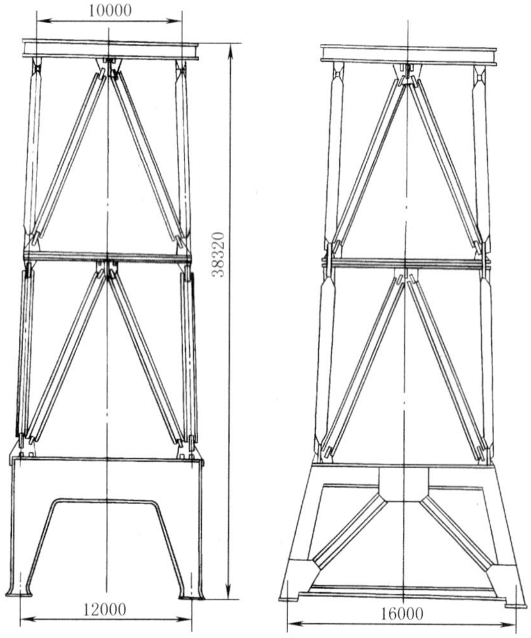

图 20-4-6 Q=150t 门座起重机的八杆门架

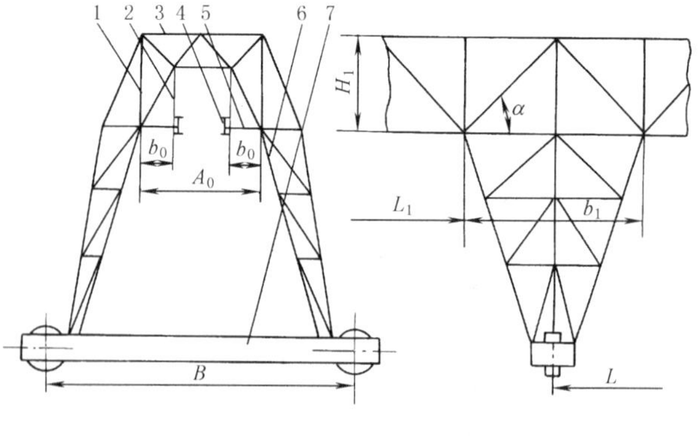

图 20-4-7 Π 形截面桁架式龙门架示意图

1—主桁架；2—Π 形框架；3—上水平桁架；4—承轨梁；5—下水平桁架；6—支腿；7—支腿下横梁

1.3.2 机床立柱及其他

各种形状的机床立柱见图 20-4-8。

图 20-4-9 为大型落地镗铣床的焊接立柱，是封闭箱形截面结构。前面为双层壁板结构，用以承受安装导轨的载荷。图 20-4-10 为各种压力机机身和机床的立柱截面形状。

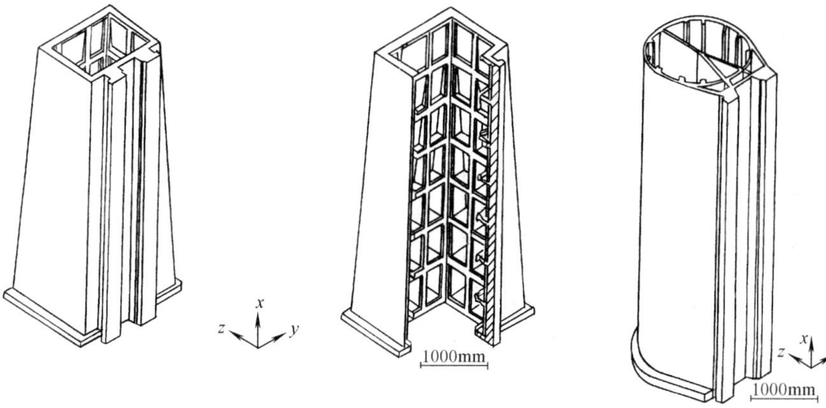

(a) 箱形立柱　　(b) 箱形立柱　　(c) 圆形立柱

图 20-4-8　机床的立柱

从本节的图形可以看出，许多立柱的断面不是由计算确定的，而是根据实际检测及其适用性在实践中修改设计的，以保证有良好的刚度和使用性能。

1.3.3 各种立柱类构件的刚度比较

表 20-4-2　　各种立柱类构件的刚度比较

<table>
<tr><td>简　图</td><td colspan="2">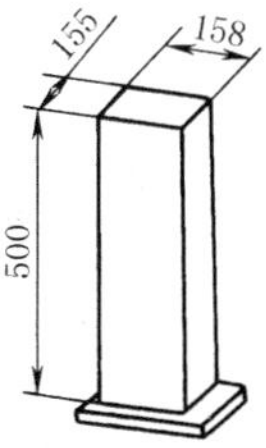</td><td colspan="2">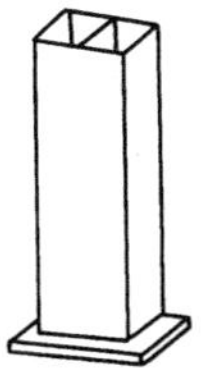</td><td colspan="2">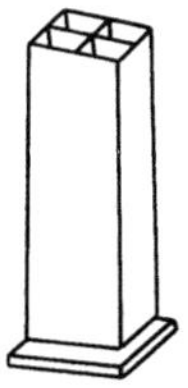</td><td colspan="2">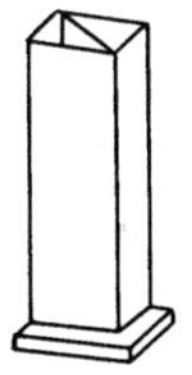</td><td colspan="2">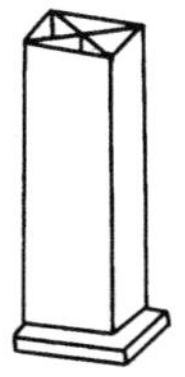</td><td colspan="2">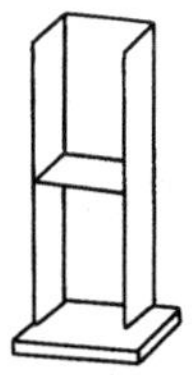</td><td colspan="2">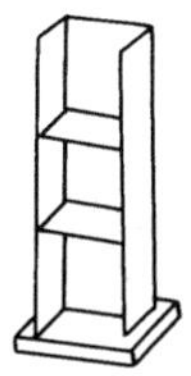</td></tr>
<tr><td>顶　板</td><td>无</td><td>有</td><td>无</td><td>有</td><td>无</td><td>有</td><td>无</td><td>有</td><td>无</td><td>有</td><td>无</td><td>有</td><td>无</td><td>有</td></tr>
<tr><td>相对抗弯刚度</td><td>1</td><td>1</td><td>1.17</td><td>1.13</td><td colspan="2">1.14</td><td>1.21</td><td>1.19</td><td colspan="2">1.32</td><td colspan="2">0.91</td><td colspan="2">0.85</td></tr>
<tr><td>单位重量的相对抗弯刚度</td><td>1</td><td>1</td><td>0.94</td><td>0.90</td><td colspan="2">0.76</td><td colspan="2">0.90</td><td>0.81</td><td>0.83</td><td colspan="2">0.85</td><td colspan="2">0.75</td></tr>
<tr><td>相对抗扭刚度</td><td>1</td><td>7.9</td><td>1.4</td><td>7.9</td><td>2.3</td><td>7.9</td><td>10</td><td>12.2</td><td>18</td><td>19.4</td><td colspan="2">15</td><td colspan="2">17</td></tr>
<tr><td>单位重量的相对抗扭刚度</td><td>1</td><td>7.9</td><td>1.1</td><td>6.5</td><td>1.54</td><td>5.7</td><td>7.54</td><td>9.3</td><td>10.8</td><td>12.2</td><td colspan="2">14</td><td colspan="2">14.6</td></tr>
<tr><td>相对抗弯动刚度</td><td>1</td><td>2.3</td><td>1.2</td><td></td><td>3.8</td><td></td><td>5.8</td><td></td><td>3.5</td><td></td><td colspan="2">3.0</td><td>2.75</td><td>3.0</td></tr>
<tr><td>相对抗扭动刚度(振型Ⅰ)</td><td>1.22</td><td></td><td></td><td></td><td>3.76</td><td></td><td>10.5</td><td></td><td></td><td></td><td>12.2</td><td></td><td>11.7</td><td></td></tr>
<tr><td>相对抗扭动刚度(振型Ⅱ)</td><td>7.7</td><td>44</td><td></td><td></td><td>6.5</td><td></td><td></td><td></td><td>61.5</td><td></td><td>6.1</td><td>42</td><td>6.1</td><td>26.3</td></tr>
</table>

注：振型Ⅰ—固有频率为 450~750Hz 的严重畸变扭振；振型Ⅱ—固有频率为 1300Hz 的纯扭转的扭振。

第 20 篇

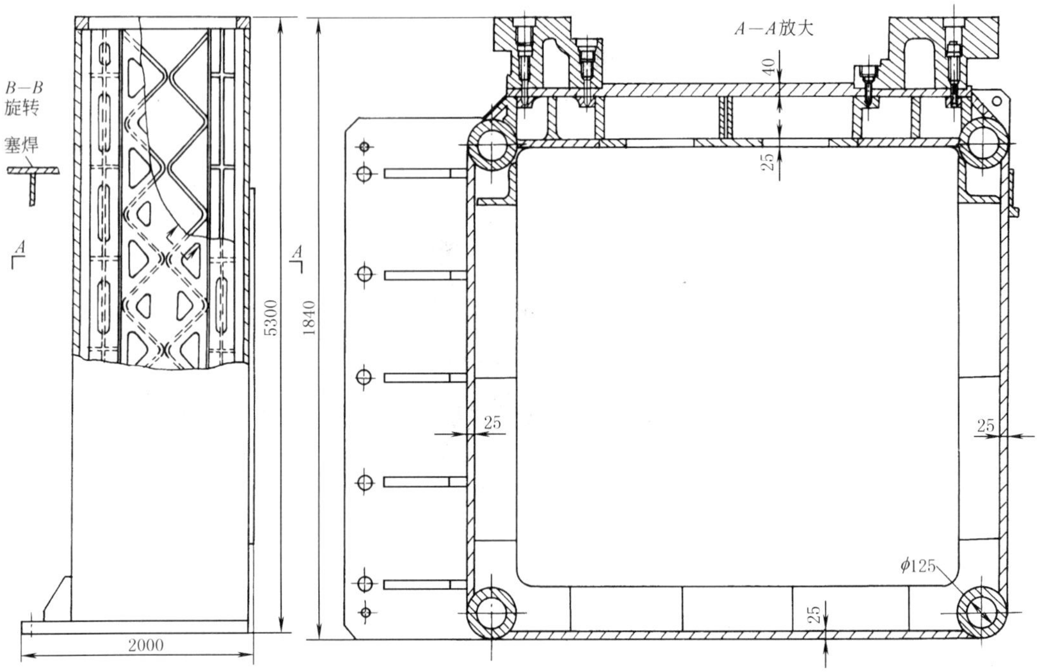

图 20-4-9　大型落地镗铣床的焊接立柱

1.3.4　螺钉及外肋条数量对立柱连接处刚度的影响

表 20-4-3　　　　螺钉及外肋条数量对立柱连接处刚度的影响

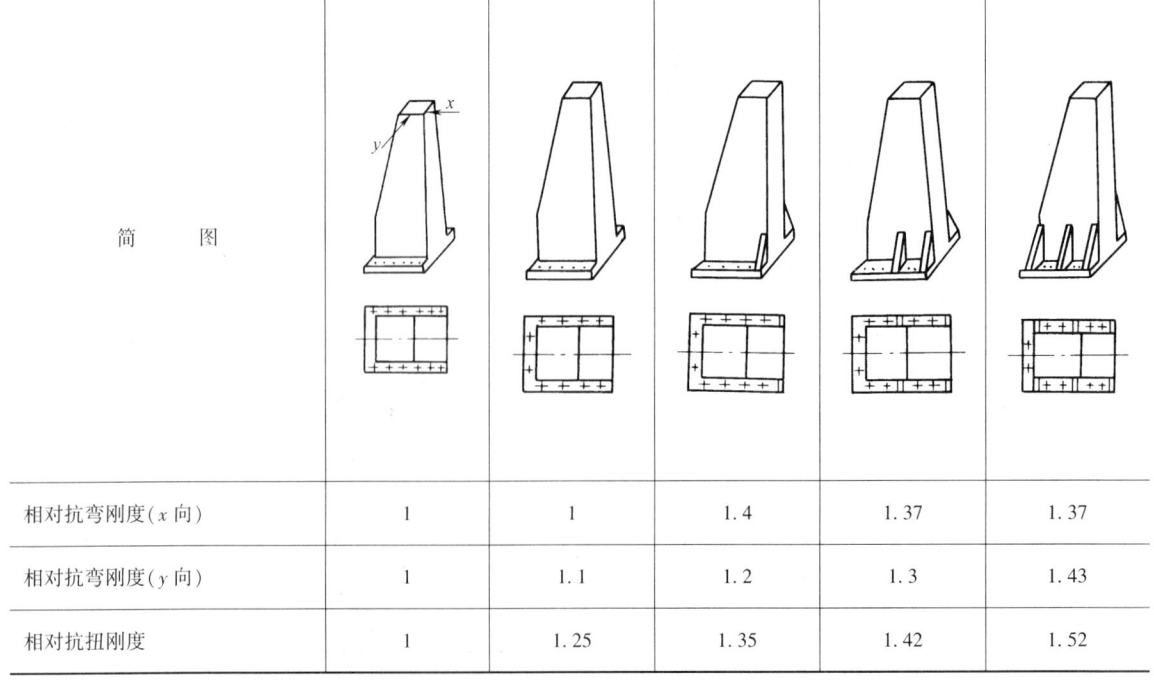

简　　图	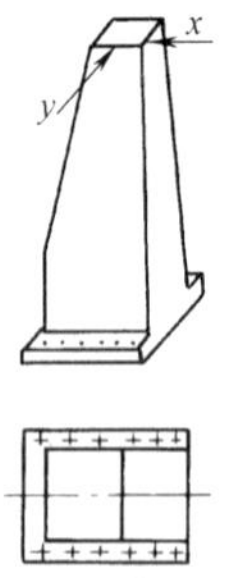	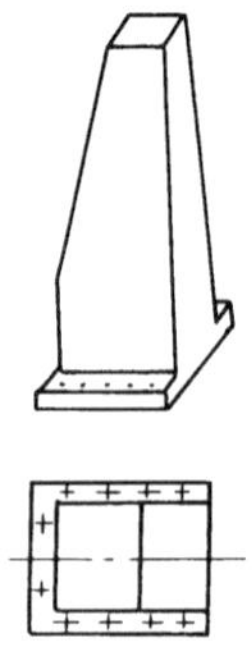	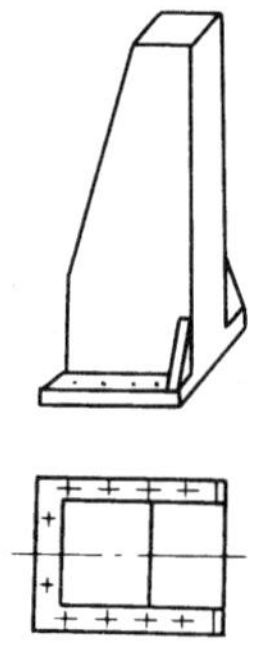	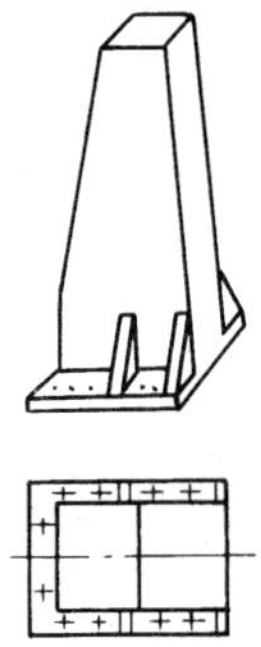	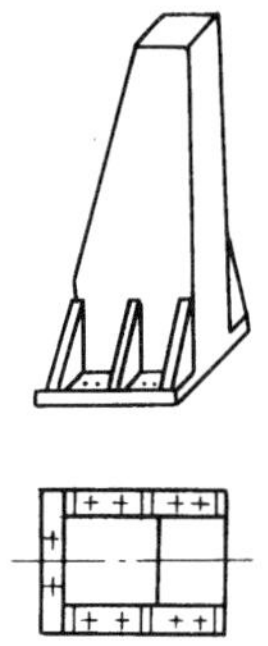
相对抗弯刚度(x 向)	1	1	1.4	1.37	1.37
相对抗弯刚度(y 向)	1	1.1	1.2	1.3	1.43
相对抗扭刚度	1	1.25	1.35	1.42	1.52

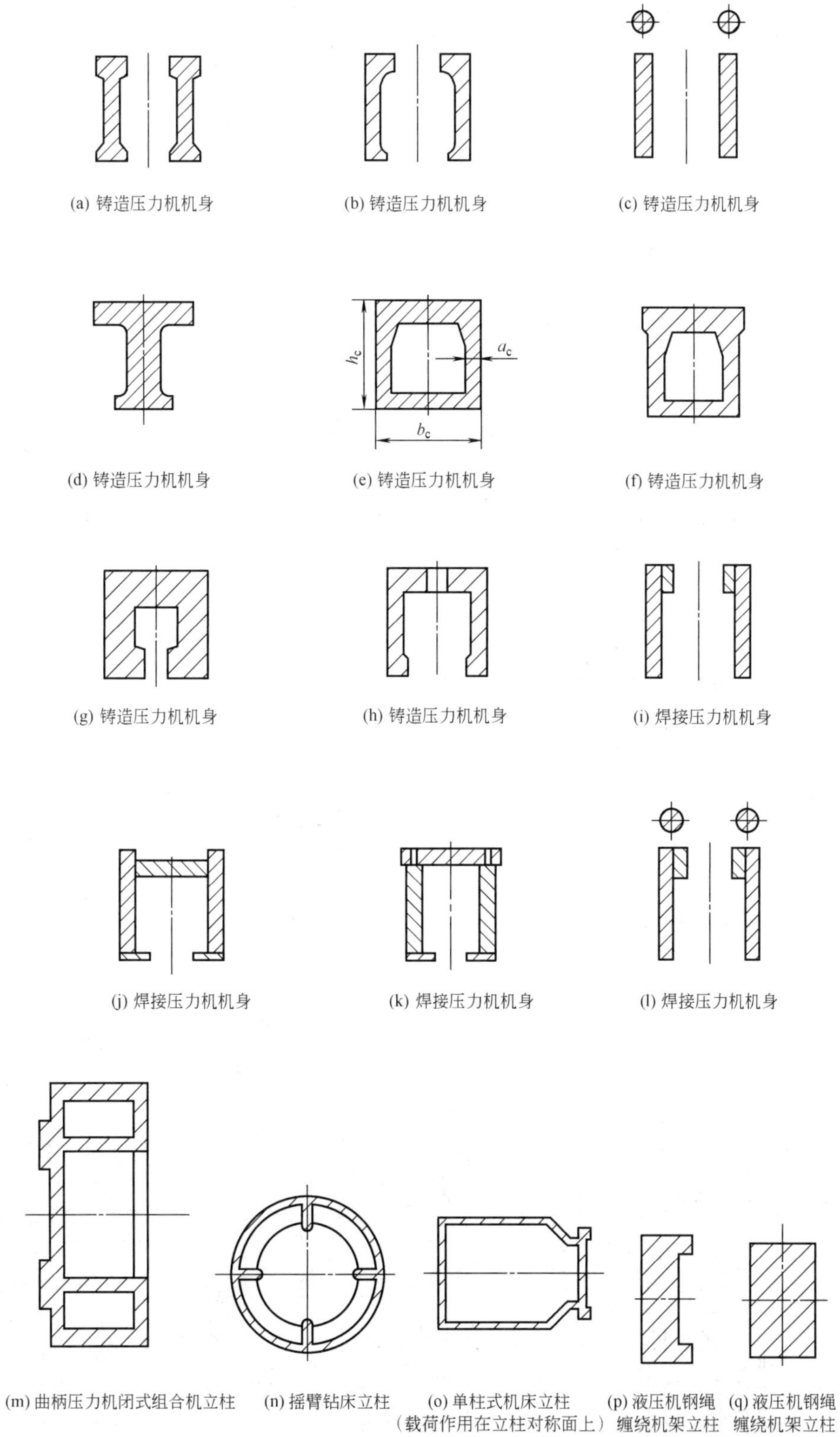

图 20-4-10　各种压力机机身和机床的立柱截面形状

2 柱的连接及柱和梁的连接

2.1 柱的拼接

第3章1.1节中各节点设计原则及连接节点的拼接或连接方法也适用于柱的连接及柱和梁的连接。柱的拼接连接示意图见图20-4-11。

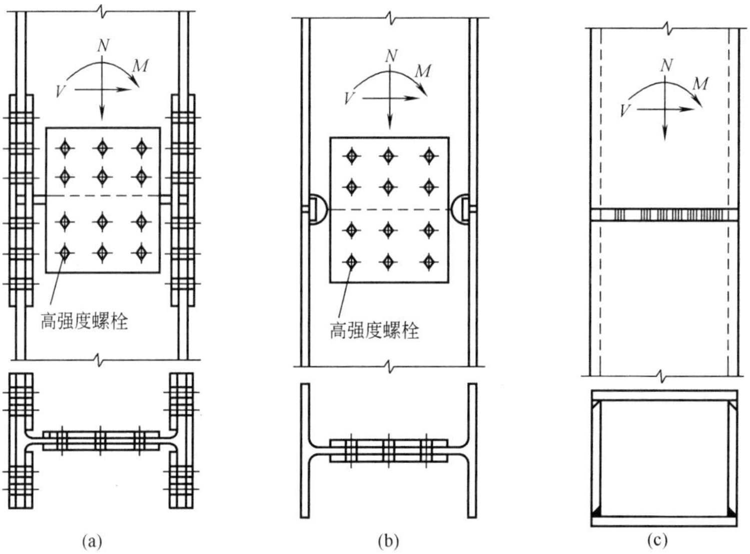

图20-4-11 柱的拼接连接示意图

2.2 柱脚的设计与连接

柱脚的连接分铰结柱脚和刚结柱脚。

铰结柱脚只承受柱子的轴心压力和水平剪力。铰结柱脚示意图见图20-4-12。

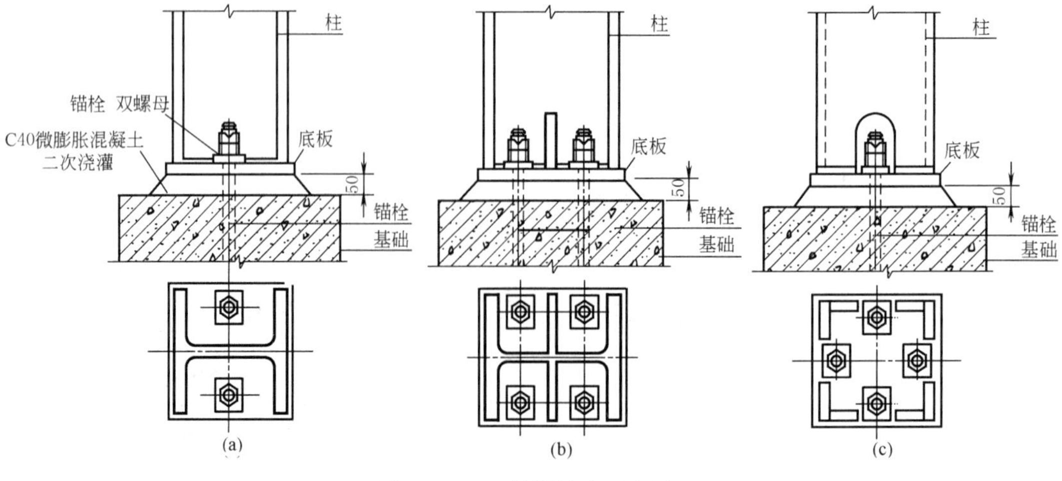

图20-4-12 铰结柱脚示意图

刚性固定柱脚不仅承受柱子的轴心压力和水平剪力，还要承受柱子的弯矩，如图 20-4-13 所示。图 20-4-13 中，图 a、b 是连接露于基础外面的；图 c、d 是连接埋于基础的（属大型结构，基础由土建设计）。

对于机械结构而言，一般分有铰柱脚和无铰柱脚。无铰柱脚在受力分析时有时仍按铰结来处理。

①有铰柱脚（图 20-4-14） 这类柱脚的支承环通常用锻件或铸件，它和柱子连接处应采用肋板或补强板，以提高局部强度和刚性。图 c 的铸造支承环宜用对接的连接，使焊缝避开工作应力复杂的区域。

②无铰柱脚（图 20-4-15） 图 a、b 是需要与基体直接焊成一体的结构；图 c、d 是靠铆钉或螺钉固定到基体上的结构。

请参见第 2 章 5. 2 节。

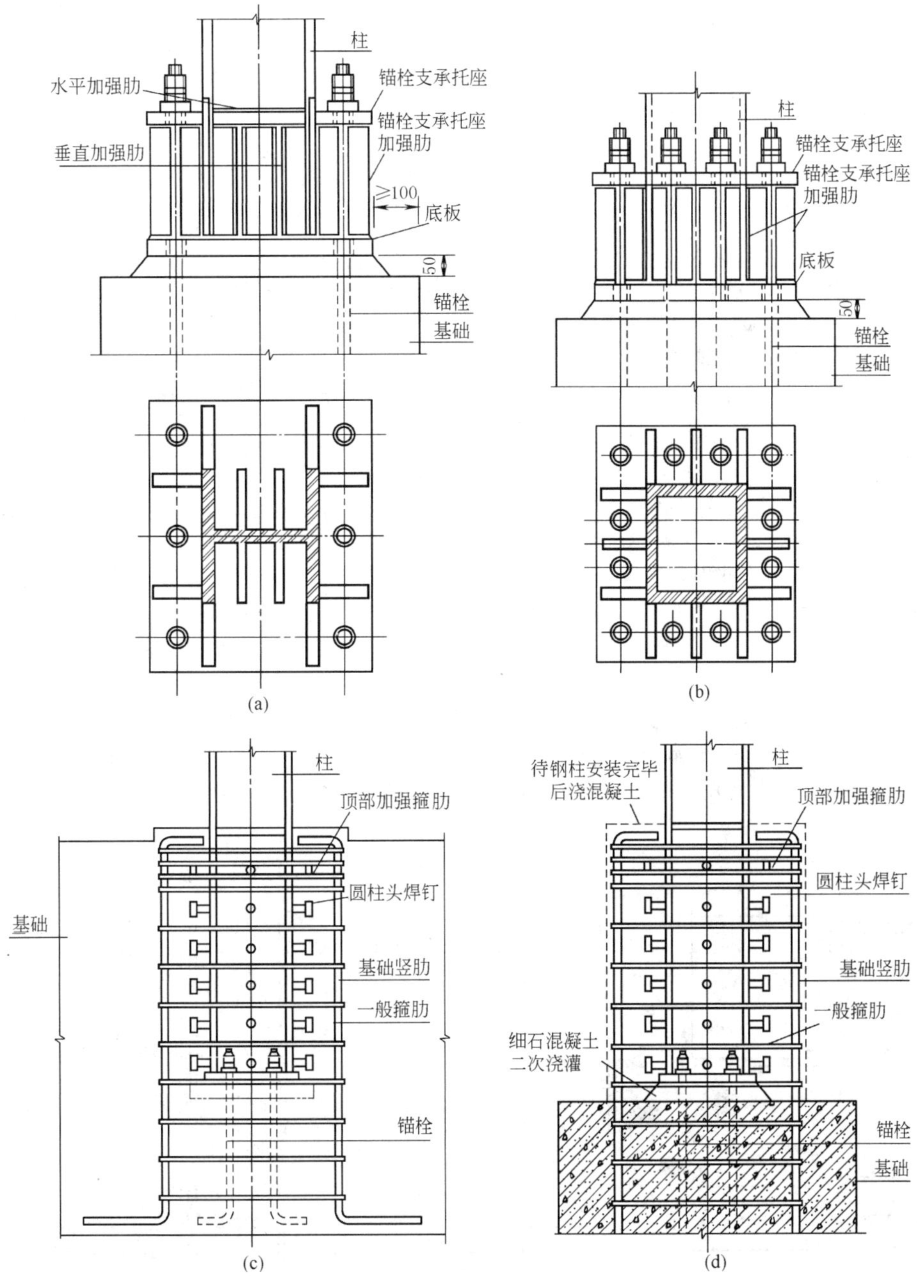

图 20-4-13 刚性固定柱脚示意图

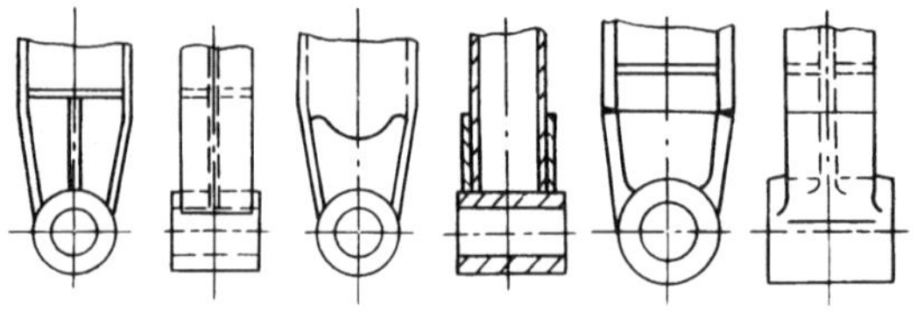

图 20-4-14　有铰柱脚

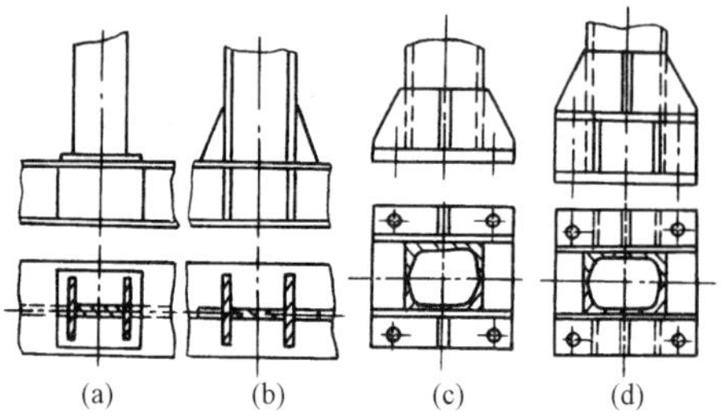

图 20-4-15　无铰柱脚

2.3　梁和梁及梁和柱的连接

梁和梁的连接分铰接和刚性连接两种。同样，铰接只传递拉压和剪力而不传递力矩；刚接则还传递力矩。还有一种半刚性连接，可传递部分力矩，但在机械计算中为简便起见，也按铰接考虑。

连接是以焊接连接为主，很少用螺钉或铆接。焊接方法可参看有关焊接规范。下面主要介绍用螺栓的连接方法。焊接连接结构可参看第 3 章第 1 节“梁的设计”，或仿此设计。

图 20-4-16 为梁和梁用螺钉或铆钉的连接形式，有的梁有承载薄板，皆属于铰接接头。

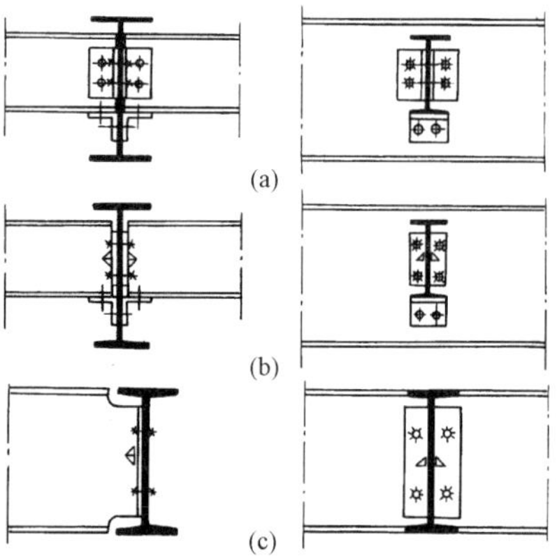

图 20-4-16　梁和梁的连接形式

图 20-4-17 为梁与柱的连接形式，其中图 a～d 为铰接连接，图 e、f 为半刚性连接。

梁与梁或梁与柱的刚性连接即抗弯连接必须保证弯矩的传递。图 20-4-18 所示为越过一根大梁的抗弯的梁连接，关键是梁的翼缘必须用盖板相连。此时，大梁的腹板是可能有间隙的。图 20-4-19 则是梁的相互连接之间有支座时的螺栓连接情况。

图 20-4-20 为梁与柱的连接示例。其中图 b、c 为悬臂梁，上下翼缘也可采用焊接（图 d），图 e 则是现场焊接的详图。

斜梁与柱连接成门式刚架时，端板可以采用竖放、横放或斜放三种形式，如图 20-4-21 所示。

螺栓或铆钉的最大、最小允许距离见表 20-4-4。螺钉及外肋条的数量对立柱连接处刚度的影响见表 20-4-3。

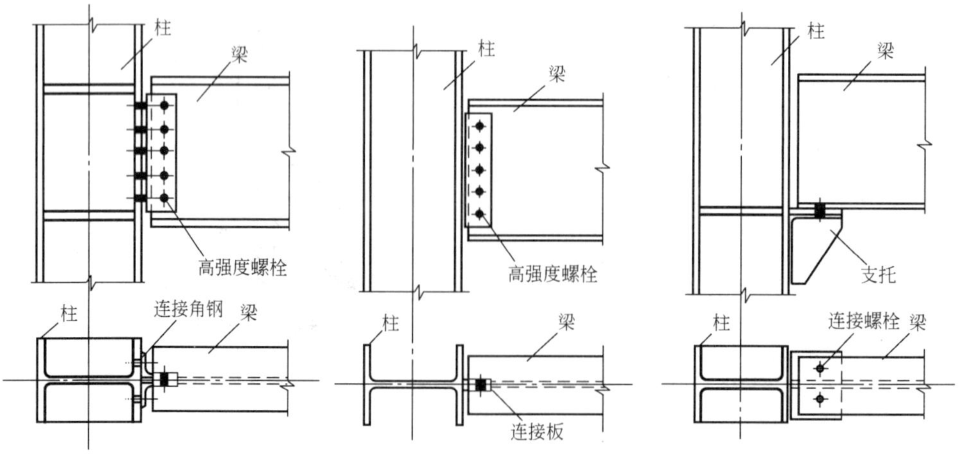

(a) 铰接连接　　(b) 铰接连接　　(c) 铰接连接

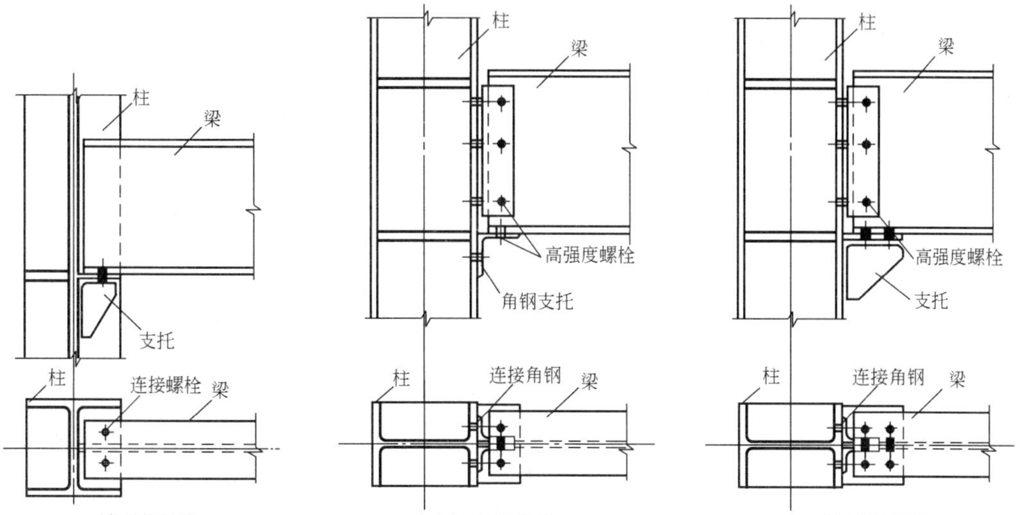

(d) 铰接连接　　(e) 半刚性连接　　(f) 半刚性连接

图 20-4-17　梁与柱的连接形式

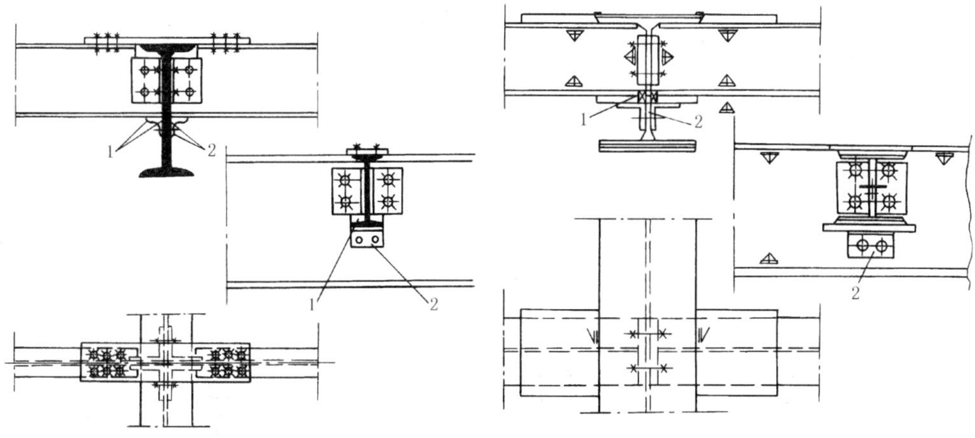

(a) 铆钉连接　　(b) 焊接连接

图 20-4-18　越过一根大梁的抗弯的梁连接

1—压块；2—安装角钢

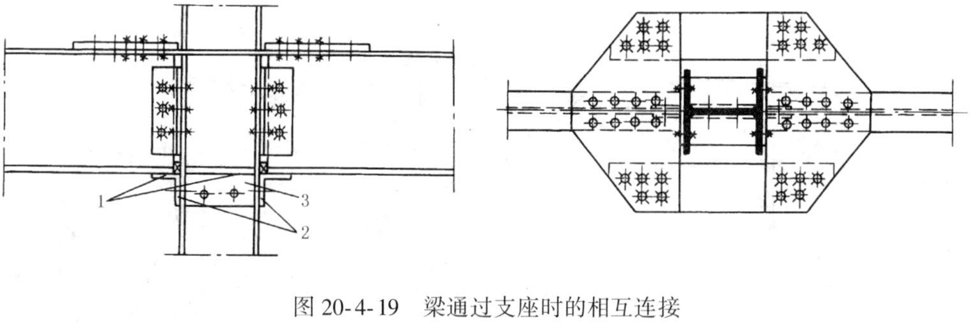

图 20-4-19　梁通过支座时的相互连接

1—压块；2—安装角钢；3—装配角钢

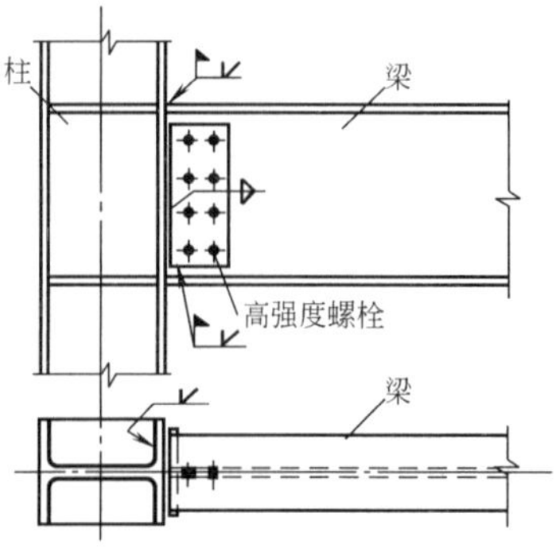

(a)

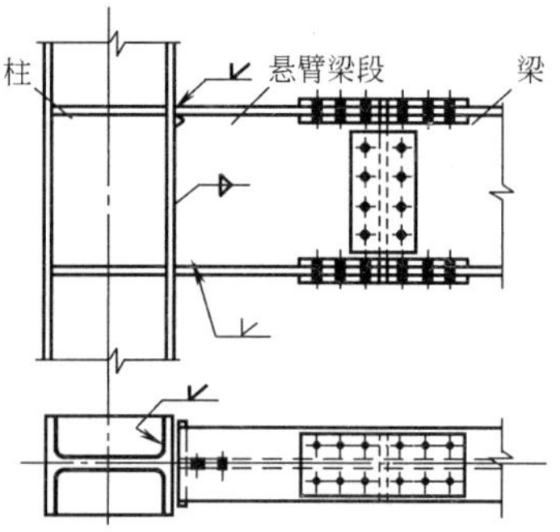

(b)

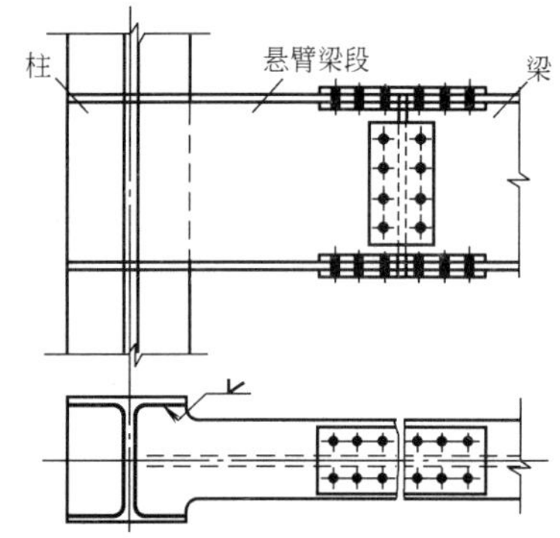

(c)

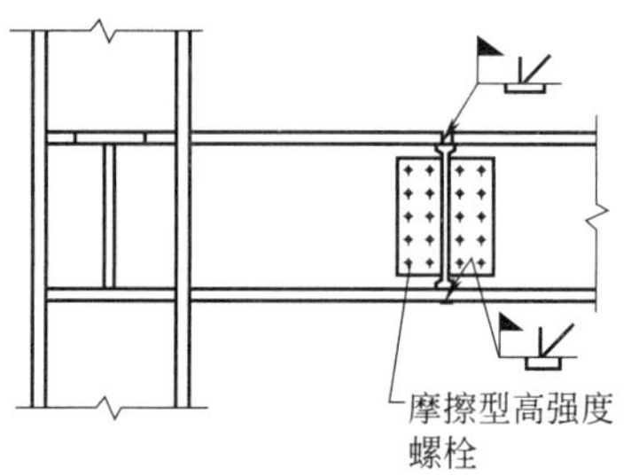

(d)

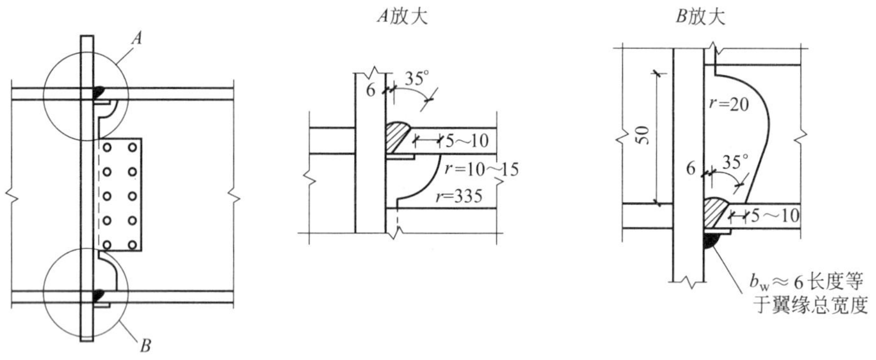

(e) 框架梁与柱的现场焊接详图

图 20-4-20　梁和柱的连接示例

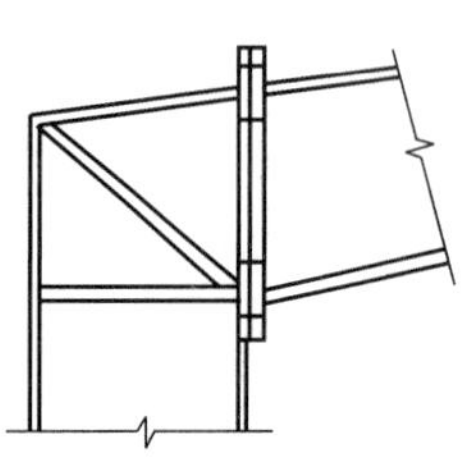

(a) 端板竖放

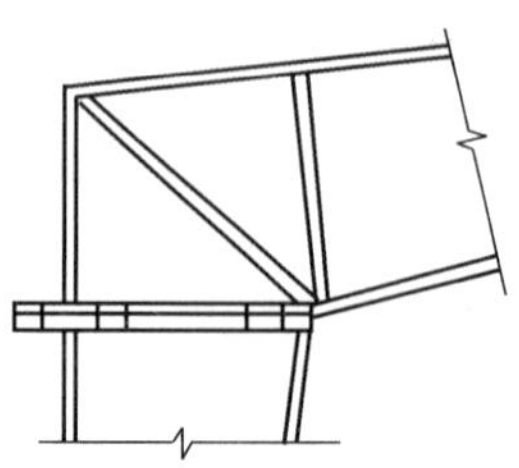

(b) 端板横放

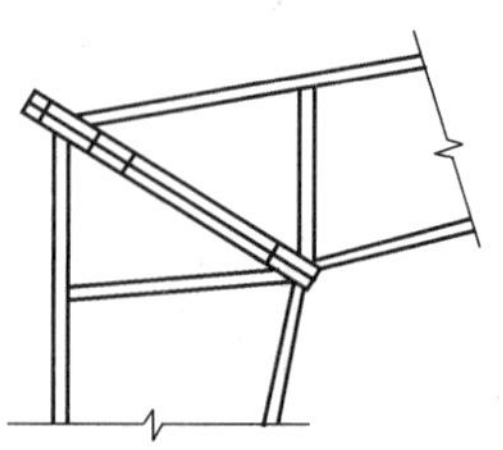

(c) 端板斜放

图 20-4-21　斜梁与柱连接成门式刚架

表 20-4-4　　螺栓或铆钉的最大、最小允许距离

名称	位置和方向			最大允许距离（取两者的较小值）	最小允许距离
中心间距	任意方向	外排		$8d_0$ 或 $12t$	$3d_0$
		中间排	构件受压力	$12d_0$ 或 $18t$	
			构件受拉力	$16d_0$ 或 $24t$	
中心至构件边缘的距离	顺内力方向			$4d_0$ 或 $8t$	$2d_0$
	垂直内力方向	切割边			$1.5d_0$
		轧制边	高强度螺栓		
			其他螺栓或铆钉		$1.2d_0$

注：1. d_0 为螺栓或铆钉的孔径；t 为外层较薄板件的厚度。

2. 钢板边缘与刚性构件（如角钢、槽钢等）相连的螺栓或铆钉的最大间距，可按中间排的数值采用。

3　稳定性计算

立架或柱的计算方法与梁的计算相似，但受压杆件必须进行稳定性校核计算。对于受弯构件的梁来说，若受到轴向压力，也必须进行稳定性校核。

3.1　不作侧向稳定性计算的条件

关于梁的局部稳定性见第 3 章 1.5 节，关于梁的整体稳定性见第 3 章 1.4 节。该两节的规定对于受侧向载荷的柱也是适用的。主要是两点：

①有铺板（各种钢筋混凝土板和钢板）密铺在梁或柱的受压翼缘上并与其牢固相连，能阻止其侧向位移时，可不必进行稳定性校核；

②工字形截面简支梁受压翼缘的自由长度与其宽度之比不超过第 3 章表 20-3-4 所规定的数值，钢板焊接的箱形截面的简支梁的截面尺寸在图 20-3-14 上面的规定第 3 章表 20-3-4 的数值范围之内，可不必进行局部稳定性校核。

关于单根杆件的临界载荷、临界应力和稳定性计算及计算举例可参看本手册第 1 篇第 1 章有关内容。本节只少量重复与本节相关的内容和介绍该章中未涉及的资料。

3.2　轴心受压稳定性计算

轴心受压构件的稳定性验算公式：

$$\sigma=\frac{N}{\varphi A}<\sigma_p \tag{20-4-1}$$

式中　A——构件的毛截面面积，mm^2；

N——计算轴向压力，N；

σ_p——材料的许用压应力；

φ——根据结构件的最大长细比 λ 按表 20-4-5 选取，当钢材的屈服点 σ_s 高于 $235N/mm^2$ 时，可近似用换算长细比 λ_h 按表 20-4-5 选取

换算长细比 λ_h 计算如下：

$$\lambda_h=\lambda\sqrt{\frac{\sigma_s}{235}} \tag{20-4-2}$$

式中　σ_s——所选材料的屈服点，N/mm^2；

λ——长细比，计算见本章 3.3 节。

表 20-4-5　　稳定系数 φ

$\lambda\sqrt{\frac{\sigma_s}{235}}$	φ	$\lambda\sqrt{\frac{\sigma_s}{235}}$	φ
0	1.000	130	0.387
10	0.992	140	0.345
20	0.970	150	0.308
30	0.936	160	0.276
40	0.899	170	0.249
50	0.856	180	0.225
60	0.807	190	0.204
70	0.751	200	0.186
80	0.688	210	0.170
90	0.621	220	0.156
100	0.555	230	0.144
110	0.493	240	0.133
120	0.437	250	0.123

注：根据构件截面的类别不同 φ 有不同的选择用表，本表相当于表 20-4-1 中 b 类截面的参数。但对于非标准设备的计算，这已足够了。如需分别对待，可按如下计算可得（或参见《起重机设计规范》附录）：

当 $\lambda_n=\frac{\lambda}{\pi}\sqrt{\sigma_s/E}\leqslant 0.215$ 时：$\varphi=1-\alpha_1\lambda_n^2$

当 $\lambda_n>0.215$ 时：$\varphi=\frac{1}{2\lambda_n^2}\left[(\alpha_2+\alpha_3\lambda_n+\lambda_n^2)-\sqrt{(\alpha_2+\alpha_3\lambda_n+\lambda_n^2)^2-4\lambda_n^2}\right]$

式中　　λ——构件长细比；

α_1，α_2，α_3——系数，按表 20-4-1 的分类由表 20-4-6 查得。

表 20-4-6　　系数 α_1、α_2、α_3

截面类别		α_1	α_2	α_3
a 类		0.41	0.986	0.152
b 类		0.65	0.965	0.300
c 类	$\lambda_n\leqslant 1.05$	0.73	0.906	0.595
	$\lambda_n>1.05$		1.216	0.302
d 类	$\lambda_n\leqslant 1.05$	1.35	0.868	0.915
	$\lambda_n>1.05$		1.375	0.432

3.3　结构构件的容许长细比与长细比计算

表 20-4-7　　结构构件的容许长细比 λ_p

构 件 名 称		受拉结构件	受压结构件
主要承载结构件	对桁架的弦杆	180	150
	对整个结构	200	180
次要承载结构件(如主桁架的其他杆件、辅助桁架的弦杆等)		250	200
其他构件		350	300

1）结构件的长细比按式（20-4-3）计算：

$$\lambda=\frac{l_C}{r}\leqslant\lambda_p \qquad (20\text{-}4\text{-}3)$$

$$r=\sqrt{\frac{I}{A}} \qquad (20\text{-}4\text{-}4)$$

式中 l_C——结构件的计算长度，其计算方法见（下面）3.4节，mm；

r——构件毛截面对某轴的回转半径，mm；

I——结构件对某轴的毛截面惯性矩，mm^4；

λ_p——结构件的许用长细比，见表20-4-7。

2）当结构件为格构式的组合结构件时，其整个结构件的换算长细比可按表20-4-8计算。

表20-4-8　　格构式构件换算长细比 λ_h 计算公式

构件截面形式	缀材类别	计 算 公 式	符 号 意 义
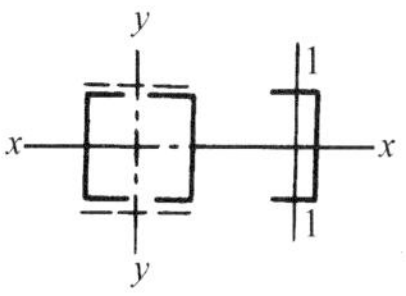	缀板	$\lambda_{hy}=\sqrt{\lambda_y{}^2+\lambda_1{}^2}$	λ_y——整个构件对虚轴的长细比 λ_1——单肢对1-1轴的长细比，其计算长度取缀板间的净距离（铆接构件取缀板边缘铆钉中心间的距离）
	缀条	$\lambda_{hy}=\sqrt{\lambda_y{}^2+27\frac{A}{A_1}}$	A——构件横截面所截各弦杆的毛截面面积之和 A_1——构件横截面所截各斜缀条的毛截面面积之和
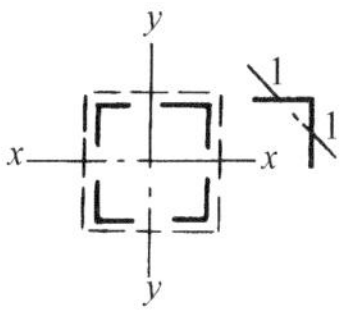	缀板	$\lambda_{hx}=\sqrt{\lambda_x^2+\lambda_1^2}$ $\lambda_{hy}=\sqrt{\lambda_y^2+\lambda_1^2}$	λ_1——单肢对最小刚度轴1-1的长细比，其计算长度取缀板间的净距离（铆接构件取缀板边缘铆钉中心间的距离）
	缀条	$\lambda_{hx}=\sqrt{\lambda_x^2+40\frac{A}{A_{1x}}}$ $\lambda_{hy}=\sqrt{\lambda_y^2+40\frac{A}{A_{1y}}}$	A_{1x}——构件横截面所截垂直于xx轴的平面内各斜缀条的毛截面面积之和 A_{1y}——构件横截面所截垂直于yy轴的平面内各斜缀条的毛截面面积之和
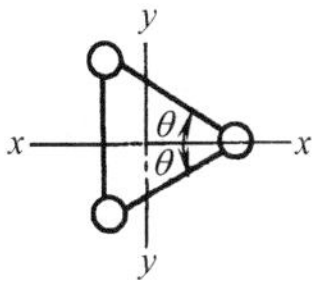	缀条	$\lambda_{hx}=\sqrt{\lambda_x^2+\frac{42A}{A_1(1.5-\cos^2\theta)}}$ $\lambda_{hy}=\sqrt{\lambda_y^2+\frac{42A}{A_1\cos^2\theta}}$	θ——缀条所在平面和x轴的夹角

注：1. 缀板组合结构件的单肢长细比 λ_1 不应大于40。缀板尺寸应符合下列规定：缀板沿柱纵向的宽度不应小于肢件轴线间距离的2/3，厚度不应小于该距离的1/40，并不小于6mm。

2. 斜缀条与结构件轴线间倾角应保持在40°～70°范围内。

3.4　结构件的计算长度

3.4.1　等截面柱

1）等截面杆件只考虑支承影响，受压构件计算长度按式（20-4-5）计算：

$$l_C=\mu_1 l \qquad (20\text{-}4\text{-}5)$$

式中 l——构件的实际几何长度；

μ_1——与支承方式有关的（在两个相互垂直的平面内不一定相同）长度系数，见表20-4-9。

2）作用力作用于柱的中部时的稳定系数计算见第1卷。

3.4.2　变截面受压构件

变截面受压构件计算长度按式（20-4-6）计算，构件的截面惯性矩取原构件的最大截面惯性矩：

$$l_C=\mu_1\mu_2 l \qquad (20\text{-}4\text{-}6)$$

式中 μ_2——变截面长度系数，见表20-4-10～表20-4-12，等截面时 $\mu_2=1$。

表 20-4-9 长度系数 μ_1 值

a/l	构 件 支 承 方 式							
	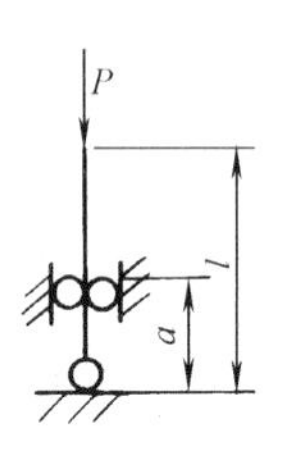	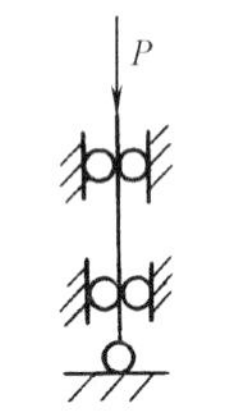	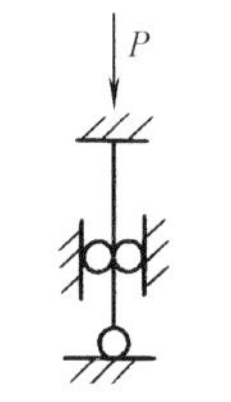	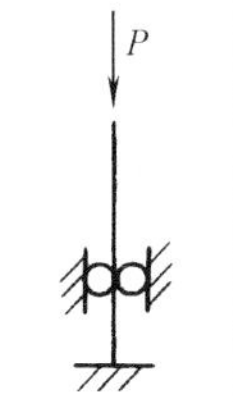	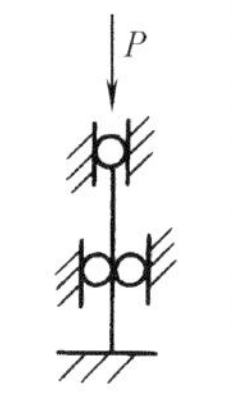	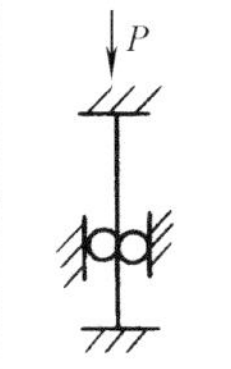	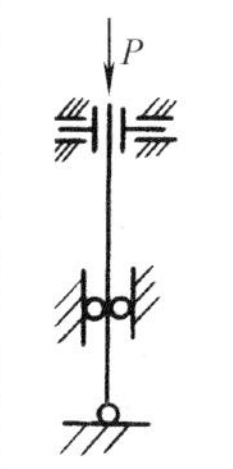	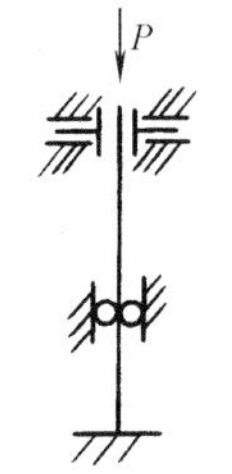
0	2.00	0.70	0.50	2.00	0.70	0.50	1.00	1.00
0.1	1.87	0.65	0.47	1.85	0.65	0.46	0.93	0.93
0.2	1.73	0.60	0.44	1.70	0.59	0.43	0.87	0.85
0.3	1.60	0.56	0.41	1.55	0.54	0.39	0.80	0.78
0.4	1.47	0.52	0.41	1.40	0.49	0.36	0.75	0.70
0.5	1.35	0.50	0.44	1.26	0.44	0.35	0.70	0.64
0.6	1.23	0.52	0.49	1.11	0.41	0.36	0.67	0.58
0.7	1.13	0.56	0.54	0.98	0.41	0.39	0.67	0.53
0.8	1.06	0.60	0.59	0.85	0.44	0.43	0.68	0.51
0.9	1.01	0.65	0.65	0.76	0.47	0.46	0.69	0.50
1.0	1.00	0.70	0.70	0.70	0.50	0.50	0.70	0.50

表 20-4-10 变截面长度系数 μ_2 值

变截面形式	I_{min}/I_{max}	μ_2	变截面形式	I_{min}/I_{max}	μ_2
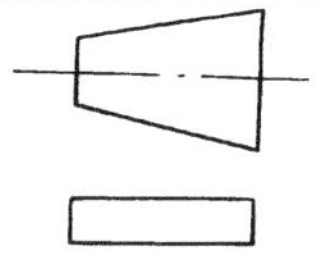 I_x 呈线性变化	0.1	1.45	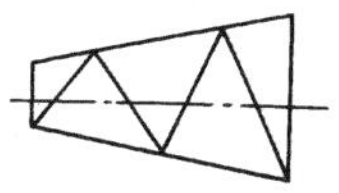 I_x 呈抛物线变化	0.1	1.66
	0.2	1.35		0.2	1.45
	0.4	1.21		0.4	1.24
	0.6	1.13		0.6	1.13
	0.8	1.06		0.8	1.05

表 20-4-11 变截面长度系数 μ_2 值

变截面形式	μ_2						
	I_{min}/I_{max}	n	m = 0	0.2	0.4	0.6	0.8
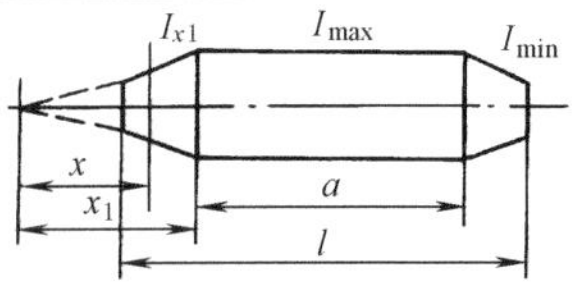 $\frac{I_x}{I_{max}}=\left(\frac{x}{x_1}\right)^n, m=\frac{a}{l}$ n=1  n=2 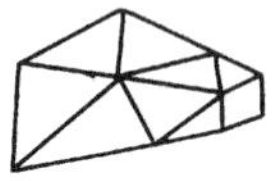 n=3 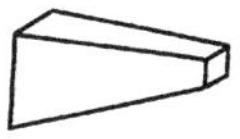 n=4 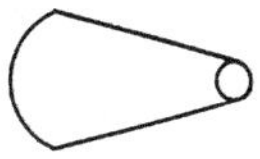 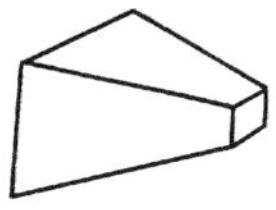	0.1	1	1.23	1.14	1.07	1.02	1.00
		2	1.35	1.22	1.10	1.03	1.00
		3	1.40	1.31	1.12	1.04	1.00
		4	1.43	1.33	1.13	1.04	1.00
	0.2	1	1.19	1.11	1.05	1.01	1.00
		2	1.25	1.15	1.07	1.02	1.00
		3	1.27	1.16	1.08	1.03	1.00
		4	1.28	1.17	1.08	1.03	1.00
	0.4	1	1.12	1.07	1.04	1.01	1.00
		2	1.14	1.08	1.04	1.01	1.00
		3	1.15	1.09	1.04	1.01	1.00
		4	1.15	1.09	1.04	1.01	1.00
	0.6	1	1.07	1.04	1.02	1.01	1.00
		2	1.08	1.05	1.02	1.01	1.00
		3	1.08	1.05	1.02	1.01	1.00
		4	1.08	1.05	1.02	1.01	1.00
	0.8	1	1.03	1.02	1.01	1.00	1.00
		2	1.03	1.02	1.01	1.00	1.00
		3	1.03	1.02	1.01	1.00	1.00
		4	1.03	1.02	1.01	1.00	1.00

表 20-4-12　　变截面长度系数 μ_2 值（箱形伸缩臂）

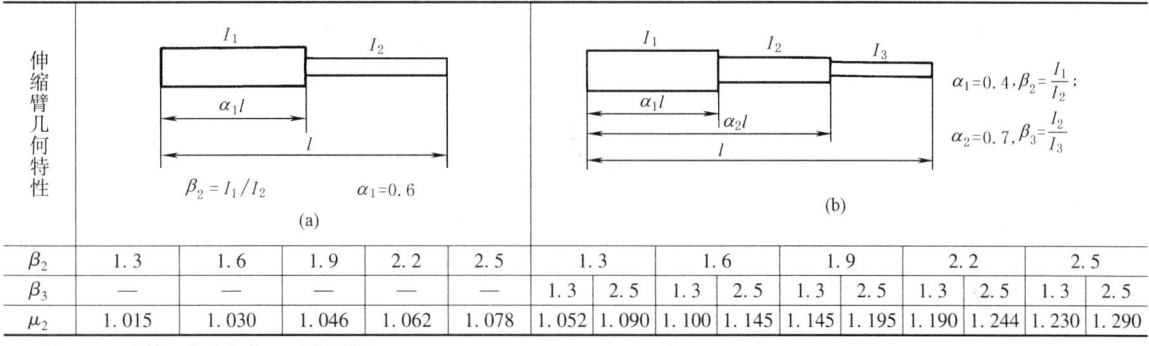

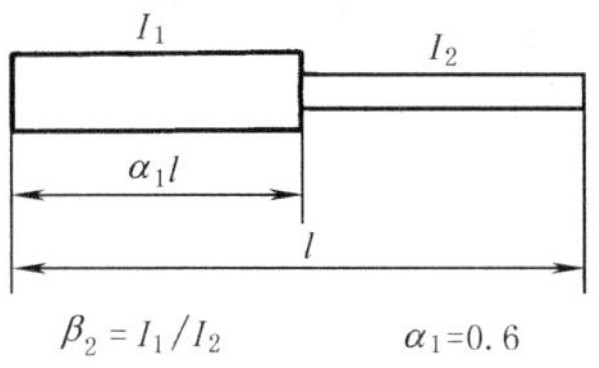

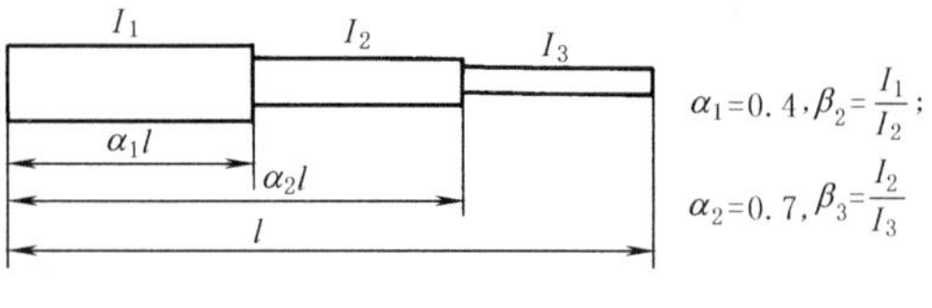

伸缩臂几何特性	(a)					(b)									
β_2	1.3	1.6	1.9	2.2	2.5	1.3		1.6		1.9		2.2		2.5	
β_3	—	—	—	—	—	1.3	2.5	1.3	2.5	1.3	2.5	1.3	2.5	1.3	2.5
μ_2	1.015	1.030	1.046	1.062	1.078	1.052	1.090	1.100	1.145	1.145	1.195	1.190	1.244	1.230	1.290

注：1. I_i 为第 i 节臂的截面平均惯性矩。

2. 若 β 值处在 1.3 和 2.5 之间，可用线性插值法查得 μ_2 值。

3. 如还要详细计算多节伸缩臂，请参见《起重机设计规范》。

3.4.3　桁架构件的计算长度

1）确定桁架交叉腹杆的长细比时，在桁架平面内的计算长度应取节点中心到交叉点间的距离，在桁架平面外的计算长度应按表 20-4-13 的规定采用。

表 20-4-13　　桁架交叉腹杆在桁架平面外的计算长度

项　次	杆件类别	杆件的交叉情况	桁架平面外计算长度
1	压　　杆	当相交的另一杆受拉，且两杆在交叉点均不中断	$0.5l$
2		当相交的另一杆受拉，两杆中有一杆在交叉点中断并以节点板搭接	$0.7l$
3		其他情况	l
4	拉　　杆		l

注：1. l 为节点中心间距（交叉点不作为节点考虑）。

2. 当两交叉杆都受压时，不宜有一杆中断。

3. 当确定交叉腹杆中单角钢压杆斜平面内的长细比时，计算长度应取节点中心至交叉点间距离。

2）确定桁架弦杆和单系腹杆的长细比时，其计算长度 l_0 应按表 20-4-14 的规定采用。

如桁架弦杆侧向支承点之间的距离为节间长度的 2 倍（图 20-4-22），且侧向支承点之间的轴心压力有变化时，则该弦杆在桁架平面外的计算长度应按式（20-4-7）确定：

$$l_0 = l_1\left(0.75+0.25\frac{N_2}{N_1}\right) \tag{20-4-7}$$

但不小于 $0.5l_1$。

式中　N_1——较大的压力，计算时取正值；

N_2——较小的压力或拉力，计算时压力取正值，拉力取负值。

桁架再分式腹杆体系的受压主斜杆（图 20-4-23a）及 K 形腹杆体系的竖杆（图 20-4-23b）等，在桁架平面外的计算长度也应按式（20-4-7）确定（受拉主斜杆仍取 l_1）；在桁架平面内的计算长度则取节点中心间距。

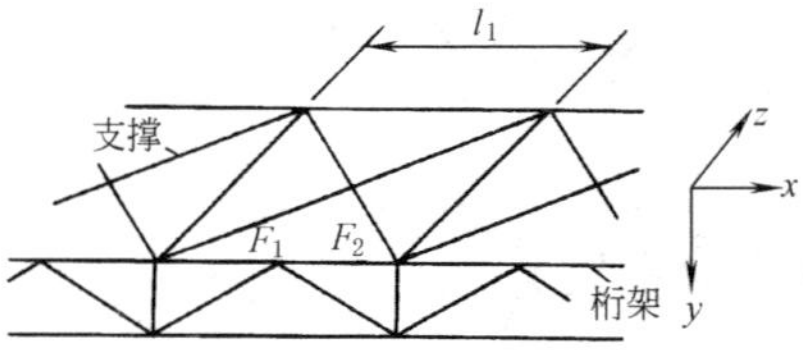

图 20-4-22　弦杆轴心压力在侧向支承点之间有变化的桁架简图

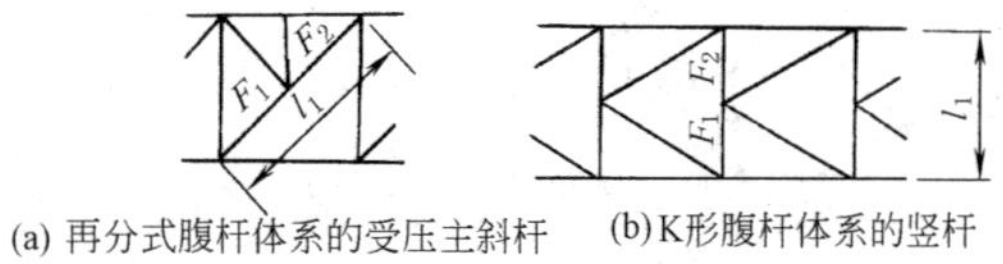

图 20-4-23　受压腹杆压力有变化的桁架简图

表 20-4-14　　桁架弦杆和单系腹杆的计算长度 l_0

项　　次	弯　曲　方　向	弦　　杆	腹　　　杆	
			支座斜杆和支座竖杆	其他腹杆
1	在桁架平面内	l	l	$0.8l$
2	在桁架平面外	l_1	l	l
3	斜平面	—	l	$0.9l$

注：1. l 为构件的几何长度（节点中心间距）；l_1 为桁架弦杆侧向支承点之间的距离。

2. 第 3 项斜平面是指与桁架平面斜交的平面，适用于构件截面两主轴均不在桁架平面内的单角钢腹杆和双角钢十字形截面腹杆。

3. 无节点板的腹杆计算长度在任意平面内均取其等于几何长度。

3.4.4　特殊情况

在特殊情况下，例如，考虑到起重机吊臂端部有变幅拉臂钢丝绳或起升钢丝绳的有利影响，吊臂在回转平面内的计算长度还要考虑长度系数，按式（20-4-8）计算：

$$l_C=\mu_1\mu_2\mu_3 l \tag{20-4-8}$$

式中　μ_3——由于拉臂钢丝绳或起升钢丝绳影响的长度系数。

当吊臂由拉臂钢丝绳变幅时（图 20-4-24a），长度系数 μ_3 可由式（20-4-9）求得。若计算值小于 1/2 时，则 μ_3 取 1/2。

$$\mu_3=1-\frac{A}{2B} \tag{20-4-9}$$

当吊臂由变幅油缸变幅时（图 20-4-24b），起升绳影响的长度系数可由式（20-4-10）求得：

$$\mu_3=1-\frac{c}{2} \tag{20-4-10}$$

$$c=\frac{1}{\cos\alpha+a\sin\theta}\times\frac{l}{H}$$

式中　a——起升滑轮组倍率；

l——吊臂长度；

θ，α，A，B，H——几何尺寸，见图 20-4-24。

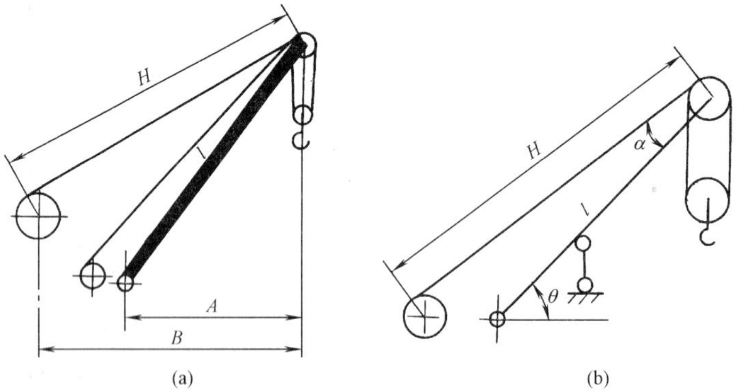

图 20-4-24

3.5　偏心受压构件

构件受偏心压力且在截面 x、y 两个方向都产生弯矩时，强度计算公式如下：

$$\frac{N}{\varphi A}+\frac{M_x}{W_x}+\frac{M_y}{W_y}\leqslant\sigma_p \tag{20-4-11}$$

式中　N——作用在构件上的轴向力，N；

M_x，M_y——截面 x、y 轴的弯矩，包括 N 力偏心产生的弯矩，N · mm；
W_x，W_y——截面对 x、y 轴的截面模数；
φ——稳定系数，用截面较弱方向，即用换算长细比 λ_h 较大的选取；
σ_p——许用应力，N/mm^2。

对于偏心受压构件，因为在机架结构强度方面都设计得偏于安全，且通常都有其他设备和构件相互接触或限制，一般来说上面的计算就足够了。但有些特殊情况，例如现成的结构较单薄，而横向载荷产生弯矩较大，且又有较大的轴向力，此时，如弯矩产生的变形（挠度）f_1，将使轴向力 N 产生附加弯矩 Nf_1，该弯矩又使变形增大。受载荷的梁轴端作用有大的轴向力时也有此状态。此时应综合计算。当然这是极少遇到的。可以先采用如下的方法简单计算和处理。

① 首先确定该立杆允许的最大位移量 f_0；

② 设杆端的偏心压力是 Y，偏心距为 e，则中心压力 Y_1 数值上等于 Y，偏心弯矩为 $M_1=Y_1e$；

③ 求杆件作用有纯弯矩 $M=M_1+(2/3)Y_1f_0=Y_1(e+2f_0/3)$ 时的位移 f_1 及求杆件在横向载荷作用下该点的位移 f_2，令 $f=f_1+f_2$；

④ 如 $f<f_0$ 则说明杆件是稳定的，如 $f>f_0$ 则直接加大杆件尺寸或改变结构布置。

受弯杆件的侧向翼缘的稳定性已在第 3 章 1.4 节“梁的整体稳定性”中谈及，可参看。

3.6 加强肋板构造尺寸的要求

对于薄板的局部稳定性和配肋板的要求，已在梁板的加强肋板中说明。不必进行局部稳定性的条件对于加强肋板构造尺寸的还有如下要求：

1）工字形截面的构件受压翼缘外伸宽度与其厚度之比不大于 $15\sqrt{\dfrac{235}{\sigma_s}}$。

2）纵向加劲肋之间的受压翼缘板宽度与厚度之比不大于 $60\sqrt{\dfrac{235}{\sigma_s}}$，且计算压应力不大于 $0.8\sigma_p$。

3）腹板横向加强肋间距 a 不得小于 $0.5h$ 且不应大于 $2h$（h 为腹板高度）。

4）腹板两侧成对配置矩形截面横向加劲肋时，其截面尺寸按式（20-4-12）、式（20-4-13）确定：

$$b_1 \geqslant \frac{b}{30}+40 \tag{20-4-12}$$

$$t_1=\frac{1}{15}b\sqrt{\frac{\sigma_s}{235}} \tag{20-4-13}$$

式中　b_1——横向加强肋的外伸宽度，mm；
t_1——横向加强肋的厚度，mm；
b——板的总宽度，mm。

5）在板同时采用横向加强肋和纵向加强肋时，横向加强肋除尺寸应符合上述规定外，还应满足式（20-4-14）的要求：

$$I_{t1} \geqslant 3bt^3 \tag{20-4-14}$$

式中　I_{t1}——横向加强肋的截面对该板板厚中心线的惯性矩，mm^4；
t——板厚，mm。

此时，腹板纵向加强肋应满足式（20-4-15）或式（20-4-16）的要求：

$a/b \leqslant 0.85$ 时
$$l_{t2} \geqslant \left(2.5-0.45\frac{a}{b}\right)\frac{a^2}{b}t^3 \tag{20-4-15}$$

$a/b>0.85$ 时
$$l_{t2} \geqslant 1.5bt^3 \tag{20-4-16}$$

式中　l_{t2}——板纵向加强肋的截面对板厚中心线的惯性矩，mm^4；
a——加强肋间距。

3.7 圆柱壳的局部稳定性

1）受轴压或压弯联合作用的圆柱体不必计算局部稳定性的条件是：

$$\frac{t}{R} \geqslant 25\frac{\sigma_s}{E} \tag{20-4-17}$$

式中　t——壳体壁厚，mm；

R——壳体中面半径，mm。

2）圆柱壳两端应设置加强环或相应作用的结构件。当壳体长度大于 10R 时，需设置中间加强环，加强环的间距不大于 10R。加强环的截面惯性矩应满足式（20-4-18）的要求：

$$I_z \geqslant \frac{Rt^3}{2}\sqrt{\frac{R}{t}} \tag{20-4-18}$$

式中　I_z——圆柱壳加强环的截面惯性矩，mm^4。

如果要计算板和圆柱壳的局部稳定性，可查看《起重机设计规范》。

4　柱的位移与计算用表

1）等截面柱的位移计算公式见表 20-4-15；

2）单阶柱的位移计算公式见表 20-4-16；

3）顶部铰支等截面柱的顶支座反力计算公式见表 20-4-17；

4）顶部铰支单阶柱的柱顶支座反力计算公式见表 20-4-18。

等截面柱的位移计算公式

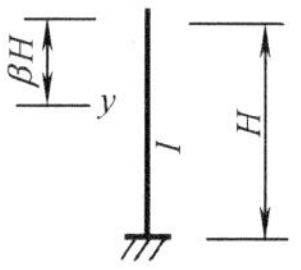

α——力作用点的距离（自柱顶点算起）与柱高之比；

β——变形点的距离（自柱顶点算起）与柱高之比

表 20-4-15

序号	载荷图形	y 点的位置	y 点的位移
1		$\beta=0$	$\Delta_y=\frac{MH^2}{2EI}$
		$\beta<1$	$\Delta_y=\frac{1}{2}(1-\beta)^2\frac{MH^2}{EI}$
2	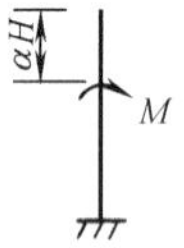	$\beta=0$	$\Delta_y=\frac{1}{2}(1-\alpha^2)\frac{MH^3}{EI}$
		$\beta<\alpha$	$\Delta_y=\frac{1}{2}(1-\alpha)(1+\alpha-2\beta)\frac{MH^2}{EI}$
		$\beta=\alpha$	$\Delta_y=\frac{1}{2}(1-\alpha)^2\frac{MH^2}{EI}$
		$\beta>\alpha$	$\Delta_y=\frac{1}{2}(1-\beta^2)\frac{MH^2}{EI}$
3		$\beta=0$	$\Delta_y=\frac{PH^3}{3EI}$
		$\beta<1$	$\Delta_y=\frac{1}{6}(1-\beta)^2(2+\beta)\frac{PH^3}{EI}$
4	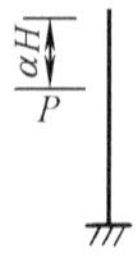	$\beta=0$	$\Delta_y=\frac{1}{6}(1-\alpha)^2(2+\alpha)\frac{PH^3}{EI}$
		$\beta<\alpha$	$\Delta_y=\frac{1}{6}(1-\alpha)^2(2+\alpha-3\beta)\frac{PH^3}{EI}$
		$\beta=\alpha$	$\Delta_y=\frac{1}{3}(1-\alpha)^3\frac{PH^3}{EI}$
		$\beta>\alpha$	$\Delta_y=\frac{1}{6}(1-\beta)^2(2+\beta-3\alpha)\frac{PH^3}{EI}$
5	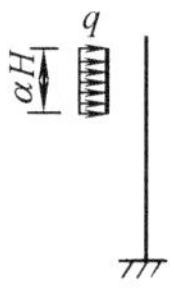	$\beta=0$	$\Delta_y=\frac{1}{24}\alpha(8-6\alpha+\alpha^3)\frac{qH^4}{EI}$
		$\beta<\alpha$	$\Delta_y=\frac{1}{24}[(1-\beta)^2(3+2\beta+\beta^2)-(1-\alpha)^3(3+\alpha-4\beta)]\frac{qH^4}{EI}$
		$\beta=\alpha$	$\Delta_y=\frac{1}{12}\alpha(1-\alpha)^2(4-\alpha)\frac{qH^4}{EI}$
		$\beta>\alpha$	$\Delta_y=\frac{1}{24}(1-\beta)^2[3+2\beta+\beta^2-2(1-\alpha)^2-(1+\beta-2\alpha)^2]\frac{qH^4}{EI}$
6	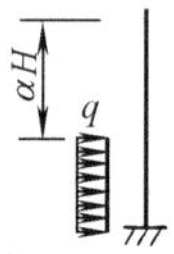	$\beta=0$	$\Delta_y=\frac{1}{24}(1-\alpha)^3(3+\alpha)\frac{qH^4}{EI}$
		$\beta<\alpha$	$\Delta_y=\frac{1}{24}(1-\alpha)^3(3+\alpha-4\beta)\frac{qH^4}{EI}$
		$\beta=\alpha$	$\Delta_y=\frac{1}{8}(1-\alpha)^4\frac{qH^4}{EI}$
		$\beta>\alpha$	$\Delta_y=\frac{1}{24}(1-\beta)^2[2(1-\alpha)^2+(1+\beta-2\alpha)^2]\frac{qH^4}{EI}$
7	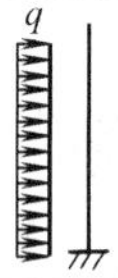	$\beta=0$	$\Delta_y=\frac{qH^4}{8EI}$
		$\beta<1$	$\Delta_y=\frac{1}{24}(1-\beta)^2(3+2\beta+\beta^2)\frac{qH^4}{EI}$

单阶柱的位移计算公式

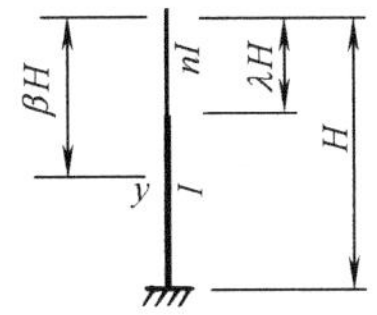

$$\mu=\frac{1}{n}-1$$

α——力作用点的距离（自柱顶点算起）与柱高之比；
β——变形点的距离（自柱顶点算起）与柱高之比；
λ——单阶柱变截面点到顶点距离与柱高之比；
n——两截面惯性矩之比

表 20-4-16

序号	载荷图形	y 点的位置	y 点的位移
1		$\beta=0$	$\Delta_y=\frac{1}{2}(1+\mu\lambda^2)\frac{MH^2}{EI}$
		$\beta<\lambda$	$\Delta_y=\frac{1}{2}[(1-\beta)^2+\mu(\lambda-\beta)^2]\frac{MH^2}{EI}$
		$\beta=\lambda$	$\Delta_y=\frac{1}{2}(1-\lambda)^2\frac{MH^2}{EI}$
		$\beta>\lambda$	$\Delta_y=\frac{1}{2}(1-\beta)^2\frac{MH^2}{EI}$
2	$\alpha<\lambda$ 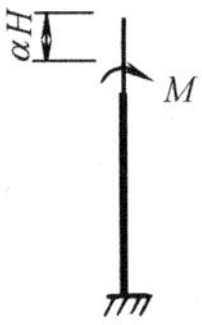	$\beta=0$	$\Delta_y=\frac{1}{2}[1-\alpha^2+\mu(\lambda^2-\alpha^2)]\frac{MH^2}{EI}$
		$\beta<\alpha$	$\Delta_y=\frac{1}{2}[(1-\alpha)(1+\alpha-2\beta)+\mu(\lambda-\alpha)(\lambda+\alpha-2\beta)]\frac{MH^2}{EI}$
		$\beta=0$	$\Delta_y=\frac{1}{2}[(1-\alpha)^2+\mu(\lambda-\alpha)^2]\frac{MH^2}{EI}$
		$\alpha<\beta<\lambda$	$\Delta_y=\frac{1}{2}[(1-\beta)^2+\mu(\lambda-\beta)^2]\frac{MH^2}{EI}$
		$\beta=\lambda$	$\Delta_y=\frac{1}{2}(1-\lambda)^2\frac{MH^2}{EI}$
		$\beta>\lambda$	$\Delta_y=\frac{1}{2}(1-\beta)^2\frac{MH^2}{EI}$
3	$\alpha=\lambda$ 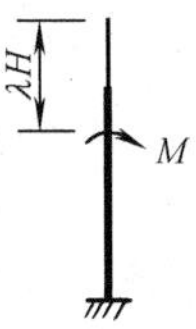	$\beta=0$	$\Delta_y=\frac{1}{2}(1-\lambda^2)\frac{MH^2}{EI}$
		$\beta<\lambda$	$\Delta_y=\frac{1}{2}(1-\lambda)(1+\lambda-2\beta)\frac{MH^2}{EI}$
		$\beta=\lambda$	$\Delta_y=\frac{1}{2}(1-\lambda^2)\frac{MH^2}{EI}$
		$\beta>\lambda$	$\Delta_y=\frac{1}{2}(1-\beta)^2\frac{MH^2}{EI}$
4	$\alpha>\lambda$ 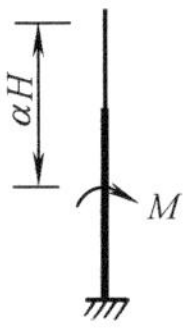	$\beta=0$	$\Delta_y=\frac{1}{2}(1-\alpha^2)\frac{MH^2}{EI}$
		$\beta<\lambda$	$\Delta_y=\frac{1}{2}(1-\alpha)(1+\alpha-2\beta)\frac{MH^2}{EI}$
		$\beta=\lambda$	$\Delta_y=\frac{1}{2}(1-\alpha)(1+\alpha-2\lambda)\frac{MH^2}{EI}$
		$\lambda<\beta<\alpha$	$\Delta_y=\frac{1}{2}(1-\alpha)(1+\alpha-2\beta)\frac{MH^2}{EI}$
		$\beta=\alpha$	$\Delta_y=\frac{1}{2}(1-\alpha)^2\frac{MH^2}{EI}$
		$\beta>\alpha$	$\Delta_y=\frac{1}{2}(1-\beta)^2\frac{MH^2}{EI}$
5		$\beta=0$	$\Delta_y=\frac{1}{3}(1+\mu\lambda^3)\frac{PH^3}{EI}$
		$\beta<\lambda$	$\Delta_y=\frac{1}{6}[(1-\beta)^2(2+\beta)+\mu(\lambda-\beta)^2(2\lambda+\beta)]\frac{PH^3}{EI}$
		$\beta=\lambda$	$\Delta_y=\frac{1}{6}(1-\lambda)^2(2+\lambda)\frac{PH^3}{EI}$
		$\beta>\lambda$	$\Delta_y=\frac{1}{6}(1-\beta)^2(2+\beta)\frac{PH^3}{EI}$

续表

序号	载荷图形	y点的位置	y点的位移
6	$\alpha<\lambda$ 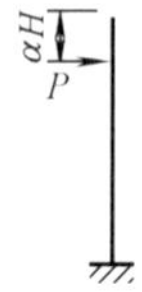	$\beta=0$	$\Delta_y=\frac{1}{6}[(1-\alpha)^2(2+\alpha)+\mu(\lambda-\alpha)^2(2\lambda+\alpha)]\frac{PH^3}{EI}$
		$\beta<\alpha$	$\Delta_y=\frac{1}{6}[(1-\alpha)^2(2+\alpha-3\beta)+\mu(\lambda-\alpha)^2(2\lambda+\alpha-3\beta)]\frac{PH^3}{EI}$
		$\beta=\alpha$	$\Delta_y=\frac{1}{3}[(1-\alpha)^3+\mu(\lambda-\alpha)^3]\frac{PH^3}{EI}$
		$\alpha<\beta<\lambda$	$\Delta_y=\frac{1}{6}[(1-\beta)^2(2+\beta-3\alpha)+\mu(\lambda-\beta)^2(2\lambda+\beta-3\alpha)]\frac{PH^3}{EI}$
		$\beta=\lambda$	$\Delta_y=\frac{1}{6}(1-\lambda)^2(2+\lambda-3\alpha)\frac{PH^3}{EI}$
		$\beta>\lambda$	$\Delta_y=\frac{1}{6}(1-\beta)^2(2+\beta-3\alpha)\frac{PH^3}{EI}$
7	$\alpha=\lambda$ 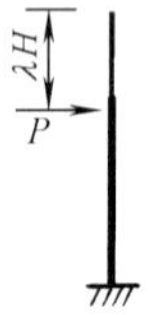	$\beta=0$	$\Delta_y=\frac{1}{6}(1-\lambda)^2(2+\lambda)\frac{PH^3}{EI}$
		$\beta<\lambda$	$\Delta_y=\frac{1}{6}(1-\lambda)^2(2+\lambda-3\beta)\frac{PH^3}{EI}$
		$\beta=\lambda$	$\Delta_y=\frac{1}{3}(1-\lambda)^3\frac{PH^3}{EI}$
		$\beta>\lambda$	$\Delta_y=\frac{1}{6}(1-\beta)^2(2+\beta-3\lambda)\frac{PH^3}{EI}$
8	$\alpha>\lambda$ 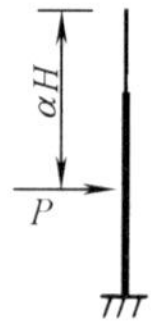	$\beta=0$	$\Delta_y=\frac{1}{6}(1-\alpha)^2(2+\alpha)\frac{PH^3}{EI}$
		$\beta<\lambda$	$\Delta_y=\frac{1}{6}(1-\alpha)^2(2+\alpha-3\beta)\frac{PH^3}{EI}$
		$\beta=\lambda$	$\Delta_y=\frac{1}{6}(1-\alpha)^2(2+\alpha-3\lambda)\frac{PH^3}{EI}$
		$\lambda<\beta<\alpha$	$\Delta_y=\frac{1}{6}(1-\alpha)^2(2+\alpha-3\beta)\frac{PH^3}{EI}$
		$\beta=\alpha$	$\Delta_y=\frac{1}{3}(1-\alpha)^3\frac{PH^3}{EI}$
		$\beta>\alpha$	$\Delta_y=\frac{1}{6}(1-\beta)^2(2+\beta-3\alpha)\frac{PH^3}{EI}$
9	$\alpha<\lambda$ 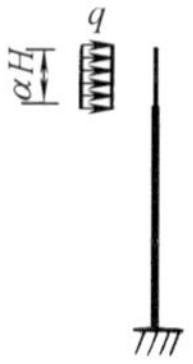	$\beta=0$	$\Delta_y=\frac{1}{24}\alpha[8-6\alpha+\alpha^3+\mu(8\lambda^3-6\lambda^2\alpha+\alpha^3)]\frac{qH^4}{EI}$
		$\beta<\alpha$	$\Delta_y=\frac{1}{24}\{(1-\beta)^2(3+2\beta+\beta^2)-(1-\alpha)^3(3+\alpha-4\beta)+\mu[(\lambda-\beta)^2(3\lambda^2+2\lambda\beta+\beta^2)-(\lambda-\alpha)^3(3\lambda+\alpha-4\beta)]\}\frac{qH^4}{EI}$
		$\beta=\alpha$	$\Delta_y=\frac{1}{12}\alpha[(1-\alpha)^2(4-\alpha)+\mu(\lambda-\alpha)^2(4\lambda-\alpha)]\frac{qH^4}{EI}$
		$\alpha<\beta<\lambda$	$\Delta_y=\frac{1}{12}\alpha[(1-\beta)^2(4+2\beta-3\alpha)+\mu(\lambda-\beta)^2(4\lambda+2\beta-3\alpha)]\frac{qH^4}{EI}$
		$\beta=\lambda$	$\Delta_y=\frac{1}{12}\alpha(1-\lambda)^2(4+2\lambda-3\alpha)\frac{qH^4}{EI}$
		$\beta>\lambda$	$\Delta_y=\frac{1}{12}\alpha(1-\beta)^2(4+2\beta-3\alpha)\frac{qH^4}{EI}$

续表

序号	载荷图形	y 点的位置	y 点的位移
10	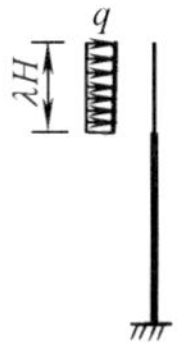	$\beta=0$	$\Delta_y=\frac{1}{24}\lambda[8-6\lambda+(1+3\mu)\lambda^3]\frac{qH^4}{EI}$
		$\beta<\lambda$	$\Delta_y=\frac{1}{24}\{3-\beta(4-\beta^3)-(1-\lambda)^3(3+\lambda-4\beta)+\mu[3\lambda^4-\beta(4\lambda^3-\beta^3)]\}\frac{qH^4}{EI}$
		$\beta=\lambda$	$\Delta_y=\frac{1}{12}\lambda(1-\lambda)^2(4-\lambda)\frac{qH^4}{EI}$
		$\beta>\lambda$	$\Delta_y=\frac{1}{12}\lambda(1-\beta)^2(4+2\beta-3\lambda)\frac{qH^4}{EI}$
11	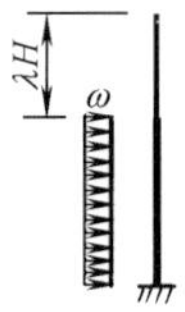	$\beta=0$	$\Delta_y=\frac{1}{24}(1-\lambda)^3(3+\lambda)\frac{qH^4}{EI}$
		$\beta<\lambda$	$\Delta_y=\frac{1}{24}(1-\lambda)^3(3+\lambda-4\beta)\frac{qH^4}{EI}$
		$\beta=\lambda$	$\Delta_y=\frac{1}{8}(1-\lambda)^4\frac{qH^4}{EI}$
		$\beta>\lambda$	$\Delta_y=\frac{1}{24}(1-\beta)^2[2(1-\lambda)^2+(1+\beta-2\lambda)^2]\frac{qH^4}{EI}$
12	$\alpha>\lambda$ 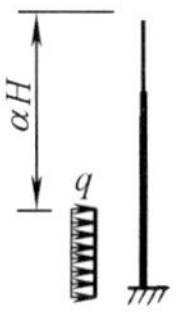	$\beta=0$	$\Delta_y=\frac{1}{24}(1-\alpha)^3(3+\alpha)\frac{qH^4}{EI}$
		$\beta<\lambda$	$\Delta_y=\frac{1}{24}(1-\alpha)^3(3+\alpha-4\beta)\frac{qH^4}{EI}$
		$\beta=\lambda$	$\Delta_y=\frac{1}{24}(1-\alpha)^3(3+\alpha-4\lambda)\frac{qH^4}{EI}$
		$\lambda<\beta<\alpha$	$\Delta_y=\frac{1}{24}(1-\alpha)^3(3+\alpha-4\beta)\frac{qH^4}{EI}$
		$\beta=\alpha$	$\Delta_y=\frac{1}{8}(1-\lambda)^4\frac{qH^4}{EI}$
		$\beta>\alpha$	$\Delta_y=\frac{1}{24}(1-\beta)^2[2(1-\alpha)^2+(1+\beta-2\alpha)^2]\frac{qH^4}{EI}$
13	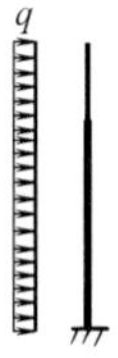	$\beta=0$	$\Delta_y=\frac{1}{8}(1+\mu\lambda^4)\frac{qH^4}{EI}$
		$\beta<\lambda$	$\Delta_y=\frac{1}{24}[(1-\beta)^2(3+2\beta+\beta^2)+\mu(\lambda-\beta)^2(3\lambda^2+2\lambda\beta+\beta^2)]\frac{qH^4}{EI}$
		$\beta=\lambda$	$\Delta_y=\frac{1}{24}(1-\lambda)^2(3+2\lambda+\lambda^2)\frac{qH^4}{EI}$
		$\beta>\lambda$	$\Delta_y=\frac{1}{24}(1-\beta)^2(3+2\beta+\beta^2)\frac{qH^4}{EI}$

顶部铰支等截面柱的柱顶支座反力计算公式

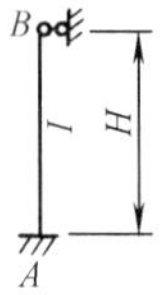

α——力作用点的距离（自柱顶点算起）与柱高之比

表 20-4-17

序号	变形或载荷图形	柱顶支座反力	序号	变形或载荷图形	柱顶支座反力
1		$R_B=\dfrac{3EI}{H^3}$	6	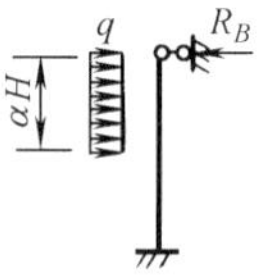	$R_B=-\dfrac{1}{8}\alpha(8-6\alpha+\alpha^3)qH$
2	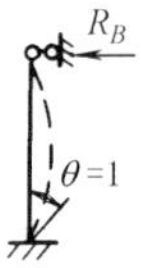	$R_B=-\dfrac{3EI}{H^2}$	7	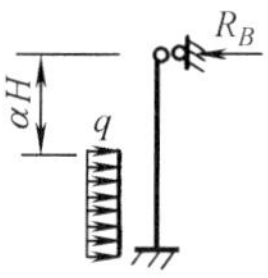	$R_B=-\dfrac{1}{8}(1-\alpha)^3(3+\alpha)qH$
3	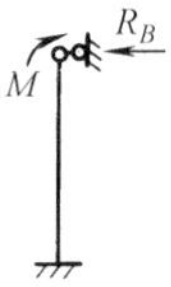	$R_B=-\dfrac{3M}{2H}$	8	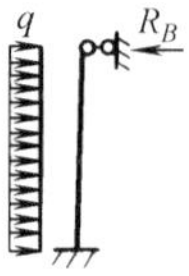	$R_B=-\dfrac{3}{8}qH$
4	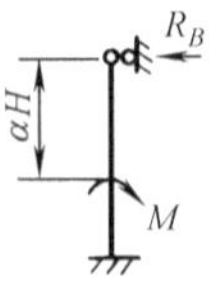	$R_B=-\dfrac{3}{2}(1-\alpha^2)\dfrac{M}{H}$			
5	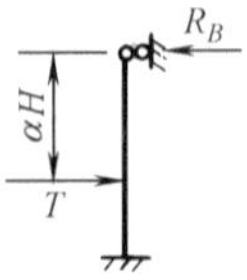	$R_B=-\dfrac{1}{2}(1-\alpha)^2(2+\alpha)T$	9	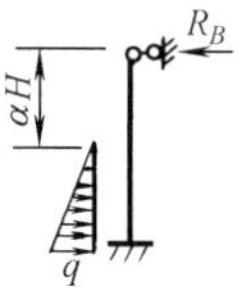	$R_B=-\dfrac{1}{40}(1-\alpha)^3(4+\alpha)qH$

顶部铰支单阶柱的柱顶支座反力计算公式

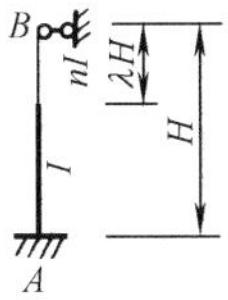

$\mu=\dfrac{1}{n}-1$

$k_0=\dfrac{3}{1+\mu\lambda^3}$

α——力作用点的距离（自柱顶点算起）与柱高之比；
β——变形点的距离（自柱顶点算起）与柱高之比；
λ——单阶柱变截面点到顶点距离与柱高之比；
n——两截面惯性矩之比

表 20-4-18

序号	变形或载荷图形	柱顶支座反力
1	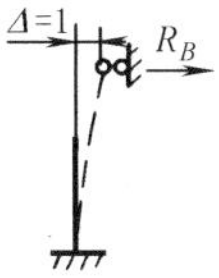	$R_B=k_0\dfrac{EI}{H^3}$
2	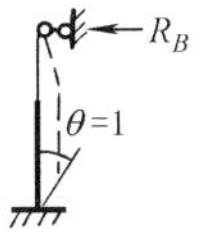	$R_B=-k_0\dfrac{EI}{H^2}$
3	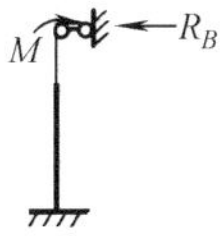	$R_B=-\dfrac{k_0}{2}(1+\mu\lambda^2)\dfrac{M}{H}$
4	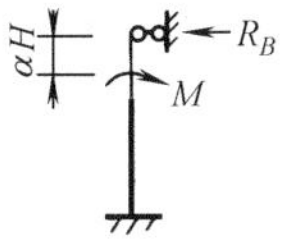	$R_B=-\dfrac{k_0}{2}[1-\alpha^2+\mu(\lambda^2-\alpha^2)]\dfrac{M}{H}$
5	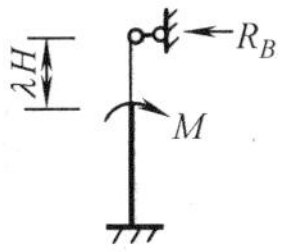	$R_B=-\dfrac{k_0}{2}(1-\lambda^2)\dfrac{M}{H}$
6	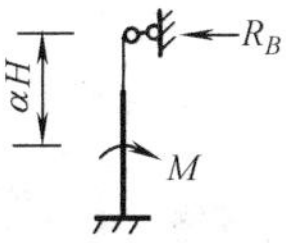	$R_B=-\dfrac{k_0}{2}(1-\alpha^2)\dfrac{M}{H}$
7	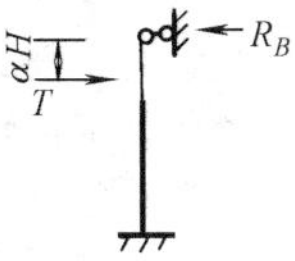	$R_B=-\dfrac{k_0}{6}[(1-\alpha)^2(2+\alpha)+\mu(\lambda-\alpha)^2(2\lambda+\alpha)]T$
8	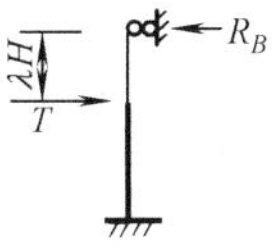	$R_B=-\dfrac{k_0}{6}(1-\lambda)^2(2+\lambda)T$
9	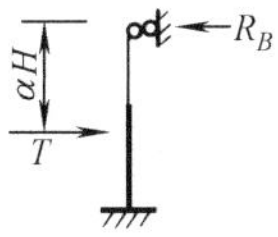	$R_B=-\dfrac{k_0}{6}(1-\alpha)^2(2+\alpha)T$
10	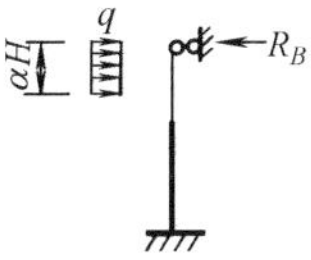	$R_B=-\dfrac{k_0}{24}\alpha[8-6\alpha+\alpha^3+\mu(8\lambda^3-6\lambda^2\alpha+\alpha^3)]qH$
11	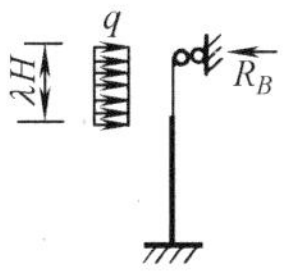	$R_B=-\dfrac{k_0}{24}\lambda[8-6\lambda+(1+3\mu)\lambda^3]qH$
12	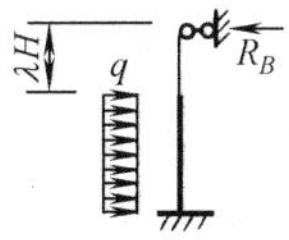	$R_B=-\dfrac{k_0}{24}(1-\lambda)^3(3+\lambda)qH$
13	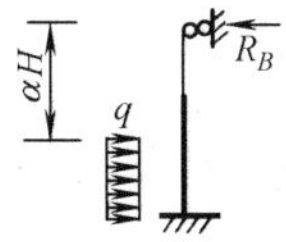	$R_B=-\dfrac{k_0}{24}(1-\alpha)^3(3+\alpha)qH$
14	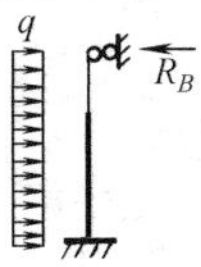	$R_B=-\dfrac{k_0}{8}(1+\mu\lambda^4)qH$
15	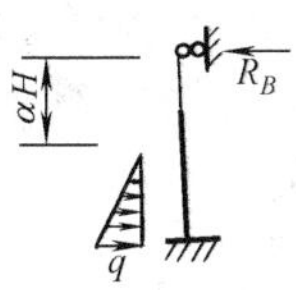	$R_B=-\dfrac{k_0}{120}(1-\alpha)^3(4+\alpha)qH$

第 5 章　桁架的设计与计算

工程中由一些细长杆件通过焊接、铆接或螺栓连接而成的几何形状不变的结构，称为“桁架”。假定桁架的细长杆的连接为铰接，即令结点为铰接中心；而杆的轴线通过铰的中心，则这些杆件不承受弯矩，即构成桁架的杆件均为二力杆。桁架上的载荷均作用于结点上。杆的自重不计，如果需考虑的话，将其分配到两个结点上。如果桁架所有杆件的轴线与其受到的载荷均在一个平面内，则称平面桁架，否则称空间桁架。

桁架可以是静定的或超静定的。在工程中许多机架的计算往往可简化为桁架的计算，使内力分析和挠度的计算很简便。在各种杆件的连接中，各种结点都具有一定的刚性，在杆端或多或少存在力矩，严格说不算是铰。由各种原因产生的杆端力矩所引起的内力为次应力。但从实验和计算结果得知，当较长杆件的截面宽度不大于节间长度的1/10时，桁架的次应力是较小的，所以只讨论桁架的基本内力。

1　静定梁式平面桁架的分类

1）桁架可按其弦杆的轮廓形状分为以下几种。

① 平弦桁架　其上下弦杆是互相平行的直杆（图20-5-1a）。

② 曲弦桁架　其轮廓线上的各结点中心，位于按某种规律变化的曲线上，例如圆弧形（图20-5-1b）抛物线形（图20-5-1c）等。

③ 折弦桁架　其上弦或下弦为折线形，或上下弦均为折线形，这种折线的形状，常决定于结构的理论分析以及在建造上或美观上的要求。图20-5-1d所示的多角形桁架和图20-5-1e所示的三角形桁架都属于折弦桁架。

2）桁架也可以按其腹杆系统的繁简而分为简单腹杆桁架和复杂腹杆桁架。

具有单一的腹杆系统的桁架称为简单腹杆桁架，分为以下几类。

① N式桁架　其腹杆系统由竖杆与斜杆相排列，使每个节间的腹杆形成正N形或反N形（图20-5-1b）。

② V式桁架　其腹杆系统仅由斜杆组成，使每个节间的腹杆形成正V形或倒V形（图20-5-1a）。

③ K式桁架　其腹杆系统中的竖杆将桁架分为若干节间，在每个节间有两根较短的斜杆，这两根斜杆的一端与节间一边的竖杆上下两端相连，而另一端则相交于节间另一边的竖杆的长度等分点处，使每个节间的腹杆形成正K形或反K形（图20-5-1f）。

在简单腹杆系统上叠加其他的腹杆系统或增加其他的腹杆，由此所形成的桁架，称为复杂腹杆桁架。它分为以下几类。

① 多重腹杆桁架　其腹杆系统由两个以上的同一类型的简单腹杆系统叠合而成。由两个同一类型的简单腹杆系统所形成的桁架，可称为双重腹杆桁架。图20-5-1g所示的双重腹杆桁架，包含着两个N式腹杆系统；图20-5-1h所示者具有两个V式腹杆系统；图20-5-1i为一多重腹杆桁架，包含八个V式腹杆系统。包含在复杂腹杆中的简单腹杆系统的数目决定于桁架的垂直截面，被截面所切断的腹杆数目即为腹杆系统的数目。例如图20-5-1g所示的桁架，按截面*S—S*，显然知其具有两个腹杆系统，因为该截面切断两根斜杆或两根竖杆。

② 再分桁架　在一个简单腹杆桁架内增添一些杆件或增添一些小桁架，把原有的几个大节间分割成为数目更多的小节间；或用一个或几个独立静定稳定的小桁架来代替简单桁架中一个或几个杆件，这样形成的桁架，称为再分桁架。如图20-5-1d及图20-5-1j所示。

如图20-5-2所示的这些小桁架称为分桁架。如载荷仅作用于主桁架的结点处，则引入分桁架后不改变其受力情形。如载荷作用在结点之间如图中P_2、P_3，则取出13杆，将其看作是简支梁和受轴向力的杆件，反力*A*、

B 加于结点 1、3 之上。为了避免杆件 13 受挠，将 13 做成分桁架，使载重弦的大节间再分成几个小节间，并使大节间内的载荷作用在分节间的诸点上，如图 20-5-2c 所示。受力分析如图 20-5-2b 所示，按常规方法进行。

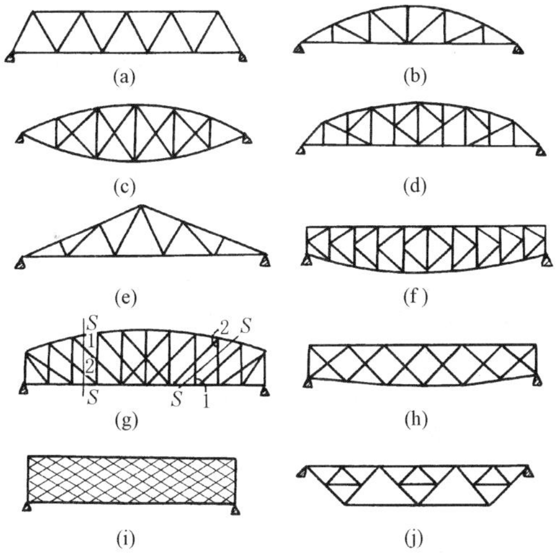

图 20-5-1　桁架分类

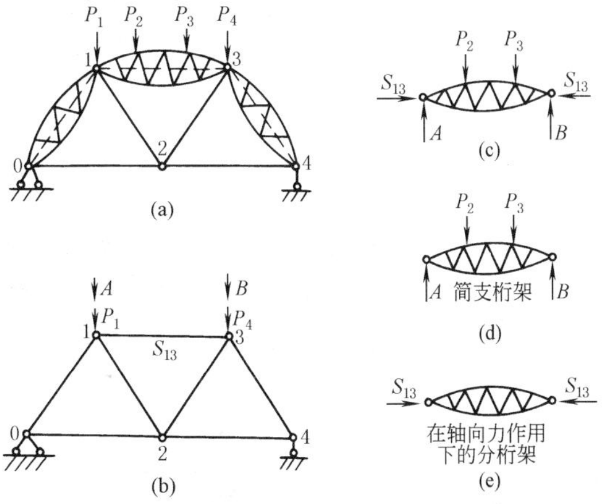

图 20-5-2　分桁架

2　桁架的结构

2.1　桁架结点

2.1.1　结点的连接形式

（1）桁架结点设计的一般原则

1）由于桁架结点在理论上都假设为铰接，不传递力矩，在设计桁架的结点时，所有被连接杆件的几何轴线应当汇交于一点，以防偏心承载（图 20-5-3）。

2）各杆件和连接板的规格应尽量少，做到系列化与通用化。特别是一个桁架片内的连接板常取等厚，同一焊缝高度。

3）桁架腹杆与弦杆之间应留有 15~20mm 的间隙，杆与杆之间也应有 15~20mm 的间距，以免焊缝重叠（图 20-5-3c）。

4）结点板应伸出角钢肢背 10~15mm，或凹进 5~10mm，以便施焊（图 20-5-4）。

5）结点板不宜过小，其尺寸应根据结点连接杆件的焊缝长度而定。结点板的形状应有利于力流的传递，减少应力集中（图 20-5-3a~d）。

6）结点板的边界与杆件边缘的夹角，不得小于 30°，即扩散角 $\theta=30°$，见图 20-5-6。

7）承受动载荷的结点，宜用嵌入式结点板，拐角处应圆滑过渡，且对接焊缝移到圆弧之外（图 20-5-3b、f、g）。常采用三面围焊。

8）杆件与结点板的搭接，不许只用角焊缝。

9）无结点板的结点用于弦杆与腹杆的连接有足够地方的情形，如 T 形截面的弦杆，见图 20-5-3l。

（2）结点示例

1）承受静载荷的结点，可以采用图 20-5-3a、c、d、e、h 的结构。

2）图 20-5-3i、j 为结点上有转折的弦杆的拼接；如弦杆有凹角，结点板不可做成凹角，而且直线形成边界，如图 20-5-3j 的结构。

3）当桁架杆件为 H 形截面时，结点构造可采用图 20-5-3k 形式。

4）图 20-5-5 为架设管子用的桁架（跨度 16~18m）结点图。

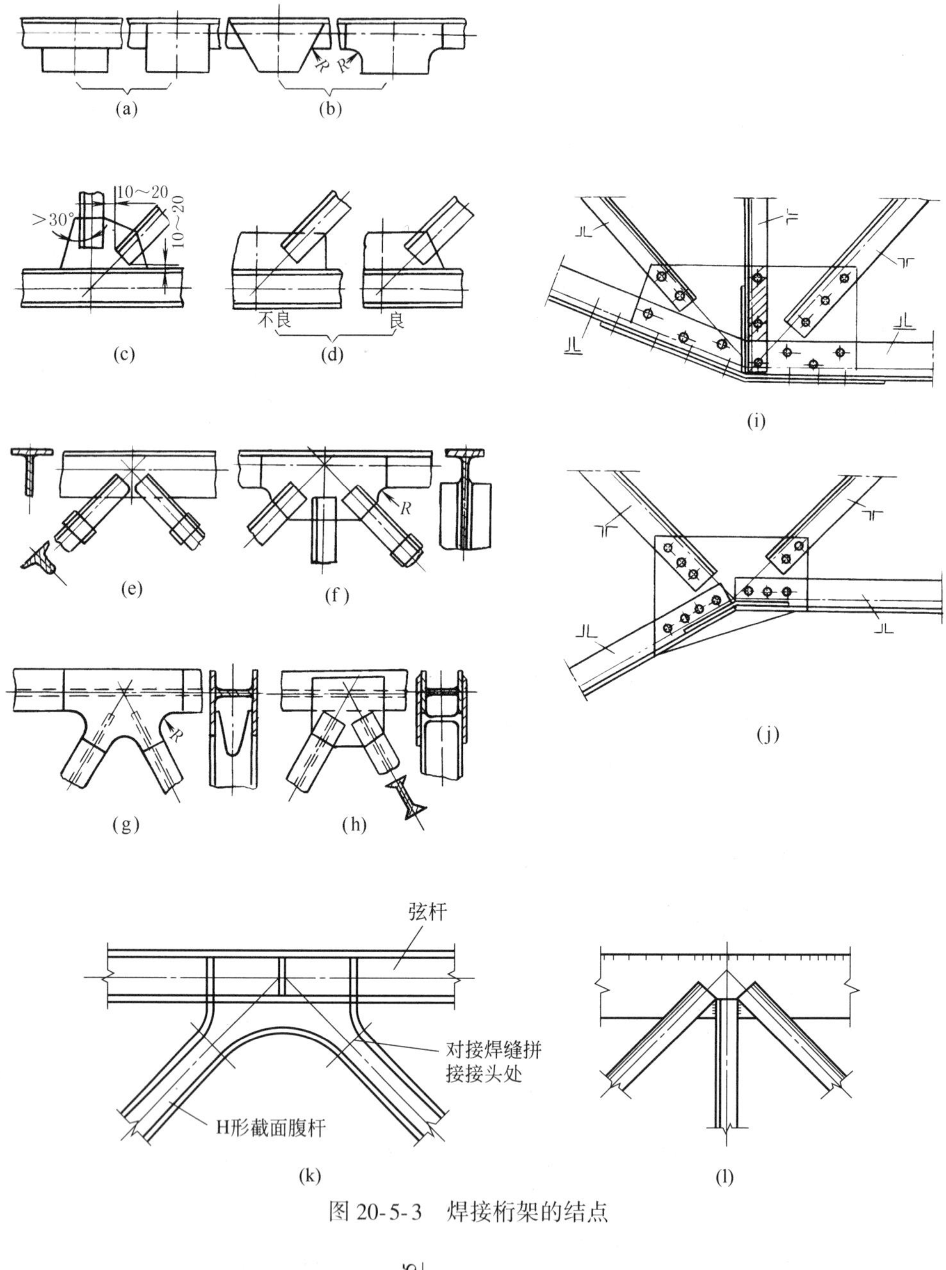

图 20-5-3　焊接桁架的结点

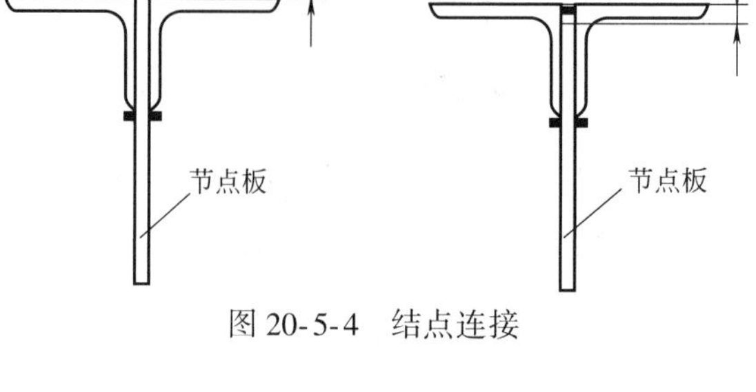

图 20-5-4　结点连接

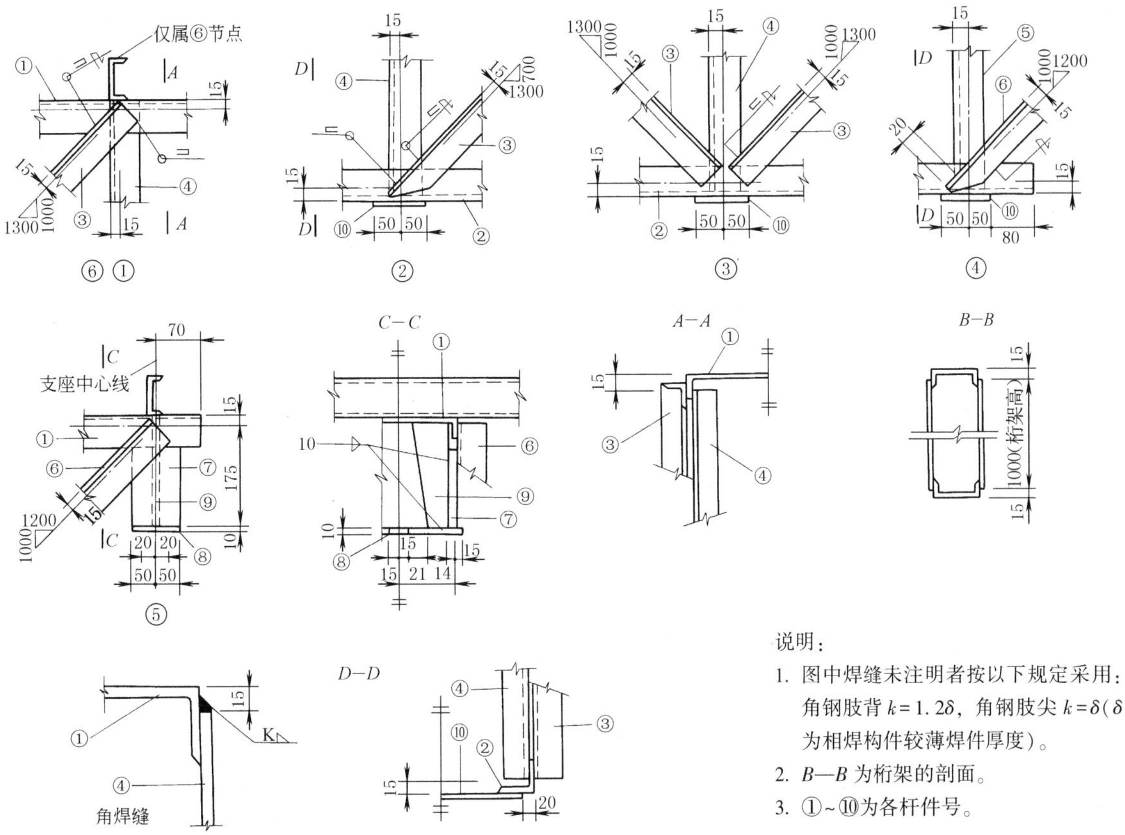

说明：

1. 图中焊缝未注明者按以下规定采用：角钢肢背 $k=1.2\delta$，角钢肢尖 $k=\delta$（δ 为相焊构件较薄焊件厚度）。
2. B—B 为桁架的剖面。
3. ①~⑩为各杆件号。

图 20-5-5 架设管子用的桁架（跨度 16~18m）结点图

2.1.2 连接板的厚度和焊缝高度

结点板是传力零件，为使其传力均匀，结点板不宜过小，其尺寸应根据结点连接杆件的焊缝长度而定。结点板的厚度 t 则由腹杆的受力大小确定，见表 20-5-1。

表 20-5-1　　结点板的厚度

腹杆内力 N/kN	<100	100≤N<150	150~300	>300~400	>400
结点板的厚度 t/mm	6	8	10~12	12~14	16~18

计算结点焊缝时，首先根据被连接杆件的厚度确定焊缝高度 h。h 不应大于被连接杆件的厚度，但不小于 4mm。焊缝高度 h 的推荐值见表 20-5-2。

表 20-5-2　　焊缝高度

连接杆件最小厚度/mm	4~8	9~14	15~25	26~40	40
焊缝高度 h/mm	4	6	8	140	12

2.1.3 桁架结点板强度及焊缝计算

（1）结点板强度计算（图 20-5-6）

$$\sigma=\frac{N}{b_e t}\leqslant\sigma_p(\text{取扩散角 }\theta=30°)\qquad(20\text{-}5\text{-}1)$$

式中　N——杆件的力，N；

t——结点板的厚度，mm；
σ_p——结点板的许用应力，N/mm^2。

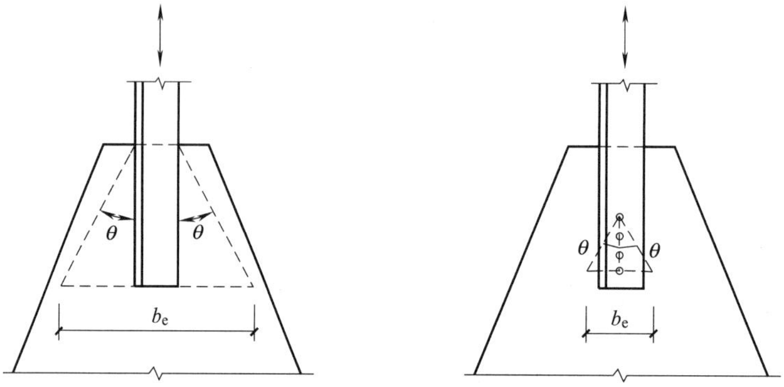

图 20-5-6　结点板强度计算

（2）焊缝计算

所有连接的计算方法都与常规的计算相同。如焊缝的强度计算为

$$\sigma=\frac{1.1N}{0.7hl_h}\leqslant\tau_p \qquad (20\text{-}5\text{-}2)$$

式中　N——杆件的力，N；
1.1——考虑不均匀系数；
$0.7h$——角焊缝计算厚度，mm；
l_h——角焊缝计算长度，mm，$l_h=l-2h$（l 为焊缝总长度）；
τ_p——许用剪应力，N/mm^2。

考虑受力时的偏心，角钢贴角焊缝对肢背、肢尖的焊缝长度按表 20-5-3 来分配。

表 20-5-3　贴角焊缝对肢背、肢尖的焊缝长度分配系数

角钢类型	分配系数	
	K_1	K_2
等边角钢	0.70	0.30
不等边角钢短肢焊接	0.75	0.25
不等边角钢长肢焊接	0.65	0.35

对图 20-5-31 所示无结点板的结点，只需计算腹杆的连接焊缝。

2.1.4　桁架结点板的稳定性

桁架结点板在斜腹杆压力作用下稳定性不必计算的条件：

① 有竖杆时　$c/t\leqslant15\sqrt{\frac{235}{\sigma_s}}$　(20-5-3)

式中　t——结点板的厚度，mm；
c——见图 20-5-7，mm；
σ_s——钢材的屈服点，N/mm^2。

② 无竖杆时　$c/t\leqslant10\sqrt{\frac{235}{\sigma_s}}$　$N\leqslant0.8b_et\sigma_s$　(20-5-4)

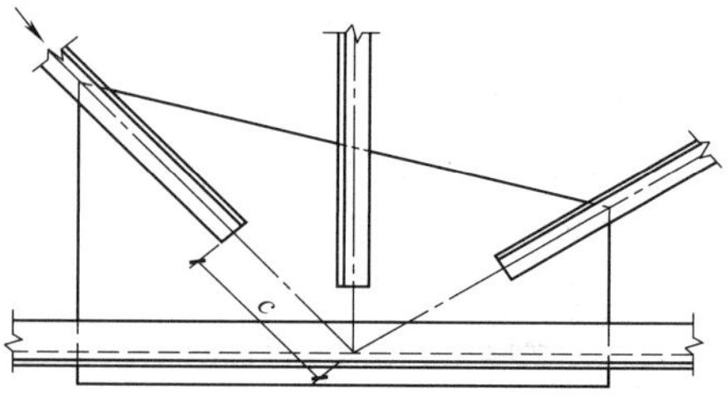

图 20-5-7　桁架结点板的稳定性计算

2.2　管子桁架

管子桁架的优点是管子的惯性半径各向相等，稳定性好，刚性较大，相对重量轻，对风阻力小，容易防锈。但造价贵，管端形状复杂，焊前准备和焊接施工都较困难。

管子桁架结点的设计除前述要求外，还应注意：管端的焊缝要求密封，避免水或潮气进入，引起锈蚀而降低寿命。管壁通常较薄，要防止局部失稳而产生塌皱。

图 20-5-8 是管子桁架焊接结点的典型结构。图 a 是直接焊接的，要求 $d \geqslant \frac{D}{4}$；图 b 是带有筋板的；图 c 用补板提高局部刚性；图 d 使用连接板，可使管端形状统一；为了提高大型管子桁架结点的强度和刚性，可采用图 e 的结构；对于空间管子桁架结点，应采用球形或其他立体形状的连接件（见图 f 和 g），这样备料和焊接施工均较方便，管口直接焊接时不能直接承受动力载荷。

图 20-5-8h～j 是矩形管子桁架焊接结点。图 h 是 T、Y 形结点头；图 i 是 X 形结点；图 j 是 K、N 形结点。

圆钢管的外径与壁厚之比不应超过 100（$235/\sigma_s$）；矩形管的最大外缘尺寸与壁厚之比不应超过 $40\sqrt{235/\sigma_s}$。

图 20-5-9 为管截面的拼接。图 a 是两个截面边缘用对接缝的连接，它构成一个无绕道的力流，但由于根部不能焊透，疲劳强度值极差。如按图 b 插入一个环，可使强度得到一定的提高。图 c、d 是一般的构造，其贴脚缝连接有一定缺点。

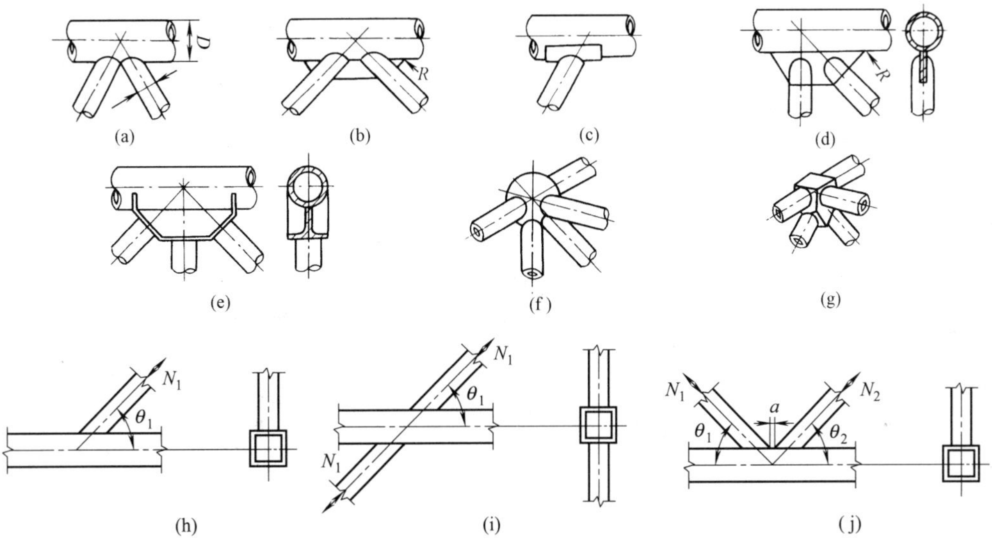

图 20-5-8 管子桁架的结点

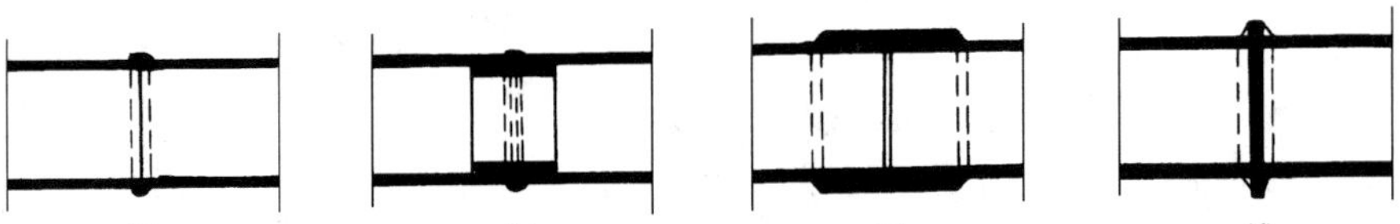

图 20-5-9 管截面的拼接

2.3 几种桁架的结构形式和参数

2.3.1 结构形式

（1）上承式起重机桁架的结构几何图形

如图 20-5-10 所示，上承式起重机桁架由劲性上弦、下弦和腹杆组成，一般不宜在腹杆系中再设分桁架。起重机桁架的高度（H）以经济和挠度来确定，其与跨度（L）的关系一般为：

L=18～24m 时，$H=(1/6 \sim 1/8)L$；L=24～36m 时，$H=(1/8 \sim 1/10)L$。桁架跨度大或载荷轻时取小值。桁架的节间划分以斜杆大约成 45°来确定。

劲性上弦、下弦和腹杆常用的截面形式见图 20-5-11。

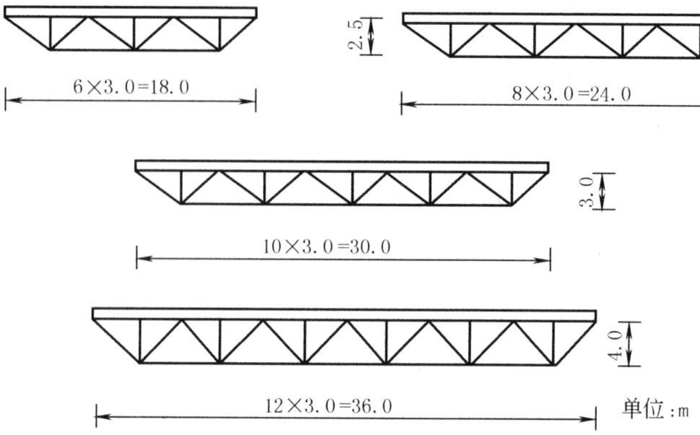

图 20-5-10 上承式起重机桁架的结构几何图形

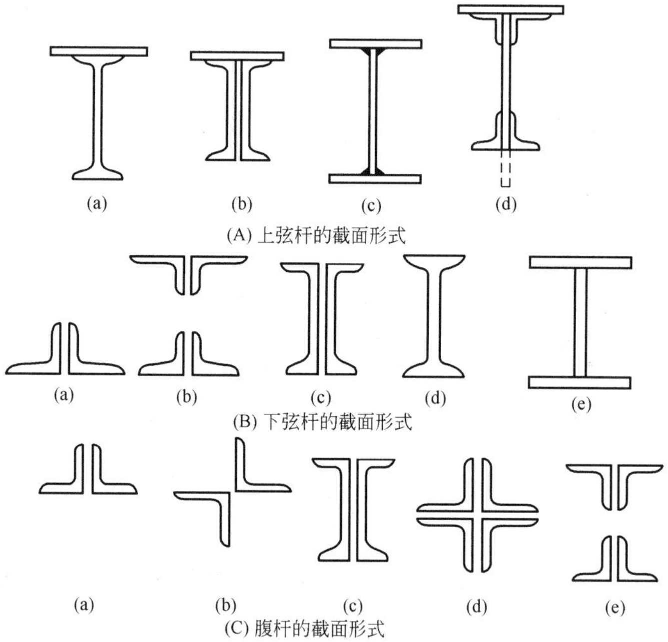

图 20-5-11 上承式起重机桁架劲性上弦、下弦和腹杆常用的截面形式

(2) 几种桁架的结构形式

图 20-5-12 为双梁桁架式门式起重机的钢结构。门架主要由马鞍 1、主梁 2、支腿 3、下横梁 4 和悬臂梁 5 等部分组成。以上五部分均为受力构件。为便于生产制作、运输与安装，各构件之间多采用螺栓连接。

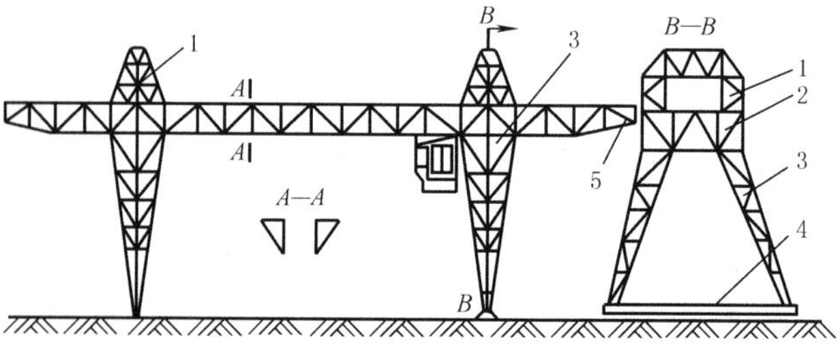

图 20-5-12 双梁桁架式门式起重机钢结构

1—马鞍；2—主梁；3—支腿；4—下横梁；5—悬臂梁

门式起重机的门架还有采用箱形梁的形式，其支腿对于跨度大于 35m 时多采用一刚一柔支腿。

图 20-5-13 是工字钢在上水平桁架下面的桁架式桥架。

图 20-5-14 是带式输送机的活动机头架及起重机桁架式悬臂架结构。

图 20-5-15 是起重机的桁架式大拉杆的详细结构。

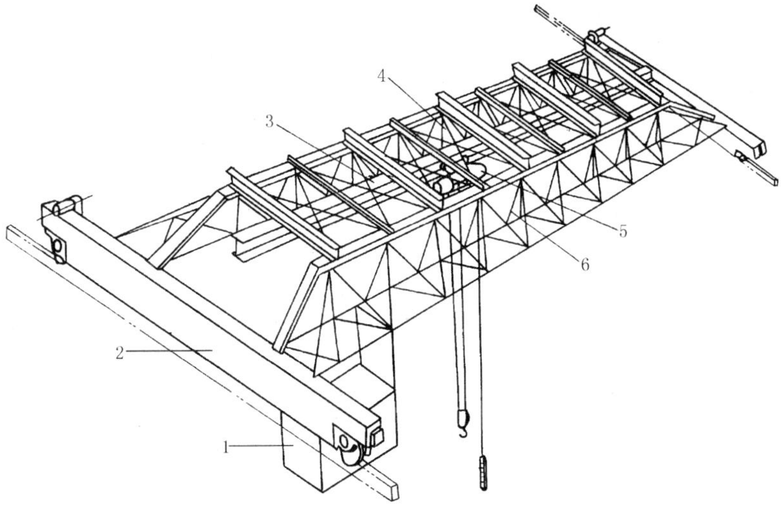

图 20-5-13　工字钢在上水平桁架下面的桁架式桥架

1—司机室；2—端梁；3—电动葫芦运行轨道工字钢；4—上水平桁架；5—电动葫芦；6—垂直桁架

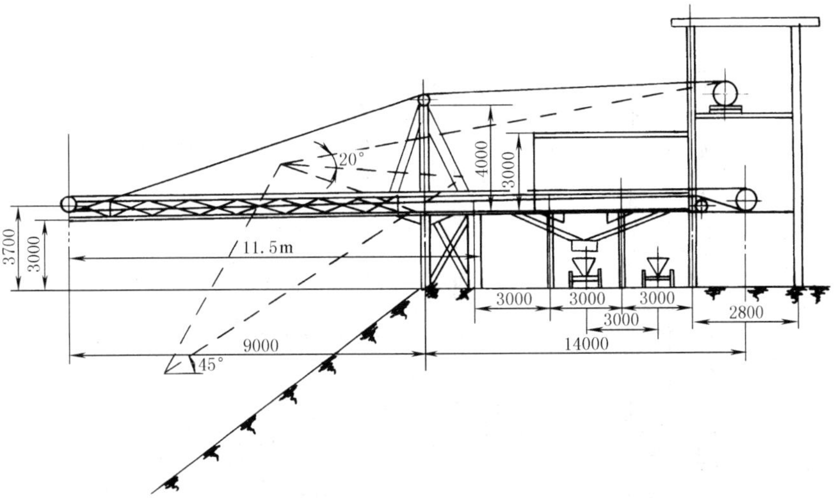

(a) 带式输送机的活动机头架

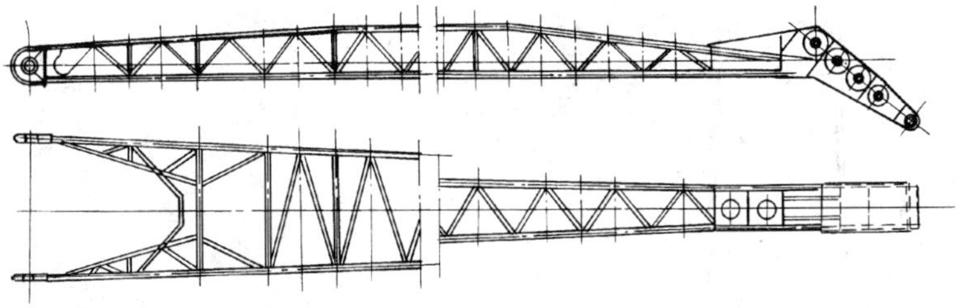

(b) 起重机桁架式悬臂架

图 20-5-14　悬臂架结构

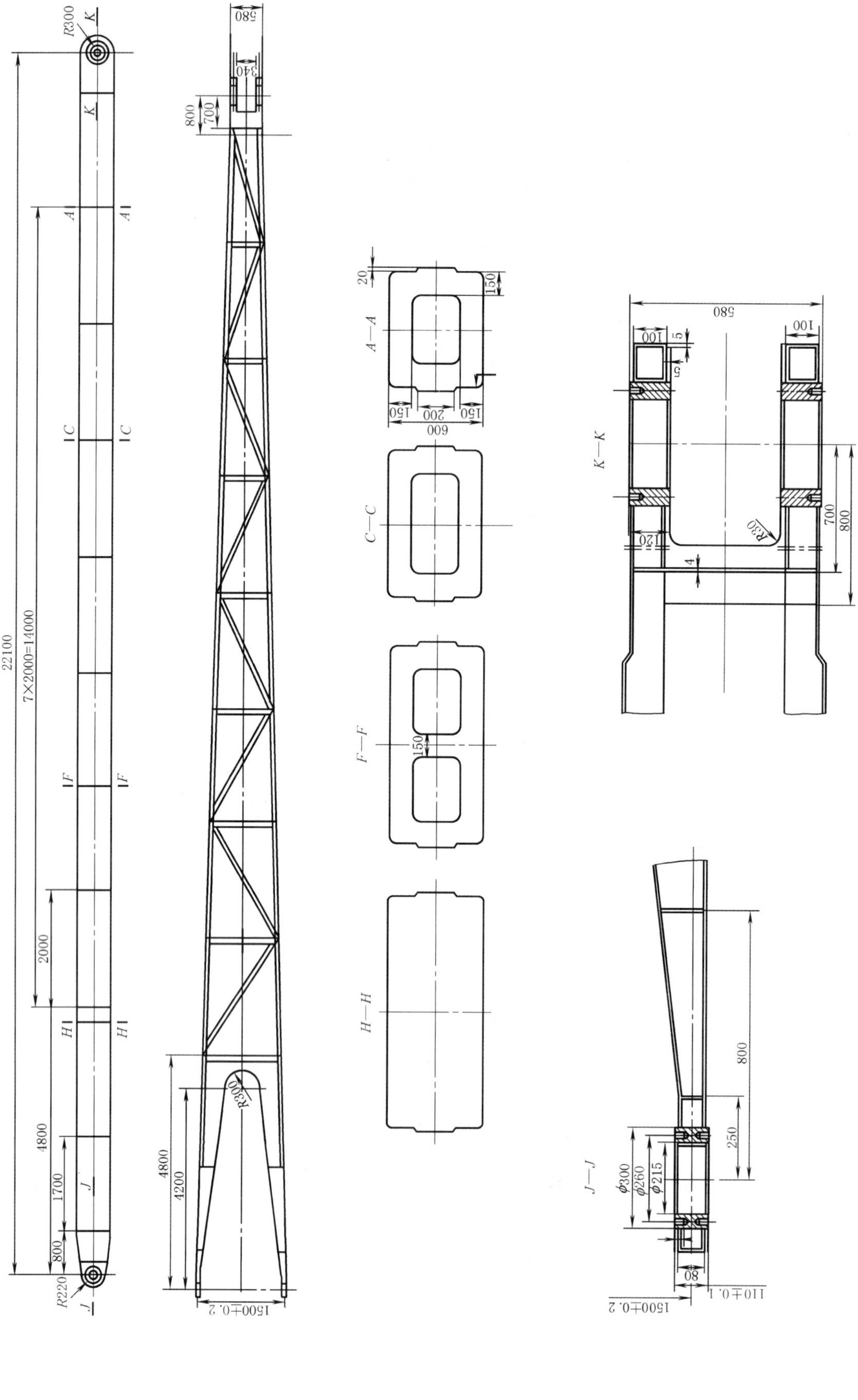

图 20-5-15 桁架式大拉杆

2.3.2 尺寸参数

起重机桁架的高度根据跨度进行选取，2.3.1 节已作了介绍。对于各种桁架，由于桁架的用途与结构形式的多样性，尺寸参数的变化很大，可以参考上面的推荐数据或参考下面的结构参数考虑选取。

对于简支桁架，其高度 H 一般在 $\left(\frac{1}{8}\sim\frac{1}{10}\right)L$（$L$ 为跨度）的范围内；对于连续梁桁架，其高度 H 一般在 $\left(\frac{1}{10}\sim\frac{1}{16}\right)L$ 的范围内。

桁架的节间划分一般总是将节间距离做成同样大小，尽可能做成对梁中央成对称的杆件网络结构。节间距离一般为（0.8~1.7）H，即腹杆对水平方向的倾斜角大约成 30°~50° 为合理，最大可达 60°，即 0.6H。倾斜角太小，虽可使节间数减少，但腹杆长度增加，使结点距离增大，而使受压弦杆折算长度变长。对于大型桁架，必要时采用两分式来缩短受压弦杆。

表 20-5-4 为起重机悬臂架的外形尺寸参考值。

表 20-5-4　　起重机悬臂架外形尺寸参考值

臂架类型		臂架几何参数			
		H/L	B_1/L	B_2/L	L'/L
单臂架		0.04~0.10	0.08~0.13	≤0.02	
带象鼻梁式	柔性拉索	0.06~0.10	0.09~0.16	0.03~0.06	0.13~0.43①
	刚性拉杆	0.10~0.17	0.14~0.26	0.06~0.16	

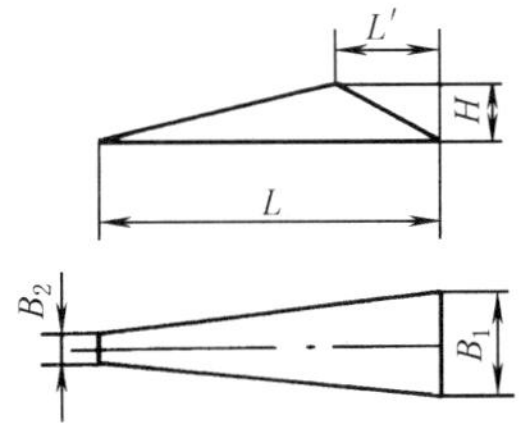

① 对于大部分臂架取 $\frac{L'}{L}=0.2\sim0.3$。

2.4 桁架的起拱度

桁架在自重和载荷作用下将产生变形，为了抵消此变形量，一般在桁架制造时造成一反向的拱度。桁架变形量（即挠度允许值）见第 2 章第 2 节“刚度要求”及第 3 章 1.2 节“主梁的上拱高度”。起拱变形一般采用抛物线函数或圆函数，使最大的反向起拱量与最大变形（挠度）相等。

3　静定平面桁架的内力分析

在进行桁架内力分析以前，应首先检查桁架的稳定性（已在第 1 章中谈及）。桁架杆件的强度计算除压杆应计算其稳定性外，其他无特殊要求。关于桁架杆件的稳定性计算，其计算长度的确定见第 4 章。

桁架内力分析法有三类：①解析法；②图解法；③机动法。各种方法详见结构力学。本文只简单介绍常用的解析法。在解析法中，又有力矩法、投影法、结点法、代替法、通路法及混合法。原理都是相同的，无非是用力或力矩的平衡 $\sum X=0$、$\sum Y=0$ 或 $\sum M=0$ 来求得桁架杆件的内力。问题是如何运用得法，使求解更为方便。

一般来说，在计算桁架各杆内力之前，已算出支承点的反力。反力的计算方法和梁的反力计算相同。

欲求桁架某一根或几根杆件的内力，必须把桁架截断成几部分。把其中一个或几个部分看成自由体，画上作用于其上的外力及内力，自由体在这些力的作用下维持静力平衡。

截断桁架的方法有以下两种。

① 截面法　作一截面将桁架切断成两部分，使每一部分的自由体形成一个平面力系。

② 结点法　截取一个结点为自由体，使其形成一平面共点力系。

结点法有两个方程式，截面法有三个方程式，所求的未知力分别为 2 和 3 个。截面选择得好，可使一个方程式只包括一个未知数，使计算简便。如果用力矩平衡来计算，即为力矩法 $\sum M=0$。如果用力的平衡来计算，$\sum X=0$，$\sum Y=0$，即为投影法。联合应用即为混合法。

3.1　截面法

(1) 用力矩平衡法计算

如图 20-5-16 所示，求杆 24、34、35 的内力 F_{24}、F_{34} 和 F_{35}。

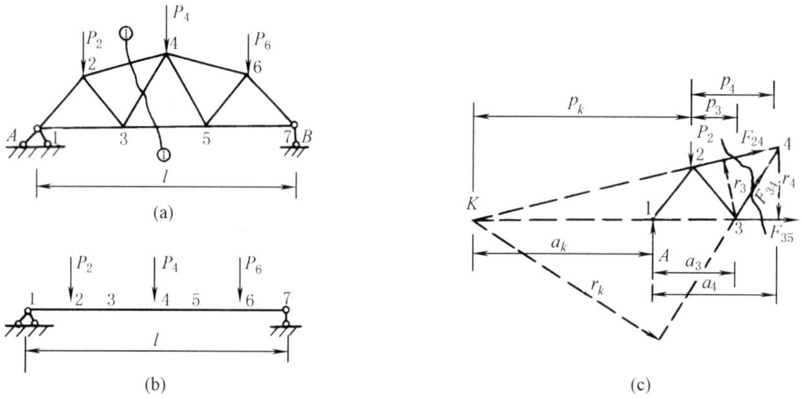

图 20-5-16

作截面①—①，切断欲求内力的三根杆件，取截面的左边部分为自由体（图 20-5-16c），并在自由体上，除了反力和载荷外，还画上未知内力。这些内力在未求得其有向值以前，均假定为拉力。如果所得的结果为负值，则表明这个内力为压力。以杆件 34 和 35 的交点 3 为力矩中心，写出 $\sum M_3=0$，得：

$$Aa_3-P_2p_3+F_{24}r_3=0$$

或

$$F_{24}=-\frac{Aa_3-P_2p_3}{r_3}=-\frac{M_3}{r_3} \tag{a}$$

同样，可以求得其他两根杆件的内力。以结点 4 为力矩中心，用 $\sum M_4=0$，得：

$$Aa_4-P_2p_4-F_{35}r_4=0$$

或

$$F_{35}=\frac{Aa_4-P_2p_4}{r_4}=\frac{M_4}{r_4} \tag{b}$$

以杆件 24 和 35 的交点 K 为力矩中心，用 $\sum M_k=0$，得

$$-Aa_k+P_2p_k-F_{34}r_k=0$$

或

$$F_{34}=\frac{-Aa_k+P_2p_k}{r_k}=\frac{M_k}{r_k} \tag{c}$$

力矩中心 K 落在跨度之外；力矩 M_k 是可正可负的，它的正负决定了杆件 F_{34} 是受拉还是受压。

(2) 用力平衡法计算

设一个截面切断某一桁架的三根杆件，其中二杆互相平行，则用力平衡法计算较为方便。例如在图 20-5-17a 所示平弦桁架中，欲求竖杆 F_{34} 的内力。在载重弦节间 46 取截面①—①，切断 F_{34}；取截面以左的部分为自由体，如图 20-5-17c 所示。取竖直轴为投影轴，并利用 $\sum Y=0$，就可求得竖杆内力为：

$$F_{34}=A-P_2-P_4=Q_{46} \tag{d}$$

如果用一个同跨度简支梁来代替桁架，把桁架各载重弦结点投影到梁上，并令载荷作用于相对应的结点（图 20-5-17b），则简支梁节间 46 的剪力 Q_{46}（图 20-5-17d）与 F_{34}（图 20-5-17c）相等。因为 Q_{46} 是正的，故

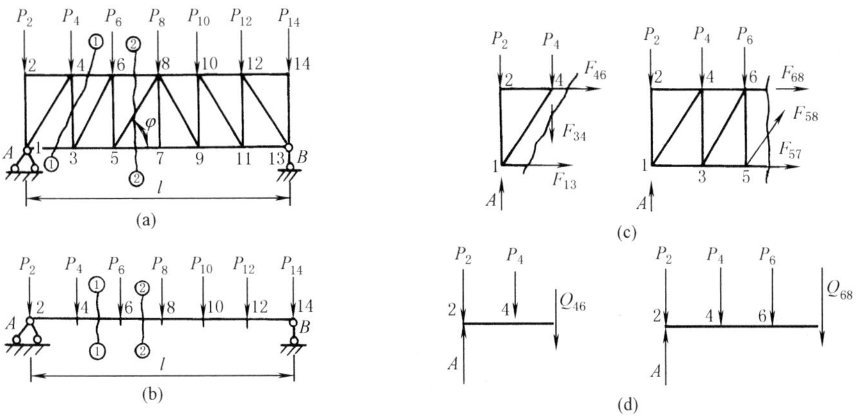

图 20-5-17

F_{34}为拉力。

斜杆 F_{58}与水平线成 φ 的倾角，其内力可按截面②—②由桁架左部（图 20-5-17c）的平衡条件求得：

$$F_{58}=-\frac{A-P_2-P_4-P_6}{\sin\varphi}=-\frac{Q_{68}}{\sin\varphi}$$

Q_{68}是载重弦节间 68 的简支梁剪力（图 20-5-17d）。

F_{58}的内力也可以用其竖直分力 Y_{58}表示出来：

$$Y_{58}=F_{58}\sin\varphi=-(A-P_2-P_4-P_6)=-Q_{68}$$

实际计算中，以上两法是联合运用的，计算起来最为方便。

3.2 结点法

设用一闭合截面，割取桁架中的某一结点为自由体，当在这个自由体上仅有两个未知内力时，则这两个未知内力的计算用结点法最为有利。

例如，在图 20-5-18a 所示的桁架中，仅有两根杆件 12 和 13 相交于结点 1。如割取结点 1 为自由体（图 20-5-18b)，并用投影法，即可求得杆件 12 和 13 的内力如下：

$$F_{12}=-\frac{A}{\sin\varphi}$$

$$F_{13}=-F_{12}\cos\varphi$$

当三根杆件相交于一个结点时，一般地说，必须用其他方法先求出其中一根或两根杆件的内力，然后可以用结点法求出其他杆件的内力。然而，当三杆相交于一结点，而其中有二杆在同一直线内时，则第三杆内力仍可用结点法求出。在图 20-5-18a 中，杆件 23 的内力就是属于这种情形。取结点 3 为自由体（图 20-5-18c)；虽然下弦杆的内力不能在这个自由体上单独求得，然而 F_{23}的内力可用$\sum Y=0$ 算出：

$$F_{23}=P_3$$

以上计算中，采用了水平轴和竖直轴为投影轴。最合适的投影轴方向不一定是水平和竖直的，应视结构的具体情况而定。

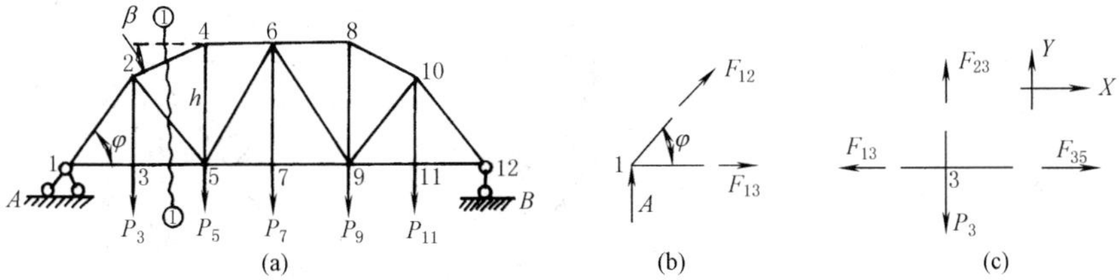

图 20-5-18

3.3 混合法

在比较复杂的桁架中，欲求某一杆件的内力，常常需要把结点法与截面法混合起来使用，或者一个方法需要连续使用几次。

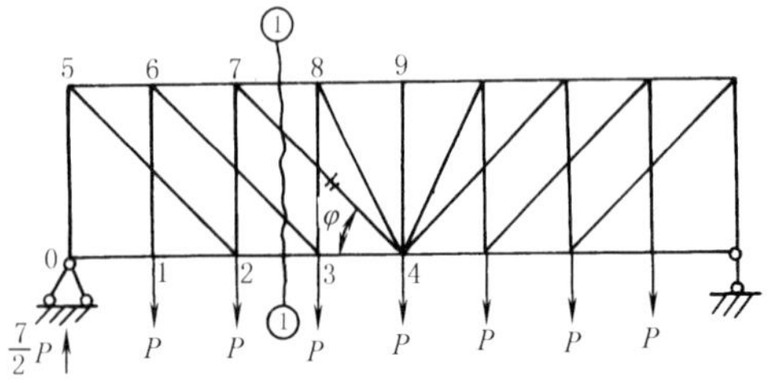

图 20-5-19

图 20-5-19 为一多重腹杆桁架，欲求其中的杆件 47 的内力 F_{47}。作截面①—①，切断四根杆件，显然不能直接求得 F_{47}的内力。如果用投影法求 F_{47}，那么就必须先算出 F_{36}。后者可于结点 1 和 6 处连续应用结点法二次而求得其垂直分力为 $V_{36}=-P$。于是作截面①—①，用投影法得其垂直分力为

$$V_{47}=\frac{7}{2}P-2P+P=\frac{5}{2}P$$

$$F_{47}=\frac{5P}{2\sin\varphi}$$

3.4 代替法

代替法或通路法都是用于计算复杂桁架的。在桁架中有许多结点处有三根杆件相交于一点，在无法用结点法或截面法来分析桁架内力时，可用代替法。不必解许多未知数的方程组，只需设法求出桁架杆件中某一杆的内力，则其他各杆的内力就容易算出了。

现举例说明如下。

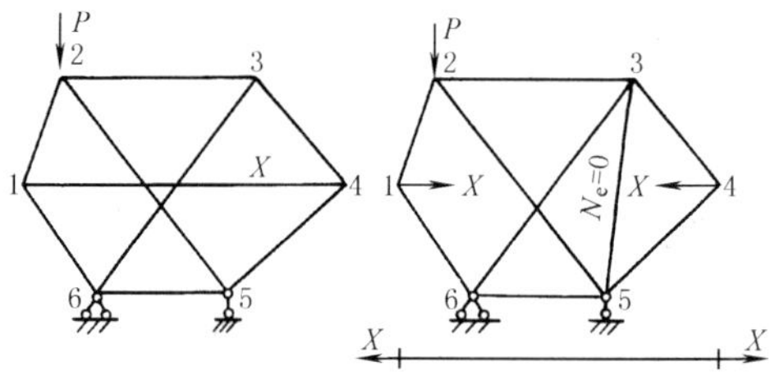

(a) 原桁架 (b) 代替桁架

图 20-5-20

为了计算（图 20-5-20a）某一杆 14 的内力 X，可将杆件 14 自桁架中截出，成为两个自由体（图 20-5-20b）。于是杆件 14 的内力 X 即作为外力而出现在截断处。这种做法，并不改变桁架的静力平衡条件，当然也不影响各杆的内力；然而，就桁架的几何图形来说，它变成为一个具有自由度的机构，因此是不稳定的。为了要恢复桁架图形的稳定性，必须添上一根杆件，如图 20-5-20b 中的杆件 35。如果，在外力 P 与 X 的共同作用下，增添的杆件 35 的内力等于零，则改变之后的桁架（图 20-5-20b）非但是稳定的，而且各杆的受力情形也是与原桁架（图 20-5-20a）完全相同的。代替桁架必须是稳定的桁架，并且为了易于计算代替杆内的内力，因此它常常是一个简单桁架。很明显，代替杆的插入，必须不改变桁架结点的数目。

计算代替桁架的内力方法如图 20-5-21 所示，计算 P 作用下 35 杆的内力 N_e^0（图 20-5-21a），再计算$\overline{X}=1$ 单位力作用下 35 杆的内力$\overline{N}_{eX}$（图 20-5-21c），则根据 $N_e=0$ 的条件，得

$$N_e=N_e^0+\overline{N}_{eX}X=0$$

即

$$X=-\frac{N_e^0}{\overline{N}_{eX}}$$

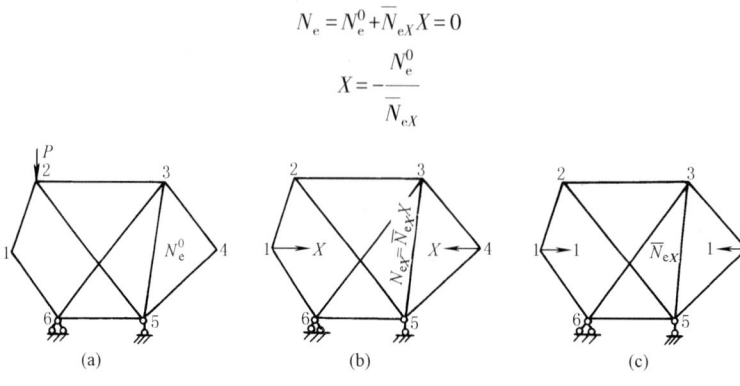

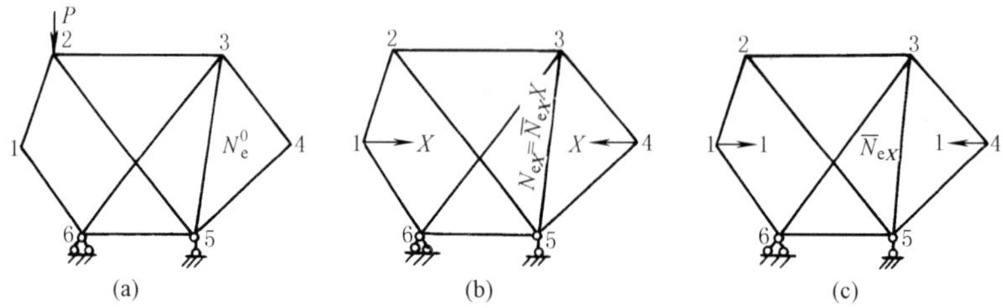

(a) (b) (c)

图 20-5-21

式中，N_e^0 等均可用前面的截面法或结点法等求出。

其他杆件的内力 N_i 可以由原桁架的 X 力已知而求出，或仍由代替桁架的内力由 P 及 X 作用叠加：

$$N_i = N_i^0 + \overline{N}_{iX} X$$

式中　$\overline{N}_{iX}$——代替桁架 i 杆由 $\overline{X}=1$ 作用产生的内力；

　　N_i^0——代替桁架 i 杆由 P 作用产生的内力。

在更复杂的桁架中，有时需要撤换二根或更多的杆件。例如于图 20-5-22a 所示桁架中，如果撤换两根杆件 14 与 25，而以杆件 13 与 35 来代替（图 20-5-22b），则有两个条件 $N_1=0$ 与 $N_2=0$，以求解两个未知数 X_1 与 X_2：

$$\begin{cases} N_1 = N_1^0 + \overline{N}_{11} X_1 + \overline{N}_{12} X_2 = 0 \\ N_2 = N_2^0 + \overline{N}_{21} X_1 + \overline{N}_{22} X_2 = 0 \end{cases}$$

由联立方程式可得未知数 X_1 与 X_2。公式中符号的意义示于图 20-5-22。

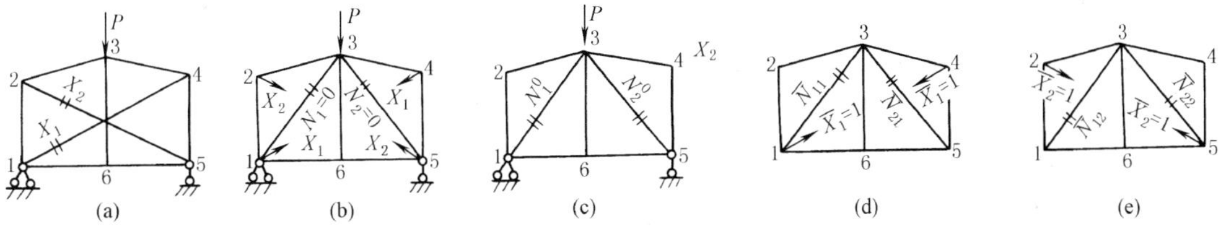

图 20-5-22

桁架构件受压稳定性计算长度见第 4 章第 3.4 节结构件的计算长度。

4　桁架的位移计算

要计算桁架的刚度，必须先算得其受力后的位移量。

4.1　桁架的位移计算公式

桁架的位移，按式（20-5-5）计算：

$$\Delta_{kP} = \sum \frac{\overline{N}_k N_P}{EA} l \tag{20-5-5}$$

式中　$\overline{N}_k$——单位虚载荷 $P_k=1$ 所产生的桁架各杆件的内力，拉力为正，压力为负（P_k 应作用于桁架位移所求点，其方向应与所求的桁架位移的方向相同）；

　　N_P——外载荷 P_k 所产生的桁架各杆件的内力，拉力为正，压力为负；

　　E——桁架杆件材料的弹性模量；

　　A——桁架各杆件的截面积；

　　l——桁架各杆件的轴线长度；

　　Δ_{kP}——桁架的位移。

在计算时，采用列表的方式较为方便。

求非竖直方向的位移时，单位虚载荷的作用方向如下。

① 当求任意结点沿任意方向的线位移时，则沿该方向上作用 $P_k=1$（图 20-5-23a）。

② 当求两结点间的距离改变（如结点 B 及 D）时，则于该两结点的连线上作用两个方向相反的 $P_k=1$（图 20-5-23b）。

③ 当求任一杆件（如杆件 CE）的转角（以弧度计）时，则该杆件的两端点处垂直杆件作用两个大小相等方向相反的力，这一对力形成一个单位力偶（即力矩 $M=1$），每一个力的大小等于$\dfrac{1}{l_{CE}}$（图 20-5-23c）。

④ 当求两杆件间（如 AB 与 CD 间）角度变化，则于该两杆件的端点分别作用两个方向相反的单位力偶（即

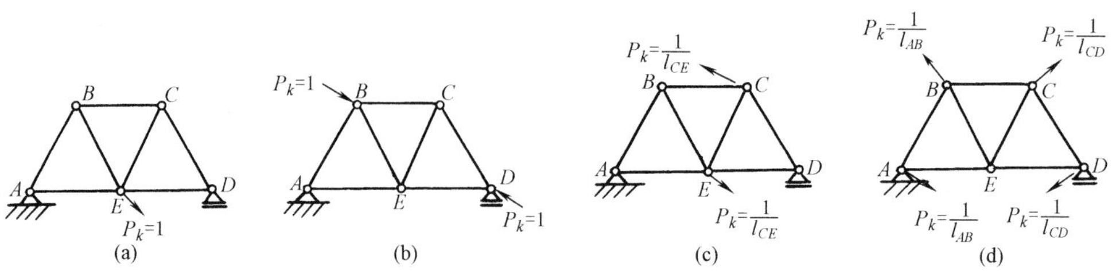

图 20-5-23

力矩 $M=1$)，如图 20-5-23d 所示。

4.2 几种桁架的挠度计算公式

桁架的受力分析计算一般可在手册中查到。而机架结构设计则主要有足够的刚度要求，必须进行挠度的计算以校核其刚度是否足够，但一般手册中都无现成的数表或公式可查。为便于读者使用，将编者工作中所推导的常用的一些等节间桁架的挠度计算公式推荐如下，推导的过程从略。空腹桁架挠度计算公式见第 6 章。

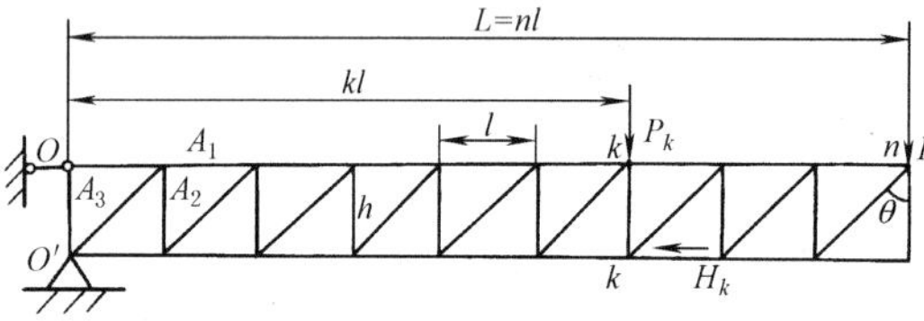

图 20-5-24

(1) 集中力产生的挠度（图 20-5-24）

1) 在点 n 作用有 P_n 时的挠度

$$\Delta_P=\frac{nP_nh}{E}\left[\frac{1}{A_2}+\frac{1}{A_3\cos^3\theta}+\frac{(2n^2+1)l^3}{3A_1h^3}\right]\quad (\text{mm})\qquad(20\text{-}5\text{-}6)$$

2) 在点 k 作用有 P_k 时 n 点的挠度

$$\Delta_k=\frac{kP_kh}{E}\left\{\frac{1}{A_2}+\frac{1}{A_3\cos^3\theta}+\frac{[k(3n-k)+1]l^3}{3A_1h^3}\right\}\quad (\text{mm})\qquad(20\text{-}5\text{-}7)$$

3) 在点 k 作用有水平力 H_k 引起的 n 点挠度

$$\Delta_H=\frac{H_kl^2}{EA_1h}\left(\frac{2n-k-1}{2}\right)k\quad (\text{mm})\qquad(20\text{-}5\text{-}8)$$

式中 A_1——上下弦杆的截面面积，mm^2；
A_2——竖杆的截面面积，mm^2；
A_3——斜杆的截面面积，mm^2；
E——弹性模量，MPa；
P_n，P_k，H_k——集中力，N；
h，l——长度，mm；
n——节间数。

对于斜杆方向与图示方向相反（即自左上角向右下角倾斜）的桁架，上述公式中仅差竖杆 n 未计算，因影响很小，同样可用上述公式计算。

4) 如果要计算作用在 n 点的力 P 在任意点 k 所产生的挠度，则根据位移互等原理，该挠度等于力 P 作用在 k 点所产生的 n 点的挠度。因此可以用式（20-5-7）来计算。即

$$\Delta_{kP}=\Delta_k$$

式中 Δ_{kP}——n 点 P 力产生 k 点的挠度；
Δ_k——同式（20-5-7）。

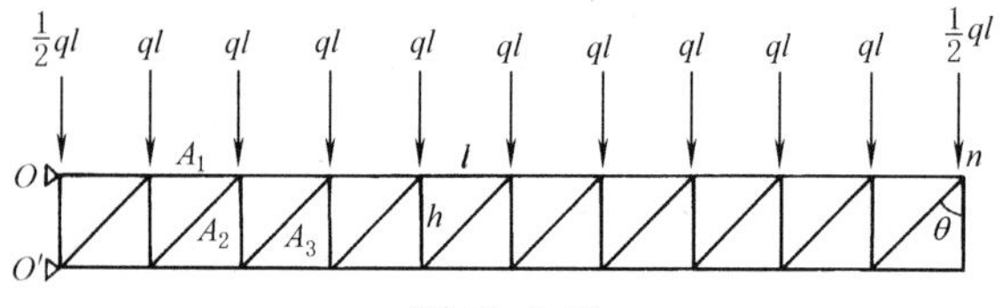

图 20-5-25
l—节间长度；n—节间数

(2) 均布载荷产生的悬臂桁架的挠度（图20-5-25）

n 点的挠度

$$\Delta_q=\frac{n^2qlh}{2E}\left[\frac{1}{A_2}+\frac{1}{A_3\cos^3\theta}+\frac{(n^2+1)l^3}{2A_1h^3}\right] \tag{20-5-9}$$

式中　q——均布载荷，N/mm；

其他符号意义同前。

（3）简支桁架的挠度（图 20-5-26）

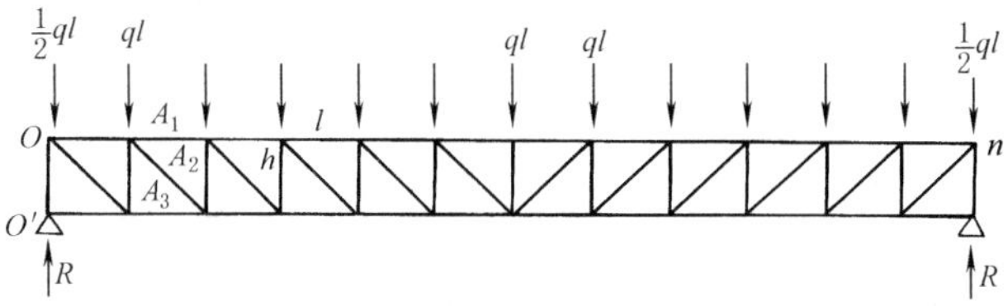

图 20-5-26

l—节间长度；n—节间数

由均布载荷产生的中点挠度

$$\Delta_q=\frac{ql^4(5n^2+4)n^2}{192EA_1h^2}\approx0.026\frac{n^4l^4}{EA_1h^2}\quad(\text{mm}) \tag{20-5-10}$$

式中各符号意义同前。

这种桁架受集中力作用时，如为对称载荷，可将此桁架分解为两个悬臂桁架（从桁架中点分开），则结点数为 $n_1=n/2$。然后按式（20-5-6）或式（20-5-7）计算该半桁架（悬臂桁架），由支座反力 R 及该悬臂桁架上的载荷作用引起的挠度，代数相加即可。

（4）桁架旋转时动力加速度引起的挠度（图 20-5-27）

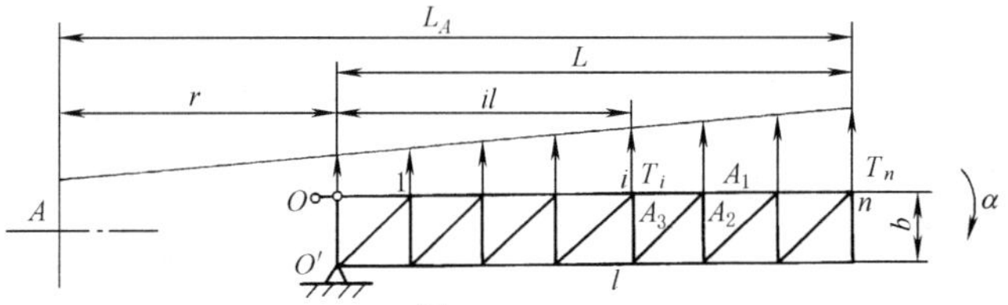

图 20-5-27

对于集中质量，加速度求出来后，集中力即可求得［式（20-5-13a）］，此集中力引起的挠度按式（20-5-6）或式（20-5-7）计算即可。均布质量的计算则因距旋转中心的距离不同而加速度呈梯形分布（图 20-5-27）。设桁架绕机器中心作角加速度 a（rad/s^2）旋转，则有

n 点挠度

$$\Delta_a=\frac{aq_0lbn}{2E\times10^3}\left\{\left(nL_A-\frac{n^2-1}{3}l\right)\left(\frac{1}{A_2}+\frac{1}{A_3\cos^3\theta}\right)+\frac{n^2+1}{6}\times\frac{l^3}{b^3}\times\frac{1}{A_1}\left[3nL_A-\frac{4(n^2-1)l}{5}\right]\right\}\quad(\text{mm}) \tag{20-5-11}$$

当 $n\geqslant10$ 时，式（20-5-8）可简化为

$$\Delta_a=\frac{aq_0bnL}{2E\times10^3}\left(L_A-\frac{4}{15}L\right)\left(\frac{1}{A_2}+\frac{1}{A_3\cos^3\theta}+\frac{n^2l^3}{2b^3A_1}\right)\quad(\text{mm}) \tag{20-5-12}$$

均布载荷引起的惯性力是按下式计算的：

$$T_i=\frac{r+il}{10^3}aq_0l\quad(\text{N}) \tag{20-5-13}$$

$$T_n=\frac{1}{2}\times\frac{r+nl}{10^3}aq_0l\quad(\text{N}) \tag{20-5-14}$$

$$nl=L,\ L_A=L+r\quad(\text{mm})$$

式中　q_0——均布质量，kg/mm；

其它符号同前。

设备等重物 Q_i（kg）作用于结点 i 的集中载荷为

$$P_i=\frac{r+il}{10^3}aQ_i \tag{20-5-13a}$$

（5）三角形桁架（图 20-5-28）

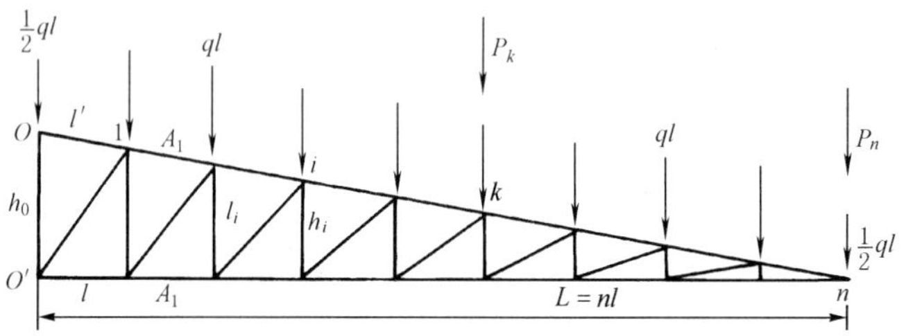

图 20-5-28

以图 20-5-28 中 O、O'为铰接支点，n 点的挠度计算公式如下：

由集中力 P_n 产生的 n 点挠度

$$\Delta_n=\frac{P_nL^3}{EA_1h_0^2}\left[\frac{n-1}{n}+\left(\frac{l'}{l}\right)^3\right]\quad(\text{mm}) \tag{20-5-15}$$

由 k 点作用集中力 P_k 产生的 n 点挠度

$$\Delta_k=\frac{P_klL^2}{EA_1h_0^2}\left[D-\frac{k}{n}+D\left(\frac{l'}{l}\right)^3\right]\quad(\text{mm}) \tag{20-5-16}$$

由均布载荷 q 引起的 n 点挠度

$$\Delta_q=\frac{ql^2L^2}{4EA_1h_0^2}\left[(n-1)(n+2)+n(n+3)\left(\frac{l'}{l}\right)^3\right]\quad(\text{mm}) \tag{20-5-17}$$

$$D=\sum_{i=0}^{k}\frac{k-i}{n-i} \tag{20-5-17a}$$

式中 l——每节间长，mm；

l'——上弦杆每节间长（斜长），mm；

n——节间数，桁架为等节间的；

A_1——上、下弦杆的截面积，mm^2。

（6）倒三角形桁架（图 20-5-29）

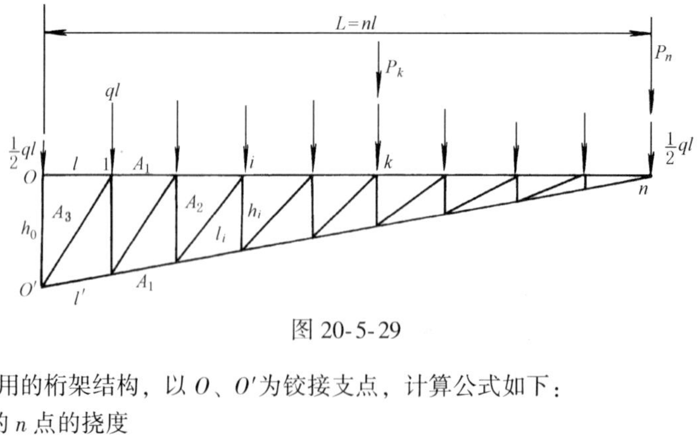

图 20-5-29

倒三角形桁架是常用的桁架结构，以 O、O'为铰接支点，计算公式如下：

由集中力 P_n 引起的 n 点的挠度

$$\Delta_n=\frac{P_nL^3}{EA_1h_0^2}\left[1+\frac{n-1}{n}\left(\frac{l'}{l}\right)^3\right]\quad(\text{mm}) \tag{20-5-18}$$

由 k 点作用集中力 P_k 引起的 n 点的挠度

$$\Delta_k=\frac{P_klL^2}{EA_1h_0^2}\left[D+\left(D-\frac{k}{n}\right)\left(\frac{l'}{l}\right)^3\right]\quad(\text{mm}) \tag{20-5-19}$$

由均布载荷 q 引起的 n 点的挠度

$$\Delta_q=\frac{ql^2L^2}{4EA_1h_0^2}\left[n(n+3)+(n-1)(n+2)\left(\frac{l'}{l}\right)^3\right]\quad(\mathrm{mm})\tag{20-5-20}$$

式中，D 含义同前。

(7) 梯形桁架（图 20-5-30）

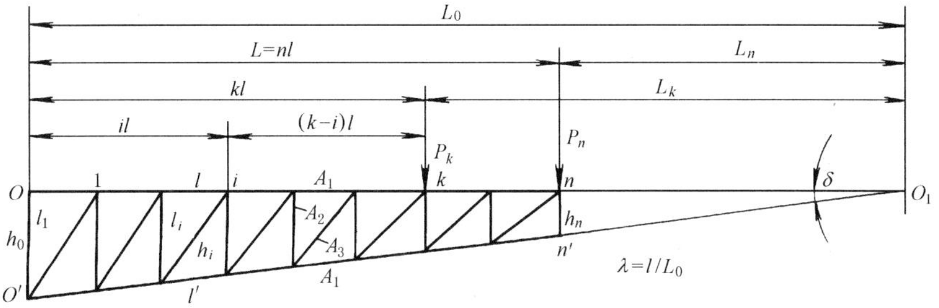

图 20-5-30

挠度公式可化简成如下的中间形式：

由集中力 P_n 引起的 n 点挠度

$$\Delta_n=\frac{P_n}{Eh_0}\left[\frac{1}{A_1h_0}(D_{1,n}l^3+D_{2,n}l'^3)+h_n^2\left(\frac{B_n}{A_2}+\frac{C_n}{A_3}\right)\right]\quad(\mathrm{mm})\tag{20-5-21}$$

由 k 点作用集中力 P_k 引起的 n 点的挠度

$$\Delta_k=\frac{P_k}{Eh_0}\left[\frac{1}{A_1h_0}(D_1l^3+D_2l'^3)+h_kh_n\left(\frac{B}{A_2}+\frac{C}{A_3}\right)\right]\quad(\mathrm{mm})\tag{20-5-22}$$

可粗略地按

$$\Delta_k=\frac{P_kl^3}{EA_1h_0^2}D\quad\left(D=D_1+D_2\frac{l'^3}{l^3}\right)\quad(\mathrm{mm})\tag{20-5-23}$$

由均布载荷 q 引起的 n 点的挠度

$$\Delta_q=\frac{ql}{E}\left[\frac{1}{A_1h_0^2}(D_1'l^3+D_2'l'^3)+h_n\left(\frac{B'}{A_2}+\frac{C'}{A_3}\right)\right]\quad(\mathrm{mm})\tag{20-5-24}$$

$n\geqslant10$ 时

$$\Delta_q=\frac{2qlD_1'}{EA_1h_0^2}(l^3+l'^3)\tag{20-5-25}$$

其中，令 $\lambda=l/L_0$，则有

$$\left.\begin{aligned}D_{1,n}&=\sum_{i=0}^{n-1}\frac{(n-i)^2}{(1-i\lambda)^2}\\D_{2,n}&=D_{1,n}-n^2\\B_n&=\sum_{i=1}^{n-1}\frac{1}{1-i\lambda}\\C_n&=\sum_{i=1}^{n}\frac{1-(i-1)\lambda}{(1-i\lambda)^2}\left(\frac{l_i}{h_{i-1}}\right)^3\end{aligned}\right\}\tag{20-5-21a}$$

$$\left.\begin{aligned}D_1&=\sum_{i=0}^{k-1}\frac{(n-i)(k-i)}{(1-i\lambda)^2}\\D_2&=D_1-nk\\B&=\sum_{i=1}^{k-1}\frac{1}{1-i\lambda}\\C&=\sum_{i=1}^{k}\frac{1-(i-1)\lambda}{(1-i\lambda)^2}\left(\frac{l_i}{h_{i-1}}\right)^3\end{aligned}\right\}\tag{20-5-22a}$$

$$\left.\begin{aligned}
D_1' &= \frac{1}{2}\sum_{i=1}^{n}\frac{i^2(i+1)}{[1-(n-i)\lambda]^2}\\
D_2' &= D_1' - \frac{n^2(n+1)}{2}\\
B' &= \frac{1}{2}\sum_{i=1}^{n-1}\frac{(n-i)[2-(n+i+1)\lambda]}{1-i\lambda}\\
C' &= \frac{1}{2}\sum_{i=1}^{n}\frac{[n-(i-1)][1-(i-1)\lambda][2-(n+i)\lambda]}{(1-i\lambda)^2}\left(\frac{l_i}{h_{i-1}}\right)^3
\end{aligned}\right\} \quad (20\text{-}5\text{-}24\text{a})$$

4.3 举例

例 1 如图 20-5-31 所示桁架，用牵绳在 K 点拉住，求其端部的挠度。

由式（20-5-6）算得 P 力的挠度 Δ_P；由式（20-5-9）算得均布载荷 q 的挠度 Δ_q；由平衡条件算得牵引钢绳拉力 T，再将拉力 T 分解为水平力 H 和垂直力 V。如垂直力 V 不在结点上，则将其分解为 V'、V''（图 20-5-31），再用式（20-5-7）求各自引起的挠度 Δ_k'、Δ_k''；再用式（20-5-8）求水平力 H 引起的挠度 Δ_H。以上各挠度相加（考虑正负相加减）就得总挠度。

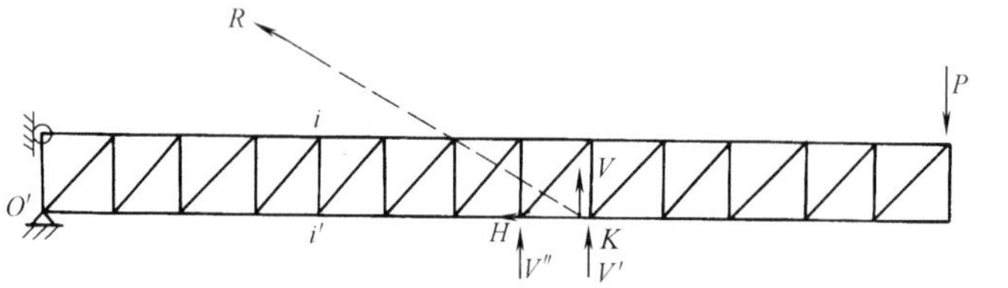

图 20-5-31 桁架示例

例 2 图 20-5-32 为一带式输送机的悬臂桁架，求在图示载荷作用下，悬臂的刚度是否符合要求。

因为 OO' 固定（铰接）于行走机械的机架上，油缸可以动作以保证带输出端位置，挠度的计算应该是 n 点相对于 OO' 连线的向下位移量。则

$$n=10$$
$$A_1=A_2=10.24\text{cm}^2$$
$$A_3=3.086\text{cm}^2$$

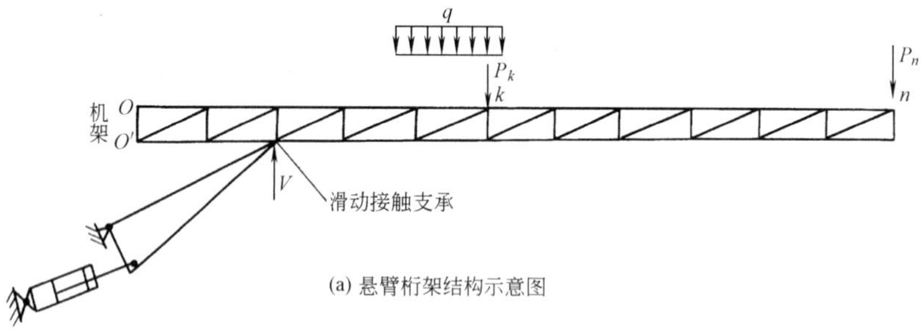

(a) 悬臂桁架结构示意图

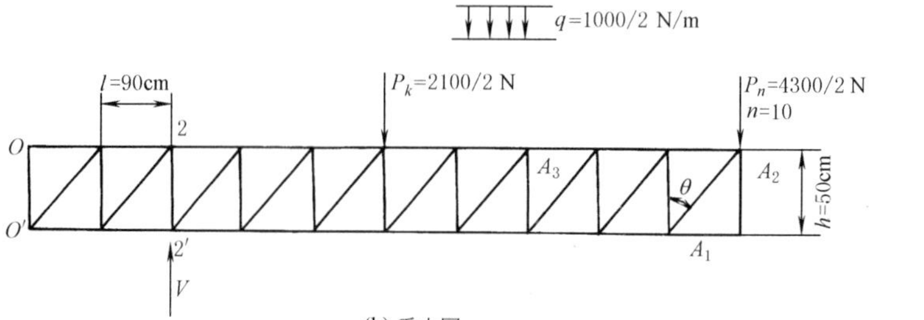

(b) 受力图

图 20-5-32 带式输送机悬臂桁架

$$h=50\text{cm},\ l=90\text{cm}$$

$$则\ \tan\theta=\frac{l}{h}=1.8,\ \cos\theta=\frac{1}{\sqrt{1+1.8^2}}=\frac{1}{2.06}$$

桁架有两侧，空载时抬起，P_k、P_n 为滚筒等重力：

$$P_n=4300/2=2150\ (\text{N})$$

$$P_k=1050\text{N}$$

$$q=500\text{N/m}$$

$$V=(2150\times10+1050\times5+500\times10\times0.9\times5)/2=24600\ (\text{N})$$

运用式（20-5-7）~式（20-5-9）得

集中力 P_n 引起的变形量（以 cm 作单位代入，下同）：

$$\Delta_P=\frac{10\times2150\times50}{2.1\times10^5\times100}\left(\frac{1}{10.24}+\frac{1}{3.086}\times2.06^3+\frac{201\times1.8^3}{3\times10.24}\right)$$

$$=0.051\times(0.1+2.83+38)=2.08\ (\text{cm})$$

集中力 P_k 引起的变形量：

$$\Delta_k=\frac{5\times1050\times50}{2.1\times10^7}\left(0.1+2.83+\frac{5\times25+1}{3\times10.24}\times1.8^3\right)$$

$$=0.0125\times(0.1+2.83+23.9)=0.33\ (\text{cm})$$

集中力 V 引起的向上的变形量（方向向上）：

$$\Delta_V=\frac{2\times24600\times50}{2.1\times10^7}\left(0.1+2.83+0.568\times\frac{2\times28+1}{3}\right)$$

$$=1.58\ (\text{cm})$$

均布载荷 q 引起的变形量：

$$\Delta_q=\frac{10^2\times5\times90\times50}{2\times2.1\times10^7}\left(0.1+2.83+0.568\times\frac{101}{2}\right)=1.68\ (\text{cm})$$

总挠度为

$$\Delta=2.08+0.33+1.68-1.58=2.51\ (\text{cm})$$

悬臂长 9m，挠度为全长的$\frac{2.51}{900}=2.8‰$。挠度不算小，但此时为不工作状态。在工作时，悬臂端部下面有支撑，故符合要求。

例 3 用悬臂桁架挠度计算公式来计算图 20-5-33a 简支梁的挠度。

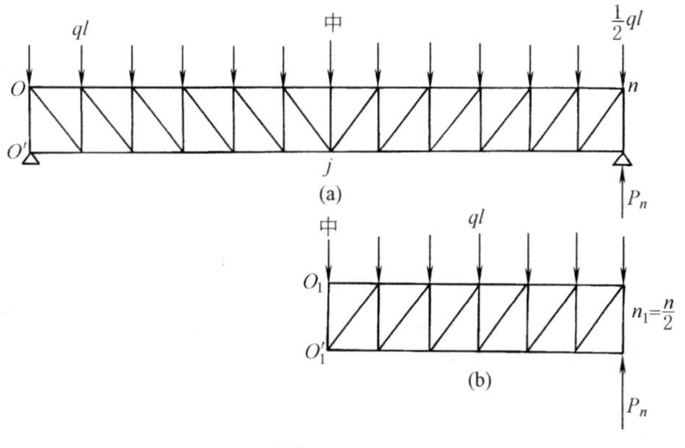

图 20-5-33

将图 a 变换成图 b，用悬臂梁式（20-5-6）~式（20-5-9）计算挠度。令桁架中线为 O_1O_1'。

由 $P_n=n_1ql$，代入式（20-5-6）得

$$\Delta_P=\frac{n_1^2qlh}{E}\left[\frac{1}{A_2}+\frac{1}{A_3\cos^3\theta}+\frac{(2n_1^2+1)l^3}{3A_1h^3}\right]$$

由式（20-5-9）得

$$\Delta_q=\frac{n_1^2qlh}{2E}\left[\frac{1}{A_2}+\frac{1}{A_3\cos^3\theta}+\frac{(n_1^2+1)l^3}{2A_1h^3}\right]$$

悬臂梁中点的挠度（略去较小的前两项，以 $n_1=\frac{n}{2}$ 代入）为

$$\delta=\Delta_P-\Delta_q=\frac{ql^4(5n^2+4)n^2}{192EA_1h^2}$$

如果用 n 节间悬臂梁的计算公式来计算上梁 n 点对 OO' 的变位量，则可以求得

$$\Delta_P=\frac{n^2qlh}{2E}\left[\frac{1}{A_2}+\frac{1}{A_3\cos^3\theta}+\left(\frac{2n^2+1}{3A_1h^3}\right)l^3\right]$$

$$\Delta_q=\frac{qlhn^2}{2E}\left[\frac{1}{A_2}+\frac{1}{A_3\cos^3\theta}+\left(\frac{n^2+1}{2A_1h^3}\right)l^3\right]$$

$$\delta_1=\Delta_q-\Delta_P=\frac{qlhn^2}{2E}\left[\frac{l^3}{A_1h^3}\left(-\frac{2n^2+1}{3}+\frac{n^2+1}{2}\right)\right]$$

$$=-\frac{ql^4n^2(n^2-1)}{12EA_1h^2}$$

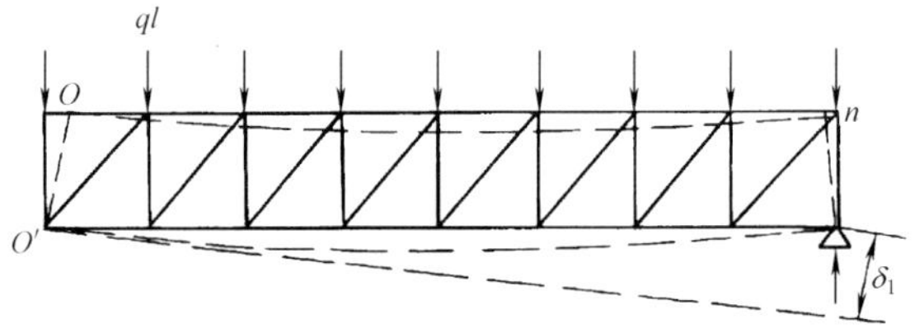

图 20-5-34

请注意，上式算得的是图 20-5-34 所示的 δ_1，而非 n 点的挠度。

例 4 以上的挠度计算是相对于 OO' 线的位置，如要使 OO' 保持垂直，则桁架要转动。如果所要求的是 k 点（k 表示 R 力所作用的节间数）不动时的桁架挠度，如图 20-5-35 所示，OO' 线是歪斜的，此时的挠度可用下面两种方法求得。

（1）令 $\delta_{n,n}$——n 点作用单位力 $P_n=1$ 时 n 点的变形；

$\delta_{k,n}$——n 点作用单位力 $P_n=1$ 时 k 点的变形；

$\delta_{n,k}$——k 点作用单位力 $P_k=1$ 时 n 点的变形；

$\delta_{k,k}$——k 点作用单位力 $P_k=1$ 时 k 点的变形。

由式（20-5-7），则

$$\delta_{k,n}=\delta_{n,k}=\frac{hk}{E}\left\{\frac{1}{A_2}+\frac{1}{A_3\cos^3\theta}+\frac{[k(3n-k)+1]l^3}{3A_1h^3}\right\}$$

由式（20-5-6），得

$$\delta_{n,n}=\frac{nh}{E}\left[\frac{1}{A_2}+\frac{1}{A_3\cos^3\theta}+\frac{(2n^2+1)l^3}{3A_1h^3}\right]$$

当 n 改为 k 后，即

$$\delta_{k,k}=\frac{kh}{E}\left[\frac{1}{A_2}+\frac{1}{A_3\cos^3\theta}+\frac{(2k^2+1)l^3}{3A_1h^3}\right]$$

当只在 n 点有作用力时，n 点的挠度为

$$\delta_n=\delta_{n,n}P_n-\delta_{n,k}V \tag{a}$$

而此时，k 点实际移动了

$$\delta_k=\delta_{n,k}P_n-\delta_{k,k}V \tag{b}$$

如要求 k 点不动，须 k 点移回 δ_k，则 n 点必定上升

$$\delta_n'=\delta_k\frac{L}{a} \tag{c}$$

故由于 OO' 倾斜及 k 点不动，实际使 n 点的挠度等于式（a）~式(c)（见图 20-5-35)：

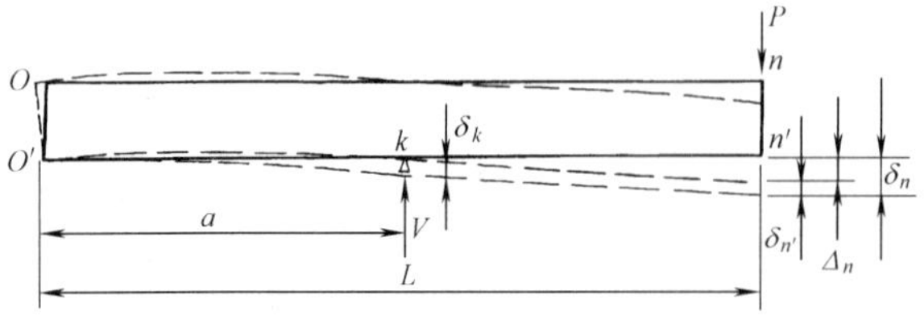

图 20-5-35

$$\Delta_n=\delta_n-\delta_n'=\delta_{n,n}P_n-\delta_{n,k}V-\delta_k\frac{L}{a}$$

式（b）代入后，得

$$\Delta_n=P_n\delta_{n,n}\left(1+\frac{LR\delta_{k,k}}{aP_n\delta_{n,n}}\right)-V\delta_{n,k}\left(1+\frac{LP_n}{aR}\right)$$

$$=\alpha P_n\delta_{n,n}-\beta V\delta_{n,k} \tag{d}$$

式（d）与式（a）比较，只多两个系数，即

$$\alpha=1+\frac{LV\delta_{k,k}}{aP_n\delta_{n,n}} \tag{e}$$

$$\beta=1+\frac{LP_n}{aR} \tag{f}$$

当只考虑端部 n 处有载荷时

$$LP_n=aV,\ \beta=2$$

$$\alpha=1+\frac{L^2}{a^2}\times\frac{\delta_{k,k}}{\delta_{n,n}}\approx 1+\frac{a}{L}$$

因 $\delta_{k,k}$、$\delta_{n,n}$ 中起主要作用的是第三项，约与 k^3 及 n^3 成正比。

或由式（d）

$$\Delta_n=P_n\delta_{n,n}\alpha_1-V\delta_{n,k}\beta_1$$

式中

$$\alpha_1=1-\frac{L}{a}\times\frac{\delta_{n,k}}{\delta_{n,n}} \tag{e$_1$}$$

$$\beta_1=1-\frac{L}{a}\times\frac{\delta_{k,k}}{\delta_{n,k}} \tag{f$_1$}$$

（2）为简便起见，从式（20-5-6）、式（20-5-9）可看出，端点挠度与外力（P 或 qln）成正比，和 $(nl)^3$ 成正比。从式（20-5-6）~式（20-5-9）的第三项起主要作用考虑，设按计算得的 n 点的总挠度是 Δ_n'，则 V 力作用点的挠度约为

$$\delta_R=\Delta_n'\frac{a^3}{L^3} \tag{g}$$

V 力位置不变，上升 δ_R，n 点挠度则减少 $\delta_R=\frac{L}{a}$。故 n 点的总挠度实际为

$$\Delta_n=\Delta_n'-\delta_R\frac{L}{a}=\Delta_n'\left(1-\frac{a^2}{L^2}\right) \tag{h}$$

5　超静定桁架的计算

超静定桁架是桁架中有多余约束（多余联系，超过静定所必需的杆件与连接）的桁架。多余约束可以是内部杆件也可以是外部支座，或二者都有。

机架采用超静定形式桁架往往是为了结构的需要，使机架更为稳定，或考虑到载荷的方向变化。在计算的时候，往往可以将多余的次要杆件去掉不计，这样计算就方便得多了。

如果一定要按超静定桁架计算时，则一般采用力法来计算其杆件内力或支座反力。计算步骤及方法如下。

① 去掉多余约束，确定基本结构，以多余的未知力 X_i 来代替相应的多余约束。去掉多余约束后的桁架应仍是稳定的。

② 建立力法的典型方程。

设 δ_{ii} 为基本结构中单位未知力 $\overline{X}_i$ 单独作用时，沿 $\overline{X}_i$ 本身方向所引起的位移；δ_{ij} 为基本结构中由于单位未知力 $\overline{X}_j=1$ 引起的沿 $\overline{X}_i$ 方向的位移。$\delta_{ij}=\delta_{ji}$（$i\neq j$）。

Δ_{iP} 为基本结构中由于载荷 P 作用时（或其他原因如温度变化等）所引起的沿 $\overline{X}_i$ 方向的位移。

则典型方程组为（设为 n 次超静定，有 n 个未知力 x_1，…，x_n）

$$\left.\begin{aligned}\delta_{11}X_1+\delta_{12}X_2+\cdots+\delta_{1n}X_n+\Delta_{1P}=0\\ \delta_{21}X_1+\delta_{22}X_2+\cdots+\delta_{2n}X_n+\Delta_{2P}=0\\ \cdots\\ \delta_{n1}X_1+\delta_{n2}X_2+\cdots+\delta_{nn}X_n+\Delta_{nP}=0\end{aligned}\right\} \tag{20-5-26}$$

由于桁架中各杆件只产生轴向力，故典型方程中的各系数按莫尔公式为

$$\left.\begin{aligned}\delta_{ii}=\Sigma\frac{\overline{N}_i^2 l}{EA}\\ \delta_{ij}=\Sigma\frac{\overline{N}_i\,\overline{N}_j}{EA}l\end{aligned}\right\} \tag{20-5-27}$$

当桁架只承受载荷时

$$\Delta_{iP}=\Sigma\frac{\overline{N}_i N_P}{EA}l \tag{20-5-28}$$

当桁架只有温度改变时

$$\Delta_{iP}=\Delta_{it}=\sum \overline{N}_i \alpha t l \qquad (20\text{-}5\text{-}29)$$

式中 A——桁架杆的截面积；

l——杆长；

E——材料的弹性模量；

α——杆的热线胀系数；

t——温度改变量；

$\overline{N}_i$——在基本结构中杆件 i 的未知力 $N_i=1$ 时产生的各杆件的内力；

$\overline{N}_j$——在基本结构中杆件 j 的未知力 $N_j=1$ 时产生的各杆件的内力（二次及以上超静定结构时，$i \neq j$）；

N_P——在基本结构中由外载荷 P 产生的各杆件内力。

为此，必须作出基本结构的各单位内力图和载荷内力图，然后计算典型方程组中的各系数和自由项。

③ 解典型方程式，求出各多余内力 X_i。

④ 由叠加原理求出最后内力或绘出最后内力图。桁架各杆件的最后内力为

$$N=\overline{N}_1 X_1+\overline{N}_2 X_2+\cdots+\overline{N}_n \overline{X}_n+N_P \qquad (20\text{-}5\text{-}30)$$

在选择基本结构时，应尽量使在单位力或载荷的作用下，基本结构中有较多杆件的轴力为零，以简化典型方程组的求解。

例 图 20-5-36a 所示的超静定结构，求各杆轴力，已知各杆的 EA 皆相同。

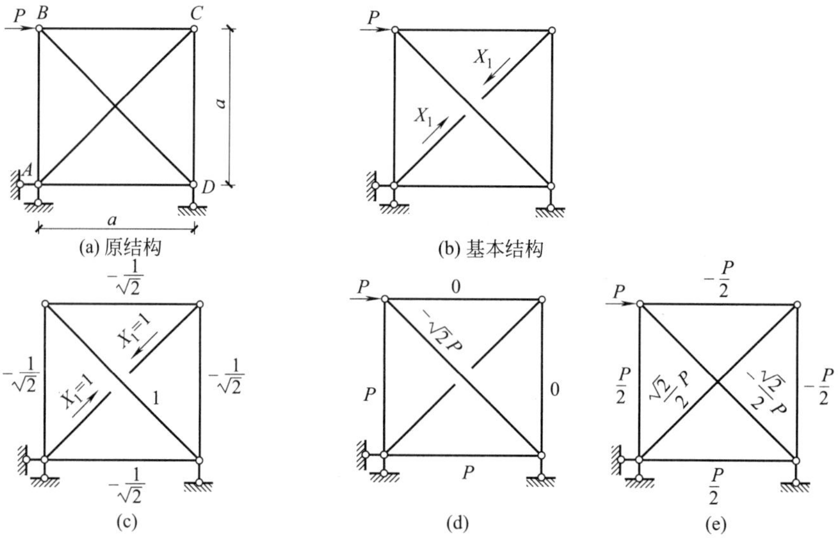

图 20-5-36 超静定结构示例

此为一次超静定结构，切开 AC 杆，用力代替，成基本结构（图 20-5-36b）。沿该 X_1 方向的杆的位移应为零：

$$\delta_{11}X_1+\Delta_{1P}=0$$

求力 $X_1=1$ 及载荷 P 分别作用于基本结构所产生的各杆的力，如图 20-5-36c 及 d 所示。再计算系数：

$$\delta_{11}=\sum \frac{\overline{N}_i^2 l}{EA}=\frac{1}{EA}\left[4\times\left(-\frac{1}{\sqrt{2}}\right)^2 a+1^2\times\sqrt{2}a\times 2\right]=\frac{2(1+\sqrt{2})a}{EA}$$

$$\Delta_{1P}=-\sum \frac{\overline{N}_i N_P}{EA}l=\frac{1}{EA}\left[2\times\left(-\frac{1}{\sqrt{2}}\right)Pa+1\times(-\sqrt{2}P)\times\sqrt{2}a\right]=-\frac{(2+\sqrt{2})Pa}{EA}$$

得

$$X_1=-\frac{\Delta_{1P}}{\delta_{11}}=\frac{\sqrt{2}}{2}P$$

原结构中各杆的轴力可按下式算得，其结果标于图 20-5-36e：

$$N_i=\overline{N}_i X_1+N_P=\frac{\sqrt{2}}{2}P\,\overline{N}_i+N_P$$

各 $\overline{N}_i$、N_P 即力 $X_1=1$ 及力 P 在各杆件中所产生的轴力，已知标明于图 20-5-36c 及 d 中。

6 空间桁架

机架基本上都是空间桁架。但由于结构较简单或结构的对称性，计算起来比较方便。空间桁架尽可能简化为平面桁架来计算。与平面桁架相似，可以用结点法、截面法或代替法来计算内力。

6.1 平面桁架组成的空间桁架的受力分析法

如图 20-5-37 所示的网状结构由几个平面桁架所组成，而每个平面桁架本身，在其各自的平面内，又是静定稳定的，它们能够单独承受作用于该平面内的载荷。故当载荷作用于某一平面桁架所在的平面内时，其他平面内的杆件内力为零。任意一力均可分解为两个分力，一力作用于某一个平面内，另一力则作用于该平面以外的某方向内。如图 a 中的任意一结点作用有一载荷 P 时，可将其分解为作用于平面 ABB_3A_3 内的分力 P_2（图 d）和作用于杆件 B_1C_1 方向内的分力 P_1（图 b）。P_1 仅使平面桁架 BCC_3B_3 内的某些杆件受力（图 c），而 P_2 则仅使平面桁架 ABB_3A_3 内的某些杆件受力（图 d）。如载荷 P 不作用在结点上而作用在某杆件上，可按力学分配到两个或多个结点上分别计算。只是该承受载荷的杆件要进行受力分析，例如抗弯的能力是否足够。

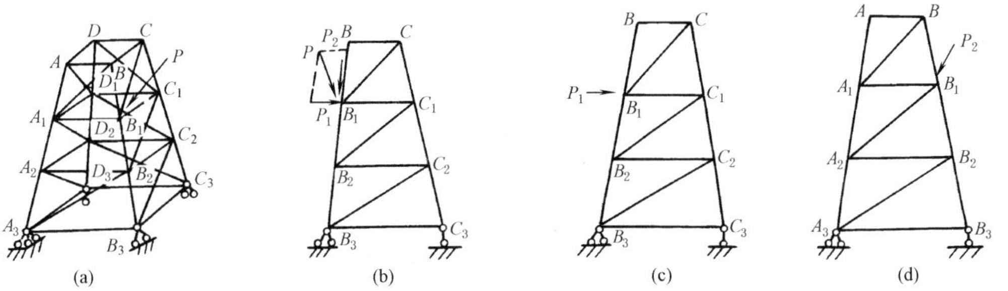

图 20-5-37

例 如图 20-5-38 所示的桁架，将载荷 P 分解为 P_1、P_2、P_3。P_1 在 AA_3 方向；P_2 在平面 ABB_3A_3 内；P_3 在 AEE_3A_3 平面内。然后按平面桁架的内力分析法，分别算出分力所在平面内的各杆件内力，如图 b、c、d 所示。最后按叠加原理算出各杆件的轴向力。因 P 力作用于 A 点，除图 b、c、d 所示的杆件受有轴向力外，其他平面内的杆件内力皆等于零。

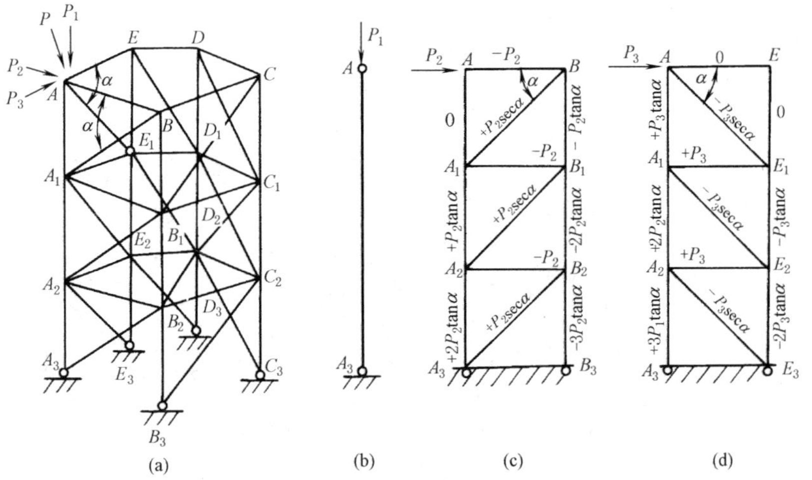

图 20-5-38

6.2 圆形容器支承桁架

非标准机架结构用到最多的一种是圆形或准圆形容器的支承桁架。其特点是径向对称性。只要将载荷合理分配就可以简单地计算。例如第 1 章图 20-1-38 浓密机支座（实例），将浓密机的总载荷等分为 16 个扇形，由 1 根简支梁和 2 个立柱支承来计算。梁上为连续的不均布载荷（考虑高度变化及扇形的影响）。先求得简支梁在该载荷的作用下，两支点最合理的位置（一般说来，靠中心的立柱位置是由设备结构要求确定的，所以只要确定外立柱的位置就可以了。用微分法求出某位置可以使梁受到最小的弯矩即可）。再分别按简支梁和单个立柱来计算其受力就很简单了。

图 20-5-39 为反应器设计建造的实例。两个反应器其规格各为：

① 外直径 9400mm，容器高 10750mm（不包括上面搅拌器高），架高 5240mm，加载荷后总重约 500t；

② 外直径 6900mm，容器高 8010mm（不包括上面搅拌器高），架高 4330mm，加载荷后总重约 180t。

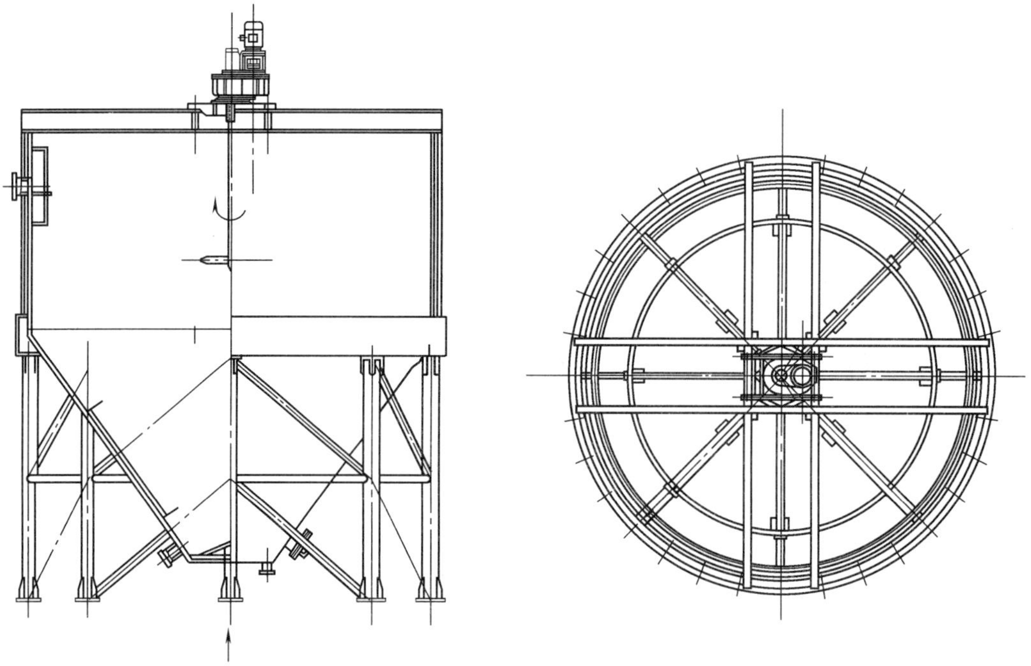

(a) 总图

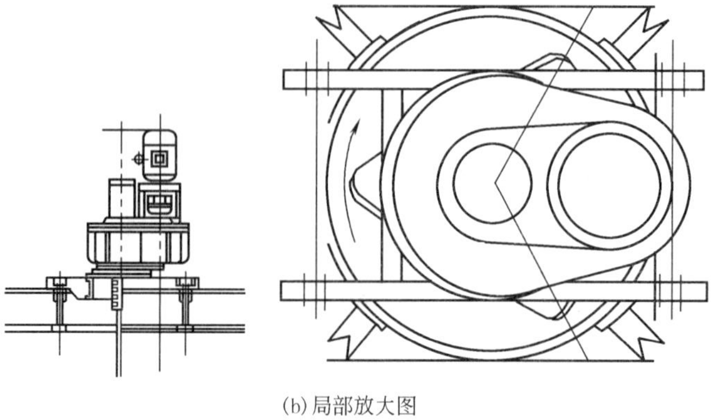

(b) 局部放大图

图 20-5-39　反应容器

可以采用几种方案来实现支架的结构设计和建造。

【方案 1】 图 20-5-40 为采用圆形钢管作支架的结构，A 容器采用 8 根立柱（图 a）；B 容器采用 6 根立柱（图 b）。根据计算，立柱尺寸 A 容器立柱 $\phi219\times14$；B 容器立柱 $\phi168\times10$ 足够。实际采用：A 容器立柱 $\phi219\times18$；B 容器立柱 $\phi219\times12$，是过于结实了。为了立柱的稳定性，周向用管子 2 连接；径向用周向辅助管子 4、5（或 4~6）连接（因为中心有容器的锥体通过不能直接连接，这些管子尺寸可以相应小一些）；管子 3 为斜撑。（架上面有用以支承反应器的圈梁，未画出，下同。）

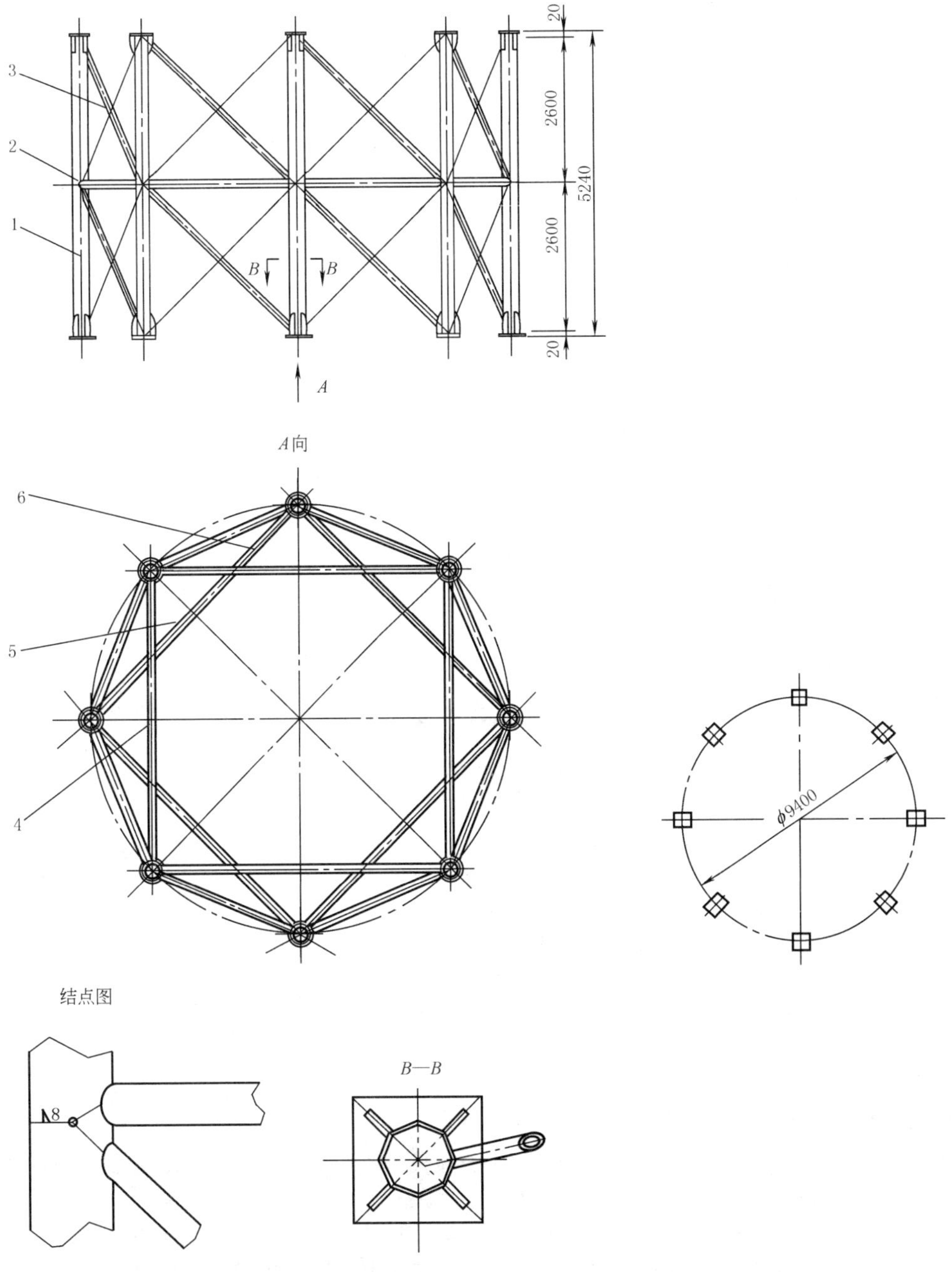

（a）容器 A 支架结构图（8 立柱）

1—立柱 $\phi219\times18$ 共 8 根；2—周向支撑 $\phi168\times10$，8 根；3—斜撑 $\phi168\times10$，16 根；4—周向支撑 $\phi121\times10$，4 根；5—周向辅助支撑 $\phi121\times10$，4 根；6—周向辅助支撑 $\phi121\times1$，8 根

图 20-5-40

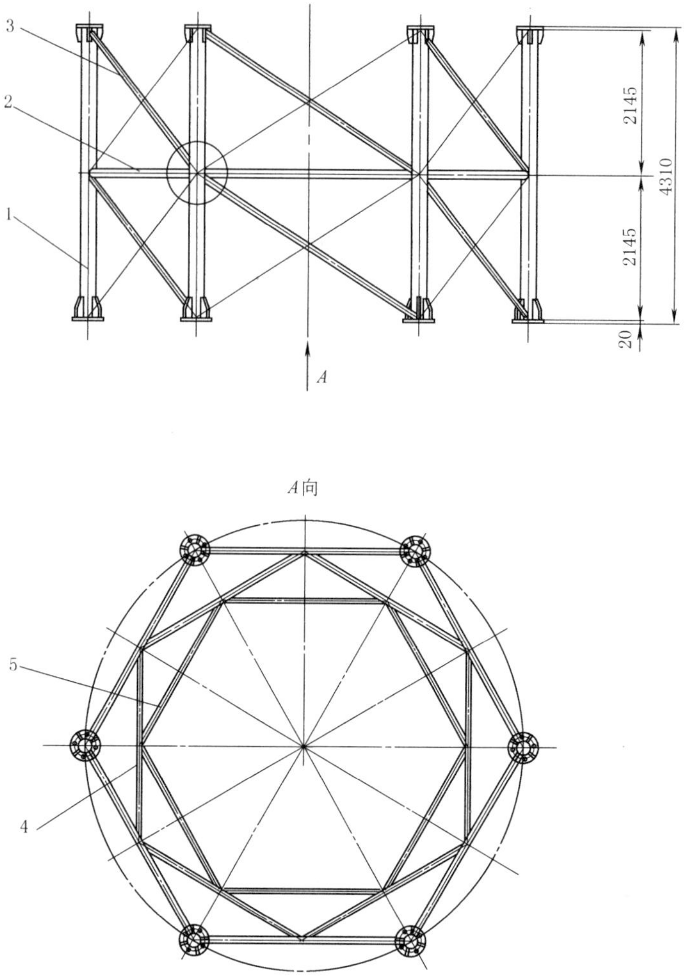

（b）容器 B 支架结构图（6 立柱）

1—立柱 $\phi219\times18$ 共 6 根；2—周向支撑 $\phi168\times10$，6 根；

3—斜撑 $\phi168\times10$，12 根；4,5—周向辅助支撑 $\phi121\times10$，6 根

图 20-5-40　容器支架结构图

【方案 2】结构形式相似：A 容器立柱用 32a 号工字钢，B 容器立柱用 22 号槽钢；斜撑 3 可用同型号的或小一号的型材；周向横梁 2 都可采用槽钢；各杆接头用连接板连接。而由于工字钢或槽钢的腹板向心布置，该向的立柱稳定性已足够，上图中的辅助支撑 4~6 都取消了（图略）。

【方案 3】结构如图 20-5-41 所示（仅画出 B 反应器）。材料与方案 2 相似。斜撑 3 一直撑到地面，而周向横梁 2 是断开的。本方案的优点是能直接承受和传递因机器转动和反应器内液态物料转动冲击挡板的扭力和振动至地面；材料较省一些。对于周向横梁 2 的布置，槽钢腹板 2 可以是立放的，撑向立柱 1 或斜撑 3 的中间或贴与其侧面。本图所示的周向横梁 2 是横放的。周向横梁采用与立柱及斜撑相同尺寸的槽钢，则部分要用连接钢板连接，如局部放大图所示。

以上几种方案都已有建造并在使用中。以方案 3 的材料最为节约。

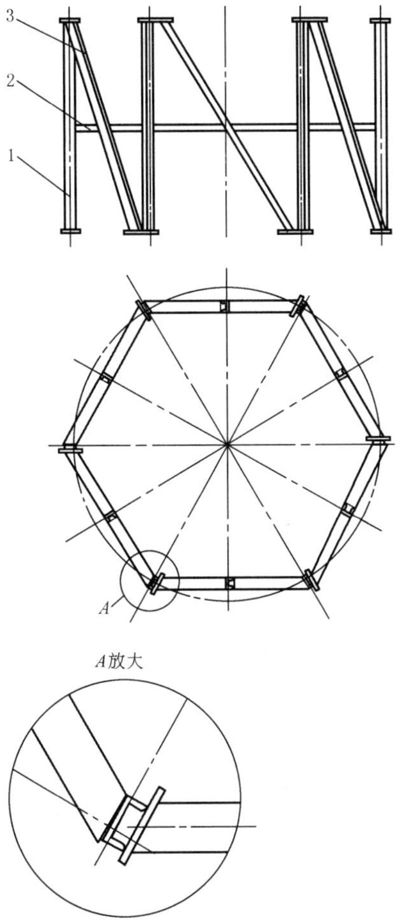

图 20-5-41　容器 B 支架结构图

1—主柱（槽钢）；2—周向横梁（槽钢）；3—斜撑（槽钢）

第6章　框架的设计与计算

框架是由梁和柱组成的结构。框架的结点有铰结点、刚结点；有静定、超静定。带刚性连接的框架一般称刚架。刚架的特点是：各杆件主要受弯；载荷作用使刚架变形后，其某些杆与杆之间的夹角仍保持不变。刚架同样有静定和超静定的，但一般是超静定的。刚架结构上也可以有部分是铰接结点或组合结点。

对静定刚架的计算方法与静定梁的计算方法相同。通常先根据整体或某部分的平衡条件，求出各支座的反力及各铰接处的内力，然后再逐杆计算其内力，并绘制内力图。

图 20-6-1 为悬臂起重机的臂架结构形式，空腹式框架起重机见本篇第 1 章图 20-1-21b。

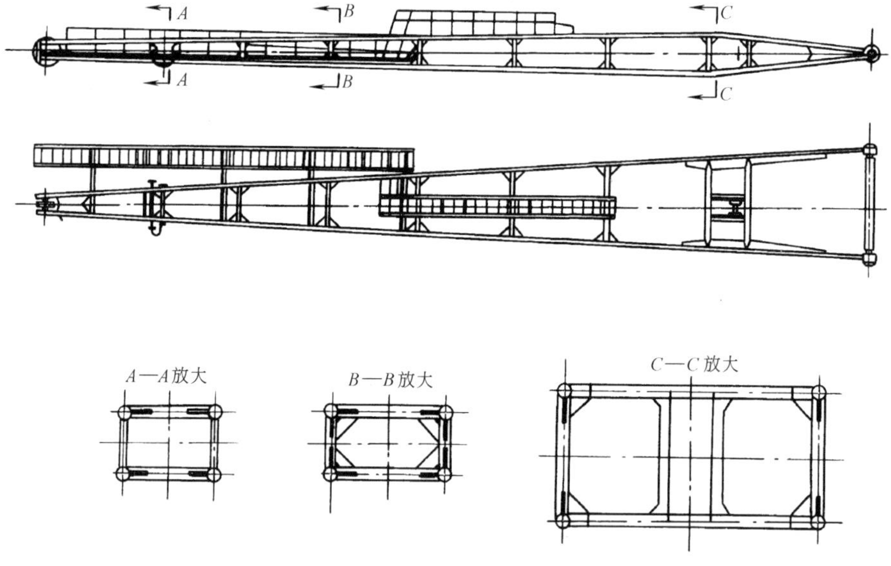

(a) 无斜杆式臂架结构

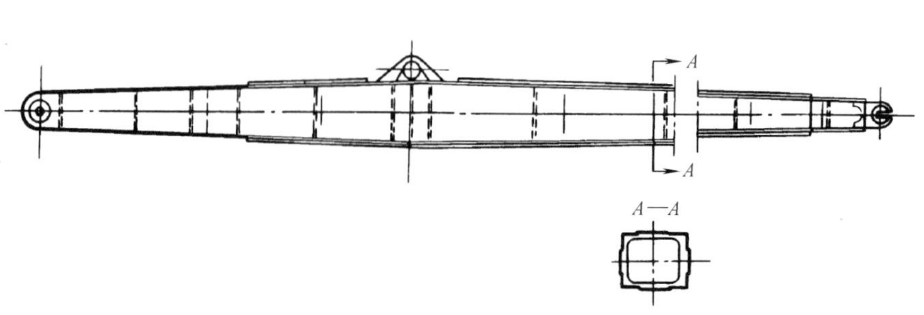

(b) 箱形截面式主臂架结构

图 20-6-1　悬臂起重机臂架结构形式

1 刚架的结点设计

铰接框架的结点与前面几章相同，本节只介绍刚接框架结点的设计。

刚架转角或结点是要传递弯矩的。梁与柱组成的刚架转角形式见第 4 章图 20-4-18~图 20-4-21。有弯矩翼缘的刚架转角大多如图 20-6-2 所示。外翼缘或多或少呈锐角形式（图 20-6-2b），内翼缘为连续的曲线。这种刚架转角可理想化为弯曲很大的曲梁，并按曲梁的理论来计算。理论计算表明在受压翼缘变形失稳时，应力部分集中在腹板上，所以这些腹板必须加强。对于锐角形式的转角，有时采用图 20-6-2c 形式的设计对提高腹板的刚性较为有效。

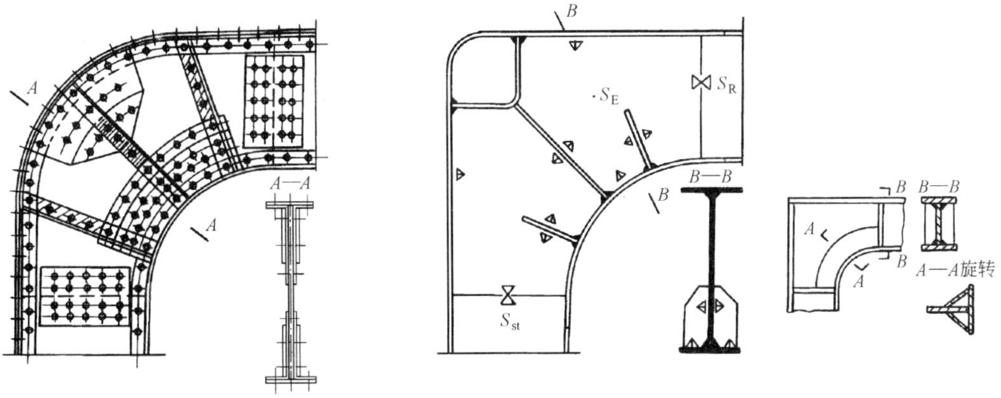

(a) (b) (c)

图 20-6-2 弯曲翼缘的刚架转角

图 20-6-3 是几种焊接形式的内翼缘为弯曲的转角和结点。图 a 是箱形断面刚架的结点，把对接缝布置在过渡圆弧之外，焊缝受力较小。图 b 是钢板和型钢焊接的刚架结点，把钢板构件的下翼缘以圆弧延伸过渡再和型钢焊接。这样制造方便，过渡平缓。图 c 是型钢焊成的刚架结点，在该处另焊上具有过渡圆弧的连接钢板，既增加结点的刚性，又减少应力集中。

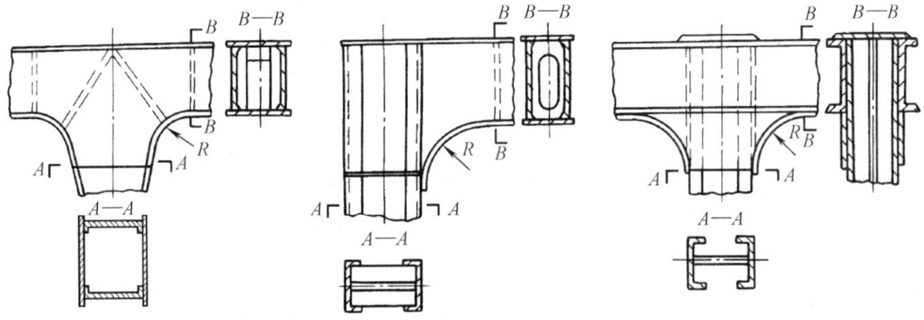

(a) (b) (c)

图 20-6-3

多边形翼缘的刚架转角如图 20-6-4 所示。

如果出现焊接和紧配螺栓作为连接件，则图 20-6-4a、b 中的转角必须在工厂中制成，安装拼接放在转角附近的横梁上、立柱上或两者之上。在结构 a 中，由于腹板的应力较大，故在转角中布置一块比横梁或立柱中的腹板还厚一些的腹板。图 e 是最简单的一种类型：用两工字钢对接来组成刚梁结点。为对焊方便，使用连接板，拐角处用槽钢作筋，以提高结点的刚性。对于图 c 所示的刚架结点，采用焊接或采用螺栓连接，其焊接或螺栓连接如图 20-6-5 中 a 和 b 所示。根据此图形可以计算连接的强度。

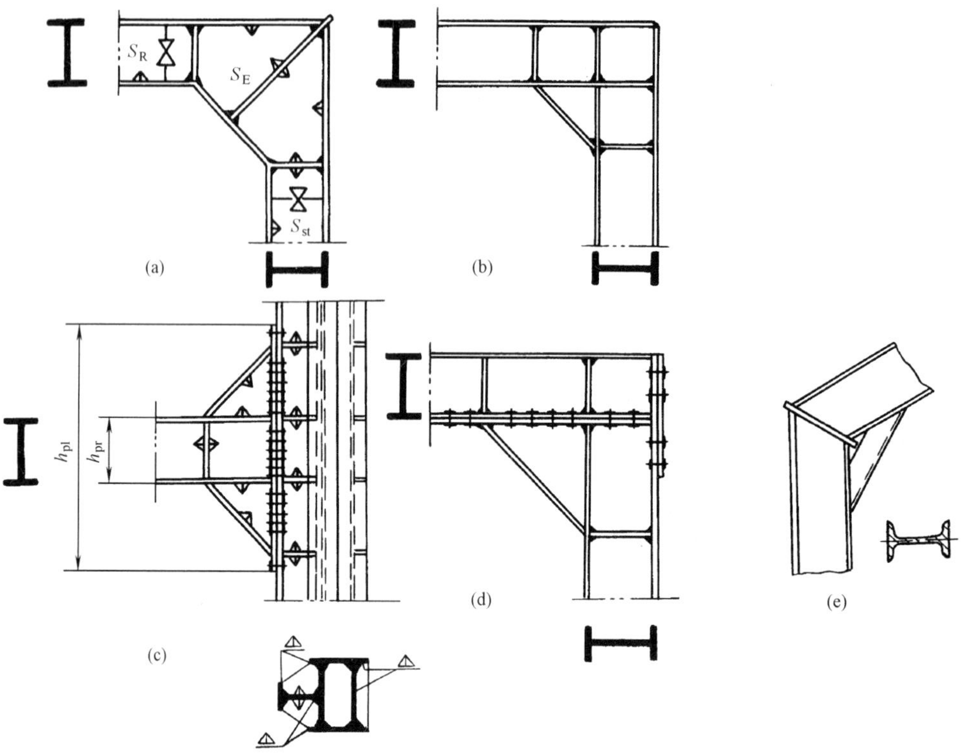

图 20-6-4

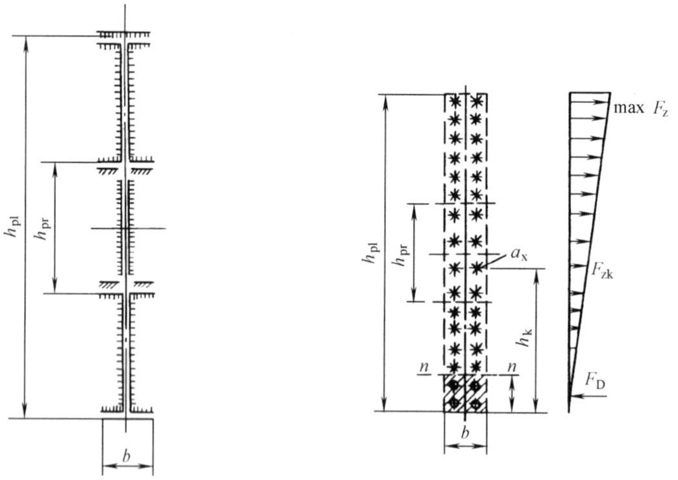

(a) 转角的焊接　　(b) 转角的螺栓连接

图 20-6-5

2　刚架内力分析方法

超静定刚架的内力分析，普遍使用力法和位移法，这是最基本的方法。在结构计算中还采用弯矩分配法、卡尼法和混合法。混合法是力法和形变法的联合应用。弯矩分配法对于无侧位移的刚架，是一个很简便的计算方法。卡尼法亦称迭代法，也是形变法的发展，属于渐近法的一种。鉴于后面几种方法在机械结构计算中运用较少，且都已有电子计算机计算程序，本篇不作介绍，可参见结构力学方面的文献。下面只介绍传统计算中的基本方法，即力法和位移法。前面几章已谈及，机架计算中是可以尽量简化来计算的。只有必须作为刚梁来计算时，才用到这两个方法。

2.1 力法计算刚架

2.1.1 力法的基本概念

力法是计算超静定结构的最基本的方法。力法实质上是把计算超静定结构的问题转化为计算静定结构的问题。而怎样实现这种转化，首先要建立以下三个基本概念。

（1）力法的基本未知量

由于超静定结构有多余约束，用静力平衡方程求解杆件内力和约束反力时，未知力数多于平衡方程数，超出平衡方程数的未知力就是相应于多余约束的多余未知力，一旦求得多余未知力，就把问题转化为静定问题。

（2）力法的基本结构

超静定结构的多余未知力与多余约束一一对应，而且正是移去（撤掉或截断）多余约束才暴露出多余未知力，然而一旦移去多余约束，超静定结构就变成静定结构，只不过该静定结构受有多余未知力的作用。

（3）力法的基本方程

静定的基本结构毕竟不是原来的超静定结构，而且作用在基本结构上的多余未知力单由基本结构的平衡方程仍无法求得，但如果强令基本结构沿多余未知力方向的位移与原结构相同，那么不但静定的基本结构与原来的超静定结构等价，而且可以求得多余未知力。

2.1.2 计算步骤

综合上述，力法是以多余内力或反力作为基本未知量，先求出各多余力，然后计算结构内任一截面的内力。用力法计算刚架，从选择基本结构开始，即从原结构上去掉多余联系，以得到一个静定的基本结构。步骤如下。

① 去掉原刚架（图 20-6-6a）的多余联系，代以相应的多余力，使原超静定刚架变成静定的基本结构（图 20-6-6b）。所选择的基本结构应使计算力求简便。

② 根据基本结构在载荷及多余力的共同作用下具有与原结构相同变形的原理，利用已知的变形条件列出力法典型方程组。对于 n 次超静定的结构，由于具有 n 个多余联系，而对应于每一个去掉多余联系的地方又都有一个已知的变形条件，故可列出 n 个力法典型方程式，即

$$\left.\begin{aligned}\delta_{11}X_1+\delta_{12}X_2+\cdots+\delta_{1n}X_n+\Delta_{1P}=0\\ \delta_{21}X_1+\delta_{22}X_2+\cdots+\delta_{2n}X_n+\Delta_{2P}=0\\ \delta_{31}X_1+\delta_{32}X_2+\cdots+\delta_{3n}X_n+\Delta_{3P}=0\\ \cdots\\ \delta_{n1}X_1+\delta_{n2}X_2+\cdots+\delta_{nn}X_n+\Delta_{nP}=0\end{aligned}\right\}\tag{20-6-1}$$

式中 X_i——代替被去掉的多余联系的多余力（$i=1、2、3、\cdots、n$）；

δ_{ik}——由于多余力 $X_k=1$ 的作用，使基本结构在多余力 X_i 方向产生的变位，其中，两个脚标相同的变位（δ_{11}、δ_{22}、δ_{33}、$\cdots$、δ_{nn}）称为主变位，其余的变位（δ_{12}、δ_{13}、$\cdots$、δ_{1n}）称为副变位，且$\delta_{ik}=\delta_{ki}$；

Δ_{iP}——由于载荷 P 的作用，使基本结构在多余力 X_i 方向产生的变位，称为自由项。

③ 按照静定结构求变位的方法求得公式（20-6-1）中的自由项、主变位及副变位。对于刚架来说，一般计算变位时只考虑弯矩一项，而忽略剪力及轴向力的影响，且常应用图形相乘法求得（详见本章 2.2.2 节及 3.2 节）：

$$\delta_{ik}=\Sigma\int\frac{\overline{M}_iM_k\mathrm{d}x}{EI}=\Sigma\frac{1}{EI}\Omega_iy_k=\Sigma\frac{1}{EI}\Omega_ky_i\tag{20-6-2}$$

式中 M_k——实际外载荷作用下的各杆件弯矩图；

$\overline{M}_i$——位移方向单位力 $P_i=1$ 作用下产生的各杆件弯矩图；

Ω_k——M_k 弯矩图的面积；

Ω_i——$\overline{M}_i$ 弯矩图的面积；

y_i——对应于 M_k 弯矩图形心处 $\overline{M}_i$ 的纵坐标；

y_k——对应于 $\overline{M}_i$ 弯矩图形心处 M_k 的纵坐标。

④ 将求得的自由项、主变位及副变位代入力法典型方程组式（20-6-1），即可算出各多余力 X_1、X_2、…、X_n。

⑤ 按计算静定结构内力的方法，求出截面的内力，并绘制刚架在载荷及多余力共同作用下的内力图（弯矩图、剪力图及轴向力图）：

a. 弯矩图　绘制基本结构在载荷及多余力共同作用下的弯矩图时不必注明正负号，但必须绘在杆件受拉的一面。

如图 20-6-7a 所示的结构，在计算其各截面的弯矩时，从自由端处的作用力 P 算起较为方便。从 A 点直到 C 点只考虑 P 的作用，在 C 点以右还应考虑均布载荷的作用，得

$$M_A=0$$

$$M_B=20\times4=80\text{kN}\cdot\text{m}$$

$$M_C=20\times4=80\text{kN}\cdot\text{m}$$

$$M_D=20\times4+\frac{40\times3^2}{2}=260\text{kN}\cdot\text{m}$$

$$M_E=20\times2+\frac{40\times3^2}{2}=220\text{kN}\cdot\text{m}$$

弯矩图见图 20-6-7b。

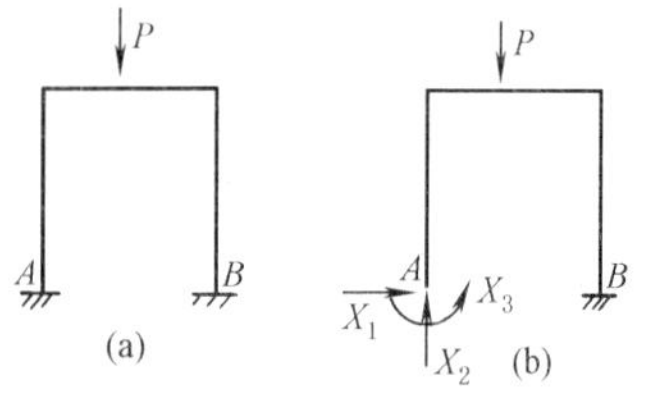

图 20-6-6

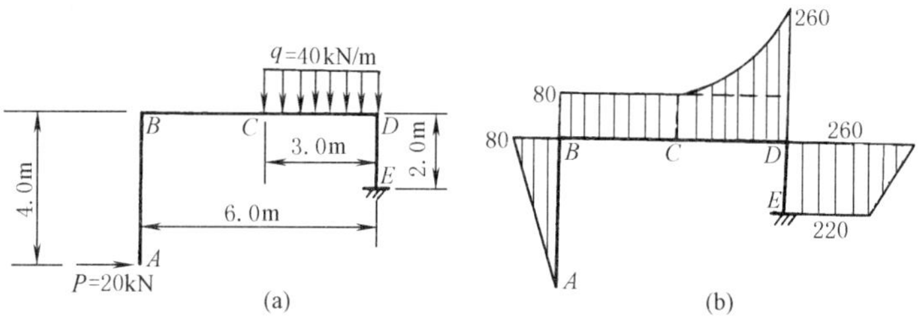

图 20-6-7

b. 剪力图　杆件截面上的剪力 Q 为该截面的任一侧所有外力沿该截面方向投影的代数和。剪力图必须注明正负号，剪力图可绘在杆件的任一面。

杆端剪力：对邻近截面所产生的力矩沿顺时针方向者为正。

图 20-6-8a 所示的刚架，其弯矩图见图 20-6-8b。取出梁 AB 作为与其他构件无关的单跨梁（图 20-6-9a），则该梁杆端剪力：

$$Q_{AB}=Q_{AB}^0-\left(\frac{M_{AB}+M_{BA}}{l_{AB}}\right) \tag{20-6-3}$$

$$Q_{BA}=Q_{BA}^0-\left(\frac{M_{AB}+M_{BA}}{l_{AB}}\right) \tag{20-6-4}$$

式中　M_{AB}，M_{BA}——作用于杆端的弯矩，沿顺时针方向者为正；

Q_{AB}^0，Q_{BA}^0——AB 梁两端视为简支时的杆端剪力；剪力图见图 20-6-9b。

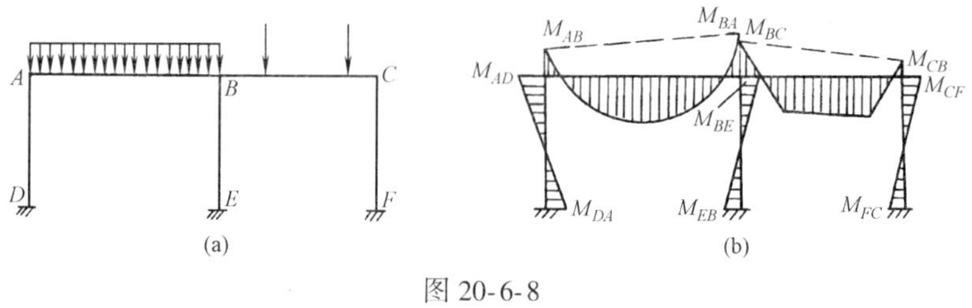

图 20-6-8

c. 轴向力图　在绘出剪力图后，将刚架的各结点分别截取出来，把作用于该结点上的载荷、轴向力及已求得的剪力都加上去，应用静力平衡条件即可求得各未知的轴向力。

轴向力图需注明正负号，通常将轴向压力作为正。轴向力图可绘在杆件的任一面。

图 20-6-8 所示的刚架，对于结点 A（图 20-6-10a），由平衡条件得：$N_{AB}=Q_{AD}$，$N_{AD}=Q_{AB}$，轴向力图见图20-6-10b。

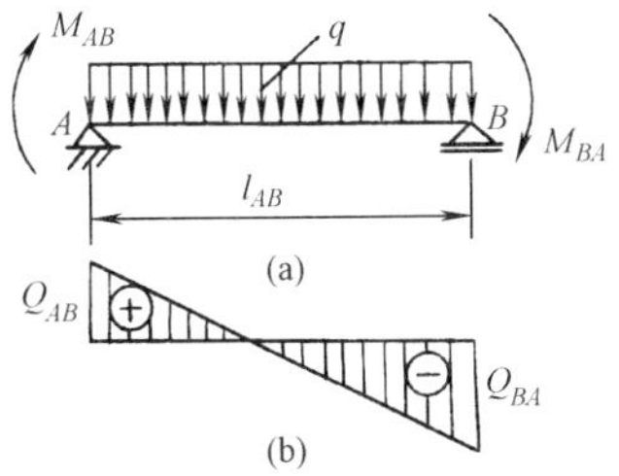

图 20-6-9

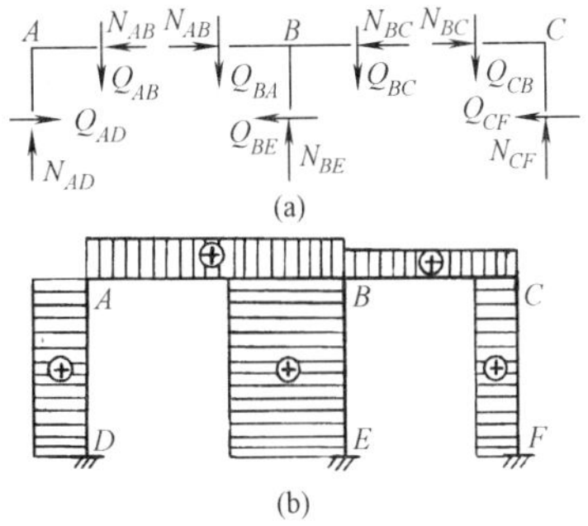

图 20-6-10

2.1.3　简化计算的处理

刚架常是多次超静定的结构，力法典型方程的未知数将随多余联系数目的增加而增多，计算工作量也将迅速增加。为缩短计算时间，同时也提高计算的精确度，应尽量简化计算工作。简化计算的主要手段是使力法典型方程组中尽可能多的副变位等于零。使某些副变位等于零的主要措施是合理地选择基本结构，也就是恰当地选择多余力。

① 利用刚架的对称性。对称刚架是指刚架的几何形状对某一几何轴对称，而且支承条件、杆件截面及弹性模量对此轴也是对称的刚架。

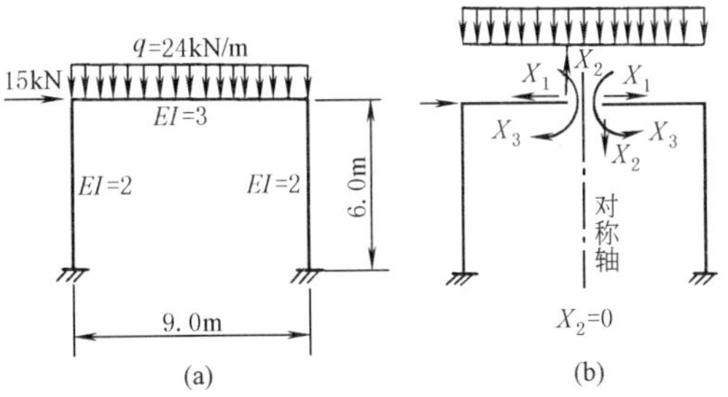

图 20-6-11

a. 选取对称多余力及反对称多余力。两个力在对称轴两边作用点对称、数值相等且方向也对称者称为对称力；两个力在对称轴两边作用点对称、数值相等而方向反对称者称为反对称力。图 20-6-11a 所示的刚架有一个对称轴，将其沿对称轴上横梁的中间截面切开，则 X_1 及 X_3 为对称多余力，X_2 为反对称多余力（图 20-6-11b）。

对称多余力在反对称多余力方向引起的变位等于零，反对称多余力在对称多余力方向引起的变位也等于零。所以，在计算对称刚架时，如在选取的多余力当中有一部分是对称的，而另一部分是反对称的，则可简化力法典型方程组。

b. 将载荷分为对称载荷及反对称载荷，并分别计算。图 20-6-12a 所示的刚架承受的载荷可分解为对称载荷（图 20-6-12b）及反对称载荷（图 20-6-12c）两部分，分别进行计算，然后将内力图叠加。

对称载荷在基本结构上所产生的弯矩图 M_P' 是对称的；反对称载荷所产生的弯矩图 M_P'' 则是反对称的。

在对称载荷作用下，反对称多余力等于零；在反对称载荷作用下，对称多余力也等于零。

② 选择基本结构使单位弯矩图限于局部。在计算多跨刚架时，若将基本结构分为几个独立的部分，此时，单位弯矩图仅限于局部而互相分开，因而使许多副变位等于零。

③ 使用组合多余力。组合多余力是单独的多余力的线性组合。使用组合多余力可扩大简化计算的应用范围。

a. 在多跨对称刚架中使用对称的及反对称的组合多余力。图 20-6-13a 所示的多跨对称刚架的基本结构（图 20-6-13b）中有 4 个组合多余力：X_1 为一对数值相等而方向相反的水平力；X_2 为一对数值相等而方向相同的水平力；X_3 为一对数值相等而方向相同的竖向力；X_4 为一对数值相等而方向相反的竖向力。X_1 及 X_3 是对称多余力，X_2 及 X_4 是反对称多余力，则

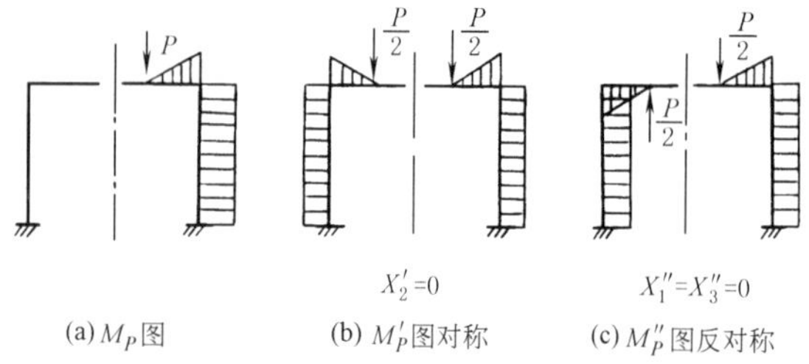

图 20-6-12

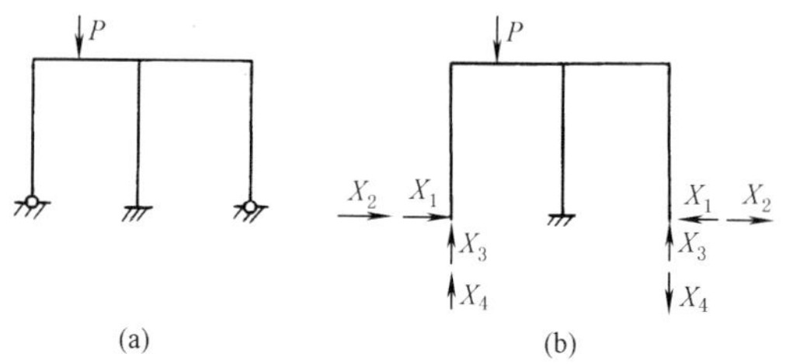

图 20-6-13

$$\delta_{12}=\delta_{14}=\delta_{23}=\delta_{34}=0$$

力法典型方程简化为两组：

$$\left.\begin{array}{l}\delta_{11}X_1+\delta_{13}X_3+\Delta_{1P}=0\\ \delta_{31}X_1+\delta_{33}X_3+\Delta_{3P}=0\end{array}\right\}$$

及

$$\left.\begin{array}{l}\delta_{22}X_2+\delta_{24}X_4+\Delta_{2P}=0\\ \delta_{42}X_2+\delta_{44}X_4+\Delta_{4P}=0\end{array}\right\}$$

b. 还可以应用组合多余力使基本结构的单位弯矩图限于局部，请参阅结构力学。

2.2 位移法

位移法也称形变法，是以变形（结点的转角及独立线位移）作为基本未知量，在求出各结点的变形后，计算框架的内力。

用位移法计算刚架，有两种不同的计算方式：第一种是应用基本体系及典型方程进行计算；第二种是应用结点及截面的平衡方程进行计算。两者的表达方法不同，但原理是相通的。

2.2.1 角变位移方程

角变位移方程是刚架的杆端弯矩与变形的关系式。用位移法计算刚架，要直接或间接地应用角变位移方程；还有许多分析刚架的计算方法（如弯矩分配法、迭代法等）在其公式推导过程中也要运用角变位移方程。

1）正负号规定：

对于杆端弯矩，作用于杆端的弯矩沿顺时针方向者为正；

对于转角，结点转角（从杆轴原有位置量至杆端切线）沿顺时针方向旋转者为正；

对于线位移，线位移 Δ 的方向以使 AB 杆的连线沿顺时针方向旋转者为正（图 20-6-14a 所示为正）。

2）两端固定的梁角变位移方程。

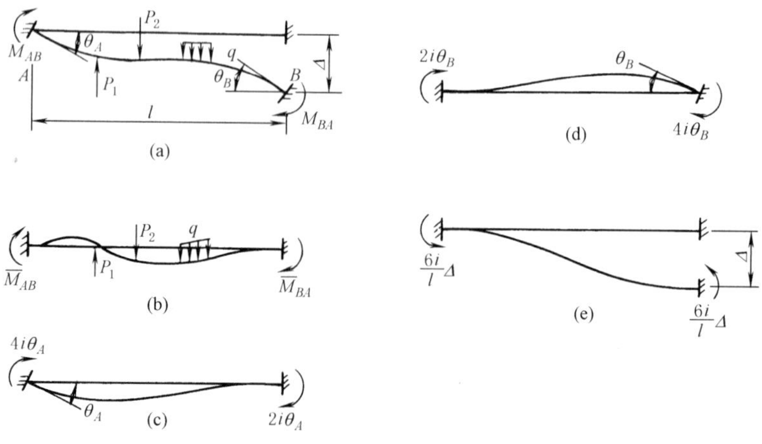

图 20-6-14

刚架中任一段等截面杆件看做是两端固定的梁时，在载荷及支座作用下的变形，如图 20-6-14a 所示。该变形状况可分解为如下四个部分。

① 图 b，两端固定的梁受载荷作用在 A 端产生的弯矩 $\overline{M}_{AB}$；B 端为 $\overline{M}_{BA}$。

② 图 c，A 端角变形 θ_A 所相应的弯矩 M_1：由 $\theta_A=\dfrac{M_1 l}{4EI}$得

$$M_1=\frac{4EI\theta_A}{l}=4i\theta_A \tag{20-6-5}$$

其中 $i=\dfrac{EI}{l}$（杆件的单位刚度）

③ 图 d，B 端角变形 θ_B 所相应的 A 端弯矩 M_2：$M_2=2i\theta_B$。

④ 图 e，B 端相对于 A 点的位移 Δ 所产生的 A 端的弯矩 M_3：$M_3=-\dfrac{6i\Delta}{l}$。

综合以上四项可得该杆件 A 端的角变位移方程（B 端同理）

$$\left.\begin{aligned}M_{AB}&=4i\theta_A+2i\theta_B-\frac{6i\Delta}{l}+\overline{M}_{AB}\\M_{BA}&=2i\theta_A+4i\theta_B-\frac{6i\Delta}{l}+\overline{M}_{BA}\end{aligned}\right\} \tag{20-6-6}$$

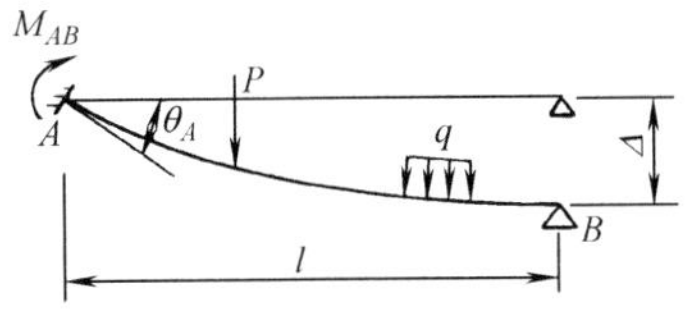

图 20-6-15

3）一端固定而另一端铰接的等截面杆件（图 20-6-15）的角变位移方程为

$$\left.\begin{aligned}M_{AB}&=3i\theta_A-\frac{3i\Delta}{l}+\overline{M}'_{AB}\\M_{BA}&=0\end{aligned}\right\} \tag{20-6-7}$$

式中　$\overline{M}'_{AB}$——A 端固定、B 端铰接的杆件在载荷作用下 A 端的固端弯矩。

常见的等截面直杆杆端弯矩和剪力表见本手册第 1 篇。一端固定另一端铰支的等截面梁及双截面梁的杆端弯矩与剪力也可从表 20-4-17、表 20-4-18 中推算出来。

2.2.2　应用基本体系及典型方程计算刚架的步骤

1）基本结构。取刚架结点的变形（结点的转角及独立线位移）作为未知量。未知转角数等于刚架的刚结点数（刚架支座为固定支座时，其转角等于零，属于已知数）；独立线位移数等于将刚架结点改为铰接时，保证结构几何不变所需要增加的支承连杆数。

在刚架（图 20-6-16a）上增加足够而必要的附加联系（即在刚结点处放置附加刚臂以阻止结点的旋转，放置支承连杆以阻止结点的线位移），使刚架变成一系列的单跨超静定梁，这就将刚架变换成了基本结构（图 20-6-16b）。

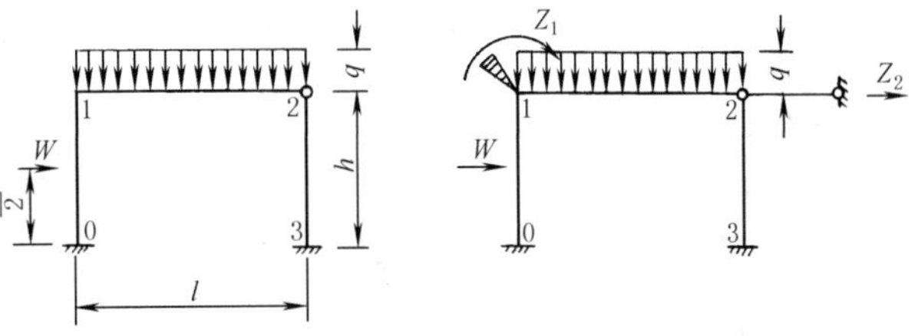

(a) 原结构　(b) 基本结构

图 20-6-16

2）建立典型方程。根据基本结构在附加刚臂内所产生的总反矩及在支承连杆内所产生的总反力均等于零的条件列出变形法典型方程组。对于有 n 个未知变形的超静定结构，就需要增加 n 个附加联系，故可列出 n 个变形法典型方程，即

$$\left.\begin{aligned}r_{11}Z_1+r_{12}Z_2+\cdots+r_{1n}Z_n+R_{1P}&=0\\r_{21}Z_1+r_{22}Z_2+\cdots+r_{2n}Z_n+R_{2P}&=0\\r_{31}Z_1+r_{32}Z_2+\cdots+r_{3n}Z_n+R_{3P}&=0\\&\cdots\\r_{n1}Z_1+r_{n2}Z_2+\cdots+r_{nn}Z_n+R_{nP}&=0\end{aligned}\right\} \tag{20-6-8}$$

式中　Z_i——刚架结点 i 的未知转角或未知线位移；

r_{ik}——由于 $Z_k=1$ 的作用，在基本结构的附加联系 i 内产生的反矩或反力，且 $r_{ik}=r_{ki}$；

R_{iP}——由于载荷 P 的作用，在附加联系 i 内产生的反矩或反力，称为自由项；反矩或反力的方向与结点发生变形（转角或线位移）的方向相同为正，方向相反则为负。

3）用静力法计算系数及自由项。首先分别绘出基本结构的各杆件由于载荷及单位变形所产生的弯矩图。其基本结构由载荷产生的弯矩图以 M_P 表示，由单位转角 $Z_1=1$ 产生的弯矩图以 $\overline{M}_1$ 表示，由单位线位移 $Z_2=1$ 产生的弯矩图以 $\overline{M}_2$ 表示。作 $\overline{M}_1$ 图和 $\overline{M}_2$ 图时，只要运用角变位移方程，即可知任一杆端弯矩的数值。

4）将求得的各系数及自由项代入典型方程组（20-6-8），即可求出各未知变形量 Z_1、Z_2、…、Z_n。

5）绘制内力图。由叠加原理计算最终弯矩图。

$$M=\overline{M}_1Z_1+\overline{M}_2Z_2+\cdots+\overline{M}_nZ_n+M_P \tag{20-6-9}$$

绘出弯矩图后，就可顺序绘出剪力图和轴向力图。

2.2.3　应用结点及截面平衡方程计算刚架的步骤

① 确定结构的结点位移未知量数。当一杆件的一端为铰接或铰支时，可利用转角位移方程写出它端的弯矩，这样可以减少一个结点转角未知量。

② 顺序写出各杆端弯矩的转角位移方程。在此之前，须算出承受载荷各杆的固端弯矩。写转角位移方程时，可先假定所有结点转角和位移的符号都是正号。

③ 建立结点及截面的平衡方程。所谓结点平衡方程，即连接任一刚结点的各杆近端作用于该结点的弯矩的代数和应等于零。所谓截面平衡方程，即在刚架任一层内作一水平截面而取其上部为隔离体，则在此隔离体上各被截柱内的水平剪力与所有水平载荷的总代数和应等于零。任一竖柱下端的剪力可在其隔离体上对其上端取弯矩的平衡方程求出。

④ 解联立方程，求出各结点位移未知量。

⑤ 将求得的未知量数值及其正负号代回各转角位移方程，算出各杆端弯矩。

⑥ 作出结构的弯矩图、剪力图和轴力图。

例　试绘出图 20-6-17a 所示刚架的弯矩图。

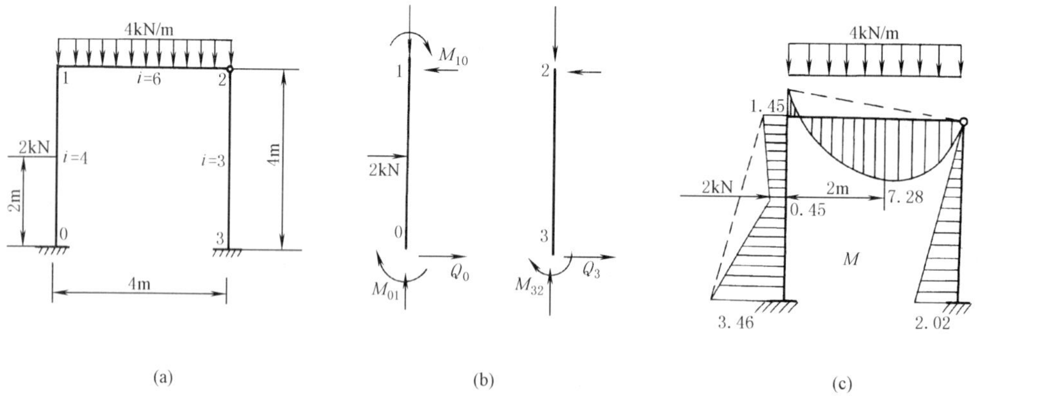

图 20-6-17

解　在此刚架中，结点 2 为铰接点；$\theta_0=\theta_3=0$，只有两个未知量 θ_1 及 Δ。

固端弯矩为

$$\overline{M}_{01}=-\frac{1}{8}Pl_{01}=-\frac{1}{8}\times2\times4=-1\quad(\text{kN}\cdot\text{m})$$

$$\overline{M}_{10}=1\text{kN}\cdot\text{m}$$

$$\overline{M}_{12}=-\frac{1}{8}ql_{12}^2=-\frac{1}{8}\times4\times4^2=-8\quad(\text{kN}\cdot\text{m})$$

转角位移方程为［式（20-6-6）］

$$M_{01}=2i\theta_1-\frac{6i\Delta}{l}+\overline{M}_{01}=2\times4\times\left(\theta_1-\frac{3\Delta}{4}\right)-1=8\left(\theta_1-\frac{3\Delta}{4}\right)-1\quad(\mathrm{kN\cdot m})$$

$$M_{10}=4i\theta_1-\frac{6i\Delta}{l}+\overline{M}_{10}=2\times4\times\left(2\theta_1-\frac{3\Delta}{4}\right)+1=8\left(2\theta_1-\frac{3\Delta}{4}\right)+1\quad(\mathrm{kN\cdot m})$$

一端固定一端铰支按式（20-6-7）：

$$M_{12}=3i\theta_1+\overline{M}_{12}=3\times6\times\theta_1-8=18\theta_1-8\quad(\mathrm{kN\cdot m})$$

$$M_{32}=-\frac{3i\Delta}{l}=-\frac{3\times3\Delta}{4}=-\frac{9}{4}\Delta\quad(\mathrm{kN\cdot m})$$

利用结点平衡方程 $\sum M_1=0$，即 $M_{10}+M_{12}=0$ 得

$$34\theta_1-6\Delta-7=0 \tag{a}$$

设通过竖柱 01 及 32 的下端作一截面并考虑其上部为隔离体，则得截面平衡方程为

$$Q_0+Q_3+2=0$$

代入有关数值，则得

$$96\theta_1-57\Delta+16=0 \tag{b}$$

式（a）和式（b）联立，求得

$$\theta_1=0.364$$

$$\Delta=0.897$$

代回到各杆端弯矩式中，则得

$$M_{01}=-3.46\mathrm{kN\cdot m};\ M_{10}=1.45\mathrm{kN\cdot m};\ M_{12}=-1.45\mathrm{kN\cdot m};\ M_{32}=-2.02\mathrm{kN\cdot m}$$

弯矩图见图 20-6-17c。

2.3 简化计算举例

① 图 20-6-18 为门座起重机的单臂架受力简图。在臂架起伏摆动平面内的载荷有：变幅绳拉力 T_b，起升绳拉力 T_Q，水平力 H_1 和起重量 Q 的合力 T，臂架自重力 G，风载荷 P_W。计算时，将 P_W 及 G 分配到结点上（对格子结构），或作为均布载荷（对箱形结构）。在水平平面内，有货载横向摆动引起的水平力 H_2，回转制动时的惯性力 P_{gh}，风载荷 P_W 等，这些水平载荷可以认为由臂架的上下两片水平桁架承受。在计算臂架整体稳定性时，臂架起伏摆动平面内可以认为是铰支的，螺杆或齿条与臂架的连接点作为一支承点，在水平平面内，可认为臂架根部固接，而端部是自由端。这样可按静定计算桁架。

② 无斜杆式臂架内力计算属多次超静定问题，可按下简化计算：将每个节间弦杆的中点及竖杆的中点当做铰接点，从而转化为静定结构计算，如图 20-6-19 所示。例如要求 i 节间（从图右往左数）的弦杆内力时，取右边部分的隔离体，在 i 节间上弦杆的假想铰点处作用有垂直力 $F_{1,i}$ 和 $F_{2,i}$，在下弦杆对称点亦作用有 $F_{1,i}$ 和 $F_{2,i}$，

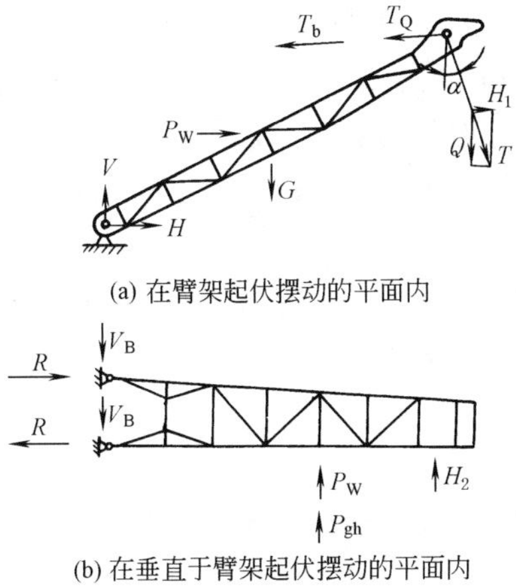

(a) 在臂架起伏摆动的平面内

(b) 在垂直于臂架起伏摆动的平面内

图 20-6-18　单臂架受力简图

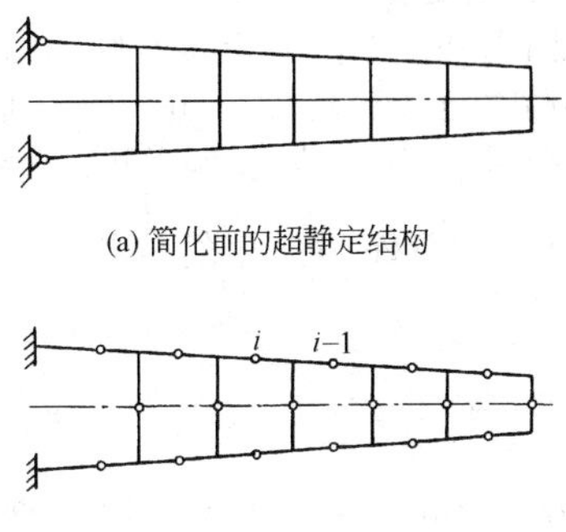

(a) 简化前的超静定结构

(b) 简化后的静定结构

图 20-6-19　无斜杆式臂架的简化计算

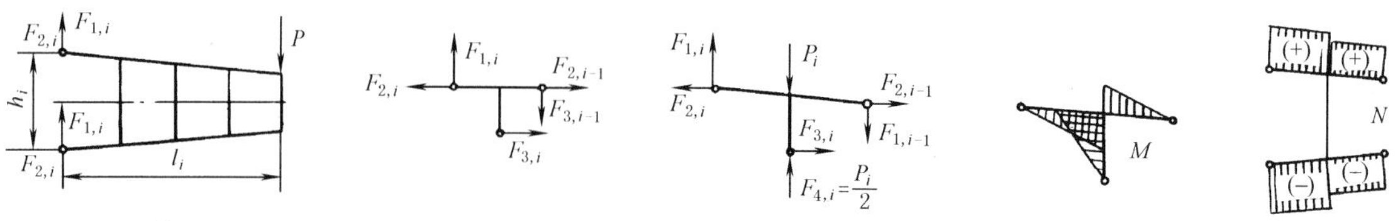

图 20-6-20　无斜杆臂架内力计算

如图 20-6-20a 所示。设水平外载荷为 P，则

$$F_{1,i}=\frac{1}{2}P \tag{a}$$

$$F_{2,i}=\frac{Pl_i}{h_i} \tag{b}$$

同样可求出第 $i-1$ 节间铰点处的作用力 $F_{1,i-1}$ 和 $F_{2,i-1}$（图 b）；竖杆上的作用力由于结构对称，外载荷 P 亦可分成两个$\frac{P}{2}$，即 $F_{4,i-1}=\frac{P}{2}$，方向与 $F_{1,i}$ 相反，水平力只有 $F_{3,i}$（图 c）。

$$F_{3,i}=F_{2,i}-F_{2,i-1} \tag{c}$$

当有数个外载时，可用将各外载荷的计算结果叠加的方法来计算。

图 20-6-20d、e 分别表示两相邻节间上的弯矩和轴向力分布图。

3　框架的位移

框架的位移指结构在载荷作用下其截面形心所产生的线位移 Δ 和截面的角位移 φ。除由载荷产生的位移外，还有一些其他因素，例如温度的改变、支座的移动、材料收缩、制造误差等，也能使结构产生位移。

计算结构位移的目的，主要是校核结构的刚度，以确认其是否超过允许的变形（或挠度）。另一个目的是在超静定结构的计算中要用到位移量。

3.1　位移的计算公式

在计算结构的位移时，为了使计算简化，常假定：

① 结构的材料服从胡克定律；

② 结构的变形是微小的。

满足上述假定的结构称为线性弹性体系。计算时可采用叠加原理。结构位移的计算是以虚功原理为基础的。

与桁架的位移计算公式（20-5-5）不同，对于受载荷作用的刚架而言，通常轴力和剪力对位移的影响远较弯矩的影响为小。因此，在实际计算中，常常只根据弯矩来计算刚架的位移。

3.1.1　由载荷作用产生的位移

$$\Delta_{kP}=\Sigma\int\frac{\overline{M}_k M_P}{EI}\mathrm{d}s \tag{20-6-10}$$

式中　M_P——由载荷 P 作用所产生的弯矩；

$\overline{M}_k$——在 k 处单位作用力所产生的弯矩；

Δ_{kP}——载荷 P 作用下在 k 处所产生的位移。

积分号表示沿一杆的全长求积分。总和号表示对刚架各杆的积分求代数和。积分计算通常使用图乘法。见本章 3.2 节及表 20-6-1。

例 计算图 20-6-21a 所示刚架 C 点的转角和垂直位移。

解 外载荷作用下的弯矩图如图 20-6-21b 所示。欲求 C 点截面的转角及垂直位移，可在 C 点分别加上单位力偶及垂直单位集中力，其弯矩图如图 20-6-21c、d 所示。

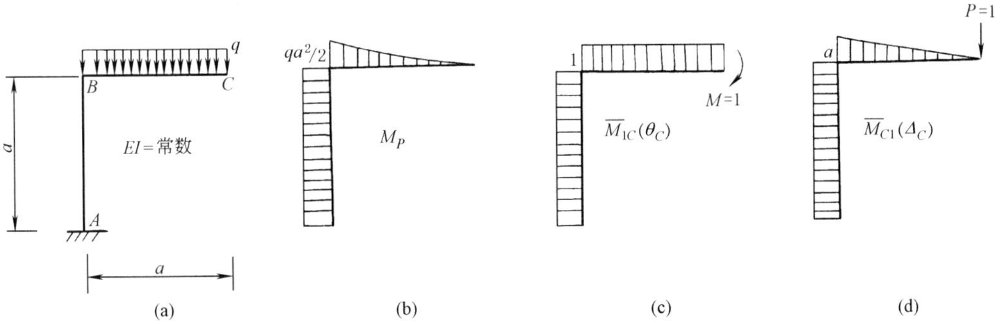

图 20-6-21

应用公式，并用图乘法，可求得

$$\theta_C = \Sigma \int \frac{\overline{M}_{1C} M_P}{EI} ds = \frac{1}{EI}\left(\frac{qa^2}{2}\times\frac{a}{3}\times 1+\frac{qa^2}{2}\times a\times 1\right) = \frac{2qa^3}{3EI}$$

$$\Delta_C = \Sigma \int \frac{\overline{M}_{C1} M_P}{EI} ds = \frac{1}{EI}\left(\frac{qa^2}{2}\times\frac{a}{3}\times\frac{3}{4}a+\frac{qa^2}{2}\times a^2\right) = \frac{5qa^4}{8EI}$$

θ_C 和 Δ_C 均为正号，其方向与单位力偶和单位力的方向相同。

3.1.2 由温度改变所引起的位移

静定结构由于温度改变将产生变形，从而产生位移。若温度均匀改变，则结构的各杆件只产生轴向变形。若温度非均匀改变，则杆件不仅发生轴向变形，而且还将产生弯曲变形。

计算位移的公式如下：

$$\Delta_{kt} = \Sigma \int \overline{N}_k \alpha t_0 ds + \Sigma \int \overline{M}_k \frac{\alpha\Delta t}{h} ds = \Sigma \alpha t_0 \int \overline{N}_k ds + \Sigma \frac{\alpha\Delta t}{h} \int \overline{M}_k ds \quad (20\text{-}6\text{-}11)$$

式中 α ——材料的线胀系数；

$\overline{N}_k$ ——k 处作用单位力时所产生的轴力；

t_0 ——轴线处温度的升高值；

Δt ——杆件上下侧温度改变之差；

h ——杆件截面高度。

应用式（20-6-11）时，应注意正负号。若虚拟状态的变形与由于温度改变所引起的变形方向一致，则取正号，反之则取负号。

对于刚架，在计算温度改变所引起的位移时，一般不能略去轴向变形的影响。

如令

$$\omega_{\overline{N}} = \int \overline{N}_k ds \quad \text{为 } \overline{N} \text{ 图的面积}$$

$$\omega_{\overline{M}} = \int \overline{M}_k ds \quad \text{为 } \overline{M} \text{ 图的面积}$$

则式（20-6-11）可表示为

$$\Delta_{kt} = \Sigma \alpha t_0 \omega_{\overline{N}} + \Sigma \frac{\alpha\Delta t}{h}\omega_{\overline{M}} \quad (20\text{-}6\text{-}12)$$

例 试求图 20-6-22a 所示刚架 C 点的水平位移。已知刚架各杆外侧温度无变化，内侧温度上升 10℃，刚架各杆的截面相同且与形心轴对称，线胀系数为 α。

解 在 C 点沿水平方向加单位力 $P=1$，作出 $\overline{N}$、$\overline{M}$ 图，如图 20-6-22b、c 所示。

$$t_0 = \frac{1}{2}(t_1 + t_2) = 5℃$$

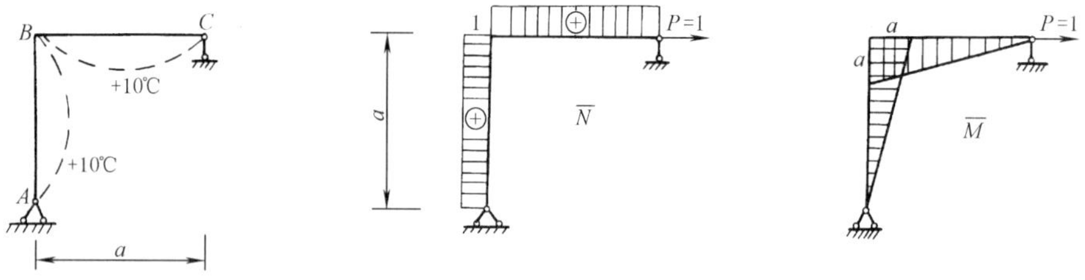

图 20-6-22

$$\Delta t = 10 - 0 = 10℃$$
$$\omega_{\overline{N}} = 2a$$
$$\omega_{\overline{M}} = a^2$$

代入式（20-6-12），得

$$\Delta_C = \alpha \times 5 \times 2a + \alpha \times \frac{10}{h} \times a^2 - 10\alpha a\left(1 + \frac{a}{h}\right)$$

所得结果为正值，表示 C 点位移与单位力方向相同。

3.1.3 由支座移动所引起的位移

结构在载荷作用下支座产生移动，因支座移动而使 k 点的位移应在式（20-6-10）的基础上加一项，即变为式（20-6-13）。

$$\Delta_{kPC} = \sum \int \frac{\overline{M}_k M_P}{EI} ds + \Delta_{kC} \tag{20-6-13}$$

$$\Delta_{kC} = -\sum \overline{R}_k C \tag{20-6-14}$$

式中 $\overline{R}_k$ —— k 处作用有单位力时所产生的支座反力，其指向与支座移动 C 方向相同为正，反之为负；

C —— 支座的位移。

在没有载荷的情况下，仅支座移动而使 k 点产生的位移按式（20-6-14）计算。

3.2 图乘公式

在梁或平面刚架的位移计算公式（20-6-10）中略去下标，则

$$\Delta = \sum \int_l \frac{\overline{M}M}{EI} ds \tag{20-6-15}$$

积分是指遍布全杆件的。总和表示为所有杆件的。若杆件为直杆且 EI 为常数，则有如下形式的积分：

$$\int_l \overline{M}M ds \tag{20-6-16}$$

式（20-6-16）包括两个图形，即 $\overline{M}$ 图和 M 图。只要有一个图形，例如 $\overline{M}$ 图（图 20-6-23a）是直线变化的，则该积分式可以简化成为：

$$\int_l \overline{M}M ds = \Omega \overline{y} \tag{20-6-17}$$

式中 Ω —— M 图的面积；

$\overline{y}$ —— 对应于 M 图形心处，在 $\overline{M}$ 图上的纵坐标。

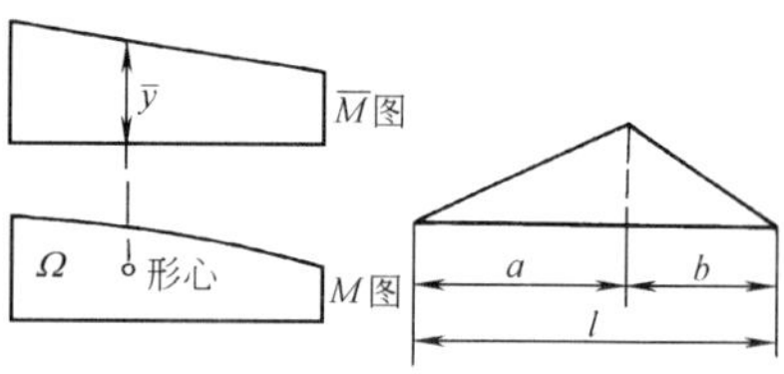

图 20-6-23

于是积分式（20-6-16）可以用图形相乘来代替，简称为“图乘法”。

如果 $\overline{M}$ 图是由几根直线组成时，则必须将 $\overline{M}$ 图分成几个直线段，如图 20-6-23b 所示。同时，还须将 M 图相应地分成几段，分别求出各段的 $\Omega\bar{y}$值，然后叠加。

M 图可以是直线的或曲线的，如果由直线所组成，则可以和 $\overline{M}$ 图互换，结果是相同的。

表 20-6-1 给出常用积分 $\int_l \overline{M}M\mathrm{d}s$ 的图乘公式。

表 20-6-1　　积分式 $\int_l \overline{M}M\mathrm{d}s$ 的图乘公式

序号	$\overline{M}$ 图 / M 图	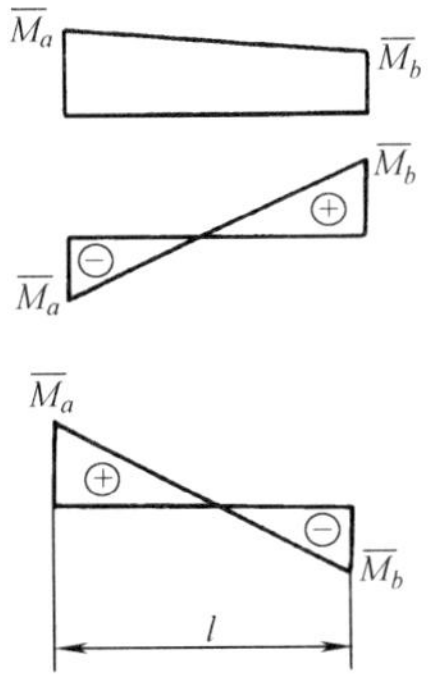	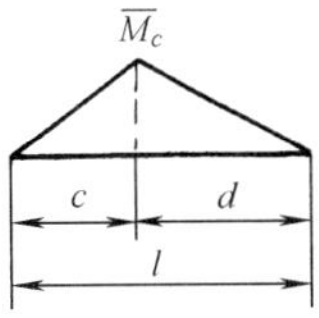 Ⅰ $c=d$ Ⅱ $c\neq d$ $\mu=c/l,\nu=d/l$
1	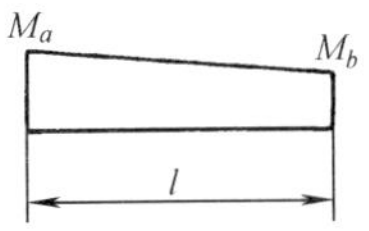	$\frac{l}{6}[2(\overline{M}_aM_a+\overline{M}_bM_b)+\overline{M}_aM_b+\overline{M}_bM_a]$	Ⅰ $\frac{l}{4}\overline{M}_c(M_a+M_b)$ Ⅱ $\frac{l}{6}\overline{M}_c[M_a(1+\nu)+M_b(1+\mu)]$
2	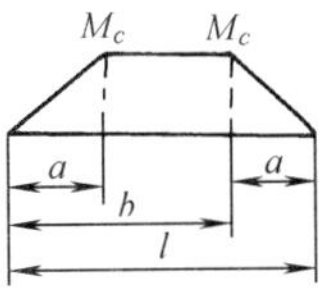 $\alpha=a/l,\beta=b/l$	$\frac{l}{2}M_c(\overline{M}_a+\overline{M}_b)\beta$	Ⅰ $\frac{l}{6}\overline{M}_cM_c(3-4\alpha^2)$ Ⅱ $\frac{l}{6}\overline{M}_cM_c\left(3-\frac{\alpha^2}{\mu\nu}\right)$
3	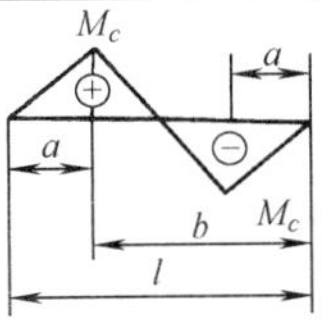 $\alpha=a/l,\beta=b/l$	$\frac{l}{6}M_c(\overline{M}_a-\overline{M}_b)\beta$	Ⅰ 0 Ⅱ $\frac{l}{6}\overline{M}_cM_c\frac{\nu-\mu}{\beta-\alpha}\left(1-\frac{a^2}{\mu\nu}\right)$
4	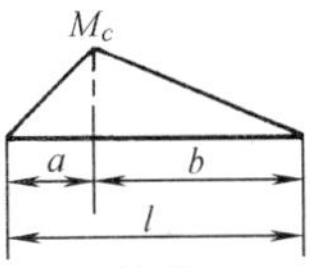 $\alpha=a/l,\beta=b/l$	$\frac{l}{6}M_c[\overline{M}_a(1+\beta)+\overline{M}_b(1+\alpha)]$	Ⅰ 若 $\alpha\leqslant\frac{1}{2}$: $\frac{l}{12}\overline{M}_cM_c\frac{3-4\alpha^2}{\beta}$ Ⅱ $\frac{l}{6}\overline{M}_cM_c\left[2-\frac{(\mu-\alpha)^2}{\mu\beta}\right]$
5	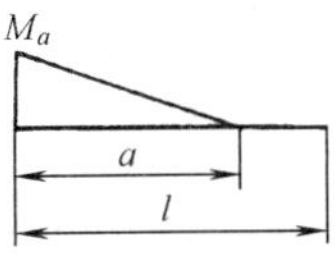	$\frac{l}{2}M_a\left[\overline{M}_a-\frac{\alpha}{3}(\overline{M}_a-\overline{M}_b)\right]\alpha$	—
6	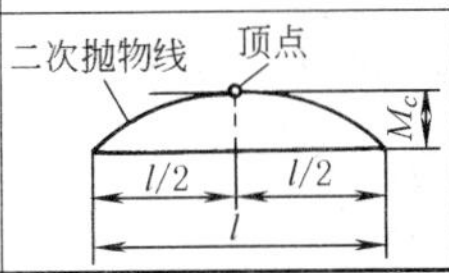	$\frac{l}{3}M_c(\overline{M}_a+\overline{M}_b)$	Ⅰ $\frac{5l}{12}\overline{M}_cM_c$

续表

序号 \ M图 \ $\overline{M}$图	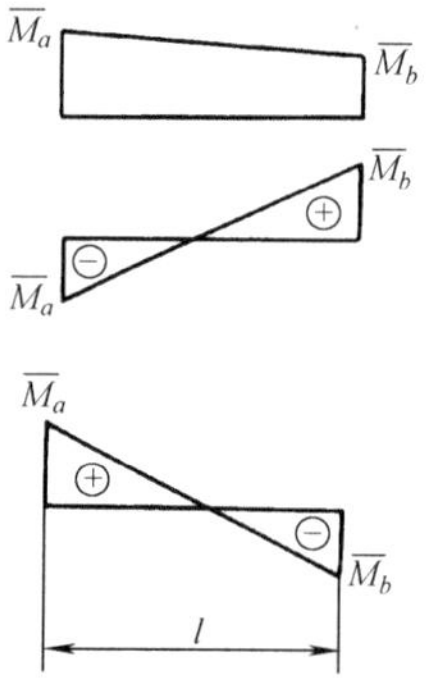	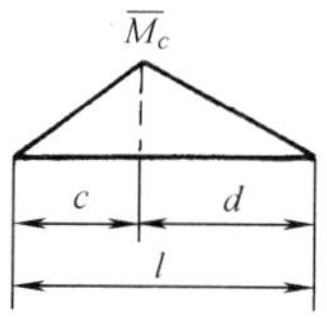 Ⅰ $c=d$ Ⅱ $c\neq d$ $\mu=c/l,\nu=d/l$
7	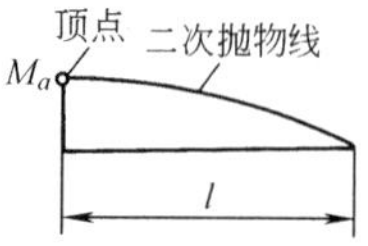	$\frac{l}{12}M_a(5\overline{M}_a+3M_b)$	Ⅰ $\frac{17l}{48}\overline{M}_cM_a$ Ⅱ $\frac{l}{12}\overline{M}_cM_a(3-3\nu-\nu^2)$
8	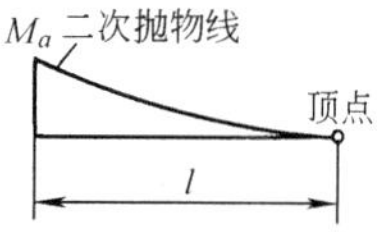	$\frac{l}{12}M_a(3\overline{M}_a+\overline{M}_b)$	Ⅰ $\frac{7l}{48}\overline{M}_cM_a$ Ⅱ $\frac{l}{12}\overline{M}_cM_a(1+\nu+\nu^2)$
9	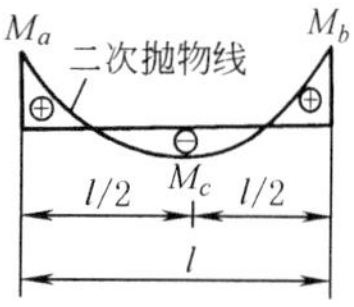	$\frac{l}{6}[\overline{M}_a(M_a+2M_c)+\overline{M}_b(M_b+2M_c)]$	Ⅰ $\frac{l}{24}\overline{M}_c(M_a+M_b+10M_c)$ Ⅱ $\frac{l}{6}\overline{M}_c[M_a\nu^2+M_b\mu^2+2M_c(1+\mu\nu)]$
10	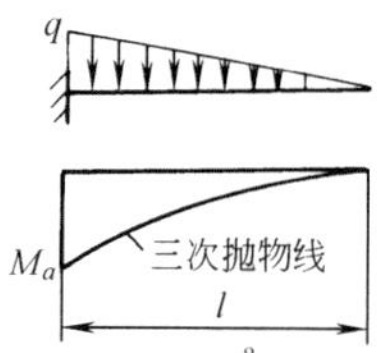 $M_a=ql^2/6$	$\frac{l}{20}M_a(4\overline{M}_a+\overline{M}_b)$	Ⅰ $\frac{3l}{32}\overline{M}_cM_a$ Ⅱ $\frac{l}{20}\overline{M}_cM_a(1+\nu)(1+\nu^2)$
11	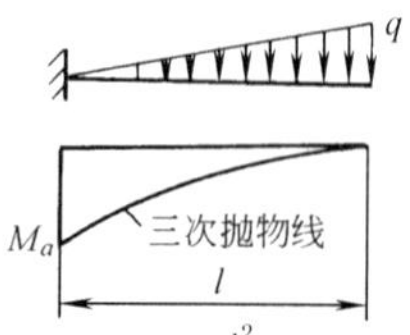 $M_a=ql^2/3$	$\frac{l}{40}M_a(11\overline{M}_a+4\overline{M}_b)$	Ⅰ $\frac{11l}{64}\overline{M}_cM_a$ Ⅱ $\frac{l}{10}\overline{M}_cM_a\left(1+\nu+\nu^2-\frac{\nu^3}{4}\right)$
12	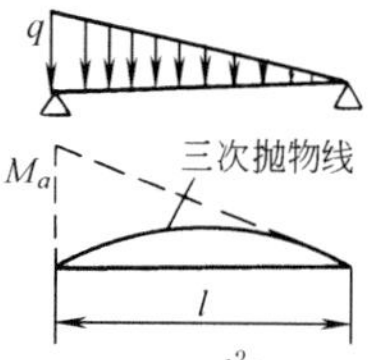 $M_a=ql^2/6$	$\frac{l}{60}M_a(8\overline{M}_a+7\overline{M}_b)$	Ⅰ $\frac{5l}{32}\overline{M}_cM_a$ Ⅱ $\frac{l}{20}\overline{M}_cM_a(1+\nu)\times\left(\frac{7}{3}-\nu^2\right)$

3.3 空腹框架的计算公式

空腹刚架（习惯称为空腹框架）的计算方法是假定上、下两杆在力的作用下有共同的变形，这和一般结构力学计算单跨对称多层刚架在水平载荷作用下的计算方法相同。由此假定，竖杆中点为拐点，并且变形后和上下结点处于同一条直线上。轴向力引起的变形与通常计算一样也是略去的。下面介绍几个计算公式。因为是应用差分方程推得的，公式中略去了某些影响较小的项，所以有可能与其他方法推得的公式稍有差别，但误差不大。

（1）悬臂空腹桁梁（图 20-6-24）

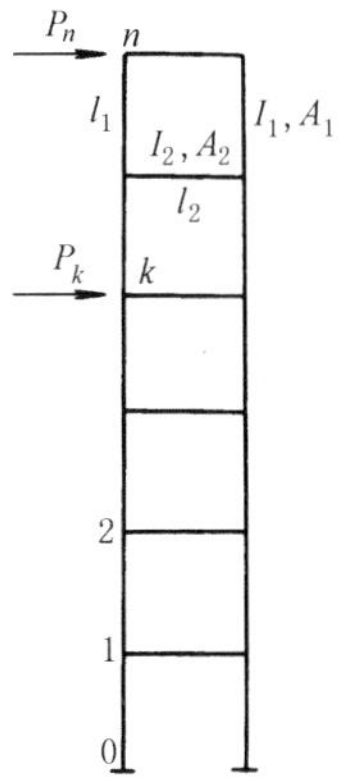

图 20-6-24

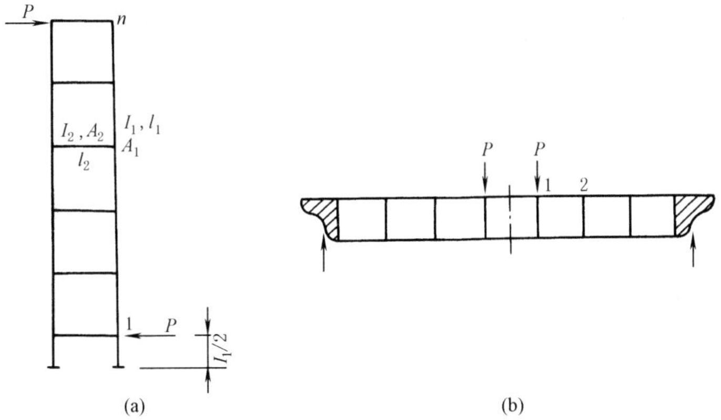

图 20-6-25

集中力 P_n 作用于 n 点时，n 点的挠度近似计算公式：

$$\Delta_n=\frac{P_n l_1^3}{24EI_1}\left[n+2(n-1+2\beta_2)\frac{I_1 l_2}{I_2 l_1}\right] \tag{20-6-18}$$

集中力作用于 k 点时 n 点的挠度

$$\Delta_k=\frac{P_k l_1^3}{24EI_1}\left[k+(2k-3-4\beta_2)\frac{I_1 l_2}{I_2 l_1}\right] \tag{20-6-19}$$

其中

$$\beta_2=\alpha-\sqrt{\alpha^2-1}$$

$$\alpha=1+\frac{3I_2 l_1}{I_1 l_2}$$

式中 k ——图中从下向上数的节间数；

I_1，I_2 ——弦杆或腹杆的截面惯性矩；

l_1，l_2 ——弦杆或腹杆的长度。

（2）起重机空腹框架式梁，节间数为奇数（图 20-6-25）

图 a 为等效悬臂桁架。

挠度的计算公式为（节间数为 $2n-1$）：

$$\Delta=\frac{Pl_1^3(n-1)}{24EI_1}\left(1+2\frac{I_1 l_2}{I_2 l_1}K_1\right) \tag{20-6-20}$$

式中，$K_1=1-\frac{1}{4(n-1)}$

其他符号意义同前。

（3）起重机空腹框架梁，节间数为偶数（图 20-6-26）

挠度的近似计算公式（节间数为 $2n$）：

$$\Delta=\frac{Pl_1^3}{24EI_1}(n-1)\left(1+2\frac{I_1 l_2}{I_2 l_1}\right) \tag{20-6-21}$$

符号意义同前。

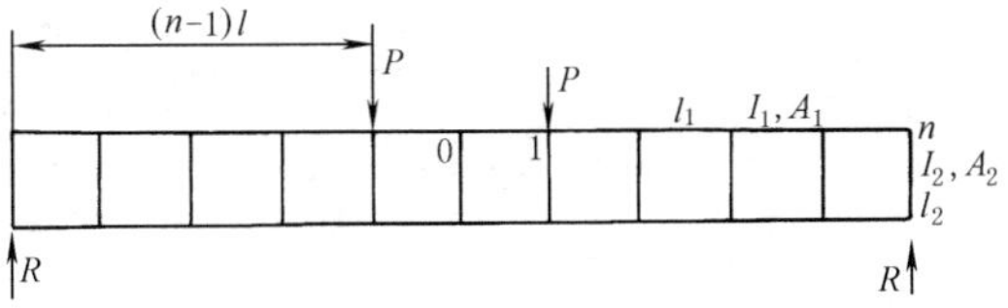

图 20-6-26

第 20 篇

4 等截面刚架内力计算公式

4.1 等截面单跨刚架计算公式

表 20-6-2 列出了铰接和固定支座的等截面单跨刚架不同载荷时及温度变化时的内力公式。

表 20-6-2 等截面刚架的内力计算公式

反力和内力的正负号规定如下：

V——支座反力，向上者为正

H——支座反力，向内者为正

M——刚架的弯矩，刚架内侧受拉者为正，弯矩图画受拉一面

I_1, I——杆件的截面惯性矩

（1）

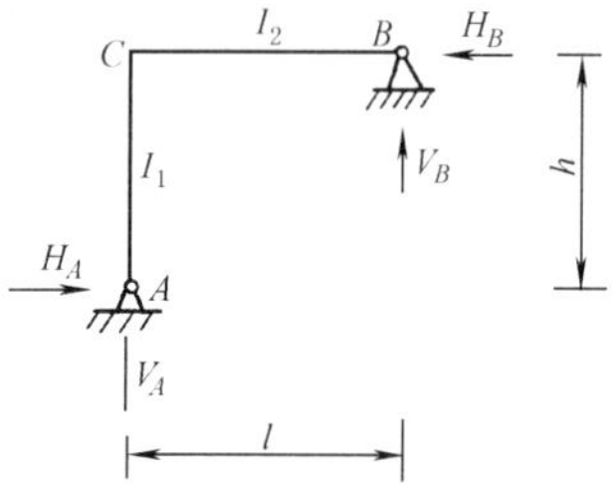

$$K=\frac{I_2}{I_1}\times\frac{h}{l}$$

$$N=K+1$$

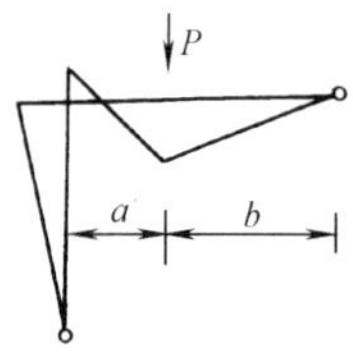

$$\beta=\frac{b}{l}$$

$$\omega=\beta-\beta^3$$

$$\phi=\frac{\omega}{N}$$

$$\left.\begin{matrix}V_A\\V_B\end{matrix}\right\}=\frac{P}{2}[1\mp(1-2\beta-\phi)]$$

$$H_A=H_B=\frac{Pl}{2h}\phi$$

$$M_C=-\frac{Pl}{2}\phi$$

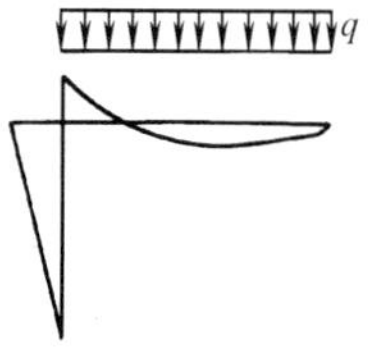

$$\left.\begin{matrix}V_A\\V_B\end{matrix}\right\}=\frac{ql}{2}\left(1\pm\frac{1}{4N}\right)$$

$$H_A=H_B=\frac{ql^2}{2h}\times\frac{1}{4N}$$

$$M_C=-\frac{ql^2}{2}\times\frac{1}{4N}$$

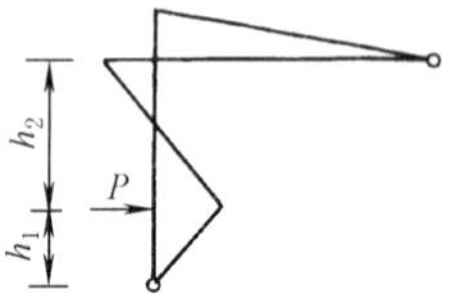

$$\alpha=\frac{h_1}{h}$$

$$\omega=3\alpha^2-1$$

$$\phi=\frac{K\omega}{2N}$$

$$V_A=V_B=0$$

$$\left.\begin{matrix}H_A\\H_B\end{matrix}\right\}=\frac{P}{2}[2(\alpha+\phi)-1\mp1]$$

$$M_C=-Ph\phi$$

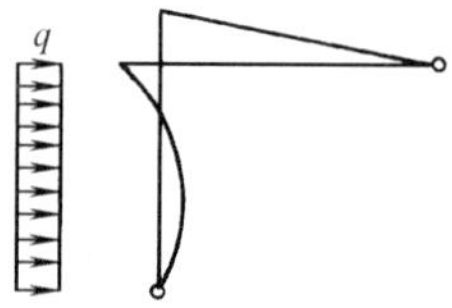

$$\phi=\frac{K}{4N}$$

$$V_A=V_B=0$$

$$\left.\begin{matrix}H_A\\H_B\end{matrix}\right\}=\frac{qh}{2}(\mp1+\phi)$$

$$M_C=-\frac{qh^2}{2}\phi$$

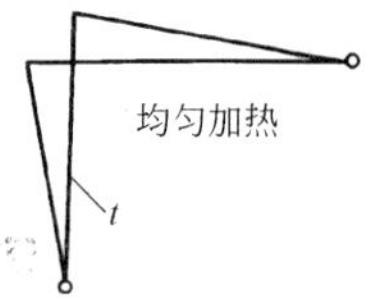

$$\phi=\frac{3EI_2\alpha_l t}{h^2N}\left(1+\frac{h^2}{l^2}\right)$$

α_l——线胀系数

t——加热温度，℃

$$V_A=-V_B=\frac{h}{l}\phi$$

$$H_A=H_B=\phi$$

$$M_C=-h\phi$$

续表

(2)

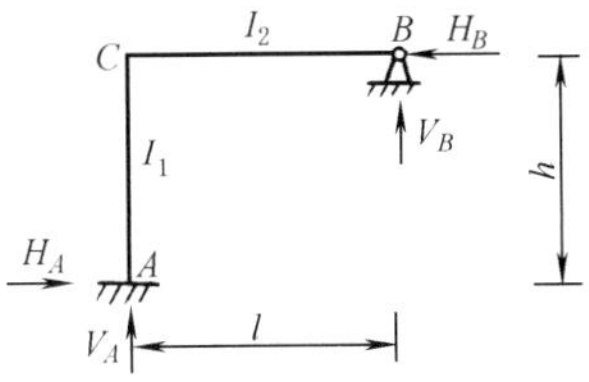

$$K_1=\frac{I_1}{h}$$

$$K_2=\frac{I_2}{l}$$

$$\mu=\frac{1}{K_1+0.75K_2}$$

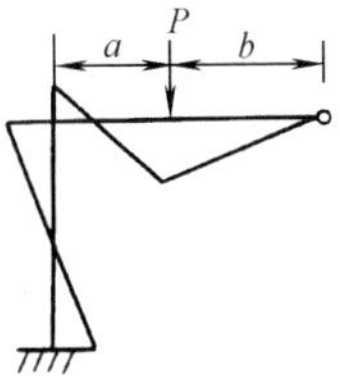

$$V_A=\frac{Pb\mu K_1}{4l^3}\left[\frac{4l^2}{\mu K_1}+2a(l+b)\right]$$

$$V_B=\frac{Pa\mu K_1}{4l^3}\left[\frac{4l^2}{\mu K_1}-2b(l+b)\right]$$

$$H_A=H_B=\frac{3Pab\mu K_1}{4hl^2}(l+b)$$

$$M_A=\frac{Pab\mu K_1}{4l^2}(l+b)$$

$$M_B=-\frac{Pab\mu K_1}{2l^2}(l+b)$$

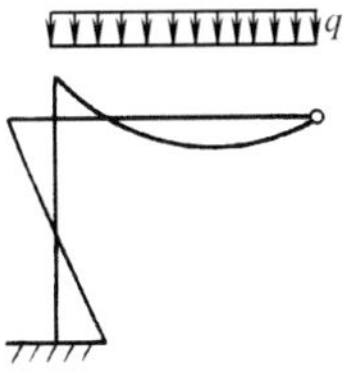

$$V_A=\frac{ql\mu}{8}(3K_2+5K_1)$$

$$V_B=\frac{3ql\mu}{8}(K_2+K_1)$$

$$H_A=H_B=\frac{3ql^2\mu K_1}{16h}$$

$$M_A=\frac{ql^2\mu K_1}{16}$$

$$M_C=-\frac{ql^2\mu K_1}{8}$$

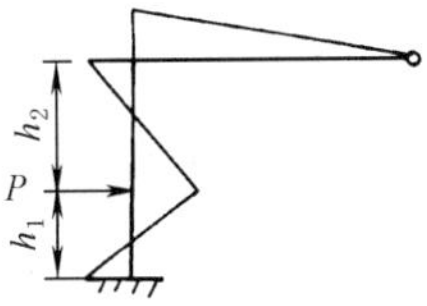

$$V_A=-V_B=\frac{3Ph_1^2h_2\mu K_2}{4h^2l}$$

$$H_A=-(P-H_B)$$

$$H_B=\frac{Ph_1^2\mu K_1}{4h^3}\left[\frac{3K_2}{K_1}(3h_2+h_1)+2(3h_2+2h_1)\right]$$

$$M_A=-\frac{Ph_1h_2}{h^2}\left(\frac{1}{2}h_1\mu K_1+h_2\right)$$

$$M_C=-\frac{3Ph_1^2h_2\mu K_2}{4h^2}$$

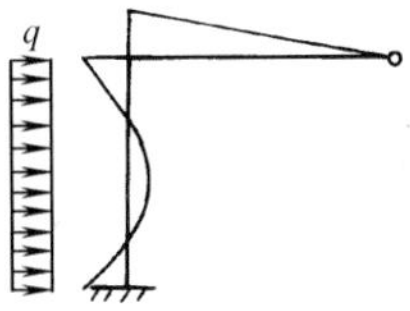

$$V_A=-V_B=\frac{qh^2\mu K_2}{16l}$$

$$H_A=-\frac{qh\mu}{8}(3K_2+5K_1)$$

$$H_B=\frac{3qh\mu}{8}(K_2+K_1)$$

$$M_A=-\frac{qh^2\mu}{16}(K_2+2K_1)$$

$$M_C=-\frac{qh^2\mu K_2}{16}$$

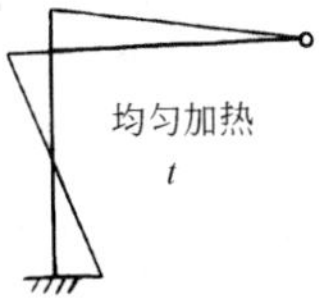

α_l——线胀系数

t——加热温度,℃

$$V_A=-V_B=\frac{3EI_1\mu K_2}{2h^2l^2}(3l^2+2h^2)\alpha_l t$$

$$H_A=H_B=\frac{3EI_1\mu}{2h^3l}(6K_2l^2+2K_1l^2+3K_2h^2)\alpha_l t$$

$$M_A=\frac{3EI_1\mu}{2h^2l}(3K_2l^2+2K_1l^2+K_2h^2)\alpha_l t$$

$$M_C=-\frac{3EI_1\mu K_2}{2h^2l}(3l^2+2h^2)\alpha_l t$$

续表

(3)

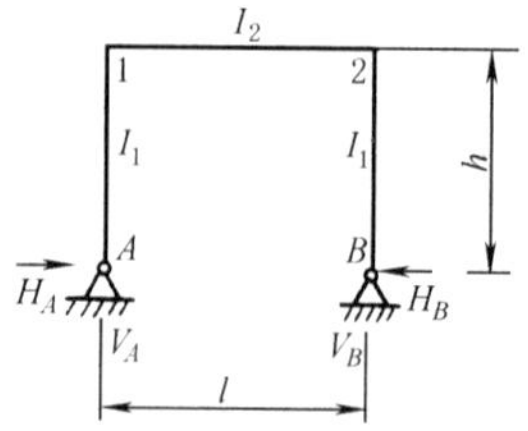

$$\lambda=\frac{l}{h}$$

$$K=\frac{h}{l}\times\frac{I_2}{I_1}$$

$$\mu=3+2K$$

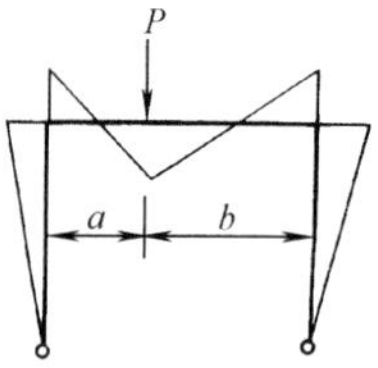

$$\alpha=\frac{a}{l}$$

$$\beta=\frac{b}{l}$$

$$\omega=\alpha\beta$$

$$V_A=P\beta$$

$$V_B=P\alpha$$

$$H_A=H_B=\frac{3P}{2\mu}\lambda\omega$$

$$M_1=M_2=-\frac{3Pl}{2\mu}\omega$$

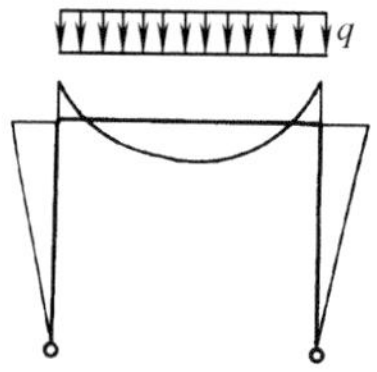

$$V_A=V_B=\frac{ql}{2}$$

$$H_A=H_B=\frac{ql}{4\mu}$$

$$M_1=M_2=-\frac{ql^2}{4\mu}$$

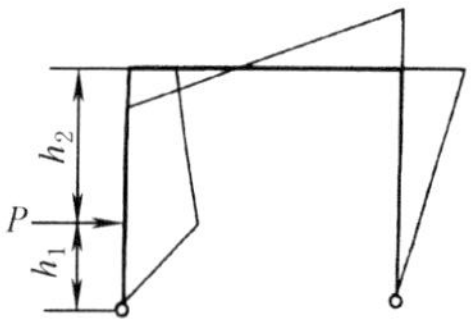

$$\alpha=\frac{h_1}{h}$$

$$\phi=\frac{1}{\mu}[3(1+K)-K\alpha^2]$$

$$V_A=-V_B=-\frac{Ph_1}{l}$$

$$\left.\begin{matrix}H_A\\H_B\end{matrix}\right\}=-\frac{P}{2}(1\pm1-\alpha\phi)$$

$$\left.\begin{matrix}M_1\\M_2\end{matrix}\right\}=\frac{Ph\alpha}{2}(1\pm1-\phi)$$

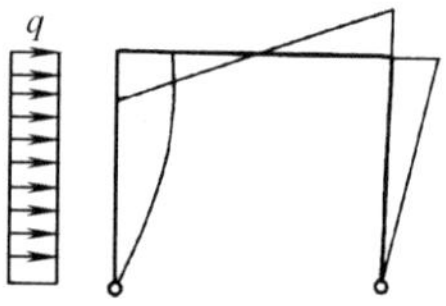

$$\phi=\frac{1}{2\mu}(6+5K)$$

$$-V_A=V_B=\frac{qh^2}{2l}$$

$$\left.\begin{matrix}H_A\\H_B\end{matrix}\right\}=-\frac{qh}{2}\left(1\pm1-\frac{\phi}{2}\right)$$

$$\left.\begin{matrix}M_1\\M_2\end{matrix}\right\}=\frac{qh^2}{4}(1\pm1-\phi)$$

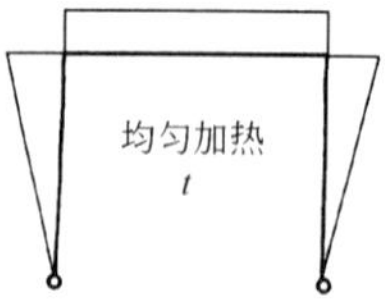

α_l——线胀系数

t——加热温度,℃

$$V_A=V_B=0$$

$$H_A=H_B=\frac{3EI_2}{h^2\mu}\alpha_l t$$

$$M_1=M_2=-\frac{3EI_2}{h\mu}\alpha_l t$$

(4)

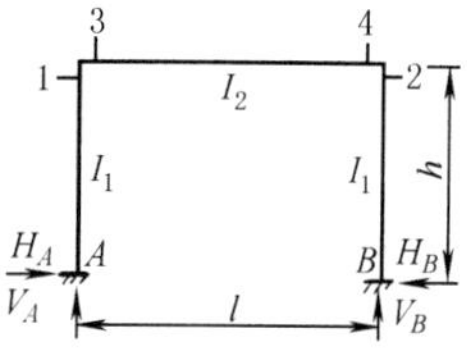

$$K=\frac{h}{l}\times\frac{I_2}{I_1}$$

$$\mu_1=2+K$$

$$\mu_2=1+6K$$

续表

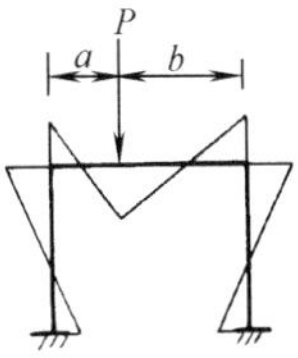

$$\alpha=\frac{a}{l}$$

$$\beta=\frac{b}{l}$$

$$\omega_{R\alpha}=\alpha\beta$$

$$\Phi=\frac{1}{\mu_2}(1-2\alpha)$$

$$H_A=H_B=\frac{3Pl}{2h\mu_1}\omega_{R\alpha}$$

$$\left.\begin{matrix}M_A\\M_B\end{matrix}\right\}=\frac{Pl}{2}\left(\frac{1}{\mu_1}\mp\Phi\right)\omega_{R\alpha}$$

$$\left.\begin{matrix}M_1\\M_2\end{matrix}\right\}=-\frac{Pl}{2}\left(\frac{2}{\mu_1}\pm\Phi\right)\omega_{R\alpha}$$

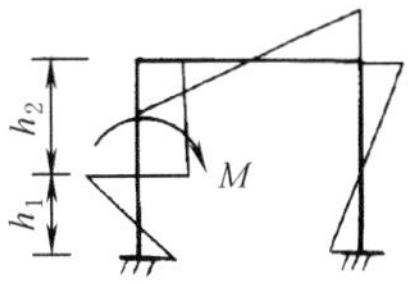

$$\alpha=\frac{h_1}{h}\qquad \omega_{M\alpha}=3\alpha^2-1$$

$$\beta=\frac{h_2}{h}\qquad \omega_{M\beta}=3\beta^2-1$$

$$H_A=H_B=\frac{M}{2h}\left\{1-\frac{1}{\mu_1}\left[K\omega_{M\alpha}+(1+K)\omega_{M\beta}\right]\right\}$$

$$\left.\begin{matrix}M_A\\M_B\end{matrix}\right\}=-\frac{M}{2}\left\{\frac{1}{3\mu_1}\left[K\omega_{M\alpha}+(3+2K)\omega_{M\beta}\right]\pm\left(1-\frac{6K\alpha}{\mu_2}\right)\right\}$$

$$\left.\begin{matrix}M_3\\M_4\end{matrix}\right\}=\frac{MK}{2}\left[\frac{1}{3\mu_1}(2\omega_{M\alpha}+\omega_{M\beta})\pm\frac{6\alpha}{\mu_2}\right]$$

当 $h_1=h$ 时：

$$H_A=H_B=\frac{3M}{2h\mu_1}$$

$$\left.\begin{matrix}M_A\\M_B\end{matrix}\right\}=\frac{M}{2}\left(\frac{1}{\mu_1}\mp\frac{1}{\mu_2}\right)$$

$$\left.\begin{matrix}M_3\\M_4\end{matrix}\right\}=\frac{MK}{2}\left(\frac{1}{\mu_1}\pm\frac{6}{\mu_2}\right)$$

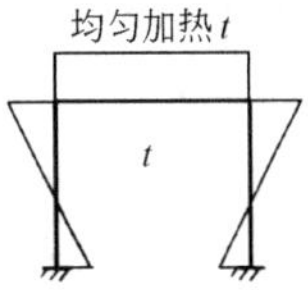

$$\Phi=\frac{3EI_2}{h\mu_1}\alpha_l t$$

$$H_A=H_B=\frac{2K+1}{hK}\Phi$$

$$M_A=M_B=\frac{K+1}{K}\Phi$$

$$M_1=M_2=-\Phi$$

α_l——线胀系数

t——加热温度，℃

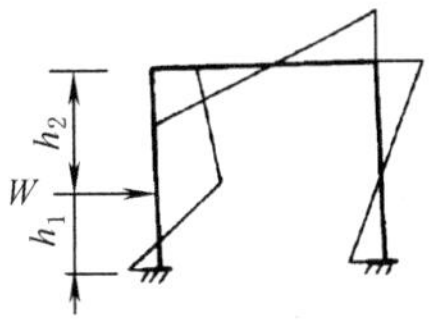

$$\alpha=\frac{h_1}{h}\qquad \omega_{R\alpha}=\alpha\beta$$

$$\omega_{D\alpha}=\alpha-\alpha^3$$

$$\beta=\frac{h_2}{h}\qquad \omega_{D\beta}=\beta-\beta^3$$

$$\left.\begin{matrix}H_A\\H_B\end{matrix}\right\}=-\frac{W}{2}\left\{1\pm1-\alpha-\frac{1}{\mu_1}\left[K\omega_{D\alpha}-(1+K)\omega_{D\beta}\right]\right\}$$

$$\left.\begin{matrix}M_A\\M_B\end{matrix}\right\}=-\frac{Wh}{2}\left\{\frac{1}{\mu_1}\left[(1+K)\omega_{D\beta}-K\omega_{R\alpha}\right]\pm\alpha\left(1-\frac{3K\alpha}{\mu_2}\right)\right\}$$

$$\left.\begin{matrix}M_1\\M_2\end{matrix}\right\}=-\frac{Wh}{2}K\alpha^2\left[\frac{1}{\mu_1}(1-\alpha)\mp\frac{3}{\mu_2}\right]$$

当 $h_1=h$ 时：

$$H_A=-H_B=-\frac{W}{2}$$

$$M_A=-M_B=-\frac{3Wh}{2}\left(\frac{1}{3}-\frac{K}{\mu_2}\right)$$

$$M_1=-M_2=\frac{3WhK}{2\mu_2}$$

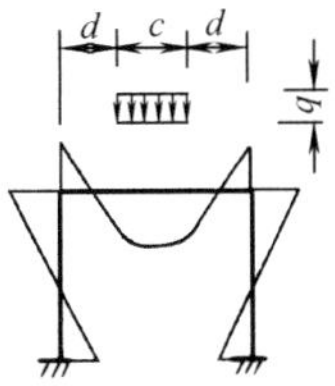

$$\gamma=\frac{c}{l}$$

$$\Phi=\frac{1}{2\mu_1}(3\gamma-\gamma^3)$$

$$H_A=H_B=\frac{ql^2}{4h}\Phi$$

$$M_A=M_B=\frac{ql^2}{12}\Phi$$

$$M_1=M_2=-\frac{ql^2}{6}\Phi$$

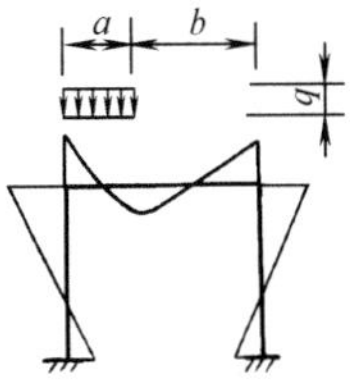

$$\alpha=\frac{a}{l}\qquad \omega_{R\alpha}=\alpha-\alpha^2$$

$$\Phi=\frac{1}{\mu_1}(3\alpha^2-2\alpha^3)$$

$$H_A=H_B=\frac{ql^2}{4h}\Phi$$

$$\left.\begin{matrix}M_A\\M_B\end{matrix}\right\}=\frac{ql^2}{12}\left(\Phi\mp\frac{3}{\mu_2}\omega_{R\alpha}^2\right)$$

$$\left.\begin{matrix}M_1\\M_2\end{matrix}\right\}=-\frac{ql^2}{12}\left(2\Phi\pm\frac{3}{\mu_2}\omega_{R\alpha}^2\right)$$

当 $a=l$ 时：$\Phi=\frac{1}{\mu_1}$

（5）

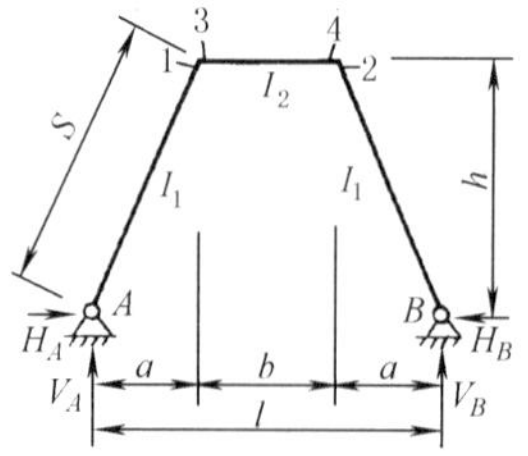

$$\lambda_1=\frac{a}{l}\quad \lambda_2=\frac{b}{l}\quad \lambda=\frac{l}{h}$$

$$K=\frac{b}{S}\times\frac{I_1}{I_2}\quad \mu=1+\frac{3K}{2}$$

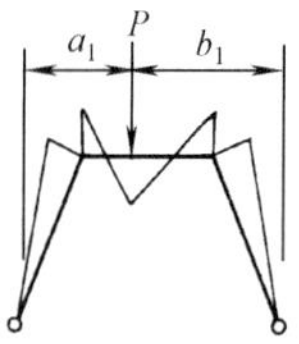

$a\leqslant a_1\leqslant a+b$

$$\alpha=\frac{a_1}{l}\quad \omega_{R\alpha}=\alpha\beta$$

$$\beta=\frac{b_1}{l}$$

$$\Phi=\frac{1}{2\mu}\left[2\lambda_1+\frac{3K}{\lambda_2}(\omega_{R\alpha}-\lambda_1^2)\right]$$

$$V_A=P\beta;V_B=P\alpha;H_A=H_B=\frac{P}{2}\lambda\Phi$$

$$\left.\begin{matrix}M_1\\M_2\end{matrix}\right\}=\frac{Pl}{2}\{[1\pm(1-2\alpha)]\lambda_1-\Phi\}$$

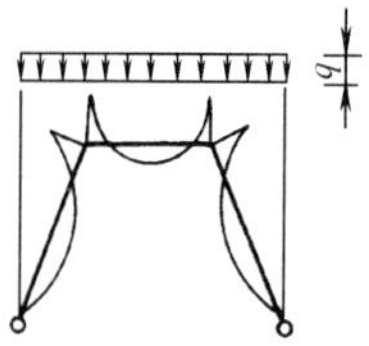

$$\Phi=\frac{1}{4\mu}[2\lambda_1(2+K)-\lambda_1^2(3+2K)+K]$$

$$V_A=V_B=\frac{ql}{2}\qquad H_A=H_B=\frac{ql}{2}\lambda\Phi$$

$$M_1=M_2=-\frac{ql^2}{8\mu}(\lambda_1^2+K\lambda_2^2)$$

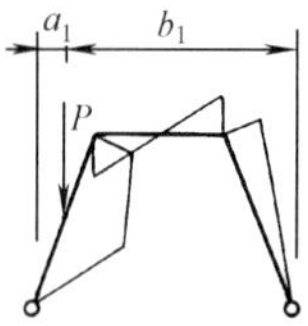

$0\leqslant a_1\leqslant a$

$$\alpha=\frac{a_1}{l}$$

$$\beta=\frac{b_1}{l}$$

$$\Phi=\frac{1}{2\mu}\left[3(1+K)-\left(\frac{\alpha}{\lambda_1}\right)^2\right]$$

$$V_A=P\beta;V_B=P\alpha;H_A=H_B=\frac{P\alpha}{2}\lambda\Phi$$

$$\left.\begin{matrix}M_1\\M_2\end{matrix}\right\}=\frac{Pl\alpha}{2}(1\pm\lambda_2-\Phi)$$

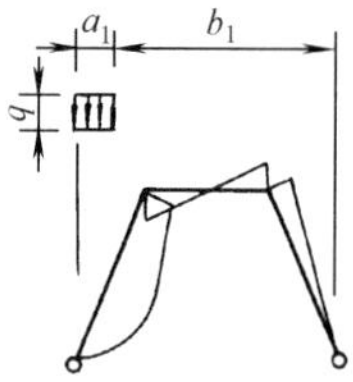

$$\alpha=\frac{a_1}{l}$$

$$\beta=\frac{b_1}{l}$$

$$\Phi=\frac{1}{4\mu}\left[6(1+K)-\frac{\alpha^2}{\lambda_1^2}\right]$$

$$V_A=\frac{qa_1}{2}(1+\beta);V_B=\frac{qa_1\alpha}{2}$$

$$H_A=H_B=\frac{ql\alpha^2}{4}\lambda\Phi$$

$$\left.\begin{matrix}M_1\\M_2\end{matrix}\right\}=\frac{ql^2\alpha^2}{4}(1\pm\lambda_2-\Phi)$$

当 $a_1=a$ 时：$\Phi=\frac{1}{4\mu}(5+6K)$

续表

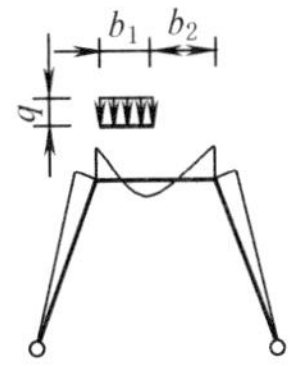

$$\alpha=\frac{b_1}{b}$$

$$\beta=\frac{b_2}{b}$$

$$\Phi=\frac{1}{4\mu}\{4\lambda_1+K[6\lambda_1+\lambda_2\alpha(3-2\alpha)]\}$$

$$\left.\begin{matrix}V_A\\V_B\end{matrix}\right\}=\frac{qb\alpha}{2}(1\pm\lambda_2\beta)$$

$$H_A=H_B=\frac{qb\alpha}{2}\lambda\Phi$$

$$\left.\begin{matrix}M_1\\M_2\end{matrix}\right\}=\frac{qbl\alpha}{2}[\lambda_1(1\pm\lambda_2\beta)-\Phi]$$

当 $b_1=b$ 时：$\Phi=\frac{1}{4\mu}[4\lambda_1(1+K)+K]$

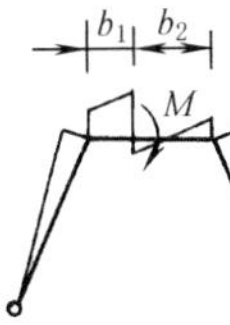

$$\alpha=\frac{b_1}{b}$$

$$\Phi=\frac{3K}{4\mu}(1-2\alpha)$$

$$V_A=-V_B=-\frac{M}{l}$$

$$H_A=H_B=\frac{M}{h}\Phi$$

$$\left.\begin{matrix}M_1\\M_2\end{matrix}\right\}=-M(\pm\lambda_1+\Phi)$$

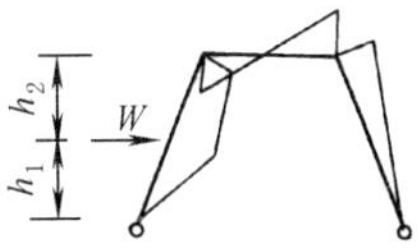

$$\alpha=\frac{h_1}{h}$$

$$\beta=\frac{h_2}{h}$$

$$\Phi=\frac{\beta}{2\mu}[3(K+\beta)-\beta^2]$$

$$V_A=-V_B=-\frac{Wh_1}{l}$$

$$\left.\begin{matrix}H_A\\H_B\end{matrix}\right\}=-\frac{W}{2}(\Phi\pm1)$$

$$\left.\begin{matrix}M_1\\M_2\end{matrix}\right\}=-\frac{Wh}{2}(\beta\mp\alpha\lambda_2-\Phi)$$

当 $h_1=h$ 时：$\Phi=0$

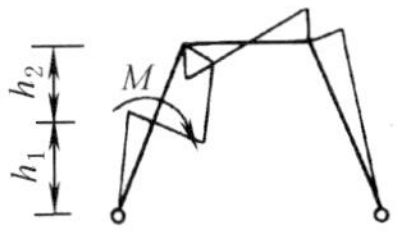

$$\alpha=\frac{h_1}{h}$$

$$\Phi=\frac{3}{2\mu}(1+K-\alpha^2)$$

$$V_A=-V_B=-\frac{M}{l}$$

$$H_A=H_B=\frac{M}{2h}\Phi$$

$$\left.\begin{matrix}M_3\\M_4\end{matrix}\right\}=\frac{M}{2}(1\pm\lambda_2-\Phi)$$

当 $h_1=h$ 时：$\Phi=\frac{3K}{2\mu}$

当 $h_1=0$ 时：$\Phi=\frac{3}{2\mu}(1+K)$

α_l ——线胀系数

t ——加热温度,℃

$$V_A=V_B=0$$

$$H_A=H_B=\frac{3EI_1l}{2Sh^2\mu}\alpha_lt$$

$$M_1=M_2=-\frac{3EI_1l}{2Sh\mu}\alpha_lt$$

续表

(6)

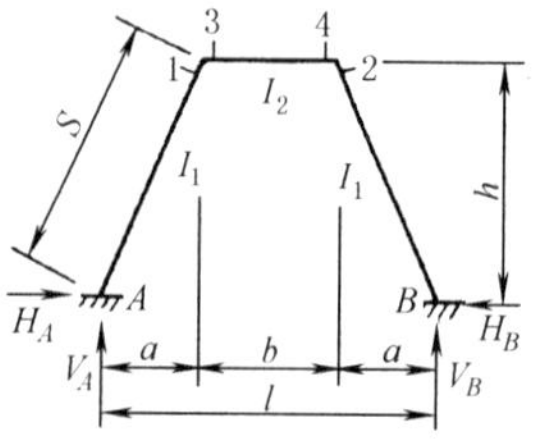

$$\lambda_1=\frac{a}{l}\quad \lambda_2=\frac{b}{l}\quad \lambda_3=\frac{a}{b}\quad \lambda_4=\frac{l}{b}$$

$$K=\frac{b}{S}\times\frac{I_1}{I_2}\quad \mu_1=1+2K\quad \mu_2=K\lambda_2^2+2(1+\lambda_2+\lambda_2^2)$$

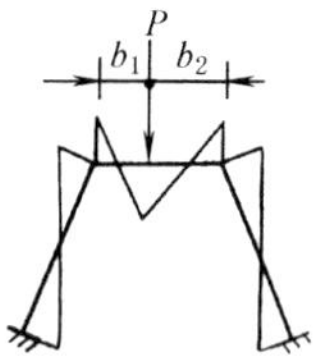

$$\alpha=\frac{b_1}{b}$$

$$\omega_{R\alpha}=\alpha-\alpha^2$$

$$\Phi=\frac{1-2\alpha}{\mu_2}[K\lambda_2^2\omega_{R\alpha}-\lambda_1(2+\lambda_2)]$$

$$H_A=H_B=\frac{Pb}{2h}\left(\frac{3K\omega_{R\alpha}}{\mu_1}+\lambda_3\right)$$

$$\left.\begin{matrix}M_A\\M_B\end{matrix}\right\}=\frac{Pb}{2}\left\{\frac{K\omega_{R\alpha}}{\mu_1}\mp[\lambda_3(1-2\alpha)+\lambda_4\Phi]\right\}$$

$$\left.\begin{matrix}M_1\\M_2\end{matrix}\right\}=-\frac{Pb}{2}\left(\frac{2K\omega_{R\alpha}}{\mu_1}\pm\Phi\right)$$

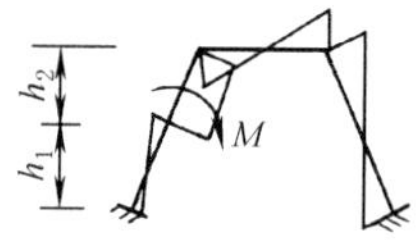

$$\alpha=\frac{h_1}{h}\quad \omega_{M\alpha}=3\alpha^2-1$$

$$\beta=\frac{h_2}{h}\quad \omega_{M\beta}=3\beta^2-1$$

$$\Phi=\frac{6\alpha}{\mu_2}(1-\lambda_1\alpha)$$

$$H_A=H_B=-\frac{M}{2h}\left\{\frac{1}{\mu_1}[(1+K)\omega_{M\beta}+\omega_{M\alpha}]-1\right\}$$

$$\left.\begin{matrix}M_A\\M_B\end{matrix}\right\}=-\frac{M}{2}\left\{\frac{1}{3\mu_1}[(2+3K)\omega_{M\beta}+\omega_{M\alpha}]\pm(1-\Phi)\right\}$$

$$\left.\begin{matrix}M_3\\M_4\end{matrix}\right\}=\frac{M}{2}\left[\frac{1}{3\mu_1}(2\omega_{M\alpha}+\omega_{M\beta})\pm\lambda_2\Phi\right]$$

当 $h_1=h$ 时：$\Phi=\frac{6}{\mu_2}(1-\lambda_1)$

$\omega_{M\alpha}=2$；$\omega_{M\beta}=-1$

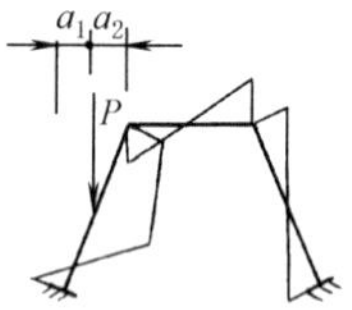

$$\alpha=\frac{a_1}{a}\quad \omega_{D\alpha}=\alpha-\alpha^3$$

$$\omega_{D\beta}=\beta-\beta^3$$

$$\beta=\frac{a_2}{a}\quad \omega_{R\alpha}=\alpha\beta$$

$$\Phi=\frac{\alpha^2}{\mu_2}(3-2\lambda_1\alpha)$$

$$H_A=H_B=\frac{Pa}{2h}\left\{\frac{1}{\mu_1}[\omega_{D\alpha}-(1+K)\omega_{D\beta}]+\alpha\right\}$$

$$\left.\begin{matrix}M_A\\M_B\end{matrix}\right\}=-\frac{Pa}{2}\left\{\frac{1}{\mu_1}[(1+K)\omega_{D\beta}-\omega_{R\alpha}]\pm(\alpha-\Phi)\right\}$$

$$\left.\begin{matrix}M_1\\M_2\end{matrix}\right\}=-\frac{Pa}{2}\left[\frac{1}{\mu_1}(\omega_{D\alpha}-\omega_{R\alpha})\mp\lambda_2\Phi\right]$$

当 $a_1=a$ 时：$\Phi=\frac{1}{\mu_2}(3-2\lambda_1)$

当 $\alpha=1,\beta=0$ 时：$\omega_{D\alpha}=\omega_{D\beta}=0$

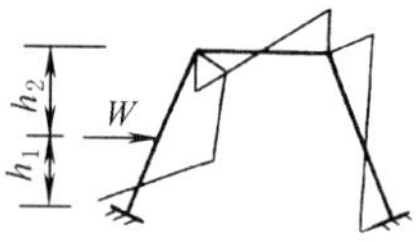

$$\alpha=\frac{h_1}{h}\quad \omega_{D\alpha}=\alpha-\alpha^3$$

$$\omega_{D\beta}=\beta-\beta^3$$

$$\beta=\frac{h_2}{h}\quad \omega_{R\alpha}=\alpha\beta$$

$$\Phi=\frac{\alpha^2}{\mu_2}(3-2\lambda_1\alpha)$$

$$\left.\begin{matrix}H_A\\H_B\end{matrix}\right\}=\frac{W}{2}\left\{\frac{1}{\mu_1}[\omega_{D\alpha}-(1+K)\omega_{D\beta}]-\beta\mp1\right\}$$

$$\left.\begin{matrix}M_A\\M_B\end{matrix}\right\}=-\frac{Wh}{2}\left\{\frac{1}{\mu_1}[(1+K)\omega_{D\beta}-\omega_{R\alpha}]\pm(\alpha-\Phi)\right\}$$

$$\left.\begin{matrix}M_1\\M_2\end{matrix}\right\}=-\frac{Wh}{2}\left[\frac{1}{\mu_1}(\omega_{D\alpha}-\omega_{R\alpha})\mp\lambda_2\Phi\right]$$

当 $h_1=h$ 时：$\Phi=\frac{1}{\mu_2}(3-2\lambda_1)$

当 $\alpha=1,\beta=0$ 时：$\omega_{D\alpha}=\omega_{D\beta}=0$

续表

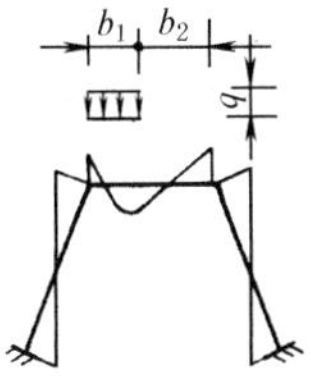

$$\alpha=\frac{b_1}{b}$$

$$\Phi=\frac{\omega_{R\alpha}}{\mu_2}[K\lambda_2^2\omega_{R\alpha}-2\lambda_1(2+\lambda_2)]$$

$$H_A=H_B=\frac{qb^2}{4h}\left[\frac{K}{\mu_1}(3\alpha^2-2\alpha^3)+2\lambda_3\alpha\right]$$

$$\left.\begin{matrix}M_A\\M_B\end{matrix}\right\}=\frac{qb^2}{4}\left[\frac{K}{3\mu_1}(3\alpha^2-2\alpha^3)\mp(2\lambda_3\omega_{R\alpha}+\lambda_4\Phi)\right]$$

$$\left.\begin{matrix}M_1\\M_2\end{matrix}\right\}=-\frac{qb^2}{4}\left[\frac{2K}{3\mu_1}(3\alpha^2-2\alpha^3)\pm\Phi\right]$$

当 $b_1=b$ 时：$\Phi=0$

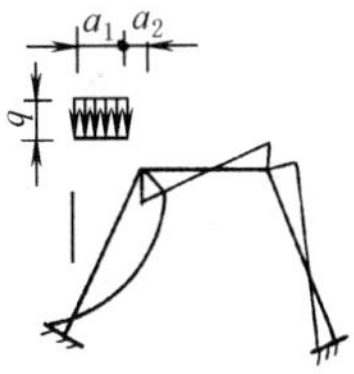

$$\alpha=\frac{a_1}{a}\qquad\beta=\frac{a_2}{a}$$

$$\Phi_1=\frac{\alpha^3}{\mu_2}(2-\lambda_1\alpha)\qquad\Phi_2=\frac{1}{2}-\omega_{\varphi\beta}$$

$$H_A=H_B=\frac{qa^2}{4h}\left\{\frac{1}{\mu_1}[\omega_{\varphi\alpha}-(1+K)\Phi_2]+\alpha^2\right\}$$

$$\omega_{\varphi\alpha}=\alpha^2-\frac{1}{2}\alpha^4$$

$$\omega_{\varphi\beta}=\beta^2-\frac{1}{2}\beta^4$$

$$\left.\begin{matrix}M_A\\M_B\end{matrix}\right\}=-\frac{qa^2}{4}\left\{\frac{1}{3\mu_1}[(2+3K)\Phi_2-\omega_{\varphi\alpha}]\pm(\alpha^2-\Phi_1)\right\}$$

$$\left.\begin{matrix}M_1\\M_2\end{matrix}\right\}=-\frac{qa^2}{4}\left[\frac{1}{3\mu_1}(2\omega_{\varphi\alpha}-\Phi_2)\mp\lambda_2\Phi_1\right]$$

当 $a_1=a$ 时：$\Phi_1=\frac{1}{\mu_2}(2-\lambda_1)\quad\Phi_2=\frac{1}{2}\quad\omega_{\varphi\alpha}=\frac{1}{2}\quad\omega_{\varphi\beta}=0$

α_l——线胀系数

t——加热温度，℃

$$\Phi=\frac{3EI_1l}{Sh\mu_1}\alpha_l t\qquad H_A=H_B=\frac{2+K}{h}\Phi$$

$$M_A=M_B=(1+K)\Phi\qquad M_3=M_4=-\Phi$$

4.2 均布载荷等截面等跨排架计算公式

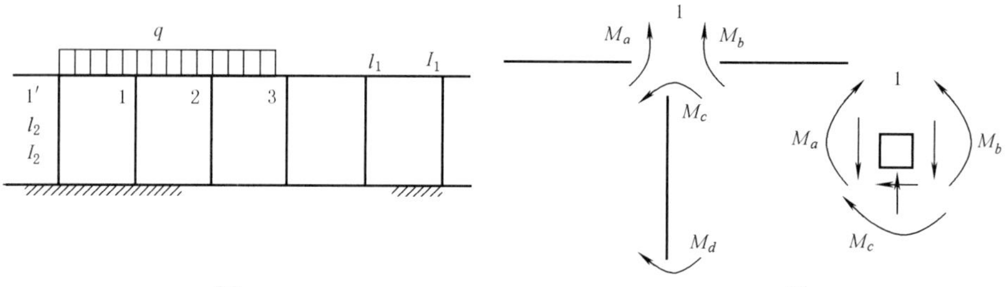

图 20-6-27 均布载荷等截面等跨排架计算图

令　　梁的刚度 $i_1=\dfrac{E_1I_1}{l_1}$；柱的刚度 $i_2=\dfrac{E_2I_2}{l_2}$

式中 E，I，l——分别为相应的弹性模量、截面系数和长度。

$$\lambda=\frac{i_2}{i_1};\ \beta=-(2+\lambda)+\sqrt{(2+\lambda)^2-1} \tag{20-6-22}$$

$$\varphi=\frac{ql_1^2}{24i_1}\times\frac{\beta}{1+\beta} \tag{20-6-23}$$

（1）只有一跨有载荷时，即图示仅结点 1 左边有载荷 q 时

1）1 点各处的弯矩为（以图示方向为正）：

$$M_a=-\frac{ql_1}{12}\left(1+\frac{1}{1+\beta}\right) \tag{20-6-24}$$

$$M_b=-2i_1\varphi(2+\beta)$$

$$M_c=4i_2\varphi$$

$$M_d=-\frac{1}{2}M_c$$

因用结点不移动只转动求得，故 M_c 与 M_d 不等，且有水平推力，见图。它和柱的垂直力及梁的剪力根据弯矩都可以求得。

2）2 点的弯矩为：

$$M_{a,2}=\beta M_a;\ M_{b,2}=\beta M_b;\ M_{c,2}=\beta M_c;\ M_{d,2}=\beta M_d; \tag{20-6-25}$$

3）再往右，3 点的弯矩为：

$$M_{a,3}=\beta^2M_a;\ M_{b,3}=\beta^2M_b;\ M_{c,3}=\beta^2M_c;\ M_{d,3}=\beta^2M_d\ \text{等} \tag{20-6-26}$$

（2）有两跨有载荷时，即图示 1、2 跨有载荷 q 时，此情况下梁内的弯矩最大。最大弯矩发生于 1 点：

$$M_a=M_b=-\frac{ql_1^2}{12}(1-\beta) \tag{20-6-27}$$

柱的弯矩最大发生在 1 点或 2 点：

$$M_c=\frac{ql_1^2i_2}{6i_1}\times\frac{\beta}{1-\beta^2}$$

（3）当许多跨都有载荷时，即如平常管子排架的状况：

$$M_a=-\frac{ql_1^2}{12}\times\frac{1-\beta-3\beta^2}{1-\beta^2} \tag{20-6-28}$$

说明：① 如柱子刚度足够大，则 $\beta=0$，$M_a=-\frac{ql_1^2}{12}$，就等同于两端固定的梁。

② 如令 $i_2=0$，即柱不参与变形计算，则 $\lambda=0$，$\beta=-2+\sqrt{3}=-0.268$

最大在两跨有载荷时：

$$M_a=-0.106ql_1^2 \tag{20-6-29}$$

多跨有载荷时：$M_a=-0.095ql_1^2$，即与连续梁的计算相近。因此，管子排架可按连续梁进行计算，此时 $M_a=-\frac{ql_1^2}{10}=-0.1ql_1^2$。但两端则按式（20-6-29）计算。

第 7 章　其他形式的机架

前面几章所叙述的钢架的结构形式，是机械非标准设备机架最常用的结构形式。本章补充一些前面未包括或较简略的内容。

1　整体式机架

1.1　概述

型钢焊接机架之外，还有铸造的整体式机架和由轧制材料、铸件或锻件组合焊接而成的巨型机器的床身。

图 20-7-1 为铸-轧-焊水压机下横梁结构示意图。

图 20-7-2 为铸-轧-锻件焊接的锻压机床身结构图。

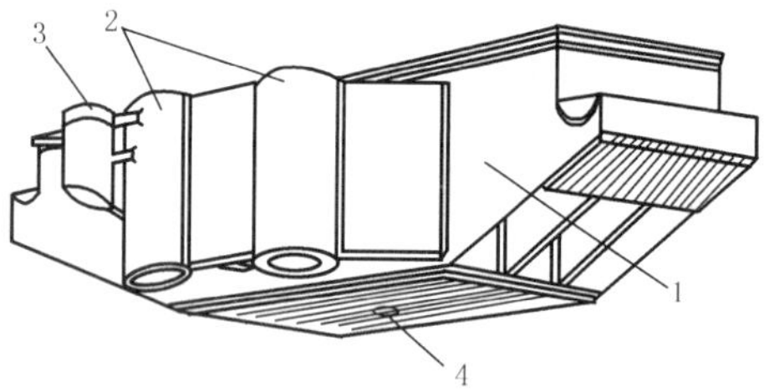

图 20-7-1　铸-轧-焊水压机下横梁结构

1—厚轧板焊接件；2—铸钢柱套；3—提升缸套；4—顶出器座

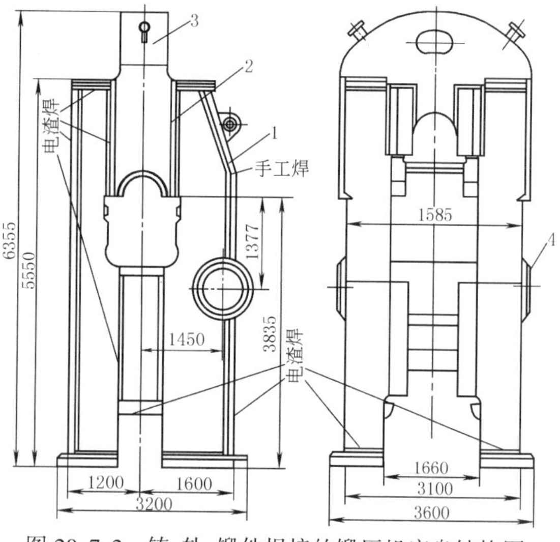

图 20-7-2　铸-轧-锻件焊接的锻压机床身结构图

1,2—厚板件；3—铸钢上横梁；4—锻钢管子

对于这种大件的机架设计和计算，与前面所述的原理是一样的。都要求有足够的强度和刚度，有足够的精度，有较好的工艺性，有较好的尺寸稳定性和抗振性，外形美观等。还要考虑到吊装，安放水平，电器部件安装位置等问题。综合起来必须考虑：

① 材料的选择；

② 大型机架的分割与连接设计；

③ 制作工艺与制造方法的选择，这里包括工艺过程系统的分析、热处理工艺、冷却以后变形的情况；

④ 精度要求及机械加工工艺本身的顺序的分析；

⑤ 定位、装配、调整、固紧、检验、修改等问题，包括大型机架在现场组装、安装的试组装；

⑥ 防腐的处理；

⑦ 存放、运输等。

由于整体式大件形状和受力情况复杂，过去常因计算困难只靠经验设计和简略计算。近年来由于有限元计算方法的发展和模型试验的研究成果，已经可以用计算机和模型试验的方法，在设计阶段根据计算和实验结果，改进大件结构，使之符合设计要求，因而可以使设计一次成功。

1.2 有加强肋的整体式机架的肋板布置

肋板布置的原则如下。

1）肋板布置的目的是要提高机架的强度和刚度。

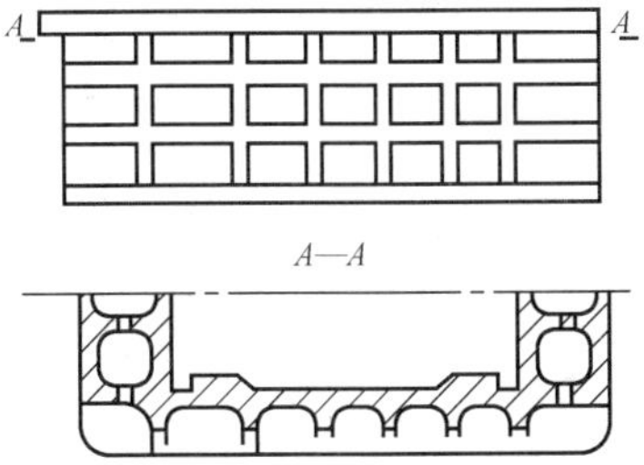

图 20-7-3 破碎机下架体的外壁布肋

例如，前面图 20-4-8 所示的机床立柱为一整体式机架，其计算方法虽然可以按悬臂立柱的屈曲或扭转刚度来校核，但由于作用在导轨上的是单边力，使立柱断面形状发生变形，立柱的侧壁产生屈曲、立柱的棱角不能保持直角，这种变形称为断面形状的畸变。为了尽量减少断面畸变，主要通过加强肋来提高刚度和改进导轨结构。图中的板壁纵向肋主要用来提高立柱的弯曲刚度，而横向肋则可起到减少断面形状畸变的作用。它们组合后起到了阻止各段壁板的变形与振动的作用。

图 20-7-3 为破碎机下架体的外壁布肋形式，使整个机架及侧壁的强度和刚度得以提高。

2）肋板布置的位置根据材料力学的原理，使主材的内力能尽量减小。

例如，大件的支承点直接作用在肋板上，或直接与肋板相联系，如图 20-7-4 所示；或者使局部载荷分散传递，如图 20-7-5 所示，肋板如同桁架的斜杆将上板受的载荷直接传递到下板，使上板本来会受到弯曲的作用变为肋板的受压。

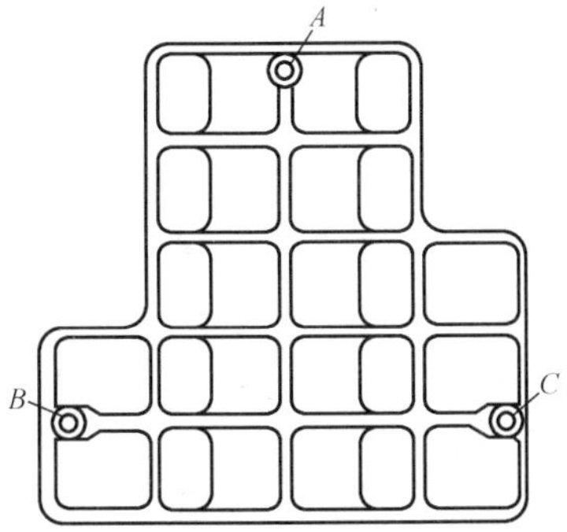

图 20-7-4 大件的支承点直接与肋板相联系

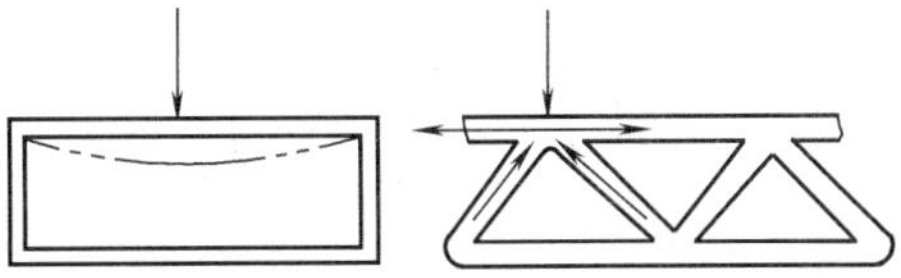

图 20-7-5 局部载荷分散传递示意图

3）经济性。使材料尽可能少，加工方便、经济。

肋的布置方式对刚度影响很大。如图 20-7-6 所示，图 a 的抗弯矩能力较低，图 b 较高，图 c 最高。但后者工艺要求也较复杂。图中 α 角一般取 45°~55°。

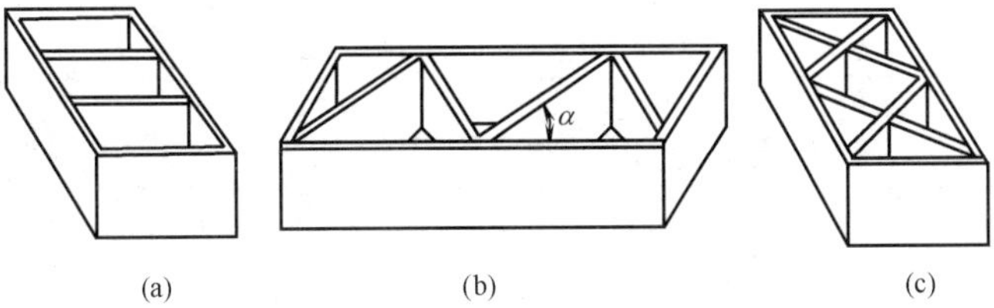

图 20-7-6 机床基础件内肋板的布置

各种布肋形式对刚度影响比较见本章 1.3 节。

壁板与肋板的厚度见本章 2.1 节。壁板的布肋形式见本章 2.2 节。

4）有时配肋还要考虑机架的弹性匹配，对机器的性能影响。

5）对于像大型机床的基础件以及承载较大的导轨支承壁，宜用双层板结构。如图 20-7-7 所示。不同尺寸双层壁与单层平板的静刚度和固有频率的对比见后文表 20-7-12。

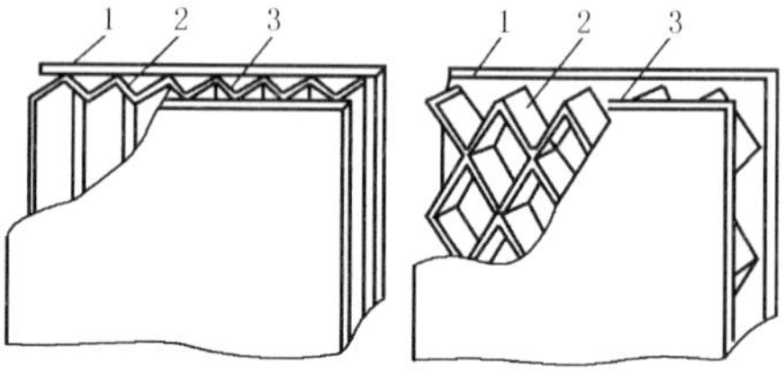

(a)　(b)

图 20-7-7　双层壁板结构

1—外壁板；2—肋板；3—内壁板

1.3　布肋形式对刚度影响

各种断面的梁类构件的刚度（惯性矩）比较见第 3 章表 20-3-1、表 20-3-2。肋板的横截面形状与配置可参见第 3 章图 20-3-16。纵横隔板（或助）对立柱刚度的影响见本篇第 4 章表 20-4-2；螺钉及外肋条的数量对立柱连接处刚度的影响见表 20-4-3。

布肋对闭式梁类结构刚度的影响见表 20-7-1。

表 20-7-1　　布肋对闭式梁类结构刚度的影响

序号	模　　型	模型体积		弯曲刚度（x—x）		扭转刚度	
		$/10^{-6}m^3$	指数	$/N\cdot mm^{-1}$	指数	$/N\cdot m\cdot rad^{-1}$	指数
1	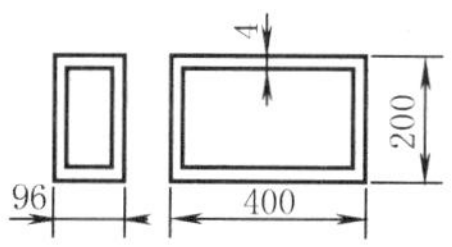	1077	1.0	3700	1.0	2490	1.0
2	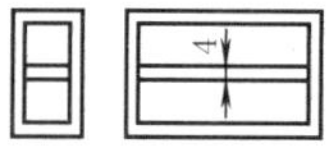	1220	1.13	4290	1.16	3580	1.44
3	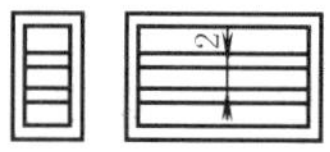	1220	1.13	4390	1.18	3970	1.59
4	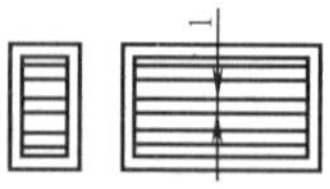	1220	1.13	5190	1.40	4470	1.80
5	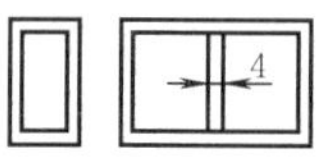	1148	1.06	3790	1.02	3300	1.33
6	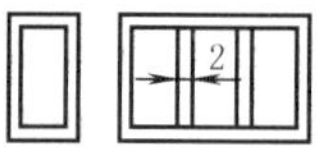	1146	1.06	3840	1.03	3640	1.46

续表

序号	模　型	模型体积		弯曲刚度(x—x)		扭转刚度	
		$/10^{-6}m^3$	指数	$/N\cdot mm^{-1}$	指数	$/N\cdot m\cdot rad^{-1}$	指数
7	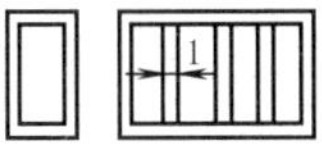	1148	1.06	3860	1.04	4680	1.88
8	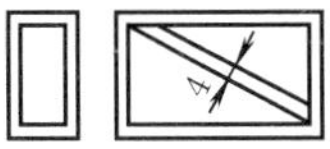	1236	1.15	4120	1.11	4150	1.67
9	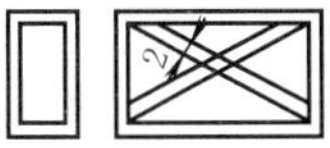	1236	1.15	4210	1.13	5020	2.02
10		1278	1.19	4220	1.14	左扭 4570 右扭 5010	1.84 2.02
11		1278	1.19	4370	1.18	5460	2.02

1.4　肋板的刚度计算

（1）有横隔板框架的弯曲计算

①如图 20-7-8 所示，当横隔板厚度 t_1 对框架长度 l 的比值很小时，横隔板的数目及厚度对抵抗垂直载荷的能力是很小的。这种框架的弯曲刚度主要取决于平行中性轴的两块纵向侧板。考虑到隔板对侧壁的支承作用，刚度计算时，两块侧壁可不作为简支梁而作为两端固定梁来计算。

垂直变形为：

$$\Delta=\frac{Pl^3}{32Eth^3} \tag{20-7-1}$$

式中　P——框架上的集中力；

l——支架总长度；

其他参数见图。

②当图 20-7-8 框架承受侧向（x 向）载荷时，框架的刚度和横隔板数目与壁厚有关。实验表明，在横隔板尺寸给定的条件下，框架的变形随着隔板数目 n 的增加而减小。见实验公式（20-7-2）：

$$\Delta_x=ax^b \tag{20-7-2}$$

式中　a——常数，$a=140.8$；

b——常数，$b=-1.224$。

$$x=l/l_1 \tag{20-7-3}$$

式中　l_1——隔板之间的距离；

l——框架长度。

（2）横隔板底座的弯曲计算

如图 20-7-9 为带有面板的横隔板框架，可以把它看做是由两种梁组成的。即图 20-7-9b 分解为图 c、d，当隔板的数目为 n 时，底座的惯性矩为（以长边 l 为支承边时）

$$I=nI_1+2I_2 \tag{20-7-4}$$

式中　I_1——图 d 梁的截面惯性矩，mm^4；

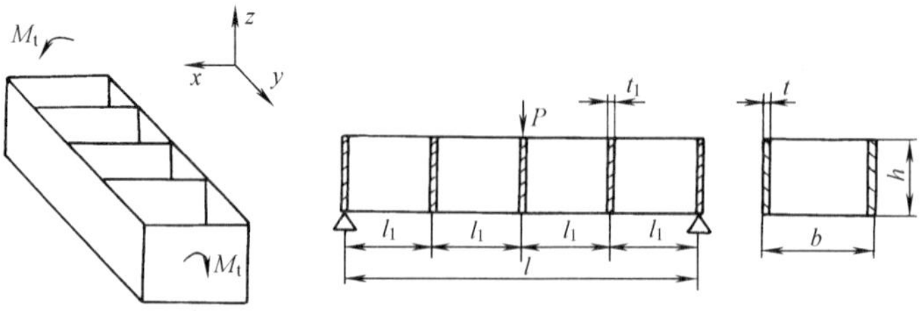

图 20-7-8　横隔板框架

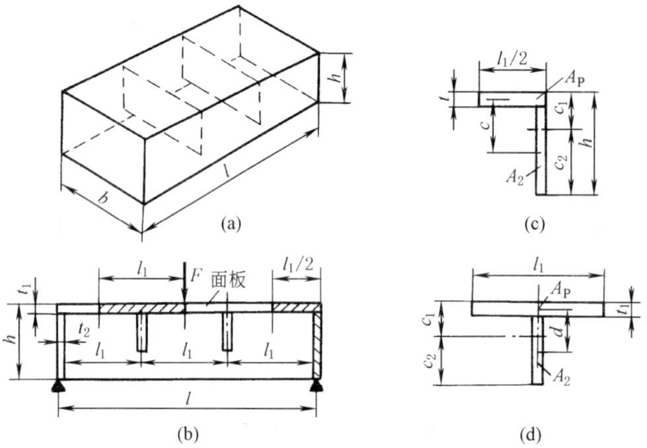

图 20-7-9　横隔板底座的弯曲计算简图

I_2——图 c 梁的截面惯性矩，mm^4。

垂直变形为

$$\Delta=\frac{Pb^3}{192EI}$$

若以短边 b 为支承边时，则

垂直变形为

$$\Delta=\frac{Pl^3}{192EI}$$

此时计算 I 仅考虑面板和两长边侧板组成的惯性矩。

(3) 对角肋和横隔板结构的扭转计算

①对角肋的扭转刚度　图 20-7-10b 以两根交叉的对角肋作为分离体，则它分别承受着方向相反的作用力 F，此分离体产生如图 c 的变形 Δ，则可按简支梁的计算公式求得

$$\Delta=2\frac{Pl^3}{48EI} \tag{20-7-5}$$

式中　l——对角肋的长度；

I——对角肋的截面惯性矩。

结构所受的扭矩 M_t 为

$$M_t=Pb\quad (\mathrm{N\cdot mm})$$

对角肋的弯曲变形而使结构产生的扭转角 φ_1 为

$$\varphi_1=\frac{2\Delta}{b}$$

如为正方形，以 $l=\sqrt{2}b$ 及 M_t、φ_1 代入式（20-7-5），得

$$\varphi_1=0.236\frac{Pb}{EI}\quad (\mathrm{rad}) \tag{20-7-6}$$

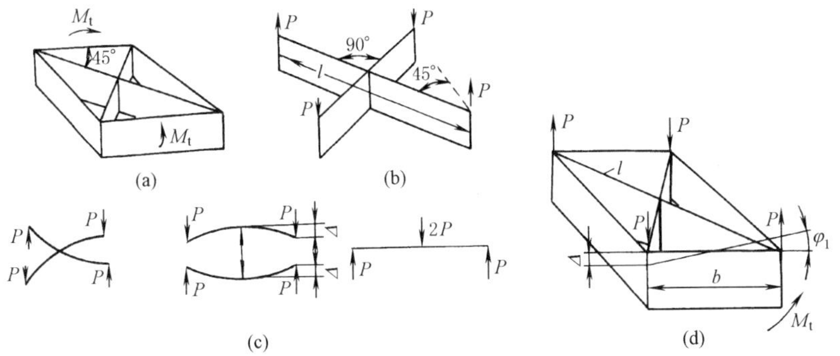

图 20-7-10　45°对角肋受力和变形分析

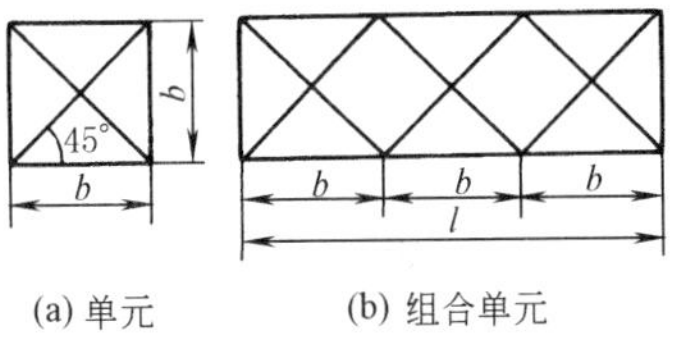

图 20-7-11　对角肋的单元组件

如果结构如图 20-7-11 所示，由 n 个对角肋并联，扭矩 T 作用于长边，则并联对角肋的总扭转角为

$$\varphi_1 = 0.236n\frac{M_t}{nEI}\quad (\text{rad}) \tag{20-7-7}$$

如果结构由 n 个对角肋串联，扭矩 M_t 作用于短边，则串联对角肋的总扭转角为

$$\varphi_1 = 0.236n\frac{M_t}{EI}\quad (\text{rad}) \tag{20-7-8}$$

②侧壁的扭转刚度　设矩形侧壁高 h，厚 t，长度 $l=nb$，则两块侧壁的扭转角为

$$\varphi_2 = \frac{M_t nb}{2kGht^3}\quad (\text{rad}) \tag{20-7-9}$$

式中　G——材料的切变模量；

k——矩形截面扭转常数，即扭转截面惯性矩 $I=kt^3h$ 中的常数，见表 20-7-2；

n——对角单元数。

表 20-7-2　　　　**k 值**

h/t	1	1.5	2	3	4	6	8	10	∞
k	0.141	0.196	0.229	0.263	0.281	0.299	0.307	0.313	0.333

③对角肋框架总的扭转刚度 K 等于对角肋和侧壁两者刚度的代数和（扭矩作用于短边时）：

$$K = \frac{M_t}{\varphi} = \frac{M_t}{\varphi_1} + \frac{M_t}{\varphi_2} = \frac{EI}{0.236nb} + \frac{2kGht^3}{nb}$$

则对角肋框架的扭转角为

$$\varphi = \frac{0.236nbM_t}{EI + 2\times 0.236kGt^3}\quad (\text{rad}) \tag{20-7-10}$$

（4）横隔板框架的扭转刚度

如图 20-7-8 所示，横隔板对扭转阻抗影响很小，这种框架的扭转阻抗，主要取决于两纵向侧壁，两侧壁的扭转刚度按公式（20-7-9）计算。

（5）十字肋的刚度

如图 20-7-12，十字肋的惯性矩为

$$I = \frac{(b_1 - b_2)h_1^3 + b_2 h_2^3}{12} \tag{20-7-11}$$

在设计十字肋梁时应考虑与矩形梁比较：在提高强度和刚度时应使材料用得最少。一般 b_2/b_1 应取小一些（0.3 以下），h_1/h_2 应适当（一般 0.2 左右）。

（6）T形肋板（图 20-7-13）

结构可分成许多T形单元来计算（图 20-7-13b），每个单元相当于图 20-7-9 中的 d 图。

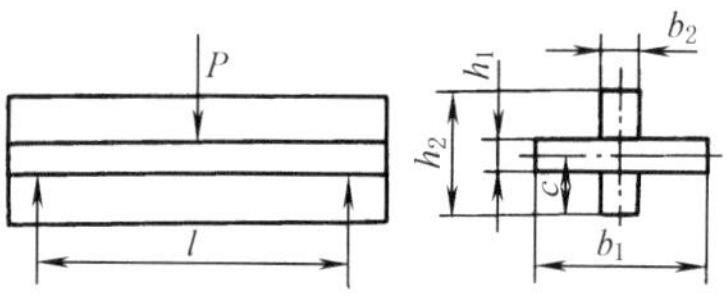

图 20-7-12　十字肋结构

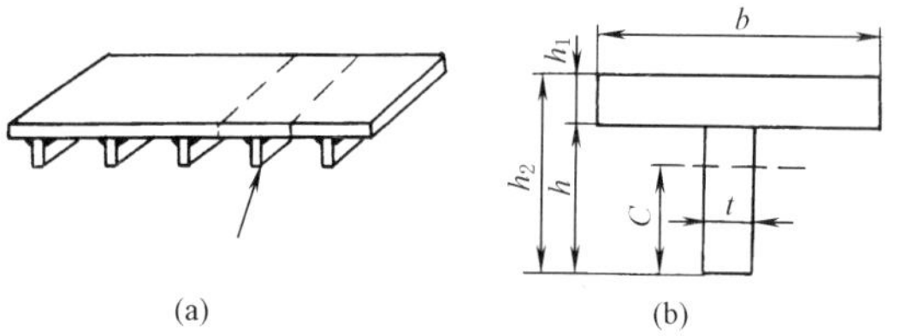

图 20-7-13　T形肋结构

同十字肋板一样，也要分析T形断面的参数尺寸的比例，以求得在强度和刚度都较好而材料最节约的断面。

对于三角肋，可看作多T形肋的特例，每个不同断面都可视作高度不同的T形肋来计算。为了减少三角肋的应力集中，实用的三角肋应去掉锐角，如图 20-7-14 所示。

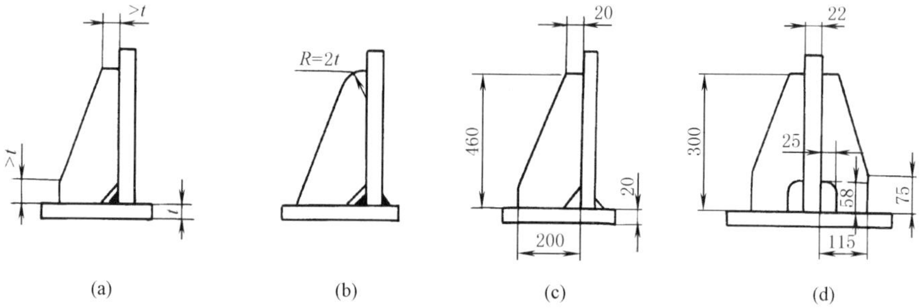

图 20-7-14　常见的实用三角肋结构

2　箱形机架

箱体机架也属于整体式机架，它可分为：

①支架箱体，如机床的支座、立柱等箱体零件；

②传动箱体，如减速器、汽车变速箱及机床主轴箱等的箱体，主要功能是包容和支承各传动件及其支承零件，除刚度和强度外还要求有密封性，要考虑散热性能和热变形问题；

③泵体和阀体，如齿轮泵的泵体，各种液压阀的阀体，内燃机、空气压缩机等的机壳，这类箱体除有对前一类箱体的要求外，还要求能承受箱体内流体的压力。

一般说来本篇只涉及箱形的支承构件，再扩大到一些齿轮箱的箱壳。内燃机、空气压缩机等的机壳一般不算作是机架，虽然在铸造的设计和工艺方面都有许多值得借鉴的内容，但一般它们都有专门的论著和手册，不在本篇阐述范围之列。

2.1　箱体结构参数的选择

箱体壁厚的设计和前面的一样多采用类比法，对同类产品进行比较，参照设计者的经验或设计手册等资料提供的经验数据，确定壁厚、肋板和凸台等的布置和结构参数。对于重要的箱体，可用计算机的有限元法计算箱体的刚度和强度，或用模型和实物进行应力或应变的测定，直接取得数据或作为计算结果的校核手段。

2.1.1　壁厚的选择

铸铁、铸钢和其他材料箱体的壁厚可以先按下式计算当量尺寸 N，再按表 20-7-3 选取：

$$N=(2L+B+H)/3000\quad(\mathrm{mm})$$

式中　L——铸件长度，mm；
B——铸件宽度，mm；
H——铸件高度，mm。

L、B、H中，L为最大值。

表 20-7-3　　铸造箱体的壁厚

当量尺寸 N/mm	箱体材料			
	灰铸铁	铸钢	铸铝合金	铸铜合金
0.3	6	10	4	6
0.75	8	10~15	5	8
1.0	10	15~20	6	
1.5	12	20~25	8	
2.0	16	25~30	10	
3.0	20	30~35	≥12	
4.0	24	35~40		
5.0	26	40~45		
6.0	28	45~50		
8.0	32	55~70		
10.0	40	>70		

注：1. 此表为砂型铸造壁厚数据。
2. 球墨铸铁、可锻铸铁壁厚减少 20%。
3. 此表外壁厚为 t。箱内壁厚度：铸铁箱体、铸铝合金箱体为（0.8~0.9）t，铸钢件箱件为（0.7~0.8）t，铸铜合金箱体为（0.8~0.85）t。

一般说来，铸钢件的最小壁厚应比铸铁件大 20%~30%。碳素钢取小值，合金钢取大值。

间壁和肋的厚度一般可取主壁厚的 0.6~0.8 倍。

按经验，焊接基础件壁板厚度可取相应铸铁基础件壁厚的 2/3~4/5。

仪器仪表铸造外壳的最小壁厚参考表 20-7-4 选取。

表 20-7-4　　仪器仪表铸造外壳的最小壁厚　　mm

合金种类	铸造方法				
	砂型	金属型	压力铸造	熔模铸造	壳模铸造
铝合金	3	2.5	1~1.5	1~1.5	2~2.5
镁合金	3	2.5	1.2~1.8	1.5	2~2.5
铜合金	3	3	2	2	—
锌合金	—	2	1.5	1	2~2.5

2.1.2　加强肋

肋板的厚度一般为主壁厚 t 的 0.6~0.8 倍；肋板的高度 H 一般取壁厚 t 的 4~5 倍，超过此值对提高刚度无明显效果。加强肋的尺寸见表 20-7-5。

表 20-7-5　　加强肋的尺寸

外表面肋厚	内腔肋厚	肋的高度
$0.8t$	$(0.6\sim0.7)t$	$\leqslant 5t$

注：t—肋所在壁厚。

2.1.3　孔和凸台

箱体壁上的开孔会降低箱体的刚度，实验证明，刚度的降低程度与孔的面积大小成正比。详见 2.3 节。

在箱壁上与孔中心线垂直的端面处附加凸台，可以增加箱体局部的刚度；同时可以减少加工面。当凸台直径 D 与孔径 d 的比值 $D/d\leqslant 2$ 和凸台高度 h 与壁厚 t 的比值 $t/h\leqslant 2$ 时，刚度增加较大；比值大于 2 以后，效果不明显。如因设计需要，凸台高度加大时，为了改善凸台的局部刚度，可在适当位置增设局部加强肋。

2.1.4 箱体的热处理

铸造或箱体毛坯中的剩余应力使箱体产生变形，为了保证箱体加工后精度的稳定性，对箱体毛坯或粗加工后要用热处理方法消除剩余应力，减少变形。常用的热处理措施有以下三类。

①热时效。铸件在 500~600℃下退火，可以大幅度地降低或消除铸造箱体中的剩余应力。

②热冲击时效。将铸件快速加热，利用其产生的热应力与铸造剩余应力叠加，使原有剩余应力松弛。

③自然时效。自然时效和振动时效可以提高铸件的松弛刚性，使铸件的尺寸精度稳定。

2.2 壁板的布肋形式

肋的形式很多如图 20-7-15 所示，实际上可分三大类种，即直交肋（井字形肋）、斜交肋（包括角形肋、叉形肋、米字形肋）与蜂窝形肋。模型实验和计算结果表明，采用米字形肋与采用井字形肋的零件相比，前者的抗扭刚度高两倍以上，抗弯刚度则相近。但米字形肋铸造工艺性较差，铸造费时间且容易出废品，多用于焊接工艺。蜂窝形肋在连接处不易堆积金属，所以内力小，不易产生裂纹，刚度也高。

图 20-7-16 为平板类布肋的实例。图 b 为摇臂钻床的底座，其中的环形肋与径向肋为安装立柱的部位；图 c 为双层壁结构，上下板之间有序地焊上一段段管子，以条钢构成对角肋网。用于大型、精密机架。图 d 为管形结构，它的特点是重量轻，抗扭刚度高。

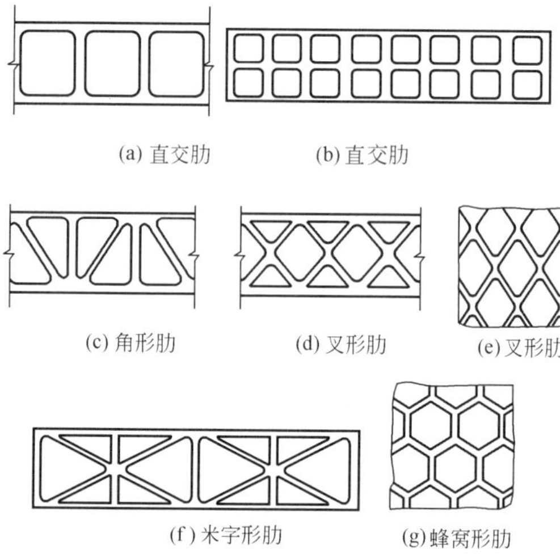

(a) 直交肋　(b) 直交肋　(c) 角形肋　(d) 叉形肋　(e) 叉形肋　(f) 米字形肋　(g) 蜂窝形肋

图 20-7-15　肋的形式

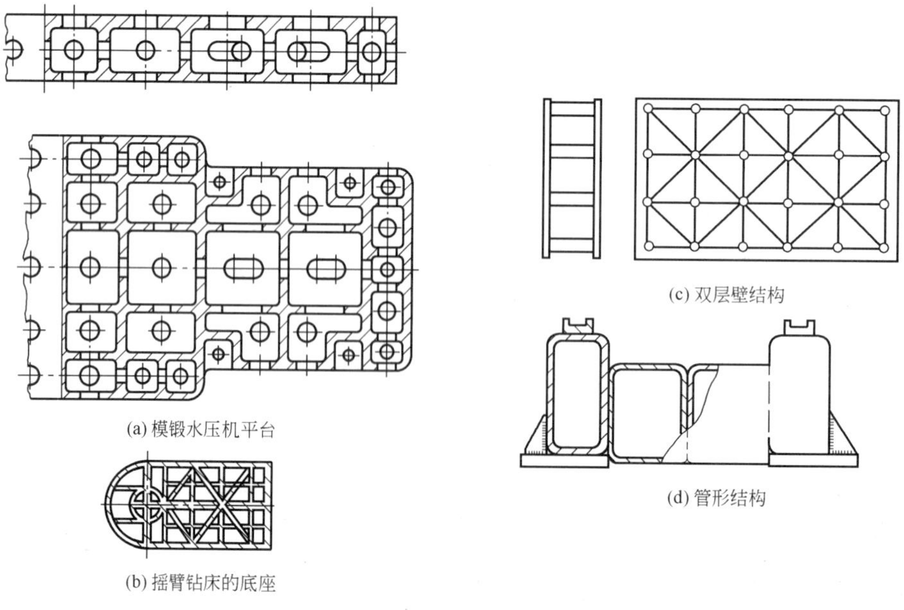

(a) 模锻水压机平台　(b) 摇臂钻床的底座　(c) 双层壁结构　(d) 管形结构

图 20-7-16　平板类布肋的实例

机床床身中常用的几种截面肋板布置如图 20-7-17 所示。

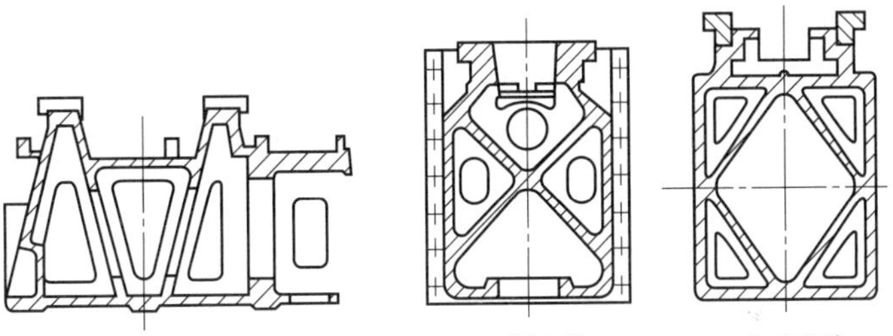

(a) V形肋　　(b) 斜方肋　　(c) 对角肋

图 20-7-17　机床床身截面肋板布置实例

2.3　箱体刚度

2.3.1　箱体刚度的计算

箱体刚度是壁板抵抗局部载荷引起变形的能力。箱体刚度的计算公式为平板刚度计算公式乘以板壁孔的影响系数 k_0。对于壁厚为 t 的箱板，变形量 Δ_0 的计算式为

$$\Delta_0=k_0\frac{Pa^2(1-\mu^2)}{Et^3} \tag{20-7-12}$$

考虑到板壁孔、凸台和肋条的影响，箱体变形的近似计算式为

$$\Delta=\Delta_0k_1k_2k_3 \tag{20-7-13}$$

式中　P——垂直于箱壁的作用力，N；

Δ_0——箱体按无孔平板计算时的变形量；

Δ——箱体实际的变形量；

a——受力箱壁长边的一半，mm；

t——受力箱壁的厚度，mm；

E——材料弹性模量，MPa；

μ——材料的泊松比；

k_0——着力点位置的影响系数，见表 20-7-6；

k_1——孔和凸台对箱体刚度的影响系数，见本章 2.3.2 节（2）和表 20-7-8；

k_2——其他孔的影响系数，$k_2=1+\sum\Delta\delta/\Delta$，$\Delta\delta/\Delta$ 值（按各孔分别计算）见本章 2.3.2 节（2）和表 20-7-9；

k_3——肋系影响系数；对加强受力孔的凸台筋条，取 0.8~0.9；对加强整个箱体壁面的肋条，互相交叉的取 0.80~0.85，不交叉的取 0.75~0.80。

箱体刚度：

$$K_i=\frac{P}{\delta}$$

2.3.2　箱体刚度的影响因素

（1）着力点位置的影响

着力点位置对箱壁变形的影响系数 k_0 见表 20-7-6。表中插图为箱体五个板壁的展开图，图中直线为两个面的交界边，弧线为开口边。

（2）孔和凸台的影响

孔和凸台对箱体刚度的影响，虽随孔的中心线至板边（近侧）距离 r 与边长之半 a 的比值（r/a）的减小而加大，但在 $r/a>1$ 的情况下其影响比较小，可忽略不计。而在 $r/a\leqslant1$ 的条件下，必须考虑孔和凸台对箱体刚度的影响系数 k_1。

在查 k_1 时，应按表 20-7-7 确定凸台的有效高度 H_a 与箱体壁厚 t 的比 H_a/t。H_a 的值决定于凸台实际高度 H

与 a'/a 的比值，再按 H_a/t 值查表 20-7-8 得 k_1（a'见表 20-7-7 的表注）。

$\Delta\delta/\Delta$ 值各按其他每个孔的 H_a/t 值从表 20-7-9 查得，得 $k_2=1+\sum\Delta\delta/\Delta$。

表 20-7-6　　着力点位置对箱壁变形的影响系数 k_0

(1)受力面的边长为 $2a\times2b$,四边均与其他面交接

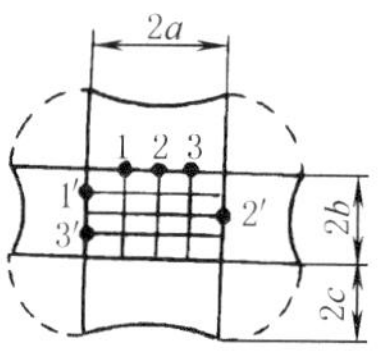

受力面的边长比 $a:b$		1:1									1:0.75					
箱体的尺寸比 $a:b:c$		1:1:1			1:1:0.75			1:1:0.5			1:0.76:0.75			1:0.75:0.5		
	着力点的坐标	1	2	3	1	2	3	1	2	3	1	2	3	1	2	3
	1′	0.18	0.24	0.18	0.20	0.28	0.20	0.21	0.31	0.21	0.13	0.18	0.13	0.13	0.20	0.13
	2′	0.24	0.35	0.24	0.28	0.44	0.28	0.31	0.50	0.31	0.21	0.30	0.21	0.22	0.33	0.22
	3′	0.18	0.24	0.18	0.20	0.28	0.20	0.21	0.31	0.21	0.13	0.18	0.13	0.13	0.20	0.13

(2)受力面的边长为 $2a\times2b$,三面与其他面交接,一面为开口

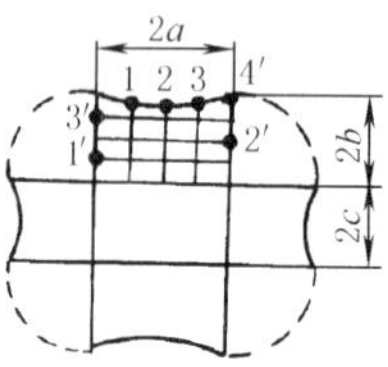

受力面的边长比 $a:b$		1:1			1:0.75						1:0.5					
箱体的尺寸比 $a:b:c$		1:1:1			1:0.75:1			1:0.75:0.75			1:0.5:1			1:0.5:0.75		
	着力点的坐标	1	2	3	1	2	3	1	2	3	1	2	3	1	2	3
	1′	0.16	0.25	0.16	0.15	0.20	0.15	0.15	—	0.15	0.08	0.09	0.08	0.08	—	0.08
	2′	0.30	0.48	0.30	0.29	0.45	0.29	0.28	0.42	0.28	0.19	0.28	0.19	0.18	0.27	0.18
	3′	0.43	0.70	0.43	0.39	0.62	0.39	—	0.62	—	0.34	0.51	0.34	—	0.48	—
	4′	0.95	1.40	0.95	0.77	1.16	0.77	—	0.16	—	0.62	0.92	0.62	—	0.69	—

表 20-7-7　　凸台和肋条有效高度与壁厚比值（H_a/t）的确定

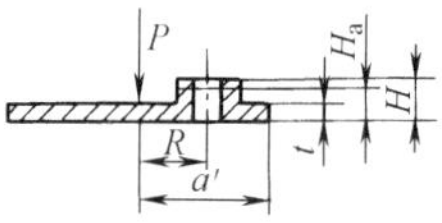

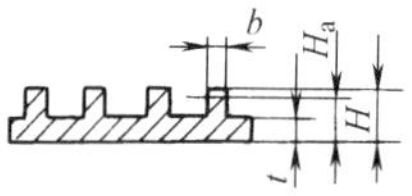

凸台实际高度与壁厚之比 H/t	受力点至凸台孔中心线与受力点至箱板边缘距离的比（R/a'） 0	0.3	0.5	肋条实际高度与壁厚之比 H/t	肋条宽度与壁厚之比 $b/t=1$ 时的 H_a/t
	H_a/t				
1.2	1.19	1.16	1.14	1.2	1.18
1.4	1.37	1.29	1.25	1.4	1.36
1.6	1.53	1.41	1.35	1.6	1.53
1.8	1.67	1.52	1.44	1.8	1.69
2.0	1.78	1.62	1.50	2.0	1.83
2.2	1.88	1.69	1.55	2.2	1.96
2.4	1.96	1.76	1.60	2.4	2.08
4.0	2.15	1.90	1.70		
10.0	2.25	2.00	1.75		

注：R—凸台孔中心线至受力点（或受力孔的中心线）的距离；a'—受力点（或受力孔的中心线）至箱板边缘（靠近凸台孔的一侧）的距离。

表 20-7-8　　孔和凸台对箱体刚度的影响系数 k_1

D/d	H_a/t	$D^2/(2a\times2b)$ 0.01	0.02	0.03	0.05	0.07	0.10	0.13	0.16
1.2	1.4	1.0							
	1.5	0.98	0.97	0.95	0.93	0.91	0.88	0.86	0.38
	1.6	0.95	0.93	0.91	0.88	0.85	0.81	0.77	0.75
	1.8	0.91	0.86	0.83	0.78	0.74	0.69	0.65	0.62
	2.0	0.86	0.80	0.77	0.71	0.67	0.61	0.57	0.53
	3.0	0.79	0.71	0.65	0.56	0.50	0.43	0.37	0.33

续表

D/d	H_a/t	$D^2/(2a\times 2b)$							
		0.01	0.02	0.03	0.05	0.07	0.10	0.13	0.16
1.6	1.1	1.0							
	1.2	0.98	0.97	0.95	0.93	0.91	0.88	0.86	0.83
	1.4	0.91	0.88	0.85	0.80	0.76	0.72	0.66	0.65
	1.6	0.87	0.82	0.77	0.71	0.66	0.60	0.55	0.51
	2.0	0.82	0.75	0.70	0.62	0.56	0.49	0.43	0.38
	3.0	0.78	0.70	0.63	0.54	0.47	0.38	0.32	0.27
对无凸台的孔									
$d^2/(2a\times 2b)$	0.05	0.01	≥0.015						
k_1	1.1	1.15	1.2						

注：D—凸台直径；d—孔径；$2a$—箱体受力面的长边长度；$2b$—受力面的短边长度；H_a/t—凸台有效高度与箱壁厚度之比，见表 20-7-7。

表 20-7-9　确定系数 k_2 的 $\Delta\delta/\Delta$ 的值

(1)当 H_a/t 较大时，$\Delta\delta/\Delta$ 取负值						
D/d	H_a/t	$D^2/(2a\times 2b)$				
		0.01	0.02	0.04	0.07	0.10
1.2	1.4	0				
	1.6	0.02~0.01	0.03~0.02	0.05~0.03	0.07~0.04	0.09~0.05
	1.8	0.06~0.03	0.08~0.04	0.11~0.06	0.16~0.08	0.19~0.10
	2.0	0.08~0.04	0.11~0.06	0.16~0.09	0.21~0.13	0.26~0.17
	3.0	0.12~0.07	0.18~0.10	0.25~0.15	0.34~0.20	0.41~0.24
1.6	1.2	0				
	1.4	0.06~0.04	0.08~0.05	0.11~0.07	0.14~0.10	0.16~0.12
	1.6	0.09~0.05	0.12~0.07	0.17~0.10	0.22~0.13	0.27~0.16
	2.0	0.12~0.07	0.17~0.09	0.23~0.13	0.31~0.18	0.37~0.21
	3.0	0.14~0.08	0.20~0.12	0.29~0.17	0.38~0.23	0.35~0.28
(2)当 H_a/t 较小时，$\Delta\delta/\Delta$ 取正值						
D/d	H_a/t	$D^2/(2a\times 2b)$				
		0.01	0.02	0.03	0.04	0.05
1.2	1.1	0.06~0.03	0.11~0.05	0.14~0.08	0.18~0.11	0.21~0.13
1.6	1.2	0.07~0.03	0.11~0.05	0.13~0.07	0.13~0.08	0.14~0.09
	1.0	0.08~0.03	0.14~0.06	0.22~0.10	0.30~0.13	0.37~0.17

注：R—所计算的凸台孔中心到受力孔中心的距离；a'—受力孔中心至靠近所计算凸台孔一侧的板边距离；其他符号见表 20-7-8 的表注。当 $R/a'=0.3$ 时，表中数据取大值；当 $R/a'=0.5$ 时，取小值；当 $R/a'=0.7$、$H_a/t=3$ 时，$\Delta\delta/\Delta=-0.1$。

(3) 孔对箱体刚度的综合影响

通过模型试验所得的板壁孔对箱体刚度影响的数据如表 20-7-10 和表 20-7-11 所示。

表 20-7-10　箱体高度、顶部开孔面积对刚度的影响

<table>
<tr><td>箱体加载简图</td><td colspan="13">扭转：箱体两端加力偶，测量 A 点相对于由 B、C、D 三点决定的平面的位移 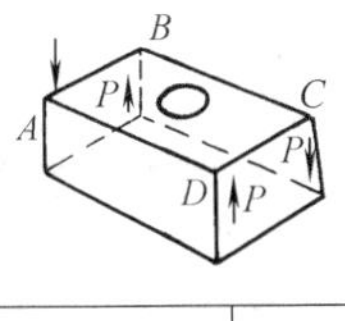 弯曲：箱体两侧壁中部加载；在加载处测量箱壁位移 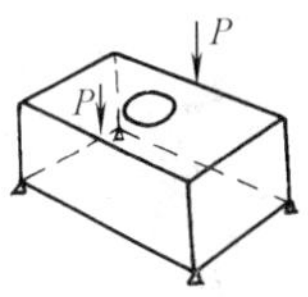</td></tr>
<tr><td rowspan="3">箱体模型结构简图（模型壁厚 6mm）</td><td rowspan="3">顶部开口面积的百分比/%</td><td colspan="4">箱体高度 h=210mm</td><td colspan="4">箱体高度 h=140mm</td><td colspan="4">箱体高度 h=43mm</td></tr>
<tr><td colspan="2">扭　转</td><td colspan="2">弯　曲</td><td colspan="2">扭　转</td><td colspan="2">弯　曲</td><td colspan="2">扭　转</td><td colspan="2">弯　曲</td></tr>
<tr><td>相对刚度比</td><td>固有频率/Hz</td><td>相对刚度比</td><td>固有频率/Hz</td><td>相对刚度比</td><td>固有频率/Hz</td><td>相对刚度比</td><td>固有频率/Hz</td><td>相对刚度比</td><td>固有频率/Hz</td><td>相对刚度比</td><td>固有频率/Hz</td></tr>
<tr><td>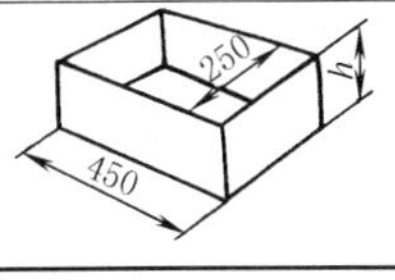</td><td>100</td><td>0.005</td><td>118</td><td>0.44</td><td></td><td>0.007</td><td>142</td><td>0.50</td><td>446</td><td>0.015</td><td>177</td><td>0.40</td><td>428</td></tr>
</table>

续表

箱体模型结构简图（模型壁厚6mm）	顶部开口面积的百分比/%	箱体高度 $h=210$mm				箱体高度 $h=140$mm				箱体高度 $h=43$mm			
		扭转		弯曲		扭转		弯曲		扭转		弯曲	
		相对刚度比	固有频率/Hz	相对刚度比	固有频率/Hz	相对刚度比	固有频率/Hz	相对刚度比	固有频率/Hz	相对刚度比	固有频率/Hz	相对刚度比	固有频率/Hz
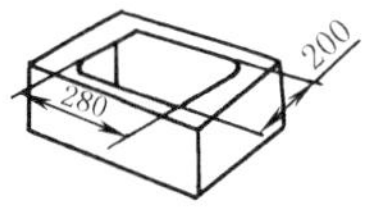	50	0.08	368	0.57	295	0.08	452	0.65	560	0.07	347	0.60	458
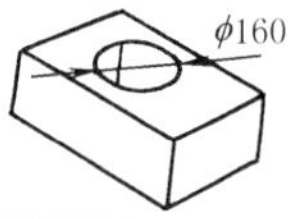	18	0.74	1390	0.80	350	0.78	1460	0.80	580	0.63	965	0.82	462
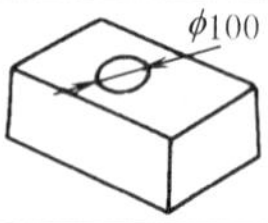	7	0.97		0.83	412	0.93		0.85	522	0.90	970	0.89	482
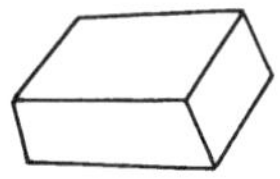	0	1.0		1.0	419	1.0		1.0	495	1.0	1030	1.0	459

表 20-7-11　　箱体两侧壁孔面积对刚度的影响

箱体加载简图	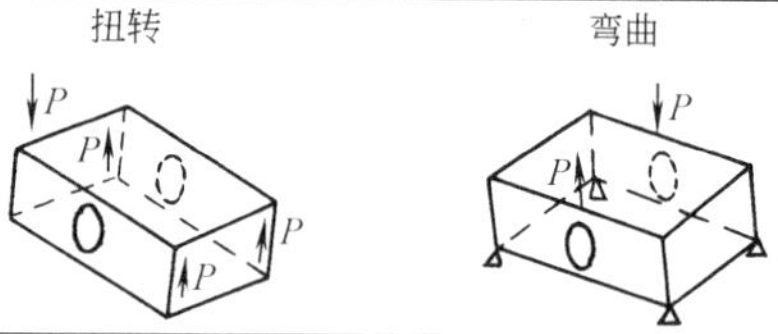					
箱体模型结构简图（箱体壁厚6mm）	箱体高度 $h=210$mm			箱体高度 $h=140$mm		
	侧壁孔面积的百分比/%	相对刚度比		侧壁孔面积的百分比/%	相对刚度比	
		扭转	弯曲		扭转	弯曲
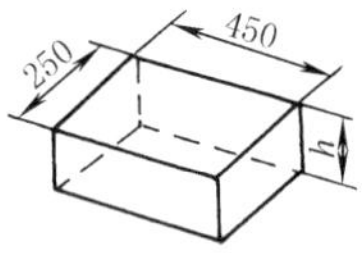	0	1	1	0	1	1
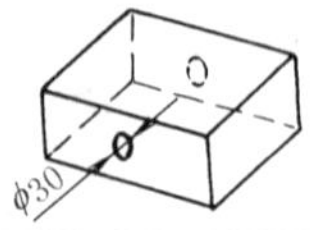	0.75	0.91	0.84	1.1	0.98	0.97
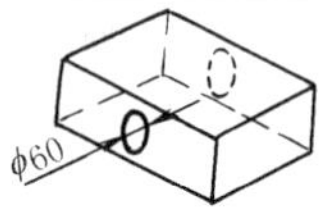	3	0.86	0.60	4.5	0.95	0.93
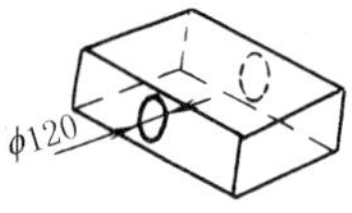	12	0.77	0.44	18	0.43	0.33
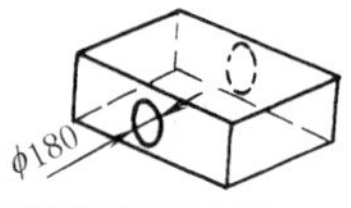	27	0.23	0.10	35①	0.06	0.04

① 箱体侧壁孔接近矩形，长边180mm，短边120mm。

从表中看到：

① 箱体开孔的面积小于板壁面积的 10%时，不会显著地降低箱体的刚度，当孔的面积大于 10%时，随着孔的面积加大，刚度急剧降低；

② 孔的面积达到 30%左右时，扭转刚度下降到只有 20%～10%，扭转固有频率下降了 2/3～3/4；

③ 箱体孔位于侧壁（在弯曲平面内）时，对箱体抗弯刚度的影响比顶壁孔大，因此孔的位置尽量不要摆在受载大的部位上。

不同尺寸双层壁与单层平板的静刚度和固有频率的对比见表 20-7-12。

箱体或半开式结构肋条布置对静刚度和固有频率的影响见表 20-7-13。

不同尺寸双层壁与单层平板的静刚度和固有频率的对比见表 20-7-14。

表 20-7-12　　不同尺寸双层壁与单层平板的静刚度和固有频率的对比

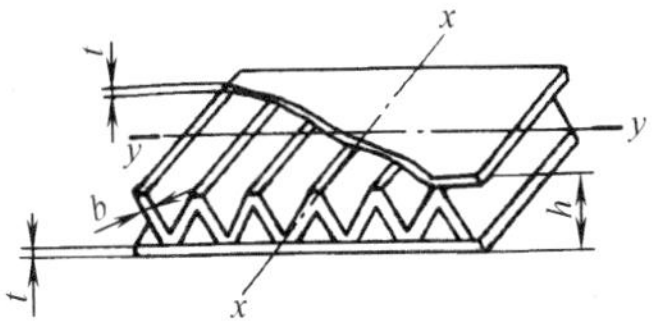

双层壁和单层平板的尺寸				扭转			弯曲				
				相对刚度	单位重量的相对刚度	固有频率/Hz	相对刚度 x—x	相对刚度 y—y	单位重量的相对刚度 x—x	单位重量的相对刚度 y—y	固有频率/Hz
单层平板	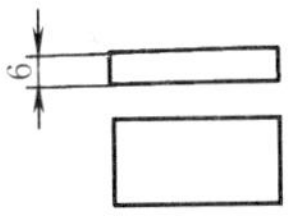			1	1	84	1	1	1	1	148
双层壁	$t=3$mm $b=1$mm	h	20	18	15	300	8.6	27	7.2	23	366
			30	25	20	362	13	41	10	33	425
			40	29	23	318	13	62	10	50	340
			50	34	25	383	14	136	10	102	419
	$h=40$mm $b=1$mm	t	1	—	16	389	7.0	26	3.2	12	—
			2	25	25	405	12	36	11	36	468
			3	29	23	318	13	62	10	50	340
			4	37	23	373	16	65	9.9	40	401
	$h=40$mm $t=3$mm	b	1.5	5.2	4.9	168	2.7	32	2.4	29	200
			1	29	23	318	13	62	50	10	340
			2	67	43	520	43	179	28	116	705

2.4　齿轮箱箱体刚度计算举例

2.4.1　齿轮箱箱体的计算

齿轮箱箱体属箱壳式结构，箱内零件工作时，箱体所受的外力有：

① 与箱壁垂直的力，如斜齿分力，止推轴承传来的力；

② 位于箱壁平面内的力，如径向轴承施加的压力；

表 20-7-13　箱体或半开式结构肋条布置对静刚度和固有频率的影响

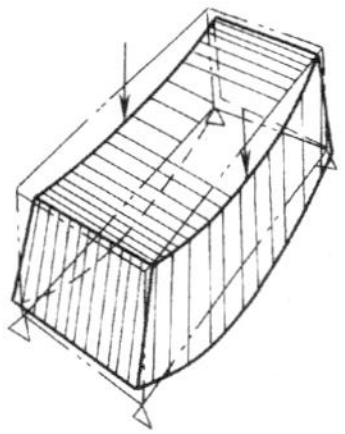 (a) 弯曲变形	扭转变形	相对扭转刚度 单位重量的相对扭转刚度 扭转固有频率/Hz	1 1 120	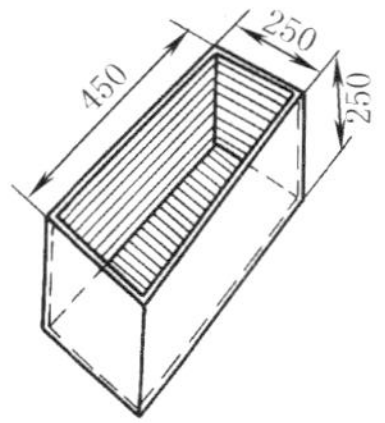	1.3 1.2 125	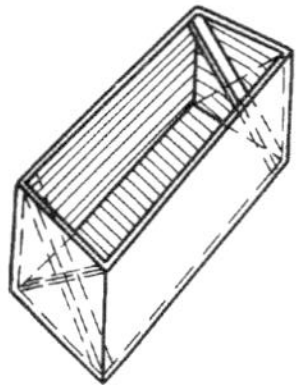	1.5 1.5 126	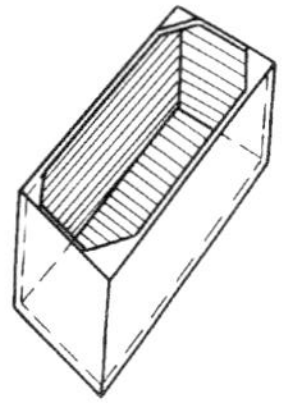	1.4 1.2 131	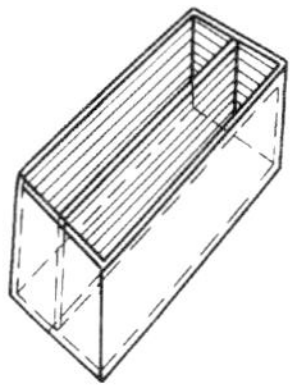
	弯曲变形	相对弯曲刚度 单位重要的相对弯曲刚度 弯曲固有频率/Hz	1 1 174		1.2 1.1 204		1.1 1 —		1.2 1.1 198	
	扭转变形	相对扭转刚度 单位重量的相对扭转刚度 扭转固有频率/Hz	1.3 1.2 127	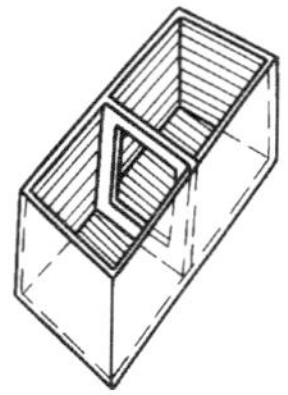	1.6 1.4 138	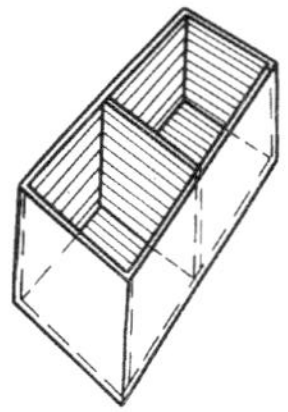	2.1 2.0 149	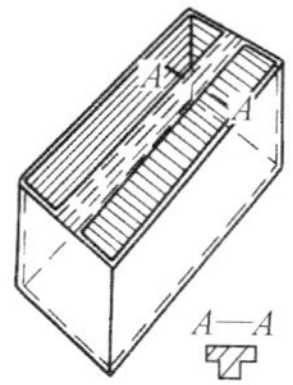	9.9 8.3 290	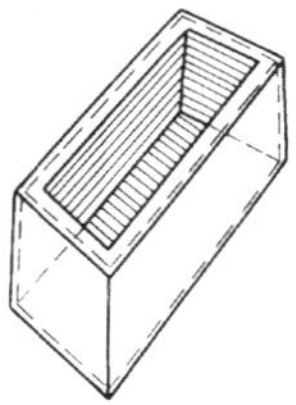
	弯曲变形	相对弯曲刚度 单位重要的相对弯曲刚度 弯曲固有频率/Hz	23 21 387		>23 >21 589		1.1 1.1 240		1.9 1.7 323	
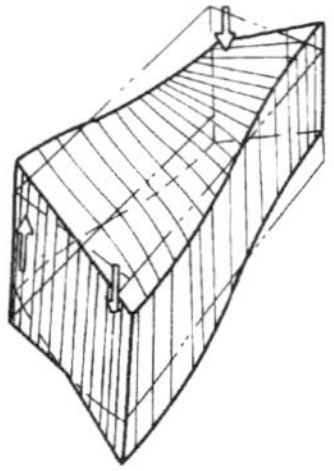 (b) 扭转变形	扭转变形	相对扭转刚度 单位重量的相对扭转刚度 扭转固有频率/Hz	6.8 6.0 288	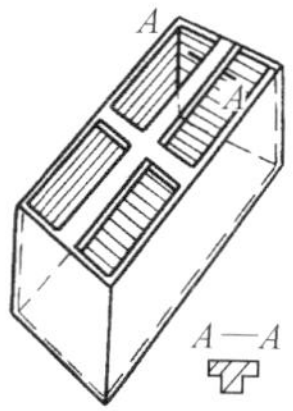	19 16 425	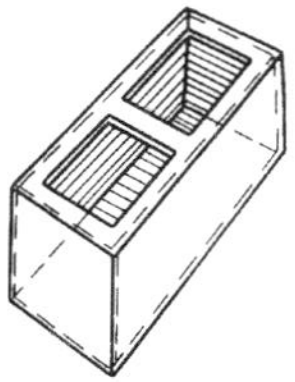	154 133 >1000	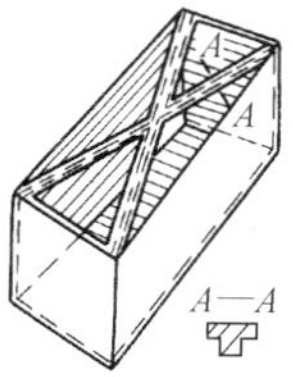	10.5 8.9 318	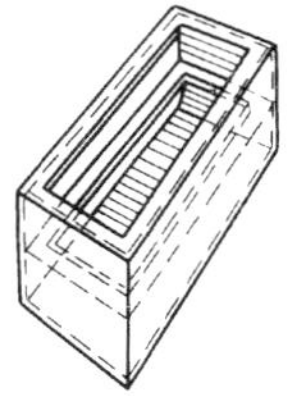
	弯曲变形	相对弯曲刚度 单位重要的相对弯曲刚度 弯曲固有频率/Hz	3.3 2.8 343		2.8 2.4 513		1.3 1.2 298		4.8 4.1 432	
	扭转变形	相对扭转刚度 单位重量的相对扭转刚度 扭转固有频率/Hz	8.2 7.0 290	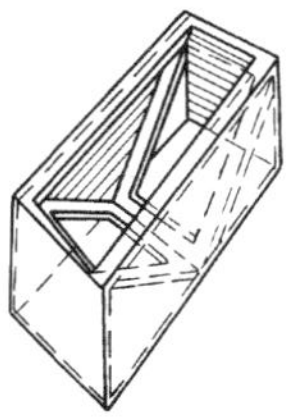	14.4 11.5 387	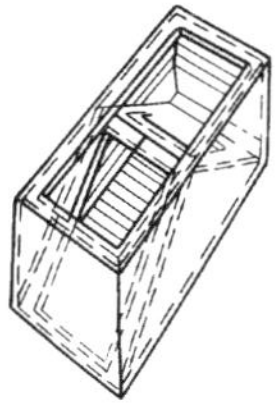	61.9 45.2 >1000	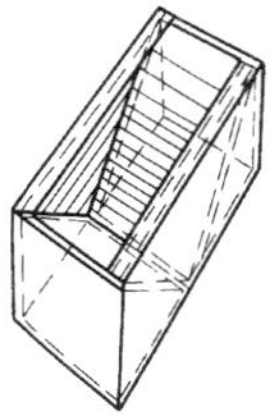	199 160 >1000	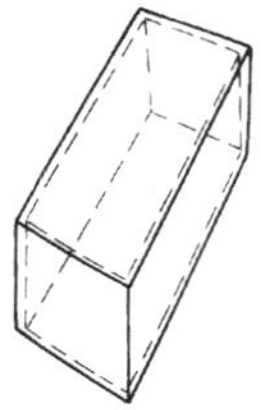
	弯曲变形	相对弯曲刚度 单位重要的相对弯曲刚度 弯曲固有频率/Hz	3.3 2.8 442		4.8 3.8 484		— — —		— — 350	

注：1. 结构模型壁厚 6mm，肋条尺寸按相同的比例尺绘出，材料为钢板。
2. 相对刚度指该模型刚度与未加肋条模型刚度的比值。

表 20-7-14　　半开式及闭式断面平板类构件的肋条布置对静刚度和固有频率的影响

相对扭转刚度 单位重量的相对扭转刚度 扭转固有频率/Hz	1 1 168	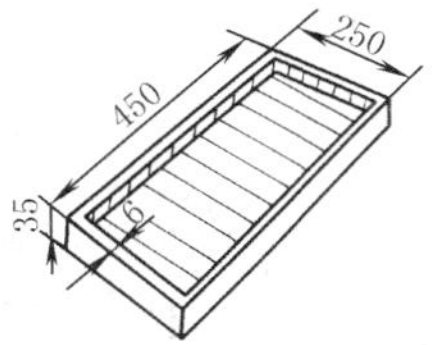	1.2 1.1 177	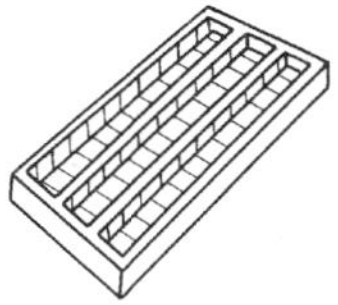	1.3 1.2 191	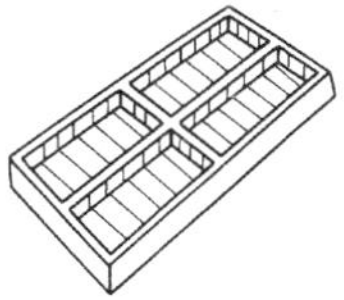	1.4 1.2 188	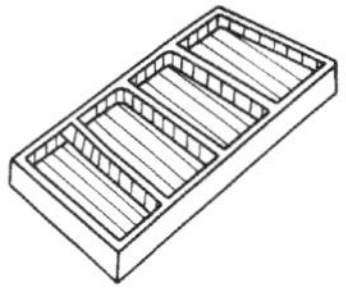
相对弯曲刚度 单位重量的相对弯曲刚度 弯曲固有频率/Hz	1 1 422		1.4 1.3 742		1.4 1.2 642		1.1 0.9 530	
相对扭转刚度 单位重量的相对扭转刚度 扭转固有频率/Hz	2.6 2.1 231	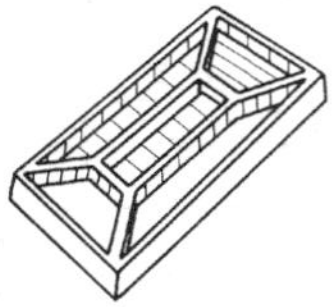	1.5 1.5 192	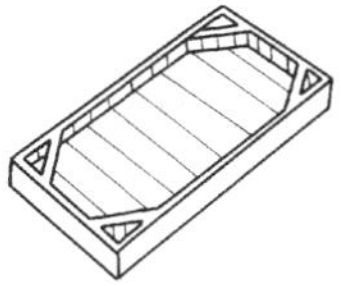	1.7 1.5 189	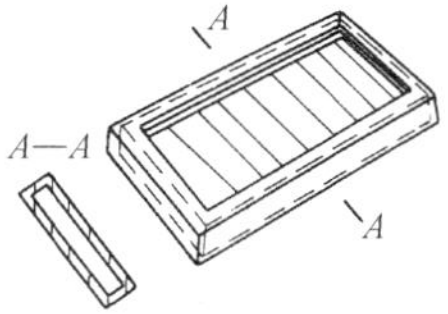	3.6 2.9 276	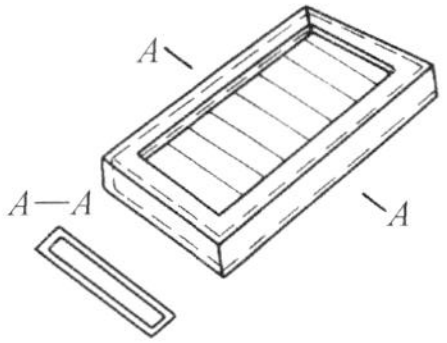
相对弯曲刚度 单位重量的相对弯曲刚度 弯曲固有频率/Hz	1.6 1.3 680		1.1 1.1 405		1.2 1.7 432		2.2 1.8 459	
相对扭转刚度 单位重量的相对扭转刚度 扭转固有频率/Hz	4.7 4.1 310	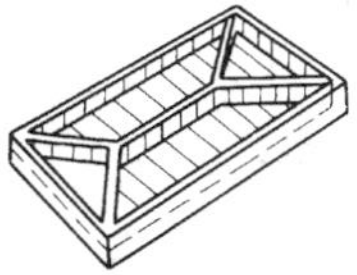	6.3 4.5 367	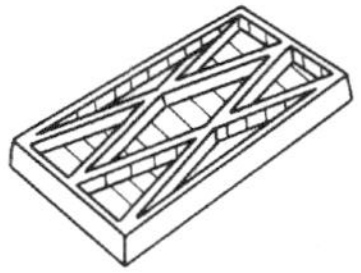	6.9 4.8 360	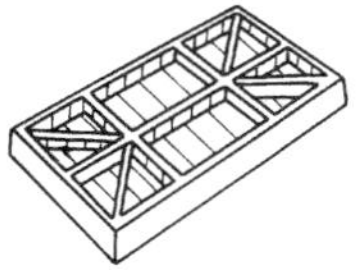	8.7 6.3 429	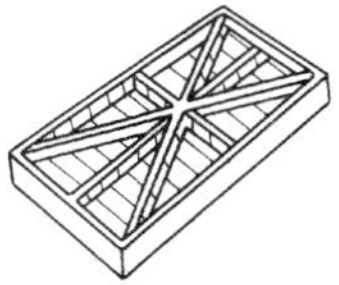
相对弯曲刚度 单位重量的相对弯曲刚度 弯曲固有频率/Hz	1.3 1.1 632		2.2 1.6 748		1.5 1.1 633		2.2 1.6 748	
相对扭转刚度 单位重量的相对扭转刚度 扭转固有频率/Hz	7.8 6.6 409	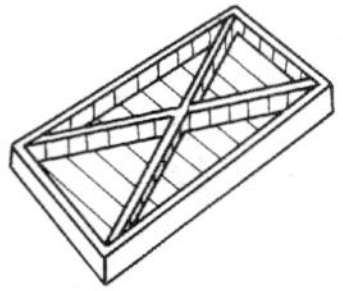	12.3 8.8 513	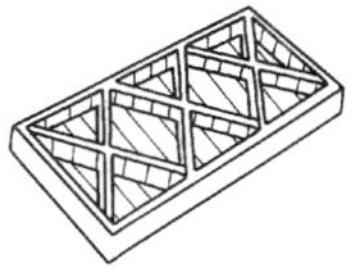	11.9 8.6 520	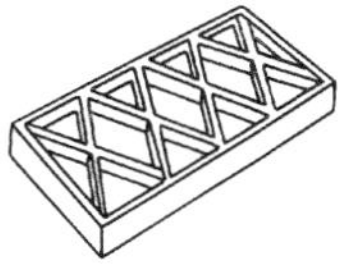	20 14.2 578	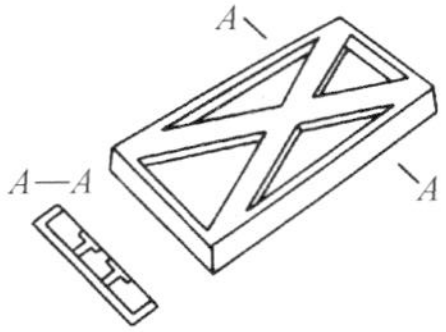
相对弯曲刚度 单位重量的相对弯曲刚度 弯曲固有频率/Hz	1.1 0.9 654		1.3 0.9 530		1.1 0.8 512		2.0 1.4 760	
相对扭转刚度 单位重量的相对扭转刚度 扭转固有频率/Hz	23.4 15.5 640	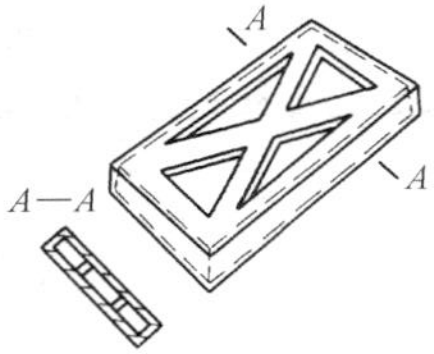	61.1 35.5 >640	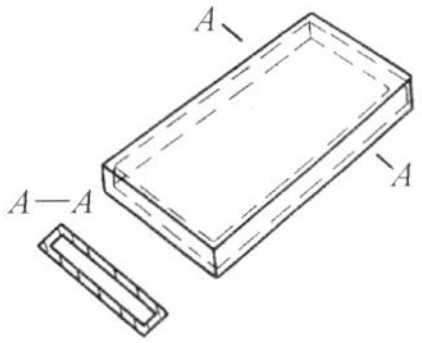	22 14 571	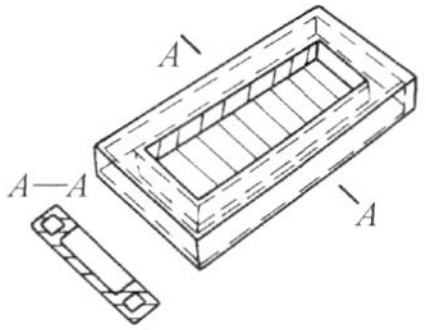	92 47.5 1160	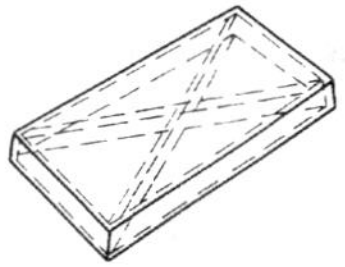
相对弯曲刚度 单位重量的相对弯曲刚度 弯曲固有频率/Hz	2.8 1.9 840		3.4 2.0 491		4.0 2.5 880		6.1 3.2 995	

注：相对刚度指该模型刚度与未加肋条模型刚度的比值。

③ 扭矩，如径向力偏离壁板中心的作用力，长度较大的滑动轴承在轴向平面上的力偶等。

齿轮箱箱体的设计准则，主要是刚度。箱体的微小变形将影响轴及齿轮的位移偏差，从而产生噪声。影响箱壁变形的主要因素是垂直于箱壁的力。第②、③种力对箱体的变形影响较小，可不考虑，在结构设计布置肋板时考虑即可。国外大型精密高速齿轮箱普遍改为钢板焊接结构，因此对齿轮箱的研究很重视。例如典型的齿轮箱振动频率为 1000Hz，振幅为 0.25~1.25μm 时，噪声约为 100dB，当壁厚增加一倍时，阻尼比增加 141%。试验表明，壁厚为 15mm 的齿轮箱，比壁厚为 5~10mm 的噪声为小。实际上，增加壁厚能降低噪声 12dB，增加加强肋同样可以减少噪声 5~12dB。

2.4.2 车床主轴箱刚度计算举例

例 试计算车床主轴箱体刚度。图 20-7-18 为车床主轴箱的计算简图。已知主轴孔Ⅰ的最大轴向力 $P=3000$N，箱体尺寸：$2a:2b:2c=550:360:560$。材料为铸铁，$E=1\times10^5$MPa。

解 （1）先确定无孔箱壁的变形量Δ

由 $a=275$mm，$t=10$mm，$2a:2b:2c=1:0.6:1$

箱体受力面的边长比：$2a:2b=1:0.6$

着力点坐标为 $x=0.5a$，$y=1.1b$（相当于 1、2′点）

查表 20-7-6，受力面边长比 $a:b=1:0.75$ 时

$$x=0.5a, y=1.0b, \text{为}1、2'\text{点}, k_0=0.29$$
$$x=0.5a, y=1.5b, \text{为}1、3'\text{点}, k_0=0.39$$

当 $x=0.5a$，$y=1.1b$ 时，$k_0=\dfrac{0.39-0.29}{0.5}\times0.1+0.29=0.31$

受力面边长比 $a:b=1:0.5$ 时

$$1、2'\text{点}, k_0=0.19$$
$$1、3'\text{点}, k_0=0.34$$

当 $x=0.5a$，$y=1.1b$ 时，$k_0=\dfrac{0.34-0.19}{0.5}\times0.1+0.19=0.22$

所以 $a:b=1:0.75$ 时，$k_0=0.31$；$a:b=1:0.5$ 时，$k_0=0.22$

则 $a:b=1:0.6$ 时，$k_0=\dfrac{0.31-0.22}{0.75-0.5}\times(0.6-0.5)+0.22=0.26$

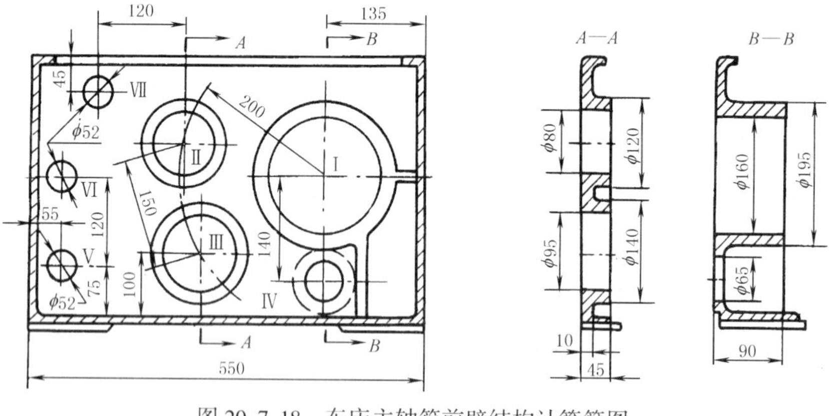

图 20-7-18 车床主轴箱前壁结构计算简图

将已知值代入式（20-7-12），无孔箱壁在 $P=3000$N 垂直力作用下的变形量 Δ_0 为

$$\Delta_0 = k_0\frac{Pa^2(1-\mu^2)}{Et^3}$$
$$= 0.26\times\frac{3000\times275^2(1-0.09)}{1\times10^5\times10^3} = 0.54\text{mm}$$

（2）确定修正系数 k_1、k_2、k_3

孔Ⅰ：已知 $H/t=90/10=9$，$R/a'=0$，由表 20-7-7 查得 $H_a/t=2.2$。

已知 $D^2/(2a\times2b)=195^2/(550\times360)=0.19$，$D/d=195/160=1.2$，由表 20-7-8 查得（用插入法延伸）：$k_1=0.45$。

孔Ⅱ：已知 $H/t=40/10=4$；$R/a'=200/415=0.48$，其中 a' 为孔Ⅰ中心至靠近孔Ⅱ的左箱壁距离；$H_a/t=1.7$；$D^2/(2a\times2b)=120^2/(550\times360)=0.073$；$D/d=120/80=1.5$。

从表 20-7-9 中得：$\Delta\delta/\Delta=-0.15$。

孔Ⅲ：同孔Ⅱ计算程序，得 $\Delta\delta/\Delta=-0.18$。

孔Ⅳ：$\Delta\delta/\Delta=+0.02$。

孔Ⅴ、孔Ⅵ：已知 $D^2/(2a\times2b)=52^2/(550\times360)=0.0135$，$R/a'=360/415=0.87$，取 $\Delta\delta/\Delta=0.01$。

孔Ⅶ：因距开口边缘较近，故不计其影响。

因此，修正系数 k_2 值为：

$$k_2=1+\Sigma\Delta\delta/\Delta=1-0.15-0.18+0.02+2\times0.01=0.71$$

取修正系数 k_3 为 0.9。

（3）计算有孔箱壁的变形量 Δ

$$\Delta=\Delta_0k_1k_2k_3=0.54\times0.45\times0.71\times0.9=0.155(\text{mm})$$

$$\text{箱体刚度 } K_1=\frac{P}{\Delta}=\frac{3000}{0.155\times10^3}=19.4(\text{N}/\mu\text{m})$$

（4）箱体刚度验算

根据车床刚度要求，取车床刚度 $K\geqslant20\text{N}/\mu\text{m}$；主轴箱变形在综合位移中所占比例 $\varepsilon=10\%\sim15\%$，取 $\varepsilon=0.15$，主轴箱的最小刚度值应为

$$K_0\geqslant K\frac{1}{\varepsilon}=20\times\frac{1}{0.15}=130(\text{N}/\mu\text{m})$$

显然，$K_1<K_0$，主轴箱结构刚度不足，应适当增加壁厚和肋条。

2.4.3 齿轮箱的计算机辅助设计（CAD）和实验

（1）齿轮箱的计算机辅助设计（CAD）

1）用有限元法计算箱体的强度和刚度。结构复杂又重要的箱体，采用有限元法来计算可以得到近于实际的结果。现在的有限元法不仅可计算箱体的强度和刚度等应力和变形静态特性，还可以计算箱体的动态特性，如固有频率、振型、动力响应等；还可以计算箱体的热特性，如热变形、热应力等的数据，以及箱体的温度场、噪声等等。

2）应用绘图软件自动绘制箱体的三维图形、几何造型和零件工作图。在最终绘出工作图之前可以在屏幕上对任意截面进行修改和补充、对表面的修饰等。最后，程序中的数据还可以转换成数控编程系统，生成数控程序。

3）模态分析。基本介绍见第 2 章第 7 节。

（2）齿轮箱的实验

1）箱体材料、工艺、结构方面的实验。

2）性能实验，包括工作性能、振动、噪声、稳定性的实验。其实验方法如下。

① 实物实验。包括精度检验、水压或气压的严密性实验、应力与变形的实测实验。还可以对实物进行模态测试，求得齿轮箱的振型和模态参数、振动烈度等，以检测该齿轮箱是否处于良好工作状态，减振措施是否达到了预期的效果，例如测试结果的振动加速度是否在规定范围内等。

② 模型实验。将原型按比例缩小为模型，按相似原理进行模型实验。

③ 计算机的模拟实验。

3 轧钢机类机架设计与计算方法

大型、重型机架以轧钢机机架为代表。以下的计算都是简化了的方法，对于设计大型的非标准机架来说是足够了。

3.1 轧钢机机架形式与结构

轧钢机机架主要由上、下横梁及左右两立柱组成。在轧制过程中，金属作用于轧辊的全部压力和水平方向的

张力、铸锭或板坯的惯性冲击以及轧辊平衡装置所产生的作用力，最后都为机架所承受。机架受力后产生的变形，将直接影响到板材和带材的轧制精度，因此，在设计中既要满足强度要求，又要保证足够的刚度。

轧机机架的型式有闭口式和开口式两种。闭口式为一封闭的刚架，多用于初轧机、板轧机等。开口式机架的上盖可以拆卸，特别是中小型型钢轧机大多采用开口式机架。常用的开口式机架的类型见图 20-7-19。

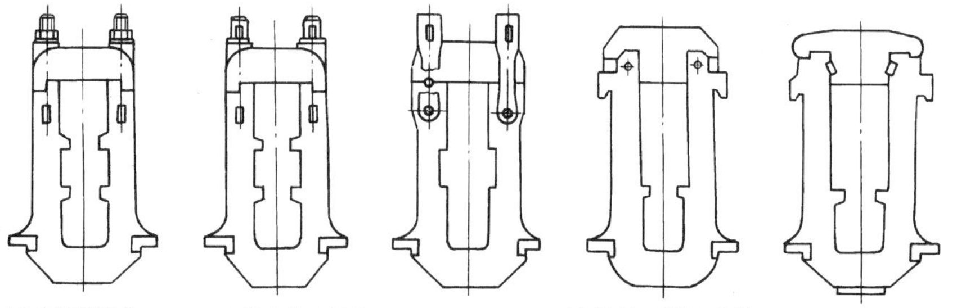

(a) 螺栓连接的　(b) 立销-斜楔连接的　(c) 套环-斜楔连接的　(d) 横销-斜楔连接的　(e) 斜楔连接的

图 20-7-19　型钢轧机常用开口式机架的类型

机架立柱断面的形状一般采用抗弯能力较大的长方形或工字形（图 20-7-20a、b），由于它们的刚度较大，最好用在较宽的机架上（如二辊轧机），尤其是受水平力很大的机架。在较宽的闭式机架上，这种断面也可以显著地减小横梁承受的弯曲力矩。图 d 为 1150 初轧机机架的立柱断面，机架由四根立柱组成。

在高且窄的机架（如四辊轧机）以及承受水平力不大的机架上，采用正方形（图 20-7-20c）或长边较短的矩形断面，对于机架的强度和重量来讲是比较合理的，这种断面惯性矩较小，故作用于立柱全长上的弯曲力矩变小。由于立柱长度较大，因此立柱上所能节省的材料将超过横梁上稍增加的材料。

从固定滑板的方式来看，采用工字形断面较方便，这时可以用螺栓把滑板固定在翼缘上（图 20-7-21）。若采用矩形断面，则滑板必须用螺钉来固定，这时要在窗口表面加工螺孔，而加工螺孔较困难，更换滑板也较麻烦。

轧钢机架设计应注意的其他问题，有专门的文献。

图 20-7-22 为 2300 型中板轧机的机架实例。

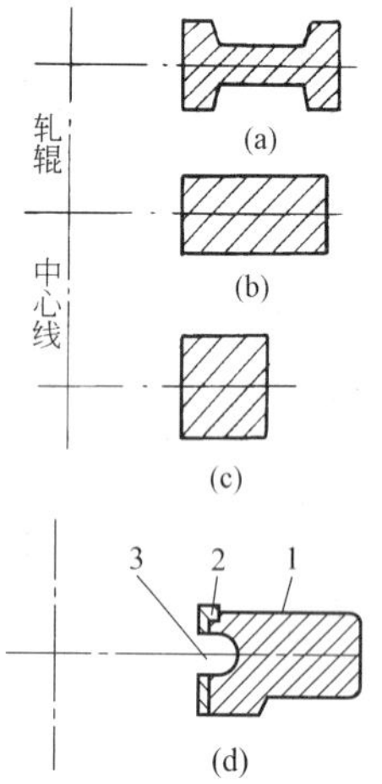

图 20-7-20　机架立柱的各种断面

1—机架立柱；2—耐磨滑板；
3—容纳上轧辊平衡顶杆的槽

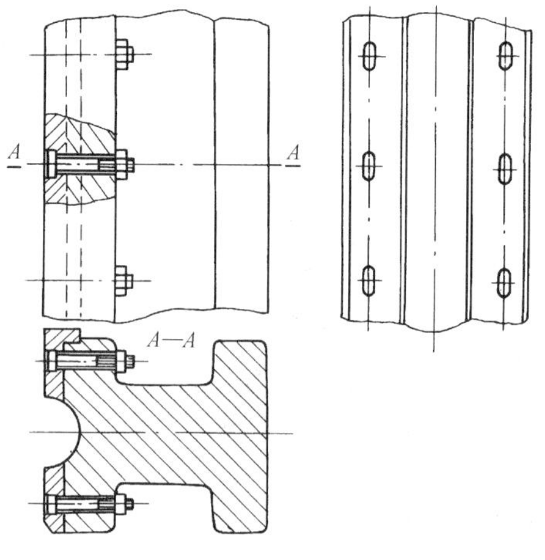

图 20-7-21　工字形断面机架的滑板固定方式简图

图 20-7-23 是辊锻机整体式机架，将底座、左右机架和横梁做成一体。该图是一种铸焊结构的整体式机架，机架的主要部分采用 Q235 钢板，靠近工作部位的前板厚度为 50mm，轴承座采用 ZG35 的铸造钢板与前板和中间立板焊接在一起。因为工作侧承受最大的轧制载荷，所以使用更大的轴承和轴承座。整体式机架也可以采用铸铁 HT200～400 和铸钢 ZG35 材料制作。

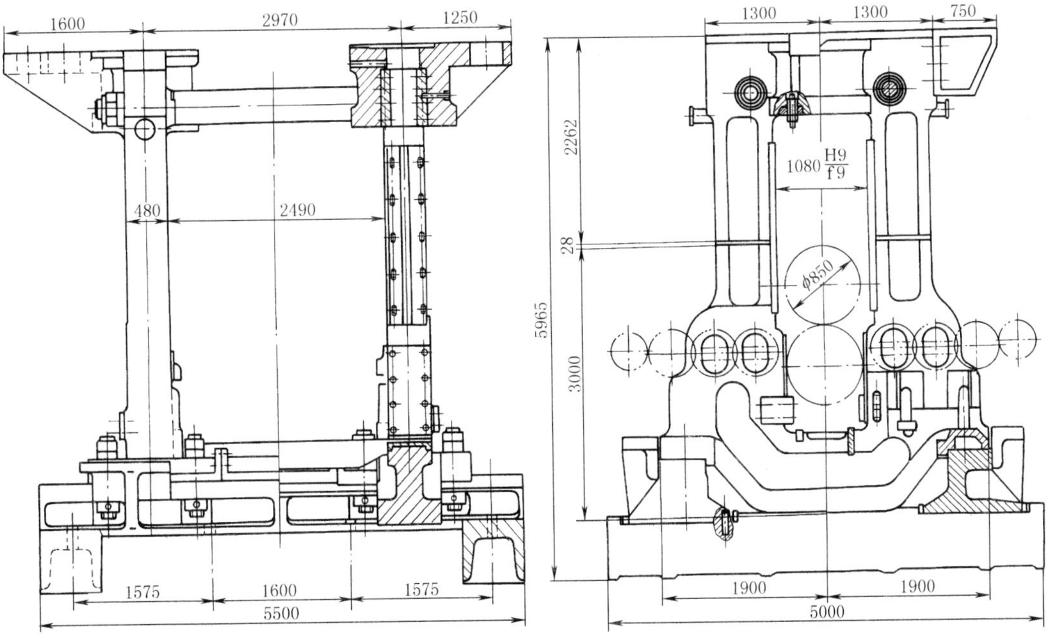

图 20-7-22　2300 型中板轧机座工作机架

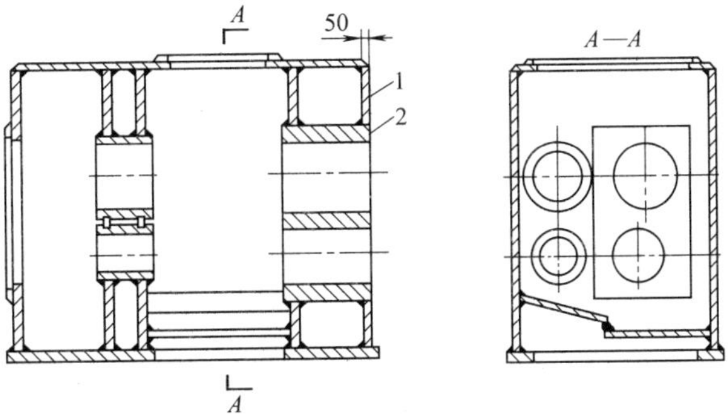

图 20-7-23　辊锻机铸焊结构的整体式机架

1—前板；2—前轴承座镶块

3.2　短应力线轧机

影响轧制质量的是机座的弹性变形。它包括轧辊的弹跳、变形和除轧辊外的工作机座的弹跳，即零件的压缩、拉伸和弯曲变形。因此，在现代小型与线材轧机的设计上，轧辊均设计成短辊身及降低每次的轧制变形量以减少轧制力和轧辊的变形。这是由工艺决定的。而为了减少工作机座的变形，除提高各承载体本身的刚度外，减少机座中承载体的数量及尽量缩短应力线是合理的途径。这里所说的应力回线（简称应力线）是轧机在轧制力的作用下机座受力件的内力所连成的回线。所谓短应力线轧机是泛指应力回线缩短了的轧机。短应力线轧机的种类很多，基本上可分为两种。

① 取消牌坊（即机架）或虽有机架而机架不受力，用拉紧螺杆将两个刚性很大的轴承座连在一起。

图 20-7-24 所示为短应力线轧机的一种，它虽有机架，但不承受上下轧辊的压力，只承受侧向的倾翻力矩。

② 利用刚性拉杆在轧制前对机架施加预加应力，使其处于受力状态。在轧制时，由于预应力的作用，机架的弹性变形减少，从而提高了轧机的刚度，是为预应力轧机。它也是一种缩短应力线方法的高刚度轧机。

两种轧机所使用的方法是相互渗透的。即无牌坊的轧机也使用预加应力的方法。例如无牌坊高刚度轧机的另一个特点就是施加了预应力。

我国使用的预应力轧机多数是半机架式结构。如图 20-7-25 为二辊式半机架预应力轧机。上辊轴承座和半机座由拉杆拉紧成一体。下轴承座可在半机座窗口内上下调整。辊子缠有压上装置实施调整，也与一般的开式轧机相同。

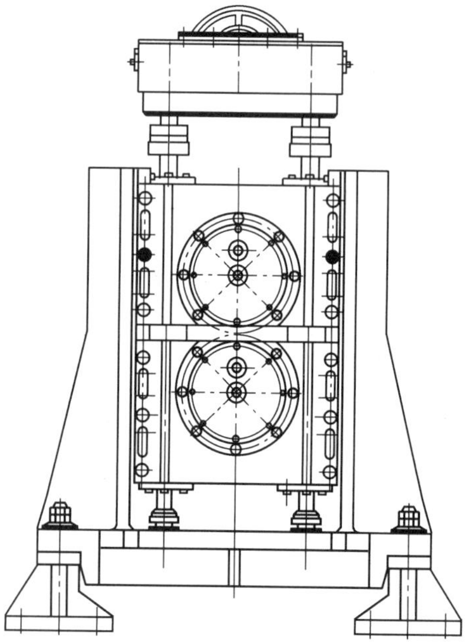

图 20-7-24　U 形架式短应力线轧机

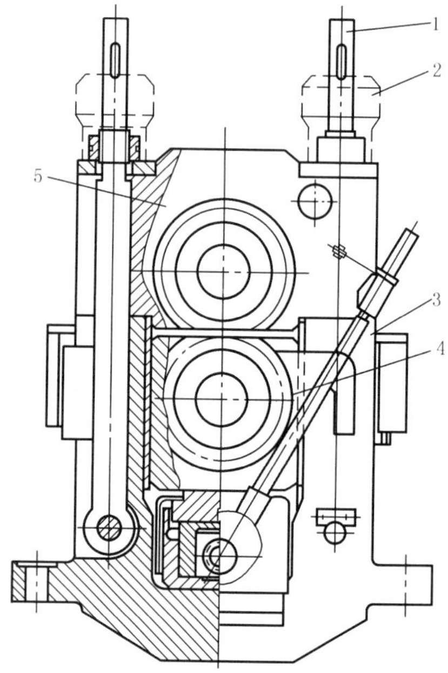

图 20-7-25　二辊预应力轧机

1—拉杆；2—油压千斤顶；3—半机座；4—下轴承；5—上轴承

3.3　闭式机架强度与变形的计算

计算依据和计算方法如下：

①各种工作过程中可能出现的力的大小/方向和作用点，包括反力位置和分布情况；

②机架各截面中心的连线作为一框架来分析，且要经过简化处理；

③按平面变形计算。

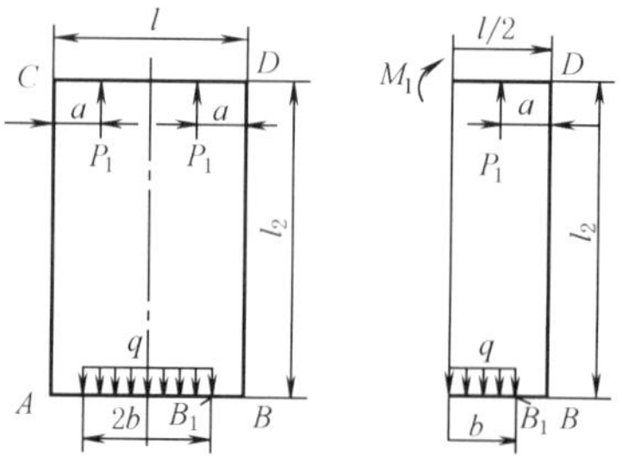

(a)　(b)

图 20-7-26

经过以上的处理，对于非轧钢机类的机架，其机座底横梁不是悬挂而是固定在地基上的大型机架，如压力机等的机架，可以对每个外力分别用直接查第 6 章刚架计算图表来综合其内力情况。轧钢机机架虽有地脚座落于地基，但只考虑承受机器的重量和不平衡的横向倾覆力矩。

3.3.1　计算原理

1）首先，要根据结构来确定轧制力的位置是在机架的中心线还是偏离中心线。另外，下横梁的反力是按集中载荷还是按均布载荷考虑，如图 20-7-26a 所示，图中可以是 P 或 q：

$$2qb = P = 2P_1 \tag{20-7-14}$$

2）因为这种静不定结构只有一个多余未知力，最方便的方法是在中心线处切开，附加一个未加的截面弯矩 M_1，如图 20-7-26b 所示。计算由 P 及 q 力和 M_1 对该切面产生的变形（平面转动），令其等于零，就可求得 M_1。

转角 D 处的弯矩为

$$M_2=M_1+P_1a \tag{20-7-15}$$

令转角 θ 顺时针方向为正，使上梁产生的转角为

$$\theta_1=\frac{M_1l+P_1a^2}{2EI_1} \tag{20-7-16}$$

使立柱产生的转角为

$$\theta_2=\frac{M_2l_2}{EI_2} \tag{20-7-17}$$

使下梁产生的转角为

$$\theta_3=\frac{M_2\frac{l}{2}-\frac{P_1}{2}\left(\frac{l}{2}\right)^2+\frac{qb^3}{6}}{EI_3} \tag{20-7-18}$$

由

$$\theta_1+\theta_2+\theta_3=0 \tag{20-7-19}$$

可求得 M_2 为

$$M_2=\frac{P_1\left(\frac{al-a^2}{I_1}+\frac{l^2}{4I_3}-\frac{qb_3}{3EI_2}\right)}{\frac{l}{I_c}+\frac{l_2}{I_2}} \tag{20-7-20}$$

其中

$$\frac{1}{I_c}=\frac{1}{I_1}+\frac{1}{I_3} \tag{20-7-21}$$

式中 I_1，I_3，I_2——分别为上、下横梁、立柱的截面惯性矩（其他参数见图）；

E——弹性模量。

再由式（20-7-15）求得

$$M_1=M_2-P_1a \tag{20-7-22}$$

M_1 为负数，说明弯矩的方向与图示相反。

3）若立柱由几段不同的截面组成，各段高度为 l_1、l_2、l_3、…，其相应的截面惯性矩各为 I_{21}、I_{22}、I_{23}、…则 θ_2 的式（20-5-17）中 l_2/I_2 改用（$l_1/I_{21}+l_2/I_{22}+l_3/I_{23}+\cdots$）代入即可。

4）以上是假设转角处刚度很大不发生变形的情况。在这种情况下，相当于四连杆的刚架，其计算是有图表可查的。在第 1 篇的“单跨刚架计算公式”表的后部分可供使用。但单根构件的截面是不变的。

5）当转角的刚度不是很大，计算时要考虑其变形时，即所谓的半刚度框架。转角由几段折线或曲线组成，如图 20-7-27 所示，将曲线段划为几段，计算各段的长度 Δs 及 P 力至截面中心的距离 y，该段的弯矩为

$$M_x=M_1+P_1y$$

偏角为

$$\theta_x=\frac{M_x\Delta s}{EI_x} \tag{20-7-23}$$

各段综合起来加于式（20-7-19）中，即可求得 M_1。当然上面其他几个公式中的长度也要相应改动。

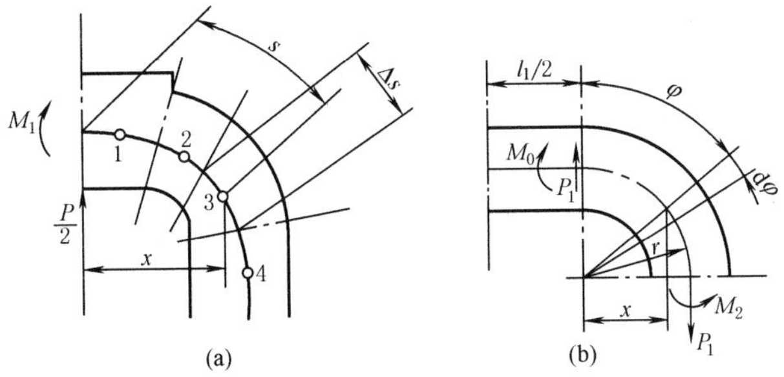

图 20-7-27

6）对于特殊情况，如转角为四分之一圆弧，则如图 20-7-27b 所示，令圆角处的弯矩为 M_0，则 $\Delta s=r\mathrm{d}\varphi$，$x=r\sin\varphi$，$M_x=M_0+Px$ 代入式（20-7-21），积分得该段圆弧的偏角：

$$\theta_x=\int_0^{\frac{\pi}{2}}\frac{(M_0+P_1r\sin\varphi)r\mathrm{d}\varphi}{EI_x}=\frac{r\pi M_0+2r^2P_1}{2EI_x}\text{❶} \tag{20-7-24}$$

下横梁的偏角按相同方法处理。同样把这些公式加于式（20-7-19）中，即可求得 M_1。这里，M_0 为曲线起点处的弯矩：见图 20-7-27b。

$$M_2=M_0+P_1r \tag{20-7-25}$$

式中　r——断面中心曲率半径。

7）这里没有计及立柱受到的水平方向的外力，该力虽由机架支座承受，但其与支座反力将组成力矩同样作用在机架上，有必要时是应加入计算的。因为计算原理是相同的，只不过在转角公式中增加一项或几项，不再赘述。

3.3.2　计算结果举例

为了简化计算，作如下假设。

①每片机架（牌坊）只在上横梁的中间断面处受有垂直力 P，或对称作用有 P_1，且此两力大小相等，机架的外载是平衡的。这时机架没有倾翻力矩，机架脚不受力。

②严格地说，由于轧制速度的变化和咬入时的冲击引起的惯性力，或在张力轧制时，轧制力的方向都不是垂直的。不过水平分力的数值一般都比较小（约为垂直分力的 3%～4%），因而可以忽略不计；只有当水平分力较大时，才应考虑水平分力的影响。

③上、下横梁和立柱的交界处（拐角处）是刚性的（一般机架拐角处的刚性都是比较大的），即机架变形后，拐角仍保持不变。

根据上述假设条件，可将每片牌坊看成一个外载和几何尺寸都是相对垂直中心线对称的由中性轴线组成的弹性框架。

（1）直角形框架（图 20-7-28）

将 $P_1=P/2$，$a=l_1/2$，$q=0$ 代入式（20-7-20），得

$$M_2=\frac{Pl_1}{8\left(1+\frac{2l_2I_c}{l_1I_2}\right)} \tag{20-7-26}$$

$$M_1=M_2-Pl_1/4 \tag{20-7-27}$$

式中，I_c 见式（20-7-21）。

（2）小圆角形框架（图 20-7-29）（注意尺寸标注）

将 $P_1=P/2$，$a=l_1/2$，$b=0$ 代入式（20-7-16）～式（20-7-18），及利用式（20-7-25）的关系式，$M_0=M_2-P_1r$ 再运用式（20-7-24）两次，加到式（20-7-19）中，得

$$M_2=P\frac{\frac{1}{16}\left(\frac{l_1^2}{I_1}+\frac{l_3^2}{I_3}\right)+\frac{1}{4}\left(\frac{l_1r_1}{I_1}+\frac{l_3r_3}{I_3}\right)+\frac{\pi-2}{4}\left(\frac{r_1^2}{I_1}+\frac{r_3^2}{I_3}\right)}{\frac{1}{2}\left(\frac{l_1}{I_1}+\frac{l_3}{I_3}\right)+\frac{\pi}{2}\left(\frac{r_1}{I_1}+\frac{r_3}{I_3}\right)+\frac{l_2}{I_2}} \tag{20-7-28}$$

对于很小的圆弧，可各用 I_1' 或 I_3' 代替上式的 I_1 或 $I_3$❶。

（3）圆弧形框架（图 20-7-30）

设 I_1、I_3 不等，令 $l_1=l_3=0$ 代入上式，得

$$M_2=\frac{Pr\left(\frac{\pi}{2}-1\right)}{\pi+\frac{2l_2I_c}{I_2}} \tag{20-7-29}$$

---

❶严格地说来，曲线段截面中心的曲率半径 $r\leqslant4h$（h—截面高度）时，截面惯性矩 I_x 应该用 I_x' 来代替：

$$I_x'=\int\frac{r}{r+y}y^2\mathrm{d}A$$

式中　A——截面面积。

但这种计算方法较麻烦，计算应力时用系数处理。

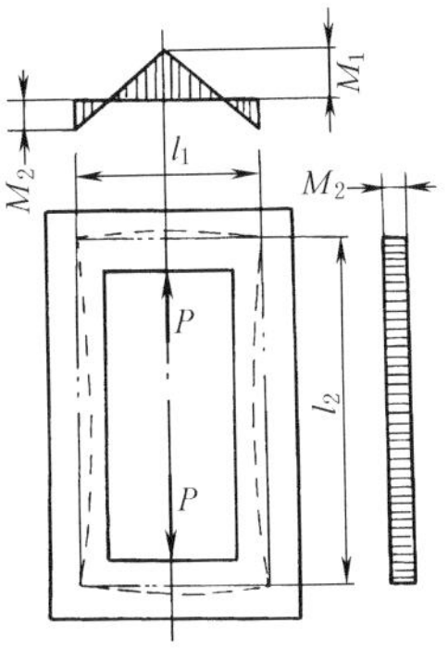

图 20-7-28　直角形框架

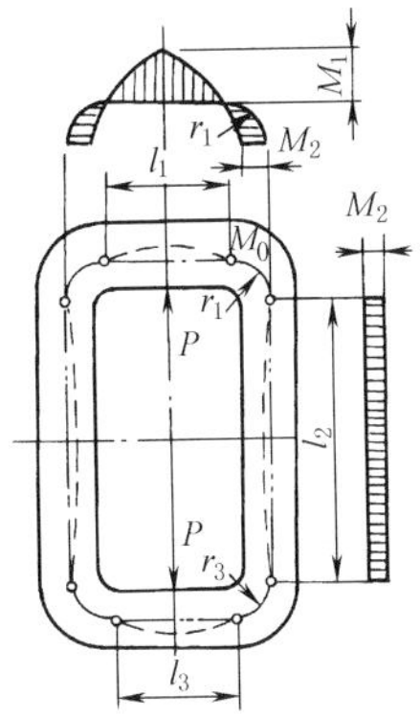

图 20-7-29　小圆角形框架

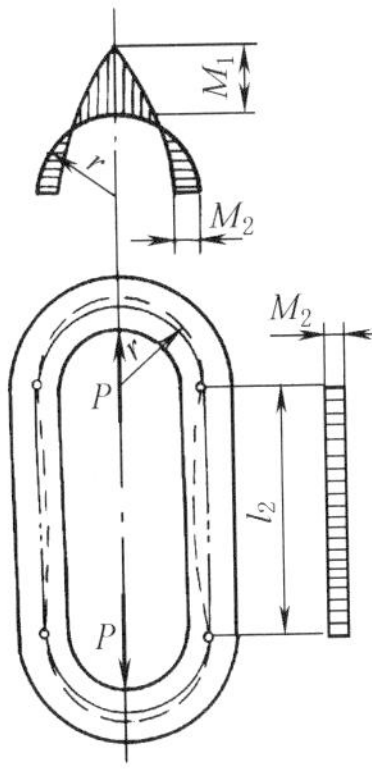

图 20-7-30　圆弧形框架

3.3.3　机架内的应力与许用应力

（1）内应力

上面已解出了唯一的未知数，构件内任意点的弯矩 M 和正压（拉）力 N 及剪力 Q 都可以求得。对每一个构件所受最大的力各令其为 M、N、Q。

1）按常规计算，直杆内的应力为：

$$\sigma=\frac{M}{W}\pm\frac{N}{A} \qquad (20\text{-}7\text{-}30)$$

式中　W——相应截面的截面系数；

　　A——该截面面积。

2）曲线段内的应力（如图 20-7-31 所示）：

①曲线段截面中心的曲率半径 $r>4h$（h—截面高度）时按直杆计算；

②曲线段截面中心的曲率半径 $r\leqslant 4h$ 时：

对任意形状的横截面：

$$\sigma=\frac{M}{W_z}\pm\frac{N}{A} \qquad (20\text{-}7\text{-}31)$$

式中，$\dfrac{1}{W_z}=\dfrac{1}{rA}+\dfrac{y_1}{I'}\times\dfrac{r}{r+y_1}$。

或（较方便）

$$\sigma=\frac{My_1}{SR_1}\pm\frac{N}{A}=\frac{My_1}{Ay_0R_1}\pm\frac{N}{A} \qquad (20\text{-}7\text{-}31a)$$

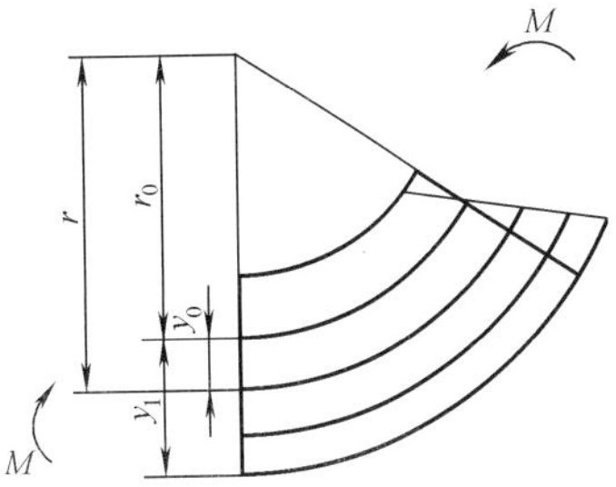

图 20-7-31

式中　r——断面中心的原始弯曲半径；

　　R_1——截面最外层的原始曲率半径，$R_1=r_0+y_1$；

　　r_0——截面惯性中心的原始曲率半径；

　　A——截面面积；

　　W_z——曲梁修正的抗弯截面系数；

　　y_1——截面最外层至截面惯性中心的距离；

　　S——面积中性轴以上部分对面积中性轴的静面矩；

　　y_0——面积中性轴与截面惯性中心的距离。

曲杆外侧和内侧的应力不同，上面公式用不同的 y_1（y_1 在内侧为负号）和 R_1 代入即可。

③对圆形及圆形类（例椭圆）截面、矩形截面亦可按下式计算：

$$\sigma=k_1\frac{M_1}{W}\pm\frac{N}{A} \qquad (20\text{-}7\text{-}32)$$

式中　W——截面系数，内侧与外侧可能是不同的；

　　k_1——校正系数，对于曲杆外侧约为 0.8~0.9，对内侧约为 1.1~1.3，详细可查阅第 1 卷“材料力学的基本公式”。

注意：这里关键的问题是求 I' 或 r_0，要用级数展开积分求任一的近似值。再用下列关系式求另一个：

$y_0=r-r_0=\dfrac{I'r}{I'+r^2A}$。

已求得的几种截面的 r_0 如下。

圆形截面：$r_0=\dfrac{d^2}{4(2r-\sqrt{4r^2-d^2})}$

矩形截面：$r_0=\dfrac{h}{\ln\dfrac{R_1}{R_2}}$

梯形截面：$r_0=\dfrac{h\dfrac{a_1+a_2}{2}}{\left(a_1+R_1\dfrac{a_2-a_1}{h}\right)\ln\dfrac{R_1}{R_2}-(a_2-a_1)}$

式中 h——截面高度；

a_2——梯形底长，底边较长一般弯曲是在内侧；

a_1——梯形顶长；

d——圆形截面直径；

r——圆形截面中心原始弯曲半径；

R_1——外侧原始弯曲半径；

R_2——内侧原始弯曲半径。

3）剪应力

曲杆内的剪应力最大在截面中心处：

$$\tau=k_0\frac{Q}{A} \quad (20\text{-}7\text{-}33)$$

式中 k_0——最大剪应力修正系数，对于圆形及圆形类（例椭圆）截面 $k_0-1.33$，对矩形截面 $k_0=1.5$，对轧制工字钢一般约为 $k_0=1.17$（面积 F 只算高度乘腹板宽度）；

Q——截面的剪切力；

A——截面积。

通常情况下剪应力不必验算。只验算要求有高强度的组合梁的腹板和支座处的受力状态。

（2）许用应力

说明：无论如何设定，计算与实际状况都是有偏差的，即使采用有限元法来计算也避免不了这种情况。并且，对于轧钢机来说，关键的问题是变形量必须很小才能保证轧制的精度。因此许用应力推荐较小的数值，当材料为 ZG270-500 时，在一般情况下：

对大型轧钢机机架，横梁 $[\sigma]=30\sim50\text{MPa}$，立柱 $[\sigma]=20\sim30\text{MPa}$；

对小型轧钢机机架，横梁 $[\sigma]=50\sim70\text{MPa}$，立柱 $[\sigma]=30\sim40\text{MPa}$。

3.3.4 闭口式机架的变形（延伸）计算

1）因构件内任意点的弯矩和正压（拉）力及剪力都已求得，各构件的变形可按梁的材料力学计算表查得后累加起来求得。

我们关心的是机架在 P_1 作用点的垂直方向的变形 f。它由三部分组成，即立柱变形、上横梁变形和下横梁变形。而上、下横梁变形又由弯曲力矩及垂直力作用所引起的变形与由剪切力作用所引起的变形两部分所组成。故机架在垂直方向的总变形为

$$f=f_2+f_1+f_1'+f_3+f_3' \quad (20\text{-}7\text{-}34)$$

式中 f_2——在立柱上由于垂直力的作用所引起的变形；

f_1（f_3）——在上（或下）横梁上由于弯曲力矩及垂直力的作用所引起的变形；

f_1'（f_3'）——在上（或下）横梁上由于剪切力的作用所引起的变形。

例如，图 20-7-26 所示的机架，立柱的伸长为

$$f_2=\frac{P_1l_2}{EA} \quad (20\text{-}7\text{-}35)$$

上横梁 P_1 处变形以图示 D 点为固定点，则

$$f_1=\frac{M_1a^2}{2EI_1}+\frac{P_1a^3}{3EI_1} \quad (20\text{-}7\text{-}36)$$

$$f_1'=\frac{kP_1a}{GA_1} \quad (20\text{-}7\text{-}37)$$

式中　G——切变模量；

k——影响剪切的断面形状系数，对矩形 $k=1.2$。

下横梁应以计算均布载荷终端 B_1 点（见图 20-7-26）的变形为准，以中心线 OO_1 为固定线，悬臂梁 B_1 点的挠度为

$$f_3=-\frac{M_2\left(\frac{l_1}{2}-b\right)^2}{2EI_3}+\frac{P_1l_1^3}{24}\left(1+\frac{6b}{l_1}-\frac{2b^2}{l_1^2}\right)-\frac{qb^4}{8EI_3} \quad (20\text{-}7\text{-}38)$$

$$f_3'=\frac{kP_1\left(\frac{l_1}{2}-b\right)}{GA_3} \quad (20\text{-}7\text{-}39)$$

说明：f_3' 中未计算 b 段的剪力变形，因为假设下梁该部分是贴于机座的，并且 b 段的压力变化是很复杂的，既然已经按均布受力计算是个概略的数值，而剪力变形本来就又比弯曲变形小很多，所以就没有必要再计算了。

2）对于图 20-7-28，令 $P_1=P/2$，$a=l_1/2$，$b=0$ 代入上面的式子即可。

3）对于圆弧段，如图 20-7-29，则增加 M_0 处端面相对于 M_2 处端面的变形。可用虚位移法求得如下式：

$$f_r=\frac{\pi Pr^3}{8EI_r}+\frac{M_0r^2}{EI_r}+\frac{3\pi Pr}{EA_r}+\frac{M_0}{EA_r}+\frac{k\pi Pr}{8GA_r} \quad (20\text{-}7\text{-}40)$$

最后一项为剪切产生的延伸。对于下横梁的圆弧，用不同的参数代入即可。

4）对于图 20-7-30，不计算上、下横梁，只计算圆弧和立柱就可以了。

说明：①忽略了水平力对机架垂直方向变形的作用。

②对于非圆弧的转角必须计算时，用分段积分累加求得。

3.4　开式机架的计算

如图 20-7-32 的二辊开式机架，在轧制过程中，设轧辊上受有垂直力 P，当力 P 作用在下横梁时，机架立柱的上部显然会向机架窗口的内侧变形，通常机盖带有外止口，立柱的上端带有内止口，所以机盖将不阻碍立柱向内变形。当立柱向机架内侧弯折变形后，将夹紧上辊轴承座（轴承座与机架窗口间一般采用转动配合）。如图 20-7-32 所示，作用在下横梁中的弯曲力矩为

$$M_1=\frac{Px}{2}-Fc \quad (20\text{-}7\text{-}41)$$

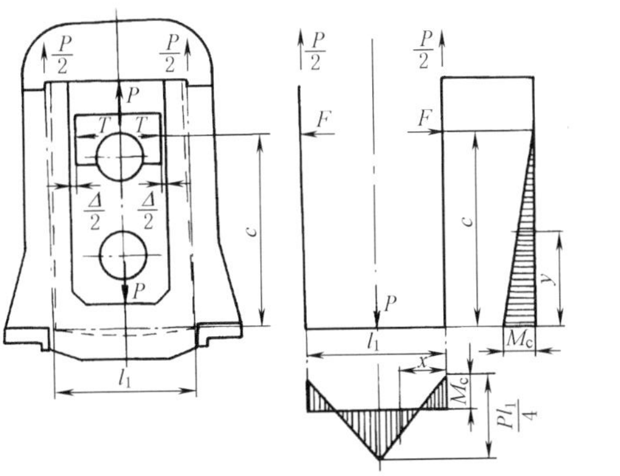

图 20-7-32　作用在二辊开式机架上的力及弯矩

其最大弯曲力矩将发生在下横梁的中间，即当 $x=\frac{l_1}{2}$ 时。

机架立柱将同时在拉伸及弯曲下工作，立柱中的弯曲力矩为

$$M_2=F(c-y) \quad (20\text{-}7\text{-}42)$$

关键的问题是推求 F。

立柱向内弯曲时，由于轴承座和机架立柱间有间隙 Δ，当立柱受到力 P 的作用时，如果变形量 $2f\leqslant\Delta$，就不可能产生 F 力；这时的计算和前面的相同。只有当 $2f>\Delta$ 时才有如下的计算。

计算 P 力作用时立柱在 F 力作用点处的自由水平挠度，由下横梁端的转角形成，每侧

$$f=c\theta=\frac{cPl_1^2}{16EI_1}$$

$2f=\Delta$ 时，每侧位移仍为 f，设此时的垂直力为 P_0：

$$P_0=\frac{8EI_1\Delta}{l_1^2c} \tag{20-7-43}$$

式中　Δ——间隙，见图 20-7-32；

c——F 力作用点高度，见图 20-7-32；

I_1——下横梁的截面惯性矩；

I_2——立柱的截面惯性矩。

以后 P_0 增加到 P，增量为 $P-P_0$，而立柱对轴承座的压力由 0 增加到 F，但 F 处的变形量不变，即在两力的增量下变形为 0，因此由挠度计算公式（最后一项为两边 F 力使下横梁偏转而可能产生的位移）：

$$f=0=\frac{1}{EI_1}\left[\frac{(P-P_0)cl_1^2}{16}\right]-\frac{Fc^3}{3EI_2}-\frac{Fc^2l_1}{6EI_1}$$

可求得

$$F=\frac{3}{8}(P-P_0)\frac{l_1}{c}\times\frac{1}{1+\dfrac{2cI_1}{l_1I_2}} \tag{20-7-44}$$

其他就都可以计算了。内力分布如图 20-7-32 中所示。

3.5　预应力轧机的计算

如图 20-7-25 二辊预应力轧机，拉杆和被压缩件未施加预应力时，假设各结合面已紧密贴合，而尚未受力。拉杆上施加预紧力，拉杆与受压件的相互作用力为 P_0，拉杆伸长了 Δ_1，受压件（上轴承座、半机架等）缩短了 Δ_2。在轧制过程中，工作机座承受轧制力 $4P$，拉杆的作用力变为 P_1，变形量增加了 $\Delta\delta$，变形量为 $\Delta'_1=\Delta_1+\Delta\delta$；受压件的变形量则减少了 $\Delta\delta$，变形量变为 $\Delta'_2=\Delta_2-\Delta\delta$，受压件的作用力变为 P_2。此时拉杆与受压件的相互作用力为 P_2。必须在结合面始终保持有一定大小的预压力 P_2，才能保证预应力轧机的正常轧制，即

$$P_1=P_0+\Delta P_1 \tag{20-7-45}$$

$$P_2=P_0-\Delta P_2 \tag{20-7-46}$$

而每个柱子上承受的轧制力为 P，应该有

$$P=P_1-P_2=\Delta P_1+\Delta P_2 \tag{20-7-47}$$

令 K_1 为拉杆的刚度系数，K_2 为受压件的刚度系数，则

$$\Delta\delta=\frac{P}{K_1+K_2}$$

$$\Delta P_1=\frac{P}{1+\dfrac{K_2}{K_1}} \tag{20-7-48}$$

$$\Delta P_2=\frac{P}{1+\dfrac{K_1}{K_2}} \tag{20-7-49}$$

上面的公式说明，工作载荷一定时，拉杆拉力的增量与被压缩件压缩力的减少仅仅取决于拉杆与被压结件刚度的比值，与预紧力的大小无关。

按上面的公式和要求必须使 $P_2\geqslant0$，即 $P_0\geqslant\Delta P_2$，在设计时则一般采用

$$P_0\geqslant(1.2\sim1.5)P_{max} \tag{20-7-50}$$

式中　P_{max}——最大的轧制力（每柱）。

设计时常取

$$\frac{K_1}{K_2}=\frac{1}{5}\sim\frac{2}{5} \tag{20-7-51}$$

为了提高轧件精度，减少预应力机架的弹性变形，在选定被压缩体断面积和刚度比的情况下，采用高弹性模量的合金钢来制造拉杆，采用铸钢件来制造半机架。

根据拉杆的拉力 P_1，计算拉杆应力，拉杆的安全系数 $n \geqslant 7$。这是为了保证拉杆的安全。其他的计算就都可以照常进行了。

4　桅杆缆绳结构的机架

对于用纤绳的桅杆结构，其计算方法基本上和压杆的计算方法相同，见第 4 章。但要考虑到如下一些因素：

1）校核桅杆的刚度时，桅杆杆身按纤绳结点处有弹性支承的连续压弯杆件计算，并应考虑纤绳在杆身结点处的偏心弯矩和杆身刚度的折减系数 ψ。

$$\psi=\frac{l}{i\lambda_0} \tag{20-7-52}$$

式中　l——杆身支座间的几何长度；

i——杆身截面的回转半径；

λ_0——杆身支座间的换算长细比。

2）纤绳按一端连接于杆身的抛物线计算。

活动的纤绳，如起重机、卷扬机中的钢丝绳应按有关规定进行选择计算。

对于固定的纤绳，在最大静拉力作用下，其强度安全系数一般不得小于 2.5（有时可不小于 2.1）。采用 1×7 型钢丝绳时其安全系数不得小于 2.0。这里采用钢丝绳的破断拉力为钢丝总破断拉力与调整系数 φ_1 的乘积。即

$$T \leqslant \varphi_1 \sigma_t A/n \tag{20-7-53}$$

式中　T——纤绳最大静拉力，N；

σ_t——钢丝的破断强度，N/mm²；

A——钢丝绳钢丝的总截面积，mm²；

n——安全系数；

φ_1——钢丝缠绕成钢丝绳后总强度的调整系数，约为 0.8~0.86，随钢丝绳类型、断面构造不同而变。

钢丝绳的初拉力宜在 0.10~0.25kN/mm² 范围内选用。

3）固定钢丝绳端锚固的安全系数不小于 2。

4）关于摆动的桅杆结构，其支架的通用形式如图 20-7-33 所示。

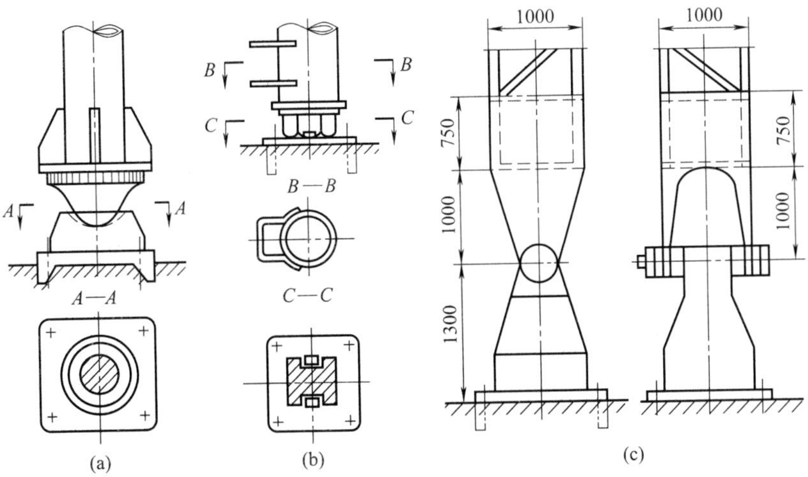

图 20-7-33　桅杆式支架的通用形式

5 柔性机架

5.1 钢丝绳机架

5.1.1 概述

这种机架与前面所述的各种机架最大的区别是非刚性的，而是柔性的。利用钢丝绳的张紧作为机架来承受机件的运转和载荷。由于机架是柔性的，其上安置的零部件所受到的动载荷明显降低，因而大大延长了这些构件的使用寿命。目前，在国外地下矿山和露天矿山中，采用带钢丝绳机架和铰接悬挂的挠性或刚性托辊组的带式输送机已广泛地得到应用。美国的煤矿有90%的工作面和平巷输送机装有钢丝绳机架和铰接悬挂托辊组。英国新建的煤矿井下运煤的带式输送机均使用钢丝绳机架。波兰制造的带有三节铰接式悬挂托辊组和钢丝绳机架的输送机，带宽为1400mm、1600mm和2250mm，带速为3. 22~5. 24m/s，生产率为3950~19000t/h。我国煤矿也已使用钢丝绳机架的带式输送机，有的煤矿直接利用井下的坑道支柱作为支腿，将钢丝绳直接架设于坑木立柱旁，安装极为方便。

钢丝绳机架的带式输送机的优点，除上述的动载荷小、机件使用期限长之外，还有如下三点：这种机架能保证输送机的运行可靠、稳定，在水平式倾斜的运输条件下能做到不撒落物料；最为突出的是这种机架不用调心托辊组，因为它有自动调心对中的作用，甚至物料在输送带上堆积偏心的情况下，输送带也能在运行时对中；另外由于槽形加深和采取更高的带速，使输送机的运量也提高。

这种机架的计算方法尚无规范可查，下面提供的是参考有关资料建议的计算方法。

5.1.2 输送机钢丝绳机架的静力计算

图20-7-34为悬挂有三个托辊组的钢丝绳机架。计算目的在于：确定输送带正常运行时钢丝绳所需的拉力；根据计算拉力选择钢丝绳；确定钢丝绳的预紧力。根据柔性力学的原理，在受力分析过程中可先不考虑钢丝绳的弹性变形；两点用拉力拉紧的柔线，在垂直载荷作用下，其变形量可看作是简支梁在相同载荷作用下所产生的弯矩除以绳中水平拉力，即

$$y=\frac{\sum M}{H} \tag{20-7-54}$$

式中 H——绳中水平拉力，N；

y——绳中任意点的垂度，mm；

$\sum M$——绳上载荷按相同跨度的简支梁在该点产生的弯矩，N·mm。

由于钢丝绳机架的钢丝绳跨度都不大，计算时可忽略钢丝绳的重量及因其重力而产生的挠度，设钢丝绳上托辊组的载荷（包括托辊组重量及所运物料总重所产生的重力载荷）为P（N），钢丝绳内的张力（由于钢丝绳张得紧，通常以水平拉力代替钢丝绳中的拉力）为H。则钢丝绳由于静载荷作用而允许产生的挠度与钢丝绳跨度之比为：

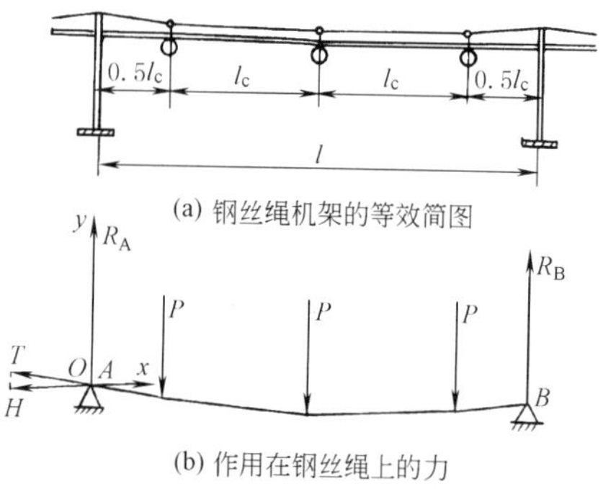

(a) 钢丝绳机架的等效简图

(b) 作用在钢丝绳上的力

图20-7-34

$$m=\frac{y_{max}}{l} \tag{20-7-55}$$

式中 y_{max}——钢丝绳允许产生的最大垂度，mm；

l——钢丝绳两相邻支架的间距，mm。

令l_c为托辊间距。通常，绳支架间距为托辊间距的整数倍。即$l=nl_c$，n为每跨的托辊组数。一般规定取$m=0.01\sim0.02$。在固定式的大运量输送机中，m可以加大到0.04或更大。但此时为保证物料输送面的直线性，各托辊组的悬挂装量应做成可适当调整或有不同悬挂高度。

5.1.3 钢丝绳的拉力

1）钢丝绳的拉力由式（20-7-56）决定。机架两侧各一根钢丝绳，每根钢丝绳的拉力为

$$H=\frac{K_1P}{8m} \tag{20-7-56}$$

根据表 20-7-15，选择钢丝绳的拉力系数 K_1。

表 20-7-15　　K_1 的数值

每一绳跨内的托辊组数 n	1	2	3	4	5	6	7	8
K_1 值	1	1	1.7	2	2.6	3	3.6	4

实际选用的钢丝绳拉力 H_1 应较 H 为大，即

$$H_1=KH \tag{20-7-57}$$

式中　K——考虑钢丝绳两侧会水平移近的系数，目的是使钢丝绳的张力增大。当采用三节托辊组和侧托辊倾角为 20°时，$K=2$；侧托辊倾角为 30°时，$K=1.5$。

根据选用的钢丝绳拉力 H_1 选择钢丝绳。所选钢丝绳的破断力应满足如下要求。

$$T\geqslant nK_\theta(H_1+\Delta H) \tag{20-7-58}$$

式中　T——所选钢丝绳的破断力，N；

n——钢丝绳的安全系数，2.0~2.5；

K_θ——考虑温度变化的影响系数；如在设计中已计算到温度的变化引起钢丝绳张力的变化，可不再考虑；此时，应按钢丝绳两端固定的情况，计算温度下降影响张力的增大值；如在设计中未计算温度的变化引起的张力增大，可取如下系数：当温度未低于-10℃时，$K_\theta=1$；当温度为-10~-15℃时，取 $K_\theta=1.15$；当温度下降到-25℃时，取 $K_\theta=1.2$；当温度下降到-40℃时，取 $K_\theta=1.25$；

ΔH——输送机运转时所产生的水平力，此力为输送带和物料运动时带动托辊组运动而由托辊组阻力引起的，在粗略计算中此项可以略去。

2）对于倾斜的输送机，上述公式同样可用，式中水平力 H_1 则代表钢丝绳的张力。

5.1.4 钢丝绳的预张力

在钢丝绳机架安装时，钢丝绳上是没有载荷的，钢丝绳的预张紧力 H_0 必须正好保证在载荷作用时能达到 H_1。用式（20-7-59）计算 H_0。

表 20-7-16　　K_2 的数值

跨间托辊组数	1	2	3	4	5	6	7	8
K_2	3	6	11	18	27	38	51	66

$$H_0=H_1-K_2\frac{EA}{96}\times\frac{P^2}{H_1^2} \tag{20-7-59}$$

式中　E——每根钢丝绳的弹性模量，N/mm^2；

A——每根钢丝绳的截面积，mm^2；

K_2——计算系数，按表 20-7-16。

说明：由于新钢丝绳受拉力后变形很大，在安装时最好预先要有预伸长，否则在以后运转过程中要调整张力，以免松弛。

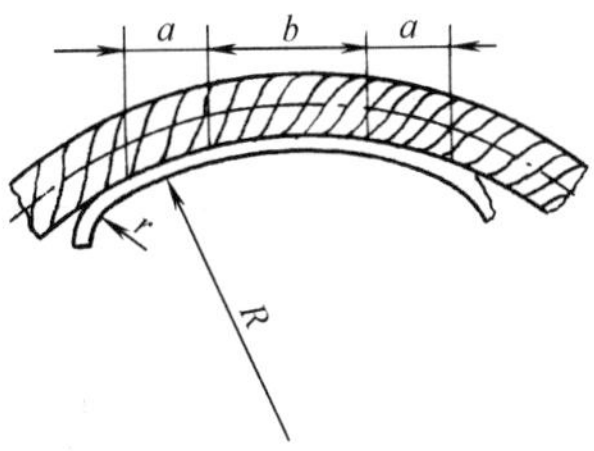

图 20-7-35

5.1.5 钢丝绳鞍座尺寸

支腿上承载钢丝绳的鞍座如图 20-7-35 所示，建议采取下列尺寸：

$$R_{min}=(4\sim6)d;a_{min}=(0.2\sim0.3)R$$
$$r=10\sim20mm$$

式中　d——钢丝绳直径，mm。

5.2　浓密机机座柔性底板（托盘）的设计

浓密机机座的底板像个大圆盘，第1章5.7节曾谈到机座的设计按板结构计算。对一个直径达12m或以上的圆盘，底板的厚度最少要16mm。除了有许多必需的放射状径向梁外，还要有一些辅助的梁和肋板。如采用索线的理论来设计计算，只需要厚度为4mm的钢板来作底板，且免除了一些辅助的梁和肋板，大大地节省了材料。

（1）理论依据

由于浓密机为中心搅拌式，机器的重量由机座两侧的立架承受，机器不直接与底板相接触，底板只承受所盛液体的重量和液体的搅动，给出了用索线的理论来设计计算的保证。

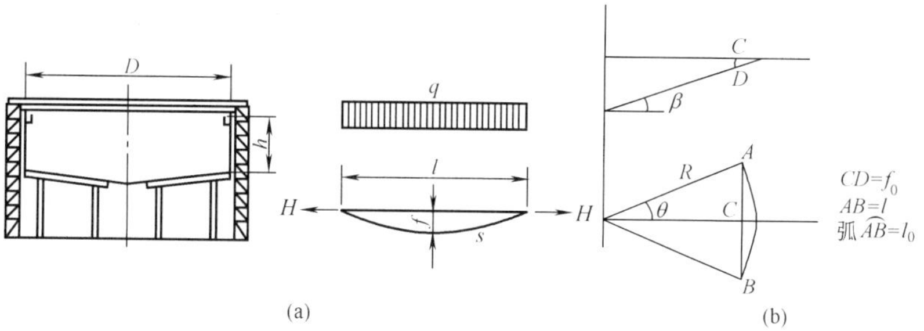

图 20-7-36

设　R——底板外半径，cm（见图20-7-36）；

n——放射状径向梁根数；

l_0——外径梁中心的弧距，cm；

l——外径梁中心的弦距，cm；

s——按悬垂计算的曲线长，cm；

θ——两相邻径向梁中心的夹角之半。

$\theta=\pi/n$，得

$$l=2R\sin\theta;l_0=2R\theta \tag{20-7-60}$$

两者相差不大。取外径径向1cm宽一条底板，展开如图20-7-36a所示。如图20-7-36b所示，索线的计算公式为

$$f=\frac{ql^2}{8H} \tag{20-7-61}$$

$$q=h\rho g\times10^{-5} \tag{20-7-62}$$

$$H=\sigma_p\delta \tag{20-7-63}$$

式中　f——索线中点的垂度，即最大垂度，cm；

q——底板上的均布载荷，N/cm^2；

h——底板上液体高度，cm；

ρ——液体的密度，g/cm^3；

g——重力加速度，$g=980cm/s^2$；

H——板中的周向1cm水平拉力，由于悬线与水平所成的角度很小，该水平拉力即可以作为板中的拉力，N/cm；

σ_p——钢板的许用应力，N/cm^2；

δ——钢板的实际厚度，cm。

因此，只要外形与结构布置确定以后，根据钢板的许用应力σ_p的大小，将上式代入式（20-7-61）即可确定钢板的实际厚度δ与最大垂度f的关系：

$$f=\frac{ql^2}{8\delta\sigma_p} \tag{20-7-64}$$

（2）钢板垂度的设置

1）索线的长度 s 为

$$s=l+\frac{q^2l^3}{24H^2}$$

因此，钢板的周向最外面直径处应增长：

$$\Delta s=\frac{q^2l^3}{24H^2} \tag{20-7-65}$$

式（20-7-64）与式（20-7-65）中，随直径的变化 q 的变化不大；而 l 随直径的变小成正比地减小；f 与 Δs 就更迅速地减小。

2）在下面的情况下，钢板是可以不先设垂度的。

由于钢板周向全部受到 H 的拉力，其变形量（增长量）为

$$\varepsilon=\frac{Hl}{EA}=\frac{\sigma_p}{E}l \tag{20-7-66}$$

式中 E——材料的弹性模量，N/cm^2；

A——一小条钢板的截面积；$A=\delta$，cm^2/cm。

因底呈圆锥状，在两根梁之间 AB 弦处本来就应该有下垂度（图 20-7-34b），计算为

$$f_0=R\tan\beta(1-\cos\theta) \tag{20-7-67}$$

因此，如果由式（20-7-67）算得的垂度大于或等于由式（20-7-64）算得的垂度（一般来说垂度 f_0 都很小），即 $f_0\geqslant f$；如果由式（20-7-66）算得的变形量 ε 等于或大于式（20-7-65）钢板因垂度要求的增长量，则钢板是可以不先设垂度的（但必须能让搅拌叶片通过），即 $\varepsilon\geqslant\Delta s$。最好是使 AB 弧也有相等的垂度（虽然 AB 弧与 AB 弦是并不相等的，但因为 AB 弧在最周边，可强力固定的）。

（3）举例

例 1 $D=15$ 的浓密机机座，设了 24 根放射状径向梁，外圈处液体高 4m，液体的密度为 $1.3g/cm^3$，底板的设计如下。

$$l_0=\frac{1500\pi}{24}=196.3\text{cm};l=1500\sin7.5°=195.8\ (\text{cm})$$

$$q=h\rho g\times10^{-5}=400\times1.3\times980\times10^{-5}=5.1\ (N/cm^2)$$

取钢板厚度 6mm，钢板的实际厚度 $\delta=0.55$cm，取钢板的许用应力 $\sigma_p=9800N/cm^2$，则

$$H=0.55\times9800=5390\ (N/cm)$$

$$f=\frac{5.1\times196^2}{8\times5390}=4.54\ (\text{cm})$$

$$\Delta s=\frac{q^2l^3}{24H^2}=\frac{ql}{3H}f=\frac{5.1\times196}{3\times5390}4.54=0.28\ (\text{cm})$$

按变形量计算：

$$\varepsilon=\frac{Hl}{EA}=\frac{\sigma_p}{E}l=\frac{9800}{2.1\times10^7}196=0.093\ (\text{cm})$$

圆锥的垂度为

$$f=750\tan10°(1-\cos\pi/24)=1.13\ (\text{cm})$$

$\varepsilon<\Delta s$，因此设计时外径处预先设置钢板的垂度 4.5cm（即比形成圆锥还要大 34mm 的垂度）。此时，钢板的长度仅增加 0.28cm。在直径为 1/2 的位置，只要设置钢板垂度 $4.5\times0.5^2=1.1$（cm）。

说明：本设计是保守的设计。实际上，可以采用厚度为 4mm 的钢板，其实际厚度 $\delta=0.37$cm。此时，$f=4.54\times5.5/3.7=6.75$（cm）；$\Delta s=0.28\times(5.5/3.7)^2=0.62$（cm）。底钢板厚度为 4mm 的及底钢板厚度为 6mm 的储槽都已在工程中应用。

例 2 $D=12$m，$h=1.7$m，16 根放射状径向梁，液体的密度为 $1.3g/cm^3$。取钢板厚度 4mm，钢板的实际厚度 $\delta=0.37$cm，取钢板的许用应力 $\sigma_p=12700N/cm^2$，求得

$$H=0.37\times12700=4700\ (N/cm)$$

$$l_0=\frac{1200\pi}{16}=235.6\ (\text{cm});l=1200\sin11.25°=234.1\ (\text{cm})$$

$$q=h\rho g\times10^{-5}=170\times1.3\times980\times10^{-5}=2.17\ (N/cm^2)$$

由式（20-7-64），得

$$f=\frac{2.17\times235^2}{8\times4700}=3.18\ (\text{cm})$$

由式（20-7-67），得

$$f_0=600\times\tan10°\ (1-\cos180°/16)=2.0\ (\text{cm})$$

$$\Delta s=\frac{ql}{3H}f=\frac{2.17\times235}{3\times4700}\times3.18=0.115\ (\text{cm})$$

而按变形量计算

$$\varepsilon=\frac{\sigma_p}{E}l=0.142\ (\text{cm})$$

变形量 $\varepsilon>\Delta s$（或 $f>f_0$）已可弥补钢板的垂度，设计时外径处不必预先设置钢板的垂度。本设计也已在工程中应用。

（4）注意事项

① 钢板的径向焊缝最好布置在梁上，并且必须有足够的强度。如径向焊缝布置在梁与梁之间，则要计算焊缝的强度降低系数。

② 底板外径处与侧板的连接要有适当的强度，特别是在不预先设置钢板垂度的情况下。一般来说，有一定的加固就可以了。

参 考 文 献

[1] 牟在根主编. 简明钢结构设计与计算. 北京：人民交通出版社，2005.
[2] 关文达主编. 汽车构造. 第2版. 北京：机械工业出版社，2004.
[3] 师昌绪，李恒德. 材料科学与工程手册（上卷）：第6篇 金属材料篇. 北京：化学工业出版社，2004.
[4] 李廉琨. 结构力学. 北京：高等教育出版社，1983.
[5] 清华大学建筑工程系. 结构力学. 北京：中国建筑工业出版社，1974.
[6] 罗邦高等. 钢结构设计手册. 第3版. 北京：中国建筑工业出版社，2004.
[7] 刘济庆，王崇宇. 结构力学. 北京：国防工业出版社，1985.
[8] 黄小清，曾庆敦主编. 工程结构力学Ⅰ. 北京：高等教育出版社，2001.
[9] M. M. 费洛宁柯. 材料力学. 陶学文译. 北京：高等教育出版社，1956.
[10] 《机械工程手册》编委会. 机械工程手册. 北京：机械工业出版社，1982.
[11] 《机械工程手册》编委会. 机械工程手册. 第2版. 北京：机械工业出版社，1997.
[12] 吴宗泽主编. 机械丛书：机构结构设计. 北京：机械工业出版社，1985.
[13] 管彤贤主编. 起重机典型结构图册. 北京：人民交通出版社，1990.
[14] M. 舍费尔等. 起重运输机械设计基础. 北京：机械工业出版社，1991.
[15] 巴拉特等. 缆索起重机. 杨福新，蔡学熙译. 北京：机械工业出版社，1959.
[16] 张钺. 带式输送机的原理和应用. 贵阳：贵州出版社，1980.
[17] 周振喜，曲昭嘉. 管道支架设计手册. 北京：中国建筑工业出版社，1998.
[18] 吴森，黄民. 机械系统的载荷识别方法与应用. 北京：中国矿业大学出版社，1995.
[19] 袁文伯主编. 工程力学手册. 北京：煤炭出版社，1988.
[20] 蔡学熙. 皮带转载机悬臂桁架的挠度计算. 矿山机械，1979，4.
[21] 蔡学熙. 差分方程法推求起重机空腹桁架的挠度公式. 物料搬运学会起重机金属结构专题学术报告会，1982.
[22] 叶瑞汶. 机床大件焊接结构设计. 北京：机械工业出版社，1986.
[23] 黄东胜等. 现代工程机械系列丛书：现代挖掘机械. 长沙：理工大学出版社，2003.
[24] 《建筑结构静力计算手册》编写组. 建筑结构静力计算手册. 北京：中国建筑工业出版社，1988.
[25] 蔡学熙. 绳轮内力分析. 起重运输机械，1975，1~2.
[26] 蔡学熙. 对“绳轮内力分析”一文的说明. 起重运输机械，1977，4.
[27] 邹家祥主编. 轧钢机械. 第3版. 北京：冶金工业出版社，2010.
[28] 刘宝珩. 轧钢机械设备. 北京：冶金工业出版社，1984.
[29] 钟廷珍. 短应力线轧机的理论与实践. 第2版. 1998.
[30] 施东成. 轧钢机械理论与结构设计. 北京：冶金工业出版社，1993.
[31] 马鞍山钢铁设计院等. 中小型轧钢机械设计与计算. 北京：冶金工业出版社，1979.
[32] 廖效果，朱启速. 数字控制机床. 第7版. 广州：华中理工业大学出版社，1999.
[33] 王爱玲主编. 现代数控机床结构与设计. 北京：兵器工业出版社，1999.
[34] 恭积球等. 机车强度计算（下）：车体车架部分. 北京：中国铁道出版社，1990.
[35] 蔡学熙主编. 现代机械设计方法实用手册. 北京：化学工业出版社，2004.
[36] 刘敏杰等. 车载武器发射底架的结构特性分析. 机械科学与技术，2000，19（1）.
[37] 蔡学熙. 钢绳机架的设计计算的理论依据. 化工矿山技术，1994，3.
[38] 蔡学熙. 索线理论用于浓密机机座底板的设计. 化工矿物与加工，2003，2.
[39] 邹家祥. 轧钢机现代设计理论. 北京：冶金工业出版社，1991.
[40] 周建男. 轧钢机. 北京：冶金工业出版社，2009，4.
[41] 周存龙等，特种轧制设备. 北京：冶金工业出版社，2006.
[42] 李国豪等著. 中国土木建筑百科辞典：交通运输工程. 北京：中国建筑工业出版社，2006.
[43] 《轻型钢结构设计手册》编辑委员会，轻型钢结构设计手册. 第2版. 北京：建筑工业出版社，2006.
[44] 宋宝玉主编. 机械设计基础. 哈尔滨：哈尔滨工业大学出版社，2004.
[45] 杨汝清主编. 现代机械设计——系统与结构. 上海：上海科学技术文献出版社，2000.
[46] 张质文等. 起重机设计手册. 北京：中国铁道出版社，1998.
[47] ［美］Neil Sclater e. t. 机械设计实用机构与装置图册. 邹平译. 北京：机械工业出版社，2007.
[48] 方宏民主编. 机械设计、制造常用数据及标准规范实用手册. 北京：当代中国音像出版社，2004.
[49] 杨恩霞主编. 机械设计. 哈尔滨：哈尔滨工程大学出版社，2006.

[50] 黄呈伟主编. 钢结构基本原理. 第 3 版. 重庆：重庆大学出版社，2008.
[51] 国振喜，张树义. 实用建筑结构静力计算手册. 北京：机械工业出版社，2009.
[52] 牛秀艳，刘伟主编. 钢结构原理与设计. 武汉：武汉理工大学出版社，2009.
[53] 王仕统主编. 钢结构基本原理. 第 2 版. 广州：华南理工大学出版社，2005.
[54] 王金诺，于兰峰主编. 起重运输机金属结构. 北京：中国铁道出版社，2001.
[55] 徐洛宁. 起重运输机金属结构设计. 北京：机械工业出版社，1995.
[56] 管彤贤编. 起重机典型结构图册. 北京：人民交通出版社，1990.
[57] 颜永年. 机械设计中的预应力结构. 北京：机械工业出版社，1989.
[58] 曲昭嘉等，简明管道支架计算及构造手册. 北京：机械工业出版社，2002.
[59] 刘希平主编. 工程机械构造图册. 北京：机械工业出版社，1990.
[60] 严亦武. 应用不等跨弹性支座连续梁法进行振动放矿机槽台强度计算. 化工矿山技术，1993，5.
[61] 陈玮章主编. 起重机械金属结构. 北京：人民交通出版社，1986.
[62] 林慕义，张福生主编. 车辆底盘构造与设计. 北京：冶金工业出版社，2007.
[63] PCauto. 汽车造型设计简介——车架篇. 汽车制造业，2003，8.
[64] 庄军生. 桥梁支座. 第 3 版. 北京：铁道工业出版社，2008，12.
[65] 周玉申编著. 缆索起重机设计. 北京：机械工业出版社，1993.
[66] 钟汉华. 施工机械. 北京：中国水利水电出版社，2007.
[67] GB/T 3811—2006. 起重机设计规范.
[68] GB 50017. 钢结构设计规范（附条文说明）.
[69] GB 50205—2011. 钢结构工程施工质量验收规范（附条文说明）.
[70] GB 150—2011. 固定式压力容器.
[71] JB/T 4710—2005. 钢制塔式容器.
[72] GB 50009—2011. 建筑结构载荷规范（附条文说明）.
[73] GB 50135—2006. 高耸结构设计规范（附条文说明）.
[74] GB 50011—2010. 建筑抗震设计规范（附条文说明）.
[75] GY 5001—2004. 钢塔桅结构设计规范（附条文说明）.
[76] GB/T 17116. 1—1997 ~ GB/T 17116. 3—1997. 管道支吊架.
[77] JB/T 4712. 1—2007 ~ JB/T 4712. 4—2007. 容器支座.
[78] HG/T 21629—1999. 管架标准图.
[79] HG/T 21640—2000. 钢结构管架通用图集.
[80] GB/T 20801—2006. 压力管道规范.
[81] GB/T 3668. 2—1983. 组合机床通用部件　支架尺寸（2004 年确认有效）.
[82] SL 375—2007. 缆索起重机技术条件.
[83] 《汽车制造业》杂志社编. 轻型的 NSB 车架. 汽车制造业，2004，9.
[84] SH 3048—1999 石油化工钢制设备抗震设计规范.
[85] HG 20652—1998 塔器设计技术规定.
[86] SH/T 3098—2000 石油化工塔器设计规范.
[87] 俞新陆. 液压机现代设计理论. 北京：机械工业出版社，1987.
[88] 邹家祥. 轧钢机现代设计理论. 北京：冶金工业出版社，1991.
[89] 贾安东. 焊接结构及生产设计. 天津：天津大学出版社，1989.
[90] 电机工程手册编辑委员会. 机械工程手册. 第 2 版. 北京：机械工业出版社，1997.
[91] 程广利等. 齿轮箱振动测试与分析. 海军工程大学学报，2004. 6.
[92] 胡少伟，苗同臣. 结构振动理论及其应用. 北京：中国建筑工业出版社，2005.
[93] GB/T 2298—2010. 机械振动、冲击与状态监测　词汇.

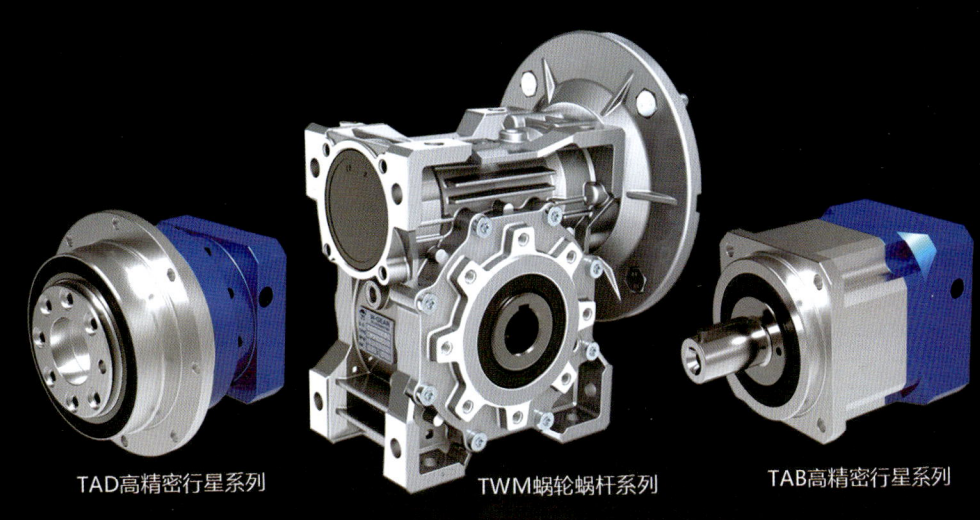

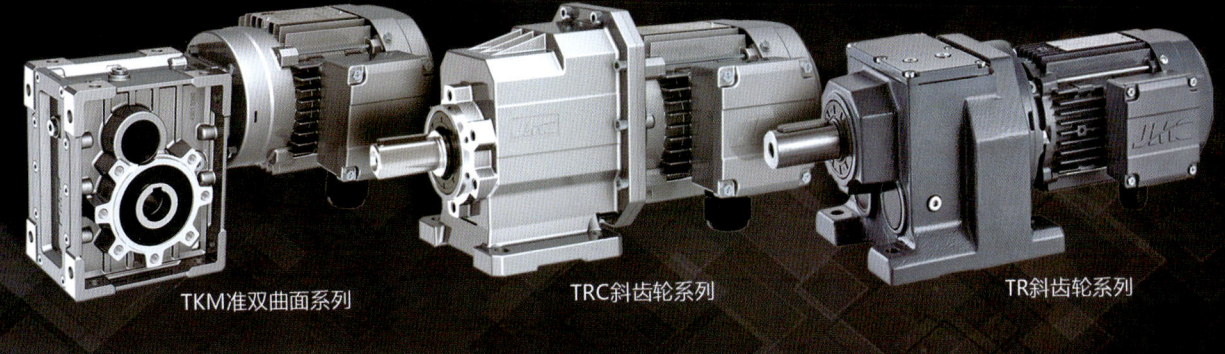

HANDBOOK OF MECHANICAL DESIGN

《机械设计手册》第六版卷目